Harald Hempfling, Veit Krenn

Schadenbeurteilung am Bewegungssystem

Harald Hempfling, Veit Krenn

Schadenbeurteilung am Bewegungssystem

Band 2: Meniskus, Diskus, Bandscheiben, Labrum, Ligamente, Sehnen

DE GRUYTER

Autoren
Prof. Dr. med. Harald Hempfling
Medizinische Begutachtungen
Gabriele-Münter-Platz 2, 82418 Murnau
E-Mail: hempfling@online.de

Prof. Dr. med. Veit Krenn
Zentrum für Histologie, Zytologie und Molekulare Diagnostik Trier
Max-Planck-Str. 5, 54296 Trier
E-Mail: krenn@patho-trier.de

ISBN 978-3-11-029738-6
e-ISBN (PDF) 978-3-11-049366-5
e-ISBN (EPUB) 978-3-11-049356-6

Library of Congress Cataloging-in-Publication Data
A CIP catalog record for this book has been applied for at the Library of Congress.

Bibliografische Information der Deutschen Nationalbibliothek
Die Deutsche Nationalbibliothek verzeichnet diese Publikation in der Deutschen Nationalbibliografie; detaillierte bibliografische Daten sind im Internet über http://dnb.dnb.de abrufbar.

Umschlaggestaltung: Jan-Otto/E+/Gettyimages
Satz: PTP-Berlin, Protago-TEX-Production GmbH, Berlin
Druck und Bindung: CPI books GmbH, Leck
♾ Gedruckt auf säurefreiem Papier
Printed in Germany

www.degruyter.com

Geleitwort Orthopädie und Unfallchirurgie

Das vorliegende Buch von Hempfling und Krenn ist keineswegs ein „neues" oder „noch ein" Gutachtenbuch. Es schließt vielmehr eine wichtige Darstellungslücke, indem es die wissenschaftlichen Voraussetzungen zur Begutachtung auf dem Gebiet der Orthopädie und Unfallchirurgie systematisch aufzeigt. Zu nennen sind die Anatomie, die Bio- und Pathomechanik sowie die Pathologie und hier besonders die Histopathologie.

Die Aussagen des Buches sind – nach Auswertung von über 8.200 Literaturstellen! – praktisch sämtlich mit Literaturverweisen versehen, die auch die wichtige zeitliche „Evolution" von Erkenntnissen berücksichtigen. Diese Aussagen liefern die Grundlage für eine wissenschaftlich begründete Berücksichtigung der Forderungen des Bundessozialgerichts und auch der S2k-Leitlinie für ein objektives Gutachten: Darstellung der allgemein gültigen Lehrmeinung – mit Literatur nachzuweisen und wo möglich evidenzbasiert. Es werden ohne juristische Interpretation damit die fachlichen Grundlagen für die Gutachtenerstellung geliefert, immer im Kontext der existierenden Literatur.

Der Schwerpunkt des Buches liegt somit auf dem allgemeinen, wissenschaftlich begründeten Fachwissen und tangiert die Beurteilungsfreiheit der einzelnen Gutachter nicht.

Harald Hempfling und Veit Krenn sind langjährig tätige, renommierte Experten der Begutachtung und Bindegewebspathologie. Besonderer Dank gilt Herrn Kollegen Hempfling für seine stets engagierte Mitarbeit in der Kommission Gutachten der Deutschen Gesellschaft für Unfallchirurgie (DGU). Beide Autoren haben ein umfassendes, systematisiertes Grundlagen-Handbuch zur „Schadensbeurteilung am Bewegungssystem" ausgearbeitet, das dem praktisch tätigen Gutachter wichtige Erkenntnisse und wissenschaftlich begründete Argumentationslinien liefert.

Den Autoren ist hierfür ausdrücklich zu danken und dem Handbuch eine weite Verbreitung zu wünschen.

Prof. Dr. Dr. Reinhard Hoffmann
Generalsekretär DGU und DGOU
Ärztlicher Direktor der Berufsgenossenschaftlichen Unfallklinik Frankfurt am Main gGmbH

Frankfurt/Main im Herbst 2016

Geleitwort Pathologie

In der Medizin sind Diagnosen die Voraussetzung für eine adäquate Therapie und in der Folge auch für medizinische Gutachten. Dazu ist eine zweifelsfreie Zuordnung einer gesundheitlichen Störung bzw. eines körperlichen oder seelischen Schadens zu Erkrankungen, Verletzungen, Überlastungen und Alterungsphänomenen erforderlich. Um diese zu erkennen und differenzieren zu können, bedarf es verschiedener diagnostischer Maßnahmen (synergistische Diagnostik), um dann aus Einzelbausteinen eine klare Diagnose zu bewirken. Aus einer Diagnose sollte die Art des Körperschadens abgeleitet werden können, da Verletzungen, Erkrankungen, altersbedingte Veränderungen u. a. bei Versicherungen unterschiedlich gewertet werden.

Es gibt fachgebietsbezogene Diagnosen, besser Befundbezeichnungen, z. B. das kernspintomographisch zu erfassende Knochenmarködem, das histopathologisch in dieser Form nicht vergleichbar erkannt werden kann. Andererseits ist die „Degeneration“ als eine Texturstörung in Verbindung mit der daraus resultierenden Reparation nur vom Pathologen definiert. Somit bedarf es eines Erfahrungsaustausches unter den einzelnen medizinischen Fachgebieten, um sich gegenseitig zu verstehen. Es ist an der Zeit, dass sich die Mediziner wegen des Auseinanderdriftens der sich spezialisierenden Fachgebiete wieder nähern, insbesondere auch bezüglich der Wortwahl in den Befundberichten, die schließlich zu einer für alle verständlichen Diagnose führen sollte.

Mit dem hier vorliegenden Werk ist es den Herausgebern aufgrund ihrer großen Erfahrung, aber insbesondere aufgrund ihrer intensiven Kommunikation gelungen, eine engere Verbindung zwischen Pathologie und Traumatologie bzw. Orthopädie herzustellen.

Diese Schadenbeurteilung am Bewegungssystem haben Harald Hempfling aus langer Erfahrung als Traumatologe und jetzt Mitglied der Kommission Gutachten der Deutschen Gesellschaft für Unfallchirurgie sowie Veit Krenn als ausgewiesener Fachmann der Bindegewebspathologie erarbeitet, die dem Interessierten eine zuverlässige Grundlage für Diagnostik und Begutachtung verschafft. Diese kann als Anleitung für die medizinische Gutachtertätigkeit verstanden und gebraucht werden, denn nur die ständige Beschäftigung mit dem Bewegungssystem, unter Würdigung aller medizinischer Fachgebiete, führt zur Fähigkeit, die medizinischen Grundlagen für ein Gutachten zu verstehen.

Prof. Dr. Manfred Dietel
Direktor des Instituts für Pathologie
Charité Berlin

Berlin, im Herbst 2016

Vorwort

Eine Schadenbeurteilung am Bewegungssystem des Menschen soll zu einer eindeutigen Diagnose führen. Diese bildet in erster Linie die Grundlage für die aus Untersuchungen resultierende notwendige Behandlung, sollte aber auch gleichzeitig die Begutachtung des Schadens ermöglichen. Ein Gutachten auf der Basis einer medizinisch-naturwissenschaftlichen Beurteilung darf nicht die Meinung eines einzelnen Gutachters widerspiegeln (BSG AZ B2U9/11R, S 2k: AWMF-Leitlinie Stand 12/12 Registernummer 094-001). Aus einem Gutachten muss erkennbar sein, dass dessen Ergebnis aus einer allgemeingültigen Lehrmeinung, basierend auf valider wissenschaftlicher Literatur, im Sinne einer evidenzbasierten Medizin entstanden ist.

Nach Auffassung der Herausgeber lässt sich dieser Aufgabe nur dann gerecht werden, wenn nicht ausschließlich die Literatur der letzten Jahre berücksichtigt wird, sondern auch die grundlegende Literatur, auf der die aktuellen Publikationen aufbauen.

Die Voraussetzung für eine Schadenbeurteilung am menschlichen Bewegungssystem ist die präzise Kenntnis der Makro- sowie der Mikroanatomie (Histologie), der Übergang zwischen beiden verläuft fließend und hängt lediglich von der Vergrößerung des Substrates ab. Dies trifft ebenso für die Makro- und Mikropathologie (Histopathologie) zu. Nur die Kenntnis der Anatomie und deren Normvarianten lässt eine Abgrenzung zum Pathologischen zu, z. B. am Labrum glenoidale der Schulter, aber auch an den Menisken, deren Strukturstörungen z. B. von intermeniskalen Bändern abgegrenzt werden müssen, letztere erklären sich aus der Ontogenese.

Die Herausforderung in der Begutachtung von „bradytrophen Geweben" besteht darin, trotz der geringen Zellularität eine präzise histopathologische Aussage zu treffen. Das vorliegende Buch möchte hervorheben, dass bei Anwendung von definierten und reproduzierbaren Scoring-Systemen die histopathologischen Befunde durch Abgleich mit den klinischen Daten im Sinne einer pathologisch-klinischen Korrelation einen integralen Bestandteil darstellen.

Für eine eindeutige, aussagekräftige Diagnose spielt die Kommunikation zwischen den verschiedenen Fachgebieten in der Medizin eine besondere Rolle. Für ein präzises wissenschaftliches Verständnis ist ein gleiches Verstehen der Termini erforderlich, dieses bedarf einer Definition, die der dafür zuständige Spezialist übernehmen sollte.

Wenn Anamnese sowie klinischer, biomechanischer, radiologischer (u. a. MRT) und pathohistologischer Befund erhoben sind, dann bedarf es deren zusammenfassender Wertung mit einer einheitlichen Definition und einem einheitlichen Verständnis der in den Befundberichten verwendeten Wörter (Bezeichnungen). Die sog. „Degeneration" ist in erster Linie im pathologischen Sinn zu verstehen, auch wenn dieses Wort vom Radiologen oder orthopädisch orientierten Chirurgen verwendet wird. Diese sollten sich aber besser an der von der Pathologie vorgegebenen Definition orientieren. Bei einer Degeneration handelt es sich um ein Zusammenspiel der Texturstörung (im Sinne von Gewebeabbau) mit einer hierauf folgenden Reparation. Im hier vorliegenden Buch wurde auf fachgebietsspezifische Definitionen Wert gelegt, mit dem Ziel, dass auch für einen Chirurgen ein histopathologischer Befundbericht nachvollziehbar ist und ebenso eine magnetresonanztomographische Beurteilung.

Des Weiteren ist die Aussagekraft eines diagnostischen Verfahrens entscheidend, d. h. die Genauigkeit als Ergebnis der Sensitivität, der Spezifität sowie des positiven und negativen prädiktiven Wertes und auch der Prävalenz sowie der Qualitätsindikatoren (Kappa-Index).

Es ist den Verfassern des Buches klar, dass es zu den vorliegenden Darstellungen auch andere „Meinungen", „Interpretationen", gibt, daher sind die Aussagen im Buch mit den jeweiligen Literaturstellen versehen, auf welche Bezug genommen wurde.

Aufgrund des Umfangs der zu diskutierenden Problemstellungen mussten Lücken bleiben, die evtl. zu einem späteren Zeitpunkt gefüllt werden können. Da bei der Begutachtung der Zusammenarbeit zwischen Juristen und Medizinern eine besondere Bedeutung zukommt, ist es von Relevanz, dass man sich hinsichtlich der Begriffswahl versteht. Der Mediziner muss bei einem Gutachten lediglich die Fragen des Juristen oder der Verwaltung beantworten, und dies nach bestem Wissen und Gewissen, unter Verwendung der allgemein anerkannten wissenschaftlichen Datenlage. Die Veröffentlichungen zum Thema ‚Gutachten' haben seit dem Jahr 2008 eklatant zugenommen, während um 2005 noch etwa 500 Publikationen jährlich zu verzeichnen waren, handelte es sich im Jahre 2014 um etwa 2.200. Es war daher eine ausführliche Diskussion zwischen Juristen und Medizinern erforderlich, niedergelegt in den ersten Kapiteln des Buches; für die weiteren Kapitel wurden Themen ausgesucht, die heute aktuell und zum Teil auch kontrovers diskutiert werden. Es wäre ein erfreuliches Ziel, wenn die hier vorliegenden Überlegungen einen Beitrag leisten könnten, die Zusammenarbeit zwischen einzelnen Fachgebieten der Medizin und auch mit den Juristen zu optimieren. Dies ist unsere Absicht.

Zu diesen Überlegungen haben uns unsere akademischen Lehrer angeregt, auf chirurgischem Gebiet Hans Birkner †, Nürnberg, Caius Burri †, Ulm, und zum Thema Gutachten insbesondere Jürgen Probst †, Murnau. Auf dem Gebiet der Histologie und Pathologie F. Wachtler †, Wien, HG. Schwarzacher, Wien, und HK. Müller-Hermelink, Würzburg.

Hilfreiche Unterstützung und Tipps erhielten wir von Prof. Klaus Bohndorf, Radiologe, Augsburg/Wien, Prof. Michael Bohnert, Rechtsmediziner, Würzburg, Prof. Winfried Mohr, Pathologe, Ulm, Prof. Reinhardt Putz, Anatom, München, Dr. Richard Brill, Radiologe, Augsburg, Dr. Alexander Kamp, Radiologe, Weilheim, und Dr. Sarah Müller, Pathologin, Trier.

Für die Schreibarbeiten bedanken wir uns bei Frau Karin Haugg sowie Ilonka Schwalbe aus Ohlstadt und Murnau. Dank gebührt dem De Gruyter Verlag, Berlin und dessen Mitarbeitern für das Entgegenkommen und die tatkräftige Unterstützung, hier seien an erster Stelle Frau Anne Hirschelmann, Frau Karola Seitz und Frau Dr. Britta Nagl hervorgehoben.

Nicht zuletzt danken wir besonders unseren Ehefrauen, Helena Hempfling und Anke Krenn, für ihre jahrelange Geduld, Toleranz und ihr Verständnis.

Harald Hempfling, Veit Krenn — Murnau, Trier im Herbst 2016

Schadenbeurteilung am Bewegungssystem

Band 1: Grundlagen, Gelenkflächen, Osteonekrosen, Epiphysen, Impingement, Synovialis
ISBN 978-3-11-028322-8

Band 2: Meniskus, Diskus, Bandscheiben, Labrum, Ligamente, Sehnen
ISBN 978-3-11-029738-6

Inhalt

Band 2

Band 1

Autoren- und Beiträgerverzeichnis

Autoren:

Prof. Dr. med. Harald Hempfling
Medizinische Begutachtungen
Gabriele-Münter-Platz 2
D-82418 Murnau
E-Mail: hempfling@online.de

Prof. Dr. med. Veit Krenn
Zentrum für Histologie, Zytologie und
Molekulare Diagnostik Trier
Max-Planck-Straße 5
D-54296 Trier
E-Mail: krenn@patho-trier.de

Mit Beiträgen von:

Prof. Dr. med. Peter W. Gaidzik
(Band 1, Kapitel 1.2, 1.3)
Universität Witten/Herdecke
Institut für Medizinrecht
E-Mail: peter.gaidzik@uni-wh.de

Dr. rer.nat Peter Brill
(Physiker)
(Band 2, Kapitel 8)
E-Mail: familie.brill@gmx.de

Michael Meyer-Clement
(Band 2, Kapitel 3)
Institut für Medizinische Begutachtung
E-Mail: michael.meyer-clement@imb.hamburg

Abkürzungsverzeichnis

AG	Arthrographie
AK	Außenknöchel
ALAD	Acetabular Labral Articular Disruption
Alcian-PAS	Enzymhistochemische Färbung
AM	Außenmeniskus
ant.	anterior
AO	Arbeitsgemeinschaft für Osteosynthesefragen
AP	anteroposterior
ARCO	Association Research Circulation Osseous
AS = ASK	Arthroskopie
ASI	anterosuperiores Impingement
AZ	Aktenzeichen
BK	Berufskrankheit
BKV	Berufskrankheitenverordnung
bone bruise	Knochenmarködem
BSG	Bundessozialgericht
CIC	Carpal Instability Complex
CID	Carpal Instability Dissociative
CIND	Carpal Instability Non Dissociative
CPDD	Calcium Pyrophosphate Deposition Disease
CPPD	Calcium Pyrophosphate Dihydrate
CSF-1	Colony stimulating factor-1
CT	Computertomographie
CTD	Cumulative trauma disorders
d GEMRIC	delayed gadolinum-enhanced MRI of cartilage
DD	Differentialdiagnose
delayed union	verzögerte Knochenbruchheilung
DIOM	distale interossäre Membran
DISI	Dorsal intercalated Segment Instability
DGUV	Deutsche Gesetzliche Unfallversicherung
DRUG	distales Radioulnargelenk
E	Elastizitätskoeffizient
ECF	Epiphyseolysis capitis femoris
ECU	Extensor carpi ulnaris
exolet	veraltet, verwachsen
FAI	femoroazetabuläres Impingement
FE	Eisen
GAG	Glykosaminoglykane
GFV	Gelenkflächenverletzung
GK	Gelenkkörper
GLAD	Glenolabral Articular Disruption
GUV	Gesetzliche Unfallversicherung

HE	Hämotoxylin-Eosin-Färbung
HIF 1α	hypoxia-inducible factor 1α
HKB	hinteres Kreuzband
HLA	Human Leukocyte Antigen
HSP	Heat Shock Protein
IGHL	inferiores glenohumerales Ligament
IK	Innenknöchel
IM	Innenmeniskus
IOM	interossäre Membran
ISP	Infraspinatus
Kappa	Cohens Kappa (Maß für die Reliabilität)
Ki67	Ki67 (Proliferationsmarker)
lat.	lateral
Lfc	Lig. fibulocalcaneare
Lfta	Lig. fibulotalare ant.
Lftp	Lig. fibulotalare post.
Lig.	Ligament
LJ	Lebensjahr
LII	lateraler Instabilitätsindex
LT-Band	lunotriquetrales Band
LTD	lunotriquetrale Dissoziation
M.	Morbus
malunion	Fehlverheilung einer Fraktur
MCI	mediokarpale Instabilität
med.	medial
MFK	Mittelfußköpfchen
MGHL	mediales glenohumerales Ligament
MMB	menisko-meniskales Band
Mott	mycobacteria other than tuberculosis
MPa	Mega-Pascal
MRT	Magnetresonanztomographie
N	Newton
nonunion	Pseudarthrose
OA	Osteoarthrose
OAR	Ottawa Ankle Rule
obsolet	nicht mehr gebräuchlich, nicht üblich, überflüssig
OD, OCD	Osteochondrosis dissecans
OND	Osteonecrosis dissecans
ONPK	Osteonecrosis postoperative knee
OSG	Oberes Sprunggelenk
OZ	Ossifikationszentrum
PAB	Pronation – Abduktion
PAFS	periartikuläres Fasersystem
PAS	Peroxy-Acid-SCHIFF Reaktion
PDGF	Platelet-derived Growth Factor
PER	Pronation – Außenrotation

PHS	Periarthritis humeroscapularis
PISI	Palmar intercalated Segment Instability
PMS	Pathomorphologisches Substrat
post.	posterior
PSI	posterosuperiores Impingement
PUV	Private Unfallversicherung
PVNS	Pigmentierte villonoduläre Synovialitis
RA	Rheumatoide Arthritis
rezent	frisch
Rö	Projektionsradiographie
SAD	Supination – Adduktion
SER	Supination – Außenrotation
SGHL	superiores glenohumerales Ligament
SI	Signalintensität
SLAC	scapholunate advanced collaps
SLAP	superior labrum anterior to posterior lesion
SL-Band	Skapholunäres Band
SLD	skapolunäre Dissoziation
SNAC	scaphoid nonunion advanced collaps
SONK	Spontaneous osteonecrosis of the knee
Sono	Sonographie
SPF	Supination – Plantarflexion
SSP	Supraspinatus
STS	Sinus-tarsi-Syndrom
Synscore	Synovialitis-Score
T	Tesla
TFCC	Triangular Fibrocartilage Complex
TILT	Triquetral impingement ligament tear
TKMÖ	transitorisches Knochenmarködem
TNF-alpha	Tumornekrosefaktor-α
TSRT	Tenosynovialer Riesenzelltumor
TUFF	tensile undersurface fiber failure
USG	Unteres Sprunggelenk
USPI	ulnar styloid process index
VISI	Volar intercalated Segment Instability
VKB	vorderes Kreuzband
X-ray	Röntgenstrahlen (X-Strahlen)

1 Kniegelenkmenisken

Die Geschichte der Meniskuschirurgie ist mittlerweile 150 Jahre alt und beginnt mit der Veröffentlichung von BRODHURST [66] über eine Meniskusresektion. Etwa 20 Jahre später wird bereits die Meniskusnaht genannt [23] und 25 Jahre danach entsteht die Diskussion, ob eine Resektion oder eine Totalentfernung des Meniskus vorgenommen werden soll [212], mit dem Ergebnis, dass die Resektion zu bevorzugen sei. Dann, 20 Jahre nach dieser Feststellung, wird das Meniskusregenerat definiert, dies als Folge einer Resektion oder auch Ganzentfernung des Meniskus [176, 290]. Diese Diskussion wird über etwa 40 Jahre geführt [425] und dann mehr oder weniger zu den Akten gelegt, obgleich diese Problematik immer wieder auftaucht. Eine ausführliche Arbeit über die Histopathologie der Meniskusregenerate stammt von SCHNEIDER [425]. Das Interesse bezüglich der Meniskusoperationen hat sich dann der Postmeniskektomiearthrose zugewandt, da nach der Komplettentfernung des Meniskus erhebliche Probleme auftreten [124]. Mit der Einführung der Arthroskopie durch BIRCHER [51] und TAKAGI [480] gelingt zunächst eine präzisere Kniegelenksdiagnostik mit der Folge der arthroskopischen Meniskusentfernung. Noch über 15 Jahre später wird die Auffassung vertreten, dass die wahre Behandlungsform die Meniskektomie darstellt [459], obwohl schon 1972 an die Meniskustransplantation gedacht wird, dies im Zusammenhang mit einer Teiltransplantation des Schienbeinkopfes [538]. Parallel zu den resezierenden Eingriffen am Meniskus entwickelt sich die Meniskusnaht [313] bis hin zum arthroskopisch kontrollierten Vorgehen [200]. Schließlich gelingt die Meniskustransplantation

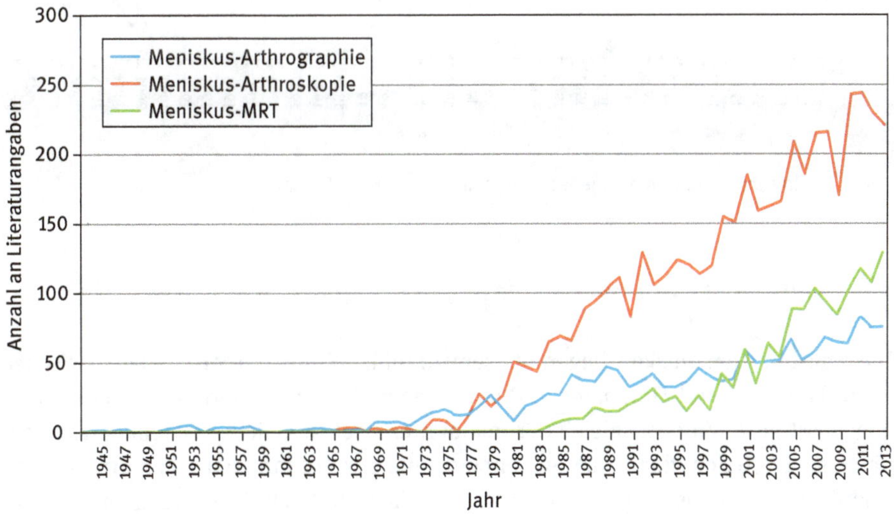

Abb. 1.1: Literaturangaben über die Arthrographie, Arthroskopie und Magnetresonanztomographie am Meniskus (nach PubMed).

DOI 10.1515/9783110493665-006

[315], die auch arthroskopisch durchgeführt werden kann, und man ist auf der Suche nach Meniskusersatzstoffen.

Die Diagnostik des Meniskusschaden stützte sich zunächst nur auf die klinische Untersuchung unter Berücksichtigung der verschiedenen Meniskuszeichen, bis etwa 1950 die Arthrographie eingesetzt werden konnte, die jedoch bereits 1974 weitgehend durch die Arthroskopie abgelöst wurde, die die gleichzeitige Behandlungsmöglichkeit bot. Aber sowohl die Arthrographie als auch die Arthroskopie sind invasive Verfahren, und daher konnte 1984 die Magnetresonanztomographie das Mittel der Wahl zur Diagnostik der Meniskusproblematik werden (Abb. 1.1).

Aus der Literatur ist erkennbar, dass die Meniskusresektion sowie die Meniskektomie seit langem zu Streitdiskussionen führen. Die Meniskusnaht bzw. Repair, die Transplantation und auch der Meniskusersatz werden seit 1979 in Publikationen beschrieben (Abb. 1.2).

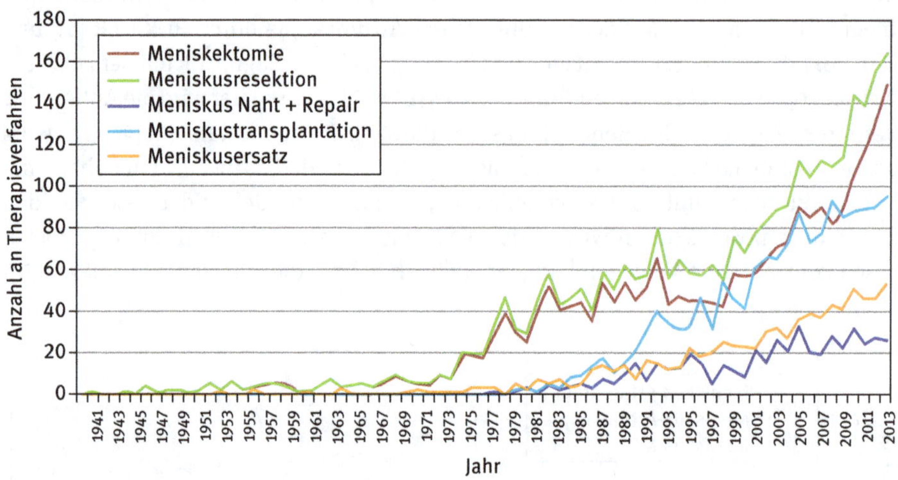

Abb. 1.2: Therapieverfahren am menschlichen Meniskus (nach PubMed).

1.1 Nomenklatur und Anatomie

Die Kniegelenksmenisken liegen als semizirkuläre Faserknorpelscheiben zwischen Femurkondylen und Tibiaplateau. Deren Form und Ausmaß sind der Körperstruktur angepasst [472]. Zum Ausgleich der Inkongruenz der ungleichen Gelenkpartner vertiefen sie die Gelenkfläche der Schienbeinköpfe zur Aufnahme der Femurrollen. Die Oberfläche der Menisken ist demnach konkav, die Unterfläche je nach Ausformung der Schienbeinkopf-Gelenkfläche eben oder leicht konvex. Der Innenmeniskus ist in der Sagittalrichtung längsoval semizirkulär, etwa 5 bis 6 cm lang, das Vorderhorn ist deutlich schmaler als das breit ausladende Hinterhorn. Der Außenmeniskus ist annähernd rund und bedeckt eine größere Fläche des Schienbeinkopfes als der Innenmeniskus. Vorder- und Hinterhorn sind annähernd gleich groß. Im Querschnitt zeigen sich beide Menisken keilförmig, mit der Basis nach außen und einem spitz zulaufenden inneren Rand. Die Randhöhe beträgt zwischen 3 und 5 mm. Mit der umgebenden Gelenkkapsel und den Bandstrukturen des Kniegelenkes sind die Menisken vielfältig verbunden.

Während die Anatomie der Kreuzbandinsertionen am Schienbeinkopf genau bekannt sein soll [25, 26, 151, 349], und dies, obwohl auch heute noch erheblich über diese Ansatzpunkte diskutiert wird, scheint die Anatomie der Ansatzpunkte der Menisken am Schienbeinkopf in den Hintergrund getreten zu sein [27, 170, 190, 221]. Erst mit der Möglichkeit der Meniskustransplantation gewannen die Meniskusansatzpunkte am Schienbeinkopf Bedeutung [240]. Es handelt sich bei diesen Ansatzpunkten um einen Meniskus-Band-Knochen-Komplex, der bezüglich des Insertionsligaments am Außenmeniskusvorderhorn und am Innenmeniskushinterhorn eine zylindrische Form zeigt, das vordere Ansatzband des Innenmeniskus und das hintere Ansatzband des Außenmeniskus sind flach und fächerförmig [240]. Von Bedeutung für die Ansatzstabilität ist der Meniskus-Band-Knochen-Übergang (Abb. 1.3), da sich die randständigen Meniskusfasern entlang der Ansatzfläche in das Insertionsligament über den Faserknorpel fortsetzen [461] und somit eine stabile Verankerung über Sharpey'sche Fasern in den Knochen zu erwarten ist, dies ist demzufolge mit dem Sehnenansatz vergleichbar [2, 116].

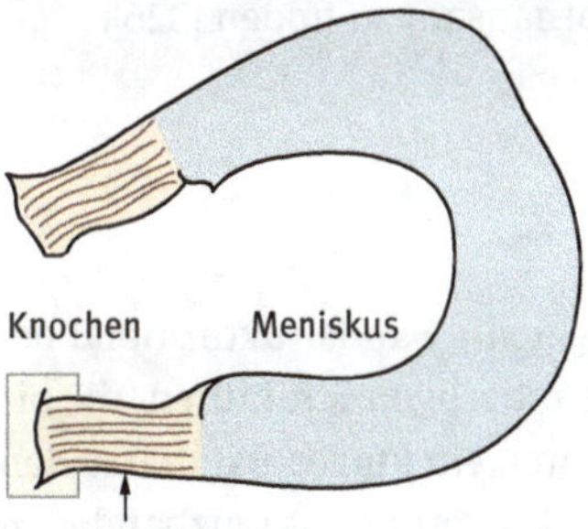

Abb. 1.3: Meniskus-Band-Knochen-Komplex der Meniskusansätze.

Neben den Zugkräften entstehen aber auch Druckkräfte, z. B. beim Verlust des vorderen Kreuzbandes auf das Innenmeniskushinterhorn [296]. Welchen Einfluss nun die Rückneigung des Schienbeinkopfes oder auch Unfallmechanismen auf die meniskotibialen Bänder haben, ist noch weitgehend ungeklärt [440, 268]. Es sei aber ausdrücklich darauf hingewiesen, dass der Meniskusansatz am Knochen als Enthesis [310, 217] beschrieben ist. Die Menisken liegen auf dem Schienbeinkopfplateau und sind auch da anterior und posterior ossär fixiert. Die weiteren Fixationen erfolgen ligamentär. Der Schienbeinkopf zeigt zwei Gelenkflächen, die sich gegen die Mitte hin erheben, dies zu den Zwischenknorrenhöckern (Eminentia intercondylica), dadurch „erscheinen" die Gelenkflächen konkav [130]. Bei der Eminentia intercondylica handelt es sich um zwei etwa 1 cm hohe Knochenzapfen, die um 2 cm näher dem hinteren Tibiarand als dem vorderen sind. Vor und hinter dieser Knochenerhebung finden sich dreieckförmige raue Felder, die etwa sanduhrförmig am Schienbeinkopf angelegt sind. Die Eminentia intercondylica zeigt ein laterales und ein mediales Tuberculum intercondylare, das nicht als Ansatzstelle für die Kreuzbänder gedacht ist, sondern als Führungsschiene für die Oberschenkelrollen fungiert. Neben den beiden Tuberkeln der Eminentia intercondylica zeigt sich an der Ansatzstelle des vorderen Kreuzbandes ein Tuberculum intercondylare tertium tibiae mit einer Häufigkeit von 3,0 % bis 45,0 % [393, 198]. Des Weiteren wird ein Tuberculum intercondylare quartum tibiae mit einer Häufigkeit von 1,1 % an der Ansatzstelle des hinteren Kreuzbandes nachgewiesen [515], und beide Tubercula kommen in einer Häufigkeit von 0,5 % vor [393]. Das Tuberculum intercondylare tertium wird auch als Parson's-Tuberkel bezeichnet [361, 525]. Das Tuberculum intercondylare tertium liegt etwa 2 cm vor dem medialen und lateralen Tuberkel in der vorderen Schienbeinkopfrauigkeit, dieses Parson's-Tuberkel korreliert mit dem anterioren Ansatz des Innenmeniskus und/oder des vorderen Kreuzbandes. Für den klinischen Gebrauch wird das Innenmeniskusvorderhorn in der anterioren Fossa intercondylica vor dem Ansatz des vorderen Kreuzbandes definiert, das Hinterhorn des Innenmeniskus ist fest in der posterioren Fossa intercondylica zwischen dem Ansatz des Außenmeniskushinterhorns und dem hinteren Kreuzband fixiert. Das Vorderhorn des Außenmeniskus liegt vor der Eminentia intercondylica und hinter dem Ansatz des vorderen Kreuzbandes, das Außenmeniskushinterhorn ist hinter der Eminentia intercondylica vor dem Innenmeniskushinterhornansatz zu finden [326].

1.1.1 Innenmeniskus

Am Vorderhorn ist der Innenmeniskus durch eine dreigeteilte Bandstruktur tibial befestigt: nach vorne zur vorderen Schienbeinkante mit bandartigen Strukturen, die bis auf die Schienbeinvorderfläche ziehen; nach zentral durch ein kurzes Band, das den Meniskus auf dem Tibiaplateau vor dem Ansatzgebiet des vorderen Kreuzbandes in der vorderen Fossa intercondylaris befestigt. Zwischen beiden genannten Bändern entspringt aus dem Meniskusvorderhorn eine dritte Bandstruktur, die als Lig. transversum genus quer durch den vorderen Gelenkraum bis zum Ansatzgebiet des Außenmeniskusvorderhorns zieht. Vom Vorderhornbereich bis zum Beginn der Pars intermedia des Innenmeniskus existieren keine definierbaren Bandstrukturen zwischen dem peripheren Meniskusrand und dem Kapsel-Band-Apparat. Hier ist der Innenmeniskus besonders locker und kann in den Gelenkraum verschoben werden. Am Übergang vom Vorderhorn zur Pars intermedia wird die innere Gelenkkapsel durch Faserstrukturen verstärkt, die vom Retinaculum patellae zum Meniskus ziehen. Dieses sog. Lig. patellomeniscale mediale ist ein Teil des inneren Kniescheibenrückhalteapparates. Es wird auch als tibiomeniskeales Rotationsband bezeichnet und soll innerhalb der Plica alaris medialis liegen. Dorsal dieser Bandstruktur beginnt im Intermediabereich des Innenmeniskus der Innenbandkomplex, der aus zwei Schichten besteht. Die äußere Schicht wird vom Lig. collaterale mediale gebildet, das selbst keine Beziehung zum Innenmeniskus aufzeigt. Die innere Schicht besteht aus dem Lig. meniscotibiale, einer relativ straffen Bandverbindung, die den Innenmeniskus fest an das Tibiaplateau fesselt. Vom Oberrand des Innenmeniskus zieht ein Lig. meniscofemorale zur inneren Oberschenkelrolle, dieses Band ist nicht so straff wie der untere Anteil der tiefen Schicht, so dass ein medial suprameniskealer Kniegelenksrezessus entstehen kann. Das Lig. meniscofemorale kann sehr schwach ausgebildet sein, so dass dann nur von meniskofemoralen Fasern die Rede ist. Das kräftige meniskotibiale Band wird auch als Lig. coronarium bezeichnet. Am Übergang der Pars intermedia in das Hinterhorn werden die Verbindungen des Innenmeniskus zum Kapsel-Band-Apparat immer kräftiger. Die oberflächliche und tiefe Schicht des medialen Seitenbandes verschmilzt zum hinteren Schrägband (= Lig. popliteum obliquum), durch die der äußere Teil des Innenmeniskushinterhorns fest, straff und unverschieblich mit dem Kapsel-Band-Apparat verbunden ist. Biomechanisch wird diese Konstruktion wegen des Synergismus des hinteren Schrägbandes und des Innenmeniskushinterhorns zum vorderen Kreuzband notwendig (Bremskeilwirkung). An der hinteren Begrenzung des hinteren Schrägbandes entsteht nun der dorsomediale Kniegelenksrezessus. Eine direkte Verbindung zwischen Meniskusperipherie und den Strukturen der Kniekehle besteht nicht regelmäßig. Das Innenmeniskushinterhorn ist fest mit dem Schienbeinkopf durch das Lig. meniscotibiale (Lig. coronarium) verbunden [115]. Über den Pes anserinus profundus, der Bandfasern in das Lig. coronarium einspeist, gewinnt der Musculus semimembranosus Einfluss auf das Innenmeniskushinterhorn. Dieser kann bei Beugung das Hinterhorn nach dorsal ziehen. Es wird ein Reflexbogen zwischen Innenmeniskushinterhorn und dem M. semimembranosus vermutet [12]. Zusammen mit dem hinteren Schrägband bilden Innenmeniskushinterhorn und Semimembranosussehne das so genannte Semimembranosuseck, das für die Rotationsstabilität große Bedeutung hat.

Das mediale Hinterhornende geht wieder in eine Bandstruktur über, die das hintere Ende des Halbmondes in der Regio intercondylica befestigt. Der Ansatzpunkt liegt in der hinteren Interkondylärgrube zwischen den Ansatzpunkten des lateralen Meniskus und dem hinteren Kreuzband. Stabilisierende Momente für die dorsalen Meniskushinterhörner resultieren auch aus dem Semimembranosuseck [222, 331] mit den fünf Ästen:

- Pars reflexa → unter dem medialen Seitenband zur Tibia,
- direkt an der medialen hinteren Tibiaseite,
- als Lig. popliteum obliquum → Fabella oder entsprechender Punkt,
- in die hinteren Fasern des Lig. collaterale mediale post. (Lcmp),
- in die Aponeurose des M. popliteus.

Dem Lig. collaterale mediale post. [312] kommt als „posterior oblique ligament" [189] eine besondere Bedeutung zu. Vom Lig. collaterale mediale posterius (Lcmp) als kurzes, hinteres mediales Seitenband ziehen Fasern zum Innenmeniskushinterhorn. Über die Hälfte der Fasern des Lcmp verlaufen vom Femur zur Tibia. Fasern der tiefen Schicht sind femoromeniskale bzw. meniskotibiale Fasern, letztere werden für sich als Einheit als Lig. coronarium bezeichnet (Abb. 1.4).

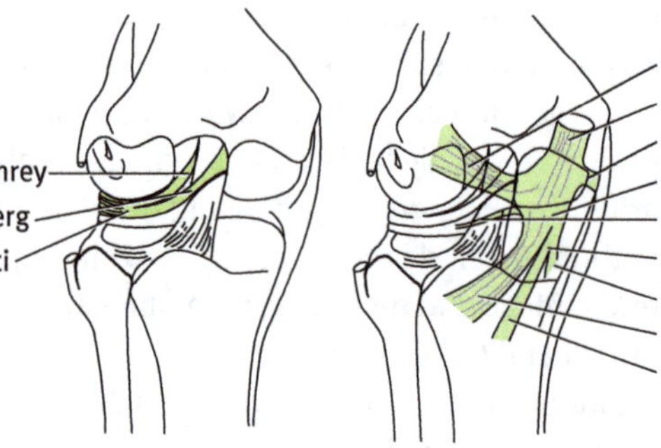

Abb. 1.4: Schematische Darstellung dorsaler Kapselbandstrukturen ((a) = laterale meniskofemorale Bänder, (b) = Semimembranosuseck) nach [378].

Die fünf genannten Äste des Semimembranosus finden sich in 56,8 % der Gelenke [231].

Bei 43,2 % der Kniegelenke besteht ein 6. Ansatzpunkt, der am Außenmeniskushinterhorn ansetzt. Diese Struktur verläuft parallel zum Lig. popliteum obliquum, aber weiter lateral, durch die Gelenkkapsel zum medialen Drittel des Außenmeniskus, selten zum mittleren Drittel. Gemäß der Morphologie bzw. Form des Bandes werden drei Typen unterschieden [231]:

Typ 1 – dünne Faserbündel (43,7 %), Typ 2 – breite, aber dünne Faserbündel (31,3 %), Typ 3 – dicke, rundliche Faserbündel (25,0 %). Der Typ 3 setzt fest und stabil zur Stabilisierung des Außenmeniskushinterhorns an.

Normvarianten des Lig. transversum genus

Das Band kann in 64 % [241] bis 94 % [340] der Fälle festgestellt werden. Nach OZENCI [353] ist das Lig. transversum beim lateralen Scheibenmeniskus verschieden ausgeprägt [533], vorwiegend „cord like" (77 %), bei 15 % membranös und bei 8 % fehlt es. Zur Stabilisierung des Außenmeniskusvorderhornes setzt es anterolateral am Meniskus an, ausgehend von der Insertion am Innenmeniskusvorderhorn (Typ I 46 %) als tatsächliches intermeniskales Band. Beim Typ II (26 %) verläuft das Band ausgehend vom Innenmeniskusvorderhorn in die Gelenkkapsel vor dem Außenmeniskus und beim Typ III (12 %) verläuft das Ligament ausschließlich [37] in der anterioren Gelenkkapsel [340] und ist oftmals vom Hoffa'schen Fettkörper überdeckt [45]. Als

„anteriores intermeniskales Band wird es häufig in einer mehr anterioren Lokalisation festgestellt [461]. Der von NELSON [340] beschriebene Typ I soll vorwiegend das Innenmeniskusvorderhorn stabilisieren. Dessen Durchtrennung führt zur Drucksteigerung im medialen Kompartiment. Da das Lig. transversum genus in Kniebeugung nach posterior verlagert wird, ist es beim arthroskopischen Kniedebridement mit Resektion des Hoffa'schen Fettkörpers, bei der tibialen Tunnelplatzierung beim Kreuzbanderersatz und auch an der Einschlagstelle für die Tibianagelung gefährdet [356, 117]. Andererseits soll es eine Fibrosierung des intermeniskalen Bandes mit der Folge eines „vorderen Knieschmerzes" geben [75]. Diese Struktur wird auch mit den Knieplicae bzw. der Metaplasie des Hoffa'schen Fettkörpers in Verbindung gebracht [287, 311, 335, 418]. Eine Abwandlung des intermeniskalen Bandes ist ein „oblique menisco-meniscales Band", erstmals beschrieben in FICK [130], mit einer Häufigkeit von 1,0–3,9 % [386, 535]. Dabei wird zwischen einem medialen und lateralen schrägen intermeniskalen Band [535] entsprechend dem anterioren Meniskusansatzpunkt unterschieden [105]. Das mediale Band zieht vom Zentrum des Innenmeniskusvorderhorns zur Spitze des Außenmeniskushinterhorns (Abb. 1.5).

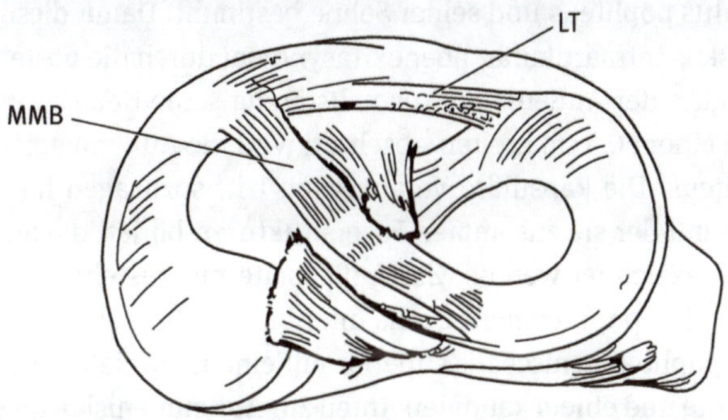

Abb. 1.5: Mediales intermeniskales Band als schräges menisko-meniskales Band (MMB) und Lig. transversum (LT), aus [52].

Entsprechend verläuft das laterale Band zwischen den Kreuzbändern vom Außenmeniskusvorderhorn zum Ansatz an der Oberfläche des Innenmeniskushinterhorns. Intermeniskale Bänder finden sich auch unter der Bezeichnung Lig. WINSLOWI [518]. In Ergänzung zu den intermeniskalen Bändern gibt es ein „intercruciate Band", das sich von der anterolateralen Begrenzung des vorderen Kreuzbandes zur posteromedialen Begrenzung des hinteren Kreuzbandes als „lazy-S shape" zieht. Dieses Band enthält Nerven und soll die Interaktion zwischen vorderem und hinterem Kreuzband [325] im Sinne eines „cruciate complex" erklären [375, 331].

1.1.2 Außenmeniskus

Das Außenmeniskusvorderhorn geht in eine Bandstruktur über, die den Meniskus ventral am Schienbeinkopf vor der Eminentia intercondylica lateralis und hinter dem vorderen Kreuzband befestigt. Ein Teil der Bandfasern zieht in das Lig. transversum zum Innenmeniskusvorderhorn. Das vordere Außenmeniskusdrittel ist nur locker mit der Gelenkkapsel verknüpft. Bandfaserstrukturen sind nicht vorhanden. Im mittleren Außenmeniskusdrittel ist als einzige Faserverstärkung mit der Kapsel ein Lig. patellomenisceale laterale vorhanden. Auch dieses Band ist wie auf der Innenseite Teil des lateralen Retinaculum patellae. Die Funktion dieser Bandverbindungen ist nicht geklärt. Während am Übergang der Pars intermedia zum Hinterhorn im Innenmeniskusbereich nun kräftige Bandverbindungen entstehen, fehlen diese auf der Außenseite. Die Meniskusverankerung bleibt locker, es existieren zwar auch Faserstrukturen von der Außenmeniskuskante zum Schienbeinkopf, wie das Lig. coronarium, diese Bandfasern sind jedoch nicht sehr kräftig ausgebildet. Der Übergang von der Pars intermedia zum Hinterhorn sowie das Hinterhorn selbst zeigen eine sehr komplexe und außerordentlich komplizierte kapsuläre Verankerung. Diese wird im Wesentlichen durch das Vorhandensein des Musculus popliteus und seiner Sehne bestimmt. Damit diese Sehne hinter dem Außenmeniskus intraartikulär, aber extrasynovial durch die posterolaterale Ecke ziehen kann, muss der Außenmeniskus vollständig seine Beziehung zur Gelenkkapsel verlassen. In einem 0,5 cm breiten Abschnitt wird die Außenmeniskuskante frei als Hiatus popliteus. Die kapsuläre Verankerung tritt sozusagen hinter die Popliteussehne zurück, mit der sie zusammen Faserstrukturen bildet, die als Fasciculi popliteomenisceales bezeichnet werden. Zur Außenseite hin bestehen die Bandfaserstrukturen des Fasciculus popliteomeniscealis inferior, Pars lateralis, zum Hinterhorn hin der Fasciculus popliteomeniscealis superior mit einem kranialen Anteil zur Außenmeniskusoberkante und einem kaudalen Anteil zur Außenmeniskusunterkante. Während die lateralen Faszikel nicht sehr kräftig ausgebildet sind, kann der mediale Faszikel zum Hinterhorn hin eine Breite bis 2,5 cm aufweisen. Anteile des Lig. arcuatum strahlen in den Fasciculus popliteomeniscealis inferior als pars medialis ein. Das Außenmeniskushinterhorn ist also mehr mit dem Popliteussystem (Muskel und Sehne) verbunden als mit dem Schienbeinkopf direkt, wie das auf der medialen Seite durch das Lig. coronarium bewerkstelligt wird. So bekommt der Musculus popliteus über seine Faszikel einen direkten Einfluss auf das Außenmeniskushinterhorn.

Die Popliteussehne und deren Faszikel in Verbindung mit dem Außenmeniskus formen den Hiatus popliteus. Diese Strukturen entsprechen der tiefsten Schicht der posterolateralen Region [292]. Zu dem Popliteus-System gehören neben dem M. popliteus das Lig. popliteum arcuatum, die Popliteussehne, der dorsokraniale popliteomeniskale Faszikel, der popliteofibulare Faszikel sowie die kaudalen (inferioren) und kranialen (superioren) popliteomeniskalen Faszikel – dies in Verbindung mit dem femoralen Ansatzareal der Popliteussehne sowie dem freien Außenmeniskusrand in

Höhe des Popliteussehnenverlaufs. Der laterale Teil des M. popliteus mit Übergang in die Popliteussehne unterfährt das Lig. popliteum arcuatum und setzt im Endeffekt als Popliteussehne am lateralen Femurkondylus an. So verläuft die Popliteussehne in Streckung des Kniegelenkes im Sulkus statarius [145] und in Beugung im Sulkus popliteus einer leichten Furche entlang der Knorpelknochengrenze. Im Verlauf des lateralen Astes der eigentlichen Popliteussehne zeigen sich Faszikelbildungen in Verbindung mit dem Fibulaköpfchen sowie dem Außenmeniskus. In diesem Bereich bildet der Außenmeniskus eine leichte Kavität, in der die Popliteussehne verläuft und in der der Außenmeniskus keine Verbindung zur Gelenkkapsel aufweist (Abb. 1.6). Der Ansatz des medialen Astes des M. popliteus am Außenmeniskushinterhorn wird auch als dorsokranialer popliteomeniskaler Faszikel bezeichnet.

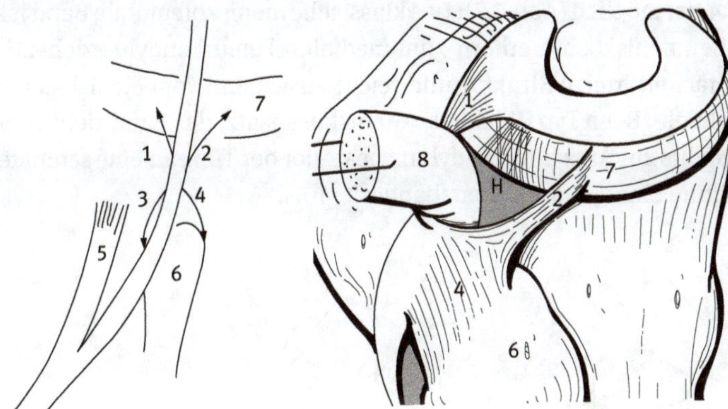

H = Hiatus popliteus

Abb. 1.6: Popliteussehne und Faszikelstrukturen (1 = kranialer, superiorer popliteomeniskaler Faszikel, 2 = inferiorer, kaudaler popliteomeniskaler Faszikel, 3 = dorsaler popliteofibularer Faszikel, 4 = kaudaler popliteofibularer Faszikel, 5 = dorsokranialer popliteomeniskaler Faszikel, 6 = Fibulaköpfchen, 7 = Außenmeniskus, 8 = Popliteussehne, H = Hiatus popliteus).

Die popliteomeniskalen und die meniskofemoralen Bänder nähern sich am Außenmeniskus erheblich. Diese Lokalisation zum Gelenk resultiert aus der Ontogenese [476]. In Kenntnis der grundlegenden Arbeiten von FABBRICIANI [123], JAKOB [199], STÄUBLI [469] resultieren Stabilitätsüberlegungen am Außenmeniskus. Dabei zeigen sich zwei Typen des Ansatzes der Fasciculi am Außenmeniskus [233]. Beim Typ I als Coronar-Ligament-Typ wird die Popliteussehne durch den Faszikel, vom Gelenk aus gesehen, verdeckt, beim Typ II liegt ein Defekt im Lig. coronarium vor. Der Musculus popliteus ist ein bedeutender Stabilisator der posterolateralen Gelenkecke [16, 252, 265], dazu unterstützen posterolaterale Strukturen synergistisch das hintere Kreuzband und sichern die Außenrotation mit Stabilisierung des Außenmeniskus [16, 260, 264]. Die popliteomeniskalen Bänder ziehen den Außenmeniskus nach lateral mit einem Spielraum von 3,6 mm bei zehn Newton. Fällt der anteroinferiore

Faszikel aus, kommt es zu 5,4 mm und beim zusätzlichen Verlust des posterosuperioren Faszikels zu 6,4 mm Instabilität [453, 454]. Es entsteht aber keine Blockierung. Die rezidivierende Subluxation des Außenmeniskus geht mit einer Verlängerung der Faszikel einher [475]. Bei der Subluxation ist aber eine Blockade denkbar [148].

Das Außenmeniskushinterhorn ist mit zwei variabel ausgestalteten meniskofemoralen Bändern direkt mit dem Femur bzw. dem hinteren Kreuzband verbunden. Die „schiefe Wurzel" [130] soll sich auch in zwei Stränge spalten (Lig. meniscofemorale ant. et post.) und somit vor und hinter dem hinteren Kreuzband verlaufen [407], in der Literatur auch als akzessorische Meniskusbänder von BARKOW [32] beschrieben, der ebenso auf die meniskomeniskalen Bänder hinweist [130]. Die anatomische Darstellung des anterioren meniskofemoralen Bandes ist weitgehend konstant, wogegen das hintere meniskofemorale Band deutliche Unterschiede in der Struktur zeigt. Eine Typisierung [344] ist möglich (Abb. 1.7): Das klassische meniskofemorale Band ist strangartig vom Außenmeniskushinterhorn zum medialen Femurkondylus ziehend. Der Typ 2 zeigt eine fächerförmige Struktur und reicht ausgehend vom Meniskus bis über die ossäre Tibiakante. Beim Typ III fehlt der Meniskusansatz, das Band zieht vom medialen Femurkondylus zur Area intercondylaris posterior der Tibia an eine schmale Insertionsbasis im Sinne eines „dritten Kreuzbandes" [407].

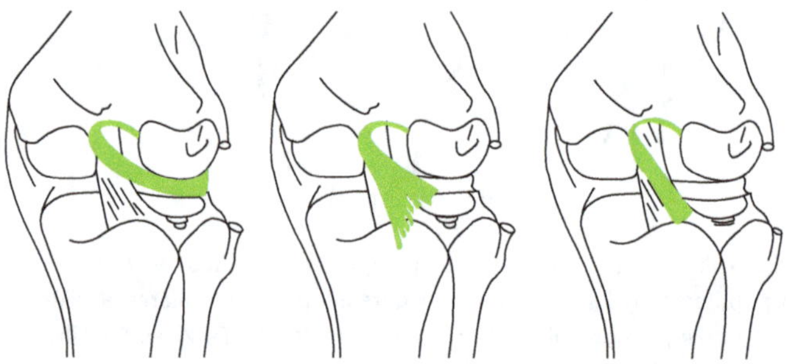

Abb. 1.7: Typisierung des Lig. meniscofemorale post. Wrisberg, aus [344].

Die „Reißfestigkeit" sowohl des anterioren als auch des posterioren meniskofemoralen Bandes wird mit etwa 300 ± 155 N angegeben [159, 160, 256]. Dies entspricht der Reißfestigkeit eines entsprechenden Faserbündels des hinteren Kreuzbandes, die eines vorderen Kreuzbandfaserbündels beträgt 1620 ± 500 N [159, 160]. In Kniebeugung ist das anteriore meniskofemorale Band gespannt, in Streckung das hintere [324]. Daraus wird eine Bedeutung für die Kniestabilität abgeleitet und ebenso die Berechtigung, dies in der klinischen Handhabung zu überlegen [324]. Es bestehen eine hohe Inzidenz und eine signifikante Reißfestigkeit. Dazu stabilisiert das anteriore meniskofemorale Band das Außenmeniskushinterhorn in Beugung und das posteriore in Streckung [142]. Für das hintere Kreuzband scheinen bei dessen Ruptur die erhaltenen meniskofemoralen Bänder noch eine Teilstabilität aufrechtzuerhalten, eine hintere Schublade ist dann weniger ausgeprägt [86], auch fällt die Prognose unter dieser Voraussetzung besser aus [161]. Besondere Bedeutung erhalten die meniskofemoralen Bänder bei den lateralen Scheibenmenisken. Es gibt Beobachtungen, dass bei einem bestimmten Typ („Wrisberg-Ligament type") die dorsale Befestigung des Hinterhornes (Lig. coronarium, popliteomeniskeale Bänder) vollständig fehlen kann. Das Lig. meniscofemorale ant. [190] sowie das Lig. meniscofemorale post. [512, 344] haben einen wesentlichen stabilisierenden Einfluss auf die Hinterhornwurzel des Außenmeniskus. Erst bei der Ruptur beider Strukturen (meniskofemorale Bänder und Außenmeniskushinterhornwurzel) kommt es zur Zunahme der tibiofemoralen Kompression und anterioren Translation [140, 141]. Daher ist diese verletzungsbedingte Instabilität in Verbindung mit der Ruptur des vorderen Kreuzbandes beschrieben [139, 67, 514, 370]. Die Abrissverletzungen des Innenmeniskushinterhorns wurden erstmals von PAGNANI [357] mit einer Häufigkeit von 3 % dargelegt [67]. Es kommt wie auch am Außenmeniskus zu einer konzentrischen Druckverteilung mit der Folge arthrotischer Knorpelschäden [12, 166, 124, 408]. Gleichzeitig entsteht eine vermehrte anteriore Translation, vergleichbar einer kompletten Meniskektomie [12, 297]. Bei einem zirkulären Verlauf der kollagenen Meniskusfasern [368] kommt die Abrissverletzung der Meniskuswurzel einem Verlust des Meniskusringes gleich [140, 531]. Es handelt sich um ein unter Spannung stehendes Ringgefüge, vergleichbar mit dem Ringsystem der Verankerung von Handwurzelknochen durch die interkarpalen Bänder. Der mehr ringförmig gestaltete Außenmeniskus endet in seiner zentralen Verankerung wieder bandartig. Der Befestigungsort liegt hinter der Eminentia intercondylica an der Tibia vor dem hinteren Befestigungspunkt des Innenmeniskus. Bei der Fixation des Außenmeniskus am Schienbeinkopf durch das Lig. coronarium gibt es noch eine Besonderheit. KIMURA [233] stellte fest, dass zwei Typen der Fixation vorliegen. Typ I – das Lig. coronarium – ist komplett ausgebildet, d. h., beim Blick vom Knieinneren unter dem Außenmeniskus hindurch ist die Popliteussehne nicht zu erkennen. Typ II – das Lig. coronarium – ist unvollständig, es liegt eine Defektbildung vor, durch die auch unter dem Außenmeniskus hindurch von zentral her die Popliteussehne erkannt wird. Dem Lig. meniskotibiale coronarium kommt eine wesentliche Bedeutung als Stabilisator des hinteren Segmentes des Außenmeniskus zu. Bei Instabilitäten in diesem Bereich ist die Außenmeniskusresektion nicht zulässig, hier bedarf es der Refixation.

Zusammenfassend ergeben sich aus der Meniskusverankerung folgende Charakteristika: Beide Menisken sind am Vorder- und Hinterhorn sehr straff und fest am Schienbeinkopf verankert. Beide Vorderhörner stehen sogar direkt mit einem Lig. transversum genus in Verbindung. Die vordere Hälfte der Menisken ist sowohl innen als auch außen nur sehr locker mit dem Kapsel-Band-Apparat verknüpft, so dass hier eine gute Verschieblichkeit besteht. Das Hinterhorn des Innenmeniskus ist außerordentlich straff mit dem Kapsel-Band-Apparat verbunden, Verschiebungen sind hier praktisch nur im Zusammenhang mit Bandverschiebungen möglich. Änderungen des Hinterhornabstandes entstehen bei axialer Belastung [298], die Belastung führt auch zur Minderung der Meniskushöhe [485]. Außenseitig sind die Verbindungen zum Kapsel-Band-Apparat ebenfalls im Hinterhornbereich locker, es gewinnt jedoch ein Kniegelenksmuskel, nämlich der Musculus popliteus, direkten Einfluss auf das Außenmeniskushinterhorn, welches er nach hinten wegziehen kann.

Meniskusdurchblutung

Innen- und Außenmeniskus sind in den inneren zwei Dritteln gefäß- und nervenlos. Die Ernährung der Zwischenscheibe geschieht hier ausschließlich über die Synovia durch Diffusion und einen mechanischen Pumpmechanismus. Das äußere Drittel des Innen- und Außenmeniskus wird über die Gelenkkapsel mit deren Gefäßen versorgt. Aus Ästen der medialen und lateralen Vasa geniculata inf. et med. (A. genus media) wird ein parameniskealer Gefäßplexus, ein vaskulärer Ring gebildet, aus dem der Kapselbandapparat und Menisken versorgt werden. Die A. genus media teilt sich in drei Äste, von denen der laterale und mediale horizontal in der parameniskalen Zone nach ventral verlaufen. Zusätzlich zu den Vorderhörnern beider Menisken ziehen Gefäße von der A. genus inferior und bilden ein für die Menisken perimeniskeales Randnetz. Von daraus dringen Gefäße radiär in die randständigen Drittel der Menisken ein. Die geschilderte Gefäßversorgung der Menisken gilt für den Erwachsenen, die kindlichen Menisken zeigen eine bessere Durchblutung. Diese Angaben wurden in den achtziger Jahren bestätigt [24, 102, 447]. Diese parameniskealen Plexus sind im Vorder- und Hinterhornbereich stärker ausgebildet als in der Pars intermedia der Menisken [177, 195, 372, 455, 488, 520, 239, 533]. Zusätzlich besteht im Vorder- und Hinterhornbereich eine vermehrte synoviale Durchblutung, die Gefäße der Gelenkschleimhaut dringen jedoch nicht in den Meniskus ein. Als Besonderheit und Ausnahme muss der Abschnitt des Außenmeniskus gelten, der am Hiatus popliteus liegt. Hier hat der Außenmeniskus bekanntlich keine Beziehung zur Gelenkkapsel und demzufolge fehlt an dieser Stelle auch die Durchblutung, was in Gefäßinjektionspräparaten sehr schön darstellbar ist. Wird die Durchblutung von Menisken mit einer Texturstörung oder mit Diskontinuitäten und gesunden Menisken verglichen, so sind keine Unterschiede erkennbar [346, 102].

Innervation

Zusammen mit den Blutgefäßen erreichen auch Nervenfasern den Meniskus. Das perimeniskeale Weichteilgewebe ist reich innerviert, die Nerven begleiten meist die Gefäße und sind dementsprechend auch häufig zirkulär ausgerichtet. Kleinere Nerven und Nervenaxone laufen dann radiär aus der Kapsel in das äußere Drittel des Meniskus ein. Auch die in den Meniskus einsprossenden Gefäße werden von Nerven begleitet, die dann entweder in der Adventitia oder sogar in der Tunica media nachweisbar sind. Innen- und Außenmeniskus sind gleichermaßen gut innerviert. Nervenrezeptoren wurden histologisch in den Hörnern der Menisken identifiziert [419]. Die funktionelle Bedeutung der Innervation der Menisken liegt in der propriozeptiven Steuerung der Kniegelenksbewegung, der Vasomotorenkontrolle und nicht zuletzt der Schmerzleitung. Aber auch Schmerzen, bedingt durch einen Meniskusriss, werden insbesondere im kapselnahen Bereich, wo auch Blutungen entstehen, dadurch erklärt [316].

Ultrastruktur des Meniskusgewebes

Der Faserknorpel der Kniegelenksmenisken besteht aus Zellen und einer extrazellulären Matrix, 70 % sind interstitielle Flüssigkeit [65, 137]. Bei den Zellen handelt es sich um Fibrochondrozyten, die nach ihrem mikroskopischen Aspekt als chondrozytenähnlich eingestuft werden. Funktionell unterscheiden sie sich jedoch wesentlich von den echten Chondrozyten des hyalinen Knorpels, da sie eine Faserknorpelmatrix produzieren. Morphologisch werden zwei Typen Fibrochondrozyten differenziert: Die einen sind eher rund gestaltet, ordnen sich zu Gruppen und befinden sich mehr am inneren Meniskusrand. Insgesamt ähneln sie den Zellen des hyalinen Knorpels. Die anderen finden sich in den tieferen Abschnitten, im Meniskuszentrum, sie sind oval oder flach mit zahlreichen Zellfortsätzen und nicht von einer homogenen Matrix umgeben, sondern von kräftigen Faserbündeln, insgesamt ähneln sie eher Fibrozyten bzw. Fibroblasten. Aufgrund dieser histologischen Strukturunterschiede wird der Innenrand des Meniskus häufig als hyalinknorpelig angesehen, das Zentrum des Meniskus als Fasergewebe. Die extrazelluläre Matrix der Menisken wird hauptsächlich durch Kollagen gebildet, vorwiegend Typ 1, aber auch Typ 2, 3 und 5. Weiterhin finden sich Proteoglykane mit Chondroitinseitenketten, ähnlich dem hyalinen Knorpel. Die Matrixglykoproteine bestehen aus zahlreichen verschiedenen Eiweißsubstanzen, die vor allem der Verknüpfung der Kollagenfasern dienen. Die wesentliche und wichtigste Substanz der Meniskusmatrix stellt das Kollagen Typ 1 dar. Die Konzentration von Kollagen ist geringfügig größer als im Gelenkknorpel. Im Gegensatz zum Gelenkknorpel, welcher ausschließlich Typ-2-Kollagen enthält, besteht Meniskusfasergewebe zu 98 % aus Typ-1-Kollagen. Die Fasern zeigen eine charakteristische Verteilung und Orientierung im Gewebe. Die Kollagenkonzentration scheint in den verschiedenen Meniskusabschnitten gleich zu sein, lediglich an den oberflächlichen Meniskusschichten wird auch Typ-2-Kollagen nachgewiesen [302, 367, 413].

Im Gegensatz zu dem feinen Typ-2-Kollagennetz, wie man es vom Knorpelgewebe kennt, enthält der Meniskus derbe Faserbündel. An der Oberfläche des Meniskus sind die Kollagenbündel mehr radiär orientiert, in den tiefen Schichten ist die vorwiegende Orientierung zirkulär, parallel zur Meniskusperipherie. Die Kollagenfasern sind aus großen Bündeln von 50 bis 150 µm Durchmesser zusammengesetzt, die sowohl an der Meniskusperipherie als auch im Bereich des Vorder- und Hinterhorns direkt in die Bandstrukturen der Meniskusaufhängung übergehen [468]. In den tiefen Schichten befinden sich nur wenige radial verlaufende Fasern, die vom peripheren Kapselrand entspringen und sich durch die großen, zirkulär verlaufenden Faserbündel schlängeln. Die Differenzierung der drei Meniskusschichten ist rasterelektronenmikroskopisch möglich [370]. Typ-I-Kollagen (weniger Typ III) findet sich vorwiegend in der Peripherie [369] und in den Meniskusoberflächen, die keine „nanomechanischen“ Unterschiede in der distalen und proximalen Oberfläche sowie den drei Meniskusregionen (anterior, zentral, posterior) zeigen [327]. Im inneren Meniskusbereich überwiegen Kollagene Typ II (weniger auch Typ IX, XI und V) in Verbindung mit Matrixproteinen [201]. Unter dem oberflächlichen Netzwerk lagern sich lamellenartige straffe Faserbündel, 10–20 mm breit, aus Kollagenfibrillen (35 mm) zusammen, die sich netzartig unter verschiedenen Winkeln überkreuzen. Die oberflächliche Schicht ist 10 mm dick, die Lamellenschicht etwa 15 mm. Zum Meniskuszentrum hin folgen der zentrale Hauptteil und Fibrillen von 12 mm, die unterschiedlich dicke Bündel bilden, die zirkulär ausgerichtet sind. Im inneren und mittleren Drittel werden die zirkulären Fibrillenbündel von lamellenartigen Faserzügen in radiärer Richtung durchbrochen [369]. Die Meniskusquerrisse in der inneren Zirkumferenz und die zirkulären Meniskuskorbhenkelrisse werden mit der arkadenartigen Anordnung der Kollagenfibrillen in Verbindung gebracht [501, 331]. Der arkadenartige Faserverlauf nach WAGNER [501] ist aber anhand polarisationsoptischer Befunde nicht zutreffend [366]. Nach der Pauwels’schen Theorie der „kausalen Histogenese“ [362] ist die Struktur eines Gewebes von dessen Beanspruchung abhängig, und damit sind Kollagenfibrillen immer in Richtung der größten Zugspannung angeordnet [486]. Bindegewebe verfügt quer zur Verlaufsrichtung der Kollagenfibrillen über die geringste Reißfestigkeit [369], und damit dient der zirkuläre Verlauf der Kollagenfibrillen der Menisken als biomechanische Erklärung für den zirkulären Verlauf der meisten Meniskusrisse [490]. Somit ist die Feststellung von WAGNER [501] zutreffend, dass die sog. Radiärfasern lediglich eine Summation der Schwachstellen des Bindegewebes quer zur Verlaufsrichtung der Kollagenfibrillen sind (Abb. 1.8).

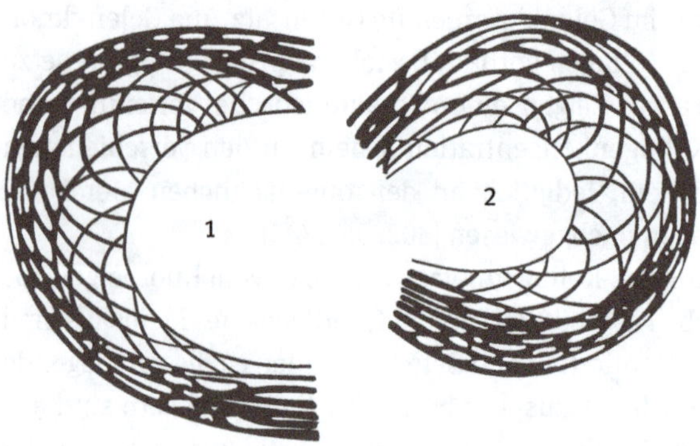

Abb. 1.8: Funktionsabhängiges Faserverlaufäquivalent in Außen-, Mittel- und Innenzone für Innen- (1) und Außenmeniskus (2), nach [501].

Dennoch beschreibt ABDELKAFY [1] als wesentliches anatomisches Detail, dass sich die kollagenen Fasern des Meniskus in zwei Richtungen orientieren: Die randständigen Fasern verlaufen parallel zur Längsachse und die radialen Fasern senkrecht dazu [74, 126, 471]. Die radialen Fasern sind an den beiden Oberflächen, femoral und tibial, lokalisiert, aber auch in der Meniskussubstanz [74]. Demgegenüber befinden sich die längsverlaufenden Fasern vorwiegend in der Meniskusperipherie, daher werden die Längsrisse auch in diesem Bereich vermutet [126].

Die wichtigste mechanische Eigenschaft der Kollagenfasern ist ihre Zugfestigkeit. In der oberflächlichen Schicht ist der Meniskus substantiell steifer als die Knorpeloberfläche, in der Tiefe besteht eine vergleichbare Kompressionssteifigkeit [258]. Kollagenfasern ordnen sich immer in Richtung der Zugbelastung aus. Aus diesem Grund kann aus der Feinstruktur der Kollagenfaseranordnung auf die mechanische Beanspruchung des Meniskusgewebes geschlossen werden. Histologisch lassen sich drei unterschiedliche Meniskusschichten erkennen (Abb. 1.10).

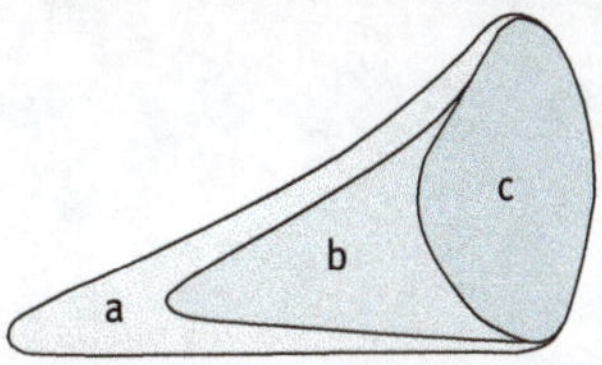

Abb. 1.9: Schema der Meniskusgewebe (a = oberflächliche und innere Schicht, b = mittlere Schicht, c = äußere Zirkumferenz).

In der oberflächlichen und inneren Schicht liegt Faserknorpel mit Kollagenfibrillen und dazwischengelagerten Chondrozyten vor, einzeln oder in Gruppen. Die äußere Zirkumferenz besteht aus straffem Bindegewebe mit zwischen zirkulär ausgerichteten Kollagenfibrillen eingelagerten Fibroblasten. Dazu gesellen sich fibroblastenreiche Faserzüge lockeren Bindegewebes, ausgehend von der Gelenkkapsel. In der mittleren Schicht (Intermediärzone) kommen Fibroblasten und Chondrozyten sowie deren Übergangsformen vor, umgeben von Kollagenfibrillenbündeln [89, 103, 149, 462]. Die oberflächliche Struktur gleicht den Gleitsehnen [486]. Das von der Gelenkkapsel einstrahlende lockere Bindegewebe enthält Gefäße, es entsteht eine Struktur wie bei Zugsehnen, und das Gewebe der Intermediärzone nimmt eine Zwischenstellung ein.

Biomechanik der Menisken

Die mechanische Funktion der Menisken wird bestimmt durch ihre Form, die Form der Femurkondylen und des Tibiaplateaus sowie die Stellung der Menisken im Gelenk, die anatomische Befestigung und die Größe und Richtung der auf das Gelenk einwirkenden Kraft (Abb. 1.10).

Da die Menisken keilförmig sind und in der Peripherie des Gelenkes liegen, treffen die vom Femurkondylus auf den Meniskus übertragenden Normalkräfte im Meniskotibialgelenk unter einem schiefen Winkel ein. Da aber auch im Meniskotibialgelenk nur Normalkräfte weitergegeben werden können, entsteht eine tangentialgerichtete Teilkraft [305, 531], die den Meniskus zentrifugal nach außen zu schieben trachtet (Abb. 1.11). Da aber beide Menisken im Vorder- und Hinterhornbereich fest auf der Tibia verankert sind und somit eine Verschiebung des Meniskus nach außen nicht

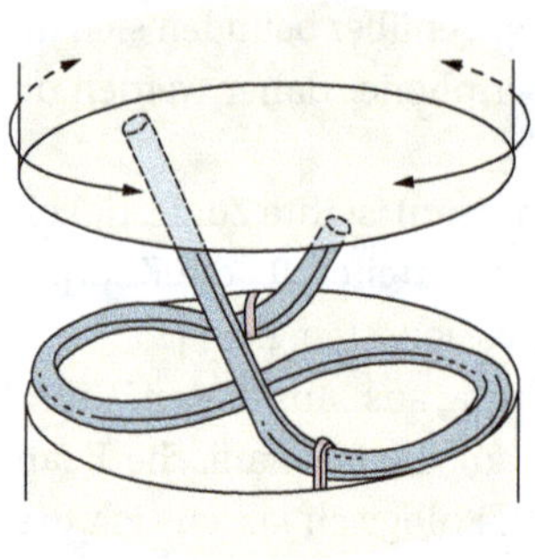

Abb. 1.10: Zugseilwirkung der Kreuzbänder auf den medialen (links) und lateralen (rechts) Meniskus bei beugungs- bzw. streckungsabhängiger Innen- bzw. Außenrotation, verändert nach [168].

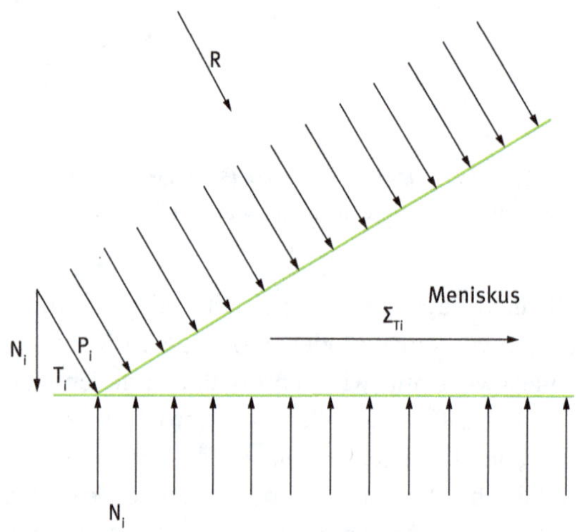

Abb. 1.11: Kraftübertragung im Meniskofemoral- und Meniskotibialgelenk. Ni = Normalkräfte im Meniskotibialgelenk, Pi = Normalkräfte im Meniskofemoralgelenk, R = kniegelenksresultierend, Ti = Tangentialkomponente von Pi in Bezug auf das Meniskotibialgelenk, Σ_{Ti} = Summe aller radiär gerichteten Tangentialkomponenten im Meniskotibialgelenk. Es gelten folgende Beziehungen: $\Sigma_{Pi} = R$; $Ni < Pi$, aus [255].

möglich ist, entwickeln sich im Meniskusgewebe ringartige Zugspannungen, die sich morphologisch in der Anordnung der Kollagenfaserbündel widerspiegeln. Von innen nach außen nehmen die zirkulären Zugspannungen zu, was wiederum aus der Quantität und der Dichte der Kollagenfaserbündel abgelesen werden kann.

Laut FICK [130] sind die Tibiakopfgelenkflächen nicht plan, die mediale Fläche ist von vorn nach hinten deutlich konkav, während die laterale mit dem wenigsten Knorpelüberzug deutlich konvex ist. Es entstehen aus der Übertragung von Druckkräften von den Femurkondylen zum Schienbeinkopf Zugkräfte, die quantitativ der geometrisch ableitbaren Tangentialkraft entsprechen. Insgesamt kommt es zu einer Druckverminderung auf den Schienbeinkopf, die umso größer sein muss, je mehr funktionstüchtiges Meniskusgewebe besteht.

1.2 Pathologie

Die Darstellung der Systematik, der Pathogenese und der morphologischen/immunhistochemischen Diagnostik krankhafter Meniskusveränderungen obliegt der Histopathologie, aber auch makroskopisch sind pathologische Diagnosen nicht nur möglich, sondern auch notwendig, da insbesondere im Zeitalter der Arthroskopie schon mit der optischen Betrachtung Entscheidungen getroffen werden müssen. Die Histopathologie ist erst nach einem resezierenden Eingriff zur retrospektiven Beurteilung und somit für die Begutachtung hilfreich. Die Literatur über makroskopisch sichtbare Veränderungen der Kniegelenkzwischenscheiben ist außerordentlich umfangreich [111]. Auch heute noch wird die Meniskopathie als Meniskuskrankheit diskutiert [496]. Eine klare Definition der Meniskopathie ist nicht erkennbar. Die Meniskopathie wird als vorzeitige „Degeneration" eines Meniskus geschildert, so im Pathologielehrbuch RIEDE [404], mit dem Hinweis, dass die Meniskopathie der früheren Bezeichnung „Meniskusdegeneration" entspricht. Die Meniskopathie sei somit „die Summe morphologisch sichtbarer Zerstörungseffekte an den zellulären und fibrillären Meniskusbestandteilen nach ischämisch-nutritiven Stoffwechselstörungen, die sich auf alterungsbedingte Meniskusveränderungen aufpfropfen können" [404]. Im Lehrbuch der Pathologie EDER [113] wird die Meniskopathie als primäre oder sekundäre degenerative und traumatische Schädigung des Meniskus beschrieben. Im Lehrbuch der allgemeinen Pathologie GRUNDMANN [158] wird das Wort „Meniskopathie" genannt, eine Definition liegt nicht vor, es wird auf Meniskusschäden hingewiesen. Und im Lehrbuch ZOLLINGER [536] sowie BÖCKER [53] kommt das Wort „Meniskopathie" nicht vor. Eine Klärung der Bezeichnung „Meniskopathie" wird selbst in der aktuellen Literatur [37] nicht herbeigeführt. In der Berufskrankheitenverordnung [306] wird die Meniskopathie einer Berufskrankheit im Sinne eines Überlastungsschadens zugeteilt, wobei in der Berufskrankheitenverordnung (BKV) auch die Bezeichnung „Meniskusschaden" zur Anwendung kommt.

Pathomorphologisch ist die Meniskopathie einteilbar in den Meniskusriss (Diskontinuität), eine akute Meniskopathie und eine chronische Meniskopathie.

1.2.1 Meniskusruptur

Zusammenhangstrennungen von Meniskusgewebe sind ein multikausales Geschehen. Allein durch Druckbelastung kann ein Meniskus nicht reißen. Wesentliche Voraussetzungen für die Rissbereitschaft sind Vorschädigungen des Meniskus mit der Reduktion elastischer Eigenschaften, Bandinstabilitäten mit abnormer Druckbelastung bestimmter Meniskusabschnitte, Auftreten von Scher- und Zugkräften, Kombination von maximaler Beugung, gleichzeitiger Drehung des Kniegelenkes mit nachfolgender Streckung ohne Schlußrotation.

1.2.2 Akute Meniskopathie

Es handelt sich um pathologisch-histologisch darstellbare Veränderung des Meniskusgewebes auf eine äußere Schädigung, aber auch auf indirekt einwirkende Einflüsse. Sie beschreibt den Zelluntergang der Chondrozyten, die Nekrose des kollagenen Fasergewebes, die Aufquellung der Grundsubstanz, die Fetteinlagerungen in den Knorpelzellen und die Dissektion der kollagenen Fibrillen.

1.2.3 Chronische Meniskopathie

Sie ist gekennzeichnet durch die Summe der abbauenden und reparativen Vorgänge, einschließlich der Restitution und der Defektheilung. Chondrozytäre Proliferate, so genannte Brutkapseln, gelten als Regenerationsphänomen, Granulationsgewebe als Reparationsleistung. Die Unterscheidung zwischen der akuten und der chronischen Meniskopathie liegt offensichtlich darin, dass bei der chronischen Meniskopathie Regenerationsphänomene (Reparation) bestehen. Diese Reparation ist die Folge der ursprünglichen Texturstörung bei der akuten Meniskopathie. Insofern wäre eine Unterscheidung zwischen akuter und chronischer Meniskopathie nicht erforderlich, denn die Ätiologie der Meniskopathie ist in aller Regel die Mikrotraumatisierung (auch Alterungsvorgänge), in deren Folge es notwendigerweise zu reparativen Maßnahmen kommt. Erst die Kombination der Texturstörung und der Reparation würde die Bezeichnung „Degeneration“ rechtfertigen. Es sollte also zwischen der Zusammenhangstrennung und der Meniskuskrankheit unterschieden werden, letztere beginnt mit der Texturstörung und dazu gesellt sich die Reparation, was insgesamt das Bild einer Degeneration zur Folge hat [478].

Die Meniskuspathologie ist im Gelenkverbund zu sehen (Abb. 1.12). Es liegt ein Circulus vitiosus zwischen der Mikro- sowie der Makropathologie vor und andererseits zwischen der Pathologie und der daraus notwendigen Therapie. Hier steht die Resektion des Meniskus (Teilresektion, Meniskektomie) im Vordergrund, die wiederum aufgrund einer Meniskomalazie mit einer daraus resultierenden Diskontinuität erforderlich wird. Zur Meniskomalazie führen Mikrotraumen, die aus einer Überlastung („overuse“) und auch aus einer Instabilität resultieren. Mikrotraumen haben am Me-

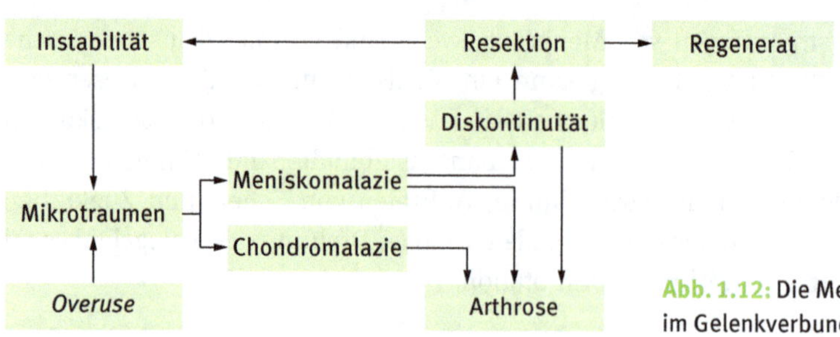

Abb. 1.12: Die Meniskuspathologie im Gelenkverbund.

niskus die Meniskomalazie und am Knorpel die Chondromalazie zur Folge, aus denen sich einmal die Arthrose und zum anderen Diskontinuitäten des Meniskus entwickeln. Diese pathologischen Abläufe können Folgen einer Verletzung sein, aber auch eines Alterungsschadens oder eines Überlastungsproblems. Die Ätiologie eines Meniskusschadens sollte daher abgeklärt werden, um Folgeschäden, auch bei adäquater Behandlung, zu verhindern. Andererseits muss die Meniskuspathologie von der normalen Anatomie bzw. deren Normvarianten abgegrenzt werden.

1.3 Makropathologie

Krankhafte Befunde [188] an den Kniegelenksmenisken betreffen kongenitale Anomalien, „degenerative" Veränderungen als Texturstörungen, Unfallfolgen, Entzündungen, Stoffwechselstörungen und Tumore sowie Ganglien. „Ossikel" und Meniskusimpingements sowie die Meniskusbesonderheiten bei der Instabilität in Verbindung mit Kreuzbandschäden, das Meniskusproblem nach Meniskektomien (Postmeniskektomiearthrose) und Meniskusregenerate. Es werden makroskopisch erkennbare Pathologien von den pathohistologischen Befunden unterschieden. Makroskopisch sind Normvarianten, Anomalien und Regenerate festzustellen, insbesondere Diskontinuitäten, die allgemein als „Risse" bezeichnet werden. Der Riss wird einer Verletzung zugeordnet, obwohl das Wort „Riss" laut Duden der Kontinuitätstrennung ohne Hinweis auf einen Verletzungsmechanismus näherkommt. Die sog. Risse basieren aber normalerweise auf Texturstörungen, insbesondere wenn sie isoliert vorkommen. Verletzungsbedingte Risse gehen in aller Regel mit Begleitverletzungen einher [281]. Meniskustexturstörungen nehmen mit dem Alter zu [180, 481]. Die Belastung sorgt für metabolische und biomechanische Konsequenzen in den Meniskozyten [125]. Meniskusschäden führen auch zu früherer Arthrose [30] und die Zunahme der Texturstörung durch Sport [206] resultiert ebenfalls in der Arthrose. Der Meniskus- oder Kreuzbandriss selbst habe keinen Einfluss auf die Arthroseentstehung [76, 68], doch beim Meniskusschaden führen Zytokine und Fibronectin-Aggrecan zum Schmerz [97, 436] und zu weiterem Meniskus- sowie Knorpelabbau mit der Folge der Arthrose sowie auch der sich aus dem Kreuzbandriss ergebenden Instabilität.

Im Vordergrund steht die Beurteilung der Form einer Diskontinuität bzw. die „Rissform". Der Wert einer Klassifikation der Meniskusschäden richtet sich danach, welchen Nutzen dieser für die Behandlung hat. Für die Belange der arthroskopischen Meniskusdiagnostik haben die früher vorgenommenen Einteilungen, die sich oft auf die Beschreibung des Resektats bei totaler Meniskektomie bezogen, wenig praktische Bedeutung. Nach dem Grundprinzip der arthroskopischen Meniskusresektion – „so viel wie nötig, so wenig wie möglich" – und aufgrund der Kenntnisse über die biomechanischen Gesetzmäßigkeiten der Entstehung von Meniskusschäden muss sich eine Einteilung der Meniskusläsionen zwangsläufig daran orientieren, welche Behandlungsstrategie aus ihr abgeleitet werden kann. Nach TRILLAT [490] resultieren die meisten Rissformen aus einem kleineren Längsriss im Bereich des Hinterhorns, insbesondere am Innenmeniskus. Diese Rissform verlängert sich entweder nach posterior oder nach anterior, aus letzterer Form resultieren Korbhenkelrisse und auch Henkelrupturen. Die periphere Meniskusseparation, insbesondere am Innenmeniskus, findet sich bei Verletzungen des Innenbandapparates bei Mitverletzung der tiefen Schicht des Lig. collaterale mediale [533]. Bei diesen Innenmeniskusverletzungen (!) entsteht der eigentliche Meniskusriss, z. B. in Form eines Korbhenkels, nicht durch Rotationsmechanismen bei Kniebeugung, sondern erst durch Einklemmung des Meniskus, bei der aus der Beugung heraus notwendigen Streckung, dann auch möglicherweise Verlagerung des abgerissenen Meniskusfragmentes hin zur Fossa intercondylica. Diese Überlegung ist insbesondere bei der Beurteilung eines so genannten Drehsturzes von Bedeutung, bei dem zwar eine Beugung mit Rotation im Knie vorausgeht, der eigentliche Meniskusschaden aber bei der Streckung entsteht. Die Überlegung zum Drehsturz ist jedoch nicht zu vergleichen mit der Dauerdruckbelastung des Meniskus [19]. Bei diesem Überlastungsschaden resultiert eine nach Monaten oder Jahren als Druckfolge irreversible Änderung der Elastizität mit Aufbrauch des Innenmeniskushinterhorns bzw. dessen Lösung an der kapsulären Ansatzzone. Die verschiedenen Rissformen und deren Lokalisation am Meniskus bedürfen der Zuordnung zur Meniskusgefäßversorgung. Die Rissformen im peripheren Drittel, so sie denn traumatischer Art sind, gehen mit Einblutungen einher, teilweise auch die Rissformen im mittleren Drittel des Meniskus. Im zentralen Drittel müssen Meniskusrisse traumatischer Art nicht mit Einblutungen verbunden sein. Arthroskopisch ist eine Abgrenzung einer traumatisch bedingten, rezenten, maximal bis zwei Wochen alten Meniskusruptur eindeutig erkennbar (Abb. 1.13), diese muss von älteren Schäden, die die typischen

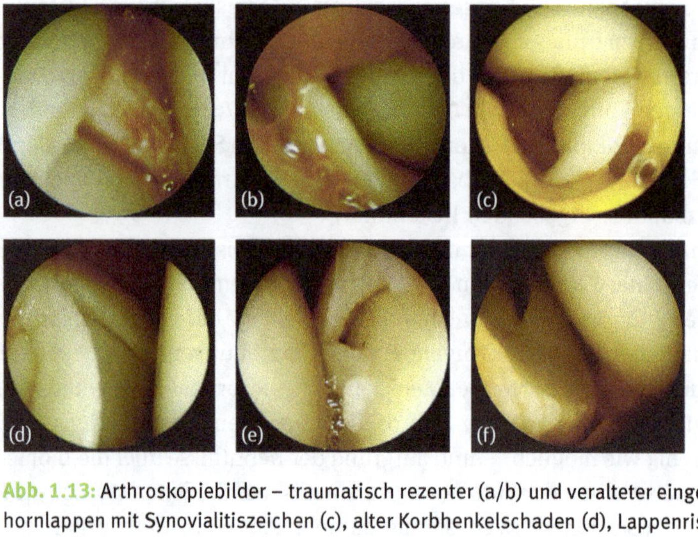

Abb. 1.13: Arthroskopiebilder – traumatisch rezenter (a/b) und veralteter eingeklemmter Hinterhornlappen mit Synovialitiszeichen (c), alter Korbhenkelschaden (d), Lappenriss bei Texturstörung (e) und Außenmeniskusvorderhornseparation (f), aus [173].

Rupturzeichen nicht mehr erkennen lassen, oder auch von durch eine Texturstörung bedingten Diskontinuitäten abgegrenzt werden. Liegt ein Rissereignis länger zurück, so erscheinen die Rissflächen durch die andauernde Wirkung der Gelenkflächen geglättet und mehr oder minder abgerundet und abgeschliffen [533]. Für die sog. Meniskopathie als Berufskrankheit werden verschiedene Theorien diskutiert, so die Drucktheorie nach ANDREESEN [19], die Funktionsschadentheorie nach BAETZNER [31] und die Schwingungstheorie [176]. Wenn nun die Ursache bzw. die Kausalität eines Meniskusrisses zu klären ist, so müssen Texturstörungen und tatsächliche Meniskusverletzungen voneinander getrennt werden. Diese Unterscheidung nimmt bereits MANDL [289] vor. Eine vergleichbare Einteilung findet sich bei PAYR [363] mit der Differenzierung der rein traumatischen Zerreißung beim gesunden Gelenk, der spontanen Zerreißung bei krankhaft veränderten Menisken und der spontanen oder traumatischen Zerreißung bei bereits vorher verändertem Gelenk. Die traumatisch bedingten Meniskusverletzungen sollen in ein- und mehrzeitige Verläufe getrennt werden [251]. Die Differenzierung der Spontanlösung der Diskusscheibe bei primärer Degeneration von dem frischen Unfallriss, den Spätschäden der Zwischenknorpel nach einem Unfall (sekundäre Degeneration) und vom Spätschaden des Meniskus beim Schlotterknie (pseudoprimäre Degeneration) sieht GROH [157] vor. Im Verlauf entsteht dann eine Einteilung der Meniskusläsionen in traumatisch unfallmäßig entstandene Verletzungen, Läsionen nach vorausgegangener Überbeanspruchung und Schäden infolge konstitutionsbedingter Disposition [420]. Häufig wird die Dreiteilung der Entstehungsweise von Meniskusschäden diskutiert mit Abgrenzung der rein traumatischen Zerreißungen von spontantraumatischen Entstehungen und der spontanen Berstung der Zwischenknorpel auf degenerativer Grundlage [19, 394, 411, 455]. Eine Abgrenzung zwischen Meniskusschäden und Meniskusverletzungen schlägt CEELEN [78] vor, wobei Meniskusverletzungen als Folge direkter oder indirekter Gewalteinwirkungen, aber auch als Spontanverletzung in Form einer plötzlichen Verschlimmerung eines chronischen Meniskusschadens, auftreten können. Aus all diesen Überlegungen zieht ZIPPEL [533] den Schluss, dass unabhängig von den Einteilungs- und Unterscheidungsprinzipien für die Entstehungsweise einer Meniskusläsion immer zwei pathogenetische Grundvoraussetzungen berücksichtigt werden müssen:

1. die gelenkmechanischen Ursachen und das gelenkmechanische Verhalten der Zwischenknorpel, die für das Zustandekommen der Meniskusschädigungen und Meniskusverletzungen die entscheidende Rolle spielen,
2. Faktoren, welche die Rissbereitschaft der Zwischenknorpel aus besonderen, im Einzelnen noch näher zu klärenden Gründen von Vorneherein erhöhen.

Heute ist die Einteilung von Schäden am medialen Meniskus (Abb. 1.14) und am lateralen Meniskus (Abb. 1.15) komplex.

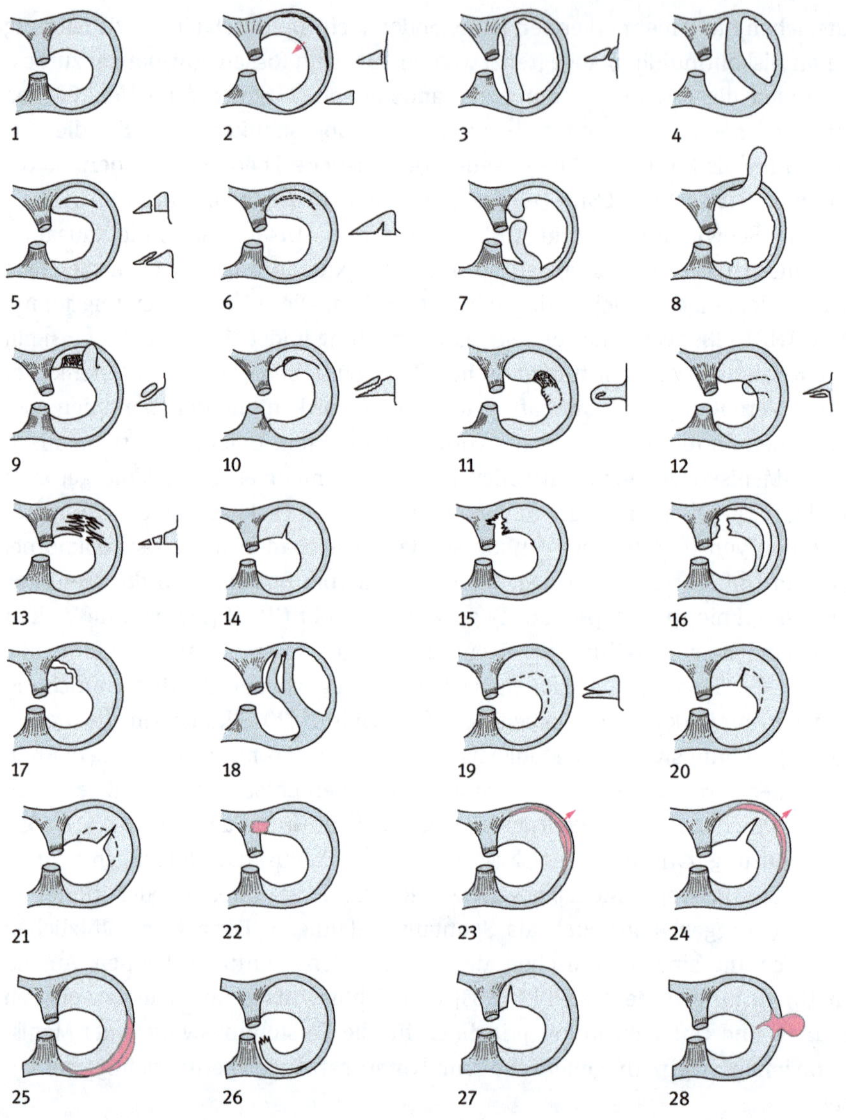

Abb. 1.14: Läsionen des Innenmeniskus: 1 = normale Anatomie, 2 = periphere Separation, 3 = Korbhenkel, komplett (Typ I), 4 = Korbhenkel, inkomplett (Typ II), 5 = Hinterhornlängsriss (Korbhenkel Typ III), 6 = partieller inferiorer Vertikalriss, 7 = rupturierter Korbhenkel, 8 = rupturierter, luxierter Korbhenkel, 9 = horizontaler, oberflächlicher Lappen, disloziert, 10 = horizontaler, oberflächlicher Lappen, 11 = horizontaler, umgestülpter Lappen, 12 = inferiorer Lappen, 13 = Aufbrauchriss (Texturstörung), 14 = Radiärriss, 15 = Hinterhornausriss, ligamentär [262], 16 = ligamentärer Hinterhornabriss mit Korbhenkel [262], 17 = ligamentärer Hinterhornschrägriss [262], 18 = mehrere Korbhenkel, 19 = Horizontalriss, 20 = Radiär- und Horizontalriss, 21 = Radiärriss mit Spalt (Cleavage)-Bildung [226], 22 = ossärer Hinterhornausriss [262], 23 = Meniskusextrusion, 24 = Extrusion mit Hinterhornradiärriss [83, 92, 286, 385, 357], 25 = anteromediale Dislokation [80, 211, 374, 87], 26 = Vorderhornabriss, 27 = partieller Hinterhornradiärriss [262], 28 = Meniskusganglion, modifiziert nach [101].

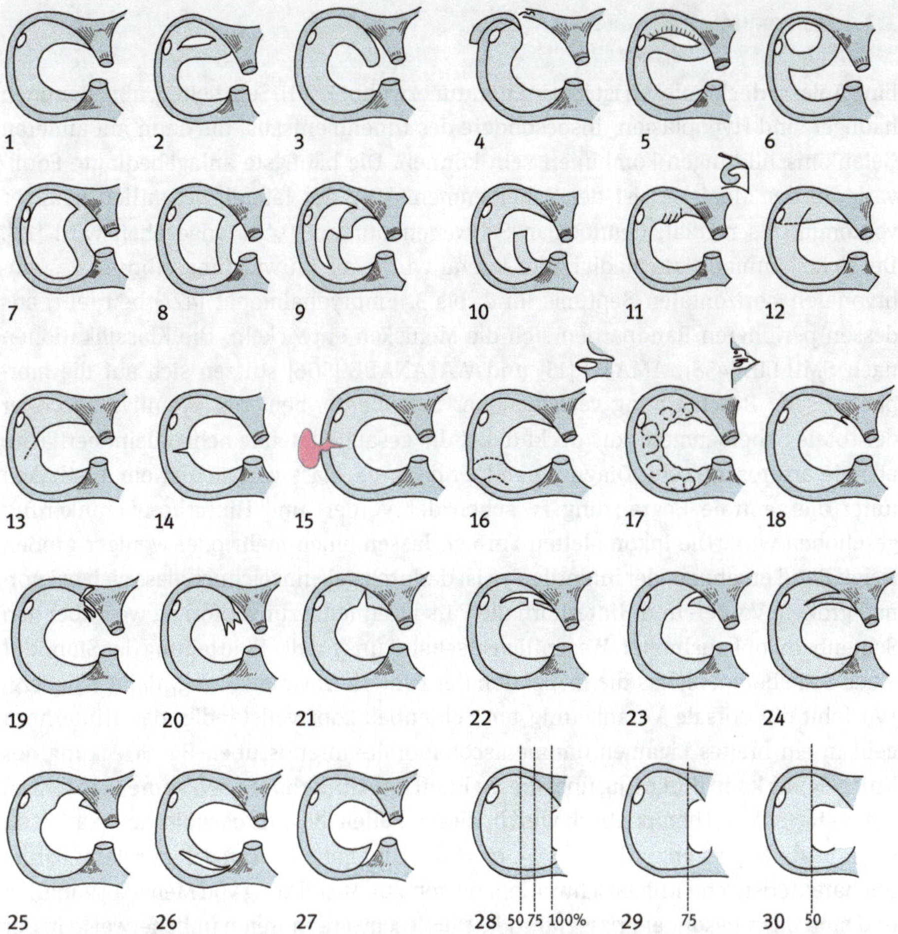

Abb. 1.15: Läsionen des lateralen Meniskus: 1 = Normalbefund, 2 = Hinterhornlängsriss [336], 3 = Hinterhornlappen, 4 = luxierter Hinterhornlappen [121, 184], 5 = partieller Hinterhornkorbhenkel mit Schrägkomponente, 6 = halber Längsriss mit schräger Komponente [443], 7 = kompletter dislozierter Abriss - Lig. coronarium, Kapsel [185, 355, 115, 193, 294], 8 = kompletter Korbhenkel, halbe Breite, 9 = rupturierter Korbhenkel, 10 = anteriorer Lappen, 11 = umgeschlagener Hinterhornriss, 12 = Papageienschnabel, 13 = komplexer Papageienschnabel, 14 = Radiärriss [138, 38], 15 = Außenmeniskusganglion [416], 16 = inferiorer, anteriorer Lappen, Ganglion vortäuschend, 17 = zystische Degeneration [50, 164, 336, 354], 18 = Hinterhornabriss [370, 514, 139], 19 = Hinterhornwurzelabriss und Ruptur des MFL [139], 20 = ossärer posteriorer Wurzelausriss [155, 267, 196], 21 = Hinterhornradiärriss [514, 139], 22 = Hinterhornradiär- und längsriss [514, 7], 23 = Hinterhornradiärriss und Lappenbildung [7], 24 = Hinterhornwurzellängsriss zwischen ossärem Meniskusansatz und Ansatz des MFL [7], 25 = Wurzellängsriss mit Defektzone [7], 26 = Außenmeniskuslängsriss [84], 27 = Vorderhornabriss [129], 28 = Scheibenmeniskus 100 % [101, 397, 166, 192], 29 = Scheibenmeniskus 75 % [101, 458], 30 = Scheibenmeniskus 50 %, modifiziert nach [101].

1.3.1 Kongenitale Anomalie

Eine Aplasie der Menisken ist in der Literatur erwähnt [100]. Sehr selten, aber dennoch häufiger sind Hypoplasien, insbesondere des Innenmeniskus, die dann mit anderen Gelenkmissbildungen kombiniert sein können. Die häufigste anlagebedingte Formvariante der Menisken ist der Scheibenmeniskus, der lateral wesentlich häufiger vorkommt als medial, dennoch in Schweden nur mit 0,4 % angegeben wird [13]. Der Scheibenmeniskus medial oder lateral wurde als Entwicklungsstörung des embryonalen horizontalen Septums im 2. bis 3. Embryonalmonat [427] beurteilt, aus dessen peripheren Randpartien sich die Menisken entwickeln. Die Klassifikationen nach SMILLIE [458], AMAKO [15] und WATANABE [506] stützen sich auf die morphologische Beschreibung verschiedener Scheibenformen. Der primitive Typ oder der totale Scheibenmeniskus deckt dabei die gesamte laterale Schienbeinoberfläche ab. Die arthroskopische Diagnose gelingt dadurch, dass von medial ein Tasthaken unter die zentrale Begrenzung zwischen der Vorder- und Hinterhornverankerung geschoben wird. Die inkompletten Formen lassen einen mehr oder weniger großen freien Rand erkennen, der infantile Typ ist dadurch gekennzeichnet, dass sich bei normal großem Vorder- und Hinterhorn die Pars intermedia zungenförmig weit über den Schienbeinkopf ausbreitet. Wesentlich erscheint uns für die Beurteilung der Stabilität eines Scheibenmeniskus die Inspektion der Hinterhornverankerung. Beim Wrisberg-Typ fehlt die dorsale Verankerung am Schienbeinkopf vollständig, das Hinterhorn geht in ein breites Ligamentum meniscofemorale anterius über. Bei Streckung des Kniegelenks kann durch Zug über dieses Band das Hinterhorn nach vorne und zentral gezogen werden. Therapeutisch wird in diesen Fällen die arthroskopische Fixation an die dorsale Kapsel empfohlen [365]. Meniskusanomalien verursachen relativ häufig uncharakteristische Kniebeschwerden, neigen zur Ausbildung von Meniskusganglien und sind auch besonders rissgefährdet. Die Beschwerden treten üblicherweise in der zweiten Hälfte des Wachstumsalters auf, wobei dann ein typisches Schnappen bei der Kniebeugung zwischen 0° und 30° erfolgt. Asymptomatische Scheibenmenisken sollen nicht prophylaktisch teilreseziert werden (Abb. 1.16).

Morphologische Klassifikationen nach AMAKO [15], ZIPPEL [534] und WATANABE [506] beziehen sich jeweils auf die äußere Form der mehr oder weniger vollständigen Scheibe [101], die Form des Querschnitts lässt dann zusätzlich eine Einteilung in einen primitiven Typ, einen intermediären Typ und einen infantilen Typ zu [534].

Mediale Scheibenmenisken bzw. mediale diskoide Menisken sind ungleich seltener als der diskoide Außenmeniskus. In der Literatur sind nur vereinzelt Hinweise über den medialen Scheibenmeniskus zu finden [90, 181, 109, 208, 399, 459, 274]. Die Häufigkeit wird von DICKASON [109] mit 0,3 % angegeben, von SMILLIE [459] mit 0,07 % und von HERMANN [181] mit 0,4 %. Werden die Formstörungen des Innen- und Außenmeniskus beim Neugeborenen verglichen [216], so zeigen sich Besonderheiten. Diskoide Menisken medial werden nicht festgestellt, aber Formvarianten, die wiederum beim Außenmeniskus nicht erkennbar werden (Abb. 1.16).

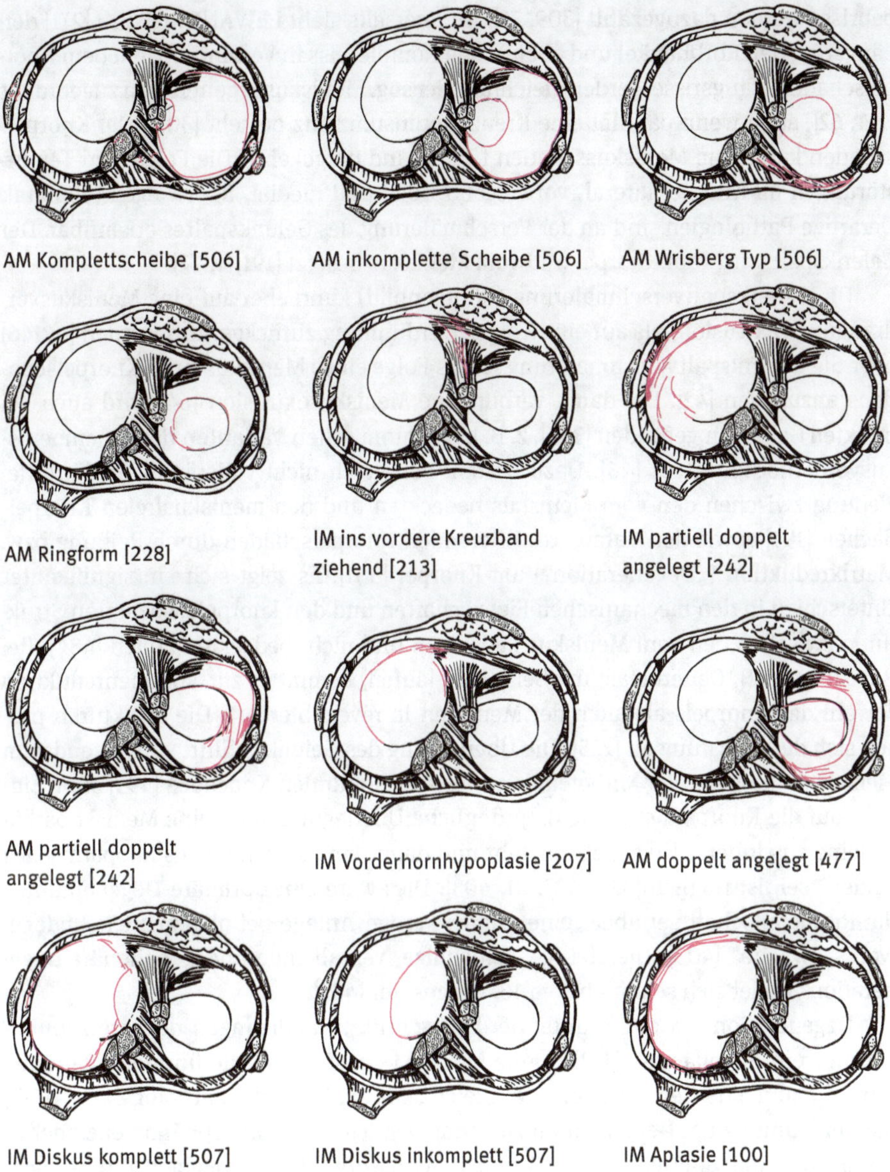

Abb. 1.16: Normvarianten des medialen (IM)-Meniskus und des lateralen (AM)-Meniskus.

1.3.2 „Degenerative Veränderungen als Texturstörung“

Es werden der Texturstörung bzw. der Degeneration (Texturstörung und Reparation) bestimmte Formen der Diskontinuität zugeordnet, so die komplexen und horizontalen Risse, die häufig in Begleitung der Knorpelschäden zu finden sind [93], auch Lappenrisse werden dazugezählt [309, 71]. Andererseits sieht LEWANDROWSKI [271] den Längsriss, den Korbhenkel und ebenso den Komplexriss in Verbindung mit dem Knorpelschaden, Längsrisse werden gleichfalls der sog. Meniskusdegeneration zugeordnet [114, 62], auch wenn parallel eine Kreuzbandinsuffizienz besteht [307]. Der Knorpelschaden kann zum Meniskusschaden führen und umgekehrt. Die Folge sind Texturstörungen im Knorpel lateral, vorwiegend tibial und medial, überwiegend femoral. Derartige Pathologien sind an der Verschmälerung des Gelenkspaltes erkennbar. Der Gelenkspalt wird vom Knorpel und vom Meniskus besetzt [191, 4, 72].

Die Gelenkspaltverschmälerung (Röntgenbild) kann eher auf eine Meniskusverdrängung (Extrusion) als auf eine Knorpelverdünnung zurückgeführt werden [4, 146] oder die Gelenkspaltverschmälerung ist als Folge eines Meniskus- und Knorpelschadens anzusehen [42]. Die damit verbundene Meniskusextrusion [64] wird auch bei intakten Gelenken gefunden [385], z. B. bei anatomischen Varianten des Innenmeniskusvorderhornansatzes [46]. Dazu besteht eine noch nicht vollständig geklärte Beziehung zwischen den vom Meniskus bedeckten und den meniskusfreien Knorpelflächen [191] sowie den daraus resultierenden Knorpelschäden durch Reibung bzw. Matrixreduktion („Degeneration“) am Knorpel [301]. Es zeigt sich ein signifikanter Unterschied in den mechanischen Eigenschaften und den knorpelassoziierten Strukturen zwischen den vom Meniskus bedeckten und nicht bedeckten Zonen [484]. Bei Belastung (z. B. Dauerbelastung beim Langlaufen) kommt es zur Volumenreduktion sowohl des Knorpels als auch der Menisken in reversibler Art. Die Strukturen passen sich der Belastung an [225]. Die Überlastung des Gelenkes führt vorwiegend zum Meniskusschaden unter Mitbeteiligung des subchondralen Knochens [495] ohne Einfluss auf die Knorpeldicke. Die ursprüngliche Überlegung, dass eine Meniskopathie „alleine aus innerer Ursache“ entsteht und damit ein „selbständiges idiopathisches Leiden“ sei, ist fraglich [320, 487, 21, 403]. Dies wäre eine „primäre Degeneration“, die Rissbereitschaft sei aber „eine minderwertige Anlage bei allgemeiner Bindegewebsschwäche“ [403]. Die „fettige, schleimige, verkalkende und ganglionäre Degeneration“ findet sich schon ab dem 16. Lebensjahr [487].

Degenerationen werden unter der Überschrift „Schädigungen der Interzellularsubstanzen“ abgehandelt [113], so die hyaline Degeneration, die fibrinoide Verquellung, die mukoide Degeneration u. a. Gleichzeitig schlagen die Pathologen vor [186], die Bezeichnung der Degeneration zu vermeiden, es seien Einzelphänomene oder es sei die zusammenfassende Bezeichnung „Meniskopathie“ anzugeben. Die Bezeichnung „Degeneration“ wird aber munter weiter gebraucht und gleichzeitig auf die Bezeichnungsproblematik hingewiesen, ohne dass eine Lösung gefunden würde. Als Ursache für derartige krankhafte Veränderungen resultiert ein Überlastungsproblem der Menisken, Druck- und Scherbelastungen führen zu Fibrillierungen, die mit Meniskozytennekrosen einhergehen, und wie im hyalinen Knorpel kann sich auch am Meniskus eine Brutkapselbildung anschließen. Am Knorpel wird dies als chondrozytäre Chondrolyse bezeichnet (Knorpelmatrixzerstörung). Obwohl am Meniskus vergleichbare Mechanismen vorliegen, ist die „meniskozytäre Meniskolyse“ lediglich erwähnt [320]. Die Fibrillation mit Matrixverlust wird im Resultat als „Degeneration“ interpretiert [420]. Histologisch bedeutet dies eine Zerfaserung und Aufquellung der Grundsubstanz mit Verschleimungen, Demaskierungen und Lückenbildungen bis hin zur Entstehung von Mikroganglien [236]. Diese so genannte „myxoide Degeneration“ wurde nie definiert [33, 320], also muss die Pathogenese der meniskealen Mikroganglien neu interpretiert werden. Die Grundlage für die Pseudozystenbildung ist das Einpressen der Synovia in die Meniskusmatrix [272, 182]. Die so genannten „degenerativen Veränderungen“ am Meniskus bestehen aus Texturstörungen mit der damit unweigerlich verbundenen Notwendigkeit reparativer Maßnahmen.

1.3.3 Unfallfolgen

Die Bezeichnung „Unfallfolgen“ betrifft nicht die primäre Verletzung (Primärschaden), sondern die Verletzungsfolge, einen Schaden, der sich aus der Verletzung entwickelt. Die Bezeichnung „traumatische Meniskusläsion“ unterstellt, dass der Schaden unfallbedingt eingetreten ist. Im angloamerikanischen Schrifttum werden die degenerativen Veränderungen häufig den posttraumatischen Veränderungen gegenübergestellt. Als letztere wird dann, wenn eine Rissbildung im Meniskus nachweisbar ist, diejenige gewählt, die zu einer entsprechenden klinischen Symptomatik geführt hat. Das Wort „posttraumatisch“ alleine stellt noch keine Beziehung zu einer Verletzung her. Aus der formalen Beschreibung („Riss“) wird eine Ursächlichkeit abgeleitet, die sich aber nur in den wenigsten Fällen ohne weitere Überlegung beweisen lässt. Die wesentliche Ursache für Meniskusschäden ist die Desintegration und Zerstörung von Meniskusgewebe aufgrund gelenkmechanischer Bedingungen.

Ob diese nun aufgrund wiederholter Überbelastung („Mikrotrauma“), aufgrund unphysiologischer Zug- und Scherkräfte oder wegen einer einmaligen oder wiederholten Durchblutungsstörung anzunehmen sind, spielt für die Beurteilung keine Rolle. Wesentlich ist aber, dass durch diese Einflussgrößen Schäden an bestimmten Prädilektionsstellen auftreten, dass sich aus Primärläsionen besondere Diskontinuitäten entwickeln können und dass aufgrund der makroskopisch (arthroskopisch) vorgefundenen Läsion bestimmte Behandlungstaktiken abgeleitet werden müssen. Es ist keinesfalls erwiesen, dass Horizontalrisse überwiegend „degenerativer“ Natur sind, während Längsrisse unfallbedingt entstehen. Welche Ausbreitung der Meniskusriss letztendlich nimmt, hängt überwiegend von der Gewebequalität zum Zeitpunkt der mechanischen Überbeanspruchung ab, nicht jedoch von der Art und Richtung einer von außen einwirkenden Gewalt. Die Rissform, deren unfallbedingte Entstehung am wahrscheinlichsten ist, ist der kapselnahe Meniskusausriss. Dieser kann isoliert oder als Begleitverletzung komplexer Bandläsionen vorkommen. Das typische Beispiel stellt der Abriss des Innenmeniskus von der tiefen Schicht des Lig. collaterale mediale post. dar. Neben der Prüfung der Meniskuszeichen ist die Feststellung der Stabilität erforderlich. Die Risse der Meniskuswurzeln können der Lokalisation und einer Typisierung zugeordnet werden. Meist sind die Hinterhörner des Außen- oder Innenmeniskus betroffen [262]. An Häufigkeit überwiegt die komplette radiäre Wurzelruptur. Die Klassifikation nach LA PRADE [262] ist für alle Meniskuswurzelrisse anwendbar. Spezielle Einteilungen der Außenmeniskushinterhornrisse berücksichtigen teilweise die Beteiligung des Lig. meniscofemorale [514, 7, 139]. Histopathologisch wird unter einer Kontinuitätstrennung (Rissbildung) eine größere Unterbrechung der geweblichen Kontinuität verstanden, welche eine Oberfläche erkennen lässt. Die Oberfläche der Kontinuitätstrennung verändert sich durch die reparativen Vorgänge in einer zeitabhängigen und histologisch charakteristischen Weise und ermöglicht somit eine Altersbestimmung der Kontinuitätstrennung. Unfallfolgen entstehen auch iatrogen, sind aber als solche auch zu bezeichnen, z. B. entstanden durch operative Maßnahmen mit der Folge anteriorer Meniskuswurzelverletzungen bei der Kreuzbandersatzplastik oder auch bei Tibiamarknagelungen von proximal [508, 92, 261, 356, 117].

1.3.4 Entzündungen

Aufgrund ihres fibrokartilaginären Charakters sind die Kniegelenksmenisken gegenüber Entzündungsprozessen im Wesentlichen widerstandsfähiger als der angrenzende Gelenkknorpel. Ein Kniegelenksempyem führt nur selten zu einer entzündlichen Zersetzung des Meniskusgewebes, selbst wenn die Knorpelzerstörung bereits weit fortgeschritten ist. Spezifische Entzündungen, wie Tuberkulose und die rheumatoide Arthritis, breiten sich über das destruktive entzündliche Gewebe auf der Meniskusoberfläche aus, ohne in das Faserknorpelgewebe selbst einzudringen, es resultiert eine Pannusbildung (vgl. Band 1, Kapitel 8).

1.3.5 Stoffwechselstörungen

Die Chondrokalzinose oder Pseudogicht ist primär eine Erkrankung des Knorpels, bei der es zu generalisierten kristallinen Einlagerungen von Kalziumpyrophosphatdihydrat (CPPD) kommt. In fast allen Fällen findet sich aber auch eine Beteiligung der Menisken, wobei diese unabhängig von bereits vorbestehenden degenerativen Veränderungen eintritt. Die Kalziumpyrophosphateinlagerungen sind ein typischer Befund bei alten Patienten, wodurch die klinische, bildgebende Unterscheidung zur primären oder sekundären Arthrose oder zur Meniskusverkalkung oft schwerfällt. Die Chondrokalzinose ist häufig eine Begleiterkrankung anderer Systemveränderungen, wie Hämochromatose, Hyperparathyreoidismus, Hypothyreose und Gicht. Die Meniskusverkalkung ist demgegenüber eine Folge der zentralen Nekrose des Meniskusgewebes [489] infolge einer ortsständigen Stoffwechselstörung [78, 420, 390]. Eine Meniskusspontanverkalkung kann im höheren Lebensalter entstehen [502], in Degenerationsbezirken steigt der Kalziumgehalt [163], die Kalziumlöslichkeit sinkt (vgl. Chondrokalzinose) im Sinne einer primären Verkalkung. Frühestens drei Monate nach Meniskusverletzungen kann, allerdings selten, eine sekundäre metatraumatische Kalkeinlagerung entstehen [112, 209]. Noch seltener sind Meniskusverknöcherungen [244] mit Erstbeschreibung durch WOLLENBERG [522].

1.3.6 Tumore (Neoplasien)

Es sind nur wenige Fälle primärer, benigner Tumore der Menisken bekannt. Es handelt sich um Lipome und um ein Fibrochondrom [54, 499, 178]. Sekundär können Menisken bei tumorösen Erkrankungen der Synovialis betroffen werden, insbesondere bei der synovialen Chondromatose und beim tenosynovialen Riesenzelltumor der sog. Synovialitis villonodularis pigmentos, PVNS [186]. Maligne Tumoren sind Raritäten, z. B. ein Sarkom [373].

1.3.7 Ganglien

Meniskusganglien sind intra- und extraartikulär zu finden. Sie entstehen aus texturgestörtem Meniskusgewebe. Vergleiche hierzu Band 1, Kapitel 7. Es gibt Überlegungen, ob seltene Meniskushämatome (Innenmeniskusvorderhorn LU [275], Innenmeniskushinterhorn [442]) bei der Differentialdiagnose parameniskaler Läsionen mit einbezogen werden sollten.

1.3.8 „Ossikel"

Meniskusossikel sind lokale Ossifikationen im Meniskus (Innenmeniskus- oder Außenmeniskushinter- oder -vorderhorn), die beim Menschen selten vorkommen [479, 509, 410, 152, 47, 293, 527]. Es handelt sich um hyalinen Knorpel mit spongiösen und lamellären Knochen rudimentärer Art [410, 364] oder als Unfallfolge [351], z. B. als ossärer Meniskuswurzelausriss [402]. Differentialdiagnostisch kommen osteochondrale Fragmente [400], die synoviale Osteochondromatose [424, 317] oder sonstige freie Gelenkkörper [152, 246] infrage. Für die Diagnostik bietet sich die MRT an [491, 530, 424], und es wird, je nach Ätiologie, die Refixation empfohlen [392].

1.3.9 Meniskusimpingement-Syndrom

Eine Hyperextension im Knie kann zu einer Femurkantenimpression am medialen Femurkondylus durch das Innenmeniskusvorderhorn führen [202, 174] Diese Kantenimpression ist makroskopisch und magnetresonanztomographisch (mit „bone bruise") erkennbar. Bei der federnden Impression [173] ist die Knorpeloberfläche erhalten, aber instabil auf Druck. Die Trias des Knorpelschadens am anterioren Femurkondylus, die Hyperextension und das Impingement des Innenmeniskus bezeichnet MC GUIRE [304] als „meniscal impingement syndrome“, klinisch mit anteriorem Knieschmerz.

1.3.10 Meniskusschaden und Instabilität

Die sich nach Meniskektomien entwickelnden Instabilitäten des Kniegelenkes bzw. nach Verletzungen des vorderen Kreuzbandes entstehenden Meniskusschäden sind bekannt. Die biomechanische Bedeutung der Menisken besteht u. a. in der Stabilisierung des Kniegelenkes sowie in der propriozeptiven Empfindung. Der Innen- und Außenmeniskus ist in das Kapsel-Band-System eines Kniegelenkes integriert. Das Hinterhorn des Innenmeniskus ist an das Lig. collaterale mediale posterius fixiert, eine vergleichbare Stabilisierung des Außenmeniskus findet sich nicht. Hier sind Meniskusstabilisierungen durch die Ligg. meniscotibialia und lateral besonders durch das Lig. meniscofemorale gegeben. Neben der Bremsschuh-Wirkung der Hinterhörner sichern die Menisken aufgrund ihrer Form und ihres Einbaus in das Kapsel-Band-System nicht nur den Bewegungsvorgang des Knies, sondern hindern hauptsächlich die Überstreckung sowie die übermäßige Rotation. Es resultiert eine abgestimmte Funktion der Menisken mit den Kreuzbändern sowie auch dem Kniestreckapparat [254]. Eine Ventralverschiebung der Tibia bewirkt eine Anspannung des vorderen Kreuzbandes, eine Verschiebung des Innenmeniskushinterhorns, bedingt durch den medialen Femurkondylus in dorsaler Richtung, und dadurch auch eine Anspannung des meniskofemoralen Teiles des hinteren Schrägbandes [251, 422, 331].

Für die Meniskusstabilisierung ist nicht nur die Anwesenheit der Meniskussubstanz erforderlich, sondern insbesondere der ligamentäre Aufhängeapparat der Vorder- und Hinterhörner, aber auch die zusätzlichen stabilisierenden meniskofemoralen und meniskotibialen Bandstrukturen. Beide Menisken sind somit in das Kapsel-Band-System eines Knies eingebaut. Isolierte Innenband- oder hintere Kreuzbandverletzungen werden selten von Meniskusrupturen begleitet [183]. Dies ist am Innenband in 4,4 % der Fälle und beim hinteren Kreuzband in 0,4 % der Fälle nachweisbar [43, 44]. Hier bedarf es der besonderen Beachtung der oberflächlichen und tiefen Schicht des Innenbandes, da lediglich mit letzterer ein ligamentärer Kontakt mit dem Innenmeniskus besteht. Häufiger dagegen finden sich Meniskusbegleitverletzungen bei Rupturen des vorderen Kreuzbandes, so am Innenmeniskus mit 45 % und am Außenmeniskus mit 55 %, beim Andauern der Instabilität erhöhen sich die Zeichen des Meniskusschadens auf 69 % [40], wobei die Begleitschäden nicht nur an den Menisken, sondern auch an den Gelenkflächen zu finden sind [456]. Es zeigen sich dabei Innenmeniskushinterhorn-Längsrisse [8, 9] bis hin zum Korbhenkel [79], aber insbesondere posteromediale meniskokapsuläre Verletzungen (9,3 %) in Verbindung mit der anteromedialen Rotationssubluxation [58]. Aufgrund der Stabilisierung der Menisken durch die ligamentäre Wurzelaufhängung entstehen Innenmeniskushinterhorn-Wurzelausrisse [232], ebenso am Außenmeniskus [128, 141, 451], seltener Innenmeniskusvorderhorn-Ausrisse nahe dem Ansatz des Außenmeniskusvorderhorns am vorderen Kreuzband [338], und Ausrisse des Innen- und gleichzeitig Außenmeniskushinterhorns werden festgestellt [127, 267]. Auch bei isolierten Rupturen des vorderen Kreuzbandes kann es unbehandelt aufgrund der anterioren Instabilität zu Folgeschäden an den Menisken kommen, z. B. im Sinne der longitudinalen Fissur am Außenmeniskus bis hin zum Korbhenkel [194], vergleichbar mit den Längsrissen bei der rezenten Instabilität [345]. Bei der verbleibenden Instabilität nach vorderer Kreuzbandruptur, teilweise auch nach dem Versuch einer Rekonstruktion, resultiert die anteriore tibiale Translation, bei der das Innenmeniskushinterhorn zwischen Femur und Tibia eingeklemmt werden kann, gleichzeitig erfolgt ein Zug des Semimembranosus an der medialen posterioren Kapsel mit der Folge eines peripheren Meniskusrisses oder auch eines Meniskusabrisses an der Kapsel [460, 295].

Zur Instabilität führt ebenso die Meniskektomie oder auch eine weitgehende Teilresektion am Innenmeniskus im Sinne der anteromedialen Rotationsfreiheit [144, 332]. Hierzu tendieren insbesondere der Verlust des Innenmeniskushinterhorns [82] bezüglich der Innenrotation und der Verlust des Innenmeniskusvorderhorns wegen der daraus entstehenden vermehrten Außenrotation auch bei intaktem vorderem Kreuzband. Bei einem stabilen Rand bei Teilresektion und intaktem vorderem Kreuzband entstehen dennoch bei 40–50 % Röntgen-Arthrosezeichen und beim instabilen Kreuzband schon bei 61–86 % der 20- bis 34-Jährigen [341]. Der komplette Verlust des Außenmeniskus führt zu einer anteroposterioren Rotationsfreiheit, insbesondere mit der Folge der Instabilität im Hiatus popliteus. Die Folge ist bei beiden Menisken die Instabilitätsarthrose [332, 449, 450, 384]. Bei der vorderen Kreuzbandinstabilität seien in der Folge mediale und laterale Meniskusrisse in etwa gleich häufig [460], medial ist aber die Verteilung vorwiegend nach posteromedial (99 %) und zur medialen Peripherie hin (75 %) auffällig. Bereits nach einer medialen Teilresektion werden nicht nur medial, sondern auch vordere Instabilitäten festgestellt [153, 388, 505].

Klinisch sei aber kein Unterschied in der Wertung der vorderen Instabilität mit oder ohne Meniskusschaden zu finden [360]. Der Verbleib eines instabilen vorderen Kreuzbandes führt einmal zu einem sich ausweitenden Meniskusschaden, vorwiegend medial, weniger lateral, und in der Folge zu einer meniskusbedingten Arthrose, gleichzeitig aber auch aufgrund der Instabilität zur Instabilitätsarthrose [463, 409, 352, 514, 445, 483, 314]. Ein Innen- und gleichzeitiger Außenmeniskusverlust zeigt eine sagittale Instabilität in 14 %, liegt gleichzeitig ein Kreuzbandschaden vor, in 44 % der Fälle [505]. Zusammengefasst sind 80–90 % der Meniskusrisse traumatischer Art und mit einer vorderen Kreuzbandruptur kombiniert [334]. Aus diesen Daten resultiert die Aussage, dass ein isolierter traumatischer Meniskusriss denkbar selten auftritt und nur in Verbindung mit Begleitverletzungen, vorwiegend der Kreuzbandruptur, erklärt werden kann. Dies trifft für die rezente Verletzung zu, bei veralteten Bandschäden am vorderen Kreuzband sind die Meniskusfolgeschäden weitgehend erklärt

[463, 314]. Bei konservativer Therapie werden Innenmeniskusfolgeschäden bereits nach drei Jahren festgestellt [438], dann auch in Verbindung mit Arthrosezeichen. Da der Innenmeniskus wenig Einfluss alleine auf die ap-Stabilität habe [143], könne die Instabilitätsarthrose bei der isolierten Verletzung des Innenbandes nur als dadurch bedingte Meniskusschädigung in Verbindung mit dem Knorpelschaden erklärt werden [439]. Dass nicht alle rezenten instabilitätsbedingten Meniskusschäden auch zur entsprechenden Klinik führen, erkläre sich dadurch, dass auch selbst bei degenerativen Menisken eine Reparation im Sinne der Defektheilung gegeben ist [437].

Meniskusschäden als Verletzungen oder Verletzungsfolgen entstehen bei rezenten sowie veralteten Banddiskontinuitäten. Die klinische Meniskussymptomatik ist abhängig von der Meniskusreparationsfähigkeit im rezenten Stadium und von der Widerstandsfähigkeit, abhängig von der altersbedingten Texturstörung, bei veralteten Instabilitäten. Kniebandverletzungen gehen mit rezenten Instabilitäten, aber auch mit Meniskusverletzungen einher, unbehandelt mit der Folge einer Band- und/oder Meniskusinstabilitätsarthrose (Abb. 1.17) bzw. mit der – falls vorgenommenen – Postmeniskektomiearthrose. Es besteht ein Circulus vitiosus.

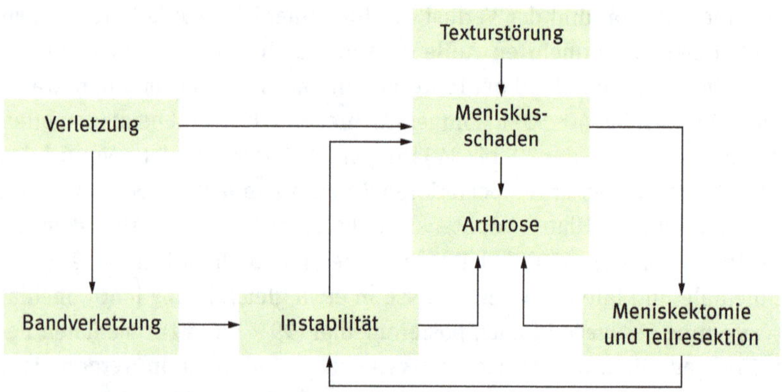

Abb. 1.17: Circulus-vitiosus-Meniskusschaden und Instabilität.

1.3.11 Postmeniskektomiearthrose

Vorwiegend die Meniskektomie (Meniskus-Komplettentfernung), aber auch Teilresektionen führen zur Arthrose – dies einmal wegen der aus einer Meniskusentfernung resultierenden Instabilität und zum anderen wegen der zunehmenden Belastung des dafür nicht geeigneten, sonst unter dem Meniskus liegenden Knorpels [484, 225, 495]. Die Instabilität erklärt sich durch den Verlust der Meniskussubstanz, die den Femurkondylus und das Tibiaplateau mit der daraus resultierenden Anspannung der Seitenbänder normalerweise auf Distanz hält. Die Folge ist eine Dysfunktion des Kniegelenkes mit einer Gangstörung [288]. Nach Meniskektomien [412, 291, 474, 73] sowie weniger nach Teilresektionen [473, 55] werden Schmerzen am operierten Knie festgestellt, unmittelbar nach der Operation beginnend und anhaltend oder erst Jahre später entstehend [119, 495, 266, 218, 247, 223]. Die Frage ist oft, ob die Schmerzen von der durchgeführten Meniskusoperation ausgehen (belassene Hinterhörner) oder ob es sich um Folgen einer sich einstellenden Postmeniskektomiearthrose handelt. Diese wird nach einem postoperativen Zeitraum von einem bis 20 Jahren durchschnittlich in 37 % (6,4–81,0 %) der Fälle festgestellt [358]. MUHR [334] findet 15 bis 30 Jahre nach der Meniskektomie in 80 % der Fälle eine Arthrose. Ein belassenes Innenmeniskushinterhorn (Restmeniskektomie) konnte verbleibende Beschwerden aber nicht immer erklären, diese können auch auf die arthrotischen Veränderungen oder auf eine Chondromalacia patellae zurückgeführt werden [466, 537]. Weiter bestehende Beschwerden nach einer Meniskusoperation (Ektomie bzw. Teilresektion) mögen ein diagnostisches Problem darstellen, wenn der Meniskusschaden ohne Berücksichtigung sonstiger Pathologien in den Vordergrund gestellt wurde. Nachdem der Innenmeniskusverlust eine Bandlockerung nach sich zieht und die Instabilitätsarthrose initiieren kann, wird schon frühzeitig von LEUSCHNER [270] auf eine zusätzliche Stabilisierung (Raffnaht) des Innenbandes hingewiesen. Rearthrotomien wurden erforderlich, wenn bei der Erstoperation der Meniskus für intakt befunden wurde, dann aber doch eine Ruptur zeigte, wenn nach einer Meniskusresektion eine erneute Ruptur im nicht durchbluteten Bereich entstand [434]oder auch bei einer Regeneratbildung [290].

1.3.12 Meniskusregenerat

Nach Meniskusentfernungen können sich meniskusähnliche Gewebe entwickeln [289]. Diese so genannten Meniskusregenerate setzen sich aus faserreichem Bindegewebe ohne Knorpelzellen zusammen [457]. Es gibt auch eine Beschreibung des Regenerats nach Endoprothesen-Implantation mit Meniskektomie, dieses besteht aus einem hypozellulären kollagenen Bindegewebe mit chondroiden Herden [122]. Die Pseudoregenerate entwickeln sich zu fibrösen Falten, entstehend aus der Gelenkkapsel [69, 98]. Beim Kaninchen sei bereits vier Tage nach einer Meniskusentfernung eine Fibroblastenproliferation an der „Ektomie-Stelle“ festzustellen [70]. Nach Angaben von MOON [321] werden im Meniskusregenerat auch Mechanorezeptoren gefunden, wie dies beim intakten Meniskus der Fall sei [224, 433, 517]. Meniskusregenerate würden auch kollagene Fasern zeigen, zirkulär verlaufend sowie radiär [88]. Es bestehen aber Unterschiede in der Fasergröße und Orientierung beim Meniskusregenerat [150]. Aus dieser Feststellung wird geschlussfolgert, dass das Meniskusregenerat auch Funktionen des normalen Meniskus und damit eine Schutzfunktion übernimmt [321]. Vergleichbare Feststellungen traf bereits SCHNEIDER [425] mit dem Hinweis, dass junge Regenerate aus fibrillärem Bindegewebe, ältere dagegen aus Bindegewebe und Faserknorpel bestehen. Die Entwicklung des Meniskusregenerates ist mit der Entwicklung des normalen Meniskus vergleichbar [425]. So findet sich beim Neugeborenen zellreiches geformtes Bindegewebe, aber kein Faserknorpel. Erst im weiteren Verlauf kommt es zur Differenzierung zwischen Meniskusoberfläche und Meniskuskern, und durch femorale Belastung des Meniskus entsteht Faserknorpel, ähnlich der Belastung einer Gleitsehne im Bereich des Hypomochlions (Abb. 1.18).

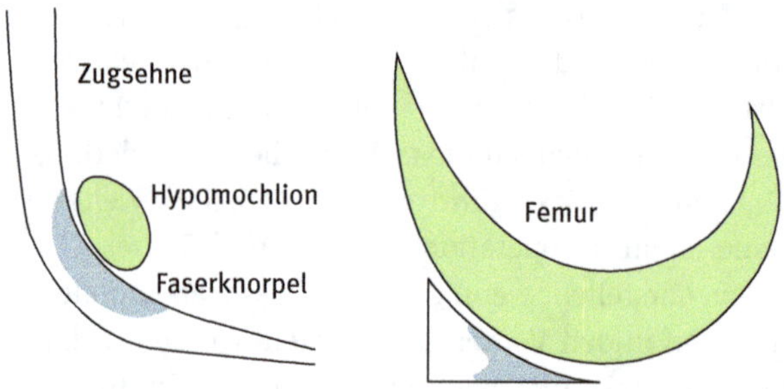

Abb. 1.18: Entstehung des Faserknorpels an der Gleitsehne über ein Hypomochlion. Beim Meniskus ruht die „Sehne", das Hypomochlion (Femur) wird bewegt, nach [376] in [425].

Es kann zwischen Regenerat-Idealentwicklung, Normalregenerat und Defektregenerat unterschieden werden. Das Normalregenerat lässt sich mit den Stadien der normalen Meniskusentwicklung vergleichen, Defektregenerate dagegen sind entweder primär in der Entwicklung gestört oder werden auch sekundär verändert. Entsprechend lässt sich das histopathologische Präparat eines Meniskusregenerates zuordnen [425].

1.4 Histopathologie

Der Meniskus lässt einen 3-zonigen Aufbau erkennen: Faserknorpel, kollagene, fibröse Bindegewebszone und vaskularisierte kapselnahe Zone. Eine Vaskularisation besteht im kapselnahen Gewebe sowie, variabel ausgebildet, in der kollagenen, fibrösen Bindegewebszone. Nur die Faserknorpelzone selbst ist gefäßfrei. Bei der Übersendung von fragmentiertem Meniskusmaterial sind im Allgemeinen alle drei Gewebskompartimente nachweisbar. Kollagenfasern vom Typ I bilden das Grundgerüst der Meniskusstruktur. Die Dominanz von Typ-I-Kollagen ist einer der Hauptunterschiede zwischen Meniskusgewebe und hyalinem Knorpelgewebe, welches vorwiegend aus Kollagen Typ II besteht. Aggrecan stellt eines der Hauptproteoglykane der extrazellulären Meniskusmatrix dar. Dekorin [250] ist ein Nebenproteoglykan (Abb. 1.19), dieses verbindet Aggrecan mit den kollagenen Fibrillen zu einem funktionellen Verband [249]. Die Besonderheit des Faserknorpels besteht im Kollagen Typ I, welches über Verbindung mit Dekorin und sog. Core-Proteinen die Zugstabilität und die Druck-

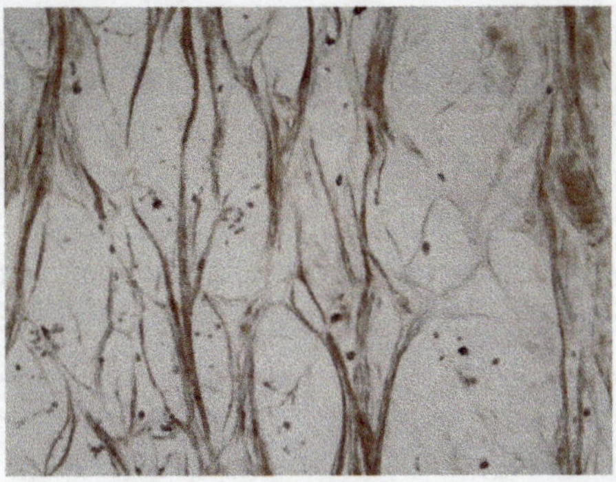

Abb. 1.19: Immunhistochemische Darstellung des fibrillären Verteilungsmusters von Dekorin (Proteoglycan) im regelhaften Meniskus [249].

elastizität gewährleistet. Texturstörungen bradytropher Gewebe können als eine Dysbalance zwischen „anabolen" und „katabolen" Faktoren des bradytrophen Gewebes definiert werden, welches zu einer Strukturänderung und in weiterer Folge zu einem Abbau des Gewebes führt. Die funktionellen Hauptgegenspieler stellen Aggrecan und MMP-1 dar. NITEGE ist eines der Hauptabbauprodukte [250] von Aggrecan (sog. G1-Fragment). Die Texturstörung des hyalinen Knorpels (Arthrose) geht mit einer Aggrecan-Spaltung und NITEGE-Freisetzung einher, dieser Prozess kann bei bovinen Menisken durch MMP-3 und TNF-alpha induziert werden [498]. Bei der Texturstörung Grad 1 finden sich keine extrazellulären NITEGE-Ablagerungen. Bei der Texturstörung Grad 3 sind extrazelluläre NITEGE-Ablagerungen vorhanden (Abb. 1.20).

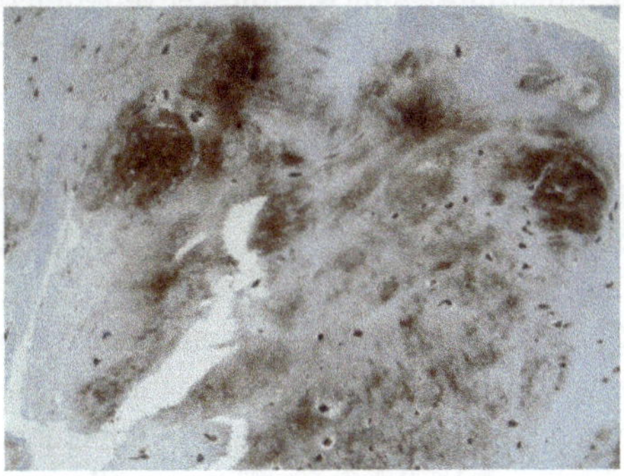

Abb. 1.20: Extrazelluläre und perinukleäre NITEGE-Ablagerungen bei „Degeneration" Grad 3 (Meniskus).

Bei einem chronischen Verlauf der Texturstörung (Sehnen-/Gelenkkapsel-Erkrankungen, Erkrankungen der Gelenkbinnenstrukturen, Bänder, Meniskus) erfolgen zusätzlich reparative Veränderungen. Diese sind gekennzeichnet durch eine Proliferation chondroider Zellen (Regeneratknorpelbildung), eine Proliferation von Fibroblasten, eine Kapillarisierung, eine Vernarbung und den Nachweis von Blutungsresiduen (Organisation von Fibrinexsudaten und Blutungen). Diese in einem Präparat gleichzeitig nachweisbaren Veränderungen von Texturstörung und Reparation sind die Kennzeichen einer chronischen Texturstörung des bradytrophen Gewebes. Die Prädilektionsstelle für Meniskusrisse (Kontinuitätstrennung) stellt das Hinterhorn des Innenmeniskus dar (etwa 50 %). Der Innenmeniskus ist durch die Fixation an der tiefen Schicht des inneren Knieseitenbandes weniger mobil als der Außenmeniskus und daher einer erhöhten traumatischen Schädigung ausgesetzt. Aus diesen Gründen finden sich „traumatische Risse“ bevorzugt im Vorder- und Hinterhorn des Innenmeniskus, „Risse“ ohne klinisch bekannte traumatische Genese manifestieren sich typischerweise längs verlaufend (Meniskuskörper). Meniskusgewebe gelangt seit der Einführung der Arthroskopie ausschließlich in zahlreichen Fragmenten (und nicht mehr als Meniskusresektat!) zum Pathologen. Nicht in jedem übersandten Untersuchungsgut lässt sich (insbesondere bei schwergradiger Texturstörung) eine eindeutige Trennung von rissfernen und rissnahen Meniskusanteilen durchführen. Hierauf sollte unbedingt bei der Interpretation/Befundkommentierung eingegangen werden. Eine eindeutigere Befundkonstellation liegt folglich nur dann vor, wenn im übersandten Material rissferne Partikel erfasst sind. In diesen kann das Ausmaß der primären Texturstörung (im Sinne einer sog. „Vorschädigung“) relativ zweifelsfrei (in Abhängigkeit zum Alter des Patienten/Abgleich mit der altersentsprechenden Texturstörung) bestimmt werden.

Histologische Meniskusbeurteilungen beruhen auf Definitionen. Die Meniskopathie wird laut VASTERS [496] als pathologische Veränderungen (Anlagestörungen, Meniskusruptur, traumatische und degenerative Veränderungen) umfassend auch im Sinne der Meniskuserkrankung (Berufskrankheit) definiert, die Meniskus-Korpel-Degeneration als eine Texturstörung des Meniskus-Faserknorpels. Die wesentlichen Veränderungen beinhalten die Zellularität (Zelldichte und Zellverteilung) des Meniskus-Faserknorpels und die Beschaffenheit der Meniskus-Matrix. Bei der Meniskus-Knorpel-Reparation handelt es sich um durch Texturstörungen ausgelöste reparative Veränderungen mit Proliferation von Meniskozyten (chondronenartige Anordnung), Kapillarproliferate, Fibroblastenproliferate und eine Ansammlung von Makrophagen in den vaskularisierten Meniskusabschnitten. Dies finden sich auch nach der traumatischen Kontinuitätstrennung. Ein Meniskus-Knorpel-Verschleiß wird histopathologisch als Texturstörung im Sinne eines fortschreitenden, auf einem physiologischen Abbau beruhenden Prozesses des Meniskusgewebes definiert. Die Meniskus-Ruptur ist eine Kontinuitätsunterbrechung auf der Basis einer Verletzung. Histopathologisch besteht in eindeutigen Fällen ein nichttexturgestörtes, regelhaftes, altersentsprechendes Meniskusgewebe. Die Zusammenhangsbewertung einer Verletzung beim Vorliegen einer Kontinuitätsunterbrechung im vorgeschädigten Meniskusgewebe lässt sich rein histopathologisch nur bedingt beantworten. Eine definitive Ossifikation ist im Faserknorpel-Gewebe selten [479]. Hingegen gibt es klare Kriterien für die Kristallarthropathien (z. B. Chondrokalzinose). Neben der hereditären findet sich die sekundäre Form bei Stoffwechsel- und Texturstörungen [63, 134]. Da ein Ganglion, auch das Meniskusganglion, als ein durch Fibroblasten ausgekleideter Hohlraum definiert ist, liegen auch hierfür eindeutige histopathologische Kriterien vor.

Der Pathogenese der Meniskus-Knorpel-Degeneration (sog. Texturstörung des Knorpelgewebes) liegt eine Dysbalance zwischen „anabolen“ und „katabolen“ Faktoren des Knorpel-Gewebes zugrunde [10]. Das Wesen der Erkrankung besteht in einer Gewebemassen-Reduktion mit reduzierter mechanischer Belastbarkeit und folgenden weiteren (mechanischen) Gewebeschädigungen sowie einer hierdurch ausgelösten reparativen Veränderung. Immunhistochemisch ist NITEGE insbesondere in der sog. schwergradigen Degeneration des humanen Meniskusgewebes nachweisbar [250]. Die Knorpel-Degeneration des hyalinen Knorpels (Arthrose) geht ebenfalls mit einer Aggrecan-Spaltung und NITEGE-Freisetzung einher und kann experimentell durch ADAMTS-5 Inhibitoren reduziert werden [250]. Die durch Gewebeschädigungen ausgelösten reparativen Veränderungen sind insbesondere in den vaskularisierten Meniskusabschnitten aufgrund der charakteristischen Veränderungen relativ zweifelsfrei diagnostizierbar. Die mikromorphologischen Veränderungen umfassen: chondronenartige Anordnung von Meniskozyten (als Zeichen der Proliferation), Kapillarproliferate, Fibroblastenproliferate und Ansammlung von Makrophagen. Formal-ätiologisch wird eine primäre Texturstörung von einer sekundären Texturstörung unterschieden. Die primäre Texturstörung stellt eine das altersübliche Maß überschreitende Texturstörung ohne klinisch bekannte Noxen im Sinne einer vorauseilenden Alterung dar. Die Beurteilung einer primären Texturstörung ist somit immer altersabhängig zu bewerten. Mit fortschreitendem Alter erfolgt eine „physiologische“ Texturstörung: Texturstörungen Grad 1 und Grad 2 können im Rahmen altersbedingter Veränderungen interpretiert werden, eine Texturstörung Grad 3 ist jedoch als eine pathologische, nicht altersbedingte Erkrankung zu werten. Die sekundäre Texturstörung ist als Folge von definierten Noxen/Erkrankungen, wie beispielsweise entzündlichen und degenerativen Gelenkerkrankungen (z. B.: rheumatoider Arthritis, Arthrose), metabolischen Gelenkerkrankungen (z. B.: CPPA), Zustand nach Infektionen sowie Traumata (z. B. in Nachbarschaft eines Risses) und mechanischen Überbelastungen zu betrachten.

1.4.1 Meniskus-Faserknorpel-Textur-Störung (Graduierung)

Die Diagnose der sog. „Degeneration“ erfolgt als eine Graduierung, semiquantitativ, abgestuft anhand definierter Kriterien [250]. Die Bewertung wird im Zusammenhang mit dem Patientenalter bzw. altersspezifischen Veränderungen der Meniskus-Faserknorpel-Textur durchgeführt. Hierdurch soll letztlich die Frage geklärt werden, ob eine über das Patientenalter hinaus bestehende Texturstörung, sog. „Degeneration“, vorliegt (vgl. Band 1, Kapitel 1.5.2). Die geweblichen Veränderungen der Texturstörung des Meniskus (Bindegewebsknorpel) lassen sich in einer 3-stufigen Graduierung (leichtgradig, mäßiggradig, schwergradig) erfassen. Die 3-stufige Graduierung beinhaltet die Veränderungen der zellulären und der azellulären Komponente (Matrix) (vgl. Kapitel 5). Durch diese 3-stufige Graduierung „Score“ sind gut reproduzierbare Kriterien für die Texturstörung festgelegt. Hierdurch ist eine standardisierbare histopathologische Diagnostik gewährleistet. Die Texturstörung ist funktionell gesehen Ausdruck einer Dysbalance zwischen anabolen und katabolen Faktoren des bradytrophen Gewebes. Wesentliche funktionelle Gegenspieler stellen Aggrecan und MMP-1 dar, NITEGE ist eines der Hauptabbauprodukte von Aggrecan (sog. G1-Fragment). NITEGE (Aggrecan Abbau-Produkt) ist insbesondere bei schwergradiger Texturstörung („Degeneration") im humanen Meniskusgewebe nachweisbar. Somit wird durch die histopathologische Graduierung der Texturstörung der molekulare Abbau des Meniskusgewebes berücksichtigt. Ein wichtiges Qualitätskriterium für diagnostische Verfahren, insbesondere für histopathologische Bewertungsmodi (sog. Scores), ergibt die Reproduzierbarkeit eines Ergebnisses durch verschiedene Untersuchende (Interobserver-Reliability). Die Reduktion des Meniskus-Degenerations-Scores auf ein zweistufiges Graduierungssystem gewährleistet somit eine hohe Übereinstimmung (Interobserver-Reliabilität) und stellt eine insbesondere die Matrixabbauvorgänge berücksichtigende Basis für die histopathologische Diagnostik der Meniskusdegeneration dar. Mit fortschreitendem Alter erfolgt eine „physiologische" Texturstörung. Texturstörungen Grad 1 und Grad 2 können als altersbedingte Veränderungen interpretiert werden, eine Texturstörung Grad 3 ist jedoch als eine pathologische, nicht altersbedingte Erkrankung zu werten (Tab. 1.1, Abb. 1.21).

Tab. 1.1: Histopathologische Kriterien für die Einstufung der Meniskustexturstörung [250].

Texturstörung	Histologiebefund
Grad 0 Normale Morphologie	Chondrozyten isomorph Regelhafte Zellularität, NITEGE negativ Matrix eosinophil homogen angefärbt
Low-grade Texturstörung (Grad 1 und Grad 2)	
Grad 1 Normale Texturstörung	Leichte Verringerung der Zellularität in kleinen Bereichen Inhomogen gefärbte Matrix Kleinstteilige Fissuren der Matrix
Grad 2 Mäßige Texturstörung	Mäßige Verringerung der Zellularität in großen Bereichen Chondrozyten in Form und Größe variabel Mäßige umschriebene Fissuren der Matrix
High-grade Texturstörung (Grad 3)	
Grad 3 Schwere Texturstörung	Starke Verringerung der Zellularität Große, zellfreie Areale, NITEGE positiv Retikulär basophil gefärbte Matrix (mukoide Störung) sowie Pseudozystische Risse der Matrix

Die Texturstörung geht im Verlauf mit reparativen Veränderungen einher (Degeneration = Texturstörung und Reparation), somit gesellen sich zur eigentlichen Texturstörung die Zeichen der Reparation (vgl. Band 1, Kapitel 1.5.2):

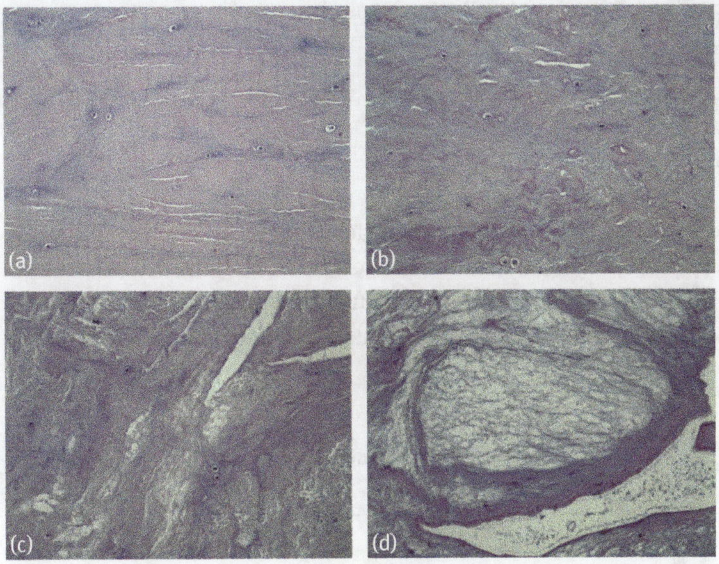

Abb. 1.21: Histologische Befunde der Texturstörung (a) = Normalbefund: regelhafte Zellularität. Die Matrix ist isomorph-eosinophil weitgehend homogen (mit kleinen sog. Retraktionsartefakten); (b) = Grad 1: leichtgradige Degeneration/Texturstörung: leichtgradige Reduktion der Zellularität (kleine Areale mit Zellreduktion), Matrix mit variabler Anfärbbarkeit, Matrix mit feinsten, spaltenförmigen Defekten; (c) = Grad 2: mäßiggradige Degeneration/Texturstörung: mäßiggradige Reduktion der Zellularität (größere Areale mit Zellverlust), Größen-Variabilität der Chondrozyten, Matrix mit breiten spaltenförmigen Defekten; (d) = Grad 3: schwergradige Degeneration/Texturstörung: schwergradige Reduktion der Zellularität (große Areale mit vollständigem Zellverlust), Matrix mit pseudozystischen Defekten (Flächenanteil: ≥ 20 %).

Grad I:
- mukoide Degeneration[1],
- Zellkernverlust (leicht),
- Fehlen von Matrixzellen[2],
- aufgelockerter Faserverlauf[3].

Grad II: bei zusätzlichem Auftreten von:
- Chondrozytenproliferation,
- Brutkapseln,
- Zellkernverlust (stark).

1 Verquellung der Grundsubstanz mit Basophilie
2 i. S. einer deutlichen Abnahme der Zelldichte der Meniskusmatrix
3 auch als asbestartige Degeneration oder Faserdemaskierung bezeichnet

Grad III: bei zusätzlichem Auftreten von:
- Fibroblastenproliferation,
- Kapillareinsprossung,
- grober Matrixzersplitterung[4],
- Pseudozysten.

Wie alle bradytrophen Gewebe unterliegt auch der Meniskus physiologischen Altersveränderungen, bestehend aus Texturstörungen in Verbindung mit reparativen Veränderungen [328]. Diese beginnen in der 2. Lebensdekade mit zunächst reversiblen Verfettungen der Meniskuszellen, ab der 4. Lebensdekade resultieren Texturstörungen (Abb. 1.22).

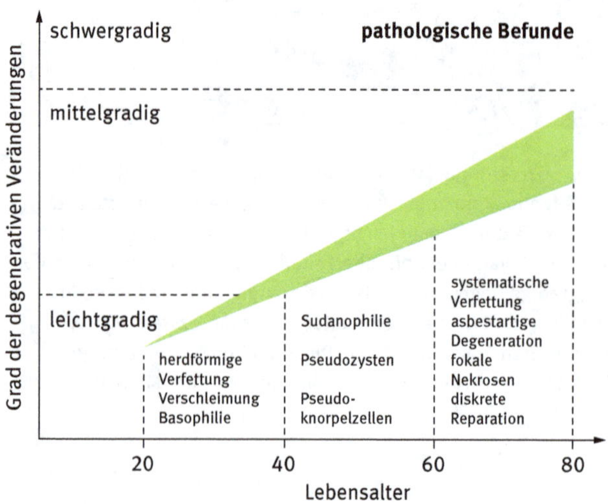

Abb. 1.22: Altersabhängige histologische Meniskusbefunde ohne wesentlichen Krankheitswert [328] in [135].

1.4.2 Meniskus-Reparation

Bei einem chronischen Verlauf der „Degeneration" und auch einem Zustand nach traumatischer Kontinuitätstrennung erfolgen reparative Veränderungen. Diese verlaufen stadienartig und erlauben dadurch eine Altersbestimmung der Kontinuitätstrennung. Die wesentlichen reparativen Veränderungen umfassen in Abhängigkeit der Vaskularisation und somit Lokalisation im Meniskus die Proliferation chondroider Zellen mit sog. chondronenartiger Anordnung (Regenerat-Knorpelbildung), eine

4 stärkere Form der asbestartigen Degeneration, bis hin zur Bildung von Fissuren

Proliferation von Fibroblasten, eine Kapillarisierung und den Nachweis von Blutungsresiduen, die Organisation von Fibrinexsudaten sowie Blutungen. Diese in einem Präparat möglicherweise gleichzeitig nachweisbaren Veränderungen von Degeneration (im Sinne von Texturstörung) sind Zeichen einer rezidivierten exogenen Schädigung (mechanischer akuter und chronischer Überbelastung), wobei die Reparation das Kennzeichen einer chronischen degenerativen Erkrankung des bradytrophen Gewebes darstellt.

1.4.3 Altersbestimmung der Kontinuitätstrennung

Da nach einer Kontinuitätstrennung eine stadienhafte Meniskus-Reparation erfolgt, sind vier Zeitphasen histopathologisch erkennbar:
- In der Zeitphase I (0.–2. Woche) zeigt sich das Bild der Nekrosephase mit einer Ödembildung und Faserlockerung, es bestehen Zellnekrosen und Fibrinablagerungen.
- In der Zeitphase II (2.–4. Woche) liegt die Regenerationsphase mit Fibroblastenproliferation sowie mesenchymaler Sklerose vor.
- In der Zeitphase III (4.–20. Woche) besteht die Reparationsphase mit Ausbildung des Narbenstadiums, es zeigen sich Rissrandglättungen, Narbenstrukturen und Pseudoknorpelzellen.
- In der Zeitphase IV (über 20 Wochen), der Narbenphase, wird von der Spätphase gesprochen [133, 330].

In der Zeitphase I und II ist der Nachweis einer Verletzung im Vollbeweis möglich, in der Zeitphase III noch mit einer einfachen Wahrscheinlichkeit und über die 20. Woche hinaus (Zeitphase IV) ist die Aussage der Histologie unsicher [133, 330]. Liegt nun eine Texturstörung Grad II und III zum Unfallzeitpunkt vor, so ändern sich die Heilungsphasen und sind verlängert, die Nekrosephase ist in etwa identisch bis zur 2. Woche nachweisbar, die Reparationsphase findet sich über die 4. Woche hinaus bis zur 6. Woche und die Vernarbungsphase (Reparationsphase) beginnt nicht in der 2. Woche, sondern erst in der 4. Woche und dauert dementsprechend bis zum 4. oder 5. Monat an [330]. Aus diesen Überlegungen ergibt sich ein Schema, aus dem die histologischen Kriterien zur Altersbeurteilung eines Meniskusschadens abgelesen werden können (Tab. 1.2).

Mit dem Phasenverlauf ändert sich auch die Aussage der pathohistologischen Untersuchung, wobei ab dem 2. Monat nach einem angeschuldigten Unfallereignis ein Vollbeweis nicht mehr zu erwarten ist.

Tab. 1.2: Trauma und histopathologische Untersuchung, nach [328, 135].

Zeitphasen	Histologische Befunde	Zeit	Morphologie
0	Nekrose, Faserruptur, Faserödem, Fibrinanlagerung, kleinere Blutungen	Phase I Nekrosephase ca. 2 Wochen	Ödem Faserlockerung Zellnekrose Fibrin
< 1 Woche	Anlagerung eosinophiler, bandförmiger homogener Eiweißsubstanzen mit Fibrin, flammenzungenartige Zergliederung der Faserstrukturen, Gefäßproliferate		
< 3 Wochen	Chondrozytenproliferate, Brutkapseln	Phase II Regeneration bis ca. 5 Wochen	Fibroblasten-Proliferation Mesenchymale Sklerose
< 4 Wochen	Fibroblastenproliferate (im ligamentären Bereich), Abnahme des Ödems, mesenchymale Sklerose		
< 5 Wochen	Faserpannus (vom ligamentären Bereich ausgehend), kleine Zellkerne, spindelig parallel zur Meniskusoberfläche ausgerichtet	Phase III Reparation bis ca. 5 Monate	Rissrandglättung Narbe Pseudoknorpelzellen
< 8 Wochen	Zonaler Anschluss der Narbe an erhaltenen Meniskusknorpel, fibrozytenreiches, später faserhaltiges Narbengewebe		
< 20 Wochen	Restitution mit chondroider Transformation		

1.4.4 Bestimmung von Kristallpartikeln und kristalloiden Depositionen im Meniskus

Im Faserknorpel-Gewebe des Meniskus sind unterschiedliche Kristalldepositionen nachweisbar, Ossifikationen sind im Faserknorpel-Gewebe nicht feststellbar. Radiologisch können ausgeprägte nodöse Kristalloiden-Depositionen möglicherweise als Ossifikationen imponieren, ergeben aber keine Knochenneubildungen (Geflechtknochen). Im Einzelnen sind die wesentlichsten Kristalldepositionen im Faserknorpel-Gewebe des Meniskus dargestellt, vgl. Chondrokalzinose vs. Uratgicht (Band 1, Kapitel 8).

1.4.5 Traumatische versus nicht traumatische Kontinuitätstrennungen

Die typischen Kriterien einer traumatischen Ruptur sind die Kontinuitätstrennungen des Meniskusgewebes bei regelhafter, altersentsprechender Meniskusmorphologie oder nur geringgradigen (Grad 1) Texturstörungen. Sind höhergradige Texturstörungen vorhanden (Grad 2–3), so ist der echte traumatische Charakter mit zunehmendem Grad unwahrscheinlicher (konkurrierende Kausalität). Makroskopische Beurteilungen eines Meniskus nach einer Kontinuitätsunterbrechung erlauben allenfalls innerhalb von zwei Wochen Rückschlüsse auf ein möglicherweise abgelaufenes Unfallereignis. Ab diesem Zeitpunkt ist eine makroskopische Beurteilung bezüglich der Kausalitätsfrage nicht mehr Erfolg versprechend, es gelten dann die makroskopischen Einteilungen nach DANDY [99], die aber lediglich Angaben über die Form und Art des Meniskusschadens erlauben.

Für die histopathologische Beurteilung eines Meniskuspräparates ist das Lebensalter des Patienten zum Unfallzeitpunkt vorauszusetzen [455]. Die Zeitphase zwischen Unfallzeitpunkt und der Operation (= Entnahme der Histologie) ist zu beachten. Die histopathologische Beurteilung der Altersbestimmung von Kontinuitätstrennungen basiert auf den Zeitphasen I–IV der Meniskusheilung/Reparation. Die histologischen Kriterien der Texturstörung lassen mit zunehmendem Alter ein Ansteigen des Grades erwarten, so dass der Grad 2 im höheren Alter zu finden ist. Im hohen Lebensalter ist auch Grad 3 der Texturstörung nicht altersgemäß, sondern ein pathologischer Befund im Sinne einer sog. vorauseilenden (evtl. genetisch bedingten) oder sekundären Texturstörung [250, 236]. Für eine aussagekräftige Histopathologie sollte, was selten der Fall ist, ein zusammenhängender Ganzschnitt durch den Meniskus vorliegen. Dann kann in den ersten vier bis acht Wochen eine Zuordnung des Befundes weitgehend erfolgen. Über diesen Zeitrahmen hinaus, d. h. nach vier bis fünf Monaten, kann lediglich noch ein Beitrag geleistet werden [421], ab diesem Zeitpunkt ist die Histopathologie kaum mehr von Bedeutung [237].

In den ersten drei Wochen nach einem Trauma bestehen die Zeichen der Texturstörung (Ödem, Zellschädigung und kleine Nekrosen), ab etwa der 8. Woche reparative Vorgänge, wie die Zellproliferation. Die Reparation ist nach drei bis fünf Monaten abgeschlossen. Nach drei bis sechs Wochen überwiegt die von da an abnehmende Texturstörung [28, 29], die Reparation nimmt zu. Vorbestehende Degenerationen [329] prägen den Verlauf der Texturstörung sowie der Reparation [238]. Die Histologie aus dem Rissbereich ist nicht der „Maßstab". Nach OELLIG [350] werden „einzeitige" und „zeitlich fortschreitende" Meniskusrisse festgestellt. Einzeitige Risse werden eher leichtgradigen und zeitlich fortschreitende den höhergradigen Texturstörungen „Degenerationen" zugeschrieben. Bei allen derartigen Diskontinuitäten wird in der Folge der biomechanischen Belastung eine Zunahme von Apoptosezellen festgestellt, eine signifikante Unterscheidung Trauma vs. Texturstörung zeigt sich nicht [168, 492]. Bei einem adäquaten Trauma beim Vorschaden eines Meniskus sind die Phasen der Reparation und Vernarbung verzögert und dauern länger.

Bei chronisch kniebelastender Tätigkeit ohne adäquates Trauma findet sich eine höhergradige Verfettung mit eingeschlossenen sekundären Lücken, Demaskierungen der Faserstrukturen mit Reduktion der Doppelbrechung und eine mukoide Degeneration. Nach einem adäquaten Trauma mit Rissbildung in einem vorgeschädigten Meniskus zeigen sich histologische Bilder, bei denen sich bereits in den ersten Tagen nekrobiotische Phänomene im Meniskusgewebe nachweisen lassen. In einem Intervall von zwei Monaten zwischen Trauma und Begutachtung kann oft durchaus eine Aussage bezüglich eines ursächlichen Zusammenhanges zwischen Trauma und Meniskusveränderungen erfolgen. In einer Latenzphase von zwei bis fünf Monaten ist bedingt eine Aussage mit Wahrscheinlichkeit möglich. Hier ist eine enge Zusammenarbeit zwischen klinischen und histologischen Untersuchungsergebnissen für die versicherungsmedizinische Beurteilung wichtig. In der Spätphase bei einem Intervall von > 5 Monaten ist eine Aussage unsicher bis unmöglich.

Bestehen traumatische Meniskusläsionen bei „degenerativen" Vorschäden gleichzeitig, so müssen im Einzelfall Art und Ausmaß wahrscheinlich vorbestehender degenerativer Veränderungen den morphologisch fassbaren Folgen adäquater Traumen gegenübergestellt werden. Der Prozess der Reparation im frischen Defektbereich verläuft grundsätzlich ähnlich den Befunden bei Meniskusläsionen ohne stärkergradigen Vorschaden, ist aber zeitlich deutlich verzögert (Abb. 1.23).

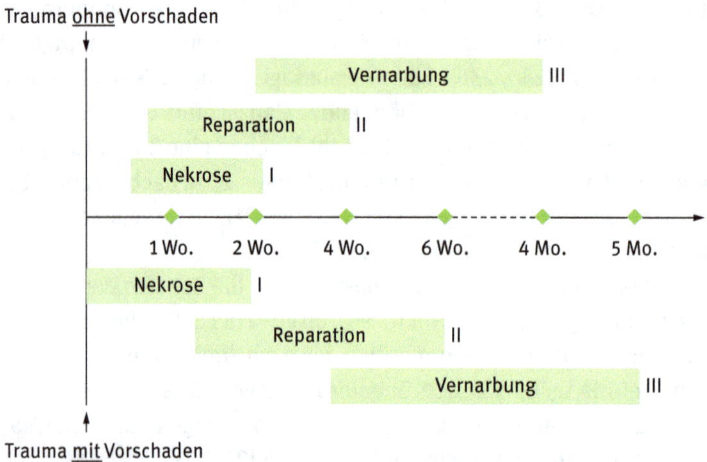

Abb. 1.23: Zeitlicher Ablauf morphologisch fassbarer Meniskusbefunde nach adäquatem Trauma ohne und mit Vorschaden, nach [238, 328, 350].

1.4.6 Histologische Präparate

In der Zeit der modernen Meniskuschirurgie ist eine Meniskektomie extrem selten. Durch die arthroskopische Chirurgie entstehen allenfalls Meniskusresektionsfragmente. In aller Regel wird die Meniskusrekonstruktion (Meniskusnaht) angestrebt. Somit stehen dem Pathologen lediglich Meniskusteile zur Verfügung, die nur schwer dem Gesamtmeniskus zugeordnet werden können, und eine differenzierte Beurteilung von rissfernen und rissnahen Meniskusbereichen wird nicht möglich. Ausschließlich bei einer größeren Fragmentresektion sollten Aussagen über den Rissbezirk und differentialdiagnostisch zum Resektionsbereich (Abb. 1.24) erwartet werden können.

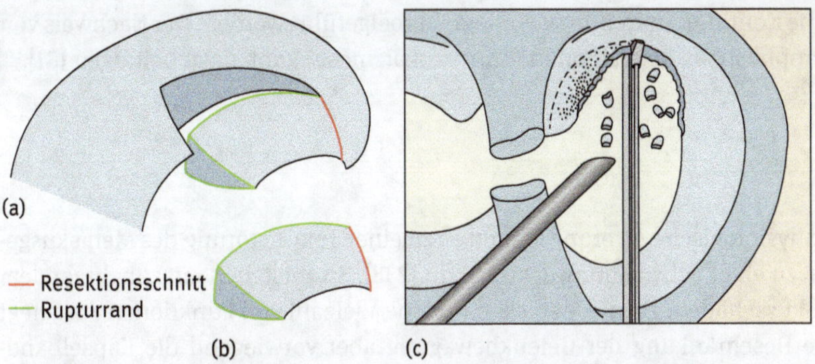

Abb. 1.24: Innenmeniskushinterhornlappenriss (a), entnommenes, reseziertes Fragment (b) für die histologische Untersuchung, arthroskopische „Kleinpartikel-Resektion" (c).

Problematisch ist aber auch die Untersuchung größerer durch den Operateur vom Restmeniskus abgetrennter Fragmente, wenn nicht bei diesen die chirurgische Schnittführung markiert zum Pathologen gelangt. Somit identifiziert das pathohistologische Präparat möglicherweise den chirurgischen Schnitt als „rezente Ruptur" auch dann, wenn vor dem operativen Eingriff keine Verletzung, sondern ein Verschleißschaden bestand. Meist aber gelangen fragmentierte Meniskusanteile zum Pathologen.

Daher ist nicht in jedem übersandten Untersuchungsgut eine eindeutige Trennung von rissfernen und rissnahen Meniskusanteilen möglich. Hierauf sollte bei der Interpretation/Befundkommentierung eingegangen werden. Eine eindeutigere Befundkonstellation liegt nur dann vor, wenn im übersandten Material rissferne Partikel erfasst sind bzw. getrennt übersendet wurden [135, 136]. In diesem Fall kann das Ausmaß der primären Degeneration (im Sinne einer sog. „Vorschädigung") relativ zweifelsfrei (in Abhängigkeit zum Alter des Patienten/Abgleich mit dem altersentsprechenden Degenerationsgrad) bestimmt werden [132, 133]. Da genaue klinische Daten (z. B. Unfallhergang, biomechanische Besonderheiten eines Gelenks) für die endgültige Bewertung oft von hoher Relevanz sind, kann bei gutachtlichen Fragestellungen im Hinblick auf die Zusammenhangsfrage von Unfallereignis und Kontinuitätstrennung die endgültige Beurteilung dem klinischen/chirurgischen/orthopädischen Begutachter vorbehalten sein.

Für versicherungsmedizinische Fragestellungen bleiben morphologische Befunde an arthroskopisch gewonnenen Resektaten ein wesentlicher Teilaspekt, der Aussagewert ist aber eingeschränkt [133]. Es bedarf der Beurteilung der Meniskustextur im Zusammenhang mit dem Patientenalter, insbesondere dahingehend, ob eine über das Patientenalter hinaus bestehende Texturstörung vorliegt, und es bedarf der histopathologischen Altersbestimmung der Kontinuitätstrennung. Da diese nicht unbegrenzt nach einem fraglichen Unfallereignis aussagekräftig ist, muss in Verbindung mit der klinischen Information eine Klärung, ob eine traumatische oder eine nicht traumatische Kontinuitätstrennung vorliegt, herbeigeführt werden. Der Nachweis von Kalziumpyrophosphat-Depositionen (Chondrokalzinose) kann dazu beitragen [81].

1.5 Ätiologie und Pathogenese

Durch die physiologische Alterung kommt es zu einer Texturstörung des Meniskusgewebes, d. h. zu einer Schwächung der Struktur [238]. So entstehen mit zunehmendem Alter Meniskusschäden. Da die Menisken für eine Vielzahl von Funktionen ausgelegt und für die Beschränkung der Gelenkbewegung aber vorwiegend die Kapselbandstrukturen verantwortlich sind, resultiert daraus, dass Meniskusverletzungen grundsätzlich nur als Begleitverletzungen bei knöchernen und/oder ligamentären Schäden zu diskutieren sind. Eine isolierte Verletzung des Meniskus ist lediglich dann erklärbar, wenn eine auf das Kniegelenk einwirkende Gewalt ausschließlich die Menisken und nicht die Begleitstrukturen treffen würde, dies scheint jedoch nur beim sog. Drehsturz der Fall zu sein. Darunter wird ein Mechanismus verstanden, bei dem das gebeugte und rotierte Kniegelenk bei fixiertem Unterschenkel/Fuß plötzlich passiv in die Streckung gezwungen wird, so dass die physiologische Schlussrotation nicht ablaufen kann und der Meniskus/die Menisken zwischen Oberschenkelgelenkkörper und Schienbeinkopfplateau geraten, eingeklemmt und dadurch geschädigt werden [282, 299].

Stumm verlaufende Meniskusveränderungen finden sich auch bei Kniegesunden. Sie sind funktionell nicht relevant und unfallunabhängig. Texturstörungen der Menisken werden dann manifest, wenn Nachbarstrukturen mit einbezogen werden, mit der Folge der Störung der Gelenkfunktion. Bevorzugt entstehen Meniskusschäden bei Arthrosen, aber auch bei Instabilitäten, die beide die Texturstörung der Menisken fördern und zu Kontinuitätsunterbrechungen führen. Die Manifestation texturstörungsbedingter Meniskusschäden äußert sich schleichend oder aber auch durch einen plötzlichen Funktionsverlust im Sinne des Einklemmens eines in der Kontinuität unterbrochenen Meniskus. Die Texturstörung des Meniskus ist somit die Ursache des Meniskusschadens, eine Verletzung ist die Ausnahme einer isolierten Meniskusschädigung.

Bei einem stabilen Knie führt eine dauerhafte Kniebeugung zu einer Dauerdruckbelastung im Hinterhorn und zu einer Druckschädigung des Hinterhornes mit einer daraus resultierenden Zugbeanspruchung des Vorderhornes. Die Folgen sind im Hinterhorn die Kontinuitätsunterbrechungen im Sinne einer Lappenbildung und am Vorderhorn die Lösung desselben vom Kapselansatz. Diese vermehrte Druckbelastung des Hinterhornes entsteht aber auch bei einer vorderen Knieinstabilität, durch die Translation nach vorne kommt es zur Einklemmung des Innenmeniskushinterhornes zwischen Femurkondylus und Schienbeinkopf mit der daraus resultierenden Druckbelastung. Es erfolgt eine Innenmeniskushinterhornlappenbildung auch in Längsrichtung (beginnender Korbhenkel), die sich dann im Sinne nach TRILLAT [490] in verschiedene Rissformen ausweiten kann. Die so entstehenden Meniskusschäden resultieren aus der im Hinterhorn beginnenden Texturstörung atraumatischer Art. Die Form der Kontinuitätsunterbrechung alleine ist nicht aussagekräftig für die Entscheidung, ob eine traumatische Rissbildung oder ein atraumatischer Schaden vorliegt. Altersschäden oder auch Überlastungen können zu meist klinisch nicht relevanten Radiärrissen führen, im arthrotischen Knie finden sich gehäuft Innenmeniskushinterhornlappenrisse und beim instabilen Knie überwiegen Hinterhornlängsrisse mit einer Ausdehnung bis zum kompletten Korbhenkel. Die arthroskopische Einteilung der Meniskusschäden basiert auf den Angaben von DANDY [101], sowohl für den Innen- als auch für den Außenmeniskus.

Eine aktualisierte Version der Einteilung von Meniskusdiskontinuitäten ist mit dem Kapitel 1.2 abgehandelt. Als nicht invasives Verfahren wird für die Diagnostik die MRT empfohlen, die zur Feststellung der Diskontinuität als präzise zu bezeichnen ist [428], aber keinen ausreichenden Rückschluss auf deren Ursache und Krankheitswert zulässt. Ohne jeglichen Unfallmechanismus durchläuft bradytrophes Bindegewebe, also auch der Meniskus, einen physiologischen Alterungsprozess, es entsteht ein altersentsprechendes Schadensbild [236, 250], das durch Texturstörungen (regressive Zeichen) und reparative Reaktionen gezeichnet ist. Die „Degenerationsgrade 0–3" nach KÖNN [236] bzw. die Texturstörungsgrade (0–3) nach KRENN [250] erreichen bis zum 60. bzw. 70. Lebensjahr jeweils Grad 2 und sind somit als altersentsprechend zu bezeichnen. Grad 3 der Texturstörung oder der Degeneration ist als pathologisch aufzufassen, unabhängig von der Ätiologie. Dies trifft zu bei der sport- oder berufsbedingten Überlastung, aber auch unabhängig davon bei einer primären „Meniskopathie", die als der Meniskusalterung vorauseilendes Schadensbild zu werten ist (Abb. 1.25).

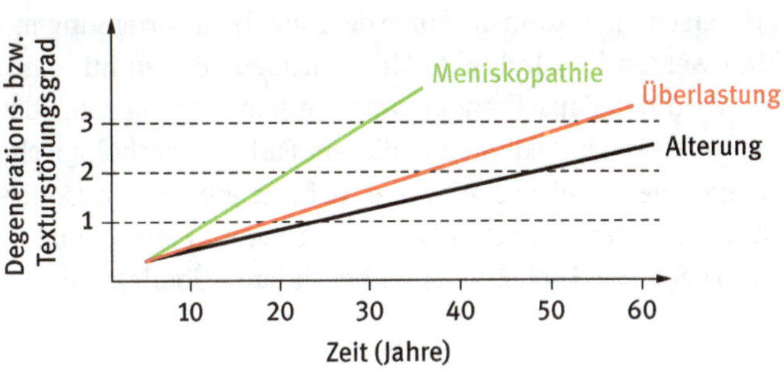

Abb. 1.25: Das Meniskusschadensbild – Alterung (blau), Überlastung (rot), Meniskopathie (grün).

In all den Stadien einer Vorschädigung eines Meniskus kann es zu einer Diskontinuität kommen, d. h., es liegt optisch ein Riss vor, der nicht immer verletzungsbedingt zu werten ist. Es werden geeignete und nicht geeignete Mechanismen genannt, die eine Diskontinuität (Dehiszenz) eines Meniskus herbeiführen können [426, 282]:

1) Spontanlösung durch alltägliches Ereignis,
2) der frische, rezente Meniskusriss: direkter Verletzungsmechanismus – indirekte Krafteinwirkung,
3) Spätschaden nach Unfallriss,
4) Spätschaden infolge gestörter Gelenkmechanik.

Zu 1):
Durch vorzeitigen Verschleiß bzw. vorgezogene Alterungsveränderung kann die Rissbereitschaft erhöht sein, so dass ein alltägliches Ereignis den Meniskus zur Dehiszenz bringen kann. Dazu gehören die Alterung einschließlich Degeneration mit einem Degenerationsgrad von III [236]. Geeignet für eine Spontanlösung sind auch die Meniskopathie, die Texturstörungen mit reparativen Veränderungen erkennen lässt, und eine daraus resultierende Zerstörung der Grundsubstanz. Schließlich können anlagebedingte Ursachen mit vorzeitigen Verschleißerscheinungen, z. B. beim Scheibenmeniskus oder bei Anomalien der Meniskusansätze, die Spontanlösung verursachen.

Zu 2):
Ein rezenter, traumatisch bedingter Meniskusriss kann aufgrund eines direkten Verletzungsmechanismus, aber auch aus einer indirekten Krafteinwirkung resultieren [282].

Bei den direkten Mechanismen werden die perforierenden Gelenkverletzungen, Gelenkfrakturen mit Meniskusbeteiligung sowie direkte mittelbare Krafteinwirkungen aufgeführt, die Verletzungszeichen zur Folge haben, die nicht die Menisken betreffen. Ein „isolierter Meniskusriss“ entsteht durch eine direkte Krafteinwirkung ohne Begleitverletzung nicht [533, 510, 278, 279, 245, 299, 282]. Durch einen seitlichen Knieanprall bei fixiertem Unterschenkel kann als Folge die Innenbandzerreißung mit Innenmeniskusabriss erklärt werden [91]. Indirekte Mechanismen können nur dann einen Meniskus verletzen, wenn der Kapselbandapparat (primärer Stabilisator des Kniegelenkes) verletzt bzw. zerrissen ist. Lediglich in diesem Fall sind pathologische Mechanismen zur Schädigung eines Meniskus erklärbar, d. h., es gibt keinen isolierten Meniskusriss [282], wohl aber einen isolierten Meniskusschaden. Biomechanisch bedarf der eigentliche und so genannte Drehsturz einer besonderen Überlegung.

Zu 3):
Der Spätschaden nach Unfallriss bedeutet eine veraltete Meniskusverletzung, auch wenn diese zunächst unauffällig war und nicht diagnostiziert werden konnte. Wenn das Meniskusgewebe nicht ausheilt, bleibt eine Schwäche zurück, die eine vermehrte degenerative Veränderung erleidet, auch in Verbindung mit der Reparation, im Sinne einer sekundären Degeneration. Weitere Zug- und Druckbelastungen führen zum Fortschreiten des Einrisses bis hin zu einem klinisch relevanten Meniskusschaden.

Zu 4):

Eine Lockerung des Kniebandapparates hat eine erhöhte Verletzungsanfälligkeit der Menisken zur Folge. Dies ist auch durch eine Muskelminderung denkbar. Die Sicherung der Gelenkführung gegenüber statischen und dynamischen Belastungen ist somit herabgesetzt. Dadurch werden die Zwischenscheiben unter der Alltagsbelastung vermehrt geschädigt, mit nachfolgender Degeneration und Reparation infolge der Mehrbelastung. Auch dadurch können Diskusschäden im Sinne der Diskontinuität resultieren, z. B. beim Schlotterknie mit dem Hinweis auf eine „pseudoprimäre Degeneration".

Nicht geeignete Mechanismen, die einer Diskontinuität eines Meniskus zugeordnet werden können, sind nach SCHÖNBERGER [426, 510, 48] folgende:

1. die isolierte Beugung oder Streckung,
2. Krafteinwirkung auf das gestreckte Knie, auch in nicht axialer Richtung,
3. Stoß des Kniegelenkes gegen eine Kante als Prellung,
4. das Hochkommen aus der Hocke,
5. die axiale Stauchung, z. B. Aufkommen auf den Füßen,
6. eine Krafteinwirkung im X- oder O-Sinn ohne gleichzeitiges Verdrehen bei Fixierung von Ober- oder Unterschenkel,
7. plötzliche Drehbewegung in Kniestreckung, auch mit Fixierung des Unterschenkels,
8. Sturz nach vorne auf das gebeugte Knie.

In der Literatur wird als geeigneter Schadenmechanismus insbesondere die indirekte Krafteinwirkung diskutiert:

9. Drehen des Oberschenkels gegen den Unterschenkel bei fixiertem Fuß [269, 91, 187],
10. Ausrutschen oder Stolpern mit gewaltsamem Knicken des Kniegelenkes zur Innenseite [168],
11. Stauchung des Kniegelenkes durch nicht geplanten Sprung aus der Höhe, muskulär nicht kontrollierbar [162],
12. übermäßige Unterschenkelauswärtsdrehung bei stark gebeugtem Knie mit anschließender überstürzter Streckung [168],
13. plötzliche passive Streckung des gebeugten und rotierten Knies bei fixiertem Unterschenkel/Fuß, so dass die physiologische Schlussrotation nicht ablaufen kann (Drehsturz) [299, 281, 300, 426],
14. passive Rotation des gebeugten Kniegelenks ohne plötzliche Streckung [426, 168, 459]:
    - dazu gehören fluchtartige Ausweichbewegungen unter Drehung des Oberkörpers bei fixiertem Fuß
    - ein Sturz bei fixiertem Fuß des Standbeines
    - sowie eine Schwungverletzung, z. B. beim Absprung vom fahrenden Zug

– bei einem Verletzungsmechanismus bei gebeugtem Knie durch Rotation soll der Meniskusriss durch eine passive Rotation des gebeugten Kniegelenkes entstehen [510, 168, 459]

15. der Drehsturz: plötzliche Streckung des gebeugten und rotierten Unterschenkels. Der Meniskusriss entsteht durch die plötzliche passive Streckung (fehlende Schlussrotation).

Bei indirekter Gewalteinwirkung ist – ohne Begleitverletzung – nur ein Drehsturz geeignet, eine isolierte Meniskusverletzung zu verursachen (Bay. LSG L 17U 30/06 vom 24.02.10).

Eine isolierte Verletzung des Meniskus ist kaum vorstellbar [91]. „Den isolierten Meniskusriss durch indirekte Verletzung gibt es ebenso wenig wie den isolierten Bandscheibenriss an der Wirbelsäule" [510]. Es bedarf der absoluten Klärung, ob nach einem angeschuldigten Unfallereignis eine isolierte Meniskusverletzung vorliegt oder ob der Meniskus als Begleitverletzung zu werten ist. Auch wenn ein Knieverdrehtrauma mit axialer Belastung und Rotationskräften [17] vorliegt, so ist eine isolierte Meniskusverletzung nicht denkbar. Dies trifft lediglich beim sog. Drehsturz dann zu, wenn ein Verwindungstrauma mit erzwungener Streckung des Kniegelenkes [48] in Beugung und beim fixierten Fuß entsteht. All die in der Literatur genannten Mechanismen können nur in dem Fall als geeignet gewertet werden, wenn entsprechende Begleitverletzungen vorliegen, z. B. die Tibiakopfbrüche [17], eine „unhappy triad" mit Innenband- und Kreuzbandverletzung, eine Kreuzbandruptur mit gleichzeitiger Außenmeniskusverletzung oder auch eine Meniskusinterposition bei Epiphysenfrakturen [108] oder bei einer Tibiakopffraktur [17]. Bei jedem angeschuldigten Mechanismus bedarf es der Klärung, ob eine Begleitläsion vorliegt. Dazu ist die Unterscheidung notwendig, ob die Begleitläsion zu einer Instabilität geführt hat, was dann eine Meniskusruptur erklärt, oder ob eine stabile Bandführung besteht. Unter Umständen kann nur der Drehsturz als geeigneter Mechanismus gewertet werden. Bei einem isolierten Meniskusschaden dürfen also keine Verletzungszeichen an anderen Strukturen feststellbar sein, wenn dieser als isoliert zu bezeichnen ist. Den isolierten Meniskusriss soll es nach LUDOLPH [278, 279] nicht geben, wohl aber den Meniskusriss beim Drehsturz [276, 277, 245, 430, 187]. Dazu ist aber erforderlich, dass eine feste Fußfixierung, wie in einer Wagenfurche [269], besteht. Alleine das Auftreten mit einer Pseudofixierung mittels Fußsohle erklärt die entsprechende Fixierung nicht.

Die isolierte Meniskusverletzung kann also nur durch einen Drehsturz erklärt werden [282]. Dies wäre der Fall beim Absprung von einem fahrenden, anfahrenden Zug. Dabei entstehen drei Mechanismen:

1. Der Meniskus wird in eine verletzungsgefährdende Position gebracht. Dies ist der Fall bei der Beugung, bei der Landung, mit einer Zentralverlagerung der Menisken durch die Rückverlagerung des Meniskus. Dazu muss gleichzeitig eine Rotation durch eine Körperbeschleunigung zustande kommen. Die Innenrotation führt zu einer Innenmeniskusverlagerung nach dorsal und zu einer Außenmeniskusverla-

gerung nach ventral und die Außenrotation zu einer Innenmeniskusverlagerung nach ventral und zu einer Außenmeniskusverlagerung nach dorsal. Diese Rotationsstellung des Meniskus muss durch das Körpergewicht auf den Fuß bei der Landung erhalten bleiben, so dass dies die Ausgangsstellung für die Streckung darstellt.

2. Durch die Beugung und Rotation bei Fußfixierung resultiert bei der Innenrotation die Außenmeniskusverletzung und bei der Außenrotation die Innenmeniskusverletzung.
3. Die Meniskusverletzung entsteht aber nur durch eine reflexartige, den Sturz verhindernde Streckung im Knie, da die für die Streckung notwendige Schlussrotation wegen des fixierten Fußes nicht erfolgen kann.

Der Drehsturz bedeutet also eine Beugung und Rotation im Knie bei gleichzeitiger Fixierung des Fußes, so dass dadurch entweder der Innen- oder der Außenmeniskus in Abhängigkeit von der Art der Rotation in eine Stellung gebracht wird, bei der er dann bei Streckung eingeklemmt werden kann. Bei der Innenrotation ist dies der Außenmeniskus, bei der Außenrotation der Innenmeniskus.

1.6 Diagnostik

Zur Erfassung eines Meniskusschadens stehen mehrere diagnostische Verfahren zur Verfügung (klinische Untersuchung, Sonographie, Computertomographie, Magnetresonanztomographie, Arthroskopie). Im Vordergrund stehen natürlich die Anamnese und die klinische Untersuchung, bei der eine federnde Streckhemmung (Einklemmung), eine Ergussbildung, der typische Druckschmerz sowie Schmerzen bei Beugung und Streckung auf einen Meniskusschaden hinweisen [521, 391, 210, 147]. Die Meniskusprüfung sollte auch im Stehen erfolgen [41].

Auf die Aussagekraft eines einzelnen Tests bei der klinischen Untersuchung ist nicht unbedingt Verlass, erst die Zusammenführung mehrerer Tests führt zu einer aussagekräftigen klinischen Diagnose. Die Genauigkeit der klinischen Untersuchung (Innenmeniskus 73 %, Außenmeniskus 87 %) hält dem Vergleich zur Genauigkeit der Kernspintomographie stand (Innenmeniskus 70 %, Außenmeniskus 78 %), so dass ein erfahrener Untersucher eine Meniskusläsion ausreichend sicher diagnostizieren kann [57]. Eine klinische Genauigkeit, bestätigt in der MRT mit 65 %, steht der Genauigkeit der MRT mit 89 % Innenmeniskus und 88 % Außenmeniskus gegenüber [389], dies im Vergleich zur Arthroskopie. Vergleichbare Werte liefert eine MRT-Genauigkeit am Innenmeniskus mit 94 % und am Außenmeniskus mit 98 %. Diesen Werten steht die klinische Genauigkeit mit 66 % am Innenmeniskus und 79 % am Außenmeniskus gegenüber [56]. Für die klinische Untersuchung kommt WEINSTABL [512] zu einer Genauigkeit mit 78 %, ein Jahr vorher war die klinische Genauigkeit noch mit 61 % angegeben worden [511], im Vergleich zur Arthroskopie (Innenmeniskus 59 %, Außenmeniskus 63 %). Nach LÜTZNER [283] wird eine klinische Untersuchungsgenauigkeit am Innenmeniskus mit 80 % genannt, am Außenmeniskus mit 93 % und in der Kernspintomographie am Innenmeniskus mit 73 % und am Außenmeniskus mit 83 %.

Es ist also die Kernspintomographie nach einer klinischen Untersuchung dann erforderlich, wenn diese keine klare Diagnose liefert, die auch die Indikation zu einer Operation rechtfertigen würde. Die Kernspintomographie sollte deshalb vorgezogen werden, da die Arthroskopie als invasives Verfahren für die Operation gedacht ist und nicht alleine für die Diagnostik [417]. Natürlich können bei der nötigen Erfahrung eines Untersuchers klare diagnostische Zeichen, z. B. beim übergroßen anterioren Außenmeniskussegment mit einem instabilen posterioren Segment mit der Folge des Streckdefizits, auch ohne Kernspintomographie [528, 5] zu einem Eingriff führen, wobei die tatsächliche medizinische Realität ebenso andere Wege erkennen lässt [243, 167, 229, 348]. Im Frühstadium einer Arthrose ständen die klinischen Meniskuszeichen im Vergleich zur Arthrose noch im Vordergrund [218].

Für die eigentliche Meniskusdiagnostik ist die Nativ-Röntgenuntersuchung wenig hilfreich. Wird allerdings eine arthrotische Veränderung festgestellt, so mag dies ein Hinweis auf einen dadurch entstandenen Meniskusschaden sein. Es gibt jedoch radiologische Zeichen, die als Hinweis auf einen lateralen Scheibenmeniskus zu deuten sind, dies umfasst den Abstand des Fibulaköpfchens zur Tibiagelenkfläche und die Gelenkspaltweite [232]. Im Nativ-Röntgenbild des Kindes sind ein weiter lateraler Gelenkspalt über 8 mm und ein erhöht stehendes Fibulaköpfchen unter 15 mm ein Hinweis auf einen lateralen Scheibenmeniskus [85, 162]. Vergleichbare Hinweise gibt es bei der inkompletten Scheibe [230]. Ein weiteres Zeichen, Condylar Cutoff Sign, weist auf einen kompletten Diskus hin [162]. Dabei handelt es sich um die geringere Prominenz beim lateralen Femurkondylus in Verbindung mit einer lateralen Scheibe. Berechnet wird das Prominenzverhältnis lateraler Femurkondylus/medialer Femurkondylus mit einem Normalwert von 0,886, beim Scheibenmeniskus liegt ein Wert um 0,716 vor [162]. Die Prominenz eines Femurkondylus lässt sich durch das Hervorstehen des Kondylus in der Tunnelaufnahme in Richtung Fossa intercondylica abmessen. Liegen bei Patienten über dem 40. Lebensjahr am lateralen Femurkondylus Randexophyten vor, so handelt es sich um Folgen einer Texturstörung [339, 359]. Im Nativ-AP-Röntgenbild deuten die Rauber-Konsole sowie die Druckusur auf ein Meniskusganglion hin. Bei länger bestehendem Meniskusganglion drückt dieses auf den Rand des Schienbeinkopfes, es entwickelt sich ein Sklerosesaum am Boden der Druckusur. Bei länger bestehendem Meniskusschaden, vorwiegend medial, entsteht die Rauber-Konsole im Sinne eines randständigen Exophyten [110].

Derzeit ist die Methode der Wahl zur Meniskusdiagnostik die Magnetresonanztomographie, da auch gleichzeitig Begleitschäden festgestellt werden können [234, 104]. Die Genauigkeit der kernspintomographischen Aussage gegenüber der Arthroskopie wird mit 45 % bis 98 % angegeben [131, 197, 377, 398, 452, 205, 39]. Die Aussagekraft der Kernspintomographie hängt u. a. von der Stärke des Magnetfeldes, angegeben in Tesla (T), ab. So werden die Sensitivität und Spezifität für das Entdecken eines

Meniskusrisses bei 0,2 bis 0,3 T mit 77 % bzw. 100 % angeführt [94, 203], bei 1,5 T ebenfalls mit 77 % bzw. 100 % [18, 284, 395] und bei einem 3-T-Gerät mit 94 % bzw. 96 % [285, 387]. Die Genauigkeit beim 3-T-Gerät beträgt laut den Untersuchungen 96,2 % [82, 262]. Die Aussagekraft wird umso besser, je größer ein Meniskusriss ist [444], beim Kind soll die Genauigkeit abnehmen [482] und es sollen Unterschiede in Abhängigkeit von Begleitverletzungen bestehen. So beträgt die Sensitivität bzgl. des lateralen Meniskus in einem Knie ohne Kreuzbandruptur 94 % [106, 107] und in einem Knie mit einer Kreuzbandruptur 69 % [106, 107] bzw. 57 % [204]. Die Kernspintomographie kann also einen Innenmeniskusriss besser bei einem Knie mit intaktem Kreuzband als mit einem rupturierten Kreuzband erkennen [337]. Konkurrenzlos ist die Magnetresonanztomographie in der Beurteilung von Meniskusdiskontinuitäten innerhalb der Meniskussubstanz [49, 273, 303, 470, 95]. Derartige in der Meniskussubstanz gelegene Meniskusstörungen zeigen eine höhere Signalintensität, die durch die Einlagerung von Synovialflüssigkeit in den Schadensbereich resultiert. Es liegt eine Gradeinteilung der intrameniskalen Signalintensitäten vor. Diese Gradeinteilung der Meniskusläsionen führt zu einer Klassifikation unter Berücksichtigung der Kernspintomographie, der Pathologie und der nachweisbaren Läsion (Tab. 1.3).

Tab. 1.3: Klassifikation der Meniskusläsionen (SI = Signalintensität), nach [398].

Grad	MRT	Pathologie	Läsion
0	Homogene, niedrige SI	Normal	Keine
I	Punktförmige SI-Erhöhung auf einer Schicht ohne Verbindung zur Meniskusoberfläche	Mukoide Degeneration	Unwahrscheinlich
IIa	Mehrere punktförmige SI-Erhöhungen	Ausgedehnte mukoide Degeneration	Wahrscheinlich
IIb	Lineare SI-Erhöhung ohne Verbindung zur Meniskusoberfläche		
III	Longitudinale oder unregelmäßige SI-Erhöhung, Deformierung, Dislokation von Fragmenten	Riss mit Verbindung zur Meniskusoberfläche	Sicherer Riss

Meniskusschäden im Stadium I und II sind arthroskopisch nicht zu diagnostizieren, es handelt sich um rein intrameniskale Strukturveränderungen. Es wird vermutet, dass sich diese im Verlauf zu einer Diskontinuität entwickeln. Die Schäden des Stadium III sind arthroskopisch als Läsion unterschiedlichen Ausmaßes erkennbar, die MRT-Befunde sowie der OP-Befund stimmen in 91,3 % der Fälle überein [95]. Die ersten Überlegungen zur Beurteilung intrameniskaler Veränderungen [273] führen zu einer Einteilung, die auch heute noch in modifizierter Form gebraucht wird [470]. Es erfolgt die Gradeinteilung 1–3, Grad 1 ist eine punktuelle Signalsteigerung ohne Beziehung zur Meniskusoberfläche, Grad 2 zeigt eine lineare Ausdehnung dieser Signalsteigerung und bei Grad 3 liegt eine Verbindung zur Gelenkoberfläche vor. In der Folge entsteht laut STOLLER [470] eine Ausweitung des Klassifikationssystems intrameniskaler Signalintensitäten durch CRUES III [95] und MESGARZADEH [308]. Es werden Normvarianten intakter Menisken mit Korpusverkürzung und Korpusabrundung beschrieben (Abb. 1.26) und es findet eine Unterscheidung der intrameniskalen Läsionen, die eine oder zwei Oberflächen des Meniskus erreichen (Grad 5 vs. Grad 6), statt. Davon werden unregelmäßige Strukturen abgegrenzt (Grad 7), bei denen nicht mit der notwendigen Wahrscheinlichkeit ein Kontakt zur Oberfläche hergestellt oder ausgeschlossen werden kann [401]. Nach CRUES III [95] wird der Grad 1 der intrameniskalen Läsionen, bei dem die Strukturstörung die Oberfläche erreicht, unterteilt in Grad 3A, bei dem ein lineares intrameniskales Signal die Oberfläche des Meniskus erreicht, und Grad 3B, bei dem eine nicht strukturierte Läsion vorliegt, die häufig mit degenerativen Veränderungen auch in der Meniskusumgebung einhergehen soll. Bei Grad 4 liegt gleichzeitig zu Grad 3B eine Verdrehung der Meniskusstruktur vor. Bei arthrotischen Veränderungen zeigen die intrameniskalen Veränderungen weitere Verformungen auf [219], dies in Abänderung von Grad 3B nach CRUES III [95] mit Einteilung in Typ 1 bis 3 des Grades 3B. Bei symptomatischen Scheibenmenisken ist der Nachweis eines Risses spezifisch und sensitiv [6], aber nicht gleichwertig mit der Rissartbestimmung [526]. Lediglich eine Signaländerung Grad 3 [470] korreliert hochgradig mit einem operativ gesicherten Außenmeniskusscheibenriss [529] bei einer Genauigkeit von 96 % und einem positiven prädiktiven Wert von 92 %, vergleichbar

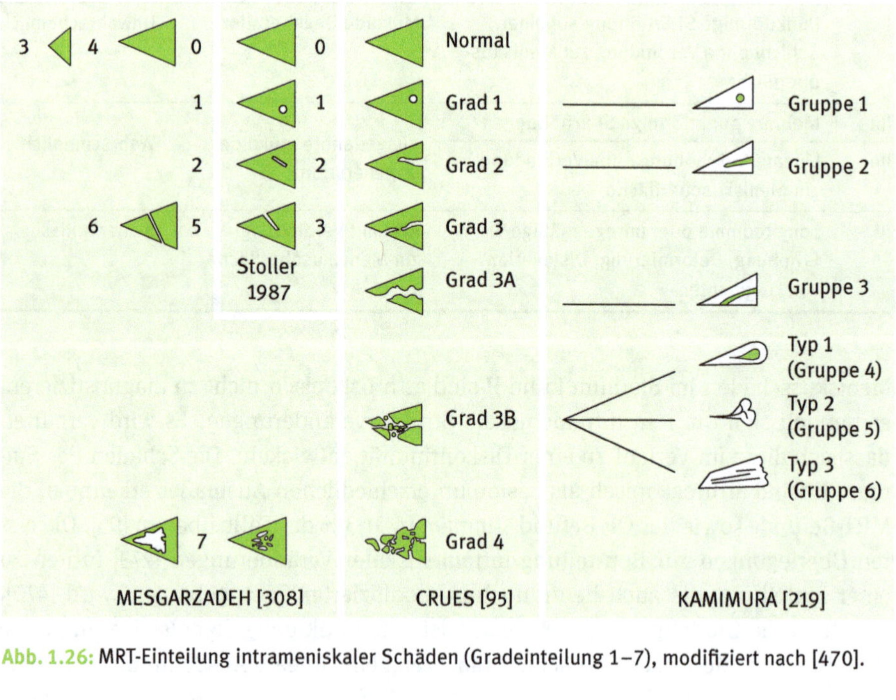

Abb. 1.26: MRT-Einteilung intrameniskaler Schäden (Gradeinteilung 1–7), modifiziert nach [470].

mit den Daten bei einem normalen Meniskus [95]. Grad 1 und 2 der Signaländerungen im MRT zeigen in 44 % Genauigkeit einen Meniskusriss [529]. Bei nicht diskoiden Veränderungen ergeben sich bei Grad 1 und 2 Signaländerungen in 11 %, bei Grad-III-Schäden werden 94 % Meniskusrisse in der MRT erkannt [95, 318].

Bei einem 1-T-Gerät liegt die Genauigkeit der Methode zwischen 47 % und 92 % bei einer frischen Verletzung und 20 % bis 89 % bei einem „chronischen Meniskusschaden" [253]. Wird der Einsatz von Kontrastmittel intravenös berücksichtigt, so resultiert eine Genauigkeit mit 91 %, ebenso bei intraartikulärem Kontrastmittel, im Vergleich dazu wird die Genauigkeit mit 58 % ohne Kontrastmittel genannt [497]. Während bei einem 1-T-Gerät die Durchschnittsgenauigkeit mit 96 % angeführt wird [253], beträgt die Genauigkeit bei einem 3-T-Gerät durchschnittlich 79 % [500]. Die positiven prädiktiven Werte schwanken zwischen 71 % und 95 %, die negativen prädiktiven Werte zwischen 91 % und 97 % (Literatur entsprechend Tab. 1.4).

Tab. 1.4: Genauigkeit, Sensitivität und Spezifität der MRT-Meniskusergebnisse laut Literatur.

	Genauigkeit	**Sensitivität**	**Spezifität**
IM Innenmeniskus	88 % (70–95 %)	93 % (79–100 %)	85 % (59–96 %)
AM Außenmeniskus	90 % (78–98 %)	71 % (33–96 %)	94 % (86–99 %)
IM + AM	91 % (74–96 %)	90 % (72–98 %)	92 % (86–96 %)

Literatur
IM: [512, 493, 446, 118, 500, 197, 319, 56, 131, 106, 107, 214, 283, 415, 248, 57]
AM: [512, 96, 493, 446, 118, 448, 500, 197, 319, 56, 131, 106, 107, 214, 283, 415, 248, 57]
IM + AM: [381, 333, 500, 512, 96, 319, 205, 179, 235]

Wird die hier zur Verfügung stehende Literatur berücksichtigt, so lässt sich die Genauigkeit der MRT-Methode zur Feststellung eines Innenmeniskus- und/oder Außenmeniskusschadens mit einem Ergebnis von etwa 90 % Genauigkeit ermitteln. Diese ist bei einer klinischen Untersuchung [120] mit 93 % anzusetzen. Bei beiden Untersuchungsverfahren (klinische Untersuchung und Magnetresonanztomographie) bleibt aber die Intraobserver- bzw. Interobserver-Reliability weitgehend unbekannt, bei der klinischen Untersuchung dürfte diese aber als sehr bedenklich zu werten sein.

Die Arthroskopie ist ein invasives Verfahren und heute für die arthroskopische Operation ausgerichtet. Vor jedem operativen Eingriff ist aber immer eine diagnostische Arthroskopie zur Beurteilung des gesamten Gelenkinnenraumes erforderlich. Arthroskopisch können nur oberflächliche Strukturen im Gelenk erkannt werden, intrameniskale Strukturänderungen werden nicht erkannt und können auch bei Betastung nicht ausreichend beurteilt werden. Es muss immer ein standardisierter Rundgang im

Gelenk erfolgen [172], es gibt aber auch sog. „blind spots", d. h., Ecken im Gelenk sind nur erschwert einsehbar. Das trifft insbesondere für das Innenmeniskushinterhorn zu, bei dem sog. „hidden lesions" übersehen werden können. Dazu bedarf es einmal eines Zuganges zum Innenmeniskushinterhorn vom anterolateralen Zugang aus, zwischen vorderem Kreuzband und medialem Femurkondylus [172, 343], und insbesondere zur Beurteilung der Läsion des Lig. meniscotibiale eines posteromedialen Zuganges [464]. Spezielle Zeichen zur Beurteilung des Innenmeniskushinterhorns sind erforderlich, „meniscal flounce sign", um eine Faltenbildung des Innenmeniskushinterhorns zu beurteilen. Entsteht bei einer Valgusstellung eine Innenmeniskushinterhornfalte, so ist der Meniskus intakt, kommt es nicht zur Faltenbildung, liegt eine basisnahe Meniskusruptur vor [516, 523]. Derartige Tricks sollten für die Beurteilung via Arthroskop gewusst werden, dann resultiert eine Genauigkeit der Arthroskopie von 90–95 % [512], dies im Vergleich zur Kernspintomographie mit einer Genauigkeit von 93 % [512], und das auch bei der klinischen Untersuchung.

Das Ergebnis der Histopathologie (vgl. Kapitel 1.2/2.4) ist abhängig vom Patientenalter, vom Zeitabstand der feingeweblichen Untersuchung zum fraglichen Unfallereignis/auch von der Art der Materialgewinnung (Zangenentnahme), aber insbesondere von der Beurteilung der Texturstörungszeichen und der reparativen Veränderungen, die erst in einer Zusammenhangsbeurteilung (Degeneration = Texturstörung + Reparation) eine Aussage über die Kausalität einer Meniskusdiskontinuität zulassen. Die Aussage ist in den ersten zwei Monaten nach einem Ereignis sicher möglich, bis zu fünf Monaten wahrscheinlich und von da an unsicher [328, 236, 133, 250].

Für die Meniskusdiagnostik bieten sich sowohl die zwei- [77] als auch die dreidimensionale Sonographie [405] an. Die zweidimensionale Sonographie sei aber nur mit Einschränkungen geeignet, Lage und Form von Meniskusrissen zu erkennen [36]. Die zweidimensionale Sonographie ergibt eine Sensitivität von 92 % und eine Spezifität von 82 % [405], die dreidimensionale Sonographie dagegen Werte für die Sensitivität mit 100 % und für die Spezifität mit 88 %. Es besteht aber ein Unterschied zwischen Innen- und Außenmeniskus [154, 156]. Mittlerweile habe die 3-D-Sonographie vergleichbare Werte mit der MRT erreicht [171], es werden eine Sensitivität mit 92 % und eine Spezifität von 88 % [61] bei der Ultrasonographie erwartet. Aktuell werden vergleichbare Werte erreicht [11], jedoch mit erheblichen Unterschieden in der Beurteilung der verschiedenen Rissformen, aber einer hohen Aussagekraft beim Scheibenmeniskus [524, 3] sowie bei komplexen Rissformen [11]. Problematisch ist der Nachweis der radiären Rissform [441]. Insgesamt besteht aber eine unbefriedigende Interobserver-Reliability (kappa value 0,45), so dass ein klinischer Nutzen fraglich ist [171].

1.7 Beurteilung

Der Meniskus als Gelenkzwischenscheibe hat sowohl eine dämpfende als auch eine stabilisierende Funktion im Kniegelenk. Die Stellung der auf dem Tibiaplateau beweglichen Menisken ist abhängig von der Beugung/Stellung bzw. Rotation im Gelenk und auch von der achsabhängigen axialen Belastung (Abb. 1.27).

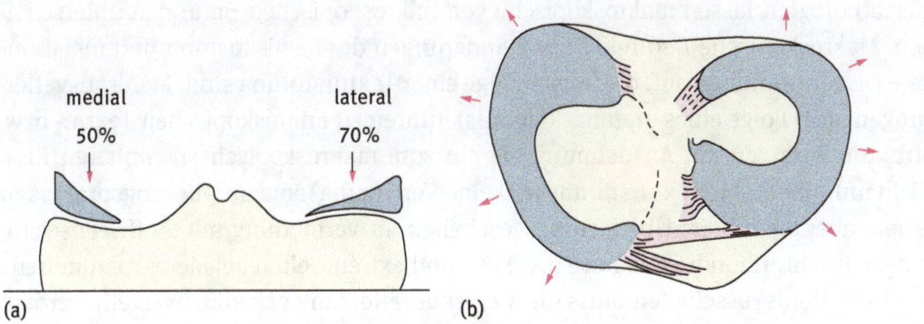

Abb. 1.27: Meniskusbelastung und Meniskusreaktion: axiale Belastung beim konkaven medialen und konvexen lateralen Tibiaplateau (a) und die nach außen gerichteten (b) Kräfte [459].

Entwicklungsgeschichtlich lassen sich Normvarianten des Meniskuskörpers und ebenso des Aufhängeapparates zur Stabilisierung der Meniskusbewegung im Gelenk ableiten. Dies trifft für die hintere Außenmeniskuswurzel in Verbindung mit den meniskofemoralen Bändern zu, aber auch für das Lig. transversum, das die Vorderhörner in unterschiedlicher Weise verbindet. Von Bedeutung ist die Meniskuswurzelaufhängung, die nicht eine menisko-ossäre Verbindung erkennen lässt, sondern eine menisko-ligamentäre-ossäre Aufhängung im Sinne einer „Enthesis", so wie dies bei allen Sehnen und Bandbefestigungen am Knochen der Fall ist. Es liegt eine typische Verbindung zwischen einer bradytrophen Bindegewebsstruktur mit dem Knochen vor. Diese Kenntnis ist sowohl für den Pathomechanismus als auch für die Therapie von Bedeutung. Abgesehen von der Wurzelaufhängung der Menisken erfolgt am Außenmeniskus eine Stabilisierung über die meniskofemoralen Bänder zum Femurkondylus und über das Lig. coronarium zum Schienbeinkopf, im mittleren Meniskusbereich über das Lig. arcuatum und die meniskopoplitealen Faszikeln, und die anteriore Wurzel ist mit dem Lig. transversum in Verbindung, welches auch das Innenmeniskusvorderhorn hält. Dieses ist ebenfalls über ein Lig. coronarium mit dem Schienbeinkopf befestigt, der mittlere Innenmeniskusanteil ist mit der tiefen Schicht des Innenbandes fixiert und das Innenmeniskushinterhorn wird durch das Semimembranosuseck und damit mit dem Lig. collaterale mediale post. gehalten. Die Normvarianten des Meniskuskörpers und dessen Stabilisatoren müssen arthroskopisch und insbesondere magnetresonanztomographisch als solche erkannt werden, dies trifft für den Scheibenmeniskus zu, aber auch für Meniskusduplikaturen (teilweise doppelt angelegter Meniskus) und für die Meniskusaplasie, denn Duplikaturen können einen Längsriss vortäuschen und die Aplasien einen Zustand nach Meniskusentfernung. Die Normvarianten der Meniskushörner, z. B. mit Einstrahlung der Meniskusfasern in die Kreuzbänder oder auch eine Ansatzverlagerung, bedürfen der Abgrenzung von partiellen Schädigungen der betroffenen Strukturen, ein intermeniskales Band kann eine Korbhenkelbildung vortäuschen. Die feingewebliche Meniskusstruktur erklärt manche Rissform, insbesondere Longitudinalrisse vertikaler oder auch horizontaler Art. Meniskuspathologien lassen makroskopische von mikroskopischen Befunden unterscheiden. Makroskopische Befunde zeigen Änderungen der Meniskusform und insbesondere Diskontinuitäten auf, die immer Folge einer Texturstörung sind. Meniskusverletzungen, also Folge eines Traumas (Unfalls), führen zu mikroskopischen Textur- bzw. Strukturstörungen mit Ausdehnung bis hin zum makroskopisch erkennbaren Riss. Nicht unfallbedingte Texturstörungen (keine Verletzung) sind im Alterungsprozess zu sehen, aber auch beim Überlastungsgeschehen, in Verbindung mit Stoffwechselstörungen (Gicht, Chondrokalzinose u. a.) [81] und extrem selten bei Meniskustumoren.

Dem Meniskusschaden muss die Meniskusverletzung gegenübergestellt werden. Eine Meniskusverletzung kann im Ausnahmefall isoliert entstehen („Drehsturz"), meist aber entwickeln sich Meniskusverletzungen als Folge einer anderweitigen Verletzung. Aus diesen Verletzungen resultieren Bandverletzungen, die in Abhängigkeit vom Schweregrad als stabil zu bezeichnen sind (z. B. Zerrung) oder auch instabil, wenn eine komplette Banddiskontinuität (Ruptur) vorliegt. Aus einem stabilen Zustand einer Verletzung kann eine Meniskusruptur als Folge nicht resultieren; anders bei instabilen Knieverletzungen oder auch in Begleitung von Schienbeinkopf- oder Femurkondylenfrakturen sind begleitende Meniskusrupturen zu erwarten und auch häufig nachweisbar, nicht nur als rezenter Schaden, sondern auch als veraltete Unfallfolge. In Verbindung mit dem Schienbeinkopfbruch werden Meniskusverletzungen zwischen 10 und 19 % erkannt [34, 457, 347, 432, 322, 323]. Meist jedoch finden sich höhere Zahlenangaben von Meniskusverletzungen, 47 % [494], 40 % [342], 32 % [414] bis hin zu 86 % [406]. Es wird aber keine Korrelation zwischen der feststellbaren Meniskusverletzung und der Frakturtypisierung, mit oder ohne Bandbeteiligung, festgestellt. Bei der frischen vorderen Kreuzbandruptur zeigen sich laterale Meniskusrisse bei 73 % und Innenmeniskusrisse bei 11 % [345], aus denen sich dann in der Folge der Instabilität Meniskusschäden lateral bis 82 % und medial bis 46 % entwickeln, d. h., tatsächliche Meniskusrisse als Begleitschaden einer Kreuzbandruptur finden sich bei 42 % und bei der veralteten Kreuzbandruptur bei 64 %. Daraus resultiert, dass in Abhängigkeit zum Unfallzeitpunkt zusätzlich ein instabilitätsbedingter Meniskusschaden entsteht. Meist ergeben sich als Begleitverletzungen Innen- oder Außenmeniskusrisse, gleichzeitig auftretende Außenmeniskus- und Innenmeniskusrisse sind jedoch möglich [57, 60, 267]. Demgegenüber besteht ein sekundärer Meniskusschaden bei der Arthrose zwischen 43 und 76 % [271].

Eine Klassifikation des Meniskusschadens mit Unterteilung in mikrotraumatisch, belastungsbedingt (BK 2102) und in eine primäre Texturstörung [429] ist nicht nachvollziehbar, da alle diese Überlegungen das Bild der Texturstörung zeigen, unabhängig davon, ob es sich um Zeichen der Alterung oder einer Überlastung handelt. Es liegen immer Mikrotraumen, klinisch nicht relevant, vor, mit dem daraus resultierenden Bild der Texturstörung [250, 175]. In der Meniskuspathologie werden heute Meniskusschäden und Meniskusverletzung unterschieden. Dem Meniskusschaden kann die in der Berufskrankheitenverordnung genannte Meniskopathie zugeordnet werden, aber ebenso die Meniskusalterung und der Überlastungsschaden. Bei den Meniskusverletzungen wird die isolierte von einer eine andere Verletzung begleitenden Diskontinuität unterschieden und im Ausnahmefall kann über eine unfallbedingte Kontusion bzw. Quetschung eines Meniskus diskutiert werden, allerdings nur in Verbindung mit einem adäquaten „bone bruise".

Die Definition der Meniskopathie der Berufskrankheitenverordnung (BKV) [20, 22, 165] sieht einen „chronischen Meniskusschaden" vor, dies als Krankheitsbild und Diagnose. Die aus einer primären Meniskopathie resultierende „spontane" Lösung oder Berstung des Meniskus ist dabei unter den in Nr. 2102 genannten Voraussetzungen eine Berufskrankheit [306]. Eine Meniskusverletzung stellt eine Kniebinnenschädigung dar. Diese Risse entstehen in der Mehrzahl der Fälle durch eine vorzeitige Aufbraucherscheinung spontan oder durch einen Gelegenheitsanlass [411]. Bei der primären Meniskopathie liegt die Pathologie im Meniskus. Diese ist abzugrenzen von der sekundären Meniskopathie, die Folge eines Knorpelschadens verschiedener Ursachen ist. Sekundär folgt der Meniskusschaden, der nicht als Berufskrankheit gewertet wird. Dagegen sind bei einer primären Meniskopathie der Knorpelschaden und die Synovialitis rechtlich wesentlich Folge der Meniskopathie [21, 257, 379, 380, 396, 467, 519, 28, 29].

Der Beginn der physiologischen Alterung ist etwa ab dem 40. LJ [259] erkennbar. Die alterskorrigierte Norm der Meniskopathie [280] und die Meniskusverletzung müssen von der versicherten Meniskopathie (primären Meniskopathie nach mehrjährig andauernden oder häufig wiederkehrenden, die Kniegelenke überdurchschnittlich belastenden Tätigkeiten [532, 423, 59, 35, 431]) abgegrenzt werden.

1.7.1 Meniskusverletzungen

Liegen Kreuzbandrisse, Komplexinstabilitäten und/oder Schienbeinkopfbrüche sowie Frakturen der Femurkondylen vor, so sind Innenmeniskusverletzungen begleitend [494]. Diskutiert werden müssen jedoch aus diesen primären Verletzungen die daraus resultierenden Unfallfolgen. Bei einer isolierten Ruptur des vorderen Kreuzbandes mit begleitendem typischem Knochenmarködem an der lateralen, dorsalen Schienbeinkante sowie im zentralen Bereich des lateralen Femurkondylus resultieren bei nicht adäquater Behandlung bzw. bei Nichtausheilen der Ruptur Restinstabilitäten. Diese führen zu einem überlastungsbedingten Meniskusschaden mit einer Häufigkeit in Abhängigkeit von der Zeit zum Unfallereignis. Aus der Instabilität resultiert aber auch die Instabilitätsarthrose und diese wiederum hat eine Texturstörung des Meniskus zur Folge, eine Meniskusdiskontinuität nimmt aber wiederum Einfluss auf die Arthrose, so dass hier ein Circulus vitiosus entsteht (Abb. 1.28).

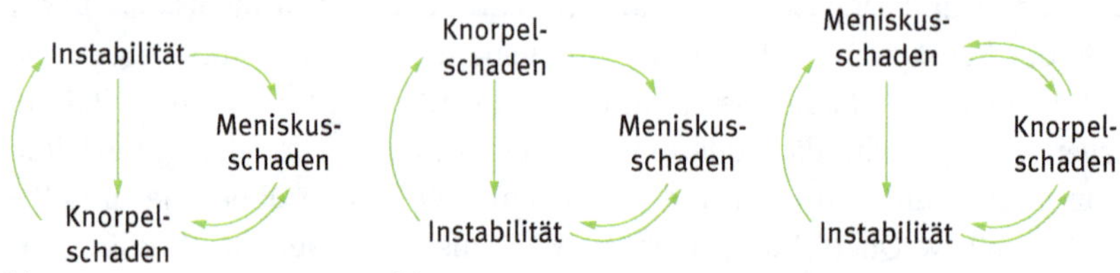

Abb. 1.28: Instabilität, Knorpelschaden, Meniskusschaden ((a) = Instabilitätsfolgen, (b) = Folgen des Knorpelschadens, (c) = Folgen des Meniskusschadens).

Alleine der Knorpelschaden kann eine Texturstörung am Meniskus zur Folge haben, aber auch der isolierte Meniskusschaden am Knorpel. Aus beiden Zusammenhängen resultiert, auch wenn sie nur gering ausgeprägt ist, eine Instabilität, die dann wiederum zum Knorpelschaden und zum Meniskusschaden führt. All diese Überlegungen sind aber abhängig von der Zeit. Für die Begutachtung ist die Frage einer Meniskusschädigung, wenn diese makroskopisch erkannt werden kann (MRT, Arthroskopie), bezüglich der Kausalität kein Problem. Anders ist dies bei einem isolierten Meniskusschaden. In aller Regel stellt dieser keine Unfall- bzw. Verletzungsfolge dar. Es sind zwei Ausnahmen zu diskutieren – die axiale Stoßbelastung und der Drehsturz.

1.7.2 Axiale Stoßbelastung

Eine axiale Stoßbelastung entsteht z. B. durch Prellung des Knies bei Sturz auf ein Fersenbein oder bei Streckung im Knie. Nachdem der Meniskus zur Dämpfung axialer Kräfte angelegt ist, andererseits aber auch in Abhängigkeit von der Form des Schienbeinkopfes bei Druckbelastung im Femorotibialgelenk nach außen abweichen kann, bedarf es der Unterscheidung der axialen Stoßbelastung beim medialen und beim lateralen Femorotibialgelenk. Der mediale Schienbeinkopf ist konkav ausgebildet, der laterale konvex. Kommt es zu einer Stauchung im lateralen Kompartiment, so ist die nach außen gehende Abweichung aufgrund der Schienbeinkopfform eher zu erwarten als bei der konkaven medialen Tibiakopfform. Dennoch ist aber auch hier aufgrund der ligamentären Begleitstruktur und der nicht festen Fixierung des Innenmeniskus das Abweichen möglich. Erst wenn durch die Stauchung Knorpel auf Knorpel stößt (Abb. 1.29), ist eine Kontusion des medialen oder lateralen Femorotibialgelenkes denkbar, dies betrifft aber nicht als Pufferzone den Meniskus. Nur wenn

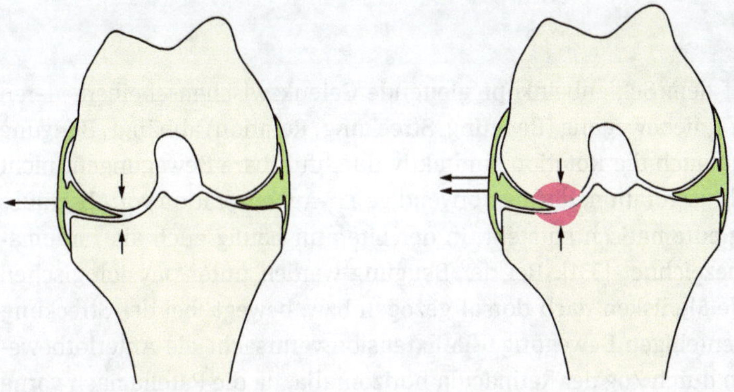

(a) (b)

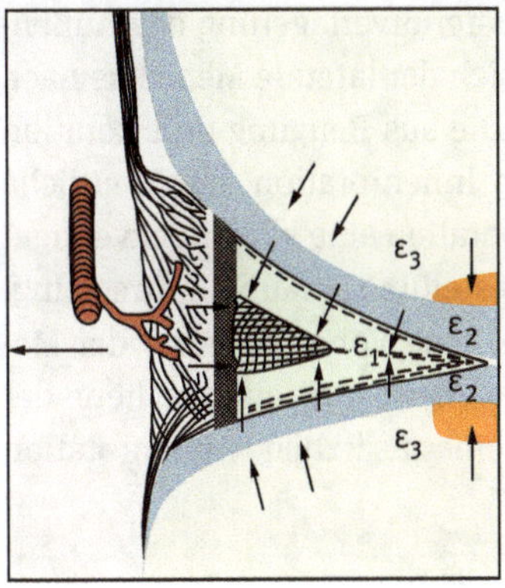

- $E_{3\,(\text{Elastizitätsmodul})} > E_2 > E_1$
- bei axialem Druck = ⟵ Ausweichbewegung (AM > IM)
- Wenn Knorpel auf Knorpel trifft, dann gilt: $E_3 > E_2 < E_3$
- **Merke:** nicht ein mögliches Signal im Meniskus ist von Relevanz, sondern das Signal im Knochen = *bone bruise*

(Elastizitätsmodul umso größer, je mehr Widerstand ein Material seiner elastischen Verformung entgegen setzt z. B. Knochen = 90 MPa, Knorpel = 40 MPa)

(c) (d)

Abb. 1.29: Axiale Stoßbelastung eines tibiofemoralen Kniekompartiments (a), „bone bruise" beim seitlichen Ausweichen des Meniskus und direktem Knorpel-Knochen-Kontakt (b), verschiedene Elastizitätsmodule (c), (d) = Erklärung für (c).

die Kontusionszone magnetresonanztomographisch nachweisbar so weit ausgeprägt ist, dass auch die Meniskusstruktur erreicht wird – trotz Ausweichmanöver –, kann eine Meniskuskontusion als Verletzung angenommen werden. Die Voraussetzung für eine Meniskuskontusion ist aber der Nachweis des Knochenmarködems, sowohl am Femurkondylus als auch korrespondierend am Schienbeinkopf, und die erkennbare Ausdehnung des „bone bruise" muss den Meniskus in Ausweichstellung erreichen. Alleine eine Knochenödemzeichnung an einem der Gelenkpartner ist kein Nachweis einer tatsächlich erfolgten axialen Stauchung, da sich Knochenmarködeme auch in der Folge einer Knorpelschädigung vorbestehend entwickeln. Alternativ bedarf es bei nachgewiesenem Knochenödem eines Kontrollkernspintomogramms drei bis fünf Monate nach dem Ereignis – ist das Knochenödem rückläufig, ist von einem traumatischen Knochenmarködem auszugehen, ist es gleichbleibend oder progredient, ist dieses unfallunabhängig.

1.7.3 Der Drehsturz

Menisken sind auf dem Schienbeinkopf gleitende Gelenkzwischenscheiben, deren Bewegung von der Kniebewegung (Beugung, Streckung, Rotation) abhängt. Beugung und Streckung und auch die Rotation sind aktiv durchführbare Bewegungen, nicht jedoch die sog. Schlussrotation, die als notwendige 15°-Außenrotation vor Abschluss der Kniestreckung automatisch entsteht, in der Literatur häufig auch als „automatische Rotation“ bezeichnet [331]. Bei der Beugung werden unter physiologischen Bedingungen beide Menisken nach dorsal gezogen bzw. bewegt, bei der Streckung kommt es zur gegenteiligen Bewegung, die Extension verursacht die Anteriorbewegung der Menisken durch Zug der Retinacula horizontalia, da die Patella nach vorne wandert und die Retinacula die Menisken mitnehmen. Die Innenrotation führt zu einer Anteriorverlagerung des Innen- und zu einer Posteriorverlagerung des Außenmeniskus. Bei der Außenrotation der Tibia verlagert sich der laterale Meniskus nach vorne und der mediale Meniskus nach hinten [220]. Die aus Beugung und Rotation resultierende Meniskusstellung zeigt bei Beugung in Innenrotation eine deutliche Rückverlagerung des Außenmeniskus und bei Außenrotation eine klare Rückverlagerung des Innenmeniskus. Kommt es nun aus der Beugestellung heraus zur Streckung, so wird in beiden Fällen (Innen- und Außenrotation) eine Vorverlagerung der Menisken herbeigeführt, also entgegengesetzt der Meniskusbewegung entsprechend der Beugung (Abb. 1.30). Für die Streckung ist aber immer eine zusätzliche Außenrotation im Sinne der Schlussrotation notwendig.

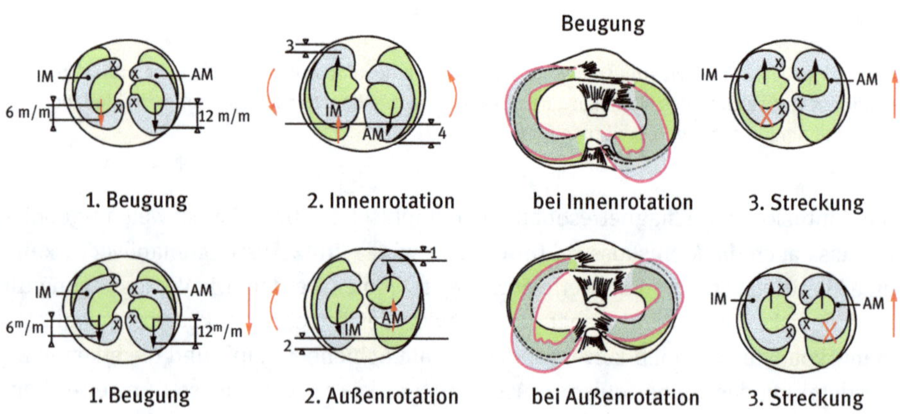

Abb. 1.30: Meniskusbeweglichkeit bei Beugung, Rotation und Streckung, nach [220, 533] (IM = oben, AM = unten).

Ohne Schlussrotation („automatischen Rotation“) kommt es bei der Streckung nicht zur zusätzlichen Anteriorverlagerung des Außenmeniskus und zur Posteriorverlagerung des Innenmeniskus sondern es entsteht eine Anteriorverlagerung beider Menisken wegen des Streckvorganges. Unter Berücksichtigung einer Schlussrotation mit 15°-Außenrotation verstärkt sich die Anteriorverlagerung des Innenmeniskus und die Verschiebung des Außenmeniskus neutralisiert sich weitgehend, d. h., beide Menisken weichen der Kontaktstelle des Femurkondylus mit dem Tibiaplateau aus. Bei fehlender Schlussrotation entfällt bei der Innenrotationsstellung die zusätzliche posteriore Bewegung, bedingt durch die Schlussrotation, und das Außenmeniskushinterhorn wird in die Gelenkkontaktzone gezogen, fixiert und möglicherweise geschädigt. Bei der Außenrotationsstellung verbleibt das Innenmeniskushinterhorn weitgehend in der Kontaktzone der Gelenkflächen, da der Anteriorzug bei fehlender Schlussrotation mit zusätzlichem Zug am Innenmeniskus nicht ausreichend stattfindet, mit der Folge einer Innenmeniskushinterhornschädigung (Verletzung). Entscheidend ist die absolute Fixation des Fußes, die die Schlussrotation verhindert (Abb. 1.31).

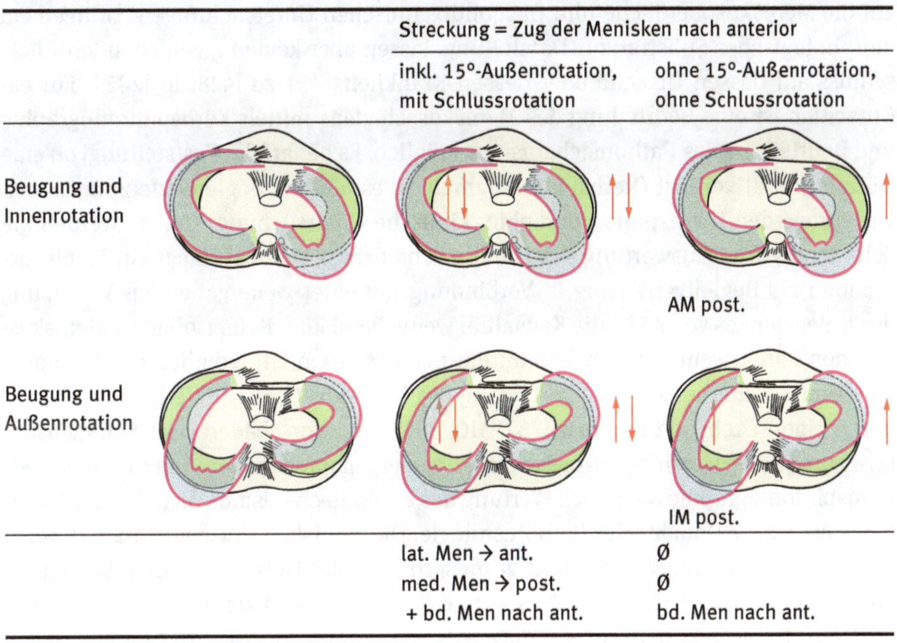

Abb. 1.31: Pathomechanik des Drehsturzes: Darstellung der Streckung mit und ohne Außenrotation für die Ausgangsstellung der Beugung einschließlich Innenrotation und der Beugung einschließlich Außenrotation. Ohne Schlussrotation (fest fixiertem Fuß) resultiert aus einer Beugung und Innenrotation beim Übergang in eine reflektorische Streckung ein Außenmeniskushinterhornschaden und bei der Beugung einschließlich Außenrotation ein Innenmeniskushinterhornschaden durch Einklemmung der genannten Hinterhörner.

Für den Drehsturz resultiert, dass bei Beugung im Knie mit Innen- oder Außenrotation und zusätzlicher reflektorischer Streckung mit dem daraus resultierenden Verlust der Schlussrotation die Verletzung des Innen- oder Außenmeniskushinterhorns entsprechend der Rotationsstellung erklärbar wird. Entscheidend ist der Verlust der Schlussrotation, der nur bei fixiertem Fuß zustande kommen kann.

1.7.4 MRT und Histologie

Neben dem Pathomechanismus wird häufig die Magnetresonanztomographie zur Meniskusbeurteilung mit herangezogen. Dies ist hilfreich, wenn Begleitverletzungen festzustellen sind. In der Beurteilung des isolierten Meniskusschadens kann die Kernspintomographie lediglich die Diskontinuitäten, d. h. die Rissform, darstellen und es ist auch intrameniskal eine Strukturveränderung mit Einteilung in Schweregrade 0–3 erkennbar [273, 470, 95]. Der Schweregrad 3 der intrameniskalen Signalintensitäten weist auf eine Verbindung irregulärer intrameniskaler Struktur mit Ausdehnung auf die Meniskusoberfläche hin. Die „bildtechnischen Untersuchungen" bringen ein morphologisches Substrat zur Darstellung, lassen aber keinen ausreichenden Rückschluss auf dessen Ursache oder dessen Krankheitswert zu [428, in [282]]. Für ein Gutachten ist eine Beurteilung des Meniskusschadens mittels Kernspintomographie und Beurteilung des Pathomechanismus möglich. Es bedarf der Feststellung, ob eine Diskontinuität vorliegt (Kernspintomographie), es müssen Begleitverletzungen festgestellt werden (Kernspintomographie, klinische Untersuchung) und es werden die Schilderung und Auswertung des Unfallmechanismus benötigt. Liegt ein Meniskusschaden als Begleitverletzung in Verbindung mit einer weitergehenden Verletzung des Kniegelenkes vor, so ist die Kausalität weitgehend klar. Beim isolierten Meniskusschaden kann, wenn eine Diskontinuität nachgewiesen ist, lediglich der Pathomechanismus weiterhelfen; eine Verletzung des Meniskus (isolierte Verletzung) ist nur durch einen Drehsturz denkbar [282, 510, 383, 430]. Vorschäden oder Schadensanlagen am Meniskus können, abgesehen von einer entsprechenden Anamnese, mittels Kernspintomographie oder auch Wertung des Pathomechanismus nicht beurteilt werden. Dies ist die Domäne der Pathohistologie. Die Menisken sowie alle bradytrophen Bindegewebe unterliegen einem Alterungsprozess. Dies ist bei der Normalbelastung, aber auch bei Überlastungen (z. B. Sport), der Fall. Aus der Alterung und der Überlastung resultieren Texturstörungen, die ebenso zu spontanen Diskontinuitäten, z. B. im Sinne einer Gelegenheitsbedingung, neigen. Natürlich können auch diese vorbestehenden Texturstörungen einem Unfall unterliegen und somit verletzt werden.

Die Pathohistologie muss somit nach frischen (rezenten) Verletzungszeichen fahnden und diese von alters- und abnutzungsbedingten Veränderungen abgrenzen. Altersbedingte Abnutzungsveränderungen entsprechen einer physiologisch altersabhängigen primären Degeneration [455, 489]. Unter einer primären Degeneration werden das Altersmaß überschreitende Veränderungen verstanden [236], die auch die Überlastungsschäden mit beinhalten. Degeneration heißt aber Texturstörung und Reparation, da jede Texturstörung, ob traumatisch oder überlastungsbedingt, eine Heilung im Sinne der Reparation verfolgt. Gegenüber der Degeneration, die eine Restitutio ad integrum anstrebt, ist die Reparation eine Defektheilung. Zerstörtes Gewebe wird durch Bindegewebe ersetzt, wobei ersetztes Bindegewebe im bradytrophen Bindegewebe schlecht differenzierbar ist. Zeichen der Reparation sind aber nachweisbar. Die häufig gebrauchte Bezeichnung regressiver Veränderungen entspricht den Texturstörungen, regressiv bedeutet Gewebeabbau. Am Meniskus heißt dies, dass eine ödematöse Auflockerung mit Zellschädigungen und kleinen Nekrosen vorliegt [238]. Die reparativen Veränderungen dagegen zeigen Fibroblastenproliferation, Pseudoknorpelproliferation („Brutkapseln") mit Einlagerung kollagener Fasern und einer daraus resultierenden Rissrandglättung. Eine primäre Degeneration (Texturstörung + Reparation) bestimmt ganz wesentlich den Ablauf der regressiven und reparativen Vorgänge im Rissbereich eines Meniskus [238]. Ein rezenter Riss am gesunden Meniskus zeigt histologisch Nekrosen, Eiweißsubstanzen an den Rissrändern mit der Folge der Zellproliferation. Nach vier bis sechs Wochen besteht zellreiches Bindegewebe unter Ausbildung eines fibrösen narbigen Gewebes und nach zwölf Wochen liegt eine Vernarbung vor, die Reparation ist abgeschlossen [504, 236]. Eine Einteilung des Rissalters sieht WALTHER [504] vor:

- bis 5 Tage: frischer, rezenter Riss,
- 6 bis 12 Tage: nicht ganz frischer Riss,
- bis 2 Monate: älterer Riss,
- bis 3 Monate: alter Riss.

Gemäß dieser Einteilung resultiert die Aussagekraft der Pathohistologie zur Beurteilung eines Meniskusrisses – je länger der Riss (Unfallereignis) zurückliegt, umso problematischer ist die Beurteilung. Ist das Rissalter nicht bekannt, so kann die Pathohistologie nur einen geringen Beitrag zur Bestimmung des Rissalters leisten, sicher sind Einschätzungen möglich, sie unterliegen jedoch oft mehr oder weniger der persönlichen Interpretation [320]. Der Nachweis von Nekrosen weist darauf hin, dass der Einriss zwei bis drei Wochen vor der histologischen Untersuchung stattfand [28, 29, 133]. Das Fibrinexudat findet sich eine bis max. vier Wochen nach einer Diskontinuität [78, 28, 29, 238, 133]. Die Vermehrung von Fibroblasten bzw. Fibrozyten ist bis vier Monate nach dem Ereignis festzustellen [28, 29, 133, 236] und das Narbengewebe kann nach Abschluss der Reparation, etwa drei bis vier Monate später ermittelt werden [78, 28, 29]. Brutkapseln sind über längere Zeit nachweisbar verteilt [78, 28, 29, 421]. Diese pathohistologischen Befunde können in ein 3-Phasen-Schema nach einem Meniskustrauma eingeteilt werden [328]:

Phase I – Nekrosephase ca. 2 Wochen	Ödem Zellnekrose Faserlockerung Fibrin
Phase II – Reparation ca. 5 Wochen	Fibroblastenproliferation Mesenchymale Sklerose

Phase III – Vernarbung bis ca. 5 Monate | Rissrandglättung
Narbe
Pseudoknorpelzellen

Unabhängig von den nach einer traumatisch bedingten Diskontinuität erfassten pathohistologischen Befunden läuft in einem Meniskus ein Alterungsprozess ab, der als „degenerativ“ beschrieben wird [328]. Diese Alterungserscheinungen werden leicht- und mittelgradig eingeschätzt, alle schwergradigen Befunde sind pathologisch, entsprechend der Klassifikation nach MÜLLER [328] und KRENN [250] sowie KÖNN [236]. Die Beurteilung der Texturstörung mit der damit verbundenen Reparation kann auch mit der magnetresonanztomographischen Klassifikation nach LOTYSCH [273] überlegt werden.

Werden pathohistologische Befunde an Menisken mit und ohne Vorschaden verglichen, so resultiert eine Unterscheidung der Dauer der reparativen Veränderungen und der Vernarbung. Die Zeit des Nekrosenachweises ist unabhängig vom Vorschaden über zwei Wochen erkennbar. Ohne Vorschaden zeigt sich bei einem verletzten Meniskus die Reparation in der 1.–4. Woche, beim Meniskus mit Vorschaden zwischen der 1. und 2. Woche bis hin zur 6. Woche und die Vernarbung tritt beim nicht vorgeschädigten Meniskus nach zwei Wochen ein und dauert bis zu vier Monate, wogegen bei verschleißbedingt vorgeschädigtem Meniskus die Vernarbung erst nach vier Wochen eintritt und bis zu fünf Monate dauern kann (Abb. 1.32).

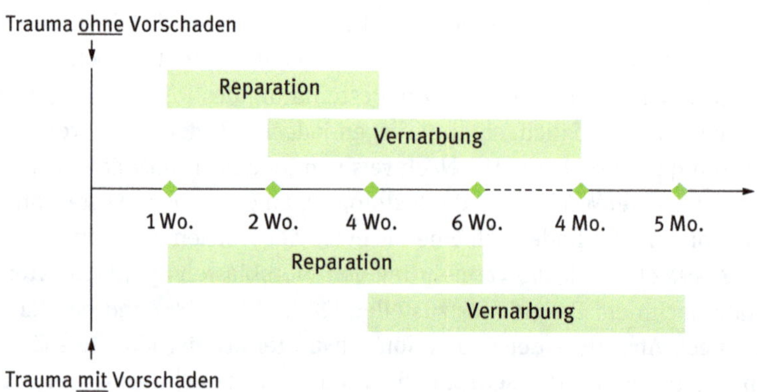

Abb. 1.32: Zeitlicher Ablauf morphologisch fassbarer Meniskusbefunde nach adäquatem Trauma ohne und mit Vorschaden [328].

Beim Vergleich dieser Befunde zeigt sich, dass in den ersten zwei Monaten eine weitgehend sichere Aussage über den Zustand eines Meniskus mit der Unterscheidung einer rezenten bzw. veralteten Schädigung möglich ist, zwischen zwei und fünf Monaten wird die Aussage nur noch wahrscheinlich möglich und danach ist die Aussage unsicher und damit für eine Begutachtung auch nicht verwertbar (Abb. 1.33).

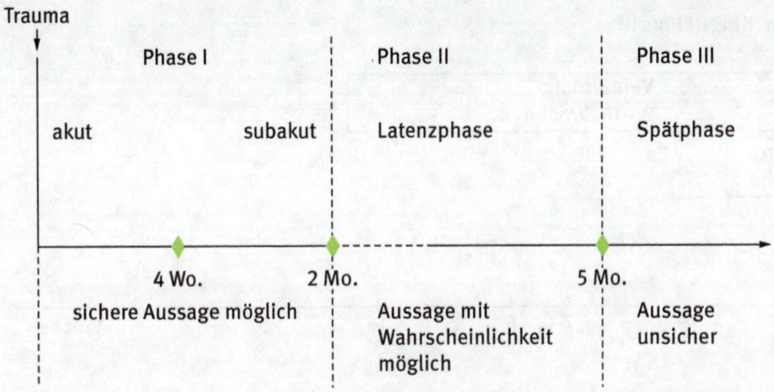

Abb. 1.33: Bedeutung des Zeitintervalls zwischen Trauma und morphologischer Untersuchung für die Begutachtung posttraumatischer Meniskusschäden [328].

Werden die Nekrose-, Reparations- und Vernarbungsstadien der Phaseneinteilung für die Beurteilung zugeordnet, so zeigt sich, dass abgesehen von der Narbe die Nekrose sowie die Reparation in den ersten acht Wochen erfasst sind. Es können damit auch die einer Texturstörung zuzuordnenden Befunde von den Verletzungszeichen abgegrenzt werden, denn die Nekrose sowie die Faserruptur und auch ein Faserödem und in der Folge die Fibrinanlagerung sind Zeichen einer Verletzung. Daraus resultieren reparative Zeichen einschließlich Brutkapselbildung, Fibroblastenproliferaten u. a., die beim normalen Ablauf einer Texturstörung nicht zu finden sind (Abb. 1.34).

Es muss für eine histologische Beurteilung eines Meniskuspräparates der altersentsprechende Zustand in Abhängigkeit vom Lebensalter und Grad der unfallunabhängigen Texturstörung dem Unfallzeitpunkt und auch dem Zeitpunkt der pathohistologischen Untersuchung mit entsprechenden Hinweisen an den Pathologen zugeordnet werden, so dass eine Differenzierung der Befunde möglich wird. Nachdem heutzutage arthroskopisch gewonnene Resektate zur Untersuchung kommen und nicht mehr ein Gesamtmeniskus zur Beurteilung gelangt, wird der histopathologische Befund problematisch, insbesondere wenn keine Anamnese bekannt ist bzw. nicht der Zeitabstand zwischen Unfall und OP-Tag genannt wird [132, 133]. Auch sind die Schnittstellen am entnommenen Meniskusteil, entstanden durch den Operateur, meist nicht markiert. Somit kann der Eindruck einer frischen Diskontinuität – nicht aufgrund eines vermuteten Unfallereignisses, sondern durch den Operationsvorgang – entstehen. Die Hinweise auf Erythrozyten (Blutungsreste) im Befundbericht sind wenig hilfreich, wenn nicht eine Lokalisation der chirurgischen Schnittstelle vorgenommen wird. Diese kann durchaus im durchbluteten Meniskusbereich liegen, wenn auch die Diskontinuität selbst nicht dahin reicht. Die Beurteilung des Meniskus/der Meniskusfragmente stützt sich auf die Darstellung der quantitativ dominierenden Knorpelmatrix (PAS/Alcian-PAS-Färbung) und der Zellularität. Der Grad der Texturstörung (sog. Degenerationsgrad) wird mittels des Degenerationsscore be-

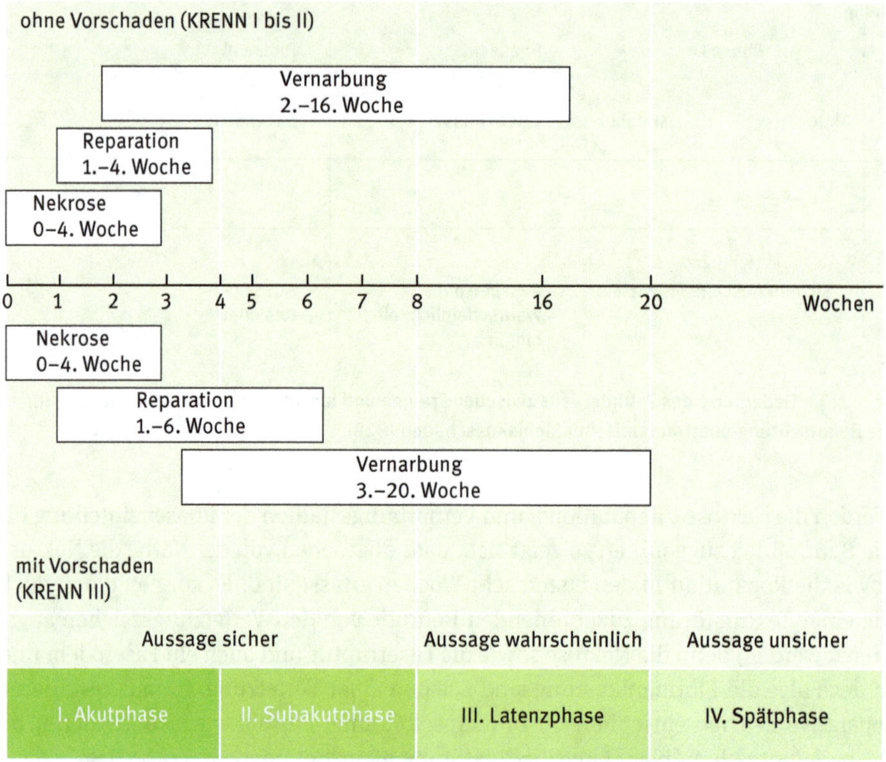

Abb. 1.34: Meniskusriss ohne und mit Vorschaden (Texturstörung), histopathologischer Verlauf und deren Aussagekraft.

stimmt: In einer 3-stufigen Graduierung (leichtgradig, mäßiggradig, schwergradig) werden die Matrix und die zellulären Veränderungen bestimmt [250]. Die Rissaltersbestimmung lässt sich in drei Phasen mit den charakteristischen histopathologischen Substraten unterteilen: Phase 1 (Nekrosephase), Phase 2 (Regenerationsphase) und die Phase 3 (Reparation) schließen sich ab der etwa 6. Woche bis zum 5. Monat an und sind durch Rissrandglättung und Narbenbildung gekennzeichnet. Zeitliche Geschehnisse mit mehr als fünf Monaten sind somit anhand der Rissmorphologie nicht mit ausreichender Sicherheit bzw. nur mit Einschränkungen diagnostizierbar. Durch diese charakteristische Morphologie sind Kontinuitätstrennungen von operativ bedingten Diskontinuitäten unterscheidbar. Der intrazelluläre Hämosiderinnachweis lässt eine orientierende, sog. dreistufige Nachweisbarkeit (frühestens ab drei Tagen, regelmäßig ab sieben Tagen längstens bis zu einigen Monaten) zu [435]. Methodisch erfolgt der Nachweis von intrazellulären Blutungsresiduen in der Berliner-Blau-Reaktion. Nach etwa drei Tagen ist intrazelluläres Hämosiderin im vaskularisierten fibrösen Gewebe nachweisbar. Der vollständige Abbau und die Phagozytose durch Makrophagen können bis zu Monaten dauern und sind abhängig vom Vaskularisationsgrad des Gewebes. Eine polarisationsoptische Analyse dient dem Kalziumpyrophosphat-Nachweis, die Van Gieson-Färbung ist für die Darstellung von Fibrin/Fibrinbestandteilen (Rissalterbestimmung) notwendig. Reparative Veränderungen (Vaskularisation, proliferative/regenerative Veränderung) sind ebenfalls in diesen Spezialfärbungen zu bewerten. Im histopathologischen Befund sollte darauf eingegangen werden, ob noch zusätzliches Gewebe (hyaline Knorpelfragmente, Synovialis, Bandanteile) vorliegen.

Bei gutachtlichen Fragestellungen zur Zusammenhangsfrage von Unfallereignis und Kontinuitätstrennung ist die Kenntnis klinischer Daten (z. B. Unfallhergang, biomechanische Besonderheiten eines Gelenks) für die endgültige Bewertung notwendig.

Es wird für die Beurteilung eines Meniskusschadens festgestellt:
1. Unfall ja/nein, Pathomechanismus, Drehsturz,
2. isolierter Schaden, Meniskusschaden als Begleitverletzung,
3. MRT: Bestimmung der Form einer Diskontinuität kein Kausalitätshinweis bei isoliertem Meniskusschaden,
4. Operationsbefund,
5. pathohistologischer Befund.

Für die Begutachtung eines Meniskusschadens steht neben der Feststellung der Makropathologie (Arthroskopie, Magnetresonanztomographie) die Beurteilung des Pathomechanismus zur Verfügung und in Ergänzung dazu die Histopathologie [278, 279, 510, 238].

Die rechtlichen Voraussetzungen (276, 214] für die GUV im Sozialrecht sind die Beurteilung der rechtlich wesentlichen Bedingung im Vergleich zur Gelegenheitsursache bzw. Gelegenheitsbedingung [382]. Es gilt als Faustregel [91]:
1. erheblicher Vorschaden und geringfügiges Ereignis mit unwesentlichen frischen Verletzungszeichen = Gelegenheitsbedingung,
2. geringfügiger Vorschaden und erheblich geeignetes Ereignis mit überzeugendem Verletzungsbild = wesentliche Teilursache,
3. direkte oder indirekte Gewalteinwirkung ohne Vorschaden mit frischen Verletzungszeichen = rechtlich wesentliche Ursache.

Wenn keine Meniskusverletzung nachweisbar ist, so wird der Versuch eines stereotypen Auswegs über „die Verschlimmerung“ [278, 279] angestrebt. Dies ist jedoch nur dann möglich, wenn ein klinisch manifester Vorschaden oder ein Schadensbild vorbestehend waren [277, 465], und eine Verschlimmerung kann nur durch einen Primärschaden eintreten, d. h. eine Verletzung, die den vorbestehenden Schaden verschlimmert hat. Auch diese Verletzung muss nachweisbar sein.

- Es gibt zwar einen isolierten Meniskusschaden, aber keine isolierte Meniskusverletzung [282].
- Den isolierten Meniskusriss durch indirekte Verletzung gibt es ebenso wenig, wie den isolierten Bandscheibenriss an der Wirbelsäule [510].
- Es besteht keine Veranlassung mehr, bei der Begutachtung von Meniskusschäden anderen Richtlinien (‚halbmondförmige Sonderwissenschaft') zu folgen als bei der Begutachtung von Sehnenschäden oder des Bandscheibenschadens an der Wirbelsäule [510].

Der Meniskusschaden wird anhand der makroskopischen Diagnostik und der Histopathologie beurteilt. Der Meniskusschaden kann als Alterung oder Überlastungsschaden gewertet werden, dann mit Nachweis der dazu gehörenden Texturstörung. Die Bezeichnung „Degeneration" enthält die Texturstörung in Verbindung mit einer daraus resultierenden Reparation. Die Meniskusverletzung als traumatischer Riss entsteht in Verbindung mit einer Komplexverletzung eines Knies, der isolierte Meniskusriss ist nur bei einem Drehsturz zu diskutieren und auch lediglich dann, wenn histologisch die Zeichen der rezenten Verletzung erkennbar werden.

1.8 Literatur

[1] ABDELKAFY, A.: The concept of three-dimensional hold of both circumferential and radial collagen fibres of the meniscus. Knee Surg Sports Traumatol Arthrosc 23:20–25 (2015)

[2] ABRAHAM, A.C.; MOYER, J.T.; VILLEGAS, D.F.; ODEGARD, G.M.; HAUT DONAHUE, T.L.: Hyperelastic properties of human meniscal attachments. J Biomech 44:413–418 (2011)

[3] ACHOUR, N.A.; TLILI, K.; SOUEI, M.M.; GAMAOUN, W.; JEMNI, H.; DALI, K.M.; DAHMEN, J.; HMIDA, R.B.: Discoid menisci in children: ultrasonographic features. J Radiol 87:35–40 (2006)

[4] ADAMS, J.G.; MC ALINDON, T.; DIMASI, M.; CAREY, J.; EUSTACE, S.: Contribution of meniscal extrusion and cartilage loss to joint space narrowing in osteoarthritis. Clin Radiol 54:502–506 (1999)

[5] AHN, J.H.; SHIM, J.S.; HWANG, C.H.; OLH, W.H.: Discoid lateral meniscus in children: clinical manifestations and morphology. J Pediatr Orthop 21:812–816 (2001)

[6] AHN, J.H.; LEE, Y.S.; HA, H.C.; SHIM, J.S.; LIM, K.S.: A novel magnetic resonance imaging classification of discoid lateral meniscus based on peripheral attachment. Am J Sports Med 37:1564–1569 (2009)

[7] AHN, J.H.; LEE, S.H.; YOO, J.C.; LEE, H.J.; LEE, J.S.: Bilateral discoid lateral meniscus in knees: evaluation of the contralateral knee in patients with symptomatic discoid lateral meniscus. Arthroscopy 26:1348–1356 (2010)

[8] AHN, J.H.; BAE, T.S.; KANG, K.S.; KANG, S.Y.; LEE, S.H.: Longitudinal tear of the medial meniscus posterior horn in the anterior cruciate ligament-deficient knee significantly influences anterior stability. Am J Sports Med 39:2187–2193 (2011)

[9] AHN, J.H.; CHOI, S.H.; LEE, Y.S.; YOO, J.C.; CHANG, M.J.; BAE, S.; BAE, Y.R.: Symptomatic torn discoid lateral meniscus in adults. Knee Surg Sports Traumatol Arthrosc 19:158–164 (2011)

[10] AIGNER, T.; McKENNA, L.: Molecular pathology and pathobiology of osteoarthritic cartilage. Cell Mol Life Sci 1:5–18 (2002)

[11] AKATSU, Y.; YAMAGUCHI, S.; MUKOYAMA, S.; MORIKAWA, T.; YAMAGUCHI, T.; TSUCHIYA, K.; IWASAKI, J.; AKAGI, R.; MURAMATSU, Y.; KATSURAGI, J.; FUKAWA, T.; ENDO, J.; TAKAHASHI, K.; SASHO, T.: Accuracy of high-resolution ultrasound in the detection of meniscal tears and determination of the visible area of menisci. J Bone Joint Surg Am 97:799–806 (2015)

[12] AKGUN, U.; KOCAOGLU, B.; ORHAN, E.K.; BASLO, M.B.; KARAHAN, M.: Possible reflex pathway between medial meniscus and semimembranosus muscle: an experimental study in rabbits. Knee Surg Sports Traumatol Arthrosc 16:809–814 (2008)

[13] ALBERTSSON, M.; GILLQUIST, J.: Discoid lateral menisci: a report of 29 cases. Arthroscopy 4:211–214 (1988)

[14] ALLAIRE, R.; MURIUKI, M.; GILBERTSON, L.; HARNER, C.D.: Biomechanical consequences of a tear of the posterior root of the medial meniscus. Semilar to total meniscectomy. J Bone Joint Surg Am 90:1922–1931 (2008)

[15] AMAKO: In WATANABE, M. (ed): Atlas of arthroscopy. Springer Berlin - Heidelberg – New York (1979)

[16] AMIS, A.A.; BULL, A.M.; GUPTE, C.M.; HIJAZI, I.; RACE, A.; ROBINSON, J.R.: Biomechanics of the PCL and related structures: posterolateral, posteromedial and meniscofemoral ligaments. Knee Surg Sports Traumatol Arthrosc 11:271–281 (2003)

[17] ANAGNOSTAKOS, K.; BACHELIER, F.; KOHN, B.: Meniskuserkrankungen. Orthopädie und Unfallchirurgie up2date1: 477–494 (2006)

[18] ANDERSON, M.W.; RAGHAVAN, N.; SEIDENWURM, D.J.: Evaluation of meniscal tears: fast spin-echo versus conventional spin-echo magnetic resonance imaging. Acad Radiol 2:209–214 (1995)

[19] ANDREESEN, R.: Meniskusbeschädigungen (Verletzungen und Erkrankungen bei Sport und Arbeit). Erg Chir 30:24 (1937)

[20] ANDREESEN, R.: Geschichtliche Entwicklung und Grundlagen der Berufskrankheit 42 (Bergmannsmeniscus). Mschr Unfallheilk 66:196–201 (1963)

[21] ANDREESEN, R.; SCHRAMM, W.: Meniskusschäden als Berufskrankheit. Münch Med Wochenschr 117:973–976 (1975)

[22] ANDREESEN, R.: Meniskusschäden als Berufskrankheit. Der Kompass 2:36–40 (1976)

[23] ANNANDALE, T.: An operation for displaced semilunar cartilage. Br Med J 1:779 (1885)

[24] ARNOCZKY, S.P.; MARSHALL, J.L.; JOSEPH, A.; JAHNE, C.; YOSHIOKA, M.: Meniscal nutrition – an experimental study in the dog. Proc Orthop Res Soc 26:127 (1980)

[25] ARNOCZKY, S.P.; WARREN, R.F.: The microvasculature of the meniscus and its response to injury. Am J Sports Med 11:131–141 (1983)

[26] ARNOCZKY, S.P.: Anatomy of the anterior cruciate ligament. Clin Orthop 172:19–25 (1983)

[27] ARNOCZKY, S.P.: Gross and vascular anatomy of the meniscus and its role in meniscal healing, regeneration and remodelling. In: MOW, C.; ARNOCZKY, S.P.; JACKSON, D.W. (eds): Knee meniscus: Basic and clinical foundations. Raven Press, New York:1–14 (1992)

[28] AUFDERMAUR, M.: Die Bedeutung der histologischen Untersuchung des Kniegelenkmeniskus. Schweiz Med Wschr 101:1405–1412 (1971)

[29] AUFDERMAUR, M.: Die Bedeutung der histologischen Untersuchung des Kniegelenkmeniskus. Schweiz Med Wschr 101:1441–1445 (1971)

[30] BADLANI, J.T.; BORRERO, C.; GOLLA, S.; HARNER, C.D.; IRRGANG, J.H.: The effects of meniscus injury on the development of knee osteoarthritis: data from the osteoarthritis initiative. Am J Sports Med 41:1238–1244 (2013)

[31] BAETZNER, W.: Meniskus, Trauma und Schaden, auch in unfallmedizinischer Hinsicht. Med. Klin. 1934 II:1145 – Sport und Arbeitsschäden. Georg Thieme Leipzuig (1936)

[32] BARKOW, H.K.: Syndesmologie oder die Lehre von den Bändern, durch welche die Knochen des menschlichen Körpers zum Gerippe vereint werden. Aderholz-Verlag Breslau (1841)

[33] BARRIE, H.J.: The pathogenesis and significance of menisceal cysts. J Bone Joint Surg Br 61:184–189 (1979)

[34] BARRINGTON, T.W.; DEWAR, F.P.: Tibial plateau fractures. Can J Surg 8:146–152 (1965)

[35] BAUERS, G.: Erweiterung der BK Nr. 2102 nach § 551 Abs. 2 RVO –Arbeitstechnische Voraussetzungen-. Gutachtenkolloquium 3 in: HIERHOLZER, G. et al. (Hrsg), Springer-Verlag Berlin Heidelberg:175–183 (1988)

[36] BAUER, G.; HEUCHEMER, T.; HAAS, S.: Sonographisches Bild der Meniskusläsion. Ultraschall 10:198 (1989)

[37] BEAUFILS, P.; VERDONK, R. (Eds.): The Meniscus. Springer Heidelberg New York (2010)

[38] BEDI, A.; KELLY, N.; BAAD, M.; FOX, A.J.S.; MA, Y.; WARREN, R.F.; MAHER, S.A.: Dynamic contact mechanics of radial tears of the lateral meniscus: implications for treatment. Arthroscopy 28:372–381 (2012)

[39] BEHAIRY, N.H.; DORGHAM, M.A.; KHALED, S.A.: Accuracy of routine magnetic resonance imaging in meniscal and ligamentous injuries of the knee: comparison with arthroscopy. Int Orthop 33:961–967 (2009)

[40] BELLABARBA, C.; BUSH-JOSEPH, C.A.; BACH, B.R. Jr.: Patterns of meniscal injury in the anterior cruciate-deficient knee: a review of the literature. Am J Orthop 26:18–23 (1997)

[41] BENGERT, O.: Eine neue Methode bei der Diagnostik von Meniskusschäden. Orthop Prax 32:566–568 (1996)

[42] BENNETT, L.D.; BUCKLAND-WRIGHT, J.C.: Meniscal and articular cartilage changes in knee osteoarthritis: a cross-sectional double-contrast macroradiographic study. Rheumatology 41:917–923 (2002)

[43] BERKES, I.: Arthroscopic reconstruction of the ACL in elite athletes. Comparative study of two arthroscopic techniques. In: Congress and Abstract book: VI. European Congress of Sports Medicine. Budapest, 17.-20. Jun : 69 (1991)

[44] BERKES, I.; HEHL, I.; CSEPAI, D.; NEMES, G.Y.; DOBOS, J.: Acute arthrosdopy of the knee in athletes. In: Congress and Abstract book: VI. European Congress of Sports Medicine. Budapest, 17.-20. Jun : 54 (1991)

[45] BERLET, G.C.; FOWLER, P.J.; HALES, A.L.: The anterior horn of the medial meniscus: An Anatomical study of its insertion. 64th Annual Meeting. American Academy of Orthopaedic Surgeons, San Francisco:56 (1997)

[46] BERLET, G.C.; FOWLER, P.J.; HALES, A.L.: The anterior horn of the medial meniscus: An Anatomical study of its insertion. Am J Sports Med 26:540–543 (1998)

[47] BERNSTEIN, R.M.; OLSSON, H.E.; SPITZER, R.M. et al.: Ossicle of the meniscus. AJR 127:785 (1976)

[48] BESIG, K.; NIEZOLD, D.; HIERHOLZER, G.; LUDOLPH, E.: Anatomie, Mechanik und Verletzungsmuster der Menisken. In HIERHOLZER, G. et al (Hrgs). Gutachtenkolloquium 3. Springer Berlin Heidelberg (1988)

[49] BIEDERT, R.M.: Intrasubstance meniscal tears. Clinical aspects and the role of MRI. Arch Orthop Trauma Surg 112:142–147 (1993)

[50] BIN, S.I.; KIM, J.C.; SHIN, S.J.: Radial tears of the posterior horn of the medial meniscus. Arthroscopy 20:373–378 (2004)

[51] BIRCHER, E.: Die Arthroendoskopie. Zbl Chir 48:1460 (1921)

[52] BLANCAS, L.M.A.; MUÑOZ, P.M.Z.; MIRANDA, Á.C.: Ligamento oblicuo menisco-meniscal de la rodilla. Acta Orthopédica Mexicana 23:109–111 (2009)

[53] BÖCKER, W.; DENK, H.; HEITZ, P.U.: Pathologie, 3. Auflage Urban & Fischer (2004)

[54] BOEDER, K.J.: Meniskusganglien und Meniskustumoren. Inaug. Diss Bonn (1952)

[55] BÖHLER, L.: Behandlung, Nachbehandlung und Begutachtung von Meniskusverletzungen. Erfahrungen an 1000 operierten Fällen. Langenbecks Arch Klin Chir 282:264–276 (1955)

[56] BOEREE, N.R.; WATKINSON, A.F.; ACKROYD, C.E.; JOHNSON, C.: Magnetic resonance imaging of meniscal and cruciate injuries of the knee. J Bone Joint Surg Br 73:452–457 (1991)

[57] BOHNSACK, M.; RÜHMANN, O.; SANDER-BEUERMANN, A.; WIRTH, C.J.: Vergleich der klinischen Untersuchung mit der kernspintomographischen Untersuchung zur Diagnostik von Meniskusläsionen in der täglichen Praxis. Z Orthop 137:38–42 (1999)

[58] BOLLEN, S.R.: Posteromedial meniscocapsular injury associated with rupture of the anterior cruciate ligament. J Bone Joint Surg 92-B:222–223 (2010)

[59] BONNERMANN, R.: Erweiterung der BK Nr. 2102 nach § 551 Abs. 2 RVO – Erste Erfahrungen aus der Sicht der Verwaltung-. Gutachtenkolloquium 3 in: HIERHOLZER, G. et al. (Hrsg), Springer-Verlag Berlin Heidelberg:185–191 (1988)

[60] BOSCH, U.: Kombinierte Verletzung des Innen- und Außenmeniskus und des vorderen Kreuzbandes. Oper Orthop Traumatol 18:485–489 (2006)

[61] BOULOCHER, C.; DUCLOS, M.E.; ARNAULD, F.; ROUALDES, O.; FAU, D.; HARTMANN, D.J.; ROGER, T.; VIGNON, E.; VIGUIER, E.: Knee joint ultrasonography of the ACLT rabbit experimental model of osteoarthritis: relevance and effectiveness in detecting meniscal lesions. Osteoarthritis Cartilage 16:470–479 (2008)

[62] BOYA, H.; PINAR, H.; GÜLAY, Z. et al.: Clinical and arthroscopic features of meniscal tears and a search for the role of infection in histologically confirmed meniscal mucoid degeneration. Knee Surg Sports Traumatol Arthrosc 12:294–299 (2004)

[63] BRANDES, A.; MÜLLER, K.M.: Kalzinosen des Meniskus. Morphologische und röntgenographische Befunde zur zonalen Gliederung. Pathologe 16:269–277 (1995)

[64] BREITENSEHER, M.J.; TRATTNIG, S.; DOBROCKY, I.; KUKLA, C.; NEHRER, S.; STEINER, E.; IMHOF, H.: MR imaging of meniscal subluxation in the knee. Acta Radiologica 38:876–879 (1997)

[65] BRINDLE, T.; NYLAND, J.; JOHNSON, D.L.: The Meniscus: review of basic principles with application to surgery and rehabilitation. Journal of Athletic Training 36:160–169 (2001)

[66] BRODHURST, B.E.: Detached portion of a semilunar cartilage removed from the knee-joint. Tr Patholog Soc 18:214–215 (1866/1867)

[67] BRODY, J.M.; LIN, H.M.; HULSTYN, M.J.; TUNG, G.A.: Lateral meniscus root tear and meniscus extrusion with anterior cruciate ligament tear. Radiology 239:805–810 (2006)

[68] BROPHY, R.H.; RAI, M.F.; ZHANG, Z.; TORGOMYAN, A.; SANDELL, L.J.: Molecular analysis of age and sex-related gene expression in meniscal tears with and without a concomitant anterior cruciate ligament tear. J Bone Joint Surg Am 94:385–393 (2012)

[69] BRUCE, J.; WALMSLEY, R.: Replacement of the semilunar cartilages of the knee after operative excision. Br J Surg 25:17–28 (1937)

[70] BRUCE, J.; WALMSLEY, R.: The early stage of replacement of the semilunar cartilages of the knee joint in rabbits after operative excision. J of Anatomy 7:260 (1938)

[71] BUCHNER, M.: Arthroskopische Verfahren. Aktueller Stand der arthroskopischen Meniskuschirurgie. Sport Ortho Trauma 25:171–178 (2009)

[72] BUCKLAND-WRIGHT, J.C.; MAC FARLANE, D.G.; LYNCH, J.A.; JASANI, M.K.; BRADSHAW, C.R.: Joint space width measures cartilage thickness in osteoarthritis of the knee: high resolution plain film and double contrast macroradiographic investigation. Ann Rheum Dis 54:263–268 (1995)

[73] BÜRKLE DE LA CAMP, H.: Behandlung und Ergebnisse beim Meniskusschaden. Zbl Chir 62:49 H. 1 (1935)

[74] BULLOUGH, P.G.; MUNUERA, L.; MURPHY, J.: The strength of the menisci of the knee as it relates to their fine structure. J Bone Joint Surg Br 52:564–567 (1970)

[75] BUTLER, J.P.; SADDLER, S.; HILL, J.A.: An intermeniscal fibrous band in a recreational runner. Arthroscopy 11:735–737 (1995)

[76] CASSCELLS, S.W.: The torn meniscus, the torn anterior cruciate ligament, and their relationship to degenerative joint disease. Arthroscopy 1:28–32 (1985)
[77] CASSER, H.R.; FÜSTING, M.: Aktuelle Entwicklung der Meniskussonograhie. Orthopädie 22:307 (1993)
[78] CEELEN, W.: Über histologische Meniscusbefunde nach Unfallverletzungen. Zentralbl Chir 68:1491–1498 (1941)
[79] CETIK, O.; CIRPAR, M.; EKSIOGLU, F.; USLU, M.: Simultaneous bucket handle tear of both medial and lateral menisci of a knee with chronic anterior cruciate ligament deficiency. Knee Surg Sports Traumatol Arthrosc 14:356–359 (2006)
[80] CHAN, S.K.L.; ROBB, C.A.; SINGH, T.; CHUGH, S.: Medial dislocation of the medial meniscus. J Bone Joint Surg Br 92:155–157 (2010)
[81] CHECA, A.; CHUN, W.: Rates of meniscal tearing in patients with chondrocalcinosis. Clin Rheumatol 34:573–577 (2015)
[82] CHEN, W.; ZHAO, J.; WEN, Y.; XIE, B.; ZHOU, X.; GUO, L.; YANG, L.; WANG, J.; DAI, Y.; ZHOU, D.: Accuracy of 3-T MRI using susceptibility-weighted imaging to detect meniscal tears of the knee. Knee Surg Sports Traumatol Arthrosc 23:198–204 (2015)
[83] CHOI, C.J.; CHOI, Y.J.; LEE, J.J.; CHOI, C.H.: Magnetic resonance imaging evidence of meniscal extrusion in medial meniscus posterior root tear. Arthroscopy 26:1602–1606 (2010)
[84] CHOI, N.H.; VICTOROFF, B.N.: Anterior horn tears of the lateral meniscus in soccer players. Arthroscopy 22:484–488 (2006)
[85] CHOI, S.H.; AHN, J.H.; KIM, K.II.; JI, S.K.; KANG, S.M.; KIM, J.S.; LEE, S.H.: Do the radiographic findings of symptomatic discoid lateral meniscus in children differ from normal control subjects? Knee Surg Sports Traumatol Arthrosc 23:1128–1134 (2015)
[86] CLANCY, W.G.; SHELBOURNE, K.D.; ZOELLNER, G.B. et al.: Treatment of knee joint instability secondary to rupture of the posterior cruciate ligament: Reposrt of a new procedure. J Bone Joint Surg Am 65:310–322 (1983)
[87] CLANCY, W.G.; KEENE, J.S.; GOLETZ, T.H.: Symptomatic dislocation of the anterior horn of the medial meniscus. Am J Sports Med 12:57–64 (1984)
[88] CLARK, C.R.; OGDEN, J.A.: Development of the menisci of the human knee joint. J Bone Joint Surg Am 65:538–547 (1983)
[89] COLLINS, D.H.: The pathology of articular and spinal diseases. E. Arnold, London (1949)
[90] COMBA, D.; QUAGLIA, F.; MAGLIANO, G.E.: Massive discoid medial meniscus. Acta Orthop Scand 56:340–341 (1985)
[91] CONTZEN, H.: Begutachtung des Meniskusschadens. Unfallchirurg 88:66–72 (1985)
[92] COSTA, C.R.; MORRISON, W.B.; CARRINO, J.A.: Medial meniscus extrusion on knee MRI: Is extent associated with severity of degeneration or type of tear? AJR Am J Roentgenol 183:17–23 (2004)
[93] CHRISTOFORAKIS, J.; PRADHAN, R.; SANCHEZ-BALLESTER, J.; HUNT, N.; STRACHAN, R.K.: Is there an association between articular cartilage changes and degenerative meniscus tears? Arthroscopy 21:1366–1369 (2005)
[94] COTTEN, A.; DELFAUT, E.; DEMONDION, X. et al.: MR imaging of the knee at 0.2 and 1.5 T: corre-lation with surgery. AJR Am J Roentgenol 174:1093–1097 (2000)
[95] CRUES, J.V. III; MINK, J.; LEVY, T.L.; LOTYSCH, M.; STOLLER, D.W.: Meniscal tears of the knee: Accuracy of MR imaging. Radiology 164:445–448 (1987)
[96] CRUES, J.V. III, RYU, R.; MORGAN, F.W.: Meniscal pathology. The expanding role of magnetic resonance imaging. Clin Orthop Relat Res 252:80–87 (1990)
[97] CUELLAR, J.M.; SCUDERI, G.J.; GABROVSKY CUELLAR, V.; GOLISH, S.R.; YEOMANS, D.D.: Diagnostic utility of cytokine biomarkers in the evaluation of acute knee pain. J Bone Joint Surg Am 91:2313–2320 (2009)

[98] CZIPOTT, Z.; BARADNAY, G.: Untersuchungen über die Ersatzgewebebildung nach Meniskektomien. Z Orthop 109:440–451 (1971)

[99] DANDY, D.J.: Arthroscopic surgery of the knee. Churchill Livingstone, Edinburgh (1981)

[100] DANDY, D.J. Arthroscopy of the knee. Philadelphia: Lea & Febiger (1984)

[101] DANDY, D.J.: Arthroscopic management of the knee. Second Edition. Churchill Livingstone. Edinburgh London Melbourne and New York (1987)

[102] DANZIG, L.; RESNICK, D.; GONSALVES, M.; AKESON, W.H.: Blood supply to the normal and abnormal menisci of the human knee. Clin Orthop Relat Res 172:271–276 (1983)

[103] DAVIES, D.V.: The biology of joints. In: Textbook of rheumatic diseases, Hrsg. von COPEMAN, W.S.C. Livingstone, London, Edinburgh (1969)

[104] DAVIS, K.W.; TUITE, M.J.: MR Imaging of the postoperative meniscus of the knee. Semin Musculoskelet Radiol 6:35–45 (2002)

[105] DERVIN, G.F.; PATERSON, R.S.: Oblique menisco-meniscal ligament of the knee. Arthroscopy 13:363–365 (1997)

[106] DE SMET, A.A.; GRAF, B.K.: Meniscal tears missed on MR imaging: relationship to meniscal tear patterns and anterior cruciate ligament tears. AJR 162:905–911 (1994)

[107] DE SMET, A.A.; TUITE, M.J.; NORRIS, M.A.; SWAN, J.S.: MR diagnosis of meniscal tears: analysis of cause of errors. AJR 163:L1419-1423 (1994)

[108] DHARMARAJAN, R.; KUMAR, A.J.S.; ALDRIDGE, M.J.: Medial meniscus interposition in proximal tibial epiphyseal fracture: a case report and review of the literature. Knee Surg Sports Traumatol Arthrosc 11:252–254 (2003)

[109] DICKASON, J.M.; DEL PIZZO, W.; BLAZINA, M.E.; FOX, J.M.; FRIEDMAN, M.J.; SNYDER, S.J.: A series of ten discoid medial menisci. Clin Orthop 168:175–179 (1982)

[110] DIHLMANN, W.; STÄBLER, A.: Gelenke-Wirbelverbindungen (4. Aufl.) Georg Thieme Verlag Stuttgart New York (2011)

[111] DOERR, W.; SEIFERT, G. (Hrsg.): Spezielle pathologische Anatomie Band 18: Pathologie der Gelenke und Weichteilotumoren. Springer Verlag Berlin – Heidelberg – New York – Tokyo (1984)

[112] ECK, T.: Meniskusverkalkungen undihre Differentialdiagnose. Chirurg 11:547 (1939)

[113] EDER, M.; GEDIGK, P.: Allgemeine Pathologie und Pathologische anatomie (33. Auflage). Springer Verlag Berlin – Heidelberg – New York (1990)

[114] EGNER, E.: Knee joint meniscal degeneration as it relates to tissue fiber structure and mechanical resistance. Path Res Pract 173:310–324 (1982)

[115] EL-KHOURY, G.Y.; USTA, H.Y.; BERGER, R.A.: Meniscotibial (CORONARY) ligament tears. Skeletal Radiol 11:191–196 (1984)

[116] ELLMAN, M.B.; LA PRADE, C.M.; SMITH, S.D.; RASMUSSEN, M.T.; ENGEBRETSEN, L.; WIJDICKS, C.A.; LA PRADE, R.F.: Structural Properties of the Meniscal Roots. Am J Sports Med 42:1881–1887 (2014)

[117] ELLMAN, M.B.; JAMES, E.W.; LA PRADE, C.M.; LA PRADE, R.F.: Anterior meniscus root avulsion following intramedullary nailing for a tibial shaft fracture. Knee Surg Sports Traumatol Arthrosc 23:1188–1191 (2015)

[118] ELVENES, J.; JEROME, C.P.; REIKERÅS, O.; JOHANSEN, O.: Magnetic resonance imaging as a screening procedure to avoid arthroscopy for meniscal tears. Arch Orthop Trauma Surg 120:14–6 (2000)

[119] ENGLUND, M.: The role of the meniscus in osteoarthritis genesis. Rheum Dis Clin N Am 34:573–579 (2008)

[120] ERCIN, E.; KAYA, I.; SUNGUR, I.; DEMIRBAS, E.; UGRAS, A.A.; CETINUS, E.M.: History, clinical findings, magnetic resonance imaging, and arthroscopic correlation in meniscal lesions. Knee Surg Sports Traumatol Arthrosc 20:851–856 (2012)

[121] ESKANDER, M.S.; DREW, J.M.; OSUCH, D.B.; METZMAKER, J.: A lateral meniscus tear incarcerated behind the popliteus tendon: A case report. The Knee 17:359–361 (2010)
[122] ESPLEY, A.J.; WAUGH, W.: Regeneration of menisci after total knee replacement. A report of five cases. J Bone Joint Surg Br 63:387–390 (1981)
[123] FABBRICIANI, C.; ORANSKY, M.; ZOPPI, U.: Il muscolo popliteo: studio anatomico. Arch Ital Anat Embriol 87:203–217 (1982)
[124] FAIRBANK, T.J.: Knee joint changes after meniscectomy. J Bone Joint Surg 30 B:664–670 (1948)
[125] FERMOR, B.; JEFFCOAT, D.; HENNERBICHLER, A.; PISETSKY, D.S.; WEINBERG, J.B.; GUILAK, F.: The effects of cyclic mechanical strain and tumor necrosis factor alpha on the response of cells of the meniscus. Osteoarthritis Cartilage 12:956–962 (2004)
[126] FERRER-ROCA, O.; VILATE, C.: Lesions of the meniscus. Part I: macroscopic and histologic findings. Clin Orthop Relat Res 146:289–300 (1980)
[127] FEUCHT, M.J.; SALZMANN, G.M.; PESTKA, J.M.; SÜDKAMP, N.P.; NIEMEYER, P.: Simultaneous avulsion fracture of the posterior medial and posterior lateral meniscus root: a case report and review of the literature. Arch Orthop Trauma Surg 134:509–514 (2014)
[128] FEUCHT, M.J.; SALZMANN, G.M.; BODE, G.; PESTKA, J.M.; KÜHLE, J.; SÜDKAMP, N.P.; NIEMEYER, P.: Posterior root tears of the lateral meniscus. Knee Surg Sports Traumatol Arthrosc 23:119–125 (2015)
[129] FEUCHT, M.J.; MINZLAFF, P.; SAIER, T.; LENICH, A.; IMHOFF, A.B.; HINTERWIMMER, S.: Avulsion of the anterior medial meniscus root: case report and surgical technique. Knee Surg Sports Traumatol Arthrosc 23:146–151 (2015)
[130] FICK, R.: Handbuch der Anatomie und Mechanik der Gelenke. Erster Teil: Anatomie der Gelenke. Verlag von Gustav Fischer, Jena (1904)
[131] FISHER, S.P.; FOX, J.M.; DEL PIZZO, W.; FRIEDMAN, M.J.; SNYDER, S.J.; FERKEL, R.D.: Accuracy of diagnoses from magnetic resonance imaging of the knee. A multi-center analysis of one thousand and fourteen patients. J Bone Joint Surg Am 73:2–10 (1991)
[132] FISSELER, A.; WITT, J.; KRÄMER, J.; MÜLLER; K.M.: Aussagekraft und Wert morphologischer Untersuchungen arthroskopisch gewonnener Meniskuspräparate für die Versicherungsmedizin. Verh Dtsch Ges Path 69:660 (1985)
[133] FISSELER, A.; WITT, J.; KRÄMER, J.; MÜLLER; K.M.: Morphologie arthroskopisch gewonnener Meniskusresektate. Versicherungsmedizinische Aspekte. Pathologe 7:305–309 (1986)
[134] FISSELER-ECKHOFF, A.; KÖNIGS, P.M.; MÜLLER, K.M.: Pathogenetische Aspekte der Chondrocalcinose des Kniegelenksmeniskus. Pathologe 10:340–348 (1989)
[135] FISSELER-ECKHOFF, A.; MÜLLER, K.M.: Histopathologische Meniskusdiagnostik. Orthopäde 38:539–545 (2009)
[136] FISSELER-ECKHOFF, A.; MÜLLER, K.M.: Histopathologische Begutachtung des Meniskus. Pathologe 32:220–227 (2011)
[137] FITHIAN, D.C.; KELLY, M.A.; MOW, V.C.: Material properties and structure-function relationships in the menisci. Clin Orthop Relat Res 252:19–31 (1990)
[138] FORKEL, P.; ACHTNICH, A.; METZLAFF, S.; PETERSEN, W.: Radiärriss des Außenmeniskus. Kombination horizontaler Nähte im Bereich der Basis mit einer sparsamen Teilresektion der inneren Zirkumferenz. Arthroskopie 24:68–70 (2011)
[139] FORKEL, P.; PETERSEN, W.: Posterior root tear fixation of the lateral meniscus combined with arthroscopic ACL double-bundle reconstruction: technical note of a transosseous fixation using the tibial PL tunnel. Arch Orthop Trauma Surg 132:387–391 (2012)
[140] FORKEL, P.; HERBORT, M.; SCHULZE, M.; ROSENBAUM, D.; KIRSTEIN, L.; RASCHKE, M.; PETERSEN, W.: Biomechanical consequences of a posterior root tear of the lateral meniscus:

stabilizing effect of the meniscofemoral ligament. Arch Orthop Trauma Surg 133:621–626 (2013)

[141] FORKEL, P.; REUTER, S.; SPRENKER, F.; ACHTNICH, A.; HERBST, E.; IMHOFF, A.; PETERSEN, W.: Different patterns of lateral meniscus root tears in ACL injuries: application of a differentiated classification system. Knee Surg Sports Traumatol Arthrosc 23:112–118 (2015)

[142] FRIEDERICH, N.F.; O'BRIEN, W.R.: Functional anatomy of the meniscofemoral ligaments. Presenteed at the Fourth Congress of the European Society of Sports Traumatology Knee Surgery and Arthroscopy (ESSKA), Stockholm, Sweden, June (1990)

[143] FRIEMERT, B.; WIEMER, B.; CLAES, L.; MELNYK, M.: The influence of meniscal lesions on reflex activity in the hamstring muscles. Knee Surg Sports Traumatol Arthrosc 15:1198–1203 (2007)

[144] FU, F.H.: Presentation WPO Symposium Knee Sydney Sept (1993)

[145] FÜRST, C.M.: Der Musculus Popliteus und seine Sehne. Über ihre Entwicklung und über einige damit zusammenhängende Bildungen. Lunds Universitäts Arsscrift Band 39. Lund: E. Malmströms Buchdruckerei:1–133 (1903)

[146] GALE, D.R.; CHAISSON, C.E.; TOTTERMAN, S.M.S.; SCHWARTZ, R.K.; GALE, E.; FELSON, D.: Meniscal subluxation: association with osteoarthritis and joint space narrowing. Osteoarthritis Cartilage 7:526–532 (1999)

[147] GATTERER, R.; WOZASEK, G.E.: Die Diagnostik der Meniskusverletzung. Acta Chir Austriaca 28:86–87 (1996)

[148] GEORGE, M.; WALL, E.J.: Locked knee caused by meniscal subluxation: magnetic resonance imaging and arthroscopic verification. Arthroscopy 19:885–888 (2003)

[149] GHADIALLY, F.N.; LALONDE, J.M.; WEDGE, J.: Ultrastructure of normal and torn menisci of the human knee joint. J Anat 136:773–791 (1983)

[150] GHOSH, P.: The knee joint meniscus: A fibrocartilage of some distinction. Clin Orthop 224:52 (1987)

[151] GIRGIS, F.G.; MARSHALL, J.L.; MONAJEM, A.R.S.: The cruciate ligaments of the knee joint. Anatomical, functional and experimental analysis. Clin Orthop 106:216–231 (1975)

[152] GLASS, R.S.; BARNES, W.M.; KELLS, D.U.; THOMAS, S.; CAMPBELL, C.: Ossicles of knee menisci. Report of seven cases. Clin Orthop Relat Res 111:163–171 (1975)

[153] GLÖTZER, W.; BENEDETTO, K.P.; KÜNZEL, K.H.; MAILÄNDER, H.: Zunahme der vorderen Knieinstabilität nach Meniscektomie – Eine Studie am Leichenknie. Fortschr Arthrosk 4:23–26 (1988)

[154] GOHLKE, F.; LAUTERBACH, T.; MAYER, B.: Über den Wert der Meniskussonographie. Z Orthop 131:404 (1993)

[155] GRIFFITH, C.J.; LA PRADE, R.F.; FRITTS, H.M.; MORGAN, P.M.: Posterior root avulsion fracture of the medial meniscus in an adolescent female patient with surgical reattachment. Am J Sports Med 36:789–792 (2008)

[156] GRIFKA, J.; RICHTER, J.; GUMTAU, M.: KJlinische und sonographische Meniskusdiagnostik. Orthopädie 23:102 (1994)

[157] GROH, H.: Der Meniskusschaden des Kniegelenks als Unfall- und Aufbrauchfolge. Enke Stuttgart (1954)

[158] GRUNDMAN, E.: Allgemeine Pathologie (10. Aufl.). Hrsg: RÖSSNER, A.; PFEIFER, U.; MÜLLER-HERMELINK, H.K. Urban & Fischer München – Jena (2004)

[159] GUPTE, C.M.; SMITH, A.; JAMIESON, N.; BULL, A.M.J.; THOMAS, R.D.; AMIS, A.A.: Meniscofemoral ligaments – structural and material properties. J Biomech 35:1623–1629 (2002)

[160] GUPTE, C.M.; SMITH, A.; MC DERMOTT, I.D.; BULL, A.M.J.; THOMAS, R.D.; AMIS, A.A.: Meniscofemoral ligaments revisited. Anatomical study, age correlation and clinical implications. J Bone Joint Surg Br 84-B:846–851 (2002)

[161] GUPTE, C.M.; BULL, A.M.J.; DE THOMAS, W.; AMIS, A.A.: A review of the function and biomechanics of the meniscofemoral ligaments. Arthroscopy 19:161–171 (2003)

[162] HA, C.W.; LEE, Y.S.; PARK, J.C.: The condylar cutoff sign. Quantifying lateral femoral condylar hypoplasia in a complete discoid meniscus. Clin Orthop Relat Res 467:1365–1369 (2009)

[163] HABATA, T.; OHGUSHI, H.; TAKAKURA, Y.; TOHNO, Y.; MORIWAKE, Y.; MINAMI, T.; FUJISAWA, Y.: Relationship between meniscal degeneration and element contents. Biol Trace Elem Res 79:247–256 (2001)

[164] HABATA, T.; UEMATSU, K.; HATTORI, K.; TAKAKURA, Y.; FUJISAWA, Y.: Clinical features of the posterior horn tear in the medial meniscus. Arch Orthop Trauma Surg 124:642–645 (2004)

[165] HAMACHER, E.: Die Berufskrankheit Nr. 2102 – „Meniskusschäden nach mindestens dreijähriger Tätigkeit unter Tage". Entstehungsgeschichte und Fortentwicklung nach § 551 Abs. 2 RVO*). Die BG 40:415–417 (1988)

[166] HARNER, C.D.; MAURO, C.S.; LESNIAK, B.P.; ROMANOWSKI, J.R.: Biomechanical consequences of a tear of the posterior root of the medial meniscus. Surgical technique. J Bone Joint Surg Am 91:257–270 (2009)

[167] HARRISON, B.K.; ABELL, B.E.; GIBSON, W.: The Thessaly test for detection of meniscal tears: validation of a new physical examination technique for primary care medicine. Clin J Sport Med 19:9–12 (2009)

[168] HASHIMOTO, S.; TAKAHASHI, K.; OCHS, R.L.; COUTTS, R.D.; AMIEL, D.; LOTZ, M.: Nitric oxide production and apoptosis in cells of the meniscus during experimental osteoarthritis. Arthritis Rheum 42:2123–2131 (1999)

[169] HELFET, A.J.: Disorders of the knee. (Sec. Ed.). J.B. Lippincott Company Philadelphia, Toronto (1982)

[170] HELLER, L.; LANGMAN, J.: The meniscofemoral ligaments of the human knee. J Bone Joint Surg Br 46:307–313 (1964)

[171] HELWIG, P.; HAUSCHILD, O.; BAHRS, C.; WEISE, K.; SCHEWE, B.: 3-Dimensional ultrasound imaging for meniscal lesions. Knee 14:478–483 (2007)

[172] HEMPFLING, H.: Farbatlas der Arthroskopioe großer Gelenke. Gustav Fischer Verlag Stuttgart New York (1987)

[173] HEMPFLING, H.: Farbatlas der Arthroskopie großer Gelenke. 2. Auflage, Fischer Verlag, Stuttgart, Jena, New York (1995)

[174] HEMPFLING, H.: Klassifikation des Knorpelschadens – traumatisch versus nichttraumatisch. Orthop Praxis 40:528–541 (2004)

[175] HEMPFLING, H.; KRENN, V.; WEISE, K.: Texturstörung oder Degeneration am Bewegungsapparat. Trauma Berufskrankh 13:65–72 (2011)

[176] HENSCHEN, C.: Die mechanischen Arbeitsschäden des Kniegelenkes und der Menisken. Schweiz Med Wschr 59:1368 (1929)

[177] HENSCHEN, C.: Gefäßversorgung der Kniegelenksmenisken. Anatomisch-physiologische Eigenheiten des Bergländerknies. Schweiz Med Wschr 59:1366 (1929)

[178] HENSCHEN, C.: Meniskuslipom als indirekte Ursache einer zur Spontanruptur führenden Abnutzungsmeniskopathie. Monographische Studie über die geschwülste der Menisken. Zbl Chir 37:1762 (1940)

[179] HERON, C.W.; CALVERT, P.T.: Three-dimensional Gradient-Echo MR Imaging of the knee: Comparison with arthroscopy in 100 patients. Radiology 183:839–844 (1992)

[180] HERRMANN, J.; HOFMANN, G.; KLADNY, B.; WILLAUSCHUS, W.; ARNOLD, H.: Klinische Aspekte zur Erfassung der frühen Arthrose. Degenerative Veränderungen der Menisken des Kniegelenks. Orthopäde 19:36–42 (1990)

[181] HERMANN, G.; BERSON, B.L.: Discoid medial meniscus: two cases of tears presenting as locked knee due to athletic trauma. Am J Sports Med 12:74–76 (1984)

[182] HERNANDEZ, F.J.: Cysts of the semilunar cartilage of the knee. A light and electron microscopic study. Acta Orthopn Scand 47:436–440 (1976)

[183] HERTEL, P.; LAIS, E.: Meniskus und Instabilität – eine zusammenfasende Darstellung eines Workshops. In: TILING, T. (Hrsg.): Arthroskopische Meniskuschirurgie. Enge Verlag, Stuttgart: 134–138 (1986)

[184] HESSE, D.; CHAHAL, J.; WHITE, L.M.; WHELAN, D.B.: Nonoperative management of an extra-articular dislocation of the posterior horn of the lateral meniscus with clinical and MRI correlation: a case report. Clin J Sport Med 19:333–335 (2009)

[185] HETSRONI, I.; LILLEMOE, K.; MARX, R.G.: Small medial meniscocapsular separations: A potential cause of chronic medial-side knee pain. Arthroscopy 27:1536–1542 (2011)

[186] HÖPKER, W.W.: Gelenkzwischenscheiben. In: DOERR, W.; SEIFERT, G.; UEHLINGER, E.: Spezielle pathologische Anatomie. Bd. 18/II: Pathologie der Gelenke und Weichteiltumoren. Springer-Verlag Berlin – Heidelberg – New York – Tokyo (1984)

[187] HOFMANN, G.; PROBST, J.: Die Begutachtung des Meniskusschadens aus chirurgischer Sicht. Schriftenreihe des Hauptverbandes der gewerblichen Berufsgenossenschaften e.V.; St. Augustin. Unfallmedizinische Tagungen, Heft 56 (1985)

[188] HOUGH, A.J.Jr.; WEBBER, R.J.: Pathology of the meniscus. Clin Orthop Rel Res 252:32–40 (1990)

[189] HUGHSTON, J.C.; CROSS, M.J.; ANDREWS, J.R.: Clinical evaluation of knee ligament stabi-lity. In: INGWERSEN, O.S.; VAN LINGE, B.; VAN RENS, T.; ROSINGH, G.; VERAART, B.; LEVAY, D. (eds): The knee joint. Recent advances in basic research and clinical aspects. Excerpta Medica, Amsterdam, Amercian Elsevier, New York: 126–130 (1974)

[190] HUMPHRY, G.M.: A treatise on the human skeleton including the joints. Macmillan, Cambridge:546 (1858)

[191] HUNTER, D.J.; BUCK, R.; VIGNON, E.; ECKSTEIN, F.; BRANDT, K.; MAZZUCA, S.A.: WYMAN, B.T.; OTTERNESS, I.; LE GRAVERAND, H.: Relation of regional articular cartilage morphometry and meniscal position by MRI to joint space width in knee radiographs. Osteoarthritis Cartilage 17:1170–1176 (2009)

[192] HWANG, B.Y.; KIM, S.J.; LEE, S.W.; LEE, H.E.; LEE, C.K.; HUNTER, D.J.; JUNG, K.A.: Risk factors for medial meniscus posterior root tear. Am J Sports Med 40:1606–1610 (2012)

[193] INDELICATO, P.A.: Non-operative treatment of complete tears of the medial collateral ligament of the knee. J Bone Joint Surg Am 65:323 (1983)

[194] IRVINE, G.B.; GLASGOW, M.M.S.: The natural history of the meniscus in anterior cruciate insufficiency J Bone Joint Surg 74B:403–405 (1992)

[195] ISHIDO, B.: Über den Kniegelenksmeniskus. Virchows Arch Path Anat 244:429 (1923)

[196] IVERSEN, J.V.; KROGSGAARD, M.R.: Tibial avulsion fracture of the posterior root of the medial meniscus in children. Knee Surg Sports Traumatol Arthrosc 22:109–111 (2014)

[197] JACKSON, D.W.; JENNING, L.D.; MAYWOOD, R.M.; BERGER, P.E.: Magnetic resonance imaging of the knee. Am J Sports Med 16:29–38 (1988)

[198] JACOBSEN, K.: Area intercondylaris tibiae: Osseous surface structure and its relation to soft tissue structures and applications to radiography. J Anat 117:605–618 (1974)

[199] JAKOB, R.P.; HASSLER, H.; STÄUBLI, H.U.: Observatinos on rotatory instability of the lateral compartment of the knee. Acta Orthop Scand 52:1–32 (1981)

[200] JAKOB, R.P. u. Mitarb.: The arthroscopic meniscal repair. Techniques and clinical experience. Am J Sports Med 16:137–142 (1988)

[201] JAKOB, R.P.; STÄUBLI, H.U.: Kniegelenk und Kreuzbänder. Springer Verlag, Berlin, Heidelberg, New York (1990)

[202] JAKOB, R.P.; GAUTIER, E.: Komplexes Knietrauma – Knorpelverletzungen. Swiss Surg 4:296–310 (1998)

[203] JAMES, P.; BUIRSKI, G.: MR imaging of the knee: a prospective trial using a low field strength magnet. Australas Radiol 34:59–63 (1990)
[204] JEE, W.H.; MC CAULEY, T.R.; KIM, J.M.: Magnetic resonance diagnosis of meniscal tears in patients with acute anterior cruciate ligament tears. J Comput Assist Tomogr 28:402–406 (2004)
[205] JEROSCH, J.; LAHM, A.; CASTRO, W.H.M.; ASSHEUER, J.: Kernspin- und Computertomograhie bei Meniskusverletzungen des Kniegelenks. Akt Traumatol 21:293–300 (1991)
[206] JEROSCH, J.; RIEMER, S.: Wie gut sind klinische Untersuchungsverfahren - Diagnostik von Meniskusläsionen. Sportverl Sportschad 18:59–67 (2004)
[207] JOHNSON, L.L.: Arthroscopic anatomy. In: KLEIN, E.A.; FALK, K.H. and O'BRIEN, T. eds. Arthroscpic surg. Principles and practice. Ed 3 St Louis: Mosby:493–494 (1986)
[208] JOHNSON, R.G.; SIMMONS, E.H.: Discoid medial meniscus. Clin Orthop 167:176–179 (1982)
[209] JONASCH, E.: Die Verkalkung der Menisci des Kniegelenkes. Arch Orthop Unfallchir 51:659 (1960)
[210] JONASCH, E.: Das Kniegelenk. De Gruyter, Berlin (1964)
[211] JONES, R.: In discussion of internal derangement of the knee. J Bone Joint Surg 7:439–443 (1925)
[212] JONES, R.: Notes on derangements of the knee. Ann Surg 50:969 (1909)
[213] JUNG, Y.B.; YUM, J.K.; BAE, Y.J.; SONG, K.S.: Anomalous insertion of the medial menisci. Arthroscopy 14:505–507 (1998)
[214] JUSTICE, W.W.; QUINN, S.F.: Error patterns in the MR imaging evaluation of menisci of the knee. Radiology 196:617–621 (1995)
[215] KAISER, V.: Unfallbedingter Meniskusschaden – positives Urteil trotz divergierender Gutachten. Akt Traumatol 23:142–143 (1993)
[216] KALE, A.; KOPUZ, C.; EDÝZER, M.; AYDIN, M.E.; DEMYR, M.; YNCE Y.: Anatomic variations of the shape of the menisci: a neonatal cadaver study. Knee Surg Sports Traumatol Arthrosc 14:975–981 (2006)
[217] KALE, A.; KOPUZ, C.; DIKICI, F.; DEMIR, M. T.; ÇORUMLU, U.; INCE Y.: Anatomic and arthroscopic study of the medial meniscal horns' insertions. Knee Surg Sports Traumatol Arthrosc 18:754–759 (2010)
[218] KAMIMURA, M.; UMEHARA, J.; TAKAHASHI, A.; AIZAWA, T.; ITOI, E.: Medial meniscus tear morphology and related clinical symptoms in patients with medial knee osteoarthritis. Knee Surg Sports Traumatol Arthrosc 23:158–163 (2015)
[219] KAMIMURA, T.; ISHII, Y.; ANDOH, K.; KORENAGA, T.: MRI of the medial meniscus in patients over 40 years of age with osteoarthritic knees. The Knee 6:103–108 (1999)
[220] KAPANDJI, I.A.: Funktionelle Anatomie der Gelenke. Schematisierte und kommentierte Zeichnungen zur menschlichen Biomechanik. 3. unveränderte Auflage. Hippokrates Verlag Stuttgart (2001)
[221] KAPLAN, E.B.: The lateral menisco-femoral ligament of the knee joint. Bull Hosp Joint Diseases 17:176–182 (1956)
[222] KAPLAN, E.B.: Some aspect of functional anatomy of the human knee joint. Clin Orthop 23:18–29 (1962)
[223] KATSURAGAWA, Y.; SAITHO, K.; TANAKA, N.; WAKE, M.; IKEDA, Y.; FURUKAWA, H.; TOHMA, S.; SAWABE, M.; ISHIYAMA, M.; YAGISHITA, S.; SUZUKI, R.; MITOMI, H.; FUKUI, N.: Canges of human menisci in osteoarthritic knee joints. Osteoarthritis and Cartilage 18:1233–1143 (2010)
[224] KENNEDY, J.C.; ALEXANDER, I.J.; HAYES, K.C.: Nerve supply of the human knee and its functional importance. Am J Sport Med 10:329–335 (1982)

[225] KESSLER, M.A.; GLASER, C.; TITTEL, S.; REISER, M.; IMHOFF, A.B.: Volume changes in the menisci and articular cartilage of runners: an in vivo investigation based on 3-D magnetic resonance imaging. Am J Sports Med 34:832–836 (2006)

[226] KIDRON, A.; THEIN, R.: Radial tears associated with cleavage tears of the medial meniscus in athletes. Arthroscopy 18:254–256 (2002)

[227] KIESER, C.: Lateraler Knieschmerz. Differentialdiagnose der lateralen Meniskusläsion. Arthroskopie 8:2–6 (1995)

[228] KIM, S.J.; JEON, C.H.; KOH, C.H.: A ring-shaped lateral meniscus. Arthroscopy 11:738–739 (1995)

[229] KIM, S.J.; HWANG, B.Y.; CHOI, D.H.; MEI, Y.: The paradoxical Mc Murray test for the detection of meniscal tears. J Bone Joint Surg Am 94:e118 (1–7) (2012)

[230] KIM, S.J.; BAE,J.H.; LIM, H.C.: Does torn discoid meniscus have effects on limb alignment and arthritic change in middle-aged patients? J Bone Joint Surg Am 95:2008–2014 (2013)

[231] KIM, Y.C.; YOO, W.K.; CHUNG, I.H.; SEO, J.S.; TANAKA, S.: Tendinous insertion of semimembranosus muscle into the lateral meniscus. Surg Radiol Anat 19:365–369 (1997)

[232] KIM, Y.J.; KIM, J.G.; CHANG, S.H.; SHIM, J.C.; KIM, S.B.; LEE, M.Y.: Posterior root tear of the medial meniscus in multiple knee ligament injuries. The Knee 17:324–328 (2010)

[233] KIMURA, M.; SHIRAKURA, K.; HASEGAWA, A. et al.: Anatomy and pathophysiology of the popliteal tendon area in the lateral meniscus. 2. Clinical investigation. Arthroscopy 8:424–427 (1992)

[234] KLEIN, H.M.: MRT-Diagnostik von Meniskusläsionen. Arthroskopie 21:229–234 (2008)

[235] KOCHER, M.; DI CANZIO, J.; ZURAKOWSKI, D.; MICHELI, L.: Diagnostic performance of clinical examination and selective magnetic resonance imaging in the evaluation of intraarticular knee disorders in children and adolescents. Am J Sports Med 29:292–296 (2001)

[236] KÖNN, G.; RÜTHER, M.: Zur pathologischen Anatomie und Beurteilung der Meniskusschäden. In: BURRI, C.; RÜTER, A. (Hrsg.): Meniskusläsionen und posttraumatische Arthropathie. Hefte Unfallheilkd 128:7–13 (1976)

[237] KÖNN, G.; OELLIG, W.P.: Zur Morphologie und Beurteilung der Veränderungen an den Kniegelenksmenisken. Pathologe 1:206–213 (1980)

[238] KÖNN, G.; OELLIG, W.P.; WILLET-BLEICH, M.: Möglichkeiten und Grenzen der histologischen Altersbestimmung von Zusammenhangstrennungen des Kniegelenksmeniskus. Unfallchhirurg 88:1–14 (1985)

[239] KÖSTLER, J.: Die Blutgefäßversorgung der Meniscen und ihre Bedeutung bei der Heilung von Meniscusrissen. Arch Klin Chir 187:15 (1936)

[240] KOHN, D.; MORENO, B.: Meniskusinsertion. Orthopäde 23:98–101 (1994)

[241] KOHN, D.; MORENO, B.: Meniscus insertion anatomy as a basis for meniscus replacement: a morphological cadaveric study. Arthroscopy 11:96–103 (1995)

[242] KOMATSU, N.; YAMAMOTO, K.; CHOSA, E.: Bilateral congenital separation of the lateral meniscus. A case report. Knee 15:330–332 (2008)

[243] KONAN, S.; RAYAN, F.; HADDAD, F.S.: Do physical diagnostic tests accurately detect meniscal tears? Knee Surg Sports Traumatol Arthrosc 17:806–811 (2009)

[244] KORKUSUZ, Z.: Knochenbildungen im Meniscusgewebe des Kniegelenks. Arch Orthop Unfallchir 58:323 (1965)

[245] KOSS, M.: Das Kniegelenk in der versorgungsärztlichen Begutachtung. Med Sach 100:197–199 (2004)

[246] KOSSOFF, J.; NAIMARK, A.; CORBETT, M.: Case report 85: Bucket handle tear of medial meniscus with ossicles in its posterior horn. Skeletal Radiol 4:45–46 (1979)

[247] KRAUSE, W.R.; POPE, M.H.; JOHNSON, R.J.; WILDER, D.G.: Mechanical changes in the knee after meniscectomy. J Bone Joint Surg Am 58:599–604 (1976)

[248] KREITNER, K.F. et al.: Niederfeld-MR-Tomographie des Kniegelenks: Ergebnisse einer prospektiven, arthroskopisch kontrollierten Studie. RöFo 258:257–259 (1999)

[249] KRENN, V.; KNÖSS, P.; KNÖSS, M.; OTTO, M.; KRIEGSMANN, J.; HOPF, T.: Decorin als Marker für Umbauprozesse in der Extrazellularmatrix des humanen Meniskus. Z Rheumatol Suppl 1:97 (2007)

[250] KRENN, V.; KNÖSS, P.; RÜTHER, W.; JAKOBS, M.; OTTO, M.; KRUKEMEYER, M.G.; HEINE, A.; MÖLLENHOFF, G.; KURZ, B.: Meniscal degeneration score and NITEGE expression: immunohistochemical detection of NITEGE in advanced meniscal degeneration. Orthopäde 39:475–485 (2010)

[251] KRÖMER, K.: Der verletzte Meniskus. Maudrich, Wien Bonn (1955)

[252] KRUDWIG, W.K.; WITZEL, U.; ULRICH, K.: Posterolateral aspect and stability of the knee joint. II. Posterolateral instability and effect of isolated and combined posterolateral reconstruction on knee stability: a biomechanical study. Knee Surg Sports Traumatol Arthrosc 10:91–95 (2002)

[253] KUIKKA, P.I.; SILLANPÄÄ, P.; MATTILA, V.M.; NIVA, M.H.; PIHLAJAMÄKI, H.K.: Magnetic resonance imaging in acute traumatic and chronic meniscal tears of the knee: a diagnostic accuracy study in young adults. Am J Sports Med 37:1003–1008 (2009)

[254] KUMMER, B.: Die Biomechanik des Kniegelenkes nach Meniskektomie. In: TILING, T. (Hrsg.): Arthroskopische Meniskuschirurgie. Enke Verlag, Stuttgart:30–34 (1986)

[255] KUMMER, B.: Anatomie und Biomechanik des Kniegelenksmeniskus. Kongressbericht 1987. Langenbecks Arch Chir 372:242–246 (1987)

[256] KUSAYAMA, T.; HARNER, C.D.; CARLIN, G.J. et al.: Anatomical and biomechanical characteristics of human meniscofemoral ligaments. Knee Surg Sports Traumaatol Arthrosc 2:234–237 (1994)

[257] LAARMANN, A.: Berufskrankheiten nach mechanischen Einwirkungen. 2. Aufl., Stuttgart (1977)

[258] LAI, J.H.; LEVENSTON, M.E.: Osteoarthritis and Cartilage. Osteoarthritis Cartilage 18:1291–1299 (2010)

[259] LANG, F.J.; THURNER, J.: Erkrankungen der Gelenke. in : „Lehrbuch der speziellen Pathologie", begr. von KAUFMANN, E. Hrsg. von STAEMMLER, M.; Band II, 4/7, Verlag Walter de Gruyter u. Co. Berlin (1962)

[260] LA PRADE, R.F.; TERRY, G.C.: Injuries to the posterolateral aspect of the knee. Association of anatomic injury patterns with clinical instability. Am J Sports Med 4:433–438 (1997)

[261] LA PRADE, C.M.; JAMES, E.W.; ENGEBRETSEN, L.; LA PRADE, R.F.: Anterior medial meniscal root avulsions due to malposition of the tibial tunnel during anterior cruciate ligament reconstruction: two case reports. Knee Surg Sports Traumatol Arthrosc 22:1119–1123 (2014)

[262] LA PRADE, R.F.; HO, C.P.; JAMES, E.; CRESPO, B.; LA PRADE, C.M.; MATHENY, L.M.: Diagnostic accuracy of 3.0 T magnetic resonance imaging for the detection of meniscus posterior root pathology. Knee Surg Sports Traumatol Arthrosc 23:152–157 (2015)

[263] LAPRELL, H.; WISCHATTA, R.; HEZEL, J.; FAY, J.: A new symptomatic intra-articular cord-like structure associated with discoid meniscus. Arthroscopy 23:228.e1–228.e7 (2007)

[264] LARSON, R.V.; METCALF, M.G.: Posterior cruciate ligament reconstruction: Associated extraarticular procedures medial and lateral. Techniques in Orthopaedics 16:148–156 (2001)

[265] LAST, R.J.: The popliteus muscle and the lateral meniscus. J Bone Joint Surg Br 32:93–99 (1950)

[266] LEE, D.H.; LEE, B.S.; KIM, J.M.; YANG, K.S.; CHA, E.J.; PARK, J.H.; BIN, S.I.: Predictors of degenerative medial meniscus extrusion: radial component and knee osteoarthritis. Knee Surg Sports Traumatol Arthrosc 19:222–229 (2011)

[267] LEE, J.H.; HWANG, B.Y.; LIM, Y.J.; KIM, K.H.; SONG, J.H.: Radial tears in the roots of the posterior horns of both the medial and lateral menisci combined with anterior cruciate ligament tear: a case report. Knee Surg Sports Traumatol Arthrosc 17:1340–1343 (2009)

[268] LEE, Y.S.; KIM, J.G.; LIM, H.C.; PARK, J.H.; PARK, J.W.; KIM, J.G.: The relationship between tibial slope and meniscal insertion. Knee Surg Sports Traumatol Arthrosc 17:1416–1420 (2009)

[269] LESER, E.: Die spezielle Chirurgie. Fischer, Jena (1908)

[270] LEUSCHNER, H.; WEICKERT, H.: Klinische und röntgenologische Spätergebnisse nach Meniskektomie. Z Orthop 99:315–321 (1964)

[271] LEWANDROWSKI, K.U.; MÜLLER, J.; SCHOLLMEIER, G.: Concomitant meniscal and articular cartilage lesions in the femorotibial joint. Am J Sports Med 25:486–494 (1997)

[272] LIESE, W.: Über die Entstehung der sog. malacischen Gewebsveränderungen der Kniegelenksmenisken. Med Diss, Friedrich-Wilhelms-Universität Berlin (1937)

[273] LOTYSCH, M.; MINK, J.; CRUES, J.V. 3rd; SCHWARZ, A.: MR imaging in the detection of meniscal injuries. Magn Reson Imaging 4:185 (1986)

[274] LOWENBERG, D.W.; FELDMAN, M.L.: Magnetic resonance imaging diagnosis of discoid medial meniscus. Arthroscopy 9:704–706 (1993)

[275] LU, K.H.: An unusual case of meniscal hematoma mimicking a medial meniscal cyst. Arthroscopy. 18:E22 (2002)

[276] LUDOLPH, E.; HEITEMEYER, U.: Die Begutachtung des Meniskusschadens. Unfallchirurgie 12:215–219 (1986)

[277] LUDOLPH, E.: Schadensanlage und Vorschaden aus ärztlicher Sicht. In: HIERHOLZER, G.; LUDOLPH, E. und HAMACHER, E. Springer Berlin Heidelberg New York London Paris Tokyo (1988)

[278] LUDOLPH, E.; WEBER, M.: Der isolierte Meniskusschaden – Unfallzusammenhang. Akt Traumatol 25:241–244 (1995)

[279] LUDOLPH, E.; WEBER, M.; BESIG, K.: Die Begutachtung des isolierten Meniskus-schadens. Die BG, Heft 10: 563–568 (1995)

[280] LUDOLPH, E.: Beruflich bedingter Meniskusschaden. Med Sach 95:130–133 (1999)

[281] LUDOLPH, E. (Hrsg.): Der Unfallmann. (13. Auflage) Springer-Verlag Berlin Heidelberg (2013)

[282] LUDOLPH, E.: Kursbuch der ärztlichen Begutachtung. 38. Erg.Lfg. ECOMED-Verlag Landshut (2015)

[283] LÜTZNER; J.; SCHMIDT, H.: Vergleich der Diagnosesicherheit von MRT und klinischer Untersuchung bei Kniegelenkverletzungen. Arthroskopie 13:60–65 (2000)

[284] MAGEE, T.; SHAPIRO, M.; WILLIAMS, D.: Usefulness of simultaneous acquisition of spatial har-monics technique for MRI of the knee. AJR 182:1411–1415 (2004)

[285] MAGEE, T.; WILLIAMS, D.: 3.0-T MRI of meniscal tears. AJR Am J Roentgenol 187:371–375 (2006)

[286] MAGEE, T.: MR findings of meniscal extrusion correlated with arthroscopy. J Magn Reson Imaging 28:466–470 (2008)

[287] MAGI, M.; BRANCA, A.; BUCCA, C.; LANGERARME, V.: Hoffa disease. Ital J Orthop Traumatol 17:211–216 (1991)

[288] MAGYAR, M.O.; KNOLL, Z.; KISS, R.M.: The influence of medial meniscus injury and meniscectomy on the variability of gait parameters. Knee Surg Sports Traumatol Arthrosc 20:290–297 (2012)

[289] MANDL, F.: Zur Pathologie und Therapie der Zwischenknorpelerkrankungen des Kniegelenkes. Arch Klin Chir 146:149–214 (1927)

[290] MANDL, F.: Regeneration des menschlichen Kniegelenkzwischenknorpels. Zbl Chir 56:3265–3268 (1929)

[291] MANDL, F.: Rearthrotomie nach Meniskusoperationen. Zbl Chir 79:1169–1176 (1954)

[292] MANN, R.A.; HAGY, J.: The popliteus muscle. J Bone Joint Surg Am 57:924–927 (1977)
[293] MARIANI, P.P.; PUDDO, G.: Meniscal ossicle. A case report. Am J Sports Med 9:392 (1981)
[294] MARIANI, P.P.: Posterior horn instability of the medial meniscus a sign of posterior meniscotibial ligament insufficiency. Knee Surg Sports Traumatol Arthrosc 19:1148–1153 (2011)
[295] MARKL, I.; ZANTOP, T.; ZEMAN, F.; SEITZ, J.; ANGELE, P.: The effect of tibial slope in acute ACL-insufficient patients on concurrent meniscal tears. Arch Orthop Trauma Surg 135:1141–1149 (2015)
[296] MARKOLF, K.L.; JACKSON, S.R.; MC ALLISTER, D.R.: Force measurements in the medial meniscus posterior horn attachment: effects of anterior cruciate ligament removal. Am J Sports Med 40:332–338 (2012)
[297] MARZO, J.M.; GURSKE-DEPERIO: Effects of medial meniscus posterior horn avulsion and repair on tibiofemoral contact area and peak contact pressure with clinical implications. Am J Sports Med 37:124 (2009)
[298] MASTROKALOS, D.S.; PAPAGELOPOULOS, P.J.; MAVROGENIS, A.F.; HANTES, M.E.; KARACHALIOS, T.S.: PAESSLER, H.H.: Changes of meniscal interhorn distances: an in vivo magnetic resonance imaging study. Knee 12:441–446 (2005)
[299] MAZZOTTI, I.; HEIN, M.F.; CASTRO, W.H.M.: Der isolierte traumatische Meniskusriss – gibt es neue Erkenntnisse? Versicherungsmed 54:172–175 (2002)
[300] MAZZOTTI, I.: Meniskusschäden. In: WEISE, K.; SCHILTENWOLF, M. (Hrsg.): Grundkurs orthopädisch-unfallchirurgische Begutachtung. Springer-Verlag Heidelberg (2008)
[301] MC CANN, L.; INGHAM, E.; JIN, Z.; FISHER, J.: Influence of the meniscus on friction and degradation of cartilage in the natural knee joint. Osteoarthritis Cartilage 17:995–1000 (2009)
[302] MC DEVITT, C.A.; WEBBER, R.J.: The ultrastructure and biochemistry of meniscal cartilage. Clin Orthop Relat Res 252:8–18 (1990)
[303] MC GLADE, C.T.: Magnetic resonance imaging of the meniscus. Clin Sports Med 9:551–559 (1990)
[304] MC GUIRE, D.A.; BARBER, F. A.; HENDRICKS, S.D.: Meniscal impingement syndrome. Arthroscopy 12:675–679 (1996)
[305] MEAKIN, J.R.; SHRIVE, N.G.; FRANK, C.B.; HART, D.A.: Finite element analysis of the meniscus: the influence of geometry and material properties on its behaviour. Knee 10:33–41 (2003)
[306] MEHRTENS, G.; BRANDENBURG, S.: Die Berufskrankheitenverordnung (BKV). Kommentar Erich Schmidt Verlag Berlin (2015)
[307] MEISTER, K.; INDELICATO, P.A.; SPANIER, S.; FRANKLIN, J.; BATTS, J.: Histology of the torn meniscus: a comparison of histologic differences in meniscal tissue between tears in anterior cruciate ligament-intact and anterior cruciate ligament-deficient knees. Am J Sports Med 32:1479–1483 (2004)
[308] MESGARZADEH, M.; MOYER, R.; LEDER, D.S. et al.: MR imaging of the knee: expanded classification and pitfalls to interpretation of meniscal tears. Radiographics 13:489–500 (1993)
[309] MESIHA, M.; ZURAKOWSKI, D.; SORIANO, J.; NIELSON, J.N.; ZARINS, B.; MURRAY, M.M.: Pathologic characteristics of the torn human meniscus. Am J Sports Med 35:103–112 (2007)
[310] MESSNER, K.; GAO, J.: The menisci of the knee joint. Anatomical and functional characteristics, and a rationale for clinical treatment. J Anat 193:161–178 (1998)
[311] METHENY, J.; MAYOR, M.: Hoffa's disease: chronic impingement of the infrapatellar far pad. Am J Knee Surg 1:134–139 (1988)
[312] MEYER, H.: Die Mechanik des Kniegelenks. Arch Anat Physiol Wiss Med:497–547 (1853)
[313] MEYER, S.H.; WILLENEGGER, H.; DRÄNERT, K.: Klinische Ergebnisse mit der meniskusnaht. Mschr Unfallheilk 78:564–571 (1975)

[314] MICHALITSIS, S.; VLYCHOU, M.; NALIZOS, K.N.; THRISKOS, P.; HANTES, M.E.: Meniscal and articular cartilage lesions in the anterior cruciate ligament-deficient knee: correlation between time from injury and knee scores. Knee Surg Sports Traumatol Arthrosc 23:232–239 (2015)

[315] MILACHOWSKI, K.A.; WEISMEIER, K.; WIRTH, C.J. et al: Meniscus transplantation experimental study and first clinical report. AmJ Sports Med 6:626 (1987)

[316] MINE, T.; KIMURA, M.; SAKKA, A.; KAWAI, S.: Innervation of nociceptors in the menisci of the knee joint: an immunohistochemical study. Arch Orthop Trauma Surg 120:201–204 (2000)

[317] MINE, T.; TAGUCHI, T.; IHARA, K.; TANAKA, H.; MORIWAKI, T.; KAWAI, S.: Meniscal ossification. Arthroscopy 19:E11 (2003)

[318] MINK, J.H.; REICHER, M.A.; CRUES III, J.V.: Magnetic resonance imaging of the knee. Raven Press New York (1987)

[319] MINK, J.H.; LEVY, T.; CRUES, J.V.: Tears of the anterior cruciate ligament and menisci of the knee. MR imaging evaluation. Radiology 167:769–774 (1988)

[320] MOHR, W.: Gelenkpathologie. Historische Grundlagen, Ursachen und Entwicklungen von Gelenkleiden und ihre Pathomorphologie. Springer Heidelberg Berlin (2000)

[321] MOON, M.S.; KIM, Y.S.: Collagen fibres and mechanoreceptors in regenerated menisci of rabbits. Int Orthop (SICOT) 21:239–242 (1997)

[322] MOORE, T.M.: Management of tibial plateau fractures. In: MOORE, T.M. ed. AAOS symposium on trauma to the leg and its sequelae. St Louis, etc. CV Mosby: 56–66 (1981)

[323] MOORE, T.M.; PATZAKIS, M.J.; HARVEY, J.P.: Tibial plateau fractures: definition, demographics, treatment rationale, and long-term results of closed traction manage-ment or operative reduction. J Orthop Trauma 1:97–119 (1987)

[324] MORAN, C.J.; POYNTON, A.R.; MORAN, R.; O'BRIEN, M.: Analysis of meniscofemoral ligament tension during knee motion. Arthroscopy 22:362–366 (2006)

[325] MORGAN-JONES, R.L.; CROSS, M.J.: The intercruciate band of the human knee. An anatomical and histological study. J Bone Joint Surg Br 81:991–994 (1999)

[326] MOW, V.C.; ARNOCZKY, S.P.; JACKSON, D.W.: Knee Meniscus. Basic and clinical foundations. Raven Press New York (1992)

[327] MOYER, J.T.; ABRAHAM, A.C.; HAUT DONAHUE, T.L.: Nanoindentation of human meniscal surfaces. J Biomech 45:2230–2235 (2012)

[328] MÜLLER, K.M.; FISSELER, A.: Beurteilung des Meniskusschadens aus der Sicht des Pathologen. Ber. Unfallmed. Tagung Düsseldorf. Schriftenreihe: Unfallmed. Tagung d. Landesverb. d. gewerbl. BG. Hrsg.: Hauptverb. der gewerbl. Berufsgenossenschaften e.V. St. Augustin, Heft 56: 185–194 (1985)

[329] MÜLLER, K.M.: Pathologisch-anatomischer Befund. Gutachtenkolloquium 3. Hierholzer, G. et al. (Hrsg.) Springer-Verlag Berlin Heidelberg New York:113–124 (1988)

[330] MÜLLER, K.M.: Meniskuserkrankungen unter Berücksichtigung versicherungsmedizinischer Aspekte. Tutorial Internationale Akademie für Pathologie – Deutsche Abteilung e.V. Bochum (2000)

[331] MÜLLER, W.: Das Knie. Form, Funktion und ligamentäre Wiederherstellungschirurgie. Springer-Verlag Berlin, Heidelberg, New York (1982)

[332] MÜLLER, W.: Menisken und Kniestabilität. Orthopäde 23:93–97 (1994)

[333] MUELLNER, T.; WEINSTABL, R.; SCHABUS, R.; VÉCSEI, V.: The diagnosis of meniscal tears in athletes. A comparison of clinical and magnetiv resonance imaging investigations. Am J Sports Med 25:7–12 (1997)

[334] MUHR, G.: Meniscus und Instabilität. Langenbecks Arch Chir 372 (Kongressbericht) (1987)

[335] MUNZINGER, U.; RUCKSTUHL, J.; SCHERRER, H. et al.: Internal derangement of the knee joint due to pathologic synovial folds: The mediopatellar plica syndrome. Clin Orthop 155:59–64 (1981)

[336] MURIUKI, M,G.; TUASON, D.A.; TUCKER, B.G.; HARNER, C.D.: Changes in tibiofemoral contact mechanics following radial split and vertical tears of the medial meniscus an in vitro investigation of the efficacy of arthroscopic repair. J Bone Joint Surg Am 93:1089–1095 (2011)

[337] NAM, T.S.; KIM, M.K.; AHN, J.H.: Efficacy of magnetic resonance imaging evaluation for meniscal tear in acute anterior cruciate ligament injuries. Arthroscopy 30:475–482 (2014)

[338] NAVARRO-HOLGADO, P.; CUEVAS-PÉREZ, A.; AGUAYO-GALEOTE, M.A.; CARPINTERO-BENITEZ, P.: Anterior medial meniscus detachment and anterior cruciate ligament tear. Knee Surg Sports Traumatol Arthrosc 15:587–590 (2007)

[339] NAWATA, K.; TESHIMA, R.; OHNO, M.; TAKITA, T.; OTUKI, K.: Discoid lateral menisci in older patients. A radiographic study of 21 cases. Int Orthop 23:232–235 (1999)

[340] NELSON, E.W.; LA PRADE, R.F.: The anterior intermeniscal ligament of the knee. An anatomic study. Am J Sports Med 28:74–76 (2000)

[341] NEYRET, P.; DONELL, S.T.; DEJOUR, H.: Results of partial meniscectomy related to the state of the anterior cruciate ligament. Review at 20 to 35 Years. J Bone Joint Surg 75-B:36–40 (1993)

[342] NICOLET, A.: Die Meniscus Verletzung bei Tibiakopffrakturen. Langenbeck Arch Klin Chir 313:544–545 (1965)

[343] NIELSEN, D.M.; TWYMAN, R.: Arthroscopic visualization of the posterior horn of the medial meniscus. Arthroscopy 21:1272 (2005)

[344] NIESS, C.; STUMPF, U.; PETERMANN, J.: Anatomie, Häufigkeit und Verteilung der meniskofemoralen Ligamente. Untersuchung an 122 Leichenkniegelenken. Arthroskopie 13:11–16 (2000)

[345] NIKOLIĆ, D.K.: Lateral meniscal tears and their evolution in acute injuries of the anterior cruciate ligament of the knee. Arthroscopic analysis. Knee Surg Sports Traumatol Arthrosc 6:26–30 (1998)

[346] NOBLE, J.; HAMBLEN, D.L.: The pathology of the degenerate meniscus lesion. J Bone Joint Surg 57-B:180 (1975)

[347] NOVIKOV, N.V.: Treatment tactics in fractures of the tibial condyle associated with injuries to the menisci. Orthop Traumatol Protez 33:17–21 (1972)

[348] OCKERT, B.; HAASTERS, F.; POLZER, H.; GROTE, S.; KESSLER, M.A.; MUTSCHLER, W.; KANZ, K.G.: Der verletzte Meniskus: Wie sicher ist die klinische Untersuchung? Unfallchirurg 113:293–299 (2010)

[349] ODENSTEN, M.; GILLQUIST, J.: Functional anatomy of the anterior cruciate ligament and a rational for reconstruction. J Bone Joint Surg Am 67:257–261 (1985)

[350] OELLIG, W.P.; RÜTHER, M.: Zur Morphologie und Beurteilung der Rissbeschädigungen am Kniegelenksmeniskus. Unfallheilkunde 84:295–301 (1981)

[351] OGDEN, J.A.; GANEY, T.M.; ARRINGTON, J.A. et al.: Meniscal ossification. I. Human Skeletal Radiol 23:167–172 (1994)

[352] ORFALY, R.M.; MC CONKEY, J.P.; REGAN, W.D.: The fate of meniscal tears after anterior cruciate ligament reconstruction. Clin J Sport Med 8:102–105 (1998)

[353] OZENCI, A.M.; SOYUNCU, Y.; AKYILDIZ, F.; AYDIN, A.T.: Anterior intermeniscal ligament: An accompanying structure to discoid lateral meniscus. 11th ESSKA 2000 Congress 4th World Congress on Sports Trauma 5.-8. May Athen, Greece (2004)

[354] OZKOC, G.; CIRCI, E.; GONC, U.; IRGIT, K.; POURBAGHER, A.; TANDOGAN, R.N.: Radial tears in the root of the posterior horn of the medial meniscus. Knee Surg Sports Traumatol Arthrosc 16:849–854 (2008)

[355] PAAR, O.; RIECK, B.; BERNETT, P.: Die Läsion des Innenmeniskus-Hinterhorn am Übergang zur dorsalen Gelenkkapsel. Grenzen der operativen Arthroskopie. Prakt Sport-Traumatol und Sportmed 1:24–27 (1986)

[356] PACI, J.M.; SCUDERI, M.G.; WERNER, F.W.; SUTTON, L.G.; ROENBAUM, P.F.; CANNIZZARO, J.P.: Knee medial compartment contact pressure increases with release of the type I anterior intermeniscal ligament. Am J Sports Med 37:1412–1416 (2009)

[357] PAGNANI, M.J.; COOPER, D.E.; WARREN, R.F.: Extrusion of the medial meniscus. Arthroscopy 7:297–300 (1991)

[358] PALLESEN, J.: Ergebnisse nach Meniskusläsionen. Hefte zur Unfallheilkunde, Heft 128:32–38. Springer Verlag (1976)

[359] PAPADOPOULOS, A.; KARATHANASIS, A.; KIRKOS, J.M.; KAPETANOS, G.A.: Epidemiologic, clinical and arthroscopic study of the discoid meniscus variant in Greek population. Knee Surg Sports Traumatol Arthrosc 17:600–606 (2009)

[360] PARK, J.H.; JEONG, W.K.; LEE, J.H.; CHO, J.H.; LEE, D.H.: Postural stability in patients with anterior cruciate ligament tears with and without medial meniscus tears. Knee Surg Sports Traumatol Arthrosc 23:240–245 (2015)

[361] PARSONS, E.G.: Observations on the head of the tibia. J Anat Physiol 41:83–87 (1906)

[362] PAUWELS, P.: Eine neue Theorie über den Einfluss mechanischer Reize auf die Differenzierung der Stützgewebe. Zehnter Beitrag zur funktionellen Anatomie und kausalen Morphologie des Stützapparates. Z Anat Entwickl Gesch 121:478–515 (1960)

[363] PAYR, E.: Zur Meniskusfrage, Vor- und Nacherkrankung des Gelenks, Sportunfall, Berufsschadenfolge., Zbl, Chir. 63, 976 (1936)

[364] PEDERSON, H.E.: The ossicles of the semilunar cartilages of rodents. Anat Rec 105:1 (1949)

[365] PELLACCI, F.; MONTANARI, G.; PROSPERI, P.; GALLI, G.; CELLI, V.: Lateral discoid meniscus: treatment and results. Arthroscopy 8:526–530 (1992)

[366] PETERSEN, W.; TILLMANN, B.: Kollagenfasertextur der Menisken des Kniegelenks. Ann Anat 176:254–255 (1994)

[367] PETERSEN, W.; TILLMANN, B.: Collagenous fibril texture of the human knee joint menisci. Anat Embryol 197:317–324 (1998)

[368] PETERSEN, W.; TILLMANN, B.: Funktionelle Anatomie der Menisken des Kniegelenks Kollagenfasertextur und Biomechanik. Arthrokopie 11:133–135 (1998)

[369] PETERSEN, W.; TILLMANN, B.: Struktur und Blutgefäßversorgung der Kniegelenkmenisken. Z Orthop 137:31–37 (1999)

[370] PETERSEN, W.; ZANTOP, T.: Avulsionsverletzung des Außenmeniskushinterhorns. Arthroskopische Refixationstechnik. Unfallchirurg 109:984–987 (2006)

[371] PETERSEN, W.: Radiärrisse des Außenmeniskus. Kombination horizontaler Nähte im Bereich der Basis mit einer sparsamen Teilresektion der inneren Zirkumferenz. Arthroskopie 24:68–70 (2011)

[372] PFAB, B.: Experimentelle Studien zur Pathologie der Binnenverletzungen des Kniegelenkes. Dtsch Z Chir 205:265 (1927)

[373] PIERI, G.: Sarcome du ménisque interne du genou. Presse med I:348 (1933)

[374] PINAR, H.; AKSEKI, D.; BOZKURT, M.; KARAOĞLAN, O.: Dislocating anterior horn of the medial meniscus. Arthroscopy 14:246–249 (1998)

[375] PITMAN, M.I.; NAINZADEH, N.; MENCHE, D.; GASALBERTI, R.; SONG, E.K.: The intraoperative evaluation of the neurosensory function of the anterior cruciate ligament in humans using somatosensory evoked potentials. Arthroscopy 8:442–447 (1992)

[376] PLOETZ, E.: Funktioneller Bau und funktionelle Anpassung der Gleitsehnen. Z Orthop 67:212–234 (1939)

[377] POLLY, D.W.; CALLACHAN, J.J.; SIKEL, R.A.; MC CABE, J.M.; MC MAHON, K.; SAVORY, C.G.: The accuracy of selective magnetic resonance imaging compared with the findings of arthroscopy of the knee. J Bone Joint Surg Am 70:192–198 (1988)

[378] POYNTON, A.R.; JAVADPOUR, S.M.; FINEGAN, P.J.; O'BRIEN, M.: The meniscofemoral ligaments of the knee. J Bone Joint Surg Br 79:327–330 (1997)

[379] PRESSEL, G.: Die Bedeutung der beruflichen Exposition für die Ätiologie des chronischen Meniskusschadens. Habilitationsschrift Frankfurt/M. (1980)

[380] PRESSEL, G.: Die BK 2102 „Meniskusschaden" nach der Neuregelung – Hinweise für die Begutachtung. Arbeitsmed Sozialmed Präventivmed 23:308 (1988)

[381] PRIMAVESI, C.; KRÖPFL, A.; OBERTHALER, G.; TROST, A.; HERTZ, H.; DORINGER, E.: Meniskusruptur – Stellenwert der Kernspintomographie. Acta Chir Austriaca 28:89 (1996)

[382] PROBST, J.: Begutachtung von Sehnenschäden. Schriftenreihe Unfallmedizinische Tagungen der Landesverbände der gewerbl. Berufsgenossenschaften. Herausgegeben vom Hauptverband der gewerbl. Berufsgenossenschaften e.V. Bonn, Heft 23:205–212 (1974)

[383] PROBST, J.; HOFMANN, G.: Die Begutachtung des Meniskusschadens aus chirurgischer Sicht. Schriftenreihe des Hauptverbandes der gewerblichen Berufsgenossenschaften e.V., St. Augustin. Unfallmedizinische Tagungen (1985)

[384] PUDDU, G.; FERRETTI, A.; MARIANI, P.; LA SPESA, F.: Meniscal tears and associated anterior cruciate ligament tears in athletes: course of treatment. Am J Sports Med 12:196–198 (1984)

[385] PUIG, L.; MONLLAU, J.C.; CORRALES, M.; PELFORT, X.; MELENDO, E.; CÁCERES, E.: Factors affecting meniscal extrusion: correlation with MRI, clinical, and arthroscopic findings. Knee Surg Sports Traumatol Arthrosc 14:394–398 (2006)

[386] RADOIEVITCH, F.: Les ligaments des menisques interarticulares du genou. Ann Anat Pathol 8:400–408 (1931)

[387] RAMNATH, R.R.; MAGEE, T.; WASUDEV, N. et al.: Accuracy of 3-T MRI using fast spin-echo technique to detect meniscal tears of the knee. AJR 187:221–225 (2006)

[388] RANGGER, C.; DANIEL, D.M.; STONE, M.L.; KAUFMAN, K.: Diagnosis of an ACL disrupturion with KT-1000 arthrometer measurements. Knee Surg Sports Traumatol Arthrosc 1:60–66 (1993)

[389] RANGGER, C.; KLESTIL, T.; KATHREIN, A.; JUDMAIR, W.; HAMID, L.: Einfluss des MRI auf die Planung einer Arthroskopie zur Behebung eines Meniskusschadens. Acta Chir Austriaca 28:88–89 (1996)

[390] RASZEJA, F.: Die degenerativen Veränderungen der Kniegelenksmenisken und ihre klinische Bedeutung. Bruns Beitr Klin Chir 167:388 (1938)

[391] RATHKE, F.W.: Anleitung für den orthopädischen Stationsarzt. G Thieme Verlag Stuttgart: 60 (1963)

[392] RAUSTOL, O.A.; POELSTRA, K.A.; CHHABRA, A.; DIDUCH, D.R.: The meniscal ossicle revisited: etiology and an arthroscopic technique for treatment. Arthroscopy 22:687.e1–687.e3 (2006)

[393] RAVELLI, A.: Zum Röntgenbild des proximalen Schienbeindrittels. Fortschr Röntgenstr 82:48–52 (1955)

[394] REGENSBURGER, K.: Die Meniskusschäden im Kniegelenk unter besonderer Berücksichtigung der Meniskusschäden der Bergleute. Arch Orthop Unfall-Chir 34: 116 (1933)

[395] REEDER, J.D.; MATZ, S.O.; BECKER, L.: MR imaging of the knee in the sagittal projection: comparison of three-dimensional gradient-echo and spin-echo sequences. AJR 153:537–540 (1989)

[396] REFIOR, H.J.; FISCHER, H.: Vergleichende mikrostrukturelle Untersuchungen zur Degeneration der Kniegelenksmenisken. Z Orthop 112:128 (1974)

[397] REGAUER, M.P.; VENJAKOB, A.J.; STIESS, J.; BANKE, I.J.; LORENZ, S.G.F.; IMHOFF, A.B.: Eine folgenschwere Meniskusverletzung. Arthroskopie 24:62–67 (2011)

[398] REICHER, M.A.; HARTZMAN, S.; DUCKWILER, G.R. et al.: Meniscal injuries: Detection using MR imaging. Radiology 159:753–757 (1986)

[399] RESNICK, D.; GOERGEN, T.G.; KAY, J.J.; GHELMAN, B.; WOODY, P.R.: Discoid medial meniscus. Radiology 121:575–576 (1976)

[400] RESNICK, D.: Diagnosis of bone and joint disorders 4. Ed., W.B. Saunders Company, Philadelphia (2002)

[401] RESNICK, D.; KANG, H.S.; PRETTER-KLIEBER, M.L.: Internal derangements of joints. Saunders-Elsevier Philadelphia (2007)

[402] RICHMOND, J.C.; SARNO, R.C.: Posttraumatic intracapsular bone fragments: Association with meniscal tears. AJR 150:159 (1988)

[403] RICKLIN, P.; RÜTTIMANN, A.; DEL BUONO, M.S.: Die Meniskusläsion (2. Auflage). Diagnostik, Differentialdiagnostik und Therapie. Georg Thieme Verlag Stuttgart New York (1980)

[404] RIEDE, U.-N.; SCHAEFER, H.-E.: Allgemeine und spezielle Pathologie (3. Aufl.) Thieme Verlag, Stuttgart-New York, S. 308, 335 (1993)

[405] RIEDL, S.; TAUSCHER, A.; KÜHNER, C.; GÖHRING, U.; SOHN, C.; MEEDER, P.J.: Die dreidimensionale Sonographie in der Diagnostik von Meniscusläsionen. Chirurg 68:1150–1155 (1997)

[406] RINONAPOLI, E.: Le lesiioni del menisco nelle fratture del piatto tibiale. Arch Putte 16:319–334 (1962)

[407] ROBERT, F.: Untersuchungen über die Anatomie und Mechanik des Kniegelenkes. Rickersche Buchhandlung, Giessen (1855)

[408] ROCKBORN, P.; GILLQUIST, J.: Results of open meniscus repair. Long term follow up study with a matched uninjured control. J Bone Joint Surg 82 B:494–498 (2000)

[409] ROOS, H.; ADALBERTH, T.; DAHLBERG, L.; LOHMANDER, L.S.: Osteoarthritis of the knee after injury to the anterior cruciate ligament or meniscus: the influence of time and age. Osteoarthritis Cartilage 3:261–267 (1995)

[410] ROSEN, I.E.: UNUSUAL intrameniscal lunulae. Three case reports. J Bone Joint Surg Am 40:925 (1958)

[411] ROSTOCK, P.; RUNGE; H.: Zusammenhang zwischen Meniskusschädigung und Beruf und Sport. Arch Orthop Unfallchir 38:460–485 (1937)

[412] ROTHASCHER, H.: Ergebnisse nach vollständiger Meniskusentfernung. Langenbecks Arch Klin Chir 294:118–134 (1960)

[413] ROUGHLEY, P.J.; MC NICOL, D.; SANTER, V. et al.: The presence of a cartilage-like proteoglycan in the adult human meniscus. Biochem J 197:77–83 (1981)

[414] RUF, P.: Contribution on the treatment of fractures of the head of the tibia. Monatsschr Unfallheilkd Versicher Versorg Verkehrsmed 69:74–79 (1966)

[415] RUNKEL, M.; KREITNER; K.F.; REGENTROP, H.J.; KERSJES, W.: Treffsicherheit der Magnetresonanztomographie. Unfallchirurg 103:1079–1085 (2000)

[416] RUPP, S.; SEIL, R.; KOHN, D.: Meniscus lesions. Orthopäde 31:812–828 (2002)

[417] RYZEWICZ, M.; PETERSON, B.; SIPARSKY, P.N.; BARTZ, R.L.: The diagnosis of meniscus tears: the role of MRI and clinical examination. Clin Orthop Relat Res 455:123–133 (2007)

[418] SANTI, M.D.; RICHARDSON, A.B.: Bilaterally painful anomalous insertion of the medial meniscus in a volleyball player with marfanoid features. Arthroscopy 9:217–219 (1993)

[419] SAYGI, B.; YILDIRIM, Y.; SENTURK, S.; RAMADAN, S.S.; GUNDES, H.: Accessory lateral discoid meniscus. Knee Surg Sports Traumatol Arthrosc 14:1278–1280 (2006)

[420] SCHAER, H.: Der Meniskusschaden als klinisches, anatomisch-pathologisches und unfallmedizinisches Problem. Thieme, Leipzig (1938)

[421] SCHARECK, W.; OTTO, H.: Zur Latenzbeurteilung sekundär degenerativer Meniskusveränderungen nach Trauma. Pathologe 3:305–309 (1982)

[422] SCHLEPCKOW, P.; JACOB, B.: Kinematik und Dynamik des Kniegelenkes nach Meniskektomie. Arthroskopie 2:157–160 (1989)

[423] SCHNACK, G.: Vorzeitiger Kniegelenkverschleiß durch die europäische Arbeitshocke. Orthop Prax 34:690–695 (1998)

[424] SCHNARKOWSKI, P.; TIRMAN, P.F.; FUCHIGAMI, K.D.; CRUES, J.V.; BUTLER, M.G.; GENANT, H.K.: Meniscal ossicle: radiographic and MR imaging findings. Radiology 196:47–50 (1995)

[425] SCHNEIDER, J.: Meniskusregenerate. Z Unfallmed Berufskr 62:113–129 (1969)

[426] SCHÖNBERGER; A.; MEHRTENS, G.; VALENTIN, H.: Arbeitsunfall und Berufskrankheit, 8th ed., Schmidt Berlin (2010)

[427] SCHOLBACH, M.: Der Scheibenmeniskus – ein Beitrag zu seiner Entstehung. Beitr Orthop 15:567–571 (1968)

[428] SCHRÖTER, F.: Beratungsärztliche Beobachtungen zum „unklaren Knieschaden" mit der Erstdiagnose „Meniskusverletzung". In: HIERHOLZER, G.; LUDOLPH, E.; HAMACHER, E. (Hrsg): Gutachtenkolloquium 3. Springer Verlag, Berlin Heidelberg New York London Paris Tokyo (1988)

[429] SCHRÖTER, F.: Gutachtliche Aspekte von Knorpel- und Meniskusschäden. Vortrag Bochum 8.-9. Oktober (2010)

[430] SCHÜRMANN, J.: Die Begutachtung des Meniskusschadens aus versicherungsrechtlicher Sicht. Schriftenreihe des Hauptverbandes der gewerblichen Berufsgenossenschaften e.V., St. Augustin. Unfallmedizinische Tagungen, Heft 56 (1985)

[431] SCHÜRMANN, J.: Spezielle versicherungsrechtliche Probleme bei der BK Nr. 2102. Gutachtenkolloquium 4 in: HIERHOLZER, G. et al. (Hrsg), Springer-Verlag Berlin Heidelberg:155–159 (1989)

[432] SCHULAK, D.J.; GUNN, D.R.: Fractures of the tibial plateaus: a review of the literature. Clin Orthop 109:166–177 (1975)

[433] SCHULTZ, R.A.; MILLER, D.C.; KERR, C.S.; MICHELI, L.: Mechanoreceptors in human cruciate ligaments. A histological study. J Bone Joint Surg Am 66:1072–1076 (1984)

[434] SCHWINGER, O.: Befunde bei Rearthrotomie des Kniegelenkes und Teilresektion des Meniskus. Klin Med 216:232–234 (1966)

[435] SCHWIETZER C.H.: Studies on hemosiderin, Acta Haematol. 10, 174–179 (1953)

[436] SCUDERI, G.J.; GOLISH, S.R.; COOK, F.F.; CUELLAR, J.M.; BOWSER, R.P.; HANNA, L.S.: Identification of a novel fibronectin-aggrecan complex in the synovial fluid of knees with painful meniscal injury. J Bone Joint Surg Am 93:336–340 (2011)

[437] SEIDLEIN, H.; LORENZ, G.: Rissreparation im degenerierten Meniskusgewebe. Beitr Orthop Traumatol 35:16–21 (1988)

[438] SEITZ, H.; PAJENDA, G.; MOUSAVI, M.: Die Therapie instabilitätsbedingter Meniskusverletzungen des Kniegelenks. Acta Chir Austriaca 28:103–104 (1996)

[439] SEITZ, H.; MARLOVITS, S.; KOLONJA, A.; CHICKAKLI, N.; VÉCSEI, V.: Meniskusläsionen nach konservativer Therapie vorderer Kreuzbandrupturen. Arthroskopoie 11:82–85 (1998)

[440] SEITZ, A.; KASISARI, R.; CLAES, L.; IGNATIUS, A.; DÜRSELEN, L.: Forces acting on the anterior meniscotibial ligaments. Knee Surg Sports Traumatol Arthrosc 20:1488–1495 (2012)

[441] SELBY, B.; RICHARDSON, M.L.; NELSON, B.D.; GRANEY, D.O.; MACK, L.A.: Sonography in the detection of meniscal injuries of the knee: evaluation in cadavers. AJR Am J Roentgenol 149:549–553 (1987)

[442] SHAFI, M.; KIM, Y.Y.; LEE, H.K.; KIM, J.C.; HAN, C.W.: Meniscal hematoma of the knee joint: a case report. Knee Surg Sports Traumatol Arthrosc 14:50.54 (2006)

[443] SHAKESPEARE, D.R.; RIGBY, H.S.: The bucket-handle tear of the meniscus. A clinical and arthrographic study. J Bone Joint Surg Br 65:383–387 (1983)

[444] SHARIFAH, M.I.A.; LEE, C.L.; SURAYA, A.; JOHAN, A.; SYED, A.F.S.K.; TAN, S.P.: Accuracy of MRI in the diagnosis of meniscal tears in patients with chronic ACL tears. Knee Surg Sports Traumatol Arthrosc 23:826–830 (2015)

[445] SHELBOURNE, K.D.; HEINRICH, J.: The long-term evaluation of lateral meniscus tears left in situ at the time of anterior cruciate ligament reconstruction. Arthroscopy 20:346–351 (2004)
[446] SHETTY, R.; RUDGE, B.; DUTTA, A.; GUPTA, R.; MOSTOFI, S.B.; SINHA, S.: MRI Versus arthroscopy in evaluating meniscal pathology. 11th ESSKA 2000 Congress 4th Wold Congress on Sports Trauma 5.-8. May Athen Greece (2004)
[447] SHIM, S.S.; LEUNG, G.: Blood supply of the knee joint. A microangiographic study in children and adults. Clin Orthop 208:119 (1986)
[448] SHIOZAKI, Y.; HORIBE, S.; NAKAMURA, N.; TORITSUKA, Y.; SHINO, K.: Prediction of reparability of isolated semilunar lateral meniscus tears by magnetic resonance imaging. Knee Surg Sports Traumatol Arthrosc 10:213–217 (2002)
[449] SHIRAKURA, K.; KOBUNA, Y.; KIZUKI, S.; TERAUCHI, M.; FUKASAWA,: Untreated acute anterior cruciate ligament tears of the knee: progression and the influence of associated injuries. Knee Surg Sports Traumatol Arthrosc 3:62–67 (1995)
[450] SHOEMAKER, S.C.; MARKOLF, K.L.: The role of the meniscus in the anterior-posterior stability of the loaded anterior cruciate-deficient knee. Effects of partial versus total excision. J Bone Joint Surg Am 68:71–79 (1986)
[451] SHYBUT, T.B.; VEGA, C.E.; HADDAD, J.; ALEXANDER, J.W.; GOLD, J.E.; NOBLE, P.C.; LOWE, W.R.: Effect of lateral meniscal root tear on the stability of the anterior cruciate ligament-deficient knee. Am J Sports Med 43:905–911 (2015)
[452] SILVA, I. Jr.; SILVER, D.M.: Tears of the meniscus as revealed by magnetic resonance imaging. J Bone Joint Surg Am 70:199–202 (1988)
[453] SIMONIAN, P.T.; SUSSMANN, P.S.; WICKIEWICZ, T.L. et al.: Popliteomeniscal fasciculi and the unstable lateral meniscus: clinical correlation and magnetic resonance diagnosis. Arthroscopy 13:590–596 (1997)
[454] SIMONIAN, P.T.; SUSSMANN, P.S.; VAN TROMMEL, M.; WICKIEWICZ, T.L., WARREN, R.F.: Popliteomeniscal fasciculi and lateral meniscal stability. Am J Sports Med 25:849–853 (1997)
[455] SLANY, A.: Autoptische Reihenuntersuchungen an Kniegelenken mit besonderer Berücksichtigung der Meniskuspathologie. Arch Orthop Unfallchir 41:246 (1942)
[456] SLAUTERBECK, J.R.; KOUSA, P.; CLIFTON, B.C.; NAUD, S.; TOURVILLE, T.W.; JOHNSON, R.J.; BEYNNON, B.D.: Geographic mapping of meniscus and cartilage lesions associated with anterior cruciate ligament injuries. J Bone Joint Surg Am 91:2094–2103 (2009)
[457] SMILLIE, I.S.: Observations on the regeneration of the semilunar cartilages in man. British J of Surgery 31:298 (1944)
[458] SMILLIE, I.W.: Injuries of the knee joint. 4th ed. Edinburgh, etc: Livingstone (1970)
[459] SMILLIE, I.S.: Injuries of the knee joint. 5. Aufl. New York: Churchill Livingstone, Edinburgh (1978)
[460] SMITH III, J.P.; BARRETT, G.R.: Medial and lateral meniscal tear patterns in anterior cruciate ligament-deficient knees. A prospective analysis of 575 tears. Am J Sports Med 29:415–419 (2001)
[461] SOAMES, R.W.: Skeletal system. In: WILLIAMS P.L.; ed. Gray's anatomy, 38th ed. Churchill Livingstone New York (1995)
[462] SOMER, L.; SOMER, T.: Is the meniscus of the knee joints a fibrocartilage? Acta Anat 116:234–244 (1992)
[463] SOMMERLATH, K.: The importance of the meniscus in unstable knees. A comparative study. Am J Sports Med 17:773–777 (1989)
[464] SONNERY-COTTET, B.; CONTEDUCA, J.; THAUNAT, M.; GUNEPIN, F.X.; SEIL, R.: Hidden lesions of the posterior horn of the medial meniscus: a systematic arthroscopic exploration of the concealed portion of the knee. Am J Sports Med 42:921–926 (2014)

[465] SPOHR, H.: Schadensanlage und Vorschaden aus der Sicht der Verwaltung. In : Gutachtenkolloquium 3. Hrsg.: Hierholzer, G., LUDOLPH, E.; HAMACHER, E. Springer-Verlag Berlin Heidelberg New York, London, Paris, Tokyp (1988)

[466] SPRINGER, H.H.; WIRTH, C.J.: Der Einfluss der Entfernung des belassenen Hinterhornes auf Restbeschwerden nach medialer Meniskektomie. Orthop Prax 11:917–919 (1984)

[467] SPRINGORUM, P.W.: Der Einfluss der Arbeitsweise auf Meniskusschäden bei Bergleuten. Mschr Unfallheilk 72:478 (1969)

[468] STÄRKE, C.: Form und Funktion von Menisken. Arthroskopie 21:223–228 (2008)

[469] STÄUBLI, H.U.; JAKOB, R.P.; NOESBERGER, B.: Die posterolaterale Knierotationsinstabilität. Experimentelle Grundlagen zur Diagnostik und Therapie. Helv Chir Acta 48:693–696 (1981)

[470] STOLLER, D.W.; MARTIN, C.; CRUES, J.V. et al.: Meniscal tears: pathologic correlation with MR imaging. Radiology 163:731–735 (1987)

[471] STONE, K.R.; STOLLER, D.; DE CARLI, A.: The frequency of Baker's cyst associated with meniscal tears. Am J Sport Med 24:670–671 (1996)

[472] STONE, K.R.; FREYER, A.; TUREK, T.; WALGENBACH, A.W.; WADHWA, S.; CRUES, J.: Meniscal sizing based on gender, height, and weight. Arthroscopy 23:503–508 (2007)

[473] STRELI, R.: Spätergebnisse nach partieller Meniskusresektion bei 82 Fällen. Chirurg 26:97 (1955)

[474] STUMPFEGGER, I.: Meniskusveränderungen nach Schienbeinkopfbrüchen. Chir Kongr Berlin 1937. Ref Zentr Org Ges Chir 83:238 (1937)

[475] SUGANUMA, J.; MOCHIZUKI, R.; INOUE, Y.; YAMABE, E.; UEDA, Y.; KANAUCHI, T.: Magnetic resonance imaging and arthroscopic findings of the popliteomeniscal fascicles with and without recurrent subluxation of the lateral meniscus. Arthroscopy 28:507–516 (2012)

[476] SUSSMANN, P.S.; SIMONIAN, P.T.; WICKIEWICZ, T.L.; WARREN, R.F.: Development of the popliteomeniscal fsciculi in the fetal human knee joint. Arthroscopy 17:14–18 (2001)

[477] SUZUKI, S.; MITA, F.; OGISHIMA, H.: Double-layered lateral meniscus: a newly found anomaly. Arthroscopy 7:267–271 (1991)

[478] SWANSON, M.S.; PRESCOTT, J.W.; BEST, T.M.; POWELL, K.; JACKSON, R.D.; HAQ, F.; GURCAN, M.N.: Semi-automated segmentation to assess the lateral meniscus in normal and osteoarthritic knees. Osteoarthritis Cartilage 18:344–353 (2010)

[479] SYMEONIDES, P.P.; IOANNIDES, G.: Ossicles in the knee menisci. Report of three cases.J Bone Joint Surg Am 54:1288 (1972)

[480] TAKAGI, K.: Practical experiences using Takagis arthroscope. J Jap Orthop Ass 8:132 (1933)

[481] TAKAHASHI, M.; SUZUKI, M.; KUSHIDA, K.; HOSHINO, H.; INOUE, T.: The effect of aging and osteoarthritis on the mature and senescent cross-links of collagen in human meniscus. Arthroscopy 14:366–372 (1998)

[482] TAKEDA, Y.; IKATA, T.; KASHIWAGUCHI, S.; UMEHARA, T.: The accuracy and error patterns in the diagnosis of meniscal tears in children with MR imaging. Arthroskopie 15/1 Suppl I, AGA-Abstracts (1999)

[483] TANDOGAN, R.N.; TAŞER, Ö.; KAYAALP, A.; TAŞKIRAN, E.; PINAR; H.; ALPARSLAN, B.; ALTURFAN, A.: Analysis of meniscal and chondral lesions accompanying anterior cruciate ligament tears: relationship with age, time from injury, and level of sport. Knee Surg Sports Traumatol Arthrosc 12:262–270 (2004)

[484] THAMBYAH, A.; NATHER, A.; GOH, J.: Mechanical properties of articular cartilage covered by the meniscus. Osteoarthritis Cartilage 14:580–588 (2006)

[485] TIBESKU, C.O.; Mastrokalos; D.S.; JAGODZINSKI, M.; PÄSSLER, H.H.: Kernspintomographische Untersuchung der Meniskusbeweglichkeit und –deformation in vivo unter Gewichtsbelastung. Sportverl Sportschad 18:68–75 (2004)

[486] TILLMANN, B.; SCHÜNKE, M.: Stuktur und Funktion extrazellulärer Matrix. Anat Anz Suppl 168:23–26 (1991)

[487] TOBLER, T.: Makroskopische und histologische Befunde am Kniegelenksmeniskus in verschiedenen Lebensaltern. Schweiz Med Wochenschr 10:1359–1366 (1929)

[488] TOBLER, T.: Zur normalen und pathologischen Histologie des Kniegelenkmeniscus. Arch Klin Chir 177:483–495 (1933)

[489] TOBLER, T.: Die Bedeutung der Regenerationserscheinungen am verletzten Kniegelenksmeniskus für die Beurteilung des Alters der Verletzung. Helv Med Acta 5:931 (1938)

[490] TRILLAT, A.: Lésions traumatiques du ménisque interne du genou. Rev Chir Orthop 48: 551–560 (1962)

[491] TUITE, M.J.; DE SMET, A.A.; SWAN, J.S. et al.: MR imaging of a meniscal ossicle. Skeletal Radiol 24:543 (1995)

[492] UYSAL, M.; AKPINAR„ S.; BOLAT, F.; CEKIN, N.; CMAR, M.; CESU, N.: Apoptosis in the traumatic and degenerative tears of human meniscus. Knee Surg Sports Traumatol Arthrosc 16:666–669 (2008)

[493] VAN DYCK, P.; GIELEN, J.; D'ANVERS, J.; VANHOENACKER, F.; DOSSCHE, L.; VAN GESTEL, J.; PARIZEL, P.M.: MR diagnosis of meniscal tears of the knee: analysis of error patterns. Arch Orthop Trauma Surg 127:849–854 (2007)

[494] VANGSNESS, C.T. Jr.; GHADERI, B.; HOHL, M.; MOORE, T.M.: Arthroscopy of meniscal injuries with tibial plateau fractures. J Bone Joint Surg 76-B:488–490 (1994)

[495] VAN WANSEELE, B.; ECKSTEIN, F.; SMITH, R.M.; LANGE, A.K.; FOROUGHI, N.; BAKER, M.K.; SHNIER, R.; SING, M.A.: The relationship between knee adduction moment and cartilage and meniscus morphology in women with osteoarthritis. Osteoarthritis Cartilage 18:894–901 (2010)

[496] VASTERS, T.: Überlegungen zur Pathogenese der Meniskopathie. Orthop Praxis 41:387–389 (2005)

[497] VIVES, M.J.; HOMESLEY, D.; CICCOTTI, M.G.; SCHWEITZER, M.E.: Evaluation of recurring meniscal tears with gadolinium-enhanced magnetic resonance imaging: a randomized, prospective study. Am J Sports Med 31:868–873 (2003)

[498] VOIGT, H.; LEMKE, A.K.; MENTLEIN, R.; SCHÜNKE, M.; KURZ, B.: Tumor necrosis factor alphadependent aggrecan cleavage and release of glycosaminoglycans in the meniscus is mediated by nitrous oxide-independent aggrecanase activity in vitro. Arthritis Res Ther 11: 141 (2009)

[499] VON BRUNN, M.: Über ein Fibrom des äußeren Meniskus des Kniegelenkes. Brun's Beitr Klin Chir 52:610 (1907)

[500] VON ENGELHARDT, L.V.; TOKMAKIDIS, E.; LAHNER, M.; DÀVID, A.; HAAGE, P.; BOUILLON, B.; LICHTINGER, T.K.: Hoffa's fat pad impingement treated arthroscopically: related findings on preoperative MRI in a case series of 62 patients. Arch Orthop Trauma Surg 130:1041–1051 (2010)

[501] WAGNER, H.J.: Die Kollagenfaserarchitektur der Menisken des menschlichen Kniegelenkes. Mit besonderer Beachtung des medialen Meniskus und seiner Verbindung mit dem medialen Bandapparat. Z Mikrosk Anat Forsch 90:302–324 (1976)

[502] WAGNER, W.: Meniskusverkalkungen. Zbl Chir 59:1197 (1932)

[503] WAHLER, G.; DANN, K.; KNOTZER, M.; WAGNER, M.: Die Diagnostik von Meniskusvereltzungen. MRI oder ASK? Sport Orthop Traumatol 16/2: 102 (2000)

[504] WALTHER, D.: Pathologisch-anatomische Grundlagen für die Begutachtung von Schäden an den Menisci und Sehnen. Unfallmed. Tag. d. Landesverb. d. gewerbl. BG 23:183–190 (1974)

[505] WANG, C.J.; WALKER, P.S.: Rotatory laxity of the human knee joint. J Bone Joint Surg 56:161–170 (1974)

[506] WATANABE, M.: Atlas of arthroscopy. Ed 3. Tokyo: Igaku Shoin. Springer Berlin, Heidelberg, New York (1979) Springer, Berlin, Heidelberg, New York (1979)
[507] WATSON, J.; JONES, J.R.: Specimen of internal semilunar cartilage as a complete disc. Proc Roy Soc Med 23:1588–1589 (1930)
[508] WATSON, J.N.; WILSON, K.J.; LA PRADE, C.; KENNEDY, N.I.; CAMPBELL, K.J.; HUTCHINSON, M.R.; WIJDICKS, C.A.; LA PRADE, R.F.: Iatrogenic injury of the anterior meniscal root attachments following anterior cruciate ligament reconstruction tunnel reaming. Knee Surg Sports Traumatol Arthrosc 23:2360–2366 (2015)
[509] WEAVER, J.B.: Calcification and ossification of the menisci. J BoneJoint Surg 24:873 (1942)
[510] WEBER, M.: Die Beurteilung des Unfallzusammenhangs von Meniskusschäden. Orthopäde 23:171–178 (1994)
[511] WEINSTABL, R.; MÜLLNER; T.; VECSEI, V.; KAINBERGER, M.; KRAMER, M.: Arthroskopie versus MRT in der Diagnose der Meniskusverletzung. Acta Chir Austriaca 28:90–92 (1996)
[512] WEINSTABL, R.; MUELLNER, T.; VECSEI, V.; KAINBERGER, M.; KRAMER, M.: Economic considerations for the diagnosis and therapy of meniscal lesions: can magnetic resonance imaging help reduce the expense? World J Surg 21:363–368 (1997)
[513] WEITBRECHT, J.: Syndesmologia sive historia ligamentorum corporis humaini quan secundum observations anatomicas conncinavit con figuris ad objecta recentid adumnratis illustravit. Petropoli (1742)
[514] WEST, R.V.; KIM, J.G.; HARNER, C.D.: Lateral meniscal root tears associated with ACL injury classification and management. Arthrocopy 20:e32-e33 (2004)
[515] WICHTL, O.: Tuberculum intercondylicum quartum tibiae. Röntgenpraxis 13:397–399 (1941)
[516] WILLIAMS, A.M.; MYERS, P.T.; WATTS, M.C.; HEWITT, B.J.; OWEN, J.E.; MC MENIMAN, P.J.: The meniscal flounce: A valuable arthroscopic sign. The Knee 13:337–341 (2006)
[517] WILSON, A.S.; LEGG, P.G.; MC NEUR, J.C.: Studies on the innervation of the medial meniscus in the human knee joint. Anat Res 165:485–492 (1969)
[518] WINSLOW, J.B.: Exposition anatomique de la structure du corps humain. Amsterdam (1743)
[519] WITTGENS, H.; PRESSEL, G.: Die Meniskuserkrankung unter dem Gesichtspunkt neuer rechtlicher und medizinischer Erkenntnisse – Arbeitsmedizinische Gesichtspunkte. Schriftenreihe Unfallmed Tagungen der Landesverbände der gewerblichen Berufsgenossenschaften 62:99–107 (1987)
[520] WITTMOSER, R.: Zur Histologie des Kniegelenkmeniskus im ersten und zweiten Lebensjahrzehnt. Arch Orthop Unfallchir 39:96 (1939)
[521] WOLF, F.: Meniskusschäden. Folia traumatica, Ciba Geigy, Basel (1971)
[522] WOLLENBERG, G.A.: Zur Differentialdiagnose der Meniskusverletzungen und Gelenkmäuse. Z Orthop 55:402 (1931)
[523] WRIGHT, R.W.; BOYER, D.X.: Significance of the arthroscopic meniscal flounce sign: a prospective study. Am J Sports Med 35:242–244 (2007)
[524] YANIV, M.; BLUMBERG, N.: The discoid meniscus. J Child Orthop 1:89–96 (2007)
[525] YIAN, E.H.; GALLO, L.; HUGHES, R.E.; KUHN, J.E.: The relationship between Parson's tubercle and the insertion of the anterior horn of the medial meniscus. Arthroscopy 17:737–740 (2001)
[526] YILGOR, C.; ATAY, O.A.; ERGEN, B.; DORAL, M.N.: Comparison of magnetic resonance imaging findings with arthroscopic findings in discoid meniscus. Knee Surg Sports Traumatol Arthrosc 22:268–273 (2014)
[527] YOO, J.H.; YANG, B.K.; SON, B.K.: Meniscal ossicle: A case report. The Knee 14:493–496 (2007)

[528] YOO, W.J.; CHOI, I.H.; CHUNGN, C.Y.; LEE, M.C.; CHO, T.J.; PARK, M.S.; LEE, D.Y.: Discoid lateral meniscus in children: limited knee extension and meniscal instability in the posterior segment. J Pediatr Orthop 28:544–548 (2008)

[529] YOO, W.J.; LEE, K.; MOON, H.J.; SHIN, C.H.; CHO, T.J.; CHOI, I.H.; CHEON, J.E.: Meniscal morphologic changes on magnetic resonance imaging are associated with symptomatic discoid lateral meniscal tear in children. Arthroscopy 28:330–336 (2012)

[530] YU, J.S.; RESNICK, D.: Meniscal ossicle: MR imaging appearance in these patients. Skeletal Radiol 23:637 (1994)

[531] ZANTOP, T.; PETERSEN, W.: Avulsionsverletzungen „Root tears". Arthroskopie 24:48–56 (2011)

[532] ZIPPEL, H.: Meniskusschäden und Meniskusverletzungen. Eine Untersuchung an 1360 Meniskusoperationen. Arch Orthop Unfallchirurgie 56:236–247 (1964)

[533] ZIPPEL, H.: Meniskusverletzungen und –schäden. Probleme der Biologie, Pathologie, Diagnose, Differentialdiagnose und Therapie sowie der Begutachtung der Zwischenknorpel des Kniegelenks. Johann Ambrosius Barth Leipzig (1973)

[534] ZIPPEL, H.: Entwicklungsgeschichte und Fehlbildungen der Menisken des menschlichen Kniegelenkes. Beitr Orthop Traumatol 21:747–754 (1974)

[535] ZIVANOVIC, S.: Menisco-meniscal ligaments of the human knee joint. Anat Anz 135S:35–42 (1974)

[536] ZOLLINGER, H.U.: Pathologische Anatomie Band I: Allgemeine Pathologie, 2. Aufl. Thieme Verlag Stuttgart (1969)

[537] ZÜLLIG, R.; KIESER, C.; GROSS, D.; RÜTTIMANN, A.: Resultate der Restmeniskektomie. Z Unfallmed Berufskr 71:222–237 (1978)

[538] ZUKOR, D.; BROOKS, P.; GROSS, A.; CAMERON, J.: Meniscal allografts exeperimental and clinical study. Orthop Rev. 17:522 (1989)

2 Diskus Handgelenk

Die Kenntnis von der Pathologie des Discus articularis reicht bis zum Jahre 1726 zurück. PETIT (in [65]) sah die Ursache posttraumatischer Schmerzen des Handgelenkes in einer Mitverletzung des Discus articularis [65]. Trotzdem besteht nach wie vor Unsicherheit und Unkenntnis über diese wichtige Struktur des proximalen Handgelenkes. Dies wird schon an ihrer unterschiedlichen Bezeichnung deutlich: Dreieckplatte, Discus articularis, Discus triangularis, Discus carpalis triangularis, Discus ulnocarpalis, Ligamentum triangularis, Meniskus sowie triangularfibrocartilage-complex (TFCC) [53, 107, 108, 120, 124, 153, 193, 219]. So ist nicht verwunderlich, dass nicht nur bei der Diagnose und Behandlung, sondern auch bei der Begutachtung von Diskusschäden Schwierigkeiten auftreten.

2.1 Nomenklatur und Anatomie

Der Discus articularis des Handgelenkes gehört zu einem komplex aufgebauten Bandsystem des distalen Radioulnargelenkes, das zusammen mit der Membrana interossea des Unterarms den Radius rotationsstabil an die Ulna und diese wiederum an den Karpus fixiert [165]. Der Diskus als Einzelstruktur spannt sich über der Gelenkfläche des Ellenköpfchens aus, er entspringt am distalen Rand des Radius, d. h. am distalen Ansatz der Incisura ulnaris radii, und zieht von da ulnarwärts an den Processus styloideus ulnae und weiter an das Os triquetrum, das Os hamatum bis an die Basis des Os metacarpale V. Funktionell kann er in zwei Schichten [144] mit verschiedenen Ansatzpunkten an der Elle eingeteilt werden. Sowohl palmar als auch dorsal sind Faserstrukturen ausgebildet, die das gesamte Ulnaköpfchen umgeben. Es besteht ein komplexes fibröses System, das neben dem Diskus das Ligamentum radioulnare volare und dorsale erkennen lässt (Abb. 2.1). Aufgrund dieser Verbindungsstruktur wird der Diskus des Handgelenkes als einziges den Radius und die Ulna distal stabilisierendes Band, das auch die Pronation und Supination zulässt, bezeichnet [136].

Der Diskus selbst besteht aus zwei Schichten, der oberflächlichen (distalen) und der tiefen (proximalen) Schicht. Entsprechend teilen sich beide Ligg. radioulnaria, ausgehend von der palmaren und dorsalen Kante der Sigmoid-Notch, in zwei Äste, die einmal an der Basis des Processus styloideus ulnae und zum anderen (tiefe Schicht) an der Fovea ulnae ansetzen. Zwischen beiden Schichten liegt gefäßreiches lockeres Bindegewebe, das Lig. subcruentum, das weder histologisch noch funktionell ein Band darstellt. Bei Betrachtung von der Gelenkfläche aus bilden die radioulnaren Bänder eine dreieckige Struktur (triangular ligament) unter Differenzierung der oberflächlichen und tiefen Schicht mit Einbezug der Fovea ulnae [91].

WATANABE [214] ordnet der Gelenkkapsel des DRUG einen ähnlichen Effekt wie den Ligg. radioulnaria zu. Die Gelenkkapsel kommt bei Pronation und Supination

DOI 10.1515/9783110493665-007

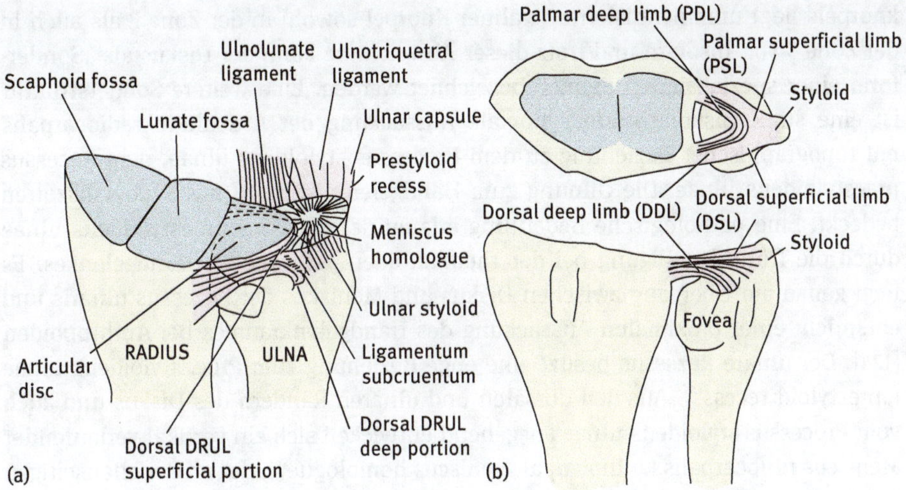

Abb. 2.1: (a) = Schematische Darstellung des Diskuskomplexes [100], (b) = Strukturaufbau der Diskusansatzstellen am Ellenkopf, nach [137].

über die 90° hinaus, ohne Gelenkkapsel wäre die Unterarmrotation um jeweils 10° erweitert [213]. Am Ellenkopf setzt der Diskus nicht nur am Bandapparat, sondern auch an der Fovea des Ellenkopfes an. Das palmare und dorsale Lig. radioulnare sind die Hauptstabilisatoren des distalen Radioulnargelenkes. So wie sich jedes adioulnare Band nach ulnar erstreckt, teilt es sich auch in zwei Äste, in einen tiefen Ast, der auf der Fovea der Ulna ansetzt, und in einen oberflächlichen Ast, der sich am Proc. styloideus ulnae anheftet. Der Diskus hat also am Ellenkopf vier Ansätze: den dorsalen tiefen Ast, dorsalen oberflächlichen Ast, palmaren tiefen Ast, palmaren oberflächlichen Ast.

Zum Diskuskomplex gehören weitere Strukturen. Somit setzt sich der Diskus aus fünf Elementen zusammen, die makroskopisch schwer bis nicht zu unterscheiden sind: 1. Discus articularis, 2. Ligg. radioulnaria, 3. Meniscus ulnocarpalis, 4. Lig. collaterale ulnare, 5. Sehnenscheide ECU. Wird die Sehnenscheide des Musculus extensor carpi ulnaris anatomisch und funktionell mit einbezogen, dann resultiert der ulnocarpale Komplex (TFCC). Das Ligamentum diskokarpale (ulnokarpale) kann hierbei nicht ausgeschlossen werden [174]. Die knöchernen Befestigungspunkte des Discus articularis können mit denen einer knöchernen Sehneninsertion verglichen werden. Es zeigen sich jedoch Besonderheiten, die den Ansatz des Discus articularis am Radius und in einigen Fällen auch am Processus styloideus von der typischen knöchernen Sehneninsertion abgrenzen. Die Insertion des Discus articularis am Processus styloideus ulnae entspricht dem von COOPER und MISOL [41] beschriebenen 4-Zonen-Aufbau, wogegen der Ansatz des Discus articularis am Radius in zwei Punkten von diesem System abweicht. Anstelle des unmineralisierten Faserknorpels liegt unmineralisierter hyaliner Knorpel sowohl in der Zone 2 als auch in der Zone 3 vor. Insofern und trotz dieser Abweichung kann der Diskus als „Sonderform einer spezialisierten Sehne“ bezeichnet werden. Eine weitere Sonderstruktur ist eine stark vaskularisierte synoviale Aussackung der Articulatio radiocarpalis mit topographischer Beziehung zu dem Processus styloideus ulnae, dem Recessus praestyloideus ulnae. Die Öffnung zum Handgelenk ist meist mit Synovialiszotten bedeckt. Eine pathologische Bedeutung erlangt der Recessus praestyloideus ulnae durch die frühe Beteiligung bei der rheumatoiden Arthritis des Handgelenkes. Es liegt genau am Übergang zwischen Diskus und Meniskus der Rezessus ulnaris und entspricht einer proximalen Aussackung des Handgelenkraumes bei Anthropoiden [124]. Der ulnare Rezessus besitzt eine enge Beziehung zum Proc. styloideus ulnae („prestyloid recess“). Aus den dorsalen und ulnaren Rändern des Diskus und auch vom Processus styloideus ulnae ausgehend entwickelt sich ein vertikal verlaufender Meniscus ulnocarpalis („ulnocarpal meniscus homologue“), der an der ellenseitigen Fläche des Dreieckbeines ansetzt. Die Fasern konvergieren nach distal und liegen teilweise den Fasern des Ligamentum collaterale ulnare an. Der Meniskus ist ellenseitig 15,1 mm lang, radialseitig 10,0 mm. Die Dicke beträgt etwa 2 mm, im Mittelteil besteht die Öffnung zum Recessus ulnaris [183]. Optisch erscheint der Meniskus wie eine bandartige Struktur (Abb. 2.2).

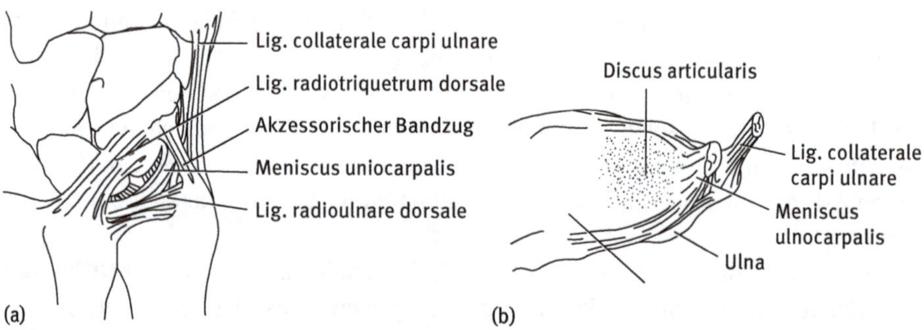

Abb. 2.2: Anatomie des Meniscus ulnocarpalis, (a) = von dorsal, (b) = von distal [175].

Der Handgelenksdiskus ist randständig blutversorgt, mit 10 % bis 40 % in der Peripherie. Die Gefäße, von der Kapsel ausgehend, dringen von palmar, dorsal und ulnar in den Diskus ein. Der innere horizontale Diskusteil am Radiusansatz ist ohne Blutgefäße [16]. Daraus resultiert, dass eine Heilung im Zentrum und am radialen Ansatz nicht möglich ist, lediglich randständig an der Gelenkkapsel ist eine Naht des Diskus Erfolg versprechend. Der Diskus erhält seine Blutversorgung von der A. ulnaris (R. carpeus palmaris et dorsalis) und der A. interossea posterior (dorsaler Ast und palmarer Ast). Histologische Untersuchungen zentraler Diskusanteile (Palmer Typ 1 A) ergeben lediglich in 43 % der Fälle Hinweise auf gefäßversorgtes Gewebe [204]. Der

Discus articularis wird innerviert durch Äste des n. interosseus posterior, n. ulnaris und n. cutaneus antebrachii posterior [72, 122]. Der radiale und zentrale Diskusteil ist nerval nicht versorgt. Aus der teilweise fehlenden Innervation lässt sich ableiten, dass bei radialen oder zentralen Diskusschäden (die häufigste Form) die ellenseitige Schmerzsymptomatik durch destabilisierte Diskusbegleitstrukturen entsteht [72]. Die knorpelig-ligamentäre Zügelung des Ulnakopf ist komplex und stabil, lässt aber eine freie Rotation im Unterarm zu. Die sich zwischen den beiden Faserplatten des Diskus lösenden Bänder (Lig. ulnolunatum und Lig. ulnotriquetrum) verlaufen schräg ansteigend zu den Ansatzpunkten am Lunatum und Triquetrum und stabilisieren den Komplex zusätzlich nach palmar [19, 173]. Die Ansätze der beiden Diskusfaserplatten beteiligen sich an der dynamischen Stabilität im distalen Radioulnargelenk (DRUG), besonders die foveale Diskontinuität führt zur stärkeren Instabilität [200] im DRUG als ein Abriss der Styloidinsertion. Ein Instabilitätsunterschied ist signifikant bei Supinatorenbelastung, sowohl in Pronation und in Supination, bei Pronatorenbelastung ist dieser Unterschied nur in Supination zu finden [84]. In Supination und in Neutralstellung ist der Diskus gleich dick, in Pronation wird er dünner [143], da auch in Pronation die Ellenlänge zunimmt und sich der Diskus zwischen seinen beiden Schichten verschieben kann [144].

Die Ausbildung der zwei Diskusplatten mit den unterschiedlichen Ansatzpunkten an der Elle stellt eine wesentliche Voraussetzung für die freie Rotation des Radius um die Elle dar [18]. Der intakte Diskus, der zwangsläufig allen Bewegungen des Radius um das Ellenköpfchen folgt, hat im distalen Radioulnargelenk eine zentrale Aufgabe zu erfüllen. Einmal ist er eine feste Bandverbindung am distalen Ende der Unterarmknochen und stabilisiert somit diese Verbindung, wobei jedoch davon ausgegangen werden kann, dass beim Belassen der radioulnaren Bänder auch die Entfernung des Diskus nicht die Stabilität am Handgelenk gefährdet. Andere Untersuchungen weisen aber darauf hin, dass dennoch eine Instabilität bei entferntem Diskus entsteht, weil die stabilisierende Wirkung des Diskus in dem sich fortwährend ändernden Spannungszustand der einzelnen Diskusanteile bei Pronations- und Supinationsbewegung fehlt.

Neben der Stabilisierung des distalen Radioulnargelenkes kommt es über den Diskus auch zur Druckübertragung bei der axialen Belastung. Wird der Diskus entfernt, so steigt der Druck im Radiokarpalgelenk von 81,6 % auf 93,8 %, wogegen der Druck im Ulnokarpalgelenk von 18,4 % auf 6,2 % abnimmt [155]. Sowohl diese Druckübertragung als auch die Stabilität im DRUG werden durch die Sehne des Extensor carpi ulnaris wesentlich mit beeinflusst [192]. Diese Funktionen unterliegen auch Einflüssen der so genannten Plus- und Minus-Varianten in der Länge der Unterarmknochen. Kommt der Diskus zwischen Handwurzelreihe und Elle unter Druck, so ist ein verschleißbedingter Aufbrauch die Folge. Des Weiteren führen Änderungen im Längenverhältnis Elle zu Speiche, z. B. nach der Radiusköpfchenresektion [165], zur Änderung der radioulnaren Differenz und damit zur Diskusdrucküberlastung. Durch die Arbeit von KIM [112] ist bekannt, dass Ulna-Plus-Varianten beim Föten nicht vorkommen. Die

Ulna-Null-Variante findet sich in 20 % Häufigkeit, die Ulna-Minus-Variante überwiegt mit 80 %. Werden diese Zahlen mit der Verteilung der Ulna-Varianten beim Erwachsenen verglichen, so zeigt sich, dass mit zunehmendem Alter die Ulna-Plus-Varianten von 0 % bei unter 20-Jährigen auf 64 % bei über 60-Jährigen ansteigen. Entsprechend kommt es auch zur Häufung der Diskusdefekte (Tab. 2.1), da der Druck zwischen Elle und Lunatum mit Zunahme der Ellenlänge ansteigt [196].

Tab. 2.1: Häufigkeit der Hultén-Varianten in Abhängigkeit vom Lebensalter.

Alter	Hultén –	Hultén 0	Hultén +
20–29	36 %	64 %	0 %
30–39	39 %	42 %	19 %
40–49	14 %	79 %	7 %
50–59	13 %	67 %	20 %
60–69	0 %	36 %	64 %

In einer aktuellen Arbeit [36] konnte diese Aussage nicht bestätigt werden. Liegen keine Krankheiten oder Verletzungen am Handgelenk vor, so soll das Altern die Ulnavariance nicht beeinflussen [94]. Es zeigt sich jedoch eine Zunahme arthrotischer Veränderungen bei sich proximal öffnendem Winkel der Sigmoidnotch (≙ Ulna-Plus-Variante), d. h., die Entstehung der Arthrose des DRUG kann morphologisch bedingt sein [94]. Beim jugendlichen Sportler (Gymnastik) nimmt die Zahl der Ulna-Minus-Varianten mit dem Alter und in Abhängigkeit von der sportlichen Belastung zusätzlich ab [8]. Die Ausbildung der zwei Diskusplatten mit den unterschiedlichen Ansatzpunkten an der Elle ist eine wesentliche Voraussetzung für die freie Rotation des Radius um die Elle [18]. Die Rotationsbewegung stellt keine reine Rotation dar, sondern eine Dreh-Gleit-Bewegung [173, 174]. Die Pronation führt zu einer Dorsalverschiebung des Ellenkopfes und damit zu einer Anspannung des Lig. radioulnare dorsale, umgekehrt verschiebt die Supination den Ellenkopf nach palmar mit Zugbelastung des Lig. radioulnare palmare [70, 100, 82, 83, 48]. Bei Supination ist das Lig. radioulnare dorsale zu etwa 71 % gespannt, in Pronation das Lig. radioulnare palmare zu 90 % [176]. Ausgehend von der max. Pronation kommt es zu einer relativen Verkürzung der Elle gegenüber der Speiche mit zunehmender Supination. Es entsteht auch eine Verlagerung des Ellenkopfes in der Incisura radii von dorsal nach palmar unter gleichzeitiger Rotation der Elle (Roll-Gleit-Bewegung). Somit ergibt sich eine Bewegung der Elle zum Radius bei Pronation – Supination in axialer Richtung, von dorsal nach palmar, und dies unter Rotation (Abb. 2.3).

Um eine vergleichbare und reproduzierbare Ulnavarianz (radioulnare Differenz) am Röntgenbild messen zu können, bedarf es einer standardisierten pa-Aufnahme in Neutralstellung bei Abduktion des Oberarmes im Schultergelenk um 90°, 90°-Beugung im Ellenbogen und damit Lagerung der Hand in Schulterhöhe. Bei korrekter

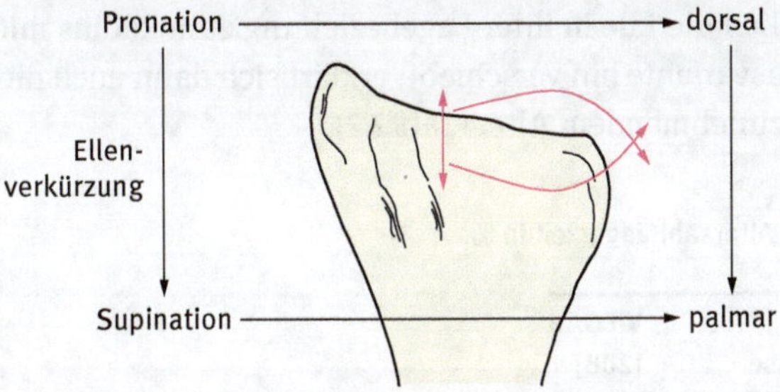

Abb. 2.3: Komplexbewegung der Elle bei Rotation.

Lagerung wird am Röntgenbild der Processus styloideus ulnae im Profil an der Außenseite des Ulnakopfes abgebildet.

Ausgehend von der Neutralstellung des Handgelenkes bzw. des distalen Radioulnargelenkes (Mittelstellung zwischen Pronation und Supination) tritt in Richtung Pronation eine relative Ellenverlängerung von 0,4 mm ein, in Richtung Supination kommt es zu einer relativen Ellenverkürzung von 0,2 mm; d. h., von der maximalen Pronation zur maximalen Supination wird eine Ellenverkürzung von 0,6 mm verzeichnet [228, 154]. EPNER [49] stellt eine Gesamtlängendifferenz von 1 mm fest. Statistisch gesehen ist die gesamte Längendifferenz der Elle sowie die Ulna-Plus-Zunahme von der Neutralstellung zur maximalen Pronation signifikant, dagegen die Zuname der Ulna-Minus-Varianz zur maximalen Supination nicht [228]. Es muss beachtet werden, dass statistisch die Ulnalänge rechts und links lediglich in 63 % übereinstimmt. Die Seitendifferenz beträgt bei 37 % 1 mm [39].

2.1.1 Diskusdefekte – Ulnavarianten

Die Struktur des Diskus hängt von der Ulna-Stellung ab, denn die drei Typen der Ulna-Variante „zeigen ein verschiedenes Verhalten im Aufbau des Diskus" [120]. Beim normalen Handgelenk geht der Radiusknorpel ohne Niveaudifferenz in den Diskus über, gleichgültig, welcher der drei Typen vorliegt. Bei der Minusvariante ist der Diskus dicker, bei der Plusvariante dünner als bei der Nullvariante [120]. Mit zunehmender Ulnavariante nimmt die Diskusdicke (mm) ab [55, 56, 155, 44]. Laut MIKIC [133] variiert die Diskusdicke im Zentrum zwischen 0,5 mm und 3,0 mm, durchschnittlich beträgt sie 1 mm. Mit zunehmendem Alter nimmt die Diskusdicke ab [117]. Die dann entstehenden Diskusdefekte entwickeln sich nicht durch unzureichende Vaskularisation, sondern durch hohe mechanische Beanspruchung. Während bei Neugeborenen und Kindern histologisch lediglich Fibrozyten zu finden sind, zeigen sich bei Erwachsenen zunehmend Knorpelzellen, die nach PAUWELS [158] auf eine Druckbeanspruchung des Gewebes mit intermittierender Deformation der Chondrozyten schließen lassen. Dies ist Folge der druckaufnehmenden Funktion und nicht unbedingt eine „Degeneration" [93]. Diskusdefekte können auch Normvarianten sein, d. h. , sie finden sich im jugendlichen Alter bei Ulna-Minus-Varianten sogar auch beidseitig [116]. Aus der

Überlegung, dass sich offensichtlich die Elle in ihrer Lagebeziehung zum Radius mit zunehmendem Alter zur Ulna-Plusvariante hin verschiebt, erklärt sich dann auch die Zunahme der Diskusdefekte mit zunehmendem Alter (Tab. 2.2).

Tab. 2.2: Diskusschäden ohne Trauma, Altersabhängigkeit in %.

Alter	MIKIC [132]	eigene Ergebnisse	VIEGAS [208]
0–9			
10–19			
20–29		5,1	
30–39	7,6	9,6	
40–49	18,1	15,1	
50–59	40,0	17,0	8,3
60–69	42,8	20,6	30,0
über 69	53,0		23,9

Eine Erklärung für Texturstörungen im Diskus liefert UNGLAUB [203, 204, 205]. Im Vergleich zur Ulna-Null-Variante finden sich bei der Ulna-Plus-Variante mehr Zellapoptosen, d. h. eine Minderung der Zellzahl im Diskusgewebe (also eine Texturstörung mit verminderter Zellzahl). Diskusschäden einschließlich Defekte gibt es häufig beim ellenseitigen Impaction-Syndrom [59]. Diese Lochbildung muss aber nicht mit Knorpelschäden am Ellenkopf bzw. am Lunatum und Triquetrum einhergehen. Auch bei nicht arthrotisch veränderten Handgelenken sind Diskusdefekte sowie Schäden am SL- und LT-Band überraschend häufig [123] (Tab. 2.3).

Tab. 2.3: Bandschäden (in %) bei Ø 75-Jährigen mit und ohne Arthrose [123].

Bandschaden	Arthrose	keine Arthrose
SL	29,4	70,6
LT	29,8	70,2
TFCC	36,2	63,8

2.1.2 Diskusschäden bei Radiusfrakturen

Der Diskusriss in der Folge der Radiusfraktur ist seit langem bekannt [218], bei einfachen Frakturen mit 57 %, bei intraartikulären Frakturen mit 60 %. Die Lokalisation der Risse ist für eine bestimmte Frakturform nicht spezifisch. Neben den Diskusverletzungen entstehen bei den distalen (körperfernen) Radiusfrakturen auch Bandverletzungen am SL- sowie am LT-Band. Die Häufigkeit der Bandverletzungen nimmt mit dem Schweregrad der Fraktur zu. Nach FISCHER [54] sind bei extraartikulären Frakturen 59 % ohne Begleitverletzungen, bei intraartikulären Frakturen lediglich 11 %. Es variieren bei den distalen Radiusfrakturen auch SL-Band- und LT-Band -Verletzungen an Häufigkeit erheblich (Tab. 2.4).

Tab. 2.4: Häufigkeit der Begleitverletzungen bei distalen Radiusfrakturen.

Autor	SL-Band	LT-Band	Diskus
GEISSLER [67]	30 %+	15 %+	43 %
HANKER [79]	43 %+	60 %	55 %
PEICHA [161]	48 %+		
SEIBERT [178]	28 %		56 %
HARDY [80]	33 %+	11 %+	
FELLINGER [52]	37 %		25 %
BEICKERT [17]	14 %	5 %	
FISCHER [54]	41 %×	89 %+	57 %
RICHARDS [169]	7 %× 22 %+	13 %× 7 %+	53 %× 35 %+
PECHLANER [159]	32 %	18 %	43 %
ADOLFSSON [4]	7 %		30 %
WITT [222]	42 %	20 %	53 %
RAPPOLD [166]	27 %	3 %	55 %
eigene Ergebnisse 1999	38 %	8 %	27 %

+ intraartikulär × extraartikulär

Die häufigste Begleitverletzung bei distalen Radiusfrakturen ist der Abriss des Processus styloideus ulnae bei 50–80 % der Radiusbrüche. Die Bedeutung dieser Begleitverletzung ist in der Literatur umstritten [75, 121, 168, 87]. Die eigenen Ergebnisse [87] zeigen aber, dass distale Radiusfrakturen mit Abrissfrakturen des Processus styloideus ulnae, eine adäquate Behandlung vorausgesetzt, zu einem deutlich schlechteren Ergebnis führen als die Frakturen ohne Abriss des Processus styloideus ulnae (Abb. 2.4).

Der Grund dafür ist in einer Restinstabilität im distalen Radioulnargelenk zu sehen. Der basisnahe Abriss des Prozessus bedeutet einen knöchernen Diskusabriss ellenseitig und führt wie auch der knöcherne Diskusausriss aus dem Radius zur Instabilität im distalen Radioulnargelenk. Alternativ kann eine rein ligamentäre Verletzung des Diskuskomplexes eine Instabilität [171] auslösen. Die Lokalisation einer Ulnafraktur [170] lässt Schlüsse auf die Mitbeteiligung des Diskus sowie auf die Stabilität des distalen Radioulnargelenkes zu. Beim Spitzenabriss des Process. styloideus ulnae ist der Diskus nicht beteiligt. Liegt die Fraktur im Mittelteil, dann ist die oberflächliche Diskusstruktur mit abgerissen und die Prozessusbasis gelöst, das Lig. subcruentum ist mit einbezogen, mit der Folge einer Instabilität des distalen Radioulnargelenkes (Abb. 2.5). Das Ausmaß der Instabilität hängt von der Mitbeteiligung der Membrana interossea ab.

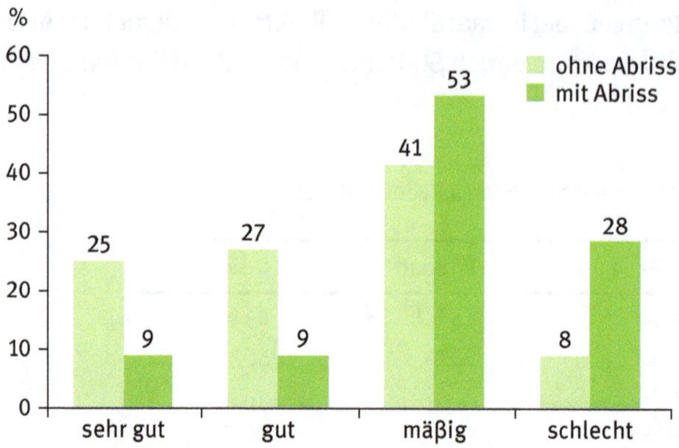

Abb. 2.4: Funktionelles Ergebnis mit und ohne Ellengriffelabriss.

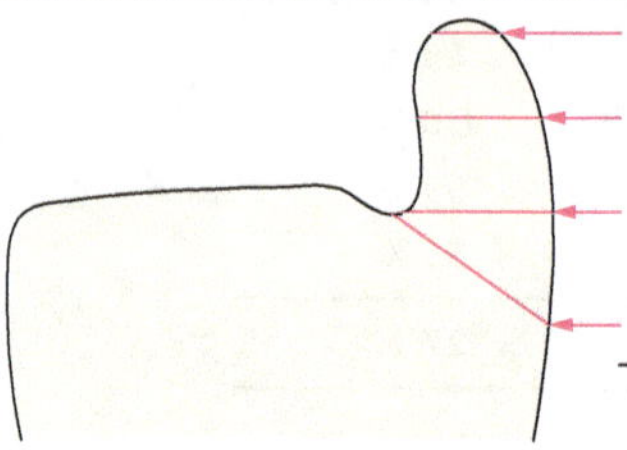

Frakturlokalisation	Instabilität	Frakturhäufigkeit
Tip	0 %	3 %
Midportion	0 %	27 %
Base horizontal	20 %	31 %
Base oblique	70 %	39 %
SLUTSKY [186]	NAKAMURA [145]	MAY [129]

Abb. 2.5: Fraktur des Processus styloideus ulnae – Frakturlokalisation und Instabilität im distalen Radioulnargelenk.

2.2 Biomechanik – Pathomechanik

Die Funktion im distalen Radioulnargelenk sieht die Pronation und Supination vor, wobei sich der Radius um die Ulna dreht. Gleichzeitig kommt es bei der Pronation zur Ulna-Plus-Verschiebung und zur Dorsalversetzung des Ellenkopfes, bei der Supination entstehen eine Ulna-Minus-Verschiebung und eine Volarverlagerung des Ellenkopfes [15], d. h., bei der Supination resultiert eine Palmar- und bei der Pronation eine relative Dorsalverschiebung des Ellenkopfes [2], was zu entsprechenden Druckbelastungen in der Sigmoid-Notch führt [70]. Des Weiteren ist das proximale Handgelenk einer Druckbelastung ausgesetzt. Sie verteilt sich zu 80 % auf den Radius und zu 20 % auf den Diskus bzw. die Elle [153, 155, 199, 38]. Dementsprechend kann das Radioulnargelenk durch Zug- und Druckkräfte geschädigt werden. Sowohl das Lig. ulnolunatum als auch das Lig. ulnotriquetrum und das Lig. collaterale ulnocarpale sind in Supination stärker gespannt als in Pronation. Das Lig. ulnocarpale dorsale zeigt keine Spannungsänderung zwischen Supination und Pronation [45]. WATANABE [214] ordnet der Gelenkkapsel des DRUG einen ähnlichen Effekt wie den Ligg. radioulnaria zu. Die Gelenkkapsel kommt bei Pronation und Supination über die 90° hinaus, ohne Gelenkkapsel wäre die Unterarmrotation um jeweils 10° erweitert [213]. Diskusrupturen entstehen durch Kräfte, die entlang der Unterarmachse auf das Handgelenk wirken. Durch die feste Verbindung der beiden Vorderarmknochen über die Membrana interossea werden Kräfte, die bei Sturz auf die dorsal flektierte Hand primär über die Elle wirken, auf die Speiche übertragen und neben den dadurch entstehenden Brüchen der Speiche an typischer Stelle auch nur zu isolierten Diskus-Verletzungen Anlass geben bzw. sekundär zu Schaftfrakturen des Vorderarms, meistens im distalen Drittel, führen.

Es werden Hauptmechanismen für eine Diskusverletzung genannt [66]:

1. Das Kompressionstrauma, wobei eine Stoßwirkung in der Längsachse des Unterarms – wie es bei dem Sturz auf die abstützende Hand der Fall ist – zu einer Kraftübertragung von der proximalen Handwurzelreihe auf den Diskus und das distale Unterarmende führt. Der Diskus kommt dabei zwischen Os lunatum und Capitulum ulnae zu liegen und ist dadurch gerade an seiner schwächsten Stelle einer hohen Druckbelastung ausgesetzt, welche zu einer Schädigung des Diskus führen kann [84].
2. Die zweite Möglichkeit einer Diskusschädigung ist durch eine unphysiologische Zug- oder Druckbelastung des Diskus bei Fehlstellungen am distalen Unterarmende gegeben, wie es speziell nach knöchern geheilten Frakturen mit Längendifferenzen der beiden Vorderarmknochen zu beobachten ist (Verletzungsfolge).
3. Bei allen Frakturen im Handgelenksbereich, die mit einer Verschiebung der knöchernen Ansatzpunkte des Discus einhergehen, ist eine besondere Zugbeanspruchung des Diskus gegeben, die zur zentralen Rissbildung oder zum Ausriss am radialen oder ulnaren Ansatz des Knorpels führen kann.

Das Hypersupinationstrauma forcierter Art führt zu einer Zerreißung des Lig. radioulnare, woraus eine Abrissverletzung des Diskus vom Radius und/oder vom Ligament resultieren kann [71]. Als geeignete Unfallmechanismen werden in der Literatur folgende genannt:

- Fall auf pronierte, extendierte Hand [218, 15, 156, 12, 66, 43, 195, 181, 182, 172],
- extreme Extension und Pronation [39],
- ellenseitige Zug-(Traktions-)Verletzung [15, 43],
- Traktions-Pronations-Verletzung [3, 156],
- extreme Extension und Supination [39],
- Zug- und Druckbelastungen bei Fehlstellungen am distalen Unterarmende [66],
- extreme Extension [39],
- als Begleitverletzung bei allen Frakturen im Handgelenksbereich, die zu einer Verschiebung der knöchernen Diskusansatzpunkte führen [66],
- bei distalen Radiusfrakturen [181],
- bei Galeazzi-Verletzung bzw. Luxation im DRUG [66],

- Hypersupinationstrauma [71, 31],
- Hyperpronationstrauma [31].

Ein allgemein geeigneter Mechanismus, der zu einem Diskusabriss von der Fovea ulnae führt, ist ein exzessiver Zug auf das Lig. ulnocapitatum durch eine Hyperradial-Extension, d. h. durch einen Sturz auf die ausgestreckte Hand [137, 139]. Die meisten der fovealen Abrisse beginnen palmar durch Zug am Lig. ulnocapitatum, wodurch der dorsale, superfiziale Zügel intakt bleibt bis zum kompletten Abriss des ulnaren Ansatzes.

2.3 Pathologie

Die pathologische Beurteilung des Discus articularis lässt einmal eine Bewertung des intraartikulär gelegenen Teiles der Diskusplatte zu, zum anderen aber auch eine Betrachtung des Diskus in seinem Gesamtkonzept. Von diesem muss dann der Handgelenksmeniskus mit seinen Veränderungen abgegrenzt werden [175]. Der Diskus im Gesamtkonzept ist insbesondere dann von Bedeutung, wenn das distale Radioulnargelenk mit betroffen ist, d. h. wenn zum Beispiel eine Beteiligung der Ligamenta radioulnaria vorliegt, die ja zusammen mit dem Diskus die Stabilisierung des distalen Radioulnargelenkes vornehmen. Die Bänder alleine sind nicht für die Stabilität verantwortlich, der Diskus in seiner Gesamtverspannung trägt ebenfalls dazu bei [92]. Ob nun die Ligamenta radioulnaria eigenständige Strukturen darstellen oder nur randständige Verdichtungen des Diskus sind, ist bis heute nicht ausdiskutiert. Auch die Gelenkkapsel des DRUG sei ähnlich den Ligg. radioulnaria für die Stabilität mitverantwortlich [214]. Abgesehen vom Normalbefund, d. h., es liegt eine glatte stabile Diskusscheibe vor, müssen Normvarianten abgegrenzt werden, die sich im Sinne eines zentralen Diskusdefektes ohne Zeichen von Verschleißerscheinungen bezeichnen lassen. Eine Erklärung dafür ist die Längenänderung der Ulna zum Radius [112], was ja bedeutet, dass der Diskus zwischen proximaler Handwurzelreihe und Ellenkopf unter Druck kommt (altersentsprechende Diskusveränderung). Von diesem intakten Diskus und vom nicht verschleißbedingten Diskusdefekt müssen nun krankhafte Veränderungen abgegrenzt werden, die sich in traumatische Schäden und nicht traumatische Schäden einteilen lassen. Nicht traumatisch werden Ganglien im Diskus triangularis [211] oder auch Verkalkungen [197] gewertet. Ganglien sind nicht primär traumatisch erklärbar (vgl. Band 1, Kapitel 7), sondern als Folge eines Diskusschadens, wie dies auch beim Handgelenksganglion, ausgehend vom SL-Band, oder beim Außenmeniskusganglion und beim Semimembranosusganglion der Fall ist.

2.3.1 Meniskusläsionen

Von den Diskusschäden werden die Meniskusläsionen (Meniskoidläsionen) abgegrenzt [175]. Neben dem einfachen Radiärriss gibt es Lappenbildungen sowie verschleißbedingte Auffaserungen. Entscheidend ist die Differenzierung der Meniskus- von der Diskuspathologie, was kernspintomographisch schwierig, arthroskopisch aber möglich ist. Normalerweise zeigt sich die Meniskusstruktur bei der Arthroskopie als Vorwölbung der dorsoulnaren Gelenkstrukturen, erst die pathologischen Veränderungen sind dann untereinander zu erkennen (Abb. 2.6). Die Differenzierung traumatisch bzw. nicht traumatisch ist auch bei den Meniskoidläsionen sinnvoll, Hinweise darauf gibt es, ausführliche Beweisführungen fehlen.

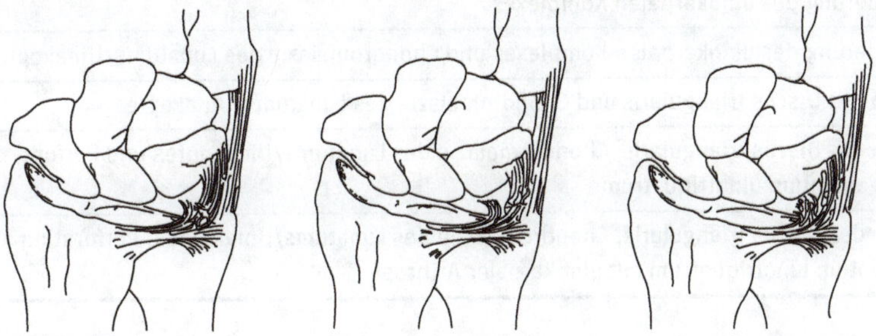

(a) Radiärriss (b) Meniskuslappen (c) Auffaserung

Abb. 2.6: Meniskusschäden, nach [175] ((a) Radiärriss, (b) Meniskuslappen, (c) Auffaserung).

2.3.2 Diskusläsionen

Die grundlegende Klassifikation der Diskuläsionen hat PALMER [156] mit der Unterteilung traumatisch (Klasse 1) und degenerativ (Klasse 2) vorgenommen. Diese „degenerative“, d. h. verschleißbedingte Klasse 2 wird auch als Ulnokarpal-Abutment-Syndrom bezeichnet.

Unter der Nennung traumatischer Schäden erscheint ebenfalls die zentrale Perforation, obwohl diese als Normvariante von der verschleißbedingten Defektbildung abzugrenzen wäre. Diesbezüglich nimmt auch BEYERMANN [19] Stellung. In der nach PALMER [156] angegebenen, jetzt deutschsprachigen Einteilung (Tab. 2.5) werden unter dem traumatisch bedingten Schaden sowohl die Perforation als auch der Riss, radiusnah, aufgeführt.

Bei den ellenseitigen Abrissen (Klasse I B) ist abgesehen von der reinen Weichteilruptur und der ossären Mitbeteiligung eine Differenzierung bei den Weichteilrupturen der Klasse I B erforderlich, da es eine Unterscheidung der Diskusschichten in eine oberflächliche und tiefe Diskusschicht gibt. Die oberflächliche Schicht setzt am Proc. styloideus ulnae an, die tiefe Schicht (Lig. subcruentum) an der Fovea der Elle [200]

Tab. 2.5: Einteilung der TFCC-Läsionen, nach [156] aus [19] (TFCC: „triangular fibrocartilage complex").

Klasse I: Traumatisch		
A	Perforation oder Riss radiusnah	
B	Abriss am Processus styloideus ulnae	ohne Fraktur mit Fraktur
C	Abriss am Lunatum, Triquetrum	
D	Abriss am Radius	ohne Fraktur mit Fraktur
Klasse II: „Degenerativ"		
A	Höhenminderung des ulnokarpalen Komplexes	
B	Höhenminderung des ulnokarpalen Komplexes und Chondromalazie des Lunatums/Ulnakopfes	
C	Perforation des Discus triangularis und Chondromalazie des Lunatums/Ulnakopfes	
D	Perforation des Discus triangularis, Chondromalazie des Lunatums/Ulnakopfes und Perforation des Ligamentum ulnotriquetrum	
E	Perforation des Discus triangularis, Chondromalazie des Lunatums/Ulnakopfes, Perforation des Ligamentum lunotriquetrum mit ulnokarpaler Arthrose	

und beide Strukturen können vom Ellenkopf einzeln oder zusammen abreißen. Daraus resultiert eine Unterteilung von Klasse I B in

- Klasse I B ossär,
- Klasse I B 1 superfiziale Schicht,
- Klasse I B 2 superfiziale + profunde Schicht,
- Klasse I B 3 profunde, foveale Schicht.

Zentrale Defekte finden sich als kongenital, degenerativ (25,7–30,53 % [156]) und traumatisch [106]. Traumatische Risse sind parallel am oder nahe dem Radius, degenerative Defekte sind mehr zentral und nehmen entsprechend dem Alter zu [132, 208], häufig mit Ulna-Plus-Varianten und degenerativen Veränderungen an den Kontaktgelenkflächen und am LT-Band. Kongenitale Defekte sind isolierter Art, bei normaler Anatomie auch bei Ulna-Minus-Variaten. Traumatische Diskusabrisses können ebenso als knöcherne Ausrisse am Radius und an der Ulna vorkommen [111, 156]. Bezogen auf die Lokalisation des Schadens klassifiziert BLAIR [22] in Typen (I–IV) ohne Abgrenzung der traumatischen von den verschleißbedingten Schäden:

Type I (Defect in the radial half of the TFCC), Type II (Defect in the radial to central portion of the TFCC (central perforation)), Type III (Defect in the ulnar half of the TFCC (ulnar lesion)), Type IV (Lesion in the ulnar half of the TFCC (ulnar lesion without communication with the distal radio-ulnar joint)). PALMER [156] nennt eine Zwei-Klassen-Einteilung, Klasse 1 soll traumatische, unfallbedingte Schäden darstellen, Klasse 2 die verschleißbedingten Schäden im Sinne eines Abutment-Syndroms. In der Klasse 1 ist eigentlich definitionsgemäß, so wie dies dann BÖHRINGER [24] auch ausführt, die Diskusverletzung zu nennen. Diskusverletzungen sind selten [156]. Die Einteilung der Diskusschäden in „traumatisch versus ‚degenerativ' als Abutment-Syndrom" kann so nicht aufrechterhalten werden, da in der Originalarbeit von PALMER [156] selbst der „Typ Class 1 A" als „tear or perforation" definiert ist und die Perforation wohl nicht als Riss bei einer Verletzung zu werten ist. Es bedarf einer Unterteilung der Klasse I B-Läsion ohne Fraktur nach PALMER [156], da die Ansatz-Faszikel des Diskus isoliert und kombiniert geschädigt sein können [137]. Dementsprechend unterscheidet ATZEI [10] beim Typ I B nach PALMER [156] weitere fünf Klassen. Dazu wird neben der Arthroskopie des Radiokarpalgelenkes auch die Arthroskopie des distalen Radioulnargelenkes erforderlich, um die Diskusansatzstellen an der Fovea ulnae beurteilen zu können. Die Klasse 2 nach PALMER [156] beschreibt von A bis E Verschleißerscheinungen um den Diskus herum, beginnend mit einer Höhenminderung des Diskus, zunächst ohne Perforation, dann begleitende Knorpelschäden am Os lunatum bzw. Ulnakopf, es kommt zur zentralen verschleißbedingten Perforation des Diskus, bis schließlich das Ligamentum lunotriquetrale verschleißbedingt mitbetroffen ist, es resultiert die ulnokarpale Arthrose. PALMER [156] geht davon aus, dass der intakte Diskus eine geschlossene Platte darstellt. Wird jedoch die nicht verschleißbedingte zentrale Perforation als Normvariante mit einbezogen, so resultieren neue Diskusschadenstrukturen. Dass die zentrale, nicht verschleißbedingte Diskusperforation klinisch stumm ist, beweist die Arbeit von CANTOR [34] sowie auch die Arbeit von ZANETTI [230] unter Nennung von 46 % symptomfreier Diskusdefekte. Wird vom zentralen Diskusdefekt als anatomische Normvariante ausgegangen, so entstehen Diskuslappenrisse, korbhenkelartige Risse bzw. Lösungen, die mit den Kniegelenksmenisken vergleichbar sind (Abb. 2.7).

Wie nach UCHIYAMA [201] und aus den eigenen Ergebnissen (1998) erkannt werden kann, liegen begleitende Knorpelschäden beim Diskusschaden häufig vor (20–64 %), isolierte Knorpelschäden werden bis 32 % festgestellt und isolierte Diskusschäden bis 34 %. Arthroskopisch findet sich dann neben dem Knorpelschaden ein typischer Diskusschaden im Sinne Typ II C nach PALMER [156].

Selten sind isolierte Diskusrisse [135], deren Pathomechanismus in einem übermäßigen Zug bei Hypersupination oder Hyperpronation des Handgelenkes gesehen wird [39, 218, 140, 131].

Zur Beurteilung der Stabilität des distalen Radioulnargelenkes bei den Typ-1B-Schäden nach PALMER [156] müssen die zwei Schenkel des ulnaren Diskusansatzes beurteilt werden. Aussagekräftige Befunde mittels MRT sind nicht bekannt, abgesehen von der Arthroskopie [69] mit gleichzeitiger Beurteilung des distalen Radioulnargelenkes zur Betrachtung des Lig. subcruentum [86, 185, 226]. Somit bietet sich die CT-Arthrographie an. Isolierte distale, oberflächliche ulnare Abrissverletzungen des Diskus von der Elle (Class 1, nach [10]) sind relativ stabil, dagegen ist bei Abrissen des Lig. subcruentum als tiefe, proximale Diskusrisse (Class 2, Class 3, nach [10]) die Instabilität im distalen Radioulnargelenk erreicht [139].

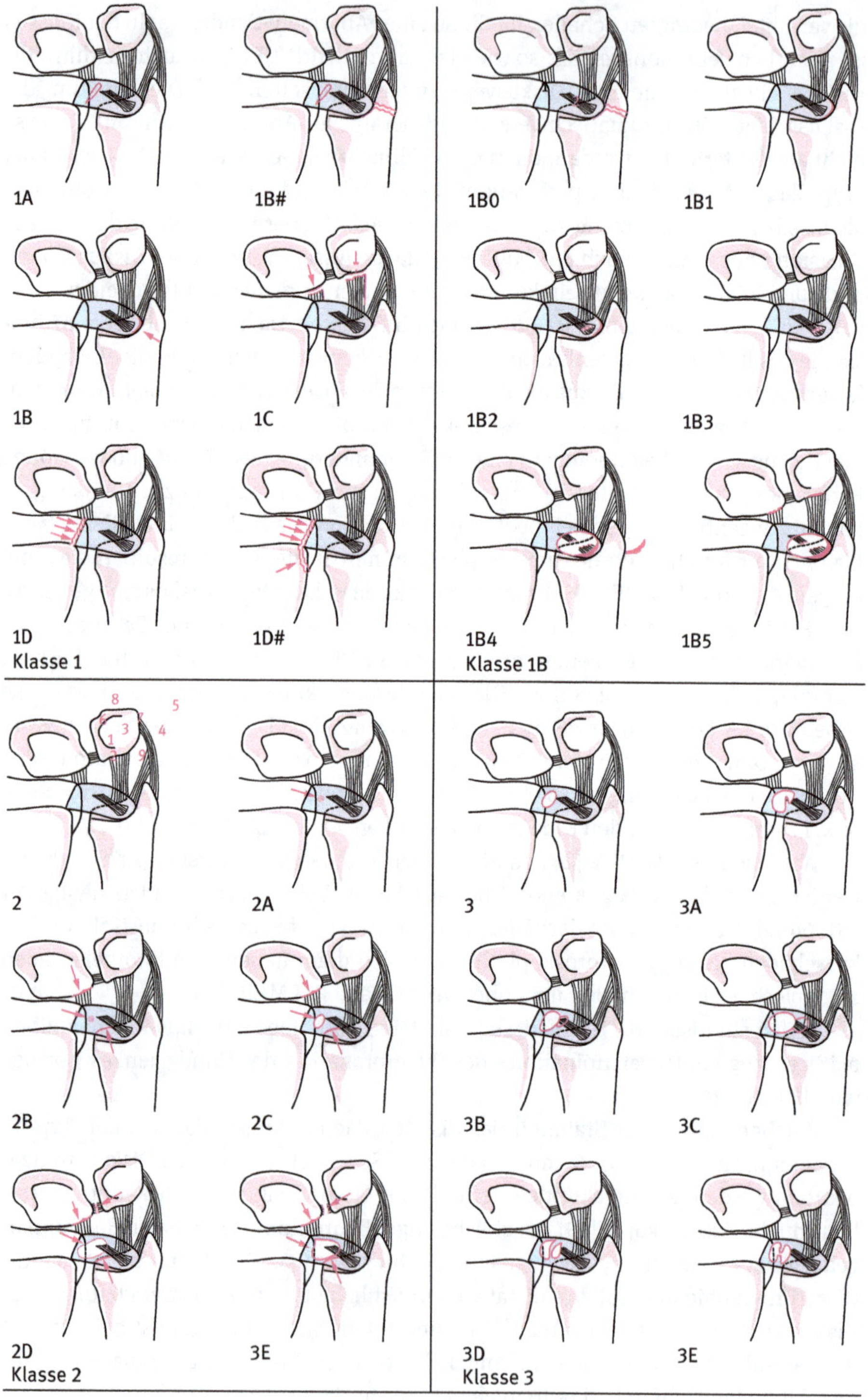
1A
1B#
1B0
1B1
1B
1C
1B2
1B3
1D
1D#
1B4
1B5
Klasse 1
Klasse 1B
2
2A
3
3A
2B
2C
3B
3C
2D
3E
3D
3E
Klasse 2
Klasse 3

Werden die Ergebnisse von IMBRIGLIA [97] mit Einteilung der Frakturen des Proc. styl. ulnae von ATZEI [10] und MORITOMO [139] der Einteilung Klasse 1 nach PALMER [156] zugeordnet, so resultiert eine weitgehend vollständige Klassifikation, die mögliche verletzungsbedingte Diskusschäden erfasst (Abb. 2.8).

2.3.3 Beteiligung des distalen Radioulnargelenkes

Bei der Nennung der Diskuspathologie muss das distale Radioulnargelenk miteinbezogen werden, hier insbesondere die Verletzung dieses Gelenkes bei der distalen Radiusfraktur. In Abhängigkeit von der Frakturform zeigen sich Diskusrupturen in einer Häufigkeit von 35 % bis 86 %. Da der Diskus am Nativröntgenbild nicht erkannt werden kann, kommt der Beurteilung der Frakturform des Processus styloideus ulnae eine besondere Bedeutung zu. Während der isolierte Spitzenabriss des Processus styloideus ulnae keinen Hinweis für eine Instabilität im distalen Radioulnargelenk darstellt, bedeutet der Basisabriss des Processus styloideus ulnae eine Beteiligung des TFCC-Komplexes und damit eine Instabilität im distalen Radioulnargelenk (TYP I und TYP II [81]). Es resultiert eine radiale Translationsinstabilität des Karpus. Gleichzeitig liegt dann eine Ruptur des Lig. collaterale ulnare vor, die die Instabilität verstärkt [62]; auch ist der Diskus in der Fovea ulnaris mit betroffen. Die Diskusverletzung ist in aller Regel eine Komplexverletzung [130]. Die isolierte Diskusverletzung tritt selten auf [156]. Jede Klassifikation orientiert sich an der Ätiologie und der daraus resultierenden Behandlungsmöglichkeit, so auch am distalen Radioulnargelenk. Die Anforderungen an ein funktionierendes distales Radioulnargelenk sind einmal intakte Gelenkflächen zwischen Ellenkopf und Sigmoid-Notch des Radius, zum anderen ein intaktes ligamentäres System und schließlich ein geeignetes Längenverhältnis zwischen distaler Elle und distalem Radius. Aufbauend auf die Klassifikationen von VESELY [207], PALMER [156], BOWERS [28] und MILCH [134] schlägt NATHAN [148] eine Einteilung

◂ **Abb. 2.7:** Klassifikation der Diskusschäden. Klasse 1, nach 156] (1A = Riss oder Perforation im Diskus radiusnahe, 1B# = Abrissfraktur Proc. styloideus ulnae basisnahe mit Diskusansatz, 1B = Diskusabriss (Pfeil) vom Proc. styloideus ulnae, 1C = Peripherer distaler Abriss des Lig. ulnolunatum et ulnotriquetrum (Pfeile), 1D = Diskusabriss (Pfeile) vom Radius, 1D# = Diskusabriss (Pfeile) ossär vom Radius. Klasse 1B, modifiziert nach [10] (1B0 = Normalbefund, 1 = distale Schicht, 2 = proximale Schicht, 1B1 = isolierter distaler Abriss, 1B2 = Abriss beider Schichten, 1B3 = isolierter proximaler Abriss, 1B4 = Dehiszenz, 1B5 = Arthrose). Klasse 2, nach [156] (2 = Normalbefund: 1 = Diskus, 2 = Lig. radioulnare dorsale, 3 = Lig. radioulnare palmare, 4 = Meniscus ulnocarpalis, 5 = Lig. collaterale ulnare, 6 = Lig. ulnolunatum, 7 = Lig. ulnotriquetrum, 8 = Lig. lunotriquetrum, 2A = Diskusschaden oberflächlich (Pfeil) ohne Perforation, 2B = wie 2A mit Knorpelschaden Ellenkopf und/oder Lunatum (Pfeile), 2C = 2B mit Diskusperforation, 2D = 2C mit triquetraler Lösung des Lig. lunotriquetrum, 2E = Verlust des Diskus und des Lig. lunotriquetrum mit Arthrose im Ulnokarpalgelenk (Pfeile). Klasse 3, nach [88] (3A–3F = Pathologie bei zentralem Defekt, 3A = Diskuslappen, 3B = Lappen distal, 3C = Lappen proximal, 3D = Korbhenkel, 3E = rupturierter Korbhenkel, 3F = Normalbefund bei zentralem Diskusdefekt).

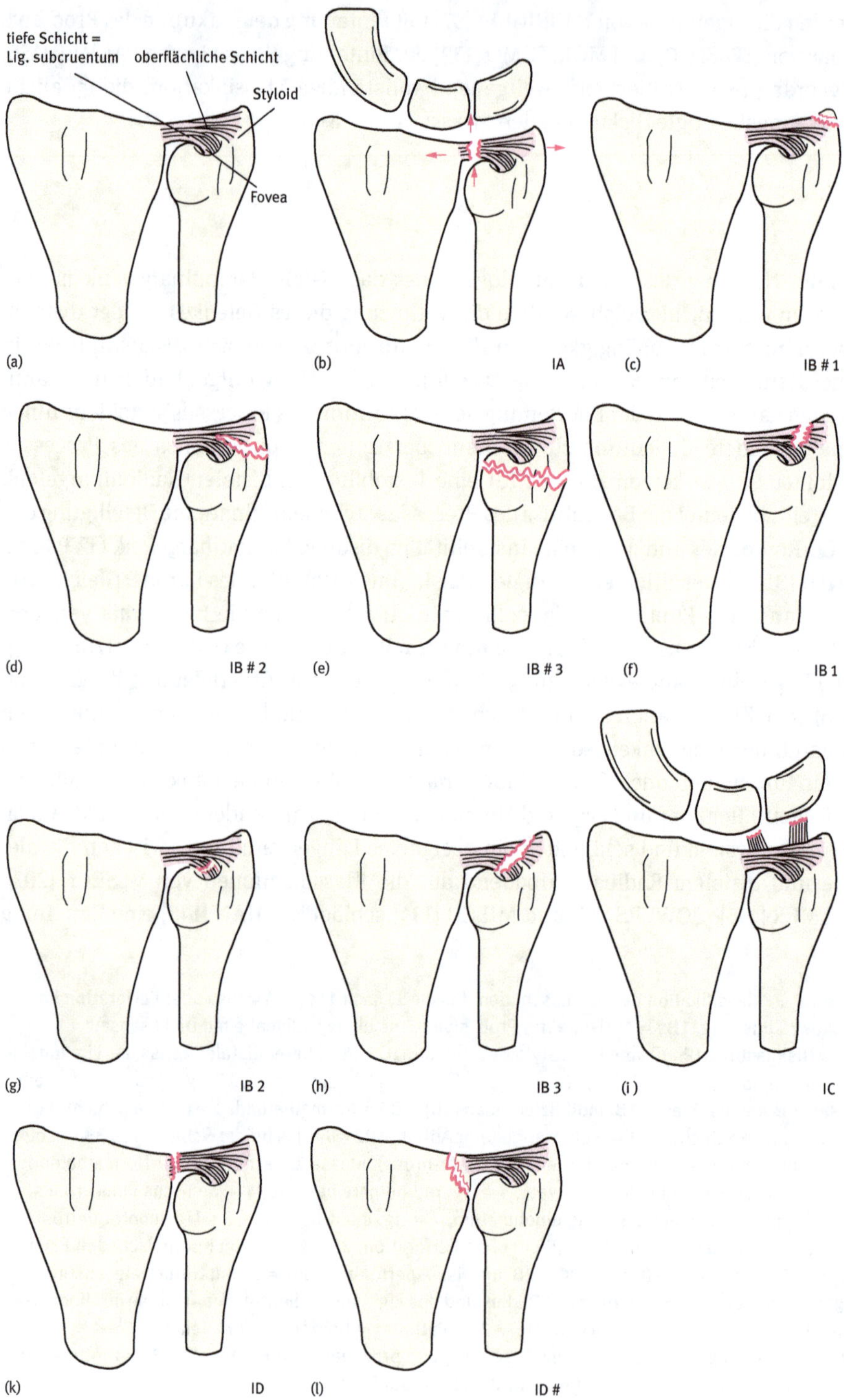
tiefe Schicht =
Lig. subcruentum
oberflächliche Schicht
Styloid
Fovea
(a)
(b)
IA
(c)
IB # 1
(d)
IB # 2
(e)
IB # 3
(f)
IB 1
(g)
IB 2
(h)
IB 3
(i)
IC
(k)
ID
(l)
ID #

der Schäden des distalen Radioulnargelenkes in vier Kategorien vor: Instabilität, Impingement, fehlende Kongruenz und isolierte Schäden des Discus articularis. Zu der Instabilität gehören die isolierten traumatischen Rupturen des TFCC-Komplexes unter Mitbeteiligung der randständigen Diskusrisse sowie der Verletzungen des fibroossären Bodens der Extensor carpi ulnaris Sehne und der ulnokarpalen Bänder. Des Weiteren werden unter Instabilität eine Verletzung des TFCC-Komplexes mit Dislokation im distalen Radioulnargelenk mit oder ohne knöcherne Beteiligung sowie der nicht traumatische Diskusschaden und die aus einer Ellenkopfresektion resultierende Instabilität verstanden. Instabilitäten (isoliert oder multidirektional) im distalen Radioulnargelenk basieren auf frischen Verletzungen unter Beteiligung der Ligamenta radioulnaria oder sind durch chronische Instabilitäten und/oder Laxitäten bedingt. Die Instabilitätsrichtungen werden gemäß Van SCHOONHOVEN [206] nach axial, palmar, dorsal und ulnar definiert. Bei allen Instabilitäten muss in irgendeiner Form der Diskus beteiligt sein, da die Stabilität am distalen Radioulnargelenk nur durch Anspannen der volaren Bänder in Pronation und Anspannen der dorsalen Bänder in Supination gewährleistet ist [47]. Die reinen Spitzenfrakturen des Proc. styloideus ulnae (Typ I stabil) lassen keine Instabilität erwarten, wohl aber Typ II und Typ III [21]. Andererseits bedeutet aber der Spitzenabriss des Proc. styloideus ulnae eine Abrissverletzung des Lig. collaterale ulnare, sofern dies überhaupt angelegt ist. Jedenfalls weisen basisnahe Frakturen des Proc. styloideus auf eine Instabilität im distalen Radioulnargelenk hin. Die Diskusabrisse am Radius finden sich bei 86 % der Radiusfrakturen, Ausrisse am Proc. styloideus ulnae bei 47 % [63]. Die Zahlenangeben schwanken, nach GEISSLER [68] sind Frakturen des Proc. styloideus ulnae bei B-Frakturen (AO-Klassifikation) mit 25 % und bei C-Frakturen mit 44 % angegeben. Bei diesen instabilen Frakturen rutscht das distale Radiusfragment zusammen mit der Handwurzel nach radial ab, es entstehen die typische Radialdeviation und Radiusverkürzung. Ligamentäre werden von ossären Instabilitäten unterschieden [32], und die Bandführung wird als stabil, teilweise stabil und instabil differenziert [125, 149]. Zur Stabilisierung des distalen Radioulnar- und auch des Ulnokarpalgelenkes dienen entsprechend ossäre und ligamentäre (statisch) sowie dynamisch muskuläre Strukturen.

- Stabile Verletzungen (Schäden) sind isolierte Diskusrisse (1A, 1D) sowie das Ulnar-Abutment – Class 2 degenerativ [156, 141] auch entsprechende Diskusverletzungen beim Kind [119].
- Teilweise instabil sind die hypermobile distale Ulna, Diskusschäden 1 B und 1 C, auch das ulnare Abutment sowie die Subluxation der Extensor-carpi-ulnaris-Sehne [156, 141, 115].

◂ **Abb. 2.8:** Diskusverletzungen am Handgelenk ((a) = Schema-Normalbefund, (b) = Palmer IA-Mechanismus, (c) = Palmer IB# ohne Diskusbeteiligung, (d) = Palmer IB# mit ossärem Abriss der oberflächlichen Diskusschicht, (e) = Palmer IB# mit komplettem ossärem Diskusabriss, (f) = Palmer IB mit Abriss der oberflächlichen Schicht, (g) = Palmer IB mit Abriss des Lig. subcruentum, (h) = Palmer IB mit komplettem Diskusabriss, (i) = peripherer Abriss des Lig. ulnolunatum und des ulnotriquetrum, (k) = Palmer ID radialer Diskusabriss, (l) = Palmer ID# mit ossärem radialem Diskusabriss).

- Instabil sind die dorsale und die palmare Luxation des Ellenkopfes, Letzter kommt isoliert vor [190]. Die dorsale Luxation entsteht bei Diskuszerreißungen, sonstigen ligamentären Verletzungen und auch bei Verletzungen der Extensor-carpi-ulnaris-Sehne [189] sowie in Kombination mit Frakturen (Fraktur des Proc. styl. ulnae, Radiusfraktur, Unterarmfraktur, Galeazzi-Verletzung und Radiusköpfchenfraktur mit Ellenkopfluxation) [31, 66].

Der Mechanismus, der zur Dorsalluxation führt, ist die Hpyerpronation, die Hypersupination veranlasst eine palmare (volare) Luxation [31]. Die Dorsalluxation der Elle beginnt mit der Ruptur des Lig. radioulnare palmare und der dorsalen Gelenkkapsel, die Palmarluxation führt primär zur Ruptur des dorsalen Bandes, dann zur Ruptur der palmaren Gelenkkapsel [28, 77].

Eine wesentliche Bedeutung für die Stabilität im distalen Radioulnargelenk hat die Membrana interossea, die handgelenksnah als Membrana interossea distalis (DIOM) neben den mittleren Bandstrukturen und dem proximalen Bandkomplex zwischen den beiden Unterarmknochen in vielerlei Hinsicht bedeutungsvoll ist. Die Membran erstreckt sich distal von der Elle zum Radius aufsteigend mit einer distalen Lücke für die Arteria interossea, die Membrana interossea medialis (mittlerer Bandanteil) verläuft von der Elle zur Speiche nach proximal. Im Bereich des Discus articularis wird zusammen mit diesem das distale Radioulnargelenk von den Ligg. radioulnaria (palmar und dorsal) gehalten. Die Membrana interossea wird als sekundärer Stabilisator des distalen Radioulnargelenkes bezeichnet [215, 110, 138], die primären Stabilisatoren sind die Ligg. radioulnaria einschließlich des Diskus. Es gibt verschiedene Typisierungen der Instabilität im distalen Radioulnargelenk [11, 29, 71, 148, 207, 40].

Da sich der Radius bei der Supination im Unterarm zur Elle nach distal und bei der Pronation nach proximal bewegt [164, 228, 154], ist die Stabilität des Gelenkes davon abhängig. Nach NATHAN [148] werden drei Typen unterschieden:

- Typ I: reine Dislokation des distalen Radioulnargelenkes in der Folge einer Ruptur der primären bzw. sekundären Bandstabilisatoren einschließlich Diskus oder bei dislozierten Frakturen des Proc. styloideus ulnae,
- Typ II: intraartikuläre Frakturen mit Dislokation des distalen Radioulnargelenkes unter Einbezug der Gelenkflächen,
- Typ III: extraartikuläre Frakturen mit Dislokation des Radioulnargelenkes, z. B. bei der Galeazzi-Verletzung.

Für die Beurteilung der Instabilitäten sei angemerkt, dass jedenfalls die radioulnaren Bänder im Diskusbereich als Hauptstabilisatoren gelten, die Membrana interossea ist ein sekundärer Stabilisator und das distale Schrägband ein isometrischer Stabilisator des Unterarmes [102, 209, 64, 165, 231, 184, 20, 95, 6, 9, 61].

2.3.4 Pathologie der Extensor-carpi-ulnaris-Sehne

Isolierte Schäden der Extensor-carpi-ulnaris-Sehne sind selten, meist jedoch kombiniert mit anderen ellenseitigen Läsionen (Diskusschäden, Läsionen des Lig. lunotriquetrale). Prädisponierende Faktoren (Fehlgleiten, Pseudarthrose des Proc. styloideus ulnae, flache Knochenrinne der ECU-Sehne) treten häufiger auf. Die Pathologie der Extensor-carpi-ulnaris-Sehne [99] unterscheidet die krankhaften Veränderungen der Sehnenscheide von denen der eigentlichen Sehne.

Die wesentlichen und therapiebedürftigen Pathologien sind:

- Tenosynovitis stenosans [142, 113, 33],
- akzessorische ECU-Sehne [147],
- traumatisch, rezidivierende ECU-Sehnen-Luxation [14, 98].
- partielle ECU-Sehnenruptur [42, 115].
- komplette ECU-Sehnenruptur [212, 225].
- Luxation der ECU-Schiene ins DRUG [152].

Neben den Sehnenscheidenläsionen mit Luxation der ECU-Sehne stehen die Sehnenrupturen bei Begutachtungen zur Diskussion. So sind die partiellen ECU-Sehnenrupturen mit Begleitschäden kombiniert, wie der Pseudarthrose des Proc. styloideus ulnae, hervorstehenden Knochen, Impingement gegen die Ulnakante, Tendovaginitis und der verengten Sehnenscheide [7]. Diese Aussage trifft auch für komplette ECU-Sehnenrupturen mit Diskusrissen, Ulnaosteophyten u. a. zu. Da die Sehnenschäden in aller Regel Sekundärschäden sind, bedarf es der gutachtlichen Beurteilung der Primärfaktoren.

2.3.5 Kompressionssyndrome

„Rund um den Ellenkopf" müssen auch die Einklemmungssyndrome Erwähnung finden:

- Ulnar-Impaction-Syndrom [35],
- Ulnar-Impingement-Syndrom [59],
- Ulnar-Abutment-Syndrom [177],
- Stylocarpal-Impaction-Syndrom [229],
- Ulnar-Kompartment-Syndrom [13],
- Triquetral-Impingement [50, 57],
- Diskusverdickung [1],
- Bursitis des Recessus styloideus ulnae [126],
- Caput-ulnae-Syndrom [27] bei der rheumatoiden Arthritis.

Diese Bezeichnungen fallen insgesamt verwirrend aus, so dass heute im Prinzip zwei Begriffe gängig sind: Abutment versus Impingement. Das Abutment-Syndrom ist die axiale Überlastung des ulnokarpalen Komplexes, während das Impingement-Syndrom eigentlich nur nach Ulnateilresektion durch Einengung des Restgelenkspaltes im distalen Radioulnargelenk entstehen kann. Eine seltene Ausnahme bildet die Diskusverdickung [1]. Schließlich muss beim ellenseitigen Handgelenkschmerz das Triquetral Impingement Ligament Tear (TILT) erwähnt werden. Dieses entsteht durch einen Hyperflexionspronationsmechanismus. Dabei kommt es zur Dislokation des distalen Teiles des „ulnar sling" gegen das Triquetrum. Das „ulnar sling" beinhaltet die Gesamtheit der ellenseitigen Bandstrukturen (Retinaculum extensorum, dorsale und volare extrinsische Bänder, dorsales Radioulnarband, Sehnenscheide des Extensor carpi ulnaris, Lig. ulnolunatum, Lig. ulnotriquetrum, TFCC). Die Folge ist eine entzündliche Reaktion mit Knorpelerweichung an der Ellenseite des Triquetrum [217]. Zusammengefasst gilt nun für die Klassifikation der Diskuspathologie: In Abgrenzung zu dem Normalbefund, dem Diskus als komplette Scheibe und der Normvariante im Sinne eines nicht verschleißbedingten zentralen Defektes werden die isolierte Diskuspathologie, die Meniskoidläsionen, die Diskusverletzung bei distalen Radiusfrakturen mit Beteiligung des distalen Radioulnargelenkes, die Pathologie im distalen Radioulnargelenk bei akuter und chronischer Instabilität und die Kompressionssyndrome im Ulnokarpalbereich unterschieden.

2.4 Diagnostik

Die verschiedenen diagnostischen Verfahren zur Klärung einer Handgelenksproblematik sollten im Sinne einer synergistischen Gelenkdiagnostik [85] eingesetzt werden, um einen Algorithmus anzustreben [194]. Die klinische Untersuchung mit ulnarem Kompressionsschmerz, aber auch Zeichen der Instabilität im distalen Radioulnargelenk, gibt lediglich Hinweise. Im Vordergrund steht der ulnokarpale Stresstest.

Benötigt wird das Nativröntgenbild. Hier finden sich lediglich Hinweise auf knöcherne Verletzungen, die durch eine genauere Differenzierung der Typenklasse 1B und 1D unterschieden werden, da diese TFCC-Läsionen mit oder ohne knöcherne Verletzung bestehen. Des Weiteren erlaubt die Nativröntgenaufnahme eine Bestimmung der Längenverhältnisse zwischen den beiden Unterarmknochen im Sinne der radioulnaren Differenz, die gemäß den Angaben von HULTEN [96] als Ulna-Plus-, Ulna-Null- und Ulna-Minusvariante bestimmt wird. In Abhängigkeit dieser Varianten finden sich Diskusschäden, bei der HULTEN Minusvariante bei 23 %, bei der HULTEN Nullvariante mit 35 % und bei der HULTEN Plusvariante mit 68 %. Die HULTEN-Verteilung ändert sich auch in Abhängigkeit vom Lebensalter, gemäß den Angaben von KIM [112] gibt es HULTEN-Plusvarianten beim Embryo nicht. In der Nativröntgenaufnahme ist auch die Luxationsstellung des Ulnakopfes festzustellen, insbesondere in der seitlichen Aufnahme, wobei im Zweifelsfall die Computertomographie herangezogen werden sollte [109]. Zur Beurteilung der Ulnastellung zum Radius und des SL-Spaltes empfiehlt sich die p.-a.-Aufnahme unter Faustschluss [198, 60], dabei kommt es zur Zunahme der

Ellenlänge um durchschnittlich 2,5 mm (1–4 mm). Daher sollten zur Beurteilung der Ulnavariante insbesondere präoperativ beide Röntgendarstellungen zur Anwendung kommen. Es muss beachtet werden, dass nur in 63 % der Fälle eine seitengleiche Ulnavariante vorliegt, in 3 % der Fälle besteht eine Seitendifferenz von etwa 1 mm [58]. Soll speziell der Ellenkopf dargestellt werden, so wird eine Oberarmabduktion von 45° bei 90°-Beugung im Ellbogengelenk gefordert, der Unterarm ist in Neutralrotation, der Zentralstrahl geht direkt durch das Handgelenk [227].

Eine Unterscheidung, ob nun eine Ruptur frischer Art, eine veraltete Ruptur oder ein verschleißbedingter Defekt besteht, ist arthrographisch nicht möglich [5]. Auch die Zuordnung einer Perforation zum Kontrastmitteldurchtritt an typischer radiusnaher Stelle bzw. der Nachweis eines Diskusrisses im Diskuskörper ist arthrographisch nicht zulässig. Aktuellere Arbeiten zum Thema Arthrographie des Handgelenkes liegen nicht vor [73, 74, 221, 127, 128, 65, 181, 167, 118].

Es wurde sich bezüglich der Diskusdiagnostik mehr von der Magnetresonanztomographie versprochen. In Kenntnis der Literatur und auch der eigenen Ergebnisse schwankt die Spezifität zwischen 51 % und 100 %, die Sensitivität zwischen 25 % und 100 % und somit die Genauigkeit zwischen 60 % und 97 %. Die Ergebnisse hängen zum einen davon ab, in welcher Technik gearbeitet wurde, zum anderen aber auch von der Lokalisation der Defekte bzw. Rupturen [151]. Die Sensitivität betrug bei zentralen Schäden 91 %, bei radialen Schäden schwankte sie zwischen 86 % und 100 %, am schlechtesten kamen die ulnaren Diskusschäden mit 25 % bis 50 % zur Darstellung. Diese Angaben bestätigen BLAZAR [23] sowie HAIMS [78], ulnarseitige Diskusschäden sind schwerer zu erkennen als radialseitige. Die Schäden des Meniscus ulnocarpalis sind nach Angaben von SCHÜTZ [175] kernspintomographisch nicht erfasst worden. Aktuell wird die Wertigkeit der MRT-Diagnostik beim Diskusschaden im Vergleich zur Arthroskopie wegen der doch erheblichen Abhängigkeit von der Erfahrung des Radiologen skeptisch betrachtet [37]. Wird die Genauigkeit der Kernspintomographie (ca. 70 %) mit der der MR-Arthrographie (ca. 94 %) verglichen, so erscheint Letztere aussagekräftiger mit einer Spezifität von 90 % und einer Sensitivität von 95 %. Die direkte MRT-Arthrographie [105] ist nicht vollständig zufriedenstellend, da ein hoher positiver prädiktiver Wert (95 %) einem negativen prädiktiven Wert von 50 % gegenübersteht. Bei negativen Ergebnissen sollte die MRT-Arthrographie mit Vorsicht beurteilt werden [202]. Eine hochauflösende MRT mit einer Mikroskopie-Oberflächen-Spule erlaubt die Beurteilung jedes Diskusanteiles und führt zu einer höheren Genauigkeit insbesondere der radialen Diskusanheftung [191]. Allgemein gehört aber heute zur Abklärung des ulnaren Handschmerzes die MRT [50, 160, 150].

Das wohl sicherste Verfahren zur Diagnostik der Diskusschäden ist die Arthroskopie [104]. Neben der Betrachtung des Diskus vom proximalen Radioulnargelenk sollte über den dorsoradialen Zugang auch die Unterseite durch Punktion des distalen Radioulnargelenkes von dorsal und volar betrachtet werden [185], um nicht Schäden an dieser Lokalisation, dann, wenn die klinische Symptomatik darauf hinweist, zu übersehen. Unter Verwendung eines Taststabes sind eine sehr präzise

Beurteilung und Beschreibung des Diskus möglich und gleichzeitig kann auch die Abgrenzung zum Diskusschaden vorgenommen werden. Durch die Arthroskopie ist eine exakte Differenzierung von frischen oder verschleißbedingten Diskusschäden bzw. präexistenten Formvarianten möglich [163, 76]. Da der tiefen Schicht des Diskus mit Ansatz in der Fovea ulnaris eine wesentliche Bedeutung in der Stabilisierung des distalen Radioulnargelenkes zukommt [46, 179, 84], auch als Lig. subcruentum bezeichnet [162], wird zu dessen Beurteilung die Arthroskopie des distalen Radioulnargelenkes empfohlen [86, 185, 226, 114] – dies zur Betrachtung der Diskusunterseite [146, 187]. Konkrete Hinweise zur Kausalitätsbegutachtung des Diskusschadens liefert die Histologie bis jetzt nicht. Sie kann lediglich Hilfestellung leisten, es können aber Rückschlüsse auf die Untersuchung von Labren, Menisken bzw. bradytrophem Gewebe gezogen werden.

Die feingewebliche Untersuchung ist jedoch unerlässlich, da sie Hinweise über den Zustand des Diskus gibt. Bei der Histologie handelt es sich um eine Bestandsaufnahme eines Gewebes zum Zeitpunkt der Entnahme. Ohne Berücksichtigung aller sonstiger Faktoren kann die Histologie aber keinen Hinweis auf eine frische traumatische, auf eine veraltete oder eine nicht traumabedingte Schädigung geben.

2.5 Beurteilung

Die diskoligamentären Verletzungen an der Wirbelsäule bzw. die Meniskusrisse bei Bandverletzungen (unhappy triad) am Knie entsprechen den Diskuseinrissen mit Verletzung des Bandapparates am Handgelenk. Die Verletzungen dieser Zwischengelenkscheiben sind nur durch Begleitverletzungen erklärbar. Dass es durch eine äußere mechanische Einwirkung zu einer isolierten Diskusverletzung kommt, ist schwer vorstellbar. Dies ist allenfalls möglich bei einer Stauchung des Handgelenkes bei gleichzeitiger Unterarmrotation entsprechend dem so genannten Drehsturz am Kniegelenk. Die Ruptur als Verletzungsfolge muss vom verschleißbedingten Schaden im Diskus, aber auch am skapholunären und am lunotriquetralen Band abgegrenzt werden. Sowohl Risse als auch Defekte kommen nebeneinander vor. Die Problematik besteht in der Häufigkeit der verschleißbedingten Schäden beim klinisch unauffälligen Handgelenk. Lediglich Leichenuntersuchungen liegen vor [210, 103, 223, 224], es sind Ergebnisse bei älteren Patienten.

Im klinischen Alltag handelt es sich bei den verschleißbedingten Schäden entweder um Zufallsbefunde, die nicht Ursache der Beschwerden sind, oder um Vorschäden bzw. Schadensanlagen. Entsprechend den Angaben von KIM [112] liegen aber beim Embryo keine Ulna-Plus-Varianten vor, wohl aber beim Erwachsenen, d. h., es muss zu einer Ulnaveränderung während des Lebens gekommen sein. Daraus resultiert aber auch, dass die Diskusschäden, möglicherweise gleichfalls die lunotriquetralen Bandschäden, durch die Ulna-Plus-Variante beeinflusst werden. So kommt CANTOR [34] mittels Arthrographie zu dem Schluss, dass bei der Ulna-Plus-Variante die lunotriquetralen Bandschäden doppelt so häufig zu finden sind wie bei der Neutral- oder Minus-Variante. Ein weiteres Problem liegt in der Zuverlässigkeit der Diagnostik. So bieten weder die Arthrographie noch die Kernspintomographie eine zuverlässige Aussage über diskoligamentäre Schäden. In der Diskusdiagnostik findet die Kernspintomographie in 46 % der Fälle einen Diskusschaden, die Arthrographie in 34 % und die Arthroskopie in 40 %. Das heißt, bei der Arthrographie liegen falsch negative und bei der Kernspintomographie falsch positive Ergebnisse vor. SHIONOYA [180] kommt somit zu dem Schluss, dass die Arthrographie aussagekräftiger ist als die Kernspintomographie, beide können aber einen Diskusschaden nicht von der Ruptur unterscheiden. Zur besseren Beurteilung des Lig. subcruentum wird die CT-Arthrographie vorgeschlagen. Es ist das Ziel, möglichst bald, d. h. innerhalb der ersten zwei Wochen, nach einer fraglichen Verletzung die Diagnostik abgeschlossen zu haben, evtl. auch mit einer Arthroskopie. Schwierigkeiten bereitet in der Beurteilung die Tatsache, dass Diskusschäden sowohl bei symptomatischen als auch bei asymptomatischen Handgelenken gefunden werden, d. h. auch der Typ I A und I B nach PALMER [156]. Für diese Typen sieht PALMER [156] eine unfallbedingte Schädigung vor, im asymptomatischen Handgelenk sind diese dann nicht unfallbedingt zu werten [230]. Somit wird auch die Klassifikation in Klasse I (unfallbedingte Diskusschäden) und Klasse II (verschleißbedingte Diskusschäden) fraglich, zumal PALMER [156] selbst den Typ 1A als „tear or perforation“ definiert.

Nachdem bilaterale Befunde gefunden werden, ist auch die Untersuchung eines gegenseitigen Handgelenkes nicht sinnvoll. Lediglich die Ulna-Varianten geben einen Hinweis, ob mit einem nicht traumatischen Diskusschaden zu rechnen ist, dies als Diskusdefekt, der bei der Ulna-Plus-Variante, ebenso bei der Ulna-Null-Variante, mit zunehmendem Alter häufiger ist als bei Ulna-Minus-Varianten. Aber die Ulna-Minus-Varianten nehmen mit zunehmendem Lebensalter ab. Schließlich gibt es Hinweise, dass Diskusdefekte auch anlagebedingt sein können. Das bedeutet für die Begutachtung des Diskusschadens, dass dann ein traumatischer Riss angenommen werden kann, wenn das Unfallereignis geeignet war, eine Diskusruptur zu verursachen, und wenn kein Defekt vorausgesagt werden muss. Der Diskus des Handgelenkes ist nur ein Teil des ellenseitigen Bandkomplexes, bestehend aus Diskus und Meniskus, den Ligg. radioulnaria palmare et dorsale, dem Lig. collaterale ulnare, soweit es vorhanden ist, und der Sehnenscheide des Musculus extensor carpi ulnaris. Der Diskus als ligamentartige Platte mit zwei Schichten ist fest mit dem Lig. radioulnare palmare et dorsale verbunden, diese Bänder sind von großer Bedeutung für die Stabilität im distalen Radioulnargelenk, und somit ist es verständlich, dass lediglich dann eine Diskusruptur angenommen werden kann, wenn auch eine Beteiligung der genannten Bänder vorliegt, denn nur mit der Ruptur eines der Bänder ist auch eine entsprechende Verschiebung des Diskus an Ansatz und Ursprung erklärbar.

Anders verhält es sich bei der Axialverschiebung des Diskus, zum Beispiel durch Distalisierung der Elle, hier kann es auch zur Zerreißung ohne Beteiligung der Ligamenta radioulnaria kommen. Dieser Stauchungsmechanismus im Radioulnargelenk ist mit einer Distraktion im distalen Radioulnargelenk verbunden, was zur Kompression des Diskus führen kann. Kompressionsmechanismen lassen Knochenmarködeme am Ellenkopf sowie am Os triquetrum, evtl. auch randständig am Os lunatum, erwarten bevor eine Diskusschädigung eintritt, dies aufgrund der unterschiedlichen Elastizitätskoeffizienten. Einen geeigneten Mechanismus für eine isolierte Diskusverletzung stellt auch der Hyperextensions-/Pronationsmechanismus dar, bei dem durch Annäherung des Lunatum an die dorsale Ellenkante der Diskus zwischen Lunatum und Ulnakopf eingeklemmt und damit auch abgeschert werden kann. Von Bedeutung sind Pronations-/Supinationsbewegungen, da es am Übergang von der Pronation zur Supination zur Längenänderung des Diskus kommt. Entsteht dann noch eine Hyperextension, so gelingt die axiale Stauchung des Diskus mit der entsprechenden Verletzungsmöglichkeit, allerdings in diesem Fall ellenseitig dorsal lokalisiert. Liegt eine Ulna-Plus-Variante vor, so kann auch ohne Unfallereignis mit einem Diskusschaden gerechnet werden, dies mit zunehmendem Alter. Daher muss der Diskusdefekt streng von einer tatsächlichen Diskusruptur abgegrenzt werden. Kommt es zur Ruptur des Diskus, so ist dann, wenn der Riss im gefäßführenden Bereich des Diskus lokalisiert ist, mit einer Einblutung ins Gelenk zu rechnen, d. h., es muss ein Hämarthros entstehen. Anders verhält es sich beim Abriss des Diskus vom Radius, hier liegt eine weitgehend gefäßfreie Zone vor, und daher muss ein Hämarthros nicht obligat sein. Dann ist auch die Refixation in Frage zu stellen, da eine Heilung nur in einem Bereich denkbar ist, in dem sich Blutgefäße befinden. Liegt eine Ulna-Plus-Variante vor, so kann auch ohne Unfallereignis mit einem Diskusschaden gerechnet werden, dies mit zunehmendem Alter.

Alleine der Nachweis eines Kontrastmitteldurchtritts durch den Diskus vom proximalen Handgelenk in das distale Radioulnargelenk ist für eine Ruptur nicht beweisend, lediglich für eine Kontinuitätsunterbrechung des Diskus, dies liegt aber auch bei einem verschleißbedingten Diskusdefekt vor. Bei der isolierten Diskusverletzung kann sich die Kausalität lediglich auf den Unfallmechanismus und eine exakte Diagnostik beziehen, allerdings auch unter Berücksichtigung der Ulna-Varianten und des Lebensalters des Patienten. Einfacher ist die Beurteilung eines Diskusschadens, wenn Begleitverletzungen vorliegen. Begleitverletzungen sind in der Instabilität im distalen Radioulnargelenk zu sehen, mit oder ohne knöcherne Verletzung im Sinne eines Abrisses des Prozessus styloideus ulnae oder auch eines knöchernen Diskusausrisses aus dem Radius, meist in Verbindung mit einer Radiusfraktur. Begleitverletzungen liegen bei einer Essex-Lopresti-Verletzung ebenso wie bei einer Galleazi-Verletzung vor. Besteht eine Instabilität im distalen Radioulnargelenk traumabedingt, so ist grundsätzlich von einer Beteiligung des Diskus auszugehen, es sei denn, es wird ein „degenerativer" Diskusdefekt bei gleichzeitiger Diskusruptur festgestellt, dann wäre dieser Defekt als unfallunabhängig zu werten. Entsteht eine Diskusruptur auf Grund einer Verletzung des distalen Radioulnargelenkes (oberflächliche und tiefe Schicht des Diskus), so ergibt sich eine Änderung der Ulnavariante in Richtung Ulna-Plus-Variante (Ulnavorschub). Die Zunahme der radioulnaren Differenz (Ulna-

Plus-Zunahme) bis 0,7 mm ist ein Hinweis auf eine Ruptur der oberflächlichen Schicht und bis 1,6 mm auf eine Ruptur der tiefen Schicht im Seitenvergleich zur nichtverletzten Hand [179]. Für die Stabilität im DRUG ist auch die Membrana interossea (IOM) mit verantwortlich [216]. Die gesamte IOM stabilisiert den Radius an die Ulna nach dorsal in Pronation, die distalen Anteile der IOM zusätzlich nach volar und auch in Supination. Somit führt ebenso eine Zerreißung der Membrana interossea zur Verletzung des Discus articularis.

Die häufigste Form der Verletzung am körperfernen Speichenende ist die Fraktur, die gemäß AO-Klassifikation beim Typ B und C häufiger zu einer Diskusbeteiligung führt als bei A-Verletzungen. Des Weiteren sind extraartikuläre Frakturen seltener geeignet, den Diskus zu schädigen, als die intraartikulären Frakturen. Liegt aber eine Radiusfraktur vor und es wird gleichzeitig eine Diskusverletzung festgestellt, so ist der traumatische Charakter des Diskusschadens wahrscheinlich. Eine besondere Bedeutung hat die Verletzung des Prozessus styloideus ulnae. Hier setzt ellenseitig der Diskus an der Basis des Prozessus an, gleichzeitig aber auch mit seiner proximalen Schicht an der Fovea ulnae. In diesem Bereich befindet sich zwischen der proximalen und distalen Schicht des Diskus relativ lockeres, aber gefäßreiches Bindegewebe, das so genannte Ligamentum subcruentum. Kommt es hier zum Abriss eines Diskus, so ist wiederum eine Hämarthrosbildung anzunehmen. Dies trifft auch dann zu, wenn die knöcherne Prozessusabrissverletzung zur Blutung führt. Der Abriss der Spitze des Processus styloideus hat dagegen nicht die Diskusbeteiligung zur Folge, da in diesem Bereich kein Kontakt zum Diskus mehr besteht und das sich in der Nähe befindende Lig. collaterale ulnare nicht regelmäßig ausgebildet ist, wobei insgesamt diesem Band bezüglich Stabilität im ellenseitigen Handbereich eine geringe Bedeutung zukommt. Liegt ein Abriss des Processus styloideus ulnae isoliert oder in Kombination mit einem distalen Radiusbruch vor, so bedeutet dies eine Instabilität im distalen Radioulnargelenk, weil der Haltemechanismus, bestehend aus Diskus und Ligamenta radioulnaria, von der Ulna getrennt ist, d. h., es kommt zur Subluxation bzw. Luxationsneigung des Ellenkopfes ohne Proc. styloideus ulnae nach meist dorsoulnar. Die genannten Verletzungen des Diskus dann, wenn Begleitverletzungen vorliegen, bereiten in der Beurteilung in aller Regel keine Schwierigkeiten [90].

2.5.1 Zur Verfügung stehende Faktoren zur Beurteilung einer Verletzung

1. **Anamnese**: Es handelt sich um die Vorgeschichte zur Beurteilung von Vorschäden oder Vorverletzungen (Leistungsauszüge der Krankenkasse).
2. **Unfallmechanismus**: Die Beurteilung des Unfallmechanismus sieht eine Einteilung in geeignete und nicht geeignete Mechanismen vor, im Ausnahmefall kann ein sog. erleichterter Mechanismus dann anerkannt werden, wenn eine altersentsprechende Veränderung besteht, die auch mit geringerem Kraftaufwand geschädigt werden kann. Geeignete Mechanismen sind: der Sturz auf eine pro-

nierte, extendierte Hand, der extreme Extensions-/Pronationsmechanismus, der ellenseitige Zug im Sinne einer Traktionsverletzung, ein extremes Extensions-/ Supinationstrauma, auch ein isoliertes extremes Extensionstrauma sowie alle Mechanismen, die zu Begleitverletzungen führen, mit denen Diskusverletzungen einhergehen. Nicht geeignete Mechanismen dagegen sind das Verhebetrauma, Flexionstraumen, Kontusionstraumen, die axiale Stauchung und Drehbewegungen ohne Gegenkraft.

3. **Die klinische Untersuchung**: Es muss auf Verletzungszeichen wie Schürfungen oder Prellmarken sowie auf Hämatomverfärbungen geachtet werden, diese entwickeln sich in Abhängigkeit von der Zeit. Es bedarf der Feststellung von Druckschmerzpunkten, zum Beispiel in Höhe des distalen Radioulnargelenkes, Schwellungen und Instabilitäten. Ein relativ aussagekräftiges Zeichen ist der Presstest zur Feststellung eines Diskusschadens.
4. **Nativröntgen**: Hier werden knöcherne Verletzungen ausgeschlossen oder nachgewiesen. Es bedarf einer besonderen Berücksichtigung insbesondere der Ellenvarianten und des Proc. styloideus ulnae sowie aller knöchernen Verletzungen, die mit Begleitschäden am Diskus einhergehen können, knöchernen Verletzungen im distalen Radioulnargelenk sowie des körperfernen Speichenbruchs (Typ A, B, C). Abzugrenzen sind beim Nativröntgenbild Arthrosezeichen.
5. **Computertomographie**: Die Computertomographie ist ein geeignetes Verfahren zur Feststellung von Frakturen, die am Nativröntgenbild nicht erkannt werden können. Des Weiteren eignet sich die Computertomographie zum Nachweis der Instabilität im distalen Radioulnargelenk unter Verwendung verschiedener Messverfahren.
6. **Kernspintomographie**: Die Kernspintomographie ist die Methode zur Feststellung der Diskusverletzungen bzw. Diskusschäden. Nachdem Diskusschäden mit Knorpelschäden einhergehen (Abutment), muss auf das Knorpelproblem bei der Kernspintomographie hingewiesen werden. Traumatische Knorpelschäden und damit die Diskusverletzungen gehen immer mit einer Bone-bruise Veränderung im geschädigten Bereich einher, diese Bone-bruise-Veränderungen heilen aber zwischen sechs und zwölf Monaten folgenlos aus. Bleiben Bone-bruise-Veränderungen längere Zeit bestehen, so sind diese ein Hinweis auf einen länger, schon vor dem Unfall bestehenden Knorpelschaden, da bone-bruise-artige Veränderungen mit der Arthrose einhergehen [25, 26, 89]. Die Kernspintomographie ist auch geeignet, begleitende Bandverletzungen sowie Ergussbildungen zu erfassen. Die ellennahen Kontinuitätsunterbrechungen am Proc. styloideus ulnae müssen kritisch vom Recessus styloideus ulnae abgegrenzt werden [188].
7. **Arthrographie**: Die Arthrographie kann lediglich als Screening-Verfahren gewertet werden, eine Kontinuitätsunterbrechung am Diskus zu erfassen. Eine Unterscheidung, ob ein Defekt oder eine Ruptur vorliegt, ist mit der Arthrographie nicht möglich.

8. **Arthroskopie**: Hierbei handelt es sich um ein invasives Verfahren mit der besten Aussagekraft, die derzeit zur Verfügung steht. Arthroskopisch sind Klassifikationen der Diskusschäden möglich, ebenso begleitender Bandverletzungen. Es können die Meniskusschäden erfasst werden, und insbesondere ist eine Klassifikation von Knorpelschäden möglich. Aber auch bei der Arthroskopie ist die Aussagekraft abhängig vom Zeitpunkt der Untersuchung im Abstand zum Unfallhergang.
9. **Histologie**: Die feingewebliche Untersuchung ist unerlässlich, da sie Hinweise über den Zustand des Diskus, zumindest zum Zeitpunkt der Entnahme, ergibt. Die Histologie stellt eine Bestandsaufnahme eines Gewebes zum Zeitpunkt der Entnahme dar. Ohne Berücksichtigung aller sonstigen Faktoren kann die Histologie keinen Hinweis auf eine frische traumatische, auf eine veraltete oder eine nicht traumabedingte Schädigung geben. Dies ist nur im Ausnahmefall möglich.

Nach Abschluss der Diagnostik muss eine Zuordnung von Diskusschäden erfolgen:
1. isolierte Diskusläsionen mit Klassifikation,
2. Diskusläsionen mit Begleitverletzungen: Radiusfraktur, SL Schaden, LT Schaden,
3. Diskusläsion mit Instabilität im distalen DRUG,
   - ligamentär/ossär,
   - Fraktur Processus styloideus ulnae,
   - Galleazi-Verletzung,
   - Essex-Lopresti-Verletzung,
4. ellenseitige Pathologie,
   - Abutment,
   - Tilt.

Isolierte Diskusläsionen werden nach PALMER [156] klassifiziert in:
- Klasse I: traumatisch, Unterteilung Klasse IB,
- Klasse II: verschleißbedingt (Abutment).

In Kenntnis der weiteren pathologischen Veränderungen sollte eine Erweiterung vorgenommen werden durch:
- Klasse III: Läsionen bei Defekt,
- Klasse IV: Meniskusschäden.

Die Aussage, dass die Schäden der Klasse I immer traumatisch sind, kann so nicht aufrechterhalten werden, da diese Veränderung beim Schaden Klasse I B nachweislich auch bei nicht symptomatischen Handgelenken gefunden wird. Diskusläsionen mit Begleitverletzungen werden primär anhand der Begleitverletzungen erfasst, dies in Abhängigkeit vom Unfallmechanismus und von der Beurteilung des Diskusschadens, d. h., bei einem Abutment muss von einem Diskusdefekt ausgegangen werden, dies als unfallunabhängigen Schaden. Dann bedarf es der Abklärung, ob zusätzlich eine Rissbildung besteht. Auch bei Diskusläsionen mit Instabilität im distalen Radioulnargelenk wird die Beurteilung anhand der Instabilität vorgenommen, da dann besser der Diskusschaden als Begleitverletzung gewertet wird. Die ellenseitige Pathologie im Sinne eines Abutment oder auch Tilt bedarf der Unterscheidung beider Bezeichnungen, das Abutment ist in aller Regel die verschleißbedingte Veränderung im ellenseitigen Handgelenksbereich. Das Tilt kann eine Verletzungsfolge sein, wenn ein geeigneter Mechanismus, nämlich ein Hyperflexions-/Pronationsmechanismus, erkannt werden kann. Das Abutment stellt einen Kombinationsschaden im Ulnokarpalgelenk unter Einbezug von Knorpel-, LT-Band und Diskus dar. Die typischen Zeichen dieses Schadens sind der sternförmige fragmentierte Defekt im Zentrum des Diskus im nicht gefäßversorgten Bereich. Das Abutment-Syndrom ist abhängig von der Ulna-Variante und findet sich vorwiegend bei der Ulna-Plus-Variante. Bei der Rotation des Radius um die Elle entsteht ein Dreh-Gleit-Mechanismus des Ellenkopfes zur Incisura radii mit Druckbelastung in der Incisura radii nach palmar bei Supination und nach dorsal bei Pronation. Desgleichen kommt es zur Längenänderung der Elle mit Ellenverlängerung (Ulna-Plus-Zunahme) bei Pronation und Ellenverkürzung (Ulna-Minus-Zunahme) bei Supination mit gleichzeitiger Gleitbewegung des Ellenkopfes in der Incisura ulnaris.

2.5.2 Resümee

Diskusschäden können spontan oder verletzungsbedingt entstehen. Diskusverletzungen treten isoliert oder als Begleitverletzung bei Frakturen im Handgelenksbereich, insbesondere bei der distalen Radiusfraktur und bei Luxationen im DRUG, auf.

Die klinische Symptomatik gibt lediglich Hinweise auf einen Diskusschaden, eine Unterscheidung traumatisch/nicht traumatisch ist so nicht möglich. Das Röntgenbild liefert die Zeichen der knöchernen Diskusverletzung, der Ulna-Varianten und ossären Begleitschäden. Über die Histologie gibt es noch zu wenig Literatur.

Die Diagnose des Diskusschadens bzw. der Diskusverletzung sollte arthroskopisch gestellt werden. Die Kernspintomographie gibt deutliche Hinweise mit einer Genauigkeit von 60 bis 97 %, liefert aber exakte Angaben über Begleitverletzungen. Alleine die Kontinuitätsunterbrechung, so wie dies die Arthrographie im Sinne des Kontrastmitteldurchtritts liefert, ist als Nachweis einer Verletzung nicht ausreichend, da verschleißbedingte Defekte diese auch zeigen.

Zur Diskusstrukturänderung ist die MRT aussagekräftig, Hinweise zur Kausalität bringen Knochenmarködeme an den komprimierten Gelenkflächen und die Beurteilung der Ligg. radioulnaria.

Basisnahe Diskusrisse sind nur erklärbar, wenn auch die begleitenden Bandstrukturen verletzt sind, Diskuslappenrisse entstehen in aller Regel nicht unfallbedingt.

Hinweise auf einen unfallunabhängigen mechanischen Diskusschaden sind die Ulna-Plus-Variante, ulnare Kompressionssyndrome und Arthrose- sowie Instabilitätszeichen im DRUG.

Die Anerkennung eines Diskusschadens als Unfallfolge setzt voraus, dass der Diskusschaden objektiv nachgewiesen ist (Vollbeweis). Des Weiteren muss zweifelsfrei nachgewiesen sein, dass das geltend gemachte Ereignis als Ursache eines Diskusschadens in Frage kommt. Nur wenn beide Voraussetzungen erfüllt sind, muss überprüft werden, ob es weitere, konkurrierende Teilursachen für den Diskusschaden gibt. Ist dies der Fall, muss in der gesetzlichen Unfallversicherung geklärt werden, welche der Teilursachen im rechtlichen Sinne wesentlich sind. In der privaten Unfallversicherung muss geprüft werden, ob beim Zustandekommen des Diskusschadens vorbestehende krankhafte Veränderungen mitgewirkt haben. Ein isolierter Diskusschaden [220] ohne andere Schäden, die nachweisbar verletzungsbedingt sind, stellt keine Unfallverletzung dar.

2.6 Literatur

[1] ABE, Y.; KUWATA, N.; DOI, K.; KAWAI, S.: Wrist pain with triangular fibrocartilage theckening. Arch Orthop Trauma Surg 119:98–99 (1999)

[2] ACOSTA, R.; HNAT, W.; SCHEKER, L.R.: Distal radio-ulnar ligament motion during supination and pronation. J Hand Surg 18B:502–505 (1993)

[3] ADAMS, B. D.; HOLLEY, K. A.: Strains in the articular disk of the triangular fibrocartilage complex: A biomechanical study. J Hand Surg 18A:919–925 (1993)

[4] ADOLFSSON, L.; JÖRGSHOLM, P.: Arthroscopically assisted reduction of intra-articular fractures of the distal radius; J Hand Surg 23B:391–391 (1998)

[5] AHMADI, A.; POMSEL, T.: Handgelenkarthroskopie bei unklaren posttraumatischen Beschwerden. Handchir Mikrochir Plast Chir 22:71–73 (1990)

[6] AHRENS, C.; UNGLAUB, F.; BRUCKNER, T.; HAHN, P.; MÜLLER, L.P.; WEGMANN, K.; SPIES, C.K.G.: Midterm functional outcome after dorsal capsular imbrication for posttraumatic instability of the distal radioulnar joint. Arch Orthop Trauma Surg 134:1633–1639 (2014)

[7] ALLENDE, C.; LE VIET, D.: Extensor carpi ulnaris problems at the wrist--classification, surgical treatment and results. J Hand Surg Br 30:265–272 (2005)

[8] AMARAL, L.; CLAESSENS, A.L.; FERREIRINHA, J.; MAIA, J.; SANTOS, P.: Does ulnar variance change with age and what is the influence of training and biological characteristics in this change? A short-term longitudinal study in Portuguese artistic gymnasts. Clin J Sport Med 24:429–434 (2014)

[9] ANDERSSON, J.K.; LINDAU, T.; KARLSSON, J.; FRIDÉN, J.: Distal radio-ulnar joint instability in children and adolescents after wrist trauma. J Hand Surg Eur Vol 39:653–661 (2014)

[10] ATZEI, A.; RIZZO, A.; LUCHETTI, R.; FAIRPLAY, T.: Arthroscopic foveal repair of triangular fibrocartilage complex peripheral lesion with distal radioulnar joint instability. Techniques in Hand and Upper Extremity Surgery 12(4):226–235 (2008)

[11] AULICINO, P.L.; SIEGEL, J.L.: Acute injuries of the distal radioulnar joint. Hand Clin 7:283–293 (1991)

[12] BAEHSER-GRIFFITH; BEDNAR; OSTERMAN; CULP: Arthroscopic Repairs of Triangular Fibrocartilage Complex Tears. AORN Journal 66(1) (1997)

[13] BARRACHINA, J.; BOSCH, M.; AGUILERA, J. M.; HENRIQUEZ, A.: Ulnar compartment syndrome. Arthroscopic treatment. J Hand Surg 25B:32 (2000)

[14] BECKENBAUGH, R. D.: Acute traumatic subluxation. Letters to Editor. J Hand Surg 12A:810–811 (1987)

[15] BEDNAR, J. M.: Repair of Peripheral Triangular Fibrocartilage Lesions. Therapeutic und Advanced wrist Arthroscopy American Society for Surgery of Hand Birmingham, Alabama, October 1 (1994)

[16] BEDNAR, M. S.; ARNOCZKY, S. P.; WEILAND, A. J.: The microvasculature of the triangular fibrocartilage complex: Its clinical significance. J Hand Surg 16A:1101–1105 (1991)

[17] BEICKERT, R.: Ergebnisse der Arthroskopie des Handgelenkes. In: HEMPFLING, H. (Hrsg.): Arthroskopie des Handgelenks. Arthroskopiekurs 1994 Murnau – Budapest 1995. Ecomed Verlagsgesellschaft, Landsberg 177–182 (1996)

[18] BENJAMIN, M.; EVANS, E. J.; PEMBERTON, D. J.: Histological studies on the triangular fibrocartilage complex of the wrist. J Anat 172:59–67 (1990)

[19] BEYERMANN, K.; KRIMMER, H.; LANZ, U.: TFCC-Läsionen. Diagnostik und Therapie. Der Orthopäde 28:891–898, Springer Verlag (1999)

[20] BIRKBECK, D.P.; FAILLA, J.M.; HOSHAW, S.J.; FYHRIE, D.P.; SCHAFFLER, M.: The interosseous membrane affects load distribution in the forearm. J Hand Surg 22A:975–980 (1997)

[21] BIYANI, A.; SIMISON, A. J. M; KLENERMANN, L: Fractures of the distal radius and ulna. J Hand Surg 20B:357–364 (1995)

[22] BLAIR, F. W.; BERER, R. A.; EL-KHOURY, G. Y.: Arthrotomography of the wrist: Experimental and perliminary clinical study. J Hand Surg 10A:350–359 (1985)

[23] BLAZAR, P. E.; CHAN, P. S. H.; KNEELAND, J. B.; LEATHERWOOD, D.; BOZENTKA, D. J.; KOWALCHICK, R.: The Effect of Observer Experience on Magnetic Resonance Imaging Interpretation and Localization of Triangular Fibrocartilage Complex Lesions. J Hand Surg 26A:742–748 (2001)

[24] BÖHRINGER, G.; SCHÄDEL-HÖPFNER, M., PETERMANN, J.; GOTZEN, L.: A Method for All-Inside Arthroscopic Repair of Palmer 1B Triangular Fibrocartilage Complex Tears. J Arth Rel Surg 18:211–213(2002)

[25] BOHNDORF, K.: Injuries at the articulating surfaces of bone (chondral, osteochondral, subchondral fractures and osteochondrosis dissecans), European Journal of Radiology 22:22–29 (1996)

[26] BOHNDORF, K.: Imaging of acute injuries of the articular surfaces (chondral, osteochondral and subchondral fractures) Skeletal Radiol 28:545–560 (1999)

[27] BORISCH, N.; HAUßMANN, P.: Das Caput-ulnae-Syndrom. Orthopäde 33:692–697 (2004)

[28] BOWERS, W. H.: The distal radioulnar joint. In: Green DP, ed. Operative hand surgery. New York: Churchill Livingstone; 939–990 (1988)

[29] BOWERS, W. H.: Instability of the distal radioulnar articulation. Hand Clin 7:311–327 (1991)

[30] BRAUNSTEIN, E.; VDARNEY, K.; LOUIS, D.; HANKIN, F.: Cost efectiveness of wrist fluoroscopy and arthrography in the evaluation of obscure wrist pain. Radiology 157:29 (1985)

[31] BRUCKNER, J. D.; ALEXANDER, A. H.; LICHTMAN, D. M.: Acute Dislocations of the distal radioulnar joint. J Bone Joint Surg 77A:958–968 (1995)

[32] BRÜSER, P.: Der ulnare Handgelenkschmerz. Orthopäde 33:638–644 (2004)

[33] BURKHARD, S.S.; WOOD, M.B.; LINSCHEID, R.L.: Posttraumatic recurrent subluxation of the extensor carpi ulnaris tendon.J Hand Surg 7A:1–3 (1982)

[34] CANTOR, R. M.; SREN, P. J.; WYRICK, J. D.; MICHAELS, S. E.: The Relevance of Ligament Tears or Perforations in the Diagnosis of Wrist Pain: An Arthrographic Study. J Hand Surg 19A:945–953 (1994)

[35] CEREZAL, L.; del PINAL, F.; ABASCAL, F.; GARCIA-VALTUILLE, R.; PEREDA, T.; CANGA, A.: Imaging findings in ulnar-sided wrist impaction syndromes. RadioGraphics 22:105–121 (2002)

[36] CHEN, W.-S.; WANG, J.-W.: Ageing does not affect ulnar variance: an investigation in Taiwan. J Hand Surg 33E(6):797–799 (2008)

[37] CHOCHOLE, M.; WLK, M.; LANDSIEDL, F.: Der Befund am Discus triangularis des Handgelenkes in MR und Arthroskopie: Ein Vergleich. 23. AGA Kongress Salz-burg (2006)

[38] COBER, S. R.; TRUMBLE, T. E.: Arthroscopic repair of triangular fibrocartilage complex injuries. Orthopedic Clinics of North America 30(2) (2001)

[39] COLEMAN, H. M.: Injuries of the articular disk at the wrist. J Bone Joint Surg 42B:522–529 (1960)

[40] COONEY, W.; LINSCHEID, R.L.; DOBYNS, J.H.: The Wrist. Diagnosis and operative treatment. Mosby St. Louis Missouri (1998)

[41] COOPER, R.; MISOL, S.: Tendon and Ligaments Insertion. J Bone Joint Surg 52-A:1–20 (1970)

[42] CRIMMINS, C. A.; JONES, N. F.: Stenosing tenosynovitis of the extensor carpi ulnaris. Annals of Plastic Surgery 35:105–107 (1995)

[43] DAILEY, S. W.; PALMER, A. K.: The role of arthroscopy in the evaluation and treatment of triangular fibrocartilage complex injuries in athletes. Hand Clinics Vol.16, No.3. (2000)

[44] De SMET, L.: Ulnar Variance: Facts and Fiction Review Article. Acta Orthopaedica Belgica 60(1) (1994)

[45] DITANO, O.; TRUMBLE, T.E.; TENCER, A.F.: Biomechanical function of the distal radioulnar and ulnocarpal wrist ligaments. J Hand Surg Am 28:622–627 (2003)

[46] EKENSTAM, F. W.; HAGERT, C. G.: Anatomical studies on the geometry and stability of the distal radioulnar joint. Scand. J Plast Reconstr Hand Surg19:17–25 (1985)

[47] EKENSTAM, F. W.: Anatomy of the Distal Radioulnar Joint. Clin Orthop Relat Res 275:14–18 (1992)

[48] EKENSTAM, F. W.: Osseous anatomy an articular relationships about the distal ulna. Hand Clinics Vol 14(2) (1998)

[49] EPNER, R. A.; BOWERS, W. H.; GUILFORD, W. B.: Ulnar variance – The effect of wrist positioning and roentgen filming technique. J Hand Surg 7:298–305 (1982)

[50] FABER, K.J.; IORDACHE, S.; GREWAL, R.: Magnetic resonance imaging for ulnar wrist pain. J Hand Surg 35A:303–307 (2010)

[51] FELDERHOFF, J.; LEHNERT, M.; MELLEROWICZ, H.: Das schmerzhafte Handgelenk im Sport: Ulnokarpales Gelenkkompartiment und distales Radioulnargelenk. Deutsche Zeitschrift f. Sportmedizin Jg. 54(1) (2003)

[52] FELLINGER, M.; GRECHENIG, W.; SEIBERT, F.; SEGGL, W.; PEICHA, A.: Die Handgelenksarthroskopie in der Planung von Korrektureingriffen und in der Behandlung posttraumatischer Folgezustände nach Radiusfakturen an typischer Stelle. Acta Chir Austria 30(140):60–62(1998)

[53] FICK, S. R.: Handbuch der Anatomie und Mechanik der Gelenke unter Berücksichtigung der bewegenden Muskeln. In 3 Teilen. Gustav Fischer, Jena (1904, 1910, 1911)

[54] FISCHER, M.; DENZLER, C.; SENNWALD, G.: Begleitende karpale Bandläsionen bei frischen distalen Radiusfrakturen. Arthroskopische Studie über 54 Fälle. Swiss Surg 2:269–273 (1996)

[55] FORTEMS, Y.; de SMET, L.; FABRY, G.: Cartilaginous and ligamentous degeneration of the wrist. Anatomic study. Ann Chir Main 13(5):383–386 (1994)

[56] FORTEMS, Y.; de SMET, L.; DAUWE, D.; STOFFLEN, D.; DENEFFE, G.; FABRY, G.: Incidence of cartilaginous and ligamentous lesions of the radio-carpal and distal radio-ulnar joint in an elderly population. J Hand Surg 19B(5):572–757 (1994)

[57] FRANK, U.: Arthroskopische Therapie des TILT-Syndroms. Handchir Mikrochir Plast Chir 36A:1–20 Georg Thieme Verlag KG (2004)

[58] FREEDMAN, D. M.; EDWARDS, G. S.; WILLEMS, M. J.; MEALS R.A.: Right versus Left Symmetry of Ulnar Variance. Clinical Orthopaedics and Related Research N. 354:153–158 (1998)

[59] FRIEDMAN, S.; PALMER, A.: The ulnar impaction syndrome. Hand Clin 7:295–310 (1991)

[60] FRIEDMAN, S. L.; PALMER, A. K.; SHORT, W. H.; LEVINSOHN, E. M.; HALPERIN, L. S.: The change in ulnar variance with grip 18A(4) (1993)

[61] FU, E.; Li, G.; SOUER, J.S.; LOZANO-CALDERON, S.; HERNDON, J.H.; JUPITER, J.B.; CHEN, N.C.: Elbow position affects distal radioulnar joint kinematics. J Hand Surg Am 34:1261–1268 (2009)

[62] GABL, M.; LENER, M.; PECHLANER, S.; KATHREIN, A.; JUDMAIER, W.: Destabilisierung des Discus articularis mit Abriss der ulnaren Styloidspitze bei distaler Radiusfraktur. Diagnostik und MR Movie. Unfallchirurgie 19:108–111 (1993)

[63] GARTLAND, J. J.; WERLEY, C. W.: Evaluation of healed colles fractures. J Bone Joint Surg 33A:895–907 (1951)

[64] GAUSEPOHL, T.: Essex-Lopresti-Verletzungen. Instabilitätseinschätzung und Therapie des distalen Radioulnargelenks. Trauma Berufskrankh 16:231–236 (2015)

[65] GEISL, H.; SPRITZENDORFER, E.: Der Riss des Discus articularis als Ursache des posttraumatischen Handgelenksschmerzes. Unfallheilkunde 84:55–59 (1981)

[66] GEISL, H.; PÜHRINGER, A.: Das Schicksal des Discus triangularis bei der Unterarmfraktur. Hefte zur Unfallheilkunde Heft 201 (1989)

[67] GEISSLER, W.B.; FREELAND, A. E.; SAVOIE, F. H.; McINTYRE, L.; WHIPPLE, T. L.: Carpal instability associated with displaced intraarticular distal radius fractures. Arthroscopy 9:348 (1993)

[68] GEISSLER, W.B.; FREELAND, A. E.; SAVOIE, F. H.; McINTYRE, L. W.; WHIPPLE, T. L.: Intracarpal softtissue lesions associated with an intra-articular fracture of the distal end of the radius. J Bone Joint Surg 78-A:357–36 (1996)

[69] GEISSLER, W.B.; BURKETT, J.L.: Ligamentous sports injuries of the hand and wrist. Sports Med Arthrosc Rev 22:39–44 (2014)

[70] GIUNTA, R.E.; KROLAK, Ch.; BIEMER, E.; MÜLLER-GERBL, M.: Patterns of subchondral bone mineralization in the distal radioulnar joint. J Hand Surg 30A:343–350 (2005)

[71] GRAHAM, H.K.; MC COY, G.F.; MOLLAN, R.A.B.: A new injury of the distal radio-ulnar joint. J Bone Joint Surg Br 67:302–304 (1985)

[72] GUPTA, R.; NELSON, S.D.; BAKER, J.; JONES, N.F.; MEALS, R.A.: The Innervation of the triangular fibrocartilage complex: Nitric acid maceration rediscovered. Plast Reconstr Surg 107:135 (2001)

[73] HAAGE, H.: Die Arthrographie des Handgelenkes. I.Mitteilung: Das normale Gelenk und seine Variationen. Radiologie 6:50 (1966)

[74] HAAGE, H.; CORNELIUS, H.: Die Arthrographie des Handgelenkes, II. Miteilung: Der pathologische Discus articularis. Der Radiologe 6:58 (1966)

[75] HAAS, N.; TEMPKA, A.: Behandlung der distalen Radiusfraktur - Diagnostik und Therapie der örtlichen Begleitverletzungen. Langenbecks Arch Chir Suppl. Kongressbd II: 688–692 (1990)

[76] HAEFELI, M.; SCHAEFER, D.J.; KALBERMATTEN, D.F.; HONIGMANN, P.: Endoskopie in der Handchirurgie. Obere Extremität 8:103–110 (2013)

[77] HAGERT, C.: The distal radioulnar joint. Hand Clin 3:41–50(1987)

[78] HAIMS, A.H.; SCHWEITZER, M.E.; MORRISON, W.B.; DEELY, D.; LANGE, R.; OSTERMAN, A.L.; BEDNAR, J.M.; TARAS, J.S.; CULP, R.W.: Limitations of MR imaging in the diagnosis of peripheral tears of the triangular fibrocartilage of the wrist. Am J Roentgenol 178:419–422 (2002)

[79] HANKER, G.J.: Arthroscopic evaluation of intraarticular distal radius fractures. Surg of the Hand (1991)

[80] HARDY, P.; WELBY, F.; STROMBONI, M.: Wrist arthroscopy and dislocation of the radiocarpal joint without fracture. Arthroscopy 15(7):779–783 (1999)

[81] HAUCK, R.M.; SKAHEN,J.; PALMER, A.K.: Classification and Treatment of Ulnar Styloid Nonunion. J Hand Surg 21A:418–422 (1999)

[82] HAUGSTVEDT, J.R.; BERGLUND, L.J.; NEALE, P.G.; BERGER, R.A.: A dynamic simulator to evaluate distal radio-ulnar joint kinematics. Journal of Biomechanics 34:335–339 (2001)

[83] HAUGSTVEDT, J.R.; BERGER, R.A.; BERGLUND, L.J.; NEALE, P.G.; SABICK, M.B.: An analysis of the constraint properties of the distal radioulnar ligament attachments to the ulna. J Hand Surg 27A:61–67 (2002)

[84] HAUGSTVEDT, J.R.; BERGER, R.A.; NAKAMURA, T.; NEALE, P.; BERGLUND, L.J.; AN, K.-N.: Relative contributions of the ulnar attachments of the triangular fibrocartilage complex to the dynamic stability of the distal radioulnar joint. J Hand Surg 31:445–451 (2006)

[85] HEMPFLING, H.: Synergistische Gelenkdiagnostik – Arthrographie und Arthroskopie. Chir Praxis 47:65–76 (1993/1994)

[86] HEMPFLING, H.: Farbatlas der Arthroskopie großer Gelenke, 2. Auflage, Gustav Fischer Verlag, Stuttgart (1995)

[87] HEMPFLING, H.: Bedeutung des Ellengriffels in der Therapie distaler Radiusfrakturen. Trauma Berufskrankheiten 1:40–48 (1998)

[88] HEMPFLING, H.: Die Läsionen des Handgelenkdiskus. Orthopäde 33:657–675 (2004)

[89] HEMPFLING, H.: Klassifikation des Knorpelschadens -traumatisch versus nichttraumatisch-. Orthopädische Praxis 40:528–541 (2004)

[90] HEMPFLING, H.; LUDOLPH, E.: Diskusschäden am Handgelenk. In: Ludolph – Schürmann – Gaidzik – Kursbuch der ärztlichen Begutachtung VI - 1.2.12, 1–16, 36. Erg.Lfg. 12/14. Ecomed Verlag Landsberg (2014)

[91] HENLE, G.; MEISSNER; F.; KEFERSTEIN, W.M.; GRENACHER, H.: Bericht über die Fortschritte der Anotomie und Physiologie, Volume 5. Leipzig & Winter'sche Verlagshandlung 1857–72. (1856)

[92] HOFFMANN, S.: Der Bau des Discus articularis articulationis radioulnaris distalis. Anat Anz 106:173–180 (1958)

[93] HOEGEN, K.; RESKE, W.: Veränderungen an der dreieckigen Bandscheibe des distalen Radio-Ulnar-Gelenkes. Zeitschrift f. Orthopädie und Ihre Grenzgebiete 87:525–532(1956)

[94] HOLLEVOET, R.; VERDONK, R.; VAN MAELE, G.: The influence of articular morphology on non-traumatic degenerative changes of the distal radioulnar joint. A radiographic study. J Hand Surg 31B:221–225 (2006)

[95] HOTCHKISS, R.N.; AN, K.N.; SOWA, D.T.; BASTA, S.; WEILAND, A.J.: An anatomic and mechanical study of the interosseous membrane of the forearm: pathomechanics of proximal migration of the radius. J Hand Surg Am 14:256–261 (1989)

[96] HULTEN, O.: Über anatomische Variationen der Handgelenksknochen. Acta Radiol (Stockh) 9:155 (1928)

[97] IMBRIGLIA, J.E.; CLIFFORD, J.W.: Management on the painful distal radioulnar joint in WATSON, H.K.; WEINZWEIG, J.: The Wrist, Lippincott Williams & Wilkings Philadelphia (2001)

[98] INOUE, G.; TAMURA, Y.: Surgical treatment for recurrent dislocation of the extensor carpi ulnaris tendon. J Hand Surg 26B:556–559 (2001)

[99] IORIO, M.L.; BAYOMY, A.F.; HUANG, J.I.: Morphology of the extensor carpi ulnaris groove and tendon. J Hand Surg Am 39:2412–2416 (2014)

[100] ISHII, S.; PALMER, A.K.; WERNER, F.W.; SHORT, W.H.; FORTINO, M.D.: An Anatomic Study of the Ligamentous Structure of the Triangular Fibrocartilage Complex. J Hand Surg 23A:977–985 (1998)

[101] IWATSUKI, K.; TATEBE, M.; YAMAMOTO, M.; SHINOHARA, T.; NAKAMURA, R.; HIRATA, H.: Ulnar impaction syndrome: incidence of lunotriquetral ligament degeneration and outcome of ulnar-shortening osteotomy. J Hand Surg Am 39:1108–1113 (2014)

[102] JANG, E.; DY, C.J.; WOLFE, S.W.: Selection of tendon grafts for distal radioulnar ligament reconstruction and report of a modified technique. J Hand Surg Am 39:2027–2032 (2014)

[103] JEFFRIES, A.O.; CRAIGEN, M.A.C.; STANLEY, J.K.: Wear patterns of the articular cartilage and triangular fibrocartilaginious complex of the wrist: a cadaveric study. J Hand Surg 19B:306–309(1994)

[104] JORDAN, L.: Die Wertigkeit der klinischen und der bildgebenden Diagnostik bei Läsionen des Discus ulnocarpalis. Dissertion Heinrich-Heine-Universität Düsseldorf (2000)

[105] JOSHY, S.; LEE, K.; DESHMUKH, S.C.: Accuracy of direct magnetic resonance arthrography in the diagnosis of triangular fibrocartilage complex tears of the wrist. International Orthopaedics 32:251–253 (2008)

[106] KAEMPFFE, F.A.: Central perforation of the articular disc of the triangular fibrocartilage complex in a 17 year old girl: could it be congenital? Am J Orthop (1997)

[107] KAUER, J.H.G.: The articular disc of the hand. Acta Anat 93:590–605 (1975)
[108] KAUER, J.H.G.: Note sur le development de ligament triangularis chez l'homme. Bull Aussic Anat 59:893–898 (1975)
[109] KAWANISHI, Y.; MORITOMO, H.; OMORI, S.; KATAOKA, T.; MURASE, T.; SUGAMOTO, K.: A comparison of 3-D computed tomography versus 2-D radiography measurements of ulnar variance and ulnolunate distance during forearm rotation. J Hand Surg Eur Vol 39E:526–532 (2014)
[110] KIHARA, H.; SHORT, W.H.; WERNER, F.W.; FORTINO, M.D.; PALMER, A.K.: The stabilizing mechanism of the distal radioulnar joint during pronation and supination. J Hand Surg 20A:930–936 (1995)
[111] KIKUCHI, Y.; NAKAMURA, T.: Avulsion fracture at the fovea of the ulna. J Hand Surg 23B(2):76–178 (1998)
[112] KIM, P.R.; GIACHINO, A.; UHTHOFF, H.K.: Histologic analysis of fetal ulnar variance. J Hand Surg 21A:114–116 (1996)
[113] KIP, P.C.; PEIMER, C.A.: Release of the sixth dorsal compartment. J Hand Surg 19A:599–601 (1994)
[114] KIRCHBERGER, M.C.; UNGLAUB, F.; MÜHLDORFER-FODOR, M.; PILLUKAT, T.; HAHN, P.; MÜLLER, L.P.; SPIES, C.K.: Update TFCC: histology and pathology, classification, examination and diagnostics. Arch Orthop Trauma Surg 135:427–437 (2015)
[115] KIYONO, Y.; NAKATSUCHI, Y.; SAITOH, S.: Ulnar-Styloid nonunion and partial rupture of extensor carpi ulnaris tendon: two case reports and review of the literature. J Orthop Trauma 16(9) (2002)
[116] KO, J.S.; SHIH, C.; CHANG, C.-Y.; TIU, C-M.; PENN, I-W.; WU, J-J.: Triangular fibrocartilage perforations with bilateral negative ulnar variant wrists: a case report. Chin Med J (Taipei) 61:556–559 (1998)
[117] KOEBKE, J.; BRADE, A.: Zur Läsion des Discus articularis des Handgelenkes. Z Orthop 118:616 (1980)
[118] KREUSCH-BRINKER, R.; ZILCH, H.; SPARMANN, M.: Arthrographische Diagnostik isolierter frischer Diskusverletzungen des Handgelenkes. Orthop Praxis 5:280–284 (1988)
[119] KUNTZ, D.G.; SHAH, M.A.; SOTEREANOS, D.G.: Traumatic triangular fibrocartilage complex tear in an 11 year old patient. Kuntz et al case reports. Orthopädie 22(2):253–254 (1999)
[120] LANG, F.: Das distale Radio-Ulnargelenk Mschr. Unfallheilk. Beiheft 36:1–85 (1942)
[121] LANGENBERG, R.: Die Therapie der distalen Radiusfraktur. Beitrag Orthop Traumatol 34:571–578 (1987)
[122] LA PORTE, D.M.; HASHEMI, S.S.; DELLON, A.L.: Sensory innervation of the triangular fibrocartilage complex: a cadaveric study. J Hand Surg Am 39:1122–1124 (2014)
[123] LEE, D. H.; DICKSON, K.F.; BRADLEY, E.L.: The Incidence of wrist interosseous ligament and triangular fibrocartilage articular disc disruptions: a cadaveric study. J Hand Surg 29A:676–684 (2004)
[124] LEWIS, O.J.: The development of the human wrist joint during the fetal period. Anat Rec 166:499–516 (1970)
[125] LICHTMAN, D.M.; JOSHI, A.: Acute injuries of the distal radioulnar joint and triangular fibrocartilage complex. AAOS Instructional Course Lectures Vol.52 (2003)
[126] LICK-SCHIFFER, W.: Der ulnare Handgelenksschmerz. Orthop Prax 46:6 (2010)
[127] MARTINEK, H.; SPÄNGLER, H.: Zur Traumatologie des Discus articularis des Handgelenkes. 2. Teil: Operative Behandlung und Ergebnisse. Arch Orthop Unfall-Chir 87:299–308 (1977)
[128] MARTINEK, H.: Zur Traumatologie des Discus articularis des Handgelenkes. 1. Teil: Klinik und Diagnostik. Arch Orthop Unfall-Chir 87:285–297 (1977)

[129] MAY, M.M.; LAWTON, J.N.; BLAZAR, P.E.: Ulnar styloid fractures associated with distal radius fractures: incidence and implications for distal radioulnar joint instability. J Hand Surg Am 27:965–971 (2002)

[130] MELONE, C.P.; NATHAN, R.: Traumatic Disruption of the Triangular Fibrocartilage Complex. Clinical Orthopaedics and Related Research 275 (1992)

[131] MENON, J.: Isolated tears of the triangular fibrocartilage of the wrist: result of partial excision. J Hand Surg 9A:527–530 (1984)

[132] MIKIC, Z.D.: Age changes in the triangular fibrocartilage of the wrist joint. J Anat 126(2):367–384 (1977)

[133] MIKIC, Z.D.: Detailed anatomy of the articular disc of the distal radioulnar joint. Faculty of Medicine, Novi Sad, Yug. (1988)

[134] MILCH, H.: So-called dislocation of the lower end of the ulna. Ann Surg 116:282 (1942)

[135] MIZUSEKI, T.; WATARI, S.; ISHIDA, O.; IKUTA, Y.: A case report of isolated traumatic tear of the triangular fibro-cartilage. Hiroshima Journal of Medical Sciences 35(1):63–66 (1986)

[136] MÖRIKE, K.D.: Zur Herkunft und Funktion des ulnaren Diskus am Handgelenk. Morph Jb 105–3:365–374 (1963)

[137] MORITOMO, H.: Advantages of open repair of a foveal tear of the triangular fibrocartilage complex via a palmar surgical approach. Techniques in Hand & Upper Extremity Surgery 13:176–181 (2009)

[138] MORITOMO, H.: The distal interosseous membrane: current concepts in wrist anat-omy and biomechanics. J Hand Surg 37-A:1501–1507 (2012)

[139] MORITOMO, H.; ARIMITSU, S.; KUBO, N.; MASATOMI, T.; YUKIOKA, M.: Computed tomography arthrography using a radial plane view for the detection of triangular fibrocartilage complex foveal tears. J Hand Surg Am 40:245–251 (2015)

[140] MOSSING, N.: Isolated lesions of the radioulnar disk treated with excision. Scand J Plast Reconstr Surg 9:231–233 (1975)

[141] MUNK, B.; JENSEN, S.L.; OLSEN, B.S.; KROENER, K.; ERSBOELL, B.K.: Wrist stability after experimental traumatic triangular fibrocartilage complex lesions. J Hand Surg 30A:43–49 (2005)

[142] NACHINOLCAR, U.; KHANOLKAR, K.B.: Stenosing tenovaginitis of extensor carpi ulnaris: brief report. J Bone Joint Surg Br 70:842 (1988)

[143] NAKAMURA, T.; YABE, Y.; HORIUCHI, Y.: Dynamic changes in the shape of the triangular fibro-cartilage complex during rotation demonstrated with high resolution magnetic resonance imaging. J Hand Surg 24B(3):338–341 (1999)

[144] NAKAMURA, T.; YABE, Y.: Histological anatomy of the triangular fibrocartilage complex of the human wrist. Ann Anat 182:567–572 (2000)

[145] NAKAMURA, T.; MOY, O.J.; PEIMER, C.A.: Relationship between the ulnar styloid fracture and DRUJ instability. J Hand Surg Br 28:48 (2003)

[146] NAKAMURA, T.; MATSUMURA, N.; IWAMOTO, T.; SATO, K.; TOYAMA, Y.:Arthroscopy of the distal radioulnar joint. Handchir Mikrochir Plast Chir 46:295–299 (2014)

[147] NAKASHIMA, T.: An accessory extensor digiti minimi arising from extensor carpi ulnaris. J Anat 182: 109–112 (1993)

[148] NATHAN, R.; SCHNEIDER, L.H.: Classification of distal radioulnar joint disorders. Hand Clin 7:239–247 (1991)

[149] NICOLAIDIS, S.C.; HILDRETH, D. H.; LICHTMAN, D.M.: Acute injuries of the distal radioulnar joint. Hand Clin 16:449–459 (2000)

[150] ODA, T.; WADA, T.; IBA, K.; AOKI M.; TAMAKAWA, M.; YAMASHITA, T.: Reconstructed animation from four-phase grip MRI of the wrist with ulnar-sided pain. J Hand Surg Eur Vol 38:746–750 (2013)

[151] ONESON, S.R.; TIMINS, M.E.; SCALES, L.M.; ERICKSON, S.J.; CHAMOY L.: MR Imaging Diagnosis of Triangular Fibrocartilage Pathology with Arthroscopic Correlation. AJR 168:1513–1518 (1997)

[152] PALEY, D.; Mc MURTRY, R.Y.: Dorsal dislocation of the ulnar styloid and extensor carpi ulnaris tendon into the distal radioulnar joint: The empty sulcus sign. J Hand Surg 12A(6) (1987)

[153] PALMER, A.; WERNER, F.: The triangular fibrocartilage complex of the wrist: Anatomy and function. J Hand Surg Am 6:153–162 (1981)

[154] PALMER, A.K.; GLISSON, B.S.; WERNER, F.W.: Ulnar variance determination. J Hand Surg 7:376–379 (1982)

[155] PALMER, A.K.; WERNER, F.W.: Biomechanics of the distal radio-ulnar joint. Clin Orthop 187:26–34 (1984)

[156] PALMER, A.K.: Triangular fibrocartilage complex lesions: A classification. J Hand Surg 14A:594–606 (1989)

[157] PARIS, S.; EISENSCHENK, A.; MUTZE, S.: Wertigkeit der Magnetresonanz-tomographie in der Diagnostik von TFCC Läsionen. Trauma Berufskrankheiten 4:250–254 (2002)

[158] PAUWELS, F.: Eine neue Theorie über den Einfluss mechanischer Reize auf die Differenzierung der Stützgewebe. 10. Beitrag zur funktionellen Anatomie und kausalen Morphologie des Stützapparates. Z Anat Entwickl.-Gesch 121:643 (1960) Ges. Abh. 480 (1965)

[159] PECHLANER, S.; KATHREIN, A.; GABL, M.; LUTZ, M.; ANGERMANN, P.; ZIMMERMANN, R.; PEER, R.; PEER, S.; RIEGER, M.; FREUND, M.; RUDISCH, A.: Distale Radiusfrakturen und Begleitverletzungen. Handchir Mikrochir Plast Chir 34:150–157 (2002)

[160] PEDERZINI, L.; LUCHETTI, R.; SORAGNI, O.; ALFARANO, M.; MONTAGN A, G.; CEROFOLINI, E.; COLOMBINI, R.; ROTH, J.: Evaluation of the triangular fibrocartilage complex tears by arthroscopy, arthrography, and magnetic resonance imaging. Arthroscopy 8:191–197 (1992)

[161] PEICHA, G.; FELLINGER; M.; SEIBERT, F.J.; GRECHENIG, W.; SCHIPPINGER; G.: Scapholunar ligament injuries in acute wrist trauma. Arthroscopic diagnosis and minimally invasive surgery. Unfallchirurg 100:430–437 (1997)

[162] PILLUKAT, T.; FUHRMANN, R.; WINDOLF, J.; VAN SCHOONHOVEN, J.: Die Arthroskopie des distalen Radioulnargelenks.Oper Orthop Traumatol 26:547–555 (2014)

[163] POMSEL, Th.; KREUSCH-BRINKER, R.; AHMADI, A.: Die arthroskopische Diagnostik der Handgelenks-Discusverletzung. Z Orthop 127:331–335 (1989)

[164] QUIGLEY, R.J.; ROBICHEAUX, G.W.; LEE, T.Q.: The proximal and distal position of the radius relative to the ulna through a full range of elbow flexion and forearm rotation. J Hand Surg Eur Vol 39:535–540 (2013)

[165] RABINOWITZ, R.S.; LIGHT, T.R.; HAVEY, R.M.; GOURINENI, P.; PATWARDHAN, A.G.; SARTORI, M.J.; VRBOS, L.: The role of the interosseous membrane and triangular fibrocartilage complex in forearm stability. J Hand Surg 19A:385–393 (1994)

[166] RAPPOLD, G.; LEISNERING, M.; PEZZEI, C.: Diagnostik und Therapie karpaler Begleitverletzungen bei distalen Radiusfrakturen. Handchir Mikrochir Plast Chir 33:221–228 (2001)

[167] RAU, W.S.; SEIFERT, J.: Arthrographische Befunde bei Diskusläsionen am Handgelenk. Radiologe 22:214–221 (1982)

[168] REHN, J.: Behandlungsergebnisse typischer Radiusfrakturen Chirurg 36:206–211 (1965)

[169] RICHARDS, R.S.; BENNETT, J.D.; ROTH, J.H.; MILNE, K.: Arthroscopic diagnosis of intra-articular soft tissue injuries associated with distal radial fractures. J Hand Surg 22A:772–776 (1997)

[170] RICHARDS, T.A.; DEAL, D.N.: Distal ulna fractures. J Hand Surg Am 39:385–391 (2014)

[171] ROSENTHAL, A.: Die Verletzung des Discus articularis bei der typischen Radiusfraktur. Langenbecks Arch. U. Dtsch. Z. Chir. Bd. 262:390–393 (1949)

[172] SCHÄDEL-HÖPFNER, M.; MÜLLER, K.; GEHRMANN, S.; LÖGTERS, T.T.; WINDOLF, J.: Therapie von Läsionen des „triangular fibrocartilage complex". Unfallchirurg 115:582–588 (2012)

[173] SCHMIDT, H.M.: Chirurgische Anatomie des distalen Radioulnargelenkes und des ulnokarpalen Gelenkkompartimentes. Handchir Mikrochir Plast Chir 30:346–350 (1998)

[174] SCHMIDT, H.M.: Die Anatomie des ulnokarpalen Komplexes. Orthopäde 33:628–637 (2004)

[175] SCHÜTZ, K.; MIDDENDORP, J; MEYER, V.E.: Ulnodorsales Impingementsyndrom: Die Meniskusläsion des Handgelenkes. Handchir Mikrochir Plast Chir 28:227–232 (1996)

[176] SCHUIND, F.; AN, K-N.; BERGLUND, L.; REY, R.; COONEY, W.P.; LINSCHEID, R.L; CHAO, E.Y.S.: The distal radioulnar ligaments: a biomechanical study. J Hand Surg 16A:1106–1112 (1991)

[177] SCHUURMAN, A.H.; BOS, K.E.: The ulno-carpal abutment syndrome. J Hand Surg 20B(2):171–177 (1995)

[178] SEIBERT, F.J.; FELLINGER, M.; GRECHENIG, W.; PEICHA, G.; PASSLER, J.: Radiusfraktur loco typico. Arthroskopische Diagnose und minimalinvasive Therapie von Zusatzverletzungen. Arthroskopie 8:273–280 (1995)

[179] SHEN, J.; PAPADONIKOLAKIS, A.; GARRETT, J.P.; DAVIS, S.M.; RUCH, D.S.; WINSTON-SALEM: J Hand Surg 30A:1172–1177 (2005)

[180] SHIONOYA, K.; NAKAMURA, R.; IMAEDA, T.; MAKINO, N.: Arthrography is superior to Magnetic Resonance Imaging for Diagnosing Injuries of Triangular Fibrocartilage. J Hand Surg 23B:402–405 (1998)

[181] SIGGELKOW, G.: Schädigung des Discus articularis des Handgelenks nach distaler Radiusfraktur. Zbl. Chirurgie 109:750–756 (1984)

[182] SIK, J.: Isolierte Sportverletzungen des Discus articularis (Triangularis) im Handgelenk. Klin Med 18:369–371 (1963)

[183] SINGH, R.: Untersuchungen am „ulnokarpalen Komplex“ der menschlichen Hand. Med. Dissertation, Universität Münster (1993)

[184] SKAHEN, J.R. III; PALMER, A.K.; WERNER, F.W.; FORTINO, M.D.: The interosseous membrane of the forearm: anatomy and function. J Hand Surg Am 22:981–985 (1997)

[185] SLUTSKY, D.J.: Distal radioulnar joint arthroscopy and the volar ulnar portal. Techniques in Hand and Upper Extremity Surgery 11(1):38–44 (2007)

[186] SLUTSKY, D.J.; OSTERMAN, A.L.: Fractures and injuries of the distal radius and carpus: the cutting edge. Sounders Elsevier Philadelphia (2009)

[187] SPRINGORUM, H.R.; WINKLER, S.; MADERBACHER, G.; GÖTZ, J.; HEERS, G.; GRIFKA, J.; PREISSLER, P.: Handgelenksarthroskopie. Herausforderndes Verfahren der modernen Handchirurgie. Orthopäde 44:89–102 (2015)

[188] STANGIER, R.: Zur topographischen Anatomie des Recessus ulnaris des proximalen Handgelenkes. Dissertion Universität Köln (1987)

[189] STRASSMAIR, M.; WILHELM, K.: Die Luxation der Extensor-carpi-ulnaris-Sehne. Orthopäde 31:88–91 (2002)

[190] TAKAMI, H.; TAKAHASHI, S.; ANDO, M.: Isolated palmar dislocation of the distal radioulnar joint in a football player. Arch Orthop Trauma Surg 120:598–600 (2000)

[191] TANAKA, T.; YOSHIOKA, H.; UENO, T.; SHINDO, M.; OCHIAI, N.: Comparison between high-resolution MRI with a microscopy coil and arthroscopy in triangular fibrocartilage complex injury. J Hand Surg 31A:1308–1314 (2006)

[192] TANG, J.B.; RYU, J.; KISH, V.: The triangular fibrocartilage complex: an important component of the pulley for the ulnar wrist extensor. J Hand Surg 23A:986–991 (1998)

[193] TAYLOR, G.W.; PARSON, C.I.: The role of the discus articularis in colles fracture. J Bone Joint Surg 20:149–152 (1938)

[194] TERRILL, R.Q.: Use of arthroscopy in the evaluation and treatment of chronic wrist pain. Hand Clinics 10(4) (1994)

[195] TERRY, C.L.; WATERS, P.M.: Triangular fibrocartilage injuries in pediatric an adolescent patients. J Hand Surg 23A:626–634 (1998)

[196] TEURLINGS, L.; MILLER, G.J.; WRIGHT, T.W.: Pressure mapping of the radioulnar carpal joint: effects of ulnar lengthening and wrist position. J Hand Surg 25B(4):346–349 (2000)

[197] THOMS, J.: Calcification of the triangular fibrocartilage in the wrist joint – arthrographic study of a case. British J of Radiol 35:429–431 (1962)

[198] TOMAINO, M.M.: The importance of the pronated grip x-ray view in evaluating ulnar variance. J Hand Surg 25A:352–357 (2000)

[199] TRUMBLE, T.E:; GILBERT, M.; VEDDER, N.: Ulnar shortening combined with arthroscopic repairs in the delayed management of triangular fibrocartilage complex tears. J Hand Surg 22A:807–813 (1997)

[200] TÜNNERHOFF, H.G.; LANGER, M.: Arthroskopische Refixation des TFCC bei ulnarer Ruptur. Handchir Mikrochir Plast Chir 46:286–294 (2014)

[201] UCHIYAMA, S.; NAKATSUCHI, Y.: Anatomical and radiological evaluation of the triangular fibrocartilage complex of the wrist. J Hand Surg Br 19:319–324 (1994)

[202] UNGLAUB, F.; HAHN, P.; SPIES, C.K.; HUBER, M.K.I.: Ist die indirekte MR-Arthrographie bezüglich TFCC-Beurteilung wirklich äquivalent zur direkten MR-Arthrographie? Unfallchirurg 118:256–258 (2015)

[203] UNGLAUB, F.; WOLF, M.B.; THOME, M.A.; GERMANN, G.; SAUERBIER, M.; REITER, A.: Correlation of ulnar length and apoptotic cell death in degenerative lesions of the triangular fibrocartilage. J Arth Rel Surg 24:299–304 (2008)

[204] UNGLAUB, F.; KROEBER, M.W.; THOMAS, S.B.; WOLF, M.B.; ARKUDAS, A.; DRAGU, A.; HORCH, R.E.: Incidence and distribution of blood vessels in punch biopsies of Palmer 1A disc lesions in the wrist. Arch Orthop Trauma Surg 129:631–634 (2009)

[205] UNGLAUB, F.; THOMAS, S.B.; KROEBER, M.W.; DRAGU, A.; FELLENBERG, J.; MITTLMEIER, T.; WOLF, M.B.; HORCH, R.E.: Adoptotic pathways in degenerative disk lesions in the wrist. J Arth Rel Surg 25:1380–1386 (2010)

[206] Van SCHOONHOVEN, J.; LANZ, U.: „Rund um den Ellenkopf": Verletzungsmuster und Klassifikationen. Handchir Mikrochir Plast Chir 30:351–360 (1998)

[207] VESELY, D.G.: The distal radio-ulnar joint. Clin Orthop 51:75–91 (1967)

[208] VIEGAS, S.F.; BALLANTYNE, G.: Attritional lesions of the wrist joint. J Hand Surg 12A:1025–1029 (1987)

[209] VIEGAS, S.F.; POGUE, D.J.; PATTERSON, R.M.; PETERSON, P.D.: Effects of radioulnar instability on the radiocarpal joint: a biomechanical study. J Hand Surg Am 15:728–732 (1990)

[210] VIEGAS, S.F.; PATTERSON, R.M., HOKANSON, J.A. et al.: Wrist anatomy: Incidence, distribution, and correlation of anatomic variations, tears, and arthrosis. J Hand Surg 19:463–475 (1993)

[211] WADSTROEM, J.; NIGST, H.; OHNACKER, H.: Ganglion im Discus triangularis. Eine Erstbeschreibung. Handchirurgie 18:53–54(1986)

[212] WANG, C.; GILL, T.J.; ZARINS, B.; HERNDOM, J.H.: Extensor carpi ulnaris tendon rupture in an ice hockey player: a case report. Am J Sports Med 31:459–461 (2003)

[213] WARD, L.D.; AMBROSE, C.C.; MASSON, M.V.; LEVARO, F.: The role of the distal radioulnar ligaments, interosseous membrane, and joint capsule in distal radioulnar joint stability. J Hand Surg 25A:341–351 (2000)

[214] WATANABE, H.; BERGER, R.A.; AN, K-N.; BERGLUND, L.J.; ZOBITZ, M.E.: Stability of the distal radioulnar joint contributed by the joint capsule. J Hand Surg 29A:1114–1120 (2004)

[215] WATANABE, H.; BERGER, R.A.; BERGLUND, L.J.; ZOBITZ, M.E.; AN, K-N.: Contribution of the interosseous membrane to distal radioulnar joint constraint. J Hand Surg Am 30:1164–1171 (2005)

[216] WATANABE, H.; BERGER, R.A.; BERGLUND, L.J.; ZOBITZ, M.E.; AN, K-N.: Dorsal dislocation of the radius relative to the ulna strongly suggests distal IOM rupture. disengagement

of the radius from the DRUG indicated injury to the distal and middle IOM. J Hand Surg 30A:1164–1171 (2005)

[217] WATSON, H.K.; WEINZWEIG, J.: Triquetral impingement ligament tear (tilt). J Hand Surg 24B(3):321–324 (1999)

[218] WEIGL, K.; SPIRA, E.: The triangular fibrocartilage of the wrist joint. Reconst Surg Traumatol 11:139–153 (1969)

[219] WILHELM, K.: Läsionen des Discus ulnocarpalis. In: Nigst, H. (Hrsg.): Handgelenksverletzungen. Hippokrates Verlag, Stuttgart (1986)

[220] WINKEL, R.; SCHLAGETER, M.: Schmerzhaftes distales radioulnares Gelenk (DRUG). Trauma Berufskrankh 8:136–142 (2006)

[221] WINTER, P.M.; Untersuchungen am Discus articularis ulnae mit Hilfe der Arthrographie des Handgelenkes. Handchirurgie 8:135–144 (1976)

[222] WITT, K-A.; POLZER, S.; PÖTZL, W.; STEINBECK, J.: Häufigkeit therapierelevanter karpaler Begleitverletzungen der distalen Radiusfraktur. Osteologie Band 12, Supp 2 (2003)

[223] WRIGHT, T.W.; Del CHARCO, M.; WHEELER, D.: Incidence of Ligament Lesions and Associated Degenerative Changes in the Elderly Wrist. J Hand Surg 19A:313–318 (1994)

[224] WRIGHT, T.W.; DOBYNS, J.H.; LINSCHEID, R.L.; MACKSOUD, W.; SIEGERT, J.: Carpal instability non-dissociative. J Hand Surg 19B(6):763–773 (1994)

[225] XARCHAS, K.C.; Le VIET, D.: Non rheumatoid closed rupture of extensor carpi ulnaris tendon. Report of a case in a professional athlete. Acta Orthopaedica Belg 68:399–402 (2002)

[226] YAMAMOTO, M.; KOH, S.; TATEBE, M.; SHINOHARA, T.; SHIONOYA, K.; HIRATA, N.; NAKAMURA, R.: Importance of distal radioulnar joint arthroscopy for evaluating the triangular fibrocartilage complex. J Orthop Sci 15:210–215 (2010)

[227] YANAGIDA, H.; ISHII, S.; SHORT, W.H.; WERNER, F.W.; WEINER, M.M.; MASAOKA, S.: Radiologic evaluation of the ulnar styloid. J Hand Surg 27A:49–56 (2002)

[228] YEH, G.L.; BEREDJIKLIAN, P.D.; KATZ, M.A.; STEINBERG, D.R.; BOZENTKA, D.J.: Effects of forearm rotation on the clinical evaluation of ulnar variance. J Hand Surg 26A:1042–1046 (2001)

[229] ZAHIRI, H.; ZAHIRI, C.A.; RAVARI, F.K.: Ulnar styloid impingement syndrome. International Orthopaedics 34:1233–1237 (2010)

[230] ZANETTI, M.; LINKOUS, M.D.; GILULA, L.A.; HODLER, J.: Characteristics of triangular fibrocartilage defects in symptomatic and contralateral asymptomatic wrists. Radiology 216:840–845 (2000)

[231] ZIMMERMAN, R.M.; JUPITER, J.B.: Instability of the distal radioulnar joint. J Hand Surg Eur Vol 39:727–738 (2014)

3 Bandscheiben

Bandscheiben sind Zwischenwirbelscheiben (lat.: Discus intervertebralis), d. h. druckelastische fibrokartilaginäre Synchondrosen zwischen den Wirbelkörpern der Hals-, Brust- und Lendenwirbelsäule, deren Radius etwas größer als der der benachbarten Wirbelkörper ist. Sie bestehen aus einem Gallertkern (Nucleus pulposus) und einem diesen umgebenden Faserknorpelgewebe (Anulus fibrosus). Die Ober- und Unterseite der Bandscheibe wird vom Knochen der Wirbelkörper durch eine damit fest verbackene Schicht hyalinen Knorpels abgegrenzt.

3.1 Anatomie

An der Halswirbelsäule haben die Bandscheiben seitliche Spalten, die in den Anulus fibrosus eindringen. Die Spalten sind nach lateral scharf und nach medial unscharf begrenzt. Mit zunehmendem Alter können die Spalten die gesamte Zwischenwirbelscheibe durchsetzen und sie in zwei Hälften zerlegen [57]. TROLARD [95] führte die Bezeichnung Unkovertebralgelenke ein. Bei Neugeborenen und Kleinkindern stellen die Bandscheiben schmale Gebilde mit einem linsenförmigen Gallertkern und einem sehr regelmäßig gebauten Faserring dar. Im Laufe der Kindheit dehnen sich die Zwischenwirbelscheiben nach lateral aus und bilden Spalten in den oberen Zwischenwirbelscheiben mit dem Ende des ersten Dezenniums (Abb. 3.1).

Es entstehen Spalten im Anulus fibrosus. Die durchgerissenen Lamellen werden im Bereich der Spalten nach außen verlagert und bilden einen Überzug der Hakenfortsätze (Unci corporis), so dass die Spalten ein gelenkähnliches Aussehen erhalten. Durch seitliche Anlagerung von Bindegewebe entsteht eine Art Gelenkkapsel, die den Spalt nach außen abschließt. Die Unkovertebralspalten sind demnach Spalten in ursprünglich intakten Zwischenwirbelscheiben, diese haben die Tendenz, weit in das Zentrum des Bandscheibengewebes vorzudringen, so dass schließlich durchgehende transversale Spalten entstehen, die die Zwischenwirbelscheiben in zwei etwa gleich starke Hälften trennen können [64].

Die Bandscheiben der Brust- und Lendenwirbelsäule sind zylindrisch angelegt und zeigen eine Keilform mit Zuspitzung nach hinten. Die typische Keilform der Bandscheiben leistet letztendlich einen Beitrag zur physiologischen Lordose der Lendenwirbelsäule. Auf Höhe der Brustwirbelsäule wird die Kyphose durch die Form der Wirbelkörper bestimmt, während die Bandscheiben keine nennenswerte Keilform mehr aufweisen. Die Bandscheiben der Lendenwirbelsäule haben im Querschnitt eine mehr elliptische Form, die Bandscheiben der Brustwirbelsäule sind eher rund. Die runde Form erlaubt eine stärkere Torsion des Wirbelsegmentes, während die elliptische Form der Bandscheiben der Lendenwirbelsäule den Vor- und Rückneigungen besser widersteht. Die Bewegungsausschläge der Brustwirbelsäule sind aufgrund

DOI 10.1515/9783110493665-008

der Fixierung mit dem Brustkorb über die Rippen-Wirbelgelenke begrenzt. Rotationen sind an der Lendenwirbelsäule durch die Stellung der Wirbelgelenke begrenzt. Während des frühen Wachstumsalters sind die gegenüberliegenden Deck- und Abschlussplatten vollkommen mit einer dünnen Knorpelplatte bedeckt, der eigentlichen Epiphysis, die in der ersten Zeit noch mittels Knorpelkanälen vaskularisiert ist [93]. Nach der Pubertät erscheinen hier die sekundären Ossifikationszentren unter Verlust der Gefäßversorgung und verschmelzen mit dem eigentlichen Wirbelkörper nach dem 19. bis 21. Lebensjahr. Dabei vereinigt sich nur die ringförmige Epiphyse (Randleiste) mit dem Knochen des Wirbelkörpers, während das Zentrum der Knorpelplatte nicht verknöchert [26]. Dieser Reifungs- und Umbauprozess verläuft nach einem typisch strukturierten Muster. Auch beim Erwachsenen sind die zentralen Anteile der gegenüberliegenden Wirbelkörper noch mit einer dünnen Lamelle aus hyalinem Knorpel bedeckt. Der Bandscheibenring besteht vorwiegend aus zwiebelschalenartig geschichteten Lamellen von Kollagenfasern, die sich in Schraubenwindungen miteinander verflechten und streng parallel in einem Winkel zwischen 30° bis 45° von Wirbelkörper zu Wirbelkörper ziehen (Abb. 3.1).

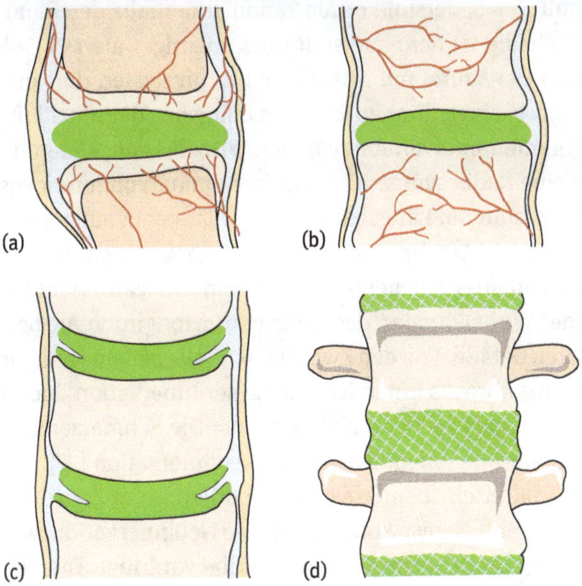

Abb. 3.1: Anatomie der Bandscheibe ((a) = Wirbelkörper und Bandscheibe eines Neugeborenen, (b) = Wirbelkörper und Bandscheibe eines Jugendlichen nach der Pubertät, (c) = Bandscheiben der mittleren Halswirbelsäule eines 12-Jährigen, (d) = Faserring der Bandscheibe), nach [102].

In der Randzone des Bandscheibenrings finden sich derbe so genannte Sharpey-Fasern, die in die knöchernen Randleisten einstrahlen und dort fest verankert sind. Die Faserringbänder sind ventral und lateral zahlreicher und kräftiger als dorsal.

Dies verstärkt die Haftung zwischen den Wirbelkörpern und bietet eine Widerstandsfähigkeit gegenüber Kipp- und Torsionsmomenten. Lateral ist der Anulus fibrosus schmal und weist nur wenige, relativ dünne Lamellen auf. Jede Lamelle besteht aus unter sich parallelen kollagenen Fasern, welche gekreuzt zur Nachbarlamelle verlaufen. Knorpelzellen sind spärlich und lediglich in der inneren Zone anzutreffen. Blutgefäße fehlen beim Erwachsenen vollständig. Nur bis zum 4. Lebensjahr ist eine eigene, vom Wirbelkörper unabhängige Vaskularisation des Faserringes zu beobachten. Die einzelnen Lamellen des Faserringes sind zusätzlich durch ein ausgeklügeltes Netzwerk miteinander verknüpft. Die Struktur des Anulus ist demnach viel komplexer, als angenommen wurde [85]. Ob ein Untergang dieses Netzwerkes die Schwäche des Faserringes und damit letztendlich eine Texturstörung der Bandscheibe einleitet, ist noch unklar. Unterschiede im Netzwerk der Lamellen auf Zellbasis sind wahrscheinlich genetisch verursacht, dies könnte die unterschiedliche Verbreitung „degenerativer" Veränderungen der Bandscheiben erklären. Die Bandscheiben bilden die größten avaskulären Strukturen im Körper, deren Sauerstoffverbrauch ist eher gering. Ein Substrataustausch findet nur mittels Diffusion vom Wirbelkörper oder vom Anulus fibrosus her statt [96].

Es gibt einen starken Abfall der Sauerstoffkonzentration innerhalb der Bandscheibe. Im Zentrum der Bandscheibe ist der Sauerstoffdruck niedriger als 1 % [56]. Die Bandscheiben sind praktisch nervenfrei mit Ausnahme des hintersten dorsalen Abschnitts. Jeder Spinalnerv entlässt einen dünnen Ramus meningeus, der rückläufig durch den kranialen Teil des Foramen intervertebrale in den Wirbelkanal gelangt. Er besitzt eine Radix spinalis und eine Radix sympathica aus dem Ramus communicans griseus und teilt sich seitlich vom hinteren Längsband in einen längeren aufsteigenden und einen kürzeren absteigenden Ast. Im Bereich der Zwischenwirbelscheiben überlappen sich die Nerven benachbarter Segmente. Mit feinsten Zweigen versorgen die Rami meningei das Periost des Wirbelkanales, das Ligamentum longitudinale posterius, die Dura und die epiduralen Gefäße. Von den Zwischenwirbelscheiben sind nur die äußersten Lamellen des Anulus fibrosus innerviert. An dieser Innervation ändert sich auch bei künstlich gesetzten Bandscheibenschäden nichts. Die Schmerzentstehung ist bei Bandscheibendegenerationen nicht Folge einer Neoinnervation [27].

Wenn bei Schafen künstliche Bandscheibenrisse gesetzt wurden, so zeigten diese eine Heilungstendenz, es entstehen eine Neovaskularisation und Neoinnervation, wobei die Neoinnervation jedoch nicht ins Zentrum der Bandscheibe vordringt. Die Nervenproliferation überschreitet den Außenrand des Anulus nur geringfügig und dringt nicht weiter ins Innere der Bandscheibe vor. Die Neoinnervation entspricht in etwa der Tiefe der normalen Innervation des Anulus und ist regelmäßig deutlich außerhalb des äußeren Drittels des Faserringes. Im inneren Anteil des Faserringes und im Nucleus gibt es weder eine Vaskularisation noch eine Neoinnervation. Im äußeren Drittel zeigen künstlich gesetzte Risse eine regelrechte Heilungstendenz. Ventralwärts geht der Bandscheibenring allmählich und ohne besondere Grenzen in den Gallertkern über. Dieser ist restliches Gewebe der Chorda dorsalis. Deswegen liegt der Bandscheibenkern mehr im dorsalen Anteil des Zwischenwirbelabschnittes. Überreste der zentralen, mikroskopisch kleinen Chordasegmente lassen sich in Form vereinzelter Zellgruppen noch lange nach der Geburt in der Chondromukoid-Gallerte nachweisen. Die Wirbelkörpersäule wird vorne und hinten durch die ganz verschieden gestalteten Längsbänder verstrebt: Ligamenta longitudinale anterius et posterius. Sie wirken der Sprengkraft der Gallertkerne entgegen, haben also die Tendenz, die Wirbelsäule zu verkürzen. Das vordere Längsband lässt sich in der Regel gut von der Bandscheibe trennen, während das hintere Längsband mit dem Faserring der Bandscheibe fest verbunden ist.

3.2 Biochemie

Der Wassergehalt der Bandscheibe nimmt allmählich während des Lebens ab. Zum Zeitpunkt der Geburt finden sich im Anulus fibrosus 80 % und im Nucleus pulposus 88 % Wasseranteile, mit Erreichen der dritten Lebensdekade werden im Anulus fibrosus 70 % und im Nucleus pulposus ungefähr 75 % Wasser gefunden. Im späteren Lebensalter gleichen sich die Wasseranteile von Bandscheibenkern und Faserring einander an [71]. Bei Geburt besteht die Bandscheibe fast nur aus dem Nucleus pulposus, der von einem dünnen Anulus fibrosus umgeben ist. Während der Kindheit sind die Bandscheibenkerne gallertig und mit einem hohen Turgor versehen, d. h., der Bandscheibenkern steht unter hohem Druck. Beim Aufschneiden einer jugendlichen Bandscheibe wölben sich die gallertartigen Massen des Bandscheibenkerns sofort über das Niveau der Schnittfläche [48]. Mit Erreichen des dritten Lebensjahres werden die Bandscheibenkerne halbfest und haben viel vom ursprünglichen Druck verloren. Im mittleren Lebensalter sind die Bandscheibenkerne in der Mehrzahl der untersuchten Wirbelsäulen von fester Konsistenz ohne den früheren Turgor, trocken und bröckelig bei der Berührung. Eine Grenze zwischen Anulus fibrosus und Nucleus pulposus ist in diesem Lebensabschnitt nicht mehr nachzuweisen [90].

In der Grundsubstanz des Bandscheibenkernes gibt es vorwiegend Glykoproteine und hochmolekulare Polysaccharide. Glykoproteine zeichnen sich durch starke Wasseranziehungskraft und Viskosität aus. Unter den hochmolekularen Polysacchariden finden sich vor allem die sauren Glykopolysaccharide, wie Hyaluronsäure, Chondroitinsulfat, Keratansulfat und Heparin. Mukopolysaccharide bilden ein hochpolymeres dreidimensionales Gittersystem, welches der Grundsubstanz Viskosität verleiht. Mit deren Hydratationskraft bestimmen die Mukopolysaccharide Quellbarkeit, Elastizität und Viskosität der Grundsubstanz [48]. Die Biosynthese der Makromolekülgruppen im Bandscheibengewebe ist eine sich wiederholende Zellleistung. So weisen z. B. die sauren Mukopolysaccharide eine hohe Umsatzrate auf. Nur ein regelmäßiger Stoffaustausch in der Bandscheibe ist in der Lage, die Biosynthese und den Abbau der extrazellulär gelegenen Strukturelemente aufrechtzuerhalten. Der Bandscheibenring besteht vorwiegend aus Kollagenfasern, die in Form von dicht gebildeten Fibrillen geflechtartig verlaufen. Die Kollagenfasern werden durch Mukopolysaccharide zusammengehalten. Die einzelnen Moleküle sind untereinander verzahnt und bilden eine makromolekulare Überstruktur, die das Netzwerk der Kollagenfasern mechanisch verfestigt. Dieses System stellt ein Hindernis für die Diffusion von Molekülen dar, nur Substanzen mit einem Molekulargewicht von unter 400 können die Bandscheibengrenzen passieren. Ähnlich den Mukopolysacchariden unterliegen auch die Kollagenmakromoleküle einem ständigen Auf- und Abbau [48]. Die Durchlässigkeit der Bandscheibengrenzen für Flüssigkeiten und gelöste Stoffe ist nicht in allen Abschnitten gleich. So diffundiert Glucose vorwiegend durch die Endplatten, Sulfationen bevorzugt durch den Anulus fibrosus. Im paravertebralen Weichgewebe herrscht ein Gewebedruck von nur wenigen mmHg. Die Zwischenwirbelscheibe selbst ist je nach Körperposition und Gewicht einem hohen Belastungsdruck ausgesetzt, der über 1000 Newton betragen kann. Gegen dieses Druckgefälle muss ein bandscheibenwärts gerichteter Strom erfolgen, ansonsten trocknet der Zwischenwirbelabschnitt in kürzester Zeit aus. Das Bandscheibengewebe besitzt einen hohen onkotischen Druck, der sich aus dem kolloidosmotischen Druck und dem Quelldruck zusammensetzt. Da es sich um ein hochmolekulares Gewebe handelt, ist der kolloidosmotische Druck entsprechend hoch. Der Flüssigkeitsaustausch im Zwischenwirbelabschnitt kann sowohl von der mechanischen als auch von der biomechanischen Seite her beeinflusst werden.

Bei einem hohen Belastungsdruck von über 800 Newton werden Flüssigkeiten und Stoffwechselschlacken aus der Bandscheibe herausgepresst. Bei Entlastung, unter Umständen mit Unterdruck, kommt es zu einer beschleunigten Flüssigkeitsaufnahme. Den druckabhängigen Flüssigkeitsverschiebungen im Zwischenwirbelabschnitt sind allerdings Grenzen gesetzt, da mit Wasseraufnahme auch gleichzeitig eine Verdünnung des Makromolekülgemisches eintritt, womit sich die Ansaugkraft der Bandscheibe reduziert. Bei hoher Druckbelastung wiederum kann die Bandscheibe nur zu einem bestimmten Maße ausgepresst werden, da sich mit der Wasserabgabe das Makromolekülgemisch konzentriert und seine Ansaugkraft erhöht. Auch eine asymmetrische Belastung des Zwischenwirbelabschnittes führt zu Flüssigkeits- und Substanzverschiebungen innerhalb der Bandscheibe. Wasser und gelöste Stoffe wandern aus den stark belasteten Abschnitten zur weniger stark belasteten Seite. Jede körperliche Bewegung ermöglicht Flüssigkeitsverschiebungen innerhalb der Bandscheibe sowie zwischen dem intra- und extradiskalen Raum. So verbessert eine regelmäßige Stellungsänderung der Wirbelsäule zwischen Vertikal- und Horizontallagerung den Stofftransport. Haltungskonstanz wiederum führt zum Sistieren der druckabhängigen Flüssigkeitsverschiebungen. Besonders nachteilig ist die Haltungskonstanz, wenn Körperpositionen eingenommen werden, bei denen der intradiskale Druck hoch ist [48].

3.3 Biomechanik

An den Bewegungsausschlägen der Wirbelsäule nimmt die Bandscheibe als verformbares Gebilde teil, sie gestattet mit ihrer begrenzten Kompressibilität und Dehnbarkeit den Wirbelgelenken einen gewissen Bewegungsspielraum. Intervertebrale Bewegungen vollziehen sich um den Drehpunkt Bandscheibe und werden von den Wirbelgelenken geführt. Die Wirbelgelenke sind auf Lenken und Gleiten und nicht auf statische Belastung eingestellt. Die Bewegungsmöglichkeiten sind abhängig von sämtlichen Verbindungen zweier benachbarter Wirbel. Die einzelnen Abschnitte des Bewegungssegmentes beeinflussen sich gegenseitig. Die Position der Gelenkfortsätze verändert die Lage des Gallertkernes und die Bandscheiben das Verhalten der Gelenke [52]. Die Bandscheibe, die Wirbelgelenke, sämtliche Bandverbindungen und die verbindenden Muskeln bilden das Bewegungssegment als kleinste Bewegungseinheit der Wirbelsäule.

Die Halswirbelsäule ist der beweglichste Teil der Wirbelsäule. In den unteren Segmenten zwischen C4 und C7 sind, begünstigt durch die sagittal eingestellten Wirbelgelenke und die schienenartig wirkenden Hakenfortsätze, ist die Vor- und Rückneigung am stärksten ausgeprägt. Dabei kommt es zusätzlich zu einem Gleitprozess, so dass im seitlichen Röntgenbild eine Verschiebung der einzelnen Wirbelkörper zu sehen ist, was bei sogenannten hypermobilen Halswirbelsäulen besonders auffällig wird. Im Gegensatz zur Lendenwirbelsäule stellt der Bandapparat der Halswirbelsäule keinen wesentlichen Faktor zur Stabilisation dar. Die Schutzfunktion übernimmt als wichtigster Stabilisator die Muskulatur [72]. Die bereits erwähnten Horizontalspalten in den Bandscheiben verbessern zwar die Beweglichkeit der einzelnen Segmente, stellen jedoch gleichzeitig eine Schwachstelle dar [49].

Im Bereich der Brust- und Lendenwirbelsäule haben die Bandscheiben auch statische Aufgaben zu erfüllen. Aufgrund ihrer enormen Eigenelastizität üben sie Stoßdämpferfunktionen bei allen axialen Belastungen der Wirbelsäule aus. Der Gallertkern verhält sich wie eine Flüssigkeitsblase und überträgt den axialen Druck gleichmäßig auf die knorpeligen Deckplatten sowie auf den Anulus fibrosus, dessen Fasern auf Zug beansprucht werden. Der Bandscheibenkern wird gegen den elastischen Anulus fibrosus unter Druckbelastung gepresst und wieder zum Zentrum gedrückt, wenn der Druck nachlässt. Bandscheibe und Wirbelgelenke bilden eine funktionelle Einheit, die auch bei starker mechanischer Beanspruchung elastisch reagiert.

3.4 Pathologie

An der Halswirbelsäule werden frühzeitige Texturveränderungen des Faserrings und Verschiebungen von Bandscheibenmaterial durch die Horizontalspalten begünstigt. Schon bei Kindern sind intradiskale Bandscheibenverschiebungen in die Horizontalspalte nachweisbar [93]. Wenn die Horizontalspalten die gesamte Bandscheibe halbieren, kommt es zu einer Lockerung des Bewegungssegments und zu einer Zerstörung der Integrität des osmotischen Systems, was zwangsläufig zu einer Austrocknung und Höhenminderung der Bandscheiben führt [49]. Es folgt eine Verringerung des Segmentabstandes der Processus uncinati mit ersten reaktiven Veränderungen. Aufgrund des hohen Quelldrucks der Bandscheibe kann sich Bandscheibengewebe über die horizontalen Spalten nach außen vordrängen und über die normale Bandscheibengrenze vorwölben. Entsprechend finden sich Vorwölbungen von weichem Bandscheibengewebe bei Jugendlichen und jüngeren Erwachsenen häufiger als bei älteren Individuen. Alle übrigen verschleißbedingten Veränderungen im Bewegungssegment laufen an der Halswirbelsäule so ab wie an den übrigen Wirbelsäulenabschnitten.

Die pathologischen Prozesse der Bandscheiben im Bereich der Brust- und Lendenwirbelsäule sind identisch. Aufgrund der Einbindung der Brustwirbelsäule in den Brustkorb fallen die Bewegungsausschläge hier geringer aus. Der Thorax bildet darüber hinaus ein Stützkorsett, so dass „degenerative" segmentale Instabilitäten nicht entstehen können. Insgesamt ist die Inzidenz thorakaler klinisch relevanter Bandscheibenschäden gering, sie schwankt zwischen 0,25 bis 0,75 % [32] und 2 % [49].

3.4.1 Texturstörungen in Abhängigkeit vom Lebensalter

Die menschliche Wirbelsäule ist im Gegensatz zur gleichgebauten Vierfüßler-Wirbelsäule wesentlich größeren Belastungen ausgesetzt. So finden sich bei Vierfüßlern grundsätzlich keine Bandscheibeneinbrüche in Deck- und Bodenplatten, so genannte Schmorl'sche Knorpelknötchen [48]. Im Säuglingsalter stellen die Bandscheiben kein bradytrophes Gewebe dar. Es findet ein reger Stoffaustausch über die Blutgefäße der Bandscheibe ohne nennenswerte Druckbelastung statt. Mit der aufrechten Haltung ändert sich die biomechanische Situation im Zwischenwirbelabschnitt grundlegend. Die Blutgefäße innerhalb des Wirbelkörpers sind durch das knöcherne Trabekelwerk geschützt. Der Belastungsdruck überträgt sich im gallertigen Bandscheibengewebe jedoch direkt auf die Blutgefäßwand. Die Blutgefäße kollabieren, atrophieren und verschwinden. Damit ist der auf Durchblutung, Entlastung und Bewegung eingestellte, im Aufbau befindliche Zwischenwirbelabschnitt mit der aufrechten Haltung ungünstigeren Bedingungen ausgesetzt. Die Versorgungslage verschlechtert sich [48]. Schon bei Vierjährigen bestehen Texturstörungen [94]. Bereits zur Pubertätszeit finden sich gehäuft Diskopathien in allen Wirbelsäulenabschnitten. Auch Bandscheibenvorfälle sind bei Jugendlichen keine Seltenheit [48]. Parallel zur Verschlechterung der Stoffwechsellage, ändert sich auch die anatomische Struktur des Zwischenwirbelabschnittes. Die unzureichend versorgten Fibroblasten bilden Fasern und Grundsubstanz unzulänglicher Qualität, um schließlich zugrunde zu gehen. Alle Strukturen des Zwischenwirbelabschnittes zeigen bereits im dritten Lebensjahrzehnt regelmäßig Texturveränderungen in Form von Zelluntergängen, Zellschwund, Faserzerfall und Auflockerung der Grundsubstanz (Abb. 3.2). Im weiteren Verlauf kommt es dann zur Zusammenhangstrennung im Bandscheibengewebe, zu Spaltbildungen, zu radiären Fissuren, der Gallertkern erweitert sich und schafft Verbindungen zu den Fissuren im Anulus fibrosus. Zunächst sind die Vorgänge nur auf das Bandscheibengewebe beschränkt, hier finden keine reparativen Vorgänge statt, da die Vaskularisation fehlt. Neben der Austrocknung und dem Elastizitätsverlust der Bandscheibe kommt es auch zu unterschiedlichen Verfärbungen und Rissbildungen des Bandscheibengewebes, die mit einer Höhenabnahme einhergehen. Diese Reaktion des Zwischenwirbelabschnittes wird als intervertebrale Chondrose bezeichnet. Ganze Bandscheiben können zermürbt werden mit Herausbildung von Hohlräumen [92], die Gas enthalten können, so dass sie radiologisch als Vakuumphänomen sichtbar werden [75]. Der Degenerationsprozess wird im Laufe des Lebens durch einen dramatischen Zellverlust des Bandscheibenkerns ausgelöst. Bei Erwachsenen sind lediglich noch 20 % der Zellzahlen der kindlichen Bandscheibe vorhanden. Dem Zellverlust wird eine signifikante Rolle im Degenerationsprozess (Texturstörung und Reparation) zugeordnet. Dieser läuft wahrscheinlich im Bandscheibenkern und im Faserring gleichzeitig ab, durch den Zellverlust kommt es zu einem Verlust von Proteoglykanen, zu einer Austrocknung der Bandscheibe, parallel hierzu zur zunehmenden Zerstörung des Faserringes [10].

3.4.2 Bandscheibenrisse

Bandscheibenrisse als Ausdruck eines strukturellen Versagens treten bereits in einem frühen Lebensalter auf. In Kenntnis mehrdimensionaler Schnitte durch die Bandscheiben können 20 % mehr Risse als in einfachen eindimensionalen Bandscheibensektionen erkannt werden [98]. Insbesondere gibt es konzentrische Risse, d. h. Ablederungen der Lamellen im hinteren Abschnitt des Anulus zu 100 % ab dem 10. Lebensjahr, während konzentrische Risse im vorderen Anteil des Anulus lediglich zu 80 % bereits bei 10- bis 30-Jährigen bestehen. Radiäre Risse, ausgehend von perinukleären Rissen, fanden sich bei 10- bis 30-Jährigen in 28 % der Fälle und in 75 % ab dem 51. Lebensjahr. Randständige Risse sind bei 10 % der 10- bis 30-Jährigen und 80 % der 50- bis 80-Jährigen vorhanden. Separationen der Bandscheiben von den Endplatten liegen bereits zu 10 % bei 10- bis 30-Jährigen vor, zu 19 % bei den 31- bis 50-Jährigen und zu 17 % bei den 51- bis 80-Jährigen. Quere oder horizontale Risse, die gesamte Bandscheibe durchsetzend, entstehen gehäuft ab dem 50. Lebensjahr in bis zu 40 % der Fälle. Während die größte Zahl der Rissbildungen bereits unterhalb des 30. Lebensjahres auftritt, sind zerstörende transdiskale Risse erst vermehrt ab dem 50. Lebensjahr zu beobachten. Eine klare Aussage, ob die degenerativen Veränderungen des Nucleus, die mit radialen Fissuren des Faserringes vergesellschaftet sind, zuerst auftreten oder gleichzeitig mit den Fissuren, ist nicht zu treffen [9]. Es gibt nämlich drei Typen von Rissbildungen im Faserring, eine zirkuläre Ablösung der

Fasern, die radiären Risse und die randständigen Risse – diese alle finden sich ab einem Alter von zehn Jahren. Letztendlich sei der degenerative Prozess eine abweichende Antwort der Zellen auf ein strukturelles Versagen. Die Ursachen könnten die Erbanlage, das Alter, eine unzureichende Ernährung, des Weiteren schwere körperliche Arbeit sein, so dass es letztendlich während der alltäglichen Tätigkeit zum Versagen der Bandscheibe käme.

3.4.3 Pathologie versus Altersinvolution

Altersinvolution und Diskusdegeneration treten gleichzeitig auf [28]. Alle Vorgänge, die im Rahmen degenerativer Erkrankungen der Bandscheiben festgestellt werden, können ebenso gut beim Alternden morphologisch in Erscheinung treten. Pathologische Veränderungen zeigen sich im äußeren Faserring in Form von feinen, zirkulär verlaufenden Zusammenhangstrennungen zwischen den Lamellen des Anulus. Derartige Ablederungen seien schon im Alter von zehn Jahren erkennbar. Mit dem Einsetzen dieser Spaltbildungen begänne auch der Prozess der Degeneration (Texturstörung). Die Lokalisation der Diskusdegeneration der Lendenwirbelsäule ist unterschiedlich, sie sei am häufigsten in Höhe L5/S1, dann in Höhe L4/L5 usw. Anulus-Rissbildungen und Schmorl'sche Knötchen in den verschiedenen Etagen der Lendenwirbelsäule nehmen von oben nach unten zu. Der Bandscheibenvorfall sei grundsätzlich eine Folge des degenerativen Prozesses bzw. einer Teilerscheinung der Diskusdegeneration, korreliert aber nicht signifikant mit der Klinik [28]. Die im Anulus festgestellten Veränderungen, die zirkulären Ablederungen der Lamellen, die mit zusammenfließenden Spaltbildungen einhergehen, treten grundsätzlich vor den degenerativen Veränderungen im Nucleus auf. Der degenerative Prozess im Nucleus wird durch die Abnahme des Flüssigkeitsgehaltes eingeleitet, der Nucleus wird fibrös umgewandelt, die Grenze zwischen Nucleus und Anulus verschwindet. Die radiären Risse entstehen im Faserring deutlich später als die zirkulären Rissbildungen. Sie beginnen innen im Nucleusbereich und arbeiten sich sukzessive bis in die Peripherie vor, wo sie dann mit den bereits vorhandenen zirkulären Spalten zusammenfließen. Die Entstehung der radiären Risse ist noch nicht vollständig geklärt. Bisher sei es nicht gelungen, typische radiäre Risse mit Hilfe mechanischer Maßnahmen künstlich zu produzieren. Die Theorie besage, dass eine Druckbelastung, die zu Frakturen im Bereich der Abschlussplatten führe, auch radiäre Risse entstehen lassen könnte. Bisher sei es noch nicht gelungen, Radiärrisse isoliert oder in Zusammenhang mit Frakturen der Abschlussplatten zu erzeugen [28]. Die Austrocknung des Nucleus resultiert in einer Lastenverschiebung vom Kern zum peripheren Rand des Faserringes. Dies beschleunige letztendlich die degenerativen Veränderungen des Faserringes und führe zu dessen Rupturen [29].

FARFAN [28] war der Erste, der sich mit der bis dahin geltenden Theorie auseinandersetzte, dass der osmotische bzw. der hydrostatische Druck der Bandscheibe verantwortlich für die Bandscheibenprotrusion sei. Man habe unterstellt, dass der Nucleus in seiner Eigenschaft als kolloidales Gel seinem Wesen nach ein hydrostatischer Körper und nicht kompressibel sei. Sobald eine axiale Druckbelastung auf den Diskus eingeleitet wird, übertrage der Nucleus diese Kräfte in alle Richtungen weiter, hauptsächlich zu den Seiten hin, also in den Faserring. Wachsende Druckwirkung könne schließlich zu einer Ruptur des Faserringes führen, die von der inneren Zone des Anulus ausgehe. Der Nucleus ist in der jugendlichen Wirbelsäule als kollagene Gelsubstanz erhalten, bei älteren Individuen pflegt er aber umgewandelt und ausgetrocknet zu sein [28]. In derartigen Fällen stelle der Nucleus eine Masse aus amorphem fibrotischem Material dar, die in etwas Gewebeflüssigkeit flottiere. Im Stadium der Degeneration, d. h. der Umwandlung des Nucleus in amorphes fibrotisches Gewebe, besitzt er keinerlei hydrostatischen Quelldruck mehr. Lediglich in diesem Stadium soll es ein Heraustreiben von Bandscheibenmaterial, d. h. Bandscheibenvorfälle, geben.

Die Austreibung von Nucleusmaterial aus dem Bandscheibeninneren infolge eines Bandscheibenvorfalles kann nur dann vorkommen, wenn bereits fortgeschrittene degenerative Veränderungen im Diskus vorhanden sind [28]. Daraus ergäbe sich die Folgerung, dass die hydrostatische Theorie zur Erklärung des Bandscheibenvorfalles nicht taugen könne, denn gerade in diesem Stadium der Degeneration würde der Nucleus, wie leicht zu beweisen, einen merklichen hydrostatischen Quelldruck nicht mehr besitzen.

Ausgehend von der Theorie, dass es grundsätzlich Anulusschäden seien, die den Anfang der Bandscheibenvorfallentstehung einleiten würden, waren Versuche erforderlich, die die Austreibung von Nucleusmaterial künstlich hervorrufen. Bandscheiben wurden einer einmaligen, schnellen, gewaltsamen Rotation von Winkeln zwischen 15° und 20° ausgesetzt. Es kam zwar zu Anulusschäden, jedoch nicht zur Austreibung von Nucleusgewebe. Erst bei wiederholten Zwangsdrehungen konnten Nucleusportionen der Bandscheibe vom Anulus in zunehmendem Maße abgeledert werden, die zentrale Portion des Diskus wurde mobiler und allmählich nach außen verdrängt. Je solider das Nucleusmaterial war, umso eher kam es zur Austreibung von Bandscheibenmaterial nach außen. Die Austreibung von Nucleusmaterial käme letztendlich nur dann zustande, wenn der degenerative Prozess eine Qualitätsänderung des Nucleus und der zentralen Zone des Anulus bereits hervorgerufen habe. Erst wenn fibrotisch umgewandeltes Material in beträchtlicher Masse gebildet worden sei, würde sich dieses Material allmählich in die Spalten des Anulus hineinschieben und nach außen getrieben. Das fibrotisch veränderte Bandscheibenmaterial ist entweder durch einen rupturierten Faserring nach außen herausgepresst oder bei Vorliegen von Mikrofrakturen der Endplatten in den Wirbelkörper hineingepresst worden. Die Gesamtstruktur der Bandscheibe ändert sich dramatisch mit dem Alter. Altersveränderungen und pathologische Veränderungen stehen in Wechselbeziehung, wobei die Unterschiede individuell ausgeprägt sind [56]. Bis heute ist es unklar, warum der Bandscheibenkern im Kindes- und Jugendalter den Hauptanteil seiner Flüssigkeit verliert. Parallel hierzu kommt es zu dem bekannten dramatischen Zellverlust im

Jugend- und Heranwachsenden-Alter. Im Alter von 40 Jahren ist der Bandscheibenkern weitgehend fibrosiert. Parallel hierzu treten Risse und Spaltbildungen zwischen dem Bandscheibenkern und den Endplatten auf. Diese Defekte sind normalerweise horizontal ausgerichtet. Diese Spaltbildungen breiten sich dann durch den Faserring weiter aus. Parallel hierzu verschwinden die Grenzen zwischen Nucleus und Faserring, der innere Faserring breitet sich zu Lasten des äußeren Faserringes aus. Parallel hierzu stehen horizontale Ablederungen, d. h. ringförmig verlaufende Rissbildungen, die mit radialen Rissen, die aus dem inneren Kern nach außen vordringen, verschmelzen. Parallel hierzu verändert sich auch die Dicke der Wirbelkörperendplatten, sie werden dünner, durchlässiger und brüchiger. Der Fortlauf dieses Prozesses, inklusive des Auftretens von Bandscheibenvorfällen, lässt sich kernspintomographisch gut verfolgen. Es gibt jedoch keine sichere Korrelation zwischen Symptomen und morphologischen Veränderungen, die kernspintomographisch nachzuweisen wären.

3.4.4 Reaktive Veränderungen umgebender Strukturen

An den benachbarten Wirbelkörperdeckplatten kommt es zu reparativen Veränderungen, die mit der Bezeichnung Osteochondrose erfasst werden. Die Endplatte besteht aus hyalinem Knorpel und ist auf dem darunter liegenden Wirbelkörper mit einer dünnen Schicht kalzifizierten Knorpels befestigt. Bei den Texturstörungen, die an der Knochen-Knorpel-Übergangszone beginnen, wandert die Kalzifizierungszone vom Knochen ausgehend weiter in die ehemals höher liegende Knorpelschicht hinein und bringt eigene Blutgefäße mit sich, die dann eine enchondrale Verknöcherung bewirken. Die Widerstandsfähigkeit des darunter liegenden Knochens nimmt ab und es entstehen Einbrüche in die Spongiosa der angrenzenden Wirbelkörper. Die Folge der Zerstörung der Integrität der Endplatten sind progressive Umbauten mit fokalen Nekrosen und Verkalkungen in der Bandscheibe und verschiedene Rissformen des Anulus fibrosus. Die normale Bandscheibe wird durch ein Ersatzgewebe vor allen Dingen im Nucleus ersetzt. Das Volumen der Bandscheibe mindert sich weiter, im Endstadium kann lediglich noch eine geringe Menge vaskularisierten Bindegewebes vorliegen, es entstehen engere Knochenkontakte, in einigen Fällen auch spontane Fusionen des Bewegungssegmentes [90].

3.4.5 Spondylose

Die auffallendsten Veränderungen (Spondylose) des Umwandlungsprozesses der Bandscheibe stellen die reaktiven Knochenneubildungen an den ventralen und lateralen Abschnitten der Wirbelkörper dar (sog. Spondylophyten). Pathogenetisch sind Veränderungen der äußersten Ringschichten des Anulus fibrosus und der dort einstrahlenden Scharpey'schen Fasern verantwortlich. Wenn sich Fasern in diesem

Bereich von den Randleisten lösen, ist der feste Zusammenhalt zwischen Wirbelkörper und Bandscheibe gestört, die Folge sind unphysiologische Bewegungen. Die Haltefähigkeit wird dann vom vorderen Längsband übernommen und es bilden sich an dessen Ansatzstellen infolge der Überbeanspruchung Osteophyten (vgl. Exophyten) aus. Darüber hinaus presst der Gallertkern das von den Randleisten des Anulus gelöste Zwischenwirbelscheibengewebe nach außen. Es entsteht ein Zug auf das vordere Längsband, wodurch insbesondere die Insertionsbereiche gezerrt bzw. überlastet werden. Die Osteophyten entwickeln sich in diesem Bereich durch kontinuierliches Wachstum, wobei zuerst immer ein horizontales Wachstumsmuster vorliegt, bevor es in späteren Stadien auch zu vertikalen Komponenten kommt [92] (Abb. 3.2).

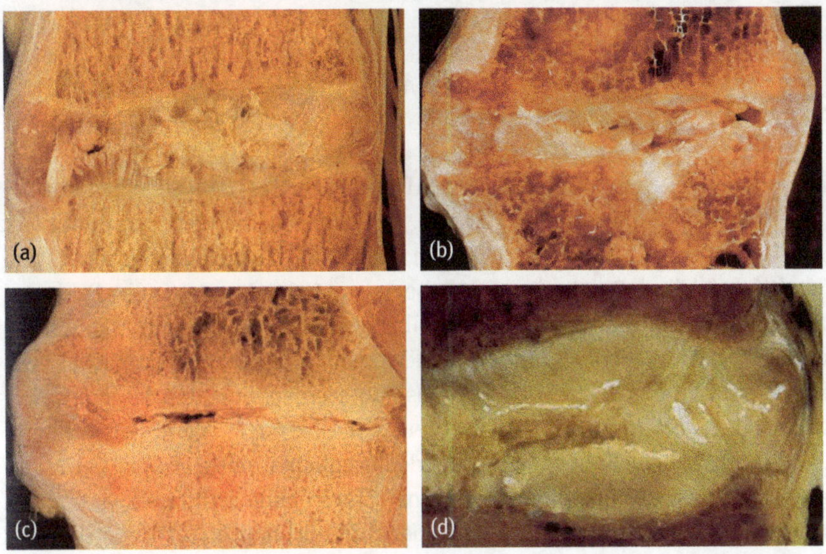

Abb. 3.2: Pathologie der Bandscheibe ((a) Texturstörung der Faserringlamellen, (b) Höhenminderung der Bandscheibe mit Osteochondrose, (c) Spondylophytenbildung, (d) Verschiebung des Gallertkerns nach außen) [92] (mit Genehmigung des Springer-Verlages).

Die Spondylose kann prinzipiell in jedem Segment entstehen, am häufigsten jedoch in den beweglichen Segmenten der Hals- und Lendenwirbelsäule, von C4 bis C7 und L3 bis S1. Hier überwiegen auch Massenverschiebungen des Bandscheibengewebes [90]. Die Grundlage der Verlagerung von Bandscheibengewebe (Austreibung von Bandscheibengewebe) ist weniger ein plötzliches Nachgeben des Anulus fibrosus durch hohe Belastung als ein allmähliches Mürbewerden der Anulusfasern mit Vorbeigleiten des Gewebes aus dem Gallertkern [90] Solange die intradiskale Druckkraft des Bandscheibenkerns erhalten ist, kann Bandscheibengewebe in die Fissuren des Anulus fibrosus eindringen und letztendlich als Bandscheibenvorfall nach außen auftreten (Abb. 3.2).

3.4.6 Ankylose des Segments

Die Umbauvorgänge in den Knorpelabschlussplatten (Ankylose des Segments) führen dazu, dass hier Einbrüche und Risse entstehen, so dass sich Blutgefäße in den Zwischenwirbelraum ausbreiten können. Reste des Bandscheibengewebes werden dann durch ein lockeres zell- und gefäßreiches Narbengewebe ersetzt. Spondylotische Randzacken stützen den Zwischenwirbelabschnitt ab, so dass die einsprießenden Blutgefäße dem Belastungsdruck nicht mehr ausgesetzt sind. Es entsteht eine fibröse und dann knöcherne Ankylose mit Inaktivierung des Bewegungssegmentes. Dieser Verschleiß der Bandscheibe stellt einen altersbedingten, damit biologischen Vorgang dar, der allerdings hohes Potenzial zu funktionellen Störungen und damit zu krankhaften Veränderungen besitzt.

3.4.7 Hypothesen der Bandscheibendegeneration

Auch mit allen denkbaren Tiermodellen (Hypothesen der Bandscheibendegeneration) konnte bisher die komplexe Natur der Bandscheibendegeneration nicht aufgedeckt werden [87]. Man weiß lediglich, dass die Bandscheibendegeneration einem multifaktoriellen Geschehen folgt, beeinflusst durch genetische Faktoren, Lebensbedingungen, Lebensgewohnheiten, Übergewicht, Rauchen und Alkoholkonsum, körperliche Aktivitäten, Stoffwechselstörungen, wie Diabetes und Alter (vgl. Kapitel 8, Texturstörung des Sehnengewebes). In Tierexperimenten konnten zwar Bandscheibendegenerationen erzeugt werden, ein Übertragen derartiger Erkenntnisse auf die menschliche Bandscheibe sei jedoch schlicht unmöglich.

Die Degeneration der Bandscheibe ist eine abweichende zelluläre Reaktion auf ein fortschreitendes Versagen der Bandscheibenstruktur [9], d. h. Texturstörung und Reparation. Fest steht, dass der degenerative Prozess der Bandscheibe auf molekularer Ebene beginnt, wobei die Progression des Prozesses individuell variabel ist. Ob äußere Belastungen oder der Altersprozess eine größere Rolle spielen, ist letztendlich nicht geklärt [34].

Insbesondere neuere Arbeiten legen nahe, dass bei der Entstehung einer frühzeitigen Bandscheibendegeneration den Erbfaktoren eine höhere Bedeutung zukommt als bisher angenommen [35]. Die bisherige Meinung, dass Alter, Geschlecht, Rauchen, Vibration und körperliche Arbeit die wichtigsten Bedingungen für den degenerativen Prozess darstellen, wird durch Zwillingsstudien widerlegt. Trotz der signifikanten und mittlerweile anerkannten Rolle genetischer Faktoren verbleibt eine gewisse Zahl von Bandscheibendegenerationen, insbesondere im unteren Lendenwirbelsäulenabschnitt, die weder durch Erbanlage noch durch Umweltfaktoren erklärt werden kann. In der finnischen Zwillingskohortenstudie [13] zeigte sich, dass ein anamnestisch angegebenes Wirbelsäulentrauma nicht von einer Zunahme degenerativer Veränderungen von Bandscheiben begleitet ist. Eine Häufung degenerativer Veränderungen bei den Zwillingen, die ein Trauma in der Anamnese angegeben hatten, war nicht feststellbar.

Die Korrelation zwischen Texturstörung und Klinik ist nicht einheitlich. Einerseits sind Rückenbeschwerden auf dem Boden bandscheibenbedingter Erkrankungen weit verbreitet, andererseits können selbst fortgeschrittene Bandscheibenschäden, selbst Bandscheibenvorfälle, klinisch absolut stumm bleiben [14]. Bereits bei 20- bis 39-Jährigen bestehen bei 20 % Bandscheibenvorfälle, in 56 % der Fälle Bandscheibenvorwölbungen und in 34 % der Fälle degenerative Veränderungen (Osteochondrose und Signalminderung in der MRT). Bei 40- bis 59-Jährigen gibt es in 20 % der Fälle Bandscheibenvorfälle, bei 50 % Bandscheibenvorwölbungen und 59 % der Fälle weisen degenerative Veränderungen auf. Bei über 60-Jährigen finden sich in 57 % der Fälle abnorme Befunde, Bandscheibenvorfälle (36 %) und Spinalkanalstenosen (21 %). Nur in einem Fall fand sich in dieser Gruppe keine Degeneration, in 79 % der Fälle lagen Protrusionen vor. Bei den über 60-Jährigen waren in der Regel drei Segmente, bei den unter 60-Jährigen zwei Segmente bei Vorliegen degenerativer Veränderungen betroffen. Keiner der untersuchten Probanden hatte jemals zuvor über Rückenschmerzen geklagt. Daraus resultiert, dass degenerative Veränderungen, Bandscheibenvorwölbungen und Bandscheibenvorfälle einen normalen Altersprozess („... these findings are part of a normal or at least common aging process") darstellen [14].

3.5 Pathomechanik

Bis in die jüngste Zeit wird die Auffassung vertreten, dass isolierte Bandscheibenschäden nicht nur auf einem Alterungsprozess beruhen, sondern auch durch ein einmaliges äußeres Ereignis (Trauma) geschädigt werden können. Wegen ihrer zahlenmäßigen Bedeutung finden sich allerdings nahezu ausschließlich Ausführungen zu den Bandscheibenschäden der Lendenwirbelsäule. Isolierte Bandscheibenschäden an der Hals- oder Brustwirbelsäule sind eher selten Gegenstand gutachtlicher Diskussionen.

Während im Bereich der Lendenwirbelsäule die Belastbarkeit der Bandscheibe im Mittelpunkt des Forschungsinteresses stand, konzentrierte sich dieses im Bereich der Halswirbelsäule darauf, die biomechanischen Belastungsgrenzen insgesamt besonders bei automobilistischen Kollisionen zu erfassen. Es wurden zahlreiche Schlittenversuche mit Freiwilligen durchgeführt, die es ermöglichten, eine gewisse Belastungsuntergrenze zu definieren, bei deren Unterschreiten eine Verletzung der Halswirbelsäule unwahrscheinlich wird. Während Anfang der 90er Jahre die Auffassung vertreten wurde, dass die Bänder der oberen Halswirbelsäule aufgrund einer Hypertranslation des Kopfes bei Beschleunigungsverletzungen gefährdet seien, gestützt auf Tierversuche [66], konnte nachgewiesen werden, dass die Segmente der unteren Halswirbelsäule eher gefährdet sind [65]. Acht frische Halswirbelsäulenpräparate auf einem speziell entwickelten Schlitten mit einer am Ende montierten

5,5 kg schweren Stahlscheibe mit den mechanischen Eigenschaften des menschlichen Kopfes wurden unterschiedlichen Beschleunigungsbelastungen ausgesetzt. Die Bewegungen der Wirbelsäule konnten mit einer Hochgeschwindigkeitskamera ausgewertet werden. Es zeigte sich, dass die Hauptbelastungen im Bereich der Segmente der unteren Halswirbelsäule stattfanden. Computer- und Kernspintomographie belegten darüber hinaus, dass sich nur Verletzungen in den unteren Etagen der Halswirbelsäule ereigneten. Es handelte sich dabei um Bandverletzungen, die aufgrund einer segmentalen Überdehnung entstanden waren. Bandscheibenvorfälle wurden nicht festgestellt [65]. Die obere Halswirbelsäule blieb unverletzt.

In den Folgejahren konzentrierten sich die Beschleunigungsexperimente auf die obere Halswirbelsäule, da eine angebliche Läsion der Ligamenta alaria immer mehr in das Blickfeld der diagnostischen und therapeutischen Bemühungen rückte. Unterschiedliche Beschleunigungsbelastungen an der Halswirbelsäule in unterschiedlichen Bewegungsrichtungen konnten niemals eine Schädigung des Bandapparates der oberen Halswirbelsäule zeigen [37]. Als Begleitverletzungen traten jedoch Luxationen oder Luxationsfrakturen an der unteren Halswirbelsäule mit und ohne Bandscheibenbeteiligung auf. Isolierte Bandscheibenschäden gab es nicht.

Bei strukturellen Verletzungen der Halswirbelsäule stehen die Frakturen absolut im Vordergrund [23], mit 85,6 % Frakturen der Halswirbelsäule, 10,6 % Subluxationen mit entsprechenden ligamentären Verletzungen und bei 3,8 % wurden isolierte Rückenmarkschäden ohne Begleitverletzungen festgestellt. In der Hälfte der Fälle mit isolierten Rückenmarkschäden lagen degenerative Veränderungen mit einer Spinalkanalstenose vor, Einblutungen in den Rückenmarkkanal und bei den übrigen Fällen wurde eine Ischämie, ein Ödem oder eine irgendwie geartete Kontusion des Rückenmarks diskutiert. Bandscheibenvorfälle als Begleitschaden einer instabilen Wirbelsäulenverletzung gibt es häufig. Im Bereich der Halswirbelsäule zeigen sich in Kombination mit instabilen Flexionsfrakturen Bandscheibenvorfälle ohne knöcherne Aussprengung größerer Fragmente in den Spinalkanal. An der Brustwirbelsäule und am Brustwirbelsäulen-/Lendenwirbelsäulenübergang fanden sich hingegen bei Flexionsfrakturen häufiger Dislokationen von großen knöchernen Fragmenten inklusive der Bandscheibe in den Rückenmarkkanal [69].

Reine Kompressionskräfte seien keine Ursache für Bandscheibenvorfälle, es sind zusätzliche Scherkräfte mit Zerreißung des hinteren Längsbandes erforderlich [36].

Auch bei instabilen Flexionsfrakturen muss nicht zwangsläufig ein Bandscheibenvorfall resultieren (Abb. 3.3). Das hintere Längsband bleibt intakt.

Die Häufigkeit instabiler Halswirbelsäulenverletzungen ohne Fraktur wird als extrem niedrig eingestuft [21]. Der Vergleich der kernspintomographischen Diagnostik bei diskoligamentären Verletzungen mit den intraoperativen Befunden ergab, dass nicht in allen Fällen kernspintomographisch das Ausmaß der intraoperativ ermittelten Verletzungen präoperativ festgestellt wird [59]. Entscheidungserheblich war jedoch, dass in allen Fällen, in denen intraoperativ Bandscheibenschäden vorlagen, auch begleitende Bandzerreißungen festgestellt wurden. Bei Hyperextensionsverlet-

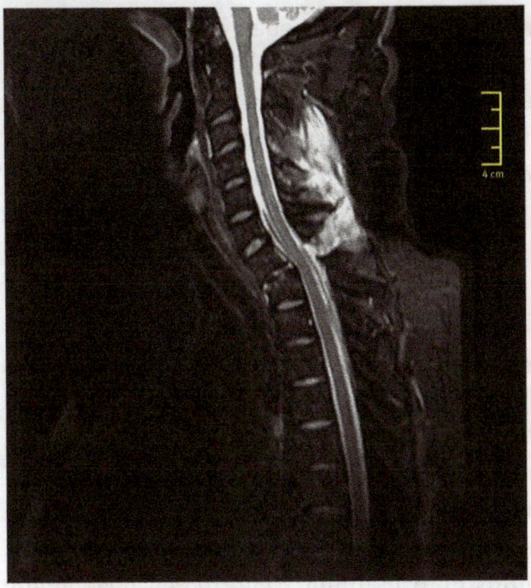

Abb. 3.3: Instabile Subluxationsfraktur C7/Th1 (Deckplatteneinbruch Th1, Zerreißung der Bandscheibe C7/Th1, Wirbelbogenfraktur, Dornfortsatzabriss HWK7, kein Bandscheibenvorfall).

zungen der Halswirbelsäule mit Zerreißung des vorderen Längsbandes kommt es nahezu regelhaft zu einer Mitbeteiligung der Bandscheibe, entweder zu einer Zerreißung oder zu einem Bandscheibenvorfall. Aufgrund der Instabilität im Bewegungssegment verschiebt sich der Wirbelkörper nach dorsal, mit der Möglichkeit der Einklemmung des Rückenmarks, wobei insbesondere eine vorbestehende Einengung des Rückenmarkkanales aufgrund degenerativer Veränderungen bei älteren Individuen häufig anzutreffen ist [86]. Als Ursache sei wahrscheinlich eine Abnahme der Stabilität in einem vorgeschädigten Areal anzusehen.

Die diskoligamentären Verletzungen nach Hyperextension und Hyperflexion unterscheiden sich grundsätzlich. Insbesondere nach Zerreißung des vorderen Längsbandes kommt es zu einer Instabilität mit einem hohen Risiko für neurologische Komplikationen. In der Regel seien ältere Patienten betroffen. Bei Hyperflexion entstehe der Bandschaden im Wirbelbogenbereich, häufig in Kombination mit ventralen Wirbelkörperkompressionsfrakturen. Die Bandscheibe sei oftmals beteiligt [89]. Die Häufigkeit von Subluxationsfrakturen mit begleitenden Bandscheibenvorfällen bei instabilen Frakturen ist mit 29,2 % vorwiegend in den Segmenten C5/C6 und C6/C7 lokalisiert [62]. Die Zerreißung des vorderen Längsbandes kann in unterschiedliche Schweregrade eingeteilt werden. Bei Zerreißung des vorderen Längsbandes entsteht häufiger ein Abreißen der Bandscheibe von den jeweiligen Deck- und Bodenplatten, horizontale Rissbildungen ergeben sich dabei nicht [82].

Eine Beteiligung der Bandscheiben bei Verletzungen der Halswirbelsäule ist nicht nur abhängig von der Richtung der Gewalteinwirkung, sondern auch vom Alter [45]. Bei verstorbenen Unfallopfern lagen knöcherne Verletzungen der Halswirbelsäule und diskoligamentäre Verletzungen vor. Bei Kindern bis zum 15. Lebensjahr befand sich die segmentale Zerreißung stets auf osteochondralem Niveau ohne Beteiligung der Bandscheibe. Bei Jugendlichen und jüngeren Erwachsenen bis 30 Jahre zeigten sich komplexe knöcherne und ligamentäre Verletzungen, selten mit einer Bandscheibenzerreißung. Ein Bandscheibenvorfall lag in keinem Fall vor. Bei Erwachsenen bis zum 60. Lebensjahr fanden sich bei Instabilitäten Bandscheibenrisse hauptsächlich entlang den horizontalen Spalten und nicht nur entlang den Endplatten. Bei über 60-Jährigen lagen Abrisse von Osteophyten, Einrisse des vorderen Längsbandes sowie Zerreißungen narbig umgewandelter Bandscheiben vor. Bei allen Frakturtypen nach MAGERL [58] könnten Bandscheibenbeteiligungen vorhanden sein. Ossäre oder ligamentäre Läsionen würden allerdings nicht zwangsläufig zu einer Bandscheibenverletzung führen. Eine statistisch gesicherte Aussage liegt nicht vor. Es gibt auch Veränderungen der Bandscheiben ohne begleitende Bandverletzung (subligamentäre Risse) entlang den horizontalen Spalten. Derartige Bandscheibenschäden entziehen sich der radiologischen und insbesondere auch der kernspintomographischen Diagnostik häufig. Bei diesem Typ der Bandscheibenschädigung handelt es sich um eine Traktionsverletzung von dorsal bei funktionell intaktem Nucleus pulposus mit Abriss vom hinteren Längsband und des Anulus fibrosus unter Weiterreißen degenerativ vorbestehender dorsaler Spalten der Bandscheibe [81].

Bandscheibenzerreißungen sind aus der jeweiligen Schleuderrichtung abzuleiten [38]. Bei Vorwärtsbewegungen kommt es zu Einblutungen und Einrissen im Anulus fibrosus mit Rupturen des hinteren Längsbandes und im Bereich des Ligamentum interspinosum. Bei Rückwärtsverbiegung der Halswirbelsäule liegen die Traumatisierungen im vorderen Längsband mit und ohne Bandscheibenzerreißung. Bandscheibenvorfälle zeigen sich nicht [38]. Es überwiegen Verletzungen des vorderen Längsbandes in den mittleren Bewegungssegmenten bei Rückwärtsbewegung der Halswirbelsäule, da sich die kurzen Dornfortsätze III bis V auf den langen Dornfortsätzen VI und VII aufstauchen und so zu einer Hebelwirkung führen.

Osteochondrotische Veränderungen der Bandscheiben sind besonders verletzungsanfällig. Im Sektionsgut treten Bandscheibenzerreißungen immer in Kombination mit ligamentären Verletzungen auf [39], bei traumatischen Bandscheibenrupturen, entstanden bei Vorwärtsbewegungen, bestehe eine traumatisch bedingte Veränderung der Bogengelenke. Es käme aufgrund der über das Normalmaß hinausgehenden Bewegungen zur Zerreißung der Disci intervertebrales und zu Einblutungen in die Gelenke. Hieraus entstünden Klaffstellungen, die im normalen Röntgenbild nicht erkennbar sind. Es gibt auch Bandscheibenzerreißungen bei Rückwärtsverbiegung der Halswirbelsäule, bei denen es zu keiner Längsbandruptur kommt. Auch bei Schleuderversuchen mit Halswirbelsäulen Verstorbener wäre dies bestätigt worden. Diese isolierten Bandscheibenrupturen würden jedoch grundsätzlich ausheilen. Bei einer Belastung mit 54 km/h Beschleunigung wurden an Leichen bei einem Drittel keine Verletzungen im Bereich der Halswirbelsäule nachgewiesen, bei den restlichen „mittelschwere und schwere Verletzungen“. Bei nicht degenerativ vorgeschädigten Segmenten wurden keine Verletzungen erzeugt, auch nicht bei höchsten Impulsgrößen. Bei osteochondrotisch vorgeschädigten Segmenten kam es zu Zerreißungen in diesem Segment (Abb. 3.4), bei mehreren degenerativen Veränderungen am stärksten vorgeschädigten Segment [38]. Bandscheibenvorfälle entstanden nicht.

Isolierte Bandscheibenrisse ohne begleitende Bandverletzung fanden sich bisher nur im Sektionsgut [79, 80, 81, 82, 38, 45]. Die klinische Bedeutung derartiger Befunde ist weitgehend unbekannt. Weder in neuroradiologischen noch in neurochirurgischen oder unfallchirurgischen Veröffentlichungen wird ein derartiger Verletzungstyp der Bandscheibe diskutiert. Das hintere Längsband (Ligamentum longitudinale posterius) ist breit und fest mit dem Faserring der Bandscheiben verwachsen. Ein isolierter Abriss des Anulus fibrosus vom hinteren Längsband erscheint ohne gleichzeitige Schädigung des Längsbandes biomechanisch kaum vorstellbar. Ob es sich um Texturstörungen mit Ablösung des Faserrings vom hinteren Längsband gehandelt hatte, ist nicht geklärt, da weder die Präparate von HINZ [38] noch die von SATERNUS [82] oder die von KATHREIN [45] einer histologischen Untersuchung zugeführt worden waren. Auch SATERNUS [82] vertrat die Auffassung, dass es bei funktionell intaktem Anulus fibrosus und bei axialer Krafteinleitung zuerst zu einer Schädigung des Faserringes der Bandscheibe und dann erst zu einem Einbruch der Bandscheibe in die Deck- und Bodenplatten käme. Er fand in seinem Sektionsgut Bandscheiben mit zentraler Einblutung bei intakten knöchernen Abschlussplatten. Da die Bandscheiben über keine Blutgefäße verfügen, konnte auch SATERNUS [82]die Herkunft der Blutungsquelle nicht erklären. In der MRT vor der Sektion wurden jedoch Spongiosaödeme in den angrenzenden Wirbelkörpern nachgewiesen, während sich die Einblutung in die Bandscheiben nicht darstellte. Dies deutet dann allerdings darauf hin, dass makroskopisch nicht sichtbare Spongiosaeröffnungen mit nachfolgenden Einblutungen in die Bandscheibe die Ursache der Blutungsquelle waren. Bei hoher axialer Krafteinleitung mit gleichzeitiger Flexion kann es auch ohne begleitende Fraktur zu einem Bandscheibenvorfall kommen, wenn das betroffene Segment durch Zerreißung der ligamentären Strukturen dorsal geöffnet wird [82] (Abb. 3.4).

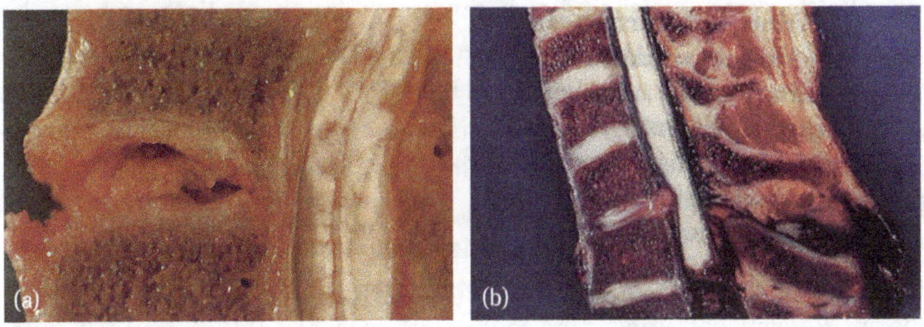

Abb. 3.4: Vergleich Zerreißung und Vorfall einer Bandscheibe ((a) Ruptur des vorderen Längsbandes mit Bandscheibenzerreißung [38], (b) Bandscheibenvorfall im Segment C7/Th1 mit Zerreißung der dorsalen Ligamente und der interspinalen Muskulatur bei ventral gestauchter Abknickverletzung [101] (mit Genehmigung des Springer-Verlages).

Über das Vorhandensein isolierter traumatischer Bandscheibenvorfälle im Bereich der Halswirbelsäule ohne begleitende ligamentäre oder knöcherne Verletzung wird äußerst selten berichtet. Werden diese Arbeiten analysiert, ist festzustellen, dass z. B. die Bezeichnung traumatisch als Synonym für akut verwendet wird [22, 60]. Anscheinend handelte es sich lediglich um anamnestische Angaben der Betroffenen.

YAMANO [103] berichtete über acht isolierte Bandscheibenvorfälle, in drei Fällen wurde ein Trauma in der Anamnese angegeben. Ein 44-Jähriger gab nach zwei Verkehrsunfällen zunehmende Nackenschmerzen und Schmerzen im linken Arm an. Es wurde ein Bandscheibenvorfall im Segment C5/C6 mit einer Spinalkanalstenose festgestellt. Es gibt keinerlei Angaben zur Art der Verkehrsunfälle, z. B. zur Höhe der Belastung, zum zeitlichen Verlauf etc. Es handelte sich lediglich um eine anamnestische Angabe. Auch eine 38-jährige Frau gab nach einem seitlichen Anstoß bei einem Verkehrsunfall im Verlauf Nackenschmerzen und Schmerzausstrahlungen in den linken Arm an, mit einem Bandscheibenvorfall im Segment C5/C6. Bei einem 42-jährigen Mann mit vorbestehenden Nackenbeschwerden kam es nach einem nicht näher beschriebenen Sturz zu einer Verstärkung der Nackenbeschwerden mit Schmerzausstrahlung in den linken Arm und einem Bandscheibenvorfall im Segment C4/C5. Eine Kernspintomographie fand vor dem operativen Eingriff nicht statt, eine histologische Untersuchung erfolgte nicht. Letztendlich kann nach Auswertung der Fallkonstellationen daraus geschlussfolgert werden, dass das anamnestisch angegebene Trauma als Ursache angenommen wurde, ohne dies durch weitere harte Fakten zu stützen. Auch wenn ein „Trauma" anamnestisch genannt wird, dies meist bei feststellbaren Vorschäden, kann eine traumatische Ursache eines „isolierten" Bandscheibenschadens nur in Begleitung mit einer Zerreißung des hinteren Längsbandes gesehen werden [25, 47]. Die Bandscheiben der Brustwirbelsäule haben die gleichen Eigenschaften wie die der Lendenwirbelsäule, so dass sich die biomechanischen und pathophysiologischen Überlegungen gleichen. An der Brustwirbelsäule stehen Frakturen im Vordergrund, meist sind es Kompressionsfrakturen. Entsprechend der Klassifikation nach MAGERL [58] muss bei Berstungsbrüchen (Typ A 3) der Klassifikation sowie Distraktionsverletzungen (Typ B) häufig mit Bandscheibenverletzungen gerechnet werden. Bei der relativ häufigen Verletzung Typ B.1.2.1 mit Kompressionsfraktur kann die Bandscheibe intakt bleiben. Bei den Rotationsverletzungen Typ C ist die Bandscheibe in der Regel mit verletzt (Abb. 3.5).

Bandscheibenvorfälle der Brustwirbelsäule und am thorakolumbalen Übergang gehen gehäuft mit großen knöchernen Abrissen einher [12, 69]. Isolierte Bandscheibenvorfälle im Bereich der Brustwirbelsäule sind zwischen 0,15 % und 4 % aller Bandscheibenvorfälle selten. In 37 % der Fälle sei ein Trauma vorausgegangen [91]. Dieses sogenannte Trauma wurde jedoch nicht weiter spezifiziert, es lag eine rein anamnestische Angabe der betroffenen Patienten vor [78]. Dass in der Regel ein naturwissenschaftliches Kausalitätsbedürfnis die Betroffenen und auch die behandelnden Ärzte veranlasst, von einer traumatischen Genese eines Bandscheibenvorfalls aus-

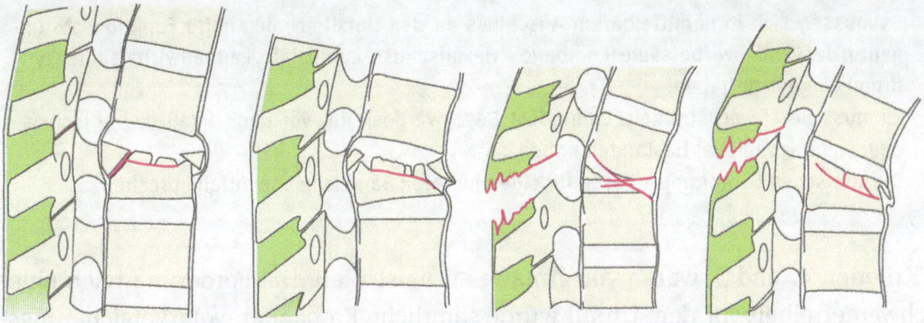

Abb. 3.5: Frakturtypen nach MAGERL: (a) Typ A 3.1.1, (b) Typ A 3.2.1, (c) Typ B 1.1.1, (d) Typ B 1.2.1 mit Fraktur-Typ A, nach [102].

zugehen, zeigt folgender Fall: Ein 37-Jähriger fiel auf den Rücken. Jahre später klagte er über zunehmende Schmerzen und Schwäche in den Beinen. Sechs Jahre nach dem Sturz wurde bei ihm ein Bandscheibenvorfall im Segment TH7/8 festgestellt und erfolgreich operativ behandelt. Ohne nähere Begründung wurde eine traumatische Verursachung angenommen [43, 51]. Die klinische Bedeutung der Bandscheibenvorfälle im Bereich der Brustwirbelsäule ist mit 0,0001 % denkbar selten. Bei Autopsien und in kernspintomographischen Untersuchungen wurden jedoch deutlich häufiger Bandscheibenvorfälle mit 15–20 % der Bevölkerung festgestellt [91]. Es seien im Wesentlichen zwei Gründe dafür verantwortlich, dass die Manifestation der Bandscheibenschäden an der Brustwirbelsäule nicht in der gleichen Frequenz auftritt wie an der Hals- und Lendenwirbelsäule, da sich die Foramina intervertebralia der Brustwirbelsäule nicht hinter den Bandscheiben, sondern auf Höhe des Wirbelkörpers befinden. Es müsste schon ein ausgedehnter Prolaps sein, der sich nach oben oder unten vorarbeitet, um in Kontakt mit einer spinalen Nervenwurzel zu treten. Es finden an der Brustwirbelsäule nur geringfügige Bewegungsexkursionen statt, so dass die Lagebeziehungen der Spinalnerven zu ihrer knöchernen und bindegewebigen Umgebung relativ konstant sind [49]. Die Auffassung, dass Bandscheibenvorfälle der Lendenwirbelsäule durch ein Trauma entstehen können, hat eine lange Tradition. Die sogenannten Lob'schen Kriterien [53] bildeten jahrzehntelang die Grundlage der gutachtlichen Beurteilung von Bandscheibenschäden an der Lendenwirbelsäule und sind auch noch in der neueren Literatur erwähnt [84] Diese Prüfkriterien wurden erstmals im Handbuch der Unfallbegutachtung 1960 veröffentlicht und unverändert in die 3. Auflage des Handbuchs von 1973 übernommen. Sie lauten:

1. Das Unfallereignis muss schwerwiegend gewesen sein, um Rissbildungen in der Bandscheibe zu verursachen.
2. Es muss auch in seiner Mechanik so abgelaufen sein, dass es die Entstehung derartiger Rissbildungen erklärt.

3. Es müssen sich in unmittelbarem Anschluss an den Unfall schmerzhafte Funktionsstörungen an der Lendenwirbelsäule (Lumbago = Hexenschuss, Lumbalgie, Lendenwirbelsäulensyndrom) eingestellt haben.
4. Es muss Beschwerdefreiheit, zumindest Beschwerdearmut, vor dem Unfall (keine Ischias- oder Lumbagoanfälle) bestanden haben.
5. Die klinischen Symptome müssen für einen hinteren Bandscheibenvorfall sprechen.

Die Kriterien 4. und 5. waren von Anfang an umstritten. Die Forderung nach einer Beschwerdefreiheit vor dem Unfall würde sämtliche Probanden vom Versicherungsschutz ausschließen, die schon einmal über Rückenschmerzen geklagt haben. Dies wäre z. B. mit dem Schutzzweck der Gesetzlichen Unfallversicherung nicht in Übereinstimmung zu bringen. Es ist auch hinreichend bekannt, dass Bandscheibenschäden klinisch stumm sein können, so dass eine Beschwerdefreiheit nicht als Hinweis für eine traumatische Entstehung angesehen werden kann. Dass ein hinterer Bandscheibenvorfall vorliegen muss, stellt kein sicheres Prüfkriterium dar. Einerseits tritt die Masse der Bandscheibenvorfälle nach hinten (dorsal) auf, andererseits bleibt etwa die Hälfte der Bandscheibenvorfälle, die nach hinten austreten, klinisch stumm. Abgewandelte Lob'sche Kriterien finden sich bei KRÄMER [48]. Zu fordern seien:

1. ein adäquates Trauma mit hohen intradiskalen Druckwerten durch eine von außen kommende Gewalteinwirkung bzw. unerwartete Kraftanstrengung mit dem Moment des Unerwarteten, Nichtvorausgesehenen, Unentrinnbaren,
2. typische Beschwerden, die sofort einsetzen müssen,
3. ein Patient, der unmittelbar vor dem Ereignis beschwerdefrei gewesen sein muss.

In der Gutachtenliteratur [77] wurde bis in die 90er Jahre hinein die Auffassung vertreten, dass Scher-, Rotations-, Überbeugungs- sowie Überstreckungskräfte eine gesunde Bandscheibe ohne Knochenbruch zerreißen könnten. Bezug wurde genommen auf ältere Urteile. So heißt es z. B. im Standardwerk „Arbeitsunfall und Berufskrankheit, 4. Auflage [83]:

> Der Vorgang dehnt sich vom Gallertkern in das benachbarte Fasergewebe aus. Bei traumatischen Bandscheibenschäden erscheinen damit die ersten Risse im Kern der Bandscheibe. Durch die plötzlich auftretende Gewalt wird der prall flüssigkeitsdurchtränkte Gallertkern gegen benachbarte Faserringschichten gedrückt. Das Einpressen von Gallertkernflüssigkeit in die trockenen Faserringschichten erzeugt ein Auseinanderdrängen der Schichten, Überspannung der Fasern und schließlich kleinere oder größere Einrisse. Daraus folgt, dass der Unfallhergang sehr genau zu analysieren ist. Von 30 Unfallbehauptungen soll nur einem Vorgang die wesentliche Bedeutung im Sinne des Ursachenbegriffes zukommen.

Letztendlich muss die Frage beantwortet werden, wie sich die Bandscheibe unter Belastung in der Wirbelkörper-Bandscheibeneinheit verhält, d. h., es muss der Frage nachgegangen werden, ob eine äußere Einwirkung Rissbildungen in der Bandscheibe oder einen Bandscheibenvorfall erzeugen kann.

3.5.1 Bruchfestigkeit der Wirbelkörper im Vergleich zur Festigkeit der Bandscheiben

Die Bruchfestigkeit eines Wirbelkörpers unter Berücksichtigung der Festigkeitsgrenzen der dazugehörigen Bandscheiben ist abhängig vom Lebensalter sowie Geschlecht. Für den Bereich der Halswirbelsäule kann eine Bruchfestigkeit von 418 ± 6 kg, für die obere Brustwirbelsäule eine Festigkeit von 370 ± 9 kg, für die mittlere Brustwirbelsäule von 431 ± 5k g, für die untere Brustwirbelsäule von 644 ± 24,1 kg sowie für die Lendenwirbelsäule von 730 ± 13,7 kg ermittelt werden [88]. Im vierten und fünften Lebensjahrzehnt reduziert sich dieser Wert um 78 %, im sechsten und siebten Lebensjahrzehnt um 49 %, die Wirbelkörper von Frauen weisen eine Festigkeit im Vergleich zu Männern von 5/6 auf. Die Kompressionsfestigkeit der Bandscheiben der Halswirbelsäule liegt mit 320 kg etwas unter der Bruchfestigkeit der Wirbelkörper, im Bereich der oberen Brustwirbelsäule zeigt sich die Kompressionsfestigkeit der Bandscheibe vergleichbar mit der des Wirbelkörpers bei 450 kg, im unteren Brustwirbelsäulenabschnitt steigt die Festigkeit der Bandscheibe deutlich an, auf 1150 kg, sowie auf 1500 kg im Bereich der Lendenwirbelsäule. Die reine Zugfestigkeit der Bandscheiben in der Wirbelkörperbandscheibeneinheit befindet sich geringfügig unter der Zugfestigkeit der Wirbelkörper. Die Bruchfestigkeit der Wirbelkörper bei Rotation ist ebenfalls deutlich geringer als die der dazugehörigen Bandscheiben. So liegt die Rotationsfestigkeit eines Lendenwirbelkörpers bei 255 kg, die der dazugehörigen Bandscheibe bei 463 kg, allerdings unter der Voraussetzung einer ausreichenden Rotationsmöglichkeit. An der Lendenbandscheibe ist ab einer Rotation von 15 ± 0,9° eine Kraft von 463 ± 8,9 kg erforderlich, um die Bandscheibe isoliert zu zerreißen. Die Bruchfestigkeit des Wirbelkörpers wird bereits ab einer Drehung von 5 ± 0,6° und einer Kraft von 255 ± 18,5 kg überschritten.

3.5.2 Axiale Kompressionsbelastung

Eine Kompression des Bandscheibenkerns in einer Wirbelkörperbandscheibeneinheit, insbesondere bei axialer Belastung, zerreißt niemals den Faserring, sondern es kommt immer zu einem Einbruch der Bandscheibe in die Deck- oder Bodenplatten der benachbarten Wirbelkörper [19]. Der Ausprägungsgrad der Einbrüche ist abhängig vom Alter des Individuums und vom Schweregrad der Osteoporose. Bei jungen Individuen kommt es nur zu kleinen Einbrüchen der Deck- und Bodenplatten. Der Faserring bleibt selbst dann intakt, wenn vorbestehende, d. h. bekannte Risse des Faserringes vorhanden waren. Das Bandscheibenvolumen verringert sich bei axialer Kompression, bevor es zu einem Einbruch der Bandscheibe in den Wirbelkörper kommt. Der Bandscheibenkern verteilt die Kräfte auf Faserring und Endplatten, die Endplatte versagt als Erstes, grundsätzlich nicht der Faserring. Traumatische Bandscheibenvorfälle durch axiale Kompression werden dementsprechend nicht beobachtet. Kombinierte

Belastungen führen mit Kompression, Flexion, Extension und Seitneigung mit und ohne Facetten lediglich bei axialer Kompression mit extrem schneller Flexion zu horizontalen Rissen der Bandscheiben, jedoch ohne Vorfall. Der äußere Faserring bleibt grundsätzlich intakt [19]. Eindeutig ist, dass es durch von außen einwirkende Kräfte (Druck, Biegeeffekte, Torsion, Zugkräfte etc.) zu Kompressionsbrüchen, Biegebrüchen, Abscherung der Knorpelschichten, Bandzerreißungen usw. kommt [28], wenn der natürliche Deformierungswiderstand der biologischen Werkstoffe erheblich überschritten wird. Interessant ist die sogenannte Zwischenphase, d. h. Kräfte, die unter dem Niveau der traumatischen Wirkungsdosen liegen, jedoch ausreichen könnten, um Gewebeschäden bleibender Art hervorzurufen. Bei normalen Bewegungsabläufen im Wirbelsegment resultiert bei axialer Kompression rasch eine Höhenminderung der Bandscheibe. Für die gesamte Rumpflänge besteht eine Einbuße bei aufrechter Körperhaltung über mehrere Stunden von 5–10 mm [28]. Die allmählich einsetzende Höhenminderung ist auf den sukzessiven Wasserverlust, der unter Kompressionswirkung in der Bandscheibe zustande komme, zurückzuführen. Die Höhenminderung der Bandscheibe bei Kompression geht mit einer Vorwölbung des Anulus nach außen einher. Bei zusätzlichen Kippbewegungen im Wirbelsegment wölbt sich der Anulus auf diejenige Seite vor, zu der hingekippt wird, und dessen Seitenfläche glättet sich auf der Gegenseite oder wird sogar leicht konkav (Abb. 3.6).

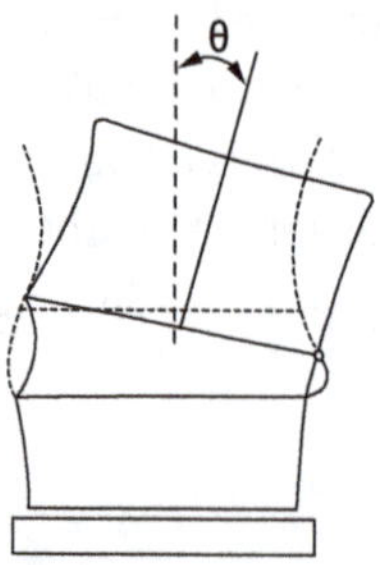

Abb. 3.6: Verhalten der Bandscheibe bei Kippbewegungen, nach [28].

Werden isolierte Wirbelkörper sowie Wirbelkörper-Bandscheiben-Einheiten mit normalen und degenerativ veränderten Bandscheiben unter Kompression gesetzt, so zeigt sich, dass isolierte Wirbelkörper eine höhere Kompressionsfähigkeit aufweisen als der Wirbelkörper in der Wirbelkörper-Bandscheiben-Einheit [28]. Wenn auf die Wirbelkörper-Bandscheiben-Einheit eine Druckbelastung eingeleitet wird, dann gibt der schwächste Teil zuerst dem Druck nach. Dies ist die Spongiosa des Wirbelkörpers, der dem Nucleus gegenüberliegt. Im Gegensatz hierzu hat die aus Kortikalis bestehende Vorder- und Seitenwand des Wirbelkörpers zusammen mit der knöchernen Randleiste eine wesentlich höhere Tragfähigkeit. Bei Kompressionen in der Wirbelkörper-Bandscheiben-Einheit kommt es zuerst zu Mikrofrakturen in den Endplatten, in die dann der Nucleus hineingetrieben wird. Unter Kompression nehmen der Wassergehalt und die Bandscheibenhöhe ab, der Faserring wird gestrafft und die Wahrscheinlichkeit eines Bandscheibenvorfalles sinkt. Dieser Effekt tritt bereits unter Alltagsbelastung, d. h. unter leichter körperlicher Arbeit, auf, der Effekt nimmt bei schwerer körperlicher und sich erhöhender Kompression der Bandscheibe zu [7]. Bei axialen Kompressionsbelastungen mit unterschiedlichen Geschwindigkeiten entstehen ausschließlich Deck- oder Bodenplattenfrakturen [67]. Die Bruchgrenze beträgt bei über 60-Jährigen durchschnittlich 425 kp und bei 40-Jährigen 780 kp (510 bis 1100 kp). Bandscheibenschäden entstehen dabei nicht. Die Kompressionsfestigkeit menschlicher thorakolumbaler Wirbelkörper liegt im Bereich zwischen 2 und 12 kN [16]. Die Festigkeit der Wirbel nimmt in kraniokaudaler Richtung zu, die Festigkeit sinkt mit dem Alter. Die Festigkeit von Wirbeln weiblicher Personen ist im Mittel geringer als diejenige männlicher Personen. Bei axialer Überlast frakturieren grundsätzlich zuerst die Endplatten der Wirbelkörper und die darunter liegende Spongiosa (Abb. 3.7). In vielen Fällen wird zentrales Bandscheibengewebe in die Spongiosa eingepresst, der Anulus fibrosus bleibt unter diesen Bedingungen unverletzt.

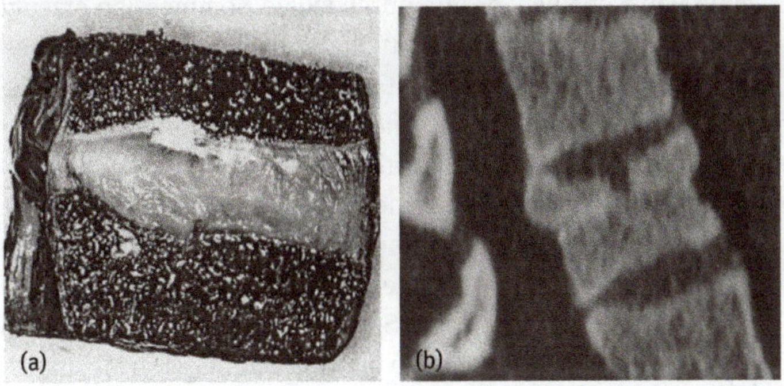

Abb. 3.7: Endplattenfrakturen: (a) = Fraktur der Endplatte, nach [28], (b) = CT bei Einbruch einer Bandscheibe in die Deckplatte eines Wirbelkörpers.

Auch *In-vivo*-Untersuchungen an Schweinen führten zu keinen neuen Erkenntnissen. Eine plötzliche Druckerhöhung in der Bandscheibe erzeugt Deckplattenfrakturen [20], wenn mit hohem Druck Flüssigkeit injiziert wird, dies nahezu regelhaft am Hinterrand der Deckplatten. Die plötzliche Druckbelastung der Bandscheibe ist vergleichbar mit einem Sturz oder einer hohen athletischen Aktivität bei jungen Männern mit der Folge von Deckplattenfrakturen.

3.5.3 Belastungen der Bandscheiben bei Texturstörungen

Interessanterweise verhalten sich degenerativ veränderte Bandscheiben nicht wesentlich anders als intakte. Es kommt bei axialen Kompressionsbelastungen immer zunächst zu einer Mikrofraktur der vorher intakten Endplatte, es schließt sich dann die Zermalmung der angrenzenden Spongiosa an (Abb. 3.8). Erst bei fortgeschrittener Degeneration wird der Anulus peripherewärts herausgequetscht, während die Wirbelkörper aufeinander zurücken. Bei Bruchstücken, die aus zwei normalen Bandscheiben sowie aus einer normalen und einer degenerativen Bandscheibe bestehen, versagen die Endplatten immer zuerst [28].

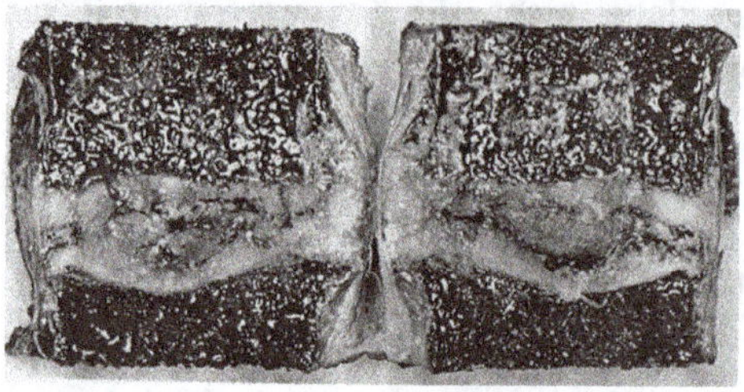

Abb. 3.8: Einbruch der Deckplatten bei degenerativ veränderten Bandscheiben, FARFAN [28].

In-vitro hätten bisher keine Bandscheibenvorfälle durch axiale Kompression erzeugt werden können, es sei grundsätzlich zu einem Einbruch der Deckplatten des Wirbelkörpers gekommen [15]. In keinem Fall bei Präparaten mit künstlich erzeugten Rissen war eine Ruptur des peripheren Faserringes, eine Bandscheibenprotrusion oder ein Bandscheibenvorfall möglich. Belastungen oberhalb des Limits, die zu Frakturen führen, waren immer noch zu schwach, Bandscheibenmaterial aus dem Zentrum zu verlagern. Die Faserstrukturen des Materials einerseits, die Befestigung der Faserstrukturen an der Endplatte andererseits verhindern durch Abdichtung des Bandscheibenkerns eine Verschiebung des Nucleus. Die Separation der Bandscheibe von der Endplatte begünstige allerdings die Entstehung von Protrusionen. Die Mechanismen, die zur isolierten Ablösung der Bandscheibe von den Endplatten führen, sind jedoch unklar. Insbesondere lassen Scher- und Zugkräfte kombiniert mit Rotation und Verbiegungen keine Zunahme von Spannungen im Bandscheibenkern zu, sondern ausschließlich in der Peripherie der Bandscheibe. Die Faserspannung im Zentrum der Bandscheibe ist minimal. Nicht nur axiale Belastung, sondern auch Seitbewegung, Vor- und Rückneigung, sowie sich wiederholende Belastungen ergeben kein anderes Bild. Ein Bandscheibenvorfall bedarf einer Fissur im Faserring einerseits und einer Fragmentation des Bandscheibenkerns andererseits [18]. Der alleinige Riss des inneren Bandscheibenringes genügt nicht, einen Bandscheibenvorfall zu erzeugen, erforderlich ist zusätzlich losgelöstes Nucleusmaterial, welches seinen Weg entlang der vorbestehenden Rissbildung nach außen findet. Im Experiment wurde Gewebe aus dem Zentrum des Gallertkerns herausgeschnitten und in künstlich erzeugte Risse des Faserringes gelegt und es wurde das Gewebe axialen Druckbelastungen sowie zusätzlichen Biegekräften ausgesetzt. Zu Bandscheibenvorfällen kam es bei axialer Druckbelastung und gleichzeitiger Flexion des Segmentes zwischen 5° und 8°. In Hyperextension, inklusive axialer Belastung, gab es keine Bandscheibenvorfälle. Bei vorbestehenden Spaltbildungen und Fragmenten des Nucleus pulposus könne es insgesamt bereits bei geringer Belastung zu Bandscheibenvorfällen kommen. Der Schlüssel zur Pathologie der Bandscheibenvorwölbungen und Bandscheibenvorfälle sei das losgelöste Nucleusfragment, als Ursache eines chronischen Prozesses [17]. Die Ergebnisse dieses In-vitro-Versuches, der die Fragmentierung des Gewebes im zentralen Bereich der Bandscheibe simulierte, sei mit der Annahme eines längeren unbekannten, nicht primär mechanischen Prozesses verträglich, welcher dem eigentlichen Vorfall vorausginge. Nach dem bisherigen Erkenntnisstand wird der zentrale Bereich der Bandscheibe bei Flexion, Extension, Seitneigung oder axialer Rotation am geringsten verformt. Wenn die Verformung eine Rolle spiele, müsse die Fragmentierung der Bandscheibe an ihrer Peripherie beginnen [17].

3.5.4 Rotationsbelastungen

Verdrehungen der Wirbelsäule werden häufig als Ursache für Rückenschmerzen angesehen. Für die gesamte Lendenwirbelsäule beträgt das Ausmaß der Rotation etwa 10°, dies entspricht einer Rotation von etwa 1° in jede Richtung für das einzelne Wirbelsegment. Auch bei ausgeprägter Verschleißumformung der Wirbelgelenke mit entsprechend höherem Rotationsgrad bieten die Wirbelgelenke grundsätzlich ausreichend Schutz bei Drehbewegungen. Um eine Bandscheibe zu schädigen, bedarf es einer Rotation zwischen 15° und 30° mit Wegnahme der Wirbelgelenke [1]. Für die Lendenbandscheibe ergibt sich ein durchschnittlicher Drehwinkel bis zum kritischen Wert von 22,6°. Bei degenerierter Bandscheibe wird die Festigkeitsgrenze bereits bei 14,3° erreicht. Bei degenerierten Bandscheiben mit Randosteophyten steigt der Deformationswiderstand wieder signifikant an. Das einzelne Bewegungssegment weist normalerweise eine maximale Rotation von 2–3° auf [28]. Bei isolierten Bandscheibenpräparaten, die ohne Wirbelbogen einer Torsion ausgesetzt werden und primär nicht degenerativ verändert sind, kommt es bei Rotation zu ausgedehnten zirkulären Spaltbildungen in der Außenzone des Anulus. Nucleus und innere Zone des Anulus bleiben intakt. Feingeweblich werden Aufspaltungen der äußeren Lamellen des Anulus nachgewiesen. Radiäre Risse entstanden nicht, es kam auch nicht zu Frakturen der Endplatten [28]. Die Facettenasymmetrien spielen keine Rolle bei Rotations- oder Kombinationsbewegungen, wie Rotation und Flexion. Ohne Entfernung der Wirbelgelenke können Bandscheibenschäden nicht erzeugt werden [24].

3.5.5 Hyperextension

Eine Hyperextension führt entweder zum Abbrechen der Dornfortsätze, bei weitgestellten Dornfortsätzen, oder zu Frakturen der Wirbelgelenke. Ein Bandscheibenschaden wurde in keinem Fall beobachtet. Auch wenn die dorsalen Strukturen nach und nach entfernt werden, die interspinalen Ligamente, die Dornfortsätze oder die Wirbelgelenke, kommt es nicht zu Bandscheibenvorfällen [6]. Bei zusätzlicher axialer Belastung der Präparate entstehen Frakturen, ein Bandscheibenvorfall nach vorne ist die Ausnahme. Diese Beobachtung eines einzigen Falles dürfte angesichts der bekannten Versuchsanordnung in der Realität keine Bedeutung erlangen.

3.5.6 Scherkräfte

Auch Scherkräfte führen nicht zu isolierten Bandscheibenschäden [106]. Es werden Kantenabrisse der Deck- und Bodenplatten, was auf die feste Verbindung des Anulus mit dem Wirbelkörper hinweist, festgestellt. Die Bandscheiben selbst bleiben unverletzt. Während die Längsbänder nicht vor Scherkräften schützen, sind nach Entfernung der Wirbelgelenke deutlich früher Frakturen zu erwarten.

3.5.7 Hyperflexion und Kompression

Bandscheibenvorfälle konnten in mechanischen Tests weder durch exzessive Kompression, Torsion oder wiederholende Belastung erzeugt werden. Die Kombination von Flexion und Kompression kann jedoch zu Bandscheibenvorfällen führen, da bei Flexion der hintere Anteil des Anulus das schwächste Glied in der Belastungskette sei. Der Druck in der Bandscheibe würde sich bei Kompression erhöhen, während bei Flexion der hintere Anteil des Faserringes ausgedünnt wird [1, 2]. Es konnte festgestellt werden, dass reine Kompressionskräfte grundsätzlich zu einer Wirbelfraktur führen, Torsionskräfte zu einer Zerstörung der Wirbelgelenke bzw. weit über das physiologische Ausmaß der Drehung hinaus zu Rissen im Faserring der Bandscheibe. Eine Flexion jenseits des physiologischen Limits erklärt eine Schädigung der dorsalen Ligamente, aber nicht eine Schädigung der Bandscheibe. Werden die Wirbelbögen, sämtliches Gewebe aus dem Nervenkanal inklusive der hinteren Ligamente bis auf das hintere Längsband und Teile der Wirbelgelenkkapsel entfernt und die Segmente einer Hyperflexion ausgesetzt, z. B. für das Segment L4/L5 einer Flexion von 14,5 ± 2,9°, so resultiert eine axiale Belastung zwischen 2700 und 12 900 N [1, 2, 3]. Dabei kommt es zur Austreibung von Bandscheibenmaterial ohne begleitende Frakturen, zu Bandscheibenvorwölbungen, Frakturen der Deck- und Bodenplatten sowie zu Abrissen der Hinterkante der Wirbelkörper ohne Bandscheibenbeteiligung. Nur bei ausreichender Überbeugung entsteht eine Schädigung des hinteren Bandscheibenrings, dies setze jedoch eine Überdehnung der posterioren Ligamente voraus, was nur nach Entfernung der Ligamente möglich ist. Schäden der supra- und intraspinalen Bänder wurden häufig bei operationspflichtigen Bandscheibenvorfällen gefunden [76]. Texturstörungen der interspinalen Ligamente bis hin zu Zusammenhangstrennungen treten im Laufe des Lebens auf. Die Häufigkeit der Bandscheibenvorfälle in den unteren beiden Segmenten würde auffallend mit den Rupturen der supra- und intraspinalen Ligamente zusammenfallen. Die Ruptur der hinteren Ligamente sei eine signifikante Vorbedingung für den Bandscheibenvorfall. Bei Flexionsverletzungen ist der Bandscheibenvorfall die Folge der Zerreißung der dorsalen Bänder [63]. Die maximale Beugemöglichkeit beim Lebenden liegt 10° unterhalb des maximalen elastischen Limits von Leichensegmenten [5]. Die maximale Flexionsmöglichkeit der Leichensegmente findet sich weit oberhalb des realistischen Limits. Nur bei Hyperflexion, d. h. bei einer Vorbeugung des Wirbelsegmentes über die physiologische Grenze hinaus, kann der Faserring der Bandscheibe im dorsalen Bereich reißen oder sich von der Endplatte lösen. Ein typisches Unfallereignis im Sport ist beispielweise ein missglückter Absprung vom Gerät mit hoher Belastung beim Auftreffen auf dem Boden und gleichzeitiger Hyperflexion des Oberkörpers. Es gibt aber keinen Anlass zu der Annahme, dass diese geschilderte Belastungssituation für die Entstehung der Mehrzahl der in der Bevölkerung beobachteten Bandscheibenvorfälle verantwortlich ist.

3.5.8 Frakturen durch Flexion und Kompression

Die Kompression in einer Wirbelsäulen-Bandscheiben-Einheit verursacht Frakturen etwa im Zentrum der Endplatten. Bei zusätzlicher Vorneigung von 5° verschiebt sich die Fraktur geringfügig nach vorne. Erst wenn die Bandscheibe durch Knochenzement ersetzt wird, kommt es zu ausgeprägteren Zerstörungen des Wirbelkörpers [104]. Wird eine Wirbelkörper-Bandscheiben-Einheit einer reinen axialen Kompression sowie einer Kompression mit 5° Vorneigung ausgesetzt, so resultieren im thorakolumbalen Übergang typische Kompressionsbrüche (Typ Magerl-A). Begleitende Bandscheibenschäden werden erst ab dem inkompletten Kompressionsbruch Typ A 3.1, d. h. dem zusätzlichen Abriss der Vorder- und Hinterkante, beobachtet. Hierbei kann es dann zu knöchernen Ausrissen des Faserringes kommen. Auch bei den so genannten Distraktionsverletzungen nach Magerl Typ B, mit Zerreißung der posterioren Ligamente, können Bandscheibenschäden beobachtet werden, dies gilt insbesondere auch für die Rotationsverletzungen (Typ C nach Magerl). Das operative Management hängt davon ab, ob diskoligamentäre Verletzungen, also Zerreißungen von Bandscheiben, vorliegen [12, 99, 74].

3.5.9 Mittelbare Schäden der Bandscheiben nach Fraktur

Der Einbruch der Bandscheibe in die Deck- oder Bodenplatte des Wirbelkörpers hat zur Folge, dass es zu einer irreversiblen Höhenminderung der Bandscheibe im betroffenen Segment kommt [16]. Dies führt zu einer erhöhten Belastung der Wirbelgelenke. Des Weiteren geht die Minderung der Bandscheibenhöhe mit einer Zunahme der radialen Auswölbung der Bandscheibe einher, die Bandscheibe verhalte sich in dieser Beziehung ähnlich wie ein Fahrradreifen. Materialverlust führe zu einer Abnahme der Höhe und zu einer Zunahme der seitlichen Reifenauswölbung. Die biomechanische Auswirkung einer Nukleotomie sei mit der Auswirkung einer Wirbelkörperkompressionsfraktur vergleichbar. Durch axiale Belastung erzeugte Endplattenfrakturen haben eine irreversible strukturelle Veränderung des Nucleus zur Folge. Dieser dehne sich aus, verliere an Druck, Faserringe könnten in den Nucleus kollabieren. Je älter und je dehydrierter die Bandscheibe ist, umso ausgeprägter erscheint dieser Vorgang. Die Einbrüche der Endplatten bei Lebenden veranlassen zwar einen Heilungsprozess, andererseits könnte auch ein fortschreitender Zerstörungsprozess der Bandscheibe folgen [8]. Degenerativ veränderte Bandscheiben sollen den Effekt der Osteoporose mildern, osteoporotische Frakturen seien umso häufiger, je stärker der Druck in der Bandscheibe ist. Texturgestörte Bandscheiben haben einen geringeren Innendruck, die Häufigkeit osteoporotischer Frakturen und auch deren Schweregrad nehmen ab. Bei Wirbelfrakturen im thorakolumbalen Übergangsbereich werden die Bandscheiben in der Regel nicht zusätzlich geschädigt. Die Bandscheibe selbst ist deutlich widerstandsfähiger gegen hohe und schnelle Druckbelastung als der Wirbelkörper. Da die Bandscheibe ihre normale feste Form behält, kommt es unausweichlich zu Trümmerbrüchen der Wirbelkörper. Die nach derartigen Frakturen beobachtete Keilform erklären viele Autoren durch eine zunehmende Bandscheibendegeneration nach Frakturen. Kernspintomographische Untersuchungen haben jedoch gezeigt, dass die Mehrzahl der Bandscheiben intakt bleibt, die Fehlstellung ist vielmehr verursacht durch das Eindringen der Bandscheibe in die Wirbelkörper, ohne dass sich die Bandscheibenmorphologie ändert. Bei A3- und B1-Trümmerbrüchen (nach Magerl) sind eine Entfernung der Bandscheibe und eine Fusionierung nur dann nicht erforderlich, wenn die Bandscheibe intakt ist. Wenn kernspintomographisch auffallende Signale in der Bandscheibe bestehen, ist dies eine relative Indikation für eine Wirbelkörperfusionierung, dies insbesondere bei vorbestehend degenerativen Bandscheiben [31].

Endplattenfrakturen nehmen einen größeren Einfluss auf die Entstehung von mittelbaren Bandscheibendegenerationen [70]. Es liegt nach erzeugten Deckplattenfrakturen ein signifikanter Druckabfall im Bandscheibenkern vor. Bei peripher gesetzten Faserrissen trat keinerlei Druckabfall auf. Erst wenn im Zentrum des Nucleus künstliche Faserrisse gesetzt oder Deckplattenfrakturen erzeugt werden, entsteht ein Druckverlust, was möglicherweise eine Erklärung für nachfolgend mittelbare degenerative Veränderungen der Bandscheiben nach Deckplattenfrakturen ist.

3.5.10 Isolierter Bandscheibenschaden durch Trauma?

Obwohl isolierte Bandscheibenvorfälle, verursacht durch eine einmalige äußere Einwirkung, insbesondere in der älteren Gutachtenliteratur durchaus diskutiert werden, sind entsprechende Veröffentlichungen, in denen derartige Zusammenhänge angenommen werden, kaum anzutreffen. ANDO [11] berichtet über den Fall einer Bandscheibenschädigung im Anschluss an einen Sturz auf das Gesäß bei einem 16-jährigen Mädchen. Dieses fiel von einem Motorrad auf einen Bürgersteig. Sie klagte über leichte Rückenschmerzen. Es wurden keine auffallenden röntgenologischen Veränderungen festgestellt. In der Kernspintomographie fand sich eine leichte Bandscheibenvorwölbung im Segment L4/L5, jedoch kein Hinweis auf eine strukturelle Schädigung des Wirbelkörpers, insbesondere kein Knochenödem. Auch in der Umgebung lagen keine Signalanhebungen vor. Zwei Monate nach dem Sturz wurde eine weitere Kernspintomographie angefertigt, diese zeigte eine gering stärkere Vorwölbung der Bandscheibe im Segment L4/L5. Elf Monate nach dem Ereignis war der Wassergehalt der Bandscheibe deutlich reduziert, die Höhe der Bandscheibe war erniedrigt, es wurde ein Bandscheibensequester nachgewiesen. Die gleichen Befunde fanden sich 20 Monate nach dem Sturz. Es wurde diskutiert, dass möglicherweise durch den Sturz ein Riss im Bandscheibenring aufgetreten sei, der den Bandscheibenvorfall dann im Verlauf ermöglicht hätte, allerdings würden bereits bei Jugendlichen degenerative Veränderungen der Bandscheiben beobachtet. Das Mädchen hätte jedoch vor dem Ereignis keine Beschwerden gehabt, so dass der Zusammenhang mit dem Unfallereignis anzunehmen sei. Normalerweise käme es bei traumatischen Bandscheibenschäden immer zu Verletzungen der Endplatten, in diesem Fall hätte eine derartige Verletzung jedoch ausgeschlossen werden können. ANDO [11] ging davon, erstmals den Fall einer chronologischen Entwicklung eines Bandscheibenschadens nach einem Trauma beobachtet zu haben.

3.5.11 Bandscheibenvorfall bei milder Kompressionsfraktur

Das Zusammentreffen von Bandscheibenvorfällen und Frakturen im Bereich der Lendenwirbelsäule ist extrem selten, auch wenn die genaue Inzidenzrate in der Literatur nicht bekannt ist. Traumatische Bandscheibenvorfälle an der Lendenwirbelsäule sind in der Regel Begleitverletzungen von Trümmer- oder Verrenkungsbrüchen. Auch wenn eine Kompressionsfraktur selten mit einem Bandscheibenvorfall vergesellschaftet ist, sollte diese Kombinationsverletzung nicht übersehen werden [41].

3.5.12 Dauerbelastung

Bei maximaler Flexion führen Druckbelastungen bis 6000 N mit Zyklen von 40 Belastungen pro Minute und maximal 9600 Belastungen zu Frakturen und selten zu Bandscheibenvorfällen [4] sowie zu Verformungen des Faserringes. Bei den Verformungen der Lamellen handelte es sich in einigen Fällen um radiäre Rissbildungen im hinteren Abschnitt des Faserringes. Einige dieser Risse können Belastungsfolge sein, da bei Reduzierung der Belastung unabhängig von der Häufigkeit der Zyklen keine Schäden mehr zu beobachten sind. Überdurchschnittliche Belastungen können

Verformungen des Faserringes bewirken, was letztendlich den Faserring schwächt. Derartiges soll beim Lebenden in Ruhephasen, insbesondere in der Nacht, völlig reversibel sein. Bei degenerativ veränderten Faserringen geht die Abstufung der Vorwölbung von innen nach außen und damit der Dämpfungsmechanismus verloren [46]. Unterschiedliche Belastungsfrequenzen haben keinen Einfluss auf das Gewebe des Faserringes bei isolierten Präparaten. An Schweinebandscheiben entsteht kein Unterschied im Gewebeverhalten, wenn die isolierten Bandscheiben einer Belastung alle 5, 10 oder alle 20 Sekunden ausgesetzt werden. Bei Präparaten mit Wirbelkörpern kommt es jedoch bei hohen Frequenzen in der Regel zur Fraktur [33]. Während die reine Flexion sowie eine reine Kompression unabhängig von der Anzahl der Zyklen nicht zu einer Schädigung der Bandscheiben führen, könnten Flexionsbelastungen über 50 000 Zyklen und Kompressionen über 800 N Risse im hinteren äußeren Anteil des Faserringes erzeugen [73].

3.6 Diagnostik

Die diagnostischen Maßnahmen bei der Beurteilung von Schäden an der Wirbelsäule dienen in erster Linie dazu, Verletzungsfolgen aufzudecken und deren Verlauf darzustellen, dies in Abgrenzung zu vorbestehenden Schäden, z. B. Osteochondrosen oder Spondylosen. In der Regel werden zeitnah zu einem Ereignis, welches als Ursache eines Schadens an der Wirbelsäule angesehen wird, Röntgennativaufnahmen angefertigt, die es erlauben – insbesondere im Verlauf –, die Aussage zu treffen, ob makroskopisch sichtbare strukturelle Veränderungen eintreten, z. B. nach einer Fraktur, einem knöchernen Bandausriss oder einer Subluxation. Wie bei jeder Röntgenuntersuchung des Haltungs- und Bewegungsapparates stellen Aufnahmen in zwei senkrecht zueinander stehenden Ebenen den Ausgangspunkt der radiologischen Diagnostik dar. Im Bereich der Halswirbelsäule können neben den Standardaufnahmen auch Schrägaufnahmen sinnvoll sein, die die Foramina intervertebralia zur Darstellung bringen. Funktionsaufnahmen dürfen erst nach Ausschluss knöcherner Verletzungen angefertigt werden. Bei Verdacht auf traumatische Instabilitäten sollten die Aufnahmen unter Bildwandlerkontrolle durchgeführt werden. Es werden auch Untersuchungen in Narkose angewendet. Röntgenaufnahmen der Brust- und Lendenwirbelsäule sind im Stehen oder im Liegen möglich. An der Lendenwirbelsäule erlauben schräge Aufnahmen die Beurteilung der Wirbelgelenke, der Foramina intervertebralia, der Bogenwurzeln und der Pars interarticularis. Funktionsaufnahmen im seitlichen Strahlengang dienen der Erfassung von Bewegungsstörungen mit segmentaler Hyper- oder Hypomobilität. Um die Höhe eines Bandscheibenraumes beurteilen zu können, sollte die Aufnahme im seitlichen Strahlengang im Stehen angefertigt werden. Die Bandscheibenhöhe im Bereich der Lendenwirbelsäule lässt sich z. B. nach der Methode von HURXTHAL [40] ausmessen. Bei der Beurteilung einer bandscheibenbedingten Erkrankung als mögliche Berufskrankheit ist dies ein unverzichtbarer Schritt zur Erfassung des Schweregrades der Osteochondrose. Bei der Beschreibung spondylotischer Randkantenausziehungen an den Deck- und Bodenplatten können Verlaufsaufnahmen wertvolle Hinweise geben. So führen ligamentäre Verletzungen im Bereich der Hals- oder Lendenwirbelsäule in der Regel innerhalb weniger Wochen, spätestens nach drei bis sechs Monaten, zu einer reaktiven Spondylose, d. h. zu reaktiven knöchernen Ausziehungen. Diese so genannte traumatische Spondylose kann als Hinweis auf eine strukturelle Verletzung eines Bewegungssegmentes interpretiert werden.

Die Szintigraphie wird nach JEROSCH [42] in der Traumatologie zu selten benutzt. Bei einer Diskrepanz zwischen klinischem Befund und Röntgenbild, bei Verdacht auf eine Stressfraktur, bei Ausschlussdiagnostik von Frakturen sowie bei Verlaufskontrollen nach Therapie sollte an die Möglichkeit der Szintigraphie gedacht werden. Anhand von Verlaufskontrollen lassen sich Aussagen über das Frakturalter treffen. Die Szintigraphie kann auch zur Bewertung von Frakturheilungsstörungen eingesetzt werden. Bei vorliegender Spondylolyse ist die Szintigraphie hilfreich in der Abgrenzung einer anlagebedingten Läsion von einer Fraktur oder einem Ermüdungsbruch.

Die Computertomographie stellt eine nützliche Ergänzung zum Nativröntgenbild, insbesondere in der Beurteilung traumatischer und degenerativer Veränderungen der Wirbelsäule, dar. In der Computertomographie können die knöchernen Anteile der Wirbelsäule mit den gelenkigen Verbindungen, die Bandscheiben, der Spinalkanal, inklusive der Nervenwurzelkanäle genau dargestellt werden. Insbesondere bei Frakturen mit Wirbelkörperhinterkantenbeteiligungen spielt die Computertomographie eine entscheidende Rolle in der Klassifizierung der Frakturen. Der Spinalkanal kann zweidimensional dargestellt werden. Bei der Aufdeckung traumatischer Veränderungen im Bereich der oberen Halswirbelsäule ist die Computertomographie ebenfalls unverzichtbar. Die Bandscheiben sind im Computertomogramm homogen abgebildet. Eine Differenzierung zwischen Anulus fibrosus und Nucleus pulposus ist nicht möglich [42]. Bei der Aufdeckung von Bandscheibenschäden an der Halswirbelsäule ist die Kernspintomographie der Computertomographie weit überlegen. Im Bereich der Brust- und Lendenwirbelsäule stellt die Computertomographie eine treffsichere Methode zur Diagnostik des Bandscheibenvorfalls bei nicht voroperierten Probanden dar. Eine Unterscheidung zwischen einem subligamentären und extraligamentären Bandscheibenvorfall ist im Computertomogramm allerdings kaum möglich. Die Treffsicherheit des Computertomogramms hinsichtlich eines Bandscheibenvorfalls wird in der Literatur sehr unterschiedlich angegeben.

Die Magnetresonanztomographie (MRT) hat die Computertomographie in der bildgebenden Diagnostik der Bandscheibenschäden weitgehend verdrängt. Mit der Kernspintomographie gelingt die Darstellung der Weichteile, um z. B. an der Halswirbelsäule intramedulläre Auffälligkeiten, wie Ödeme oder Hämatome, mit hoher Sensitivität zu diagnostizieren. Strukturelle Schäden am Kapselbandapparat und an der Bandscheibe können mit der Kernspintomographie relativ zuverlässig aufgedeckt werden. An der Lendenwirbelsäule gehen Verletzungen in der Regel mit knöcherner Beteiligung einher, so dass zunächst nativröntgenologische Verfahren und die

Computertomographie Anwendung finden. So genannte okkulte Frakturen mit Signalveränderung des spongiösen Knochens können durch die Kernspintomographie dargestellt werden. Nicht jede Signalveränderung innerhalb eines Wirbelkörpers stellt jedoch ein traumatisches Knochenödem („bone bruise") dar. Insbesondere führen degenerative Bandscheiben zu typischen subkortikalen Reaktionen, die nach MODIC [61] in Grundtypen eingeteilt werden können. Bei einem Typ Modic I kommt es zu streifenförmigen oder umschriebenen Bezirken mit Signalabschwächung in der so genannten T1-Wichtung und zu Signalanhebungen in der T2-Wichtung. Der Modic Typ I ist häufig das erste reaktive Zeichen der Chondrose. Er entspricht einem Ödem im Wirbelkörper mit Hypervaskularisation. Beim Modic Typ II besteht eine deutliche Signalanhebung in der T1-Wichtung. Es handelt sich um eine streifenförmige, fettige Knochenmarkkonversion, bei Umwandlung des Knochenmarks in Fettmark. Der Typ Modic II gilt als Vorstufe der Sklerose bzw. der Osteochondrose. Signalveränderungen im Wirbelkörper bei Frakturen können manchmal schwierig von Veränderungen nach Typ Modic I abgegrenzt werden. Die spezielle STIR-Sequenz erlaubt eine Abgrenzung zum „bone bruise" in der Regel jedoch zuverlässig. Laut VAHLENSIECK [97] ist bei Frakturen die Kernspintomographie der Computertomographie unterlegen. Bei einzelnen speziellen Fragestellungen ist die Kernspintomographie bei frischen Knochenverletzungen indiziert, z. B. zum Nachweis von radiologisch okkulten Frakturen bzw. ödematösen Knochenmarkkontusionen. Eine unverschobene Fraktur kann dem Nachweis im Röntgenbild oder in der Computertomographie entgehen. Das Knochenödem bei frischen Frakturen kann zuverlässig in der STIR-Wichtung aufgedeckt werden, mit dieser Sequenz gelingt es auch, ein Knochenmarködem bei Bandscheibendegeneration Typ Modic I von einem traumatischen Knochenödem zu unterscheiden (Abb. 3.9).

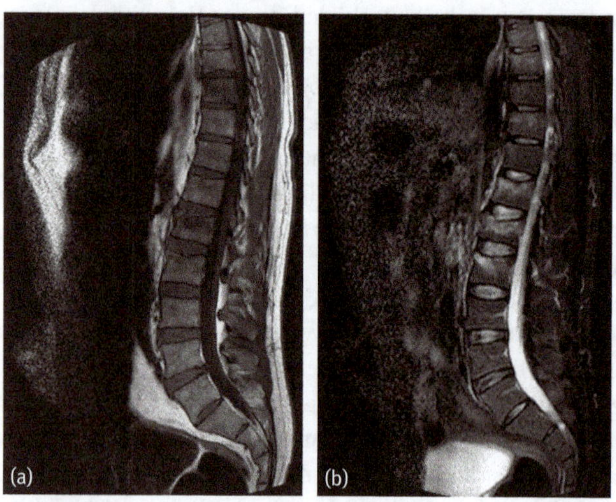

Abb. 3.9: Knochenmarködem ((a) Frakturen Th12 bis L2 in der T1-Wichtung, (b) STIR-Wichtung).

Signalveränderungen des Wirbelkörpers in der MRT sind in der Regel typische Begleiterscheinung der Bandscheibendegeneration. Traumatische Knochenödeme gehen normalerweise auch mit makroskopischen Verformungen eines Wirbelkörpers einher. Bei den seltenen sogenannten okkulten Frakturen, d. h. ödematösen Knochenmarkkontusionen ohne makroskopisch sichtbare Verformung eines Wirbelkörpers, werden Bandscheibenschäden als Bandscheibenvorfälle grundsätzlich nicht als Begleitverletzung nachgewiesen. Diese Knochenödeme sind in der Regel nach wenigen Wochen vollständig rückläufig. Zu den unterschiedlichen Signalen des Bandscheibenvorfalls im Vergleich zur übrigen Bandscheibe gibt es in der Literatur unterschiedliche Erklärungen. Der Bandscheibenvorfall kann sowohl ein helleres als auch ein abgeschwächtes Signal zeigen, je nach histologischer Zusammensetzung des Materials [97]. Die Ursache der unterschiedlichen Intensität des Bandscheibenvorfalls ist völlig unklar [61]. Die Kernspintomographie erlaubt zuverlässig die Differenzierung zwischen Bandscheibenprotrusion und Extrusion (Prolaps). Eine Vorwölbung um mehr als 180° bzw. mehr als 50 % der Gesamtwirbelzirkumferenz wird als Bulging (symmetrisch vs. asymmetrisch) bezeichnet, was keinen krankhaften Prozess darstellt [97]. Die Protrusion ist definiert als Bandscheibenverlagerung um weniger als 180° der Wirbelkörperzirkumferenz, die in den sagittalen Schnitten weder nach kranial noch nach kaudal eine Überschreitung der Randkonturen der Wirbelkörperabschlussplatten aufweist und in den transversalen Schnitten im stumpfen Winkel zur Kontur der Bandscheibe ausläuft [30]. Der Bandscheibenvorfall (Prolaps) ist definiert durch eine Ausdehnung nach kranial und kaudal in den sagittalen Schnitten über die Randbegrenzung des Wirbelkörpers hinaus und in den transversalen Schnitten durch einen spitzwinkeligen Übergang zur Basis der Bandscheibe [30] (Abb. 3.10).

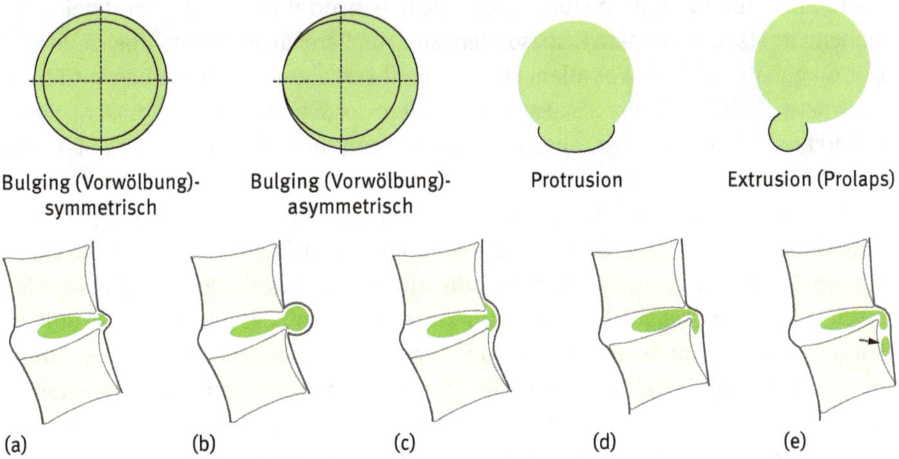

Abb. 3.10: Bandscheibenprotrusion und -vorfall, nach [97] ((a) = kleine subligamentäre Herniation = Protrusion, (b) = Herniation, (c) = Extrusion, (d) = subligamentäre Herniation mit kaudaler Migration, (e) = subligamentäre Herniation mit kaudalem Sequester).

Auf den axialen Aufnahmen wird die Lage des hernierten Diskusmaterials exakt festgehalten, es kann zentral liegen, subartikulär, foraminal oder extraforaminal. Als Sequester wird ein vom zentralen Teil des Diskus abgetrennter Teil des Nucleus pulposus bezeichnet. Er kann sich kaudal oder kranial der betroffenen Bandscheibe befinden, auch eine Migration des Sequesters, meist nach kaudal, ist möglich. Bandscheibensequester sind computertomographisch nur schwierig zu erfassen. Die einzelnen Stufen der Texturveränderung der Bandscheiben, beginnend bei der Dehydratation über radiale Einrisse als Merkmal der fortschreitenden Texturstörung, sowie die zunehmenden osteochondrotischen Veränderungen der Bandscheibe lassen sich kernspintomographisch besser verfolgen.

Am häufigsten wird die Graduierung der Bandscheibenveränderungen mit der T2-Gewichtung nach PFIRRMANN [66] verwendet. Typ A (Grad 1) ist die normale Bandscheibe mit homogen hohem Signal des Nucleus pulposus und guter Abgrenzung zum signallosen Anulus fibrosus bei normaler Bandscheibenhöhe. Beim Typ B (Grad 2) kommt es zu ersten inhomogenen Signalminderungen im Nucleus pulposus, in der Regel bandförmig, ausgehend vom Anulus fibrosus. Die Höhe der Bandscheibe ist noch normal. Beim Typ C (Grad 3) ist das Signal des Nucleus inhomogen grau, aber höher als das des Anulus. Die Höhe der Bandscheibe ist noch normal oder leicht reduziert. Beim Typ D (Grad 4) ist das Signal homogen grau bis schwarz (sogenannte „black disc"), die Abgrenzung zwischen Nucleus und Anulus ist aufgehoben. Die Höhe der Bandscheibe zeigt sich in der Regel leicht reduziert. Beim Typ E (Grad 5) kommt es zusätzlich zum Kollaps der Bandscheibe. Es lassen sich alle Risstypen des Anulus fibrosus, der konzentrische Riss, der transversale Riss, der radiale Riss und der vollständige Riss, kernspintomographisch darstellen [30]. Sämtliche Rissformen sind Ausdruck von Texturstörungen der Bandscheiben. Nach Einführung der Kernspintomographie wurden klinisch stumme Bandscheibenvorfälle nicht nur im Bereich der Lendenwirbelsäule, sondern insbesondere auch im Bereich der Brustwirbelsäule häufiger diagnostiziert [30]. Vor allem ist der Anteil verkalkter Bandscheibenvorfälle an der Brustwirbelsäule höher als an anderen Teilen der Wirbelsäule. Die Ursache dieser Verkalkung ist noch unklar, aber wo Texturstörung und Reparation, entsprechend der Degeneration, vorliegen, gibt es auch Kalk.

In den letzten Jahren haben sich Veränderungen in der Strategie der Bildgebung entwickelt, die der Kernspintomographie eine größere Bedeutung zu einem früheren Zeitpunkt in der Diagnosestellung zuweist. Entsprechend ist die Einsatzhäufigkeit massiv gestiegen. Die Indikation zur Kernspintomographie umfasst unklare neurologische Befunde, eine Diskrepanz zwischen Klinik und Bildgebung, vermutete Bandläsionen, Frakturformen der Wirbelkörper mit vermuteter begleitender Weichteilverletzung sowie nach einem Trauma aufgetretene Nervenwurzelreizerscheinungen zur Beurteilung einer traumatischen Nervenwurzelschädigung. Insbesondere Schädigungen des Myelons lassen sich mit den in der Kernspintomographie nachweisbaren strukturellen Veränderungen besser erklären.

Die Kernspintomographie zeigt hämorrhagische Einblutungen und soll Ödeme abgrenzen können. Während das Ödem auf T1 gewichteten Bildern iso- oder leicht hypointens ist und in der T2-Wichtung ein hohes Signal im Vergleich zum gesunden Rückenmark aufweist, stellt sich Blut in den ersten sieben Tagen nach Einblutung in der T1-Wichtung isointens und in der T2-Wichtung hypointens dar, was allerdings nur bei hohen Magnetfeldstärken und bei ausreichender Blutmenge zur Darstellung kommt. Etwa sieben Tage nach Einblutung findet sich eine hohe Signalintensität sowohl in der T1- als auch in der T2-Wichtung [30]. Die Bandverletzung ist direkt und zuverlässig darstellbar. Ein Bandriss ist in einem T2-gewichteten Bild erkennbar, da das Band bzw. die Bandstümpfe hypointens und an Stellen der Diskontinuität hyperintens zur Darstellung gelangen [97]. Auch die prävertebrale Schwellung bzw. Einblutung kann in einer großen Anzahl von vorderen Längsbandrissen, insbesondere an der Halswirbelsäule, nachgewiesen werden (Abb. 3.11).

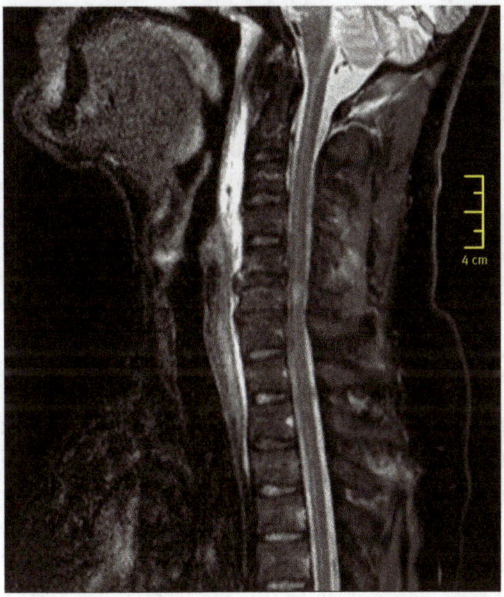

Abb. 3.11: Einriss des vorderen Längsbandes im Segment C5/C6 mit retropharyngealem Hämatom in der T2-Wichtung in der MRT.

Die Bedeutung der Diskographie wird hinsichtlich ihrer diagnostischen Wertigkeit und klinischen Relevanz sehr unterschiedlich diskutiert. Als invasives Verfahren ist die Diskographie mit Komplikationen behaftet. Die Aussagekraft der Kontrastmittelverteilung innerhalb der Bandscheibe fällt gering aus. Die Treffsicherheit hinsichtlich der Differenzierung zwischen Protrusion und Extrusion mit Diskontinuität des Faserringes und Ruptur des hinteren Längsbandes liegt hingegen hoch. Nach einigen Autoren bestände die Bedeutung der Diskographie in der Kombination von Bildgebung und Prüfung der Schmerzreproduktion [49].

Histopathologische Wertung von Bandscheiben

Die degenerative Erkrankung der Bandscheiben im engen Sinn wird als Diskose bezeichnet. Diese umfasst den eigentlichen Bandscheibenanteil aus Anulus fibrosus und Nucleus pulposus, wobei aufgrund der weitgehenden Azellularität des Nucleus pulposus hauptsächlich Bestandteile des Anulus fibrosus zur histopathologischen Begutachtung gelangen [105, 100]. Zusätzlich können bei der Entfernung von „Bandscheibenmaterial" Gewebsbestandteile der Wirbelkörperdeckplatte und auch reaktive Veränderungen im Bereich der Wirbelkörper nachweisbar sein. Die häufigsten Einrisse im peripheren Abschnitt des Anulus fibrosus beinhalten neben sogenannten peripheren Einrissen konzentrische und radiäre Einrisse, wobei eine histopathologische Unterscheidung dieser Rissformen nicht möglich ist. Bei der Verlagerung des Anulus fibrosus wird zwischen einem Prolaps, einer Extrusion und einer Sequestrierung unterschieden. Bei einer Protrusion handelt es sich um eine Vorwölbung des Nucleus pulposus in den Anulus-fibrosus-Bereich. Durchbricht der Nucleus pulposus den Anulus fibrosus und erreicht dieser die Oberfläche der sogenannten Längsbänder, wird von einem Prolaps gesprochen. Löst sich das prolabierte Gewebe ab, wird das abgelöste Gewebe als sogenannter Sequester bezeichnet. Beim Anulus fibrosus handelt es sich um geordnetes kollagenes Bindegewebe (prädominant in der Außenzone) sowie um Faserknorpel (Innenzone). Die Fasern des Bindegewebes sowie des Faserknorpels gehen direkt in das ossäre Gewebe des Wirbelkörpers über. Aufgrund der Ähnlichkeit der äußeren Gewebsabschnitte des Anulus fibrosus erfolgt die histopathologische Graduierung der Degeneration (Texturstörung) gemäß dem histopathologischen Degenerationsscore für den Faserknorpel [50]. Hinzu treten insbesondere bei Sequestrierungen ausgeprägte Nekrosen, bei längerem Zeitintervall zwischen Sequestrierung und operativem Eingriff erfolgen eine lokale resorptive Entzündung mit Kapillarproliferaten, Makrophagen- sowie Lymphozyten-Ansammlungen. Bei einem hohen Anteil an neutrophilen Granulozyten ist histopathologisch eine bakterielle Infektion differentialdiagnostisch zu diskutieren. Da die degenerative Erkrankung der Bandscheibe mit degenerativen Erkrankungen des Axialskeletts (Spondylosis deformans) assoziiert ist, gelangen bei histopathologischen Begutachtungen neben Bandscheibenmaterial auch Fragmente von degenerativen und reparativ-veränderten hyalinen Knorpeln sowie Knochenfragmente zur Darstellung. In der zusammenfassenden histopathologischen Begutachtung solle eine getrennte Bewertung von Bandscheibenmaterial, hyalinem Knorpel- und Knochengewebe erfolgen. Im Endeffekt unterliegt die Histopathologie der Bandscheibe den Kriterien eines bradytrophen Bindegewebes [50].

3.7 Beurteilung

Die gesunde Bandscheibe kann höchste Belastungen tolerieren, die die Bruchlast der Wirbelkörper weit überschreiten. Das „Gel“ des Bandscheibenkerns überträgt Druckbelastungen auf den Faserring, die inneren Fasern sind deutlich weicher als die äußeren, so dass dies einem Dämpfungsprozess gleichkommt. Ob dauerhafte mechanische Belastungen der Bandscheibe in vivo zur Texturstörung führen, ist nach wie vor umstritten [10]. Die Degeneration (Texturstörung und Reparation) der Bandscheibe ist ein komplexer multifaktorieller Prozess, von genetischen und Umweltfaktoren geprägt – insbesondere der genetische Einfluss darf nicht unterschätzt werden. Hinzuweisen ist auf diverse Zwillingsstudien, in denen der genetische Faktor als stärkster Einfluss bei der Verursachung der Bandscheibendegeneration festgestellt wurde. Bandscheibenrisse und Verschiebungen von Bandscheibenmaterial nach außen sind das Ergebnis der Texturstörung der Bandscheiben, die bereits im Jugendalter einsetzt. Hierbei handelt es sich um individuell unterschiedliche Alterungsprozesse, aber auch Überlastungen, der Übergang zu pathologischen Prozessen verläuft fließend. Pathologische Prozesse in der Bandscheiben-Wirbelkörper-Einheit gehen nicht zwangsläufig mit klinischen Erscheinungen einher. Grundsätzlich sind Berichte über isolierte traumatische Bandscheibenvorfälle oder Bandscheibenschäden, die mit milden Kompressionsfrakturen verbunden sind, in der Literatur äußerst rar. Die wenigen bekannten Fälle lassen einen ursächlichen Zusammenhang nicht zweifelsfrei erkennen. Nach wie vor ist es umstritten, ob Wirbelfrakturen mittelbar zu Bandscheibenschäden führen. Es gibt unterschiedliche Theorien, gestützt auf Versuchsreihen sowieso Verlaufsbeobachtungen realistischer Fälle.

Erkenntnisse über die Verletzungsmöglichkeiten der Bandscheiben der Halswirbelsäule wurden durch Sektionen Verstorbener gewonnen [38, 79, 45]. Bei Experimenten stand nicht so sehr die Verletzungsmöglichkeit der Bandscheiben der Halswirbelsäule im Mittelpunkt, sondern die Verletzungsanfälligkeit aller Strukturen der Halswirbelsäule, wobei die Verletzungsarten bei automobilistischen Kollisionen in Abhängigkeit von der Beschleunigungsbelastung sowie der Ergonomie des Fahrzeuges, des Sitzes etc. erforscht wurden, dies bei Versuchen mit Affen [66] sowie Beschleunigungsversuchen mit Leichen [38]. Des Weiteren kann sich auf die Ergebnisse großer Sammelstatistiken gestützt werden, was die Art der behandelten Verletzungen angeht. Auch im Bereich der Halswirbelsäule stehen Frakturen mit und ohne Subluxation oder Luxation im Vordergrund. Isolierte Bandverletzungen werden in etwa 10 % der Fälle beobachtet. Bei instabilen Flexionsfrakturen kann es zu begleitenden Bandscheibenvorfällen kommen, häufiger sind allerdings auch in diesen Fällen diskoligamentäre Instabilitäten, d. h. Bandverletzungen mit Zerreißungen der Bandscheibe.

Auch wenn die Zahlen der beschriebenen Fälle relativ klein sind [69, 36], so lässt sich doch festhalten, dass es in weniger als 40 % der beobachteten Fälle bei Subluxationsfrakturen auch zu begleitenden Bandscheibenvorfällen kam. Bei ligamentären

Verletzungen finden sich häufig ebenfalls Bandscheibenrisse, jedoch nicht in allen Fällen. Im Sektionsgut wurden auch isolierte Bandscheibeneinrisse bzw. isolierte Abrisse des Anulus fibrosus der Bandscheibe vom hinteren Längsband ohne begleitende Bandverletzung beschrieben, ohne dass der Pathomechanismus dieses Verletzungstyps geklärt wäre. In der Begutachtung spielen diese Fallkonstellationen eine untergeordnete Rolle, da sie in der Regel nicht mit einer Instabilität im betroffenen Segment einhergehen. Kernspintomographisch werden sich derartige Verletzungstypen heutzutage aufdecken lassen, es kann auch der Verlauf entscheidend sein. Reaktive Veränderungen der Bandscheiben, z. B. in Form einer Höhenminderung, dürften nach Verletzungen der Bandscheibe rasch auftreten. So war z. B. KAMIETH [44] der Auffassung, dass die Folgen einer so genannten leichten Bandscheibenverletzung unentdeckt blieben, man könne diese mit gutem Gewissen ignorieren, da derartige Befunde keine klinische Relevanz besäßen. Für die Diagnose isolierter Bandscheibenverletzungen und die Differenzierung von degenerativen Veränderungen spiele der Zeitfaktor eine ganz entscheidende Rolle. Degenerative Bandscheibenprozesse würden im Laufe von Jahren entstehen, traumatische im Laufe von Wochen und Monaten. Kommt es demnach innerhalb weniger Monate zu einer auffallenden Höhenminderung einer Bandscheibe, dann kann eine stattgehabte traumatische Schädigung der Bandscheibe diskutiert werden.

Häufiger sind so genannte posttraumatische Spondylosen, die in der Regel die Folge ansonsten nicht erkannter Einrisse im vorderen Längsband darstellen. Auch diese posttraumatische Spondylose mit anfänglicher Verkalkung und späterer Verknöcherung im Bereich des Längsbandes tritt in der Regel innerhalb weniger Wochen auf. Strukturverletzungen der Halswirbelsäule mit und ohne Bandscheibenbeteiligung entziehen sich in der Regel der frühen Diagnostik nicht. Sie verursachen in der Begutachtung keine Probleme. Die Frage, ob es isolierte Bandscheibenverletzungen gibt, ist in der Literatur nach wie vor umstritten. Falls es im Verlauf zu rasch einsetzenden reaktiven Veränderungen in einem Bewegungssegment kommt (Höhenminderung der Bandscheibe, reaktive Spondylose), kann eine ansonsten nicht erkannte Schädigung des Bewegungssegmentes überlegt werden. Bandscheibenvorfälle an der Halswirbelsäule entstehen gelegentlich bei instabilen Frakturen. Bei diskoligamentären Instabilitäten, also Zerreißungen des Bandapparates, werden sie nicht beobachtet, isoliert treten sie nicht auf. Wenn in der Literatur ein Trauma als Ursache eines Bandscheibenvorfalls angenommen wird, dann handelt es sich entweder um die Interpretation bzw. Übernahme anamnestischer Angaben oder um die Verwendung des Begriffes traumatisch statt akut.

Die Bandscheiben der Brustwirbelsäule waren bisher nicht Gegenstand biomechanischer Forschungen. Hinsichtlich des Pathomechanismus gelten die gleichen Bedingungen wie an der Lendenwirbelsäule. Diskoligamentäre Verletzungen der Brustwirbelsäule sind nicht bekannt, da die Brustwirbelsäule durch den Brustkorb gestützt wird. Das thorakale Bewegungssegment ist über die Kostotransversalgelenke geschient, so dass keine relevanten Verschiebungen der Wirbel entstehen können. Im Bereich der Brustwirbelsäule stehen Frakturen mit und ohne Bandscheibenbeteiligung im Vordergrund. Die Begutachtung orientiert sich an den gängigen Begutachtungsempfehlungen für Wirbelfrakturen in Bezug auf das jeweilige Rechtsgebiet.

In zahlreichen biomechanischen Versuchsserien an der Lendenwirbelsäule wurde nachgewiesen, dass in vitro auch durch hohe mechanische Belastung keine Risse oder Bandscheibenvorfälle erzeugt werden können, ohne dass die umgebenden Strukturen Schaden erleiden. ADAMS [1, 2] weist bei der einzigen Versuchsreihe mit Bandscheibenschäden ohne begleitende Fraktur (Hyperflexion mit axialer Belastung) darauf hin, dass ohne Zerstörung der hinteren Bandstrukturen ein Bandscheibenvorfall nicht denkbar ist. In vivo kommt es bei der Hyperflexion und axialer Belastung immer zur Fraktur, isolierte Bandscheibenvorfälle werden nicht gesehen. Diskoligamentäre Verletzungen sind im Bereich der Lendenwirbelsäule äußerst selten, so kann es bei einer Distraktionsverletzung (Typ B 1.1.1, nach [58]) zu einer Zerreißung des vorderen Bandapparates, der intervertebralen Gelenkkapseln sowie der Bandscheibe kommen, wobei allerdings häufig begleitend von der Vorder- oder Hinterkante des Wirbelkörpers ein Fragment ausgerissen ist. Noch seltener sind isolierte Bandscheibenzerreißungen aufgrund einer Hyperextensionsluxation (Typ B 3.1.1, nach [58]). Hier entsteht eine Zerreißung der Längsbänder und der Bandscheibe. Der dorsale Bandkomplex bleibt intakt. Ansonsten finden sich Bandscheibenbeteiligungen bei bestimmten Frakturtypen, wobei es in der Regel nicht zu isolierten Bandscheibenvorfällen kommt, sondern zu knöchernen Ausrissen der Vorder- oder Hinterkanten mit anhängender Bandscheibe. Die Diagnostik isolierter Bandzerreißungen mit Bandscheibenschäden ist in der Regel einfach, bereits röntgenologisch können häufig Subluxationsstellungen im betroffenen Segment nachgewiesen werden, computertomographisch und insbesondere kernspintomographisch werden diese Verletzungen problemlos aufgedeckt. Die Begutachtung orientiert sich an den gängigen Empfehlungen im Schrifttum.

3.7.1 Haftpflichtversicherung

Im Haftpflichtrecht (Zivilrecht) sind die anspruchs- bzw. haftungsbegründenden Tatsachen im Vollbeweis entsprechend § 286 (ZPO) zu sichern. Der Vollbeweis, die für das praktische Leben ausreichende Gewissheit, ist das Beweismaß für den ersten Verletzungsnachweis, die überwiegende bzw. deutlich überwiegende Wahrscheinlichkeit ist das Beweismaß für den Folgeschaden (§ 287 ZPO). Für alle Wirbelsäulenverletzungen gilt, dass eine objektivierbare Strukturverletzung erforderlich ist, um dauerhafte Unfallfolgen geltend zu machen. Die nicht strukturelle Verletzung der Wirbelsäule führt nicht mit überwiegender Wahrscheinlichkeit zu dauerhaften Unfallfolgen. Bei objektivierbaren funktionellen Defiziten als Folge einer erlittenen Strukturverletzung gilt der konkrete Schadensausgleich, wobei in der Regel Rentenzahlungen, ggf. ein

Haushaltsführungsschaden, die Kosten der notwendigen Heilbehandlung, die Kosten einer etwa notwendigen beruflichen Rehabilitation etc., vom Haftpflichtversicherer zu tragen sind.

3.7.2 Gesetzliche Unfallversicherung

Gestützt auf die wissenschaftlichen Erkenntnisse, dass isolierte Bandscheibenvorfälle weder im Bereich der Hals-, Brust- noch Lendenwirbelsäule ohne begleitende strukturelle Verletzungen vorkommen, können letztendlich die so genannten Lob'schen Kriterien ersatzlos entfallen. Eine strukturelle Verletzung der Wirbelsäule führt in unmittelbarem Anschluss an den Unfall zu einer schmerzhaften Funktionsstörung. Die Begutachtung der strukturellen Verletzungen der Wirbelsäule weist keinerlei Besonderheiten auf. Damit können folgende Leitlinien für die Begutachtung des Bandscheibenvorfalls aufgestellt werden:
1. Der isolierte Bandscheibenvorfall stellt eine Erscheinungsform der bandscheibenbedingten Erkrankung dar.
2. Das Manifestwerden einer Erkrankung während der betrieblichen Tätigkeit gehört nicht in den Zuständigkeitsbereich der Gesetzlichen Unfallversicherung.
3. Ein versichertes Ereignis ist nur dann die naturwissenschaftliche Ursache für einen Bandscheibenvorfall, wenn eine Begleitverletzung nachgewiesen wurde.

Die Begutachtung struktureller Schäden im Bereich der Bandscheiben der Halswirbelsäule stellt keine Problematik dar, derartige Fälle werden in der Regel einer operativen Versorgung zugeführt. Die Höhe der MdE richtet sich nach dem funktionellen Defizit, entsprechend den Einschätzungsempfehlungen im Schrifttum (z. B. [84]).

Der Nachweis isolierter Schäden der Bandscheiben (Bandscheibenrisse, nicht Bandscheibenvorfälle) der Halswirbelsäule spielt in der Praxis der Begutachtung keine Rolle. Sollten in Einzelfällen reaktive Veränderungen im Bewegungssegment nach wenigen Wochen oder Monaten nachweisbar sein, kann die Frage des ursächlichen Zusammenhangs diskutiert werden. Eine messbare MdE dürfte bei derartigen Schäden nicht resultieren. Die Beurteilung der Frakturen im Bereich der Brustwirbelsäule sowie die Begutachtung der seltenen diskoligamentären Verletzungen der Lendenwirbelsäule richten sich nach den Begutachtungsempfehlungen im Schrifttum (z. B. [84]).

3.7.3 Private Unfallversicherung

Nach § 2 III (2) AUB 88/94 und nach Ziff. 5.2.1 AUB 99 ff. fallen Schäden an Bandscheiben bzw. Schädigungen an Bandscheiben (AUB 88/94) nicht unter den Versicherungsschutz. Ein Versicherungsschutz besteht jedoch, wenn ein unter diesen Vertrag fallendes Unfallereignis im Sinne des § 1 III AUB 88/94 bzw. entsprechend Ziff. 1.3 AUB 99 ff. die überwiegende Ursache ist. („Ein Unfall liegt vor, wenn die versicherte Person durch ein plötzlich von außen auf ihren Körper wirkendes Ereignis (Unfallereignis) unfreiwillig eine Gesundheitsschädigung erleidet.") Erwähnenswert ist, dass die sogenannte Deckungserweiterung der Ziffer 1.4 AUB 99 bzw. des § 1 IV AUB 88/94 für die anatomische Struktur der Bandscheibe nicht anzuwenden ist. Versichert sind die Verrenkung eines Gelenkes, die Zerrung oder Zerreißung von Muskeln, Sehnen, Bändern oder Kapseln durch eine erhöhte Kraftanstrengung an Gliedmaßen oder Wirbelsäule. Knochen, Bandscheiben, Menisken und Nerven sind ausdrücklich nicht benannt. Die seit Jahrzehnten kontrovers geführte Diskussion, ab wann eine überwiegende Ursache vorliegt, kann nach dem aktuellen wissenschaftlichen Erkenntnisstand dahingehend beendet werden, dass eine überwiegende Ursache im Sinne der AUB (Allgemeine Unfallbestimmungen) nur noch dann angenommen werden kann, wenn eine Begleitverletzung gesichert ist. Nicht die Schwere der äußeren Einwirkung ist demnach das Prüfkriterium, sondern der Nachweis der Begleitverletzung. Für die Darlegungs- und Beweislast gilt, dass der Versicherungsnehmer darzulegen und zu beweisen hat, dass ein Unfallereignis den Bandscheibenschaden verursacht hat. Dieser Beweis wird nach den wissenschaftlichen Erkenntnissen nur dann möglich sein, wenn eine Begleitverletzung zweifelsfrei bewiesen ist. Für die Bemessung der Invalidität der Funktionsstörungen nach belegten Strukturverletzungen wird auf die Bemessungsempfehlungen im Schrifttum verwiesen (z. B. [54, 55].

3.8 Literatur

[1] ADAMS, M.A.; HUTTON, W.C.: The relevance of torsion to the mechanical derangement of the lumbar spine. Spine 6:241–248 (1981)

[2] ADAMS, M.A.; HUTTON, W.C.: Prolapsed intervetebral disc - a hyperflexion injury. Spine 7: 184–191 (1982)

[3] ADAMS, M.A.; HUTTON, W.C.: The mechanics of prolaps intervertebral disc. Int Orthop 6:249–253 (1982)

[4] ADAMS, M.A.; HUTTON, W.C.: The effect of fatigue on the lumbar intervertebral disc. J Bone Joint Surg Br 65:199–203 (1983)

[5] ADAMS, M.A.; HUTTON, W.C.: Has the lumbar spine a margin of safety in forward bending? Clin Biomech 1: 3–6 (1986)

[6] ADAMS, M.A.; HUTTON, W.C.: The lumbar spine in backword bending. Spine 13: 1019–1026 (1988)

[7] ADAMS, M.A, Dolan P, Hutton W.C, Porter R.B.: Diurnal changes in spinal mechanics and their clinical significance. J Bone Joint Surg Br 72: 266–270 (1990)

[8] ADAMS, M.A.; FREEMAN, B.J.; MORRISON, H.P.; NELSON, I.W.; DOLAN, P.: Mechanical initiation of intervertebral disc degeneration. Spine 25:1625–1636 (2000)

[9] ADAMS, M.A.; ROUGHLEY, P.J.: What is intervertrebal disc degeneration and what causes it? Spine 31: 2151–2161 (2006)

[10] ANDERSON, D.G.; TANNOURY, C.: Molecular pathogenic factors in symptomatic disc degeneration. Spine 5: 260–266 (2005)

[11] ANDO, T.; MIMATSU, K.: Traumatic lumbar disc herniation. A case report. Spine 18: 2355–2357 (1993)

[12] BASTIAN, L.; KNOP, C.; KULHAWY, T.; LANGE, U.; BLAUTH, M.: Biomechanische Untersuchung knöcherner und diskoligamentärer Verletzungen der thorakolumbalen Wirbelsäule. In: Die traumatische und degenerative Bandscheibe. Wilke HJ, Claes LE, Editors. Hefte zur Zeitschrift „Der Unfallchirurg" 271:52–61 (1999)

[13] BATTIE, M.C.; VIDEMAN, T.; KABRIO, J.; GIBBONS, L.E.; GILL, K.; MANNINEN, H.; SAARELA, J.; PELTONEN, L.: The twin spine study: contributions to a changing view of disc generation. Spine 9: 47–59 (2009)

[14] BODEN, S.D.; DAVIS, D.O.; DINA, T.S.; PATRONAS, N.J.; WIESEL, S.W.: Abnormal magnetic-resonance scans of the lumbar spine in asymptomatic subjects. A prospective investigation. J Bone Joint Surg Am 72: 403–408 (1990)

[15] BRINCKMANN, P.: Injury of the annulus fibrosus and disc protrusions. An in vitro investigation on human lumbar discs. Spine 11:149–153(1986)

[16] BRINCKMANN, P.: Biomechanik der Wirbelsäule. In: Richter-Turtur M, Schweiberer L, Wiedemann E, editors. Hefte zur Unfallheilkunde 225:9–14 (1992)

[17] BRINCKMANN, P.: Primär mechanische Ursache des Vorfalles lumbaler Bandscheiben – eine Übersicht des derzeitigen Kenntnisstandes. Aus: Beurteilung und Begutachtung von Wirbelsäulenschäden. Steinkopff-Verlag Darmstadt, 1–9 (2002)

[18] BRINCKMANN, P., PORTER, R.W.: A laboratory model of lumbar disc protrusion. Spine 19: 228–235 (1994)

[19] BROWN, T.; HANSEN, R.J.; YORRA, A.J.: Some mechanical tests on the lumbosacral spine with particular reference to the intervertebral discs: a preliminary report. J Bone Joint Surg Am 39:1135–1164 (1957)

[20] BROWN, S.H.M.; GREGORY, D.E.; MC GILL, S.M.: Vertebral end-plate fractures as a result of high pressure loading in the nucleus of the young adult porcine spine. J Biomech 41:122–127 (2008)

[21] CHIU, W.C.; HAAN, J.M.; CUSHING, B.M.; KRAMER, M.E.; SCALEA, T.M.: Ligamentous injuries of the cervical spine in unreliable blunt trauma patient: incidence, evaluation and outcome. J Trauma 50: 457–463 (2001)

[22] DAI, L.; JIA, L.: Central cord injury complicating acute cervical disc herniation in trauma. Spine 25:331–335 (2000)

[23] DEMETRIADES, D.; CHARALAMBIDES, K.; CHAHWAN, S.; HANPETER, D.; ALO, K.; VELMAHOS, G.; MURRAY, J.; ASENSIO, J.: Nonskeletal cervical spine injury: epidemiology and diagnostic pitfalls. J Trauma 48:724–727 (2000)

[24] DUNCAN, N.A.; AHMED, A.M.: The role of axial rotation in the etiology of unilateral disc prolapse. An experimental and finite-element analysis. Spine 16:1089–1098 (1991)

[25] ECKER, T.M.; KLEINSCHMIDT, M.; MARTINOLLI, L.; ZIMMERMANN, H.; EXADAKTYLOS, A.K.:Clinical presentation of a traumatic cervical spine disc rupture in alpine sports: a case report. Scand J Trauma Resusc Emerg Med 16:1–5 (2008)

[26] EDELSON, J.G.; NATHAN, H.: Stages in the natural history of the vertebral end-plates. Spine 13: 21–26 (1988)

[27] FAGAN, A.B.; SARVESTANI, G.; MOORE, R.J.; FRASER, R.D.; VERNON-ROBERTS, B.; BLUMBERGS, P.C.: Innervation of anulus tears: an Experimental Animal Study. Spine 35:1200–1205 (2010)

[28] FARFAN, H.F.: Mechanical disorders of the low back. Philadelphia: Lea & Febiger (1973).

[29] FERGUSON, S.J.; STEFFEN, T.: Biomechanics of the aging spine. Eur Spine J 2: 97–103 (2003)

[30] FORSTING, M.; UHLENBROCK, D.; WANKE, I.: MRT der Wirbelsäule und des Spinalkanals. Thieme Stuttgart (2009)

[31] FÜRDERER, S.; WENDA, K.; THIEM, N.; HACHENBERGER, R.; EYSEL, P.: Traumatic intervertebral disc lesion - magnetic resonance imaging as a criterion for or against intervertebral fusion. Eur Spine J 10:154–163 (2001)

[32] GREENBERG, M.S.: Thoracic disc herniation. In: Handbook of Neurosurgery. 5th ed. New York: Thieme (2001)

[33] GREGORY, D.E.; CALLAGHAN, J.P.: An examination of the influence of strain rate on subfailure mechanical properties of the annulus fibrosus. J Biomech Eng 132: 1–10 (2011)

[34] HADJIPAVLOU, A.G.; SIMMONS, J.W.; POPE, M.H.; NECESSARY, J.T.; GOEL, V.K.: Pathomechanics and clinical relevance of disc degeneration and annular tear: a point-of-view review. Am J Orthop 28:561–570(1999)

[35] HANCOCK, M.J.; BATTIE, M.C.; VIDEMAN, T.; GIBBONS, L.: The role of back injury or trauma in lumbar disc degeneration: an exposure-discordant twin study. Spine 35: 1925–1929 (2010)

[36] HARRINGTON, J.F.; LIKAVEC, M.J.; SMITH, A.S.: Disc herniation in cervical fracture subluxation. Neurosurgery 29:374–379 (1991)

[37] HARTWIG, E.: Biomechanische Untersuchungen zur strukturellen Verletzung der Halswirbelsäule unter besonderer Berücksichtigung der Ligamenta alaria. Habilitationsschrift der klinisch medizinischen Fakultät der Universität Ulm (2002)

[38] HINZ, P.: Die Verletzung der Halswirbelsäule durch Schleuderung und Abknickung. In: Junghanns H, Editor. Die Wirbelsäule in Forschung und Praxis 47. Stuttgart: Hippokrates (1970)

[39] HINZ, P.; PLAUE, R.: Die Begutachtung von Schleuder- und Abknickverletzungen der Halswirbelsäule. In: Cotta H, Editor. Aktuelle Orthopädie 4:1–20 (1972)

[40] HURXTHAL, L.M.: Measurement of anterior vertebral compressions and biconcave vertebrae. Am J Roentgenol 103: 635–644 (1968)

[41] JANG, J.W.; LEE, J.K.; SEO, B.R.; KIM, S.H.: Traumatic lumbar intradural disc rupture associated with an adjacent spinal compression fracture. Spine 35: 726–729 (2010)

[42] JEROSCH, J.; CASTRO, W.H.: Orthopädisch-traumatologische Wirbelsäulendiagnostik. Thieme Stuttgart (2002)

[43] JIROUT, J.; KUNC, Z.: Traumatique herniation of the thoracic intervertebral disc. Acta Neurochir 8:88–93 (1960)

[44] KAMIETH, H.: Das Schleudertrauma der Halswirbelsäule. In: Schulitz KP, editor. Die Wirbelsäule in Forschung und Praxis 111. Stuttgart: Hippokrates (1990)

[45] KATHREIN, A.; DANIAUX, H.; RABL, W.; FREUND, M.; BECK, G.: Die Pathomorphologie der verletzten zervikalen Bandscheibe. In: Die traumatische und degenerative Bandscheibe. Wilke HJ, Claes LE, Editors. Hefte zur Zeitschrift „Der Unfallchirurg“ 271:145–156 (1999)

[46] KAWCHUK, G.N.; KAIGLE HOLM, A.M.; EKSTRÖM, L.; HANSSON, T.; HOLM, S.H.: Bulging of the inner and outer annulus during in vivo axial loading of normal and degenerated discs. J Spine Disord Tech 22:214–218 (2009)

[47] KLAGES, G.: Der posttraumatische zervikale Bandscheibenvorfall – Radikulo-/Medullopathie beim „Soft and Hard Disc“. In: Die traumatische und degenerative Bandscheibe. Wilke HJ, Claes LE, Editors. Hefte zur Zeitschrift „Der Unfallchirurg“ 271:177–187 (1999)

[48] KRÄMER, R.; MATUSSEK, J.; THEODORIDIS, T.: Bandscheibenbedingte Erkrankungen. Thieme Stuttgart (2006)

[49] KRÄMER, R.: Bandscheibenbedingte Erkrankungen. Thieme Stuttgart (2014)

[50] KRENN, V.; KURZ, B.; KRUKEMEYER, M.G.; KNOESS, P.; JAKOBS, M.; POREMBA, C.; MÖLLENHOFF, G.: Histopathological degeneration score of fibrous cartilage. Low- and high-grade meniscal degeneration. Z Rheumatol 69:644–652 (2010)

[51] KRETSCHMER, H.; GUSTORF, R.: Zur Problematik der thorakalen Bandscheibenvorfälle. Neurochirurgia 22:41–47 (1969)

[52] LANZ, T.; WACHSMUTH, W.: Praktische Anatomie. Springer Berlin (1982)

[53] LOB, A.: Handbuch der Unfallbegutachtung. Enke Stuttgart (1960)
[54] LUDOLPH, E.; SCHÜRMANN, J.; GAIDZIK, P.: Kursbuch der Ärztlichen Begutachtung. Ecomed Heidelberg (1998)
[55] LUDOLPH, E.: Der Unfallmann, 13th ed. Springer Berlin (2013)
[56] LUNDON, K.; BOLTON, K.: Structure and function of the lumbar intervertebral disc in health, aging and pathologic conditions. J Orthop Sports Phys Ther 31: 291–306 (2001)
[57] LUSCHKA, H.: Die Halbgelenke des menschlichen Körpers. Reimer, Berlin (1858)
[58] MAGERL, F.; AEBI, M.; GERTZBEIN, S.D.; HARMS, J.; NAZARIAN, S.: A comprehensive classification of thoracic and lumbar injuries. Eur Spine J 3:184–201 (1994)
[59] MALHAM, G.M.; ACKLAND, H.M.; VARMA, D.K.; WILLIAMSON, O.D.: Traumatic cervical discoligamentous injuries: correlation of magnetic resonance energy and operative findings. Spine 34:2754–2759 (2009)
[60] MIAO, J.L.; ZHANG, C.Y.; PING, Z.: Characteristics and treatment of traumatic cervical disc herniation. Zhongguo Gu Shang 25:817–820 (2012)
[61] MODIC, M.T.; MASARYK, T.J.; ROSS, J.S.; CARTER, J.R.: Imaging of degenerative disk disease. Radiology 168:177–186 (1988)
[62] NAKASHIMA, H.; YUKAWA, Y.; ITO, K.; MACHINO, M.; EL ZAHLAWY, H.; KATO, F.: Posterior approach for cervical fracture-dislocations with traumatic disc herniation. Eur Spine J 20:387–394 (2011)
[63] NEWMAN, P.H.: Sprung back. J bone joint Surg Br 34-B:30–37 (1952)
[64] ODA, J.; TANAKA, H.; TSUZUKI, N.: Intervetebral disc changes with aging of human cervical vertebra. From the neonate to the eighties. Spine 13:1205–1211 (1988)
[65] PANJABI, M.M.; CHOLEWICKI, J.; NIBU, K.; GRAUER, J.N.; BABAT, L.B.; DVORAK, J.; BÄR, H.F.: Biomechanik des Beschleunigungstraumas. Orthopäde 27:813–819 (1998)
[66] PENNING, L.: Hypertranslation des Kopfes nach hinten: Teil des Schleuderverletzungsmechanismus der HWS? Orthopäde 23:268–274 (1994)
[67] PEREY, O.: Fracture of the vertebral end-plate in the lumbar spine: an experimental biomechanical investigation. Acta Orthop Scand 25:1–101 (1957)
[68] PFIRRMANN, C.W.; METZDORF, A.; ZANETTI, M.; HODLER, J.; BOSS, N.: Magnetic resonance classification of lumbar disc degeneration. Spine 26:1873–1878 (2001)
[69] PRATT, E.S.; GREEN, D.A.; SPENGLER, D.M.: Herniated intervertebral discs associated with unstabile spinal injuries. Spine 15: 662–666 (1990)
[70] PRZYBYLA, A.; POLLINTINE, P.; BEDZINSKI, R.; ADAMS, M.A.: Outer annulus tears have less effect than endplate fracture on stress distributions inside intervertebral discs: relevance to disc degeneration. Clin Biomech 21:1013–1019 (2006)
[71] PÜSCHEL, I.: Der Wassergehalt normaler und degenerierter Zwischenwirbelscheiben. Beitr Path Anat 84:123–128 (1930)
[72] PUTZ, R.: Biomechanik der Halswirbelsäule unter besonderer Berücksichtigung der Zwischenwirbelscheiben. In: Weller S, Hierholzer G, editors. Traumatologie 14:5–9 (1994)
[73] QASIM, M.; NATARAJAN, R.N.; AN, H.S.; ANDERSSON, G.B.: Initiation and progression of mechanical damage in the intervertebral disc under suplic loaden using continuen damage mechanics methodology: A finite element study. J Biomech 45:1934–1940 (2012)
[74] RAIBLE, M.; SINGEWALD, M.; DITFURT, W.: Indikation zur Fusion bei thorakolumbalen Wirbelsäulenverletzungen – Die intraoperative Diskographie als Entscheidungshilfe. In: Die traumatische und degenerative Bandscheibe. Wilke HJ, Claes LE, editors. Hefte zur Zeitschrift „Der Unfallchirurg" 271:52–61 (1999)
[75] RESNICK, D.; NIWAYAMA, G.; GUERRA, J. Jr.; VINT, V.; USSELMAN, J.: Spinal vacuum phenomena: anatomical study and review. Radiology 139:341–348 (1981)

[76] RISSANEN, P.N.: The surgical anatomy and pathology of the supraspinous and intraspinous ligaments of the lumbar spine with special reference to ligament ruptures. Acta Orthop Scand 46:1–100 (1960)

[77] ROMPE, G.A.; ERLENKÄMPER, A.: Begutachtung der Haltungs- und Bewegungsorgane. Thieme Stuttgart (1978)

[78] RUSSEL, T.: Thoracic intervertebral disc protrusion: experience of 67 cases and review of the literature. Brit J Neurosurg 3:153–160 (1989)

[79] SATERNUS, K.S.: Die Verletzungen von Halswirbelsäule und von Halsweichteilen. In: Die Wirbelsäule in Forschung und Praxis 84. Junghanns H, Editor. Stuttgart: Hippokrates (1979)

[80] SATERNUS, K.S.: Pathomorphologie dieses Verletzungstyps. In: Die Beschleunigungsverletzung der Halswirbelsäule. Moorahrend U, Editor. Stuttgart: Fischer:51–65 (1993)

[81] SATERNUS, K.S.: Das sogenannte Schleudertrauma der Halswirbelsäule – rechtsmedizinische Aspekte. In: Weller S, Hierholzer G, Editors. Traumatologie 14:35–46 (1994)

[82] SATERNUS, K.S.; KERNBACH-WIGHTON, G.; MORITZ, J.D.: Typen der Bandscheibenverletzung. In: Die traumatische und degenerative Bandscheibe. Wilke HJ, Claes LE, Editors. Hefte zur Zeitschrift „Der Unfallchirurg“ 271:65–82 (1999)

[83] SCHÖNBERGER; A.; MEHRTENS, G.; VALENTIN, H.: Arbeitsunfall und Berufskrankheit, 4th ed., Schmidt, Berlin (1988)

[84] SCHÖNBERGER; A.; MEHRTENS, G.; VALENTIN, H.: Arbeitsunfall und Berufskrankheit, 8th ed., Schmidt Berlin (2010)

[85] SCHOLLUM, M.L.; ROBERTSON, P.A.; BROOM, N.D.: Microstructure and mechanical disruption of the lumbar disc annulus. Spine 33:2702–2710 (2008)

[86] SCHWEIGHOFER, F.; STOCKENHUBER, N.; SCHIPPINGER, G.; BRATSCHITSCH, G.: Hyperextensionsverletzungen der unteren HWS. In: Die traumatische und degenerative Bandscheibe. Wilke HJ, Claes LE, Editors. Hefte zur Zeitschrift „Der Unfallchirurg“ 271:188–195 (1999)

[87] SINGH, K.; MASUDA, K.; AN, H.S.: Animal models for human disc degeneration. Spine J 5:267–279 (2005)

[88] SONODA, T.: Studies on the strength of compression, tension and torsion of the human vetebral column. J Kyoto Pref Univ Med 71: 659–702 (1962)

[89] STÄBLER; A.: Das so genannte Schleudertrauma der Halswirbelsäule aus der Sicht der Radiologie. In: Weller S, Hierholzer G, Editors. Traumatologie 14:47–54 (1994)

[90] STAUDTE, H.W.; BRUSSATIS, F.: Degenerative Erkrankungen der Wirbeläule. In: Witt AN, Rettig H, Schlegel KF, Editors. Orthopädie :1.1–1.31 (1994)

[91] STILLERMAN, C.B.; CHEN, T.C.; COULDWELL, W.T.; ZHANG, W.; WEISS, M.H.: Experience in the surgical management of 82 symptomatic herniated thoracic discs and review of the literature. J Neurosurg 88:623–633 (1998)

[92] TIEDJEN, K.; MÜLLER; K.M.: Pathologie der degenerativen Wirbelsäulenerkrankungen. Springer Berlin (2001)

[93] TÖNDURY, G.: Entwicklungsgeschichte und Fehlbildungen der Wirbelsäule. In: Junghanns H, editor. Die Wirbelsäule in Forschung und Praxis 7. Stuttgart: Hippokrates, (1958)

[94] TÖNDURY, G.: Der Wirbelsäulenrheumatismus. In: Belart W, Editor. Rheumatismus in Forschung und Praxis 4., Huber, Bern (1968)

[95] TROLARD, A.: Quelques articulations de la colonne vertébrale. Internat Monatschr Anat Physiol 10:3–11 (1893)

[96] URBAN, J.P.; HOLM, S.; MAROUDAS, A.; NACHEMSON, A.: Nutrition of intervertebral disk. Clin. Orthop Relat Res 129:101–114 (1977)

[97] VAHLENSIECK, W.; REISER, M.: MRT des Bewegungsapparates. Thieme Stuttgart (2006)

[98] VERNON-ROBERTS, W.; MOORE, R.J.; FRASER, R.D.: The natural history of age-related disc degeneration: the pathogy and sequelae of tears. Spine 32:2797–2804 (2007)

[99] WENDA, K.; HACHENBERGER, R.; THIEM, N.: MR-Tomographie nach dorsaler Instrumentation von thorakolumbalen Frakturen mit Titanimplantaten – Entscheidungsgrundlage für die Notwendigkeit der ventralen Fusion. In: Die traumatische und degenerative Bandscheibe. Wilke HJ, Claes LE, Editors. Hefte zur Zeitschrift „Der Unfallchirurg“ 271:91–100 (1999)

[100] WEIDNER, N.; RICE, D.T.: Intervertebral disk material: criteria for determining prolapse. Hum Pathol 19:406–410 (1988)

[101] WILKE, H.J.; CLAES, L.E., Editors: Die traumatische und degenerative Bandscheibe. Hefte zu „Der Unfallchirurg“ 217 – Springer Berlin (1999)

[102] WITT, A.N.; RETTIG, A.; SCHLEGEL, K.F.: Orthopädie in Praxis und Klinik, Band 5, Thieme Stuttgart (1994)

[103] YAMANO, Y.: Disc herniation of cervical spine. Arch Orthop Traumat Surg 96:271–277 (1980)

[104] YANG, H.; NAWATHE, S.; FIELDS, A.J.; KEAVENTY, T.M.: Micromechanics of the human vertebral body for forward flexion. J Biomech 45:2142–2148 (2012)

[105] YASUMA, T.; MAKINO, E.; SAITO, S.; INUI, M.: Histological development of intervertebral disc herniation. J Bone Joint Surg Am 68:1066–1972 (1986)

[106] YINGLING, V.R.; MC GILL, S.M.: Mechanical properties an failure mechanics of the spine under posterior shear load: observations from a porcine model. J Spinal Disord 12:501–508 (1999)

4 Gelenklippen

Das Labrum glenoidale sowie das Labrum acetabulare sind vergleichbare, jeweils die Gelenkpfanne vergrößernde Gelenklippen, die dem knöchernen Limbus glenoidalis et acetabularis mehr oder weniger fest verbunden aufliegen. Beide Strukturen haben teil an der Gelenkstabilität und sind deshalb auch an deren Pathologie mitbeteiligt. Einer besonderen Beachtung bedürfen die Normvarianten dieser Strukturen zur Abgrenzung vom Pathologischen.

4.1 Labrum glenoidale der Schulter

Abgesehen von der Schulterluxation werden gerade beim Sportler Labrumschäden immer häufiger festgestellt [282, 90], insbesondere SLAP-Läsionen [358], diese auch bei Schulter belastenden Tätigkeiten, z. B. beim Militär [193]. Die Zunahme des Interesses am Labrum glenoidale lässt sich in der Literatur nachvollziehen (Abb. 4.1).

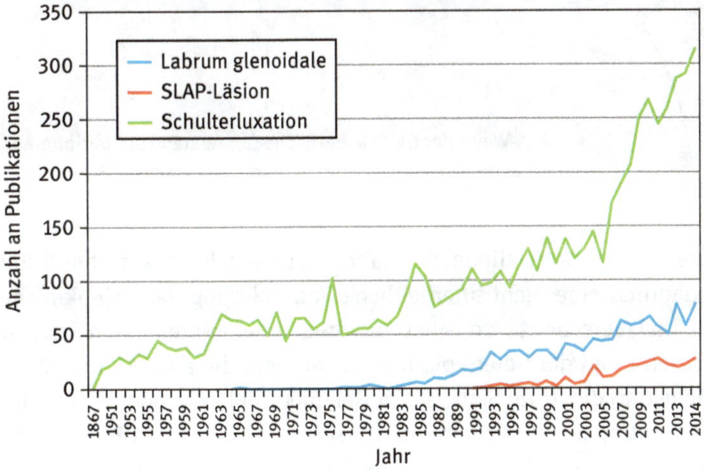

Abb. 4.1: Zunahme der Publikationen zum Thema Labrum glenoidale, gemäß PubMed.

4.1.1 Nomenklatur und Anatomie

Das Labrum glenoidale (Limbus glenoidalis) kann als Teil der Schultergelenkpfanne verstanden werden, da es randständig zirkulär die knöcherne Schultergelenkpfanne (Cavitas glenoidalis) bedeckt und damit vergrößert. Die Schulterpfanne stellt eine flache, oval begrenzte Grube dar, der Längsdurchmesser des Ovals ist vertikal gestellt. Die Pfanne ist im unteren Anteil, am vorderen Rand und in der Mitte etwas eingekerbt

DOI 10.1515/9783110493665-009

(„Pfannenkerbe"), so dass sie in Normalstellung als umgekehrtes, auf dem Kopf stehendes Komma bezeichnet werden kann. Die Krümmung der Pfanne entspricht der des Oberarmkopfes. Der hyaline Knorpelüberzug der Pfanne ist zu den Rändern hin dicker als in der Mitte. Nach FICK [101] ist die Druckbelastung im Zentrum der Pfanne, abgesehen vom alten Patienten, am geringsten. Die Gelenkpfanne bildet zusammen mit dem Labrum einen Sockel mit etwa 9 mm Tiefe in der superior-inferioren Linie und 5 mm in der anteroposterioren Richtung (Abb. 4.2). Das zirkuläre Labrum übernimmt etwa 50 % der Gesamttiefe. Beim Verlust des vorderen Labrums (Bankart-Läsion) reduziert sich die Tiefenausdehnung von 5,0 auf 2,4 mm. Daraus lässt sich die Bedeutung des Labrums für die Stabilität der Schulter ableiten.

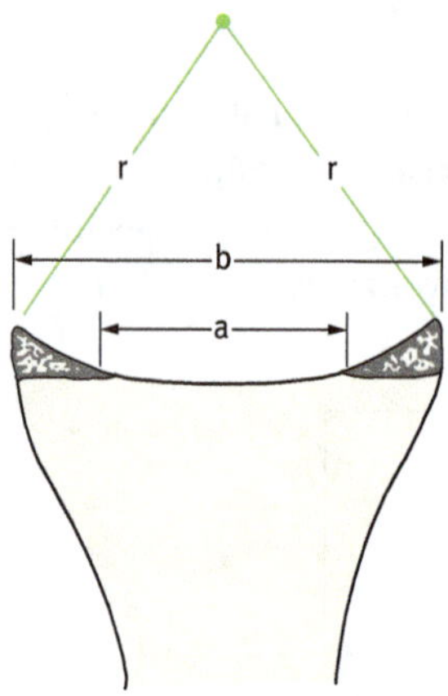

Abb. 4.2: Weite der Gelenkoberfläche (a), Abstand der peripheren Labrumränder (b) und Oberarmkopfradius (r), nach [162].

Rings um die Pfanne läuft die Gelenklippe, das Labrum glenoidale, dieses ist 4–6 mm breit und bewirkt dadurch eine nicht unerhebliche Vergrößerung der Gelenkfläche der Schulterpfanne. Im Querschnitt ist das Labrum dreikantig, mit der einen Seite ist es mit dem knöchernen Rand der Gelenkpfanne verwachsen, die andere Oberfläche stellt die Gelenkfläche dar, die dritte Seite ist zur Gelenkkapsel gewendet und in unterschiedlicher Ausdehnung mit dieser fest verwachsen. MOSELEY und ÖVERGAARD [267] stellten nachdrücklich heraus, dass das Labrum glenoidale vorwiegend aus faserigen Anteilen besteht. Nur in einer ganz schmalen Übergangszone in den angrenzenden Knorpel der Pfanne sowie deren knöcherne Anteile enthält das Labrum Faserknorpel [287]. Bei Kindern und Erwachsenen besteht das Labrum aus fibrokartilaginärem Gewebe und kann histologisch von der Gelenkkapsel unterschieden werden. Embryonale Labren sind primitive embryonale Gewebe mit wenigen Chondrozyten und ohne Elastin. Die Gefäßversorgung ist spärlich, nimmt aber mit steigendem Alter zu [317]. Bei Schultern von Jugendlichen ist das Labrum zirkulär vollständig fixiert, im fortgeschrittenen Alter aber finden sich besonders beim anterokranialen Anteil immer häufiger unterschiedlich große Ablösungen des Labrums vom knöchernen Pfannenrand in einer Häufigkeit von 16,6 % im zweiten, bei 63,6 % im dritten und vierten, bei

50 % im fünften, bei 72,2% im sechsten und bei 100 % im achten und neunten Lebensjahrzehnt [84]. Das Belastungsverhalten des Labrums ist in der Zirkumferenz des Glenoids verschieden. Die Elastizität des anterosuperioren Labrums liegt höher als die des restlichen Labrums mit der Folge, dass die Verbindung zum Glenoid schwächer ist als die Labrumsubstanz selbst [355].

Zur Wertung der Schäden des Labrum glenoidale müssen in die Beurteilung dieser anatomischen Struktur auch die angrenzenden Gebilde miteinbezogen werden, da sowohl für die Stabilität des Labrums als auch für die pathologischen Veränderungen diese angrenzenden Strukturen mitverantwortlich sind [181]. So ist im Bereich des Tuberculum supraglenoidale und Tuberculum infraglenoidale der jeweils lange Kopf der Bizepssehne und der Trizepssehne zu beachten, da diese ihren Ursprung u. a. im Labrum haben. Eine große Bedeutung kommt auch der am Skapulahals ansetzenden Gelenkkapsel und insbesondere deren Verstärkungsbändern (Ligamenta glenohumeralia) zu, da diese für die Stabilität des Schultergelenkes mitverantwortlich sind. Für die Pathologie bedeutet dies, dass Labrumschäden oder Labrumverletzungen auch aus Instabilitäten resultieren, ebenso aus Luxationsmechanismen und den in der Folge entstehenden luxationsbedingten Instabilitäten. Die genannten anatomischen Strukturen (Bizeps- und Trizepssehne, Gelenkkapsel mit Ligamenta glenohumeralia, das Labrum sowie die knöcherne Gelenkpfanne) stellen für den Oberarmkopf ein in sich verbundenes Stabilisierungssystem dar, das sog. „periartikuläre Fasersystem“ (PAFS), definiert nach HUBER und PUTZ [164].

Für die folgenden Betrachtungen soll der Oberarmkopf weitgehend weggedacht werden, nicht aber die Gelenkkapsel mit den den Oberarmkopf in der Pfanne zentrierenden stabilisierenden Bändern. Die Knorpeldicke der Cavitas glenoidalis variiert mit einer etwa 3 mm dicken Knorpelschicht, randständig nimmt die Knorpeldicke zum Zentrum hin ab. Die subchondrale Knochendichte der Cavitas glenoidalis ist gemäß der Anpassung an die statische Beanspruchung beim älteren Menschen zentral am höchsten und nimmt gegen die Ränder hin ab, bei jüngeren Patienten finden sich zwei dichte Maxima im anterioren und posterioren Randbereich, mit zunehmendem Alter oder mit steigender Belastung verschiebt sich dann diese subchondrale Knochendichte in Richtung Zentrum, aber auch vorderen Randbereich [268]. Verantwortlich für die glenohumerale Stabilität sind dynamische Mechanismen (muskuläre Balance, Kompression in die Kavität, Vakuumeffekt, Adhäsion und Kohäsion) sowie statische Mechanismen, hierzu gehören die knöcherne Konfiguration von Humeruskopf und -pfanne (vertikaler und transversaler, glenohumeraler Index) und insbesondere die Gelenkkapsel und die glenohumeralen Bänder. Die Gelenkkapsel besteht aus einer äußeren Schicht, der Faserkapsel, und einer inneren Schicht, dem Synovialisüberzug, und setzt proximal im ganzen Umfang am knöchernen Gelenkpfannenrand an. Dorsal und kaudal sowie auch anterokaudal ist die Gelenkkapsel oft mit dem Labrum glenoidale bis an dessen freien Rand verwachsen. Kranial wird sie durch den Ansatz der Bizepssehne am Tuberculum supraglenoidale nach rückwärts vom Gelenklippenrand verdrängt, das Labrum wird hier also zu einer lippenartigen, frei im Gelenk liegenden

Struktur. Besonders anterokranial besteht die Möglichkeit einer großen Variabilität des Kapselansatzes, hier sind auch die Normvarianten der Bizepssehne bis hin zum extraartikulären Verlauf zu beachten. Lateral setzt die Kapsel zirkulär am anatomischen Hals des Humerus an. In Höhe der beiden Oberarmhöcker liegt der Kapselansatz gleich hoch wie der Gelenkflächenrand, nach dorsolateral tritt der Kapselansatz in unterschiedlicher Breite ein bis zwei Zentimeter nach distal vom Knorpelrand des Humeruskopfes zurück. Die Faserkapsel ist von unterschiedlicher Stärke, in den nicht von Muskeln bedeckten Anteilen bis 1/3 mm, besonders unterhalb der Rotatorenmanschette wird sie extrem dünn. Diese Verdünnung hat jedoch funktionell keine Bedeutung, da die Gelenkkapsel gerade hier mit den sehnigen Anteilen der Rotatorenmuskeln fest verwachsen ist und so zusammen mit diesen eine Sehnenplatte bildet, die das Gelenk sichert, d. h., die Rotatorenmanschette liegt intraartikulär, aber extrasynovial. Kaudal in ca. einem Viertel des Gelenkumfanges fehlt eine muskuläre Bedeckung der Gelenkkapsel. Hier bildet die Gelenkkapsel einen großen, schlaffen Sack, um die für die Abduktionsbewegungen im Schultergelenk nötige Zusatzlänge zu schaffen. Bei der Adduktion bildet diese eine große Falte, die axillärwärts gerichtet ist, den sog. Recessus axillaris. Wird die Gelenkpfanne arthroskopisch über einen dorsalen Zugang betrachtet, so gelingt meist eine komplette Übersicht, d. h., das Labrum kann als intraartikulär gelegene Struktur erkannt werden (Abb. 4.3). Ein synovialer Überzug liegt nicht vor. Er besteht vorwiegend aus fibrösem Gewebe, weniger aus Knorpelgewebe [83, 267]. Das Labrum zeigt eine größere Ausdehnung im vorderen und unteren Bereich als Beitrag zur Stabilitätsverbesserung. Weitere wesentliche Korrelationen bezüglich der Labrumhöhe und Ausdehnung sowie der Fossa-Maße in der Tiefe bzw. Länge in der langen und kurzen Achse gibt es nicht [150].

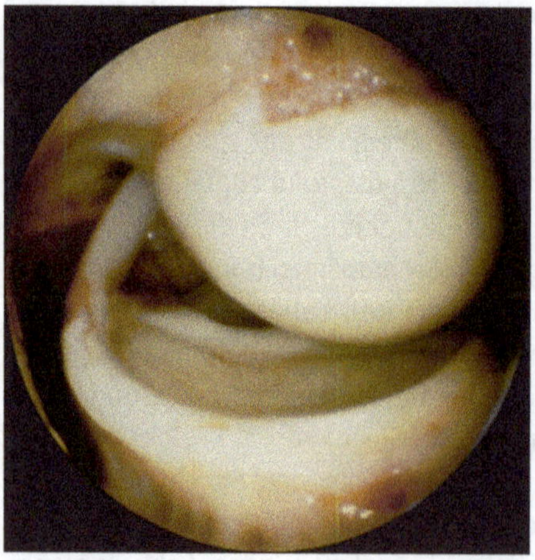

Abb. 4.3: Labrum glenoidale innerhalb der Gelenkkapsel (arthroskopisches Bild von dorsal).

Eine synoviale Membran (Synovialis) findet sich lediglich an der Außenfläche des Labrums, so dass rundum eine zirkuläre, mit Synovialmembran ausgekleidete Rinne entsteht. Das Labrum ist in der kaudalen Hälfte der Pfanne stabil fixiert, kollagene Fasern ziehen in einem Winkel von etwa 10° in den Skapulahals, in das Labrum ziehen auch Fasern aus dem Trizepssehnenansatz. Eine Rezessusausbildung zwischen dem Knorpel der Gelenkpfanne und dem Labrum existiert hier nicht. Beginnend bei etwa 8 Uhr und reichend bis etwa 4 Uhr kommt es dagegen zur Ausbildung eines Rezessus zwischen dem Knorpel und dem Labrum, wobei im oberen Bereich der Gelenkpfanne eine Ausbildung des Rezessus bis zum Pfannenrand reicht, bei älteren Patienten in nahezu 100 % der Fälle. In dieser Zone ist das Labrum meniskusähnlich dreieckförmig ausgebildet, auch im Ansatzbereich der Bizepssehne, die in etwa 20 % der Fälle 5 mm hinter dem Pfannenrand am Tuberculum supraglenoidale isoliert ansetzt, in 50 % der Fälle an der hinteren Portion des Labrums und in 30 % der Fälle an beiden Ansatzstellen (Tuberculum supraglenoidale und Labrum glenoidale) [130, 164]. Die meisten Fasern des Labrums verlaufen ringförmig um den Pfannenrand, nur wenige Fasern strahlen radiär in den Gelenkknorpel bzw. in das Glenoid (Skapulahals) ein. Diese wenigen radiären Bündel können bei Zug- und Druckbelastungen leicht abscheren, so dass Lösungen des Labrums vom Knorpel bzw. vom Skapulahals entstehen können [375]. Durch diese radiären Einstrahlungen erklärt sich auch der Rezessus zwischen Knorpel und Labrum. Die Beziehung des periartikulären Fasersystems zum Gelenkknorpel und die Ausbildung eines Rezessus, insbesondere im oberen Labrumbereich, erklärt die Slap-Läsion bzw. die Lösung des Labrumbizepsankers. Ein Rezessus zwischen dem periartikulären Fasersystem und dem äußeren Eck des Knorpels der Gelenkpfanne ist noch kein pathologischer Befund. Pathologisch kann nur gewertet werden, wenn die Lösung auch über das kraniale Eck hinaus in Richtung Tuberculum supraglenoidale reicht. Das Labrum glenoidale wird heute als fibrokartilaginäres Struktursystem beschrieben (Abb. 4.4).

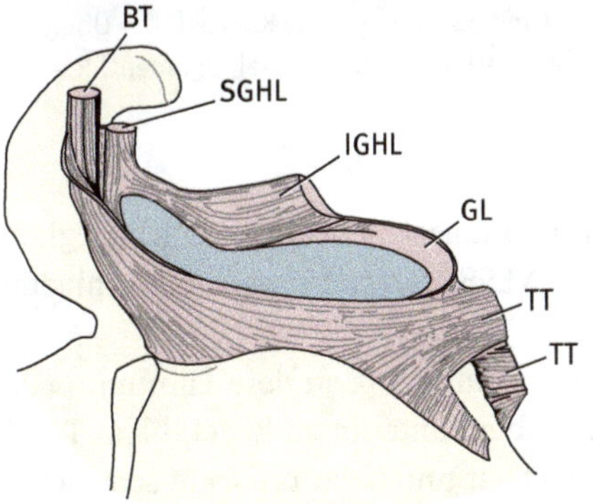

Abb. 4.4: Schema der periartikulären Faserbündel in Verbindung mit den langen Sehnen, Bizeps (BT) und Trizeps (TT), den glenohumeralen Bändern (SGHL, IGHL) und dem Labrum glenoidale (GL) [164].

Die Stabilisierung des Oberarmkopfes in der Schultergelenkpfanne begründet sich nicht nur durch ligamentäre Strukturen, sondern auch durch das Modell eines physikalischen Kolbens, das Labrum übernimmt die Funktion eines ventilartigen Verschlusses. Selbst in Narkose reagiert das gesunde Gelenk auf eine Zugkraft im Bereich der Fossa glenoidalis mit Unterdruck. Liegt ein Labrumdefekt vor, besteht dieses Phänomen nicht [131, 132]. Histologisch kann der Ansatzpunkt des langen Kopfes der Bizepssehne am Glenoid typisiert werden (Abb. 4.5).

- **Typ I:** Es besteht ein Scherengitter, wobei die Fasern im Sinne der Übergangszone in den Knorpel einstrahlen, es liegt ein kräftiger zirkulärer Faserzug vor.
- **Typ II:** Eine Übergangszone ist nicht vorhanden, dafür ein „Sublabral hole", es liegt aber ein kräftiger Labrum-/Inferior-Glenohumeral-Ligamentkomplex aus knorpelig ligamentärem Mischgewebe vor, welches die zirkulären Fasern ersetzt. Der hyaline Knorpel schließt glatt mit der lateralen Glenoidkante ab. Das mittlere glenohumerale Band inseriert strangförmig („cord-like") an diesem Komplex.
- **Typ III:** Es besteht ein Mischtyp, kreuzende Fasern in die Übergangszone liegen nicht vor, aber ein kräftiger zirkulärer Faserzug.

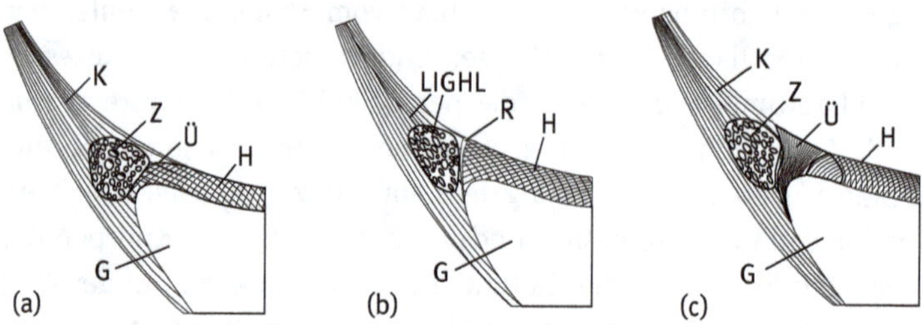

Abb. 4.5: Histologische Typisierung des anterosuperioren Labrums. (a) = Typ 1: „Scherengitter"; scherengitterartige Übergangszone vorhanden; kräftiger zirkulärer Faserzug. (b) = Typ 2: „sublabral hole"; keine Übergangszone vorhanden; kräftiger Labrum-/IGHL-Komplex aus knorpelig-ligamentärem Mischgewebe mit zirkulären Fasern. (c) = Typ 3: „Mischtyp"; keine kreuzenden Fasern in der Übergangszone; kräftiger zirkulärer Faserzug (G = Glenoid, H = hyaliner Knorpel, Ü = Übergangszone, LIGHL = Labrum/IGHL-Komplex, Z = zirkuläre Faserbündel, K = Kapsel/Ligament, R = Recessus) [23].

Die Einstrahlung der langen Bizepssehne in das Labrum ist nicht einheitlich bezüglich der Faserverteilung [384]. Es werden nach VANGSNESS [392] vier Typen unterschieden (Abb. 4.6).

Beim Typ 1 zieht die Bizepssehne vorwiegend in das posteriore Labrum, beim Typ 2 überwiegt der posteriore Zügel bei schwachem anteriorem Zügel, beim Typ 3 liegt ein kräftiger posteriorer und anteriorer Zügel vor und beim Typ 4 ein schwacher posteriorer, dafür kräftiger anteriorer Zügel. Es überwiegen Typ 2 und Typ 3, d. h., die lange Bizepssehne strahlt breitflächig in das posteriore Labrum als Fortsetzung der Bizepssehnenrichtung ein [173, 174].

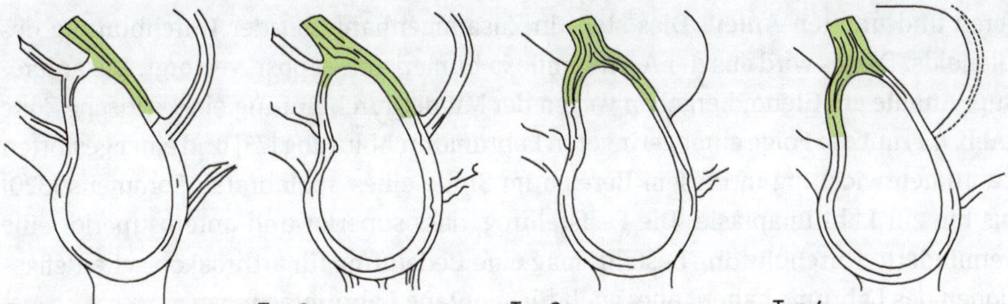

Abb. 4.6: LBS-Einstrahlung in das Labrum, nach [392] (Typ 1: ein posteriorer LBS-Zügel (22 %); Typ 2: kräftiger posteriorer Zügel, schwacher anteriorer Zügel (33 %); Typ 3: kräftiger posteriorer und anteriorer Zügel (37 %); Typ 4: schwacher posteriorer, kräftiger anteriorer Zügel (8 %)).

Gefäßversorgung des Labrum glenoidale

Die Blutversorgung des Labrum glenoidale erfolgt über die Arteria suprascapularis, die Arteria subscapularis ramus circumflexa scapulae und über die Arteria circumflexa humeri posterior. Abgesehen von der Arteria subscapularis, die aus dem Truncus thyreocervicalis abzweigt, stammen die restlichen Gefäße aus der Arteria subclavia bzw. aus der Arteria axillaris. Die Arterien, die das Labrum versorgen, führen auch Blut zu der Gelenkkapsel, der Gelenkinnenhaut und zum Periost des Skapulahalses bzw. zum Glenoid. Die die Kapsel und das Periost versorgenden Gefäße strahlen überall in die Peripherie des Labrums ein. Die drei genannten Hauptversorgungsgefäße nehmen an einem Kollateralsystem teil, das im Endeffekt eine Rundumversorgung der Schulter gewährleistet. Dieses Kollateralsystem ist von Bedeutung für die Lebensfähigkeit des Gewebes und gleichzeitig diagnostisch ein Nachteil in der Einschätzung einer möglichen arteriellen Verletzung. Diese Kollateralen können so auch einen plötzlichen Verschluss bzw. eine Verletzung der Arteria axillaris kompensieren.

Normalerweise treten Gefäße durch verschiebliche Schichten in einen schrägen Verlauf, so dass bei der Verschiebung der Schichten gegeneinander eine Gefäßschädigung bzw. eine Zerrung der Gefäße nicht zustande kommen kann. Bei einem senkrechten Durchtritt zwischen den verschieblichen Schichten würde dies eine Dehnung und Ausdünnung der Gefäße bedeuten. Derartige Mechanismen werden an der Schulter bei ihrer extremen Beweglichkeit gefunden. So kann auch die Durchblutung einen negativen Einfluss auf Überlastungsschäden an intraartikulären Schulterstrukturen nehmen [330], dies im Sinne passagerer Minderdurchblutungen. Normalerweise perforiert das baumartige Netzwerk der Gefäße das Labrum in radialer Richtung, es gibt auch zirkumferent verlaufende Gefäße in unregelmäßigem Abstand innerhalb des Labrums, die mit den radial orientierten Ästen anastomosieren. Es werden aber keine Gefäße gesehen, die vom knöchernen Glenoid aus in das Labrum eintreten [75]. Während zirkulär das Labrum von periostalen und kapsulären Gefäßen versorgt wird, insbesondere im meniskusähnlichen oberen Anteil, zeigt sich zwischen 12 Uhr und 2 Uhr (superior und anterosuperior) eine geringer ausgeprägte Gefäßversorgung als im hinteren und unteren Anteil. Dies steht in Zusammenhang mit der Durchblutung des Glenoids. Dieses wird aus der A. circumflexa humeri ant. et post. versorgt. Die anterosup. Anteile am Glenoid ergeben wegen der Minderdurchblutung eine kritische Zone (Abb. 4.7) mit der Folge einer geringeren Labrumdurchblutung [75] und einer gestörten Labrumentwicklung in diesem Bereich im Sinne eines sublabralen Foramens [320] bis hin zur Labrumaplasie. Die Feststellung, dass superior und anterosuperior eine verminderte Durchblutung besteht, mag eine Bedeutung für arthroskopische Refixationen des Labrums haben, aber auch für spontane Labrumlösungen.

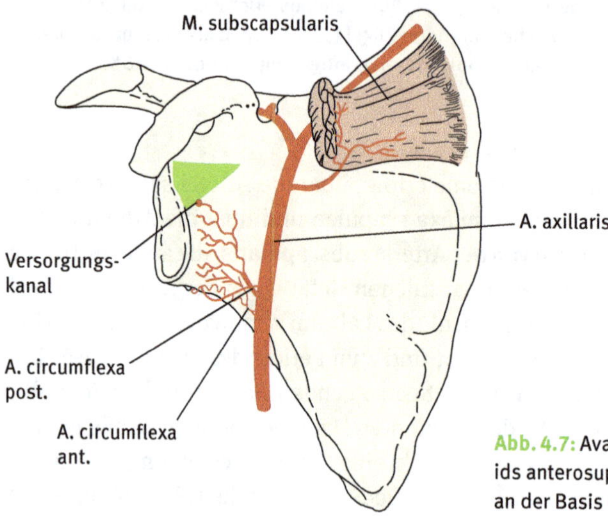

Abb. 4.7: Avaskuläre Zone (grün) des Glenoids anterosuperior, nach [2], Ausmaß 1,5 cm an der Basis und 2 cm Schenkellänge.

Nervenversorgung des Labrums

Die Innervation der Gelenkkapsel ist vielfach, normalerweise beteiligen sich daran alle nervalen Endäste der kapselraffenden Muskulatur. Ventralseitig handelt es sich um die Nn. subscapulares sowie Proximal- und Dorsaläste des Nervus suprascapularis. An der Ventralseite sind dies auch Äste des N. musculocutaneus und dorsalseitig sowie im Bereich des Rezessus axillaris Äste aus dem N. axillaris, manchmal auch Äste aus dem Fasciculus dorsalis selbst. Ob nun auch Äste des N. radialis beteiligt sind, ist unklar, jedenfalls geben der Nervus medianus und die Stämme des Fasciculus ulnaris keine Äste zum Gelenk ab.

Normvarianten

Am häufigsten finden sich Labrumvarianten im superioren Bereich, nahe der Bizepssehne. Schon der Bizepsansatz variiert, dieser ist teils isoliert am Tub. supraglenoidale, teils isoliert am Labrum oder an beiden Strukturen. Der Ansatz der Bizepssehne liegt größtenteils am posterioren Labrum mit oder ohne Fasern in Richtung anterior-superiores Labrum [390]. Das Lig. glenohumerale medium setzt bei allen Bizepsansatztypen zwischen 12 und 1 Uhr an [367], wogegen das Lig. glenohumerale inf. ant. beim Typ 1 distal von 4 Uhr ansetzt, alle anderen Typen darüber (1–3 Uhr). Deshalb wird zwischen der Bizepssehne Typ 1 und dem weit distal ansetzenden Lig. glenohumerale inf. ant. ein sog. „connecting band" beschrieben [164], bei allen anderen Typen gibt das Lig. glenohumerale inf. ant. Fasern zum anterosuperioren Labrum bzw. zum Bizepssehnenansatz ab, es entsteht der Eindruck, die Fasern würden von der Bizepssehne stammen [390]. Aus diesen anatomischen Gegebenheiten lassen sich SLAP-Läsionen ableiten, diese können Instabilitäten verursachen und umgekehrt. Nach BARTHEL [22] haben die am Tub. supraglenoidale ansetzenden Fasern eine Stabilisierungsfunktion, die ins Labrum einstrahlenden Fasern seien formgebend. Auch makroskopisch wird eine Zweiteilung des Bizepsansatzes am Tub. supraglenoidale und am postero-superioren Labrum, arthroskopisch identifizierbar, beschrieben [94]. Im posterioren Segment des Glenoids ist das Labrum fest damit verbunden, der superior-anteriore Anteil ist wesentlich mobiler, dieser kann in einen kranialen Labrum-Bizepssehnen-Komplex und in einen anterioren Labrum-Kapsel-Komplex unterteilt werden [23].

Bei zwischen 49,3 und 83,6 Jahre alten Menschen beträgt die Häufigkeit des sublabralen Rezessus 63,6–85,0 % [147]. Es zeigt sich eine Zunahme mit dem Alter [64, 83, 356], aber auch mit der Aktivität der Schulter. Sublabrale Rezessus sind spaltförmige Lücken zwischen dem Glenoid anliegenden Unterrand des Labrums und der glenoidalen Knorpelfläche. Nach SMITH [356] werden diese in Abhängigkeit von der Tiefensondierbarkeit in vier Typen mit einer Tiefe bis 7 mm unterteilt [147]. Neben der Tiefensondierbarkeit erfolgt eine Einteilung gemäß der makroskopischen Lokalisation [161, 147]: anterior (1–2 Uhr) und zentral (11–1 Uhr) etwa 82 %, posterior (9–11 Uhr) 18 %, Foramen sublabrale (1–3 Uhr) Sondierbarkeit 5–10 mm mit Verbindung zur Bursa subscapularis.

Um einen „normalen Rezessus" von einer SLAP-Typ II-Läsion zu unterscheiden, wurde ein „Scoring-System" eingeführt, bezeichnet als „The sulcus score". Dieser beschreibt Ausdehnung und Schweregrad der SLAP-Typ II-Läsion durch Multiplikation der Sulkustiefe mit dem Längenmaß des Sulkus in Stunden (gemäß dem Ziffernblatt einer Uhr projeziert auf das Glenoid). Bei älteren Menschen (67–81 Jahre) findet sich ein Score von 3,4 (1,5–5,0), dieser steigt beim Auslösen einer extensiven Außenrotation bei 60° Abduktion auf 6,6 (3,5–10,5) an. Dies entspricht einem Wert bei einer „late-cocking phase" beim Werfer, wie bei einer SLAP-II-Läsion [259].Unter Berücksichtigung des Recessus sublabralis kann kernspintomographisch in der schrägen koronalen Ebene eine Abgrenzung zur SLAP-II- und auch zur SLAP-III- bzw. -IV-Läsion erfolgen. Liegt ein sublabraler Rezessus vor, so zeigen das Labrum sowie der Rezessus und der darunter liegende Knorpel das Bild eines einfachen Keks. Besteht dagegen ein Labrum-Korbhenkelschaden und liegt gleichzeitig ein sublabraler Rezessus vor, so ist eine doppelte Keksform zu erkennen [322].

Neben der SLAP-II-Läsion führen am oberen Labrum-Bizepssehnen-Ansatz zwei Varianten zu Fehlinterpretationen:
1. Foramen sublabrale (8,0–18,5 %),
2. Buford-Komplex (1,5–6,5 %).

Bei nachgewiesenen SLAP-Läsionen steigt die Anzahl der sublabralen Foramina auf 40 % und die der Buford-Komplexe auf 20 % [167]. Beide Normvarianten gehen gehäuft mit einem „cord-like middle glenohumeral ligament“ (= strangförmigen Band) einher und finden sich gehäuft bei SLAP-Läsionen, d. h., diese Normvarianten können die Ursache einer SLAP-Läsion sein [194].

Foramen sublabrale

Der ventrale Recessus subscapularis bzw. die Bursa subscapularis kommuniziert über das Foramen Weitbrecht mit dem Schultergelenk zwischen dem Lig. glenohumerale superius und medium. Es gibt aber auch eine zusätzliche Verbindung des Recessus subscapularis über ein sublabral gelegenes Foramen [86, 418, 305] mit Abhebung des vorderen oberen Labrums vom Pfannenrand als Normvariante [161, 218]. Es findet sich diese sog. Normvariante vorwiegend bei Individuen mittleren und höheren Alters [346, 317, 98]. Es handelt sich um eine altersabhängige und somit um eine erworbene Variante [346, 308]. Beim Foramen sublabrale geht es nach BARTHEL [23] um eine Lösung der Übergangszone des Labrums vom Glenoid im anterosuperioren Bereich (Abb. 4.8).

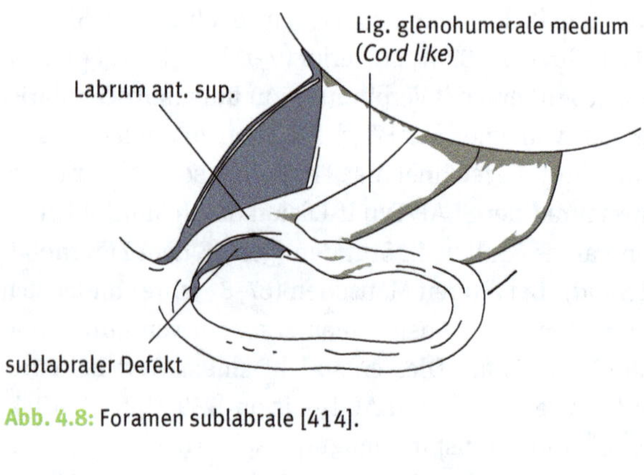

Abb. 4.8: Foramen sublabrale [414].

Dabei setzt das Lig. glenohumerale medium, sofern vorhanden, am gelösten Labrum an. Eine fehlende Anheftung des Labrums am Glenoid wurde von PRESCHER [316] als Recessus sublabralis anterior bezeichnet, möglicherweise eine Vorstufe des Foramen sublabrale, und mit einer Einbuchtung im vorderen oberen Glenoid gemäß der Einteilung der Glenoidform nach ANETZBERGER in Verbindung gebracht [11]. In aller Regel ist das Foramen sublabrale asymptomatisch, wird jedoch ein verletzungsbedingter pathologischer Befund angenommen, so sind als Unterscheidungskriterien entsprechende Verletzungsmechanismen zu erwarten (nach [346] – nicht genau definiert) und es sollten lokale Verletzungszeichen, wie Knorpel-Knochen-Läsionen und Einblutungen, frühzeitig nach dem Unfall erkennbar sein, welche bei nicht traumatischen Lösungen nicht zu erwarten sind. Dehnt sich der Befund nach superior aus, so ist differentialdiagnostisch eine Andrews-Läsion oder auch eine SLAP-Läsion zu diskutieren, wobei bei beiden der Bizepsanker, zumindest teilweise, mit betroffen ist [9, 360]. Bei größeren inferioren Ausdehnungen und fehlenden Verletzungszeichen muss an einen Buford-Komplex [414] gedacht werden.

Buford-Komplex

Die eigentliche Definition beschreibt als Buford-Komplex ein „cord-like" mittleres glenohumerales Band in Abwesenheit des anterosuperioren Labrumkomplexes [414]. Dieses Lig. glenohumerale medium, das sich strangförmig darstellt, setzt an der Basis der Bizepssehne an und strahlt zusammen mit dem Oberrand der Subskapularissehne in die vordere Seite des chirurgischen Halses am Oberarm anterior und inferior des Tuberculum minus ein (Abb. 4.9).

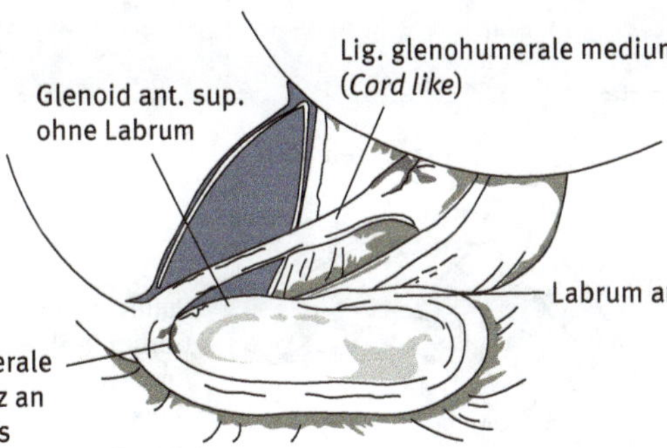

Abb. 4.9: Buford-Komplex [414].

Das Lig. glenohumerale medium entspringt entweder im Bereich des Bizepssehnenankers oder direkt am Lig. glenohumerale superius. Dieses strangförmig aufgerollte Band schafft somit einen Zugang in die Bursa subscapularis, und zwar unter- und oberhalb des Ligaments. Nach MOSELEY [267] kann das Lig. glenohumerale medium aber auch medial der Glenoidkante am Skapulahals ansetzen. Bei all diesen Varianten handelt es sich um normale anatomische Strukturverhältnisse.

Als Begleitschaden zum Buford-Komplex werden neben der SLAP-Läsion [30, 167, 388, 79] Subskapularisschäden [320] und auch glenohumerale Instabilitäten (85] beschrieben.

4.1.2 Pathologie

Die verschiedenen Pathologien werden häufig mit Akronymen (SLAP, ALPSA, HAGL usw.) bezeichnet [197] und häufig den Erstbeschreibern zugeordnet:
- Andrews-Läsion [9] = SLAP-IIa-Läsion [266],
- Bankart-Läsion [19] – klassisch, knöchern, PERTHES [304], kapsulär ALPSA-Läsion [277], ALIPSA-Läsion [253],
- Bankart, reversed-Läsion, [381], POLPSA-Läsion [354, 234], KIM-Läsion [207], Bennett-Läsion [28],
- SLAP-Läsion [360, 233, 281],
- PSI – Posterosuperiores Impingement [397, 188, 179],
- ASI – Anterosuperiores Impingement [117],
- Pulley-Läsion [306],
- Labrum-Ganglien „ganglion-cysts" [276].

Die diversen Labrumschäden (Läsionen) können traumatischer Art sein, z. B. bei Luxationen, aber ebenso Folgeerscheinungen und natürlich mechanisch bedingter, nicht traumatischer Art. Die verschiedenen Labrumläsionen werden gemäß dem Zifferblatt einer Uhr bestimmten Stellen am Glenoid eingeteilt (Abb. 4.10).

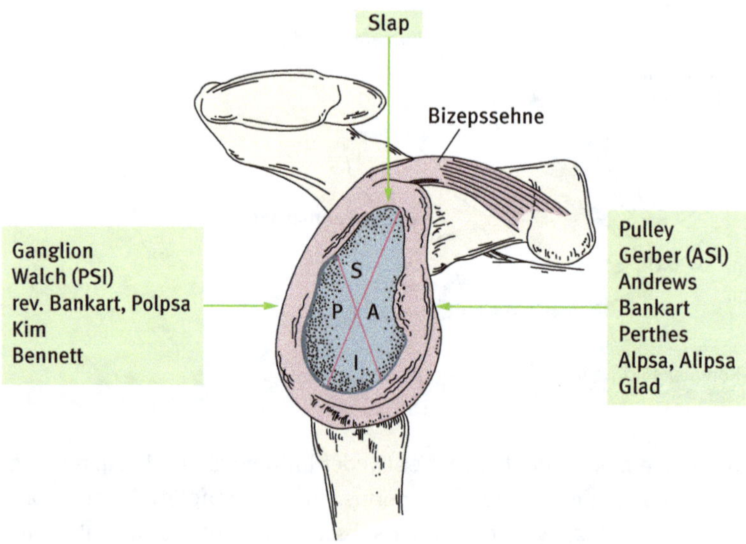

Abb. 4.10: Zuordnung der Labrumläsionen zur Lokalisation am Glenoid.

Da das Labrum glenoidale sowohl für die Funktion als auch für die Stabilität der Schulter von Bedeutung ist, leiten sich Schäden am Labrum ab, die mit oder auch ohne Instabilitäten einhergehen. Bei Narkoseuntersuchungen können Labrumbefunde einem

Instabilitätsschweregrad I–III nach HAWKINS [154] zugeordnet werden. Nach einer Erstluxation wird die Häufigkeit der Bankart- bzw. Perthes-Läsion mit 97 % [376] angegeben, bei 3 % finden sich Rupturen in der kapsulären Linie [321]. Je häufiger Reluxationen entstehen, desto ausgeprägter wird der Schaden in Luxationsrichtung [365]. Die Labrumverletzungen lassen sich in vier Typen einteilen (Abb. 4.11), in der MRT-Bildgebung beginnend mit einer Signalanreicherung im Labrum bis hin zur Perthes-Läsion mit Periostruptur.

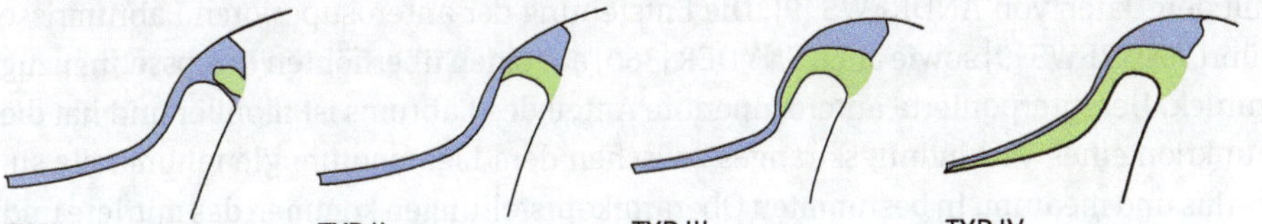

Abb. 4.11: Typ I: signalreiche Zone innerhalb des anterioren Labrum glenoidale mit Kontakt zur gelenkseitigen Oberfläche ohne vollständige Kontinuitätsunterbrechung. Typ II: signalreiche Zone innerhalb des Labrums mit vollständiger Kontinuitätsunterbrechung, jedoch ohne Dislokation. Typ III: signalreiche Kontinuitätsunterbrechung des Labrum glenoidale mit Dislokation des Labrums, jedoch ohne subperiostale Ablösung der anterioren Kapsel. Typ IV: signalreiche Kontinuitätsunterbrechung des Labrums mit Dislokation und subperiostaler Ablösung der anterioren Gelenkkapsel bis in den Bereich des Skapulahalses [180].

Für die weitere Beurteilung und Therapie ist bei der vorderen Luxation die Unterscheidung zwischen Bankart- und Perthes-Läsion von Bedeutung. Dies gilt im Prinzip auch für die Labrum-Bandverletzung bei der hinteren Luxation. Die Folge ist eine Einteilung der Labrumschäden/-risse, ohne diese kausal zuzuordnen. Sowohl die Labrumschäden als auch die damit verbundenen ligamentären Schäden können klassifiziert werden, beginnend mit dem typischen Labrumschaden als Bankart-Läsion [20], rezidivierenden Schulterluxationen im vorderen unteren Glenoidbereich, anatomisch aufgearbeitet [83, 267] bis hin zur Beurteilung der funktionellen glenohumeralen Instabilität bei gleichzeitig bestehenden Labrumläsionen [298].

1. Der transversale Riss ist definiert als Läsion senkrecht zum inneren Rand des Labrums, vergleichbar mit dem Radialriss eines Kniemeniskus.
2. Der longitudinale Riss ist eine Läsion, die vertikal zu der Längsachse des Labrums verläuft, bis hin zu einem Korbhenkelriss.
3. Der Lappenriss ist definiert als Läsion, kombiniert aus einer transversalen und longitudinalen Komponente mit dem Ergebnis eines mobilen Gewebelappens.
4. Der horizontale Spaltriss ist definiert als Läsion, die parallel zum inneren Rand des Labrums verläuft.
5. Der Auffaserungsschaden ist eine Auffaserung des inneren Labrumrandes, meist lokalisiert auf einen einzelnen Quadranten am anterioren oder posterioren Labrumrand oder

6. es handelt sich um eine Aufbraucherscheinung des Labrumrandes, ausgeprägter als dies unter einer Auffaserung zu verstehen wäre.
7. Die Bankart-Läsion ist typisch für die rezidivierende Luxation im anterioren inferioren Labrum.

Die meisten Labrumschäden finden sich im anterosuperioren Bereich oder auch im posterosuperioren Anteil, hier allerdings mit lediglich 18 % im Vergleich zu 60 % anterosuperior. Diese Angaben korrespondieren mit den Daten von SNYDER [360] sowie mit den Daten von ANDREWS [9]. Die Entstehung der anterosuperioren Labrumrisse führt ANDREWS [9] sowie auch SNYDER [360] auf einen überhöhten Bizepssehnenzug zurück. Der interponierte anterosuperiore Anteil des Labrums ist mobiler und hat die Funktion eines Verbindungsstranges zwischen dem Ligamentum glenohumerale superius und medium. In bestimmten Oberarmkopfstellungen kommen das mittlere und das obere glenohumerale Band unter Zug (Abb. 4.12), allerdings jedes Band in eine andere Richtung, in etwa unter einem Winkel von 90°. Hierbei wird der innere Rand des Labrums einem besonderen Zugstress ausgesetzt, mit der Folge eines transversalen Rissschadens. Alle genannten Labrumschäden, in Verbindung mit glenohumeralen Bandschäden, finden sich bei Sportlern mit Überkopfaktivitäten, es liegen also im Prinzip „overuse-Schäden" vor.

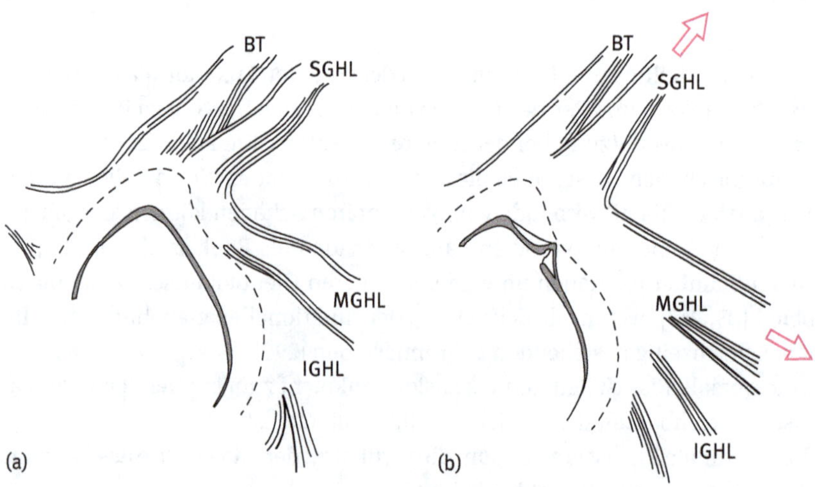

Abb. 4.12: Mechanismus des transversalen Labrumrisses. (a) Entspannung, (b) gespannte glenohumerale Bänder mit Rissbeginn, BT = biceps tendon; SGHL = superior glenohumeral ligament; MGHL = middle glenohumeral ligament; IGHL = inferior glenohumeral ligament, nach [379].

Zur Beurteilung eines Labrumschadens an der Schulter gehört immer die Beurteilung der Stabilitätsverhältnisse. Bezüglich der Instabilität liegen mehrere Klassifikationen vor [333, 335, 329, 224, 225, 265, 352, 236, 237, 339]. In Abhängigkeit von der Instabilitätsrichtung können Labrumschäden erklärt werden, sowohl nach bestimmten Traumen als Verletzungs- als auch als Überlastungsschäden ohne echte Unfallereignisse (Tab. 4.1) und im Sinne von Impingementereignissen (Tab. 4.2).

Tab. 4.1: Labrumschäden als Funktion der Krafteinwirkung.

Instabilitätsrichtung	Labrumläsion	Autor
anteroinferior	Bankart ALPSA ALIPSA PERTHES	CAIRD [62] NEVIASER [278] Mc MAHON [253] PERTHES [304]
anterosuperior	ANDREWS	ANDREWS [9]
posteroinferior	Rev. Bankart BENNETT POLPSA KIM	TIBONE [381] BENNETT [28] SIMONS [354] KIM [207]
posteriorsuperior	Labrumganglion	NEVIASER [276]
superior	SLAP	SNYDER [360]
Luxatio erecta	Ausriss des Kapselbandapparates, neurovaskuläre Verletzungen, Tub.-majus-Fraktur	FERY [100]

Tab. 4.2: Impingementsyndrome mit Labrumschäden.

Lokalisation	Schaden	Autor
posterosuperior	PSI Pulley	WALCH [396] PETERSSON [306]
anterosuperior	ASI	GERBER [117]
posteroinferior	BENNETT	BENNETT [28]
anteroinferior	GLAD	NEVIASER [277]

Bezüglich des pathomorphologischen Substrats und auch der Pathomechanik vergleicht WEBER [410] die Labrumschäden mit der Meniskuspathologie des Kniegelenks und unterscheidet zwei Typen (Tab. 4.3): Typ I = verschleißbedingt („degenerativ") und Typ II = traumatisch – mit folgendem Schluss: „Die Begutachtung von Schäden am Labrum glenoidale kann nach den gleichen Prinzipien erfolgen, die bei der Beurteilung des Unfallzusammenhanges von Meniskusschäden und Verletzungen des Kapselbandapparates am Kniegelenk gelten. Ausschließlich unfallbedingt sind lediglich Labrumläsionen nach traumatischer Schultergelenksluxation."

Tab. 4.3: Einteilung der Labrumschäden, nach [410]: Typ I = atraumatisch, Typ II = traumatisch.

I a)	Labrumdegeneration	SLAP-Läsion Typ I SNYDER [360]
I b)	Labrumdegeneration mit Längsriss	SLAP-Läsion Typ II SNYDER [360]
I c)	Labrumdegeneration mit Längs- und Lappenriss	SLAP-Läsion Typ VI MAFFET [233]
I d)	Korbhenkelriss	SLAP-Läsion Typ II SNYDER [360]
I e)	Korbhenkelriss mit Längsriss der Bizepssehne	SLAP-Läsion Typ IV SNYDER [361]
I f)	Dorsokranialer Labrumschaden mit Supraspinatus-Partialdefekt	WALCH [394]
II a)	Labrumriss mit Bankart-Läsion	SLAP-Läsion Typ V MAFFET [233]
II b)	Labrum- und Ligamentum glenohumerale-Riss	SLAP-Läsion Typ VII
II c)	Labrumschaden dorsal	MAFFET [233] MAIR [234]

Wichtig ist das Erkennen der Lokalisation des Labrumschadens am Glenoid. Davon lässt sich die Definition bzw. die Bezeichnung der Labrumpathologie ableiten und damit auch deren Zuordnung zu Normvarianten sowie atraumatischen und traumatischen Ursachen (Abb. 4.13). Für ein Gutachten ist dies aber lediglich ein Hinweis, es bedarf der Einzelfallentscheidung unter Würdigung sämtlicher Anknüpfungstatsachen, wie Anamnese, Sachverhaltsbeschreibung und auch Befundtatsachen.

Andrews-Läsion

Bei der Andrews-Läsion [9] handelt es sich um eine Lösung des Labrums vom vorderen oberen Glenoid, evtl. bis in den Bizepsanker reichend, und sie ist somit vergleichbar mit der SLAP-IIa-Läsion [266].

Die kontinuierliche Traktionsbewegung bei der Dezeleration des Armes in der Durchzugsphase (Läsion bei Wurfdisziplinen) über die lange Bizepssehne [9] führt zur Zugbelastung am anterosuperioren Teil des Labrums neben dem Bizepssehnenursprung. Durch Stimulation des Muskels wird das Labrum vom Glenoid weggezogen [215]. Der Bizepszug ist in der frühen Dezelerationsphase mit 44 % der maximalen Muskelkraft anzusetzen [88], die Bizepsaktivität ist aber auch in der späten „cocking phase" als erheblich zu bezeichnen und geeignet, eine SLAP-Typ-IIa-Läsion zu verursachen, auch im Sinne eines „peel-back"-Mechanismus. Diese „late cocking phase" entspricht auch einer Außenrotation des abduzierten Humerus [215]. Sowohl die frühe Dezelerationsphase als auch die Außenrotation bei Abduktion führen bei Wurfsportlern durch ständige Wiederholung zum ANDREWS-Schaden [58, 256, 257, 43], aber

Bezeichnung:
ANDREWS Lokalisation

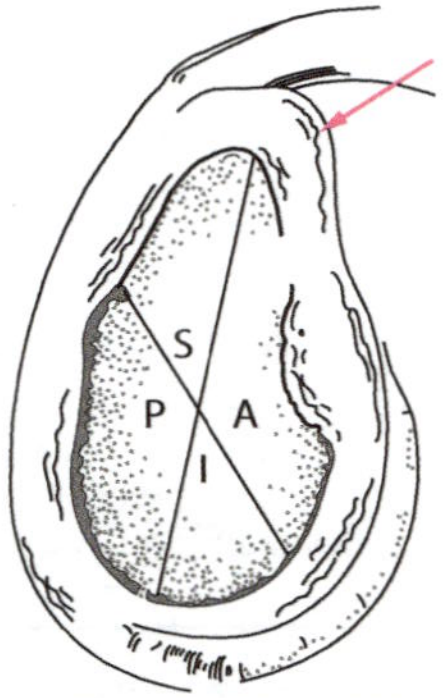

Normal, Varianten	
Pathologie atraumatisch	×
Pathologie traumatisch	

Klassifikation
ANDREWS-Läsion = SLAP-Läsion Typ IIa

Literatur
ANDREWS [9]
MORGAN [266]

Bezeichnung:
BANKART Lokalisation

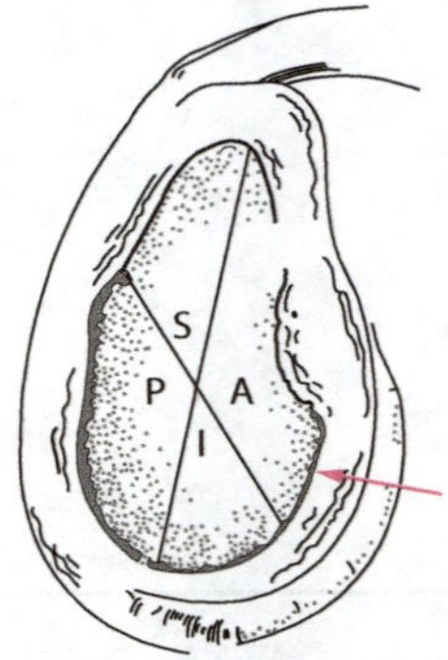

Normal, Varianten	
Pathologie atraumatisch	
Pathologie traumatisch	×

Klassifikation
nach JOHNSON [190]
nach ROWE [336]

Literatur
MALGAIGNE [235]
CAIRD [62]
BROCA [46, 47]
PERTHES [304]
BANKART [19, 20]
NEVIASER [279, 277]

Bezeichnung:
reversed BANKART Lokalisation
multirow130mm130mm

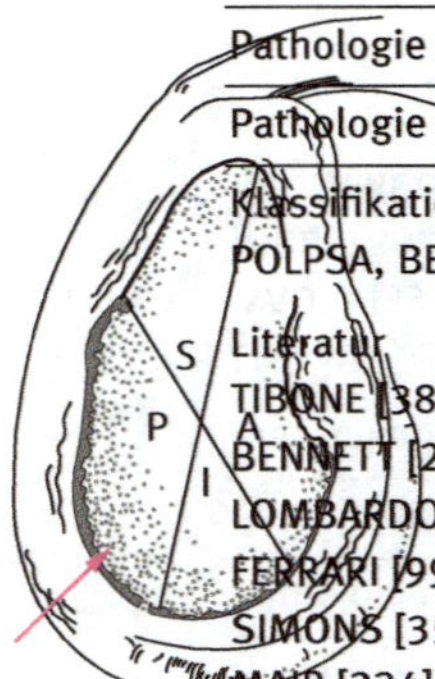

Normal, Varianten	
Pathologie atraumatisch	×
Pathologie traumatisch	×

Klassifikation
POLPSA, BENNETT, KIM-Läsion

Literatur
TIBONE [381]
BENNETT [28]
LOMBARDO [230]
FERRARI [99]
SIMONS [354]
MAIR [234]
KIM [207]

Bezeichnung:
SLAP-Läsion Lokalisation

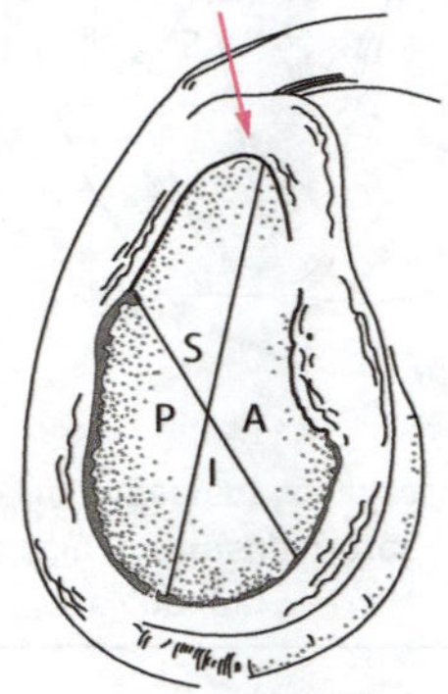

Normal, Varianten	×
Pathologie atraumatisch	×
Pathologie traumatisch	×

Klassifikation
Typ I–XI

Literatur
SNYDER [360]
IANNOTTI [165]
MAFFET [233]
MORGAN [266]
NORD [280]
POWELL [314]
HOGAN [159]

Abb. 4.13: Labrumschäden am Glenoid – Übersicht.

Bezeichnung:
WALCH-Läsion (PSI)
posterosuperiores Impingement
Lokalisation

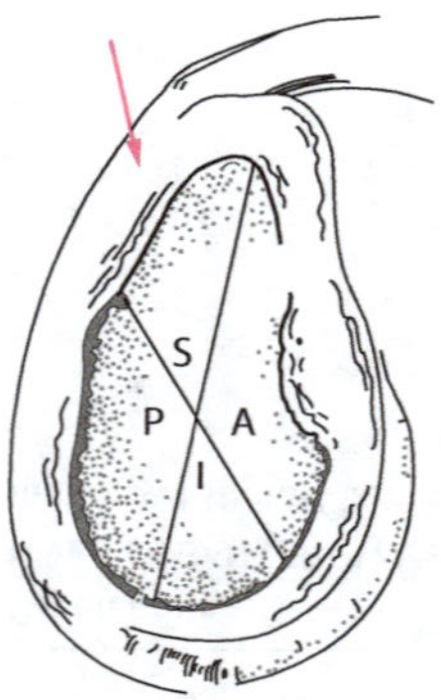

Normal, Varianten	
Pathologie atraumatisch	×
Pathologie traumatisch	
Klassifikation	

Literatur
WALCH [393]
JOBE [188, 189]
HABERMEYER [137]

Bezeichnung:
ASI: Anterosuperiores
Impingement Lokalisation

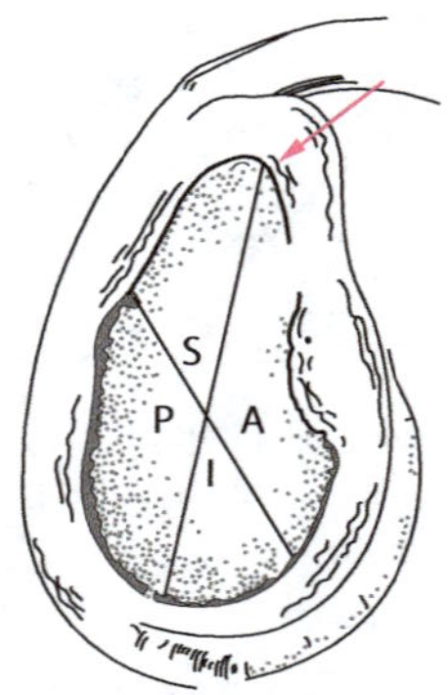

Normal, Varianten	
Pathologie atraumatisch	×
Pathologie traumatisch	
Klassifikation	

Literatur
GERBER [117]
PETERSSON [306]
WALCH [398]
HABERMEYER [137]

Abb. 4.13: (fortgesetzt)

ebenso zum posterioren-superioren Impingement [315, 10, 63, 127]. Die beiden kritischen Phasen eines Wurfereignisses – Außenrotation und frühe Dezeleration – ziehen „overuse"-Schäden im Sinne der ANDREWS-Läsion nach sich [105]. So wie sich die ANDREWS-Läsion beim Baseball-Werfer bei einem Überkopf-Wurfsport findet [63], gibt es diesen Mechanismus ebenfalls bei den Schwimmern [255, 369]. Bei Wurfsportarten entstehen neben vorderen oberen Labrumschäden (Andrews-Läsion) auch ligamentäre Schäden der glenohumeralen Bänder als humerale Bandlösungen, vergleichbar mit einer HAGL-Läsion, jedoch ohne Unfallereignis [112].

Bankart-Läsion, GLAD-Läsion

BROCA und HARTMANN [46, 47] waren die Ersten, die die vordere untere subperiostale Bankart-Läsion beschrieben. Es fand sich die Lösung des vorderen unteren Labrums, zusammen mit einem Kapselriss oder einer Kapselelongation [304]. Dass diese Läsion entscheidend für die rezidivierende Luxation war, stellte BANKART [19, 20] fest. Die spezielle Definition der ALPSA-Läsion (anterior, labroligamentous, periostal, sleeve avulsion) wurde von NEVIASER [278] vorgenommen. Vor all diesen Publikationen stellte aber schon CAIRD [56] fest, dass nach einer Luxation die Kapsel vom Glenoidrand abgerissen ist. Die erste Beobachtung der Absprengung des Pfannenrandes bei frischer Luxation, zusammen mit Abriss des Tuberculum majus, machte MALGAIGNE [235].

Mittlerweile liegen mehrere Klassifikationen der BANKART-Läsion vor (Tab. 4.4).

Tab. 4.4: Intraoperative Form der Labrumläsion, nach [3] (IGHL = inferiors glenohumerales Ligament, MGHL = mediales glenohumerales Ligament).

Läsion	Pathologie
Typ 1	Bankart-Läsion, IGHL beteiligt, Labrum ausgerissen, jedoch nicht degeneriert
Typ 2	Bankart-Läsion mit großem Labrumausriss, IGHL beteiligt, Labrum jedoch nicht degeneriert
Typ 3	Bankart-Läsion, Beteiligung von IGHL und MGHL, Labrum ausgerissen und degeneriert
Typ 4	Bankart-Läsion. IGHL und MGHL beteiligt, Labrum und Pfannenrand erheblich degenerativ verändert

Typisch für die vordere bzw. hintere Luxation sind die Bankart-Läsion sowie die Hill-Sachs-Delle, deren Lokalisation je nach Luxationsrichtung definiert ist. Bei der hinteren Luxation spielt insbesondere auch der Pfannenneigungswinkel eine besondere Rolle. Verletzungen entstehen bei den Schulterluxationen sowohl nach vorne als auch nach hinten, nicht nur an der Gelenkkapsel der Luxationsrichtung, sondern auch an der Gegenrichtung („coutrecoup“ lesion) [95, 228]. Hieraus entstand das „circle concept of capsular and labral dysfunction“ [233, 80, 292, 293, 294, 283, 366]. Dieses „circle concept“ sollte in die Behandlung der Luxationen mit einbezogen werden.

Der Verlust des anteroinferioren Labrums (Bankart-Läsion) führt zu einer Druckzunahme um 53 % in diesem Bereich im Vergleich zum intakten Labrum. Liegt gleichzeitig ein ossärer Defekt von etwa 30 % des Durchmessers vor, so erhöht sich die Druckbelastung im anteroinferioren Quadranten bis 300 % bzw. 400 %. Im posterosuperioren Quadranten nimmt der Kontaktdruck um 26 % ab, bedingt durch ein anteriores Shifting des Oberarmkopfes [126]. Abgesehen von der Hill-Sachs-Delle finden sich am Labrum typische Verletzungen bzw. Verletzungsfolgen. Die klassische Bankart-Läsion ist eine ligamentäre Lösung der vorderen Kapsel, zusammen mit dem Ligamentum glenohumerale inf. ant., wobei sich das Labrum an diesen Weichteilstrukturen abgelöst vom Glenoidrand befindet. Bei 80 % der vorderen Schulterluxationen zeigt sich dieser Verletzungstyp. Die knöcherne Bankart-Läsion ist identisch mit der klassischen Bankart-Läsion, nur mit dem Unterschied, dass sich ein Teil des knöchernen Glenoids am Labrum befindet und somit vom Glenoid mit abgerissen ist. Bei der Perthes-Läsion hat sich das Labrum nicht vom knöchernen Glenoid gelöst, wohl aber ist es zur Ablösung des Periosts zusammen mit dem Ligamentum glenohumerale inf. vom unteren Pfannenrand gekommen [141].

Ein isolierter Abriss des Ligamentum glenohumerale inferius zusammen mit der Kapsel zeigt sich bei stabil gebliebenem Labrum. Liegt diese Abrissverletzung im interligamentären Kapselbereich, so ist der Abstand der Rupturstelle zum Labrum größer, dies kann sich bis zum Ansatz der Kapsel am Oberarmkopf ausweiten, es liegt dann eine HAGL-Läsion vor. GLEYZE und HABERMEYER [120] leiten zunächst die verschiedenen Folgen nach vorderer Luxation von der Bankart-Läsion ab, wobei aber auf die Periostruptur im Vergleich zur Perthes-Läsion nicht eingegangen wird. Es resultieren in vier Phasen verschiedene 2-fache und 3-fache Läsionen sowie je eine einfache und 4-fache Läsion. Dementsprechend sieht HABERMEYER [137] die Verletzungsformen, in typischen Linien zum Glenoid verlaufend, im Sinne der Bankart-Linie, Perthes-Linie und der kapsulären Linie.

Bei der klassischen Bankart-Läsion zeigt sich die isolierte Ablösung des Labrums vom Glenoid. Reißt das Labrum auch vom kapsulären Ansatz ab und bleibt der Ansatz des Lig. glenohumerale inf. erhalten, so wird von einer „double-Labrumläsion“ gesprochen. Diese Form der klassischen Bankart-Läsion kann auch mit einem knöchernen Defekt des Glenoids als knöcherner Bankart-Defekt einhergehen. Es liegt dann eine kleine Abscherverletzung des Glenoidrandes mit Desinsertion vom Labrum und des Lig. glenohumerale inf. vor. Bei der Bankart-Läsion besteht immer eine Periostruptur. In der zweiten Linie (Perthes-Linie) dominiert die Ablösung des Lig. glenohumerale inf. subperiostal als Abrissverletzung vom Skapulahals unter Ausbildung einer Periosttasche. Ist das Labrum an diesen Weichteilstrukturen noch fixiert, wird dies als klassische Perthes-Läsion bezeichnet, es besteht keine Periostruptur [416]. Sind das Labrum und das Lig. glenohumerale inf. vom Skapulahals deperiostiert und bilden diese Strukturen einen Narbenwulst am Boden der Periosttasche, so wird dies als ALPSA-Läsion bezeichnet. Reißt nun auch das Labrum vom Lig. glenohumerale inf. ab und besteht gleichzeitig eine Deperiostierung des Lig. glenohumerale inf. vom Skapulahals mit Lösung des Labrums vom Glenoid, so wird von der „Triple-Labrumläsion" gesprochen.

Bleibt das Labrum am Glenoid fixiert und reißt das Lig. glenohumerale vom fixierten Labrum unter Ausbildung einer Periosttasche ab, wird dies als „Extralabrale Ligamentläsion" bezeichnet. Als dritte Verletzungslinie kommt die kapsuläre Linie in Frage, beginnend mit der Sonderform, der „Non-Bankart-Läsion", bei der das Lig. glenohumerale inf. nicht direkt in das Labrum übergeht, sondern am Skapulahals medialwärts ansetzt. Es resultiert bei der Luxation eine vordere Kapseltasche. Die intraligamentären Kapseldefekte mit Elongation und Schädigung des Lig. glenohumerale inf. bedeuten die Ausbildung einer Kapseltasche, es liegt ein „Substanzdefekt" des Lig. glenohumerale inf. vor. Reißt zusätzlich der gesamte Labrum-Ligament-Komplex mit weitgehendem Fehlen der Labrumbandstrukturen ab, so handelt es sich um eine „Quattro-Labrumläsion".

Der Abriss des Lig. glenohumerale inf. vom humeralen Ansatz als seltene Läsion bedeutet eine HAGL-Läsion und ist häufig mit Rupturen der Subskapularissehne vergesellschaftet. Die isolierte Bankart-Läsion mit Lösung des Labrums vom Glenoid ohne Abriss der anteriorinferioren Kapselbandstrukturen (Lig. glenohumerale inf. ant.) erlaubt keine Luxation des Oberarmkopfes aus der Schultergelenkpfanne [311]. Demzufolge findet sich bei 8 bis 46 % der vorderen Schulterluxationen keine Bankart-Läsion. Das Lig. glenohumerale inf. ant. spannt sich besonders bei 90°-Abduktion und 90°-Außenrotation an [285, 37, 81, 214, 364, 404, 389] und in dieser Position sollte die Stabilität geprüft werden [252, 253, 254]. Wird das „circle concept" [285, 37, 292, 378] berücksichtigt, so resultiert, dass nicht nur zusätzliche vordere Läsionen zur Bankart-Läsion, sondern auch Läsionen posterior erforderlich sind, um eine vordere Luxation zu erklären, evtl. auch eine Beteiligung der Rotatorenmanschette, besonders der tiefen Schicht [108, 50]. Eine isolierte Bankart-Läsion kann also eine vordere Luxation nicht erklären [312]. In Verbindung mit periostalen Abrissverletzungen des ligamentären Labrumkomplexes sind als Begleitschäden durch plastische Deformierung des Labrums auch radiale Labrumrisse nachgewiesen [156]. Bei den Labrumläsionen der Bankart-, Perthes- und der kapsulären Linie handelt es sich um direkte Verletzungszeichen nach einer vorderen Luxation. Die ALPSA-Läsion (**a**nterior **l**abroligamentous **p**eriosteal **s**leeve **a**vulsion) wird ausgehend von einer Perthes-Läsion in akut und chronisch unterteilt [277, 15], gemeint ist damit aber rezent und veraltet.

Im Vergleich zur Bankart-Läsion ist bei der rezenten ALPSA-Läsion (Abb. 4.14) das vordere Skapulaperiost nicht rupturiert, aber der labroligamentäre Komplex ist abgerissen und damit disloziert das Labrum mit dem Lig. glenohumerale inf. ant. entlang dem Glenoidhals nach medial. Mit der Zeit kann das Labrum an falscher Stelle am Skapulahals durch synovialisiertes Granulationsgewebe erneut fixiert werden (veraltete ALPSA-Läsion), der entstandene Defekt am Glenoidrand füllt sich mit Synovialgewebe

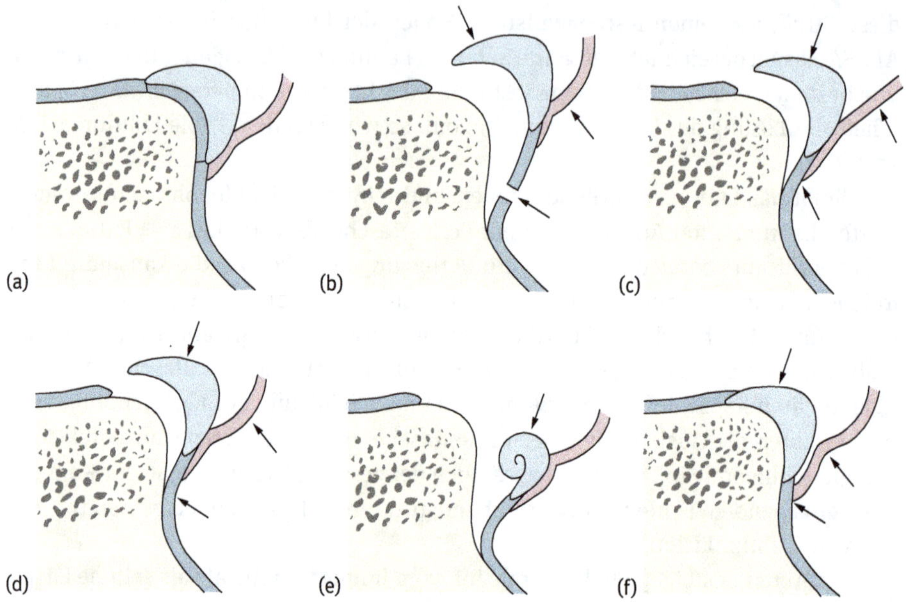

Abb. 4.14: Pathomechanismen der luxationsbedingten Labrumschäden, nach [322]: ((a) = Normalbefund, (b) = Bankart-Läsion, (c) = Perthes-Läsion, (d) = ALPSA-Läsion, rezent, (e) = ALPSA-Läsion, veraltet, (f) = ALIPSA-Läsion).

auf. Bei der ALPSA-Läsion seien im Gegensatz zur Bankart-Läsion mehrere Reluxationen vorausgegangen [219].

Als Normvariante gilt die ALIPSA-Läsion (anterior ligamentous periosteal sleeve avulsion), bei der das Lig. glenohumerale inf. ant. nicht am Labrum und am Skapulahals ansetzt, sondern isoliert nur am Skapulahals medial der Labrumstruktur [238]. Die Bankart-Läsion gibt es rein ligamentär, aber auch als ossäre Bankart-Läsion. Unter normalen anatomischen Bedingungen ist das Glenoid posterior konvex und anterior konkav, d. h., ein Knochenverlust anterior inferior nimmt Einfluss auf die Stabilität und damit auf die Prognose in der Therapie. Daher resultiert eine Klassifikation [36] mit drei Typen, I–III (Abb. 4.15).

Die Bankart-Frakturen sind Gelenkfrakturen vom Typ D nach EULER [96], d. h. intraartikuläre Brüche. Diese Frakturen werden nach IDEBERG [166] in Bankart-Frakturen (anteroinferior und posteroinferior) und „echte Glenoid-Frakturen“ eingeteilt. Bankartfrakturen können bis zu einem Drittel des Glenoids umfassen und müssen von den ossären Bankart-Läsionen unterschieden werden [87], die nur ein schmales Kortikalisfragment zeigen [321]. Die Art des vorderen Labrumschadens bei der Erstluxation hängt unter anderem vom Lebensalter ab, da bis zum 40. Lebensjahr die Reißfestigkeit der Kapsel die Festigkeit der Verankerung der Kapsel am Glenoid übertrifft [302]. Die Luxationsfolgen lassen sich klassifizieren (Abb. 4.16).

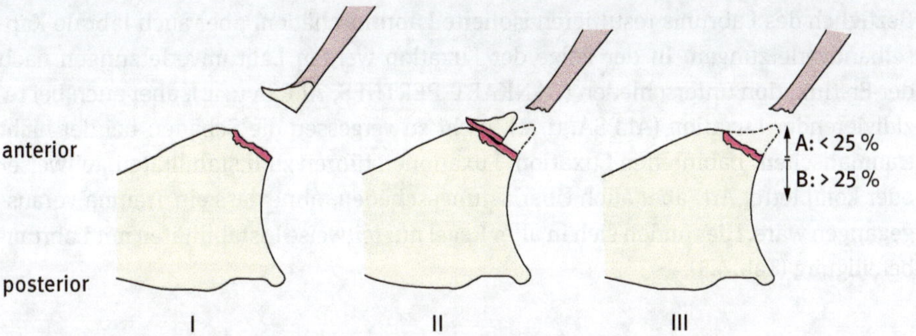

Abb. 4.15: Klassifikation ossärer Bankart-Läsionen (I = dislozierte Abrissfraktur, II = nach medial disloziertes isoliertes Knochenfragment, III = fehlendes Fragment mit freiliegender Spongiosa).

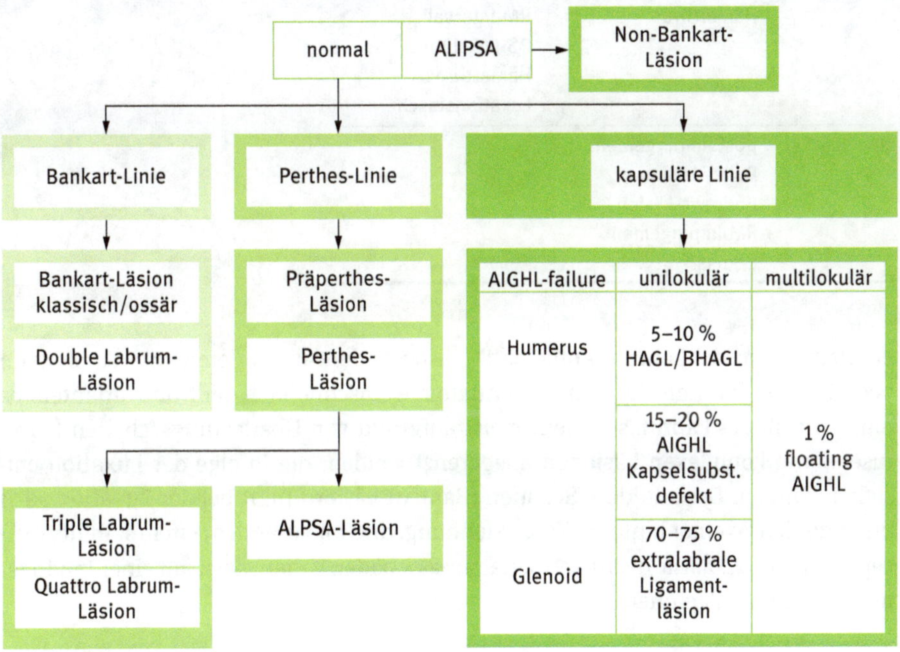

Abb. 4.16: Schematischer Aufbau vorderer kapsulolabraler Bandkomplexschäden.

Die vordere, meist vordere untere Luxation hat einen typischen Pathomechanismus, bei dem es zur Verletzung des Lig. glenohumerale inf. ant. bzw. des dazu gehörenden Bandkomplexes kommt, es finden sich die klassischen Verletzungen in folgender Häufigkeit [288]:

- Bankart 59 %,
- Perthes 29 %,
- Kapselläsion 12 %.

Bezüglich des Labrums resultieren isolierte Labrumschäden, aber auch labrale Kapselbandverletzungen. In der Folge der Luxation werden Labrumverletzungen nach der Erstluxation unterschieden (BANKART, PERTHES, ALPSA u. a.), aber auch bei rezidivierender Luxation (ALPSA, u. a.), nicht zu vergessen die Schäden bei der nicht traumatischen, habituellen Luxation. Luxationen führen zu Instabilitäten, teilweiser oder kompletter Art, aber auch Überlastungsschäden, ohne dass ein Trauma vorausgegangen wäre. Hier finden sich in aller Regel nur teilweise Instabilitäten mit Labrumbeteiligung (Tab. 4.5).

Tab. 4.5: Pathomorphologische Substrate bei teilweiser und kompletter Instabilität.

Instabilität	Teilweise	Komplett
Traumatisch	Bankart, SLAP (?) Hämarthros	Bankart, Hill-Sachs, RM-Intervall, BS-Luxation Hämarthros Luxationstasche
„overuse“	post. Impingement Pulley-Läsion Andrews-Läsion RM-Impingement Erguss	

Zur Beurteilung der Labrumproblematik, insbesondere am vorderen unteren Glenoid, bedarf es der Kenntnis der normalen Anatomie einschließlich der Normvarianten. Es müssen isolierte Labrumschäden, meist aufgrund von Überlastungsschäden („overuse“), von komplexen Läsionen abgegrenzt werden, die infolge der Luxation entstehen können. Der anteriore Schaden (Bankart-Läsion) führt bei der Luxation auch unweigerlich zu einer hinteren Kapseldehnung, dies im Sinne des „circle stability concept“ [233, 95, 228]. Die overuse-Überlastungsschäden gehen meist mit einer Impingementsymptomatik einher.

GLAD-Läsion

Bei einer GLAD-Läsion handelt es sich um einen oberflächlichen anterioren, inferioren Labrumschaden in Verbindung mit einem Knorpeldefekt in diesem Bereich. Eine Instabilität liegt nicht vor. Auch das Lig. glenohumerale inf. ant. ist fest mit dem Glenoid bzw. dem Labrum verbunden. Der festzustellende Knorpelschaden kann verschiedener Ausprägung sein, zum Teil bis auf den subchondralen Knochen. Als Ursache dafür wird eine forcierte Adduktionsbewegung über den Brustkorb hinweg, ausgehend von einer Abduktion und Außenrotation in der Schulter, angenommen. Bei den wenigen Patienten, bei denen diese Diagnose gestellt wurde, wird ein Sturz auf den abduzierten Ellenbogen beschrieben, ebenso Wurfbewegungen [278], aber auch ein direkter Sturz auf die Schulter [137]. Durch eine Kernspintomographie, nicht aber durch die Arthrographie, kann dieser Schaden festgestellt werden. Meist bedarf es, in Abhängigkeit vom Ausmaß, der Arthroskopie, bei der dann auch ein Debridement des betroffenen Bereichs durchgeführt werden kann. Auffällig ist, dass durch die intraartikuläre Gabe eines Lokalanästhetikums der Schmerz [18], der als einziges Symptom festgestellt werden kann, vorübergehend behoben wird.

Luxatio erecta: Sonderform der vorderen traumatischen Luxation durch Hyperabduktion, Humerushals schlägt am Akromion an → Komplettausriss Kapselbandapparat → neurovaskuläre Begleitverletzungen, Tub. majus Fraktur, Ruptur der Bizepssehne (SLAP IV) und RM-Ruptur [41].

Bankart reversed-Läsion, Bennett-Läsion

Während bei der vorderen Luxation und einer daraus resultierenden vorderen Instabilität noch relativ einheitlich die Luxations- bzw. Instabilitätsfolgen erkannt werden können, ist dies im hinteren Labrumbereich (posterior, posteroinferior) denkbar schwierig, da einheitliche Bezeichnungen für eine Instabilität, Subluxation, Laxität und Luxation aus der Literatur leider nicht erkennbar sind. So wird die sogenannte „reversed Bankart-Läsion" all diesen Instabilitätsfunktionen, auch der hinteren Luxation, zugeordnet. Man ist sich zwar einig, dass die vordere Instabilität meist traumatisch bedingt entsteht, wogegen die hintere Instabilität in aller Regel atraumatisch ist und dazu meist mit einer multidirektionalen Instabilität einhergeht. Es gibt aber auch die traumatisch bedingte hintere Luxation mit einer daraus resultierenden hinteren Instabilität, die wiederum zu rezidivierenden hinteren Luxationen neigt [210]. Bis zu 78 % der Patienten mit rezidivierenden hinteren Instabilitäten (Luxationen?) geben ein bestimmtes traumatisches Ereignis an [42].

Die Häufigkeit der „reversed Bankart-Läsion" bei hinteren Instabilitäten wird aber sehr unterschiedlich genannt, zwischen 10 und 100 % [381, 310, 106]. Bei den hinteren Instabilitäten werden verschiedene kapsulolabrale Läsionen beschrieben, so eine exzessive Kapsellaxität, eine Kapselablösung vom Glenoid, aber auch eine posteroinferiore Labrumablösung [35, 420, 106, 12]. Die posteroinferioren Labrumläsionen werden jedoch insbesondere bei Patienten mit atraumatischer posteroinferiorer Instabilität beschrieben, wobei die primäre Läsion in einer ausgeweiteten Kapsel gesehen wird [35, 415, 106]. Ein wesentlicher Unterschied zwischen dem vorderen Glenoidlabrumbereich und dem hinteren besteht darin, dass eine Vielzahl von Normvarianten im vorderen Anteil festgestellt werden, insbesondere Variationen des Kapselansatzes sowie des Ansatzes des Ligamentum glenohumerale inferius anterius in Verbindung mit dem Ligamentum glenohumerale medium. Dorsalseitig setzt lediglich das Ligamentum glenohumerale inferius posterius an, sowohl am hinteren Labrum als auch am hinteren knöchernen Glenoidrand, kranial darüber findet sich eine relativ dünne Gelenkkapsel, welche ebenfalls am hinteren Glenoidrand ansetzt

[347, 350, 27, 285, 34]. Als häufigste Läsion wird bei KIM [210] eine inkomplette Lösung des posteroinferioren Labrums gesehen, vergleichbar mit der Bankart-Läsion bei der vorderen traumatischen Instabilität. Diese inkomplette Labrumschädigung bezieht aber immer das Ligamentum glenohumerale inferius posterius („posterior band") mit ein. Auffällig war dabei, dass das Labrum vorwiegend in der Tiefenschicht betroffen war (vgl. KIM-Läsion). Nach ANTOINOU [13] wird auf das Glenoid-Labral-Socket-Konzept hingewiesen. Das Labrum würde 20–50 % der Glenoidtiefe verursachen, dies für die Stabilität nach vorne und hinten, wogegen CORDASCO [76] und HABERMEYER [133] dem hinteren Labrum lediglich eine Bedeutung bei der hinteren Instabilität zuschreiben. Insgesamt resultiert das Problem, dass in Abhängigkeit von einer Instabilität, Laxität oder auch Luxation (Subluxation) aus der derzeit vorliegenden Literatur kein typisches pathomorphologisches Substrat bei hinteren Instabilitäten dem klinischen Zustand zuzuordnen ist [239, 250]. Damit verbunden ist auch die Überlegung, dass gerade bei der atraumatischen posterioren glenohumeralen Instabilität nicht nur die Retroversion des Glenoids eine Rolle spielt, sondern auch eine häufig damit bestehende multidirektionale Laxität der Schulter [415]. Die posteriore Instabilität ist oftmals verbunden mit einer Laxität posteroinferiorer Kapselbänder sowie einem Schaden im Rotatorenintervall [12], es wird auch eine Verbindung zwischen dem Lig. glenohumerale sup. und der hinteren Stabilität gesehen [407]. Die „reversed Bankart-Läsion" muss also nicht das einzige und typische pathomorphologische Substrat für die hintere Instabilität bzw. Luxation sein [382, 72, 310, 383]. Typische Kapsellabrumschäden bei der dorsalen Lokalisation sind: 1. reversed Bankart-Läsion, 2. POLPSA-Läsion, 3. Bennett-Läsion, 4. KIM-Läsion, 5. HAGL-Läsion.

Zu 1.
Die reversed Bankart-Läsion ist in Anlehnung an die vordere Läsion eine Abrissverletzung des Lig. glenohumerale inf. post., zusammen mit dem Labrum (posteriore Periostruptur). Diese reversed Bankart-Läsion geht bei vollständiger hinterer Luxation mit einer reversed Hill-Sachs-Läsion am medialen vorderen Oberarmkopf einher. Eine aus einer hinteren Bankart-Läsion resultierende posteroinferiore Instabilität ist bidirektional unabhängig davon, ob eine hintere Kapselläsion oder eine hintere Bankart-Läsion besteht. Eine zusätzliche hintere HAGL-Läsion [8] oder Intervall-Läsion verstärkt die posteroinferiore Instabilität [411].

Zu 2.
Bei der POLPSA-Läsion (posterior labrocapsular periosteal sleeve avulsion) wird von einem vergleichbaren Schaden ausgegegangen, wie man ihn bei der ALPSA-Läsion (anterior labroligamentous periosteal sleeve avulsion) kennt. Bei beiden Läsionen ist die Verletzung dadurch charakterisiert, dass eine Abrissverletzung der glenohumeralen Kapsel und des Periostes stattfindet, wobei das Periost nicht wie bei der Bankart- oder bei der reversed Bankart-Läsion rupturiert [424]. Es zeigt sich bei der POLPSA-

Läsion eine Lösung des Lig glenohumerale inf. post. zusammen mit dem Labrum vom Skapulahals, bei intaktem Periost.

In Kenntnis dieser Art der Verletzung und insbesondere im Vergleich zur ALPSA-Läsion müsste davon ausgegangen werden, dass es auch eine reversed PERTHES-Läsion gibt [424].

Obwohl die Bennett-Läsion in der Regel als Überlastungsschaden definiert ist, liegt der Schluss nahe, dass die POLPSA-Läsion die rezente Form einer Bennett-Läsion darstellt und somit korrelierend zur ALPSA-Läsion die Bennett-Läsion die veraltete Form der POLPSA-Läsion ergibt.

Zu 3.
In der Literatur wird die Bennett-Läsion auch als Exostose am posterioren inferioren Glenoidrand beschrieben [28, 248, 249]. BENNETT [28] zeigt diese Verknöcherung als Traktionsschaden in der Folge des Zuges an der hinteren Gelenkkapsel oder als Folge des Trizepssehnenzuges. Alternativ wird eine Ossifikation diskutiert, welche auf Grund von Mikrorupturen mit Einblutungen konsequenterweise zu einer Neuformation von Knochen führt [99, 230]. Die Bennett-Läsionen werden in der Literatur vorwiegend mit Überkopfsportarten in Verbindung gebracht [269, 270, 148, 291, 290].

Die Bennett-Läsion wird auch als extraartikuläre posteriore Ossifikation beschrieben, verbunden mit einer posterioren Labrumschädigung und einem posterioren Rotatorenschaden. Wegen dieser Kombination wird eine Stresstraktion in der Gegend der Trizepssehne vermutet [99]. Es werden zwei Typen der Bennett-Läsion unterschieden [290]:
- Typ 1: thickening type = mountain shaped ossification,
- Typ 2: spike type = spur formation

Zu 4.
Kommt es zu einer Überlastung des posteroinferioren Anteils des Labrums, so entsteht zunächst eine tiefe Lösung des Labrums vom Glenoid bei erhaltener labraler Oberfläche. Entwickelt sich ein marginaler Crack, charakterisiert durch einen inkompletten Abriss des Labrums, so wird dieser Schaden als KIM-Läsion bezeichnet [207]. Dieser Schaden entspricht, da das posteriore Periost erhalten ist, einer reversed Prä-Perthes-Läsion. Die KIM-Läsion ist also ein Hinweis auf eine hintere Instabilität, die bei erhaltener Labrumoberfläche durch Betastung nur arthroskopisch erkannt werden kann. Ein weiterer Hinweis auf eine KIM-Läsion ist eine Abnahme der Labrumhöhe, das Labrum erscheint mehr medial gegenüber der Glenoidgelenkfläche, was in einer chondrolabralen Retroversion resultiert. Inwieweit sogenannte isolierte posteriore Labrumrisse beim Sportler nicht doch auf einen Subluxationsmechanismus zurückzuführen sind, bedarf weiterer Klärungen [97].

Zu 5.
So wie auch bei den vorderen Luxationen, entstehen bei den hinteren Luxationen ligamentäre Verletzungen im Sinne der RHAGL-Läsion (= reversed humeral avulsion glenohumeral ligament). Diese können knöcherner Art (BRHAGL), aber auch rein ligamentärer Art sein [65, 217, 338, 328, 1, 48]. Wie auch bei vorderen Luxationen kann bei hinteren Luxationen eine Komplexverletzung entstehen, die sogenannte reversed Malgaigne-Furche (reversed Hill-Sachs-Delle), lokalisiert am anteromedialen Kopf, gleichzeitig entsteht ein vorderer Kapselschaden im Sinne des „circle concept“ [408]. Des Weiteren sind Kombinationsverletzungen im Sinne der posterioren Bankart-Läsion, kombiniert mit einer RHAGL-Läsion, bekannt [158], aber auch RHAGL-Läsionen mit Rotatorenbeteiligung an der Subskapularissehne oder Supraspinatussehne [40, 327] sowie RHAGL-Läsionen mit kompletter Infraspinatusruptur [48].

Zusammenfassend ergibt sich beim Vergleich vorderer und hinterer Luxationen, ausgehend von der Bankart- bzw. der reversed Bankart-Läsion, ein weitgehend identisches Schema, aus dem die einzelnen Läsionen abgeleitet werden können (Abb. 4.17).

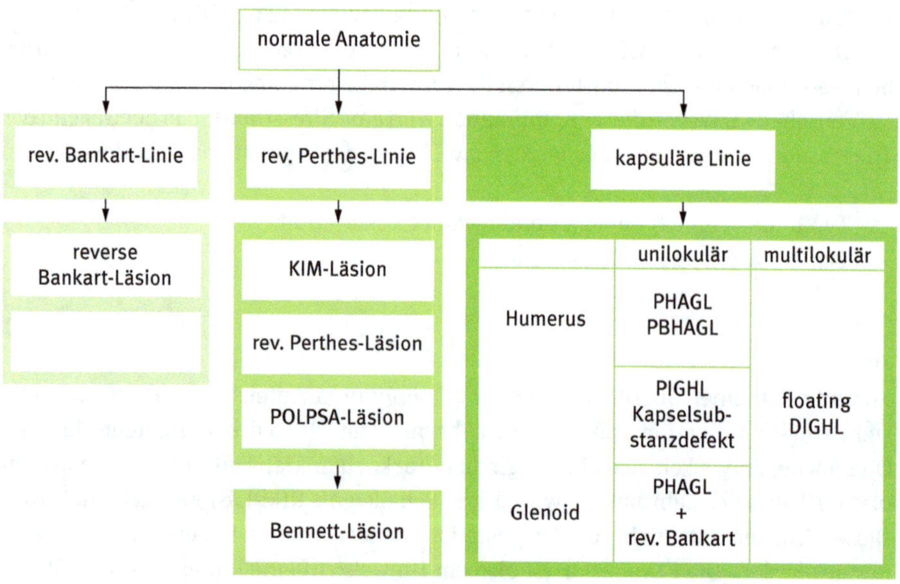

Abb. 4.17: Schematischer Aufbau posteriorer kapsulolabraler Bandkomplexschäden.

Gerade bei der Beurteilung der hinteren Instabilität bedarf es auch der Beurteilung der knöchernen Voraussetzungen für die Schulterfunktion. Von Bedeutung ist die Glenoid-Retroversion, die in aller Regel einen Winkel von 0° bis −7° zeigt. Dieser Winkel wird bestimmt durch eine Linie entlang der Achse des Skapulakörpers, dazu wird die Senkrechte durch den Gelenkspalt verlaufend benötigt, der Retroversionswinkel wird dann zwischen dieser Senkrechten und einer Geraden, auf einer Gelenkfläche aufliegend, bestimmt. Von Bedeutung können ebenfalls der obere Neigungswinkel mit einem Normalwert von 5° sowie die Form des Glenoids in Abhängigkeit des Retroversionsneigungswinkels des Glenoids sein [169].

SLAP-Läsionen

Die Erstbeschreibung der SLAP-Läsion sollen SPENCE und STEEL (1863) (in [221]) vor ANDREWS [9] vorgenommen haben. Die Bezeichnung der „superior labrum anterior to posterior lesion" (SLAP) erfolgt durch SNYDER [359] als Abstract der Originalarbeit von SNYDER [360]. Er beschreibt eine Läsion des Bizepssehnenankers am oberen Pfannenpol unter Beteiligung des Labrum glenoidale im Bereich des antero- und posterosuperioren Limbus. Die Häufigkeit der SLAP-Läsionen bei allen Arthroskopien wird zwischen 4 und 12 %, im Durchschnitt mit 6 % angegeben [360, 233, 144]. Dabei überwiegt mit etwa 50 % aller SLAP-Läsionen der Typ II nach SNYDER [144]. MAFFET [233] erweitert die 4-Typen-Einteilung nach SNYDER [360] um weitere drei Typen (Typ V–VII) und NORD [280] ergänzt dann die Klassifikation der SLAP-Läsionen um drei Typen (Typ VIII–X). Als 11. Typ könnten die knöchernen Ausrissschäden des Tuberculum supraglenoidale angefügt werden [165, 159], (Abb. 4.18). Bei der Beschreibung nach SNYDER [360] wird auf die Mitbeteiligung der Bizepssehne hingewiesen, nach MAURER [243] sind aber auch davon abweichende Typen zu berücksichtigen.

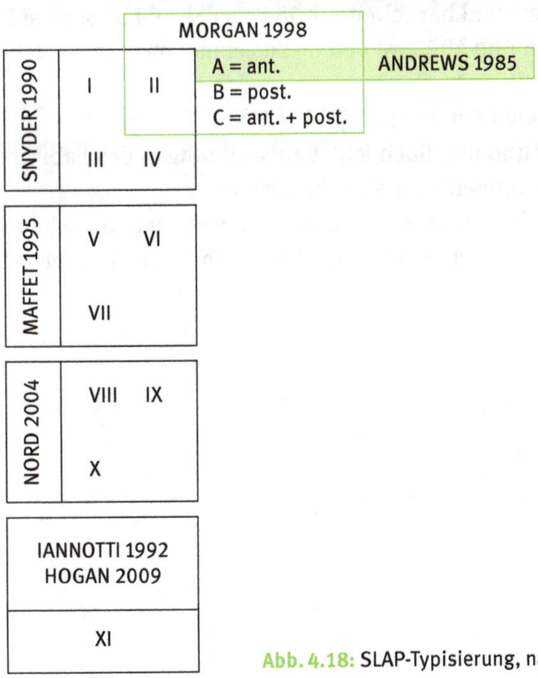

Abb. 4.18: SLAP-Typisierung, nach [360] (Beschreibung siehe Text).

SLAP-Läsionen (insb. Typ II) gehen mit Knorpelschäden einher [300]. Diese sind im Vergleich zu Gelenken ohne SLAP-Läsion vorwiegend anterosuperior lokalisiert und bedeuten gleichzeitig eine anteriore Instabilität, die durch eine Bizepstenotomie verstärkt wird [5]. Ein Trauma oder das Lebensalter beeinflussen den Zusammenhang SLAP und Knorpelschaden nicht. SLAP-Läsionen stellen einen Risikofaktor für eine frühzeitige Omarthrose dar.

Die heute zur Verfügung stehenden Klassifikationen bzw. Einteilungen der SLAP-Läsionen des oberen Labrum-Bizeps-Sehnenkomplex werden laut Literatur in zehn Haupttypen unterteilt, ergänzt werden sollte jedoch ein Typ XI als knöcherne SLAP-Läsion im Sinne einer Abrissverletzung des Tuberculum supraglenoidale. Die SLAP-Läsion Typ II wird zusätzlich in Typ II A–C unterteilt, davon ist Typ II A als anteriore Lösung des oberen Labrums identisch mit der Andrews-Läsion. Bei der Klassifikation nach SNYDER [360, 361] handelt es sich um eine Lösung des oberen Labrums, evtl. zusammen mit dem Bizepssehnenansatz, wobei damals bereits darauf hingewiesen wurde, dass bezüglich einer Überbewertung Vorsicht geboten ist, denn als normale Anatomie besteht in diesem Bereich ein Rezessus bei einem meniskusähnlichen Labrum, wodurch eine SLAP-Läsion vorgetäuscht werden kann [75]. Zunächst unterscheidet SNYDER die Typen I bis IV [360], fünf Jahre später werden 5 % der festgestellten SLAP-Läsionen als komplexe Läsionen beschrieben und können nicht mehr Typ I bis IV zugeordnet werden. Die häufigste Form ist jedoch Typ II. Bei den Patienten überwiegen die Männer mit über 90 %, als Ursache wird ein Sturz auf die betroffene Schulter angenommen, im Vordergrund steht der Schmerz. Die SLAP-Läsion tritt mit 6 % bei allen Schulterarthroskopien denkbar selten auf. 28 % der SLAP-Läsionen sind als isolierte Verletzungen zu sehen und 40 % werden im Zusammenhang mit Rotatorenmanschettenschäden festgestellt.

Die vier SNYDER-Typen sind wie folgt definiert (Abb. 4.19):

- Typ I = partielle Auffaserung und oberflächliche Einrissbildungen des Labrums im Bereich der vorderen und hinteren kranialen Zirkumferenz,
- Typ II = kompletter Abriss des Labrum-Bizepssehnenankers im Bereich der vorderen oberen und hinteren Zirkumferenz, erklärbar durch einen „peel-back“-Mechanismus,

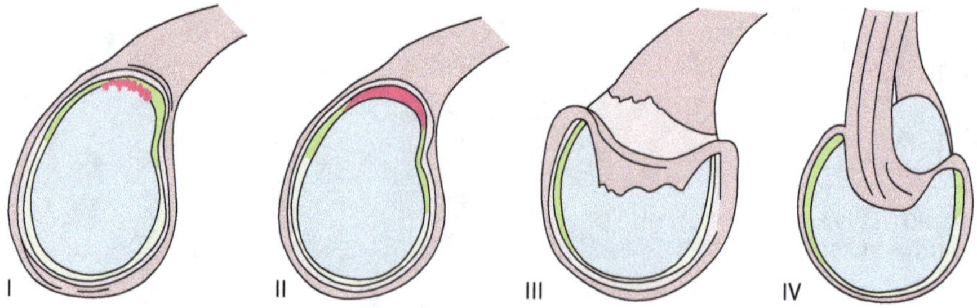

Abb. 4.19: SLAP-Typisierung, nach [361] (Beschreibung siehe Text).

- Typ III = korbhenkelartiger Abriss des Labrums bei weitgehend intaktem und stabilem Bizepssehnenanker,
- Typ IV = korbhenkelartige Abrissläsion des Labrums mit zusätzlichem Einriss im Ansatzbereich der langen Bizepssehne, d. h., diese partielle Bizepssehnenlösung ist am Korbhenkel noch fixiert.

MAFFET [233] untersuchte 206 Labrumschäden, 66 % der Patienten gaben eine Traktionsverletzung an, 13 % erlitten eine Schulterluxation. Bei den Traktionsverletzungen wurden Zugkräfte nach unten angeführt, aber auch Abduktions-/Außenrotationstraumen oder Zugkräfte nach vorne. Eine direkte Krafteinwirkung fand sich lediglich bei 9 % der Patienten, im Gegensatz zu einem höheren Prozentsatz bei SNYDER [360, 361]. Während nach den Angaben von SNYDER [361] 5 % der SLAP-Läsionen der ursprünglichen Einteilung (I bis IV) nicht zugeordnet werden konnten, fand MAFFET [233], dass 32 % der SLAP-Läsionen nicht den Typen I bis IV entsprachen, deshalb erfolgte eine Erweiterung der Klassifikation um die Typen V bis VII (Häufigkeit vgl. Tab. 4.6).

Tab. 4.6: Häufigkeit der SLAP-Typen I–VII.

Typ	SNYDER [360]	SNYDER [361] n = 140	MAFFET [233] n = 84	HANDELBERG [136] n = 32	KIM [210] n = 141
I	11 %	21 %		10 %	74 %
II	41 %	55 %	55 %	53 %	21 %
III	33 %	9 %	4 %	6 %	1 %
IV	15 %	10 %	4 %	3 %	4 %
V			16 %	12 %	
VI			8 %	10 %	
VII			13 %		
sonst.		5 %		6 %	

Die Typen V bis VII sind wie folgt definiert (Abb. 4.20):
- Typ V = SLAP-II-Läsion + anteroinferiore Bankart-Läsion,
- Typ VI = SLAP-II-Läsion mit instabilem Lappenriss des Labrums im Bereich des Bizepssehnenankers anterior oder auch posterior,
- Typ VII = SLAP-II-Läsion mit anteriorer Ausdehnung des Labrumrisses in das Ligamentum glenohumerale medium.

Genauere Untersuchungen der Typ II SLAP-Läsion ergibt eine Unterteilung in eine anteriore, posteriore und kombinierte anteroposteriore Form [266]. Entsprechend der pathologischen Anatomie überwiegt beim Typ II A die Lösung des Labrums in Höhe der Bizepssehne und auch im anterosuperioren Bereich, somit ist diese Form identisch mit der Andrews-Läsion. Bei Typ II B ist die Läsion posterior gelegen und geht mit einer

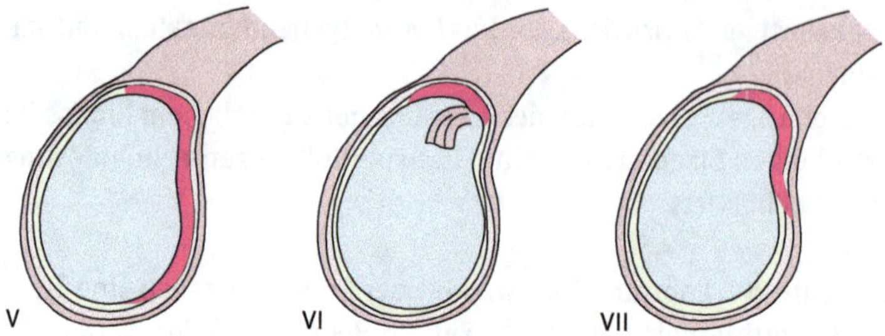

Abb. 4.20: SLAP-Typisierung, nach [233] (Beschreibung siehe Text).

Lösung der Bizepssehne einher. Typ II C ist eine Kombination von Typ II A und Typ II B, d. h., es handelt sich um eine anteroposteriore Lösung des Bizepsankers zusammen mit dem angrenzenden Labrum. Der Typ II B und Typ II C wird vorwiegend bei Athleten mit Überkopfsportarten gefunden und resultiert in einer superioren Instabilität und einer anterioren Pseudolaxität. Der Jobe-Test ist in aller Regel bei der kombinierten und posterioren Form positiv, bei der anterioren Form negativ. Dazu finden sich Rotatorenmanschettenschäden als Begleitläsion, die sich von der Gelenkseite aus beginnend bis zur kompletten Rotatorenläsion ausbreiten [266]. Eine traumatische SLAP-Läsion wird vorwiegend als Typ II A gesehen (Abb. 4.21).

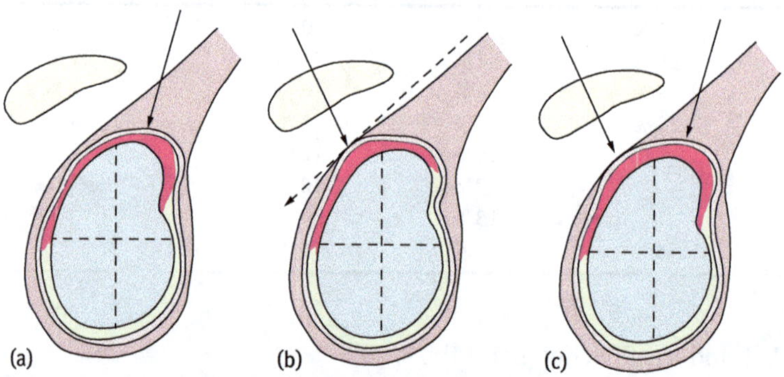

Abb. 4.21: Verteilung der SLAP-II-Untertypen beim Trauma und Überlastungsschaden sowie Mitbeteiligung der Rotatorenmanschette [266] (vgl. Text).

Die SLAP-II-Läsion wird mit einer oberen Instabilität in Verbindung gebracht, insbesondere dann, wenn gleichzeitig Rotatorenschäden vorliegen [295]. Auffällig ist auch die Kombination der Instabilität, meist nach vorne, beim Typ III sowie beim Typ IV der SLAP-Läsion, dann insbesondere in Verbindung mit einer Bankart-Läsion und einer Bizepspathologie [318]. Kombinationen der SLAP-IV- und -V-Läsion mit einer vorderen unteren Instabilität resultieren als Luxationsfolge [14]. Ausgehend vom Typ II der SLAP-Läsionen ergänzte NORD [280] die Typen VIII bis X. SLAP VIII ist eine Kombination aus SLAP II B, die sich nach posterior bis etwa 7 Uhr fortsetzt. Je weiter sich diese posteriore Labrumläsion ausdehnt, desto wahrscheinlicher resultiert eine posteriore Instabilität, bis schließlich zusätzlich zum Typ II B auch eine POLPSA-Läsion besteht. Wird dieser Schaden mit der SLAP-V-Läsion verglichen, so ist nicht geklärt, ob die SLAP-VIII-Läsion mit oberem und posteriorem Anteil gleichzeitig oder nacheinander entsteht. Bei einer SLAP-IX-Läsion liegt eine lokale zirkuläre Labrumpathologie durch Lösung des Labrums vor, charakterisiert durch intralabrale Risse oder auch eine labrale Separation. Ob eine SLAP-IX-Läsion automatisch mit einer vorderen, hinteren oder multidirektionalen Instabilität verbunden sein muss, ist ungeklärt [385]. Die SLAP-X-Läsion charakterisiert sich durch eine stabile Brücke im Vergleich zum Typ VIII. Beim Typ X liegt eine typische SLAP-II-Läsion vor, am hinteren Labrumrand folgt eine stabile Brücke und dann wieder eine Lösung des posteroinferioren Labrums, entsprechend den Angaben nach NORD [280] (Abb. 4.22).

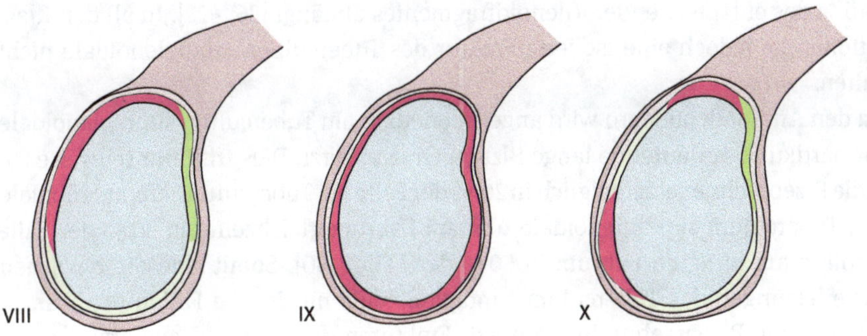

Abb. 4.22: SLAP-Typisierung, nach [280] (Beschreibung siehe Text).

Nach RESNICK [322] ist aber der SLAP Typ X als Kombination des Typ II mit einer Ausweitung des Schadens in das Rotatorenintervall kombiniert und von hier aus in das Lig. glenohumerale sup. bzw. in das Lig. coracohumerale (Abb. 4.23).

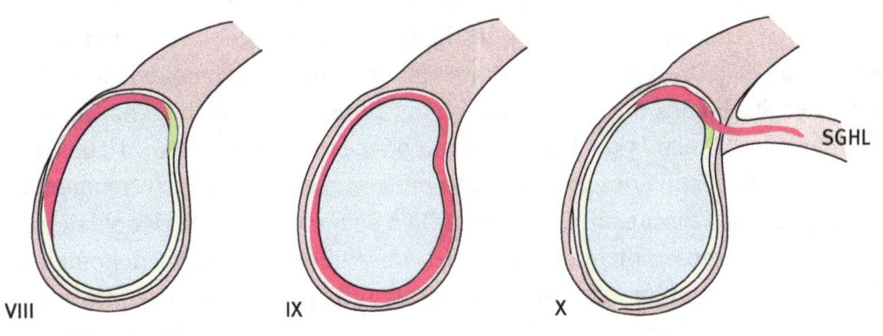

Abb. 4.23: SLAP-Typisierung (Typ VIII und IX), nach [264] (Beschreibung siehe Text), und Typ X, nach [322], SGHL = Lig. glenohumerale sup.

Wird davon ausgegangen, dass Typ VIII mit einer posterioren Instabilität einhergeht, so könnte der Typ X nach NORD [264] als Vorstufe von Typ VIII gewertet werden, der eigentliche Typ X wäre dann der nach RESNICK [322]. Wenn die knöchernen Abrissverletzungen des Tuberculum supraglenoidale als Variante der SLAP-Läsion mit einbezogen werden, so läge ein Typ XI vor [165, 159]. Bei den ossären Abrissverletzungen des Tuberculum supraglenoidale handelt es sich um eine Skapulafraktur, die in der Klassifikation nach EULER [96], aber auch in der Klassifikation intraartikulärer Skapulafrakturen nach IDEBERG [166], modifiziert nach MAYO [244], sowie in der Klassifikation der Frakturen des Glenoids nach GOSS [122] nicht enthalten ist. Die Glenoidfrakturen [122] enthalten zwar vordere und hintere Glenoidrandfrakturen, wozu auch die knöcherne Bankart-Läsion bzw. die knöcherne reversed Bankart-Läsion gehören, die bezüglich der Stabilität des Gelenkes von den Bankart-Frakturen (anterior und posterior) abgegrenzt werden. Diese sowie die knöchernen Abrissverletzungen unterscheiden sich von den eigentlichen Glenoidfrakturen [321], da die Therapie von der Größe des entsprechenden Glenoidfragmentes abhängt [36, 422]. In all den Klassifikationen ist jedoch eine isolierte Fraktur des Tuberculum supraglenoidale nicht enthalten.

In den Anatomiebüchern wird angegeben, dass am Tuberculum supraglenoidale die intraartikulär verlaufende lange Bizepssehne ansetzt. Dies trifft nur teilweise zu, denn die Bizepssehne setzt lediglich in 20 % der Fälle am Tuberculum supraglenoidale an, am Tuberculum supraglenoidale und am Labrum gleichzeitig in 30 % der Fälle und isoliert am hinteren Labrum in 50 % der Fälle [130]. Somit sind die typischen Abrissverletzungen des Tuberculum supraglenoidale nur in den Fällen denkbar, in denen auch die Bizepssehne hier ansetzt. Frakturen des oberen Glenoidrandes unter Einbezug des oberen Labrumbizepskomplexes sind denkbar selten, ein exakter Unfallmechanismus ist daher nicht bekannt, es wird aber eine Abrissfraktur als Ergebnis einer Zugkraft über den langen Kopf der Bizepssehne und auch dessen Ansatz am superioren Labrum angenommen. Wahrscheinlicher aber ist, dass die Fraktur durch eine Kompressionskraft durch den Oberarmkopf gegen das obere Glenoid entsteht (Abscherfraktur), wodurch es zur Destabilisierung des oberen Labrum und dadurch auch des Bizepssehnenansatzes kommt [159]. Die Folge ist eine Instabilität nach oben. Durch die Destabilisierung des Bizepsankers entsteht eine glenohumerale Translation [293]. Diese Abrissfraktur am Tuberculum supraglenoidale in Verbindung mit einer SLAP-Läsion findet sich auch bei Überkopfwurf-Athleten, und zwar ohne traumatisches Ereignis als Überlastungs- oder Stressfraktur [165]. Dabei zeigt sich eine komplette Lösung des vorderen und hinteren Labrumteiles, zusammen mit einer Teillösung des Bizepsansatzes bei instabilem Tuberculum supraglenoidale, wobei eine Fraktur von außen nicht erkennbar ist. Das Tuberculum supraglenoidale ist als knöchernes Fragment im Bizeps-Labrumansatz integriert, die Gesamtstruktur ist abhängig von den einzelnen Normvarianten in diesem Bereich (vgl. [130]). Neben der knöchernen Lösung des Tuberculum supraglenoidale gibt es auch eine Lösung des oberen Labrums mit einem anhängenden Knorpelanteil, so dass der darunter liegende

Knochen des Glenoids freiliegt [68]. Experimentell konnten vergleichbare Frakturen des Tuberculum supraglenoidale in der Dezellerationswurfphase produziert werden [351]. Differentialdiagnostisch muss eine Tendinosis calcarea des Bizepssehnenansatzes bedacht werden [203]. Isolierte SLAP-II-Läsionen sollen selten sein [25], es finden sich aber auch Zahlen bis 26 % aller SLAP-Läsionen [313]. Begleitschäden in Verbindung mit SLAP-Läsionen dagegen sind häufig:
- SLAP IV + V bei Luxation [14],
- SLAP IV + Bankart-Läsion [17, 361, 405, 110, 111, 313],
- SLAP IV + RM [210, 361, 303, 55, 216, 313],
- SLAP IV + Buford complex [49],
- SLAP II + inkomplettes diskoides Labrum [220],
- SLAP II + anterosuperiorer radialer Labrumriss [370],
- SLAP II + BS-Ruptur [55],
- SLAP V + BS-Ruptur [39],
- SLAP II + PSI + Ganglion am Bizepsanker [340],
- SLAP II + ant. Laxity [260],
- SLAP + Knorpelschaden [301, 61, 221],
- SLAP + nicht verschobene proximale Oberarmfraktur [195],
- SLAP in Verbindung mit Überlastung/Trauma und Instabilität [121],
- SLAP nach AC-Gelenkresektion [31].

Unabhängig von der Einteilung der SLAP-Läsionen findet sich häufig eine Verbindung mit dem Rotatorenschaden und der Instabilität, gleichzeitig wird eine Verbindung zum Knorpelschaden hergestellt. SLAP-Läsionen werden als Präarthrosen diskutiert [301, 61, 221], wobei ein Zusammenhang zwischen SLAP-Typ und Schweregrad des Knorpelschadens nicht nachgewiesen, aber vermutet werden kann. Auffallend sind die Hinweise auf die posteroanteriore und kraniokaudale Translation bzw. eine Instabilität, die einen präarthrotischen Faktor darstellen kann. Unklar bleibt aber, inwieweit der SLAP-Schaden an sich die Arthrose begünstigt oder die Instabilität mit der Folge der Arthrose; es ist jedoch ebenso noch nicht geklärt, ob die Instabilität Folge oder Ursache des SLAP-Schadens ist. Bezüglich des Entstehens einer SLAP-Läsion werden in der Literatur „two mechanism of injury“ vorgeschlagen [157]:
1. WALCH-JOBE-SIDLES glenoid impingement Model [394, 187],
2. MORGAN-BURKHART peel-back Model [266].

Zu 1.
Es wird davon ausgegangen, dass eine anteroinferiore Instabilität des Kapsel-Labrum-Komplexes zu einem Impingement des vorderen Rotatorengewebes (artikuläre Seite der Supraspinatussehne) am posterosuperioren Labrum führt. Dabei kommt es zum Anstoßen des Oberarmkopfes am Labrum.

Zu 2.
Der „peel-back“-Mechanismus bedeutet eine Abduktions-/Außenrotation der Bizepssehne, dabei bewegt sich der Bizepssehnenkraft-Vektor von einer anterioren horizontalen Richtung (resting position) in eine mehr vertikale und posteriore Richtung (abducted-externally rotated position). Dies führt zu einer Drehkraft an der Basis der Bizepssehne mit Übertragung in das posteriore Labrum. Diese Torsionskraft bewirkt ein Abscheren des Labrums nach hinten und kann somit den Grund für einen Sehnenfaserabriss vom Knochen, wie bei einem traumatischen Abriss, ergeben. Wird dieser Mechanismus, z. B. bei einem Werfer, immer wiederholt, resultiert im Endeffekt eine SLAP-II-Läsion (Abb. 4.24).

(a)

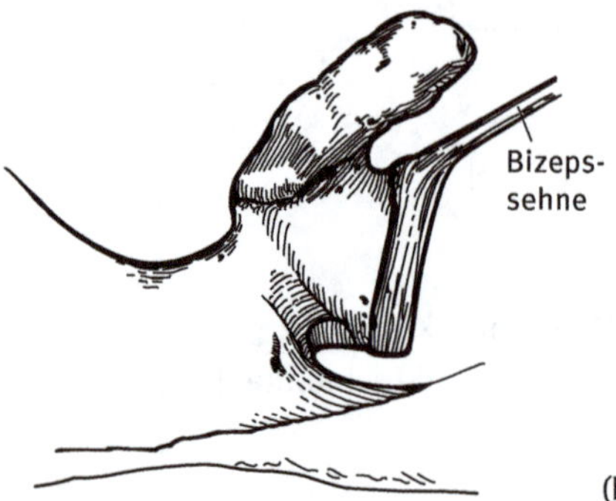

(b)

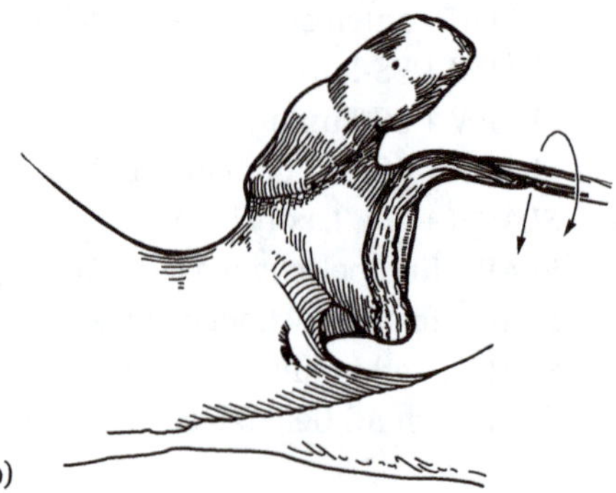

Abb. 4.24: „peel-back“-Mechanismus: Sicht auf den Bizepslabrum-Komplex von oben in Ruheposition (a) und in Abduktions-/Außenrotationsstellung (b), die Bizepssehne rotiert nach posterior [56].

Dieser Abschermechanismus kommt unter Mitbeteiligung sämtlicher am Labrum ansetzender Strukturen zustande, insbesondere auch durch Einflussnahme des Ligamentum glenohumerale inferius posterius, welches unter Außenrotation angespannt wird und somit auch ein anterior-superiores Shifting des Oberarmkopfes verursacht. Der Abriss des Bizepssehnenankers alleine ist nicht ausreichend, um das Abscheren des Labrums, im Sinne des „peel-back”-Mechanismus, über den Glenoidrand zu veranlassen [348]. Auch das Labrum muss mindestens bis zur 2-Uhr-Position gelöst sein, bevor eine Abscherung erkennbar wird. Dieser Mechanismus kann aber auch zur Beteiligung der Rotatorenmanschette an der Unterseite führen [261]. Da die Rotatorensehnen nahezu senkrecht im Bereich des Tuberculum majus ansetzen, entsteht zwischen dem Sehnenverlauf und der Ansatzstelle ein 90°-Winkel. An dieser Stelle kommt es beim „peel-back“-Mechanismus zur gelenknahen Schädigung der Supra- und Infraspinatussehne mit zystischen Knochenschäden sowie zu Knorpelerosionen.

Diese Schäden finden sich auch bei jugendlichen Patienten (Sportlern), sie werden als „rim-rent-tear“ bezeichnet und sind, da auch eine Verbindung zur Synovialis besteht, für die Schmerzen verantwortlich. Gerade bei den Wurfsportarten zeigt sich aber häufig eine verkürzte posteroinferiore Kapsel, die als primäre Pathologie für die torsionsbedingte SLAP-Läsion gelten kann. Kommt es zu einer Außenrotation bei Abduktion, so drückt das verkürzte inferoposteriore Band den Oberarmkopf in eine posterosuperiore Richtung mit der Folge der Schädigung des Labrums [59]. Ursprünglich wurde angenommen, dass eine vordere Instabilität das primäre Problem in der Werferschulter darstellt [186, 185, 188, 179]. In diesem Fall kann ein von dorsal eingeführtes Arthroskop ohne Widerstand von superior nach inferior gebracht werden („positive drive-through sign"), dies kann ein Hinweis auf eine SLAP-Läsion sein. Bei bestehender Pseudolaxität besteht ein „circle concept" der periartikulären Labrumfasern, die als Einheit fungieren, so dass sich die Ruptur von Fasern in einem Teil des Labrums auch auf die Gegenseite auswirkt [266].

PAGNANI [293] hat gezeigt, dass eine komplette Läsion des oberen Labrums mit Instabilität im Bizepsanker in einer signifikanten Zunahme der anteroposterioren und superiorinferioren glenohumeralen Translation resultiert. In Abduktion-/Außenrotation entsteht aber auch ein internes Impingement zwischen dem Tuberculum majus und der Rotatorenmanschette gegenüber dem posterosuperioren Glenoid [394], welches in der Literatur als posterosuperiores Glenohumeralimpingement bezeichnet wird [188, 179]. Diese Impingementproblematik kann der Grund für eine Rotatorenpathologie und eine SLAP-II-Läsion sein [261]. PARENTIS [299] vertritt die Auffassung, dass sowohl das obere Labrum als auch die lange Bizepssehne und das Ligamentum glenohumerale superius et medium zusammen für die Schulterstabilität verantwortlich sind. Die Beziehung zwischen oberer Labrumläsion und Instabilität ist aus der Literatur deutlich ersichtlich [6, 57, 76, 77, 102, 110, 111, 136, 221, 262, 266, 332, 356, 361, 360, 405, 409].

Es liegen eine Klassifikation und Diagnostik kernspintomographisch und MRT-arthrographisch vor [264] unter Nennung der Klassifikationen von SNYDER [360], MAFFET [221], RESNICK [322], MORGAN [266] und ergänzend von BELTRAN [26], wobei die in RESNICK [322] genannten SLAP-Typen VIII bis X gemäß NORD [264] modifiziert aufgeführt sind, der Typ X wird BELTRAN [27] zugeschrieben (Tab. 4.7). Es entstehen somit Diskrepanzen zur aktuellen Klassifikation nach RESNICK [322], in letzterer fehlt dagegen der Typ nach BELTRAN [26] mit Beteiligung des Rotatorenintervalls und es sind auch nicht die ossären Verletzungen des Tuberculum supraglenoidale aufgeführt. Die Kombination der SLAP-Läsion mit einer anterioren und posterioren Bankart-Läsion beschreibt LO [228]. Bezieht man den Typ X nach BELTRAN [27] sowie die knöchernen Tuberculum supraglenoidale Frakturen [165, 159] mit ein, so resultiert eine komplette Übersicht, dazu vergleiche Tab. 4.16.

Impingementformen

Impingementformen an der Schulter sind Einklemm-Phänomene und als Pathomechanismus, nicht als Diagnose, zu verstehen. Die Grobeinteilung sieht die Unterscheidung zwischen extraartikulären und intraartikulären Impingementformen

Tab. 4.7: Aktuelle Klassifikation der SLAP-Läsionen.

Type	Biceps-Labral Complex	Extension (Uhrzeiger)	Comments
SNYDER 1990 [360]			
I	Fraying	11–1	Could be incidental finding; more significant in young people involved in oberhead activities
II	Tear with biceps extension	11–1	Most common type; association with acute traction, repetitive overhead motion, and microinstability; could be associated with type IV
III	Bucket-handle tear with intact biceps	11–1	Less severe than type IV; association with fall on outstretched arm
IV	Bucket-handle tear with biceps extension	11–1	More severe than type III because of biceps extension; could be associated with type II; association with fall on outstretched arm
MAFFET 1995 [221]			
V	SLAP + BANKART	11–5	Either a Bankart lesion with superior extension of a SLAP lesion with anterior inferior extension
VI	Anterior or posterior flap tear with separation of BT	11–1	Probably represents type IV or less likely type III with tear of the bucket-handle component
VII	SLAP II A into MGHL	11–3	Type of middle glenohumeral ligament extension (avulsion or split) not specified; association with acute trauma with anterior dislocation
RESNICK 2007 [322]			
VIII	SLAP II B et POLPSA	7–1	Similar to type II B but with more extensive abnormalities; association with acute trauma with posterior dislocation
IX	Total labrum lesion	7–5	Global labrum abnormality; probably traumatic event
BELTRAN 1977 [27]			
X	SLAP incl. Rotatorintervall	11–1	Rotator interval extension; articular side abnormalities
MORGAN 1998 [266]			
II A	anterosuperior labral tear	11–3	Similar to type X; association with repetitive overhead motion
II B	posterosuperior labral tear	9–11	Association with infraspinatus tear
II C	anteropostero labral tear	9–3	Association with infraspinatus tear

vor. Extraartikulär werden die Einklemm-Phänomene bezeichnet, die unterhalb des korakoakromialen Bogens unter Einbezug des Ligamentum coracoacromiale zu finden sind und distal durch den Oberarmkopf bzw. dessen Tuberculum majus und Tuberculum minus begrenzt werden. Die von der Einklemmung bedrohten Strukturen sind die Rotatorenmanschette, das Rotatorenintervall einschließlich Bizeps-Pulley sowie die Subskapularissehne, aber auch im subkorakoidalen Bereich eine da lokalisierte Bursa sowie die Weichteile, die den Processus coracoideus und auch das Tuberculum minus umgeben. Sowohl beim subakromialen als auch beim subkorakoidalen Impingement gibt es intrinsische und extrinsische Formen, wobei die extrinsischen Formen, z. B. das typische Outlet-Impingement nach NEER [272], durch Einengung der Auslass-Stelle der Rotatorenmanschette gekennzeichnet sind.

Die Outletform sowie auch das subkorakoidale Impingement werden den primären Impingements zugeordnet, da das Einklemm-Phänomen am Ort des Geschehens verursacht wird. Andererseits gibt es sekundäre Impingements, die durch Fehlstellung des Schulterblattes, aber auch durch Muskelfehlfunktionen aufgrund von in Dislokation geheilten Frakturen zustande kommen. Dazu gehört ebenso das sogenannte Instabilitätsimpingement, das durch die verschiedenen Instabilitätsformen der Schulter [284] Impingementmechanismen verursacht. In Abhängigkeit von der Rotationsstellung des Oberarmkopfes können die Weichteilstrukturen, wie z. B. das Pulley-System, sowohl im subakromialen als auch im subkorakoidalen Bereich betroffen sein (vgl. Band 1, Kapitel 6 und dieser Band, Kapitel 8).

Zu den extraartikulären Impingementsyndromen mit den extrinsischen Faktoren gibt es die von den zwischengelagerten Sehnen selbst ausgehenden Pathologien im Sinne des intrinsischen Impingements, die sich dann zum großen Teil mit der Rotatorenpathologie überschneiden. Das intraartikuläre Impingement (internes Impingement) findet sich im Schultergelenk-Kavum und geht mit Schäden am anterosuperioren Labrum oder auch am postero-superioren Labrum einher, ein Phänomen, das häufig beim Sportler mit Überkopfüberlastungen zu finden ist [201]. Bei den internen Impingementformen kommt es zu einem pathologischen Kontakt zwischen Humeruskopf und Glenoid. Stößt das Tuberculum majus am posterioren Glenoid an, so resultiert ein posterosuperiores Impingement (PSI), schlägt das Tuberculum minus mit dem Musculus subscapularis und dem Rotatorenintervall am anterosuperioren Glenoidrand an, so liegt ein anterosuperiores Impingement (ASI) vor. Als internes Impingement wird eine Kombination aus Schäden des anterosuperioren Labrums und einem Schaden der Rotatorenmanschette bezeichnet, häufig beim werfenden Sportler [201].

PSI – Posterosuperiores Impingement

Die Erstbeschreibung des posterosuperioren Impingements (PSI) erfolgte durch WALCH [393] sowie [188, 179] vgl. Band 1, Kapitel 6. In der Literatur werden drei Modelle beschrieben, die zum posterosuperioren Impingement führen:

WALCH-JOBE-Modell

1. Bei Überkopfsportlern (Überlastung!) in maximaler Abduktion, Außenrotation und Elevation [393, 395] kommt es zu einem pathologischen Einklemmen des Supra- und Infraspinatusansatzes zwischen Tuberculum majus und posterosuperiorem Glenoidrand mit der Folge der Schädigung des posterosuperioren Labrum und der Partialläsionen des SSP und ISP.
2. Es besteht eine verringerte Retroversion des Oberarmkopfes. Vermehrte anteriore Translation [188, 179] führt durch eine Überdehnung des IGHL-Komplexes bei maximaler Ausholbewegung zu einer geringen anterioren Instabilität durch eine repetitive Traumatisierung. Die Ausholbewegung (Außenrotation/Abduktion) veranlasst ein Nach-vorne-Gleiten des Oberarmkopfes mit der Folge des Anstoßens des Tuberculum majus am posterosuperioren Glenoidrand.

Fünf Strukturen sind verletzungsgefährdet [188, 179], aber nicht immer gleichzeitig betroffen: superiores Labrum glenoidale, superiorer Glenoidrand, Rotatorenmanschettenunterfläche, Tuberculum majus und inferiores glenohumerales Ligament (IGHL). Weiteres siehe Band 1, Kapitel 6.

ASI – Anterosuperiores Impingement – Intervall-Läsion

Das anterosuperiore Impingement [117] ist ein pathologischer Kontakt zwischen Tuberculum minus und dem vorderen Glenoidrand (differentialdiagnostisch abzugrenzen vom extraartikulären korakoidalen Impingement). Betroffen sind die Sehne des Musculus subscapularis, das Rotatorenintervall sowie der vordere Glenoidrand mit Labrum. Der Begriff „Pulley-Läsion“ wird erstmals von PETERSSON [290] erläutert, aber nicht unter diesem Begriff, denn die Beschreibung der komplexen intraartikulären Halteschlinge für die lange Bizepssehne im Sinne eines „Bizeps-Pulley“ stammt von WALCH [398]. Erst von da an wird die Bezeichnung „Pulley-Läsion“ in Verbindung mit dem anterosuperioren Impingement verwendet (vgl. Band 1, Kapitel 6 und dieser Band, Kapitel 8). Der Pathomechanismus besteht in einer forcierten Adduktion, Flexion und Innenrotation, was zum pathologischen Kontakt zwischen dem Tuberculum minus und dem vorderen Glenoidrand führt. Es werden drei Entstehungsmechanismen genannt:

1. isolierte posteroinferiore Laxität beim jungen Patienten,
2. „degeneratives ASI“ bei eingeschränkter Innenrotation mit Kontraktur der posterioren Kapsel, dies führt zur anterosuperioren Translation und damit zum pathologischen Kontakt,
3. die degenerativ oder auch traumatisch bedingte Pulley-Läsion, die zu einer medialen Subluxation der langen Bizepssehne mit kranialer Schädigung der Subskapularissehne aufgrund des pathologischen Kontaktes der langen Bizepssehne mit der Subskapularissehne und dem vorderen Labrum führt. Bei der traumatisch bedingten Pulley-Läsion wird der Sturz nach rückwärts auf den

ausgestreckten Arm diskutiert, aber auch das degenerative Rotatorenintervall mit einer daraus resultierenden Subluxation der langen Bizepssehne nach medial. Voraussetzung hier ist die Schädigung der Rotatorenintervallschlinge (reflection pulley). Die Begriffe „Pulley-Läsion" und „anteriores superiores Impingement" gehen ineinander über, eigentlich muss eine Pulley-Läsion, also eine Schädigung des Rotatorenintervalles, die Voraussetzung sein, dass ein pathologischer Kontakt der langen Bizepssehne durch Subluxation oder Luxation nach medial den pathologischen Kontakt zur Subskapularissehne bzw. zum anterosuperioren Labrum herstellt.

Somit sind vier pathomorphologische Substrate zu diskutieren: lange Bizepssehne – Pulley-Läsion, Subluxation der langen Bizepssehne nach medial, Subskapularissehne Partialläsion und Auffaserung des anterosuperioren Labrums. Weiteres siehe Band 1, Kapitel 6.

Labrum-Ganglien
Ganglien „ganglion-cysts" [276] stellen eine besondere Form von Zysten dar, es handelt sich nicht um echte Zysten, die definitionsgemäß mit Epithel ausgekleidet sind. Ein Ganglion ist eine Pseudozyste. Weiteres siehe Band 1, Kapitel 7.

4.1.3 Ätiologie

Die Ursache sowie auch die Entstehung der Labrumschäden sind vielfältig bzw. komplex, da das Labrum in einen Kapselbandapparat eingebaut ist und somit isolierte Labrumschäden denkbar selten und auch nur schwer erklärbar sind. Es gibt zwar isolierte Verletzungen bzw. isolierte Schäden, es überwiegen aber die Labrumschäden in Verbindung mit Begleitschäden und ebenso Labrumverletzungen mit Begleitverletzungen. Die Beurteilung der Ätiologie bzw. Pathogenese ist problematisch, insbesondere in der englischsprachigen Literatur, aber auch in deutschen Schriften, da die strenge Unterscheidung zwischen Verletzungen und atraumatischen bzw. verschleißbedingten Veränderungen alleine wegen der Wortwahl oft nicht erkennbar ist. Das Wort „Injury" wird sowohl als Verletzung als auch als Schaden bzw. Schädigung verwendet, und wenn der Patient von einem Unfall spricht, wird auch oft eine traumatisch bedingte Schädigung (Verletzung) angenommen. Eine konkrete Beurteilung des schädigenden Mechanismus fehlt häufig. So ist es gerade für die Begutachtung von Bedeutung, ein Makrotrauma festzustellen, das auch geeignet ist, zu einer Verletzung zu führen, und dies dann von Mikrotraumen, und insbesondere von Überlastungen und Aufbraucherscheinungen, zu unterscheiden (Tab. 4.8).

Entscheidend für eine ätiologische Beurteilung ist die präzise Diagnostik, die alleine klinisch nicht möglich ist, es bedarf der Kernspintomographie. Im Vergleich

Tab. 4.8: Schaden und dessen Ätiologie (Ursache) bzw. Pathogenese (Entstehung).

1	kein äußerer Einfluss	– Normalität (Anatomie) – Normvarianten
2	atraumatisch, verschleißbedingt	– Mikrotraumen rezidivierend – „overuse", Überlastung – altersbedingt, Aufbrauch
3	traumatisch	– Makrotrauma-Verletzung

dazu wäre theoretisch auch eine Arthroskopie erforderlich, da nur mit dieser Methode die heute präziseste Aussage über das pathomorphologische Substrat möglich ist. Wie aber aus den diversen pathologischen Befunden aus der SLAP-Läsion erkennbar, genügt es nicht, die Diagnose der SLAP-Läsion zu stellen, es bedarf der differenzierten Beurteilung und Unterteilung in die verschiedenen Typen. Dies trifft insbesondere auch für die Normvarianten zu, also für das Foramen labrale, den Buford-Komplex und insbesondere für den sublabralen Rezessus. Eine besondere Bedeutung haben die verschiedenen Labrumschäden in Verbindung mit Impingementzeichen und Laxitäten bzw. Instabilitäten, die bei Wurfdisziplinen, aber auch beim Schwimmen und Tennisspielen entstehen können.

Es existieren vier Modelle, die die Schulterprobleme bei Wurfdisziplinen darstellen [109, 188, 199, 257, 60, 179, 139, 210, 242, 43, 318]. Die verschiedenen Pathogenese-Modelle erklären, ausgehend von einer Verkürzung der hinteren bzw. vorderen Kapsel, von einer verlängerten hinteren Kapsel und einer Skapuladyskinesie, die Entstehung von Subluxationszeichen, Pseudolaxitäten, Impingementsyndromen und daraus sich ableitenden Labrumschäden verschiedener Art (Abb. 4.25).

In dieses Pathogenesekonzept muss die multidirektionale Instabilität mit einbezogen werden [203], aber auch die unidirektionale Instabilität mit multidirektionaler Laxität, was zu einem ausgewalzten Labrum ohne Abriss führt. Dazu gehört auch das Überlastungsphänomen durch Zug an den vorderen Bändern, wie dem Lig. glenohumerale sup. und dem Lig. glenohumerale med. mit Instabilitätsfolgen am vorderen Labrum [379]. Für Begutachtungen bedarf es nun einer Unterscheidung zwischen rezidivierenden Mikrotraumen, insbesondere auch Fehlbelastungen, und einem tatsächlichen Unfallereignis im Sinne eines Makrotraumas, das dann auch zu einer nachweisbaren Verletzung führt. Verletzungen müssen also als solche nachgewiesen werden (bei direktem Trauma, z. B. durch die „bone bruise"-Veränderung im Kernspin) und es muss ein geeignetes Unfallereignis vorliegen, das die festgestellte Verletzung dann auch erklärt. Es ist der Vollbeweis erforderlich.

Andrews-Läsion

Andrews-Läsionen als Schädigung des anterosuperioren Labrums entstehen durch eine kontinuierliche Traktionsbewegung bei der Dezelleration des Armes in der

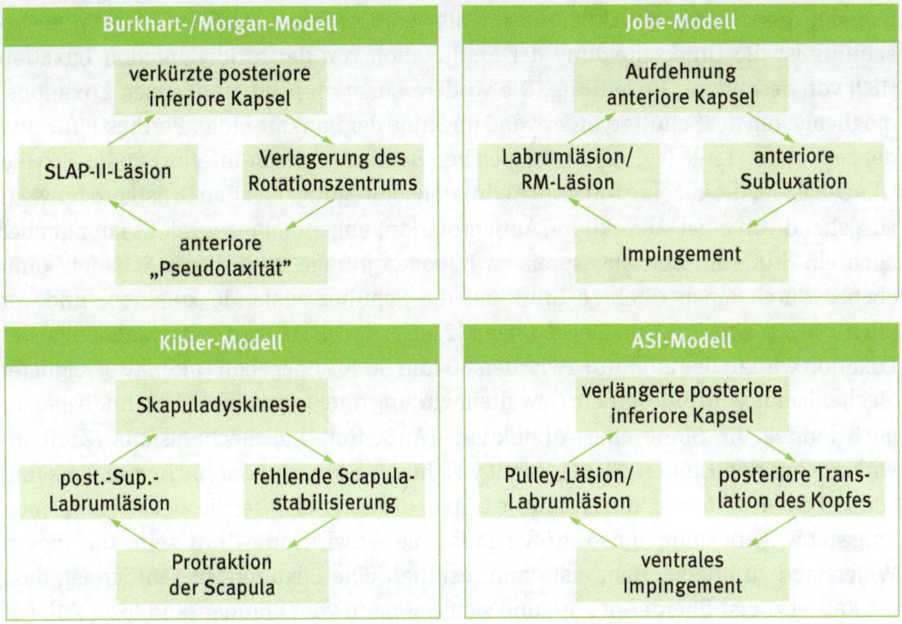

Abb. 4.25: Schematische Darstellung der Pathogenesemodelle [242].

Durchzugsphase bei Wurfbewegungen [9]. Es handelt sich bei diesem Schaden um eine SLAP-Läsion Typ II A [266]. Das Labrum kann durch Stimulation der entsprechenden Muskeln vom Glenoid weggezogen werden [215]. Andrews-Läsionen finden sich aber nicht nur bei entsprechenden Sportarten (Wurfsportarten), sondern auch bei Überkopftätigkeiten u. a., eine Verletzungsfolge im Sinne eines einmaligen Traumas ist hier nicht zu erkennen.

Bankart-/Perthes-Läsion

Die Bankart- und die Perthes-Läsion entstehen als Folge einer vorderen Schulterluxation. Die Folge ist eine Schulterinstabilität nach vorne, wobei neben einer Labrumläsion die Verletzung des Lig. glenohumerale inferius anterius im Vordergrund steht. Genau genommen handelt es sich dabei nicht um eine isolierte Bankart-Läsion, sondern um eine kapsuloligamentäre Komplexverletzung mit Abriss der entsprechenden Strukturen vom Skapulahals, in Ausnahmefällen mit Einbezug einer kleinen Knochenschuppe [304, 19]. Die Verletzung des Kapselbandapparates nach einer vorderen Luxation wurde schon vorher von CAIRD [62] festgestellt und davor wies MALGAIGNE [235] nach, dass die Schulterluxation mit Absprengung des Pfannenrandes auch im Zusammenhang mit einem Abriss des Tuberculum majus einhergehen kann. Die Bankart-Läsion sowie die Perthes-Läsion sind luxationsbedingte Verletzungen. Entstehen Reluxationen, so kommt es zur Veränderung der typischen Verletzungsform,

u. a. mit Ausbildung der ALPSA-Läsion als veraltete Bankart-Läsion. Für die Begutachtung ist die Unterscheidung der Erstluxation von der rezidivierenden Luxation [182] von besonderer Bedeutung. Die vordere Luxation führt zu diversen Luxationsmöglichkeiten der Schultervorderwand im Sinne der Bankart-Linie, Perthes-Linie und der kapsulären Linie (vgl. [137]). Im gleichen Bereich (anterior-inferior) findet sich die GLAD-Läsion, die auf eine forcierte Abduktionsbewegung über den Brustkorb hinweg, ausgehend von einer Abduktion-/Außenrotation, angenommen wird. Es kommt aber auch ein Sturz auf den abgespreizten Ellbogen infrage, und dieser Schaden kann ebenso durch einen direkten Sturz auf die Schulter zustande kommen, und vor allen Dingen aber bei Wurfbewegungen [279, 137]. Die Bankart-Läsion als Folge der Luxation wird in der Literatur zwischen 60 und 90 % angegeben [146]. Als geeigneter Mechanismus wird eine äußere Gewalteinwirkung direkt von hinten beschrieben oder auch indirekt im Sinne eines Abduktions-/Außenrotationsmechanismus (Krafteinwirkung auf den Humeruskopf), somit weicht der Humeruskopf nach vorne aus und verlässt anterior-inferior die Pfanne. Je stärker die Gelenkkapsel diesem Mechanismus entgegenwirken kann, umso größer muss die einwirkende Kraft sein, um diesen Widerstand zu überwinden, erst dann resultiert eine Luxation. Wesentlich ist, dass die Kapsel zuerst überdehnt wird und sich erst dann vom Pfannenrand löst [321]. Für die Begutachtung ist entscheidend, ob es sich um die Erstluxation handelt oder ob eine Rezidivluxation vorliegt. Bei letzterer sowie bei den habituellen Luxationen sind Gelegenheitsbedingungen ausreichend, um eine Luxation dann nicht traumatisch bedingt auszulösen.

Bankart, reversed-Läsion/POLPSA-Läsion

Reversed Bankart-Läsionen, POLPSA-Läsionen, KIM-Läsionen und auch die Bennett-Läsion können Folgen der hinteren Luxation sein bzw. sind Folgen der hinteren Luxation, die aber allgemein als selten zu bezeichnen sind. Verlässt der Oberarmkopf die Glenoidpfanne nach hinten, so ist die Folge eine reversed Bankart-Läsion oder auch eine reversed Perthes-Läsion, letztere kann in eine KIM-Läsion oder auch POLPSA-Läsion übergehen. Die Bennett-Läsion wird in der Literatur auch als veraltete POLPSA-Läsion gewertet [28, 230, 381, 99, 354, 234, 202]. Entscheidend ist, dass sowohl die reversed Bankart-Läsion als auch eine reversed Perthes-Läsion bei der hinteren Luxation entstehen kann. Ein typischer Mechanismus, der zu einer hinteren Luxation führen kann, ist der Sturz auf den flektierten, innenrotierten Arm [302].

Die Häufigkeit der hinteren Schulterluxation wird mit 2 bis 4 % angegeben [251], eine tatsächliche traumatische Schädigung im Sinne eines Sturzes auf den flektierten, adduzierten und innenrotierten Arm [420] sei wesentlich seltener als die rezidivierende bzw. spontane hintere Luxation oder auch willentliche Luxation, die speziell bei Schwimmern, Bogenschützen und Gewichthebern gefunden werde. Laut Literatur ist auch eher von der hinteren Instabilität als von der hinteren Subluxation bzw. Luxation die Rede.

SLAP-Läsion

Bei der Vielzahl der SLAP-Typen ist es denkbar schwierig, bestimmte Mechanismen dem entsprechenden Typus zuzuordnen. Eine grobe Einteilung lässt Folgendes erkennen: Die Kompression des Humeruskopfes gegen das obere Labrum führt zu einem Typ I oder Typ II. Der Fall auf den ausgestreckten Arm (23 bis 31 % der SLAP-Läsionen) ergibt einen Typ III bzw. IV, häufig in Verbindung mit einer Rotatorenläsion, der Sturz auf den außenrotierten Arm einen Typ III oder Typ IV, dann in Verbindung mit einer Instabilität. Traktionsverletzungen im Sinne eines Zugs am Arm, verbunden mit einem Heben schwerer Gegenstände (16 bis 25 % der SLAP-Läsionen), ergeben einen Typ II mit Lösung des Bizepsankers und die Schulterluxation (13 bis 19 % der SLAP-Läsionen) lässt Begleitverletzungen am Lig. glenohumerale sup. oder auch Lig. glenohumerale med. erkennen, evtl. auch eine begleitende Bankart-Läsion. Liegt eine Beteiligung der langen Bizepssehne vor, die als Stabilisator des Oberarmkopfes nach vorne gilt [331], insbesondere in Abduktion und Außenrotation [332], stellt diese eine Verbindung zu Instabilitäten her, da damit eine glenohumerale Translation in anteroinferiorer Richtung resultiert [52, 254], und dies insbesondere bei der Außenrotation [297].

Eine obere Labrumschädigung ohne Bizepssehnenbeteiligung hat keinen Einfluss auf die Translation [293]. Ist jedoch die Bizepssehne mit einbezogen, kommt es zur anteroposterioren und superoinferioren Translation. Isolierte SLAP-Läsionen müssen nicht für die Klinik relevant sein [25], es bedarf insbesondere der Abgrenzung der Typ-II-Läsionen vom physiologischen Rezessus [213], therapeutische Konsequenzen resultieren dann, wenn die SLAP-Läsion mit einer Instabilität einhergeht [313, 241]. Die Verbindung der SLAP-Läsion mit einem Schaden der Bizepssehne ist aber deshalb wahrscheinlich, da die Labrum-Bizepssehnen-Verbindung relativ locker und damit vulnerabel ist. Dies ist auch ein pathogenetischer Faktor für die aus einer SLAP-Läsion resultierende posteriore Instabilität [196]. Im Vordergrund finden sich für die Entstehung der SLAP-Läsion repetetive Rotationsbewegungen, meist in Abduktion und Außenrotation, z. B. beim Überkopfsportler (Aushol- und Durchzugsphase), die über Torsions- und Zugkräfte auf den SLAP-Komplex einwirken, dies im Sinne eines „peel-back“-Mechanismus [56]. Unter diesen Voraussetzungen ist auch mit einer Instabilität zu rechnen. Die reine Wurfüberlastung führt nach MATSUDA [241] zur SLAP-Läsion ohne Luxation- oder Instabilitätstendenz.

Als geeignete Unfallmechanismen werden in der Literatur nur wenige genannt, laut MAFFET [233] entstehen zwei Drittel der traumatisch bedingten SLAP-Läsionen durch Traktionsverletzungen, gefolgt von Stürzen auf den ausgestreckten Arm [360, 44], abgesehen von den Luxationsmechanismen [314]. Nur in Ausnahmefällen kann ein direktes Trauma als Ursache gesehen werden [360].

Traktionsverletzung

Bei der Traktion wird die Bizepssehne vom Knochen gezogen (tensile load) oder auch abgeschert (torsional load), Letzteres entspricht dem „peel-back“-Mechanismus, was zum SLAP Typ II führt [56]. Ein typischer Traktionsmechanismus, der zu einer traumatischen SLAP-Läsion beiträgt, wäre das Tragen eines schweren Gegenstandes mit einer plötzlich einsetzenden Fehlbelastung. Dieser plötzliche Zug über die Bizepssehne, übertragen auf den Bizepsanker, hat entweder eine SLAP-II-Läsion oder durch eine einsetzende Translation eine gleichzeitige Instabilität durch Lockerung des Lig. glenohumerale superius und des Lig. glenohumerale medium zur Folge.

Sturz auf den ausgestreckten Arm

Der Sturz auf den ausgestreckten Arm bedeutet eine komprimierende Kraft unter dem Schulterdach, das heißt, der Oberarmkopf wird gegen das superiore Labrum gedrückt und so gehen diese Verletzungen auch häufig mit Oberarmkopfimpressionen, nachgewiesen durch „bone bruise"-Areale in der Kernspintomographie, einher. In Abhängigkeit vom Sturzmechanismus, ob in Flexion oder Extension, ist eine zusätzliche Abduktions- oder Rotationskomponente notwendig. Der Sturz auf den gestreckten Arm in Abduktion und Flexion, d. h. ein Sturz nach vorne, ist möglicherweise geeignet, eine SLAP-Läsion Typ II zu verursachen, evtl. auch in Verbindung mit einem Rotatorenmanschettenschaden. Liegt gleichzeitig eine deutliche Abduktionskomponente vor, resultiert eine SLAP-Schädigung Typ III und IV, meist mit einem Rotatorenschaden. Kommt es dagegen zur Außenrotation in Abduktion, entsteht eine SLAP-Läsion Typ III oder IV, dann aber aufgrund der Außenrotationsstellung in Verbindung mit einer anterioren Instabilität [360].

Liegt anstelle der Abduktion eine Adduktion des Oberarmes vor, überwiegt die Kompressionskomponente mit kranialer Subluxation des Humeruskopfes, es entsteht eine Abscherung des Labrums mit Beteiligung der Bizepssehne. Nur in Ausnahmefällen ist dieser Mechanismus auch in Abduktion erklärbar [71]. Beim Fall auf den ausgestreckten Arm nach hinten, d. h. in Extension, meist mit Abduktion, resultiert eine SLAP-Läsion Typ II [69, 70]. Entscheidend ist bei diesen Kompressionsverletzungen, dass kernspintomographisch in aller Regel eine Oberarmkopfimpression mehr oder weniger ausgebildet nachweisbar ist, vergleichbar mit einer atypisch lokalisierten Hill-Sachs-Delle, zumindest aber muss ein Knochenödem nachweisbar sein, das dann auch die Kompression bestätigt. Während dieser Impaktionsphase ist auch eine exzessive Anspannung des Musculus biceps erforderlich, was dann zur Zugbelastung der intraartikulären Bizepssehne führt und somit die Bizepsbeteiligung am Labrumschaden erklärt. Je nach Stärke der einwirkenden Kraft ist die Verletzung auf das ligamentäre System (Labrum/Bizepssehne) begrenzt, mit Zunahme der einwirkenden Kraft entstehen SLAP-Läsionen mit begleitendem Knorpelschaden [68] bis hin zu knöchernen Verletzungen am Tuberculum supraglenoidale in Verbindung mit der SLAP-Läsion [165, 159]. Eine Tuberculum supraglenoidale-Fraktur bedeutet aber noch nicht eine traumatische Verletzung [351], so wie auch Abrissverletzungen des Tuberculum infraglenoidale [28] finden sich diese insbesondere bei Wurfsportarten, aus denen sich auch SLAP-Läsionen Typ II entwickeln [391], vor allem in der Dezellerations- (83 %) und in der Akzellerationsphase (10 %). Die knöchernen Stressfrakturen am Tuberculum supraglenoidale werden dann von der Abbremsphase des Wurfs [53, 351] abgeleitet.

In der Literatur herrscht bezüglich der Genese von SLAP-Läsionen bei Traktionsverletzungen weitgehend Einigkeit, insbesondere wenn gleichzeitig eine maximale exzentrische Anspannung des Bizeps zustande kommt, z. B. beim Auffangen eines fallenden Gegenstandes mit gebeugtem Ellenbogen, aber auch bei unerwarteten Zugverletzungen im gestreckten Ellenbogen [233, 33, 223]. Ebenso sind die Kompressionsverletzungen durch Sturz auf den gestreckten Arm, sowohl in Extension als auch in Flexion, geeignete Mechanismen [360, 69, 70, 223]. Diskutiert werden ebenfalls direkte Krafteinwirkungen, wie zum Beispiel im Zuge eines Autounfalls, bei welchem der Sicherheitsgurt eine Bewegung des Armes (Schulter) nach vorne abbremst, hier ist jedoch eine erhebliche Krafteinwirkung erforderlich, in aller Regel besteht ein Luxations- bzw. Subluxationsmechanismus nach vorne [69, 70, 102, 123].

Laut Literatur sind folgende Mechanismen als ursächlich genannt:
- **Traktion:** [233, 360, 102, 223, 69, 70, 33, 144],
- **Kompression:** [360, 102, 233, 133, 134, 123, 69, 70, 223, 144],
- **direkte Kraft:** [69, 70, 102, 123] und die
- **Schulterluxation:** [133, 134, 233] (= Außenrotations-/Abduktionsmechanismus).

In allen Publikationen wird die SLAP-Läsion zwar als mögliche Traumafolge erwähnt, im Prinzip gehen aber alle Autoren darauf ein, dass rezidivierende Mikrotraumen eine Ursache darstellen und dass die SLAP-Läsion besonders bei Instabilitäten, aus denen sich Mikrotraumen ableiten lassen, nachgewiesen werden. Somit resultieren drei Entstehungsversionen [223]: 1. Traumatisch, 2. Mikrotraumen, 3. bei Instabilitäten.

Zu 1.
Bei den traumatischen Ursachen sind das Kompressionstrauma und das Traktionstrauma, letzteres nur unter bestimmten Voraussetzungen, als Ursache einer SLAP-Läsion nachgewiesen. Direkte Krafteinwirkungen (direktes Trauma) sind als Ursache hypothetisch.

Zu 2.
Mikrotraumen finden sich besonders bei Wurfsportarten, aber auch bei anderen Sportarten, die einen vermehrten Bizepssehnenzug zur Folge haben. Aus der Art der Zugrichtung an der Bizepssehne lässt sich dann auch die Labrumverlagerung ableiten. In der späten Ausholphase der Wurfbewegung kommt es aber nicht nur isoliert zur Traktion an der Bizepssehne, sondern auch zu deren Torsion, insbesondere mit Kraftübertragung auf den Anker nach posterior. Damit wird das Abscheren des SLAP-Komplexes („peel-back“-Mechanismus, [56]) begünstigt. Das Prinzip der Labrumlösungen bzw. Labrumläsionen beruht auf einem Traktionsmechanismus. Unabhängig von der Lokalisation der Zugeinwirkung kommt es zu einem Lösen des Labrums vom Glenoid,

aber auch gleichzeitig zu einer intralabralen Krafteinwirkung auf die Faserstruktur mit dem Ergebnis der intralabralen Texturstörung. Die Folgen dieses Mechanismus sind im superioren Labrumanteil die SLAP-Läsion Typ II, III und IV, im Bereich des anteroinferioren Labrums entstehen die Bankart- bzw. Perthes-Läsion, eine ALPSA-Läsion oder auch die ALIPSA-Läsion durch Lösung des Labrums vom Lig. glenohumerale inf. ant. Gerade in Kenntnis dieses Mechanismus wird es verständlich, dass in Abhängigkeit von der Stärke der einwirkenden Kraft eine tatsächliche Verletzung entsteht, aber auch durch eine minder starke Kraft, die sich wiederholt (Mikrotrauma), ein vergleichbarer Schaden die Folge ist und bei einer Minderung der Wertigkeit der anatomischen Morphologie auch altersbedingt ein vergleichbarer Schaden die Folge sein kann. Zur Beurteilung für ein Gutachten sind also neben der genauen Definition des Schadens ebenso die Stärke der einwirkenden Kraft und die Art der Krafteinwirkung von Bedeutung. Begleitverletzungen oder Begleitschäden dürfen dabei nicht unberücksichtigt bleiben.

Zu 3.
SLAP-Läsionen als Luxationsfolge erklären sich durch die aus der Luxation resultierende Instabilität, die verletzungsbedingt durch den Außenrotations-/Abduktionsmechanismus eine anteriore-inferiore Traktion des Bizepssehnenansatzes mit dessen Abscherung erklärt. Der Luxationsmechanismus unterscheidet sich generell vom distalen Traktionsmechanismus, einmal in der Traktionsrichtung und zum anderen in der Beteiligung der Bizepssehne. Alle anderen Instabilitätsursachen, die zum SLAP-Schaden führen, sind nicht unfallbedingt und somit keine Verletzung oder Verletzungsfolge.

Impingementformen

Am Schultergelenk werden verschiedene Impingementformen beschrieben (vgl. Band 1, Kapitel 6). An dieser Stelle sei auf folgende Formen eingegangen:

PSI – Posterosuperiores Impingement

Bei diesem Impingementsyndrom sind meist fünf Strukturen betroffen (Lig. glenohumerale inferius inkl. Labrum, Rotatorenmanschette, posterosuperiores Labrum, Tuberculum majus, knöchernes superiores Glenoid). Der Pathomechanismus besteht in einem Außenrotations-/Abduktionsmechanismus mit rezidivierenden Mikrotraumen, die das pathomorphologische Substrat hervorrufen. Als tatsächliche Verletzung kann allenfalls die Tuberculum-majus-Fraktur gewertet werden, die durch eine ungewollte Außenrotation und Abduktion sowie auch Luxationen nach vorne unten entstehen kann. Dann ist aber die Tuberculum-majus-Fraktur im Vordergrund, die begleitenden Labrumschäden sind von untergeordneter Bedeutung. Im Vordergrund steht das rezidivierende Trauma, wie bereits von JOBE [188, 180] angegeben. In der Literatur wird das genannte Impingementsyndrom häufig als „internal Impingement of the shoulder in the overhead athlete" aufgeführt [91], auch in Verbindung mit Instabilitäten und Rotatorenschäden sowie einem Innenrotationsdefizit und einer Skapuladysfunktion (vgl. Band 1, Kapitel 6).

ASI – Anterosuperiores Impingement

Für den Pathomechanismus im Sinne einer forcierten Abduktion, Flexion und Innenrotation mit Kontakt zwischen Tuberculum minus und dem vorderen Glenoidrand (Labrum) stehen drei Entstehungsmechanismen zur Verfügung:

1. isolierte posteroinferiore Laxität,
2. degeneratives anterosuperiores Impingement,
3. degenerativ oder traumatisch bedingte Pulley-Läsion, d. h., eine Pulley-Läsion, unabhängig davon, ob sie degenerativ oder traumatisch bedingt ist, kann zum Impingement führen. Als traumatisch bedingte Pulley-Läsion wird der Sturz nach rückwärts auf den extendierten Arm diskutiert (nur in Verbindung mit Begleitverletzungen), eine traumatische Entstehung eines anterosuperioren Impingements ist lediglich durch eine Verletzung des Lig. glenohumerale superius erklärbar, in deren Folge es dann zur Subluxation der langen Bizepssehne bis hin zur Beteiligung der Subskapularissehne kommt. Das heißt: Lediglich eine Ruptur des Lig. glenohumerale superius durch einen Sturz nach rückwärts auf den extendierten und gleichzeitig innen rotierten Arm kann ein unfallbedingtes anterosuperiores Impingement auslösen, ausgehend von der Verletzung des zum Rotatorenintervall gehörenden Lig. glenohumerale superius [136, 341].

Alle anderen Entstehungsformen des ASI, wie die isolierte Laxität im posteroinferioren Gelenkabschnitt durch repetetive Mikrotraumen (Überlastung), die Innenrotation mit Adduktion und einer daraus resultierenden Subluxation des Kopfes nach posteroinferior, bei dem das Tuberculum minus an der Subskapularissehne anschlägt, sowie auch eine Kontraktur der posterioren Kapsel mit Einschränkung der Innenrotation und einer daraus resultierenden anterosuperioren Translation mit der Folge der Innenrotation und Adduktion sind nicht als Verletzung zu werten, ebenso nicht die meisten Formen der „Pulley-Läsionen". Lediglich die isolierte Ruptur des Lig. glenohumerale superius kann einen Verletzungstyp darstellen.

Labrum-Ganglien

Grundsätzlich sind Ganglien keine Verletzungen und keine Verletzungsfolge. Es handelt sich um eine besondere Form von Zysten, nicht aber um eine echte Zyste, d. h., eine Epithelauskleidung liegt nicht vor. Das Ganglion entsteht aus einer Proliferation von Bindegewebe, das sich auch im Labrum findet, durch diese Proliferation entwickelt sich eine mukoide Veränderung kollagener Fasern (Texturstörung) mit Ausbildung einer Pseudozyste (Ganglion), deren Inhalt aus sauren Mukopolisacchariden, u. a. mit Hyaluronsäure gemischt, besteht. Die Frage lautet lediglich, ob ein Ganglion nicht eine Verletzungsfolge ist, wenn es nach einer Verletzung im Sinne der reparativen Maßnahmen zu einer narbigen Ausheilung des Schadens kommt und sich aus diesem bindegewebigen Narbengewebe dann ein Ganglion bildet. Nachdem aber die meisten Ganglien superoposterior zu finden sind, also in unmittelbarem Zusammenhang mit einem posterosuperioren Impingement entstehen, ist eine traumatische Ursache, auch im Sinne einer Verletzungsfolge, unwahrscheinlich.

4.1.4 Diagnostik

Die Schulter muss wie alle Gelenke untersucht werden, beginnend mit der Anamnese, der Inspektion und der Palpation. Es folgen bestimmte Funktionstests, bis schließlich die radiologische Diagnostik zur Anwendung kommt. Ein besonderes Augenmerk muss auf das Alter des Patienten gelegt werden, auf das klinische Beschwerdebild und auf mögliche Ursachen, d. h. Überlastungsschäden (Sport), Überkopfarbeiten, echte Unfallereignisse oder auch eine spontane Entstehung von Schäden. Das Alter kann Hinweise auf eine atraumatische Instabilität geben, die in aller Regel unter dem 20. Lebensjahr gefunden wird und selten über dem 40. Lebensjahr. Traumatische Instabilitäten entstehen um das 25. Lebensjahr und mit zunehmendem Alter überwiegen erwartungsgemäß verschleißbedingte Veränderungen im Sinne von extrinsischen oder auch intrinsischen Schäden. Nächtliche Schmerzen oder auch Schmerzen bei bestimmten Bewegungen weisen auf Störungen im subakromialen Raum hin, Gefühlsstörungen stammen normalerweise nicht vom Schultergelenk. Neben der Inspektion gehört zur Groborientierung die Beschreibung des Schulterreliefs, aber auch die Grobbewegung entsprechend den anatomischen Ebenen, unter Berücksichtigung der nur grob einzuschätzenden Testsymptomatik des sog. ‚schmerzhaften Bogens'. Der untere schmerzhafte Bogen weist auf eine subakromiale Problematik hin, der obere schmerzhafte Bogen auf Schäden im Schultereckgelenk. Die Palpation lokalisiert Schmerzen zu bestimmten Schulterpunkten, beschreibt aber auch den Muskelbefund sowie Fehlstellungen, Schnappphänomene u. a. Zur Erfassung des Bewegungsumfanges wird die Neutral-0-Methode für die Begutachtung herangezogen.

Für die klinische Untersuchung ist neben der Palpation ebenfalls die Bewegungsanalyse des Schulterhauptgelenkes selbst unter Verwendung des Schulternackengriffes und des Schürzenbindegriffes von Bedeutung. Auch sollte eine Etagendiagnostik der Halswirbelsäule erfolgen, um eine vertebragene Ursache ausschließen zu können. Muss die Beweglichkeit des Schulterhauptgelenkes isoliert, unter Ausschaltung der Skapula, geprüft werden, so bedarf es der manuellen Stabilisierung der Skapula. Die Innenrotation wird durch Bestimmung der Rückwärtsführung des Armes mit dem ausgestreckten Daumen entlang dem Rücken geprüft. Zur Beurteilung der einzelnen Schulterstrukturen bzw. der Laxität/Instabilität, aber auch von Einklemmungszeichen (Impingement), liegen mehrere Tests vor, denen eine bestimmte Aussagekraft zuerkannt wird. Zunächst wird die Funktion durch einen Kombinations-Bewegungs-Schnelltest (Apley-Test) im Sinne des Nacken- bzw. Schürzenbundgriffes orientierend erfasst. Hinzugefügt wird die passive Bewegungsprüfung am Schultergelenk durch den Codman-Griff und die Schmerzlokalisation erfolgt durch den Handflächenzeichen- und den Fingerzeichen-Test.

Spezifische Tests zur Differenzierung der Schadenslokalisation beziehen sich auf Rotatorenmanschetten-, Bizepssehnen-, Schultereckgelenk- und Instabilitätstests (Tab. 4.9).

Tab. 4.9: Einteilung der Schultertests zur Bestimmung der Pathologie.

Rotatorentests	**BS-Tests**	**ACG-Tests**	**Instabilitätstests**
– Impingementsign [273] – schmerzhafter Bogen (painful-arc-Test) – Impingementtest [153] – Internal-Rotation-Resistance-Stress Test [425] – Injektionstest	– unspez. BS-Test – ABOTT-SAUNDERS-Test – Palm-up-Test – Schnapptest – Speed-Test [119] – Yergason-Test [423] – Hueter-Zeichen – Ludington's Test	– schmerzhafter Bogen – forcierter Adduktionstest – gekreuzter Adduktionstest	Instabilität – vordere – untere – hintere – multidirektionale
für – Bursitis subacromialis – M. supraspinatus – M. infraspinatus – M. teres minor – M. subscapularis	für – Tendinitis – Subluxation – Bizepsriss – SLAP-Läsion	für – Arthrose – Instabilität	für – Laxität – Instabilität

Neben den Rotatorentests für die einzelnen Rotatorensehnen werden die Impingementtests genannt, bei denen die aktive Abduktion in aller Regel zwischen 60° und 120° (unterer schmerzhafter Bogen, painful arc) schmerzhaft ist, wogegen die passive Bewegung meist schmerzfrei möglich ist. Neben dem „schmerzhaften Bogen" kommen das Impingementzeichen nach NEER [266] sowie der modifizierte Impingementtest nach HAWKINS [153] zur Anwendung. Dem gegenüber stehen die subkorakoidalen Impingementzeichen nach GERBER [114] und DINES [89]. Der obere schmerzhafte Bogen über 120°-Abduktion findet sich dann bei der Arthrose und der Instabilität des Schultereckgelenkes. Für die krankhafte lange Bizepssehne ist der Yergason-Test [423] typisch, ebenso der Speed-Test sowie der Palm-up-Test [119]. Die Bizepssehnenankerzeichen sind dann typisch für die SLAP-Läsionen, besonders zu erwähnen ist der O'Brien-Test [286], dazu auch das „anterior-slide-Zeichen" nach KIBLER [198] sowie der Crank-Test nach LIU [226, 227]. Bezüglich der Instabilität bedarf es der Unterscheidung zwischen Laxität und Instabilität. Die Laxität wird im

Seitenvergleich geprüft und zudem müssen andere Gelenke, wie Daumengrundgelenk, Femoropatellargelenk u. a., berücksichtigt werden, da Laxitäten in aller Regel generalisiert bzw. seitengleich auftreten. Des Weiteren bedarf es der Unterscheidung der Instabilitätsrichtung nach vorne, hinten, unten oder auch in multidirektionaler Richtung. Während die Laxität für den Patienten nicht bemerkbar sein muss, ist die Instabilität Folge einer Luxation oder Subluxation und der Patient empfindet die Schulter als instabil und/oder schmerzhaft. Die Instabilität ist die symptomatische Verschiebung des Kopfes gegenüber der Pfanne. „Unglücklicherweise schützt Hyperlaxität nicht vor Trauma" [116]. Die Hyperlaxität bedeutet aber eine individuelle Eigenschaft, die als Risikofaktor anzusehen ist, wobei eine ausgeprägte Laxität alleine nicht automatisch mit einer Schulterinstabilität einhergehen muss. Zur Erfassung der Schulterlaxität bietet sich der Load-und-Shift-Test mit der Einteilung in vier Schweregrade (Grad 0 bis Grad 3) nach HAWKINS [154] an. Zur Unterscheidung der vorderen und der hinteren Instabilität gibt es den vorderen und hinteren Schubladentest sowie den anterioren und posterioren Drawer-Test nach GERBER [113] sowie den anterioren und posterioren Apprehension-Test nach ROWE [334]. Ein positiver Sulkus-Test durch Zug am Arm ist ein Hinweis auf eine multidirektionale Instabilität, sowohl für die vordere als auch für die hintere Instabilität liegen dazu spezifische Tests vor.

Bei Durchsicht der umfangreichen Literatur [129, 344, 232, 258, 142, 192, 200, 421, 243] ergeben sich erhebliche Differenzen in der Aussage bezüglich der Wertung klinischer Untersuchungstests zur Diagnostik von Labrumläsionen, insbesondere hinsichtlich SLAP-Läsionen [74]. JONES [192] kommt zu der Auffassung, dass die spezifischen physikalischen Untersuchungen nicht als Grundlage der Diagnose dienen können, für die SLAP-Läsionen empfiehlt MESERVE [258] den aktiven Kompressionstest als ersten, im Anschluss daran den Crank-Test und schließlich den Speed-Test, wenn eine Labrumläsion vermutet wird. Für den Nachweis einer Instabilität sei der Relocation-Test zu empfehlen, zum Nachweis einer Labrumläsion der Bizepsload-I- und -II-Test, schließlich auch der Schmerzprovokationstest nach MIMORI [263]. Die weiteren Tests seien weniger nützlich, wogegen GUANCHE [129] zum Nachweis von Labrumläsionen den O'Brien-Test und den JOBE-Relocation-Test empfiehlt. SCHLECHTER [344] favorisiert den passiven Distraction-Test, der alleine oder auch in Kombination mit anderen Tests eine SLAP-Läsion nachweisen soll, und KIBLER [200] weist dann auf neuere Tests hin. Trotz dieser Ergebnisse wird aber bereits von ÖTTL [273] die Kernspinarthrographie bevorzugt. Nach HAURY [151, 152] sei aber das Click-Phänomen mit der höchsten Sensitivität bei SLAP-Tests verbunden. Dem gegenüber behauptet WALTON [403], dass der Yergason-Test zum Nachweis der SLAP-Läsion wohl der geeignete Test sei. Nach STETSON [368] erweisen sich der O'Brian- und Crank-Test als zu oft falsch positiv (56 %, 45 %) beim Nachweis von SLAP-Läsionen, insbesondere bei Patienten, bei denen gleichzeitig andere Schulterpathologien bestehen. Deshalb favorisiert SWARINGEN [372] zur Identifizierung der SLAP-II-Läsion den besonders aktiven Kompressions- und Bizeps-Tensions-Test. Der Trend geht aber hin zu Kombinationen von Tests, womit die Sensitivität und Spezifität auf 70 % bzw. 95 %

erhöht werden können, wenn zwei der drei Tests mit hoher Sensitivität (O'Brien-Test, Apprehension-Test, Kompressions-Rotations-Test) mit einem der drei Tests mit hoher Spezifität (Speed-Test, Yergason-Test, Bizeps-load II-Test) kombiniert werden. Noch genauer sei eine Kombination mehrerer Tests mit einer genauen Anamnese [402]. Die Kombination O'Brien- + Jobe- + Apprehension-Test würde zu einer Sensitivität von 72% bzw. einer Spezifität mit 73% führen [129]. Der O'Brien-Test mit Mayo-shear- und Jobe-Test führe zu einer Sensitivität von 100% [296] und die Kombination Apprehension-Test, Relocation-Test sowie Load- und Shift-Test zu einer Sensitivität von 90% und einer Spezifität mit 85% LIU [227], hierzu vergleiche GUANCHE [129], EBINGER [92]. Werden SLAP-Läsionen, nicht SLAP-Labral-Läsionen und andere Labrumläsionen mit dem O'Brien-Test und/oder Crank-Test untersucht, so kommt es zu Sensitivitäten zwischen 53 und 76% und zu einer Spezifität von 52 bis 77% (Tab. 4.10).

Tab. 4.10: Sensitivität, Spezifität und Treffsicherheit der klinischen Tests im Nachweis von Labrumrissen, nach [400, 401].

	Sensitivität	Spezifität	Treffsicherheit
Apprehension-Test	31%	86%	50%
Schubladentest	77%	57%	70%
Sulcus-Test	62%	71%	65%
Yergason-Test	54%	57%	55%
Crank-Test	36%	73%	70%
O'Brien-Test	62%	54%	63%

Labrumläsionen können am Nativröntgenbild in aller Regel nicht dargestellt werden, Ausnahmen sind die knöcherne vordere oder hintere Bankart-Läsion sowie die knöcherne Ausrissverletzung der langen intraartikulären Bizepssehne und auch Verknöcherungen/Verkalkungen des Bizepssehnenansatzes am Tuberculum supraglenoidale. Fehlt in der a.p.-Aufnahme die Skleroselinie am unteren Pfannenanteil, so ist dies ein Hinweis auf einen vorderen Glenoidranddefekt in Verbindung mit einem Abriss des Lig. glenohumerale ant. inf. [177]. Die Computertomographie ist bezüglich der Diagnostik von Labrumschäden im Vergleich zur Kernspintomographie untergeordnet, die Computertomographie/Arthrographie hat sich in der Vergangenheit als ein zumindest vorübergehend geeignetes Verfahren gezeigt [176, 38], ist aber auch heute noch zur Beurteilung der begleitenden Hill-Sachs-Läsion sinnvoll [212, 67]. Heute ist die Kernspintomographie auf nicht invasivem Gebiet das diagnostische Verfahren zur Feststellung von Labrumschäden schlechthin [343, 264, 176, 305, 262, 323, 66, 171, 415, 124, 337, 326, 211]. Auffällig ist ein Satz in der Publikation von PANDYA [296] mit dem Hinweis, dass die Sensitivität bei der Kernspinauswertung durch Chirurgen/Orthopäden besser abschneidet als durch Radiologen. Als Alternative zur herkömmlichen Kernspintomographie kann lediglich die Kernspinarthrographie diskutiert werden [417, 38, 264]. Es liegen umfangreiche Ergebnisse bezüglich der Sensitivität, Spezifität und Genauigkeit bzw. der Treffsicherheit vor, auch über den positiven prädiktiven Wert sowie den negativen prädiktiven Wert. Bei der MRT ohne Kontrastmittel, speziell bei den SLAP-Läsionen, werden eine niedrige Sensitivität und eine hohe Spezifität festgestellt [73]. Eine Zusammenfassung der Werte in der Übersicht ergibt, dass die Kernspinarthrographie offensichtlich der Kernspintomographie an Genauigkeit überlegen ist, wobei die Computertomographie/Arthrographie allenfalls der Kernspintomographie im Nativverfahren gleichwertig zugeordnet werden kann (Tab. 4.11).

Tab. 4.11: Sensitivität, Spezifität und Genauigkeit bildgebender Verfahren.

		Sensitivity	Specifity	Accuracy
MRI		Ø 67 % (41–98)	Ø 84 % (16–100)	Ø 78 % (45 – 96)
MRI – Arthrography		Ø 83 % (40–100)	Ø 89 % (67 – 100)	Ø 88 %
CT – Arthrography		Ø 53 % (45–60)	Ø 94,5 % (93–94)	Ø 81 % (73–88)
MRI	2D	47–89 %	96–98 %	
	3D	53–96 %	98–100 %	

Im Vergleich der Kernspintomographie mit der Kernspinarthrographie zeigt sich aber (Tab. 4.12), dass die Kernspinarthrographie offensichtlich gegenüber der Nativkernspintomographie Vorteile in der Genauigkeit aufweist [357]. Im Prinzip kann kernspintomographisch die Anatomie einschließlich der Normvarianten dargestellt werden, wie das Foramen labrale und auch der Buford-Komplex [387] mit einer relativ hohen Genauigkeit auch der pathologischen Befunde, wie der SLAP-Läsionen [322]. Gut darstellbar ist die Form des Labrums einschließlich der entsprechenden Normvarianten [275].

Tab. 4.12: Aussagekraft kernspintomographischer Verfahren.

	Sensitivität	Spezifität	Genauigkeit
MRI	67 %	84 %	78 %
MRI – AG	83 %	89 %	88 %

Unter aktuellen Gesichtspunkten [309] ist von einer hohen Sensitivität und einer niedrigen Spezifität in der MRT-Diagnostik der SLAP-Läsion auszugehen, dies gilt für die MRT ohne Kontrastmittel im Vergleich zur Arthroskopie. Gerade im Vergleich zu Bankart-Läsionen oder auch ALPSA-Läsionen bzw. Perthes-Schäden ist die Abbildung der Kapselansätze von Bedeutung [275, 238]. Kernspintomographisch ist diese Differenzierung mit den Kapselansatztypen darstellbar. Während an der vorderen

Kapselwand nur in etwa der Hälfte der Fälle die Kapsel am Labrum ansetzt, findet sich der Kapselansatz posterior zu 100 % am Labrum glenoidale. Der Vorteil der Kernspintomographie, auch im Vergleich zur Arthroskopie, liegt in der Möglichkeit, in die Struktur selbst einzublicken, so dass die Signalintensität des Labrums bezüglich intralabraler Veränderungen (Abb. 4.26) von Bedeutung ist [231].

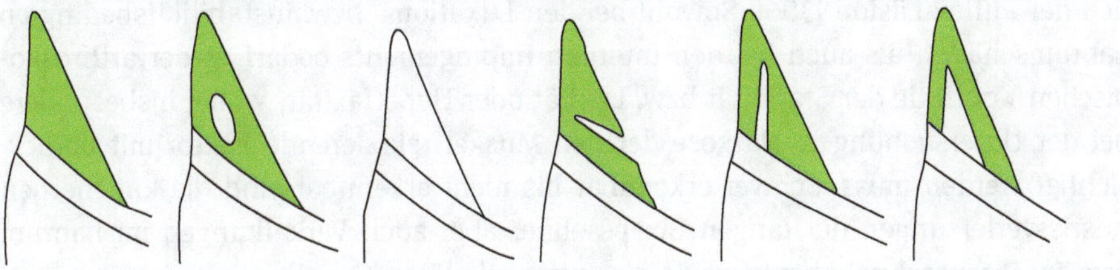

Abb. 4.26: Glenoid labrum: MR imaging. Variations in labral signal intensity. (a) = Diffuse low signal intensity, (b) = Round high signal intensity, (c) = Diffuse high signal intensity, (d) = Transverse linear high signal intensity, (e) = Longitudinal linear high signal intensity, (f) = Triangular high signal intensity) [231].

Mit der Zunahme der arthroskopischen Chirurgie, insbesondere der arthroskopisch kontrollierten Labrumrefixation, kommt der kernspintomographischen Darstellung der SLAP-Läsion eine zunehmende Bedeutung zu [45]. Dabei ist neben der Feststellung einer SLAP-Läsion insbesondere deren Abgrenzung zum normalen synovialen Rezessus von Bedeutung. Dieser Rezessus kann nach SMITH [356] in drei Typen eingeteilt werden, auch kernspintomographisch messbar, Typ 1 < 2 mm, Typ 2 > 2 mm < 5 mm, Typ 3 ≥ 5 mm.

Als invasive Untersuchung ist die Arthroskopie die aussagekräftigste Methode bezüglich der Labrumdiagnostik, einmal kann das Labrum als intraartikulär liegende Struktur direkt eingesehen werden, evtl. unter Verwendung von zwei Zugängen (anterosuperior und posterosuperior), und sie bietet die Möglichkeit, das Labrum gleichzeitig zu betasten. Einen wesentlichen Vorteil stellt aber auch die gleichzeitige Beurteilung von Begleitstrukturen dar, die erst zusammen mit dem eigentlichen Labrumschaden zur Diagnose führen. Zusätzlich zur Betastung ist eine funktionelle Untersuchung möglich, d. h. eine Beurteilung der Laxität, Hyperlaxität oder auch Instabilität. Die Bewegungen des Oberarmkopfes können provoziert werden und somit wird der Pathomechanismus erkannt (Provokationstests). Vom Bizeps-Labrum-Komplex können aber arthroskopisch nur etwa 55 % der Gesamtstruktur eingesehen werden [377]. Die Einteilung der Labrumpathologien im Kapitel 4.1.2 „Pathologie" entspricht im Endeffekt den Klassifikationen bei der arthroskopischen Untersuchung. So gelingt die Abgrenzung der Normvarianten, insbesondere der angrenzenden Strukturen [182], aber auch die Unterscheidung des synovialen Rezessus im Bereich des Bizepsankers von SLAP-Läsionen [259], ebenso die Einteilung und Abgrenzung des Foramen sublabrale [161, 147], und es kann der Buford-Komplex als Normvariante identifiziert werden [414]. Pathologische Veränderungen, wie die Andrews-Läsion [9], die identisch mit der SLAP-IIa-Läsion [266] gesehen wird, sowie alle auch als Luxationsfolgen feststellbaren Labrumschäden [19, 304, 277, 253, 381, 354, 234, 207, 28] sind direkt einsehbar und palpabel, ebenso wie die verschiedenen Typen der SLAP-Läsion [360, 233, 281] und die im internen Impingement [396, 188, 179, 117] einschließlich der Pulley-Läsion [306]. Sowohl bei den Luxations- bzw. instabilitätsbedingten Labrumschäden als auch bei den internen Impingements bedarf es der arthroskopischen Kontrolle der Stabilität bzw. Laxität oder Hyperlaxität, wobei insbesondere bei der Untersuchung in Narkose der den Muskel relaxierende Faktor mit berücksichtigt werden muss. Schwer erkennbar bis nicht erkennbar sind die knöchernen Ausrissverletzungen der langen Bizepssehne, aber auch Verkalkungen im Labrum bzw. im Bizepssehnenansatz sowie die extraartikulären Ganglien, die sich aus einer posterosuperioren Texturstörung des Labrums entwickeln können. Daher bedarf es vor jeder Schulterarthroskopie einer Kernspintomographie, die derartige, also auch intrastrukturell gelegene Veränderungen erkennbar macht.

Die Ultraschalldiagnostik spielt in der muskuloskelettalen Bildgebung eine bedeutende Rolle und zeichnet sich insbesondere bei oberflächlichen Strukturen unter Verwendung hochfrequenter Ultraschallköpfe durch eine hohe Auflösung aus. Ein weiterer Vorteil ist die Möglichkeit der dynamischen Untersuchung. In einer Studie von TALJANOVIC [374] an Schultern von 20 Leichen ergab die Sonographie mit der Arthroskopie in 86 % der Fälle übereinstimmende Befunde hinsichtlich eines normalen, texturgestörten und gerissenen Labrums (Sensitivität 67 %, Spezifität 99 %). Vor allem die unteren Quadranten, welche von der Axilla aus untersucht wurden, waren gut darstellbar. Die beiden oberen Quadranten sind sonographisch jedoch nur eingeschränkt beurteilbar [374].

Auch eine Studie von SUGIMOTO [371] zeigte bei einer Sensivität von 87 % und einer Spezifität von 77 % respektable Werte in der sonographischen Beurteilung von Bankart-Läsionen [369]. Die Sonographie hat in der Beurteilung des Labrums den Nachteil, dass nicht alle Anteile des Labrums eingesehen werden können, vor allem bei adipösen Patienten ist die Modalität limitiert. Ein weiterer Nachteil besteht in der Untersuchungsabhängigkeit sowie eingeschränkten Möglichkeit der Bilddokumentation, dies ist insbesondere bei Planungen von Operationen relevant. Neue Studien bezüglich der Wertigkeit der Sonographie bei der Beurteilung des Labrums finden sich nicht, im klinischen Alltag hat diese Modalität keine Bedeutung erlangt. Die sonographischen Untersuchungen des Labrums [149, 29, 32, 7, 371] führen zwar zu zuverlässigen Aussagen über Läsionen im Bereich des ventralen Kapsellabrumkomplexes [29], konkrete Angaben über die Aussagekraft der Sonographie bezüglich der Labrumdiagnostik liegen nicht vor. Die Elektromyographie wird auch zur Testung der für die SLAP-Läsion typischen Kompressions- und Bizepstensionstests eingesetzt, eine klinische Bedeutung ist derzeit jedoch nicht erkennbar [373]. Die Literatur bezüglich der Labrumhistologie ist spärlich. Beim Labrum glenoidale handelt es sich, wie auch beim Meniskus, bei Sehnen u. a., um ein bradytrophes Gewebe, nur spärlich gefäßversorgt, im Prinzip sind kollagene Faserstrukturen mit nur vereinzelt dazwischenliegenden Zellen vorhanden. Die Basis des Labrums zwischen dem normalen Labrumgewebe und dem hyalinen Knorpel der Fossa glenoidalis ist eine Übergangszone, in der sich das dichte Bindegewebe auflockert und mehr Knorpelzellen enthält. Hier werden auch mehr Glykosaminoglykane in der Grundsubstanz festgestellt. Als pathologische Veränderung werden Bereiche leichter intralabraler Texturstörungen (früher „Degeneration") im Sinne einer eosinophilen und myxoiden Texturstörung beschrieben, aber auch mit chondroider Metaplasie. Liegen fortgeschrittene Veränderungen vor, so zeigt sich hier Narbengewebe [213]. Der Begriff der „Degeneration" ist hier jedoch fälschlicherweise verwendet, da beim bradytrophen Gewebe allenfalls Texturstörungen mit Auflockerungen der Kollagenstruktur und Minderung der Zellzahl entstehen können (vgl. Band 1, Kapitel 1).

Das histopathologische Äquivalent eines Traumas sind Nekrosen mit sekundären reparativen und resorptiv entzündlichen Veränderungen. Die Zeitlichkeit/Zeitbestimmung von Traumen ist an den Nachweis von Hämosiderin und Hämosiderin-Abbauprodukten gebunden. Diese orientieren sich an dem Hämosiderinabbau-Modus, welcher für das kollagene straffe Bindegewebe beschrieben ist. Einschränkend ist festzuhalten, dass für diese Beurteilung das zusätzliche Vorliegen von fibrösen Gelenkkapselbestandteilen oder Synovialisanteilen notwendig ist. Im Faserknorpel selbst kommt es nicht zu Hämosiderindepositionen (Labrumgewebe nur partiell vaskularisiert). Aus diesen Gründen ergibt sich, dass eine Unterscheidung zwischen Verletzung und Schaden auch von der geweblichen Zusammensetzung des Einsendegutes abhängt. Liegt ausschließlich Faserknorpel (Labrumgewebe im engeren Sinn) vor, so kann keine Differenzierung zwischen Verletzung und Schaden erfolgen bzw. muss die histopathologische Begutachtung ausschließlich auf die Texturstörungen fokussieren. Bei Mitvorliegen von vaskularisierten Gewebsbestandteilen (Gelenkkapsel, Synovialitis) ist eine Unterscheidung zwischen Schaden und Verletzung ausschließlich durch die verletzungscharakteristischen Veränderungen (Nekrose, resorptive Entzündung, Blutungsresiduen) möglich.

4.1.5 Beurteilung

Die anatomische Struktur, bezeichnet als Labrum (= Lippe von Gelenkpfannen, PSCHYREMBEL 261. Auflage), findet sich als Labrum glenoidale an der Schultergelenkpfanne sowie als Labrum acetabulare an der Hüftpfanne. Im anatomischen Aufbau sind beide Labren vergleichbar, in der Funktion, abgesehen von der Umrandung der Gelenkpfanne, jedoch unterschiedlich zu bewerten. Das Labrum glenoidale umrandet die Gelenkpfanne und vergrößert sie damit, gleichzeitig wird aber auch durch das Labrum die Gesamttiefe der Gelenkpfanne verdoppelt. Daraus lässt sich die Bedeutung des Labrums für die Stabilität der Schulter ableiten [162]. Im jugendlichen

Alter ist das Labrum vollständig am Pfannenrand fixiert, mit zunehmendem Alter kommt es zu spontanen Lösungen, besonders anterosuperior, ohne dass damit die Schulterstabilität gefährdet wäre. Im anterosuperioren Bereich ist das Labrum auch elastischer, was als Grund für die Lösung gesehen wird [355]. Ein wesentlicher Faktor für die Gelenkstabilität ist weniger die Gelenkkapsel als vielmehr deren verstärkende Bänder, und hier insbesondere das Ligamentum glenohumerale inferius (anterius et posterius). In das periartikuläre Fasersystem wird auch die Bizepssehne mit eingebunden sowie die Sehne des Musculus triceps [164], es verbleibt aber eine Schwachstelle der Kollagenfaserstrukturen im Ansatzbereich des Labrums zusammen mit dem ligamentären System, entsprechend einer 4-Uhr-Lokalisation [251, 145]. Entwicklungsgeschichtlich kann das Labrum glenoidale mit den Kniegelenksmenisken verglichen werden. Für die Ausbildung der Kniegelenksmenisken bei den Wirbeltieren ist die Art deren Fortbewegung entscheidend [363]. Mit der Entwicklung der Rotationsfähigkeit des Unterschenkels kommt es unter anderem zur Ringbildung von Menisken. Die weitere Differenzierung des distalen Femurendes lässt medial einen unterbrochenen Ring und lateral eine Scheibe erkennen (z. B. bei den Nagetieren). Ein zentral perforierter (ringförmiger) Meniskus findet sich bei den Makaken [178].

Mit dieser Strukturierung entsteht ein Vergleich zum Labrum glenoidale [410]. Dieses liegt wie die Menisken des Knies intraartikulär und dessen Funktion wird, wie auch die der Menisken, ligamentär geführt und stabilisiert. Daraus leitet WEBER [410] den Vergleich des Labrums mit den Menisken bei der Unfallzusammenhangsbeurteilung ab. Daraus resultiert, dass eine isolierte Labrumverletzung unfallbedingt nicht entstehen kann, es bedarf einer Begleitverletzung, in aller Regel ligamentärer Art, die pathomechanisch eine Labrumverletzung erklären kann, dies ist an der Schulter die Luxation bzw. eine Bandverletzung. Die Folge einer Luxation oder einer Bandverletzung ist eine Instabilität, die dann als Unfallfolge zu werten ist. Die Luxation an sich ist der Unfallmechanismus mit einem daraus sich ableitenden pathomorphologischen Substrat. Die Labrumverletzung ist somit abhängig von der Luxationsrichtung und der der Luxation zuzuordnenden Begleitverletzung. Die Instabilität kann also eine Verletzungsfolge sein, aber auch die Folge eines Überlastungsschadens durch Zunahme einer Translation des Oberarmkopfes, meist in anterosuperiore, aber auch posterosuperiore Richtung. Ursache dieser Translation ist einmal eine Kapselverkürzung, von der dann die Translation ausgeht, aber auch eine Überdehnung der Kapsel in Translationsrichtung, insbesondere bei sportlicher Überlastung, wie der Überkopfwurfbewegung. Die Instabilität ist dann Folge eines Überlastungsschadens. Dazu liegen anatomische Normvarianten vor, die das Bild einer Labrumverletzung oder eines Labrumschadens vortäuschen können. Es sind also vier wesentliche ätiologische Faktoren des Labrumschadens zu diskutieren (Abb. 4.27): 1. die Verletzung, 2. die Instabilität, 3. die Überlastung („overuse“) und 4. anatomische Normvarianten.

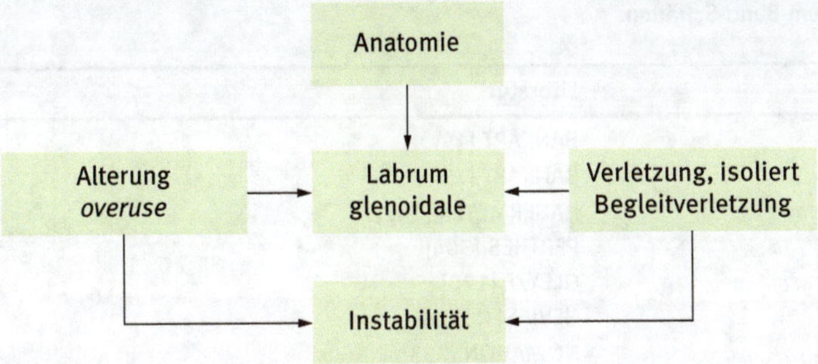

Abb. 4.27: Ätiologische Faktoren des Labrumschadens.

Zu 1. Verletzung

Die typische Verletzung mit der Folge eines Labrumschadens ist die Luxation, mit der Differenzierung Subluxation und Luxation. Unter einer Subluxation wird eine partielle oder inkomplette Luxation verstanden, unter Luxation die komplette Verlagerung der Gelenkpartner [408]. Bei der Luxation entsteht eine Ruptur der das Gelenk stabilisierenden Bänder entsprechend der Luxationsrichtung, auf der Gegenseite ergibt sich eine Überdehnung oder Teilruptur des Kapselbandapparates. Eine exakte Definition der Subluxation ist der Literatur nicht zu entnehmen. So ist zunächst unklar, ob bei einer Subluxation auch Verletzungen der Kapselbandstrukturen zustande kommen oder ob eine Subluxation mit spontaner Reposition nur dann möglich ist, wenn eine entsprechende Laxität oder Hyperlaxität vorliegt. Jedenfalls kann ein vergleichbares pathomorphologisches Substrat, so wie dies bei der kompletten Luxation vorhanden ist, nicht festgestellt werden. Bei der Schulterluxation ist für die Entstehung der Labrumverletzung die Luxationsrichtung von Bedeutung. Die häufigste Luxation ist die vordere Luxation mit etwa 95 %, gefolgt von der hinteren Luxation. Diese Luxationsformen können noch unterteilt werden, die häufigste vordere Luxation ist die subkorakoidale bzw. subglenoidale Form. Entscheidend sind die Feststellung der Lokalisation der Bankart-Läsion und deren Klassifizierung (vgl. Kapitel 4.1.2).

Die Labrumverletzungen gehen mit Begleitverletzungen einher, so typischerweise die Bankart-Läsion mit einer Hill-Sachs-Läsion unterschiedlicher Ausprägung und insbesondere, dies ist die Voraussetzung für eine Luxation, mit einer Ruptur des Lig. glenohumerale inf. ant. bzw. post. bei der hinteren Luxation. Bei vorderen Luxationen gibt es isolierte, aber auch komplexe Verletzungen des vorderen Kapselbandapparates (Tab. 4.13).

Dem Arthroskopeur sowie dem Radiologen (Magnetresonanztomographie) müssen die Kapsel-Labrum-Bandschäden bekannt sein, da sich aus diesen nicht nur eine klare Diagnose, sondern auch die notwendige Therapie ableiten lässt. Eine isolierte Bankart-Läsion ohne Abriss der anteroinferioren Kapsel-Band-Strukturen (= Lig. glenohumerale inf. ant.) erlaubt keine Luxation des Oberarmkopfes aus der Schultergelenkpfanne. Demzufolge findet sich bei 8–46 % der vorderen Schulter-

Tab. 4.13: Kapsel-Labrum-Band-Schäden.

Läsion	Literatur
BANKART, klassisch	BANKART [19]
BANKART, ossär	BANKART [19]
BANKART, Double Labrum	HABERMEYER [141]
PERTHES	PERTHES [304]
Triple-Labrumläsion	GLEYZE [120]
ALPSA	NEVIASER [278]
ALIPSA	NC MAHON [253]
AIGHL failure (IGHL-Substanzdefekt)	BAKER [16], FIELD [104], RHEE [324, 325]
Quattro-Labrum	HABERMEYER [141]
HAGL	WOLF [419], FIELD [104], SCHIPPINGER [342], BUI-MANSFIELD [51]
BHAGL	BUI-MANSMIELD [51], OBERLANDER [282]
floating AIGHL	HOMAN [160], BUI-MANSFIELD [51]
BANKART + HAGL	WARNER [406], SHAH [349]

luxation keine Bankart-Läsion. Als frische Verletzungen werden die Bankart-Läsion, die Perthes-Läsion und auch die Non-Bankart-Läsion der kapsulären Linie gewertet, die ALPSA-Läsion wird in rezent und veraltet unterteilt, bei dieser ALPSA-Läsion sind mehrere Reluxationen vorausgegangen. Eine Normvariante der ALPSA-Läsion ist die ALIPSA-Läsion. Bei den vorderen Luxationen muss insbesondere auf die Begleitläsionen der Rotatorenmanschette bis hin zur Tuberkulum-Abscherfraktur geachtet werden. Insbesondere aber auch bedarf es der Unterscheidung, ob eine Erstluxation oder eine Reluxation vorliegt. Bei der hinteren Luxation kommt es dann zur Reversed-Bankart-Läsion, Polpsa-Läsion, Bennett-Läsion und zur Kim-Läsion. Auch hier bedarf es zur Differenzierung zwischen rezenter und veralteter Verletzung (inveterater Verletzung nach SOMMER [362]), mit der Prüfung, ob eine Erst- oder Rezidivluxation vorliegt. Kombinationsverletzungen sind auch bei der hinteren Luxation möglich. Mit Rezidivluxationen ändert sich die Häufigkeit der Labrumschäden im Sinne einer Zunahme, wogegen die Tuberculum-majus-Fraktur bei der Rezidivluxation nicht mehr vorkommt (Tab. 4.14).

Charakteristisch für eine Schulterluxation ist die Begleitverletzung im Sinne einer Hill-Sachs-Delle bei vorderer Luxation oder einer Reversed-Hill-Sachs-Delle (= reversed Malgaigne-Furche = Hermodson-Furche) bei der hinteren Luxation. Liegen die typischen Zeichen einer Luxation vor, ist die Labrumschädigung in Richtung der Luxation typisch luxationsbedingt, vorausgesetzt, dass es sich nicht um eine Reluxation handelt. Die Luxation an sich ist ein Unfallmechanismus und führt definitionsgemäß und notwendigerweise zur Instabilität, die bei nicht adäquater Therapie die Reluxation zumindest bis zum 40. Lebensjahr zur Folge hat. Nach dem 40. Lebensjahr ist eine Schultersteife häufiger zu finden als die Reluxation, die mit zunehmendem Alter seltener wird. Entscheidend ist (Abb. 4.28): Aus einer Luxation entsteht eine Insta-

Tab. 4.14: Das pathomorphologische Substrat (PMS) bei der Erstluxation im Vergleich zur Rezidivluxation [202].

PMS	Erstluxation	Rezidivluxation
Bankart-Läsion	24 %	61 %
Alpsa-Läsion	30 %	24 %
Alpsa und Bankart	54 %	85 %
Knöcherne Bankart	12 %	12 %
Hill-Sachs-Läsion	58 %	95 %
SLAP-Läsion	24 %	25 %
SLAP Typ II	15 %	15 %
Tub.-majus-Fraktur	12 %	0 %

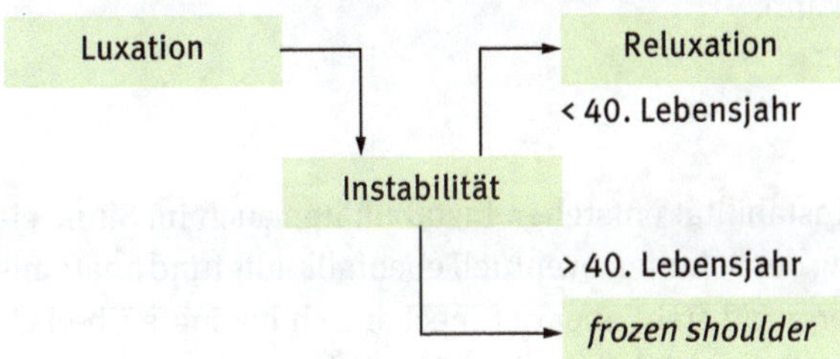

Abb. 4.28: Luxationsfolgen.

bilität. In Abhängigkeit vom Lebensalter bei der Luxation (40. Lebensjahr) resultiert bei jüngeren Patienten eine Reluxation, bei älteren Patienten eine Schultersteife. Im Bereich des 40. Lebensjahres überschneiden sich diese Luxationsfolgen.

Die luxationsbedingten Instabilitäten sind von anderen Instabilitäten abzugrenzen [154, 116, 345, 118, 24]. Als Begleitverletzung bei traumatischen Schulterluxationen kann es auch zur Rotatorenruptur kommen – dies bei Patienten über dem 40. Lebensjahr.

Es werden zwei Mechanismen diskutiert:

- Beim jüngeren Patienten folgt nach einer typischerweise auftretenden Bankart-Läsion eine Dehnung oder Abscherung der Rotatorenmanschette über den hinteren Pfannenrand (anteriorer Mechanismus).
- Beim älteren Patienten soll ein Abriss der Rotatorenmanschette entstehen und danach eine Kapsel- oder Hagl-Läsion (posteriorer Mechanismus).

Diese Mechanismen können ein- oder zweizeitig auftreten, so dass insgesamt die zuverlässige Beurteilung noch aussteht [141, 240, 307, 353, 163, 413, 229]. Nach LOEW [229] soll aber der Schaden an der kranialen Rotatorenmanschette in Verbindung mit der Kapsel- oder Hagl-Läsion erst bei der Rezidivluxation eintreten. Bei der Erstluxation beim älteren Patienten ist die Kombination der Kapselläsion in Verbindung mit der Rotatorenruptur seltener. Bei jüngeren Patienten wird auch der Schaden an der Subskapularissehne diskutiert, bis zu 21 % der Subskapularisrisse seien dann luxationsbedingt [412, 93]. Weitere Begleitverletzungen bei der Schulterluxation in Abhängigkeit von der Luxationsrichtung umfassen die Bankart-Fraktur sowie den Abriss des Tuberculum majus. Es resultiert: Die traumatische Abrissverletzung im Sinne einer Bankart-Läsion, möglicherweise auch in Verbindung mit einer Knochenschuppe, bedeutet eine Kapsel-Labrum-Band-Läsion, insbesondere unter Einbezug des Lig. glenohumerale inf. (sowohl ant. als auch post. in Abhängigkeit von der Luxationsrichtung), entstanden durch eine vollständige Luxation, die dann auch Begleitverletzungen verursacht, die am Oberarmkopf als Hill-Sachs-Läsion oder Hermodson-Läsion zu finden sind. Eine weitere Begleitläsion ist die Verletzung der Rotatorenmanschette, jedoch in Abhängigkeit vom Lebensalter, oder auch die Schädigung der Subskapularissehne, insbesondere bei Patienten unter dem 40. Lebensjahr. Nicht auszuschließen ist als Begleitverletzung eine nachgewiesene Tuberculum-majus-Fraktur, die aber nicht nur durch eine Luxation entstehen kann.

Zu 2. Instabilität

Neben der luxationsbedingten Instabilität entstehen Instabilitäten auch im Sinne einer mechanischen Überbelastung der Schulter, eventuell ebenfalls aufgrund anatomischer Besonderheiten, im Vordergrund steht aber der mechanisch bedingte Überlastungsschaden, der bei Sportlern, aber auch bei der herkömmlichen Arbeit nachweisbar wird. Instabilitäten haben in aller Regel eine Translation des Oberarmkopfes in Instabilitätsrichtung zur Folge. Hierzu werden maximale Rotationsbewegungen, insbesondere beim Überkopfsportler, genannt. Diese maximalen Rotationsbewegungen führen zu Mikrotraumen entgegen der Rotationsbewegung mit der Folge einer vermehrten Mobilität und eines Verlusts an Stabilität [168]. Die Folge ist ein „instability continuum“ [185], d. h., es liegen rezidivierende Belastungen vor, die dann auch zu einer muskulären Ermüdung mit Schädigung statischer Stabilisatoren, wie der glenohumeralen Bandkomplexe, aber auch Labrum-Bizepssehnen-Komplexe, führen – mit der Folge auch einer superioren Instabilität und einer Schädigung der Supraspinatussehne mit Übergang in ein Impingement. Eine Klassifikation wird von JOBE [185] vorgenommen, aus der erkennbar wird, dass die Folge von Störungen am akromiokorakoidalen Bogen rezidivierende Mikrotraumen, eine allgemeine Hyperlaxität, aber auch Makrotraumen als Ursache einer Instabilität sind, aber auch eines primären Outlet-Impingements. Hier muss unterschieden werden, ob diese Instabilitäten mit einem Impingement oder ohne Impingement bestehen (Tab. 4.15).

Bei der Gruppe 1 nach JOBE [185] finden sich Akromion-Typen II oder III bzw. akromiale oder/und klavikulare Osteophyten. In der Gruppe 2 und 3 sind Instabilitäten genannt, die zu einem sekundären Impingement führen, und in der Gruppe 4 liegt die traumatische Schulterluxation im Sinne eines Makrotraumas mit der Folge der Instabilität ohne Impingement vor. Auch bei den Labrumschäden muss ein funktionelles Impingement (= sekundäres Impingement) diskutiert werden. In Abhängigkeit von der Ätiologie wird unterschieden:

Tab. 4.15: Klassifikation der schmerzhaften Schulter beim Überkopfsportler [185].

Gruppe	Pathologie	Ursache
1	Primäres Outlet-Impingement keine Instabilität	Korakoakromialer Bogen
2	Primäre Instabilität sekundäres Impingement	Rezidivierende Mikrotraumen
3	Primäre Instabilität sekundäres Impingement	Allgemeine Hyperlaxität
4	Instabilität kein Impingement	Makrotrauma

a. Hyperlaxität bei Rotationsbewegungen:
Es kommt zu einer vermehrten Humeruskopftranslation nach anterior mit einer sogenannten anterioren Subluxation bei forcierter Außenrotation in Abduktion mit dem Resultat eines artikularseitigen posterosuperioren Rotatorenmanschettenschadens.

b. Überkopfaktivität:
In der Folge der Außenrotation erfolgt eine Verkürzung der posterioren Weichteile mit anterosuperiorer Translation des Humeruskopfes, es resultiert ein Impingement im Bereich des „sogenannten Rotatorenintervalls".

c. Läsionen des oberen Labrum-Bizepssehnen-Komplexes:
Es werden die Andrews-Läsion von der SLAP-Läsion und das posterosuperiore sowie das superiore Glenoid-Imingement unterschieden.

aa. Die Andrews-Läsion ist eine anterosuperiore Labrumlösung, durch eine Traktionsbelastung der Bizepssehne, z. B. in der „Follow-through-Phase". Die Andrews-Läsion muss grundsätzlich von der Bankart-Läsion differenziert werden, die im anteroinferioren Bereich des Glenoids lokalisiert ist und in aller Regel bei der Schulterluxation entsteht. Differentialdiagnostisch kommt hier SLAP IIa nach MORGAN [266] infrage.

bb. Als Ursache für eine SLAP-Läsion wird ein Sturz auf den ausgestreckten Arm in Flexion und Abduktion diskutiert, aber auch die Folge einer vorderen Instabilität, bedingt durch ein Außenrotations-/Abduktionstrauma im Bereich der vorderen Labrumkapselzone. Schließlich entsteht eine SLAP-Läsion durch Mikrotraumen im Sinne des „peel-back"-Mechanismus.

cc. Das posterosuperiore Impingement [393, 188, 179] ist die Folge einer Hyperlaxität des Ligamentum glenohumerale inferius mit gelenkseitiger Partialläsion der Rotatorenmanschette einschließlich Defekt am posterosuperioren Labrum oder auch die Folge eines „peel-back"-Mechanismus durch Schädigung des posterosuperioren Labrums bei anteriorer Subluxation oder auch anteriorer Pseudolaxität, die umgekehrt auf das posterosuperiore Labrum einwirkt.

dd. Ein superiores Glenoidimpingement [247] ist die Folge des Kontakts zwischen Rotatorenmanschette bzw. Tuberculum majus und dem superioren Glenoid bzw. dessen Labrum. Der interne Kontakt ist physiologisch. Erst bei Entstehung eines internen Impingements ist eine symptomatische Problematik zu erwarten.

Aus diesen Überlegungen resultiert, dass insbesondere im superioren Bereich, sei es anterosuperior oder auch posteriosuperior und insbesondere zentralsuperior, von einer Instabilitäts- oder Hyperlaxitätsfolge auszugehen ist, dann im Sinne von Mikrotraumen. Nach HABERMEYER [141] bzw. MORGAN [266] oder auch SNYDER [360] wird ebenfalls auf ein Makrotrauma hingewiesen, im Sinne eines Sturzes auf den ausgestreckten Arm oder den flektierten Ellbogen mit der Folge einer Kompression oder kranialen Subluxation des Oberarmkopfes gegen das obere Labrum. Daraus soll eine SLAP-Läsion entstehen können.

Bei der Betrachtung der Originalarbeiten wird aber der entsprechende Mechanismus nicht nachgewiesen, sondern lediglich in der Folge der Patienten-Berichterstattung angegeben. Ohne ein entsprechendes Knochenödem am Oberarmkopf und auch an der Unterseite des Akromions ist aber ein derartiger Mechanismus mit Verletzung der SLAP-Region nicht nachvollziehbar. Erklärbar wird eine SLAP-Läsion in Verbindung mit einem Rotatorenschaden durch den aus Letzterem entstehenden Oberarmkopfhochstand, der zu einer Dauerbelastung der zentralen superioren Labrumregion mit Ansatz der Bizepssehne führt. Dies bedeutet eine superiore Translation des Oberarmkopfes ohne Kapselbeteiligung im inferioren Rezessus, da dieser ja für die Abduktion ausgeweitet angelegt ist. Diese superiore Translation hat in aller Regel eine anteriore und/oder posteriore Komponente, so dass sich daraus die SLAP-Typen nach SNYDER [360] ableiten lassen.

Auch bei der Vermutung einer traumatisch bedingten SLAP-Läsion kann diese nur als Verletzung dann gewertet werden, wenn entsprechende Begleitverletzungen vorliegen, und dies betrifft den subakromialen Raum direkt superior des Bizepssehnenansatzes. So vertritt MAZZOTTI [245] die Auffassung, dass der SLAP Typ II in Verbindung mit einem Rotatorenschaden nur durch repetitive Mikrotraumen nach superior erklärt werden kann, und dies ist nicht Verletzungsfolge, also auch nicht unfallbedingt. Es finden sich diese repetitiven Mikrotraumen bei Überkopf-/oder Schlagsportarten, aber auch bei entsprechenden Arbeitsabläufen. Die alternative Verletzungsmöglichkeit des kranialen Labrums sei eine inferiore Subluxation im Sinne einer Traktion [33, 293]. Wenig wird dabei diskutiert, dass die Bizepssehne ja eine muskuläre Aufhängung am Oberarm besitzt und somit beim Zug an der Bizepssehne der muskuläre Anteil kein Widerlager bildet. Dies wäre nur denkbar, wenn diese Traktion des Oberarmes nach distal in Verbindung mit einer maximalen Anspannung der Bizepssehne in Verbindung steht, d. h., die Dehnfähigkeit des Muskels ist nicht mehr vorhanden, und damit kommt der proximale Anteil der langen Bizepssehne unter

Spannung. Ein geeigneter Mechanismus wäre (?) somit bei maximaler Anspannung der Bizepssehne mit Beugung im Ellenbogen eine gleichzeitige Traktion des Unterarmes nach distal, dann ergibt sich aber folgende Frage: Reißt zuerst die proximale lange Bizepssehne oder der distale Bizepssehnenansatz? Als dritte zu diskutierende Verletzungsart wird eine direkte Krafteinwirkung angegeben [69, 70, 102, 123]. Dieser Mechanismus ist fraglich geeignet, da dazu eine entsprechend von außen erkennbare Verletzung vorliegen müsste. Schließlich ist die Schulterluxation tatsächlich geeignet, im Sinne eines Außenrotations-/Abduktionsmechanismus eine SLAP-Läsion im Sinne einer fortgeleiteten Labrumschädigung nach kranial zu verursachen [133, 134, 233]. Nach LICHTENBERG [223] sind grundsätzlich bei der Beurteilung einer SLAP-Läsion drei Entstehungsmöglichkeiten zu überlegen:

a. traumatisch durch Kompression oder Traktion,
b. mikrotraumatisch durch repetitive Mechanismen, z. B. beim Wurfsport, mit Torsion der Bizepssehne und Abscherung, dies im Sinne eines „peel-back"-Mechanismus (56). Dies wird gefördert durch eine posteriore Kapselkontraktur mit Verstärkung der Kapsel und daraus resultierender posterosuperiorer Instabilität, dann mit Beteiligung der Rotatorenmanschette,
c. nachweisbar ist eine traumatisch bedingte SLAP-Läsion bei der vorderen Luxation mit gleichzeitiger Instabilität, wobei diese SLAP-Läsion zusätzlich zur inferioren Ablösung als Bankart-Läsion entsteht [206].

Die SLAP-Läsionen bei der Instabilität sind entweder Luxationsfolge oder Folge eines Überlastungsschadens bzw. der daraus resultierenden Instabilität mit der Folge von Mikrotraumen, die schließlich den Schaden verursachen.

Zu 3. „Overuse"

Ein isolierter Überlastungsschaden an der Schulter ist ohne ein weiteres pathomorphologisches Substrat nicht denkbar. Überlastungsschäden entstehen in Verbindung mit Instabilitäten. Da Überlastungsschäden in aller Regel mit Mikrotraumen einhergehen, gehört dazu die SLAP-Läsion, aber auch die instabilitätsabhängigen Impingementsyndrome, das PSI und das ASI. Die Klassifikation der SLAP-Läsionen geht von der Grundeinteilung nach SNYDER [360] mit Erweiterung der Klassifikation durch MAFFET [233] aus. Die Unterteilung des SNYDER-Typ II durch MORGAN [266] unterscheidet zwischen einem vorderen und hinteren Labrumschaden im Bereich des Bizepssehnenankers. Die Reihe der SLAP-Läsionen setzt NORD [281] mit Ausweitung der proximalen Labrumlösungen fort, vorwiegend nach posterior, aber auch zirkulär, und IANOTTI [165] bzw. HOGAN [159] unter Einbezug des Tuberculum supraglenoidale mit nachweisbarer echter Abrissfraktur der Bizepssehne mit ossärem Partikel sowie einer Stressfraktur des Tuberculum supraglenoidale am Bizepssehnenanker (Tab. 4.16, Abb. 4.29).

Tab. 4.16: Aktuelle Klassifikation der SLAP-Läsionen.

SNYDER [360]	I			partieller Einriss des Labrums im Bereich der vorderen und hinteren kranialen Zirkumferenz
	II	MORGAN [266]	II A	kompletter Abriss des vorderen Labrum- und Bizepssehnenankers
			II B	kompletter Abriss des hinteren Labrum- und Bizepssehnenankers
			II C	kompletter Abriss des Bizepssehnenankers mit vorderer und hinterer Labrumbeteiligung
	III			korbhenkelartiger Abriss des Labrums, Bizepssehnenanker intakt
	IV			korbhenkelartiger Abriss des Labrums unter Einbezug der langen Bizepssehne
MAFFET [221]	V			SLAP-II-Läsion in Ausweitung in den Bankart-Bereich (= Typ II + Bankart-Läsion)
	VI			SLAP-II-Läsion mit instabilem Lappenriss des vorderen oder hinteren Labrums im Bereich des Bizepsankers
	VII		VII A	SLAP-II-Läsion mit anteriorer Ausdehnung des Labrumrisses bis zum Lig. glenohumerale medium unter Einbezug desselben
			VII B	SLAP-II-Läsion mit anteriorer Ausdehnung des Labrumrisses bis zum Lig. glenohumerale superius unter Einbezug desselben, Rotatorenintervall-Beteilung [27]
NORD [264]	VIII			SLAP-II B-Läsion mit Ausdehnung in das gesamte posteriore Labrum (POLPSA)
	IX			zirkuläre Labrumlösung
	X			SLAP II B + posteriore Labrumlösung mit Ausbildung einer stabilen Brücke zwischen beiden Labrumschäden
IANNOTTI [165] HOGAN [159]	XI		XI A	traumatische Fraktur Tuberculum supraglenoidale mit Einbezug des Bizepsankers
			XI B	Stressfraktur Tuberculum supraglenoidale mit Einbezug des Bizepsankers

Zu 4. Anatomische Varianten

Als Normvariante wird das Foramen sublabrale [319] genannt, das bei Kindern und Jugendlichen nicht nachzuweisen sein soll [346], sondern nur bei erwachsenen Personen mittleren und höheren Alters, d. h., es soll nicht eine angeborene Variante vorliegen, sondern ein erworbener Schaden, dessen Ausweitung sich zur Andrews-Läsion entwickelt [9]. Die Häufigkeit beider Veränderungen liegt bei etwa 10–12 %, wogegen der sogenannte Buford-Komplex [414] mit 2 % eine seltene Variante darstellt, bei der das anterosuperiore Labrum fehlt, was durch ein glenohumerales Band, das knöchern

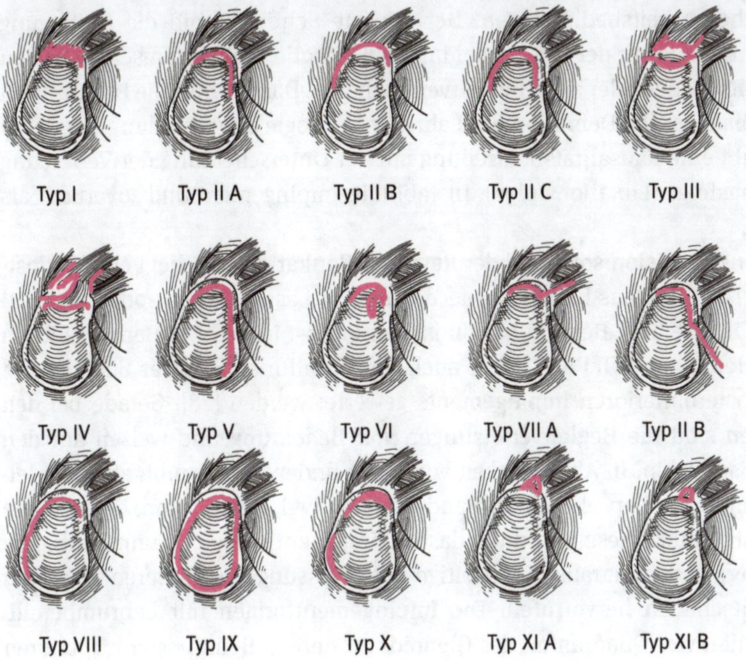

Abb. 4.29: Klassifikation der Labrumschäden.

bis hin zum Bizepsanker inseriert, ersetzt wird. Die genannten Veränderungen sind unabhängig von Verletzungen oder Instabilitäten zu werten.

Diverse Rissformen

Es sei auf die Klassifikation von TERRY [379] verwiesen. Die hier angegebenen Rissformen bzw. Auffaserungs- oder Abnutzungsschäden sind auf die optische Beurteilung zurückzuführen und enthalten die luxationsbedingten Rissformen, aber auch verschleißbedingte kleine Quer-, Längs- und Lappenrisse. Unter Würdigung der oben aufgeführten Rissformen bedarf es einer weiteren Beurteilung der Klassifikation nach TERRY [379] nicht, da diese Formen den Luxationen, Instabilitäten, Überlastungsschäden oder SLAP-Läsionen zugeordnet werden können.

Gutachtliche Beurteilung

Für die Beurteilung eines Labrumschadens ist eine korrekte Definition mit geeigneten diagnostischen Maßnahmen, wie Magnetresonanztomographie und insbesondere Arthroskopie, erforderlich. Des Weiteren bedarf es der Klärung der Anamnese sowie eines fraglichen oder auch tatsächlichen Unfallereignisses mit genauer Schilderung des Unfallherganges (Pathomechanismus). Dazu gehört auch die Abklärung körperlicher Belastungen im Bereich der Schulter, wie sportlicher Aktivitäten oder auch spezifischer Arbeitsbedingungen. Der nächste Schritt betrifft die Festlegung der Labrumpathologie mit der Unterscheidung eines isolierten Labrumschadens von dem mit Begleitschäden oder auch Begleitverletzungen. Dazu gehört die Lokalisation des Labrumschadens. Die Definition der Labrumpathologie in Verbindung mit deren Ätiologie erlaubt eine Kausalitätsbeurteilung mit der Unterscheidung der Verletzung bzw. Verletzungsfolge (Luxationsfolge), Instabilität, Impingement und „overuse" als Texturstörung.

Bei der Bankart-Läsion sowie bei der Reversed-Bankart-Läsion liegt eine Periostruptur vor, bei der Perthes-Läsion sowie der ALPSA-Läsion (rezent oder veraltet) und bei der POLPSA- bzw. Bennett-Läsion ist das Periost intakt. Die Bennett-Läsion muss im Vergleich zur POLPSA-Läsion auch als unfallunabhängiger Schaden im Sinne eines posteroinferioren Impingements gewertet werden [28]. Gerade bei den Luxationsfolgen sind die Begleitverletzungen von Bedeutung und weisen auf den Unfallmechanismus hin. In Abhängigkeit vom Alter finden sich Kombinationsverletzungen mit komplexen Kapsel-Labrum-Band-Schäden (vgl. Hagl-Läsion). Luxationen führen zur Instabilität. Diese und auch das Impingement stehen in unmittelbarem Zusammenhang, so dass daraus gegenseitige Beeinflussungen resultieren, die dann Labrum-Begleitschäden hervorrufen. Die Impingementformen mit Labrumbeteiligung sind in allen vier Quadranten des Glenoids zu finden. Beim posterosuperioren Impingement ist häufig der Pulley-Schaden mit einbezogen (Tab. 4.17).

Tab. 4.17: Impingementsyndrome mit Labrumschäden.

Lokalisation	Schaden	Autor
posterosuperior	PSI	WALCH [395]
	Pulley-Läsion	PETERSSON [306]
anterosuperior	ASI	GERBER [117]
posteroinferior	BENNETT-Läsion	BENNETT [28]
anteroinferior	GLAD-Läsion	NEVIASER [279]

Bei der GLAD-Läsion mit oberflächlichem anteriorem inferiorem Labrumschaden in Verbindung mit einem Knorpeldefekt besteht keine Instabilität. Als Ursache wird eine forcierte Adduktionsbewegung über den Brustkorb hinweg, ausgehend von einer Abduktion und Außenrotation in der Schulter, angenommen. Es werden auch direkte Krafteinwirkungen bei einer Verletzung zugrunde gelegt [137], aber ebenso Überlastungsschäden diskutiert [278]. Bei diesen Wurfbewegungen rückt das Impingementproblem in den Vordergrund. Eine unfallbedingte Ursache kann nur dann angenommen werden, wenn auch im anteroinferioren Glenoidbereich entsprechende Knochenkontusionszeichen („bone bruise") nachweisbar sind, und dazu gehört gleichfalls ein äußeres Verletzungsbild. WEBER [410] sieht die Labrum-Pathologie in Anlehnung an die Meniskuspathologie des Kniegelenkes, dies insbesondere in der

Beurteilung der SLAP-Läsionen. Beim Innenmeniskusschaden wird davon ausgegangen, dass sich aufgrund der Texturstörung im Hinterhornbereich eine Rissbildung als Längsriss entwickelt, der sich weiter nach dem Schema von TRILLAT [386] ausbreitet, insbesondere unter Würdigung der Korbhenkelbildung und deren Folgen. WEBER [410] verwendet die Klassifikation nach SNYDER [360] und die Ergänzung nach MAFFET [233], um daraus eine Typisierung zu entwickeln, die eine Unterscheidung zwischen Texturstörungen mit entsprechenden Schäden und tatsächlichen traumatischen Veränderungen zulässt. Es entsteht eine 2-Typen-Klassifikation, der Typ I weist auf die Texturstörung hin, der Typ II auf Schulterinstabilitäten, auch unter Einbezug der Schulterluxation (Tab. 4.18).

Tab. 4.18: Klassifikation der SLAP-Läsionen, nach [410].

Typ I a	SNYDER Typ I [360]	Texturstörung ohne Riss
Typ I b	SNYDER Typ II [360]	Längsriss an der Basis post. → ant. bei Texturstörung
Typ I c	MAFFET Typ IV [233]	Texturstörung mit Längs- und Lappenriss
Typ I d	SNYDER Typ III [360]	Korbhenkel (Texturstörung)
Typ I e	SNYDER Typ IV [360]	Korbhenkel mit Bizepssehnenlängsriss
Typ I f	WALCH [394]	Posterosuperiore Labrumläsion mit gelenkseitiger Supraspinatusläsion
Typ II a	MAFFET Typ V [233]	Labrum mit Bankart-Läsion
Typ II b	MAFFET Typ VII [233]	Labrum und Lig. glenohumerale mit Schaden
Typ II c	MAIR [234]	Dorsale Labrumläsion: Luxmechanismus: axiale Kraft auf den 90° gebeugten Oberarm

Der Typ I f nach WEBER [410] entspricht eigentlich einem posterosuperioren Impingement mit Labrumbeteiligung und der Typ II c einer Reversed-Bankart-Läsion. In der vorliegenden WEBER-Klassifikation sind aber sonstige Impingementveränderungen oder Luxationsfolgen, z. B. die Bankart-Läsion, nicht enthalten. Wird die WEBER-Klassifikation der hier zugrunde liegenden Klassifikation der SLAP-Läsionen zugeordnet, so können bis auf WEBER [410] Typ I f und II c alle weiteren Typen zugewiesen werden.

Bei der Ergänzung nach NORD [280, 281] handelt es sich um Fortentwicklungen der SNYDER-Typen mit Ausdehnung der Rissbildung, die Ergänzung nach IANNOTTI [165] und HOGAN [159] beziehen die Pathologie des Tuberculum supraglenoidale mit ein, der Typ XI A entspricht einer traumatischen Abrissfraktur des Tuberculum supraglenoidale mit Einbezug des Bizepsankers. Somit kann aus der hier vorliegenden Klassifikation der SLAP-Läsionen lediglich der Typ XI A als traumatisch gewertet werden. Nach der Weber-Klassifikation würde auch der Typ II a, entsprechend Typ V, als traumatisch eingestuft werden, unter der Voraussetzung, dass die SLAP-Läsion in der Folge der Bankart-Läsion entsteht. Dann wäre die SLAP-Läsion eine Verletzungsfolge. Bedenken bestehen aber für die unfallbedingte Entstehung des Weber-Typ II b, da hier die Rissentwicklung in das Ligamentum glenohumerale superius oder glenohumerale inferius nicht von einer Bankart-Läsion ausgeht. Liegt jedoch beim Typ Weber II b eine begleitende Luxation vor, so wäre hier eine Unfallfolge anzunehmen. Die in der Literatur als geeignet genannten Unfallmechanismen, wie Traktion und Kompression [271], sind zu hinterfragen, da doch in vielen Fällen kein vorangehendes Trauma eruierbar ist [246]. Die Kompression kann nur dann eine Labrumschädigung verursachen, wenn auch ein entsprechender Mechanismus vorliegt, der aber dann mit Knochenödem und äußeren Verletzungszeichen nachzuweisen ist. Beim Traktionsmechanismus bestehen erhebliche Bedenken, da ja hier nicht die Bizepssehne alleine betroffen ist, sondern der Sehnenmuskelkomplex, die Muskulatur aber als elastischer zu werten ist. Nachvollziehbar wird eine traumatisch bedingte SLAP-Läsion bei Luxationsmechanismen nach vorne, nicht aber bei Subluxationen, da alleine die Definition der Subluxation in der Literatur nicht als Verletzungsfolge erkannt wird, sondern möglicherweise der Instabilität oder Hyperlaxität zuzuordnen ist. Dies trifft insbesondere für die Subluxation des Kopfes nach kranial zu, daher bestehen erhebliche Bedenken, dass ein Kompressionsmechanismus zur Verletzung des Bizepssehnenansatzes führen kann [380]. So wie für die Rotatorenmanschette, deren Verletzung, Schaden oder Defekt, eine altersentsprechende oder auch frühzeitige Verschleißerscheinung mit berücksichtigt werden muss, trifft dies auch für den Labrumschaden zu (Abb. 4.30).

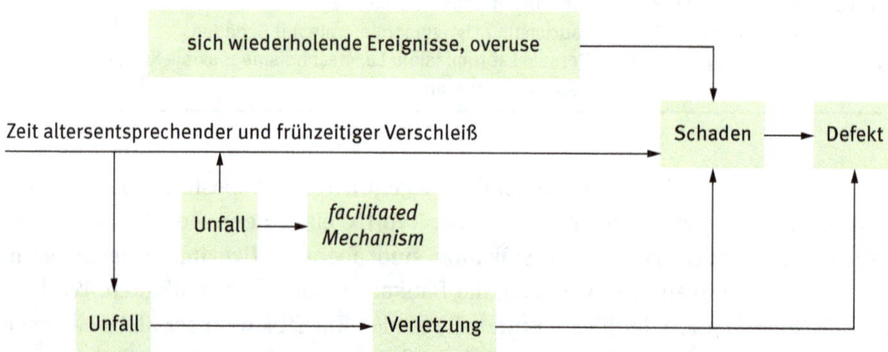

Abb. 4.30: Ätiologische Faktoren des Labrumschadens.

Der sogenannte Unfall muss dem Lebensalter zugeordnet werden, da auch, wie bei der Rotatorenmanschette, das Labrum einer Texturstörung altersabhängig unterliegt. Das heißt, dass sowohl repetitive Mikrotraumen als auch tatsächliche Verletzungen im Sinne eines „facilitated mechanism" eine Verletzung herbeiführen können. Diese Aussage ist insbesondere an der Schulter von Bedeutung, da Instabilitäten, Rotatorenschäden und SLAP-Schäden des Labrums in enger Beziehung zu finden sind, dies in Verbindung mit den Impingementproblemen und den altersabhängigen Texturstörungen [408]. So kann sich aus einem Rotatorenschaden auch eine SLAP-Läsion entwickeln, denkbar auf dem Boden einer Instabilität, ohne dass tatsächliche Unfallmechanismen stattgefunden hätten [295].

Zusammenfassung

Labrumschäden sind als Normvarianten des Labrums oder auch Folgen eines Unfalles, in den meisten Fällen aber Folgen einer Texturstörung in Verbindung mit Instabilitäten, Impingement und Rotatorenschäden zu sehen (Tab. 4.19).

Tab. 4.19: Kausalität der Labrumschäden.

	Normvarianten	Ätiologie/Pathologie atraumatisch	traumatisch
Sublabraler Rezessus	+		
Foramen labrale	+		
Buford-Complex	+		
Andrews-Läsion	+	+	
Bankart/Perthes			+
ALPSA			+
SLAP I–XI		+*	+*
GLAD		+	+
BENNETT		+	
PSI		+	
ASI		+	
Pulley-Läsion		(+)	(+)

* vgl. [410]

Die Normvarianten sind nicht pathologische Erscheinungen, aber abhängig vom Lebensalter. Die typischen Labrumverletzungen nach vorderer oder hinterer Schulterluxation sind nachweisbar und als solche zu identifizieren. Die SLAP-Läsionen Typ I bis X nehmen eine Sonderstellung ein, lediglich der Labrumriss mit Bankart-Läsion oder der Labrumriss mit Riss eines Ligamentum glenohumerale kann verletzungsbedingt erklärt werden. Labrumschäden bei der GLAD-Läsion sind bei Begleitverletzungen auch verletzungsbedingt zu sehen, in aller Regel aber unfallunabhängig zu werten, wenn eine isolierte Schädigung vorliegt. Dies trifft auch für die Bennett-Läsion zu. Das PSI und ASI ergeben unfallunabhängige Impingementformen mit Beteiligung des Labrum glenoidale. Eine Pulley-Läsion stellt meist eine Begleitläsion dar, dies in Abhängigkeit vom Rotatorenschaden, und hat bezüglich einer Labrumpathologie keine wesentliche Aussage.

4.2 Literatur

[1] ABRAMS, J.S.: Arthroscopic repair of posterior instability and reverse humeral glenohumeral ligament avulsion lesions. Orthop Clin North Am 34:475–483 (2003)

[2] ABRASSART, S.; STERN, R.; HOFFMEYER, P.: Arterial supply of the glenoid: an anatomic study. J Shoulder Elbow Surg 15:232–238 (2006)

[3] ADOLFFSON, L.; LYSHOLM, J.: Arthroscopy for the diagnosis of shoulder pain. Arthroscopy 15:275–278 (1991)

[4] ADOLFFSON, L.; LYSHOLM, J.: Arthroscopy and stability testing for anterior shoulder instability. Arthroscopy 5:315–320 (1989)

[5] ALEXANDER, S.; SOUTHGATE, D.; HILL, A.; WALLACE, A.; BULL, A.: The role of the biceps tendon in passive translation of the glenohumeral joint. SECEC/ESSSE Annual conference. Brugge, Belgium, pp 044 (2008)

[6] ALTCHECK, D.W.; WARREN, R.F.; WICKIEWICZ, T.L.; ORTIZ, G.: Arthroscopic labral debridement: A three-year follow-up study. Am J Sports Med 20:702–706 (1992)

[7] AMBACHER, T.; HOLZ, U.: Transaxilläre Labrumsonographie bei vorderer Schulterinstabilität – Untersuchungstechnik und Ergebnisse. Arthroskopie 15:179–184 (2002)

[8] AMES, J.B.; MILLETT, P.J.: Combined posterior osseous bankart lesion and posterior humeral avulsion of the glenohumeral ligaments. J Bone Joint Surg Am 93:118(1–4) (2011)

[9] ANDREWS, J.R.; CARSON, W.G.; MC LEOD, W.D.: Glenoid labrum tears related to the long head of biceps. Am J Sports Med 13:337–341 (1985)

[10] ANDREWS, J.R.; KUPFERMANN, S.P.; DILLMAN, C.J.: Labral tears in throwing and racquet sports. Clin Sports Med 10, 901–911 (1991)

[11] ANETZBERGER, H.; PUTZ, R.: The scapula: principles of construction and stress. Acta Anat 156:655–660 (1996)

[12] ANTONIOU, J.; DUCKWORTH, D.T.; HARRYMAN, D.T.II.: Capsulolabral augmentation for the management of posteroinferior instability of the shoulder. J Bone Joint Surg Am 82:1220–1230 (2000)

[13] ANTONIOU, J.; HARRYMAN, D.T. II.: Posterior instability. Orth Clin of North America 32:463–473 (2001)

[14] ARYEE, S.; LORENZ, S.; WÖRTLER, K.; IMHOFF, A.B.: Traumatische Schulterluxation. Arthroskopie 20:62–65 (2007)

[15] ATAY, Ö.A.; AYDINGÖZ, Ü.; DORAL, M.N.; LEBLEBICIOGLU, G.: Anterior labroligamentous periosteal sleeve avulsion lesion at the superior glenoid labrum. Knee Surg 10:122–125 (2002)

[16] BAKER, C.L.; URIBE, J.W.; WHITMAN, C.: Arthroscopic evaluation of acute initial anterior shoulder dislocations. Am J Sports Med 18:25–28 (1990)

[17] BAKER, C.L. III; ROMEO, A.A.: Combined arthroscopic repair of a type IV SLAP tear and Bankart lesion. Arthroskopy 25:1045–1050 (2009)

[18] BALKE, M.; BANERJEE, M.: Schulterschmerz 7 Jahre nach initialem Schultertrauma. GLAD-Läsion und periglenoidale Zyste. Arthroskopie 27:305–308 (2014)

[19] BANKART, A.S.B.: Recurrent or habitual dislocation of the shoulder. Br. Med. J. 11:1132–1133 (1923)

[20] BANKART, A.S.B.: The pathology and treatment of recurrent dislocation of the shoulder-joint. Br J Surg 26:23–29 (1938)

[21] BARTH, J.R.H.; BURKHEAD, S.S.; De BEER, J.F.: The bear hug test. A new and sensitive test for diagnosis of Subscapularis tear. Arthroscopy 22:1076–1084 (2006)

[22] BARTHEL, T.; KÖNIG, U.; GOHLKE, F.: Anatomie des anterosuperioren Labrum-Kapsel-Komplexes. Z Orthop A 136:141 (1998)

[23] BARTHEL, T.; KÖNIG, U.; BÖHM, D.; LOEHR, J.F.; GOHLKE, F.: Die Anatomie des Labrum glenoidale. Orthopäde 7 32:578–585 (2003)

[24] BAYLEY, J.I.L.: The classification of shoulder instability – new light through old windows. Presented: 16th Congress of the European Society for Surgery of the Shoulder and the Elbow, Budapest, Ungarn (2002)

[25] BELANGER, M.; GREEN, A.: SLAP Lesions: Defining clinical relevance. Arthroscopy 15:553 (1999)

[26] BELTRAN, J.; BENCARDINO, J.; MELLADO, J.M.: MR arthrography of the shoulder: normal variants and pitfalls. Radiographics 17:1403–1412 (1997)

[27] BELTRAN, J.; ROSENBERG, Z.S.; CHANDNANI, V.P.; CUOMO, F.; BELTRAN, S.; ROKITO, A.: Glenohumeral instability: evaluation with MR arthrography. Radiographics 17:657–673 (1997)

[28] BENNETT, G.E.: Shoulder and elbow lesions of the professional baseball pitcher. JAMA 117:510–514 (1941)

[29] BENNING, G.; SCHMITT, W.; RAUHUT, F.: Sonographische Darstellung der Bankart-Läsion. Osteologie 8:51 (1999)

[30] BENTS, R.T.; SKEETE, K.D.: The correlation of the Buford complex and SLAP lesions. J Shoulder Elbow Surg 14:565–569 (2005)

[31] BERG, E.E.; CIULLO, J.V.: The SLAP lesion as a cause of continued symptoms and failure of distal clavicle resection. J Shoulder Elbow Surg 5 S68 (1996)

[32] BETTHÄUSER, A.; KRUPPA, T.: Welchen Vorhersagewert hat die Sonographie bei der Frage der PERTHES-BANKART-Läsion. Sport Orthop Traumatol 16:110 (2000)

[33] BEY, M.J.; ELDERS, G.J.; HUSTON, L.J.; KUHN, J.E; BLASIER, R.B.; SOSLOWSKY, L.J.: The mechanism of creation of superior labrum, anterior, and posterior lesions in adynamie biomechanical model of the shoulder: The role of inferior subluxation. J Shoulder Elbow Surg 7:397–401 (1998)

[34] BIGLIANI, L.U.; POLLOCK, R.G.; SOSLOWSKY, L.J.; FLATOW, E.L.; PAWLUK, R.J.; MOW, V.C.: Tensile properties of the inferior glenohumeral ligament. J Orthop Res 10:187–197 (1992)

[35] BIGLIANI, L.U.; POLLOCK, R.G.; Mc ILVEEN, S.J.; ENDRIZZI, D.P.; FLATOW, E.L.: Shift of the posteroinferior aspect of the capsule for recurrent posterior glenohumeral instability. 77:1011–1020 (1995)

[36] BIGLIANI, L.U.; NEWTON, P.M.; STEINMANN, S.P.; CONNOR, P.M.; Mc ILVEEN, S.J.: Glenoid rim lesions associated with recurrent anterior dislocation of the shoulder. Am J Sports Med 26:41–45 (1998)

[37] BLASIER, R.B.; GULDBERG, R.E.; ROTHMAN, E.D.: Anterior shoulder instability: Contributions of rotator cuff forces and the capsular ligaments in a cadaver model. J Shoulder Elbow Surg 1:140–150 (1992)

[38] BLUM, A.; RESLER, F.B.; REGENT, D.; ROLAND, J.; MOLE, D.: Anatomic evaluation of the superior labrum and SLAP lesions with CT arthrography and MR arthrography. J Shoulder Elbow Surg, Vol 4 (1995)

[39] BLUMTRITT, J.: SLAP-Ruptur des Schultergelenkes. Arthroskopie 8:128–129 (1995)

[40] BOKOR, D.J.; CONBOY, V.B.; OLSON, C.: Anterior instability of the glenohumeral joint with humeral avulsion of the glenohumeral ligament: a review of 41 cases. J Bone Joint Surg Br 81:93–96 (1999)

[41] BOSZOTTA, H.; HELPERSTORFER, W.: Luxatio humeri erecta. Arthroskopie 5:272–274 (1992)

[42] BOWEN, M.K.; WARREN, R.F.: Surgical approaches to posterior instability of the shoulder. Oper Tech Sports Med 1:301–310 (1993)

[43] BRAUN, S.; KOKMEYER, D.; MILLETT, P.J.: Shoulder injuries in the throwing athlete. J Bone Joint Surg Am 91:966–978 (2009)

[44] BRAUN, S.; FEUCHT, M.J.; IMHOFF, A.B.: Anatomie und Ätiologie von SLAP- und Bizeps-Pulley-Läsionen. Obere Extremität 9:2–8 (2014)

[45] BRESLER, F.; BLUM, A.; BRAUN, M.; SIMON, J.M.; COSSIN, M.; REGENT, D.; MOLÉ, D.: Assessment of the superior labrum of the shoulder joint with CT-arthrography and MR-arthrography: correlation with anatomical dissection. Surg Radiol Anat 19:57–62 (1998)
[46] BROCA, A.; HARTMANN, H.: Contribution a létidude des luxations d'épaule (luxations anciennes, luxations récidivantes). Bull Soc Anat 416–423 (1890)
[47] BROCA, A.; HARTMANN, H.: Contribution a létidude des luxations d'épaule (luxations directes et luxations indirectes). Bull Soc Anat 312–336 (1890)
[48] BROWN, T.; BARTON, R.S.; SAVOIE, F.H.: Reverse humeral avulsion glenohumeral ligament and infraspinatus rupture with arthroscopic repair. Am J Sports Med 35:2135–2139 (2007)
[49] BRUÉ, S.; VALENTIN, A.; YLLNER, G.: Slap lesion type IV and a Buford complex: a case report. Knee Surg Sports Traumatol Arthrosc 16:86–89 (2008)
[50] BRUNNER, U.; WIEDEMANN, E.: Kombinationsverletzungen von Labrum und Rotatorenmanschette. Trauma Berufskrankh 3:532–535 (2001)
[51] BUI-MANSFIELD, L.T.; BANKS, K.P.; TAYLOR, D.C.: Humeral avulasion of the glenohumeral ligaments. Am J Sports Med 35:1960–1966 (2007)
[52] BURKART, A.; DEBSKI, R.; Mc MAHON, P.; MUSAHL, V.: Biomechanik nach arthroskopischem SLAP-Repair: Eine Kadaverstudie. Z Orthop 140:1–198 (2002)
[53] BURKART, A.; DEBSKI, R.; MUSAHL, V.; Mc MAHON, P.: Glenohumeral translations are only partially restored after repair of a simulated type II superior labral lesion. Am J Sports Med 31:56–63 (2003)
[54] BURKHART, S.S.; FOX, D.L.: SLAP lesions in association with complete tears of the long head of the biceps tendon: a report of two cases. Arthroscopy 8:31–35 (1992)
[55] BURKHART, S.S.; FOX, D.L.: Case Report: Arthroscopic repair of a type IV SLAP Lesion - The Red-on-White Lesion as a component of anterior instability. Arthroscopy 9:488–492 (1993)
[56] BURKHART, S.S.; MORGAN, C.D.: The Peel-Back Mechanism: Its Role in Producing and Extending Posterior Type II SLAP Lesions and its Effect on SLAP Repair Rehabilitation. Journal of Arthroscopic and Related Surg 14:637–640 (1998)
[57] BURKHART, S.S.; MORGAN, C.D.; KIBLER, W.B.: Shoulder injuries in overhead athletes: The „dead arm" revisited. Clin Sports Med 19:125–158 (2000)
[58] BURKHART, S.S.; MORGAN, C.D.; KIBLER, W.B.: The disabled throwing shoulder: Spectrum of pathology. Part I: Pathoanatomy and biomechanics. Arthroscopy 19:404–420 (2003)
[59] BURKHART, S.S.; PARTEN, P.M.: Dead arm syndrome: Torsional SLAP lesions versus internal impingement. Techniques in Shoulder and Elbow Surgery. 2:74–84 (2001)
[60] BURKHART, S.S.; MORGAN, C.D.; KIBLER, W.B.: The disabled throwing shoulder: Spectrum of pathology. Part II: Evaluation and treatment of SLAP lesions in throwers. Arthroscopy 19:531–539 (2003)
[61] CAFALTZIS, K.; WECKBACH, S.; LEHMANN, L.: Arthrose nach SLAP-Läsion – eine Arthro-MRI Evaluation. Vorträge, Jahreskongress DVSE, Hamburg (2009)
[62] CAIRD, F.M.: The shoulder joint in relation to certain dislocations and fractures. Edinburgh Med J 32:708 (1887)
[63] CERYNIK, D.L.; EWALD, T.J.; SASTRY, A.; AMIN, N.H.; LIAO, J.G.; TOM, J.A.: Outcomes of isolated glenoid labral injuries in professional baseball pithchers. Clin J Sport Med 18:255–258 (2008)
[64] CHADWICK, C.: Histological studies of the glenoid labrum from fetal life to old age. J Bone Joint Surg Am 72:1344–1348 (1990)
[65] CHHABRA, A.; DIDUCH, D.R.; ANDERSON, M.: Arthroscopic repair of a posterior humeral avulsion of the inferior glenohumeral ligament (HAGL) lesion. Arthroscopy 20:73–76 (2004)
[66] CHHADIA, A.M.; GOLDBERG, B.A.; HUTCHINSON, M.R.: Abnormal translation in SLAP lesions on magnetic resonance imaging abducted externally rotated view. J Arth Rel Surg 26:19–25 (2010)

[67] CHO, S.H.; CHO, N.S.; RHEE, Y.G.: Preoperative analysis of the Hill-Sachs lesion in anterior shoulder instability. Am J Sports Med 39:2389–2395 (2011)
[68] CHOI, N-H.; KIM, S-J.: Avulsion of the Superior Labrum. Arthroscopy 20:872–874 (2004)
[69] CIULLO, J.V.: Arthroscopic repair of the superior labrum (SLAP lesion) with absorbable rivets. J Shoulder Elbow Surg 5:68 (1996)
[70] CIULLO, J.V.: Shoulder injuries in sport: evaluation, treatment and rehabilitation. champaign, IL: Human Kinetics. 32:83–93 (1996)
[71] CLAVERT, P.; BONNOMET, F.; KEMPF, J.F.; BOUTEMY, P.; BRAUN, M.; KAHN, J.L.: Contribution to the study of the pathogenesis of type II superior labrum anterior-posterior lesions: A cadaveric model of a fall on the outstretched hand. J Shoulder Elbow Surg 13:45–50 (2004)
[72] COLLINS, D.N.; HARRYMAN, D.T.; LIPPITT, S.B.; JACKINS, S.E.; MATSEN, F.A.: The technique of glenohumeral arthroplasty. Tech Orthop 6:43–59 (1991)
[73] CONNOLLY, K.P.; SCHWARTZBERG, R.S.; REUSS, B.; CRUMBIE Jr, D.; HOMAN, B.M.: Sensitivity ans specificity of noncontrast magnetic resonance imaging reports in the diagnosis of type-II superior labral anterior-posterior lesions in the community setting. J Bone Joint Surg Am 95:308–313 (2013)
[74] COOK, C.; BEATY, S.; KISSENBERTH, M.J.; SIFFRI, P.; PILL, S.G.; HAWKINS, R.J.: Diagnostic accuracy of five orthopedic clinical tests for diagnosis of superior labrum anterior posterior. J Shoulder Elbow Surg 21:13–22 (2012)
[75] COOPER, D.E.; ARNOCZKY, S.P.; O'BRIEN, S.J.; WARREN, R.F.; DiCARLO, E.; ALLEN, A.A.: Anatomy, histology and vascularity of the glenoid labrum. J Bone Joint Surg 74:46–52 (1992)
[76] CORDASCO, F.A; STEINMANN, S.; FLATOW, E.L.; BIGLIANI, L.U.: Arthroscopic treatment of glenoid labral tears. Am J Sports Med. 21:425–431 (1993)
[77] CRAIG, E.V.: Shoulder arthroscopy in the throwing athlete. Clin sports Med 15:673–700 (1996)
[78] CRENSHAW, H.A.; KILGORE, W.E.: Surgical treatment of bicipital tenosynovitis. J Bone Joint Surg Am 48:1496–1502 (1966)
[79] CROCKETT, H.C.; WINGERT, N.C.; WRIGHT, J.M.; BONNER, K.F.: Repair of SLAP lesions associated with a buford complex: a novel surgical technique. Arthroscopy 27:314–321 (2011)
[80] CURL, L.A.; WARREN, R.F.: Glenohumeral joint stability: Selective cutting studies on the static capsular restraints. Clin Orthop 330:54–65 (1996)
[81] DELORME, D. H.D.: Die Hemmungsbänder des Schultergelenks und ihre Bedeutung für die Schulterluxationen. Arch Klin Chir 92:72–101 (1910)
[82] DENARD, P.J.; LÄDERMANN, A.; BURKHART, S.S.: Long-term outcome after arthroscopic repair of type II SLAP lesions: results according to age and workers' compensation status. Arthroscopy 28:451–457 (2012)
[83] De PALMA, A.F.; CALLERY; GERALD; BENNETT, G.A.: Variational anatomy and degenerative lesions of the shoulder joint. In Instructional Course Lectures, The American Academy of Orthopaedic Surgeons 6:255–281 Ann Arbor, J.W. Edwards (1949)
[84] De PALMA, A.F.: Surgery of the Shoulder, 2. Aufl. Lippincott, Philadelphia (1973)
[85] Del REY, F.C.; VÁZQUEZ, D.G.; LÓPEZ, D.N.: Glenohumeral instability associated with Buford complex. Knee Surg Sports Traumatol Arthrosc 17:1489–1492 (2009)
[86] DETRISAC, D.A.; JOHNSON, L.L.: Arthroscopic shoulder anatomy. Pathologic and surgical implications. SLACK INC. THOROFARE (1987)
[87] DETTERLINE, A.J.; PROVENCHER, M.T.; GHODADRA, N.; BACH, B.R.; ROMEO, A.A.; VERMA, N.N.: A new arthroscopic technique to determine anterior-inferior glenoid bone loss: validation of the secant chord theory in a cadaveric model. Arthroscopy 25:1249–1256 (2009)
[88] Di GIOVINE, N.M.; JOBE, F.W.; PINK, M.; PERRY, J.: An electromyographic analysis of the upper extremity in pitching. EMG and motion analysis. J Shoulder Elbow Surg 1:15–25 (1992)

[89] DINES, D.M.; WARREN, R.F.; INGLIS, A.E.: The coracoid impingement syndrome. J Bone Joint Surg 72:314–316 (1990)
[90] DODSON, C.C.; ALTCHEK, D.W.: SLAP Lesions: An update on recognition and treatment. J Orthop Sports Phys Ther 39:71–80 (2009)
[91] DRAKOS, M.C.; RUDZKI, J.R.; ALLEN, A.A.; POTTER, H.G.; ALTCHEK, D.W.: Internal impingement of the shoulder in the overhead athlete. J Bone Joint Surg 91:2719–2728 (2009)
[92] EBINGER, N.; MAGOSCH, P.; LICHTENBERG, S.; HABERMEYER, P.: A new SLAP test: the supine flexion resistance test. Arthroscopy 24:500–505 (2008)
[93] EDWARDS, T.B.; WALCH, G.; SIRVEAUX, F.; MOLÉ, D.; NOVÉ-JOSSERAND, L.; BOULAHIA, A.; NEYTON, L.; SZABO, I.; LINDGREN, B.: Repair of tears of the subscapularis. J Bone Joint Surg Am 87-A:725–730 (2005)
[94] ENAD, J.G.: Bifurcate origin of the long head of the biceps tendon. Arthroscopy 20:1081–1083 (2004)
[95] ESCH, J.C.: Arthroscopic instability repair. In: The 19th Annual San Diego Meeting Syllabus. San Diego: 322–325 (2002)
[96] EULER, E.; RÜEDI, T.: Scapulafraktur. In: Schulterchirurgie, pp. 261–272. Edited by HABERMEYER, P.; SCHWEIBERER, L.; pp 261–272. München, Wien, Baltimore, Urban and Schwarzenberg (1996)
[97] FAUSTIN, C.M.; RASSI, G.E.; TOULSON, C.E.; LIN, S.K.; Mc FARLAND, E.G.: Isolated posterior labrum tear in a golfer: A case report. Am J Sports Med 35:312–315 (2007)
[98] FEALY, S.; RODEO, S.A.; DICARLO, E.F.; O'BRIEN, S.J.: the developmental anatomy of the neonatal glenohumeral joint. J Shoulder Elbow Surg 5:217–222 (2000)
[99] FERRARI, J.D.; FERRARI, D.A.; COUMAS, J.; PAPPAS, A.M.: Posterior ossification of the shoulder: The Bennett Lesion. Etiology, Diagnosis, and Treatment. Am J Sports Med. 22:171–176 (1994)
[100] FERY, A.; SOMMELET, J.: La luxation en mat de l'épaule (Luxation erecta humeri). Int Orthop 11:95–103 (1987)
[101] FICK, R.: Handbuch der Anatomie des Menschen. V. Bardeleben (Hrsg.) Bd. 2, 1. Abtl., 1. Teil Fischer, Jena (1904)
[102] FIELD, L.D.; SAVOIE, F.H.: Arthroscopic suture repair of superior labral detachment lesions of the shoulder. Am J Sports Med. 21:783–790 (1993)
[103] FIELD, L.D.; SAVOIE, F.H.: Arthroscopic suture repair of superior labral detachment lesions of the shoulder. Advances in Orthopaedic Surgery 18:233–235 (1995)
[104] FIELD, L.D.; BOKOR, D.J.; SAVOIE, F.H.: Humeral and glenoid detachment of the anterior inferior glenohumeral ligament: a cause of anterior shoulder instability. J Shoulder Elbow Surg 6:6–10 (1997)
[105] FLEISIG, G.S.; ANDREWS, J.R.; DILLMAN, C.J.; ESCAMILLA, R.F.: Kinetics of baseball pitching with implications about injury mechanisms. Am J Orth Society for Sports Med 23:233–239 (1995)
[106] FUCHS, B.; JOST, B.; GERBER, C.: Posterior-inferior capsular shift for the treatment of recurrent, voluntary posterior subluxation of th shoulder. J Bone Joint Surg Am 82:16–25 (2000)
[107] FUKUDA, H.; NEER II, C.S.: Archer's shoulder: recurrent posterior subluxation and dislocation of the shoulder in two archers. Orthop Trans. J Bone Joint Surg 8:89–90 (1984)
[108] GAGEY, O.; GAGEY, N.; BOISRENOULT, P.; HUE, E.; MAZAS, F.: Experimental study of dislocations of the scapulohumeral joint. Rev Chir Orthop Reparatrice Appar Mot 79:13–12 (1993)
[109] GARTH, W.P.; ALLMAN, F.L.; ARMSTRONG, W.S.: Occult anterior subluxations of the shoulder in noncontact sports. Am J Sports Med 15:579–585 (1987)
[110] GARTSMAN, G.M.; HAMMERMAN, S.M.: Superior labrum, anterior and posterior lesions: When and how to treat them. Clin Sports Med 19:115–124 (2000)

[111] GARTSMAN, G.M.; RODDEY, T.S.; HAMMERMAN, S.M.: Arthroscopic treatment of anterior-inferior glenohumeral instability. J Bone Joint Surg Am 82:991–1003 (2000)

[112] GEHRMANN, R.M.; DeLUCA, P.F.; BARTOLOZZI, R.: Humeral avulsion of the glenohumeral ligament caused by microtrauma to the anterior capsule in an overhand throwing athlete. Am J Sports Med 31:617–619 (2003)

[113] GERBER, C.; GANZ, R.: Clinical assessment of instability of the shoulder with special reference to anterior and posterior drawer tests. J Bone Joint Surg Br 66:551–556 (1984)

[114] GERBER, C.; TERRIER, F.: The role of the coracoid process in the chronic impingement syndrome. J Bone Joint Surg Br 67:703–708 (1985)

[115] GERBER, C.: Use of the constand score for assessing shoulder instability. Instructional course, 9th congress of the SECEC/ESSES, Nottingham (1996)

[116] GERBER, C.: Observations on the classifications of instability. In: J.J.P. WARNER, I.P. IANNOTTI, C. GERBER (eds). Complex and revision problems in shoulder surgery. Lippincott-Raven, Philadelphia (1997)

[117] GERBER, C.; SEBESTA, A.: Impingement of the deep surface of the subscapularis tendon and the reflection pulley of the anterosuperior glenoid rim: A preliminary report. J Shoulder Elbow Surg 9:483–490 (2000)

[118] GERBER, C.; NYFFELER, R.W.: Classification of glenohumeral joint instability. Clin Orth and Rel Res 400:65–76 (2002)

[119] GILCREEST, E.L.: The common syndrome of rupture, dislocation and elongation of the long head of the biceps brachii. An analysis of 100 cases. Surg Gyn Obst 58:322–339 (1934)

[120] GLEYZE, P.; HABERMEYER, P.: Aspects arthroscopiques et évolution chronologique des lésions du complexe labro-ligamentaire dans l'instabilité antéro-inférieure post-traumatique de l'epaule. Rev Chirurgie Orthop. 82:288–298 (1996)

[121] GODHINHO, G.G.; SOUZA, J.M.G.: Arthroscopy of the shoulder. J Shoulder Elbow Surg 2:59 (1993)

[122] GOSS, T.P.: Scapular fractures and dislocations: diagnosis and treatment. J Am Acad Orthop Surg 3:22–33 (1995)

[123] GRAUER, J.D.; PAULOS, L.E.; SMUTZ, W.P.: Biceps tendon and superior labral injuries. Arthroscopy 8:488–497 (1992)

[124] GREEN, M.R.; CHRISTENSEN, K.P.: Magnetic resonance imaging of the glenoid labrum in anterior schoulder instability. Am J Sports Med 22:493–498 (1994)

[125] GREENWALD, A.S.; HAYNES, D.W.: Weight-Bearing Areas in the Human Hip Joint. J Bone Joint Surg 54-B, 157–163 (1972)

[126] GREIS, P.E.; SCUDERI, M.G.; MOHR, R.A.; BACHUS, K.N.; BURKS, R.T.: Glenohumeral articular contact areas and pressures following labral and osseous injury to the anteroinferiore quadrant of the glenoid. J Shoulder Elbow Surg 11:442–51 (2002)

[127] GROSSMAN, M.G.; TIBONE, J.E.; Mc GARRY, M.H.; SCHNEIDER, D.J.; VENEZIANI, S.; LEE, T.Q.: A cadaveric model of the throwing shoulder: A possible etiology of superior labrum anterior-to-posterior lesions. J Bone Joint Surg 87:824–831 (2005)

[128] GUANCHE, C.A.; QUICK, D.C.: Prospective correlation of clinical examination with arthroscopy in the diagnosis of glenoid labral tears. Arthroscopy 16:405–438 (2000)

[129] GUANCHE, C.A.; JONES, D.C.: Clinical testing for tears of the glenoid labrum. J Arth Rel Surg 19:517–523 (2003)

[130] HABERMEYER, P.; BRUNNER; U.; WIEDEMANN, E.; WILHELM, K.: Kompressionssyndrome an der Schulter und deren Differentialdiagnose. Orthopäde 16:448–457 (1987)

[131] HABERMEYER, P.; SCHULLER, U.: Die Bedeutung des Labrum glenoidale für die Stabilität des Glenohumeralgelenkes. Unfallchirurg 93:19–26 (1990)

[132] HABERMEYER, P.; SCHULLER, U.; WIEDEMANN, E.: The intra-articular pressure of the shoulder: an experimental study on the role of the glenoid labrum in stabilizing the joint. Arthroscopy 8:166–172 (1992)

[133] HABERMEYER, P.; BRUNNER; U.; WIEDEMANN, E.: „Over the top" suture technique for arthroscopy repair of SLAP Lesions of the shoulder. J Shoulder Elbow Surg 2 (1993)

[134] HABERMEYER, P.; BRUNNER; U.; TREPTOW, U.; WIEDEMANN, E.: Arthroskopische Over-the-top-Naht zur Behandlung von SLAP-Läsionen der Schulter. Arthroskopie 6:263–271 (1993)

[135] HABERMEYER, P.; GLEYZE, P.; RICKERT, M.: Evolution of lesions of the labrum-ligament complex in posttraumatic anterior shoulder instability: A prospective study. J Shoulder Elbow Surg 8:66–74 (1999)

[136] HABERMEYER, P.; LICHTENBERG, S.; MAGOSCH, P.: Die Pathomorphologie der Pulley-Läsion: Eine prospective arthroskopische Studie. Vortrag: Deutsche Vereinigung für Schulter- und Ellenbogenchirurgie e.V., 8. Jahreskongress, München 15.-16.06. (2001)

[137] HABERMEYER, P.: Schulterchirurgie. Urban & Fischer, Elsevier (2002)

[138] HABERMEYER, P.; MAGOSCH, P.; PRITSCH, M.: Anterosuperior impingement of the shoulder as a result of pulley lesions: a prospective arthroscopic study. J Shoulder Elbow Surg 13:5–12 (2004)

[139] HABERMEYER, P.; MAGOSCH, P.; LICHTENBERG, S.: Schulterinstabilitäten. Orthopäde 33:847–873 (2004)

[140] HABERMEYER, P.; LICHTENBERG, S.; MAGOSCH, P.: Rotatorenmanschettenruptur und Schulterinstabilität. Arthroskopie 20:217–222 (2007)

[141] HABERMEYER, P.; LICHTENBERG, S.; MAGOSCH, P.: Schulterchirurgie. Elsevier (2010)

[142] HADDOCK, M-C.; FUNK, L.: Labral tears in rock climbers. Clin J Sport Med 16:271–273 (2006)

[143] HAMNER, D.L.; PINK, M.M.; JOBE, F.W.: A modification of the relocation test: arthroscopic findings associated with a positive test. J Shoulder Elbow Surg 9:263–267 (2000)

[144] HANDELBERG, F.; WILLEMS, S.; SHAHABPOUR, M.; HUSKIN, J-P.; JUTA, J.: SLAP Lesions: A Retrospective Multicenter Study. Arthroscopy 14:856–862 (1998)

[145] HARA, H.; NOBUYUKI, I.; IWASAKI, K.: Strength of the glenoid labrum and adjacent shoulder capsule. J Shoulder Elbow Surg. 5:263–268 (1996)

[146] HART, W.J.; KELLY, C.P.: Arthroscopic observation of capsulolabral reduction after shoulder dislocation. J Shoulder Elbow Surg 14(2):134–137 82005)

[147] HARZMANN, H.C.; BURKART, A.; WÖRTLER, K.; VAITL, T.; IMHOFF, A.B.: Anatomische Normvarianten des superioren Labrum-Bizepssehnenanker-Komplexes. Orthopäde 32:586–594 (2003)

[148] HASHIMOTO, T.; NAGAI, T.; TERUYA, H.; NOBUHARA, K.: Relationship between Bennett Lesion and Slipping Phenomenon of humeral head in throwing athlete. J Shoulder Elbow Surg S.128 (1996)

[149] HATA, Y.; NOBUHARA, K.: A cineradioarthrographic study of the damaged anterior inferior glenoid edge. J Shoulder Elbow Surg 2:39 (1993)

[150] HATA, Y.; NAKATSUCHI, Y.; SAITOH, S.; HOSAKA; M.: Anatomic study of the glenoid labrum. J Shoulder Elbow Surg 1:207–214 (1992)

[151] HAURY, J.; KNEBEL, C.; IMHOFF, A.B.: Klinische und isokinetische Evaluierung des sekundäres Impingement bei SLAP-Läsionen. Z Orthop 139 (2001)

[152] HAURY, J.; KNEBEL, C.; IMHOFF, A.B.: Klinische und isokinetische Diagnostik von SLAP-Läsionen. Vortrag, Deutsche Vereinigung für Schulter- und Ellenbogenchirurgie e.V., 8. Jahreskongress 15.-16.06. (2001)

[153] HAWKINS, R.J.; KENNEDY, J.C.: Impingement syndrome in athletes. Am J Sports Med 8:151–158 (1980)

[154] HAWKINS, R.J.; BOKOR, D.J.: Clinical evaluation of shoulder problems. In: Rockwood, C.A., F.A. Matsen III (eds.): The Shoulder 1:149–177 (1990)

[155] HAYASHIDA, K.; YONEDA, M.; NAKAGAWA, S.: Arthroscopic Bankart suture repair for traumatic anterior shoulder instability: analysis of the causes of a recurrence. Arthroscopy 14:295–301 (1998)

[156] HERTEL, R.; ROTHENFLUH, D.A.: Radial labral tear: an unrecognized lesioni associated with periosteal sleeve avulsion in traumatic anterior shoulder instability. 9th International Congress on Surgery of the Shoulder, Washington CD, USA 2.-5. May (2004)

[157] HIGGINS, L.D.; WARNER, J.J.P.: Superior labral lesions. Clin Orth Rel Research 390:73–82 (2001)

[158] HILL, J.D.; LOVEJOY, J.F.; KELLY, R.A.: Combined posterior bankart lesion ans posterior humeral avulsion of the glenohumeral ligaments associated with recurrent posterior shoulder instability. Arthroscopy 23:327.el-327.e3 (2007)

[159] HOGAN, N.A.; LINKLATER, J.; PERKO, M.M.: Superior glenoid fracture involving the biceps anchor. American Journal of Sports Medicine, 37:1632–1634 (2009)

[160] HOMAN, B.M.; GITTINS, M.E.; HERZOG, R.J.: Preoperative magnetic resonance imaging diagnosis of the floating anterior inferior glenohumeral ligament. Arthroscopy 18:542–546 (2002)

[161] HOPPERT, M.; REFIOR, H.J.: Das sublabrale Foramen als Differentialdiagnose zur Labrumruptur bei der Schulterarthroskopie. Arthroskopie 6:137–139 (1993)

[162] HOWELL, S.M.; GALINAT, B.J.: The glenoid-labral socket, a constrained articular surface. Clin Orthop 243:122–5 (1989)

[163] HSU, H.C.; LUO, Z.P.; COFIELD, R.H.; AN, K.N.: Influence of rotator cuff tearing on gleonohumeral stability. J Shoulder Elbow Surg 6:413–422 (1997)

[164] HUBER, W.; PUTZ, R.: Periarticular Fiber System of the Shoulder Joint. Arthroscopy 13:680–691 (1997)

[165] IANNOTTI, J.P.; WANG, E.D.: Avulsion fracture of the supraglenoid tubercle: a variation of the SLAP lesion. J Shoulder Elbow Surg 1:26–30 (1992)

[166] IDEBERG, R.: Fractures of the scapula involving the glenoid fossa. In: BATEMAN, J.E.; Welsh R.P. eds. Surgery of the Shoulder. BC Decker, Toronto: 63–66 (1984)

[167] ILAHI, O.A.; LABBE, M.R.; COSCULLUELA, P.: Variants of the anterosuperior glenoid labrum and associated pathology. Journal of Arthroscopic and Related Surg. 18:882–886 (2002)

[168] IMHOFF, A.B.; AGNESKIRCHNER, J.D.; KÖNIG, U.; TEMME, C.; ÖTTL, G.; McFARLAND, E.G.: Obere Labrumpathologie beim Sportler. Der Orthopäde 10:917–927 (2000)

[169] INUI, H.; SUGAMOTO, K.; MIYAMOTO, T.; YOSHIKAWA, H.; MACHIDA, A.; HASHIMOTO, J.; NOBUHARA, K.: Glenoid shape in atraumatic posterior instability of the shoulder. Clin Orth and Rel Res 403:87–92 (2002)

[170] IQBAL, H.J.; RANI, S.; MAHMOOD, A.; BROWNSON, P.; ANIQ, H.: Diagnostic value of MR arthrogram in SLAP lesions of the shoulder. Surgeon 8(6):303–309 (2010)

[171] ITO, Y.; SAKAI, T.; TOMO, H.; NAKAO, Y.; INUI, K.; KOIKE, T.; NAKATSUCHI, T.; TAKAOKA, K.: Computerized assessment of Bankart lesions under tension with magnetic resonance Arthrography. J Shoulder Elbow Surg 14:247–251 (2005)

[172] ITOI, E.; KIDO, T.; SANO, A. et al: WHICH is more useful, the full can test or the empty can test in detecting the torn supraspinatus tendon? Am J Sport Med 27:65–68 (1999)

[173] IZAKI, T.; MIDORIKAWA, K.; SHIBATA, Y.; HARA, M.; OGATA, K.: Biceps labrum complex (BLC) lesions. J Shoulder Elbow Surg: S42 (1994)

[174] IZAKI, T.; MIDORIKAWA, K.; SHIBATA; Y.; HARA, M.; OGATA , K.: The histological study of biceps labrum complex and its attachment of to the glenoid. J Shoulder Elbow Surg Vol. 3, No.1., Part 2 (1994)

[175] IZAWA , K.; YONEDA, M.; HAYASHIDA; K.; NAKASAO, S.; HIROOKA, A: Superior glenoid labral detachment evaluation using MR arthrography and MRI. J Shoulder Elbow Surg (1996)

[176] IZAWA, K.; YONEDA, M.; HAYASHIDA; K.: Specific findings indicating detached superior glenoid labrum on CT arthrography and MRI. J Shoulder Elbow Surg. 1:43 (1993)
[177] JANKAUSKAS, L.; RÜDIGER, H.A.; PFIRRMANN, C.W.A.; JOST, B.; GERBER, C.: Loss of the sclerotic line of the glenoid on anteroposterior radiographs of the shoulder: a diagnostic sign for an osseous defect of the anterior glenoid rim. J Shoulder Elbow Surg 19:151–156 (2010)
[178] JAROSCHY, W.: Der scheibenförmige Meniscus lateralis genu als Ursache des schnellenden Knies, zugleich ein Beitrag zur Entwicklung und vergleichenden Anatomie der C-Knorpel. Bruns' Beitr Klin Chir 161:139 (1935)
[179] JAZRAWI, L.M.; Mc CLUSKEY, G.M.III; ANDREWS, J.R.: Superior labral anterior and posterior lesions and internal impingement in the overhead athlete. Instr Course Lect 52:43–63 (2003)
[180] JEROSCH, J.; ASSHEUER, J.: Kernspintomographische Befunde bei Patienten mit instabilen Schultergelenken. Arthroskopie 3:159–165 (1990)
[181] JEROSCH, J.; CASTRO, W.H.M.; GROSSE-HACKMANN, A.; CLAHSEN, H.: Über die Funktion der glenohumeralen Ligamente bei der aktiven Sicherung der Schulterstabilität. Z. Orthop 133:67–71 (1995)
[182] JEROSCH, J.: Läsionen des Labrum glenoidale des glenohumeralen Gelenkes. Chir Praxis 57:103–118 (2000)
[183] JOBE, F.W.; JOBE, C.M.: Painful athletic injuries of the shoulder. Clin Orthop Relat Res 173:117–124 (1983)
[184] JOBE, F.W.; KVITNE, R.S.; GIANGARRA, C.D.: Shoulder pain in the overhand or throwing athlete: The relationship of anterior instability and rotator cuff impingement. Orthop Rev 18:963–975 (1989)
[185] JOBE, F.W.; TIBONE, J.E.; JOBE, C.M.: The shoulder in sports. In: Rockwood CA Jr. Matsen FA III, eds. The shoulder. Philadelphia: WB Saunders 963–967 (1990)
[186] JOBE, F.W.; GIANGARRA, C.E.; KVITNE, R.S.; GLOUSMAN, R.E.: Anterior capsulolabral reconstruction of the shoulder in athletes in overhand sports. Am J Sports Med 19:428–434 (1991)
[187] JOBE, C.M.; SIDLES, J.: Evidence for a superior glenoid impingement upon the rotator cuff: Anatomic, kinesiologic, MRI and arthroscopic findings. Presented at the Fifth International conferece on Surgery of the Shoulder (1992)
[188] JOBE, C.M.: Posterior superior glenoid impingement: Expanded spectrum. Arthroscopy 11:530–536 (1995)
[189] JOBE, C.M.: Posterior superior glenoid impingement: Expanded spectrum. J Shoulder Elbow Surg 4:555 (1995)
[190] JOHNSON, L.L.: Diagnostic and Surgical Arthroscopy 3. Ed. C.V. Mosby, St. Louis (1986)
[191] JOHNSON, L.L.: Arthroscopic Surgery. Mosby, St. Louis (1986)
[192] JONES, G.L.; GALLUCH, D.B.: Clinical assessment of superior glenoid labral lesions. Clin Orth Rel Research 455:45–51 (2007)
[193] KAMPS, R.J.; CLASPER, J.: Incidence of SLAP Lesions in a military population. J R Army Med Corps 151:171–175 (2005)
[194] KANATLI, U.; OZTURK, B.Y.; BOLUKBASI, S.: Anatomical variations of the anterosuperior labrum: prevalence and association with type II superior labrum anterior-posterior (SLAP) lesions. J Shoulder Elbow Surg 19:1199–1203 (2010)
[195] KENDALL, C.B.; TANNER, S.L.; TOLAN, S.J.: SLAP tear associated with a minimally displaced proximal humerus fracture. Arthroscopy 23:1362 (2007)
[196] KESSLER, M.A.; BURKART, A.; WEISS, M.; IMHOFF, A.B.: SLAP-Läsionen als Ursache einer posterioren Instabilität. Orthopäde 32:642–646 (2003)
[197] KHAZZAM, M.; JORDANOV, M.I.; COX, C.L.; DUNN, W.R.; KUHN, J.E.: SARL: Shoulder acronyms. A review of the literature. Arthroscopy 27:542–555 (2011)
[198] KIBLER, W.B.: Specificity and sensitivity of the anterior slide test in throwing athletes with superior glenoid labral tears. Arthroscopy 11:296–300 (1995)

[199] KIBLER, W.B.: The role of the scapula in athletic shoulder function. Am J Sports Med 26:325–337 (1998)

[200] KIBLER, W.B.; SCIASCIA, A.D.; HESTER, P.; DOME, D.; JACOBS, C.: Clinical utility of traditional and new tests in the diagnosis of biceps tendon injuries and superior labrum anterior and posterior lesions in the shoulder. Am J Sports Med 37:1840–1847 (2009)

[201] KIBLER, W.B.; DOME, D.: Internal impingement: concurrent superior labral and rotator cuff injuries. Sports Med Arthrosc Rev 20:30–33 (2012)

[202] KIM, D-S.; YOON, Y-S.; YI, C.H.: Prevalence comparison of accompanying lesions between primary and recurrent anterior dislocation in the shoulder. Am J Sports Med 38:2071–2076 (2010)

[203] KIM, K.C.; RHEE, K.J.; SHIN, H.D.; KIM, Y.M.: A slap lesion associated with calcific tendinitis of the long head of the biceps brachii at its origin. Knee Surg sports Traumatol Arthrosc 15:1478–1481 (2007)

[204] KIM, S-H.; HA, K-I.; HAN, K-Y.: Biceps load test. A clinical test for superior labrum anterior and posterior lesions in shoulders with recurrent anterior dislocations. Am J Sports Med. 27:300–303 (1999)

[205] KIM, S-H.; HA, K-I.; HAN, K-Y.: Biceps load test. A test of SLAP lesion in the recurrent anterior dislocation of the shoulder. J Shoulder Elbow Surg 8/5 (1999)

[206] KIM, S-H.; HA, K-I.; AHN, J.H.; CHOI, H.J.: Biceps load test II: A clinical test for SLAP lesions of the shoulder. Arthroscopy 17:160–164 (2001)

[207] KIM, S-H.; HA, K-I.; YOO, J-C.; NOH, K-C.: Kim's lesion: an incomplete and concealed avulsion of the posteroinferior labrum in posterior or multidirectional posteroinferior instability of the shoulder. Arthroscopy 20:712–720 (2004)

[208] KIM, S-H.; NOH, K-C.; PARK, J-S.; RYU, B-D.; OH, I.: Loss of chondrolabral containment of the glenohumeral joint in atraumatic posteroinferior multidirectional instability. J Bone Joint Surg Am 87:92–98 (2005)

[209] KIM, S-H.; PARK, J.S.; JEONG, W.K.; et al: The Kim test. A novel test for posteroinferior labral lesion of the shoulder – a comparison to the jerk test. Am J Sports Med 33:1188–1192 (2005)

[210] KIM, T.K.; QUEALE, W.S.; COSGAREA, A.J.: Clinical features of the different types of SLAP lesions. J Bone Joint Surg 85:66–71 (2003)

[211] KNESEK, M.; SKENDZEL, J.G.; DINES, J.S.; ALTCHEK, D.W.; ALLEN, A. A.; BEDI, A.: Diagnosis and management of superior labral anterior posterior tears in throwing athletes. Am J Sports Med 41:444–460 (2013)

[212] KODALI, P.; JONES, M.H.; POLSTER, J.; MINIACI, A.; FENING, S.D.: Accuracy of measurement of Hill-Sachs lesions with computed tomography. J Shoulder Elbow Surg 20:1328–1334 (2011)

[213] KREITNER, K.F.; BOTCHEN, K., RUDE, J.; BITTINGER, F.; KRUMMENAUER, F.; THELEN, M.: Superior labrum and labral-bicipital complex: MR imaging with pathologic-antomic and histologic correlation. AJR 170:599–605 (1998)

[214] KUHN, J.E.; BEY, M.J.; HUSTON, L.J.; BLASIER, R.B.; SOSLOWSKY, L.J.: Ligamentous restraints to external rotation of the humerus in the late-cocking phase of throwing. A cadaveric biomechanical investigation. Am J Sports Med 28:200–205 (2000)

[215] KUHN, J.E.; LINDHOLM, S.R.; HUSTON, L.J.; SOSLOWSKY, L.J.; BLASIER, R.B.: Failure of the biceps superior labral complex: A cadaveric biomechanical investigation comparing the late cocking and early deceleration positions of throwing. J Arthroscopic and Related Surg. 19:373–379 (2003)

[216] LABAN, M.M.; GURIN, T.L.; MALTESE, J.T.: Slip of the lip – tears of the superior glenoid labrum-anterior to posterior (SLAP) syndrome. Phys Med Rehabil 74:448–452 (1995)

[217] LAURENCIN, C.T.; PALETTA, G.A.; POTTER, H.; WICKIEWICZ, T.L.: Disruption of the posterior-lateral shoulder capsule. J Shoulder Elbow Surg 4:391–394 (1995)

[218] LEBOLT, J.R.; CAIN jr., E.L.; ANDREWS, J.R.: SLAP Lesions, 2007. Am J Orthop 35:554–557 (2006)

[219] LEE, B.G.; CHO, N.S.; RHEE, Y.G.: Anterior labroligamentous periosteral sleeve avulsion lesion in arthroscopic capsulolabral repair for anterior shoulder instability. Knee Surg Spots Traumatol Arthrosc 19:1563–1569 (2011)

[220] LEE, S-B.; HARRYMAN, D.T.: Superior detachment of a glenoid labrum variant resembling an incompleted discoid meniscus in a wheelchiar ambulator. Journal of Arthroscopic and Related Surg. 13:511–514 (1997)

[221] LEHMANN, L.J.; DINTER, D.; MONATESERI, S.; SCHARF, H.P.; WECKBACH, S.: Die SLAP-Läsion als Präarthrose? Klinische und MR-Arthrografie-Ergebnisse nach arthroskopischer Refixation einer SLAP-II-Läsion. Sportverl Sportschad 23:155–160 (2009)

[222] LEHMANN, L.J., MOURSY, M.; CAFALTZIS, K.; LEDERER, C.: Langzeitresultate nach arthroskopischem SLAP-Repair. Obere Extremität 9:38–44 (2014(

[223] LICHTENBERG, S.; MAGOSCH, P.; HABERMEYER, P.: Oberer Labrum-Bizepsanker-Komplex. Orthopäde 32:616–626 (2003)

[224] LIPPITT, S.; MATSEN, F.: Mechanisms of glenohumeral joint stability. Clin Orthop 291:20–28 (1993)

[225] LIPPITT, S.B.; VANDERHOOFT, J.E.; HARRIS, S.L.; SIDLES, J.A.; HARRYMAN, D.T.; MASTEN, F.A.: Glenohumeral stability from concavity-compression: a quantitative analysis. J Shoulder Elbow Surg 2:27–35 (1993)

[226] LIU, S.H.; HENRY, M.H.; NUCCION, S.L.: A prospective evaluation of a new physical examination ini predicting glenoid labral tears. Am J Sports Med 24:721–725 (1996)

[227] LIU, S.H.; HENRY, M.H.; NUCCION, S.L.; SHAPIRO, M.S.; DOREY, F.: Diagnosis of glenoid labral tears. A comparison between magnetic resonance imaging and clinical examinations. Am J Sports Med 24:149–153 (1996)

[228] LO, I.K.Y.; BURKHART, S.S.: Triple labral lesions: pathology and surgical repair technique – report of seven cases. Arthroscopy: 21:186–193 (2005)

[229] LOEW, M.; ZHOMSEN, M.; RICKERT; M.; SIMANK, H.G.: Verletzungsmuster bei der Schulterluxation des älteren Patienten. Unfallchirurg 104:115–118 (2001)

[230] LOMBARDO, S.J.; JOBE, F.W.; KERLAN, R.K.; CARTER, V.S.; SHIELDS, C.L. Jr.: Posterior shoulder lesions in throwing athletes. Am J Sports Med 5:106–110 (1977)

[231] LOREDO, R.; LONGO, C.; SALONEN, D. et al: Glenoid labrum: MR imaging with Histologic correlation. Radiology 196:33–41 (1995)

[232] LUIME, J.J.; VERHAGEN, A.P.; MIEDEMA, H.S.; KUIPER, J.I.; BURDORF, A.; VERHAAR, J.A.N.; KOES, B.W.: Dies this patient have an instability of the shoulder or a labrum lesion? JAMA 292:1989–1999 (2004)

[233] MAFFET, M.W.; GARTSMAN, G.M.; MOSELEY, B.: Superior Labrum-Biceps Tendon Complex Lesions of the Shoulder. Am J Sports Med. 23:93–98 (1995)

[234] MAIR, S.D.; ZARZOUR, R.H.; SPEER, K.P.: Posterior labral injury in contact athletes. Am J Sports Med 26:753–758 (1998)

[235] MALGAIGNE, J.F.: Traite des fractures et des luxations. Atlas, Paris (1855)

[236] MALLON, W.J.; SPEER, K.P.: Multidirectional instability: Current concepts. J Shoulder Elbow Surg 4:54–64 (1995)

[237] MARUYAMA, K.; SANO, S.; SAITO, K.; YAMAGUCHI, Y.: Trauma-instability-voluntarism classification for glenohumeral instability. J Shoulder Elbow Surg 4:194–198 (1995)

[238] MASSENGILL, A.D.; SEEGER, L.L.; YAO, L.; GENTILI, A.; SHNIER, R.C.; SHAPIRO, M.S.; GOLD, R.H.: Labrocapsular ligamentous complex of the shoulder: normal anatomy, anatomie variation, and pitfalls of MR imaging and MR arthrography. RadioGraphics 14:1211–1223 (1994)

[239] MATSEN, F.A.; THOMAS, S.C.; ROCKWOOD, C.A.: Glenohumeral instability. The shoulder. Philadelphia: WB Saunders 526–622 (1990)

[240] MATSEN, F.A. III, LIPPITT, S.B.; BERTLESEN, A.; ROCKWOOD, C.A. Jr.; WIRTH, M.A.: Glenohumeral instability. In: ROCKWOOD, C.A. JR.; MATSEN, F.A. III, WIRTH, M.A.; LIPPITT, S.B. (eds): The shoulder. 4th ed.: 617–770. Elsevier, Phildadelphia (2009)

[241] MATSUDA, S.; NAKATSUCHI, Y.: Superior labral lesion of the shoulder. J Shoulder Elbow Surg S.88 (1995)

[242] MAUCH, F.; BAUER, G.J.: Die mikrotraumatische Instabilität beim Überkopfsportler. Arthroskopie 20:203- (2007)

[243] MAURER, S.G.; ROSEN, J.E.; BOSCO III, J.A.: SLAP lesions of the shoulder 61:186–192 (2003–2004)

[244] MAYO, K.A.; BENIRSCHKE, S.K.; MAST, J.W.: Displaced fractures of the glenoid fossa. Clin Orthop Relat Res. 347:122–130 (1998)

[245] MAZZOTTI, I.: Gutachtliche Aspekte der SLAP-Läsion. GenRe PSaktuell 2:1–4 (2003)

[246] MAZOTTI, I.; CASTRO, W.H.M.: Relevante Aspekte der gutachterlichen Beurteilung der SLAP-Läsion: Traumatische Veränderungen versus degenerative / anlagebedingte Veränderungen. Versicherungsmedizin 63:186–190 (2011)

[247] MC FARLAND, E.G.; HSU, C.Y.; NEIRA, C.; O'NEILL, O.: Internal impingement of the shoulder: a clinical and arthroscopic analysis. J Shoulder Elbow Surg 8:458–460 (1999)

[248] MC FARLAND, E.G.; CHRONOPOULOS, E.; KIM, T.K.: Miscellaneous lesions of the shoulder of the throwing athlete. Arthroscopy 18/9 (Suppl 2) 83–89 (2002)

[249] MC FARLAND, E.G.; KIM, T.K.; SAVINO, R.M.: Clinical assessment of three common tests for supe-rior labral anterior-posterior lesions. Am J Sports Med 30:810–815 (2002)

[250] MC INTYRE, L.F.; CASPARI, R.B.; SAVOIE, F.H. III: The arthroscopic treatment of posterior shoul-der instability: two-year results of a multiple suture technique. Arthroscopy 13:426–432 (1997)

[251] MC LAUGHLIN, H.: Posterior dislocation of the shoulder. J Bone Joint Surg Am 34:584–590 (1952)

[252] MC MAHON, P.J.; TIBONE, J.E.; CAWLEY, P.W.: The anterior band of the inferior glenohumeral ligament: Biomechanical properties from tensile testing in the position of apprehension. J Shoulder Elbwo Surg 7:467–471 (1998)

[253] MC MAHON, P.J.; DETTLING, J.; SANDUSKY, M.D.: The anterior band of the inferior glenohumeral ligament. Assessment of its permanent deformation and the anatomy of its glenoid attachment. J Bone Joint Surg Br 81:406 (1999)

[254] MC MAHON, P.J.; BURKART, A.; MUSAHL, V.; DEBSKI, R.E.: Glenohumeral translations are increased after a type II superior labrum anterior-posterior lesion: A cadaveric study of severity of passive stabilizer injury. J Shoulder Elbow Surg 13:39–44 (2004)

[255] MC MASTER, W.C.: Anterior glenoid labrum damage: A painful lesion in swimmers. Am J Sports Med. 14:383–387 (1986)

[256] MEISTER, K.: Injuries to the shoulder in the throwing athlete. Part One: Biomechanics/Pathophysiology/Classification of injury. Am J Sports Med 28:265–275 (2000)

[257] MEISTER, K.: Injuries to the shoulder in the throwing athlete. Part Two: Evaluation/Treatment. Am J Sports Med 28:587–601 (2000)

[258] MESERVE, B.; CLELAND, J.A.; BOUCHER, T.R.: A meta-analysis examining clinical test utility for assessing superior labral anterior posterior lesions. Am J Sports Med 37:2252–2258 (2009)

[259] MIHATA, T.; Mc GARRY, M.H.; TIBONE, J.E.; ABE, M.; LEE, T.Q.: Type II SLAP lesions: a new scoring system – the sulcus score. J Shoulder Elbow Surg (2005)

[260] MIHATA, T.; Mc GARRY, M.H.; TIBONE, J.E.; FITZPATRICK, M.J.; KINOSHITA, M.; LEE, T.Q.: Biomechanical assessment of type II superior labral anterior-posterior (SLAP) lesions associated with anterior shoulder capsular laxity as seen in throwers. Am J Sports Med 36:1604–1610 (2008)

[261] MIHATA, T.; GATES, J.; Mc GARRY, M.H.; LEE, J.; KINOSHITA, M.; LEE, T.Q.: Effect of rotator cuff muscle imbalance on forceful internal impingement and peel-back of the superior labrum. Am J sports Med 37:2222–2227 (2009)
[262] MILESKI, R.A.; SNYDER, S.J.: Superior labral lesions in the shoulder: pathoanatomy and surgical management. J Am Acad Orthop Surg. 6:121–131 (1998)
[263] MIMORI, K.; MUNETA, T.; NAKAGAWA, T.; SHINOMIYA, K.: A new pain provocation test for superior labral tears of the shoulder. Am J Sports Med. 27:137–142 (1999)
[264] MOHANA-BORGES, A.V.R.; CHUNG, C.B.; RESNICK, D.: Superior labral anteroposterior tear: classification and diagnosis on MRI and MR Arthrography. AJR 181:1449–1462 (2003)
[265] MOLÉ, D.; WALCH, G.: Traitement chirurgical des instabilités de l'épaule. Articulation gléno-humérale. Ed Tech Encycl Méd Chir Orthop Trauma 244–265 (1993)
[266] MORGAN, C.D., BURKHART; S.S.; PALMERI, M., GILLESPIE, M.: TYPE II SLAP Lesions: Three Subtypes and Their Relationships to superior Instability and Rotator Cuff Tears. J Arthrosc Rel Surg 14:553–565 (1998)
[267] MOSELEY, H.F.; ÖVERGAARD, B.: The anterior capsular mechanism in recurrent dislocation of the shoulder: morphological and clinical studies with special reference to the glenoid labrum and the glenohumeral ligaments. J Bone Joint Surg 44:913–27 (1962)
[268] MÜLLER-GERBL, M.; SCHULTE, E.; PUTZ, R.: The thickness of the calcified layer of articular cartilage: a function of the load supported? J Anat. 154:103–111 (1987)
[269] NAKAGAWA, S.; YONEDA, M.; HAYASHIDA, K.; MIZUNO, N.; YAMADA, S.: Posterior shoulder pain in throwing athletes with a Bennett lesion: Factors that influence throwing pain. J Shoulder Elbow Surg 15:72–77 (2006)
[270] NAKAGAWA, S.; YONEDA, M.; HAYASHIDA, K.; MIZUNO, N.; TAKE, Y.: Superior Bennett lesion. A bone fragment at the posterosuperior glenoid rim in 5 athletes. Arthroscopy 23:1135 (2007)
[271] NAM, E.K.; SNYDER, S.J.: The diagnosis and treatment of superior labrum, anterior and posterior (SLAP) lesions. Am J Sports Med 31:798–810 (2003)
[272] NEER, C.S. II.: Anterior acromioplasty for the chronic impingement syndrome in the shoulder: A preliminary report. J Bone Joint Surg Am 54:41–50 (1972)
[273] NEER, C.S.: Impingement lesions. Clin Orthop Relat Res 173:70–77 (1983)
[274] NEUMANN, B.J.; BOISVERT, C.B.; REITER, B.; LAWSON, K.; CICCOTTI, M.G.; COHEN, S.B.: Results of arthroscopic repair of type II superior labral anterior posterior lesion in overhead athletes. Am J Sports Med 39:1883–1888 (2011)
[275] NEUMANN, C.H.; PETERSEN, S.A.; JAHNKE, A.H.: MR imaging of the labral-capsular complex: normal variations. AJR 157:1015–1021 (1991)
[276] NEVIASER, T.J.; AIN, B.R.; NEVIASER, R.J.: Suprascapular nerve denervation secondary to attenuation by a ganglionic cyst. J Bone Joint Surg Am 68:627–628 (1986)
[277] NEVIASER, R.J.; NEVIASER, T.J.; NEVIASER, J.S.: Anterior dislocation of the shoulder and rotator cuff rupture. Clin Orthopaedics and Rel Research. 291:103–106 (1993)
[278] NEVIASER, T.J.: The anterior labroligamentous periosteal sleeve avulsion lesion: a cause of anterior instability of the shoulder. Arthroscopy 9:17–21 (1993)
[279] NEVIASER, T.J.: The GLAD-Lesion: another cause of anterior shoulder pain. Arthroscopy 9:22–23 (1993)
[280] NORD, K.D.; RYU, R.: Further refinement of SLAP classification. E-Poster, AANA Annual Meeting, Orlando, Fl. (2004)
[281] NORD, K.D.; MASTERSON, J.P.; MAUCK, B.M.: Superior labrum anterior posterior (SLAP) repair using the neviaser portal. Arthroscopy 20:129–133 (2004)
[282] OBERLANDER, M.A.; CHISAR, M.A.; CAMPBELL, B.: Epidemiology of shoulder injuries in throwing and overhead athletes. Sports Med and Arthroscopy Rev 8: 115–123 (2000)
[283] O'BRIEN, S.J.; WARREN, R.F.: Anterior shoulder instability. Orthop Clin North Am 18:395–408 (1987)

[284] O'BRIEN, S.J.; NEVES, M.C.; ARNOCZKY, S.P.; ROZBRUCH, S.R.; DICARLO, E.F.; WARREN, R.F.; SCHWARTZ, R.; WICKIEWICZ, T.L.: The anatomy and histology of the inferior glenohumeral ligament complex of the shoulder. Am J Sports Med. 18:449–456 (1990)

[285] O'BRIEN, S.J.; SCHWARTZ, R.E.; WARREN, R.F.; TORZILLI, P.A.: Capsular restraints to anterior-posterior motion of the abducted shoulder. J Shoulder Elbow Surg 4:298–308 (1995)

[286] O'BRIEN, S.J.; PAGNANI, M.J.; FEALY, S.; SCOTT, R.: The active compression test: A new and effective test for diagnosing labral tears and acromioclavicular joint abnormality. Am J Sports Med 26:610–613 (1998)

[287] OCKERT, B.; BRAUNSTEIN, V.; SPRECHER; C.M.; SHINOHARA, Y.; MILZ, S.: Fibrocartilage in various regions of the human glenoid labrum. An immunohistochemical study on human cadavers. Knee Surg Sports Traumatol Arthrosc 20:1036–1041 (2012)

[288] ODENWALD, S.; LEMKE, J.; BAUER, G.J.; MAUCH, F.; BRUNNER, U.H.; KRACKHARD, T.: Die traumatische Schultererstluxation. Unfallchirurg 111:507–513 (2008)

[289] ÖTTL, G.M.; HAURY, J.; MERL, T.; IMHOFF, A.: SLAP lesion – a prospective study with clinical diagnostics MRT, MRT-Arthrography, and Arthroscopy, and the incidence of the SLAP lesion in 24 cadaver shoulders, under MR-tomographic and arthroscopic control. Arthroscopy 15/1, Suppl I, AGA Abstracts (1999)

[290] OGAWA, K.; UI, M.; INOKUCHI, W.; NANIWA, T.: Clinical analysis of bennett lesion. J Shoulder Elbow Surg. 5:132 (1996)

[291] OZAKI, J.; TOMITA, Y.; SAKURAI, G.; NAKAGAWA, Y.; NAKAGAKI, K.: Bennett lesion of the glenoid in baseball players. J Shoulder Elbow Surg 8/5 (1999)

[292] PAGNANI, M.J.; WARREN, R.F.: Stabilizers of the glenohumeral joint. J Shoulder Elbow Surg 3:173–190 (1994)

[293] PAGNANI, M.J.; DENG, X.H.; WARREN, R.F.; TORZILLI, P.A; AL TCHEK, D.W.: Effect of Lesions of the superior portion of the glenoid labrum on glenohumeral translation. J Bone Joint Surg. 77:1003–1010 (1995)

[294] PAGNANI, M.J.; SPEER, K.P.; AL TCHEK, D.W.; WARREN, RI.F.; DINES, D.M.: Arthroscopic fixation of superior labral lesions using a biodegradable implant: a preliminary report. Arthroscopy 11:194–198 (1995)

[295] PALMERI, M.; MORGAN, C.D.; BURKHART, S.S.; GILLESPIE, M.: Type II SLAP lesions: three subtypes and their relationship to superior instability and rotator cuff tears. Arthroscopy 15:553 (1999)

[296] PANDYA, N.K.; COLTON, a.; WEBNER, D.; SENNETT, B.; HUFFMAN, G.R.: Physical examination and magnetic resonance imaging in the diagnosis of superior labrum anterior-posterior lesions of the shoulder: a sensitivity analysis. Arthroscopy: 24:311–317 (2008)

[297] PANOSSIAN, V.R.; MIHATA, T.; TIBONE, J.E.; FITZPATRICK, M.J.; Mc GARRY, M.H.; LEE, T.Q.: Biomechanical analysis of isolated type II SLAP lesions and repair. J Shoulder Elbow Surg 14:529–534 (2005)

[298] PAPPAS, A.M.; GOSS, T.P.; KLEINMAN, P.K.: Symptomatic shoulder instability due to lesions of the glenoid labrum. Am J Sports Med 11:279–288 (1983)

[299] PARENTIS, M.A.; MOHR, K.J.; El ATTRACHE, N.S.: Disorders of the superior labrum: Review and treatment guidelines. Clin Orthop 400:77–87 (2002)

[300] PATZER, T.; LICHTENBERG, S.; KIRCHER, J.; MAGOSCH, P.; HABERMEYER, P.: Influence of SLAP lesions on chondral lesions of the glenohumeral joint. Knee Surg Sports Traumatol Arthrosc 18:982–987 (2010)

[301] PATZER, T.; HABERMEYER, P.; HURSCHLER, C.; BOBROWITSCH, E.; PALETTA, J.R.; FUCHS-WINKELMANN, S.; SCHOFER, M.D.: Increased glenohumeral translation and biceps load after SLAP lesions with potential influence on glenohumeral chondral lesions: a biomechanical study on human cadavers. Knee Surg Sports Traumatol Arthrosc 19:1780–1787 (2011)

[302] PAUL, J.; SCHÖTTLE, P.B.; IMHOFF, A.B.: Die Pathologie des Labrum glenoidale. Obere Extremität 2:143–149 (2007)
[303] PAXINOS, A.; WALTON, J.; RUTTEN, S.: Arthroscopic stabilization of superior labral (SLAP) tears with biodegradable tack: Outcomes to 2 years. Arthroscopy 22:627–634 (2006)
[304] PERTHES, G.: Über Operationen bei habitueller Schulterluxation. Dtsch. Z. Chir. 85:199–227 (1906)
[305] PETERSEN, S.A.; JAHNKE, A.; NEUMANN, C.: MRI of the glenohumeral joint: pitfalls in the diagnosis of labral pathology. J Shoulder Elbow Surg 5:79 (1996)
[306] PETERSSON, C.J.: Spontaneous medial dislocation of the tendon of the long bizeps brachii. Clin. Orthop. 211:224–227 (1986)
[307] PETTERSSON, G.: Rupture of the tendon aponeurosis of the shoulder joint in anterior inferior dislocation. Acta Chir Scand 77 (Suppl): 1–187 (1942)
[308] PFAHLER, M.; SCHULZ, C.; ANETZBERGER, H.; REFIOR, H.J.; BAUER, G.S.; BIGLIANI, L.U.: Age-related changes of the glenoid labrum in normal shoulders. J Shoulder Elbow Surg 12:40–52 (2003)
[309] PHILLIPS, J.C.; COOK, C.; BEATY, S.; KISSENBERTH, M.J.; SIFFRI, P.; HAWKINS, R.J.: Validity of noncontrast magnetic resonance imaging in diagnosing superior labrum anterior-posterior tears. J Shoulder Elbow Surg 22:3–8 (2013)
[310] POLLOCK, R.G.; BIGLIANI, L.U.: Recurrent posterior shoulder instability. Clin Orthop 291:85–96 (1993)
[311] POULIART, N.; MARMOR, S.; GAGEY, O.: Simulated capsulolabral lesion in cadavers: dislocation does not result from a Bankart lesion only. Arthroscopy 22:748–754 (2006)
[312] POULIART, N.; GAGEY, O.: Consequences of a Perthes-Bankart lesion in twenty cadaver shoulders. J Shoulder Elbow Surg 17:981–985 (2008)
[313] POWELL, S.: The Incidence of SLAP Lesions in Patients with Instability. Arthroscopy 14:418 (1998)
[314] POWELL, S.; NORD, K.D.; RYU, R.K.: The diagnosis, classification and treatment of SLAP lesions. Oper Tech Sports Med 12:99–110 (2004)
[315] PRADHAN, R.L.; ITOI, E.; HATAKEYAMA, Y.; URAYAMA, M.; SATO, K.: Superior labral strain during the throwing motion. Am J Sports Med. 29:488–492 (2001)
[316] PRESCHER, A.; KLÜMPEN, T.: The glenoid notch and it's relation to the shape of the glenoid cavity of the scapula. J Anat 190:457–460 (1997)
[317] PRODROMOS, C.C.; FERRY, J.A.; SCHILLER, A.L.; ZARINS, B.: Histological studies of the glenoid labrum from fetal life to old age. J Bone Joint Surg Am 72:1344–1348 (1990)
[318] RAMAPPA, A.J.; Mc FARLAND, E.; RICHARDSON, T.R.; BRIGGS, K.K.; HAWKINS, R.J.: Clinical fea-tures and associated pathologies of type III and type IV slap lesions. 9th International Congress on Surgery of the Shoulder. Washington CD (2004)
[319] RAMES, R.D.; MORGAN, C.D.; SNYDER, S.J.: Anatomical variations of the glenohumeral ligaments. Arthroscopy Abstract 7:328 (1991)
[320] RAO, A.G.; KIM, T.K.; CHRONOPOULOS, E.: anatomical variants in the anteriorsuperior aspect of the glenoid labrum. J Bone Joint Surg Am 85:653–659 (2003)
[321] RESCH, H.; POVACZ, P.: RITTER, R.: Pathologie der indirektionalen vorderen Schulterinstabilität. Arthroskopie 12:161–165 (1999)
[322] RESNICK, D.; KANG, H.S.; PRETTERKLIEBER, M.L.: Internal Derangements of Joints, Saunders, Philadelphia (2007)
[323] REUSS, B.L.; SCHWARTHBERG, R.; ZLATKIN, M.B.; COOPERMAN, A.; DIXON, J.R.: Magnetic resonance imaging accuracy fort he diagnosis of superior labrum anterior-posterior lesions in the community setting: Eighty-three arthroscopically confirmed cases. J Shoulder Elbow Surg 15:580–585 (2006)

[324] RHEE, K.J.; KIM, K.C.; LEE, J.K.; HWANG, D.S.; SHIN, H.D.; YANG, J.Y.; KIM, Y.M.: Incomplete discoid glenoid labrum combined with a ganglion cyst of the spinoglenoid notch. J Bone Joint Surg 88:1390–1392 (2006)

[325] RHEE, Y.G.; HA, J.H.; PARK, K.J.: Clinical outcome of anterior shoulder instability with capsular midsubstance tear: A comparison of isolated midsubstance tear and midsubstance tear with Bankart lesion. J Shoulder Elbow Surg 15:586–590 (2006)

[326] RICCHETTI, E.T.; CICCOTTI, M.C., CICCOTTI, M.G.; WILLIAMS, G.R. jr.; LAZARUS, M.D.: Sensitivity of preoperative magnetic resonance imaging and magnetic resonance arthrography in detection of panlabral tears of the glenohumeral joint. Arthroscopy 29:274–279 (2013)

[327] RICHARDS, D.P.; BURKHART, S.S.: Arthroscopic humeral avulsion of the glenohumeral ligaments (HAGL) repair. Arthroscopy 20:134–141 (2004)

[328] ROBINSON, C.M.; ADERINTO, J.: Recurrent posterior shoulder instability. J Bone Joint Surg 87:883–892 (2005)

[329] ROCKWOOD, C.A.; THOMAS, S.A.; MATSEN, F.A.: Subluxations and dislocations about the glenohumeral joint. In Rockwood CA, Green DP, Buchholz RW. Fractures in adults. Ed 3, Philadelphia, JB Lippincott Co 1021–1079 (1991)

[330] ROCKWOOD, C.A.; MATSON, F.A.: The Shoulder, 2. ed. p 77, WB Saunders, Philadelphia (1998)

[331] RODOSKY, M.W.; RUDERT, M.J.; HARNER, C.H.; LUO, L.; FU, F.H.: The role of the biceps-superior glenoid labrum complex in anterior stability of the shoulder. Arthroscopy 6:160 (1990)

[332] RODOSKY, M.W.; HARNER, C.D.; FU, F.H.: The role of the long head of the biceps muscle and superior glenoid labrum in anterior stability of the shoulder. Am J Sports Med 22:121–130 (1994)

[333] ROWE, C.R.; PIERCE, D.S.; CLARK, J.G.: Voluntary dislocation of the shoulder. J Bone Joint Surg 55A:445–460 (1973)

[334] ROWE, C.R.; ZARINS, B.: Recurrent transient subluxation of the shoulder. J Bone Joint Surg Am 63:863–872 (1981)

[335] ROWE, C.R.; ZARINS, B.: Chronic unreduced dislocations of the shoulder. J Bone Joint Surg 64A:494–505 (1982)

[336] ROWE, C.R.: The shoulder, Churchill Livingstone New York (1988)

[337] RUNKEL, M.; KREITNER, K.F.; WENDA, K.; DEGREIF, J.: Kernspintomographische Untersuchungsergebnisse nach primärer, traumatischer vorderer Schulterluxation. Arthroskopie 6:102–106 (1993)

[338] SAFRAN, O.; De FRANCO, M.J.; HATEM, S.; IANNOTTI, J.P.: Posterior humeral avulsion of the glenohumeral ligament as a cause of posterior shoulder instability. J Bone Joint Surg Am 86:2732–2735 (2004)

[339] SALOMONSSON, B.; SFORZA, G.; REVAY, S.; ABBASZADEGAN, H.; JONSSON, U.: Atraumatic shoulder instability: Discussion of classification and results after capsular imbrication. Scand J Med Sci Sports 8:398–404 (1998)

[340] SANDMANN, G.H.; HINTERWIMMER, S.; BUCHMANN, S.; WÖRTLER, K.; IMHOFF, A.B.: Jugendlicher Leistungssportler mit Schulterschmerzen. Arthroskopie 20:308–312 (2007)

[341] SCHEIBEL, M.; ANETZBERGER, H.; HAAS, N.P.; IMHOFF, A.B.: Diagnostik und arthroskopische Versorgung der traumatischen Pulleyläsion der Schulter. 12. AGA Kongress, Salzburg (2006)

[342] SCHIPPINGER, G.; VASIU, P.S.; FANKHAUSER, F.; CLEMENT, H.G.: HAGL lesioni occurring after successful arthroscopic Bankart repair. Arthroscopy 17:206–208 (2001)

[343] SCHLECHT, I.; MÄURER, J.; SÜDKAMP, N.P.; FOURNIER, C.; FELIX, R.: Labrum glenoidale bei Schulterluxation: MRT vs. Arthroskopie. Arthroskopie 10:307–312 (1997)

[344] SCHLECHTER, J.A.; SUMMA, S.; RUBIN, B.D.: The passive distraction test: a new diagnostic aid for clinically significant superior labral pathology. J Arthrosc Rel Surg 25:1374–1379 (2009)

[345] SCHNEEBERGER, A.G.; GERBER, C.: Klassifikation und Therapie der instabilen Schulter. Therapeutische Umschau 55:187–191 (1998)
[346] SCHULZ, C.U.; ANETZBERGER, H.; MAIER, M.; PFAHLER, M.; REFIOR, H.J.: Das Foramen sublabrale. Der Unfallchirurg 105:1088–1091 (2002)
[347] SCHWARTZ, E.; WARREN, R.F.; O'BRIEN, S.J.; FRONEK, J.: Posterior shoulder instability. Orthop Clin North Am 18:409–419 (1987)
[348] SENEVIRATNE, A.; MONTGOMERY, K.; BEVILACQUA, B.; ZIKRIA, B.: Quantifying the extent of a type II SLAP lesion required to cause peel-back of the glenoid labrum – a cadaveric study. Arthroscopy 22:1163–1167 (2006)
[349] SHAH, A.A.; SELESNICK, F.H.: Traumatic shoulder dislocation with combined Bankart lesion and humeral avulsion of the glenohumeral ligament in a professional basketball player: three-year follow-up of surgical stabilization. Arthroscopy 26:1404–1408 (2010)
[350] SHANKMAN, S.; BENCARDINO, J.; BELTRAN, J.: Glenohumeral instability: evaluation using MR arthrography of the shoulder. Skeletal Radiol 28:365–382 (1999)
[351] SHEPARD, M.F.; DUGAS, J.R.; ZENG, N.; ANDREWS, J.R.: Differences in the ultimate strength of the biceps anchor and the generation of type II superior labral anterior posterior lesions in a cadaveric modes. Am J Sports Med 32:1197–1201 (2004)
[352] SILLIMAN, J.F.; HAWKINS, R.J.: Classification and physical diagnosis of instability of the shoulder. Clin Orthop 291:7–19 (1993)
[353] SIMANK, H.G.; DAUER, G.; SCHNEIDER, S.; LOEW, M.: Incidence of rotator cuff tears in shoulder dislocations and results of therapie in older patients. Arch Orthop Trauma Surg 126:235–240 (2006)
[354] SIMONS, P.; JOEKES, F.; NELISSEN, R.G.H.H.: Posterior labrocapsular periosteal sleeve avulsion complicating locked posterior shoulder dislocation. Skeletal Radiol 27:588–590 (1998)
[355] SMITH, C.D.; MASOUROS, S.D.; HILL, A.M.; WALLACE, A.L.; AMIS, A.A.; BULL, A.M.J.: The compressive behaviour of the human glenoid labrum may explain the common patterns of SLAP lesions. Journal of Arthroscopic and Related Surg. 25:504–509 (2009)
[356] SMITH, D.K.; CHOPP, T.M.; AUFDEMORTE, T.B.; WITKOWSKI, E.G.; JONES, R.C.: Sublabral recess of the superior glenoid labrum: Study of cadavers with conventional nonenhanced MR imaging, MR Arthrography, anatomic dissection, and limited Histologic examination. Radiology 201:251–256 (1996)
[357] SMITH, T.O.; DREW, B.T.; TOMS, A.P.: A meta-analysis of the diagnostic test accuracy of MRA and MRI for the detection of glenoid labral injury. Arch Orthop Trauma Surg 132:905–919 (2012)
[358] SNOW, M.; CANAGASABEY, M.; FUNK, L.: SLAP tears of the glenoid labrum in contact athletes. J Bone Joint Surg Br 94-B, Supp III 111 (2012)
[359] SNYDER S.J: SLAP Lesions of the shoulder (lesions of the superior labrum both anterior and posterior). Arthroscopy 5:155 (1989)
[360] SNYDER, S.J.; KARZEL, R.P.; DEL PIZZO, W.; FERKEL, R.D.; FRIEDMAN, M.J.: SLAP Lesions of the shoulder. Arthroscopy 6:274–279 (1990)
[361] SNYDER, S.J.; BANAS, M.P.; KARZEL, R.P.: An analysis of 140 injuries to the superior glenoid labrum. J Shoulder Elbow Surg 4:243–248 (1995)
[362] SOMMER, R.: Die traumatischen Verrenkungen der Gelenke. Neue Deutsche Chirurgie, Band 41. Verlag von Ferdinand Enke, Stuttgart (1928)
[363] SONNENSCHEIN, A.: Die Evolution des Kniegelenks innerhalb der Wirbeltierreihe. Acta Anat (Basel) 13:288 (1951)
[364] SOSLOWSKY, L.J.; MALICKY, D.M.; BLASIER, R.B.: Active and passive factors in inferior glenohumeral stabilization: A biomechanical model. J Shoulder Elbow Surg 6:371–379 (1997)
[365] SPATSCHIL, A.; LANDSIEDL, f.; ANDERL, W.; IMHOFF, A.; SEILER, H.; VASSILEV, I.; KLEIN, W.; BOSZOTTA, H.; HOFFMANN, F.; RUPP, S.: Posttraumatic anterior-inferior instability of

the shoulder: arthroscopic findings and clinical correlations. Arch Orthop Trauma Surg 126:217–222 (2006)

[366] SPEER, K.P.; DENG, X.; BORRERO, S.; TORZILLI, P.A.; ALTCHEK, D.A.; WARREN, R.F.: Biomechanical evaluation of a simulated Bankart lesion. J Bone Joint Surg Am 76:1819–1826 (1994)

[367] STEINBECK, J.; LILJENQVIST, U.; JEROSCH, J.: The anatomy of the glenohumeral ligamentous complex and its contribution to anterior shoulder stability. J Shoulder Elbow Surg 7:122–126 (1998)

[368] STETSON, W.B.; TEMPLIN, K.T.: Sensitivity of the crank test vs. the O'Brien test in detecting SLAP lesions of the shoulder. Arthroscopy 15/1 AGA Abstract (1999)

[369] STOCKER, D.; PINK, M.; JOBE, F.W.: Comparison of shoulder injury in collegiate- and master's-Level swimmers. Clin J Sports Med. 5:4–8 (1995)

[370] STUBBS, S.N.; HUNTER, R.E.: Complete, superior labral radial tear and type II SLAP tear associated with greater tuberosity fracture. Arthroscopy 20:70–72 (2004)

[371] SUGIMOTO, K.: Ultrasonographic evaluation of the Bankart lesion. J Shoulder Elbow Surg 13:286–290 (2004)

[372] SWARINGEN, J.C.; MELL, A.G.; LANGENDERFER, J.; LaSCALZA, S.; HUGHES, R.E.; KUHN, J.E.: Tensile force on the long head of the biceps during physical examination tests for type II lesions of the superior labrum. 9th International Congress on Surgery of the Shoulder, Washington CD, USA 2.-5. May (2004)

[373] SWARINGEN, J.C.; MELL, A.G.; LANGENDERFER, J.; LaSCALZA, S.; HUGHES, R.E.; KUHN, J.E.; ARBOR, A.: Elextromyographic analysis of physical examination tests for type II superior labrum anterior-posterior lesions. J Shoulder Elbow Surg 15:576–579 (2006)

[374] TALJANOVIC, M.S.; CARLSON, K.L.; KUHN, J.E.; JACOBSON, J.A.; DELANEY-SATHY L.O.; ADLER, R.S.: Sonography of the glenoid labrum: a cadaveric study with arthroscopic correlation. AJR 174(6):1717–1722 (2000)

[375] TAMAI, K.; OKINAGA, S.; OHTSUKA, M.; INOKUCHI, A.: Fibrous architecture of the glenoid labrum. In: TAKAGISHI N. (ed.): The Shoulder. Professional Postgraduate Services, Tokyo (1986)

[376] TAYLOR, D.C.; ARCIERO, R.A.: Pathologic changes associated with shoulder dislocations. Am J Sports Med 25:306–311 (1997)

[377] TAYLOR, S.A.; KHAIR, M.M.; GULOTTA, L.V.; PEARLE, A.D.; BARET, N.J.; NEWMAN, A.M.; DY, C.J.; O'BRIEN, S.J.: Diagnostic glenohumeral arthroscopy fails to fully evaluate the biceps-labral complex. Arthroscopy 31:215–224 (2015)

[378] TERRY, G.C.; HAMMON, D.; FRANCE, P.; NORWOOD, L.A.: The stabilizing function of passive shoulder restraints. Am J Sports Med 19:26–34 (1991)

[379] TERRY, G.C.; FRIEDMAN, S.J.; UHL, T.L.: Arthroscopically treated tears of the glenoid labrum. Factors influencing outcome. Am J Sports Med 22:504–512 (1994)

[380] THOMAS, M.; BUSSE, M.W.: SLAP-Läsion der Schulter: Ätiologie, Klassifikation, Diagnostik und Therapie. KCS 6:9–18 (2005)

[381] TIBONE, J.; PRIETTO, C.; JOBE, F.W.: Stable capsulorrhaphy for recurrent posterior dislocation of the shoulder. Am J Sports Med 9:135–139 (1981)

[382] TIBONE, J.; TING, A.: Capsulorrhaphy with a stable for recurrent posterior subluxation of the shoulder. J Bone Joint Surg 72:999–1002 (1990)

[383] TIBONE, J.E.; BRADLEY, J.P.: The treatment of posterior subluxation in athletes. Clin Orthop 291:124–137 (1993)

[384] TISCHER, T.; PUTZ, R.: Die Anatomie des oberen Labrumkomplexes im Schultergelenk. Orthopäde 32:572–577 (2003)

[385] TOKISH, J.M.; Mc BRATNEY, C.M.; SOLOMON, D.J.; LeCLERE, L.; DEWING, C.B.; PROVENCHER, M.T.: Arthroscopic repair of circumferential lesions of the glenoid labrum. J Bone Joint Surg 91:2795–2802 (2009)

[386] TRILLAT, A.: Lésions traumatiques du ménisque interne du genou. Classement anatomique et diagnostic clinique. Rev Chir Orthop 48:551 (1962)

[387] TUITE, M.J.; ORWIN, J.F.: Anterosuperior labral variants of the shoulder: appearance on Gradient-recalled-Echo and Fast Spin-Echo MR images. Radiology 199:537–540 (1996)

[388] TUITE, M.J.; BLANKENBAKER, D.G.; SEIFERT, M.: Sublabral foramen and Buford complex: inferior extent of the unattached or absent labrum in 50 patients. Radiology 223:137–142 (2002)

[389] TURKEL, S.J.; PANIO, M.W.; MARSHALL, J.L.; GIRGIS, F.G.: Stabilizing mechanisms preventing anterior dislocation of the glenohumeral joint. J Bone Joint Surg Am 63:1208–1217 (1981)

[390] TUOHETI, Y.; ITOI, E.; MINAGAWA, H.; YAMAMOTO, N.; SAITO, H.; SEKI, N.; OKADA, K.; SHIMADA, Y.; ABE, H.: Attachment types of the long head of the biceps tendon to the glenoid labrum and their relationships with the glenohumeral ligaments. Arthroscopy 21:1242–1249 (2005)

[391] VAITL, T.; BURKART, A.; STEINHAUSER, E.; HOHMANN, E.; IMHOFF, A.: Pathogenese der SLAP-II-Läsion am Schultergelenk. Orthopäde 32:608–615 (2003)

[392] VANGSNESS, C.T.; JORGENSON, S.S.; WATSON, T.; JOHNSON, D.L.: The origin of the long head of the biceps from the scapula and glenoid labrum. J Bone Joint Surg 76:951–954 (1994)

[393] WALCH, G.; LIOTARD, J.P.; BOILEAU, P.: Un autre conflilt de l'épaule: „le glénoidien postéro-supérieur". Rev Chir Orthop Reparatrice Appar Mot 177:571–574 (1991)

[394] WALCH, G.; BOILEAU, J.; NOEL, E.: Impingement of the deep surface of the supraspinatus tendon on the posterior superior glenoid rim: an arthroscopic study. J Shoulder Elbow Surg 1:238–243 (1992)

[395] WALCH, G.; LIOTARD, J.P.; BOILEAU, P.; NOEL, E.: Le conflit glénoidien posterosupérieur. Un autre conflit de l'epaule. J Radiol. 74:47–50 (1993)

[396] WALCH, G.; BOILEAU, P.; NOEL, E.; LIOTARD, J.P.: Posterior-superior glenoid impingement on diagnostic arthroscopy. J Shoulder Elbow Surg S.20 (1993)

[397] WALCH, G.; BOILEAU, P.; NOEL, E.; LIOTARD, J.P.: Le conflilt glénoidien postéro-supérieur. J Radiol 74:47–50 (1993)

[398] WALCH, G.; NOVE-JOSSERAND, L.; LEVIGNE, C.; RENAUD, E.: Tears of the supraspinatus tendon with „hidden" lesions of the rotator interval. J Shoulder Elbow Surg 3:353–360 (1994)

[399] WALCH, G.; BOULAHIA, A.; CALDERONE, S.; ROBINSON, A.H.: The 'dropping' and 'hornblower's' signs in evaluation of rotator-cuff tears. J Bone Joint Surg Br 80:624–628 (1998)

[400] WALLNY, T.; STEUER, K.; SCHMITT, O.: Diagnostik von Labrum-glenoidale-Verletzungen: Eine klinische Herausforderung. Orthop 136 (1998)

[401] WALLNY, T.; SOMMER, T.; STEUER, K.; VAHLENSIECK, M.; WAGNER, U.A; SCHMITZ, A; SCHMITT, O.: Klinische und kernspintomographische Diagnostik von Labrum-glenoidale-Verletzungen. Unfallchirurg 101:613–618 (1998)

[402] WALSWORTH, M.K.; DOUKAS, W.C.; MURPHY, K.P.; MIELCAREK, B.J.; MICHENER, L.A.: Reliability and diagnostic accuracy of history and physical examination for diagnosing glenoid labral tears. Am J Sports Med 36:162–168 (2008)

[403] WALTON, D.M.; SADI, J.: Identifying SLAP lesions: A meta-analysis of clinical tests and exercise in clinical reasoning. Physical Therapy in Sport 9:167–176 (2008)

[404] WARNER, J.J.; DENG, X.H.; WARREN, R.F.; TORZILLI, P.A.: Static capsuloligamentous restraints to superior-inferior translation of the glenohumeral joint. Am J Sports Med 20:675–685 (1992)

[405] WARNER, J.J.P.; KANN, S.; MARKS, P.: Arthroscopic repair of combined Bankart and superior labral detachment anterior and posterior lesions: technique and preliminary results. Arthroscopy 10:383–391 (1994)

[406] WARNER, J.J.P.; BEIM, G.M.: Combined Bankart and HAGL lesion associated with anterior shoulder instability. Arthroscopy 13:749–752 (1997)

[407] WARREN, R.F.; KORNBLATT, I.B.; MARCHAND, R.: Static factors affecting shoulder stability. Or-thop Trans 8:89 (1984)

[408] WARREN, R.F.; CRAIG, E.V.; ALTCHEK, D.W.: The unstable shoulder. Lippincott-Raven, Philadelphia – New York (1999)

[409] WASSERLAUF, B.L.; MATAVA, M.J.: Advances in surgical management of superior labrum, anterior-to-posterior lesions. Curr Opin Orthop 14:262–268 (2003)

[410] WEBER, M.; JEROSCH, J.: Die Schäden des Labrum glenoidale und ihre Begutachtung. Z Orthop 138:487–491 (2000)

[411] WELLMANN, M.; BLASIG, H.; BOBROWITSCH, E.; KOBBE, P.; WINDHAGEN, H.; PETERSEN, W.; BOHNSACK, M.: The biomechanical effect of specific labral and capsular lesions on posterior shoulder instability. Arch Orthop Trauma Surg 131:421–427 (2011)

[412] WERNER, C.M.; FAVRE, P.; GERBER, C.: The role of the subscapularis in preventing anterior glenohumeral subluxation in the abducted, externally rotated position of the arm. Clin Biomech 22: 495–501 (2007)

[413] WIEDEMANN, E.; JÄGER, A.; NEBELUNG, W.: Pathomorphologie der Schulterinstabilität. Orthopäde 38:16–23 (2009)

[414] WILLIAMS, M.M.; SNYDER, S.J.; BUFORD, D.: The Buford Complex - The „Cord-like" middle glenohumeral ligament and absent anterosuperior labrum complex: a normal anatomie capsulolabral variant. Arthroscopy 10:241–247 (1994)

[415] WIRTH, M.A.; GROH, G.I.; ROCKWOOD, C.A.: Capsulorrhaphy through an anteriior approach for the treatment of atraumatic posterior glenohumeral instability with multidirectional laxity of the shoulder. J Bone Joint Surg 80:1570–1578 (1998)

[416] WISCHER, T.K.; BREDELLA, M.A.; GENANT, H.K.; STOLLER, D.W.; BOST, F.W.; TIRMAN, P.F.J.: Perthes lesion (a variant of the Bankart lesion): MR imaging and MR arthrographic findings with surgical correlation. AJR 178:233–237 (2002)

[417] WÖRTLER, K.; WALDT, S.; BURKART, A.; IMHOFF, A.B.; RUMMENY, E.J.: Normvarianten des oberen Labrum-Bizepssehnen-Komplexes und differentialdiagnostische Kriterien von SLAP-Läsionen in der Magnetresonanztomographie. Der Orthopäde 7:595–599 (2003)

[418] WOLF, E.M.: Glenohumeral joint anatomy. Arthroscopy Association of North America. 10th Annual Meeting, San Diego (1991)

[419] WOLF, E.M.; CHENG, J.C.; DICKSON, K.: Humeral avulsion of glenohumeral ligaments as a cause for anterior shoulder instability. Arthroscopy 11:600–607 (1995)

[420] WOLF, E.M.; EAKIN, C.L.: Arthroscopic capsular plication for posterior shoulder instability. Arthroscopy 14:153–163 (1998)

[421] WOOD, V.J.C.; SABICK, M.B.; PFEIFFER, R.P.; KUHLMAN, S.M.; CHRISTENSEN, J.H.; CURTIN, M.J.: Glenohumeral muscle activation during provocative tests designed to diagnose superior labrum anterior-posterior lesions. Am J Sports Med 39:2670–2678 (2012)

[422] YAMAMOTO, N.; ITOI, E.; ABE, H.; KIKUCHI, K.; SEKI, N.; MINAGAWA, H.; TUOHETI, Y.: Effect of an anterior glenoid defect on anterior shoulder stability. Am J Sports Med 37:949–954 (2009)

[423] YERGASON, R.M.: Supination sign. J Bone Joint Surg 13:60 (1931)

[424] YU, J.S.; ASHMAN, C.J.; JONES, G.: The Polpsa lesion: MR imaging findings with arthroscopic correlation in patients with posterior instability. Skeletal Radiol 31:396–399 (2002)

[425] ZASLAV, K.R.: Internal rotation resistance strength test: A new diagnostic test to differentiate intra-articular pathology from outlet (Neer) impingement syndrome in the shoulder. J Shoulder Elbow Surg 10:23–27 (2001)

4.3 Labrum acetabulare der Hüfte

Das Thema „Labrum acetabulare“ hat mit der Hüftarthroskopie an Bedeutung gewonnen (Abb. 4.31).

Nach anderen Datenbanken (MedLine, Embase) werden von 2005–2010 298 Arbeiten zum Thema femoroazetabuläres Impingement gefunden [8], 66 % dieser Publikationen in der orthopädischen Literatur; qualifizierte Arbeiten (Level 1 und 2) sind selten und stimmen zahlenmäßig nur annähernd mit PubMed überein. Auffällig ist die Anzahl der Publikationen zum Thema Labrum acetabulare in Korrelation mit denen über die Hüftarthroskopie.

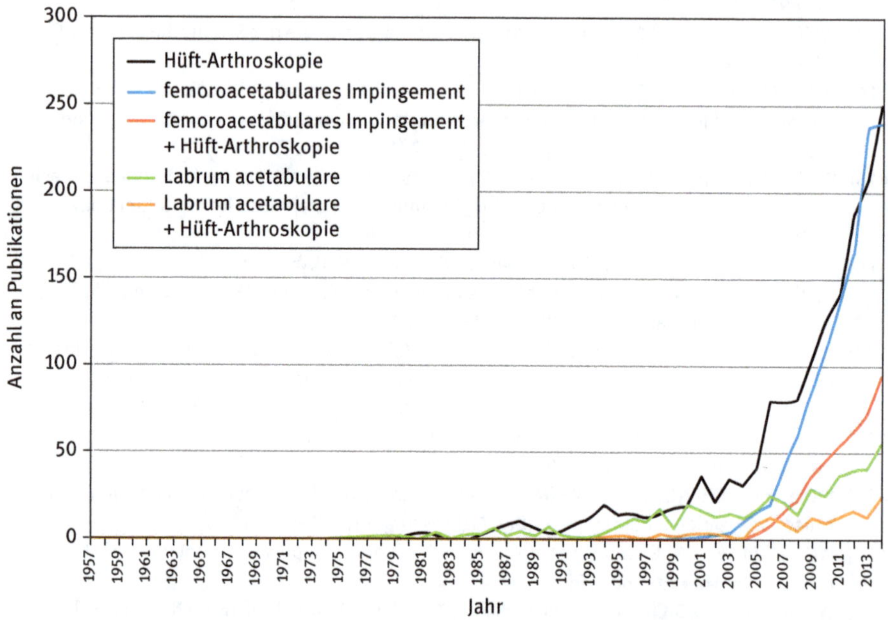

Abb. 4.31: Häufigkeit der Hüftliteratur nach „PubMed“ zum Thema Arthroskopie, Labrum und femoroazetabuläres Impingement.

4.3.1 Nomenklatur und Anatomie

Das Hüftgelenk ist das stabilste unter den Synarthrosen, d. h. ein kompaktes und sphärisches Gelenk [38]. Der Hüftkopf bewegt sich in der Hüftpfanne (Azetabulum), der am knöchernen Pfannenrand (Limbus acetabulare) die faserknorpelige Gelenklippe (Labrum acetabulare) aufsitzt, die wiederum den Femurkopf jenseits seines Äquators umschließt. Der Gelenkkontakt des Hüftkopfes erfolgt mit der Facies lunata des Azetabulums, die im Zentrum die Fossa acetabuli (Pfannengrund) als knorpelfreie Fläche ausspart.

Azetabulum

Der Femurkopf passt genau in das hohlhalbkugelförmige Azetabulum, das ihn mitsamt seiner Gelenklippe über den Äquator hinaus umfasst. Die Öffnung des Azetabulums schaut nach distal in einem Winkel von 40° zur Horizontalebene und ist in einem Winkel von 35° zur Sagittalebene nach vorne gerichtet [81]. Die Pfanne wird vom Os ilium, Os ischium und Os pubis gebildet, wobei wie bei einem Rahmen die dicksten, stärksten Knochenteile an Pfannendach und Pfannenrand zu finden sind. Der Pfannengrund dagegen ist dünn, im Alter sogar bis zur Durchsichtigkeit. Wird versucht an den Pfannenrand eine Ebene anzulegen, zeigt sich, dass dieser keine Kreisbahn beschreibt, sondern eine Schraubentour [101, 219]. Dort, wo Darm- und Sitzbein bzw. Darm- und Schambein zusammengewachsen sind, finden sich mehr oder weniger deutlich ausgeprägte Kerben. Zwischen Sitz- und Schambein unterbricht als tiefste Kerbe die Incisura acetabuli den Pfannenrand. Die Pfannenöffnung orientiert sich in eine anteriore, laterale und inferiore Richtung (Pfanneneingangsebene [93], die Bedeckung des belasteten Hüftkopfes wird auf den CE-Winkel nach WIBERG [241] bezogen (CE = Zentrum-Eck)) und erlaubt eine Aussage über die Druckverteilung im Gelenk. Ist der CE-Winkel kleiner als 20°, so liegt eine Pfannendysplasie vor [93]. Am Röntgenbild ist das Labrum acetabulare nicht zu erkennen, sondern lediglich der Rand des knöchernen Limbus acetabulare. Dieser Pfannenerker stellt eine Bezugsgröße zum CE-Winkel dar. Wird die Kernspintomographie zur Messung der Hüftkopfbedeckung einbezogen, so kann das Labrum acetabulare als Randbegrenzung mit verwendet werden (Abb. 4.32). So zeigt der Winkel zwischen der Senkrechten auf das Hüftkopfzentrum mit der Linie zur Labrumbegrenzung die totale Hüftkopfbedeckung an (TC = total covering angle). Dieser Winkel besteht aus dem CE-Winkel, der identisch mit dem AC-Winkel (acetabular covering angle) ist, und dem Winkel zwischen Azetabulum- und Labrumbegrenzung (LC = labral covering angle). Der AC- und der LC-Winkel ändern sich mit zunehmendem Alter und somit auch der TC-Winkel, dies in Abhängigkeit von der antero-superioren, mid-superioren und der postero-superioren Lokalisation.

Messungen der Bedeckung des Hüftkopfes durch den knöchernen Limbus und das Labrum getrennt betrachtet, in Abhängigkeit vom Alter, ergeben, dass sowohl anterosuperior als auch posterosuperior und auch in der Midportion vom Sechsjährigen bis zum Erwachsenen eine Zunahme der knöchernen Abdeckung erfolgt, das Labrum dagegen wird kleiner und daraus resultierend zeigt sich, dass die Labrumbedeckung mehr abnimmt, als die knöcherne Bedeckung zunimmt. Das heißt, dass die komplette Hüftkopfbedeckung mit zunehmendem Alter abnimmt. Das Wachstum des knöchernen Azetabulums endet mit Schluss der Epiphysenfugen [235] bzw. in der Altersgruppe bis zum 13. Lebensjahr wird keine Zunahme der knöchernen Überdachung

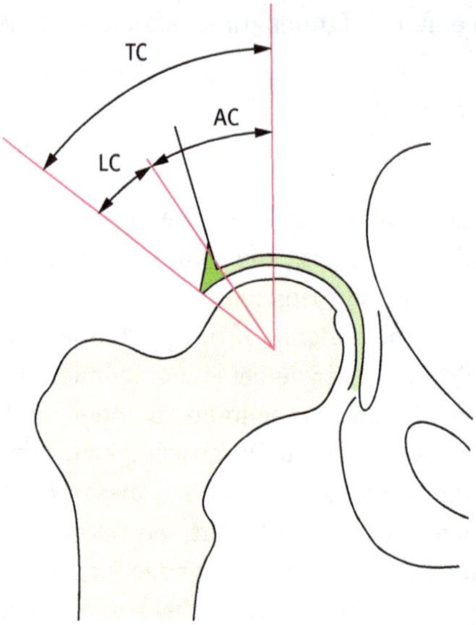

Abb. 4.32: Winkel [90], die die Hüftkopfbedeckung anzeigen (TC = total covering angle, AC = acetabular covering angle, LC = labral covering angle). Der AC-Winkel ist identisch mit dem CE-Winkel Wiberg nach [241].

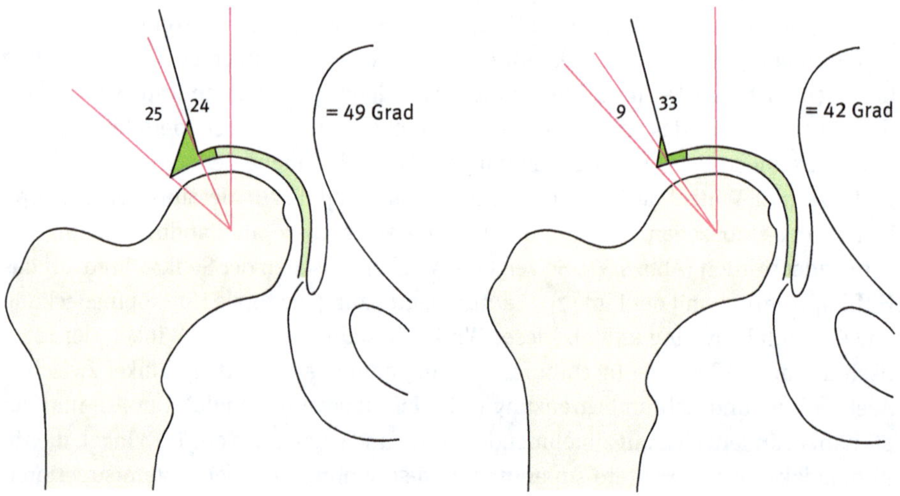

(a) Kind 6 Jahre

(b) Erwachsener

Abb. 4.33: Vergleich der Hüfterkerstrukturen (a) beim Kind (6. LJ.) und (b) beim Erwachsenen nach [235].

des Hüftkopfes mehr festgestellt [90], die wesentliche Labrumverkleinerung findet bis zum Abschluss des Längenwachstums statt, die Vergrößerung der knöchernen Überdachung endet etwa im 13. Lebensjahr (Abb. 4.33).

Die Tiefe des Azetabulums nimmt während der Wachstumsphase zu, u. a. wegen der periostalen Knochen-Neuformation am Limbus [180], was durch HORII [90] bestätigt wird. Neben der Einteilung des Azetabulums bei seitlicher Betrachtung im Sinne des Uhrzeigers wird eine Einteilung entsprechend den anatomischen Strukturen [118] unter Nennung des superioren Anteiles eines anterioren und posterioren Teils sowie der inferioren Region vorgeschlagen.

Facies lunata

Der Abschnitt des Azetabulums, der mit dem Femurkopf Kontakt hat und eine gewichttragende Funktion einnimmt [125], besitzt die variable Form einer Mondsichel, die durch den unterschiedlichen Verlauf des äußeren und inneren Randes der Gelenkfläche zustande kommt. Sie ist mit Gelenkknorpel überzogen. Der äußere Rand der Facies lunata folgt, wenn auch nicht genau, der Schraubentour des Pfannenrandes. Vor allem im Pfannendach wölbt sich der Knorpel stärker vor, so dass die Gelenkfläche hier eine wesentliche Verbreiterung erfährt [218]. An der Incisura acetabuli ist der äußere Randverlauf unterbrochen und biegt in den inneren Rand um. Diese Unterbrechung kann in der Projektion als Kreissektor mit einem Öffnungswinkel von etwa 50 bis 80° beschrieben werden [218]. Der innere Rand der Facies lunata begrenzt die Fossa acetabuli. In den meisten Fällen ist diese Begrenzung ungefähr viereckig, TILLMANN [218] fand in 10 % eine fünfeckige und in 5 % eine sechseckige Grundform. Die Facies lunata ist am breitesten am Pfannendach, die schmalste Stelle findet sich am Schambeinteil, am vorderen Horn, das mehr oder weniger spitz zuläuft. Am Sitzbeinteil, am mehr abgerundeten hinteren Horn, ist die Mondsichel schmaler als am Pfannendach, jedoch breiter als am vorderen Horn. Schon FICK [64] beschrieb Abschnürungen und Unterteilungen der Gelenkfläche, die er auf die Verschmelzung der drei Hüftbeine zurückführte. TILLMANN [218] fand bei 16 von 140 Exemplaren Inzisuren der Gelenkfläche, zehn davon im Pfannendach, sechs im Bereich des vorderen Hornes. Die Inzisuren schnüren die Gelenkfläche ein oder unterteilen sie ganz (Abb. 4.34). TILLMANN [218] nennt als Ursache eine lokal begrenzte Reduzierung des Gelenkdruckes und damit einen zu niedrigen Erhaltungsreiz für den Gelenkknorpel, und er versucht diese Erscheinungen von arthrotischen Veränderungen abzugrenzen [218]. Die Knorpeldicke nimmt vom inneren Rand zum äußeren Rand hin zu, wobei der Knorpel kranial und posterior am dicksten ist [64].

Es zeigen sich drei konstant vorkommende Erhabenheiten und zwei Impressionen. Die Erhabenheiten finden sich anterosuperior, anteroinferior und posteroinferior, die Impressionen zeigen sich am vorderen Wall sowie entlang dem posteroinferioren Wall. Die Ausdehnungen der drei Vorwölbungen bzw. Impressionen variieren deutlich [113].

Fossa acetabuli

Der Pfannengrund ist, frei von Knorpelbelag, von einer dünnen, leicht abzulösenden Knochenhaut bedeckt [125]. Dem Periost liegt locker und verschieblich ein Fettpolster

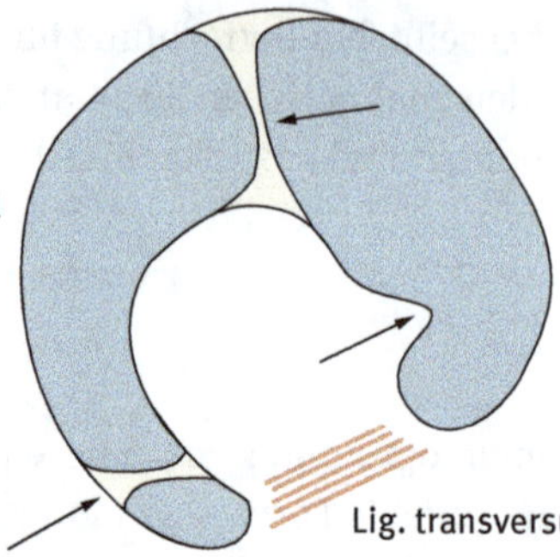

Abb. 4.34: Hüftpfanne eines Erwachsenen (Schema der Normvarianten der Facies lunata, die Pfeile zeigen knorpelfreie partielle oder vollständige Abschnürungen in der Facies lunata) [83].

auf (Pulvinar acetabuli; HAVERSIAN gland), das durch feine Gefäße und Bindegewebsstränge mit der Unterlage verbunden [64] und mit Synovialmembran überzogen ist. Das Polster ist variabel in Farbe, Dicke und Ausdehnung und fehlt in den oberen Abschnitten der Fossa acetabuli manchmal völlig. Es hat eine mehr gelbliche, rötliche oder weißliche Farbe, je nach Gehalt an Fett und Blutgefäßen.

Labrum acetabulare

Am Pfannenrand ist die faserknorpelige Gelenklippe, das Labrum acetabulare, befestigt. Sie umschließt den Femurkopf eng jenseits seines Äquators. An der Incisura acetabuli bildet das Labrum einen Teil, den freien Rand des Ligamentum transversum acetabuli. Der innere Teil dieses Bandes, das die Incisura acetabuli überbrückt, so dass ein Loch für den Durchtritt von Gefäßen und Bindegewebssträngen und für das Ausweichen von Fettpolsteranteilen bei bestimmten intraartikulären Druckverhältnissen bleibt, wird von Faserzügen zwischen Scham- und Sitzbein gebildet [125]. Unter Druckbelastung kommt es kraftabhängig zu einer zunehmenden Dehnung des Lig. transversum acetabuli bis ca. 3,2 %, während am Labrum nur geringe Längenänderungen (ca. 0,5 %) auftreten. Dies ist von funktioneller Bedeutung für das *Lig. transversum acetabuli* in der Aufrechterhaltung der physiologischen Inkongruenz der artikulierenden Gelenkflächen [134]. Unter Normalbedingungen besteht die stärkste Belastung des Labrums posterior [190], obgleich Labrumschäden vorwiegend anterior zu finden sind [206].

Die dreikantige Gelenklippe (Labrum) ist an ihrer dem knöchernen Pfannenrand verhafteten Basis faserknorpelig entwickelt, während der mehr fibröse freie Rand vom Pfannenrand aus von schräg zulaufenden Faserzügen gespeist wird [64]. Die dem Schenkelkopf zugewandte glatte Seite des Labrums ist nach FICK [64] von einer feinen Schicht radiär laufender Bindegewebsfasern überzogen. „In der Regel schließt sich die Lippe der Knorpelsichel überall unmittelbar an. Manchmal ist aber an dieser oder jener Stelle des Pfannenumfanges zwischen beiden eine seichtere oder tiefere bis auf den Knochen gehende Furche“ [64] zu sehen. Diese Furchen können durch einen ausgefransten Saum der Pfannenlippe, der sich auf den Rand der Knorpelsichel auflegt, überdeckt sein [64, 125]. Die Pfannenlippe springt posterosuperior am weitesten vor und ist dort auf der äußeren und inneren Seite von Synovialmembran bedeckt [81]. FICK [64] berichtet von Varietäten des Labrums, es kann ganz oder teilweise verknöchert sein, wobei der innere Rand wie beim Schultergelenk frei überstehen kann.

Die genaue Betrachtung der Anatomie des Labrums lässt den Begriff des „labrokapsulären Komplexes“ entstehen [182]. Aus der Anatomie resultieren auch die Definitionen: Limbus acetabuli und Labrum acetabulare. Der Limbus acetabuli ist der knöcherne Rand der Hüftgelenkpfanne, das Labrum acetabulare sitzt breitbasig auf diesem Hüftpfannenrand und stellt ein streng ringförmig angeordnetes Bündel kollagener Fasern dar. Entgegen anderen Ansichten geht die Innenseite des Labrum acetabulare nicht über die gesamte Zirkumferenz flächenhaft aus dem Gelenkknorpel hervor, dies trifft nur für den dorsokranialen Bereich zu, hier geht es kontinuierlich von der Facies lunata in den Außenrand über. Eine weitere Ausnahme bildet der Bereich der Incisura acetabuli. Abgesehen von den beiden genannten Stellen (dorsokranialer Bereich und Incisura acetabuli) findet sich zwischen dem Labrum acetabulare und der Facies lunata ein scharfer Spalt. Dieser ist im ventralen und im dorsalen Bereich an umschriebener Stelle etwas erweitert, da die Kontur der Facies lunata charakteristischerweise eingezogen ist, wodurch erst eine flache Mulde entsteht, die mit Membrana synovialis ausgekleidet ist. Die unterschiedliche Ausbildung der Übergangszone zwischen Labrum und Facies lunata liegt in der Limbusform begründet, diese ist mit dem freien Knochenrand nicht in einer Ebene zu finden, besonders dorsokaudal der Limbus in die Tiefe. Die Unregelmäßigkeiten des Limbus werden durch das Labrum ausgeglichen. Im Bereich der Fossa acetabuli und des Lig. transversum setzt sich das Labrum acetabulare kompakt fort. Das Lig. transversum acetabuli besteht aus zwei Anteilen, es ist nur der kraniale Teil mit dem Labrum fest verbunden. In diesem Bereich wird zwischen Labrum und Ligamentum transversum kein Unterschied festgestellt, so dass das Labrum als einheitliche zirkuläre Struktur erscheint. Die Kapsel des Hüftgelenkes setzt am knöchernen Limbus proximal an und getrennt vom Labrum, so dass ein Rezessus (perilabraler Sulkus) mit einer Tiefe zwischen 6,6 mm und 7,9 mm entsteht. Histologisch verschmilzt das Labrum mit dem Gelenkknorpel der Pfanne in einer Übergangszone von 1–2 mm. Eine zungenartige Fortsetzung des knöchernen Limbus reicht in die Labrumsubstanz. An der gelenknahen Seite dieser Zunge setzt das Labrum fest über einer Zone von kalzifiziertem Knorpel mit einer genau erkennbaren Tidemark an (Abb. 4.35). Am äußeren Rande dieser Zunge heftet sich das Labrum direkt am Knochen an [199, 211].

Das Labrum acetabulare wird, da es keine direkten ligamentären Verbindungen zur Gelenkkapsel aufweist, von einem perilabralen Sulkus umgeben, der kaudal der Fossa acetabuli von der normalen Form abweicht, denn hier treten aus der Arteria obturatoria unter dem Ligamentum transversum Gefäße in das Fettpolster der Fossa

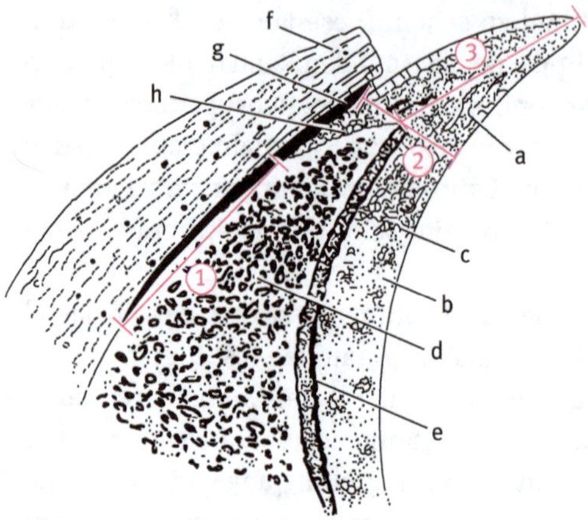

Abb. 4.35: Illustration histologischer Erscheinung am Labrum acetabulare. a = labrum; b = articular hyaline cartiage; c = articular cartilage-labrum transition zone; d = bony acetabulum; e = tidemark; f = hip capsule (cut); g = capsular recess; h = group of vessels. ① capsular recess; ② thickness of labrum; ③ width of labrum [199, 211].

acetabuli ein, auch Fasern, die zusammen mit Fasern aus dem Ligamentum transversum das Ligamentum teres (Ligamentum capitis femoris) bilden. Durch die Fetteinlagerung mit synovialem Überzug und durch diese Faserstrukturen entsteht ein zeltartiges Aussehen des Ligamentum teres. Am Vorderhorn der Facies lunata entsteht das Ligamentum transversum aus dem Labrum, der Faseransatz des Ligamentum transversum ist am Hinterhorn der Facies lunata mit Übergang in die fibröse Gelenkkapsel und in das Periost des Os ischium versehen, in der Standphase nimmt die Spannung des Bandes an dieser Stelle zu. Das Labrum, das das Ligamentum transversum überzieht, ist frei von Knorpelzellen und geht allmählich in das Ligamentum transversum selbst über [135, 101]. Das dorsale Labrum ist etwas kräftiger als das anteriore Labrum [169] (Abb. 4.36). Am posteroinferioren Anteil findet sich der sog. sublabrale Sulkus bei etwa 17,4 % der untersuchten Hüften [52], nach SADDIK [189] liegt die Häufigkeit bei 25 % (anterosuperior 44 % und posteroinferior 48 %), nach STUDLER [212] bei 18 % (anteroinferior 70 %, anterior 20 %, anterosuperior 10 %), nach KIM [109] bei 48 %, vorwiegend anterosuperior, und nach WON [242] bei 61 % (anteroinferior 39 %, posterosuperior 35 %, anterosuperior 25 % und posteroinferior 1 %). Ein anteriorer labraler Sulkus durch die Impression der korrespondierenden Iliopsoassehne wird bei 3 Uhr beschrieben [177]. Diese Stelle ist vergleichbar mit dem superioren glenoidalen Labrum. Dazu zeigt sich im gesamten Labrumverlauf am Übergang zur Knorpelgelenkfläche eine teilweise oder auch komplette, das Labrum betreffende Spalte als Normvariante [168]. Dieser Sulkus wird auch als sublabral recess [212], sublabral groove [221, 52] oder sublabral slit [242] bezeichnet.

Unter Berücksichtigung dieser Daten kommt KIM [109] zu dem Ergebnis, dass die Sulkusbildung posteroinferior zu finden ist, anterosuperior müssen Sulkus und

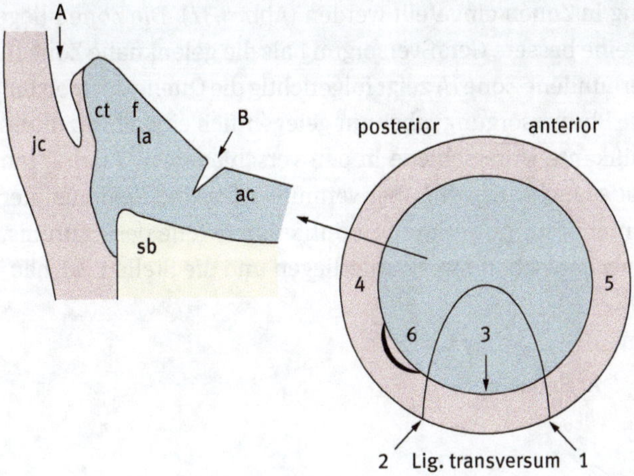

Abb. 4.36: Strukturbesonderheiten am Labrum acetabulare (1 = perilabraler Sulkus, 2 = Labrum-Knorpel-Kluft, 1 = Vorderhorn, 2 = Hinterhorn, 3 = Lig. transversum, 4 = Labrum post., 5 = Labrum ant., 6 = sublabraler Sulkus, jc = Gelenkkapsel, la = Labrum, ac = Knorpel, sb = subchondraler Knochen, f = Faserknorpel, ct = Bindegewebe). A = Sulcus perilabralis, B = Recessus sublabralis [168].

Riss genau differenziert werden, da in diesem Bereich sowohl die Normvariante als Sulkus als auch der pathologische Riss (= Kontinuitätsunterbrechung) auftreten. Die äußere Fläche des Labrums ist mit der Membrana synovialis bedeckt, ausgehend von der Gelenkkapsel, so dass hier eine flache Rinne bis zur Außenkante der Basis hin entsteht, da die Membrana fibrosa klar außerhalb des Labrums entspringt. Aus diesem Bereich gehen auch die Ligamente hervor. So entsteht ein ringförmiger Spalt, der das Labrum rundum so umgibt, dass dessen Rand frei in den Gelenkinnenraum vorragt. Die Verankerung des Labrums am Limbus zeigt mikroskopisch ein schräges Einstrahlen von Fasern in den Knochen, wobei insgesamt das Labrum ein derbfasriger ringartiger Bindegewebskörper ist.

Die Blutversorgung des Labrum acetabulare kommt aus folgenden Arterien:

- A. obturatoria,
- A. circumflexa femoris medialis,
- A. circumflexa femoris lateralis,
- A. glutaea superior,
- A. glutaea inferior [182, 146],

die einen periazetabularen, periostalen Gefäßring bilden [100]. Der Ramus acetabularis aus der A. obturatoria sowie die Arterie des Lig. capitis femoris spielen für die Blutversorgung keine Rolle. Bezüglich des Labrums selbst finden sich im äußeren Drittel des Labrums immer, im mittleren teilweise und im inneren nie Blutgefäße [167]. Nach PETERSEN [168] sind Blutgefäße nur im peripheren Drittel vorhanden. Es werden aber reichlich Gefäße im Synovialbereich (Sulkus) gefunden, eine Gefäßversorgung aus dem Limbus in das Labrum ist nicht nachweisbar [146]. Das Labrum acetabulare kann bezüglich der Blutversorgung in Zonen eingeteilt werden (Abb. 4.37). Die Zone I liegt kapselnah und verfügt über eine bessere Gefäßversorgung als die gelenknahe Zone II. Die nicht mit dem Limbus verbundene Zone IA zeigt folgerichtig die Quelle der meisten Gefäße, Zone IB hat die beste Blutversorgung, aber nur gelegentlich einen Blutzufluss vom Limbus her [107]. Signifikante Unterschiede in den verschiedenen Quadranten des Labrum acetabulare gibt es nicht. Es wird aber vermutet, dass die Regionen der besten Durchblutung, die anterioren, posterioren und inferioren Teile des Labrums, gleichzeitig dem höchsten mechanischen Stress unterliegen und die Stellen der häufigsten Schäden bilden [200].

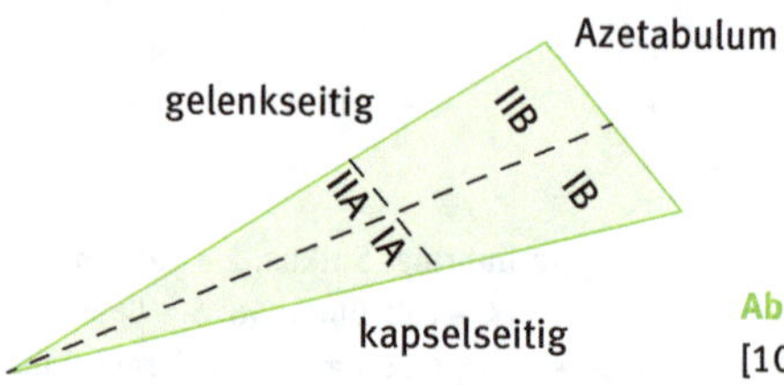

Abb. 4.37: Zonen des Labrum acetabulare, nach [107].

Die nervale Versorgung erfolgt aus dem N. femoralis von ventral, aus dem N. obturatorius zur ventralen medialen Kapsel. Äste aus dem N. gluteus inferior und aus dem N. ischiadicus ziehen an die hintere Kapsel [182]. Im Gegensatz dazu spricht DEE [48] nur von einem „medial articular nerve" aus dem N. obturatorius, einem „posterior articular nerve" aus dem Muskelast zum M. quadratus femoris und dem „nerve to the ligamentum capitis femoris". Lediglich als akzessorische Versorgung kommen Äste aus dem N. femoralis und dem N. gluteus superius dazu.

Ligamentum teres

Das Ligamentum teres ist ein mit Synovialmembran überzogenes 2 bis 2,5 cm langes fibröses Band, das, entspringend aus der Fossa acetabuli, in der Fovea capitis femoris ansetzt. Über seine Funktion, vor allem seine Rolle bei der Gefäßversorgung des Femurkopfes ist früher und noch bei neueren Autoren viel diskutiert worden. Das Band hat mehrere Wurzeln in der Fossa acetabuli, von denen die kräftigste am hinteren Horn der Facies lunata ihren Ursprung nimmt. Diese weist oft eine weißliche Färbung im Gegensatz zu einer dünneren Wurzel auf, die am vorderen Horn der Gelenkfläche entspringt und mehr rötlich gefärbt ist [64]. Dazu kommen Fasern von extraartikulär von der Kapselaußenfläche, die unter dem Ligamentum transversum durchziehen bzw. vom Querband selbst ausgehen. Auch vom Pfannengrund tragen oft einzelne Faserzüge zum Ligamentum teres bei, das dann gebündelt mehr rund oder mehr bandartig im vorderen oberen Teil der Fovea des Femurkopfes ansetzt. Durch die Synovialmembran, die die ganze Fossa acetabuli und die Wurzeln des Ligamentum teres überzieht, bekommt die Basis desselben oft ein zeltartiges Aussehen.

Das Lig. teres soll zur Hüftstabilität [184] in Außenrotation und Flexion bzw. in Innenrotation und Extension [138, 110] beitragen. Bei normaler knöcherner Anatomie hat das Labrum acetabulare zwei mechanische Funktionen:

1. Funktion als „Dichtungsring", um den intraartikulären Unterdruck und Gelenkschluss („Vakuumeffekt") aufrechtzuerhalten und die Gelenkflüssigkeit gleichmäßig zu verteilen [42],
2. Konzept einer zirkulären Verspannung („Zuggurtung") des knöchernen Azetabulums durch die durchgehende ringförmige Struktur aus Labrum und Lig. transversum [58, 135, 182]. Aus dieser Zuggurtung resultiert das Konzept eines „elastischen Hüftgelenkes". Daraus resultiert, dass die Facies lunata durch ihre Hufeisenform die vom Hüftkopf ausgehenden Kräfte federnd abfangen kann, so dass die kraniale Fläche erst bei Vollbelastung beansprucht wird [225, 18]. Dies führt zu einer Änderung der Kraftverteilung. Mit zunehmender Belastung kommt der kraniale Teil der Facies lunata unter Druck.

4.3.2 Pathologie

Der Vergleich zwischen Labrum glenoidale und Labrum acetabulare führt zu dem Ergebnis, dass an beiden Gelenklippen ähnliche, morphologisch einteilbare Schäden vorliegen. Neben verschleißbedingten Schäden (Texturstörungen) finden sich traumatisch entstandene Schäden (Rupturen, Abrisse mit und ohne Knochenlamelle) [185, 214, 56, 95, 227]. Die Einteilung der Labrumschäden erfolgt nach ätiologischen [42, 192] und morphologischen [122, 42, 82, 62, 143, 144] Gesichtspunkten (Rupturart und Lokalisation). Eine Besonderheit sind der Korbhenkel [62, 192, 207] sowie dieser mit einer Knochenlamelle als Luxationsfolge [185, 78] mit der Neigung zu Blockaden. Abgesehen von den verletzungsbedingten Schäden liegen meist Labrumablösungen vom ossären Limbus vor und seltener intralabrale Schäden. Die Ablösungen entstehen meist am Labrum-Knorpel-Übergang an der Gelenkinnenseite, es besteht eine fibrokartilaginäre Separation [12]. Diese Prädilektionsstelle entsteht wegen spezieller Schädigungsmechanismen bei einer verminderten Durchblutung in diesem Areal. Diese Labrumschäden können mit einer angrenzenden Knorpelschädigung in Abhängigkeit vom Entstehungsmechanismus und von der Größe der Labrumläsionen verbunden sein. Sekundär entstehen Ossifikationen und auch Ganglien intra- und extraossär gelegen. Labrumläsionen werden bei fortgeschrittener Arthrose festgestellt. Sie gehen aber auch mit morphologischen Störungen (Dysplasie, femoroazetabuläres Impingement = FAI) einher, die bei jungen Menschen zu finden sind und ein Frühsignal einer irreversiblen Schädigung des Gelenkes als Arthrose bedeuten (91]. Die Prävalenz in der jungen Bevölkerung beträgt 10–15 % [211]. Die isolierten Labrumschäden sind selten. Erst mit der Kenntnis über die abnorme Morphologie des Hüftgelenkes konnten die früher als isoliert angenommenen Labrumschäden einem pathomorphologischen Substrat, insbesondere dem femoroazetabulären Impinge-

ment, zugeordnet werden. Randosteophyten des Hüftkopfes können das Labrum während der Beugung irritieren und ins Gelenk drängen. Die Folge ist eine Inkongruenz mit Abrieb des Knorpels sowie des Labrums. Es resultiert eine sekundäre Arthrose [79, 33]. Dieser Mechanismus entsteht auch beim Fortschreiten eines Defektes zwischen Labrum und Knorpel. Es kommt zur Unterminierung des Knorpels und zur meist partiellen Labrumlösung [4]. Labrumschäden, aber auch ein „Zuwenig" und ein „Zuviel" an Gelenküberdachung führen zu einer vorzeitigen Verschleißerscheinung (sog. sekundäre Coxarthrose). Das „Zuwenig" ist die sog. Hüftdysplasie, das „Zuviel" das sog. femoroazetabuläre Impingement [226]. Labrumschäden sind aufgrund ihrer Entstehung mit Begleitpathologien vergesellschaftet:
- Knorpelschäden [27, 145, 146, 15, 16, 17, 195, 171, 102, 237, 166, 75],
- Schäden des Lig. teres [15, 17, 184].
- Synovialitis [17],
- Freie Gelenkkörper [31, 142, 16].

Die Häufigkeit der gleichzeitig bestehenden Knorpelschäden bei der Labrumpathologie liegt bei 49 % bis 87 % [237, 75] und sie sind meist beim FAI zu finden [237, 166, 75], weshalb das FAI auch als Präarthrose bezeichnet wird. Die Labrumschäden tragen zum Knorpelschaden bei und/oder entstehen in Verbindung mit dem Knorpelschaden [145]. Die Kombination anteriorer Labrumschäden mit Knorpelbeteiligung findet sich u. a. bei der „footballers hip" im Sinne eines Überlastungsschadens [195] aufgrund der repetitiven Mechanismen. Grundsätzlich kann in 80 % der Fälle die Knorpel- und Labrumpathologie an gleicher Stelle angenommen werden [146]. Bei Labrumschäden bestehen auch Kontinuitätsunterbrechungen des Lig. teres, dem eine „Scheibenwischerfunktion" zur Verteilung der Synovia zugeordnet wird [72, 11, 22]. Diese sog. Rupturen müssen nicht traumatisch bedingt sein, sondern korrelieren mit der Größe des Labrum- und dem Aufmaß des Knorpelschadens [74, 175]. Die Ligamentum teres-Schäden werden klassifiziert nach GRAY [72] sowie nach BOTSER [22] auf arthroskopischem Weg (Tab. 4.20).

Tab. 4.20: Klassifikation der Lig. teres-Schäden mittels Arthroskopie.

	Gray [72]	BOTSER [22]
Grade 1	komplette Diskontinuität	komplette Diskontinuität (100 %)
Grade 2	partielle Diskontinuität	geringe Diskontinuität (< 50 %)
Grade 3	„degenerativer" Schaden	erhebliche Diskontinuität (> 50 %)

Mit zunehmendem Alter (über dem 20. Lebensjahr) nimmt die Häufigkeit der Lig. teres-Schäden zu, klinische Untersuchungen ergeben keine Hinweise. Mit der Abnahme der Hüftüberdachung soll die Häufigkeit der Lig. teres-Schäden zunehmen [54]. Die meisten Labrumschäden finden sich, allerdings nicht bei Lig. teres-Schäden, zwischen 11 Uhr und 4 Uhr. Ein tatsächlich nachweisbarer Zusammenhang zu den Lig. teres-Schäden besteht zur verminderten Hüftüberdachung und zum Knorpelschaden [54, 104], insbesondere beim femoroazetabulären Impingement. die Sensitivität sowie Spezifität der MRI werden mit 50 % und 34 % bezüglich des Lig. teres angegeben [50].

Gemäß der Literatur [202, 117] finden sich Labrumschäden in Verbindung mit folgenden pathomorphologischen Substraten:

1. Verletzungen:
   - Hüftluxation,
   - Azetabulumquerfraktur,
   - posteriore Subluxation bei FAI,
2. Hüftdysplasie,
3. Hüftinstabilität,
4. femoroazetabuläres Impingement (FAI),
5. Coxarthrose (u. a. nach 2., 3. und 4.),
6. Psoas-Impingement,
7. Morbus Perthes,
8. Epiphyseolysis capitis femoris.

Eine konkrete Zuordnung zur Gesamtpathologie der Hüfte, insbesondere zum Labrum- bzw. Knorpelschaden, ist derzeit nicht möglich, es gibt aber den Zusammenhang zwischen Labrum- Knorpel- und Ligamentum teres-Schaden [22, 23]. Als Risikofaktoren für das Ausmaß des Schadens gelten das zunehmende Alter, der zunehmende Alpha-Winkel sowie das weibliche Geschlecht mit höherem Tönnis-Grad und kleinem Hals-Schaft-Winkel [186].

Verletzungen

Verletzungsbedingte Labrumschäden entstehen bei hinterer Hüftluxation als rein labrale oder auch als osteolabrale Abrisse, diese gibt es ebenso bei vorderen Luxationen als vordere Randfrakturen des Azetabulums [85, 19, 36, 164, 45, 46, 194]. Labrumrupturen finden sich auch bei Azetabulumquerfrakturen [128, 129]. Selten werden Labrumverletzungen in Kombination mit Oberschenkelschaftfrakturen angeführt [234]. Während bei der vorderen Luxation Schäden im Sinne eines „inverted ant. sup. labrum" bis hin zum Labrumabriss und zur osteolabralen Abrissverletzung genannt werden [232], überwiegen bei der hinteren Luxation korbhenkelartige Verletzungen mit und ohne Knochenlamelle, die ein Repositionshindernis darstellen können [36]. Es werden Bankart-Typ-artige Formen genannt [185, 19] (Abb. 4.38), und am Hüftkopf können Hill-Sachs-artige Läsionen in Verbindung mit Instabilitäten auftreten.

Bei Luxationen entsteht die Verletzung durch Anschlagen des Hüftkopfes am Labrum bzw. am Limbus acetabulare mit Abscheren (Avulsion) des Labrums mit oder ohne knöcherne Lamelle entsprechend der Luxationsrichtung. Notwendigerweise muss kernspintomographisch am betroffenen Limbusanteil und am Hüftkopf ein

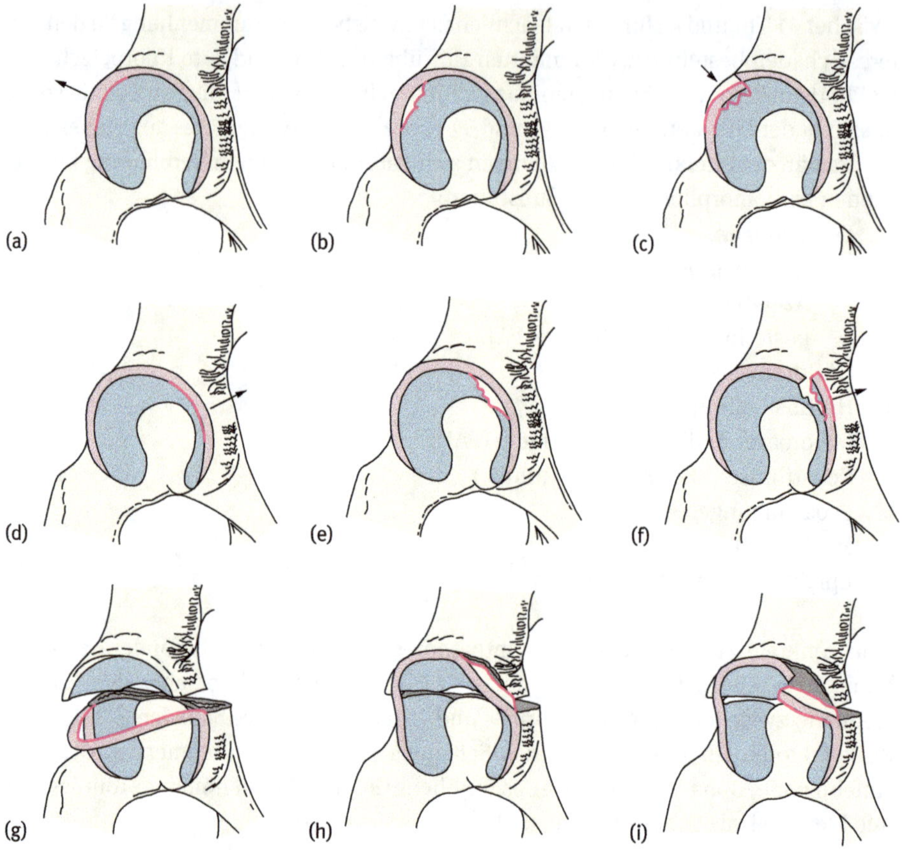

Abb. 4.38: Labrumverletzungen bei Hüftluxation nach dorsal ((a)–(c)), nach ventral ((d)–(f)) und bei Azetabulumquerfrakturen ((g)–(i)): ((a) = dorsale Labrumavulsion, (b) = dorsale osteolabrale Bankart-Läsion, (c) = dorsale osteolabrale Lappenruptur mit Dislokation bei Reposition, (d) = ventrale Labrumavulsion, (e) = ventrale osteolabrale Bankart-Läsion, (f) = ventrale osteolabrale Lappenruptur mit Dislokation bei Luxation, (g) = traumatischer Korbhenkel, (h) = osteolabraler partieller Korbhenkel, (i) = osteolabraler Lappenriss).

Knochenödem („bone bruise“) nachweisbar sein, das sich wie alle traumatisch bedingten Knochenödeme aber zurückbildet [84]. Bei arthrosebedingten Knochenödemen besteht eine Progredienz. Eine Luxation des Hüftkopfes führt in aller Regel zur Dislokation eines Fragmentes nach extraartikulär, die Reposition kann das Fragment nach intraartikulär transportieren, so dass es zum Repositionshindernis wird [36]. Nach hinterer Hüftluxation finden sich arthroskopisch posteriore (35 %) und anteriore (82 %) Labrumschäden, alle Patienten haben femorale Knorpelschäden und über 80 % zeigen intraartikuläre Fragmente [98]. Laut MRT werden nach posteriorer Luxation in 74 % Labrumrupturen und in 66 % Risse des Lig. teres festgestellt, intraoperativ waren es jedoch jeweils 89 % [215]. Wirkt eine weniger starke Kraft auf ein

Hüftgelenk ein, als dies für eine komplette Luxation erforderlich ist, so kann eine sog. Subluxation die Folge sein. „Hüftsubluxationen" sind meist nach dorsal orientiert und entstehen durch einen Fall auf die gebeugte und adduzierte Hüfte. Klinisch resultiert aus diesem Ereignis häufig eine Hüftzerrung, da die Luxation nur vorübergehender Art ist und zur Spontanreposition neigt. Verbunden mit diesem Mechanismus sind wesentlich kleinere knöcherne Fragmente, als diese bei der eigentlichen Luxation entstehen, und sie werden daher bei den routinemäßigen Röntgenaufnahmen gelegentlich übersehen. Diese kleinen knöchernen Abrissverletzungen resultieren aus Zugkräften mittels der Kapselbänder (Ligamentum ischiofemorale), bedingt durch die hintere Luxation des Hüftkopfes. Das schwächere Ligamentum iliofemorale reißt bei Subluxationen meist nahe dem femoralen Ansatz, ebenso wie eine Ruptur der hinteren Kapsel entstehen kann [155]. Durch den genannten Mechanismus sind Labrumschäden sowohl anterior als auch posterior erklärbar.

Hüftdysplasie

Jede Form der Hüftdysplasie in Verbindung mit einer daraus resultierenden, wenn auch geringen Instabilität kann zum Labrumschaden führen [74, 43]. Da die klinischen und radiologischen Zeichen einer Hüftdysplasie nicht immer eindeutig und nicht vorbekannt sein können, ist die Abgrenzung von Labrumschäden durch eine Hüftdysplasie von Verletzungsfolgen von großer Bedeutung. Die Labrumläsion bei der Hüftdysplasie ist ein Symptom der chronischen Gelenkinstabilität und Fehlbelastung beim biomechanischen Fehlbau des Hüftgelenkes [116, 181]. Beim Kind äußert sich dies durch Hüft- oder Leistenschmerzen [162], begleitende Kniepathologien sind erwiesen [132, 228]. Dabei wird der Mechanismus der kongruenten Inkongruenz (Prinzip des elastischen Hüftgelenkes) gestört. Der Hüftkopf wird bei steil gestellter Tragfläche gegen den ventrokraniolateralen Erker gedrängt und verursacht eine Stresskonzentration im dort gelegenen Labrumkapselkomplex [85]. Dieser kompensiert vorübergehend als sekundärer Stabilisator die laterale Instabilität so lange, bis früher oder später der Labrumschaden als Ausdruck der mechanischen Dekompensation eintritt. Neben dem Labrumschaden entstehen durch das Rutschen des Kopfes nach lateral kranial gegen das Labrum eine Labrumverdickung (kompensatorisch), ein Azetabular-Rim-Syndrom bis hin zur Labrumdehiszenz. Die Folge ist eine Zunahme der vorbestehenden Instabilität, der Arthroseprozess schreitet voran und wird durch die bei der Hüftdysplasie bestehende vermehrte Halsanteversion verstärkt [133]. Möglicherweise kann die Hüftdysplasie in eine Systempathologie eingeordnet werden, da insbesondere Frauen mit einem kleinen Zentrum-Eck-Winkel vermehrt zu Kreuzbandrupturen neigen sowie auch eher eine generalisierte Gelenklaxität aufweisen [248]. Bei der Beurteilung der normalen Hüfte am Röntgenbild ist von besonderer Bedeutung die Einschätzung der Tragfläche („weight bearing surface", nach [21]), der trabekulären Struktur im Pfannendach („gothic arch", nach [21]) sowie der breit strukturierten Sklerosezone („sourcil", nach [165]), deren Ausdehnung als Winkel, gemessen vom Hüftkopfzentrum aus, beurteilt werden kann. Die Labrumschäden in Verbindung mit der Hüftdysplasie führen zu einer Labrum- und auch Knorpelverdickung im Pfannenerkerbereich [236, 56], dazu entstehen in diesem Bereich auch für die Dysplasie typische Zysten im lateralen Azetabulumdach, sowohl intraossär als auch extraossär [159, 111]. Diese Labrumverdickung wird einer Hyperplasie zugeordnet [95, 139, 141, 236]. Das Bild eines Os acetabuli entsteht ebenfalls durch Verkalkungen anterosuperior am Ansatz des M. rectus femoris [193] als Tendinosis calcarea. Dabei handelt es sich um amorphe Kalziumdepots, auch in der Folge einer Hypoxie [229]. Für die differentialdiagnostische Überlegung beim sog. Os acetabuli gilt:

- Ermüdungsfraktur (Hüftdysplasie, CAM-Impingement),
- persistierende, randständige Azetabulum-Apophyse,
- Abrissfraktur oder osteochondrale Fraktur,
- Kalziumhydroxylapatit- oder -pyrophosphat-Kristallablagerung.

Das Inverted Labrum bei kongenitaler Dysplasie [28, 152, 243] ist eine partielle Verschiebung des Labrums vom lateralen knöchernen Azetabulum und wird häufig als Normvariante beschrieben [28]. Daher sollte diese Labrumveränderung nicht als Verletzung bezeichnet werden, weder als „detachment" [159, 111] noch als „separation" [66]. Das „inverted acetabular labrum" wird aber als Ursache für eine Coxarthrose genannt (28, 62, 79, 80). Das „inverted acetabular labrum" stellt eine zweite morphologische Variante dar, bei der ein Teil des Labrums in das Gelenk interponiert ist und den normalerweise an das Labrum angrenzenden Knorpel überlappt. Diese Veränderung gibt es bei dysplastischen, aber auch nichtdysplastischen Hüften [28]. Es ist nicht geklärt, ob sich der freie Labrumrand über das Azetabulum schiebt oder ob sich die Labrum-Knorpel-Verbindung verlagert. Das radiologische Zeichen ist eine Gelenkspaltverschmälerung initial superolateral. Arthroskopisch zeigen sich Knorpelschäden im Bereich des betroffenen Azetabulums, aber auch am korrespondierenden Hüftkopf, dies unter dem Hüftdach im Pfannenerkerbereich. Jede Form der Hüftdysplasie in Verbindung mit einer daraus resultierenden, wenn auch geringen Instabilität kann zum Labrumschaden führen [74, 43]. Aus einer klassifizierbaren Hüftlaxität [74] entwickelt sich eine Instabilität [43] und eine folgende Instabilitätsarthrose [6]. Klassifikationen der Hüftdysplasie haben Vor- und Nachteile [115]. Es finden sich bei der sog. idiopathischen Coxarthrose eingeschlagene Labrumteile zwischen Hüftkopf und Azetabulum [79]. Dieses invertierte, eingeschlagene Labrum soll eine entwicklungsgeschichtliche Normvariante darstellen und der Grund für die Arthrose sein, dies bei dysplastischen und auch nicht dysplastischen Hüften [28].

Hüftinstabilität

Für die Hüftstabilität ist das Labrum zusammen mit dem den Ring komplettierenden Ligamentum transversum verantwortlich. Das Labrum erhöht die Hüftgelenkstabilität und erhält die Gelenkkongruenz [202, 170, 137]. Umgeben wird das Hüftgelenk von der Hüftgelenkkapsel, in die (intrakapsulär) die drei wesentlichen Bandstrukturen (Ligamentum iliofemorale, Ligamentum ischiofemorale, Ligamentum pubofemorale) eingelagert sind. Eine weitere stabilisierende Struktur sind die Zona orbicularis sowie das Ligamentum capitis femoris (Lig. teres). Die Zona orbicularis zeigt eine kreisförmige Anordnung von Fasern um den Femurhals, diese Strukturen stabilisieren das Hüftgelenk in Extension und adaptieren die beiden Gelenkpartner (Kopf und Pfanne) gegeneinander [170]. Das Lig. teres liegt intraartikulär, aber extrasynovial, d. h., es ist von der Synovialmembran ummantelt. Dieses Band spannt sich während der Adduktion, Flexion und Außenrotation [136] an, hat aber am ehesten eine indirekte stabilisierende Funktion [202, 184]. Da die Fovea capitis femoris häufig kranialer als normal bei der Hüftdysplasie zu finden ist [160], wird dies bei einem Höherstand um etwa 30° als Fovea alta beschrieben. Bei der Hüftdysplasie gerät das Lig. teres unter Zugbeanspruchung [240], es kommt zur Texturstörung des Bandes und somit zur Kontinuitätsunterbrechung. Hüftinstabilitäten können traumatisch, aber auch atraumatisch bedingt entstehen (Tab. 4.21).

Tab. 4.21: Ursachen der Hüftinstabilität.

A traumatisch	**Luxation (90 % nach dorsal)** **Subluxation**
B nicht traumatisch	„General Joint Laxity" (Ehlers-Danlos-Syndrom, Down-Syndrom, Marfan-Syndrom) Hüftdysplasie fokale Rotationsinstabilität idiopathisch

Traumatisch bedingte Instabilitäten sind die Folge von Verletzungen, wie der Hüftluxation [198] oder auch der Hüftsubluxation, dann auch mit Abrissen des Lig. teres [49]. In aller Regel entstehen derartige Verletzungen bei hochenergetischen Unfällen, es werden aber auch weniger energetische Sportmechanismen genannt [209]. Die Instabilität ist dann die Folge derartiger Verletzungen, Instabilitäten sind definitionsgemäß von Luxationen zu unterscheiden. Atraumatische Instabilitäten entstehen langsam schleichend und nicht in der Folge eines bestimmten Ereignisses. Die Ursachen dieser Instabilitäten sind allgemeine Bandlaxitäten und insbesondere die Hüftdysplasie [172, 14]. Die aus diesen Instabilitäten resultierenden Labrumschäden stellen die Folge der Überbeanspruchung des Pfannenerkers mit der hier lokalisierten Labrumverdickung, Labrumtexturstörung bis hin zur Labrumdefekt dar. Des Weiteren entstehen Instabilitäten durch repetitive forcierte Drehbewegungen im Sinne einer chronischen Überdehnung des Ligamentum iliofemorale mit einer daraus resultierenden Insuffizienz und einer Kapsellaxität [106]. Diese Instabilität wird als fokale Rotationsinstabilität bezeichnet, es liegt aber keine Translationsinstabilität vor. Die

Folge einer Instabilität sind Labrumschäden, aber auch Labrumschäden können zu einer Elongation des Ligamentum iliofemorale führen, mit der Folge einer überschüssigen Kapselgewebsbildung, was die normale knöcherne Gelenkfunktion beeinträchtigt und eine Subluxation nach sich ziehen kann [170]. Schließlich ist eine atypische Belastung der Hüfte der Grund für eine weitere Deformierung von Labrum und Kapsel mit dem Ergebnis einer Coxa saltans [14]. Die Instabilitäten werden klinisch festgestellt, z. B. mittels Extensions-Außenrotations-Test. Eine Klassifizierung mit Nennung von Instabilitätsgraden ist bisher in der Literatur nicht zu finden. Die Grundlage für eine derartige Einteilung wäre jedoch der Verlauf „overuse – generalisierte Laxität – Mikroinstabilität“.

Femoroazetabuläres Impingement (FAI)

Das femoroazetabuläre Impingement (FAI) ist ein Mechanismus für die Entwicklung einer frühen Coxarthrose bei den meist nichtdysplastischen Hüften [68]. Morphologisch lassen sich das PINCER-Impingement von der Coxa profunda und das CAM-Impingement von der Coxa erecta ableiten [88]. Der Pathomechanismus ist die Bewegung, nicht die axiale Belastung. Es handelt sich nicht um eine Hüfterkrankung per se, sondern um einen mechanischen Prozess, der das Hüftgelenk direkt schädigen kann [131]. Neben den z. T. nur schwer nachweisbaren knöchernen Deformitäten der Gelenkpfanne und/oder des proximalen Femurs ist vor allem die Überlastung des Hüftgelenkes für den Gelenkschaden verantwortlich [69, 127, 173] (weiteres siehe Band 1, Kapitel 6). Das jüngere Lebensalter der Männer, ein größerer Alpha-Winkel und eine verminderte Azetabulumanteversion sollen Risikofaktoren darstellen [112, 153, 41, 176]. Zwei Mechanismen liegen dem FAI [68] als sog. Hüftimpingement mit nachfolgender Muskelschwäche [34] zugrunde:

1. PINCER-Typ
   Es besteht eine vermehrte azetabulare Überdachung bei tiefem oder retrovertiertem Azetabulum [40]. Die vermehrte Überdachung kann lokalisiert meist anterosuperior sein, aber auch weitgehend zirkulär.
2. CAM-Typ
   Es besteht eine fehlende bzw. verminderte Kopf-Hals-Einbuchtung (femoral head-neck offset), ein asphärischer Hüftkopf oder auch eine abnormale osteokartilaginäre Prominenz, lokalisiert am vorderen lateralen Schenkelhals.
3. Gemischter Typ (PINCER und CAM)
4. Extraartikulärer Typ
5. Coxarthrose – Knorpelschäden
   Bei der Erkrankung „Arthrose des Hüftgelenkes“ (= Coxarthrose) finden sich neben dem Knorpelschaden und den dazugehörenden Begleitpathologien auch Labrumschäden sowie Labrumossifikationen. Die Arthrose als Gelenkerkrankung, in fortgeschrittenen Stadien sind auch andere Gelenkteile als der hyaline Knorpel betroffen (z. B. Synovialis, Knochen u. a.).

6. Psoas-Impingement
   Selten finden sich Labrumschäden ventral unterhalb der Sehne des Musculus iliopsoas, der bis 3-fach angelegt sein kann [177]. Es besteht die Vermutung einer Kompression oder Traktion am ventralen Labrumkapselkomplex durch die Iliopsoas-Sehne [31, 32, 3, 52, 55, 96, 239].
   Da die Sehne des Iliopsoas direkt dem Kapsel-Labrum-Komplex aufliegt, resultiert deren Bedeutung in der Entstehung von anterioren oder anterosuperioren Labrumläsionen [2].
7. Morbus Perthes
   Das Krankheitsbild wird definiert als idiopathische, juvenile, aseptische Osteonekrose der Femurkopfepiphyse. Die Erkrankung verläuft in vier Stadien. Durch die Verbreiterung der Wachstumsfuge und der Epiphyse ergibt sich ein klassisches CAM-FAI mit einem variabel ausgeprägten Verlust der Innenrotation in Flexion und auch in Abduktion [73, 56, 108, 66, 203, 126] und einer begleitenden Labrumpathologie. Das eigentliche pathomorphologische Substrat ist die Epiphysennekrose mit der Folge der Epiphysendestruktion und einer daraus resultierenden Instabilität, die zum Labrumschaden führt.
8. Epiphyseolysis capitis femoris
   Die Epiphyseolysis capitis femoris als typische Hüftgelenkserkrankung des adoleszenten Alters bewirkt aufgrund einer multifaktoriell bedingten Gefügelockerung der proximalen Wachstumsplatte des Femur ein Abrutschen der Epiphyse in Höhe der Epiphysenfuge stets nach dorso-medio-caudal. Dieses Abrutschen kann akut traumatisch bedingt sein, aber auch klinisch stumm verlaufen. Die dadurch resultierende, prominent werdende Metaphyse verursacht ein Cam-Impingement unmittelbar distal der Epiphyse [151, 191, 238]. Das Labrum ist bei der Epiphyseolyse primär nicht pathologisch verändert. Erst mit der Entwicklung eines CAM-Impingements treten Labrumschäden auf [205, 67]. Die Epiphyseolysis capitis femoris stellt einen kinderorthopädischen Notfall dar [163].

Einteilung und Klassifikation

Labrumschäden können nach deren Morphologie, Lokalisation und auch Ätiologie eingeteilt werden. Morphologisch unterscheidet LAGE [122] radiale Lappen (radial flap), radiale Auffaserungen (radial fibrilated), longitudinale periphere Risse sowie nicht stabile Risse, wie Korbhenkel oder auch horizontale Spaltrisse (Abb. 4.39).

Die Häufigkeit dieser Schäden wird in der Literatur unterschiedlich angegeben, zwischen 5 und 80 %. Daraus lässt sich erkennen, dass in erster Linie radiale Lappen, periphere Longitudinalrisse und auch radiale Auffaserungen überwiegen. Bezüglich der Lokalisation zeigt sich, dass vorwiegend anterior Labrumschäden bestehen, zahlenmäßig gefolgt von der posterioren Lokalisation, aber jeweils mit dem Trend nach superior. Anteriore Labrumschäden werden bei dysplastischen Hüften [56, 159], aber auch bei nicht dysplastischen Hüften [143, 144, 195] festgestellt. Posteriore Labrumschäden finden sich u. a. auch beim PINCER-Impingement [95], aber ebenso in Ver-

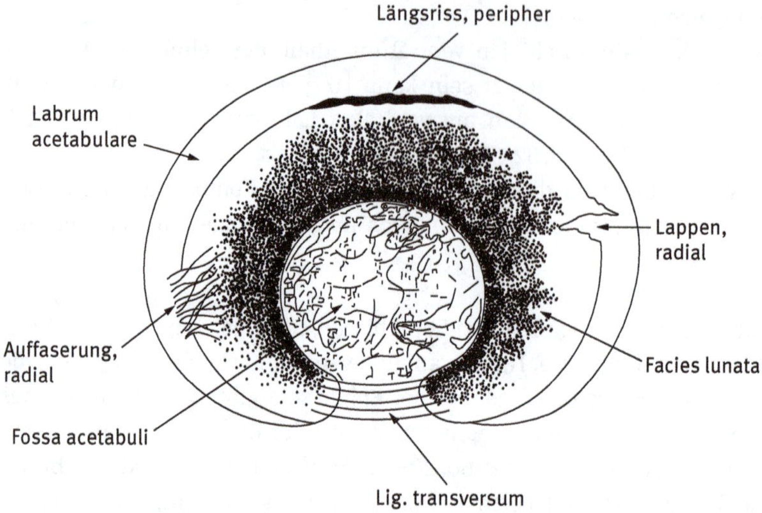

Abb. 4.39: Schematische Darstellung stabiler Labrumschäden [122].

bindung mit anderen Pathologien. Normvarianten zeigen sich superior als laterale partielle Separation [25] oder auch am hinteren Labrum als „bifid post. labrum" [150]. Die Beziehung zur Hüftdysplasie erklärt die anterosuperioren Labrumschäden, das femoroazetabuläre Impingement, sowohl anterosuperiore als auch posteriore Schäden [211]. Die prozentuale Verteilung der Labrumschäden entsprechend der Lokalisation und Ausdehnung (Abb. 4.40) ergibt, dass die Labrumschäden vorwiegend anterior, bevorzugt im oberen Anteil, lokalisiert sind, ebenso verhält es sich bei den posterioren Labrumschäden. Insgesamt finden sich im anterosuperioren, im superioren und posterosuperioren Anteil fast 90 % der Labrumschäden, eine Ausdehnung von posterosuperior nach anterosuperior zeigt sich lediglich in 13 % der Schäden. Periphere posteriore Labrumschäden sind selten, allenfalls als contre-coup beim PINCER-Impingement zu finden, vordere periphere Labrumschäden betragen maximal 45 %. Bezüglich der Ätiologie teilt LAGE [122] wie folgt ein:

1. Traumatische Risse:
   Als traumatische Risse werden solche bezeichnet, die auf ein Unfallereignis zurückzuführen sind und wenn keine Texturstörungen – weder am Labrum noch am Knorpel – erkennbar sind. Traumatische Risse sind blutig [105].
2. „Degenerative" Schäden (Texturstörung):
   Derartige Labrumschäden liegen dann vor, wenn Texturstörungen sowohl am Labrum als auch am Knorpel erkannt werden können.
3. Kongenitale Schäden:
   Es liegt ein unauffälliges Labrum vor und gleichzeitig eine Subluxation des Labrums, als Anomalie bei der Hüftdysplasie. Hierzu gehören Korbhenkel anterosuperior [245, 246].

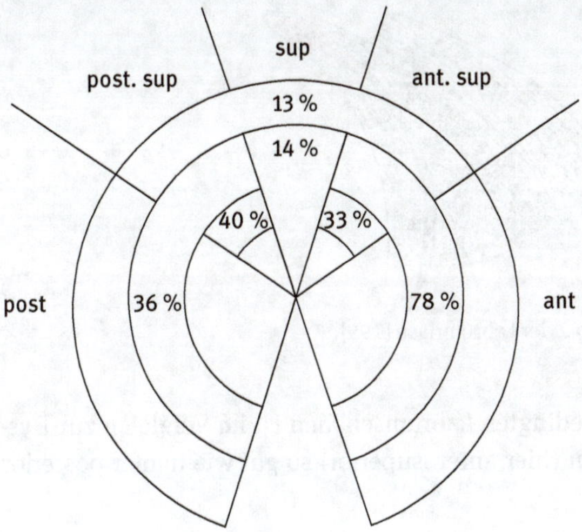

Abb. 4.40: Prozentuale Verteilung der Labrumschäden entsprechend der Lokalisation und Ausdehnung.

4. Idiopathische Schäden:
   Es handelt sich um Dehiszenzen, bei denen in der Anamnese kein Trauma vorliegt und bei denen keine Texturstörungen im Gelenk erkennbar sind, z. B. beim FAI [12]. Es überwiegen an Häufigkeit die sog. „degenerativen" Labrumschäden, die der Texturstörung des Labrums entsprechen, mit etwa 51 %, gefolgt von den Labrumschäden, meist bedingt durch die Impingementsyndrome (FAI) mit 39 %, und erst dann finden sich die traumatisch bedingten Labrumrisse mit 27 %, gefolgt von den Labrumschäden bei der Hüftdysplasie mit 13 % (Tab. 4.22).

Tab. 4.22: Kategorien des Labrumschadens (1–4), nach [122]

	SANTORI [192]	LAGE [122], CONN [42]	BEAULÈ [12]	KAMATH [102]	KRAUS [117]	gesamt
1. traumatisch	26 %	19 %	19–55 %	40 %	5 %	27 %
2. „degenerativ"	45 %	49 %	48–95 %			51 %
3. congenital		5 %				15 %
4. idiopathisch	29 %	27 %		60 %	80 %	39 %

Nach SELDES [199] werden Labrumablösungen vom Limbus (89 %) und substantielle Schäden (11 %) unterschieden. Histologisch lassen sich zwei Typen differenzieren (Abb. 4.41):

- Typ 1: Lösung des Labrums von der Knorpeloberfläche,
- Typ 2: eine oder mehrere Kontinuitätstrennungen in der Labrumsubstanz.

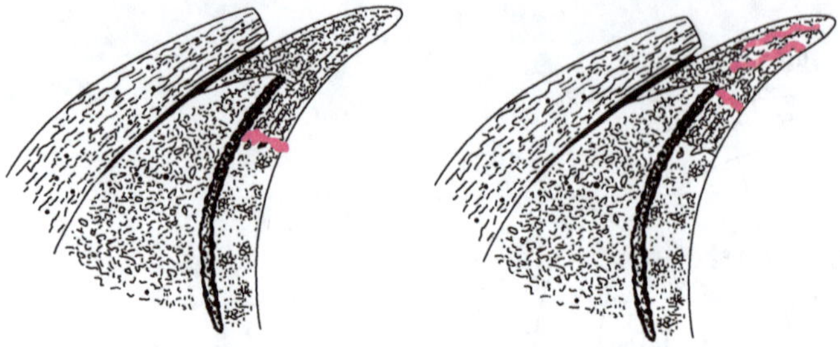

Abb. 4.41: Darstellung von Typ 1 und Typ 2 der Labrumrisse [199].

Die Lokalisation der verletzungsbedingten Labrumschäden ist im Vergleich zur Dysplasie und zum CAM-Impingement (hier anterosuperior) so gut wie immer posterior zu finden (Tab. 4.23).

Tab. 4.23: Typische Merkmale der Labrumläsion bei Hüftdysplasie, femoroazetabuläres Impingement und traumatischer Hüftluxation [211].

	Hüftdysplasie	**Femoroazetabuläres Impingement**	**Traumatische Hüftluxation**
Labrumhypertrophie	häufig	keine	keine
Lokalisation Schaden	anterosuperior	anterosuperior oder zirkumferenziell	posteroinferior (bei posteriorer Luxation)
Dehiszenzen	häufig	häufig	häufig
Typisierung	variabel	komplette Dehiszenz oder Unterflächenläsion	komplette Avulsion
Ganglien	häufig	selten	keine
Ossifikation	gelegentlich	gelegentlich	keine

Zurzeit liegen acht Klassifikationen zur Beurteilung des Labrumschadens vor:

- arthroskopisch IDE [94], LAGE [122], Mc CARTHY [146],
- MRT-arthrographisch CZERNY [44],
- MR-tomographisch ABE [1],
- histologisch SELDES [199],
- intraoperativ BECK [12], NEPPLE [158].

4.3.3 Ätiologie und Pathogenese

Labrumschäden sind denkbar selten als isolierte Pathologien zu finden, sie gehen meist mit Verletzungen (Begleitverletzungen), Überlastungsschäden oder mit der

Dysplasie und dem femoroazetabulären Impingement einher, sie finden sich aber auch bei der Coxarthrose. Bei den intraartikulären Schäden am Hüftgelenk, besonders bei Sportlern (National Hockey League), zeigen sich in 69 % der Fälle Labrumschäden, aber nicht als isolierte Pathologie, sondern meist in Verbindung mit einem femoroazetabularen Impingement [59]. Balletttänzer weisen wegen der sich wiederholenden extremen Bewegungen, die zur Subluxationen des Hüftkopfes neigen, vorwiegend Labrum- und/oder Knorpelschäden bei intakter ossärer Morphologie auf [57].

Verletzungen

Für Labrumverletzungen geeignete Mechanismen sind die Luxationen der Hüfte, sowohl nach vorne, nach hinten als auch nach zentral.

1. Dashboard-Mechanismus
   Der Dashboard-Mechanismus ist typisch für die hintere Hüftluxation, aber auch für andere Verletzungen, so am Oberschenkel, Knie u. a.
   Diese Stauchung der Hüfte bei gebeugter Hüfte und gebeugtem Knie führt je nach Rotationsstellung in der Hüfte zu Luxationen mit oder ohne Labrumverletzung. Die Labrumverletzungen sind dann rein labral, aber auch osteolabral zu finden. Ist der Krafteinfluss für eine Luxation nicht ausreichend, so ist z. B. durch den Fall auf das gebeugte Knie bei Hüftadduktion auch die Subluxation nachvollziehbar [39].
2. Abduktions-Außenrotations-Mechanismus
   Der Abduktions-Außenrotations-Mechanismus ermöglicht eine vordere Luxation [39], in deren Folge rezidivierende Luxationen, wie Kapselausweitungen, denkbar sind [59]. Die Folge der Hüftluxationen sind neben der Labrumverletzung auch die Kapselruptur, der Riss des Lig. teres und begleitende Muskelverletzungen.
3. „Lateral-Impaction"-Mechanismus
   Hier handelt es sich um einen Sturz auf den Trochanter major mit Fortleitung der Kraft in das Zentrum der Hüftpfanne. Bei diesem Mechanismus sind neben der Labrumverletzung durch Ausweichen zum Pfannenrand hin spongiöse Frakturen festzustellen. Die tatsächliche Verletzung kann nicht klinisch erkannt, sie muss mittels Magnetresonanztomographie erfasst werden, um auch die chondralen und subchondralen Verletzungen zu finden [29, 32, 9]. Diese Befunde sind erst seit Einführung der MRT bekannt und machen sich als Signalerhöhung in wassersensitiven Sequenzen bemerkbar („Knochenmarködem", „bone bruise"). Verletzungen im anterioren superioren Bereich sind häufiger, da dieser Labrumanteil weniger belastbar ist [47], nachgewiesen durch die histologische Untersuchung [35].
4. „twisting injury"
   Verdrehmechanismen ohne begleitende tatsächliche Bandschädigung bei den sehr kräftigen Hüftbändern sind nicht geeignet, eine Verletzung des Labrums herbeizuführen, allein aufgrund der anatomischen Situation, lediglich wenn

schon Vorschäden bestehen, kann auch eine Verdrehung der Hüfte zur Labrumverletzung oder zum Bemerkbarwerden eines Labrumschadens führen [25].

Überlastungsschäden

Verschiedene Überlastungsmechanismen können zum Labrumschaden führen [140]. Hier handelt es sich um Kräfte, die den Hüftkopf gegen das Labrum drücken:
1. sich wiederholende extreme Rotationen,
2. Hyperextension mit Oberschenkel-Außenrotation, vergleichbar mit der Subluxation. Die Folge sind Nach-vorne- oder auch Nach-hinten-Labrumschäden bzw. Labrumlösungen [137],
3. axiale Kraft bei Hüftbeugung mit der Folge einer posterioren Labrumpathologie.

Dysplasie und femoroazetabuläres Impingement

Hier handelt es sich um typische Überlastungsschäden aufgrund der anatomischen Fehlkonfiguration. Bei der Dysplasie liegt eine anteriore superiore Labrumüberlastung durch Druck des Hüftkopfes nach oben und außen vor. Beim femoroazetabulären Impingement sind die fehlende Schenkelhalstaillierung oder auch das den Hüftkopf überragende Pfannendach ursächlich für den Labrumschaden.

Coxarthrose

Durch die allgemeine Aufbraucherscheinung als Gelenkerkrankung entsteht bei der Coxarthrose nicht nur der Knorpelschaden, sondern, vergleichbar mit den Meniskusschäden am Knie, auch die Mitbeteiligung des Labrums. Ätiologisch ist die primäre, „idiopathische“ Coxarthrose letztendlich ungeklärt. Der Einfluss der erblichen Disposition, der Altersphysiologie und der Überlastung durch starke Nutzung des Gelenks sind als Prädispositionen für eine Coxarthrose anerkannt. Labrumschäden sind bei der Coxarthrose praktisch immer mit Knorpelschäden assoziiert. Das femoroazetabulare Impingement stellt einen wesentlichen ätiologischen Faktor für die Entstehung der Coxarthrose dar [77].

4.3.4 Diagnostik

Eigentlich wird schon im Säuglingsalter nach der Hüftdysplasie gefahndet, klinisch und/oder sonographisch [197, 188, 178, 71, 89, 86]. Für die klinische sowie bildgebende Diagnostik der Labrumläsion stehen verschiedene Verfahren zur Verfügung. Als klinisches Syndrom erschien die Labrumläsion des Hüftgelenkes erstmals 1986 in der Literatur [56]. Heute besteht ein allgemein anerkannter Algorithmus beim Verdacht auf eine Labrumläsion. Insbesondere beim Vorliegen einer Hüftdysplasie sollte ein

Zusammenhang zwischen Labrumläsion, Pfannendachzyste und auch der Arthroseentwicklung untersucht werden und es muss das femoroazetabuläre Impingement (FAI) abgegrenzt werden [224, 225].

Die Anamnese und das klinische Bild der Labrumläsion sind doch relativ typisch, so dass eine klinische Verdachtsdiagnose resultieren sollte. Die verlässlichen Zeichen umfassen den messerscharfen Leistenschmerz, den Einklemmtest und das schmerzhafte Einknicken. Nicht zu vergessen ist der diagnostische Infiltrationstest (10 ml Xylocain 1 %ig intraartikulär), mit dem eine intraartikuläre von einer extraartikulären Pathologie unterschieden werden kann. Liegt eine intraartikuläre Schädigung vor, so wird diese Pathologie durch den Infiltrationstest ausgeschaltet [119, 120]. Der isolierte Hüftschmerz wird bei 14 % der Patienten genannt [18], der Leistenschmerz ist aber typisch [156, 24, 12] und mit 100 % Wahrscheinlichkeit charakteristisch [156], insbesondere in Kombination mit „clicking sensations“ und diese bei Innenrotation-Flexion sowie beim axialen Kompressionstest. Der Hüftschmerz beim Labrumschaden [4] wird durch histologisch nachweisbare freie Nervenendigungen („sensory endorgans“, nociceptiv und proprioceptiv) in der oberflächlichen Labrumschicht erklärt [106, 107]. Die aktuelle Literatur [130] nennt beim femoroazetabulären Impingement (FAI) den Hüftschmerz mit 85 %, den Leistenschmerz mit 81 % und den positiven anterioren Impingementtest mit 99 % [174]. Von SINK [204] wird der Leistenschmerz mit 100 % angegeben, der Schmerz nimmt bei Beugung und Innenrotation ab. Beim kranial-medialen FAI ist die Innenrotation in Flexion und Adduktion schmerzhaft, beim dorsokaudalen FAI die Außenrotation in voller Extension [130]. Bei der Hüftdysplasie scheint der Leistenschmerz mit Blockaden oder dem „giving way“ Symptom zu überwiegen [223]. Zur Bewertung des Ausmaßes eines Labrumschadens nennt SUENAGA [213] den „flexion-internal rotation test“. Dieser sei positiv bei inkomplettem Labrumabriss (post. sup.) und negativ bei kompletter Labrumablösung. Klinische Manifestationen der Labrumläsionen und der Ganglien werden „Acetabular Rim Syndrome“ genannt [111]. Diese Aussage ist aber unspezifisch [224]. Die allgemeine klinische Hüftuntersuchung verläuft beim Labrumschaden weitgehend unauffällig [130]. Es sollen daher spezifische Untersuchungstests herangezogen werden, wobei aussagekräftige Tests bisher nicht vorliegen [217].

Da eine große Anzahl von Labrumschäden mit einer ossären Pathologie einhergeht, sind exakte Röntgenaufnahmen [216] in zwei Ebenen erforderlich (ant. post. Aufnahme, laterale Aufnahme = Dunn view). Die radiologische Abklärung ist ebenfalls standardisiert, wobei auf die drei Dysplasiegruppen nach TÖNNIS [220] geachtet werden muss sowie auf die Arthrosegruppen, ebenfalls nach TÖNNIS [220], zur Klassifikation des Schweregrades. Verschiedene Messverfahren werden unterschiedlich diskutiert [219, 65]. Ein einfacher Marker zur Feststellung einer superioren Hüftkopfsubluxation ist die Beurteilung der SHENTON-Linie. Dabei handelt es sich um eine Bogenprojektion der unteren Begrenzung des Femurhalses zur oberen des Foramen obturatum. Dieser Bogen sollte nicht stufenförmig unterbrochen sein [201, 99, 187, 51, 196, 230]. Eine prognostische Aussage zur Entstehung der Dysplasiearthrose erlauben der laterale Instabilitätsindex (LII) und der anteriore Instabilitätsindex (AII). Der LII ist die Summe aus dem Schenkelhals-Winkel und dem lateralen Öffnungswinkel des Azetabulum, der AII die aus dem anterioren Öffnungswinkel des Azetabulums und dem Anteversionswinkel des Schenkelhalses. Bei der Dysplasie ist der LII größer als bei der Normalhüfte. Als Grenzwert gelten 196°. Der AII zeigt keinen Unterschied bei Dysplasie und Normalhüfte [5]. Für die Diagnostik des CAM-Impingements ist der Nachweis der Fehlform des Kopf-Hals-Übergangs notwendig [103], die Beurteilung des α-Winkels ist von der exakten Projektion abhängig [183]. Bei der normalen Hüfte wird der α-Winkel zwischen Schenkelhalsachse und der Änderung des Hüftkopfradius am Übergang zum Schenkelhals gemessen, beim CAM-Impingement dominiert die Knochenapposition [161, 121, 244], d. h., die Zunahme des α-Winkels weist auf ein CAM-Impingement hin [123], auch erfolgt die Beurteilung der Kopf-Hals-Ratio [154]. Für die Diagnostik eines asphärischen Hüftkopfes gibt es mehrere Röntgenprojektionen. Die „Dunn-view" in 45°- oder 90°-Flexion oder die „cross-table projection" in Innenrotation bringen die beste Darstellung des CAM-Impingements [147]. Jedenfalls ist die ap-Hüftaufnahme zur Feststellung eines Femoraloffsets aussagekräftiger als die ap-Beckenübersichtsaufnahme [148] und es bietet sich die „frog-leg"-Aufnahme an [37, 114].

Fazit

Das Labrum kann am Nativ-Röntgenbild nicht erkannt werden, evtl. aber die Begleitschäden, die mit dem Labrumschaden einhergehen.

Beim Kind sei die Arthroskopie in der Lage, das Ausmaß der Luxation zu erkennen. Begleitverletzungen sind in 17–25 % der Fälle zu erwarten [87, 147, 231]. Histopathologisch handelt es sich bei dem Labrum acetabulare um Faser-/Geflechtknorpel, wie beim Labrum glenoidale (vgl. Histologie Labrum glenoidale).

In der Magnetresonanztomographie wird das Labrum als normal bezeichnet, wenn es eine dreieckige Form zeigt, von homogen niedriger Signalintensität ist und eine kontinuierliche Befestigung am seitlichen Rand des Azetabulums hat sowie speziell auf den MR-arthrographischen Sequenzen einen Rezessus zwischen Labrum und Gelenkkapsel, den sogenannten Recessus labralis, aufweist. Beim Labrum Typ I (Labrumdegeneration) findet sich eine zentrale Signalanhebung sowohl in der MRT als auch in der MR-Arthrographie. Die Labrumläsion Typ II (Labrumeinriss) ist in der konventionellen MRT durch eine lineare Signalanhebung, welche bis an den Rand des Labrums verfolgbar ist, charakterisiert. Eine Dissoziierung zwischen Labrum und Knochen darf in diesem Stadium nicht nachzuweisen sein. MR-arthrographisch zeigt sich bei diesen Fällen eine schmale Kontrastmittelansammlung, welche vom Rand bis in das Labrum verfolgbar ist. Eine Trennung des Labrums vom knöchernen Rand des Azetabulums muss ausgeschlossen werden können. Das Labrum ist als Labrum Typ III (Labrumabriss) klassifiziert, wenn sich in der konventionellen MRT eine lineare Signalanhebung, welche das Labrum vom Azetabulum trennt, zeigt, in der MR-Arthrographie findet sich bei diesem Typ der Labrumläsion eine Kontrastmittelansammlung zwischen Labrum und Azetabulum sowie möglicherweise eine Dislokation desselben [44].

Laut Literatur liegen folgende Klassifikationen bezüglich der Schäden am Labrum acetabulare vor (vgl. HUFFMAN [92]), iatrogene Labrumschäden durch die Hüftarthroskopie werden erwähnt [10]:
- 1994 [94] IDE Arthroskopie,
- 1996 [122] LAGE Arthroskopie 4 Kategorien,
- 1996 [44] CZERNY MRT-AG I–III/A und B,
- 2000 [1] ABE MRT,
- 2001 [199] SELDES Histologie,
- 2003 [146] Mc CARTHY Arthroskopie Stage 0–4,
- 2005 [12] BECK OP-Makroskopie 4 Grade.

Eine Zusammenfassung der verschiedenen Klassifikationen erlaubt eine Summierung und damit eine Erfassung aller Labrumschäden in einer Übersicht (Tab. 4.24).

Tab. 4.24: Klassifikation der Labrumschäden.

Typ		Beschreibung		
I	1	Azetabulumrandfraktur		
	2	Azetabulumquerfraktur		
II	1	traumatischer Randabriss		LAGE Typ 3
	2	komplette Randablösung		SELDES Typ 1
	3	Ablösung vom Knorpel		
III	1	Substanz	– radial/transvers	SELDES Typ 2
	2		– flaps	IDE TYP 1–7
	3		– L-shape	LAGE Typ 1, 3, 4
	4		– vertikal	CZERNY Typ A
	5		– Korbhenkel	
	6		– horizontal	
IV	1	Substanzschaden	– Erweichung	CZERNY Typ B
	2		– Fibrillation	LAGE Typ 2
V		inverted-Labrum		
VI		Verkalkung		
VII		Os acetabuli		

4.3.5 Beurteilung

Ein stabiles Hüftgelenk resultiert aus der Form der knöchernen Strukturen und wird unterstützt durch das Labrum acetabulare sowie gegen die Traktion durch die Zona orbicularis, da diese enger als der Äquator des Schenkelkopfes ist. Die Ligamente des Hüftgelenkes (Lig. iliofemorale, Lig. pubofemorale, Lig. ischiofemorale) und die Muskulatur erhöhen die Stabilität. Durch die stabile Gelenkführung, die sich erst bis zum Erwachsenenalter einstellt, sind Instabilitäten des Hüftgelenkes vorwiegend im Säuglings- bzw. im Adoleszentenalter zu finden (Hüftdysplasie, M. Perthes, Epiphyseolysis capitis femoris). Die aus der Instabilität resultierende Labrumbeteiligung ist daher ein Schaden, der mit einer Instabilität in Verbindung zu bringen ist. Aufgrund ätiologischer Faktoren werden daher unterschieden:

1. Destruktionsinstabilität
2. Distraktionsinstabilität
3. traumatische Instabilität
   (a) Azetabulumfrakturen
   (b) Pipkin-Hüftkopffrakturen, -Hüftkopfluxationsfrakturen
   (c) Luxation
   (d) Subluxation

   Direkte Krafteinwirkungen auf den Trochanter major können einen Kontusions-/(Prellungs-)Mechanismus zu Folge haben, mit Auswirkungen am Hüftkopf-Azetabulum-Übergang, dies ist auch durch Hebelmechanismen am Oberschenkel möglich.
4. Kontusionsmechanismus
5. Hebelmechanismus

Zu 1.
Bei einer Destruktionsinstabilität sind die für die Stabilität verantwortlichen anatomischen, meist ossären Strukturen betroffen, durch deren Destruktion der Stabilisierungseffekt verloren geht. Bei der Hüftdysplasie ist es die reduzierte Hüftkopfüberdachung, beim M. Perthes die Nekrose der Femurkopfepiphyse und bei der Epiphyseolysis capitis femoris eine „Entzündung“ in der Epiphysenfuge. Eine Coxa profunda als Pfannenvertiefung sowie eine vermehrte Pfannenretroversion haben ein zangenförmiges Umgreifen des Kopfes zur Folge (Pincer-Impingement) und eine ungenügende Femurkopf-Hals-Taillierung bedingt ein Cam-Impingement, das pathomechanisch auch beim M. Perthes und bei der Epiphyseolysis capitis femoris entsteht. Eine Destruktionsinstabilität ergibt sich auch bei der Coxarthrose durch den Knorpelverlust und die damit verbundene Hüftkopfverformung. Sowohl die Coxarthrose als auch das Cam- und Pincer-Impingement sind Formen der Destruktionsinstabilität.

Zu 2.
Rezidivierende Ergussbildungen und die Coxitis septica führen durch die intraartikuläre Drucksteigerung zur Ligamentlockerung und somit zu einer Distensionsinstabilität. Die Traktion wird als Ursache für das Psoas-Impingement mit Schädigung des Labrums gesehen.

Zu 3.
Eine traumatisch bedingte Instabilität entsteht bei Azetabulumfrakturen, Hüftkopf- bzw. Hüftkopfluxationsfrakturen [179], aber auch bei reinen Luxationen oder Subluxationen. Traumatische Hüftluxationen (unfallbedingt) müssen von kongenitalen Luxationen und den sich schleichend entwickelnden Verrenkungen (Hüftdysplasie) abgegrenzt werden, ebenso von der denkbar seltensten habituellen Luxation [208]. Die Folge einer traumatischen Luxation [124] ist in Ausnahmefällen eine rezidivierende Luxation [7, 70, 157, 222] bei erfolgreicher Reposition, gelingt diese nicht oder wird die Hüftluxation übersehen, so resultiert die veraltete Luxation [124].

Zu 4.
Die Wirkung der Kontusionen auf den Trochanter major am Hüftpfannenrand bzw. am Hüftkopf ist von dem Winkel der Krafteinwirkung abhängig (Innenrotation, Außenrotation) und hinterlässt entsprechende Spuren der Einwirkungskräfte, sowohl am Ort der Krafteinwirkung (Trochanter major und dessen Weichteile) als auch fortgeleitet am Hüftgelenk.

Zu 5.
Hebelmechanismen am Oberschenkel, insbesondere die Abduktion, auch mit Rotationskomponenten, haben ein Abstützen des Schenkelhalses am Hüftpfannenrand und eine Subluxation zur Folge. Es entsteht eine Kompressionskomponente, wenn der Hüftkopf gegenüberliegend am ossären Limbus anstößt. Labrumschäden gehen grundsätzlich mit begleitenden Pathologien einher, eine isolierte, separate Labrumpathologie gibt es nicht, abgesehen von der Labrumalterung, entsprechend einer Texturstörung, von der aus sich auch Labrumganglien intra- und extrakapsulär entwickeln können, und abgesehen von Labrumnormvarianten als perilabraler sowie sublabraler Rezessus (Sulkus).

Demgegenüber sind Labrumschäden, entsprechend den aus der Literatur erkennbaren Klassifikationen, abzugrenzen. Ein wesentliches Argument dafür, dass isolierte Labrumschäden nicht erklärbar sind, zumindest im Erwachsenenalter, liegt darin, dass sich, beginnend mit dem Neugeborenenalter, stabilisierende Verhältnisse an der Hüftpfanne sowie am Hüftkopf einstellen, dies durch eine Vertiefung der Hüftpfanne von 27 auf 50–60 % des Hüftkopfdurchmessers, durch eine Abflachung der Pfanneneingangsebene (Pfannenneigungswinkel) von 60° auf 41° und eine Verminderung des Kollum-Diaphysenwinkels von 150° auf 125°. Daraus resultiert eine Lage des Labrum acetabulare jenseits des Hüftkopfäquators. Damit liegt der Äquator des Hüftkopfes tiefer als der in etwa gleiche Durchmesser des Labrumringes. Diese Abflachung des Pfannenneigungswinkels ist für die Erklärung der Hüftdysplasie (kongenitale Luxation) von Bedeutung.

So wie auch bei dem Morbus Perthes und der Epiphyseolysis capitis femoris entsteht eine Verformung des ossären Limbus mit Luxationsneigung des Kopfes nach oben außen und anterior mit der Folge der Überlastung des Labrum acetabuli im

Sinne einer Verdickung (Hypertrophie). Die gleichzeitig bestehende Instabilität führt zu einem sog. „inverted labrum“ und auch zur Ausbildung des Os acetabulare, also mit knöcherner Beteiligung, was dann wiederum von einer ossären Verletzung auch bei einer normal angelegten Hüfte abgegrenzt werden muss. Der Labrumschaden ist also die Folge einer Instabilität, so wie diese bei den Azetabulumfrakturen, den Hüftluxationen einschließlich Pipkin-Mechanismus und bei der Subluxation dann zur Labrumverletzung führt, wogegen der Labrumschaden bei der Dysplasie einen Überlastungsschaden darstellt. Eine Destruktionsinstabilität entsteht aber auch, allerdings über ein zwischengeschaltetes Cam-Impingement, beim Morbus Perthes und bei der Epiphyseolysis capitis femoris durch Verformung des Hüftkopfes – dann ebenfalls mit dem Ergebnis eines begleitenden Labrumschadens, so wie dies auch bei der anatomischen Variante der nicht entsprechend ausgebildeten Hüftkopfhalstaille der Fall ist, als primäres Cam-Impingement. Zur Destruktionsinstabilität kommt es auch bei der Coxa profunda sowie bei der Retroversion des Azetabulums (Pincer-Impingement) mit übermäßiger Überdachung des Hüftkopfes und daraus resultierender Schädigung des Labrums durch Anschlagen des Kopf-Hals-Überganges am Pfannenrand. Schließlich gehört zur Destruktionsinstabilität die Coxarthrose mit der Folge der Destruktion von Hüftkopf und Azetabulum durch den Knorpelschaden. Rezidivierende Ergussbildungen, so wie sie sich auch bei der Coxitis septica zeigen, veranlassen flüssigkeitsbedingt eine Distensionsinstabilität durch Herausdrängen des Hüftkopfes aus der Pfanne, ein vergleichbarer Mechanismus, allerdings im Sinne einer Traktion, wird dem Psoas-Impingement zugeordnet. Das heißt, dass für den Labrumschaden immer eine auslösende Pathologie vorliegt, im Endeffekt als traumatische Instabilität, Destruktionsinstabilität oder Distensions- bzw. Traktionsinstabilität (Tab. 4.25).

Tab. 4.25: Pathogenese des Labrumschadens, entstehend aus den Instabilitäten.

Azetabulum	Hüftlux Pipkin	Sublux	Dysplasie	Perthes	Epiphyseolysis	anatom. Variante	Coxa profunda	Coxarthrose	Coxitis	Iliopsoas-Sehne
Instabilität				Cam-Impingement			Pincer-Impingement	Destruktion Erguss	Erguss	Psoas-Impingement
traumatische Instabilität			Destruktionsinstabilität						Distensions-(Traktions-) Instabilität	

Zur weiteren Diskussion gibt es die Lokalisation des Labrumschadens sowie dessen Typisierung. Bei den verschiedenen ätiologischen Faktoren, die zu einem Cam-Impingement führen, wird sich der Labrumschaden vorwiegend anterior und superior finden, dazu auch das Os acetabuli. Beim Pincer-Impingement gibt es korbhenkelartige Kontinuitätsunterbrechungen aufgrund der Pathomechanik mit Anstoßen des Schenkelhalses am Labrum acetabulare, aber auch andere Lokalisationen, insbesondere im Sinne des Contre Coup, sind nachweisbar. Bei der Hüftdysplasie sind grundsätzlich alle Lokalisationen denkbar, bevorzugt aber anterior und superior. Die verletzungsbedingten Labrumschäden (Labrumverletzung, Labrumruptur) sind abhängig von der Art der Grundverletzung, entsprechend dem Typ der Azetabulumfraktur, der Luxationsrichtung oder auch der Richtung der Subluxation. Unklarheit herrscht bei der Lokalisation von Labrumschäden bei der Coxarthrose oder der Coxitis, hier lassen sich keine einheitlichen Daten ermitteln, und bei dem Iliopsoassyndrom ist aufgrund der Lokalisation der Iliopsoassehne der Labrumschaden distraktionsbedingt anterior bzw. anterosuperior zu finden (Tab. 4.26).

Tab. 4.26: Lokalisation der Labrumschäden in Abhängigkeit von der Ausgangspathologie (Annäherungsergebnisse).

		anterior	superior	posterior	Korbhenkel	invertet	Os acetabuli[2]
Subluxation	→ Instabilität	×	×	×			×
Luxation[1]	→	×	×	×	×	×	×
Azetabulum	→	×	×	×	×		
Dysplasie	→	×	×	×	×	×	×
Perthes	→ Cam	×	×				×
Epiphyseolysis	→	×	×				×
Anat. Variante	→	×	×				×
Coxa profunda	→				×		
Coxarthrose	→ Distension und Destruktion						
Coxitis	→						
Iliopsoas	→	×	×				

[1] und Azetabulumrandfraktur [2] DD: Azetabulumrandfraktur

Neben der Lokalisation des Labrumschadens wird auch dessen Art oder Form einer Typisierung unterzogen. So unterscheidet SELDES [199] zwei histologische Typen:
- Typ 1: Dehiszenz der fibrokartilaginären Übergangszone zwischen Labrum und Gelenkknorpel, ausgehend von der Anheftungszone am Gelenkknorpel (= Primärläsion), meist beim Cam-Impingement,
- Typ 2: Schäden innerhalb des Labrums selbst, häufig beim Pincer-Impingement, lässt eine Primärläsion durch Quetschung des Labrums zwischen Femurhals und dem pincer-typischen vorstehenden Pfannenrand erkennen.

Bei der Hüftdysplasie unterscheidet YAMAMOTO [246] den Korbhenkeltyp anterior-superior (60 %), den degenerativen Typ (30 %) sowie den Flap-Typ (10 %). Bei nachgewiesenen Labrumschäden werden in 87 % knöcherne Pathologien festgestellt [237], dies anhand konventioneller Röntgenaufnahmen. Aussagekräftig für die Feststellung von Labrumschäden ist aber heute die Magnetresonanztomographie – einmal zur Feststellung der Lokalisation, dann aber auch zur Beurteilung der Labrumstruktur und von Knochenmarködemen.

Neben der Magnetresonanztomographie hilft zur Beurteilung der Labrumstruktur die histologische Untersuchung entnommener Labrumanteile. Die alleinige optische Beurteilung mit der Aussage einer degenerativen Veränderung ist unzuverlässig, da selbst histologisch lediglich eine Texturstörung feststellbar ist. Degenerative Veränderungen sind der Zellpathologie zuzuordnen, und da das Labrum zellarm zu bewerten ist, trifft die Aussage „degenerativ" hier nicht zu. Treten Labrumrupturen in Verbindung mit Luxationen oder Azetabulumfrakturen auf, so ist die Beurteilung der Kausalität nicht schwierig, da die entsprechende Begleitverletzung Hinweise auf den Labrumriss gibt. Bei der Luxation und gleichfalls bei der Azetabulumfraktur kann aus der Art der Verletzung auch die Lokalisation des Labrumrisses, mit oder ohne Knochenbeteiligung, abgeleitet werden.

Bei allen überlastungsbedingten Labrumschäden, beim femoroazetabularen Impingement, bei der Hüftdysplasie oder auch beim Morbus Perthes sind lediglich Unterscheidungen in der optischen Labrumbeurteilung möglich, so weist ein verbreitertes (hyperplastisches) Labrum ebenso wie eine korbhenkelartige Veränderung auf eine Hüftdysplasie hin [56, 246]. Labrumschäden ohne Dysplasie [214] müssen vom Labrumschaden des femoroazetabularen Impingements abgegrenzt werden, bei dem sich in 87 % der Fälle Labrumschäden nachweisen lassen, und es bedarf der gründlichen Beurteilung des „Acetabular-Rim-Syndroms" [111, 95]. Dieses Pfannenrandsyndrom wird auch als Os acetabuli bezeichnet, meist in Verbindung mit einem subluxationsbedingten Überlastungsschaden, der allerdings bei entsprechendem Unfallmechanismus auch hinsichtlich einer rezenten Fraktur abzuklären ist. Geschieht das nicht rechtzeitig, entsteht das Bild einer veralteten Fraktur, und dies ist dann denkbar problematisch in der Kausalitätsbeurteilung. Typisch für ein „Acetabular-Rim-Syndrom" sind die Labrumhypertrophie, eine Labrumverlagerung und die Verplumpung, eine Labrumdehiszenz muss nicht obligat sein [111]. Bei der computertomographischen Untersuchung dieses Os acetabuli finden sich vermehrt intraossäre Ganglien, ausgehend vom Labrum acetabulare, aber ebenso perilabrale Ganglien, die sich in deren Entwicklung auch als extraartikuläre Ganglien zeigen können. Traumatisch bedingte Risse des Labrums sind am häufigsten bei der hinteren Hüftluxation zu sehen [164, 45], aber auch bei allen anderen, seltener vorkommenden Luxationsformen. Schließlich werden Labrumrisse bei Stürzen älterer Menschen auf die Hüfte (Trochanter major) festgestellt [4]. Bei diesem Unfallmechanismus („lateral impaction injury") wird die zentrale Stauchung des Hüftkopfes in das Azetabulum von der Stauchung in Außenrotation sowie Innenrotation differenziert und davon muss das Anstoßen des Schenkelhalses am Pfannenrand bei der Abduktion des Beines unterschieden werden (Abb. 4.42).

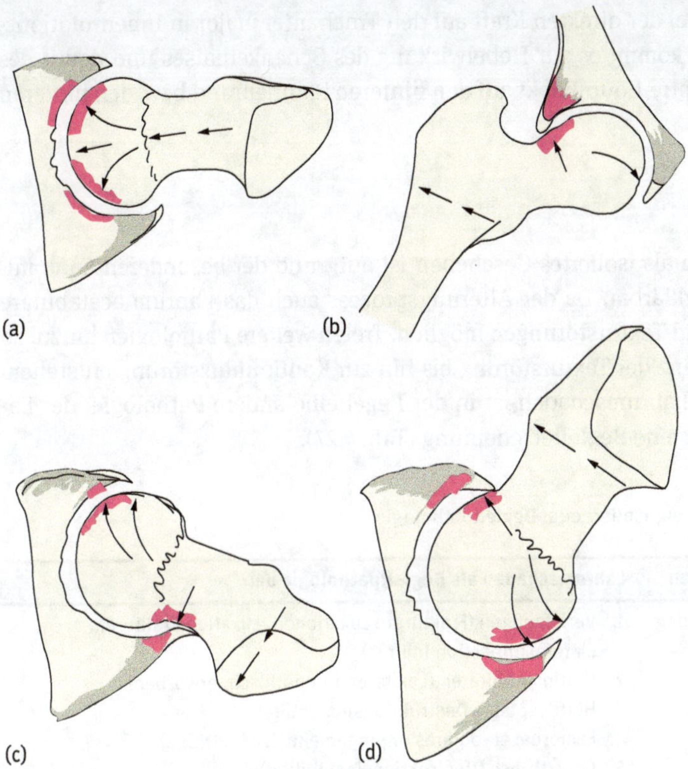

Abb. 4.42: Direkte Krafteinwirkung auf Azetabulum und Labrum „lateral impaction injury" ((a) = Stauchung, (b) = Abduktion, (c) = Außenrotation, (d) = Innenrotation).

Bei den direkten Krafteinwirkungen auf das Hüftgelenk, ausgehend von verschiedenen Kraftrichtungen, eignet sich für eine weitere Beurteilung, wenn röntgenologisch Frakturen ausgeschlossen sind, nur noch die Kernspintomographie, um die bei diesen Mechanismen entstehenden Knochenödeme („bone bruise") zu erfassen. Denn in Abhängigkeit von deren Lokalisation kann eine Labrumschädigung abgeleitet werden, die aber auch dann kernspintomographisch direkt nachgewiesen werden muss. Bei der Stauchung des Hüftkopfes ins Azetabulum sind Knochenödeme im Bereich der Facies lunata und gegenüberliegend am Hüftkopf erkennbar. Bei der Abduktion forcierter Art in der Hüfte ohne Rotationsbeteiligung ist das Anstoßen des Schenkelhalses am Hüftdach mit entsprechenden Knochenödemen in diesem Bereich wahrscheinlich, ein Countre-Coup-Effekt ist aufgrund des gegenüberliegenden Ligamentum transversum nicht zu erwarten, aber auch bei geringer Rotation nicht auszuschließen. Entsteht eine direkte Kraft auf den Trochanter in Außenrotation, so entwickelt sich eine Kontusion des Schenkelhalses am hinteren Pfannenrand mit entsprechendem Knochenödem. Gleichzeitig aber lässt sich eine Hebelwirkung des Schenkelhalses mit Anprall des Hüftkopfes am vorderen Pfannenrand feststellen. Genau umgekehrt verläuft der Mechanismus bei der direkten Kraft auf den Trochanter major in Innenrotationsstellung. Auch hier kommt es zur Hebelwirkung des Schenkelhalses und damit des Hüftkopfes mit Countre-Coup-Effekt auf den hinteren Pfannenrand bzw. den hinteren Hüftkopfanteil.

Gutachtliche Wertung

Der Labrumschaden als isoliertes Geschehen ist aufgrund der besonderen anatomischen Lage nicht erklärbar. Da der Alterungsprozess auch das Labrum acetabulare nicht ausnimmt, sind Texturstörungen möglich. Treten weitere Pathologien hinzu, so kann eine Progredienz der Texturstörung bis hin zur Kontinuitätsstörung entstehen. Ursächlich für den Labrumschaden ist in der Regel eine andere Pathologie, der Labrumschaden bildet eine Begleiterscheinung (Tab. 4.27).

Tab. 4.27: Labrumschäden, isoliert oder Begleitpathologie.

isolierter Labrumschaden	**Labrumschaden als Begleitpathologie bei**
Alterung und Texturstörung	1. Verletzungen (Frakturen, Luxationen, Luxationsfrakturen, „lateral impaction injury“) 2. Hüftinstabilitäten (Laxitäten idiopathisch, erworben) 3. Hüftdysplasie Destruktionsinstabilität) 4. Femoroazetabuläres Impingement (CAM, PINCER) 5. Coxarthrose (Destruktionsinstabilität) 6. Psoasimpingement (Traktionsinstabilität) 7. M. Perthes → CAM (Destruktionsinstabilität) 8. Epiphyseolysis capitis femoris → CAM (Destruktionsinstabilität)

Entscheidend für die Beurteilung eines fraglichen Labrumschadens ist immer die gründliche Diagnostik an der betroffenen Hüfte, da, auch wenn ein Unfallereignis angegeben wird, nach der Begleitpathologie geforscht werden muss, die zu einem Labrumschaden führen kann. Natürlich bedarf es der Abklärung eines Unfallmechanismus im Sinne der Pathomechanik, dies in Verbindung mit einer adäquaten Röntgenuntersuchung, um knöcherne Verletzungen zu erfassen. Denn bei Labrumverletzungen ist insbesondere bei Luxationen eine knöcherne Mitbeteiligung zu erwarten. Bei den Azetabulumfrakturen, Hüftluxationen oder Hüftluxationsfrakturen steht die Labrumverletzung sicher nicht im Vordergrund. Problematischer wird die Situation in der Beurteilung von Hüftinstabilitäten, die idiopathisch oder erworben sind und sich in Form einer Laxität äußern können. Hieraus sind Labrumschäden im Sinne einer Überlastung, in Abhängigkeit von der Instabilitätsrichtung, möglich, aber entsprechen dann keiner Verletzung. Wenn zusätzlich zu einer Hüftinstabilität eine Verletzung entsteht, dann ist diese vordergründig zu beurteilen und es müssen die Verletzungszeichen nachgewiesen werden, was im Endeffekt nur kernspintomographisch umsetzbar ist. An Verletzungsmechanismen kommt hier die laterale Impaktion in Frage, aber auch forcierte Abduktionsmechanismen in Abhängigkeit von der Hüftrotation. Wenn hieraus eine Labrumverletzung resultiert, kann dies kernspintomographisch erfasst, aber nur dann einem Unfall zugeordnet werden, wenn entsprechende Knochenödeme nachweisbar sind. Die häufigsten Labrumschäden finden sich aber bei Destruktions- bzw. Traktionsinstabilitäten, also bei der Hüftdysplasie, beim femoroazetabularen Impingement, dem Morbus Perthes oder auch der Epiphyseolysis capitis femoris, die sich über ein Cam-Impingement in einer Destruktionsinstabilität äußern. Da auch die Coxarthrose im Endeffekt eine Destruktionsinstabilität zur Folge hat, zeigt sich besonders hier die sog. „acetabulolabral articular Disruption" (ALAD), was auch aufgrund der Biomechanik beim Cam-Impingement nachweisbar wird. Es handelt sich um eine Kombination von Knorpel- mit Labrumschaden.

Bei all diesen Grundkrankheiten (ursächliche Pathologien für den Labrumschaden) muss die Labrumpathologie unfallunabhängig gewertet werden, da sie ursächlich auf die meist bestehende Destruktions- oder auch Distensions(Traktions)-Instabilität zurückzuführen ist. Eine isolierte Labrumverletzung in der Folge eines Unfallereignisses gibt es nicht. Wenn durch eine direkte Krafteinwirkung, auch in Abhängigkeit von Rotationsstellungen, Labrumschäden vermutet und evtl. arthrographisch oder auch arthroskopisch festgestellt werden, so bedarf es des Nachweises eines Knochenödems mittels Kernspintomographie an der zum Labrumschaden gehörenden Stelle. Eine isolierte Labrumverletzung ohne das dazugehörige pathomechanische Knochenödem kann nicht als Unfallfolge gewertet werden. In aller Regel wird bei genauer Suche dann die den Labrumschaden auslösende Grundpathologie gefunden werden. Radiologische Untersuchungsverfahren beweisen zunächst Begleitverletzungen wie Azetabulumfrakturen und Hüftluxationen sowie Begleitschäden (Dysplasie, femoroazetabuläres Impingement, Epiphyseolysis u. a.), die auf damit verbundene Labrumverletzungen oder Labrumschäden hinweisen. Für kleine Labrumabrisse mit ossärer Lamelle bietet sich die Computertomographie an, die auch einen rezenten Charakter des Schadens aufzeigen kann, selbst wenn die MRT diese Pathologie nicht erkennt. Liegen neben einer Labrumkontinuitätsunterbrechung auch Knochenödeme in den gelenkbildenden Knochen und/oder eine Mitbeteiligung der periartikulären Weichteile vor, so kann das angegebene Trauma als Ursache einer rezenten Labrumläsion gewertet werden. Verformte, plumpe Labrumkomplexläsionen machen eine traumatische Ursache unwahrscheinlich. Eine histopathologische Untersuchung eines isolierten Labrumstückes erlaubt keine Unterscheidung zwischen Verletzung und Labrumschaden. Am Faserknorpel ist lediglich die Beurteilung der Texturstörung (Grad 0–III) möglich und die histopathologische Altersbestimmung der Kontinuitätsunterbrechung (Zeitphase 1–4), diese sagt aber absolut nichts über die Kausalität der Konturunterbrechung aus. Es handelt sich um keinen Nachweis einer traumatischen Schädigung. Die histopathologische Altersbestimmung der Kontinuitätsunterbrechung gilt auch für spontane Labrumlösungen unfallunabhängiger Art sowie für Überlastungsschäden, z. B. bei der Hüftdysplasie. Liegt aber für die histopathologische Untersuchung vaskularisiertes Gewebe zusätzlich zum Labrum vor, so ist eine Unterscheidung zwischen Verletzung und unfallunabhängigem Schaden ausschließlich durch den Nachweis von verletzungscharakteristischen Veränderungen (Nekrose, resorptive Entzündung, Blutungsresiduen) denkbar.

Einfache Beurteilungen der Labrumverletzungen sind mittels Röntgen, Computer- und Kernspintomographie möglich, und zwar anhand der mit der Labrumverletzung einhergehenden, diese auslösenden Ursprungsverletzung. Von den verschiedenen Labrumverletzungen durch Luxation und/oder Azetabulumfraktur können lediglich Typ 1 und 4 durch einen Luxationsmechanismus als rein ligamentäre Verletzung erklärt werden, in all den anderen Fällen liegen osteoligamentäre Verletzungen vor (vgl. Kapitel 4.2.2).

In der Zusammenfassung aller Labrumschäden (Typ I–Typ VII) überwiegen die Labrumschäden (Abb. 4.43), die als Begleitpathologie zu werten sind, abgesehen vom Typ I und Typ II. Beim Typ II muss eine traumatische Randabrissverletzung jedoch von der kompletten Randablösung oder von der Ablösung des Labrums vom Knorpel unterschieden werden, letztere beide Formen sind nicht unfallbedingt. Die bei den direkten Krafteinwirkungen, fortgeleitet vom Trochanter majus, ausgehenden Labrumverletzungen (z. B. Typ 1 und 4 der Verletzungsformen) sind mit adäquaten Knochenödemen (MRT – „bone bruise") verbunden. Finden sich beim Typ I.1 keine Knochenödeme und liegt trotzdem eine knöcherne Struktur vor, so sollte ein tertiäres Ossifikationszentrum in Betracht gezogen werden [61].

Zusammenfassung

Eine Unterscheidung zwischen Labrumschäden und Labrumverletzungen ist möglich. Dazu bedarf es in aller Regel der magnetresonanztomographischen Untersuchung. Isolierte traumatische Labrumverletzungen gibt es aufgrund der anatomischen Lage des Labrum acetabulare nicht, bei gleichzeitig bestehenden Knochenödemzonen kann jedoch eine Labrumverletzung bei nachvollziehbarer Pathomechanik als unfallbedingt gewertet werden. In aller Regel aber sind Labrumschäden Folge einer Grunderkrankung im Sinne der Destruktionsinstabilität oder Distraktionsinstabilität oder auch Folge einer Verletzung von Azetabulum und/oder Hüftkopf, d. h. bei entsprechenden Frakturen, Luxationen oder Luxationsfrakturen und auch bei speziellen Kompressionsmechanismen.

▸ **Abb. 4.43:** Aufstellung aller möglichen Labrumschäden – einschließlich Verletzungen (Typ I.1 = Labrumverletzung bei Azetabulumrandfraktur, Typ I.2 = Labrumverletzung bei Azetabulumquerfraktur, Typ II = traumatischer Randabriss, differentialdiagnostisch komplette Randablösung bei Dysplasie oder Labrumschaden SELDES Typ 1, Typ III.1 = Radialriss, Typ III.2 = Labrum-Flap, Typ III.3 = L-Shape, Typ III.4 = Vertikalriss, Typ III.5 = Korbhenkelform, Typ III.6 = Horizontalriss, Typ IV.1 = Erweichungsform, Typ IV.2 = Fibrillation, Typ V = Inverted Labrum, Typ VI = Verkalkung, Typ VII = Os acetabuli).

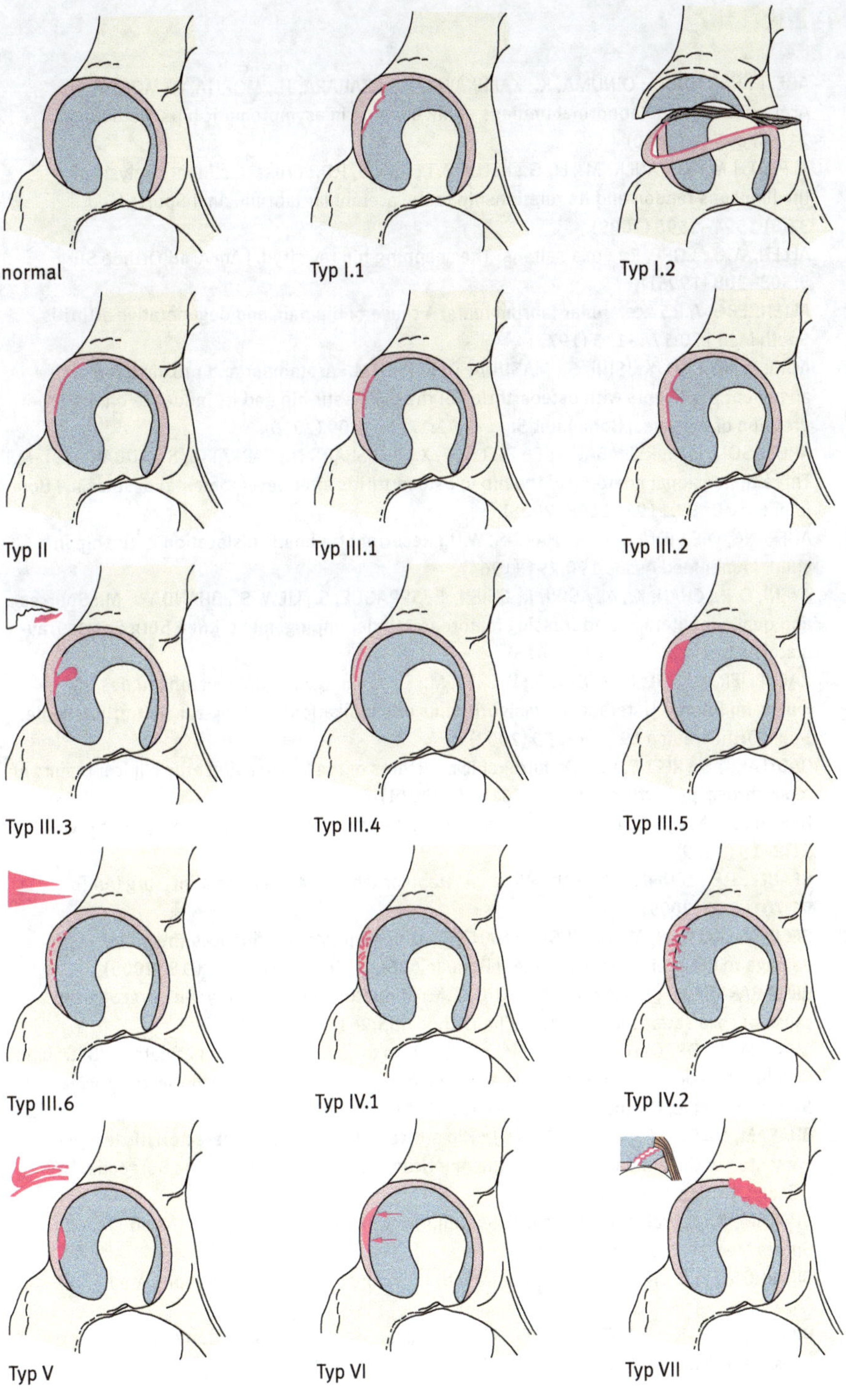
normal
Typ I.1
Typ I.2
Typ II
Typ III.1
Typ III.2
Typ III.3
Typ III.4
Typ III.5
Typ III.6
Typ IV.1
Typ IV.2
Typ V
Typ VI
Typ VII

4.4 Literatur

[1] ABE, I.; HARADA, Y.; OINUMA, K.; KAMIKAWA, K.; KITAHARA, H.; MORITA, F.; MORIYA, H.: Acetabular labrum: abnormal findings at MR imaging in asymptomatic hips. Radiology 216:576–581 (2000)

[2] ALPERT, J.M.; KOZANEK, M.; LI, G.; KELLY, B.T.; ASNIS, P.D.: Cross-sectional analysis of the iliopsoas tendon and its relationship to the acetabular labrum. Am J Sports Med 37(8):1594–1598 (2009)

[3] ALLEN, W.C.; COPE, R.: Coxa saltans: The snapping hip revisited. J Am Acad Orthop Surg 3:303–308 (1995)

[4] ALTENBERG, A.R.: Acetabular labrum tears: A cause of hip pain and degenerative arthritis. South Med J 70:174–175 (1977)

[5] AOKI, H.; NAGAO, Y.; ISHII, S.; MASUDA, T.; BEPPU, M.: Acetabular and proximal femoral alignment in patients with osteoarthritis of the dysplastic hip and its influence on the progression of disease. J Bone Joint Surg Br 92:1703–1709 (2010)

[6] ARGENSON, J.-N.; RYEMBAULT; E.; FLECHER, X.; BRASSART, N.; PARRATTE, S.; AUBANIAC, J.-M.: Three-dimensional anatomy of the hip in osteoarthritis after developmental dysplasia. J Bone Joint Surg Br 87:1192–1196 (2005)

[7] AUFRANC, O.E.; JONES, W.N.; HARRIS, W.H.: Recurrent traumatic dislocation of the hip in a child. J Amer Med Assoc 190:291 (1964)

[8] AYENI, O.R.; CHAN, K.; AL-ASIRI, J.; CHIEN, T.; SPRAGUE, S.; LIEW, S.; BHANDARI, M.: Sources and quality of literature addressing femoroacetabular impingement. Knee Surg Sports Traumatol Arthrosc 21:415–419 (2013)

[9] BACHELIER, F.; SEIL, R.; KOHN, D.; DIENST, M.: Erkrankungen und Verletzungen des Hüftgelenkes im Sport – Untersuchungsalgorithmus und Indikationsstellung zur Hüftarthroskopie. Sport OrthoTrauma 19:185–195 (2003)

[10] BADYLAK, J.S.; KEENE, J.S.: Do iatrogenic punctures of the labrum affect the clinical results of hip arthroscopy? Arthroscopy 27:761–767 (2011)

[11] BARDAKOS, N.V.; VILLAR, R.N.: The ligamentum teres of the adult hip. J Bone Joint Surg Br 91:8–15 (2009)

[12] BEAULÉ, P.E.; O'NEILL, M.; RAKHRA, K.: Acetabular labral tears. J Bone Joint Surg [Am] 91:701–710 (2009)

[13] BECK, M.; KALHOR, M.; LEUNIG M.; GANZ, R.: Hip morphology influences the pattern of damage to the acetabular cartilage. J Bone Joint Surg [Br] 87-B:1012–1018 (2005)

[14] BELLABARABA, C.; STEINKOP, M.B. KUO, K.N.: Idiopathic hip instability. An unrecognized cause of coxa saltans in the adult. Clin Orthop 355:261–271 (1998)

[15] BHARAM, S.; DRAOVITCH, P.; FU, F.H., et al: Return to competition in pro athletes with traumatic labral tears of the hip. Presented at the meeting of the American Orthopaedic Society for Sports Medicine, Orlando, FL, June 23, (2002)

[16] BHARAM, S.; FU, F.H., PHILIPPON, M.J.: Hip arthroscopy in golfers: characteristic lesions. Presented at the annual meeting of the American Academy of Orthopaedic Surgeons. New Orleans, LA, March (2003)

[17] BHARAM, S.: Labral tears, extra-articular injuries, and hip arthroscopy in the adults. Clin Sports Med 25:279–2992 (2006)

[18] BINNINGSLEY, D.: Tear of the acetabular labrum in an elite athlete. Br J Sports Med 37:84–88 (2003)

[19] BIRMINGHAM, P.; CLUETT, J.; SHAFFER, B.: Recurrent posterior dislocation of the hip with a bankart-type lesion. Am J Sports Med 38(2):388–391 (2010)

[20] BIRMINGHAM, P.M.; KELLY, B.T.; JACOBS, R.; McGRADY, L.; WANG, M.: The effect of dynamic femoroacetabular impingement on pubic symphysis motion. Am J Sports Med 40:1113–1118 (2012)

[21] BOMBELLI, R.: Radiological pattern of the normal hip joint and its biomechanical meaning. In: Draenert K, Rütt A (Hrsg): Morphologie und Funktion der Hüfte. Histo-Morph Bewegungsapp 1:113–138, Art and Science, München (1981)

[22] BOTSER, I.B.; MARTIN, D.E.; STOUT, C.E.; DOMB, B.G.: Tears of the ligamentum teres. Prevalence in hip arthroscopy using 2 classification systems. Am J Sports Med 39:117S-125S (2011)

[23] BOTSER, I.B.; SMITH, T.W. jr.; NASSER, R.; DOMB, B.G.: Open surgical dislocation versus arthroscopy for femoroacetabular impingement: a comparison of clinical outcomes. Arthroscopy 27:270–278 (2011)

[24] BURNETT, R.S.; DELLA ROCCA G.J.; PRATHER, H.; CURRY, M.; MALONEY, W.J.; CLOHISY, J.C.: Clinical presentation of patients with tears of the acetabular labrum. J Bone Joint Surg 88-A:1448–1457 (2006)

[25] BYRD, J.W.T.: Labral Lesions: An elusive source of hip pain case reports and literature review. Arthroscopy 12:603–612 (1996)

[26] BYRD, J.W.T.: Hip arthroscopy for post-traumatic loose fragments in the young active adult: three case reports. Clin Sports Med 6(2):129–134 (1996)

[27] BYRD, J.W.T.: Lateral impact injury: A source of occult hip pathology. Clin Sports Med 20(4):801–815 (2001)

[28] BYRD, J.W.T.; JONES, K.S.: Osteoarthritis caused by an inverted acetabular labrum: Radiographic diagnosis and arthroscopic treatment. Arthroscopy 18:741–747 (2002)

[29] BYRD, J.W.T.: Hip arthroscopy in athletes. Instr Course Lect 52:701–709 (2003)

[30] BYRD, J .W.T.; JONES, K.S.: Hip arthroscopy in the presence of dysplasia. Arthroscopy 19(10):1055–1060 (2003)

[31] BYRD, J.W.T.: Evaluation and management of the snapping iliopsoas tendon. Techn Orthop 20:45–51 (2005a)

[32] BYRD, J.W.: Evaluation and management of the snapping iliopsoas tendon. Instr Course Lect 55:347–355 (2006)

[33] CARTLIDGE, I.J.; SCOTT, J.H.: The inturned acetabular labrum in osteoarthrosis of the hip. J R Coll Surg Edinb 27:339 (1982)

[34] CASARTELLI, N.C.; MAFFIULETTI, N.A.; ITEM-GLATTHORN, J.F.; STAEHLI, S.; BIZZINI, M.; IMPELLIZZERI, F.M.; LEUNIG, M.: Hip muscle weakness in patients with symptomatic femoroacetabular impingement. Osteoarthritis and Cartilage 19: 816–821 (2011)

[35] CASHIN, M.; UHTHOFF, H.; O'NEILL, M.; BEAULÉ, P.E.: Embryology of the acetabular labral-chondral complex. J Bone Joint Surg [Br] 90-B:1019–1024 (2008)

[36] CAUDLE, R.J.; CRAWFORD, A.H.: Avulsion fracture of the lateral acetabular margin. J Bone Joint Surg [Am] 70-A:1568–1570 (1988)

[37] CAVAIGNAC, E.; CHIRON, P.; ESPIÉ, A.; REINA, N.; LEPAGE, B.; LAFFOSSE J.-M.: Experimental study of an original radiographic view for diagnosis of cam-type anterior femoroacetabular impingement. Int Orthop 36:1783–1788 (2012)

[38] CEREATTI, A.; MARGHERITINI, F.; DONATI, M.; CAPPOZZO, A.: Is the human acetabulofemoral joint spherical? J Bone Joint Surg Br 92:311–314 (2010)

[39] CHUDIK, S.C.; ALLEN, A.A.; LOPEZ, V.; WARREN, R.F.: Hip dislocations in athletes. Sports Med Arthrosc Rev 10:123–133 (2002)

[40] CLOHISY, J.C.; ZEBALA, L.P.; NEPPLE, J.J.; PAHOS, G.: Combined hip arthroscopy and limited open osteochondroplasty for anterior femoroacetabular impingement. J Bone Joint Surg [Am] 92:1697–1706 (2010)

[41] CLOHISY, J.C.; BACA, G.; BEAULÉ, P.E.; KIM, Y.-J.; LARSON, C.M.; MILLIS, M.B.; PODESZWA, D.A.; SCHOENECKER, P.L.; SIERRA, R.J.; SINK, E.L.; SUCATO, D.J.; TROUSDALE, R.T.; ZALTZ, I.: Descriptive epidemiology of femoroacetabular impingement. Am J Sports Med 41(6):1348–1356 (2013)

[42] CONN, K.S.; VILLAR, R.N.: Die Labrumläsion aus der Sicht eines arthroskopischen Hüftchirurgen. Orthopäde 27:699–703 (1998)

[43] CRAWFORD, M.J., DY, C.J.; ALEXANDER, J.W.; THOMPSON M.; SCHRODER, S.J.; VEGA, C.E.; PATEL, R.V.; MILLER, A.R.; McCARTHY, J.C.; LOWE, W.R.; NOBLE, P.C.: The biomechanics of the hip labrum and the stability of the hip. Clin Orthop Relat Res 465:16–22 (2007)

[44] CZERNY, C.; HOFMANN, S.; NEUHOLD A.; TSCHAUNER, C.; ENGEL, A.; RECHT, M.P., KRAMER, J.: Lesions of the acetabular labrum: Accuracy of MR imaging and MR arthrography in detection and staging. Radiology 200:225–230 (1996)

[45] DAMERON, T.B.: Bucket-handle tear of acetabular labrum accompanying posterior dislocation of the hip. J Bone Joint Surg [Am] 41-A:131–134 (1959)

[46] DAMERON, T.B.: Bucket-handle tear of acetabular labrum accompanying posterior dislocation of the hip. Clin Orthop Relat Res 406:8–10 (2003)

[47] DARGEL, J.; SCHMIDT-WIETHOFF, R.: Biomechanische Grundlagen zu Verletzungen des Labrum acetabulare. SportOrthoTrauma 25:333–334 (2009)

[48] DEE, R.: Structure and function of hip joint innervation. Ann R Coll Surg Engl 45:357–374 (1969

[49] DELCAMP, D.D.; KLAAREN, H.E.; POMPE VAN MEERDERVOORT, H.F.P.: Traumatic avulsion of the ligamentum teres without dislocation of the hip. Two case reports. J Bone Joint Surg Am 70:933–935 (1988)

[50] DEVITT, B.M.; PHILIPPON, M.J.; GOLJAN, P.; PEIXOTO, L.P.; BRIGGS, K.K.; HO, C.P.: Preoperative diagnosis of pathologic conditions of the ligamentum teres: is MRI a valuable imaging modality? Arthroscopy 30:568–574 (2014)

[51] DIAZ-LEDEZMA, C.; NOVACK, T.; MARIN-PEÑA, O.; PARVIZI, J.: The relevance of the radiological signs of acetabular retroversion among patients with femoroacetabular impingement. Bone Joint J 95B:893–899 (2013)

[52] DINAUER, P.A.; MURPHY, K.P.; CARROLL, J.F.: Sublabral sulcus at the posteroinferior acetabulum: A potential pitfall in MR arthrography diagnosis of acetabular labral tears. AJR 183:1745–1753 (2004)

[53] DOBBS, M.B.; GORDON, J.E.; LUHMANN, S.J.; SZYMANSKI, D.A.; SCHOENECKER, P.L.: Surgical correction of the snapping iliopsoas tendon in adolescents. J Bone Joint Surg [Am] 84-A:420–424 (2002)

[54] DOMB, B.G.; STAKE, C.E.; BOTSER, I.B.; JACKSON, T.J.: Surgical dislocation of the hip versus arthroscopic treatment of femoroacetabular impingement: a prospective matched-pair study with average 2-year follow-up. Arthroscopy 29:1506–1513 (2013)

[55] DORA, C.; HOUWELING, M.; KOCH, P.; SIERRA, R.J.: Iliopsoas impingement after total hip replacement: the results of non-operative management, tenotomy or acetabular revision. J Bone Joint Surg [Br] 89:1031–1035 (2007)

[56] DORRELL, J.H.; CATTERALL, A.: The torn acetabular labrum. J Bone Joint Surg [Br] 68-B:400–403 (1986)

[57] DUTHON, V.B.; CHARBONNIER, C.; KOLO, F.C.; MAGNENAT-THALMANN, N.; BECKER, C.D.; BOUVET, C.; COPPENS, E.; HOFFMEYER, P.; MENETREY, J.: Correlation of clinical and magnetic resonance imaging findings in hips of elite female ballet dancers. Arthroscopy 29:411–419 (2013)

[58] ENGELBERT, S.; WITTE, H.: Morphologie und Biomechanik des Hüftgelenks unter Berücksichtigung der perinatalen Entwicklung. In: Grifka J, Ludwig J (Hrsg) Kindliche Hüftdysplasie. Thieme, Stuttgart New York, S 29–41 (1998)

[59] EPSTEIN, D.M.; ROSE, D.J.; PHILIPPON, M.J.: Arthroscopic management of recurrent low-energy anterior hip dislocation in a dancer. Am J Sports Med 38(6):1250–1245 (2010)

[60] EPSTEIN, D.M.; McHUGH„ M.; YORIO, M.; NERI, B.: Intra-articular hip injuries in national hockey league players. Am J Sports Med 41:343–348 (2013)

[61] FABRICANT, P.D.; HIRSCH, B.P.; HOLMES, I.; KELLY, B.T.; LORICH, D.G.; HELFET, D.L.; BOGNER, E.A.; GREEN, D.W.: A radiographic sstudy of the ossification of the posterior wall of the acetabulum: implications fort he diagnosis of pediatric and adolescent hip disorders. J Bone Joint Surg Am 95:230–236 (2013)

[62] FARJO, L.A.; GLICK, J.M.; SAMPSON, T.G.: Hip arthroscopy for acetabular labral tears. Arthroscopy 15(2):132–137 (1999)

[63] FERNANDEZ, F.F.; WIRTH, T.; EBERHARDT, O.: Hüftarthroskopische Therapie bei veralteten extrakapsulären traumatischen Hüftluxationen bei Kindern. Unfallchirurg 115:830–835 (2012)

[64] FICK, R.: Handbuch der Anatomie des Menschen. V. Bardeleben (Hrsg.) Bd. 2, 1. Abtl., 1. Teil Fischer, Jena (1904)

[65] FIRTH, G.B.; ROBERTSON, A.; RAMGUTHY, Y.; SCHEPERS, A.: Reliability of radiological measurements to assess developmental dysplasia of the hip. Bone Joint J 95-B 14:57 (2013)

[66] FITZGERALD, R.H.: Acetabular labrum tears: Diagnosis and treatment. Clin Orthop Relat Res 311:60–68 (1995)

[67] FUTAMI, T.; KASAHARA, Y.; SUZUKI, S.; SETO, Y.; USHIKUBO, S.: Arthroscopy for slipped capital femoral epiphysis. J Pediatric Orthop 12:592–597 (1992)

[68] GANZ, R.; PARVIZI, J.; BECK, M.; LEUNIG, M., NÖTZLI, H.; SIEBENROCK, K.A.: Femoroacetabular impingement: A cause for osteoarthritis of the hip. Clin Orthop Relat Res 417:112–120 (2003)

[69] GANZ, R.; KLAUE, K.; VINH, T.S.; MAST, J.W.: A new periacetabular osteotomy for the treatment of hip dysplasias: Technique and preliminary results. Clin Orthop Realt Res 418:3–8 (2004)

[70] GAUL, R.W.: Recurrent traumatic dislocation of the hip in children. Clin Orthop 90:107–109 (1973)

[71] GRAF, R.: The diagnosis of congenital hip-joint dislocation by the ultrasonic combound treatment. Arch Orthop Trauma Surg. 97:117–133 (1980)

[72] GRAY, A.J.; VILLAR, R.N.: The ligamentum teres of the hip: an arthroscopic classification of its pathology. Arthroscopy 13:575–578 (1997)

[73] GROSSBARD, G.D.: Hip pain during adolescence after perthes' disease. J Bone Joint Surg [Br] 63:572–574 (1981)

[74] GUANCHE, C.A.; SIKKA, R.S.: Acetabular labral tears with underlying chondromalacia: A possible association with high-level running. Arthroscopy 21:580–585 (2005)

[75] GUEVARA, C.J.; PIETROBON, R.; CAROTHERS, J.T.; OLSON, S.A.; VAIL, T.P.: Comprehensive morphologic evaluation of the hip in patients with symptomatic labral tear. Clin Orthop Relat Res 453:277–285 (2006)

[76] HACHIYA, Y.; KUBO, T.; HORII, M.; HIRASAWA, Y.; MURAMATSU, K.; MORITA, C.; ANDO, K.; YOSHIZAWA H.: Characteristic features of the acetabular labrum in healthy children. J Pediatr Orthop B 10:169–172 (2001)

[77] HADDAD, F.S.: Femoro-acetabular impingement: an arthroscopic solution. Bone Joint J 95-B 22:46 (2013)

[78] HALL, R., et al.: Posterior Labral Tear as a Block to Reduction in an Anterior Hip Dislocation. J. of Orthopaedic Trauma 4/2:204–208 (1990)

[79] HARRIS, W.H.; BOURNE, R.B.; OH, I.: Intra-articular acetabular labrum: A possible aetiological factor in certain cases of osteoarthritis of the hip. J Bone Joint Surg [Am] 61:510–514 (1979)

[80] HARRIS, W.H.: Etiology of osteoarthritis of the hip. Clin Orthop 213:20–33 (1986)

[81] HARTY, M.: Anatomic Considerations. Orthop. Clin. North Am. 13/4, 667–679 (1982)

[82] HASE, T.; UEO, T.: Acetabular labral tear: Arthroscopic diagnosis and treatment. Arthroscopy 15(2):138–141 (1999)

[83] HEMPFLING, H.: Farbatlas der Arthroskopie großer Gelenke. 2. Auflage. Gustav Fischer Verlag Stuttgart (1995)

[84] HEMPFLING, H.; WEISE, K.: Begutachtung des Knorpelschadens, Klassifikation des Knorpelschadens – traumatisch versus nichttraumatisch. In: DGU-Mitteilungen und Nachrichten Supplement 1/2007:3–60 (2007)

[85] HENAK, C.R. ; ELLIS, B.J. ; HARRIS, M.D. ; ANDERSON, A.E. ; PETERS, C.L. ; WEISS, J.A. : Role of the acetabular labrum in load support across the hipp joint. Journal of Biomechanics 44:2201–2206 (2011)

[86] HERNANDEZ, R.J.; CORNELL, R.G. ; HENSINGER, R.N. : Ultrasound diagnosis of neonatal congenital dislocation of the hip. J Bone Joint Surg 76-B :539–543 (1994)

[87] HERRERA-SOTO, J.A.; PRICE, J.: Traumatic hip dislocations in children and adolescents: Pitfalls and complications. J Am Acad Orthop Surg 17:15–21 (2009)

[88] HOGERVORST; T.; BOUMA, H.; DE BOER, S.F.; De VOS, J.: Human hip impingement morphology. J Bone Joint Surg Br 93:769–776 (2011)

[89] HOLEN, K.J.; TEGNANDER, A.; BREDLAND, T. et al.: Universal or selective screening of the neonatal hip using ultrasound? A prospective, randomized trial of 15529 newborn infants. J Bone Joint Surg 84-B:886–890 (2002)

[90] HORII, M.; KUBO, T.; HACHIYA, Y.; NISHIMURA, T.; HIRASAWA, Y.: Development of the acetabulum and the acetabular labrum in the normal child: analysis with radial-sequence magnetic resonance imaging. J Pediatr Orthop 22:222–227 (2002)

[91] HORISBERGER, M.; BRUNNER, A.; VALDERRABANO, V.; HERZOG, R.F.: Femoroacetabuläres Impingement der Hüfte beim Sportler – ein Review für Sportärzte. Sportverl Sportschad 24:133–139 (2010)

[92] HUFFMANN, G.R.; SAFRAN, M.: Tears of the acetabular labrum in athletes: diagnosis and treatment. Sports Med Arthrosc Rev 10:141–150 (2002)

[93] HUGHES, P.E.; HSU, J.C.; MATAVA, M.J.: Hip anatomy and biomechanics in the athlete. Sports Med Arthrosc Rev 10:103–114 (2002)

[94] IDE, T.; HOKARI, Y.: Arthroscopic findings of labrum. J Joint Surg [in Japanese] 13:317–326 (1994)

[95] IKEDA, T.; AWAYA, G.; SUZUKI, S., OKADA, Y.; TADA, H.: Torn acetabular labrum in young patients. J Bone Joint Surg Br 70:13–16 (1988)

[96] ILIZALITURRI, V.M. Jr.; CHAIDEZ, P.A.; VALERO, F.S.; AGUILERA, J.M.: Hip arthroscopy after previous acetabular osteotomy for developmental dysplasia of the hip. Arthroscopy 21:176–181 (2005)

[97] ILIZALITURRI, V.M. Jr.; REVELES-CASTILLO, R.; RAMOS-AVIÑA, C.; CAMACHO-GALINDO, J.: Arthroscopy for hip dysplasia: indications and limitations. Techniques in Orthopaedics 20(1):52–55 (2005)

[98] ILIZALITURRI, V.M. Jr.; GONZALES-GUTIERREZ, B.; GONZALES-UGALDE, H.; CAMACHO-GALINDO, J.: Hip arthroscopy after traumatic hip dislocation. Am J Sports Med 39:50S-57S (2011)

[99] JONES, D.H.: Shenton's line. J Bone Joint Surg Br 92:1312–1315 (2010)

[100] KALHOR, M.; HOROWITZ, K.; BECK, M.; NAZPARVAR, B.; GANZ, R.: Vascular supply to the acetabular labrum. J Bone Joint Surg Am 92:2570–2575 (2010)

[101] KALTEIS, T.; SENDTNER, E.; BEVERLAND, D.; ARCHBOLD, P.A.; HUBE, R.; SCHUSTER, T.; RENKAWITZ, T.; GRIFKA, J.: The role of the transverse acetabular ligament for acetabular component orientation in total hip replacement. J Bone Joint Surg Br 93:1021–1026 (2011)
[102] KAMATH, A.F.; COMPONOVO, R.; BALDWIN, K.; ISRAELITE, C.L.; NELSON, C.L.: Hip arthroscopy for labral tears: Review of clinical outcomes with 4.8-year mean follow-up. Am J Sports Med 37:1721–1727 (2009)
[103] KANG, A.C.; GOODING, A.J.; COATES, M.H.; GOH, T.D.; ARMOUR, P.; RIETVELD, J.: Computed tomography assessment of hip joints in asymptomatic individuals in relation to femoroacetabular impingement. Am J Sports Med 38:1160–1165 (2010)
[104] KAYA, M.; SUZIKI, T.; MINOWA, T.; YAMASHITA, T.: Ligamentum teres injury is associated with the articular damage pattern in patients with femoroacetabular impingement. Arthroscopy 30:1582–1587 (2014)
[105] KEENE, G.S.; VILLAR, R.N.: Arthroscopic anatomy of the hip: an in vivo study. Arthroscopy 10(4):392–399 (1994)
[106] KELLY, B.T.; WILLIAMS, R.J.; PHILIPPON, M.J.: Hip arthroscopy: Current indications, treatment options, and management issues. Am J Sports Med 31:1020–1037 (2003)
[107] KELLY, B.T.; SHAPIRO, G.S.; DIGIOVANNI, C.W.; BULY, R.L.; POTTER, H.G.; HANNAFIN, J.A.: Vascularity of the hip labrum: a cadaveric investigation. Arthroscopy 21(1):3–11 (2005)
[108] KIM, Y.H.: Acetabular dysplasia and osteoarthritis developed by an eversion of the acetabular labrum. Clin Orthop Relat Res 215:289–295 (1987)
[109] KIM, K.-W.; BAEK, J.-H.; HA, Y.-C.: Prevalence and locations of acetabular labral sulcus in patients undergoing arthroplasty for hip fracture. Arthroscopy 28:1373–1380 (2012)
[110] KIVLAN, B.R.; CLEMENTE, F.R.; MARTIN, R.R.L.; MARTIN, H.D.: Function of the ligamentum teres during multi-planar movement of the hip joint. Knee Surg Sports Traumatol Arthrosc 21:1664–1668 (2013)
[111] KLAUE, K.; DURNIN, C.W.; GANZ, R.: The acetabular rim syndrome: A clinical presentation of dysplasia of the hip. J Bone Joint Surg 73-B:423–429 (1991)
[112] KLINGENSTEIN, G.G.; ZBEDA, R.M.; BEDI, A.; MAGENNIS, E.; KELLY, B.T.: Prevalence and preoperative demographic and radiographic predictors of bilateral femoroacetabular impingement. Am J Sports Med 41 4:762–768 (2013)
[113] KÖHNLEIN, W.; GANZ, R.; IMPELLIZZERI, F.M.; LEUNIG, M.: Acetabular morphology: Implications for joint-preserving surgery. Clin Orthop Relat Res 467:682–691 (2009)
[114] KONAN, S.; RAYAN, F.; HADDAD, F.S.: Is the frog lateral plain radiograph a reliable predictor of the alpha angle in femoroacetabular impingement? J Bone Joint Surg Br 92:47–50 (2010)
[115] KOSE, O.; CELIKTAS, M.; GULER, F.; BAZ, A.B.; TOGRUL, E.; AKALIN, S.: Inter- and intraobserver reliability of the crowe and hartofilakidis classifications in the assessment of developmental dysplasia of the hip in adult patients. Arch Orthop Trauma Surg 132:1625–1630 (2012)
[116] KOSUGE, D.; YAMADA, N.; AZEGAMI, S.; ACHAN, P.; RAMACHANDRAN, M.: Management of developmental dysplasia of the hip in young adults. Bone Joint J 95-B:732–737 (2013)
[117] KRAUS, E.; MÉNÉTREY, J.; SADRI, H.: Läsionen des Labrum acetabulare. Arthroskopie 22:299–305 (2009)
[118] KREBS, V.; INCAVO, S.J.; SHIELDS, W.H.: The anatomy of the acetabulum. Clin Orthop Relat Res 467:868–875 (2009)
[119] KUSMA, M.; SCHNEIDER, G.; BACHELIER, F.; DIENST, M.: Radiologische Untersuchung des Hüftgelenks. Orthopäde 35:16–21 (2006)
[120] KUSMA, M.; BACHELIER, F.; SCHNEIDER, G.; DIENST, M.: Klinische und bildgebende Diagnostik des Hüftgelenks. Arthroskopie 19:6–15 (2006)

[121] KUTTY, S.; SCHNEIDER, P.; FARIS, P.; KIEFER, G.; FRIZZELL, B.; PARK, R.; POWELL, J.N.: Reliability and predictability of the centre-edge angle in the assessment of pincer femoroacetabular impingement. Int Orthop (SICOT 36: 505–510 (2012)

[122] LAGE, L.A.; PATEL, J.V.; VILLAR, R.N.: The acetabular labral tear: An arthroscopic classification. Arthroscopy 12:269–272 (1996)

[123] LAHNER, M.; JAHNKE, N.L.; ZIRKE, S.; TESKE, W.; VETTER, G.; VON SCHULZE PELLENGAHR; DANIILIDIS, K.; HAGEN, M.; VON ENGELHARDT, L.V.: The deviation of the mechanical leg axis correlates with an increased hip alpha angle and could be a predictor of femoroacetabular impingement. Int Orthop 38:19–25 (2014)

[124] LANGE, M.; HIPP, E.: Lehrbuch der Orthopädie und Traumatologie, Band III 2. Auflage, Ferdinand Enke-Verlag Stuttgart (1986)

[125] LANZ von, T.; WACHSMUTH, W.: Praktische Anatomie 1/3 2. Auflage, Springer-Verlag, Heidelberg (1959)

[126] LARSON, A.N.; SUCATO, D.J.; HERRING, J.A.; ADOLFSEN, S.E.; KELLY, D.M.; MARTUS, J.E.; LOVEJOY, J.F.; BROWNE, R.; De La ROCHA, A.: A prospective multicenter study of legg-calvé-perthes disease. J Bone Joint Surg Am 94:584–592 (2012)

[127] LAVIGNE, M.; PARVIZI, J.; BECK, M.; SIEBENROCK, K.A.; GANZ, R.; LEUNIG, M.: Anterior femoroacetabular impingement: Part I. Techniques of joint preserving surgery. Clin Orthop Relat Res 418:61–66 (2004)

[128] LEUNIG, M., SLEDGE, J.B., GILL, T.J.; GANZ, R.: Traumatic labral avulsion from the stable rim: a constant pathology in displaced transverse acetabular fractures. Arch Orthop Trauma Surg 123:392–395 (2003)

[129] LEUNIG, M.; BECK, M.; WOO, A.; DORA, C.; KERBOULL, M.; GANZ, R.: Acetabular rim degeneration: A Constant Finding in the aged hip. Clin Orthop Relat Res 413:201–207 (2003)

[130] LEUNIG, M.; GANZ, R.: Femoroacetabuläres Impingement. Häufige Ursache von zur Arthrose führenden Hüftbeschwerden. Unfallchirurg 108:9–17 (2005)

[131] LEUNIG, M.; GANZ, R.: FAI – Konzept und Ätiopathogenese. Orthopäde 38:394–401 (2009)

[132] LI, H.; QU, X.; WANG, Y.; DAI, K.; ZHU, Z.: Morphological analysis of the knee joint in patients with hip dysplasia. Knee Surg Sports Traumatol Arthrosc 21:2081–2088 (2013)

[133] LI, H.; WANG, Y.; ONI, J.K.; QU, X.; LI, T.; ZENG, Y.; LIU, F.; ZHU, Z.: The role of femoral neck anteversion in the development of osteoarthritis in dysplastic hips. Bone Joint J 96-B:1586–1593 (2014)

[134] LÖHE, F.; ECKSTEIN, F.; PUTZ, R.: Die Beanspruchung des Ligamentum transversum acetabuli unter physiologischer Belastung des Hüftgelenks. Unfallchirurg 97:445–449 (1994)

[135] LÖHE, F.; ECKSTEIN, F.; SAUER, T.; PUTZ R.V.: Structure, strain and function of the transverse acetabular ligament. Acta Anat 157:315–323 (1996)

[136] MARTIN, H.D.; HATEM, M.A.; KIVLAN, B.R.; MARTIN, R.L.: Function of the ligamentum teres in limiting hip rotation: a cadaveric study. Arthroscopy 30:1085–1091 (2014)

[137] MARTIN, R.L.; ENSEKI, K.R.; DRAOVITCH, P.; TRAPUZZANO, T.; PHILIPPON, M.J.: Acetabular labral tears of the hip: Examination and diagnostic challenges. J Orthop Sports Phys Ther 36(7):503–515 (2006)

[138] MARTIN, R.L.; PALMER, I.; MARTIN, H.D.: Ligamentum teres: a functional description and potential clinical relevance. Knee Surg Sports Traumatol Arthrosc 20:1209–1214 (2012)

[139] MASON, J.B.: Hip arthroscopy for acetabular dysplasia: A pipe dream? Orthopedics 21:997–999 (1998)

[140] MASON, J.B.: Acetabular labral tears in the athlete. Clin Sports Med 20:779–789 (2001)

[141] MC CARTHY, J.C.; BUSCONI, B.: The role of hip arthroscopy in the diagnosis and treatment of hip disease. Orthopedics 18(8):753–756 (1995)

[142] MC CARTHY, J.C.; BONO, J.V.; WARDELL, S.: Is there a treatment for synovial chondromatosis of the hip joint? Arthroscopy 13(3):409–410 (1997)

[143] MC CARTHY, J.C.; NOBLE, P.C.; SCHUCK, M.R.; WRIGHT, J.; LEE, J.: The role of labral lesions to development of early degenerative hip disease. Clin Orthop 393:25–37 (2001)

[144] MC CARTHY, J.C.; NOBLE, P.C.; SCHUCK, M.R.; WRIGHT, J.; LEE, J.: The watershed labral lesion. Its relationship to early arthritis of the hip. The Journal of Arthroplasty 16(8 Suppl. 1):81–87 (2001)

[145] MC CARTHY, J.C.; LEE, J.: Acetabular dysplasia: A paradigm of arthroscopic examination of chondral injuries. Clin Orthop Relat Res 405:122–128 (2002)

[146] MC CARTHY, J.C.; NOBLE, P.; ALUISIO, F.V.; SCHUCK, M.; WRIGHT, J.; LEE, J.A.: Anatomy, pathologic features, and treatment of acetabular labral tears. Clin Orthop Relat Res 406:38–47 (2003)

[147] MEHLMANN, C.T.; HUBBARD, G.W.; CRAWFORD, A.H. et al. : Traumatic hip dislocation in children. Clin Orthop Relat Res 376:68–79 (2000)

[148] MERLE, C.; WALDSTEIN, W.; PEGG, E.; STREIT, M.R.; GOTTERBARM, T.; ALDINGER, P.R.; MURRAY, D.W.; GILL, H.S.: Femoral offset is under-estimated on anteroposterior radiographs of the pelvis but accurately assessed on anteroposterior radiographs of the hip. J Bone Joint Surg 94-B:477–482 (2012)

[149] MEYER, D.C. ; BECK, M. ; ELLIS, T. ; GANZ, R. ; LEUNIG ; M. : Comparison of six radiographic projections to assess femoral head/neck asphericity. Clin Orthop Rel Res 445:181–185 (2006)

[150] MILLER, R.; VILLAR, R.N.: The bifid posterior labrum: An anatomic variant of the acetabular labrum. Arthroscopy 25(4):413–415 (2009)

[151] MIOZZARI, H.H.; CLARK, J.M.; JACOB, H.A.C.; VON RECHENBERG, B, NÖTZLI, H.P.: Effects of removal of the acetabular labrum in a sheep hip model. OsteoArthritis and Cartilage 12:419–430 (2004)

[152] MITCHELL, G.: Arthrography in congenital displacement of the hip. J Bone Joint Surg [Br] 45:88–95 (1963)

[153] MONAZZAM, S.; BOMAR, J.D.; DWEK, J.R.; HOSALKAR, H.S.; PENNOCK, A.T.: Development and prevalence of femoroacetabular impingement-associated morphology in a paediatric and adolescent population. Bone Joint J 95-B:598–604 (2013)

[154] MORI, R.; YASUNAGA, Y.; YAMASAKI, T.; NAKASHIRO, J.; FUJII, J.; TERAYAMA, H.; OHSHIMA, S.; OCHI, M.: Are cam and pincer deformities as common as dysplasia in Japanese patients with hip pain? Bone Joint J 96-B:172–176 (2014)

[155] MOORMAN, C.T.III, WARREN, R.F., HERSHMAN, E.B.: Traumatic posterior hip subluxation in American football. J Bone Joint Surg [Am] 85:1190 (2003)

[156] NARVANI, A.A.; TSIRIDIS, E.; KENDALL, S.; CHAUDHURI, R.; THOMAS, P.: A preliminary report on prevalence of acetabular labrum tears in sports patients with groin pain. Knee Surg Sports Traumatol Arthrosc 11:403–408 (2003)

[157] NELSON, C.L.: Traumatic recurrent dislocation of the hip. report of a case. J Bone Joint Surg 52A:128 (1970)

[158] NEPPLE, J.J.; LARSON, C.M.; SMITH, M.V.; KIM, Y.-J.; ZALTZ, I.; SIERRA, R.J.; CLOHISY, J.C.: The reliability of arthroscopic classification of acetabular rim labrochondral disease. Am J Sports Med 40:2224–2229 (2012)

[159] NISHINA T.; SAITO, S.; OHZONO K.; et al: Chiari pelvic osteotomy for osteoarthritis: The influence of the torn and detached acetabular labrum. J Bone Joint Surg [Br] 72:765–769 (1990)

[160] NÖTZLI, H.P.; MÜLLER, S.M.; GANZ, R.: Die radiologische Beziehung der Fovea capitis femoris zur azetabulären Belastungszone bei der normalen und dysplastischen Hüfte des Erwachsenen. Z Orthop 139:502–506 (2001)

[161] NÖTZLI, H.P.; WYSS, T.F.; STOECKLIN, C.H.; SCHMID, M.R.; TREIBER, K.; HODLER, J.: The contour of the femoral head-neck junction as a predictor for the risk of anterior impingement. J Bone Joint Surg 84-B:556–560 (2002)

[162] NUNLEY, R.M.; PRATHER, H.; HUNT, D.; SCHOENECKER, P.L.; CLOHISY, J.C.: Clinical presentation of symptomatic acetabular dysplasia in skeletally mature patients. J Bone Joint Surg Am 2:17–21 (2011)

[163] OCZIPKA, F.: Differenzialdiagnose des kindlichen Hüftschmerzes. Orthopädie und Unfallchirurgie 8:227–246 (2013)

[164] PATERSON, I.: The torn acetabular labrum: A block to reduction of a dislocated hip. J Bone Joint Surg 39-B:306–309 (1957)

[165] PAUWELS, F.: Atlas zur Biomechanik der gesunden und kranken Hüfte. Springer, Berlin Heidelberg New York (1973)

[166] PEELLE, M.W.; DELLA ROCCA, G.J.; MALONEY, W.J.; CURRY, M.C.; CLOHISY, J.C.: Acetabular and femoral radiographic abnormalities associated with labral tears. Clin Orthop Relat Res 441:327–333 (2005)

[167] PETERSEN, S.A.; PETERSEN, S.A.; JAHNKE Jr., A.; ARNOCZKY, S.; HAWKINS, R.: the biceps-superior labral complex: an arthroscopic and anatomic analysis. J Shoulder Elbow Surg 8/5 (1999)

[168] PETERSEN, W.; PETERSEN, F.; TILLMANN, B.: Structure and vascularization of the acetabular labrum with regard to the pathogenesis and healing of labral lesions. Arch Orthop Trauma Surg 123:283–288 (2003)

[169] PETERSILGE, C.A.: MR arthrography for evaluation of the acetabular labrum. Skeletal Radiol 30:423 (2001)

[170] PHILIPPON, M.J.: The role of arthroscopic thermal capsulorrhaphy in the hip. Clin Sports Med 20:817–829 (2001)

[171] PHILIPPON, M.J.: Arthroscopy of the hip in the management of the athlete. In: McGinty J.B., editor. Operative arthroscopy. 3rd edition. Philadelphia: Lippincott-Raven:879–883 (2003)

[172] PHILIPPON, M.J.; SCHENKER, M.L.: Athletic hip injuries and capsular laxity. Op Tech Orthop 15:261–266 (2005)

[173] PHILIPPON, M.; SCHENKER, M.; BRIGGS, K.; KUPPERSMITH, D.: Femoroacetabular impingement in 45 professional athletes: associated pathologies and return to sport following arthroscopic decompression. Knee Surg Sports Traumatol Arthrosc 15:908–914 (2007)

[174] PHILIPPON, M.J.; MAXWELL, R.B.; JOHNSTON, T.L.; SCHENKER, M.; BRIGGS, K.K.: Clinical presentation of femoroacetabular impingement. Knee Surg Sports Traumatol Arthrosc 15:1041–1057 (2007)

[175] PHILIPPON, M.J.; BRIGGS, K.K.; YEN, Y.M.; KUPPERSMITH, D.A.: Outcomes following hip arthroscopy for femoroacetabular impingement with associates chondrolabral dysfunction: minimum two-year follow up. J Bone Joint Surg 91-B:16–23 (2009)

[176] PHILIPPON, M.J.; HO, C.P.; BRIGGS, K.K.; STULL, J.; LaPRADE, R.F.: Prevalence of increased alpha angles as a measure of Cam-Type femoroacetabular impingement in youth ice hockey players. Am J Sports Med 41(6):1357–1362 (2013)

[177] PHILIPPON, M.J.; DEVITT, B.M.; CAMPBELL, K.J.; MICHALSKI, M.P.; ESPINOZA, C.; WIJDICKS, C.A.; LA PRADE, R.F.: Anatomic variance of the iliopsoas tendon. Am J Sports Med 42:807–811 (2014)

[178] PILLAI, A.; JOSEPH, J.; Mc AULEY, A.; BRAMLEY, D.: Diagnostic accuracy of static graf technique of ultrasound evaluation of infant hips for developmental dysplasia. Arch Orthop Trauma Surg 131:53–58 (2011)

[179] PIPKIN, G.: Treatment of grade IV fracture-dislocation of the hip. A review. J Bone Jt Surg 39A:1027 (1957)

[180] PONSETI, I.V.: Growth and development of the acetabulum in the normal child. J Bone Joint Surg 60-A(5):575–585 (1978)

[181] PRICE, K.R.; DOVE, R.; HUNTER, J.B.: Current screening recommendations for developmental dysplasia of the hip may lead to an increase in open reduction. Bone oint J 95-B:846–850 (2013)

[182] PUTZ, R.; SCHRANK, C.: Anatomie des labrokapsulären Komplexes beim Erwachsenen. Orthopäde 27:675–680 (1998)

[183] RAKHRA, K.S.; SHEIKH, A.M.; ALLEN, D.; BEAULÉ, P.E.: Comparison of MRI alpha angle measurement planes in femoroacetabular impingement. Clin Orthop Relat Res 467:660–665 (2009)

[184] RAO, J.; ZHOU, Y.X.; VILLAR, R.N.: Injury to the ligamentum teres: mechanism, findings and results of treatment. Clin Sports Med 20:791–799 (2001)

[185] RASHLEIGH-BELCHER, H.J.C.; CANNON, S.R.: Recurrent dislocation of the hip with a „bankart-type" lesion. J Bone Joint Surg 68-B:398–399 (1986)

[186] REDMOND, J.M.; GUPTA, A.; HAMMARSTEDT, J.E.; STAKE, C.E.; DUNNE, K.F.; DOMB, B.G.: Labral Injury: Radiographic Predictors at the Time of Hip Arthroscopy. Arthroscopy 31:51–56 (2015)

[187] RHEE, P.C. ; WOODCOCK, J.A. ; CLOHISY, J.C. ; MILLIS, M. ; SUCATO, D.J. ; BEAULÉ, P.E.; TROUSDALE, R.T. ; SIERRA, R.J. : The Shenton line in the diagnosis of acetabular dysplasia in the skeletally mature patient. J Bone Joint Surg Am 93:35–39 (2011)

[188] ROSENDAHL, K.; MARKESTAD, T.; LIE, R.T.: Ultrasound screening for developmental dysplasia of the hip in the neonate: the effect on treatment rate and prevalence of late cases. Pediatrics 94:47–52 (1994)

[189] SADDIK, D.; TROUPIS, J.; TIRMAN, P.; O'DONNELL, J.; HOWELLS, R.: Prevalence and location of acetabular sublabral sulci at hip arthroscopy with retrospective MRI revies. Am J Roentgenol 187:W507-W511 (2006)

[190] SAFRAN, M.R.; GIORDANO, G.; LINDSEY, D.P.; GOLD, G.E.; ROSENBERG, J.; ZAFFAGNINI, S.; GIORI, N.J.: Strains across the acetabular labrum during hip motion. A cadaveric model. Am J Sports Med 39:92S-102S (2011)

[191] SANKAR, W.N.; McPARTLAND, T.G.; MILLIS, M.B.; KIM, Y.-J.: The unstable slipped capital femoral epiphysis. J Pediatr Orthop 30(6):544–548 (2010)

[192] SANTORI, N.; VILLAR, R.N.: Acetabular labral tears: Result of arthroscopic partial limbectomy. Arthroscopy 16:11–15 (2000)

[193] SARKAR, K.; UHTHOFF, H.K.: Pathophysiology of rotation cuff degeneration, calcifica-tion, and repair, Chapter 3. In: BURKHEAD, W.Z. jr.: Rotator Duff Disorders, Wil-liams & Wilkins, Baltimore (1996)

[194] SATONAKA, H.; HARA, T.; SHINTANI, K.; MORIMOTO, T.; NISHIMOTO, K.; HIGUCHI, H.; URAWA, M.; SUDO, A.: Traumatic anterior dislocation of the hip in adolescents while playing sports: a report of two patients. Current Orthopaedic Practice 21:632–634 (2010)

[195] SAW, T.; VILLAR, R.: Footballer´s hip: A report of six cases. J Bone Joint Surg [Br] 86-B:655–658 (2004)

[196] SCHMITZ, M.R.; CAMPBELL, S.E.; FAJARDO, R.S.; KADRMAS, W.R.: Identification of acetabular labral pathological changes in asymptomatic volunteers using optimized, noncontrast 1.5-T magnetic resonance imaging. Am J Sports Med 40:1337–1341 (2012)

[197] SCHWEND, R.M. ; SCHOENECKER, P. ; RICHARDS, P.S. ; FLYNN, J.M. ; VITALE, M. : Screening the newborn for developmental dysplasia of the hip. Now what do we do? J Pediatr Orthop 27:607–610 (2007)

[198] SCOOP, J.M.; MOORMAN, C.T.: Acute athletic trauma to the hip and pelvis. Orthop Clin North Am 33:555–563 (2002)

[199] SELDES, R.M.; TAN, V.; HUNT, J.; KATZ, M.; WINIARSKY, R.; FITZGERALD, R.H.: Anatomy, histologic features, and vascularity of the adult acetabular labrum. Clin Orthop Relat Res 382:232–240 (2001)

[200] SHAPIRO, G.S.; KELLY, B.T.; BULY, R.; et al: Vascularity of the hip labrum: an anatomical study. American Academy Of Orthopaedic Surgeons Conference 2001. San Francisco, CA: American Academy of Orthopaedic Surgeons On-Line (2001)

[201] SHENTON, E.: Diseases in bone. London: MacMillian (1911)

[202] SHINDLE, M.K.; VOOS, J.E.; NHO, S.J.; HEYWORTH, B.E.; KELLY, B.T.: Arthroscopic management of labral tears in the hip. J Bone Joint Surg [Am] 90:2–19 (2008)

[203] SHORE, B.J.; MILLIS, M.B.; KIM, Y.-J.: Vascular safe zones for surgical dislocation in children with healed Legg-Calve-Perthes disease. J Bone Joint Surg Am 94:721–727 (2012)

[204] SINK, E.L.; GRALLA, J.; RYBA, A.; DAYTON, M.: Clinical presentation of femoroacetabular impingement in adolescents. J Pediatr Orthop 28:806–811 (2008)

[205] SINK, E.L.; ZALTZ, I.; HEARE, T.; DAYTON, M.: Acetabular cartilage and labral damage observed during surgical hip dislocation for stable slipped capital femoral epiphysis. J Pediatr Orthop 30: 26–30 (2010)

[206] SMITH, M.V.; PANCHAL, H.B.; THIELE, R.A.R.; SEKIYA, J.K.: Effect of acetabular labrum tears on hip stability and labral strain in a joint compression model. Am J Sports Med 39:103–110 (2011)

[207] SOZEN, Y.V.; OZKAN, K.; GOKSAN, S.B.; ÇIFTÇI, F.; MUTLU, S.; UZER, G.: Arthroscopic diagnosis and treatment of an acetabular labrum bucket handle tear: A case report. Arch Orthop Trauma Surg 125:649–652 (2005)

[208] SPRINGORUM, H.-W.; TRUTNAU, A.; BRAUN, K.: Fachlexikon Orthopädie – Hüfte, ecomed Verlag Landsberg/Lech (1988)

[209] STEIN, D.A.; POLATSCH, D.B.; GIDUMAL, R.; ROSE, D.J.: Low-energy anterior hip dislocation in a dancer. Am J Orthop 31:591–595 (2002)

[210] STEIN-ZAMIR, C.; VOLOVIK, I., RISHPON, S., et al.: Developmental dysplasia of the hip: risk markers, clinical screening and outcome. Pediatr Int. 50:341–345 (2008)

[211] STEPPACHER, S.D.; TANNAST, M.; SIEBENROCK, K.A.: Labrumläsionen des Hüftgelenkes. Orthopädie und Unfallchirurge up2date 3:215–232 (2008)

[212] STUDLER, U.; KALBERER, F.; LEUNIG, M. et al.: MR arthrography of the hip: Differentiation between an anterior sublabral recess as a normal variant and a labral tear. Radiology 249:947–954 (2008)

[213] SUENAGA, E.; NOGUCHI, Y.; JINGUSHI, S.; SHUTO, T.; NAKASHIMA, Y.; MIYANISHI, K.; IWAMOTO, Y.: Relationship between the maximum flexion-internal rotation test and the torn acetabular labrum of a dysplastic hip. J Orthop Sci 7:26–32 (2002)

[214] SUZUKI, S.; AWAYA, G.; OKADA, Y.; MAEKAWA, M.; IKEDA, T.; TADA, H.: Arthroscopic diagnosis of ruptured acetabular labrum. Acta Orthop. Scand 57:513–515 (1986)

[215] TANNAST, M.; PLEUS, F.; BONEL, H.; GALLOWAY, H.; SIEBENROCK, K.A.; ANDERSON, S.E.: Magnetic resonance imaging in traumatic posterior hip dislocation. J Orthop Trauma 24:723–731 (2010)

[216] TERVER, S.; HERY, J.Y.; FAHER, M.; PICQUEL, X.; CASTILLO, O.: Anomalies of the natural correction of dysplasia of the hip and treatment proposals. Hip International 17:92–34 (2007)

[217] TIJSSEN, M.; VAN CINGEL, R.; WILLEMSEN, L.; De VISSER, E.: Diagnostics of femoroacetabular impingement and labral pathology of the hip: a systematic review of the accuracy and validity of physical tests. Arthroscopy 28:860–871 (2012)

[218] TILLMANN, B.: Die Beanspruchung des menschlichen Hüftgelenkes III. Die Form der Facies lunata. Z Anat Entwickl Gesch 128, 329–349 (1969)

[219] TILLMANN, B.: Funktionelle Morphologie des menschlichen Hüftgelenkes. In: Draenert, K.; Rütt, A. (Hrsg.): Morphologie und Funktion der Hüfte. Histo Morph Bewegungsapp I, 141–151 (1981)

[220] TÖNNIS, D.: Die angeborene Hüftdysplasie und Hüftluxation. Springer, Berling, Heidelberg, New York (1984)

[221] TOOMAYAN, G.A.; HOLMAN, W.R.; MAJOR, N.M.; KOZLOWICZ, S.M.; VAIL, T.P.: Sensitivity of MR arthrography in the evaluation of acetabular labral tears. Am J Röntgenol 186:449–453 (2006)

[222] TOWNSEND, R.G.; EDWARDS, G.E.; BAZAN, F.J.: Posttraumatic recurrent dislocation of the hip without fracture. In: Proceedings of the Canadian Orthopaedics Association. J Bone Joint Surg 51B:194 (1969)

[223] TSCHAUNER, C.; HOFMANN S.; CZERNY, C.: Hüftdysplasie, Morphologie, Biomechanik und therapeutische Prinzipien unter Berücksichtigung des Labrum acetabulare. Orthopäde 26:89–108 (1997)

[224] TSCHAUNER, C.; HOFMANN, S.; GRAF, R.; ENGEL, A.: Labrumläsion und Restdysplasie des Hüftgelenks. Orthopäde 27:772–778 (1998)

[225] TSCHAUNER, C.; HOFMANN, S.: Labrumläsion bei der Restdysplasie des Hüftgelenks: Biomechanische Überlegungen zur Pathogenese und Behandlung. Orthopäde 27:725–732 (1998)

[226] TSCHAUNER, C.; FOCK, C.; HOFMANN, S.: Das femoroacetabuläre Impingement – ein unterschätzter pathogenetischer Faktor der Coxarthrose. Z Orthop 139:M88-M91 (2001)

[227] UEO, T.; SUZUKI, S.; IWASAKI, R.; YOSIKAWA, J.: Rupture of the Labra Acetabularis as a Cause of Hip Pain Detected Arthroscopically, and Partial Limbectomy for Successful pain Relief. Arthroscopy 6/1:48–51 (1990)

[228] UHTHOFF, H.K.: Die Embryologie der menschlichen Hüfte unter besonderer Berücksichtigung der Entwicklung der Labra. Z Orthop 128: 341–343 (1990)

[229] UHTHOFF, H.K.; LOEHR, J.F. Calcific tendinopathy of the rotator cuff: pathogenesis, diagnosis and management. J Am Acad Orthop Surg 5:183–191 (1997)

[230] VAN THIEL, G.S.; HARRIS, J.D.; KANG, R.W.; CHAHAL, J.; DELLA VALLE, C.J.; BUSH-JOSEPH, C.A.; NHO, S.J.: Age-related differences in radiographic parameters for femoroacetabular impingement in hip arthroplasty patients. Arthroscopy 29(79):1182–1187 (2013)

[231] VIALLE, R.; ODENT, T.; PANNIER, S. et al.: Traumatic hip dislocation in childhood. J Pediatr Orthop 25:138–144 (2005)

[232] WANG, S.-H.; LEE, C.-H.; SHEN, H.-C.; CHAO, K.-H.; PAN, R.-Y.: Nonconcentric reduction by an inverted anterosuperior labrum with avulsed osteocartilaginous fragment in an anterior hip dislocation. J Orthop Trauma 22:206–208 (2008)

[233] WARREN, R.F.; KORNBLATT, I.B.; MARCHAND, R.: Static factors affecting shoulder stability. Orthop Trans 8:89 (1984)

[234] WATSON, D.; WALCOTT-SAPP, S.; WESTRICH, G.: Symptomatic labral tear post femoral shaft fracture: Case report. J Orthop Trauma 21:731–733 (2007)

[235] WEINER, L.S.; KELLY, M.A.; ULIN, R.I.; et al: Development of the acetabulum and hip: computed tomography analysis of the axial plane. J Pediatr Orthop 13:421–425 (1993)

[236] WELSCH, G.; HENNIG, F.F.; HORGER, W.; MAMISCH, T.C.: Morphologie des acetabulären Labrums und des korrespondierenden Knorpels bei Patienten mit Hüftdyplasie. Deutscher Kongress für Orthopädie und Unfallchirurgie Berlin 02. bis 06. Oktober (2006)

[237] WENGER, D.E.; KENDALL, K.R.; MINER, M.R.; TROUSDALE, R.T.: Acetabular labral tears rarely occur in the absence of bony abnormalities. Clin Orthop Relat Res 426:145–150 (2004)

[238] WENSAAS, A.; GUNDERSON, R.B.; SVENNINGSEN, S.; TERJESEN, T.: Femoroacetabular impingement after slipped upper femoral epiphysis. The radiological diagnosis and clinical outcome at long-term follow-up. J Bone Joint Surg Br:1487–1493 (2012)

[239] WETTSTEIN, M.; JUNG, J.; DIENST, M.: Arthroscopic psoas tenotomy. Arthroscopy 22:907 e1–4 (2006)

[240] WETTSTEIN, M.: Arthroskopie bei Hüftdysplasie. Arthroskopie 22:273–278 (2009)

[241] WIBERG, G.: Studies on dysplastic acetabula and congenital subluxation of the hip joint with special reference to the complication of osteoarthritis. Acta Chir Scand 83:58 (1939)

[242] WON, Y.Y.; CHUNG, I.H.; CHUNG, N.S.; SONG, K.H.: Morphological study on the acetabular labrum. Yonsei Med J 44:855–862 (2003)

[243] WROBLEWSKI, B.: Osteoarthritis of the hip secondary to congenital dysplasie. J Bone Joint Surg [Br] 58:103–131 (1976)

[244] WYSS, T.F.; CLARK, J.M.; WEISHAUPT, D.; NÖTZLI, H.P.: Correlation between internal rotation and bony anatomy in the hip. Clin Orthop Relat Res 460:152–158 (2007)

[245] YAMAMOTO, Y.; HAMADA, Y.; IDE, T.; USUI, I.: Arthroscopic surgery to treat intra-articular type snapping hip. Arthroscopy 21(9):1120–1125 (2005)

[246] YAMAMOTO, Y.; IDE, T.; NAKAMURA, M.; HAMADA, Y.; USUI, I.: Arthroscopic partial limbectomy in hip joints with acetabular hypoplasia. Arthroscopy 21(5):586–591 (2005)

[247] YAMAMOTO, Y. ; TONOTSUKA, H. ; UEDA, T.; HAMADA, Y.: Usefulness of radial contrast-enhanced computed tomography for the diagnosis of acetabular labrum injury. Arthroscopy 23(12):1290–1294 (2007)

[248] YAMAZAKI, J.; MUNETA, T.; JU, Y.-J.; MORITO, T.; OKUWAKI, T.; SEKIYA, I.: Hip acetabular dysplasia and joint laxity of female anterior cruciate ligament-injured patients. Am J Sports Med 39:410–414 (2011)

5 Kreuzbänder

Die Diskussion um die Kreuzbänder geht auf GALEN von Pergamon (129–199 n. Chr.) zurück [304]. Genauere Angaben gab VESALIUS [395]. Überlegungen für die heutige Zeit stammen von den Gebrüdern WEBER [403] zur Kniefunktion und von ROBERT [321] zur Anatomie. Von da an entwickelt sich die Wissenschaft bis zum heutigen Stand [408]. Dazu kommen Erkenntnisse aus der Phylogenese und Ontogenese des Kniegelenkes [27, 36, 135]. Es entsteht ein Modell der Knie-Entwicklung [204], basierend auf Untersuchungen an Embryonen mit einer Scheitel-Steiß-Länge (SSL) zwischen 24 mm und 75 mm. Daraus ergab sich, dass sowohl die Form als auch die Lage der knöchernen Strukturen, wie Femur und Tibia einschließlich Fibula, frühzeitig in der endgültigen Form festgelegt werden. Die Muskelanlagen sind bei einer SSL von 24 mm erkennbar, bei einer SSL von 26 mm ist die Anlage der Patella, der Menisken und der Kreuzbänder sowie auch die Fibroseanlage der Vorderseite des Gelenkes als Streckapparat zu identifizieren. All diese Strukturen entstehen aus einer Anhäufung mesenchymaler Zellen. Bei einer SSL von 37 mm beginnt die Entwicklung der Gelenkhöhle durch Rückbildung der mesenchymalen Zellen im Bereich des medialen und lateralen Femorotibialgelenkes und zum anderen proximal der Patellaanlage zur Bildung des Rezessus suprapatellaris bzw. der späteren Bursa suprapatellaris. Zwischen der Anlage des medialen und lateralen Gelenkraumes bleiben als Septum das Lig. mucosum und die Abgrenzung der Bursa suprapatellaris zum Rest des Gelenkes als Septum suprapatellare. Durch die Rückbildung der mesenchymalen Zellen bilden sich die Gelenkräume, abgegrenzt durch die Plicae und Septen, bis bei einer SSL von 75 mm ein einheitliches Gelenkkavum resultiert. Die Septen und Plicae sind Reste dieser Rückbildung, ebenso die Synovialis, die dann den gesamten Gelenkinnenraum auskleidet und sowohl die beiden Kreuzbänder als auch den intraartikulär verlaufenden Teil der Sehne des M. popliteus überzieht. Somit liegen diese Gebilde intrakapsulär, aber extrasynovial [80, 90]. Für die Stabilität eines Kniegelenkes sind die dorsalen Kapselecken (posteromedial und posterolateral) in Verbindung mit dem medialen [228, 322, 352, 226, 207] und lateralen [34, 37, 67, 206, 312, 207, 45, 116, 88, 418, 122] Bandapparat von wesentlicher Bedeutung (siehe Kapitel 1). Eine enge Beziehung zum hinteren Kreuzband haben die vom Außenmeniskushinterhorn ausgehenden meniskofemoralen Bänder [9, 117, 370, 35, 182].

In der Literatur nimmt das Interesse an den Kreuzbändern, allen voran am vorderen Kreuzband, Anfang der 80er Jahre zu, die Zahl der Arbeiten über das hintere Kreuzband bleibt hinter der des vorderen Kreuzbandes deutlich zurück. Zur Behandlung der Kreuzband-Dehiszenzen beginnt auch Anfang der 80er Jahre die Verwendung der Kreuzbandersatzplastik, die Kreuzbandrekonstruktion (Kreuzbandnaht) liegt auch hier deutlich zurück. Die Therapie des hinteren Kreuzbandes bleibt der operativen Versorgung des vorderen Kreuzbandes um zehn Jahre zurück, auch

DOI 10.1515/9783110493665-010

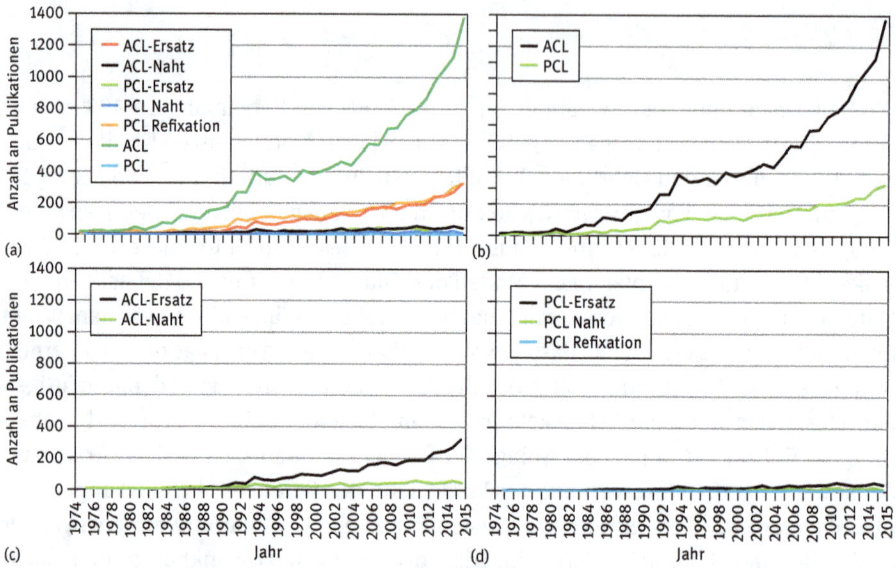

Abb. 5.1: Anzahl der Publikationen nach PubMed ((a) Übersicht, (b) über vorderes und hinteres Kreuzband, (c) über Naht und Ersatz des vorderen Kreuzbandes, (d) über Naht-Refixation-Ersatz des hinteren Kreuzbandes).

hier überwiegt die Ersatzplastik des hinteren Kreuzbandes, die tibiale Refixation wird offensichtlich nur selten vorgenommen (Abb. 5.1).

Die Kreuzbänder verbinden Tibia und Femur neben anderen vorwiegend extraartikulär verlaufenden Strukturen und bilden somit einen wesentlichen Stabilisator als zentraler Pfeiler für das Kniegelenk. Diese Bandstrukturen befinden sich in der Fossa intercondylica (Oberschenkel-Notch) und ziehen von da zum Schienbeinkopf, zu der Area intercondylaris anterior für das vordere Kreuzband und zur Area intercondylaris posterior für das hintere Kreuzband. Die Eminentia intercondylaris mit dem Tuberculum intercondylare laterale et mediale übernimmt die Funktion eines zentralen Drehsockels und wird gelenkt mit den Innenseiten der Kondylenrollen. Demzufolge ist das Tuberculum intercondylare laterale lateralseitig und das Tuberculum intercondylare mediale medialseitig mit einer dicken Knorpelschicht überzogen. Diese Strukturen artikulieren mit den Knorpelflächen der Femurkondyle. Diese zentrale Führungsfunktion der Eminente intercondylaris tritt besonders in mittleren Flexionslagen in den Vordergrund, hat aber auch gleichzeitig die Aufgabe der Aufnahme von Druckkräften. Im Zentrum der Fossa intercondylica laufen die Kreuzbänder zwischen den beiden Tubercula. Hat die Eminentia die Funktion einer Schiene und wird das distale Femurende mit einem Doppelrad verglichen, so liegt ein einschieniges Doppelradsystem vor (Abb. 5.2). Da die Schienbeinkopfhöcker geringgradig nach dorsal versetzt angelegt sind und nachdem die laterale Schiene im Vergleich zur medialen weit mehr nach dorsal versetzt ist, erklärt sich, dass bei

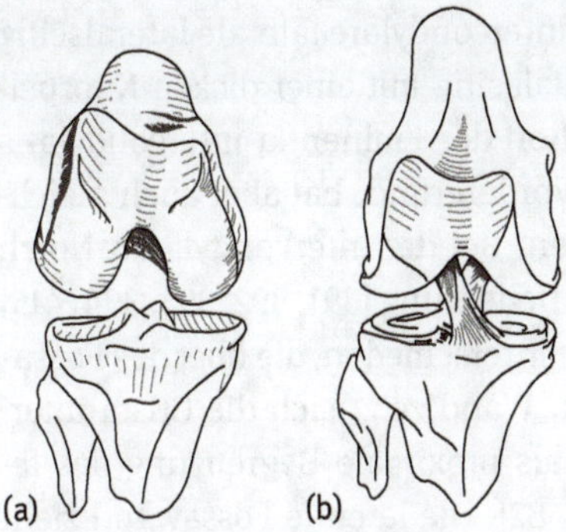

Abb. 5.2: Schienbeinkopfhöcker und Oberschenkelrolle ((a) = einschieniges Doppelrollensystem, (b) = zentrale Pfeilerstabilisierung) [173].

zentraler Verknüpfungsfunktion mittels Kreuzbändern auch eine Rotation vorwiegend nach lateral im Femorotibialgelenk resultieren kann.

5.1 Nomenklatur und Anatomie

Das vordere Kreuzband entspringt vor und lateral dem Tuberculum intercondylare laterale und zieht zum dorsolateralen Dach der Fossa intercondylaris weit dorsal an die Innenseite des lateralen Femurkondylus. Das hintere Kreuzband kommt anterior von der Innenseite des medialen Femurkondylus mit breiter Insertionsstelle und zieht nach dorsokaudal, tief hinter der Area intercondylaris posterior an der Tibia ansetzend (Abb. 5.3).

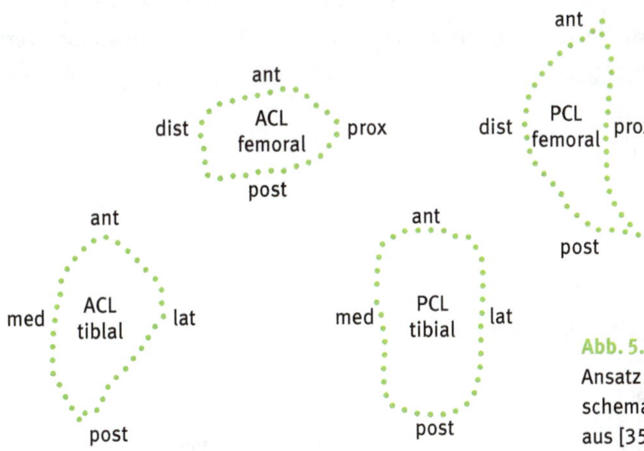

Abb. 5.3: Ursprung (femoral) und Ansatz (tibial) der Kreuzbänder, schematisch nach HARDNER 1993 aus [358].

Das Tuberculum intercondylare laterale et mediale befindet sich außerhalb der Insertionsstellen der Kreuzbänder. Die Eminentia intercondylaris übernimmt vielmehr die Funktion eines zentralen Drehsockels und wird gelenkt mit den Innenseiten der Kondylenrollen. Demzufolge ist auch das Tuberculum intercondylare laterale lateralseitig und das Tuberculum intercondylare mediale medialseitig mit einer dicken Knorpelschicht überzogen. Diese zentrale Führungsfunktion der Eminentia intercondylaris tritt besonders in mittleren Flexionslagen in den Vordergrund, hat aber auch gleichzeitig die Aufgabe der Aufnahme von Druckkräften. Bei der interkondylären Notch (Fossa intercondylica) ist die ossäre Anatomie von Bedeutung [391, 392, 393, 394, 415, 51, 222]. Es wird die laterale von der medialen Wand unterschieden, die über das Fossa-Dach in Verbindung stehen [84]. An der medialen Wand zeigt sich die Crista intercondylaris medialis (medial intercondylar ridge) als proximale Begrenzung des femoralen Ansatzes des hinteren Kreuzbandes [225, 82]. Die laterale Fossawand zieht vom lateralen Knorpelrand zur posterolateralen Kante und enthält die Crista intercondylaris lateralis (lateral intercondylar ridge) als regelmäßig vorkommende anatomische Struktur [31]. Diese knöcherne Kante entspricht der anterioren Begrenzung des Ursprungs des vorderen Kreuzbandes [383], wobei es hier auch Varianten zwischen Männern und Frauen gibt. Die Erstbeschreibung der lateralen Crista erfolgte durch HUTCHINSON [155]. Neben der lateralen und medialen Begrenzung der Fossa intercondylaris durch die beiden Femurkondylen mit innerer und äußerer Wand gibt es das Notch-Dach als kraniale Begrenzung mit einer kortikalen Knochenstruktur, im Röntgenbild als Blumensaatlinie beschrieben. Es resultiert eine trichterartige Öffnung der Fossa nach posterior, so dass anterior lediglich der Durchtritt des vorderen Kreuzbandes gewährleistet ist. Daraus resultieren eine anteriore Fossa-Breite sowie eine posteriore Fossa-Breite, dazu der mediale und laterale Kondylen-Wall-Winkel und entsprechend der Beinachse ein distaler anteriorer sowie ein distaler posteriorer Valguswinkel (Abb. 5.4).

Unter Berücksichtigung der Femurbreite, der Notch-Breite und der Notch-Höhe ergibt sich nach PETERMANN [287] ein Notch-Weiten-Index [361], der ab einem Wert

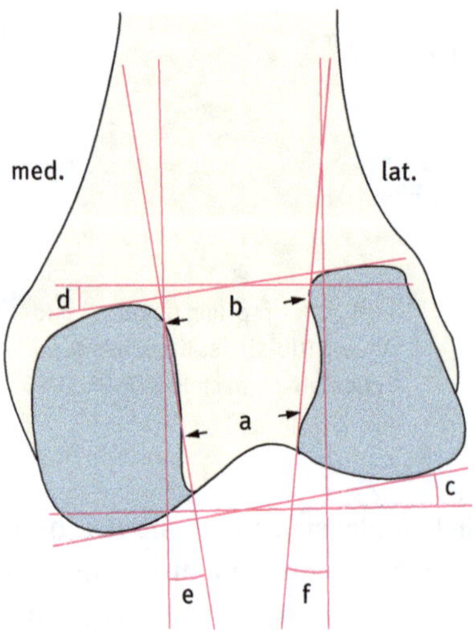

Abb. 5.4: Fossa intercondylica anteroposterior mit Darstellung der Trichterform (a = anteriore Notch-Breite, b = posteriore Notch-Breite, c = distaler anteriorer Valguswinkel, d = distaler posteriorer Valguswinkel, e = medialer Kondylen-Wall-Winkel, f = lateraler Kondylen-Wall-Winkel).

von < 0,21 einen signifikanten Anstieg der akuten vorderen Kreuzbandruptur anzeigt. Dazu kann die Notch nach dem Femur-Dachwinkel eingeteilt werden in Typ I < 30°, Typ II 30–40° und Typ III > 40°. Der Typ II ergibt die Normalsituation, beim Typ I muss bei einer Kreuzbandersatzplastik mit einem Impingement gerechnet werden und beim Typ III kann eine Restinstabilität auftreten. Wird der Typ mit einem Notch-Weiten-Index von < 0,21 berücksichtigt, so wird hier die primäre Notch-Plastik empfohlen. Dies ist beim Typ als Notch-Weiten-Index über 0,21 nicht der Fall [287]. Die Notch-Weite ist bei Männern und Frauen unterschiedlich [41, 10, 361, 205, 188]. Bei einer engen anterioren Notch-Öffnung muss eher mit einer Kreuzbandruptur gerechnet werden. GEMAS [107] sieht keinen Zusammenhang zwischen der Notch-Form und der Kreuzbandruptur. Andererseits soll bei einer kleinen anterioren Notch auch ein dünneres Kreuzband mit einer Erweichung vorliegen, was für eine Ruptur spräche [69]. Die Röntgenuntersuchung zur Beurteilung der Fossa bedarf der Einstellung nach HOLMBALD in [21] in der 70°-Sicht. Bei diesen Darstellungen kann auch nach der Notch-Form eine enge Notch als Typ A mit Einengung unter dem Fossa-Dach festgestellt werden, dazu ein Typ U und ein Typ W ([391, 392], in AL-SAEED [6]). Beim Typ A (Stenosetyp) findet sich häufiger eine Kreuzbandruptur als bei Typ U oder Typ W, der im Vergleich zur Klassifikation nach PETERSEN [294] nur zu 17 % auch einen Notch-Weiten-Index von < 0,2 habe [6]. Der hinter der Crista intercondylaris lateralis liegende Ursprung des vorderen Kreuzbandes und auch der Ursprung des vor der Crista intercondylaris medialis befindlichen hinteren Kreuzbandes zeigen histologisch einen für Band- und Sehnenansatzstrukturen typischen 4-Schichten-Aufbau [330] und weisen somit auf eine doch recht stabile Verbindung der Kreuzbänder sowohl femoral als auch tibial mit dem Knochen hin (vgl. Ansatz der Achillessehne am Fersenbein). In der sagittalen, lateralen Ebene zeigt das Röntgenbild die Blumensaatlinie als Fossa-Dach mit einer klaren Abgrenzung des Übergangs zur posterioren Metaphysenkortikalis (Typ 1). Ist dieser Übergang nicht deutlich definiert (Typ 2), so ist auch der femorale Ansatz des vorderen Kreuzbandes nicht exakt bestimmbar [85].

5.1.1 Bündelstruktur

Die Bündelstruktur beider Kreuzbänder lässt nicht auf eine funktionelle Einheit schließen [283], da biomechanische Unterschiede in den einzelnen Bündeln nachweisbar sind. Phylogenetisch zeigen sich Unterschiede, so bei Tieren mit z. B. drei Bündeln, beim Hund werden zwei Bündel festgestellt [377, 100, 174], wobei aber eindeutige Aussagen nicht erkennbar werden. Beim Menschen gibt es Überlegungen zur Einbandstruktur [405, 19, 277], zur Zweibandstruktur mit der anteromedialen und der posterolateralen Portion [109], zur Dreibandstruktur mit zusätzlichem intermediären Bündel [273, 274] und zur Vierbandstruktur [329]. Der aktuelle Stand sieht eine Unterteilung des vorderen Kreuzbandes in zwei Bündel vor [97, 262, 335, 363, 364]. Das genannte intermediäre Faserbündel [271] sei nicht exakt von der Hauptmasse des

Bandes abgrenzbar, so dass eine eigene Gruppierung hier fraglich erscheint. Es gäbe mehr eine funktionell orientierte biomechanische Unterteilung in Oberflächenbündel, die einen genaueren Einblick in die intraligamentären Vorgänge erlauben sollten. Nach BUTLER [39] bestünden funktionell acht Faserbündel, wobei in Neutralstellung die anterioren Bündel am längsten seien, gefolgt von den posterioren; am kürzesten sind die medialen und lateralen Fasern. Beim Vergleich der Faserbündel in Beugung und Streckung (Abb. 5.5) zeigt sich, dass das anteromediale zusammen mit einem intermediären Bündel eine direkte Lagebeziehung zum Fossa-Dach in Extension ergibt.

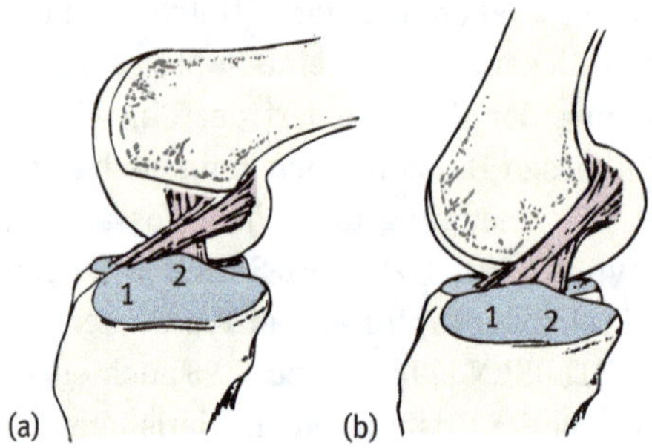

Abb. 5.5: Lagebeziehung der beiden Faszikel des vorderen Kreuzbandes [273] zum Fossa-Dach ((a) in Flexion und (b) in Extension (1 = anteromediales und intermediäres Bündel, 2 = posterolaterales Bündel).

Die aktuellen Untersuchungen ergeben ein anteromediales und ein posterolaterales Bündel, das anteromediale Bündel wird in einen medialen und einen lateralen Anteil eingeteilt [99, 294]. Somit resultiert im Endeffekt trotz der 2-Bündel-Einteilung eine 3-Bündel-Struktur [99, 162, 8, 19, 274]. Im Vergleich der tibialen Ansätze des vorderen Kreuzbandes unter Würdigung der Bündelstruktur verbleibt, dass vorübergehend das intermediäre Bündel in Vergessenheit geriet und mit der Einführung der Teilung des anteromedialen Bündels das intermediäre Band als anteromedial bezeichnet wurde, das ursprüngliche anteromediale Bündel dann als anteromediales laterales (Abb. 5.6).

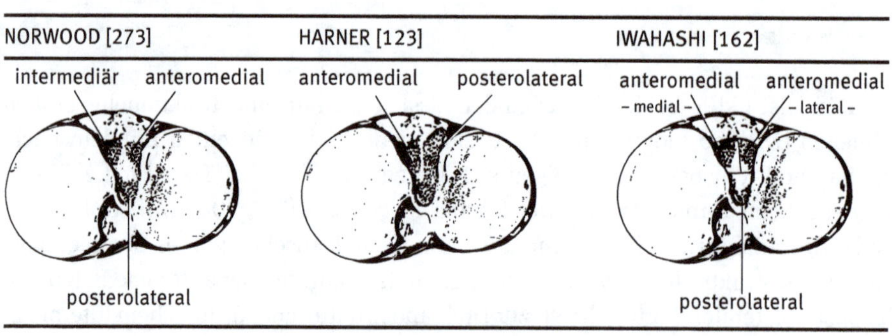

Abb. 5.6: Einteilung der Bündel des vorderen Kreuzbandes (Erklärung siehe Text).

Somit verbleibt wieder eine 3-Bündel-Konstruktion. Bei einem Gesamtquerschnitt des vorderen Kreuzbandes mit 37,2 mm^2 wird dem posterolateralen Bündel ein Querschnitt von 15,9 mm^2 zugeordnet und dem anteromedialen Bündel mit 21,3 mm^2. Mit der Differenzierung des anteromedialen Bündels resultiert für den medialen Teil des anteromedialen Bündels ein Querschnitt von 10,8 mm^2 und für den lateralen Teil mit 10,5 mm^2. Daraus ergibt sich ein Gesamtquerschnitt des anteromedialen Bündes mit 21,3 mm^2.

Für das vordere Kreuzband werden Spannungen in Abhängigkeit von Flexion und Extension zwischen durchschnittlich 22 N in Beugung und 40 N in Extension bestimmt [232]. Auf die einzelnen Bündel bezogen stellt FUJIE [98] am posterolateralen Bündel 50 N und am anteromedialen Bündel 68 N fest, mit dem Hinweis auf durchschnittlich 7,7 N in Extension und 5,0 N in 60°-Beugung. Daraus ließe sich ableiten, dass das anteromediale Bündel im medialen Teil eine Belastung von 9,4 N, im lateralen Teil von 6,3 N und das posterolaterale Bündel von 12,9 N zeigt, dies in Extension. Daraus bestätigt sich die Angabe, dass das anteromediale Bündel in Flexion und das posterolaterale in Extension belastet ist [109]. Mit diesen Kräftedifferenzen wird für die Rekonstruktion des vorderen Kreuzbandes die Notwendigkeit der 2-Bündel-Technik abgeleitet [99, 256, 423, 96]. Unter Wertung der Querschnitte des posterolateralen und posteromedialen Bündels mit einem Gesamtquerschnitt des vorderen Kreuzbandes mit 37 mm^2 und bei Reißkräften (Bruchlast) von 50–68 N der einzelnen Bündel wird zu einer Reißfestigkeit als Materialeigenschaft mit 32–37 N/mm^2 gekommen. Daraus resultiert eine durchschnittliche Reißfestigkeit eines vorderen Kreuzbandes mit 35 N/mm^2. Vergleichbare Ergebnisse liefert die Untersuchung der Reißfestigkeit bzw. des Elastizitätsmoduls des anteromedialen und des posterolateralen Bündels mit 27,0 MPa anteromedial und 16,1 MPa posterolateral [353]. Diese Angaben entsprechen den Werten von N/mm^2.

Das hintere Kreuzband zeigt im Prinzip ebenfalls eine 2-Bündel-Struktur (anteroeral und posteromedial), vergleichbar mit dem vorderen Kreuzband, wobei hier ein anteromediales Band (inklusive intermediäres Band) von einem posterolateralen Abschnitt unterschieden wird. Die 2-Bündel-Struktur wird im Prinzip einheitlich diskutiert [241], lediglich JAVADPOUR [168] weist darauf hin, dass funktionell eigentlich eine 6-Bündel-Struktur unterschieden werden müsste, da eine unterschiedliche Längenänderung bei der Kniebeugung nachweisbar ist (Abb. 5.7).

Aus dem Kurvenverlauf ist erkennbar, dass die einzelnen Bündel des hinteren Kreuzbandes nicht gleichmäßig belastet sind, wohl aber die Spannung mit zunehmender Beugung durch Nachweis einer vermehrten tibiofemoralen Distanz zunehmen muss [168]. Zu dem anterolateralen und posteromedialen Bündel des hinteren Kreuzbandes werden die Ligg. meniscofemoralia (posterius = Wrisberg, anterius = Humphry) funktionell gerechnet (Abb. 5.8), diese Bänder entspringen am Außenmeniskushinterhorn und ziehen gemeinsam mit dem hinteren Kreuzband in Richtung medialer Femurkondylus.

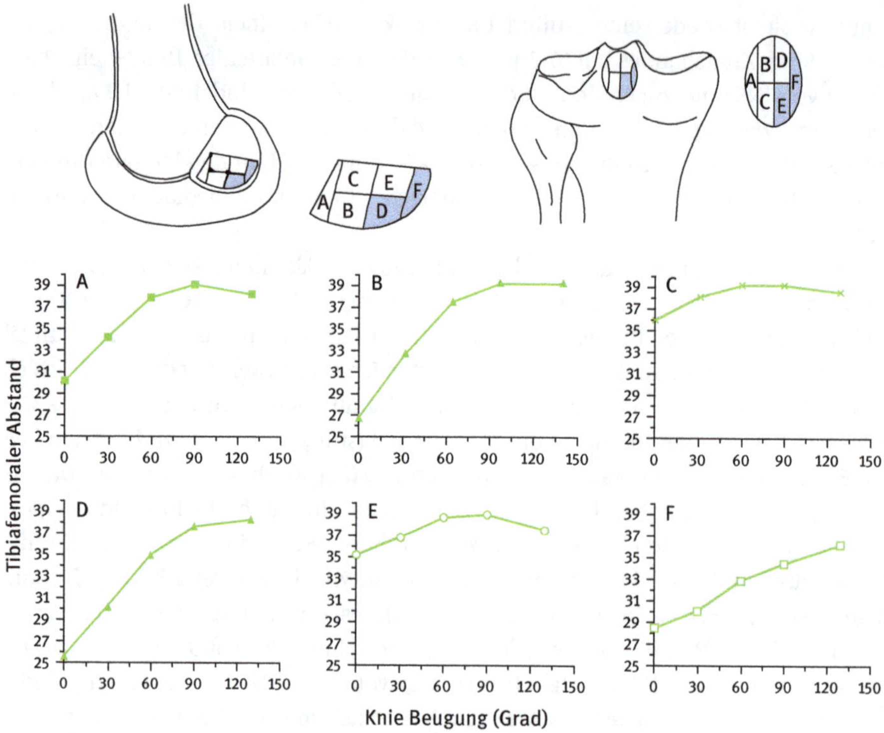

Abb. 5.7: Einteilung des hinteren Kreuzbandes in die sechs Mündel A–F und deren Längenänderung bei Beugung.

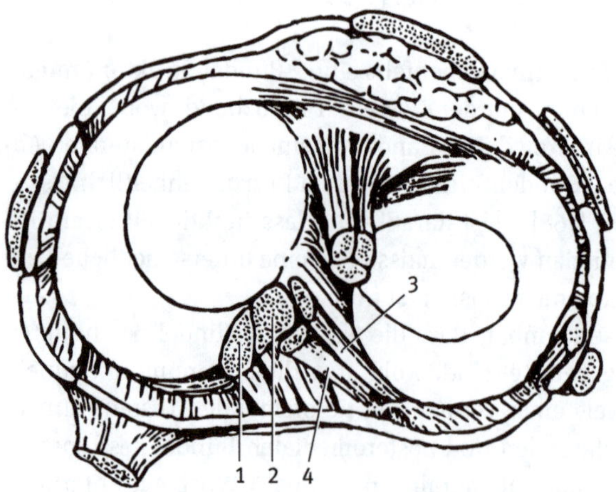

Abb. 5.8: Horizontalschnitt durch ein rechtes Kniegelenk wenig kranial der Meniskusebene mit Darstellung des hinteren Kreuzbandes (1 = post. med. Bündel, 2 = ant. lat. Bündel, 4 = Lig. meniscofemorale post. Wrisberg, 4 = Lig. meniscofemorale ant. Humphry).

An diesem setzt das Lig. meniscofemorale anterius vor dem hinteren Kreuzband an, das Lig. meniscofemorale posterius kreuzt das hintere Kreuzband posterior und zieht ebenfalls zur hinteren Innenfläche des medialen Kondylus [194]. Diesen Bändern kommt die Funktion einer zusätzlichen Stabilisierung des hinteren Kreuzbandes zu, sie sind aber gleichzeitig Aufhängemechanismen für das Außenmeniskushinterhorn (vgl. Kapitel 1). Eine weitere Einteilung des „posterioren" Bündels nimmt KRUDWIG [194] vor in posteromediale Randfasern, zentrale Fasern sowie anterolaterale Randfasern, beim anterioren Bündel werden mediale Randfasern und laterale Randfasern unterschieden. Auch bei dieser Einteilung resultiert bei Beugung ein Aufrichten des anterioren Bündels mit Spannungszunahme und einem geraden Verlauf ab etwa 70° Beugung. Dabei verlagert sich das Lig. Humphry nach ventral, erst ab etwa 90° Beugung sind alle Fasern gespannt, dies mit einem konstanten Längenzuwachs in Flexion. Die Einteilung in ein posteriores und anteriores Bündel ergibt sich aus der Literatur [38, 310, 390]. Sowohl das anterolaterale als auch das anteromediale Bündel haben Einfluss auf die posteriore Translation bei zunehmender Beugung [400] sowie auf die Innenrotation jenseits einer 90°-Beugung [179]. Das hintere Kreuzband liegt posterotibial in unmittelbarer Nähe der posterioren Gelenkkapsel, diese hat zum Kreuzbandzentrum einen Abstand von 10,3 mm und zum hinteren Kreuzbandrand lediglich von 1,7 mm [314]. Der Querschnitt des hinteren Kreuzbandes kann mit 53 mm^2 genannt werden [310].

5.1.2 Femoraler und tibialer Ansatz des vorderen Kreuzbandes

Das vordere Kreuzband entspringt posterolateral in der Fossa intercondylica und zieht nach anterior mit Ansatz vor der Eminentia intercondylica in der Area intercondylica anterior [211, 375, 121, 43, 28, 76, 50, 330]. Es wird eine Beziehung zwischen dem vorderen Kreuzband und dessen Position zum lateralen Femurkondylus vermutet [366, 376]. Für das vordere Kreuzband ist der Ursprungsbereich an der lateralen Fossawand dorsal zwischen 8 Uhr und 11 Uhr lokalisiert, bei Betrachtung von anterior und unter einem Winkel von 30° zur Femurlängsachse in der sagittalen Ebene (Abb. 5.9).

Die Christa intercondylaris lateralis an der lateralen Fossawand ist die anteriore Begrenzung des vorderen Kreuzbandansatzes. Dieser reicht bis zur lateralen posterioren interkondylaren Grenze. Der ligamentäre Ansatz erfolgt hier in typischer Weise bei einem 4-Zonen-Ansatzgebiet mit einer „Tide-Mark", die den auf die ligamentäre Zone folgenden fibrokartilaginären Übergang von der mineralisierten fibrösen Knorpelzone abgrenzt, die dann in den Knochen übergeht [330]. Die gesamte Ansatzzone beträgt 72,3 ± 24,4 mm^2 [159, 160], was etwa 18 % der interkondylären Notch-Fläche entspricht. Die Länge der Ansatzfläche beträgt 16,5 ± 2,0 mm [191] wobei der posterolaterale Faszikel in der Länge etwa 7,1 und in der Breite 6,9 mm benötigt, der anteromediale Faszikel in der Länge 9,2 und in der Breite 8,9 mm. Der zentrale Punkt des gesamten vorderen Kreuzbandes am femoralen Ansatz ist etwa 43 % der Gesamtlänge

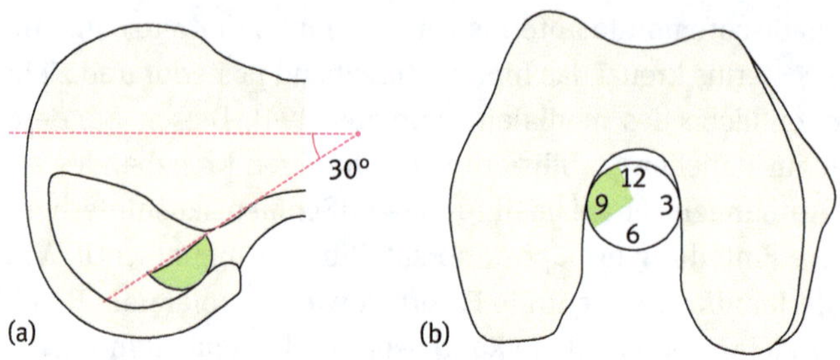

Abb. 5.9: Femoraler Ansatz des vorderen Kreuzbandes ((a) sagittale Ebene, (b) transversale Ebene), nach [110].

des Femurkondylusbereichs, werden die beiden Bündel unterschieden, so ist das Zentrum des posterolateralen etwa in der Hälfte der Femur-Notch-Länge lokalisiert, das anteromediale in 30 % der Länge von dorsal (Abb. 5.10).

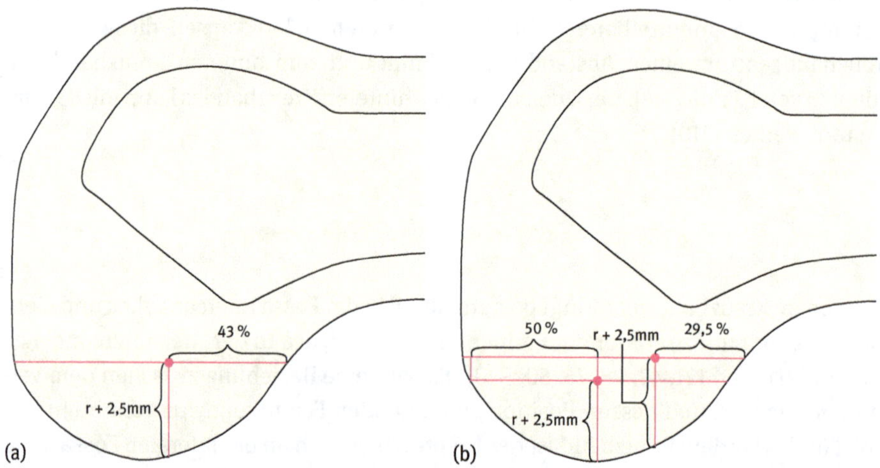

Abb. 5.10: Sagittalschnitt durch den Femurkondylus mit Darstellung der lateralen Wand der Area intercondylica ((a) Zentrum des vorderen Kreuzbandansatzes, (b) Zentrum des anteromedialen Bündels, 29,5 % vor dem proximalen Ende der proximal distalen Femurlänge und des posterolateralen Bündels, 50 % vor dem distalen Femurende), nach [298].

Die mittlere Kreuzbandstrecke fächert sich 2–3 mm nach dem femoralen Ursprung in ein flaches Band ohne klare Trennung der beiden Bündel mit einer Weite von 11,43 bis 16,18 mm bei einer Dicke von 2,54 bis 3,38 mm auf. Der Verlauf ist die Fortsetzung des posterioren femoralen Kortex [357, 250]. Die Auffächerung erfolgt dann auch nach tibial [382] und zeigt am tibialen Ansatz eine C-förmige Form, in deren Zentrum der ossäre Ansatz der Außenmeniskusvorderhornwurzel liegt [349]. Die Kreuzbandstruktur und Form sind bei Kindern und Erwachsenen im Wesentlichen vergleichbar [341].

Die Länge des tibialen Ansatzes beträgt 13,8 mm, die Breite 9,8 mm, wobei über die Hälfte der Kreuzbänder unter diesem Längenwert liegt. Das anteromediale Bündel ist am tibialen Ansatz etwa 9,1 mm breit und ebenso lang, das posterolaterale Bündel zeigt eine Länge von 7,4 mm und eine Breite von 7,0 mm [191]. Die genannten Werte sind insgesamt abhängig von der Länge der Tibia, der Körpergröße, der Beinlänge u. a., es liegt aber nur eine geringe Korrelation vor [191]. Die Gesamtlänge der Kreuzbandbündel wird zwischen 37 und 45 mm bei einer Ansatzfläche von 134 ± 32 mm^2 angegeben. Bei 10–15 % der Kniegelenke findet sich am Schienbeinkopf ein so genanntes Tuberculum intercondylare tertium [25] als sog. Parsons' knob [286], an dem das anteromediale Bündel des vorderen Kreuzbandes ansetzt. Dieses Tuberkulum darf nicht mit der Eminentia oder Teilen davon verwechselt werden. Die Lokalisation dieses auch radiologisch erkennbaren Knochenvorsprungs wird unmittelbar vor der medialen tibialen Eminentia und anterior des Vorderhorns des Innenmeniskus gesehen. Eine besondere Ausprägung besteht bei etwa 11 % als „Parsons' tubercle" [163]. Die knöchernen Landmarken zur Bestimmung des tibialen Kreuzbandansatzes sind die mediale tibiale Eminentia und als Weichteil-Landmarke das Lig. intermeniscale bzw. Lig. transversum genu [91].

Schematisch liegen klare Vorstellungen über die Ansatzpunkte der drei Faszikel des vorderen Kreuzbandes vor (Abb. 5.11), mit der knöchernen Landmarke femoral als Crista intercondylaris lateralis („Resident's ridge"). Der femorale Ansatz des vorderen Kreuzbandes liegt posterior davon, tibial ist eine dreieckförmige Ansatzstelle posterior des Lig. transversum genus und anterior des Tuberculum intercondylare mediale gegeben [99].

Zum Verständnis der funktionellen Anatomie des vorderen Kreuzbandes in Verbindung mit der sonstigen intraartikulären Anatomie sei auf das Schema von HELFET [127] mit Berücksichtigung der geführten Rotation durch Kreuzbänder und Menisken hingewiesen. Die Kreuzbänder üben eine Zugseilwirkung (vgl. Kapitel 1.1) auf beide Menisken bei beugungs- bzw. streckungsabhängiger Innen- bzw. Außenrotation aus, so dass die Menisken als funktionelle Verbindungsstrukturen im Kreuzbandgesamtkonstrukt fungieren.

5.1.3 Femoraler und tibialer Ansatz des hinteren Kreuzbandes

Das Zentrum des femoralen Ansatzes des hinteren Kreuzbandes liegt etwa 5 % unterhalb des Fossa-Daches und 38 % von anterior nach posterior in Bezug auf diese Länge [407]. Die Gesamtfläche des Ansatzgebietes beträgt 232 mm^2, wobei das Zentrum 8,9 mm unterhalb des Fossa-Daches zu finden ist und 18,7 mm hinter der vorderen Knorpel-Knochen-Grenze [115, 268]. Das Zentrum des anterolateralen Bündels liegt 13 mm und das Zentrum des posteromedialen Bündels 8 mm dorsal der vorderen Knorpel-Knochen-Grenze (Abb. 5.12).

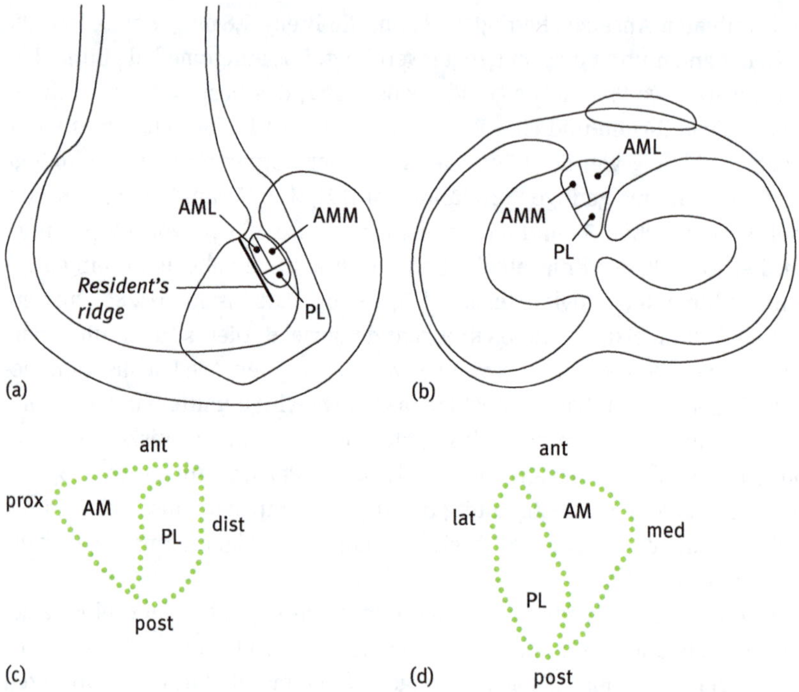

Abb. 5.11: Schematische Darstellung der Ansatzstellen des vorderen Kreuzbandes tibial und femoral unter Berücksichtigung der 3-Bündel- bzw. 2-Bündel-Theorie ((a) femoral, nach [99], (b) tibial, nach [99], (c) femoral, nach [123], (d) tibial, nach [123]).

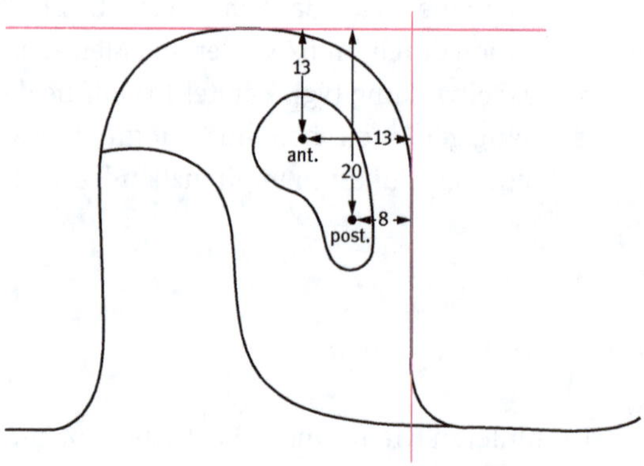

Abb. 5.12: Stanzmessung der Faszikel des hinteren Kreuzbandes am femoralen Ansatz [252].

Der Ursprung des hinteren Kreuzbandes befindet sich an der Innenfläche des medialen Femurkondylus (mediale Fossawand) vor der Crista intercondylaris medialis, die regelmäßig vorkommt. Zwischen den beiden Kreuzbandbündeln kann in 15 % der Fälle eine Crista bifurcata medialis gefunden werden [225], die auch anatomisch eine Trennung des anterolateralen vom posteromedialen Bündel erlaubt [12]. Der tibiale

Ansatz des hinteren Kreuzbandes ist charakterisiert durch die schräge Ebene der Area intercondylica posterior. Der tibiale Ansatz wird mit einer Fläche von 155 mm^2 angegeben [115], das Zentrum liegt 9,1 mm vor der hinteren Schienbeinkante unter Berücksichtigung der schrägen Ebene und 1,6 mm distal der Tibiagelenkfläche. Dieser Punkt entspricht in etwa 72 % der Verbindung zwischen der Eminentiaspitze und der posterioren Kante [327]. Die Form der Fläche wird vergleichbar mit einem Quadrat angegeben, die laterale und mediale Begrenzung schwanken zwischen 13 und 16 mm, die inferiore und superiore zwischen 11 und 17 mm, woraus sich eine Ansatzfläche zwischen 137 und 221 mm^2 ergibt. Es handelt sich um Durchschnittswerte nach den Angaben von SHEPS [344]. Die Fläche des posteromedialen Bündels beträgt 150,8 mm^2, die des anterolateralen Bündels 93,1 mm^2, der Abstand der Zentren dieser Bündel wird mit 8,2 mm angegeben [373]. Die Vermessung der Ansatzgebiete ergibt für das anterolaterale Bündel eine Länge von 7,8 mm und eine Breite von 9,2 mm, für das posteromediale Bündel eine Länge von 9,4 mm und eine Breite von 15,0 mm [373]. Im Wesentlichen sind die Arbeiten über die Ansatzgebiete mit dem Ziel für eine Ersatzplastik geeignete Markierungen geschaffen [12]. In Kenntnis der anatomischen Zuordnung der einzelnen Kreuzbandbündel (Abb. 5.13) ergibt sich, dass die Wahl der chirurgischen Inserti-

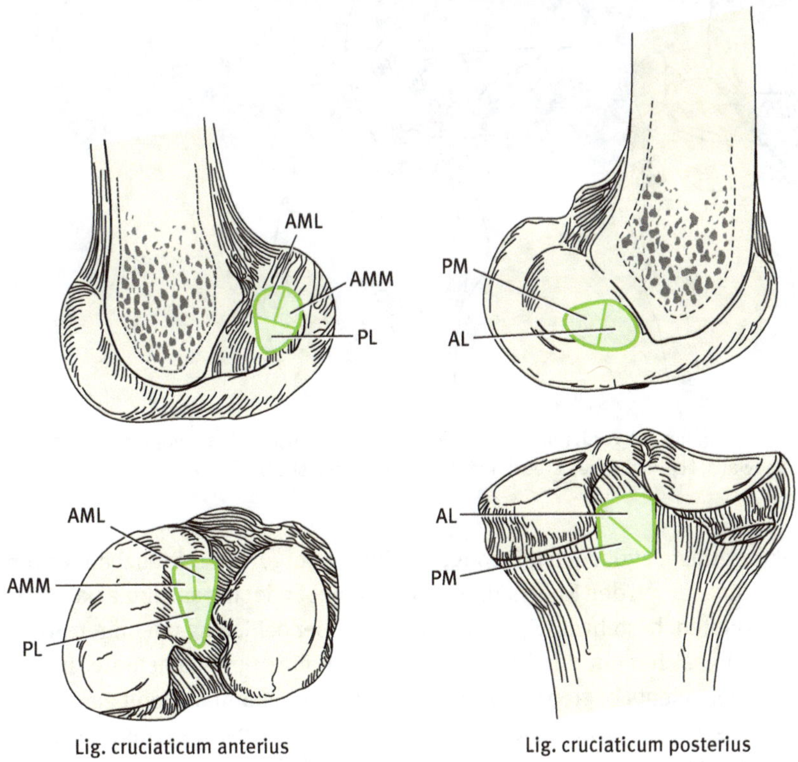

Abb. 5.13: Ansatzzonen des vorderen und des hinteren Kreuzbandes [12].

onspunkte für eine Kreuzbandersatzplastik, sei es für ein hinteres oder auch vorderes Kreuzband, denkbar problematisch ist, insbesondere, wenn noch die anatomischen Zahlenabweichungen der Ausmaße und Lokalisation berücksichtigt werden.

5.1.4 Gefäßversorgung der Kreuzbänder

Die Blutversorgung beider Kreuzbänder erfolgt aus der A. genicularis medialis, teilweise auch aus der A. genicularis inferioris lateralis. Während das vordere Kreuzband nur über einen wesentlichen Ast versorgt wird, erfährt das hintere Kreuzband eine Blutzufuhr aus vier Ästen und ist demnach im Vergleich zum vorderen Kreuzband wesentlich begünstigt [73, 259]. Der eine Ast zur Versorgung des vorderen Kreuzbandes tritt in das Ligament proximal ein und zweigt sich zwischen den Kreuzbandstrukturen nach distal auf (Abb. 5.14).

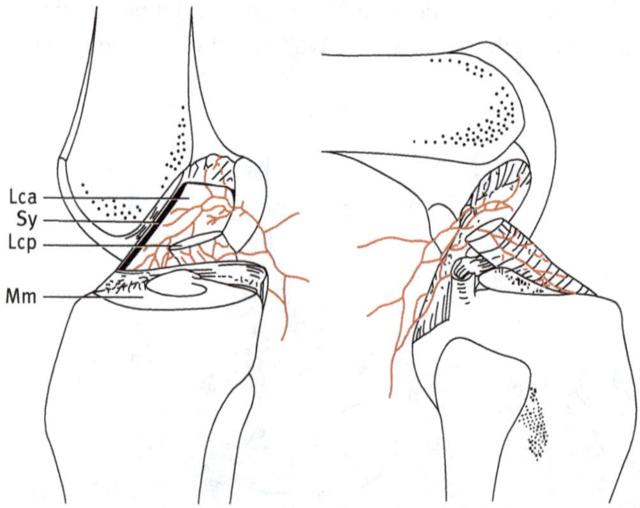

Abb. 5.14: Blutversorgung des vorderen Kreuzbandes über die Synovialis (Lca = vorderes Kreuzband, Sy = Synovialis, Lcp = hinteres Kreuzband, Mm = Innenmeniskus).

Es erfolgt eine geringe, evtl. auch ungenügende Blutversorgung der Kreuzbänder von distal und proximal durch den Knochen. Da beide Kreuzbänder intraartikulär, aber extrasynovial verlaufen, besteht ein Synovialisüberzug über beiden ligamentären Strukturen, der von dorsal her gut durchblutet ist, aber nur eine periligamentäre, für die Ernährung des Ligaments begrenzte Blutversorgung liefern kann. Es fehlt eine Anastomosierung zwischen der Synovialis-Blutversorgung und den ossären Ansätzen [351]. Die Synovialis wird vorwiegend aus der A. genicularis inferioris medialis versorgt. Die Versorgung aus den ossären Ansätzen ist nur kurzstreckig in das vordere Kreuzband zu finden, diese Äste stammen aus der A. genicularis inferior lateralis und inferior medialis [338]. Es resultiert sowohl für das vordere als auch für das hintere Kreuzband eine avaskuläre Zone [288, 289], diese ist am hinteren Kreuzband im zentralen Drittel zu finden und im vorderen Kreuzband gegenüber dem Fossadach. Eine Begründung dafür liegt in der Ausbildung von Faserknorpel durch Belastung der Kreuzbänder, diese Zonen sind weitgehend avaskulär. Zusammengefasst ist die Blutversorgung an den Kreuzbändern problematisch, da an beiden avaskuläre Zonen bestehen und eine wesentliche Blutversorgung nur über die Synovialis gewährleistet ist (Abb. 5.15).

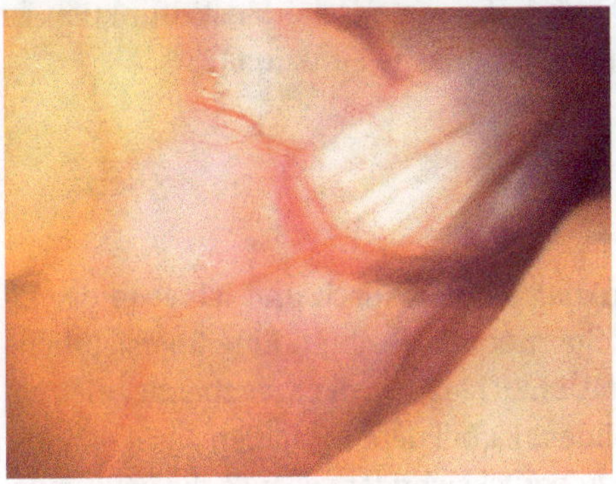

Abb. 5.15: Blutversorgung des vorderen Kreuzbandes über die Synovialis.

Bezüglich der Blutversorgung des vorderen Kreuzbandes scheint eine wesentliche Problematik in der Rekonstruktion zu liegen, da meist femorale Rupturen des vorderen Kreuzbandes auftreten und mit dieser Ruptur auch die einzige Blutzufuhr unterbrochen wird. Zum anderen resultiert in Kenntnis der Blutversorgung ein vergleichbares Bild zur Blutversorgung von Sehnen.

5.1.5 Innervation der Kreuzbänder

Die Kreuzbänder erhalten ihre nervale Versorgung vom Ramus articularis posterior des Nervus tibialis posterior [177]. Diese Nervenfasern durchdringen die hintere Gelenkkapsel und verlaufen zusammen mit der Synovialis bzw. den periligamentären Gefäßen bis zum infrapatellaren Fettkörper. Nervenendigungen sind ebenfalls in den Ligamenten gefunden worden [336]. Neben den Nervenfasern, die mit den Gefäßen verlaufen, gibt es auch isolierte Nervenfasern, die ohne Gefäßbegleitung zwischen den Faszikeln der Kreuzbänder liegen. In der Nähe der Ursprungs- und Ansatzstellen der Kreuzbänder sind „Golgi"-ähnliche Rezeptoren identifiziert worden, ähnlich strukturiert auch an der Oberfläche der Bänder zwischen diesen und der synovialen Umkleidung. Es wird davon ausgegangen, dass diese Mechanorezeptoren die propriozeptive Funktion übernehmen. Elektronenmikroskopische Untersuchungen zeigten, dass in den subsynovialen Bereichen der Kreuzbänder Pacini- und Ruffini-

Körperchen und dazu auch freie Nervenendigungen gefunden wurden. Diese waren auch zwischen den Kollagenfaszikeln lokalisiert. Über die Grundlagen der Propriozeption im vorderen Kreuzband auf morphologischer Ebene äußert sich HAUS [126]. Er bestätigt die Klassifizierung der Nervenendigungen in drei Typen: Ruffini-Körperchen, Pacini-Körperchen und freie afferente und efferente Nervenendigungen. Diese Nervenendigungen entsprechen den charakteristischen Nervenendigungen für Gelenkkapseln. Somit verfügt das vordere Kreuzband neben seinen kollagenen Strukturen zur Stabilisierung auch über propriozeptive Eigenschaften. Erst beide zusammen stellen vermutlich die wichtigste Grundlage der dynamischen Stabilisierung des Kniegelenkes dar [70, 175, 64, 112, 192, 66]. Die motorische Muskelfunktion ist nach einer Ruptur wiederherstellbar, nicht die sensorische Funktion [2].

5.2 Biomechanik – Pathomechanik

Die Biomechanik der Kreuzbänder ist denkbar problematisch und leider in der Literatur häufig auf spezifische Belange der Sportler ausgerichtet. Eine übersichtliche Darstellung geben MENSCHIK [244] sowie MÜLLER [242]. Da die Kreuzbänder die zentralen Stabilisatoren eines Kniegelenkes bilden, ist bei deren Schäden zusätzlich die muskuläre Führung des Gelenkes [253, 71] zu berücksichtigen, ebenso die neuromuskuläre Führung [3, 265], und es muss die Propriozeption berücksichtigt werden [54].

Bei der extraartikulären Stabilisierung sei insbesondere auf die Funktion der Kaplan-Fasern hingewiesen [141, 92], die einen Drehpunkt zwischen Beugung und Extension des Kniegelenkes darstellen. Die einzelnen Faserzüge des vorderen Kreuzbandes sind in verschiedenen Beugegraden auch verschieden stark auf Zug beansprucht. In der Extension stabilisieren bevorzugt die anteromedialen Fasern das Knie, in Beugestellung sind es die posterolateralen Fasern, wogegen das intermediäre Bündel gegen die Innenrotation stabilisiert [273, 109, 15]. Während in Streckung des Knies die vorderen Kreuzbandfaszikel weitgehend parallel verlaufen und sich in Beugung dann umwinden, ist in Streckung die hintere Kreuzbandstruktur in der Faserstruktur umwunden und in Beugung vorwiegend parallel (Abb. 5.16).

Das vordere Kreuzband stabilisiert das Knie vorwiegend gegen Innenrotation und anteriore Translation [224, 130]. Die größte Länge des vorderen Kreuzbandes wird in Extension erreicht. Hierbei kommt es auch zum parallelen Faserverlauf. Es bestehen aber Unterschiede im posterolateralen und anteromedialen Bündel mit einer ungleichen Spannungsverteilung [420, 140, 359]. Diese ungleiche Verteilung hält auch in Extension sowie in Flexion an [32]. Die stärkere Zugkraft hat das anteromediale Bündel gegenüber der Notch [176], dieses Bündel stabilisiert die tibiale Translation in 90°, das anterolaterale Bündel in Extension [32]. Bei 90° Beugung stabilisiert vorwiegend das mediale anteromediale Bündel, wogegen das laterale anteromediale Bündel ein sekundärer Stabilisator bei der tiefen Flexion [323, 99] ist. Andererseits würde das anteromediale Bündel besonders in Beugung und Streckung gespannt sein, das pos-

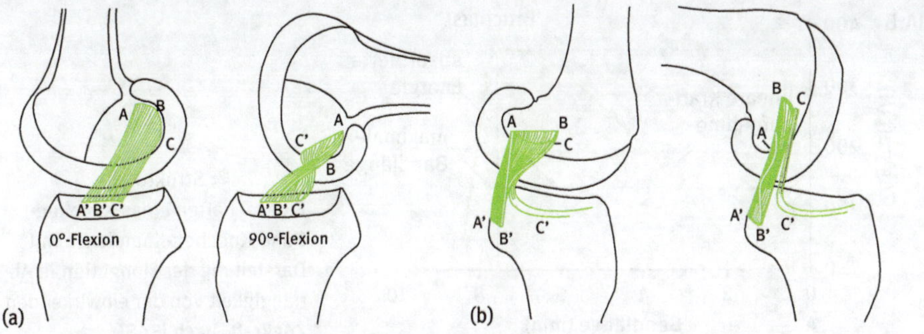

Abb. 5.16: Funktion der Faszikel (A, B, C = femoral; A′, B′, C′ = tibial) des vorderen (a) und hinteren (b) Kreuzbandes bei Flexion und Extension [109].

terolaterale nur in Streckung, stabilisiert aber dabei auch die Translation, die Neutralstellung und Innenrotation [266]. Zwischen 60 und 120° Beugung sei eine wesentliche Längenänderung der Bänder nicht erkennbar. Das hintere Kreuzband zeigt eine Längenzunahme (Spannung) in Knieflexion, das vordere Kreuzband umgekehrt in Knieextension [165]. Mikroskopische Untersuchungen am vorderen und hinteren Kreuzband [270] führen zu dem Schluss, dass aufgrund grundlegender Differenzen der kollagenen Fasersysteme im ultrastrukturellen Bereich zwischen dem vorderen und hinteren Kreuzband auch funktionelle Unterschiede bestehen müssen. So ist das vordere Kreuzband mit stärkerer Tendenz zur Verflechtung von Faserbündeln besser gegen Rotationsbewegungen ausgerüstet, das hintere Kreuzband ist geeigneter, auf Zug stabil zu sein, woraus eine höhere Reißfestigkeit des hinteren Kreuzbandes gegenüber dem vorderen Kreuzband resultiert. Histologisch wird an den Kreuzbändern [125] neben der eigentlichen Bandstruktur ein peripheres Weichteilgewebe von dem zweischichtigen synovialen Gewebe unterschieden. Die subsynoviale Schicht ist gefäß- und nervenführend. Das eigentliche Bandgewebe besteht aus Kollagenfibrillen, die in Faszikeln zusammengefasst sind. Somit setzt sich das vordere Kreuzband aus 1.500 Kollagenfaszikeln zusammen, zwischen denen in einer Kette aufgereiht Fibrozyten als zelluläre Grundlage des kollagenen Bindegewebes zu finden sind. Das hintere Kreuzband hat ein einfacheres Bauprinzip als das vordere Kreuzband. Es besteht aus einem kräftigeren vorderen und einem schwächeren hinteren Teil.

Ein weiterer anatomischer Unterschied zeigt sich in der Gefäßversorgung. Morphometrische Untersuchungen [271] ergeben, dass die Anzahl der intraligamentären Arteriolen im distalen Bereich des vorderen Kreuzbandes am geringsten ist, es folgt das mittlere Drittel und dann das proximale Drittel mit relativ guter nutritiver Versorgung. Das hintere Kreuzband hat demgegenüber eine höhere Vaskularisationsdichte. Allerdings zeigt die synoviale Bedeckung des vorderen Kreuzbandes eine sehr gute Durchblutung, so dass distal das vordere Kreuzband zusätzlich blutversorgt wird. Die Anatomie des vorderen Kreuzbandes ist auf die erforderliche Biomechanik abgestimmt [68]. Im Vergleich zu Sehnen findet sich bei der Dehnung eines Kreuzbandes

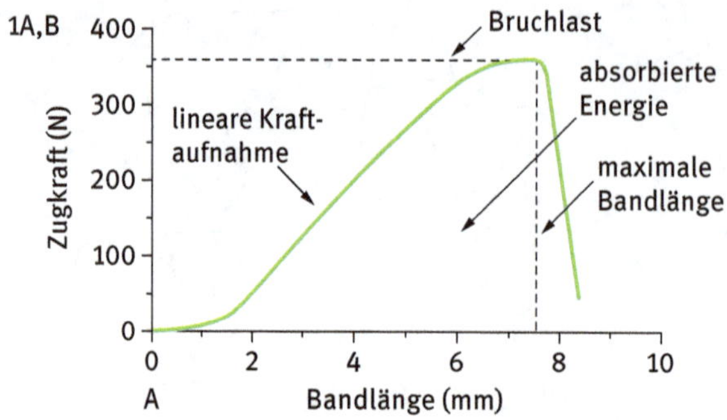

Abb. 5.17: Strukturelle Eigenschaften eines Knochen-Band-Knochen-Komplexes mit Darstellung der Elongation in Abhängigkeit von der einwirkenden Zugkraft, nach [368].

ein ähnlicher Kurvenverlauf zwischen Belastung in Newton (N) und Elongation in Millimeter (mm) (Abb. 5.17).

So kommt es auch beim Gehen zu einer Kurvenverteilung in Abhängigkeit von der Stand- und Schwingphase. In der Schwingphase bildet sich die Länge des vorderen Kreuzbandes mit zunehmender Flexion zurück, die Zugkraft auf die Kreuzbänder ist in der Standphase zu finden. Beim normalen Gehvorgang spielt auch die Rotation eine Rolle [14]. Diese Rotationsbewegungen führen zu Veränderungen in der Belastung des tibiofemoralen Kontakts, was im Endeffekt beim Überlastungsschaden auch einen Knorpelverschleiß nach sich zieht. Zu einem Schaden an den Kreuzbändern kann einmal das Verdrehen im Sinne der Torsion führen [20, 24, 428, 278, 161], insbesondere aber die Verbindung Translation und Rotation [118, 428, 354, 417]. Die Pathomechanismen werden in „noncontact" and „contact" Ereignisse eingeteilt [61]. Folgende Abläufe werden gemäß Literatur als geeignet erachtet, vordere Kreuzbandschäden zu verursachen:

1. anteriore Scherkraft mit Kontraktion des Quadrizepsmuskels in der Folge der tibialen Translation bei geringer Beugung [29, 233, 93, 18, 72, 30, 65],
2. axialer Kompressionsmechanismus [215, 245],
3. Hyperextensionsmechanismus [232, 33, 81, 238, 95, 58],
4. Valgusmechanismus mit tibiofemoraler Innen- oder Außenrotation [137, 239, 308, 309, 421],
5. Innenrotation der Tibia [234, 93, 81],
6. Valgus und anteriore Scherkraft [233],
7. Valgus und Innenrotation [172],
8. Valgus und Tibiaaussenrotation [157],
9. Valgus mit anteriorer Tibiascherkraft und axialer Drehung [308],
10. Hyperflexion und Hyperextension mit Unterschenkelinnenrotation [120, 46],
11. Landung auf extendiertem Knie [184],
12. plötzliche Drehbewegungen [296],
13. Verdrehen des belasteten Beines [62],
14. Flexion-Valgus-Außenrotation [58],
15. Flexion-Varus-Innenrotation [59].

Bei der Flexion der verschiedenen Pathomechanismen, die zur Kreuzbandruptur führen können, wird auf die Stellung des Hüftgelenkes in Extension hingewiesen [124]. Grundsätzlich muss aber bei einer vorderen Kreuzbandruptur mit einer anterolateralen Rotationsinstabilität gerechnet werden [429]. Da sich die Literatur mit dem Thema vorwiegend in Verbindung mit sportlichen Situationen beschäftigt, in Abhängigkeit vom Trainingseinfluss [208], und auch beim Sport die Belastungen des vorderen Kreuzbandes bestimmt werden [343, 374], leiten sich ebenso die Beispiele für die Entstehung einer Kreuzbandruptur vom Sport ab (Abb. 5.18).

(a) (b) (c)

Abb. 5.18: Typische Verletzungssituationen für das vordere Kreuzband ((a) = Das Kniegelenk befindet sich zur Zeit der Verletzung in leichter Beugung und Valgusposition. Der Unterschenkel ist außenrotiert. In dieser Situation ist die Spannung im vorderen Kreuzband am höchsten. Dazu hat die ischiokrurale Muskulatur einen ungünstigen Hebelarm, um das Tibiaplateau zu sichern. (b) = Valgus-Außenrotation, leichte Flexion. (c) = vergleichbarer Mechanismus beim Skisport in vermehrter Beugung [295].

Der typische Pathomechanismus für die Ruptur des hinteren Kreuzbandes ist der anteriore tibiale Anprall bei Beugung im Knie im Sinne eines Dashboard-Mechanismus [164, 387]. Die posteriore Instabilität hat die tibiale posteriore Translation zur Folge [281], die zwischen einer 25- und 90°-Flexion zunimmt [196] – mit der Folge der Zunahme des retropatellaren Drucks. Es resultiert die Instabilitätsarthrose. Auffällig ist, dass die hintere Instabilität häufig klinisch schmerzhaft ist.

5.3 Pathogenese

Logischerweise muss die Pathologie der Bänder mit der von Sehnen identisch sein, denn deren Struktur, insbesondere die össären Ansatzbereiche, sind vergleichbar [290, 263, 330]. Es liegt immer der bekannte 4-Schichten-Aufbau vor. Es gibt sowohl bei Sehnen (vgl. Kapitel 8) als auch bei Bändern Risikofaktoren, die die Struktur schwächen [300, 40]. Anders als bei Sehnen werden bei Kreuzbändern die anatomischen Strukturen und deren Abweichung als Risikofaktoren beschrieben, z. B. eine Einengung der Fossa intercondylica oder auch eine vermehrte Dorsalneigung der Schienbeinkopfgelenkfläche. Die Einengung der Fossa intercondylica (Notch-Stenose) wird mit dem Impingement in Verbindung gebracht [300]. Epidemiologische Untersuchungen führen zu dem Ergebnis, dass einer von 3.500 Einwohnern eine Kreuzbandruptur erleidet [105, 291, 292], dies sei vorwiegend beim Sport der Fall [111, 153, 216, 198]. Vor allem sind Sportler unter dem 19. Lebensjahr betroffen [198]. Aus mehreren Arbeiten geht hervor, dass insbesondere Frauen beim Sport Kreuzbandrisse erleiden, dies zwei- bis dreimal häufiger als Männer [303, 399], und hier wiederum wird zweimal häufiger das Standbein verletzt [325]. Zusammengefasst wird dem weiblichen Kreuzband eine bis zu 9,5-mal häufigere Wahrscheinlichkeit für eine Verletzung eingeräumt [291, 292]. Die Risikofaktoren, die möglicherweise zu einer vorderen Kreuzbandruptur führen [300, 40], seien einmal modifizierbar, also beeinflussbar (Rauchen, Anabolika, Kortision), oder auch nicht modifizierbar, wie anatomische Varianten oder hormonelle Voraussetzungen [198]. Zu den nicht modifizierbaren Risikofaktoren zählen die Notch-Stenose [300], die General-Joint-Laxität [40, 10, 255, 313, 264, 386], wie bei Erkrankungen (Ehlers-Danlos-Syndrom, Marfan-Syndrom), die Bandfestigkeit, die bei Frauen geringer sei [40, 257, 367, 416], aber auch neuromuskuläre Einflüsse [10] sowie rheumatische Erkrankungen, Diabetes, Fettstoffwechselstörungen [404]. Insbesondere bei den Kreuzbandverletzungen fällt der hormonelle Einfluss bei Frauen auf, in Abhängigkeit vom Menstruationszyklus sowie mit der Einnahme von Ovulationshemmern [221, 355, 1, 412]. Dazu gibt es Unterschiede bei den Menschenrassen [410]. Bezüglich der Anatomie wird auf die extraartikuläre Situation an der Hüfte beim Cam-Impingement hingewiesen [297] und intraartikulär auf die Neigung (tibial slope) des Hüftkopfes [59, 102, 146, 180, 360]. Auffällig ist eine Beziehung zu der Kondylenanatomie [147, 148, 149, 386, 371, 87, 132, 393, 394]. Hier spielen die Kondylenweite [389], das Volumen des vorderen Kreuzbandes [167] und insbesondere die Form der Notch-Stenose eine Rolle. Diese kann posterior verengt sein [181], aber auch im Verlauf des vorderen Kreuzbandes als anteriore Outlet-Stenose auftreten [227, 11]. Zu diesen Angaben gibt es aber auch die Meinung, dass ossäre Maße keine Rolle spielen [81].

Für die Pathologie sind folgende Bezeichnungen von Bedeutung:

A) Normvarianten,
B) Verletzungen,
C) Ligamentose.

Zu A) Normvarianten

In Kenntnis der Ontogenese, aus der hervorgeht, dass das gesamte Knie aus einem mesenchymalen Zellhaufen entsteht, und unter Berücksichtigung der später zu erwartenden Kniefunktion,werden Normvarianten intraartikulärer Art verständlicher. Die Dysplasie der Kreuzbänder [230] ist mit folgender Klassifikation bekannt:

- Typ I: Hypoplasie oder Aplasie des vorderen Kreuzbandes bei intaktem hinteren Kreuzband,
- Typ II: Aplasie des vorderen Kreuzbandes bei Hypoplasie des hinteren Kreuzbandes,
- Typ III: Aplasie des vorderen und hinteren Kreuzbandes.

Bei dieser Typisierung finden sich häufig begleitende Varianten der Notch sowie der Eminentia intercondylica. Im Vergleich zur Aplasie des vorderen Kreuzbandes [13, 169, 350, 380, 306] ist die Aplasie des hinteren Kreuzbandes selten [276]. In Verbindung mit der Kreuzbandaplasie gibt es auch andere Abnormitäten an der unteren Extremität, z. B. eine Fibulahypoplasie oder Aplasie, eine zu kurze Tibia oder auch Fußdefekte. Derartige Aplasien sind auch bilateral möglich [60]. Es kann aber auch das anteriore Lig. meniskofemorale laterale die Kreuzbandfunktion übernehmen [350]. Als Ausnahme kann wohl der Ursprung des vorderen Kreuzbandes, verteilt über das Fossa-Dach, in Verbindung mit einem diskoiden lateralen Meniskus gesehen werden [145]. Bei derartigen Varianten sei insbesondere auf die Ontogenese hingewiesen.

Zu B) Verletzungen

Es werden grundsätzlich rezente Rupturen (= frische Risse) von veralteten Rupturen differenziert. Die zeitliche Grenze liegt zwischen zwei und drei Wochen. Nach dieser Zeit ist auch davon auszugehen, dass sich ein Hämarthros, normalerweise sowohl mit einer partiellen als auch mit einer kompletten Kreuzbandruptur verbunden, weitgehend zurückgebildet hat, dies in Abhängigkeit vom Verhalten des Patienten nach dem Unfall. Pathologisch-anatomisch werden femorale Risse von intraligamentären Rupturen unterschieden, intraligamentäre können auch intrasynovial verlaufen, d. h., der Synovialschlauch bleibt erhalten, eine Einblutung im Sinne des Hämarthros besteht dann nicht. Im Kindesalter bei noch offenen Wachstumsfugen werden Eminentia-Begleitverletzungen beschrieben [339, 280, 411, 187, 106]. Diese Eminentiaverletzungen können nach MEYERS und MC KEEVER [246] eingeteilt werden. Nachdem die tibiale Ansatzregion des vorderen Kreuzbandes nicht mit der Eminentia in Verbindung zu bringen ist, und da die Eminentia ja eine Führungsschiene für die Femurkondylen darstellt, muss eher davon ausgegangen werden, dass diese Begleitverletzung einer Eminentiafraktur Folge eines Unfallmechanismus ist, der nicht zwingend zu einer Kreuzbandruptur führt. Eine weitere Fraktur stellt die „segond-fracture“ dar. Diese Verletzung ist aber nicht pathognomonisch für eine Kreuzbandruptur, kann vielmehr eher mit einer Ruptur des Lig. collaterale laterale in Verbindung gebracht werden oder mit einem Schaden am posterolateralen Kapseleck [409]. Bei Kindern und Jugendlichen sind Kreuzbandrupturen in 10–65 % genannt [388, 339, 247, 285, 186], davon sollen 22–53 % als partielle Rupturen vorliegen, und beim Kind ist davon auszugehen, dass Begleitverletzungen bestehen. In aller

Regel handelt es sich beim Kreuzbandriss beim Erwachsenen um femurnahe intraligamentäre Rupturen. Ein glatter femoraler Abriss ist selten [200], es werden in Ausnahmefälle femorale ossäre Bandausrisse beschrieben [75, 55, 321, 401, 379]. Die intraligamentären Rupturen finden sich häufig stufenförmig und können mit Begleitverletzungen an den Menisken einhergehen (vgl. Kapitel 1). Auch sind bilaterale vordere Kreuzbandrupturen beschrieben [57, 149]. Um diese zu beurteilen, wären aber genauere Kenntnisse erforderlich, da bei diesen Situationen auch an die „Ligamentose" gedacht werden muss.

25 % der Kreuzbandrupturen sind partieller Art [427], in 12 % dieser Fälle ist das posterolaterale Bündel intakt. Bei 44 % der Komplettrupturen sind aber die Bündel nicht an gleicher Stelle verletzt [259]. Isolierte partielle vordere Kreuzbandrisse laufen zu 76 % am anteromedialen und zu 24 % am posterolateralen Bündel ab [293], jeweils mit verschiedener Lokalisation [348]. Dies resultiert aus den verschiedenen Spannungsverhältnissen zwischen den beiden Bündeln. Somit ist bei Extension das posterolaterale Bündel und bei Flexion das anteromediale Bündel mehr belastet, entsprechend dem Unfallmechanismus ist die Betroffenheit eines Bandes abzuleiten [8]. Die posterolateralen Bündelrisse seien femurnahe, dementsprechend anteromediale tibianahe [46]. Auch wenn von Partialrupturen des vorderen Kreuzbandes gesprochen wird [201], muss so lange an eine Komplettruptur gedacht werden [331], bis das Gegenteil bewiesen ist. Die Überlegung von EGLOFF [78], dass 50 % der Knieverletzungen isolierte vordere Kreuzbandrisse seien, ist so nicht nachvollziehbar. So kommt ZANTOP [430] zu dem Ergebnis, dass isolierte Kreuzbandrupturen selten sind. Es finden sich in 15–40 % der Fälle Begleitverletzungen am Meniskus [197] und am Knorpel zu 45 % [426], diese Knorpelverletzungen sollten dann kernspintomographisch mit einem „bone bruise" an typischer Stelle, wie bei der vorderen Kreuzbandruptur, in Verbindung gebracht werden. Schwerwiegendere Begleitverletzungen gibt es in Verbindung mit einer vorderen Kreuzbandruptur bei einer Salter-Harris-Fraktur III am medialen Femurkondylus [133] oder auch mit einer Ruptur des Kniestreckapparates [56]. Typisches Zeichen für eine Partialruptur ist, dass das noch erhaltene zweite Bündel durch erhebliche Zerrmechanismen verlängert erscheint [43]. Arthroskopisch, eventuell auch magnetresonanztomographisch, gibt es eine Klassifikation der unterschiedlichen vorderen Kreuzbandpathologien (Abb. 5.19), diese wäre für eine Begutachtung hilfreich.

Bei den hinteren Kreuzbandrupturen trifft im Endeffekt eine vergleichbare Einteilung zu, wobei hier die Beteiligung der Ligg. meniscofemoralia berücksichtigt werden muss [315]. Die Gradeinteilung sieht Folgendes vor:
- Grad I: Isolierte Ruptur des hinteren Kreuzbandes,
- Grad II: Isolierte hintere Kreuzbandruptur mit Ruptur eines Lig. meniscofemorale,
- Grad III: = Typ II + Ruptur des vorderen Kreuzbandes.

Vergleichbare Klassifikationen gibt es von HARNER [122] und COOPER [53]. HARNER [122] berücksichtigt die hintere Schublade < 5 mm, von 5–10 mm, von 11–15 mm und

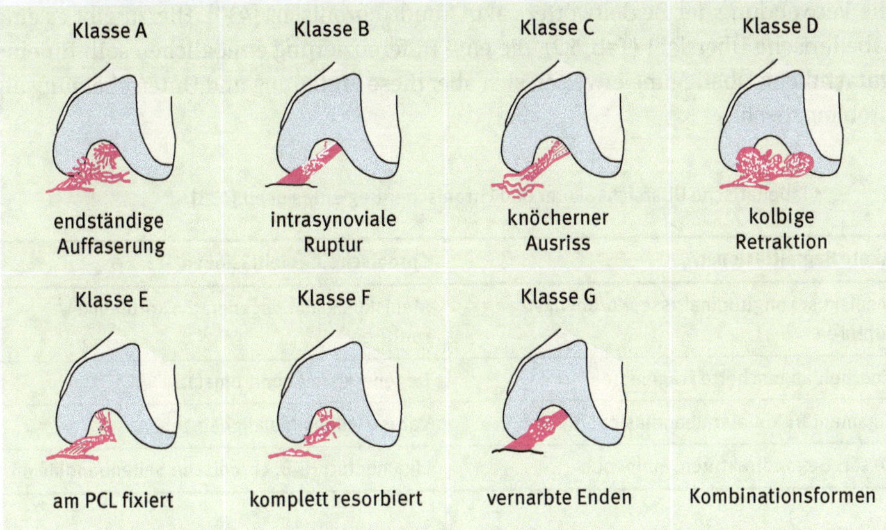

Abb. 5.19: Klassifikation der intraartikularen Defektpathologien des vorderen Kreuzbandes, nach [223].

>15 mm, und COOPER [53] kombiniert das pathomorphologische Substrat mit dem klinischen Befund (Tab. 5.1).

Tab. 5.1: Klassifikation der HKB-Verletzung, nach [53].

Grad I	isolierte Verletzung des HKB oder der posterolateralen Ecke hintere Schublade < 10 mm
Grad II	kombinierte Verletzung mit med./lat. Aufklappbarkeit in 30°-Kniebeugung
Grad III	kombinierte Verletzung mit med./lat. Aufklappbarkeit in 0°-Kniebeugung
Grad IV	komplette Luxation

Abgesehen von der Begleitverletzung des vorderen Kreuzbandes finden sich Rupturen des hinteren Kreuzbandes auch mit einer Salter-Harris-Fraktur III am lateralen Femurkondylus [311]. Im Vergleich zum vorderen Kreuzband ist der tibiale ossäre Ausriss des hinteren Kreuzbandes häufiger anzutreffen, insbesondere bei jugendlichen Patienten [217, 142, 340], was sich bei der stabilen ossären Ansatzsituation in Verbindung mit dem Dashboard-Mechanismus erklärt. Hier dürfte es sich tatsächlich um verletzungsbedingte Schäden handeln. Auch beim hinteren Kreuzband finden sich Knochenödem-Situationen, die aber deutlich seltener ausgebildet sind, da andere Mechanismen zum hinteren Kreuzbandriss führen, als dies beim vorderen Kreuzband der Fall ist [119]. Problematisch bei der Bezeichnung von Kreuzband-Dehiszenzen ist die Verwendung der Begleitwörter „akut“ und „chronisch“ [430]. Hierzu gibt es eine tabellarische Übersicht (Tab. 5.2), die eine Differenzierung ermöglichen soll, für eine gutachtliche Überlegung erweisen sich aber diese Einteilung und Unterscheidung als problematisch.

Tab. 5.2: Tabellarische Übersicht akuter und chronischer Begleitläsionen [431].

Akute Begleitläsionen	Chronische Begleitläsionen
Meniskus: Longitudinalrisse, Korbhenkelrupturen	Meniskusläsion degenerativ, Korbhenkelrupturen
Knorpel: abgescherte Fragmente	Degenerative Chondromalazie
Ligamentär: Kollateralbandläsionen	Varus-/Valgus-Malalignement
Ossär: Segondfrakturen, Eminentia	Ligamentär: HKB, chronische Seitenbandläsion

MR-tomographisch und arthroskopisch ist eine Einteilung der vorderen Kreuzbandpathologien möglich. Eine Unterscheidung zwischen traumatischen und ligamentosebedingten Dehiszenzen ist nur unter Berücksichtigung der Zeit zwischen Ereignis und Diagnosezeitpunkt und unter Beachtung traumatypischer Knochenmarködem in der MRT umsetzbar.

Zu C) Ligamentose

Ligamente, Sehnen, Menisken, Disci u. a. entsprechen einem „bradytrophen Bindegewebe“ mit verminderter Durchblutung im Vergleich zu ungeformten Stützgeweben, wie dem Fettgewebe. Bänder (Ligamente) sind mit dem Aufbau von Zugsehnen vergleichbar [22]. Sie bestehen aus parallel angeordneten kollagenen Faserbündeln, wenige Fibrozyten sind dazwischengelagert, der Zellgehalt soll aber höher als bei Sehnen sein [7]. Die intraartikulär verlaufenden Bänder werden von einer Lage Synoviozyten bedeckt. Sie verlaufen demnach intraartikulär, aber extrasynovial [251]. Extraartikuläre Bänder werden in aller Regel von lockerem Bindegewebe begleitet und können über dessen Blutgefäße mit versorgt werden, wie dies auch bei nicht von Sehnenscheiden umgebenen Sehnen der Fall ist. Die feingewebliche Struktur der Bänder ist vergleichbar mit der der Sehnen. Sie bestehen aus Kollagenfaserbündeln mit einer überwiegenden Masse einer Zwischensubstanz (interstitiellem Gewebe) mit einlagerten Glykosaminoglykanen, produziert aus relativ wenigen Zellen. Die Pathologie der Bänder sieht Diskontinuitäten (Dehiszenzen) im Sinne der rezenten Ruptur bzw. einer veralteten Ruptur, vor. Es gibt aber auch sog. „degenerative“ Veränderungen, wie dies bei Sehnen im Sinne der Tendinose auch der Fall ist. Die Bezeichnung „Degeneration“ wird häufig gebraucht als myxoide, mukoide oder auch mukoid-metaplastische

Degeneration als regressiver Prozess [328]. „Nach heutigem Kenntnisstand gehört die Bezeichnung der Meniskusdegeneration in die Medizingeschichte – ein Ort, an dem die Degeneratio cordis oder die Degeneratio hepatis und viele andere mehr seit mehreren Forschergenerationen ganz unbehelligt und ohne weiteren Schaden anzurichten, verweilen" [144]. Dennoch ist die „Degeneration" der Sehnen und Bänder eine gängige Bezeichnung, wird aber zunehmend häufiger durch die Bezeichnung „Texturstörung" ersetzt [128, 193]. Unter der „Degeneration" wird heute eine Reaktionskombination aus der Texturstörung und der daraus resultierenden Reparation verstanden. Diese Aussage gilt für alle bradytrophen Bindegewebe. Die mukoide Degeneration bedeutet eine Grundsubstanzänderung [381], u. a. im Sinne einer schleimigen Umwandlung, aus der auch Ganglien entstehen können. Die mukoide Degeneration als Reaktion eines bradytrophen Bindegewebes findet sich an Sehnen [333], Bändern [197], Muskeln [83], Menisken [79], den Labren [385] und dem Knorpel [251]. Die „Degeneration" bzw. die Texturstörung wird in Abhängigkeit von der betroffenen Struktur mit „- ose" versehen, im Sinne eines Wortteiles mit der Bedeutung Krankheit, krankhafter Zustand (Tab. 5.3), und für die Klinik mit „- pathie" als Wortteil mit der Bedeutung Schmerz, Krankheit [305].

Tab. 5.3: Gewebe und -ose bzw. -pathie.

	-ose	-pathie
Bandscheibe TFCC Labrum	Diskose	Diskopathie
Hyaliner Knorpel, Faserknorpel	Chondrose	Chondropathie
Zug- und Gleitsehnen	Tendinose	Tendinopathie
Menisken	Meniskose	Meniskopathie
Muskel	Myose	Myopathie
Ligamente Bänder	Ligamentose	Ligamentopathie

Die „Degeneration" der Bänder findet sich am so genannten Lig. patellae [337], aber auch am medialen Kollateralband beim Hallux valgus [301]. Im Vordergrund stehen Veröffentlichungen über die „Degeneration" der Kreuzbänder: vorderes Kreuzband [197, 86, 237, 267, 129, 89, 254, 199, 219, 101], hinteres Kreuzband [346, 347, 396, 397, 369, 279]. Die mukoide Degeneration gibt es vorwiegend am vorderen Kreuzband in Verbindung mit Meniskus- und Knorpelschäden [199]. Es handelt sich um Patienten mit überwiegend posteriorem Knieschmerz [432], jedoch ohne Instabilität, aber mit einer Funktionsbeeinträchtigung im Sinne der Beuge- und weniger der Streckhemmung [254, 229] bei einem durchschnittlichen Alter von 35–60 Jahren. Ein Trauma wird in aller Regel nicht angegeben [272, 202, 242, 267, 86, 237, 197]. Die Erstbeschreibung der mukoiden „Kreuzbanddegeneration“ erfolgte durch KUMAR [197]. Das Vorkommen dieser „Kreuzbanddegeneration“ ist häufiger als gedacht [26]. Bei der Auswertung von Magnetresonanztomographien zur Beurteilung des vorderen Kreuzbandes ergibt sich eine Häufigkeit von 1,04 %, wovon 0,61 % neben der Degeneration eine Ganglienentstehung aufzeigen. Dies entspricht bei degenerativen Kreuzbändern einer Beteiligung von Ganglien mit etwa 60 %. Insgesamt ist mit einer Häufigkeit degenerativer Veränderungen der Kreuzbänder mit 5,3 % bei der Bevölkerung zu rechnen [328]. Dies ist deshalb von Bedeutung, da die Degeneration eines Bandes als Ligamentose sowie auch die Tendinose an der Sehne Vorboten zur Ruptur darstellen [26, 237]. Etwa 60 % der degenerativen Kreuzbänder mit Ganglienbeteiligung zeigen gleichzeitig intraossäre zystische Veränderungen (Ganglien) auf.

Ätiologie

1. Wie auch bei Sehnen ist die Ligamentose Folge repetitiver Mikrotraumen [151, 77, 254, 220]. Diese repetitiven Mikrotraumen entstehen durch Dehnung des Kreuzbandes bei Meniskusläsionen oder anderen Kniebinnenveränderungen [210, 113, 203, 51, 307], aber auch durch die belastungsbedingte Dehnung/Überdehnung des Bandes bei der Überlastung („overuse“) oder durch ein Impingement bei Notch-Exophyten [17, 213, 300]. Der Kreuzbandschaden entsteht durch die interkondylären Exophyten bei arthrotischen Gelenken mit Schädigung des vorderen Kreuzbandes bis hin zu einer Dehiszenz mit der Folge einer symptomatischen Instabilität und Einschränkung der Extension (Abb. 5.20).
2. Mukoide Degeneration in Verbindung mit einer Ganglionbildung [26, 195, 237] erklärt sich durch eine synoviale Herniation mit Proliferation mesenchymaler Stammzellen im oder am vorderen Kreuzband [195, 324] bis hin zum Aufbrauch des Kreuzbandes [260]. Die Ganglien finden sich innerhalb des Kreuzbandes längs ausgedehnt dem Faserverlauf [237], aber auch randständig entstehend, im Endeffekt mit der Folge einer mukoiden degenerativen heterogenen Masse, die die Kreuzbandstruktur verbreitert.
3. Kongenital verstreutes synoviales Gewebe [129, 337] führt zu intraligamentären Degenerationen mit Ausprägung eines Ganglions.
4. Wie bei allen Sehnen gibt es auch als ätiologischen Faktor die Autoimmunerkrankungen, Kollagenosen, Vaskulopathien, und dies in Verbindung mit der Neoangiogenese [77, 143].

Die mukoide Degeneration wird mit der Ganglienbildung in Verbindung gebracht [197], jedoch auch im Vergleich dazu mit einer mukoiden Zyste [237, 26]. Es sind eine mukoide Hypertrophie [183] sowie eine mukoide metaplastische Degeneration [328]

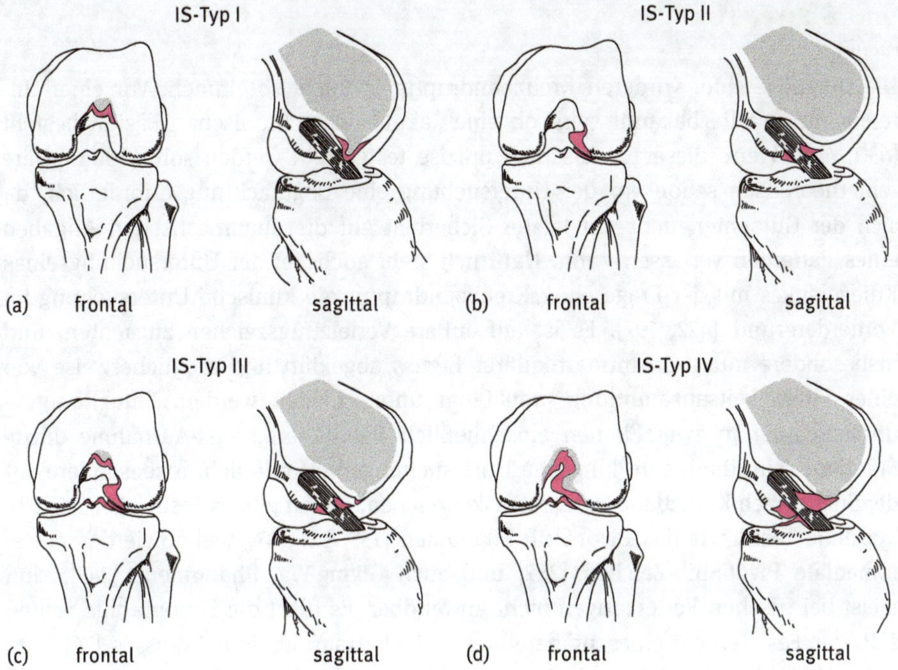

Abb. 5.20: Interkondyläre Notchstenose: Typisierung, nach [213] ((a) = anteriores Impingement, (b) = mediales Impingement, (c) = anteromediales Impingement, (d) = „slot-forming" Impingement, IS = interkondyläre Stenose).

im Sinne einer metaplastischen Gewebeumbildung bzw. -umwandlung zu sehen. Eine myxomatöse Degeneration [267] wird als Schleimbildung erkannt. Insgesamt wird unter der „Degeneration" des Kreuzbandes ein regressiver Prozess verstanden [328]. Diese Degenerationszonen sind über das gesamte Band verteilt, vorwiegend aber proximal lokalisiert [42, 152, 197]. Diese interstitiellen Veränderungen zeigen sich als Depots von Glykosaminoglykanen zwischen den kollagenen Fasern mit der Folge einer Ligamenthypertrophie [219]. Daraus ergibt sich eine Verlängerung der kollagenen Fasern mit im Endeffekt resultierenden Instabilitätszeichen [328]. Neben der Kombination der mukoiden Degeneration bzw. Hypertrophie [183] und den intraligamentären oder auch dem Kreuzband anliegenden Ganglien [272] kommt es zur Diskontinuität [242], aber auch zur Erosion an dem lateralen Femurkondylus aufgrund direkter Kontakte und auch intraossärer Ganglien [242], und dies in Verbindung mit arthrotischen Veränderungen durch Exophyten, die schließlich das Bild einer „Kreuzbandruptur älteren Datums" zeigen [213, 150].

Die wenigen Arbeiten über degenerative Veränderungen am hinteren Kreuzband sind im Endeffekt in der Aussage vergleichbar mit denen des vorderen Kreuzbandes, wobei jedoch die Bedeutung der Ganglienbildung hier nicht im gleichen Maße erkennbar wird [369, 396, 346, 347].

5.4 Diagnostik

Die Diagnose einer vorderen Kreuzbandruptur ist nicht so einfach. Vor einer Untersuchung sollte bekannt sein, ob eine „akute oder chronische" Läsion besteht [430, 431]. Wenn dieser Unterschied präzise festgestellt werden sollte, dann wäre rein theoretisch schon vor der Untersuchung eine Begutachtung erforderlich, da sich der Gutachter nicht mit letzter Sicherheit auf die anamnestischen Angaben eines Patienten verlassen kann. Natürlich steht auch bei der Untersuchung eines Kniegelenkes mit der Frage einer Kreuzbandruptur die klinische Untersuchung im Vorderdergrund [422, 197]. Es ist auf äußere Verletzungszeichen zu achten, und insbesondere muss ein intraartikulärer Erguss abgeklärt und möglicherweise von einer Flüssigkeitsansammlung präpatellar unterschieden werden. Eine Röntgenuntersuchung in zwei Ebenen einschließlich Patella-tangential-Aufnahme dürfte Standard sein, dann sind klinische Untersuchungen erforderlich, insbesondere auf der Suche nach Kreuzband- oder Meniskuszeichen, hierzu gibt es Tests [356, 332, 63]. Spezielle Tests, wie das Pivot-Shift-Phänomen [139, 326, 47, 422] sowie das posteromediale Pivot-Shift-Zeichen [282] und auch Giving-Way-Phänomene [243], sind meist bei frischen Verletzungen nicht anwendbar. Es führt die Sonographie weiter, z. B. zur Feststellung eines präpatellaren oder intraartikulären Ergusses [74, 319], diese Methode lässt aber auch Aussagen über den Zustand eines Kreuzbandes zu. Die einfachen Untersuchungen, wie vordere/hintere Schublade und der Lachman-Test, sind selbstverständlich. Bei der Röntgenuntersuchung wird auf ein laterales femorales Notch-Zeichen geachtet [131], das bei vorderen Kreuzbandrupturen häufig sein soll, und es werden KT-1000-Arthrometer-Untersuchungen vorgenommen [136, 154, 16, 49, 189, 316, 345, 235, 406, 284, 258]. Röntgenaufnahmen (Stress-Radiographie) können einer Dokumentation dienen, sind aber für die Diagnostik einer frischen vorderen Kreuzbandruptur nicht aussagekräftig [104]. Hier muss auf den Vergleich derartiger Untersuchungen mit und ohne Narkose verwiesen werden, dies trifft auch für das Lachman-Zeichen, die vordere Schublade oder das laterale Pivot-Shift-Phänomen zu. Wie aus dem Vergleich mit oder ohne Narkose resultiert, ist mit Ausschalten der muskulären Gegenspannung eine deutlichere Aussage mit klinischen Untersuchungen möglich. Die Computertomographie wurde für die Kreuzbanddiagnostik versucht [158], musste aber der Magnetresonanztomographie weichen [378, 363, 364, 185, 190, 419, 384, 334, 398, 212, 5, 372].

Bei der Magnetresonanztomographie muss insbesondere auf das „bone bruise" geachtet werden [249]. Alleine durch den Mechanismus, der eine Kreuzbandruptur verursachen kann, resultiert, dass das Knochenödem am posterioren lateralen Schienbeinkopf sowie im Zentrum des lateralen Femurkondylus zu erwarten ist, resultierend aus einem Überstrecktrauma. Rupturen des vorderen Kreuzbandes sind in 20–40 % mit sichtbaren Knorpelverletzungen kombiniert [166, 248, 362, 170, 48] und 60–80 % der Kreuzbandrupturen lassen im MRT „Bone-bruise"-Zeichen an typischer lateraler Stelle erkennen [114, 317]. Wenn bei 20–40 % der so genannten

Kreuzbandrupturen keine Knochenödeme nachweisbar sind, so ist dies ein Hinweis auf einen nicht unfallbedingten Kreuzbandschaden (vgl. Ligamentose). Es gibt auch den Hinweis, dass Kreuzbandrupturen mit einem ausgeprägten Knochenmarködem eventuell mit Meniskusverletzungen einhergehen [156]. Schließlich muss als diagnostisches Verfahren im Ausnahmefall die Arthroskopie erwähnt werden [44]. Rechtzeitig durchgeführt sollte hier die richtige Diagnose gestellt werden können. Die Wertigkeit ist abhängig vom Zeitabstand zum angeschuldigten Unfallereignis. Bei einer Arthroskopie kann die Gefäßversorgung ermittelt werden, aber auch die Anatomie sowie die Differenzierung bestimmter Verletzungsformen. Liegen veraltete Schäden am vorderen Kreuzband vor, so bedarf es der Unterscheidung der Aplasie von Notch-Impingement und schließlich einer veralteten, lange zurückliegenden Ruptur.

Die „Degeneration" des vorderen Kreuzbandes kann kernspintomographisch mit Teilrupturen verwechselt werden [237, 279]. Die Kernspintomographie sei nicht spezifisch [242] und ist teilweise auch Radiologen nicht bekannt [89], mit der Problematik der Verwechslung mit einer Teilruptur [237, 254]. Im Kernspinbild ist das vordere Kreuzband verdickt und zeigt eine vermehrte Signalintensität, es ist „krank aussehend", es besteht aber ein normaler Verlauf. Die Signaländerung ist ein Hinweis nicht nur auf eine traumatische Schädigung, sondern auch auf eine „degenerative Veränderung" des Kreuzbandes [318]. Die gesteigerte Signalintensität wird allen Sequenzen zugeordnet, besonders aber T2 sowie protonengewichteten Sequenzen [237, 23, 143, 89] mit den differentialdiagnostischen Überlegungen zu der Teilruptur und den Ganglien. Auffällig sei eine abnormale T2-Sequenz mit massiver Konfiguration und Faserverflechtungen, die das Bild auch einer Diskontinuität entstehen lassen. Als Differentialdiagnose muss neben der mukoiden Degeneration die Ganglienbildung, aber auch die synoviale Chondromatose und die Kreuzbandteil- bzw. -komplettdehiszenz in Erwägung gezogen werden [242]. Eine klare Unterscheidung zu einer traumatischen Kreuzbandschädigung ist aber dennoch möglich, da die traumatischen Schädigungen die klassischen „Bone-bruise"-Veränderungen am posterioren lateralen Tibiaplateau sowie am zentralen lateralen Femurkondylus aufweisen [89, 197, 229]. Bei einem gleichzeitigen Meniskusriss sollte an eine Unterscheidung zum Kreuzbandriss gedacht werden. Am hinteren Kreuzband sei die „Tram-track-Erscheinung" als parallel verlaufende Signalsteigerung ein besonderer Hinweis auf eine mukoide Degeneration [240]

Die Arthroskopie als diagnostisches und therapeutisches Verfahren zeigt bei der Ligamentose eine gelblich-braune Kreuzbandbedeckung vorwiegend am posterolateralen Bündel gegenüber der lateralen Notchwand [183]. Das Kreuzband ist verdickt und weist oberflächliche Auffaserungen auf, jedoch ohne Hinweise auf eine Dehiszenz [183, 151, 242, 267, 272]. Die arthroskopisch gewonnene Pathohistologie bestätigt eine gelblich bis braune Veränderung mit Verdickung des vorderen Kreuzbandes bei Einlagerung von Glykosaminoglykanen zwischen den kollagenen Fasern mit der Hyaluronsäure [183, 197, 218]. Mikroskopisch bestehen folgende Charakteristika:

1. mukoide Degeneration diffus interstitiell im vorderen Kreuzband,
2. Verdünnung kollagener Fasern, getrennt durch eine mukoide Substanz, aber intakt und nicht rupturiert,
3. fokale Neovaskularisation mit diffusem Ödem und Hämosiderindepositionen einschließlich Riesenzellmakrophagen,
4. die synoviale Bedeckung des vorderen Kreuzbandes fehlt oder ist atrophisch, selten entzündlich verändert.

In Kenntnis dieser Veränderungen ist eine histologische Einteilung nach NELISSEN [269] möglich:
- Stage 0: keine mukoide Degeneration, evtl. leichte Fibrose,
- Stage 1: Frühstadium mit leichter Degeneration, ausgehend zwischen den kollagenen Bündeln, die ein normales paralleles Arrangement zeigen,
- Stage 2: mäßige herdförmige Degenerationszonen mit irregulärer Kollagenfaserstruktur,
- Stage 3: ausgeprägte mukomyxoide Degeneration mit vollständigem Verlust der Faserstruktur sowie der Kollagenfaserbündelintegrität.

5.5 Beurteilung

Die Kreuzbänder unterliegen so wie alle Sehnen einem Alterungsprozess, da sie auf Zug belastet sind. Nicht nur die Bandstruktur, sondern auch die Bandansätze am Knochen sind mit denen von Sehnen vergleichbar. Es zeigt sich am Ursprung und Ansatz des vorderen Kreuzbandes der so genannte 4-Schichten-Aufbau, wie dieser bei Sehnen gefunden wird (ligamentäre Struktur, Faserknorpel, Tide-Mark, ossifizierender Faserknorpel, Knochen). Die kollagenen Fasern des Bandsystems setzen sich über diesen 4-Schichten-Aufbau in den Knochen fort und vereinigen sich mit dem kollagenen Fasersystem des Knochens [330, 70, 52, 236, 414, 290, 263]. Auch die Durchblutungssituation des vorderen Kreuzbandes ist mit der der Sehnen vergleichbar, lediglich ein Mesotenon in Verbindung mit der Sehnenscheide gibt es an den Bändern nicht. Dafür aber sind Bänder, wenn sie intraartikulär liegen, von einer gut durchbluteten Synovialis umgeben, und wenn sie sich extraartikulär ausspannen, werden sie vom paraligamentären Gewebe (lockerem Bindegewebe) begleitet und zusätzlich von diesem aus mit Blut versorgt. So wie bei allen Sehnen gibt es eine Blutversorgung vom Knochen im Bereich der Ansatz- oder Ursprungsstellen. Diese Durchblutungsquellen anastomosieren aber nicht miteinander, so dass in den Bändern an Prädilektionsstellen bezüglich der Durchblutung kritische Zonen entstehen, so wie dies auch beim vorderen Kreuzband der Fall ist. Für die Kreuzbänder hat die Eminentia intercondylica eine besondere Bedeutung. Der tibiale Ansatz der Kreuzbänder (hinteres und vorderes Kreuzband) setzen nicht am Tuberkulum intercondylare mediale oder laterale an, das vordere Kreuzband inseriert in der Area intercondylaris ant., das hintere Kreuzband posterior der Area condylaris post., die sich bis in den tibialen Ansatz des hinteren Kreuzbandes hineinzieht. Die Tubercula intercondylaria übernehmen die Funktion der Schienenführung für die Fossa intercondylaris und damit für die Femurkondylen. Dementsprechend hat das Tuberculum intercondylare laterale einen lateralen Knorpelbelag und das Tuberculum intercondylare mediale medialseitig, es gibt also eine Articulatio femorotubercularis lateralis et medialis.

Da die Kreuzbänder innerhalb der Fossa intercondylaris verlaufen, ist deren Nähe zu der Fossa von Bedeutung. Gleichzeitig muss die Einteilung sowohl des hinteren als auch des vorderen Kreuzbandes orientierend in jeweils zwei Bündel berücksichtigt werden. Das vordere Kreuzband hat funktionell ein anteromediales und ein posterolaterales Bündel, die bei unterschiedlichen Gelenkstellungen (Beugung) auch unterschiedlich gespannt sind, das anteromediale Bündel vorwiegend bei Beugung, das posterolaterale Bündel bei Streckung. Das hintere Kreuzband lässt das anterolaterale sowie das posteromediale Bündel erkennen, ersteres ist in Beugung und zweiteres in Extension gespannt. Das anteromediale Bündel kommt mit dem Vorderrand der Fossa in Streckung in unmittelbaren Kontakt („physiologisches Impingement"). Normabweichungen oder pathologische Randzackenbildungen im Fossa-Dach können die Kreuzbandstrukturen, insbesonder die des anteromedialen Bündels des vorderen Kreuzbandes, zerstören (vgl. Ligamentose). In der Fossa intercondylaris lateral posterior und medial anterior entspringen die Kreuzbänder mit ihrem typischen sich überkreuzenden Verlauf zu den tibialen Ansatzpunkten. Diese femoralen Ansatzflächen sind leicht konkav und damit vergleichbar mit der fibularen Anheftungsstelle des Lig. tibiofibulare posterius. Wohl aufgrund der Konkavität sind ossäre Ausrissverletzungen ungewöhnlich. Die ossäre Ausrissverletzung des Lig. tibiofibulare posterius an der Fibula wird nicht beschrieben, ein ossärer Ausriss des hinteren Kreuzbandes am Femur ebenfalls nicht, wohl aber am femoralen Ansatz des vorderen Kreuzbandes, hier handelt es sich aber nicht um ossäre (Frakturen), sondern um periostale Ausrisse, eventuell mit einer kleinen Knochenschuppe. Die tibialen Ausrisse des vorderen Kreuzbandes sind ebenfalls, wenn überhaupt, als periostale Abrisse mit kleiner Knochenschuppe vorhanden. Eminentiafrakturen haben möglicherweise einen vergleichbaren Mechanismus wie die vordere Kreuzbandruptur, sind aber nicht mit ossären Ausrissverletzungen identisch. An konkaven Ursprungs- oder Ansatzstellen von Bändern resultieren keine ossären Ausrisse des Bandes im Sinne einer Fraktur, es gibt Abrisse des Bandes, eventuell mit einer kleinen periostalen Knochenschuppe, vergleichbar mit den Verletzungen der hinteren Syndesmose am oberen Sprunggelenk.

Kreuzbänder haben nicht nur die Funktion der Kniestabilisierung in Bezug auf vordere oder hintere Translation, sondern auch bezüglich der Rotation. Somit erscheint eine isolierte Ruptur eines Kreuzbandes, die häufig zitiert wird [108], als fraglich, da Rupturen des vorderen Kreuzbandes mit einer anterolateralen Rotationsinstabilität in Verbindung zu bringen sind [138, 429, 421]. Es sind also Begleitverletzungen zu erwarten [429], auch wenn diese als nicht vorhanden beschrieben werden [108]. Die Zahl der Pathomechanismen, die möglicherweise zu einer vorderen

Kreuzbandruptur führen können, ist in der Literatur vielfältig. Problematisch ist dies auch deshalb, da ein tatsächlicher Nachweis einer Verletzung nicht erkennbar ist, insbesondere wird auch die traumatische Kreuzbandruptur von einer ligamentosebedingten Dehiszenz nicht unterschieden. Nach HERTEL [134] in GILLE [108] werden unterschiedliche Mechanismen auch unterschiedlichen Verletzungen und Verletzungskombinationen zugeordnet. Zu einer isolierten vorderen Kreuzbandruptur sollen lediglich ein Extensions- und Innenrotationsmechanismus sowie ein Hyperflexionsmechanismus mit Quadrizepsanspannung führen (Tab. 5.4).

Tab. 5.4: Ätiologie von Bandverletzungen am Knie, nach [134] aus [108].

Ursache	Folge
1. Außenrotations-Abduktions-Mechanismus	IB-Ruptur, VKB-Ruptur, Knieluxation
2. Valgusmechanismus	IB-Ruptur, dorsale Kapselruptur, HKB-Ruptur, VKB-Ruptur, Knieluxation
3. Varusmechanismus	Ruptur des Außenbandkomplees, Traktusruptur, Popliteussehnenruptur, VKB-Ruptur, HKB-Ruptur, Knieluxation
4. Hintere Tibiakopftranslation	HKB-Ruptur, IB-Ruptur, AB-Ruptur, Knieluxation
5. Extensions- und Innenrotationsmechanismus	Isolierte VKB-Ruptur
6. Hyperextensionsmechanismus	Dorsale Kapselruptur, VKB-Ruptur, IB-Ruptur, AB-Ruptur
7. Hyperflexionsmechanismus mit Quadrizepsanspannung	VKB-Ruptur

Für die Beurteilung der Reißfestigkeit der Kreuzbandstrukturen sind deren Querschnitt und Bruchlast von Bedeutung [310, 98, 353, 358]. Während beim vorderen Kreuzband die Reißfestigkeit des anteromedialen und posterolateralen Bündels in etwa gleich ist (16–27 MPa), liegt die Reißfestigkeit beim hinteren Kreuzband am anterolateralen Bündel wesentlich höher, mit 38 MPa im Vergleich zum posteromedialen Bündel, das mit 26 MPa der Bündelreißfestigkeit des vorderen Kreuzband entspricht. In der Literatur (z. B. [232]) werden die intraartikulären Spannungszustände angegeben, die jedoch nicht mit der Bruchlast vergleichbar sind. Die Bruchlast ist die Last in Newton, die ein Band oder deren Faszikel zum Zerreißen bringt. Diese Bruchlast ist abhängig von der Reißfestigkeit eines Bandes, angegeben in N/mm^2, d. h. Kraft pro Quadratmillimeter, als Materialeigenschaft in MPa (Megapascal). Die Reißfestigkeit eines Bandes nimmt mit zunehmendem Alter ab. Die Reißfestigkeit des hinteren Kreuzbandes wird beim jungen Erwachsenen mit 93 MPa [368] und beim 75-Jährigen mit 21–38 MPa angeführt [302, 231]. Am vorderen Kreuzband treffen Werte zwischen 15 und 58 MPa zu, d. h., das hintere Kreuzband ist stabiler, weist aber auch einen größeren Querschnitt als das vordere Kreuzband auf (LCP = 53 mm^2, LCA = 37 mm^2). Da auch die einzelnen Faszikel der Kreuzbänder unterschiedliche Reißfestigkeiten haben, erklären sich ebenso isolierte Rupturen der Faszikel.

Zur Beurteilung der Reißfestigkeit müssen die Bruchlast und der Querschnitt der Ligamente bekannt sein:

$$\text{Reißfestigkeit} = \frac{\text{Bruchlast}}{\text{Querschnitt}}, \quad \text{MPa} = \frac{\text{N}}{\text{mm}^2}$$

d. h., die Bruchlast (max. load, ultimate load) ist eine Funktion (f =) von der Reißfestigkeit (max. stress, tensile strength) und vom Bandquerschnitt (f = MPa · mm^2), die Steifigkeit ist dabei von untergeordneter Bedeutung, aber definiert als Kraftänderung pro Längenänderung ($\frac{dk}{dl}$). Für die Kreuzbänder lassen sich folgende Zahlenwerte feststellen (Tab. 5.5):

Tab. 5.5: Reißfestigkeit der Kreuzbandstrukturen, nach [310, 98, 99, 353, 358, 295].

	Querschnitt (mm^2)	**Bruchlast (N)**	**Reißfestigkeit $\left(\text{MPa}, \frac{\text{N}}{\text{mm}^2}\right)$**	**Steifigkeit $\left(\frac{\text{N}}{\text{mm}}\right)$**
LCA	37	473[e]–2160[d]	14,8–58,4	66–242[d,f,g,h]
ant. med.	21	567	27,0	
post. lat.	16	258	16,1	
LCP	53	740–1627	14,0–30,7	145–204[c]
ant. lat.	43	885–1620[a] 4000[b]	21–38 93	347[c]
post. med.	10	258	26	77[c]

[a] PRIETTO [302], MARINOZZI [231], [b] STROBEL [368], [c] RACE [310], [d] WOO [413], [e] KENNEDY [178], [f] NOYES [275], [g] STEINER [365], [h] JONES [171].

Es gibt Werte für die Reißfestigkeiten der Bänder mit 63,8 $\frac{\text{N}}{\text{mm}^2}$ und für die Sehnen mit 49,1 $\frac{\text{N}}{\text{mm}^2}$ (vgl. Kapitel 8.1). Die Überlegungen zu Sehnen und Bändern sind vergleichbar, insbesondere die Variabilität der Reißfestigkeit in Abhängigkeit vom Lebensalter. Am Knie muss dazu die unterschiedliche Spannung der Bänder in Beugung und Streckung berücksichtigt werden. Alle weiteren Mechanismen haben Begleitverletzungen. Den kompletten Kreuzbandrupturen müssen partielle Rupturen gegenübergestellt werden [259, 368]. Die kompletten Kreuzbandrupturen seien aber doppelt so häufig wie partielle. Ein typischer und auch nachvollziehbarer Mechanismus für die Ruptur des vorderen Kreuzbandes ist die vordere Translation des Schienbeinkopfes, die auch die typischen Knochenmarködeme („bone bruise") an der lateralen Tibiahinterkante und im Zentrum des lateralen Femurkondylus erklärt (Abb. 5.21).

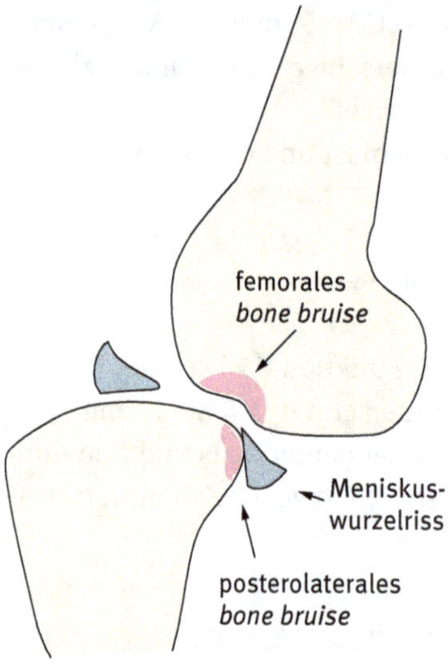

Abb. 5.21: Schema des „lateralen Quartetts“ – Riss vorderes Kreuzband, Außenmeniskuswurzelriss, Knochenödem laterale Tibiahinterkante und Impression im Zentrum des lateralen Femurkondylus [94].

Aber auch mit diesem Mechanismus ist eine isolierte vordere Kreuzbandruptur schwer erklärbar. Werden Dehiszenzen des vorderen Kreuzbandes aufgrund einer Ligamentose erklärt, so kommen Radiologen zu der Auffassung, dass eine klare Unterscheidung zu einer traumatischen Kreuzbandschädigung möglich ist, da die traumatische Schädigung mit den klassischen „Bone-bruise“-Veränderungen einhergeht [89, 197, 229].

Bei den ligamentotischen Kreuzbandschäden ist ja ein entsprechender Unfallmechanismus nicht vorauszusetzen. Hier gibt es andere Ursachen, wie den Überlastungsschaden, aber ebenfalls die Fossa-Pathologien. Auch bei diesen Kniegelenken bestehen Mechanismen, die als Unfall gewertet werden können, aber nicht unbedingt auch zu einer Kreuzbandruptur führen müssen, vielmehr bestehen Zerrungen u. a. Somit ist eine Differenzierung kernspintomographisch möglich, mit der Aussage, dass die Kontinuität des Kreuzbandes unterbrochen ist, traumatisch nur in Verbindung mit den entsprechenden Knochenödemen. Bei der Beurteilung eines Dehiszenzschadens an den Kreuzbändern sind, so wie auch an den Sehnen, intrinsische und extrinsische Faktoren zu berücksichtigen. Intrinische Faktoren (player-related) sind patientenbezogen hinsichtlich Alter, Krankheit u. a. zu werten, extrinsische Faktoren (environment-related) resultieren aus äußeren Einflüssen. Zur Wertung eines Kreuzbandschadens bedarf es einmal der Feststellung, ob tatsächlich ein Unfallereignis vorliegt, und wenn ja, mit welchem Mechanismus.

Auch bei den Kreuzbandrupturen muss eine die Elastizität des Bandes überschreitende Dehnkraft (Bruchlast) vorausgesetzt werden [374], dies in Verbindung mit einer anterioren Translation, in Verbindung mit der Kontraktion des Quadrizepsmuskels, als Hyperextensionsmechanismus oder auch unter Einbezug von Rotationskräften, so dass eine anteriore Scherkraft in Streckung das vordere Kreuzband zerreißen kann.

Beim hinteren Kreuzband ist dies die posteriore Translation, z. B. beim Dashboard-Mechanismus. Da sowohl beim vorderen als auch beim hinteren Kreuzband unfallunabhängige Kreuzbandschäden (auch Dehiszenzen) bestehen können, dies aufgrund einer Ligamentose, ist eine möglichst unfallzeitpunktnahe korrekte Diagnostik erforderlich. Dazu gehört neben der klinischen Untersuchung und dem Ausschluss von ossären Verletzungen mittels Röntgenbild die Magnetresonanztomographie, die ein Knochenödem am posterolateralen Schienbeinkopf sowie im Zentrum des lateralen Femurkondylus dann zeigt, wenn ein Mechanismus abgelaufen ist, der einmal zur vorderen Kreuzbandruptur hat führen können, zum anderen aber auch diese Knochenmarködeme veranlasst. Ohne diese typischen Knochenmarködeme ist eine traumatische vordere Kreuzbandruptur schwer feststellbar. Alleine eine Feststellung einer Dehiszenz bei der Magnetresonanztomographie ist für den Nachweis einer so genannten „Ruptur" nicht aussagekräftig. Es ist problematisch, dass grundsätzlich Dehiszenzen der Kreuzbänder mit „Ruptur" bezeichnet werden, da damit automatisch eine Kausalitätsbeurteilung in Richtung Unfall vorgenommen wird. Dies trifft aber nicht zu. Auch Signaländerungen sind keine Beweise für eine traumatische Schädigung, da diese auch bei degenerativen Veränderungen festgestellt werden [318]. Häufig werden Partialdehiszenzen ebenfalls als Ruptur bezeichnet, auch dann, wenn keine Knochenödembildungen an typischer Stelle vorliegen. Hier muss nach Notch-Veränderungen gesucht werden, die dann auch eine Ligamentose erklären könnten.

Die häufig geforderte Ergussbildung als Hämarthros bei einer rezenten Kreuzbandruptur ist nachvollziehbar, es gibt aber Ausnahmen bei der intrasynovialen vorderen Kreuzbandruptur, am hinteren Kreuzband nicht beschrieben, in dieser Situation kann der Hämarthros fehlen. Ein klinisch tastbarer Hämarthros (Ergussbildung) mit tanzender Patella fehlt aber auch bei begleitenden Verletzungen mit Kapselrupturen, so dass ein Blutaustritt in die umgebenden Weichteile möglich wird, was aber zumindest magnetresonanztomographisch dann festellbar ist. Eine diagnostische Arthroskopie, die eigentlich nicht mehr vorgenommen werden sollte, kann aber mit dem Ziel einer primären Kreuzbandadaptierung bzw. Refixation erfolgen, spätestens dann wird aber die rezente Verletzungssituation klar. Weiter werden Kreuzbandverletzungen nicht regelhaft unmittelbar nach einem Ereignis diagnostiziert. Kreuzbandrisse unterliegen einem Reparationsmechanismus, der dann pathohistologisch erkennbar wird. Da sie wie auch bei Sehnen eine faszikelartig helikale Struktur zeigen [342], kommt es zur Retraktion der Bandstümpfe mit beginnender Heilung, die aber aufgrund des Zugverlustes zum Ursprungsgebiet, meist liegen femurnahe Rupturen vor, nicht zur Herstellung der Kontinuität geeignet sind. Es entstehen ein 4-Stadien-Mechanismus, der mit der Reparation abläuft, eine initiale kurzfristige Entzündungssituation, in der Folge eine epiligamentäre Regeneration, es folgen die Proliferation und dann das Remodeling [261].

Die Antwort auf den Kreuzbandschaden ist vergleichbar mit der bei anderen Arten von Bindegewebe (Abb. 5.22). Da neben den Zeichen einer rezenten Verletzung auch feingeweblich bei zunehmendem Zeitabstand zum Unfall die reparativen Maßnahmen

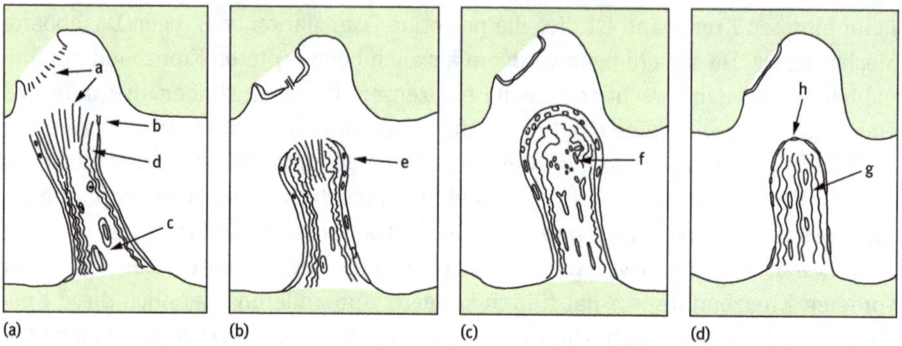

Abb. 5.22: Schematische Darstellung der makroskopischen und mikroskopischen Erscheinungsbilder der vier Phasen einer Heilungsreaktion nach Kreuzbandruptur ((a) Entzündungsphase, (b) epiligamentäre Regeneration, (c) Proliferation, (d) Remodeling, a = Rupturstelle, b = rupturierter Synovialschlauch, c = Gefäßhyperplasie, d = Verlust der typischen Kollagenfaserstruktur, e = Deckung des vaskularisierten Band- und Synovialgewebes, f = Revaskularisation, g = Zunahme der Revaskularisation, h = Retraktionszunahme) [261].

eintreten, entsteht das Bild einer Degeneration (= Texturstörung + Reparation), wenn auch nur angedeutet Vorschäden im Sinne eines Überlastungsschadens am Kreuzband vorliegen.

Kommt es zu einer Heilung eines partiell geschädigten vorderen Kreuzbandes, so ist mit einer Verlängerung der Struktur zu rechnen [299]. Histologische Hinweise und das frühzeitige Auftreten von Myofibroblasten [103] spielen für die Heilung einschließlich Metalloproteinasen eine Rolle [424, 425] Eine zeitnahe histologische Untersuchung eines geschädigten Kreuzbandes (innerhalb von sechs bis acht Wochen) kann eine vorbestehende Texturstörung erkennen [4, 263]. Jedenfalls sollte ein entnommenes vorderes Kreuzband, nach welcher Schädigung auch immer, einer feingeweblichen Untersuchung zugeführt werden.

Für die Beurteilung eines Kreuzbandschadens bedarf es hinsichtlich der Kenntnis des Schadensmechanismus der klinischen Untersuchung (tanzende Patella, Instabilitätszeichen), zum Ausschluss knöcherner Verletzungen muss eine Röntgenaufnahme in zwei Ebenen einschließlich Patella-tangential-Aufnahme erfolgen und schließlich ist die Magnetresonanztomographie hilfreich, da die mit Nachweis einer typischen Knochenmarködemverteilung den Beleg einer rezenten Kreuzbandruptur erbringen kann.

5.6 Literatur

[1] ADACHI, N.; NAWATA, K.; MAETA, M.; KUROZAWA, Y.: Relationship of the menstrual cycle phase to anterior cruciate ligament injuries in teenaged female athletes. Arch Orthop Trauma Surg 128:473–478 (2008)

[2] AGEBERG, E.; FRIDÉN, T.: Normalized motor function but impaired sensory function after unilateral non-reconstructed ACL injury: patients compared with uninjured controls. Knee Surg Sports Traumatol Arthrosc 16:449–456 (2008)

[3] ALENTORN-GELI, E.; ALVAREZ-DIAZ, P.; RAMON, S.; MARIN, M.; STEIN-BACHER, G.; BOFFA, J.J.; CUSCÓ, X.; BALLESTER, J.; CUGAT, R.: Assessment of neuromuscular risk factors for anterior cruciate ligament injury through tensiomyography in male soccer players. Knee Surg Sports Trau-matol Arthrosc 23:2508–2513 (2015)

[4] ALLAIN, J.; GOUTALLIER, D.; VOISIN, M.C.: Macroscopic and histological assessments of the cruciate ligaments in arthrosis of the knee. Acta Orthop Scand 72:266–269 (2001)

[5] ALLGAYER, B.; GEWALT, Y.; FLOCK, K.; HEUCK, A.; LEHNER, K.; GRADINGER, R.; LUTTKE, G.: Diagnostische Treffsicherheit der MRT bei Kreuzbandverletzungen. Fortschr Röntgenstr 155:159–164 (1991)

[6] AL-SAEED, O.; BROWN, M.; ATHYAL, R.; SHEIKH, M.: Association of femoral intercondylar notch morphology, width index and the risk of anterior cruciate ligament injury. Knee Surg Sports Traumatol Arthrosc 21:678–682 (2013)

[7] AMIEL, D.; FOULK, R.A.; HARWOOD, F.L.; AKESON, W.H.: Quantitative assessment by competitive ELISA of fibronectin (Fn) in tendons and ligaments. Matrix 9:421–427 (1989)

[8] AMIS, A.A.; DAWKINS, G.P.: Functional anatomy of the anterior cruciate ligament. Fiber bundle actions related to ligament replacements and injuries. J Bone Joint Surg Br 73:260–267 (1991)

[9] AMIS, A.A.; GUPTE, C.M.; BULL, A.M.; EDWARDS, A.: Anatomy of the posterior cruciate ligament and the meniscofemoral ligaments. Knee Surg Sports Traumatol Arthrosc 14:257–263 (2006)

[10] ANDERSON A.F.; DOME, D.C.; GAUTAM, S. et al.: Correlation of anthropometric measurements, strength, anterior cruciate ligament size, and intercondylar notch charakteristics to sex differences in anterior cruciate ligament tear rates. Am J Sports Med 29:58–65 (2001)

[11] ANDERSON, A.F.; ANDERSON, C.N.; GORMAN, T.M.; CROSS, M.B.; SPINDLER, K.P.: Radiographic measurements of the intercondylar notch: are they accurate? Arthroscopy 23:261–268 (2007)

[12] ANDERSON, C.J.; ZIEGLER, C.G.; WIJDICKS, C.A.; ENGEBRETSEN, L.; LA PADE, R.F.: Arthroscopically pertinent anatomy of the anterolateral and posteromedial bundles of the posterior cruciate ligament. J Bone Joint Surg Am 94:1936–1945 (2012)

[13] ANDERSSON, A.P.; ELLITSGAARD, N.: Aplasia of the anterior cruciate ligament with a compensating posterior cruciate ligament. Acta Orthop Belgica 58:240–242 (1992)

[14] ANDRIACCHI, T.P.; DYRBY, C.O.: Interactions between kinematics and loading during walking for the normal and ACL deficient knee. J Biomech 38:293–298 (2005)

[15] APPEL, M.; HAWE, W.; GRADINGER, R.: Topographische Anatomie der Kreuzbandinsertionen unter dem Gesichtspunkt der Kreuzbandplastik. Prakt Sport-Traumatologie und Sportmed 5/1:19–23 (1989)

[16] ARAKI, D.; KURODA, R.; KUBO, S.; NAGAMUNE, K.; HOSHINO, Y.; NISHIMOTO, K.; TAKAYAMA, K.; MATSUSHITA, T.; TEI, K.; YAMAGUCHI, M.; KUROSAKA, M.: The use of an electromagnetic measurement system for anterior tibial displacement during the Lachman test. Arthroscopy 27:792–802 (2011)

[17] ARENDT, E.; DICK, R.: Knee injury patterns among men and women in collegiate basketball and soccer. NCAA data and review of literature. Am J Sports Med. 23:694–701 (1995)

[18] ARMS, S.W.; POPE, M.H.; JOHNSON,R.J. et al.: The biomechanics of anterior cruciate ligament rehabilitation and reconstruction. Am J Sports Med 12:8–18 (1984)

[19] ARNOCZKY, S.P. et al: Anatomy of the anterior cruciate ligament. Clin Orthop 172:19–25 (1983)

[20] AZANGWE, G.; MATHIAS, K.J.; MARSHALL, D.: The effect of torsion on the appearance of the rupture surface of the ACL of rabbits. The Knee 9:31–39 (2002)

[21] BALLINGER, P.W. ed.: Merrill's atlas of radiographic position and radiographic procedure. St. Louis: Mosby:250–251 (1995)

[22] BARGMANN, W.: Histologie und mikroskopische Anatomie des Menschen. Verlag: Thieme Verlag, 6. Überarbeitete Auflage (1967)

[23] BARRY, K.P.; MESGARZADEH, M.; TRIOLO, J.; MOYER, R.; TEHRANZADEH, J.; BONAKDARPOUR, A.: Accuracy of MRI patterns in evaluating anterior cruciate ligament tears. Skeletal Radiol 25:365–370 (1996)

[24] BEAULIEU, M.L.; OH, Y.K.; BEDI, A.; ASHTON-MILLER, J.A.; WOJTYS, E.M.: Does limited internal femoral rotation increase peak anterior cruciate ligament strain during a simulated pivot landing? Am J Sports Med 42:2955–2963 (2014)

[25] BERG, E.E.: Parsons' Knob (Tuberculum Intercondylare Tertium). A guide to tibial anterior cruciate ligament insertion. Clin Orthop Relal Res 292:229–231 (1993)

[26] BERGIN, D.; MORRISON, W.B.; CARRINO, J.A.; NALLAMSHETTY, S.N.; BARTOLOZZI, A.R.: Anterior cruciate ligament ganglia and mucoid degeneration: coexistence and clinical correlation. AJR Am J Roentgenol 182:1283–1287 (2004)

[27] BERNAYS, A.: Die Entwicklungsgeschichte des Kniegelenkes des Menschen mit Bemerkungen über die Gelenke im Allgemeinen. Gegenbaurs Morphol Jahrb 4:403–447 (1878)

[28] BERNARD, M.; HERTEL, P.; HORNUNG, H.; CIERPINSKI, T.: Femoral insertion of the ACL. Radiographic quadrant method.. Am J Knee Surg 10:14–22 (1997)

[29] BERNS, G.S.; HULL, M.L.; PATTERSON, H.A.: Strain in the anteromedial bundle of the anterior cruciate ligament under combination loading. J Orthop Res 10:167–176 (1992)

[30] BEYNNON, B.D.; FLEMING, B.C.; JOHNSON, R.J. et al.: Anterior cruciate ligament strain behavior during rehabilitation exercises in vivo. Am J Sports Med 23:24–34 (1995)

[31] BHATTACHARYYA, R.; KER, A., FOGG, Q.; JOSEPH, J.: Lateral intercondylar ridge: is it a reliable landmark for femoral ACL insertion? An anatomical study. Bone Joint J 97-B, Supp 3, 7 (2015)

[32] BICER, E.K.; LUSTIG, S.; SERVIEN, E.; SELMI, T.A.S.; NEYRET, P.: Current knowledge in the anatomy of the human anterior cruciate ligament. Knee Surg Sports Traumatol Arthrosc 18:1075–1084 (2010)

[33] BODEN, B.P.; DEAN, G.S.; FEAGIN, J.A. Jr. et al.: Mechanisms of anterior cruciate ligament injury. Orthopedics 23:573–578 (2000)

[34] BONASIA, D.E.; DETTONI, F.; BRUZZONE, M.; STUCCHI, A.; D'ELICIO, D.; ROSSI, R.: The posterolateral corner of the knee anatomy: surgical approach and biomechanics. Tech Knee Surg 11:41–45 (2012)

[35] BRANTIGAN, O.C.; VOSHELL, A.F.: Ligaments of the knee joint. The relationship of the ligament of Humphry to the ligament of Wrisberg. J Bone Joint Surg 28: 66–67 (1946)

[36] BRAUS, H.: Angeborene Gelenkveränderungen, bedingt durch künstliche Beeinflussung des Anlagematerials. Arch Entw Mechan 30:459–496 (1910)

[37] BRINKMAN, J.M.; SCHWERING, P.J.; BLANKENVOORT, L.; KOOLOS, J.G.: LUITES, J.; WYMENGA, A.B.: The insertion geometry of the posterolateral corner of the knee. J Bone Joint Surg Br 8:1364–1368 (2005)

[38] BURKS, R.T.: Gross anatomy. In: DANIEL, D.; AKESON, W.; O'CONNOR, J. (eds.): Knee ligaments – structure, function, injury and repair. Raven Press, New York:59–76 (1990)

[39] BUTLER, D.L.; MARTIN, E.T.; KAISER, A.D.; GROOD, AS.; CHUN, K.J.; SODD, A.N.: The effects of flexion and tibial rotation on the 3D orientations and lengths of human anterior cruciate ligament bundles. Orthop Res Soc 34:59 (1990)

[40] CHANDRASHEKAR, N.; MANSOURI, H.; SLAUTERBECK, J.; HASHEMI, J.: Sex-based differences in the tensile properties of the human anterior cruciate ligament. J Biomech 39:2943–2950 (2006)

[41] CHARLTON, W.P.H.; ST. JOHN, T.A.; CICCOTTI, M.G.; HARRISON, N.; SCHWEITZER, M.: Differences in femoral notch anatomy between men and women: a magnetic resonance imaging study. Am J Sports Med 30:329–333 (2002)

[42] CHEN, W.T.; SHIH, T.T.; TU, H.Y.; CHEN, R.C.; SHAU, W.Y.: Partial and complete tear of the anterior cruciate ligament. Acta Radiol 43:511–516 (2002)

[43] CHHABRA, A.; STARMAN, J.S.; FERRETTI, M.; VIDAL, A.F.; ZANTOP, T.; FU, F.H.: Anatomic, radiographic, biomechanical, and kinematic evaluation of the anterior cruciate ligament and its two functional bundles. J Bone Joint Surg Am 88:2–10 (2006)

[44] CHHABRA, A.; ZELLE, B.A.; FENG, M.T.; FU, F.H.: The arthroscopic appearance of a normal anterior cruciate ligament in a posterior cruciate ligament-deficient knee: the posterolateral bundle (PLB) sign. Arthroscopy 21:1267 (2005)

[45] CHIBA, T.; SUGITA, T.; ONUMA, M.; KAWAMATA, T.; UMEHARA, J.: Injuries to the posterolateral aspect of the knee accompanied by compression fracture of the anterior part of the medial tibial plateau. Arthroscopy 17:642–647 (2001)

[46] CHUN, C.H.; LEE, B.C.; YANG, J.H.: Extension block secondary to partial anterior cruciate ligament tear on the femoral attachment of the posterolateral bundle. Arthroscopy 18:227–231 (2002)

[47] CITAK, M.; SUERO, E.M.; ROZELL, J.C.; BOSSCHER, M.R.F.; KUESTERMEYER, J.; PEARLE, A.D.: A mechanized and standardized pivot shifter: technical description and first evaluation. Knee Surg Sports Traumatol Arthrosc 19:707–711 (2011)

[48] COEN, M.J.; CABORN, D.N.; JOHNSON, D.L.: The dimpling phenomenon: articular cartilage injury overlying an occult osteochondral lesion at the time of anterior cruciate ligament reconstruction. Arthroscopy 12:502–505 (1996)

[49] COLLETTE, M.; COURVILLE, J.; FORTON, M.; GAGNIÈRE, B.: Objective evaluation of anterior knee laxity; comparison of the KT-1000 and GNRB® arthrometers. Knee Surg Sports Traumatol Arthrosc 20:2233–2238 (2012)

[50] COLOMBET, P.; ROBINSON, J.; CHRISTEL, P.; FRANCESCHI, J.P.; DJIAN, P.; BELLIER, G.; SBIHI, A.: Morphology of anterior cruciate ligament attachments for anatomic reconstruction: a cadaveric dissection and radiographic study. Arthroscopy 22:984–992 (2006)

[51] COMERFORD, E.J.; TARLTON, J.F.; AVERY, N.C.; BAILEY, A.J.; INNES, J.F.: Distal femoral intercondylar notch dimensions and their relationship to composition and metabolism of the canine anterior cruciate ligament. Osteoarthritis Cartilage 14:273–278 (2006)

[52] COOPER, R.R.; MISOL, S.: Tendon and ligament insertion: a light and electron microscopic study. J Bone Joint Surg Am 52:1–20 (1970)

[53] COOPER, D.: Classification of PCL injury patterns. Dijon: Int. PCL Study Group (2005)

[54] CORRIGAN, J.P.; CASHMAN, W.F., BRADY, M.P.: Proprioception in the cruciate deficient knee. J Bone Joint Surg 74-B:247–250 (1992)

[55] CORSO, S.J.; WHIPPLE, T.L.: Avulsion of the femoral attachment of the anterior cruciate ligament in a 3-year-old boy. Arthroscopy 12:95–98 (1996)

[56] COSTA-PAZ, M.; MUSCOLO, D.L.; MAKINO, A.; AYERZA, M.A.: Simultaneous acute rupture of the patellar tendon and the anterior cruciate ligament. Arthroscopy 21:1143 (2005)

[57] DAGHER, E.; GRAVELEAU, N.; BARTH, J.; CHAMBAT, P.: Bilateral ACL rupture.11th ESSKA 2000 Congress 4th World Congress on Sports Trauma 5.-8. May, Athen, Greece (2004)

[58] DANIEL, D.M.; STONE, M.L.; DOBSON, B.E. et al.: Fate of the ACL-injured patient: a prospective outcome study. Am J Sports Med 22:632–644 (1994)

[59] DARE, D.M.; FABRICANT, P.D.; MC CARTHY, M.M.; REBOLLEDO, B.J.; GREEN, D.W.; CORDASCO, F.A.; JONES, K.J.: Increased lateral tibial slope is a ris factor for pediatric anterior cruciate ligament injury. Am J Sports Med 43:1632–1639 (2015)

[60] DE PONTI, A.; SANSONE, V.; DE GAMMA MALCHÈR, M.: Bilateral absence of the anterior cruciate ligament. Arthroscopy 17:E26 (2001)

[61] DEEHAN, D.J.; SALMON, L.J.; WEBB, V.J.; DAVIES, A.; PINCZEWSKI, L.A.: Endoscopic reconstruction of the anterior cruciate ligament with an ipsilateral patellar tendon autograft. A prospective longitudinal five-year study. J Bone Joint Surg Br 82:984–991 (2000)

[62] DEEHAN, D.J.; CAWSTON, T.E.: The biology of integration of the anterior cruciate ligament. J Bone Joint Surg Br 87:889–895 (2005)

[63] DEJOUR, D.; NTAGIOPOULOS, P.G.; SAGGIN, P.R.; PANISSET, J.C.: The diagnostic value of clinical tests, magnetic resonance imaging, and instrumented laxity in the differentiation of complete versus partial anterior cruciate ligament tears. Arthroscopy 29:491–499 (2013)

[64] DEL VALLE, M.E.; HARWIN, S.F.; MAESTRO, A.; MURCIA, A.; VEGA, J.A.: Immunohistochemical analysis of mechanoreceptors in the human posterior cruciate ligament: a demonstration of its proprioceptive role and clinical relevance. J Arthroplasty 13:916–922 (1998)

[65] DEMORAT, G.; WEINHOLD, P.; BLACKBURN, T. et al.: Aggressive quadriceps loading can induce noncontact anterior cruciate ligament injury. Am J Sports Med 32:477–483 (2004)

[66] DENTI, M.; MONTELEONE, M.; BERARDI, A.; SCHIAVONE-PANNI, A.: Schiavone Panni A. Anterior cruciate ligament mechanoreceptors. Clin Orthop Relat Res 308:29–32 (1994)

[67] DIAMANTOPOULOS, A.; TOKIS, A.; TZURBAKIS, M.; PATSOPOULOS, I.; GEORGOULIS, A.: The posterolateral corner of the knee: evaluation under microsurgical dissection. Arthroscopy 21:826–833 (2005)

[68] DIENST, M.; BURKS, R.T.; GREIS, P.E.: Anatomy and biomechanics of the anterior cruciate ligament. Orthop Clin N Am 33:605–620 (2002)

[69] DIENST, M.; SCHNEIDER, G.; ALTMEYER, K.; VOELKERING, K.; GEORG, T.; KRAMANN, B.; KOHN, D.: Correlation of intercondylar notch cross sections to the ACL size: a high resolution MR tomographic in vivo analysis. Arch Orthop Trauma Surg 127:253–260 (2007)

[70] DODDS, J.A.; ARNOCZKY, S.P.: Anatomie of the anterior cruciate ligament: a blueprint for repair and reconstruction. Arthroscopy 10:132–139 (1994)

[71] DRAGANICH, L.F.; JAEGER, R.J.; KRALJ, A.R.: Coactivation of the hamstrings and quadriceps during extension of the knee. J Bone Joint Surg Am 71:1075–1081 (1989)

[72] DRAGANICH, L.F.; VAHEY, J.W.: An in vitro study of anterior cruciate ligament strain induced by quadriceps and hamstring forces. J Orthop Res 8:57–63 (1990)

[73] DUTHON, V.B.; BAREA, C.; ABRASSART, S.; FASEL, J.H.; FRITSCHY, D.; MÉNÉTREY, J.: Anatomy of the anterior cruciate ligament. Knee Surg Sports Traumatol Arthrosc 14:204–213 (2006)

[74] DZIANACH, M.; PIONTEK, T.; SIWINSKI, D.; OWCZARSKI, T.: Anterior cruciate ligament – sagittal popliteal view. A new sonographic ACL imaging method. 11th ESSKA 2000 Congress 4th World Congress on Sports Trauma 5.-8. May, Athen, Greece (2004)

[75] EADY, J.L.; CARDENAS, C.D.; SOPA, D.: Avulsion of the femoral attachment of the anterior cruciate ligament in a seven year old child: A case report. J Bone Joint Surg 64-A:1376–1378 (1982)

[76] EDWARDS, A.; BULL, A.M.J.; AMIS, A.A.: The attachments of the anteromedial and postolateral fibre bundles of the anterior cruciate ligament. Knee Surg Sports Truamatol Arthrosc 16:29–36 (2008)

[77] EGERBACHER, M.; BOCK, P.: Myxoid tissue: its morphology, histochemistry, and relationship with other supporting tissues. Arch Histol Cytol 60:121–131 (1997)

[78] EGLOFF, C.; VALDERRABANO, V.; PAGENSTERT, G.: Knieverletzungen im Sport – Die Partialruptur des VKB. SportOrthoTrauma 27:35–41 (2011)

[79] EGNER, E.: Knee joint meniscal degeneration as it relates to tissue fiber structure and mechanical resistance. Pathol Res Pract 173:310–324 (1982)

[80] ELLISON, A.E.; BERG, E.E.: Embryology, Anatomy, and Function of the anterior cruciate ligament. Orthop Clin North Am 16:3–14 (1985)

[81] ESTES, K.; CHERUVU, B.; LAWLESS, M.; Laughlin, R.; GOSWAMI, T.: Risk assessment for anterior cruciate ligament injury. Arch Orthop Trauma Surg 135:1437–1443 (2015)

[82] EVERHART, J.S.; FLANIGAN, D.C.; CHAUDHARI, A.M.W.: Anteromedial ridging of the femoral intercondylar notch: an anatomic study of 170 archival skeletal specimens. Knee Surg Sports Traumatol Arthrosc 22:80–87 (2014)

[83] EWING, S.L.; ROSAI, J.: Basophilic (Mucoid) degeneration of skeletal muscle. Arch Pathol 97:60–62 (1974)

[84] FARROW, L.D.; CHEN, M.R.; COOPERMAN, D.R.; VICTOROFF, B.N.; GOODFELLOW, D.B.: Morphology of the femoral intercondylar notch. J Bone Joint Surg Am 89:2150–2155 (2007)

[85] FARROW, L.D.; CHEN, M.R.; COOPERMAN, D.R.; GOODFELLOW, D.B.; ROBBIN, M.S.: Radiographic classification of the femoral intercondylar notch posterolateral rim. Arthroscopy 24:1109–1114 (2008)

[86] FEALY, S.; KENTER, K.; DINES, J.; WARREN, R.: Mucoid cystic degeneration of the anterior cruciate ligament. Arthroscopy 17:37 (2001)

[87] FEHRING, T.K.; ODUM, S.M.; HUGHES, J.; SPRINGER, B.D.; BEAVER, W.B. Jr.: Differences between the sexes in the anatomy of the anterior condyle of the knee. J Bone Joint Surg AM 91:2335–2341 (2009)

[88] FENG, H.; ZHANG, H.; HONG, L.; WANG, X.S.; CHENG, K.B.; ZHANG, J.: Femoral peel-off lesions in acute posterolateral corner injuries: incidence, classification, and clinical characteristics. Arthroscopy 27:951–958 (2011)

[89] FERNANDES, J.L.; VIANA, S.L.; MENDONÇA, J.L.F.; FREITAS, F.M.O.; BEZERRA, A.S.A.; LIMA, G.A.S.; MATOS, V.L.; CUNHA, N.F.; MARTINS, R.R.; FREITAS, R.M.O.: Mucoid degeneration of the anterior cruciate ligament: magnetic resonance imaging findings of an underdiagnosed entity. Acta Radiol 49:75–79 (2008)

[90] FERRETTI, M.; LEVICOFF, E.A.; MACPHERSON, T.A.; MORELAND, M.S.; COHEN, M.; FU, F.H.: The fetal anterior cruciate ligament: an anatomic and histologic study. Arthroscopy 23:278–283 (2007)

[91] FERRETTI, M.; DOCA, D.; INGHAM, S.M.; COHEN, M.; FU, F.H.: Bony and soft tissue landmarks of the ACL tibial insertion site: an anatomical study. Knee Surg Sports Traumatol Arthrosc 20:62–68 (2012)

[92] FISCHER, L.P.; GUYOT, J.; GONON, G.P.; CARRET, J.P.; COURCELLES, P.; DAHHAN, P.: The role of the muscles and ligaments in stabilization of the knee joint. Anatomia Clinica 1:43–54 (1998)

[93] FLEMING, B.C.; RENSTROM, P.A.; BEYNNON, B.D. et al.: The effect of weightbearing and external loading on anterior cruciate ligament strain. J Biomech 34:163–170 (2001)

[94] FORKEL, P,; PETERSEN, W.: Knee ligament injuries. In: OESTERN, H.J. et al. (eds): Bone and Joint injuries. Europ Manual of Medicine (2014)

[95] FORNALSKI, S.; MC GARRY, M.H.; CSINTALAN, R.P.; FITHIAN, D.C.; LEE, T.Q.: Biomechanical and anatomical assessment after knee hyperextension injury. Am J Sports Med 36:80–84 (2008)

[96] FU, F.H.; SHAN, W.; STARMAN, J.S.; OKEKE, N.; IMGANG, J.J.: Primary anatomic double-bundle anterior cruciate ligament reconstruction: a preliminary 2-year prospective study. Am J Sports Med 36:1263–1274 (2008)

[97] FU, F.H.: Double-bundle ACL reconstruction. Orthopedics 34:281–283 (2011)

[98] FUJIE, H.; MAE, T.; SEKITO, T.; SHINO, K.: Mechanical functions of human ACL bundles: development and application of a robotic knee simulator. In: KAJZER, J.; TANAKA, E.; YAMADA, H. (eds): Human biomechanics and injury prevention. Springer Tokyo:256–260 (2000)
[99] FUJIE, H.; OTSUBO, H.; FUKANO, S.; SUZUKI, T.; SUZUKI, D.; MAE, T., SHINO, K.: Mechanical functions of the three bundles consisting of the human anterior cruciate ligament. Knee Surg Sports Traumatol Arthrosc 19:S47-S53 (2011)
[100] FUSS, F.K.: Morphology and function of the cruciate ligaments in diapsids. Acta Anat 153:320–324 (1995)
[101] GAJJAR, S.; NARVEKAR, A.: Degenerate anterior cruciate ligament. 11th ESSKA 2000 Congress 4th World Congress on Sports Trauma 5.-8. May, Athen, Greece (2004)
[102] GALANO, G.J.; SUERO, E.M.; CITAK, M.; WICKIEWICZ, T.; PEARLE, A.D.: Relationship of native tibial plateau anatomy with stability testing in the anterior cruciate ligament-deficient knee. Knee Surg Sports Traumatol Arthrosc 20:2220–2224 (2012)
[103] GARAVAGLIA, G.; SUVÀ, D.; MICHEL, M.; GABBIANI, G.; BOCHATO-PIALLAT, M.L.; HOFFMEYER, P.; FRITSCHY, D.; MENETREY, J.: Myofibroblast expression in injured medial collateral and anterior cruciate ligaments. 11th ESSKA 2000 Congress 4th World Congress on Sports Trauma 5.-8. May, Athen, Greece (2004)
[104] GARAVAGLIA, G.; LUBBEKE, A.; DUBOIS-FERRIÈRE, V.; SUVA, D.; FRITSCHY, D.; MENETREY, J.: Accuracy of stress radiography techniques in grading isolated and combined posterior knee injuries: a cadaveric study. Am J Sports Med 35:2051–2056 (2007)
[105] GARRICK, J.G.; REQUA, R.K.: Anterior cruciate ligament injuries in men and women: how common are they? In: GRIFFIN, L.Y, Editor: Prevention of noncontact ACL injuries. American Academy of Orthopaedic Surgeons, Rosemont, USA (2000)
[106] GEBHARD, F.; KÖNIG, U.; FRIEDRICH, N.F.: Die vordere Kreuzbandruptur bei Kindern und Jugendlichen. Sportorthopädie Sporttraumatologie 18:157–161 (2002)
[107] GEMAS, T.K.; SCHURHOTT, M.A.; HECHTMAN, K.S.: Comparison of radiographic knee measurements in normal and ACL-deficient subjects. Presented at the International Society of Arthroscopy, Knee Surgery and Orthopaedic Sports Medicine Conference, Auckland, New Zealand, March:10–14 (2003)
[108] GILLE, J.; KIENAST, B.; VOIGT, C.; OHEIM, R.; SCHULZ, A.P.; GROSSER, V.: Begutachtung der vorderen Kreuzbandruptur. Unfallchirurg 116:238–245 (2013)
[109] GIRGIS, F.G.; MARSHALL, J.L.; MONAJEM, A.R.S.: The cruciate ligaments of the knee jont. Anatomical, functional and experimental analysis. Clin Orthop 106:216–231 (1975)
[110] GIRON, F.; CUOMO, P.; AGLIETTI, P.; BULL, A.M.J.; AMIS, A.A.: Femoral attachment of the anterior cruciate ligament. Knee Surg Spots Traumatol Arthrosc 14:250–256 (2006)
[111] GOKELER, A.; ZANTOP, T.; JÖLLENBECK, T.: Epidemiologie. GOTS-Expertenmeeting: Vorderes Kreuzband:3–14 (2010)
[112] GOMEZ-BARRENA, E.; MARTINEZ-MORENO, E.; MUNUERA, L.: Segmental sensory innervation of the anterior cruciate ligament and the patellar tendon of the cat's knee. Acta Orthop Scand 67:545–552 (1996)
[113] GOODFELLOW, J.W.; O'CONNOR, J.: Clinical results of the oxford knee. Surface arthroplasty of the tibiofemoral joint with a meniscal bearing prosthesis. Clin Orthop Relat Res 205:21–42 (1986)
[114] GRAF, B.K.; COOK, D.A.; DE MET, A.A.; KEENE, J.S.: „Bone bruises" on magnetic resonance imaging evaluation of anterior cruciate ligament injuries. Am J Sports Med 21:220–223 (1993)
[115] GREINER, P.; MAGNUSSEN, R.A.; LUSTIG, S.; DEMEY, G.; NEYRET, P.; SERVIEN, E.: Computed tomography evaluation of the femoral and tibial attachments of the posterior cruciate ligament in vitro. Knee Surg Sports Traumatol Arthrosc 19:1876–1883 (2011)

[116] GRIFFITH, C.J.; WIJDICKS, C.A.; GOERKE, U.; MICHAELI, S.; ELLERMANN, J.; LA PRADE, R.F.: Outcomes of untreated posterolateral knee injuries: an in vivo canine model. Knee Surg Sports Traumatol Arthrosc 19:1192–1197 (2011)

[117] GUPTE, C.M.; THOMAS, R.D.; STRACHAN, R.K.; AMIS, A.A.; BULL, A.M.J.: An arthroscopic study of the meniscofemoral ligaments and their significance posterior cruciate ligament injuries. 11th ESSKA 2000 Congress 4th World Congress on Sports Trauma 5.-8. May, Athen, Greece (2004)

[118] HALEWOOD, C.; AMIS, A.A.: Clinically relevant biomechanics of the knee capsule and ligaments. Knee Surg Sports Traumatol Arthrosc 23:2789–2796 (2015)

[119] HAMADA, M.; SHINO, K.; MITSUOKA, T.; TORITSUKA, Y.; NATSU-UME, T.; HORIBE, S.: Chondral injury associated with acute isolated posterior cruciate ligament injury. Arthroscopy 16:59–63 (2000)

[120] HAME, S.L.; OAKES, D.A.; MARKOLF, K.L.: Injury to the anterior cruciate ligament during alpine skiing: a biomechanical analysis of tibial torque and knee flexion angle. Am J Sports Med 30:537–540 (2002)

[121] HARA, K.; MOCHIZUKI, T.; SEKIYA, I.; YAMAGUCHI, K.; AKITA, K.; MUNETA, T.: Anatomy of normal human anterior cruciate ligament attachments evaluated by divided small bundles. Am J Sports Med 37:2386–2391 (2009)

[122] HARNER, C.D.; XEROGEANES, J.W.; LIVESAY, G.A.; CARLIN, G.J.; SMITH, B.A.; KUSAYAMA, T.; KASHIWAGUCHI, S.; WOO, S.L.: The human posterior cruciate ligament complex: an interdisciplinary study. Ligament morphology and biomechanical evaluation. Am J Sports Med 23:736–745 (1995)

[123] HARNER, C.D.; BAEK, G.H.; VOGRIN, T.M.; CARLIN, G.J.; KASHIWAGUCHI, S.; WOO, S.L.: Quantitative analysis of human cruciate ligament insertions. Arthroscopy 15:741–749 (1999)

[124] HASHEMI, J.; BREIGHNER, R.; CHANDRASHEKAR, N.; HARDY, D.M.; CHAUDHARI, A..; SHULTZ, S.J.; SLAUTERBECK, J.R.; BEYNNON, B.D.: Hip extension, knee flexion paradox: a new mechanism for non-contact ACL injury. J Biomech 44:577–585 (2011)

[125] HAUS, J.; REFIOR, H.J.: Zur Anatomie und Histologie des vorderen Kreuzbandes. Orthop Praxis 5:296–298 (1988)

[126] HAUS, J.; HALATA, Z.; REFIOR, H.J.: Propriozeption im vorderen Kreuzband des menschlichen Kniegelenkes - morphologische Grundlagen. Z Orthop 130,484–494 (1992)

[127] HELFET, A.J.: Disorders of the knee (sec. Ed.) Lippincott Philadelphia Toronto (1982)

[128] HEMPFLING, H.; KRENN, V.; BOHNDORF, K.: Degeneration als Texturstörung. Orthop Praxis 47:217–225 (2011)

[129] HENSEN, J.J.; COERKAMP, E.G.; BLOEM, J.L.; DE SCHEPPER, A.M.: Mucoid degeneration of the anterior cruciate ligament. JBR-BTR 90:192–193 (2007)

[130] HERBORT, M.; FINK, C.: Riss des vorderen Kreuzbandes. Biomechanische Auswirkungen auf das Kniegelenk. Arthroskopie 28:18–25 (2015)

[131] HERBST, E.; HOSER, C.; TECKLENBURG, K.; FILIPOVIC, M.; DALLAPOZZA, C.; HERBORT, M.; FINK, C.: The lateral femoral notch sign following ACL injury: frequency, morphology and relation to meniscal injury and sports activity. Knee Surg Sports Traumatol Arthrosc 23:2250–2258 (2015)

[132] HERNIGOU, P.; GARABEDIAN, J.M.: Intercondylar notch width and the risk for anterior cruciate ligament rupture in the osteoarthritic knee: evaluation by plain radiography and CT scan. Knee 9:313–316 (2002)

[133] HERRERA, M.F.; ROTH, N.S.: Salter-Harris type III fracture of the medial femoral condyle associated with an anterior cruciate ligament tear: a case report. Am J Sports Med 31:783–786 (2003)

[134] HERTEL, P.: Frische und alte Kniebandverletzungen. Unfallchirurg 99:686–700 (1996)

[135] HESSERER, C.: Beitrag zur Kenntnis der Gelenkentwicklung beim Menschen. Morph Jahrb 55:489–567 (1926)

[136] HEWETT, T.E.; NOYES, F.R.; LEE, M.D.: Diagnosis of complete and partial posterior cruciate ligament ruptures. Stress radiography compared with KT-1000 arthrometer and posterior drawer testing. Am J Sports Med 25:648–655 (1997)

[137] HEWETT, T.E.; MYER, G.D.; FORD, K.R. et al.: Biomechanical measures of neuromuscular control and valgus loading of the knee predict anterior cruciate ligament injury risk in female athletes: a prospective study. Am J Sports Med 33:492–501 (2005)

[138] HINTERWIMMER, S.; BAUMGART, R.; PLITZ, W.: Tension changes in the collateral ligaments of a cruciate ligament-deficient knee joint: an experimental biomechanical study. Arch Orthop Trauma Surg 122:454–458 (2002)

[139] HIRAOKA, H.; YASHIKI, M.; SAKAI, H.: Contributory factors to the results of gravity-assisted pivot-shift test for anterior cruciate ligament injury: the significance of muscle torque around the knee. Knee Surg Sports Traumatol Arthrosc 16:279–285 (2008)

[140] HIROKAWA, S.; YAMAMOTO, K.; KAWADA, T.: Circumferential measurement and analysis of strain distribution in the human ACL using a photoelastic coating method. J Biomech 34:1135–1143 (2001)

[141] HIRSCHMANN, M.T.; MÜLLER, W.: Complex function of the knee joint: the current understanding of the knee. Knee Surg Sports Traumatol Arthrosc 23:2780–2788 (2015)

[142] HO, T.K.; FANG, D.: Posterior cruciate avulsion fracture associated with a large inverted medial tibial osteochondral fragment. J Trauma 38:653–657 (1995)

[143] HODLER, J.; HAGHIGHI, P.; TRUDELL, D.; RESNICK, D.: The cruciate ligaments of the knee: correlation between MR appearance and gross and histologic findings in cadaveric specimens. AJR Am J Roentgenol 159:357–360 (1992)

[144] HÖPKER, W.W.: Gelenkzwischenscheiben. In: DOERR, W.; SEIFERT, G. (Hrsg): Pathologie der Gelenke und Weichteiltumoren II. Springer Berlin Heidelberg New York Tokyo:723–921 (1984)

[145] HOFFMANN, F.F.: Abnormal femoral origin of the anterior cruciate ligament combined with a discoid lateral meniscus. Arthroscopy 13:254–256 (1997)

[146] HOHMANN, E.; BRYANT, A.; REABURN, P.; TETSWORTH, K.: Is there a correlation between posterior tibial slope and non-contact anterior cruciate ligament injuries? Knee Surg Sports Traumatol Arthrosc 19:S109–114 (2011)

[147] HOSHINO, Y.; WANG, J.H.; LORENZ, S.; FU, F.H.; TASHMAN, S.: Gender difference of the femoral kinematics axis location and its relation to anterior cruciate ligament injury: a 3D-CT study. Knee Surg Sports Traumatol Arthrosc 20:1282–1288 (2012)

[148] HOSHINO, Y.; KURODA, R.; NAGAMUNE, K.; ARAKI, D.; KUBO, S.; YAMAGUCHI, M.; KUROSAKA, M.: Optimal measurement of clinical rotational test for evaluating anterior cruciate ligament insufficiency. Knee Surg Sports Traumatol Arthrosc 20:1323–1330 (2012)

[149] HOTEYA, K.; KATO, Y.; MOTOJIMA, S.; INGHAM, S.J.; HORAGUCHI, T.; SAITO, A.; TOKUHASHI, Y.: Association between intercondylar notch narrowing and bilateral anterior cruciate ligament injuries in athletes. Arch Orthop Trauma Surg 131:371–376 (2011)

[150] HOVIS, K.K.; ALIZAI, H.; THAM, S.C.; SOUZA, R.B.; NEVITT, M.C.; MC CULLOCH, C.E.; LINK, T.M.: Non-traumatic anterior cruciate ligament abnormalities and their relationship to osteoarthritis using morphological grading and cartilage T2 relaxation times: data from the Osteoarthritis Initiative (OAI). Skeletal Radiol 41:1435–1443 (2012)

[151] HSU, C.J.; WANG, S.C.; FONG, Y.C.; HUANG, C.Y.; CHIANG, I.P.; HSU, H.C.: Mucoid degeneration of the anterior cruciate ligament. J Chin Med Assoc 69:449–452 (2006)

[152] HUANG, G.S.; LEE, C.H.; CHAN, W.P.; TAYLOR, J.A.; HSUCH, C.J.; JOAN, C.J. et al.: Ganglion cysts of the cruciate ligaments. Acta Radiol 43:419–424 (2002)

[153] HUANG, K.C.; HSU, W.H.; WANG, T.C.: Acute injury of anterior cruciate ligament during karate training. The Knee 14:245–248 (2007)

[154] HUBER, F.E.; IRRGANG, J.I.; HARNER, C.; LEPHART, S.: Intratester and intertester reliability of the KT-1000 Arthrometer in the assessment of posterior laxity of the knee. Am J Sports Med 25:479–485 (1997)

[155] HUTCHINSON, M.R.; ASH, S.A.: Resident's Ridge: Assessing the Cortical Thickness of the Lateral Wall and Roof of the Intercondylar Notch. Arthroscopy 19:931–935 (2003)

[156] ILLINGWORTH, K.D.; HENSLER, D.; CASAGRANDA, B.; BORRERO, C.; VAN ECK, C.F.; FU, F.H.: Relationship between bone bruise volume and the presence of meniscal tears in acute anterior cruciate ligament rupture. Knee Surg Sports Traumatol Arthrosc 22:2181–2186 (2014)

[157] IRELAND, M.L.; Anterior cruciate ligament injury in female athletes: epidemiology. J Athl Train 34:150–154 (1999)

[158] IRIE, K.; YAMADA, T.: Three-dimensional virtual computed tomography imaging for injured anterior cruciate ligament. Arch Orthop Trauma Surg 122:93–95 (2002)

[159] IRIUCHISHIMA, T.; RYU, K.; AIZAWA, S.; FU, F.H.: Size correlation between the tibial anterior cruciate ligament footprint and the tibia plateau. Knee Surg Sports Traumatol Arthrosc 23:1147–1152 (2015)

[160] IRIUCHISHIMA, T.; RYU, K.; AIZAWA, S.; FU, F.H.: Proportional evaluation of anterior cruciate ligament footprint size and knee bony morphology. Knee Surg Sports Traumatol Arthrosc 23:3157–3162 (2015)

[161] ISHIDA, T.; YAMANAKA, M.; TAKEDA, N.; HOMAN, K.; KOSHINO, Y.; KOBAYASHI, T.; MATSUMOTO, H.; AOKI, Y.: The effect of changing toe direction on knee kinematics during drop vertical jump: a possible risk factor for anterior cruciate ligament injury. Knee Surg Sports Traumatol Arthrosc 23:1004–1009 (2015)

[162] IWAHASHI, T.; SHINO, K.; NAKATA, K.; NAKAMURA, N.; YAMADA, Y.; YOSHIKAWA, H.; SUGAMOTO, K.: Assessment of the „functional length" of the three bundles of the anterior cruciate ligament. Knee Surg Sports Traumatol Arthrosc 16:167–174 (2008)

[163] JACOBSEN, K.: Area intercondylaris tibiae: Osseous surface structure and its relation to the soft tissue structures and applications to radiography. J Anal 117:605 (1974)

[164] JÄGER, A.; LINKE, R.D.: Verletzungen des hinteren Kreuzbands. Trauma Berufskrankh 9:301–308 (2007)

[165] JAKOB, R.P.; STÄUBLI, H.U.: Kniegelenk und Kreuzbänder. Springer-Verlag Berlin Heidelberg (1990)

[166] JAKOB, R.P.; GAUTIER, E.: Komplexes Knietrauma – Knorpelverletzungen. Swiss Surg 4:296–310 (1998)

[167] JAMISON, S.T.; FLANIGAN, D.C.; NAGARAJA, H.N.; CHAUDHARI, A.M.: Side-to-side differences in anterior cruciate ligament volume in healthy control subjects. J Biomech 43:576–578 (2010)

[168] JAVADPOUR, S.M.; FINEGAN, P.J.; GLACKEN, P.; O'BRIEN, M.: Anatomy of the posterior cruciate ligament and its length patterns during knee flexion. Clin J Sport Med 4:125–132 (1994)

[169] JOHANSSON, E.; APARISI, T.: Missing cruciate ligament in congenital short femur. J Bone Joint Surg Am 65:1109–1115 (1983)

[170] JOHNSON, D.L.; URBAN, W.P.; CABORN, D.N.M.; VANARTHROS, W.J.; CARLSON, C.S.: Articular cartilage changes seen with magnetic resonance imaging-detected bone bruises associated with acute anterior cruciate ligament rupture. Am J Sports Med 26, Nr. 3 (1998)

[171] JONES, R.S.; NAWANA, N.S.; PEARCY, M.J.; LEARMONTH, D.J.A.; BICKERSTAFF, D.R.; COSTI, J.J.; PATERSON, R.S.: Mechanical properties of the human anterior cruciate ligament. Clin Biomech 10:339–344 (1995)

[172] KANAMORI, A.; ZEMINSKI, J.; RUDY, T.W. et al.: The effect of axial tibial torque on the function of the anterior cruciate ligament: a biomechanical study of a simulated pivot shift test. Arthroscopy 18:394–398 (2002)

[173] KAPANDJI, I.A.: Funktionelle Anatomie der Gelenke. 3. Auflage. Hippokrates Verlag Stuttgart (2001)

[174] KATO, Y.; INGHAM, S.J.M.; LINDE-ROSEN, M.; SMOLINSKI, P.; HORAGUCHI, T.; FU, F.H.: Biomechanics of the porcine triple bundle anterior cruciate ligament. Knee Surg Sports Traumatol Arthrosc 18:20–25 (2010)

[175] KATONIS, P.G.; ASSIMAKOPOULOS, A.P., AGAPITOS, M.V.; EXARCHOU, E.I.: Mechanoreceptors in the posterior cruciate ligament. Histologic study on cadaver knees. Acta Orthop Scand 62:276–278 (1991)

[176] KAWAGUCHI, Y.; KONDO, E.; TAKEDA, R.; AKITA, K.; YASUDA, K.; AMIS, A.A.: The role of fibers in the femoral attachment of the anterior cruciate ligament in resisting tibial displacement. Arthroscopy 31:435–444 (2015)

[177] KENNEDY, J.C.; ALEXANDER, I.J.; HAYES, K.C.: Nerve supply of the human knee and its functional importance. Am J Sports Med 10:329–335 (1982)

[178] KENNEDY, J.C.; HAWKINS, R.J.; WILLIS, R.B.; DANYLCHUK, M.SC.: Tension studies of human knee ligaments. J Bone Joint Surg 58:350–355 (1976)

[179] Kennedy, N.I.; WIJDICKS, C.A.; GOLDSMITH, M.T.; MICHALSKI, M.P.; DEVITT, B.M.; ÅRØEN, A.; ENGEBRETSEN, L.; LA PRADE, R.F.: Kinematic analysis of the posterior cruciate ligament, part 1: the individual and collective function of the anterolateral and posteromedial bundles. Am J Sports Med 41:2828–2838 (2013)

[180] KHAN, M.S.; SEON, J.K.; SONG, E.K.: Risk factors for anterior cruciate ligament injury: assessment of tibial plateau anatomic variables on conventional MRI using a new combined method. Int Orthop 35:1251–1256 (2011)

[181] KIEFFER, D.A.; CURNOW, R.J.; SOUTHWELL, R.; TUCKER, W.F.; KENDRICK, K.K.: Anterior cruciate ligament arthroplasty. Am J Sports Med 12:301–312 (1984)

[182] KIM, Y.C.; CHUNG, I.H., YOO, W.K.; SUH, J.S.; KIM, S.J.; PARK, C.I.: Anatomy and magnetic resonance imaging of the posterolateral structures of the knee. Clin Anat 10:397–404 (1997)

[183] KIM, T.H.; LEE, D.H.; LEE, S.H.; KIM, J.M.; KIM, C.W.; BIN, S.I.: Arthroscopic treatment of mucoid hypertrophy of the anterior cruciate ligament. Arthroscopy 24:642–649 (2008)

[184] KIM, S.Y.; SPRITZER, C.E.; UTTURKAR, G.M.; TOTH, A.P.; GARRETT, W.E.; DE FRATE, L.E.: Knee kinematics during noncontact anterior cruciate ligament injury as determined from bone bruise location. Am J Sports Med 43:2515–2421 (2015)

[185] KLASS, D.; TOMS, A.P.; GREENWOOD, R.; HOPGOOD, P.: MR imaging of acute anterior cruciate ligament injuries. The Knee 14:339–347 (2007)

[186] KOCHER, M.S.; MICHELI, L.J.; ZURAKOWSKI, D.; LUKE, A.: Partial tears of the anterior cruciate ligament in children and adolescents. Am J Sports Med 30:697–703 (2002)

[187] KOCHER, M.S.; MICHELI, L.J.; GERBINO, P.; HRESKO, M.T.: Tibial eminence fractures in children: prevalence of meniscal entrapment. Am J Sports Med 31:404–407 (2003)

[188] KOCHER, M.; MANDIGE, R.; KINGELE, K.; BLEY, L.; MICHELI, L.J.: Anterior cruciate ligament versus tibial spine fracture in the skeletally immature knee: A comparison of skeletal maturity and notch width index. J Pediatr Orthop 24:185–188 (2004)

[189] KÖNIG, D.P.; RÜTT, J.; KUMM, D.; BREIDENBACH, E.: Diagnostik der vorderen Knieinstabilität. Vergleich zwischen dem Lachman-Test, KT-1000-Arthrometer und soographischem Lachman-Test. Unfallchirurg 101:209–213 (1998)

[190] KOHN, D.; SCHNEIDER, G.; DIENST, M.; RUPP, S.: Diagnostik der Ruptur des vorderen Kreuzbandes. Orthopäde 31:719–730 (2002)

[191] KOPF, S.; POMBO, M.W.; SZCZODRY, M.; IRRGANG, J.J.; FU, F.H.: Size variability of the human anterior cruciate ligament insertion sites. Am J Sports Med 39:108–113 (2011)

[192] KRAUSPE, R.; SCHMITZ, F.; ZÖLLER, G.; DRENCKHAHN, D.: Distribution of neurofilament-positive nerve fibres and sensory endings in the human anterior cruciate ligament. Arch Orthop Trauma Surg 114:194–198 (1995)

[193] KRENN, V.; KNÖSS, P.; RÜTHER, W. et al.: Meniskusdegenerationsscore und NITEGE-Expression. Orthopäde 39:475–485 (2010)

[194] KRUDWIG, W.K.: Die funktionelle Anatomie des hinteren Kreuzbandes. Unfallchirurgie 22:49–56 (1996)

[195] KRUDWIG, W.K.; SCHULTE, K.K.; HEINEMANN, C.: Intra-articular ganglion cysts of the knee joint: a report of 85 cases and review of the literature. Knee Surg Sports Traumatol Arthrosc 12:123–129 (2004)

[196] KUMAGAI, M.; MIZUNO, Y.; MATTESSICH, S.M.; ELIAS, J.J.; COSGAREA, A.J.; CHAO, E.Y.: Posterior cruciate ligament rupture alters in vitro knee kinematics. Clin Orthop Relat Res 395:241–248 (2002)

[197] KUMAR, A.; BIEKERSTAFF, D.R.: Mucoid cystic degeneration of the cruciate ligament. J Bone Joint Surg Br 81:304–305 (1999)

[198] KVIST, J.; KARTUS, J.; KARLSSON, J.; FORSSBLAD, M.: Results from the Swedish national anterior cruciate ligament register. Arthroscopy 30:803–810 (2014)

[199] KWEE, R.M.; AHLAWAT, S.; KOMPEL, A.J.; MORELLI, J.N.; FAYAD, L.M.; ZIKRIA, B.A.; DEMEHRI, S.: Association of mucoid degeneration of anterior cruciate ligament with knee meniscal and cartilage damage. Osteoarthritis Cartilage 23:1543–1550 (2015)

[200] LAKSHMANAN, P.; SHARMA, A.; DIXIT V.; LYONS, K.; FAIRCLOUGH, J.A.: Avulsion of anterior cruciate ligament from femoral condyle: an unusual case report and a review of the literature. Knee Surg Sports Traumatol Arthrosc 14:1176–1179 (2006)

[201] LAMAR, D.S.; BARTOLOZZI, A.R.; FREEDMAN, K.B.; NAGDA, S.H.; FAWCETT, C.: Thermal modification of partial tears of the anterior cruciate ligament. Arthroscopy 21:809–814 (2005)

[202] LANCASTER, T.F.; KIRBY, A.B.; BEALL, D.P.; WOLFF, J.D.; WU, D.H.: Mucoid degeneration of the anterior cruciate ligament: a case report. J Okla State Med Assoc 97:326–328 (2004)

[203] LANE, J.M.; CHISENA, E.; BLACK, J.: Experimental knee instability: Early mechanical property changes in articular cartilage in a rabbit model. Clin Orthop Relat Res 140:262–265 (1979)

[204] LANGER, M.: Über die Entwicklung des Kniegelenkes. Z Anat Entwicklungsgesch 89:83–101 (1929)

[205] LA PRADE, R.F.; BURNETT, Q.M. II.: Femoral intercondylar notch stenosis and correlation to anterior cruciate ligament injuries. A prospective study. Am J Sports Med 22:198–203 (1994)

[206] LA PRADE, R.F.; LY, T.V.; WENTORF, F.A.; ENGEBRETSEN, L.: The posterolateral attachments of the knee: a qualitative and quantitative morphologic analysis of the fibular collateral ligament, popliteus tendon, popliteofibular ligament, and lateral gastrocnemius tendon. Am J Sports Med 31:854–860 (2003)

[207] LA PRADE, R.F.; MORGAN, P.M.; WENTORF, F.A.; JOHANSEN, S.; ENGEBRETSEN, L.: The anatomy of the posterior aspect of the knee. An anatomic study. J Bone Joint Surg Am 89:758–764 (2007)

[208] LAUGHLIN, W.A.; WEINHANDL, J.T.; KERNOZEK, T.W.; COBB, S.C.; KEENAN, K.G.; O'CONNOR, K.M.: The effects of single-leg landing technique on ACL loading. J Biomech 44:1845–1851 (2011)

[209] LEBLANC, M.C.; KOWALCZUK, M.; ANDRUSZKIEWICZ, N.; SIMUNOVIC, N.; FARROKHYAR, F.; TURNBULL, T.L.; DEBSKI, R.E.; AYENI, O.R.: Diagnostic accuracy of physical examination for anterior knee instability: a systematic review. Knee Surg Sports Traumatol Arthrosc 23:2805–2813 (2015)

[210] LEE, G.C.; CUSHNER; F.D.; VIGORITTA, V.; SCUDERI, G.R.; INSALL, J.N.; SCOTT, W.N.: Evaluation in the anterior cruciate ligament integrity and degenerative arthritic patterns in patients undergoing total knee arthroplasty. J Arthrolplasty 20:59–65 (2005)

[211] LEE, J.K.; LEE, S.; SEONG, S.C.; LEE, M.C.: Anatomy of the anterior cruciate ligament insertion sites: comparison of plain radiography and three-dimensional computed tomographic imaging to anatomic dissection. Knee Surg Sports Traumatol Arthrosc 23:2297–2305 (2015)

[212] LEFEVRE, N.; NAOURI, J.F.; BOHU, Y.; KLOUCHE, S.; HERMAN, S.: Sensitivity and specificity of bell-hammer tear as an indirect sign of partial anterior cruciate ligament rupture on magnetic resonance imaging. Knee Surg Sports Traumatol Arthrosc 22:1112–1118 (2014)

[213] LEÓN, H.J.; BLANCO, C.E.F.; GUTHRIE, T.B.; MARTINEZ, O.J.N.: Intercondylar notch stenosis in degenerative arthritis of the knee. Arthroscopy 21:294–302 (2005)

[214] LEVY, A.S.; MEIER, S.W.: Approach to cartilage injury in the anterior cruciate ligament-deficient knee. Orthop Clin North Am 34:149–157 (2003)

[215] LI, G.; RUDY, T.W.; ALLEN, C. et al.: Effect of combined axial compressive and anterior tibial loads on in situ forces in the anterior cruciate ligament: A porcine study. J Orthop Res 16:122–127 (1998)

[216] LIEDERBACH, M.; DILGEN, F.E.; ROSE, D.J.: Incidence of anterior cruciate ligament injuries among elite ballet and modern dancers: a 5-year prospective study. Am J Sports Med 36:1779–1788 (2008)

[217] LING, H.M.; WANG, C.J.; TU, Y.K.; YEH, W.L.: Arthroscopy in avulsion fracture of posterior cruciate ligament. Chang Gung Med J 24:313–317 (2001)

[218] LINTZ, F.; DEJOUR, D.; PUJOL, N.; BOISRENOULT, P.; BEAUFILS, P.: Mucoid degeneration of the anterior cruciate ligament: selecting the best treatment option. Orthop Trauma Surg Res 96:400–406 (2010)

[219] LINTZ, F.; PUJOL, N.; BOISRENOULT, P.; BARGOIN, K.; BEAUFILS, P.; DEJOUR, D.: Anterior cruciate ligament mucoid degeneration: a review of the literature and management guidelines. Knee Surg Sports Traumatol Arthrosc 19:1326–1333 (2011)

[220] LIU, S.H.; OSTI, L.; MIRZAYAN, R.: Ganglion cysts of the anterior cruciate ligament: A case report and review of the literature. Arthroscopy 10:110–112 (1994)

[221] LIU, S.H.; AL-SHAIKH, R.; PANOSSIAN, V.: Primary immunolocalization of estrogen and progesterone target cells in the human anterior cruciate ligament. J Orthop Res 14:526–533 (1996)

[222] LIU, R.W.; FARROW, L.D.; MESSERSCHMITT, P.J.; GILMORE, A.; GOODFELLOW, D.B.; COOPERMAN, D.R.: An anatomical study of the pediatric intercondylar notch. J Pediatr Orthop 28:177–83 (2008)

[223] LO, I.K.; DE MAAT, G.H.; VALK, J.W.; FRANK, C.B.: The gross morphology of torn human anterior cruciate ligaments in unstable knees. Arthroscopy 15:301–306 (1999)

[224] LOBENHOFFER, P.; AGNESKIRCHNER, D.: Vorderes Kreuzband – was ist gesichert? Arthroskopie 18:11–14 (2005)

[225] LOPES, O.V. Jr.; FERRETTI, M.; SHEN, W.; EKDAHL, M.; SMOLINSKI, FU, F.H.: Topography of the femoral attachment of the posterior cruciate ligament. J Bone Joint Surg Am 90:249–255 (2008)

[226] LOREDO, R.; HODLER, J.; PEDOWITZ, R.; YEH, L.R.; TRUDELL, D.; RESNICK, D.: Posteromedial corner of the knee: MR imaging with gross anatomic correlation. Skeletal Radiol 28:305–311 (1999)

[227] LUND-HANSSEN, H.; GANNON, J.; ENGEBRETSEN, L.; HOLEN, K.J.; ANDA, S.; VATTEN, L.: Intercondylar notch width and teh risk for anterior cruciate ligament rupture. A case control study in 46 female handball players. Acta Orthop Scand 65:529–532 (1994)

[228] LUNDQUIST, R.B.; MATCUK, G.R.; SCHEIN, A.J.; SKALSKI, M.R.; WHITE, E.A.; FORRESTER, D.M.; GOTTSEGEN, C.J.; PATEL, D.B.: Posteromedial corner of the knee: the neglected corner. RadioGraphics 35:1123–1137 (2015)

[229] MAKINO, A.; PASCUAL-GARRIDO, C.; ROLÓN A.; ISOLA, M.; MUSCOLO, D.L.: Mucoid degeneration of the anterior cruciate ligament: MRI, clinical, intraoperative, and histological findings. Knee Surg Sports Traumatol Arthrosc 19:408–411 (2011)

[230] MANNER, H.M.; RADLER, C.; GANGER, R.; GRILL, F.: Dysplasia of the cruciate ligaments: radiographic assessment and classification. J Bone Joint Surg Am 88:130–137 (2006)

[231] MARINOZZI, G.; PAPPALANDRO, S.: Human knee ligaments: mechanical tests and ultrastructural observations. In: Ital J Orthop Traumatol 9:231–240 (1983)

[232] MARKOLF, K.L.; GOREK, J.F.; KABO, J.M.; SHAPIRO, M.S.: Direct mearusement of resultant forces in the anterior cruciate ligament. J Bone Joint Surg Am 86:557–567 (1990)

[233] MARKOLF, K.L.; BURCHFIELD, D.M.; SHAPIRO, M.M. et al.: Combined knee loadings states that generate high anterior cruciate ligament forces. J Orthop Res 13:930–935 (1995)

[234] MARKOLF, K.L.; O'NEILL, G.; JACKSON, S.R. et al.: Effects of applied quadriceps and hamstrings muscle loads on forces in the anterior and posterior cruciate ligaments. Am J Sports Med 32:1144–1149 (2004)

[235] MATHIAK, G.; WENING, J.V.; JUNGBLUTH, K.H.: Untersuchungen mit dem KT-1000-Kniearthrometer bei Verletzungen des hinteren Kreuzbandes im Vergleich zu Streßröntgenaufnahmen im Scheuba-Halteapparat. Unfallchirurgie 21:118–123 (1995)

[236] MATYAS, J.R.: The structure and function of tendon and ligament insertions to bone (Thesis). New York: Cornell University Medical College (1985)

[237] MC INTYRE, J.; MOELLEKEN, S.; TIRMAN, P.: Mucoid degeneration of the anterior cruciate ligament mistaken for ligamentous tears. Skeletal Radiol 30:312–315 (2001)

[238] MC KINNEY, B.; CHERNEY, S.; PENNA, J.: Intra-articular knee injuries in patients with knee extensor mechanism ruptures. Knee Surg Sports Truamatol Arthrosc 16:633–638 (2008)

[239] MC LEAN, S.G.; ANDRISH, J.T.; VAN DEN BOGERT, A.J.: Comment on: aggressive quadriceps loading can induce noncontact anterior cruciate ligament injury. Am J Sports Med 33:1106 (2005)

[240] MC MONAGLE, J.S.; HELMS, C.A.; GARRETT, W.E. Jr.; VINSON, E.N.: Tram- Tram-track appearance of the posterior cruciate ligament (PCL): correlations with mucoid degeneration, ligamentous stability, and differentiation from PCL tears. AJR Am J Roentgenol 201:394–399 (2013)

[241] MEJIA, E.A.; NOYES, F.R.; GROOD, E.S.: Posterior cruciate ligament femoral insertion site characteristics. Importance for reconstructive procedures. Am J Sports Med 30:643–651 (2002)

[242] MELLONI, P.; VALLS, R.; YUGUERO, M.: SÁEZ, A.: Mucoid degeneration of the anterior cruciate ligament with erosion of the lateral femoral condyle. Skeletal Radiol 33:359–362 (2004)

[243] MELNYK, M.; FAIST, M.; GOTHNER, M.; CLAES, L.; FRIEMERT, B.: Sensomotorisches Defizit als Ursache der „Giving-way"-Symptomatik bei Kreuzbandrupturen. Sportorthopädie Sporttraumatologie 21:187–193 (2005)

[244] MENSCHIK, A.: Biometrie. Das Konstruktionsprinzip des Kniegelenks, des Hüftgelenks, der Beinlänge und der Körpergröße. Springer-Verlag Berlin Heidelberg New York (1987)

[245] MEYER, E.G.; HAUT, R.C.: Excessive compression of the human tibio-femoral joint causes ACL rupture. J Biomech 38:2311–2316 (2005)

[246] MEYERS, M.H.; MC KEEVER, F.M.: Fracture of the intercondylyr eminence of the tibia. J Bone Joint Surg Am 52:1677–1684 (1970)

[247] MILLETT, P.J.; WILLIS, A.A.; WARREN, R.F.: Associated injuries in pediatric and adolescent anterior cruciate ligament tears: does a delay in treatment increase the risk of meniscal tear? Arthroscopy 18:955–259 (2002)

[248] MINK, J.H.; DEUTSCH, A.L.: Magnetic resonance imaging of the knee. Clin Orthop 244:29–47 (1989)

[249] MIODUSZEWSKI, A.; BARON, W.; CISZKOWSKA-LYSON, B.: Femoral condyles contusion after ACL tear in MRI and cartilage morphology in arthroscopic view. 11th ESSKA 2000 Congress 4th World Congress on Sports Trauma 5.-8. May, Athen, Greece (2004)

[250] MOCHIZUKI, T.; FUJISHIRO, H.; NIMURA, A.; MAHAKKANUKRAUH, P.; YASUDA, K.; MUNETA, T.; AKITA, K.: Anatomic and histologic analysis of the mid-substance and fan-like extension fibres of the anterior cruciate ligament during knee motion, with special reference to the femoral attachment. Knee Surg Sports Traumatol Arthrosc 22:336–344 (2014)

[251] MOHR, W.: Pathologie des Bandapparates. Sehnen – Sehnenscheiden – Faszien – Schleimbeutel. Springer-Verlag Berlin Heidelberg New York London Paris Tokyo (1987)

[252] MORGAN, C.D.; KALMAN, V.R.; GRAWL, D.M.: The anatomic origin of the posterior cruciate ligament: where is it? Reference landmarks for PCL reconstruction. Arthroscopy 13:325–331 (1997)

[253] MORGAN, K.D.; DONNELLY, C.J.; REINBOLT, J.A.: Elevated gastrocnemius forces compensate for decreased hamstrings forces during the weight-acceptance phase of single-leg jump landing: implications for anterior cruciate ligament injury risk. J Biomech 47:3295–3302 (2014)

[254] MOTMANS, R.; VERHEYDEN, F.: Mucoid degeneration of the anterior cruciate ligament. Knee Surg Sports Traumatol Arthrosc 17:737–740 (2009)

[255] MUNETA, T.; TAKAKUDA, K.; YAMAMOTO, H.: Intercondylar notch width and its relation to the configuration and cross-sectional area of the anteriof cruciate ligament. Am J Sports Med 25:69–72 (1997)

[256] MUNETA, T.; SEKIYA, I.; YAGISHITA, K.; OGIUCHI, T.; YAMAMOTO, H.; SHINOMIYA, K.: Two-bundle reconstruction of the anterior cruciate ligament using semitendinosus tendon with endobuttons: operative technique and preliminary results. Arthroscopy 15:618–624 (1999)

[257] MOUNTCASTLE, S.B.; POSNER, M.; KRAGH, J.F. Jr.; TAYLOR, D.C.: Gender differences in anterior cruciate ligament injury vary with activity: epidemiology of anterior cruciate ligament injuries in a young, athletic population. Am J Sports Med 35:1635–1642 (2007)

[258] MOUTON, C.; THEISEN, D.; MEYER, T.; AGOSTINIS, H.; NÜHRENBÖRGER, C.; PAPE, D.; SEIL, R.: Combined anterior and rotational knee laxity measurements improve the diagnosis of anterior cruciate ligament injuries. Knee Surg Sports Traumatol Arthrosc 23:2859–2867 (2015)

[259] MÜLLER, W.: Das Knie. Springer Verlag, Berlin (1982)

[260] MUIR, P.; SCHAMBERGER, G.M.; MANLEY, P.A.; HAO, Z.: Localization of cathepsin K and tartrate-resistant acid phosphatase in synovium and cranial cruciate ligament in dogs with cruciate disease. Vet Surg 34:239–246 (2005)

[261] MURRAY, M.M.; MARTIN, S.D.; MARTIN, T.L.; SPECTOR, M.: Histological changes in the human anterior cruciate ligament after rupture. J Bone Joint Surg Am 82:1387–1397 (2000)

[262] MUSAHL, V.; VOSS, J.E.; O'LOUGHLIN, P.F. et al.: Comparing stability of different single- and double-bundle anterior cruciate ligament reconstruction techniques: a cadaveric study using navigation. Arthroscopie 26:S41-S48 (2010)

[263] MUTSUZAKI, H.; SAKANE, M.; IKEDA, K.; ISHII, T.; HATTORI, S.; TANAKA, J.; OCHIAI, N.: Histological changes and apoptosis of cartilage layer in human anterior cruciate ligament tibial insertion after rupture. Knee Surg Sports Traumatol Arthrosc 15:602–609 (2007)

[264] MYER, G.D.; FORD, K.R.; PATERNO, M.; NICK, T.G.; HEWETT, T.E.: The effects of generalized joint laxity on risk of anterior cruciate ligament injury in young female athletes. Am J Sports Med 36:1073–1080 (2008)

[265] MYERS, C.A.; HAWKINS, D.: Alterations to movement mechanics can greatly reduce anterior cruciate ligament loading without reducing performance. J Biomech 43:2657–2664 (2010)

[266] NAKAGAWA, S.; JOHAL, P.; PINSKEROVA, V.; KOMATSU, T.; SOSNA, A.; WILLIAMS, A.; FREEMAN, M.A.: The posterior cruciate ligament during flexion of the normal knee. J Bone Joint Surg Br 86:450–456 (2004)

[267] NARVEKAR, A.; GAJJAR, S.: Mucoid degeneration of the anterior cruciate ligament. Arthroscopy 20:141–146 (2004)

[268] NARVY, S.J.; PEARL, M.; VRLA, M.; YI, A.; HATCH, G.F.R. III.: Anatomy of the femoral footprint of the posterior cruciate ligament: a systematic review. Arthroscopy 31:345–354 (2015)

[269] NELISSEN, R.G.; HOGENDOORN, P.C.: Retain or sacrifice the posterior cruciate ligament in total knee arthroplasty? A histopathological study of the cruciate ligament in osteoarthritic and rheumatoid disease. J Clin Pathol 54:381–384 (2001)

[270] NEURATH, M.; STOFFT, E.; NEURATH, F.: Zur funktionellen Anatomie der Kreuzbänder. Orthop Praxis 5:318–320 (1991)

[271] NEURATH, M.; STOFFT, E.: Faszikuläre und subfaszikuläre Architektur der Ligamenta cruciata. Unfallchirurgie 18:125–132 (1992)

[272] NISHIMORI, M.; SUMEN, Y.; SAKARIDANI, K.; Mucoid degeneration of the anterior cruciate ligament - a report of two cases. Magn Reson Imaging 22:1325–1328 (2004)

[273] NORWOOD, L.A.; CROSS, M.J.: The intercondylar shelf and the anterior cruciate ligament. Am J Sports Med 5:171–176 (1977)

[274] NORWOOD, L.A.; CROSS, M.J. et al.: Anterior cruciate ligament: functional anatomy of its bundles in rotatory instabilities. Am J Sports Med 7:23–26 (1979)

[275] NOYES, F.R.; GROOD, E.S.: The strength of the anterior cruciate ligament in humans and rhesus monkeys: age-related and species-related changes. J Bone Joint Surg 58:1074–1082 (1976)

[276] OCHS, B.G.; SCHMELZER-SCHMIED, N.; CARSTENS, C.; THOMSEN, M.: Fixierte hintere Subluxations- und Außenrotationsfehlstellung des Kniegelenks bei angeborener Patellaluxation und Aplasie des hinteren Kreuzbandes. Orthopäde 34:356–361 (2005)

[277] ODENSTEN, M.; GILLQUIST, J.: Functional anatomy oft je anterior cruciate ligament and a rationale for reconstruction. J Bone Joint Surg Am 67:257–262 (1985)

[278] OH, Y.K.; KREINBRINK, J.L.; ASHTON-MILLER, J.A.; WOJTS, E.M.: Effect of ACL transection on internal tibial rotation in an in vitro simulated pivot landing. J Bone Joint Surg Am 93:372–380 (2011)

[279] OKAZAKI, K.; DEGUCHI, S.; KATAI, K.; IWAMOTO, Y.: Mucoid degeneration of the posterior cruciate ligament: a case report. Knee Surg Sports Traumatol Arthrosc 19:105–107 (2011)

[280] OOSTVOGEL, H.J.M.; KLASEN, H.J.; REDDINGIUS, R.E.: Fractures of the intercondylar eminence in children and adolescents. Arch Orthop Trauma Surg 107:242–247 (1988)

[281] ORITA, N.; DEIE, M.; SHIMADA, N.; IWAKI, D.; ASAEDA, M.; HIRATA, K.; OCHI, M.: Posterior tibial displacement in the PCL-deficient knee is reduced compared to the normal knee during gait. Knee Surg Sports Traumatol Arthrosc 23:3251–3258 (2015)

[282] OWENS, T.; HAWAII, H.: Posteromedial pivot shift of the knee: a new test for ruptures of the posterior cruciate ligament. J Bone Joint Surg 76-A:532–539 (1994)

[283] PALMER, I.: On the injuries of the ligaments of the knee joint. Acta Chir Scand 53:1–282 (1938)

[284] PAPANDREOU, M.G.; ANTONOGIANNAKIS, E.; KARABALIS, C.; KARLIAFTIS, K.: Inter-rater reliability of Rolimeter measurements between anterior cruciate ligament injured and normal contra lateral knees. Knee Surg Sports Traumatol Arthrosc 13:592–597 (2005)

[285] PARKER, A.W.; DREZ, D. Jr.; COOPER, J.L.: Anterior cruciate ligament injuries in patients with open physes. Am J Sports Med 22:44–47 (1994)

[286] PARSONS, F.G.: Observations on the Head of the Tibia. J Anat Physiol 41:83–87 (1906)

[287] PETERMANN, J.; REINECKE, J.; ISHAQUE, B.A.; WALTHERS, E.M.; GOTZEN, L.: Praxisorientierte Klassifikation der Fossa intercondylaris des Kniegelenks. Unfallchirurgie 25:215–223 (1999)

[288] PETERSEN, W.; TILLMANN, B.: Structure and vascularization of the cruciate ligaments of the human knee joint. Anat Embryol 200:325–334 (1999)

[289] PETERSEN, W.; PETERSEN, F.; TILLMANN, B.: Structure and vascularisation of the posterior cruciate ligament. J Bone Joint Surg 81-B, Supp 1 (1999)

[290] PETERSEN, W., TILLMANN, B.: Anatomie und Funktion des vorderen Kreuzbandes. Orthopäde 31:710–718 (2002)

[291] PETERSEN, W.; ROSENBAUM, D.; RASCHKE, M.: Rupturen des vorderen Kreuzbandes bei weiblichen Athleten. Teil 1: Epidemiologie, Verletzungsmechanismen und Ursachen. Dtsch Ztschr Sportmed 56:150–156 (2005)

[292] PETERSEN, W.; ROSENBAUM, D.; RASCHKE, M.: Rupturen des vorderen Kreuzbandes bei weiblichen Athleten. Teil 2: Präventionsstrategie und Präventionsprogramme. Dtsch Ztschr Sportmed 56:157–164 (2005)

[293] PETERSEN, W.; ZANTOP, T.: Partial rupture of the anterior cruciate ligament. Arthroscopy 22:1143–1145 (2006)

[294] PETERSEN, W.; ZANTOP, T.: Anatomy of the anterior cruciate ligament with regard to its two bundles. Clin Orthop 454:35–47 (2007)

[295] PETERSEN, W.; ZANTOP, T.: Das vordere Kreuzband. Grundlagen und aktuelle Praxis der operativen Therapie. Deutscher Ärzte-Verlag Köln (2009)

[296] PETERSEN, W.; FORKEL, P.; ACHTNICH, A.; METZLAFF, S.; ZANTOP, T.: Verletzungen des vorderen Kreuzbandes: Von der Prävention zur Therapie. OUP 1:232–243 (2012)

[297] PHILIPPON, M.; DEWING, C.; BRIGGS, K.; STEADMAN, J.R.: Decreased femoral head-neck offset: a possible risk factor for ACL injury. Knee Surg Sports Traumatol Arthrosc 20:2585–2589 (2012)

[298] PIEFER, J.W.; PFLUGNER, T.R.; HWANG, M.D.; LUBOWITZ, J.H.: Anterior cruciate ligament femoral footprint anatomy: systematic review of the 21st century literature. Arthroscopy 28:872–881 (2012)

[299] PONSOT, E.; LANGBERG, H.; KROGSGAARD, R.; KJAER, M.; KADI, F.: Telomere length of anterior crucial ligament after rupture: similar telomere length in injured and noninjured ACL portions. J Orthop Res 29:79–83 (2011)

[300] POSTMA, W.F.; WEST, R.V.: Anterior cruciate ligament injury-prevention programs. J Bone Joint Surg Am 95:661–669 (2013)

[301] PRASITDUMRONG, I.; RUNGPRAI, C.; REEBOONLARB, N.; POONPRACHA, T.; PHISITKUL, P.: Severe degeneration of the medial collateral ligament in hallux valgus: a histopathologic study in 12 consecutive patients. Lowa Orthop J 33:54–57 (2013)

[302] PRIETTO, M.P.; BAIN, J.R.; STONEBROOK, S.N.: Tensile strength of the human posterior cruciate ligament. Trans Orthop Res soc 13:195 (1988)

[303] PRODROMOS, C. C.; HAN, Y.; ROGOWSKI, J.; JOYCE, B.; SHI, K.: A meta-analysis of the incidence of anterior cruciate ligament tears as a function of gender, sport, and a knee injury-reduction regimen. Arthroscopy 23:1320–1325 (2007)

[304] PRODROMOS, C.C.: The anterior cruciate ligament. Saunders Elsevier Philadelphia (2008)

[305] PSCHYREMBEL: Klinisches Wörterbuch. 264. Auflage. De Gruyter Berlin (2013)

[306] QUACK, G.; PIEPER, H.G.; MONTAG, M.; KRAHL, H.: Totale Kreuzbandaplasie Morphologie, Diagnostik, Therapie und sportliche Belastung. Fallbeschreibung und Literaturübersicht. Dtsch Zeitschr Sportmed 9:392–406 (1992)

[307] QUASNICHKA, H.L.; ANDERSON-MAC KENZIE, J.M.; TARLTON, J.F.; SIMS, T.J.; BILLINGHAM, M.E.; BAILEY, A.J.: Cruciate ligament laxity and femoral intercondylar notch narrowing in early-stage knee osteoarthritis. Arthritis Rheum 52:3100–3109 (2005)

[308] QUATMAN, C.E.; HEWETT, T.E.: The anterior cruciate ligament injury controversy: is „valgus collapse" a sex-specific mechanism? Br J Sports Med 43:328–335 (2009)

[309] QUATMAN, C.E.; KIAPOUR, A.; MYER, G.D.; FORD, K.R.; DEMETROPOULOS, C.K.; GOEL, V.K.; HEWETT, T.E.: Cartilage pressure distributions provide a footprint to define female anterior cruciate ligament injury mechanisms. AmJ Sports Med 39:1706–1713 (2011)

[310] RACE, A.; AMIS, A.A.: The mechanical properties of the two bundles of the human posterior cruciate ligament. J Biomech 27:13–24 (1994)

[311] RAFEE, A.; KUMAR, A.; SHAH, S.V.: Salter-Harris type III fracture of the lateral femoral condyle with a ruptured posterior cruciate ligament: an uncommon injury pattern. Arch Orthop Trauma Surg 127:29–31 (2007)

[312] RAHEEM, O.; PHILPOTT, J.; RYAN, W.; O'BRIEN, M.: Anatomical variations in the anatomy of the posterolateral corner of the knee. Knee Surg Sports Traumatol Arthrosc 15:895–900 (2007)

[313] RAMESH, R.; VON ARX, O.; AZZOPARDI, T.; SCHRANZ, P.J.: The risk of anterior cruciate ligament rupture with generalized joint laxity. J Bone Joint Surg 87-B:800–803 (2005)

[314] RAMOS, L.A.; DE CARVALHO, R. T.; COHEN, M.; ABDALLA, R.J.: Anatomic relation between the posterior cruciate ligament and the joint capsule. Arthroscopy 24:1367–1372 (2008)

[315] RANALLETTA, A.: Fundamentos anatómicos para la reconstrucción del ligamento cruzado posterior. Rev argent arthrosc 2/4:214–220 (1995)

[316] RANGGER, C.; DANIEL, D.M.; STONE, M.L.: Instrumentelle Messungen von Rupturen des vorderen Kreuzbands. Unfallchirurg 97:462–466 (1994)

[317] RANGGER, C.; KATHREIN, A.; FREUND, M.C.; FREUND, M.C.; KLESTIL, T.; KRECZY, A.: Bone bruise of the knee. Acta Orthop Scand 69:291–294 (1998)

[318] RESNICK, D.: Diagnosis of Bone and Joint Disorders. W.B. Saunders Company, Philadelphia (2002)

[319] RICHTER, J.; DÀVID, A.; PAPE, H.G.; OSTERMANN, P.A.W.; MUHR, G.: Diagnostik der akuten vorderen Kreuzbandruptur. Wertigkeit der Sonographie als Ergänzung zur klinischen Untersuchung. Unfallchirurg 99:124–129 (1996)

[320] ROBERT, F.: Über die Anatomie und Mechanik des Kniegelenks. Gießen (1855)

[321] ROBINSON, S.C.; DRISCOLL, S.E.: Simultaneous osteochondral avulsion of the femoral and tibial insertions of the anterioe cruciate ligament. Report of a case in a thirteen year old boy. J Bone Joint Surg 63-A:1342–1343 (1981)

[322] ROBINSON, J.R.; SANCHEZ-BALLESTER, J.; BULL, A.M.; THOMAS, W.M.; AMIS, A.A.; The posteromedial corner revisited. An anatomical description of the passive restraining structures of the medial aspect of the human knee. J Bone Joint Surg 86-B:674–681 (2004)

[323] ROBINSON, J.; CARRAT, L.; GRANCHI, C.; COLOMBET, P.: Influence of anterior cruciate ligament bundles on knee kinematics. Clinical assessment using computer-assisted navigation. Am J Sports Med 35:2006–2013 (2007)

[324] ROLF, C.; WATSON, T.P.: Case report: intra-tendinous ganglion of the anterior cruciate ligament in a young footballer. J Orthop Surg (2006)

[325] RUEDL, G.; WEBHOFER, M.; HELLE, K.; STROBL, M.; SCHRANZ, A.; FINK, C.; GATTERER, H.; BURTSCHER, M.: Leg dominance is a risk factor for noncontact anterior cruciate ligament injuries in female recreational skiers. Am J Sports Med 40:1269–1273 (2012)

[326] SAKAI, H.; YAJIMA, H.; KOBAYASHI, N.; KANDA, T.; HIRAOKA, H.; TAMAI, K.; SAOTOME, K.: Gravity-assisted pivot-shift test for anterior cruciate ligament injury: a new procedure to detect anterolateral rotatory instability of the knee joint. Knee Surg Sports Traumatol Arthrosc 14:2–6 (2006)

[327] SALIM, R.; SALZLER, M.J.; BERGIN, M.A.; ZHENG, L.; CAREY, R.E.; KFURI, M. Jr.; ZHANG, X.; HARNER, C.D.: Fluoroscopic determination of the tibial insertion of the posterior cruciate ligament in the sagittal plane. Am J Sports Med 43:1142–1146 (2015)

[328] SALVATI, F.; ROSSI, F.; LIMBUCCI, N.; PISTOIA, M.L.; BARILE, A.; MASCIOCCHI, C.: Mucoid metaplastic-degeneration of anterior cruciate ligament. J Sports Med Phys Fitness 48:483–487 (2008)

[329] SAPEGA, A.A.; MOYER, R.A.; SCHNECK, C.; KOMALAHIRANYA, N.: Testing for isometry during reconstruction of the anterior cruciate ligament. Anatomical and biomechanical considerations. J Bone Joint Surg Am 72:259–267 (1990)

[330] SASAKI, N.; ISHIBASHI, Y.; TSUDA, E.; YAMAMOTO, Y.; MAEDA, S.; MIZUKAMI, H.; TOH, S.; YAGIHASHI, S.; TONOSAKI, Y.: The femoral insertion of the anterior cruciate ligament: discrepancy between macroscopic and histological observations. Arthroscopy 28:1135–1146 (2012)

[331] SCHÄRLIG, M.; SEGANTINI, P.: Gibt es die partielle vordere Kreuzbandruptur wirklich? Helv Chir Acta 57:831–838 (1990)

[332] SCHMICKAL, T.; SCHUH, A.: Diagnostik und Therapie der vorderen Kreuzbandruptur. „Schubladendenken" reicht nicht. Orthopädie & Rheuma 14:29–31 (2011)

[333] SCHNEIDER, H.: Die Abnützungserkrankungen der Sehnen und ihre Therapie. Thieme Stuttgart (1959)

[334] SCHNEIDER, M.; LOGAN, M.; PINSKEROVA, V.; WILLIAMS, A.; BREUSCH, S.J.; SOSNA, A.: Can the Lachman test be demonstrated by MRI? – Results of cosec and open access MRI. 11th ESSKA 2000 Congress 4th World Congress on Sports Trauma 5.-8. May, Athen, Greece (2004)

[335] SCHREIBER, V.W.; VAN ECK, C.F.; FU, F.H.: Anatomic double-bundle ACL reconstruction. Sports Med Arthrosc 18:27–32 (2010)

[336] SCHULTZ, R.A., MILLER, D.C.; KERR, C.S.; MICHELI, I.: Mechanoreceptors in human cruciate ligaments. A histological study. J Bone Joint Surg 66-A:1072–1076 (1984)

[337] SCRANTON, P.E.; FARRAR, E.L.: Mucoid degeneration of the patellar ligament in Athletes. J Bone Joint Surg Am 74:435–437 (1992)

[338] SCAPINELLI, R.: Vascular anatomy of the human cruciate ligaments and surrounding structures. Clin Anat 10:151–162 (1997)

[339] SEIL, R.; FREIWALD, J.; JÖLLENBECK, T.; BAUER, G.; SCHMITT, H.; GOKELER, A.; ENGELHARDT, M.; DANN, K.; BENEDETTO, K.P.: Rupturen des vorderen Kreuzbandes beim Kind. GOTS-Expertenmeeting: Vorderes Kreuzband:81–94 (2010)

[340] SEITZ, H.; SCHLENZ, I.; PAJENDA, G.; VÉCSEI, V.: Tibial avulsion fracture of the posterior cruciate ligament: K-wire or screw fixation? A retrospective study of 26 patients. Arch Orthop Trauma Surg 116:275–278 (1997)

[341] SHEA, K.G.; APEL, P.J.; PFEIFFER, R.P.; SHOWALTER, L.D.; TRAUGHBER, P.D.: The tiial attachment of the anterior cruciate ligament in children and adolescents: analysis of magnetic resonance imaging. Knee Surg Sports Traumatol Arthrosc 10:102–108 (2002)

[342] SHEARER, T.: A new strain energy function for modelling ligaments and tendons whose fascicles have a helical arrangement of fibrils. J Biomech 48:3017–3025 (2015)

[343] SHELBURNE, K.B.; PANDY, M.G.; ANDERSON, F.C.; TORRY, M.R.: Pattern of anterior cruciate ligament force in normal walking. J Biomech 37:797–805 (2004)

[344] SHEPS, D.M.; OTTO, D.; FERNHOUT, M.: The anatomic characteristics of the tibial insertion of the posterior cruciate ligament. Arthroscopy 21:820–825 (2005)

[345] SHINO, K.; INOUE, M.; HORIBE S.; NAKAMURA, H.; ONO, K.: Measurement of anterior instability of the knee. A new apparatus for clinical testing. J Bone Joint Surg Br 69:608–613 (1987)

[346] SHOJI, T.; FUJIMOTO, E.; SASASHIGE, Y.: Mucoid degeneration of the posterior cruciate ligament. Knee Surg Sports Traumatol Arthros 18:1001–1002 (2010)

[347] SHOJI, T.; FUJIMOTO, E.; SASASHIGE, Y.: Mucoid degeneration of the posterior cruciate ligament. A case report. Knee Surg Sports Traumatol Arthros 18:130–133 (2010)

[348] SIEBOLD, R.; SCHUHMACHER, P.: Symptomatische Partialrupturen des vorderen Kreuzbands. Arthroskopie 26:47–51 (2013)

[349] SIEBOLD, R.; SCHUHMACHER, P.; FERNANDEZ, F.; ŚMIGIELSKI, R.; FINK, C.; BREHMER, A.; KIRSCH, J.: Flat midsubstance of the anterior cruciate ligament with tibial „C"-shaped insertion site. Knee Surg Sports Traumatol Arthrosc 23:3136–3142 (2015)

[350] SILVA, A.; SAMPAIO, R.: Anterior lateral meniscofemoral ligament with congenital absence of the ACL. Knee Surg Sports Traumatol Arthrosc 19:192–195 (2011)

[351] SIMANK, H.G.; GRAF, J.; SCHNEIDER, U.; FROMM, B.; NIETHARD, F.U.: Die Darstellung der Blutgefäßversorgung des menschlichen Kreuzbandes mi der Plastinationsmethode. Z Orthop 133:39–42 (1995)

[352] SIMS, W.F.; JACOBSON, K.E.: The posteromedial corner of the knee. Medial-sided injury patterns revisited. Am J Sports Med 32:337–345 (2004)

[353] SKELLEY, N.W.; CASTILE, R.M.; YORK, T.E.; GRUEV, V.; LAKE, S.P.; BROPHY, R.H.: Differences in the microstructural properties of the anteromedial and posterolateral bundles of the anterior cruciate ligament. Am J Sports Med 43:928–936 (2015)

[354] SKURVYDAS, A.; MASIULIS, N.; GUDAS, R.; DARGEVIČIŪTĖ, G.; PARULYTÉ, D.; TRUMPICKAS, V.; KALESINSKAS, J.R:: Extension and flexion torque variability in ACL deficiency. Knee Surg Sports Traumatol Arthrosc 19:1307–1313 (2011)

[355] SLAUTERBECK, J.R.; NARAYAN, R.S.; CLEVENGER, C.: Effects of estrogen level on the tensile properties of rabbit anterior cruciate ligament (ACL). Transactions of Orthop Res Soc 22:76 (1997)

[356] SLOCUM, D.B.; LARSON, R.: The classic: Rotatory instability of the knee. Its pathogenesis and a clinical test to demonstrate its presence. Clin Orthop 454:1–10 (2007)

[357] ŚMIGIELSKI, R.; ZDANOWICZ, U.; DRWIĘGA, M.; CISZEK, B.; CISZKOWKA-LYSOŃ, B.; SIEBOLD, R.: Ribbon like appearance of the midsubstance fibres of the anterior cruciate ligament close to its femoral insertion site: a cadaveric study including 111 knees. Knee Surg Sports Traumatol Arthrosc 23:3143–3150 (2015)

[358] SMITH, B.A.; LIVESAY, G.A.; WOO, S.L.: Biology and biomechanics of the anterior cruciate ligament. Clin Sports Med 12:637–670 (1993)

[359] SONG, Y.; DEBSKI, R.E.; MUSAHL, V.; THOMAS, M.; WOO, S.L.: A three-dimensional finite element model of the human anterior cruciate ligament: a computational analysis with experimental validation. J Biomech 37:383–390 (2004)

[360] SONNERY-COTTET, B.; ARCHBOLD, P.; CUCURULO, T.; FAYARD, J.M.; BORTOLLETTO, J.; THAUNAT, M.; PROST, T.; CHAMBAT, P.: The influence of the tibial slope and the size of the intercondylar notch on rupture of the anterior cruciate ligament. J Bone Joint Surg Br 93:1475–1478 (2011)

[361] SOURYAL, T.O.; FREEMAN, T.R.: Intercondylar notch size in anterior cruciate ligament injuries in athletes. A prospective study. Am J Sports Med 21:535–539 (1993)

[362] SPINDLER, K.P.; SCHILS, J.P.; BERGFELD, J.A.; ANDRISH, J.T.; WEIKER, G.G.; ANDERSON, T.E.; PIRAINO, D.W.; RICHMOND, B.J.; MEDENDORP, V.: Prospective study of osseous, articular, and meniscal lesions in recent anterior cruciate ligament tears by magnetic resonance imaging and arthroscopy. Am J Sports Med 21:551–557 (1993)

[363] STECKEL, H.; STARMAN, J.S.; BAUMS, M.H.; KLINGER, H.M.; SCHULTZ, W.; FU, F.H.: Anatomy of the anterior cruciate ligament double bundle structure: a macroscopic evaluation. Scand J Med Sci Sports 17:387–392 (2007)

[364] STECKEL, H.; VADALA, G.; DAVIS, D.; MUSAHL, V.; FU, F.H.: 3-T MR imaging of partial ACL tears: a cadaver study. Knee Sports Traumatol Arthrosc 15:1066–1071 (2007)

[365] STEINER, M.E.; AARON, T.H.; BROWN, C.H. Jr.; HAYES, W.C.: Anterior cruciate ligament graft fixation. Comparison of hamstring and patellar tendon grafts. Am J Sports Med 22:240–247 (1994)

[366] STIJAK, L.; RADONJIĆ, V.; NIKOLIĆ, V.; BLAGOJEVIĆ, Z; HERZOG, R.F.: The position of anterior cruciate ligament in frontal and sagittal plane and its relation to the inner side of the lateral femoral condyle. Knee Surg Sports Traumatol Arthrosc 17:887–894 (2009)

[367] STIJAK, L.; KADIJA, M.; DJULEJIĆ, V.; AKSIĆ, M.; PETRONIJEVIĆ, N.; MARKOVIĆ, B.; RADONJIĆ, V.; BUMBAŠIREVIĆ, M.; FILIPOVIĆ, B: The influence of sex hormones on anterior cruciate ligament rupture: female study. Knee Surg Sports Traumatol Arthrosc 23:2742–2749 (2015)

[368] STROBEL, M.J.; WEILER, A.; EICHHORN, H.J.: Diagnostik und Therapie der frischen und chronischen hinteren Kreuzbandläsion Chirurg 9:1066–1081 (2000)

[369] STUBBS, G.; DAHLSTROM, J.; PAPANTONIOU, P.; CHERIAN, M.: Correlation between macroscopic changes of arthrosis and the posterior cruciate ligament histology in the osteoarthritic knee. ANZ J Surg 75:1036–1040 (2005)

[370] STUMPF, U.; BRATZKE, H.; KURTH, A.; JÄGER, A.: Funktion und Morphologie des posterioren meniscofemoralen Ligamentes Wrisberg. Eine anatomische Studie. 22. Kongress der Deutschsprachigen Arbeitsgemeinschaft für Arthroskopie (AGA) 30. September- 01. Oktober (2005)

[371] STURNICK, D.R.; VACEK, P.M.; DE SARNO, M.; GARDNER-MORSE, M.G.; TOURVILLE, T.W.; SLAUTERBECK, J.R.; JOHNSON, R.J.; SHULTZ, S.J.; BEYNNON, B.D.: Combined anatomic factors predicting risk of anterior cruciate ligament injury for males and females. Am J Sports Med 43:839–847 (2015)

[372] SWAMI, V.G.; CHENG-BARON, J.; HUI, C.; THOMPSON, R.B.; JAREMKO, J.L.: Reliability of 3D localisation of ACL attachments on MRI: comparison using multiplanar 2D versus high-resolution 3D base sequences. Knee Surg Sports Traumatol Arthrosc 23:1206–1214 (2015)

[373] TAJIMA, G.; NOZAKI, M.; IRIUCHISHIMA, T.; INGHAM, S.J.; SHEN, W.; SMOLINSKI, P.: Morphology of the tibial insertion of the posterior cruciate ligament. J Bone Joint Surg Am 91:859–866 (2009)

[374] TAKEDA, Y.; XEROGEANES, J.W.; LIVESAY, G.A.; FU, F.H.; WOO, S.L.: Biomechanical function of the human anterior cruciate ligament. Arthroscopy 10:140–147 (1994)

[375] TÁLLAY, A.; LIM, M.H.; BARTLETT, J.: Anatomical study of the human anterior cruciate ligament stump's tibial insertion footprint. Knee Surg Sports Traumatol Arthrosc 16:741–746 (2008)

[376] TANAKA, Y.; SHIOZAKI, Y.; YONETANI, Y.; KANAMOTO, T.; TSUJII, A.; HORIBE, S.: MRI analysis of the attachment of the anteromedial and posterolateral bundles of anterior cruciate ligament using coronal oblique images. Knee Surg Sports Traumatol Arthrosc 19:S54-S59 (2011)

[377] TANTISRICHAROENKUL, G.; LINDE-ROSEN, M.; ARAUJO, P.; ZHOU, J.; SMOLINSKI, P.; FU, F.H.: Anterior cruciate ligament: an anatomical exploration in humans and in a selection of animal species. Knee Surg Sports Traumatol Arthrosc 22:961–971 (2014)

[378] TASKIRAN, E.; AYDOĞDU, S.; ALPARSLAN, B.: Imaging of the associated lesions with anterior cruciate ligament injury. 11th ESSKA 2000 Congress 4th World Congress on Sports Trauma 5.-8. May, Athen, Greece (2004)

[379] TOHYAMA, H.; KUTSUMI, K.; YASUDA, K.: Avulsion fracture at the femoral attachment of the anterior cruciate ligament after intercondylar eminence fracture of the tibia. Am J Sports Med 30:279–282 (2002)

[380] THOMAS, N.P.; JACKSON, A.M.; AICHROTH, P.M.: Congenital absence of the anterior cruciate ligament. J Bone Joint Surg Br 67:572–575 (1985)

[381] THURNER; J.: Traumatische Gelenkerkrankungen. In: DOERR, W.; SEIFERT, G. (Hrsg): Spezielle Pathologie. Pathologie der Gelenke und Weichteiltumoren. Bd 18/I. Springer Berlin Heidelberg New York Tokyo:549–621 (1984)

[382] TRIANTAFYLLIDI, E.; PASCHOS, N.K., GOUSSIA, A.; BARKOULA, N.M.; EXARCHOS, D.A.; MATIKAS, T.E.; MALAMOU-MITSI, V.; GEORGOULIS, A.D.: The shape and the thickness of the anterior cruciate ligament along its length in relation to the posterior cruciate ligament: a cadaveric study. Arthroscopy 29:1963–1973 (2013)

[383] TSUKADA, S., FUJISHIRO, H.; WATANABE, K.; NIMURA, A.; MOCHIZUKI, T.; MAHAKKANUKRAUH, P.; YASUDA, K.; AKITA, K.: Anatomic variations of the lateral intercondylar ridge: relationship to the anterior margin of the anterior cruciate ligament. Am J Sports Med 42:1110–1117 (2014)

[384] TUNG, G.A.; DAVIS, L.M.; WIGGINS, M.E.; FADALE, P.D.: Tears of the anterior cruciate ligament: primary and secondary signs at MR imaging. Radiology 188:661–667 (1993)

[385] UEO, T.; HAMABUCHI, M.: Hip pain caused by cystic deformation of the labrum acetabulare. Arthr Rheum 27:947–950 (1984)

[386] UHORCHAK, J.M.; SCOVILLE, C.R.; WILLIAMS, G.N.; ARCIERO, R.A.; ST. PIERRE, P.; TAYLOR, D.C.: Risk factors associated with noncontact injury of the anterior cruciate ligament: a prospective four-year evaluation of 859 West Point cadets. Am J Sports Med 31:831–842 (2003)

[387] ULMER, M.G.; ROSE, T.; IMHOFF, A.B.: Bandverletzungen am Kniegelenk. Teil II. Orthopädie und Unfallchirurgie up2date 1:391–414 (2006)

[388] UTUKURI, M.M.; SOMAYAJI, H.S.; KHANDUJA, V.; DOWD, G.S.E.; HUNT, D.M.: Update on paediatric ACL injuries. The Knee 13:345–352 (2006)

[389] VAN DIEK, F.M.; WOLF, M.R.; MURAWSKI, C.D.; VAN ECK, C.F., FU, F.H.: Knee morphology and risk factors for developing an anterior cruciate ligament rupture: an MRI comparison between ACL-ruptured and non-injured knees. Knee Surg Sports Traumatol Arthrosc 22:987–994 (2014)

[390] VAN DOMMELEN, B.A.; FOWLER, P.J.: Anatomy of the posterior cruciate ligament. A review. Amer J Sports Med 17:24–29 (1989)

[391] VAN ECK, C.F.; MARTINS, C.A.Q.; LORENZ, S.G.F.; FU, F.H.; SMOLINSKI, P.: Assessment of correlation between knee notch width index and the three-dimensional notch volume. Knee Surg Sports Traumatol Arthrosc 18:1239–1244 (2010)

[392] VAN ECK, C.F.; MARTINS, C.A.; VYAS, S.M.; CELENTANO, U.; VAN DIJK, C.N.; FU, F.H.: Femoral intercondylar notch shape and dimensions in ACL injured patients. Knee Surg Sports Traumatol Arthrosc 18:1257–1262 (2010)

[393] VAN ECK, C.F.; MARTINS, C.A.Q.; KOPF, S.; LERTWANICH, P.; FU, F.H.; TASHMAN, S.: Correlation between the 2-dimensional notch width and the 3-dimensional notch volume: a cadaveric study. Arthroscopy 27:207–212 (2011)

[394] VAN ECK, C.F.; KOPF, S.; VAN DIJK, N.; FU, F.H.; TASHMAN, S.: Comparison of 3-dimensional notch volume between subjects with and subjects without anterior cruciate ligament rupture. Arthroscopy 27:1235–1241 (2011)

[395] VESALIUS, A.: De humani corporis fabrica libri septem. Basileae: I. Oporinus (1555)

[396] VIANA, S.L.; FERNANDES, J.L.; MENDONÇA, J.L.; FREITAS, F.M.: Diffuse intrasubstance signal abnormalities of the posterior cruciate ligament: the counterpart of the mucoid degeneration of the anterior cruciate ligament? A case series. JBR-BTR 91:245–248 (2008)

[397] VIANA, S.L.: Mucoid degeneration of the posterior cruciate ligament: news from the recent past. Knee Surg Sports Traumatol Arthrosc 18:999–1000 (2010)

[398] VROOIJINK, S.H.; WOLTERS, F.; VAN ECK, C.F.; FU, F.H.: Measurements of knee morphometrics using MRI and arthroscopy: a comparative study between ACL-injured and non-injured subjects. Knee Surg Sports Traumatol Arthrosc 19:12–16 (2011)

[399] WALDEN, M.; HÄGGLUND, M.; WERNER, J.; EKSTRAND, J.: The epidemiology of anterior cruciate ligament injury in football (soccer): a review of the literature from a gender-related perspective. Knee Surg Sports Traumatol Arthrosc 19:3–10 (2011)

[400] WANG, J.H.; KATO, Y.; INGHAM, S.J.M.; MAEYAMA, A.; LINDE-ROSEN, M.; SMOLINSKI, P.; FU, F.H.; HARNER, C.: Effects of knee flexion angle and loading conditions on the end-to-end distance of the posterior cruciate ligament: a comparison of the roles of the anterolateral and posteromedial bundles. Am J Sports Med 42:2972–2978 (2014)

[401] WASILEWSKI, S.A.; FRANKL, U.: Osteochondral avulsion fracture of femoral insertion of anterior cruciate ligament. Case report and review of literature. Am J Sports Med 20:224–226 (1992)

[402] WATANABE, M.: Arthroscopy ofthe knee joint, In: Helfet, A.J. (ed.): Disorders of the Knee. J. B. Lippincott, Philadelphia, p. 145 (1974)

[403] WEBER, E.; WEBER, W.: Mechanik der menschlichen Gehwerkzeuge. Göttingen (1836)

[404] WEBER, M.; LUDOLPH, E.: Kreuzbandschaden. Anatomie und Funktion. In: LUDOLPH, E.; SCHÜRMANN, J.; GAIDZIK, P.W.: Kursbuch der ärztlichen Begutachtung. Ecomed Verlag Landsberg (2015)

[405] WELSH, R.P.: Knee joint structure and function. Clin Orthop Relat Res 147:7–14 (1980)

[406] WENING, J.V.; MATHIAK, G.; MATHIAK, M.; JUNGBLUTH, K.H.: Diagnostik und Therapie von Kreuzbandverletzungen im Kindesalter. Unfallchirurgie 21:285–291 (1995)

[407] WESTERMANN, R.W.; SYBROWSKY, C.; RAMME, A.J.; AMENDOLA, A.; WOLF, B.R.: Three-dimensional characterization of the femoral footprint of the posterior cruciate ligament. Arthroscopy 29:1811–1816 (2013)

[408] WETZ, H. H.; JACOB, H.A.C.: Funktionelle Anatomie und Kinemtik des Femurotibialgelenkes. Forschungsergebnisse von 1836–1950. Orthopäde 30:135–144 (2001)

[409] WHARTON, R.; HENCKEL, J.; BHATTEE, G.; BALL, S.; CHURCH, S.: Segond fracture in an adult is not pathognomonic for ACL injury. Knee Surg Sports Traumatol Arthrosc 23:1925–1928 (2015)

[410] WHITE, D.W.; WENKE, J.C.; MOSELY, D.S.; MOUNTCASTLE, S.B.; BASAMANIA, C.J.: Incidence of major tendon ruptures and anterior cruciate ligament tears in US Army soldiers. Am J Sports Med 35:1308–1314 (2007)

[411] WILFINGER, C.; RAITH, J.; PILHATSCH, A.; HÖLLWARTH, M.E.; WEINBERG, A.M.: Ausrisse der Eminentia intercondylaris bei Kindern und Jugendlichen - eine retrospektive Studie mit Magnetresonanzuntersuchung des betroffenen Kniegelenkes. Akt Traumatol 35:218–225 (2005)

[412] WOJTYS, E.M.; HUSTON, L.J.; BOYNTON, M.D.; SPINDLER, K.P.; LINDENFELD, T.N.: The effect of the menstrual cycle on anterior cruciate ligament injuries in women as determined by hormone levels. Am J Sports Med 30:182–188 (2002)

[413] WOO, S.L.; HOLLIS, J.M.; ADAMS, D.J.; LION, R.M.; TAKAI, S.: Tensile properties of the human femur-anterior cruciate ligament-tibia complex. The effects of specimen age and orientation. Am J Sports Med 19:217–225 (1991)

[414] WOO, S.L.; MAYNARD, J.; BUTLER, D. et al.: Ligament tendon, and joint capsule insertions to bone. In: WOO, S.Y.; BUCKWALTER, J.A. eds.: Injury and repair of the musculoskeletal soft tissues. Park Ridge, Illinois: American Academy of Orthopaedic Surgeons:133–166 (1987)

[415] WRATTEN, C.J.; TETSWORTH, K.; HOHMANN, E.: Three-dimensional femoral notch volume in anterior cruciate ligament-deficient versus anterior cruciate ligament-intact patients:

a matched case-control study with inter-gender comparison. Arthroscopy 31:1117–1122 (2015)

[416] WÜNSCHEL, M.; WÜLKER, N.; MÜLLER, O.: Gender differences in tibio-femoral kinematics and quadriceps muscle force during weight-bearing knee flexion in vitro. Knee Surg Sports Traumatol Arthrosc 21:2557–2563 (2013)

[417] XEROGEANES, J.W.; TAKEDA, Y.; LIVESAY, G.A.; ISHIBASHI, Y.; KIM, H.S.; FU, F.H.; WOO, S.L.: Effect of knee flexion on the in situ force distribution in the human anterior cruciate ligament. Knee Surg Sports Truamatol Arthrosc 3:9–13 (1995)

[418] YANG, J.H.; LIM, H.C.; BAE, J.H.; FERNANDEZ, H.; BAE, T.S.; WANG, J.H.: Anatomic and isometric points on femoral attachment site of popliteus muscle-tendon complex for the posterolateral corner reconstruction. Knee Surg Sports Traumatol Arthrosc 19:1669–1674 (2011)

[419] YEUNG, K.W.; LIU, G.C.; WU, D.K.: Tear of the anterior cruciate ligament: evaluation with MR imaging. Kaohsiung J Med Sci 14:88–93 (1998)

[420] YOO, Y.S.; JEONG, W.S.; SHETTY, N.S.; INGHAM, S.J.; SMOLINSKI, P.; FU, F.: Changes in ACL length at different knee flexion angles: an in vivo biomechanical study. Knee Surg Sports Traumatol Arthrosc 18:292–297 (2010)

[421] YOON, K.H.; YOO, J.H.; KIM, K.I.: Bone contusion and associated meniscal and medial collateral ligament injury in patients with anterior cruciate ligament rupture. J Bone Joint Surg Am 93:1510–1518 (2011)

[422] YOON, K.H.; LEE, S.H.; PARK, S.Y.; KANG, D.G.; CHUNG, K.Y.: Can physical examination predict the intraarticular tear pattern of the anterior cruciate ligament? Arch Orthop Trauma Surg 134:1451–1457 (2014)

[423] YASUDA, K.; KONDO, E.; ICHIYAMA, H. et al.: Anatomic reconstruction of the anteromedial and posterolateral bundles of the anterior cruciate ligament using hamstring tendon grafts. Arthroscopy 20:1015–1025 (2004)

[424] XIE, J.; WANG, C.; HUANG, D.Y.; ZHANG, Y.; XU, J.; KOLESNIKOV, S.S.; SUNG, K.L.P.; ZHAO, H.: TGF-beta1 induces the different expressions of lysyl oxidases and matrix metalloproteinases in anterior cruciate ligament and medial collateral ligament fibroblasts after mechanical injury. J Biomech 46:890–898 (2013)

[425] XIE, J.; WANG, C.; YIN, L.; XU, C.M.; ZHANG, Y.; SUNG, K.L.P.: Interleukin-1 beta influences on lysyl oxidases and matrix metalloproteinases profile of injured anterior cruciate ligament and medial collateral ligament fibroblasts. Int Orthop 37:495–505 (2013)

[426] YÜKSEL, H.Y.; ERKAN, S.; UZUN, M.: The evaluation of intraarticular lesions accompanying ACL ruptures in military personnel who elected not to restrict their daily activities: the effect of age and time from injury. Knee Surg Sports Traumatol Arthrosc 14:1139–1147 (2006)

[427] ZANTOP, T.; BRUCKER, P.; VIDAL, A.; ZELLE, B.A.; FU, F.H.: Intraarticular rupture pattern of the ACL. Clin Orthop Relat Res 454:48–53 (2007)

[428] ZANTOP, T.; SCHUMACHER, T.; DIERMANN, N.; SCHANZ, S.; RASCHKE, M.J.; PETERSEN, W.: Anterolateral rotational knee instability: role of posterolateral structures. Arch Orthop Trauma Surg 127:743–752 (2007)

[429] ZANTOP, T.; HERBORT, M.; RASCHKE, M.J.; FU, F.H.; PETERSEN, W.: The role of the anteromedial and posterolateral bundles of the anterior cruciate ligament in anterior tibial translation and internal rotation. Am J Sports Med 35:223–227 (2007)

[430] ZANTOP, T.; BAUER, G.; BUCHNER, M.; ELLERMANN, A.; SEIL, R.; BENEDETTO, K.P.: Diagnostik von VKB-Läsionen. GOTS-Expertenmeeting Vorderes Kreuzband:33–52 (2010)

[431] ZANTOP, T.; MILTNER, O.; ENGELHARDT, M.; SEIL, R.; BAUER, G.: Assoziierte Verletzungen. GOTS-Expertenmeeting: Vorderes Kreuzband:95–112 (2010)

[432] ZIMMERER, A.; SOBAU, C.: Dorsaler Knieschmerz. Arthroskopie 29:49–51 (2016)

6 Interkarpale Bänder

Der Karpus ist eine lang bekannte anatomische Einheit, auf die bereits GALEN (131–201 n. Chr.) hinweist. Mehr Information stammt vom Anatomen WEITBRECHT [218], bis schließlich DESTOT [43] die Fehlstellungen der Handwurzelknochen beschreibt. Es folgen wesentliche Arbeiten über die karpale Instabilität von LINSCHEID [119], KAUER [90], TALEISNIK [188], WEBER [214] und LICHTMAN [115] sowie BURKE [24]. Die Bewegung zwischen der Hand und dem Unterarm erfolgt in einer Vielzahl von nebeneinander- und hintereinandergeschalteten Gelenken. Der Karpus wurde dabei lange Zeit als unverformbarer Block, bestehend aus den Handwurzelknochen, gesehen, lediglich durch das mediokarpale Gelenk geteilt. Diese Trennung teilt den Block in zwei Reihen, wobei die proximale Reihe mit der Pfanne des Unterarmes artikuliert und die distale Reihe amphiarthrotisch, also fest, mit den Mittelhandknochen verbunden ist. Mittlerweile ist bekannt, dass dieses starre Gebilde der Handwurzelknochen jedoch nicht der Tatsache entspricht. Es liegt eine variable Verbindung unter den einzelnen Handwurzelknochen vor, so dass der Gesamtblock in sich ständig seine Form bei Bewegungen im Raum ändert.

6.1 Nomenklatur und Anatomie

Mit dem körperfernen Unterarmende artikuliert der sog. ‚karpale Kondylus' [173], bestehend aus Os scaphoideum, Os lunatum und Os triquetrum. Wird die proximale Handwurzelreihe von der Articulatio radiocarpalis aus betrachtet, so ist der komplexe Aufbau dieser Gelenkfläche entgegen dem konkaven Aufbau des körperfernen Unterarmgelenkendes zu erkennen. In Höhe des Gelenkspaltes zwischen Skaphoid und Lunatum findet sich am körperfernen Speichenende der Radiusfirst, das Skaphoid artikuliert mit der radialen Radiusfacette, diese ist getrennt durch den Radiusfirst von der ulnaren Radiusfacette, die wiederum mit dem Os lunatum artikuliert = fossa lunata. Das Os lunatum und insbesondere das Os triquetrum artikulieren mit dem ulnokarpalen Komplex und bilden somit das ulnokarpale Kompartiment. Die Spalten zwischen den drei Handwurzelknochen sind durch das Lig. lunotriquetrum bzw. scapholunatum interosseum häufig vollständig verschlossen, so dass ein einheitlicher Knorpelüberzug vorgetäuscht wird [221]. Es bleiben aber Lücken zwischen Kahn- und Mondbein in 13 % der Fälle, zwischen Mond- und Dreiecksbein in 5 % der Fälle und auch zwischen allen drei Knochen in 5 % der Fälle. Somit besteht eine Kommunikation vom proximalen zum distalen Handgelenk [104]. Die Wahrscheinlichkeit des Auftretens dieser Kommunikationen nimmt mit zunehmendem Alter zu, bis zu 50 % bei 30- bis 70-Jährigen [178]. Wird die proximale Handwurzelreihe vom distalen Handgelenk aus betrachtet (Articulatio mediocarpalis), liegt aufgrund der unterschiedlichen Form und Größe der Knochen eine enge Verzahnung in der Form eines liegenden

DOI 10.1515/9783110493665-011

„S“ vor. Radialseitig ist das Os scaphoideum der Gelenkkopf und wölbt sich in die Gelenkpfanne, die aus Os trapezium und Os trapezoideum gestaltet wird. Ulnar ragen das Os capitatum und das Os hamatum als Gelenkkopf in die Pfanne der proximalen Handwurzelreihe. Die Gelenkspalten zwischen Os scaphoideum und Os lunatum sowie zwischen Os lunatum und Os triquetrum sind vom Mediokarpalgelenk aus einsehbar. Im Vergleich zum proximalen Handgelenk besteht hier keine faserknorpelartige Überdeckung [206]. Das Os pisiforme liegt außerhalb dieser Gelenkreihe. Die im Bereich des Handgelenkes zu findenden Bandsysteme (karpalen Bandsysteme) führen die benachbarten Knochen und limitieren deren Ausschläge in der Bewegung. Nach LICHTMAN [115] und FISK [55, 56] ist der Handwurzelkomplex ein unter Spannung stehender dynamischer Ring der Handwurzelknochen, der Zusammenhalt ist durch die Bänder lückenlos [115]. Ein anderes Stabilitätskonzept der Handwurzel ergeben die Säulen- bzw. Pfeilertheorie nach NAVARRO [142] sowie die modifizierte Säulentheorie nach TALEISNIK [189] mit der zentralen T-förmigen Säule (Abb. 6.1).

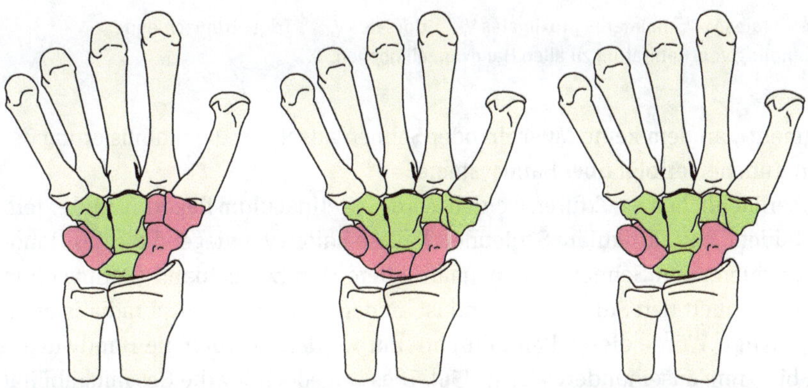

(a) Navarro (1937) (b) Lichtman (1981) (c) Taleisnik (1985)

Abb. 6.1: Darstellung der Stabilitätskonzepte der Handwurzel [173], (a) Säulen-(Pfeiler)-theorie, nach [142]: Mittelachse (grün) für Beugung und Streckung; Drehachsen (rot), (b) Theorie des unter Spannung stehenden Ringes von proximalen und distalen Handwurzelknochen, nach [115] (c) modifizierte Säulentheorie, nach [189] mit zentraler T-förmiger Säule (grün) und Skaphoid bzw. Triquetrum (rot) als Drehachsen.

Die Handwurzelknochen werden durch Bänder stabilisiert, einmal durch oberflächliche und tiefe, kurze und lange, extrinsische und intrinsische Bänder, eine Zuordnung zum funktionellen System erlaubt die Einteilung in oberflächliche, mittlere und tiefe Schichten (Tab. 6.1).

Neben den vertikalen Säulen lassen sich auch horizontale Reihen beschreiben, die proximale Reihe (Os scaphoideum, lunatum, triquetrum sowie pisiforme) und die distale Reihe (Os trapezium, trapezoideum, capitatum und hamatum). Die proximale Reihe ist mit Ausnahme des Erbsenbeins das zwischengeschaltete Segment (interca-

Tab. 6.1: 3-Schicht-Einteilung [103, 88] der Bandsysteme am Handgelenk.

	palmar	dorsal
oberflächliche Schicht	Retinaculum flexorum	Retinaculum extensorum
mittlere Schicht	Lig. radioscaphocapitatum[a] Lig. capitatohamatotriquetrum[a] Lig. radiolunatum[b,d] Lig. lunotriquetrum[b,d] Lig. ulnolunatum[b] Lig. ulnotriquetrum[b] Lig. carpi radiatum[e]	Lig. radioscaphoideum Lig. radiolunatum Lig. radiotriquetrum[c,d] Lig. intercarpale dorsale[c]
tiefe Schicht	Lig. radioscapholunatum (= Testut'sches Band) Lig. lunotriquetrum Lig. scapholunatum	

[a] palmares distales V, [b] palmares proximales V, [c] dorsales V, [d] Triquetrumschleuder,
[e] Bandverbindung vom Kapitatum zu allen Handwurzelknochen.

lated segment), an dem keine Muskeln oder Sehnen ansetzen. die Stabilisierung der einzelnen Knochen erfolgt über Bandsysteme.

Die oberflächlichen Strukturen werden aus dem Retinaculum flexorum und extensorum gebildet („extraartikuläre Schleuder"), diese halten vorwiegend die das Handgelenk überquerenden Sehnen; das palmare quere Handwurzelband (Retinaculum flexorum) überquert den Sulcus carpi und ist an den Eminentiae carpi radialis et ulnaris angehängt. Würde dieses Band durchtrennt werden, würden die Handwurzelknochen bis 3 mm auseinanderweichen [56]. Dies sei jedoch für die Gesamtstabilität des Karpus nicht von Bedeutung [61, 62]. Die mittlere Schicht enthält die äußeren (Extrinsic) und teilweise auch die inneren (Intrinsic) Bänder [188, 189]. Zu der mittleren Schicht gehören das Lig. collaterale carpi radiale, dazu die palmaren und dorsalen radiokarpalen Bänder und der ulnokarpale Komplex [147]. Palmar sind die Bänder kräftiger ausgebildet, gemäß der primitiven palmigraden Position der vorderen Extremität von Primaten, die auch auf der Hand gehen [112, 113]. Die streckseitigen Bänder sind dünner und meist mit den Wänden der Strecksehnenfächer verbunden. Zu den palmaren radiokarpalen Bändern gehören das Lig. radioscaphocapitatum, das Lig. radiolunatum und das Lig. radioulnolunatum. Die dorsalen radiokarpalen Bänder enthalten das Lig. radioscaphoideum, Lig. radiolunatum und das Lig. radiotriquetrum. In der tiefen Schicht findet sich das Lig. radioscapholunatum (Testut'sches Band), dem eine besondere Bedeutung zukommt, da es aufgrund des Gefäßreichtums und seiner mechanischen Dehnbarkeit eine Sonderstellung einnimmt. Entlang diesem Band können sich aufgrund der Gefäßversorgung Erkrankungen ausdehnen, z. B. die rheumatoide Arthritis. Frühzeitig finden sich hier Zystenbildungen, die sog. Signalzysten.

Ebenfalls zu der tiefen Schicht gehören das Lig. scapholunatum, das Lig. lunotriquetrum und auch das Lig. scaphotrapezium (Abb. 6.2).

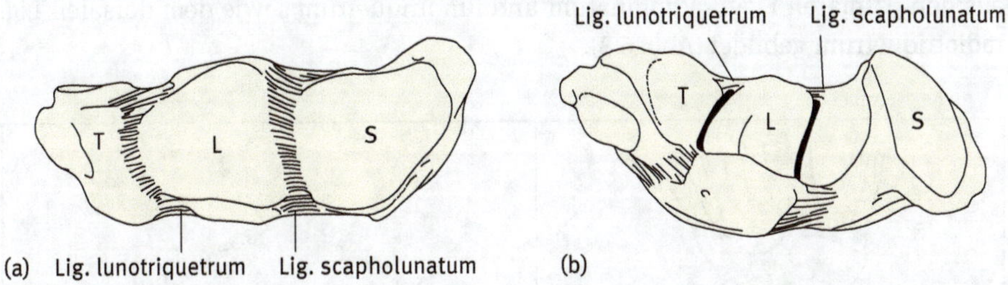

Abb. 6.2: Interossäre Bänder an den proximalen Handwurzelknochen, nach [173], (a) von proximal, (b) schräg von palmar und distal, S = Os scaphoideum, L = Os lunatum, T = Os triquetrum.

Die interossären Ligamente der tiefen Schicht sind die wichtigsten Stabilisatoren an der Handwurzel („Unit of rotational stability"). Sie verlaufen entweder in longitudinaler Anordnung zwischen Skaphoid bzw. Lunatum und Radius oder aber quer zwischen den Elementen der beiden Handwurzelreihen. Im Bereich der proximalen Handwurzelreihe existieren zwei wichtige interossäre Ligamente. Sie verbinden das Lunatum mit dem Skaphoid bzw. das Lunatum mit dem Triquetrum und Pisiforme. Die interossären Ligamente der proximalen Reihe sind weniger fest als die der distalen Reihe. Hierdurch werden einerseits zwar beträchtliche Relativbewegungen der einzelnen Handwurzelknochen in der proximalen Reihe untereinander ermöglicht, andererseits wird jedoch auch gewährleistet, dass bestimmte Bewegungsgrenzen nicht überschritten werden. Die interossären Bänder der distalen Handwurzelreihe sind hingegen ausgesprochen kurze und starke Ligamente, die so gut wie keine Beweglichkeit der distalen Handwurzelknochen erlauben.

TALEISNIK [188] fasst daher die distale Handwurzelreihe auch als einen funktionalen Monolithen auf. In der mittleren Schicht, insbesondere in den radiokarpalen Bändern, lassen sich sowohl dorsal als auch palmar besondere Strukturen erkennen, palmar das proximale und distale V und dorsal das dorsale V. Des Weiteren findet sich die sog. Triquetrumschleuder. Das palmare proximale V verbindet den Radius mit dem Mondbein und führt weiter zum Diskuskomplex. Die wichtigen Bandstrukturen sind das Lig. radiolunotriquetrum sowie das Lig. ulnolunatum. Der Scheitelpunkt des proximalen palmaren V liegt wie auch der des distalen palmaren V distal. Das distale palmare V streckt sich vom äußeren Rand des Radius zum Kapitatum und zieht von hier zum Dreieck- bzw. zum Erbsenbein. Die wesentlichen Bänder sind das Lig. capitatohamatotriquetrum und das Lig. radioscaphocapitatum. Das dorsale V hat seinen Scheitelpunkt ulnar, es ist ein querliegendes V, wobei der erste proximale Arm den Radius mit dem Triquetrum verbindet. Am Triquetrum geht dann das V in das Retinakulum extensorum über, um am Erbsenbein zu inserieren. Die entscheidenden Bandstrukturen mit verschiedenen anatomischen Varianten [203] sind das Lig. intercarpale dorsale sowie das Lig. radiotriquetrum dorsale. Der distale Arm verbindet über das Lunatum das Triquetrum mit dem Skaphoid. Die Triquetrumschleuder wird aus den palmaren Ligg. radiolunatum und lunotriquetrum sowie dem dorsalen Lig. radiotriquetrum gebildet (Abb. 6.3).

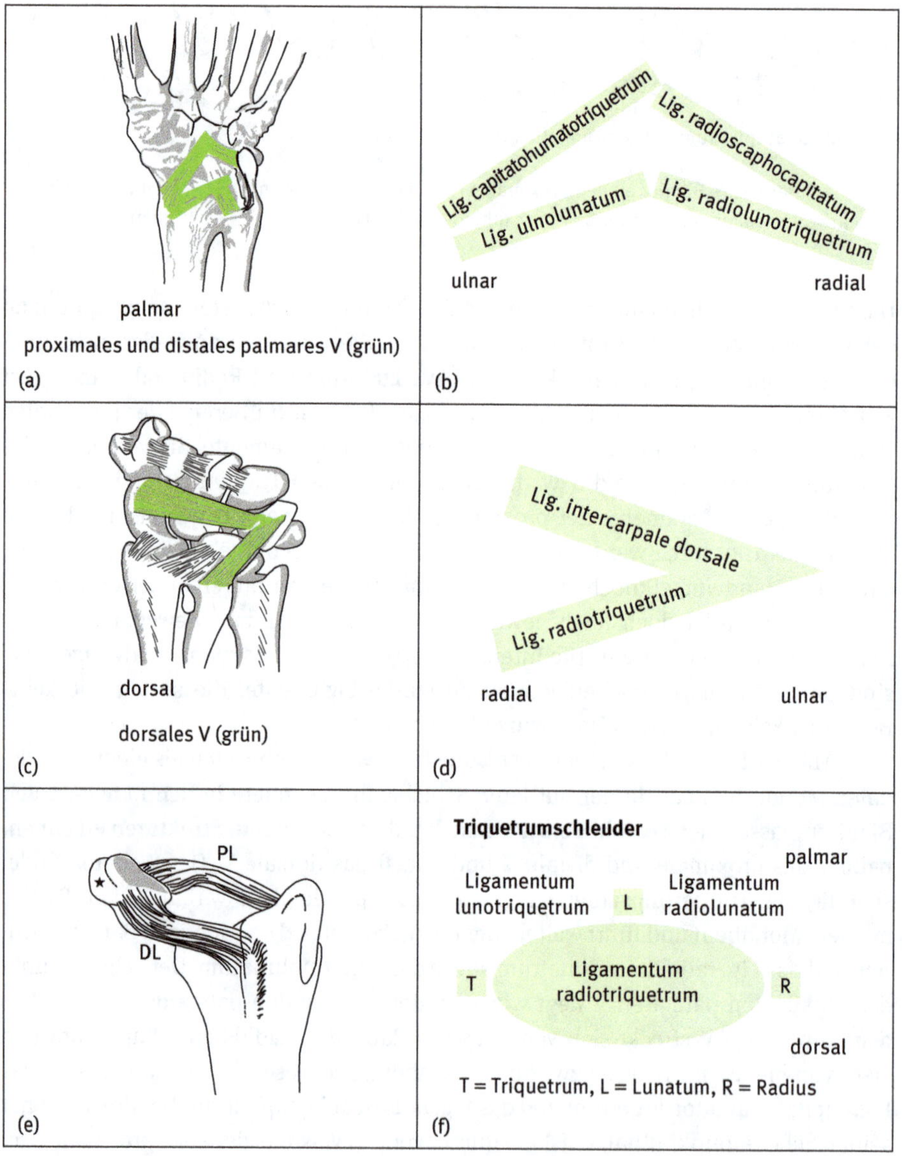

Abb. 6.3: Spezielle Bandstrukturen am Handgelenk; (a), (b) = proximales und distales V; (c), (d) = dorsales V; (e), (f) = Triquetrumschleuder = Gelenkschleuder.

Im Zentrum des distalen V steht das Os capitatum, es beinhaltet das Lig. radiocapitatum. Dieses Band ist bei der De Quervain´schen Luxationsfraktur häufig interponiert. Zwischen dem proximalen und distalen V liegt eine bandfreie Schwachstelle, der Poirier´sche Raum. Hierbei handelt es sich um die Prädispositionsstelle für die perilunäre Dislokation bzw. die Skaphoid-Rotationssubluxation. Der dorsale Anteil der intrakapsulären Bänder ist schwächer als der palmare. Sein V steht nicht wie palmar auf dem Kopf, sondern quer. Gemeinsame Verknüpfungspunkte zwischen dem intra- und dem extraartikulären Bandsystem bestehen am Triquetrum und Pisiforme. Durch diese Anordnung der einzelnen Bandsysteme wird die Neigung des Karpus, nach ulnar und palmar abzugleiten, sehr zuverlässig „gezügelt". Von großer praktischer Bedeutung ist, dass der Zusammenhalt der einzelnen Karpalknochen ausschließlich auf der Intaktheit des artikulären Bandsystems beruht. Eine Kompensationsmöglichkeit im Verletzungsfall ist durch das extraartikuläre System nicht gegeben.

6.1.1 SL-Band

Das Band zwischen Mond- und Kahnbein, Ligamentum scapholunatum, erlaubt durch unterschiedlich lange Faserbündel den größeren Bewegungsausschlag des Skaphoids. Gleichzeitig stellt es den wichtigsten Stabilisator des Karpus dar [106]. Das SL-Band ist viel dünner als die distalen Bänder, d. h., es ist bei physiologischen Bewegungen untergeordnet. Ruptur und Verschleiß des Bandes führen zu einer Entkopplung von Skaphoid und Lunatum. Die skapholunäre Dissoziation begünstigt die Dorsalkippung des Lunatum wie auch die gegensinnig gerichtete Rotationssubluxation des Skaphoids nach palmar [92]. Das SL-Band erstreckt sich in der Sagittalebene auf etwa 13 mm Tiefe U-förmig wie ein Hufeisen. In diesem Verlauf beträgt die Gesamtlänge durchschnittlich 18 mm. Distal endet das Band mit freien Rändern. Anatomisch lässt sich das SL-Band in drei Regionen einteilen [13, 10, 12], mit denen es das Lunatum an das Skaphoid fixiert. Da die Rotationsachse im SL-Gelenk im dorsalen Teil des Gelenkes liegt [128], erklärt sich, dass sich trotz Teildehiszenzen des Bandes keine SL-Spalterweiterung im Röntgenbild erkennen lässt. Die drei anatomischen Regionen sind dorsal, proximal und palmar. Der Nachweis eines unterschiedlichen histologischen Aufbaus der 3-SL-Regionen erklärt verschiedene Zusammenhänge: z. B. die altersbedingte Abnutzung der proximalen Portion, Heilungsmöglichkeiten nach traumatischen Rupturen sowie Unterschiede in der mechanischen Funktion der verschiedenen SL-Regionen. Von Bedeutung ist auch die Beziehung zum RSL-Band, das die Endfasern des N. interosseus anterior und der palmaren Region des SL-Bandes [10] enthält (Abb. 6.4).

Begleitend dazu verlaufen Gefäße, die das Lig. radioscapholunatum und das Lig. scapholunatum versorgen [80]. Eine Blutversorgung der genannten Bänder vom Knochen her wurde nicht festgestellt. Das Lig radioscapholunatum und das Lig. radiotriquetrum sind mit dem SL-Band am Skaphoid sowie am Lunatum eng verbacken,

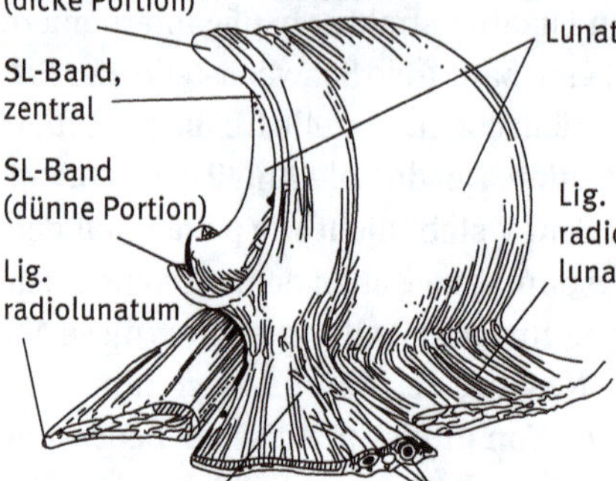

(a)

	Länge (mm)	Breite (mm)	Dicke (mm)
SL volar	3,4 ± 1,0	5,7 ± 1,9	1,0 ± 0,5
SL prox.	3,8 ± 1,8	11,7 ± 2,3	1,3 ± 0,3
SL dorsal	3,8 ± 1,5	5,8 ± 0,9	1,7 ± 0,4
LT volar	4,1 ± 1,7	6,0 ± 1,4	1,4 ± 0,5
LT prox.	1,8 ± 0,6	10,2 ± 1,7	1,0 ± 0,4
LT dorsal	3,2 ± 1,3	5,7 ± 1,9	1,0 ± 0,3

(b)

Abb. 6.4: (a) = Das skapholunäre interossäre ligament (SLIL), von praximal radial, das Skaphoid ist entfernt (aus [36]), (b) = Maße des SL- und LT-Bandes (nach [140]).

so dass eine isolierte Ruptur des SL-Bandes ohne Beteiligung der genannten Bandstrukturen nur schwer vorstellbar ist [11, 14, 127]. Das dorsale SL-Band besitzt kurze parallele Fasern (3,4 mm), die eine wesentliche Distraktion des Gelenkspaltes verhindern. Sie ermöglichen allenfalls eine geringe Rotation um eine Achse im dorsalen Skaphoid-Lunatum-Bereich. Das palmare SL-Band ist länger (3,8 mm) und weniger fest und erlaubt daher mehr Rotation und auch Distraktion als dies dorsal möglich wäre [15]. Diese spezielle Konstruktion lässt insgesamt Gleit- und Torsionsbewegungen zwischen Skaphoid und Lunatum zu. In dieser ungewöhnlichen Belastung liegt möglicherweise eine Erklärung für eine bevorzugte Entstehung von Ganglionzysten in diesem Bereich [92].

Die Dehnbarkeit (Elastizität) der drei Bandanteile [123] ist unterschiedlich. Während der dorsale Teil bei 300 N zerreißt, trifft dies im palmaren Bereich bei 150 N zu und im proximalen Anteil schon bei 25–50 N [183]. Im Vergleich dazu zerreißt der palmare Teil des LT-Bandes bei 300 N, der dorsale Anteil bei 150 N, der zentrale Anteil des LT-Bandes verhält sich ähnlich dem des SL-Bandes.

6.1.2 LT-Band

Das LT-Band (Ligamentum lunotriquetrum) ist aus drei Teilen aufgebaut, wobei aber der palmare Anteil des LT-Bandes kräftiger ist als der dorsale Teil, also im Vergleich zum SL-Band umgekehrt [141]. Die Länge, Breite und Dicke des SL- und LT-Bandes sind ungefähr vergleichbar.

Die Bandverbindung zwischen Lunatum und Triquetrum ist straffer als die zwischen Skaphoid und Lunatum. Das LT-Band besteht wie das SL-Band aus drei Bandanteilen, palmar, proximal (= membranös) und dorsal. Die kräftigste Bandstruktur besteht palmar mit etwa 2,3 mm (2,0–2,6 mm) Dicke. Die Reißfestigkeit [166, 167] der drei Bandanteile reduziert sich von palmar (301 N) über dorsal (121 N) nach proximal (64 N). Neben dem LT-Band sind für die ulnare Stabilität des Karpus das Lig. radiocarpale dorsale und das Lig. intercarpale dorsale von Bedeutung [82, 166, 167, 203]. Diese Bänder gehören außer dem LT-Band zum Extrinsic-System, sie strahlen in andere Bänder mit ein. Es nimmt auch das LT-Band die typische U-Form mit der beschriebenen Dreiteilegliederung ein, ohne dass jedoch ein zusätzliches Band zwischen den palmaren und proximalen Teil sowie das RSL-Band beim SL-Band einstrahlen würden.

6.1.3 Gefäß- und Nervenversorgung

An den Knochen der proximalen und distalen Handwurzelreihe lassen sich zwei Gefäßsysteme unterscheiden, das extraossäre und das intraossäre System. Das extraossäre System umgreift von palmar und dorsal den Karpus [65, 140]. Das intraossäre System sorgt für die Durchblutung im Inneren der Karpalknochen. Diese arteriellen Gefäße treten an den nicht überknorpelten Stellen in den Knochen ein. Die Foramina nutritia lassen sich an den einzelnen Knochen unterschiedlich lokalisieren. Am Os trapezium und hamatum liegen sie dorsal, am Os triquetrum und pisiforme sind sie lateralseitig zu finden. Bei allen anderen Knochen sind sie auf der palmaren Seite (vgl. Skaphoid). In allen Knochen zeigt sich unmittelbar unter dem mit Knorpel bedeckten Teil ein engmaschiges arterielles Netz [69, 78, 173, 195].

Die Nervenversorgung des Handgelenkes erfolgt mehrwegig, die Hauptversorgung geht jedoch von den Gelenkästen des Nervus ulnaris, des Nervus interosseus anterior und des Nervus medianus für den palmaren Bereich aus. Die radialen Nerven entspringen aus dem Nervus cutaneus antebrachii lateralis und dem Ramus superficialis des Nervus radialis, wobei Letzterer das Versorgungsgebiet auch nach dorsal ausdehnt.

6.1.4 Fazit

Die Anatomie des Karpus besteht aus zwei knöchernen Reihen mit je vier Handwurzelknochen, diese sind untereinander mit intrinsischen Bändern verbunden und zwischen Mittelhand und Unterarm über das extrinsische Bandsystem verspannt. Die Stabilität wird durch ein unter Spannung stehendes Ringgefüge der Handwurzelknochen aufrechterhalten, proximale Reihe, Skaphoid, Triquetrum und Lunatum, das intercalated segment ist in sich gedreht verspannt im Sinne des „balanced lunate concept". Das heißt, der dorsale SL- und der palmare LT-Anteil ergeben die kräftig ausgebildeten Strukturen der jeweils U-förmig aufgebauten intrinsischen Bänder.

6.2 Biomechanik – Pathomechanik

Dem Handgelenk können ossäre und ligamentäre funktionelle Einheiten zugeordnet werden, dazu muskulo-tendinöse Einheiten, die die ossären und ligamentären Gebilde überbrücken. Die Handwurzelknochen als ossäre funktionelle Einheiten können in zwei horizontale Reihen und in drei vertikale Pfeiler (Säulen) unterteilt werden (vgl. Anatomie): 1. horizontale Reihen und 2. vertikale Säulen.

1. Es wird die proximale (Skaphoid, Lunatum, Triquetrum, Pisiforme) von der distalen Reihe (Trapezium, Trapezoideum, Kapitatum, Hamatum) getrennt. Eine Sonderstellung nimmt das Skaphoid zusammen mit dem Lunatum und dem Triquetrum ein. Diese sind ein zwischengeschaltetes Segment („intercalated segment") einer instabilen Gelenkkette [136], auch als „knöcherner Meniskus" bezeichnet. An diesen drei Knochen setzen keine Sehnen oder Muskeln an, sie werden lediglich von Bändern gehalten und bewegen sich in ihrem Gleitraum zwischen der Gelenkpfanne des Unterarmes und dem Gelenkkopf der distalen Reihe, d. h., sie werden bei Bewegungen im Handgelenk von den umgebenden Knochen mitbewegt. Die distale Reihe (Trapezium, Trapezoideum, Kapitatum, Hamatum) ist mit den Mittelhandknochen II–V über die Ligg. carpometacarpea palmaria et dorsalia fest verbunden. Da die Verbindung zwischen Elle und Speiche im distalen Radioulnargelenk als stabil zu bezeichnen ist und der Radius den größten Teil der Gelenkpfanne des Unterarmes ausmacht, kommt dieser Gelenkpfanne und dem Gelenkkopf der distalen Reihe mit der S-förmigen Struktur eine besondere Bedeutung zu. Es findet sich zwischen Unterarm und der distalen Handwurzelreihe die proximale Reihe als zwischengeschaltetes nicht mit Sehnen oder Muskeln geführtes Segment. Dieses Segment wird zwischen distaler Reihe und Unterarm lediglich durch Bänder gehalten. Somit sind das SL- und das LT-Band für die Stabilität zwischen Skaphoid, Lunatum und Triquetrum besonders wichtig, einmal bezüglich der Rotation zwischen den genannten Knochen, aber auch bezogen auf die Translation und Distraktion.
2. Die Säulentheorie nach NAVARRO [142], modifiziert nach TALEISNIK [189], erleichtert das Verständnis der Komplexbewegungen in der Handwurzel. Nach TALEISNIK [189] ist die zentrale Säule ein auf dem Radius stehendes T. Das Lunatum ist palmar höher als dorsal, somit hat es bei axialer Belastung das Bestreben, nach palmar auszuweichen, und kippt damit nach dorsal. Diese Bewegung wird durch die Abkippung des Radius nach dorsal begünstigt.

Die radiale Säule bildet das Skaphoid mit Trapezium und Trapezoideum als Sockel, die ulnare Säule das Triquetrum mit dem anhängenden Pisiforme. Die Abstützung des Skaphoids gegen die distale Reihe führt zu einem palmaren Abgleiten bzw. Drehen des Skaphoids. Die Bewegungstendenz von Skaphoid und Lunatum ist genau entgegengesetzt, diese hebt sich aber auf, solange die Koppelung der beiden Knochen über das SL-Band intakt ist. Diese ligamentäre elastische Verbindung zwischen Skaphoid und Lunatum sowie die differenten Krümmungsradien beider Knochen sorgen dafür, dass bei Flexion das Kahnbein dem Mondbein um eine 30°-Rotation vorauseilt. Ist die Verbindung zwischen Skaphoid und Lunatum zerstört, so kommt es zu den Eigenbewegungen der Knochen, das Skaphoid rotiert nach palmar und das Lunatum kommt in Extension zum Stehen, d. h., es rotiert nach dorsal. Die ulnare Säule entspricht dem Os triquetrum. Dieses gleitet während der Seitbewegung der Hand entlang der schraubenförmigen Gelenkflächenrinne des Hakenbeins. Bei der Ulnarduktion gelangt das Triquetrum entlang dem Hamatum nach distal und kommt in eine Extensionsstellung. Mit dem Os lunatum, welches sich dem Processus styloideus ulnae nähert, rotiert das Lunatum in eine Extensionsstellung und das Skaphoid folgt nach. Umgekehrt gerät das Triquetrum im Vergleich zum Hamatum in eine proximale Stellung, das Lunatum kommt in Flexionsstellung, nachfolgend auch das Skaphoid. Somit bewegen sich die drei proximalen Handwurzelknochen synergistisch von einer Beugestellung in Radialduktion zu einer Extensionsstellung in Ulnarduktion. Bei der Flexion und der Extension beginnt die Bewegung jeweils mit der distalen Handwurzelreihe. Die Flexion ist mit einer Ulnardeviation und die Extension mit einer Radialdeviation (= „physiologic flexion-extension“) verbunden. Ist das Bewegungsausmaß der rigiden distalen Reihe erschöpft, setzt die proximale Reihe ein. In der Flexion zieht das Kapitatum durch die Palmarbewegung das Lunatum in eine Beugestellung, bis es die palmare Radiuskante erreicht. Bei der Extension werden das Os capitatum und das Os lunatum durch das palmare Tragband gebremst, um nicht nach palmar auszubrechen.

Das palmare Tragband umfasst alle mittleren und tiefen palmaren Faserstrukturen. Bei der Radialduktion wandern das Lunatum sowie das Triquetrum nach dorsal, bei gleichzeitiger Rotation des Triquetrums („high position“). Umgekehrt rotiert das Triquetrum bei der Palmarduktion und wandert nach palmar („low position“). Dabei wird das Triquetrum durch das LT-Band, das Lig. triquetrocapitatum, das Lig. radiotriquetrum dorsale und das Lig. intercarpale dorsale geführt [174]. Das lunotriquetrale Band spielt eine besondere Rolle in der Stabilisierung des LT-Gelenkes während der Ulnardeviation, während das Lig. radiolunotriquetrale den wesentlichen Stabilisator bei der Handextension darstellt [114].

6.2.1 Ligamentäre funktionelle Einheiten

Unter gelenkmechanischen Gesichtspunkten (drei ligamentäre Ketten) werden unterschieden:

1. die karpalen Retinakula,
2. die „Gelenkschleuder“,
3. das „palmare Tragband“.

Diese Strukturen wirken den am Handgelenk ansetzenden Muskelkräften entgegen und führen auch zur karpalen Stabilität. Die karpalen Retinakula sind die extraartikuläre Schleuder. Mit den schräg verlaufenden Faserstrukturen stabilisiert sie das DRUG und verhindert ein Ableiten des Karpus nach ulnar. Die Gelenkschleuder ist die Triquetrumschleuder mit dem Dreiecksbein als Stein in der Schleuder. So wird die Neigung der Radiusgelenkfläche nach ulnar mit den aus dieser schiefen Ebene resultierenden Kräften abgefangen. Die „Schleuder" führt das Handgelenk sowohl bei der Radialduktion als auch bei der Ulnarduktion und bietet eine ulnare Stütze bei der Flexion und Extension [98, 149]. Das „palmare Tragband" besteht aus den mittleren und tiefen palmaren Faserstrukturen, es zügelt das Os capitatum und hält die Handwurzelknochen bei der Extension (Abb. 6.5).

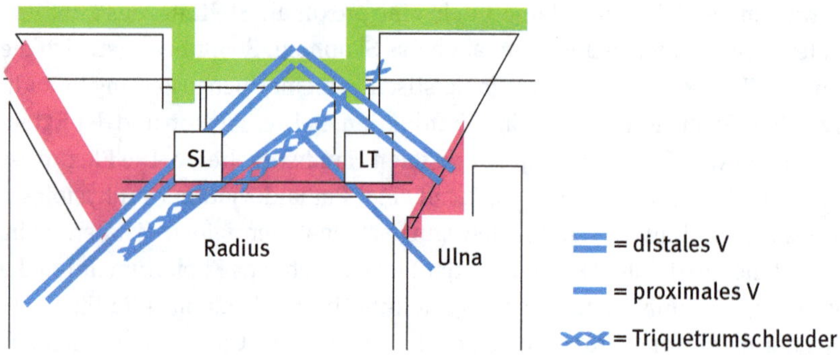

Abb. 6.5: Das „intercalated segment" (palmar) = distales V, = proximales V, = Triquetrumschleuder.

Das Radiokarpalgelenk wird seitlich jeweils von einem Band ergänzend stabilisiert. Das Lig. collaterale radiale zieht vom Radius zum Skaphoid, das Lig. collaterale ulnare von der Elle (TFCC und Proc. styloideus) zum Triquetrum. Damit ist der Karpus von diesen Bändern nicht überbrückt, vielmehr setzen diese am Karpus an (Skaphoid, Triquetrum) und stabilisieren ihn an dem Unterarm. Das dorsale V verhindert das Abgleiten des zwischengeschalteten Segments nach ulnar (Abb. 6.6). Von diesem querliegenden V verbindet der erste proximale Arm des Vs den Radius mit dem Triquetrum. Am Triquetrum geht das Retinaculum extensorum in das artikuläre System über, um am Erbsenbein zu inserieren. So wird das Erbsenbein zu einem verbindenden Element zwischen dem palmaren und dem dorsalen Bändersystem sowie zwischen dem artikulären und dem extraartikulären System. Der distale Arm des Vs verbindet über das Lunatum das Triquetrum mit dem Skaphoid.

Entsprechend anatomischen Untersuchungen verschiedener Autoren [177, 51, 228] ist festzustellen:

1. Das Bändersystem des Karpus besteht aus zwei Teilen, die sich ergänzen: dem artikulären und dem extraartikulären Teil.
2. Jedes System hat eine dynamische Komponente mit direktem oder indirektem Mechanismus:

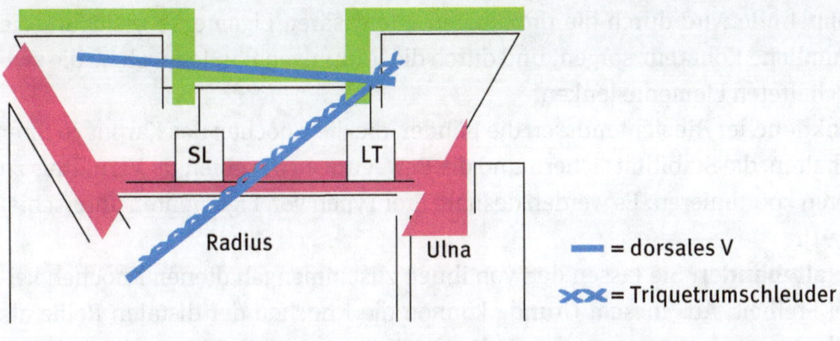

Abb. 6.6: Das „intercalated segment" (dorsal) = dorsales V, = Triquetrumschleuder.

   - direkt beim artikulären System, vermittelt durch den Musculus flexor carpi ulnaris, der am Os pisiforme inseriert,
   - indirekt beim extraartikulären System infolge der Einwirkung des Musculus extensor carpi ulnaris auf das Retinaculum extensorum.
3. Die Richtung der Fasern beider ligamentärer Systeme zeigt einen schrägen Verlauf, und zwar entgegengesetzt der Gleitebene des distalen Bereichs des Radius, auf welche der Karpus ständig abzuweichen versucht.
4. Das proximale V, ein massiver und kräftiger Stützgurt, hält das Lunatum und gleichzeitig die übrigen Knochen der proximalen Reihe des Karpus an Ort und Stelle.
5. Das distale V verbindet den Radius mit dem Rotationszentrum des Karpus, nämlich dem Kopf des Kapitatums. Es stabilisiert die distalen und ulnaren Anteile der ersten Reihe und gibt dem Kahnbein, dem es aufliegt, Führung. Es handelt sich um ein Leitelement.
6. Die Fasern des oberflächlichen und des tiefen Systems konvergieren auf dem Triquetrum und dem Pisiforme in einer Art von Schlinge, die sich nicht zuzieht, so dass jedes Abweichen ulnarwärts vermieden wird.
7. Die Kohäsion der Handwurzelknochen hängt ausschließlich vom artikulären System ab. Das extraartikuläre System verstärkt zwar bestimmte Funktionen, kann aber die Schwächen des artikulären Systems nicht aufwiegen.
8. Das distale Radioulnargelenk stellt ein phylogenetisches Ganzes dar, das durch den Ulnarkomplex zusammengehalten wird.
9. Zwischen Lunatum und Kapitatum ist kein Ligament nachweisbar; außerdem liegt im Bereich des Karpus kein longitudinales Bändersystem vor.
10. Das Lunatum bildet als Zentrum zweier Systeme den Grundstein des Karpus:
    - Es stabilisiert die zwischengeschaltete, querverlaufende, mobile und instabile Einheit, d. h. die proximale Handwurzelreihe, und
    - es erträgt wie das Kapitatum die axialen, mechanischen Kräfte, die von der Hand auf den Unterarm übertragen werden.

Diese Doppelrolle wird durch die proximalen interossären Ligamente gesichert, die für die räumliche Kohärenz sorgen, und durch die V-förmigen Bänder, welche die zwischengeschalteten Elemente lenken.

In funktioneller Hinsicht müssen die Bänder, die die Knochen des Karpus in ihrer Stellung halten, die Stabilität sichern und die Bewegungen der einen im Verhältnis zu den anderen koordinieren. Es werden deshalb drei Typen von Ligamenten unterschieden [177, 91]:

1. **Die Haltebänder:** Sie lassen den von ihnen zusammengehaltenen Knochen keinerlei Freiheit. Aus diesem Grunde können die Knochen der distalen Reihe als ein Block und als Analogum des Radius betrachtet werden. Die proximale Reihe ist demnach ein zwischengeschaltetes System.
2. **Die Stabilisierungsbänder:** Sie müssen nicht nur die Beweglichkeit ermöglichen, sondern gleichzeitig auch die Kohäsion sichern – eine widersprüchliche Aufgabe. Es handelt sich um folgende Bänder: die interossären Bänder der proximalen Reihe und die tiefen Anteile des proximalen V und des distalen V.
3. **Die Leitbänder:** Hierzu werden die oberflächlichen Fasern des distalen Vs gezählt, die den Abstand zwischen Radius und Kapitatum konstant halten. Eine ähnliche Funktion haben die oberflächlichen Fasern des proximalen V, die zwischen dem Processus styloideus ulnae und dem distalen Drittel des Radius aufgespannt sind, sie halten das Mondbein in seiner Position. Diese Leitbänder sorgen gleichzeitig für eine Zentrierung des Karpus und die des Mondbeines.

Die flexible Gelenkkapsel des Handgelenkes wird durch das Ligamentum radiocarpale dorsale und palmare sowie durch das Ligamentum collaterale radiale und ulnare verstärkt. Im streckseitigen Kapselapparat ist gewöhnlich eine Plica zu finden [76, 77, 177, 143].

6.2.2 Karpale Instabilitäten

Die Stabilität zweier Artikulationspartner ist definiert als deren Fähigkeit, unter den Bedingungen der normalen Belastung eine physiologische Lagebeziehung zueinander aufrechtzuerhalten. Die Instabilität oder Gefügestörung zweier Gelenkstrukturen beschreibt den unphysiologischen Zustand, in dem die anatomische Anordnung oder das reguläre Zusammenspiel der beiden Artikulationspartner gestört ist. Nach GILFORD [66] ist das Handgelenk ein Verbindungssystem entsprechend einer dreigliedrigen Gelenkkette. Eine derartige dreigliedrige Gelenkkette ist hochgradig instabil. Eine Klassifikation der karpalen Instabilitäten erscheint schwierig, daher wird eine generelle Einteilung [122] dahingehend vorgeschlagen, ob eine Verletzung der perilunären Bänder vorliegt (sog. CID-Typ = Carpal Instability Dissociative) oder nicht (sog. CIND-Typ = Carpal Instability Non Dissociative).

CID = SLD (skapholunäre Dissoziation),
= LTD (lunotriquetrale Dissoziation),
CIND = Schädigung extrinsischer Bänder oder Fehlstellung der Karpalknochen.

Die nachfolgende Klassifikation lehnt sich an den Vorschlag der Einteilung der karpalen Gefügestörungen von AMADIO [6] an. Er unterscheidet vier Arten karpaler Gefügestörungen – dissoziative von nichtdissoziativen Störungen sowie komplexe und axiale Gefügestörungen [219].

- **dissoziative Gefügestörungen** (CID = Carpal Instability dissociative): skapholunäre oder lunotriquetrale Instabilität. Es liegt eine Verletzung der intrinsischen Bänder zugrunde, die Bauelemente der proximalen Handwurzelreihe sind untereinander verschoben,
- **nichtdissoziative Gefügestörungen** (CIND = Carpal Instability nondissociative): radiokarpale, mediokarpale und ulnare Gefügestörungen. Es liegt eine Verletzung der extrinsischen Bandverbindungen zugrunde. Die prox. Handwurzelreihe ist intakt, aber insgesamt entweder gegenüber dem Unterarm subluxiert (sog. Translokation) oder führt als Ganzes eine Fehlartikulation gegenüber der distalen Reihe durch (CIND-DISI und CIND–PISI). Es entsteht also eine Instabilität zwischen proximaler und distaler Handwurzelreihe,
- **komplexe Gefügestörungen** (CID): perilunäre Luxation (dorsal und palmar), trans-skaphoidale perilunäre Luxationsfrakturen,
- **axiale Gefügestörungen**: ulnare, radiale und kombinierte Gefügestörungen.

Der häufigsten und wichtigsten Instabilitätsform der Handwurzel liegt eine Schädigung des Lig. scapholunatum zugrunde [144]. Die Achsenfehlstellung des Lunatums innerhalb der mittleren Säule des Karpus wird mit den Akronymen „DISI“ und „PISI“ beschrieben. Die DISI-Konfiguration („Dorsiflexed intercalated Segment Instability“) liegt vor, wenn das Lunatum in Extension dreht, so dass der radiolunäre Winkel > 15° ansteigt. Am häufigsten ist das beim Vollbild der skapholunären Dissoziation zu sehen, ebenso bei der Lunatummalazie, M. Preiser und Zuständen nach Entfernung von Handgelenksganglien, die alle eine Schädigung des skapholunären Bandes zur Folge haben. Die PISI-Konfiguration („Palmar intercalated Segment Instability“) liegt vor, wenn das Lunatum nach palmar in Flexion dreht, so dass der radiolunäre Winkel < 15° abfällt. Am häufigsten ist dies bei der lunotriquetralen Dissoziation zu sehen, insgesamt jedoch eher selten.

6.2.3 Karpale Instabilitäten können statisch oder dynamisch sein

Eine *„dynamische“ Instabilität* liegt vor, wenn die Handwurzelknochen im standardisierten Röntgenbild unauffällig erscheinen, aber ein abnormer Bewegungsablauf bei der klinischen Untersuchung, durch Röntgen-Stressaufnahmen oder mittels Kinematographie nachweisbar ist. Eine *„statische“ (fixierte) Instabilität* besteht, wenn bereits unter Ruhebedingungen eine abnorme Gefügeanordnung der Handwurzel nachgewiesen werden kann. Das Verhalten der Längsachse des Lunatums zur Radius- und Kapitatumlängsachse definiert nach LINSCHEID [120] die Dorsal- bzw. die Palmarflexionsinstabilität des zwischengeschalteten Segmentes Lunatum (DISI und PISI). Instabilität (1–4) kann statisch sein (am Routine-Röntgenbild erkennbar) oder dynamisch (Röntgen ist normal, die Fehlstellung kann spontan ausgelöst werden), z. B. im SL-, LT- und im Midkarpalgelenk [46]. Anatomisch werden drei Instabilitäten unterschieden:

laterale Instabilität:	SL-Instabilität,
mediale Instabilität:	LT-Instabilität, TH-Instabilität (Triquetrum/Hamatum), (= midcarpal instability),
proximale Instabilität:	sekundäre Instabilität nach Radiusfrakturen, dorsale karpale Subluxation, midkarpale Instabilität, Fehlstellung distaler Radius, ulnar translocation.

Im Vergleich dazu differenziert PACHUCKI [146] nicht die mediale von der lateralen Instabilität wie DOBYNS [45], sondern teilt nach der Höhenlokalisation ein:
1. Instabilitäten der proximalen Handwurzelreihe (SL, LT) (dissoziative Instabilität),
2. mediokarpale (oder midkarpale) Instabilität zwischen der proximalen und distalen Handwurzelreihe (nichtdissoziative Instabilität),
3. proximale Instabilität – zwischen Speiche und proximaler Handwurzelreihe.

6.2.4 Der karpale Kollaps

Ist das karpale Ringgefüge z. B. durch eine skapholunäre Dissoziation oder eine instabile Kahnbeinpseudarthrose aufgebrochen, führt dies zu einer Instabilität (CID). Aufgrund dieser Instabilität und der damit verbundenen Pathologie kommt es zu nachfolgenden arthrotischen Veränderungen im Handgelenk [29]. Bis zum Vollbild des posttraumatischen Kollapses werden unterschiedliche Schweregrade der Arthrose beobachtet. Da sich die knöcherne Verletzung (Skaphoidfraktur oder Skaphoidpseudarthrose) bis zum Vollbild des karpalen Kollapses anders verhält als die rein ligamentäre Verletzung (SL–Dissoziation), ist es sinnvoll, nach ihrer Ursache eine Unterscheidung in SLAC-Wrist („scapholunate advanced collapse“) und SNAC-Wrist („scaphoid nonunion advanced collapse“) vorzunehmen [101, 102].

6.2.5 SLAC- Wrist

Das SLAC-Wrist beruht auf einer skapholunären Dissoziation mit vollständiger Unterbrechung des Lig. scapholunatum. Das Skaphoid nimmt eine Flexionsstellung ein, die aufgrund der elliptischen Form der Radiusgelenkfläche und der korrespondierenden ovalären Form des Skaphoid zur Verkantung des distalen Anteils mit dem Proc. styloideus radii und des prox. Anteils mit der dorsalen Radiusgelenkfläche führt. Von WATSON und RUY [213] wurde eine Einteilung in drei Stadien genannt, die inzwischen zunehmend Akzeptanz erfährt [101, 192, 102, 186]:

SLAC Stadium I — Arthrose beschränkt auf Proc. Styloideus radii (extrem selten),
SLAC Stadium II — Arthrose zwischen dorsaler Radiusgelenkfläche und verkantetem prox. Skaphoidpol,
SLAC Stadium III — Ausweitung der Arthrose auf das Mediokarpalgelenk.

Neben der Ausbildung der Radioskaphoidarthrose ist aber auch gleichzeitig eine radioulnare Arthrose nicht ausgeschlossen, was für die Therapie von Bedeutung ist [107]. Nach MASTELLA [126] wird Letztere ausgespart, dafür aber das Midkarpalgelenk mit einbezogen.

6.2.6 SNAC-Wrist

Das SNAC-Wrist beruht auf einer knöchernen Unterbrechung der proximalen Handwurzelreihe (Skaphoidfraktur oder -pseudarthrose). Das distale Fragment zeigt eine Flexionsstellung, während das proximale Fragment durch die straffe Koppelung mit dem SL-Band an das Lunatum zusammen mit diesem eine Extensionsstellung einnimmt. Das distale Fragment verkantet mit dem Proc. Styloideus radii, an dem die ersten arthrotischen Veränderungen auftreten. Die nachfolgend erscheinenden arthrotischen Veränderungen an der radioskaphoidalen Gelenkfläche entstehen stets nur bis zur Pseudarthrosenzone. Das proximale Fragment wirkt funktionell wie ein Teil des Lunatums und bleibt von der Arthrose ausgespart. Das Tiefertreten des Kapitatums verläuft analog zum SLAC- Wrist, es wird eingeteilt:

SNAC Stadium I — Arthrose beschränkt auf Proc. Styloideus radii (im Vergleich zum SLAC- Wrist wesentlich häufiger vorkommend),
SNAC Stadium II — Arthrose zwischen distalem Fragment und Radiusgelenkfläche,
SNAC Stadium III — Arthrose zwischen Kapitatumkopf und korrespondierenden Gelenkflächen des Lunatums sowie des prox. Skaphoidfragments.

6.2.7 Das unter Spannung stehende Ringgefüge

LICHTMAN [115] erklärt das Gefüge der Handwurzelknochen als unter Spannung stehendes Ringgefüge, dabei spielt in der fest verspannten distalen Reihe das Os capitatum die zentrale Rolle. Die distale Reihe ist mit der proximalen Reihe radial mit dem Skaphoid und medial mit dem Triquetrum verspannt (Abb. 6.7).

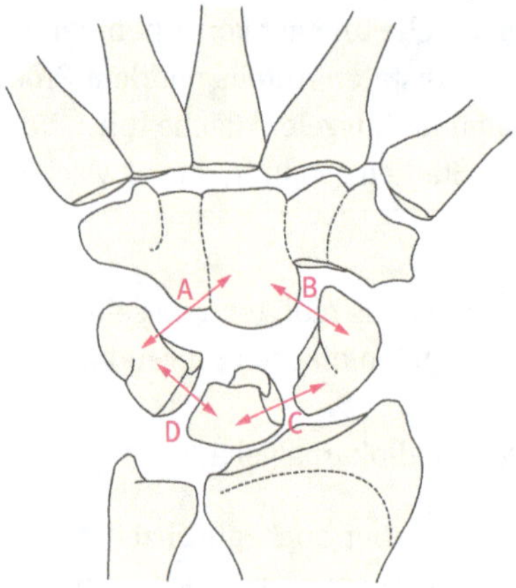

Abb. 6.7: Bandsystem des unter Spannung stehenden Handwurzelringsystems (A = Lig. triquetro hamatocapitatum, B = Lig. scaphocapitatum, C = SL-Band, D = LT-Band) [115].

Die drei typischen Unterbrechungsstellen des verspannten Karpalringes sind als Skaphoidfraktur sowie als SL- und LT-Bandruptur zu finden (Abb. 6.8).

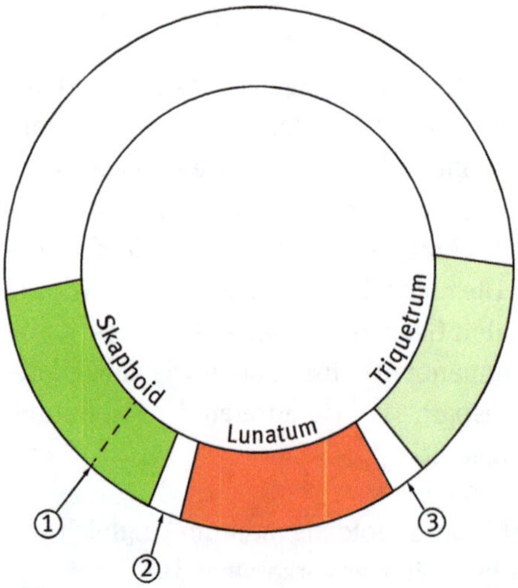

Abb. 6.8: Traumatische Unterbrechung des Karpalringes (1 = Skaphoidfraktur, 2 = SL-Bandruptur, 3 = LT-Bandruptur).

Bei der SL-Bandruptur (Abb. 6.9) und bei der Skaphoidfraktur (Abb. 6.10) gleitet das Lunatum evtl. mit anhängendem Skaphoidfragment nach palmar, und es kippt nach dorsal in Extension. Das Skaphoid bzw. dessen großes Restfragment gerät in Flexionsstellung.

Wegen der ovalären Form des Skaphoids und der elliptischen Form der korrespondierenden Radiusgelenkfläche kommt es zur Rotation (Verkantung) des Skaphoids mit dem Resultat der ersten arthrotischen Veränderungen [211] durch Kantendruckbelastung. Aus dem genannten Pathomechanismus resultiert bei der SL-Ruptur die DISI-Stellung mit einer Vergrößerung des SL-Winkels über 70°. Die Folgen sind das

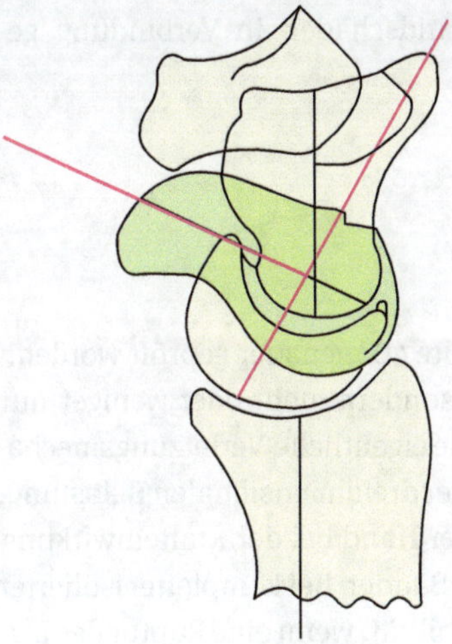

Abb. 6.9: DISI-Fehlstellung bei SL-Schaden.

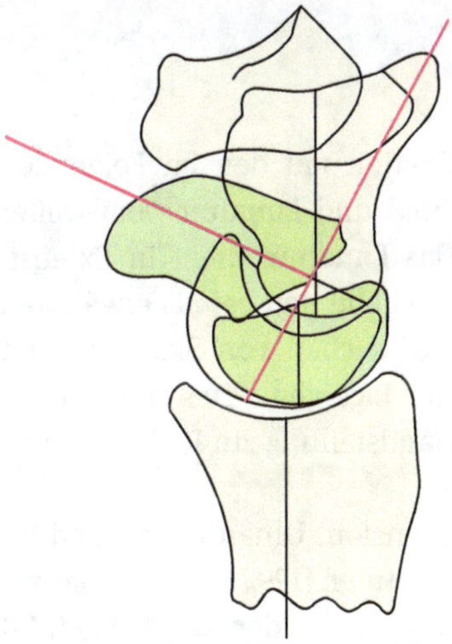

Abb. 6.10: DISI-Fehlstellung bei Skaphoidfraktur nach Pseudarthrose.

Proximaltreten des Kapitatumkopfes, die SL-Spalterweiterung und auf längere Frist der karpale Kollaps als SLAC-Wrist [209].

6.2.8 Pathomechanik des SL-Bandes

Laut Literatur liegen verschiedene Mechanismen vor, die zu einer Schädigung des SL-Bandes und zu daraus resultierenden Komplexschäden führen können:

1. axiale Stauchung,
2. Dorsalextension.

Die weiteren Mechanismen werden zwar mit SL-Bandschäden in Verbindung gebracht, die Kausalität ist aber fraglich.

3. Palmarflexion,
4. Radialduktion,
5. Ulnarduktion,
6. axiale Stauchung nur mit Pro- und Supination.

Zu 3. bis 6. sind theoretische Überlegungen, die ab Seite 402 genauer geprüft worden.

Kein Unfallmechanismus ist ein Einzelvorgang, sondern mehr oder weniger nur ein Teil eines Komplexgeschehens. Der zu beurteilende eigentliche Verletzungsmechanismus wird durch folgende Faktoren bestimmt: Typ der dreidimensionalen Belastung, Stärke und Dauer der einwirkenden Kraft, Position der Hand bei der Krafteinwirkung und biomechanische Eigenschaften der Knochen und Bänder. Bei kompletter isolierter Ruptur des SL-Bandes entsteht eine dynamische Instabilität, wenn eine Ruptur des Lig. intercarpale dorsale hinzutritt, ist eine statische Instabilität nachweisbar. Erst dann kommt es zur Rotationssubluxation des Skaphoids und zur DISI-Stellung [138].

Zu 1. Axiale Stauchung

Durch eine axiale Stauchung, die häufig in Kombination mit den im Folgenden beschriebenen Mechanismen auftritt, werden Skaphoid und Lunatum vom weiter distal liegenden Kapitatum auseinandergedrängt. Das Lunatum dreht in Extensionsstellung, das Skaphoid in Flexionsstellung, entsprechend den bereits erwähnten anatomischen Gegebenheiten. Durch das Auseinanderweichen von Skaphoid und Lunatum reißt das dazwischenliegende skapholunäre Ligament. Der Fall auf die „ausgestreckte Hand" führt in Abhängigkeit von der Handstellung zur Radiusfraktur, Skaphoidfraktur oder/und zur SL-Bandzerreißung.

Sonderform: Fall auf gestreckten Arm in Hyperextension, Ulnarduktion und interkarpaler Supination. Der Pathomechanismus in vier Stufen [129, 130] ist abhängig von der einwirkenden Kraftstärke [163]. Die Voraussetzung für den von MAYFIELD [129, 130] genannten Mechanismus, es wird von der progressiven perilunären Instabilität gesprochen, ist die unterschiedliche Bandstabilität bzw. Elastizität, aber auch die anatomische Gegebenheit unter Berücksichtigung des unter Spannung stehenden Ringgefüges der karpalen Knochen [115].

Nach MAYFIELD [131, 132] gilt:

1. Das Lig. radiocapitatum ist bei extremer Extension und ulnarer Deviation gespannt.
2. Das Lig. radioscaphoideum ist bei maximaler Extension gespannt.
3. Die proximale Karpalreihe wird gegen den Unterarm mit fünf Bändern stabilisiert, die distale Reihe durch ein Band (Lig. radiocapitatum).
4. Die schwächsten Glieder zwischen Karpus und Unterarm sind das Lig. radiocapitatum und das Lig. collaterale radiale.

Zu 2. Dorsalextension

Wie bei der axialen Stauchung wird auch bei der Dorsalextension das Kapitatum zwischen Skaphoid und Lunatum gedrängt, da eine Kraftübertragung vom Radius über die proximale auf die distale Handwurzelreihe ausgeübt wird. Diese Kraft wird durch die angespannten Beugesehnen während der Dorsalextension noch verstärkt. Ist diese Kraft zu groß, gibt das SL-Band nach und reißt (vgl. Colles-Fraktur, Skaphoidfraktur). Bei der Dorsalextension wird zusätzlich die Tuberositas dorsalis des Skaphoids gegen den dorsalen Radiusrand gedrückt und dadurch in der Beweglichkeit gestoppt. Es ist keine weitere Kippung des Skaphoids nach dorsal möglich. Folgt das Lunatum nun der Kraftübertragung und dreht vermehrt in Extensionsstellung, hat auch dies eine SL-Bandruptur zur Folge.

Zu 3. Palmarflexion

Während der Flexion des normalen Handgelenks sind die palmaren Bänder eher entspannt, während sich die dorsalen Bänder des Handgelenks anspannen. Das skapholunäre Band ist dorsal am stärksten. Bei der Flexion muss das SL-Band also nicht nur die Bewegungen von Skaphoid und Lunatum begrenzen, sondern es steht unter einer zusätzlichen Spannung, die alle dorsalen Bänder des Handgelenks bei der Flexion vollziehen. Geht die Flexion also über die physiologischen Verhältnisse hinaus, kann das SL-Band dem Zug von Skaphoid und Lunatum nicht mehr standhalten und reißt (vgl. Smith-Fraktur).

Zu 4. Radialduktion

Während der Radialduktion bewegt sich die proximale Handwurzelreihe nach ulnar, die distale Handwurzelreihe nach radial. Zusätzlich wird während der Radialduktion das Gelenk zwischen Skaphoid, Trapezium und Trapezoideum komprimiert, so dass das Skaphoid in eine Flexionsstellung gezwungen wird. Bei intaktem Bandapparat folgt die gesamte proximale Handwurzelreihe in Flexionsstellung, d. h., dass der dorsale Bandanteil der Handwurzel unter Spannung steht. Es droht der am stärksten ausgebildete Bandanteil zu reißen. Bei forcierter Radialduktion lässt sich durch diese Mechanismen also eine SL-Bandruptur erklären.

Zu 5. Ulnarduktion

Bei der Ulnarduktion entsteht eine radiale Spannung durch die ulnare Kompression (Kapitatum ist Drehpunkt). Das Skaphoid und nachfolgend die gesamte proximale Handwurzelreihe bewegen sich nach radial, die distale Handwurzelreihe bewegt sich nach ulnar. Zusätzlich gleitet bei Ulnarduktion das Triquetrum am Hamatum unter Kompression in Extensionsstellung, die gesamte proximale Handwurzelreihe mit Lunatum und Skaphoid folgen. Das bewirkt, dass das Skaphoid aus seiner „normalen“

Flexionsstellung in Extensionsstellung drehen muss. Beide Mechanismen üben Zug auf das SL-Band aus, welcher bei zu hoher Krafteinwirkung zum Bänderriss führen kann.

Zu 6. Axiale Stauchung mit Pro- und Supination

Wie bereits oben erwähnt, kann eine isolierte axiale Stauchung zu einer Bandläsion führen. Selbstverständlich kann diese Bandläsion auch bei zusätzlicher Pro- oder Supination entstehen und ist somit unabhängig von der Rotationsstellung.

6.2.9 Pathomechanik des LT-Bandes

Bezüglich der Pathomechanik gilt auch für das LT-Band das Prinzip des gespannten Ringes [179]. Fehlt dem Lunatum die Koppelung an das Triquetrum, so folgt es dem Skaphoid in die Flexionsstellung. Diese Rotationssubluxation des Lunatums in Flexion wird als PISI-Stellung („palmarflexed intercalated segment instability“) bezeichnet. Es resultiert eine CID-PISI, d. h. eine „carpal instability dissociative – palmar intercalated segment instability“. Diese Unterform der CID ist bei der LT-Dissoziation häufig. Das Wort ‚Instabilität‘ wird synonym mit der Bezeichnung ‚Fehlstellung‘ verwendet [152]. Wie bei der SL-Instabilität führt auch am LT-Übergang die isolierte Durchtrennung des LT-Bandes lediglich zu einer vermehrten Beweglichkeit in diesem Abschnitt. Erst wenn gleichzeitig palmare Bänder zerstört werden, kommt es zur dynamischen PISI-Fehlstellung, erkennbar unter Axialbelastung in Neutralstellung. Eine statische PISI-Fehlstellung resultiert erst, wenn auch die dorsalen Bänder durchtrennt sind. Der dorsale Teil des SL-Bandes, der stärkste der drei Teile, ergibt zusammen mit dem stärksten palmaren Teil des LT-Bandes das „balanced lunate concept“ [166, 167]. Das heißr., das Lunatum ist mit einem Drehmoment zwischen Skaphoid und Triquetrum mit einer Flexionstendenz durch das SL-Band und einer Extensionstendenz durch das LT-Band fixiert. So führt eine LT-Durchtrennung nicht nur zu einer Flexion des Lunatums, sondern auch zu einer Extension, Supination und Proxiamaltranslation des Triquetrums [82]. Dabei ist der dorsale Teil des LT-Bandes der wesentliche Rotationsstabilisator, ohne den die Gesamtrotierbarkeit im LT-Gelenk um 15,3° zunimmt.

6.2.10 Geeignete und ungeeignete Mechanismen

Abgesehen von nicht unfallbedingten krankhaften Veränderungen am LT-Spalt, häufiger als am SL-Spalt, werden geeignete und ungeeignete Unfallmechanismen genannt, die zu Verletzungen der Handwurzel führen. Der häufigste Mechanismus, der SL- bzw. LT-Verletzungen nach sich zieht, aber auch distale Radius- oder Skaphoidfrakturen, ist der Fall auf die ausgestreckte Hand, d. h. auf das extendierte Handgelenk (Abb. 6.11).

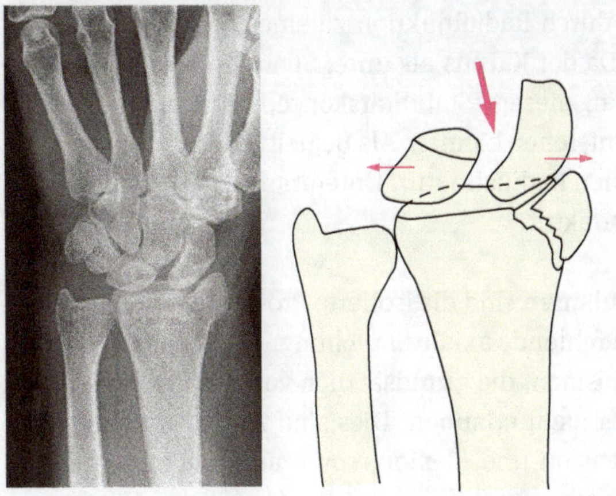

Abb. 6.11: Der Fall auf den gestreckten Arm bzw. auf die extendierte Hand (Röntgen: Fraktur Proc. styloideus radii, SL-Spalterweiterung, Einwirkung des Kapitatum auf den SL-Spalt = Pfeil).

Laut Literatur werden diverse Hergänge mehr oder weniger präzise als geeignete oder ungeeignete Unfallmechanismen genannt.

SL-Band: Geeignete Mechanismen sollen sein die axiale Stauchung, Dorsalextension, Palmarflexion, Radialduktion, Ulnarduktion sowie die axiale Stauchung mit Pro- und Supination, aber auch Kombinationsmechanismen

- wie zur Entstehung einer distalen Radiusfraktur [222],
- Fall auf gestreckten Arm, Handgelenk in forcierter Dorsalextension, Supination und Ulnarduktion [146, 129, 130],
- Fall auf die ausgestreckte Hand in Extension und Pronation [129, 130],
- die Einstauchung erfolgt meist auf der Daumenseite, das führt zur Extension, Ulnardeviation und interkarpalen Supination. Dabei wird das SL-Gelenk bevorzugt verletzt [131, 132],
- karpale Supination, Hyperextension und Ulnardeviation [18],
- axiale Kompression: das Kapitatum wird zwischen Skaphoid und Lunatum gedrückt [111],
- axiale Kompression, Palmarflexion und Ulnarabduktion führen zur Rotationssubluxation des Skaphoids [149],
- gewaltsame Hyperextension oder Hyperflexion verbunden mit Supination oder Pronation [208], hochenergetisches Rotationstrauma [99, 156],
- axiale Kompression und Scherkräfte bei Frakturen durch die Grenze von Fossa scaphoidea und Fossa lunata oder durch die Einstauchung des Lunatums in den Radius bei proximalisiertem ulnarem Gelenkfragment [140],
- Hebelwirkung der dorsalen Radiuskante auf das Kahnbein beim Hyperextensionstrauma mit nachfolgender extraartikulärer Radiusfraktur (Typ A) mit SL-Bandverletzung [169, 170],
- Fall auf die gestreckte Hand mit Handextension, Ulnardeviation und interkarpaler Supination [19],
- Hyperextension und Ulnardeviation [215, 100].

Bei SL-Bandzerreißung kommt es durch Radialduktion zu einer Rotationssubluxationsstellung des Skaphoids [208]. Da der Karpus als unter Spannung stehender Ring verstanden wird [115], sollte gemäß diesem Stabilitätskonzept entweder eine Skaphoidfraktur oder eine SL-Ruptur entstehen können. Als Begleitverletzung entwickeln sich SL-Bandrupturen bei der distalen Radiusfraktur, Unterarmfraktur, Skaphoidfraktur sowie eine Quervain-Luxationsfraktur.

SL-Band: **Nicht geeignete Mechanismen** sind die isolierte Pro-/Supination, isolierte Prellung, Bagatelltrauma und eine fehlende axiale Stauchung.

Hierzu gehören all die Mechanismen, die grundsätzlich von der Pathomechanik her eine Zerreißung des SL-Bandes nicht erlauben. Dies sind Anpralltraumen ohne Drehmechanismen und ohne Extension und Flexion, somit alle Prellungen, insbesondere dann, wenn keine Begleitverletzungen nachweisbar sind, keine Hämatome, keine Schürfwunden u. a. Des Weiteren sind nicht geeignet die isolierten Pro- und Supinationsbewegungen ohne axiale Krafteinwirkung und im Rahmen eines normalen Bewegungsablaufes. Anders verhält es sich bei der extremen, forcierten, nicht kontrollierten Pro- oder Supination, dann müssen aber ergänzende Bewegungen wie Ulnar- oder Radialduktion bzw. Flexion/Extension hinzukommen.

SL-Band: **Unfallunabhängige SL-Schäden** gibt es bei Ulna-Varianten, Handgelenksganglien, Arthrose, Lunatummalazie sowie bei entzündlichen Veränderungen, aber auch bei anlagebedingten Laxitäten und anderen Fehlstellungen. Es wird eine höhere Inzidenz von SL-Bandschäden in Verbindung mit einer Ulna-Minus-Variante geschildert [178, 39]. Die eigenen Ergebnisse können aber keine gehäufte SL-Schädigung bei der Ulna-Minus-Variante feststellen [229]. Ein Zusammenhang zwischen SL- bzw. auch LT-Schaden findet sich bei der Kienböck-Erkrankung, allerdings erst im fortgeschrittenen Stadium, gemäß der Klassifikation von SOWA [184] bzw. STÅHL [185]. Diese Schäden der intrinsischen Bänder sind jedoch die Folge des Mondbeintodes. Die Verbindung zwischen Arthrose und Schäden der intrinsischen Bänder ist aufgrund des Aufbrauchmechanismus bekannt [226, 26].

Zwar längere Zeit bekannt, aber insgesamt wenig diskutiert ist der Zusammenhang zwischen SL-Bandschaden und Ganglionbildung am dorsalen Handgelenk [7, 30, 42]. Der Ursprung für das dorsale Handgelenksganglion ist das skapholunäre Intervall, es wird davon ausgegangen, dass es an der Stelle der stärksten Bewegung zwischen Skaphoid und Lunatum zum Aufbrauch des SL-Bandes kommt und somit nach streckseitig durch vermehrte Flüssigkeitsbildung im SL-Spalt ähnlich wie beim Außenmeniskusganglion zur Vorwölbung und Ganglienbildung. Diese Mechanismen finden sich auch bei anderen intrinsischen Bändern, so dass ebenfalls beugeseitige Ganglien derartig erklärt werden können.

LT-Band: **geeignete Mechanismen:** Der Sturz auf das überstreckte Handgelenk kann zu einer LT-Schädigung führen, wenn es sich in Extension, Radialduktion und Pronation befindet (Auftreffen auf den Kleinfingerballen). Es kommt zunächst zur Dissoziation zwischen Hamatum und Triquetrum mit Extensionsstellung des Triquetrums. Dies führt zur LT-Dissoziation und darüber hinaus zu einer perilunären Dissoziation [60, 205]. Bei vielen LT-Instabilitäten ist der genaue Unfallmechanismus nicht bekannt. Aber auch Teilschäden führen zu einer abnormalen Bewegung, hauptsächlich in der Rotation [82, 181, 205, 35, 37, 197], d. h. zu einer dynamischen Instabilität.

- Sturz auf das überstreckte Handgelenk, d. h. Extension, Radialduktion und Pronation [205, 60],
- forcierte Handgelenksextension [96],
- Auftreffen auf den Kleinfingerballen [205],
- in Kombination mit einer Hamulusfraktur [160],
- in Kombination mit Verletzungen des Karpometakarpalgelenkes [160],
- Fortsetzung der progressiven perilunären Instabilität [131, 132],
- „reverse perilunäre Instabilität“ [181, 217],
- Verdrehtraumen (Extension, Radialduktion, Pronation) bei fixierter Hand [20].

LT-Band: **nicht geeignete Mechanismen**: Wie beim SL-Band sind isolierte Bewegungen nicht geeignet, eine LT-Ruptur zu verursachen. Alleinige Anpralltraumen, Prellungen u. a. ohne wesentliche äußere Verletzungszeichen scheiden als geeigneter Unfallmechanismus aus. Der besonderen Beachtung bedarf jedoch der isolierte Stauchungsmechanismus, da gerade bei der Ulna-Plus-Variante die Neigung zu einem LT-Schaden schon gegeben ist. Insofern muss geprüft werden, ob nicht im Sinne einer rechtlich wesentlichen Teilursache auch durch eine isolierte Stauchung bei schon einem vorgeschädigten LT-Band nicht der Stauchungsmechanismus zu einer dann kompletten Ruptur führen kann.

LT-Band: **Unfallunabhängige LT-Schäden** entstehen bei der „Degeneration“ (Texturstörung), dem Ulnar-Impaction-Syndrom, bei der Ulna-Plus-Varianz [181] und dem Impingement des Triquetrohamat-Gelenks [160]. Gemeint ist damit aber der verschleißbedingte Schaden in der Folge einer mechanischen Überlastung oder Überbeanspruchung. Dies trifft insbesondere im Ulnokarpalgelenk zu, da die Elle bekanntlich im Verlauf des Lebens an Länge zunimmt [95]. Durch die Drucksteigerung im Ulnokarpalgelenk kommt es einmal zur Aufbraucherscheinung am Diskus, aber auch gegenüberliegend am Triquetrum bzw. am LT-Band. Das Ergebnis der gesteigerten Drucküberlastung ist das ulnokarpale Abutment-Syndrom, insofern besteht eine direkte Beziehung zwischen der Häufigkeit der Ulna-Plus-Variante [181] und dem verschleißbedingten LT-Schaden (vgl. Kapitel 2).

6.2.11 Fazit

Zur Schädigung des SL- und des LT-Bandes bedarf es der Unterbrechung des verspannten Ringsystemes durch geeignete Mechanismen, im Vordergrund steht der Fall auf das extendierte Handgelenk. Zum SL-Schaden kommt es bei der Krafteinwirkung auf den Daumenballen, trifft die Kraft auf den Kleinfingerballen auf, ist das LT-Band betroffen.

6.3 Pathologie

Die Pathologie beschreibt das pathomorphologische Substrat (PMS) des ossären und ligamentären Schadens am Handgelenk unter Berücksichtigung der Statik und Dynamik. Gleichzeitig wird die Klassifikation der Schäden traumatischer und nicht traumatischer Art vorgenommen. Wird das PMS auf das des SL- und LT-Bandes beschränkt, so sind diese Bandschäden als isolierte Schäden von denen im Komplexschaden zu trennen. Aus einem isolierten kann sich aber ein komplexer Schaden fortentwickeln. In der Häufigkeit überwiegen die SL-Schäden mit 86 % im Vergleich zu den LT-Schäden mit 14 % [89]. Frische traumatische Verletzungen werden in 5 % der Fälle entdeckt, 95 % der karpalen Bandschäden tauchen bei der Diagnostik veralteter Verletzungen oder bei mechanisch bedingten Verschleißerscheinungen, die besonders am LT-Band zu finden sind (Impaction-Syndrom), auf. Echt isolierte SL- oder LT-Schäden sind selten, meist liegen Begleitschäden mit vor.

Die „primäre" Instabilität ist die CID (= carpal instability dissociative), bei der das SL- oder LT-Band gerissen ist, entweder isoliert oder zusammen mit radiokarpalen oder ulnokarpalen Bändern. Zu den CID-Typen gehören auch Bandrupturen mit einer transskaphoidalen Luxationsfraktur [97], perilunäre Luxationen u. a. [35, 37]. Radiologisch findet sich die DISI-Extensionsstellung oder die VISI = PISI-Flexionsstellung. Sind die interossären Bänder intakt und es liegt dennoch eine karpale Instabilität vor, so ist es eine „sekundäre" Instabilität, eine sog. CIND (= carpal instability nondissociative). Diese Instabilitäten entstehen u. a. traumatisch bei Rupturen extrinsischer Bänder mit dem Ergebnis, dass die normale Knochenanatomie nicht mehr aufrechterhalten wird. Da die interossären Bänder intakt sind, schnappt die proximale muskelansatzfreie Karpalreihe in eine Volarflexion oder in eine Dorsalextension, je nach Lokalisation der Bandruptur. Hierzu gehören die mediokarpalen Instabilitäten [68]:

1. palmare MCI: CIND (carpal Instability Nondissociative) ulnar mediokarpal durch Laxizität des dorsalen RLT-Bandes mit palmarer Subluxation,
2. dorsale MCI: CLIP (capitolunate Instability Pattern) oder chronische Kapitolunäre Instabilität (CCI) durch Laxizität des palmaren Bandes zwischen Radius, Skaphoid und Kapitatum mit dorsaler Subluxation,
3. extrinsische MCI: nach in dorsaler Fehlstellung verheilten distalen Radiusfrakturen, hierdurch bedingte dorsale Subluxationsstellung des Karpus.

Schließlich gibt es die kombinierte oder komplexe karpale Instabilität (CIC = carpal instability combinded or complex).

6.3.1 Isolierte Schäden

Isolierte SL- bzw. LT-Schäden sind beim Kind extrem selten [40, 33], beim Erwachsenen häufiger, aber oft primär nicht diagnostiziert. Die Verletzungen des SL- und LT-Bandes sind vergleichbar mit allen Bandverletzungen (vgl. Band 1, Kapitel 1.4).

Die **Dehnung** eines SL-Bandes ist abgesehen von einer lokalen Schmerzhaftigkeit nicht diagnostizierbar. Selbst bei der Arthroskopie durch direkte Betrachtung ist die Diagnose nicht eindeutig zu stellen.

Die **Teilruptur** des skapholunären Bandes ist schwerer zu diagnostizieren als die komplette isolierte SL-Bandruptur. Die Teilruptur ist sowohl in der Arthrographie als auch in der CT- oder MR-Arthrographie nur unsicher zu erkennen. Die SL-Teilruptur oder Zerrung führt nicht auf direktem Weg zum Endstadium des posttraumatischen karpalen Kollaps.

Ist die Teilruptur bzw. Zerrung diagnostiziert, kann sie durch konservative Therapie zur Vernarbung führen. Eine Vernarbung oder eine nicht diagnostizierte Teilruptur bietet natürlich eine Prädispositionsstelle für einen anschließenden vermehrten mechanischen Verschleiß und einer entsprechend schnellen Dehiszenz des SL-Bandes mit allen o. g. Pathologien. Allerdings ist noch nicht geklärt, ob eine Defektheilung mit Restinstabilität einen Erfolg darstellt, d. h. zur Beschwerdefreiheit führt, und ein karpaler Kollaps ausbleibt.

Diagnostische Zeichen:
- skapho-radialer Winkel > 70°,
- verschiebbares Skaphoid (Watson-Test),
- stabiles Lunatum,
- Abstand Skaphoid – Lunatum < 4 mm.

Die isolierte **SL-Bandruptur** kann bei einem geeigneten Trauma entstehen, die komplette Dehiszenz bei mechanischem Verschleiß, obwohl das SL- und das RSL-Band die höchsten Zug- bzw. Gewichtsbelastungen [128] innerhalb des Karpus aufweisen. Die isolierte SL-Bandruptur zieht eine Reihe von Veränderungen innerhalb der Mechanik im Karpus nach sich. Die stabile Situation nach isolierter SL-Bandruptur hat noch keine radiologischen Zeichen, die dynamische Instabilität zeigt bei Bewegung und Belastung des Handgelenks eine Verkippung und Distanzierung von Skaphoid und Lunatum. Bei der statischen Instabilität besteht das Vollbild der SL-Dissoziation, d. h. eine permanente Verkippung des Skaphoids nach palmar und des Lunatums nach dorsal. Es entsteht eine DISI-Konfiguration („dorsiflexed intercalated segment instability"), meist mit einem SL-Abstand über 4 mm.

Der mechanische **Verschleiß (Texturstörung)** hat seine Ursache in der Überbeanspruchung oder in wiederholten Mikrotraumen, welche letztendlich zu Veränderungen im SL-Band führen können. Es ist verständlich, dass sich solche Texturstörungen häufiger im Alter und in der stärker beanspruchten Hand zeigen. Der mechanische Verschleiß wird häufig als die Ursache für Perforationen im membranösen SL-

Banddrittel, sog. „Pin-Hole"-Defekte [149], gesehen, die meist asymptomatisch sind und bereits ab dem 30. Lebensjahr regelmäßig vorkommen. In diesen Fällen ist die Arthrographie auch ohne Ruptur positiv. TANG [191] stellte fest, dass der Altersdurchschnitt der Patienten mit karpalen Instabilitäten nach Radiusfraktur bei 65 Jahren lag, im Vergleich der Altersdurchschnitt der Patienten ohne karpale Instabilitäten bei 46 Jahren [57]. Es besteht ein signifikanter Unterschied zwischen dem Alter der Patienten mit intaktem SL-Band (Altersdurchschnitt 51,6 Jahre) und dem der Patienten mit zentraler Perforation (Altersdurchschnitt 74 Jahre), so dass die These der zentralen Perforation als Aufbraucherscheinung unterstützt wird. Ca. 20 % der normalen Bevölkerung haben eine einseitige Hypermobilität des Skaphoids, wovon mehr als die Hälfte der Patienten völlig beschwerdefrei ist [178]. Laut Literatur sind die SL-Perforationen unter dem 45. Lebensjahr selten [204], über dem 60. Lebensjahr liegen sie jedoch bei 33 %. Das Arthrographieergebnis ist in diesen Fällen ohne klinische Bedeutung positiv. Die SL-Schäden nahe dem Lunatum sind angeblich im Vergleich zum skaphoidnahen Schaden klinisch relevant [117]. Viele Autoren haben bereits festgestellt, dass es Läsionen des SL-Bandes in asymptomatischen Handgelenken ohne bekanntes zurückliegendes Trauma gibt [94, 23, 26, 135, 198, 199, 223]. Diese Läsionen sind kaum in einem Alter unter 20 Jahren zu sehen, sondern zunehmend im höheren Alter, und ab dem 80. Lebensjahr liegt die Häufigkeit von SL-Bandläsionen bei 50 % [94, 204].

6.3.2 Klassifikationen der SL- und LT-Bandschäden

Es liegen viele Klassifikationen vor [121, 210, 212, 3, 63, 64, 73, 202, 48, 58, 25]. Arthroskopisch und entsprechend der Bildgebung erscheint die Einteilung nach ADOLFSSON [3] praktikabel:

- Grad A: Band ist perforiert, der größte Teil allerdings intakt, keine Instabilität unter Stress,
- Grad B: partielle Bandruptur, aber keine Inkongruenz der Knochen im Ruhezustand, unter Stress 1–2 mm Inkongruenz,
- Grad C: komplette Ruptur, SL-Abstand > 2 mm unter Stress,
- Grad D: komplette Bandruptur, SL-Abstand in Ruhe vergrößert, Fehlrotation zwischen beiden Knochen. Testut-Ligament nicht mehr identifizierbar.

6.3.3 Komplexschäden

SL-Rupturen gibt es kombiniert mit der distalen Radiusfraktur [172], aber auch mit Skaphoidfrakturen, dazu bei Komplexverletzungen der Handwurzel, insbesondere bei perilunären Luxationen. Eine seltene Verletzung stellt die SL- und LT-Ruptur dar, gleichzeitig ohne perilunäre Luxation [154]. Die Kombinationsverletzung aus distaler **Radiusfraktur** und SL-Bandschaden ist bekannt und gesichert. Die Häufigkeit der SL-Bandruptur ist größer bei intraartikulären Radiusfrakturen als bei extraartikulären. Den häufigsten Unfallmechanismus für diese Verletzung bildet der Sturz auf die dorsalextendierte Hand, sprich die gekoppelte Dorsalextension mit axialer Stauchung [5]. Durch die axiale Stauchung drängt das Kapitatum Skaphoid und Lunatum zunächst auseinander, bevor die weitere Kraftübertragung zu einer distalen Radiusfraktur führt. Häufig frakturiert der distale Radius direkt proximal des SL-Bandes (Abb. 6.12), was diese These untermauert. Dieser Stauchungsmechanismus führt unweigerlich zum Knochenmarködem („bone bruise") an den drei Kontusionsflächen am proximalen Kapitatum und am Skaphoid sowie Lunatum am distalen SL-Spalt. Als möglicher Pathomechanismus wird angenommen, dass beim Hyperextensionstrauma des Handgelenkes die Bandzerreißung dem Bruch vorausgeht. Erst bei fortgesetzter Krafteinwirkung kommt es durch Einklemmen des Skaphoids an der dorsalen Radiuskante zur Fraktur. Im frischen Stadium kann ein Karpal-Stresstest einen Hinweis auf eine begleitende SL-Bandruptur ergeben [105, 109].

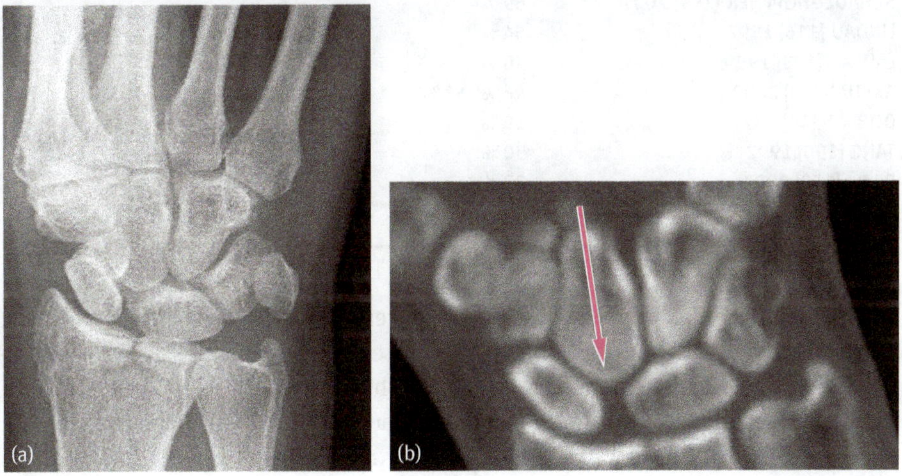

Abb. 6.12: Intraartikuläre Radiusfraktur (a) mit SL-Bandruptur (b) in unmittelbarer anatomischer Nähe der Fraktur.

Die Häufigkeitsangaben schwanken bei intraartikulären Frakturen zwischen 21 % bis 89 % und bei extraartikulären Frakturen zwischen 7 % und 46 % [54, 5]. Der Röntgennachweis mit erweitertem SL-Abstand differiert dabei zwischen 19,8 % in der pa-view und 52,1 % in der gap-view. Am Röntgenbild findet sich häufig bei intraartikulären Frakturen der Frakturverlauf in direkter Verlängerung der SL-Bandverbindung [17]. Neben den Diskusverletzungen (bis 86 %) entstehen bei den distalen Radiusfrakturen SL-Band- und LT-Band-Verletzungen (Tab. 6.2) nebeneinander.

Tab. 6.2: Häufigkeit von Begleitverletzungen bei distalen Radiusfrakturen (+ = intraartikulär x = extraartikulär).

Autor	SL-Band	LT-Band	Diskus
GEISSLER [63] 1995	30 %+	15 %+	43 %
HANKER [71] 1991	43 %+		55 %
PEICHA [150] 1997	48 %+		
SEIBERT [176] 1955	28 %		56 %
HARDY [72] 1994	33 %+	11 %+	
FELLINGER [50] 1995	37 %		25 %
BEICKERT [8] 1995	14 %	5 %	
FISCHER [54] 1996	41 %x	89 %+	57 %
RICHARDS [165] 1997	7 %x 22 %+	13 %x 7 %+	53 %x 35 %+
PECHLANER [148] 1997	32 %	18 %	43 %
ADOLFSSON [3] 1994	7 %		30 %
WITT [224] 2003	42 %	20 %	53 %
PETERSON [151] 1998	8 %		
RAPPOLD [159] 2001	27 %	3 %	55 %
SCHÄDEL-HÖPFNER [169] 2001	69 %	0 %	
LINDAU [116] 1997	54 %	17 %	78 %
LAULAN [108] 1999	30 %	2 %	
AKAHANE [5] 2002	46 %x 62 %+		
DOBYNS [44] 1975	10 %		
TANG [190] 1992	30 %		
PILNÝ [153] 2007	27 %		
eigene Ergebnisse	38 %	8 %	27 %

Nach distalen Radiusfrakturen mit 69 % Häufigkeit von SL-Bandschäden zeigten sich vorwiegend dynamische Instabilitäten (63 %), seltener waren statische Fehlstellungen (21 %) sowie isolierte Bandläsionen (16 %) ohne Instabilitäten [170]. Bei den Typ-C-Verletzungen sind SL-Bandschäden mit 75 % häufiger als bei den Typen A (62 %) und B (59 %). SL-Bandschäden scheinen bei intraartikulären Frakturen häufiger als bei extraartikulären Frakturen zu sein [108, 165]. Die Verletzungshäufigkeit beider Bänder (SL und LT) liegt bei etwa 6–10 % [108].

Ein gleichzeitiges Auftreten von **Skaphoidfraktur und SL-Bandruptur** gilt als selten [216, 125, 180]. Allgemein wird ein Pathomechanismus angenommen, der entweder zur Skaphoidfraktur oder zur SL-Bandruptur führt. Dies entspricht dem Stabilitätskonzept von LICHTMAN [115], nach welchem der Karpus als ein unter Spannung stehender Ring verstanden wird. Instabilitäten können aus einer Unterbrechung des Ringes an jeglicher Stelle durch Fraktur oder Bandzerreißung resultieren. Demnach wäre es unwahrscheinlich, dass zwei instabilitätsverursachende Verletzungen gleichzeitig entstehen. Es gibt wenige Berichte über ein gleichzeitiges Auftreten dieser beiden Verletzungen. Es wurde die Verletzungskombination bei der Quervain-Luxationsfraktur beschrieben [4, 22, 52, 53, 201]. Nach MAYFIELD [129, 130] entsteht die SL-Bandruptur bei Krafteinwirkungen auf die Metakarpalköpfchen. Bei Krafteinwirkung auf das Tuberculum scaphoideum frakturiert das Skaphoid. Das heißt, dass bei Rotation (interkarpaler Supination) eine SL-Bandruptur entsteht, bei Hyperextension eine Skaphoidfraktur. JOHNSON [84] vermutet, dass initial eine dorsale Subluxation zu einem SL-Bandschaden führt (volar, sprich an der dünnsten Stelle), anschließend folgt ein Einklemmen des proximalen Skaphoidpols gegen den Radius, was die Skaphoidfraktur nach sich zieht. Bei Extension entsteht eine distale Radiusfraktur. Ist diese Krafteinwirkung extrem nach dorsal ausgerichtet, dann schließt sich eine isolierte Skaphoidfraktur an.

MAYFIELD [129, 130] stellte die These auf, dass der Grad der Instabilität der Skaphoidfraktur in direktem Zusammenhang mit den ligamentären Verletzungen steht:
- Typ I: stabil, keine signifikanten Bandläsionen,
- Typ II: instabil, mäßige und erhebliche Bandverletzungen.

Liegen Kombinationsfrakturen (Skaphoid und Kapitatum) vor, ist die begleitende SL-Bandruptur ebenfalls zu erwarten (146).

6.3.4 Riss versus Defekt

Es gibt traumatisch bedingte Risse des SL- bzw. LT-Bandes, aber auch mechanisch entstandene Defekte bzw. Dehiszenzen [124]. Die interkarpalen Bänder (SL und LT) unterliegen wie auch der Diskus des Handgelenkes altersabhängigen Texturstörungen [137, 87], intraligamentär lokalisiert, über kleine Nadellöcher [67] bis hin zum kompletten Bandverlust. Bandschäden am asymptomatischen Handgelenk [182] ohne vorausgegangenen Unfall sind logischerweise verschleißbedingt. So werden in asymptomatischen Handgelenken mit zunehmendem Alter vermehrt SL- bzw. LT-Schäden festgestellt, komplette Defekte sind mit 32 % in symptomatischen Handgelenken häufiger als mit 10 % in asymptomatischen. Unter dem Titel „Incidence of ligament lesions and associated degenerative changes in the elderly wrist“ stellt WRIGHT [226] ein Zahlenmaterial vor, das mit unseren Ergebnissen vergleichbar ist. Bei WRIGHT [226] zeigten unverletzte Handgelenke beim älteren Patienten in 29 % der Fälle skapholunäre Bandschäden, in 32 % lunotriquetrale Schäden und in mehr als der Hälfte aller Patienten Defekte am Handgelenksdiskus (Tab. 6.3).

Tab. 6.3: Häufigkeit degenerativer Defekt am Handgelenk in %.

	WRIGHT [226]	ZIEGLER [229]
n =	62	60
SL	29	43
LT	32	18
TFC	53	45

Eigene Untersuchungen ließen bei arthroskopisch nachgewiesenem SL- bzw. LT-Defekt zusätzlich Begleitschäden erkennen. Beim skapholunären Banddefekt zeigten sich begleitende Diskusdefekte in über 50 % der Fälle, aber auch Knorpel- und lunotriquetrale Bandschäden. Beim lunotriquetralen Defekt, d. h. beim ulnaren Handschmerz, war dies am Knorpel in 55 % und am Diskus in 64 % der Fälle, aber auch vergleichbar häufig am skapholunären Bandübergang gegeben (Tab. 6.4).

Tab. 6.4: Kombinationsschäden bei lunotriquetralen und skapholunären Defekten.

SL-Defekt		LT-Defekt	
Knorpel	39 %	Knorpel	55 %
Diskus	54 %	Diskus	64 %
LT	27 %	SL	64 %

Die bilaterale Arthrographie bei unilateraler Symptomatik [26] zeigt das vorwiegend bilaterale Auftreten von Schäden, trotz bestehender unilateraler Beschwerdesymptomatik.

Entscheidend für die Beurteilung von Defekten ist aber das Alter des Patienten. Diskusdefekte finden sich so bei Patienten bis zum 50. Lebensjahr bei 17 % und über dem 50. Lebensjahr bei 25 %. Eine Erklärung für asymptomatische SL-Bandschäden kann in der Knochenanatomie des Radius bzw. des Skaphoids zu finden sein. Ein distaler Radius mit einer tiefen Fossa radioscaphoidea und einer größeren Neigung nach volar scheint das Skaphoid stabiler zu führen. Dies wird durch einen größeren Radius der Fossa und des Skaphoidpoles unterstützt [220]. Einen weiteren Faktor scheint die Lunatummorphologie darstellen. Der Lunatum-Typ II (Einteilung in Typ I und II, [133]) neigt weniger zur DISI-Deformität [164].

Es kann folgender Schluss gezogen werden:

1. Bandschäden am lunotriquetralen oder skapholunären Übergang entstehen nicht nur traumatisch, sondern unterliegen auch Verschleiß-Prozessen (Texturstörung).
2. Diese Bandschäden sind altersabhängig, also auch auf degenerativer Basis entstanden, und finden sich vor dem 50. Lebensjahr im Schweregrad I bis II in nahezu der Hälfte aller Handgelenke.
3. Bei unilateraler Bandsymptomatik zeigen sich vergleichbare Bandschäden auch am gesunden Handgelenk in über 50 % der Fälle.
4. Die Genauigkeit der Kernspintomographie zur Diagnostik dieser Bandschäden liegt bei 66,7 %.
5. Beim degenerativen Defekt an einem interkarpalen Bandübergang sind Schäden am 2. Bandübergang häufig, begleitend dazu Diskusdefekte an typischer Stelle.

6. Lediglich die Arthroskopie ist in der Lage, neben der Feststellung des Bandschadens mit Schweregradeinteilung auch die Begleitschäden festzustellen. Erst aus der Kenntnis des gesamten Handgelenkstatus, d. h. skapholunärer Übergang, lunotriquetraler Übergang, Diskus- und Knorpelbeurteilung, ist in Abhängigkeit vom Alter des Patienten unter Berücksichtigung der Anamnese die Aussage möglich, ob im Einzelfall ein Bandschaden dem Unfallereignis zugeordnet werden kann.

6.4 Diagnostik

Differentialdiagnostisch zur skapholunären Bandläsion muss bei frischen Verletzungen an einfache Distorsionen über jegliche Fraktur von knöchernen Bestandteilen des Handgelenks bis hin zu Verletzungen jeglicher Bänder gedacht werden. Bei veralteten Verletzungen und Erkrankungen sollten eine Synovialitis, Handgelenksganglien, fehlverheilte Frakturen im Bereich des Handgelenks und der Handwurzel, Pseudarthrosen, veraltete Bandrupturen, Stoffwechselerkrankungen (Gicht, Pseudogicht, Erkrankungen aus dem rheumatischen Formenkreis), neurogene Erkrankungen (z. B. Syringomyelie) oder andere angeborene Erkrankungen differentialdiagnostisch in Erwägung gezogen werden [16, 21, 28, 31, 74, 110, 118, 162, 186, 196, 222].

Die **klinische Untersuchung** der Hand umfasst die Inspektion, das Festlegen des möglichen Bewegungsumfanges und der Grobkraft sowie die Palpation mit der Erfassung der Schmerzlokalisation.

Bei der Inspektion hat der Untersucher auf Schwellung, Fehlstellung, Hautkolorit, Hautturgor und evtl. bereits sichtbare Bewegungseinschränkungen zu achten. Klinische Untersuchungstests sollten zu Rate gezogen werden.

Beim konventionellen **Röntgen** kann eine exakte Einstelltechnik in beiden Ebenen frühzeitig karpale Läsionen aufdecken. Der Röntgenbefund bedarf einer genauen Beurteilung; geringgradige Lageveränderungen der Handwurzel können nur dann adäquat beurteilt werden, wenn die Röntgenaufnahmen in exakter Einstellung erfolgen. Dabei darf das Handgelenk weder gebeugt noch gestreckt, die Hand weder nach radial noch nach ulnar abduziert und der Unterarm weder proniert noch supiniert werden [151].

Im dorsopalmaren Röntgenbild kann eine skapholunäre Lücke von mehr als 3 mm Weite imponieren („Terry-Thomas-Sign") [134]. Ist der Gelenkspalt zwischen Lunatum und Skaphoid mit drei Millimetern Breite grenzwertig oder erweitert, ist aufgrund der interindividuellen Differenzen ein Vergleichsröntgenbild der Gegenseite, ebenfalls in zwei Ebenen, anzufertigen [146, 159]. Kennzeichen des Dissoziationsstadiums ist der vergrößerte skapholunäre Winkel, welcher meist mit Werten deutlich über 60° vermessen wird, wenn eine statische Form der Dissoziation vorliegt.

Die Diastase zwischen Skaphoid und Lunatum lässt sich am einfachsten in der Funktionsaufnahme des Ballgriffs als Stressaufnahme auslösen. Es entsteht auf dem Boden der DISI-Rotationsfehlstellung das „Ringzeichen", bei dem sich das Skaphoid aufgrund seiner verstärkten Flexion verkürzt darstellt und sich ein Ringschatten im distalen Skaphoid durch orthograde Darstellung der Köpfchenkortikalis bildet [1]. Der SL-Gelenkspalt weitet sich auf und das Lunatum projeziert sich nicht mehr trapezförmig, sondern nimmt eine Dreieckform an [173]. Der **skapholunäre Abstand** bestimmt die Weite zwischen Skaphoid und Lunatum am Röntgenbild (p.a.-Projektion). Das Handgelenk und der Unterarm befinden sich in Neutralposition, der Ellbogen ist 90° gebeugt, die Schulter abduziert. Es entsteht ein abnehmender Abstand mit zunehmendem Alter [86]. Es gibt auch eine Differenz zwischen Jungen und Mädchen bzw. zwischen Männern und Frauen.

Zusammengefasst ist der SL-Abstand am Röntgenbild weit gestreut und damit nur über einem Grenzwert aussagekräftig. Bei Kindern ist dieser Wert bei 8 mm anzusetzen, bei Erwachsenen über 2–3 mm. Der SL-Abstand weist aber nur auf eine SL-Instabilität hin, er ist im Grenzbereich kein Beweis einer Ruptur, evtl. nur dann, wenn Werte von über 10 mm erreicht werden (Tab. 6.5).

Tab. 6.5: Durchschnittswerte des SL-Abstandes x [86], xx [27].

	Normwerte	path. instabil
bei Kindern bis 14. LJ x	8,9–2,1 mm	
bei Erwachsenen bis 18. LJ xx	3,7 (± 0,6) mm	> 2 mm

Die **Kinematographie** liefert den Nachweis pathologischer Bewegungsabläufe der Handwurzel unter fluoroskopischer Sicht [187].

Es erfolgt eine gepulste Durchleuchtung der Handwurzel bei verschiedenen Bewegungsabläufen:
- von der Radialduktion zur Ulnarduktion im palmardorsalen Strahlengang,
- von der Flexion zur Extension im seitlichen Strahlengang,
- zur Auslösung des Provokationsmaximums sind kombinierte Bewegungsabläufe erforderlich, die der Patient am besten kennt und individuell ausführen soll.

Auf Ligamentverletzungen kann nur indirekt geschlossen werden, da lediglich knöcherne Strukturen bei dieser Untersuchung beurteilt werden können.

Die **Kernspintomographie** ist an der Hand die Methode der Wahl zur Erfassung von Erkrankungen des Knochenmarks, des hyalinen Gelenkknorpels, der Synovialis sowie der Ligamente und übrigen Weichteile. Bei der nativen MR ist eine Komplettruptur des SL-Bandes bei Direktzeichen auf mehreren Schichten zweifelsfrei zu identifizieren („bone bruise"), Partialrupturen lassen sich allerdings nur unsicher erkennen. Die Genauigkeit bei SL-Band-Verletzungen in der nativen MRT liegt zwischen 50–70 %. Bei der MR mit Kontrastmittel lassen sich sowohl frische Rupturen ab dem 3. Tag bis zu einigen Monaten, partielle SL-Bandrupturen und Komplettrupturen des SL-Bandes mit einer Genauigkeit von 90 % feststellen („bone bruise“). Die MR-Arthrographie weist für die Komplettruptur des Lig. scapholunatum sogar eine Trefferquote von 95 % auf. Diese Untersuchung stellt bei der Frage nach Läsionen des skapholunären Bandes vor der Arthroskopie das Diagnostikum der Wahl dar. Die herkömmliche Kernspintomographie mag eine aussagekräftige Methode der Diskusdiagnostik sein, für die Diagnostik an den intrinsischen Bändern ist die Spezifität hoch, die Sensitivität ist gering (Tab. 6.6). Die Genauigkeit für das SL-Band liegt bei 85 %, für das LT-Band bei 82 % [81, 230, 175, 194, 193, 85, 155, 171], neuere Arbeiten sehen für das SL-Band die Genauigkeit bei 66 % [161].

Tab. 6.6: Aussagekraft der Kernspintomographie, nach [81].

	Sensitivität	Spezifität	Genauigkeit
Diskus	83 %	80 %	81 %
SL-Band	70 %	90 %	85 %
LT-Band	56 %	91 %	82 %
Osteonekrose	97 %	100 %	98 %

Werden die Ergebnisse der herkömmlichen Kernspintomographie mit denen der indirekten MR-Arthrographie verglichen, so resultiert für das SL-Band eine höhere Sensitivität bei der MR-Arthrographie [79, 70]. Dies trifft nicht für den Diskus oder das LT-Band zu (Tab. 6.7).

Tab. 6.7: Vergleich herkömmliche MR mit indirekter MR-Arthrographie, nach [70].

	MR			MR-AG		
	Diskus	SL	LT	Diskus	SL	LT
Sensitivität	61 %	41 %	4 %	65 %	92 %	11 %
Spezifität	89 %	90 %	92 %	87 %	88 %	96 %
Genauigkeit	79 %	80 %	74 %	78 %	89 %	77 %

Die **Arthroskopie** ist bei der Frage nach SL-Bandverletzungen und deren Graduierung zuverlässig [168, 93, 34]. Sie wird bereits in der Frühdiagnostik mit der Möglichkeit der operativen Versorgung in gleicher Sitzung eingesetzt. Als invasive Untersuchungsmethode bietet sie direkten Einblick in das Radiokarpal-, das Mediokarpal- und das distale Radioulnargelenk; es kann der Zustand des Gelenkknorpels, der Bandstrukturen und der Synovialis beurteilt werden. Bei bereits nachgewiesenem pathologischem Befund ist das Ausmaß der Begleitschäden zu diagnostizieren, um über weitere therapeutische Maßnahmen zu entscheiden. Bringt die vorhergehende klinische und apparative Untersuchung noch keine sichere Zuordnung der Beschwerden des Patienten, so sollte eine definitive Diagnose mit der Arthroskopie möglich sein (Tab. 6.8).

Tab. 6.8: Arthroskopische Klassifikation interkarpaler Bandverletzungen, nach [64].

Grad	Beschreibung
I	Dehnung oder Blutimbition interossärer Ligamente, sichtbar aus dem radiokarpalen Kompartment. Das lädierte Ligament kann sich konvex vorwölben. Keine Inkongruenz im karpalen Gefüge im Midkarpalraum.
II	Dehnung oder Blutimbition/Blutung interossärer Ligamente, sichtbar aus dem radiokarpalen Kompartment. Inkongruenz oder Stufenbildung zwischen den Gelenkkonturen der Karpalia, gesehen vom Midkarpalraum aus. Minimale Lückenbildung zwischen den Karpalia, kleiner als das Tasthäkchen.
III	Inkongruenz und Auseinanderweichen der Karpalia, die aus beiden Kompartimenten einsehbar sind. Das Tasthäkchen kann in den Spalt zwischen den Karpalia eingelegt werden und diesen passieren. Eine 2,7-mm-Optik kann jedoch diese Lücke nicht passieren, auch nicht im Stress-Test.
IV	Wie Grad III, jedoch mit einer erheblichen Instabilität unter Manipulation. Die Lücke ist deutlich erweitert und für die 2,7-mm-Optik passierbar.

Die heute gängigen arthroskopischen Einteilungen der SL-Bandschäden sind die nach GEISSLER [64], auch in der Kurzfassung nach BERDIA [9] sowie die nach ADOLFSSON [2]. Die Histologie entnommener Bandreste orientiert sich an der allgemeinen Pathologie der Bandstrukturen (vgl. Band 1, Kapitel 1.5.3).

6.5 Beurteilung

Heute sind die Anatomie und die Biomechanik des Handgelenkes weitgehend erforscht, auch zum großen Teil die Pathomechanik, dies trifft jedoch mehr für das SL-Band als für das LT-Band zu. Beide Bänder sind aber lediglich Teile eines komplexen Bandgefüges, aus dem die beiden wesentlichen intrinsischen Bänder nur unter Verständniseinbußen herausgelöst und einzeln betrachtet werden können. Das Verständnis der Pathomechanik hat sich mittlerweile gefestigt, in der Diagnostik herrscht noch eine große Unsicherheit. Zweifelsfrei gibt es isolierte Verletzungen am SL- und am LT-Band [83, 40, 33]. Mit zunehmendem Lebensalter nimmt der mechanische Verschleiß, insbesondere aber auch die Häufigkeit der Ulna-Plus-Variante zu. Die Folge ist das ulnare Abutment-Syndrom mit Verschleiß am Diskus und am LT-Band. Auffallend ist auch die Vergesellschaftung der intraartikulären Radiusfraktur mit der SL-Bandruptur. Dass die isolierten Luxationen des Skaphoids, des Lunatum und des Triquetrum mit Rupturen der angrenzenden intrinsischen Bänder einhergehen, ist verständlich, ebenso bei der progressiven perilunären Luxation und bei den verschiedenen interkarpalen Luxationen und Luxationsfrakturen. Anders sieht die Problematik bei den isolierten Schäden der intrinsischen Bänder, SL und LT, aus. Meist ist die isolierte komplette oder auch die partielle Schädigung nur der Beginn einer sich fortentwickelnden dynamischen in eine statische Fehlstellungsproblematik im Handwurzelbereich, zentriert auf das „intercalated segment“ der proximalen Handwurzelreihe als Teil eines in sich verspannten Ringsystems [115]. Eine weitere Grundlage bildet die U-förmige Konstruktion sowohl des SL- als auch des LT-Bandes. Beim SL-Band ist der dorsale und beim LT-Band der palmare Anteil kräftiger ausgebildet als der jeweils gegenüberliegende Teil. Daraus resultiert bei einer Schädigung des schwächeren Bandanteiles im SL-Spalt eine Flexion des Skaphoids und im LT-Spalt eine Extension des Triquetrums. Es wird vom „balanced lunate concept“ gesprochen [166, 167]. Im Zentrum der Torsionsachse steht das Lunatum (S – L – T = intercalated segment). Somit sind die Grundlage für die pathomechanische Überlegung das unter Spannung stehende Ringgefüge [115] und das „balanced lunate concept“ [166, 167]. Daraus und aus dem Prinzip des zentralen Lunatums entsteht auch die „progressive perilunäre Instabilität“ [129, 130, 131, 132]. In Kenntnis der Literatur resultieren zwei biomechanische Modelle des Karpus – zum einen das verspannte Ringsystem der Handwurzelknochen, zum anderen das Prinzip des „balanced lunatum“: Das heißt, das SL-Band ist im dorsalen Teil am stärksten ausgebildet, im Gegensatz dazu das LT-Band im palmaren Teil. Dies führt dazu, dass das Skaphoid unter physiologischen Gegebenheiten in leichter Dorsalextension, das Triquetrum in leichter Palmarflexion innerhalb des verspannten Ringes steht. Da am Lunatum keine zusätzlichen Bänder ansetzen, können wir also vom Lunaturn als „balanced lunatum“ [166, 167] zwischen dorsalextendiertem Skaphoid und palmarflektiertem Triquetrum sprechen.

Kommt es nun zu einer SL-Bandruptur oder einer Skaphoidfraktur, dreht das Skaphoid in Palmarflexion. Das Lunatum dreht, gekoppelt durch das LT-Band, an das Triquetrum in Dorsalextension. Es folgt eine DISI-Aschsenfehlstellung (Dorsiflexed intercalated Segment Instability), wobei das Lunatum als nach dorsal gekipptes „intercalated segment“ anzusehen ist. Bei der LT-Bandruptur dreht das Triquetrum in die Dorsalextension, das Skaphoid kommt in Palmarflexion und nimmt aufgrund der Verbindung mit dem SLBand das Lunatum in die gleiche Richtung mit. Es entsteht eine PISI-Achsenfehlstellung („Palmarflexed intercalated Segment instability“), wobei das Lunatum als nach palmar gedrehtes „intercalated Segment“ anzusehen ist.

Beide Achsenfehlstellungen können vorerst dynamisch vorliegen und erst zu einem späteren Zeitpunkt zu einer statischen DISI/PISI werden. Nur die statischen Achsenfehlstellungen sind ohne Stressaufnahmen radiologisch nachweisbar. Die Anatomie und Biomechanik vorausgesetzt, ist für die Begutachtung der Bandschäden zwischen Skaphoid, Lunatum und Triquetrum nicht nur der primär entstandene Schaden (Verletzung), sondern auch der sich entwickelnde sekundäre Schaden (Verletzungsfolge) von Bedeutung – dies, da der Erstschaden, nämlich die eigentliche Verletzung, meist verkannt und als Distorsion abgetan wird. Begutachtet wird dann erst die veraltete Verletzung, die zunächst morphologisch und selbst histologisch vom mechanischen Aufbrauchschaden nicht mehr zu unterscheiden ist. Die pathoätiologischen Faktoren sind die Verletzung mit zur Schädigung des SL- bzw. LT-Bandes geeigneten und ungeeigneten Pathomechanismen, dem gegenüber finden sich die mechanischen

Aufbraucherscheinungen, die entweder durch Überlastungen („overuse"), durch bestimmte, sich im Laufe des Lebens ändernde anatomische Verletzungen (Ulna-Plus-Variante),oder durch die im Leben ablaufenden Texturstörung entstehen.

Kommt es zu einer SL-Symptomatik, Handschmerz ohne Unfall, so ist das pathomorphologische Substrat zunächst unklar. Entsteht eine verborgene (okkulte) atraumatische skapholunäre Instabilität, so kann diese als „prädynamische SL-Instabilität" bezeichnet werden [210, 212], ohne dass ein adäquates pathomorphologisches Substrat gefunden wird. Bei der sog. prädynamischen skapholunären Instabilität sollte eine operative Therapie vermieden werden, es darf nur eine nachweisbare Pathologie behandelt werden [49], zumal auch bei gesunden Handgelenken in 36 % eine abnormale Laxität gefunden wird [225]. Der Ausgangspunkt in der Begutachtung des SL- bzw. LT-Bandes sind allgemeine Patientendaten, die Vorgeschichte (Anamnese) und die genaue Kenntnis des Unfallereignisses. Es folgen die diagnostischen Verfahren unter Würdigung deren Zeitabstand zum Unfalltag mit dem Ziel einer exakten Diagnose. Hier muss in der Beurteilung möglichst der Vollbeweis geführt werden. Die Therapie ist die Folge. Daraus entstehende Folgeschäden sind als mittelbare Unfallfolge zu werten. Nach einem bestimmten zeitlichen Abstand zum Unfalltag ist der Endzustand zu bewerten. Aus dem Unfallhergang lässt sich in aller Regel der zu erwartende Schaden ableiten. Stürzt man auf den Daumenballen, also Sturz bei Dorsalextension und Ulnarduktion, so führt dies zu einer SL-Bandruptur, einer Skaphoidfraktur und/oder zu einer distalen Radiusfraktur mit den eingangs erklärten Folgen zunächst der dynamischen DISI und später der statischen DISI. Stürzt man auf den Kleinfingerballen, also Sturz bei Dorsalextension und Radialduktion, so führt dies zur LT-Bandruptur, einer Verletzung des distalen Radioulnar-Gelenkes und/oder einer distalen Radiusfraktur mit den Folgen einer PISI [157, 158].

Der direkten Krafteinwirkung im Sinne eines Schlages oder eines Stoßes folgt normalerweise eine Prellung. Ist die Krafteinwirkung groß genug, so können auch Kontusionen mit Weichteilschäden die Folge sein. Knochenbrüche sind in der Beurteilung problemlos, ebenso komplexe Verletzungen (interkarpale Luxationen oder Luxationsfrakturen). Das Problem ist das unspektakuläre Trauma ohne wesentliche Verletzungszeichen, evtl. mit einem Hämatom versehen, woraus sich aber in längerer Zeit dann eine karpale Instabilität entwickeln kann. Hier gilt es, den Unfallhergang genau zu analysieren, mit dem Schluss, ob ein geeigneter Mechanismus für die Verletzung eines SL- oder LT-Bandes vorliegt. Nur ein geeigneter Mechanismus ist auch in der Lage, diese zunächst unerkannte Verletzung zu verursachen. Im weiteren Verlauf ist die Diagnostik gefragt, denn es bedarf des Vollbeweises der schädigenden Verletzung bzw. der daraus resultierenden Verletzungsfolgen. Die Anamnese kann lediglich Hinweise über Vorverletzungen oder Vorerkrankungen geben, die es zu berücksichtigen gilt, insbesondere deshalb, da ja auch nur geringe Vorverletzungen möglicherweise geeignet waren, einen Schaden eines intrinsischen Bandes zu verursachen, der sich eventuell erst im Verlauf zum Vollbild einer Instabilität entwickelt hat. Von großer Bedeutung ist der Erstbefund in Kenntnis des zeitlichen

Abstandes zum Unfallereignis. Hämatome und Schürfungen weisen auf den Ort der Krafteinwirkung hin, auch bestehende Funktionsbeeinträchtigungen sind festzuhalten, um diese dann mit dem später bekannt gewordenen pathomorphologischen Substrat in Übereinstimmung zu bringen. Es folgt das Nativröntgenbild, aus dem, abgesehen von Frakturen und Luxationen, dann die Stellung der Handwurzelknochen untereinander beurteilt werden kann. Hier sind der SL-Winkel sowie der LT-Winkel von außerordentlicher Bedeutung, da beide Winkel die Stellung des Skaphoids zum Mondbein bzw. die Stellung des Mondbeines zum Dreiecksbein erkennen lassen. Eine Fehlstellung in diesem Bereich würde im Nativröntgenbild eine statische Instabilität erklären. Leider sind aber posttraumatisch meist nicht die statischen Instabilitäten feststellbar, sondern es bestehen dynamische Instabilitäten, die nur unter Stressaufnahmen erkannt werden können. Liegt eine Ergussbildung im Gelenk vor, so sollten frühzeitig die Arthroskopie bzw. auch die Kernspintomographie oder beides zu Rate gezogen werden. Ein Hämarthros in einem Handgelenk bedeutet einen Hinweis auf eine Bandverletzung, insbesondere beim SL-Band, da zwischen dem palmaren und dem proximalen Teil des Bandes das RSL-Band einstrahlt, das mit Gefäßen versorgt ist. Kommt es zur SL-Ruptur, so ist eine Ruptur des RSL-Bandes unvermeidlich und somit auch ein Zerreißen seiner Gefäße, die dann zum Hämarthros führen. In Zweifelsfällen kann die Kinematographie zu Rate gezogen werden. Es sollte das Ziel einer posttraumatischen Diagnostik sein, spätestens innerhalb einer Woche die definitive Diagnose gestellt zu haben, um, falls tatsächlich eine SL-Band- oder eine LT-Bandruptur besteht, diese einer Naht oder Refixation zuzuführen. Solange eine dynamische Instabilität vorliegt, ist noch mit den besten Ergebnissen zu rechnen. Ist die dynamische Instabilität in eine statische übergegangen, bedeutet dies, dass nicht nur Bänder des intrinsischen Systems, sondern auch des extrinsischen Systems mitbetroffen sind. Eine isolierte Rekonstruktion des intrinsischen Bandes ist dann nicht mehr ausreichend, es sind zusätzliche operative Maßnahmen erforderlich.

Das Nativröntgenbild kann auch in der Beurteilung des SL-Abstandes Hilfeleistung geben. Hier sollte bevorzugt die grip-view in Anspruch genommen werden, da diese Röntgentechnik zuverlässiger als die normale p.a.-Aufnahme einen erweiterten SL-Spalt aufzeigen kann. Der Grenzwert dürfte bei 2–3 mm beim Erwachsenen liegen. Ist der Spalt weiter, so muss mit einer SL-Bandschädigung gerechnet werden.

Ein Vorteil der Kernspintomographie ist neben der direkten Beurteilung des intrinsischen Bandes, da jedoch die Genauigkeit dieser Aussage noch zu wünschen übrig lässt, auch die Möglichkeit des Nachweises von Begleitschäden. Dies ist in einem frühen Zeitrahmen nach dem Unfall, insbesondere im Nachweis von Blutergüssen und Knochenkontusionen („bone bruise"), gegeben. Die „Bone-bruise"-Veränderungen als Knochenmarködem weisen auf eine direkte Krafteinwirkung – entweder von außen oder auch auf eine Krafteinwirkung der interkarpalen Knochen untereinander – hin, dies insbesondere bei der stauchungsbedingten SL-Bandruptur.

Es sind auch Aussagen aus dem Nativröntgenbild über die Ulnavarianz zu gewinnen. Diese Ulnavarianz als Ulna-Plus-Variante hat einen Einfluss auf den LT-Schaden beim ulnokarpalen Abutment-Syndrom. Durch die länger werdende Elle während eines Lebens kommt es zur Druckerhöhung im Ulnokarpalgelenk, damit zur Drucküberlastung des Diskus mit Fortsetzung dieser Drucküberlastung auf das Mondbein und das LT-Band. Die Folge ist die Verschleißerscheinung an den genannten Strukturen (Impaction-Syndrom). Somit bedarf es bei der Ulna-Plus-Variante der Abklärung, ob nicht der LT-Schaden ein Druckschaden ist. Konkrete Angaben über Schäden am SL-Band aufgrund einer Drucküberlastung liegen nicht vor, lediglich Hinweise, die aber nicht hinreichend begründet sind [229, 41, 39].

Am SL-Band zeigt sich dagegen ein anderes Phänomen. Hier ist die Folge eines SL-Schadens durch eine Überlastung oder eines Verschleißes die Ausbildung eines Handgelenkganglions nach dorsal, auch nach ventral. Durch eine Überlastung, meist im dorsalen SL-Band-Drittel, kommt es zu einer Strukturauflockerung, in die dann vermehrt Flüssigkeit aus dem SL-Spalt eintritt und eine Ganglienvorwölbung nach dorsal verursacht. Dies kann verglichen werden mit dem Außenmeniskusganglion. Konkrete Angaben über die Lunatummalazie als Ursache für einen SL- oder LT-Bandschaden liegen nicht vor. Lediglich mechanisch auch erklärbar sind im fortgeschrittenen Stadium der Lunatummalazie dann die Zerstörungen der genannten Bänder als Folge. Vergleichende Untersuchungen am rechten und linken Handgelenk zeigen, dass Schäden intrinsischer Bänder sowohl in symptomatischen als auch asymptomatischen Handgelenken vorkommen [26, 226]. Somit bedeutet der Nachweis eines SL-Bandschadens in einem symptomatischen Handgelenk noch nicht, dass auch dieser SL-Schaden für die Symptomatik verantwortlich ist. Diese unabhängig von der Symptomatik nachweisbaren SL- oder LT-Bandschäden nehmen in aller Regel mit dem Lebensalter zu, was für einen Abnutzungsmechanismus spricht. Kommt es tatsächlich zu einer traumatischen SL-Ruptur oder auch nur Teilruptur, ohne weitere knöcherne Verletzung im Karpalbereich, so entstehen sofort Schmerzen [222], es liegt kein schmerzfreies Intervall vor. Demzufolge kann ein erst auch nur einige Tage nach dem Unfallereignis auftretender Schmerz nicht als Folge einer SL-Bandruptur anerkannt werden.

Bei einer klinisch nachweisbaren Instabilität, insbesondere dynamischen Charakters, müssen Gelenklaxitäten abgegrenzt werden. Die „joint laxity" korreliert mit der Ulnavarianz und mit der LT-Mobilität, insbesondere bei Frauen [59]. Je stärker die Laxität ausgeprägt ist, desto kürzer ist in aller Regel die Elle und desto ausgeprägter die LT-Beweglichkeit während der Radial-Ulnar-Deviation. Die zunehmende Laxität erhöht erfahrungsgemäß das Verletzungsrisiko. Das Problem der Gelenklaxität liegt in der Abgrenzung zu einer abgelaufenen traumatischen Teilschädigung des Bandes. Diese wiederum geht aber primär mit einem sofort eintretenden Schmerz einher, während die joint laxity klinisch stumm verläuft. Diese ellenseitige Bandlockerung des intrinsischen Bandes muss wiederum von einer Instabilität des Lig. ulnolunatum abgegrenzt werden [139]. Diese Abgrenzung gelingt durch Prüfung des Unfallmechanismus. Dieser ist bei der Ruptur des Lig. lunotriquetrum in einer Hyperextension mit Radialduktion zu sehen, wogegen bei der Ruptur des Lig. ulnolunatum die Hyperflexion verantwortlich zeichnet. Leider gelingt aber nicht immer die klare Darstellung des Unfallmechanismus, so dass sich im Prinzip auf diagnostische Verfahren verlassen werden muss.

Die klinische Untersuchung mit entsprechenden Tests, bezogen auf das SL- oder LT-Band, gibt Hinweise, stellt aber keine Diagnose dar. Mehr Aussagekraft wird erzielt durch die seitliche Röntgenaufnahme des Handgelenkes nach Ausschluss knöcherner Verletzungen und der Beurteilung der interkarpalen Winkel, aus denen sich dann die DISI- oder PISI-Instabilität erkennen lässt, jedoch nur bei der statischen Instabilität. Bei der dynamischen Instabilität können die Stressaufnahmen weiterhelfen, die Röntgenbilder ergeben keinen krankhaften Befund. Erschwerend kommt hinzu, dass eine abnorme Knochenstellung im seitlichen Strahlengang beidseits vorliegen kann, und dies nur bei unilateraler SL-Bandruptur [38]. Beim dynamischen Bandschaden oder auch bei der isolierten SL- bzw. LT-Bandverletzung steht diagnostisch neben der Stressaufnahme die Kernspintomographie zur Verfügung. Nach der Vorstellung der Deutschen Röntgengesellschaft bzw. der Arbeitsgemeinschaft bildgebende Verfahren des Bewegungsapparates sollen in die Beurteilung der MRT-Bildanalyse auch die Anamnese und der klinische Befund Eingang finden. Letztere werden aber in den Befundberichten nicht dokumentiert. Somit ist so mancher MRT-Befund in der Darstellung der Morphologie nachvollziehbar, nicht aber, wenn Kausalitätsüberlegungen mit einfließen. Arthroskopisch sollten das Mediokarpal- und das Radiokarpalgelenk eingesehen werden, mit vorausgegangener Arthrographie als Hinweis auf eine Kontrastmittelpassage zwischen den Handwurzelknochen im Sinne der synergistischen Gelenkdiagnostik [75]. Die Arthrographie hat lediglich die Funktion einer Screening-Methode und ist für die Diagnostik an sich nicht ausreichend, da nur ein Kontrastmitteldurchtritt, und auch der unzuverlässig wegen Ventilmechanismen, angezeigt wird. Die bessere Beurteilung des SL-Spaltes gelingt vom Midkarpalgelenk aus, da hier möglicherweise vorliegende Bandreste nicht den Blick erschweren. Im Mediokarpalgelenk ist das SL-Gefüge nicht ligamentär stabilisiert, es kann lediglich die Spaltweite betrachtet und auch betastet werden. Vom Radiokarpalgelenk aus ist die Betastung des SL- oder auch LT-Spaltes möglich, so dass hier nun der Defekt im proximalen Drittel bei gleichzeitig stabilem palmarem und dorsalem Drittel des Bandes erkannt werden kann.

Problematisch ist der Blick auf das palmare Drittel des SL-Bandes, da zwischen diesem und dem proximalen Drittel das RSL-Band mit Nerven und Gefäßen einstrahlt und somit ein Sichthindernis darstellt. Andererseits kann das Zerreißen dieses letztgenannten Bandes einen zuverlässigen Hinweis auf eine traumatische SL-Bandruptur geben, wenn entsprechende Instabilitätszeichen zwischen Skaphoid und Lunatum bestehen. Dieses Problem liegt beim LT-Band nicht vor. Hier können tatsächlich die drei Bandanteile von ulnokarpal aus betrachtet werden. Unter Nennung des Aussehens des Bandes kann bei einer Verletzung diese auch altersmäßig in etwa eingeteilt werden [111], wobei das rezente traumatische Stadium bis zu zwei bis vier Wochen gerechnet wird, das veraltete über sechs Wochen. Es sei darauf hingewiesen, dass aber das eigentliche rezente Trauma, das dann auch einer Naht zugeführt werden soll, nach zwei Wochen endet, da dann die Bandnaht schlechtere Ergebnisse als der frische Zustand liefert. Die Arthroskopie erlaubt eine Einteilung der Schäden intrinsischer Bänder. Neben dem glatten knorpelartigen Überzug am SL- und LT-Band gibt es am SL-Band eine polsterartige Normvariante (Häufigkeit 1 %). Die pathologischen Veränderungen können nach deren Aussehen und Betastung beurteilt werden [76] oder in einer Zusammenschau [63].

Bezüglich der Instabilität können nach AMADIO [6] vier Arten karpaler Gefügestörungen unterschieden werden:
1. dissoziative Gefügestörung (CID): skapholunäre und lunotriquetrale Instabilität,
2. nichtdissoziative Gefügestörung (CIND): radiokarpale, mediokarpale und ulnare Gefügestörung,
3. komplexe Gefügestörung (CIC): perilunäre Luxation (dorsal und palmar), transskaphoidale perilunäre Luxationsfrakturen,
4. axiale Gefügestörungen: ulnare, radiale und kombinierte Gefügestörungen.

Darüber hinaus werden verschiedene Schweregrade unterschieden:
1. dynamische Instabilitäten,
2. statische (fixierte) Instabilitäten,
3. Dislokation mit/ohne Fraktur.

Zur Abgrenzung der traumatischen von den nicht traumatischen Schäden sind Einzelkriterien zu berücksichtigen, die dann erst in der Zusammenschau eine Beurteilung zulassen:
1. Geeignet zur Entstehung einer SL-Bandruptur ist der Sturz auf das überstreckte Handgelenk (Extension, Ulnarduktion und Supination), d. h. auf den Daumenballen einschließlich axialer Stauchung mit „bone bruise“ am distalen SL-Spalt.
2. Geeignet zur Entstehung einer LT-Bandruptur ist der Sturz auf das überstreckte Handgelenk (Extension, Radialduktion und Pronation), d. h. auf den Kleinfingerballen.
3. Bei SL- bzw. LT-Bandschäden bedarf es der Trennung zwischen rezenten, d. h. frischen (bis zwei Wochen alten Rissen), veralteten Rupturen und unfallunabhängigen Schäden (z. B. Defekten, Aufbrauchschäden).
4. Es müssen isolierte SL- bzw. LT-Verletzungen von Komplexverletzungen unterschieden werden, möglicherweise sind interkarpale Bandrisse als Begleitverletzungen zu werten.
5. Isolierte SL- bzw. LT-Verletzungen münden, wenn sie nicht rechtzeitig erkannt werden, in den fortschreitenden Prozess ein, über die dynamische und statische Instabilität bis hin zum SLAC-Wrist (karpaler Kollaps).
6. LT-Bandschäden mit einer Ulna-Plus-Variante (Abutment) stellen atraumatische Druckschäden dar.

7. SL-Bandrupturen bei intraartikulären Radiusfrakturen können als Begleitverletzungen gewertet werden.
8. SL- und LT-Bandschäden im zentralen, proximalen Bandbereich ohne Zerstörung der palmaren oder/und dorsalen Anteile sprechen gegen eine Verletzung, da der zentrale Bandanteil isoliert nicht zerreißen kann.
9. Isolierte Bandverletzungen (SL- und LT-Band) sind dissoziative Gefügestörungen (CID) und führen zu dynamischen bzw. statischen Instabilitäten.
10. SL-Bandschäden in Verbindung mit Ganglien, die von diesem Band ausgehen, sprechen gegen eine traumatische Ursache.
11. Eine „Elongation" eines interkarpalen Bandes ist zur Bewertung nicht verwendbar, da diese Bezeichnung für den Bandzustand in Abhängigkeit von der Handgelenksstellung definiert ist [200].

Eine Ruptur des SL- oder des LT-Bandes bedeutet eine Sprengung des Ringgefüges, durch die Torsionsstabilität im „intercalated segment" kommt es zu Rotationsinstabilitäten, bei der Ruptur des SL-Bandes zur DISI und bei der Ruptur des LT-Bandes zur PISI. Unbehandelt schreitet die Instabilität zum karpalen Kollaps fort. Die klinische Untersuchung ist lediglich ein Hinweis auf die Diagnose. Bei der statischen Instabilität kann radiologisch die Diagnose gestellt werden, liegt eine dynamische Instabilität vor, bedarf es der Kinematographie, der Stressaufnahmen oder der Kernspintomographie. Am aussagekräftigsten ist wohl die Arthroskopie.

Von der Verletzung, die in frisch (rezent) traumatisch und veraltet traumatisch eingeteilt wird, müssen mechanische Verschleißerscheinungen oder Überlastungsschäden abgegrenzt werden, insbesondere ulnar das Abutment-Syndrom. Für die Begutachtung ist der Einbezug des Pathomechanismus des sog. Unfallereignisses entscheidend, da nur wenige geeignete Mechanismen vorliegen, die zu einer isolierten Ruptur des SL- oder LT-Bandes führen. SL- bzw. LT-Bandrisse kommen häufiger als Begleitverletzungen bei der distalen Radiusfraktur oder bei perilunären oder sonstigen komplexen Verletzungen der Handwurzel vor.

6.6 Literatur

[1] ABE, Y.; DOI, K.; HATTORI, Y.: The clinical significance of the scaphoid cortical ring sign: a study of normal wrist x-rays. J Hand Surg 33E:126–129 (2008)

[2] ADOLFSSON, L.: Arthroscopy for the diagnosis of post-traumatic wrist pain. J Hand Surg 17B:46–50 (1992)

[3] ADOLFSSON, L.: Arthroscopic diagnosis of ligament lesions of the wrist. J Hand Surg 19B:505–512 (1994)

[4] AHOVUO, J.; SAARINEN, O.; HOVI, I.; KINNUNEN, J.; PAAVOLAINEN, P.: Bone malalignment in acute injuries of the wrist. Annales Chirurgiae et Gynaecologiae 80:282–284 (1991)

[5] AKAHANE, M.; ONO, H.; NAKAMURA, T.; KAWAMURA, K.; TAKAKURA, Y.: Static scapholunate dissociation diagnosed by scapholunate gap view in wrists with or without distal radius fractures. Hand Surgery 7:191–195 (2002)

[6] AMADIO, P.C.: Carpal kinematics and instability: a clinical and anatomic primer. Clinical Anatomy 4:1–12 (1991)

[7] ANGELIDES, A.C.; WALLACE, P.F.: The dorsal ganglion of the wrist: its pathogenesis, gross and microscopic anatomy, and surgical treatment. J Hand Surg 1A:228–235 (1976)

[8] BEICKERT, R.; HEMPFLING, H.: Arthroskopie in der Diagnostik karpaler Instabilitäten. Arthroskopie 8:268–272 (1995)

[9] BERDIA, S.: Scapholunate instability. Current Orthopadic Practice 20:389–394 (2009)

[10] BERGER, R.A.: The Gross and Histologic anatomy of the Scapholunate Interosseous Ligament. J Hand Surg 21A:170–178 (1996)

[11] BERGER, R.A.; BLAIR, W.F.: The Radioscapholunate Ligament. A gross and histologic description. The Anatomical Record 210:393–405 (1984)

[12] BERGER, R.A.; IMEADA, T.; BERGLUND, L.; AN, K-N.: Constraint and Material Properties of the Subregions of the Scapholunate Interosseous Ligament. J Hand Surg 24A:953–962 (1999)

[13] BERGER, R.A.; LANDSMEER, J.M.F.: The palmar radiocarpal ligaments: A study of adult and fetal wrist joints. J Hand Surg 15A:847–854 (1990)

[14] BERGER, R.A.; KAUER, J.M.G.; LANDSMEER, J.M.F.: Radioscapholunate ligament: A gross anatomic and histologic study of fetal and adult wrists. J Hand Surg 16A:350–5 (1991)

[15] BERGER, R.A.; LINSCHEID, R.L.; BERQUIST, T.H.: Magnetic Resonance Imaging of the Anterior Radiokarpal Ligaments. J Hand Surg 19A: 295–303 (1994)

[16] BERGHOFF, R.A. Jr.; AMADIO, P.C.: Dorsales Handgelenksganglion. Ursache des dorsalen Handgelenksschmerzes. Orthopäde 22:30–35 (1993)

[17] BEYERMANN, K.; V. SCHOONHOVEN, J.; KRIMMER, H.; LANZ, U.: Frische Verletzungen der Handwurzel. II. Ligamentäre Verletzungen. Akt Traumatol 30:136–144 (2000)

[18] BICKERT, B.; SAUERBIER, M.; GERMANN, G.: Scapholunate Ligament Repair Using The Mitek Bone Anchor. J Hand Surg 25B:188–192 (2000)

[19] BLOOM, H.T.; FREELAND, A.E.; BOWEN, V.; MRKONJIC, L.: The Treatment of Chronic Scapholunate dissociation: an Evidence-Based Assessment of the Literature. Dept. of Orthopedic Surg and Rehab. University of Mississippi Medical Center (2003)

[20] BÖTTCHER, R.; MUTZE, S.; LAUTENBACH, M.; EISENSCHENK, A.: Diagnostik der lunotriquetralen Instabilität. Handchir Mikrochir Plast Chir 37:131–136 (2005)

[21] BOURNE, M.H.; LINSCHEID, R.L.; DOBYNS, J.H.: Concomitant scapholunate dissociation and Kienböck's disease. J Hand Surg 16A:460–464 (1991)

[22] BRAITHWAITE, I.J.; JONES, W.A.: Scapho-lunate dissociation occurring with scaphoid fracture. J Hand Surg 17B:286–288 (1992)

[23] BROWN, J.A.; JANZEN, D.L.; ADLER, B.D., et al. Arthrography of the contralateral, asymptomatic wrist in patients with unilateral wrist pain. Can Assoc Radiol J 45:292–296 (1994)

[24] BURKE, F.D.; HERAS-PALOU, C.: Geoffrey fisk and a hitherto unknown contribution to the treatment of carpal instability. J Hand Surg 35E:754–756 (2010)

[25] BUSSE, F.; FELDERHOFF, J.; KRIMMER, H.; LANZ, U.: Die skapholunäre Bandverletzung. Therapie durch dorsale Kapsulodese. Handchir Mikrochir Plast Chir 34:173–181 (2002)

[26] CANTOR, R.M.; SREN, P.J.; WYRICK, J.D.; MICHAELS, S.E.: The Relevance of Ligament Tears or Perforations in the Diagnosis of Wrist Pain: An Arthrographic Study. J Hand Surg 19A:945–953 (1994)

[27] CAUTILLI, G.P.; WEHBÉ, M.A.; BRYN MAWR, B.: Scapho-lunate distance and cortical ring sign. J Hand Surg 16A:501–503 (1991)

[28] CHEN, C.; CHANDNANI, V.P.; KANG, H.S.; RESNICK, D.; SARTORIS, D.J.; HALLER, J.: Scapholunate advante collaps: A common wrist abnormality in calcium pyrophosphate dehydrate crystal deposition disease. Radiology 177:459–61 (1990)

[29] ČIŽMÁŘ, I.D.; MAŠEK, M.; BUČIL, J.; ŠPRLÁKOVÁ, A.: Poranění skafolunátního vazu – skafolunátní disociace. Cas Lek ces 145:460–463 (2006)

[30] CLAY, N.R.; CLEMENT, D.A.: The treatment of dorsal wrist ganglia by radical excision. J Hand Surg 13B:187–191 (1988)

[31] COLL, G.A.: Palmar dislocation of the Scaphoid and lunate. J Hand Surg 12A:476–80 (1987)

[32] CONYERS, D.J.: Scapholunate interosseus reconstruction and imbrication of palmar ligaments. J Hand Surg 15A:690–700 (1990)

[33] COOK, P.A.; KOBUS, R.J.; WIAND, W.; YU, J.S.: Scapholunate Ligament Disruption in a Skeletally Immature Patient: A Case Report. J Hand Surg 22A:83–85 (1997)

[34] COONEY, W.P.: Evaluation of chronic wrist pain by Arthrography, arthroscopy, and arthrotomy. J Hand Surg 18A:15–22 (1993)

[35] COONEY, W.P.; DOBYNS, J.H.; LINSCHEID, R.L.: Arthroscopy of the Wrist. Anatomy and classification of carpal instability. Arthroscopy 6:133–140 (1990)

[36] COONEY, W.P.; LINSCHEID, R.L.; DOBYNS, J.H.: The Wrist, Mosby St. Louis (1998)

[37] COONEY, W.P.; LINSCHEID, R.L.; DOBYNS, J.H.: Ligament repair and reconstruction. In: Neviaser RJ, ed. Controversies in hand surgery. New York: Churchill Livingstone 125–145 (1990)

[38] CRISCO, J.J.; PIKE, S.; HULSIZER-GALVIN, D.L.; AKELMAN, E.; WEISS, A.-P. C.; WOLFE, S.W.: Carpal Bone postures and Motions are Abnormal in Both Wrists of Patients With Unilateral Scapholunate Interosseous Ligament Tears. J Hand Surg 28A:926–937 (2003)

[39] CZITROM, A.A.; DOBYNS, J.J.; LINSCHEID, R.L.: Ulnar variance in carpal instability. J Hand Surg 12A:205–212 (1987)

[40] DAUTEL, G.; MERLE, M.: Scapholunate dissociation in the skeletally immature carpus. J Hand Surg 22B:173–174 (1997)

[41] DE SMET, L.; DE VRIESE, L.; D'HOORE, K.; FABRY, G.: No relation between ulnar variance and scapholunate dissociation. Acta Orthop Scand 65:623–624 (1994)

[42] DE VILLIERS, C.M. ; BIRNIE, R.H. ; PRETORIUS, L.K. : Dorsal ganglion of the wrist – pathogenesis and biomechanics. Operative v. conservative treatment. S Aft Med J 75:214–216 (1989)

[43] DESTOT, E.: Traumatismes du poignet et rayons X. Masson Editeurs, Paris (1923)

[44] DOBYNS, J.H.; et al.: Traumatic instability of the wrist. Am Acad Orthop Surg Instr Course Lect 24:182–199 (1975)

[45] DOBYNS, J.H.; LINSCHEID, R.L.; CHAO, E.Y.S.; WEBER, E.R.; SWANSON, G.E.: Traumatic instability of the wrist. Instr Course Lect 24:189–199 (1975)

[46] DOBYNS, J.H.; LINSCHEID, R.L.; MACKSOUD, W.S.: Proximal row instability non-disassociative. Orthop Trans 9:574 (1985)

[47] DOBYNS, J.H.; LINSCHEID, R.L.: A short history of the wrist joint. Hand Clin 13:1–12 (1997)

[48] DRONSELLA, J.; FELDERHOFF, J.; BRUNNEMANN, S.: Radiokarpale und interkarpale Arthroskopie. Orthopäde 28:840–845 (1999)

[49] DYER, G.S.: Predynamic scapholunate instability. J Hand Surg AM 35:1879–1880 (2010)

[50] FELLINGER, M.; GRECHENIG, W.; SEIBERT, F. J.; WEIGLEIN, A.; PEICHA, G.; CLEMENT, H.: Arthroskopische Refixationstechniken des Discus triangularis beim frischen Handgelenkstrauma. Arthroskopie 8:294–298 (1995)

[51] FICK, S.R.: Handbuch der Anatomie und Mechanik der Gelenke unter Berücksichtigung der bewegenden Muskeln. In 3 Teilen. Gustav Fischer, Jena (1904, 1910, 1911).

[52] FILAN, S.L.: The effect of workers' or third-party compensation on return to word after hand surgery. MJA 165:80–82 (1996)

[53] FILAN, S.L.; HERBERT, T.J.: Herbert screw fixation of Scaphoid fractures. J Bone Joint Surg 78B:519–529 (1996)
[54] FISCHER, M.; DENZLER, C.; SENNWALD, G.: Begleitende karpale Bandläsionen bei frischen distalen Radiusfrakturen: Arthroskopische Studie über 54 Fälle. Swiss Surg 2:269–273 (1996)
[55] FISK, G.R.: The wrist. J Bone Joint Surg 66B:396–407 (1984)
[56] FISK, G.R.: The influence of the transverse carpal ligament (flexor retinaculum) on carpal stability. Ann Chir Main 3:297–299 (1984)
[57] FRAHM, R.; SAUL, O.; MANNERFELT, L.: Diagnostic applications of wrist Arthrography: Archives of Orthopaedic and Trauma Surgery 109:39–42 (1989)
[58] FREELAND, A.E.; GEISSLER, W.B.: Kinematics and Pathophysiology in Carpal Instability ed: GEISSLER, W.B., Wrist Arthroscopy, Springer, New York (2005)
[59] GARCIA-ELIAS, M.; PITAGORAS, T.; GILABERT-SENAR, A.: Relationship between joint laxity and radio-ulno-carpal joint morphology. J Hand Surg 28B:158–162 (2003)
[60] GARCIA-ELIAS, M.: Perilunar injuries including fracture dislocations. In: Berger RA, Weiss AP (eds) Hand surgery. Lippincott/Williams &Wilkins, Philadelphia 511–523 (2004)
[61] GARCIA-ELIAS, M.; AN, K-N.; AMADIO, P.C.; COONEY, W.P.; LINSCHEID, R.L.: Reliability of carpal angle determinations. J Hand Surg 14A:1017–21 (1989)
[62] GARCIA-ELIAS, M.; DOBYNS, J.H.; COONEY III, W.P.; LINSCHEID, R.L.: Traumatic axial dislocations of the carpus. J Hand Surg 14A:446–457 (1989)
[63] GEISSLER, W.B.: Arthroscopically assisted reduction of Intraarticular fractures of the distal radius. Hand Clinics 11:19–29 (1995)
[64] GEISSLER, W.B.; FREELAND, A.E.; SAVOIE, F.H.: Intracarpal soft tissue lesions associated with Intraarticular fracture of the distal end of the radius. J Bone Joint Surg 78:357–365 (1996)
[65] GELBERMAN, R.H.; PANAGIS, J.S.; TALEISNIK, J.; BAUMGÄRTNER, M.: The arterial anatomy of the human carpus. Part I: The extraosseous vascularity. J Hand Surg B:367 (1983)
[66] GILFORD, W.W.; BOLTON, R.H.; LAMBRINUDI, C.: The mechanism of the wrist joint with special reference to fractures of the scaphoid. Guy's Hosp Rep 92:52–49 (1943)
[67] GILULA, L.A.; HARDY, D.C.; TOTTY, W.G.; REINUS, W.R.: Fluoroscopic Identification of Torn Intercarpal Ligaments After Injection of Contrast Material. AJR 149:761–764 (1987)
[68] GREEN, D.P.: Carpal dislocations and instabilities. In: Operative Hand Surgery, Ed.: D.P.Green. Livingstone, New York, Edinburgh, London, Melbourne, Tokyo (2003)
[69] GRETTVE, S.: Arterial anatomy of the carpal bones. Acta Anat 25:331–345 (1955)
[70] HAIMS, A.H.; SCHWEITZER, M.E.; MORRISON, W.B.; DEELY, D.; LANGE, R.C.; OSTERMAN, A.L.; BEDNAR, J.M.; TARAS, J.S.; CULP, R.W.: Internal Derangement of the Wrist: Indirect MR Arthrography versus Unenhanced MR Imaging. Radiology 227:701–707 (2003)
[71] HANKER, G.J.: Diagnostic and operative Arthroscopy of the wrist. Clin Orthop 236:165–174 (1991)
[72] HARDY, P.; ROULOT, E.; LEMOINE, J.; LORTAT JACOB, A.; BENOIT, J.: Wrist arthroscopy and intraarticular fractures of the distal end of the radius in young adults. Arthroscopy 10:335 (Abstract) (1994)
[73] HAUSSMANN, P.: Leitlinie der Deutschen Gesellschaft für Handchirurgie: Skapholunäre Bandläsion. Mitteilungen Dtsch Ges Plast Chir 4:27–28 (1997)
[74] HELFGOTT, S.M.; SKOFF, H.: Scapholunate Dissociation Associated with Crystal Induced Synovitis. J Rheumatol 19:485–487 (1992)
[75] HEMPFLING, H.: Synergistische Gelenkdiagnostik – Arthrographie und Arthroskopie. Chir Praxis 47:65–76 (1993/94)
[76] HEMPFLING, H.: Farbatlas der Arthroskopie aller Gelenke. Fischer Verlag Stuttgart (1987)

[77] HEMPFLING, H.; PROBST, J.: Synergistische Gelenkdiagnostik. Akt Traumatol 17:242–249 (1987)

[78] HENLE, J.: Gefäßlehre des Menschen. Braunschweig, Friedrich Vieweg und Sohn (1876)

[79] HEROLD, T.; LENHART, M.; BABEL, M..; RUF, S.; FEUERBACH, S.; LINK, J.: Indirekte MR-Arthrographie des Handgelenks bei TFCC-Läsionen. Fortschr Röntgenstr 173:1006–1011 (2001)

[80] HIXSON, M.L.; STEWART, C.H.: Microvascular anatomy of the radioscapholunate ligament of the wrist. J Handsurg 15A:297–282 (1990)

[81] HOBBY, J.L.; TOM, B.D.M.; BEARCROFT, P.W.P.; DIXON, A.K.: Magnetic Resonance Imaging of the Wrist: Diagnostic performance Statistics. Clinical Radiology 56:50–57 (2000)

[82] HORII, E.; GARCIA-ELIAS, M.; BISHOP, A.T.; COONEY, W.P.; LINSCHEID, R.L.; CHAO, E.Y.S.: A kinematic study of luno-triquetral dissociations. J Hand Surg 16A:355–362 (1991)

[83] JANSEN, I.; DE SMET, L.; VAN RANSBEECK, H.: Traumatic lunotriquetral rupture in a 10-year-old girl. Journal of Pediatric Orthopaedics B 12:200–201 (2003)

[84] JOHNSON, R.P.; MAYFIELD, J.K.; KILCOYNE, R.F.: Scaphoid fractures and fracture-dislocations-pathomechanics and perilunar instability (unpublished study) (1974)

[85] JOHNSTONE, D.J.; THOROGOOD, S.; SMITH, W.H.; SCOTT, T.D.: A Comparison of Magnetic Resonance Imaging and Arthroscopy in the Investigation of chronic wrist pain. J Hand Surg 22B:714–718 (1997)

[86] KAAWACH, W.; ECKLUND, K.; Di CANZIO, J.; ZURAKOWSKI, D.; WATERS, P.M.: Normal Ranges of Scapholunate Distance in Children 6 to 14 Years Old. Journal of Pediatric Orthopaedics 21:464–467 (2001)

[87] KANG, H.S.; KINDYNIS, P.; BRAHME, S.K.; RESNICKK, D.; HAGHIGHI, P.; HALLER, J.; SARTORIS, D.J.: Triangular Fibrocartilage and Intercarpal Ligaments of the Wrist: MR Imaging. Radiology 181:401–404 (1991)

[88] KAPANDJI, I.A.: Biomechanik des Carpus und des Handgelenkes. Orthopäde 15:60–73 (1986)

[89] KATZMAIER, P.; WACHTER, N.; EBINGER, T.; MENTZEL, M.: Ätiologie und Diagnostik von Bandläsionen der proximalen Handwurzelreihe. Z Orthop 141:1–176 (2003)

[90] KAUER, J.M.G.: The interdependence of carpal articulation chains. Acta anatomica 88:481–501 (1974)

[91] KAUER, J.M.G.: Functional anatomy of the Wrist. Clin Orthop Relat Res 149:9–20 (1980)

[92] KAUER, J.M.G. and LANDSMEER, J.M.F: Functional anatomy of the wrist. In: The Hand. Vol. 1. Ed.: R. Tubiana. W.B. Saunders, Philadelphia (1981)

[93] KELLY, E.P.; STANLEY, J.K.: Arthroscopy of the wrist. J Hand Surg 15B:236–242 (1990)

[94] KESSLER, I.; SILBERMAN, Z.: An experimental study of the Radiocarpal joint by Arthrography. Surg Gynecol Obstet 112:33–44 (1961)

[95] KIM, P.R.; GIACHINO, A.; UHTHOFF, H.K.: Histologic analysis of fetal ulnar variance. J Hand Surg 21A:114–116 (1995)

[96] KIRSCHENBAUM, D.; COYLE, M.P.; LEDDY, J.P.: Chronic Lunotriquetral Instability: Diagnosis and Treatment. J Hand Surg 18A:1107–1112 (1993)

[97] KNOLL, V.D.; ALLAN, C.; TRUMBLE, T.E.: Trans-scaphoid perilunate fracture dislocations: results of screw fixation of the scaphoid and lunotriquetral repair with a dorsal approach. J Hand Surg 30A1145–1152 (2005)

[98] KOEBKE, J.: Funktionsanalysen an Gelenken der menschlichen Hand. Verh Anat Ges 81:271–278 (1987)

[99] KÖNIGSBERGER, H.; GOTH, D.; die PERNA, V-V.: Skapholunäre Dissoziation – Traumafolge oder kongenitale Störung? Handchir Mikrochir Plast Chir 36:A1-A20 (2004)

[100] KOZIN, S.H.: Perilunate injuries: diagnosis and treatment. J Am Acad Orthop Surg 6:114–120 (1998)

[101] KRAKAUER, J.D.; BISHOP, A.T.; COONEY, W.P.: Surgical treatment of scapholunate advanced collapse. J Hand Surg 19:751–759 (1994)
[102] KRIMMER, H.; KRAPOHL, B.; SAUERBIER, M.; HAHN, P.: Der posttraumatische karpale Kollaps (SLAC- und SNAC-wrist) – Stadieneinteilung und therapeutische Möglichkeiten. Handchir Mikrochir Plast Chir 29:228–233 (1997)
[103] KUHLMANN, J.N.: Experimentelle Untersuchungen zur Stabilität und Instabilität des Karpus. In: Frakturen, Luxationen und Dissoziationen der Karpalknochen. Hrsg. H. Nigst. Hippokrates, Stuttgart (1982)
[104] KUTSUNA, M.: Über die Kommunikation der Gelenkhöhlen in der Handwurzelgegend. Jap J Med Sci 2/3:187–194 (1930)
[105] KWON, B.C.; CHOI, S.-J.; SONG, S.-Y.; BAEK, S.H.; BAEK, G.H.: Modified carpal stretch test as a screening test for detection of scapholunate interosseous ligament injuries associated with distal radial fractures. J Bone Joint Surg Am 93:855–862 (2011)
[106] LANDSMEER, J.M.F.: Studies in the Anatomy of articulation. I. The Equilibrium of the Intercalated Bone. Acta Morphol Neerl Scand 3:287 (1961)
[107] LANE, L.B.; DAHER, R.J.; LEO, A.J.: Scapholunate dissociation with radiolunate arthritis without radioscaphoid arthritis. J Hand Surg 35A:1075–1081 (2010)
[108] LAULAN, J.; BISMUTH, J.P.: Intracarpal Ligamentous Lesions Associated with fractures of the distal radius: Outcome at one year. A prospective study of 95 cases. Acta orthopaedica Belgica Vol. 65 – 4 (1999)
[109] LEE, S.K.; DESAI, H.; SILVER, B.; DHALIWAL, G.; PAKSIMA, N.: Comparison of radiographic stress views for scapholunate dynamic instability in a cadaver model. J Hand Surg 36A:1149–1157 (2011)
[110] LEVINSOHN, E.M.; PALMER, A.K.: Arthrography of the traumatized wrist. Correlation with radiography and the carpal instability. Radiology 146:647–651 (1984)
[111] LEWIS, D.M.; OSTERMAN, A.L.: Scapholunate instability in athletes. Clinics in Sports Medicine 20/1 (2001)
[112] LEWIS, O.J.: The development of the human wrist joint during the fetal period. Anat Rec 160:499–516 (1970)
[113] LEWIS, O.J.; HAMSHERE, R.J.; BUCKNILL, T.M.: The anatomy of the wrist joint. Anat Rec 160:539–552 (1970)
[114] LI, G.; RYU, J.; ROWEN, B.; KATO, H.; TOKUNAGA, D.; KIHIRA, M.: Carpal kinematics of lunotriquetral dissociations. ISA, Paper #91–035 (1991)
[115] LICHTMAN, D.M.; SCHNEIDER, J.R.; SWAFFORD, A.R.; MACK, G.R.: Ulnar midcarpal instability – clinical and laboratory analysis. J Hand Surg 6:515–523 (1981)
[116] LINDAU, T.; ARNER, M.; HAGBERG, L.: Intraarticular lesions in distal fractures of the radius in young adults. Journal Hand Surgery 22B:638–643 (1997)
[117] LINKOUS, M.D.; PIERCE, S.; GILULA, L.: Scapholunate Ligamentous Communicating Defects in Symptomatic and Asymptomatic Wrists: Characteristics. Radiology 216: 846–850 (2000)
[118] LINSCHEID, R.L.: Mechanical forces affecting the deformity of the rheumatoid wrist. J Bone Joint Surg 51A:790 (1969)
[119] LINSCHEID, R.L.; DOBYNS, J.H.; BEABOUT, J.W.; BRYAN, R.S.: Traumatic instability of the wrist: diagnosis, classification and pathomechanics. J Bone Joint Surg 54A:1612–1632 (1972)
[120] LINSCHEID, R.L.; DOBYNS, J.H.; BECKENBAUGH, R.D. et al: Instability patterns of the wrist. J Hand Surg 8:682–686 (1983)
[121] LINSCHEID, R.L.: Scapholunate Ligamentous instabilities (dissociations, subdislocations, dislocations). Ann Chir Main 3:323–330 (1984)
[122] LINSCHEID, R.L.; DOBYNS, J.H.: Karpale Instabilitäten. Orthopäde 22:72–78 (1993)

[123] LOGAN, S.E.; NOWAK, M.D.; GOULD, P.L.; WEEKS, P.M.: Biomechanical behaviour of the scapholunate ligament. ISA, Paper 86–0017 (1986)

[124] MANTON, G.L.; SCHWEITZER, M.E.; WEISHAUPT, D.; MORRISON, W.B.; OSTERMAN, A.L.; CULP, R.W.; SHABSHIN, N.: Partial Interosseous Ligament Tears of the Wrist. Difficulty in Utilizing Eigher Primary or Secondary MRI Signs. Journal of Computer Assisted Tomography 25(5):671–676 (2001)

[125] MASATAKA, K.: Treatment of Scaphoid Fractures with Carpal Instability. Osaka City Medical Journal 38:89–109 (1992)

[126] MASTELLA, D.J.; ASHMEAD, D.; WATSON, H.K.: Scapholunate advanced collapse wrist arthritis. Techniques in Orthopaedics 24:13–18 (2009)

[127] MAYFIELD, J.K.; JOHNSON, R.P.; KILCOYNE, R.K.: The ligaments of the human wrist and their functional significance. Anat Rec 186:417–428 (1976)

[128] MAYFIELD ,J.K.; WILLIAMS, W.J.; ERDMAN, A.G.: Biomechanical properties of human carpal ligaments. Orthop Trans 3:143 (1979)

[129] MAYFIELD, J.K.: Mechanism of carpal injuries. Clin Orthop 149:45–54 (1980)

[130] MAYFIELD, J.K.; JOHNSON, R.P.; KILCOYNE, R.K.: Carpal dislocations: Pathomechanics and progressive perilunar instability. J Hand Surg 5:226–241 (1980)

[131] MAYFIELD, J.K.: Patterns of Injury to Carpal Ligaments. Clinical Orthopaedics and Related Research No. 187 (1984)

[132] MAYFIELD, J.K.: Wrist Ligamentous anatomy and pathogenesis of carpal instability. Orthip Clin North Am 15:209–216 (1984)

[133] McLEAN, J.M.; TURNER, P.C.; BAIN, G.I.; REZAIAN, N.; FIELD, J.; FOGG, Q.: An association between lunate morphology and scaphoid-trapezium-trapezoid arthritis. J Hand Surg 34E:778–782 (2009)

[134] MELDON, S.W.; HARGARTEN, S.W.: Ligamentous injuries of the wrist. The Journal of Emergency Medicine 13/2:217–225 (1995)

[135] METZ, V.M.; MANN, F.A.; GILULA, L.A.: Lack of correlation between site of wrist pain and location of noncommunicating defects shown by three-compartment wrist Arthrography. AJR 160:1239–1243 (1993)

[136] MEYER, H. v.: Das Handgelenk. Arch Anat Physiol (Anat. Abt.) 657–669 (1866)

[137] MIKIC, Z.D.: Age changes in the triangular fibrocartilage of the wrist joint. J Anat 126:367–384 (1978)

[138] MITSUYASU, H.; PATTERSON, R.M.; SHAH, M.A.; BUFORD, W.L.; IWAMOTO, Y.; VIEGAS, S.F.: The Role of the Dorsal Intercarpal Ligament in Dynamic and Static Scapholunate Instability. J Hand Surg 29A:279–288 (2004)

[139] MOONEY, J.F.; POEHLING, G.G.; WINSTON-SALEM, N.C.: Disruption of the ulnolunate ligament as a cause of chronic ulnar wrist pain. J Hand Surg 16A:347–349 (1991)

[140] MUDGAL, C.; HASTINGS, H.: Scapho-lunate diastasis in fractures of the distal radius. J Hand Surg 18B:725–729 (1993)

[141] NAGAO, S.; PATTERSON, R.M.; BUFORD, W.L.; ANDERSEN, C.R.; SHAH, M.A.; VIEGAS, S.F.: Three-Dimensional Description of Ligamentous Attachments Around the Lunate. J Hand Surg 30A:685–692 (2005)

[142] NAVARRO, A.: Anatomia y fisiologia del carpo. Ann Inst Clin Quir 1:162–250 (1937)

[143] NORTH, E.R.; THOMAS, S.: An anatomic guide for arthroscopic visualization of the wrist capsular ligaments. J Hand Surg 13A:815–822 (1988)

[144] OMORI, S.; MORITOMO, H.; OMOKAWA, S.; MURASE, t.; SUGAMOTO K.; YOSHIKAWA, H.: In vivo 3-dimensional analysis of dorsal intercalated segment instability deformity secondary to scapholunate dissociation: a preliminary report. J Hand Surg 38A:1346–1355 (2013)

[145] OSTI, M.; ZINNECKER, R.; BENEDETTO, K.P.: Scaphoid and capitate fracture with concurrent scapholunate dissociation. J Hand Surg 31B:76–78 (2005)
[146] PACHUCKI, A.: Die karpale Instabilität. Eur. Suf. 34: (Suppl 184) 76–78 (2002)
[147] PALMER, A.K.; WERNER, F.W.: The triangular fibrocartilage complex of the wrist – anatomy and function. J Hand Surg 6/2:153–162 (1981)
[148] PECHLANER, S.: Pathomechanismus der Überstreckungsverletzung des Handgelenkes – experimentelle Untersuchung und klinische Relevanz. Acta Chirurgica Austriaca 29:172–176 (1997)
[149] PECHLANER, S.; PUTZ, R.: Die traumatische skapholunäre Dissoziation – funktionelle Analyse, operative Therapie und Ergebnisse. Aktuelle Traumatologie 17:1–8 (1987)
[150] PEICHA, G.; SEIBERT, F.J.; FELLINGER, M.; GRECHENIG, W.; SCHIPPINGER, G.: Lesions of the scapholunate ligaments in acute wirst trauma – arthroscopic diagnosis and minimally invasive treatment. Springer-Verlag 5:176–183 (1997)
[151] PETERSON, T.; TOBOLSKI, O.: Die skapholunäre Dissoziation bei knöcherner Verletzung des Handgelenkes. Unfallchirurgie 24:149–53 (1998)
[152] PILLUKAT, T.; VAN SCHOONHOVEN, J.; LANZ, U.: Die ulnare Instabilität des Karpus. Der Orthopäde 33:676–684 (2004)
[153] PILNÝ, J.; KUBEŠ, HOZA, P.; MECHL, M.; VIŠNA, P.: Skafolunátní nestability zápěstí po zlomeninách distálního radia. Acta Chirurgiae Orthopaedicae et traumatologiae cechosl 74:55–58 (2007)
[154] PIN, P.G.; NOWAK, M.; LOGAN, S.E.; YOUNG, V.L.; GILULA, L.A.; WEEKS, P.M.: Coincident rupture of the scapholunate and lunotriquetral ligaments without perilunate dislocation: Pathomechanics and management. J Hand Surg 15A:110–119 (1990)
[155] POTTER, H.G.; ARNIS-ERNBERG, L.; WEILAND, B.A.; HOTCHKISS, R.N.; PETERSON, M.G.E.; McCORMACK, R.R.: The Utility of High-Resolution Magnetic Resonance Imaging in the Evaluation of the Triangular Fibrocartilage Complex of the Wrist. J Bone Joint Surg 79A:1675–1684 (1997)
[156] PROMMERSBERGER, K.J.; MÜHLDORFER-FODOR, M.; KALB, K.; SCHMITT, R.; Van SCHOONHOVEN, J.: Scapholunate lesions. Unfallchirurg 117:723–737 (2014)
[157] RAHMANIAN-SCHWARZ, A.; SCHALLER, H.-E.: Bandläsionen am Handgelenk. CHAZ 11/4:237–242 (2010)
[158] RAHMANIAN-SCHWARZ, A.; SCHALLER, H.-E.: Ligamentäre Verletzungen der Handwurzel und deren Folgen. Trauma Berufskrankh 12:303–307 (2010)
[159] RAPPOLD, G.; LEIXNERING, M.; PEZZEI, C.: Diagnostik und Therapie karpaler Begleitverletzungen bei distalen Radiusfrakturen. Handchir Mikrochir Plast Chir 33:221–228 (2001)
[160] REAGAN, D.S.; LINSCHEID, R.L.; DOBYNS, J.H.: Lunotriquetral sprains. J Hand Surg 9A:502–14 (1984)
[161] REDEKER, J.; MEYER-MARCOTTY, M.; URBANEK, F.; HANKISS, J.; FÜGEL, M.: Wertigkeit unspezifisch angeforderter und durchgeführter MRT-Diagnostik bei intrakarpalen Verletzungen im Vergleich zum Arthroskopiebefund an 217 Patienten. Handchir Mikrochir Plast Chir 41:129–134 (2009)
[162] RESNICK, D.: Arthritic disorders of the adult radiocarpal joint: Anatomic considerations and an evaluation of fifty consecutive abnormal cases. J Can Assoc Radiol 26:104–11 (1975)
[163] RETTIG, A.C.: Athletic Injuries of the Wrist and Hand, Part I: Traumatic Injuries of the Wrist. Am Journal of Sports Medicine 31:6 (2003)
[164] RHEE, P.C.; MORAN, S.L.; SHIN, A.Y.: Association between lunate morphology and carpal collapse in cases of scapholunate dissociation. J Hand Surg 34A:1633–1639 (2009)

[165] RICHARDS, R.S.; BENNETT, J.D.; ROTH, J.H.; MILNE Jr. K.: Arthroscopic Diagnosis of Intra-articular Soft Tissue injuries Associated With Distal Radial Fractures. J Hand Surg 22A:772–776 (1997)

[166] RITT, M.U.; LINSCHEID, R.L.; COONEY III, W.P.; BERGER, R.A.; AN, K.N.: The lunotriquetral joint; kinematic effects of sequential ligament sectioning, ligament repair, and Arthrodesis. J Hand Surg 23A: 432–445 (1998)

[167] RITT, M.J.P.F.; BISHOP, A.T.; BERGER, R.A.; LINSCHEID, R.L.; BERGLUND, L.J.; AN, K-N.: Lunotriquetral ligament properties: a comparison of three anatomic subregions. J Hand Surg 23A:425–431 (1998)

[168] ROTH, J.H.; HADDAD, R.G.: Radiokarpal Arthroscopy and Arthrography in the Diagnosis of Ulnar Wrist Pain. Arthroscopy 2/4:234–243 (1986)

[169] SCHÄDEL-HÖPFNER, M.; BÖHRINGER, G.; JUNGE, A.; CELIK, I.; GOTZEN, L.: Arthroskopisch gesicherte Begleitverletzungen des skapholunären Bandapparates bei distalen Radiusfrakturen. Handchir Mikrochir Plast Chir 33:229–233 (2001)

[170] SCHÄDEL-HÖPFNER, M.; IWINSKA-ZELDER, J.; BÖHRINGER, G.; BRAUS, T.; KLOSE, K.J.; GOTZEN, L.: Magnetresonanztomographie oder Arthroskopie in der Diagnostik skapholunärer Bandschäden bei distalen Radiusfrakturen? Handchir Mikrochir Plast Chir 33:234–238 (2001)

[171] SCHECK, R.J.; ROMAGNOLO, A.; HIERNER; R.; PFLUGER, T.; WILHELM, K.; HAHN, K.: The Carpal Ligaments in MR Arthrography of the Wrist. Correlation with Standard MRI and Wrist Arthroscopy. Journal of Magnetic Resonance Imaging 9:468–474 (1999)

[172] SCHMIDDEM, U.; JENZER, A.: First degree open, proximal and distal fractures of the lower arm with scapholunate ligament rupture. Case report of severe extremity trauma. Unfallchirurg 116:1128–1132 (2013)

[173] SCHMIDT, H.M.; LANZ, U.: Chirurgische Anatomie der Hand. Hippokrates Verlag Stuttgart (1992)

[174] SCHMITT, R.; CHRISTOPOULOS, G.; MEIER, R.; COBLENZ, G.; FRÖHNER, S.; LANZ, U.; KRIMMER, H.: Direkte MR-Arthrographie des Handgelenks im Vergleich zur Arthroskopie: Eine prospektive Studie an 125 Patienten. Fortschr Röntgenstr 175:911–919 (2003)

[175] SCHWEITZER, M.E.; BRAHME, S.K.; HODLER, J., et al. Chronic wrist pain: spinecho and short tau inversion recovery MR imaging and conventional and MR arthrography. Radiology 182:205–211 (1992)

[176] SEIBERT F.J.; FELLINGER M.; GRECHENIG W.; PEICHA G.; PASSLER J.: Radiusfraktur loco typico. Arthroskopische Diagnose und minimalinvasive Therapie von Zusatzverletzungen. Arthroskopie 8:273–280 (1955)

[177] SENNWALD, G.: Das Handgelenk. Springer Verlag Berlin, Heidelberg, New York (1989)

[178] SHIGEMATSU, S.; ABE, M.; ONOMURA, T.; KINOSHITA, M.; INOUE, T.: Arthrography of the normal and posttraumatic wrist. J Hand Surg 14A:410–412 (1989)

[179] SHIN, A.Y.; BISHOP, A.T.: Treatment Options for Lunotriquetral Dissociation. Advances in Orthopaedic Surgery 22/1 (1998)

[180] SHIN, A.Y.; HORTON, T.; BISHOP, A.T: Acute Coronal Plane Scaphoid Fracture and Scapholunate Dissociation From an Axial Load. A Case Report. J Hand Surg 30A:366–372 (2005)

[181] SHIN, A.Y.; WEINSTEIN, L.P.; BERGER, R.A.; BISHOP, A.T.: Treatment of isolated injuries of the lunotriquetral ligament. J Bone Joint Surg 83B:1023–1028 (2001)

[182] SMITH, D.K.; SNEARLY, W.N.: Lunotriquetral Interosseous Ligament of the Wrist: MR Appearances in Asymptomatic Volunteers and Arthrographically Normal Wrists. Radiology 191:199–202 (1994)

[183] SOKOLOW, C.; SAFFAR, P.: Anatomy and Histology of the Scapholunate Ligament. Hand Clinics, Vol. 17, Nr. 1 (2001)

[184] SOWA, D.T.; HALDER, L.E.; PATT, P.G.: Application of magnetic resonance imaging to ischemic necrosis of the lunate. J Hand Surg 14:1008–1016 (1989)
[185] STÅHL, F.: On lunatomalacia (Kienböck's disease): a clinical and roentgenological study, especially on its pathogenesis and the late results of immobilization treatment. Acta Chir Scand 95:Suppl 126:1–133 (1947)
[186] STÄBLER, A.; BAUMEISTER, R.G.H.; BERGER, H.: Karpale Instabilitäten und sekundäre degenerative Veränderungen bei Läsionen des radiokarpalen Bandsystems unterschiedlicher Ätiologie. Handchir Mikrochir Plast Chir 22:289–295 (1990)
[187] SULKERS, G.S.I.; SCHEP, N.W.L.; MAAS, M.; STRACKEE, S.D.: Intraobserver and interobserver variability in diagnosing scapholunate dissociation by cineradiography. J Hand Surg Am 39:1050–1054 (2014)
[188] TALEISNIK, J.: The ligaments of the wrist. J Hand Surg 1:110–118 (1976)
[189] TALEISNIK, J.: The wrist. Churchill Livingstone, New York (1985)
[190] TANG, J.B.: Carpal instability associated with fracture of the distal radius. Chinese Medical Journal 105:758–765 (1992)
[191] TANG, J.B.; RYU, J.; OMOKAWA, S.; WARDEN, S.: Wrist kinetics after scapholunate dissociation: the effect of scapholunate interosseous ligament injury and persistent scapholunate gaps. Journal of Orthopaedic Research 20:215–221 (2002)
[192] TOMAINO, M.M.; MILLER, R.J.; COLE, I.; BURTON, R.I.: Scapholunate advanced collapse wrist: proximal row carpectomy or limited wrist arthrodesis with scaphoid excision? J Hand Surg Am 19:134–142 (1994)
[193] TOTTERMAN, S.M.S.; SEO, G.S.: MRI Findings of Scapholunate Instabilities in Coronal Images: A Short Communication. Seminars in Muscoloskeletal Radiology, Vol. 5, No. 3 (2001)
[194] TOTTERMAN, S.M.; MILLER, R., WASSERMAN, B.; BLEBEA, J.S.; RUBENS D.J.: Intrinsic and extrinsic carpal ligments: Evaluation by three-dimensional fourier transform imaging. Am J Radiol 160:117–123 (1993)
[195] TRAVAGLINI, F.: Arterial circulation of the carpal bones. Bull Hosp Joint Dis (NY) 20:19 (1959)
[196] TRENTHAM, D.E.; HAUM, R.L.; MAI, A.T.: Wrist Arthrography: Review and comparison of normals, rheumatoid arthritis and gout patients. Semin Arthritis Rheum 5:105–20 (1975)
[197] TRUMBLE, T.E.; BOUR, C.J.; SMITH, R.J.; GLISSON, R.R.: Kinematics of the ulnar carpus related to the volar intercalated segment instability pattern. J Hand Surg 15A:384–392 (1990)
[198] TRUMBLE, T.E.; GILBERT, M.; VEDDER, N.: Isolated tears of the triangular fibrocartilage: management by early arthroscopic repair. J Hand Surg Am 22:57–65 (1997)
[199] TRUMBLE, T.E.; GILBERT, M.; VEDDER, N.: Ulnar Shortening Combined with Arthroscopic Repairs in the Delayed Management of Triangular Fibrocartilage Complex Tears. J Hand Surg 22A:807–813 (1997)
[200] UPAL, M.A.; CRISCO, J.J.; MOORE, D.C.; SONENBLUM, S.E.; WOLFE, S.W.: In Vivo Elongation of the Palmar and Dorsal Scapholunate Interosseous Ligament. J Hand Surg 31A:1326–1331 (2006)
[201] VENDER, M.I.; WATSON, H.K.; BLACK, D.M; STRICKLAND, J.W.: Acute Scaphoid fracture with scapholunate gap. J Hand Surg 14A:1004–1007 (1989)
[202] VIEGAS, S.F.: Ulnar-sided wrist pain and instability. AAOS Instr Course Lect 47:215–218 (1998)
[203] VIEGAS, S.F.; YAMAGUCHI, S.; BOYD, N.L.; PATTERSON, R.M.: The Dorsal Ligaments of the Wrist: Anatomy, Mechanical Properties, and Function. J Hand Surg 24A:456–468 (1999)
[204] VIEGAS, S.F.; BALLANTYNE, G.: Attritional lesions of the wrist joint. J Hand Surg Am 12:1025–1029 (1987)
[205] VIEGAS, S.F.; PATTERSON, R.M.; PETERSON, P.D.: Ulnarsided perilunate instability: an anatomic and biomechanic study. J Hand Surg 15A:268–278 (1990)

[206] WALLRAFF, J.: Leitfaden der Histologie des Menschen. Verlag von Urban & Schwarzenberg, München-Berlin-Wien (1967)

[207] WALSH, J.J.; BERGER, R.A.; COONEY, W.P.: Current Status of Scapholunate Interosseous Ligament Injuries. J Am Acad Orthop Surg 10:32–42 (2002)

[208] WANNSKE, M.: Komplexe Handverletzungen. Handchir Mikrochir Plast Chir 27:2–10 (1995)

[209] WATSON, H.K.; BALLET, F.L.: The SLAC-wrist: Scapholunate advanced collapse pattern of degenerative arthritis. J Hand Surg 9A:358–365 (1984)

[210] WATSON, H.K.; PITTS, E.C.; ASHMEAD IV, D.; MAKHLOUF, M.V.; KAUER, J.: Dorsal approach to Scaphoid nonunion. J Hand Surg 18A:359–65 (1993)

[211] WATSON, H.K.; WEINZWEIG, J.; ZEPPIERI, J.: The natural progression of scaphoid instability. Hand Clin 13:39–49 (1997)

[212] WATSON, H.K.; OTTONI, L.; PITTS, E.C.; HANDAL, A.G.: Rotary subluxation of the Scaphoid: a spectrum of instability. J Hand Surg 18B:62–64 (1993)

[213] WATSON, H.K.; RYU, J.: Evolutions of arthritis of the wrist. Clin Orthop 202:57–67 (1986)

[214] WEBER, E.R.; CHAO, E.Y.: An experimental approach to the mechanism of scaphoid waist fractures. J Hand Surg 3:142 (1978)

[215] WEIL, W.M.; SLADE, J.F.; TRUMBLE, T.E.: Open and arthroscopic treatment of perilunate injuries. Clinical Orthopaedics and Related Research 445:120–132 (2006)

[216] WEISS, C.; LASKIN, R.S.; SPINNER, M.: Irreducible transscaphoid perilunate dislocation: a case report. J Bone Joint Surg 52A:565–568 (1970)

[217] WEISS, L.E.; TARAS, J.S.; SWEET, S.; OSTERMAN, A.L.: Lunotriquetral injuries in the athlete. Hand Clinics 16/3 (2000)

[218] WEITBRECHT, J.: Syndesmologia sive Historia ligamentorum corporis humani. Typographia Academiae Scientiacum, St. Petersburg (1742)

[219] WELK, E.; MARTINI, A. K.: Schwere Distorsionen der Handwurzel – Karpale Instabilitäten. Orthopädische Akademie; Orthopädie Mitteilungen, Enke Verlag (1966)

[220] WERNER, F.W.; SHORT, W.H.; GREEN, J.K.; EVANS, P.J.; WALKER, J.A.: Severity of scapholunate instability is related to joint anatomy and congruency. J Hand Surg 32A:55–60 (2007)

[221] WILDENAUER, E.: Die Oberfläche der proximalen Carpalreihe. Z Anat Entwickl Gesch 116:348–350 (1952)

[222] WILLEBRAND, J.: Skapholunäre Dissoziationen. Diagnostik – Stadieneinteilung – Therapieschemata. Orthopäde 28:878–882 (1999)

[223] WILSON, A.J.; GILULA, L.A.; MANN, F.A.: Unidirectional joint communications in wrist arthrography: an evaluation of 250 cases. AJR 157:105–109 (1997)

[224] WITT K-A.; POLZER S.; PÖTZL W.; STEINBECK J.: Häufigkeit therapierelevanter karpaler Begleitverletzungen der distalen Radiusfraktur. Osteologie Band 12, Supp 2 (2003)

[225] WOLFE, S.W.; GUPTA, A.; CRISCO J.J. III.: Kinematics of the scaphoid shift test. J Hand Surg 22A:801–806 (1997)

[226] WRIGHT, T.W.; Del CHARCO, M.; WHEELER, D.: Incidence of ligament lesions and associated degenerative changes in the elderly wrist. J Hand Surg 19A:313–318 (1994)

[227] WRIGHT, T.W.; DOBYNS, J.H.; LINSCHEID, R.I.; MACKSOUD, W.; SIEGERT, J.: Carpal Instability Non-Dissociative. J Hand Surg 19B/6:763–773 (1994)

[228] YOUM, Y.; Mc MURTY, R.Y.; FLATT, A.E.; GILLESPIE, T.E.: Kinematics of the Wrist. J Bone Joint Surg 60A:423 (1978)

[229] ZIEGLER, P.V.: Über die radioulnare Differenz. Dissertation, Medizinische Fakultät Universität Ulm (1999)

[230] ZLATKIN, M.B.; CHAO, P.C.; OSTERMAN, A.L.; SCHNALL, M.D.; DALINKA, M.K.; KRESSEL, H.Y.: Chronic Wrist Pain: Evaluation with High-Resolution MR Imaging. Radiology 173:723–729 (1989)

7 Oberes und unteres Sprunggelenk

Mit dem oberen Sprunggelenk in Verbindung mit dem unteren Sprunggelenk werden relativ kleine Gelenke extremen Belastungen ausgesetzt [716], da das ganze Körpergewicht längs der Beinachse auf diese beiden Gelenke übertragen wird. Aufgrund dieser Tatsache ist das obere Sprunggelenk für degenerative Veränderungen, also Verschleißerscheinungen, geradezu prädestiniert. Viele Autoren beschäftigen sich deshalb mit dem oberen Sprunggelenk, weil es neben dem Kniegelenk das am häufigsten verletzte Gelenk darstellt. Die Anzahl der jährlichen Publikationen zum Thema OSG-Fraktur und „ankle sprain" nimmt unterschiedlich zu. Die Frakturen im Bereich des unteren Sprunggelenks sind entweder selten oder selten erkannt. Auffällig ist besonders das geringe Interesse an den Distorsionen am USG, und dies seit Jahren, obwohl in den Publikationen über die „Distorsionen" am Sprunggelenk und an der Articulatio talocruralis auf die Bedeutung der Mitbeteiligung der unteren Sprunggelenke hingewiesen wird (Abb. 7.1), insbesondere auf die Instabilitäten sowie das Sinus tarsi-Syndrom und auch auf das Impingement des OSG.

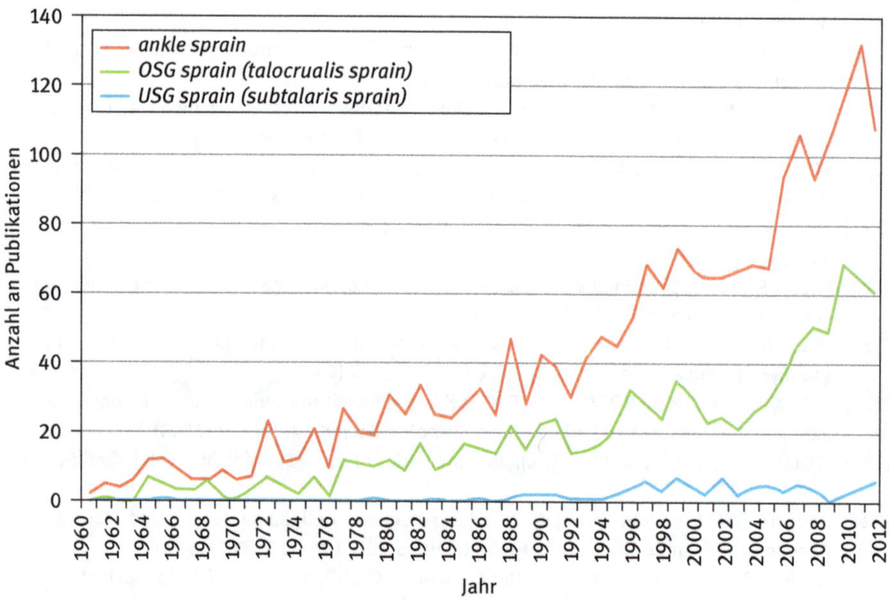

Abb. 7.1: Häufigkeit jährlicher Publikationen über „ankle sprain" mit Differenzierung zwischen dem Subtalargelenk und dem Talokruralgelenk (nach PubMed).

Das obere und untere Sprunggelenk bildet eine streng zusammen funktionierende Einheit, bestehend aus mehreren Gelenken, die neben der ligamentären und auch

DOI 10.1515/9783110493665-012

muskulären Führung Besonderheiten enthält wie die tibiofibulare Syndesmose, den Sinus bzw. Canalis tarsi, aber auch die Regio malleolaris lateralis und die Regio malleolaris medialis mit den Besonderheiten der jeweiligen retromalleolaren Strukturen. An dieser Stelle sollen bevorzugt isolierte, vor allem ligamentäre Schäden diskutiert werden. Die Komplexverletzungen, basierend auf der Klassifikation der Sprunggelenksfrakturen [558, 1137], werden gesondert abgehandelt. Hierbei geht es meist um Kombinationen ossärer und ligamentärer Verletzungen in Abhängigkeit vom Unfallmechanismus und insbesondere der trabekulären Struktur der am Gelenkaufbau beteiligten Knochen [1030]. Jede Störung der Gelenkflächengeometrie hat eine Funktionsänderung der Kinematik zur Folge [1054]. Die Bänder des Sprunggelenkes sind funktionell und nominell Gruppen zuzuordnen, aber auch anatomisch einteilbar [18]. Die lateralen vier Ligamente (Lig. fibulotalare ant., Lig. fibulocalcaneare, Lig. fibulotalare post., Lig. talocalcaneare lat.) stabilisieren das obere Sprunggelenk, aber ebenso das Subtalargelenk (Lig. fibulocalcaneare, Lig. talokalkaneare lat.), das jedoch im Wesentlichen durch die Gruppe der talokalkanearen Bänder gehalten wird (Lig. talocalcaneare lat., -ant. und besonders -nterosseum) (Abb. 7.2, Abb. 7.3). Medial und dorsal wird die Stabilisierung des Subtalargelenkes zusätzlich durch das Lig. talocalcaneum med. und das Lig. talocalcaneum post. gewährleistet (Abb. 7.4).

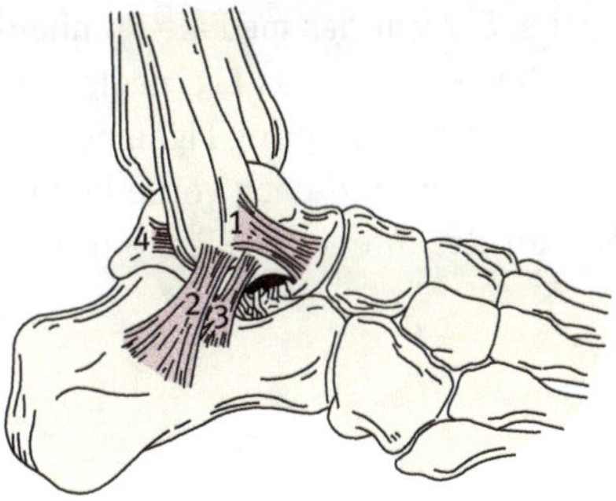

Abb. 7.2: Laterale Bandstrukturen des OSG (1 = Lig. talofibulare ant., 2 = Lig. calcaneofibulare, 3 = Lig. talocalcaneum laterale, 4 = Lig. talofibulare post.).

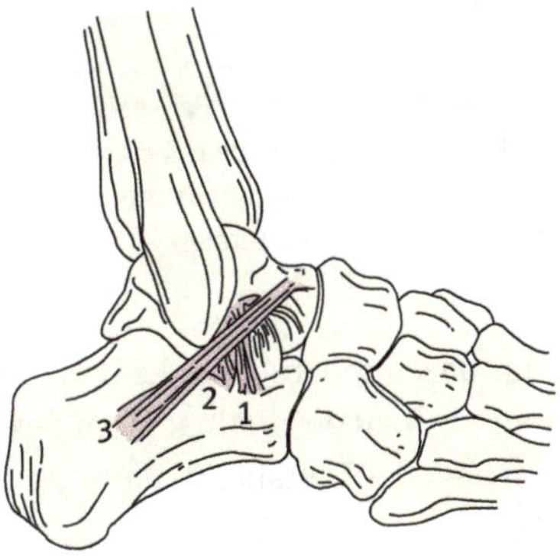

Abb. 7.3: Sinus tarsi lateralis (1 = Lig. talocalcaneum interosseum, 2 = Lig. talocalcaneum ant., 3 = Lig. talocalcaneum lat.).

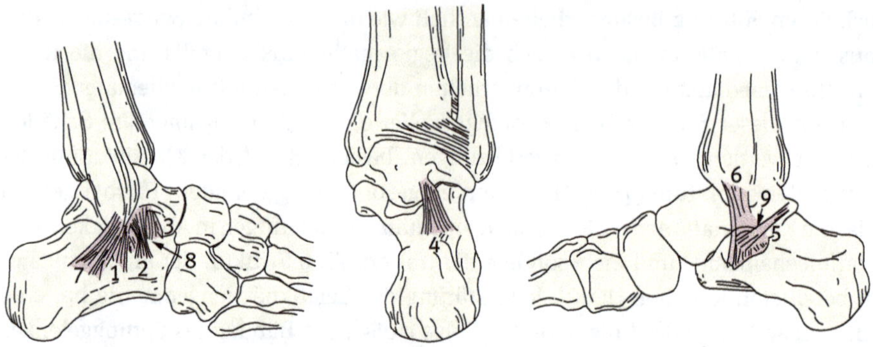

lateral posterior medial

Abb. 7.4: Bandstrukturen des Subtalargelenkes (1 = Lig. talocalcaneum lat., 2 = Lig. talocalcaneum ant., 3 = Lig. talocalcaneum interosseum, 4 = Lig. talocalcaneum post., 5 = Lig. talocalcaneum med., 6 = Lig. deltoideum – Pars tibiocalcanearis, teilweise entfernt, 7 = Lig. calcaneofibulare, 8 = lateraler Eingang zum Canalis tarsi, 9 = medialer Ausgang des Canalis tarsi).

Lateral und dorsal stabilisiert einen Teil des unteren Sprunggelenkes (Art. talocalcaneonavicularis) das Lig. bifurcatum (Abb. 7.5) mit der Pars calcaneonavicularis dorsalis zwischen Kalkaneus und Os naviculare und mit der Pars calcaneocuboidea zwischen Kalkaneus und Os cuboideum. Medialseitig imponieren neben dem Deltaband (Abb. 7.6) mit einer oberflächlichen und tiefen Schicht das mediale Pfannenband (Spring-Ligament = Lig. calcaneonaviculare plantare) und das Lig. neglectum als Lig. calcaneonaviculare mediale, das zusammen mit dem Spring-Ligament am medialen anterioren Teil des Sustentaculum tali entspringt und nach vorne kranial zum Navikulare zieht. Das Spring-Ligament setzt an der inferioren Fläche des Os naviculare an (Abb. 7.5).

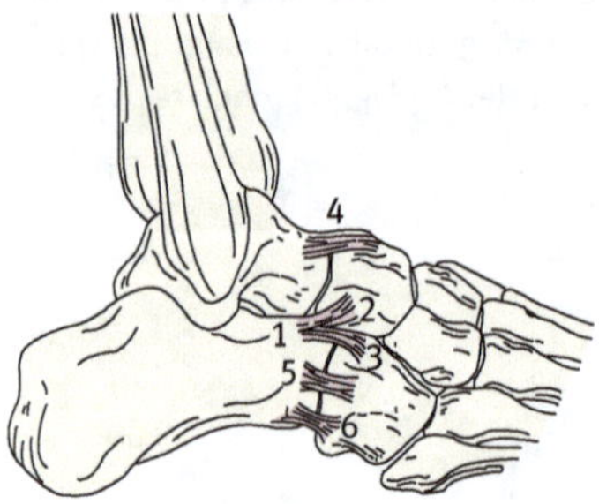

Abb. 7.5: Artic. talocalcaneonavicularis und Artic. calcaneocuboidea (1 = Lig. bifurcatum, 2 = Pars calcaneonaviculare, 3 = Pars calcaneocuboidea, 4 = Lig. calcaneonaviculare dorsale, 5 = Lig. calcaneocuboideum dorsale, 6 = Lig. calcaneocuboideum laterale.

Schließlich wird als Bandstruktur das Lig. laciniatum beschrieben [280]. Es handelt sich um den Teil der Fascia cruris profunda und ist am Aufbau des Retinaculum flexorum beteiligt. Unter diesem medialen Lig. laciniatum liegt das Deltaband. Die neuere Literatur [203] kommt zu folgenden Ergebnissen (Abb. 7.6 und Abb. 7.7):

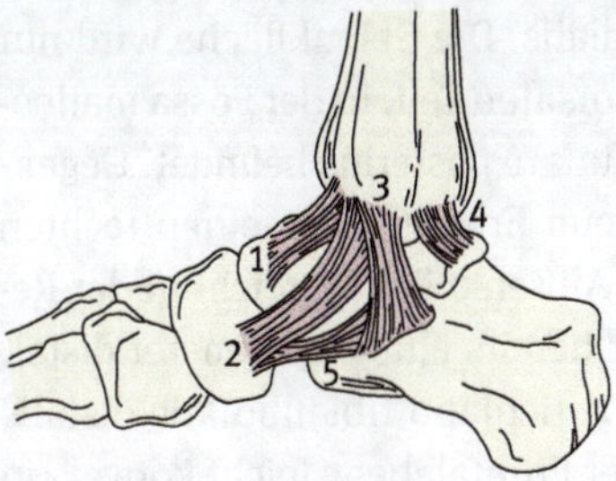

Abb. 7.6: Mediale Bandstrukturen am OSG-Lig. deltoideum (1 = Pars tibiotalare ant., 2 = Pars tibionavicularis, 3 = Pars tibiocalcanearis, 4 = Pars tibiotalaris post., 5 = Pars calcaneonavicularis plantaris oder Spring-Ligament).

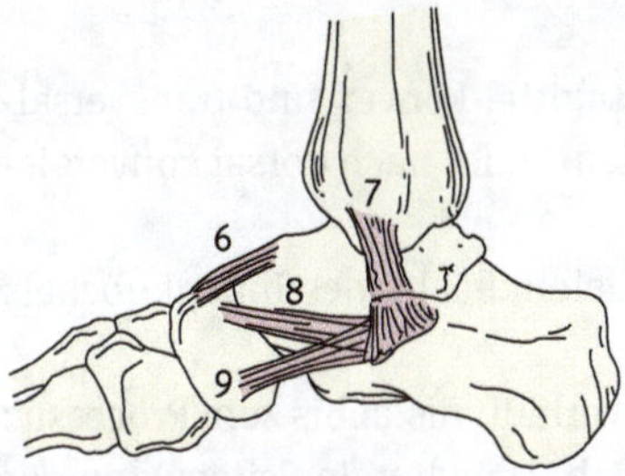

Abb. 7.7: Artic. talocalcaneonavicularis und Artic. calcaneocuboidea (6 = Lig. calcaneonaviculare dorsale, 7 = Lig. deltoideum pars tibiocalcanearis teilweise entfernt, 8 = Lig. neglectum = Lig. calcaneonaviculare mediale, 9 = Lig. calcaneonaviculare plantare = Pfannenband = Spring-Ligament).

- Die Entwicklung des Kapselbandapparates geht der Formation der knöchernen Elemente voraus.
- Die Bildung der Gelenkhöhle beginnt in der 7. Woche und ist in der 12. Woche abgeschlossen.

Die deskriptive Anatomie des oberen Sprunggelenkes ist hinreichend bekannt. Bei dem oberen Sprunggelenk handelt es sich um ein Scharniergelenk mit Bandführung. Die artikulierenden Flächen bestehen aus der Tibiaunterseite („plafond tibial") und aus der von Knorpel überzogenen, aus dem Malleolus medialis et lateralis gebildeten, Knöchelgabel einerseits sowie der Trochlea tali andererseits. Die nicht von Knorpel bedeckten intraartikulär gelegenen Knochenoberflächen sind sämtlich von Synovialis überzogen [614, 615]. Die Unterfläche der Tibia (Facies articularis inferior tibiae) ist vorn ungefähr 0,5 cm breiter als hinten und besitzt in der Sagittalebene eine konkave, in der Frontalebene eine leicht konvexe Krümmung, wobei der Vorderrand höher steht als der Hinterrand. Der Innenknöchel (Malleolus medialis) setzt sich in einem abgerundeten stumpfen Winkel von der Tibiaunterseite ab und verläuft schräg nach mediokaudal. Die Gelenkfläche hat die Form eines Dreieckes mit kranial liegender Basis. Der Innenknöchel besitzt einen vorderen und hinteren Kollikulus mit einer dazwischenliegenden kleinen Grube. Der vordere Hügel ist wesentlich kompakter und reicht weiter nach distal, beide Hügel jedoch sind leicht nach medial konvex geneigt. Ein Sulkus auf der Dorsalseite des hinteren Kollikulus nimmt die Sehnenscheide des Musculus tibialis posterior und des Musculus flexor digitorum longus auf. Der Außenknöchel (Malleolus lateralis) hat eine annähernd dreieckige Gelenkfläche mit kranialer Basis und kaudaler Spitze, die länger ist als die des Innenknöchels. Der Malleolus lateralis reicht auch weiter nach distal als der Malleolus medialis. Die Gelenkfläche wird nur vom ventralen Anteil gebildet, wohingegen sich im dorsalen Teil, in der Fossa malleolaris lateralis, die fibulare Ansatzzone des Lig. fibulotalare posterius befindet. Gegenüber der Tibiaunterfläche bildet die Gelenkfläche beim Erwachsenen einen rechten oder leicht stumpfen Winkel. Die Knorpelfläche des Außenknöchels reicht in der Regel bis in Syndesmosenhöhe, endet manchmal aber bereits einige Millimeter distal. In diesen Fällen schiebt sich eine Synovialfalte der Articulatio tibiofibularis distalis zwischen Fibula und Talus. Die Gelenkfläche ist in der Frontalebene leicht konvex, in der Transversalebene konkav. Die Trochlea tali ist durch drei Gelenkflächen charakterisiert:

1. Facies superior: Die Oberseite der Trochlea ist sagittal-konvex und transversal-konkav, ventral breiter als dorsal, wobei ihre Seitenränder nach dorsal konvergieren.
2. Facies malleolaris medialis: Sie ist analog der Gelenkfläche des Innenknöchels schräg nach mediokaudal geneigt.
3. Facies malleolaris lateralis: Sie ist dreieckig und verläuft distal bis zum Processus lateralis tali. Dort biegt ihre Spitze nach lateral ab. Die laterale Seitenwand der Trochlea zeigt sich von vorn nach hinten konvex und von oben nach unten konkav.

Die Ligamente und die Gelenkflächen am Sprunggelenk führen zu seiner komplexen Beweglichkeit, es resultiert ein geometrisches Modell, mit dem auch die Sprunggelenksbeweglichkeit unter Belastung erklärt werden kann [570, 571]. Die wesentlichen Bandkomplexe sind lateral und medial lokalisiert, die Verbindung von Fibula und Tibia ist als Syndesmose ausgebildet. Sowohl lateral als auch medial sind die Bänder so angelegt, dass neben dem oberen Sprunggelenk gleichzeitig die distal folgenden Gelenke der Fußwurzel mit stabilisiert werden. Es resultiert eine Komplexfunktion des gesamten Sprunggelenkes.

7.1 Laterale Bandstrukturen

Lateral sind vier wesentliche Bänder zu diskutieren: Lig. fibulotalare ant. (Lfta), Lig. fibulocalcaneare (Lfc), Lig. fibulotalare post. (Lftp), Lig. talocalcaneare lat., diese sind zusammen mit dem Peronealmuskel für die laterale Stabilität verantwortlich [1077]. Die Außenknöchelspitze ist frei von Bandansätzen [233]. Diese befinden sich am Außenknöchel entlang der Knorpelknochengrenze, d. h. an der Vordergrenze und der vorderen lateralen Oberfläche.

7.1.1 Nomenklatur und Anatomie

Lig. fibulotalare anterius

Das vordere Außenband (Lfta) verläuft um 15° geneigt in Richtung vom Vorderrand des Außenknöchels zum Vorderrand des Collum tali, vor dem Eingang in den Sinus tarsi. Es verstärkt die Gelenkkapsel häufiger von außen als von innen und tritt eher gedoppelt (10–30 % bis 56 %, [1095, 390, 391, 931]) als ungegliedert auf. Laut Literatur [112, 123, 219, 688, 689, 690] wird das Lfta als einfach (23 %) bis dreifach (18 %) angelegtes Band beschrieben, meist ist es jedoch eine zweifache (59 %) Struktur [902, 1077], bestehend aus dem größeren superioren und dem schwächeren inferioren Teil. Gelegentlich wird eine dritte Struktur festgestellt. Das obere Band entspringt nahe dem Lig. tibiofibulare ant., das untere Band in der Nähe des Lig. fibulocalcaneare, jeweils an der vorderen Begrenzung des Außenknöchels. Ersteres setzt am Taluskörper vor der Gelenkfläche zum Außenknöchel an. Hier finden sich gelegentlich zwei Tuberkel, an denen die beiden Bandstrukturen inserieren [902]. Die beiden wesentlichen Bandstrukturen trennen Gefäßäste der das Lig. fibulotalare ant. perforierenden A. peronea und deren Anastomose mit der A. malleolaris lateralis. Bei Plantarflexion des Fußes spannt es sich und verhindert auf diese Weise ein ventrales Abgleiten des Talus gegenüber der Malleolengabel. Funktionell kann das Band in einen oberen und einen unteren Teil eingeteilt werden. In Plantarflexion spannt sich das obere, in Dorsalflexion das untere Band an [327]. Das Lfta ist das schwächste der drei lateralen Bänder mit der geringsten Elastizität [481, 921]. Dieses flache Band liegt innerhalb der Gelenkkapsel, also intrakapsulär, ist 6–10 mm breit, 15–24 mm lang und 2 mm dick [546, 107, 842, 610, 932].

Lig. fibulocalcaneare

Der mittlere Zügel des Außenbandapparates liegt in seiner ganzen Länge stets extrakapsulär und zieht vom Vorderrand des Malleolus lateralis schräg nach dorsal und medial an die Lateralseite des Tuber calcanei. Aufgrund seines Verlaufes bildet das 3 cm lange Band eine Rinne für die Sehnenscheiden der Peronaeusmuskeln. Es läuft entweder nahezu parallel zum Lig. talocalcaneum laterale oder hat mit diesem eine gemeinsame Insertion am Kalkaneus, wobei beide Bänder Y-artig zum Talus bzw. zur Fibula divergieren [1073]. Während die Gelenkkapsel des unteren Sprunggelenkes fast stets bis an das Lig. fibulocalcaneare heranreicht, ist die des oberen Sprunggelenkes immer durch eine Fettschicht von diesem in der Regel ungeteilten Band getrennt. Das extrakapsulär gelegene Band ist somit arthroskopisch in unverletztem Zustand nicht zu sehen [344]. Verdoppelungen des Bandes stellen äußerst selten anzutreffende Variationen dar. In einem solchen Fall zieht der dorsale Anteil von der Facies posterior des Malleolus lateralis zur proximalen Fläche des Tuber calcanei. Bemerkenswert ist die große Variationsbreite des nach dorsal offenen Winkels zwischen dem Band und der Fibulalängsachse, dessen Werte zwischen 15° und 75° liegen, im Mittel jedoch 40°

betragen [933]. In der Neutral-Null-Stellung verläuft das Lig. fibulocalcaneare um etwa 30°–40° nach dorsal zum Kalkaneus, in Plantarflexion ist der Verlauf horizontal und in Dorsalextension vertikal [327]. Das Lig. fibulocalcaneare ist etwa 5,3 mm breit und 35,8 mm lang. Der Winkel des Bandes zu der Fibulaachse beträgt etwa 133° (113°–150°). Es setzt an der vorderen Ecke der distalen Fibula mit einem Abstand von etwa 8,5 mm von der Fibulaspitze an. Das Ansatzgebiet reicht in der proximal-distalen Richtung über 8,2 mm und 6,2 mm in der medialen-lateralen Ausdehnung. Der Ansatzpunkt am Kalkaneus liegt ungefähr 13 mm distal des Subtalargelenkes. Das Ansatzgebiet beträgt 10 mm × 8,2 mm. Es bedarf der Erwähnung, dass das Lig. fibulocalcaneare unter den Peronealsehnen verläuft und daher kann der kalkaneare Ansatz nur hinter den Peronealsehnen erkannt werden. Während der Ursprung des Lig. fibulocalcaneare typisch zu bezeichnen ist, variiert der Ansatz am Kalkaneus erheblich. Typisch ist der Ansatz an einem kleinen Tuberkel (Tuberculum ligamenti calcaneofibularis) im hinteren Bereich der lateralen Kalkaneusfläche, posterosuperior der Trochlea peronealis. Diese Ansatzstelle variiert [543]. Mit der Ansatzänderung variieren auch der Bandverlauf und die Bandform (Abb. 7.8), gemäß den Angaben von RUTH [900].

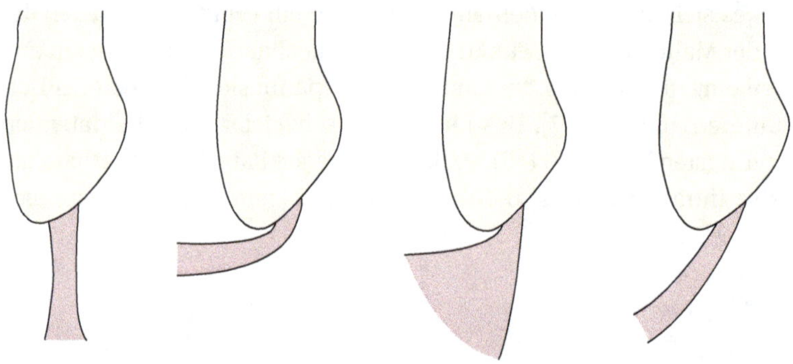

Abb. 7.8: Variationen des Verlaufs und der Form des Lig. fibulocalcaneare, nach [900].

In unmittelbarer Nähe des Lig. fibulocalcaneare befindet sich das Lig. talocalcaneare laterale. Während das Lfc das obere Sprunggelenk und das Subtalargelenk überspannt, stabilisiert das Lig. talocalcaneare lat. lediglich das Subtalargelenk. Der Ursprung dieses Bandes ist nahe dem des Ansatzes des Lfta, so dass bei Rupturen dieses Bandes das Lig. talocalcaneare lat. mit einbezogen werden kann, mit der Folge ebenso einer Instabilität des unteren Sprunggelenkes [233]. Das Lig. fibulocalcaneare verläuft auch über dem Talokalkaneargelenk, wird aber von diesem durch das Lig. talocalcaneare lat. in Abstand gehalten, d. h., zwischen dem Lig. fibulocalcaneare und dem Gelenk verläuft das Lig. talocalcaneare in verschiedenen Formationen, es liegen drei anatomische Varianten vor [1073]:

- Typ 1: Das Lig. fibulocalcaneare wird durch das Lig. talocalcaneare lat. verstärkt (35 %), angeheftet an Ersteres, aber proximal oder distal davon im Verlauf wieder getrennt.
- Typ 2: Das Lig. talocalcaneare lat. verläuft anterior des Lig. fibulocalcaneare ohne Verbindung zu diesem (23 %).
- Typ 3: Das Lig. talocalcaneare laterale fehlt (42 %), wird aber durch das Lig. talocalcaneare ant. ersetzt, das parallel zum Lig. talocalcaneare interosseum verläuft und für das Subtalargelenk eine funktionelle Stabilität übernimmt [903].

Lig. fibulotalare posterius

Das stärkste Kollateralband an der Außenseite des oberen Sprunggelenkes verläuft annähernd horizontal von der Fossa malleoli lateralis bis zum Tuberculum laterale des Processus posterior tali. Es liegt entweder vergleichbar den Kreuzbändern des Kniegelenks intrakapsulär extrasynovial [1008] oder ist in die Kapsel des Gelenkes integriert, wobei dann an der Kapselinnenseite mehrere Plicae synoviales aufgeworfen werden. Am Unterrand entspringt die Kapsel des unteren Sprunggelenkes. Dies erklärt die anatomische Variation des Kommunizierens der Articulatio talocruralis mit der hinteren Kammer der Articulatio subtalaris. Manchmal ist das Band mit der hinteren Syndesmose verwachsen. Einzelne Faserbündel können in die Sehnenscheiden der langen Zehenbeuger ausstrahlen. Nahezu regelmäßig zieht ein Faserbündel zur Tibiahinterkante, „tibial slip of the posterior fibulotalar ligament“. Faserbündel, die nicht im eigentlichen Sinne vom Lig. fibulotalare post. abzweigen, sondern mit diesem nur den Ursprung des Malleolus lateralis gemeinsam haben und zur Tibiahinterkante ziehen, werden von manchen Autoren [1159, 980] als Lig. transversum inferius bezeichnet. SCHMIDT [934] sieht diesen Faserzug als Bestandteil der dorsalen Syndesmose an. Das Lig. fibulotalare post. ist häufiger ungeteilt (70 %) als geteilt (30 %), während bei einer Zweiteilung die Faserzüge entweder als proximale und distale oder als oberflächliche und tiefe Bandstreifen vorliegen. Wenn ein Os trigonum vorhanden ist, so kann es in das Lig. fibulotalare posterius eingeschlossen sein. Die Funktion des Bandes besteht in einer Hemmung der Dorsalextension sowie im Verhindern einer lateralen Aufklappbarkeit des oberen Sprunggelenkes.

Das Lig. fibulotalare posterius setzt langstreckig am Talus an (24,1 mm/6 mm). Der Ansatzpunkt am Talus ist nahe der Grube für die Flexor hallucis longus-Sehne. Der fibulare Ansatzpunkt hat das Zentrum 9,7 mm proximal der distalen Fibulaspitze in der dafür vorgesehenen Fossa. An der Fibula beträgt der anteriore posteriore Ansatzdurchmesser ca. 10,1 mm und der proximale distale Durchmesser etwa 6,9 mm. Aus diesen Angaben resultiert die Lokalisation von Bandplastiken für den Ersatz des lateralen Bandkomplexes.

Lig. talocalcaneare laterale

Als 4. fibulares Band wird das inkonstante Lig. talocalcaneare fibulare bezeichnet. Es unterliegt einer variablen Topographie sowie einer differenten Nomenklatur:
- Lig. talocalcaneare fibulare [800],
- Lig. talocalcaneare infrafibulare [1012],
- Lig. talocalcaneare laterale [1056],
- Lig. astragalien-calcanéen externe [897].

Während das Lig. talocalcaneare lat. meist als eigenständiges Band dargestellt wird, beschreibt BENNINGHOFF (1964) diese Struktur als distalen Faserzug des Lig. fibulocalcaneare, der sich in direkter Fortsetzung mit den Fasern des Lig. fibulotalare ant. verbindet und zum Talushals zieht [233]. Der häufigste Verlauf des Lig. talocalcaneare lat. geht von der lateralen Fläche des Talus, distal der Insertion des Lig. fibulotalare ant., aus und verläuft über den dorsalen Eingangsbereich des Sinus tarsi schräg dorsalwärts bis zum Ansatz an der lateralen Fläche des Kalkaneus knapp vor und unterhalb des Ansatzes des Lig. fibulocalcaneare [549]. Während das Lig. tibiofibulare anterius in aller Regel in einen breiteren proximalen und schmaleren distalen Faserzug unterteilt ist, zeigt das Lig. tibiofibulare post. in 79 % der Fälle einen ungeteilten Verlauf und liegt in 21 % gedoppelt vor; während das Lig. fibulotalare ant. vorwiegend gedoppelt vorkommt (56 %), ist es in 41 % der Fälle ungeteilt und liegt in 3 % der Fälle dreifach angelegt vor. Dagegen findet sich das Lig. fibulotalare post. ungeteilt in 72 % der Fälle und gedoppelt in 28 % der Fälle. Normalerweise ungeteilt ist das Lig. fibulocalcaneare, es kann jedoch die Variation zeigen, dass eine Doppelung sowie ein akzessorischer Faserzug zum Talus hin verlaufen. Die Länge der drei wesentlichen lateralen Bänder differiert gemäß Literatur doch erheblich ([169] Tab. 7.1), was auf die vielen Normvarianten hinweist [690, 1077, 53, 82, 123, 847, 327, 1093, 233]. Für die Operation können aber Abstandsangaben zwischen den Bändern festgestellt werden [169].

Tab. 7.1: Längen und Breiten der lateralen Sprunggelenksbänder.

Bandmaße in mm	UĞURLU [1077]	SIEGLER [964]	MILNER [688]	TASER [1034]	BURKS [123]	MILNER [689, 690]	Ø
Länge Lfta	14,4 – 20,8	17,81 ± 3	13,0 ± 4	22,37 ± 2,5	24,8	13,9 ± 3,9	18,1
Breite Lfta	7,6 – 13,0	–	11,0 ± 3,3	10,77 ± 1,6	7,2	11,0 ± 3,3	10,1
Länge Lfc	26,67	27,69 ± 3,3	19,5 ± 3,9	31,94 ± 3,7	35,8	19,5 ± 3,9	26,7
Breite Lfc	4,57		5,5 ± 1,6	4,68 ± 1,3	5,3	5,5 ± 1,6	5,1
Länge Lftp	24,12	21,16 ± 3,9	23,0 ± 7,0	21,66 ± 4,8	24,1	23,0 ± 7,0	22,8
Breite Lftp	5,09		5 ± 2,5	5,55 ± 1,3			5,2

Besonderheiten der lateralen Bandstrukturen

Besondere anatomische Spezifitäten charakterisieren Verletzungen im Bereich des lateralen Bandapparates am oberen Sprunggelenk mit Einbezug des Subtalargelenkes, zumal das Lig. fibulocalcaneare beide Gelenke überspannt und da bei Verletzungen des Lig. fibulotalare ant. das Lig. talocalcaneare lat. mit beteiligt sein kann (Abb. 7.9).

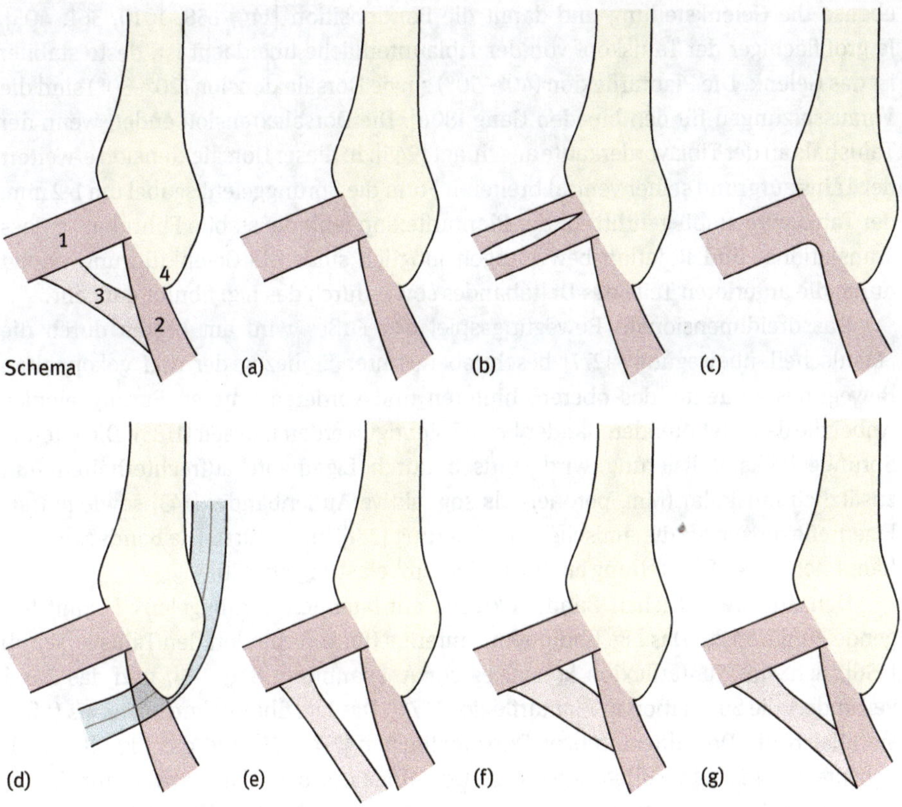

Abb. 7.9: Normvarianten der lateralen Sprunggelenksbänder (1 = Lig. fibulotalare ant., 2 = Lig. fibulocalcaneare, 3 = Lig. talocalcaneare lat., 4 = Außenknöchelspitze, (a) = Ursprung Lfta und Lfc, (b) = gedoppeltes Lfta, (c) = gemeinsame Ansatzfasern des Lfta und Lfc, (d) = Impression im Lfc durch Peronealsehnen, (e) = Lig. talocalcaneare lat. fast parallel zum Lfc, (f) und (g) = Varianten des Lig. talocalcaneare lat.), modifiziert, nach [1185].

Eine einheitliche Beurteilung der lateralen Sprunggelenksbänder in der Literatur [847, 123, 1093, 327, 689, 690, 1077, 53] liegt bisher nicht vor, der Trend lässt aber eine funktionelle Richtung der Pathomechanik erkennen [82].

7.1.2 Biomechanik – Pathomechanik

Risikofaktoren zum „ankle sprain“ sind intrinsische Faktoren (Rückfußfehlformen, Bandlaxität, fehlende neuromuskuläre Kontrolle u. a.) sowie extrinsische Faktoren (Schuhform, sportliche Aktivität, Aufwärmzustand u. a.) [60, 349, 350], aber auch anatomische Varianten [298]. Für die Stabilität eines oberen Sprunggelenkes ist neben der Bandführung auch die Gestaltung der ossären Gelenkkörper verantwortlich, ebenso die Gelenkstellung und damit die Bandposition [144, 658, 1010, 361, 405]. Je großflächiger der Taluskopf von der Tibiaunterfläche überdacht ist, desto stabiler ist das Gelenk. Die Plantarflexion (40°–50°) sowie Dorsalextension (20°–30°) sind die Voraussetzungen für den bipeden Gang [806]. Die Dorsalextension endet, wenn der Talushals an der Tibiavorderkante anschlägt [945]. In dieser Dorsalextension erweitert der Talus aufgrund seiner ventral breiteren Form die Sprunggelenksgabel um 1–2 mm, der Talus wird stabil geführt. In der Plantarflexion fehlt die stabile Führung, so dass Translations- und Rotationsbewegungen möglich sind. Die Gelenkführung erfolgt durch die anterioren Teile des Deltabandes sowie durch das Lig. fibulotalare ant.

Das dreidimensionale Bewegungsspiel des Fußes wird am besten durch die „Maulschellenbewegung“ [277] beschrieben, unter Einbezug der drei gekoppelten Bewegungssegmente, des oberen, hinteren und vorderen unteren Sprunggelenks, wobei die dazu gehörenden Bänder berücksichtigt werden müssen [1185]. Die laterale Sprunggelenkstabilisierung wird statisch durch Ligamente aufrechterhalten und zusätzlich muskulär (Mm. peronei) als sog. aktive Außenbänder [143] sowie mittels Eigenreflexbogen als dynamische Stabilisierung [286] unterstützt. Die Bandspannung hängt neben der Fußstellung auch von der Fußbelastung ab [130].

Den drei wesentlichen Bandstrukturen am lateralen Sprunggelenk kommt folgende Funktion zu: Das Lig. fibulotalare anterius (Lfta) verhindert den Talusvorschub [456], d. h., in Plantarflexion kommt es zur Anspannung [871, 775], und das Band verhindert die Supination in Plantarflexion [774]. Das Lig. fibulotalare posterius (Lftp) stabilisiert die Dorsalflexion bzw. Dorsalextension [774, 775] und das Lig. fibulocalcaneare (Lfc) ist ein Kollateralband in Dorsalflexion, d. h. dann angespannt [775], bzw. es verhindert die Pronation in Dorsalflexion [774]. Das Lig. fibulotalare anterius sowie das Lig. fibulocalcaneare wirken synergistisch im nichtbelasteten Fuß, d. h., das Lig. fibulocalcaneare spannt sich in Dorsalflexion an und kommt in Plantarflexion zur Entspannung, wogegen sich das Lig. fibulotalare anterius in Plantarflexion anspannt und in Dorsalextension entspannt [871, 223]. Bezüglich der Stabilität der Bänder am Sprunggelenk gilt das Lig. deltoideum als stabilstes Band, gefolgt vom Lig. fibulocalcaneare, Lig. fibulotalare posterius und Lig. fibulotalare anterius [24]. Laut Literatur werden verschiedene Mechanismen als geeignet betrachtet, Verletzungen der lateralen Bandstrukturen zu verursachen:
- Supination, Adduktion, Innenrotation [852],
- Inversion + Plantarflexion mit Verletzung des Lig. fibulotalare anterius [1068, 25],

- Talusvorschub bei Innenrotation mit Verletzung des Lig. fibulotalare anterius, bei gleichzeitiger Inversion auch Verletzung des Lig. fibulocalcaneare [302],
- Supination + Außenrotation [223, 206],
- Innenrotation mit der Folge einer isolierten Verletzung des Lig. fibulotalare anterius, bei gleichzeitiger Inversion, auch Verletzung des Lig. fibulocalcaneare [302],
- Inversion + Plantarflexion, Verletzung Lfta [108, 594],
- Inversion + Neutral- oder Dorsalextension mit der Folge einer isolierten Verletzung des Lig. fibulocalcaneare oder des Lig. fibulocalcaneare und des Lig. fibulotalare anterius [25],
- Inversion + Innenrotation + Dorsalflexion [530],
- Inversion in Neutralstellung mit partiellem Riss des Lig. fibulocalcaneare [992, 223],
- direkter Kontakt mit Eversion oder Inversion mit stärkerer Ausprägung der Verletzung bei Belastung [303],
- direkter Kontakt in Inversion bzw. Plantarflexion ohne Belastung (in 63 % der Fälle Kontaktmechanismen) [15, 1154, 504],
- Dorsalextension führt zur Kraftübertragung auf Innen- und Außenknöchel mit Außenrotation und lateraler Translation der dist. Fibula [682],
- die höchste Bandlaxität besteht in Neutralposition [180],
- Inversion in Plantarflexion [992, 223],
- letzterer Mechanismus führt zu folgenden Verletzungen in einer bestimmten Reihenfolge: Kapselriss, Riss Lig. fibulotalare anterius, Riss Lig. fibulocalcaneare, Riss Lig. fibulotalare posterius, Schädigung des Lig. deltoideum.

Das Supinations-Adduktions-Trauma führt in der Frontalebene zu einer Varuskippung, in der Sagittalebene zum Talusvorschub und in der Transversalebene zur Innenrotation [1122]. Die Plantarflexion hat in 93 % der Fälle eine Verletzung des Lig. fibulotalare anterius zur Folge, die Adduktion in 60 % der Fälle eine Verletzung des Lig. fibulocalcaneare und die tatsächliche Luxation im Sprunggelenk in 4,2 % der Fälle auch eine Ruptur des Lig. fibulotalare posterius [1182, 53]. Die Funktion primärer bzw. sekundärer Stabilisatoren des Sprunggelenkes hängt ab von der Belastung [107, 185, 1010, 658, 456, 905, 977, 978, 590]. Liegt keine wesentliche Belastung vor, so wird die Innenrotation primär durch das Lig. fibulotalare anterius und das Deltaband stabilisiert, die Außenrotation durch das Lig. fibulocalcaneare, die Plantarflexion durch das Lig. fibulotalare posterius und die Inversion durch das Lig. fibulocalcaneare mit sekundärem Stabilisator des Lig. fibulotalare anterius. Liegt eine Belastung vor, so sind sowohl die Außenrotation als auch die Inversion und Eversion primär durch die knöcherne Gelenkgabel und damit auch durch die tibiofibularen Bänder geführt, bei Belastung ist die Eversion zusätzlich durch das Deltaband gehalten. Gerade wegen der Stabilisierung des Sprunggelenkes durch die Sprunggelenksgabel mit den tibiofibularen Bändern muss bei jedem „ankle sprain“ oder auch „Distorsion“ neben dem lateralen Bandapparat ebenfalls die tibiofibulare Syndesmose geprüft werden. Bevorzugt wird der laterale Bandapparat bei der Inversion und Supination geschädigt, wogegen die Syndesmosenbänder charakteristischerweise durch eine Außenrotationsverletzung geschädigt werden (Abb. 7.10).

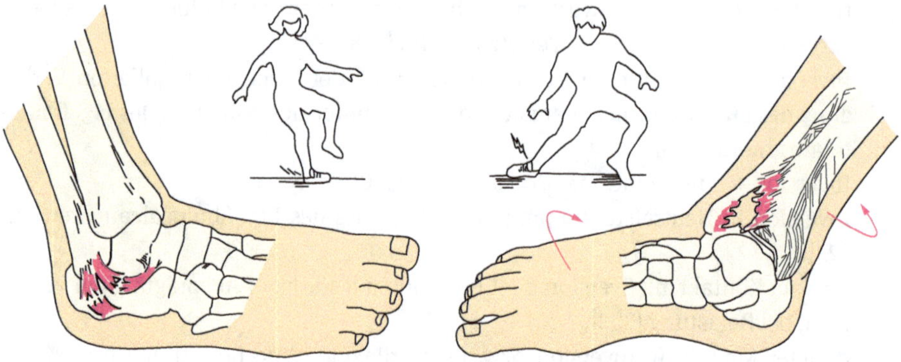

(a) Außenbandruptur (b) Syndesmosenruptur

Abb. 7.10: Verletzungsmechanismen (a) Inversion und Supination, (b) Außenrotation, nach [758].

Der typische „Sprain-Mechanismus" ist die Inversion [402, 433, 534, 1093, 517]. Diese ereignet sich durch Hängenbleiben mit dem lateralen Vorfußrand oder durch Sturz auf diesen. Damit sind als Erstes das Cervical-Ligament (Lig. talocalcaneare laterale), das Lig. fibulotalare ant. wie auch gelegentlich das Lig. bifurcatum bei gleichzeitiger Torsion betroffen [78]. Kommt es zum Varusstress in Dorsalextension, so wird das Lig. fibulocalcaneare verletzt [1094, 585, 600]. Die Rotation entsteht, wenn der Fuß am Boden fixiert bleibt, dann mit zusätzlicher Läsion am lateralen oder medialen Bandapparat in Abhängigkeit von der Rotationsrichtung. Dieser Mechanismus ist die Ursache für ein Weichteilimpingement, eine osteochondrale Talusverletzung oder eine Syndesmosenschädigung [78]. Die Plantarflexion kann zur Schädigung der anterioren Fasern medial und lateral führen, aber auch am Tarsometatarsalgelenk. Daher müssen angrenzende Gelenke mit abgeklärt werden. In der Literatur findet sich die Unterscheidung der akuten und der chronischen Instabilität. Diese Differenzierung ist problematisch, da die Begriffe akut und chronisch eigentlich der Histopathologie zuzuordnen sind. Akut bedeutet plötzlich auftretend, schnell bzw. heftig verlaufend, chronisch ist einer langsamen Entwicklung oder einem langsamen Verlauf zuzuordnen, somit finden sich diese Begriffe in der Entzündungslehre [73]. Bei Verletzungen und deren Folgen treffen daher andere Bezeichnungen zu:

- die rezente = frische Verletzung,
- die veraltete Verletzung als Folge einer rezenten Verletzung, daraus resultieren rezidivierende Instabilitäten mit einer Progredienz.

Rezidivierende Instabilitäten führen im Verlauf zu einer Destabilisierung des Lfta und des Lfc an deren Insertion am Außenknöchel, obgleich beide Bänder in der Kontinuität intakt bleiben [409, 419]. Die Folge ist eine Insuffizienz des M. peroneus brevis wegen der unphysiologischen Belastung und der Talus wird nach ventral aus der Sprunggelenksgabel gedrängt. Der M. tibialis post. verstärkt dies, eine anterolaterale Extrusion des Talus resultiert (seitliches Röntgen). Bei diesem Mechanismus der „chronischen" Instabilität ist häufig der mediale Bandkomplex mit den anterioren oberflächlichen Strukturen (Lig. tibionaviculare, Spring-Ligament, Lig. tibiocalcaneare) betroffen [416], wobei die Instabilität im Intervall zwischen Spring-Ligament und dem tibiokalkanearen Bündel entsteht [417].

Laterale Bandverletzungen müssen auch mit solchen am Retinaculum peroneorum in Verbindung gebracht werden. Die Inversion mit Plantarflexion ist mit der Verletzung des Lfta und des Lfc vergesellschaftet [24, 139, 162, 552]. Demgegenüber führt die Eversion in Dorsalextension bei gleichzeitiger Peronealkontraktion zur Verletzung des Retinaculum peroneorum sup. und zur Peronealsehnenluxation [21, 644]. Eine Verletzung des Lfc kann eine Peronealsehnenluxation nach sich ziehen, der umgekehrte Mechanismus ist nicht erklärbar (Abb. 7.11).

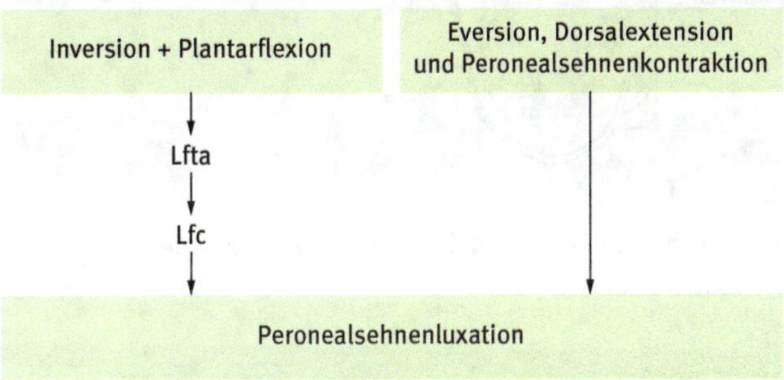

Abb. 7.11: Bandverletzung am oberen Sprunggelenk – Peronealsehnenluxation.

Das superiore Retinaculum peroneorum liegt über dem Lfc und verläuft parallel dazu. Unmittelbar am Ursprung des Lfc bildet dieses eine nach dorsal-distal konkave Rinne, in der senkrecht dazu der Boden der Sehnenscheide der Peronealsehnen [549] verläuft. Überdeckt werden diese Strukturen durch das Retinaculum peroneorum sup. zur Stabilisierung der Peronealsehnen [643, 843]. Der inferiore Teil des superioren Retinakulum liegt insbesondere am kalkanearen Ansatz in unmittelbarer Nähe des Lfc und zeigt auch dessen Verlauf, was die Mitverletzung der Peronealsehnenscheide erklärt [930]. Die Dorsalflexion mit Eversion bei gleichzeitiger Peronealmuskelkontraktion schert das superiore Retinakulum von der Fibulakante ab [21, 246]. Dieser Mechanismus soll aber auch das Lig. fibulocalcaneare anspannen und damit den retromalleolaren Peronealtunnel gegen das superiore Retinakulum einengen, was zur lateralen Subluxation der Peronealsehnen führt [21, 1011, 1180]. Über dem proximalen

Ursprung des Lfc am Außenknöchel verlaufen die Peronealsehnen, die im oberen Verlauf des Bandes eine Konkavität bzw. Impression hinterlassen (vgl. Kapitel 7.4). Kommt es nun zum Anspannen des Lfc bis hin zur Ruptur, so wölbt das Band vor dessen Zerreißen die Peronealsehnen vor den Außenknöchel mit Ruptur des Ret. peroneorum sup. Es resultiert in Abhängigkeit von der Fußstellung (Dorsalextension) eine Peronealsehnenluxation (Abb. 7.12), d. h. eine Expression der Peronealsehnen aus deren Gleitlager.

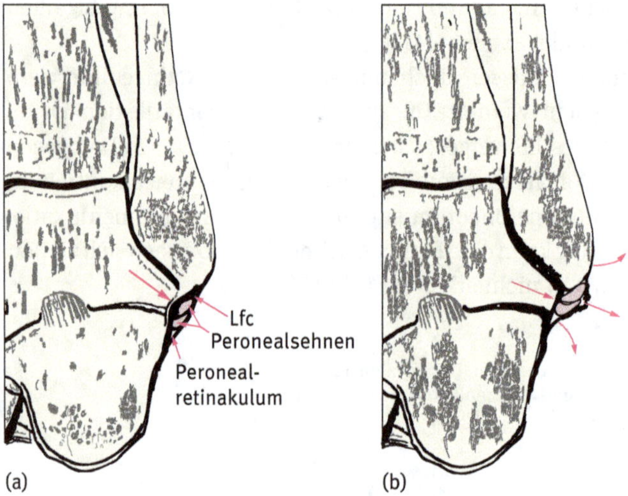

Abb. 7.12: Ruptur Lfc und Peronealsehnenluxation (a) Konkavität im Lfc, (b) gespanntes Lfc mit Expression der Peronealsehnen.

Instabilitätstypen

Grundsätzlich werden am Sprunggelenk laterale von medialen Instabilitäten unterschieden und gleichzeitig auch die Instabilitäten am oberen Sprunggelenk von denen am unteren Sprunggelenk. Liegt am oberen Sprunggelenk eine laterale Instabilität mit einer medialen vor, so wird die Bezeichnung der Rotationsinstabilität verwendet [1089, 1090, 1091]. Unter der anterolateralen Rotationsinstabilität wird die Ruptur des Lig. fibulotalare anterius und/oder des Lig. fibulocalcaneare mit der Folge eines Adduktions- Supinations-Stresses des Fußes mit drei charakteristischen Instabilitätszeichen verstanden:

- in der Frontalebene die Varuskippung,
- in der Sagittalebene die vordere Schublade,
- in der Transversalebene eine abnorme Innenrotation des Talus.

Diese Definition nach DEHNE [213] fand erst mit Beginn der 80er Jahre Verbreitung. In der anglo-amerikanischen Literatur wird auch heute noch am Sprunggelenk von

einer „two plane instability“ gesprochen [1060]. Die Ruptur des Lig. fibulotalare anterius führt über die Taluskippung aufgrund einer Verletzung des Lig. fibulocalcaneare zunächst auch bei erhaltenem medialem Bandapparat zur anterolateralen Rotationsinstabilität [808, 809, 141]. Aus der rezenten Verletzung kann eine sog. veraltete Instabilität resultieren, die wie folgt eingeteilt wird [587]:
- isolierte mechanische Instabilität,
- isolierte funktionelle Instabilität,
- mechanische + funktionelle Instabilität.

Es werden folgende Definitionen vorgelegt [87, 288, 315, 401, 586, 619, 817, 998, 1028, 870, 805, 404]:
1. mechanische Instabilität: objektiv klinisch bzw. radiologisch nachweisbare Instabilität mit einer Beweglichkeit des Gelenkes jenseits der physiologischen Grenze [1068],
2. funktionelle Instabilität: subjektives Instabilitätsgefühl (giving way), die Bewegungen des Gelenkes jenseits der willkürlichen Kontrolle, aber im Rahmen der physiologischen Grenzen, mit oder ohne mechanische Instabilität [595].

Der Grad der Missempfindung hängt von der Anzahl einzelner Faktoren ab. Mechanische und funktionelle Instabilitäten können parallel vorkommen, korrelieren aber nicht [1068]. Die eigentlichen pathophysiologischen Faktoren sind unbekannt. Es handelt sich bei der funktionellen Instabilität um ein komplexes Syndrom mit mechanischen, funktionellen und neuromuskulären Ausfällen. Es werden verschiedene Faktoren diskutiert, entweder alleine oder auch in Kombination:
1. mechanische Instabilität, d. h. „Elongation“ oder Ruptur der lateralen Bänder [999],
2. propriozeptives Defizit [287, 1068],
3. Peronealmuskelschwäche [1068],
4. subtalare Instabilität [1183],
5. Gleichgewichtsdefizit [287, 1068, 1072, 205, 801],
6. Defizit des OSG-Instabilitätsgefühls [586, 310, 282, 323],
7. verzögerte Peronealmuskelreaktionszeit [470, 471, 118, 516, 694],
8. Läsion Nervus peroneus communis [440, 624, 743, 963, 667, 1014, 176, 1009, 742, 501, 122],
9. Muskelschwäche [515, 87, 1069, 129, 1133],
10. eingeschränkte Dorsalflexion [569, 794, 1129, 1143, 42, 43].

Gründe für die funktionelle Instabilität [529, 514] sind:
1. Störungen der Propriozeption [287, 727],
2. Muskelschwäche [1068],
3. subtalare Instabilität [165],
4. mechanische Instabilität [1068].

Als Ursache für die funktionellen Instabilitäten wird in 50 % aller Fälle eine mechanische Instabilität, die durch einen vorderen Schubladentest und auch durch eine Talus-Aufklappung nachweisbar ist, vermutet [85]. Der positive Schubladentest in Neutral- oder Plantarflexion weist auf eine Verletzung des Lig. fibulotalare anterius hin, die Talus-Aufklappung in Neutralstellung oder Dorsalflexion auf eine Verletzung des Lig. fibulocalcaneare und die Talus-Aufklappung in Plantarflexion auf eine Ruptur des Lig. fibulotalare anterius. Dieser Schluss ist deshalb zulässig, da das Lig. fibulotalare anterius ein primärer Widerstand der Talusverschiebung nach vorne ist und das Lig. fibulocalcaneare der primäre Widerstand der Inversion. Es wird auch das Sinus tarsi-Syndrom als Ursache für eine funktionelle Instabilität gewertet [678, 1024, 608, 609, 748, 958] sowie das anterolaterale Impingement [656, 645, 1044, 671, 597, 1131, 1132]. Diese pathologischen Veränderungen sollten aber durch moderne Untersuchungsverfahren, wie Kernspintomographie und Arthroskopie, auch Arthrographie, davon abgegrenzt werden können. Da bei einer einseitigen funktionellen Instabilität keine Unterschiede der mechanischen Instabilität im Vergleich zur Gegenseite bestehen, gibt es auch keine signifikante Beziehung zwischen dem Ausmaß einer funktionellen und mechanischen Instabilität [421]. Vielmehr ist die funktionelle Instabilität ein subjektives Problem, vergleichbar mit dem „Giving-way-Gefühl“ an der Patella, ein tatsächliches pathomorphologisches Substrat (PMS) ist nicht nachweisbar. Dieses „OSG-giving-way“ kann aber für weitere „Distorsionen“ aufgrund einer Gangunsicherheit ursächlich sein, bis hin zu einer tatsächlichen mechanischen Instabilität.

Werden die Bezeichnungen „akut“ und „chronisch“ vermieden, so können diese durch „rezent“ und „rezidivierend“ ersetzt werden. Die frische traumatisch bedingte Instabilität ist die rezente Instabilität, die Folge daraus aufgrund einer Reparation bzw. Defektheilung die rezidivierende Instabilität, wobei beide Arten der Instabilität eine mechanische Instabilität bedeuten, da objektive Kriterien zu dieser Diagnose führen. Eine funktionelle Instabilität ist allenfalls ein Instabilitätsgefühl aufgrund einer Funktion der neuromuskulären Kontrolle [935], die von verschiedenen Faktoren abhängig sein kann (Abb. 7.13).

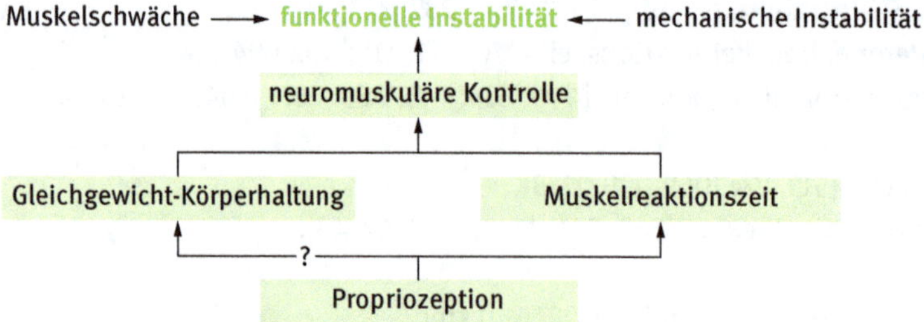

Abb. 7.13: Mitwirkungsfaktoren an der funktionellen Instabilität [878].

Die rezidivierende OSG-Instabilität, wie auch die rezente Instabilität, findet sich am lateralen, aber auch am medialen Bandapparat. Medial ist eine isolierte Verletzung denkbar selten. Der anterolaterale Rotationsmechanismus wurde erstmals von DEHNE [213] beschrieben, die Verletzung (Ruptur) des Lig. fibulotalare anterius und/oder des Lig. fibulocalcaneare hat einen Adduktionsstress mit drei charakteristischen Lagerungsstellungen des Talus zur Folge:

- in der Frontalebene die Varuskippung,
- in der Sagittalebene die vordere Schublade,
- in der Transversalebene eine Innenrotation.

Diese Innenrotation resultiert aus der anterolateralen Instabilität und kann bei entsprechender Progredienz auch zur vorderen Schädigung des Deltabandes führen.

Wird die damit verbundene funktionelle Instabilität mit einbezogen, so resultiert ein komplexer Pathomechanismus, hinweisend auf eine Rotationsinstabilität (Abb. 7.14).

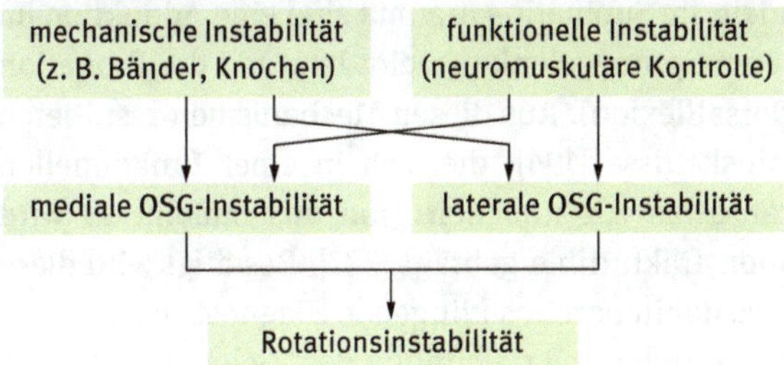

Abb. 7.14: Einteilung der „chronischen" Instabilität des oberen Sprunggelenkes (OSG) [299].

Aufgrund der Elastizität der Bänder kann eine laterale Aufklappung unter 10° als normal bezeichnet werden [329], die vordere Schublade bei 3–4 mm [367]. Neben den Bändern ist die Fibulalänge für die OSG-Stabilität mit verantwortlich, dies insbesondere bei der Außenrotation und der Inversion [1079]. Unter Berücksichtigung der allgemeinen Pathologie resultiert aus einer rezenten Bandverletzung eine traumatische Instabilität, d. h. eine Verletzung eines Bandes mit den Folgen der Reparation als Defektheilung, eine Regeneration im Sinne der anatomischen Wiederherstellung eines Bandes gibt es nicht (Abb. 7.15).

Üblicherweise führen die lateralen Aufklappverletzungen, auch unter Berücksichtigung einer Rotationskomponente mit Beteiligung des Deltabandes, meist der anterioren Anteile (5 %), zu einem recht typischen Verletzungsmuster, was auch in der Literatur weitgehend einheitlich beurteilt wird [107, 281, 402, 464, 616, 707, 852, 26, 808, 809, 273, 474, 265, 188, 415]. Bei der noch 1963 fast mittelalterlichen Betrachtung von Sprunggelenkverstauchungen [387] würden Begleitverletzungen oftmals übersehen werden, obwohl es sich bei den Umknickereignissen um gekop-

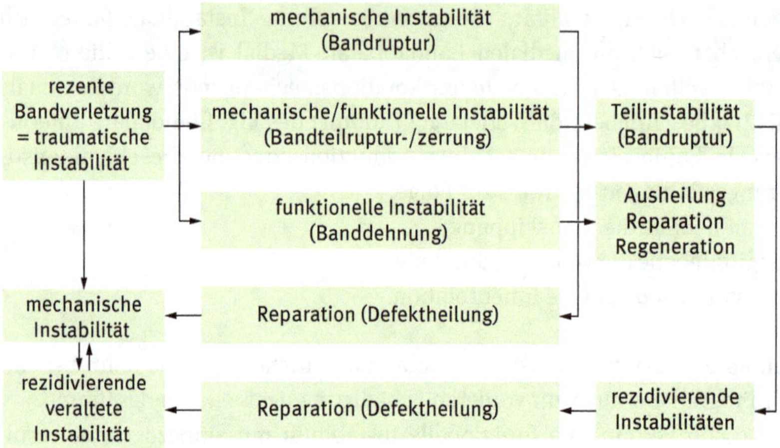

Abb. 7.15: Algorithmus der rezenten Bandverletzung.

pelte Bewegungen des Fußes handelt. Im Supinationstrauma sind eine Adduktion im Vorfuß und Plantarflexion im oberen Sprunggelenk gemeint bzw. mit der Pronation eine Abduktion und Extension (Dorsalflexion). Aus diesen Mechanismen resultieren zusätzliche Verletzungen, u. a. Muskelrisse [194], die sich in einer funktionellen Linie von der Vorderfußaußenkante bis zur Knöchelregion ansammeln, so wird die Bezeichnung der sog. Supinationsfrakturlinie geprägt [387]. Bestätigt wird diese Aussage durch ZWIPP [1184]. Die bis dahin harmlos klingende Diagnose der Verstauchung der Knöchelbänder wird nun durch die Bezeichnung der „Gelenkverletzung" ersetzt, insbesondere auch wegen der häufig übersehenen Verletzungen entlang der Supinationslinie (Abb. 7.16). Vergleichbare Daten stellt FALLAT [265] vor, mit Nennung von Frakturen, die unter dem Deckmantel „ankle sprain" festgestellt wurden.

7.1.3 Pathologie

Aus dem Supinations-/Inversionsmechanismus resultieren verschiedene Verletzungen isolierter Art bzw. auch Kombinationsverletzungen. Problematisch ist, dass durch die Anamnese der genaue Unfallhergang nicht immer zu eruieren ist und deshalb Mechanismen vorliegen können, die vom typischen Adduktions-Supinations-Stress mit der Folge der Verletzung des Lig. fibulotalare anterius und des Lig. fibulocalcaneare abweichen. Der Adduktions-Supinations-Mechanismus zwingt den Talus in drei Verlagerungsstellungen: in die Frontalebene – Varuskippung, in die Sagittalebene – Schublade, in die Transversalebene – Innenrotation.

Dieser Pathomechanismus führt zu einer anterolateralen Instabilität, mit oder auch ohne Innenbandbeteiligung. Tritt zusätzlich zum Adduktions-Supinations-Stress eine Dorsalextension, evtl. auch Außenrotation, hinzu, so ist eine Syndesmo-

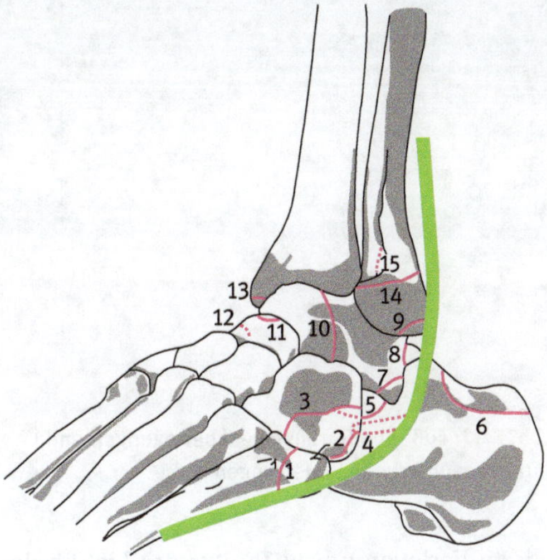

Abb. 7.16: Häufig übersehene Verletzungen entlang der Supinationslinie (breiter Strich) auf Röntgenaufnahmen (1 = Fraktur des MFK V, 2 = knöcherner Ausriss der kalkaneokuboidalen Bandhaft, 3 = Kuboidfraktur, 4 = Fraktur des Sustentaculum calcanei, 5 = Fraktur des Processus anterior calcanei, 6 = Fraktur des Tuber calcanei, 7 = Fraktur des Processus lateralis tali, 8 = Fraktur des Processus posterior tali, 9 = knöcherner Bandausriss an der Fibulaspitze, 10 = Talus(hals/corpus)fraktur, 11 = knöcherner Kapselausriss, 12 = Fraktur des medialen Os navikulare oder der Syndesmose zum Os tibiale externum, 13 = Verletzung des Deltabandes oder der Innenknöchelspitze, 14 = Epiphysenfraktur beim Kind, 15 = Fraktur der Tibiahinterkante oder knöcherner Ausriss der dorsalen Syndesmose [700].

senverletzung wahrscheinlich, und wenn zu der Dorsalextension ebenfalls eine Eversion hinzukommt, dann möglicherweise auch mit einer Peronealsehnenkontraktion, so resultiert eine Peronealsehnenluxation, die, abgesehen von diesem Mechanismus, auch beim typischen Adduktions-Supinations-Stress entstehen kann, da alleine die Ruptur des Lig. fibulocalcaneare, insbesondere auch mit der anatomischen Komponente des parallelen Verlaufs des Lig. fibulocalcaneare mit dem inferioren Teil des superioren peronealen Retinakulums, die Subluxation der Peronealsehnen wahrscheinlich machen kann (Abb. 7.17).

Abgesehen von den Begleitverletzungen entstehen beim Supinations-/Inversionsmechanismus folgende Verletzungen in variabler Häufigkeit:

1. isolierte Lfta-Verletzung: 65 %,
2. isolierte Lfc-Verletzung: 0,4–3 %,
3. Beteiligung des unteren Sprunggelenkes:10–25 %,
4. Beteiligung der Syndesmose: 10 %,
5. Ruptur der Lfta + Lfc (Rotationsinstabilität), evtl. Deltabandbeteiligung: 20 %,
6. Ruptur Lfta + Lfc + Lftp = Luxatio pedis supinatoria: 5 %,
7. Ruptur Deltaband = Luxatio pedis cum talo: 0,2 %.

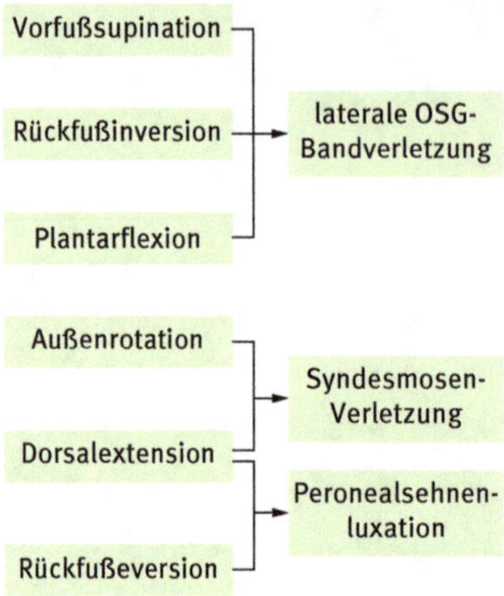

Abb. 7.17: Fuß- und Sprunggelenkbewegungen und daraus resultierende Verletzungen.

Eine besondere Bedeutung hat die isolierte Verletzung bzw. Ruptur des Lig. fibulocalcaneare [880]. Diese Verletzung ist selten, 0,4 bis 3,0 % [1184, 700]. Es wird als geeigneter Unfallmechanismus eine Inversion in maximaler Dorsalextension vermutet, um eine Begleitverletzung des Lig. fibulotalare anterius zu umgehen [359]. Die Inversion in Dorsalextension spannt das Lig. fibulocalcaneare an [578] und gefährdet damit das Retinaculum peroneale sup., da die Peronealsehnen, überdeckt vom Retinakulum, über dem Lig. fibulocalcaneare in einer Mulde verlaufen.

Progrediente laterale Instabilität

Die Literatur spricht von der „chronischen lateralen Instabilität" [415, 762, 937, 119, 1018, 222, 1027, 509, 271, 486, 133, 902, 100, 1166]. Als Ursache für eine derartige „chronische laterale Instabilität" wird eine zunehmende Laxität nach einem Zerrmechanismus der lateralen Sprunggelenkbänder gesehen [435], aber auch Begleitschäden, die in einer Häufigkeit von 83–95 % angegeben werden [486, 1023, 509, 271]. Nach einem herkömmlichen „Distorsionsmechanismus" an den lateralen OSG-Bändern kommt es bei nicht adäquater Therapie in 15–20 % zu Schmerzen und rezidivierender Instabilität [133], davon resultieren auch über sechs bis 18 Monate hinaus in 40–73 % der Fälle Beschwerden [902, 100, 1166]. Wenn also nach einem Distorsionstrauma oder nach einem ankle sprain spätestens nach sechs Wochen nicht Beschwerdefreiheit besteht, ist eine erweiterte Diagnostik angezeigt [943]. Bei den persistierenden lateralen Instabilitäten sind die festzustellenden pathomorphologischen Substrate vielgestalt und können nicht ohne weiteres als übersehene Verletzung erklärt werden, vielmehr handelt es sich um Begleitverletzungen oder auch deren Folgen (Tab. 7.2).

Als unmittelbaren Zusammenhang zum eigentlichen Unfallereignis können bei persistierenden Instabilitäten in der Folge einer Distorsion [758] festgestellt werden: Instabilitäten, Impingement, Knorpelschäden. Bei fortdauernden Instabilitäten resultiert die Instabilitätsarthrose durch die anteriore, aber auch mediale Translation [66].

Tab. 7.2: Persistierende laterale Instabilität (Begleitschäden).

	DI GIOVANNI [222]	TAKAO [1027]	BUCHHORN [119]	SCHNEIDERBAUER [937]	KOMENDA [509]
Synovitis der Peronealsehnen	77 %			36 %	
Impingement ant. post.			34 %		
Impingement ant. lat.	67 %	8 %	53 %	4 %	15 %
Schaden des Peronealretinakulums	54 %				
OSG-Synovitis	49 %			36 %	69 %
Gelenkkörper	26 %		12 %		22 %
Riss der Peroneus brevis Sehne	25 %				
Taluskantenläsion	23 %	40 %	69 %	51 %	16 %
mediale Tenosynovitis	5 %			50 %	
Syndesmosenschaden		24 %	25 %	5 %	
OS subfibulare		18 %			25 %

Entscheidend ist jedoch für die Klärung der Folgeschäden die durch lang andauernde Instabilität bedingte Fehlbelastung der Sprunggelenkregion, so dass an Folgeschäden diskutiert werden [1157, 638, 1015, 829, 600, 601]:

1. Syndesmosenschäden,
2. Kalkaneokuboidale Kapselbandinstabilitäten,
3. Spring ligament Schaden,
4. Tibialis posterior Dysfunktion,
5. Flexor hallucis longus Tendinitis,
6. Ruptur Extensor digitorum longus,
7. Posteriores Sprunggelenkimpingement,
8. Achillestendinitis, retrokalkaneare Bursitis,
9. Achillessehnendehiszenz,
10. Peronealsehnenpathologie,
11. Sinus tarsi-Syndrom,
12. osteochondrale Talusläsionen,
13. übersehene Rückfußfrakturen (Prozessus- und Tuberkulumfrakturen),
14. komplexes regionales Schmerzsyndrom,
15. Tarsaltunnel-Syndrom.

Eine wesentliche Feststellung ist der häufig zu findende Knorpelschaden bei der persistierenden Instabilität als Zeichen der sich entwickelnden Instabilitätsarthrose (Tab. 7.3).

Tab. 7.3: Knorpelschäden bei persistierenden Instabilitäten.

	gesamt	**lat. plafond tib.**	**med. plafond tib.**	**lat. Talus**	**med. Talus**
OKUDA [762]	63 %	7 %	43 %	10 %	30 %
HINTERMANN [415]	66 %	18 %		17 %	62 %
BUCHHORN [119]	69 %	4 %		15 %	53 %
SCHNEIDERBAUER [937]	70 %	19 %		51 %	
SUGIMOTO [1018]	77 %	4 %	46 %	21 %	35 %

Mit zunehmenden Instabilitätszeichen nimmt auch die Häufigkeit der Knorpelschäden zu [1018], bei gleichzeitigen Deltabandrupturen erhöht sich die Zahl der Knorpelschäden auf 98 % [415]. Auffällig ist der immer häufiger festzustellende mediale Begleitbandschaden bei persistierenden lateralen Instabilitäten im Sinne von Partialdehiszenzen, vorwiegend im anterioren Bandanteil [329, 381, 860]. Die Häufigkeit dieser medialen Begleitbandschäden wird mittlerweile mit 51 % angegeben [119]. Daraus werden auch die medialen Knorpelschäden mit 97 % in Verbindung mit einem medialen Impingement abgeleitet [1096], bis hin zu der Aussage, dass alle medialen Bandläsionen in Verbindung mit dem lateralen Bandschaden im Endeffekt mit Knorpelschäden einhergehen [119]. Als Differentialdiagnose nach Distorsionsverletzungen am oberen Sprunggelenk, vorwiegend lateral, müssen folgende Diagnosen in Erwägung gezogen und auch abgeklärt werden [1103]: Bandschäden, Knorpelläsionen, Frakturen, Impingement, Sehnenschäden, Nervenschäden sowie eine „tarsal coalition“, rheumatoide Arthritis, generalisierte Synovialitis und die Arthrose.

Knöcherne Abrissfrakturen vs. Ossikel

Knöcherne ligamentäre Abrissfrakturen finden sich bevorzugt bei Kindern 13 % [107, 108] bis 26 % [359] sowie bei Erwachsenen über dem 40. LJ, meist infolge niederenergetischer Unfälle. Auf herkömmlichen Röntgenaufnahmen werden diese häufig übersehen, sie sind wegen Überlagerungen auch nicht erkennbar [107, 128, 1086]. Bei Kindern gibt es bei adäquaten Inversionsverletzungen ossäre Fragmente in 37 % [942] bis 48 % [1086]. Als Sonderform wird die „excrescent lesion“ als Exophyt oder Ossikel am talaren Ansatz des Lig. fibulotalare ant. beschrieben [77, 227]. Dabei handelt es sich um einen Traktionsosteophyt (= Exophyt) oder um einen veralteten ossären Bandausriss als Verletzungsfolge (DD. rezenter ossärer Ausriss). Unter der Bezeichnung „Ossikel“ werden aber auch akzessorische Ossifikationen oder nicht fusionierte

Knochenkerne verstanden [757]. Diese „Ossikel" sind häufig und vielgestalt am Tarsus zu finden (Abb. 7.18).

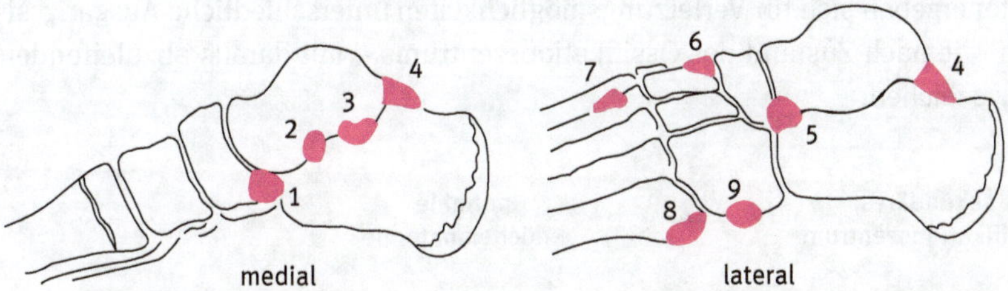

Abb. 7.18: Häufige akzessorische talare Ossifikationen (1 = os tibiale; 2 = os sustentaculi; 3 = talus secundarius; 4 = os trigonum; 5 = calcaneus secundarius; 6 = os intercuneiforme; 7 = os intermetatarseum; 8 = os vesalianum; 9 = os fibulare) [757].

Für die Beurteilung eines Sprunggelenkes sind u. a. folgende „Knöchelchen" von Bedeutung: Os subfibulare, Os subtibiale, Os trigonum, Os peroneum. Beim Knochenwachstum der Röhrenknochen werden primäre und sekundäre Ossifikationszentren unterschieden. Das primäre liegt in der Diaphyse, das sekundäre in der Epiphyse. Es gibt aber auch akzessorische Ossifikationszentren [757, 1067] als Ossifikationsvarianten, die zeitlich nach den sekundären, epiphysealen Ossifikationszentren entstehen und auch gelegentlich als tertiäre Ossifikationszentren bezeichnet werden. Mechanische Faktoren können in der Entstehung derselben eine Rolle spielen [1150]. Diese werden auch mit der Bezeichnung multifokale, sekundäre Ossifikationszentren bedacht [755, 756]. Zwei Theorien erklären deren Entstehung:

1. rezente vs. veraltete Bandausrissverletzungen [272],
2. akzessorische Ossifikationen [150, 340].

Es bedarf der Unterscheidung von Ossikeln beim Kind und beim Erwachsenen [370] sowie der Berücksichtigung der Anamnese mit vorausgehender Instabilität [469, 631, 789] und rezenter Verletzung [269, 340, 632]. Unter Einschluss der MRT [513] werden Pro- als auch Kontra-Kriterien für eine Verletzungsfolge festgestellt [566], es wird aber auch nachgewiesen, dass bei einem ossifikationsbedingten Ossikel insbesondere die Verbindungsstelle zwischen Ossikel und Fibula vulnerabler ist [370]. Die verschiedenen Ossikel finden sich an dieser Stelle bei asymptomatischen Patienten, dennoch sollen diese eine Pathologie vortäuschen [478, 505, 955, 1172, 94, 838]. Deren Häufigkeit schwankt bei gleichzeitiger Instabilität zwischen 10 % und 39 % [160, 1013]. Ossikel als tertiäre, akzessorische Ossifikationszentren sind am Röntgenbild lediglich vom 8. (7.–10.) LJ bis zum 15. (14.–17.) LJ darstellbar. Vorher bestehen knorpelige Ossifikationszentren, danach sollte eine abgeschlossene Fusion vorliegen [750, 631, 1022, 340]. Wird die Fusion nicht knöchern abgeschlossen, so resultiert eine fibröse, knorpelige oder synoviale Synchondrose [631, 325], d. h. ein vom sekundären Ossifikationszentrum separiertes Ossikel, am Röntgenbild erkennbar. In aller Regel führt die Fusion des Ossikels zu einer Vergrößerung des Knochens, der aus dem sekundären Ossifikationszentrum als ossäre Apposition entsteht (Abb. 7.19). In Abhängigkeit vom Lebensalter ergeben sich für Verletzungsmöglichkeiten unterschiedliche Ausgangssituationen – je nach Zustand des Ossifikationszentrums – mit daraus abzuleitenden Verletzungszeichen.

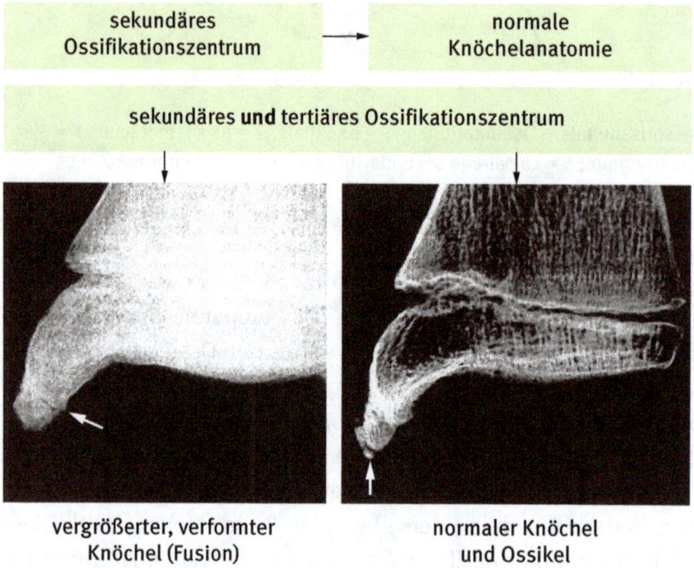

Abb. 7.19: Variationen am sekundären Ossifikationszentrum, nach [757].

Je nach Zustand der Ossifikation in Abhängigkeit vom Lebensalter ist eine ossäre Abrissfraktur als rezente Verletzung zu erkennen; zeigt sich aber ein Ossikel (abgeminderte knöcherne Form), so kann sich dahinter eine veraltete ossäre Verletzung verbergen, aber ebenso eine rezente oder veraltete ligamentäre Ruptur. Je nach Ausgangssituation (Abb. 7.20) sind unterschiedliche Verletzungsformen möglich.

Os subfibulare

Das Os subfibulare ist an der Außenknöchelspitze lokalisiert und als kleiner knochendichter Schatten erkennbar [581]. Es handelt sich entweder um ein tertiäres Ossifikationszentrum im Sinne einer atypischen Verknöcherung [67] oder um einen veralteten ossären Bandausriss als „non union“ bzw. Pseudarthrose [91]. Die Röntgendarstellung dieser Ossikel zum Nachweis und zur differentialdiagnostischen Überlegung erscheint problematisch [1117, 1066, 915, 340, 67, 757, 370]. Rezente ossäre Ausrisse finden sich in 8 % vom Außenknöchel und in 4 % vom Talus (Lig. fibulotabulare ant.)

Trauma

A: normaler Knöchel ohne Ossikel	B: vergrößerter Knöchel Ossikelfusion	C: normaler Knöchel + Ossikel
1. Fraktur 2. ossärer Bandabriss 3. ligamentäre Bandruptur	1. Fraktur inkl. Apposition 2. ossärer Bandabriss inkl. Apposition 3. ossärer Bandabriss der Apposition 4. ligamentäre Bandruptur	1. Fraktur 2. ossärer Bandabriss mit Ossikel im Band 3. ligamentärer Bandabriss mit Ossikel 4. rein ligamentäre Bandruptur distal des Ossikels

Abb. 7.20: Traumafolgen (Verletzungen) in Abhängigkeit von der Knöchelanatomie (mit oder ohne Ossikel, Zustand nach Ossikelfusion).

nach „ankle sprain“ [107] und 14 % aller Rupturen des Lig. fibulotalare ant. gehen mit einem ossären Ausriss einher [109]. Diese neigen zur Pseudarthrosebildung, da sie unter Zug stehen und weil sie intraartikulär liegen und damit synoviaunterspült sind [370]. Knöcherne Bandausrisse sind Frakturen und werden als solche unmittelbar nach dem Ereignis identifizierbar. Sie werden aber am Röntgenbild häufig nicht festgestellt, da nur bestimmte Einstelltechniken eine Darstellung erlauben. In den herkömmlichen a.p.- und seitlichen Röntgenaufnahmen ist ein laterales kleines Knochenfragment häufig durch den Außenknöchel überlagert und bleibt unentdeckt [107, 128, 1085, 447, 904, 942]. Spezielle Röntgenprojektionen [359] bringen das Lig. fibulotalare ant. bzw. das Lig. fibulocalcaneare zur Darstellung. Die Häufigkeit ligamentärer Ausrissverletzungen am Außenknöchel wird mit 13–14 % bei Inversionstraumen angegeben [107]. Beim Kind werden ossäre Abrisse von 37 bis 48 % genannt [1086, 942]. Es werden aber nicht alle Ausrisse am Röntgenbild gesehen, da ein Drittel der Fragmente rein chondralen Charakters sind [857]. Die meisten Fragmente sind jedoch osteochondral und daher bei geeigneter Einstelltechnik nachweisbar [359, 698]. Auffällig häufig sind knöcherne Bandausrisse am wachsenden Skelett und bei Patienten ab dem 40. Lebensjahr [359]. Eine rezente ossäre Ausrissverletzung sollte als solche identifizierbar sein, die Fragmente sind einseitig scharfkantig und sollten in einen Ausriss- oder Abriss-Defekt passen. Veraltete Verletzungen können mit einem Ossikel als abnormalem Ossifikationszentrum verwechselt werden, die im 14. bis 17. LJ fusionieren [750, 284]. Vor dem 7.–10. LJ ist das Os subfibulare, da dann nur knorpelige Strukturen existieren, nicht röntgenologisch zu erkennen [631, 1022, 340]. Eine Stress-Röntgenuntersuchung (gehaltene Aufnahme: laterale Aufklappbarkeit evtl. mit Arthrographie) erlaubt die Abstandbestimmung zwischen Ossikel und Fibula. Grad 1: minimale Ossikelbewegung ohne Kontrastmitteleintritt maximal im Sinne einer Haarlinie von 1 mm, Grad 2: Ossikelbewegung zwischen 1 und 2 mm und Kontrastmittelnachweis, Grad 3: Ossikelabstand über 2 mm mit deutlichem Kontrastmittelspalt. Intraoperativ oder arthroskopisch kann der Zustand der Verbindung zwischen Ossikel und Fibulaspitze geprüft werden. Typ A: fibröse Verbindung, Typ B: partielle Verbindung ergänzt durch oberflächliche Fasern des Lig. fibulotalare ant., Typ C: Verbindung aus laxem, narbigem Gewebe, Typ D: keine Verbindung zwischen Ossikel und Fibula.

Os subtibiale

Das Os subtibiale ist distal der Innenknöchelspitze lokalisiert und kann als akzessorisches Ossifikationszentrum bezeichnet werden. Da ligamentäre Verletzungen an dieser Stelle selten auftreten, sind auch die differentialdiagnostischen Überlegungen, wie sie für das Os subfibulare zutreffen, nicht vergleichbar [757, 64, 179, 264, 334, 424, 550, 710, 838, 950, 1066, 1117, 1176]. Auch das Os subtibiale erscheint als Knochenkern (akzessorisches Ossifikationszentrum) zwischen dem 7. und 10. LJ bei 20 % der Menschen und fusioniert in aller Regel mit dem Innenknöchel. Normalerweise ist das akzessorische OZ in der Innenknöchelepiphyse lokalisiert, als unabhängiges Knorpelelement ist das Os subtibiale bei Embryonen nicht zu finden [1067]. Partielle Ausrissverletzungen von medialen akzessorischen Ossikel wurden posttraumatisch mittels MRT festgestellt [443], meist handelt es sich um einen Abriss in der knorpeligen Verbindung zwischen Ossikel und Innenknöchel, mit der Folge einer fibrösen Verbindung bzw. Pseudarthrose [754]. Bei einer entsprechenden Symptomatik kann eine Gehgipsbehandlung erfolgversprechend sein [996].

Os trigonum

Der Proc. post. tali hat zwei Tuberkel (Tuberculum mediale et Tuberculum laterale), die durch den Tunnel der Sehne des M. flexor hallucis longus getrennt sind [902]. Zwischen dem 8. und 11. LJ erscheint ein zusätzliches Ossifikationszentrum (OZ) hinter dem Proc. post. tali [659]. Dieses OZ kann mit dem Tuberculum laterale fusionieren oder sich zu einem separaten Ossikel als Os trigonum entwickeln [895]. Kommt es zur Fusion, so entsteht ein elongiertes Tuberculum laterale als „trigonal process“ oder „Stieda’s process“ [902, 1006] (Abb. 7.21).

Zur Ätiologie des Os trigonum wurde eine vergleichbare Diskussion geführt wie beim Os subfibulare. SHEPHERD [959] sieht das Os trigonum als Frakturfragment, TURNER [1076] und BENNETT [52] dagegen als akzessorisches Ossifikationszentrum. GROGAN [341] beschreibt dementsprechend eine Synchondrosis und bestätigt damit die Ansicht TURNER’s [1076]. Liegt eine Fraktur der posteromedialen Talusfacette vor, leicht übersehbar, so wird auch die Bezeichnung des Pseudo-Os Trigonum verwendet [319]. Die Häufigkeit des Os trigonum wird mit 1–50 % angegeben [332, 126, 953, 645, 103, 637, 480], durchschnittlich kann diese in 2,7–7,7 % erwartet werden, mit einem beidseitigen Auftreiben bis zu 50 % [902], normalerweise aber bei 1–2 % [126]. Es gibt eine Vielzahl von Normvarianten in der Verbindung zwischen Os trigonum und Tuberculum laterale [637, 431]. Einmal besteht keine Verbindung zwischen bei-

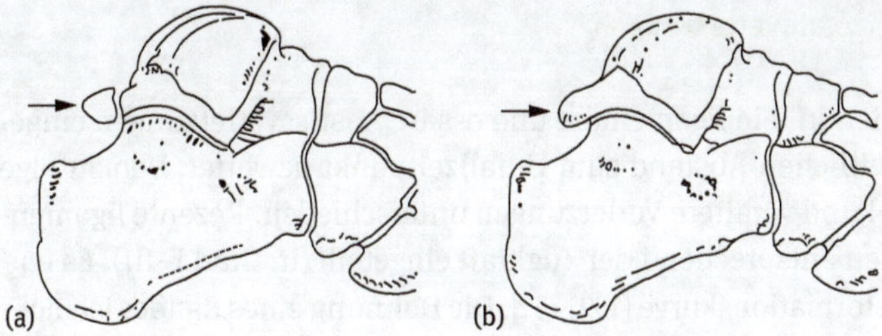

Abb. 7.21: Formen des abnormalen Tuberculum laterale. (a) Os trigonum, (b) STIEDA-Fortsatz [634].

den Strukturen, zum anderen finden sich knorpelige bzw. fibröse Zusammenhänge. Daher kann es schwierig sein, am Röntgenbild eine Fraktur des Tuberculum laterale von einem Os trigonum zu unterscheiden [153, 940, 1124]. Ein großes Os trigonum muss von einem Talus bipartitum abgegrenzt werden. Die drei Oberflächen des Os trigonum artikulieren anterior mit dem Tuberculum laterale mittels fibrösen oder/und knorpeligen Gewebes und inferior mit dem Kalkaneus. Die posteriore Oberfläche steht mit dem Lig. fibulotalare post. und mit dem Lig. fibulotalocalcaneare in Verbindung [902]. Eine forcierte Plantarflexion des Fußes führt zum Anschlagen (Impingement) des Os trigonum gegen die Tibiahinterkante [659, 376], und es gibt die Überlastungsproblematik in der Plantarflexion des Ballett-Tänzers [431, 376, 103, 641, 1153, 352, 353]. Die Folge sind Frakturen des Proc. post. tali, Lösungen des Os trigonum oder Frakturen des STIEDA-Prozessus [959], auch SHEPHERD-Fraktur genannt. Eine Schädigung der Synchondrose zwischen Os trigonum und Tuberculum post. tali entsteht stressbedingt. Das Os trigonum-Syndrom ist die klinische Bezeichnung für das ossäre Impingement [376, 103, 69, 1173]. Bei der Plantarflexion spannt sich das Lig. talocalcaneum post. gegen das Os trigonum oder den STIEDA-Fortsatz [69]. Dazu gelangt der Kalkaneus in eine Eversion und das Subtalargelenk in Pronation. So geraten der Talus und das Os trigonum bzw. der STIEDA-Fortsatz unter Kompression zwischen Tibiahinterkante und Kalkaneus [645] unter Beteiligung der zur Oberfläche des Os trigonum verlaufenden Bandstrukturen. Die Folge ist eine Lösung des Os trigonum unter Ausbildung einer Pseudarthrose. Es bestehen Schmerzen, besonders bei Plantarflexion [747].

Die Diagnostik erfolgt mittels Röntgen, CT oder MRT [153]. Es bedarf der Unterscheidung des pathomorphologischen Substrates: Entzündung der posterioren Kapsel oder der da verlaufenden Bandsstrukturen, Fraktur des Os trigonum oder des STIEDA-Fortsatzes [69]. Unter dem klinischen Syndrom werden auch zu differenzierende pathomorphologische Substrate mit unterschiedlicher Diagnostik, Ätiologie und Therapie verstanden [69, 989, 1173, 321].

7.1.4 Klassifikation der Bandverletzungen

Bandverletzungen werden in rein ligamentäre und ossäre Ausrissverletzungen eingeteilt und gemäß dem zeitlichen Abstand zum Unfallzeitpunkt bewertet. Demzufolge werden rezente (frische) und veraltete Verletzungen unterschieden. Rezente ligamentäre Verletzungen werden entsprechend der Zugkraft eingeteilt (in Grad I–III). Es entsteht eine Belastungsdeformationskurve [132, 752]. Die Dehnung eines Bandes ist nicht gleichmäßig über dieses verteilt, sondern konzentriert sich auf die ossären Ansatzstellen, das Bandzentrum ist geringer betroffen [1029]. Je nach der das Band unter Zug setzenden Kraft sind nach Ausschluss einer knöchernen Verletzung, unter Berücksichtigung der klinischen Symptomatik, die Dehnung, Zerrung (Teilruptur) und Ruptur als vollständige Kontinuitätsunterbrechung des Bandes zu differenzieren (vgl. Band 1, Kapitel 1.5).

Es resultiert für die Pathologie der Bänder, dass eine Unterscheidung zwischen rezenten Bandverletzungen als Unfallfolge und der Bandüberlastung im Sinne eines „overuse" erforderlich wird. Diese Bandüberlastung resultiert durch Mikrotraumen, die alleine an sich nicht mit einem Unfall gleichzusetzen sind, zumal ein Unfallereignis in aller Regel eine auch klinisch zu erfassende Verletzung (Hämatom) zur Folge hat, wogegen die Mikrotraumen für die Entstehung einer Bandüberlastung klinisch nicht bemerkbar werden. Da bei den Überlastungsschäden ein spontan einsetzender Heilmechanismus nicht zu erwarten ist, entsteht dann, wenn die Überlastung andauert, eine progredient verlaufende Teilinstabilität, bis hin zur Komplettinstabilität. Aber auch in diesem Verlauf kann durch ein erneutes, dann echtes Trauma eine zusätzliche Verletzung eintreten, dieses pathomorphologische Substrat entspricht dann einer sog. „Second-stage-Verletzung", d. h., es entsteht ein Riss in einer nicht traumatisch bedingten Instabilität. Rezente, frische Bandverletzungen gehen mit Blutungen einher, aufgrund dieser Hämatombildung entsteht Granulationsgewebe und es kommt zum Einsetzen einer Heilung im Sinne der Narbenbildung. Wird dieser Heilprozess nicht konsequent durchgeführt, so resultiert eine posttraumatische Instabilität im Sinne einer veralteten Instabilität ab der 2.–4. Woche mit dem Ergebnis einer Nichtausheilung, es liegt die rezidivierende Instabilität vor. Kommt es in diesem Zustand zu einem erneuten Trauma, so ist das dann resultierende pathomorphologische Substrat vergleichbar mit der Traumatisierung eines Überlastungsschadens, es entsteht eine Second-stage-Verletzung. Dann allerdings handelt es sich um einen Riss einer posttraumatischen Instabilität. Hier bedarf es dann der Überlegung, ob eine Restunfallfolge vorliegt oder ob das erneute Trauma überwiegt. Rezente Bandverletzungen können aber auch stabil im Sinne der Reparation (= Defektheilung) ausheilen, da ja die Folge einer Bandheilung immer Narbengewebe ist, d. h., eine Regeneration scheidet aus. Eine Regeneration würde eine Wiederherstellung des vorher bestehenden Bandes bedeuten. Kommt es nun nach stabiler Bandheilung zu einem erneuten Trauma, so liegt eine Reruptur vor, d. h., es tritt eine rezente erneute Ruptur einer stabilen Bandnarbe auf (Abb. 7.22).

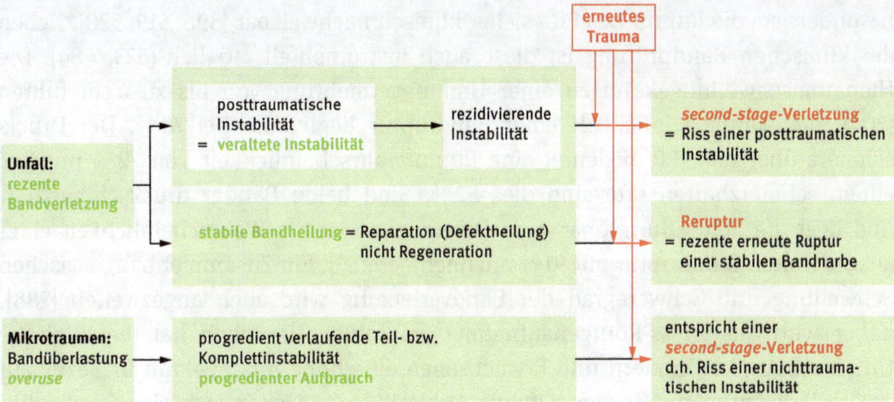

Abb. 7.22: Erstverletzung sowie Erstschaden bzw. Zweitverletzung an Bändern und daraus resultierende Folgen.

7.1.5 Diagnostik

Entscheidend für eine korrekte Diagnostik ist, dass an die möglichen Diagnosen gedacht wird, d. h., eine begründete Differentialdiagnostik muss mit einbezogen werden. Die Zahl diagnostischer Maßnahmen ist vielfältig, neben Anamnese und klinischer Untersuchung bedarf es immer einer Röntgenaufnahme in zwei korrekten Richtungen zum Ausschluss oder Nachweis knöcherner Veränderungen, insbesondere von Frakturen (vgl. Ossikel vs. Abrissfrakturen). Aus der klinischen Untersuchung sollte in aller Regel eine Instabilität erfassbar sein. Für die Diagnostik der Sprunggelenkinstabilität kann ein Schema (Algorithmus) empfohlen werden [1089].

Die Voraussetzung für eine präzise Beurteilung von Bandverletzungen [1115] ist eine Gradeinteilung (Grad I bis III). Zur Klassifikation des „ankle sprain" (sog. Distorsion) wird Folgendes vorgeschlagen [139], dies unter Berücksichtigung des „Ottawa Ankle Rule" (OAR).

- Grad I: Dehnung, keine Instabilität,
- Grad II: Zerrung, Teilruptur, teilweise Instabilität,
- Grad III: Ruptur Lfta und Lfc, Instabilität.

Insgesamt sollen diagnostische Verfahren nicht nur eine exakte Diagnose liefern, es muss auch die Indikation bzw. Differentialindikation zu den einzelnen Therapieoptionen ableitbar sein [452]. Die Grad-III-Bandläsionen werden zu 100 % klinisch erfasst, Grad-II-Läsionen nur noch zu 25 % [292], d. h., für eine exakte Diagnose sind Zusatzuntersuchungen dann notwendig, wenn radiologisch ossäre Verletzungen ausgeschlossen sind. Klinisch bestehen Schmerzen, Schwellung, „giving way" oder weitere Umknicktraumen sowie mehr oder weniger ausgeprägte Hämatome [108]. Der vordere Schubladentest [577] und die talare Aufklappung liefern mehr Informationen, besonders sei die Ruptur des Lfta sicher klinisch nachweisbar [396, 519, 520]. Neben der klinischen Bandprüfung ist diese auch instrumentell möglich [523, 484]. Die Hämatomschwellung kann zu einer Umfangvermehrung von bis zu 4 cm führen [304], die Wahrscheinlichkeit einer Bandruptur liegt dann bei 70 %. Der Druckschmerz über dem Lfc bedeutet eine Rupturwahrscheinlichkeit von 72 % und bei einem schmerzhaften Lfta sind dies 52 %. Sind beide Bänder druckschmerzhaft und liegt die Schwellung über 4 cm Differenz, so ist die Wahrscheinlichkeit einer ausgedehnten Bandruptur mit 91 % anzunehmen [85]. Ein Zusammenhang zwischen Schwellung und Schweregrad der Bandverletzung wird auch angezweifelt [288], daher wird die Stress-Röntgenaufnahme empfohlen. Dennoch hat die klinische Untersuchung bei Kindern und Erwachsenen eine hohe Aussagekraft in Bezug auf ossäre Verletzungen. Mit den „Ottawa Ankle Rules“ ergeben sich eine Sensitivität von 94 % und eine Spezifität von 71 %, d. h., die „Ottawa Ankle Rules“ sind geeignet, Frakturen im Sprunggelenksbereich auszuschließen. Röntgenbilder könnten eingespart werden. Juristische Überlegungen werden dabei nicht berücksichtigt [152, 818, 322, 588, 968, 93, 573]. Als klinischer Test bezüglich Instabilität wird der „Klick-Test“ durch einen Faustschlag auf die hintere Fußsohle (Fersenbein) empfohlen. Bei „akuter“ Instabilität komme es zu einem hör- und spürbaren „Klick“ [1046], aber auch der „Hop-Test“ wird angeraten [459, 250]. Instrumentelle Stabilitätstester werden bezüglich der effektiven Aussagekraft kritisch bewertet [207, 208], führen aber ohne Röntgenstrahlen zu einer Erleichterung und Verbesserung der Diagnostik [728, 990]. Im Seitenvergleich kann eine Aussage bzgl. Laxität evtl. mit Einbezug der Beweglichkeit [676, 593] gelingen.

Die MRT liefert hinsichtlich der Bandläsionen eine hohe Spezifität und eine niedrige Sensitivität [461]. Dies gilt insbesondere für das Lig. fibulocalcaneare [786]. Hier ist die Aussage der gehaltenen Aufnahmen besser als die MRT, in Zweifelsfällen wird daher die Arthroskopie empfohlen [1171, 719, 50, 101, 512, 795, 307, 965, 488, 1028, 292, 654, 257, 205, 266]. Bessere Ergebnisse liefert die hochauflösende MRT [719], dennoch habe die MRT einen geringen Stellenwert bei chronischer Instabilität und sei nur zum Ausschluss der intraartikulären Pathologie geeignet [419, 884]. Die CT sowie die SPECT (single-photon-emission-CT = Kombination von CT und Szintigraphie) haben für die Diagnostik osteochondraler Läsionen an Bedeutung gewonnen.

Die Arthroskopie muss sich auf die Beurteilung des Gelenkinnenraumes beschränken, sei es am oberen Sprunggelenk oder auch am Subtalargelenk [389, 390, 391, 392, 453, 294, 785, 762, 274, 137, 1027, 486, 758, 1050]. Da das Lig. fibulotalare ant. intrakapsulär liegt, kann es auch vom oberen Sprunggelenk aus beurteilt werden, natürlich ebenso die Verschieblichkeit des Talus sowie dessen Aufklappung [389]. Eine solide Betrachtung aller lateralen Bandstrukturen ist aber arthroskopisch nicht möglich. Bei der rezidivierenden oder auch überlastungsbedingten Instabilität am oberen Sprunggelenk müssen gleichfalls nichtligamentäre Pathologien in die Überlegung mit einbezogen werden, daher empfiehlt HINTERMANN [419] in diesen Situationen grundsätzlich präoperativ eine Arthroskopie.

7.1.6 Beurteilung

„Knöchelverletzungen" sind mit 7–10 % die häufigsten Ursachen, die zur unfallbedingten Erstbehandlung führen [25]. Da neben den lateralen Bandverletzungen sehr häufig Begleitverletzungen entstehen, wird auch von einem „ankle sprain syndrome" gesprochen [265]. Die meisten „ankle ligament sprains" werden konservativ mit funktioneller Wiederherstellung behandelt. Bei einem geringen Prozentsatz resultiert eine „chronische Instabilität" im Sinne einer mechanischen oder auch funktionellen Instabilität, bei Letzterer verbleibt lediglich ein Instabilitätsgefühl ohne nachweisbare mechanische Instabilität [434]. Auch diese verbleibenden Instabilitäten können konservativ oder mittels Bandrekonstruktion erfolgreich behandelt werden [25]. Es verbleiben aber Fälle mit fortlaufender ligamentärer Dysfunktion aus verschiedenen Gründen [25]:

1. übersehenen Begleitverletzungen,
2. Varusfehlstellung im Rückfuß (Subtalargelenk),
3. operativen Fehlern bei einer Bandrekonstruktion,
4. übersehener gleichzeitiger subtalarer Instabilität,
5. osteochondralen Talusschäden.

Bei der Beurteilung der Bandverletzungen am oberen Sprunggelenk, insbesondere lateral, muss unbedingt auch das Subtalargelenk mit berücksichtigt werden. Dieses Gelenk wird stabilisiert, vorwiegend durch das Lig. talocalcaneum interosseum als Lig. sinus tarsi, zu dem aber auch das Lig. cervicis (Cervical-Ligament) als lateraler Teil der interossären Bandstruktur zählt. Bei den lateralen Strukturen zum unteren Sprunggelenk ist das Lig. talocalcaneare laterale zu erwähnen [16], das in der unmittelbaren Nähe des Lig. fibulocalcaneare verläuft und sich somit am Eingang zum Sinus tarsi befindet. Weniger Bedeutung bezüglich der lateralen Stabilität kommt dem Lig. talocalcaneare posterius zu. Die entscheidenden Bänder für die Stabilität des oberen Sprunggelenkes [85] sind das Lig. fibulotalare anterius, das intrakapsulär liegt, und somit eine Verdickung der Gelenkkapsel bedeutet. Kommt es zu einer Ruptur dieses Bandes, ist die Gelenkkapsel unterbrochen, das Gelenk ist offen und es setzt eine Einblutung mit der Folge des Hämarthros ein. Das Lig. fibulocalcaneare verläuft extraartikulär, steht aber in Verbindung mit der darüber liegenden Peronealsehnenscheide und verläuft insbesondere unter den Peronealsehnen, die am fibularen Ansatz dieses Bandes eine Impression im Sinne einer Konkavität des Bandes hinterlassen. Mit dem Anspannen dieses Bandes ist gleichzeitig eine Lateralisierung der Peronealsehnen verbunden und bei entsprechender Krafteinwirkung führt dies auch zur Ruptur der Peronealsehnenscheide mit der Folge einer Peronealsehnenluxation. Das Lig. fibulotalare posterius umgreift das obere Sprunggelenk nach dorsal bis zum Tuberculum posterolaterale tali und stammt aus einer Fossa am dorsalen medialen Außenknöchelbereich. Aufgrund dieser anatomischen Situation ist wohl eine ossäre Ausrissverletzung unwahrscheinlich. In Verbindung mit dem medialen Bandkomplex entsteht eine

Ringstruktur, die Innen- und Außenknöchel umfasst und gleichzeitig sowohl lateral als auch medial eine Bandstruktur zum Kalkaneus entsendet, lateral das Lig. fibulocalcaneare und medial das Lig. tibiocalcaneare als Teil des Deltabandes. Zu diesem Bandkonstrukt, das den distalen Unterschenkel über Innen- und Außenknöchel mit dem Fersenbein verbindet, zählt aber auch die Bandstabilisierung des Subtalargelenkes, also des unteren Sprunggelenkes, wobei das das hintere untere Sprunggelenk vom vorderen unteren Sprunggelenk trennende interossäre Band im Sinus bzw. Canalis tarsi denkbar stabil den Talus mit dem Kalkaneus verbindet (Abb. 7.23).

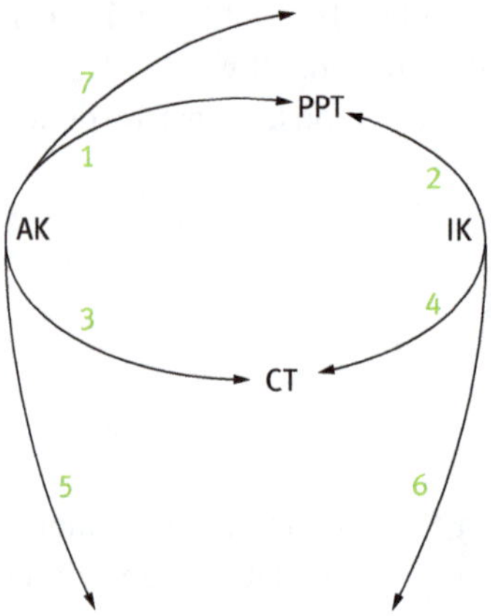

Abb. 7.23: Ligamentäre Ringstruktur am oberen Sprunggelenk (PPT = Proc. post. tali, AK = Außenknöchel, IK = Innenknöchel, CT = Collum tali, 1 = Lig. fibulotalare post., 2 = Lig. tibiotalare post., 3 = Lig. fibulotalare ant., 4 = Lig. tibiotalare ant., 5 = Lig. fibulocalcaneare, 6 = Lig. tibiocalcaneare, 7 = „tibial slip" of the post. fibulotalar ligament).

Die äußere ligamentäre Ringstruktur des oberen Sprunggelenkes, auf das Fersenbein übergreifend, beinhaltet aber auch eine innere Ringstruktur, die jedoch nur Talus und Kalkaneus stabilisiert (Abb. 7.24). Hier übernehmen das Lig. talocalcaneum laterale und das Lig. talocalcaneum mediale die äußere Stabilisierung, die wesentliche interne Stabilisierung erfolgt aber zwischen Talus und Kalkaneus im Sinus bzw. Canalis tarsi durch das Lig. talocalcaneum interosseum, bestehend aus dem lateralen Teil, dem Lig. cervicis (Cervical-Ligament) und dem medialen Anteil als Lig. canalis tarsi. Ergänzend findet sich das Lig. talocalcaneum anterius et posterius. Das Lig. talocalcaneum anterius wird auch dem Cervical-Ligament zugeordnet.

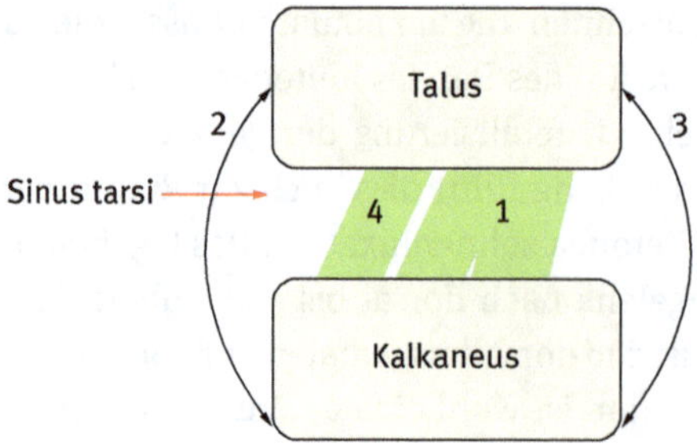

Abb. 7.24: Inneres Ringsystem des unteren Sprunggelenkes. 1 = Lig canalis tarsi, 2 = Lig. talocalcaneum lat., 3 = Lig. talocalcaneum med., 4 = Lig. cervicis (Cervical-Ligament).

Für die Funktion im Sprunggelenk ist nun bei der Plantar-/Dorsalflexion der Talus am Fuß und bei der Supination/Pronation der Talus am Unterschenkel fixiert [620]. Es gibt aber Komplexbewegungen, insbesondere deshalb, da am Talus keine Muskelansätze zu finden sind und somit der Talus die Funktion eines Zwischengliedes einnimmt, das sich innerhalb des äußeren ligamentären Ringsystems bewegt und nach distal über das Lig. talocalcaneare interosseum lediglich die Supination/Pronation zulässt. Das heißt, die Beweglichkeit im Sprunggelenk läuft zwischen der Articulatio talocruralis und dem sogenannten Chopart-Gelenk ab, also zwischen oberem Sprunggelenk und der Articulatio talocalcaneonavicularis und der Articulatio calcaneocuboidea. Das Gelenk zwischen Kuboid und Navikulare zeigt wenig Beweglichkeit und ist als Amphiarthrose zu bezeichnen. Aufgrund der komplexen Bandstrukturen unter Umfassung des oberen und des unteren Sprunggelenkes, aber auch mit Beteiligung der Articulatio calcaneocuboidea, ist bei einem normalen Supinationstrauma des oberen Sprunggelenkes nicht automatisch von einer isolierten Verletzung in diesem Gelenkabschnitt auszugehen. Von der einfachen Zerrung oder auch Ruptur des Lig. fibulotalare anterius beim entsprechenden Supinationstrauma reichen die Verletzungen über Mitbeteiligung des Lig. interosseum und des Lig. deltoideum bis hin zur peritalaren Luxation [85]. Gleichzeitig aber kann die Syndesmose des oberen Sprunggelenkes mit einbezogen werden sowie die osteochondralen Gelenkflächen, insbesondere an den Taluskanten, und im Endeffekt sind Sprunggelenksfrakturen [558] denkbar.

Die Angaben über geeignete Mechanismen, die auch die lateralen Bandstrukturen am oberen Sprunggelenk erreichen können, sind vielfältig. Im Vordergrund steht aber die Supination mit Inversion und Adduktion bzw. Innenrotation [852], dies meist in Plantarflexion [108]. Aus diesen Mechanismen resultiert in aller Regel eine Verletzungsreihe, beginnend mit dem Riss des Lig. fibulotalare anterius, gefolgt vom Riss des Lig. fibulocalcaneare und schließlich, und dies würde eine Luxation im oberen Sprunggelenk bedeuten, mit Riss des Lig. fibulotalare posterius. Bei dieser Verletzungsserie kann aber im Sinne des Rotationsmechanismus (Rotationsinstabilität des oberen Sprunggelenkes) auch die tiefe Schicht des Lig. deltoideum betroffen sein. Unter diesen Voraussetzungen ist ebenfalls an eine Schädigung des osteochondralen Belages zu denken. Kommt eine Dorsalextension infrage oder auch die Neutralstellung mit der Inversion, so ist eine isolierte Verletzung des Lig. fibulocalcaneare möglich. Ausgehend von der Plantarflexion muss in 93 % der Fälle mit einer Verletzung des Lig. fibulotalare anterius gerechnet werden, mit der Folge einer Reihenverletzung, und bei einer Dorsalextension oder auch schon Neutralstellung ist an die Verletzung der vorderen Syndesmose durch die Stabilisierung des Sprunggelenkes bzw. des Talus durch die Sprunggelenksgabel zu denken. Bevorzugt aber wird der laterale Bandapparat bei der Inversion und Supination geschädigt, wogegen die Syndesmosenbänder charakteristischerweise durch eine Außenrotationsverletzung zerreißen können. Der typische Sprain-Mechanismus ist also die Inversion [402, 433]. Dieser Mechanismus zeigt sich beim Hängenbleiben mit dem lateralen Vorfuß oder durch einen Sturz auf diesen. Bei diesem Mechanismus sind aber auch das Cervical-

Ligament sowie das Lig. fibulotalare anterius und das Lig. bifurcatum betroffen, insbesondere wenn eine gleichzeitige Torsion vorliegt [78]. In Ergänzung dazu führt dann ein Varusstress in Dorsalextension zur Verletzung des Lig. fibulocalcaneare [601]. Nach HEITEMEYER [384] kommt es zu instabilen Verletzungen des lateralen Kapselbandapparates durch die Varuskippung des Talus in der Frontalebene, den Talusvorschub in der Sagittalebene und die Talusinnenrotation in der Transversalebene. Bei der Supinationsbewegung kann schon vor einer Verletzung des Lig. fibulotalare anterius der anterolaterale Teil des Lig. talocalcaneare interosseum (Cervical-Ligament) angespannt und verletzt werden, dies sei sogar bei passiver Adduktion des rechtwinklig gestellten Fußes als Erstverletzung möglich [898]. Bei der operativen Stabilisierung lateraler Bandstrukturen zeigt sich aber die Häufigkeit derartiger Verletzungen mit Einblutung im Sinus tarsi von unter einem Prozent [1184]. Das Ziel der diagnostischen Maßnahmen ist die Unterscheidung zwischen:

1. Erstruptur – rezenter Verletzung,
2. Restruptur – „second stage“,
3. Reruptur – erneuter Ruptur.

Die Erstruptur als frische Verletzung zeigt eine Unterscheidung zwischen der Dehnung, einer Teilruptur (Zerrung) und einer kompletten Ruptur. Diese Bezeichnungen sind der Längenänderung des betroffenen Bandes mit den Grenzwerten 5 bis 8 % zuzuordnen. Eine Dehnung geht in aller Regel mit Schmerzen einher, aber ohne Blutung und ohne Schwellung, die Zerrung oder auch Teilruptur bedeutet die Unterbrechung einzelner Fasern des Gesamtbandes mit Schmerzen und Schwellung, zum Teil auch einer Hämatombildung, und die Ruptur ist die komplette Durchtrennung des Bandes mit Schwellung, Hämatom und einer daraus notwendigerweise resultierenden Instabilität, wobei jetzt zwar Schmerzen bestehen können, die aber zum Teil geringer ausgeprägt sind als bei einer Zerrung (vgl. Band 1, Kapitel 1.5).

Somit ist bereits mit der klinischen Untersuchung das Erkennen einer Erstruptur möglich. Zur Beurteilung des Hämatoms ist auch der Zeitabstand zum Unfallereignis von Bedeutung, denn unmittelbar nach dem Unfall kann zwar eine Schwellung bestehen, eine sichtbare Hämatombildung muss aber noch nicht ausgeprägt sein, am Tag nach dem Unfall wird in aller Regel die Verfärbung der Haut sichtbar. Natürlich bedarf es immer der Röntgenuntersuchung zum Ausschluss einer knöchernen Verletzung und auch zum Nachweis oder Ausschluss eines knöchernen Bandausrisses. Zwar gibt es Hinweise in der Literatur, dass die sogenannten gehaltenen Aufnahmen überholt sind, eine gute Dokumentation einer Instabilität bezüglich der seitlichen Aufklappbarkeit und auch des Talusvorschubes am oberen Sprunggelenk besteht aber dennoch. Für eine einfache „Distorsion“ oder zur Beurteilung des „ankle sprain“ sind normalerweise diese diagnostischen Maßnahmen ausreichend. Kommt es nicht innerhalb der ersten zwei Wochen zu einer weitgehenden Beschwerdefreiheit, sind weitere Maßnahmen zu ergreifen, um Begleitverletzungen oder auch übersehene Verletzungen dann dennoch festzustellen. Liegt der Verdacht auf eine Fraktur vor, so sollte nach zwei Wochen in einer Röntgenkontrolluntersuchung ein Resorptionssaum als Hinweis auf eine rezente Fraktur erkennbar werden, alternativ kann die Computertomographie angeboten werden. Bestehen Hinweise auf eine Beteiligung des osteochondralen Belages oder auch eine Mitbeteiligung des Innenbandes im Sinne einer Rotationsinstabilität, wird auf die Magnetresonanztomographie verwiesen. Daraus lässt sich dann einmal ableiten, ob die vorderen Anteile des Deltabandes mitbetroffen sind, und vor allen Dingen wird erkennbar, ob ein unfallbedingtes Knochenödem vorliegt. Dies bedarf der Abgrenzung von arthrotischen Veränderungen sowie veralteten Verletzungen, aber auch von der Schadenanlage im Sinne der Osteochondrosis dissecans. Entscheidend ist eine präzise Diagnose, die auch das Subtalargelenk mit einbezieht. Die gehaltenen Aufnahmen zur Diagnostik am oberen Sprunggelenk werden bezüglich der Notwendigkeit infrage gestellt [301, 951], da einmal eine Therapieentscheidung daraus nicht gefolgert und zum anderen durch den manuellen Stress eine Verschlimmerung der teilweise noch erhaltenen Reststabilität am OSG verursacht werden kann [793]. Korrekterweise müssten dann auch gehaltene Aufnahmen am Subtalar- sowie am Kalkaneokuboidgelenk vorgenommen werden, da diese beiden Gelenke bei der lateralen Bandverletzung mit betroffen sein können.

Die Anamnese sowie die klinische Untersuchung unter Berücksichtigung des Zeitabstandes zum Unfallereignis (Schwellung, Hämatom) lassen lediglich den Schluss zu, ob ein rezentes Ereignis abgelaufen ist oder ob eine veraltete Schädigung vorliegt. Auch ist eine Graduierung [793] möglich (Tab. 7.4). Ohne Röntgenbild ist aber eine korrekte Diagnose bezüglich der ossären Begleitverletzungen im Sinne der Frakturlinie nach HELLPAP [387] nicht zu erwarten:

Tab. 7.4: „Basler OSG-Distorsion-Graduierung" nach klinischen Symptomen [793].

Graduierung	Symptome	Bandverletzung
1	Schwellung, Vollbelastung möglich	Zerrung, partielle Läsion lateral
2	Hämatom lateral, Vollbelastung nur kurz möglich	Totale Ruptur lateral (Lfta, Lfc)
3	Hämatom lateral und medial, keine Belastung aufgrund der Schmerzen möglich	Totale Ruptur lateral (Lfta, Lfc) und Läsion medial (Deltoid)
4	Hämatom lateral und medial und schwere Koläsionen	Totale Ruptur medial und lateral und Syndesmosenläsion, osteochoncrale Läsion, Frakturen

Die Frakturlinie nach HELLPAP [387] erklärt die Mitbeteiligung ossärer Verletzungen. Eine leichte Plantaflexion + Supination zeigt eine Ruptur des Lig. calcaneocuboidale lat. mit knöcherner Schuppe am Kalkaneus oder am Kuboid. Der forcierten Supination folgt eine Ruptur des Lig. bifurcatum intraligamentär oder mit Abriss des Proc. ant.

calcanei. Bei der verstärkten Supination mit axialer Stauchung kann zusätzlich das Os naviculare betroffen sein. Eine Pronation – Abduktion erklärt die Ruptur der talonavikularen Kapsel, evtl. mit Kuboidbegleitfraktur. Diese Pathomechanik der Supinationsverletzungen muss in das System des lateralen Verletzungsmusters (Tab. 7.5) mit einbezogen werden. Dabei spielt insbesondere die Differenzierung zwischen Plantarflexion und Dorsalextension sowie Innen- und Außenrotation eine Rolle, und dies in Verbindung mit der Supination. Es kann nicht davon ausgegangen werden, dass beim Nachweis einer lateralen Instabilität nur eine Bandverletzung vorliegt. Dies mag die Primärverletzung sein, die aber häufig Sekundärverletzungen (Folgeverletzung nicht Verletzungsfolge) nach sich zieht, z. B. Rotationsinstabilität [213], Peronealsehnenluxation, Syndesmosenverletzung, Verletzung der tiefen Schicht des Deltabandes sowie Verletzungen des unteren Sprunggelenkes [387]. Bei einer ausreichend weiten Aufklappbarkeit durch laterale Bandrupturen, auch im Sinne der Rotationsinstabilität, ist die Verletzung des vorderen Anteiles der tiefen Schicht des Deltabandes möglich und damit verbunden eine Verletzung des Ramus deltoideus, der aus der A. canalis tarsi stammt. Dieser Ramus deltoideus ist für die Versorgung des medialen Talusecks wesentlich verantwortlich, eine Ruptur würde somit eine Durchblutungsstörung bis hin zur Ausbildung einer Osteonekrose (differentialdiagnostisch Osteochondrosis dissecans) verursachen [851].

Tab. 7.5: Laterale Verletzungsmechanismen: Primärverletzung und Folgeverletzung.

Pathomechanismus	Erstschaden = Primärverletzung	Folgeverletzung
Inversion, Adduktion, Supination in Plantarflexion [213]	Lig. fibulotalare ant. Lig. fibulocalcaneare	anterolaterale Rotationsinstabilität
Inversion, Supination in Dorsalextension	Lig. fibulocalcaneare	Peronealsehnenluxation
Adduktion und Supination	antero laterale Instabilität	Syndesmosenverletzung
Supination und Außenrotation	Lig. tibiofibulare ant.	anteriore tibiofibulare Diastase [482]

So sollten bei der Diagnostik die Röntgenabbildung des USG und evtl. Stressaufnahmen des Subtalar- sowie des Kalkaneokuboidgelenkes berücksichtigt werden. Eine besondere Bedeutung kommt jedoch der MRT zu, die eine Präzisierung einschließlich Alterseinschätzung des Schadens anbieten sollte. Mit Hilfe der MRT sowie der Anamnese und der klinischen Untersuchung muss die Unterscheidung einer Verletzung „rezent oder veraltet“ möglich sein. Hilfreich ist dabei die Einschätzung ossärer Fragmente, „Ossikel“, deren Frakturzeichen auf eine rezente Verletzung hinweisen, veraltete ossäre Fragmente sollten von tertiären Ossifikationszentren (Os subfibulare, Os subtibiale, Os trigonum u. a.) abgegrenzt werden. Liegen Zerrungen der Bandstrukturen vor, so kann eine überlastungsbedingte Ödembildung nicht zuverlässig von diskreten Einblutungen in der MRT differenziert werden, Hämatome mit Koagelbildungen sind jedoch nachweisbar. Die MRT sollte insbesondere medial ein Impingement sowie Knorpelschäden (mit oder ohne „bone bruise") im Tibiomalleolargelenk aufdecken und lateral neben den verschiedenen Impingementformen die Peronealsehnenpathologie (14 %), anteriore Osteophyten (41 %), Gelenkkörper (24 %) und Knorpelschäden (29 %) neben den zu erwartenden Bandschäden auch im unteren Sprunggelenk [1096, 137] erklären. Die osteochondrale Mitbeteiligung [942] nimmt mit zunehmendem Alter ab. Bei veralteten Instabilitäten können subjektive („Die stabile Instabilität" [288]) sowie echte mechanische Instabilitäten dafür verantwortlich sein [413]. Die mechanische Instabilität ist objektivierbar, subjektive Instabilitäten bedürfen der weiteren Diagnostik auf der Suche nach sagittalen (antero-posterioren) Instabilitäten, Rotationsinstabilitäten, Instabilitäten im unteren Sprunggelenk, Schwäche der Peronealmuskulatur sowie des M. tibialis post. und propriozeptiven Defiziten, traumatisch bedingt mit Unterbrechung des Reflexbogens. Übersehene Instabilitäten (52 %) lassen eine Instabilitätsarthrose in 67 % dieser Fälle erwarten [1089], dies in Verbindung mit einem Varus-Malalignment.

7.1.7 Resümee

Zur Beurteilung einer lateralen Bandinstabilität am Sprunggelenk müssen die Anamnese sowie die klinische Untersuchung herangezogen werden, denn daraus lässt sich ableiten, ob eine frische (rezente) Bandverletzung vorliegt. Die Anamnese ist nicht immer zuverlässig, daher sind Zeichen der frischen Bandverletzung zumindest einen Tag nach dem Unfallereignis die Schwellung und die Hämatombildung. In jedem Fall sollten Röntgenbilder angefertigt werden (Nativ-Röntgen), um Begleitverletzungen zu erfassen, insbesondere auch im Bereich des unteren Sprunggelenkes bzw. der Fußwurzel. In fraglichen Fällen bedarf es meist der Kernspintomograpie, und bei veralteten Instabilitäten muss die mechanische Instabilität von der funktionellen Instabilität unterschieden werden. Die Folge einer nicht oder nicht ausreichend behandelten lateralen Bandverletzung am oberen Sprunggelenk ist eine Instabilität bis hin zur Instabilitätsarthrose. Die laterale Aufklappung des oberen Sprunggelenkes hat je nach Aufklappwinkel auch eine Kontusion der medialen Taluskante an der Unterseite der Tibia mit der Ausbildung eines Knorpel- bzw. Knorpelknochenschadens (Gelenkflächenverletzung) zur Folge. Zuzüglich kann eine Mitverletzung der tiefen Schicht des Deltabandes eine Ruptur des Ramus deltoideus aus der A. canalis tarsi verursachen, was eine Minderdurchblutung des medialen Talusecks bis hin zur Nekrose in diesem Bereich veranlassen kann.

7.2 Mediale Bandstrukturen

Entsprechend einem Scharniergelenk charakterisiert das Sprunggelenk ein ausgeprägter lateraler und medialer Bandapparat, wogegen anterior und posterior besondere ligamentäre Strukturen fehlen [276]. Seitlich dagegen stabilisieren dreieckförmige Bandkomplexe das Gelenk. Die Spitze des Dreiecks liegt an den Malleolen, die Basis findet sich am Talus, Kalkaneus und medial auch am Os naviculare. Die transversale Achse des oberen Sprunggelenkes geht durch die beiden Knöchel und liegt somit in den Spitzen der beiden Banddreiecke. Da diese Bandstrukturen nicht nur am Talus, sondern auch diesen überbrückend am Fersen- bzw. am Kahnbein ansetzen, stabilisieren einzelne Ligamente auch das untere, subtalare Sprunggelenk. Sowohl der laterale als auch der mediale Seitenbandapparat lässt drei Hauptstränge erkennen [276], die lateral fast vollständig voneinander getrennt und medial zu einer fast einheitlichen Bandstruktur vereinigt sind, jedoch mit Ausbildung einer oberflächlichen und tiefen Schicht [902, 276, 549]. Die drei Hauptstränge sind auch durch ihre Lage zur Gelenkkapsel charakterisiert (Tab. 7.6), diesbezüglich hinsichtlich der extra- und intrakapsulären Lage sowie der Einwebung (interkapsulär) in die Gelenkkapsel.

Tab. 7.6: Charakterisierung des medialen Seitenbandapparates am Sprunggelenk durch drei Hauptstränge ([a] Verbacken mit M. flexor digitorum communis, [b] Verbacken mit Sehnenscheide des M. tibialis post.).

	lateral	medial
Vorderstrang	intrakapsulär	interkapsulär
	Lig. fibulotalare ant.	oberfl.: Lig. tibionaviculare tief: Lig. tibiotalare ant.
Mittelstrang	extrakapsulär	oberfl.: interkapsulär tief: intrakapsulär
	Lig. fibulocalcaneare	Lig. tibiocalcaneare
Hinterstrang	intrakapsulär od. interkapsulär	oberfl.: interkapsulär tief: intrakapsulär
	Lig. fibulotalare post.[a]	Lig. tibiotalare post.[b]

7.2.1 Nomenklatur und Anatomie

Die teilweise sehr unterschiedlichen Beschreibungen der Anatomie des Lig. deltoideum fasste YABLON [1159] nicht zu Unrecht folgendermaßen zusammen: „The literature describing the layers of the deltoid ligament is somewhat confusing."

FICK [276] teilte das Innenband in einen vorderen, mittleren und hinteren Zügel auf, wobei er den vorderen, der Kapsel unmittelbar eingewebten Zügel weiter in eine oberflächliche (Lig. tibionaviculare) und eine tiefe Schicht (Lig. tibiotalare anterius) differenzierte. Zwischen den beiden Anteilen besteht eine dünne Fettschicht. Der Ansatz des Lig. tibionaviculare befindet sich auf der Dorsomedialseite des Os naviculare, derjenige des kurzen und maximal 1 cm breiten, teilweise versteckt liegenden Lig. tibiotalare anterius unter dem Ventralende der Facies malleolaris medialis tali. Der mittlere Zügel (Lig. tibiocalcaneare) zieht vom distalen Ende der Innenknöcheloberfläche zum Sustentaculum tali und bedeckt das Hinterende des Lig. tibiotalare anterius sowie das Vorderende des Lig. tibiotalare posterius. Als festester und kürzester ist der hintere Zügel (Lig. tibiotalare posterius) fest mit der Sehnenscheide des Musculus tibialis posterior verwachsen und zieht von den hinteren Anteilen des Innenknöchels nach dorsokaudal bis fast zum Tuberculum mediale des Processus posterior tali. LANZ und WACHSMUTH [548] behalten FICK's [276] Einteilung im Wesentlichen bei und beschreiben die Pars tibionavicularis als von der Pars tibiotalaris anterior abzweigende Fasern. Sie heben als Urspurng des Innenbandes die Innenknöchelspitze hervor. Auch POIRIER und CHARPY [831] halten sich an die von FICK [276] beschriebene Gliederung. Da in seiner Darstellung das vordere Ende des Lig. tibiotalare posterius vom Lig. tibiocalcaneare bedeckt wird, stellt bei einer Einteilung in oberflächliche Schicht (Lig. tibionaviculare und Lig. tibiocalcaneare) und tiefe Schicht (Lig. tibiotalare anterius und posterius) letztere eine nicht zusammenhängende Schicht dar, zwischen der ein Teil der oberflächlichen Schicht erscheint.

Die aus Pars tibiotalaris anterior und posterior, Pars tibiocalcanearis und Pars tibionavicularis bestehende oberflächliche Schicht hat ihren Ursprung am Unterrand des Innenknöchels [1042]. Sie bedeckt vollständig die von der Innenknöchelspitze unterhalb des Ursprunges der oberflächlichen Schicht entspringende Schicht mit Ausnahme von deren Hinterrand. Die tiefe Schicht setzt am Talus unterhalb der Facies malleolaris medialis an. Zwischen beiden Anteilen liegt ein mit Bindegewebe gefüllter Spaltraum, d. h. ein Rezessus zwischen oberflächlicher und tiefer Schicht, welcher, von Synovialis ausgekleidet, den gesamten Spaltraum durchzieht.

BONNIN [80] und DZIOB [238] beschreiben keine Unterteilung des Innenbandes in eine oberflächliche und eine tiefe Schicht, sondern drei in der gleichen Ebene liegende Teilbänder: das Lig. tibiotalare anterius und posterius sowie das dazwischenliegende Lig. tibiocalcaneare. Vom gesamten Rand des Innenknöchels kommend, zieht das Innenband nach DZIOB's [238] Darstellung zur Talusvorderkante, dem Sustentaculum tali sowie dem Tuberculum mediale des Processus posterior tali. Die oberflächliche Schicht des Lig. deltoideum besteht aus der Pars tibiotalaris anterior et posterior [1058, 337]. Das kürzere Lig. tibiotalare anterius zieht von der Innenknöchelvorderseite zum Talushals [337] oder zur Medialseite des Corpus tali [1058]. Das Lig. tibiotalare posterius zieht von der Innenknöchelhinterkante an die dorsomediale Talusoberfläche. In der 29. Ausgabe von „GRAY's Anatomy" [339] wird die oberflächliche Schicht als aus drei Anteilen bestehend beschrieben: der Pars tibionavicularis, Pars tibiocalcanearis und Pars tibiotalaris posterior. Die tiefe Schicht besteht lediglich aus einem Lig. tibiotalare anterius, welches von der Innenknöchelspitze (!) zur medialen Taluskante zieht. In der Darstellung von CLOSE [174] ziehen die oberflächlich gelegenen Fasern des Lig. deltoideum vom Colliculus anterior des Malleolus medialis zu dem Os naviculare, Talushals, dem Lig. plantare longum und zum Sustentaculum tali. Die tiefen Fasern ziehen von der zwischen Colliculus anterior et posterior gelegenen Grube an die Medialseite des Talus. Die oberflächlichen Fasern führen von der Innenknöchelspitze (!) zum Os naviculare, Sustentaculum tali und zum Talus [1142]. Die tiefer gelegenen Anteile streben von der Fossa intercollicularis des Innenknöchels zur Medialseite des Talus.

Die Befunde von PANKOVICH [782, 783] stimmen am ehesten mit denen von CLOSE [174] überein, doch erwähnt dieser kein zusätzliches oberflächlich gelegenes Lig. tibiotalare. Die verschiedenen Einteilungen der einzelnen Innenbandstrukturen am oberen Sprunggelenk sehen eine Grobunterscheidung zwischen oberflächlichen und tiefen Bandstrukturen vor, einzelne Autoren beschränken sich auf die Darstellung einer Innenbandstrukturschicht. Die Ursprungsstelle der verschiedenen Anteile des Deltabandes gruppiert sich um die Innenknöchelspitze, aber auch in die Interkollikulargrube sowie an die vordere und hintere Innenknöchelfläche, obere (superfiziale) Fasern entspringen auch an der medialen Seite des Innenknöchels. In aller Regel ist der Ursprung der Fasern etwas proximal der Gelenkachse, diese Fasern fächern sich zu einer lang gestreckten Ansatzlinie auf, den Ansatzstellen des Deltabandes von der Tuberositas ossis navicularis über das Collum tali, das Sustentaculum talare calcanei bis zum Processus posterior tali, wobei die oberflächlichen Fasern auch zum Os naviculare und zum Kalkaneus selbst (mediale Fläche) ziehen [549]. Die wesentlichen talotibialen Fasern konzentrieren sich auf den posteromedialen Anteil des Talus, wogegen die peritalaren Fasern hauptsächlich am Sustentaculum tali ansetzen. Weitere Fasern des Bandes werden nur bedingt als Ligament bezeichnet, dies trifft insbesondere für die superfizialen, anterioren, talotibialen Bandanteile zu [902]. Für das praktische Verständnis sind einige Punkte zu berücksichtigen:

1. Der gesamte Bandkomplex ist, ausgenommen im anterioren Anteil, von der Fascia cruris profunda umhüllt, dies zusammen mit dem Retinaculum flexorum.
2. Der vordere Teil des Ligaments wird von der Sehne des M. tibialis anterior mit dem darunter liegenden Fettgewebe bedeckt, dieser vordere Anteil steht im Zusammenhang mit der lateral gelegenen dünnen Gelenkkapsel.
3. Das Hauptsegment, mittlerer und hinterer Anteil des Bandes, ist bedeckt durch die schräg verlaufende Sehne des M. tibialis posterior sowie die Sehne des M. flexor digitorum longus. Deren Sehnenscheiden stehen in Verbindung mit dem darunter liegenden Band [327], wie dies auch lateral der Fall ist.
4. Das mediale Kollateralband ist, ausgenommen von der tiefen talotibialen Komponente, eine einheitliche fibröse Platte und alle Einteilungen in Einzelteile sind künstlich hergestellt. Lediglich an den Ansatzstellen der Fasern kann eine beschreibende Differenzierung vorgenommen werden.
5. Posterior ist das Band in Verbindung mit der hinteren Kapsel und dem Lig. fibulotalare posterius.

Durch die Einteilung in eine oberflächliche und eine tiefe Schicht mit Berücksichtigung des Lig. tibiotalare anterius et posterius, des Lig. tibionaviculare, des Lig. tibiocalcaneare und des nicht immer vorkommenden Lig. tibiotalare superficiale entsteht ein überschaubares Bandsystem, das auch weiteren Überlegungen zur Pathologie, Diagnostik und Therapie zugeführt werden kann (vgl. Kapitel 7.1). Unter dem Aspekt der drei Hauptstränge [276] und der Überlegung der Einteilung in eine oberflächliche und tiefe Schicht [903] kann das Lig. deltoideum in Faszikel differenziert werden, wobei der Hälfte der vier oberflächlichen und den zwei tiefen Strukturen die Bezeichnung „Ligament" zukommt, dem Lig. tibiocalcaneare als stärkstem oberflächlichem Zügel sowie dem Lig. tibiotalare anterius und auch dem Lig. tibiotalare posterius als den beiden Teilen der tiefen Schicht.

- Oberflächliche Schicht des Deltabandes
  - Oberflächlicher tibiotalarer, anteriorer Faszikel und tibionavicularer Faszikel: Beide Faszikel entspringen an der vorderen Grenze des anterioren Kollikulus und setzen distal im Gegensatz zum Ursprung in zwei Schichten an, oberflächlich dorsomedial am Os naviculare, das Talonavikulargelenk überziehend (entspricht Lig. talonaviculare), und tief am Talushals bzw. an der talonavikularen Kapsel (= Lig. tibiotalare ant. superf.) [46].
  - Tibioligamentärer Faszikel: Dieser Faszikel entspringt am vorderen Segment des anterioren Kollikulus, verläuft konkav nach anterior und setzt an der Obergrenze (superomedial) des Lig. calcaneonaviculare an.
  - Lig. tibiocalcaneare: Hier handelt es sich um den stärksten oberflächlichen Zügel, mit dessen Ursprung am medialen Aspekt des vorderen Kollikulus, der Verlauf ist vertikal absteigend zum Sustentaculum tali calcanei. Die Fasern vermischen sich mit dem Lig. calcaneonaviculare im superomedialen Anteil und sind in stetiger Verbindung mit dem tibioligamentären Faszikel [32].
  - Oberflächlicher posteriorer, tibiotalarer Faszikel: Der Ursprung findet sich am hinteren Teil der medialen Oberfläche des anterioren Kollikulus und an der medialen Oberfläche des posterioren Kollikulus. Dieser Faszikel zieht zum Tuberculum talare mediale post. und bezieht die Sehnenscheide des M. flexor hallucis longus mit ein. Dieser Faszikel kann vom Lig. tibiocalcaneare getrennt sein, wird dann auch als Lig. tibiotalare superficiale posterius bezeichnet, oder dieser Faszikel ist mit dem Lig. tibiocalcaneare verbunden. Trifft Letzteres zu, so entsteht eine fibröse, fächerförmige Schicht, die die Bezeichnung „deltoid" verdient. Der Faszikel ist aber auch vom tiefen Lig. tibiotalare post. durch Fettgewebe abgetrennt (mehr als anterior) und steht superolateral mit der hinteren talotibialen Kapsel sowie dem Lig. fibulotalare post. in Verbindung [46]. Als Normvariante kann der Faszikel fehlen oder er fusioniert mit dem tiefen Lig. talotibiale als Normvariante.
- Tiefe Schicht des Deltabandes:
  Die tiefe Schicht ist kurz und stabil und zeigt einen schmalen vorderen und einen kräftigen hinteren Anteil [1073, 1057, 1163, 783].

- Lig. tibiotalare ant.: Der Ursprung ist die Spitze des Kollikulus ant. sowie der anteriore Teil der Interkollikulargrube. Dieses Band verläuft bis zur medialen Talusfläche unterhalb der kommaförmigen Gelenkfläche des Talus, es variiert erheblich an Ausprägung, ist schwer darstellbar und kann auch fehlen [783].
- Lig. tibiotalare post.: Dieses Band ist der stärkste Teil des Lig. deltoideum, es ist kegelförmig mit einer superioren Basis und einer posteroinferioren Spitze. Mit einer Länge von 15 mm ist dieses Band nur halb so lang wie das kräftige Lig. tibiocalcaneare der oberflächlichen Schicht. Der Ursprung findet sich an der Fossa intercollicularis (1 cm breit) an der anterioren Fläche des Colliculus post. und am oberen Segment der posterioren Fläche des Colliculus ant. Die Faserrichtung ist posterior lateral distal, bis die Fasern an der medialen Talusfläche unter der kommaförmigen Talusgelenkfläche ansetzen, diese Fasern reichen auch bis zum Tuberculum talare mediale post. Die Lage ist intraartikulär, aber extrasynovial und es zeigt sich auch eine Zweiteilung des Bandes. Nach BEAU [46] handelt es sich bei diesem Band um ein Homologue des Lig. fibulotalare post. und nicht um ein mediales Band zum Deltoid gehörend, sondern um ein posteriores Band des oberen Sprunggelenkes [830, 276, 1163, 46].

Es gibt Verbindungen zwischen der oberflächlichen und der tiefen Schicht des Lig. deltoideum. So setzt der anteriore, oberflächliche tibiotalare Faszikel, ausgehend vom Colliculus ant., oberflächlich am dorsomedialen Navikulare an und zieht mit einer weiteren Schicht in die Tiefe (tiefe Schicht) zum Talushals bzw. zur talonavikularen Kapsel. Das nicht zum Deltoid gehörende Lig. calcaneonaviculare in der Tiefe ist ein Ansatzpunkt für den oberflächlichen tibioligamentären Faszikel, aber auch für Fasern aus dem Lig. tibiocalcaneare. Eine deutliche Abtrennung der beiden Schichten erfolgt im anterioren und posterioren Bereich des Deltabandes, also zwischen dem tibiotalaren und tibionavikularen Faszikel und dem Lig. tibiotalare ant., ebenso zwischen dem oberflächlichen tibiotalaren, posterioren Faszikel und dem Lig. tibiotalare post. Verbindungen im Verlauf der tiefen Bandstrukturen zu den oberflächlichen Faszikeln gibt es im Bandverlauf nicht, lediglich an der Ansatzstelle des Lig. tibiotalare ant., das zusammen mit dem tibiotalaren und tibionavikularen Faszikel aus der oberflächlichen Schicht am Collum tali ansetzt (Abb. 7.25).

Für praktische Überlegungen wird folgende Einteilung der oberflächlichen und tiefen Schicht vorgeschlagen [116, 923, 136]:

- oberflächliche Schicht:
  - Pars tibionavicularis (= tibionavikularer Faszikel mit tibiotalaren Fasern = tibiotalarer ant. superfizialer Faszikel),
  - Pars tibiocalcanearis (= Lig. tibiocalcaneare),
  - Pars tibiotalaris superficialis (= tibiotalarer superfizialer dorsaler Faszikel),
- tiefe Schicht:
  - Lig. tibiotalaris anterior,
  - Lig. tibiotalaris posterior.

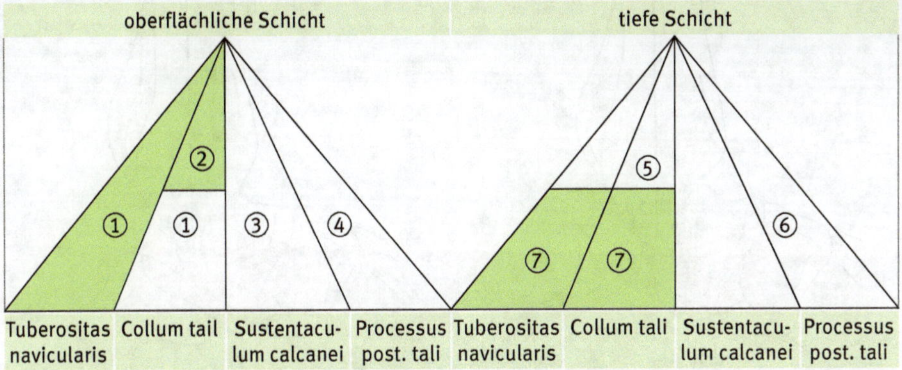

① tibiotalarer und tibionavikularer Faszikel (= 1. Hauptstrang durch Fettschicht von ⑤ getrennt)
② tibioligamentärer Faszikel (= tibio-spring Faszikel) zum Lig. calcaneonaviculare (= Spring-Ligament)
③ Lig. tibiocalcaneare (2. Hauptstrang)
④ superf., post. tibiotalarer Faszikel (3. Hauptstrang) durch Fettschicht von ⑥ getrennt
⑤ Lig. tibiotalare ant.
⑥ Lig. tibiotalare post.
⑦ tibiotalare ant. superf. Faszikel

Abb. 7.25: Zwei-Schichten-System (grün = gemeinsame Schicht) des Lig. deltoideum, nach [689, 690].

Diese Einteilung ist identisch mit der Schematisierung gemäß der Übersichtsabbildung (Abb. 7.26), enthält aber nicht das Spring-Ligament als Ansatzstelle für den tibioligamentären Faszikel als tibiospring ligament [416]. Von den sechs Bandstrukturen des Deltabandes nach MILNER [689, 690] werden von den vier oberflächlichen lediglich der tibioligamentäre Faszikel (tibiospring ligament) und der tibionaviculare Faszikel als konstant beschrieben, von den zwei tiefen Strukturen nur das Lig. tibiotalare post. Im Gegensatz zu den meisten Autoren [689, 690, 88, 89, 964] teilt SARRAFIAN [917] das Lig. tibionaviculare in einen tibionavicularen Faszikel und in einen anterioren oberflächlichen tibiotalaren Faszikel ein. Am oberflächlichsten liegt das tibiospring ligament als Faserkonstrukt zum Lig. calcaneonaviculare (= Spring-Ligament), was in aller Regel das Lig. tibiocalcaneare überlappt [689, 690] und mit diesem nicht identisch ist [88, 89]. Regelmäßig findet BOSS [88, 89] das „tibiospring-ligament", das Lig. tibiocalcaneare und tiefe Lig. tibiotalare post. (Abb. 7.26).

7.2.2 Biomechanik – Pathomechanik

Das Deltaband verhindert die Abduktion [174] bzw. die Valguskippung des Talus [361]. Werden alle lateralen Bandstrukturen entfernt, dies bei intaktem Deltaband, so ist

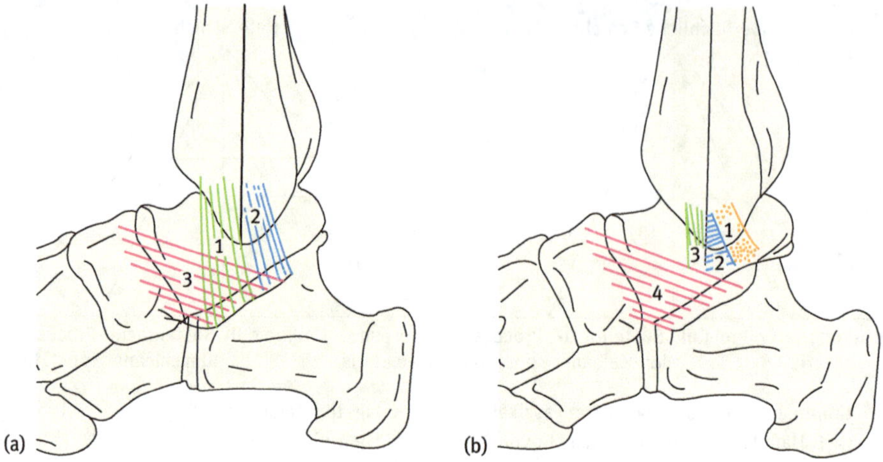

Abb. 7.26: Oberflächliche (a) und tiefe (b) Schicht des Lig. deltoideum. (a): 1 = tibiospring Faszikel, 2 = tibiokalkaneal Faszikel, 3 = Spring-Ligament, (b): 1 = tibiotalare post., 2 = tibiotalar superf. Faszikel, 3 = Lig. tibiotalare ant., 4 = Spring-Ligament [88, 89].

eine Aufweitung des medialen Gelenkspaltes bis max. 2 mm möglich. Werden zusätzlich die tiefen Deltabandstrukturen reseziert, so gelingt die Aufweitung auf 3,7 mm [337]. Der tiefen Schicht wurde auch das Verhindern der anterioren Translation zugeordnet, wobei dies primär der Außenknöchel nach anterior und lateral verhindert [361]. Die Talus-Abduktion und die Talus-Aufklappung verhindert die oberflächliche Schicht [860, 859], wobei speziell das Lig. talocalcaneare die talare Pronation limitiert, die tiefen Deltabänder rupturieren in Außenrotation, ohne dass die oberflächliche Schicht mit einbezogen wäre. Normalerweise zieht das Deltaband bei der Plantarflexion den Talus in Innenrotation, diese Innenrotation nimmt bei einer Deltabandruptur ab [920]. Demzufolge ist das Deltaband nicht nur ein Stabilisator des Sprunggelenkes, sondern hat auch eine wesentliche Funktion in der Bewegungsübertragung vom Unterschenkel auf das Sprunggelenk [407]. Bezogen auf einzelne Bandstrukturen führt die Abduktion des Talus zu einer Belastung des Lig. tibiocalcaneare, die Plantarflexion übt Stress auf das Lig. tibiotalare ant., aber auch auf das Lig. fibulotalare ant. aus, die Dorsalflexion auf das Lig. tibiotalare post. sowie auf das Lig. fibulotalare post., die Außenrotation auf das vordere und mittlere Lig. tibiotalare, ebenso auf das Lig. tibiotalare post., und die Innenrotation setzt das Lig. tibiotalare post. in Verbindung mit dem Lig. fibulotalare ant. unter Stress [860]. Da die oberflächliche Schicht des Deltabandes zwei Gelenke überkreuzt (oberes Sprunggelenk und Subtalargelenk) und die tiefe Schicht nur das obere Sprunggelenk stabilisiert [689, 690], werden auch unterschiedliche Verletzungen in Abhängigkeit vom Pathomechanismus den beiden Schichten des Deltabandes zugeordnet. So hemmt das gesamte Deltaband die Abduktion [174], die oberflächlichen Deltabandstrukturen stabilisieren gegen Außenrotation [405, 408, 860] und die oberflächlichen vorderen Deltabandfasern hemmen gegen

Rotation [188, 444]. Besonders bei Rupturen des talokalkanearen Faszikels kommt es zur Kompression des lateralen Talusecks an die Tibiaunterseite [241], was zu „bone bruise"-Veränderungen (Knochenkompressionen) in diesen Bereichen führt.

In Abhängigkeit vom Unfallmechanismus sind verschiedene Anteile des Deltabandes betroffen. Die Plantarflexion führt zur Läsion des Lig. tibiotalare ant., die Innenrotation zur Schädigung des Lig. tibiotalare post., eine komplette Deltabandruptur entsteht durch Abduktions-, Eversionsmechanismen und die Pronationstraumen führt bei forcierter Plantarflexion und/oder Außenrotation ebenso zur Deltabandruptur [116]. Der Innenknöchel übernimmt dabei die Funktion eines Hypomochlions bei Supination, was auch die steil gestellte Innenknöchelfraktur erklärt. Die Deltabandruptur ist dann das ligamentäre Äquivalent zur Innenknöchelfraktur. Ein Abduktions- und Innenrotationsmechanismus erklärt die Deltabandruptur aber auch in Verbindung mit einer Syndesmosenruptur [108] und hat insbesondere Einfluss auf die Pars tibiocalcanearis [1146]. Ein Abduktions-Außenrotations-Eversionsmechanismus führt zu kombinierten Verletzungen des Lig. tibiotalare anterius sowie des mittleren tibiotalaren Bandes unter dem Lig. tibiocalcaneare gelegen [860] und die Pronations-(Eversions-)Außenrotationsbewegung kann eine isolierte Ruptur der anterioren Teile des Deltabandes nach sich ziehen [444]. Ein Hyperextensions- Pronationsmechanismus lässt ossäre Ausrisse (Processus posterior tali, Tuberculum mediale) des Lig. tibiotalare post. entstehen [147, 1183]. All diese Mechanismen lassen erkennen, dass das Grundschema für die Verletzung des Innenbandes die Pronation in Verbindung mit Rotationsmechanismen darstellt. Aber auch, und dies wahrscheinlich häufiger, führen fibulare Bandverletzungen zu einer medialen Mitverletzung in 72 % [54, 107, 1001, 1184, 11, 415, 188].

Bei den lateralen Bandinstabilitäten finden sich in 72 % der Fälle Deltabandmitverletzungen [188], wobei in 23 % der Fälle die oberflächliche Deltoidschicht betroffen ist, in 6 % die tiefe Deltoidschicht und in 43 % beide Schichten. Es wird davon ausgegangen, dass bei der isolierten Ruptur des Lig. fibulotalare ant. in 100 % der Fälle Deltabandbeteiligungen vorliegen, bei der Kombination der Ruptur des Lig. fibulotalare ant. und des Lig. fibulocalcaneare zeigen sich in 60 % der Fälle Deltabandverletzungen und bei der Verletzung aller drei lateraler Bänder in 78 % [188]. Der Pathomechanismus der Außenknöchelfraktur zeigt primär immer eine Ruptur der vorderen Syndesmose mit nachfolgender Außenknöchelfraktur, die hintere Syndesmose sei generell mit einbezogen. Eine Verletzung des Innenbandes ist die letzte Stufe dieses Unfallmechanismus (Supination/Außenrotation). Die aus diesem Mechanismus resultierende Verletzung muss genau diagnostiziert werden, es liegt jedenfalls keine „isolierte Außenknöchelfraktur" vor [560]. Eine mediale Sprunggelenkverletzung führt nicht per se zu einer Instabilität [1160], d. h., eine mediale Stabilisierung (Innenband oder Innenknöchel) verhindert nicht die Taluslateralisation, wenn die Syndesmose oder der Außenknöchel verletzt sind, daher steht nicht die Innenbandstabilisierung im Vordergrund. Damit seien aber durch die forcierte Außenrotation eine Innenknöchelfraktur sowie eine Deltabandruptur nicht ausgeschlossen [628, 844]. Es wird erkennbar, dass die isolierte Innenbandverletzung denkbar selten ist, andererseits aber bestehen Innenbandverletzungen in über 70 % der Fälle bei den häufigen Außenbandverletzungen und insbesondere auch bei den Außenknöchelfrakturen.

Der medialen Sprunggelenksinstabilität wird aufgrund der Klinik und in Kenntnis intraoperativer Befunde eine Klassifikation zugeordnet [416, 417, 418], mit Einteilung in drei Typen (Tab. 7.7):

- Typ I: proximaler Riss oder Abriss des Deltabandes,
- Typ II: interligamentärer Riss des Deltabandes,
- Typ III: distaler Riss oder Abriss des Deltabandes oder des „spring ligament".

Tab. 7.7: Klassifikation medialer Instabilitäten mittels Klinik und intraoperativ [416, 417, 418].

Type	Localization	Involved ligaments	(%)	Surgical procedure
I	proximal „interval"	tibionavicular ligament tibiospring ligament (spring ligament)	72 %	repair, reattachment
II	intermediate	tibionavicular ligament tibiospring ligament (spring ligament)	9 %	repair, reattachment (two flap technique)
III	distal	tibionavicular ligament spring ligament	19 %	repair, reattachment

Die Problematik der medialen Sprunggelenkinstabilität liegt in der Ausbildung der Instabilitätsarthrose bei der Deltabandinsuffizienz [347, 1135, 1019, 241] und es besteht eine Verbindung zwischen der Deltabandinsuffizienz und der Tibialis post. Dysfunktion [732]. Hier steht zur Diskussion, dass einmal eine Innenbandinsuffizienz zur Tibialis post. Dysfunktion bis hin zur Ruptur dieser Sehne führen kann, andererseits aber auch eine Tibialis post. Dysfunktion zur Insuffizienz des Deltabandes (vgl. Kapitel 7.5). Zusammengefasst finden sich Deltabandverletzungen als isolierte Verletzung in Verbindung mit lateralen Bandverletzungen und insbesondere bei Knöchelbrüchen. Die chronischen Instabilitäten stehen in Verbindung mit der Tibialis post. Insuffizienz [446] und auch mit dem sog. „spring-komplex" [199]. Aufgrund der schwer zu differenzierenden Einzelbandstrukturen am Deltaband kommt der Beschreibung dieser Strukturen eine besondere Bedeutung zu [88, 89], da trotz der uneinheitlichen Beschreibung der Bandstrukturen in der Anatomie für die Therapie von Deltabandverletzungen eigentlich eine anatomische Rekonstruktion anzustreben ist.

7.2.3 Pathologie

Die Pathogenese der geschlossenen Verletzungen des oberen Sprunggelenkes wurde im 19. Jahrhundert an Leichen erforscht [825], u. a. durch MAISONNEUVE [628], und in der Folge durch LAUGE-HANSEN [559], dessen genetische Einteilung erkennen lässt, unter welchen Bedingungen Bandverletzungen (z. B. Rupturen der Syndesmose und/oder des Deltabandes) auftreten. Aus den verschiedenen Klassifikationen der Knöchelbrüche [825] kann erkannt werden, von welcher Bedeutung die Syndesmosenbeteiligung ist und dass in 85 % der Knöchelbrüche mit Verletzungen der Syndesmose bzw. des Deltabandes zu rechnen ist. Die Ruptur des Deltabandes, komplett oder partiell, erfolgt entweder in der Bandmitte oder im Ansatzbereich mit zum Teil kleinsten Abrissfrakturen am Innenknöchel, am Fersen-, am Sprung- oder am Kahnbein. Die partiellen Deltabandrupturen betreffen meist die Pars tibionavicularis oder das Lig. tibiotalaris anterius. In Verbindung mit den Innenknöchelfrakturen werden Mischformen der Deltabandverletzungen festgestellt, aber auch isolierte Verletzungen:

1. isolierte Deltabandrupturen,
2. Innenknöchelfrakturen bei intaktem Deltaband,
3. Fraktur des Colliculus anterior mit Ruptur des Lig. tibiotalare post. (tiefe Schicht) [1061, 197, 970],
4. isolierte Fraktur des Colliculus anterior [197],
5. Innenknöchelfraktur mit kompletter Deltabandruptur [777].

Die isolierte Deltabandruptur gibt es [559] als erste Stufe der Pronations-Evertions-Verletzung, evtl. auch als erste Stufe der Pronations-Abduktions-Verletzung. Auch wenn die Häufigkeit mit 2–3 % aller rein ligamentären Sprunggelenksverletzungen genannt [108, 315, 280] und eine isolierte Deltabandruptur für unwahrscheinlich erachtet wird [999] bzw. sehr selten sei [1183], so muss an diese Verletzung dennoch gedacht werden. Die meisten Deltabandrupturen entstehen in Verbindung mit Außenknöchelfrakturen, Außenband- oder Syndesmosenrupturen [362, 686]. Auch bei stabilen Außenknöchelfrakturen müssen Deltabandverletzungen ausgeschlossen werden [941]. Aufgrund der Bandstruktur einzelner Faszikel des Deltabandes wird dem kräftigsten, kürzesten, posterioren tibiotalaren Faszikel ein knöcherner Ausriss eher zugeordnet, dagegen dem tibioligamentären und dem tibionavikularen Faszikel als weichere Struktur eher eine intraligamentäre Verletzung [964]. Auch wenn es isolierte Deltabandverletzungen gibt, so überwiegen dennoch Sprunggelenksverletzungen, insbesondere OSG-Frakturen, die eine Mitbeteiligung des Deltabandes vorsehen. Dies ist ablesbar aus der Klassifikation nach LAUGE-HANSEN [559, 564, 565]. Nur bei den Supinations-Adduktions-Frakturen kommen keine Verletzungen der Syndesmose oder des Deltabandes vor [825]. Bei den Malleolarfrakturen wird der Anteil der medialen osteoligamentären Läsionen mit Rund zwei Drittel aller Fälle angenommen [381]. Am oberen Sprunggelenk können drei Stockwerke osteoligamentärer Verletzungen festgestellt werden [381]. Im unteren lateralen Stockwerk finden sich Malleolarfrakturen (A) oder untere Bandrisse, im mittleren Stockwerk die medialen osteoligamentären Läsionen sowie Frakturen des Innenknöchels und Risse des Lig. deltoideum und im oberen lateralen Stockwerk die Frakturen vom Typ (B C) sowie Syndesmosenrisse und Risse der Membrana interossea (Abb. 7.27).

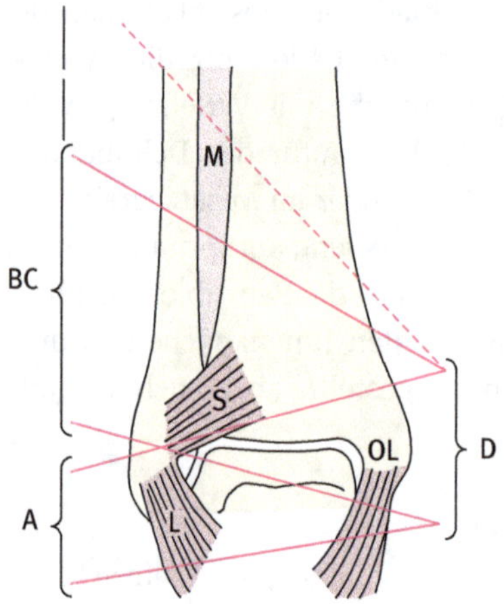

Abb. 7.27: Die drei Stockwerke der osteoligamentären Verletzungen am Sprunggelenk, nach [381] (A = laterales unteres Stockwerk, D = mediales mittleres Stockwerk, B C = oberes laterales Stockwerk, L = laterale Bandstruktur, S = Syndesmose, OL = osteoligamentäre Läsionen, M = Membrana interossea).

Läsionen des mittleren Stockwerkes können kombiniert sein mit denen des oberen lateralen und auch des unteren lateralen Stockwerkes. Ligamentrisse auf beiden lateralen Stockwerken gleichzeitig gibt es nicht. Mit Hilfe dieser theoretischen Überlegung lässt sich Folgendes feststellen [381]:

- Mediale osteoligamentäre Verletzungen finden sich auf einer Ebene, laterale werden auf zwei Ebenen aufgeteilt.
- Frakturen des Innenknöchels können mit Frakturen der oberen lateralen, aber auch der unteren lateralen Etage kombiniert sein. Innenknöchelfrakturen sind scheinbar isoliert, meist gehen diese mit ligamentären lateralen Schäden einher.
- Komplette Risse des Lig. deltoideum kommen nicht isoliert vor, sondern immer in Verbindung mit einer sichtbaren lateralen Verletzung, die durch die Subluxation des Talus angezeigt wird.
- Die mediale Seite des oberen Sprunggelenkes ist stabiler als die laterale. Wenn der Talus nach lateral abgleitet, entsteht keine Verbreiterung des tibiotalaren Gelenkspaltes aufgrund der stabilisierenden Funktion der beiden tibialen Sehnen.
- Mediale Bänderrisse sind auch im Zusammenhang mit distorsionellen Zerreißungen des distalen lateralen Bandapparates theoretisch denkbar, wobei der Nachweis einer kompletten medialen Ruptur bisher nicht erbracht werden kann, Zerrungen in diesem Bereich sind aber erklärbar.

7.2.4 Diagnostik

Die ersten Hinweise auf eine Verletzung des Deltabandes liefern Anamnese und klinische Untersuchung [874, 1189, 1183], insbesondere der Hinweis auf ein „giving way“ [417]. Zum Unfallhergang weist der Pronations- Rotations-Mechanismus auf eine Innenbandbeteiligung am Sprunggelenk hin. Schwellungen und Schmerzen über dem Deltaband sind Hinweise, jedoch nicht als statistisch signifikant zu werten [200]. Da isolierte Deltabandrupturen extrem selten auftreten, muss nach Begleitverletzungen gesucht werden [280], d. h. nach Außenband- und/oder Syndesmosenverletzungen bzw. nach Frakturen. Insbesondere bedarf es der Abklärung der medialen retromalleolären Sehnen (u. a. Tibialis posterior-Sehne), da der Sehnenschaden mit einem kompletten Deltabandriss einhergehen kann [723]. Zur klinischen Untersuchung gehört ebenfalls die neurologische Untersuchung wegen der Möglichkeit der Beteiligung des N. tibialis [686].

Wie bei jeder Verletzung wird auch beim Verdacht auf eine Innenbandverletzung am Sprunggelenk die Nativröntgenuntersuchung in standardisierten zwei Ebenen erforderlich. Zeigt das Röntgenbild eine unphysiologische Talusstellung oder eine mediale Taluskippung, so ist dies ein Hinweis auf eine Innenbandschädigung. Zum Zeitpunkt der Röntgenaufnahme kann aber der Talus eine annähernd normale Stellung zur Tibia einnehmen, dies führt zur Bezeichnung einer nicht sichtbaren Verletzung des Deltabandes oder einer stillen Verlagerung des Talus [482, 311, 997]. Ist jedoch die Talusverlagerung erkennbar, so zeigt sich eine Aufweitung des medialen Gelenkspaltes von 3 mm oder mehr [482, 361]. Die Nativröntgenaufnahmen sind erforderlich, um bei einer isolierten Innenbandverletzung nach einer medialen Gelenkspaltaufweitung zu suchen, zur Beurteilung der Syndesmose, insbesondere aber auch zum Nachweis von Frakturen bzw. knöchernen Bandausrissen. Ergänzend kann eine AP-Aufnahme im Stehen zur Feststellung einer Taluskippung bzw. einer Valgusaufweitung des medialen Gelenkspaltes vorgenommen werden.

Neben der Nativröntgenaufnahme empfiehlt sich bei Verdacht auf eine Innenbandschädigung eine Valgusstressaufnahme bzw. eine Stressaufnahme zur Feststellung des Talusshift. Liegt eine Seitendifferenz von über 2° bei der Valgusstressaufnahme vor, so kann eine Innenbandbeteiligung diskutiert werden [663, 582]. Diese Aufnahme erfolgt in Neutralflexion. Bei Fibulafrakturen mit Ruptur des oberflächlichen und tiefen Deltabandes entsteht so ein Shift von 2 mm bzw. ein Tilt von 15° und mehr [682]. Der mediale Gelenkspalt ist eher erweitert bei einer Deltabandruptur als bei einer Innenknöchelfraktur [482]. Eine Fraktur des Colliculus anterius bedeutet in den meisten Fällen eine Ruptur des Restbandes, also des Lig. tibiotalare post. – tiefe Schicht [1061, 782, 783]. Eine komplette Deltabandruptur führt zu einer Aufweitung des medialen Gelenkspaltes und gleichzeitig muss eine Verletzung der lateralen Bänder sowie ein Entrapment der Tibialis posterior-Sehne vorliegen [874].

Partialrupturen des oberflächlichen vorderen Teiles (Pars tibionavicularis) finden sich gelegentlich, meist handelt es sich um Rupturen beider Schichten, häufiger aber in Verbindung mit einer Außenknöchelfraktur und einem lateralen oder posterolateralen Talusversatz [874]. Rein isolierte Deltoidrupturen treten selten auf, können rein ligamentär sein, aber auch im Sinne eines ossären Abrisses an der Ansatzstelle verstanden werden. Zur Diagnostik der Deltabandrupturen, insbesondere bei der Supinations- Außenrotationsfraktur des oberen Sprunggelenkes [558], liegt eine Supinations-Außenrotationsverletzung vor, die dem Frakturtyp Weber B [1121] entspricht, d. h. 40–75 % aller Frakturen des oberen Sprunggelenkes [206, 361, 414, 463, 681, 701, 1164, 1165].

Wird die Beteiligung des Deltabandes diskutiert, wird auf die Möglichkeit der Schwerkraft- bzw. Stress- gehaltenen Aufnahme hingewiesen. Es liegt eine gehaltene Aufnahme vor, einmal im Sinne der Verwendung der Schwerkraft, zum anderen durch manuellen Stress [200, 788, 664, 317, 251, 682, 941, 522, 938]. Eine OP-Indikation wird aber nicht alleine von Stressaufnahmen abhängig gemacht [1092], mehrere diagnostische Faktoren müssen mit einbezogen werden. Hier bietet sich die Kernspintomographie an [498, 1055, 936]. Mit dieser Technik wird festgestellt, dass von allen sechs Bandstrukturen lediglich das Lig. tibiotalare ant. (tiefe Schicht) mit 84 % nicht immer nachweisbar ist [280, 706]. Bei 96 % der Deltabandverletzungen finden sich Knochenödeme [541], meist aber nur in Verbindung mit Außenbandverletzungen, wobei die Lokalisation auch bei Innenbandrupturen am lateralen Taluseck vorkommen kann. Eine weitere diagnostische Maßnahme, die aber bei geplanter Operation unmittelbar präoperativ zum Einsatz kommen kann, ist die Arthroskopie [941] mit Beurteilung des medialen talomalleolaren Gelenkspaltes sowie der intraartikulär liegenden Teile des Lig. tibiotalare ant. Insbesondere ist für die Diagnostik entscheidend, eine exakte Trennung von frischen (rezenten) und veralteten Verletzungen oder auch rezidivierenden Instabilitäten vorzunehmen.

7.2.5 Beurteilung

Während die lateralen Bänder am oberen Sprunggelenk, dreigeteilt, ein mit der Spitze nach oben zeigendes Dreieck bilden, verläuft das Lig. deltoideum vergleichbar, jedoch in Form einer Bandplatte. Besonders im anterioren Bereich sitzen die oberflächliche und tiefe Schicht gemeinsam an der Tuberositas navicularis sowie am Collum tali an und sind damit nicht durch eine dünne Fettschicht, wie in den anderen Bandanteilen, voneinander getrennt. Die Bandstrukturen des Deltabandes stabilsieren nicht nur das obere Sprunggelenk, sondern gehen vom Innenknöchel aus auch zum Os naviculare und zum Fersenbein und überspannen somit vergleichbar mit dem Lig. fibulocalcaneare ebenfalls das Subtalargelenk und nach anterior auch das vordere untere Sprunggelenk. Funktionell wird das sogenannte „Spring-Ligament“ als Lig. calcaneonaviculare plantare mit einbezogen, ebenso das Lig. calcaneonaviculare mediodorsale oder Lig. sustentaculonaviculare, heute als Lig. neglectum bezeichnet [1106]. Dieses Band steht an seinem Ursprung mit Fasern des Pfannenbandes („Spring-

Ligament") und an seinem Ansatz mit den Fasern des Lig. deltoideum in Kontakt. Durch den den Taluskopf schraubenförmig überquerenden Verlauf drückt es den Taluskopf in die Pfanne und verhindert dadurch das für die Senkfußentstehung ursächliche Abgleiten nach medial distal. Damit hat das Lig. neglectum eine wesentliche Bedeutung zur Verhinderung der Senkfußentstehung, wie auch das Pfannenband und die Sehne des M. tibialis posterior.

Durch das Einschränken der Hyperpronation im Chopart-Gelenk entsteht eine erhebliche Stabilisierung im talonavikularen medialen Bandbereich, vergleichbar mit dem Lig. bifurcatum lateral. Somit bildet das Lig. neglectum zusammen mit dem Os naviculare und dem navikularen Anteil des Lig. bifurcatum eine knöchern-bandförmige Schleife, die einmal dem Taluskopf die Beweglichkeit erlaubt, aber gleichzeitig auch eine Lagesicherung vornimmt. So wie die Schädigung der Tibialis posterior-Sehne zum dekompensierenden Pes valgoplanus führt, verstärkt eine Ruptur des Lig. neglectum diese Entwicklung. Zu der Plattfußdeformität können auch Verletzungen der einzelnen genannten Bandanteile führen, z. B. der Riss des „Spring-Ligaments" [289], wobei aber in der Folge diese isolierten Bandverletzungen die im funktionellen Konzept dazugehörigen Bänder mit einbeziehen.

Die anatomischen Strukturen, ausgehend von der Zweischichtenteilung des Lig. deltoideum [280], zeigen auf, dass das Lig. deltoideum nicht nur das obere Sprunggelenk mittels tiefer Schicht stabilisiert, sondern durch die von der Innenknöchelspitze ausgehenden Dreieckbildung ebenso das Subtalargelenk und das vordere untere Sprunggelenk mit einbezieht, auch im Sinne einer Schlingenbildung um den Taluskopf über das Lig. neglectum hin zum Lig. bifurcatum (Pars calcaneonavicularis). Durch den oberflächlichen posterotibiotalaren Schenkel des Deltabandes wird über den Processus posterior tali (Tuberculum laterale et mediale) die Verbindung zum Lig. fibulotalare posterius hergestellt und somit zum lateralen Bandapparat in der hinteren Region und über den oberflächlichen anterioren tibiotalaren Teil des Deltabandes auch zum Lig. fibulotalare anterius im vorderen Sprunggelenksanteil. Daraus ergibt sich eine komplexe in sich geschlossene Bandstabilisierung sowohl des oberen als auch des unteren Sprunggelenkes in der Peripherie mit zentraler Stabilisierung zwischen Tibia und Fibula mittels der tibio-fibularen Bandstrukturen. Über die Häufigkeit des Vorkommens der medialen Sprunggelenksinstabilität ist wenig bekannt [88, 89, 361, 417], da die pathomechanischen Zusammenhänge zwischen dem medialen und dem lateralen Bandkomplex noch teilweise ungeklärt sind und zum anderen auch die Beziehung zwischen Tibialis posterior-Dysfunktion mit einer medialen Sprunggelenksinstabilität [415, 1087]. So sollen Patienten mit einem Knick-Senkfuß eher eine mediale Bandverletzung erleiden [27, 312, 412].

Andererseits ist nach einer medialen Bandverletzung die Ausbildung eines Knick-Senkfußes mit rezidivierender Instabilität zu erwarten, dann auch in Verbindung mit einer Tibialis posterior-Dysfunktion oder mit einer möglicherweise parallel abgelaufenen Verletzung des Lig. calcaneonaviculare plantare („Spring-Ligament").

Zur Entstehung der rezenten medialen Bandverletzung oder auch nur Teile davon stehen im Vordergrund die Pronation, Abduktion sowie Eversion [214]. Die Abduktion, Eversion und Pronation sollen zu einer Komplettruptur des Deltabandes führen können, ebenso wie die Pronation mit Außenrotation einschließlich Plantarflexion. Der anteriore Teil des Deltabandes ist dabei meistens mit betroffen, häufig auch in Verbindung mit einer Außenknöchelfraktur [98]. Teilrupturen entstehen wie folgt:
1. Abduktion und Valguskippung: Deltabandruptur oberflächliche Schicht,
2. Außenrotation: Ruptur tiefe Schicht, insbesondere Lig. tibiotalare ant.,
3. Plantarflexion: Ruptur Lig. tibiotalare ant. und Lig. fibulotalare ant.,
4. Dorsalflexion: Ruptur Lig. tibiotalare post. und Lig. fibulotalare post.,
5. Innenrotation: Ruptur Lig. tibiotalare post. und Lig. fibulotalare ant.

Die Häufigkeit rein ligamentärer medialer OSG-Bandverletzungen wird von BROSTRÖM [108] mit 2–3 % der Sprunggelenksverletzungen angegeben, STAPLES [999] geht davon aus, dass eine isolierte Ruptur des Lig. deltoideum unwahrscheinlich ist, und LAUGE-HANSEN [559] beschrieb die isolierte Ruptur des Lig. deltoideum als ersten Schritt beim reinen Pronations-/Eversionstrauma. Eine Abduktion mit Innenrotation soll eine Deltabandruptur verursachen, allerdings in Verbindung mit einer Syndesmosenverletzung. Besonders auffällig ist aber, dass in 74 % der Außenbandverletzungen eine Beteiligung der Deltabandverletzung zu erwarten ist [1087].

Werden die verschiedenen Bandlängen in der oberflächlichen und tiefen Schicht des Deltabandes betrachtet, so resultiert, dass im Endeffekt die tiefe Schicht eine Bandlänge von 16 mm aufweist und die oberflächliche Schicht von 25 mm. Pronation und Abduktion bedeuten im Endeffekt eine innenseitige, also mediale Aufklappung des Talokruralgelenkes. Wird davon ausgegangen, dass bei einer Längenänderung von 5 % eine wesentliche Strukturverletzung eines Bandes nicht entsteht, zwischen 5 und 8 % Längenänderung aber Zerrungen bzw. Teilrupturen die Folge sind und sich erst ab 8 % der Längenänderung eine Ruptur des Bandes ergibt, so gelten für die tiefe und die oberflächliche Schicht des Deltabandes verschiedene Längenänderungen, die bei der tiefen Schicht ab 17,3 mm und bei der oberflächlichen Schicht ab 27,0 mm Bandrupturen erwarten lassen. Bei einer Aufklappung des medialen Gelenkspaltes um zehn Grad bei einem Winkelradius von 4 bis 5 cm, entsteht eine Längenänderung der tiefen Schicht zwischen 44 und 54 % und 28 bis 35 % der oberflächlichen Schicht. Das heißt, für beide Bandschichten muss bei einer Aufklappung von zehn Grad eine komplette Ruptur beider Bandschichten die Folge sein. Unter Berücksichtigung der Rupturgrenze, d. h. ab 8 % Längenänderung, genügt für die tiefe Schicht bereits eine Aufklappung von 1,5 bis 1,9° und für die oberflächliche Schicht von 2,3 bis 2,9°. Daraus resultiert, dass vor einer Ruptur einer oberflächlichen Schicht immer zuerst die Ruptur der tiefen Schicht vorausgehen muss. Im Vergleich zum lateralen Gelenkspalt ist also die Aufklappgrenze bis zur Ruptur am Deltaband mit einem ungleich kleineren Aufklappwinkel verbunden. So wie aus einer rezenten lateralen

Bandverletzung eine veraltete Instabilität entstehen kann, ist diese Entwicklung auch bei medialen Verletzungen möglich [417, 603]. Die Voraussetzung dafür ist ein Pronations- oder Eversionsmechanismus, der in Verbindung mit einer Abduktion, Plantarflexion oder auch Außenrotation beide Schichten des Deltabandes treffen kann. Die Abduktion alleine führt in Abhängigkeit vom Aufklappmechanismus zunächst zur Ruptur der tiefen Schicht und anschließend ergänzend zur Schädigung der oberflächlichen Schicht. Da aber ein reiner Abduktionsmechanismus wohl selten ist, sondern vielmehr mit der Plantarflexion oder Dorsalextension, auch mit einer Außen- oder Innenrotation, abläuft, sind ebenfalls die Verletzungsfolgen von diesen Kombinationsmechanismen abhängig (Tab. 7.8).

Tab. 7.8: Abduktionsmechanismen und Folgeverletzungen.

Mechanismus	medial	lateral	Syndesmose
Abduktion/Plantarflexion	Lig. tibiotalare ant.	Lig. fibulotalare ant.	
Abduktion/Dorsalextension	Lig. tibiotalare post.	Lig. fibulotalare post.	
Abduktion/Außenrotation	Lig. tibotalare ant.		
Abduktion/Innenrotation	Lig. tibiotalare post.	Lig. fibulotalare ant.	Lig. tibiofibulare ant.

In aller Regel ist als erster Schritt das Deltaband oder Teile davon betroffen. Wie bei den anterolateralen Rotationsinstabilitäten, entstehen auch anteriore oder posteriore Rotationsinstabilitäten, die vom Innenband ausgehen und laterale Bandstrukturen mit einbeziehen, im Ausnahmefall auch Teile der tibiofibularen Syndesmose. Außenbandverletzungen gehen in 74 % der Fälle mit Innenbandverletzungen einher [1087], Patienten mit einem Supinationstrauma zeigen im Verlauf in 42 % der Fälle mediale Instabilitäten [417]. Somit sind die Angaben aus den medialen Kombinationsmechanismen, die auch zur Beteiligung des lateralen Bandapparates führen, nachvollziehbar. Abgesehen von der genauen Befragung des Unfallmechanismus sind die klinische Untersuchung, das konventionelle Röntgen und insbesondere die Arthroskopie für die Diagnostik hilfreich. Die radiologischen Sprunggelenk-Stressaufnahmen sind bei der medialen Instabilität, wenn diese nicht ausgeprägt ist, problematisch. Jedenfalls sollte nach einer entsprechenden Abduktions-, Pronations-Eversions-Verletzung in Abhängigkeit von der Flexion bzw. Rotation an die Innenbandverletzung gedacht und bei unklaren Fällen die Kernspintomographie eingesetzt werden, da mit dieser Technik nicht nur der mediale Bandkomplex, sondern auch die Tibialis posterior-Sehne sowie der Knorpelzustand beurteilt werden können. Insbesondere bedarf es der Kernspintomographie bei veralteten Deltabandverletzungen, um die Tibialis posterior-Sehne (Tibialis posterior-Dysfunktion) und Knorpelschäden zu beurteilen, ebenso muss in Richtung unteres Sprunggelenk gefahndet werden, da mit den Deltabandverletzungen auch hier Verletzungen einhergehen, die im Endeffekt dann zu einem Knick-Senkfuß führen können. Auch geringgradige Instabilitäten neigen zur Instablitätsarthrose [171, 217].

7.2.6 Resümee

Mediale Sprunggelenksinstabilitäten (rezent) entstehen durch Abduktions-Pronations-Mechanismen in Abhängigkeit von der Stellung des Sprunggelenkes und können auch zu gleichzeitig auftretenden lateralen Bandschäden führen, mit der Folge einer Rotationsinstabilität des Talus in der Malleolengabel. Mediale Sprunggelenksinstabilitäten können mit einer Tibialis posterior-Dysfunktion kombiniert vorliegen, aber auch auf dem Boden einer Tibialis posterior-Sehnendysfunktion entstehen. Eine isolierte Deltabandruptur ist selten [854]. Die Kombination mit lateralen Bandverletzungen liegt bei 40 % [415] bis 72 % [188]. In aller Regel sind aber Deltabandverletzungen auf einen Eversionsmechanismus zurückzuführen [214]. Der anderiore Deltabandanteil ist generell mit einbezogen.

7.3 Syndesmose

Bereits 1773 wurde das Augenmerk auf eine distale ligamentäre Verbindung zwischen Tibia und Fibula gelenkt [105] und festgestellt, dass, wenn die distale Fibula ein Teil der Tibia wäre, schon nach wenigen Schritten ein Außenknöchelbruch vorläge. Es wird die Stabilität der distalen Verbindung zwischen Tibia und Fibula den Ligg. tibiofibularia ant. et post. zugerechnet (Abb. 7.28) zunächst ohne Berücksichtigung des Lig. interosseum [972].

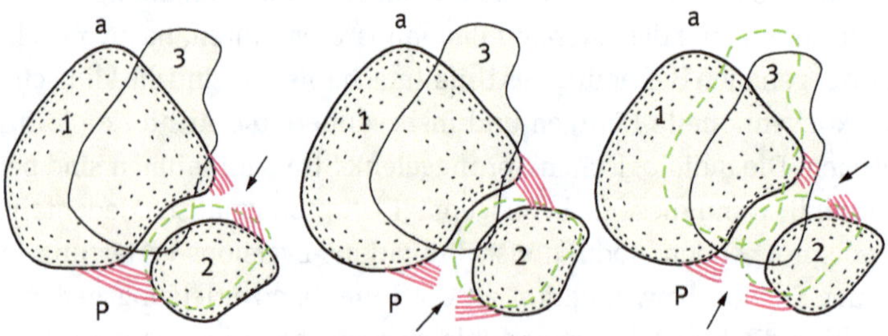

Abb. 7.28: Einteilung der Syndesmoseninstabilität (1 = Tibia, 2 = Fibula, 3 = Talus, a = ant., p = post., Pfeil = Bandruptur) [1125].

Gelegentlich oder auch oft geht eine Syndesmosenverletzung in die sog. Diagnose „ankle sprain“ mit ein. Diese Bezeichnung ist keine Diagnose, sondern sie beschreibt einen Unfallhergang und sollte dazu auch das obere vom unteren Sprunggelenk unterscheiden und außerdem die Syndesmose abgrenzen [13]. Letzterem wird die Literatur damit gerecht, wenn sie zusätzlich „high ankle sprain“ einführt [798, 1037]. Diese Bezeichnung ist ein Synonym zu „syndesmosis sprain“, dessen Häufigkeit mit 1–20 % angegeben [798, 148, 428, 96, 315], aber wesentlich höher vermutet wird [798]. Eine isolierte Syndesmosenverletzung ist selten [428, 476, 781], schwierig zu evaluieren [744, 1036] und weist eine lange Ausheilungszeit auf [96, 1035].

7.3.1 Nomenklatur und Anatomie

Die distale Verbindung zwischen Tibia und Fibula ist eine Bandhaft [276], die Syndesmosis tibiofibularis, die lediglich distal in einer schmalen Spalte mit dem oberen Sprunggelenk in Verbindung steht. Anterior wird diese Bandhaft vom M. peroneus tertius und posterior vom M. flexor hallucis longus bedeckt. Diese Knochenannäherung ist nicht starr miteinander verbunden. Es ist eine Verschiebung beider Knochen gegeneinander möglich und sie können auch auseinandergedrängt werden. Der Außenknöchel als distale Fortsetzung des biegsamen Wadenbeinschaftes ist federnd eingebaut, d. h., wird der Außenknöchel nach lateral gedrängt, so biegt sich der Fibulaschaft mittig nach medial (Federung der Malleolengabel). Die Fibula liegt in der Incisura fibularis tibiae, einer leicht vertieften konkaven Fläche in der lateralen Tibiawand, die periost- und nicht knorpelbedeckt ist. Lediglich am distalsten Teil der Tibia gibt es manchmal einen dreieckigen bzw. sichelförmigen Knorpelstreifen im Bereich des oberen Sprunggelenkes. Die gegenüberliegende Fibulafläche ist nicht immer, wie anzunehmen, konvex, sondern kann durchaus konkav oder eben sein [423], mit der Folge, dass sich die Bereiche von Tibia und Fibula nur an den Rändern der Verbindungsfläche berühren. Auch die Fibulafläche ist knorpelfrei und mit fettigem Periost bedeckt. Morphometrische Untersuchungen zeigen, dass die Incisura fibularis in 35 % eine signifikante Konkavität (> 4 mm) zeigt, in 65 % besteht eine flache Konkavität von < 4 mm [1034]. Gemessen wird 1 cm proximal der Gelenkfläche, [1034, 244, 1167]. Die Incisura fibularis lässt Parameter erkennen [244], die messtechnisch erfassbar sind. (Abb. 7.29):

- Länge der vorderen (anterioren) Facette (= tiefster Punkt der Inzisur bis Tub. ant.) (a),
- Länge der hinteren (posterioren) Facette (= tiefster Punkt der Inzisur bis Tub. post.) (b),
- Winkel zwischen vorderer und hinterer Facette (c),
- Tiefe der Inzisur (Linie zwischen Tub. ant. et post. zum tiefsten Punkt (d),
- vertikale Distanz des tibiofibularen „overlapping“ (Abstand des Tub. ant. zur nach vorne verlängerten Linie der posterioren Facette) (e),
- Abstand zwischen den Vorderkanten von Tibia und Fibula (f),
- Abstand zwischen tiefstem Punkt der Inzisur und der Fibula = Syndesmosenspalt (g),

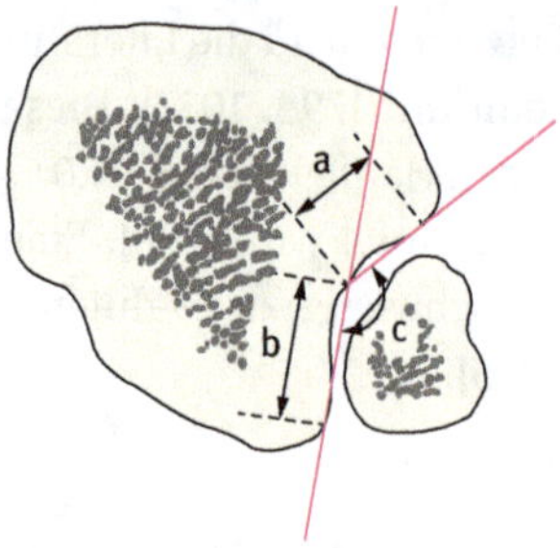

Abb. 7.29: Schematische Darstellung von Maßen an der distalen tibiofibularen Syndesmose (a = anteriore Facette, b = posteriore Facette, c = Winkel zwischen a und b, d = Tiefe der Incisura fibulae, e = vertikaler Abstand des tibiofibularen Überlappens, f = Abstand zwischen Tibia- und Fibulavorderkante, g = Intervall zwischen Tibia und Fibula in der Incisura fibulae) [1167].

Diese Parameter sind beim Mann größer als bei der Frau [1167]. Die Bestimmung gelingt mittels CT [244] sowie MRT [1167]. Möglicherweise sind diese Geschlechtsunterschiede dafür verantwortlich, dass Syndesmosenverletzungen bei der Frau häufiger vorkommen als beim Mann [1167]. Mit Hilfe dieser Daten können die Notwendigkeit und das Ergebnis einer Reposition des distalen Tibiofibular-Gelenkes beurteilt werden. Die distale tibiofibulare Syndesmose [1138] besteht aus folgenden Strukturen von anterior nach posterior (Abb. 7.30):
- Lig. tibiofibularis ant.,
- „triangular meniscoid" (anteriore Kontaktzone),
- mittlere (ossäre) Kontaktzone,
- Recessus tibiofibularis (Diverticulum interosseum),
- V-förmige Plica tibiofibularis,
- Lig. interosseum,
- Lig. tibiofibularis post.

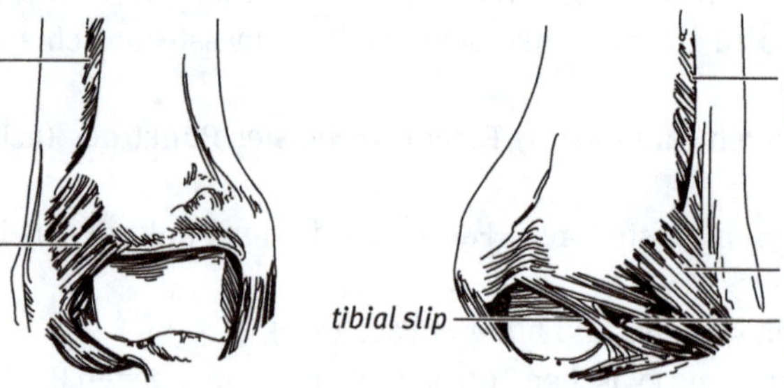

Abb. 7.30: Ligamente der Sprunggelenksyndesmose, nach [1156, 798].

Das **Lig. tibiofibulare ant.** besitzt obere kürzere sowie untere längere Fasern und verläuft von der Schienbeinvorderseite am Rande der Incisura fibularis schräg nach distal zum Höcker der Fibulavorderseite. Fettstreifen unterteilen dieses Band unregelmäßig in mehrere Zügel [902, 549, 276]. Der distale, meist etwas rundliche Zügel, durch einen Fettstreifen vom oberen Bandanteil getrennt, entspringt vom distalen, lateralen Tibiaeck, zieht nach distal zum Außenknöchel und berührt dabei die laterale Taluskante, um sich an der Pfannenbildung des Talokruralgelenkes zu beteiligen [326]. Daraus kann sich eine Impingementproblematik entwickeln [6]. Alleine der Kontakt des distalen Faszikels mit dem lateralen Taluseck ist aber noch kein Impingement [6, 7, 741, 864, 596, 429]. Die Faszikelbildung führt zu Perforationsstellen im Band, durch die die Äste des A. peronea (Rr. perforantes) auf der Vorderseite der Membrana interossea über das Lig. tibiofibulare ant. ziehen [902, 38, 6]. Der distale Faszikel des Lig. tibiofibulare ant. wurde vorübergehend auch akzessorisches Lig. tibiofibulare ant. genannt [740], liegt aber intrakapsulär und extrasynovial [38].

Das **Lig. tibiofibulare post.** besteht aus einer oberflächlichen und einer tiefen Schicht [902, 35, 741, 327]. Die oberflächliche Schicht entspringt an der hinteren Kante des Außenknöchels und zieht nach proximal medial an die Tibia mit Ansatz am Tuberculum posterius. Diese Schicht entspricht dem posterioren oder posteroinferioren tibiofibularen Band. Die tiefe Schicht wird auch als Lig. tibiofibulare transversale (= Lig. transversum) bezeichnet [902]. Diese kegelförmige Struktur entspringt im proximalen Bereich der Fossa malleolaris lateralis und zieht in Richtung Tibiahinterkante unmittelbar zur Knorpel-Knochen-Grenze bis hin zum Innenknöchel. Als transversales Band dehnt es sich über die Knochengrenze der hinteren Tibia nach distal aus und bildet so ein Labrum [902] mit Bezug zur Tibiagelenkfläche. So wird dadurch eine hintere Talustranslation verhindert [1035]. Dieses transversale Band kann arthroskopisch von anterior gesehen werden [327]. Nahezu regelmäßig zieht ein Faserbündel des Lig. fibulotalare post. (Außenbandapparat) zur Tibiahinterkante, „tibial slip of the posterior fibulotalar ligament". Faserbündel, die nicht vom Lig. fibulotalare posterius abzweigen, sondern mit diesem nur den Ursprung am Malleolus lateralis gemeinsam haben und zur Tibiahinterkante ziehen, werden von manchen Autoren [1159, 980] als Lig. transversum inferius bezeichnet. SCHMIDT [934] sieht diesen Faserzug als Bestandteil der dorsalen Syndesmose an [902]. Es besteht also eine Verbindung zwischen der hinteren Syndesmose, tiefen Schicht, und dem Lig. fibulotalare post. Zumindest haben beide Bänder eine gemeinsame Ansatzstelle in der Fossa malleolaris lateralis. Die Bandstruktur „tibial slip" [154, 343] zieht ausgehend von der Außenknöchelfossa bis zum Innenknöchel. Diese geht also vom Lig. fibulotalare post. am fibularen Ansatz aus und verbindet sich mit dem Lig. tibiofibulare transversale hin zum Innenknöchel.

Das **Lig. tibiofibulare interosseum** hält mit einem kurzen kräftigen Faserkonvolut die Fibula an die Tibia und bildet als Zwischenwand ein Gewölbe über dem Recessus tibiofibularis. Es ist in der Incisura fibularis tibiae lokalisiert und steht mit der distalen Begrenzung der Membrana interossea in Verbindung [1043, 902]. Eine Besonderheit des tibiofibularen Recessus, der auch Diverticulum interosseum genannt wird [35], stellen Varianten der tibiofibularen Syndesmose unter Ausbildung verschiedener Kontaktzonen dar (Typ 1 und Typ 2).

Die tibiofibulare Kontaktzone (Abb. 7.31) besteht in einer sagittal ausgerichteten Linie aus drei Teilen [398, 35] verschiedener Länge:

- ant. Teil:
  5 mm, fibrös-fettiges Gewebe dreieckförmig verbunden mit dem Lig. tibiofibularis ant.,
- med. Teil:
  6 mm, die beiden Knochen stehen in direktem Kontakt über schmalen Knorpelflächen; in 23,3 % der Fälle fehlt diese Kontaktzone,
- post. Teil:
  15 mm, V-förmige Plica zwischen Tibia und Fibula, deren Basis mit dem anterioren Teil des Lig. tibiotalare post. in Kontakt steht. Diese Plica liegt immer vor, variiert jedoch in der Ausdehnung erheblich und reicht beim Typ 2 bis zum vorderen, dreieckigen Meniskoid.

Bis 1,5–2 cm oberhalb der Gelenklinie nähern sich Tibia und Fibula von proximal kommend und verlaufen von da an zu der Incisura fibularis tibiae parallel in einem Abstand von etwa 2 mm. Diesen Spalt füllt posterior die V-förmige Plica, die lateral mit der Fibula verwoben ist und sich proximal dem Lig. interosseum nähert. Medial liegt die Plica locker der Tibia an und bildet einen mit dem oberen Sprunggelenk in Verbindung stehenden Recessus von 12–15 mm Ausdehnung nach proximal.

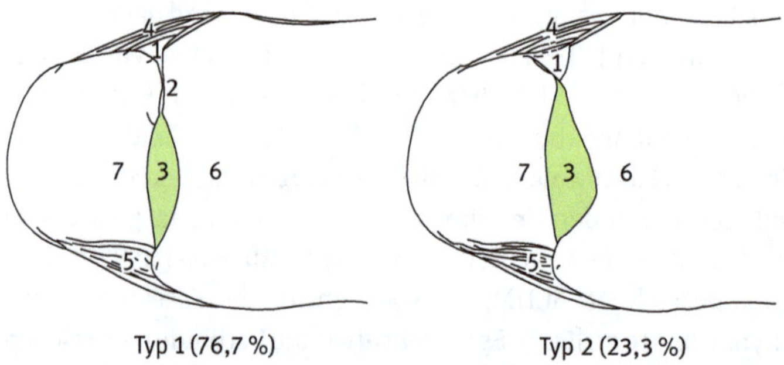

Abb. 7.31: Tibiofibulare Kontaktzonen Typ 1 und Typ 2 (1 = fibröses Fettgewebe bzw. Meniskoid im Typ 2, 2 = tibiofibulare Kontaktfacetten, 3 = Plica tibiofibularis, 4 = Lig. tibiofibulare ant., 5 = Lig. tibiofibularis post., 6 = Tibia, 7 = Fibula).

Die **Membrana interossea** ist eine eigenständige, die Fibula und Tibia aneinanderhaltende Struktur und steht mit der Spitze des Lig. interosseum in Verbindung. Die meisten kollagenen Fasern dieser Membran verlaufen von proximal-medial nach distal-lateral. Weniger schwache Faserbündel ziehen von distal-medial nach proximal-lateral. Mit dieser Konstruktion sind die beiden Unterschenkelknochen im Vergleich zu den Unterarmknochen nur gering verstellbar [549].

7.3.2 Gefäßversorgung der Syndesmose

Die Syndesmose erhält die Blutversorgung aus der A. peronea und aus der A. tibialis ant. bzw. aus der A. tibialis post. Die A. peronea verläuft aus der A. tibialis post. kommend hinter der Membrana interossea und gibt etwa 3 cm oberhalb des oberen Sprunggelenkes einen R. perforans (88 %) ab, der die Membrana interossea durchbohrt und auf der Vorderseite u. a. die vorderen Syndesmosenanteile versorgt. Im hinteren Verlauf der A. peronea gibt diese einen R. communicans (88 %) ab, der als Anastomose mit der A. tibialis post. in Verbindung steht, dieser versorgt auch die hintere Syndesmose. Der die Membrana interossea perforierende Ast der A. peronea ist bei Rupturen der Membrana interossea bzw. der Syndesmose gefährdet [660], wenn sich die Verletzung über 3 cm proximal des oberen Sprunggelenkes ausdehnt. Die Folge kann gemäß der Typisierung der Blutversorgung der Verlust der Durchblutung der vorderen Syndesmose sein. Es kann eine verzögerte Heilung resultieren.

7.3.3 Biomechanik – Pathomechanik

Das distale Tibiofibulargelenk ist eine Syndesmose zwischen der konvexen Oberfläche der distalen Fibula und der konkaven Oberfläche der distalen Tibia. Die interossären Bänder werden als federnd beschrieben, um eine leichte Trennung von distaler Tibia und Fibula während der Dorsalflexion im Talokruralgelenk zu ermöglichen. Die Fibula bewegt sich dabei leicht nach proximal oder rotiert entlang ihrer Längsachse, um der Talusbewegung zu folgen. Zwischen Tibia und Fibula schiebt sich die Synovialmembran etwa 4 mm nach proximal zwischen den beiden Gelenkflächen, die distal etwa 1 mm mit Gelenkknorpel ausgestattet sind. Der distalste Teil der Membrana interossea ist mit dem interossären Band in Verbindung und trägt zur Stabilität bei. Durch ein separates Durchtrennen der einzelnen Bandstrukturen zeigt sich eine prozentuale Abnahme des Stabilitätswiderstandes durch das Lig. tibiofibulare anterius mit 35 %, das interossäre Ligament mit 22 %, den oberflächlichen Teil des Lig. tibiofibulare posterius mit 9 % und die tiefe Schicht des Lig. tibiofibulare posterius mit 33 % [759, 760]. Daraus resultiert, dass für die Stabilität der Syndesmose vorwiegend das Lig. tibiofibulare anterius, die tiefe Schicht des Lig. tibiofibulare posterius und das interossäre Band zuständig sind. Instabil ist die Syndesmose dann, wenn sich der Abstand um mehr als 2 mm verbreitert. Sind mehr als zwei der Bandstrukturen verletzt, so bedeutet dies eine Abnahme der Stabilität um 50 % [759, 760]. Im distalen Tibiofibulargelenk gibt es Bewegungen in allen drei Ebenen. Von der maximalen Plantarflexion zur Dorsalextension nimmt der intermalleolare Abstand um 1,5 mm zu [744, 476], die Tibia rotiert dabei um den Talus um 5–6° [174]. Im unbelasteten Sprunggelenk wird eine Rotation von 25° in der horizontalen Ebene festgestellt [658], die Hälfte davon entsteht im distalen Tibiofibulargelenk mit sieben Grad Innenrotation und zehn Grad Außenrotation [862]. Während der Belastungsphase beim Gehen entsteht eine Distalisierung der Fibula um durchschnittlich 2,4 mm [946].

Ein wesentlicher Unterschied in der Steifigkeit der einzelnen Syndesmosenbänder liegt nicht vor, wobei das Lig. tibiofibularis post. – wenn auch nicht signifikant – reißfester zu sein scheint [56, 57], das Lig. tibiofibulare interosseum scheint aber im Vergleich zum Lig. tibiofibulare ant. stabiler auszufallen [425]. Die Ruptur des Lig. tibiofibulare ant. kann zu einer Erweiterung zwischen Tibia und Fibula zwischen 4 und 12 mm führen [79, 108, 22, 146]. Das Durchtrennen des Lig. tibiofibulare ant. zusammen mit dem Lig. interosseum führe zu einer Aufwertung auf 2,2 mm, das zusätzliche Durchtrennen des Lig. tibiofibulare post. auf 7,3 mm [1158]. Dabei nimmt die Rotation von 2,7° bei isolierter Durchtrennung des Lig. tibiofibulare ant. auf 10,2° zu, wenn alle drei Bänder durchtrennt werden. Gleichzeitig zeigt eine Varusstellung des Rückfußes einen die tibiofibulare Instabilität verstärkenden Einfluss [1147]. Bei der Syndesmoseninstabilität kann der Talus in Extension um 4,2° nach außen rotieren, in Flexion um 1,4° nach innen [442, 920]. Bei stabilem Lig. tibiofibulare ant. ist dies nicht möglich [919]. Neben der Fibularotation in der tibiofibularen Grube ist gleichzeitig eine Sagittalbewegung [804] mit Zunahme des intermalleolaren Abstandes um 1,3 mm erkennbar. Die Außenrotation des Talus als Instabilitätsfolge ist sowohl bei durchtrenntem Lig. tibiofibulare ant. [919] als auch bei gleichzeitig durchtrenntem Lig. tibiofibulare post. gering. Diese Außenrotationsinstabilität nimmt erst bei einer Kontinuitätsunterbrechung des anterioren Deltabandes oder des Lig. fibulotalare post. deutlich zu [862]. Daraus wird geschlossen, dass eine Ruptur der distalen tibiofibularen Syndesmose nur bei einem Außenrotationstrauma möglich ist. Eine isolierte Syndesmosenverletzung sei selten, meist bestehe eine gleichzeitige Verletzung des Deltabandes und des Lig. fibulotalare post. [557, 80, 107, 1120] im Sinne einer Auenrotationsinstabilität [174, 856]. Die Mitbeteiligung des Deltabandes führt bei einer Syndesmoseninstabilität zu einer Dorsalverlagerung des Außenknöchels um 4–5 mm [174, 1158], dies bei einer Außenrotation von 10,2° und einer tibiofibularen Diastase von 7,3 mm [1158]; 2 mm sind normal [580]. Trotz Belastung entsteht auch bei rupturierter vorderer Syndesmose nur eine Diastase von 2,3 mm [1158].

Eine Syndesmosenruptur kann sich ebenso durch eine Abduktion ergeben, dann ist aber auch das Innenband oder der Innenknöchel betroffen. Bei zusätzlicher Außenrotation rupturiert zuerst das Lig. tibiofibulare ant., gefolgt vom Lig. interosseum und dann von der Membrana interossea. Das Lig. tibiofibulare post. bleibt meist erhalten. Bei ausreichender Kraft resultiert dann eine Maissonneuve-Verletzung [168]. Im Sport entsteht besonders in Verbindung mit der Außenrotation (Abb. 7.32) die Verletzung der Syndesmose [300, 1158, 973] mit und ohne knöcherne Begleitverletzung. Isolierte Syndesmosenrupturen sind gewöhnlich die Folge einer heftigen Außenrotation des Talus bei gleichzeitiger Innenrotation des Beines [889], dies sowohl in Neutralstellung, Supination als auch Pronation des Fußes [861].

Laut Literatur werden diverse Mechanismen beschrieben, die zur Syndesmosenschädigung führen können:

Abb. 7.32: Typischer Mechanismus zur Verletzung der Syndesmose mit Außenrotation [168].

- Außenrotation und Dorsalextension: [744, 497, 248, 1148, 928, 259, 717, 798],
- Außenrotation und Abduktion (Talus drückt AK nach lateral): [835],
- Außenrotation: [771, 1035, 497, 248, 781, 718, 1169, 106, 623, 787, 428, 973, 859, 482, 300, 196, 96, 231, 746, 72, 259, 744, 592] Pronation – Außenrotation: [560, 127, 623],
- Eversion: [1036, 744, 592, 297, 1075, 300],
- Inversion: [781, 476, 1035],
- Plantarflexion: [1035, 300, 428, 231],
- Innenrotation: [1035],
- Pronation: [626],
- Dorsalextension: [96, 428, 746, 259, 744, 592, 1084],
- Hyperdorsalextension: [749, 428, 1035, 106, 1075, 248, 781, 300],
- Eversion, Inversion, Innenrotation, Pronation, Plantarflexion: [787].

Entscheidend für das Entstehen einer Syndesmosenverletzung ist die Außenrotation [55], unabhängig von anderen Stellungen wie Dorsalextension, Plantarflexion, Pronation oder Supination. Die isolierte Syndesmosenverletzung entsteht aber nur in Neutralposition [428, 744]. Die Schädigung der tibiofibularen Bänder kommt durch Aufweitung der Sprunggelenkgabel zustande [1036, 1075]. Normalerweise rotiert der Talus in der Gabel nicht, nur bei ausreichender Kraft auf den Fuß resultiert eine Außenrotation, die zur Zerstörung des Lig. tibiofibulare ant. oder auch anderer Syndesmosenstrukturen führt [497], bis hin zur Mitbeteiligung der Membrana interossea und zur hohen Fibulafraktur [65, 628]. Bezüglich der Außenrotation im Sinne der Pronations-Eversions-Bewegungen sind folgende Mechanismen [96, 106, 973, 300, 438] zu beachten (Abb. 7.33):

- Schlag auf den außenrotierten Rückfuß in Bauchlage,
- Schlag auf das laterale Knie bei in Außenrotation auf dem Boden stehendem Fuß mit Körperdrehung in die gegenseitige Richtung, d. h. Unterschenkelinnenrotation,
- bei maximaler Dorsalextension oder Plantarflexion ist die Syndesmose unter voller Spannung. Eine Außenrotation des Fußes gegenüber dem Bein drückt den Talus gegen den Außenknöchel, mit Ruptur des Lig. tibiofibulare ant., in der Folge können die Membrana interossea und das Lig. tibiofibulare post. betroffen sein.

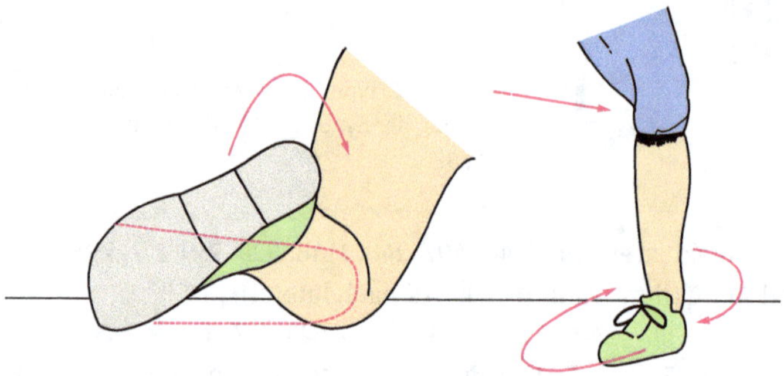

Abb. 7.33: Geeignete Mechanismen zur Verletzung der Syndesmose [744].

Weitere Mechanismen:
- Die Trochlea tali ist anterior breiter als posterior, also wird bei extremer Dorsalextension die Knöchelgabel keilartig vom Talus gespalten mit Ruptur des anterioren, evtl. auch posterioren Lig. tibiofibulare [428, 781, 1075]. Dies tritt ein beim Nachvornefallen beim aufgesetzten Fuß oder beim plötzlichen Stoppen des Fußes mit Weiterbewegung des Oberkörpers [1075].
- Eine exzessive Eversion des Subtalargelenkes [1036, 781] zerreißt das Deltaband und presst den Talus nach lateral mit Ruptur der tibiofibularen Bänder. Bevor die Syndesmose verletzt wird, entsteht meist eine Außenknöchelfraktur [781].
- Eine erhebliche Inversion führt zur Verletzung lateraler Bandstrukturen und kann die tibiofibularen Bänder mitverletzen [428, 781], mit Trennung der Syndesmose und spontaner Reposition [1075]. Vor der Syndesmosenschädigung entsteht meist eine Innenknöchelfraktur [781].

Daraus ergibt sich, dass nach LAUGE-HANSEN [558, 560, 561] drei Mechanismen zur partiellen oder kompletten Syndesmosenruptur führen, Letztere entsteht durch die Pronation, Eversion oder Außenrotation und ist häufig mit der proximalen Fibulafraktur (MAISONNEUVE-Verletzung) verbunden [889]. Es handelt sich nach LAUGE-HANSEN [559] um eine „ligamentäre Knöchelfraktur". Seltenere Mechanismen einer Syndesmosenruptur sind die Dorsalextension mit gleichzeitiger Abduktion [248, 482, 428]. Ein Abduktionsmechanismus führt zuerst zur Innenbandruptur oder zur Innenknöchelfraktur und erst dann zur Syndesmosenruptur. Es sei unwahrscheinlich, dass eine Syndesmosendiastase ohne diese Begleitverletzungen vorkommt [174]. Der Außenrotationsmechanismus setzt am meisten das Lig. tibiofibulare ant. unter Stress. Das Lig. tibiofibulare transversale bleibt intakt im Sinne eines Scharniers, das die Verbindung zwischen Tibia und Fibula aufrechterhält, wie bei einem „Open-Book-Mechanismus" [482]. Die kräftigere Abduktion oder Außenrotation führt schrittweise bis hin zur kompletten Zerstörung der Syndesmose von distal nach proximal unter Einbezug der Membrana interossea [482]. Die mit der Syndesmosenverletzung in Verbindung zu bringende Innenbandverletzung kann auch als Folge der durch Außenrotation entstandenen Syndesmosenverletzung gesehen werden [1139]. Die von distal nach proximal sich in Abhängigkeit der einwirkenden Kraft ausdehnende Verletzung bezieht die Membrana interossea bis hin zur hohen Fibulafraktur mit ein, aber resultiert auch in einer Außenknöchelfraktur [692]. Die Syndesmosenverletzung hängt nicht nur von der Kraftrichtung ab, es wird auch eine hohe Kraftstärke wie bei „high-contact sports" gefordert [187, 300] oder auch eine direkte Impaktion posterolateral.

Bei fixiertem Fuß kommt es bei Innenrotation des Unterschenkels zur Außenrotation des Talus [1183] und zur Pronation bei gleichzeitiger Dorsalextension zur Verletzung der distalen Syndesmose [335]. Dieser Mechanismus entspricht der Außenrotation-Dorsalextension bei fixiertem Unterschenkel. Bei diversen Mechanismen entstehen Syndesmosenverletzungen, nur selten isoliert, meist in Kombination mit sonstigen ligamentären und/oder ossären Begleitverletzungen. Entsprechend der Klassifikation von LAUGE-HANSEN [558] liegen verschiedene Verletzungsformen vor [346], einteilbar in vier Gruppen (Abb. 7.34).

Beim Außenrotations-(Pronations-)Abduktions-Mechanismus kann schon mit der Innenbandverletzung das distale interossäre Ligament mitbeteiligt sein [836], es liegt dann immer noch eine stabile Form vor. Die distalen tibiofibularen Strukturen können eigentlich nur durch einen Außenrotationsmechanismus zerstört werden, besonders mit einer gleichzeitigen Lateralisierung des Talus [861]. Eine vermehrte Außenrotation resultiert aus einer Instabilität des Lig. fibulotalare ant. bzw. des anterioren Deltabandes oder des Lig. fibulotalare ant. bzw. des anterioren Deltabandes oder des Lig. fibulotalare post. Daraus lässt sch auch das vorwiegende Auftreten der Syndesmosenverletzungen beim Komplexschaden ableiten. Die Lateralverlagerung des Talus wird durch distale Syndesmosenstrukturen verhindert [967, 174, 497]. Diese Taluslateralisierung einschließlich Syndesmosenverletzung ist mit Deltabandruptur und Außenknöchelfraktur möglich [1075] oder auch ohne Außenknöchelfraktur [106]. Die tibiofibulare Diastase wird nach EDWARDS [248] in zwei Kategorien eingeteilt:

- verborgene (latent) Diastase: Röntgen unauffällig, erst bei Außenrotation Syndesmosenaufweitung,
- offensichtliche (frank) Diastase: im Nativ-Röntgenbild erkennbar.

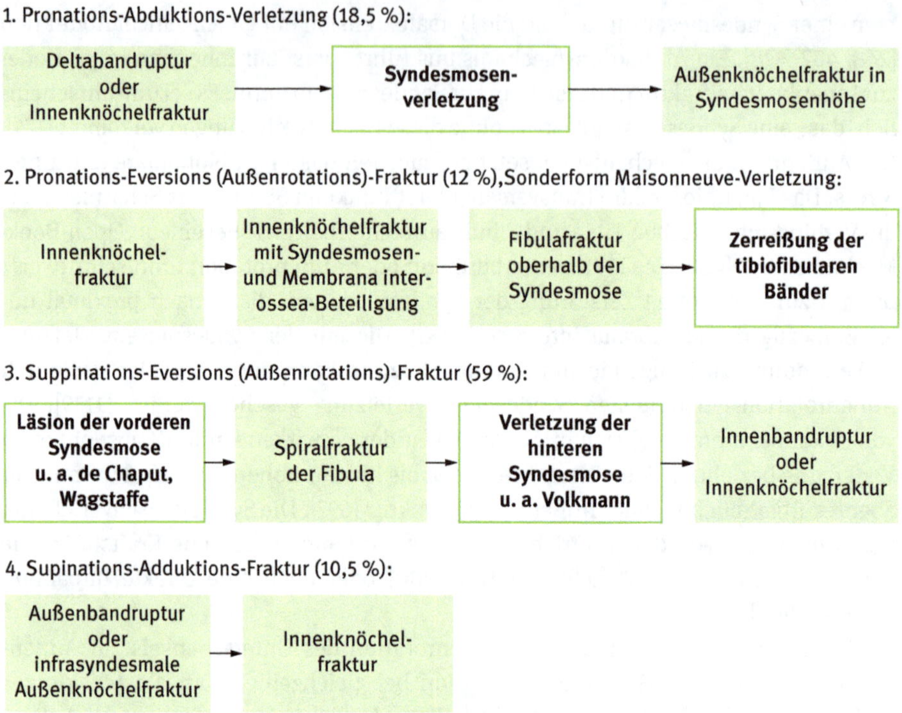

Abb. 7.34: Klassifikation der Sprunggelenksverletzungen [558].

Allgemein kann davon ausgegangen werden, dass folgende Mechanismen zur Syndesmosenverletzung führen [798, 300]:

- Außenrotation des Fußes, genauer Innenrotation des Unterschenkels bei feststehendem Fuß,
- forcierte Dorsalflexion des Sprunggelenkes und/oder forcierte Fuß-Abduktion.

7.3.4 Pathologie, Pathogenese

1–18 % aller Distorsionen am Sprunggelenk sind Syndesmosenverletzungen [168, 592, 853]. Die isolierte Verletzung wird mit 1–12 % angegeben [75, 771, 226, 20, 245]. Es gibt komplette, isolierte Rupturen [96, 248, 428, 1035] ohne begleitende Außenknöchelfrakturen und auch inkomplette Verletzungen, die oft eine längere Rehabilitationsphase als komplette Rupturen durchlaufen [96, 428, 1035]. Werden diese Verletzungen übersehen, kommt es zur veralteten Instabilität mit der schmerzhaften Arthrosefolge [580, 901, 979]. Eine Erweiterung der Syndesmose um 1 mm verringert das Kontaktareal tibiotalar um 42 % [360, 856] mit einer Zunahme der Kontaktüberlastung im Sinne der Instabilitätsarthrose [825]. Das Lig. tibiofibulare ant. verhindert die Außenrotation, das Lig. tibiofibulare post. die Innenrotation [947, 979, 245]. Die meisten distalen tibiofibularen Verletzungen entstehen beim Außenrotationsmechanismus. Das Lig. tibiofibulare post. ist das kräftigste Band der distalen Syndesmose, scheint aber nicht für die Stabilität entscheidend zu sein [245]. Ein intaktes Deltaband verhindert eine laterale Talusverschiebung, aber nicht die tibiofibulare Diastase [979], die auch nicht durch die lateralen Kollateralbänder gebremst wird. Diese Bandstrukturen verhindern die Taluskippung. Somit ist für die Stabilität der Syndesmose das interossäre Band entscheidend, d. h., eine Diastase der Syndesmose ist nur bei einer Ruptur des Lig. interosseum möglich [979]. Zur isolierten Syndesmosenverletzung sollen folgende Mechanismen führen: Pronation-Abduktion, Pronation-Elevation, Supination-Eversion, Außenrotation, Supination-Abduktion, Dorsalflexion und Inversion [766, 297, 1120, 560, 428]. Die Häufigkeit der isolierten Syndesmosenverletzung wird mit 3 % aller Bandverletzungen am oberen Sprunggelenk angegeben [810] und 50 % davon werden primär übersehen [1080]. Die Grobeinteilung der Syndesmosenverletzungen sieht Folgendes vor:

- isolierte Verletzung [889, 151, 686, 531, 1080],
- mit Knöchelfraktur [40],
- bei lateralem „ankle sprain" 1–10 % [686],
- mit Innenbandbeteiligung bei Talus- und/oder Tibiaaußenrotation [1040].

Etwa 10 % aller OSG-Distorsionen" (Zerrungen) entsprechend „ankle sprain" sind mit Syndesmosenverletzungen vergesellschaftet [96]. Eine wesentliche Einteilung betrifft die Zuordnung zu einer rezenten oder veralteten Syndesmoseninstabilität, da sich daraus therapeutische Überlegungen ableiten. Eine „akute" besser rezente Verletzung [72] ist eine frische noch blutende Schädigung der Bänder. Es handelt sich um eine „Open-Book-Verletzung" der Sprunggelenksgabel mit Außenrotation der Fibula und einer dadurch bedingten größeren Beweglichkeit des Talus [482], häufig mit Beteiligung des Lig. deltoideum [686]. Die „chronische", besser veraltete Verletzung [1170, 58] ist mit aus der Instabilität resultierenden Knorpelschäden (Instabilitätsarthrose) versehen [1110], meist am medialen Tibiotalargelenk lokalisiert. Eine narbige oder verknöcherte Syndesmose führt zur Einschränkung der Außenrotation mit der Folge der Fehlbelastung im oberen Sprunggelenk und der Arthrose [1101]. Es liegen verschiedene Klassifikationen der Syndesmosenschäden vor [248, 167]. Die Unterscheidung zwischen kongenital und erworben erscheint deshalb sinnvoll, da die kongenitalen Syndesmosenschäden mit anderen Skelettanomalien einhergehen [948, 306]. Rezente Verletzungen werden innerhalb der ersten drei Wochen nach dem Unfallereignis festgestellt als „Distorsion" ohne Diastase oder mit Diastase, die am Röntgenbild versteckt vorliegen kann (Außenrotationsstress erforderlich) oder auch offensichtlich ist [248]. Letztere teilt EDWARDS [248] in vier Typen ein:

- Typ I : laterale Subluxation ohne Fraktur,
- Typ II : laterale Subluxation mit plastischer Verformung der Fibula,
- Typ III : posteriore Subluxation/Luxation der Fibula

– Typ IV : superiore Subluxation/Luxation des Talus in die Sprunggelenksgabel, evtl. mit Fibulafraktur.

Bei den veralteten Verletzungen werden solche mit oder ohne Arthrosezeichen bzw. mit oder ohne Verknöcherungen der Syndesmose (= Synostose) unterschieden. In Abhängigkeit vom pathomorphologischen Substrat lässt sich einteilen:

A. Klassifikation der Syndesmosenverletzung ohne AK-Fraktur, nach [482]
   - Typ 1: zwischengeschaltete Diastase beim Kind,
   - Typ 2: anteriore tibiofibulare Diastase,
   - Typ 3: komplette tibiofibulare Diastase.

B. Ankle diastase ohne AK-Fraktur [248]
   - Typ 1: laterale Fibulasubluxation ohne plastische Verformung der Fibula,
   - Typ 2: laterale Fibulasubluxation, bedingt durch plastische Verformung der distalen Fibula,
   - Typ 3: posteriore Rotationssubluxation der Fibula,
   - Typ 4: nach superior dislozierter Talus durch die Divergenz der Tibia und Fibula.

C. Ligamentäre Syndesmosen-Verletzung [315]
   - Grad I: keine Instabilitätszeichen, partielle Ruptur des Lig. tibiofibulare ant.,
   - Grad II: keine oder geringe Instabilitätszeichen, Ruptur des Lig. tibiofibulare ant., partielle Ruptur des Lig. interosseum,
   - Grad III: definitive Instabilität, Ruptur aller Syndesmosenbänder.

     Grad II und Grad III können nur arthroskopisch oder mittels MRT unterschieden werden [853].

D. Syndesmosenläsionen nach PANKOVICH [781]
   - Stadium I: Ruptur des Lig. tibiofibulare anterius oder Avulsionsfraktur am Bandansatz mit Ruptur der Membrana interossea,
   - Stadium II: Stadium I mit Ruptur des Lig. tibiofibulare posterius oder Fraktur des Tuberculum posterius tibiae,
   - Stadium III: Stadium II mit Ruptur der anterioren medialen Gelenkkapsel,
   - Stadium IV: Stadium III mit proximaler Fibulafraktur,
   - Stadium V: Stadium IV mit Ruptur des Lig. deltoideum oder Innenknöchelfraktur.

E. Einteilung der Syndesmosenverletzungen [166]
   - Typ 1: klinisch oder MR-tomographischer Nachweis einer Syndesmosenverletzung (isolierte Ruptur des Lig. tibiofibulare ant.) ohne Instabilität,
   - Typ 2: Syndesmosenverletzung mit funktioneller Instabilität (Nachweis durch Stressaufnahme),
   - Typ 3: Syndesmoseninstabilität, Nachweis auf Nativröntgenaufnahmen.

F. Einteilung der Gabelsprengung [76]
   1. Innenknöchelfraktur mit Zerreißung der Syndesmose und der Mebrana interossea,

2. Zerreißung des Lig. deltoideum, der Syndesmose und der Membrana interossea,
3. Gabelsprengung durch Zerreißung des Lig. deltoideum und Außenknöchelfraktur,
4. Gabelsprengung mit Zerreißung des Lig. talofibulare und Lig. calcaneofibulare und Innenknöchelfraktur.

G. Syndesmosenverletzung mit ossärer Beteiligung [558].

Die klassische, genetische, d. h. entsprechend der Entstehung vorgenommene Einteilung nach LAUGE-HANSEN [558], unterscheidet vier Grundtypen unterschiedlicher Häufigkeit (Abb. 7.35):

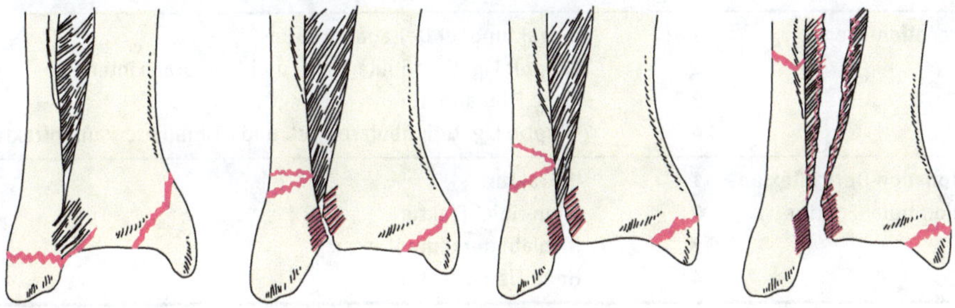

SA	**PA**	**SE**	**PE**
16 %	7 %	69 %	8 %
Supinations-Adduktionsfraktur	Pronations-Abduktionsfraktur	Supinations-Eversionsfraktur	Pronations-Eversionsfraktur

Abb. 7.35: Grundtypen der Knöchelbrüche, nach [558] mit Beteiligung der Syndesmose.

Aus den Grundtypen der Knöchelfrakturen nach LAUGE-HANSEN [558] resultieren je nach Verletzungsmechanismen verschiedene Stadien (Tab. 7.9).

Die Bezeichnung Supination-Pronation verweist auf die Vorfußstellung, Adduktion-Abduktion beschreibt die einwirkende Kraftrichtung, Eversion-Inversion ist ein Hinweis auf die Rotationsrichtung. Eine Pronation-Dorsalflexion führt hin zur distalen Tibiagelenkflächenfraktur (pilon-tibial, plafond-tibial).

Nach den Feststellungen von LAUGE-HANSEN [558] sind Syndesmosenverletzungen bei allen Knöchelfrakturen, Supinations-Adduktions-Verletzungen ausgenommen, zu finden. Häufig entstehen auch die Tibiahinterkantenfrakturen, in Abhängigkeit von deren Größe als Abrissverletzung des Lig. tibiofibulare oder als Stauchungsfraktur bezeichnet. Bei der Supinations-Eversionsfraktur zerreißt das hintere Syndesmosenband ligamentär oder als Volkmann-Abrissfraktur [1183]. Somit wäre das dorsolaterale Tibiakantenfragment eine ligamentäre Abrissverletzung der hinteren Syndesmose, auch bei der Pronations-Eversions-Fraktur, hier beginnt aber die Krafteinwirkung am Innenknöchel [1183]. Dagegen resultiert aus der Pronations-

Tab. 7.9: Verletzungsart, Stadieneinteilung und Verletzungsmechanismus bei den Grundtypen der Knöchelfrakturen, [558] (* = Syndesmosenverletzung, # = Volkmann-Dreieck)

Mechanismus	Stadium	Verletzungsart
Supination-Adduktion	1	AK-Fraktur oder Außenbandruptur
	2	IK-Fraktur auf Gelenkebene
Pronation-Abduktion	1	IK-Fraktur oder Deltabandruptur
	2	*Ruptur Ligg. tibiofibularia ant. + post.
	3	AK-Fraktur mit lateraler Trümmerzone
Supination-Eversion	1	*Ruptur Lig. tibiofibulare ant.
	2	AK-Fraktur (schräg oder spiralförmig)
	3	#Tibiahinterkantenfraktur
	4	IK-Fraktur oder Deltabandruptur
Pronation-Eversion	1	IK-Fraktur oder Deltabandruptur
	2	*Ruptur Lig. tibiofibulare ant. und Membrana interossea
	3	Hohe Fibulafraktur
	4	*Ruptur Lig. tibiofibulare post. und #Tibiahinterkantenfraktur
Pronation-Dorsalflexion	1	IK-Fraktur
Pilon-tibial-Fraktur	2	Pilon-tibial-Fraktur
	3	#Tibiahinterkantenfraktur
	4	Hohe Fibulafraktur

Dorsal-Flexion ein Stauchungsmechanismus, der zur Tibiahinterkantenfraktur führt. Die Tibiahinterkantenfraktur hat demgemäß zwei Entstehungsmechanismen: den ligamentären Abriss und die von distal kommende Stauchung. In Verbindung mit den Knöchelfrakturen zeigt sich das sog. hintere Volkmann'sche Dreieck als besonderes Arthroserisiko [383, 338, 738, 589, 331, 863, 792]. Liegen posterolaterale Kantendreiecke bei den Knöchelfrakturen vor, besteht eine Arthrosehäufigkeit von 30 % [382]. Es werden drei Formen der hinteren Kantendreiecke unterschieden [382]. Diese drei Formen weisen morphologisch, pathogenetisch und auch prognostisch bestimmte Aspekte auf.

- Kleiner, extraartikulärer Schalenabriss (8 %): Der extraartikuläre Schalenabriss ist ein ossärer, tibialer Bandabriss des Lig. tibiofibulare posterius.
- Lippenförmige kleine Kantenabscherung (48 %): Die kleine Kantenabscherung ist eine Verletzung der Gelenklippe mit Abriss der dorsalen Gelenkkapsel.
- Eigentliches artikuläres Fragment (44 %): Das eigentliche Kantenfragment ist eine Gelenkfraktur ohne oder mit Stauchungszone am hinteren Rand der Tibiagelenkfläche, verursacht durch die Talusrolle.

Das Arthroseproblem ist besonders bei den hinteren Kantenfragmenten mit einer Stauchungszone zu finden [76, 268, 382, 737, 826], diese wird oft erst nach fünf bis zehn Jahren manifest [1136]. Wem die Erstbeschreibung des hinteren Tibiakantenfragmentes zusteht, wird diskutiert [36]. In den Lehrbüchern und Publikationen erhält der hintere Ausbruchteil der distalen Tibiagelenkfläche meist die Bezeichnung „Volkmann'sches Dreieck" [952].

Die Erstbeschreibung (Abb. 7.36) der Knochenausbrüche aus dem vorderen, hinteren und lateralen distalen Tibiaende nahm COOPER [178] vor, die des hinteren Ausbruchkeiles stammt von EARLE [239] im „Lancet". Auch MAISONNEUVE [628] und MALGAIGNE [630] war diese Frakturform noch vor der Röntgenära bekannt, Letzterer prägte den Begriff der „triple fracture", der weit zutreffender ist als die im angloamerikanischen verwendete Nomenklatur „trimalleolar fracture" [952]. Das von COOPER [178] beschriebene „Third Fragment" erwähnt dann erneut V. VOLKMAN [1109] und im gleichen Jahr nennt WAGSTAFFE [1111] den knöchernen Bandausriss aus der Fibula, der auch mit gleichzeitigem Ausriss des Lig. tibiofibulare ant. vorkommen kann [568].

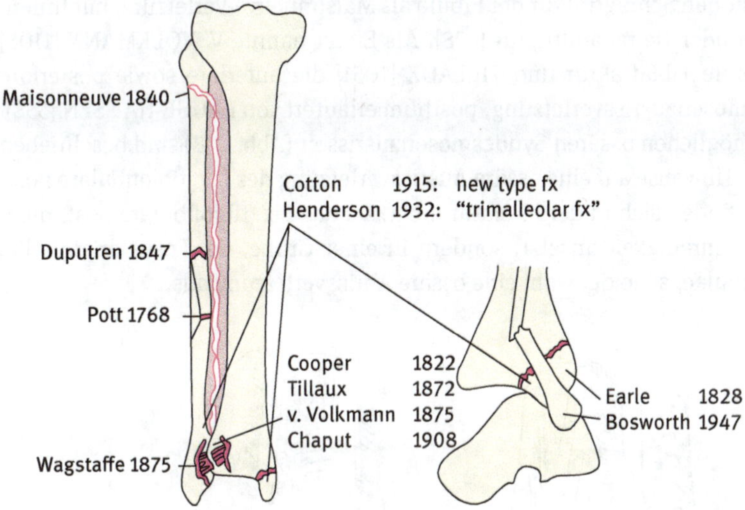

Abb. 7.36: Historische Erstbeschreibungen spezieller Frakturen (fx) und Frakturlokalisationen des oberen Sprunggelenkes [1183].

Die WAGSTAFFE-Läsion [1111] unterteilt PANKOVICH [780] in drei Typen:
- Typ I: Außenknöchelausriss mit Lig. fibulotalare ant. und Lig. tibiofibulare ant.,
- Typ II: Außenknöchelschrägfraktur und Querfraktur mit anhängendem Lig. fibulotalare ant. und Lig. tibiofibulare ant. (siehe Abb. 7.37),
- Typ III: Typ II mit knöchernem tibialen Ausriss des Lig. tibiofibulare ant.

Die Tillaux-Chaput-Fraktur ist eine ossäre Ausrissverletzung des Lig. tibiofibulare ant. aus der Tibia entsprechend einem Außenrotationsmechanismus und demzufolge kann diese Verletzung auch mit einer medialseitigen Verletzung kombiniert sein. Die Außenrotation im Sprunggelenk hat zwei verschiedene Typen der Fibulafraktur zur

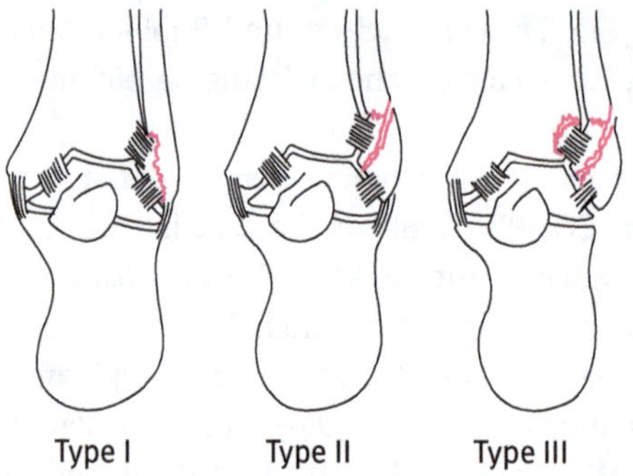

Abb. 7.37: Typisierung der WAGSTAFFE-Frakturen, nach [780].

Folge. Bleibt die ligamentäre Syndesmose intakt, so entsteht eine Fibulaschrägfraktur in Höhe des Gelenkspaltes. Rupturiert dagegen zuerst das Lig. tibiofibulare ant., so kommt es zur hohen Schrägfraktur der Fibula als Maisonneuve-Verletzung mit Innenknöchelfraktur oder Deltabandruptur [628]. Als Erster nannte V. VOLKMANN [1108] die anterolaterale Tibiafraktur und TILLAUX [1051] die anteriore sowie posteriore tibiale Syndesmosenausrissverletzung, posthum erläutert von LAUGE-HANSEN [558]. Drei von vier möglichen ossären Syndesmosenausrissen (Abb. 7.38) sind beschrieben [1111, 178, 239]. Hinweise auf eine ossäre Ausrissverletzung des Lig. tibiofibulare post. aus der Fibula finden sich in der Literatur nicht. Da das Lig. tibiofibulare post. nicht an einer Knochenrauigkeit ansetzt, sondern in einer Grube, der Fossa originis lig. talofib. post. fibulae, scheidet wohl eine ossäre Abrissverletzung aus.

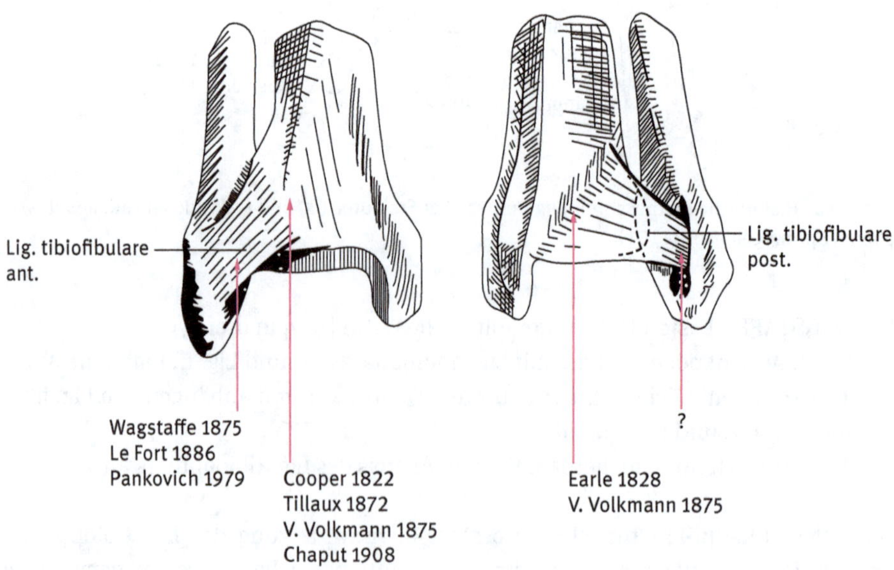

Abb. 7.38: Ossäre Bandausrisse der Syndesmosenligamente.

7.3.5 Diagnostik

Im Vergleich zur lateralen OSG-Bandverletzung führt die Syndesmosenbeteiligung zu einer deutlich verlängerten Ausheilungszeit [1155, 460], daher ist die frühe, korrekte Diagnose mit entsprechender Therapie wichtig, „ankle sprain" alleine genügt nicht [234]. Der Begriff „high ankle sprain" weist auf die Syndesmosenverletzung hin [797, 798]. Typisch für die Syndesmosenverletzung ist der anterolaterale Knöchelschmerz über der vorderen Syndesmose. Der Schmerz und die Schwellung sind genauer lokalisiert als bei sonstiger lateraler Pathologie [168]. Dieser Schmerz wird verstärkt durch den sog. „squeeze test" durch Kompression der Syndesmose mittels Druck auf Fibula und Tibia etwa in Unterschenkelmitte. Durch die Ausübung des vorderen Schubladentests sowie Prüfung der lateralen Aufklappbarkeit kann, wenn diese negativ sind, eine isolierte Verletzung der Syndesmose angenommen werden [428, 1039]. Die beste Aussage ist beim Außenrotationstest zu erwarten. Bei stabilisiertem Bein in 90°-Kniebeugung entsteht durch die Fußaußenrotation bei verletzter Syndesmose ein lokalisierter Schmerz [96]. Schließlich werden der Cotton-Test [181] bzw. dessen Modifikation als „hook-Test" [778] und der Fibula-Translationstest [759, 760] vorgeschlagen sowie die vordere Schublade [148], um eine laterale Instabilität zu erfassen oder auszuschließen. Beim Fibula-Translationstest wird die Fibula manuell nach anterior bzw. posterior und beim Cotton-Test der Fuß bei fixierter Tibia nach lateral verschoben. Erwähnt wird auch der „passive Dorsalextensionstest", als Frick-Test bezeichnet, [1080] mit dem Syndesmosenschmerz bei der Dorsalextension, der unter Kompression der Knöchel zunimmt [40]. Kein Test kann entscheiden, welches Syndesmosenband betroffen ist, und auch die tatsächliche Instabilität ist nur schwer von einer Laxität zu differenzieren, es sei denn, es liegt gleichzeitig eine Schmerzhaftigkeit vor [56]. Die Sensitivität des „squeeze test" und des Außenrotationstests ist niedrig (20–30 %), die Spezifität dagegen liegt bei 94 % bis 85 % [201], d. h., alle Patienten mit positivem Test haben auch eine Syndesmosenruptur. Insgesamt werden klinische Tests kritisch betrachtet [483].

Die Nativröntgenuntersuchung kann ossäre Abrissverletzungen nachweisen [96, 79, 300]. Ohne knöcherne Beteiligung zeigt das Röntgenbild bei Syndesmosenverletzungen zusätzlich drei Kriterien auf:

1. Zunahme des medialen Gelenkspaltes normalerweise 2–4 mm [79, 960],
2. Zunahme des tibiofibularen Abstandes, normalerweise < 6 mm [363, 768],
3. reduzierter tibiofibularer Überhang.

In der Literatur [974] werden zwei a.p.-Röntgeneinstellungen genannt, die a.p.-Aufnahme in Neutral-Null-Stellung sowie die a.p.-Aufnahme in 15°-Innenrotation („mortise view"). Aus diesen Techniken resultieren verschiedene Normalwerte bezüglich der Syndesmosenwerte (Tab. 7.10), die aber in der Literatur teilweise unterschiedlich definiert werden. Der tibiofibulare Überhang ist mit über 1 mm bis über 6 mm als Normalbefund genannt [1169].

Tab. 7.10: Röntgenkriterien zur Syndesmosenbeurteilung [363, 768, 580, 168].

X-ray Kriterien	Normalwerte
Tibiofibularer Abstand (a. p. und „mortise view")	< 6 mm
Tibiofibularer Überhang (a. p.)	≥ 6 mm
Tibiofibularer Überhang („mortise view")	≥ 1 mm

Der tibiofibulare Abstand ändert sich während der axialen Rotation nur wenig, der tibiofibulare Überhang und die mediale Gelenkspaltweite dagegen erheblich [827], somit ist der tibiofibulare Abstand weitgehend rotationsunabhängig und daher zur Beurteilung der Syndesmose am aussagekräftigsten. Genauer seien Röntgenaufnahmen unter Belastung im Stehen [828]. Die englischsprachige Literatur beschreibt eine „latent of frank diastasis" im Sinne eines „high ankle sprain" und meint damit eine dynamische bzw. statische Instabilität, vergleichbar mit den Instabilitäten am skapholunären Übergang [248]. Besteht der Verdacht auf eine instabile Syndesmose, kann eine Rö-Belastungsaufnahme in Außenrotation erfolgen [96, 248, 455]. Die Aussagekraft wird aber kritisch betrachtet [1158, 759, 760]. Auffällig ist jedoch die posterolaterale Stellung des Außenknöchels bei der Außenrotationsstressbelastung. Die Aussagekraft der Sonographie bzgl. Syndesmose [691, 692, 236, 525, 669, 670, 527] wird noch uneinheitlich diskutiert. Die Häufigkeit falscher Befunde, durch eine Operation kontrolliert, sei bei der Sonographie mit 25 % und bei der MRT mit 33 % eingeschätzt [527]. Die Computertomographie [167, 243, 255, 366, 224, 729] dient zur Darstellung (axialer Schnitt) der Syndesmose und zu deren Vermessung (Abb. 7.39) mit Bestimmung des Abstandes vom Tub. tibiale ant. zum nahesten Punkt der Fibula (A–B) sowie des Abstandes vom Tub. tibiale post. zur medialen Kante der Fibula (C–D). Es werden auch falsch-positive Ergebnisse genannt [1149]. Es resultieren Messwerte.

	A–B	C–D
Durchschnitt	2	4
Standardabweichung	0,53	1,19
Eckwerte	1–3	3–6

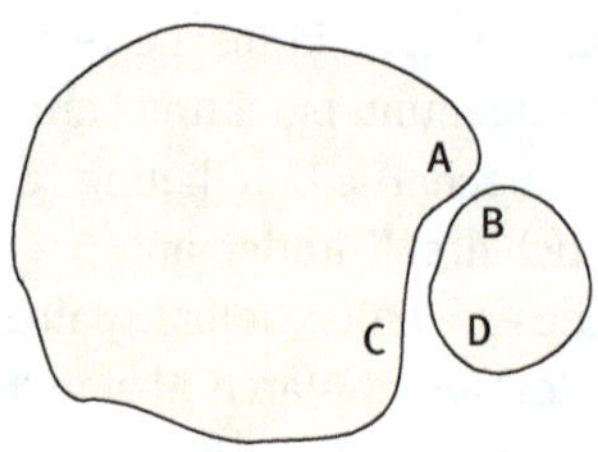

Abb. 7.39: Axialer CT-Schnitt durch die Syndesmose. Abstandsweite des Syndesmosenspaltes in mm [255].

Derzeit wird die Magnetresonanztomographie zur Beurteilung der Syndesmose herangezogen [74, 735, 751, 356, 1026, 1084, 714, 477, 399, 1105, 114]. Bei der rezenten Verletzung betrage die Sensitivität 100 %, die Spezifität 93 % [751], bei veralteten Schäden 90 % bzw. 95 % [356], die Genauigkeit sei bei 96 %. Zur Szintigraphie [285] liegen keine verlässlichen Angaben vor.

Die Arthroskopie im oberen Sprunggelenk erlaubt einen Einblick auf die gesamte Syndesmose, dies aber nicht immer. Normalerweise gelingt die Beurteilung des Lig. tibiofibulare anterius und auch unter Distraktion der Blick auf den Rezessus tibiofibularis sowie auf den tibiofibularen Diskus. Das hintere Syndesmosenband (Lig. tibiofibulare posterius) kann nur bei erheblicher Distraktion oder schon vorbestehender Instabilität betrachtet werden (Abb. 7.40).

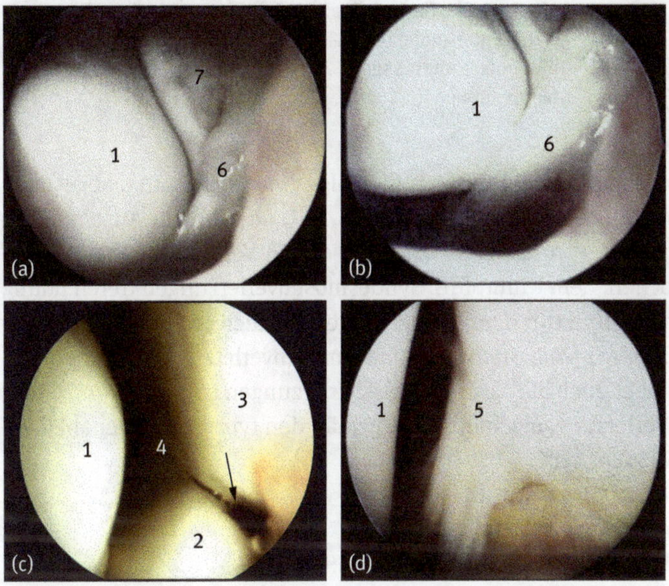

Abb. 7.40: Arthroskopische Betrachtung der tibiofibularen Syndesmose eines linken oberen Sprunggelenkes ((a) Lig. tibiofibularis ant., (b) Lig. tibiofibularis ant., (c) Unterfläche der Syndesmose, (d) Lig. tibiofibularis post., 1 = Talus, 2 = Außenknöchel, 3 = Tibiaunterfläche, 4 = tibiofibularer Diskus, 5 = Lig. tibiofibularis post., 6 = Lig. tibiofibularis ant., 7 = Tibiavorderkante, Pfeil = tibiofibularer Rezessus).

Die Testung der Stabilität einer Syndesmose auf arthroskopischem Weg gelingt insbesondere unter Einsatz eines Taststabes von anteromedial, so dass der Außenknöchel nach außen gedrückt werden kann, dies unter Blick auf die Syndesmose. So können Instabilitäten festgestellt werden, auch mit der Unterscheidung, ob das vordere oder das hintere Syndesmosenband betroffen ist, und es kann ebenfalls das Lig. interosseum getestet werden, dann weitet sich der tibiofibulare Rezessus auf [1025, 1026, 413, 926, 759, 760, 613, 751, 1110, 1170].

7.3.6 Beurteilung

Die Syndesmose als Articulatio tibiofibularis distalis ist eine ligamentäre Ringstabilisierung zur elastischen Verbindung zweier Knochen im Verbund mit dem oberen Sprunggelenk (Abb. 7.41).

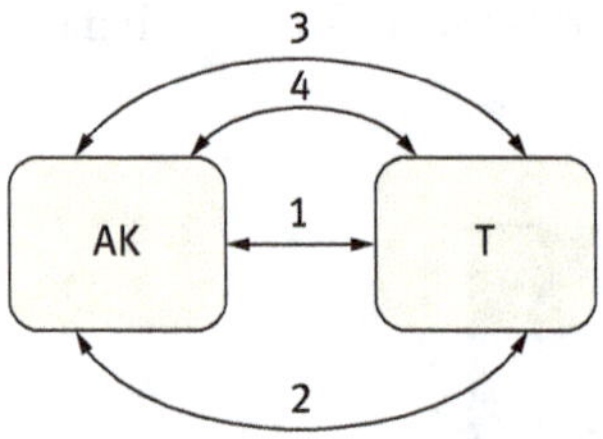

Abb. 7.41: Elastischer, ligamentärer Ringverbund der Sprunggelenksyndesmose (AK = Außenknöchel, T = Tibia 1 = Lig. tibiofibulare interosseum, 2 = Lig. tibiofibulare ant., 3 = Lig. tibiofibulare post., 4 = Lig. transversum inferius).

In aller Regel sind Syndesmoseninstabilitäten die Folge einer Verletzung, abgesehen von kongenitalen tibiofibularen Diastasen [1074, 86, 651, 44], die ein Auseinanderweichen der distalen Fibula von der Tibia zeigen, meist in Verbindung mit Fehlbildungen paralleler Knochen, dem Klumpfuß. Syndesmosenverletzungen treten häufig in Verbindung mit Knöchelfrakturen auf [558]. Es werden auch isolierte Syndesmosenverletzungen beschrieben [248, 315, 166]. Syndesmosenverletzungen können rein ligamentärer Art sein, aber auch als ossäre Ausrissverletzungen entstehen [482], dies in Abhängigkeit vom Verletzungsmechanismus, gemäß den typischen Mechanismen nach LAUGE-HANSEN [558]:

- Supination/Adduktion (16 %) – SAD
- Pronation/Abduktion (7 %) – PAB
- Supination/Eversion (= Außenrotation) (69 %) – SER
- Pronation/Eversion (= Außenrotation) (8 %) – PER

Es wird auch die Pronation/Dorsalflexion genannt, die aber mit einer Pilon tibiale-Fraktur in Verbindung gebracht wird, beginnend mit einer Innenknöchelfraktur. Ein bestimmter Verletzungsmechanismus führt aber nicht sofort zum Endzustand des Verletzungsbildes, dieses wird schrittweise erreicht. Bei der Pronation/Abduktion entsteht primär die Innenknöchelfraktur oder eine Innenbandruptur, durch die Supination/Eversion eine Ruptur des Lig. tibiofibulare anterius, also resultiert aus diesem Unfallmechanismus im ersten Schritt eine Syndesmosenverletzung. Die Pronation/Eversion beginnt mit einer Innenknöchelfraktur oder einem Deltabandriss und die Supination/Adduktion mit einer Außenknöchelfraktur oder einem Außenbandriss. Die Verletzungsfolge beginnt somit sowohl bei der Pronation/Eversion als auch bei der Pronation/Abduktion mit einer Verletzung im Innenknöchel/Innenbandbereich. Lediglich bei der Supination entsteht eine laterale Bandverletzung, bei der Adduktion liegt eine Außenrotationskomponente (Eversion) in Verbindung mit der Supination vor. So beginnt der Verletzungsmechanismus mit einer Schädigung der vorderen Syndesmosenanteile. Es kommt der Supinations-/Außenrotationsbewegung eine besondere Bedeutung beim Entstehen einer Syndesmosenverletzung zu. Dies resultiert auch aus den biomechanischen Überlegungen, die der Außenrotation, unabhängig von zusätzlichen Stellungen wie Dorsalextension, Plantarflexion, Pronation oder Supination, eine besondere Bedeutung beimessen. Die isolierte Syndesmosenverletzung soll aber dabei nur in Neutralposition entstehen [428, 744]. Diese Außenrotation führt zu einer Aufweitung der Sprunggelenksgabel [1036, 1075] durch Rotation des Talus, der unter physiologischen Bedingungen in der Sprunggelenksgabel nicht rotiert. Dies entsteht nur bei ausreichender Kraft auf den Fuß mit der Folge einer Zerstörung des Lig. tibiofibulare anterius, vergleichbar mit dem „Open-book-Mechanismus", so wie diese auch bei der Beckenringfraktur bekannt ist. Bei den Pronationsmechanismen resultiert als erster Schritt normalerweise eine Innenknöchelfraktur oder eine Innenbandruptur. Entsteht eine Innenbandruptur, kann diese Verletzung radiologisch nicht erkannt werden, so dass die im zweiten Schritt zustande kommende Syndesmosenverletzung dann nicht erwartet wird. Dies mag ein Grund dafür sein, dass Syndesmosenverletzungen häufig übersehen werden (Tab. 7.11).

Tab. 7.11: Reihenfolge der Syndesmosenbeteiligung.

	1. Schritt	2. Schritt
SAD	keine Syndesmosenbeteiligung	
PAB		Syndesmose
SER	Syndesmose	
PER		Syndesmose

Es resultiert:
Abgesehen von der Supination-Außenrotation, die im Stadium 1 zu einer Verletzung des Lig. tibiofibulare ant. führt, ist bei allen anderen Mechanismen der erste Schritt der Verletzungskette nicht die Schädigung der Syndesmose. Eine isolierte Syndesmosenverletzung stellt immer den ersten Schritt der Supination-Eversion dar. Eversion ist nach LAUGE-HANSEN [558] die Außenrotation. Bei der Außenrotation im Sinne der Pronation/Eversion [96, 106, 973, 300] sind folgende typische Mechanismen zu erwähnen:

- Schlag auf den Rückfuß bei außenrotiertem Fuß,
- Unterschenkelinnenrotation bei auf dem Boden fixiertem außenrotierendem Fuß,
- Außenrotation des Fußes gegenüber dem Bein bei maximaler Dorsalextension oder Plantarflexion, wobei der Talus gegen den Außenknöchel gepresst wird.

Für isolierte Syndesmosenverletzungen werden auch Mechanismen, wie die extreme Dorsalextension, als alleinige Ursache genannt [428, 781, 1075], ebenso eine exzessive Eversion des Subtalargelenkes, dann allerdings in Verbindung mit einer Ruptur des Deltabandes [1036, 1075], was im Endeffekt einer erheblichen Außenrotation entspricht, und eine erhebliche Inversion, die mit einer Außenbandverletzung kombiniert ist, und somit nicht einer isolierten Syndesmosenverletzung entspricht [428, 781]. In die systematische Klassifikation der Knöchelfrakturen [558] können Syndesmosenverletzungen mit integriert werden, einschließlich der Einteilungen nach GERBER [315], PANKOVICH [780], CLANTON [166], BÖHLER [76], EDWARDS [248]. Einer besonderen Berücksichtigung bedürfen die Typisierungen nach KELIKIAN [482] und HEIM [382]. Letztere sind der Supination/Eversion nach LAUGE-HANSEN [558] zuordenbar, denn in dieser Gruppe der Knöchelverletzungen finden sich auch die hinteren Schienbeinkantenabrisse in Verbindung mit dem hinteren Syndesmosenband, die wiederum im „Open-book-Mechanismus" im Sinne der anterioren tibiofibularen Diastase [482] sowie in der morphologischen Einteilung des posterolateralen Kantendreiecks nach HEIM [382] anzutreffen sind. Abgesehen von der Supination/Adduktion können Syndesmosenverletzungen der Pronation/Abduktion, der Pronation/Eversion sowie der Supination/Eversion zugeordnet werden. LAUGE-HANSEN [558] verstehen unter Eversion die Außenrotation (Abb. 7.42). Die Typen der Syndesmosenverletzungen lassen sich aus der Unterteilung der Knöchelverletzungen [558] ableiten.

Eine funktionelle Einteilung der Syndesmosenverletzungen sieht KELIKIAN [482] unter Würdigung der Verletzungsrichtung (Abb. 7.43) mit drei Typen vor. Es fehlt bei dieser Klassifikation die postero-anteriore Richtung mit Verletzung des Lig. tibiofibulare post. als ersten Schritt. Diese wird aber von RESNICK [874] als rein ligamentäre Ruptur oder auch als ossäre tibiale Ausrissverletzung im Sinne des VOLKMANN-Fragmentes [668] angegeben. RESNICK [874] unterscheidet grundsätzlich beim sog. „Open-Book-Mechanismus" zwischen der „ant. to post. direction" (≙ post. tibiofibulare Diastase) und der „post. to ant. direction" (≙ post. tibiofibulare Diastase) mit folgender Einteilung:

Typ 1: „Intercalary"-Diastase (Epiphysenverletzung),
Typ 2: Ant. tibiofibulare-Diastase („Open-Book-Mechanismus"),
Typ 3: totale tibiofibulare Diastase (Beteiligung aller vier Bänder),
Typ 4: post. tibiofibulare Diastase („Open-Book-Mechanismus").

Zu Typ 1:
Ausgehend von einer Zweifragment-„Triplane"-Fraktur kommt es zur Verletzung der Membrana interossea durch Dislokation des fibularen Epiphysenfragmentes unter Mitbeteiligung eines hinteren Tibiakantenfragmentes im Bereich der Metaphyse. Die Ligamenta tibiofibularia bleiben dabei erhalten, dennoch entsteht eine Erweiterung des tibiofibularen Abstandes wegen der Membrana interossea-Ruptur. Es handelt sich um eine Epiphysenverletzung. Geeignete Mechanismen zur Entstehung der Epiphysenverletzung Typ I und Typ II nach SALTER-HARRIS [904] sind die Außenrotation, wobei der außenrotierende Talus die Fibulaepiphyse nach posterolateral drückt, und die Abduktion mit übermäßiger Plantarflexion [135, 482].

Mechanismus	LAUGE-HANSEN 1948 [558]		KELIKIAN 1985 [482]	HEIM 1982 [379]	GERBER 1998 [315]	PANKOVICH 1979 [780]	CLANTON 1993 [166]	BÖHLER 1957 [76]	EDWARDS 1984 [248]
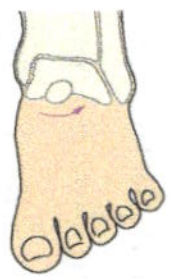	PAb	1						Typ 1–3	
		2							
		3							
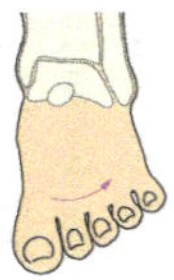	PE	1	Typ 2			Typ IV–V			Typ 1–4
		2							
		3							
		4							
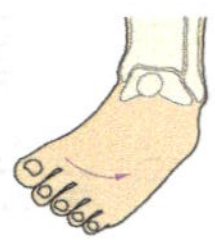	SE	1	Typ 1, 3		Grade I–III	Typ I–III	Typ 1–3		
		2							
		3		post.lat. Kanten #					
		4							
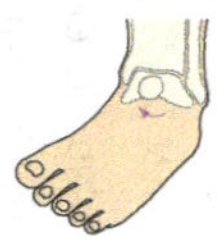	SAd	1							
		2							

Abb. 7.42: Unfallmechanismen und Syndesmosenverletzungen (Klassifikationen).

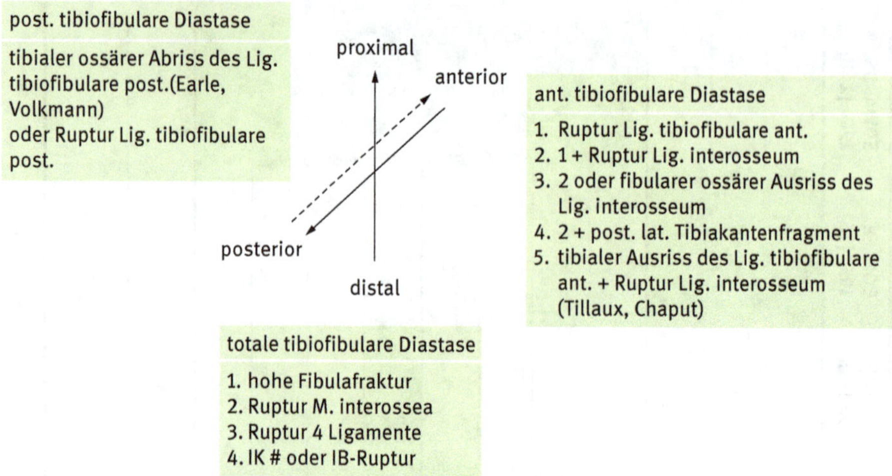

Abb. 7.43: Klassifikation der Syndesmosenschäden gemäß der Verletzungsrichtung, nach [482].

Zu Typ 2:
Die Supination/Eversion (= Außenrotation, nach [558]) löst eine schrittweise Verletzungsreihe am oberen Sprunggelenk aus, beginnend mit einer isolierten Verletzung der vorderen Syndesmose gemäß dem „Open-Book-Mechanismus" in der anterioren nach posterioren Richtung [482]. Dabei können verschiedene Verletzungsmuster einschließlich ossärer Beteiligung der Tibiavorderkante, der Tibiahinterkante, aber auch an der fibularen Ansatzstelle des Lig. interosseum erkannt werden. Diese Verletzungsreihe überschneidet sich mit der Einteilung hinterer Kantenfragmente nach HEIM [382] bei der Zerreißung des Lig. tibiofibulare anterius einschließlich des Lig. interosseum mit Abriss der tiefen Schicht des Lig. tibiofibulare posterius (Lig. transversum) und Abriss eines Knochenfragmentes von der hinteren Schienbeinkante unter Erhalt des eigentlichen Lig. tibiofibulare posterius. Für die Beurteilung des hinteren Tibiakantenfragmentes ist dessen Größe entscheidend. Als sogenanntes Volkmann'sches Dreieck [952] weist eine schalenförmige Fraktur auf einen posterioren tibialen Syndesmosenabriss hin, z. B. im Sinne einer postero-tibiofibularen Diastase (hinterer „Open-Book-Mechanismus"), der auch isoliert durch eine Außenrotation und eine posteriore Verlagerung der Fibula entsteht [874]. Größere hintere Tibiakantenfragmente kommen durch eine kaudal-kraniale Stauchung in Plantarflexion zustande. Das kleine Tibiakantenfragment ist somit Folge einer Distraktion durch Außenrotation und posteriore Verlagerung der Fibula, das größere hintere Kantenfragment einer Stauchung im Sinne der Pilon tibiale-Verletzung [734]. Aussagen über den hinteren „Open-Book-Mechanismus" sind selten und nur bei RESNICK [874] sowie KELIKIAN [482] zu finden. Der häufigste Supinations-/Außenrotationsmechanismus führt also im ersten Schritt zu einer Verletzung der vorderen Syndesmose, schon deshalb können isolierte Syndesmosenverletzungen nicht allzu selten sein.

Zu Typ 3:
Die totale tibiofibulare Diastase mit Beteiligung aller vier Bänder ist eine Komplexverletzung, die aus einer suprasyndesmalen Fibulafraktur besteht, bedingt durch eine indirekte Krafteinwirkung, sowie aus einem Riss der suprasyndesmalen Membrana interossea bis hin zur Höhe der Fibulafraktur und einer kompletten Ruptur aller vier Syndesmosenbänder sowie einem Abriss des Lig. deltoideum oder auch einer Innenknöchelfraktur. Nur im extrem seltenen Fall gibt es diese Komplexverletzung auch ohne Fibulafraktur. Als Unfallmechanismus wird entweder die Abduktion oder die Außenrotation genannt, in den meisten Fällen besteht aber eine Kombination beider Mechanismen. Überwiegt in diesem Verletzungsablauf die Abduktionskraft, so liegt der Angelpunkt der Trennung in der Nähe der Verbindung zwischen dem mittleren und unteren Drittel der Fibula, wo sich dieser knocheneinwärts wölbt, während das distale Ende durch den lateral subluxierenden Talus nach außen gedrängt wird. Die Folge ist eine quere, kurze Schräge oder auch Schmetterlingsfraktur der Fibula. Abgesehen von Frakturen der Fibula durch direkte Krafteinwirkung, Ermüdungsbrüche oder auch die Maisonneuve-Verletzung, sind suprasyndesmale Fibulafrakturen ein Hinweis auf eine totale tibiofibulare Diastase. Im Vergleich dazu ist die Maisonneuve-Verletzung die Folge einer Außenrotationskraft mit proximaler Fibulafraktur, aber verbunden mit einer anterioren tibiofibularen Diastase [482].

Zu Typ 4:
Die posteriore tibiofibulare Diastase entsteht durch einen Außenrotationsmechanismus in Verbindung mit einer posterioren Verlagerung der Fibula, d. h., es resultiert eine Ruptur des Lig. tibiofibulare posterius ligamentärer Art oder auch eine ossäre Abrissverletzung des Bandes von der Tibiahinterkante [874]. Es bedarf hier der Unterscheidung zwischen der ossären Abrissverletzung und der Stauchungsfraktur im Sinne eines Pilon tibiale-Mechanismus, und es muss Stadium III der Supinations-/Eversionsfraktur abgegrenzt werden, die mit der Ruptur des Lig. tibiofibulare anterius beginnt.

Zu Typ 5:
In Kenntnis der verschiedenen Klassifikationen der Syndesmosenverletzungen, insbesondere unter Betonung der Einteilung nach KELIKIAN [482], und hinsichtlich der Berücksichtigung eines Mechanismus im Sinne eines Pilon tibiale-Geschehens, der sich einem Typ 5 zuordnen lässt, sind diese Einteilungsverfahren mit entsprechenden Diagnosen auch bei den Unfallmechanismen einzugruppieren (Tab. 7.12).

Entscheidend ist die Kenntnis, dass es Knöchelfrakturen, auch Epiphysenfrakturen (Epiphysenverletzungen), mit Syndesmosenbeteiligung gibt, andererseits aber auch Syndesmosenverletzungen mit ossärer Beteiligung [482, 382]. Ossäre Verletzungen sind radiologisch erkennbar. Da die Syndesmose aber klinisch und nativröntgenologisch nicht sicher beurteilt werden kann, bieten Frakturen lediglich einen

Tab. 7.12: Typisierung der Syndesmosenverletzungen, nach [482] mit Ergänzung von Typ 4 und Typ 5 mit den Unfallmechanismen.

	Ergänzende Typisierung	Mechanismen
Typ 1	„intercalary“ Diastase Epiphysenverletzung SALTER-HARRIS [904] Typ I und Typ II	– Typ I Außenrotation – Typ II Abduktion und Plantarflexion
Typ 2	ant. tibiofibulare Diastase „ant. open book“	– Supination/Eversion d. h. Außenrotation
Typ 3	totale tibiofibulare Diastase	– Abduktion + Außenrotation
Typ 4	post. tibiofibulare Diastase „post. open book“	– Supination/Eversion d. h. Außenrotation und Fibuladorsalverlagerung
Typ 5	„pilon tibiale“ dorsales Kantendreieck	– Pronation und Dorsalextension – Plantarflexion und Stauchung

Hinweis auf bestimmte Verletzungstypen, die den Verdacht auf eine Syndesmosenverletzung herstellen sollten. Die vermutete Syndesmosenverletzung muss dann mittels spezieller Stressaufnahmen oder auch kernspintomographisch nachgewiesen oder ausgeschlossen werden. Wenn im Nativ-Röntgenbild (a.p.-Aufnahme) eine tibiofibulare Diastase erkennbar wird, so kann von einer statischen Instabilität ausgegangen werden, entsteht eine Aufweitung des tibiofibularen Abstandes erst durch eine Stress-Situation, so liegt eine dynamische Instabilität vor. Die Instabilitäten sind im Endeffekt abhängig vom Verletzungsmuster der tibiofibularen Bänder. Eine offensichtliche Diastase am Röntgenbild ist nur erklärbar, wenn das Lig. interosseum rupturiert ist. Ist dieses interossäre Band stabil, so werden Verletzungen des Lig. tibiofibulare anterius und des Lig. tibiofibulare posterius nicht erkannt, dies trifft auch für eine isolierte Verletzung der Membrana interossea zu. In Kenntnis des Unfallmechanismus unter besonderer Würdigung der Außenrotation sowie Supination, in Ausnahmefällen auch der Abduktion und Plantarflexion sowie der Pronation und Dorsalextension, kann nach Ausschluss einer knöchernen Verletzung oder auch mit Nachweis einer bestimmten ossären Ausrissverletzung der Verdacht auf eine Syndesmosenverletzung geäußert werden, der dann einer besonderen diagnostischen Anstrengung bedarf. Entscheidend ist der Nachweis einer Syndesmosenverletzung mit Zuordnung zu einem bestimmten Unfallmechanismus entsprechend den Klassifikationstypen nach KELIKIAN [482]. Wird eine Syndesmosenverletzung übersehen, ist eine obere Sprunggelenksinstabilität die Folge. Liegt eine begleitende Außenknöchelfraktur vor, folgen eine Fibulaverkürzung und Talusaußenrotation [680].

7.3.7 Resümee

Es gibt Knöchelfrakturen und auch Epiphysenverletzungen mit Syndesmosenbeteiligung sowie Syndesmosenverletzungen mit knöcherner Beteiligung als Abrissfrakturen. Im Vordergrund des geeigneten Unfallmechanismus steht die Außenrotation. Kommen hier eine Abduktion und eine Plantarflexion hinzu, so muss mit einer Epiphysenverletzung („intercalary-Diastase") gerechnet werden. Der häufigste Mechanismus, der zu einer Syndesmosenverletzung führt, ist die Supination/Eversion im Sinne der Außenrotation, die die anteriore tibiofibulare Diastase („ant. open book") nach sich zieht. Eine Außenrotation mit einer Abduktion erheblichen Ausmaßes kann eine totale tibiofibulare Diastase zur Folge haben und die Außenrotation als Supination mit einer Fibula-Dorsalverlagerung lässt eine posteriore tibiofibulare Diastase („post. open book") erwarten. Sonderformen ergeben die Pronation und Dorsalextension bzw. Plantarflexion und Stauchung mit der Folge eines dorsalen Kantendreieckes, auch möglich als Pilon tibiale-Fraktur sowie als isoliertes dorsales Kantendreieck. Entscheidend ist die Diagnose in Abhängigkeit vom Unfallmechanismus, woraus sich eine Typisierung ableiten lässt.

7.4 Außenknöchelsulkus

Die Knöchelgegend wird von allen vier Seiten mit Weichteilen umgeben. Der Fußrücken enthält die Sehnen der Dorsalflexoren, wie die Sehnen des M. extensor digitorum longus, M. extensor hallucis longus, M. tibialis anterior, M. peroneus tertius. Deren Sehnen werden durch spezielle Retinakulumstrukturen sowie die folgenden Muskeln im Verlauf gehalten: M. extensor hallucis brevis und M. extensor digitorum brevis. Die hintere Knöchelregion enthält die Achillessehne als gemeinsame Ansatzsehne verschiedener Muskeln (M. triceps surae: M. gastrocnemius lateralis, M. gastrocnemius medialis, M. soleus), dazu den M. plantaris longus, der gelegentlich mit der Achillessehne verschmolzen sein kann. Medial bzw. lateral wird die Knöchelgegend von der Regio malleolaris medialis mit dem Sulcus malleolaris medialis und lateral von der Regio malleolaris lateralis mit dem Sulcus malleolaris lateralis bedeckt. Der Sulcus malleolaris medialis enthält den M. tibialis posterius, den M. flexor digitorum longus sowie den M. flexor hallucis longus, der Sulcus malleolaris lateralis die Peronealsehnen.

7.4.1 Nomenklatur und Anatomie

Die Gegend des Wadenbeinknöchels enthält die lateralen Bandstrukturen des oberen Sprunggelenkes (Articulatio talocruralis), ebenso die lateralen Bänder des hinteren unteren Sprunggelenkes (= Subtalargelenk, Articulatio subtalaris) als Teil der

Articulatio talotarsale (unteres Sprunggelenk), bestehend aus dem hinteren unteren Sprunggelenk und dem vorderen unteren Sprunggelenk als Articulatio talo-calcaneo-navicularis. Dazu weist die Außenknöchelregion die Besonderheit der Umlenkung der Peronealsehnen um etwa 90° in die Fußregion auf. Die Peronealmuskeln entspringen im proximalen Unterschenkelbereich, der M. peroneus longus vom Fibulaköpfchen und vom proximalen Drittel der Fibula bzw. deren Außenseite, vom Septum intermusculare posterius und auch von der Innenfläche der Fascia cruris. Der M. peroneus brevis stammt von der mittleren Hälfte der Facies lateralis fibulae und vom Septum intermusculare anterius. Diese Muskeln bzw. deren Sehnen verlaufen entlang der Unterschenkelachse und resultieren mit ihren beiden Sehnen am Eingang in den fibroossären Tunnel hinter dem Außenknöchel. Diese Führungsschiene für beide Peronealsehnen liegt oberhalb des lateralen Bandapparates des oberen und unteren Sprunggelenkes. Die Sehne des M. peroneus longus verläuft nach der Umlenkung hinter dem Außenknöchel dorsal der Tuberositas ossis metatarsalis und dreht sich verbreiternd zur Planta pedis, durch den Canalis peronei plantaris ziehend, in mehreren Zipfeln zur Basis ossis metatarsalis I, zum Os cuneiforme mediale und häufig auch zum Os metatarsale II. Der M. peroneus brevis bzw. dessen Sehne setzt nach der Umlenkung hinter dem Außenknöchel an der Tuberositas ossis metatarsalis V an. Beide Sehnen überkreuzen das Lig. fibulotalare posterius, das Lig. fibulocalcaneare sowie das Lig. talocalcaneare laterale. Das Lig. fibulotalare anterius, das so wie die genannten Bänder zur Stabilisierung des oberen Sprunggelenkes lateral beiträgt, wird nicht tangiert (Abb. 7.44).

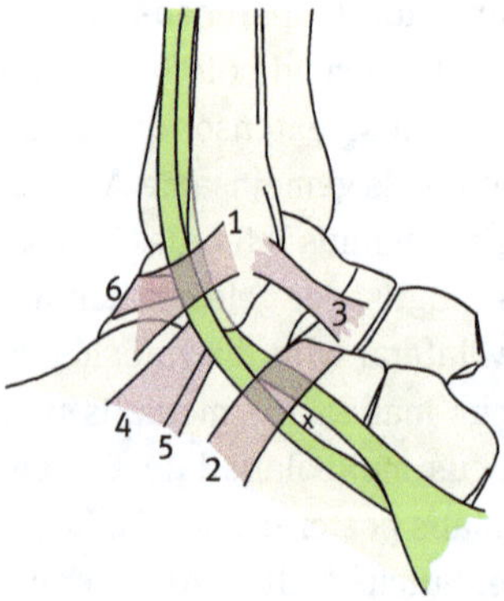

1 Retinaculum mm. peroneorum sup.
2 Retinaculum mm. peroneorum inf.
x Trochlea peronealis calcanei
3 Lig. fibulotalare ant.
4 Lig. fibulocalcaneare
5 Lig. talocalcaneare laterale
6 Lig. fibulotalare post.

Abb. 7.44: Verlauf der Peronealsehnen zu den lateralen Bandstrukturen am Sprunggelenk.

Eine anatomische Besonderheit stellt der Verlauf der Peronealsehnen über dem Lig. fibulocalcaneare vor dessen Ansatz am Außenknöchel dar (vgl. Kapitel 7.1). Die Sehnen hinterlassen eine Konkavität im Band, so dass beim Anspannen des Bandes die Peronealsehnen gegen das superiore Retinakulum gedrückt werden (Subluxationsneigung). Die Articulatio subtalaris wird lateral durch das Lig. talocalcaneum interosseum sowie durch das Lig. talocalcaneum laterale stabilisiert (vgl. Kapitel 7.6). Medial sorgt das Lig. talocalcaneum mediale für den notwendigen Gelenkhalt. Die Artuculatio talocalcaneonavicularis hat für die Beurteilung der Stabilisierung der Peronealsehnen hinter dem Außenknöchel keine Bedeutung. Der fibroossäre Tunnel hinter dem Außenknöchel ist eine retromalleoläre Grube in der Fibula, ausgekleidet fibrokartilaginär, in der posterolateral die Peroneus brevis-Sehne sowie die Peroneus longus-Sehne in einer zunächst gemeinsamen Sehnenscheide verlaufen. Die retromalleoläre Grube variiert in ihrer Tiefe sowie Form bzw. Gestalt. Der Eintritt von proximal in diesen Kanal wird anterior von der Fibula gebildet, posterolateral vom Retinaculum musculi peroneorum superius und medial vom Lig. fibulotalare posterius, Lig. fibulocalcaneare bzw. dem Lig. tibiofibulare posterius (= hintere Syndesmose). Der eigentliche Halt der beiden Sehnen mit der Sehnenscheide wird durch das superiore Retinaculum gewährleistet. Dieses fibröse Band ist 1 bis 2 cm breit und der wesentliche Stabilisator der Peronealsehnen [736]. Das Retinaculm mm. peroneorum superius resultiert aus der Lamina profunda der Unterschenkelfaszie mit Haft am Außenknöchel sowie am Fersenbein. Das zweite stabilisierende Retinaculum mm. peroneorum inferius bildet die Fortsetzung des Retinaculum mm. extensorum inferius, das sich zwischen den beiden Peronealsehnen an der Trochlea peronealis des Fersenbeins anheftet (Abb. 7.45) und die Sehne des M. peroneus longus überbrückend schließlich am Fersenbein endet. Mit diesem Ansetzen am Processus trochlearis calcanei und dem weiteren Ansatzpunkt, distal davon am Kalkaneus, fixiert das Retinakulum die Sehne des M. peroneus longus an dem Prozessus als Hypomochlion [549].

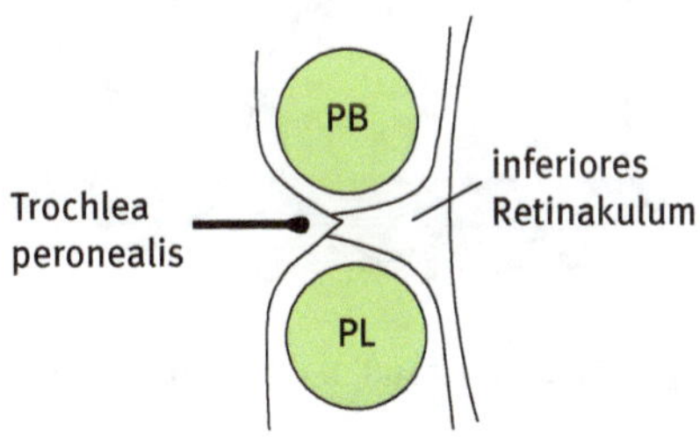

Abb. 7.45: Querschnitt durch das Tuberculum peroneale mit Ansatzstelle des inferioren Retinakulum (PB = Peroneusbrevis Sehne, PL = Peroneus longus Sehne) [913].

Der Processus trochlearis calcanei (engl. „peroneal process") enthält als Knochenvorsprung [1004] nicht selten ein isoliertes Ossifikationszentrum und ist daher eine Apophysenbildung mit epiphysärem Verknöcherungstyp und nicht ein phylogenetisch bedingter akzessorischer Knochen. Dieser seitlich am Kalkaneus lokalisierte Knochenvorsprung (Trochlea peronealis, [1183]) teilt die beiden Peronealsehnen in ihrem Verlauf. Hier teilt sich auch die gemeinsame Sehnenscheide dieser Sehnen und ändert von da an ihren sonst gemeinsamen Verlauf hin zu den unterschiedlichen Ansatzstellen. Distal der Trochlea peronealis verläuft die Sehne des M. peroneus longus und proximal davon die Sehne des M. peroneus brevis [549]. Ob sich die beiden Sehnenscheiden distal des Processus trochlearis noch ein kurzes Stück wieder vereinen oder ob sie getrennt weiterverlaufen, wird verschieden beurteilt [549, 318]. Jedenfalls setzt unmittelbar distal des Processus trochlearis calcanei die Sehne des M. peroneus brevis an der Tuberositas ossis metatarsalis V an. Kurz vor dem Sehnenansatz findet sich unregelmäßig in der Sehne ein akzessorisches Knöchelchen, das Os vesalianum [811]. Unter dieser Sehne vor ihrem Ansatz verschwindet die Sehne des M. peroneus longus und inseriert nach einem komplizierten Verlauf im Bereich der Fußsohle mit mehreren Zipfeln an der Basis des Os metatarsalis I, am Os cuneiforme mediale und häufig auch am Os metatarsale II mit verschiedenen Ansatzvariationen [962]. Die Sehnenscheide reicht in aller Regel im Sinne einer gemeinsamen Sehnenscheide, etwa 4 cm oberhalb der Außenknöchelspitze beginnend, in gemeinsamer Form bis zum Processus trochlearis calcanei (= Tuberculum peroneale, = Processus peronealis [545]. Hier teilen sich die Sehnen, aber auch die Sehnenscheiden bis zum Ende des Tuberculum peroneale. Dieses Tuberculum peroneale bildet verschiedene Formen aus, ist 13,06 (3,61–26,66) mm lang, 9,44 (3,67–23,40) mm breit und 3,13 (1,00 – 10,00) mm hoch (Abb. 7.46). Als pathologisch wird lediglich die Tunnelbildung angesehen [439].

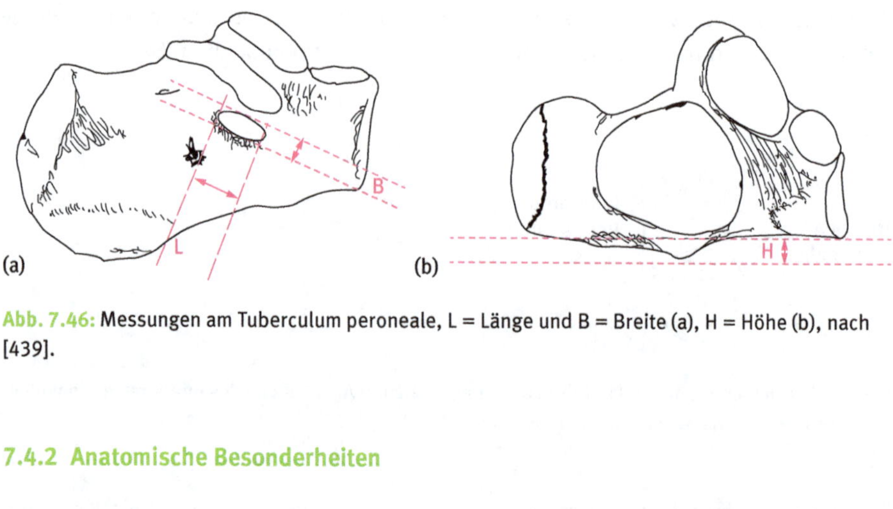

Abb. 7.46: Messungen am Tuberculum peroneale, L = Länge und B = Breite (a), H = Höhe (b), nach [439].

7.4.2 Anatomische Besonderheiten

Peronealmuskeln

Neben dem M. peroneus longus und dem M. peroneus brevis finden sich in 10 % der Fälle akzessorische Muskeln, Mm. peronei akzessorii [725]. Unterschieden werden der M. peroneus quinti [1041], M. peroneus quartus, M. peroneus tertius [770, 647, 63] und der M. peroneocalcaneus [374]. Eine häufige Variante der Ansatzstelle des M. peroneus brevis ist ein dünner Streifen („accessori-slip"), der am distalen Schaft des 5. Mittelfußknochens oder an der Sehne des M. extensor digitorum longus der 5. Zehe ansetzt

[395]. Eine vergleichbare Ansatzvariante findet sich beim M. peroneus longus. Von der Peroneus longus-Sehne, die an der Basis des 1. Mittelfußknochens ansetzt, etwa in Höhe des 5. Mittelfußknochens (Basis), spaltet sich ein Streifen ab, der zum Os cuneiforme I zieht [814]. Als normale Ansatzstelle der Sehne des M. peroneus longus nennt PICOU [815] die Basis des 1. Mittelfußknochens, die Plantarseite des Os cuneiforme I und die superolaterale Grenze am 1. Mittelfußknochen hinter dem Köpfchen. In aller Regel sind die akzessorischen Peronealmuskeln asymptomatisch, nur im Ausnahmefall werden ihnen laterale Sprunggelenkschmerzen zugeordnet [705, 647, 776]. Dies trifft besonders für den M. peroneus quartus zu. Diese Symptomatik ist vergleichbar mit der eines pathologischen Tuberculum peroneale [115, 468] oder einer kongenitalen Normvariante der retropatellaren Rinne [776]. Die Diagnose wird magnetresonanztomographisch gestellt [705, 988, 158].

Retinacula musculi peroneorum (Peronealtunnel)

Zur Stabilisierung der Peronealsehnen in deren Verlauf hinter dem Außenknöchel zum Ansatz am Fuß werden drei Retinakula beschrieben:
- Retinaculum musculi peroneorum superius,
- Retinaculum musculi peroneorum intermedium,
- Retinaculum musculi peroneorum inferius.

Das superiore Peronealretinakulum wird für den wesentlichen Stabilisator der Peronealsehnen gehalten [246]. Die anatomische Beschreibung variiert erheblich [354, 903, 1141]. In aller Regel ist von einer einzelnen Bandstruktur von der hinteren Ecke der Fibula auszugehen, die an der Lateralseite des Kalkaneus ansetzt [354, 1141]. Der Ursprung des Retinakulums liegt am Periost der hinteren Fibulakante [246] und reicht bis nahezu an die Fibulaspitze. Unterhalb der Spitze des Außenknöchels kreuzen die Peronealsehnen das Lig. calcaneofibulare, diese Stelle wird durch eine dünne Aponeurose, durchsichtig, als Retinaculum musculi peroneorum intermedium überdeckt [902]. Das inferiore Retinakulum geht aus dem inferioren Retinakulum der Extensoren hervor, setzt aber auf dem Weg zur lateralen Kalkaneusfläche (Tuberculum posterolaterale) vor der Überkreuzung der Peronealsehnen am Processus trochlearis an und bildet damit eine stabile Führungsrinne für die Sehnen, wobei sich eine Zwischenansatzstelle zwischen beiden Peronealsehnen am Processus trochlearis befindet, so dass die beiden Peronealsehnen einzeln geführt und stabilisiert werden.

Die Ansatzstelle des superioren Retinakulums unterliegt einer erheblichen Variationsbreite [198]. Es werden fünf streng unterschiedliche Insertionsvarianten festgestellt (Abb. 7.47).

Typ	Häufigkeit
1	47 %
2	17 %
3	13 %
4	13 %
5	10 %

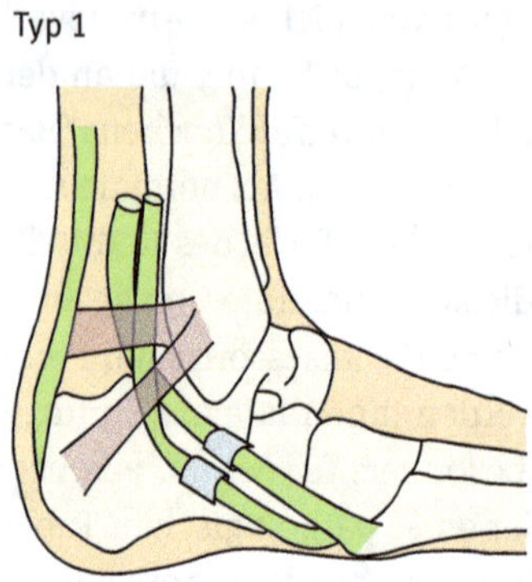

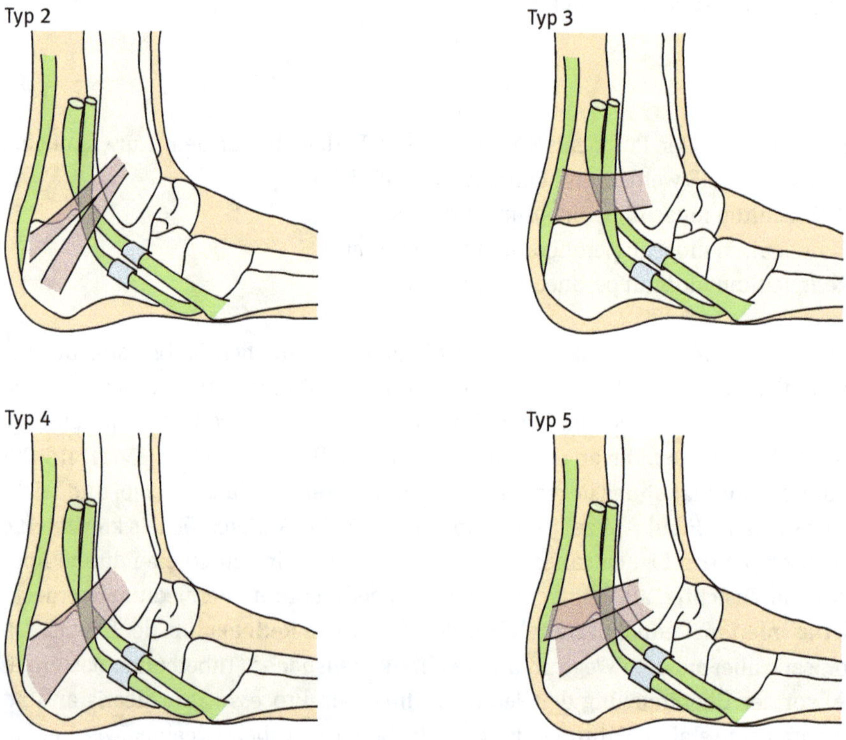

Abb. 7.47: Typisierung des superioren Retinakulums, nach [198].

Peroneal-Tunnel

Der Peronealtunnel mit Führung der Peronealsehnen hinter dem Außenknöchel resultiert aus der Torquierung der Fibula gegen distal, wobei die Facies lateralis fibulae zur retromalleolaren Rinne wird, d. h., die Fibula dreht sich um fast 90° nach dorsomedial. Der Peronealtunnel verläuft am distalen Ende der Fibula in der retro-malleolaren Rinne, entsteht aber aus dem seitlichen lateralen Verlauf der Peronealmuskulatur.

Erklärbar wird diese Strukturanordnung am Vergleich eines Querschnitts, und zwar in Höhe des Unterschenkels mit dem Querschnitt durch die Knöchelregion. Die Fasziensituation und damit die Sehnenführung und -stabilisierung im Knöchelbereich resultiert aus der Faszienanatomie des Unterschenkels. Dieser wird umgeben von der Fascia cruris (Lamina superficialis). Die Lamina profunda, die sich zwischen der lateralen und medialen oberflächlichen Faszie ausspannt, trennt die tiefen (= Stellmuskeln) von den oberflächlichen Plantarflexoren. Erstere sind von den Dorsalflexoren durch die Membrana interossea abgegrenzt. Aus der lateralen Lamina superficialis gehen das Septum intermusculare anterius et posterius in die Tiefe zur Margo fibulare anterius bzw. posterius und bilden damit ein laterales Kompartment für die beiden Peronealmuskeln. Diese Muskelloge wird nach anterolateral durch die oberflächliche Unterschenkelfaszie, nach dorsolateral durch das Septum intermusculare posterius, nach anteromedial durch das Septum intermusculare anterius und in der Tiefe durch die Facies lateralis fibulae gebildet. Dies entspricht der Situation in der Mitte des Unterschenkels.

In Höhe des Knöchelbereiches (Abb. 7.48) erfolgt eine Umscheidung der Weichteile von der Fascia cruris bzw. der Lamina superficialis, die sich hinter dem Innen- und Außenknöchel in eine tiefe Schicht (Lamina profunda) und eine oberflächliche Schicht (Lamina superficialis) aufteilt, wie auch im Unterschenkelbereich. Zwischen der Lamina profunda und der Lamina superficialis befindet sich die Achillessehne zusammen mit dem subachillären Fettpolster.

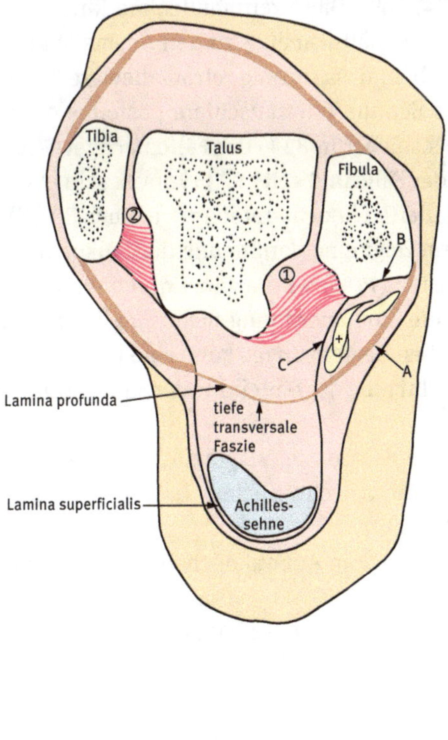

Abb. 7.48: Querschnitt durch die Knöchelregion (A = Retinaculum sup., B = Retromalleolare Furche, C = Septum intermusculare post., 1 = Lig. fibulotalare post., 2 = Lig. deltoideum, + = Peronaeus-brevis-Sehne) [23].

In Höhe der Sprunggelenksregion hat sich die Außernseite der Fibula nach hinten zur retromalleolaren Rinne gedreht. Auf die Außenseite des Außenknöchels haben sich die Lamina superficialis und profunda gelegt, die nun zusammen das Peronealsehnenlager überkreuzen und sich am Ende des Peronealtunnels wieder in die tiefe und oberflächliche Schicht aufteilen. Vom Margo fibulae posterior zieht in dieser Höhe das Septum intermusculare posterius zu der Teilungsstelle der Fascia cruris in die oberflächliche und tiefe Schicht und vereinigt sich mit diesen Fasern, so dass nun retromalleolar ein abgeschlossener Tunnel entsteht, der hier die Peronealsehnen führt. Diese Sehnenführung liegt oberflächlich des Lig. fibulotalare posterius, das zusammen mit weiteren Bandstrukturen die Sprunggelenksgabel stabilisiert. Die Faszien, Band- und Retinakulumstrukturen im Bereich des oberen Sprunggelenkes entwickeln sich aus den vergleichbaren Strukturen des Unterschenkels. Die retromalleolare Gleitrinne ist ein muskelfreies Dreieck am distalen dorsalen Ende des Wadenbeins, deren Form durch die auf sie einwirkenden Kräfte über die intermuskularen Septen erklärt wird [228]. Die Dreieckform des distalen dorsalen Fibulaendes resultiert aus dem divergierenden Verlauf der Extensoren und Peronealmuskeln [868]. Dieses Dreieck [773] wird lateral (inferolateral) von einer längsverlaufenden Kante als Begrenzung im unteren Teil des Außenknöchels bis zur Außenknöchelspitze umschlossen. Medial (superomedial) trennt in 50 % der Fälle ein Tuberkulum und in 50 % der Fälle eine mediale Kante den Peronealsulkus von der retromalleolaren Fossa ab [249]. Es muss beachtet werden, dass die Peronealsehnen nicht im Bereich der retromalleolaren Fossa verlaufen, sondern lateral davon im Bereich einer retromalleolaren Rinne (Sulkus), die den Boden des Peronealtunnels bildet [230, 994, 969]. Diese retromalleolare Rinne, als Sulkus des Peronealtunnels, ist flach und unverhältnismäßig zu den Ausmaßen der Peronealsehnen. Daher ist es unwahrscheinlich, dass nur die retromalleolare Rinne den Tunnelboden formt, dazu ist auch das Septum intermusculare posterius erforderlich [23]. Der knöcherne Sulkus kann als solcher in 82 % der Fälle nachgewiesen werden, hat eine flache Oberfläche in 11 % der Fälle und soll in 7 % konvex sein [249]. Eine Klassifizierung der Sulkus-Typen am isolierten Knochenpräparat nehmen RADKE [846] und FINK [278] vor. Die häufigste Form zeigt eine Verjüngung des Sulkus nach distal (64 %), das Parallelverlaufen der Leisten (14 %) wird ergänzt durch ein Divergieren (10 %), wobei jedoch in 12 % der Fälle eine Zuordnung nicht möglich ist. In Abhängigkeit von der Ausprägung der seitlichen Begrenzungen kann eine Typisierung vorgenommen werden – dies unter Berücksichtigung der Einteilung der Sulkusformen (Abb. 7.49).

Eine zweite Typisierung des Sulkus berücksichtigt die Ausprägung der seitlichen Begrenzungen. Die Sulkustiefe wird mit einer durchschnittlichen Tiefe von 0,85 mm (Normbereich: 0,3–1,73 mm) angegeben (Abb. 7.50).

Somit stehen zur Burteilung der retromalleolären Außenknöchelregion folgende Strukturen zur Verfügung:

- Fossa retromalleolaris als Ansatz des Lig. fibulotalare posterius,
- Sulcus retromalleolaris (Gleitweg der Peronealsehnen),

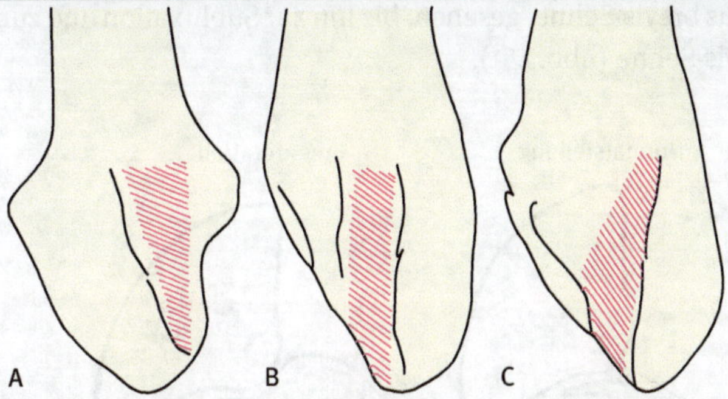

Häufigkeit	
A	64 %
B	14 %
C	10 %
unklar	12 %

Abb. 7.49: Sulkustypen, nach [846].

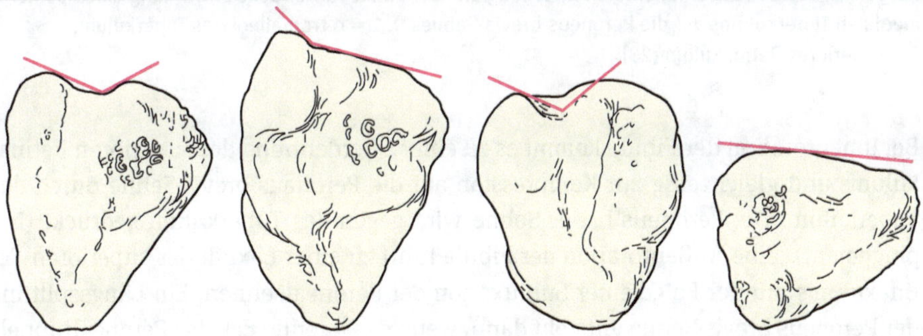

Typ	Häufigkeit	Anatomische Strukturen
1	29 %	zwei seitliche Begrenzungen
2	59 %	lateral kräftiges Widerlager nach medial abfallend
3		medial nur flache Erhebung
4	4 %	flache Außenknöchelrückfläche
	8 %	konvexe Außenknöchelrückfläche

Abb. 7.50: Einteilung der Sulkusbegrenzungen (Typ 1–4), nach [846, 278].

- Crus anterius cristae anterioris fibulae (laterale Sulkusbegrenzung),
- Crus posterius cristae anterioris fibulae (mediale Sulkusbegrenzung).

Der Sulkus als Furche oder Rinne wird in der Literatur zwischen 13 und 70 % angegeben [533, 617, 773, 3]. Nach ATHAVALE [23] sind aber die retromalleolaren Führungen der Peroneussehnen konkav, das müssen diese auch per definitionem sein [994]. Irreguläre oder konvexe Gleitrinnen werden als mögliche Ursache einer Tendinopathie, besonders der Peroneus brevis-Sehne, gesehen, bis hin zur Subluxation und zum Splitting der Peroneus brevis-Sehne (Abb. 7.51).

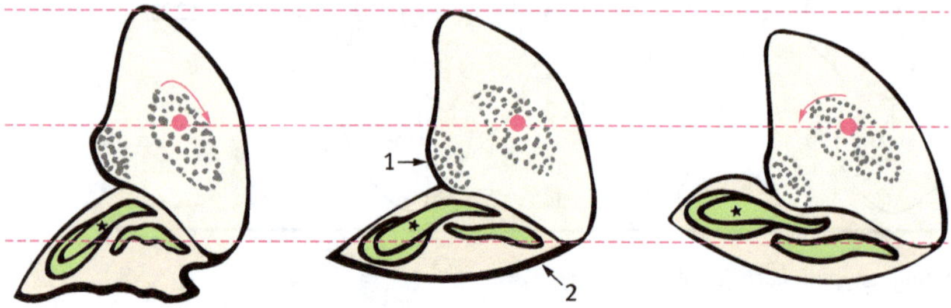

Abb. 7.51: Darstellung einer Fibulafehlstellung und die damit verbundene Einwirkung eines posteromedialen Tuberkulums auf die Peroneus brevis-Sehne (*), 1 = retromalleolares Tuberkulum, 2 = superiores Retinakulum [23].

Bei Innenrotation der Fibula kommt es zu einer Überdehnung des superioren Retinakulums und gleichzeitig zur Kompression auf die Peroneus brevis-Sehne durch das Tuberkulum. Die Peroneus brevis-Sehne wird gegen das Tuberkulum gedrückt (Impingement). Eine Außenrotation der Fibula führt zu einer Laxität des superioren Retinakulums mit der Folge einer Subluxation der Peronealsehnen. Ein Längssplitting der Peroneus brevis-Sehne entsteht dann, wenn das laterale Eck des Peronealtunnels gegen eine subluxierte Peroneussehne scheuert [981, 982]. In diesem Fall ist nicht die Peroneus brevis-Sehne, sondern die darüber liegende Peroneus longus-Sehne bevorzugt betroffen, da sie oberflächlich liegt und somit auch eher zur Subluxation neigt. Das Längsspalten der Peroneus longus-Sehne ist immer mit einer Subluxation verbunden. Derartige Subluxationsursachen können in ligamentären Verletzungsfolgen gefunden werden [229, 528].

Der retromalleolare Sulkus ist am Röntgenbild als ossäre Struktur erkennbar und erklärt in seiner Flächenausdehnung ein stabiles Gleiten der Peronealsehnen nicht. Die histologische Aufarbeitung bzw. die präzise Präparation zeigt aber eine Vergrößerung des Gleitweges im Sinne eines fibrokartilaginären Polsters am distalen Ende der Fibulaspitze, das die konvexe Sulkusform zur Gleitrinne ausgleicht (Abb. 7.52).

Histologisch besteht dieses Polster aus einem dichten Kollagenfasergeflecht mit elastischen Fasern [533, 246] mit einer Verbindung zum Periost, in das auch das superiore Retinakulum übergeht [175], so dass die Vergrößerungslippe des Sulkus auch bei einer Retinakulumruptur erhalten bleiben kann. Nach proximal dünnt sich die dicke Kollagenschicht in dünnes Periost aus [533] und die konvexe Fibulaspitze wird plan bzw. konkav. Der Formausgleich an der Fibulaspitze wird trotz konvexer ossärer Form als Periostverdickung zur Stabilisierung der Peronealsehnenführung gewertet [249, 533]. Eine Besonderheit ist ein Os peroneum, das in Höhe des Kalkaneokubital-

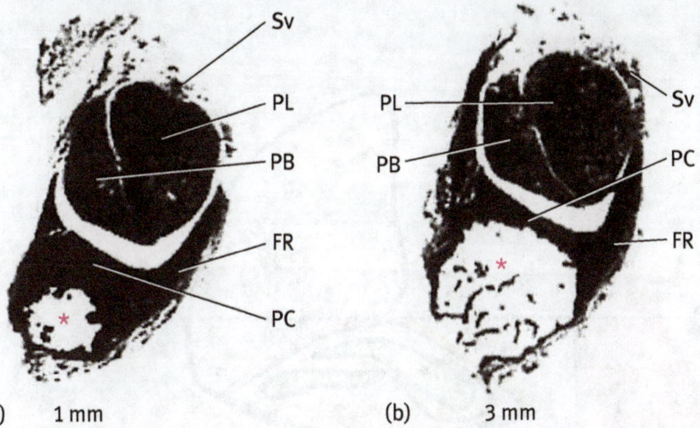

Abb. 7.52: Querschnitt durch den Außenknöchel 1 mm (a) und 3 mm (b) proximal der Außenknöchelspitze (Sv = Sehnenscheide viszerale Schicht, PC = Periost, FR = fibröse Kante, PB = Peroneus brevis, PL = Peroneus longus, * = Außenknöchelspitze) [533].

gelenkes in 5–20 % der Fälle in der Peroneus-longus-Sehne liegt [986]. Auch hier kann eine Prädilektionsstelle für einen Sehnenschaden gefunden werden [503, 1134]. Die wesentlichen anatomischen Strukturen, die für den Aufbau des retromalleolaren Tunnels und damit zur Stabilisierung der Peronealsehnen von Bedeutung sind (Abb. 7.53), sind ossärer und ligamentärer Art:

- Tuberculum mediale des Sulcus retromalleolaris,
- lateraler First des Sulcus retromalleolaris,
- Sulcus retromalleolaris,
- Septum intermusculare posterius,
- Retinaculum mm. peroneorum superius,
- Fossa retromalleolaris als Ansatzstelle des Lig. fibulotalare posterius.

Anatomische Untersuchungen [23] führen zu folgenden Überlegungen in der Kausalitätsbeurteilung der Peronealsehnenpathologie:

1. Der obere Peronealtunnel ist eine geräumige Röhre, die neben den beiden Peronealsehnen (longus et brevis) häufig weitere Strukturen enthält.
2. Die retromalleolare Rinne ist flach und konkav.
3. Nur ein Teil der retromalleolaren Rinne ist ossär, der wesentliche Teil zur Stabilisierung der Peronealsehnenführung ist ligamentär (Septum intermusculare posterius, Retinaculum mm. peroneorum sup. = Fascia cruris lamina superficialis et profunda, Faserknorpelbedeckung der Außenknöchelspitze).
4. Die dreieckförmige Knochenrinne wird begrenzt durch ein mediales Tuberkel oder einen medialen und einen lateralen First.
5. Die ossären Strukturen sind für die Röntgendiagnostik zur Beurteilung der retromalleolaren Pathologie geeignet.

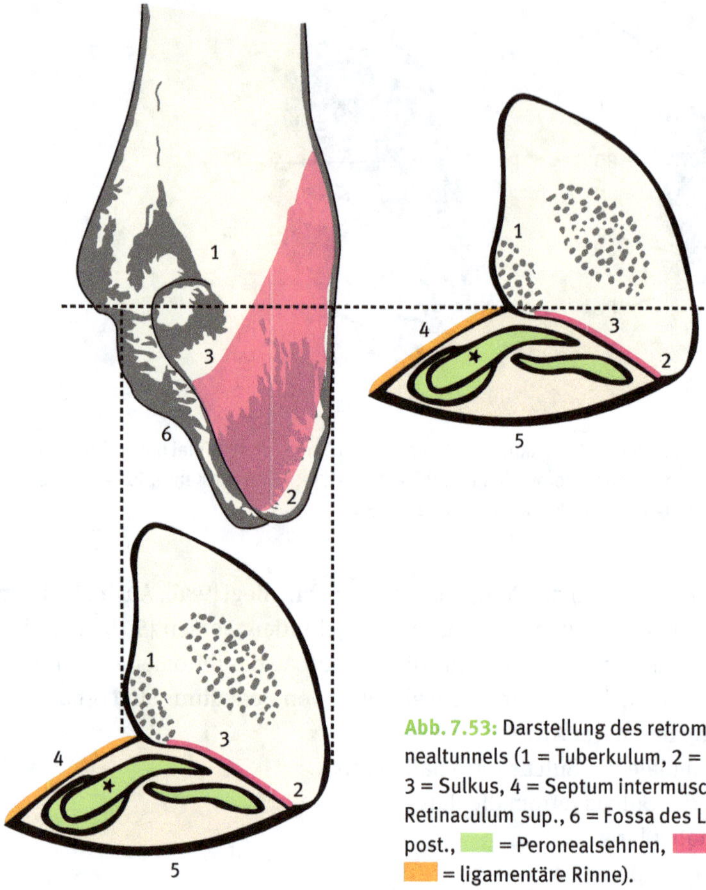

Abb. 7.53: Darstellung des retromalleolaren Peronealtunnels (1 = Tuberkulum, 2 = lateraler First, 3 = Sulkus, 4 = Septum intermusculare post., 5 = Retinaculum sup., 6 = Fossa des Lig. fibulotalare post., ▬ = Peronealsehnen, ▬ = ossäre Rinne, ▬ = ligamentäre Rinne).

Aus der anatomischen Situation und deren Varianten resultieren für die Beurteilung der Peronealsehnenpathologie Prädispositionsfaktoren:

- Malalignment des Peronealtunnels (Rotationsfehlstellung des Außenknöchels)
  - Subluxation,
  - Peroneus brevis-Spaltung.
- Laxität des Retinakulum sup.
  - Peroneus longus-Spaltung.
- Lösung des Faserknorpels
  - Subluxation,
  - Peroneus brevis-Spaltung.
- Fehlendes Retinakulum [81]
  - Luxation.

Die anatomischen Strukturen können durch Unfälle verletzt werden, es entstehen Verletzungen (z. B. Peronealsehnenluxationen isoliert oder in Verbindung mit OSG-

Frakturen oder Kalkaneusfrakturen), aber auch Bandverletzungen am Sprunggelenk ermöglichen Verletzungsfolgen an den für die Peronealsehnen betroffenen Strukturen mit der Folge verspätet auftretender Verletzungsfolgen im Sinne von Subluxationen u. a.

7.4.3 Biomechanik – Pathomechanik

Im Außenknöchelsulkus verlaufen die beiden Peronealsehnen (Tendo peronealis brevis, Tendo peronealis longus), evtl. auch in Verbindung mit der Sehne des Musculus peronealis tertius oder quartus. Neben dem Beitrag zur Steigbügelfunktion der Unterschenkelmuskulatur in Verbindung mit der Fußfunktion kommt den Peronealsehnen eine zusätzliche Bedeutung als statische Stabilisatoren des Sprunggelenkes zu, und dies mit der adaptierenden Wirkung der Sehnen an das Sprunggelenk bzw. in die retromalleolare Rinne [371]. In Neutral-0-Stellung verhindern die Peronealsehnen im Gesamtkonzept der Stabilität des oberen Sprunggelenkes einen Talusvorschub und leisten damit einen Beitrag zur lateralen Sprunggelenkstabilisierung, wobei die wesentliche Stabilisierung jedoch durch die Bänder übernommen wird, bezüglich des Talusvorschubes speziell durch das Lig. fibulotalare anterius. Spezielle biomechanische Überlegungen sind in der Beurteilung des Sehnensplittings sowie der Subluxation und der Luxation (Dislokation) der Peronealsehnen aus dem retromalleolaren Sulkus erforderlich. Hierzu spielen spezielle anatomische Strukturen eine besondere Rolle. Die wesentliche Stabilisierung der beiden Peronealsehnen im retromalleolaren Verlauf übernimmt das Retinaculum superius, das als Verstärkung der Fascia cruris in diesem Bereich zu werten ist.

Verschiedene Faserstrukturformen führen im Endeffekt zur Verhinderung einer Subluxation oder auch Luxation der Peronealsehnen nach anterolateral. Die anatomischen Strukturen des retromalleolaren Sulkus leisten zur Stabilisierung der Peronealsehnen ihren Beitrag. Hier muss an erster Stelle der posteriore fibrokartilaginäre Belag der Außenknöchelspitze genannt werden, der trotz gelegentlicher konvexer Form der ossären Fibulaspitze diesen Bereich so ausgleicht, dass eine geeignete Führungsrinne in Verbindung mit der Ansatzstelle des Retinakulums an der Fibula zustande kommt. Knöcherne Führungsleisten als Begrenzung des Sulkus leisten ihren Beitrag, sind aber auch in Abhängigkeit von der Rotationsstellung Ursache für Überlastungsschäden an den Sehnen im Sinne eines Sehnensplittings. Durch die Innenrotation entsteht eine Kompression der Sehne des Musculus peroneus brevis gegen die dorsomediale Kante des Sulkus, bedingt durch die Sehne des Musculus peroneus longus und die Periostlippe an der Außenknöchelspitze. Ob es nun zu einer Ablösung der Periostlippe kommt, hängt von der Scherkraft ab, mit der die Peronealsehnen dagegen drücken. Es ist ja bekannt, dass dieser „Faserknorpel“ Knochenregionen bedeckt, die von Sehnen komprimiert werden [51]. Durch diese Faserknorpelkante können subluxierende Sehnen geschädigt werden, aber es kann auch der Faserknorpel vom superioren Retinakulum abgeschert werden, so dass eine scharfkantige Knochenkante die Sehnen längsspaltet [553, 984, 39, 314]. Die OSG- bzw. USG-Stellung wirkt auf die Peronealsehnenfunktion und deren Halteapparat ein. Als ätiologischer Mechanismus für eine Peronealsehnenluxation wird allgemein ein dynamischer Wechsel von der Plantarflexion/Supination in die Dorsalextension/Pronation diskutiert [47, 125, 345, 722, 865, 929, 526, 1104]. Es soll damit auch eine Verletzung des Lig. fibulotalare anterius als Begleitverletzung verbunden sein [382]. Bei Durchsicht der Literatur wird besonders das Skifahren als geeignete unfallträchtigte Sportart genannt [1011]. Es resultieren folgende Mechanismen, die als geeignet bezeichnet werden, eine Peronealsehnenluxation hervorzurufen:

- Dorsalextension mit Abduktion und Eversion bei gleichzeitiger Anspannung der Peronealmuskulatur [766, 733, 903, 59, 1011, 258, 246, 21],
- Dorsalextension mit Abduktion und Inversion [903],
- Dorsalflexion mit maximaler Muskelkontraktion [533, 703, 1118, 834, 316, 644, 643, 555, 916, 839, 1145, 1180, 131],
- Dorsalflexion mit Eversion und Muskelkontraktion [533, 1011, 246, 166, 47, 163, 211, 240, 258, 330, 537, 663],
- Dorsalflexion (passiv) in Eversion und Muskelkontraktion [163, 246, 663, 916, 1011, 1119, 195, 673, 650, 240],
- Plantarflexion mit Supination [10],
- Pronation mit Abduktion und Muskelkontraktion [59, 556],
- Plantarflexion mit Inversion + Muskelkontraktion [643, 644],
- Dorsalflexion mit Inversion + Muskelkontraktion [1011, 1180, 849, 256, 84, 661, 832],
- Inversion mit „ankle sprain“ [703, 687],
- Plantarflexion mit Eversion [80],
- isolierte Muskelkontraktion bei Prädispositionsfaktoren [175],
- direktes Trauma von posterior mit knöchernem Retinakulumabriss [917, 918, 721, 10, 883, 121],
- direktes Trauma bei Abduktion [883],
- Dorsalextension, isoliert [246, 721, 883, 1118],
- Wechsel von Supination zu Pronation [247, 720],
- Wechsel von Supination zu Pronation und Dorsalextension einschl. Kontraktion [49, 70, 145, 345, 648, 722, 865, 929, 1104],
- Achillessehnenruptur (selten mit gleichzeitiger Retinakulumruptur) [575].

Die Supination kann als erster Schritt zur Peronealsehnenluxation dienen [712], da es durch die Nervenendigungen in der Peronealsehnenscheide bei der Supination zur maximalen Anspannung der Peronealmuskulatur als reflektorische Gegenbewegung kommt [62, 765]. Ein Riss in der Peronealsehnenscheide bildet den Ausgangspunkt für einen Riss bis ins superiore Retinakulum. Fehlt jedoch eine Fußstellung, die zur Subluxation der Peronealsehnen führt, oder liegt keine dynamische Komponente vor, so sei auch eine traumatische Peronealsehnenluxation ausgeschlossen [765]. Die in der Literatur angegebenen sog. geeigneten Mechanismen sind daher kritisch zu überdenken. Die Inversion des Fußes spannt das Lig. fibulocalcaneare an und engt den Tunnel ein. Damit drücken die Sehnen gegen den knöchernen Ansatz des Retinaculum superius [1063]. In der Höhe des Außenknöchels liegt die Sehne des Musculus peroneus longus noch lateral der Sehne des Musculus peroneus brevis. Wird nun die Sehne des Musculus peroneus brevis angespannt und besonders in Supination dorsalflektiert, damit auch gegen das superiore Retinaculum gedrückt, muss die Sehne des Musculus peroneus longus folgen, da diese in einer Schraubentour um die Peroneus brevis-Sehne verläuft, d. h., die Sehne des Musculus peroneus longus wird noch stärker als die Sehne des Musculus peroneus brevis, aber von dieser dazu gezwungen, gegen das superiore Retinaculum gepresst [765]. Die Sehne des Musculus peroneus longus muss also leichter luxieren [47, 45, 9, 598]. Der schraubenartige Verlauf der Sehne des Musculus peroneus longus um die Sehne des Musculus peroneus brevis ist somit für eine Zunahme der Luxationsneigung verantwortlich und es wird gleichzeitig der Peroneus longus als erste Sehne von den beiden Peronealsehnen nach vorne außen luxieren (Abb. 7.54).

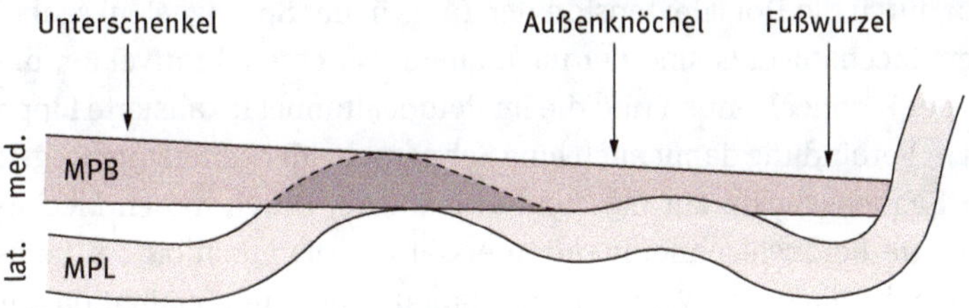

Abb. 7.54: Schematischer Verlauf der Sehne des M. peroneus longus (MPL) zur Sehne des M. peroneus brevis (MPB) – schraubenartige Windung, Blick von anterior.

Nach einer traumatischen Peronealsehnenluxation liegt aber die Sehne des Musculus peroneus brevis vor und lateral der Sehne des Musculus peroneus longus. Bei der Luxation der Sehnen muss zuerst die Sehne des Musculus peroneus longus den Peronealtunnel verlassen, dann rutscht die Sehne des Musculus peroneus brevis darunter durch und liegt ventrolateral [765], da die Sehne des Musculus peroneus brevis im Vergleich zum zweiten Umlenkpunkt der Sehne des Musculus peroneus longus weiter ventrokranial an der Basis des 5. Mittelfußknochens ansetzt. Somit liegt der kürzeste Weg zwischen Ursprung und Ansatz des Musculus peroneus brevis auch davor, dem folgt die Sehne des Musculus peroneus brevis. Am distalen Ende des osteofibrösen Kanals wird in 56 % der Fälle eine Lippe gefunden [765], die mit dem Lig. fibulocalcaneare stabil in Verbindung steht. Diese Struktur engt den osteofibrösen Kanal bei Dorsalextension ein, d. h., bei einer Krafteinwirkung in Dorsalextension durch Spannung des Lig. fibulocalcaneare ist diese nach lateral gerichtet mit Verstärkung der

Luxationstendenz. In Plantarflexion trifft dieser Mechanismus nicht zu. Bei Durchsicht der Literatur sind Untersuchungen zur Pathomechanik bzw. zur Pathogenese der Peronealsehnenluxation spärlich, es resultieren folgende Überlegungen:

- Eine Luxation gelingt bei Zug an den Sehnen, bei Supination und Plantarflexion in Richtung Extension, Abduktion und Dorsalflexion [526].
- Bei Anspannung der Sehnen genügt die Durchtrennung des superioren Retinakulum zur Luxation [247].
- Bei flacher retromalleolärer Gleitrinne führt ein Zug in der Muskelsehnenachse mit Inversions-Eversionsbewegungen zur Luxation [720].
- Eine Peronealsehnenluxation ist ohne Verletzung der lateralen Sprunggelenksbänder möglich [8].

Diese vier Aussagen sind experimentell abgesichert, viele weitere Publikationen weisen auf die Notwendigkeit eines dynamischen Charakters hin und es resultiert, dass eine alleinige Zugbelastung an den Sehnen nicht zur Luxation führen kann, wohl aber eine Zugbelastung in Verbindung mit einer Dorsalextension eher als mit einer Plantarflexion [765]. Der klassische Mechanismus zur Entstehung einer Peronealsehnenluxation ist die Muskelkontraktion in Dorsalextension, eine Fußfixation ist hier nicht notwendig, da durch die Dorsalextension der Talus in der Sprunggelenksgabel fixiert ist. Bei diesem Mechanismus sind der nach lateral gerichtete Kraftvektor, die Steigbügelfunktion der Peronealsehnen und die im Peronealtunnel lokalisierte Lippe verantwortlich und in Verbindung damit auch eine Sehnenscheidenverletzung wegen der Fixation dieser Sehnenscheide am Lig. fibulocalcaneare. Durch diesen Mechanismus ist eine isolierte Peronealsehnenluxation erklärbar. Die Luxation der Peronealsehnen durch den dynamischen Wechsel von Plantarflexion und Supination zur Dorsalextension und Pronation [47, 125, 345, 722, 865, 929, 1104] eignet sich auch zur lateralen Sprunggelenksbandverletzung.

Prädispositionsfaktoren

Bezüglich der Peronealsehnenluxation sind Prädispositionsfaktoren [131] zu berücksichtigen. Hier geht es um die Retinakulumpathologie, die anatomische Form der Peronealgrube (Sulkus) sowie um Fehlformen am Fuß. Liegen anlagebedingte Störungen zur Neigung zur Peronealsehnenluxation vor, so sind beidseitige Luxationen häufig.

Fußdeformitäten

Fußdeformitäten [843, 249, 524, 867, 845, 633, 790, 1180, 916, 260, 508, 186, 722] führen zu anlagebedingten Störungen, auch im Verlauf der Peronealsehnen. Diese Deformitäten können angeboren, aber ebenfalls in Verbindung mit neuromuskulären Erkrankungen erworben sein [1011].

Retinakulumpathologie
Das Retinakulum kann fehlen (Aplasie) und somit die Ursache für eine Peronealsehnenluxation darstellen [524, 79, 252, 21]. Eine Laxität des Retinakulums entsteht bei Lähmungen [21] oder auch bei Fehlhaltungen im Sinne einer chronischen Pronation bei Reitern [21] und bei Hyperelastizität [355].

Sulkuspathologie
Der flache oder auch konvexe Sulkus [246] ist normalerweise keine Ursache für eine Peronealsehnenluxation, da die knöcherne Struktur durch entsprechende Weichteile zur Bildung des Sulkus ergänzt wird.

Fehlstellungen
Fußfehlstellungen im Sinne einer chronischen Pronation [175, 21] neigen ebenso zu Luxationen wie zusätzliche Peronealsehnen im Tunnel [355].

Luxationsarten-Disposition
Es werden die Luxationen bei Kindern und bei Erwachsenen unterschieden und diese von angeborenen und erworbenen Luxationen getrennt.

– Angeborene und damit habituelle Luxationen gibt es bereits bei Neugeborenen [845], oftmals in Verbindung mit Fußdeformitäten. Besonders häufig sind hier beidseitige Luxationen [260].
– Kindliche Form der traumatischen Peronealsehnenluxation:Die Unfallmechanismen sind identisch denen bei Erwachsenen [258, 47, 182].
– Habituelle Luxation bei Erwachsenen: Hier handelt es sich um Luxationen ohne nachweisbares Unfallereignis [358, 929, 726, 1178, 437, 555, 10, 661, 839, 195, 47, 711, 883, 382]. Diese habituellen Luxationen bei Erwachsenen finden sich bei Überlastungen des Retinakulums, z. B. durch Fehlhaltung (Pronation), aber auch bei erworbenen Fußfehlformen.
– Traumatische Peronealsehnenluxation beim Erwachsenen: Hier liegen Unfallereignisse vor, selten durch ein direktes Trauma [355], meist aber durch ein indirektes Trauma mit heftiger Reflexkontraktion der Peronealmuskeln [175], in der Regel bei einer plötzlichen, passiven Dorsalflexion, gefolgt von einer Muskelkontraktion, die die Haltefunktion des Retinaculum superius übersteigt [608, 609, 21, 258, 246]. In der Beurteilung der Kausalität müssen hier insbesondere OSG-Instabilitäten berücksichtigt werden [866, 345, 382, 832], die ursächlich zur Schaffung einer Peronealsehnenluxation geeignet sind. Bei OSG-Instabilitäten kann es durch nicht traumatische Subluxationen zur Ausbildung einer Luxation kommen. In diesen Situationen wäre dann die Peronealsehnenluxation mittelbare Unfallfolge zu der vorausgegangenen OSG-Instabilität, wenn diese traumatisch entstan-

den ist. Es müssen also bei einer traumatischen Peronealsehnenluxation Prädispositionsfaktoren in Erwägung gezogen werden, wie die Aplasie des superioren Retinakulums oder eine erworbene Schwächung, Unterschenkel- und Fußfehlstellungen sowie auch OSG-Instabilitäten. Eine Konkavität des retromalleolaren Sulkus ist von untergeordneter Bedeutung.

Den isolierten Peronealsehnenluxationen, meist durch sportliche Aktivitäten bedingt [21, 170, 650], sollten Peronealsehnenluxationen, die mit Begleitverletzungen einhergehen, gegenübergestellt werden. Begleitverletzungen bei Peronealsehnenluxationen werden nur bei jedem 10. Autor in der vorliegenden Literatur angegeben. Werden aber diese Begleitverletzungen genannt, so finden sich diese in einer Häufigkeit von 31 % [765]. Logischerweise entstehen Peronealsehnenluxationen und die genannten Begleitverletzungen durch denselben Unfallmechanismus:
- Innenknöchelfraktur [518, 12],
- Außenknöchelfraktur [242, 1104],
- bimalleoläre Fraktur [721, 711, 49],
- Kalkaneusfraktur [893, 726],
- Fraktur Processus lateralis tali [500, 644],
- Achillessehnenruptur [1011, 380],
- Peronealsehnenruptur mit Verletzung des superioren und inferioren Retinakulums [858],
- Außenbandverletzungen am OSG [382, 765, 721].

Da sich bei der Supination die peronealen Muskeln reflektorisch durch Dehnung deren Sehnenscheide anspannen, kommt es zur Ruptur der Peronealsehnenscheide bei den Supinationsverletzungen mit der Folge der Fortleitung dieser Ruptur bis in das superiore Retinakulum. Entsteht ein Wechsel von der Supination zur Dorsalflexion, Abduktion und Eversion, so ist die Peronealsehnenluxation die Folge [62, 715]. Das Spannungsverhalten der lateralen Sprunggelenksbänder ist abhängig von der Fußstellung. Die Dorsalextension zeigt eine Zunahme des Spannungsverhaltens des Lig. fibulotalare anterius und des Lig. fibulocalcaneare, die Valgusaußenrotation (Supination) führt zur Reduktion der Spannung am Lig. fibulotalare anterius, aber zu einer erheblichen Zunahme der Spannung auf das Lig. fibulocalcaneare. Das heißt, die dynamische Komponente mit Übergang von Supination zur Pronation führt zur Ruptur des Lig. fibulotalare anterius, wogegen die Dorsalextension mit Eversion und Abduktion die Ruptur des Lig. fibulocalcaneare zur Folge hat [949, 538]. Es liegen also Mechanismen vor, die auch geeignet sind, die Peronealsehnenluxation zu verursachen, wobei die Ursache ebenso in der Folge der Ruptur der lateralen Bänder zu sehen ist. Die Peronealsehnen verursachen eine Kavität im Lig. fibulocalcaneare unter der Außenknöchelspitze. Das Anspannen dieses Bandes, z. B. unmittelbar vor einer Ruptur, drängt die Sehnen vor den Außenknöchel mit der Folge des Zerreißens des superioren Retinakulums. Eine einfache Erklärung für die Kombination von Knöchelbruch und Peronealsehnenluxation findet sich in der Einteilung der OSG-Frakturen nach LAUGE-HANSEN [558, 564, 565]. Der zu einem bimalleolären Knöchelbruch vorgesehene Bewegungstyp im Sinne der Pronations-Eversions-Bewegung ist derselbe Bewegungsmechanismus, der auch zur Peronealsehnenluxation führen kann. Es hängt also von der einwirkenden Kraft ab, ob eine Bandverletzung mit oder ohne Peronealsehnenruptur oder auch eine bimalleoläre OSG-Fraktur entsteht.

7.4.4 Pathologie

Die Pathologie der Peronealsehnen wird mit einer Gesamthäufigkeit von 0,5 % angegeben [240], aber in einem sehr hohen Prozentsatz von 40 % werden sowohl posttraumatisch als auch bei unklaren Außenknöchelbeschwerden die pathomorphologischen Substrate nicht erkannt [503]. Obwohl seit über 200 Jahren die Peronealsehnenluxation bekannt ist [702] und seit fast 90 Jahren das Peronealsehnensplitting beschrieben wird [675], werden auch heute noch diese Veränderungen häufig übersehen. Nach HECKMAN [375] werden Peronealsehnenläsionen wie folgt eingeteilt:
- Tendinitis und Tenosynovitis (Tendinopathie, Os peroneum-Syndrom),
- Sehnenrisse („tears and ruptures"),
- Sehnensubluxation und –luxation.

7.4.5 Tendinitis und Tenosynovitis (Tendinopathie, Os peroneum-Syndrom)

Es gelten auch für die Peronealsehnen die allgemeinen und speziellen pathologischen Überlegungen, wie sie für alle Sehnen zutreffen (vgl. Kapitel 8), lediglich anatomische Besonderheiten sollen hier berücksichtigt werden. Die Entzündung der Sehne bzw. deren Umhüllung (Peritendinitis) und auch deren, soweit vorhanden, Sehnenscheiden beruhen vorwiegend auf Überlastungsproblemen, werden aber auch mit direkten Traumen auf Sehnen oder deren Umgebung (Kalkaneusfraktur, OSG-Fraktur), Sprunggelenksdistorsionen und auf rezidivierende Sprunggelenksinstabilitäten zurückgeführt [924, 1003, 503, 375]. Die Peronealsehnentendinopathie, Subluxationen ausgenommen, sollten differentialdiagnostisch immer mit der Diagnose „lateral ankle sprain" in Verbindung gebracht werden [336]. Ebenso führen Überlastungen zur Tendinitis bzw. Peritendinitis calcarea [184, 225, 885, 496, 291, 551, 1128]. Betroffen ist häufiger die Peroneus longus-Sehne als die Peroneus brevis-Sehne, aber auch am Fuß die Sehne des Musculus flexor hallucis longus [342, 876, 1049]. Die Überlegung zur Kalkentstehung stellt UHTHOFF [1082, 1081] dahingehend an, dass es, ausgehend von einer Tenozyten-Metaplasie, zu einer Kalkproduktion mit phasenhaftem Verlauf kommt. Eine andere Theorie [699] zieht den Schluss, dass eine Hypoxie zu Sehnenzellnekrosen führt, diese nekrotischen Fragmente verkalken, durch deren Verteilung und durch Bewegung entsteht eine Zunahme der Größe der Kalkherde.

Ein Erkrankungsbild der Tendovaginitis stenosans findet sich an der Sehne des Musculus peroneus longus [193] sowie an der Sehne des Musculus peroneus brevis [95], eventuell auch in Verbindung mit einer Hypertrophie des Tuberculum peroneale.

7.4.6 Sehnenrisse („tears and ruptures")

Problematisch sind die englischen Bezeichnungen „tear" und „rupture". Bei der Übersetzung trifft wohl für beide Begriffe das deutsche Wort Riss zu, wobei bei Durchsicht der Literatur die eigentliche teilweise oder komplette Transversalschädigung einer Sehne mit einem Riss teilweise oder komplett in Verbindung zu bringen ist, „tears" findet sich als Längsspaltung oder Splitting der Peronealsehnen. Auch dieses Längssplitting kann partiell oder die komplette Sehne betreffend gefunden werden. Im Folgenden werden transversale Kontinuitätsunterbrechungen der Sehne als Rupturen bezeichnet, wobei damit noch keine Aussage über die Ätiologie getroffen wird. Es gibt traumatische Rupturen, aber auch Kontinuitätsunterbrechungen (Dehiszenzen) aufgrund eines Missverhältnisses zwischen Belastung und Belastbarkeit der Sehne bei diversen Sehnenpathologien [971, 1177]. Die Längsrupturen (partiell oder total) werden Sehnensplitting genannt. Der muskuläre Abriss des Peroneus longus ist zwar selten, wegen eines Kompartment-Syndroms aber problematisch [579]. Rupturen der Sehnen des Musculus peroneus longus und des Musculus peroneus brevis können die Folge repetitiver Sprunggelenksdistorsionen sein, aber auch die Folge von Sehnensubluxationen, und sie werden mit Sprunggelenksinstabilitäten in Verbindung gebracht [1144, 2, 985, 984, 796]. Dies trifft auch für die Sehne des Musculus peroneus brevis zu, die ebenfalls in Verbindung mit bimalleolären Sprunggelenksfrakturen gefunden wird [1007] als auch mit den Rupturen der Sehne des Musculus peroneus longus. Letztere wird mit plötzlichen Inversionsbewegungen verbunden [262], aber auch als Dehiszenz bei älteren Patienten gesehen [906]. Die Lokalisation der Ruptur der Sehne des Musculus peroneus longus zeigt sich meist in Höhe des Kalkaneokuboidgelenkes und damit in der Nähe des Os peroneum [1112, 653, 761]. Neben den rein tendinösen Rupturen in der Nähe des Os peroneum findet sich gehäuft begleitend eine Fraktur des Os peroneum [369, 791, 1048, 448, 909, 913, 991, 803] oder ein Os peroneum bipartitum [149, 71]. So wie bei anderen Sehnenkontinuitätsunterbrechungen wird auch bei den Peronealsehnen der Diabetes bzw. andere systemische Erkrankungen mit und ohne Kortison-Therapie als ätiologische Faktoren diskutiert [1, 183, 672, 841], selten auch ein Gicht-Tophus [542]. Das Sehnensplitting kann mehrere Ursachen haben:

1. chronische OSG-Instabilität: rezidivierendes Einengen der Peroneus brevis-Sehne gegen das posterolaterale Außenknöcheleck [39],
2. Subluxation der Peroneus brevis-Sehne nach Riss des superioren Retinakulums bei einem Erstunfall in einer Equinovarus-Position [984, 553],
3. hypertrophes Tuberculum peroneale [1032, 914, 375, 95, 237],
4. Anomalien der Peronealsehnen [867, 907, 910, 191, 983, 984, 474, 988, 1083].

7.4.7 Sehnensubluxation und -luxation

Die Einteilung der Peronealsehnenluxation sieht eine Unterscheidung zwischen den Luxationen im Kindes- sowie im Erwachsenenalter vor, dazu werden erworbene traumatische Luxationen als rezente Luxationen bezeichnet. Wiederholen sich diese Luxationen, so liegen rezidivierende Luxationen vor, und diese traumatisch frischen und traumatisch rezidivierenden Luxationen werden von habituellen Luxationen abgegrenzt [765, 382, 753]. Die erste Einteilung der Peroneal-, Sub- bzw. Totalluxationen nimmt ECKERT [246] vor. Aufgrund chirurgischer Untersuchungen werden drei Verletzungsformen festgestellt:

- Grad I: Das superiore Retinakulum ist von der kollagenen Lippe und vom Außenknöchel gelöst, aber nicht rupturiert (50,7 %).
- Grad II: Das superiore Retinakulum ist zusammen mit der fibrösen Lippe vom Außenknöchel gelöst, ohne Abriss (32,8 %).
- Grad III: Es liegt eine knöcherne Abrissverletzung des superioren Retinakulums vom Außenknöchel vor (16,5 %).

Die Grundteinteilung entsprechend dem pathomorphologischen Substrat erfolgt nach HEIM [382] mit Benennung von drei Typen I–III:

- Typ I: Er zeigt eine Ruptur des Retinaculum superius, durch die die Peronealsehnen nach vorne außen luxieren.
- Typ II: Es bleibt das Retinakulum in der Kontinuität erhalten, die Sehnen luxieren subperiostal nach anterior mit Ausbildung einer Tasche.
- Typ III: Hier handelt es sich um eine ossäre Ausrissverletzung des Retinaculum superius aus dem Außenknöchel.

ODEN [753] übernimmt im Endeffekt die Klassifikation von HEIM [382], ergänzt aber als weiteren Typ einen posterioren Abriss des Retinakulums vom Kalkaneus und er fasst Typ I und II nach ECKERT [246] als Typ I (Subluxationen) zusammen. Somit resultieren nach ODEN [753] folgende vier Typen:

- Typ I: taschenförmige Ablösung des Retinakulums vom Außenknöchel bei bleibender Kontinuität zum Periost,
- Typ II: außenknöchelnaher Riss des Retinakulums mit Luxation der Sehnen nach anterolateral,
- Typ III: knöcherner Abriss des Retinakulums vom Außenknöchel,
- Typ IV: Riss des Retinakulums posterior von der Achillessehne mit Luxation der Peronealsehnen nach anterolateral, wobei das Retinakulum als Repositionshindernis bestehen bleibt.

Als neue Bezeichnung wird von RAIKIN [850, 849] die „intrasheat"-Subluxation eingeführt, wobei es bei intaktem Retinakulum zur Luxation der Peroneus brevis-Sehne nach posterior kommt, somit liegt die Peroneus longus-Sehne vor der Peroneus brevis-

Sehne (Typ A). Tritt ein gleichzeitiges Längssplitting der Peroneus brevis-Sehne auf, luxiert die Peroneus longus-Sehne durch diesen Längsriss (Typ B). Bei Subluxationen wie auch bei Luxationen müssen nicht beide Peronealsehnen zur Dislokation gelangen, in Abhängigkeit vom pathomorphologischen Substrat mit Repositionshindernis, z. B. bei der kalkanearen Abrissverletzung des Retinakulums, resultiert eventuell auch nur die Luxation der Peroneus longus-Sehne [849, 850]. Die Subluxation wird mit einer Häufigkeit von 0,3 bis 0,5 % traumatischer Sprunggelenksverletzungen gesehen [131], liegt also in etwa in einer Häufigkeit wie die volle Luxation. Unter Verwendung der Klassifikation nach ECKERT [246], HEIM [382], ODEN [753] und RAIKIN [850] entsteht ein Gesamtsystem möglicher Peronealsehnensubluxationen sowie Luxationen, die vom akuten Stadium alle in ein rezidivierendes Stadium [625] übergehen können (Abb. 7.55).

Die „intrasheat"-Subluxation wird als „nicht möglich" angezweifelt [763], das superiore Retinakulum kann während einer Umverlagerung der Peronealsehnen nicht intakt bleiben, daher sollte die „intrasheat"-Subluxation als Grad I nach ECKERT [246] eingestuft werden, da auch bei Typ A und B nach RAIKIN [850] eine zumindest partielle periostale Lösung des superioren peronealen Retinakulum vorliegen muss, d. h., bei allen Subluxationstypen findet sich eine periostale Retinakulumbeteiligung. Es resultiert eine Neu-Klassifikation (Tab. 7.13).

Tab. 7.13: Neu-Klassifikation der Peronealsehnen-Subluxation und Luxation (G1–G5), in Anlehnung an [763].

		Pathomorphologisches Substrat	
Sublux	G1a	Periostablösung bei intakter Lippe	ECKERT I
	G1b	Austausch der Peronealsehnenposition	RAIKIN Typ A
	G1c	Subluxation der Peroneus brevis-Sehne durch die längsgespaltene Peroneus longus-Sehne	RAIKIN Typ B
	G1d	Lösung von Periost und Lippe	ECKERT II
Lux	G2	Abriss des Retinakulums zusammen mit Lippe vom Außenknöchel	HEIM I
	G3	ossärer Abriss des Retinakulums vom Außenknöchel	ECKERT III, HEIM III, ODEN III
	G4	interligamentärer Retinakulumriss	(HEIM I)
	G5	Retinakulumabriss dorsal vom Fersenbein	ODEN IV

Abgesehen von der typischen Luxation der Peronealsehnen gibt es Besonderheiten:
1. Ruptur des inferioren Retinakulums [858],
2. isolierte Luxation der Peroneus longus-Sehne über das Tuberculum peroneale [254],

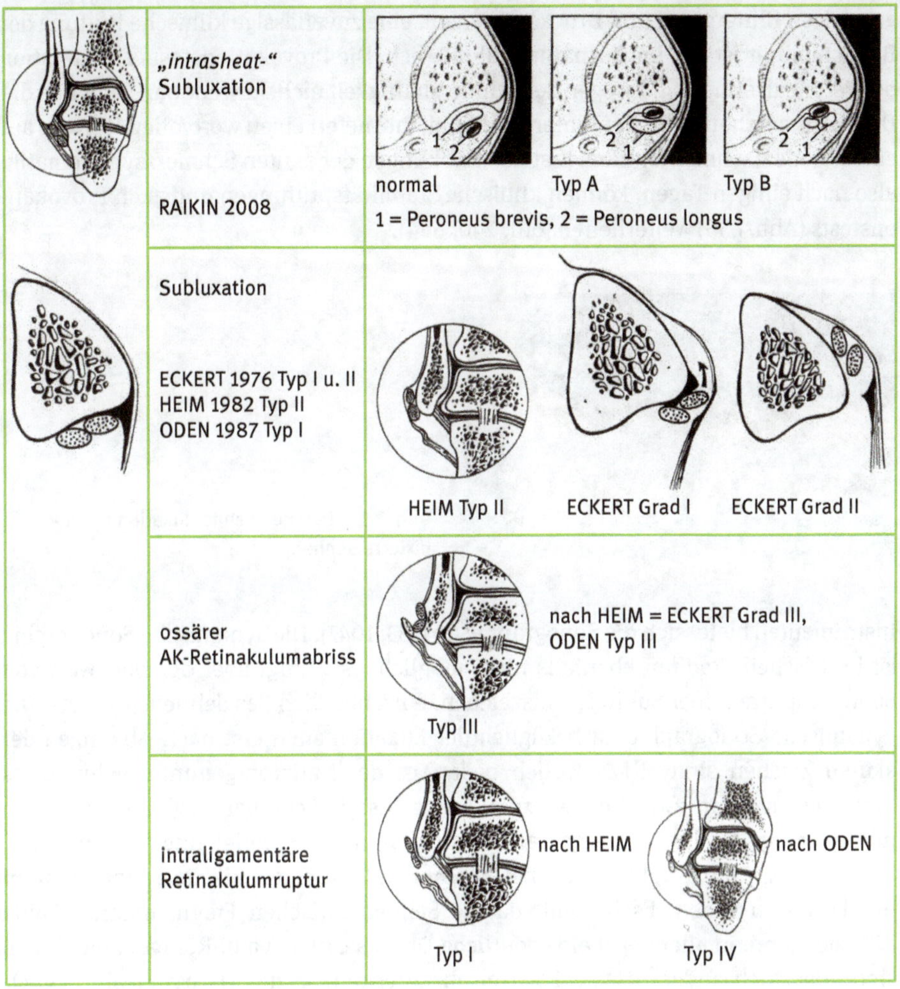

Abb. 7.55: Klassifikation der Peronealsehnen-Luxationen/-Subluxationen [246, 382, 753, 850].

3. isolierte Luxation der Peronealsehnen durch Anspannung des Lig. fibulocalcaneare [21, 1011, 1180],
4. Peronealsehnenluxation mit Innenknöchelfraktur [12] oder Kalkaneusfraktur [1062] sowie anderen Begleitverletzungen.

7.4.8 Diagnostik

Bei allen sogenannten Distorsionen am Sprunggelenk sollte an die Beteiligung der Peronealsehnen gedacht werden. Das Problem liegt in der unmittelbaren Nähe der Peronealsehnen zu den lateralen Bandstrukturen am Sprunggelenk. Beide Verletzungen zeigen Blutergüsse und Druckschmerzen, eine zuverlässige klinische Prüfung der Bandstabilität ist nur im Ausnahmefall möglich. Die Provokationstests zur Luxation der Peronealsehnen sind wegen der Schmerzhaftigkeit nicht anwendbar. Lediglich die Druckschmerzhaftigkeit der hinteren Fibulakante liefert einen wertvollen Hinweis auf eine Peronealsehnenluxation. Erst nach Abklingen der akuten Schmerzsymptomatik, also nach einigen Tagen, können klinische Stabilitätsprüfungen und auch Provokationstests (Abb. 7.56) weiterhelfen [661, 240, 644].

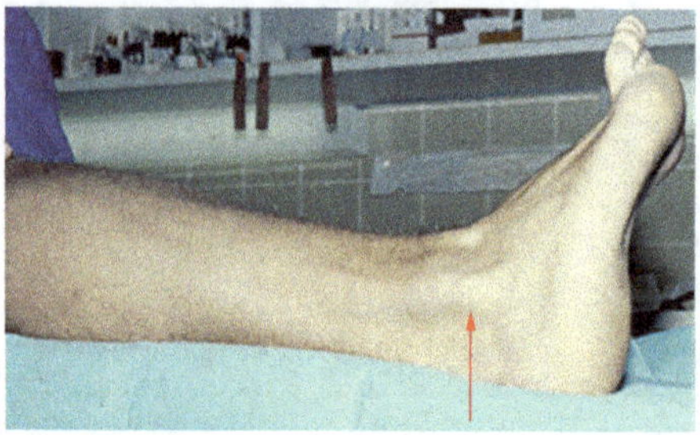

Abb. 7.56: Peronealsehnenluxation (Pfeil = luxierte Sehne).

Instrumentell bietet sich die Sonographie an [333, 1047]. Die dynamische Sonographie ist im frischen Stadium ebenfalls nicht möglich, es gelingt aber der Nachweis von Sehnenrupturen oder Subluxationszeichen, einschließlich des Sehnensplittings. Die dynamische Sonographie ist bezüglich der Luxation auch erst nach Abklingen der akuten Zeichen sinnvoll. Natürlich bedarf es der Nativröntgenuntersuchung des Sprunggelenkes in zwei Ebenen zum Ausschluss knöcherner Begleitverletzungen und/oder zum Nachweis einer ossären Retinakulumausrissverletzung. Die Abrissverletzung ist im a.p.-Strahlengang bei weicher Aufnahmetechnik und Innenrotation des Fußes zu sehen. Es besteht, da die Sehnen zwischen Fragment und Fibula disloziert sind, in aller Regel eine deutliche Diastase. In den a.p.-Röntgenaufnahmen sind aber auch andere ossäre Partikel abzugrenzen, so das Os peroneale, das Os subfibulare, aber auch alte sowie frische knöcherne Ausrissverletzungen aus der Außenknöchelspitze oder auch veraltete Ausrisse und in seltenen Fällen im lateralen Gelenkspalt eingeklemmte Gelenkkörper. Eine besondere Aufnahme zur Darstellung des retromalleolaren Sulkus ist dessen Tangentialaufnahme. Hier ist jedoch zu berücksichtigen, dass auch ein konvexer Sulkus keinen Nachweis einer Peronealsehnenluxation ergibt, denn entscheidend sind die dazugehörigen Weichteilverhältnisse. Die gehaltenen Aufnahmen zum Nachweis einer Bandverletzung am Sprunggelenk können ein für die Peronealsehnenluxation typisches Zeichen darstellen, nämlich bei nicht aufklappbarem Gelenkspalt findet sich eine deutlich seitendifferente Vergrößerung des Abstandes von Außenknöchelspitze zum fibularen Prozessus des Talus, und zwar über 10 mm [48]. Weitere Aussagen zu dieser Angabe finden sich in der Literatur jedoch nicht. Es wird auch die Computertomographie in Erwägung gezogen [617, 892, 1021, 422], die jedoch, abgesehen von der Darstellung der retromalleolaren Gleitrinne und auch einer knöchernen Ausrissverletzung eines Retinakulums, in der Diagnostik nicht weiterhelfen kann, eher die Sonographie [1031]. Als nicht invasive Methode bietet sich immer mehr die Magnetresonanztomographie an [3, 1174, 922, 1116, 891, 544, 188, 629, 1002, 157, 308, 279]. Nachdem, abgesehen von der Anamnese und der klinischen Untersuchung [275], eine sichere einfache Diagnostik nicht vorliegt, um frische Verletzungen oder auch ein retromalleolares Schnappen [611] zum Unfallzeitpunkt zu erkennen [246, 824], wird auch auf die invasive Diagnostik mittels Tenographie bzw. Tenoskopie hingewiesen. Die Tenoskopie kann auch bei einer klaren Diagnose zur endoskopischen Operation eingesetzt werden. In der Literatur wird die Tenographie [767, 253, 704, 156] zum Nachweis einer Ruptur des Lig. fibulocalcaneare herangezogen werden, aber auch zum Nachweis einer Peronealsehnenluxation, frisch oder alt, bzw. zum Erkennen eines Peronealsehnenimpingements, z. B. in der Folge einer Kalkaneusfraktur. Die Tenoskopie [450, 1097, 912, 612, 263, 1102, 779, 192] wird nach herkömmlicher Diagnostik einschließlich Magnetresonanztomographie bei unklaren Diagnosen oder zur gezielten endoskopischen Operation, z. B. zur Resektion von Sehnenanteilen bei schnappender Peroneus tertius-Sehne oder auch gezielt bei Subluxationen zur Vertiefung des Sulkus, verwendet.

7.4.9 Beurteilung

Rupturen von Peronealsehnen unterliegen den Bedingungen, wie alle Sehnen (vgl. Kapitel 8). Subluxationen der Peronealsehnen sind Folge eines Mechanismus geringerer Krafteinwirkung, als dies für eine komplette Luxation erforderlich wäre, Subluxationen sind aber auch Folgen einer OSG-Instabilität bzw. einer Überlastung in einer Fehlhaltung. Hieraus lässt sich eine traumatische Ätiologie nur bei einer tatsächlich frischen Subluxation erkennen (vgl. Band 1, Kapitel 1.5.1). Das Bild einer Vollluxation traumatischer Art ist charakterisiert durch eine periostale Ablösung des superioren Retinakulums vom Außenknöchel, aber auch durch eine Zerreißung des Retinakulums werden mehrere anatomische Voraussetzungen diskutiert, die als Prädispositionsfaktoren an einer Peronealsehnenluxation beteiligt sein können. Eine konvexe oder plane Form der Außenknöchelspitze dorsal im distalen Anteil des Sulkus spielt für die Entstehung einer Luxation keine Rolle, da die knöcherne Form der Außenknöchelspitze nicht entscheidend ist, denn diese ist von einer fibrösen Weichteilstruktur derartig umgeben, dass nur diese für die Führung der retromalleolären Rinne distal verantwortlich ist, und sie lässt sich am Röntgenbild nicht erkennen. Ein tatsächlicher Prädispositionsfaktor wäre die Aplasie des superioren Retinakulums, das als Verdickung der Fascia cruris gewertet werden kann [240]. Diese Struktur ist entscheidend für die Stabilität im retromalleolären Sulkus. Eine Retinakulumaplasie führt zu einer habituellen Peronealsehnenluxation. Voraussetzung für eine traumatisch bedingte Luxation ist ein adäquater, reflektorischer, peronealer Muskelzug und entscheidend ist die Bewegung im oberen Sprunggelenk, da sich hieraus der vom Außenknöchel als Hypomochlion sich entwickelnde Kraftvektor nach anterior ableiten lässt. Dieser Kraftvektor errechnet sich aus der Verbindungslinie zwischen Ursprung und Ansatz der Sehnen und ist demzufolge bei einer Dorsalextension wesentlich größer als bei einer Plantarflexion.

In den 141 ausgewerteten Publikationen, die sich auch über die Ätiologie der Peronealsehnenluxation äußern, werden fast alle Sprunggelenkstellungen und -bewegungen als geeignet für eine Peronealsehnenluxation beschrieben (Tab. 7.14).

Tab. 7.14: Bewegungen zur Peronealsehnenluxation in der Literatur (n = 141).

Bewegungen	**Literaturstellen n = 141**	**Häufigkeit**
Dorsalextension	68	48,3 %
Plantarflexion	3	2,1 %
Eversion	33	23,4 %
Inversion	11	7,8 %
Abduktion	12	8,5 %
Adduktion	0	0,0 %
Supination	11	7,8 %
Pronation	3	2,1 %

Wie erkennbar, sind besonders die Dorsalextension (48,3 %) sowie die Eversion (23,4 %) geeignet, eine Peronealsehnenluxation zu verursachen. Die Eversion erklärt die Außenverlagerung der Peronealsehnen, die Dorsalextension die Vergrößerung des Kraftvektors, ausgehend vom Außenknöchel als Hypomochlion für die Peronealsehnen. Die Verbindung einer Muskelkontraktion mit Prädispositionsfaktoren am Bewegungssegment und die Stellung im betroffenen Gelenk lassen an die Kausalitätsüberlegungen bei der Patellaluxation denken. Das mediale Retinakulum am Knie entspricht dem superioren Retinakulum am Außenknöchel, die Patellasehne entspräche den Peronealsehnen und die Trochlea femoris dem retromalleolaren Sulkus. Somit resultiert bezüglich der Funktionalität, dass bei der Kniescheibenluxation die Unterschenkelaußenrotation mit Oberschenkelinnenrotationsstellung eine ähnliche Bedeutung hat wie die Dorsalextension mit Eversion am Sprunggelenk. Am Knie ist die Quadrizepskontraktion von Bedeutung, im Vergleich dazu die Peronealsehnenkontraktion, und es liegen Prädispositionsfaktoren an beiden Gelenken vor:

- Für die Beurteilung einer Patellaluxation sind der Patellahöhenindex, die Trochleahypoplasie, die Patellaform und auch die Beurteilung der Beinachse relevant.
- Für die Beurteilung des Verlaufs der Peronealsehnen übernimmt das superiore Retinakulum eine wesentliche Bedeutung, dazu gehören die Sulkusform, aber auch im Vergleich zur Patellaform die Peronealsehnenabnormitäten und bezüglich der Beinachse am Knie die Stabilitäts- bzw. Instabilitätssituation am Sprunggelenk.

- Für das Knie ist das Patellagleiten von Relevanz, für die Funktion der Peronealsehnen die Fußstellung, da sich hieraus der Kraftvektor, ausgehend vom Außenknöchel als Hypomochlion für die Peronealsehnen, ergibt.

Rupturen des Retinaculum peroneorum müssen auch mit lateralen Bandverletzungen in Verbindung gebracht werden. Die Inversion mit Plantarflexion ist mit der Verletzung des Lfta und des Lfc vergesellschaftet [24, 139, 162, 552]. Demgegenüber führt die Eversion in Dorsalextension bei gleichzeitiger Peronealkontraktion zur Verletzung des Retinaculum peroneourum sup. und zur Peronealsehnenluxation [21, 644]. Eine Verletzung des Lig. fibulocalcaneare kann eine Peronealsehnenluxation nach sich ziehen, der umgekehrte Mechanismus ist nicht erklärbar.

Das superiore Retinaculum peroneorum liegt über dem Lig. fibulocalcaneare (Lfc) und verläuft parallel dazu. Unmittelbar am Ursprung des Lfc bildet dieses eine nach dorsal-distal konkave Rinne, in der senkrecht dazu der Boden der Sehnenscheide der Peronealsehnen [549] liegt. Überdeckt werden diese Strukturen durch das Retinaculum peroneorum sup. zur Stabilisierung der Peronealsehnen [643, 843]. Der inferiore Teil des superioren Retinakulums befindet sich insbesondere am kalkanearen Ansatz in unmittelbarer Nähe des Lfc und zeigt auch dessen Verlauf, was die Mitverletzung der Peronealsehnenscheide erklärt [930]. Die Dorsalflexion mit Eversion bei gleichzeitiger Peronealmuskelkontraktion schert das superiore Retinakulum von der Fibulakante ab [21, 246]. Dieser Mechanismus soll aber auch das Lig. fibulocalcaneare anspannen und damit den retromalleolaren Peronealtunnel gegen das superiore Retinakulum einengen, was zur lateralen Subluxation der Peronealsehnen führt [21, 1011, 1180]. Das superiore Retinakulum ist ein sekundärer lateraler Stabilisator und kann daher durch den gleichen Mechanismus verletzt werden wie das Lfc. Da der obere Teil des Retinakulums an der Achillessehne ansetzt, entsteht durch dessen Verlauf eine Zugbeanspruchung nur in Dorsalextension [314, 902], was zur Peronealsehnenluxation beiträgt. Neben dem parallelen Verlauf des Lfc mit dem inferioren Teil des superioren Retinakulums [314] führt auch die exponierte Lage der Sehnenscheide der Peronealsehnen zum Lfc bei einer Verletzung des Lfc zur Mitbeteiligung des Retinaculum peroneorum sup. und damit in geeigneten Fällen zur Peronealsehnen-Sub- bzw. Luxation [549]. Die Verbindung zwischen der Ruptur des Lfc und der Peronealsehnenluxation wird durch eine anatomische Besonderheit erklärt. Über dem proximalen Ursprung des Lfc am Außenknöchel verlaufen die Peronealsehnen, die im oberen Verlauf des Bandes eine Konkavität bzw. Impression hinterlassen (vgl. Kapitel 7.1). Kommt es nun zum Anspannen des Lfc bis hin zur Ruptur, so wölbt das Band vor dessen Zerreißen die Peronealsehnen vor den Außenknöchel mit Ruptur des Ret. peroneorum sup. Es resultiert in Abhängigkeit von der Fußstellung (Dorsalextension) eine Peronealsehnenluxation, d. h. eine Expression der Peronealsehnen aus deren Gleitlager.

7.4.10 Resümee

Die Pathologie der Peronealsehnen (Tendinitis, Tenosynovitis, Tendinose = Texturstörung) unterliegt den vergleichbaren Mechanismen aller Sehnen. Es handelt sich um Überlastungsschäden oder auch um Verletzungsfolgen, aber niemals um primäre Unfallfolgen, es sind keine Verletzungen. Die Risse als Kontinuitätsunterbrechungen einer Sehne sind nur erklärbar, wenn bei maximaler Kraftanstrengung des dazugehörenden Muskels zusätzlich eine passive Krafteinwirkung auf die Sehne des Muskel-Sehnen-Komplexes einwirkt oder bei direkter Krafteinwirkung auf die Sehne selbst und auf die an dieser Stelle befindlichen Weichteile. Die Lappenlösungen oder die Sehnenlängsspaltungen erklären sich durch Luxations- oder Subluxationsphänomene der Sehnen oder auch als Begleitschäden bei rezidivierenden Instabilitäten. Des Weiteren kommen das hypertrophe Tuberculum peroneale, die Tendinosis calcarea und Anomalien der Peronelasehnen infrage. Auch an deren Stellen kann eine Kontinuitätstrennung erfolgen. Die traumatischen Peronealsehnenluxationen (Subluxationen) unterliegen bestimmten Unfallmechanismen vorwiegend in der Dorsalextension sowie Eversion im Sprunggelenk. Die Eversion führt zu einer Außenverlagerung der Peronealsehnen, die Dorsalextension zu einer Vergrößerung des Kraftvektors, ausgehend vom Außenknöchel als Hypomochlion für die Peronealsehnen. Unter einem maximalen reflektorischen Muskelzug ist dann die Sub- oder Vollluxation möglich. Bei diesem Mechanismus sind Prädispositionsfaktoren (Sulkusform, OSG-Instabilität) zu berücksichtigen. Aufgrund der Lage der Peronealsehnen zum Lig. fibulocalcaneare erlaubt eine adäquate Anspannung dieses Bandes, auch eine Ruptur, eine Vorverlagerung der Peronelasehnen bei der Supination (Inversion und Plantarflexion) mit der Folge der Ruptur des superioren Retinakulums.

7.5 Innenknöchelsulkus

Der Sulcus malleolaris medialis (mediale Knöchelrinne) wird von der medialen Tibia- und Tarsusfläche gebildet. Diese Rinne führt von der Rückfläche der Tibia bogenförmig um den Innenknöchel herum zur Fußsohle. Sie wird ossär von dem Innenknöchel, dem Taluskopf und der Tuberositas ossis navicularis zusammen mit den entsprechenden Bändern gebildet. Zur Stabilisierung überdacht das Retinaculum mm. flexorum (= Lig. laciniatum) den gesamten Bereich als verstärkte Fortsetzung der Fascia cruris mit Unterteilung in eine Lamina superficialis (Stratum superficiale) und eine Lamina profunda (Stratum profundum). Die tiefe Schicht überdeckt die Sehnen und setzt dorsal der Sehne des Musculus flexor hallucis longus an den Innenrändern von Talus und Kalkaneus an. Die oberflächliche Schicht zieht zur Rückseite der Achillessehne und zum Tuber calcanei. Somit wird ein freies Areal zwischen Stratum superficiale und Stratum profundum zur Aufnahme des tibiotalocalcanearen Tunnels geschaffen [902].

7.5.1 Nomenklatur und Anatomie

Um den Innenknöchel verlaufen die von dorsal zwischen Tibia und Fibula und dorsal davon entstehenden tiefen Plantarflexoren (= Stellmuskeln) und ziehen in Richtung Fußsohle bzw. zur großen Zehe. Noch in Mitte Unterschenkel werden diese Stellmuskeln von der Lamina profunda der Fascia cruris überdeckt, diese Lamina profunda begleiten die Stellmuskeln bis über den retromalleolaren medialen Sulkus hinaus. Die Faszien- bzw. Retinakulumverhältnisse an der Innenseite des Sprunggelenkes sind nicht einfach und werden auch in der Literatur nicht einheitlich dargestellt [549, 902]. Das Retinakulum der Flexoren ist die Fortsetzung der Lamina cruris, die, wie dann auch das Retinakulum, eine oberflächliche Schicht (Lamina superficialis) und eine tiefe Schicht (Lamina profunda) erkennen lässt. Im Retinaculum m. flexorum entstehen so ein Stratum superficiale und ein Stratum profundum. Dieses Retinakulum (Lig. laciniatum) lässt transversale Septen der Unterschenkelfaszie nach kranial hin erkennen, einen mittleren Teil, der zur medialen Fläche des Kalkaneus zieht, und einen distalen Anteil mit Verbindung zur Plantaraponeurose. Der mittlere Teil legt sich um das Fersenbein herum und erscheint dann lateral mit seinen Fasern, um sich am Retinaculum peroneorum zu beteiligen. Der Boden des Sulcus medialis besteht aus der medialen Fläche des Talus bzw. des Kalkaneus unter Bildung einer tiefen Rinne in der medialen Kalkaneusfläche, hin zum Sustentaculum talare calcanei. Hinter diesem verläuft die Sehne des M. flexor hallucis longus. Gleichzeitig wird der Boden des medialen Sulkus von den verschiedenen Schichten und Anteilen des Lig. deltoideum gebildet (s. Kapitel 7.2), mit einer Pars tibiotalaris posterior, Pars tibiocalcanearis, Pars tibiotalaris anterior und einer Pars tibionavicularis. Die Ansatzlinie des Lig. deltoideum reicht von der Tuberositas ossis navicularis über das Collum tali, das Sustentaculum talare calcanei bis hin zum Processus posterior tali, ausgehend von der Spitze des Innenknöchels. Längere oberflächliche Fasern ziehen zum Os naviculare und zum Fersenbein. Über diesem Band verläuft die Ansatzsehne des M. tibialis posterior, innerhalb dessen Sehnenscheide. An den Boden sind zusätzlich Bänder und Gelenkkapseln der Articulatio talonavicularis bzw. des vorderen und hinteren unteren Sprunggelenkes beteiligt. Hinter der Sehne des M. tibialis posterior ziehen gemeinsam mit diesen die Sehne des M. flexor digitorum longus sowie des M. flexor hallucis longus um die Umlenkstelle hinter dem Innenknöchel.

Die Sehne des M. tibialis posterior [769] verläuft von der Hinterseite der Tibia durch den Sulkus des M. tibialis posterior hinter dem Innenknöchel (Sulcus tendinis musculi tibialis posterioris), lenkt am Innenknöchel nach vorne distal um und gleitet vor dem Tuberculum mediale des Processus posterioris tali entlang der medialen Talusfläche, vor dem Sustentaculum talare calcanei, und setzt mit einem medialen Zügel an der Tuberositas ossis navicularis und mit dem schwächeren lateralen Zügel am Os cuneiforme intermedium an. Ein dünnerer Schenkel zieht zum Os cuneiforme laterale sowie zur Basis des II. und IV. Mittelfußknochens (fünf Arme). Die Sehne reicht also von der Tuberositas ossis navicularis in den Bereich der Plantar pedis. Sie bildet zusammen mit den Peronealsehnen den sog. Steigbügel. Die Sehne des M. flexor digitorum longus kommt ebenfalls von der Rückseite der Tibia, verläuft dann aber noch vor dem Tuberculum mediale des Processus posterius tali und hinter der Tibialis posterius-Sehne über das Sustentaculum talare, um dann kurz distal der Tuberositas ossis navicularis unter der Sehne des M. flexor hallucis longus in Richtung Plantar pedis zu ziehen und an den Basen der distalen Phalangen anzusetzen. Die Sehne des M. hallucis longus stammt von der Facies posterior fibulae und von der Membrana interossea und reicht, geführt vom Processus posterioris tali zwischen Tuberculum mediale und Tuberculum laterale, unter das Sustentaculum talare und von da aus, gekreuzt von der Sehne des M. flexor digitorum longus und auch durch Faserbündel mit dieser Sehne verbunden (HENRY's knot), zu der Basis der distalen Phalanx (Basis phalangis distalis) der Großzehe. Unter dem Sustentaculum talare ist der Verlauf dieser Sehne im Sulcus tendinis musculi flexoris hallucis longus. Zugehörig zu den drei Sehnen werden somit drei Knochenrinnen gebildet (Abb. 7.57).

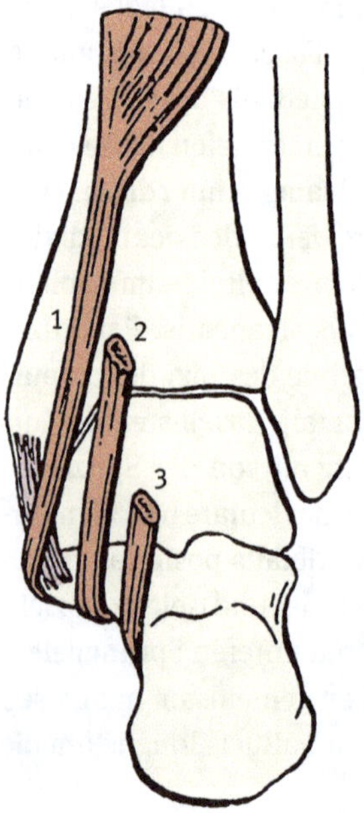

Abb. 7.57: Die drei knöchernen Führungsrinnen des Sulcus malleolaris medialis (1 = Tibialis posterius, 2 = Flexor digitorum longus, 3 = Flexor hallucis longus).

Der Verlauf der drei Sehnen der Stellmuskeln hat eine Beziehung zu den knöchernen Anteilen, wird aber auch durch die Faszien in diesem Bereich geführt. Im proximalen Unterschenkelbereich (dorsal) sind die Stellmuskeln anders angeordnet als im Sulcus malleolaris medialis-Verlauf sowie an deren Ansatzstellen, d. h., es muss eine Überkreuzung von Sehnen stattfinden (Decussatio = Chiasma tendineum). Es liegen zwei Kreuzungsstellen vor:

- Chiasma crurale:
  Am Übergang vom mittleren zum distalen Drittel unterkreuzt (Chiasma tendineum) die Sehne des proximal davon liegenden Tibialis posterior die Sehne des Flexor digitorum longus und befindet sich von da an medial der beiden anderen Stellmuskeln.
- Chiasma plantare (talare):
  Die Sehne des M. flexor hallucis longus inseriert von den Stellmuskeln am weitesten lateral, entspringt am Unterschenkel, aber am weitesten lateral. Somit muss die Sehne des Flexor hallucis longus, um zum Ansatz an der Großzehe zu gelangen, die Sehne des die Zehen II–V versorgenden Flexor digitorum longus unterkreuzen (Chiasma plantare).

Bezüglich der Lokalisation und Topographie der Faszien bzw. des Retinaculum flexorum bestehen in der Literatur Diskrepanzen [549, 1000, 348, 1056, 903]. Einigkeit besteht, dass sich die Fascia cruris, die den Unterschenkel mit dem oberflächlichen Blatt (Lamina superficialis) umgibt und die tiefen Flexoren mit der Lamina profunda abdeckt, im Sprunggelenksbereich nach distal fortsetzt und sich lateral am Aufbau des Sulcus malleolaris lateralis beteiligt, aber auch am Sulcus malleolaris medialis. Differenzen entstehen bezüglich der Einscheidung der Sehnen und Gefäßnervenstrukturen hinter dem Innenknöchel. Nach der Vorstellung von SARRAFIAN [917, 918] (Abb. 7.58) werden im medialen, retromalleolaren Sulkus proximal drei Sehnenkanäle und ein neurovaskulärer Tunnel gebildet, die nach distal in wiederum drei Sehnenkanäle, aber zwei neurovaskuläre Tunnel übergehen, bedingt durch eine geeignete Anordnung der oberflächlichen und tiefen Schicht der das Retinaculum flexorum bildenden Fascia cruris. Die drei Sehnen werden von Sehnenscheiden begleitet, beginnend oberhalb bzw. in Höhe der Innenknöchelspitze bis etwa zur Tuberositas ossis navicularis reichend. Die Sehnenscheide des M. flexor digitorum longus hat in aller Regel keine Verbindung mit den Sehnenscheiden, die sie in ihrem Verlauf überkreuzt. Sowohl im Bereich der Sehnenscheide des M. tibialis posterior als auch des M. flexor digitorum longus fehlt im Mittelteil ein Mesotendineum. Lediglich die Sehne des M. flexor hallucis longus ist im Bereich ihrer Sehnenscheide gelegentlich mit einem Mesotendineum versehen. Proximal enthält der tibiotalokalkaneale Tunnel den Nervus tibialis posterior sowie die dazugehörenden Gefäße. Dieser Kanal geht nach RAIGA [848], unter Aufteilung mit Bildung einer interfaszikulären Lamina in einen oberen tibiotalaren Tunnel und einen unteren talokalkanealen Tunnel über. Ersterer enthält den Nervus plantaris medialis, letzterer den Nervus plantaris lateralis bzw. die entsprechenden Gefäßnervenbündel.

Die Blutversorgung der Tibialis posterior-Sehne übernimmt die A. tibialis post. über das Mesotenon (Vinculae) (vgl. Kapitel 8). Diese Gefäße anastomosieren mit den längsverlaufenden intratendinösen Gefäßen bzw. deren Netzwerk, was aber im Sehnenverlauf nicht einheitlich ist [807]. Die Gefäßverteilung hinter dem Innenknöchel wird different diskutiert, nach FREY [296] ist die gefäßarme Zone posterior und distal

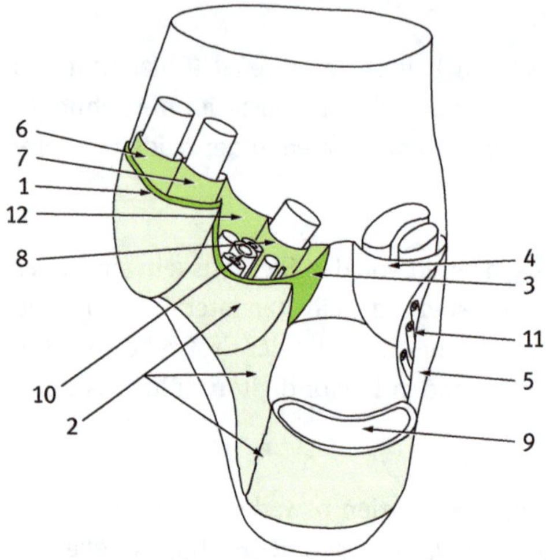

Abb. 7.58: Sulcus retromalleolaris medialis und lateralis, nach [917, 918] (1 = Stratum superficiale et profundum des Retinaculum flexorum, 2 = Stratum superficiale, 3 = Stratum profundum, 4 = Retinaculum peroneorum, 5 = Stratum superficiale, 6 = Tibialis posterior, 7 = Flexor digitorum longus, 8 = Flexor hallucis longus, 9 = Achillessehne, 10 = Gefäßnervenbündel, 11 = N. suralis et saphenus, 12 = intermediäre Aponeurose zwischen Flexor digitorum longus und Flexor hallucis longus.

des Innenknöchels, nach PETERSEN [807] unmittelbar hinter dem Innenknöchel. Der Gefäßreichtum ist vor allem am Sehnen-Knochen-Ansatz und Muskel-Sehnen-Übergang nachweisbar [296].

7.5.2 Biomechanik – Pathomechanik

Da die Sehne des M. tibialis posterior im Verlauf einen großen Abstand zum USG aufzeigt, resultiert eine größte Inversionsfunktion und wegen der unmittelbaren Nähe zur Achse des OSG folgt nur eine geringe Kraft der Plantarflexion [405]. Außerdem ist der M. tibialis posterior ein Außenrotator der Tibia, ein Adduktor und Pronator des Vorfußes. Wegen der multiplen Ansatzpunkte am Fuß kommt dem Muskel eine wichtige Stabilisierungsfunktion zu [420], dies zur Verfestigung der tarsalen Knochen und Gelenke, das Längsgewölbe wird rigide. Zusammen mit dem M. peroneus longus (lateraler Steigbügel) bildet der M. tibialis posterior (medialer Steigbügel) ein Steigbügel-System zur Stabilisierung des Fußquergewölbes, dazu stabilisiert der M. tibialis posterior zusätzlich dynamisch das mediale Fußlängsgewölbe [1183]. Der Steigbügel entsteht durch den plantaren Sehnenverlauf des M. peroneus longus bis zum 1. Mittelfußköpfchen und des M. tibialis posterior bis zum Os cuneiforme laterale. Diese Funktion des Steigbügels übernimmt der M. tibialis posterior nur in Verbindung mit seinen Antagonisten, den Peronealmuskeln, und mit den passiven Stabilisatoren, dem navikularen Schenkel des Lig. bifurcatum, dem Lig. talonaviculare dorsale, dem Lig. calcaneonaviculare plantare (Spring-Ligament) und dem Lig. calcaneonaviculare mediale (Lig. neclectum). In Letzteres strahlen die Fasern des Lig. calcaneonaviculare plantare (Pars medialis des Spring-Ligaments) von unten ein und von oben die Fasern der Pars tibiocalcanearis des Lig. deltoideum. Diese Bandkonstruktion ist von besonderer Bedeutung zur Verhinderung eines Pes planovalgus [933, 1106]. Der Musculus tibialis posterior ist damit der primäre dynamische Stabilisator des medialen Längsbogens [37]. Eine Elongation dieser Sehne um 1 cm reduziert seine Effizienz in der genannten Funktion [1020]. Fehlt der Tibialis posterior, verändert sich die Rückfußpositon in Richtung Pes planus Deformität [492]. Die sekundären Stabilisatoren des Längsbogens sind der Musculus flexor hallucis longus sowie der Musculus flexor digitorum longus, aber auch das Springligament; diese sekundären dynamischen und statischen Stabilisatoren sind aber weniger stabil als der Musculus tibialis posterior und versagen unter der Belastung [709]. Fällt ein Teil der Steigbügelmuskulatur aus, z. B. der Musculus tibialis posterior, so entsteht eine Fehlstellung des Fußes im Sinne eines Pes planovalgus. Die sekundären Stabilisatoren werden überlastet mit der Folge einer Fixierung dieser Fehlstellung in Abhängigkeit von der Zeit [739]. Alleine der Verlust der Tibialis posterior-Sehne führt noch nicht zu einem fixierten Plattfuß, erst die Mitbeteiligung der genannten Bandstrukturen, einschließlich Lig. talocalcaneum interosseum [216, 724, 506].

Somit erklärt sich der erworbene Plattfuß des Erwachsenen aus einem Missverhältnis aus Belastung und Belastbarkeit der dafür vorgesehenen Strukturen unter besonderer Berücksichtigung des Steigbügels sowie der das Fußgewölbe stabilisierenden Bänder. Wie auch die Peronealsehnen gleitet die Tibialis posterior-Sehne um den Innenknöchel, wird damit in ihrem Verlauf umgelenkt, so dass bei einer forcierten Zugbelastung an der Sehne in Abhängigkeit von der Fußstellung (Plantarflexion versus Dorsalflexion) eine mehr oder weniger ausgeprägte, nach vorne gerichtete Kraft zur Dislokation der Sehne entstehen muss, wenn nicht das Retinaculum flexorum diese Kraft aufheben kann. Auch bei der Sehne des Musculus tibialis posterior gelten die Voraussetzungen zur Luxation nach anterior, wie bei der Peronealsehnenluxation. Der nach vorne gerichtete Kraftvektor ist auch am medialen Fußbereich in Plantarflexion des Fußes wesentlich geringer als in Dorsalflexion. Die Tibialis posterior-Sehne ist jedoch im fibroossären Kanal wesentlich stabiler lokalisiert, als dies bei den lateral gelegenen Peronealsehnen der Fall wäre, und zudem auch durch ein kräftiges Retinaculum flexorum gesichert. Offensichtlich aufgrund der anatomischen Situation tritt deshalb die Luxation bzw. Subluxation der Tibialis posterior-Sehne wesentlich seltener auf. Eine Luxation ist jedoch problemlos erklärbar, wenn die ossäre Situation (Innenknöchelfrakturen) diese Luxation herausfordert.

7.5.3 Pathologie

Die Pathologie des Innenknöchelsulkus beschränkt sich auf die drei Sehnen des M. tibialis posterior, M. flexor digitorum longus und M. flexor hallucis longus, dazu auf Kompressionssyndrome des N. tibialis posterior (hinteres Tarsaltunnelsyndrom) und auf die funktionellen Folgen der Sehnenpathologie (Tibialis posterior-Dysfunktion), den erworbenen Plattfuß des Erwachsenen.

Es gibt „Rupturen" der Sehne des M. tibialis posterior, des M. flexor digitorum longus sowie des M. flexor hallucis longus, die in aller Regel auf Texturstörungen („Degeneration") beruhen, besonders bei der Tibialis posterior-Sehne führt dies zum Fortschreiten des Prozesses bis hin zum erworbenen Plattfuß in der Folge der Tibialis posterior-Dysfunktion. Echte traumatische Sehnenrupturen gehen mit Begleitverletzungen (OSG-Frakturen, distalen Unterschenkelfrakturen) einher oder entstehen durch eine direkte Krafteinwirkung (Schlag, Stoß, Schnitt).

Selten, im Vergleich zu den Peroneussehnen, findet sich die Sub- bzw. Luxation der Tibialis posterior-Sehne. Am Innenknöchelsulkus stehen die Texturstörungen der Sehnen und deren Folge (erworbener Plattfuß) im Vordergrund (vgl. Kapitel 8).

Die Kontinuitätsunterbrechungen der **Tibialis-posterior-Sehne** beruhen in aller Regel auf spontanen pathologischen Dehiszenzen bei Frauen über dem 40. Lebensjahr [485]. Bei 5 % der Patienten finden sich diese Veränderungen bilateral [445], mit der Einteilung von drei Stadien (Verdickung, Elongation mit Ausdünnung, Dehiszenz). Tibialis posterior-Sehnen werden fast ausschließlich auf Texturstörungen degenerativen Charakters bzw. auf eine rheumatische Prädisposition zurückgeführt [599]. Diese Texturstörungen werden auch im Sinne einer Überlastung („overuse") verstanden, da senkfüßige Athleten mehr zu einer Mikrotraumatisierung der Tibialis posterior-Sehne neigen. Komplette Dehiszenzen gehen meist aus inkompletten hervor, dies bei traumatischer Überdehnung im Sinne eines Pronations-Abduktions-Eversions-Mechanismus [639, 640, 887] oder durch externe mechanische Irritationen, z. B. durch Osteochondrose der distalen Tibia [489] oder auch durch Metallimplantate [539]. Komplette traumatische Rupturen bzw. Luxationen der Tibialis posterior-Sehne sind eine Rarität [19], dies trifft für die traumatischen Rupturen ohne begleitende Frakturen zu. Die Lokalisation ist in aller Regel 4–6 cm proximal der Tuberositas des Os naviculare. An dieser Stelle wird eine Minderdurchblutung vermutet [33]. Diese Annahme wird aber auch kritisch diskutiert [840]. Die Texturstörung [104] wird in den Vordergrund gestellt. Es wird davon ausgegangen, dass vor der Texturstörung der Sehne eine entzündliche Veränderung im Sinne der Tendinitis bestehen muss [665, 837, 1152]. Demgegenüber wird auch die isolierte Tibialis posterior-Sehnenschädigung einer direkten oder indirekten Krafteinwirkung zugeordnet, bei der direkten Kraft mittels Schnitt, Stoß, Schlag und bei indirekter Kraft im Sinne eines Pronations- und Außenrotationstraumas [456, 445]. In diesen Fällen muss auch mit einer Verletzung des „spring ligament" gerechnet werden [312]. Unabhängig von der Kausalität führen unbehandelte Rupturen der Tibialis posterior-Sehne zu einer Plattfußdeformität

[457]. Die meisten traumatischen Schäden im Sinne der Durchtrennung der Tibialis posterior-Sehne entstehen bei distalen Unterschenkelfrakturen, dann auch mit Ruptur des Flexor digitorum longus [521] oder bei OSG-Frakturen bzw. -Luxationen und Fersenbeinfrakturen [324, 312, 458, 296, 807, 636, 104, 1127, 4]. Diese ätiologischen Überlegungen treffen auch für die Ruptur des M. flexor hallucis longus zu, die meist nicht traumatisch, z. B. bei Tänzern, entstehen [911, 908]. Wie bei allen Sehnen sollten auch hier die Tendinosis calcarea [490] und die Myositis ossificans [173] mit bedacht werden. Sowohl traumatische Schäden als auch texturbedingte Störungen der Sehnen im Innenknöchelsulkusbereich führen zu einem Voranschreiten des pathologischen Prozesses, meist ausgehend von einer Texturstörung mit Elongation sowie in der Folge einer partiellen und totalen Ruptur [894] mit der Konsequenz eines erworbenen Plattfußes [33]. Dies resultiert in einem Zusammenbruch der Gewölbestruktur [215, 320, 407].

Nur in Ausnahmefällen zeigen sich Begleitsehnenpathologien, z. B. mit einer Ruptur der Tibialis anterior-Sehne [299]. Es besteht ein Zusammenhang zwischen der Ruptur der Tibialis posterior-Sehne und der Entwicklung eines Knick-Plattfußes [485]. Es bestehen Schadeneinteilungen [458] mit Stadium I–IV (Stadium IV ergänzt durch [724]). Dabei ist die Ausgangspathologie eine Tendinose, mit oder ohne Partialschaden, d. h., es besteht eine Querschnittszunahme [155, 177, 283, 458, 708, 882, 890, 432]. Bei Partialrupturen tritt zusätzlich eine Längsaufspleißung an der Innenknöchelseite auf [177]. In der Folge kommt es zur Sehnenquerschnittabnahme mit anschließender kompletter Diskontinuität der Sehne [894, 432]. Der Sehnenschaden ist distal der Umlenkstelle lokalisiert oder im Bereich der Umlenkung am Innenknöchel [445, 635, 833]. Als Rupturursache an dieser Stelle wird eine Minderdurchblutung der Sehne angenommen sowie die Anwesenheit von avaskulärem Faserknorpel in der Sehnengleitzone [426, 806]. Diese sog. Rupturstadien (Typ I–III, nach [445]) korrelieren aber nicht regelhaft mit dem klinischen Verlauf [458]. Die Tibialis posterior-Dysfunktion führt zu einem Posteriorshift in das Druckzentrum mit pathologischer Belastung medialer Fußstrukturen [441]. Es gibt verschiedene Angaben zur Ätiologie der Tibialis posterior-Dysfunktion [221, 427]:

- teilweise oder komplette Ruptur der Tibialis posterior-Sehne, degenerativ [674] oder traumatisch [30, 385]. Sich wiederholende Steroidinjektionen tragen dazu bei. Der häufigste Prädispositionsfaktor ist die chronische Tenosynovitis rheumatischer Ursache oder durch rezidivierende Traumen [232],
- Diabetes und Hypertonie sind weitere Prädispositionsfaktoren [636],
- Frauen älter als 40 Jahre mit Übergewicht [305, 427, 458, 636, 507],
- akzessorisches Os naviculare mit bevorzugtem Ansatz der Tibialis posterior-Sehne am Navikulare mit der Folge, dass die Sehne mehr ein Adduktor als ein Supinator ist [357],
- abnormaler Ansatz der Tibialis posterior-Sehne am Fußrücken nach operativer Korrektur [357],

- weitere Ursachen sind Tarsal coalition, Arthritis, veraltete Bandrupturen des Mittelfußes, Arthrose der Tarsometatarsalgelenke, Charcot-Arthropathie und neuromuskuläre Erkrankungen [324].

Im Vergleich zur Peronealsehnenluxation kommt die **Luxation der Tibialis-posterior-Sehne** nach anterior über den Innenknöchel wesentlich seltener vor [649, 695, 799, 602, 29, 772, 604, 745, 886, 666, 309]. Als Unfallmechanismus wird neben der Kontraktion des Musculus tibialis posterior [684] vor allem die Pronation mit Inversion bei Dorsalextension genannt [956], aber auch die Eversion [956], die isolierte Dorsalflexion [927], die Pronation und Außenrotation [772], Varusstellung [987], Plantarflexion [684] sowie die Plantarflexion mit Inversion [956]. Dazu spielen direkte Verletzungen eine Rolle und insbesondere auch komplexere Frakturen, die die Luxation der Tibialis posterior-Sehne beinhalten [420]. Bei Komplexverletzungen kommt insbesondere bei der subtalaren Luxation des Fußes nach lateral eine Interposition der Tibialis posterior-Sehne zustande, die dann um den lateralen Talushals geschlungen ist und eine Reposition verhindert [583, 1183, 816]. Des Weiteren findet sich die Tibialis posterior-Sehnenluxation bei bimalleolären OSG-Frakturen oder auch anstelle der Innenknöchelfraktur in Verbindung mit einer Deltoidruptur [816], als Begleitschaden bei einem Innenknöchelabriss oder zusammen mit einer Achillessehnenruptur [90]. Bei der isolierten Luxation der Tibialis posterior-Sehne resultiert ein Riss des Retinakulums [388] oder auch eine Subluxation unter Ausbildung einer subperiostalen Tasche vor dem Innenknöchel [625, 745, 772, 388]. Es liegt also eine vergleichbare Unterscheidung zwischen Luxation und Subluxation vor, wie dies bei den Peronealsehnen der Fall ist (vgl. Kapitel 7.4). Hinweise über die Lokalisation der Rupturstelle im Retinakulum zur weiteren Klassifikation bestehen nicht. Neben der Tibialis posterior-Kontraktion in geeigneter Fußstellung [684] werden auch Prädispositionsfaktoren, wie ein flacher Sulkus hinter dem Innenknöchel, diskutiert [684, 956]. SOLER [987] bestimmt die Sulkustiefe zwischen 1,5 bis 4 mm. Hinweise auf eine Aplasie des Flexorenretinakulums liegen nicht vor. Die traumatische Luxation der Tibialis posterior-Sehne führt auch zur rezidivierenden Luxation [956, 684, 957] so wie auch eine Subluxation mit Rezidiven eine Luxation bewirken kann [625]. Sowohl bei der Subluxation als auch bei rezidivierenden Luxationen sind subperiostale Taschen zu finden [388]. Es liegen nur Falldarstellungen [720, 1168, 730, 927, 957, 547, 536, 555, 995, 540, 855, 713, 697, 92, 627, 61, 816, 1100, 987, 388] sowie wenige Übersichtsarbeiten [799, 29, 602] vor.

7.5.4 Diagnostik

Neben einer gründlichen Anamnese steht die klinische Untersuchung im Vordergrund, wobei wenige Tests zur Verfügung stehen: „Single-heel-rise“-Test und „Too-many-toes“-Zeichen [458]. Von Bedeutung sind auch die Kraftmessungen der Inversion und Vorfußadduktion [430]. In aller Regel wird die Diagnose der traumatischen Luxation der Tibialis post. Sehne klinisch gestellt, wobei Sprunggelenksdistorsionen u. a. vorausgehen. Radiologisch kann ein Innenknöchelchip als Hinweis auf einen knöchernen Ausriss des Retinakulums aus dem Innenknöchel festgestellt werden, es eignen sich aber auch Untersuchungsmethoden wie die Kernspintomographie im Besonderen [29] und selten wird auf die Tenographie [388, 799]sowie auf die Tenoskopie [1099, 896] hingewiesen. Die Nativröntgenaufnahmen helfen weiter zur Beurteilung der Fußgewölbe [159], zur Beurteilung der Sehnenstruktur sowie der Bandbeteiligung wird die Sonographie angeboten [954], die Strukturschäden der Sehnen können aber besser durch die Magnetresonanztomographie erkannt werden [802, 159, 954, 218, 591, 267], eine Klassifikation dieser Schäden stellt CONTI [177] vor. Die Genauigkeit der Kernspintomographie wird mit 96 % angegeben [324], insbesondere in der Beurteilung sogenannter leerer Sehnenscheiden, aber auch im Nachweis des Sehnenödems [202]. Radiologisch können nur fortgeschrittene Stadien der Tibialis posterior-Dysfunktion erfasst werden, dann sind meistens auch Begleitpathologien der Bänder (Spring-Ligament) magnetresonanztomographisch erkennbar [961, 449].

7.5.5 Beurteilung

Die Sehnenschäden hinter dem Innenknöchel entstehen extrem selten traumatisch, in aller Regel liegt eine Texturstörung der Sehne mit einem daraus resultierenden Sehnenschaden (Tendinose) vor, der sich zunächst in einer Kaliberverdickung äußert, anschließend erweicht die Sehne mit Partialkontinuitätsunterbrechungen, bis hin zu einer kompletten Durchtrennung, normalerweise mit sehr rasch einsetzender Retraktion. Liegt ein Sehnenschaden (M. tibialis posterior) vor, unabhängig von dessen Kausalität, so setzt aufgrund des nicht mehr funktionierenden Steigbügels eine fortschreitende Überlastung sowohl im Vorfuß als auch im Rückfuß ein, bis schließlich ein erworbener Plattfuß entsteht. Andererseits bedarf es der Prüfung, ob nicht die Plattfußbildung zu einer entsprechenden Sehnenschädigung führt. Auch eine mediale Instabilität, entstanden durch eine Deltabandverletzung, kann in diesen Kreislauf eingreifen und zur Überlastung der Sehne des M. tibialis posterior führen. Wie aus der Literatur deutlich erkennbar [807], wird die auftretende Dehiszenz der Tibialis posterior-Sehne als Spontanruptur bezeichnet, im Endeffekt auf Texturstörungen zurückgeführt, und diese wiederum sind Folgen einer Minderdurchblutung.

Sowohl die Entzündung der Sehnenscheide als auch eine daraus resultierende entzündliche Veränderung mit nachfolgender Texturstörung der Sehne selbst finden eine Erklärung in der Anatomie, denn die Durchblutung der Tibialis posterior-Sehne wird aus dem Mesotenon unterhalten, d. h. aus der Verbindung zwischen dem Paratenon und dem Mesotenon in Form von Vinculae, in denen Blutgefäße aus dem Paratenon in das intratendinöse längsverlaufende Gefäßnetz einmünden. Hier gibt es aber Schwankungen in der Durchblutung, so dass insbesondere direkt hinter dem

Innenknöchel auch gefäßarme Gebiete zu finden sind. Entsteht eine Entzündung des Paratenon, so wird alleine aufgrund der ödematösen Veränderungen auch eine Drosselung der Gefäßzufuhr durch die Vinculae die Folge sein müssen, unabhängig davon, ob es sich um eine akute oder auch um eine chronische rheumatoide Entzündung handelt. Die Texturstörung der Tibialis posterior-Sehne führt unweigerlich zu einem Kollaps progressiver Art des medialen longitudinalen Fußgewölbes und damit zu einer Plattfußbildung mit Übergang in einen Knick-Senkfuß, der wiederum eine Überlastung der schon geschädigten Tibialis posterior-Sehne nach sich zieht, aber aufgrund des Fehlens des Steigbügelhaltes auch eine Überlastung des Deltabandes zur Folge hat. Somit greifen Deltaband, Tibialis posterior-Sehne und auch das mediale Fußgewölbe bei jeglicher Art einer Pathologie in diesem Bereich in einen Circulus vitiosus ein. Es kann also im fortgeschrittenen Stadium nicht ein Faktor als für diese Entwicklung verantwortlich bezeichnet werden.

Anders verhält sich dies, wenn tatsächlich durch ein geeignetes Ereignis im Sinne einer Pronation eine Deltabandruptur, die dann für eine Begutachtung auch als solche im rezenten Stadium nachgewiesen werden muss, eintritt. Dies ist auch der Fall bei einer Abrissfraktur des Tuberculum proc. post. tali, an dem ja das Lig. tibiotalare posterius ansetzt. Mit dieser Abrissfraktur [487] entsteht eine Instabilität, die einmal die hintere Syndesmose betrifft und zum anderen das Deltaband. Gleichzeitig ist auch die Führung der Tibialis posterior-Sehne betroffen, mit der Folge einer insuffizienten Dysfunktion. Mit einbezogen werden kann in diesen Bereich auch das Os trigonum (vgl. Kapitel 7.1). Eine weitere Stabilisierung für den Sulcus malleolaris medialis ist das Retinaculum mm. flexorum (= Lig. laciniatum), das den gesamten Bereich als Fortsetzung der Fascia cruris überdeckt und somit die Sehnen, insbesondere die Sehne des M. tibialis posterior, stabilisiert. Pathologien an diesem Retinakulum greifen deshalb ebenfalls in das Gesamtkonzept ein, insbesondere wenn, auch selten, eine Aplasie dieses Retinakulums vorliegt. Dorsal werden die Sehnen des M. tibialis posterior, M. flexor digitorum longus und M. flexor hallucis longus durch die knöchernen dorsalen Rinnen am Processus posterior tali geführt und medial seitlich durch das Retinaculum flexorum. Für die gutachtliche Problematik stehen die Schäden des M. tibialis posterior und auch dessen Sub- bzw. Komplettluxation zur Diskussion.

Für die Sehnenschäden im Sinne von Sehnenlappen und auch dem Sehnensplitting, so wie dies ebenso im Bereich der Peronealsehnen auftritt, gelten vergleichbare Voraussetzungen (vgl. Kapitel 7.4). Das Splitting kommt bei Subluxationsphänomenen zustande und ist nicht mit einem Unfall in Verbindung zu bringen. Dies trifft im Endeffekt auch für Sehnenlappen zu. Eine tatsächliche Ruptur der Tibialis posterior-Sehne als primäre Unfallfolge ist nur dann erklärbar, wenn in einer Dorsalextension mit maximaler, eigentlich nur isolierter Kraftanspannung des M. tibialis posterior zusätzlich eine passive Supination eintritt. Unter diesen Bedingungen kann eine retromalleolare Sehne in einer Ausnahmesituation rupturieren. Dann aber bedarf es eines Nachweises einer tatsächlichen Verletzung mit einer Hämatombildung, oder es liegen Begleitverletzungen vor, u. a. auch Frakturen des Talus oder des Innenknöchels, die eine derartige Situation erklären. Bei der Luxation der Tibialis posterior-Sehne gilt ebenso wie bei den Peronealsehnen die Berücksichtigung des Kraftvektors, der bei Plantarflexion wesentlich kleiner ausgebildet ist als bei Dorsalextension und somit ist in Dorsalextension mit Kontraktion des Tibialis posterior eine Luxationsmöglichkeit dann gegeben, wenn der resultierende Kraftvektor die Stabilität des Retinaculum flexorum überschreitet. Neben der Dorsalextension ist aber gleichfalls eine geringe Inversion erforderlich [730, 555], was dann auch zur Sehnenluxation mit Ruptur des Retinaculum mm. flexorum oder auch zum Abriss mit der fibrokartilaginären Lippe vom Innenknöchel führt [772]. Liegt ein überaus laxes Retinakulum vor, so kann auch eine Luxation ohne Retinakulumruptur resultieren [745]. Prädispositionsfaktoren, so wie diese im Bereich der Peronealsehnen erkennbar werden, finden sich retromalleolar medial nicht, abgesehen von einer gelegentlich in der Literatur erwähnten fibrokartilaginären Lippe, die das Retinaculum flexorum am Innenknöchel mit der Tibialis posterior-Sehne gemeinsam stabilisiert [772]. Die medialen retromalleolaren Sehnen werden also nicht nur ligamentär, sondern auch ossär geführt. Daher sind natürlich Tibialis posterior-Sehnenrupturen sowie auch Tibialis posterior-Sehnenluxationen bei OSG-Frakturen mit Innenknöchelbeteiligung, und insbesondere bei OSG-Luxationsfrakturen, als Begleitverletzungen problemlos erklärbar, wenn sich die Fraktursituation auf die betroffenen Stellen richtet.

7.5.6 Resümee

Dehiszenzen der Tibialis posterior-Sehne im medialen retromalleolaren Gleitlager sind als unfallbedingte Verletzung die Ausnahme und in aller Regel im Sinne einer Spontanruptur aufgrund einer Texturstörung verschiedener Ätiologie zu erklären. Dies trifft insbesondere für Sehnenlappenbildungen und das sogenannte Sehnensplitting zu. Die Ursache dafür sind die Tibialis posterior-Dysfunktion sowie Instabilitäten im Sehnengleitlager. Die Luxation der Tibialis posterior-Sehne kann nur dann erklärt werden, wenn in einer Dorsalextensionsstellung des oberen Sprunggelenkes zusätzlich eine tatsächliche maximale Sehnenanspannung, und dies in Supinationsstellung, zustande kommt. Nur dann ist der Kraftvektor an der Umlenkungsstelle der Sehne hinter dem Innenknöchel ausreichend zu bewerten, um die Stabilität des Retinakulum flexorum zu überwinden, wenn nicht dieses im Sinne einer Aplasie fehlt oder durch eine Laxität des Retinakulums geschwächt ist. Die Folge wäre im letztgenannten Fall eine Subluxation der Sehne bei intaktem Retinakulum.

7.6 Unteres Sprunggelenk

Beim Aufbau des unteren Sprunggelenkes (USG = Articulatio talotarsea) sind der Talus, der Kalkaneus und das Os naviculare beteiligt. Die systematische Beschreibung sieht zwei Gelenkkammern vor, dies in anatomisch korrekter Darstellung, da es sich um zwei vollständig separate Gelenke handelt, die jeweils von einer Gelenkkapsel abgeschlossen sind. Funktionell dagegen müssen beide Kammern zusammen analysiert werden als Articulatio talocruralis (OSG) und Articulatio talotarsea (USG), dies als Articulatio subtalaris (hinteres unteres Sprunggelenk) und Articulatio talocalcaneonavicularis (vorderes unteres Sprunggelenk). Da der Talus keine Muskelansätze besitzt, resultiert aus der Knochenanatomie, dass bei der Plantar-/Dorsalflexion der Talus am Fuß fixiert wird, die Bewegung erfolgt also im oberen Sprunggelenk, und bei der Supination/Pronation bleibt der Talus am Unterschenkel adaptiert, d. h., diese Bewegung erfolgt im unteren Sprunggelenk [620]. Das hintere untere Sprunggelenk und das vordere untere Sprunggelenk werden durch das Lig. talocalcaneum interosseum voneinander getrennt. Für das Subtalargelenk besteht eine enge funktionelle Beziehung zum oberen Sprunggelenk, da das Lig. fibulocalcaneare und die Pars tibiocalcaneare des Deltabandes beide Gelenke überspannen.

7.6.1 Nomenklatur und Anatomie

Die Gelenkflächen der Articulatio subtalaris bestehen aus

- der Facies articularis calcanearis posterior tali. Sie hat die Form eines Hohlzylinders, ist konkav, oval, mit schräg nach vorn außen verlaufender Längsachse,
- der Facies articularis talaris posterior calcanei. Sie ist konvex und passt sich der korrespondierenden Gelenkfläche des Talus an.

Analog der vorderen Kammer inseriert auch die Kapsel der hinteren Kammer des unteren Sprunggelenkes an der Knochen-Knorpel-Grenze, rückt hier aber vor allem im Bereich des Kalkaneus bisweilen etwas von der Gelenkfläche ab. Nach ventral ist sie durch Binde- und Fettgewebe von den Bandmassen des Sinus und Canalis tarsi getrennt, deren synoviale Kapselimpression aber vom Gelenkinneren teilweise gesehen werden kann [785, 784]. Dorsal und lateral hat die Kapsel kleine Rezessus und kann bis fast ans Lig. fibulocalcaneare bzw. das hintere Kompartiment des oberen Sprunggelenkes heranreichen. Aufgrund seines Verlaufes ist das Lig. fibulocalcaneare an der lateralen Sicherung des oberen und unteren Sprunggelenkes beteiligt. Es ist topographisch dem Lig. talocalcaneare laterale benachbart und besitzt mit diesem häufig einen gemeinsamen Ansatz am Kalkaneus. Das 1 cm lange inkonstante Lig. talocalcaneum mediale, ein nur in ca. 50 % der Fälle darstellbares Band, liegt kaudal vom Lig. deltoideum. Bei seinem Verlauf vom Tuberculum mediale des Processus posterius tali zum Hinterrand des Sustentaculum tali ist es vom medialen Seitenband des oberen Sprunggelenkes deutlich abgetrennt. Seine nahezu horizontal verlaufenden Fasern liegen im rechten Winkel zu denen des Deltabandes. Das inkonstante, kaum mehr als 1 cm lange Lig. talocalcaneum posterius verläuft vom Tuberculum laterale des Processus posterior tali nach dorsal auf die Oberseite des Tuber calcanei. Nach SCHMIDT

[934] ist es nur in 85 % der Fälle darstellbar und leistet funktionell keinen unmittelbaren Beitrag zur Stabilisierung der Articulatio subtalaris. Die vordere Kammer des unteren Sprunggelenkes (Articulatio talocalcaneonavicularis) ist ein Kugelgelenk, in dem der plattovale Talus in einer aus mehreren Bestandteilen zusammengesetzten Pfanne artikuliert. An deren Bildung sind beteiligt:

- vorn oben die konkave Rückfläche des Os naviculare,
- hinten oben lateral die Facies articularis talaris anterior calcanei,
- hinten unten medial die Facies articularis talaris media calcanei (diese kann mit der vorderen Gelenkfläche des Kalkaneus in Verbindung stehen),
- unten medial das dreieckige Pfannenband (Lig. calcaneonaviculare plantare).

Das Pfannenband ist an der Plantarseite des Os naviculare sowie am Sustentaculum tali befestigt, füllt den zwischen beiden Knochen freibleibenden Raum aus und vervollständigt somit die Gelenkpfanne (daher im Französischen die Bezeichnung: „fibrocartilage d'agrandissement scaphoidien"). FICK [276] bezeichnet es auch als Lig. acetabuliforme calcaneonaviculare. Im Gegensatz zu den Labrumstrukturen des Hüft- und Schultergelenkes bildet das Pfannenband jedoch im unteren Sprunggelenk einen zentralen Teil der Gelenkpfanne. Das Pfannenband hat in seinem lateralen Anteil eine faserknorpelige, mit dem Taluskopf artikulierende Oberfläche. Medial besteht es aus fächerartig divergierenden Bandfasern, die sich nicht mehr an der Bildung der Gelenkpfanne beteiligen. Am medialen Fußrand strahlt die Sehne des Musculus tibialis posterior in das Pfannenband ein. Zusammen mit dem Sustentaculum tali und dem Lig. deltoideum verhindert das Band ein Absinken des Taluskopfes bei Belastung nach medial unten („Plattfußband"). Nach neueren Untersuchungen von v. VOLKMANN [1108] ist dafür aber ein an der Medialseite des Fußes gelegenes, bislang unbekanntes Band („Lig. neglectum") von Bedeutung. Von seinem Ursprung an der Dorsalseite des Caput und Collum tali zieht das konstante, ca. 2 cm lange Lig. talonaviculare dorsale mit nach distal konvergierendem Faserverlauf auf die Dorsalseite des Os naviculare, wobei es zusammen mit der Pars tibionavicularis des Lig. deltoideum ansetzt. In seiner unmittelbaren Fortsetzung befinden sich die Ligg. cuneonavicularia dorsalia. Das Band ist eine unmittelbare Kapselverstärkung der Articulatio talonavicularis und hat am Talus eine gemeinsame Ansatzzone mit dem Lig. calcaneonaviculare laterale. Das Lig. bifurcatum nimmt seinen Ursprung am Vorderrand der Dorsalseite des Kalkaneus zwischen dessen Facies articularis talaris anterior und der Gelenkfläche des Kalkaneokuboidgelenkes. Lateral der Ursprungszone liegt der Musculus extensor digitorum brevis. Er besteht aus zwei Teilbändern, die zum lateralen Rand des Os naviculare (Lig. calcaneonaviculare) sowie zur Dorsalseite des Os cuboideum ziehen (Lig. calcaneocuboideum). Je nachdem, ob sich die beiden Teilbänder bereits an ihrem Ursprung am Kalkaneus trennen (Regelfall) oder einen gemeinsamen Anfangsteil aufzeigen, hat das Lig. bifurcatum die Form eines V oder Y. In der anatomischen Literatur finden sich deshalb auch Bezeichnungen wie „Pinzettenband" oder „Gabelband". Das Lig. deltoideum mit der oberflächlich liegenden Pars tibiocalcanearis und der Pars tibionavicularis wirkt als medialer Stabilisator des oberen Sprunggelenkes sowie der vorderen Kammer des unteren Sprunggelenkes. Bezüglich der detaillierten Beschreibung des Bandes sei auf die Ausführungen über die Anatomie des oberen Sprunggelenkes verwiesen (vgl. Kapitel 7.2). Zum Lig. calcaneonaviculare mediale = Lig. „neglectum“ beschrieb VOLKMANN [1106, 1107, 1108] von der Ventrodorsalseite des Sustentaculum tali entspringende Fasern, die schräg nach ventral-kranial-lateral ziehen, um am Os naviculare zwischen der Tuberositas und dem höchsten Punkt des Fußrückens als separates Band anzusetzen. An seinem Ursprung soll es mit Fasern des Pfannenbandes, an seinem Ansatz mit denen des Lig. deltoideum in Kontakt stehen. Aufgrund seines den Taluskopf schraubenförmig überquerenden Verlaufes drücke es diesen fest in die Pfanne und verhindere dadurch das für die Senkfußentstehung ursächliche Abgleiten nach medial unten. Die Bedeutung des Pfannenbandes sowie der Sehne des M. tibialis posterior zur Verhinderung der Senkfußentstehung soll dadurch in den Hintergrund treten.

7.6.2 Sinus und Canalis tarsi

Unter dem Sinus tarsi wird ein Knochentunnel verstanden, der aus dem Sulcus calcanei und Sulcus tali gebildet wird. Es handelt sich um eine trichterförmige Öffnung, die sich vor dem Außenknöchel aufweitet und, den ganzen Tarsus durchdringend, eng unmittelbar dorsal des Sustentaculum talare unterhalb des Innenknöchels öffnet. Der knöcherne Sinus-tarsi-Kanal enthält das Lig. talocalcaneum interosseum, das fast den gesamten Kanal ausfüllt. Die spezielle Anatomie des Sinus tarsi ist jedoch komplex [295]. Dieser teilt das vordere vom hinteren Subtalargelenk und ist somit mit einer Vielzahl ligamentärer Strukturen in Kontakt. Die Bezeichnungen Sinus und Canalis tarsi werden in der Literatur häufig fälschlicherweise als Synonyme verwendet. Wie aber bereits aus einer exakten Übersetzung der beiden Wörter hervorgeht, ist der Tarsalkanal der medial gelegene, vom Sulcus tali und Sulcus calcanei begrenzte röhrenförmige, ca. 3–5 mm weite, von knöchernen Wänden umgebene Raum zwischen den beiden Kompartimenten des unteren Sprunggelenkes. Als Sinus tarsi gilt die sich nach lateral erweiternde trichterförmige Öffnung des Tarsalkanals. Sinus und Canalis tarsi besitzen zusammen ein Volumen von 10 ml und beinhalten neben Bandstrukturen Fettgewebe und lockeres Bindegewebe, welches vor allem für die Ernährung des Talus wichtige Gefäße enthält [364]. Ein Schleimbeutel (Bursa sinus tarsi) schützt die Bandfasern vor Reibung an den Knochenwänden des Sprung- und Fersenbeines. Aufgrund seiner Kompaktheit ist der im Sinus und Canalis tarsi gelegene Bandapparat die für den Zusammenhalt von Talus und Kalkaneus wichtigste Struktur [134]. Er liegt senkrecht zur Bewegungsachse des unteren Sprunggelenkes und begrenzt die Pronation (Eversion) und Supination (Inversion). Zumeist wird der Bandapparat global als Lig. talocalcaneum interosseum zusammengefasst. Ein Vergleich der wenigen detaillierten Analysen wird durch die von den einzelnen Autoren teilweise sehr verschieden definierten Bezeichnungen erschwert [276, 32, 1012, 1151]. Erst in Untersuchungen der jüngeren Zeit lässt sich eine teilweise Übereinstimmung erkennen. Aufgrund seiner aus drei Faserzügen bestehenden kalkanearen Befestigung im Bereich des Sinus tarsi wird auch das Retinaculum musculorum extensorum inferius (Lig. fundiforme) als Teil des Bandapparates des Sinus und Canalis tarsi angesehen. Funktionell ist das Retinakulum ein vom Kalkaneus zum Talus ziehendes, diesen schleifenförmig umgebendes Band. Nach den von SCHMIDT [930] durchgeführten Präparationen wird der Bandapparat des Sinus et Canalis tarsi in Übereinstimmung mit SMITH [976] und CAHILL [134] unterteilt und nach TRATTNIG [1064] in fünf Bandteile zerlegt. Gemäß der Literatur gibt es dafür unterschiedliche Bezeichnungen [134, 652, 902, 462, 618, 1053, 646] und auch eine auffällige 6. Bandstruktur:

1. Lig. fundiforme pars lateralis:
   Ihr Ursprung befindet sich am Kalkaneus lateral und distal der Facies articularis talaris posterior vor dem Ursprung des Musculus extensor digitorum brevis. Nach unten setzt sich ihr Ursprung in das Retinaculum musculorum peroneorum inferius fort. Die Fasern stellen Verstärkungen der Fascia dorsalis pedis dar und sind im Mittel 1,75 mm dick. Sie entspringen am Kalkaneus lateral und distal der Facies articularis talaris posterior unmittelbar vor dem Ursprungsfeld der Mm. extensores digitorum breves, mit deren kurzen Sehnenstreifen sie sich regelmäßig durchflechten. Das Faserbündel strebt leicht bogenförmig zum Dorsum pedis, um die Sehnen der Mm. extensores digitorum longi bzw. des M. peroneus tertius zu umschlingen. Nach unten setzt sich die Pars lateralis in das Retinaculum mm. peroneorum inferius fort.
2. Lig. fundiforme pars intermedia:
   Sie hat ihren Ursprung im seitlichen Teil des Sulcus tali und vereinigt sich auf dem Weg zum Fußrücken mit der Pars lateralis. Am Fersenbein befindet sich der Ursprung der Fasern im seitlichen Abschnitt des Sulcus calcanei medial von der Pars lateralis des Retinakulums: Pars lateralis und Pars intermedia weisen am Ursprung eine mittlere Breite von 8,85 mm auf. Das etwa 2,25 mm dicke intermediäre Faserbündel steigt vertikal zum Fußrücken auf und vereinigt sich dort zum Teil mit der Pars lateralis, um die Sehnen der langen Zehenstrecker zu zügeln. Die innen befindlichen Fasern sind am Sulcus tali zwischen Facies articularis calcanea posterior und anterior angeheftet.
3. Lig. fundiforme pars medialis (Anmerkung: Lig. fundiforme = Retinaculum musculorum extensorum inferius (breve)):
   Sie entspringt am Übergang des Sinus zum Canalis tarsi und läuft parallel zur Längsachse des Sinus nach oben. Sie ist in 60 % der Fälle mit dem Lig. canalis tarsi verbunden. Die zunächst schräg verlaufenden zarteren Fasern mit einer mittleren Dicke von 1,45 mm lassen sehr häufig Variationen an den Anheftungszonen erkennen. Sie entspringen in der Regel am Kalkaneus am Übergang des Canalis in den Sinus tarsi. In 24,4 % der Fälle wurde ein zusätzlicher Ursprung im medialen Teil des Sulcus tali beobachtet. In der Mehrzahl der Fälle (≈ 61 %) sind die Fasern der

Pars medialis mit dem Lig. canalis tarsi gemeinsam verflochten. In jeweils 14,6 % entspringen sie entweder proximal oder distal vom Band des Fußwurzelkanals. Im weiteren Verlauf ziehen die Fasern parallel zur Längsachse des Sinus tarsi nach oben und außen und durchflechten sich regelmäßig mit der Pars intermedia.

4. „Cervical ligament“ = Lig. cervicale (Lig. talocalcaneum externum, Lig. talocalcaneum anterolaterale, Lig. talocalcaneum anterius), es ist der laterale Teil des Lig. talocalcaneum interosseum, dem Sinus tarsi nahe liegend, auch Lig. talocalcaneum obliquum genannt:
   Das Band entspringt am Calcaneus zwischen dem Lig. bifurcatum und dem Musculus extensor digitorum brevis. An seinem Ursprung ist es oft von dem Muskel verdeckt und zieht schräg nach oben. Die im angloamerikanischen übliche Bezeichnung „cervical ligament“ rührt von der Befestigung am Talushals proximal von dessen vorderer Gelenkfläche her. Wegen seiner Befestigung am Collum tali wird das ausgesprochen kompakte Band der vorderen und seitlichen Fußwurzelbucht als „cervical ligament“ bezeichnet. Da es aus Übersetzungsgründen nicht möglich erschien, den englischen Terminus adäquat in unsere Fachsprache zu übertragen, wählten wir den Ausdruck „Lig. talocalcaneum obliquum“. An der Anheftungszone am Fersenbein sind die Fasern von den Mm. extensores digitorum breves zunächst völlig verdeckt. Das im Mittel 4,7 mm dicke Band entspringt zwischen den kurzen Zehenstreckern und dem Lig. bifurcatum und verläuft dann fächerartig sich verbreiternd zum Collum tali, um proximal der Facies articularis calcanea anterior anzusetzen.
5. Lig. canalis tarsi, es ist der mediale Teil des Lig. talocalcaneum interosseum und besteht meist aus zwei Zügeln:
   Es entspringt zwischen der mittleren und hinteren Gelenkfläche des Fersenbeines im Sulcus calcanei am Sustentaculum tali und setzt meist mit zwei Zügeln am Sulcus tali an. Es überkreuzt sich innerhalb des Sinus tarsi mit der Pars medialis des Lig. fundiforme und reicht medial bis an den Sulcus musculi flexoris hallucis longi heran. Die Anheftungen dieses mit 3,9 mm Dicke ebenfalls sehr kräftigen Bandes befinden sich am Kalkaneus zwischen Facies articularis talaris posterior und medialis, am Sulcus calcanei und an der Oberseite des Sustentaculum tali. Die Fasern fächern sich nach medial auf und sind in 78 % der Fälle mit zwei Zügeln am Sulcus tali befestigt. Das mediale Faserbündel reicht dabei oft bis zum Sulcus tendinis m. flexoris hallucis longi. In 22 % der Fälle wurde ein ungeteiltes Band dargestellt.
6. „Kreuzband-Struktur“: In der Mitte des Sinus et canalis tarsi überkreuzen sich die Fasern des Lig. talocalcaneum interosseum (Lig. canalis tarsi) mit denen der Pars medialis des Retinaculum mm. extensorum inferius als Hinweis auf eine besonders stabile kreuzbandartige Struktur, vergleichbar den beiden Kreuzbändern im Kniegelenk. Die kreuzbandartige Struktur unterstützt die Stabilität zwischen Talus und Kalkaneus.

FICK [276] erwähnt bei seiner Beschreibung des Canalis tarsi nicht das Lig. fundiforme und teilt den Bandapparat in ein unmittelbar vor der Articulatio subtalaris gelegenes Lig. talocalcaneum anterius sowie in ein hinter der vorderen und mittleren Gelenkfläche des Kalkaneus gelegenes, aus zwei verschiedenen Faserzügen bestehendes Lig. talocalcaneum interosseum ein.

Von klinischer Bedeutung ist der Sinus und Canalis tarsi nicht nur wegen seiner das untere Sprunggelenk hauptsächlich stabilisierenden Bandmassen, sondern auch wegen der in ihm verlaufenden, für die Ernährung des Talus wichtigen Gefäße. Werden diese bei starker Traumatisierung des Sinus tarsi zerrissen, so kommt es zur Talusnekrose. Als Sinus tarsi-Syndrom werden posttraumatisch persistierende Beschwerden im Rückfuß mit punctum maximum im Bereich des Sinus tarsi bezeichnet.

Im Sinus und Canalis tarsi sind die genannten Bandstrukturen in der Regel deutlich abgrenzbar (Abb. 7.59), es gibt eine Vielzahl von Varianten [462].

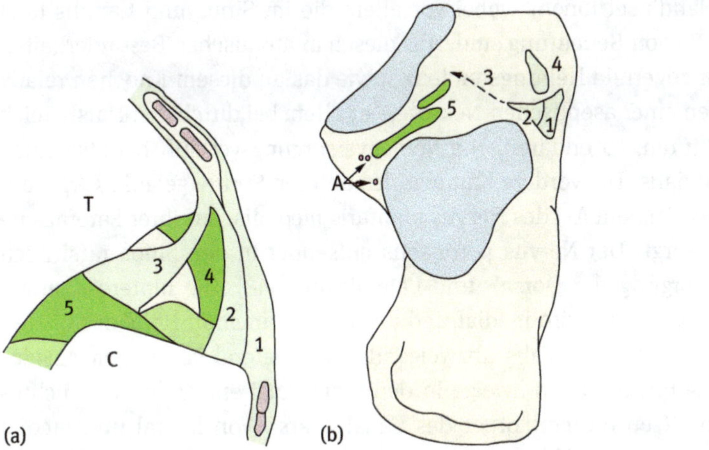

Abb. 7.59: Schematische Darstellung der Fasersysteme des Sinus und Canalis tarsi mit deren ossären Anheftungszonen: (a) Coronalschnitt, (b) Aufsicht am Kalkaneus (1 = Retinaculum extensorium inf. Pars lateralis, 2 = Pars intermedia, 3 = Pars medialis, 4 = Lig. cervicis, 5 = Lig. canalis tarsi, C = Kalkaneus, T = Talus, A = 35°-Winkel des Canalis tarsi) [618].

Nach neueren Untersuchungen [400] wird vorgeschlagen, die Bezeichnung „Ligg. interossea“ nicht mehr zu verwenden, sondern es sollte wieder auf die alten Benennungen von RETZIUS [875] und SMITH [975] zurückgegriffen werden, nämlich „Schlingen- oder Schleuderband“ (Lig. fundiforme) mit lateralem und medialem Schenkel. Die Bezeichnung Lig. fundiforme gehört eigentlich zum Retinaculum musculum extensorum inferius, auch von SARRAFIAN [917, 918] Lig. frondiforme nach RETZIUS [875] genannt. Synonyme für das inferiore Retinakulum sind Lig. annulare ant. tarsi, Lig. cruciatum WEITBRECHT und Lig. lamboideum. Nach SARRAFIAN [917, 918] ist das Lig. fundiforme („stem or frondiform ligament) ein schlingen- oder schleuderartiges

Band, das die Sehnen des M. extensor digitorum longus und M. peroneus tertius gegen den Talus und Kalkaneus hält. Der mediale Teil dieses Retinakulums ist deshalb von Bedeutung, da es mit drei unterschiedlichen Komponenten in den Canalis tarsi zieht, mit zwei Teilen am Kalkaneus und einem Teil am Talus ansetzt, und insbesondere die mittlere Komponente mit dem Lig. talocalcaneum interosseum (Lig. canalis tarsi) eine X-förmige Struktur bildet, vergleichbar mit den Kreuzbändern des Kniegelenkes.

7.6.3 Gefäß- und Nervenversorgung

Die Blutversorgung des unteren Sprunggelenkes [400, 1130, 944, 313, 14] erfolgt aus Seitenästen der großen Unterschenkelarterien: A. peronea, A. tibialis posterior sowie A. tibialis anterior bzw. A. dorsalis pedis. Da der Talus von Muskelansätzen frei ist, erhält er die ihn speisenden Gefäße neben einem Rete periostale lediglich über die Kapsel- und Bandinsertionen, wobei vor allem die im Sinus und Canalis tarsi verlaufenden Gefäße von Bedeutung sind. Aus diesen anatomischen Besonderheiten sind auch die sehr zögernde Heilungstendenz sowie das an diesem Knochen relativ häufige Vorkommen einer aseptischen Nekrose, vor allem bei durch den Halsbereich verlaufenden Frakturen, zu erklären. Die Nervenversorgung verläuft hauptsächlich über den Nervus tibialis. Die vordere Kammer des unteren Sprunggelenkes wird auf ihrer Plantarseite von einem Ast des Nervus plantaris medialis, auf ihrer Lateralseite vom N. suralis versorgt. Der Nervus peronaeus entsendet in den Sinus tarsi noch einen Ast zur Versorgung der Dorsal- und Lateralseite [548]. Die hintere Kammer des unteren Sprunggelenkes wird medial und dorsal von einem in Höhe des oberen Sprunggelenkes vom Nervus tibialis abzweigenden Ast, lateral von einem Ast des Nervus suralis versorgt, der auch Zweige in den Sinus tarsi entsendet. Ein dichtes Nervennetzwerk besitzen die Fettkörper des Canalis tarsi. Von lateral und medial treten Nervenfasern aus dem N. cutaneus peroneus lateralis in die Fettkörper ein, aber auch Äste des N. peroneus profundus [406] sowie des N. plantaris medialis. Histologisch können Mechanorezeptoren in Verbindung mit elastischen Fasern nachgewiesen werden [450], als Beitrag zur Propriozeption und Nozizeption durch die Sinus-tarsi-Bänder [5].

7.6.4 Biomechanik – Pathomechanik

Das untere Sprunggelenk ist ein Scharniergelenk, dessen Hauptaufgabe in der Anpassung des Fußes an die Unebenheiten des Bodens besteht. Es setzt sich aus zwei anatomisch getrennten Kammern zusammen, in denen stets identische Bewegungen ablaufen. Die Bewegungsachse des Gelenkes verläuft schräg von ventral-kranial-medial nach dorsal-kaudal-lateral. Sie zieht durch den Talushals und schneidet im Sinus tarsi die Achse des oberen Sprunggelenkes. Sie entspricht annähernd einer durch die Medialseite des Taluskopfes und die Lateralseite des Tuber calcanei gezogenen Linie und weicht ca. 40° von der Horizontalebene sowie ca. 20° von der Sagittalebene ab. Die Bewegung des Kahn- und Fersenbeines um das Sprungbein läuft gleichzeitig in allen drei Ebenen des Raumes ab (Maulschellenbewegung). Dabei ist die bis ca. 20° mögliche Supination (Inversion) stets mit einer Adduktion und Plantarflexion, die bis ca. 10° mögliche Pronation (Eversion) stets mit einer Abduktion und Dorsalextension kombiniert. Die Gelenkflächen des unteren Sprunggelenkes sind lediglich in Neutral-Null-Stellung kongruent. Diese wird eingenommen, wenn eine Person mit beiden gesunden Füßen auf einer horizontalen Ebene steht [466]. In Neutral-Null-Stellung sind sämtliche Kollateralbänder entspannt, die artikulierenden Flächen werden lediglich durch die zu tragende Last aneinandergepresst. Die vordere Kammer des unteren Sprunggelenkes ist der mediale Anteil des Chopart'schen Gelenkes und entspricht einem Kugel-, das hintere einem Scharniergelenk. Die Sicherung beider Teilgelenke erfolgt durch einen Bandapparat, der in der Hauptsache aus konstanten, relativ langen, auch an der Stabilisierung des oberen Sprunggelenkes beteiligten Bändern sowie dem im Sinus und Canalis tarsi gelegenen Bandapparat besteht. Darüber hinaus existieren kurze, teilweise fakultative Bänder zwischen den einzelnen Bestandteilen von Gelenkkopf und -pfanne. Eine besondere Bedeutung haben die das Subtalargelenk übergreifenden Muskeln [812]. Im Vergleich zur Ruhestellung ist das Subtalargelenk unter Belastung mehr proniert und das darüberliegende obere Sprunggelenk mehr plantarflektiert [1161]. Stabilisiert wird das Subtalargelenk durch die Gelenkflächen sowie die Bänder [993], diese Stabilität ist aber abhängig von den umgebenden peritalaren Gelenken [574]. Die drei Gelenkflächen des Talus mit dem Kalkaneus erlauben eine Bewegung in einer triaxialen Ebene mit der Folge der Inversion/Eversion, Flexion/Extension und Abduktion/Adduktion (Abb. 7.60).

Für die Zuordnung der dreidimensionalen Bewegung des Talus und des Kalkaneus kann das Koordinatensystem in Anpassung an das von KITAOKA [491] verwendet werden. Die X-Achse verläuft lateral medial, die Y-Achse distal proximal und die Z-Achse posterior anterior. Die schraubenförmige Rotation in der sagittalen Ebene (Y-/Z-Ebene) bedeutet die Plantar- und Dorsalflexion, in der transversalen Ebene (X-/Z-Ebene), die Adduktion und Abduktion und in der koronaren Ebene (X-/Y-Ebene) die Inversion und Eversion (Abb. 7.61).

Die Durchtrennung des Lig. fibulotalare anterius impliziert keine wesentliche Änderung der Beweglichkeit in den zwei Gelenken (oberes Sprunggelenk und Subtalargelenk). Das zusätzliche Durchtrennen des Lig. talocalcaneum interosseum bedeutet eine signifikante Adduktion und Rotation des oberen Sprunggelenkes, daraus resultiert, dass eine kombinierte Verletzung des Lig. fibulotalare anterius und des Lig. talocalcaneum interosseum eine anterolaterale Rotationsinstabilität induziert, und dies unter der axialen Belastung. Die relevanten stabilisierenden Bänder des Subtalargelenkes sind das Lig. fibulocalcaneare als wesentliche Struktur der Rotationsstabilität [495], das Retinaculum musculi extensorum inferius, das Lig. talocalcaneum laterale, aber auch das Cervikal-Ligament (= Lig. talocalcaneum externum bzw. Lig. talocalca-

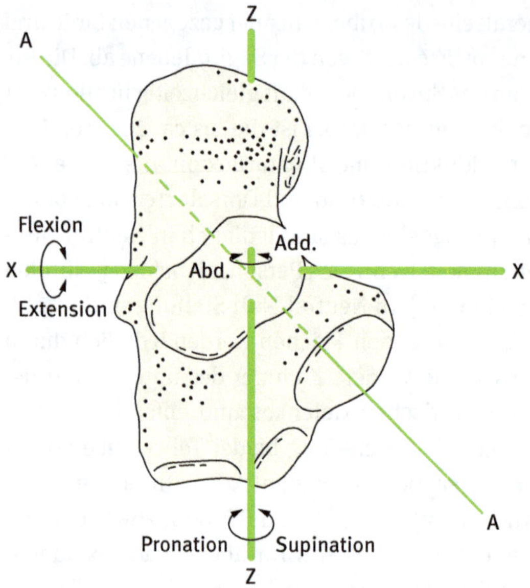

Abb. 7.60: Dreiaxiale Ebene für die Bewegung im Talokalkaneargelenk [479].

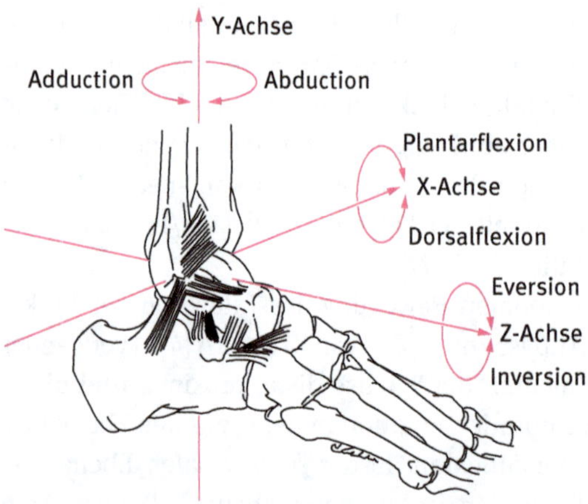

Abb. 7.61: Koordinatensystem, nach [491].

neum ant.) und schließlich das Lig. talocalcaneare interosseum als Lig. canalis tarsi. Die normale Beweglichkeit im Subtalargelenk bezüglich Inversion und Supination beträgt 25° bis 30° und bezüglich Eversion und Pronation 5° bis 10° [662, 120]. Diese Beweglichkeit orientiert sich wegen der flexibleren Strukturen im Subtalargelenk auch an der Funktion des oberen Sprunggelenkes [572]. Die Bewegungsachse steht senkrecht zu der Bewegungsebene, d. h. von distal medial dorsal nach proximal lateral plantar, was eine Abweichung von der Transversalebene von 42° und von der Sagittalebene von 16° bedeutet [120] und [888]. Die Bewegung um die Subtalarachse wird von SARRAFIAN [917, 918] durch drei wichtige Komponenten ergänzt, die Gleit-, Roll- und Drehbewegung.

Subtalare Instabilitäten werden in letzter Zeit häufiger diskutiert [34, 120, 161, 473, 474, 403, 685, 775, 821, 1114, 1045, 939, 465, 1184, 475, 1162, 1123, 881, 1175, 99, 165, 397, 479]. Die Erstbeschreibung der Subtalargelenksinstabilität findet durch RUBIN [899] statt. Das Hinführen zur Subtalarinstabilität erfolgt aus den lateralen Bandverletzungen am Sprunggelenk, die in 20 % der Fälle zu einer funktionellen Instabilität führen [261] und diese wiederum in 10 bis 25 % zu einer funktionellen Instabilität des Rückfußes [99, 554, 879, 1162, 287]. Aus diesen lateralen Bandverletzungen resultieren im Endeffekt 10 bis 15 % mechanische chronische subtalare Instabilitäten [685, 397]. Während eine akute subtalare Instabilität auch von einer akuten (rezenten) Instabilität des oberen Sprunggelenkes unterschieden wird [1175, 881, 403], will WALDECKER [1114] die subtalare Instabilität nicht von der OSG-Instabilität ableiten. Heute wird aber die Auffassung vertreten, dass es sowohl eine isolierte subtalare Instabilität als auch eine isolierte Instabilität im lateralen OSG gibt, wobei sich jedoch die Mehrzahl der chronischen subtalaren Instabilitäten aus den lateralen OSG-Instabilitäten entwickeln oder gleichzeitig mit diesen entstehen, z. B. die Ruptur des Lig. talocalcaneum interosseum durch die vermehrte Inversion [161], und aus der isolierten Ruptur des Lig. fibulocalcaneare kann die chronische subtalare Instabilität [465] entstehen. Die Funktion des Lig. fibulocalcaneare und des Lig. talocalcaneum interosseum stehen in unmittelbarem Zusammenhang [683]. Bezüglich der Außenbänder ist das Lig. fibulotalare anterius besonders bei Supination in Plantarflexion betroffen, das Lig. fibulocalcaneare sowie das Lig. tibiocalcaneare in Pronation und Plantarflexion und das Lig. fibulotalare posterius in Dorsalflexion [775], unter Belastung das Lig. fibulocalcaneare in Dorsalflexion und Inversion [646], was zu einer isolierten Ruptur des Lig. fibulocalcaneare führen kann. Diese Inversion ist dann mit einer Ruptur des Lig. talocalcaneum interosseum verbunden, mit der Folge eines instabilen Subtalargelenkes [1053, 646], was auch einen negativen Einfluss auf das Fußgewölbe hat [1052]. Im Vergleich zu den Instabilitäten am oberen Sprunggelenk werden aber am Subtalargelenk bei Bandverletzungen mehr Knorpelschäden als am oberen Sprunggelenk vermutet [190]. Folgende Mechanismen führen zur Instabilität im Subtalargelenk:

- Es handelt sich um die Supination im Rückfuß als Fortsetzung der Inversion im oberen Sprunggelenk [495, 679, 378, 473, 1179], d. h., das Lig. fibulocalcaneare ist die primär verletzte Struktur [567] und das Lig. talocalcaneare laterale ist in 13 % der Fälle mit beteiligt [900].
- Die Rückfußsupination bei der OSG-Plantarflexion führt als Erstes zur Ruptur des Lig. fibulotalare anterius, setzt sich fort in der Ruptur des Lig. fibulocalcaneare, der lateralen Kapsel und schließlich folgt die Ruptur des Lig. talocalcaneum interosseum.
- Bei der Supination im OSG bei Dorsalflexion [679] kommt es primär zur Ruptur des Lig. fibulocalcaneare, im Anschluss zur Ruptur des Cervical-Ligaments und dann zur Ruptur des Lig. talocalcaneum interosseum. Tritt hier noch eine Plantarflexion hinzu, reißt die laterale Kapsel und anschließend das Lig. talocalcaneum posterius.

- In Supination und Dorsalflexion kommt es zur Ruptur des Lig. fibulocalcaneare mit Beteiligung des Lig. talocalcaneum interosseum, d. h., es entsteht eine subtalare Instabilität. Wenn zusätzlich zur Ruptur des Lig. fibulocalcaneare auch das Lig. fibulotalare anterius reißt, entsteht gleichzeitig eine OSG-Instabilität, d. h., das Lig. fibulocalcaneare anterius und das Lig. talocalcaneum interosseum haben für beide Gelenke eine wesentliche Stabilitätsbedeutung.
- Der „Whiplash-Mechanismus" [821] führt zu einer chronischen Insuffizienz des Subtalargelenkes durch eine Verlangsamung des Talus gegenüber dem Kalkaneus in maximaler Dorsalflexion, z. B. bei Landung nach einem Sprung. Es handelt sich hier um Mikrotraumen auf das Lig. talocalcaneum interosseum bzw. auf das Cervical-Ligament mit der Folge einer Laxität bzw. Instabilität der Bänder. Bei dem „Whiplash-Mechanismus" soll eine isolierte Verletzung des Lig. talocalcaneum interosseum entstehen können [823].
- Ein Nach-vorne-Schieben des Kalkaneus unter dem Talus [475] aufgrund eines flacheren Winkels zwischen Talus und Kalkaneus führt ebenfalls im Sinne von Mikrotraumen zur Instabilität im Subtalargelenk.

Aus diesen Mechanismen lässt sich erkennen, dass eine Ruptur des Lig. talocalcaneum interosseum zu einer rotatorischen Instabilität des Subtalargelenkes führt. Das Lig. talocalcaneum interosseum stabilisiert bei der Supination, nicht bei der Pronation [502]. Eine Verstärkung dieser subtalaren Instabilität entsteht durch eine gleichzeitige Verletzung des Lig. bifurcatum sowie des Lig. fibulocalcaneare und der talonavikularen Kapsel. Die Folgen sind eine Ventralverschiebung, Medialversetzung und Varuskippung des Kalkaneus gegenüber dem Talus [696]. Eine subtalare Instabilität kann auch als Verlust der aktiven Stabilität durch eine neuromuskuläre Pathologie bezeichnet werden, d. h. durch eine propriozeptive Störung im Sinne eines Insuffizienz-Syndroms durch die Instabilität, oder bedingt durch den Verlust der passiven Stabilität beim ligamentären Schaden der das Subtalargelenk stabilisierenden Bänder. FREEMAN [286, 287] unterscheidet die funktionelle und mechanische Instabilität. Die Instabilität ist eine allgemeine Bezeichnung ohne Unterscheidung zwischen subjektiven und objektiven oder ligamentären und neurologischen Schäden. PISANI [823] empfiehlt daher die Bezeichnung „Insuffizienz" aufgrund einer Instabilität, abgrenzend von der „Insuffizienz" bei einer Laxität.

7.6.5 Pathologie

Die pathologischen Veränderungen im Subtalargelenk bzw. angrenzend an das Talokalkaneonavikulargelenk beschränken sich auf Instabilitäten und ossäre Verletzungen [1183], damit verbunden auf die Knorpelpathologie [190], und insbesondere wird das Sinus-tarsi-Syndrom [351] diskutiert. Bei den Instabilitäten besteht ein mittelbarer Zusammenhang zwischen denen der lateralen OSG-Bänder und der Bänder im Canalis tarsi (Lig. talocalcaneum interosseum). Es wird davon ausgegangen, dass bis zu 25 % dieser lateralen Bandverletzungen („ankle sprain") mit einer Verletzung der Bänder im Canalis tarsi einhergehen. Die Knorpelpathologie unterliegt den allgemeinen Kriterien wie in jedem synovialen Gelenk, Einteilungen der Knorpelschäden sind möglich.

Das Sinus-tarsi-Syndrom beschreibt eine klinische Entität [748], als vage Bezeichnung ist ein Zustand nach Sprunggelenksdistorsionen bis hin zur Ausbildung eines Weichteilimpingements gemeint. Dies bedarf einer diagnostischen Präzisierung [293]. Das Sinus-tarsi-Syndrom wird in letzter Zeit mehrfach diskutiert [748, 113, 372, 210, 510, 731, 677, 877, 678, 820, 605, 606, 642, 172, 1024, 1190, 390, 391]. Es wird davon ausgegangen, dass 70 % dieser Syndrome posttraumatisch entstehen und 30 % entzündlich [1064]. Klinisch findet sich ein lateraler Fußschmerz, besonders bei Druck auf den Sinus tarsi mit einem Gefühl der Rückfußinstabilität, vor allem beim Gehen auf unebenem Boden. Es handelt sich um eine Diagnose im Ausschlussverfahren [295]. Da es verschiedene Ursachen für das Syndrom gibt, wäre die Bezeichnung Sinus-tarsi-Dysfunktion angebracht [295], noch hilfreicher wäre eine spezifische pathologisch-anatomische Diagnose [293]. Entsprechend den Angaben in der Literatur werden folgende pathomorphologischen Substrate als Ursache für ein Sinus-tarsi-Syndrom diskutiert:

- Supinationsverletzung im Sinne eines „ankle sprain", es wird davon ausgegangen, dass bei der Verletzung der lateralen Bänder in 10–25 % eine subtalare Instabilität entsteht [31, 479, 403, 433]. 43 % der Fälle dieser lateralen Bandverletzungen werden zumindest gemäß MRT-Pathologien im Bereich des Sinus tarsi festgestellt [102]. Es liegt also eine posttraumatische Situation vor, d. h. ein verletzungsbedingtes STS [235, 823, 120, 1140, 328, 393],
- Verletzung des Lig. talocalcaneum interosseum: eine isolierte, wenn auch seltene Verletzung dieses Bandes [764, 293, 576, 655],
- Rückfußinstabilität [368, 493, 494, 748, 576, 288, 823, 261],
- entzündliche Veränderungen, auch seronegative und seropositive Arthropathien [235, 576],
- Tibialis posterior-Dysfunktion [351, 652],
- Pes plano valgus [235].
- gestörte Nozizeption/Propriozeption, d. h., es liegt ein Insuffizienzsyndrom der Instabilität vor [823, 877, 450, 142, 400, 220, 5, 86],
- Arthrofibrose [576],
- Weichteilimpingement [576],
- Osteoid/Osteom [925],
- Frakturfolgen [390, 391, 652], d. h. Folgen aus Kalkaneusfrakturen, insbesondere der Fraktur des Proc. calcanei anterior [97, 212], Fraktur des Proc. lateralis tali [373, 657], okkulte Talusfrakturen [902, 270, 352, 353, 124],
- Tarsal-Koalition [535, 17, 532, 872, 869].

Nach KJAERSGAARD-ANDERSEN [493] werden auch weitere Ursachen genannt, wie eine Tendovaginitis der Peronealsehnen oder ein Entrapment eines Peronealnervenastes als Verletzungsfolge, aber auch Ganglien, Gicht, das Tarsaltunnelsyndrom, ein Fersensporn oder eine Ischiadikus-Symptomatik. Arthroskopische Untersuchungen führen zu vergleichbaren Ergebnissen, wobei in 85 % der Fälle mehr als zwei Pathologien vorliegen [576] (Tab. 7.15).

Tab. 7.15: Arthroskopische Befunde beim Sinus-tarsi-Syndrom.

AS-Befund	FREY [293]	OLOFF [764]	LEE [576]
interossärer Bandschaden	71 %	7 %	33–88 %
Arthrofibrose	14 %	7 %	24 %
Arthrose	14 %	4 %	
Synovitis		100 %	55 %
Weichteilimpingement			21 %

7.6.6 Diagnostik

Die klinische Untersuchung bei Instabilitäten am Subtalargelenk sowie am Kalkaneokuboidalgelenk erweist sich als schwierig, da lediglich Schwellungen, Einsteifungen und Schmerzen in der Nähe des Sinus tarsi festgestellt werden, dies bei einem veralteten Zustand oder auch bei einem Überlastungsschaden der Bänder, bei einer rezenten Verletzung besteht zwar gleichzeitig ein Hämatom, ein klinischer Instabilitätsnachweis ist aber problematisch [1038]. Zur Beurteilung der Stabilität des Subtalargelenkes weist THERMANN [1045] auf einen Test hin. Die Untersuchung erfolgt bei einem dorsalflektierten Fuß, da nur in dieser Stellung der Talus fest in der Knöchelgabel sitzt. Bei Varusstress auf den Kalkaneus kann so eine pathologische Innenrotation des Kalkaneus gegenüber dem Talus festgestellt werden. Vergleichbar dazu können die Instabilitäten im Subtalargelenk und auch im Kalkaneokuboidalgelenk mittels spezieller Stressaufnahmen (gehaltener Aufnahmen) erfasst werden [1182].

Zur Beurteilung des lateralen Subtalargelenkes, stabilisiert durch das Lig. talocalcaneum interosseum, das Lig. talocalcaneum laterale sowie das Lig. fibulocalcaneare [655, 898, 819, 436], eignet sich eine spezielle gehaltene Aufnahme, beschrieben durch ZWIPP [1182], mit Abbildung der Talus- und Kalkaneusstruktur unterhalb des Außenknöchels. Ein Inversionsstress kann die Instabilität (Aufklappung) im Subtalargelenk darstellen. Als Normalwert gilt ein Aufklappwinkel bis 5° (talokalkaneare Kippung). Für die Stabilitätsprüfung im Kalkaneokuboidalgelenk wird ein Varusstress zwischen Rück- und Vorfuß ausgeübt. Zur Prüfung kommt der Winkel zwischen Kalkaneus und Kuboid, d. h. dem Lig. bifurcatum bzw. Lig. calcaneocuboidale laterale. Als Normalwert der Aufklappung können bis sieben Grad angenommen werden. Die

Stress-Röntgenaufnahmen am Subtalargelenk [567, 165, 377, 1191, 607] sollen in der Broden view [966] vorgenommen werden, so dass der subtalare Inversionswinkel als Normalwert mit 5,2° (3°–8°) erkennbar wird, eine Instabilität liegt vor bei einem durchschnittlichen Aufklappwinkle von 9,7° in der akuten Phase und 10,3° in der chronischen Phase (8°–13°). Die Aufklappbarkeit im Subtalargelenk ist insbesondere abhängig von der Art der Bandverletzung. Liegt eine isolierte Ruptur des Lig. fibulocalcaneare vor, so kann eine Aufklappung im Subtalargelenk von bis zu 5 mm entstehen, ist gleichzeitig das Lig. talocalcaneum interosseum mit rupturiert, so ergibt sich ein wesentlich größerer Winkel (Abb. 7.62). Die Angaben stützen sich auf Daten von BRANTIGAN [99], YAMAMOTO [1162], MACHAN [621, 622, 620], WENDA [1126], ZWIPP 1982 [1191, 1188], ZOLLINGER [1181], BRUNS [117]. Zur Unterscheidung der verschiedenen Instabilitäten sind Zusatzuntersuchungen notwendig, da klinisch eine Unterscheidung nicht möglich ist [881].

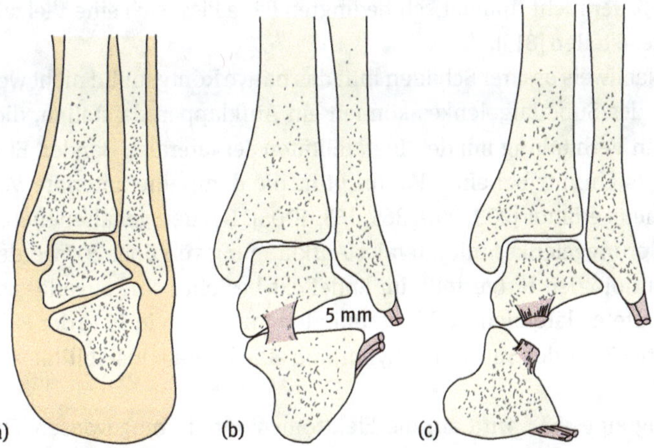

Abb. 7.62: Subtalare Instabilität in Abhängigkeit von der Art der Bandverletzung ((a) = Normalbefund, (b) = Ruptur Lig. fibulocalcaneare, (c) = Ruptur Lig. fibulocalcaneare und Lig. talocalcaneum interosseum [378].

Die Arthrographie [1065, 1016, 1017, 165] sollte innerhalb der ersten 24 Stunden und nicht nach fünf Tagen erfolgen [68]. Nach dieser Zeit seien die Kapselrisse verklebt und die zum Nachweis einer Kapselbandverletzung erforderliche Kontrastmittelaustrittbildung kommt nicht mehr zustande. Gemäß den Angaben von WALDECKER [1113] sollen sonographische Ergebnisse in hoher Korrelation zu den Röntgen-Stressaufnahmen stehen. Eine weitere Nachweismöglichkeit für Instabilitäten, aber auch gleichzeitig für Knorpelschäden, ist die Arthroskopie des Subtalargelenkes [785, 293]. Endgültige aussagekräftige Befunde durch die Computer- [28] oder die Magnetresonanztomographie [821, 34] liegen nicht vor. Bis vor wenigen Jahren blieb die Diagnose „Sinus tarsi-Syndrom" (STS) eine klinische Diagnose. Erst in letzter Zeit wird sich darum bemüht, die klinische Diagnose durch diagnostische Verfahren zu stützen. Natürlich ist dieses Syndrom nicht sehr häufig vorzufinden, aber durch „Daran-Denken" kann doch einer ganzen Reihe von Patienten geholfen werden. Diese klagen in aller Regel über Schmerzen im Sinus tarsi-Bereich beim Gehen auf unebenem Boden und man findet eine Druckdolenz sowie eine Schwellung an dieser Stelle. Eine klare Ätiologie findet sich in der Literatur nicht [748, 113, 210, 731, 511, 655, 172, 1024, 821, 608, 609, 83]. Meist geht ein Supinationstrauma voraus, in dessen Folge sich akut oder chronisch der Beschwerdekomplex entwickeln kann. Die Häufigkeit dieses sogenannten posttraumatischen Sinus tarsi-Syndroms beträgt in der gesammelten Literatur etwa 70 %; Lowy kann 1985 die Häufigkeit mit 91 % angeben, und aufgrund eigener Ergebnisse [351, 391] kommt die Zahl 92 % zustande. Beim posttraumatischen Sinus tarsi-Syndrom, d. h. nach einem Trauma festgestellt, wird der ligamentäre Typ vom ossären Typ unterschieden, d. h., ligamentäre Schäden entstehen nach „Distorsionen", ossäre und evtl. ligamentäre Schäden finden sich nach Talus- und/oder Kalkaneusfrakturen. Bei den verbleibenden 10–30 % der nicht traumatisch bedingten Fälle lässt sich eine Vielzahl möglicher Ursachen feststellen [813].

Abgesehen zum Nachweis ossärer Schäden hilft das native Röntgenbild nicht weiter. Stressaufnahmen des Subtalargelenkes können ein Aufklappen darstellen, dies ergibt sich aber auch in Verbindung mit den Instabilitäten der lateralen Bänder. Eine Kalkaneuskippung entsteht nur bei einer Bandruptur, die dann eine anteriore Verschiebung des Kalkaneus erlaubt [209, 290, 365, 165, 1005]. Bei den gehaltenen Aufnahmen des oberen Sprunggelenkes mit lateraler Aufklappung von über 20° werden rezente Sinus tarsi-Pathologien festgestellt, im Endeffekt besteht keine zuverlässige Aussage [102]. Bei veralteten lateralen OSG-Instabilitäten findet sich in 39 % der Fälle ein STS. Es lässt sich bei 79 % der Sinus tarsi-Syndrome eine laterale Instabilität feststellen.

Zur Objektivierung eines STS wird auf die Elektromyographie hingewiesen. Dabei werden die Summenpotenziale während des Gehaktes abgenommen, in 70 % der Fälle zeigte sich im Vergleich zu Gesunden ein pathologischer Innervationsablauf des Musculus peronaeus longus und in 75 % der des Musculus peronaeus brevis. In 81 % der Gehzyklen konnten Abnahmepotenziale beider Peronealmuskeln festgestellt werden. Liegt ein Sinus tarsi-Syndrom vor, so bilden sich diese pathologischen Potenziale nach der Gabe eines Lokalanästhetikums in den Sinus tarsi-Kanal zurück. Die Arthrographie des Subtalargelenkes wird von dorsal aus durchgeführt und lässt eine Beurteilung der dem Lig. talocalcaneum interosseum nach ventral anliegenden Mikrorezessus zu. Stellen sich diese Mikrorezessus nicht dar, so wird ein Sinus tarsi-Syndrom angenommen. Dies trifft auch zu, wenn sich der Sinus tarsi nicht wie normal zur Hälfte mit Kontrastmittel auffüllt.

Nicht verwertbar ist eine Arthrographie unmittelbar nach einer Verletzung, da die Synovialishypertrophie und damit die Verlegung der Rezessus erst nach einiger Zeit entstehen [235, 823, 693]. Erstmals verweist PARISIEN [785] auf die Möglichkeit, das Sinus tarsi-Syndrom durch die Arthroskopie des Subtalargelenkes näher zu untersuchen. Eigene Erfahrungen liegen in der synergistischen Gelenkdiagnostik vor, d. h. der Kombination Arthrographie und Arthroskopie. Vor jeder Arthroskopie des oberen und/oder unteren Sprunggelenkes wird eine Arthrographie des hinteren unteren Sprunggelenkes bei Verdacht auf ein Sinus tarsi-Syndrom durchgeführt. Somit können die Vorteile der Arthrographie in Kombination mit der direkten Inspektion verwertet werden [576, 293, 764, 391]. Die beste diagnostische Möglichkeit ist heute die Magnetresonanztomographie [102, 386, 584, 823, 576, 1064, 499].

Eine hohe Signalintensität in T2 im Fettkörperbereich [1064] ist als Zeichen der Infiltration von Entzündungszellen sowie von fibrotischem Gewebe zu werten. Es resultiert eine Obliteration der Fettkörper und damit eine fehlende Darstellung der Bänder in der Folge nach einer Ruptur oder aufgrund einer Destruktion durch chronische Entzündungen [499]. Des Weiteren werden Ursachen für die Sinus tarsi-Symptomatik aufgedeckt, d. h., es erfolgt ein Nachweis der Verletzungen am Lig. talocalcaneum interosseum mit den daraus resultierenden Folgen an den Fettkörpern, es sind die arthrotischen Veränderungen am Subtalargelenk nachweisbar, dazu auch in der Folge die Synovialitis mit Verdickung der Synovialis, und es können Ganglien als sekundäre Folge der Texturstörungen festgestellt werden [41].

Histologische Untersuchungen des entnommenen Materials aus dem Sinus tarsi zeigen ebenfalls ein uneinheitliches Bild. In 46 % der Fälle ist das entnommene Gewebe unauffällig, bei 15,4 % liegt eine Hernienbildung vor und bei 26,9 % eine Narbenbildung, die auf eine abgelaufene Verletzung hinweist. Lediglich in 7,7 % der Fälle wird ein hypertropher Fettkörper vorgefunden. Bei der Entnahme des Fettgewebes sowie auch der Synovialis der Vorderwand des Subtalargelenkes finden sich histologisch eine Fibrose sowie eine Synovialishyperplasie [1187, 1186]. Auf Grund der auffälligen Schmerzsymptomatik des Sinus tarsi-Syndroms fokussieren die histopathologischen Untersuchungen auf die nervale Innervation. Es wurden mit der modifizierten Gold-Chlorid-Methode eine Vielzahl an teils enkapsulierten und teils nicht enkapsulierten peripheren Nervenendigungen überwiegend vom Typ der Mechanorezeptoren (Pacini'scheKorpuskel, Golgi-Korpuskel) nachgewiesen. Die hohe Dichte an spezialisierten Nervenendigungen lässt die Schmerzsymptomatik plausibel erscheinen [5]. Die Ausprägung der entzündlichen synovialen Veränderungen scheint gering zu sein (im Sinne einer sog. low grade Synovialitis), da histologische Untersuchungen ausschließlich eine synoviale Hyperplasie und fibröse Reparationsprozesse im artikulären Gewebe sowie im ligamentären Gewebe beschreiben [678]. Ein Hinweis auf eine Verletzung wäre in den ersten Monaten der Nachweis von Siderophagen [391].

7.6.7 Beurteilung

Das Sprunggelenk bildet auch zusammen mit dem Mittelfuß (einschließlich Fußwurzel gesamt) eine Funktionseinheit. Das obere Sprunggelenk ist ein Scharniergelenk, in dem die Dorsalextension und die Plantarflexion ablaufen, allerdings im Zusammenhang mit einer geringen Talusrotation bei einer transversalen Bewegungsachse. Die Rotation ist bei der Dorsalextension mit einer Talusaußenrotation und bei der Plantarflexion mit einer Talusinnenrotation verbunden. Da die Beweglichkeit im oberen Sprunggelenk mit der Beweglichkeit im unteren Sprunggelenk im Sinne einer kinematischen Kette verbunden sind, geht die Dorsalextension mit der Talusaußenrotation in die Eversion und Abduktion des unteren Sprunggelenkes über, die Plantarflexion mit Talusinnenrotation in die Inversion und Adduktion. Letztere Bewegungen resultieren aus dem unteren Sprunggelenk, das mit einer vorderen und hinteren Kammer eine Einheit bildet. Die Bewegungsachse dieser Einheit zieht vom Fersenbein, lateral plantar, zum Talushals nach medial dorsal, d. h., der Kalkaneus wird zusammen mit dem Navikulare gegenüber dem Talus gedreht, und daraus resultiert dann die Innendrehung als Inversion mit Übergang zur Adduktion und auch die Außendrehung als Eversion mit Übergang zur Abduktion. Der Schnittpunkt der Bewegungsachse des oberen und des unteren Sprunggelenkes schneidet sich im Sinus tarsi. Da die Bänder des Sprunggelenkes nicht nur ein Gelenk, sondern teilweise auch zwei oder mehrere Gelenke überbrücken, ist diese kinematische Kette erklärbar, d. h., alle Bewegungen im Sprunggelenksbereich sind miteinander gekoppelt. Daraus resultiert auch definitionsgemäß in Anlehnung an die obere Extremität die Supination als Inversion und Adduktion und die Pronation als Eversion und Abduktion, dies jeweils in Abhängigkeit von der Stellung im oberen Sprunggelenk, d. h. Dorsalextension, Neutralstellung und Plantarflexion (Abb. 7.63).

oberes Sprunggelenk		unteres Sprunggelenk
Dorsalextension + Talusinnendrehung	→	Eversion + Abduktion (Pronation)
Plantarflexion + Talusaußendrehung	→	Inversion + Adduktion (Supination)

Abb. 7.63: Bewegungen im oberen und unteren Sprunggelenk.

Die kinematische Kette im Sprunggelenk unter Koppelung aller Bewegungen miteinander resultiert aus der besonderen Bandstruktur in diesem Bereich. Die einzelnen Gelenke werden von Bändern überbrückt, die nur dieses Gelenk betreffen, gleichzeitig liegen aber auch Bandstrukturen vor, die mehrere Gelenke stabilisieren. Das obere Sprunggelenk wird lateral durch das Lig. fibulotalare anterius und fibulocalcaneare stabilisiert und medial durch die tiefe Schicht des Deltabandes. Die lateralen und medialen Bandstrukturen stehen miteinander in Verbindung, anterior am Collum tali und posterior am Proc. posterioris tali. Dazu gibt das Lig. fibulotalare posterius einen Ast an die Tibiahinterkante ab, die mittleren Bandstrukturen sowohl medial als auch lateral übergreifen das obere, aber auch das hintere untere Sprunggelenk mittels Lig. fibulocalcaneare und Lig. tibiocalcaneare (vgl. Kapitel 7.1).

Die Bindung zwischen Talus und Kalkaneus erfolgt zwischen den beiden Knochen im Sulcus calcanei sowie im Sulcus tali (Sinus tarsi) mit einem kräftigen interossären Band, wobei Bandstrukturen, beide Knochen übergreifend, auch lateral und medial zu finden sind. Zusätzlich wird das Subtalargelenk auch von den langen Bandstrukturen, ausgehend von der Fibula bzw. Tibia (Außenknöchel und Innenknöchel), gehalten (vgl. Kapitel 7.1).

Der Bandhalt im vorderen unteren Sprunggelenk (Art. talo calcaneonavicularis) erfolgt durch kurze Bänder zwischen Talus und Kalkaneus, aber auch von hier ausgehend durch das Lig. calcaneonaviculare plantare, das den Taluskopf in der genannten Gelenkverbindung umfasst und teilweise hier auch die Gelenkkapsel bildet, daher der Name Pfannenband (= Spring-Ligament). Dieses Spring-Ligament hat eine Verbindung mit dem Lig. bifurcatum, dem Y-artigen Band, das vom Kalkaneus zum Kuboid und zum Navikulare zieht. Die Bandverbindung zwischen Lig. calcaneonaviculare und dem Spring-Band gleicht einer Schleuder, in der der Taluskopf gehalten wird (Abb. 7.64). Diese plantaren Bandstrukturen müssen von den medialen Bandstrukturen unterschieden werden, insbesondere dem Lig. calcaneonaviculare mediale (= Lig. neglectum). Die Besonderheit des Lig. bifurcatum (= Schlüsselband) liegt darin, dass es zu einer Vereinigung von zwei Gelenken, nämlich der Art. calcaneocuboidea und der Art. talonavicularis, führt.

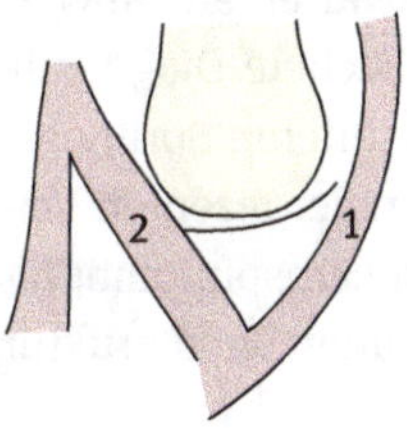

Abb. 7.64: Taluskopf mit Bandschleuder (1 = Spring-Ligament, 2 = Lig. bifurcatum).

Aus all diesen komplexen Bandstrukturen resultiert, dass eine isolierte Bandverletzung denkbar unwahrscheinlich ist und in aller Regel bei Verletzungsmechanismen von komplexen Bandschäden ausgegangen werden muss. Hieraus resultiert auch, dass z. B. im Bereich der Supinationslinie beim Nachweis einer Verletzung eine grundlegende Diagnostik erforderlich wird, um die möglichen Begleitverletzungen zu erfassen. Diese Supinationsfrakturlinie nach HELLPAP [387] kann auch mit dem Begriff „Ligamentous ankle factures" nach LAUGE-HANSEN [559] in Verbindung gebracht werden, vor allem ist dabei aber gemeint, dass Innen- oder Außenknöchelfrakturen durch die entsprechenden Bandrupturen abgelöst werden können, ohne Änderung des Unfallmechanismus. Nach ZWIPP [1183] ist nicht eine geringe Kippung zwischen Talus und Kalkaneus für eine Instabilität im hinteren unteren Sprunggelenk entscheidend, sondern vielmehr eine Ventralverschiebung, Medialversetzung und/oder die geringe Varuskippung des Fersenbeines gegenüber dem Sprungbein. Daher kann in Kenntnis der schraubenähnlichen Rotationsbewegung von einer anterolateralen Rotationsinstabilität des Subtalargelenkes ausgegangen werden. Die zentrale Rolle spielt dabei die kreuzbandähnliche Struktur des Lig. talocalcaneum interosseum zusammen mit einem Ast des inferioren Retinakulums. Nachdem mehrere Bänder für die Stabilisierung des Subtalargelenkes verantwortlich sind (Lig. talocalcaneare interosseum, Lig. fibulocalcaneare, Lig. bifurcatum, talonaviculare Kapsel), ist davon auszugehen, dass partielle Rupturen entlang der Supinationslinie zu der anterolateralen Rotationsinstabilität sowohl am oberen als auch am unteren Sprunggelenk führen. Entscheidend ist daher für die Beurteilung der Nachweis dieser Instabilität, was jedoch klinisch schwierig ist, hilfreich sind spezielle Stressaufnahmen, aber insbesondere die Kernspintomographie. Die Bandverletzungen im Bereich des Sprunggelenkes verteilen sich zu 85 % auf das laterale Kompartiment, 10 % auf die Syndesmose und 5 % auf den Deltabandbereich.

7.6.8 Resümee

Die Verletzungen am unteren Sprunggelenk sind meist komplexer Art, es liegen ossäre und ligamentäre Verletzungen in Kombination vor. Wenn die Diagnose einer Bandverletzung am oberen Sprunggelenk gestellt wird, sollte aber grundsätzlich auch die Mitbeteiligung des unteren Sprunggelenkes abgeklärt werden. In unklaren Situationen ist die Kernspintomographie einzusetzen, da Stressaufnahmen zwar einen Hinweis auch für den unteren Sprunggelenksbereich geben können, eine sichere Diagnostik liegt damit aber nicht vor. Gutachtlich kann eine Verletzung des unteren Sprunggelenkes nur dann festgestellt werden, wenn sich ebenso die Zeichen der rezenten Verletzung mit entsprechenden Hämatombildungen zeigen, die dann kernspintomographisch oder auch radiologisch bei ossärer Beteiligung einer bestimmten Bandstruktur zugeordnet werden kann.

7.7 Literatur

[1] ABRAHAM, E.; PANKOVICH, A.M.: Neglected rupture of the achilles tendon. Treatment by V-Y Tendinous Flap. J Bone and Joint Surg 57-A:253–255 (1975)

[2] ABRAHAM, E.; STIRNAMAN, J.: Neglected rupture of the peroneal tendons causing recurrent sprains of the ankle. J Bone Joint Surg 61A:1247–1248 (1979)

[3] ADACHI, N.; FUKUHARA, K.; KOBAYASHI, T.; NAKASA, T.; OCHI, M.: Morphologic variations of the fibular malleolar groove with recurrent dislocation of the peroneal tendons. Foot Ankle Int 30:540–544 (2009)

[4] AHMAD, M.; GRAY, A.J.: Ruptured tibialis posterior tendon, presenting as a lateral ligament sprain. Eur J Emerg Med 10:42–43 (2003)

[5] AKIYAMA, K.; TAKAKURA, Y.; TOMITA, Y.; SUGIMOTO, K.; TANAKA, Y.; TAMAI, S.: Neurohistology of the sinus tarsi and sinus tarsi syndrome. J Orthop Sci 4:299–303 (1999)

[6] AKSEKI, D.; PINAR, H.; BOZKURT, M. et al.: The distal fascicle of the anterior infe-rior tibiofibular ligament as a cause of anterolateral ankle impingement. Results of arthroscopic resection. Acta Orthop Scand 70:478–482 (1999)

[7] AKSEKI, D.; PINAR, H.; YALDIZ, K. et al.: The anterior inferior tibiofibular ligament and talar impingement: a cadaveric study. Knee Surg Sports Traumatol Arthrosc 10:321–326 (2002)

[8] ALANEN, J.; ORAVA, S.; HEINONEN, O.J.; IKONEN, J.; KVIST, M.: Peroneal tendon injuries. Annales Chirurgiae et Gynaecologiae 90:43–46 (2001)

[9] ALLEN, W.M.: Dislocation of peroneus longus tendon. Br Med J 2:1161–1163 (1895)

[10] ALM, A.; LAMKE, L.O.; LILJEDHL, S.O.: Surgical treatment of dislocation of the peroneal tendons. Injury 7:14–19 (1975)

[11] ALPARSLAN, L.; CHIODO, C.P.: Lateral ankle instability: MR imaging of associated injuries and surgical treatment procedures. Semin Musculoskelet Radiol 12:346–358 (2008)

[12] ALSTE van, H.E.; NÖLCKE, H.-H.; ZAMBO, G.: Isolierte Fraktur des Malleolus medialis in Kombination mit einer traumatischen Peronäussehnenluxation am oberen Sprunggelenk. Akt Traumatol 21:306–308 (1991)

[13] AMENDOLA, A.: Controversies in diagnosis and management of syndesmosis injuries of the ankle. Foot Ankle 13:44–50 (1992)

[14] ANDERMAHR, J.; HELLING, H.J.; REHM, K.E.; KOEBKE, Z.: The vascularization of the os calcaneum and the clinical consequences. Clin Orthop 363:212–218 (1999)

[15] ANDERSEN, T.E.; FLOERENES, T.W.; ARNASON, A. et al.: Video analysis of the mechanisms for ankle injuries in football. Am J Sports Med 32:69S-79S (2004)

[16] ANDERSON, K.J.; LE COCQ, J.F.: Operative treatment of injury to the fibular collateral ligament of the ankle. J Bone Joint Surg 36A:825–832 (1954)

[17] ANDREASSON, E.: Calcaneonavicular coalition. Late results of resection. Act Orthop Scand 39:424–432 (1968)

[18] ANETZBERGER, H.; HEITEMEYER, U.; PUTZ, R.: Sprunggelenk – Spezielle Anatomie. Akt Traumatol 36:249–258 (2006)

[19] ANZEL, S.H.; COVEY, K.M.; WEINER, A.D.; LIPSCOMP, P.R.: Disruption of muscels and tendons. An analysis of 1.014 cases. Surgery 45:406 (1959)

[20] ARLINGHAUS, E.; MAYER, F.: Die isolierte Ruptur der vorderen distalen Syndesmose. Ein diagnostisches Problem. Akt Traumatol 20:184–187 (1990)

[21] ARROWSMITH, S.R.; FLEMING, L.L.; ALLMAN, F.L.: Traumatic dislocations of the peroneal tendons. Am J Sports Med 11:142–146 (1983)

[22] ASHHURST, A.P.C.; BROMER, R.S.: Classification and mechanism of fractures of the leg bones involving the ankle. Arch Surg 4:51–129 (1922)

[23] ATHAVALE, S.A.; SWATHI; VANGARA, S.V.: Anatomy of the superior peroneal tunnel. J Bone Joint Surg Am 93:564–571 (2011)

[24] ATTARIAN, D.E.; MC CRACKIN, H.J.; DE VITO, D.P.; MC ELHANEY, J.H.; GARRETT, W.E.: Biomechanical characteristics of human ankle ligaments. Foot Ankle 6:54–58 (1985)

[25] BAKER, J.M.; OUZOUNIAN, T.J.: Complex ankle instability. Foot Ankle Clin 5:887–896 (2000)

[26] BALDUINI, F.C.; TETZLAFF, J.: Historical perspectives on injuries of the ligaments of the ankle. Clin Sports Med 1:3–12 (1982)

[27] BALEN, P.F.; HELMS, C.A.: Association of posterior tibial tendon injury with spring ligament injury, sinus tarsi abnormality, and plantar fasciitis on MR imaging. Am J Roentgenol 176:1137–1143 (2001)

[28] BALI, N.; THEIVENDRAN, K.; PREM, H.: Computed tomography review of tarsal canal anatomy with reference to the fitting of sinus tarsi implants in the tarsal canal. J Foot Ankle Surg 52:714–716 (2013)

[29] BALLESTEROS, R.; CHACÓN, M.; CIMARRA, A.; RAMOS, L.; GÓMEZ-BARRENA, E.: Traumatic dislocation of the tibialis posterior tendon: A new surgical procedure to obtain a strong reconstruction. J Trauma 39:1198–1200 (1995)

[30] BANKS, A.S.; McGLAMRY, E.D.: Tibialis posterior tendon rupture. J Am Podiatr Med Assoc 77 (4):170–176 (1987)

[31] BARBAIX, E.; VAN ROY, P.; CLARYS, J.P.: Variations of anatomical elements contributing to subtalar joint stability. Ergonomics 43:1718–1725 (2000)

[32] BARCLAY-SMITH, E.: The astragalo-calcaneo-navicular joint. J Anat Physiol 30:390–412 (1896)

[33] BARE, A.A.; HADDAD, S.L.: Tenosynovitis of the posterior tibial tendon. Foot & Ankle Clin 6:37–66 (2001)

[34] BARG, A.; TOCHIGI, Y.; AMENDOLA, A.; PHISITKUL, P.; HINTERMANN, B.; SALTZMAN, C.L.:Peritalar Symposium. Subtalar instability: Diagnosis and Treatment. Foot Ankle Int 33:151–160 (2012)

[35] BARTONIČEK, J.: Anatomy of the tibiofibular syndesmosis and its clinical relevance. Surg Radiol Anat 25:379–386 (2003)

[36] BARTONIČEK, J.: Avulsed posterior edge of the tibia. J Bone Joint Surg (Br) 86:746–750 (2004)

[37] BASMAJIAN, J.V.; STECKO, G.: The role of muscles in arch support of the foot. J Bone Joint Surg 45A:1184–1190 (1963)

[38] BASSETT, F.H.; GATES, H.S.; BILLYS, J.B. et al.: Talar impingement by the anteroinferior tibiofibular ligament. A cause of chronic pain in the ankle after inversion sprain. J Bone Joint Surg Am 72:55–59 (1990)

[39] BASSETT, F.H.; SPEER, K.P.: Longitudinal rupture of the peroneal tendons. Am J Sports Med 21:354–357 (1993)

[40] BAUER, A.S.; BLUMAN, E.M.; WILSON, M.G.; CHIODO, C.P.: Injuries of the distal lower extremity syndesmosis. Curr Orthop Pract 20:111–116 (2009)

[41] BAUER, J.S.; MÜLLER; D.; SAUERSCHNIG, M.; IMHOFF, A.B.; RECHL, H.; RUMMENY, E.J.; WOERTLER, K.: Ganglia of the tarsal sinus: MR imaging features and clinical findings. Europ J Radiol 80:e394-e400 (2011)

[42] BAUMHAUER, J.F.; ALOSA, D.M.; RENSTRÖM, P.A.; TREVINO, S.; BEYNNON, B.: Testretest reliability of ankle injury risk factors. Am J Sport Med 23:571–574 (1995)

[43] BAUMHAUER, J.F.; ALOSA, D.M.; RENSTROM, P.A.F.H. et al.: A prospective study of ankle injury risk factors. Am J Sports Med 23:564–570 (1995)

[44] BAYTOK, G.; CAYHAN, G.; SURER, O.: Congenital diastasis of the tibiofibular joint. A case report. Orthop Traumatol Kurs (Turk) 3:79–85 (1978)

[45] BEACH, H.A.A.: Dislocation of the tendon of the peroneus longus muscle. Boston Med Surg J 64:231 (1876)

[46] BEAU, A.: Recherches sur le développement et la constitution morphologiques de l'articulation du cou-de-pied chez l'homme. Arch Anat Histol Embryol 26:238 (1939)

[47] BECK, E.: Operative treatment of recurrent dislocation of the peroneal tendons. Arch Orthop Traumat Surg 98:247–250 (1981)

[48] BECKER, D.: Ein objektives Zeichen für das Vorliegen einer Luxation der Peronaeussehne. Z Orthop 124:762–764 (1986)

[49] BECKER, D.: Die Luxation der Peronaeussehne. Neue Möglichkeiten der Diagnostik und der Operation. Unfallchirurg 90:523–527 (1987)

[50] BELTRAN, J.; MUNCHOW, A.M.; KHABIRI, H.; MAGEE, D.G.; MC GHEE, R.B.; GROSSMAN, S.B.: Ligaments of the lateral aspect of the ankle and sinus tarsi: An MR imaging study. Radiology 177:455–458 (1990)

[51] BENJAMIN, M.; RALPHS, J.R.: Functional and development anatomy of tendon and ligaments. In: Gordon, S.L.; Blair, S.J.; Fine, L.J., editors. Repetitive motion disorders of the upper extremity. Rosemont, Illinois: American Academy of Orthopaedis Surgeons: 185–203 (1995)
[52] BENNETT, E.H.: Ossicle occasionally found on the posterior border of the astragalus. J Anat Physiol 21:59–65 (1886)
[53] BENNETT, W.F.: Lateral ankle sprains. Part I: Anatomy, biomechanics, diagnosis, and natural history. Orthopedic Review 23:381–387 (1994)
[54] BERNETT, P.; SCHIRMANN, A.: Akute Sportverletzungen des Sprunggelenkes. Unfallh 82:155 (1979)
[55] BEST, R.; MAUCH, F.; BAUER, G.: Evidenz der Versorgung der aktuen Syndesmosenverletzung im Sport. Der Unfallchirurg 116:504–511 (2013)
[56] BEUMER, A.; VAN HEMERT, W.L.W.; SWIERSTRA, B.A.; JASPER, L.E.; BELKOFF, S.M.: A biomechanical evaluation of clinical stress tests for syndesmotic ankle instability. Foot Ankle Int 24:358–363 (2003)
[57] BEUMER, A.; VAN HEMERT, W.L.W.; SWIERSTRA, B.A.; JASPER, L.E.; BELKOFF, S.M.: A biomechanical evaluation of the tibiofibular and tibiotalar ligaments of the ankle. Foot Ankle Int 24:426–429 (2003)
[58] BEUMER, A.: Chronic instability of the anterior syndesmosis of the ankle. Acta Orthop Suppl 327:1–36 (2007)
[59] BEYERLEIN, J.; IMHOFF, A.B.: Peronealsehnenluxation. FussSprungg 1:225–231 (2003)
[60] BEYNNON, B.D.: Predictive factors for lateral ankle sprains: a literature review. J Athl Train 37:376–380 (2002)
[61] BIEDERT, R.: Dislocation of the tibialis posterior tendon. Am J Sports Med 20:775–776 (1992)
[62] BIEDERT, R.; MÜLLER, W.: Die Bedeutung der Peronealsehnenscheide in der operativen Behandlung der fibulotarsalen Bandläsion. Schweiz Z Sportmed 33:85–88 (1985)
[63] BILGILI, M.G.; KAYNAK, G.; BOTANHOĞLU, H.; BASARAN, S.H.; ERCIN, E.; BACA, E.; UZUN, I.: Peroneus quartus: prevalence and clinical importance. Arch Orthop Trauma Surg 134:481–487 (2014)
[64] BIRCHER, E.: Neue Fälle von Varietaten der Handwurzel und des Fußgelenkes. a) Os trigonum traumaticum? b) Os subtibiale. Fortschr Röntgen 26:85–93 (1918)
[65] BIRRER, R.B.; CARTWRIGHT, T.J.; DENTON, J.R.: Immediate diagnosis of ankle trauma. Physician Sportsmed 22:94–102 (1994)
[66] BISCHOF, J.E.; SPRITZER, C.E.; CAPUTO, A.M.; EASLEY, M.E.; DE ORIO, J.K.; NUNLEY II, J.A.; DE FRATE, L.E.: In vivo cartilage contact strains in patients with lateral ankle instability. J Biomech 43:2561–2566 (2010)
[67] BJORNSON, R.G.: Developmental anomaly of the latral malleolus simulating fracture. J Bone Joint Surg Am 38:128–130 (1956)
[68] BLACK, H.M.; BRAND, R.L.; EICHELBERGER, M.R.: An improved technique for the evaluation of ligamentous injury in severe ankle sprains. Am J Sports Med 6: 276–282 (1978)
[69] BLAKE, R.L.; LALLAS, P.J.; FERGUSON, H.: The os trigonum syndrome. A literature review. J Am Podiatr Med Assoc 82:154–161 (1992)
[70] BLENCKE, B.A.; ZWIRNER, R.: Dier Peronaeussehnenluxation. Chirurg 43:182–184 (1972)
[71] BLITZ, N.M.; NEMES, K. K.: Bilateral peroneus longus tendon rupture through a bipartite os peroneum. J Foot Ankle Surg 46:270–277 (2007)
[72] BLOEMERS, F.W.; BAKKER, F.C.: Acute ankle syndesmosis injury in athletes. Eur J Trauma 32:350–356 (2006)
[73] BÖCKER, W.; DENK, H.; HEITZ, P.: Pathologie, 3. Auflage. Urban & Fischer München Jena (2004)

[74] BODEN, S.O.; LABRAPOULOS, P.A.; McCOWIN, P.; LESTINI, W.F.; HURWITZ, S.R.: Mechanical considerations for the syndesmosis screw. A cadaver study. J Bone Joint Surg 71:1548–1555 (1989)

[75] BOEHLER, L.: Die Technik der Knochenbruchbehandlung. 9.-11. Auflage. W. Maudrich. Wien:1360 ff. (1943)

[76] BOEHLER, L.: Die Technik der Knochenbruchbehandlung. 12. Auflage. Maudrich. Wien-Bonn-Bern (1957)

[77] BOHAY, D.R.; MANOLI II, A.: Occult fractures following subtalar joint injuries. Foot Ankle Int 17:164–169 (1996)

[78] BONNEL, F.; TOULLEC, E.; MABIT, C.; TOURNE, X.: Chronic ankle instability: Biomechanics and pathomechanics of ligaments injury and associated lesions (2010)

[79] BONNIN, J.G.: Injuries to the ankle. Darien (CT): Hafner: 147–185 (1970)

[80] BONNIN, J.G.: Injuries to the ankle. William Heinemann Medical Books, Ltd. London (1950)

[81] BONNIN, M.; TAVERNIER, T.; BOUYSSET, M.: Split lesions of the peroneus brevis tendon in chronic ankle laxity. Am J Sports Med 25:699–703 (1997)

[82] BOONTHATHIP, M.; CHEN, L.; TRUDELL, D.; RESNICK, D.: Lateral ankle ligaments: MR arthrography with anatomic correlation in cadavers. Clinical Imaging 35:42–48 (2011)

[83] BORELLI, A.H.; ARENSON, D.J.: Sinus tarsi Syndrome and its relationship to hallux abducto valgus. J Am Podiatr Med Assoc 77:495–499 (1987)

[84] BOROVOY, M.; BERESH, A.S.: Approaches to lateral ankle repair: Recurrent ankle sprains. J Foot Surg 21:127–131 (1982)

[85] BORUTA, P.M.; BISHOP, J.O.; BRALY, W.G.; TULLOS, H.S.: Acute lateral ankle ligament injuries: a literature review. Foot Ankle 11:107–113 (1990)

[86] BOSE, K.: Congenital diastasis of the inferior tibiofibular joint. J Bone Joint Surg 58 A:886–887 (1976)

[87] BOSIEN, W.R.; STAPLES, O.S.; RUSSELL, S.W.: Residual disability following acute ankle sprains. J Bone Joint Surg Am 37:1237–1243 (1955)

[88] BOSS, A.P.: Deltabandkomplex, anatomische Untersuchung. Orth Praxis 38:486–488 (2002)

[89] BOSS, A.P.; HINTERMANN, B.: Anatomical study of the medial ankle ligament complex. Foot Ankle Int 23:547–553 (2002)

[90] BOSS, A.P.; HINTERMANN, B.: Tibialis posterior tendon dislocation in combination with achilles tendon rupture: a case report. Foot Ankle Int 29:633–636 (2008)

[91] BOULUS, T.H.; KORMAN, S.F.; DESILVIO, M.; CLIMO, R.: Accessory os fibulare avulsion secondary to the inversion ankle injury. Am Podiatr Med Assoc 70: 302–303 (1980)

[92] BOURREL, P.; PIQUARD, B.; LOUVAIN, M.: Nouveau cas de luxation du tendon du jambier postérieur. Acad Chirur 24:317 (1968)

[93] BOUTIS, K.; KOMAR, L.; JARAMILLO, D.; BABYN, P.; ALMAN, B.; SNYDER, B.; MANDL, K.D.; SCHUH, S.: Sensitivity of a clinical examination to predict need for radiography in children with ankle injuries: a prospective study. The Lancet 358:2118–2121 (2001)

[94] BOWLUS, T.H.; KORMAN, S.F.; DESILVIO, M.; CLIMO, R.: Accessory os fibulare avulsion secondary to the inversion ankle injury. J Am Podiatry Assoc 70:302–303 (1980)

[95] BOYA, H.; PINAR, H.: Stenosing tenosynovitis of the peroneus brevis tendon asso-ciated with hypertrophy of the peroneal tubercle. Foot Ankle Surg 49:188–190 (2010)

[96] BOYTIM, M.J.; FISCHER, D.A.; NEUMANN, L.: Syndesmosic ankle sprains. Am J Sports Med 19:294–298 (1991)

[97] BRADFORD, C.; LARSEN, I.: Sprain-fractures of the anterior lip of the os calcis. N Engl J Med 244:970–997 (1951)

[98] BRAND, R.L.; COLLINS, M.D.: Operative management of ligamentous injuries to the ankle. Clin Sports Med 1:117–130 (1982)

[99] BRANTIGAN, J.W.; PEDEGANA, L.R.; LIPPERT, F.G.: Instability of the subtalar joint: Diagnosis by stress tomography in three cases. J Bone Joint Surg Am 59:321- 324 (1977)

[100] BRAUN, B.L.: Effects of ankle sprain in a general clinic population 6 to 18 months after medical evaluation. Arch Fam Med 8:143–148 (1999)

[101] BRAUNSCHWEIG, R.; SCHILLING, O.; WAWRO, W.; HERRMANN, M.: Aktuelle und effektive bildgebende Diagnostik von Sprunggelenk und Fuß. Trauma Berufskrankh 5:156–162 (2003)

[102] BREITENSEHER, M.J.; HALLER, J.; KUKLA, C.; GAEBLER, C.; KAIDER, A.; FLEISCHMANN, D.; HELBICH, T.; TRATTNIG, S.: MRI of the sinus tarsi in acute ankle sprain injuries. J Comput Assist Tomogr 21:274–279 (1997)

[103] BRODSKY, A.E.; KHALIL, M.A.: Talar compression syndrome. Am J Sports Med 14: 472–476 (1986)

[104] BRODSKY, A.R.; O'MALLEY, M.J.; BOHNE, W.H.; DELAND, J.A.; KENNEDY, J.G.: An analysis of outcome measures following the Broström-Gould procedure for chronic lateral ankle instability. Foot Ankle 26:816–819 (2005)

[105] BROMFIELD, W.: Chirurgical observations and cases, Vol 2, Ed. by William Bromfeild, Cadell, London: 87 (1773)

[106] BROSKY, T.; NYLAND, J.; NITZ, A.; CABORN, D.N.M.: The ankle ligaments: Consideration of syndesmotic injury and implications for rehabilitation. J Orthop Sports Phys Ther 21:197–205 (1995)

[107] BROSTRÖM, L.: Sprained ankles: I. Anatomic lesions in recent sprains. Acta Chir Scand 128:483–495 (1964)

[108] BROSTRÖM, L.: Sprained ankles III. Clinical observations in recent ligament ruptures. Acta Chir Scand 130:560–569 (1965)

[109] BROSTRÖM, L.; SUNDELIN, P.: Sprained ankles, IV: Histologic changes in recent and „chronic" ligament ruptures. Acta Chir Scand 132:248–253 (1966)

[110] BROSTRÖM, L.: Sprained ankles, V. Treatment and prognosis in recent ligament ruptures. Acta Orthop Scand 132:537–550 (1966)

[111] BROSTRÖM, L.: Sprained ankles, VI: Surgical treatment of „chronic" ligament ruptures. Acta Chir Scand 132:551–565 (1966)

[112] BROSTRÖM, L.: Sprained ankles: a pathologic, arthrographic and clinical study (doctoral dissertation). Stockholm: Karolinska Institute (1966)

[113] BROWN, J.E.: The Sinus Tarsi Syndrome. Clinical Orthopaedics and Related Research 18:231–233 (1960)

[114] BROWN, K.W.; MORRISON, W.B.; SCHWEITZER, M.E.; PARELLADA, J.A.; NOTHNAGEL, H.: MRI findings associated with distal tibiofibular syndesmosis injury. AJR 182:131–136 (2004)

[115] BRUCE, W.D.; CHRISTOFERSEN, M.R.; PHILLIPS, D.L.: Stenosing tenosynovitis and impingement of the peroneal tendons associated with hypertrophy of the peroneal tubercle. Foot Ankle Int 20:464–467 (1999)

[116] BRUNS, J.; DAHMEN, G.: Die Beteiligung des Innenknöchels und des Ligamentum deltoideum beim Supinationstrauma des Sprunggelenkes. Akt Traumatol 17: 209–213 (1987)

[117] BRUNS, J.; DAHMEN, G.: Die „gehaltene Aufnahme" des Talo-Calcanear-Gelenkes bei Instabilitäten des hinteren unteren Sprunggelenkes. Akt Traumatol 19:82–84 (1989)

[118] BRUNT, R.L.; ANDERSON, J.C.; HUNTSMAN, B. et al.: Postural responses to lateral perturbation in healthy subjects and ankle sprain patients. Med Sci Sports Exer 24:171–176 (1992)

[119] BUCHHORN, T.; EICHHORN, J.; STROBEL, M.: Arthroskopische Befunde bei chronischer mechanischer Sprunggelenksinstabiität und assozierter Begleitverletzungen. 23. AGA Kongress Salzburg (2006)

[120] BUDNY, A.: Subtalar joint instability: current clinical concepts. Clin Podiatr Med Surg 21:449–460 (2004)

[121] BUERKLE DE LA CAMP, H.; SCHWAIGER, M. (Hrsg.: Handbuch der gesamten Unfallheilkunde. Enke Stuttgart (1965)

[122] BULLOCK-SAXTON, J.E.: Local sensation changes and altered hip muscle function following severe ankle sprain. Phys Ther 74:23–34 (1994)

[123] BURKS, R.T.; MORGAN, J.: Anatomy of the lateral ankle ligaments. Am J Sports Med 22:72–77 (1994)

[124] BURKUS, J.K.; SELLA, E.J.; SOUTHWICK, W.D.: Occult injuries of the talus diagnosed by bone scan and tomography. Foot Ankle 4:316–324 (1984)

[125] BURMAN, M.: Subcutaneous tear of the tendon of the peroneus longus. Arch Surg 73:216–219 (1956)

[126] BURMAN, M.S.; LAPIDUS, P.W.: The functional disturbances caused by the inconstant bones and sesamoids of the foot. Arch Surg 22:936–975 (1931)

[127] BURNS, W.C.; PRAKASH, K.; ADELAAR, R.; BEAUDOIN, A.; KRAUSE, W.: Tibiotalar joint dynamics: indications for the syndesmotic screw – a cadaver study. Foot Ankle Int 14:153–158 (1993)

[128] BUSCONI, B.D.; PAPPAS, A.M.: Chronic, painful ankle instability in skeletally immature athletes. Ununited osteochondral fractures of the distal fibula. Am J Sports Med 24:647–651 (1996)

[129] BUSH, K.W.: Predicting ankle sprain. J Manual Manipulative Ther 4:54–58 (1996)

[130] BUTLER, A.M.; WALSH, W.R.: Mechanical response of ankle ligaments at low loads. Foot Ankle Int 25:8–12 (2004)

[131] BUTLER, B.W.; LANTHIER, J.; WERTHEIMER, S.J.: Subluxing peroneals: a review of the literature and case reports. J Foot Ankle Surg 32:134–139 (1993)

[132] BUTLER, D.L., HULSE, D.A.; KAY, M.D.; GROOD, E.S.; SHIRES, P.K.; D'AMBROSIA, R.; SHOJI, H.: Biomechanics of cranial cruciate ligament reconstruction in the dog. II. Mechanical properties. Vet Surg 12:113–118 (1983)

[133] BYNUM, J.A.; CRATES, J.M.; AZIZ-JACOBO, J. et al.: Modified Brostrom technique using knotless suture anchors. Tech Foot Ankle 9:29–31 (2010)

[134] CAHILL, D.R.: The anatomy and function of the contents of the human tarsal sinus and canal. Anat Rec 153:1–17 (1965)

[135] CAMERON, H.M.: A radiologic sign of lateral subluxation of the distal tibial epiphyses. J Trauma 15:1030–1031 (1975)

[136] CAMPBELL, K.J.; MICHALSKI, M.P.; WILSON, K.J.; GOLDSMITH, M.T.; WIJDICKS, C.A.; LA PRADE, R.F.; CLANTON, T.O.: The ligament anatomy of the deltoid complex of the ankle: a qualitative and quantitative anatomical study. J Bone Joint Surg Am 96:e62(1–10) (2014)

[137] CANNON, L.B.; SLATER, H.K.: The role of ankle arthroscopy and surgical approach in lateral ankle ligament repair. Foot Ankle Surg 11:1–4 (2005)

[138] CANOVAS, F.; BONNEL, F.; KOULOUMDJIAN, P.: The superficial peroneal nerve at the foot. Organisation, sugical applications. Surg Radiol Anat 18:241–244 (1996)

[139] CASS, J.R.; MORREY, B.F.: Ankle instability: current concepts, diagnosis and treatment. Mayo Clin Proc 59:165–170 (1984)

[140] CASS, J.R.; MORREY, B.F.; CHAO, E.Y.S.: Three-dimensional kinematics of ankle instability following serial sectioning of lateral collateral ligaments. Foot Ankle 5:142–149 (1984)

[141] CASS, J.R.; SETTLES, H.: Ankle instability: in vitro kinematics in response to axial load. Foot Ankle Int 15:134–140 (1994)

[142] CASTAING, J.: Les entorses de la cheville. Conf. Enseignement SOFCOT, Paris. Expansion Scientifique Francaise: 23–41 (1968)

[143] CASTAING, J.; LE CHEVALIER, P.L.; MEUNIER, M.: Entorse á répétition ou subluxation récidivante de la tibiotarsienne. Une technique simple de ligamentoplastie externe. Rev Chir Orthop 47:598 (1961)
[144] CASTRO, M.D.: Ankle biomechanics. Foot Ankle Clin N Am 7:679–693 (2002)
[145] CATALANO, V.: Riparazione chirurgica della lussazione abituale anteriore dei tendini peronei. Arch Putti Chir Organi Mov 3:520–525 (1953)
[146] CEDELL, C.: Supination-outward rotation injuries of the ankle: a clinical and roentgenological study with special reference to the operative treatment. Acta Orthop Scand 110:1–148 (1967)
[147] CEDELL, C.: Rupture of the posterior talotibial ligament with the avulsion of a bone fragment from the talus. Acta Orthop Scand 45:454–461 (1974)
[148] CEDELL, C.: Ankle lesions. Acta Orthop Scand 46:425–445 (1975)
[149] CHADWICK, C.; HIGHLAND, A.M.; HUGHES, D.E.; DAVIES, M.B.: The importance of magnetic resonance imaging in a symptomatic „bipartite" os peroneum: a caxe report. J Foot Ankle Surg 50:82–86 (2011)
[150] CHAMPAGNE, I.M.; COOK, D.L.; KESTNER, S.C.; PONTISSO, J.A.; SIESEL, K.J.: Os subfibulare. Investigation of an accessory bone. J Am Podiatr Med Assoc 89:520–524 (1999)
[151] CHAN, K.B.; LUI, T.H.: Isolated anterior syndesmosis diastasis without fracture. Arch Orthop Trauma Surg 127:321–324 (2007)
[152] CHANDRA, A.; SCHAFMAYER, A.: Die diagnostische Wertigkeit eines klinischen Tests zum Ausschluss von Frakturen nach akuten Sprunggelenkdistorsionen. Unflalchirurg 104:617–621 (2001)
[153] CHAO, W.: Os trigonum. Foot Ankle Clin N Am 9:787–796 (2004)
[154] CHEN, Y.: Arthroscopy of the ankle joint. In: WATANABE, M. editor. Arthroscopy of small joints. New York: Igaku-Shoin: 104–127 (1985)
[155] CHEN, Y.J.; LIANG, S.C.: Diagnostic efficacy of ultrasonography in stage I posterior tibial tendon dysfunction. J Ultrasound Med 16:417–423 (1997)
[156] CHEN, W.; LI, X.; SU, Y.; ZHANG, Q.; SMITH, W.R.; ZHANG, X.; ZHANG, Y.: Peroneal tenographie to evaluate lateral hindfoot pain after calcaneal fracture. Foot & Ankle Int 32:789–795 (2011)
[157] CHEUNG, Y.; ROSENBERG, Z.S.; MAGEE, T.; CHINITZ, L.: Normal anatomy and pathologic conditions of ankle tendons: current imaging techniques. Radio Graphics 12:429–444 (1992)
[158] CHEUNG, Y.; ROSENBERG, Z.S.; RANISINGHANI, R. et al: Peroneus quartus muscle. MR imaging features. Radiol 202:745–750 (1997)
[159] CHHABRA, A.; SOLDATOS, T.; CHALIAN, M.; FARIDIAN-ARAGH, N.; FRITZ, J.; FAYAD, L.M.; CARRINO, J.A.; SCHON, L.: 3-Tesla- magnetic resonance imaging evaluation of posterior tibial tendon dysfunction with relevance to clinical staging. Foot & Ankle Surg 50:320–328 (2011)
[160] CHOI, W.J.; LEE, J.W.; HAN, S.H.; KIM, B.S.; LEE, S.K.: Chronic lateral ankle instability: The effect of intra-articular lesions on clinical outcome. Am J Sports Med (2008)
[161] CHOISNE, J.; RINGLEB, S.I.; SAMAAN, M.A.; BAWAB S.Y.; NAIK, D.; ANDERSON, C.D.: Influence of kinematic analysis methods on detecting ankle and subtalar joint instability. J Biomech 45:46–52 (2012)
[162] CHRISMAN, O.D.; SNOOK, G.: Reconstruction of lateral ligament tears of the ankle: an experimental study and clinical evaluation of seven patients treated by a new modification of the Elmslie procedure. J Bone Joint Surg 51A:904–912 (1969)
[163] CHURCH, C.C.: Radiographic diagnosis of acute peroneal tendon dislocation. Am J Röntgenol 129:1065–1070 (1977)

[164] CLANTON, T.O.: Assessment and classification of subtalar instability. Presented at the annual meeting of the American orthopaedic. Foot and Ankle Society, St. Paul, Minnesota, Juli (1988)
[165] CLANTON, T.O.: Instability of the subtalar joint. Orthop Clin North Am 20:583–591 (1989)
[166] CLANTON, T.O.; SCHON, L.C.: Athletic injuries to the soft tissues of the foot and ankle. In: MANN, R.A.; COUGHLIN, M.J. (Eds.): Surgery of the foot and ankle. 6th edition, Mosby, St. Louis:1142–1153 (1993)
[167] CLANTON, T.O.: Athletic injuries to the soft tissues of the foot and ankle. In: COUGHLIN, M.J.; MANN, R.A. eds. Surgery of the Foot and Ankle, 7th ed. St. Louis: Mosby:1130–1132 (1999)
[168] CLANTON, T.O.; PAUL, P.: Syndesmosis injuries in athletes. Foot Ankle Clin N Am 7:529–549 (2002)
[169] CLANTON, T.O.; CAMPBELL, K.J.; WILSON, K.J.; MICHALSKI, M.P.; GOLDSMITH, M.T.; WIJDICKS, C.A.; LA PRADE, R.F.: Qualitative and quantitative anatomic investigation of the lateral ankle ligaments for surgical reconstruction procedures. J Bone Joint Surg Am 96:e98(1)-e98(8) (2014)
[170] CLARKE, H.D.; KITAOKA, H.B.; EHMAN, R.L.: Peroneal tendon injuries. Foot Ankle Int 19:280–288 (1998)
[171] CLARKE, H.J.; MICHELSON, J.D.; COX, Q.G.; JINNAH, R.H.: Tibio-talar stability in bimalleolar ankle fractures: a dynamic in vitro contact area study. Foot Ankle 11:222–227 (1991)
[172] CLAUSTRE, J.; SIMON, L.; ALLIEU, Y.: Le syndrome du sinus du tarse existe-t-il? Rheumatologie 31:19–23 (1979)
[173] CLINT, S.; SINGH, D.; SAIFUDDIN, A.: Posterior ankle pain due to myositis ossificans of flexor hallucis longus – a case report. Foot & Ankle Surg 9:137–140 (2003)
[174] CLOSE, J.R.: Some applications of the functional anatomy of the ankle joint. J Bone Joint Surg Am 38:761–781 (1956)
[175] COHEN, I.; LANE, S.; KONING, W.: Peroneal tendon dislocations: a review of the literature. J Foot Surg 22:15–20 (1983)
[176] CONNOLLY, T.J.; FITZGIBBONS, T.C.; WEBER, L.E.: Injury to the peroneal nerve after ankle sprain: a case report. Nebr Med J 75:6–7 (1990)
[177] CONTI, S.; MICHELSON, J.; JAHSS, M.: Clinical significance of magnetic resonance imaging in preoperative planning for reconstruction of posterior tibial tendon ruptures. Foot Ankle 13:208–214 (1992)
[178] COOPER, A.P.: A treatise on dislocations and fractures of the joints. B Cooper's Ed, London: 252 (1832)
[179] CORAL, A.: Os subtibiale mistaken for a recent fracture. Br Med J 292:1571–1572 (1986)
[180] CORAZZA, F.; O'CONNOR, J.J.; LEARDINI, A.; CASTELLI, V.P.: Ligament fibre recruitment and forces for the anterior drawer test at the human ankle joint. J Biomech 36:363–372 (2003)
[181] COTTON, F.J.: The ankle and foot. Dislocations and joint-fractures. Philadelphia, WB Saunders Co:535–588 (1910)
[182] COUDANE, H.; BECK, M.; MOLE, D.; FERY, A.; SOMMELET, J.: La luxation post-traumatique des tendens péroniers latéraux. Ann Med Nancy Est 23:487–490 (1984)
[183] COWAN, M.A.; ALEXANDER, S.: Simultaneous bilateral rupture of achilles tendons due to triamcinolone. British Med J 1:1658 (1961)
[184] COX, D.; PATERSON, F.W.N.: Acute calcific tendinitis of peroneus longus. J Bone Joint Surg Br 73:342 (1991)
[185] COX, J.S.: Surgical treatment of ankle sprains. Am J Sports Med 5:250–251 (1977)
[186] CRENSHAW, A.H., ed.: Campbell's operative orthopaedics. St. Louis, CV: Mosby (1963)
[187] CRIM, J.R.: Winter sport injuries. The 2002/3 Winter Olympics experience and a review of the literature. Magn Reson Imaging Clin N Am 11:311–321 (2003)

[188] CRIM, J.R.; BEALS, T.C.; NICKISCH, F.; SCHANNEN, A.; SALTZMAN, C.L.: Deltoid ligament abnormalities in chronic lateral ankle instability. Foot Ankle Int 32:873–878 (2011)

[189] CRIM, J.R.; CRACCHIOLO, A.; BASSETT, L.W.; SEEGER, L.L.; SOMA, C.A.: CHATELAINE A.: Magnetic resonance imaging of the hindfoot. Foot Ankle 10:1–7 (1989)

[190] CROMEENS, B.; PATTERSON, R.; SHEEDLO, H.; MOTLEY, T.A.; STEWART, D.; FISHER, C.; SUZUKI, S.; SU, F.; REEVES, R.: Association of hindfoot ligament tears and osteochondral lesions. Foot Ankle Int 32:1164–1174 (2011)

[191] CROSS, M.J.; CRICHTON, K.J.; GORDON, H.; MACKIE, I.G.: Peroneus brevis rupture in the absence of the peroneus longus muscle and tendon in a classical ballet dancer. Am J Sports Med 16:677–678 (1988)

[192] CYCHOSZ, C.C.; PHISITKUL, P.; BARG, A.; NICKISCH, F.; VAN DIJK, C.N.; GLAZEBROOK, M.A.: Foot and ankle tendoscopy: Evidence-based recommendations. Arthroscopy 30:755–765 (2014)

[193] DAMMERS, H.R.: Die Tendovaginitis stenosans im Bereich der Peronealsehne. Akt Traumatol 18:55 (1988)

[194] DANNÖHL, C.: Muskelriss – im Komplex mit fibularer Bandruptur. Akt Traumatol 24:243–244 (1994)

[195] DAS DE, S.; BALASUBRAMANIAM, P.: A repair operation for recurrent dislocation of peroneal tendons. J Bone Joint Surg 67 B:585–587 (1985)

[196] DATTANI, R.; PATNAIK, S.; KANTAK, A.; SRIKANTH, B.; SELVAN, T.P.: Injuries to the tibiofibular syndesmosis. J Bone Joint Surg Br 90-B:405–410 (2008)

[197] DAVIDOVITCH, R.I.; EGOL, K.A.: The medial malleolus osteoligamentous complex and its role in ankle fractures. Bulletin of the NYU Hospital for Joint Diseases 67: 318–324 (2009)

[198] DAVIS, W.H.; SOBEL, M.; DELAND, J.; BOHNE, W.H.O.; PATEL, M.B.: The superior peroneal retinaculum: An Anatomic study. Foot & Ankle Int 15:271–275 (1994)

[199] DAVIS, W.H.; SOBEL, M.; DI CARLO, E.F.. et al: Gross, histological and microvascular anatomy and biomechanical testeing of the spring ligament complex. Foot Ankle Int 17:95–102 (1996)

[200] DE ANGELIS, N.A.; ESKANDER, M.S.; FRENCH, B.G.: Does medial tenderness predict deep deltoid ligament incompetence in supination-external rotation type ankle fractures? J Orthop Trauma 21:244–247 (2007)

[201] DE CÉSAR, P.C.; ÁVILA, E.M.; DE ABREU, R.: Comparison of magnetic resonance imaging to physical examination for syndesmotic injury after lateral ankle sprain. Foot Ankle Int 32:1110–1114 (2011)

[202] DE ORIO, J.K.; SHAPIRO, S.A.; MC NEIL, R.B.; STANSEL, J.: Validity of the posterior tibial edema sign in posterior tibial tendon dysfunction. Foot Ankle Int 32:189–192 (2011)

[203] DE PALMA, L.; SANTUCCI, A.; SABETTA, S.P.: The embruylogy of the ankle joint a histologic and morphologic correlation. Foot Diseases 1/1:19–27 (1994)

[204] DE PALMA, L.; SANTUCCI, A.; VENTURA, A.; MARINELLI, M.: Anatomy and embryology of the talocalcaneal joint. Foot & Ankle Surg 9:7–18 (2003)

[205] DE SIMONI, C.; WETZ, H.H.; ZANETTI, M.; HODLER, J.; JACOB, H.; ZOLLINGER; H.: Clinical examination and magnetic resonance imaging in the assessment of ankle sprains treated with an orthosis. Foot Ankle Int 17:177–182 (1996)

[206] DE SOUZA, C.J.; GUSTILO, R.B.; MEYER, T.J.: Results of operative treatment of displaced external rotation-abduction fractures of the ankle. J Bone Joint Surg 67:1066–1974 (1985)

[207] DE VRIES, J.S.; KERKHOFFS, G.M.M.J.; BLANKEVOORT, L.; VAN DIJK, C.N.: Clinical evaluation of a dynamic test for lateral ankle ligament laxity. Knee Surg Sports Traumatol Arthrosc 18:628–633 (2010)

[208] DE VRIES, J.S.; KINGMA, I.; BLANKEVOORT, L.; VAN DIJK, C.N.: Difference in balance measures between patients with chronic ankle instability and patients after an acute ankle inversion trauma. Knee Surg Sports Traumatol Arthrosc 18:601–606 (2010)

[209] DE WULF, A.: Anatomie macro et microscopique du sinus du tarse. Chir Pied 4:105–107 (1980)

[210] DEBRUNNER, H.V.: Das Sinus-tarsi-Syndrom. Schw Med Wschr 93:1660–1664 (1963)

[211] DECOULX, P.; DUCLOUX, M.: La luxation des tendons péroniers. Rev Chir Orthop 48:578–583 (1962)

[212] DEGAN, T.J.; MORREY, B.F.; BRAUN, D.P.: Surgical excision for anterior process fractures of the calcaneus. J Bone Joint Surg Am 64:519–524 (1982)

[213] DEHNE, E.: Die Klinik der frischen und habituellen Adduktionssupinationsdistorsion des Fußes. Dtsch Z Chir 242:40–61 (1933)

[214] DEL BUONO, A.; AWEID, O.; COCO, M.; MAFFULLI, N.: Die Kapselbandinstabilität des Sprunggelenkes: Eine aktuelle Bestandsaufnahme. Fuß & Sprunggelenk 11:3–8 (2013)

[215] DELAND, J.T.: Adult-acquired flatfoot deformity. J Am Acad Orthop Surg 16:399–406 (2008)

[216] DELAND, J.T.; ARNOCZKY, S.P.; THOMPSON, F.M.: Adult acquired flatfoot deformity at the talonavicular joint: reconstruction of the spring ligament in an in vitro model. Foot Ankle 13:327–332 (1992)

[217] DELAND, J.T.; DE ASLA, R.J.; SEGAL, A.: Reconstruction of the chronically failed deltoid ligament: a new technique. Foot Ankle Int. 25:795–799 (2004)

[218] DELAND, J.T.; DE ASLA, R.J.; SUNG, I.-H.; ERNBERG, L.A.; POTTER, H.G.: Posterior tibial tendon insufficiency: which Ligaments are involved? Foot & Ankle Int 26:427–435 (2005)

[219] DELFAUT, E.M.; DEMONDION, X.; BOUTRY, N. et al.: Multi-fasciculated anterior talo-fibular ligament: reassessment of normal findings. Eur Radiol 13:1836–1842 (2003)

[220] DELPLACE, J.; CASTEING, J.: Place de la rééduction proprioceptive dans les instabilités musculo-ligamentaires externes de la cheville. Ann Med Phys 18:605–617 (1975)

[221] DEREYMAEKER, G.; WOUTERS, E.: Tibialis posterior insufficiency. Foot Diseases I (1):63–67 (1994)

[222] DI GIOVANNI, B.F.; FRAGA, C.J.; COHEN, B.E.; SHEREFF, M.J.: Associated injuries found in chronic lateral ankle instability. Foot Ankle Int 21:809–815 (2000)

[223] DIAS, L.S.: The lateral ankle sprain: an experimental study. J Trauma 19:266–269 (1979)

[224] DIKOS, G.D.; HEISLER; J.; CHOPLIN, R.H.; WEBER, T.G.: Normal tibiofibular relationships at the syndesmosis on axial CT imaging. J Orthop Trauma 26:433–438 (2012)

[225] DITTERT, R.: Ungewöhnlicher Sitz einer Peritendincis Calcarea. Fortschr Geb Röntgenstr Nuklearmed 90:523–524 (1959)

[226] DITTMER, H.; HUF, R.: Die Sprengung der distalen tibiofibularen Syndesmose ohne Knöchelfraktur. Akt Traumatol 17:179–181 (1987)

[227] DIXON, D.J.; MONROE, M.T.; GABEL, S.J.; MANOLI II, A.: Excrescent lesion: A diagnosis of lateral talar exostosis in chronically symptomatic sprained ankles. Foot Ankle Int 20:331–336 (1999)

[228] DOLGO-SABUROFF, B.A.: Die Bedeutung der Muskeln für die Morphogenese des Skeletts. 1. Zur Frage über die Morphologie des Knochenreliefs an den Ursprungs- und Insertionsstellen der Muskeln. Bull Inst Lesshaft 16:123–159 (1930)

[229] DOMBEK, M.F.; LAMM, B.M.; SALTRICK, K.; MENDICINO, R.W.; CATANZARITI, A.R.: Peroneal tendon tears: a retrospective review. Foot Ankle Surg 42:250–258 (2003)

[230] DONLEY, B.G.; LEYES, M.: Peroneus quartus muscle. A rare cause of chronic lateral ankle pain. Am J Sports Med 29:373–375 (2001)

[231] DOUGHTIE, M.: Syndesmotic ankle sprains in football: a survey of national football league athletic trainers. J Athl Train 34:15–18 (1999)

[232] DOWNEY, D.J.; SIMKIN, P.A.; MACK, L.A.; RICHARDSON, M.L.; KILCOYNE, R.F.; HANSEN, S.T.: Tibialis posterior tendon rupture: a cause of rheumatoid flat foot. Arthritis Rheum 31(3):441–446 (1988)

[233] DRAENERT, K.; MÜLLER; M.E.: Morphology and clinical aspect of the lateral ligaments of the ankle joint. Anat Anz 147:188–200 (1980)

[234] DUBIN, J.C.; COMEAU, D.; Mc CLELLAND, R.I.; DUBIN, R.A.; FERREL, E.: Lateral and syndesmotic ankle sprain injuries: a narrative literature review. J Chiro Med 10:204–219 (2011)

[235] DUDDY, R.K.; DUGGAN, R.J.; VISSER, H.J.; BROOKS, J.S.; KLAMET, T.G.: Diagnosis, treatment, and rehabilitation of injuries to the lower leg and foot. Clin Sports Med 8:861–876 (1989)

[236] DURKEE, J.; JACOBSON, J.A.; JAMADAR, D.A.; FEMINO, J.E.; KARUNAKAR, M.A.; HAYES, C.W.: Sonographic evaluation of lower extremity interosseous membrane injuries. Retrospective review in 3 patients. J Ultrasound Med 22: 1369–1375 (2003)

[237] DUTTON, P.; EDMONDS, E.W.; LARK, R.K.; MUBARAK, S.J.: Prevalence of painful peroneal tubercles in the pediatric population. J Foot Ankle Surg 51:599–603 (2012)

[238] DZIOB, J.M.: Ligamentous injuries about the ankle joint. Am J Surg 91:692–698 (1956)

[239] EARLE: Caxe report. Lancet 2:364 (1828)

[240] EARLE, S.A.; MORITZ, J.R.; TAPPER, E.M.: Dislocation of the peroneal tendons at the ankle: an analysis of 25 ski injuries. Northwest Med 71:108–110 (1972)

[241] EARLL, M.; WAYNE, J.; BRODRICK, C.; VOKSHOOR, A.; ADELAAR, R.: Contribution of the deltoid ligament to ankle joint contact characteristics: a cadaver study. Foot Ankle Int 17:317–324 (1996)

[242] EBRAHEIM, N.A.; ZEISS, J.; SKIE, M.C.; DWIGHT, R.: Marginal fractures of the lateral malleolus in association with other fractures in the ankle region. Foot Ankle 13:171–175 (1992)

[243] EBRAHEIM, N.A.; LU, J.; YANG, H. et al.: Radiographic and CT analysis of the tibiofibular diastasis: a cadaver studie. Foot Ankle 18:693–698 (1997)

[244] EBRAHEIM, N.A.; LU, J.; YANG, H.; ROLLINS, J.: The fibular incisure of the tibia: a cadaver study. Foot Ankle Int 19:318–321 (1998)

[245] EBRAHEIM, N.A.; TASER, F.; SHAFIQ, Q.; YEASTING, R.A.: Anatomical evaluation and clinical importance of the tibiofibular syndesmosis ligaments. Surg Radiol Anat 28:142–149 (2006)

[246] ECKERT, W.R.; DAVIS, E.A. jr.: Acute rupture of the peroneal retinaculum. J Bone Joint Surg 58A:670–673 (1976)

[247] EDEN, R.: Zur Behandlung der Luxatio peroneorum. MMW 62:636–638 (1912)

[248] EDWARDS, G.S. jr.; De LEE, J.C.: Ankle diastasis without fracture. Foot Ankle 4: 305–312 (1984)

[249] EDWARDS, M.E.: The relation of the peroneal tendons to the fibula, calcaneus und cuboideum. Am J Anat 42:213–253 (1928)

[250] EECHAUTE, C.; BAUTMANS, I.; DE HERTOGH, W.; VAES, P.: The multiple hop test: a discriminative or evaluative instrument for chronic ankle instability? Clin J Sport Med 22:228–233 (2012)

[251] EGOL, K.A.; AMIRTHARAJAH, M.; TEJWANI, N.C.; CAPLA, E.L.; KOVAL, K.J.: Ankle stress test for predicting the need for surgical fixation of isolated fibular fractures. J Bone Joint Surg 86 A:2393–2398 (2004)

[252] EHRICH: Angeborene habituelle Luxation der Peronealsehnen beidseits. Zentralbl Chir 37:118–119 (1910)

[253] EICHELBERGER, R.P.; LICHTENSTEIN, P.; BROGDON, B.G.: Peronealsehnen-Tenographie. JAMA-D 2 (1):23–27 (1983)

[254] EL RASSI, G.; KOUVALCHOUK, J.-F.; McFARLAND, E.: Isolated dislocation of the peroneus longus tendon over the calcaneal tubercle in an ice skater. J Bone Joint Surg Am 94: e43(1–4) (2012)

[255] ELGAFY, H.; SEMAAN, H.B.; BLESSINGER, B.; WASSEF, A.; EBRAHEIM, N.A.: Computed tomography of normal distal tibiofibular syndesmosis. Skeletal Radiol 39:559–564 (2010)

[256] ELLISON, A.E.: Skiing injuries. Clin Symp 29:1–40 (1977)

[257] ENDELE, D.: Was passiert bei der akuten Sprunggelenksdistorsion beim Kind? Sportverl Sportschad 22:115 (2008)

[258] ESCALAS, F.; FIQUERAS, J.M.; MARINO, J.A.: Dislocation of the peroneal tendons. J Bone Joint Surg 62 A: 451–453 (1980)

[259] ESPINOSA, N.; SMEREK, J.P.; MYERSON, M.S.: Acute and chronic syndesmosis injuries: pathomechanisms, diagnosis and management. Foot Ankle Clin N Am 11:639–657 (2006)

[260] ESTOR, A.; AIMES, A.: La luxation congenitale des tendons des muscles peroniers lateraux. Rev Orthop 10:5–18 (1923)

[261] EVANS, D.L.: Recurrent instability of the ankle. A method of surgical treatment. Proc R Soc Med 46:343–344 (1953)

[262] EVANS, J.D.: Subcutaneous rupture of the tendon of peroneus longus. JBJS 48B:507–509 (1966)

[263] FADEL, M.E.M.; JEROSCH, J.: Use of endoscopy in peroneal tendons disorders. FussSprung 3:200–204 (2005)

[264] FAIRBANK, H.A.T.: A separate centre of ossification for the tip of the internal malleolus. Arch Radiol 27:238 (1923)

[265] FALLAT, L.; GRIMM, D.J.; SARACCO, J.A.: Sprained ankle syndrome: prevalence and analyis of 639 acute injuries. Foot Ankle Surg 37:280–285 (1998)

[266] FAROOKI, S.; SOKOLOFF, R.M.; THEODOROU, D.J.; TRUDELL, D.J.; CLOPTON, P.; FENG, S.A.K.; RESNICK, D.: Visualization of ankle tendons and ligaments with MR imaging: influence of passive positioning. Foot Ankle Int 23:554–559 (2002)

[267] FEIGHAN, J.; TOWERS, J.; CONTI, S.: The use of magnetic resonance imaging in posterior tibial tendon dysfunction. Clin Orthop 365:23–38 (1999)

[268] FEKETE, G.; KAZÁR, G.; MAGYARI, Z.: Die Rolle des Kantenbruches bei der Prognose der Knöchelbrüche. Akt Traumatol 9:367–371 (1979)

[269] FERKEL, R.D.; KARTZEL, R.P.; DEL PIZZO, W. et al.: Arthroscopic treatment for anterolateral impingement of the ankle. Am J Sports Med 19:440–446 (1991)

[270] FERKEL, R.D.: Subtalar arthroscopy. In: FERKEL, R.D. ed. Arthroscopic Surgery: The Foot and Ankle. Philadelphia: Lippincott-Raven:231–254 (1996)

[271] FERKEL, R.D.; CHAMS, R.N.: Chronic lateral instability: Arthroscopic findings and long-term results. Foot Ankle Int 28:24–31 (2007)

[272] FERRAN, J.L.; BLANC, T.: L'os sous-fibulaire chez l'enfant secondaire à une fracture ostéochondrale (Os subfibulare in children secondary to an osteochondral fracture). J Radio 82:577–579 (2001)

[273] FERRAN, N.A.; MAFFULLI, N.: Epidermiology of sprains of the lateral ankle ligament complex. Foot Ankle Clin N Am 11:659–6632 (2006)

[274] FERRAN, N.A.; OLIVA, F.; MAFFULLI, N.: Ankle instability. Sports Med Arthrosc Rev 17:139–145 (2009)

[275] FERROUDJI, M.; SPAAS, F.; MARTENS, M.: Rerouting operation for recurrent dislocation of the peroneal tendons by the Pöll and Duijfjes procedure. Foot & Ankle Surg 9:103–108 (2003)

[276] FICK, R.: Anatomie der Gelenke. Teil 1 und 2. In: K. v. Bardeleben, Handbuch der Anatomie des Menschen. G. Fischer, Jena: 341–394 (1904)

[277] FICK, R.: Spezielle Gelenk- und Muskelmechanik. In: BARDELEBEN, K. (Hrsg). Handbuch der Anatomie und Mechanik der Gelenke, 2. Bd., 3. Teil. Fischer, Jena (1911)

[278] FINK, G.: Untersuchungen zur Morphologie des Sulcus malleolaris lateralis. Dissertation, TU München (1975)

[279] FISCHER, W.; MINDINGER, P.: MRT-Diagnostik der Sehnen am Sprunggelenk. Fuß & Sprunggelenk 8:99–106 (2010)

[280] FOETISCH, C.A.; FERKEL, R.D.: Deltoid ligament injuries: Anatomy, diagnosis, and treatment. Sports Med Arthrosc 8:326–335 (2000)

[281] FONG, D.; CHAN, Y.Y.; MOK, K.M.; YUNG, P.; CHAN, K.M.: Understanding acute ankle ligamentous sprain injury in sports. Sports Med Arthr Rehab Therapy & Technology 1:1–14 (2009)

[282] FORKIN, D.M.; KOCZUR, C.; BATTLE, R. et al.: Evaluation of kinesthetic deficits indicative of balance control in gymnasts with unilateral chronic ankle sprains. J Orthop Sports Phys Ther 23:245–250 (1996)

[283] FORNAGE, B.D.; RIFKIN, M.D.: Ultrasound examination of tendons. Radiol Clin North Am 26:87–107 (1988)

[284] FRANCIS, C.C.; WERLE, P.P.: Appearance of center of ossification from birth to 5 years. Am J Phys Anthropol 24:273–299 (1939)

[285] FRATER, C.; VAN GAAL, W.; KANNANGARA, S.; VAN DER WALL, H.: Scintigraphy of injuries to the distal tibiofibular syndesmosis. Clin Nucl Med 27:625–627 (2002)

[286] FREEMAN, M.A.R.; WYKE, B.D.: Articular contributions to limb muscle reflexes. J Physiol 171:96 (1964)

[287] FREEMAN, M.A.R.; DEAN, M.R.; HANHAM, I.W.: The etiology and prevention of functional instability of the foot. J Bone Joint Surg 47B:678–685 (1965)

[288] FREEMAN, M.A.R.: Instability of the foot after injuries to the lateral ligament of the ankle. J Bone Joint Surg 47B:669–676 (1965)

[289] FREUND, E.; ZION, I.; HOWARD, C.B.; MATAN, Y.; FIELDS, S.; NYSKA, M.: Isolated tear of the spring ligament causing flat foot deformity. Aus 5th Turkish sports Traumatology Arthroscopy and Knee Surgery Congress Istanbul Oct 24–27 (2000)

[290] FREUND, K.G.: Subtalar discolaction: a review of the literature. J Foot Surg 28:429–432 (1989)

[291] FREUND, K.G.; ANDERSEN, E.: Tendinitis calcarea tendinis musculi peronei longi. Tidsskr Nor Laegeforen 106:1383–1384 (1986)

[292] FREY, C.; BELL, J.; TERESI, L.; KERR, R.; FEDER, K.: A comparison of MRI and clinical examination of acute lateral ankle sprains. Foot Ankle Int 17:533–537 (1996)

[293] FREY, C.; FEDER, K.S.; DI GIOVANNI, C.: Arthroscopic evaluation of the subtalar joint: does sinus tarsi syndrom exist? Foot Ankle Int 20:185–191 (1999)

[294] FREY, C.; GASSER, S.; FEDER, K.: Arthroscopy of the subtalar joint. Foot Ankle Int 15:424–428 (1994)

[295] FREY, C.; ROBERTS, N.E.: Sinus tarsi Dysfunction: What is it and how is it treated? Sports Med and Arthrosc Rev 8:336–342 (2000)

[296] FREY, C.; SHEREFF, M.; GREENIDGE, N.: Vascularity of the posterior tibial tendon. J Bone Joint Surg 72 A:884–888 (1990)

[297] FRICK, H.: Zur Entstehung, Klinik, Diagnostik und Therapie der isolierten Verletzung der tibiofibularen Syndesmose. Unfallheilkunde 81:542–545 (1978)

[298] FRIGG, A.; FRIGG, R.; HINTERMANN, B.; BARG, A.; VALDERRABANO, V.: The biomechanical influence of tibio-talar containment on stability of the ankle joint. Knee Surg Sprots Traumatol Arthrosc 15:1355–1362 (2007)

[299] FRIGG, A.M.; VALDERRABANO, V.; KUNDERT, H.-P.; HINTERMANN, B.: Combined anterior tibial tendon rupture and posterior tibial tendon dysfunction in advanced flatfoot. J Foot Ankle Surg 45:431–435 (2006)

[300] FRITSCHY, D.: An unusual ankle injury in top skiers. Am J Sports Med 17:282–286 (1989)

[301] FROST, S.C.L.; AMENDOLA, A.: Is stress radiography necessary in the diagnosis of acute or chronic ankle instability? Clin J Sports Med 9:40–45 (1999)

[302] FUJII, T.; KITAOKA, H.B.; WATANABE, K.; LUO, Z.-P.; AN, K.-N.: Ankle stability in simulated lateral ankle ligament injuries. Foot Ankle Int 31:531–537 (2010)

[303] FULLER, E.A.: Center of pressure and its theoretical relationship to foot pathology. J Am Podiatric Med Ass 89:278–291 (1999)

[304] FUNDER, V.; JORGENSEN, J.P.; ANDERSEN, A.; ANDERSEN, S.B.; LINDHOLMER, E.; NIEDERMANN, B.; VUUST, M.: Ruptures of the lateral ligaments of the ankle. Acta Orthop Scand 534:997–1000 (1982)

[305] FUNK, D.A.; CASS, J.R.; JOHNSON, K.A.: Acquired adult flat foot secondary to posterior tibial-tendon pathology. J Bone Joint Surg Am 68:95–102 (1986)

[306] GABARINO, J.L.; CLANCY, M.; HARCKE, T.; STEEL, H.H.; COWELL, H.R.: Congenital diastasis of the inferior tibiofibular joint: a review of the literature and report of two cases. J Pediatr Orthop 5:225–228 (1985)

[307] GAEBLER, C.; KUKLA, C.; BREITENSEHER, M.J.; NELLAS, Z.J.; MITTLBOECK, M.; TRATTNIG, S.; VÉCSEI, V.: Diagnosis of lateral ankle ligament injuries. Comparison between talar tilt, MRI and operative findings in 112 athletes. Acta Orthop Scand 68:286–290 (1997)

[308] GALLI, M.N.; PROTZMAN, N.M.; MANDELKER, E.N.; MALHOTRA, A.D.; SCHWARTZ, E.; BRIGIDO, S.A.: An examination of anatomic variants and incidental peroneal tendon pathologic features: a comprehensive MRI review of asymptomatic lateral ankles. J Foot Ankle Surg 54:164–172 (2015)

[309] GAMBARDELLA, G.V.; DONEGAN, R.; CAMINEAR, D.S.: Isolated dislocation of the posterior tibial tendon in an amateur snowboarder: a case report. J Foot Ankle Surg 53:203–207 (2014)

[310] GARN, S.N.; NEWTON, R.A.: Kinesthetic awareness in subjects with multiple ankle sprains. Phys Ther 68:1667–1671 (1988)

[311] GASTON, S.R.; McLAUGHLIN H.L.: Complex fractures of the lateral malleolus. J Trauma 1:69 (1961)

[312] GAZDAG, A.R. CRACCHIOLO, A. 3rd: Rupture of the posterior tibial tendon: Evaluation of injury of the spring ligament and clinical assessment of tendon transfer and ligament repair. J Bone Joint Surg Am 79:675–681 (1997)

[313] GELBERMAN, R.H.; MORTENSEN, W.W.: The arterial anatomy of the talus. Foot Ankle 4:64–72 (1983)

[314] GEPPERT, M.; SOBEL, M.; BOHNE, W.H.O.: Lateral ankle instability as a cause of superior peroneal retinacular laxity: an anatomic and biomechanical study of cadaveric feet. Foot Ankle 14:330–334 (1993)

[315] GERBER, J.P.; WILLIAMS, G.N.; SCOVILLE, C.R. et al.: Persistent disability asso-ciated with ankle sprains: a prospective examination of an athletic population Foot Ankle Int 19 10:653–660 (1998)

[316] GIANNANGELI, F.; ZACCARELLO, L.: Lussazione traumatica dei tendini peronei. Minerva Orthop 19:578–582 (1968)

[317] GILL, J.B.; RISKO, T.; RADUCAN, V.; GRIMES, J.S.; SCHUTT, R.C. jr.: Comparision of manual and gravity stress radiographs for the evaluation of supination-external rotation fibular fractures. J Bone Joint Surg 89:994–999 (2007)

[318] GILULA, L.A.; OLOFF, L.; CAPUTI, R. et al: Ankle tenography: A key to unexplained symptomatology. Part II. Diagnosis of chronic tendon disabilities. Radiology 151/581 (1984)

[319] GIUFFRIDA, A.Y.; LIN, S.S.;K ABIDI, N.; BERBERIAN, W.; BERKMAN, A.; BEHRENS, F.F.: Pseudo os trigonum sign: Missed posteromedial talar facet fracture. Foot Ankle Int 24:642–649 (2003)

[320] GIZA, E.; CUSH, G.; SCHON, L.C.: The flexible flatfoot in the adult. Foot Ankle Clin 12:251–271 (2007)

[321] GLARD, Y.; JACOPIN, S.; SOUCANYE DE LANDEVOISIN, E.; LAUNAY, F.; JOUVE, J.-L.; BOLLINI, G.: Symptomatic os trigonum in children. Foot Ankle Surg 15:82–85 (2009)

[322] GLAS, A.S.; PIJNENBURG, B.A.C.M.; LIJMER, J.G.; BOGAARD, K.; DE ROOS, M.A.J.; KEEMAN, J.N.; BUTZELAAR, R.M.J.M.; BOSSUYT, P.M.M.: Comparison of diagnostic decision rules and structured data collection in assessment of acute ankle injury. CMAJ 166:727–733 (2002)

[323] GLENCROSS, D.; THORNTON, E.: Position sense following joint injury. J Sports Med Phys Fitness 21:23–27 (1981)

[324] GLUCK, G.S.; HECKMAN, D.S.; PAREKH, S.G.: Tendon disorders of the Foot and Ankle, Part 3. The posterior tibial tendon. Am J Sports Med 38:2133–2144 (2010)

[325] GOEDHEAD, G.: The apophyses of the lateral malleolus. Radiol Clin Biol 39:330–331 (1970)

[326] GOLANÓ, P.; VEGA, J.; PÉREZ-CARRO, L.; GÖTZENS, V.: Ankle anatomy for the arthroscopist. Part II: Role of the ankle ligaments in soft tissue impingement. Foot Ankle Clin N Am 11:275–296 (2006)

[327] GOLANÓ, P.; VEGA, J.; DE LEEUW, P.A.J.; MALAGELADA, F.; MANZANARES, M.C.; GÖTZENS, V.; VAN DIJK, C.N.: Anatomy of the ankle ligaments: a pictorial essay. Knee Surg Sports Traumatol Arthrosc 18:557–569 (2010)

[328] GOLDBERGER, M.I.; CONTI, S.F.: Clinical outcome after subtalar arthroscopy. Foot Ankle Int 19:462–465 (1998)

[329] GOLDSTEIN, L.A.: Tear of the lateral ligament of the ankle. N.Y. State I.M.15:199–201 (1948)

[330] GOULD, N.; SELIGSON, D.; GASSMAN, J.: Early and late repair of lateral ligament of the ankle. Foot Ankle 1:84–89 (1980)

[331] GRAFF, U.: Die Bedeutung des Volkmannschen Dreiecks. Langenbecks Arch Klin Chir Ver Dtsch Z Chir 279:809–815 (1954)

[332] GRANT, J.C.B.: Grant's atlas of anatomy. Baltimore (MD): Williams & Wilkins (1962)

[333] GRANT, T.H.; KELIKIAN, A.S.; JEREB, S.E.; McCARTHY, R.J.: Ultrasound diagnosis of peroneal tendon tears. J Bone Joint Surg 87-A:1788–1794 (2005)

[334] GRASMANN, M.: Zur Kenntnis des Os subtibiale. Munch Med Wochenschr 79:824–828 (1932)

[335] GRASS, R.; HERZMANN, K.; BIEWENER, A.; ZWIPP, H.: Verletzungen der unteren tibiofibularen Syndesmose. Unfallchirurg 103:520–532 (2000)

[336] GRASSET, W.; MERCIER, N.; CHAUSSARD, C.; CARPENTIER, E.; ALDRIDGE, S.; SARAGAGLIA, D.: The surgical treatment of peroneal tendinopathy (excluding subluxations): a series of 17 patients. J Foot Ankle Surg 51:13–19 (2012)

[337] GRATH, G.-B.: Widening of the ankle mortise. A clinical and experimental study. Acta Chir Scand Suppl 263:1–88 (1960)

[338] GRAU, E.: Die Behandlung der Luxationsfrakturen des oberen Sprunggelenkes mit Längsabsprengung aus der Tibia (sog. Volkmannsches Dreieck) mit Extension und percutaner Fixierung durch einen Kirschner-Draht. Monatsschr Unfallheilkd Versicherungsmed 58:345–347 (1955)

[339] GRAY, H.: Anatomy of the Human Body. 29th Edition. C.M. Moss (Ed.) Lea & Febiger, Philadelphhia (1946)

[340] GRIFFITHS, J.D.; MENELAUS, M.B.: Symptomatic ossicles of the lateral malleolus in children. J Bone Joint Surg Br 69:317–319 (1987)

[341] GROGAN, D.P.; WALLING, A.K.; OGDEN, J.A.: Anatomy of the os trigonum. J Pediatr Orthop 10:618 (1990)

[342] GRUNEBERG, R.: Calcifying tendinitis in the forefoot. Br J Radiol 36:378–379 (1963)

[343] GUHL, J.F.: Soft tissue (synovial) pathology. In: Guhl, J.F., editor. Ankle Arthroscopy. Thorofare (NJ): Slack, Inc:79–94 (1988)

[344] GUMANN, G.S.: Ankle arthroscopic portals and techniques. Clin Podiatr Med Surg 4:861–874 (1987)

[345] GUREVITZ, S.L.: Surgical correction of subluxing peroneal tendons with a case report. J Am Pediatr Med Assoc 69:357–363 (1979)

[346] GUTSFELD, P.; BÜHREN, V.: Rupturen der tibiofibularen Syndesmose. Trauma Berufskrankh 13:166–174 (2011)

[347] HADDAD, S.L.; DEDHIA, S.; REN, Y.; ROTSTEIN, J.; ZHANG, L.-Q.: Deltoid ligament reconstruction: A novel technique with biomechanical analysis. Foot & Ankle Int 31:639–651 (2010)

[348] HAFFERL, A.: Lehrburch der topographischen Anatomie. Springer-Verlag, Berlin Göttingen Heidelberg (1957)

[349] HALASI, T.; KYNSBURG, A.; TALLAY, A.: Changes in joint position sense after operative treated chronic lateral ankle instability. 11th ESSKA 2000 Congress 4th Wold Congress on Sports Trauma 5.-8. May, Athen, Greece (2004)

[350] HALASI, T.; KYNSBURG, A.; TALLAY, A.: Development of a new activity score for the evaluation of ankle instability. Am J Sports Med 32:899–908 (2004)

[351] HALLER, K.; HEMPFLING, H.: Das Sinus tarsi-Syndrom. Klinikarzt 19/9:410–422 (1990)

[352] HAMILTON, W.G.: Stenosing tenosynovitis of the flexor hallucis longus tendon and posterior impingement upon the os trigonum in ballet dancers. Foot Ankle 3: 74–80 (1982)

[353] HAMILTON, W.G.: Sprained ankles in ballet dancers. Foot Ankle 3:99–104 (1982)

[354] HAMILTON, W.G.: Surgical anatomy of the foot and ankle. CIBA Clin Symp 37:3 (1985)

[355] HAMMERSCHLAG, W.A.; GOLDNER, J.L.: Recurrent peroneal tendon luxation produced by an anomalous peroneus brevis: case report and literature review. Foot Ankle 10:45–47 (1989)

[356] HAN, S.H.; LEE, J.W.; KIM, S.; SUH, J.S.; CHOI, A.R.: Chronic tibiofibular syndesmosis injury: the diagnostic efficiency of magnetic resonance imaging and comparative analysis of operative treatment. Foot Ankle Int 28:336–342 (2007)

[357] HANSEN, S.T.; CLARK, W.: Tendon transfer to augment the weakened tibialis posterior mechanism. J Am Podiatr Med Assoc 78 (8): 399–401 (1988)

[358] HANSON, R.: Operative treatment of a case of laxatio habitualis tendon peroneal bilaterally. Acta Orthop Scand 1:276 (1930)

[359] HARAGUCHI, N.; TOGA, H.; SHIBA, N.; KATO, F.: Avulsion fracture of the lateral ankle ligament complex in severe inversion injury: incidence and clinical outcome. Am J Sports Med 35:1144–1152 (2007)

[360] HARPER, M.C.: An anatomic study of the short oblique fracture of the distal fibula and ankle stability. Foot Ankle 4:23–29 (1983)

[361] HARPER, M.C.: Deltoid ligament: An anatomical evaluation of function. Foot & Ankle 8:19–22 (1987)

[362] HARPER, M.C.: The deltoid ligament: An evaluation of need for surgical repair. Clin Orthop 226:156–168 (1988)

[363] HARPER, M.C.; KELLER, T.S.: A radiographic evaluation of the tibiofibular syndesmosis. Foot Ankle 10:156–160 (1989)

[364] HARPER, M.C.: The lateral ligamentous support of the subtalar joint. Foot Ankle 11:354–358 (1991)

[365] HARPER, M.C.: Stress radiographs in the diagnosis of lateral instability of the ankle and hindfoot. Foot Ankle 13:435–438 (1992)

[366] HARPER, M.C.: An anatomic and radiographic investigation of the tibiofibular clear space. Foot Ankle 14:455–458 (1993)

[367] HARRINGTON, K.D.: Chronic ankle instability: what it is and what can be done for it. J Musculoskeletal Med 4:36–63 (1989)

[368] HARRIS, B.: Anomalous structure in the developing human foot. Anat Rec 121:460–466 (1955)

[369] HASE, C.; GOTZEN, L.; PETERMANN, J.: Ruptur der Peroneus-longus-Sehne bei Os peroneum. Unfallchirurgie 25:237–241 (1999)

[370] HASEGAWA, A.; KIMURA, M.; TOMIZAWA, S.; SHIRAKURA, K.: Separated ossicles of the lateral malleolus. Clin Orthop 330:157–165 (1996)

[371] HATCH, G.F.; LABIB, S.A.; ROLF, R.H.; HUTTON, W.C.: Role of the peroneal tendons and superior peroneal retinaculum as static stabilizers of the ankle. J Surg Orthop Adv 16:187–191 (2007)

[372] HAUSER, E.D.W.: The sinus tarsi syndrom. Ann Podol 5, 11–14 (1966)

[373] HAWKINS, L.G.: Fracture of the lateral process of the talus. J Bone Joint Surg Am 47:1170–1175 (1965)

[374] HECKER, P.: Etude sur le péronier du tarse: Variations des péroniers latéraux. Arch Anat Histol Embryol 3:327 (1924)

[375] HECKMAN, D.S.; GLUCK, G.S.; PAREKH, S.G.: Peroneal tendon disorders. Am J Sports Med 37:614–625 (2009)

[376] HEDRICK, M.R.; MC BRYDE, A.M.: Posterior ankle impingement. Foot Ankle Int 15: 2–8 (1994)

[377] HEILMAN, A.; BISHOP, J.; BRALY, W.G. et al.: Anatomic study of subtalar instability. Presented at the annual meeting of the American orthopaedic. Foot and Ankle Society, St. Paul, Minnesota, Juli (1988)

[378] HEILMAN, A.E.; BRALY, G.; BISHOP, J.O.; NOBLE, P.C.; TULLOS, H.S.: An anatomic study of subtalar instability. Foot Ankle 10:224–228 (1990)

[379] HEIM, D.; HEIM, U.: Die Peronealsehnenluxation. Ergebnisse bei 29 frischen und chronisch-rezidivierenden Fällen. Helv Chir Acta 49:269–277 (1982)

[380] HEIM, U.: Die atypische Achillessehnenruptur. Helv Chir Acta 37:198–205 (1970)

[381] HEIM, U.: Die Verletzungen des medialen Bandapparates am oberen Sprunggelenk und ihre Behandlung. Hefte Unfallheilkd 131:125–136 (1978)

[382] HEIM, U.: Indikation und Technik der Stabilisierung des hinteren Kantendreiecks nach Volkmann bei Malleolarfrakturen. Unfallheilkunde 85:388–394 (1982)

[383] HEIM, U.: Arthrosehäufigkeit nach Osteosynthesen des Volkmannschen Dreiecks bei Malleolarfrakturen. Z Unfallchir Vers med Berufskr 79:99–113 (1986)

[384] HEITEMEYER, U.: Kapsel-Band-Verletzungen, Knorpelschäden und Kapsel-Band-Strukturen. Aus: Chirurgische Operationslehre. Herausgegeben von K. Kremer, W. Lierse, W. Platzer, H.W. Schreiber, S. Weller. Band 10, Teil 1: Untere Extremität. Thieme Verlag, Stuttgart – New York (1997)

[385] HELAL, B.: Cobb repair for tibialis posterior tendon rupture. J Foot Surg 29(4):349–352 (1990)

[386] HELGESON, K.: Examination and intervention for sinus tarsi syndrome. N AmJ Sports Phys Ther 4:29–37 (2009)

[387] HELLPAP, W.: Das vernachlässigte untere Sprunggelenk. Die „Frakturlinie“ der Supination. Arch Orthop Unfallchir 55:289–300 (1963)

[388] HELMY, N.; PLATZ, A.; VOLLENWEIDER, A.; TRENTZ, O.: Traumatische Luxation der Tibialis posterior Sehne. Unfallchirurg 103:504–506 (2000)

[389] HEMPFLING, H.: Arthroskopie zur Diagnostik der Instabilität am oberen Sprunggelenk. Klinikarzt 12/3:171–178 (1983)

[390] HEMPFLING, H.: Farbatlas der Arthroskopie großer Gelenke Teil 2, Gustav Fischer Verlag Stuttgart, Jena, New York (1995)

[391] HEMPFLING, H.: Das Sinus tarsi-Syndrom. Chir Praxis 49:273–280 (1995)

[392] HEMPFLING, H.: Arthroskopie am Subtalargelenk. Arthroskopie 9:229–235 (1996)
[393] HEMPFLING, H.: Neue Techniken der Arthroskopie. 36. Die Arthroskopie am Subtalargelenk. Chir Praxis 56:319–330 (1999/2000)
[394] HEMPFLING, H.: Arbeitsbedingte Kniebinnenverletzungen in: GRIESHABER, R.; SCHNEIDER, W.; SCHOLLE, H.C.: Prävention von arbeitsbedingten Gesundheitsgefahren und Erkrankungen. 9. Erfurter Tage. Monade Agentur GmbH Leipzig (2003)
[395] HENLE, J.: Grundriss der Anatomie des Menschen (Text und Atlas). Friedrich Vieweg, Braunschweig (1880)
[396] HENRY, J.H.: Lateral ligament tears of the ankle. Orthop Rev 12:31–39 (1983)
[397] HENTGES, M.J.; LEE, M.S.: Chronic ankle and subtalar joint Instability in the athlete. Clin Podiatr Med Surg 28:87–104 (2011)
[398] HERMANS, J.J.; BEUMER, A.; DE JONG, T.A.W.; KLEINRENSINK, G.-J.: Anatomy of the distal tibiofibular syndesmosis in adults: a pictorial essay with a multimodality approach. J Anat 217:633–645 (2010)
[399] HERMANS, J.J.; WENTINK, N.; BEUMER, A.; HOP, W.C.J.; HEIJBOER, M.P.; MOONEN, A.F.C.M.; GINAI, Z.: Correlation between radiological assessment of acute ankle fractures and syndesmotic injury on MRI. Skeletal Radiol 41 (7):787–801 (2012)
[400] HERRMANN, M.; PIEPER, K.-S.: Das Sinus-tarsi-Syndrom. Was schmerzt? Unfallchirurg 111:132–136 (2008)
[401] HERTEL, J.: Functional instability following lateral ankle sprain. Sports Med 29:361–371 (2000)
[402] HERTEL, J.: Functional anatomy. Pathomechanics and pathophysiology of lateral ankle instabiltiy. J Athl Train 37:364–375 (2002)
[403] HERTEL, J.; DENEGAR, C.R.; MONROE, M.M.; STOKES, W.L.: Talocrural and subtalar joint instability after alteral ankle sprain. Med Sci Sports Exerc 31:1501–1508 (1999)
[404] HILLER, C.E.; REFSHAUGE, K.M.; HERBERT, R.D.; KILBREATH, S.L.: Balance and recovery from a perturbation are impaired in people with functional ankle instability. Clin J Sport Med 17:269–275 (2007)
[405] GANAO, B.: Biomechanische Aspekte der Muskel-Sehnenfunktion. Orthopäde 24:187–192 (1995)
[406] HERRMANN, M.; PIEPER, K.-S.: Das Sinus-tarsi-Syndrom. Was schmerzt? Unfallchirurg 111:132–136 (2008)
[407] HINTERMANN, B.: Dysfunktion des M. tibialis posterior infolge Insuffizienz der Sehne. Orthopäde 24:193–199 (1995)
[408] HINTERMANN, B.; SOMMER, C.; NIGG, B.M.: Influence of ligament transection on tibial and calcaneal rotation with loading and dorsiplantarflexion. Foot Ankle Int 16:567–571 (1995)
[409] HINTERMANN, B.: Biomechanics of the unstable ankle joint and clinical implications. Med Sci Sports Exerc 31 (Suppl 7):459–469 (1999)
[410] HINTERMANN, B.; RENGGLI, P.: Anatomische Rekonstruktion der lateralen Sprunggelenkbänder mit der Plantarissehne zur Behandlung der chronischen Instabilität. Orthopäde 28:778–784 (1999)
[411] HINTERMANN, B.; VALDERRABANO, V.; KUNDERT, H.P.: Anteriore Kalkaneusverlängerungsosteotomie und mediale Weichteilekonstruktion zur Behandlung der schweren Tibialis posterior - Sehnendysfunktion. Orthopäde 28:760–769 (1999)
[412] HINTERMANN, B.; VALDERRABANO, V.; KUNDERT, H.P.: Lengthening of the lateral column and reconstruction of the medial soft tissue for treatment of acquired flatfoot deformity associated with insufficiency of the posterior tibial tendon. Foot Ankle Int 20:622–629 (1999)

[413] HINTERMANN, B.: Die Rotationsinstabilität des oberen Sprunggelenks. Sport Orthop Traumatol 16:127–131 (2000)

[414] HINTERMANN, B.; REGAZZONI, P.; LAMPERT, C.; STUTZ, G.; GÄCHTER, A.: Arthroscopic findings in acute fractures of the ankle. J Bone Joint Surg Br 82: 345–351 (2000)

[415] HINTERMANN, B.; BOSS, A.; SCHAFTER, D.: Arthroscopic findings in patients with chronic ankle instability. Am J Sports Med 30:402–409 (2002)

[416] HINTERMANN, B.:Medial ankle instability. Foot Ankle Clin 8:723–738 (2003)

[417] HINTERMANN, B.; VALDERRABANO, V.; BOSS, A. et al.: Medial ankle instability: an exploratory, prospective study of fifty-two cases. Am J Sports Med 32:183–190 (2004)

[418] HINTERMANN, B.; KNUPP, M.; PAGENSTERT, G.I.: Deltoid ligament injuries: Diagnosis and Management. Foot Ankle Clin N Am 11:625–637 (2006)

[419] HINTERMANN, B.: Diagnostik und Therapie der chronischen Sprunggelenkinstabilität. Arthroskopie 22:116–124 (2009)

[420] HINTERMANN, B.; KNUPP, M.: Verletzungen und Funktionsstörungen der Tibialis-posterior-Sehne. Orthopäde 39:1148–1157 (2010)

[421] HIRAI, D.; DOCHERTY, C.L.; SCHRADER, J.: Severity of functional and mechanical ankle instability in an active population. Foot Ankle Int 30:1071–1077 (2009)

[422] HO, R.T.; SMITH, D.; ESCOBEDO, E.: Peroneal tendon dislocation: CT diagnosis and clinical im-portance. AJR 177:1193 (2001)

[423] HOCKER, K.; PACHUCKI, A.: Die Incisura fibularis tibiae: Die Stellung der Fibula in der distalen Syndesmose am Querschnitt. Unfallchirurg 92:401–406 (1989)

[424] HOED, D.D.: A separate centre of ossification for the tip of the internal malleolus. Br J Radiol 30:67–69 (1925)

[425] HOEFNAGELS, E.M.; WAITES, M.D.; WING; I.D.; BELKOFF, S.M.; SWIERSTRA, B.A.: Biomechanical comparison of the interosseuous tibiofibular ligament and the anterior tibiofibular ligament. Foot & Ankle Int 28:602–604 (2007)

[426] HOHMANN, G.; PETERSEN, W.; TINNEMEYER, S.; TILLMAN, B.: Structure and vascularisation oft he posterior tibial tendon (PTT) with regard to spontaneous tendon ruptures. Vortrag 10th Conference. EORS: 0–142 (2000)

[427] HOLMES, G.B. jr.; MANN, R.A.: Possible epidemiological factors associated with rupture of the posterior tibial tendon. Foot Ankle 13:70–79 (1992)

[428] HOPKINSON, W.J.; St PIERRE, P.; RYAN, J.B., WHEELER, J.H.: Syndesmosis sprains of the ankle. Foot Ankle 10:325–330 (1990)

[429] HORNER, G.; LIU, S.: Arthroscopic treatment of talar impingement by the accessory anteroinferior tibiofibular ligament (abstract). Arthroscopy 12:384 (1996)

[430] HOUCK, J.R.; NOMIDES, C.; NEVILLE, C.G.; FLEMISTER, A.S.: The effect of stage II posterior tibial tendon dysfunction on deep compartment muscle strength: a new strength test. Foot & Ankle Int 29:895–902 (2008)

[431] HOWSE, A.J.: Posterior block of the ankle joint in dancers. Foot Ankle 3:81–84 (1982)

[432] HSU, T.C.; WANG, C.L.; WANG, T.G.; CHIANG, I.P.; HSIEH, F.J.: Ultrasonographic examination of the posterior tibial tendon. Foot Ankle Int 18:34–38 (1997)

[433] HUBBARD, T.J.; HERTEL, J.: Mechanical contributions to chronic lateral ankle instability. Sports Med 36:263–277 (2006)

[434] HUBBARD, T.J.; KRAMER, L.C.; DENEGAR, C.R.; HERTEL, J.: Contributing factors to chronic ankle instability. Foot Ankle Int 28:343–354 (2007)

[435] HUBBARD, T.J.: Ligament laxity following inversion injury with and without chronic ankle instability. Foot Ankle Int 29:305–311 (2008)

[436] HUGGLER, A.H.: Die Peronäus brevis Plastik als muskelaktivierte dynamische Bandplastik, Hefte Unfallheilkunde 133:158–168 (1978)

[437] HUNDEMER, W.: Die transmalleoläre Fixationsnaht zur Behebung der Peroneussehnenscheidenverrenkung. Unfallheilkunde 84:237–239 (1981)

[438] HUNT, K.J.; GEORGE, E.; HARRIS, A.H.S.; DRAGOO, J.L.: Epidemiology of syndesmosis injuries in intercollegiate football: incidence and risk factors from national collegiate athletic association injury surveillance system data from 2004–2005 to 2008–2009. Clin J Sport Med 23:278–282 (2013)

[439] HYER, C.F.; DAWSON, J.M.; PHILBIN, T.M.; BERLET, G.C.; LEE, T.H.: The peroneal tubercle: description, classification, and relevance to peroneus longus tendon pathologie. Foot Ankle Int 26:947–950 (2005)

[440] HYSLOP, G.H.: Injuries to the deep and superficial peroneal nerves complicating ankle sprain. Am J Surg 51:436–438 (1951)

[441] IMHAUSER, C.W.; SIEGLER, S.; ABIDI, N.A.; FRANKEL, D.Z.: The effect of poste-rior tibialis tendon dysfunction on the plantar pressure characteristics and the kinematics of the arch and the hindfoot. Clin Biomech (Bristol, Avon) 19:161–169 (2004)

[442] INMAN, V.T.: The joints of the ankle. Williams and Wilkins, Baltimore (1976)

[443] ISHII, T.; MIYAGAWA, S.; HAYASHI, K.: Traction apophysitis of the medial malleolus. J Bone Joint Surg Br 76:802–806 (1994)

[444] JACKSON, R.; WILLS, R.E.; JACKSON, E.: Rupture of deltoid ligament without involvement of the lateral ligament. Am J Sports Med 16: 541–543 (1988)

[445] JAHSS, M.H.: Tendon disorders of the foot and ankle. In: JAHSS, M.H. (Hrsg) Disorders of the foot and ankle: Medical and Surgical Management. Vol II, ed. 2. SAUNDERS, W.B., Philadelphia:1461–1513 (1991)

[446] JAHSS, M.H.; GEE, R.O.; KUMMER, F.: Deltoid insufficiency. Part II: Anatomy of the deltoid. Paper presented at the AOFAS summer meeting, Asheville, NC (1993)

[447] JANI, L.; BAUMGARTNER, R.: Injury to the talofibular ligament in children. In: Chapchal, G. ed. Injury of the ligaments and their repair. Suttgart, Germany: Georg Thieme Publishers:197–200 (1977)

[448] JARI, S.; WARNER, J.; MEADOWS, T.H.: Spontaneous rupture of the peroneus longus tendon with an associated os peroneum fracture: a case report an review of literature. Foot Ankle Surg 3:205–208 (1997)

[449] JENNINGS, M.M.; CHRISTENSEN, J.C.: The effects of sectioning the spring ligament on rearfoot stability and posterior tibial tendon efficiency. J Foot Ankle Surg 47:219–224 (2008)

[450] JEROSCH, J.; ALDAWOUDY, A.: Tenoskopie bei Veränderungen der Peronealsehnen. Orthopädische Praxis 43, 4:186–190 (2007)

[451] JEROSCH, J.; FILLER, T.J.; MORSY, M.G.; SZALAI, K.: Sinus tarsi – ein propriozeptives Organ? Orthop Praxis 43:247–250 (2007)

[452] JEROSCH, J.; PHILIPPS, B.: Diagnostik und Therapie der chronischen Sprunggelenksinstabilität. Chir Praxis 59:433–454 (2001/2002)

[453] JEROSCH, J.; STEINBECK, J.: Grundlagen und operative Technik der Arthroskopie des unteren Sprunggelenks. Arthroskopie 9:223–228 (1996)

[454] JEROSCH, J.; STENBECK, J.; SCHWERING, L.: Arthroskopie des unteren Sprunggelenkes - operative Technik und Indikationen. Orthop Praxis 5:336–339 (1996)

[455] JIANG, K.N.; SCHULZ, B.M.; TSUI, Y.L.; GARDNER, T.R.; GREISBERG, J.K.: Comparison of radiographic stress tests for syndesmotic instability of supination-external rotation ankle fractures: a cadaveric study. J Orthop Trauma 28:e123-e127 (2014)

[456] JOHNSON, E.E.; MARKOLF, K.L.: The contribution of the anterior talofibular ligament to ankle laxity. J Bone Joint Surg Am 65:81–88 (1983)

[457] JOHNSON, K.A.: Tibialis posterior tendon rupture. Clin Orthop 177:140–147 (1983)

[458] JOHNSON, K.A.; STROM, D.E.: Tibialis posterior tendon dysfunction. Clin Orthop 239:196–206 (1989)

[459] JOHNSON, M.R.; STONEMAN, P.D.: Comparison of a lateral hop test versus a forward hop test for functional evaluation of lateral ankle sprains. Foot Ankle Surg 46:162–174 (2007)

[460] JONES, M.H.; AMENDOLA, A.: Syndesmosis sprains of the ankle. Clin Orthop Relat Res 455:173–175 (2006)

[461] JOSHY, S.; ABDULKADIR, U.; CHAGANTI, S.; SULLIVAN, B.; HARIHARAN, K.: Accuracy of MRI scan in the diagnosis of ligamentous and chondral pathology in the ankle. Foot Ankle Surg 16:78–80 (2010)

[462] JOTOKU, T.; KINOSHITA, M.; OKUDA, R.; ABE, M.: Anatomy of ligamentous structures in the tarsal sinus and canal. Foot Ankle Int 27:533–538 (2006)

[463] JOY, G.; PATZAKIS, M.J.; HARVEY, J.P. jr.: Precise evaluation of the reduction of severe ankle fractures. J Bone Joint Surg 56:979–993 (1974)

[464] JUNGE, A.; ENGERBRETSEN, L.; MOUNTJOY, M.L.; ALONSO, J.M.; RENSTRÖM, P.A.; AUBRY, M.J.; DVORAK, J.: Sports injuries during the summer olympic games 2008. Am J Sports Med 37:2165–2172 (2009)

[465] KAMADA, K.; WATANABE, S; YAMAMOTO, H.: Chronic subtalar instability due to insufficiency of the calcaneofibular ligament: a case report. Foot Ankle Int 23:1135–1137 (2002)

[466] KAPANDJI, J.A.: Funktionelle Anatomie der Gelenke. Band 2: Untere Extremität, in der Reihe: Bücherei des Orthopäden, Band 47, Enke Verlag, Stuttgart (1985)

[467] KAPANDJI, I.A.: Funktionelle Anatomie der Gelenke, 3. Auflage. Hippokrates-Verlag Stuttgart (1999)

[468] KARAKURUM, G.; OZNUR, A.; ATILLA, B.: Bilateral peroneal tubercle osteochondroma of the calcaneus: case report. Foot Ankle Int 19:259 (1998)

[469] KARLSSON, J.; LANSINGER, O.: Separate centre of ossification of the lateral malleolus with instability of the ankle joint. Arch Orthop Trauma Surg 109:291–292 (1990)

[470] KARLSSON, J.; ANDREASSON, G.O.: The effect of external anke support in chronic lateral ankle joint instability. An electromyographic study. Am J Sports Med 20: 257–261 (1992)

[471] KARLSSON, J.; LANSINGER, O.: Lateral instability of the ankle joint. Clin Orthop Relat Res 276:253–261 (1992)

[472] KARLSSON, J.; ERIKSSON, B.I.; BERGSTEN, T.; RUDHOLM O.; SWÄRD, L.: Comparison of two anatomic reconstructions for chronic lateral instability of the ankle joint. Am J Sports Med 25:48–53 (1997)

[473] KARLSSON, J.; ERIKSSON, B.I.; RENSTRÖM, P.: Subtalar ankle instability. Sports Med 24:337–346 (1997)

[474] KARLSSON, J.; ERIKSSON, B.I.; RENSTRÖM, P.: Subtalar instability of the foot. Scand J Med Sci Sports 8:191–197 (1998)

[475] KATO, T.: The diagnosis and treatment of instability of the subtalar joint. J Bone Joint Surg 77-B:400–406 (1995)

[476] KATZNELSON, A.; LIN, E.; MILITIANO, J.: Ruptures of the ligaments about the tibio-fibular syndesmosis. Injury 15:170–172 (1983)

[477] KAZUNORI, O.; TAKAO, M.; NAITO, K.; UCHIO, Y.; KONO, T.; ISHIDA, J.; OCHI, M.: Injury of the tibiofibular syndesmosis: value of MR imaging for diagnosis. Radiology 227:155–161 (2003)

[478] KEATS, T.E.: Atlas of normal roentgen variants that may simulate disease. Chicago, Year Book Medical, Ed.4: 664–666 (1988)

[479] KEEFE, D.T.; HADDAD, S.L.: Subtalar instability Etiology, diagnosis, and management. Foot Ankle Clin N Am 7:577–609 (2002)

[480] KEENE, J.S.; LANGE, R.H.: Diagnostic dilemmas in foot and ankle injuries. JAMA 256:247 (1986)
[481] KEITH, A.: The ligaments of the catarrhine monkeys, with references to corresponding structures in man. J Anat Physiol 28:149 (1893)
[482] KELIKIAN, H.: Tibiofibular diastasis. In: Disorders of the ankle 13:497–568, W.B. Saunders, Philadelphia (1985)
[483] KELLETT, J.J.: The clinical features of ankle syndesmosis injuries: a general review. Clin J Sport Med 21:524–529 (2011)
[484] KERKHOFFS, G.M.M.J.; BLANKEVOORT, L.; SCHREURS, A.W.; JASPERS, J.E.N.; VAN DIJK, C.N.: An instrumented, dynamic test for anterior laxity of the ankle joint complex. J Biomech 35:1665–1670 (2002)
[485] KETTELKAMP, D.B.; ALEXANDER, H.H.: Spontaneous rupture of the posterior tibial tendon. J Bone Joint Surg 51:759–764 (1969)
[486] KIBLER, W.B.: Arthroscopic findings in ankle ligament reconstruction. Clin Sports Med 15:799–804 (1996)
[487] KIM, D.H.; BERKOWITZ, M.J.; PRESSMANN, D.N.: Avulsion fractures of the medial tubercle of the posterior process of the talus. Foot & Ankle Int 24:172–175 (2003)
[488] KIM, J-S.; MOON, Y.-J; CHOI, Y.S.; PARK, Y.U.; PARK, S.M.; LEE, K.T.: Usefulness of oblique axial scan in magnetic resonance imaging evaluation of anterior talofibular ligament in ankle sprain. Foot Ankle Surg 51:288–292 (2012)
[489] KIM, Y.-C.; AHN, J.H.; LEE, J.-W.: Osteochondroma of the distal tibial complicated by a tibialis posterior tendon tear. J Foot Ankle Surg 51:660–663 (2012)
[490] KIRSCHNER, S.; RAAB, P.; KRAUSPE, R.: Calcifying tendinitis of the tibialis posterior: a case report. Foot and Ankle Surg 4:233–236 (1998)
[491] KITAOKA, H.B.; LUNDBERG, A.; LUO, Z.P.; AN, K.-N.: Kinematics of the normal arch of the foot and ankle under physiologic loading. Foot Ankle Int 16:492–499 (1995)
[492] KITAOKA, H.B.; ZONG, P.L.; KAI-NAN, A.: Effect of the posterior tibial tendon on the arch of the foot during simulated weight-bearing: Biomechanical analysis. Foot Ankle Int 18:43–46 (1997)
[493] KJAERSGAARD-ANDERSEN, P.; ANDERSEN, K.; SØBALLE, K.; PILGAARD, S.: Sinus tarsi syndrome: presentation of seven cases and review of the literature. J Foot Surg 28:3–6 (1989)
[494] KJAERSGAARD-ANDERSEN, P.; WETHELUND, J.O.; HELMIG, P.; SØBALLE, K.: The stabilizing effect of the ligamentous structures in the sinus and canalis tarsi on movements in the hindfoot. Am J Sports Med 16:512–516 (1988)
[495] KJAERSGAARD-ANDERSEN, P.; WETHELUND, J.O.; HELMIG, P.; STRANGE, N.: Effect of the calcaneofibular ligament on hindfoot rotation in amputation specimens. Acta Orthop Scand 58:135–138 (1987)
[496] KLAMMER, G.; ISELIN, L.D.; BONEL, H.M.; WEBER, M.: Calcific tendinitis of the peroneus longus: case report: Foot Ankle Int 32:638–640 (2011)
[497] KLEIGER, B.: The mechanism of ankle injuries. J Bone Joint Surg Am 38-A:59–70 (1956)
[498] KLEIN, M.A.: MR imaging of the ankle: Normal and abnormal findings in the medial collateral ligament. Am J Roentgenol 162:377–383 (1994)
[499] KLEIN, M.A.; SPREITZER, A.M.: MR imaging of the tarsal sinus and canal: normal antomy, pathologic findings, and features of the sinus tarsi syndrome. Radiology 186:233–240 (1993)
[500] KLEIN, S.E.; VARNER, K.E.; MARYMONT, J.V.: Lateral talar process fracture and peroneal tendon dislocation: a previously unrecognized injury complex. Foot Ankle Int 29:1020–1024 (2008)

[501] KLEINRENSINK, G.J.; STOECKART, R.; MEULSTEE, J. et al.: Lowered motor conduction velocity of the peroneal nerve after inversion trauma. Med Sci Sports Exer 26:877–883 (1994)

[502] KNUDSON, G.A.; KITAOKA, H.B.; LU, C.-L.; LUO, Z.P.; AN, K.-N.: Subtalar joint stability. Talocalcaneal interosseous ligament function studied in cadaver specimens. Acta Orthop Scand 68:442–446 (1997)

[503] KNUPP, M.; HINTERMANN, B.: Behandlung akuter und chronischer Verletzungen der Peronäalsehnen. Orthopäde 39:1158–1162 (2010)

[504] KOFOTOLIS, N.D.; KELLIS, E.; VLACHOPOULOS, S.P.: Ankle sprain injuries and risk factors in amateur soccer players during a 2-year period. Am J Sports Med 35:458–466 (2007)

[505] KÖHLER; A.; ZIMMER, E. A.: Borderlands of the normal and early pathologic in skletal roentgenology: 452–461. American ed 3, translated and edited by S.P. Wilk. New York, Grune and Stratton (1968)

[506] KOHLS-GATZOULIS, J.A.; SINGH, D.; ANGEL, J.C.: Tibialis posterior insufficiency occurring in a patient without peronei: a mechanical etiology. Foot & Ankle Int 22:950–952 (2001)

[507] KOHLS-GATZOULIS, J.; WOODS, B.; ANGEL, J.C.; SINGH, D.: The prevalence of symptomatic posterior tibialis tendon dysfunction in women over the age of 40 in England. Foot and Ankle Surg 15:75–81 (2009)

[508] KOJIMA, Y.; KATAOKA, Y.; SUZUKI, S.; AKAGI, M.: Dislocation of the peroneal tendons in neonates and infants. Clin Orthop Rel Res 266:180–184 (1991)

[509] KOMENDA, G.; FERKEL, R.: Arthroscopic findings associated with the unstable ankle. Foot Ankle Int 20:708–713 (1999)

[510] KOMPRADA, J.: Le syndrome du sinus du tarse. Ann Podol 5:11–17 (1966)

[511] KOMPRADA, J.: Syndroma sinus tarsi. Acta Chir Orthop Traumatol Cechoslovaca 36:302–306 (1969)

[512] KONG, A.; CASSUMBHOY, R.; SUBRAMANIAM, R.M.: Magnetic resonance imaging of ankle tendons and ligaments: Part I – Anatomy. Australasian Radiology 51: 315–323 (2007)

[513] KONO, T.; OCHI, M.; TAKAO, M.; NAITO, K.; UCHIO, Y.; OAE, K.: Symptomatic os subfibulare caused by assessory ossification: a case report. Clin Orthop Relat Res 399:197–200 (2002)

[514] KONRADSEN, L.; MAGNUSSON, P.: Increased inversion angle replication error in functional ankle instability. Knee Surg Sports Traumatol Arthrosc 8:246–251 (2000)

[515] KONRADSEN, L.; OLESEN, S.; HANSEN, H.M.: Ankle sensorimotor control and eversion strength after acute ankle inversion injuries. Am J Sports Med 26:72–77 (1998)

[516] KONRADSEN, L.; RAVN, J.B.: Ankle instability caused by prolonged peroneal reaction time. Acta Orthop Scand 61:388–390 (1990)

[517] KONRADSEN, L.; VOIGT, M.: Inversion injury biomechanics in functional ankle instability: a cadaver study of simulated gait. Scand J Med Sci Sports 12:329–336 (2002)

[518] KOPP, F.: Traumatic peroneal dislocation with medial malleolus fracture: a case report. Foot Ankle Int 29:756–758 (2008)

[519] KORKALA, D.; LAUTTAMUS, L.; TANSKANEN, P.: Lateral ligament injuries of the ankle. Results of primary surgical treatment. Ann Chir Gynaecol 71:161–163 (1982)

[520] KORKALA, D.; RUSANEN, M.; JOKIPII, P.; KYTOMAA, J.; AVKIANEN, V.: A prospective study of the treatment of severe tears of the lateral ligament of the ankle. Int Orthop 11:13–17 (1987)

[521] KOROVESSIS, P.; SPASTRIS, P.; KATSARDIS, T.; SIDIROPOULOS, P.: Simultaneous rupture of the tibialis posterior and flexor digitorum longus tendons in a closed tibial fracture. J Orthop Trauma 5:89–92 (1991)

[522] KOVAL, K.J.; EGOL, K.A.; CHEUNG, Y.; GOODWIN, D.W.; SPRATT, K.F.: Does a positive ankle stress test indicate the need for operative treatment after lateral malleolus fracture? A preliminary report. J Orthop Trauma 21:449–455 (2007)

[523] KOVALESKI, J.E.; GURCHIEK, L.R.; HEITMAN, R.J.; HOLLIS, J.M.; PEARSALL IV, A.W.: Instrumented measurement of anteroposterior and inversion-eversion laxity of the normal ankle joint complex. Foot Ankle Int 20:808–814 (1999)

[524] KRAMER, W.: Über die Luxation der Peroneussehnen. Zentralblatt für Chirurgie 22:641–643 (1895)

[525] KRAPPEL, F.; SCHMITZ, R.; HARLAND, U.: Die sonographische Diganostik der vorderen Syndesmosenruptur. Z Orthop Ihre Grenzgeb 135:116–119 (1997)

[526] KRASKE, P.: Über die Luxation der Peronäussehnen. Zentralblatt für Chirurgie 22:569–573 (1895)

[527] KRAUS, R.; STAHL, J.-P.; MEYER, C.; SCHNETTLER, R.: Diagnostische Probleme bei der isolierten Ruptur der vorderen Syndesmose (VS) – ein Vergleich von Arthrosonografie, MRT und Operationsbefund. Akt Traumatol 36:208–211 (2006)

[528] KRAUSE, J.O.; BRODSKY, J.W.: Peroneus brevis tendon tears: Pathophysiology, Surgical reconstruction and clinical results. Foot Ankle Int 19:271–279 (1998)

[529] KRIPS, R.; DE VRIES, J.; VAN DIJK, C.N.: Ankle instability. Foot Ankle Clin N Am 11:311–329 (2006)

[530] KRISTIANSLUND, E.; BAHR, R.; KROSSHAUG, T.: Kinematics and kinetics of an accidental lateral ankle sprain. J Biomech 44:2576–2578 (2011)

[531] KRÜGER-FRANKE, M.; SCHURK, B.; KUGLER, A.: Die isolierte Ruptur der distalen tibiofibularen Syndesmose – Diagnostik und Therapie. Sportorthopädie Sporttraumatologie 17:159–162 (2001)

[532] KULIK, S.; CLANTON, T.: Tarsal coalition. Foot Ankle 17:286–296 (1996)

[533] KUMAI, T.; BENJAMIN, M.: The histological structure of the malleolar groove of the fibula in man: its direct bearing on the displacement of the peroneal tendons and their surgical repair. J Anat 203:257–262 (2003)

[534] KUMAI, T.; TAKAKURA, Y.; RUFAI, A.; MILZ, S.; BENJAMIN, M.: The functional anatomy of the human anterior talofibular ligament in relation to ankle sprains. J Anat 200:457–465 (2002)

[535] KUMAR, J.S.; GUILLE, J.T.; LEE, M.S. et al.: Osseous and non-osseous coalitions of the middle facet of the talocalcaneal joint. J Bone Joint Surg Am 47:529–535 (1992)

[536] KUNER, E.H.: Luxation der Tibialis posterior-Sehne. In: BAUMGARTL, P.; KREMER, K.; SCHREIBER, A. (eds): Spezielle Chirurgie für die Praxis. Stuttgart, Thieme: 736–737 (1980)

[537] KÜNZLI, H.F.: Sehnenluxationen am Fuß. Helv Chir Acta 43:205–209 (1976)

[538] KÜSSWETTER, H.; WIRTH, C.J.: Simultane Dehnungsmessungen des Kapselbandapparates am oberen Sprunggelenk unter physiologischen und pathologischen Bedingungen. In: HACKENBROCH, M.H.; REFIOR, H.J.; JÄGER, M.; PLITZ, W. (Hrsg): Funktionelle Anatomie und Pathomechanik des Sprunggelenks. Thieme, Stuttgart, New York (1984)

[539] KWON, J.Y.; CAMPBELL, J.T.; MYERSON, M.S.: Posterior tibial tendon tear after 4-cortex syndesmotic screw fixation: a case report and literature review. J Orthop Trauma 26:e66-e69 (2012)

[540] LABAREYRE, H.; SAILLANT, G.: Les lésions traumatiques du jambier postérieur chez le sportif. J Traumatol Sport 2:5 (1985)

[541] LABOVITZ, J.M.; SCHWEITZER, M.E.: Occult osseous injuries after ankle sprains: Incidence, location, pattern and age. Foot Ankle Int 19:661–667 (1998)

[542] LAGOUTARIS, E.D.; ADAMS, H.B.; DiDOMENICO, L.A.; ROTENBERG, R.J.: Longitudinal tears of both peroneal tendons associated with tophaceous gouty infiltration. A case report. J Foot & Ankle Surg 44:222–224 (2005)

[543] LAIDLAW, P.L.: The varieties of the os calcis. j Anat Physiol 38:138 (1904)

[544] LAMM, B.M.; MYERS, D.T.; DOMBEK, M.; MENDICINO, R.W.; CATANZARITI, A.R.; SALTRICK, K.: Magnetic resonance imaging and surgical correlation of peroneus brevis tears. J Foot Ankle Surg 43:30–36 (2004)

[545] LAMPRECHT, E.: Differenzierungsstörungen und Variationen des Fußskeletts. In: WIRTH, C.J. und ZICHNER, L.: Orthopädie und Orthopädische Chirurgie – Fuß. Thieme-Verlag Stuttgart New York (2002)

[546] LANG, J.; WACHSMUTH, W.: Praktische Anatomie, Band 1, Teil 4. Auflage, Springer, Berlin, Heidelberg, New York: Bein und Statik. 2de:359 (1972)

[547] LANGAN, P.; WEIS, C.A.: Subluxation of the tibialis posterior: A complication of tarsal tunnel decompression. Clin Orthop 146:226 (1980)

[548] LANZ, T. von; WACHSMUTH, W.: Praktische Anatomie I/4. Bein und Statik. Springer, Berlin (1938)

[549] LANZ, T. von; WACHSMUTH, W.: Praktische Anatomie – Bein und Statik, Springer-Verlag, Berlin, Heidelberg, New York (1972)

[550] LAPIDUS, P.W.: Os subtibiale: inconstant bone over the tip of the medial malleolus. J Bone Joint Surg 15:766–771 (1933)

[551] LAPIDUS, P.W.: Infiltration therapy of acute tendinitis with calcification. Surg Gynec Obstet lxxxv:715–725 (1943)

[552] LARSEN, E.: Experimental instability of the ankle: a radiographic investigation. Clin Orthop 204:193–200 (1986)

[553] LARSEN, E.: Longitudinal rupture of the peroneus brevis tendon. J Bone Joint Surg 69-B/2:340–341 (1987)

[554] LARSEN, E.: Tendon transfer for lateral ankle and subtalar joint instability. Acta Orthop Scand 59:166–172 (1988)

[555] LARSEN, E.; LAURIDSEN, F.: Dislocation of the tibialis posterior tendon in two athletes. Am J Sports Med 12:429–430 (1984)

[556] LAUBER, P.; MÜLLER, W.: Die traumatische Peronealsehnenluxation (PSL). Schweiz Ztschr Sportmed 33:89–93 (1985)

[557] LAUGE-HANSEN, N.: Ankelbrud I. Genetisk diagnose og reposition. Thesis, Munksgaard, Copenhagen (1942)

[558] LAUGE-HANSEN, N.: Fractures of the ankle: analytic historic survey as the basis of new experimental, roentgenologic, and clinical investigations. Arch Surg 56: 259–317 (1948)

[559] LAUGE-HANSEN, N.: „Ligamentous" ankle fractures. Diagnosis and treatment. Acta Chir Scand 97:544–550 (1949)

[560] LAUGE-HANSEN, N.: Fractures of the ankle. II. Combined experimental-surgical and experimental-roentgenologic investigations. Arch Surg 60:957–985 (1950)

[561] LAUGE-HANSEN, N.: Fractures of the ankle. IV: Clinical use of genetic roentgen diagnosis and genetic reduction. Arch Surg 64:488–500 (1952)

[562] LAUGE-HANSEN, N.: Fractures of the ankle III: genetic roentgenologic diagnosis of fractures of the ankle. Am J Roentgenol Radium Ther Nucl Med 71:456–471 (1954)

[563] LAUGE-HANSEN, N.: Knöchelbrüche und Bandverletzungen des Fußgelenkes und des Fußes. II. Mitteilung. Zbl Chir 87:545 (1963)

[564] LAUGE-HANSEN, N.: Knöchelbrüche und Bandverletzungen des Fußgelenkes und des Fußes. Genetische Röntgendiagnose und Klassifizierung. Zentralb. Chir 14: 528–541 (1963)

[565] LAUGE-HANSEN, N.: Die genetische Reposition und Retention. Zbl Chir 88:545–561 (1963)

[566] LAUNAY, F.; BARRAU, K.; JOUVE, J.-L.; PETIT, P.; SIMÉONI, M.-C.; BOLLINI, G.: Assessment of acute ankle sprain with os subfibulare in children. J Pediatr Orthop B 16:61–65 (2007)

[567] LAURIN, C.A.; QUELLET, R.; ST.-JACQUES, R.: Talar and subtalar tilt: An experimental investigation. Can J Surg 2:270–279 (1968)

[568] LE FORT, L.: Nate sur une variété non d'écrete de fracture verticale de la Malléole externe par arrachement. Bull Gen Ther 110:193–199 (1886)
[569] LEANDERSON, J.; WYKMAN, A.; ERIKSSON, E.: Ankle sprain and postural sway in basketball players. Knee Surg Sports Traumatol Arthrosc 1:203–205 (1993)
[570] LEARDINI, A.; O'CONNOR, J.J.; CATANI, F.; GIANNINI, S.: A geometric model of the human ankle joint. J Biomech 32:585–591 (1999)
[571] LEARDINI, A.; O'CONNOR, J.J.; CATANI, F.; GIANNINI, S.: Kinematics of the human ankle complex in passive flexion; a single degree of freedom system. J Biomech 32:111–118 (1999)
[572] LEARDINI, A.; STAGNI, R.; O'CONNOR, J.J.: Mobility of the subtalar joint in the intact ankle complex. J Biomech 34:805–809 (2001)
[573] LEDDY, J.J.; SMOLINSKI, R.J.; LAWRENCE, J.; SNYDER, J.L.; PRIORE, R.L.: Prospective evaluation of the ottawa ankle rules in a university sports medicine center. Am J Sports Med 26:158–165 (1998)
[574] LEDOUX, W.R.; SANGEORZAN, B.J.: Clinical biomechanics of the peritalar joint. Foot Ankle Clin N Am 9:663–683 (2004)
[575] LEE, K.; BYUN, W.J.; HA; J.K.; LEE, W.C.: Dislocation of the tibialis posterior tendon treated with autogenous bone block: a case report. Foot Ankle Int 31:254–257 (2010)
[576] LEE, K.B.; BAI, L.B.; SONG, E.K.; JUNG, S.T.; KONG, I.K.: Subtalar Arthroscopy for sinus tarsi syndrome: arthroscopic findings and clinical outcomes of 33 consecutive cases. Arthroscopy 24:1130–1134 (2008)
[577] LEE, K.T.; PARK, Y.U.; JEGAL, H.; PARK, J.W.; CHOI, J.P.; KIM, J.S.: New method of diagnosis for chronic ankle instability: comparison of manual anterior drawer test, stress radiography and stress ultrasound. Knee Surg Sports Traumatol Arthrosc 22:1701–1707 (2014)
[578] LEE, M.; HOFBAUER, M.: Evaluation and management of lateral ankle injuries. Clin Podiatr Med Surg 16:659–678 (1999)
[579] LEE, R.Y.; COLVILLE, J.M.; SCHUBERT, J.M.: Acute compartment syndrome of the leg with avulsion of the peroneus longus muscle: a case report. J Foot & Ankle Surg 48:365–367 (2009)
[580] LEEDS, H.C.; EHRLICH, M.G.: Instability of the distal tibiofibular syndesmosis after bimalleolar and trimalleolar ankle fractures. J Bone Joint Surg 66-A:490–503 (1984)
[581] LEIMBACH, G.: Beiträge zur Kenntnis der inkonstanten Skelettelemente des Tarsus (akzessorische Fußwurzelknochen). (Untersuchungen an 500 Röntgenbildern der Chir Universitätsklinik zu Jena). Arch Orthop Trauma Surg 38:431–448 (1937)
[582] LEITH, J.M.; McCONKEY, J.P.; LI, D. et al.: Valgus stress radiography in normal ankles. Foot Ankle Int 18:654–657 (1997)
[583] LEITNER, B.: Behandlungen und Behandlungsergebnisse von 42 frischen Fällen von Luxatio pes sub talo im Unfallkrankenhaus Wien 1925–50. Ergebnisse. Chir Orthop 37:501–577 (1952)
[584] LEKTRAKUL, N.; CHUNG, C.B.; LAI, Y.M.; THEODOROU, D.J.; YU, J.; HAGHIGHI, P.; TRUDELL, D.; RESNICK, D.: Tarsal sinus: arthrographic, MR imaging, MR arthrographic, and pathologic findings in cadavers and retrospective study data in patients with sinus tarsi syndrome. Radiology 219:802–810 (2001)
[585] LELAND, R.H.; MARYMONT, J.V.; TREVINO, S.G.; VARNER, K.E.; NOBLE, P.C.: Calcaneocuboid stability: a clinical and anatomic study. Foot Ankle Int 22:880–884 (2001)
[586] LENTELL, G.; BAAS, B.; LOPEZ, D.; ME GULRE, L.; SARRELS, M.; SNYDER, P.: The contribution of proprioceptive deficits, muscle function, and anatomic laxity to functional instability of the ankle. J Orthop Sports Phys Ther 21:206–215 (1995)

[587] LEUMANN, A.; ZUEST, P.; VALDERRABANO, V.; CLENIN, G.; MARTI, B.; HINTERMANN, B.: Chronic ankle instability in the swiss orienteering national team. Sport Ortho Trauma 26:20–28 (2010)

[588] LIBETTA, C.; BURKE, D.; BRENNAN, P.; YASSA, J.: Validation of the Ottawa ankle rules in children. J Accid Emerg Med 16:342–344 (1999)

[589] LICHTENAUER, F.; BENTHIEN, C.: Die Behandlung der Luxationsfrakturen des oberen Sprunggelenkes mit Längsabsprengung aus der Tibia (sog. Volkmannsches Dreieck) mit Extension und percutaner Fixation durch einen Kirschner-Draht. Monatsschr Unfallheilkd Versicherungsmed 57:338–341 (1954)

[590] LIGHTOWLER, C.D.R.: Injuries to the lateral ligament of the ankle. Br Med J 289: 1247 (1984)

[591] LIM, P.S.; SCHWEITZER, M.E.; DEELY, D.M.; WAPNER, K.L.; HECHT, P.J.; TREADWELL, J.R.; ROSS, M.S.; KAHN, M.D.: Posterior tibial tendon dysfunction: secondary MR signs. Foot & Ankle 18:658–663 (1997)

[592] LIN, C.F.; GROSS, M.T.; WEINHOLD, P.: Ankle syndesmosis injuries: Anatomy biomechanics, mechanism of injury, and clinical guidelines for diagnosis and intervention. J Orthop Sports Phys Ther 36:372–384 (2006)

[593] LIN, C.Y.; SHAU, Y.W.; WANG, C.L.; CHAI, H.M.; KANG, J.H.: Quantitative evaluation of the viscoelastic properties of the ankle joint complex in patients suffering from ankle sprain by the anterior drawer test. Knee Surg Sports Traumatol Arthrosc 21:1396–1403 (2013)

[594] LITT, J.C.B.: The sprained ankle. Diagnosis and management of lateral ligament injuries. Aust Fam Physician 21: 447–456 (1992)

[595] LIU, K.; GUSTAVSEN, G.; KAMINSKI, T.W.: Increased frequency of ankle sprain does not lead to an increase in ligament laxity. Clin J Sport Med 23:483–487 (2013)

[596] LIU, S.H.; RASKIN, A.; OSTI, L. et al: Arthroscopic treatment of anterolateral ankle impingement. Arthroscopy 10:215–218 (1994)

[597] LIU, S.H.; NUCCION, S.L.; FINERMAN, G.: Diagnosis of anterolateral ankle impingement: comparison between magnetic resonance imaging and clinical examination. Am J Sports Med 25:389–393 (1997)

[598] LOHE, R.: Die gewohnheitsmäßige Peronealsehnenluxation und ihre operative Beseitigung. Zbl Chirurgie 20:1154–1158 (1934)

[599] LOHRER, H.: Schäden der M. tibialis posterior-Sehne. Orthopädieschuhtechnik 10:18–21 (2005)

[600] LOHRER, H.; NAUCK, T.: Das Supinationstrauma des Fußes. Eine Übersicht unter besonderer Berücksichtigung der calcaneocuboidalen Kapselbandverletzung. Dt Z Sportmed 57:271–276 (2006)

[601] LOHRER, H.; NAUCK, T.; ARENTZ, S.; VOGL, T.J.: Dorsal calcaneocuboid ligament versus lateral ankle ligament repair: a case control-study. Br J Sports med 40:839–843 (2006)

[602] LOHRER, N.; NAUCK, T.: Posterior tibial tendon dislocation. A systematic review of the literature and presentation of a case. Br J Sports Med (2008)

[603] LOHRER, H.; NAUCK, T.: Isolierte Deltabandrupturen und deren operative Versorgung. Fuß & Sprunggelenk 11:15–24 (2013)

[604] LONCARICH, D.P.; CLAPPER; M.: Dislocation of posterior tibial tendon. Foot Ankle Int 19:821–824 (1998)

[605] LOPEZ, A.R.; MARRERO, R.M.: Inervacion y sindrome del seno tarsiano. Actualités Méd Chir Pied XI 181–184, Paris: Masson (1978)

[606] LOPEZ, A.R.; MARRERO, R.M.: Tratamiento Quirurgico de la Lesion Cronica Del Seno Del Tarso. Nota Previa. Actualités Méd Chir Pied XI 173–179 (1978)

[607] LOUWERENS, J.W.K.; GINAI, A.Z.; VAN LINGE, B.; SNIJDERS, C.J.: Stress radiography of the talocrural and subtalar joints. Foot Ankle Int 16:148–155 (1995)

[608] LOWY, A.; KRUMAN, N.; KANAT, I.O.: Subluxing peroneal tendons, treatment with use of an autogenous sliding bone graft. JAPMA 75:349–353 (1985)

[609] LOWY, A.; SCHILERO, J.; KANAT, I.O.: Sinus tarsi syndrome: a postoperative analysis. J Foot Surg 24:108–112 (1985)

[610] LUDOLPH, E.; HIEHOLZER, G.: Anatomy of the ligaments of the upper ankle joint. Orthopaede 15:410–414 (1986)

[611] LUI, T.H.: Endoscopic peroneal retinaculum reconstruction. Knee Surg Sports Traumatol Arthrosc 14:478–481 (2006)

[612] LUI, T.H.: Endoscopic resection of the peroneal tubercle. J Foot Ankle Surg 51:813–815 (2012)

[613] LUI, T.H.; IP, K.Y.; CHOW, H.T.: Comparison of radiologic and arthroscopic diagnoses of distal tibiofibular syndesmosis disruption in acute ankle fracture. Arthroscopy 21:1370–1374 (2005)

[614] LUNDEEN, R.O.: Arthroscopic anatomy of the anterior aspect of the ankle. J Am Podiatric Med Assoc 75:367–371 (1985)

[615] LUNDEEN, R.O.; HAWKINS, R.B.: Arthroscopic lateral ankle stabilization. J Am Podiatric Med Assoc 75:372–376 (1985)

[616] LYNCH, S.A.; RENSTRÖM, P.A.: Treatment of acute lateral ankle ligament rupture in the athlete. Conservative versus surgical treatment. Sports Med 27:61–71 (1999)

[617] MABIT, C.: SALANNE, P.; BONCOEUR-MARTEL, M.P.; FIORENZA, F.; VALLEIX, D.; DESCOTTES, B.; CAIX, M.: The lateral retromalleolar groove: a radio-anatomic study. Bull Assoc Anat (Nancy) 80:17–21 French (1996)

[618] MABIT, C.; BONCOEUR-MARTEL, M.P.; VALLEIX, D.; DESCOTTES, B.; CAIX, M.: Anatomic and MRI study of the subtalar ligamentous support. Surg Radiol Anat 19:111–117 (1997)

[619] MAC CARTEE, C.C. jr.: Taping treatment of severe inversion sprains of the ankle. Early return to functional activities. Am J Sports Med 5:246–247 (1977)

[620] MACHAN, F.G., KIRCHNER, H., OELRICH, M.: Bandverletzungen im Subtalargelenk, Akt Traumatol 21:143–147 (1991)

[621] MACHAN, F.G.; OELRICH, M.: Zur Diagnostik der Instabilität im unteren Sprunggelenk. Beitr Orthop Traumatol 35:334–338 (1988)

[622] MACHAN, F.G.; OELRICH, M.: Das untere Sprunggelenk. Anatomische und pathophysiologische Betrachtungen. Zbl Chir 114:371–380 (1989)

[623] MACK, R.P.: Ankle injuries in athletes. Clin Sports Med 1:71–84 (1982)

[624] MAC LVER, D.A.; LETTS, R.M.: Paralysis of the peroneal nerve in association with a plantar flexion inversion injury of the ankle. Med Serv J Can 22:285–287 (1966)

[625] MAFFULLI, N.; FERRAN, A.N.; OLIVA, F.; TESTA, V.: Recurrent peroneal tendon subluxation. Am J Sports Med 34:986–992 (2006)

[626] MAGEE, D.J.: Orthopedic physical assessment. Third ed. Philadelphia: WB Saunders (1997)

[627] MAHIEU, C.; DENEUFBOURG, J.; LEWALLE, J.: La luxation du tendon du jambier postérieur tendon. Rev Chir Orthop Reparatrice Appar Mot 78:127 (1992)

[628] MAISONNEUVE, J.G.: Recherches sur la fracture du péroné. Arch Gen de Med 7: 165–187; 435–473 (1840)

[629] MAJOR, N.M.; HELMS, C.A.; FRITZ, R.C.; SPEER, K.P.: The MR Imaging appearance of longitudinal split tears of the peroneus brevis tendon. Foot & Ankle Int 21:514–519 (2000)

[630] MALGAIGNE, J.F.: raité des fractures et des luxations. Paris (1847)

[631] MANCUSO, J.E.; HUTCHISON, P.W.; ABRAMOW, S.P.; LANDSMAN, M.J.: Accessory ossicle of the lateral malleolus. Foot Surg 30:52–55 (1991)

[632] MANDALIA, V.; SHIVSHANKER, V.: Accessory ossicle or intraepiphyseal fracture of lateral malleolus: are we familiar with these? Emerg Med J 22:149–152 (2005)

[633] MANKINEN, C.B.; SEARS, J.W.; ALVAREZ, V.R.: Terminal (1) (q43) long-arm delection of chromosomes no. 1 in a three-year-old female. Birth Defects XXII 5:131–136 (1976)

[634] MANN, H.A.; MYERSON, M.S.: Treatment of posterior ankle pain by excision of a bipartite talar fragment. J Bone Joint Surg Br 92:954–957 (2010)

[635] MANN, R.A.; COUGHLIN, M.J.: Surgery of the foot and ankle. Mosby, St. Louis (1993)

[636] MANN, R.A.; THOMPSON, F.M.: Rupture of the posterior tibial tendon causing flat foot: surgican treatment. J Bone Joint Surg Am 67:556–561 (1985)

[637] MANN, R.W.; OWSLEY, D.W.: Os trigonum: variation of a common accessory ossicle of the talus. J Am Podiatr Med Assoc 80:536–539 (1990)

[638] MANSOUR, R.; JIBRI, Z.; KAMATH, S.; MUKHERJEE, K.; OSTLERE, S.: Persistent ankle pain following a sprain: a review of imaging. Emerg Radiol 18:211–225 (2011)

[639] MARCUS, R.E.; GOODFELLOW, D.B.; PFISTER, M.E.: The difficult diagnosis of posterior tibialis tendon rupture in sports injuries. Orthopaede 18:715–721 (1995)

[640] MARKS, R.M.; SCHON, L.C.: Posttraumatic tibialis tendon insertional elongation with functional incompetency: a case report. Foot Ankle Int 19:180–193 (1998)

[641] MAROTTA, J.J.; MICHELI, L.J.: Os trigonum impingement in dancers. Am J Sports Med 20:533–536 (1992)

[642] MARRERO, R.M.; LOPEZ, A.R.: Tratamiento quirúrgico de la lesión crónica del seno del tarso. Nota previa. Actualités Méd Chir Piéd XI. Masson, Paris: 173–179 (1978)

[643] MARTENS, M.A.; NOYEZ, J.F.; MULIER, J.C.: Recurrent dislocation of the peroneal tendons. Results of rerouting the tendons under the calcaneo-fibular ligament. Am J Sports Med 14:148–150 (1986)

[644] MARTI, R.: Dislocation of the peroneal tendons. Am J Sports Med 5:19–22 (1977)

[645] MARTIN, B.F.: Posterior triangle pain: the os trigonum. J Foot Surg 28:312 (1989)

[646] MARTIN, L.P.; WAYNE, J.S.; OWEN, J.R.; SMITH, R.T.; MARTIN, S.N.; ADELAAR, R.S.: Elongation behaviour of calcaneofibular and cervical ligaments in a closed kinetic chain: pathomechanics of lateral hindfoot instability. Foot Ankle Int 23:515–520 (2002)

[647] MARTINELLI, B.; BERNOBI, S.: Peroneus quartus muscle and ankle pain. Foot & Ankle Surg 8:223–225 (2002)

[648] MARTINI, M.; ESSAFI, Z.; HENNEING, L.: Luxation traumatique des tendons des péroniers latéraux. Tunis Med 49:99–104 (1961)

[649] MARTIUS, C.: Notes sur un cas de luxation du tendon du jambier postérieur. Mem Acad Chir 23:14 (1874)

[650] MASON, R.B.; HENDERSON, J.P.: Traumatic peroneal tendon instability. Am J Sports Med 24:652–658 (1996)

[651] MATHEWS, W.E.; MUBARAK, S.J.; CARROLL, N.C.: Diastasis of the tibiofibular mortise, hypoplasia of the tibia and clubfoot in a neonate with cleft hand and cardiac anomalies. Clin Orthop 126:216–219 (1977)

[652] MAUERER, A.; FORST, R.: Das Sinus-tarsi-Syndrom. Z Orthop Unfall 145:801–812 (2007)

[653] MAURER, M.; LEHRMAN, J.: Significance of sesamoid ossification in peroneus longus tendon ruptures. J Foot Ankle Surg 51:352–355 (2012)

[654] MAYERHÖFER, M.E.; BREITENSEHER, M.J.: MR-Diagnostik der lateralen Sprunggelenksbänder: Bedeutung der dreidimensionalen Orientierung. Fortsch Röntgenstr. 175:670–675 (2003)

[655] MAZZINARI, S.; BERTINI, E.: Sindrome seno-tarsica da lesione traumatica del legamento interosseo astragalo-calcaneale. Minerva Orthop 28:379–582 (1977)

[656] MC CARROLL, J.R.; SCHRADER, J.W.; SHELBOURNE, K.D. et al.: Meniscoid lesions of the ankle in soccer players. Am J Sports Med 15:255–257 (1987)

[657] MC CRORY, P.; BLADIN, C.: Fractures of the lateral process of the talus: a clinical review. „Snowboarder's ankle". Clinik J Sport Med 6:124–128 (1996)

[658] MC CULLOUGH, C.J.; BURGE, P.D.: Rotatory stability of the load-bearing ankle: an experimental study. J Bone Joint Surg 62A:460–464 (1980)

[659] MC DOUGALL, A.: The os trigonum. J Bone Joint Surg Br 37:257–265 (1955)

[660] MC KEON, K.E.; WRIGHT, R.W.; JOHNSON, J.E.; Mc CORMICK, J.J.; KLEIN, S.E.: Vascular anatomy of the tibiofibular syndesmosis. J Bone Joint Surg Am 94: 931–938 (2012)

[661] MC LENNAN, J.G.: Treatment of acute and chronic luxations of the peroneal tendons. Am J Sports Med 8/6:432–436 (1980)

[662] MC MASTER, M.: Disability of the hindfoot after fractures of the tibial shaft. J Bone Joint Surg 58-B:90–93 (1976)

[663] MC CONKEY, J.P.; FAVERO, K.J.: Luxation of the peroneal tendons within the peroneal tendon sheath. A case report. Am J Sports Med 15:511–513 (1987)

[664] MC CONNELL, T.; CREEVY, W.; TORNETTA, P. 3rd : Stress examination of supination external rotation-type fibular fractures. J Bone Joint Surg 86A:2171–2178 (2004)

[665] MC CORMACK, A.P.; VARNER, K.E.; MARYMONT, J.V.: Surgical treatment for posterior tibial tendonitis in young competitive athletes. Foot & Ankle Int 24: 535–538 (2003)

[666] MC GLAMRY, E.; BANKS, A.; DOWNEY, M.: Comprehensive textbook of foot surgery. Sec ed. Williams u. Wilkins, Baltimore (1992)

[667] MEALS, R.A.: Peroneal nerve palsy complicating ankle sprain: report of two cases and review of the literature. J Bone Joint Surg Am 59:966–968 (1977)

[668] MEENEN, N.M.; LORKE, D.E.; WESTERHOFF, M.; DALLEK, M.; JUNGBLUTH, K.H.: Die isolierte Fraktur des Volkmannschen Dreiecks – ein eigenständiges Verletzungsbild. Unfallchirurgie 19:98–107 (1993)

[669] MEI-DAN, O.; KOTS, E.; BARCHILON, V.; MASSARWE, S.; NYSKA, M.; MANN, G.: A dynamic ultrasound examination for the diagnosis of ankle syndesmotic injury in professional athletes. Am J Sports Med 37:1009–1016 (2009)

[670] MEI-DAN, O.; MANN, G.; KOTS, E.: Dynamischer Ultraschall spezifisch bei Syndesmoseruptur. Sportverl Sportschaden 23:129–130 (2009)

[671] MEISLIN, R.J.; ROSE, D.J.; PARISIEN, J.S. et al.: Arthroscopic treatment of synovial impingement of the ankle. Am J Sports Med 21:186–189 (1993)

[672] MELMED, E.P.: Spontaneous bilateral rupture of the calcanel tendon during steroid therapie. J Bone and Joint Surg 47-B: 104–105 (1965)

[673] MENDICINO, R.W.; ORSINI, R.C.; WHITMAN, S.E.; CATANZARITI, A.R.: Fibular groove deepening for recurrent peroneal subluxation. Foot Ankle 40:252–263 (2001)

[674] MENDICINO, S.S.; QUINN, M.: Tibialis posterior dysfunction: an overview with a surgical case report using a flexor tendon transfer. J Foot Surg 28:154–157 (1989)

[675] MEYER, A.W.: Further evidences of attrition in the human body. Am J Anat 34:241–267 (1924)

[676] MEYER, D.C.; WERNER, C.M.L.; WYSS, T.; VIENNE, P.: A mechanical equinometer to measure the range of motion of the ankle joint: Interobserver and intraobserver reliability. Foot Ankle 27:202–205 (2006)

[677] MEYER, J.M.; TAILLARD, W.: L'arthrographie de l'articulation sous-astragalienne dans les syndromes douloureux post-traumatiques du tarse postérieur. Rev du Chir Orthop 60:321–330 (1974)

[678] MEYER, J.M.; LAGIER, R.: Post-traumatic sinus tarsi syndrome. Acta Orthop Scand 48:122–128 (1977)

[679] MEYER, J.M.; GARCIA, J.; HOFFMEYER, P.; FRITSCHY, D.: The subtalar Sprain: A roentgenographic study. Clin Orthop 226:169–173 (1988)

[680] MICHELITSCH, C.; ACKLIN, Y.P.; STOFFEL, K.; BEREITER, H.: Chronische obere Sprunggelenkinstabilität. Orthopäde 43:379–385 (2014)

[681] MICHELSON, J.D.: Fractures about the ankle. J Bone Joint Surg 77:142–152 (1995)

[682] MICHELSON, J.D.; CHECCONE, M.; KUHN, T.; VARNER, K.: Intraarticular load distribution in the human ankle joint during motion. Foot Ankle Int 22:226–233 (2001)

[683] MICHELSON, J.; HAMEL, A.; BUCZEK, F.; SHARKEY, N.: The effect of ankle injury on subtalar motion. Foot Ankle Int 25:639–646 (2004)

[684] MIKI, T.; KUZUOKA, K.; KOTANI, H.; IKEDA, Y.: Recurrent dislocation of tibialis posterior tendon. A report of two cases. Arch Orthop Trauma Surg 118:96–98 (1998)

[685] MILLER, C.A.; BOSCO III, J.A.: Lateral ankle and subtalar instability. Bulletin, Hospital for Joint Diseases 60:143–149 (2001–2002)

[686] MILLER, C.D.; SHELTON, W.R.; BARRETT, G.R.; SAVOIE, F.H.; DUKES, A.D.: Deltoid and syndesmosis ligament injury of the ankle without fracture. Am J Sports Med 23:746–750 (1995)

[687] MILLER, J.W.: Dislocation of the peroneal tendons. A new operative procedure. Am J Orthop 9:136–137 (1967)

[688] MILNER, C.E.; SOAMES, R.W.: Anatomical variations of the anterior talofibular ligament of the human ankle joint. J Anat 191:457–458 (1997)

[689] MILNER, C.E.; SOAMES, R.W.: Anatomy of the collateral ligaments of the human ankle joint. Foot Ankle Int 19:757–760 (1998)

[690] MILNER, C.E.; SOAMES, R.W.: The medial collateral ligaments of the human ankle joint: anatomical variations. Foot Ankle Int 19:289–292 (1998)

[691] MILZ, P.; MILZ, S.; PUTZ, R.; REISER, M.: 13 MHz high-frequency sonography of the lateral ankle joint ligaments and the tibiofibular syndesmosis in anatomic specimens. J Ultrasound Med 15:277–284 (1996)

[692] MILZ, P.; MILZ, S.; STEINBORN, M.; MITTLMEIER, T.; PUTZ, R.; REISER, M.: Lateral ankle ligaments and tibiofibular syndesmosis. 13-MHz high-frequency sonography and MRI compared in 20 patients. Acta Orthop Scand 69:51–55 (1998)

[693] MIRALLES-MARRERO, R.: Lesion cronica de los ligamentos del „senus tarsi". Chir Piede 5:9–13 (1985)

[694] MITCHELL, A.; DYSON, R.; HALE, T.; ABRAHAM, C.: Biomechanics of ankle instability. Part 1: Reaction time to simulated ankle sprain. Med Sci Sports Exerc 40:1515–1521 (2008)

[695] MITTAL, R.L.; JAIN, N.C.: Traumatic dislocation of the tibialis posterior tendon. Int Orthop 12:259–260 (1988)

[696] MITTLMEIER, T.: Bandverletzungen des Fußes. Diagnostik und Therapie. Orthopäde 27:713–724 (1998)

[697] MITZSCHKE, S.; FELENDA, M.; STEINBRUCK, K.: Traumatische Luxation der Tibialis posterior-Sehne. Sportverletz Sportschaden 3:128 (1989)

[698] MIYAMOTO, W.; TAKAO, M.; NISHIGUCHI, K.; UCHIO, Y.: Technique tip: A radiographic projection for an avulsion fracture of the talar attachment of the anterior talofibular ligament. Foot Ankle Int. 29:435–437 (2008)

[699] MOHR, W.: Gelenkpathologie: S. 208. Springer-Verlag Berlin Heidelberg (2000)

[700] MÖLLENHOFF, G.; RICHTER, J.; MUHR, G.: Das Supinationstrauma. Ein Klassiker. Orthopäde 28:469–475 (1999)

[701] MONT, M.A.; SEDLIN, E.D.; WEINER, L.S.; MILLER, A.R.: Postoperative radiographs as predictors of clinical outcome in unstable ankle fractures. J Orthop Trauma 6:352–357 (1992)

[702] MONTEGGIA, G.B.: Instituzini Chirurgiche. Part 3. Milan, Italy: Maspero (1803)

[703] MONTES, M.D.; BLACK, J.R.: Peroneus longus tendon and peroneus brevis tendon dislocation. J Bone Joint Surg 80:263–265 (1990)

[704] MOPPES van, F.I.; HOOGENBAND v.d., C.R.: The significance of the peroneus tendon sheath in ankle arthrographie. RöFo 132/5:573–575 (1980)

[705] MORONEY, P.; BORTON, D.: Multiple accessory peroneal muscles: a cause of chronic lateral ankle pain. Foot & Ankle Int 25:322–324 (2004)

[706] MORRIS, J.R. et al.: Magnetic resonance imaging of acute maisonneuve fractures. Foot Ankle Int 17:259–263 (1996)

[707] MORRISON, K.E.; KAMINSKI, T.W.: Foot characteristics in association with inversion ankle injury. J Athl Train 42:135–142 (2007)

[708] MOSIER, S.M.; LUCAS, D.R.; POMEROY, G.; MANOLI, A.: Pathology of the poste-rior tibial tendon in posterior tibial tendon insufficiency. Foot Ankle Int 19:520–524 (1998)

[709] MOSIER, S.M.; POMEROY, G.; MANOLI, A.: Pathoanatomy and etiology of posterior tibial tendon dysfunction. Clin Orthop Relat Res 365:12–22 (1999)

[710] MOUCHET, A.: Point d'ossification du sommet de la malleole tibiale. Bull Mem Soc Chir Paris 49:798 (1923)

[711] MOUNIER-KUHN, A.; MARSAN, C.: Le syndrome des tendons péroniers. Ann Chir 22:641–649 (1968)

[712] MOUTIER, G.: De la luxation des tendons péroniers latéraux. These 284 (1921)

[713] MOYEN, B.; LERAT, J.L.; FREDENUCCI, J.F. et al: Une nouvelle observation de luxation du tendon du muscle jambier postérier. J Traumatol Sport 5:164 (1988)

[714] MUHLE, C.; FRANK, L.R.; RAND, T.; AHN, J.M.; YEH, L.-R.; TRUDELL, D.; HAGHIGHI, P.; RESNICK, D.: Tibiofibular syndesmosis: High-resolution MRI using a local gradient coil. J Comput Assist Tomogr 22:938–944 (1998)

[715] MÜLLER, W.E.; HACKENBRUCH, W.; ZUMSTEIN, M.: Funktionelle Nachbehandlung nach primären Bandnähten bei frischem Riss und nach Spätrekonstruktionen bei veraltetem Trauma mit vergleichenden klinischen Resultaten. In: HACKENBROCH, M.H.; REFIOR, H.J.; JÄGER, M.; PLITZ, W. (Hrsg): Funktionelle Anatomie und Pathomechanik des Sprunggelenkes. Thieme, Stuttgart New York 1976 (1984)

[716] MÜLLER-GERBL, M.: Anatomie und Biomechanik des oberen Sprunggelenks. Orthopäde 30:3–11 (2001)

[717] MULLIGAN, E.P.: Evaluation and management of ankle syndesmosis injuries. Physical Therapy in Sport 12:57–69 (2011)

[718] MULLINS, J.; SALLIS, J.: Recurrent sprain of the ankle joint with diastasis. J Bone Joint Surg Br 40:270–273 (1958)

[719] MUNDINGER, P.; FISCHER, W.: Hochauflösende MRT der Bänder des oberen Sprunggelenkes. Anatomie und typische Befunde. Fuß & Sprunggelenk 8:130–142 (2010)

[720] MURALT, R.H.: Luxation der Peronealsehnen. Z Orthop 87:263–274 (1956)

[721] MURR, S.: Dislocation of the peroneal tendons with marginal fracture of the lateral malleolus. J Bone Joint Surg 43 B:563–565 (1961)

[722] MUSKAT, G.: Die Luxation der Peroneussehnen. Verh Dtsch Ges Orthop 35:271–277 (1916)

[723] MYERSON, M.S.: Adult acquired flat foot deformity: treatment of posterior tibial tendon insufficiency. AAOS Instructional course lecture annual 46:393 (1995)

[724] MYERSON, M.S.: Adult acquired flatfoot deformity: treatment of dysfunction of the posterior tibial tendon. J Bone Joint Surg Am 78:780–792 (1996)

[725] MYERSON, M.S.: Foot and Ankle Disorders, W.B. Saunders Philadelphia (2000)

[726] NAKANO, K.; HATANAKA, I.; CHEN, V.: Beitrag zur Behandlung der Peronaeussehnenluxation. Orthop Praxis 16:857–865 (1980)

[727] NAKASA, T.; FUKUHARA, K.; ADACHI, N.; OCHI, M.: The deficit of joint position sense in the chronic unstable ankle as measured by inversion angle replication error. Arch Orthop Trauma Surg 128:445–449 (2008)

[728] NAUCK, T.; LOHRER, H.; GOLLHOFER, A.: Evaluation of arthrometer for ankle instability: a cadaveric study. Foot Ankle Int 31:612–618 (2010)

[729] NAULT, M.L.; HÉBERT-DAVIES, J.; LAFLAMME, G.Y.; LEDUC, S.: CT Scan assessment of the syndesmosis: A new reproducible method. J Orthop Trauma 27:638–641 (2013)

[730] NAVA, B.E.: Traumatic dislocation of the tibialis posterior tendon at the ankle. Report of a case. J Bone Joint Surg Br 50:150–151 (1968)

[731] NAVARRE, M.: A propos du syndrome du sinus du tarse. Acta Orthop Belg 32:743–754 (1966)

[732] NELSON, D.R.; YOUNGER, A.: Acute posttraumatic planovalgus foot deformity involving hindfoot ligamentous pathology. Foot Ankle Clin 8:521–537 (2003)

[733] NEUBERT, M.; STEINBRÜCK, K.: Die Peronealsehnenluxation – Klinik und Therapie. Sportverletzung-Sportschaden 5:175–177 (1991)

[734] NEUMAIER-PROBST, E.; MAAS, R.; MEENEN, N.M.: Isolated fracture of the posterolateral tibial lip (Volkmann's triangle). Acta Radiol. 38:359–62 (1997)

[735] NIELSON, J.H.; GARDNER, M..J.; PETERSON, M.G. et al.: Radiographic measurements do not predict syndesmotic injury in ankle fractures: an MRI study. Clin Orthop 436:216–221 (2005)

[736] NIEMI, W.J.; SAVIDAKIS, J. jr.; DeJESUS, J.M.: Peroneal subluxation: A comprehensive review of the literature with case presentations. Foot Ankle 36:141–145 (1997)

[737] NIETHARD, F.U.; PLAUE, R.: Das hintere Tibiakantenfragment als prognostisches Kriterium. Arch Orthop Unfallchir 87:213–221 (1977)

[738] NIGST, H.: Über Malleolarfrakturen: Pronations-Dorsalflexions-Frakturen, Bedeutung des hinteren Volkmannschen Dreieckses, Pseudarthrosen des Malleolus tibialis. Monatsschr Unfallheilkd Versicherungsmed 64:351–355 (1961)

[739] NIKI, H.; CHING, R.P.; KISER, P.; SANGEORZAN, B.J.: The effect of posterior tibial tendon dysfunction on hindfoot kinematics. Foot & Ankle Int 22:292–300 (2001)

[740] NIKOLOPOULOUS, C.E.: Anterolateral instability of the ankle joint. An anatomical, experimental and clinical study (dissertation). Athens, Greece: University of Athens (1982)

[741] NIKOLOPOULOUS, C.E., TSIRIKOS, A.I.; SOUTMELIS, S. et al.: The accessory anterioinferiot tibiofibular ligament as a cause of talar impingement. A cadaveric study. J Sports Med 32:389–395 (2004)

[742] NITZ, A.J.; DOBNER, J.J.; KERSEY, D.: Nerve injury and grade II and III ankle sprains. Am J Sports Med 13:177–182 (1985)

[743] NOBEL, W.: Peroneal palsy due to haematoma in the common peroneal nerve sheath after distal torsional fractures and inversion ankle sprains. J Bone Joint Surg Am 48:1484–1495 (1966)

[744] NORKUS, S.A.; FLOYD, R.T.: The anatomy and mechanisms of syndesmotic ankle sprains. J Athl Train 36:68–73 (2001)

[745] NUCCION, S.L.; HUNTER, D.M.; DIFIORI, J.: Dislocation of the posterior tibial tendon without disruption of the flexor retinaculum. A casre report and review of the literature. Am J Sports Med 29:656–659 (2001)

[746] NUSSBAUM, E.D.; HOSEA, T.M.; SIELER, S.D.; INCREMONA, B.R.; KESSLER, D.E.: Prospective evaluation of syndesmotic ankle sprains without diastasis. J Sports Med 29:31–35 (2001)

[747] NYSKA, M.; VOLSTEIN, R.; BARZILAI, Y.; LONDON, E.; LOWE, J.: The surgical treatment of symptomatic os trigonum. Aus 5th Turkish Sports Traumatology Arthroscopy and Knee Surgery Congress Istanbul Oct 24–27 (2000)

[748] O'CONNOR, D.: Sinus tarsi syndrome. A clinical entity. J Bone Joint Surg Am 40:720 (1958)

[749] O'DONOGHUE, D.H.: Treatment of injuries to athletes. 2nd edition. Philadelphia: W.B. Saunders (1970)

[750] O'RAHILLY, R.: A survey of carpal and tarsal anomalies. J Bone Joint Surg Am 35: 626–642 (1953)
[751] OAE, K.; TAKAO, M.; NAITO, K.; UCHIO, Y.; KONO, T.; ISHIDA, J.; OCHI, M.: Injury of the tibiofibular syndesmosis: Value of MR imaging for diagnosis. Radiology 227:155–161 (2003)
[752] OAKES, B.W.: Acute soft tissue injuries – Nature and management. Australian Family Physician 10:1–16 (1981)
[753] ODEN, R.R.: Tendon injuries about the ankle resulting from skiing. Clin Orthop 216:63–69 (1987)
[754] OGDEN, J.A.; GANEY, T.M.; OGDEN, D.A.: The histopathology of injury to the accessory malleolar ossification center. J Pediatr Orthop 16:61–62 (1996)
[755] OGDEN, J.A.; GROGAN, D.P.: Prenatal skeletal development and growth of the musculoskeletal system. In: Albright J.A.; Brand, R.A. eds. The scientific basis of orthopaedics, 2nd ed. New York: Appleton & Lange:47–91 (1987)
[756] OGDEN, J.A.; GROGAN, D.P.; LIGHT, T.R.: Postnatal skeletal development and growth of the musculoskeletal system. In: Albright J.A.; Brand, R.A. eds. The scientific basis of orthopaedics, 2nd ed. New York: Appleton & Lange:91–161 (1987)
[757] OGDEN, J.A.; LEE, J.: Accessory ossification patterns and injuries of the malleoli. J Pediatr Orthop 10:306–316 (1990)
[758] OGILVIE-HARRIS, D.J.; GILBART, M.K.; CHORNEY, K.: Chronic pain following ankle sprains in athletes: the role of arthroscopic surgery. Arthroscopy 13:564–574 (1997)
[759] OGILVIE-HARRIS, D.J.; REED, S.C.; HEDMAN, T.P.: Disruption of the ankle syndesmosis: biomechanical study of the ligamentous restraints. Arthroscopy 10: 558–560 (1994)
[760] OGILVIE-HARRIS, D.J.; REED, S.C.: Disruption of the ankle syndesmosis: diagnosis and treatment by arthroscopic surgery. Arthroscopy 10:561–568 (1994)
[761] OKAZAKI, K.; NAKASHIMA, S.; NOMURA, S.: Stress fracture of an os peroneum. J Orthop Trauma 17:654–656 (2003)
[762] OKUDA, R.; KINOSHITA, M.; MORIKAWA, J.; YASUDA. T.; ABE, M.: Arthroscopic findings in chronic lateral ankle instability. Do focal chondral lesions influence the results of ligament reconstruction? Am J Sport Med 33:35–42 (2005)
[763] OLIVA, F.; DEL FRATE, D.; FERRAN, N.A.; MAFFULLI, N.: Peroneal tendons subluxation. Sports Med Arthrosc Rev 17:105–111 (2009)
[764] OLOFF, L.M.; SCHULHOFER, S.D.; BOCKO, A.P.: Subtalar joint arthroscopy for sinus tarsi syndrome: a review of 29 cases. J Foot Ankle Surg 40:152–157 (2001)
[765] ORTHNER, E.: Die Peronaeussehnenluxation. Hefte zur Unfallheilkunde 205. Springer Heidelberg (1991)
[766] ORTHNER, E.; POLCIK, J.; SCHABUS, R.: Die Luxation der Peroneussehnen. Unfallchirurg 92:589–594 (1989)
[767] ORTHNER, E.; SCHABUS, R.: Die Tenographie der Peroneussehnenscheide. Ein Weg zur Diagnose der Peroneussehnenluxation. Akt Traumatol 17:38–40 (1987)
[768] OSTRUM, R.F.; De MEO, P.; SUBRAMANIAN, R.: A critical analysis of the anterior-posterior radiographic anatomy of the ankle syndesmosis. Foot Ankle 16:128–131 (1995)
[769] OTIS, J.C.; GAGE, T.: Function of the posterior tibial tendon muscle. Foot & Ankle Clinics 6 (1):1–14 (2001)
[770] OTTO, W.A.: Neue seltene Beobachtungen zur Anatomie, Physiologie und Pathologie. Gehörig:40 (1816)
[771] OUTLAND, T.: Sprains and separations of the inferior tibiofibular joint without important fracture. AmJ Surg 59:320–329 (1943)
[772] OUZOUNIAN, T.J.; MYERSON, M.S.: Dislocation of the posterior tibial tendon. Foot Ankle 13:215–219 (1992)

[773] OZBAG, D.; GUMUSALAN, Y.; UZEL, M.; CETINUS, E.: Morphometrical features of the human malleolar groove. Foot & Ankle Int 29:77–82 (2008)

[774] OZEKI, S.; KITAOKA, H.; UCHIYAMA, E.; LUO, Z.-P.; KAUFMAN, K.; AN, K.-N.: Ankle ligament tensile forces at the end points of passive cirmumferential rotating motion of the ankle and subtalar joint complex. Foot Ankle Int 27:965–969 (2006)

[775] OZEKI, S.; YASUDA, K.; KANEDA, K.; YAMAKOSHI, K.; YAMANOI, T.: Simultaneous strain measurement with determination of a zero strain reference for the medial and lateral ligaments of the ankle. Foot Ankle Int 23:825–832 (2002)

[776] ÖZNUR, A.; ARIK, A.; ALANAY, A.: Peroneus quartus muscle as a rare cause of the chronic lateral ankle pain. Foot & Ankle Surg 8:227–230 (2002)

[777] PAI, V.S.: Medial malleolar fracture associated with deltoid ligament rupture. J Foot Ankle Surg 38:420–422 (1999)

[778] PAKARINEN, H.; FLINKKILÄ, T.; OHTONEN, P.; HYVÖNEN, P.; LAKOVAARA, M.; LEPPILAHTI, J.; RISTINIEMI, J.: Intraoperative assessment of the stability of the distal tibiofibular joint in supination-external rotation injuries of the ankle. J Bone Joint Surg Am 93:2057–2061 (2011)

[779] PANCHBHAVI, V.K.; TREVINO, S.G.: Peroneal tendoscopy and report on anomalies diagnosed. Foot Ankle Surg 9:131–135 (2003)

[780] PANKOVICH, A.M.: Fractures of the fibula at the distal tibiofibular syndesmosis. Clin Orthop Rel Res 143:138–147 (1979)

[781] PANKOVICH, A.M.: Maisonneuve fracture of the fibula. J Bone Joint Surg Am 58: 337–342 (1976)

[782] PANKOVICH, A.M.; SHIVARAM, M.S.: Anatomical basis of variability in injuries of the medial malleolus and the deltroid ligament. I. Anatomicals studies. Acta Orthop Scand 50:217–223 (1979)

[783] PANKOVICH, A.M.; SHIVARAM, M.S.: Anatomical basis of variability in injuries of the medial malleolus and the deltoid ligament. II. Clinical studies. Acta Orthop Scand 50:225 (1979)

[784] PARISIEN, J.S.: Arthroscopy of the posterior subtalar joint: a preliminary report. Foot and Ankle 6:219–224 (1986)

[785] PARISIEN, J.S.; VANGSNESS, T.: Arthroscopy of the subtalar joint: an experimental approach. Arthroscopy 1:53–57 (1985)

[786] PARK, H.-J.; CHA, S.-D.; KIM, S.S.; RHO, M.-H.; KWAG, H.-J.; PARK, N.-H.; LEE, S.-Y.: Accuracy of MRI findings in chronic lateral ankle ligament injury: Comparison with surgical findings. Clinical Radiology 67:1–6 (2011)

[787] PARK, J.C.; Mc LAURIN, T.M.: Acute syndesmosis injuries associated with ankle fractures. Bull NYU Hosp Jt Dis 67:39–44 (2009)

[788] PARK, S.S.; KUBIAK, E.N.; EGOL, K.A.; KUMMER, F.; KOVAL, K.J.: Stress radiographs after ankle fracture: the effect of ankle position and deltoid ligament status on medial clear space measurements. J Orthop Trauma 20:11–18 (2006)

[789] PATERSON, F.W.N.; BENJAMIN, A.: Instability of the ankle due to a separate centre of ossification in the lateral malleolus. Injury 15:330–333 (1984)

[790] PATTERSON, W.R.; FITZ, D.A.; SMITH, W.S.; ARBOR, A.: The pathologic anatomy of congenital convex pes valgus. J Bone Joint Surg Am 50:458–466 (1968)

[791] PATTERSON, M.J.; COX, K.: Peroneus longus tendon rupture as a cause of chronic lateral ankle pain. Clin Orthop 365:163–166 (1999)

[792] PAUL, D.; WACHTER, L.: Die Bedeutung von Frakturen des Volkmannschen Dreiecks für die Entstehung der posttraumatischen Arthrose. Beitr Orthop 18:152–157 (1971)

[793] PAUL, J.; KNUPP, M.; CAMATHIAS, C.; GREITEMANN, B.; FUHRMANN, R.; KRÜGER-FRANKE, M.; ENGELHARDT, M.; VALDERRABANO, V.: Evidenz in der Versorgung der akuten und chronischen OSG-Instabilitäten. Sport Ortho Trauma 28:258–265 (2012)

[794] PAYNE, K.A.; BERG, K.; LATIN, R.W.: Ankle injuries and ankle strength flexibility, and proprioception in college basketball players. J Athletic Training 32:221–225 (1997)

[795] PEDUTO, A.J.; TRUDELL, D.J.; RESNICK, D.L.: Fibulotalocalcaneal ligament: Magnetic resonance imaging findings with cadaver correlation. J Comput Assist Tomogr 33:444–448 (2009)

[796] PELET, S.; SAGLINI, M.; GAROFALO, R.; WETTSTEIN, M.; MOUHSINE, E.: Traumatic rupture of both peroneal longus and brevis tendons. Foot Ankle Int 24:721–723 (2003)

[797] PEÑA, F.A.; COETZEE, J.C.: Ankle syndesmosis injuries. Foot Ankle Clin N Am 11:35–50 (2006)

[798] PENG, J.-R.: Solving the dilemma of the high ankle sprain in the athlete. Sports Med Arthrosc Rev 8:316–325 (2000)

[799] PERLMAN, M.D.; WERTHEIMER, S.J.; LEVEILLE, D.W.: Traumatic dislocations of the tibialis posterior tendon: a review of the literature and two case reports. J Foot Surg 29:253–259 (1990)

[800] PERNKOPF, E.: Topographische Anatomie des Menschen, Band II, 2. Hälfte. Urban und Schwarzenberg, Berlin (1943)

[801] PERRIN, P.P.; BENE, M.C.; PERRIN, C.A. et al.: Ankle trauma significantly impairs postural control: a study in basketball players and controls. Int J Sports Med 18:387–392 (1997)

[802] PERRY, M.B.; PREMKUMAR, A.; VENZON, D.J.; SHAWKER, T.H.; GERBER, L.H.: Ultrasound, magnetic resonance imaging, and posterior tibialis dysfunkction. Clin Orthop 408:225–231 (2003)

[803] PESSINA, R.: Os peroneum fracture. A case report. Clin Orthop Relat Res 227:261–264 (1988)

[804] PETER, R.E.; HARRINGTON, R.M.; HENLEY, M.B.; TENCER, A.F.: Biomechanical effects of internal fixation of the distal tibiofibular syndesmotic joint: comparison of two fixation techniques. J Orthop Trauma 8:215–219 (1994)

[805] PETERS, J.W.; TREVINO, S.G.; RENSTROM, P.A.: Chronic lateral ankle instability.Foot Ankle 12:182–191 (1991)

[806] PETERSEN, W.; TILLMANN, B.: Topographische und funktionelle Anatomie des oberen Sprunggelenkes. Arthroskopie 14:154–159 (2001)

[807] PETERSEN, W.; HOHMANN, G.; STEIN, V.; TILLMANN, B.: The blood supply of the posterior tibial tendon. J Bone Joint Surg 84:141–144 (2002)

[808] PETERSEN, W.; LIEBAU, C.; BRÜGGEMANN, G.-P.; ELLERMANN, A.; BEST; R.; GÖSELE-KOPPENBURG, A.; REMBITZKI, I.V.: Neue Aspekte in der Therapie von Bandverletzungen des Sprunggelenkes. Orthopädische Praxis 46:431–436 (2010)

[809] PETERSEN, W.; LIEBAU, C.; BRÜGGEMANN, G.-P.; ELLERMANN, A.; BEST; R.; GÖSELE-KOPPENBURG, A.; REMBITZKI, I.V.: Phasenadaptierte Therapie akuter Bandverletzungen des Sprunggelenkes beim Sportler. Sport Ortho Trauma 26:254–260 (2010)

[810] PETERSON, L.; RENSTRÖM, P.: Verletzung der Syndesmose. In: PETERSON, L.; RENSTRÖM, P. (Eds.): Verletzungen im Sport. Deutscher Ärzte-Verlag, Köln: 372–374 (2005)

[811] PETRERA, M.; DWZER, T.; OGILVIE-HARRIS, D.J.: A rare cause of foot pain with golf swing: symptomatic os vesalianum pedis – a case report. Sports Health 5(4):357–359 (2013)

[812] PIAZZA, S.J.: Mechanics of the subtalar joint and its function during walking. Foot Ankle Clin N Am 10:425–442 (2005)

[813] PICCOLO, P.; SANFILIPPO, A.; CORSELLO, C.; LETIZIA, B.: La Sindrome Seno-Tarsica In Esito A Fratture Di Calcagno. Chirurgia del Piede 12/1–2:87–91 (1988)

[814] PICOU, R.: Insertions inférieures du muscle long péronier lateral: Anomalie de ce muscle. Bull Soc Anat Paris 8:160–164 (1894)

[815] PICOU, R.: Quelques considérations sur les insertions du muscle long péronier lateral à la plante du pied. Rev Orthop:216–220 (1894)

[816] PIETU, G.; LETENNEUR, J.; HUGUET, D.: Dislocation of the tendon of the posterior tibial muscle and fract of the lateral malleolus. An other equivalent of bimalleolar fracture? Rev Chir Orthop Reparat Apparat Mor 79:127–130 (1993)

[817] PIJNENBURG, A.C.; BOGAARD, K.; KRIPS, R.; MARTI, R.K.; BOSSUYT, P.M.; VAN DIJK, C.N.: Operative and functional treatment of rupture of the latral ligament of the ankle. A randomized, prospective trial. J Bone Joint Surg Br 85:525–530 (2003)

[818] PIJNENBURG, A.C.M.; GLAS, A.S.; DE ROOS, M.A.J.; BOGAARD, K.; LIJMER, J.G.; BOSSUYT, P.M.M.; BUTZELAAR, R.M.J.M.; KEEMAN, J.N.: Radiography in acute ankle injuries: The Ottawa ankle rules versus local diagnostic decision rules. Ann Emerg Med 39:599–604 (2002)

[819] PIPKIN, G.: Sprains. J Miss State Med Assoc 45:569 (1948)

[820] PISANI, G.: Considerazioni sull' artrosi della sottoastragalica. Atti Colloque international sur l'arthrose du cou-du-piéd et du piéd – Charleroi 16–17 Ottobre (1977)

[821] PISANI, G.: Chronic laxity of the subtalar joint. Orthopaedics 19:431- 437 (1996)

[822] PISANI, G.; MILANO, L.: Considerazioni su alcuni reperti operatori in corso di interventi per sindromi seno-tarsiche. Minerva Ortopedica 33:89–92 (1982)

[823] PISANI, G.; PISANI, P.C.; PARINO, E.: Sinus tarsi syndrome and subtalar joint instability. Clin Podiatr Med Surg 22:63–77 (2005)

[824] PLATTNER, P.F.: Tendon problems of the foot and ankle. Postgrad Med 86:155–169 (1989)

[825] PLAUE, R.: Das hintere Tibiakantenfragment als prognostisches Kriterium. Hefte Unfallheilk 131:184–191 (1978)

[826] PLAUE, R.: Die Diagnostik der Deltaband- und Syndesmosenschäden. Archiv für orthopädische und Unfall-Chirurgie 64:346–378 (1968)

[827] PNEUMATICOS, S.G.; NOBLE, P.C.; CHATZIIOANNOU, S.N.; TREVINO, S.G.: The effects of rotation on radioraphic evaluation of the tibiofibular syndesmosis. Foot Ankle Int 23:107–111 (2002)

[828] PODZIMEK, F.: Die Röntgenaufnahme des oberen Sprunggelenkes bei Belastung zum Nachweis von Verletzungen der tibiofibularen Syndesmose. Beitr Orthop 12:415–418 (1965)

[829] POINTINGER, H.; MUNK, P.; POESCHL, G.: Rupture of the extensor digitorum longus muscle. Additional finding in an ankle sprain. Europ J Trauma 3:161–163 (2003)

[830] POIRIER, P.; CHARPY, A.: Traité d'Anatomie Humaine. Vol 1, Paris, Masson (1899)

[831] POIRIER, P.; CHARPY, A.: Traité d'Anatomie Humaine. Tome 1, Paris, Masson (1926)

[832] PÖLL, R.G.; DUIJFJES, F.: The treatment of recurrent dislocation of the peroneal tendons. J Bone Joint Surg 66-B/1:98–100 (1984)

[833] POMEROY, G.C.; HOWARD, M.R.; BEALS, T.C.; MANOLI, A.: Acquired flatfoot in adults due to dysfunction of the posterior tibial tendon. J Bone Joint Surg 81: 1173–1182 (1999)

[834] PORTER, D.; McCARROLL, J.; KNAPP, E.; TORMA, J.: Peroneal tendon subluxation in athletes: fibular groove deepening and retinacular reconstruction. Foot Ankle Int 26:436–441 (2005)

[835] PORTER, D.A.: Evaluation and treatment of ankle syndesmosis injuries. Instr Course Lect 58:575–581 (2009)

[836] PORTER, D.A.: Ligamentous injuries of the foot and ankle, in FITZGERALD, R.H.; KAUFER, H.; MALKANI, A.L. (Eds.): Orthopaedics. St. Louis, MO, Mosby: 1607–1621 (2002)

[837] PORTER, D.A.; BAXTER, D.E.; CLANTON, T.O.; KLOOTWYK, T.E.: Posterior tibial tendon tears in young competitive athletes: two case reports. Foot Ankle Int 19:627–630 (1998)

[838] POWELL, H.D.W.: Extra centre of ossification for the medial malleolus in children. Incidence und significance. J Bone Joint Surg 43-B:107–113 (1961)

[839] POZO, J.L.; JACKSON, A.M.: A rerouting operation for dislocation of peroneal tendons. Operative technique and case report. Foot Ankle 5:42–44 (1984)

[840] PRADO, M.P.; De Carvalho, A.E.; RODRIGUES, C.J.; FERNANDES, T.D.; MENDES, A.A.; SALOMAO, O.: Vascular density of the posterior tibial tendon: A cadaver study. Foot & Ankle Int. 27:628–631 (2006)

[841] PRESTON, E.T.: Avulsion of both quadriceps tendons in hyperparathyroidism. J Am Med Assn 221:406–407 (1972)

[842] PRINS, J.G.: Diagnosis and treatment of injury to the lateral ligament of the ankle. A comparative clinical study. Acta Chir Scand (Suppl) 486:3–149 (1978)

[843] PURNELL, M.L.; DRUMMOND, D.S.; ENGBAR, W.D.; BREED, A.L.: Congenital dislocation of the peroneal tendons in the calcaneovalgus foot. J Bone Joint Surg 65B:316–319 (1983)

[844] PURVIS, G.D.: The unstable oblique distal fibular fracture. Clin Orthop Related Res 92:330–337 (1973)

[845] PUYHAUBERT, A.: Luxation congénitale des tendons péroniers. Z Orthop Chir XXI: 667 (1908)

[846] RADKE, J.; FINK, G.: Zur Morphologie des Sulcus malleolaris lateralis – ein Beitrag zur Ätiologie der Peronäalsehnenluxationen. Z Orthop 113:858–863 (1975)

[847] RAHEEM, O. A.; O'BRIEN, M.: Anatomical review of the lateral collateral ligaments of the ankle: a cadaveric study. Anat Sci Int 86:189–193 (2011)

[848] RAIGA, A.: Le canal calcanéen. La Presse Méd 31:808 (1923)

[849] RAIKIN, S.M.: Intrasheath subluxation of the peroneal tendons. J Bone Joint Surg Am 91, Suppl 2 (Part 1):146–155 (2009)

[850] RAIKIN, S.M.; ELIAS, I.; NAZARIAN, L.N.: Intrasheath subluxation of the peroneal tendons. J Bone Joint Surg Am 90:992–999 (2008)

[851] RAITH, W.; HEMPFLING, H.; PUTZ, R.: Die Blutversorgung der medialen Taluskante. Fuß & Sprunggelenk 6:201–206 (2008)

[852] RAMMELT, S.; GRASS, R.; BIEWENER, A.; ZWIPP, H.: Bandverletzungen am oberen Sprunggelenk. Trauma und Berufskrankheit 5:170–178 (2003)

[853] RAMMELT, S.; ZWIPP, H.; GRASS, R.: Injuries to the distal tibiofibular syndesmosis: an evidence-based approach to acute and chronic lesions. Foot Ankle Clin N Am 13:611–633 (2008)

[854] RAMMELT, W.; SCHNEIDERS, R.; GRASS, S.; REIN, H.; ZWIPP, H.: Ligamentous injuries to the ankle joint. Z Orthrop Unfall 149:e45-e67 (2011)

[855] RAMON, R.; GALLART, F.J.; RIBA, J. et al: Traumatic dislocation of the tibialis posterior tendon at the ankle level. Trauma 26:1049 (1986)

[856] RAMSEY, P.L.; HAMILTON, W.: Changes in tibiofibular area of contact caused by lateral talar shift. J Bone Joint Surg 58-A:356–357 (1976)

[857] RANG, M.: Childrens fractures. 2nd ed. Philadelphia, Pa: JB Lippincott Company (1983)

[858] RASK, M.R.; STEINBERG, L.H.: The pathognostic sign of tendoperoneal subluxation. Report of a case treated conservatively. Orthop Rev 8:65–68 (1979)

[859] RASMUSSEN, O.: Stability of the ankle joint: analysis of the function and traumato-logy of the ankle ligaments. Acta Orthop Scand 211:1–75 (1985)

[860] RASMUSSEN, O.; KROMANN-ANDERSEN, C.; BOE, S.: Deltoid Ligament. Functional analysis of the medial collateral ligamentous apparatus of the ankle joint. Acta Orthop Scand 54:36–44 (1983)

[861] RASMUSSEN, O.; TOVBORG-JENSEN, I.: Mobility of the ankle joint: recording of rotatory movements in the talocrural joint in vitro with and without the lateral collateral ligaments of the ankle. Acta Orthop Scand 53:155–160 (1982)

[862] RASMUSSEN, O.; TOVBORG-JENSEN, I.; BOE, S.: Distal tibiofibular ligaments. Analysis of function. Acta Orthop Scand 53:681–686 (1982)

[863] RAU, H.; EL SIGAI, A.: Fraktur des Volkmann'schen Dreiecks.Hefte Unfallheilkd 94:183–187 (1968)

[864] RAY, R.G.; KRIZ, B.M.: Anterior inferior tibiofibular ligament. Variations and relationship to the talus. J Am Podiatr Med Assoc 81:479–485 (1991)

[865] REERINK, H.: Die Behandlung der frischen Luxatin der Peroneussehnen. Zentralbl Chir 28:33–36 (1901)

[866] REFIOR, H.J.: Therapie von Band- und Retinaculaverletzungen des Rückfußes. Z Orthop 113:709–713 (1975)

[867] REGAN, T.P.; HUGHSTON, J.L.: Recurrent ankle sprain secondary to anomalous peroneal tendon: A case report. Clin Orthop 123:52–54 (1977)

[868] REIMANN, R.: Der laterale Bereich des Unterschenkels und des Fußrückens in funktioneller und phylogenetischer Sicht. Gegenbaurs Morphol Jahrb 128:211–213 (1982)

[869] RENSTROM, P.A: Persistently painful sprained ankle. J Am Acad Orthop Surg 2:270–280 (1994)

[870] RENSTROM, P.A.; THEISS, M.: Biomechanik der Verletzung der Sprunggelenkbänder. Sportverl Sportschad 7:29–35 (1997)

[871] RENSTROM, P.A.; WERTZ, M.; INCAVO, S.; POPE, M.; OSTGAARD, H.C.; ARMS, S.; HAUGH, L.: Strain in the lateral ligaments of the ankle. Foot Ankle 9:59–63 (1988)

[872] RENSTROM, P.A.; KANNUS, P.: Injuries of the foot an ankle. In: DeLEE, J.C.; DREZ, D. jr. (eds): Orthopaedic Sports Medicine: Principles and Practice. Philadelphia, W.B. Saunders:1705 (1994)

[873] RENSTROM, P.A.; KONRADSEN, L.: Ankle ligament injuries. Br J Sports Med 31:11–20 (1997)

[874] RESNICK, D.; KANG, H.S.; PRETTERKLIEBER, M.L.: Internal derangements of joints (2. Ed.). Saunders Elsevier Philadelphia (2007)

[875] RETZIUS, A.: Bemerkungen über ein schleuderförmiges Band in dem Sinus tarsi des Menschen und mehrerer Tiere. In: Müller J (Hrsg) Archiv für Anatomie, Physiologie und wissenschaftliche Medizin. Heft 5:497–505 (1841)

[876] RHODES, R.A.; STELLING, C.B.: Calcific tendinitis of the flexors of the forefoot. Ann Emerg Med 15:751–753 (1986)

[877] RIAZA, A.; MIRALLES, M.; SAURA, E.: Sindrome del seno del tarso. Comunicazione XI Congresso del Collège International de Médecine et le Chirurgie du Piéd – Bruxelles: 26–28 (1975)

[878] RICHIE, D.H.: Functional instability of the ankle and the role of neuromuscular control: a comprehensive review. Foot Ankle Surg 40:240–251 (2001)

[879] RIEGLER, H.F.: Reconstruction for lateral instability of the ankle. J Bone Joint Surg 66A:336–339 (1984)

[880] RIGBY, R.B.; COTTOM, J.M.; ROZIN, R.: Isolated calcaneofibular ligament injury: a report of two cases. J Foot Ankle Surg 54:487–489 (2015)

[881] RINGLEB, S.I.; DHAKAL, A.; ANDERSON, C.D.; BAWAB, S.; PARANJAPE, R.: Effects of lateral ligament sectioning on the stability of the ankle and subtalar joint. J Orthrop Res 29:1459–1464 (2011)

[882] ROCKETT, M.S.; WAITCHES, G.; SUDAKOFF, G.; BRAGE, M.: Use of ultrasonography versus magnetic resonance imaging for tendon abnormalities around the Ankle. Foot Ankle Int 19:604–612 (1998)

[883] RODINEAU, J.; DAUBINET, G.: Problems diagnostiques et thérapeutiques de la luxation des péroniers latéraux au cours des activités sportives. Ann Med Phys 24:238–246 (1981)

[884] ROEMER, F.W.; JOMAAH, N.; NIU, J.; ALMUSA, E.; ROGER, B.; D'HOOGHE, P.; GEERTSEMA, C.; TOL, J.L.; KHAN, K.; GUERMAZI, A.: Ligamentous injuries and the risk of associated tissue damage in acute ankle sprains in athletes: A Cross-sectional MRI Study. Am J Sports Med 42:1549–1557 (2014)
[885] ROGGATZ, J.; URBAN, A.: The calcareous peritendinitis of the long peroneal tendon. Arch Orthop Traumat Surg 96:161–164 (1980)
[886] ROLF, C.; GUNTNER, P.; EKENMAN, I.; TURAN, I.: Dislocation of the tibialis posterior tendon: diagnosis and treatment: J Foot Ankle Surg 36:63–65 (1997)
[887] ROLLE, W.A. jr.; HERBISON, G.J.; WAPNER, K.L.; SCHWEITZER, M.E.: Traumatic focal posterior tibialis muscle denervation. Foot Ankle Int 16:363–367 (1995)
[888] ROOT, M.; WEED, J.; SGARLATO, T. et al.: Axis of motion of the subtalar joint. J Am Podiatr Assoc 56:149–155 (1966)
[889] ROSE, J.D.; FLANIGAN, K.P.; MLODZIENSKI, A.: Tibiofibular diastasis without ankle fracture: a review and report of two cases. Foot Ankle Surg 41:44–51 (2002)
[890] ROSENBERG, Z.S.: Chronic rupture of the posterior tibial tendon. MRI Clin North Am 2:79–87 (1994)
[891] ROSENBERG, Z.S.; BELTRAN, J.; CHEUNG, Y.Y.; COLON, E.; HERRAIZ, F.: MR features of longitudinal tears of the peroneus brevis tendon. AJR 168:141–147 (1997)
[892] ROSENBERG, Z.S.; FELDMAN, F.; SINGSON, R.D.: Peroneal tendon injuries: CT Analysis. Radiology 161:743–748 (1986)
[893] ROSENBERG, Z.S.; FELDMAN, F.; SINGSON, R.D.; PRICE, G.J.: Peroneal tendon injury associated with calcaneal fractures: CT Findings. AJR 149:125–129 (1987)
[894] ROSENBERG, Z.S.; JAHSS, M.H.; NOTO, A.M.; SHEREFF, M.J.; CHEUNG, Y.; FREY, C.C.; NORMAN, A.: Rupture of the posterior tibial tendon: CT and Surgical Findings. Radiology 176:489–493 (1988)
[895] ROSENMULLER, J.: De mon nullis musculorum corpus humani varietatibus. Leipzig (1804)
[896] ROUSSIGNOL, X.; LAGRAVE, B.; BERTHIAUX, S.; DUPARC, F.; DUJARDIN, F.: Posterior tibial tendoscopy: Description of an accessory proximal portal and assessment of tendon vascularization lesion according to portal. Foot Ankle Surg 19:22–26 (2013)
[897] ROUVIÉRE, H.: Anatomie humaine, Tome II, Masson et Cie, 304, Paris (1924)
[898] RUBIN, G.; WITTEN, M.: The talar-tilt angle and the fibular collateral ligaments. J Bone Joint Surg 42A:311–326 (1960)
[899] RUBIN, G.; WITTEN, M.: The subtalar joint and the symptom of turning over on the ankle: a new method of evaluation utilizing tomography. Am J Orthop 4:16–9 (1962)
[900] RUTH, C.J.: The surgical treatment of injuries of the fibular collateral ligaments of the ankle. J Bone Joint Surg 43 A:229–239 (1961)
[901] SABACINSKI, K.A.; WALTER, J.H.; SAFFO, G.: Anatomical and histologic investigation of the syndesmotic area in the ankle joint. J Am Pod Med Assoc 80:204–210 (1990)
[902] SAFRAN, M.; BENEDETTI, R.; BARTOLOZZI, A. et al.: Lateral ankle sprains: a comprehensive review. Part 1: etiology, pathoanatomy, histopathogenesis, and diagnosis. Med Sci Sports Exerc 31:429–437 (1999)
[903] SAFRAN, M.R.; O'MALLEY, D. jr.; FU, F.H.: Peroneal tendon subluxation in athletes: new exam technique, case reports, and review. Med. Sci Sports Exerc 31: S487-S492 (1999)
[904] SALTER, R.B.; HARRIS, W.R.: Injuries involving the epiphyseal plate. J Bone Joint Surg 45A:587–622 (1963)
[905] SAMMARCO, G.J.: Biomechanics of the ankle. Am J Sports Med 5:231–234 (1977)
[906] SAMMARCO, G.J.: Peroneal tendon injuries. OCNA 25 (1):135–145 (1994)
[907] SAMMARCO, G.J.; BRAINARD, B.J.: A symptomatic anomalous peroneus brevis in a high-jumper. J Bone Joint Surg 73-A:131–133 (1991)

[908] SAMMARCO, G.J.; COOPER, P.S.: Flexor hallucis longus tendon injury in dancers and nondancers. Foot Ankle Int 19 (6): 356–362 (1998)

[909] SAMMARCO, G.J.; DI RAIMONDO, C.V.: Chronic peroneus brevis tendon lesions. Foot Ankle 9:163–170 (1989)

[910] SAMMARCO, G.J.; HENNING, C.: Peroneus tertius muscle as a cause of snapping and ankle pain. Am J Sports Med 35:1377–1379 (2007)

[911] SAMMARCO, G.J.; MILLER, E.H.: Partial rupture of the flexor hallucis longus tendon in classical ballet dancers: two case report. J Bone Joint Surg Am 61 (1): 149–150 (1979)

[912] SAMMARCO, V.J.: Peroneal tendoscopy. Indications and Techniques. Sports Med Arthrosc Rev 17:94–99 (2009)

[913] SAMMARCO, V.J.; CUTTICA, D.J.; SAMMARCO, G.J.: Lasso stitch with peroneal retinaculoplasty for repair of fractured os peroneum. Clin Orthop Relat Res 468:1012–1017 (2010)

[914] SANCHEZ-MARISCAL DIAZ F.; PIZONES ARCE, J.; MARTIN GUINEA, J.E.; NIEVA NAVARRO, F.: Peroneal tenosynovitis caused by peroneal tubercle osteochondroma. Foot Ankle Surg 7:249–252 (2001)

[915] SANDOR, L.: Zur traumatischen Genese des Os subtibiale. Beitr Orthop Traumatol 24:558–561 (1977)

[916] SARMIENTO, A.; WOLF, M.: Luxation of the peroneal tendons. Case treated by rerouting tendons under calcaneofibular ligament. J Bone Joint Surg 57 A:115–116 (1975)

[917] SARRAFIAN, S.K.: Anatomy of the Foot and Ankle. J.B. Lippincott, Philadelphia:113–217 (1993)

[918] SARRAFIAN, S.: Biomechanics of the subtalar joint complex. Clin Orthop 290:17–26 (1993)

[919] SARSAM, I.M.; HUGHES, S.P.: The role of the anterior tibiofibular ligament in talar rotation: an anatomical study. Injury 19:62–64 (1988)

[920] SASSE, M.; NIGG, B.M.; STEFANYSHYN, D.J.: Tibiotalar motion-effect of fibular displacement and deltoid ligament transection: in vitro study. Foot Ankle Int 20: 733–737 (1999)

[921] SAUER, H.D.; JUNGFER, E.; JUNGBLUTH, K.H.: Experimentelle Untersuchungen zur Reissfestigkeit des Bandapparates am menschlichen Sprunggelenk. In: Burri, C.; Rüter, A., editors. Verletzungen des oberen Sprunggelenkes. Berlin: Springer Verlag: 37–42 (1978)

[922] SAUPE, N.; MENGIARDI, B.; PFIRRMANN, C.W.A.; VIENNE, P.; SEIFERT, B.; ZANETTI, M.: Anatomic variants associated with peroneal tendon disorders: MR imaging findings in volunteers with asymptomatic ankles[1]. Radiology 242:509–517 (2007)

[923] SAVAGE-ELLIOTT, I.; MURAWSKI, C.D.; SMYTH, N.A.; GOLANÓ, P.; KENNEDY, J.G.: The deltoid ligament: an in-depth review of anatomy, function, and treatment strategies. Knee Surg Sports Traumatol Arthrosc 21:1316–1327 (2013)

[924] SCANLAN, R.L.; GEHL, R.S.: Peroneal tendon injuries. Clin Podiatr Med Surg 19:419–431 (2002)

[925] SCARFI, G.; VENEZIANI, C.; D'ORAZIO, P.: Sinus tarsi syndrome caused by osteoid osteoma: A report of two cases. Foot Ankle Surg 12:157–160 (2006)

[926] SCHÄFER, D.; HINTERMANN, B.: Arthroscopic assessment of the chronic unstable ankle joint. Knee Surg, Sports Traumatol, Arthroscopy 4:48–52 (1996)

[927] SCHEUBA, G.: Die Luxation der Tibialis posterior-Sehne. Monatsschr Unfallheilkd 72:540 (1969)

[928] SCHEYERER, M.J.; HELFET, D.L.; WIRTH, S.; WERNER, C.M.L.: Diagnostics in suspicion of ankle syndesmotic injury. Am J Orthop 40:192–197 (2011)

[929] SCHILDT, E.: Luxatio tendinum peroneorum. Nord Med 109:837–840 (1947)

[930] SCHMIDT, A.; RÜTT, J.: Die Bedeutung der Peronealssehnenscheide bei der Stabilität des lateralen Kapsel-Band-Apparates am oberen Sprunggelenk. Orthop Praxis 7:495–497 (1992)

[931] SCHMIDT, H.M.: Gestalt und Befestigung der Bandsysteme im Sinus und Canalis tarsi des Menschen. Acta Anatomica 102:184–194 (1978)

[932] SCHMIDT, H.M.: Die Artikulationsflächen der menschlichen Sprunggelenke. Adv Anat Embryol Cell Biol 66:1–81 (1981)

[933] SCHMIDT, H.M.: Gestalt und Befestigung der Bandsysteme im Sinus und Canalis tarsi des Menschen. Acta Anat 102:184–194 (1981)

[934] SCHMIDT, H.M.; GRÜNWALD, E.: Untersuchungen an den Bandsystemen der talocruralen und intertarsalen Gelenke des Menschen. Gegenbaurs Morphol Jahrb 127:792–831 (1981)

[935] SCHMIDT, R.; BECKER, H.P.; RAUHUT, F.; TANNHEIMER, M.: Neuromuskuläres Defizit bei chonischer Sprunggelenkinstabilität. Unfallchirurg 117:710–715 (2014)

[936] SCHNECK, C.D. et al.: MR imaging of the most commonly injured ankle ligaments. Part I. Normal anatomy. Radiology 184:499–506 (1992)

[937] SCHNEIDERBAUER, M.M.; FRIGG, A.; VALDERRABANO, V.; HINTERMANN, B.: Arthroskopische Befunde bei der chronischen Sprunggelenkinstabilität. Arthroskopie 18:104–111 (2005)

[938] SCHOCK H.J.; PINZUR, M.; MANION, L.; STOVER, M.: The use of gravity of manual-stress radiographs in the assessment of supination-external rotation fractures of the ankle. J Bone Joint Surg Br 89:1055–1059 (2007)

[939] SCHON, L.C.; CLANTON, T.O.; BAXTER, D.E.: Reconstruction for subtalar instability: a review. Foot & Ankle 11:319–325 (1991)

[940] SCHREIBER, A.; DIFFERDING, P.; ZOLLINGER; H.: Talus partitus. J Bone Joint Surg 67B:430–431 (1985)

[941] SCHUBERTH, J.M.; COLLMAN, D.R.; RUSH, S.M.; FORD, L.A.: Deltoid ligament integrity in lateral malleolar fractures: a comparative analysis of arthroscopic and radiographic assessments. J Foot & Ankle Surg 43:20–29 (2004)

[942] SCHÜTZE, F.; MAAS, U.: Osteochondrale Mitbeteiligung bei fibulotalaren Bandrupturen. Z Kinderchir 44:91–93 (1989)

[943] SCHWAMBORN, M.; SCHMIDT, R.; BENESCH, S.; BECKER, H.P.; GERNGROSS, H.: Residualzustände nach Kapselbandverletzungen des Sprunggelenkes. Akt Traumatol 29:193–197 (1999)

[944] SCHWARZENBACH, B., DORA, C.; LANG, A.; KISSLING, R.O.: Blood vessels of the sinus tarsi syndrome. Clin Anat 10:173–182 (1997)

[945] SCRANTON, P.E.; MC DERMOTT, J.E.: Anterior tibiotalar spurs: a comparison of open versus arthroscopic debridement. Foot Ankle Int 13:125–129 (1992)

[946] SCRANTON, P.E.; Mc MASTER, J.H.; KELLY, E.: Dynamic fibular function. Clin Orthop 118:76–81 (1976)

[947] SCURRAN, B.L.: Foot and Ankle Trauma. Chapter 28, Ankle fractures by Gumann, G. Churchill Livingstone, New York: 579–625 (1990)

[948] SEDGWICK, W.G.; SCHOENECKER, P.L.: Congenital diastasis of the ankle joint: case report of a patient treated and followed to maturity. J Bone Joint Surg 64-A: 450–453 (1982)

[949] SEILER, H.: Anatomie und Funktion des oberen Sprunggelenks – Überprüfung bisheriger Konzepte und Korrektur – eine experimentelle Studie. Habilitationsschrift. Medizinische Fakultät Homburg/Saar (1982)

[950] SELBY, S.: Separate centers of ossification of the tip of the internal malleolus. AJR 86:496–501 (1961)

[951] SENALL, J.A.; KILE, T.A.: Stress radiography. Foot Ankle Clin 5:165–184 (2000)

[952] SERFLING, H.J.; BRÜCKNER, R.; FLEMMING, F.: Eine historische Studie zum Begriff des Volkmannschen Dreiecks. Zentralbl Chir 91:1457–1466 (1966)

[953] SEWELL, R.B.S.: A study of the astragalus, part II. J Anat Physiol 38:423 (1904)

[954] SEYBOLD, D.; PALLAPIES, V.; HAMEL, J.: Standardisierter Einsatz bildgebender Verfahren (Sonographie/MRT) zur Darstellung der Sehne des M. tibialis posteror bei Tibialis-posterior-Dysfunktion. FussSprungg 1:230–239 (2004)

[955] SHANDS, A.R. jr.: The accessory bones of the foot. An X-Ray study of the feet of 1,054 patients. Southern Med and Surg 93:326–334 (1931)

[956] SHARMA, R.; JOMHA, N.M.; OTTO, D.D.: Recurrent dislocation of the tibialis posterior tendon. Am J Sports Med 34:1852–1854 (2006)

[957] SHARON, S.M.; KNUDSEN, H.A.; GASTWITH, C.M.: Post-traumatic recurrent subluxation of the tibialis posterior tendon. J Am Psychoanal Assoc 68:500 (1978)

[958] SHEAR, M.S.; BAITCH, S.P.; SHEAR, D.B.: Sinus tarsi syndrome: the importance of biomechanically-based evaluation and treatment. Arch Phys Med Rehabil 74: 777–781 (1993)

[959] SHEPHERD, F.J.: A hitherto undescribed fracture of the astragalus J Anat Physiol 17:79–81 (1882)

[960] SHEREFF, M.J.: Radiographic analysis of the foot and ankle. In: Jahss, M.H., Editor. Disorders of the foot and ankle. 2nd edition. Philadelphia: W.B. Saunders: 91–108 (1991)

[961] SHIBUYA, N.; RAMANUJAM, C.L.; GARCIA, G.M.: Association of tibialis posterior tendon pathology with other radiographic findings in the foot: a case-control study. Foot & Ankle 47:546–553 (2008)

[962] SHYAMSUNDAR, S.; WAZIR, A.; ALLEN, P.E.: Variations in the insertion of peroneus longus tendon – A cadaver study. J Foot Ankle Surg 18:293–295 (2012)

[963] SIDEY, J.D.: Weak ankles: a study of common peroneal nerve entrapment neuropathy. BMJ 3:623–629 (1969)

[964] SIEGLER, S.; BLOCK, J.; SCHNECK, C.D.: The mechanical characteristics of the collateral ligaments of the human ankle joint. Foot Ankle 8:234–242 (1988)

[965] SIEGLER, S.; UDUPA, J.K.; RINGLEB, S.I.; IMHAUSER, C.W.; HIRSCH, B.E.; ODHNER, D.; SAHA, P.K.; OKEREKE, E.; ROACH, N.: Mechanics of the ankle und subtalar joints revealed through a 3D quasi-static stress MRI technique. J Biomech 38:567–578 (2005)

[966] SIJBRANDIJ, E.S.; VAN GILS, P.G.; VAN HELLEMONDT, F.J.; LOUWERENS, J.W.K.; DE LANGE, E.: Assessing the subtalar joint: The Brodén view revisited. Foot Ankle Int 22:329–334 (2001)

[967] SINGER, K.M.; JONES, D.C.; TAILLON, M.R.: Ligament injuries of the ankle and foot. In: Nicholas J.A.; Hershman, E.B., eds. The Lower Extremity and Spine in Sports Medicine, Vol 1, 2nd ed. St Louis, MO: CV Mosby:423–440 (1995)

[968] SING-RANGER, G.; MARATHIAS, A.: Comparison of current local practice and the Ottawa ankle rules to determine the need for radiography in acute ankle injury. Accid Emerg Nurs 7:201–6 (1999)

[969] SINNATAMBY, C.S.: Last's Anatomy. Regional and applied. 10th ed. London: Churchill Livingstone (1999)

[970] SKIE, M.C.; EBRAHEIM, N.A.; WOLDENBERG, L.; RANDALL, K.: Fracture of the anterior colliculus. J Trauma 38:642–647 (1995)

[971] SLATER, H.K.: Acute peroneal tendon tears. Foot Ankle Clin N Am 12:659–674 (2007)

[972] SLAVIK, M.; ŠPRINDRICH, J.: Syndesmosis tibiofibularis. Acta Chir Orthop Traum Cech 49:391–398 (1982)

[973] SLAWSKI, D.P.; WEST, O.C.: Syndesmotic ankle injuries in rodeo bull riders. Am J Orthop 26:794–797 (1997)

[974] SLOVENKAI, M.P.: Radiography of the ankle. Foot Ankle 5:149–164 (2000)

[975] SMITH, B.: The astragalo-calcaneo-navicular joint. J Anat Phys 30:390–412 (1896)

[976] SMITH, J.W.: The ligamentous structures in the canalis and sinus tarsi. J Anat 92:616–620 (1958)

[977] SMITH, R.W.; REISCHL, S.F.: Treatment of ankle sprains in young athletes. Am J Sports Med 14:465–471 (1986)

[978] SMITH, R.W.; REISCHL, S.: The influence of dorsoflexion in the treatment of severe ankle sprains: an anatomical study. Foot Ankle 9:28–33 (1988)

[979] SNEDDEN, M.H.; SHEA, J.P.: Diastasis with low distal fibula fractures: An anatomic rationale. Clin Orthop Relat Res 382:197–205 (2001)

[980] SNELL, R.S.: Atlas of clinical anatomy. Little, Brown and Comp, Boston (1978)

[981] SOBEL, M.; BOHNE, W.H.O.; O'BRIEN, S.J.: Peroneal tendon subluxatin in a case of anomalous peroneus brevis muscle. Acta Orthop Scand 63:682–684 (1992)

[982] SOBEL, M.; DiCARLO, E.F.; BOHNE, W.H.; COLLINS, L.: Longitudinal splitting of the peroneus brevis tendon: an anatomic and histologic study of cadaveric materia. Foot Ankle 12:165–170 (1991)

[983] SOBEL, M.; GEPPERT, M.J.; HANNAFIN, J.A.; BOHNE, W.H.; ARNOCZKY, S.P.: Microvascular anatomy of the peroneal tendons. Foot Ankle 13:469–472 (1992)

[984] SOBEL, M.; GEPPERT, M.J.; OLSON, E.J.; BOHNE, W.H.; ARNOCZKY, S.P.: The dynamics of peroneus brevis tendon splits: a proposed mechanism, technique of diagnosis, and classification of injury. Foot Ankle 13:413–422 (1992)

[985] SOBEL, M.; LEVY, M.E.; BOHNE, W.H.O.: Longitudinal attrition of the peroneus brevis tendon in the fibular groove: an anatomic study. Foot Ankle 11:124–128 (1990)

[986] SOBEL, M.; PAVLOV H.; GEPPERT, M.J. et al.: Painful os peroneum syndrome: a spectrum of conditions responsible for plantar lateral foot pain. Foot Ankle Int 15:112–124 (1994)

[987] SOLER, R.R.; GALLART CASTANY, F.J.; RIBA FERRET, J.; GARCIA RAMIRO, S.: Traumatic dislocation of the tibialis posterior tendon at the ankle level. J Trauma 26:1049–1052 (1986)

[988] SÖNMEZ, M.; KOSAR, I.; ÇIMEN, M.: The supernumerary peroneal muscles: case report and review of the literature: Foot Ankle Surg 6:125–129 (2000)

[989] SOPOV, V.; LIBERSON, A.; GROSHAR, D.: Bone scintigraphic findings of os trigonum: a prospective study of 100 soldiers on active duty. Foot Ankle Int. 21:822–824 (2000)

[990] SPAHN, G.: The ankle meter: an instrument for evaluation of anterior talar drawer in ankle sprain. Knee Surg Sports Traumatol Arthrosc 12:338–342 (2004)

[991] SPEER, K.S.; BASSETT, F.: Longitudonal rupture of the peroneal tendons. Am J Sports Med 21:354–357 (1993)

[992] ST. PIERRE, R.; ALLMAN, F.; BASSETT, F.H.; GOLDNER, J.L.; FLEMING, L.L.: A review of lateral ankle ligamentous reconstructions. Foot Ankle 3:114–123 (1982)

[993] STAGNI, R.; LEARDINI, A.; O'CONNOR, J.J.; GIANNINI, S.: Role of passive structures in the mobility and stability of the human subtalar joint: a literature review. Foot Ankle Int 24:402–409 (2003)

[994] STANDRING, S.; ELLIS, H.; HEALY, J.C.; JOHNSON, D.; WILLIAMS, A.; COLLINS, P.: Gray's anatomy: the anatomical basis of clinical practice. 39th ed. London: Churchill Livingstone (2004)

[995] STANISH, W.D.; VINCENT, N.: Recurrent dislocation of the tibialis posterior tendon. A case report with a new wurgical approach. Can J Appl Sports Sci 9:220 (1984)

[996] STANITSKI, C.L.; MICHELI, L.J.: Observations on symptomatic medial malleolar ossification centers. J Pediatr Ortop 13:164–168 (1993)

[997] STAPLES, O.: Injuries to the medial ligaments of the ankle. J Bone Joint Surg Am 42:1287 (1960)

[998] STAPLES, O.S.: Result study of ruptures of lateral ligaments of the ankle. Clin Orthop 85:50–58 (1972)

[999] STAPLES, O.S.: Ruptures of the fibular collateral ligaments of the ankle. Result study of immediate surgical repair. J Bone Joint Surg 57-A:101–107 (1975)

[1000] STARCK, D.; FRICK, H.: Repetitorium anatomicum. Georg Thieme Verlag Stuttgart (1967)

[1001] STARKE, W.; BRÖHL, F.; PIETRON, H.P.; SCHILLING, H.: Bandverletzungen des oberen Sprunggelenkes. Unfallh 64:60 (1981)

[1002] STASKO, P.M.; MC SPADDEN, C.K.; JUNG, R.; MENDICINO, R.W.; CATANZARITI, A.R.: Incidence of talar dome lesions with concomitant peroneal tendon pathologic features: a magnetic resonance imaging evaluation. J Foot Ankle Surg 51:579–582 (2012)

[1003] STEENSMA, M.R.; ANDERSON, J.G.; BOHAY, D.R.: Update on diseases and treatment of the peroneal tendon, inclucing peroneal tendon tear, subluxing peroneal tendon, and tendinosis. Current Opinion in Orthopaedics 16:60–64 (2005)

[1004] STEINHÄUSER, J.: Differenzierungsstörungen und Variationen des Fußskelettes. In: WITT, A.N.; RETTIG, H.; SCHLEGEL, K.F.: Orthopädie in Praxis und Klinik Thieme, Stuttgart: 2.1–2.27 (1985)

[1005] STEPHENS, M.M.; SAMMARCO, G.J.: The stabilisation role of the lateral ligament complex around the ankle and the subtalar joint. Foot Ankle 13:130–136 (1992)

[1006] STIEDA, L.: Ueber secundare fusswurzelknochen. Arch Physiol Wissensch Med:108–111 (1869)

[1007] STIEHL, J.B.: Concomitant rupture of the peroneus brevis tendon and bimalleolar fracture. J Bone Joint Surg 70-A:936–938 (1988)

[1008] STIENSTRA, J.J.: Normale und abnormale arthroskopische Anatomie des Sprunggelenkes. Clin Med Surg Podiatr 4:847–860 (1987)

[1009] STOFF, M.D.; GREENE, A.F.: Common peroneal nerve palsy following inversion ankle injury: a report of 2 cases. Phys Ther 62:1463–1464 (1982)

[1010] STORMONT, D.M.; MORREY, B.F.; AN, K.N.; CASS, J.R.: Stability of the loaded ankle: relation between articular restraint and primary and secondary static restraints. Am J Sports Med 13:295–300 (1985)

[1011] STOVER, C.N.; BRYAN, D.R.: Traumatic dislocation of the peroneal tendons. Am J Surg 103:180–186 (1962)

[1012] STRASSER, H.: Lehrbuch der Muskel- und Gelenkmechanik. 3. Band: Die untere Extremität. Springer, Berlin (1917)

[1013] STRAUSS, J.E.; FORSBERG, J.A.; LIPPERT, F.G., 3rd : Chronic lateral ankle instability and associated conditions: a rationale for treatment. Foot Ankle Int 28: 1041–1044 (2007)

[1014] STREIB, E.W.: Traction injury of the peroneal nerve caused by minor athletic trauma: electromyographic studies. Arch Neurol 40:62–63 (1983)

[1015] SUGIMOTO, K.; KASANAMI, R.; IWAI, M.; TAKAKURA, Y.; KAWATE, K.: Achilles tendon rupture associated with injury of the calcaneofibular ligament. J Orthop Trauma 17:534–535 (2003)

[1016] SUGIMOTO, K.; SAMOTO, N.; TAKAOKA, T.; TAKAKURA, Y.; TAMAI, S.: Subtalar arthrography in acute injuries of the calcaneofibular ligament. J Bone Joint Surg Br 80:785–790 (1998)

[1017] SUGIMOTO, K.; TAKAKURA, Y.; SAMOTO, N.; NAKAYAMA, S.; TANAKA, Y.: Subtalar arthrography in recurrent instability of the ankle. Clin Orthop 394:169–176 (2002)

[1018] SUGIMOTO, K.; TAKAKURA, Y.; OKAHASHI, K.; SAMOTO, N.; KAWATE, K.; IWAI, M.: Chondral injuries of the ankle with recurrent lateral instability: A arthroscopic study: J Bone Joint Surg Am 91:99–106 (2009)

[1019] SÜKÖSD, L.: Biometrische Untersuchungen mit einem Bewegungssimulator nach Bandläsion des oberen Sprunggelenkes. Z Orthop 120:518 (1982)

[1020] SUTHERLAND, D.H.: An electromyographic study of the plantar flexors of the ankle in normal walking on the level. J Bone Joint Surg 48A:66–71 (1966)

[1021] SZCZUKOWSKI, J.L.: Computerized tomography in the evaluation of peroneal tendon dislocation. Am J Sports Med 11:444 (1983)

[1022] TACHDJIAN, M.O. Pediatr Orthop:1270. W.B.Saunders, Philadelphia (1972)

[1023] TAGA, I.; SHINO, K.; INOUE, M.; NAKATA, K.; MAEDA, A.: Articular cartilage lesions in ankles with lateral ligament injury. An arthroscopic study. Am J Sports Med 21:120–126 (1993)

[1024] TAILLARD, W.; MEYER, J.M.; GARCIA, J.; BLANC, J.: The Sinus Tarsi Syndrome. Intern Orthopaedics (SICOT) 5:117–130 (1981)

[1025] TAKAO, M.; OCHI, M.; NAITO, K.; IWATA, A.; KAWASAKI, K.; TOBITA, M.; MIYAMATO, W.; OAE, K.: Arthroscopic diagnosis of tibiofibular syndesmosis disruption. Arthroscopy 17:836–843 (2001)

[1026] TAKAO, M.; OCHI, M.; OAE, K. et al.: Diagnosis of a tear of the tibiofibular syndesmosis: The role of arthroscopy of the ankle. J Bone Joint Surg 85:324–329 (2003)

[1027] TAKAO, M.; UCHIO, Y.; NAITO, K.; FUKAZAWA, I.; OCHI, M.: Arthroscopic assessment for intra-articular disorders in residual ankle disability after sprain. Am J Sports Med 33:686–692 (2005)

[1028] TAKAO, M.; INNAMI, K.; MATSUSHITA, T.; UCHIO, Y.; OCHI, M.: Arthroscopic and magnetic resonance image appearance and reconstruction of the anterior talofibular ligament in cases of apparent functional ankle instability. Am J Sports Med 36:1542–1547 (2008)

[1029] TAKEBAYASHI, T.; YAMASHITA, T.; SAKAMOTO, N.; YAMADA, Y.; MINAKI, Y.; ISHII, S.: Biomechanical characteristics of the lateral ligament of the ankle joint. J Foot Ankle Surg 41:154–157 (2002)

[1030] TAKECHI, H.; ITO, S.; TAKADA, T.; NAKAYAMA, H.: Trabecular architecture of the ankle joint. Anat Clin 42:227–233 (1982)

[1031] TALJANOVIC, M.S.; ALCALA, J.N.; GIMBER, L.H.; RIEKE, J.D.; CHILVERS, M.M.; LATT, L.D.: High-resolution US and MR imaging of peroneal tendon injuries. Radiographics 35:179–199 (2015)

[1032] TANAKA, Y.; TAKAKURA, Y.; AKIYAMA, K.; ICHII, Y.; TAMAI, S.: Painful hypertrophic peroneal tubercle syndrome. Foot Diseases II (1):29–33 (1995)

[1033] TAŞER, F.; SHAFIQ, Q.; EBRAHEIM, N.A.: Anatomy of lateral ankle ligaments and their relation-ship to bony landmarks. Surg Radiol Anat 28:391–397 (2006)

[1034] TAŞER, F.; TOKER, S.; KILINÇOĞLU, V.: Evaluation of morphometric characteristics of the fibular incisura on dry bones. Joint Dis Rel Surg 20:52–58 (2009)

[1035] TAYLOR, D.C.; ENGELHARDT, D.L.; BASSETT, F.H. 3rd : Syndesmosis sprains of the ankle. The influence of heterotopic ossification. Am J Sports Med 20:146–150 (1992)

[1036] TAYLOR, D.C.; BASSETT, F.H.: Syndesmosis ankle sprains: diagnosing the injury and aiding recovery. Physician Sportsmed 21:39–46 (1993)

[1037] TAYLOR, D.C.; TENUTA, J.J.; UHORCHAK, J.M.; ARCIERO, R.A.: Aggressive surgical treatment and early return to sports in athletes with grade III syndesmosis sprains. Am J Sports Med 35:1833–1838 (2007)

[1038] TAYLOR, K.F.; BOJESCUL, J.A.; HOWARD, R.S.; MIZEL, M.S.; MC HALE, K.A.: Measurement of isolated subtalar range of motion: A cadaver study. Foot Ankle Int. 22:426–432 (2001)

[1039] TEITZ, C.C.; HARRINGTON, R.M.: A biomechanical analysis of the squeeze test for sprains of the syndesmotic ligaments of the ankle. Foot Ankle Int 19:489–492 (1998)

[1040] TERAMOTO, A.; KURA, H.; UCHIYAMA, E.; SUZUKI, D.; YAMASHITA, T.: Three-dimensional analysis of ankle instability after tibiofibular syndesmosis injuries: a biomechanical experimental study. Am J Sports Med 36:348–352 (2008)

[1041] TESTUT, L.: Les Anomalies Musculaires Chez l'Homme Expliquées par l'Anatomie Comparée: Leur Importance en Anthropologie:588–694, 705–732, 735–737, 741–744, Paris, Masson (1884)

[1042] TESTUT, L.; LATARJET, A.: Traite d'Anatomie Humaine, 9th Ed. Paris, Doin & Cie:711–715 (1948)

[1043] TESTUT, L.; LATARJET, A.: Tratado de anatomia humana. Barcelona, Salvat Editores, SA (1985)

[1044] THEIN, R.; EICHENBLAT, M.: Arthroscopic treatment of sports-related synovitis of the ankle. Am J Sports Med 20:496–498 (1992)

[1045] THERMANN, H.; ZWIPP, H.; TSCHERNE, H.: Treatment algorithm of chronic ankle and subtalar instability. Foot Ankle Int 18:163–169 (1997)

[1046] THOMA, W.; JÄGER, A.; KURTH, A.A.: Die diagnostische Wertigkeit eines einfachen klinisch-manuellen Testes bei akuten Instabilitäten am oberen Sprunggelenk. Akt Traumatol 29:198–202 (1999)

[1047] THOMAS, J.L.; LOPEZ-BEN, R.; MADDOX, J.: A preliminary report on intra-sheath peroneal tendon subluxation: a prospective review of 7 patients with ultrasound verification. Foot Ankle Surg 48:323–329 (2009)

[1048] THOMPSON, F.M.; PATTERSON, A.H.: Rupture of the peroneus longus tendon. J Bone Joint Surg 71-A:293–295 (1989)

[1049] THOMPSON, G.R.; TING, M.Y.; RIGGS, G.A.; FENN, M.E.; DENNING, R.M.: Calcific tendinitis and soft-tissue calcification resembling gout. JAMA 203:464–472 (1968)

[1050] TILING, T.: Arthroskopische Chirurgie bei der chronischen Instabilität des oberen Sprunggelenks. Hefte zur Unfallheilkunde, Heft 204, Springer-Verlag Berlin • Heidelberg (1989)

[1051] TILLAUX, P.: Recherches cliniques et expérimentales sur les factures malléolarires. Bull Acad Med Ser 2 (1):817 (1872)

[1052] TOCHIGI, Y.: Effect of arch supports on ankle-subtalar complex instability: a biomechanical experimental study. Foot Ankle Int 24:634–639 (2003)

[1053] TOCHIGI, Y.; AMENDOLA, A.; RUDERT, M.J.; BAER, T.E.; BROWN, T.D.; HILLIS, S.L.; SALTZMAN, C.L.: The role of the interosseous talocalcaneal ligament in subtalar joint stability. Foot Ankle Int 25:588–596 (2004)

[1054] TOCHIGI, Y.; SUH, J.-S.; AMENDOLA, A.; PEDERSEN, D.R.; SALTZMAN, C.L.: Ankle alignment on lateral radiographs. Part 1: Sensitivity of measures to perturbations of ankle positioning. Foot Ankle Int 27:82–87 (2006)

[1055] TOCHIGI, Y.; YOSHINAGA, K.; WADA, Y. et al: Acute inversion injury of the ankle: Magnetic resonance imaging and clinical outcomes. Foot Ankle Int 19:730–734 (1998)

[1056] TOENDURY, G.: Rauber-Kopsch, Lehrbuch und Atlas der Anatomie des Menschen. Bd I. Thieme, Stuttgart:417–426 (1968)

[1057] TOLDT, C.: Anatomischer Atlas für Studierende und Ärzte, 2nd ed 242–243, Berlin, Wien, Urban und Schwarzenberg (1900)

[1058] TOLDT, C.: Anatomischer Atlas, 11. Aufl. Urban und Schwarzenberg, München (1914)

[1059] TÖNDURY, G.: Angewandte und topographische Anatomie. Georg Thieme Verlag Stuttgart (1951)

[1060] TORG, J.S.: Zitiert nach Balduini, F.C.; Tetzlaff, J. (1982): Historical perspectives on injuries of the ligaments of the ankle. Clin Sports Med I: 3–12 (1982)

[1061] TORNETTA, P. III: Competence of the deltoid ligament in bimalleolar ankle fractures after medial malleolar fixation. J Bone Joint Surg 82-A:843–848 (2000)

[1062] TOUSSAINT, R.J.; LIN, D.; EHRLICHMAN, L.K.; ELLINGTON, J.K.; STRASSER, N.; KWON, J.Y.: Peroneal tendon displacement accompanying intra-articular calcaneal fractures. J Bone Joint Surg Am 96:310–315 (2014)

[1063] TRACY, E.A.: The calcaneo-fibular ligament and its neighborhood based on dissections. Boston M. and S.J. 160:369 (1909)

[1064] TRATTNIG, S.; BREITENSEHER, M.; HALLER, J.; HEINZ-PEER, G.; KUKLA, C.; IMHOF, H.: Sinus tarsi syndrome. MRI diagnosis. Radiologe 35:463–467 (1995)

[1065] TRNKA, H.J.; IVANIC, G; TRATTNIG, S.: Arthrography of the foot and ankle: ankle and subtalar joint. Foot Ankle Clin 5:49–62 (2000)
[1066] TROLLE, D.: De to accessoriske knogler: os subtibiale og os subfibulare i relation til diagnosen af malleolarfracturer. Nord Med 25:247–249 (1945)
[1067] TROLLE, D.: Accessory bones of the human foot. A radiological, histo-embryological, comparative-anatomical, and genetic study. Copenhagen: Einar Munksgaard: 27–31 (1948)
[1068] TROPP, H.: Functional instability of the ankle joint. Thesis, University of Linköping. Linköping, Sweden:7–34 (1985)
[1069] TROPP, H.: Pronator muscle weakness in functional instability of the ankle joint. Int J Sports Med 7:291–294 (1986)
[1070] TROPP, H.; ASCLING, C.; GILLQUIST, J.: Prevention of ankle sprains. Am J Sports Med 13:259–262 (1985)
[1071] TROPP, H.; ODENRICK, P.; GILLQUIST, J.: Stabilometry recordings in functional and mechanical instability of the ankle joint. Int J Sports Med 6:180–182 (1985)
[1072] TROPP, H.; ODENRICK, P.: Postural control in single-limb stance. J Orthop Res 6: 833–839 (1988)
[1073] TROUILLOUD, A.; DIA, A.; GRAMMONT, P.; GELLE, M.C.; AUTISSOER, J.M.: Variations du ligament calcaneo-fibulare (lig. calcane fibulare). Applications a la cinématique de la cheville. Bull Assoc Anat (Nancy) 72:31–35 (1988)
[1074] TULI, S.M.; VARMA, B.: Congenital diastasis of the tibiofibular mortise. J Bone Joint Surg (Br) 54:346–350 (1972)
[1075] TURCO, V.J.; GALLANT, G.G.: Occult trauma and unusual injuries in the foot and ankle. In: Nicholas, J.A.; Hershman, E.B., eds. The Lower Extremity and Spine in Sports Medicine. Vol. 1. 2nd ed. St Louis MO:CV Mosby:475–493 (1995)
[1076] TURNER, W.: A secondary astragalus in the human foot. J Anat Physiol 17:82 (1882)
[1077] UĞURLU, M.; BOZKURT, M.; DEMIRKALE, I.; CÖMERT, A.; ACAR, H.I.; TEKDEMIR, I.: Anatomy of the lateral complex of the ankle joint in relation to peroneal tendons, distal fibula and talus: a cadaveric study. Eklem Hastalik Cerrahisi 21:153–158 (2010)
[1078] UCERLER, H.; AKTAN, Z.A.: The variations of the sensory branches of the superficial peroneal nerve course and its clinical importance. Foot Ankle Int 26:942–946 (2005)
[1079] UCHIYAMA, E.; SUZUKI, D.; KURA, H.; YAMASHITA, T.; MURAKAMI, G.: Distal fibular length needed for ankle stability. Foot Ankle Int. 27:185–189 (2006)
[1080] UEBLACKER, P.; HÄNSEL, L.; SEEBAUER; L.; MÜLLER-WOHLFAHRT, H.W.: Die isolierte Ruptur der vorderen Syndesmose – eine häufig übersehene Verletzung. Darstellung eines Falles aus der Fußball-Europameisterschaft 2008 mit aktueller Literaturübersicht. Sport Ortho Trauma 25:311–315 (2009)
[1081] UHTHOFF, H.K.; LOEHR, J.W.: Calcific tendinopathy of the rotator cuff: Pathogenesis, diagnosis and management. J Am Acad Orthop Surg 5:183–191 (1997)
[1082] UHTHOFF, H.K.; SARKAR, K.; MAYNARD, J.A.: Calcifying tendinitis: a new concept of its pathogenesis. Clin Orthop Relat Res 118:164–168 (1976)
[1083] UNLU, M.C.; BILGILI, M.; AKGUN, I.; KAYNAK, G.; OGUT, T.; UZUN, I.: Abnormal proximal musculotendinous junction of the peroneus brevis muscle as a cause of peroneus brevis tendon tears: a cadaveric study. J Foot Ankle Surg 49:537–540 (2010)
[1084] UYS, H.D.; RIJKE, A.M.: Clinical association of acute lateral ankle sprain with syndesmotic involvement. A stress radiography and magnetic resonance imaging study. Am J Sports Med 30:816–822 (2002)
[1085] VAHVANEN, V.; WESTERLUND, M.; KAJANTI, M.: Sprained ankle in children. A clinical follow-up study of 90 children treated conservatively and by surgery. Ann Chir Gynaecol 72:71–75 (1983)

[1086] VAHVANEN, V.; WESTERLUND, M.; NIKKU, R.: Lateral ligament injury of the ankle in children. Follow-up results of primary surgical treatment. Acta Orthop Scand 55:21–25 (1984)

[1087] VALDERRABANO, V.; HINTERMANN, B.: Diagnostik und Therapie der medialen Sprunggelenkinstabilität. Arthroskopie 18:112–118 (2005)

[1088] VALDERRABANO, V.; HINTERMANN, B.; HORISBERGER; M. FUNG, T.S.: Ligamentous posttraumatic ankle osteroarthritis. Am J Sports Med 34:612–620 (2006)

[1089] VALDERRABANO, V.; LEUMANN, A.; PAGENSTERT, G.; FRIGG, A.; EBNETER, L.; HINTERMANN, B.: Chronische Instabilität des oberen Sprunggelenkes. Sportverl Sportschad 20:177–183 (2006)

[1090] VALDERRABANO, V.; MIEWIORSKI, M.; FRIGG, A.; HINTERMANN, B.; LEUMANN, A.: Chronische Instabilität des oberen Sprunggelenks. Unfallchirurg 110:691–700 (2007)

[1091] VALDERRABANO, V.; MIEWIORSKI, M.; FRIGG, A.; HINTERMANN, B.; LEUMANN, A.: Direkte anatomische Rekonstruktion des lateralen Bandapparats bei chronischer lateraler Instabilität des oberen Sprunggelenkes. Unfallchirurg 110:701–704 (2007)

[1092] VAN DEN BEKEROM, M.P.J.; MUTSAERTS, E.L.A.R.; NIEK , C.: Evaluation of the integrity of the deltoid ligament in supination external rotation ankle fractures: a systematic review of the literature. Arch Orthop Trauma Surg 129: 227–235 (2009)

[1093] VAN DEN BEKEROM, M.P.J.; OOSTRA, R.J.; ALVAREZ, P.G.; VAN DIJK, C.N.: The anatomy in relation to injury of the lateral collateral ligaments of the ankle: a current concepts review. Clin Anat 21:619–626 (2008)

[1094] VAN DEN HOOGENBAND, C.R.; VAN MOPPES, F.I.; STAPERT, J.W.; GREEP, J.M.: Clinical diagnosis, arthrography, stress examination and surgical findings after inversion trauma of the ankle. Arch Orthop Trauma Surg 103:115–119 (1984)

[1095] VAN DIJK, C.N.: On diagnostic strategies in patients with severe ankle sprain (master's thesis). Amsterdam: Universiteit van Amsterdam (1994)

[1096] VAN DIJK, C.N.; BOSSUYT, P.M.M.; MARTI, R.K.: Medial ankle pain after lateral ligament rupture. J Bone Joint Surg Br 78-B:562–567 (1996)

[1097] VAN DIJK, C.N.; KORT, N.: Tendoscopy of the peroneal tendons. Arthroscopy 14:471–478 (1998)

[1098] VAN DIJK, C.N.; MOL, B.W.J.; LIM, L.S.L.; MARTI, R.K.; BOSSUYT, P.M.M.: Diagnosis of ligament rupture of the ankle joint. Physical examination, arthrography, stress radiography and sonography compared in 160 patients after inversion trauma. Acta Orthop Scand 67:566–570 (1996)

[1099] VAN STERKENBURG, M.N.; HAVERKAMP, D.; VAN DIJK, C.N.; KERKHOFFS, G.M.M.J.: A posterior tibial tendon skipping rope. Knee Surg Sports Traumatol Arthrosc 18:1664–1666 (2010)

[1100] VAN WELLEN, P.A.; DE BOECK, H.; OPDECAM, P.: Nontraumatic dislocation of tibialis posterior tendon in a child. A case report. Arch Orthop Trauma Surg 112:243 (1993)

[1101] VASARHELYI, A.; LUBITZ, J.; ZEH, A.; WOHLRAB, D.; HEIN, W.; MITTLMEIER, T.: Dynamische Ganganalyse bei blockiertem distalem Tibiofibulargelenk nach Syndesmosenkomplexverletzung. Z Orthop Unfall 147:439–444 (2009)

[1102] VEGA, J.; GOLANÓ, P.; DALMAU, A.; VILADOT, R.: Tendoscopic treatment of intrasheath subluxation of the peroneal tendons. Foot & Ankle Int 32:1147–1151 (2011)

[1103] VERTULLO, C.: Unresolved lateral ankle pain. Aust Fam Phys 31: 247–253 (2002)

[1104] VIERNSTEIN, K.; ROSEMEYER, B.: Ein Operationsverfahren zur Behandlung der rezidivierenden Peronealsehnenluation beim Leistungssportler. Arch orthop Unfall-Chir 74:175–181 (1972)

[1105] VOGL, T.J.; HOCHMUTH, K.; DIEBOLD, T. et al.: Magnetic resonance imaging in the diagnosis of acute injured distal tibiofibular syndesmosis. Invest Radiol 32:401–409 (1997)

[1106] VOLKMANN, R. von: Ein Ligamentum „neglectum“ pedis (Lig. calcaneo-naviculare mediodorsale seu Sustentaculo-naviculare). Verh Anat Ges 64:483–490 (1970)

[1107] VOLKMANN, R. von: Wer trägt den Taluskopf wirklich und inwiefern ist der plantare Sehnenast des M. tib. post. als Bandsystem aufzufassen? Anat Anz 131:425–432 (1972)

[1108] VOLKMANN, R. von: Übersehenes und Verkanntes am anatomischen Substrat der Senkfußentstehung. Z Orthop 113:229–236 (1975)

[1109] VON VOLKMANN, R.: Bericht über die im Jahre 1873 in der chirurgischen Klinik zu Halle behandelten Krankheitsfälle. Beitr Chir:104–109 (1875)

[1110] WAGENER, M.L.; BEUMER, A.; SWIERSTRA, B.A.: Chronic instability of the anterior tibiofibular syndesmosis of the ankle. Arthroscopic findings and results of anatomical reconstruction. BMC Musculoskeletal Disorders 12:212 (2011)

[1111] WAGSTAFFE, W.W.: An unusual form of fracture of the fibula. St Thomas Hosp Rep 6:43 (1875)

[1112] WAIZY, H.; FRANK, D.: Ruptur der Sehne des M. peronaeus longus. FussSprungg 3:205–209 (2005)

[1113] WALDECKER, U.: Subtalar instability in acute, lateral sprain of the ankle? Foot Ankle Surg 6:113–118 (2000)

[1114] WALDECKER, U.; BLATTER, G.: Sonographic measurement of instability of the subtalar joint. Foot Ankle Int. 22:42–46 (2001)

[1115] WALTHER, M.; KRIEGELSTEIN, S.; ALTENBERGER, S.; VOLKERING, C.; RÖSER, A.; WÖLFEL, R.: Die Verletzung des lateralen Kapsel-Band-Apparats des Sprunggelenks. Unfallchirurg 116:776–780 (2013)

[1116] WANG, X.-T.; ROSENBERG, Z.S.; MECHLIN, M.B.; SCHWEITZER, M.E.: Normal variants and diseases of the peroneal tendons and superior peroneal retinaculum: MR Imgaging features[1]. RadioGraphics 25:587–602 (2005)

[1117] WASCHULEWSKI, H.: Os subtibiale I and II. Os subfibulare. Rontenpraxis 13:468–473 (1941)

[1118] WATSON-JONES, R.: Fractures and other bone and joint injuries. Baltimore, Williams & WILKENS: 580–583 (1940)

[1119] WATSON-JONES, R.: Fractures and joint injuries. 5th ed. New York: Churchill Livingstone:1140–1141 (1976)

[1120] WEBER; B.G: Die Verletzungen des oberen Sprunggelenkes. Verlag Hans Huber, Bern und Stuttgart (1966)

[1121] WEBER, B.G.: Die Verletzungen des oberen Sprunggelenkes. Verlag Hans Huber, Bern (1972)

[1122] WEIGEL, B.; NERLICH, M.: Diagnostik und Therapie der Bandverletzungen des Sprunggelenks. Chirurg 69:994–1010 (1998)

[1123] WEINDEL, S.; SCHMIDT, R.; RAMMELT, S.; CLAES, L.; V. CAMPE, A.; REIN, S.: Subtalar instability: a biomechanical cadaver study. Arch Orthop Trauma Surg 130:313–319 (2010)

[1124] WEINSTEIN, S.L.; BONFIGLIO, M.: Unusual accessory (bipartite) talus simulating fracture. J Bone Joint Surg 57:1161–1163 (1975)

[1125] WEISSMANN, J.A.; LAZIS, A.K.: Über die röntgenologischen Symptome der distalen tibiofibularen Syndesmose. Fortschr Röntgenstr 113:46–51 (1980)

[1126] WENDA, K.; ZOCHOLL, G.; RUDIGIER, J.: Erweiterte Röntgendiagnostik des unteren Sprunggelenkes. Unfallchirurgie 13:218–222 (1987)

[1127] WEST, M.A.; SANGANI, C.; TOH, E.: Tibialis posterior tendon rupture associated with a closed medial malleolar fracture: a case report and review of the literature. Foot & Ankle Surg 49:565.e9–565.e12 (2010)

[1128] WESTON, W.J.: Case reports: peroneal tendinitis calcarea. Br J Radiol 32:134–135 (1959)

[1129] WIESLER, E.R.; HUNTER, D.M.; MARTIN, D.F. et al.: Ankle flexibility and injury patterns in dancers. Am J Sports Med 24:754–757 (1996)

[1130] WILDENAUER, E.: Die Blutversorgung des Talus. Z Anat Entwicklungsges 115:32–36 (1950)

[1131] WILKERSON, G.B.: Treatment of inversion ankle sprains through synchronous application of focal compression and cold. Athletic Training 26:220–237 (1991)

[1132] WILKERSON, G.B.; NITZ, A.J.: Dynamic ankle stability: mechanical and neuromuscular interrelationships. J Sport Rehabil 3:43–57 (1994)

[1133] WILKERSON, G.B.; PINEROLA, J.J.; CATURANO, R.W.: Invertor vs. evertor peak torque an power deficiencies associated with lateral ankle ligament injury. J Orthop Sports Phys Ther 26:78–86 (1997)

[1134] WILLAUSCHUS, W.; RIEGER, S.; FREYSCHMIDT, J.: Painful Os Peroneum Syndrom (POPS) Fuß & Sprunggelenk 13:36–44 (2015)

[1135] WILLENEGGER, H.: Die Behandlung der Luxationsfrakturen des oberen Sprunggelenkes nach biomechanischen Gesichtspunkten.Helv Chir Acta 28:225 (1961)

[1136] WILLENEGGER, H.; TAUBER, J.; LANDOLT, M.; MÜLLER, J.; PLAASS, U.; BROGHAMMER, H.: Spätergebnisse nach konservativ und operativ behandelter Malleolarfraktur. Helv Chir Acta 38:321 (1971)

[1137] WILLENEGGER, H.; WEBER, B.G.: Malleolarfrakturen in: Technik der operativen Frakturenbehandlung (Müller, Allgöwer, Willenegger). Springer Verlag Berlin (1963)

[1138] WILLIAMS, B.T.; AHRBERG, A.B.; GOLDSMITH, M.T.; CAMPBELL, K.J.; SHIRLEY, L.; WIJDICKS, C.A.; LA PRADE, R.F.; CLANTON, T.O.: A Qualitative and quantitative anatomic analysis. Am J Sports Med 43:88–97 (2015)

[1139] WILLIAMS, G.N.; JONES, M.H.; AMENDOLA, A.: Syndesmotic ankle sprains in athletes. Am J Sports Med 35:1197–1202 (2007)

[1140] WILLIAMS, M.M.; FERKEL, R.D.: Subtalar arthroscopy: indications, technique and results. Arthroscopy 14:373–381 (1998)

[1141] WILLIAMS, P.L.; WARWICK, R.; DYSON, M.; BANNISTER, L.H. (eds): Gray's Anatomy. Edinburgh, Livingstone:651 (1989)

[1142] WILSON, F.: Fractures and dislocations of the ankle. In: ROCKWOOD, C.; GREEN, D.: Fractures. J.B. Lippincott, Philadelphia 2:1361–1399 (1975)

[1143] WILSON, R.W.; GIECK, J.H.; GANSEDER, B.M. et al.: Reliability and responsiveness of disablement measures following acute ankle sprains among athletes. J Orthop Sports Phys Ther 27:348–355 (1998)

[1144] WIND, W.M.; ROHRBACHER, B.J.: Peroneus longus and brevis rupture in a collegiate athlete. Foot Ankle Int 22:140–143 (2001)

[1145] WIRTH, C.J.: Frische und rezidivierende Peronealsehnenluxation. Orthop Praxis 6:449–451 (1983)

[1146] WIRTH, C.J.; KÜSSWETTER, W.; JÄGER, M.: Biomechanik und Pathomechanik des oberen Sprunggelenkes. H Unfallh 131:10 (1978)

[1147] WITKOWSKI, G.P.; BILKHU, S.K.; SISKOSKY, M.J.; GATES, M.E.; Demetropoulos, C.K.; FORTIN, P.T.: Effects of hindfoot constraint on syndesmotic displacement. Foot Ankle Int 30:367–374 (2009)

[1148] WOLF, B.R.; AMENDOLA, A.: Syndesmosis injuries in the athlete: when and how to operate. Curr Opin Orthop 31:151–154 (2002)

[1149] WONG, F.; MUSHTAQ, N.; JONES, I.T.; SING, S.; ABBASIAN, A.: Correlation and comparison of syndesmosis dimension on CT and MRI. Bone Joint J 96-B, Supp 2 1 (2014)

[1150] WONG, M.; CARTER, D.R.: Mechanical stress and morphogenetic endochondral ossification of the sternum. J Bone Joint Surg 70-A:992–1000 (1988)

[1151] WOOD-JONES, F.: The talocalcanean articulation. Lancet 247:241–242 (1944)

[1152] WOODS, L.; LEACH, R.E.: Posterior tibial tendon rupture in athletic people. Am J Sports Med 19:495–498 (1991)

[1153] WREDMARK, T.; CARLSTEDT, C.A.; BAUER, H.; SAARTOK, T.: Os trigonum syndrome: a clinical entity in ballet dancers. Foot Ankle 11:404–406 (1991)
[1154] WRIGHT, I.C.; NEPTUNE, R.R.; VAN DEN BOGERT, A.J.; NIGG, B.M.: The influence of foot positioning on ankle sprains. J Biomech 22:513–519 (2000)
[1155] WRIGHT, R.W.; BARILE, R.J.; SURPRENANT, D.A.; MATAVA, M.J.: Ankle syndesmosis sprains in national hockey league players. Am J Sports Med 32:1941–1945 (2004)
[1156] WUEST, T.K.: Injuries to the distal lower extremity syndesmosis. J Am Acad Orthop Surg 5:172–181 (1997)
[1157] WUKICH, D.K.; TUASON, D.A.: Diganosis and treatment of chronic ankle pain. Bone Joint Surg 92-A: 2002–2016 (2010)
[1158] XENOS, J.S.; HOPKINSON, W.J.; MULLIGAN, M.E.; OLSON, E.J.: The tibiofibular syndesmosis. Evaluation of the ligamentous structures, methods of fixation, and radiographic assessment. J Bone Joint Surg 77-A:847–856 (1995)
[1159] YABLON, I.G.; SEGAL, D.; LEARCH, R.E.: Ankle injuries. Churchill Livingstone, New York (1983)
[1160] YABLON, Y.: The key role of the lateral malleolus in displaced fractures of the ankle. Bone Joint Surg 59:169–173 (1977)
[1161] YAMAGUCHI, S.; SASHO, T.; KATO, H.; KUROYANAGI, Y.; BANKS, S.A.: Ankle and subtalar kinematics during dorsiflexion- plantarflexion activities. Foot Ankle Int 30:361–366 (2009)
[1162] YAMAMOTO, H.; YAGISHITA, K.; OGIUCHI, T.; SAKAI, H.; SHINOMIYA K.; MUNETA, T.: Subtalar instability following lateral ligament injuries of the ankle. Injury 29:265–268 (1998)
[1163] YASHAR, J.: Contribution à l'étude des ligaments des articulations tibiotarsienne et médiotarsienne. Arch Anat Histol Embryol Normal Exp 44:25 (1961)
[1164] YDE, J.: The Lauge-Hansen classification of malleolar fractures. Acta Orthop Scand 51:181–192 (1980)
[1165] YDE, J.; KRISTENSEN, K.D.: Ankle fractures: supination-inversion fractures stage II: primary and late results of operative and non-operative treatment. Acta Orthop Scand 51:695–702 (1980)
[1166] YEUNG, M.S.; CHAN, K.M.; CH, S. et al.: An epidemiologic survey on ankle sprain. Br J Sports Med 28:112–116 (1994)
[1167] YILDRIM, H.; MAVI, A.; BÜYÜKBEBECI, O.; GÜMÜŞBURUN, E.: Evaluation of the fibular incisura of the tibia with magnetic resonance imaging. Foot Ankle Int 24: 387–391 (2003)
[1168] ZAGDOUM, A.; ZUMER, L.: Un case de luxation du tendon du jambier posterieur (seance du 22 febrir 1967). Quoted by M.C. CHIPPAUX. Acad Chirur 24:317 (1968)
[1169] ZALAVRAS, C.; THORDARSON, D.: Ankle syndesmotic injury. J Am Acad Orthop Surg 15:330–339 (2007)
[1170] ZAMZAMI, M.M.; ZAMZAM, M.M.: Chronic isolated distal tibiofibular syndesmotic disruption: Diagnosis and management. Foot Ankle Surg 15:14–19 (2009)
[1171] ZANETTI, M.; DE SIMONI, C.; WETZ, H.H.; ZOLLINGER; H.; HODLER, J.: Magnetic resonance imaging of injuries to the anke joint: can it predict clinical outcome? Skeletal Radiol 26:82–88 (1997)
[1172] ZATZKIN, H.R.: Trauma to the foot. Sem Roentgenol 5:419–435 (1970)
[1173] ZEICHEN, J.; SCHRATT, E.; BOSCH, U.; THERMANN, H.: Das Os-trigonum-Syndrom. Unfallchirurg 102:320–323 (1999)
[1174] ZEISS, J.; SADDEMI, S.R.; EBRAHEIM, N.A.: MR Imaging of the peroneal tunnel. J Comput Assist Tomogr 13:840–844 (1989)
[1175] ZELL, B.K.; SHEREFF, M.J.; GREENSPAN, A.; LIEBOWITZ S.: Combined ankle and subtalar instability. Bull Hosp Jt Dis Orthop Inst 46:37–45 (1986)

[1176] ZERNA, M.: Das sogenannte Os subtibiale – eine seltene Anomalie. Zentralbl Chir 95:1481–1485 (1970)

[1177] ZGONIS, T.; JOLLY, G.P.; POLYZOIS, V.; STAMATIS, E.D.: Peroneal tendon pathology. Clin Podiatr Med Surg 22:79–85 (2005)

[1178] ZICHNER, L.: Zur operativen Behandlung der habituellen Luxation der Peronäussehnen. Orthop Praxis 17:746–748 (1981)

[1179] ZIMMER, T.J.; JOHNSON, K.A.: Subtalar dislocations. Clin Orthop 238:190–194 (1989)

[1180] ZOELLNER, G.; CLANCY, W. jr.: Recurrent dislocation of the peroneal tendon. J Bone Joint Surg 61: 292–294 (1979)

[1181] ZOLLINGER, H.; MEIER, CH.; WALDIS, M.: Diagnostik der unteren Sprunggelenksinstabilität mittels Stress-Tomographie. Unfallheilkd 165:175–177 (1983)

[1182] ZWIPP, H.: Die antero-laterale Rotationsinstabilität des oberen Sprunggelenkes. Habilitationsschrift, Hannover (1984)

[1183] ZWIPP, H.: Chirurgie des Fußes. Springer, Wien New York:258–264 (1984)

[1184] ZWIPP, H.: Die antero-laterale Rotationsinstabilität des oberen Sprunggelenkes. Hefte Unfallheilkd 177 (1986)

[1185] ZWIPP, H.: Chirurgie des Fußes. Springer-Verlag Wien New York (1994)

[1186] ZWIPP, H.; BEMMERL, J.G.; HOLCH, M.; THERMANN, H.; MASCHEK, H.J.: Sinus tarsi and canalis tarsi syndromes. A post-traumatic entity. Foot Ankle Surg 2:181–188 (1996)

[1187] ZWIPP, H.; HOFFMANN, R.; THERMANN, H.; WIPPERMANN, B.W.: Rupture of the ankle ligaments. Int Orthop (SICOT) 15:245–249 (1991)

[1188] ZWIPP, H.; RAMMELT, S.; GRASS, R.: Ligamentous injuries about the ankle and subtalar joints. Clin Podiatr Med Surg 19:195–229 (2002)

[1189] ZWIPP, H.; RANDT, T.: Ankle joint biomechanics. Eur J Foot Ankle Surg 1:21–27 (1994)

[1190] ZWIPP, H.; SWOBODA, B.; HOLCH, M.; MASCHEK, H.J.; REICHELT, S.: Das Sinus- und Canalis-tarsi-Syndrom. Unfallchirurg 94:608–613 (1991)

[1191] ZWIPP, H.; TSCHERNE, H.: Die radiologische Diagnostik der Rotationsinstabilität im hinteren unteren Sprunggelenk. Unfallheilkunde 85:494–498 (1982)

8 Sehnen

„Das Skelettsystem passt sich den äußeren Bedingungen (Kräften) an“ [1619]. Diese Aussage beruht auf dem Gesetz der Transformation des Knochens [1978] sowie auf der Mechanostat-Hypothese [498], mit dem Hinweis von SCHOENAU [1619] liegt eine „functional muscle-bone unit“ vor. Somit nimmt die Muskelkraft Einfluss auf die Knochenstruktur (Abb. 8.1).

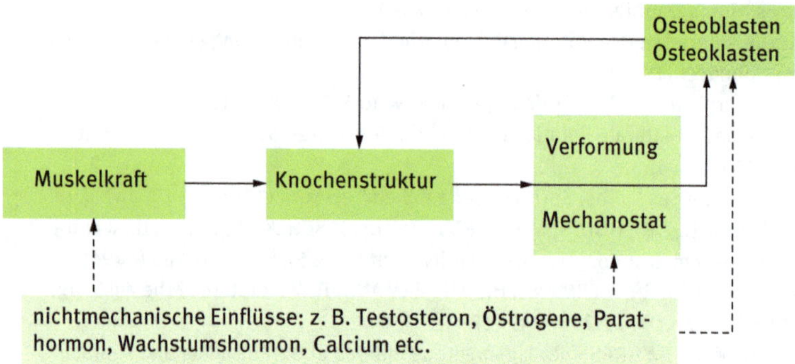

Abb. 8.1: Regulation der Knochenfestigkeitsentwicklung [1620, 1547, 3].

Die für die Muskulatur gültige Bezeichnung der Maximalkraft wird leider mehrdeutig verwendet, sowohl als isometrische, isokinetische Kraft als auch als „one repetition maximum“, und bezieht sich auf konzentrische und exzentrische Bewegungen. Das wiederholte Hüpfen auf dem Vorfuß ist einfach und reproduzierbar und am besten geeignet, in klinisch relevanter Weise die Maximalkraft zu bestimmen [52]. Die Anatomie von Sehnen und Muskeln zeigt im Prinzip an den verschiedenen Sehnen-Muskel-Einheiten einheitliche Grundbausteine. Unterschiedlich sind die Muskeln bezüglich der Fiederung, so dass es auch Abweichungen im anatomischen und physiologischen Querschnitt der Muskulatur gibt. Der Querschnitt eines Muskels bzw. einer Muskelfaser ist ein Maß für die Hubkraft des Muskels. Normalerweise führt 1 cm^2 Querschnittsfläche zu etwa 50 kg oder 50 Nm [942], beim Musculus biceps brachii mit einer Querschnittsfläche von etwa 10 cm^2 bedeutet das eine maximale Kraft von 500 Nm. Zur Beurteilung der entstehenden Kräfte ist somit die Querschnittsfläche eines Muskels von Bedeutung, ebenso die Querschnittsfläche der Sehne, die jedoch eine viel höhere Belastungsresistenz aufweist. Im Zentrum jeder Beurteilung von Schäden an Muskeln, deren Sehnen und wiederum deren Knochenansätzen ist somit die Knochen-Sehnen-Muskel-Sehnen-Knochen-Einheit zu beurteilen (Abb. 8.2).

Abgesehen von der Art der Muskelfiederung spielt die Art der Muskel-Sehnen-Knochen-Einheit eine Rolle. Diese ist durch die Länge der Sehne charakterisiert. Während beim proximalen Hamstring-Ansatz am Os ischiadicum nur eine denkbar

DOI 10.1515/9783110493665-013

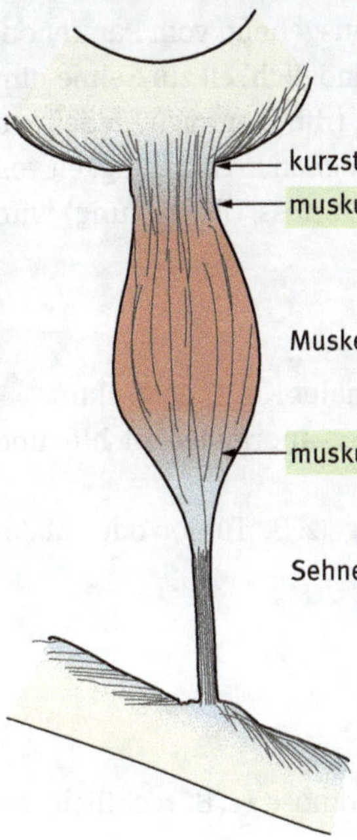

Abb. 8.2: Aufbau der Muskel-Sehnen-Einheit.

kurzstreckige Sehne bzw. sehnige Struktur zu finden ist, so dass anatomisch manchmal ein muskulärer Ansatz am Knochen imponiert, findet sich bei den langstreckigen Sehnen, die über mehrere Zentimeter bis Dezimeter den Muskel mit dem Knochen verbinden, eine Unterscheidung in Zug- und Gleitsehnen. Die Zugsehnen sind der Krafteinwirkung zwischen Muskel und Knochen ausgesetzt, wogegen Gleitsehnen über ein Hypomochlion, häufig auch in Verbindung mit Sehnenscheiden, die Muskel-Zugrichtung zum Knochen abändern. Bei beiden Arten der über Sehnen fixierten Muskel-Knochen-Einheit finden sich der typische tendo-ossäre („enthesis“) sowie jeweils der muskulo-tendinöse Übergang. Bei den Gleitsehnen kommt es bei der Umlenkung, z. B. um 90°, zu einer bis zu 1.700fachen Steigerung der Longitudinalkraft [1968], so bei den Fingerbeugesehnen, die zu deren Zerreißung eine Kraft von etwa 1.200 N benötigen. Die stärkste Belastung im Alltag beträgt aber nur 10–20 % dieser Kraft [819]. Bei den Gleitsehnen entsteht an der Seite des Hypomochlions eine fibrokartilaginäre Anpassung, diese erhöht sich mit zunehmendem Alter. Gegenüber dem Hypomochlion bildet sich Faserknorpel und eine verminderte Vaskularisation [1098, 902, 1409, 1844, 1811]. An der Gleitstelle der Sehnen besteht eine Hyalinisierung der Fibrillen und es entwickeln sich druckelastische Knorpelzellen [103]. Es zeigt sich also ein abweichender Sehnenaufbau am Hypomochlion [1433], so dass die Strukturstörungen an der Seite des Hypomochlions [1844] vorliegen. Diese inkompletten Rupturen sind aber dann nicht Zeichen einer traumatischen Einwirkung, sondern die Folge des Überlastungsschadens. Bei langstreckigen Sehnen, die als Gleitsehnen dann auch Sehnenscheiden aufweisen, ist die typische zusätzliche Durchblutung mittels Mesotenon zu finden, d. h., neben der Durchblutung, ausgehend vom Paratenon, läuft über das Mesotenon eine zusätzliche Durchblutungsmöglichkeit zur Sehne hin.

So wie Knochen nicht ohne „Besonderheiten“ brechen, trifft dies auch für Sehnen zu, die nicht ohne „Besonderheiten“ reißen können. Bei Knochen in Abhängigkeit von der Knochenstruktur und auch der Belastungsbedingung (Stress/Überlastung) wird folgende Einteilung vorgenommen:

- traumatische Fraktur,
- Ermüdungsfraktur
  - Stressfraktur aufgrund einer Überlastung bei normaler Knochenstruktur,
  - Insuffizienzfraktur bei leichter Überlastung, aber anormaler Dichte und Struktur des Knochens (z. B. Osteoporose),
- pathologische Fraktur bei lokaler Knochenzerstörung, z. B. Tumor oder Metastase.

An der Sehne ist eine vergleichbare Einteilung denkbar:

- traumatisch bedingte Sehnenruptur,
- Ermüdungsruptur
  - vorwiegend traumatisch bedingte Ruptur bei Tendinose (z. B. rechtlich wesentliche Teilursache),
  - Spontanruptur bei fortgeschrittener Tendinose,
- pathologische Ruptur (z. B. nach intratendinöser Kortisoninjektion u. a.).

Die Frage der Differenzierung von tatsächlich traumatisch bedingten Sehnenrissen von solchen, die im Wesentlichen aufgrund einer vorbestehenden Tendinose zustande kommen, wird nach wie vor heiß diskutiert. Es kommen Bezeichnungen wie Fehlinnervationen, Überraschungsmoment, statische und dynamische Krafteinwirkung, exzentrische Muskelbelastung usw. zur Anwendung. Es zeigen aber vergleichbare mechanische Einwirkungen auf verschiedene Sehnen auch unterschiedliche Effekte, allerdings abhängig von anatomischen Besonderheiten [740].

Speziell bezogen auf die Sehnenverletzungen, d. h. Sehnenrisse, sei auf den so genannten Stromunfall hingewiesen, der ja aufgrund einer Maximalinnervation auch zu einer maximalen Muskelkontraktion in kürzester Zeit führt. Hier finden sich durch die Muskelkontraktionen beim Durchgang des elektrischen Stroms Schädigungen von Muskeln und Sehnen, nämlich Muskelrisse oder Aus-/Abrisse von Sehnen und Muskeln, Frakturen und Luxationen, Blutgefäßschädigungen in Gestalt von Gefäßrissen als Begleitverletzungen bei Muskelrissen und Knochenbrüchen sowie Schädigungen peripherer Nerven durch Zerrung auf mechanischem Wege. Bevor eine Sehne intratendinös verletzt wird, kommt es zu Sehnenab- oder -ausrissen oder auch zu Knochenbrüchen [598, 898, 1481, 1033]. Damit sind eigentlich die Überlegungen, die tatsächlich zu einer traumatisch bedingten Sehnenruptur führen, schon vorgegeben.

Die Grundlagen zur Beurteilung belastbarer Bindegewebsstrukturen sind alt [82, 86, 1829, 1944, 453, 458] und auf bewährte physikalische Überlegungen zurückzuführen. Demnach wird die Zugfestigkeit von Sehnen mit 5,0–6,7 kp/mm² und die von Bändern mit 6,5 kp/mm² angegeben. Dazu ist die anatomische Struktur von Relevanz. Die Knochen-Sehnen-Muskel-Einheit zeigt unterschiedliche morphologische Konstrukte, jedoch haben alle eine vergleichbare funktionelle Zielrichtung der Kraftentwicklung bzw. Kraftübertragung. Dabei spielen die Elastizität der Sehnenstruktur und die Art der Zugkraft (statisch oder dynamisch) eine Rolle (Abb. 8.3). Das Elastizitätsmodul wird mit 400 kp/mm² und die für frisches Sehnenmaterial erreichbaren Maximalkräfte werden mit 40–100 N/mm² (4,1–10,2 kp/mm²) angegeben [1457]. Diese Werte entsprechen den Angaben von WERTHEIM [1944] und TRIEPEL [1829] mit der Umrechnung 1kp = 9,81 N (N).

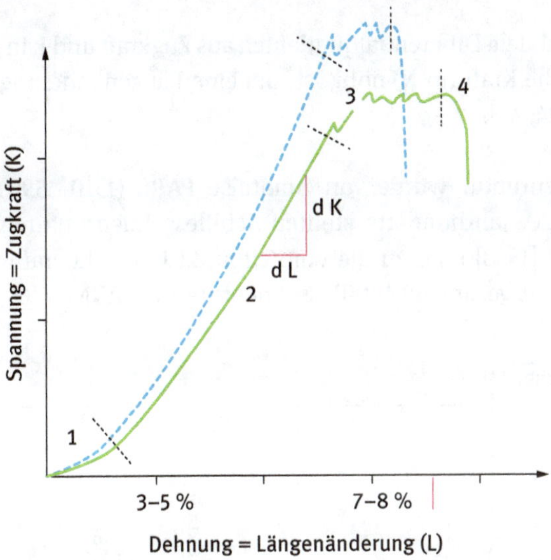

Abb. 8.3: Spannungs-Dehnungs-Kurve für parallel faseriges kollagenes Gewebe (statisch —, dynamisch ----) (1 = elastisch-physiologischer Bereich, 2 = lineare Phase, 3 = Kriechphase, 4 = Reißgrenze), nach [304, 43].

Unter Berücksichtigung der physikalischen Definitionen sind somit folgende Voraussetzungen gegeben:

1. Kraft ist die auf die Sehne einwirkende Zugkraft, angegeben in kp oder N (tensile force).
2. Belastung oder Last sind synonyme Begriffe für die einwirkende Zugkraft, angegeben in kp oder N.
3. Spannung ist die durch die Querschnittsfläche der Sehne verlaufende Kraft, angegeben in kp/mm² oder N/mm² oder MPa.
4. Reißkraft oder Reißbelastung oder Bruchlast ist die den Riss der Sehne auslösende Kraft oder Belastung oder Last, angegeben in kp oder N (strength in N).

5. Reißfestigkeit oder Zugfestigkeit ist die den Riss der Sehne auslösende Spannung, angegeben in kp/mm^2 oder N/mm^2 oder MPa (als Materialeigenschaft).
6. Dehnung ist die durch die einwirkende Zugspannung entstehende relative Längenänderung $\Delta l/l$ der Sehne, angegeben in %.
7. Reißdehnung ist die bis zum Riss der Sehne eingetretene Dehnung, angegeben in %.
8. Elongation ist eine synonyme Bezeichnung für Reißdehnung.
9. Statische Belastung ist die Einwirkung einer konstanten Kraft auf die Sehne, angegeben in kp oder N.
10. Dynamische Belastung ist die Einwirkung eines Kraftstoßes auf die Sehne, angegeben mit der Maximalkraft und ggf. mit der mittleren Kraft des Kraftstoßes, angegeben in kp oder N.
11. Steifigkeit (stiffness) entspricht dem Differentialquotienten aus Zugkraft und Längenänderung ($\frac{\Delta K}{\Delta L}$), d. h. welche Kraft (in N) nötig ist, um eine Längenänderung in m oder mm zu bewirken [214, 43].

Die erste gedeckte Achillessehnenruptur wurde von Ambroise PARÉ (1510–1590) [1466] beschrieben. Anfang des 20. Jahrhunderts stellten Achillessehnenrupturen noch eine Seltenheit dar. QUENU [1458] fand zu diesem Zeitpunkt in der Literatur einschließlich zweier eigener Fälle insgesamt 68 Achillessehnenrupturen. ARNDT [65]

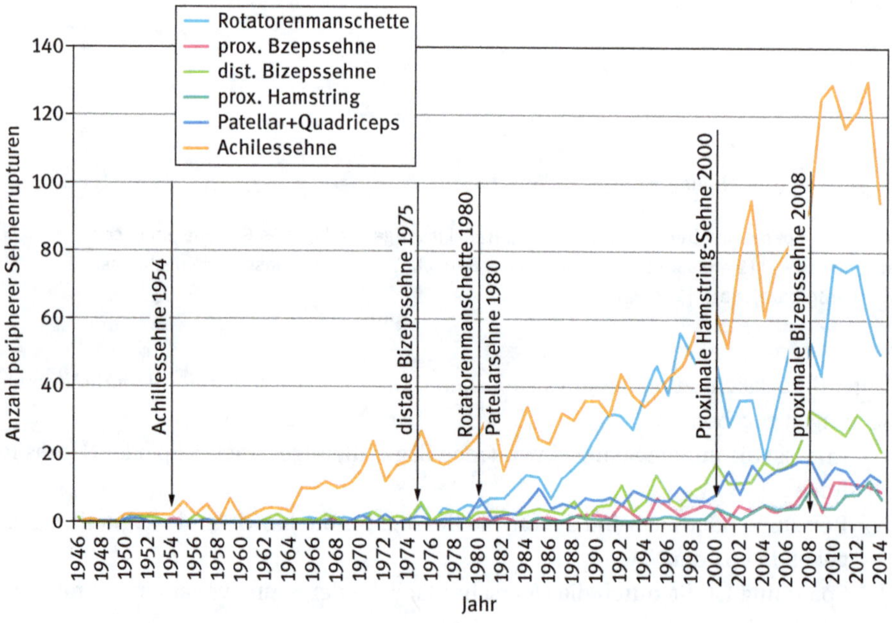

Abb. 8.4: In Klinik und Praxis feststellbare Häufigkeitszunahme von peripheren Sehnenrupturen (November 2014).

beschrieb 37 Jahre später 3628 Fälle, und heute wird mit 4000–5000 Fällen pro Jahr gerechnet [1794]. Die Zahl der Achillessehnenrupturen nahm in den letzten zehn Jahren, z. B. in Schottland [1107] und in Schweden, erheblich zu. Die operativen Eingriffe wurden aber weniger, da vergleichbare Ergebnisse zwischen operativer und konservativer Therapie festgestellt wurden [749]. In Kanada und Europa beträgt die Häufigkeit pro 100.000 Einwohner etwa 6–37 Rupturen [1765]. Eine ähnliche Entwicklung findet sich auch bei anderen Sehnen (Abb. 8.4), wobei die so genannte Defektbildung in der Rotatorenmanschette erst seit den 70er Jahren und die proximale Hamstringsehne erst ab den 90er Jahren des 20. Jahrhunderts an Bedeutung gewannen.

Die Lokalisation häufiger Sehnenrisse wird auch auf auslösende Momente zurückgeführt [128, 298, 1217]:

Betroffene Sehne	**Auslösender Mechanismus**
1. Rotatorenmanschette der Schulter	bei Abduktion des Oberarmes gegen Widerstand,
2. Bizeps, proximal	Tennisspiel, Ringen, Gewichtheben, Rudern, Werfen,
3. Subskapularissehne	anterosuperiores Impingement „Wurfbewegungen“,
4. Sehne des Musculus pectoralis major	bei Wurfsportarten oder Auffangen eines unvorhergesehenen Sturzes,
5. Trizeps	plötzliche Beugung des Ellbogengelenkes gegen Widerstand,
6. Bizeps distal	Anabolika, Bodybuilding,
7. Fingerstrecksehne über dem Endgelenk	Ballspielen mit plötzlicher Beugung im Endgelenk (Baseball-Finger),
8. Daumenstrecksehnen	Werfen und Stoßen, Radiusfraktur,
9. Prox. Hamstrings	Springen, Weitsprung, Tennis,
10. Quadrizepssehne und Kniesehnenband	Geräteturnen,
11. Achillessehne	Skilaufen, Laufen, Tennisspielen, Springen, Ringen, Fußballspielen,
12. Tibialis-Posterior-Sehne	Laufen, Springen,
13. Peronealsehnen	Laufen, Springen.

In aller Regel kommt es bei Sehnenschäden zu Diskontinuitäten (Dehiszenzen), anders bei langstreckigen Sehnen an der Umlenkungsstelle, z. B. Tibialis posterior-Sehne, Peronealsehnen, langer proximaler Bizepssehne. Hier erfolgt durch die Umlenkung eine intratendinöse Strukturstörung mit Splitting innerhalb der Sehne, was zu Längsdiskontinuitäten führt. An den Umlenkstellen, Hypomochlion, entsteht auch die Sehnensubluxation bzw. Luxation (Peronealsehnen Höhe Außenknöchel, lange Bizepssehne Eintritt in den Sulcus intertubercularis u. a.).

Für die Funktion einer Sehne sowie für deren Begutachtung ist die genaue Kenntnis der Anatomie absolute Voraussetzung. Erst aus der Anatomie lassen sich pathologische Vorgänge ableiten und erklären.

Bei der Rotatorenmanschette (insbesondere Supraspinatus) sind die Kenntnis der Durchblutung sowie die Lage der Sehne unter dem Schulterdach von Bedeutung und es bedarf der genauen Kenntnis der Ansatzstelle, die heute im Sinne einer Hängebrücke verstanden wird. Bei der Beurteilung der langen proximalen Bizepssehne sollte nicht vergessen werden, dass es einen zweiten proximalen Bizepskopf gibt, so dass die komplette Zugkraft nicht alleine über den langen intraartikulären Bizepskopf zu bewerkstelligen ist. Dazu sei darauf hingewiesen, dass die Bizepssehne sowohl proximal als auch distal über zwei Gelenke zieht. Bei der distalen Bizepssehne handelt es sich um einen punktgenauen Ansatz an der Tuberositas radii mit gleichzeitiger Drehfunktion im Unterarm. Hier ist auffällig, dass in aller Regel die distale Bizepssehne vom Radius abreißt, evtl. auch mit einer Knochenlamelle. Dies ist daraus erkennbar, dass die operative Refixation über Knochenanker vorgenommen wird. Dies ist nur dann möglich, wenn tatsächlich ein Abriss und nicht eine intratendinöse Diskontinuität vorliegt. Bei der proximalen Hamstring-Sehnengruppe fehlt eigentlich eine frei verlaufende sehnige Struktur.

Hier handelt es sich um die „Enthesis", die beim Überlastungsschaden eine Enthesiopathie nach sich zieht, nur ein indirekter Zug kann bei intrinsischem Schaden zur Diskontinuität führen. Die Besonderheit des Knie-Streckapparates ist darin zu sehen, dass sich die Quadrizepssehne als „so genanntes Ligamentum patellae" in der Patellarsehne fortsetzt. Die Kniescheibe hat darin die Funktion eines Sesambeines als eingefügter Schaltknochen über ein Hypomochlion. Sehnen, die über ein Hypomochlion gleiten (Gleitsehne), zeigen histologisch auch an der höheren Druckstelle des Gleitlagers knorpelige Strukturen (vgl. Band 1, Kapitel 1.4), so dass die Fortführung dieser anatomischen Spielvariante ebenfalls die Entstehung der Patella als Knochen erklärt. Die Schwachpunkte entwickeln sich somit proximal und distal der Patella, aber auch am Ansatz der Patellarsehne an der Tuberositas tibiae. Bei der Achillessehne handelt es sich um eine typische Zugsehne mit einer charakteristischen halbmondförmigen Ansatzstruktur am Fersenbein. DerenFasern ziehen in die Plantar-Aponeurose, so dass das Fersenbein als Hypomochlion bezeichnet werden kann. Dazu wird die Achillessehne von drei Muskeln an der Ansatzstelle bedient, dem medialen und lateralen Gastrocnemiusbauch sowie dem Musculus soleus, die unterschiedliche Zugqualitäten zeigen. Charakteristisch für die Achillessehne ist die Überkreuzung der Sehnenfasern des medialen und lateralen Gastrocremiusbauches, etwa 6–8 cm vor dem Ansatz am Kalkaneus. Die genaue Kenntnis der Anatomie und die sich daraus ableitende Pathologie ergeben die Voraussetzung für die Begutachtung.

Es sei auf G. CHR. LICHTENBERG (1742–1799) verwiesen: „Nichts setzt dem Fortgang der Wissenschaft mehr Hindernis entgegen, als wenn man zu wissen glaubt, was man noch nicht weiß. In diesen Fehler fallen gewöhnlich die schwärmerischen Erfinder von Hypothesen."

Ein histopathologisches Präparat kann heute mittels semiquantitativer Grading-Scores ausgewertet werden: BONAR-Score (in [318]) und MOVIN-Score [1250]. Grundlagen für diese Scores sind histologische Beurteilungen der Tendinosen und aus diesen Überlegungen resultiert: time to abandon the „tendinitis" myth [860]. Eine entzündliche Reaktion kann allenfalls am Beginn einer Tendinose für denkbar kurze Zeit angenommen werden. Im weiteren Verlauf sind die pathohistologischen Befunde für die Tendinose typisch und stützen sich auf folgende Parameter: Faserstruktur, Faserordnung, Zellrundung, Zellularität, Vaskularität, abnehmende Kollagenanfärbbarkeit, nicht kollagene extrazellulare Matrix, Fibrose- und Hyalinisierung sowie GAG (als Glycosaminoglycangehalt) [1250]. Ausgehend von dem 4-Punkte-Score von ÅSTRÖM [77] mit der Einschätzung (0 = normal, 1 = leicht abnormal, 2 = mäßig abnormal, 3 = ausgesprochen abnormal) entwickeln sich die speziellen semiquantitativen Einschätzungsverfahren [1112], die im Prinzip für alle Sehnen geeignet sind, so für die Rotatoren [1056] und auch die Bizepssehne [1061]. Primär wurden die Scores für die Achillessehne [1250, 1056, 1108, 1110] und für die Patellarsehne entwickelt (BONAR in COOK 2004 [318]). Bei allen Scores werden die Zellmorphologie, die Kollagenstruktur und die Zellularität sowie die Vaskularität berücksichtigt (Tab. 8.1), weniger häufig die Beurteilung der Grundsubstanz und selten die Hyalinisation.

Tab. 8.1: Semiquantitative Scores und die berücksichtigten Parameter.

	MOVIN [1250]	BONAR in COOK [318]	MAFFULLI [1112]	FEARON [444]
cell morphology	+	+	+	+
collagen arrangement	+	+	+	+
cellularity	+	+	+	
vascularity	+	+	+	+
ground substence (GAG)	+	+	–	
hyalinization	+	–	–	

Sehnen unterliegen, wie auch Menisken, einem Alterungsprozess [896]. Etwa ab dem 50. Lebensjahr zeigen sich Fetteinlagerungen, Veränderungen der Grundsubstanz (interfibrilläre Kittmasse), Verquellung und Hyalinisierung der Fasern, Nekrosen und auch Verkalkungen werden nachgewiesen. Zu diesen Alterungsprozessen kommen die Überlastungsphänomene (Sport, Beruf) und sowohl beim Überlastungsschaden mit Diskontinuitäten als auch bei verletzungsbedingten Zerreißungen treten Heilungsprozesse (Reparation) hinzu [1390], auch die Regeneration [226]. Es stehen zur Beurteilung des Sehnenzustandes, auch des Alterungsphänomens, Scores zur Verfügung, wie der BONAR-Scale (in COOK [318]) und der MOVIN-Scale [1250]. Bei dem BONAR-Scale handelt es sich um einen 4-Faktoren-Scale, der die Tenozyten, die interfibrilläre

Kittmasse (Grundsubstanz), die Kollagenfasern und die Vaskularität beurteilt, beim MOVIN-Scale [1250] kommen die Faserstruktur, das Faser-Arrangement, die Tenozyten, die Zellularität, die Vaskularität, die Anfärbbarkeit des Kollagens sowie des Glycosominoglycan und die Hyalinisation zur Beurteilung. In beiden Fällen handelt es sich um eine semiquantitative Graduierung [1108, 1112, 444]. Die Auswertung entsprechender histologischer Präparate führt zu einem Kappa-Index von 0,53 bis 0,90 [1108] bzw. 0,17 bis 0,75 [1783]. Bei den histologischen Untersuchungen zeigt sich, dass die Struktur der Achilles- und der Patellarsehne verglichen werden kann [1110], mit dem Hinweis, dass alle Sehnen in deren Bewertung vergleichbar sind.

Ausgehend von der Sehnenalterung [77] zeigt sich auch ohne klinische Symptomatik eine Änderung in der Grundsubstanz, ebenso Änderungen der Zellen und des Kollagens sowie der Gefäßversorgung [318]. Tenozyten produzieren Kollagen, bei rupturierten Achillessehnen wird im Vergleich zur normalen oder fetalen Sehne überdurchschnittlich mehr Kollagen III produziert [1109]. Wird von einem Verlauf der Achillessehne ohne Schaden über die Tendopathie zur Ruptur ausgegangen, so zeigen sich unter Berücksichtigung struktureller Änderungen signifikante Differenzen. Die normal dick gepackten Kollagenfasern, parallel verlaufend und nur leicht gewellt, erleben eine vermehrte Wellung und Faserseparation bis hin zum Verlust der Faserstruktur mit Hyalinisierung. Die Ordnung der Fasern, ursprünglich parallel, durchläuft verschiedene Grade des Ordnungsverlustes, Tenozyten als flache spindelförmige Zellen werden zu rundlichen Zellen. Insgesamt zeigt sich eine erhebliche Zellabnahme und die parallel zu den Fasern verlaufenden Gefäße nehmen an Zahl zu. Gleichzeitig ändert sich die Anfärbbarkeit des Kollagens bei der HE-Färbung von pink-rot hin zu einem Verblassen und das Glycosaminoglycan, das in der Alcian-Färbung blau bis pink erscheint, zeigt eine vermehrte Anfärbbarkeit bei rupturierten Sehnen. Die semiquantitative Auswertung [1251] bestätigt einen signifikanten Unterschied zwischen Achillessehnen ohne Schaden und der Ruptur [1108], dies unter Berücksichtigung der etwa 20 Jahre älteren Achillessehnen ohne Schaden (Obduktionsgut) und der Tatsache, dass alle Operationen innerhalb von 48 Stunden für die Achillessehnennaht durchgeführt wurden. Bei jüngeren Patienten (durchschnittlich 36 Jahre) ergibt die Tendopathie ebenfalls einen signifikanten Unterschied zur Achillessehne ohne Schaden und zur Achillessehnenruptur [1783]. Bestätigt werden diese Aussagen durch MAFFULLI [1116], jetzt auch mit Überprüfung der Lokalisation der Biopsiestellen bei der Achillessehnenruptur mit Entnahme der Proben aus der Rupturstelle 1 cm proximal des Sehnenansatzes und 4 cm proximal der Ruptur. Proximal sind die Tendinosezeichen deutlicher ausgeprägt als distal und die wesentliche Strukturstörung liegt im Bereich der Ruptur (Tab. 8.2).

Eine Beurteilung der Texturstörung setzt voraus, dass im Operationsmaterial rissnahes von rissfernem Gewebe unterscheidbar ist. Dies ist insbesondere bei der Übersendung von fragmentierten Materialien problematisch. Die Notwendigkeit der Beurteilung von rissfernem Gewebe besteht darin, dass einmal im Riss durch die Aufsplitterung/Fragmentierung des Gewebes eine Beurteilung des Gewebes selbst

Tab. 8.2: Score-Auswertung der Degenerationsgrade (BONAR in [318, 1250]) beim Achillessehnenschaden im Vergleich zur Sehne ohne Schaden; ⊗ der semiquantitative Score zeigt vor und nach zehn Tagen keinen signifikanten Unterschied [1116], ① = proximal, ③ = distal der Rupturstelle②.

	MAFFULLI [1108]	TALLON [1783]	MAFFULLI [1116]
Achillessehne	6,5	5,9	3,8 proximal
ohne Schaden			4,1
Ø 63. LJ			3,5 distal
Tendopathie		10,5	
Ø 36. LJ			
Ruptur	20,5	17,4	16,2 proximal ①
Ø 46. LJ			19,8 ②
			15,2 distal ③
Operation innerhalb	48 Stunden	48 Stunden	Ø 10 Tage ⊗
Kappa	0,53–0,90	0,17–0,75	0,58–0,91

nur bedingt möglich ist und zum anderen rissnahes Gewebe durch den Riss selbst eine lokale sekundäre Schädigung im Sinne sekundärer Texturstörungen erfahren kann und somit für die Beurteilung der primären Texturstörungen nicht bzw. nur eingeschränkt geeignet ist. Bei der Sehnendiskontinuität bedarf es der grundsätzlichen Frage, ob für die Kausalitätsbeurteilung rissnahes und rissfernes Gewebe untersucht werden muss. Nach MAFFULLI [1116] unterscheiden sich die Biopsien von proximal- und distal-rissfern untereinander nicht. Die rissnahe Probe zeigt aber signifikant mehr Kollagen Typ III als Hinweis auf eine pathologische Tendozytenfunktion im Rissgebiet (Abb. 8.5). Es wird ein höherer Grad der Texturstörung in rupturierten Achillessehnen festgestellt [1783], mit einem deutlichen Unterschied zwischen rupturierten und nicht rupturierten Sehnen [1783, 1108, 1110, 1116, 77, 318, 1250].

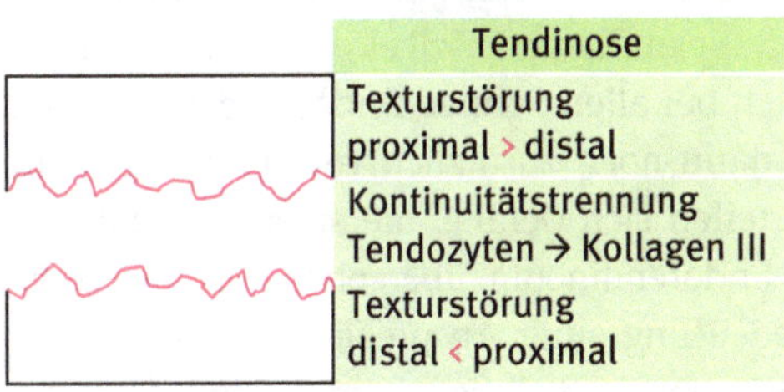

Abb. 8.5: Beurteilung der Sehnenstruktur, rissnah und rissfern, bei einer gesunden und geschädigten Sehne mit einer Diskontinuität [1108, 1116].

Der Vergleich rissnaher und rissferner Proben lässt jedenfalls den Schluss zu, dass Texturstörungen einer Sehne diese nicht gleichmäßig auf voller Länge befallen und dass in einem Rissbereich eine höhergradige Strukturumwandlung stattgefunden hat als im sonstigen Sehnenverlauf [1116].

Klare Aussagen zu Untersuchungen der Muskulatur bei Achillessehnen ohne Schaden und bei der Tendinose bzw. einer Achillessehnenruptur finden sich nicht, lediglich der Hinweis, dass Biopsien aus dem M. soleus bei der operativen Versorgung von spontanen Achillessehnenrupturen innerhalb von fünf Tagen Fetttröpfchen erkennen lassen [715]. Die fettige Infiltration der Rotatorenmuskeln beim Rotatorendefekt ist bekannt [502, 541, 560, 578, 1089, 1271] und bedeutet einen länger bestehenden Schaden der Rotatorensehne mit der Folge eines Muskelfunktionsverlustes.

8.1 Sehneneigenschaften

Eine Sehne ist eine Verbindungsstruktur zwischen dem Skelettmuskel und den durch diesen zu bewegenden Knochen. Einen direkten Muskelknochenansatz gibt es nicht [815]. Jeder Muskel verfügt über zwei Sehnen, proximal und distal, die als osteotendinöser Übergang die Verbindung zum Knochen herstellen. Die proximale Verbindungsstelle ist der Muskelursprung über die Sehne, distal handelt es sich um die Ansatzstelle. Diese funktionelle Bewegungseinheit zeigt markante anatomisch unterscheidbare Strukturen, wie den osteotendinösen Übergang („Enthesis"), den muskulotendinösen Übergang, die typische quergestreifte Skelettmuskulatur und zum Teil längerstreckige Sehnenstrukturen. Je nach anatomischem Aufbau findet sich häufiger proximal (Muskelursprung) eine nur denkbar kurze sehnige Ansatzstelle, so dass der osteotendinöse Teil direkt in die muskulotendinöse Struktur übergeht. Auch bei noch so kurzer sehniger Struktur erfolgen hier in Abhängigkeit vom Lebensalter Texturstörungen [924, 683]. Die meist distal des Muskels lokalisierte längerstreckige Sehne kann mit oder ohne Sehnenscheide versehen sein, eine Sehnenscheide findet sich dann, wenn die Sehne umgelenkt wird, um einen Sehnenabrieb zu verhindern. Es werden Zug- (ohne Sehnenscheide) von Gleitsehnen (mit Sehnenscheide) unterschieden. Die Sehnenstruktur besteht aus kollagenen Fibrillen, die zusammen eine kollagene Faser ergeben, Daraus resultieren Fasern, primäre und sekundäre sowie tertiäre Faserbündel, die dann zusammen die Gesamtsehne bilden. Die Primärfaszikel werden vom Endotendineum umgeben, die sekundären Faszikel vom Peritendineum. Diese umfasst das Epitendineum, das sich bei allen Sehnen findet, die Zugsehnen, Sehnen ohne Sehnenscheiden, werden dann noch zusätzlich vom Paratendineum umgeben. In diesem Paratendineum verteilen sich Gefäße, die auch innerhalb der Sehne über das Epitendineum in das Endotendineum übergehen und somit für die Gefäßversorgung der Sehne von Bedeutung sind. An prekären Umlenkstellen zeigen sich Sehnenscheiden, wobei die Innenwand dieser doppelwandigen Röhre mit dem Epitendineum der Sehne verbunden ist, die Außenwand hat Kontakt zu den Nachbargeweben als Vagina fibrosa. Zwischen Innen- und Außenwand (Vagina visceralis und Vagina fibrosa oder parietalis) liegt die eigentliche Gleitfläche, gefüllt mit synovialer Flüssigkeit. Zwischen dem visceralen und dem parietalen Blatt der Sehnenscheide gibt es Verbindungsbänder als Mesotenon oder Vinculum [1320], in dem Nerven und Gefäße aus der Umgebung der Sehne in die Sehne übergehen und zusätzlich die Blutversorgung verbessern.

Es resultiert eine Blutversorgung der Sehne (Abb. 8.6) aus drei Richtungen [535], vom Muskel, vom Knochen, von Gefäßen aus der Umgebung (vgl. Mesotenon).

Als bradytrophes Gewebe hat die Sehne dennoch, insbesondere beim Erwachsenen, eine geringere Blutversorgung [418]. Es wird davon ausgegangen, dass die wesentliche Blutversorgung vom umgebenden Gewebe kommt und die Sehne nicht die notwendige Blutversorgung vom Knochen bzw. von der Muskulatur erhalten kann [61, 1389]. Es resultiert zwischen Muskulatur und Knochen im Sehnenverlauf eine relative Avaskularität an der Achillessehne zwischen 2 und 6 cm proximal der Sehnenansatzstelle [70, 254, 655, 955]. Im Tierversuch konnte PEACOCK [1389] nachweisen, dass bei den Sehnen der Extremitäten das mittlere Drittel der Sehne durch die Gefäße vom Knochen oder Muskel nicht ausreichend versorgt wird. Es kommt den Sehnenscheiden mit einer Blutversorgung über das Mesotenon an dieser Stelle eine besondere Bedeutung zu [1253, 1254] (Abb. 8.6).

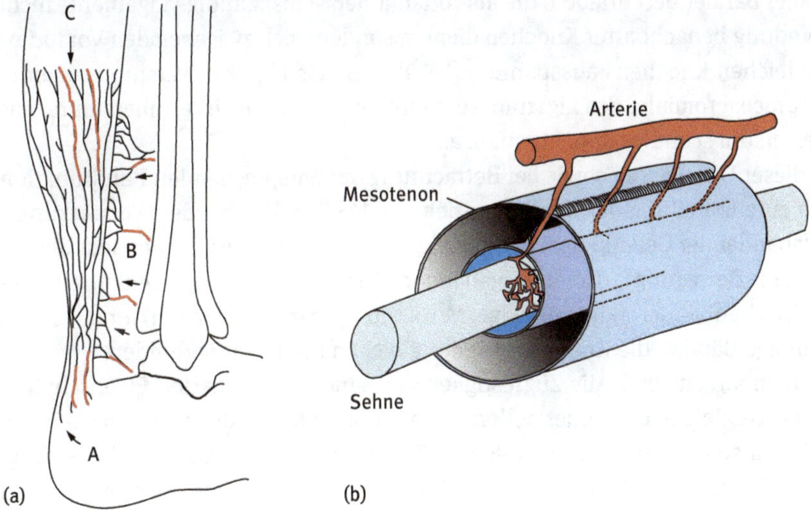

Abb. 8.6: Blutversorgung der Achillessehne (a) mit Gefäßen aus dem osteotendinösen (A), dem muskulotendinösen (C) Übergang sowie dem Paratenon (B) und dem Mesotenon, nach [254] (a) und [1493] (b).

Eine Besonderheit der Gleitsehnen sind Sesambeine (Os sesamoideum), eingelagerte isolierte Knochen im Verlauf der Sehne, deren Kontaktfläche zu einem Gelenk mit hyalinem Knorpel überzogen ist [1157]. Der Knochen der Sesambeine sei geformt wie ein indischer Sesam [1002]. Das größte Sesambein ist die Patella, eingelagert in die Sehne des M. quadriceps femoris mit der Verbindung zur Tuberositas tibiae über das Lig. patellae, besser Patellarsehne („patellar tendon“, Tendo patellaris), da die Patellarsehne die Fortsetzung der Quadrizepssehne und damit die Sehne des M. quadriceps bis zur Tuberositas tibiae darstellt. Sesambeine gibt es als Os pisiforme in der Sehne des M. flexor carpi ulnaris sowie in den Flexoren der Großzehe in Höhe des Metatarsophalangealgelenkes, auch am Daumen (Flexor pollicis brevis, Adduktor pollicis) und als Fabella im lateralen Gastrocnemiuskopf. Sesambeine sind inkonstante Schaltknochen [436].

Sehnenansätze sowie die Ursprungsgebiete können häufig mit begleitenden ligamentären Strukturen in Zusammenhang gebracht werden. So ist das Ursprungsgebiet, definitionsgemäß proximal, der langen Bizepssehne am Schultergelenk mit dem Labrum glenoidale in Verbindung zu stellen, aber auch mit dem Lig. glenohumerale sup. und dem Lig. coracohumerale. Dazu liegt dieser Sehnenursprung unter dem Lig. coracoacromiale und wird vom Lig. transversum humeri als Lig. intertuberculare im Sulcus intertuberculare gehalten. Distal steht der Ansatz der Bizepssehne im Ellbogenbereich in Verbindung mit dem Lacertus fibrosus als bandartige Struktur [458]. Bänder (Ligamente) sind strukturell mit Sehnen vergleichbar, dienen aber in aller Regel zur Befestigung gegeneinander beweglicher Skelettelemente, d. h. Knochen. Es werden aber Bänder beschrieben, die als vollkommen selbstständige Ligamente nicht zur Verbindung benachbarter Knochen dienen, sondern sich zwischen den Vorsprüngen des gleichen Knochens ausspannen [1700], z. B. das Lig. transversum acetabuli, das Lig. coracoacromiale, das Lig. transversum humeri, das Lig. intertuberculare, das Lig. transversum scapulae sup. et. inf. u. a.

Aus dieser Überlegung sowie bei Betrachtung der entsprechenden Bandfunktion lässt sich eine Einteilung der Bänder vornehmen [458] in Haftbänder (Verstärkungs- oder Hilfsbänder der Gelenkkapsel), Führungsbänder (Stabilisierung der dem Gelenk zustehenden Bewegung), Hemmungsbänder (Hemmung einer Gelenküberbewegung), Zwischenbänder (kurzstreckige Verbindung zweier Knochen) und in sog. selbstständige Bänder, die Knochenteile des gleichen Knochens verbinden.

Die Dehnbarkeit sowie die Zugfestigkeit der Bänder sind mit den Eigenschaften der Sehnen vergleichbar. Bänder sollen in deren Mitte fester als am Ansatz sein, so dass Verletzungen am ehesten da erfolgen [453]. Die Zugfestigkeit des Knochens hängt von der Zugrichtung, axial oder radial, ab (Tab. 8.3) und ist in axialer Richtung 2,5-mal stärker als in radialer Richtung.

Tab. 8.3: Zugfestigkeit in kp pro mm^2.

Knochen	6,35–12,4 axial etwa 4,0 radial	RAUBER [1470]
Bänder	6,5	FESSLER [453]
Sehnen	5,1–6,7	WERTHEIM [1944]
	5,0	TRIEPEL [1829]
Rippenknorpel	0,17	RAUBER [1470]

Die Bänder sind fester als der Knochen in radiärer Richtung [458]. Damit erklärt sich die Entstehung der „Rissbrüche“ als ossärer Bandabriss bei der Überdehnung. Topographisch existiert eine enge Beziehung zwischen Sehnen, Bändern und Muskeln, auch zu der jeweiligen Gelenkkapsel. Muskeln setzen oft an Bändern an oder entspringen an diesen (z. B. M. biceps femoris am Lig. sacrotuberale). Daraus entwickelte sich der Gedanke, dass Gelenkbänder „phylogenetisch“ aus Muskeln entstanden [99], FICK [458] stimmt dem nicht zu.

Im Prinzip sind die Eigenschaften („properties“) aller Sehnen vergleichbar [1989], so dass bei physikalischen Testverfahren lediglich die doch unterschiedlichen Querschnitte zu berücksichtigen sind [1989]. Als problematisch erweist sich jedoch die häufig verwendete Bezeichnung „**Sehnenruptur**“, da damit die Verbindung zu einem Unfall, einem Trauma und damit zu einer Verletzung hergestellt werden könnte, obgleich viele Sehnendiskontinuitäten auf dem Boden einer „Texturstörung“ ohne jegliches „Unfallereignis“, entstehen. Es sollte daher in einem Gutachten die Bezeichnung „Dehiszenz“ verwendet werden, um eine Fehlinterpretation zu vermeiden.

8.1.1 Rotatorensehnen

Die Rotatorenmanschette besteht aus vier Muskeln, die als ein Gesamtkonstrukt haubenartig an den Tuberkula am Oberarmkopf fest ansetzen. Darüber liegt der akromioklavikulare Bogen (Akromion, Lig. coracoacromiale, Korakoid). Dem Akromion kann ein so genanntes Os acromiale zugeordnet werden. Unter diesem Bogen verlaufen die Sehnen des M. supraspinatus und M. infraspinatus. Der M. subscapularis stellt den Gegenpol zum M. infraspinatus dar. Zwischen dem M. subscapularis und dem M. supraspinatus liegt das anteriore Rotatorenintervall, unter dem die Bizepssehne mit dem so genannten Pulley-System verläuft, so dass aus all diesen Strukturen eine komplexe „anatomische Einheit“ resultiert [368]. Diese beschäftigte viele „orthopedic surgeons“ seit 1855 (SMITH in [306]) mit der Überlegung der Entstehung und Therapie einer „Rotator Cuff Tear“ [306]). Schon zu dieser Zeit wird auf ein mechanisches Outlet-Impingement verwiesen (JARJAVAY in [402]), später durch NEER [1286]. Die erste Abbildung der Rotatorenmanschette [1225] unterscheidet zwischen Supra- und Infraspinatussehne [242].

Akromiokorakoklavikularer Bogen

Der akromiokorakoklavikulare Bogen wird als Schulterdach vom Akromion, dem Korakoid und dem dazwischen ausgespannten Lig. coracoacromiale gebildet. Das Akromion und das Korakoid sind Fortsätze des gleichen Knochens, der Skapula, üben aber dennoch eine Funktion zusammen mit dem Lig. coracoacromiale aus, welche als Zuggurtung zwischen den beiden Knochenfortsätzen zu werten ist. Dieser Bogen überspannt den Oberarmkopf sowie das Schulterhauptgelenk mit den unter dem Bogen ziehenden Strukturen der Rotatorenmanschette (M. supraspinatus, M. infraspinatus) im Rotatorenintervall sowie der Subskapularissehne. Zwischen Letzterer und der Sehne des M. supraspinatus ist dieses Rotatorenintervall als dreieckige Form ausgebildet, die das Lig. coracohumerale enthält, unter der wiederum der Halteapparat des Bizeps-Pulley zum Eingang der teilweise intraartikulär verlaufenden Bizepssehne bis in den Bizepstunnel reicht. Dieser ist zwischen dem Tuberculum majus und dem Tuberculum minus lokalisiert und wird von den Strukturen der Rotatorenmanschette sowie des Lig. coracohumerale überdacht (Abb. 8.7).

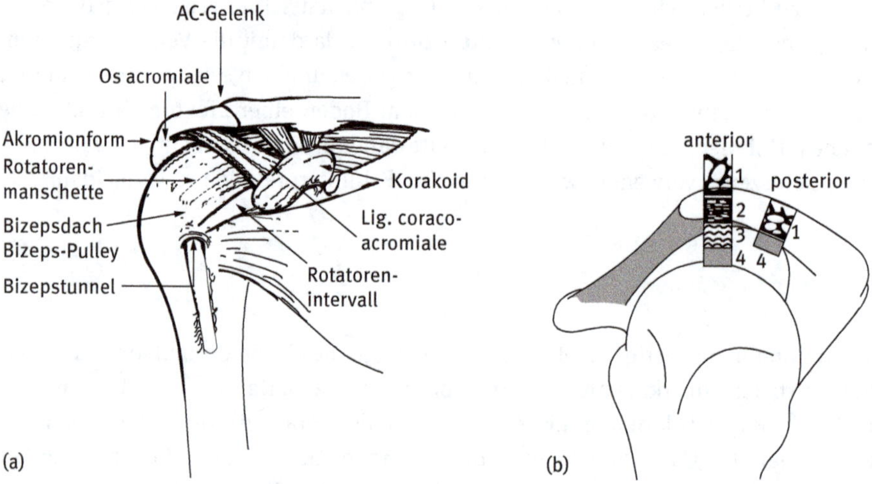

Abb. 8.7: Das Schulterdach und angrenzende Strukturen (a), feingeweblicher Aufbau (b) der Insertion des Lig. coracoacromiale am Akromion (1 = Knochen und subchondrale Schicht, 2 = Faserknorpel, 3 = kollagene Fasern, 4 = Synovialis), nach [1366].

Diese Gesamtstruktur ist denkbar kompliziert hinsichtlich Aufbau und Funktion. Für die Einwirkung des Schulterdaches auf die Rotatorenmanschette sind das Akromion mit einem evtl. vorhandenen Os acromiale von Bedeutung, dazu das Schultereckgelenk sowie das Lig. coracoacromiale. Dessen Ansatz am Akromion zeigt am anterioren Teil eine vierschichtige Struktur, am posterioren Abschnitt ist das ossäre Akromion lediglich von Synovialis überzogen.

Das Schlüsselbein bildet die einzige knöcherne Brücke zwischen dem Armskelett und dem Rumpf durch Verbindung des Akromions als Teil der Skapula mit dem Sternum. Am Akromion ist dessen Form und das aus einem gestörten Wachstum resultierende Os acromiale von Bedeutung, am Akromioklavikulargelenk (AC-Gelenk) die arthrotische Verformung des Gelenkkörpers. Zwischen Akromion und Proc. coracoideus spannt sich das Lig. coracoacromiale, das als Zuggurtung der beiden Knochenvorsprünge verstanden wird [1809], mit stärkerer Verspannung des Akromions [1455]. Neben der Stabilisierung des AC-Gelenkes über die Ligg. acromioclaviculare sup. et inf. helfen dazu auch die Ligg. conoideum et trapezoideum als Lig. coracoclaviculare mit. Das Lig. coracoacromiale sowie das Lig. coracoclaviculare stabilisieren den Proc. coracoideus gegen den Zug der hier ansetzenden bzw. entspringenden Muskeln.

Der Proc. coracoideus ist Zugkräften im Sinne einer Biegebeanspruchung in zwei aufeinander senkrecht stehenden Ebenen ausgesetzt (Abb. 8.8). Diese Kräfte entstehen durch den M. pectoralis minor, den M. coracobrachialis und den kurzen Kopf des M. biceps brachii. Die Vektorsumme der am Proc. coracoideus ansetzenden Kräfte zeigt bei erhaltenem Lig. coracoacromiale in Richtung Tuberculum infraglenoidale. Wird das Band entfernt, so kommt es zur Änderung der Kraftrichtung nach distal kaudal. Es ist die resultierende Kraftkomponente nach einer Ligamentresektion größer als vor dem Eingriff. Aufgrund dieser Überbeanspruchung des Proc. coracoideus in einer anderen Richtung sind Spontanfrakturen denkbar [201, 497, 1415, 1566].

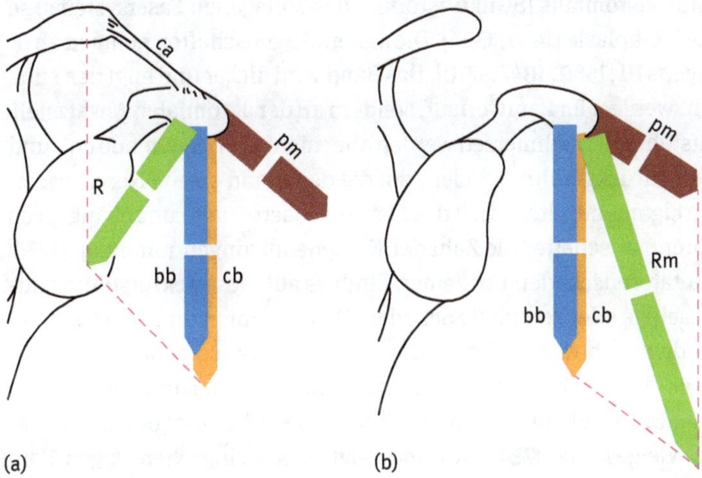

Abb. 8.8: Zugkräfte am Proc. coracoideus vor (a) und nach der Resektion des Lig. coracoacromiale (b) [1809] (ca = Lig. coracoacromiale, pm = M. pectoralis minor, cb = M. coracobrachialis, bb = Caput breve des M. biceps brachii, R = resultierende Kraftkomponente, Rm = resultierende Kraftkomponente nach Ligamentresektion).

Der Aufbau der Enthesis dieser Bänder ist für eine stärkere Zugbelastung ausgerichtet [1203] mittels ausgeprägter faserknorpeliger Insertion mit Kollagen Typ II, Aggrecan und Link Protein [1339], dies bei spitzwinkeliger Einstrahlung der Bandfasern in den Knochen als Anpassung des Gewebes an die Belastung am Übergang vom Weich- zum Hartgewebe [138, 1202] an der als „footprint" bezeichneten Ansatzfläche.

Der Ansatzstelle des Lig. coracoacromiale am ant. inf. Eck des Akromions kommt eine besondere Bedeutung zu. Dieses Band als Zuggurtung zwischen Akromion und Korakoid führt zu einer stärkeren Verspannung am Akromion als am Korakoid [1455]. Am Lig. coracoacromiale lassen sich zwei Bandteile erkennen, das anterolaterale und das posteromediale Band [443], im Bereich des ersteren kommt es auch zur „spur"-Formation [473]. Dazu wird ein drittes Band beschrieben, das unter dem AC-Gelenk versteckt ansetzen soll [1422]. Beim subakromialen Impingement entstehen die subakromialen Exophyten [1346, 1366]. Es wird die Verbindung zum Rotatorenschaden hergestellt [1005, 1183, 1243, 1285, 1357, 1514]. Diese „subacromial spurs" sollen die Folge eines Rotatorenschadens sein [1366, 268], oder umgekehrt entsteht der Rotatorendefekt wegen einer mechanischen Schädigung durch den Exophyten [1285, 1986] und die Ursache des Exophyten besteht in einer vermehrten Traktionsbelastung des korakoakromialen Bandes [644, 1346]. Letztere Überlegung wird durch die stärkere Zugbelastung des Bandes am Akromion als am Korakoid erklärt [1455]. Beim Rotatorenschaden ist das anterolaterale Band kürzer und soll damit zur Einengung des subakromialen Raumes führen [1710], der Abstand zwischen Akromion und Korakoid sei ebenfalls verkürzt [2047]. Histologisch bestehen beim Rotatorenschaden eine Texturstörung des Lig. coracoacromialis (Strukturstörung des kollagenen Fasersystems) sowie eine chondroide Metaplasie [1456, 1366]. Die Materialeigenschaften nehmen ab bei Zunahme des Kollagens III [1580, 1847, 1710]. Das Band wird dicker und engt den subakromialen Raum ein, weniger im Bandverlauf, sondern an der akromialen Ansatzstelle [2013]. Die dann entstehenden Schmerzen werden aber nicht auf begleitende entzündliche Veränderungen zurückgeführt, sondern auf die dem Band eigene Nervenversorgung [909]. Wie alle Ligamente altert auch das Lig. coracoacromiale, unabhängig vom Zustand der Rotatorenmanschette. Die Zahl der Nervenendigungen nimmt ab [1236]. Der gelenkseitige Rotatorenschaden übt keinen Einfluss auf diese Texturstörung aus, wohl aber der bursaseitige oder komplette Schaden. Das Akromion und der Proc. coracoideus bilden mit dem sich dazwischen ausspannenden Lig. coracoacromiale das „Schulterdach" [1455]. Distal des Bandes zieht die Sehne des M. supraspinatus von der Fossa supraspinata der Skapula zum Tub. majus des Oberarmkopfes. Das Lig. coracoacromiale ist vielgestaltig [724, 410] und zeigt neben einer viereckigen Form auch eine Y-artige Anlage [1094, 1896, 1957] mit der Besonderheit, dass bei 14 % dieser Formen ein Teil des M. pectoralis minor durch die Y-Lücke am Proc. coracoideus ansetzt (Abb. 8.9).

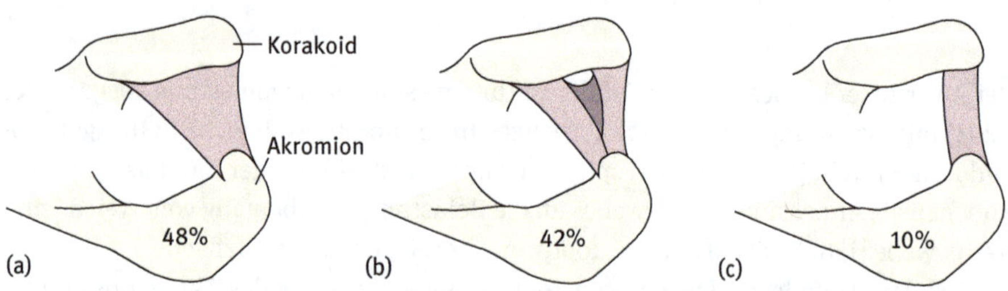

Abb. 8.9: Varianten des Lig. coracoacromiale ((a) = viereckig quadrangular, (b) = Y-förmig – Y-shaped mit Lücke nahe am Korakoid, (c) = breites Band – broad banded), nach [724].

Von Bedeutung für klinische Überlegungen sind der Ansatz des Lig. coracoacromiale am Akromion und die Tatsache, dass Rotatorenschäden bursaseitig mit Veränderungen an der Akromionunterseite einhergehen. Liegen artikularseitige Schäden vor, so ist der akromioklaviculäre Bogen intakt [1184, 306, 1285, 1366].

Die Form des Schulterdaches unterliegt Veränderungen, bedingt durch die Morphologie des Akromions. Es bestehen fünf Typen der Akromionform. Nach BIGLIANI [154, 155, 156] werden die flache (Typ I), eine bogenförmige (Typ II) und die hakenförmige (Typ III) Form unterschieden und FARLEY [438] sowie VANARTHOS [1860] beschreiben die konvexe Form. Ergänzend kennt TUCKER [1833] ein kielförmiges Akromion, das aber in der Tunnelaufnahme schwer, in der a.p.-Röntgenaufnahme besser erkennbar sei.

In Verbindung mit dem Rotatorenschaden sind Osteophyten (Exophyten) an der Unterseite des Akromions, aber auch in der Folge der Schultereckgelenksarthrose, von Bedeutung. Dazu spielen die Akromionform, der Akromionindex, der Akromionwinkel, die Akromionneigung und der laterale Akromionwinkel eine Rolle [2047, 517, 408], beim subakromialen Impingement steht aber der klinische Befund im Vordergrund [2048].

„Akromion-spurs“

Am Ansatz des anterolateralen Teiles des Lig. coracoacromiale kann sich in der Folge der Ligamentüberlastung ein Traktionsexophyt ($\hat{=}$ Osteophyt) ausbilden, der im Gegensatz zum Knochen keine trabekuläre Struktur aufweist [630]. Diese „Akromion-spurs“ [267] werden häufig durch eine vermehrte Kompression des Oberarmkopfes gegen das Schulterdach erklärt [393, 2010] und liegen beim partiellen Rotatorenschaden noch intraligamentär [566]. Es scheint sich ein „circulus vitiosus“ zu entwickeln, bei dem sich wahrscheinlich, ausgehend durch die vermehrte Traktion des anterolateralen Bandanteils, an der Unterseite des Akromions, bei allen Enthesiopathien, Exophyten bilden können [1366, 1346, 504], die einen Einfluss auf die darunter verlaufende Rotatorenmanschette im Sinne der Texturstörung verursachen, was wiederum zum Hochstand des Oberarmkopfes führt, mit der Folge einer vermehrten Kompression auf die Unterseite des Akromions. Diese Exophyten sind häufig, erfahren aber erst ab 5 mm Ausdehnung eine pathologische Bedeutung [1349].

In Abhängigkeit von der Form und Richtung der Sporne am Akromion gibt es eine Klassifikation (Abb. 8.10) nach OH [1351]. Es werden sechs Typen differenziert:

- heel type: in der a.p.-Aufnahme hakenförmige bzw. absatzartige Knochenausziehung am lateralen Akromioneck,
- traction type: Sporn am lateralen Akromionende, kongruent mit der Unterseite des Akromions, darstellbar in der MR-Arthrographie,
- bird beak type: nicht mit der Unterseite des Akromions kongruenter Sporn, erkennbar in der CT-Arthrographie,
- medial type: Sporn am medialen Akromionende und/oder am distalen Ende der Klavikula, erkennbar im a.p.-Röntgenbild,

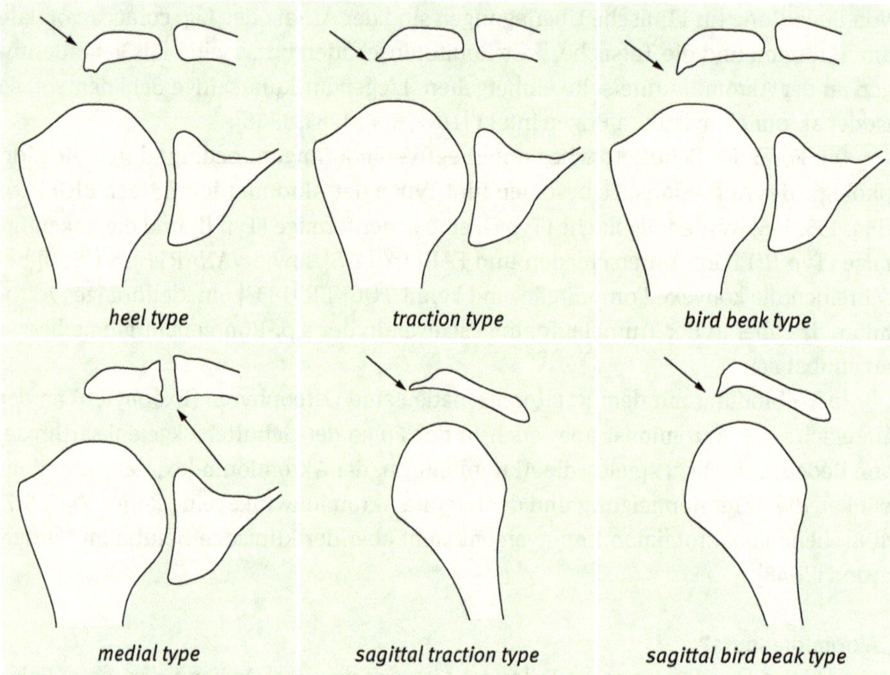

Abb. 8.10: Klassifikation der Sporne am Akromion, nach [1351].

- sagittal traction type: Knochensporn entlang dem Lig. coracoacromiale mit Kongruenz zur Akromionunterseite, erkennbar in der outlet view,
- sagittal bird beak type: anterolateraler, nicht mit dem Lig. coracoacromiale kongruenter Sporn, erkennbar in der outlet view.

Die Häufigkeit der Sporne nimmt mit dem Alter zu und sie sind öfter bei Rotatorendefekten, den heel type mit etwa 56 %, zu finden [1351].

AC-Osteophyten

Bei der Schultereckgelenksarthrose bilden sich wie bei allen Arthrosen Randexophyten an den Knorpelflächen aus, die sich auch in Richtung Rotatorenmanschette entwickeln und somit einen vergleichbaren Mechanismus wie bei den Akromiontraktionsosteophyten auslösen [900, 1286, 1287, 1412, 435, 1142].

Akromionform

Nach BIGLIANI [154] gibt es typische Akromionformen, Typ I–Typ III. Beim hakenförmigen Typ III werden Rotatorenmanschettenschäden zu 70 % erwartet, in Abhängigkeit vom Lebensalter [554, 1909]. Die Akromionmorphologie ist aber altersunabhängig [1311], daher wird ein Zusammenhang mit der Rotatorenpathologie auch in Frage gestellt [385]. Neben der Akromionform können am Röntgenbild der Akromionindex, ein Akromionwinkel, die Akromionneigung und auch ein lateraler Akromionwinkel festgestellt werden (Abb. 8.11), die möglicherweise Rückschlüsse auf zu erwartende Rotatorenschäden zulassen [1726, 1228, 1014].

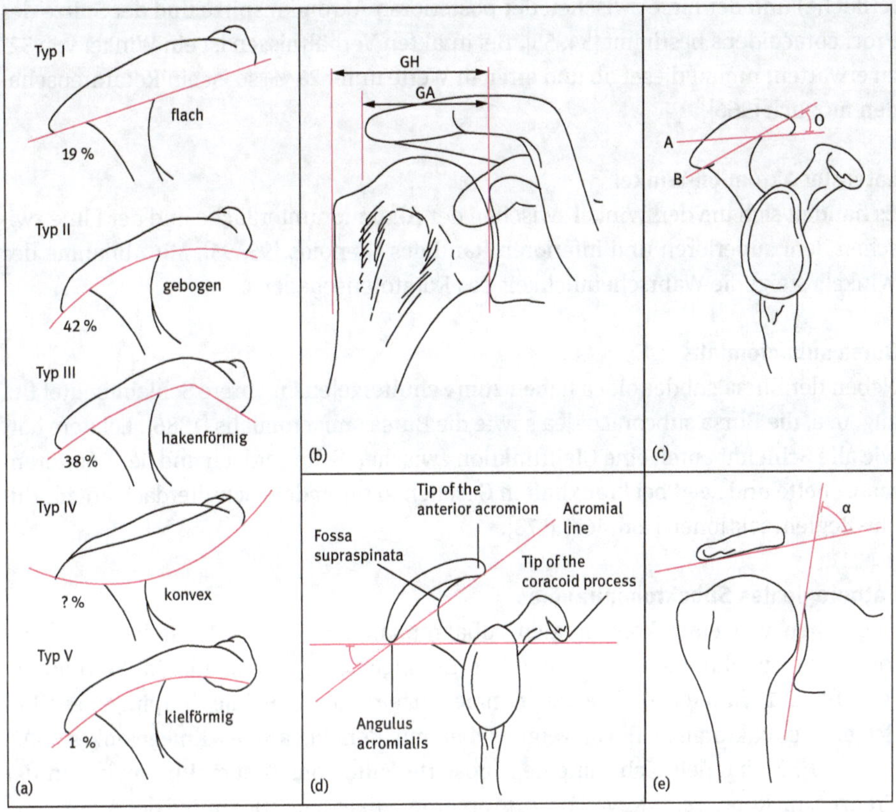

Abb. 8.11: Akromionanatomie ((a) = Akromionformtypen [154], (b) = Akromionindex [1332], (c) = Akromionwinkel [1818], (d) = Akromionneigung [55], (e) = lateraler Akromionwinkel [95]).

Akromion-Index

Hier handelt es sich um ein Verhältnis aus der Distanz Glenoid – lateraler Akromionrand (GA) zu Glenoid – lateraler Anteil Humeruskopf (GH). Das Verhältnis GA/GH sei beim Rotatorendefekt größer [866, 1823, 1332], diese Aussage wird aber auch in Frage gestellt [629] und sei abhängig von der Menschenrasse [1209].

Akromion-Winkel

Es kann ein Winkelmaß zwischen der Unterfläche des Akromions und der Fläche der posterioren zwei Drittel des Akromions festgestellt werden [1818]. Liegt der Akromionwinkel über 27°, so wird in 89 % der Fälle ein Rotatorenschaden (partieller Defekt, kompletter Defekt) erwartet.

Akromion-Neigung (slope, tilt)

Die Akromionneigung wird mittels Winkel zwischen der Akromionlinie (Akromionunterfläche) und der Linie zwischen der posterioren Akromionspitze und der Spitze des Proc. coracoideus bestimmt [54, 55]. Bei intakten Verhältnissen ist ein Winkel von 32° zu erwarten, nimmt dieser ab und erreicht Werte unter 28 %, so ist ein Rotatorenschaden möglich [566].

Lateraler Akromion-Winkel

Es handelt sich um den Winkel zwischen der Akromionunterfläche und der Linie zwischen dem superioren und inferioren Rand des Glenoids [95, 93]. Mit Abnahme des Winkels steigt die Wahrscheinlichkeit des Rotatorenschadens.

Bursa subacromialis

Neben der Bursa subdeltoidea haben zum Schultergelenk mehrere Schleimbeutel Bezug, u. a. die Bursa subcoracoidea sowie die Bursa subacromialis [1886]. Letztere hat, wie alle Schleimbeutel, eine Gleitfunktion zwischen Schulterdach und der Rotatorenmanschette und zeigt bei krankhaften Geschehen unter dem Schulterdach entzündliche Begleitreaktionen [166, 167, 1573].

Pathologie des Subakromialraumes

Abgesehen von einer kongenitalen subakromialen Stenose [233] steht die Pathologie des Subakromialraumes mit der Impingementsymptomatik in Verbindung (vgl. Band 1, Kapitel 6). Eine Ausnahme für ein subakromiales Impingement bildet eine subakromiale Plica, vergleichbar mit den Plicae des Kniegelenkes [306, 1755, 511]. Es handelt sich um eine fibrosierte Falte vom Tuberculum majus an der Grenze zum Rotatorenintervall bis zum anteromedialen, inferioren Teil des Akromions schräg verlaufend [852]. Das Vorkommen der subakromialen Plica ist altersabhängig (Tab. 8.4).

Tab. 8.4: Häufigkeit der Plica subacromialis in Abhängigkeit vom Lebensalter [511].

Alter LJ	17–35	36–50	51–65	66–90
Häufigkeit in %	11,6	7,3	5,6	1,8

Von Bedeutung ist jedoch die Entzündung der Bursa subacromialis [1800] als Folge der lokalen Pathologien (Spurs-Akromion und AC-Gelenk, Rotatorentendinose, Os acromiale). Der Rotatorenschaden steht in enger mechanischer Verbindung zur Bursitis [306, 375, 540, 855, 1285, 1453]. Es besteht eine direkte Verbindung zum subakromialen

Impingementsyndrom [1286, 1290]. Für die Beurteilung der subakromialen Pathologie ist der Abstand des Humeruskopfes von der Akromionunterfläche (Subakromialraum) von Bedeutung. Am Röntgenbild messbar ist die Abnahme des Abstandes als Oberarmkopfhochstand, ein Hinweis auf einen Defekt in der Rotatorenmanschette oder auf eine fettige Infiltration der Rotatorenmuskeln [1863]. Dieser wird mittels „upward migration index" nach HIROOKA [709] bestimmt als Quotient zwischen dem Abstand des Oberarmkopfmittelpunktes und der Akromionunterfläche und dem Oberarmkopfradius, vgl. [1151]. Der akromiohumerale Abstand sei allerdings hauptsächlich genetisch bestimmt und nur randständig durch äußere Einflüsse beeinflusst [609].

Os acromiale

Das Akromion als Teil der Skapula steht mit der Klavikula im Akromioklavikulargelenk (Schultereckgelenk) in Verbindung. Es entsteht aus einer variablen Anzahl von Ossifikationszentren [1252, 1329]. Es werden zwei bis drei Ossifikationszentren genannt [1094, 1009, 1011, 477], aber auch vier Ossifikationszentren [1675]. Die Ossifikationszentren sind nachweisbar ab dem 14. bis 16. Lebensjahr [409], diese vereinigen sich zu einem Zentrum, etwa bis zum 19. Lebensjahr, und dieses verschmilzt mit der Spina scapulae bis etwa zum 20. Lebensjahr. Die Fusionierung erfolgt von dorsal nach anterior [1094, 1159]. Das heißt, dass die Akromionspitze am spätesten mit der Spina scapulae knöchern verbunden wird. Persistierende Apophysen können aber auch nach Abschluss des Knochenwachstums noch bestehen [790]. Epiphysenfugen sind bis zum 18. Lebensjahr nachweisbar, dies bei normalem Wachstum [477, 1298]. Ein bis zwei Jahre später sollte aber das Knochenwachstum des Akromions abgeschlossen sein. Trifft dies nicht zu, wird von der persistierenden Apophyse des Akromions, auch vom Os acromiale, gesprochen, Synonym: Acromion bipartitum, meta-acromion [790]. Die Anatomie des Os acromiale wird, was die Ausdehnung betrifft, auf das Gesamt-Akromion bezogen. Die Typisierung wird durch Bestimmung des nicht fusionierten Segmentes anterior der sog. Pseudarthrose vorgenommen [477, 1009, 1011]. Bei dieser Klassifikation wird das basi-Akromion mit einbezogen. Nach HABERMEYER [618] werden vier Typen unterschieden (Abb. 8.12). Diese Klassifikation stützt sich auf die Einteilung von MUDGE [1252]. Diese Typisierung spiegelt auch die Entwicklung des Akromions wider, wobei zwei bis drei Ossifikationszentren zwischen dem 14. und 16. Lebensjahr bestehen und bis zum 19. Lebensjahr verschmelzen, die Vereinigung ist dann mit der Spina acromialis vom 20. bis zum 25. Lebensjahr zu erwarten [1009, 1011]. Entsprechend der Häufigkeit legt HABERMEYER einen Typ 1 vor, bei dem es sich um ein Os acromiale – meso-Akromion – handelt, gefolgt von einem Typ prae-Akromion, prae- und meso-Akromion sowie dem Typ 4, bei dem sich alle Ossifikationszentren anterior der Basis der Spina ossifiziert finden (Abb. 8.12).

Unter dem Os acromiale wird ein Versagen des zeitgerechten Schlusses der Wachstumsfuge mit der Folge einer Pseudarthrose („non union") verstanden. Laut histologischer Untersuchungen handelt es sich um eine fibrokartilaginäre Verbindung [409, 1009, 1011, 1094] oder auch nur um fibröses Gewebe ohne Knorpel zwischen dem Ossi-

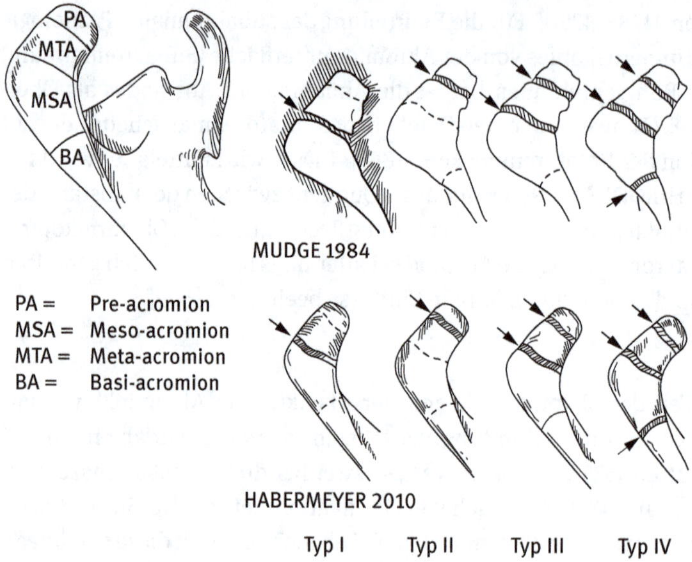

Abb. 8.12: Ossifikationszentren des Akromions und mögliche Typisierung des Os acromiale, aus [1513] nach [1252].

kel und dem eigentlichen Akromion [882]. Es ist von einer „Pseudoepiphyse" zu sprechen. Das Os acromiale ist meistens asymptomatisch, kann aber zu einem externen Impingement werden [748]. Dies ist durch eine Traktion des m. deltoideus am instabilen Akromionfragment in Richtung Rotatorenmanschette möglich und wird damit zu einer Ursache für ein subakromiales Impingement [1563]. Dabei wird das meso-Akromion durch den Deltoideuszug in Richtung Oberfläche der Rotatorenmanschette gezogen. Ein Os acromiale kann als Normvariante angenommen werden, für die Begutachtung ist lediglich eine Verletzung dieser Region von Bedeutung [90]. Neben der klinischen Impingementsymptomatik steht das Röntgenbild zur Verfügung, das jedoch nur im Erwachsenenalter aussagekräftige Ergebnisse liefern kann, da im Kindesalter das Akromion zumindest bis zur Pubertät weitgehend knorpelig angelegt ist. In diesem Alter gibt es aber schon einen Hinweis auf ein sich entwickelndes Os acromiale mit entsprechender Symptomatik, bezeichnet als Apophysitis des Akromions [1234].

Rotatorenmanschette

Im Vergleich zum Hüftgelenk stellt das Schultergelenk kein formschlüssiges, sondern ein so genanntes kraftschlüssiges Gelenk dar, d. h., die Führung des Humeruskopfes erfolgt durch die muskulären aktiven und kapsuloligamentären passiven Kraftstrukturen. Dabei zentriert die Rotatorenmanschette den Humeruskopf in die flache Pfanne. Es besteht eine anatomisch ungewöhnliche Konstruktion aus Kapseln und Sehnen. Der komplizierte Bewegungsmechanismus in Verbindung mit den häufigen Kombinationsverletzungen unter Berücksichtigung der räumlichen Enge unter dem Schulterdach, aber auch der vaskulären Ernährungssituation der Rotatorenmanschette, macht diese Gesamtstruktur gegenüber Erkrankungen und Verletzungen anfällig. Es handelt sich bei der Rotatorenmanschette nicht nur um eine Zugsehne, sondern vor allen Dingen um eine so genannte Gleitsehne [1433]. Störungen in der Gelenkzentrierung führen zu einem pathologischen Kontakt zwischen der Rotatorenmanschette und dem Schulterdach (Akromion, Lig. coracoacromiale, Proc. coracoideus), die daraus resultierenden Beschwerden werden als subakromiales Impingement bezeichnet. Die Rotatorenmanschette der Schulter ist anatomisch und funktionell mit einer Rotatorenmanschette an der Hüfte vergleichbar [230, 182]. Ähnlichkeiten bestehen bezüglich der Sehnenansätze des M. gluteus medius et minimus als Abduktoren am Trochanter majus (M. supraspinatus et infraspinatus am Tub. majus) und des M. iliopsoas als Innenrotator am Trochanter minus (M. subscapularis am Tub. minus). Über dem Femurkopf verläuft die Sehne des M. rectus femoris (über den Humeruskopf die Bizepssehne). Die Defekte der Schulterrotatoren beginnen jeweils in der Supraspinatussehne, die der Hüftrotatoren analog in der Sehne des M. glutes minimus (Abb. 8.13).

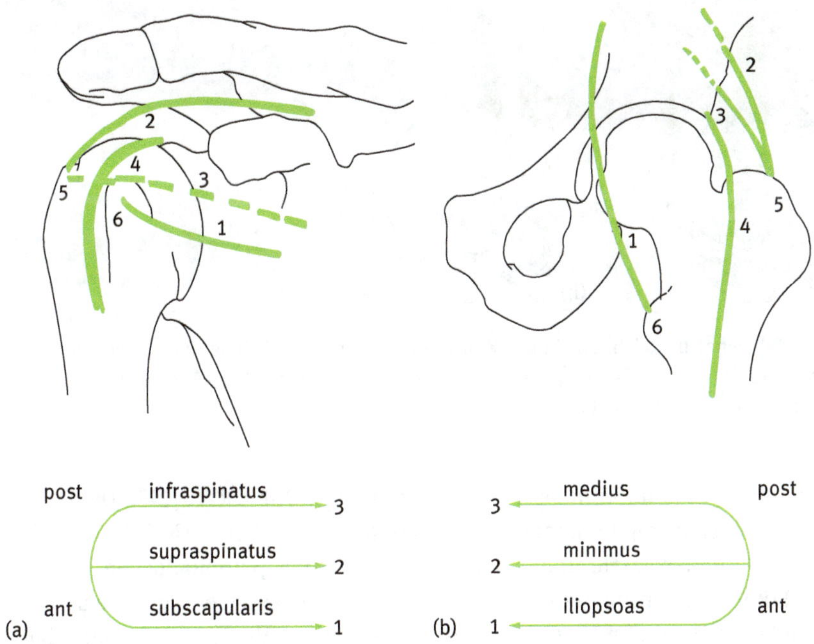

Abb. 8.13: Die Rotatorenmanschette der Schulter (a) und der Hüfte (b). (a): 1 = M. subscapularis, 2 = M. supraspinatus, 3 = M. infraspinatus, 4 = M. biceps humeri caput longum, 5 = Tub. majus, 6 = Tub. minus, (b): 1 = M. iliopsoas, 2 = M. gluteus minimus, 3 = M. gluteus medius, 4 = M. rectus femoris, 5 = Trochanter major, 6 = Trochanter minor.

An der Schulter gibt es zwei „force couples“ [759, 110], einmal am Glenohumeralgelenk sowie am Skapulothorakalgelenk [1297, 1326]. „Force couple“ ist definiert als zwei gleiche, aber gegenüberliegend gerichtete Kräfte, die gemeinsam an einer Rotationsachse mit unterschiedlicher Drehrichtung fungieren. Es kommt zu einer Rotation ohne Translation [1328]. An der Skapula üben diese Funktion der M. trapezius und der M. serratus anterior bei der Aufwärtsrotation der Skapula mit einer Armelevation aus und am Glenohumeralgelenk der M. subscapularis mit dem inferioren Teil des M. infraspinatus, die den Oberarmkopf ins Glenoid ziehen, entgegen der superioren Scherkraft des M. deltoideus. Es resultiert eine Rotation des Oberarmkopfes mit minimaler linearer superior-inferiorer Translation. „Force couple“ ist also die synergistische Wirkung von Muskeln zur Ausführung von Rotationsbewegungen der Skapula oder des Oberarmkopfes [759, 1070].

Es liegen Kräfte-Paare („force couple“) vor, die durch gleichstarken Muskelzug (M. subscapularis und M. infraspinatus) den Oberarmkopf im Glenoid zentrieren (Abb. 8.14). Kommt es zur Strukturschädigung der Sehne des M. infraspinatus, so überwiegt der Subskapularis-Zug. Für den M. supraspinatus trifft dies nicht zu, da dieser dem entsprechenden Muskel-Paar nicht angehört [1353].

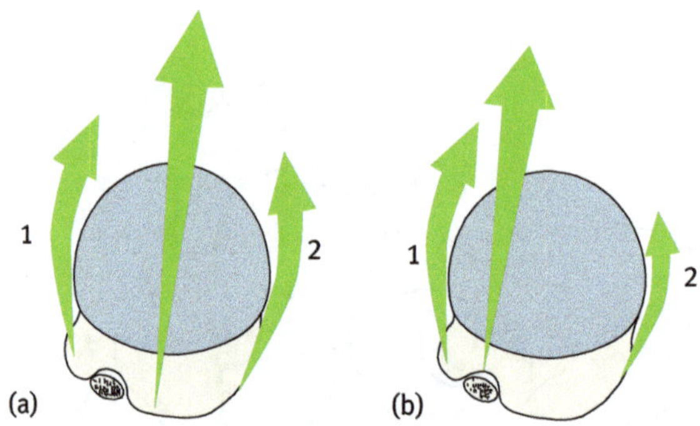

Abb. 8.14: Effekt eines ungleichgewichteten Kräftepaares („force couple“) bei Teilschaden des M. infraspinatus ((a) = Zentralisierung des Oberarmkopfes zum Glenoid, (b) = Abnahme der zentrierenden Kraft, 1 = M. subscapularis, 2 = M. infraspinatus).

Die Bezeichnung „Rotatorenmanschette“ stammt von BOSWORTH [193]. Die Bedeutung der anterioren Akromionkante als Hauptkontaktzone erkannte NEER [1285]. Hier spielt sich das subakromiale Impingement im Sinne eines pathologischen Kontakts zwischen Rotatorenmanschette und Bursa subacromialis einerseits und dem Schulterdach andererseits ab. Im Vordergrund des Interesses an der Rotatorenmanschette stehen die sog. Diagnosen des Impingements und der „Ruptur“ (Abb. 8.15), wobei beide Wörter als Diagnose problematisch sind. Ein Impingement ist keine Diagnose, sondern ein Pathomechanismus, und die „Ruptur“ ist meistens kein Riss, sondern ein Sehnendefekt aufgrund einer Texturstörung bei der Tendinose.

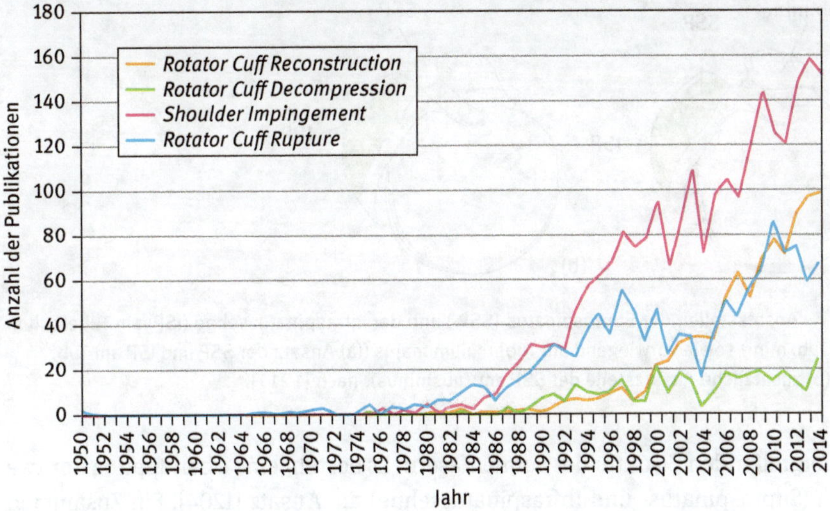

Abb. 8.15: „Diagnosen" und Operationen an der Rotatorenmanschette.

Die Sehnen der Rotatorenmanschette (M. subscapularis, M. supraspinatus, M. infraspinatus, M. teres minor) setzen teilweise am Tuberculum minus, aber vorwiegend am Tuberculum majus an, wobei alle vier Sehnen in einer Sehnenplatte in unmittelbarer Nähe der Insertion ineinander übergehen. Die Struktur der Rotatorenmuskeln ist derart gestaltet, dass sie sowohl für eine Kraftentfaltung als auch die Haltefunktion zur Schulterstabilisierung geeignet sind [1915]. Dazu spielen ebenso die Neigung der Sehnenansatzstellen eine Rolle [146] sowie die physikalischen Eigenschaften der Sehnen [1314, 743, 1994, 380]. Die vier Sehnen bilden mit der superioren Gelenkkapsel eine gemeinsame Sehnenkappe am Tuberkulumansatz. Mit zunehmendem Alter entsteht eine tuberkulumnahe, interlaminäre Aufsplitterung [1735]. Die Hauptansatzstelle des M. subscapularis ist das Tuberculum minus. Proximale Anteile der Sehne zweigen zur langen Bizepssehne ab und bilden den Boden des Sulcus bicipitalis, auch zusammen mit Fasern des M. supraspinatus. Die dünne Gelenkkapsel verbindet die Gelenkhöhle, und den Oberarmkopf mit dem Glenoid. Die Ligg. glenohumeralia liegen teilweise intrakapsulär [296]. In den meisten Anatomiebüchern [799] wird beschrieben, dass die Supraspinatussehne an der höchsten Impression des Tuberculum majus ansetzt, die Infraspinatussehne im mittleren Bereich und dorsal davon die Sehne des Teres minor. Aktuellere Ergebnisse zeigen, dass die Ansatzstelle des Supraspinatus am Tuberculum majus kleiner ist als angenommen [1211, 1212] und teilweise auch das Tuberculum minus mit einbezieht. Vorwiegend wird das Tuberculum majus von der Infraspinatussehne belegt (Abb. 8.16).

Andere Autoren [339, 399] beschreiben die Ansatzpunkte der Sehnen in Abhängigkeit von der maximalen Sehnenlänge (medial und lateral) bzw. deren Weite (anterior oder posterior). Die Schwierigkeit der Unterscheidung liegt nach CLARK [297] in der in-

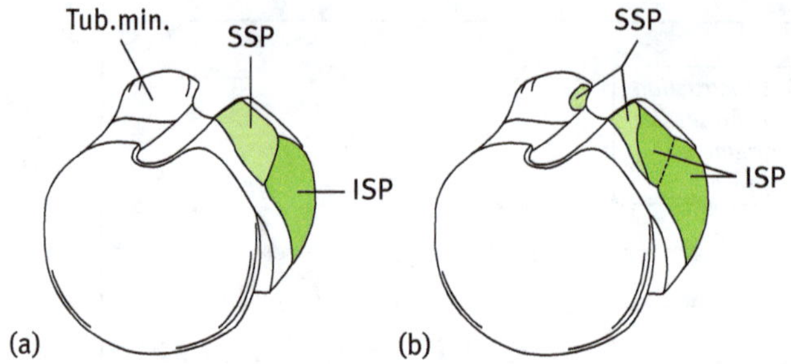

Abb. 8.16: Ansatzstellen der Supraspinatus-(SSP-) und der Infraspinatussehne (ISP) am Tuberculum minus (Tub. min.) sowie vorwiegend am Tuberculum majus ((a) Ansatz der SSP und ISP am Tub. majus, (b) zusätzliche Ansatzstelle der SSP am Tub. minus), nach [1211].

einandergreifenden Struktur der Sehnenfasern. Es besteht eine Überlappung der zwei Sehnen (Supraspinatus- und Infraspinatussehne) am Ansatz [1204]. Ein Zusammenhang dieser Ansatzstellen mit auftretenden Rotatorendefekten wird nicht festgestellt [982]. Unmittelbar am Ansatz am Tuberculum majus hat die Supra- und Infraspinatussehne einen fünfschichtigen Aufbau [297], wobei die oberflächliche Schicht als dünne Struktur zu Fasern des Lig. coracohumerale einstrahlt und ebenso zum Periost. Die darunter liegende eigentliche Sehne (2. Schicht) setzt in einer fünfschichtigen Struktur, wie alle Sehnen und Bänder, am Tuberculum majus an. Die darunterliegende dritte Schicht enthält ebenfalls Sehnenfasern bzw. -bündel beider Sehnen, die aber nicht einheitlich orientiert sind und sich ineinander verzweigen. Auch hier ist der Ansatz am Tuberculum majus. Die vierte Schicht besteht aus lockerem Bindegewebe mit senkrecht zum Sehnenverlauf lokalisierten Kollagen-Fasern mit Verbindung zu der tiefen Schicht des Lig. coracohumerale. In dieser Schicht orientiert sich das „rotator cable system". Die fünfte Schicht besteht aus ungeordneten Kollagen-Fasern entsprechend dem Kapselgewebe (Abb. 8.17) als Abgrenzung zur Gelenkhöhle. Diese Schicht setzt über Sharpey'sche Fasern am Knochen an [297].

In der kollagenen Faserschicht der Rotatorenmanschette befinden sich dicke kollagene Bündel, die sich senkrecht zum Sehnenverlauf kreuzen und den „cable-crescent-complex" der Rotatorenmanschette bilden [234, 239]. Es handelt sich dabei um eine halbmondförmige verdickte Region, etwa 1 cm breit, kurz vor dem Sehnenansatz am Tuberculum majus (Abb. 8.18), auch als Rotatorenkabel bezeichnet oder als Lig. semicirculare humeri [840].

Diese Verdickung spannt sich beginnend vor dem Bizeps zum inferioren hinteren Rand der Infraspinatussehne. Zwischen dem eigentlichen Ansatz der Rotatorenmanschette am Tuberculum majus und der Verdickungsregion besteht eine relativ dünne Rotatorenmanschette, die als Halbmond („crescent-complex") bezeichnet wird. Diese „cable-crescent-configuration" wird auch verglichen mit der Struktur einer Hängebrücke [232]. Der Sinn dieses Modells liegt in einer Kraftumleitung über das kräftige

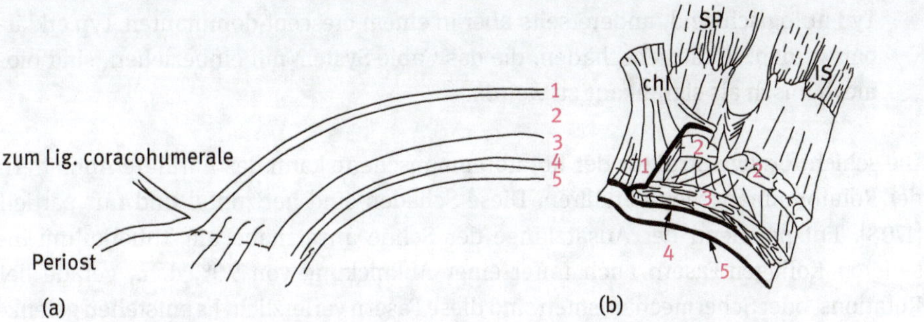

Abb. 8.17: Aufbau der Rotatorenmanschette ((a) Transversalschnitt, (b) Querschnitt) in fünf Schichten, nach [297] (1 = dünne Faserschicht, verstärkt durch Fasern des Lig. coracohumerale, 2 = eigentliche Sehne, 3 = Sehnenbündel mit uneinheitlich sich überkreuzenden Fasersystemen, 4 = lockeres Fasergewebe mit Verbindungen zur tiefen Schicht des Lig. coracohumerale, entspricht rotator cable – transverse oder capsular band, 5 = Kapselgewebe mit ungeordneten Kollagen-Fasern), nach [297].

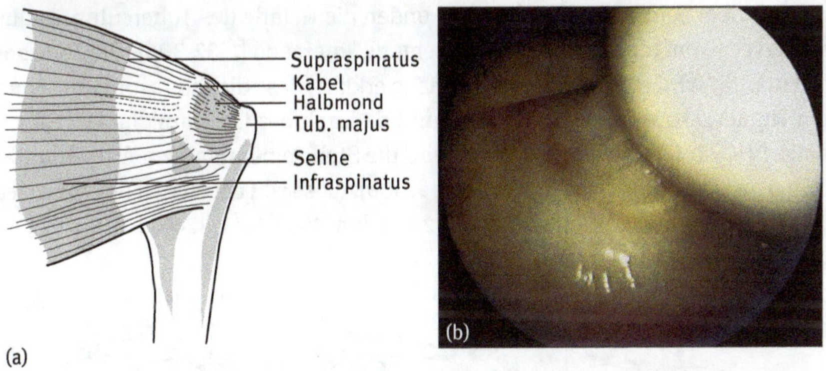

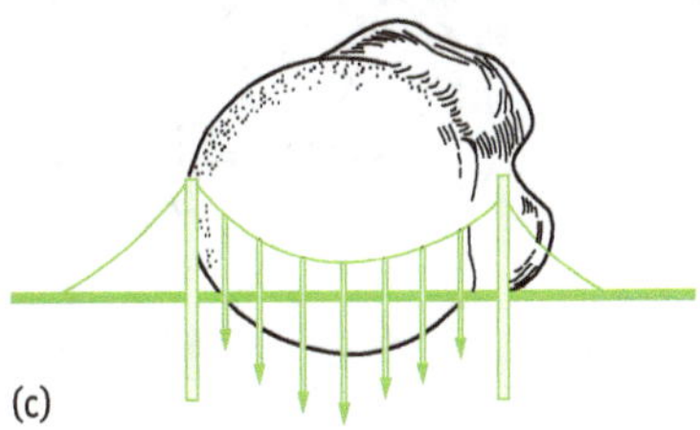

Abb. 8.18: Rotatorenansatzanatomie als Kabel- und Halbmondtheorie ((a) Schema, (b) AS-Bild mit Darstellung des Kabels und des Halbmondes, (c) Modell der Hängebrücke, nach [232]).

Kabelsystem weg vom dünnen halbmondförmigen Rotatorenansatz. Es gibt hier zwei Typen:

- cable dominant cuff, bei dem das halbmondförmige Areal durch das Kabelsystem geschützt wird,
- crescent dominant cuff (cable-non-dominant-cuff), bei dem diese Kraftumleitung nicht stattfindet. Daraus lässt sich ableiten, dass Rotatorenmanschettendefekte innerhalb einer Halbmond-Region biomechanisch bei einem cable-dominanten

Typ unlogisch sind, andererseits aber in einem crescent-dominanten Typ erklärbar werden. Rotatorenschäden, die das Cable-System mit einbeziehen, sind biomechanisch als signifikant zu werten.

Die schichtförmige Struktur der Rotatorenmanschette kann das fibrilläre Abblättern der Rotatorenmanschette erklären. Diese Schäden sind horizontal und nur partiell [1708]. Entsprechend der Ansatzlänge der Sehne ansatznahe am Tuberkulum inserieren Kollagen-Fasern auch unter einer Abknickung von 90°, d. h., gerade bei Rotations- oder Schermechanismen sind diese Fasern verletzlich. Es entstehen gelenkseitige Rotatorenschäden, so genannte Randabrisse („rim-rent tear", [411, 1548]). Laut histologischen Untersuchungen bilden sich die meisten Rotatorensehnenschäden an der Unterseite, tuberkulumnahe [566, 1274], was auch arthroskopisch bestätigt werden kann [529]. Daraus resultiert die Frage, ob tatsächlich Exophyten an der Akromionunterseite die Ursache für ein Rotatorenimpingement sein können [411]. Schließlich muss bezüglich der Anfälligkeit zum Rotatorenschaden auf die „critical zone" hingewiesen werden [1469, 1672]. Hier handelt es sich um eine Minderdurchblutung 1 cm vor dem Sehnenansatz, und hier enden die Gefäße des Tuberculum majus und andererseits vom tendomuskulären Übergang kommend [1532, 306]. Die Zone der Hypovaskularität wird auch durch die Tatsache erklärt, dass die Supraspinatussehne über den Humeruskopf gleitet (Abb. 8.19) und dadurch der Oberarmkopf die Sehne komprimiert [1098, 1469]. Sehr frühzeitig wird die Stelle einer relativen Avaskularität in der Supraspinatussehne beschrieben [1019, 306], diese ist 1 cm medial des Ansatzes der Supraspinatussehne als „critical zone" zu finden [1532, 1441, 1246, 1049, 1020].

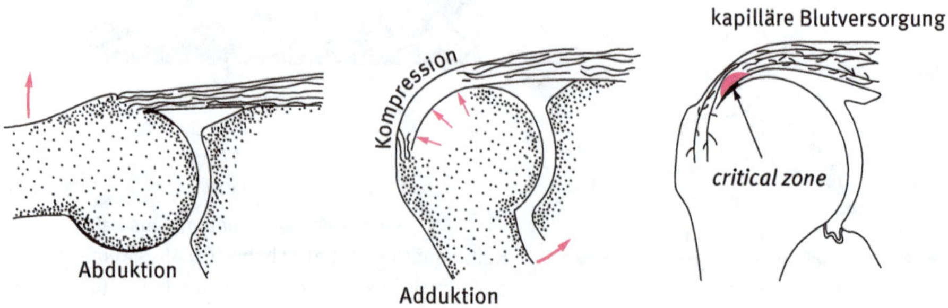

Abb. 8.19: Bei Adduktion drückt der Humeruskopf auf den Ansatz der Supraspinatussehne und reduziert die Blutversorgung [1098]. Lokalisation der kritischen Zone, nach [618].

Der M. supraspinatus erhält seine Blutversorgung aus der A. supraspinata [142, 586, 969] sowie aus der A. thoracoacromialis [1532, 1533]. Über Anastomosen kommt zusätzlich Blut aus Ringsystemen:

1. Der subakromial gelegene Ring wird aus Ästen der A. suprascapularis und A. thoracoacromialis gespeist.

2. Die Versorgung des M. supraspinatus wird durch zwei weitere, aus der A. suprascapularis hervorgehende Ringsysteme gewährleistet.
3. Das humerale Ringsystem, bestehend aus A. circumflexa humeri anterior und posterior, umgreift den Humerus vollständig.
4. Das skapulare Ringsystem besteht aus A. suprascapularis von ventral und A. circumflexa scapulae von dorsal, welche unterhalb der Spina scapulae direkt anastomosieren.

Die Blutversorgung des Schultergelenkes ist komplex, zeigt aber besondere Versorgungsgebiete: Humeruskopf [536, 956], Rotatoren [1246, 1469, 1532], Labrum [47, 321, 1534] und Glenoid [4], vgl. Kapitel 4. Bei klinischen Untersuchungen [153, 1007] wird die hypovaskuläre Zone der auch histologisch nachweisbaren Texturstörung zugeordnet. Beim Hund, ohne Akromion, werden die Degenerationszonen nicht bestätigt [935], hier findet sich auch keine wesentliche lokale Minderdurchblutung. Zur Nervenversorgung ergeben sich vergleichbare Verhältnisse wie am Lig. coracoacromiale, die eine Schmerzsituation erklären [87].

Biomechanik

Das Schulterhauptgelenk ist funktionell ein Teil des Schultergürtels [1421, 2041, 1804]. Neben der Dreh- und der Abduktionsfunktion übernimmt die Rotatorenmanschette Kräfte gegen die posterosuperiore glenohumerale Translation, insbesondere der M. infraspinatus in der inferioren Hälfte [1764, 1656]. Die lange Bizepssehne stabilisiert gegen die anterosuperiore Translation [1764].

Die Funktionen der Rotatorenmanschette beinhalten die Abduktion, Innen- und Außenrotation. Auf diese Konstruktion wird in den meisten Publikationen [188] hingewiesen. Die Tatsache, dass auch der M. deltoideus ein wesentlicher Abduktor ist, wird meist nicht genannt. Der M. deltoideus und der M. supraspinatus als Abduktoren sind über das volle Bewegungsmaß von 0–180° aktiv, die maximale Anspannung zeigt der M. supraspinatus zwischen 60° und 90° [1929]. Im Zusammenhang mit den Innen- und Außenrotatoren gelingt eine Zentrierung des Oberarmkopfes in das Glenoid. Es bestehen also Dreh- und Zugverhältnisse mit dem Mittelpunkt des Oberarmkopfes als Drehmittelpunkt, der bei der Abduktion geringgradig nach distal wandert, um den Durchgang des Tuberkulum majus mit der Sehnenplatte unter das Schulterdach zu gewährleisten [1520]. Dabei kommt aber auch dem M. deltoideus für die Abduktion eine wesentliche Bedeutung zu, mit der zusätzlichen zentrierenden Einwirkung der Rotatorenmanschette (vorwiegend Supraspinatussehne) zur Kopfzentrierung (Abb. 8.20).

Bezüglich der Zugfestigkeit der Supraspinatussehne zeigen sich vergleichbare Verhältnisse mit anderen Sehnen, die Zugfestigkeit wird beim Jugendlichen mit 1.850 N und beim 65-Jährigen mit 900 N angegeben [1503]. Demgegenüber besteht eine Muskelkraft des Supraspinatus mit 140 bis 196 N [769]. Die Sehnenreißfestigkeit als Materialeigenschaft ist abhängig von den Schichten der Sehne [1274],

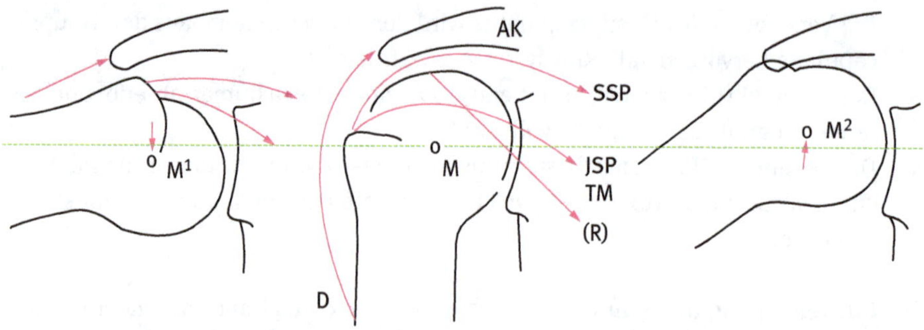

Abb. 8.20: Dreh- und Zugverhältnisse im Glenohumeralgelenk. Mitte: Drehmittelpunkt (M) bei hängendem Arm. Die Pfeile deuten die Zugrichtungen der Muskeln an: D = Deltoideus, SSP = Supraspinatus, ISP = Infraspinatus, TM = Teres minor, R = annähernde Resultierende der Rotatoren, AK = Akromion. Links: Normalerweise wandert der Drehmittelpunkt des Humeruskopfes bei der Abduktion des Oberarmes nach unten, um den Durchgang des Tuberculum majus mit der Sehnenplatte unter dem suprahumeralen Bogen (Akromion und Lig. coracoacromiale) zu ermöglichen. Rechts: Bei Schwächung der Rotatoren überwiegt die Deltafunktion, der Drehmittelpunkt des Kopfes wandert höher [1520].

diese Sehnenreißfestigkeit ist bursaseitig höher anzusetzen als artikularseitig, was möglicherweise Teildehiszenzen der Sehne erklärt. Eine maximale Bruchlast beträgt laut Literatur 500 bis 1.800 N [1929], 500 N [1042] bzw. 652 N [769]. Es schwankt diese „Reißfestigkeit" zwischen 500 und 1.850 N, wobei aber die Reißfestigkeit eigentlich als N/mm^2 angegeben werden sollte, da die Angabe Newton eine Kraftbeurteilung darstellt. Die Reißfestigkeit ist einmal abhängig von der Zugkraft, aber auch vom Sehnenquerschnitt, der bei der Supraspinatussehne im anterioren Bereich mit 3,3 mm Dicke und 19 mm Breite und Länge genannt wird, im posterioren Sehnenbereich mit 2,2 mm Dicke und ebenfalls 19 mm Breite und Länge [769]. Das heißt, die Reißfestigkeit ist im anterioren Bereich geringer als posterior und somit in die Nähe des Sehnenansatzes lokalisiert. Die Bruchlast als die Kraft, die zum Zerreißen führt, wird in Newton angegeben und bedeutet die Kraft, die ein Kilogramm als Masse einer Beschleunigung von $1 m/sek^2$ erteilt.

Auch am Arm ist von einem Hebelgesetz auszugehen. Hält ein Arm 5 kg zur Seite nach oben, so bedeutet dies eine Zugbelastung des Rotatorenansatzes von 1.500 N [1042, 25, 835]. In dieser Situation kann von einer maximalen Kraftanstrengung bezüglich der Rotatorenmanschette ausgegangen werden, wobei aber die maximale Reißfestigkeit nicht überschritten wird, die ja als Bruchlast mit bis zu 1.850 N angegeben wird [1929]. Entscheidend für die Beurteilung ist nun der Vergleich der Bruchlast einer Sehne mit der bei indirekter Krafteinwirkung entstehenden Muskelkraft. Im Vergleich zu dieser ist die Sehnenbruchlast dreimal höher zu bewerten [333, 769, 1170, 1927]. Aus dieser Feststellung resultiert, dass eine altersentsprechende Sehne bei altersentsprechender Muskulatur durch diese wohl nicht zur Schädigung gebracht werden kann [1078]. Es sei zu erwähnen, dass ja auch der M. deltoideus die Abduktion in etwa gleicher Weise wie der M. supraspinatus unterstützt. Daraus lässt sich ableiten, dass bei maximaler Abduktion diese nicht alleine durch die Supraspinatussehne bedingt ist, sondern ebenso durch den M. deltoideus, und wenn hier nun eine passive Krafteinwirkung entgegen dieser Abduktionsrichtung entsteht, kann eine isolierte Schädigung der Supraspinatussehne nicht erklärt werden. Dann müsste bei diesem Unfallmechanismus auch und immer der

M. deltoideus mit betroffen sein.

Ätiologische Faktoren

Alle Sehnen altern, auch die Rotatorenmanschette. Der Erkrankung einer Rotatorenmanschette wird der Alterungsprozess zugeordnet [1846]. Erklärt wird diese altersbedingte Texturstörung durch einen atrophischen Prozess [1008]. Bei Frauen sei dies häufiger der Fall als bei Männern [1413], bis zum 80. Lebensjahr werden Rotatorendefekte bis zu 50 % erwartet [211, 265, 1790, 1709, 1472, 2005, 1304, 1793]. Bei zunehmendem Alter kommt es auch zum vermehrten Auftreten der Schultereckgelenksarthrose [787] und es werden häufiger im Alter Partialrupturen als Komplettrupturen festgestellt [451, 1979]. In vielen Arbeiten wird auf diese Altershäufung hingewiesen [857, 1961, 856, 706, 2011, 1366, 1431], wobei ein isolierter Schaden der Rotatorenmanschette in einer Schulter seltener ist, es finden sich Komplexpathologien [604]. Liegt ein Partialschaden der Rotatorenmanschette vor, so resultiert daraus eine Rissvergrößerung [57]. Dies beginnt im Sinne der Texturstörung bereits ab dem 2. Lebensjahrzehnt [1299].

Bei einer Durchschnittsbevölkerung wird der Rotatorenschaden mit Defektbildung bei etwa 21 % erwartet [2010], wobei als Risikofaktoren neben dem Trauma die Dominanz eines Armes, und insbesondere das Alter angegeben werden. Dazu spielen genetische Faktoren [273] eine Rolle. Der genetische Einfluss wird bei Häufung von Rotatorenschäden bei Geschwistern angenommen [612, 259] sowie Faktoren, die der Entwicklungsgeschichte zugeordnet werden bezüglich einer Verringerung des Volumens der Fossa supraspinata im Vergleich zu Menschenaffen [330]. Aus anatomischer Sicht wird auf die so genannte „critical zone" [844] wegen einer verringerten Sehnendurchblutung etwa 1 cm vor dem anterioren Ansatz der Supraspinatussehne am Tuberkulum majus hingewiesen [429]. In der Anatomie gibt es Hinweise auf einen Einfluss der Glenoidneigung [163], wobei dieser Faktor Einfluss auf die Entwicklung eines Impingements nehmen könnte. Die Erkrankung der Rotatorenmanschette, insbesondere der Supraspinatussehne, sei vergleichbar mit der „Periarthritis" [1991]. So werden als ätiologische Faktoren, wie bei allen Sehnen, der Einfluss des Alkohols [1877] erwähnt, aber auch die Zuckerkrankheit [1877, 1679, 274, 1814], die Hypertonie [607], der Missbrauch von Tabak [127, 1131, 770, 519, 804, 164, 251, 1088], das Übergewicht [608], der Missbrauch mit Anabolika [544, 2018, 1828], auch die Verwendung von Kortison [1814], die Hypercholesterinämie [2], das Medikament Simvastatin habe aber eine positive Wirkung zur Vermeidung des Rotatorenschadens [352]. Als denkbare Ursache für einen Rotatorenschaden wird der „wear-and-tear mechanism" beim paraplegischen Patienten genannt [20, 21] und insbesondere der Überlastungsschaden „overuse" beim Sportler. Hier steht die Werferschulter wegen eines internen Impingements im Vordergrund [1651, 1273, 51]. Dies trifft auch beim Überkopf-Arbeiter zu [1460, 1423]. Eine Überlastung der Schulter bei Wurfsportarten führe zu einer Zunahme der Knochendichte randständig am Glenoid [1212], dies wegen einer Oberarmkopf-Translation am Glenoid. Grundsätzliche Überlegungen nennen intrinsische und extrinsische Faktoren [1285, 1846]. Die intrinsischen Faktoren sind in der Sehnenstruktur zu suchen, dies ist altersbedingt denkbar als Progredienz des Schadens [44, 45, 451, 1979], aber auch aufgrund von Sehnenerkrankungen, wie bei der Tendinosis calcarea [1478], die auch als Ursache zur Dehiszenz genannt wird.

Extrinsische Faktoren wirken von außen auf die Rotatorenmanschette ein, so Reibungseffekte durch die Akromionunterfläche [1184, 1528, 483]. Häufig findet sich eine Kombination extrinsischer und intrinsischer Faktoren [1117, 2000, 1038]. Bei den extrinsischen Faktoren handelt es sich in aller Regel um Belastungsstörungen, z. B. im Sinne der Außenrotation. Hier wird der Rotatorenschaden durch die damit verbundene Beeinträchtigung der Durchblutung erklärt [462, 1275]. Die typischen extrinsischen Faktoren sind in einem akromialen Impingement zu sehen [1288], aber auch im Nachweis akromialer Sporne, die eine bursaseitige Schädigung der Rotatorenmanschette nach sich ziehen [1366, 338, 268, 1580]. Die Überkopfbelastungen im Sinne eines „overuse" führen zur „Mikrotrauma-Theorie" [1309], und als extrinsischer Faktor wird das posterosuperiore Impingement gewertet [1617].

Ätiologische Faktoren sind die primäre und sekundäre Tendinopathie, bei den primären Tendinopathien stehen die Tendinosis calcarea [1840] sowie sog. „degenerative" Tendopathien im Vordergrund [1318] und auch die Ruptur [858] mit dem Hinweis „acute tears will be traumatic" [1304]. Sekundäre Tendinopathien werden mit Osteophyten an der Unterseite des Schulterdaches in Verbindung gebracht, mit der Folge der Bursitis, der Sehnenabnützung u. a., daraus resultiert aber auch eine Verdickung des Lig. coracoacromiale und daraus ein subakromiales Impingementsyndrom [1850]. Auch Erkrankungen wie die chronische Polyarthritis, eine renale Osteodystrophie und eine ankylosierende Spondylitis sind ursächlich [1843, 1844, 858].

Pathologie der Rotatorenmanschette

Einteilungen pathologischer Phänomene an der Rotatorenmanschette sind komplex, aber seit langem bekannt [1693]. So unterscheidet WILSON [1962] die Degeneration von der Ruptur und der Kalzifikation. JOBE [791] trennt Mikro- und Makrotraumen, differenziert die Tendinose vom Defekt, von der kalzifizierenden Tendinopathie und der akromiohumeralen Friktion [1406]. UHTHOFF [1851] nennt dann die Unterscheidung der intrinsischen und extrinsischen Faktoren, auch mit dem Hinweis, dass Verletzungen beim jüngeren Patienten eigentlich mit einem Knochenausriss zu erwarten sind, da die Knochen-Sehnen-Verbindung kräftiger sei als der Knochen selbst. Es werden aber auch die kalzifizierende Tendinitis genannt sowie die degenerativen Schäden, die in der tiefen Schicht beginnen und somit zu einer gelenkseitigen Partialschädigung führen. Die extrinsischen Faktoren sind als von außen einwirkend zu werten, bei verschiedenen Akromionformen und Exostosen, dazu gehören auch die Bursitis und das subakromiale Impingement. Die Dehiszenzen der Rotatorenmanschette werden in komplett und inkomplett eingeteilt [1766, 1307] und Letztere in bursaseitige, intratendinöse und gelenkseitige Schäden [507, 1898].

Die pathologischen Überlegungen konzentrieren sich auf folgende Unterscheidungen:

1. Tendinopathie – Tendinose,
2. Retraktion, Muskelatrophie und Fettinfiltration,
3. kalzifizierende Tendinopathie (Tendinosis calcarea),
4. Formen der Dehiszenz,
5. Defektfolgen.

Zu 1. Tendinopathie – Tendinose

Der Ursprung für eine schmerzhafte Funktionsstörung der Schulter wurde im Sinne der „Periarthritis humeroscapularis" definiert [402], dies als traumatisch ausgelöste schmerzhafte Einsteifung des Schultergelenkes [1966]. Im weiteren Verlauf wird diese so genannte Diagnose (PHS) wegen der fehlenden Präzision in den Hintergrund gedrängt [1480, 104, 1098, 1939, 603, 1965, 561, 1971, 1891], mit der groben Unterscheidung der intrinsischen und extrinsischen Tendinopathien [1849]. Neben den zu findenden Begleitursachen, wie der instabilen Schulter, der Frozen shoulder, dies in Verbindung mit Impingementsyndromen [104, 2042], steht im Vordergrund der Tendinopathie ein altersbedingter Strukturschaden der Rotatorenmanschette, allgemein von Sehnen, ebenso wie ein überlastungsbedingter Schaden der Sehnenstruktur [1084, 480, 258]. Neben der Überlastung als Ursache wird zusätzlich eine multifaktorielle Ätiologie genannt [1302], was die Situation verwischt. Dies trifft auch zu, wenn von den häufigen Überlastungsschäden nicht rupturierende und nicht kalzifizierende Tendopathien abgegrenzt werden sollen [1802]. In Verbindung mit der Überlastung entsteht insbesondere an einer kritischen Zone einer Sehne eine Hypoxie mit der Folge einer Apoptose als Zellverlust [143]. Dies findet bevorzugt an der Enthesis der Sehne statt [1568, 1233]. Die durch den Zellverlust entstehende Texturstörung führt zur Minderung der Zugfestigkeit einer Sehne [958]. Der Texturstörung der kollagenen Fasern, insbesondere an der mittleren und tiefen Schicht des Ansatzes der Supraspinatussehne, folgt eine sog. mykoide hyaline Degeneration, dies wegen der ablaufenden chondroiden Metaplasie (Gleitsehne) und einer daraus resultierenden Kalzifikation [652]. Den Beginn der Tendinopathie (Enthesiopathie) am Sehnen-Knochen-Übergang bezeichnet UHTHOFF [1855] als „starts tearing" mit einem gelenkseitigen Aufbrauch der Sehne [1569]. Ein Frühstadium der Enthesiopathie (Tendinopathie) hat eine vermehrte Nerven- und Gefäßbildung zur Folge [1999], so dass daraus eine Schmerzentstehung erklärt werden kann. Die klinische Symptomatik ist aber nicht mit dem Verlauf der Neovaskularisation vergleichbar [836, 1103]. In Verbindung mit der Neovaskularisation kommt es auch zur Abnahme der Knochendichte am Sehnenansatz (Tuberculum majus), die aber unabhängig von der Strukturstörung abläuft [1899], sie kann aber bis hin zur Osteopenie bei einem Rotatorendefekt führen [1185]. Ausgehend von kleinen Defekten werden verbleibende Sehnenstrukturen überlastet, mit der Folge einer weiteren Schädigung [1404, 1405]. Prinzipiell ist auch an der Rotatorenmanschette der Verlauf einer Enthesiopathie vergleichbar mit der anderer Sehnen.

Zu 2. Retraktion, Muskelatrophie und Fettinfiltration
Bei der Kombination „Texturstörung + Degeneration" finden sich z. B. am Knorpel beide Veränderungen am gleichen Ort. Anders ist dies beim „Loch" (Substanzdefekt) in der Rotatorenmanschette, da die Veränderungen, die die Rotatorenmanschette betreffen, auch in der dazugehörigen Muskulatur zu finden sind. Hier zeigt sich eine Texturstörung in der Sehne [1056], möglicherweise mit degenerativen Veränderungen der Tenozyten. Bei einer Funktionsbeeinträchtigung der dazugehörigen Muskulatur, z. B. des Supraspinatus, finden sich dann auch Fetteinlagerungen in der Muskulatur, die aber keine Degeneration der Muskelzelle bedeuten, da das Fett zwischen atrophischen Muskelzellen liegt. Es handelt sich um eine Neuordnung infolge der Muskelsehnenretraktion [1186]. Die Ursache für diese fettige Infiltration (nicht Degeneration!) wird in zwei Theorien erklärt:

1. Minderung der Muskelfunktion mit der Folge der Muskelatrophie (Regression) und
2. Nervenschäden durch Retraktion des Muskelsehnenüberganges [1493, 1538, 542].

Die zweite Theorie erklärt, warum bei länger vorliegendem Rotatorendefekt über lange Zeit trotz Rekonstruktion eine teilweise irreparable Muskelschwäche bestehen bleibt [157, 518, 647].

Die Atrophie der Muskeln der Rotatorenmanschette kann auf folgende ätiologische Faktoren zurückgeführt werden:

1. große „chronische" Rotatorendefekte [113],
2. Neuropathie des N. suprascapularis sowie des Teres-minor-Astes des N. axillaris [1963, 1662, 981],
3. adhäsive Kapsulitis [1136].

Als Atrophie der Rotatorenmanschettenmuskulatur ist eine regressive Störung aufgrund der Muskelinaktivität mit der Folge einer interzellulären Fetteinlagerung im Zwischenzellbindegewebe, das bei der Atrophie der Muskelzellen in ein „Vakuum" fällt, zu bezeichnen. Dieses Defizit wird dann durch Fett ausgeglichen. Die in der Literatur sehr häufig zu findende Bezeichnung der „fatty degeneration" [1271, 502, 865, 579, 610] bedeutet keinesfalls eine degenerative Veränderung. Bei der Fetteinlagerung in den Rotatorenmuskeln wird aber auch auf eine Muskelzellatrophie mit Infiltration von Fettzellen ins interstitielle Bindegewebe hingewiesen [541, 1557, 577, 2006, 1173, 1174, 1089, 560]. Laut Histologie befindet sich das Fett zwischen atrophischen Muskelzellen. Eine fettige Muskelinfiltration gibt es ebenfalls bei intakter Sehne bei der Neuropathie des N. suprascapularis [981]. Die primär nicht sehnenbedingte Neuropathie wird aber auch durch eine Sehnenpathologie beeinflusst, in aller Regel aber nicht bis zur fettigen Infiltration. Diese ist abhängig von der primären Sehnenpathologie [1662, 1538]. Der N. suprascapularis beeinflusst den M. supraspinatus und den M. infraspinatus, eine isolierte Atrophie des M. teres minor kann auch durch die Dezentrierung des Humeruskopfes durch einen Rotatorendefekt entstehen, aber gleichfalls durch einen Traktionsschaden am Teres minor-Ast des N. axillaris, bedingt durch den Rotatorendefekt [1963]. Eine qualitative Einteilung der Fettinfiltration ist mittels Computertomographie möglich [577, 1862], aber auch mittels Magnetresonanztomographie [1149, 2024, 1959, 502], dabei ist die Fettinfiltration abhängig von der Defektgröße der Sehne, vom Lebensalter und vom Body-Mass-Index (BMI) sowie vom Geschlecht [988]. Wird das Inter-Rater-Agreement bei der Kernspintomographie verglichen, so resultieren Kappa-Werte zwischen 0,25 bis 0,8 [1024]. Der Vergleich der computertomographischen Klassifikation mit der der kernspintomographischen ergibt eine interobservery reliability nach GOUTALLIER [577] mit 0,43 und einen Kappa-Wert von 0,43, dazu eine intraobserver reliability mit einem Kappa-Wert von 0,56. Für die Praxis bietet sich die WARNER-Klassifikation [1918] in der Magnetresonanztomographie an (Abb. 8.21), mit Darstellung der Muskelatrophie in Beziehung des Muskels zu einer geraden Linie zwischen Korakoid und Spina scapulae bzw. Korakoid zur Skapulaspitze.

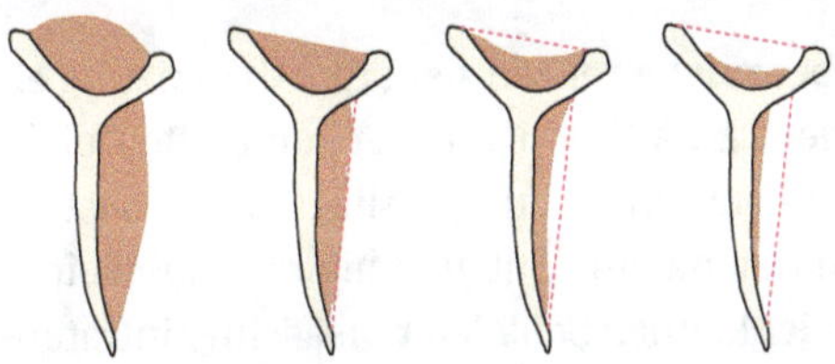

Abb. 8.21: MRT-Klassifikation der Muskelatrophie, nach [1918].

Die heute typische Klassifikation der Atrophie nimmt THOMAZEAU [1803] vor, die klassische Einteilung der fettigen Infiltration erfolgt durch GOUTALLIER [577] (Tab. 8.5 und Tab. 8.6).

Zu 3. Kalzifizierende Tendinopathie
(siehe Kapitel 8.2)

Zu 4. Formen der Dehiszenz
Leider werden „Löcher" in der Rotatorenmanschette häufig als Rotatorenrupturen bezeichnet. Dies würde bedeuten, dass die Entstehungsart des Defekts oder der Dehis-

Tab. 8.5: Einteilung der Atrophie des M. supraspinatus, nach [1803].

Grad	Beschreibung
1	– Normaler oder nur gering atrophierter Muskel – Verhältnis Muskel/Fossa supraspinata zwischen 1,0 und 0,6
2	– Mäßige Atrophie – Verhältnis Muskel/Fossa supraspinata zwischen 0,6 und 0,4
3	– Massive Atrophie – Verhältnis Muskel/Fossa supraspinata < 0,4

Tab. 8.6: Einteilung der fettigen Infiltration, nach [577].

Grad	Beschreibung
0	Normaler Muskel ohne Fettstreifen
1	Muskulatur mit einigen Fettstreifen
2	Deutliche fettige Infiltration, aber mehr Muskulatur als Fett
3	Fettige Infiltration mit gleich viel Fett wie Muskulatur
4	Fettige Infiltration mit mehr Fett als Muskulatur

zenz durch ein Trauma im Sinne einer Verletzung vorausgesetzt wird. In den meisten Fällen trifft dies nicht zu.
Eine Grobeinteilung der Rotatorendefekte bzw. Dehiszenzen sieht die Abgrenzung eines kompletten Defektes von einer Teil- oder Partialläsion vor. Der komplette Defekt bedeutet, dass eine perforierende Kontinuitätsunterbrechung vorliegt, somit besteht eine nicht natürliche Verbindung zwischen Gelenk- und Subakromialraum. Bei einer Partial- oder Teilläsion trifft dies nicht zu. Hier können Schäden bursaseitig, intratendinös sowie gelenkseitig festgestellt werden. Hinsichtlich der Größe einer perforierenden Defektbildung, auch wenn es sich um kleine Defekte handelt, darf nicht von einer Teilläsion bzw. einem Teilschaden gesprochen werden [1947].

Problematisch ist bereits die Bezeichnung der Rotatorenschäden. In der sehr umfangreichen Literatur findet sich nur beim gründlichen Lesen eine Differenzierung zwischen „tear“ und „defect“. Im Fachwörterbuch/Medizin wird unter „tear“ auf „rupture“ verwiesen, und hier wird dieses Wort als Ruptur, Zerreißung, Zerreißen, Rhexis erklärt [1324]. Tatsächliche Rupturen, die im gutachtlichen Sprachgebrauch als Verletzung zu werten sind, treten denkbar selten auf. Diskutiert werden fast immer „Löcher“ bzw. Defekte in der Rotatorenmanschette im Sinne einer Dehiszenz, einer Diskontinuität oder auch Kontinuitätstrennung, wobei bei diesen Bezeichnungen die Entstehung nicht zu erkennen ist. Das Hinzufügen des Beiwortes „traumatisch“ oder „posttraumatisch“ ist nicht hilfreich, wenn nicht eine entsprechende Erklärung vorliegt, denn meistens sind die so genannten Defekte die Folge einer Texturstörung und diese wiederum die Folge einer Überlastung oder auch Alterung.

Entscheidend für weitere Überlegungen ist die Anatomie mit dem Hinweis auf eine hängebrückenartige Konstruktion des Ansatzes der Supraspinatus- und der Infraspinatussehne [234]. Aus dieser anatomischen Feststellung resultieren zwei Typen des Ansatzes der Supra- und Infraspinatussehne am Tuberculum majus. Auf Normabweichungen wurde bereits oben hingewiesen. Liegt eine ausgeprägte Kabelbildung vor, so ist der dazwischenliegende Halbmond geschützt („cable dominant"), überwiegt nicht die Kabelkonstruktion, so kann der Sehnenansatz in etwa als flächenhaft bezeichnet werden („cable nondominant"). Die Rotatorensehnen inserieren am Tuberculum majus im Sinne einer 5-Schichten-Struktur [1708]. Unter Berücksichtigung der kabeldominanten Insertion ist somit eine Retraktion der Sehnenfasern maximal innerhalb des Kabelsystems erklärbar. Liegt eine flächenhafte Insertion vor („cable nondominant" = crescent dominant"), so sind Retraktionen weit über den Oberarmkopf hinaus erklärbar, da ein diese Bewegung bremsendes Kabelsystem nicht vorliegt [234]. Es sind der 5-Schichten-Aufbau der Insertion und die Hängebrücken-Situation für das Entstehen von Defekten in der Rotatorenmanschette entscheidend [1493]. Funktionell stabilisiert die Rotatorenmanschette in Verbindung mit dem M. deltoideus das Rotationszentrum („fulcrum") des Oberarmkopfes in das Zentrum des Glenoids. Dies funktioniert nur dann, wenn Kräftepaare ein Rotationsgleichgewicht in zwei Ebenen aufrechterhalten („force couple", nach [759]).

In Bezug zur Rotatorenmanschette sind die dynamischen Stabilisatoren des Schultergelenkes der M. supraspinatus, M. subscapularis und M. infraspinatus, dies aber in Verbindung mit der langen Bizepssehne und dem M. deltoideus. Die genannten Sehnen („rotator cuff") legen sich haubenartig über den Oberarmkopf [172], vergleichbar mit einer Aponeurose (= flächenhaften Sehne). Im Ansatzbereich erscheinen die Sehnen vereint und funktionell nur schwer zu trennen, sie beeinflussen sich am Ansatz untereinander [297, 1710]. Trotz dieser anatomisch einheitlich erscheinenden Struktur ist die Funktion different. Dies beruht auf der Anlage von zwei „force couples" [759, 1887, 234]. Ein transversales Kräftepaar besteht aus der Sehne des M. subscapularis und dem inferioren Anteil der Sehne des M. infraspinatus, und es gibt ein transversales sowie koronales Kräftepaar, bestehend aus dem transversalen Kräftepaar und einem koronalen Anteil durch den M. deltoideus, d. h., es liegt ein senkrecht aufeinanderstehendes Kräftesystem vor [1887, 234]. Wird im Kräftepaar-System („force couple") eine Kraft unterbrochen, so resultiert eine Abweichung des Rotationszentrums vom Normalzustand (Abb. 8.22).

Bei der Änderung des Rotationszentrums liegen vier Typen vor [232, 240]:

- Typ I Drehachse stabil, Schaden im Halbmond bei intakter Hängebrücke,
- Typ II instabile Drehachsenkinematik (unstable fulcrum),
- Typ III permanente statische kraniale Dezentrierung (captured fulcrum), wie bei Typ II, aber einschließlich Supraspinatus,
- Typ IV instabile Drehachsenkinematik bei Subskapularisschaden: Supraspinatus und komplette Subskapularisschädigung.

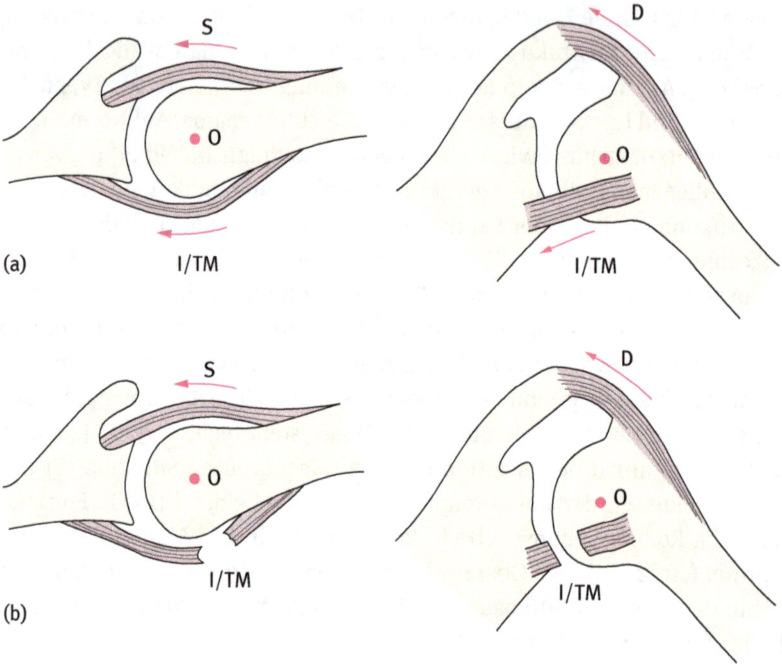

Abb. 8.22: „Force couples" am Glenohumeralgelenk ((a) intakte Kräftepaare, (b) Entkopplung der Kräftepaare in der transversalen und koronalen Ebene, O = Rotationszentrum, S = Subskapularis, D = Deltamuskel, I = Infraspinatus, TM = Teres minor), nach [240].

Im Vordergrund der meisten Rotatorenmanschettenschäden steht die „Supraspinatussehnen footprint lesion" gelenkseitig [617, 1698, 420] mit einer Häufigkeit von 13–37 %, meist lokalisiert auf die Supraspinatussehne [1160, 1485]. Die artikularseitigen Schäden sind zwei- bis dreimal häufiger als die bursaseitigen [420, 529]. In bis zu 20 % sind diese Veränderungen symptomlos [1658] mit einer Häufigkeit von etwa 4 % als Partialläsion bis zum 40. Lebensjahr und etwa 80 % über dem 60. Lebensjahr. Zu diesem Zeitpunkt bestehen bereits 26 % komplette Defekte [306, 1286, 1287]. Auch bei diesen Überlegungen wird festgestellt, dass die artikularseitigen Schäden auf intrinsische Faktoren zurückzuführen sind, wogegen die bursaseitigen auf extrinsischen und intrinsischen Faktoren beruhen [1979]. Eine Erklärung dafür, dass der Ansatz (footprint) der Supraspinatussehne bevorzugt betroffen ist, gründet sich auf die Tatsache, dass bei Abduktion die artikulare Seite (anterior edge) stärker belastet wird [760, 1156].

Die „partial articular supraspintus tendon avulsion" (= PASTA-Läsion) ist die Folge der Stresszunahme mit Schädigung der Rotatorenmanschette in der „kritischen Zone", d. h. im Bereich der posterioren Supraspinatussehne und der anterioren Infraspinatussehne [1696, 2007, 1571]. Dieser Sehnenschaden korreliert mit der Existenz einer so genannten Tuberculum notch [1272]. Es handelt sich um eine supratuberkuläre „Loco-typico-Erosion" am Gelenkkapselansatz, am Collum anatomicum, zwischen Oberrand des Tuberculum majus und dem Caput humeri als Merkmal einer Erkrankung der Rotatorenmanschette [379]. Die „partial thickness articular surface intratendinous tear" (= PAINT-Läsion) als Folge eines intrinsischen Faktors mit Lokalisation in der Mittelschicht der Sehne [316, 2011, 2012] ist in Abhängigkeit von der zeitlichen Entwicklung mit gelenkseitigen und/oder bursaseitigen Schäden kombiniert mit dem Resultat einer Komplettdefektbildung zu sehen.

Die „partial anterior bursal sided tendon lesion" (= PABST-Läsion) wird mit den extrinsischen Faktoren in Verbindung gebracht [1354, 2014]. Partialläsionen überwiegen an der Supraspinatussehne, sind aber auch mit Schäden an der Subskapularissehne verbunden (Kombinationsschaden). So gibt es den kompletten Supraspinatusdefekt zusammen mit einem partiellen Subskapularisschaden mit 90 % Häufigkeit [1013, 874], den Supraspinatusschaden mit einem gelenkseitigen Subskapularisschaden mit 24 % Häufigkeit [1561] und den Schaden an der langen Bizepssehne mit einem partiellen Schaden an der Subskapularissehne mit 59 % Häufigkeit [1561]. Diese Kombinationsschäden finden sich bei den Pulley-Läsionen als Grad IV der Einteilung nach HABERMEYER [618]. Der Pulley-Schaden in Verbindung mit einem Supraspinatusschaden liegt bei 67 %, der Pulley-Schaden mit einer Schädigung der Subskapularissehne bei 45 % [204]. Die in den verschiedenen Klassifikationen genannten Rissformen stehen in aller Regel miteinander in Verbindung, denn kleine Dehiszenzen weiten sich verschiedenartig in Abhängigkeit von der Belastung auf, insbesondere dadurch erklärbar, da ja diese Diskontinuitäten in bis zu 65 % der Fälle symptomlos ablaufen [2008]. Extrem problematisch ist, dass in der Literatur keine Unterscheidung zwischen Riss (Ruptur, Tear) und dem Defekt bzw. der Dehiszenz erkennbar wird. Mit dem Hinweis, dass die Rotatorendefekte im Alter zunehmen, nicht nur in der Anzahl, sondern auch an der Größe des Defekts [1128, 1133, 1558, 2004, 2044, 1572], resultiert eine Atrophie der zur Sehne gehörenden Muskulatur [2016, 113, 1776, 382]. Ein direkter Zusammenhang zwischen der Art des Risses, wie L-Riss, Querriss, Längsriss [1537, 729, 1572], und der Ätiologie, traumatisch oder als Überlastungsschaden, wird nicht erkennbar. Wohl aber Längsrisse im Rotatorenintervall, tendinöse Abrisse (rim rent lesion) sowie ossäre Abrisse werden mit der traumatischen Entstehung in Verbindung gebracht [22, 91, 472, 520, 521, 873, 1283, 1284, 1960, 1597].

Ossäre Abrisse der Supraspinatussehne im anterioren Kabelansatz sowie auch der Infraspinatussehne am posterioren Kabelansatz im Sinne von Tuberculum majus-Frakturen sind durch Unfallmechanismen erklärbar, nicht aber als isolierte Sehnenschädigung [726, 591]. So wie bei allen Sehnen gibt es ebenso an der Rotatorenmanschette ossäre Ausrisse [726, 591, 1176], im Ausnahmefall auch intratendinöse Rupturen [638] und muskulotendinöse Rupturen [952, 921, 1980]. Die Klassifikationen beziehen sich alle auf Rotatorenmanschettenkomplett- oder -teilrupturen, obgleich nur in seltenen Fällen tatsächlich Risse als Verletzungen vorliegen.

Erstmals beschreibt BATEMAN [116, 118] eine Einteilung der kompletten Dehiszenzen in vier Grade in Abhängigkeit vom Durchmesser: Grad 1 $\leq$ 1 cm, Grad 2 =

1–3 cm, Grad 3 = 3–5 cm und Grad 4 ≥5 cm. In der nächsten Klassifikation [1167] sieht er eine Einteilung inkompletter und kompletter Rupturen vor, mit dem Hinweis, dass die inkomplette Ruptur nicht die vollständige Dicke der Rotatorenmanschette mit einbezieht. Bei den kompletten Rupturen wird die reine Transversalruptur von einem vertikalen Riss oder einem longitudinalen Splitting parallel zur Richtung der Rotatorenfasern genannt, schließlich der Riss mit Retraktion und aus all dem resultierend die massive Avulsion der Manschette. Die Unterscheidung der inkompletten Defekte in gelenkseitige, intratendinöse und bursaseitige (Abb. 8.23) findet sich bei YAMANAKA [2012] und RÖSSLER [1520].

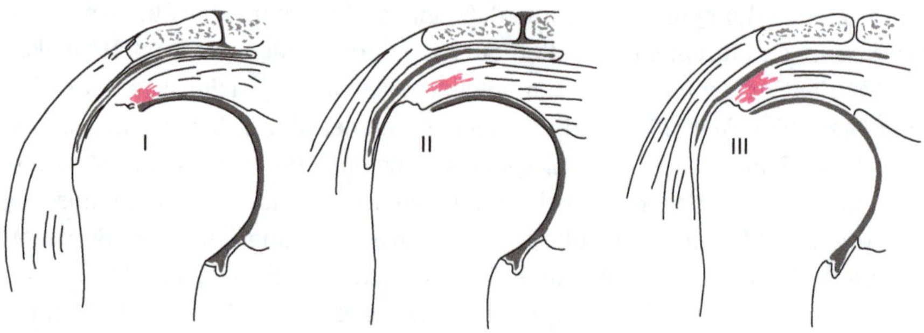

Abb. 8.23: Inkomplette Substanzdefekte der Sehnenplatte. I = synovialer Defekt (Unterseite), II = intramuraler Defekt, III = bursanaher Defekt (Oberseite) [2012].

Die Typisierung der Rotatorenrupturen nach der Rissausdehnung nimmt ROWE [1537] vor (Abb. 8.24). Grad 1 ist ein Horizontal- oder Vertikalriss, Grad 2 die Kombination beider Formen und Grad III die komplette Lösung der Sehnenplatte vom Humeruskopf. Eine genauere Klassifikation [1383] beurteilt die Rissausdehnung, die Topographie in sagittaler und frontaler Ebene, die Muskelqualität und dazu die Integrität der langen Bizepssehne. Die Klassifikation nach PATTE [1383] wird bis heute diskutiert [2035, 1947]. Unter der Rissausdehnung wird die Einteilung nach MC LAUGHLIN [1167] herangezogen, wobei aber die partialen Rupturen in tiefe, oberflächliche und schmale komplette Rupturen unterschieden werden. Die Topographie des Risses in der sagittalen Ebene sieht eine Einteilung in sechs Segmente vor, anterosuperiore Schäden (Segment 1, 2 und 3), superiore Schäden (Segment 2 und 3), posterosuperiore Läsionen (Segment 4 und 5) und die komplette Cuff-Läsion (Segment 6) (Abb. 8.25).

Die Topographie in der frontalen Ebene berücksichtigt den Zustand der Retraktion [1382] der Rotatorensehne, wobei im Stadium I der Sehnenstumpf eine geringe Retraktion zeigt, im Stadium II liegt der Stumpf auf der Höhe des Humeruskopfes und im Stadium III auf der Höhe des Glenoids.

Die Qualität der Muskeltrophik berücksichtigt die Atrophie und Fetteinlagerungen, der Zustand der langen Bizepssehne, ob eine Luxation oder ein Riss vorliegt [1383].

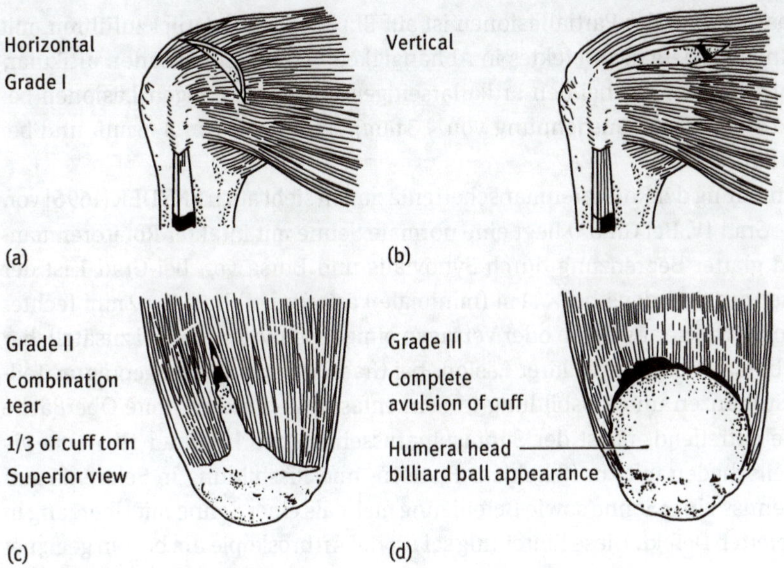

Abb. 8.24: Typisierung der Rotatorenrisse ((a) transversal oder horizontal, (b) vertical, (c) transversal und vertical, (d) komplett) [1537].

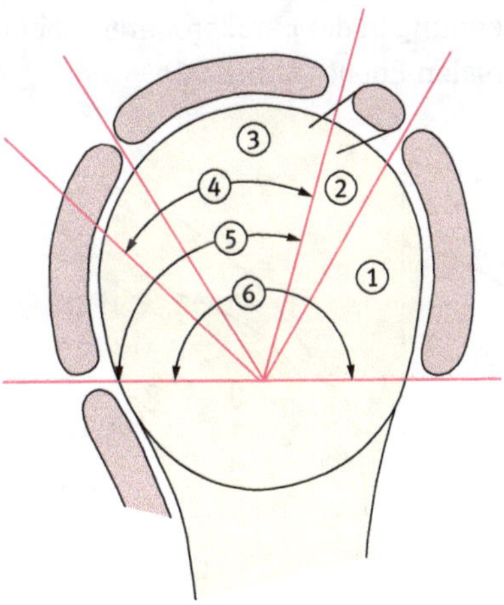

Abb. 8.25: Risstopographie in der sagittalen Ebene (ant. sup. = 1, 2, 3; sup. = 2, 3; post. sup. = 4, 5; komplett = 6) [1383].

Dazu findet sich eine Klassifikation der Rotatorenmanschettenrupturen nach der Rupturform [1537] mit Unterscheidung horizontaler und vertikaler Rupturen sowie kombinierter Formen, und diese werden von der Massenruptur differenziert.

Diese Einteilung nach der Form erfolgt dann auch nach NEER [1289, 1290], WATSON [1922] sowie BURKHEAD [240] und in einer modifizierten Form von DAVIDSON [350].

Die Klassifikation der Partialläsionen ist auf ELLMAN [420] zurückzuführen, mit Beschreibung der Tiefe des Defektes in Abhängigkeit von der Lokalisation artikular, intratendinös und bursal, bei den artikularseitigen und bursaseitigen Läsionen bedeutet Grad I eine Tiefenausdehnung von < 3 mm, bei Grad II von 3–6 mm und bei Grad III > 6 mm.

Eine Einteilung der Rotatorenmanschettenläsionen sieht auch SNYDER [1696] vor, mit Grad 0–Grad IV. Bei Grad 0 liegt eine normale Sehne mit intakter Rotatorenmanschette und glatter Begrenzung durch Synovialis und Bursa vor, bei Grad I ist der Durchmesser des Schadens bei < 1 cm (minimale Läsion), bei Grad II < 2 mm (echter Teilschaden) mit Ausfransungen oder Versagen einiger Sehnenfasern bei zusätzlicher synovialer bursaler oder kapsulärer Läsion, bei Grad III < 3 cm als ausgeprägter Teilschaden mit Franzen und Rissbildung in Sehnenfasern, oft die gesamte Oberfläche einer Sehne betreffend, meist der Supraspinatussehne, und bei Grad IV > 3 cm als schwerer Teilschaden mit zusätzlich zur Fransen- und Rissbildung in Sehnenfasern meist Lappenriss einer Sehne sowie Beteiligung mehr als einer Sehne mit Übergang in einen kompletten Defekt. Diese Einteilung sei für die Arthroskopie am besten geeignet [1947].

Aktuell wird auf die bekannte Einteilung der Partialschäden hingewiesen [1651, 238, 237], die dann im Ansatzbereich modifiziert angegeben wird [929, 1122, 618], im Sinne einer zweidimensionalen Klassifikation der Supraspinatuspartialrupturen unter Berücksichtigung der longitudinalen Ausdehnung in der parakoronaren Ebene und in der sagittalen Ausdehnung in der transversalen Ebene (Abb. 8.26).

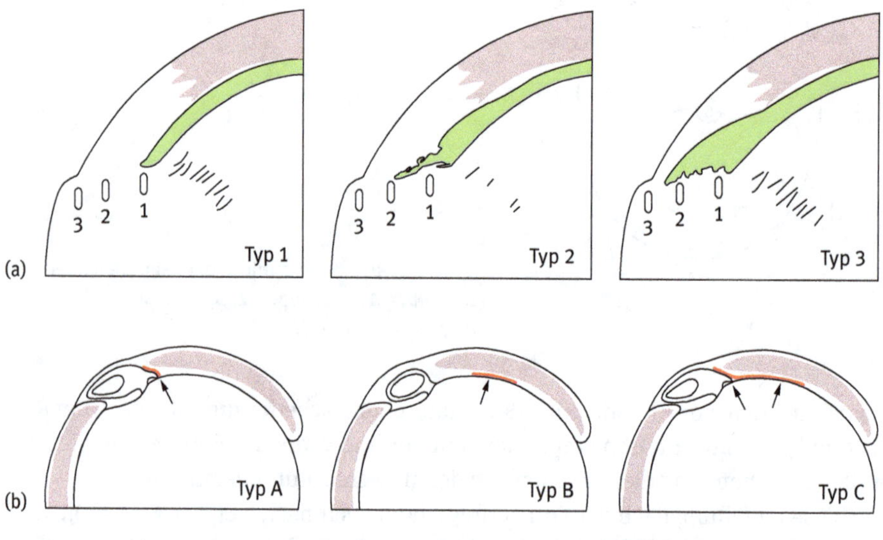

Abb. 8.26: Zweidimensionale Klassifikation der Supraspinatuspartialrupturen, nach [617]. (a) Longitudinale Ausdehnung in der parakoronalen Ebene Typ 1–3. (b) Sagittale Ausdehnung in der transversalen Ebene in Typ A = medial, Typ B = crescent, Typ C = A und B.

In der Ergänzung zur Morphologie der Rotatorendefekte sei auf die Beurteilung der Atrophie [1803] und die fettige Infiltration [577] hingewiesen.

Histopathologische, anatomische Grundlagen
Im Falle der Rotatorenmanschette können besondere Texturstörungen bestehen, welche auf Grund des „chondroiden Aspektes" der Matrix und der Verteilung der Fibroblasten als chondroide Metaplasie bezeichnet werden. Die Konsequenz der Texturstörung ist eine reduzierte mechanische Belastungsfähigkeit mit Ausbildung von Kontinuitätstrennungen oder Rupturen (= unfallbedingter Riss).

Durch die rezidivierende Schädigung ist verständlich, dass sowohl Kontinuitätstrennungen als auch Rupturen unterschiedlichen Alters vorliegen können. Die Belastungen des täglichen Lebens, insbesondere die sog. Überkopftätigkeit, sind für diese biomechanische Mikrotraumatisierung des tendinösen Gewebes verantwortlich.

Es gibt histopathologisch-diagnostische Kriterien für tendinöse Läsionsmuster:

Kriterium 1: „Degeneratives Läsionsmuster" (sog. Texturstörung)
A. Zelluläre Veränderungen:
- variable Zellularität: inhomogene Verteilung von Fibrozyten und Fibroblasten,
- variable Vaskularisation mit kapillaren hypervaskularisierten und hypovaskularisierten Arealen.

B. Matrix-Veränderungen:
- basophile homogene Matrix („chondroid") entsprechend einer sog. chondroiden Metaplasie,
- Dehiszenzen in der Matrix,
- Kalzifikationen der Matrix.

C. Hämosiderin-Depositionen:
- fokale intrazytoplasmatische Hämosiderin-Depositionen in Makrophagen mehrheitlich in Umgebung von Kapillarproliferaten.

Kriterium 2: Traumatisches Läsionsmuster
A. Makrotrauma:
- Ein schwerwiegendes Makrotrauma führt zu einem Kontinuitätsverlust. Dieser kann partiell (partielle Ruptur) oder vollständig (komplette Ruptur) bestehen. In diesen seltenen Fällen liegt ein histopathologisch regelhaftes, altersentsprechendes Sehnengewebe ohne Zeichen einer Texturstörung (im Sinne einer Degeneration, sog. Vorschädigung) vor.

B. Mikrotrauma:
- Rezidivierende, klinisch nicht erkennbare Mikrotraumen verursachen fokalen Zelluntergang, Vernarbung, Granulationsgewebsbildung, welche als Äquivalent der sog. Vorschädigung anzusehen sind (sog. Degeneration/Texturstörung).

Kontinuitätstrennungen und Altersbestimmung:
- Die histopathologische Altersbestimmung basiert auf 1. der charakteristischen Morphologie der Kontinuitätstrennungsoberfläche und auf der 2. Bewertung von Hämosiderindepositionen und 3. den sog. reparativen Veränderungen.
- frisch (Stunden bis einzelne Tage),
- nekrotische Sehnenabschnitte, aufgefaserte filamentöse Oberfläche mit Erythrozyten-Auflagerungen, keine intratendinösen oder rupturnahen Hämosiderindepositionen,
- älter (mehrere Tage bis einzelne Wochen),
- plump und filamentös konfigurierte Oberfläche mit bandartigen Fibrinauflagerungen und intratendinösen, rupturnahen Hämosiderindepositionen,
- alt (mehrere Wochen bis einzelne Monate),
- ausschließlich plump und polypoid konfigurierte Oberfläche ohne Fibrinauflagerungen und intratendinöse, rupturnahe Hämosiderindepositionen.

Kriterium 3: Synoviale Reaktionsmuster

Histopathologisch besteht eine Low-grade-Synovialitis im Sinne einer „Begleit-Synovialitis" mit leichtgradig verbreiterter Deckzellschicht, leichtgradig erhöhter Zellularität des Stromas ohne bzw. mit geringgradig entzündlicher Infiltration und variabel ausgebildeten Hämosiderindepositionen (fehlend bis intensiv). Diese geringen entzündlichen Veränderungen mit minimalen Hämosiderindepositionen finden sich bei chronischen Sehnen-Erkrankungen (z. B. Impingement).

Hingegen sind ausgeprägte, insbesondere im Bereich der synovialen Deckzellschicht lokalisierte Hämosiderindepositionen für ein Makrotrauma charakteristisch, im Sinne einer traumatischen Ruptur des Sehnengewebes.

Die Beurteilung von Gewebeproben der erkrankten Rotatorenmanschette beruht auf der Beurteilung des Schweregrades der Texturstörung (sog. Degeneration) sowie der Altersbestimmung der Kontinuitätstrennungen. Knöcherne Gewebsproben sind im Allgemeinen nicht im Übersendungsgut enthalten, Bursenanteile sowie Synovialisanteile sind häufig nachweisbar und für die Beurteilung wesentlich. Eine bakterielle Infektion und eine Kristall-Tendopathie sind histopathologisch auszuschließen.

Der histologischen Beurteilung kommt ein hoher Stellenwert zu: Begutachtung der Texturstörungen, Altersbestimmung der Kontinuitätstrennungen. Zu beachten ist, dass bei gutachtlichen Fragestellungen im Hinblick auf die Zusammenhangsfrage von einem Unfallereignis und einer Kontinuitätstrennung die endgültige Beurteilung oft dem klinischen/chirurgischen/orthopädischen Begutachter vorbehalten sein kann: Klinische Befunde (z. B. zeitlicher Verlauf der Schmerzsymptomatik, Unfallhergang, biomechanische Besonderheiten vorerkrankter Gelenke) können für die endgültige Bewertung von höherer Relevanz sein als der histopathologische Befund.

„Die Histologie gehört zwar zu den Standardbefunden, ist aber selten von ausschließlich praktischer Bedeutung" [1074]. Ein Vergleich histologischer Befunde, angefertigt an zwei universitären pathologischen Instituten, auch unter Einbezug von Biopsaten aus der nicht rupturierten Sehne, führt zu keiner einheitlichen Aussage [220]. Ausgehend von einer Texturstörung, die an der Enthesis gelenkseitig beginnt, hier sei die Sehne besonders vulnerabel [1568, 1274], wird bei der histologischen Untersuchung artikulärseitig auf ausgeprägte Tendinosezeichen hingewiesen, die auf intrinsische Faktoren zurückzuführen sind [1856], wenn extrinsische Faktoren ausschlaggebend wären, müssten bursaseitige Schäden überwiegen [1055, 1090]. Des Weiteren finden sich knorpelähnliche Veränderungen, vorwiegend bei Defekten, und entzündliche Veränderungen, die beim Defekt eher ausgeprägt sind als bei partiellen Schäden. Im Endeffekt stehen die entzündlichen Veränderungen im Hintergrund, so auch bei der Bursa; Proliferation und/oder Degeneration überwiegen im Gegensatz zur Entzündung [1579]. Diese chondroiden Zellen (chondroide Metaplasie) im Sehnengewebe werden auf die am Ansatz entstehende Kompression zurückgeführt [548, 628], es nimmt die Zahl des Kollagens I und II ab, es überwiegt Kollagen III beim Rotatorendefekt [938, 1508, 1509]. Schon zu Beginn der Enthesiopathie finden sich der autophagische Zelltod sowie die Apoptose [1087, 2016, 1992]. Spezielle Untersuchungsverfahren weisen auf die Bedeutung der Metalloproteinase hin [1031, 1889, 525, 959, 1195, 360]. Es sollen auch inflammatorische Zytokine und Proteinasen eine Rolle spielen [1889], das Heat shock-Protein als HSP [1195], das Morphogenetic-Protein-1 [1276], das Lubricating-Protein [509] und zum degenerativen Komplex gehörend das Amyloid [311].

Neben der Sehnenpathologie wird parallel dazu die Pathologie der Muskulatur in Bezug auf eine Muskelatrophie erwähnt und die fettige Infiltration als Folge einer Muskelerweichung [1683], gleichzeitig wird die fettige Infiltration als Folge eines neurogenen Feedback gewertet [577, 763]. Neben einem neurogenen Feedback wird wahrscheinlich damit verbunden eine Minderung der Muskelfaserproduktion festgestellt [1177]. So wie bei allen anderen Sehnenrupturen auch, werden in den pathohistologischen Befunden Ödeme, Fibrosen, Nekrosen, Sehnenaufsplitterungen, die hyaline Verdickung, Kalzifikationen sowie Granulationsgewebe beschrieben [1469, 1608]. Liegen Granulationsgewebe und eine Gefäßeinsprossung vor, so ist dies bei länger zurückliegendem Trauma problematisch zu werten. Hier spielt der Zeitfaktor eine Rolle, da wie bei allen Gewebsstrukturen bereits nach acht bis zehn Tagen ein Revaskularisationsprozess und damit ein Reparationsverfahren eintritt, dies im Sinne einer Sehnenheilung, auch bei einer Sehnendehiszenz. Diese Sehnenheilung ist dann vergleichbar mit der Reparation bei Mikrotraumen im Sinne einer initialen Entzündung, auch mit Blutungszeichen, Granulationsgewebe, der Kalzifizierung und daraus resultierend einer Verknöcherung [791]. Bezogen auf die Dehiszenz ist dies vergleichbar [1032]. Besteht eine frische Einblutung mit Sehnenauffaserungen, einer beginnenden synovialen Reaktion und Granulationsgewebe, liegen Zeichen einer Verletzung vor. Da aber die Rotatorensehnen, unabhängig davon, ob nun ein Unfallereignis eintritt oder nicht, der Alterung unterliegen und damit der Texturstörung mit einer daraus resultierenden Reparation, sind vergleichbare Überlegungen wie bei jeder anderen

Sehne zu finden. Es bedarf der Benennung des Zeitabstandes zwischen Ereignis und Sehnenentnahme und es sollte das Alter des Patienten mit der dazugehörigen Anamnese, ob ein Overuse-Problem besteht oder nicht, bekannt sein. Im Vergleich zu anderen Sehnen ist aber an der Rotatorenmanschette die kalzifizierende Tendopathie häufiger nachzuweisen, und diese nimmt mit steigendem Lebensalter zu [1478]. Die mit Blutungen in Verbindung zu bringenden Siderinpigmentablagerungen, die in aller Regel fünf bis sechs Tage nach einer Gewebezerstörung entstehen, sind als Folge der Blutung zu werten [1218, 1219].

Histopathologische Untersuchungen an Rotatorendefekten ergaben deutliche Unterschiede in der Befundung an der oberflächlichen und der tiefen Schicht. An pathologischen Zeichen fanden sich Texturstörungen der kollagenen Fasern, die chondroide Metaplasie, eine fettige Degeneration und eine mukoide Degeneration, wobei die Texturstörung und die chondroide Metaplasie in der tiefen Schicht deutlich überwiegen. Eine wesentliche Unterscheidung der fettigen und der mukoiden Degeneration in den beiden Schichten ist nicht erkennbar [1055]. Diese Differenzierung der Befunde zwischen der oberflächlichen und der tiefen Schicht wird als Hinweis auf die Kompression der tiefen Schicht [327, 499, 1285] gewertet. Mit diesen Feststellungen im Präparat wird erkennbar, dass auch bei der Rotatorendefektbildung die Ansatztendinose (Tendinopathie) im Vordergrund steht [1856]. Neben der Texturstörung, nachweisbar beim Rotatorendefekt, überwiegt das Kollagen III [1056], was als zunehmendes Risiko für eine Kontinuitätsunterbrechung gilt. Die Zellzahl nimmt sowohl bei der Tendinose (Enthesiopathie) als auch beim Defekt ab (weniger Fibroblasten), bei kleineren Defekten werden entzündliche Zellinfiltrate festgestellt, die sich mit der Zunahme des Defektes reduzieren, gleichzeitig sinkt die Zahl der Blutgefäße [1060]. Zu diesen Pathologien finden sich Granulationsgewebe sowie in der Ansatzzone der Rotatorenmanschette Kalzifizierungszeichen als Hinweis auf eine Stress-Situation [791].

Klassifikation der Rotatorenpathologie

Ausgehend von der Impingementsituation mit der typischen Klassifikation [1286, 1290] erfolgt die Einteilung der Rotatorendefekte in Abhängigkeit vom Ausmaß des Defektes (partiell oder komplett) und unter Berücksichtigung dessen Lokalisation [1537]. Die Impingementstadien sind nach Neer [1286] definiert (Abb. 8.27) gemäß Stadium I als Ödem und Gewebeeinblutung, Stadium II als Fibrose mit begleitender Entzündung und Stadium III mit ossärer Beteiligung und Sehnendehiszenz.

Eine spezielle Klassifikation der „Rotatorenrisse" schlägt Neer [1289, 1290] mit der Bezeichnung „Impingementriss" vor und unterscheidet:

1. traumatischer Riss (< 35. Lebensjahr),
2. Intervallriss bei Luxation (> 40. Lebensjahr),
3. Intervallriss bei multidirektionaler Instabilität (< 35. Lebensjahr),
4. „Impingementriss" (> 40. Lebensjahr) mit einer Häufigkeit von 90 % aller Defekte.

Stage I

Stage I: Edema and Hemorrhage
- Typical age: <25
- Diff. Diagnosis: Subluxation, A/C Arthritis
- Clinical course: Reversible
- Treatment: Conservative

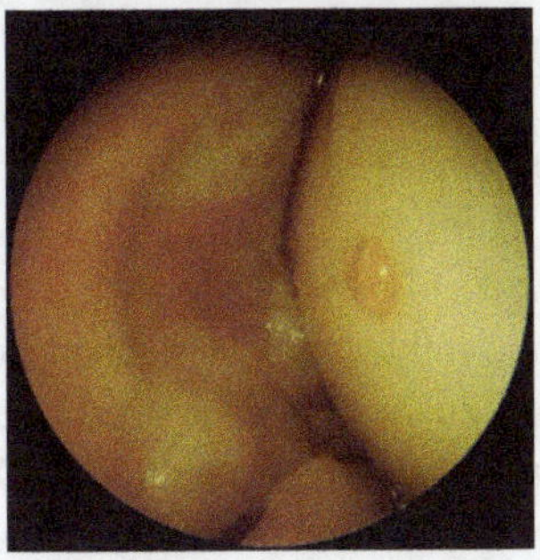

Stage II

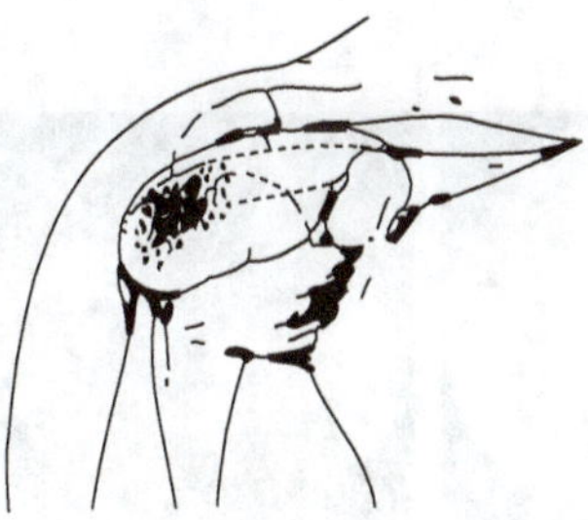

Stage II: Fibrosis and Tendinitis
- Typical age: 25–40
- Diff. Diagnosis: Frozen shoulder, calcium
- Clinical course: Recurrent pain with activity
- Treatment: Consider bursectomy, C/A Ligamnet division

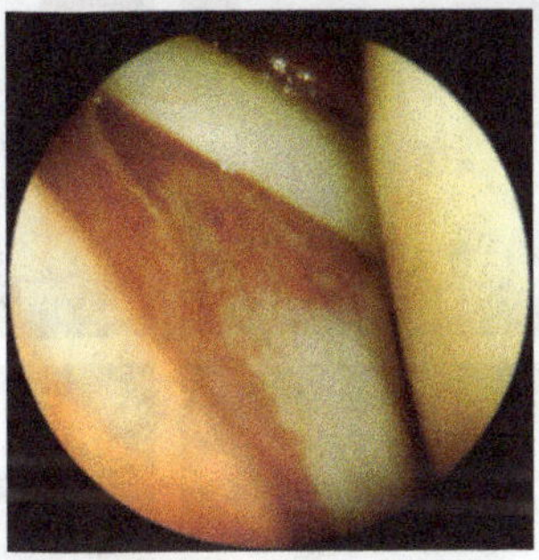

Stage III

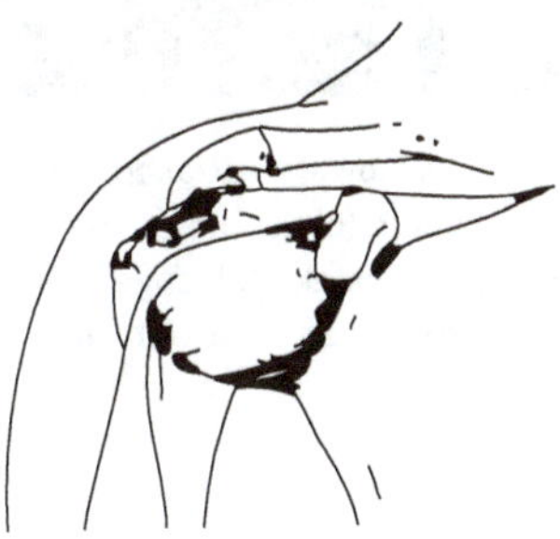

Stage III: Bone Spurs and Tendon Rupture
- Typical age: >40
- Diff. Diagnosis: Cervical radiculitis, Neoplasm
- Clinical course: Progressive disability
- Treatment: Anterior acromioplasty, Rotator cuff repair

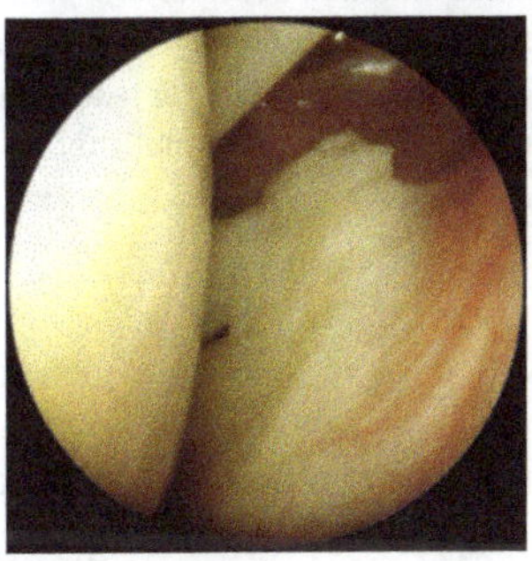

Abb. 8.27: Klassifikation des subakromialen Impingement, nach [1286] im Vergleich zum arthroskopischen Bild.

Anzustreben wäre eine Einteilung der Rotatorendefekte in traumatische (entsprechend einer Verletzung) und texturstörungsbedingte Dehiszenzen. Die traumatischen verletzungsbedingten Rupturen können wie alle Sehnenverletzungen, und insbesondere wie alle intraligamentären Bandstrukturen, eingeteilt werden in:
1. extrasynoviale bzw. extrakapsuläre Risse,
2. partielle Risse,
3. komplette Risse, rezent,
4. komplette Risse, veraltet.

Texturstörungsbedingte Defekte sind ebenfalls partiell (bursaseitig, intratendinös, gelenkseitig) und komplett zu werten, mit Ausdehnung des Defektes bis hin zur Cuff tear-Arthropathie, die auch die Folge traumatisch bedingter Risse sein kann. Extrasynoviale Rotatorenschäden sind außerhalb der Gelenkkapsel zu werten und finden sich sowohl beim Texturstörungsschaden [582] als auch traumatischer Art [682], vgl. Abb. 8.28.

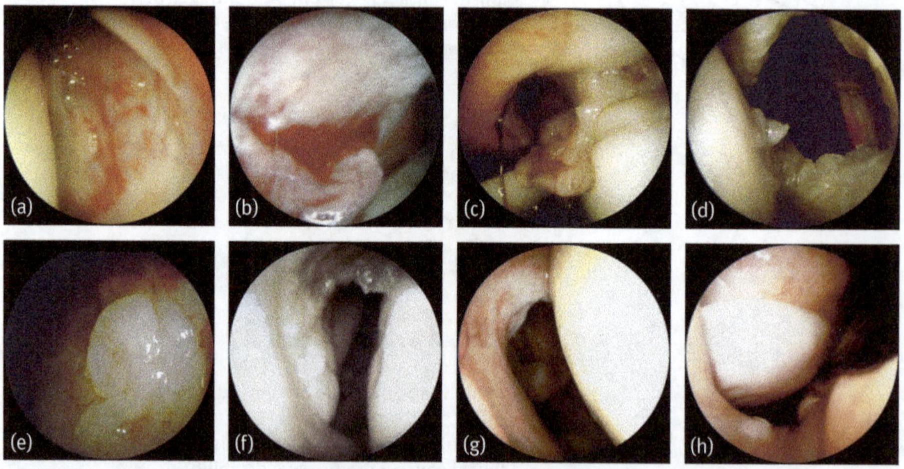

Abb. 8.28: Arthroskopische Klassifikation der Rotatorenschäden ((a) extrasynoviale/extrakapsuläre Partialruptur, (b) intraartikuläre Partialruptur, (c) rezente traumatische Ruptur, (d) veralteter Riss, (e) partieller artikularseitiger Defekt, (f) kompletter texturstörungsbedingter Defekt, (g) lange bestehender texturstörungsbedingter Defekt mit entzündlicher Vernarbung in der Bursa subacromialis, (h) „cuff tear arthropathy").

Zu 5. Defektfolgen

Unabhängig von der Entstehung eines Rotatorendefektes, sei es durch ein Unfallereignis oder auf dem Boden einer Texturstörung, schreiten in aller Regel Defekte voran und führen zu glenohumeralen Instabilitäten, da der M. deltoideus die Rotatorenmanschette in der Funktion nicht kompensieren kann [1724]. Die Instabilität als Folge tritt nur dann ein, wenn die Enden des Rotatorenkabelsystems mit betroffen sind. Isolierte Defekte, die aber auch nicht unfallbedingt erklärbar sind, im Halbmondgebiet der Rotatorenmanschette, beeinträchtigen die Stabilität des Glenohumeralgelenkes nicht. In Abhängigkeit von der Defektgröße tritt durch Deltoideuszug der Oberarmkopf nach oben mit der Folge des Oberarmkopfhochstandes [846]. Die aus dem Oberarmkopfhochstand und einer bestehenden Instabilität resultierende mechanische Fehlbelastung führt zur Instabilitätsarthrose und zum Knorpelschaden im Glenohumeralgelenk [920]. Daraus entwickeln sich Glenoidexophyten als Knorpelschadenfolge, ebenso wie Exophyten an der Unterseite des Schulterdaches. Ein isolierter Schaden an der oberen Hälfte der Subskapularissehne kann alleine schon zu einer anterosuperioren und superioren Translation führen [1763] und ein Ein- oder Zwei-Sehnendefekt hat einen negativen Einfluss auf die sonst intakten Sehnen [1405] mit der Folge, auch diese Sehnen in den Prozess miteinzubeziehen. Ist das Rotatorenkabelsystem als Insertion ausgeschaltet, entsteht eine Retraktion der Sehnen durch den dazugehörigen Muskelzug bis hin zur Osteopenie am Tuberculum majus [245, 1185].

Die Folge beim massiven Rotatorenmanschettendefekt ist die sog. „Cuff tear arthropathy“ [1287, 1388, 626]. Als „Cuff tear arthropathy“ wird die Kombination von Rotatorenmanschettendefekt, kristallinduzierter Synovialitis und arthrosebedingtem Knorpelschaden bezeichnet [626, 1681, 785, 562]. Das Vorkommen kann ebenso bilateral sein [1287]. Bei dieser Kombination pathomorphologischer Befunde kann auch ohne Unfall oder Verletzung ein Hämarthros durch Miteinbezug auf mechanischem Wege der Synovialis entstehen [1681, 1570, 1987]. Die Folge dieser Cuff tear arthropathy ist eine sekundäre Arthrose beim massiven Rotatorenmanschettendefekt [306, 562], dies vorwiegend durch den Verlust der den Oberarmkopf zentrierenden Funktion der Rotatorenmanschette. Der Oberarmkopfhochstand führt zu einem Kontakt mit der harten Unterseite des Schulterdaches und durch die Translation des Kopfes kommt es zu rezidivierenden Druckkontakten des Tuberculum majus auf den M. deltoideus bis hin zu einer Spontanruptur dieses Muskels [1235], was aber als Ausnahmesituation zu werten ist. Die Cuff tear-Situation nimmt auch Einfluss auf die Rotatorenmuskulatur mit der Ausbildung intramuskulärer Zysten bzw. Ganglien [1564] bzw. es entstehen Verfettungssituationen im Sinne einer fettigen Atrophie, die sich schon beim Verlust der Spannung im Sehnen-Muskel-Komplex herausbilden. Auch die Cuff tear arthropathy ist progredient verlaufend und kann klassifiziert werden. Dem Grunde nach beziehen sich die Klassifikationen auf den Abstand zwischen Oberarmkopf und der Unterseite des Akromions mit der Folge einer Azetabularisierung als konkave Deformität des Akromions [1287, 1887].

Die Azetabularisierung ist ein Teil eines mechanischen Mechanismus, der vom großen Rotatorendefekt zur Cuff tear arthropathy führt, über die Migration des Kopfes nach kranial, und dies unter Berücksichtigung einer Instabilität im Sinne rezidivierender Subluxationen mit „posteriorem Mechanismus“. Zur Entwicklung der Cuff tear arthropathy tragen auch „Ernährungsfaktoren“ durch den Verlust eines sonst geschlossenen Spaltes des Glenohumeralgelenkes bei. Daraus resultiert eine Minderung der

Gelenkknorpelernährung durch reduzierte Diffusion. Die schmerzbedingte Inaktivität des Gelenkes führt zur strukturellen Änderung des Knorpels, wie auch zu biochemischen Alterationen im Wasser- und Glykosaminoglykan-Haushalt mit dem Ergebnis der Knorpelatrophie sowie auch eines subchondralen Kollaps (Abb. 8.29).

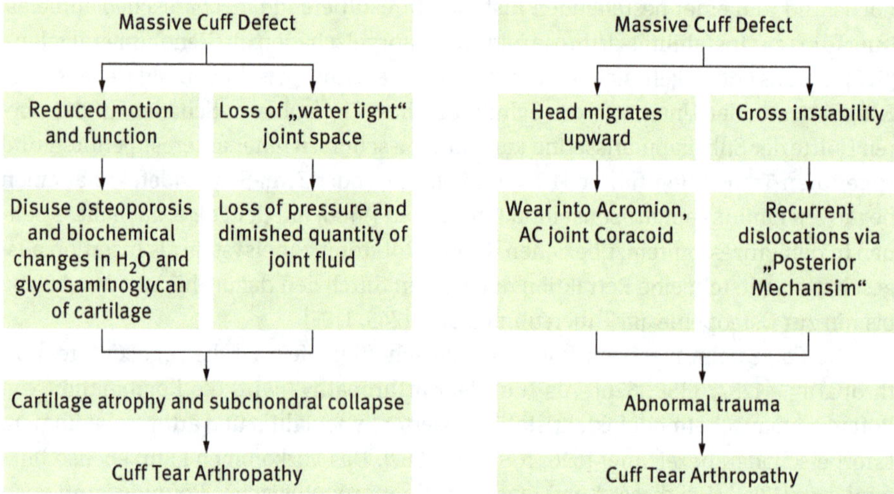

Abb. 8.29: Hypothesen des Pathomechanismus zur Entstehung der Cuff tear arthropathy [1287].

Diese Abweichung der Anatomie vom Normalzustand beeinflusst ebenfalls den N. suprascapularis [312] mit der Entstehung einer Neuropathie, durch Außenrotationsüberlastungen mit der Folge der Distraktion des Nervens [957] und einer Kraftabnahme des M. infraspinatus, insbesondere bei der Überkopfaktivität [1494]. Der Verlauf des N. suprascapularis unter dem Lig. transversum scapulae wird durch die Retraktion der Sehnen beim Rotatorendefekt (auch bei einer vergleichbaren Ruptur) nach medial abgewinkelt und dadurch der Nerv angespannt, mit der Folge der Neuropathieentwicklung [830, 26, 1132].

Zur Klassifikation der Cuff tear arthropathy liegen derzeit vier Versionen vor [627, 442, 744, 1044, 1045]. Die Grundüberlegung besteht in der Bestimmung der akromiohumeralen Distanz unter Berücksichtigung der Azetabularisierung [627]:

Grad I: akromiohumerale Distanz > 6 mm,
Grad II: akromiohumerale Distanz < 5 mm,
Grad III: Azetabularisierung,
Grad IV: Azetabularisierung und beginnende glenohumerale Arthrose,
Grad V: ausgeprägte glenohumerale Arthrose bis zum Einbruch des Humeruskopfes.

Aktuell klassifiziert LOEW [1044] die Cuff tear arthropathy in drei Schweregrade:
1. stabiler, arthrotischer Typ (55 %) mit belastungsabhängigen Beschwerden,
2. instabiler, röntgenologisch areaktiver Typ (31 %) bei aktiver Bewegungseinschränkung,
3. nekrotischer, destruktiver Typ (14 %) mit Dauerschmerz und Gebrauchsunfähigkeit des betroffenen Armes.

Radiologisch zeigen sich beim Typ I ein mäßiger Hochstand des Oberarmkopfes mit einer Azetabularisierung, einem aufgehobenen Gelenkspalt mit arthrotischer Deformierung und eine Inkongruenz. Das Röntgenbild beim Typ II zeigt den Hochstand und die Dezentrierung des Oberarmkopfes mit noch erkennbarem Gelenkspalt bei geringer arthrotischer Deformierung und Kongruenz, evtl. mit permanenter Dislokation und beim Typ III liegen ein Hochstand und ein Kollaps des Oberarmkopfes mit Glenoiderosion und Inkongruenz vor.

Diagnostik

Im Vordergrund der Diagnostik von Rotatorenschäden steht die klinische Feststellung mit Schmerz beim Liegen auf der betroffenen Seite [1694], Schmerzen und Funktionseinschränkungen bei Überkopfarbeiten, es resultieren Schmerzsyndrome [1257]. Es ist von Bedeutung, dass Defekte in der Rotatorenmanschette symptomatisch und asymptomatisch verlaufen können und nicht mit der Schulterfunktion korrelieren [2005], und es gibt auch keine Korrelation zwischen Klinik und dem Schweregrad des Rotatorenschadens [401]. Liegt ein Defekt der Rotatorenmanschette vor und ist dieser symptomatisch, so kann von einer Schmerzzunahme mit der Dehiszenzgröße ausgegangen werden [1128, 2004]. Bei asymptomatischen Rotatorendefekten kann eine klinisch nicht signifikante Minderung der Schulterfunktion vorliegen [848]. Dies wird als „at risk" asymptomatic tear bezeichnet. Im Vordergrund stehen für die Untersuchungsmethoden die klinische Testung mit diversen Schultertests, wie dem schmerzhaften Bogen, einem Impingementtest nach NEER, nach HAWKINS und KENNEDY sowie dem Impingementinjektionstest nach NEER. In Abhängigkeit von der Schädigung der einzelnen Sehnen gibt es dann spezielle Tests [227]. Es werden immer neue Tests beschrieben, so der Crepitus-Test nach PONCE [1438] u. a. [257, 1976, 1063, 468, 1595, 1596, 173, 702, 81]. Natürlich werden Nativ-Röntgenaufnahmen in allen Fällen empfohlen, auch mit der Akromion-Tangentialaufnahme zum Einblick in das Schulterdach und zur Bestimmung des subakromialen Abstands [993], d. h. zur Feststellung der ossären Situation am knöchernen Schulterdach und auch zum Erkennen arthrotischer Zeichen bei der Omarthrose sowie zum Nachweis von Verkalkungsstrukturen [1858, 1392, 627, 287, 557, 285, 985, 899]. Als Screening-Verfahren empfiehlt sich die Sonographie [1901, 665, 668, 1384, 1260, 839, 38, 23, 1264, 1903, 1904, 1230, 1145, 11, 495, 886, 2040] und als neueres Verfahren die Sonoelastographie [1834] sowie die dynamische Sonographie [543]. Weniger wird die Computertomographie eingesetzt [634, 1036], evtl. zur Knochendichtebestimmung [1355] oder als CT-Arthrographie [272,

1967]. In aller Regel wird aber für die Diagnostik des Schulterproblems die Kernspintomographie empfohlen [243, 1768, 673, 832, 1805, 890, 190, 1023, 864, 2045, 1812, 881, 1270, 386, 739, 1133, 583, 1788, 1249, 1282, 1715, 686, 741, 581, 1205, 270, 666, 224, 395, 1647, 853, 605, 570, 1948]. Der Kappa-Wert für die Interobserver Reliability schwankt zwischen 0,13 und 0,54 [933]. Laut VAHLENSIECK [1859] wird zwischen Stadium I (Degeneration), Stadium II (partieller Ruptur), Stadium IIII (vollständiger Ruptur) und Stadium IV (chronischer Ruptur) mit Hinweisen auf eine Sensitivität von 66–99 % und einer Spezifität von 45–88 % differenziert. Der direkten sowie der indirekten MR-Arthrographie wird eine Sensitivität mit 100 % zugeordnet. Bezüglich der Spezifität wird diese bei der direkten MR-Arthrographie mit 100 % und bei der indirekten MR-Arthrographie mit 86 % gesehen [1865, 1741, 1376]. Klare Unterschiede zwischen verletzungsbedingten Diskontinuitäten und denen aufgrund von Texturstörungen werden aber nicht erkennbar. Im Endeffekt bietet die Magnetresonanztomographie eine sehr präzise Methode zur Darstellung der anatomischen Situation, endgültige Beiträge zur Beurteilung einer Kausalität fehlen aber bisher. Eine diagnostische Arthroskopie sollte die Ausnahme sein [1920, 986, 152, 1028].

Gutachtliche Wertung

So genannte Rotatoren-„Rupturen“ sind nur selten Folge eines Makrotraumas. Sie entstehen auf dem Boden von Texturstörungen, dies in Abhängigkeit von dem Lebensalter und der Belastung [503]. Es haben biochemische Überlegungen im Zusammenhang mit Glykosaminoglykanen [1509] eine Bedeutung, ebenso vorbestehende Partialschäden, da diese zu einer Sehnenverlängerung führen [441]. Bei der Wertung eines Rotatorenschadens sind die umgebenden Strukturen mit zu berücksichtigen, z. B. die Unterseite des Akromions oder auch das Schultereckgelenk [787]. Oft diskutiert wird das subakromiale Impingement, das u. a. mit einer Verdickung der Rotatorenmanschette einhergeht [1191], was aber nicht gleichzeitig eine Stärkung, sondern eine Schwächung der Sehnenstruktur mit Einfluss auf die Reißfestigkeit zeigt. Eine große Bedeutung haben anatomische Voraussetzungen sowie die sich daraus ableitende Biomechanik. Nicht berücksichtigt wurde bisher, dass der M. deltoideus und der M. supraspinatus beide Abduktoren sind, die über das volle Bewegungsmaß von 0–180° aktiv sind [1929]. Die maximale Anspannung des M. supraspinatus wird zwischen 60°- und 90°-Abduktion angegeben. Bei einer exzentrischen Kraftanstrengung mit einer gegen den Muskelzug zusätzlich einsetzenden passiven Kraft müssen eigentlich beide Muskeln Schaden nehmen. Bekannt ist die Interaktion zwischen Supraspinatus und Infraspinatus, ein großer Defekt in der Supraspinatussehne führt zu einer Mitschädigung und Defektbildung der Infraspinatussehne, umgekehrt aber schützt die Infraspinatussehne eine Supraspinatussehne, wenn diese nur kleine Defekte aufweist [44, 45, 46]. Werden die muskulären Kräftepaare (force couples) betrachtet, so muss zwischen dem Kräftepaar des M. subscapularis und infraspinatus die Rotation einbezogen werden und bei der Abduktion das Kräftepaar des M. infraspinatus in Verbindung mit dem M. subscapularis, die beide, insbesondere mit deren inferioren Anteilen, die Zentrierung des Oberarmkopfes zusammen mit dem M. supraspinatus bewerkstelligen.

Biomechanisch sind die Untersuchungsergebnisse [1503, 769, 1929] mit den Ergebnissen an anderen Sehnen vergleichbar. Die Sehnenreißfestigkeit der Supraspinatussehne ist als dreimal höher zu bewerten als die eigene Muskelkraft [333, 1170], und somit gelten die Voraussetzungen wie bei der Achillessehne. Der eigene Muskel kann die Supraspinatussehne unter Normalbedingungen nicht zerreißen. Eine Rotatorenschädigung destabilisiert aber das Glenohumeralgelenk. Dies bedeutet, dass bei einem texturstörungsbedingten Defekt in der Folge die kapsuloligamentären Strukturen überlastet werden, was eine Instab

ilität nach sich zieht. Bei einem tatsächlich traumatisch bedingten Rotatorenriss, der nur in Verbindung mit einer zumindest Teilinstabilität entstehen kann, ist eine Verletzung der kapsuloligamentären Strukturen zu erwarten, d. h., es liegen Begleitverletzungen vor [1435]. Bei Verletzungen ligamentärer bzw. kapsuloligamentärer Strukturen muss deren Kollagentextur berücksichtigt werden [696, 697, 1734]. Dies trifft auch für die Supraspinatussehnenansatzstruktur mit netzartig angeordneten Kollagenbündeln zu, die mit zunehmendem Alter auseinanderweichen, und somit kann eine Neueinteilung der Risse in Rotatorenmanschetten (quer) und Kapselrisse (längs) vorgenommen werden [696, 697, 1736]. Hierzu finden sich aber in der Gutachtenliteratur keine Angaben, abgesehen von dem Hinweis, dass bei der Rotatorenruptur traumatischer Art eigentlich Begleitverletzungen zu erwarten wären [1078]. Bei traumatischen Rissen sind Komplexschäden nicht ungewöhnlich [1565].

Entscheidend für eine gutachtliche Beurteilung eines Rotatorenschadens ist die frühzeitige exakte Diagnose [1709]. Es werden Empfehlungen zur Diagnostik und Begutachtung traumatischer Rotatorenmanschettenläsionen [1043] unter Aufführung von Befunden genannt, die für und gegen eine frische Rotatorenmanschettenläsion sprechen (Tab. 8.7).

Bereits bei der klinischen Untersuchung, unabhängig von einem angegebenen Unfallmechanismus, resultiert aus einer tatsächlichen Verletzung der Rotatorenmanschette eine Funktionsbeeinträchtigung, beim verschleißbedingten Schaden steht der Schmerz im Vordergrund, meist in Verbindung mit Enthesiopathiezeichen [1046]. Eine leere Anamnese ist kein Beweis dafür, dass kein Vorschaden besteht, denn sowohl die Rotatorentendinose als auch texturstörungsbedingte Defekte sind zu einem hohen Prozentsatz (bis 50 %) symptomlos [1609]. Jedenfalls ist nach der klinischen Untersuchung, meist mit dem Hinweis in den Berichten der eingeschränkten Aussagekraft aufgrund von Schmerzen, das Röntgenbild in zwei Ebenen mit einer zusätzlichen Akromion-Tangential-Aufnahme (outlet view) erforderlich. Die altersabhängig festzustellenden Röntgenzeichen als Hinweis auf vorbestehende Pathologien sind zumindest in den Anfangsstadien nicht aussagekräftig für den Beweis einer unfallunabhängigen Defektbildung, da auch bei Tendinosen und/oder Enthesiopathien zusätzlich traumatische Risse nicht auszuschließen sind (Abb. 8.30).

Tab. 8.7: Empfehlung zur Diagnostik und Begutachtung einer frischen Rotatorenmanschettenläsion, nach [1043, 1047].

Methode	Befunde, die für eine frische RM-Läsion sprechen	Befunde, die gegen eine frische RM-Läsion sprechen
Röntgen	– unauffälliges Röntgenbild	– Osteophyten der Akromionunterkante und des Schultereckgelenks – Enthesiopathiezeichen im Bereich des Tub. majus (Sklerose, Zysten) – Humeruskopfhochstand – Rotatorenmanschettendefektarthropatie
Sonographie		– intakte Rotatorenmanschette
MRT	– Sehnendefekt ohne Retraktion – Hämarthros/Hämatobursa – Knöcherner Kontusionsherd („bone bruise") im Bereich des Humeruskopfes – „Kinking" der Sehnen	– retrahierter Sehnendefekt, u. U. mit fettiger Atrophie der Muskulatur – fehlender Kontusionsherd

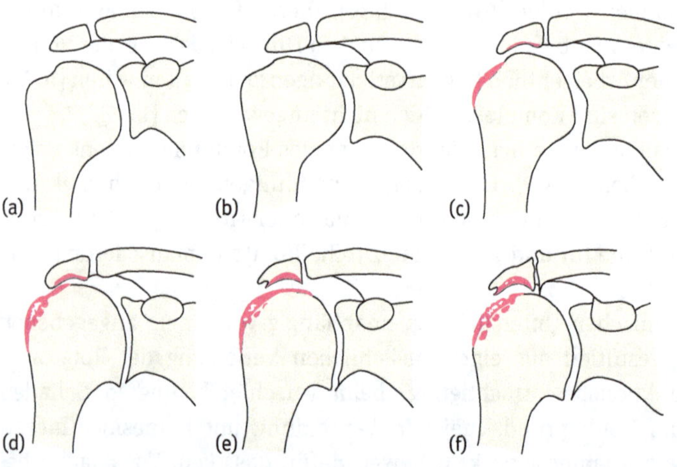

Abb. 8.30: Stadienhafte Entwicklung der Schulterdegeneration im Röntgenbild ((a) normale Verhältnisse, (b) Rotatorenmanschettendegeneration mit Höhertreten des Oberarmkopfes, (c) Entwicklung der Nearthrose zwischen Akromion und Tuberculum majus, (d) zusätzliches Auftreten von degenerativen Veränderungen im Glenohumeralgelenk, (e) Hinzutreten von degenerativen Veränderungen im Bereich der Nearthrose, (f) Endstadium mit Omarthrose, Nearthrose und AC-Arthrose [1924, 1925].

Der Magnetresonanztomographie wird in der Beurteilung der Rotatorenschäden eine große Bedeutung beigemessen, obwohl es eine hohe Diskrepanz in der Interpretation gibt [1187] und ebenso eine variable Interobserver Reliabilität [1715]. Zweifelsfrei hat die Magnetresonanztomographie eine hohe Aussagekraft in der Beurteilung anatomischer Strukturen und deren Lage sowie Form, bzgl. der Kausalität aber bestehen Bedenken. Im Vordergrund der Beurteilung wird das traumatisch bedingte Knochenödem („bone bruise") genannt, das bei nicht verletzungsbedingten Rotatorenschäden in einer Häufigkeit von 8 % angegeben wird, bei traumatisch bedingten Schäden lediglich mit 4 % [1042, 1046, 1933, 1761]. Es wird ein „Kinking" der Sehnenstümpfe als Hinweis auf ein Trauma [1046] durch den Verlust der Spannung der kollagenen Strukturen mit einer daraus resultierenden Wellenform beschrieben. Ein tatsächlicher Beweis dafür liegt aber nicht vor. Wenn dann die Muskelatrophie und die fettige Infiltration [1173, 1174, 2032] als Hinweis auf die vorgeschädigte Rotatorenmanschette angegeben werden, so muss doch bedacht werden, dass auch eine Vorschädigung zusätzlich traumatisch beeinflusst sein kann.

Ebenso bedenklich ist die Aussage, dass kernspintomographisch ein Hämarthros und Blut im Sehnenstumpf Hinweise auf eine frische traumatische Schädigung der Sehne seien. Ein tatsächlicher Hämarthros mit Koagelbildung wird kernspintomographisch nachweisbar sein, nicht dagegen Blut im Sehnenstumpf, denn es gibt keine wissenschaftlich begründete Aussage, dass Blut von einer anderen Flüssigkeit in einer Sehne oder in einem Band magnetresonanztomographisch differenziert werden kann. Eine weitere Überlegung zur Differenzierung der Degeneration von der Verletzung sei bei der Operation denkbar. Im Falle der traumatisch entstandenen Ruptur [1046] erfolgte die Operation 25 Tage nach dem Ereignis mit Nachweis von Einblutungen am Sehnenrand [205], wobei jedoch innerhalb von zwei Wochen maximal eine Einblutung noch erkennbar sei [1606]. Da aber die Operationen meist Wochen nach dem Ereignis zustande kommen, ist diese Aussage bedenklich.

Wenn nach dieser Zeit auch die Betroffenheit der Subskapularissehne in 68 % [1896] ein Hinweis auf eine Verletzung darstellt, dann müssen auch hier Bedenken angemeldet werden, denn eine Differenzierung zu einem so genannten anterosuperioren Impingement ist in dieser Zeit wohl nicht möglich. Wenn ein Sehnenrest noch am Tuberkulum majus besteht, wird dies ebenfalls als Zeichen einer Ruptur genannt. Beim verschleißbedingten Schaden wird vom vollständigen Abrieb („wear and tear") ausgegangen. Zusammengefasst korrelieren Magnetresonanztomographie und intraoperative Befunde in der Differenzierung des Schadens von der Ruptur nicht. Es verbleibt die feingewebliche Untersuchung, die in beiden Gruppen Zeichen einer frischen Einblutung ergeben kann, mit dem Hinweis „acute or chronic". Also auch hier ist der Nachweis von Erythrozyten, die durchaus durch den Eingriff selbst erklärbar sind, nicht aussagekräftig. Anders verhält es sich bei der Differenzierung der Texturstörung und der Reparation dann, wenn der Pathologe das Alter des Patienten und den Zeitabstand zwischen Ereignis und Operation kennt. Aktuell werden intensiv Unfallmechanismen diskutiert, aus deren Wertung der Nachweis einer traumatischen Ruptur erwartet wird [202, 1761, 1762, 1377, 1072, 1075, 1076, 1077, 821, 622, 689, 1924, 1925]. Unfallhergänge, die unter kinematischen und biomechanischen Gesichtspunkten nicht dazu geeignet sind, eine Zerreißung der Rotatorenmanschette zu verursachen, sind in der Stauchung nach kraniodorsal oder kraniomedial beim Sturz nach vorne oder seitlich auf den Arm ohne Verdrehung und ohne forcierte Abduktion zu sehen, des Weiteren das direkte Anpralltrauma bei Sturz oder Anstoßen, da der M. deltoideus eine mechanische Schutzfunktion übernimmt, und aktive Kraftanstrengungen bei kontrolliertem Anheben oder Abhalten von Lasten [990].

Diskutiert werden direkte und indirekte Unfallmechanismen, aber auch statische und dynamische [1081, 1925, 1929, 806, 1040]. Direkte Mechanismen bedeuten eine Krafteinwirkung von außen in Richtung Schulterhauptgelenk. Von außen einwirkende Kräfte mit der Folge einer Zugbelastung der Rotatorenmanschette werden als Rupturursache diskutiert [1929], mit dem Hinweis auf eine exzentrische oder konzentrische Muskelkontraktion. Im Vordergrund steht meistens die Supraspinatussehne, die bei indirekten Mechanismen zur Diskussion kommt. Dabei wird die statische Belastung durch Einwirkung einer konstanten Kraft auf die Sehne von einer dynamischen Belastung, bei der es sich um die Einwirkung eines Kraftstoßes auf die Sehne handelt, angegeben mit der Maximalkraft in Newton, unterschieden. Allgemein werden Mechanismen als geeignet bezeichnet, die grundsätzlich auch geeignet wären, eine traumatische Luxation zu verursachen [1040]. Somit sind potenzielle Mechanismen die passiv forcierte Außen- oder Innenrotation bei anliegendem oder abgespreiztem Arm, die passive Traktion nach kaudal, ventral oder medial sowie eine axiale Stauchung nach kranioventral oder ventromedial [1041, 1042, 1043]. In der umfangreichen Literatur finden sich dann differente Angaben zu Ereignissen, die einen Riss der Rotatorenmanschette verursachen können:
- Fall auf abduzierten außenrotierten Arm [1129],
- bei jüngeren Patienten Sturz auf ausgestreckten Arm oder direkt auf die Schulter [1601, 1725],
- gewaltsame Adduktion [1601] ,
- direkter Anprall [172],
- Sturz auf den rückwärts ausgestreckten Arm [188, 223, 1040],
- Versuch, einen schweren fallenden Gegenstand aufzuhalten [223],
- Zugbelastungen bei extremer Muskelkontraktion, aber nur, wenn 50 % der Sehnen degenerativ geschädigt sind [188],
- Verwindung des Armes, der in eine Maschine bzw. Walze gezogen wird [1043, 1970].

Im Vordergrund stehen aber Ereignisse, wenn bei aktiv festgestelltem Schultergelenk überfallartige passive Adduktionsmechanismen einwirken [1081, 638]. Dabei kann es sich auch um eine forcierte Außen- oder Innenrotation bei gespanntem Schultergelenk mit einer passiven Hyperextension handeln [223] oder Abstürze, wenn das gesamte Körpergewicht in die Schulter fällt. Auch dann wird eine passive Hyperextension angenommen [129, 188, 1043, 1970]. Unter einer exzentrischen Belastung der angespannten Rotatorenmanschette ist auch ein Sturz auf den abduzierten, an den Körper gedrückten Arm mit Belastung der Supraspinatussehne gegen ihre Zugrichtung zu verstehen [1043, 1970]. Dazu soll ebenfalls der Treppensturz mit der

Hand am Geländer gehören sowie ein Sturz aus der Höhe nach vorne und Festhalten mit der Hand sowie ein massives plötzliches Rückwärtsreißen oder Heranführen des Armes [1081, 638]. Es resultiert als geeigneter Verletzungsmechanismus [1622] eine Zugbeanspruchung der Sehne, wobei das Schultergelenk unmittelbar vor der Einwirkung muskulär fixiert gewesen sein muss, und es bedarf einer plötzlich hinzukommenden passiven Bewegung, die überfallsartig gegen die Zugrichtung der Sehne wirkt, als gewaltsame Bewegung des Armes gegen die Zugrichtung der Sehne [1925]. Liegt ein Mechanismus vor, der auch eine Schulterluxation hätte verursachen können oder der eine Luxation hervorgerufen hat, so muss mit einer Mitbeteiligung der Rotatorenmanschette gerechnet werden [1601, 1304, 129, 188, 223, 1449, 1504, 1741, 306]. Eine Mitbeteiligung der Supraspinatussehne ist ebenfalls bei der dislozierten Fraktur des Tuberkulum majus zu erwarten [1304, 129].

Bei all diesen Mechanismen ist aber von einer isolierten Verletzung der Rotatorenmanschette (Supraspinatussehne) nicht auszugehen [672], insbesondere, da ja bei dem Feststellen der Schulter in Zugrichtung der Supraspinatussehne mit einer zusätzlichen Stabilisierung durch den M. deltoideus auszugehen ist, d. h., dieser Muskel müsste mitverletzt sein. Nur wenn diese Kombinationsverletzung M. deltoideus oder dessen Sehne und Supraspinatussehne gegeben ist, kann eine tatsächliche traumatische Rotatorenruptur erwartet werden. Beim älteren Menschen besteht fast ausnahmslos ein degenerativer Vorschaden des bradytrophen Gewebes [1725]. Es ist dann die Überlegung anzustellen, ob der Unfallmechanismus immer noch geeignet war, eine vorgeschädigte Sehne zu durchtrennen.

Aktive Kraftanstrengungen scheiden als Ursache eines Rotatorenschadens aus [1043], ebenso die direkte Krafteinwirkung, der Sturz auf den ausgestreckten Arm oder den angewinkelten Ellbogen, eine fortgeleitete Krafteinwirkung bei seitlicher oder vorwärts geführter Armhaltung und eine plötzliche Muskelanspannung [1622]. Der Sturz auf den nach vorne ausgestreckten Arm führt zu einer Verschiebung des Schulterblattes am Rumpf, eine Belastung der Rotatorenmanschette kann hier nicht abgeleitet werden [1535]. Bei diesem Mechanismus wird das Glenoid, und damit auch die Skapula, die muskulär stabilisiert ist, nach dorsal distal geführt, so dass eine federnde Fixation eine Schädigung der Rotatorenmanschette verhindert (Abb. 8.31), Zusammenfassung siehe Kapitel 8.4.

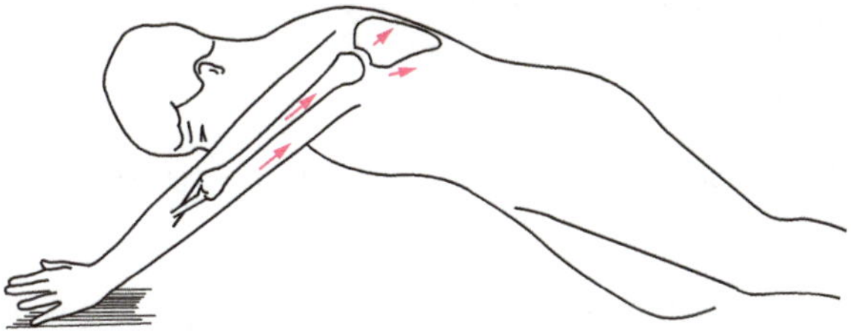

Abb. 8.31: Die Möglichkeit des Glenoids und der Skapula, sich bei einwirkender Kraft nach posterior zu verlagern, ist bisher wenig berücksichtigt.

Anmerkung

Die Verbindung des Rotatorenschadens mit einer Schulterluxation [1741, 306, 1305] ist altersabhängig. Eine Reluxation überwiegt bei Patienten diesseits des 40. Lebensjahres, jenseits davon ist das Problem die Schultersteife. Es wird eine Häufigkeit der Rotatorenrupturen durch einen Luxationsmechanismus bei Patienten unterhalb des 60. Lebensjahres mit 8,2 % vermutet [144], mit zunehmendem Alter steigt auch die Häufigkeit der festgestellten Rotatorendefekte [1440], mit Werten von 30–38 % bei Patienten über dem 40. Lebensjahr [658, 1476, 1821, 144, 606, 2000]. Ein weiterer Aspekt ist die Kontusion der Rotatorenmanschette durch eine axiale Krafteinwirkung. Dies ist nur dann nachvollziehbar, wenn adäquate Begleitschäden (z. B. Knochenödeme) nachweisbar sind, und es sollte ein entsprechendes Kontusionsödem in der Sehne erkennbar werden [308].

Subskapularissehne

Als die wenig beachtete Sehne gewinnt die Subskapularissehne laut Literatur erst ab 1996 an Bedeutung (Abb. 8.32). Etwa zehn Jahre später wird die operative Wiederherstellung einer geschädigten Sehne diskutiert.

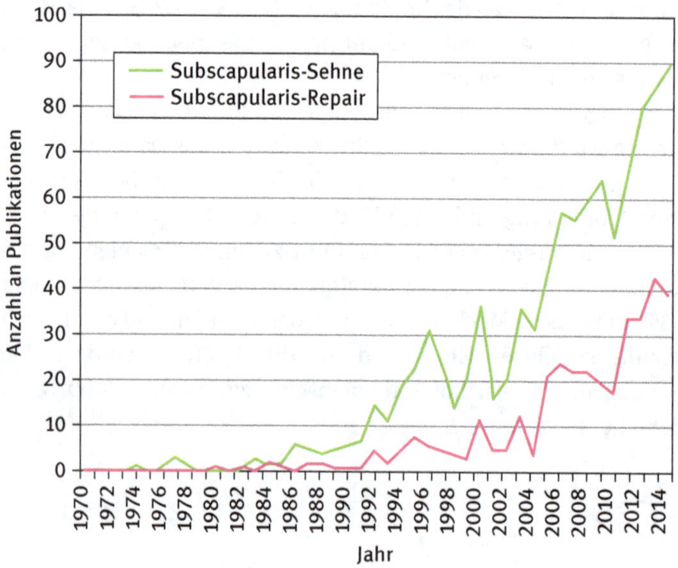

Abb. 8.32: Anzahl der Publikationen über die Subskapularissehne und deren Repair (PubMed).

Die Erstbeschreibung der Subskapularissehnenruptur erfolgte durch SMITH [1693] mit weiterer Präzision durch OLSSON [1358]. Noch bis vor kurzem wurde die Subskapularissehne als „forgotten tendon“ bezeichnet [1029]. Sie ist ein Anteil des „force couple“

[110, 624, 1497], der zusammen mit dem M. infraspinatus gegenüber dem M. deltoideus eine Rotationsschlinge bildet [1804]. Ein Schaden an der Subskapularissehne führt zur Gelenkinstabilität [1801].

Der M. subscapularis entspringt in der Fossa subscapularis der Skapula als breiter, flacher Muskel mit intramuskulären Sehnensepten (Muskelfiederung), die nach lateral konvergieren und am Tuberculum minus des Humerus mit einem Sehnenspiegel ansetzen. Tiefe Fasern vermengen sich mit der vorderen Schultergelenkkapsel [722]. Der Sehnenansatz zeigt kranial eine röhrenförmige Sehnenstruktur, der mittlere Teil der Sehne ist flach und der distale Anteil ist muskulär nur mit kürzester, sehniger Struktur mit dem Knochen verbunden [301]. Die drei anatomischen Subregionen [301] werden entsprechend den intratendinösen Sehnenspiegeln von drei Muskelbündeln angesteuert [1915]. Der kraniale Anteil der Ansatzsehne endet mit der Kante des Tuberculum minus, einige Faserstränge führen zur Fovea capitis und sind am Aufbau des Bizeps-Pulley sowie des Sulcus intertubercularis beteiligt [141]. Dazu gibt es Verflechtungen mit dem Lig. glenohumerale superius und dem Lig. coracohumerale. Der eigentliche Ansatz der Subskapularissehne („footprint") zeigt einen typischen Aufbau. Der superiore Teil führt zum oberen Rand des Tuberculum minus, wobei der Rest der Subskapularissehne am anteromedialen Teil des Tuberculum minus befestigt ist. Das superiore Drittel ist im direkten Kontakt mit der Bizepssehne und die tendinösen Faserzüge („tendinous slip") bilden eine Struktur, die im direkten Kontakt mit der Unterseite der Bizepssehne steht (Abb. 8.33).

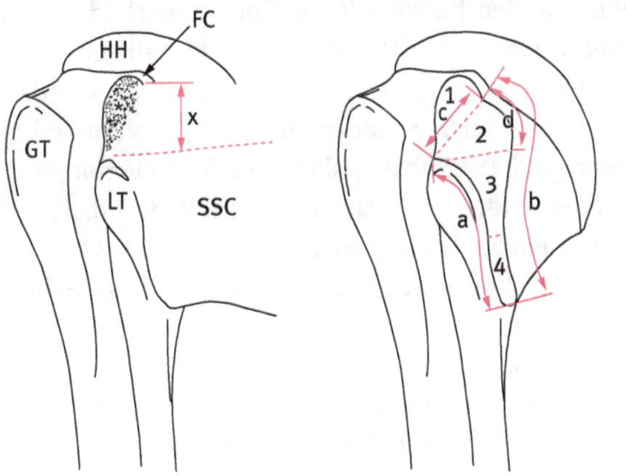

Abb. 8.33: „Footprint" der Subskapularissehne: Ansatzgebiet der Subskapularissehne = links, Strukturaufbau des Ansatzgebietes = rechts (GT = Tuberculum majus, LT = Tuberculum minus, HH = Humeruskopf, SSC = Subskapularissehne, FC = Fovea capitis, 1 = Ansatz des tendinous slip, 2 = Ansatz der intramuskulären Sehnen, 3 = restlicher Sehnenansatz, 4 = Muskelansatzgebiet, a = lateraler Rand des Tuberculum minus, b = medialer Rand, c = lateraler Oberrand, d = medialer Oberrand, x = kranialer Ansatz der Hauptsehne), nach [56].

Das Ansatzgebiet wird als ‚kommaförmig' beschrieben, der sehnige Anteil verläuft über 26 mm in einer Breite von 16–18 mm am Tuberculum minus, der Gesamtansatz dehnt sich tendinös und muskulär über 40 mm aus [752, 341, 189, 1391, 1500, 843].

Die Innervation des M. subscapularis unterliegt vielen Varianten. Sie erfolgt aus dem Plexus brachialis (C5–C8) über die NN. subscapulares, die aus C5–C7 zum M. subscapularis ziehen, und aus C5–C6 zum M. teres major [1258]. Aus dem superioren Primärstrang und dem posterioren Faszikel resultieren die NN. subscapulares sup. et inf. [841]. Es wird in aller Regel von zwei Nervenästen ausgegangen, die den M. subscapularis versorgen, es werden aber auch drei Nerven (obere, mittlere, untere Nervengruppe) genannt [590]. Die Gefäßversorgung der Subskapularissehne kommt vorwiegend aus der Arteria circumflexa humeri anterior [707]. In Höhe des N. axillaris kreuzt die Arteria circumflexa humeri anterior den Unterrand des M. subscapularis und zieht von da nach lateral und superior über die anteriore Oberfläche des Muskels.

Biomechanik

Der M. subscapularis sorgt für die Innenrotation und ist ein statischer und dynamischer anteriorer Stabilisator des Schultergelenkes [110]. Zusammen mit dem M. infraspinatus bildet er ein transversales Kräftepaar für die Stabilisierung des Glenohumeralgelenkes im Sinne des „force couple" [112]. Bei maximaler Innenrotation wird die Zugkraft mit 250 N angegeben [228].

Pathologie

Schäden an der Subskapularissehne werden häufig mit den Rotatorenschäden und anderen Begleitschäden in Verbindung gebracht [141], z. B. in 9,3 % der Fälle mit einer HAGL-Läsion [185]. Weit häufiger finden sich Bizepssehnen- und Pulley-Schäden [108, 109, 372, 413, 1027, 616, 475], aber auch Schäden an den glenohumeralen Bändern und am Lig. coracohumerale [141]. Der Subskapularisschaden in Verbindung mit einer Akromionfraktur ist mehr als selten [1099]. Der isolierte seltene Subskapularisschaden wird laut Literatur meist einem Trauma zugeordnet [42, 109, 372, 539, 926, 758, 1879, 291, 424, 1231]. Auffälligkeiten sind nach Operationen an der Schultervorderwand, z. B. bei der Bankart-Rekonstruktion, festzustellen [592], aber auch in Verbindung mit der Schulterprothese [1596, 930, 250, 1875, 1197]. Überwiegend werden aber die Subskapularissehnenschäden als „degenerativ" bezeichnet [110], dies trifft insbesondere dann zu, wenn die Rotatorenmanschette mit beteiligt ist [236, 1918]. Bei Schäden der Supraspinatussehne findet sich bei 5 bis 35 % eine Mitbeteiligung der Subskapularissehne [538, 1896, 1918, 141, 56, 9] bis hin zu 43 % [1801]. Klinisch steht die Supraspinatussehne im Vordergrund, insbesondere wenn Partialschäden der Subskapularissehne vorliegen, diese hätten dann keinen wesentlichen Einfluss auf die Schulter [2023]. Bei allen Sehnen wird auf die „Sehnendegeneration" hingewiesen, die insbesondere schwer von einer Alterung der Sehne zu unterscheiden ist [506, 1962, 211, 2011, 1569]. Für die Entstehung der sog. Sehnendegeneration der Subskapularissehne wird eine subkorakoidale Stenose bzw. ein subkorakoidales

Impingement verantwortlich gemacht [1029], mit dem „roller-wringer effect“ und der Folge einer TUFF-Läsion [1029] (TUFF = tensile undersurface fiber failure). Diese entsteht durch eine forcierte Außenrotation [1561] als Überlastungsschaden [539]. Die TUFF-Läsion wird als Ausgangspunkt für eine weitere Schädigung der Sehne gesehen (Abb. 8.34).

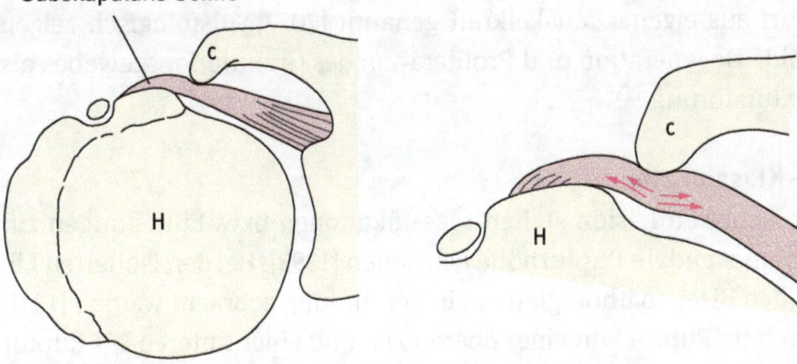

Abb. 8.34: Schematische Darstellung des roller-wringer effect beim Patienten mit einem subkorakoidalen Impingement [1029] (H = Humeruskopf, c = Korakoid).

Ausnahmebefunde dürften Subskapularis-Nodule im Sinne eines Desmoid-Tumors sein [1913, 1673], wobei es zur Verdickung des Lig. glenohumerale medium in Verbindung mit dem Subskapularisschaden kommt. Die Ursache sei hier eine narbige Veränderung. In Verbindung mit dem subkorakoidalen Impingement [1292] treten eine Verminderung des korakohumeralen Abstandes und ein Subskapularissehnenschaden auf [1499]. Ebenso führt die Subluxation der Bizepssehne zur Schädigung der Subskapularissehne [1663]. Der isolierte Schaden der Subskapularissehne sei vorwiegend traumatisch [758] in bis zu 71 % isolierter Schäden [667], wogegen bei globalen Defekten unter Einbezug der Supraspinatussehne eine Verletzungsfolge nur in 11 % angenommen werden kann. Unter ‚traumatisch‘ wird ein Makrotrauma ohne Luxation in 94 % der Fälle verstanden und mit der Luxation in 36 %. Im Vordergrund stehen eine Hyperextension und eine Außenrotation bei Abduktion [372]. Der Riss der Subskapularissehne, insbesondere beim Kind, kann mit einem ossären Abrissfragment einhergehen [961, 565, 1003, 1381, 1450, 1529, 1767, 406, 394, 191].

Pathomechanik und Pathogenese

Insbesondere isolierte Verletzungen der Subskapularissehne werden gemäß Literatur auf folgende Mechanismen zurückgeführt:

- forcierte Außenrotation [372],
- Abduktion gegen den aktiven Widerstand [394, 1491, 1667],
- Hyperextension mit Sturz auf den nach dorsal ausgestreckten Arm [537],
- Hyperextension und Außenrotation [989, 424],

- forcierte Außenrotation bei Abduktion und Innenrotation oder Adduktion [1231, 341, 110],
- exzentrische Außenrotation [669] in Verbindung mit der vorderen Luxation [1306, 669, 1231].

Beschrieben wird der Subskapularisschaden in Verbindung mit Wurfsportarten wie Handball [688], ohne dass tatsächlich ein Trauma vorläge, es wird auch eine sog. Verletzung beim Wurf aus eigener Muskelkraft genannt [2027], histologisch zeigen sich aber eine mukoide Degeneration und Proliferation des Granulationsgewebes als Hinweis auf eine Texturstörung.

Isolierte Läsionen – Klassifikation

Zur Beurteilung der isolierten Läsion stehen Klassifikationen bzw. Einteilungen zur Verfügung, die die kraniokaudale Rupturhöhe beurteilen [1893]. Bei den isolierten Läsionen können lediglich Bizepspathologien mit in Verbindung gebracht werden [1331] und es wird die komplette Ruptur von einer oberen 2/3- und einer unteren 2/3-Ruptur unterschieden, wobei letztere einem Muskelriss entsprechen soll (Abb. 8.35).

Folgende Klassifikationen liegen vor:

DEUTSCH [372]:
Typ I Teilruptur,
Typ II Komplettruptur,
Typ III Teil- oder Komplettruptur mit Subluxation, Luxation oder Ruptur der langen Bizepssehne.

MONDORI [1224]:
Typ I isolierte Ruptur partiell,
Typ II isolierte Ruptur komplett.

FOX [489, 490]:
Typ I: Partialläsion,
Typ II: Komplettläsion der oberen 25 %,
Typ III: Komplettläsion der oberen 50 %,
Typ IV: Komplettläsion der Sehnen mit oder ohne Retraktion.

LAFOSSE [953]:
Typ I: Partialläsion des kranialen Sehnendrittels,
Typ II: Komplettläsion des kranialen Sehnendrittels,
Typ III: Komplettläsion der kranialen zwei Sehnendrittel,
Typ IV: Komplettläsion der Sehne bei zentriertem Humeruskopf und fettiger Degeneration < Grad III,
Typ V: wie Typ IV, aber mit dezentriertem Humeruskopf und fettiger Degeneration > Grad III.

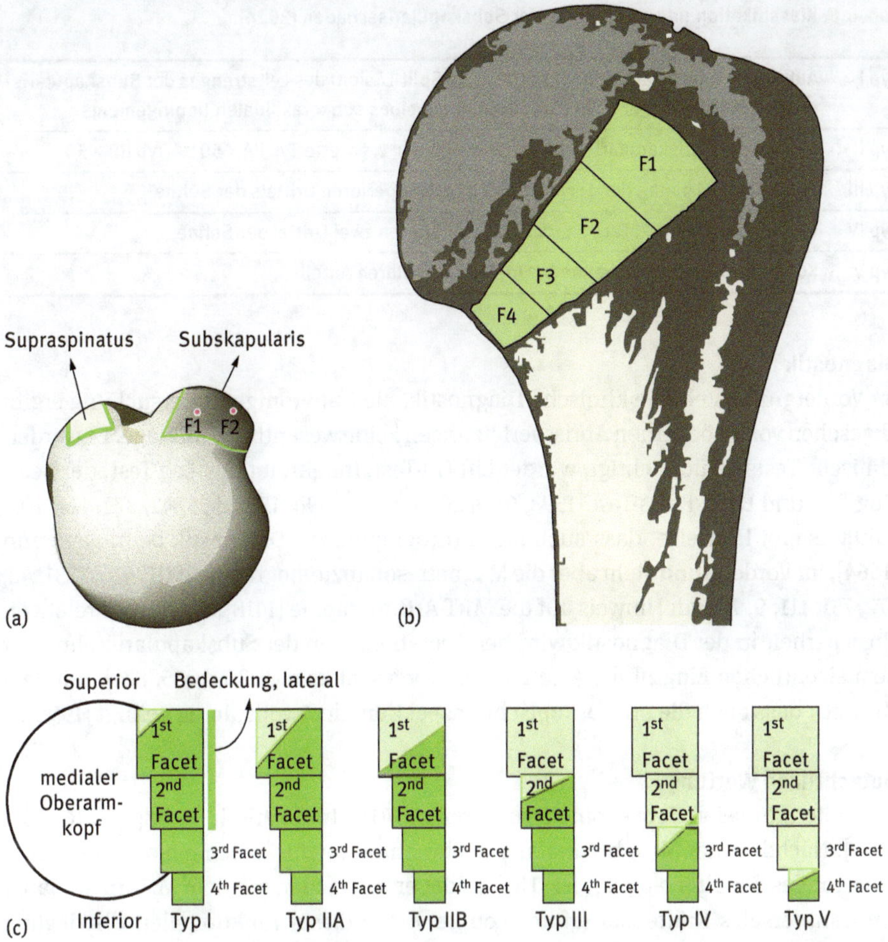

Abb. 8.35: Subskapularissehne ((a) Ansatz, (b) 4 Facettenansatz, (c) Typisierung I–V der Dehiszenzen), nach [2024].

Die fettige Infiltration nach GOUTALLIER [577] wird unter Berücksichtigung von FUCHS [502] in fünf Stadien eingeteilt (Stage 0 bis 4).

Aktuell ordnet YOO [2024] die Einteilung der Subskapularisschäden dem Ansatz am Tuberculum minus zu (Abb. 8.35), wobei vier Facetten (F1–F4) die Insertion in dreidimensionaler Ausdehnung repräsentieren. Es handelt sich immer um eine vierseitige Form des Ansatzes, der Übergang vom mittleren zum distalen Drittel liegt in Höhe des medialen Bizeps-Slings bzw. der medialen Begrenzung der Bizepsgrube [910].

Bei den von YOO [2024] genannten Facetten werden nun die Diskontinuitäten der Subskapularissehne mit einer Typisierung von I–V entsprechend der Ausdehnung zugeordnet (Tab. 8.8).

Tab. 8.8: Klassifikation und Typisierung der Subskapularisschäden [2024].

Typ I	Aufbrauch oder Spaltbildung (horizontale Split-Läsion) des Leitstranges der Subskapularissehne „Roller-wringer-Effekt“ [1029] infolge eines subkorakoidalen Impingements
Typ II	Lösung der Subskapularissehne im Bereich der 1. Facette Typ IIA < 50 %, Typ IIB > 50 %
Typ III	Vollständige Lösung der 1. Facette, d. h. des superioren Drittels der Sehne
Typ IV	Lösung der 1. und 2. Facette, d. h. der superioren zwei Drittel der Sehne
Typ V	Komplette Lösung der Sehne bis in den muskulären Anteil

Diagnostik

Im Vordergrund steht die klinische Diagnostik, die Nativröntgenuntersuchung ergibt abgesehen von knöchernen Abrissverletzungen keine wesentliche Aussage. Es werden klinische Tests berücksichtigt, wie der Lift-Off-Test, Innenrotations-Lag-Test, der Bear-Hug-Test und Belly-Press-Test [1593, 980, 2026, 1018, 1594, 1595, 555, 42, 372, 114, 107, 1819]. Es gibt Hinweise, dass auch die Arthrographie zur Diagnostik beitragen kann [1664], im Vordergrund steht aber die Magnetresonanztomographie [901, 476, 1231, 42, 372, 751, 111, 9, 10] mit Hinweis auf die MRT-Arthrographie [1418]. Wegen der relativen Unsicherheit in der Diagnostik wird bei Operationen an der Subskapularissehne vor dem eigentlichen Eingriff die Arthroskopie vorgeschlagen [1030, 1065, 874], mit dem Hinweis, dass auch die arthroskopische Inspektion nicht vollständig gelingt [1990].

Gutachtliche Wertung

Laut Literatur seien Subskapularisrupturen zu 70 % traumatisch bedingt [1616, 205, 1894]. Nachdem der M. subscapularis als Innenrotator zusätzlich ein anteriorer Stabilisator des Schultergelenkes ist [110], bildet er zusammen mit dem M. infraspinatus ein transversales Kräftepaar („force couple“). Aus dieser funktionellen Überlegung resultiert, dass allenfalls eine traumatisch bedingte Schädigung bei maximaler Innenrotation mit einer zusätzlichen passiven Außenrotationskraft in Verbindung gebracht werden kann. Direkte Verletzungen der Subskapularissehne sind aufgrund der Lage unwahrscheinlich, dies würde sich nur mit ausgedehnten Weichteilverletzungen erklären. Andererseits steht die Subskapularissehne mit der Supraspinatussehne, dem Rotatorenintervall und auch dem Bizepspulley anatomisch und funktionell in Verbindung, so dass Subskapularissehnenschäden in aller Regel mit Pathologien der Rotatorenmanschette in Zusammenhang zu bringen sind [413, 1028, 616, 475]. In Kenntnis dieser pathologischen Zugehörigkeit resultiert als Subskapularissehnenschaden vorwiegend der degenerative Charakter [110].

8.1.2 Bizeps- und Trizepssehne

Der M. biceps brachii ergibt zusammen mit dem M. brachialis die Beuger, der M. triceps brachii zusammen mit dem M. anconaeus die Strecker. Die Beuger werden vom N. musculocutaneus innerviert, die Strecker vom N. radialis. Diese Muskeln beugen und strecken im Ellbogengelenk (Abb. 8.36). Die Arbeitsleistung der Strecker ist etwas geringer als die aller Beuger [1721].

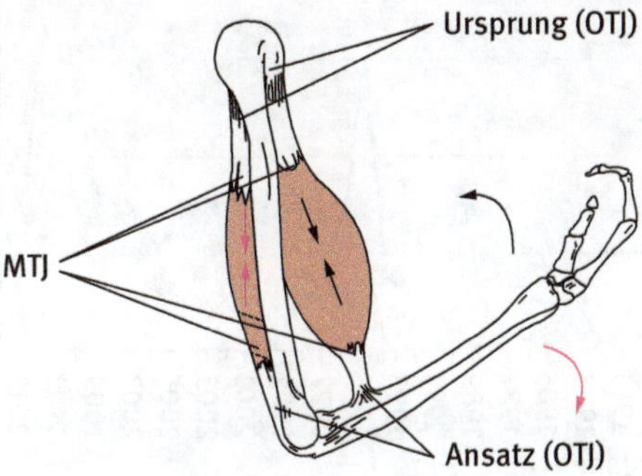

Abb. 8.36: Die Muskel-Sehnen-Einheit (MTJ = muskulotendinöser Übergang, OTJ = osteotendinöser Übergang) [815] am Beuge- und Streckapparat des Oberarmes.

8.1.2.1 M. biceps brachii

Der wohl bekannteste Muskel des menschlichen Körpers [206], der Bizepsmuskel des Oberarmes, zeigt eine auffällige Struktur, insbesondere bei Männern. Die ernsthafte Diskussion über deren Pathologie ist aber aus der Literatur erst seit etwa 1985, aktuell in Bezug auf die Ruptur, bekannt, die Subluxation erweckt vermehrt Interesse ab etwa 2004, und im Moment werden intensiv die Tenotomie und die Tenodese im Schultergelenk diskutiert (Abb. 8.37).

Der M. biceps brachii als zweigelenkiger Muskel [1004] liegt ventral des M. brachialis. Der Ursprung besteht aus zwei Köpfen des M. biceps brachii, dem langen Kopf, ausgehend u. a. vom Tuberculum supraglenoidale, und dem kurzen Kopf, der am Processus coracoideus entspringt. Die Endsehne des gemeinsamen Muskelbauches setzt an der Tuberositas radii an, kurz vor der Ansatzstelle spaltet sich nach medial ein Sehnenstreifen von der Endsehne ab (Aponeurosis m. bicipitis brachii), der nach ulnadistalwärts in die Fascia antebrachii als sog. Nebensehne oder Lacertus fibrosus einstrahlt (Abb. 8.38). Beim Verlauf der Bizepssehne durch das Schultergelenk verhält sich die Bizepssehne vorwiegend statisch, d. h., der Oberarmkopf bewegt sich dabei unter der Bizepssehne, die selbst passiv auf dem Kopf gleitet [711].

Es gibt viele Normvarianten, der Muskel kann fehlen oder auch nur der kurze oder der lange Kopf. Mehrere Köpfe sind häufig [1277]. Der kurze Kopf kann den Ursprung auf das Lig. coracoacromiale ausdehnen, der lange Kopf findet den Ursprung im Sulcus intertubercularis oder auch an einem der Tuberkula sowie an der Sehne des

M. pectoralis major [801, 589, 1182, 1184, 1574]. Der sonst als eine Sehne erkennbare intraartikuläre Verlauf ist manchmal gedoppelt [365].

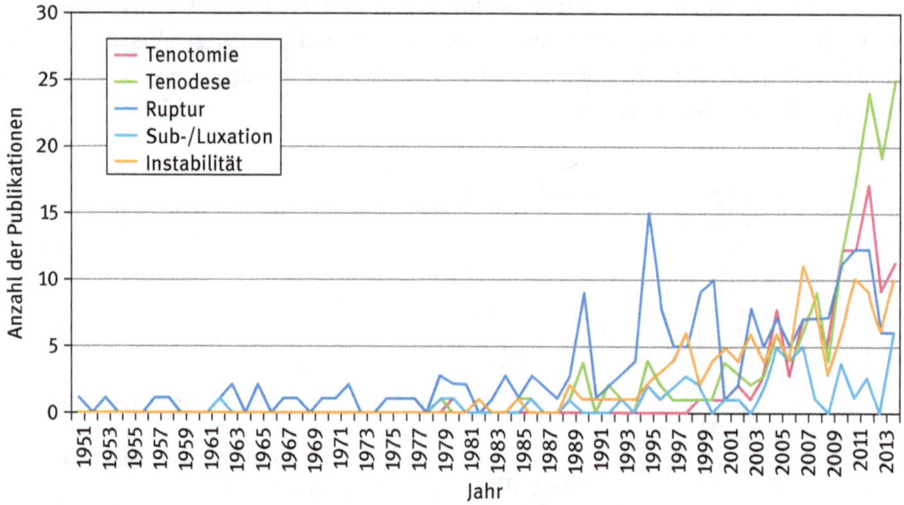

Abb. 8.37: Literatur „lange proximale Bizepssehne“ (PubMed).

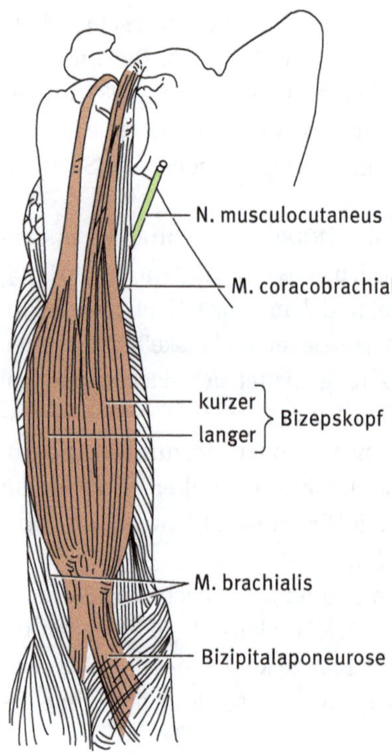

Abb. 8.38: M. biceps brachii. Ursprung und Ansatz [723].

Langer proximaler Bizepssehnenkopf

Der Ursprung des langen Kopfes am Tuberculum supraglenoidale zeigt, da auch Ansatzstellen am Labrum glenoidale bestehen, diverse Varianten. Die kritischen Zonen des langen Bizepskopfes (Abb. 8.39) sind am Ursprung der langen Bizepssehne im intraartikulären Verlauf zu finden, hier aber im Bereich des Rotatorenintervalls durch die Konstruktion des Pulley-Systems und schließlich im Sulcus intertubercularis, dessen Aufgabe die Führung der Bizepssehne zwischen den beiden Tuberkeln darstellt.

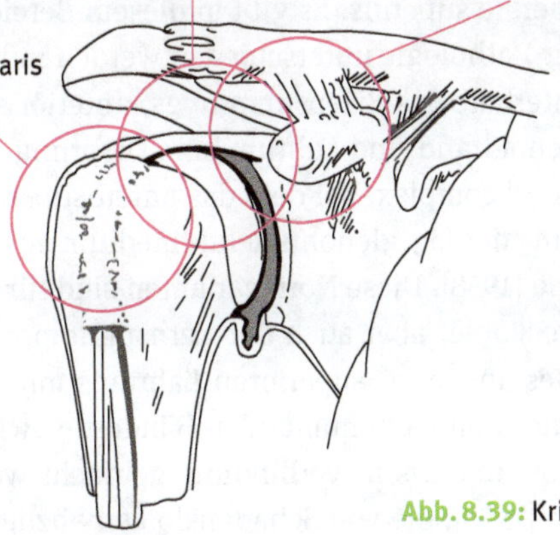

Abb. 8.39: Kritische Zonen des langen Bizepskopfes.

1. Ursprung des langen Bizepskopfes

Die proximale Bizepssehne inseriert am Labrum glenoidale in verschiedenen Variationen [1866, 1836, 1278, 427, 381, 824]. Der Hauptteil der Bizepssehne setzt in etwa 25 % der Fälle am Tuberculum supraglenoidale an, meist (70 %) inserieren hier nur kleinere Anteile [1374]. Der Ursprung der langen Bizepssehne wird jedoch beiden Strukturen in verschiedenem Ausmaß zugeordnet [547]. Von da an verläuft die lange Bizepssehne intraartikulär mit einer Sehnenscheide und verlässt über den Sulcus intertubercularis das Schultergelenk. In diesem Verlauf wird die Sehne in Verbindung mit der Supraspinatussehne und der Subskapularissehne durch das Lig. transversum humeri stabilisiert, auch mittels eines Verlängerungsastes der Pectoralis major Sehne [587, 1678]. Das Ursprungsgebiet der Bizepssehne am Labrum glenoidale ist bevorzugt posterior zu finden, ein alleiniges Ansetzen anterior zeigt sich nicht [1866, 1836, 549, 614]. Vorwiegend entspringt die Bizepssehne posterior mit wenigen Faserzügen zum anterioren Labrumanteil mit gesamt 55 % bis 82 %, eine hälftige Ursprungsverteilung liegt zwischen 17 % und 37 %, ein isoliertes Ansetzen der Bizepssehne am anterioren Labrum wird nicht festgestellt. Der Bizepssehnenursprung ist Y-förmig und trägt zur Stabilisierung bei [1735, 1581].

Aus dem Ursprungsbereich der Bizepssehne entsteht aber auch das Lig. glenohumerale superius mit einer Wurzel vom Oberrand der Fossa glenoidalis kommend und mit einer zweiten Wurzel, ausgehend von der Basis des Schnabelfortsatzes, also hinter der Bizepssehne liegend, und somit umfassen beide Schenkel des Lig. glenohumerale superius den Bizepssehnenansatz [458]. Auch die Ligg. glenohumerale med. et inf. beginnen am vorderen Labrumrand und setzen zusammen mit dem Lig. glenohumerale superius im Bereich des Tuberculum minus an. Das Lig. glenohumerale sup. wird auch mit der tiefen Lage des Schnabelarmbandes (= Lig. coracohumerale) in Verbindung gebracht [458]. Aus diesen Überlegungen resultiert eine komplexe Bandstruktur am Schulterdach in Verbindung mit dem langen Kopf des Bizeps mit Normvarianten des Ursprungs des Lig. glenohumerale superius. Es gibt in diesem Bereich anatomische Varianten, die streng von der Pathologie unterschieden werden müssen, so der superiore sublabrale Rezessus unterhalb des Bizepsursprungs, anterior superior das Foramen sublabrale zwischen Glenoidrand und Labrum bzw. Ursprung des Lig. glenohumerale medium und der Buford complex, bei dem das anterosuperiore Labrum fehlt, und es besteht eine Verdickung des Lig. glenohumerale medium mit Verbindung zum Labrum nahe der Bizepssehne [1958]. Diese Normvarianten sind für die Beurteilung, insbesondere bei der Arthroskopie, aber auch der Kernspintomographie, von Bedeutung. Die Normvarianten des ant. post. superioren Labrums müssen mit den Strukturen der Schultervorderwand, den glenohumeralen Bändern sowie der Bursa subcoracoidea und der Bursa subscapularis in Verbindung gebracht werden [682]. Daraus resultieren Normvarianten [1958], die von Schadensfolgen abzugrenzen sind (Abb. 8.40). Dazu vergleiche Kapitel 4.1.

In aller Regel verläuft die lange Bizepssehne intraartikulär, aber extrasynovial, d. h., sie ist von einer Synovialmembran im intraartikulären Verlauf umgeben. Hier kann die Sehne von fibrösen Bändern (32 %) begleitet werden [1730, 800]. Die Häufigkeit dieser bandartigen Strukturen nimmt mit dem Alter ab, sie sind vergleichbar mit dem Vinculasystem der Flexorensehnen der Hand [357, 1192, 1337, 40, 62, 307]. Das Vinculasystem der Bizepssehne ist ein Normalbefund und entspricht einem Bindegewebsband mit einem „synovial lining". Es geht von der Unterseite der Rotatorenmanschette bzw. von deren Synovialis aus und verfolgt die Bizepssehne als Peritenon bis zum Eintritt in den Sulcus intertubercularis. Vinculae der Bizepssehne können aus einem Strang bestehen (13,6 %), aber auch aus zwei Strängen (7,8 %), drei Strängen (2,9 %) und selten vier Strängen (0,2 %) [800]. Diese Vinculae sind keine Narben.

Zum Verlauf der Bizepssehne kann phylogenetisch ein extraartikulärer Verlauf, z. B. beim Pferd, festgestellt werden, d. h., die Bizepssehne verläuft superior der Supraspinatussehne, von dieser durch eine Bursa getrennt. Bei den meisten Säugetieren jedoch verläuft die Bizepssehne extraartikulär, aber inferior der Supraspinatussehne, mit Synovialis umgeben. Hierzu wird auf WELCKER [1937] verwiesen, der für die Ontogenese die Entwicklung von extraartikulär zu intraartikulär bzw. intrasynovial sieht.

In der Ontogenese wird ein extra- zu intraartikulärer Wechsel nicht gesehen. Die Bizepssehne würde beim Embryo noch in der Kapselwand eingeschlossen sein und

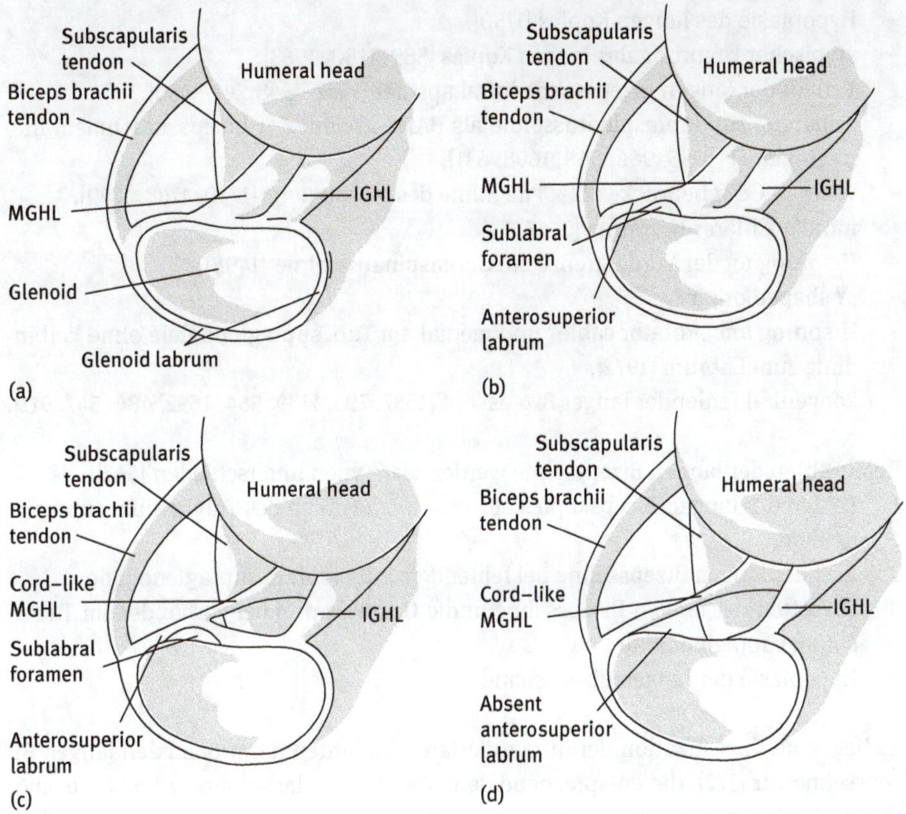

Abb. 8.40: Normvarianten des superioren Labrums und der Schultervorderwand ((a) = Normalbefund, (b) = Foramen sublabrale, (c) = Foramen sublabrale mit „cord-like“ Lig. glenohumerale medium, (d) = „cord-like“ Lig. glenohumerale medium bei fehlendem anterosuperioren Labrum $\hat{=}$ Buford-Komplex), aus [1163] nach [1467].

erst im 3. Fetalmonat stülpt sich die Bizepssehne mit der Synovialis mesenterialartig gegen den Gelenkraum vor, bis sie schließlich vollständig von der Kapselwand abgeschnürt, jedoch mit Synovialis überzogen, frei im Gelenk verläuft. Den Vergleich der Lage der Bizepssehne zur Gelenkkapsel beschreibt FICK [458], allerdings mit dem Hinweis, dass die extraartikuläre Lage bestimmten Tierarten zuzuordnen ist, auch der Nachweis des Mesotenons, z. B. beim Schaf oder beim Tigerembryo.

Ontogenetisch erklärt sich der intrakapsuläre Verlauf mit Übergang in den intraartikulären und via Mesotenon in den freien intraartikulären Verlauf. Aus dieser ontogenetischen Entwicklung lassen sich mehrere Normvarianten ableiten, die auch präparatorisch nachweisbar sind:

- überzählige Bizepssehne [329, 705, 1983, 2015, 867],
- Fusion der langen und kurzen Bizepssehne [496],
- Fehlen eines Bizepskopfes [329],

- Hypoplasie des langen Kopfes [1750],
- atypischer Ursprung des langen Kopfes [589, 1180, 1983],
- Verlauf der langen Bizepssehne intrakapsulär [1522, 1348, 369, 456],
- Adhärenz zur Supraspinatussehne als BARC-Komplex (= biceps attachment into rotator cuff) [1095, 966, 868, 1698, 631],
- ventrale Gewebebrücke (22 %) im Sinne des Mesotenons [1730, 1748, 1749],
- intrakapsulärer Ursprung [2017],
- Ursprung an der Vordergrenze zur Supraspinatussehne [1498],
- „Y-shaped origin“,
- Ursprung am „Rotator cable“ und medial am Tub. supraglenoidale ohne Verbindung zum Labrum [1972],
- kongenital fehlender langer Bizepskopf [1587, 793, 1139, 564, 1692, 484, 547, 911].

Beim Fehlen der langen Bizepssehne werden vier Typen unterschieden [547]:
1. Fehlen des langen Bizepskopfes einschließlich Fehlen des Tuberculum supraglenoidale,
2. Rest der langen Bizepssehne bei fehlendem Tuberculum supraglenoidale,
3. Einbetten der langen Bizepssehne in die Gelenkkapsel bei vorhandenem Tuberculum supraglenoidale,
4. Hypoplasie der langen Bizepssehne.

Es liegt eine Klassifikation der intraartikulären Varianten der proximalen langen Bizepssehne vor [377], die entsprechend dem Mesotenon, der Adhärenz im Sinne einer festen Verbindung zwischen Bizepssehne und Kapsel, als Splitting der Bizepssehne und als Fehlen der Bizepssehne bezeichnet werden.

2. Rotatorenintervall und Bizeps-Pulley

Als Rotatorenintervall (anteriores Rotatorenintervall) wird die Lücke zwischen dem oberen Rand der Subskapularissehne und dem anterioren Rand der Supraspinatussehne bezeichnet [305, 1283, 1284]. Im Rotatorenintervall befindet sich auch die Rotatorenintervallschlinge (Pulley-System) [1895]. Zum Aufbau trägt das Lig. coracohumerale eine wesentliche Verstärkung bei. Die Basis der dreieckigen Struktur ist das Korakoid, die Spitze besteht aus dem Lig. humerale transversum und dem Sulcus intertubercularis [1493, 563, 407, 1429]. Der eigentliche Übergang von der Subskapularissehne zur Supraspinatussehne als Dach des Rotatorenintervalls ist das Lig. coracohumerale (Abb. 8.41), das Faserstrukturen sowohl zur Subskapularis- als auch zur Supraspinatussehne abgibt [1896, 1940, 421, 175]. Ausgehend vom Korakoid bildet das Lig. coracohumerale zwei Schenkel, der eine setzt an der anterioren Kante der Supraspinatussehne und am Tub. majus an, der andere an der Oberkante der Subskapularissehne, dem Lig. humerale transversale und dem Tub. minus [648]. Die am Tuberculum majus ansetzenden Fasern des Bandes können auch bogenförmig zum Tuberculum minus weiterziehen [805]. Der Boden des Rotatorenintervalls ist der Ober-

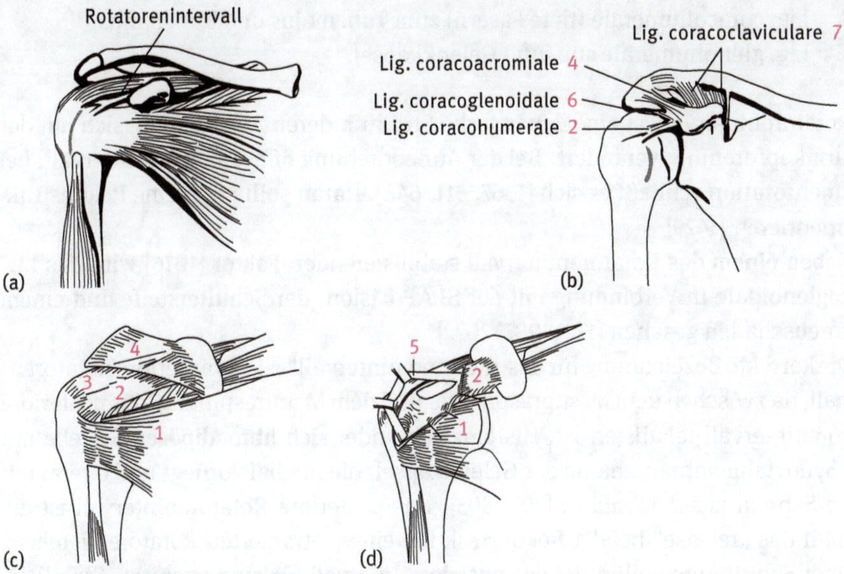

Abb. 8.41: Rotatorenintervall: Darstellung des Daches (a) der Korakoidbänder (b), des Rotatorenintervalls (c) und eröffnetes Rotatorenintervall (d) durch Inzision zwischen Supraspinatus und Lig. coracohumerale, entlang dem Sulcus bicipitalis (1 = Subskapularissehne, 2 = Lig. coracohumerale, 3 = Supraspinatussehne, 4 = Lig. coracoacromiale, 5 = Bizepssehne, 6 = Lig. coracoglenoidale, 7 = Lig. coracoclaviculare), nach [1896, 1289, 1290].

armkopf und zwischen diesem und dem Dach liegt die intraartikuläre Bizepssehne bis zum Eintritt in den Sulcus intertubercularis. Am Rotatorenintervall ist ein Teil der Ansatzsehne des M. pectoralis minor beteiligt, dies in 11 % der normalen Anatomie [727, 984, 400]. Der M. pectoralis minor entspringt von der 2.–5. Rippe und setzt am proc. coracoideus an [1721], strahlt aber auch als Lig. coracoglenoidale in das kraniale Labrum und in die Gelenkkapsel ein, als Rest der vom Oberarm kommenden Ansatzsehne des M. pectoralis minor. An dieser Stelle fixiert den weiteren Verlauf der Bizepssehne das sog. Pulley-System und verhindert die sog. Sub- bis Komplett-Luxation der Bizepssehne nach medial. Für deren stabilen Verlauf sind dazu auch der Sulcus bicipitalis und dessen Bedachung verantwortlich.

Das Rotatorenintervall zeigt einen Schichtenaufbau [805, 1792], bestehend medial aus zwei und lateral aus vier Schichten:

- medial:
  1. Lig. coracohumerale superficiale,
  2. Lig. glenohumerale sup. und Gelenkkapsel.
- lateral:
  1. Lig. coracohumerale (mit Fasern der Subskapularis- und Supraspinatussehne,
  2. Vereinigung der Sehnenfasern zum Lig. coracohumerale,

3. Lig. coracohumerale (tiefe Fasern) zum Tub. majus und Tub. minus,
4. Lig. glenohumerale sup. und Gelenkkapsel.

Das Rotatorenintervall ist eine dynamische Struktur, deren Ausdehnung sich mit der Oberarmkopfdrehung verändert. Bei der Außendrehung öffnet sich das Intervall, bei der Innenrotation schließt es sich [1367, 311, 648]. Daran sollte sich eine Rekonstruktion orientieren [1429].

Neben einem das Rotatorenintervall stabilisierenden Faktor [1016] wird das Lig. coracoglenoidale in Verbindung mit der SLAP-Läsion, der Schultersteife und einem Rotatorenschaden gesehen [1221, 987, 2022].

Die korrekte Bezeichnung für das „Rotatorenintervall“ ist das anteriore Rotatorenintervall, da zwischen dem M. supraspinatus und dem M. infraspinatus das posteriore Rotatorenintervall lokalisiert ist. Histologisch findet sich fibroadipöses Gewebe mit einer Synovialmembran analog der Gelenkkapsel, die medial vorliegt und lateral mit beiden Sehnen zusammenläuft [297, 805]. Das posteriore Rotatorenintervall ist die Stelle für das „release“ bei der Rekonstruktion eines retrahierten Rotatorendefektes. Bei einer Schulterinstabilität ist das anteriore Intervall für eine operative Stabilisierung von Bedeutung [530, 1451], bei der Schultersteife das posteriore Intervall für ein „release“ [649, 1917].

Zusammen mit der Bizepssehne verläuft das Lig. glenohumerale sup. intraartikulär, aber extrasynovial medial der Bizepssehne in Richtung Sulkus. Die Bizepssehne ist von Synovialis umgeben, die in den Sulcus bicipitalis mit eintritt, aber am Ende des Sulkus sackförmig endet. Am Ende des intraartikulären Verlaufs beider Strukturen (Bizepssehne und Lig. glenohumerale sup.) windet sich das Band um die Sehne an deren Medialseite, um schließlich den Boden der Sehne am Anfang des Sulkus zu bilden. Kranial der intraartikulären Bizepssehne verläuft das Lig. coracohumerale (Abb. 8.42).

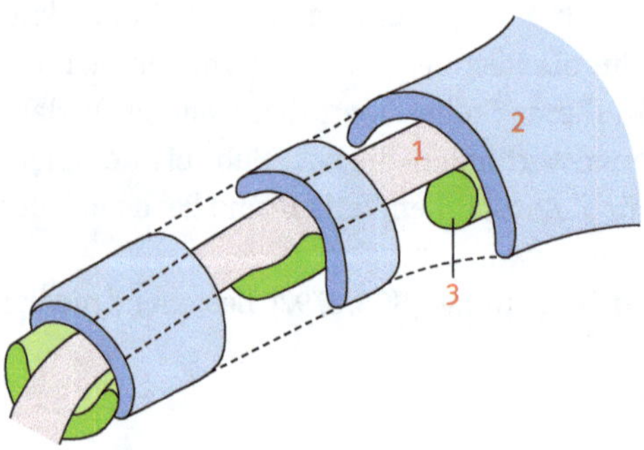

Abb. 8.42: Rotatorenintervallschlinge (1 = Bizepssehne, 2 = Lig. coracohumerale, 3 = Lig. coracohumerale sup.).

Das Pulley-System ist die Schlinge für die lange Bizepssehne (= reflection pulley for biceps) als Teil des Rotatorenintervalls und wird aus dem Lig. coracohumerale und dem Lig. glenohumerale superius gebildet. Das Lig. coracohumerale als Dach des Rotatorenintervalls steht mit dem der Supraspinatus- und Subskapularissehne durch Verflechtung deren Fasern in Verbindung, so dass sich auch Fasern der beiden Rotatorensehnen am Aufbau der Bizepssehnenschlinge (Bizeps-Pulley) beteiligen [1685, 1896] und gleichzeitig die Gelenkkapsel verstärken [240]. Lateral strahlt auch der Fasciculus obliquus als Teil des Rotatorenkabels als 4. glenohumerales Band in das Pulley-System ein [618]. Beim Aufbau des Bizeps-Pulley bildet das Lig. coracohumerale die kraniale halbmondförmige Umscheidung der Bizepssehne bis zum Lig. transversum humeri. Das Lig. glenohumerale superior entspringt vom Tub. supraglenoidale und dem da ansetzenden Labrum, kreuzt den Boden des Rotatorenintervalls und setzt am superioren lateralen Bereich des Tub. minus an. Auf diesem Weg vereinigt es sich mit dem medialen Rand des Lig. coracohumerale und bildet somit eine nach lateral offene U-förmige Schiene („reflection pulley“) für die Bizepssehne (Abb. 8.43). Mit diesem Verflechtungssystem steht das Pulley-System in direktem Kontakt mit dem internen Subskapularisansatz [297].

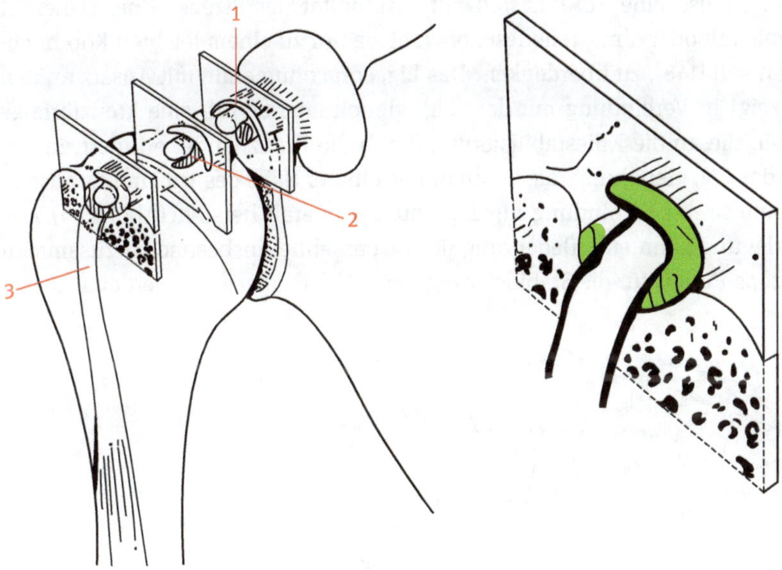

Abb. 8.43: Rotatorenintervall proximal der Bizepsgrube, nach [1896] (1 = Lig. coracohumerale, 2 = Lig. glenohumerale sup., 3 = Bizepssehne).

Durch den Verlauf des Lig. glenohumerale sup. bis zum Eintritt der Sehne in den Sulkus stabilisiert das Band die Sehne nach medial [363, 963]. Ergänzend wirkt der „fasciculus obliquus“ als „spiral ligament“ [903]. Dieses verläuft zur Kapselverstärkung vom Tub. infraglenoidale und vom Lig. glenohumerale inf. als 4. glenohumerales Band [618, 1493, 1178, 903] zum Oberrand des Sulcus intertubercularis. Die tiefe Schicht des Fasciculus obliquus kommt von der Rückseite der Subskapularissehne und zieht sich zusammen mit dem Lig. glenohumerale sup. und mit dem Lig. coracohumerale zum Sulkuseingang [125]. Am Ende des Sulcus bicipitalis vereinigen sich die Subskapularis- und Supraspinatussehne und formen eine Hülle, die die Bizepssehne umrundet. Ein von der Supraspinatussehne ausgehender Sehnenstreifen formt das Dach dieser Hülle und der superiore Teil der Subscapularissehne gleitet unter die Bizepssehne und bildet somit mit Fasern der Supraspinatussehne den Boden dieser Sehnenscheide.

Schäden am Pulley-System entstehen in Verbindung mit Subluxationen der langen Bizepssehne [459, 1340] und mit Rotatorenmanschettendefekten [1896], können aber auch durch eine schon beim Feten erkennbare differente Kollagentextur erklärt werden [1734, 1736].

Die Funktion der langen Bizepssehne ist einmal die Stabilisierung der Vorderwand [767] sowie die Depression des Oberarmkopfes [768]. Es ist bekannt, dass der Verlust der vorderen Stabilisierung und auch die nicht vorhandene Depression des Oberarmkopfes durch die Bizepssehne zu einer Instabilitätsarthrose führen [1194, 1896], ebenso eine SLAP-Läsion mit Instabilität der Bizepssehne. Daher ist die Tenotomie mit oder ohne Tenodese, obwohl sie nur zu einem leichten Kopfhochstand führen soll [148], zu überdenken. Das Lig. coracohumerale mit Ansatz an den Tuberkeln zeigt in Verbindung mit dem Lig. glenohumerale inf. eine kreuzförmige Konstruktion, die an die Kniestabilisierung durch die Kreuzbänder erinnert, insbesondere da das Lig. glenohumerale inf. in unmittelbarer Nähe des Tub. minus ansetzt und damit eine direkte Verbindung zum Lig. coracohumerale herstellt (Abb. 8.44). Aus dieser Überlegung kann eine Bedeutung der Bizepssehne, insbesondere zusammen mit dem Bizeps-Pulley, für die Stabilisierung der Schulter abgelesen werden.

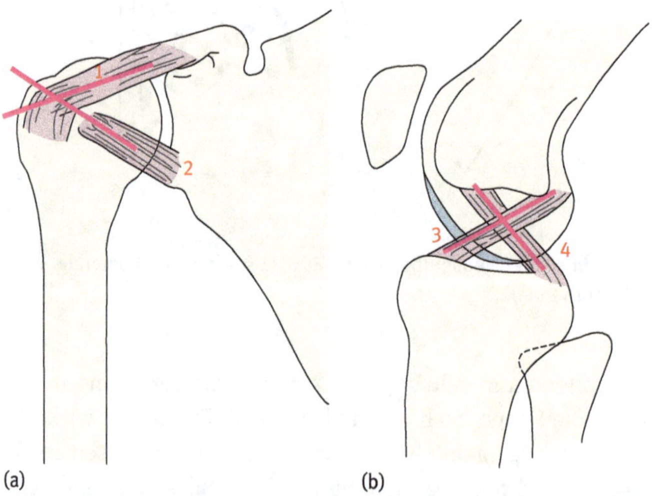

Abb. 8.44: Lig. coracohumerale und Lig. glenohumerale inf. im Vergleich zu den Kreuzbändern des Kniegelenkes ((a) = Schulter, (b) = Knie, 1 = Lig. coracohumerale, 2 = Lig. glenohumerale inf., 3 = vorderes Kreuzband, 4 = hinteres Kreuzband), nach [515].

Die Depressionsfunktion der langen Bizepssehne auf den Oberarmkopf erklärt sich durch einen mechanischen Zug der Bizepssehne durch die Ellbogenbeugung und Unterarmsupination [939] und das Gewicht des Armes [768], daraus resultiert ein Kraftvektor, der nach medial gerichtet ist und den Humeruskopf in die Fossa glenoidalis presst. Bis zu einer Abduktion von 120° besteht eine deutliche Aktivität des Bizeps, erklärt durch die Funktion als Depressor. Der Hebelarm und die damit mögliche Kraftentfaltung auf den Humerus verschlechtern sich jedoch jenseits der 90°-Abduktion. Somit kommt es zu einer Zunahme des Druckes, der vom sich nach oben bewegenden Humeruskopf auf die lange Bizepssehne ausgeübt wird, Letztere wirkt wie ein Widerlager (Abb. 8.45). Daraus resultiert, dass die intraartikuläre Bizepssehne für die Schulterfunktion doch eine erhebliche Bedeutung aufweist [768], dies für die Depression des Oberarmkopfes und für die Stabilisierung des Gelenkes [1165].

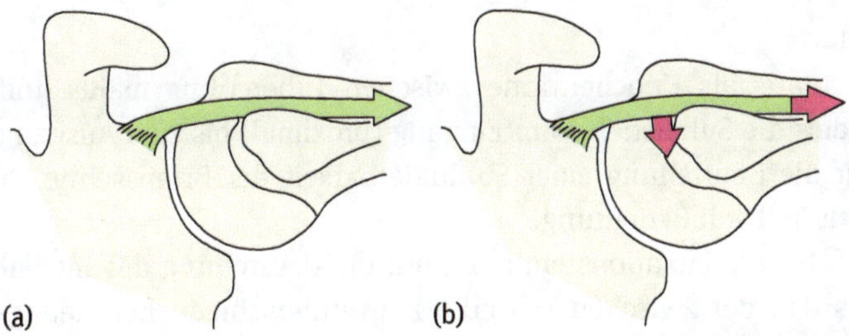

Abb. 8.45: Die lange Bizepssehne (a) als Depressor (b) des Humeruskopfes [614].

Der lange Bizepskopf ist ein wesentlicher sekundärer Stabilisator des Glenohumeralgelenkes [771, 932, 872]. Er reduziert die antero-posteriore und die supero-inferiore Translation mit dem Ziel, das Humerusrotationszentrum dem Glenoidmittelpunkt zu nähern, besonders bei extremer Innen- und Außenrotation [2028]. Damit scheint die Bizepssehne bei der Rotation die Funktion eines Ligaments zu übernehmen, mit dem Ziel, die Translation zu begrenzen (Abb. 8.46).

Bei der Innenrotation stabilisiert die Bizepssehne nach anterior und bei der Außenrotation nach posterior [932]. Eine Außenrotation des Armes um 50°-60° bringt die Bizepssehne in eine Gerade zwischen Ursprungszone und Muskelbauch [1611]. Die stabilisierende Funktion der Bizepssehne am Glenohumeralgelenk auf die Translation [1371] scheint von Bedeutung zu sein. Daher sollten die Bizepstenotomie und -tenodese mit Vorsicht angegangen werden [2028].

Je weiter sich der Humeruskopf in Richtung Außenrotation bewegt, desto länger wird der intraartikuläre Weg der langen Bizepssehne und ausgeprägter deren Spannung [829, 614], in Außenrotation ist der stabilisierende Effekt der langen Bizepssehne auf das Glenohumeralgelenk am stärksten.

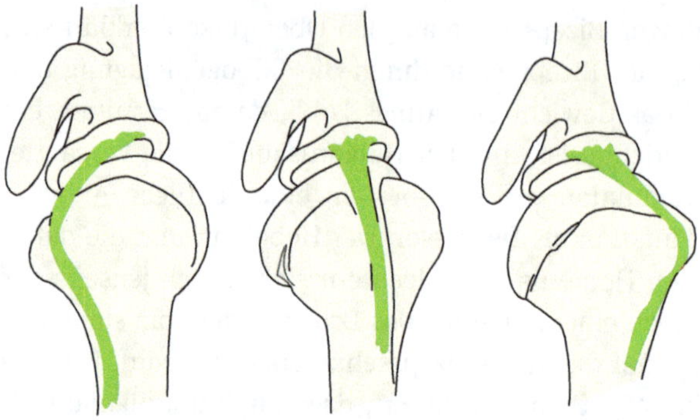

Abb. 8.46: Lage der langen Bizepssehne aus superiorer Sicht in Abhängigkeit von der Rotationsstellung, mod. nach [2028].

3. Sulcus intertubercularis

Der Sulcus intertubercularis als Knochenrinne zwischen Tuberculum majus und Tuberculum minus ändert die Sulkustiefe vom Eingang (proximal) bis zum Ausgang nach distal [1807]. Für die Beurteilung einer Subluxierbarkeit der Bizepssehne ist besonders der proximale Teil von Bedeutung.

Ein objektives Maß für die Luxationstendenz stellt die Beurteilung des medialen Sulkusrandwinkels dar, der zwischen 15 und 90° in unterschiedlicher Häufigkeit variiert. Für die Stabilisierung der Bizepssehne im Sulkus wird auf das Lig. transversum humeri hingewiesen, welches sich zwischen Tuberculum majus und Tuberculum minus ausspannt. Dieses Band kann aber auch fehlen, was nicht Ursache für eine Luxation der Bizepssehne sein muss, denn weitere Stabilisatoren sind das Lig. coracohumerale [736], das mit zwei Schenkeln am Tuberculum majus und am Tuberculum minus ansetzt und eine Haltefunktion des Oberarmkopfes sowie eine Hemmung der Außenrotation übernimmt [788]. Des Weiteren stabilisiert die Subskapularissehne, die distal und auch in Höhe des Lig. transversum humeri den Sulkus übergreift und schließlich das Lig. falciforme als pars sternocostalis [1] des M. pectoralis major (Abb. 8.47). Dem Lig. coracohumerale wird ein wesentlicher stabilisierender Effekt für die Bizepssehne im Sulkus zugedacht [1685], aber auch der Subskapularissehne [949].

Zu diesen Strukturen ziehen Fasern des M. supraspinatus über den Sulkus und Fasern des M. subscapularis auf den Boden des Sulkus unter die Bizepssehne und beteiligen sich auch an der Bildung des Lig. transversum humeri [1096, 563]. Am medialen Rand des Sulkus (Tub. minus) wird eine sog. „supratubercular ridge" festgestellt [1182], deutlich ausgebildet in 8 % der Fälle und geringgradig ausgebildet in 59 % der Fälle [711]. Auch diese Struktur soll einen Beitrag zur Stabilisierung der Bizepssehne vor einer Subluxation nach medial darstellen. Für die Belastung der medialen Wand des Sulkus spricht die feingewebliche Untersuchung. An der lateralen Wand

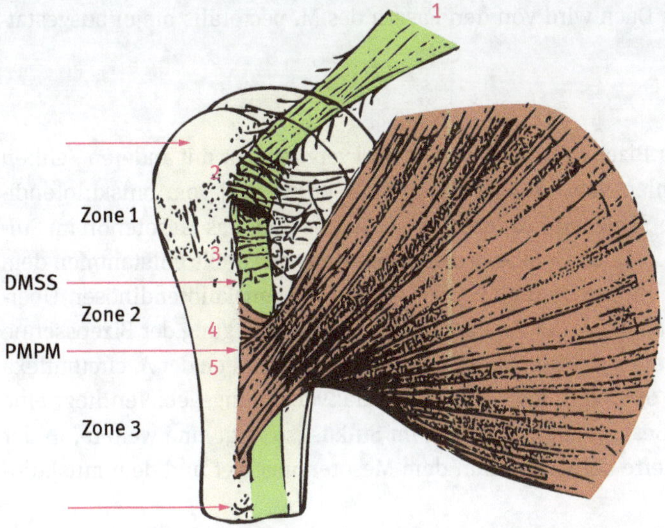

Abb. 8.47: Dreizoneneinteilung der langen Bizepssehne, nach [1786] (1 = Lig. coracohumerale, 2 = Lig. transversum humeri, 3 = Subskapularissehne, 4 = pars sternocostalis, 5 = pars clavicularis des M. pectoralis major, Pfeil = „supratubercular ridge", DMSS = distal margin of the subscapularis tendon, PMPM = proximal margin of the pectoralis major tendon), nach [1182, 1786].

findet sich lockeres Bindegewebe und an der medialen Wand Faserknorpel als Zeichen der Druckbelastung [902]. Schließlich wird die Tiefe des Sulkus als stabilisierender Faktor gewertet [711, 1417]. Der Sulkus sei sanduhrförmig, d. h. im mittleren Bereich eingeengt, wird aber mit Synovialis ausgekleidet, ausgehend von der Synovialis des Glenohumeralgelenkes, die jedoch am Ende des Sulkus sackförmig endet. In Begleitung dieser synovialen Ausstülpung der Gelenkinnenhaut zeigt sich ein Mesotenon, über das Gefäße in die Bizepssehne gelangen können [614, 279]. Dem für die Bizepssehnendurchblutung nicht unwichtigen Mesotenon im Bereich des Sulkus [279] wird auch eine Haltefunktion als „vinculum" für die Bizepssehne zugeteilt [574], das bei der Diskontinuität der Sehne ein Gleiten nach distal verhindert, so dass die „popeye deformity" nicht entstehen kann [148, 184, 14, 1524]. Histologisch sind die Blutgefäße im Vinkulum bestätigt [574]. Laut TILLMANN [1808] können Verdickungen der den Sulkus übergreifenden ligamentären Strukturen Ursache für Texturstörungen der Sehne sein. Aktuell ist der Bizepssehnentunnel als geschlossenes System mit drei unterschiedlichen Zonen zu sehen [1786]. In der proximalen Zone 1 finden sich Fasern der Subskapularissehne ober- und unterhalb der Bizepssehne, die sich lateral mit der Supraspinatussehne vereinigen. Die Bizepssehne wird komplett von Synovialis umgeben. Axial angeordnete Fasern der Bizepssehnenscheide ziehen in der mittleren Zone 2 nach lateral zum Knochen (Sulkuswand), und medial liegen Fasern des Lig. falciforme. Es besteht eine partielle Synovialisumkleidung, und in der Zone 3 liegen Fasern des M. latissimus dorsi, der von der Zone 2 ausgeht und den Boden des Sulkus bildet, das Dach wird von den Fasern des M. pectoralis major ausgestattet [1786].

Gefäßversorgung

Die Blutversorgung der Bizepssehne ist typisch und vergleichbar mit anderen Sehnen [279]. Blutgefäße strahlen vom osteotendinösen Ursprung und vom muskulotendinösen Übergang in die Sehne ein, dazu kommen Gefäße über das Mesotenon im Sulcus bicipitalis. Die proximalen Gefäße des osteotendinösen Anteils entstammen dem akromialen Ast der A. thoracoacromialis, die Gefäße des muskulotendinösen Überganges kommen aus den Ästen der A. brachialis und die Versorgung der Bizepssehne erfolgt über das Mesotenon mit Blut aus den anterolateralen Ästen der A. circumflexa humeri ant. [279, 271, 698, 913]. Zwischen den Gefäßversorgungsgebieten liegt eine hypovaskuläre Zone. Besteht ein Mesotenon im Sulkus, so folgt eine weitere, in der Durchblutung geminderte Zone zwischen dem Mesotenongebiet und dem muskulotendinösen Übergang.

Pathologie der langen Bizepssehne

Die Klassifikation der proximalen Bizepssehnenpathologie ist wenig einheitlich, stützt sich in letzter Zeit aber auf Aussagen von HABERMEYER [618] und ROCKWOOD [1515]. Ursprünglich wurde eine Einteilung nach SLATIS [1685] empfohlen, Typ A: Impingementtendinitis, Typ B: Subluxation der Bizepssehne, Typ C: Aufbrauch-Tendinitis. Die Tendinitis wird als sekundäre Erscheinung zu einem Impingementsyndrom gewertet oder auch als Folge einer Rotatorenerkrankung bzw. eines Rotatorenschadens, da durch den Rotatorendefekt ein mechanischer Aufbrauch der Bizepssehne an der Unterseite des korakoakromialen Bogens mit dem Ergebnis einer Tendinitis bzw. Tendinose erfolgt. Die Subluxation der Bizepssehne ist Folge eines Schadens am Ansatz des Lig. coracohumerale und die verschleißbedingte Tendinose sei mit einer entzündlichen Reaktion oder auch einer Stenose mit Exostosenbildungen im Sulcus intertubercularis verbunden. Eine heute noch gängige Klassifikation stammt von HABERMEYER [615], der die Bizepssehnenschäden entsprechend der Lokalisation einteilt [1515, 618]. Es werden folgende Lokalisationen der Schäden genannt: Ursprungsläsionen, intraartikuläre Läsionen, intertuberkuläre und extratuberkuläre Läsionen. Bezüglich des pathomorphologischen Substrates wird die Tendinose von der Subluxation und der isolierten Ruptur unterschieden. Diese Unterteilung ist insbesondere bei den intraartikulären und den intertuberkulären Läsionen sinnvoll. Die extratuberkulären Schäden, vor allem die Rupturen in dieser Region, sind selten, sie finden sich meist am muskulotendinösen Übergang [1147, 718, 1401]. Eine Klassifikation nach YAMAGUCHI [2006] unterscheidet die Entzündung von der Instabilität und der Verletzung, es wird aber festgestellt, dass Bizepssehnenschäden häufig in Verbindung mit anderen Schulterpathologien auftreten [861]. Der Einteilung entsprechend der anatomischen Lokalisation schließen sich BURKHEAD [241] und WALCH [1897] an, insbesondere mit der Beurteilung des Labrumschadens am Tuberculum supraglenoidale (SLAP-Läsion) in Abgrenzung zur Intervall-Läsion. Tendinosen sind mit der Subluxation im Sinne eines Überlastungsschadens in Verbindung zu bringen [1303, 1385]. Die Verbindung des Bizepssehnenschadens mit dem Rotatorenschaden [275] sieht eine Häufung bis zu 90 % [57, 1267], häufig auch in Verbindung mit der Arthrose des Glenohumeralgelenkes [1267]. Eine Erstbeschreibung der Bizepssehnenruptur erfolgte durch CHAMSERLI (in [546]). Heute liegt eine Vielzahl von Übersichtsarbeiten zum Thema der Pathologie der langen Bizepssehne vor [983, 551, 1182, 493, 1061, 861]. Es wird immer wieder auf die Unterscheidung der Tendinose bzw. Tendinitis [1182] mit der Einteilung primär vs. sekundär hingewiesen [1267], wobei die eigentliche „-itis" als entzündliche Reaktion nur an den Sehnenscheiden zu erwarten ist, da diese mit synovialem Gewebe versehen sind. Die primäre Entzündung der Sehne ist nicht wahrscheinlich, die Sehne geht dann, wenn Sehnenscheiden vorhanden sind und diese eine entzündliche Reaktion aufweisen, in eine Tendinose über [1442, 366, 1190].

Eine sekundäre Tendinose der Bizepssehne findet sich bei einer gleichzeitig bestehenden Rotatorenpathologie [1649, 1560, 2002]. Eine vergleichbare sekundäre Tendinose zeigt sich intraartikulär am Eintritt der Bizepssehne in den Sulcus intertubercularis („hourglass tenon") mit Auftreibung der intraartikulär verlaufenden Bizepssehne [183]. Die Tendinosen (Synonym Tendinopathien) werden als chronische Entzündung beschrieben bzw. als degenerative Fibrose, wobei sich an den Nervenendigungen eine Abnahme der Axone zeigt sowie eine Zunahme der Substanz P in den Nervenwurzeln und auch in den Gefäßen [1267, 1677]. Kommt es durch eine überbelastungsbedingte Kompression im Gelenk zum „hourglass biceps", so kann die Sehne nicht durch den Sulkus gleiten („locking shoulder"), mit der klinischen Symptomatik einer Schulterblockade [183]. Diese sog. hypertrophe Tendinose führt also zu einer Stenose im Sulkus im Sinne der Inkarzeration der Bizepssehne. Dies soll nun eine SLAP-Läsion zur Folge habe, ebenso auch einen Knorpelschaden am Oberarmkopf [244].

Vergleichbar zu all den anderen Sehnen entwickelt sich aus der Tendinose der langen Bizepssehne ein Schwachpunkt, der auch zur Diskontinuität beiträgt. Diese mechanische Überlastung findet sich bei der SLAP-Läsion [1054] sowie auch beim posterosuperioren Impingement [1712] und dann ebenso im Verlauf im Sulkus [1479] sowie am Sulkusausgang [1712]. Einen Beitrag zur Texturstörung an bestimmten Stellen der Bizepssehne leisten auch avaskuläre Zonen, die 1,2 bis 3,0 cm nach dem Ursprung zu finden sind [279], aber gleichfalls am Sulkusausgang, d. h. am Ende der von einem Mesotenon versorgten im Sulkus laufenden Bizepssehne. Auf die Begleitpathologien (assoziierte Pathologien) im Sinne der Tendinosen, Instabilitäten u. a. wurde bereits hingewiesen, diese Begleitpathologien scheinen aber einen erheblichen Einfluss auf die Entwicklung einer Tendinose an der Bizepssehne auszuüben [491, 123, 1894].

Diskontinuitäten der langen Bizepssehne

Es werden partielle und komplette Diskontinuitäten unterschieden. Partielle Diskontinuitäten sind in aller Regel Folge der Tendinose bei der Texturstörung mit Minderung der Belastbarkeit der Sehne. Komplette Diskontinuitäten können im Ausnahmefall verletzungsbedingt erklärt werden, sind aber normalerweise Folge der Partialschädigung. Liegen Begleitpathologien vor, so ist eine traumatische Schädigung der Sehne, wenn kein adäquater Verletzungsmechanismus besteht, auszuschließen. Dazu gehören auch begleitende Knorpelschäden am Oberarmkopf, meist Folge einer Instabilität der Bizepssehne [262].

Eine Diskontinuität der langen Bizepssehne findet sich am Ursprung, dem intraartikulären Verlauf (vgl. Pulley-Läsion), Defekte im Sulkusengpass als Prädilektionsstelle [196, 767, 614, 902] sowie im extratuberkulären Bereich, dann auch am muskulotendinösen Übergang (Abb. 8.48). Die Dislokationen (Subluxation und Luxation) gibt es am Übergang des Bizeps-Pulley bis in den intertuberkulären Bereich. Eine Subluxation ist ein partieller oder temporärer Kontaktverlust zwischen Sehne und Sulkus, die Luxation ein kompletter und permanenter Kontaktverlust [618]. Die vorderen Subluxationen und Luxationen resultieren aus den Pulley-Läsionen, die posteriore Subluxation/Luxation aus einer Supraspinatussehnenruptur, bei einer dorsalen Schulterluxation und bei der Fraktur des Tuberculum majus [123, 491].

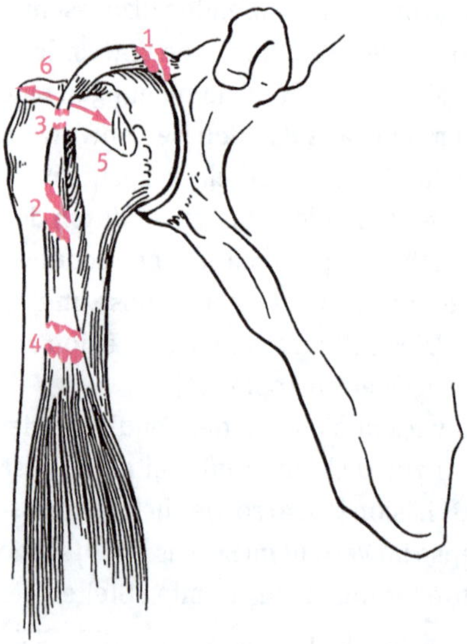

Abb. 8.48: Dislokation und Ruptur der langen Bizepssehne (1 = Sehnenursprung, 2 = Sulkusausgang, 3 = intertuberkulär, 4 = muskulotendinöser Übergang, 5 = anteriore Luxation, 6 = posteriore Luxation).

„Rupturen“ am Ursprung der langen Bizepssehnen zählen zu den SLAP-Läsionen [661, 51, 1697, 98], wobei aber auch ossäre Abrissverletzungen bekannt sind [750, 716], vgl. Kapitel 4.1. Die Klassifikation der SLAP-Läsionen ist für eine Beurteilung notwendig [684]. Die intraartikulären Bizepssehnenrupturen können entsprechend der intraartikulären Lokalisation eingeteilt werden in partielle Rupturen ansatznah, die ansatznahen und sulkusnahen Komplettrupturen, meist unter Vortäuschung eines Impingementsyndroms [680, 1728].

Intervallläsionen

Es werden traumatisch bedingte Risse des Rotatorenintervalls beschrieben, d. h. Diskontinuitäten zwischen der Subskapularis- und der Supraspinatussehne unter Einbezug des Lig. coracohumerale [756, 757, 1322, 1536, 734] mit Nachweis durch die Arthroskopie oder auch intraoperativ. Die Arthrographie soll aber einen Flüssigkeitsaustritt aus dem Gelenk in die Fossa subscapularis als Nachweis eines Intervallrisses aufzeigen [991]. Die Klassifikation erfolgt durch NOBUHARA [1322] mit Einteilung in den Typ 1 als entzündliche Veränderung des Rotatorenintervalles bei einem subkorakoidalen Impingement und Typ 2 als anteriore Instabilität der Bizepssehne mit Dehiszenz im Intervall. Ursächlich sei ein rezidivierender Mechanismus durch Anstoßen des Intervalls bei der anterioren Instabilität bei Innenrotation gegen das Lig. coracoacromiale bzw. Proc. coracoideus [991]. Es handelt sich um eine rezidivierende Überlastung bei Innenrotation und ist damit mit dem subkorakoidalen Impingement in Verbindung zu bringen (Abb. 8.49).

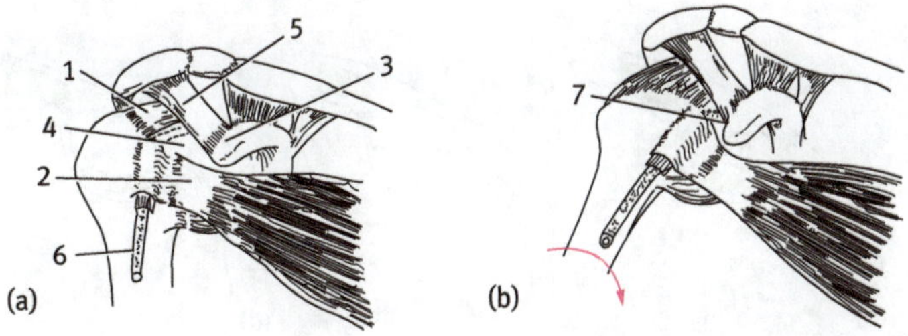

Abb. 8.49: Anatomie des Rotatorenintervalls in Normalstellung (a) und in Innenrotation (b) mit Verursachung eines Rotatorenintervallrisses (1 = Supraspinatussehne, 2 = Subskapularissehne, 3 = Proc. coracoideus, 4 = Rotatorenintervall, 5 = Lig. coracoacromiale, 6 = lange Bizepssehne, 7 = subkorakoidales Impingement).

Mit dem subkorakoidalen Impingement können auch die Subskapularissehnen-Läsionen teilweise erklärt werden. In der Klassifikation nach FOX [489, 490] wird eine Typisierung I–IV unterschieden. Durch den „Roller-Wringer-Effekt" [1029] entstehen gelenkseitige Fasereinrisse (vgl. Kapitel 8.1 C). Die Subskapularissehne spielt bei der Beurteilung der Pulley-Läsionen auch eine Rolle, da die Subskapularissehne am Aufbau des Pulley-Systems beteiligt ist.

Pulley-Läsionen

Das Pulley-System ist eine komplexe Struktur zur Stabilisierung der Bizepssehne von intraartikulär in den Sulcus tubercularis. Das Lig. glenohumerale superius und die Fasern der Subskapularissehne, von medial kommend, umfassen zusammen mit dem Lig. coracohumerale die Bizepssehne, so dass ein nach lateral offenes „U" entsteht. Damit wird die Bizepssehne nach medial vor einer Subluxation zunächst geschützt. Dieses System („reflection pulley") ist der Stabilisator gegen eine Bizepssehnenluxation [57, 203, 563, 1685, 248, 1713]. Durch Scherkräfte bei der Vorwärtsflexion bei Innenrotation oder auch in der Neutralstellung [203] kommt es zu Aufbrauchmechanismen. Aus dieser Struktur kann eine mediale oder auch seltener laterale Luxationstendenz der Bizepssehne resultieren [1182, 953, 1897]. Diese Luxationstendenz besteht auch dann, wenn ein Lig. transversum intakt bleibt [1182]. Nach HABERMEYER [616] wird eine Einteilung in vier Gruppen vorgenommen. Bei der isolierten Pulley-Läsion besteht lediglich die Läsion des Lig. glenohumerale superius, das die mediale Stabilisierung der Bizepssehne intraartikulär vornimmt (Gruppe 1). Tritt zu der Pulley-Läsion eine partielle Schädigung der Supraspinatussehne hinzu (PASTA-Läsion), so resultiert eine nach lateral gerichtete Subluxation (Gruppe 2). Kommt es zu der Pulley-Läsion als Schaden des Lig. glenohumerale superius auch zur partiellen Subskapularislösung, so resultiert eine mediale Subluxation (Gruppe 3), und wenn sowohl die Supraspinatussehne, auch die Subskapularissehne und das Lig. glenohumerale sup. geschädigt ist, dann resultiert eine Subluxation [98], sowohl nach medial als auch nach lateral (Abb. 8.50).

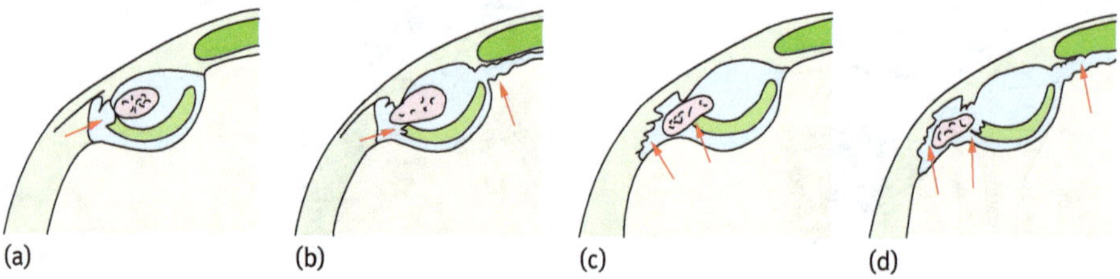

Abb. 8.50: Klassifikation der Pulley-Läsionen nach HABERMEYER ((a) = isolierte Schädigung des Lig. glenohumerale sup., (b) = Schaden des Lig. glenohumerale sup. und der Supraspinatussehne, (c) = Schaden des Lig. glenohumerale sup. und Schaden der Subskapularissehne, (d) = Schaden des Lig. glenohumerale sup., der Supraspinatus- und der Subskapularissehne [616].

Die Subluxation bzw. Luxation der langen Bizepssehne ist definiert in Abhängigkeit von den Fasern der das Pulley-System stabilisierenden Sehnen (Abb. 8.51).

Neben den Subluxations- bzw. Luxationspathologien gibt es Kontrakturen durch Verdickung der anatomischen Strukturen mit der Folge eines klinischen Impingements oder den Zeichen einer adhäsiven Kapsulitis [471]. Umgekehrt können Laxitäten festgestellt werden sowie Schäden eines Rotatorenintervalls in der Folge eines Korakoidimpingements [400, 991].

Ätiologie des Bizepssehnenschadens

Abgesehen von den Besonderheiten der Schulteranatomie und Schulterfunktion werden auch bei der langen Bizepssehne als Prädispositionsfaktoren die Anabolika genannt [786, 825] sowie übermäßige sportliche Betätigung, z. B. beim Bodybuilder [325]. Insgesamt aber wird auf „degenerative“ Schäden hingewiesen [568]. Eine

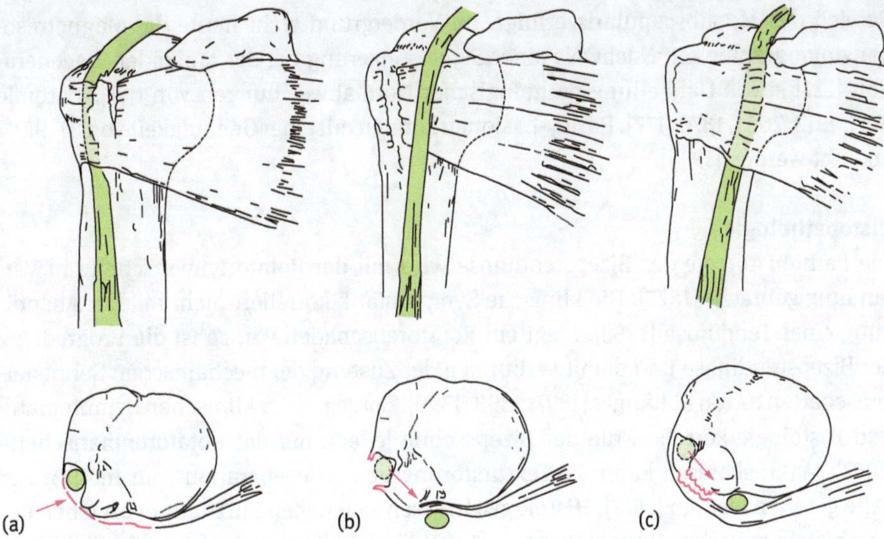

Abb. 8.51: Dislokation der Bizepssehne in Abhängigkeit von der Subskapularispathologie ((a) = partieller Schaden der Bizeps- und Subskapularissehne ohne Bizepssehneninstabilität, (b) = mediale, anteriore Dislokation bei intaktem Subskapularissehnenansatz, (c) = mediale Dislokation posterior der Subskapularissehne bei deren Abriss vom Tuberculum minus), nach [584].

isolierte Muskelanstrengung kann zu einem Überlastungsschaden führen [1544], nicht dagegen zu einem tatsächlich traumatischen Sehnenriss. Diese sind denkbar selten und werden lediglich mit einer kraftvollen Supination bzw. Dezelleration des Unterarmes beim Fall auf den ausgestreckten Arm gesehen, so wie dies bei der SLAP-Läsion der Fall sein kann [366, 1190, 51, 1442, 1182, 1625, 1697]. Es gilt insbesondere bei der langen Bizepssehne die anatomische Besonderheit einer Gleitsehne, die neben der längsgerichteten Sehnenstruktur im Sulcus bicipitalis an der belasteten Stelle gegenüber der knöchernen Unterlage Faserknorpel aufzeigt [1417, 135]. Einen isolierten Riss der proximalen langen Bizepssehne ohne Begleitverletzung scheint es nicht zu geben.

Diagnostik

Die klinische Untersuchung ist bei der Bizepssehnenpathologie wenig aussagekräftig [553], abgesehen von der „popeye-deformity“ bei dem nach distal sackenden Bizepsmuskel am Oberarm. Bei partiellen Läsionen ist dies nicht der Fall und in Ausnahmefällen auch nicht bei der kompletten intraartikulären Ruptur, dann, wenn vorhandene Vinculae im Sulcus bicipitalis die Sehne vor einem Gleiten nach distal abhalten. Sinnvoll ist die Sonographie [633, 438, 1996, 893], die ein sog. Halophänomen im Sinne eines echoarmen Saumes am distalen Ausgang als Folge einer entzündlichen Verdickung der Sehnenscheide nachweisen kann [1549]. Auf die Arthrographie wurde hingewiesen [18], dann, wenn bei der Intervallruptur Kontrastmittelaustritt in den

Bereich des M. subscapularis erfolgt. Im Vordergrund steht heute die Magnetresonanztomographie mit Nachweis einer Signalsteigerung bei der mukoiden Degeneration [227] sowie Darstellung pathologischer Normabweichungen von der Anatomie [885, 1312, 2031, 1870, 177]. Pulley-Läsionen können mit einer Genauigkeit von 87–92 % erkannt werden [1934].

Histopathologie

Die Pathohistologie der Bizepstendinose wird mit der Rotatorenmanschette in Verbindung gebracht [1677]. Die klinische Symptomatik korreliert nicht mit der Ausprägung einer Tendinose [1993]. Liegt ein Rotatorenschaden vor, so ist die Progredienz der Bizepstendinose und damit verbunden der Zustand der mechanischen Sehneneigenschaften davon abhängig [1397, 1398, 1399]. Entgegen der klinischen Symptomatik und Histologie korreliert die der Bizepssehne jedoch mit der Rotatorenmanschette [1267]. Makroskopisch kann die Texturstörung bzw. „Degeneration“ nur in 49 % der Fälle gesehen werden [1677]. Histologisch lassen sich neben Entzündungszeichen immunhistochemische Marker erkennen [1359, 37, 6, 165], dazu auch entzündliche Veränderungen der die Sehne umgebenden Synovialis, mit der Schlussfolgerung, dass die Schmerzsymptomatik aus einer Interaktion der Sehne mit dem umgebenden Gewebe, insbesondere der Sehnenscheide, resultiert [1677]. Zusammenfassung siehe Kapitel 8.4.

Kurzer Bizepssehnenkopf

Rupturen des kurzen Bizepskopfes sind extrem selten, etwa 0,5 % aller Bizepssehnenrisse [1444]. Als Mechanismus dazu werden eine forcierte Flexion und Adduktion beim extendierten Ellbogen angegeben [1870, 63, 1716]. Die Stelle der Diskontinuität wird sowohl im sehnigen [1444] als auch im muskulären Anteil [1652] beschrieben. Durch den Muskelzug soll es ebenfalls zur Abrissfraktur des Proc. coracoideus kommen können [567, 430, 1347]. Betroffen ist jeweils die Korakoidspitze, evtl. liegt eine Mitbeteiligung des M. coracobrachialis vor. Grundsätzlich müssen bei Abrissfrakturen am Proc. coracoideus Begleitverletzungen abgeklärt bzw. ausgeschlossen werden [1015]. Die gewaltsame Flexion kann zur simultanen Schädigung beider Bizepsköpfe führen [1229], mit Verlagerung des Muskels in den Unterarm. Derartige Mechanismen lassen aber eher eine Muskelruptur als einen Sehnenschaden erwarten [663].

Distale Bizepssehne

Eine Ruptur der distalen Bizepssehne wird erstmals von STARKS [681] beschrieben, die Erstoperation nennt ACQUAVIVA [8]. Bei der Ruptur der distalen Bizepssehne am Oberarm handelt es sich um ein relativ seltenes Geschehen, bis 1956 finden sich 152 behandelte Fälle [559]. Aktuell beschreibt KELLY [851] 2,6 Fälle pro 100.000 Einwohner pro Jahr, demgegenüber findet MIYAMOTO [1208] 1,2 Fälle und regional werden

Werte bis 5,4 Fälle [851] genannt. Es handelt sich um sportliche, kräftige Männer mit einem Durchschnittsalter von 47 Jahren [1208]. Unter Berücksichtigung aller Bizepssehnendiskontinuitäten zeigen sich diese zu 96 % an der langen proximalen Bizepssehne, zu 1 % an der kurzen proximalen Bizepssehne [1759, 1611], lediglich 3 % aller Bizepssehnenrupturen sind distal lokalisiert [345, 1556, 816]. Ätiologisch werden Prädispositionsfaktoren beschrieben, vergleichbar mit denen an anderen Sehnen, so zeigt sich eine bevorzugte Schädigung der distalen Bizepssehne beim Raucher [1556, 1208], beim Sportklettern [1618], ebenso beim Einsatz von Anabolika [1232, 1888] und bei der Verwendung von Cortison [1372]. Frauen erleiden distale Bizepssehnenrupturen selten [792, 1815]. Diese Aussage trifft für Komplettrupturen zu, partielle Rupturen sind bei Frauen gelegentlich feststellbar [1876]. Meist werden die distalen Bizepssehnenrupturen an der Gebrauchshand erkannt, sie liegen auch bilateral vor [1888, 1102, 1878].

Unfälle, Verletzungsmechanismen werden als Ursache diskutiert [122], im Trend steht jedoch die Spontanruptur auf dem Boden der „degenerativen Vorschädigung“ der Sehne [159, 1703, 1443].

Der M. biceps brachii ist ein zweigelenkiger Muskel [1004], der an der Tub. radii als Endsehne ansetzt, mit Abspaltung eines nach medial abweichenden Sehnenstreifens (Aponeurosis M. bicipitis brachii = Lacertus fibrosus). Die Tub. radii bietet für den Sehnenansatz eine Fläche von 456 mm^2 (24 mm × 19 mm). Die Sehne selbst zeigt einen Durchmesser von etwa 5–6 mm in einer ovalen Form, die an der Tuberositas selbst auf 19,4 mm abflacht [936]. Der Sehnenansatz nimmt etwa 36 % der Tub. radii Fläche ein [284]. Die beiden Bizepsköpfe vereinigen sich nach distal in einem Sehnenansatz [79, 405, 936], kommen aber in 12–59 % der Fälle auch gegabelt, zweiästig, vor [336, 1156, 1779, 1585]. Die Tub. radii als längsovale, knöcherne Struktur ist der Ulna gegenüberliegend in der Unterarm-Supinationsstellung dorsal orientiert ausgerichtet, wobei die eigentliche Sehnenansatzstelle im dorsalen Anteil lokalisiert, halbmondförmig oder auch oval angelegt ist. Die eigentlichen Sehnenanteile setzen posterosuperior (langer Bizepskopf) und posteroinferior (kurzer Bizepskopf) an [284]. Mit dieser Anordnung gleitet die lange Bizepssehne unter den Sehnenanteil des kurzen Kopfes, so dass der lange Bizepskopf vorwiegend zur Supination beiträgt und der kurze Bizepskopf ab 90°-Flexion vorwiegend diese unterstützt und bis 90°, ausgehend von der Pronation, die Supination bewerkstelligt [781, 1610]. Aus dieser Anordnung resultiert die Supination-Flexion-Funktion des M. biceps brachii (Abb. 8.52).

Die Ansatzstelle der kurzen Bizepssehne an der Tub. radii zeigt zwei Typen, Typ I als halbmondförmige Ansatzfläche, Typ II als ovale Ansatzfläche. Diesen Ansatzflächen gegenüber finden sich osteophytäre Anbauten oder auch ein axialer First, jeweils lateralseitig [746].

Bei der Supination liegt der distale Bizepssehnenansatz mit der Tub. radii ventral des Unterarmskeletts, wogegen sich diese Stelle bei der Pronation nach dorsal und somit ulnanah wendet. Der radioulnare Abstand verringert sich bei der Pronation um 48 % gegenüber dem Abstand zur Supination [1645, 826]. Die Folge ist neben einer Zugbelastung am Bizepssehnenansatz auch das Einwirken von Scherkräften, so dass

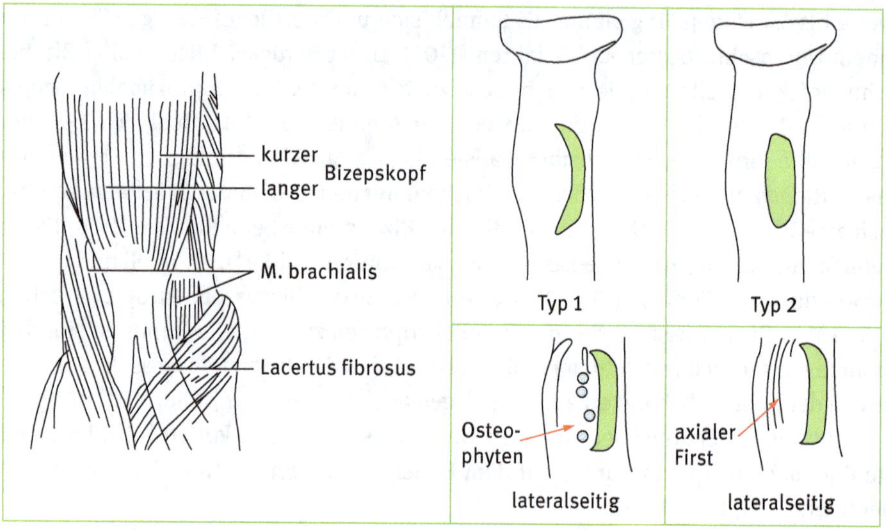

Abb. 8.52: Anatomie der Ansatzstruktur des M. biceps brachii, nach [746].

es durch die posteroulnare Lage während der Kraftübertragung neben der Flexion im Ellbogen zu einer zusätzlichen Rotation des Radius gegenüber der Ulna und somit zur Supination des Unterarmes kommt, es entsteht eine CAM-/Nockenwellenbewegung als Impingementmechanismus (Abb. 8.53).

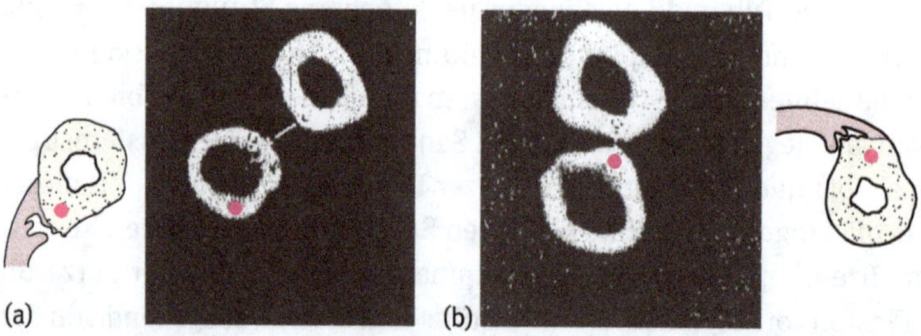

Abb. 8.53: Distaler Bizepssehnenansatz an der Tuberositas radii in Supination (a) und Pronation (b), nach [829, 1645, 353] (Erklärung im Text).

Der gesamte Verlauf der Sehne des M. biceps brachii kann in drei Zonen eingeteilt werden [405].

Zone 1 – Praeaponeurose

Es liegt ein paralleler Verlauf der zwei Muskelbäuche vor, bei denen es zu einer Verflechtung im distalen Drittel kommt, am stärksten 5 cm proximal der distalen Bizepssehne. Die zwei Muskelbäuche sind voneinander trennbar.

Zone 2 – Aponeurose (Lacertus fibrosus)

Der Lacertus fibrosus besteht aus drei Schichten (Abb. 8.54). Die oberflächliche Schicht geht von der vorderen Oberfläche des langen Bizepskopfes aus, beginnend proximal am Anfang der distalen Bizepssehne, und verläuft von da aus vor der muskulotendinösen Verbindung über den kurzen Bizepskopf. Eine rudimentäre Mittelschicht setzt am kurzen Kopf an und verbindet sich in ulnarer Richtung mit der oberflächlichen Schicht. Eine tiefe Schicht, die radialseitig am langen Kopf am muskulotendinösen Übergang beginnt und über die Sehne des kurzen Kopfes zieht, vereint sich mit der oberflächlichen und der Mittelschicht zum gemeinsamen Ansatz des Lacertus fibrosus nach ulnar distal auf die Fascia antebrachii über den oberflächlichen ellenseitigen Flexoren des Unterarmes.

Zone 3 – Postaponeurose

Dies ist der Ansatzbereich beider Bizepssehnenanteile an der Tuberositas radii. Dabei ist der lange Bizepskopf weiter entfernt von der Rotationsachse als der kurze, entsprechend der Anordnung der Ansatzstelle: langer Bizepskopf postero-superior, kurzer Bizepskopf postero-inferior, teilweise mit Ansatzstellen antero-inferior.

Der Lacertus fibrosus haftet an der Faszie der oberflächlichen Flexoren an, es steht dieser Lacertus fibrosus mit der Aktivität des M. pronator teres, M. flexor carpi radialis, M. flexor carpi ulnaris, M. palmaris longus und M. flexor digitorum superficialis in Verbindung. Der Lacertus fibrosus resultiert aus zwei Sehnen, die aus zwei Muskelbäuchen stammen und in zwei Ansatzgebieten enden [405]. Die beiden Bizepsansätze werden durch lockeres Bindegewebe mit dem Lacertus fibrosus zusammengehalten.

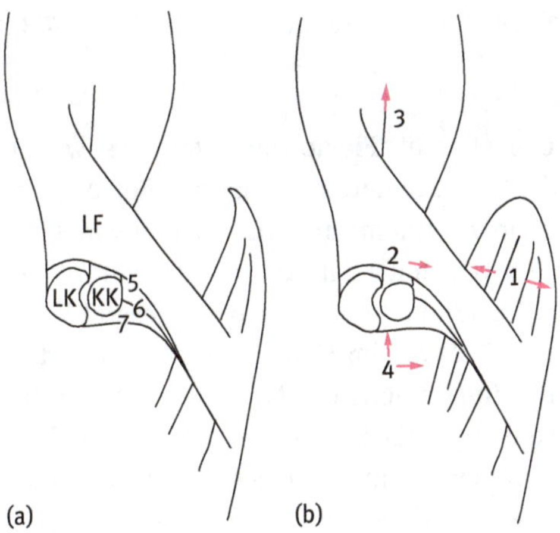

Abb. 8.54: Pathomechanismus der distalen Bizepssehnenruptur ((a) Ausgangssituation, (b) Rupturmechanismus: 1 = Flexorenkontraktion, 2 = Medialisierung des Lacertus fibrosus, 3 = Bizepskontraktion, 4 = Proximalisierung und Medialisierung des Bizepsansatz (5 = oberflächliche Schicht, 6 = Mittelschicht, 7 = tiefe Schicht), LF = Lacertus fibrosus, LK = langer Bizepskopf, KK = kurzer Bizepskopf).

Kommt es nun zu einer Unterarm-Muskelkontraktion, so verbreitert sich die Flexorenmuskelgruppe und wandert nach proximal. Die Folge ist ein Anspannen des Lacertus fibrosus mit Zug der distalen Bizepssehne vor deren Ansatz nach medial ulnar. Daraus resultiert eine zusätzliche Krafteinwirkung auf die Bizepssehne, die zur Entstehung einer distalen Bizepssehnen-Diskontinuität mit beitragen kann (Abb. 8.54).

Histologisch ist der Bizepssehnenansatz eine chondro-apophysäre Insertion [887, 1808, 134]. Diese Struktur ist typisch für eine Zugsehne unter Ausbildung einer Faserknorpelzone (4-Schichten-Aufbau). Da die Bizepssehne im Ansatzbereich durch Rotation (Supination-Pronation) über die Tuberositas radii gleitet, zeigt sich etwa 1–2 cm proximal der Insertion eine weitere Faserknorpelzone [1810], durch intermittierende Druck- und Scherbeanspruchung. Erklärbar wird diese zusätzliche Faserknorpelzone durch die Theorie der „kausalen Histogenese“ [1386]. Durch die vermehrte Belastung nimmt die Zahl der chondroiden Zellen zu, es zeigt sich der Aufbau einer Gleitsehne [1433, 39]. Dieser Faserknorpel ist Folge einer physiologischen Anpassung und muss von der chondroiden Metaplasie abgegrenzt werden [159].

Innervation und Blutversorgung

Der M. biceps brachii wird vom N. musculocutaneus versorgt, im distalen Ansatzbereich der Sehne sind die A. brachialis, die A. recurrens radialis, die A. interossea anterior et posterior sowie die A. interossea recurrens posterior zuständig.

Die Durchblutungssituation der distalen Bizepssehne zeigt einen 3-Zonen-Aufbau [1645], die unmittelbar ansatznahe Zone 3 wird von den ellenbogennahen Gefäßen versorgt, die Zone 1 im Bereich des muskulotendinösen Übergangs von der A. brachialis. Zwischen beiden Zonen zeigt sich eine avaskuläre Zone (Zone 2), in der auch die Diskontinuitäten zu erwarten sind, mit feingeweblichen Texturstörungen [159, 1703].

Biomechanik – Pathomechanik

Die distale Bizepssehne des M. biceps brachii ist für die Flexion im Unterarm sowie für die Supination zuständig. Die Bruchlast der Sehne ändert sich mit dem Flexionswinkel [1669]. Mit der Abnahme des Flexionswinkels nimmt die Bruchlast zu von 358 N bei 90° über 617 N bei 60° bis zu 762 N bei 30°. Die Steifigkeit variiert dabei von 90° bis zu 30° von 501 N/mm über 763 N/mm, bis 756 N/mm. Im Vergleich zu diesen Werten fand IDLER [754] eine Bruchlast bei 90° mit 222 N. Beim Heben einer Last mit dem Unterarm und beim Halten dieser Last wird eine isometrische Muskelkontraktion bestimmt; wird die Last von diesem Zustand aus gegen die Schwerkraft angehoben, liegt eine konzentrische Muskelkontraktion vor, und wird entgegen dieser Kraft zusätzlich eine Erhöhung der zu hebenden Last festgestellt (zusätzliche passive Krafteinwirkung bei maximaler Vorspannung), so besteht eine exzentrische Muskelkontraktion. Das heißt, der vorgespannte Muskel wird zusätzlich gedehnt (Abb. 8.55).

Eine isometrische Kontraktion liegt vor, wenn eine Last bei gebeugtem Ellbogen ohne zusätzliche Bewegung und Veränderung der Last gegen die Schwerkraft gehalten wird. Wird ein Gewicht entgegen der Schwerkraft bewegt, so liegt eine isotonische

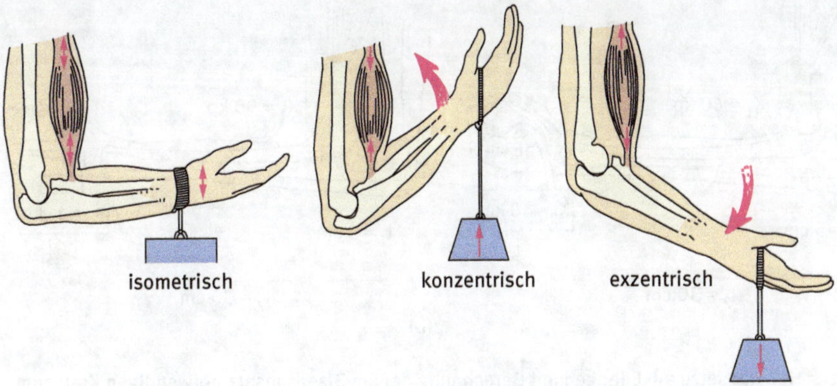

Abb. 8.55: Definition der isometrischen, konzentrischen und exzentrischen Kraft [1241].

Kontraktion im Sinne einer dynamischen Kontraktion vor. Das Heben der Last ist im Sinne einer konzentrischen Kontraktion zu verstehen, wird die Last wieder abgesenkt, bedeutet dies eine exzentrische Kontraktion, d. h., der Arm wird entgegen der Muskelspannung bewegt. Eine isokinetische Kontraktion existiert in der Trainingslehre, nur möglich beim Einsatz computergesteuerter Geräte. Eine desmodromische Kontraktion ist ebenfalls lediglich an computergesteuerten Geräten mit Ausschöpfung der maximalen Muskelkraft möglich. Beim Anheben des Unterarmes, mit oder ohne Kraft, gelten die Hebelgesetze, die die starke Beanspruchung der peripheren Sehne des M. biceps brachii durch den kurzen Hebelarm des Sehnenansatzes gegenüber dem sechsmal längeren Unterarm verdeutlichen. Der Drehpunkt liegt in der Trochlea humeri, der Abstand von hier zur Tuberositas radii beträgt 5 cm und zur Mittelhand 30 cm (l_1 = 5 cm, l_2 = 30 cm). Muss eine Kraft (K_2) gehoben werden, so bedarf es einer Kraft (K_1), die vom Ansatz der Bizepssehne über dem M. biceps brachii aufgebracht werden muss. Damit gilt:

$$K_1 : K_2 = l_2 : l_1,$$

das heißt:

$$K_1 \times l_1 = K_2 \times l_2 \quad \text{(Kraft × Kraftarm = Last × Lastarm).}$$

Soll eine Last mit 10 kg gehoben werden, bedarf es somit eines Kraftaufwandes von 60 kp am Bizepssehnenansatz, bei einer Last von 15 kg ist eine Kraft von 90 kp erforderlich (Abb. 8.56).

Die Bizepssehne erreicht eine grenzwertige Bruchlast, die in Abhängigkeit von der Flexion zwischen 30° und 90° mit 762 N bis 358 N angegeben wird [1669]. Bei einer zu hebenden Last von 15 kp entsteht eine Zugkraft an der Bizepssehne von 883 N (= 90 kp × 9,81 = 882.9 N). Umgerechnet bedeutet dies bei einer Beugung von 90°, dass bei einem maximalen Kraftaufwand von 358 N die Belastbarkeit überschritten wird. Grundsätzlich sind indirekte und direkte Krafteinwirkungen geeignet, die Sehne zu zerstören. Bei den direkten Krafteinwirkungen sind es Schläge mit geschlosse-

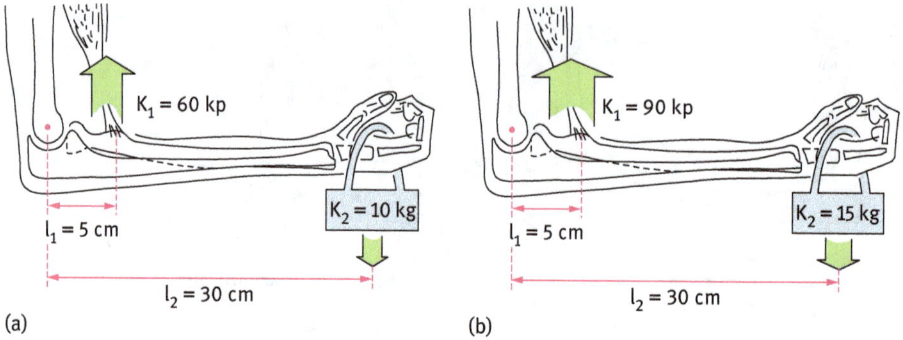

Abb. 8.56: Hebelgesetze am Ellbogen mit Berechnung der am Bizepsansatz notwendigen Kraft zum Heben einer Last von 10 kp (a) bzw. 15 kp (b), nach [964, 670].

ner oder offener Weichteilverletzung [1541, 681, 964]. Es überwiegen aber indirekte Krafteinwirkungen und hier ist sich die Literatur einig: Eine Zerstörung der distalen Bizepssehne ist nur durch eine kraftvolle, exzentrische Belastung des gebeugten Ellenbogens des dominanten Armes [1239] möglich, die den gebeugten Arm in die Extension zwingt [1163, 746, 1541, 816, 1832, 342, 1238, 681, 687, 122, 1523, 964]. In aller Regel entstehen aber die Diskontinuitäten nur in Verbindung mit degenerativen Veränderungen in der Sehne, an den Prädilektionsstellen etwa 1–2 cm vor dem Ansatz an der Tuberositas radii oder auch direkt als Lösung der Sehne von der Tuberositas durch eine Muskelkontraktion bei degenerativen Veränderungen [801] oder durch eine Krafteinwirkung indirekter Art, die normalerweise eine gesunde und altersentsprechende Sehne nicht beeinflussen würde, dies ist dann lediglich bei Texturstörungen (Degeneration = Texturstörung + Reparation) erklärbar [159, 1703, 1443].

Pathologie

Die Pathologie der distalen Bizepssehne [1054] ist vergleichbar mit der aller anderen Sehnen. Es gibt die Ansatztendinose [713, 24], die Partialruptur in Abhängigkeit des zweigeteilten Sehnenansatzes [284] und die Komplettruptur, die bei den relativ wenigen Diskontinuitäten im Vordergrund steht. Dazu zeigt sich als Ausnahmesituation eine Kontinuitätsunterbrechung am muskulotendinösen Übergang [1590]. Die Klassifikation beinhaltet in aller Regel eine Unterscheidung zwischen partieller und kompletter Diskontinuität [1590, 1882], selten ist der knöcherne Abriss zu finden [816]. Die Literatur äußert sich zu dieser Frage nicht eindeutig, es wird allzu oft ohne Nennung von Literatur auf den knöchernen Abriss an der Tuberositas radii hingewiesen, es wird die partielle Ruptur genannt, obgleich hier nicht Bezug genommen wird auf den zweigeteilten Sehnenansatz [284]. In aller Regel heißt es „Ruptur der distalen Bizepssehne“. Bei der seltenen partiellen Ruptur findet sich der Hinweis auf eine „tendon alteration“, also bei bestehender Texturstörung [199]. In der Literatur ist sogar die Aussage anzutreffen, dass bei einer partiellen Ruptur grundsätzlich kein Unfall vorliegen kann [1876]. Die Vorschädigung als Texturstörung in Verbindung mit einer Reparation stellt meist die Ausgangsüberlegung dar [158, 353, 731, 481, 398], selten ergibt die Untersuchung eine Tendinosis calcarea [1262]. Bei der genaueren Betrachtung der Stelle einer Diskontinuität wird nur spärlich auf den Lacertus fibrosus eingegangen, einmal in Verbindung mit einer Elongation (?) einer Sehne [1313], es gibt aber auch den Hinweis, dass bei der Komplettruptur der Lacertus fibrosus intakt bleibt [383], und es besteht die Möglichkeit des Sehnenrisses, dann auch in Verbindung mit einem Riss des Lacertus fibrosus durch eine zusätzliche Muskelkontraktion am Unterarm [280].

Diagnostik

Die klinische Diagnostik zeigt in aller Regel den Verlust der Beugefähigkeit im Unterarm, was klinisch auch mit dem Hook-Test [1342] oder mit dem Passive forearm pronations-Test (PFP) [639] sowie mit dem Biceps crease interval-Test (BCI) festgestellt werden kann [417]. Bei einer unklaren klinischen Diagnose sollte die Sonographie oder die Kernspintomographie eingesetzt werden [131, 558, 1200, 1400, 455, 992, 434, 1068, 470, 1703, 1048].

Gutachtliche Überlegungen (Bizepssehne)

Es bedarf der Differenzierung zwischen der proximalen langen und der proximalen kurzen Bizepssehne, die beide hinsichtlich der distalen Bizepssehne unterschieden werden müssen. Grundsätzliche Unterschiede bestehen in der Anatomie. Während die proximale lange Bizepssehne in einem Sehnenbandkomplex eingeordnet und vorwiegend als Gleitsehne zu beurteilen ist, ist die distale Bizepssehne vor allem eine Zugsehne, jedoch durch das ulnare Ansetzen der Sehne an der Tuberositas radii mit Dorsaltendenz besteht auch in diesem Bereich ein Teil mit Gleitsehnenfunktion. Die proximale lange Bizepssehne stellt eine einheitliche Sehnenstruktur dar, dagegen findet sich an der distalen Bizepssehne eine auch präparatorisch trennbare Einteilung zwischen den Sehnenfasern des langen und des kurzen Bizepskopfes. Ausgehend von den trennbaren Sehnenanteilen bildet sich aus drei Schichten der so genannte Lacertus fibrosus, der die distale Bizepssehne an der Oberfläche der Fascia antebrachii über den ellenseitigen Flexoren fixiert.

Die lange proximale Bizepssehne ist eingebettet in den Bizepspulley bis zum Eintritt in den Sulcus intertubercularis. Es besteht hier die Verbindung mit der Supraspinatus- und Subskapularissehne, die diesen Bereich mitbilden. Intertuberkulär liegt auch eine Sehnenscheide mit Verbesserung der Durchblutung der Sehne vor. Der Sehnenansatz am Tuberculum supraglenoidale ist komplexer Struktur, so dass im Endeffekt die Schäden, so wie bei allen Sehnen, im weniger durchbluteten intraartikulären Verlauf zustande kommen. Die Dehiszenz, die Subluxation und auch Luxation ereignen sich im Pulley-Bereich, unmittelbar vor dem Eintritt in den Sulcus intertubercularis [902]. Dies ist auch im Sulkusengpass an der Prädilektionsstelle bei verminderter Durchblutung möglich. Die Abrisse der langen Bizepssehne (vgl.

SLAP-Läsion) sind im Kapitel 4.1 diskutiert. Somit sind die Dehiszenzstellen der proximalen langen Bizepssehne im Komplexbereich der Sehnenstrukturen zu finden, und dies in Verbindung mit den Supraspinatus- und Subskapularisstrukturen. Wird hier eine traumatische Ruptur erwartet, so sind Begleitverletzungen dieser Strukturen notwendig. Andererseits spielen sich an diesen Stellen auch die Texturstörungen im Sinne von Kombinations-Overuse-Schäden ab, mit Beteiligung der Bizepssehne (Subluxation), und dies ist nur möglich, wenn Strukturstörungen der Supraspinatus- und Subskapularissehne mit der Folge des anterosuperioren Impingements als Überlastungsschaden bei einer anterosuperioren Translation des Oberarmkopfes bestehen. Da es sich um eine Gleitsehne handelt, die besonders den Texturstörungen ausgesetzt ist [159], wird diese Überlegung bekräftigt.

Bei den Unfallmechanismen wird immer auf die Zugbelastung der Bizepssehne hingewiesen. Auch hier gilt, wie bei allen Sehnen, dass der zur Sehne gehörende Muskel nicht in der Lage sein kann, die eigene Sehne zu zerreißen, es sei denn, sie ist texturgestört und damit vorgeschädigt. Der Körper zerstört sich nämlich selbst nicht [1188, 1053]. Zur Mechanik der Zugbelastung wird auf die Ausführungen im Kapitel 8.1 verwiesen. Bezüglich der langen proximalen Bizepssehne werden Ereignisse beschrieben, die überfallartig die muskulär gespannte Struktur treffen, und dies ist nur plausibel, wenn der Sehne zusätzliche passive Kräfte durch äußere Umstände aufgezwungen werden [1082]. Als Unfallmechanismen werden häufig die eigene Kraftaufwendung beim Anheben schwerer Gegenstände beschrieben, Zugbelastungen bei muskulärer Anspannung sowie direkte Anprallkräfte auf die Schulter. Wird die maximale Vorspannung der Sehne angenommen und eine zusätzliche passive Krafteinwirkung geltend gemacht, dann resultiert die Frage, warum die proximale und nicht die distale Bizepssehne reißen muss, denn der M. biceps brachii überspannt zwei Gelenke, das Schulter- und das Ellbogengelenk. Bei diesen Traktionsmechanismen mit zusätzlicher passiver Krafteinwirkung wird die Sehne „logischerweise" am Schwachpunkt des Sehnenkomplexes dehiszent werden. Entsprechende Überlegungen dazu sind in der Literatur nicht erkennbar. Das heißt, eine direkte Krafteinwirkung kann an der proximalen langen Bizepssehne nur dann einen Schaden anrichten, wenn die umgebenden Weichteile mitzerstört sind. Eine Traktion durch eigene Muskelkraft mit oder ohne reflektorische zusätzliche Kräfte erklärt eine Dehiszenz bei einer altersentsprechenden Sehne nicht.

Vergleichbare Mechanismen gelten auch für die distale Bizepssehne. Hier ist aber zu beachten, dass eine Zugsehne mit gleichzeitiger Gleitsehnenkomponente und Stabilisierung des Sehnenansatzes durch den Lacertus fibrosus vorliegt. Die Struktur des Lacertus fibrosus [405] steht mit der Faszie der Flexorengruppe in Verbindung. Eine Beugung im Ellbogen führt also zusätzlich zur Traktion an der Bizepssehne und auch zu einem Anspannen des Lacertus fibrosus mit Zug der distalen Bizepssehne nach medial ulnar (zusätzliche Krafteinwirkung). Nachdem die Bizepssehne nicht nur die Beugung im Ellbogen herbeiführt, sondern auch die Supination im Unterarm, kann eine tatsächliche Ruptur nur bei exzentrischer Kraftkontraktion in Supinationsstellung und Beugung im Ellbogen erklärt werden, traumatischer Art allerdings lediglich dann, wenn auch der Lacertus fibrosus als Begleitschaden mit verletzt ist. In OP-Berichten zur Refixation der distalen Bizepssehne wird jedoch auf den Lacertus fibrosus selten hingewiesen. Bei Durchsicht der Literatur über die Begutachtung der distalen Bizepssehnenrisse [1626, 1148, 1544, 159, 670] findet sich keine Erklärung, warum bei entsprechenden Mechanismen nicht auch die proximale Bizepssehne reißt, obwohl es sich um einen Muskel-Sehnen-Komplex handelt, der sich über zwei Gelenke erstreckt. Eine Erklärung dafür ist, dass die Sehne an der Stelle reißt, an der die Texturstörung am weitesten fortgeschritten ist.

Für die gutachtliche Beurteilung bedarf es der Prüfung der Pathomechanik, der Zugkraft, der Sehnenmedialisierung durch den Lacertus fibrosus und des Nockenwellenmechanismus bei Pronation und Supination.

Der Nockenwellenmechanismus in Verbindung mit der Einengung der Bizepssehne bei Pronation im Raum zwischen Radius und Ulna führt zu einer Schädigung der Bizepssehne 1–2 cm vor dem Ansatz an der Tuberositas radii [159, 891, 122]. Die direkte Zugkraft und damit verbunden auch die Medialisierung des Lacertus fibrosus bewirkt eine Lösung des Sehnenansatzes direkt an der Tuberositas. An diesen Lokalisationen ist die Zugkraft abhängig von der avaskulären Zone, die auch eine Erklärung der Diskontinuität in diesem Bereich nennt, so dass in Abhängigkeit von Pathomechanismen eine Diskontinuität 1–2 cm vor dem Ansatz oder auch in unmittelbarer Nähe zu erwarten ist.

8.1.2.2 M. triceps brachii

Der M. triceps brachii ist der wesentliche Strecker des Unterarmes. Er entspringt mit drei Köpfen an der Skapula und am Oberarmschaft, diese Muskelzüge vereinigen sich zu einer Sehne (Trizepssehne) mit Ansatz am Olekranon. Der tiefe mediale Kopf (Caput mediale) entspringt medial und distal vom Sulkus des N. radialis an der Hinterfläche des Humerus sowie an den Septa intermuscularia. Die beiden oberflächlichen Köpfe, Caput laterale und Caput longum, kommen vom Oberarmschaft proximal und lateral des Sulcus N. radialis (Caput laterale) und vom Tuberculum infraglenoidale an der Margo lateralis der Skapula (Caput longum). Der Strecker des Unterarmes ist von der Beugemuskulatur durch das Septum intermusculare laterale bzw. Septum intermusculare mediale abgetrennt. An diesem Septum intermusculare beginnen auch der mediale sowie der laterale Kopf (Abb. 8.57). Der lange Kopf verläuft vor dem M. teres minor und hinter dem M. teres major.

Der Ursprung des langen Kopfes ist nicht alleine das Tuberculum infraglenoidale [1530, 973], sondern auch das Labrum glenoidale mit einzelnen, aus dem Labrum entstehenden Faserzügen [742], und insbesondere gibt es Faserzüge aus oder zu der Gelenkkapsel [1752, 415, 632] mit der nicht geklärten Frage, ob diese Faserzüge die Kapsel anspannen. Das Ausmaß des Ursprungs des langen Bizepskopfes ist oberflächlich etwa 2,65 cm und am Tuberculum glenoidale 2,29 cm breit und etwa 47 mm dick

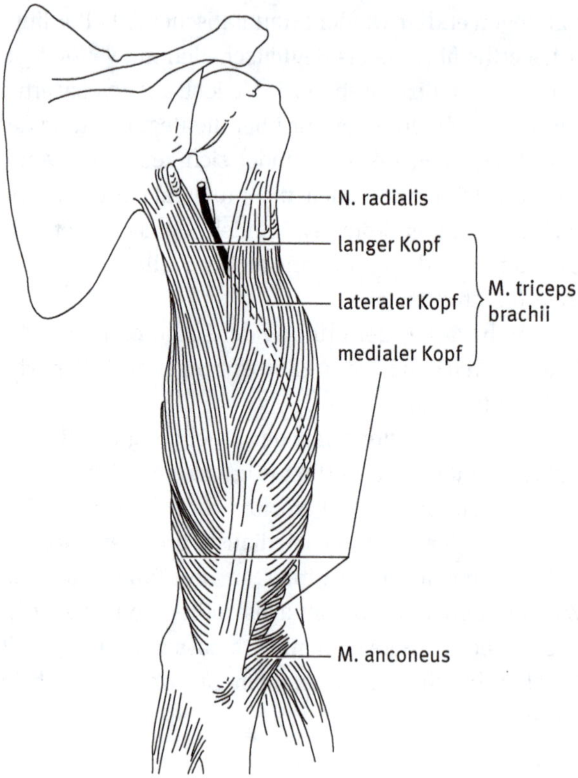

Abb. 8.57: M. triceps und M. anconaeus [723].

an der lateralen Seite und 29 mm an der medialen Seite. Der Ursprung ist nahezu dreieckig ausgebildet an der Dorsalseite der Skapula (Tuberculum supraglenoidale), eher in der Form eines Rhombus. In den Ursprung der langen Trizepssehne strahlt auch der Fasciculus obliquus ein [1436, 963, 1837], der sich dann auch über die anteriore Kapsel bzw. den Ligg. glenohumeralia ziehend am Aufbau des Bizeps pulley im anterioren Rotatorenintervall beteiligt, auch als „spiral glenohumeral ligament" bezeichnet [1493, 1178, 903]. Der gemeinsame Trizepssehnenansatz nimmt eine Hebelarmfunktion wahr [1770], besteht aber nicht aus einer einheitlichen Sehne, sondern zeigt eine tiefe und oberflächliche Schicht [1101]. In der tiefen Schicht läuft der mediale Kopf und in der oberflächlichen Schicht der laterale Kopf, wobei der laterale Kopf etwa 70 % der Sehnenmasse in der oberflächlichen Schicht ausmacht [848]. Diese Schichtung soll sich aber unmittelbar am Olekranonansatz auflösen, so dass die Sehnen eng miteinander verbunden den Knochen erreichen [847]. Der laterale Trizepsanteil geht in den Musculus anconaeus bzw. dessen Faszie und damit auch in die Unterarmfaszie über [587, 1238, 1964]. Damit beteiligt der Trizeps den Musculus anconaeus an der Streckung, der Musculus anconaeus verhindert auch, dass Teile der Gelenkkapsel eingeklemmt werden.

Pathologie der Trizepssehne

Die Pathologie der Trizepssehne ist identisch mit der aller anderen Sehnen. Es findet sich die Tendinose als Tendinopathie bzw. Ansatztendinose [1670], bei der es auch Kalzinosezeichen gibt [999]. Nachweisbar ist die Tendinose z. B. mittels MRT [912], allerdings durch die Beschreibung von partiellen Diskontinuitäten, auch in Folge der Enthesiopathie (vgl. Kapitel 8.2). Des Weiteren finden sich Kontinuitätsunterbrechungen kompletter Art, proximal wie distal, aber auch partielle Diskontinuitäten [1754]. Die Klassifikation der Sehnendiskontinuitäten schlägt YEH [2013] vor: Muskelriss, Riss am muskulotendinösen Übergang, ossärer Sehnenabriss und knöcherner Sehnenausriss. Die häufigsten Kontinuitätsunterbrechungen der Trizepssehne sind die Abrisse vom Olekranon, die auch bilateral vorkommen können [646, 1671]. Die Schäden am Muskel bzw. am muskulotendinösen Übergang [1341, 1871, 74, 1427, 85, 1892, 699, 550, 1227] sind an Häufigkeit auch wesentlich seltener als die Abrisse der Sehne am Olekranon. Diese können mit ossären Schuppen einhergehen [646, 1462, 1378, 1760, 1380, 1882, 1754]. Bei den knöchernen Ausrissen bedarf es der besonderen Beachtung des Röntgenbildes bei offenen Epiphysenfugen. Grundsätzlich ist eine Röntgenuntersuchung notwendig, da auch ossäre Begleitverletzungen wahrscheinlich sind, so bei der Abrissverletzung der Trizepssehne am Olekranon in Begleitung mit einer Radiusköpfchenfraktur [1006]. Von kompletten Rupturen unterscheiden sich partielle Rupturen, dies vorwiegend im Verlauf des medialen Kopfes am Olekranon [374, 80, 646]. Schäden am Ursprung des langen Trizepskopfes sind rein tendinös, aber auch als ossärer Abriss zu finden. Auch hier gibt es Begleitverletzungen, z. B. in Verbindung mit der Fraktur des Tuberculum majus bei der Schulterluxation [200, 486] oder in Verbindung mit einer Glenoidfraktur [766]. Problematisch sind diese Ausrisse oder Abrisse, da der Trizepsmuskel kein freier Muskel ist und somit in diesem Bereich optisch erkennbare Muskelbauchvorwölbungen nicht entstehen [362, 303]. Dazu sei auf den Entstehungsmechanismus dieser Verletzung beim Surfen verwiesen. Alle möglichen Verletzungen bzw. Diskontinuitäten des Triceps brachii unterliegen einem relativ typischen Pathomechanismus. Dieser besteht in der exzentrischen Muskelkontraktion in der Folge einer Beschleunigungskraft (passiven Krafteinwirkung) gegen die aktive Trizepskontraktion [2017, 2018, 1671, 1871, 1101].

In der Literatur wird dazu meist der Sturz auf den ausgestreckten Arm genannt [85, 862, 1882, 646, 1462] und derartige Trizepsschäden finden sich vorwiegend beim Sportler – und da beim Gewichtheber und im Football [646, 1660, 1704, 1127]. Ein typisches Beispiel für die exzentrische Kontraktion beim Sportler ist der Vorgang beim Surfen, bei dem es bei gestreckten Armen auf dem Surfbrett durch eine frontale Wellenbewegung zur passiven Beugung während der aktiven Streckung kommt (Abb. 8.58).

Der zweite Pathomechanismus (so wie bei allen Sehnen) ist die direkte Krafteinwirkung durch Schlag und Stoß auf den entsprechenden Sehnenanteil [1101, 1238, 1871, 1784, 440]. Auffällig häufig erwähnt die Literatur Systemerkrankungen, die zur Bereitschaft einer Diskontinuität führen [1660, 374, 85, 646, 1720, 1936, 1127, 447]. Bei diesen Systemerkrankungen werden der Hyperparathyreoidismus, der Lupus ery-

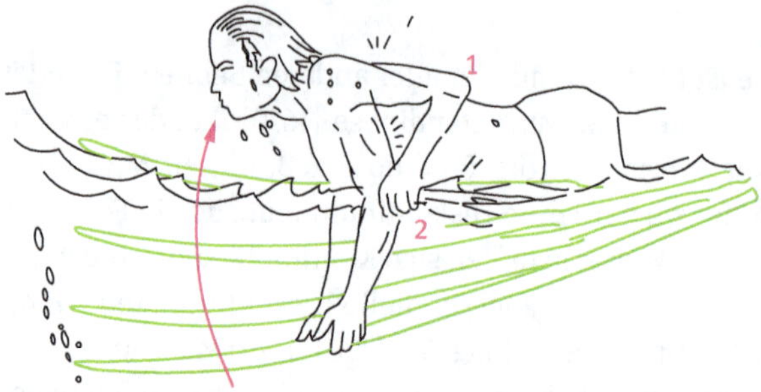

Abb. 8.58: Exzentrische Kontraktion, nach [303]. Gewaltsame Beugung 1 passiv, aus der aktiven Streckung 2 heraus.

thematodes, die rheumatoide Arthritis aufgeführt, aber insbesondere die Einnahme von Anabolika und die Injektion von Kortison zur Behandlung einer schmerzhaften Tendinose (vgl. Tendinose der Achillessehne). Insgesamt ist die Ruptur der distalen Trizepssehne mit einer Häufigkeit von 0,8 % aller Sehnenrupturen selten [53, 140, 1127, 1871, 1936]. Die Diskontinuität der Trizepssehne ist die seltenste von allen Sehnen [720]. Die Diagnostik stützt sich zunächst auf die Klinik mit Feststellung eines Streckverlustes oder einer Streckschwäche [721] oder/und das Erkennen eines „gap sign" [269] im Sinne einer Delle proximal des Olekranons. Die Röntgenuntersuchung des Ellbogens oder auch der Schulter ist obligat auf der Suche nach ossärem Flake im Sinne des „flake sign" [269] und insbesondere auch zur Beurteilung möglicher ossärer Begleitverletzungen [721]. Zum Erkennen der Sehnenstruktur und der Kontinuität derselben bietet sich die MRT an.

Beurteilung
Die Pathologie der Trizepssehne in allen Ursprungsbereichen und am distalen Ansatz entspricht der Pathologie aller anderen Sehnen. Auch an der Trizepssehne wird auf die Spontanruptur hingewiesen und es findet sich die Feststellung, dass die Diskontinuität bei der vorgeschädigten Sehne entsteht [968]. Der Trizeps ist kein freier Muskel und kann sich nicht wie der M. biceps zurückziehen. Eine typische Muskelbauchbildung fehlt. Die Diagnostik kann sich problematisch gestalten. Für die Kausalitätsbeurteilung ist der Hinweis auf Systemerkrankungen, die Kortisoninjektion und die Entstehung der Tendinose bzw. Ansatztendinose beim Sportler – bei der distalen Trizepssehne typisch beim Surfen, Gewichtheben und Football – von Bedeutung.

8.1.3 Achillessehne

Über die Achillessehne wird seit langer Zeit diskutiert. In der Literatur (Abb. 8.59) sind seit etwa dem Jahr 2000 die „Ruptur" und die Tendinose favorisiert.

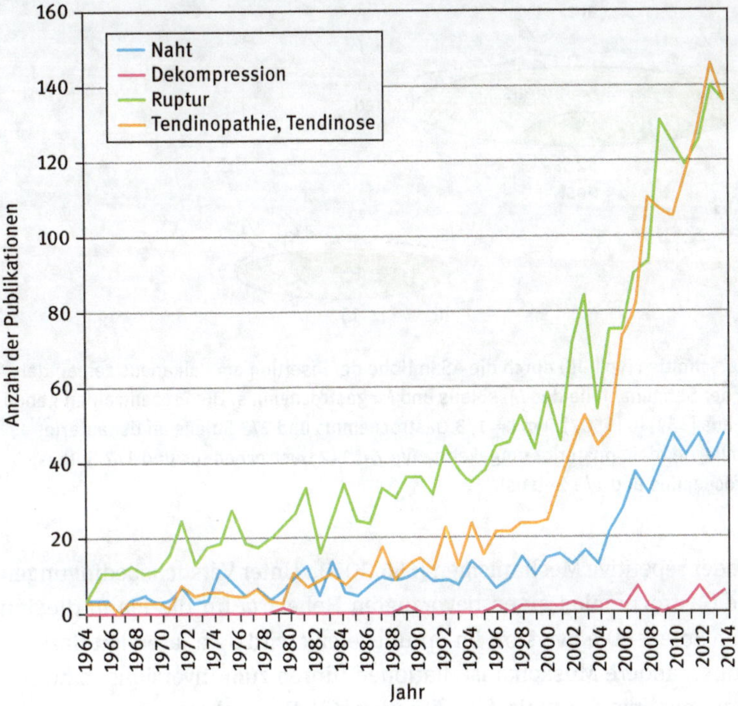

Abb. 8.59: Literaturzahlen zu Diagnosen und Maßnahmen an der Achillessehne (aus: PubMed).

Die meisten Publikationen über die Achillessehne beginnen mit: „Die Achillessehne ist die dickste und kräftigste Sehne des menschlichen Körpers [1403]". Sie dient der Kraftübertragung des M. triceps surae zum Fersenbein. Die drei Teile des M. triceps surae (Kopf des M. gastrocnemius medialis et lateralis, M. soleus) werden nicht gleichmäßig belastet. Sie setzen auch nicht getrennt am Kalkaneus an [67]. Etwa 14 cm vor dem Sehnenansatz am Kalkaneus tauschen die Sehnenanteile diagonal Fasern aus, vorwiegend aber 2–6 cm vor der Insertionsstelle [66, 1039]. Die drei die Achillessehne bildenden Muskeln bleiben im sehnigen Verlauf nicht parallel vom Muskelbauch zum Kalkaneus, sie überkreuzen sich, es kommt zu einer Drehung der Sehnenanteile des M. soleus und des M. gastrocnemius (Abb. 8.60). An dieser Kreuzungsstelle, 2–6 cm proximal des Fersenbeins, sind die Sehnenfasern am schwächsten und die Fasern am dichtesten [1507].

Die „kritische Stelle" der Achillessehne lässt eine exakte Zuordnung zu den Muskelanteilen nicht zu. Die Reibung zwischen den sich kreuzenden Sehnenfasern bedeutet bei uneinheitlicher Belastung einen Schädigungsmechanismus [1598] mit einer asymmetrischen Krafteinwirkung. Zunehmende Muskelaktivitäten in Verbindung mit relevanten Bewegungen, wie z. B. Überpronation während der Standphase beim Rennen, können zu einer kritischen Grenze der Faserbelastung führen, entweder durch

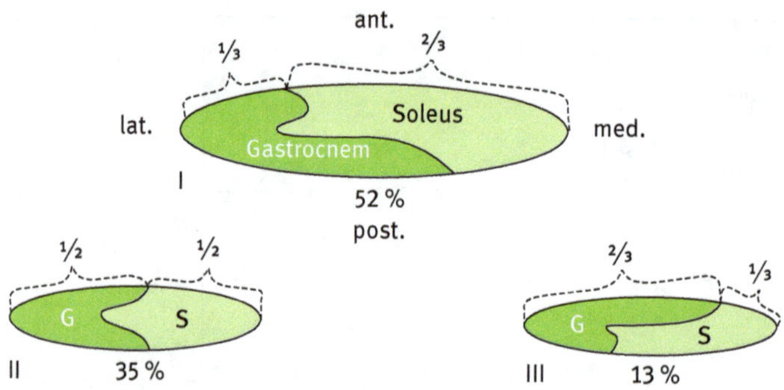

Abb. 8.60: Die Querschnitte (Typ I–III) durch die AS in Höhe der Insertion am Kalkaneus zeigen den Grad der Drehung der Sehnenanteile des M. soleus und M. gastrocnemius. Die Prozentzahlen geben die Häufigkeit an, aus [337] in [1507]. Typ I = 1/3 Gastrocnemius und 2/3 Soleus an der anterioren Achillessehnenfläche, d. h. posterior umgekehrt, Typ 2 = 1/2 Gastrocnemius und 1/2 Soleus, Typ III = 2/3 Gastrocnemius und 1/3 Soleus).

die Kraftgröße oder repetitive Mechanismen [656, 1050]. Unter Versuchsbedingungen hat der mediale Gastrocnemius einen bevorzugten Hebelarm für die Plantarflexion im Vergleich zum Soleus. Die Eversion im Sprunggelenk wird dem lateralen Gastrocnemius zugeordnet, andere Muskelkonstellationen führen zum Inversions- bzw. Abduktionsmoment, immer in der statischen Situation [67]. Die Zugbelastung der medialen Gastrocnemiussehne bei der Plantarflexion ist vergleichbar mit deren Aponeurose [59]. Die Längenänderung eines Sehnenanteils hängt von der Länge des untersuchten Anteils im Vergleich zur Sehnengesamtlänge ab. Die Achillessehnenlänge wird mit 180,6 + 25,0 mm angegeben [1531] und errechnet sich nach folgender Formel: AS-Länge = 0,6 × Tibialänge in mm −53. Gerade für die Beurteilung der so genannten Achillessehnenruptur an typischer Stelle ist der Aufbau des Sehnenansatzes am Fersenbein von Bedeutung. Am superioren Drittel des Kalkaneus setzen 55 % der Sehnenfasern an, 40 % am mittleren Drittel und 5 % am inferioren Drittel [871]. Mit zunehmendem Alter kommt es zur Proximalisierung des Achillessehnenansatzes [872] mit 0,63 % des Ansatzes pro Jahr. 8 % der Sehnenfasern ziehen über den Kalkaneus zur Plantarfaszie, 92 % haben keine Verbindung zur Fußsohle, und diese Struktur ist altersabhängig mit Abnahme dieser Verbindungszüge [1695, 872].

Die Stabilisierung der Achillessehne am Kalkaneus erfolgt über Sharpey'sche Fasern [1861], d. h., die kollagenen Fasern der Sehne ziehen durch den 4-Schichten-Aufbau des Sehnen-Knochen-Ansatzes hindurch und gehen in das kollagene Fasersystem des Knochens über – eine denkbar sichere Stabilisierung. Die Achillessehnenfasern des medialen Gastrocnemiuskopfes ziehen distalwärts nach posterior (superfizial) und die lateralen Gastrocnemiusfasern nach anterior (tiefe Schicht). In 65 % der Fälle ist die Sehne des M. plantaris longus mitbeteiligt [94]. Von dorsal betrachtet, verläuft der Ansatz des medialen Gastrocnemiuskopfes immer an die Rückseite des Fersenbeins, die Fasern des lateralen Gastrocnemiuskopfes ziehen in den mittleren Fersenbeinbereich nach lateral und die Fasern des M. soleus nach medial [1984]. Alternativ dazu finden sich die Soleusfasern unter den Fasern des medialen Gastrocnemiuskopfes und darunter wieder die Fasern des M. gastrocnemius lateralis. Zwischen dem Sehnenansatz und der freien Fersenbeinrückfläche liegt die retrokalkaneare Bursa (Abb. 8.61).

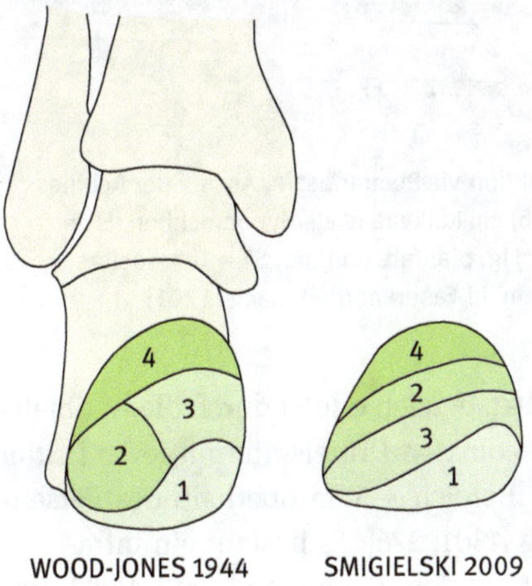

Abb. 8.61: Kalkanearer Achillessehnenansatz (Blick von dorsal: 1= Gastrocnemius med. Kopf, 2 = Gastrocnemius lat. Kopf, 3 = Soleus, 4 = retrokalkaneare Bursa), nach [94].

Im Querschnitt ist der ossäre Achillessehnenansatz am Kalkaneus halbmondförmig [1051]. Besteht eine Haglund-Prominenz [621], so fungiert die posterior-superiore Kalkaneustuberositas als Impingement mit der Achillessehnenansatzstelle. Die Zugkraftverteilung der Sehne am Fersenbeinansatz ist nicht gleichmäßig [1091], vielmehr variieren die Zugkräfte [1336] in Abhängigkeit von der Gelenkstellung (Plantarflexion/Dorsalextension), und dies in Abhängigkeit von den Sehnenansatzstellen medial, zentral und lateral posterior sowie lateral und medial anterior. Die posterioren Sehnenstrukturen werden dabei wesentlich stärker belastet als die anterioren Anteile [1091]. Aufgrund dieser Struktur wäre bei einer gesunden Sehne eigentlich eine Abrissverletzung am Ansatz bei ungleicher Kraftverteilung zu erwarten und nicht in der kritischen Zone der Achillessehne. Zudem endet die Achillessehne nicht am Kalkaneus [1201]. Die kollagenen Sehnenfasern gehen an der Enthesis über die verkalkende Faserknorpelschicht in die Kollagenstruktur des Knochens über [1981, 523, 137]. Über das ossäre, kollagene Fasersystem wird die auf die Achillessehne einwirkende Zugkraft auf das plantare Fasziensystem weitergeleitet. Es kommt dem Fersenbein die „Funktion" eines Hypomochlions zu [1201], entsprechend orientierte Trabekel des Kalkaneus erlauben diese Kraftübertragung auf die Plantarfaszie [1695, 1958, 944, 1723, 1873], die in Höhe der Zehengrundgelenke ansetzt. Damit verlagert sich der Drehpunkt (Rotationszentrum) des einarmigen Hebels vom Sprunggelenk (Plantarflexion – Dorsalextension) in die Zehengrundgelenke [708], die den verlängerten Ansatz der Achillessehne bedeuten (Abb. 8.62).

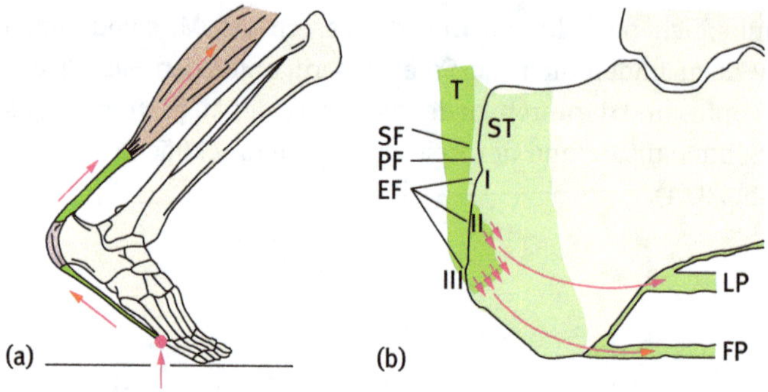

Abb. 8.62: Rotationszentrum (a) der Achillessehnenfunktion via Plantarfaszie, Ansatz der Achillessehne und des plantaren Faszien-/Ligament-Systems (b) am Kalkaneus als Hypomochlion (EF = Enthesis, T = Achillessehne, FP = Fascia plantaris, LP = Lig. plantare longum, ST = Tuberositas superior calcanei, PF = Periost-Faserknorpel, SF = Sesamoid-Faserknorpel), nach [1201].

Die Gefäßversorgung der Achillessehne im Ansatzbereich erfolgt durch die A. tibialis posterior mit Versorgung des distalen und proximalen Drittels, im mittleren Drittel übernimmt dies die A. peronea [389, 276] im Bereich 3–5 cm oberhalb des Fersenbeines mit einer verminderten Blutversorgung [1301, 276]. Es besteht ein intra- und ein extratendinöses System, Letzteres entsteht aus dem Paratenon [1368]. Das intratendinöse System wird aus dem Gastrocnemius versorgt und aus Gefäßen, die direkt oberhalb des Ansatzes der Achillessehne am Kalkaneus aus der A. peronea einstrahlen. Das extratendinöse System unterscheidet eine oberflächliche und tiefe Schicht, ausgehend vom Paratenon [50]. Da die Achillessehne keine Sehnenscheide hat, gibt es auch keine Blutversorgung durch das so genannte Mesotenon. Es entsteht also eine kritische Stelle bezüglich der Blutversorgung, wo sich die Sehnenfasern des medialen und lateralen Gastrocnemiuskopfes kreuzen. Dazu gibt es ein so genanntes „watershed band".

Dieses Retinakulum umhüllt die Achillessehne wiederum im minderdurchbluteten Bereich, ist immer angelegt und geht von der Fascia cruris posterior aus. Das Retinakulum hüllt die Region der Wasserscheide bezüglich der Blutversorgung der Achillessehne ein und wird deshalb als „watershed band" bezeichnet. In Abhängigkeit von der Plantarflexion und der Dorsalextension lässt sich somit eine zusätzliche Kompression der kritischen Zone erkennen [1586].

Pathologie

Zu den verschiedenen Übergangssituationen in der Knochen-Sehnen-Muskel-Sehnen-Knochen-Einheit muss das Lebensalter berücksichtigt werden. Das Altern führt zu einem Abbau (Texturstörung) der Struktur und der Funktionsfähigkeit der Sehnen. Die Kollagenfasern nehmen an Durchmesser zu, variieren in der Dicke, die Reißfestigkeit nimmt ab und die Steifigkeit zu [1835], so dass die mechanischen Eigenschaften reduziert werden. Es bedarf der Abgrenzung des Wachstumsalters vom Erwachsenenalter mit Abschluss des Knochenlängenwachstums. Sehnen setzen in aller Regel, insbesondere Zugsehnen, an Apophysen an. Hier handelt es sich um eine epiphysenartige Anhangszone an der Metaphyse mit Ausbildung eines zusätzlichen sekundären Ossifikationszentrums. Ebenfalls hier gelten die Prinzipien des direkten Überganges kollagener Sehnenfasern in den Knochen, auch durch die Wachstumsfuge hindurch, jedoch unter Berücksichtigung des sekundären Ossifikationszentrums, das sich ja erst nach der Geburt bildet. Nach OGDEN [1350] sparen die kollagenen Fasern das sekundäre Ossifikationszentrum aus und setzen sich um dieses herum in die Knochenstruktur fort. Daraus resultiert kein Schwachpunkt, vergleichbar mit dem der Epiphysenfuge zwischen der hypertrophen Zone und dem Ansatz an der Metaphyse/Diaphyse [1244]. Bei Überlastungen entsteht eine Schwächung dieser Ansatzgebiete im Sinne einer Chondrose mit Übergang je nach Ausprägung des Ossifikationszentrums in eine Osteose und zusammen in eine Osteochondrose, jedoch nicht auf der Basis der Anatomie, sondern durch die Überlastung. Hierzu liegen mehrere Erkrankungsbilder vor, z. B. Morbus Osgood-Schlatter) (Abb. 8.63).

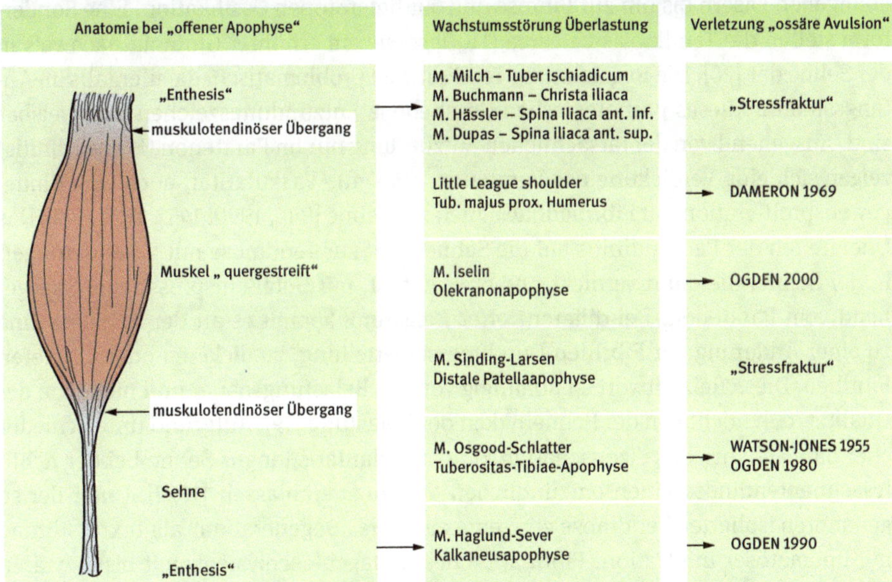

Abb. 8.63: Chondrosen und Osteochondrosen apophysärer Strukturen.

Ist die Wachstumsfuge der Apophyse geschlossen, liegt ein stabiles Ansatzverhalten der Sehne vor, Überlastungen führen jetzt zu den Enthesiopathien, die durch Schädigung von Sehnenfasern und Blutgefäßen durch Mikrotraumen zu einer Durchblutungsminderung (Anämie, Anoxie) führen, mit der Folge reparativer Maßnahmen einschließlich entzündlicher Veränderungen, die schließlich eine Texturstörung auslösen, was einen Elastizitätsverlust dieser Stelle bedeutet [1217, 431]. Pathogenetisch zeigt sich eine Auflockerung der Knorpelzone mit Ermüdungsbrüchen der Sehnenfasern und damit verbunden ein Ausriss der Sehnen. Die daraus resultierenden Knochenneubildungen ergeben „Randwülste“ [1615]. An diesen Stellen der Enthesiopathie resultiert aus der Frage der formalen Pathogenese, dass in diesem krankhaften Insertionsbereich Rupturen der Sehne entstehen können [319, 1841, 1317]. Es liegt eine krankhafte Schwachstelle des Sehnenansatzes vor.

Tendinose

Grundsätzlich wird die Insertionstendinose von der nicht ansatznahen Tendinose unterschieden [1268]. Die ansatznahe Tendinose als Ansatztendinose oder Enthesiopathie differenziert sich von der Tendinopathie als Tendinose (vgl. Kapitel 8.2).

Nach PUDDU [1452] ist die Differenzierung zwischen Paratendinitis, Paratendinose und Tendinose sowie die isolierte Tendinose in einer hypovaskularen Zone zu unterscheiden, Letztere zeigt repetitive Mikrorisse mit der Folge der Texturstörung der kollagenen Fasern bis hin zur Fibrose und zur heterotopen Ossifikation. Eine Sonderform stellen die Tendinosis calcarea [1100] sowie ein erhöhter Glutamatnachweis in der Sehne dar [28]. Die Bezeichnung Tendinitis ist problematisch, da allenfalls im Anfangsstadium dieses pathologischen Geschehens Entzündungszeichen nachweisbar sind. Ausgehend von der tatsächlichen Entzündung nur im Paratenon (Peritendinitis) zeigen sich eine Verdickung des Paratenon, eine gute Vaskularität, auch eine Bindegewebsproliferation mit Fibrinadhaesionen zur Sehne [946, 1990, 1452, 1634, 522]. Das Übergreifen der Peritendinitis auf die Sehne führt zur Tendinose mit Veränderungen in der Sehne, die dann verdickt und erweicht ist, mit Gefäßeinsprossungen, ausgehend vom Paratenon. Bei differenzierter Belastung kommt es an der Achillessehne zu einer Änderung der Fibrillen-Durchmesserverteilung, zu dickeren oder dünneren Fibrillen. Diese Reizantwort ist abhängig von der Belastungsdauer und nicht von der Qualität, d. h. nicht von der Schnelligkeit der Belastung [19]. Aufgrund unterschiedlicher biomechanischer Eigenschaften kann die Plantaris longus-Sehne bei der Achillessehnentendinose einen entzündlichen Vorgang veranlassen [1022]. Unter der so genannten isolierten Tendinose wird eine mukoide „Degeneration“ als Texturstörung mit lipomatöser Infiltration, Fibrillation des Kollagenfasersystems mit histiozytären Infiltraten und Kapillarinfiltration bis hin zur Folge der Ruptur, auch ohne Prodromi, verstanden. Dieser Entwicklungsverlauf ist vergleichbar mit den Ansatztendinosen [294]. Hier werden auch Bezeichnungen akut vs. chronisch verwendet [662], mit Unterscheidung der Texturstörung von der Entzündung. Liegt eine Ansatztendinose vor, so ist der Übergang in die retrokalkaneare Bursitis möglich [1599]. Die Ätiologie der Tendinose wird in mechanischen Faktoren im Sinne der Überlastung gesehen, mit Sauerstoffminderung und Entzündungszeichen im Anfangsstadium [1410] und durch Ausbildung von Neogefäßen, mit denen Nervenendigungen in das Sehnengewebe einwachsen, die eigentlich für das Hauptsymptom „schmerz"verantwortlich sind. Dazu wird auch die mechanische Festigkeit des Sehnengewebes durch das Einwachsen der Blutgefäße reduziert, was die Entstehung einer spontanen Sehnenruptur begünstigt. Diese Überlastung hat neben der Einflussnahme auf die Neoangiogenese auch eine Wirkung auf einen Gewebs- oder Zellschaden, der gleichfalls durch Medikamente verursacht oder mitverursacht wird.

Die aus Tendinosen resultierenden Diskontinuitäten sind an folgenden Stellen zu finden [371, 580, 397]:

1. Ausriss am Fersenbein mit Knochenlamelle,
2. Riss 3–4 cm proximal des Sehnenansatzes,
3. Riss am Übergang zum muskulären Teil.

Neben der Sehnenverdickung bei Tendinosen [1778, 1868] zeigen sich die Neovaskularisation [1343, 76, 1344, 30] sowie eine vermehrte Durchblutung nach Belastung [60, 181, 1395, 879], die ultrasonographisch und dann auch histologisch nachweisbar sind. Das ventrale Paratendineum ist mit sympathischen und sensiblen Nerven versorgt [49], die sympathischen Fasern dienen der Gefäßversorgung und die sensiblen Fasern als Erklärung der Schmerzen. Die Histologie zeigt die Zeichen eines verstärkten Repair-Mechanismus, d. h. die Reaktion des Gewebes auf die Tendinose mit Bildung einer nicht physiologischen Matrix [364], jedoch ohne Entzündungszeichen [860], aber mit einer vermehrten Mikrovaskularisation [1428]. Da die Tendinose in aller Regel ätiologisch die Ursache für die spontane Sehnenruptur darstellt [828], müssen Faktoren vorliegen, die auch zur Texturstörung führen, die eine Ruptur auslösen können [826]. Der Sport wird als wesentliche Ursache bezeichnet, mit Zahlen wie 75 %, 60 %, 62 % aller Achillessehnenrupturen [1621, 1432, 811, 432]. Diese sportlichen Überlastungen führen zur mechanischen Theorie. Des Weiteren müssen entzündliche Erkrankungen diskutiert werden, wie die rheumatoide Arthritis [948, 1688]. Bei den entzündlichen Erkrankungen haben auch die Tuberkulose, Aktinomykose, Granulomatose, Xanthomatose und ein Sehnentumor einen Einfluss, besonders aber sind Ernährungsfaktoren zu nennen wie Gicht [693] und die Adipositas [826]. Häufungen der Tendinosen gibt es bei Diabetes [1115], aber auch bei der Blutgruppe 0 als genetischem Faktor [828], den HLA-Antigenen („human leucocyte antigen") [828], sowie bei medikamentöser Behandlung durch Levofloxacin [1379, 1083], durch Antibiotika wie Fluoroquinolon [1106, 1539], Chinolon [1426], aber auch Testosterone sowie Anabolika [120, 1105]. Eine besondere Bedeutung haben Kortikoide, insbesondere dann, wenn sie aus Kristallsuspension in die Sehne oder in die unmittelbare Umgebung injiziert werden [1502, 1668, 231, 335, 454, 1021, 1785, 1559]. Auch Sehnen durchlaufen einen Alterungsprozess, so wie die Menisken als bradytrophes Bindegewebe. Damit sind das Alter sowie das Körpergewicht wie auch die mechanische Überlastung („overuse") wesentliche ätiologische Faktoren einer Achillestendinopathie, die als Texturstörung mit reparativer Antwort und nur anfänglicher entzündlicher Reaktion charakterisiert ist [77]. Allgemein werden fünf Theorien unterschieden, die ätiologisch die Tendinose erklären:

1. „Degenerationstheorie“ (Texturstörung):
   Eine aseptische Entzündung sowie die reduzierte Vaskularisation führen zur Texturstörung mit Zellverlust, Störung des Matrixgehaltes mit Umwandlung in eine myxoide, fettige, verkalkende „Degeneration“ [965, 1017, 1327, 2001, 88, 1057].
2. Mechanische Theorie:
   Die plötzliche Verlängerung der Muskel-Sehnen-Einheit mit gleichzeitiger Kontraktion des Muskels führt zu einem pathologischen Gleiten [487, 1613, 889, 1058] der Fibrillen mit Aufweichung der Matrix, und dies insbesondere bei verminderter Durchblutung. Bei der Achillessehne wäre hier die typische Stelle zu nennen, wo sich auch die kollagenen Fasern des medialen und lateralen Gastrocnemiuskopfes kreuzen [2033]. Dazu gehört ebenfalls die gestörte OSG-/USG-Funktion [1642, 302, 774, 803, 1189, 1641]. Bei dieser gestörten Funktion haben auch Exophyten (Osteophyten) im Sehnengleitlager eine besondere Bedeutung.
   Der Fersenbein-Inklinationswinkel zeigt keinen Einfluss auf die Tendinose [1665]. Funktionell kommt es aber zur Zunahme der Eversion im Subtalargelenk bei der Achilles-Mid-Portion-Tendopathie [1553].
3. Vaskuläre Theorie:
   In Abhängigkeit von der Durchblutung überschneidet sich diese Theorie mit der mechanischen Theorie, denn die sportliche Belastung, und damit die mechanische Belastung, führt zu einer Durchblutungsänderung [693, 889] mit der Folge der Gefäßveränderungen im Sinne einer vaskulären Theorie [655, 425]. Diese Überlastung hat als Ausgangspunkt eine ansatznahe entzündliche Reaktion, dies aber nur im Anfangsstadium [70, 826], und kann somit Ausgangspunkt für die Tendinose sein, wie dies auch bei der entzündlichen Theorie hinsichtlich rheumatischer Erkrankungen der Fall ist.
4. Entzündlich-rheumatische Theorie:
   Entzündliche Erkrankungen, insbesondere die rheumatoide Arthritis, mit eigentlicher Ausprägung der Entzündung in der Synovialis, nehmen aber gleichzeitig Einfluss auf die Sehnenscheiden, die ja im Endeffekt wie die Gelenkinnenhaut strukturiert sind. Insofern können über das da vorliegende Mesotenon die entzündlichen Komponenten in die Sehne getragen werden, mit der Folge der dann entzündlich bedingten Tendinose.
5. Drug related Tendinosis:
   Hier werden vorwiegend Kortikoide und Antibiotika (Fluoroquinolon, u. a. Levofloxacin, Ciprofloxacin) genannt, aber im Sportbereich auch Anabolika [1058].
   Die echte Verletzung (= fibrilläre Gefügestörung) als Texturstörung [1172] sowie auch ein „nontraumatic“ injury [978], d. h. chronic overuse (d. h. nicht traumatischer Schaden), führen zur vorübergehenden Entzündungsreaktion mit einer Neovaskularisation einer Texturstörung und in der Folge zum Sehnenrepair (d. h. „healing, modeling, remodeling“). Die Frage ist, ob der Vorgang geordnet abläuft

(Antwort auf Sehnenverletzung) oder ungeordnet (Antwort auf Überlastungsschaden „overuse"). Der geordnete Vorgang, wenn er nicht in einen ungeordneten übergeht, führt zur Heilung, der ungeordnete Vorgang zur Spontanruptur [1949, 977, 978], es liegt eine Beteiligung des Paratenon vor [1874]. Diese Vorgänge sind viel diskutiert [1114, 947, 278, 351, 1989, 1820, 1179, 1172, 510, 1321, 1121, 1175, 1826, 1657, 880, 390, 1822, 678, 119].

Das normale Altern nimmt einen signifikanten Einfluss auf die passive biomechanische Reaktion der Gastrocnemius-Achillessehnen-Einheit [1430]. Überlastungen in Verbindung mit der Altersveränderung vermindern die Muskelfunktion und auch die Heilungsmöglichkeit mit der Folge der Änderung der Muskel- und Sehnenstruktur bis hin zur Achillessehnenpathologie [359, 972, 1057, 1352, 1461]. Die Steifigkeit der Achillessehne sinkt mit zunehmendem Alter, der Querschnitt dagegen nimmt zu, der Triceps surae wird schmaler und die medialen Gastrocnemius-Faszikel kürzer [1738]. Zur Prüfung der Reißfestigkeit von Sehnen finden sich mehrere Hinweise in der Literatur, teils im Tierversuch, teils an Leichen-Sehnen, neuerdings auch im Sinne der Ultrasonographie am lebenden Menschen, wobei natürlich die Rissgrenze nicht erfasst werden kann.

Literaturübersicht zur „Achillessehnenruptur"

Die Frage, ob eine gesunde Sehne reißen kann oder nicht, wird in der Literatur mehrfach diskutiert [1219]. Die Aussagen stützen sich auf mechanische Versuche oder auch Berechnungen und auf den histologischen Degenerationsnachweis (Tab. 8.9). Dabei wird aber nicht die Definition der Degeneration berücksichtigt. Es ist aus den Angaben deutlich erkennbar, dass auch versucht wird, die Bezeichnung „Degeneration" zu umgehen, da in den morphologischen Befunden Bezeichnungen wie „keine pathologischen Veränderungen" verwendet werden.

Der Bezeichnung der sog. „Degeneration" werden unterschiedliche Interpretationen zugeordnet, die im Endeffekt eine Texturstörung des bradytrophen Bindegewebes bedeuten, da eine tatsächliche Zellpathologie nicht benannt wird. Vielmehr kommt es zur Beschreibung einer Strukturauflockerung der Faserstrukturen und zur Matrixveränderung. Bezüglich der Tendozyten finden sich eine verminderte Anfärbbarkeit sowie eine hypoxische Schädigung (Tab. 8.10).

Auffällig ist die Häufigkeit der Sehnendiskontinuitäten (Dehiszenz, Spontanruptur, traumatische Ruptur) beim Vergleich der Beuge- und Strecksehnen (Tab. 8.11). Erstere werden in aller Regel von Sehnenscheiden begleitet und diese versorgen die Sehnen zusätzlich mittels Mesotenon mit Blut. Es überwiegen eindeutig die „Rupturen" der Sehnen ohne Sehnenscheiden (Tab. 8.12).

Tab. 8.9: Hypothesen zum Zerreißen einer Sehne [1217, 884].

Hypothese: Gesunde Sehne kann nicht reißen	
Experimentelle Befunde	
An Knochen-Sehnen-Muskelpräparaten der Kaninchen-Achillessehne keine Sehnenruptur – lediglich Muskeleinrisse (häufig aber auch Knochenfrakturen durch insuffiziente Haltevorrichtung)	MC MASTER [1170]
An Knochen-Sehnen-Muskelpräparaten des Frosches **keine Sehnenrisse, nur Muskelrisse**	FINK u. WYSS [464]
Statische Belastungen bis 400 kg sind notwendig, um im Versuch an der Leiche eine Achillessehnenruptur ohne Muskulatur herbeizuführen	STUCKE [1757]
Gastrocnemiussehne des Hundes reißt **selbst bei stärkster Muskelkontraktur nicht**	STUCKE [1758]
Bei Reißversuchen der Achillessehne von Katzen und Kaninchen keine Achillessehnenrupturen, nur Rupturen der knöchernen und muskulären Insertion der Sehne. Sehnenrisse nur nach ischämiebedingter Sehnennekrose	DAVIDSSON [350]
Morphologische Befunde	
Degenerative Pseudozysten sind vorhanden	DELARUE u. DENOIX [358]
Mukoide Degenerationsherde, Pseudozysten liegen vor	CHIGOT et al. [281]
Pathologische Veränderungen (100 %) bei 74 Rupturen	ARNER [69]
Alle Exzisionspräparate von rupturierten Achillessehnen zeigen morphologische Veränderungen der Sehnenfaserbündel	LANG u. VIERNSTEIN [965]
Quadrizepssehnenruptur zeigt „schwere lipomatös entartete und durch Kalk und Knocheneinlagerung vorgeschädigte Sehne“	LUGGER [1085]
Nahezu bei allen Sehnenrissen (Achilles- und Quadrizepssehne sowie anderen Sehnen) liegen degenerative Veränderungen vor. Eine Unterscheidung ist nur in den ersten vier Wochen möglich.	WALTHER [1906]
Keine gesunde Sehne bei 891 Sehnenrupturen (Alter > 35 J.)	KANNUS [826]
Histologisch 100 % Deg. + Kollagenfaserschäden (OP innerhalb 24 h)	WATERSTON [1921] JARVINEN [776]
Ohne klinische Symptomatik vor Ruptur, Histo unauffällig	FOX [488]
Alle Sehnenpräparate zeigen bei Spontanrupturen degenerative Veränderungen	JÓZSA [812]
Degeneration bei allen Rupturen	KÖNN [897]
Rupturen sind mit der Degeneration verbunden	JÄRVINEN [780]

Tab. 8.9: (fortgesetzt)

Hypothese: Gesunde Sehne kann reißen	
Experimentelle Befunde	
Bei Sprüngen werden Mittelwerte der dynamischen Belastung der Achillessehne von 535 kp erreicht (Rechenexempel)	GRAFE [580]
Querrisse von Achillessehnen der Ratte (> 250 g Körpergewicht) 1–2 mm vom Ansatz am Calcaneus entfernt, bei tetanischer Muskelkontraktur, Häufigkeit der Risse abhängig vom Rattenstamm	BARFRED [100]
Achillessehnen von Männern sind bis zu Mittelwerten von 461,5 kp (130,5–680 kp) belastbar, in Abhängigkeit von der Flexion im oberen Sprunggelenk (Rechenmodell)	WILHELM et al. [1952]
Achillessehnenreißfestigkeit CT-gesteuert (ohne Muskel) Reißkraft 4350–5050 N	THERMANN [1796]
Morphologische Befunde	
Vier von fünf frischen Achillessehnenrupturen histologisch Normalbefund	LAWRENCE et al. [975]
Bei drei frischen Achillessehnenrupturen keine vorbestehenden Veränderungen	LANZ [970]
Unter 62 Achillessehnenrupturen zwölf mit regressiven und Gefäßveränderungen und 25 mit Entzündungen	PICAUD et al. [1420]
Nur bei 35 % der rupturierten Achillessehnen „degenerative" Veränderungen	SCHAUWECKER et al. [1592]
Bei fünf frischen Achillessehnenrupturen reparative Veränderungen	RALSTON u. SCHMIDT [1463]
„Hoher Prozentsatz" der sofort operierten Achillessehnenrupturen ohne „degenerative" Veränderungen	JÄGER [773]
72 % der rupturierten Achillessehnen keine pathologischen Veränderungen	WILHELM u. HERZOG [1953]
Bei Sportlern mit Sehnenrupturen *ohne* vorausgegangene Beschwerden keine „degenerativen" Veränderungen, aber in hohem Prozentsatz bei Vorbeschwerden	FOX et al. [488]
Bei 74 % der rupturierten Achillessehnen keine „degenerativen" Veränderungen (kein Beweis)	JEKIC [783]
Sehnenrupturen bei Pferden ohne „degenerative" Veränderungen	MC CULLAGH [1162]
77 % der rupturierten Achillessehnen ohne „degenerative" Veränderungen	HOLZ u. ASCHERL [725]

Tab. 8.10: Strukturelle Veränderungen an rupturierten Sehnen [1217].

Veränderung	Interpretation	Autoren
Lichtmikroskopie:		
Mukoide Degeneration	Degeneration	ARNER et al. [70]
Ödematöse Auflockerung, herabgesetzte Zellkernanfärbbarkeit und Nekrosen	Degeneration	ARNER u. LINDHOLM [69]
Alle Exzisionspräparate von rupturierten Achillessehnen zeigen morphologisch und histochemisch erfassbare Veränderungen: Wellige Struktur der Fasern, schlechte Anfärbbarkeit der Fasern; saure und neutrale Mukopolysaccharide im Rupturbereich vermindert	Degeneration	LANG u. VIERNSTEIN [965]
Verlust der parallelen Anordnung der kollagenen Fasern, Reduktion der Anzahl der Zellkerne, Verlust der elastischen Fasern	Degeneration	DAHMEN [343]
Elektronenmikroskopie:		
Auflockerung der Fibrillen, Auftreten feinster Fibrillen	Degeneration	DAHMEN [343]
Knickdeformitäten und Aufsplitterung der kollagenen Fibrillen	Folge der vorausgegangenen Überdehnung	MEINEL et al. [1172] NEMETSCHEK et al. [1291] COOMBS et al. [320]
Auftreten von Kollagen Typ III	Folge der Hypoxämie	JÓZSA et al. [809, 810]
Hypoxische Schädigung der Tendozyten	Degeneration	JÓZSA et al. [809, 810]
Longitudinale Auffaserung der Fibrillen, Fibrillendesintegration, Knickdeformitäten und Faserbrüche	Mechanische Ermüdungsschädigung	JÓZSA et al. [808]

Die zentrale Frage lautet, ob eine gesunde Sehne reißen kann, und wenn ja, unter welchen Bedingungen. Dazu liegt Literatur vor, die jedoch zu denkbar unterschiedlichen Ergebnissen kommt, da die Beurteilungen auch von jeweils anderen Voraussetzungen ausgehen. Einmal gibt es theoretische Überlegungen und Berechnungen, zum anderen Reißversuche an Leichen- oder Tiersehnen. Vergleichbare Techniken sind am Lebenden nicht möglich. Derartige Darstellungen beginnen im Jahre 1847 und dauern bis heute an.

WERTHEIM [1944] stellt an der Achillessehne eine Reißkraft (Bruchlast) von 6.000 N unter statischen Bedingungen fest. Bei statischer Beanspruchung resultiert für einen ruhenden Muskel eine Zugfestigkeit von 0,1 kg pro mm^2, für einen kontrahierten Muskel von 0,16 kg pro mm^2 [1829]. Die Zugfestigkeit der Sehne beträgt etwa 5 kg pro mm^2. Bei dynamischer Beanspruchung gilt für den ruhenden Muskel eine Ruckfestigkeit von 0,25 kg pro mm^2, für den kontrahierten Muskel besteht eine

Tab. 8.11: Frequency of various tendon ruptures (5); EPL = Extensor pollicis longus [826]. Die beiden angekündigten Arbeiten von ANZEL [53] zur Fortsetzung sind nicht erschienen.

Ranking order	**ANZEL et al. [53] U.S.**	**RÖSSLER [1520] Germany**	**KÖNN & EVERTH [895] Germany**	**JÄGER [772] Germany**	**BECK [128] Germany**	**KANNUS & JÓZSA [826] Hungary**
1.	Flexors of fingers (21 %)	Supraspinatus	Achilles	Biceps brachii (long head)	Extensors of fingers	Achilles (45 %)
2.	Extensors of fingers (18 %)	Biceps brachii (long head)	Quadriceps	Triceps brachii (distal tendon)	EPL	Biceps brachii (long head) (30 %)
3.	Rotator cuff (18 %)	EPL	Biceps brachii (long head)	Supraspinatus	Triceps brachii (distal tendon)	Patellar tendon (6 %)
4.	Biceps brachii (7 %)	Quadriceps	Patellar tendon	Deltoid	Biceps brachii	EPL (5 %)
5.	Quadriceps (5 %)	Achilles	Supraspinatus	Biceps femoris Semitendinousus	Rotator cuff	Quadriceps (4 %)
6.	EPL (5 %)		EPL	Gracilis	Quadriceps	Extensors of fingers
7.	Flexor pollicis longus (3 %)		Extensors of fingers	Gluteus medius	Achilles	Others
8.	Multiple ruptures (3 %)		Extensor hallucis longus	Rectus femoris (quadriceps)		
9.	Achilles (2 %)			Achilles		

Tab. 8.12: Häufigkeit der Rupturen an Sehnen, ohne und mit Sehnenscheiden.

Autor Jahr	Sehnen ohne Sehnenscheide	Sehnen mit Sehnenscheide
ANZEL 1959 [53]	72 %	28 %
RÖSSLER 1961 [1519]	100 %	
KÖNN 1967 [895]	100 %	
JÄGER 1972 [772]	100 %	
BECK 1980 [128]	100 %	
KANNUS 1991 [826]	90 %	?

Ruckfestigkeit von 0,75–1,00 kg pro mm^2. Die Ruckfestigkeit der Sehne beträgt 0,1 kg pro mm^2, woraus resultiert, dass bei einer kurzen Sehne und einem dicken Muskel die Sehne gegenüber dynamischen Insulten im Gegensatz speziell zum kontrahierten Muskel stark gefährdet ist. Allerdings ginge dies nicht so weit, dass die Sehne durch eigene ruckartige Kontraktionen des Muskels zerrissen werden kann (Tab. 8.13).

Tab. 8.13: Statische und dynamische Beanspruchung von Muskel und Sehne [1829].

statisch		dynamisch	
Zugfestigkeit		Ruckfestigkeit	
ruhender Muskel	0,10 kg/mm^2	ruhender Muskel	0,25 kg/mm^2
kontrahierter Muskel	0,16 kg/mm^2	kontrahierter Muskel	0,75–1 kg/mm^2
Sehne	5 kg/mm^2	Sehne	0,1 kg/mm^2 (?)

Auch bei massiver Krafteinwirkung auf den Muskel-Sehnen-Komplex kommt eine Sehnenruptur im Sehnenbereich nicht zustande [1170], eher finden sich knöcherne Ausrisse oder Muskelrisse, auch Frakturen waren die Folge. Die Versuche wurden an Kaninchen durchgeführt, unmittelbar nach deren Tötung. FINK [464] prüft an Fröschen, was die schwächste Stelle im System „Knochen – Sehne – Muskel – Sehne – Knochen" ist bzw. wo dieses System bei statischen und dynamischen Beanspruchungen am kontrahierten bzw. unkontrahierten und am ermüdeten Muskel reißen kann. Dabei wurde der M. gastrocnemius mit Ursprungs- und Ansatzstelle auspräpariert, der Zugversuch lag zwischen dem Femurkopf und an den Mittelfußknochen. Die Zugfestigkeit sowie die Ruckfestigkeit führten jeweils zu Muskelrupturen bzw. Sehnenausrissen aus dem Muskel. Eine tatsächliche Sehnenruptur bestand nicht, entsprechend den Untersuchungen von LOOS [1064].

Bei Zug- und Belastungsversuchen an einer menschlichen Achillessehne beträgt die statische Beanspruchbarkeit beim Riss 4,67 kg pro mm^2 sowie eine Dehnbarkeit bis zum Riss mit 7,34 % der Ausgangslänge [1756, 1757]. Zugversuche an der menschlichen Achillessehne mit Fixation des körperfernen Sehnenanteils einschließlich Knochen und des körpernahen Sehnenstücks ohne Knochen ergaben eine durchschnittliche

Dehnbarkeit von 7,34 % bei einer mittleren statischen Beanspruchbarkeit beim Riss von 4,67 kg pro mm^2. Diese Werte stimmen in etwa mit denen von WÖHLISCH [1974] überein. Bei einem Durchmesser der Achillessehne von etwa 100 mm^2 resultiert eine mittlere statische Belastbarkeit, bis es zum Riss kommt, von 4.581 N. Selbst bei stärkster Muskelkontraktion reißt die normale Gastrocnemiussehne des Hundes niemals im mittleren Drittel [1758]. Auch schlagartig einsetzende tetanische Dauerverkürzungen sind nicht imstande, eine normale Sehne, selbst wenn sie zu 4/5 durchtrennt ist, zu zerreißen (Angaben in kg entsprechen den Originalarbeiten).

Bevor die Sehne im mittleren Drittel reißt, rupturiert der Knochen. Auch bei der größten Inanspruchnahme rupturiert die normale Sehne nicht, unabhängig davon, ob es sich um statische oder dynamische Belastungen handelt [350]. Dahingegen entsteht entweder ein Ursprungs- oder Insertionsabriss oder eine Knochenfraktur. Die Sehne selbst rupturiert erst dann, wenn die Hälfte der Fasern durchschnitten ist. Wird hingegen der Gefäßkreislauf einer Sehne durch zwei naheliegende Ligaturen unterbunden, so wird die Sehne durch die dort entstandene aseptische Nekrose so weitgehend geschwächt, dass sie an dieser Stelle bei Beanspruchung rupturiert. Im Laufe von sechs Wochen gewinnt die Sehne jedoch dank der in ihr vor sich gehenden Regeneration ihre normale Festigkeit wieder. Die entstehenden Kräfte beim Weitsprung-Absprung können mit 1500 kp (= 14 751 N) und beim Hochsprung mit 800 kp (= 7848 N) berechnet werden [671], dies bei einer Anlaufgeschwindigkeit von 3 m/s. Bei einer Anlaufgeschwindigkeit von 2 m/s wäre die Achillessehne mit 1200 kp (= 11.772 N) belastet. Bei Berechnungen aus Kamerafrequenzen entsteht bei Sprüngen eine statische Belastung bis 2.521 N, bei dynamischer Belastung bis 5.248 N und bei unsymmetrischer Landung bis 10.497 N [580]. Die Zugfestigkeit der Achillessehne betrage 3.531–4.120 N [2001]. Eine Achillessehnenruptur unter Versuchsbedingungen entsteht bei statischer Kraft mit 6.670,8 N und bei dynamischer Kraft mit 9.123,3 N [1950, 1952]. Zugversuche an der Achillessehne mit Fixation der Sehne am Fersenbein und am Femurkondylus [101] führen zu dem Ergebnis, dass die Behauptung, eine gesunde Sehne könne nicht durch indirekte Kraft reißen, nicht bestätigt werden kann. Die statische und dynamische Belastbarkeit der Achillessehne liegt wesentlich höher als bisher bekannt [1950]. Die Belastbarkeit der Sehne steht in direkter Abhängigkeit zum Sehnenquerschnitt, bezogen auf die jeweilige Altersdekade. Mit zunehmendem Alter nimmt die Belastbarkeit ab (Abb. 8.64).

Die Achillessehne nähert sich bei Dorsalflexion im oberen Sprunggelenk der Tibia [1951]. In Übereinstimmung mit GRAFE [580] zeigt WILHELM [1952], dass sich die Spannung der Sehne zur Wahrung des Gleichgewichtes bei Annäherung der Sehne an die Tibia vergrößert und zum anderen die dynamische Belastung der Achillessehne den 5fachen Wert (etwa 535 kp) im Vergleich zu den unter statischen Bedingungen wirksamen Kräften erreicht. Bei zusätzlichen Momenten, wie einer unsymmetrischen Landung beim Sprung, können sich die Belastungswerte bis auf das Doppelte erhöhen. Daraus resultiert, dass unter gewissen Bedingungen bei ungünstiger Hebelwirkung eine Achillessehne bis zum Riss belastet werden kann, so dass

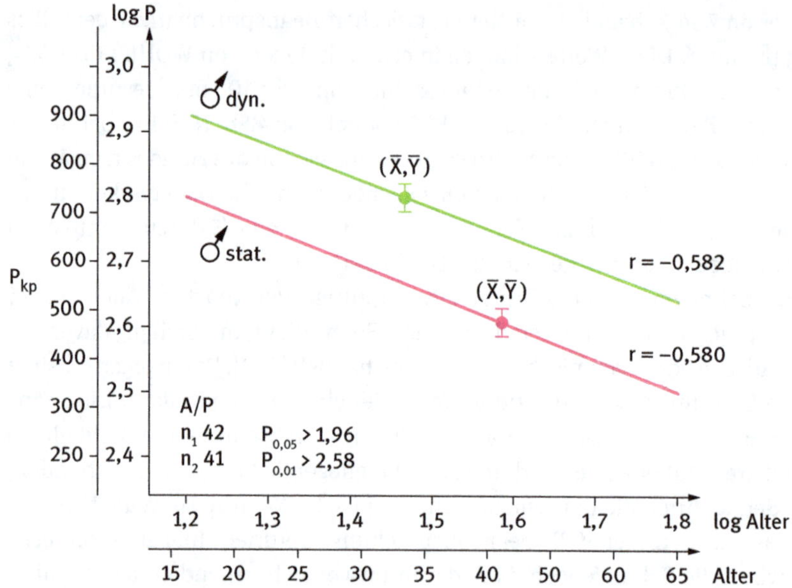

Abb. 8.64: Die Regressionsgeraden der Korrelation von Alter zur Maximalkraft bei statischer und dynamischer Belastungsprüfung [1950].

die Möglichkeit einer traumatischen Achillessehnenruptur durchaus zu diskutieren sei. Im gleichen Jahr kommt unter Berücksichtigung eigener Versuche WILHELM [1952] zu dem Ergebnis, dass, wenn die maximale Rissfestigkeit der Achillessehne auf den geringsten Querschnitt bezogen wird, eine durchschnittliche Belastbarkeit der Achillessehne nach statischer Prüfung von 7,5 kp pro mm^2 und nach dynamischer Prüfung von 10,1 kp pro mm^2 zu erhalten ist. BARFRED [102] verweist auf REYS [1495], der eine Muskelkraft im Triceps surae mit 560 kp feststellt, sowie auf HAXTON [659] mit einer Muskelkraft von 438 kp. IKAI [755] verweist auf eine Muskelkraft von 6,3 kp pro cm^2 und BUCHTHAL [225] auf 5–6 kp pro cm^2. Die Zerreißfestigkeit der Sehne betrage 5–10 kp pro mm^2, die Dehnbarkeit endet bei 10 %, dies bedeutet eine Zerreißfestigkeit der Achillessehne von 400 bis 500 kp bei einer Längenänderung von 1–2 cm. Wird die vom Triceps surae aufbringbare Muskelkraft von 560 kp bzw. 434 kp berücksichtigt, so bewegt sich diese Kraft im Bereich der Reißfestigkeit der Achillessehne. Achillessehnenrupturen seien in der Mehrzahl traumabedingt [1956]. Im System Knochen – Sehne – Muskel bilde die Achillessehne den schwächsten Gewebeanteil. Das Verhältnis Muskel-Querschnitt- zu Sehnen-Querschnittsfläche betrage beim M. triceps surae zur Achillessehne 120 : 1. Wird davon ausgegangen, dass 1 cm^2 der Muskulatur bis zu 10 kp belastet werden kann, dann liegt die Belastbarkeit der Muskulatur, bezogen auf den gesamten Querschnitt, höher als die der Sehne.

In der Beurteilung der vorliegenden Literatur wird vor allen Dingen auf die Arbeit von WILHELM [1955] hingewiesen, der eine Maximalbelastbarkeit der Achillessehne von 400–600 kp bei statischen Versuchen bzw. 930 kp bei dynamischen ermittelte, so dass die Reißfestigkeit z. B. beim Doppelsalto rückwärts oder bei Skiunfällen durchaus überschritten werden könne.

Funktionelle Überlegungen [1637], vergleichbar mit Ergebnissen anderer Autoren [34, 294, 531, 1705] stellen fest, dass beim Rennen eine Achillessehnenkraft des 6,1–8,2fachen des Körpergewichts entsteht. Die Sprunggelenk-Knochen-Kompressionskraft beträgt das 10,3–14,1fache und an der Patellarsehne wirkt eine Kraft des 4,7–6,9fachen des Körpergewichts. In der Standphase würde die Belastung an der Achillessehne beim 2,5fachen des Körpergewichts liegen [1402]. Die Belastbarkeit der Achillessehne wird mit 9.000 N beim Laufen angesehen [905], was einem 12,5fachen Körpergewicht entspricht oder 11.000 N/cm^2. Beim langsamen Gehen beträgt diese Achillessehnenbelastung 2.600 N und beim Radfahren unter 1.000 N. Beim repetitiven Hüpfen mit Spitzfußbelastung zeigt sich die Kraftnotwendigkeit bei 3.790 N, beim Hüpfen in Hockstellung 2.200 N und beim Gegensprung-Hüpfen 1.900 N. Beim Vertikalsprung aus der Hockposition entsteht eine gemessene Achillessehnenkraft von 2.234 N fest mit der Berechnung der Sehnenkraft mit 2.402 N [505], bei zwei Zyklen Vertikalsprung pro Sekunde gemessene 3.787 N und errechnete 3.916 N [1222]. Ein wesentlicher Geschlechtsunterschied sei nicht festzustellen [1296], wobei auch gegenteilige Meinungen [960, 1945] vorliegen. Die Ergebnisse von FUKASHIRO [505] sind vergleichbar mit denen von HASHIZUME [653, 654]. Computergesteuerte Untersuchungen zeigen eine maximale Reißkraft der Achillessehne mit 4.976,5 N bei einer Zuggeschwindigkeit von 1.000 mm/min und 4.635,2 N bei einer Geschwindigkeit von 100 mm/min [1796]. Einen wesentlichen Unterschied zwischen jungen und alten Patienten gäbe es nicht, wohl aber eine höhere Reißkraft bei Männern als bei Frauen.

FURIKADO [512] untersucht die Reißfestigkeit des Achillessehnenansatzes beim wachsenden Skelett und nach Abschluss des Längenwachstums bei Kaninchen. Beim wachsenden Skelett wird die Reißkraft mit 138,5 N und nach Abschluss des Längenwachstums mit 179,6 N angegeben. Die Rissschäden beim reifen Tier finden sich zu 50 % im Ansatzbereich und zu 50 % teilweise in der Sehne selbst. Beim wachsenden Tier ist der Schaden zu 85 % in der Ansatzzone und zu 15 % in der Sehne selbst zu ermitteln. Die Länge der Muskelfaszikel im Vergleich zur Länge der gesamten Muskel-Sehnen-Einheit ergibt, dass die Muskelfaszikel eine wesentlich geringere Längenänderung zeigen als die gesamte Muskel-Sehnen-Einheit [691]. ZSCHÄBITZ [2046] stellt fest, dass die Sehnenzugfestigkeit im Vergleich zu YAMADA [2001] mit 4120 N/cm^2 nach eigenen Ergebnissen 5.000–10.000 N/cm^2 beträgt. Vergleichbar dazu gibt KUNSCH [942] die maximale Muskelkraft mit 50 N/cm^2 an. Es resultiere ein Sicherheitsbereich der Sehne in Bezug auf den Muskel mit 200 bis 300 % [2046]. Die Energiespeicherkapazität sei um einen Faktor von 400–1800 an der Sehne höher als beim Muskel [136]. Ein Sprung von einem 1 m hohen Tisch auf den Boden ergibt eine kurzfristige Kraftspitze von ca. 50–100 N [942], im Vergleich dazu lässt sich eine kurze Spitzenbelastbarkeit von über 500 kp/mm^2 unter Berücksichtigung eines durchschnittlichen Sehnenquerschnitts der Achillessehne von 80–100 mm^2

errechnen. Ein Sprung von einem 1 m hohen Tisch führe aber auch zu einer Belastung der Achillessehne mit 2.943 N [600], die Zugfestigkeit der Achillessehne allerdings beträgt am Kaninchen-Fersenbeinansatz 140–180 N [512]. Unter Zugbedingungen, gemessen mittels Ultrasonographie, stellt HERBER [690] eine Längenänderung der Muskelsehneneinheit zwischen 27–55 % fest, was einer wesentlich höheren Längenänderung als bei Sehnen entspricht. STOKES [1747] misst mittels Ultrasonographie die Längenänderung der Achillessehne von der welligen Struktur bis zur vollen Streckung mit 4–6 % der Länge. DORAL [389] kommt zu dem Ergebnis, dass beim Rennen eine Belastung der Achillessehne bei 9.000 N entsteht, was einem 12,5fachen des Körpergewichtes entspricht. ULMAR [1857] ermittelt unter Miteinbezug der Literatur eine statische Reißfestigkeit der Achillessehne mit 4.350 N und dynamisch zwischen 4.903 und 9.120 N.

Wird die statische Belastung der Achillessehne mit 400 kp und die dynamische mit 500–930 kp berücksichtigt, so resultiert eine statische Belastbarkeit, d. h. Reißfestigkeit mit 3.924 N, wogegen bei der dynamischen Belastung die Reißfestigkeit bei 5.905 bis 9.123 N besteht, also vergleichbar den Werten von STUCKE [1756, 1757], WILHELM [1952], ELLIOTT [419], ULMAR [1857]. MÜLLER-WOHLFAHRT [1256] errechnet bei einem Achillessehnenquerschnitt von 80–100 mm^2 eine Spitzenbelastbarkeit der Sehne von 500 kg, d. h. 4.905 N. Wenn nach KUNSCH [942] beim Sprung vom Tisch (Höhe 1 m) ca. 50–100 N entstehen bzw. nach GROSSER [599] 2.943 N, so ist die Sehnenbelastbarkeit 2- bis 50-mal höher. Bei all diesen Berechnungen und Messmethoden wird aber weitgehend die Stellung des OSG und USG nicht berücksichtigt (Abb. 8.65).

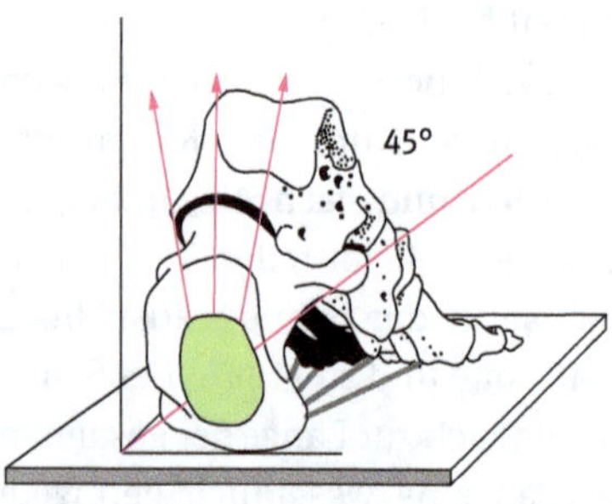

Abb. 8.65: Achse des USG und seine Beziehung zur Achillessehne [1642].

Die Achillessehne setzt medial der Achse des unteren Sprunggelenkes an und damit varisiert der Kalkaneus mit der Achillessehne bei Plantarflexion [1642], besonders wenn die laterale Führung durch das Lig. fibulocalcaneare fehlt, da die fibularen Bänder mit der Peronealmuskulatur der Supination entgegenwirken [979]. Bei 30°-Supination (Instabilität?) im unteren Sprunggelenk wird die konvexe Seite um 10 % früher angespannt [101]. Wird dieser Mechanismus beachtet, so wird medial entlastet und lateral gespannt, dazu gemäß dem halbmondförmigen Ansatz der Achillessehne [1051] eine ungleiche Kraftverteilung herbeigeführt [1091]. Der dorsale Sehnenanteil wird beim Übergang von der Plantarflexion zur Dorsalextension 10-mal stärker belastet als der anteriore Sehnenanteil, was auch auf den Übergang der Sehnenbelastung auf die Plantarfaszie hinweist [1646]. Somit ist eine Kaskadenruptur der Achillessehne in Verbindung mit einer Pronation im Sprunggelenk nicht erklärbar.

Die wesentlichen Forschungsergebnisse lassen sich zusammenfassen (Tab. 8.14) und führen zu Übersichtsdaten (Tab. 8.15), die im Endeffekt folgenden Schluss zulassen:

- statische Achillessehnenreißfestigkeit 4.819 N,
- dynamische Achillessehnenreißfestigkeit 6.613 N,
- bestimmbarer Grenzwert 7.692 N,

Bis zu diesen Werten kann eine Achillessehne belastet werden, ohne dass eine Diskontinuität die Folge wäre. Damit erhebt sich die Frage, ob die Muskelkraft diese Belastbarkeit überschreiten kann. Der Querschnitt der Trizepsmuskulatur wird mit 120 cm^2 angegeben. Damit und unter Berücksichtigung des Muskelkraftaufwandes lässt sich die Gesamtmuskelkraft feststellen (Tab. 8.16). Dabei entfallen auf den M. soleus 45 % und auf den M. gastrocnemius 55 % der Querschnittfläche und es wird von einer Muskelkraft von bis zu 100 N pro cm^2 ausgegangen [221].

Aus den vorliegenden Werten geht am M. triceps surae eine durchschnittliche maximale Muskelkraft von 6.635 N bei einer Zugfestigkeit dieses Muskels mit fast 12.000 N hervor. Eine physiologische Längenänderung der Muskeln beträgt 40 % [942] mit einer Streubreite von 27–55 % [691], es gibt Werte bis 260 % [1829, 2001]. Verteilt auf den Muskel-Sehnen-Komplex ist eine passive Längenänderung am Gastrocnemius (in dessen oberflächlicher und tiefer Schicht [68]) zu 28 % auf den Muskel und zu 72 % auf die Sehne und beim Tibialis ant. zu 45 % auf den Muskel und zu 55 % auf die Sehne festzustellen [691]. Die Längenänderung der Sehne kann genauer bestimmt werden (Tab. 8.17). Der physiologische Dehnbereich liegt bei 3–4 % der Sehnengesamtlänge, die Rissgrenze kann bei etwa 8 % angenommen werden (Abb. 8.66). Zwischen 3 % und 5 % entstehen Zerrungen, d. h. Teilrupturen ohne Kontinuitätsunterbrechungen.

Auch der tendoossäre Übergang zeigt ein elastisches Verhalten. An dieser Stelle gehen die kollagenen Fasern der Sehne als Sharpey'sche Fasern in das kollagene Fasergerüst des Knochens über. Diese Verbindung ist denkbar stabil und ohne zusätzliche elastische Struktur auch extrem brüchig. Die kollagenen Sehnenfasern durchlaufen vor Eintritt in den Knochen eine Zone aus nicht mineralisiertem Faserknorpel sowie unmittelbar vor dem Knochen eine mineralisierte Faserknorpelzone, beide Zonen enthalten Knorpelzellen und werden als „Enthesis" bezeichnet [138]. Die Knorpelzellen dienen als Polster zum Ausgleich der Kräfte zwischen Sehne und Knochen.

Am tendoossären Übergang sorgen die kollagenen Fasern (Sharpey'sche Fasern) für eine elastische Verbindung zum Knochen, die stabile Verbindung zwischen Sehne und Muskel entsteht durch eine erhebliche Oberflächenvergrößerung mittels fingerförmig eingefalteter Zytoplasmamembran, in die die kollagenen Sehnenfasern in den Muskelbauch einstrahlen (vgl. Band 1, Kapitel 1.4). Muskel und Sehne sind ein aktives bzw. passives Glied einer kinetischen Kette [1387]. In der Funktionskette „Knochen-

Tab. 8.14: Untersuchungsergebnisse aus der Literatur zum Achillessehnenriss: Achillessehnenreißfestigkeit (Ø 80–100 mm² [1256].

	Jahr	statisch	dynamisch	
WERTHEIM [1944]	1847	5.984 N		6,1 kp/mm²
TRIEPEL [1829]	1902	4.905 N		durch eigene ruckartige Kontraktionen zerreißen die Sehnen nicht. 5 kp/mm² statisch
MC MASTER	1933			keine Sehnenruptur
FINK [464]	1942			keine Sehnenruptur
STUCKE [1756]	1950	4.581 N		4,67 kp/mm²
DAVIDSSON [350]	1956			statisch oder dynamisch keine Sehnenruptur
HEGER [671]	1966		8.044 N bis 11.281 N	Salto rückwärts 820–1.150 kp
GRAFE [580]	1969		5.248 N	bei unsymmetrischer Landung bis 10.497 N
YAMADA [2001]	1970	3.531–4.120 N		
WILHELM	1973	♂4.500 N ♀3.500 N ♂ 6.671 N max	♂ 6.450 N ♀4.770 N ♂ 9.123 max	direkt gemessene Reißkräfte statisch 7,5 kp/cm² dynamisch 10,1 kp/cm²
BARFRED [102]	1973	4.905–9.810 N		
WILHELM [1956]	1977	9.908 N		
ROMPE [1526]	1978	2.600 N	2.600 N	Sprung aus 1 m Höhe
DEDERICH [354]	1988	5.886 N	9.123 N	Werte von WILHELM [1948]
SCOTT [1637]	1990		3.100–5.020 N	6,1–8,2 BW beim Laufen
KOMI [905]	1990	9.000 N		beim Rennen (12,5faches BW)
FUKASHIRO [505]	1993		2.402–3.916 N gemessen und berechnet	Sprung aus Hockposition bis 2 Zyklen pro Sekunde
THERMANN [1796]	1995	4.635 N–4.977 N		statische und quasi statische Belastung
WREN [1989]	2001	4.620 N–5.580 N		statische und quasi statische Belastung
ZSCHÄBITZ [2046]	2005	5.000 N–10.000 N Zugfestigkeit		Sicherheitsbereich 200–300 %
KUNSCH [942]	2005	4.905 N		
GROSSER [600]	2010	beim Sprung vom Tisch (1 m) 2.943 N		
DORAL [389]	2010		9.000 N	beim Rennen ≙ 12,5faches BW
STOKES [1747]	2010	2.000 N–2.500 N		
ULMAR [1857]	2014	4.350 N	bis 9.123 N	
MÜLLER-WOHLFAHRT [1256]	2014	4.709 N bis 5.886 N (dynamisch?)		6 kp/mm² Querschnitt 80–100 mm²

Tab. 8.15: Achillessehnenreißkraft ≙ Bruchlast (Literaturübersicht).

	Jahr	statisch	dynamisch	
WERTHEIM [1944]	1847	5.984 N (≙ 6,1 kp/mm2)		
TRIEPEL [1829]	1902	4.905 N	982 N	
STUCKE [1756]	1950	4.581 N	6.448 N	
ELLIOTT [418]	1965	5.000 N–10.000 N		
HEGER [671]	1966	bis 11.772 N		
GRAFE [580]	1969	2.521 N	5.248 N	
YAMADA [2001]	1970	bis 4.120 N		
WILHELM [1950]	1972	6.671 N	9.123 N	
BARFRED [102]	1973	4.905 N–9.810 N		
BAUMANN [126]	1980	7.000 N (Weitsprung)		
DEDERICH [354]	1988	5.886 N	9.123 N	
KULUND [937]	1988	9.000 N		
SCOTT [1637]	1990	bis 6.033 N (75 kg Körpergewicht)		
KOMI [905]	1990	9.000 N		
FUKASHIRO [505]	1993	3.916 N (vertikaler Sprung)		
THERMANN [1796]	1995	4.977 N		
ZSCHÄBITZ [2046]	2005	bis 10.000 N		
KUNSCH [942]	2005	4.905 N		
DORAL [389]	2010	9.000 N		
ULMAR [1857]	2014	4.350 N	9.123 N	
Durchschnitt		4.819 N	6.613	Grenzwert 7.649

Sehne-Muskel-Sehne-Knochen“ sind „in vitro“ weder die Muskulatur noch die Sehne ein „locus minoris resistentiae“ [1884], funktionell ist die Sehnenfestigkeit um den Faktor 4 größer als die maximal mögliche isometrische Anspannung des dazugehörigen Muskels [641, 710]. In der Muskel-Sehnen-Knochen-Einheit treffen verschiedene elastische Mechanismen aufeinander und bilden eine insgesamt elastische, funktionierende Einheit. Die Reißfestigkeit ist für die wesentlichen Strukturen bestimmbar, diese liegt über der des kompakten Knochens [105]. Ein wesentlicher Schwachpunkt findet sich in diesem Gefüge nicht. Lediglich der Muskel-Sehnen-Übergang sei häufig die anfälligste Stelle für eine Zugbelastung [151, 813, 827, 1315], dies trifft dann zu, wenn die ganze Muskel-Sehnen-Einheit gedehnt wird [1315]. Aus dieser Feststellung müsste bei Verletzungen durch Zug am Muskel-Sehnen-Übergang der Riss entstehen, was aber an der Achillessehne nicht zutrifft. Es kommt zur Diskontinuität der Sehne 3–7 cm vor dem Sehnenansatz am Kalkaneus.

Tab. 8.16: Trizeps-Muskulatur, Muskelkraft (Literatur).

	Jahr	max. Muskelkraft	Zugfestigkeit des Muskels
TRIEPEL [1829]	1902		statisch Zugfestigkeit ruhend 0,10 kp/mm² kontrahiert 0,16 kp/mm² dynamisch Ruckfestigkeit auf das Volumen bezogen ruhend 0,25 kp/mm² kontrahiert bis 1,00 kp/mm²
REYS [1495]	1915	5.382 N	
HAXTON [659]	1944	4.297 N	
BARFRED [102]	1973	5.494 N	
WILHELM [1956]	1977	11.772 N	120 cm² bei 10 kp/cm²
KUNSCH [942]	2005	max. 50 N/cm² d. h. 6.000 N	
BRÜGGEMANN [221]	2005	50 – 100 N Muskelkraft pro cm² bei 100 cm² = max. 10.000 N	statische Kraft

Tab. 8.17: Längenänderung an der Sehne (Dehnbarkeit).

	Jahr	Dehnbarkeit in %
BARFRED [102]	1973	10 %
JÓZSA [815]	1997	1–3 %, 3–5 %, 5–8 %, Reißgrenze 8 %
DEVKOTA [373]	2003	bis 14 %
WANG [1911]	2006	1–4 %, 4–8 % (Reißgrenze)
MÜLLER-WOHLFAHRT [1256]	2014	3–5 %
ULMAR [1857]	2014	7–15 %

Wird die mögliche Muskelkraft (Tab. 8.18) mit der Reißfestigkeit der Achillessehne (Tab. 8.19) verglichen, so resultiert:
- als Muskelkraft, dynamisch, erreicht der Triceps surae 5.925 N–6.635 N,
- die Achillessehnenreißkraft, dynamisch, beträgt 7.692 N–9.123 N.

Daraus ließe sich ein Sicherheitsbereich von 50 % ableiten, wogegen ZSCHÄBITZ [2046] diesen mit 200–300 % erkennt. Eine Energiespeicherkapazität berechnet BENJAMIN [136] bei der Sehne um den Faktor 400–1.800 höher als beim Muskel.

Bei der Belastung von Sehnen wird dann, wenn die maximale Muskelkraft angenommen wird, als Rupturursache eine Fehlinnervation bzw. ein Zusatzimpuls disku-

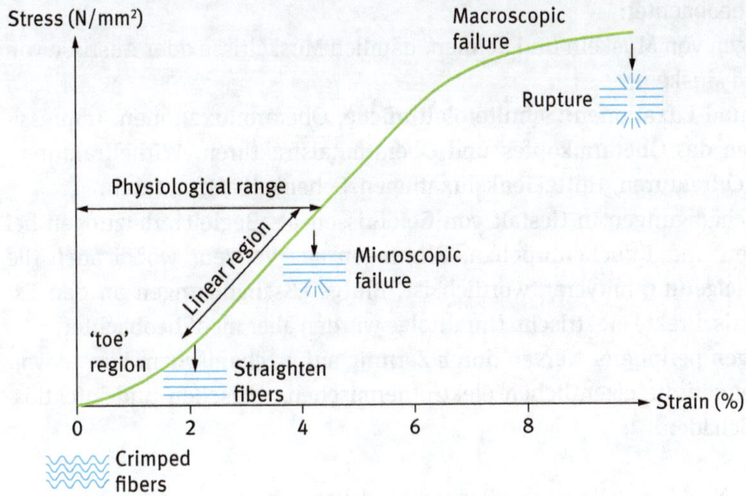

Abb. 8.66: Dehnfähigkeit einer Sehne bis 8 % [1106] bzw. bis 15 % [2001].

Tab. 8.18: Muskelkräfte (bei 120 cm^2 des Gastrocnemius).

isometrisch	6,3 kp/cm^2 5,5 kp/cm^2	IKAI [755] BUCHTHAL [225]
Trizeps surae (dynamisch)	560 kp 438 kp	REYS [1495] HAXTON [659]
	Ø 604 kp = 5.925 N	davon 80 % Frauen

Tab. 8.19: Achillessehne (bei 1 cm^2): Die Sehne ist kräftiger als die Muskelkraft.

Reißkraft	statisch Ø 4.819 N–max. 6.671 N dynamisch Ø 7.692 N–max. 9.123 N Extremwert 11.772 N	FUKASHIRO [505], THERMANN [1796], WILHELM [1950], SCOTT [1637], GROSSER [599], GRAFE [580]
Triceps surae	dynamisch Ø 5.925 N–max. 6.635 N	REYS [1495], HAXTON [659], KUNSCH [942]

tiert. Unter einer Fehlinnervation wird im Allgemeinen der Zustand verstanden, dass alle Muskelfasern gleichzeitig zur Kontraktion kommen und somit nicht eine normalerweise zu erwartende Muskelkraft verursachen. Diese tetanische Muskelkontraktion wird bei Versuchen auch angewandt und ist vor allen Dingen vergleichbar mit dem Stromunfall, der im Sinne einer tetanischen Kontraktion zur maximalen Muskelkraft unter Einbezug aller Muskelfasern führt. In der Klinik werden beim Durchgang des elektrischen Stromes Muskelkontrakturen festgestellt, die zu Sehnenabrissen, Sehnenausrissen (ossär) oder auch zu Knochenbrüchen führen, nicht dagegen zu einer Sehnenruptur [598, 898, 1481, 1033].

Es werden beobachtet:

1. Schädigungen von Muskeln und Sehnen, nämlich Muskelrisse oder Ausrisse von Sehnen und Muskeln,
2. Frakturen und Luxationen: Schulterblattbrüche, Oberarmluxationen, Impressionsfrakturen des Oberarmkopfes und Oberarmhalsfrakturen, Wirbelfrakturen, Pfannendachfrakturen, Hüftgelenksluxationen, Schenkelhalsfrakturen,
3. Blutgefäßschädigungen in Gestalt von Gefäßrissen als Begleitverletzungen bei Muskelrissen und Knochenbrüchen, Blutungen aus Varizen, wobei auch die Blutdrucksteigerung mitverantwortlich ist, Blutgefäßschädigungen an den Extremitäten als direkte elektrische Unfallfolge wurden aber nicht beobachtet,
4. Schädigungen peripherer Nerven durch Zerrung auf mechanischem Weg, davon sind zu trennen die eigentlichen elektrothermischen, toxischen und infektiöstoxischen Schäden.

Es erfolgte eine Nachbeurteilung der Rechen- und Versuchsergebnisse anhand folgenden Rechenbeispiels zur Beurteilung der Kraftwirkung auf die Achillessehne beim Absprung zum Salto rückwärts (Abb. 8.67).

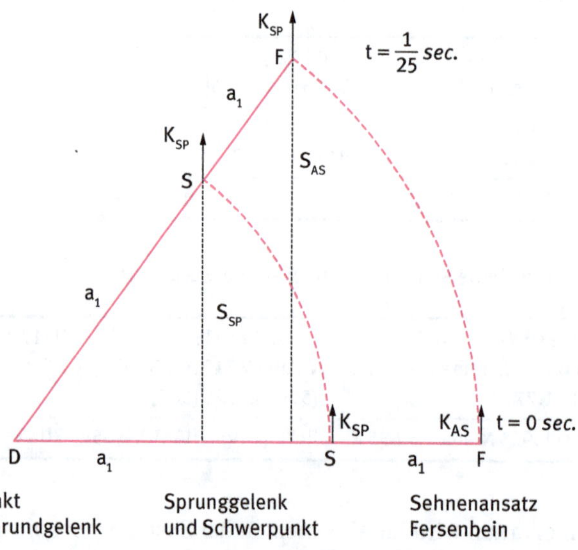

Abb. 8.67: Auf die Achillessehnen einwirkende Kraft beim Absprung zum Salto rückwärts (S_{SP} = vertikale Beschleunigungsstrecke des Schwerpunktes, S_{AS} = vertikale Beschleunigungsstrecke des Sehnenansatzes am Fersenbein, b_{AS} = vertikale Beschleunigung des Sehnenansatzes, b_{SP} = vertikale Beschleunigung des Schwerpunktes, K_{SP} = vertikale Beschleunigungskraft am Schwerpunkt, K_{AS} = vertikale Beschleunigungskraft am Sehnenansatz, $K\frac{G}{SP}$ = Gesamtkraft am Schwerpunkt, $K\frac{G}{AS}$ = Gesamtkraft am Sehnenansatz, m = Masse des Turners, H = erreichte Hubhöhe des Schwerpunktes, $f_{Stoß}$ = Verhältnisfaktor Maximalkraft zu mittlerer Kraft des Kraftstoßes, g = Erdbeschleunigung, vgl. Rechenbeispiel.

Angenomme Daten des Rechenbeispiels:

$$m = 72\,\text{kg};\quad t = \frac{1}{25}\,\text{sec};\quad h = 12\,\text{cm};\quad a_1 = 10\,\text{cm},\quad a_2 = 5\,\text{cm};\quad f_{\text{stoß}} = 1{,}3.$$

Rechengang:

$$S_{AS} = \frac{1}{2} b_{AS} t^2,\quad b_{AS} = \frac{2}{t^2} \cdot S_{AS} = 0{,}24\,\text{m} \cdot \frac{625}{\text{sec}^2} = 150\,\frac{\text{m}}{\text{sec}^2},\quad \frac{S_{SP}}{S_{AS}} = \frac{a_1}{a_1 + a_2}$$

$$S_{SP} = \frac{A_1}{A_1 + A_2} S_{AS} = \frac{10}{15} \cdot 0{,}12\,\text{m} = 0{,}08\,\text{m}$$

$$b_{SP} = \frac{2}{t^2} S_{SP} = 0{,}16\,\text{m} \cdot \frac{625}{\text{sec}^2} = 100\frac{\text{m}}{\text{sec}^2}$$

$$K_{sp} = m \cdot b_{sp} = 72\,\text{kg} \cdot 100\frac{\text{m}}{\text{sec}^2} = 7.200\,\text{N}$$

$$G = m \cdot g = 72\,\text{kg} \cdot 9{,}81\frac{\text{m}}{\text{sec}^2} = 706\,\text{N}$$

$$K_{SP}^G = 7.200\,\text{N} + 706\,\text{N} = 7.906\,\text{N}$$

Hebelgesetz:

$$K_{AS}^G \cdot (a_1 + a_2) = K_{SP}^G \cdot a_1$$

$$K_{AS}^G = \frac{a_1}{a_1 + a_2} \cdot K_{SP}^G = \frac{10}{15} \cdot 7.906\,\text{N} = 5.270\,\text{N}$$

Kraft auf eine Sehne:

$$\frac{1}{2} K_{AS}^G = 2.635\,\text{N} = 270\,\text{kp}$$

Maximalkraft des Kraftstoßes auf eine Sehne:

$$f_{\text{stoß}} \cdot K_{AS}^G = 1{,}3 \cdot 2.635\,\text{N} = 3.426\,\text{N} = 350\,\text{kp}$$

Erreichte Hubhöhe des Körperschwerpunktes: Energiesatz : $m \cdot g \cdot H = \frac{1}{2} m v^2$:

$$H = \frac{v^2}{2g} = \frac{(b_{SP} \cdot t)^2}{2g} = \frac{(100\frac{\text{m}}{\text{sec}^2} \cdot \frac{1}{25}\text{sec})^2}{2 \cdot 9{,}81\frac{\text{m}}{\text{sec}^2}} = \frac{(4{,}0\frac{\text{m}}{\text{sec}} \cdot 4{,}0\frac{\text{m}}{\text{sec}})^2}{19{,}62\frac{\text{m}}{\text{sec}^2}} = \frac{16{,}0\text{m}^2}{19{,}62\text{m}} = 0{,}82\,\text{m}$$

Auf die Achillessehne wirkt beim Absprung zum Salto rückwärts mit einer Hubhöhe des Körperschwerpunktes von 0,82 mm² eine Maximalkraft des Kraftstoßes von 350 kp = 3.426 N. Bei einer Reißfestigkeit der Sehne mit $\frac{\text{Bruchlast}}{\text{Sehnenquerschnitt}} = \frac{5.925\,\text{N}}{90\text{mm}^2} = 65{,}8\frac{\text{N}}{\text{mm}^2} = 65{,}8\,\text{MPa}$ wird die Bruchlast der Sehne nicht erreicht. Da die Maximalkraft des Kraftstoßes (dynamische Belastung) 3.426 N beträgt, ist damit die dynamische Bruchlast (dynamische Belastung > statische Bruchlast) erreicht. Wird auch die Steifigkeit der Sehne („stiffness“) als Differentialquotient [214, 43] aus Zugkraft und Längenänderung ($\frac{\Delta K}{\Delta l} = \frac{dK}{dl}$) berücksichtigt, so ergibt sich zwar eine höhere Steifigkeit bei der dynamischen Belastung, die Steifigkeit nimmt aber zum Wendepunkt hin ab, so dass keine wesentliche Änderung zur statischen Belastung resultiert (vgl. Abb. 8.3, die Dehnungskurven verlaufen vor dem Erreichen der Bruchlast parallel. Es muss eine Drehpunktverlagerung berücksichtigt werden, wenn ein Sehnenansatz funktionell nicht dem angenommenen anatomischen Ansatz entspricht (Abb. 8.68), z. B. Ansatz der Quadrizepssehne an der Tuberositas tibiae und Ansatz der Achillessehne in Höhe der Zehengrundgelenke. Es besteht eine Abhängigkeit des Hebelarmes des Fußes zu der Achillessehnenlänge [941].

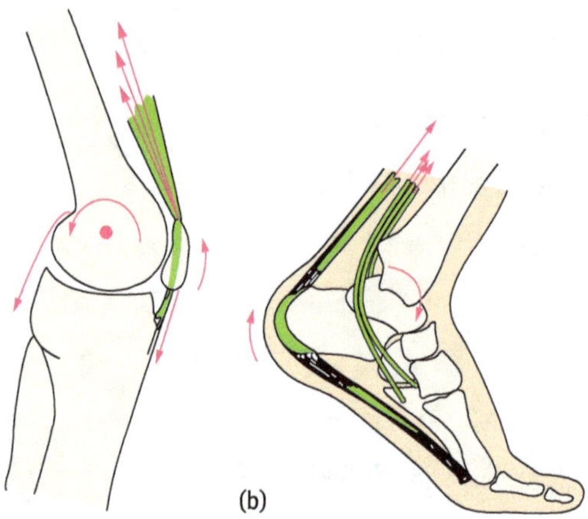

Abb. 8.68: Die Patella (a) und das Fersenbein (b) als Sesambein (Hypomochlion) im Funktionssystem der Quadrizeps- bzw. Achillessehne, mod. nach SCOTT [1637].

Aus all den vorliegenden Literaturstellen resultieren fünf Arbeiten, die tatsächlich die Reißfestigkeit vorwiegend statisch überprüft haben (WERTHEIM [1944], TRIEPEL [1829], STUCKE [1756], WILHELM [1951, 1952], THERMANN [1796], mit einer Reißkraft von 4.100 bis 6.000 N. Dynamische Ergebnisse liegen lediglich von WILHELM [1952] mit einer geschlechtsabhängigen, dynamischen Reißkraft von 4.800 N bei Frauen und 6.450 N bei Männern vor, im Vergleich dazu wird WREN [1989] genannt. Für die folgende Beurteilung werden nur diese sechs Autoren weiterverwendet (Tab. 8.20).

Die Nachberechnung der Arbeiten von HEGER [671] und GRAFE [580] ergibt für die Kraft auf eine Sehne anstelle von 8.040 N nur 3.430 N bzw. anstelle von 5.250 N nur 2.850 N. Daraus resultiert, dass bei den Berechnungen dieser Autoren viel zu hohe Werte ermittelt werden, die den Eindruck erwecken, dass Achillessehnen bei Turnübungen reißen können. Für die Beurteilung der Reißgrenze spielen statische Messungen der Reißfestigkeit eher eine untergeordnete Rolle, da Sehnenrisse hauptsächlich bei dynamischer Belastung auftreten. Bei der Angabe der Reißfestigkeit in kp/mm^2 (umzurechnen in N/mm^2) geht WILHELM [1952] von einem Achillessehnenquerschnitt an der engsten Stelle von 92 mm^2 bei Männern und 77 mm^2 bei Frauen aus. Die Da-

Tab. 8.20: Reißfestigkeit der Achillessehne in Newton (N).

Autor	Reißkraft/Reißbelastung/Bruchlast/Belastbarkeit		
	statisch	quasi-statisch	dynamisch
WERTHEIM [1944]	6.000 N		
TRIEPEL [1829]	4.400 N		
STUCKE [1756]	3.930 N		
WILHELM [1952]	♂ 4.500 N ± 1.300 N ♀ 3.500 N ± 830 N Ø 4.270 N		♂ 6.450 N ± 1.350 N ♀ 4.800 N ± 2.150 N Ø 6.080 N
THERMANN [1796]	♂ 5.050 N ± 230 N ♀ 4.350 N ± 190 N Ø 4.635 N ± 220 N	Ø 4.980 N ± 260 N	
WREN [1989]	4.620 N	5.590 N	

ten von STUCKE [1756] ergeben 85–90 mm und die von STOKES 70–72 mm². THERMANN [1796] dagegen nennt einen Querschnitt von 143 mm² für Männer und 98 mm² für Frauen. Problematisch bei den aus der Literatur zu entnehmenden Zahlen ist, dass die zugrunde liegenden Querschnitte nicht explizit angegeben sind und aus der Reißkraft und der Reißspannung berechnet werden müssen. Für die statische Reißkraft resultiert ein Wert um 4.000 N bei Frauen und 5.000 N bei Männern und für die dynamische Reißkraft ein Wert von 6.450 N für Männer und 4.800 N für Frauen. Sollte es zum Riss einer Sehne kommen, so müssten diese dynamischen Reißbelastungen überschritten werden. Für die dynamischen Belastungen durch die Muskulatur werden laut Literatur (Tab. 8.21) teilweise zu hohe Werte genannt [671, 580], die korrigierten Werte liegen zwischen 2.500 N und 3.430 N, also deutlich unterhalb der Reißfestigkeit der Achillessehne (Tab. 8.22). Das bedeutet, in Kenntnis dieser Zahlen können auch die Messungen von SCOTT [1637] und FUKASHIRO [505] zugeordnet werden. Diese Überlegung gilt für nicht vorgeschädigte Sehnen. Insbesondere bei der sportlichen Überlastung („overuse") gelten andere Bedingungen, da dort die Reißfestigkeit der Sehne durch die Texturstörung herabgesetzt ist. Die Belastung der Sehne bleibt aber unverändert, so dass dann die Belastung die Bruchlast der Sehne erreichen und überschreiten kann.

Die dynamische Reißkraft beginnt mit 8.000 N beim 20-Jährigen, verringert sich auf 6.300 N beim 34-Jährigen und wird beim 60-Jährigen mit 5.000 N angesetzt [1951, 1952]. Die Reißfestigkeit nimmt mit dem Alter stetig ab. Gleichzeitig lässt die Muskulatur nach, so dass diese auch im höheren Alter nicht ausreicht, einen Achillessehnenriss zu verursachen (Abb. 8.69). Diese Aussage entspricht in etwa den Angaben von WILHELM [1950], der die Regressionsgeraden der Korrelation vom Alter zur Maximalkraft bei statischer und dynamischer Belastungsprüfung aufzeigte.

Tab. 8.21: Belastungen auf die Achillessehne durch die Muskulatur.

		Muskelkraft Mittelwert/Maximum	Beurteilung BRILL 2015
		dynamische Belastung	
HEGER [671]	Turnen	8.020 N	3.430 N
GRAFE [580]	Turnen	5.250 N	2.500 N–3.500 N
ROMPE [1526]	Sprung aus 1 m Höhe	2.600 N	2.600 N
SCOTT [1637]	Laufen	3.100–5.000 N	Rechenmodell nicht nachvollziehbar
FUKASHIRO [505]	Springen und Hüpfen	1.900–2.250 N–3.800 N	direkt gemessen
STOKES [1747]	Belasten des 1. Mittelfuß-knochens	2.000–2.500 N (statische Belastung) max. 3.000 N	-"-
Literatur		5.294 N	
BRILL 2015		2.960 N	

Tab. 8.22: Reißfestigkeit und Reißkraft [1796, 1989])

	THERMANN [1796]	WREN [1989]
Sehnenquerschnitt	120 mm^2	65 mm^2
Reißfestigkeit	38 MPa bei 1,67 $\frac{mm}{sec}$ 41 MPa bei 16,67 $\frac{mm}{sec}$	71 MPa bei 1 $\frac{mm}{sec}$ 86 MPa bei 10 $\frac{mm}{sec}$
Reißkraft Bruchlast	4.635 N bei 1,67 $\frac{mm}{sec}$ 4.976 N bei 1,67 $\frac{mm}{sec}$	4.617 N bei 1 $\frac{mm}{sec}$ 5.579 N bei 10 $\frac{mm}{sec}$
Reißkraft umgerechnet auf 90 mm^2 nach MÜLLER-WOHLFAHRT [1256]	3.476 N ↓ 3.732 N	6.393 N ↓ 7.725 N

Die Literatur dazu ist problematisch. Die Aussage „man weiß heute, dass auch eine gesunde Sehne durch plötzliche extreme Belastung reißen kann“ [121, 1732], bezieht sich auf drei Mechanismen mit exzentrischer Muskelkontraktion unter Hinweis auf LJUNGQUIST [1026], Punkt 1–3 aus BAUER [121]:

1. Abdruck des Fußes bei gestrecktem Kniegelenk, Wadenmuskulatur maximal kontrahiert, z. B. Sprint, Antritt,
2. unerwartete Dorsalextension im OSG führt reflektorisch zu einer Kontraktion der Wadenmuskulatur,

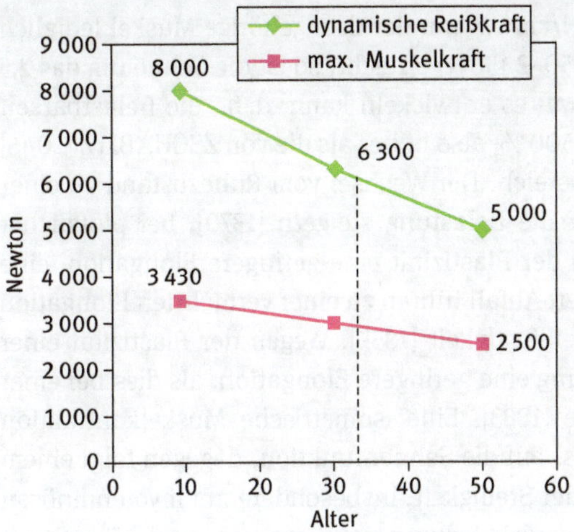

Abb. 8.69: Dynamische Reißfestigkeit und maximale Muskelkraft in Abhängigkeit vom Lebensalter.

3. plötzliche Dorsalflexion im OSG aus der Plantarflexion heraus, z. B. Sprung, Landung mit folgender Kontraktion der Muskulatur der Wade.

LJUNGQUIST [1026] verweist auf die Arbeiten von ARNER et al. [70] über histologische Befunde, die Arbeit von ARNER [69] über subkutane Achillessehnenrupturen wird nicht berücksichtigt.

Ein Vergleich THERMANN [1796] mit WREN [1989] weist auf die Bedeutung des Sehnenquerschnitts hin. Bei einem Querschnitt von 127 mm^2 [1796] resultiert eine Belastbarkeit der Sehne mit ca. 5.000 N, dies ergibt, umgerechnet für WREN [1989], der 67 mm^2 feststellt, eine Belastbarkeit mit 10.000 N. Der letztere Wert entspricht den Feststellungen der Physik, unter Berücksichtigung der mechanischen Spannung (1 MPa = 1 N/mm^2), entsprechend einer Materialeigenschaft.

Die physiologische Belastbarkeit der Achillessehne schwankt zwischen 2.943 N und 9.000 N [1951, 1952, 1796, 505, 1637, 599, 937, 1747] mit einem Mittelwert von 5.210 N. Als Kraft, die zur Ruptur führt, wird nach GROSSER [599, 600] ein Wert von 8.829 N angegeben, was durch ein Hineintreten in ein nicht gesehenes, 20 cm tiefes Loch erreicht wird. Angaben über die Entstehung dieses Wertes liegen aber nicht vor. Wenn beim Hoch- bzw. Weitsprung eine Spitzenbelastung der Achillessehne von 11.772 N bis 14.715 N erreicht wird und dies bei einer Anlaufgeschwindigkeit von 2 m/s, ohne dass eine Verletzung einträte, so ist der Wert, der beim Hineintreten in ein nicht gesehenes Loch zustande kommt, wohl als nicht geeignet zu bezeichnen. Die nachvollziehbaren Überlegungen von THERMANN [1799], WILHELM [1952] sowie auch MÜLLER-WOHLFAHRT [1256] beschreiben eine statische Belastbarkeit der Achillessehne mit 4.315 bis 5.503 N und eine dynamische Belastbarkeit von 4.903 bis 9.123 N. MÜLLER-WOHLFAHRT [1256] kommt zu dem Ergebnis, dass bei einer Achillessehne mit einem Querschnitt von 80–100 mm^2 eine Spitzenbelastbarkeit über 4.905 N zu erwarten ist. Zu höheren Werten gelangt ZSCHÄBITZ [2046] mit einer

Sehnenzugfestigkeit von bis 10.000 N/cm^2. Wenn der dazugehörige Muskel lediglich eine Muskelzugkraft von 2.000 N (1.750–2.150 N) erreicht, so ist die Sehne um das 2,5 bis 5fache kräftiger als die Muskelkraft es entwickeln kann, d. h., die Belastbarkeit (Sicherheitsbereich) liegt bei 250 bis 500 %, also höher als die von ZSCHÄBITZ [2046] angegebenen 300 % als Sicherheitsbereich. Der Wechsel vom Ruhezustand zu einer starken Beanspruchung würde aber die Belastung steigern [1370], bei plötzlicher Belastung erreicht die Sehne wegen der Plastizität eine geringere Elongation, eine Temperatursteigerung und ein pH-Wert-Abfall führen zu einer vermehrten Elongation und somit zu einer verminderten Reißfestigkeit [1857]. Wegen der Plastizität einer Sehne resultiert bei abrupter Belastung eine geringere Elongation, als dies bei einer langsamen Belastung der Fall wäre [1883]. Eine isometrische Muskelkontraktion führt zu keinem wesentlichen Einfluss auf die Sehnenfunktion, dagegen folgt einem passiven Stretching eine Reduktion der Steifigkeit, insbesondere am myotendinösen Übergang [1516, 97, 1245, 777]. Eine Reservebelastung resultiert auch aus der Elastizität der Sehne selbst (3–5–8 %), die erst ab 8 % Längenänderung der Sehne erschöpft ist [1106]. Dieser Wert von 8 % wird von YAMADA [2001] auf 15 % erhöht, d. h., erst ab dieser Längenänderung ist eine Sehnenruptur möglich.

Beim normalen Gehen werden der M. gastrocnemius und der M. soleus unterschiedlich belastet [765], die Elastizität von Sehnen und Aponeurosen unterscheiden sich, die der Sehnen ist höher einzuschätzen [931]. Eine entsprechende statische Dehnung über 5 Min. soll die Zunahme der Beweglichkeit im oberen Sprunggelenk fördern, gleichzeitig aber zur Abnahme der Steifigkeit führen, wenn sie über 5–10 Min. durchgeführt wird [1210]. Die Ursache der Ruptur der Sehnenfasern ohne „degenerative" Veränderungen findet sich nicht auf molekularer Ebene, sondern im submikroskopischen, fibrillären Bereich (intrafibrilläres Kriechen, Gleiten) [657]. Die Ruptur ist dann die Konsequenz der Summation fibrillärer Schäden, mechanisch bedingt [1953, 889, 700]. Eine Ruptur einer Sehne ist also nur bei intratendinöser „Degeneration", d. h. Texturstörung bei gleichzeitig erhöhter mechanischer Belastung, denkbar [69].

Eine altersentsprechende Sehne könne reißen, wenn bei einem Sprung eine ungünstige Landung entsteht [1217, 2003]. Eine statische Belastung, die Werte um 4.527 N erreicht, und auch die dynamische Belastung mit 6.448 N ließen das nicht zu [1756, 1951, 1952]. Lediglich bei Sprüngen mit einer dynamischen Kraftentwicklung von 5.248 N sind bei einer ungünstigen Landung, also bei Zusatzimpulsen mit Werten um 10.497 N, Achillesschädigungen denkbar [580, 1217] Dies setzt aber voraus, dass, wenn Zusatzimpulse entstehen, im Sinne einer ungünstigen Landung auch Begleitverletzungen nachweisbar sein müssen, denn aus diesen Zusatzimpulsen resultiert nicht eine isolierte Überbelastung der Achillessehne, sondern auch Bandverletzungen bis hin zu Knöchelbrüchen am oberen Sprunggelenk. Eine statische Verformung der Achillessehne bei einer Reißfestigkeit von 7,5 kp/mm^2 lässt eine Belastung der Achillessehne von 7.358 N zu, die dynamische Verformung bis 9.123 N [1950, 1952, 919, 1526]. Erst über diesen Werten ist eine tatsächliche Verletzung erklärbar, allerdings nicht als isolierte Achillessehnenruptur, sondern nur in Verbindung mit Begleitverletzungen. Auch beim Vergleich der Bruchlast der Achillessehne mit 9.000 N [1950] mit der maximalen Bodenreaktionskraft beim Weit- bzw. Hochsprung (6.000–7.000 N) [126] ergibt sich eine Differenz von 2.000 N, also kein Hinweis auf eine tatsächliche mechanische Überlastung der Achillessehne. Energien zum Beschleunigen und Abbremsen eines Körpers sind identisch [714]. Laut Biomechanik und Sport stellt die dynamisch-exzentrische Muskelkontraktion in der Landephase keine außerordentliche Belastung dar [1518, 378, 569, 1612] und ist somit auch nicht zur Ruptur geeignet [326]. Wesentliche Arbeiten [1119, 1771] weisen aber darauf hin, dass für eine endgültige Beurteilung weitere Untersuchungen erforderlich sind. Ein Athlet wird als „highly trained machine" bezeichnet [209] und ist konstant sowohl den intrinsischen als auch den extrinsischen Kräften ausgesetzt, mit der Folge einer Schädigung der muskulotendinösen Einheit. Die intrinsische Überlastung ist eine Texturstörung der kontraktilen Einheit mit Ermüdung als Prozess (abhängig von der Zeit) mit der Folge der Minderung der Leistung [1256]. Eine extrinsische Überlastung bedeutet eine Schädigung elastischer Strukturen mit Längenänderung bis zur oder über die kritische Länge, dazu eine passive Überdehnung oder auch eine Überdehnung bei aktiver Kontraktion [1256]. Somit wird durch die exzessive Sportüberlastung die Voraussetzung für eine Sehnenschädigung im Sinne einer Texturstörung mit fibrillärem Gleiten geschaffen.

Diagnostik

Die Diagnostik der Achillessehnendehiszenz beginnt mit der klinischen Untersuchung zum Nachweis der Schmerzlokalisation [748], mit dem Verlust des Zehenstandes und dem Thompson-Drucktest (Wadenkneiftest). Eine weiterführende Untersuchung ist das Röntgenbild zum Nachweis ossärer Schäden und von Verkalkungen und schließlich die Sonographie [171, 556, 1935] zur Überprüfung der Sehnenkontinuität. Immer häufiger kommt die MRT zum Einsatz [361, 1459, 845, 1487, 1655, 461, 572, 1425, 837, 1633].

Histopathologie

Eine Sehne ist ein bradytrophes Bindegewebe. Es unterliegt einem Alterungsprozess, kann aber ebenso durch Überlastungen („overuse") Texturstörungen entwickeln [683]. Texturstörungen haben reparative Maßnahmen des Gewebes zur Folge. Die Texturstörung und die Reparation entsprechen einer Degeneration, die im klinischen Alltag als Tendinose bezeichnet wird. Tendinosen sind nicht diffus in einer Sehne verteilt, bei Achillessehnendiskontinuitäten zeigt die histopathologische Untersuchung eine Texturstörung proximal der Ruptur „stärker ausgeprägt als distal" [1108, 1109]. Dazu liegen vergleichende Untersuchungen [1108, 1783, 1116] unter Verwendung des histopathologischen Scores nach MOVIN [1250] und BONAR (in [318]) vor. Es handelt sich um semiquantitative Score-Aussagen, die aber aufzeigen, dass die Texturstörung proximal einer Ruptur „stärker ausgeprägt ist als distal davon“. Die Rupturstelle zeigt eine deutlich vermehrte Texturstörung, als dies bei einer intakten Sehne der Fall ist (Abb. 8.70). Die Score-Werte schwanken zwischen 4,8 bei der intakten Sehne, 10,5 bei der Tendinose und 17,8 bei einer Diskontinuität. Für die Beurteilung der Aussage einer histopathologischen Untersuchung ist einmal das Lebensalter von Bedeutung, zum anderen der Zeitabstand zwischen einem angeschuldigten Unfallereignis und der Entnahme, da nach einer Diskontinuität unabhängig von deren Ätiologie auch reparative Maßnahmen einsetzen (Abb. 8.71). Die histopathologische Bewertung basiert orientierend auf der allgemeinen dreistufigen Graduierung der Texturstörung von bradytrophen Geweben [924, 925] (vgl. Band 1, Kapitel 1.5) oder spezifizierter gemäß dem Score von MOVIN [1250] und BONAR (in [297]). Hilfreich für die Spezifizierung ist die immunhistochemische Darstellung von Kollagen Typ I und Kollagen Typ III, da Kollagen Typ I in regelhaftem Sehnengewebe und Kollagen Typ III mehrheitlich im reparativ umgebauten Sehnengewebe exprimiert wird [1702]. Die immunhistochemische Darstellung von Ki67 dient der Objektivierung proliferierender, reparativer Vorgänge.

Histo-Score: MOVIN 1997 BONAR in COOK 2004	
proximal >	distal
Ruptur >	intakt
Sehne intakt	4,8
Tendinose	10,5
Ruptur	17,8
Sore: semiquantitativ	

	MAFFULLI 2000	TALLON 2001	MAFFULLI 2011
Achillessehne ohne Schaden Ø 63.LJ	6,5	5,9	3,8 proximal 4,1 3,5 distal
Tendopathie Ø 36.LJ		10,5	
Ruptur Ø 46.LJ	20,5	17,4	16,2 proximal 19,8 15,2 distal
Operation innerhalb	48 Stunden	48 Stunden	Ø 10 Tage
Kappa	0,53–0,90	0,17–0,75	0,58–0,91

Abb. 8.70: Histopathologische Beurteilung des Achillessehnenschadens (Auswertung auf Seite 635).

Für die Praxis resultieren drei Fragestellungen:

1. Rezente Sehnenverletzungen: Die zentrale Aufgabe in der histopathologischen Diagnostik des bradytrophen Gewebes besteht nicht nur in der Feststellung und Graduierung der Texturstörung, sondern auch in der Altersbestimmung der Kontinuitätstrennung. Somit wird orientierend zwischen einer frischen, älteren und alten Kontinuitätstrennung unterschieden. Eine rezente Sehnenverletzung ist eine frische Kontinuitätstrennung, die Kriterien bestehen in: Auffassung des fibrösen Gewebes mit Erythrozyten und Fibrinauflagerungen in den aufgefaserten Gewebs-

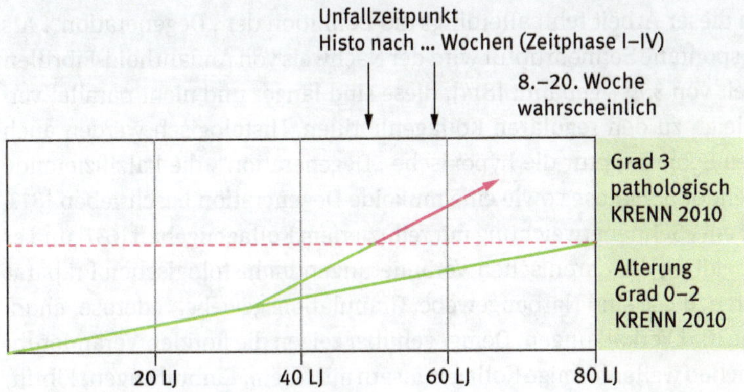

Abb. 8.71: Histopathologie und Zeit.

fragmenten und kleinhaltigen Nekrosen, insbesondere in dem distal aufgefaserten Areal.

2. Nicht verletzungsbedingte Dehiszenz: Histopathologisch besteht eine Grad-3-Texturstörung/Degeneration.
3. Eine Ruptur bei Vorschaden, entsprechend Grad 1 und 2: Eine Ruptur bei Vorschaden Degenerationsgrad 1 und 2 ist mit ausgeprägten Hämosiderin-Positionen verbunden bzw. kann hiermit verbunden sein, da Grad 1 und 2 im weitesten Sinn noch altersentsprechend zu bewerten sind.

Die Verlässlichkeit der Aussage zur Kontinuitätstrennung und Altersbestimmung wird wie folgt angegeben: wenige Tage optimal, einige Wochen auch optimal (Grenzwert zwei Monate), über zwei Monate nicht oder bedingt histopathologisch zu bewerten.

Gutachtliche Beurteilung

Für die Beurteilung der Achillessehnenruptur sind einmal die Lokalisation der Rupturstelle von Bedeutung (= f (Anatomie, Geometrie)) sowie die Kraft, die zur Ruptur führen kann (= f (Sehnenzustand)) [1666]. Die Ursachen der Sehnenruptur liegen im submikroskopischen, fibrillären Bereich. Sowohl eine langsame als auch ruckartige Dehnung und auch eine ruckartige Entlastung zugbelasteter Fasern führen zu Gefügestörungen, eingeleitet durch intrafibrilläre Gleitvorgänge, wenige Sekunden vor einem makroskopischen Faserfließen [889]. Das intrafibrilläre sliding muss vom molekularen sliding abgegrenzt werden [1248]. Bei vorbestehenden Texturstörungen (früher Degeneration, vgl. Impingementstadien I–III nach NEER) ist der Zustand der Sehne im Vergleich zur einwirkenden Kraft zu berücksichtigen. Zwar gibt es einen Trend zur Beurteilung der Achillessehnenruptur als Verletzung. In einer diesbezüglichen Dissertation von STOLZ [1751] liegt das Ergebnis vor, dass eine lichtmikroskopisch sichtbare „degenerative Vorschädigung“ nicht unbedingt Voraussetzung für eine Ruptur sein muss. In dieser Arbeit fehlt allerdings die Definition der „Degeneration". Als Hinweis auf eine spontane Sehnenruptur wird der Nachweis von Amianthoid-Fibrillen in einer Häufigkeit von 3,7 % genannt [814], diese sind länger und nicht parallel verlaufend im Vergleich zu den regulären Kollagenfibrillen. Histologisch werden auch bei der spontanen Sehnenruptur die hypoxische „Degeneration", die kalzifizierende Tendinitis, die Tendolipomatose sowie eine mukoide Degeneration beschrieben [812, 826]. Auffällig ist eine Sehnenerweichung mit reduziertem Kollagengehalt [637] und es gibt die Unterscheidung der chronischen Veränderungen im histologischen Präparat [1890] bei Rupturen, diese sind Narbengewebe, Granulationsgewebe, Siderose, chondroide Metaplasie und Verkalkungen. Demgegenüber zeigen die floriden Veränderungen als Rupturzeichen wellenförmige Kollagenfasern mit Ödem, Einblutungen, Fibrin, geringe granulozytäre Infiltration, den Verlust von Tenozyten (Nekrosen) und ab dem 3.–4. Tag Fibroblastenproliferate bis zur Entwicklung von Granulationsgewebe. Ein Nachweis auf abgelaufene Einblutungen liefern Siderophagen. Elektronenmikroskopisch sind Hypoxiezeichen typisch [808]. Eine klinische Unterscheidung zwischen traumatischen und Spontanrupturen gelingt nicht [1104, 1105].

Die Beurteilung der Literatur zum Thema „Achillessehnenruptur" lässt folgenden Schluss zu:

1. Die Lokalisation des Sehnenschadens liegt zwischen 4–8 cm oberhalb des Achillessehnenansatzes mit einer Häufigkeit von 69,6 %, zwischen 2–4 cm bei 28,3 % und über 8 cm bei 2,1 % [69].
2. Zur Beurteilung ist die Kenntnis des Mechanismus erforderlich, der zur Sehnenschädigung führt.
   - ein Muskel zerstört die eigene altersentsprechende Sehne nie,
   - bei einer Kontinuitätsunterbrechung ist ein Sehnenschaden Voraussetzung,
   - für eine Ruptur wird neben der Texturstörung eine erhöhte mechanische Belastung gefordert,
   - ohne mechanische Belastung ist eine Spontanruptur nur bei Texturstörung Grad III zu erwarten,
   - bei maximaler Muskelanspannung mit zusätzlicher passiver Krafteinwirkung ist ein Sehnenriss möglich,
   - direkte Krafteinwirkung – dann Weichteilverletzung.

Es ist davon auszugehen, dass ein Muskel die eigene altersentsprechende Sehne nie zerstören kann, zumindest nicht durch eigene Kraftaufwendung. Bei einer Kontinuitätsunterbrechung ist ein Sehnenschaden Voraussetzung [70] und bei maximaler Muskelanspannung mit zusätzlicher passiver Krafteinwirkung ist ein Sehnenriss denkbar. Liegt eine zusätzliche direkte passive Krafteinwirkung vor, dann wird ein gleichzeitig bestehender Weichteilschaden (Weichteilverletzung) gefordert. Eine Ruptur erklärt sich nur dann, wenn neben einer Texturstörung zusätzlich eine erhöhte mechanische Belastung eintritt, fehlt diese mechanische Belastung, dann handelt es sich um eine Spontanruptur, die nur bei einer Texturstörung Grad III zu erwarten ist.

3. Liegen beim Unfallmechanismus Zusatzimpulse vor, so sind Begleitverletzungen im Bereich der Achillessehne zu erwarten. Es handelt sich dabei um OSG-Frakturen, Talusfrakturen sowie um Verletzungen des Bandapparates.
   - OSG-Fraktur [1144, 75, 106, 1069, 1111, 1424, 524],
   - Talus-Fraktur [904],
   - Ruptur Lig. Fibulocalcaneare [1769],
   - Luxation der Tibialis post. Sehne [192],
   - Innenknöchel-Fraktur [1086],
   - Unterschenkel-Fraktur [1335].
4. Eine Fehlinnervation ist kein Argument für eine traumatische Diskontinuität, da ja der Idealfall einer Fehlinnervation, der Stromunfall, als tetanische Muskelkontraktion, nicht zu Sehnenverletzungen führt. Es resultieren Muskelrisse, knöcherne Sehnenausrisse, Frakturen und Luxationen sowie Gefäß- und Nervenverletzungen [598, 898, 1481, 1033, 710].
5. Die Histologie aus der Rupturstelle kann ein Hinweis auf die bestehende Texturstörung sein, da Tendinosen nicht diffus in einer Sehne bestehen, ist eine rupturferne Histologie möglicherweise fraglich [1116].
6. Die Ätiopathogenese der Achillessehnenruptur diskutiert die Theorie einer Texturstörung sowie eine mechanische Theorie. Bei der Texturstörung werden eine aseptische Entzündung, allerdings nur im Anfangsstadium, und im Endeffekt eine reduzierte Vaskularisation unterschieden, was dann zu der Texturstörung mit Gradeinteilung I–III führt. Die mechanische Theorie sieht eine plötzliche Verlängerung der Muskel-Sehnen-Einheit mit gleichwertiger Kontraktion des Muskels vor, und dies bei verminderter Durchblutung an typischer Stelle. Es ist festzustellen, dass die Sehne stabiler als der Muskel ist und somit durch eigenen Muskelzug nie zerreißen kann, auch nicht bei Fehlinnervationen und insbesondere nicht bei Zusatzimpulsen. Liegen diese vor, wäre eine Begleitverletzung zu fordern (Abb. 8.72).
7. Zur Frage, ob eine altersentsprechende (gesunde) Sehne reißen kann, ist Folgendes festzustellen: Wenn eine gesunde Sehne reißen kann, warum dann nicht an anatomischen Schwachpunkten, z. B. am Halbmond des Kalkaneusansatzes? Es kann eine gesunde Sehne nicht reißen, zumindest nicht durch die eigene Muskelkraft, es sei denn, es liegt eine Texturstörung Grad III vor. Die Ursachen der Spontanrupturen sind rezidivierende Mikrotraumen durch dauernde mechanische Beanspruchung in der kritischen Zone, muskulären Dysbalancen und die Abnahme der Durchblutung bei zunehmendem Alter und bei Überlastung [1490]. In dieser Situation ist der Mechanismus allenfalls der Anlass zu einer Diskontinuität, d. h., er ist als Gelegenheitsbedingung zu werten.
8. Bewertungskriterien können Hinweise auf die Kausalität einer Diskontinuität durch Beurteilung der Lokalisation des Schadens, der Art des Mechanismus unter Berücksichtigung von Begleitverletzungen und durch Beiziehung der Sehnenhistopathologie ergeben.

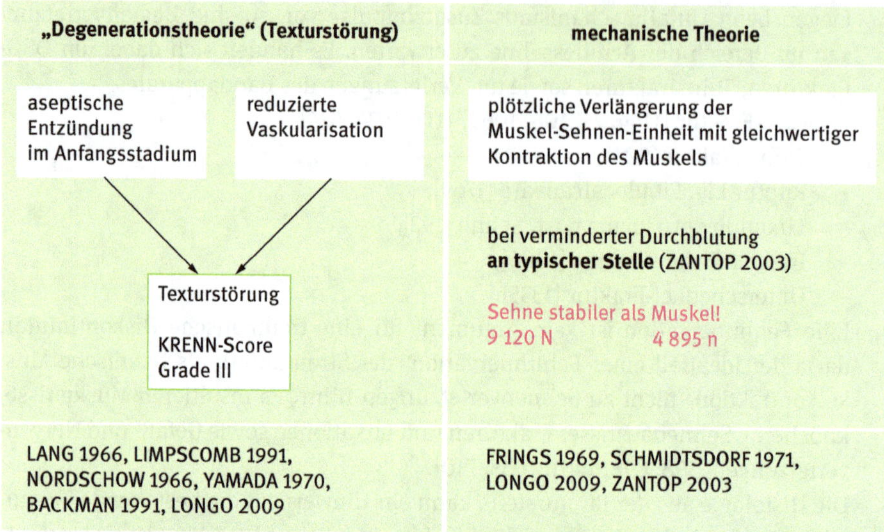

Abb. 8.72: Ätiopathogenese der Achillessehnenruptur, nach [1622].

9. Zusammenfassung: Es bedarf der Lokalisation des Schadens, ob dieser intratendinös vorliegt oder ob es sich um einen Abriss oder ossären Ausriss handelt. Der Unfallmechanismus muss unterschieden werden als direkter oder indirekter Mechanismus, wobei ein indirekter Mechanismus eine Sehne nur dann zur Ruptur bringen kann, wenn bei maximaler Vorspannung eine erhebliche passive gegensteuernde Krafteinwirkung festgestellt wird. Begleitverletzungen sind von isolierten Sehnenschäden zu unterscheiden. Liegen Begleitverletzungen vor, so kann an einen traumatischen Achillessehnenriss unter Umständen gedacht werden. Die Histopathologie unterscheidet zwischen einer Texturstörung Grad III bzw. I und II und es müssen Rupturzeichen traumatischer Art von dieser Texturstörung differenziert werden.

Schwachstellen der Achillessehne aufgrund anatomischer Gegebenheiten
1. Kreuzungsstellen der Sehnenfasern 2–6 cm proximal vor dem Ansatz,
2. Achillessehnenansatz medial am Kalkaneus der USG-Achse,
3. „watershed band“,
4. mittlere Zone der Durchblutung (critical zone/Arteria peronea),
5. da kein Mesotenon vorhanden ist (keine Sehnenscheide), ist die Durchblutung im kritischen Bereich vermindert.

Auch laut Auswertung der vorliegenden Literatur erreicht die Muskelkraft nie die Bruchlast der Sehne. Die Achillessehnenstruktur ist einmal altersabhängig, abhängig von der Belastung bzw. Überlastung („overuse“) sowie von Prädispositionsfaktoren

(Krankheiten, Medikamenten sowie anderen therapeutischen Verfahren). Die Alterung führt nicht zu einem pathologischen Texturstörungsgrad, wohl aber die restlichen Faktoren, die dann auch eine Minderung der Reißfestigkeit nach sich ziehen können (vgl. Histopathologie). Diese entsteht insbesondere bei Sehnenpathologien, wie der Tendinose sowie u. a. der kalzifizierenden Tendopathie. Auch wenn davon ausgegangen wird, dass exzentrische Belastungen mit einer zusätzlichen passiven Krafteinwirkung eine tatsächliche „Ruptur" verursachen sollen, so resultiert die Frage, warum diese an der kritischen Zone zu finden ist und nicht an irgendeiner anderen Stelle des Muskel-Sehnen-Knochen-Komplexes, z. B. an anatomischen Schwachpunkten, z. B. Halbmond des Kalkaneusansatzes. Die Ursache der Dehiszenzen bei größerer Sehnenbruchlast im Vergleich zur Muskelkraft sind rezidivierende Mikrotraumen durch dauernde mechanische Beanspruchung in einer kritischen Zone, bei muskulären Dysbalancen und Abnahme der Durchblutung bei zunehmendem Alter und Überlastung [1490]. Der Mechanismus bildet den Anlass zum Geschehen (Gelegenheitsbedingung).

Die Struktur einer Sehne ist vergleichbar mit der von Bändern. Die Pathologie der Sehnenschäden sieht ein Klassifikationssystem vor [1452, in [1107]], mit Einteilung in drei Kategorien:
1. Kategorie: Paratendinitis,
2. Kategorie: Paratendinitis und Tendinose,
3. Kategorie: Tendinose (Texturstörung in der Sehne) mit Feststellung folgender pathomorphologischer Veränderungen:
   - hyaliner Degeneration mit Zellzahlminderung,
   - mukoider Degeneration,
   - chondroider Metaplasie,
   - fettiger Degeneration der Tenozyten,
   - lipomatöser Infiltration,
   - Zunahme der Matrix-, Mukopolysaccharide,
   - Fibrillation kollagener Fasern.

Bei etwa 70 % der erwachsenen Bevölkerung werden Texturstörungen der Sehnen festgestellt, die bis zu einer Rupturschädigung asymptomatisch sind und in vier Typen eingeteilt werden [1799]:
- hypoxisch-degenerative Tendopathie (45 %),
- mukoide Degeneration (19 %),
- Tendolipomatosen (6 %),
- kalzifizierende Tendopathie (3 %).

Die Veränderungen bei der Tendinose sind in aller Regel asymptomatisch, die Symptomatik entsteht erst durch die begleitende Paratendinitis [1106]. Kommt es zur Ruptur der Achillessehne, so werden ätiologische Faktoren wie folgt diskutiert [1080]:
- altersbedingte Veränderungen,
- anlagebedingte Veränderungen,

- krankheitsbedingte Veränderungen,
- Verletzungen: Makrotraumen und Mikrotraumen.

Entgegen bisherigen Auffassungen ereignen sich 90 % aller kompletten Achillessehnenrupturen ohne jegliche Vorboten [701]. Selbst wenn sog. degenerative Veränderungen dann nachgewiesen wurden, spräche dies nicht für eine Vorschädigung des Gewebes. Vielmehr ist anzunehmen, dass in einem besonders ungünstigen Moment eine außergewöhnliche reflektorische Anspannung der Wadenmuskulatur das Zerreißen der Sehne bewirkte [701]. Zwischen den extremen Beurteilungen mit Bejahung des Unfallzusammenhanges ohne Histologie [1206] in [1630, 354] bis hin zur vorwiegenden Ablehnung [1969] geht der Trend dahin, eine Bejahung dann vorzunehmen, wenn eine plötzliche überfallsartige Überdehnung der Achillessehne erkennbar wird [354].

So finden sich in der Literatur denkbar unterschiedliche Angaben:
- 97 % der Rupturen ohne „degenerative Veränderungen" [826],
- in 3 % der Fälle histologisch erkennbare Degeneration [1905],
- bei allen Rupturen histologisch degenerative Veränderungen [69],
- in 2 % der Fälle Arbeitsunfall [1772],
- 5 % der Patienten haben vor der Ruptur Symptome [1106],
- 40 % vor der Ruptur Zeichen der Achillodynie [533],
- 1/3 der Patienten haben vor der Ruptur Symptome [826],
- beim Sport können völlig intakte Achillessehnen reißen [487],
- kein Patentrezept zur Beurteilung des Zusammenhanges, in jedem Fall muss nach möglichst vielen Kriterien gesucht werden [354].

Zur Pathomechanik ergeben sich übersichtlich aus der Literatur folgende Werte:
- Bruchlast menschlicher Sehnen 6–30 kp/mm^2 bzw. 900 kp bei der Achillessehne entsprechend 8.829 N [919, 150, 580, 641, 710, 1756, 1954],
- die Belastbarkeit der Achillessehne (Zugfestigkeit) wird mit 360–420 bzw. 400–1.200 kp entsprechend 11.772 N angegeben [1518, 1706, 1756, 1954, 2039, 2001],
- bei dynamischer Belastung werden höhere Kräfte toleriert als bei der statischen Belastung [1926],
- aus der Verletzungsmechanik lässt sich eine traumatische Ruptur nicht beweisen, allenfalls ausschließen [1926],
- der Riss einer intakten Sehne ist in vivo schwer vorstellbar [1926].

Zur Traumamechanik finden sich folgende Angaben:

Sehnen stellen plastische Zugeinrichtungen dar, durch welche die Muskelkraft über Knochenverbindungen hinweg auf die nachfolgenden Teile des passiven Bewegungsapparates übertragen wird [1968]. Mit einem Zuwachs der Sehnen im zweiten Lebensjahrzehnt bleibt die Querschnittsfläche bis ins 6. Lebensjahrzehnt in etwa konstant, die Zellzahl pro Raumeinheit nimmt jedoch kontinuierlich ab. Abhängig von der Literatur werden die für ein frisches Sehnenmaterial erreichbaren Maximalkräfte mit 40–100 N/mm² angegeben [1968]. Das Elastizitätsmodul beträgt etwa 400 [1457], die Bruchlast der Achillessehne ergibt Höchstwerte von über 900 kp [919]. Bei älteren Menschen besteht eine um etwa 20 % verminderte Dehnbarkeit [919]. Somit kommt KOSS [914] zu dem Ergebnis, dass die Zerreißung einer Sehne nur dann erfolgen kann, wenn sie einer Zugbelastung unterliegt und diese Zugbelastung die noch vorhandene Reißfestigkeit überschreitet. Unter Berücksichtigung der maximalen Bruchlast menschlicher Sehnen zwischen 6 und 30 kp/mm² resultiert, dass eine Sehne Kräfte toleriert, die dreimal höher sind als jene, die während einer tetanischen Muskelkontraktion einwirken [710].

Bei Durchsicht der doch recht umfangreichen Literatur zum Thema Begutachtung der Achillessehnenruptur lassen sich zusammenfassend folgende Feststellungen treffen:
- Eine plötzliche Kraftanstrengung ist keine Unfallursache, da die Zugfestigkeit der Sehne größer ist als die vom Muskel aufgebrachte Kraft [1448].
- Es bedarf der Abgrenzung des Schadens aus innerer Ursache („Degeneration“) vom Schaden durch eine äußere Ursache im Sinne einer Verletzung [1071, 1079].
- Gewebliche, lokale und allgemeine Erkrankungen des Muskel-Sehnen-Systems bedürfen der Feststellung [1254, 894, 1744, 1079].
- Eine außergewöhnliche Kraftanstrengung als willentlicher Akt bei Degeneration, Altersveränderungen, Erkrankungen, Mikrotraumen kann Ursache einer Diskontinuität sein [1622, 1079].

Die folgenden Mechanismen werden laut Literatur als geeignet betrachtet, eine Ruptur der Achillessehne zu verursachen:
- Abstoßbewegung beim Sport [1794],
- ruckartiges Anschieben eines Gegenstandes (linke Achillessehne beim Rechtshänder) bei gleichzeitiger Knieextension [1505, 1058, 1799, 69],
- plötzliche Dorsalextension bei vorgespannter Wade (Aufkommen nach einem Sprung), plötzliche Dorsalextension bei fixiertem Fuß (Tritt in ein Erdloch) oder Fall treppabwärts [1505, 1058, 1799, 69, 600, 1079],
- Sturz nach vorne beim Abfahrtski bei nicht aufgehender Bindung [600, 1079],
- heftige Dorsalflexion (Extension des plantar flektierten Fußes bei Fall aus der Höhe) [1058, 1799, 69, 600, 1079],
- plötzlich passive Bewegung eines muskulär fixierten Gelenkes [1448, 1073, 1744, 1622, 600],
- stumpfe Verletzung der Sehne, d. h. direkte umschriebene, heftige äußere Gewalteinwirkung (Ruptur einer gesunden Sehne), evtl. bei vorgespannter Sehne [1448, 1254, 894, 1073, 1744, 1505, 1622, 600, 1079, 1483],
- scharfe, direkte Verletzung durch Stich, Schnitt, Stoß mit offener Verletzung [1744, 1505, 1622, 600, 1079],

- plötzliche, unwillkürliche (passive) Maximalbeanspruchung mit Ruptur einer gesunden Sehne, d. h. maximale Kraftanstrengung [1254, 894, 1744],
- plötzliche, willkürliche Maximalbeanspruchung (Ruptur einer gesunden Sehne) durch Kraftanstrengung [1254, 894, 1073],
- abnorme Kontraktion mit plötzlicher, unwillkürlicher, aktiver Spannungsfehlsteuerung der Funktionseinheit Muskel – Sehne – Knochen [1744].

Hinsichtlich der Vielzahl dieser sog. geeigneten Mechanismen, die eine Achillessehnenruptur verursachen sollen, lässt sich so gut wie jeder angegebene Unfallmechanismus unterbringen. Nicht ausreichend gewürdigt ist dabei die Feststellung, dass eine altersentsprechende Sehne durch die eigene Muskelkraft nie zerstört werden kann. Dies ist pathomechanisch durch Feststellung der Achillessehnenzugfestigkeit und der vom dazugehörigen Muskel maximal aufzubringenden Kraft nicht denkbar. Somit wäre keine Kraftanstrengung geeignet, die Sehne bzw. deren Zugfestigkeit zu überwinden [1448]. Auch Fehlinnervationen oder exzentrische Maximalbelastungen mit einer hohen Belastungsgeschwindigkeit können nicht die Sehne zerstören, es sei auf den Stromunfall hingewiesen, bei dem in kürzester Zeit alle Muskelfasern gleichzeitig innerviert werden und dennoch eher Frakturen oder Muskelrisse entstehen, bevor eine Sehne verletzt würde [1481, 898, 1033].

Aus den vorliegenden Daten zur Beurteilung der Reißfestigkeit der Achillessehne (tensile strength) und der berechenbaren Muskelkraft des M. gastrocnemius sowie des M. soleus resultiert, dass weder unter statischen noch unter dynamischen Bedingungen, auch nicht bei Fehlinnervationen oder in kurzer Zeit erfolgter Komplexinnervation der Muskulatur (vgl. Stromverletzung), eine Schädigung der Achillessehne durch die eigene Muskelkraft resultieren kann – es sei denn, es liegt eine Texturstörung der Sehne vor, wobei die altersbedingte Texturstörung deshalb nicht berücksichtigt werden muss, da sich gleichzeitig die Muskelkraft mit zunehmendem Alter verringert.

Wenn, insbesondere bei der Dorsalextension des Fußes im Sprunggelenk mit gleichzeitiger Muskelanspannung, Kräfte geltend gemacht werden, die zu einer Schädigung führen könnten, so sei darauf hingewiesen, dass eher Verletzungen an der Sprunggelenksgabel zu erwarten sind. Kommt es bei irgendeiner Form einer indirekten Krafteinwirkung auf die Sehne (Zugkraft) zum Schaden, so muss eine Schwächung der Achillessehne vorliegen. Anders verhält es sich bei direkten Krafteinwirkungen. Hier hängt der Schaden von der Kraft selbst ab, ob dieser diese Sehne zerstören kann, ein leichtes Anprallen geringer Kräfte jedenfalls ist dazu nicht geeignet. Die Ausnahme bilden direkte Stich- und Schnittverletzungen, in dieser Situation liegt dann eine adäquate offene Wunde vor, oder Anpralltraumen mit äußeren Verletzungszeichen. Auffällig ist ein sog. Rupturmechanismus (?) beim Abstoßen mit plantarflektiertem Fuß und gleichzeitiger Extension im Knie [1794, 1079, 69].

Die Plantarflexion ist eine Bewegung im Sprunggelenk, aufgrund einer Kontraktion der Achillessehne. Zwar hat die gleichzeitige Extension im Knie eine Dehnung der Achillessehne mit dazugehöriger Muskulatur zur Folge, kraftmäßig ist aber die Extension eine Anspannung des M. quadriceps und somit nicht eine exzessive Kontraktion in der Wadenmuskulatur. Eine Anspannung dieser Muskulatur ist zwar denkbar und beim Abstoßen mit plantarflektiertem Fuß auch erforderlich, bedeutet aber keinen Mechanismus, der die Achillessehne schädigen könnte, da es sich hier um eine gezielte Anspannung der Achillessehne handelt. Eine erklärbare Kontinuitätsunterbrechung einer Sehne liegt nur dann vor, wenn eine statische maximale Kraftanstrengung vorgegeben ist und dann zusätzlich eine passive ungewollte Kraftbelastung einsetzt. Die Plantarflexion im Sprunggelenk und die gleichzeitige Extension sind gezielte Mechanismen, eine ungewollte passive Kraft fehlt. Dabei darf es zu keiner Schädigung kommen, denn diese Muskel-Sehnen-Anspannung ist gezielt und im physiologischen Bereich, geeignet wäre jedoch z. B., wenn beim Tragen eines Zementsackes vor dem Körper mit um 90°-Anwinkelung im Ellbogen unerwartet auf diese Vorspannung, in diesem Fall den M. biceps brachii, ein Kind springt – hier lässt sich eine zusätzliche, nicht absehbare Einwirkung erkennen, die dann auch zur Sehnenruptur der Bizepssehne führen kann.

Wenn knöcherne Sehnenausrisse auf histologisch nachweisbare Osteoporosen zurückgeführt werden sollen [1926], so sind diese Überlegungen nicht nachvollziehbar, da ja ossäre Sehnen- und Bandausrisse vorwiegend bei Kindern vorkommen und bei diesen wohl eine Osteoporose ausscheidet. Auf die Annahme, dass bei altersentsprechenden Veränderungen der Achillessehne gleichzeitig eine Abbaureaktion der Muskulatur entsteht, weist HOFFMEYER [715] hin, der bei histologisch nachweisbaren degenerativen Veränderungen der Sehne diese Veränderungen auch in der Muskulatur feststellt. So zeigen sich bei den sog. degenerativen Sehnengewebsveränderungen regelmäßig auch Residuen neuerer oder älterer Teilrupturen [897]. Zusammenfassung vgl. Kapitel 8.4.

8.1.4 Patellar- und Quadrizepssehne

Für das Entstehen einer Ruptur im Bereich des Knie-Streckapparates werden massive Quadrizepsanspannungen bei gebeugtem Knie als Gegenregulation beim Ausrutschen oder Stolpern genannt [823, 1253, 1477, 1680]. Als weitere Ursachen werden zusätzliche Schädigungen angegeben, wie Systemerkrankungen [994], Durchblutungsstörungen wie die Arteriosklerose und die rheumatoide Arthritis, sowie die Niereninsuffizienz [1308]. Häufig entstehen Sehnenrisse in der Folge von Kortisoninjektionen oder auch bei systemischer Gabe und bei Mikrotraumen im Sinne der Überlastung oder „overuse" [1923]. Im Allgemeinen heißt es, dass Quadrizepssehnenrupturen durch nicht adäquate Traumen entstehen, dies würde aber nicht bei der Patellarsehnenruptur zutreffen [994]. In der Folge einer Tendinose werden Partialrupturen auch ohne wesentliches Unfallereignis festgestellt, dem gegenüber sind Komplettrupturen zu beurteilen. Die Sehnendiskontinuitäten am Kniestreckapparat werden nach der Lokalisation unterschieden [1207]:

- muskulotendinösen Übergang,
- intratendinös,

- nahe dem Ansatz (Abriss),
- mit knöchernem Fragment (Ausriss)

und in Abhängigkeit von Zeitpunkt zwischen Verletzung und Diagnosestellung

- frisch, rezent (unter 2–3 Wochen),
- veraltet (über drei Wochen).

Für die Biomechanik gilt Vergleichbares mit anderen Sehnen. Die Überlastung des Streckapparates, z. B. im Sport („overuse"), scheint eine wesentliche Rolle in der Entstehung einer Tendinose bzw. Ansatztendinose (Enthesiopathie) zu spielen [260, 428, 1130, 927, 2009, 951, 149, 1817, 1727, 1729, 733, 133, 1545, 834, 1093, 355, 346].

Quadrizepssehne – Anatomie

Der M. quadrizeps mit seinen vier Köpfen ist, abgesehen vom M. rectus femoris als zweigelenkigen Muskel, immer als eingelenkiger Muskel zu verstehen [623]. Die Mm. vastus lateralis, vastus medialis, vastus intermedius entspringen am Oberschenkelschaft und überqueren mittels Patella (Sesambein) lediglich das Kniegelenk. Diese Muskelgruppe umgreift den Oberschenkel, ausgehend von der Rückseite (Linea aspera). Die Mm. vastus lateralis et medialis et intermedius bilden an der Vorderseite des Oberschenkels für den M. rectus femoris eine Rinne [1554], alle vier Muskeln setzen gemeinsam über die Patella greifend dann endgültig an der Tuberositas tibiae an [1700, 1721]. Die Innervation aller vier Muskeln erfolgt durch den N. femoralis.

Ursprung M. rectus femoris:	Spina iliaca ant. inf. sowie Oberrand der Hüftpfanne und der Hüftgelenkskapsel,
Ursprung M. vastus medialis:	Labium mediale der Linea aspera (Trochanter minor bis distales Femurdrittel), Septum intermusculare mediale, Pars epicondylica m. adductoris magni,
Ursprung M. vastus lateralis:	Labium laterale der Linea aspera vom Trochanter major bis femurmitte, distales Septum intermusculare laterale,
Ursprung M. vastus intermedius:	vom ventralen Umfang des Femur distal der Linea intertrochanterica.

Der Ansatz des M. quadrizeps erfolgt am oberen Pol der Kniescheibe mit Abgabe von Sehnenfasern an das Retinaculum patellare laterale et mediale. Der M. vastus intermedius gibt Muskelanteile zu der Kapsel des oberen Rezessus ab, um diesen anzuspannen und ein Einklemmen zu verhindern. Die Quadrizepsmuskulatur umrundet den Oberschenkel nach distal streckseitig. Hier kommt es zur Vereinigung der vier Ansatzsehnen etwa 2 cm proximal des oberen Patellapoles [593]. Es gibt auch Hinweise, dass sich die Quadrizepssehne in einer Schichtenform der Patella nähert [2038, 508]. Diese

Schichtenform sei im mittleren Bereich und im medialen Anteil ausgeprägter als lateral [2038]. STANDRING [1719] beschreibt die Ansatzsehne des vierköpfigen Muskels als eine Einheit, in die die Patella eingelagert ist, die Patella sei der Quadrizepssehne als Sesambein zuzuordnen, so dass die Patellarsehne nur die Fortsetzung der Quadrizepssehne bildet [1722]. Die Vermengung der Sehnen der vier Köpfe des M. quadriceps unterliegt einer extremen Breite von Normvarianten mit einer Einteilung in bi-, tri- und quadrilaminare Struktur [437]. Vor der eigentlichen Kontaktaufnahme der Sehnen mit der Patella werden auch Fasern an das Lig. patellofemorale laterale et mediale abgegeben, ebenso an die Ligg. meniscopatellaria, vorwiegend von der oberflächlichen Schicht. Auch bei diesen Faserabzweigungen gibt es eine Vielzahl von Normvarianten [1900]. In der Zwischenschicht der Ansatzstrukturen findet sich die Fortleitung der Sehnenanteile, die die Patellarsehne bilden, sowie Faseranteile, die vom Vastus medialis bzw. Vastus lateralis jeweils zu der Gegenseite der tibialen Kondylen ziehen [13, 1912]. Die oberflächliche aponeurotische Schicht geht in die Fascia lata bzw. die Faszie des Unterschenkels über [215]. Für den Ansatzbereich der Sehnen an der Patella zeigt sich ein Übergreifen der Patella durch die Rectus femoris-Sehne in einer oberflächlichen Schicht, am proximalen Patellapol setzt in der mittleren Schicht medial der Vastus medialis und lateral der Vastus lateralis an und in der tiefen Schicht der Vastus intermedius [1643, 215, 1900]. Aus dieser Struktur ist erkennbar, dass die Patella die Funktion eines Sesambeines übernimmt (Abb. 8.73).

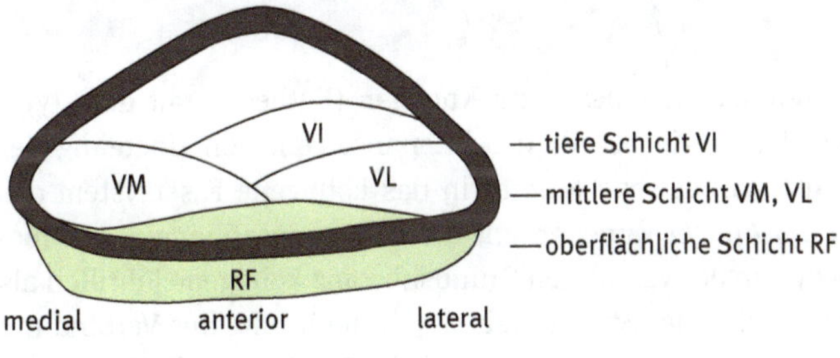

Abb. 8.73: Quadrizepsansatzzone am proximalen Patellapol, modifiziert nach [215, 1643, 1900] (RF = M. rectus femoris, VM = M. vastus medialis, VL = M. vastus lateralis, VI = M. vastus intermedius).

Dem Ansatz des M. vastus medialis werden zwei Ansatzköpfe zugeordnet. Der sog. lange Kopf (M. vastus medialis longus) (VML) setzt proximal an der Patellabasis an, der sog. schräge Kopf inseriert als M. vastus medialis obliquus (VMO) am medialen Rand der Kniescheibe [730, 1012, 100, 1255, 1484, 1506, 1686, 1690]. Zwischen beiden Ansatzköpfen verläuft ein Ast des N. femoralis [1591]. Unregelmäßig zeigt sich ein zwischen einem langen (VLL) und schrägen (VLO) Kopf des M. vastus lateralis verlaufendes Faszienblatt. Während der lange Kopf (VLL) am lateralen proximalen Pol der Patella ansetzt, inseriert der M. vastus lateralis obliquus am lateralen Patellarand.

Es resultiert für beide langen Äste eine Streckwirkung auf das Kniegelenk, die beiden schräg verlaufenden Ansatzäste (VMO, VLO) steuern die Ausrichtung der Kniescheibe im Femoropatellargelenk [1591, 1932]. Die Richtungsänderung der Muskelfasern ist durch die anatomische Struktur des Quadrizepsaufbaus erklärt (Abb. 8.74).

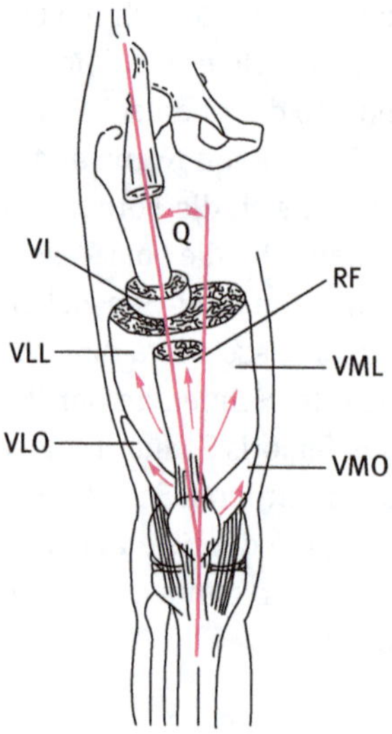

Abb. 8.74: Zugrichtungen der Ansätze des M. quadriceps an der Patella (RF = M. rectus femoris, VI = M. vastus intermedius, VLL = M. vastus lateralis longus, VLO = M. vastus lateralis obliquus, VML = M. vastus medialis longus, VMO = M. vastus medialis obliquus) [1932].

Der Quadrizeps- und Patellarsehnenansatz am Knochen (Enthesis) mit dem typischen Vier-Zonen-Aufbau lässt, wie bei allen Sehnenansätzen, den Übergang der kollagenen Sehnenfasern (Sharpey'sche Fasern) in das kollagene Fasersystem des Knochens erkennen [249, 324]. Der Knochen mit der belastungsabhängigen Trabekelstruktur [1824] beinhaltet in der verkalkten Grundsubstanz kollagene Fibrillen als integrierende Strukturelemente aller Stützgewebe [147], die in direkter Verbindung mit den kollagenen Sehnenfasern stehen, damit sich in der Patella als Sesambein fortsetzen und mit den kollagenen Fasern der Patellarsehne am distalen Patellapol (Enthesis) wieder in Verbindung treten [1824]. Damit ist diese Struktur vergleichbar mit dem Übergang der Achillessehne [1201] durch das Fersenbein in die Plantarfaszie (Abb. 8.75).

Patellarsehne – Anatomie

Der Ursprung der Patellarsehne am distalen Patellapol ist nicht gleichmäßig belastet. Bei der Ansatztendinose ist vorwiegend der posteromediale Teil der Enthesis betroffen [2030, 859]. Die Erklärung liegt in der Mehrbelastung der Patellarsehne medial mit einer ausgeprägten Knochen- und einer vermehrten Trabekeldichte in der medialen Patellastruktur als lateral. Histologisch ist der nicht verkalkte Faserknorpel der

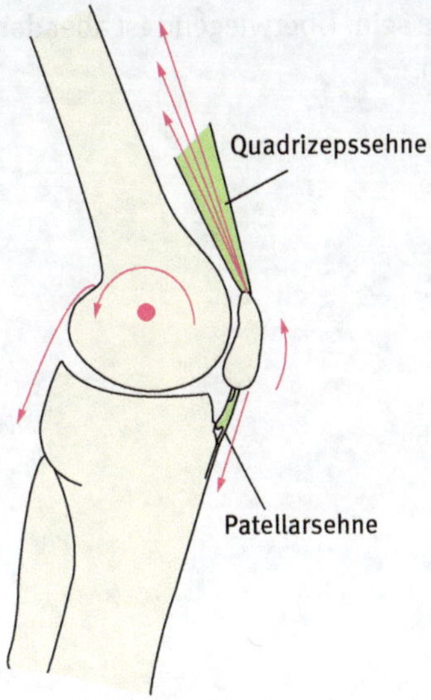

Abb. 8.75: Die Patella als Sesambein (Hypomochlion) im Funktionssystem der Quadrizepssehne, modifiziert nach [1637].

Enthesis medial markanter und die subchondrale Platte ist lateral dünner als medial [1824]. Somit ist die mechanische Stressverteilung an der proximalen Patellarsehnenenthesis asymmetrisch mit Bevorzugung der medialen Seite. Diese Feststellung untermauert das Wolff'sche Gesetz [1978]. Die Architektur der Patella zeigt die Kraftübertragung von der Quadrizepssehne auf die Patellarsehne mit Bevorzugung der medialen und zentralen Anteile. Der M. vastus lateralis inseriert vorwiegend am lateralen Retinakulum der Kniescheibe, weniger an der Patella selbst, wogegen die schräg verlaufenden Fasern des M. vastus medialis direkt am medialen Rand der Patella ansetzen [1718]. Diese ungleiche Kraftübertragung im Extensorensystem wird mit dem „Jumper's-Knie" in Verbindung gebracht [1141].

Die Feinstruktur der Patellarsehne zeigt einen parallelen Verlauf der Sehnenfasern im sagittalen Schnitt und frontal einen konvergierenden Verlauf in Richtung tibialen Ansatz. Der Abstand zwischen Patella und Tuberositas tibiae variiert abhängig von der Sehnenschicht. Die anterioren Faszikel sind länger als die korrespondierenden posterioren Faszikel, da die anterioren Bündel proximal an der Patella und mehr distal an der Tibia ansetzen als die posterioren Bündel. Der Ansatz der Sehne an der Kniescheibe ist halbmondförmig, dagegen an der Tuberositas tibiae asymmetrisch zur Mittellinie. Die Spitze der Kniescheibe verläuft nie in der Mittellinie, etwa 39 % der Patellarsehnen sind medial der Spitze zu finden [115]. Die Ansatzstelle der Patellarsehne liegt im nicht artikulären Anteil der posterioren Fläche der Kniescheibe [1699, 1791]. Dies ist aber nicht die Regel, da teilweise auch die posteriore Fläche der Spitze weitgehend sehnenfrei ist, da die Fasern über die anteriore Fläche nach distal ziehen [115]. Die posterioren Faszikel sind kürzer als die anteriore Patellarsehnenfläche, es geraten die posterioren unter eine vermehrte Anspannung bei der Beugung als die längeren anterioren Faszikel. Wenn nun Faszikel auch an der hinteren Kante distal an der Patella ansetzen, kann dies ein Grund für eine Tendinose sein. Überwiegend ist aber der posteriore Teil der Patellaspitze sehnenfrei (Abb. 8.76).

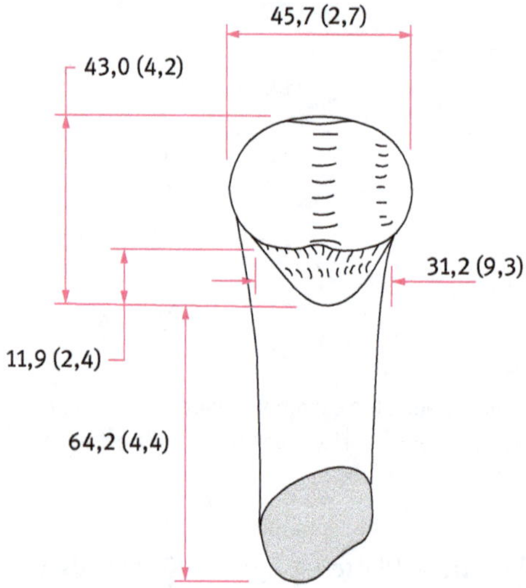

Abb. 8.76: Darstellung des Patella-/Patellarsehnen-Ansatzkomplexes, die Sehnen von posterior [115] in mm.

Eine vermehrte Kompression des proximalen posterioren Patellarsehnenansatzes erklärt die histologischen Veränderungen im Sinne einer echoarmen Zone, bedingt durch den vermehrten Druck mit Verminderung der Durchblutung (Abb. 8.77).

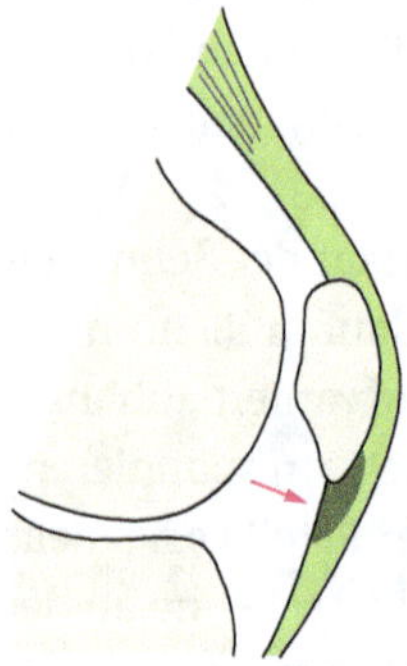

Abb. 8.77: Echoarme Zone an der Rückseite der Patellarsehne (Pfeil) am Kniescheibenansatz – Sehnenkompression bei der Kniebeugung [630].

Der Bereich der echoarmen Zone wird als Ausgangspunkt für eine Sehnendegeneration (Ansatztendinose) gewertet, da diese Veränderung mit zunehmendem Alter feststellbar ist [630]. Eine vergleichbare avaskuläre Zone zeigt sich auch in der Quadrizepssehne in einer Ausdehnung von 30 × 15 mm in der tiefen Schicht 1 bis 2 cm proximal des oberen Patellapoles [2020, 1408, 1409]. Auch hier wird bei zunehmender Beugung eine Kompression der Quadrizepssehne als Ursache angenommen (Abb. 8.78).

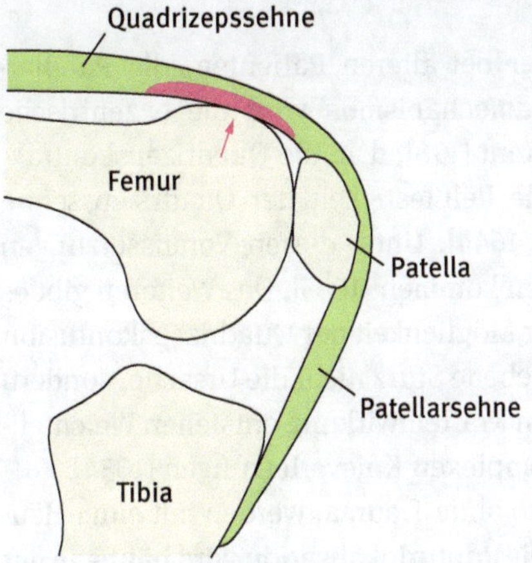

Abb. 8.78: Schematische Darstellung der Kompressionsfolge (Pfeil) an der Quadrizepssehne bei Beugung im Knie [1408].

Die Durchblutung des Streckapparates erfolgt aus der A. circumflexa femoris lateralis, der A. genicularis und der A. genus medialis sup. mit peripatellaren Arkaden [2020, 1408]. Die eigentliche Blutversorgung der Sehnen gelingt durch Gefäßäste aus dem Paratenon. Stehen bestimmte Areale unter vermehrtem Druck, so wird daraus eine Minderung der Blutversorgung mit der Folge einer Texturstörung abgeleitet.

Die Übersicht der pathologischen Veränderungen [623] differenziert Tendinose, Partialruptur, Komplettruptur und chronische (= veraltete) Ruptur. Dies gilt für alle Sehnen. Bei der Unterscheidung der direkten und der indirekten Krafteinwirkung auf den Kniestreckapparat resultiert bei den direkten Kräften die Patellafraktur, bei den indirekten die Sehnendiskontinuität (Abb. 8.79).

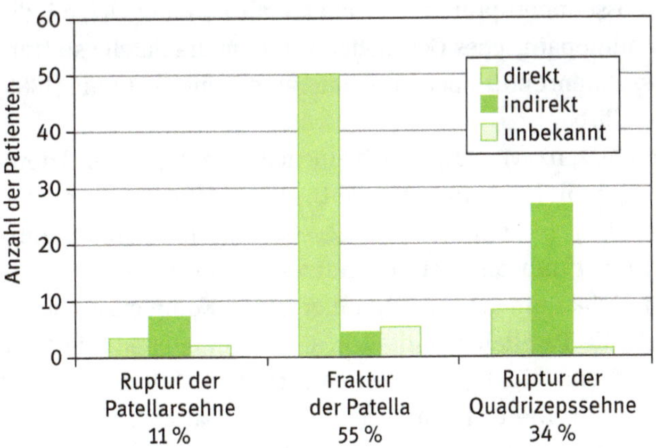

Abb. 8.79: Verteilung der Sehnenrisse bzw. der Patellafraktur in Abhängigkeit von der Krafteinwirkung [640].

Quadrizepssehne – Diskontinuität

Die Quadrizepssehnenruptur findet sich eher bei älteren Patienten, die Patellarsehnenruptur bei jüngeren [994]. Als Grundmechanismus wird die exzentrische Belastung des Extensoren-Mechanismus genannt [198], d. h. die Quadrizepskontraktion bei fixierter Knieflexion [1279, 1627]. Die Reißfestigkeit der Quadrizepssehne wird mit 147,15–294,30 N/m^2 angegeben [717, 1644]. Unter diesen Voraussetzungen können nur vorgeschädigte Sehnen zu Schaden kommen [1035]. Des Weiteren gibt es die direkte Krafteinwirkung dann auch mit der Möglichkeit der Quadrizepskontusion [72]. Es ist zu bedenken, dass der häufig angegebene Sturz nicht die Ursache, sondern die Folge der Ruptur ist [728]. Bei einer direkten Krafteinwirkung entstehen Weichteilschäden bis hin zur offenen Verletzung mit komplexen Knieverletzungen [1034].

Spontane Quadrizepssehnenrupturen, also ohne Trauma, werden mit einer Häufigkeit von 32 % angegeben [1338, 1294, 460]. Die Rupturlokalisation wird häufig in der so genannten „avaskulären Zone“ festgestellt [2020, 1639]. Normalerweise findet sich keine Quadrizepssehnenruptur ohne so genannte Sehnendegeneration [623]. Die histologische Untersuchung bestätigt dies aber nur in etwa 64 % der Fälle [1830]. Wenn eine degenerative Veränderung histologisch erkannt wird, zeigt sich eine hypoxämische Degeneration mit Kollagenfaserverdickung [826, 778]. Liegen Grundkrankheiten vor, die zur Sehnenschädigung führen, finden sich bis zu 100 % degenerative Veränderungen, auch wenn die Ruptur noch nicht eingetreten ist [2020, 463]. Auffällig ist auch die Quadrizepssehnenruptur nach einer Knietotalendoprothese (TKA) mit der Überlegung, ob nicht der operative Zugang eine entsprechende Schwächung durch Einkerbung der Quadrizepssehne verursacht hat [384, 611, 1827, 1092, 388, 300, 450]. Die Frage nach der Komplexität tendinotischer Schäden rund um die Patella ergibt sich dann, wenn es nach einer Tenotomie der proximalen Patellarsehne spontan postoperativ zur partiellen Quadrizepssehnenruptur an typischer Stelle kommt [392], mit der Überlegung, ob nicht ein tendinopathisches Geschehen rund um die Patella stattfindet, zumal eine Quadrizepssehnenruptur nach einer lateralen Meniskektomie [1885] durch den Eingriff schwer erklärbar ist.

Die Quadrizepssehnendehiszenz wird auch nach einem arthroskopischen lateralen Retinakulumrelease festgestellt [1831, 168]. Da die Ursache histologisch in einer Hypoxämie diskutiert wird [826], ist dafür eine vorgesehene Minderdurchblutung wahrscheinlich [2020] und nicht unbedingt ein operatives Durchtrennen eines Gefäßes, das zu einem Gefäßretinakulum gehört. Auch hier ist ein Komplexgeschehen anzunehmen, zu dem auch die Patellainstabilität, u. a. mit Fehlgleiten wie beim lateralen Hyperpressionssyndrom, zählt [1880, 35]. Als mögliche Ursache nennt HARDY [640] einen Patellasporn. Dieser kann bezüglich Lokalisation am Sehnenansatz vergleichbar mit dem Fersensporn am Ansatz der Plantarfaszie oder auch als Haglundferse mit Ruptur der Achillessehne gesehen werden. So wird mit der Bezeichnung „Jumper's knee“ [850] nicht nur ein Patellaspitzensyndrom [1931] oder der M. Sinding-Larsen-Johannson [1676, 794] beschrieben, sondern auch der M. Osgood-

SCHLATTER [1364, 1607] und die Ansatztendinose der Quadrizepssehne am kranialen Patellapol. Beim „Jumpers knee“ als Ansatztendinose wird das proximale Jumper’s Knie [170] vom distalen Jumper’s Knie [1603] als Ansatztendinose der Patellarsehne am unteren Patellapol und an der Tuberositas tibiae unterschieden. Diese sog. Intertionstendinopathien (= Insertionstendinose) werden den Erwachsenen zugeordnet, die an diesen Stellen auftretenden Osteonekrosen (M. Sinding-Larsen, M. Osgood-Schlatter) dem wachsenden Skelett. Allerdings wird die distale Patellaosteonekrose auch mit einer gleichzeitig bestehenden Ansatztendinose in Verbindung gebracht, nicht dagegen beim M. Osgood-Schlatter. Die Ansatztendinose der Quadrizepssehne scheint nicht mit einem Eigennamen versehen zu sein (Abb. 8.80).

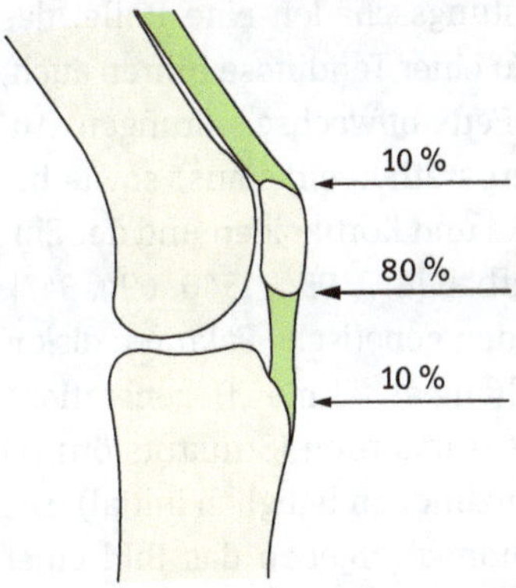

beim Erwachsenen Insertionstendinose	im Kindes- und Jugendalter Osteonekrose
Ansatztendinose der Quadrizepssehne	
proximales J’sK	M. Sinding-Larsen-Johannson
distales J’sK	M. Osgood-Schlatter

Abb. 8.80: Jumper’s knee: drei Überlastungsstellen: proximale Patella, distale Patella, Tuberositas tibiae, J’sK = Jumper’s Knee.

Auch die dem Knie angrenzenden Gelenke werden in das funktionelle Konzept des Pathomechanismus in die Überlegungen mit einbezogen [1496]. Im Vergleich zu den Berichterstattungen über die isolierte Quadrizepssehnenruptur fällt die häufige Nennung bilateraler Rupturen mit Fehldiagnosen bis zu 50 % auf [1294, 1653, 1733, 1680, 1097, 1464, 290, 1739]. Neben dem Sturz auf beide Kniegelenke [1774] werden spontan simultan auftretende Rupturen beschrieben [264, 875], dann meist in Verbindung mit Grundkrankheiten wie Diabetes [2021, 703], Alkaptonurie [290], M. Wilson [1727], Pseudogicht [1787], M. Werlhof [703], rheumatoider Arthritis [1396, 1473], Hyperparathyreoidismus [452, 974, 1446], Lupus erythematosus [1468, 1940] und bei Nierenerkrankungen mit der Dialyse-Notwendigkeit [822, 802, 1825, 875]. Es gibt auch Kollagendefekte, bei denen bilaterale Quadrizepssehnenrupturen beschrieben sind [1059]. Auffällig ist die bilaterale Quadrizepsruptur bei Gewichthebern [594] sowie beim Einsatz von Anabolika [347]. Die Quadrizepssehnendehiszenzen sind in aller Regel 1 bis 2 cm proximal der Patellaoberkante zu finden, dies als isolierte intratendinöse Schädigung. Es gibt aber auch ossäre Ausrisse einer Patella bipartita (proximal lateral) als Begleitschaden neben der intratendinösen Diskontinuität [1627, 255, 762, 573] und es bedarf der Differenzierung partieller Rupturen [1067, 1648], die einmal auch beim Kind vorkommen und zum anderen einen Hinweis auf eine Tendinose geben können. Die Histopathologie der rupturierten Quadrizepssehne ergibt vergleichbare Ergebnisse, wie die der rupturierten Achillessehne [1830, 1118] mit dem Nachweis „degenerativer" Veränderungen im Rupturbereich als Hinweis auf das erhöhte Rupturrisiko beim degenerativen Schaden einer Tendinose.

Tendinose der Quadrizepssehne

Die Tendinose der Quadrizepssehne ist vergleichbar mit derjenigen aller Sehnen und beruht auf einem Überlastungsschaden an der kritischen Stelle [630, 2020, 1409]. Dazu spielen Prädispositionsfaktoren sowie Überlastungsschäden eine Rolle, das zunehmende Alter und Konstitutionsfaktoren [694]. Zu einer Tendinose führen auch, wie bei allen Sehnen, Krankheiten (Diabetes, Gicht, Fettstoffwechselstörungen, Autoimmunerkrankungen, rheumatoide Arthritis, Hyperparathyreoidismus) sowie bestimmte medikamentöse Behandlungen mit Zytostatika und Kortikoiden und der Einsatz von Anabolika mit unphysiologischem Muskelaufbau [892, 994, 1540, 694, 347]. Beim beidseitigen Auftreten sowie bei Zwillingen werden genetische Faktoren diskutiert [1753, 1946, 2043, 124]. Die in diesem Zusammenhang erwähnte „Degeneration" [694] ist nicht die primäre Folge der ätiologischen Texturstörung (Strukturstörung) mit den adäquaten histologischen Veränderungen (entzündlich lediglich initial). Die Texturstörung führt zur Reparation, erst beide zusammen ergeben das Bild einer Degeneration [683, 924]. Das Ausmaß der Texturstörung im Sinne einer Tendinose erklärt eine Sehnendehiszenz auch ohne tatsächliches Unfallereignis [1624].

Patellarsehne – Diskontinuität

Die Patellarsehne unterliegt einer stärksten Sehnenbelastung bei etwa 60° Kniebeugung [2039]. Die Reißkraft am Tuberositasansatz wird mit 1.953 ± 325 N genannt [130]. Direkte oder auch indirekte Krafteinwirkungen [842] können zur Diskontinuität führen, hier das Hochgeschwindigkeitstrauma beim Fall aus der Höhe oder im Motorsport mit zum Teil komplexen Knieverletzungen und das Niedriggeschwindigkeitstrauma, zu finden im Sport [197] und in der täglichen Aktivität. Das heißt, es bedarf einer Hyperflexion mit einer exzessiven Belastung [850], es wird eine Kraft notwendig, die das 17,5fache des Körpergewichts übersteigt [2039]. Wie auch bei der Quadrizepssehne treten Patellarsehnenrupturen nicht selten bilateral auf [943, 1867, 331, 387, 1825, 782, 1701, 1629, 1330, 635]. Hier bedarf es der Abgrenzung des Unfallmechanismus von einer spontan eintretenden Diskontinuität [613, 1528, 712, 1356, 1659, 1777], es werden degenerative Veränderungen histologisch erkennbar [1940, 826]. Grundsätzlich kann eine gesunde Patellarsehne durch Eigenkräfte nicht reißen [1035]. Zu berücksichtigen sind die so genannten „neglected" chronischen Formen [1775, 256, 1908], die auch doppelseitig intraligamentär gefunden werden

[900]. Patellarsehnen-Diskontinuitäten, auch bilateral, werden ohne Prädispositionsfaktoren und ohne Traumen festgestellt [596, 849, 588, 1281, 1138]. Häufig aber sind Prädispositionsfaktoren nachweisbar, wie systemische Erkrankungen, lokale Stressfaktoren als Überlastungsschaden im Sinne der „Davidson-Theory“ [1717] und schließlich lokal oder systemisch eingesetzte Steroide [849]. Bei den Systemerkrankungen werden die Niereninsuffizienz [1773, 1263] genannt, die rheumatoide Arthritis [1396], die Osteogenesis imperfecta [916, 775] sowie der Hyperparathyreoidismus [928]. Häufig finden sich Patellarsehnendiskontinuitäten bei dem Lupus erythematosus [928, 1940, 676, 1468, 84, 1447, 576, 1445], des Weiteren sind zu erwähnen die Zuckerkrankheit [962, 1407], das Ehlers-Danlos-Syndrom [1782, 1152] sowie Patienten mit der Notwendigkeit der Dialyse [1511, 1259, 1037]. Als seltener Befund wird ein Riesenzelltumor der Patellarsehne beschrieben [252, 1488]. Es ist ein Fall bei eineiigen Zwillingen bekannt [571]. Die Pathologie lässt neben der Tendinose (Ansatztendinose) am Ursprung das „jumpers knee“ erkennen und am Ansatz der Patellarsehne an der Tuberositas tibiae den M. Osgood Schlatter u. a. (vgl. Kapitel 5). Die Unterscheidung der partiellen Ruptur [323], meist erkennbar bei der Tendinose mit Schädigung am Sehnen-Knochen-Übergang [838], von der kompletten proximalen Ruptur [1919] berücksichtigt auch das Alter der Patienten. Beim Kind finden sich die so genannten „Sleeve fracture“ [161, 915] mit Unterscheidung von drei Typen (Abb. 8.81). Bei dieser Verletzungsart wird auch die bipolare Schädigung am proximalen und distalen Patellarsehnenende [145, 2025] festgestellt. Die ossären Ausrisse an der Patellae gehören in den Bereich der Apophysenverletzungen [1154, 1604, 2025], die auch beidseits feststellbar sind [1296].

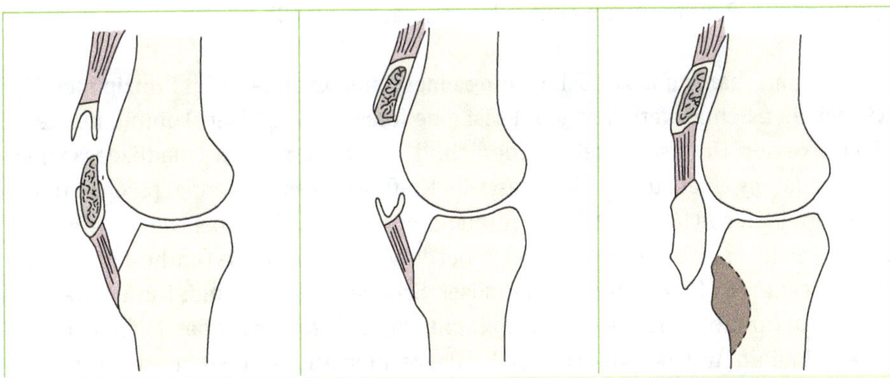

KOSUGE 2007 VAN SACKER 2007	HOUGHTON 1979 HALLOPEAU 1923 SEYBOLD 2005 BERG 1995	MOSIER 2004 CHOW 1990 PETERSON 1976
I = proximaler Patellapol	II = distaler Patellapol	III = Tuberositas tibiae

Abb. 8.81: Typisierung der Sleeve-fractures, nach [915].

Als Besonderheit finden sich Patellarsehnenrupturen (Diskontinuitäten) nach der Implantation einer Knie-Totalendoprothese [1827, 216, 5, 422, 1465, 745, 1226, 651, 247] mit einer Häufigkeit von 0,17 %, meist als Sehnenabriss von der Tuberositas tibiae in der Folge der OP-Technik durch Umklappen der Patella nach lateral [384, 5], evtl. auch Patellafrakturen [300, 745, 1521, 1636]. Nach der Entnahme eines Patellarsehnendrittels zum Ersatz des vorderen Kreuzbandes [187, 967, 1146, 1902] sind Patellarsehnenrupturen beschrieben, auch Patellafrakturen [1555, 1158] und Patellarsehnenrupturen in der Folge einer Operation nach Roux-Goldthwait [1687].

Die Patellarsehnenrupturen entstehen auch bei Komplexverletzungen im Sinne einer Inkarzeration bei der Knieluxation mit Hoffa-Fraktur [1661] oder in Verbindung mit der Knieluxation [1345]. Auffällig ist bei den Patellarsehnenrupturen die Kombination mit Begleitverletzungen:

1. Patellarsehnenruptur und Ruptur des vorderen Kreuzbandes [1161, 1001] mit typischen Verletzungsmechanismen,
2. Teilruptur der Patellarsehne mit Ruptur des Pes anserinus [1434],
3. Patellarsehnenruptur nach Patellaluxation [1280],
4. nach einer Patellektomie [1930],
5. die Patellarsehnenruptur mit kontralateraler Quadrizepssehnenruptur [1942],
6. Patellarsehnenruptur mit kontralateralem Tuberositasabriss [1995] bei der Osteomalazie,
7. Patellarsehnenruptur mit lateralem und medialem Retinakulumabriss von der Patella [1411],
8. Patellarsehnenruptur und kontralaterale Quadrizepssehnenruptur [174], dies bei Niereninsuffizienz,
9. komplexe Bandverletzung mit Tuberositasausriss [445].

Der Pathomechanismus zur Schädigung einer Patellarsehne ist im Prinzip identisch wie bei allen Sehnenverletzungen. Es ist eine forcierte Quadrizepskontraktion gegen einen fixierten Unterschenkel erforderlich, d. h., bei maximaler Quadrizepsanspannung bedarf es einer zusätzlichen passiven Kraft, wenn eine Quadrizepssehne unfallbedingt reißen soll [849, 1701]. Die intratendinöse Ruptur ist dabei von der Abrissverletzung nicht zu differenzieren, da auch bei der Ansatztendinose (Enthesiopathie) die Voraussetzungen für einen intratendinösen Schaden gegeben sind. Diese intratendinöse Strukturänderung (Texturstörung) gilt als Risikofaktor für das Entstehen einer Diskontinuität. Anders verhält es sich bei der ossären Ausrissverletzung beim Erwachsenen sowohl aus dem distalen Patellaende als auch aus der Tuberositas tibiae, da der Sehnenansatz durch den Übergang kollagener Sehnenfasern in das kollagene Knochengerüst einen denkbar stabilen Halt bietet und, wenn nun ein Knochenfragment mit ausreißt, eine tatsächliche Verletzung zu erkennen ist, dann, wenn die Kombination des aktiven und passiven Mechanismus gegeben ist. Eine Besonderheit bilden die sleeve-fractures beim Heranwachsenden, sowohl am proximalen als auch am distalen Patellapol [350], und auch der Tuberositasausriss [289]. Hier bedarf es der Abklärung, ob nicht eine Wachstumsstörung vorliegt, z. B. im Sinne eines M. Osgood-Schlatter. Bei diesen indirekten Pathomechanismen geht es um direkte Krafteinwirkungen auf Sehnen und Sehnenansätze. Bei der direkten Krafteinwirkung im Sinne eines Anpralltraumas [1973] bedarf es der Feststellung einer Weichteilschädigung (Kontusionsmarke, Hämatom, Weichteilschaden), um eine daraus resultierende Diskontinuität ableiten zu können. Es gibt mehrere Klassifikationsmöglichkeiten der Patellarsehnenverletzungen:

Es werden frische (bis zwei Wochen) von veralteten Verletzungen unterschieden [1680], die Form der Ruptur, transversal, Z-förmig, umgedrehtes U [850] und die Unterscheidung der Lokalisation am distalen Patellapol in der Mitsubstanz und an der Tuberositas tibiae [737, 738].

Tendinose der Patellarsehne

Die Erstbeschreibung erfolgte durch MAURIZIO [1153]. Ätiologisch wird die Tendinose als Pathologie im tendinösen Bereich als auch die Ansatzenthesiopathie am Knochenansatz als Folge eines Überlastungsschadens bis hin zur Diskontinuität gewertet [850]. Hierbei wird Bezug genommen auf eine avaskuläre Region unmittelbar distal der Patella [170, 630], die auch mit einem Impingement durch eine Exostose am Unterrand der Patella in Verbindung gebracht wird [1393]. An Risikofaktoren wird auf den Sport hingewiesen, besonders Volleyball [356] und Basketball [89] sowie bei Fußballern, bei denen ein repetitiver Stress auf die Patellarsehne einwirkt. Diese Überlastung besteht auch bei der Patellainstabilität [51, 534, 1265, 1517], was in Kenntnis der anatomischen Besonderheit der Zugrichtung des M. vastus lateralis sowie des M. vastus medialis verständlich wird. Die Anzahl der Trainingseinheiten [1009], aber auch das Körpergewicht soll eine Rolle spielen [619]. Diese Aussage wird in der Literatur aber nicht einheitlich gewertet [1009]. Die Lokalisation der in der Klinik häufig gebrauchten Bezeichnung „Jumper's Knie" wurde am Patellarsehnenansatz, am Ursprung der Patellarsehne und auch an deren Ansatzstelle gesehen und entsprechend der klinischen Symptomatik einer Klassifikation zugeführt [170, 1439, 1517]. Die Schmerzsymptomatik ist bevorzugt am distalen Patellapol zu finden.

Die Klassifikation in Abhängigkeit von der Symptomatik zeigt drei Schweregrade nach BLAZINA [170] und vier Grade modifiziert nach ROELS [1517] (Tab. 8.23).

Tab. 8.23: Schweregrade des Jumper's knees, nach [170] in [1439].

Stage	
I	Pain after activity only. No undue functional impairment.
II	Pain during and after activity. Still able to perform at a satisfactory level.
III	Pain during and after activity and more prolonged. Patient has progressively increasing difficulty in performing at a satisfactory level.

Biomechanisch zeigt sich eine Spannungszunahme in der Patellarsehne bei Beugung, vorwiegend im anterioren Sehnenanteil [36, 1931] mit Bevorzugung der anterioren Sehnenabschnitte zentral distal und zentral proximal. Die posterioren Sehnenanteile zeigen eine Spannungsabnahme bei zunehmender Beugung.

Entsprechend dem Kraushaar-Konzept ist die Tendinose eher im Sinne einer angiofibroblastischen Reaktion zu verstehen als im Sinne einer Entzündung (Tendinitis), und damit wird [923] die Tendinose mit Wachstumsfaktoren in Verbindung gebracht [1635, 501, 1543]. Pathohistologisch zeigen sich Veränderungen wie bei zunehmendem Wassergehalt mit gleichzeitiger Proteoglykan- und Glykosaminoglykan-Zunahme [364], einer Zunahme der cross-link Konzentration [96, 906, 907], einer Neovaskularisation [317], von faszikulären Disorganisationen [1105], der Abnahme der Fibrillendichte [907], einem Nachweis der Neuromediatoren [1009] und einer Abnahme mechanischer Sehneneigenschaften [679, 1334]. Die feingeweblichen Untersuchungen ergeben proximal und distal bei der Tendinose der Patellarsehne keine Unterschiede [1576]. Es wird die Degeneration mit Nekrosen beschrieben [1576], Partialrupturen mit Neovaskularisationszeichen [719], Veränderungen der Sehnen-Knochen-Verbindung [1602]. Entzündungszeichen finden sich nicht [826, 1602], sondern so genannte degenerative Überlastungsschäden als Texturstörung [878].

Bezüglich der Pathologie bei der Patellarsehne soll entgegen anderen Auffassungen kein Einfluss durch Gewicht und Größe bzw. Alter und Geschlecht des Patienten bestehen [1062], aber im Vordergrund der Tendinose wird die Überlastung genannt, auch mit den Zeichen einer Exostose am Patellaunterrand (prominente Exostose unterer Patellapol) [797] mit der Folge eines Impingements [263, 1393] durch Anschlagen der Patellarsehne an der Exostose.

Diagnostik

Die Diagnose wird klinisch gestellt, durch Sonographie und MRT kann nur die Bestätigung dieser klinischen Diagnose erfolgen [1576, 556]. Die Ansatztendinose proximal der Patellarsehne (= distaler Patellapol) ist histologisch identisch mit der Tendinose der Patellarsehne. Es zeigen sich die klinischen Symptome des „jumper's knee“, insbesondere bei Sportlern mit exzentrischer Belastung mit dem Resultat eines „anterior knee pain“, einem Schmerzzustand der Patellarsehne um den Patellaansatz. Die distale Ansatztendinose ist klinisch vergleichbar [1576, 403, 1602, 1143, 1269] mit der Unterscheidung zwischen dem adoleszenten und dem erwachsenen Patienten, dann gilt differentialdiagnostisch der Morbus Osgood Schlatter, nachweisbar im Röntgenbild. Eine seltene Differentialdiagnose ist die Tuberkulose der Sehne [482].

Zum klinischen Befund mit dem Unvermögen, gestreckt das Bein zu heben, bei einer tastbaren Delle proximal der Patella mit entsprechendem Hämatom, gibt die Nativ-Röntgenuntersuchung einen Patellatiefstand bei einer Quadrizepssehnenruptur [761, 595] und kann mögliche ossäre Ausrisse feststellen. Bei der Patellasehnenruptur ist die tastbare Delle distal der Patella und es liegt ein Patellahochstand vor.

An bildgebender Diagnostik bietet sich die Sonographie an [703, 1124, 1125] sowie die Magnetresonanztomographie [1997, 703, 1150, 875]. Bei der klinischen Untersuchung bedarf es immer der Abklärung eines drohenden Kompartmentsyndroms [945], und es sei der Hinweis erlaubt, dass auch bei einer Streckfähigkeit des Unterschenkels mit der Möglichkeit, das Bein anzuheben, eine Quadrizepssehnenruptur bei erhaltenen randständigen Sehnenfasern nicht ausgeschlossen ist.

Die Nativ-Röntgenuntersuchung wird erforderlich, um knöcherne Ausrissverletzungen zu erkennen und um auch den Patellastand zu dokumentieren und zu überprüfen [1528], dies im Ausmessverfahren nach Insall-Salvati [761] (Abb. 8.82).

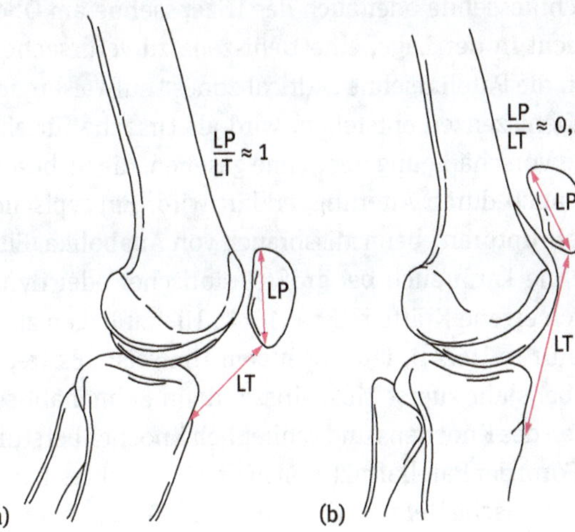

Abb. 8.82: Bestimmung des Insall-Salvati-Index bei einem normalen Knie (a) und bei einer Patella alta (b), LP = Patellalänge, LT = Länge der Patellarsehne [1528].

Die Sonographie „Ultrasound“, insbesondere bei partiellen Rupturen, dem so genannten „jumpers knee“ [818, 1869, 1123, 478, 1795, 1512, 877, 556], das CT [877] und die Kernspintomographie [1707, 2029, 2030, 1169, 1654, 178, 1632, 1439] stehen weiterhin zur Verfügung.

Gutachtliche Überlegungen

Die Quadrizepssehne sowie die Patellarsehne sind als Einheit zu betrachten, da sich die Sehnenfasern der Quadrizepssehne über die Patella hinweg und teilweise oberflächlich auch durch diese hindurch in der Patellarsehne fortsetzen. Somit ist der eigentliche Ansatzpunkt (Insertion) des M. quadriceps femoris nicht am Oberrand der Patella zu suchen, sondern an der Tuberositas tibiae. Die Patella hat die Funktion eines Sesambeines in Verbindung mit der Rolle der Femurkondylen im Sinne eines Hypomochlions. In Kenntnis der feingeweblichen Struktur handelt es sich um Zugsehnen, deren Gleitmechanismus in der Patella und somit in deren Knorpelbelag gegenüber der Trochlea femoris zu suchen ist. Die Patellafraktur durch Sturz auf das Knie ist eine Verletzung des Quadrizepsansatzapparates, dessen Durchtrennung abhängig ist von der Lokalisation der auf diesen Ansatzapparat einwirkenden Kraft. Daraus können die Quadrizepssehnen-Durchtrennung proximal der Patella und auch die Patellarsehnendurchtrennung distal der Patella erklärt werden. Dies gilt für die von anterior auf das Knie einwirkenden Kräfte. Es sind dann aber Kontusionsmarken, Hämatome u. a. zu erkennen, die auch die Lokalisation der einwirkenden Kraft bestätigen.

Indirekte Kräfte sind beim Zugsehnenmechanismus beider Strukturen vergleichbar mit den Dehiszenzen an der Achillessehne oder auch der Trizepssehne am Oberarm. Die eigene Muskelkraft ist nicht in der Lage, eine Dehiszenz zu verursachen. Da sowohl die Quadrizeps- als auch die Patellarsehne „critical zones" aufweisen und da exakt in diesen Bereichen die Dehiszenzen entstehen, wird als Ursache für eine Diskontinuität durch Muskelzug die Vorschädigung der Sehne gesehen, die insbesondere durch Überlastung, teilweise auch durch Alterung, erklärt wird. Ein typisches Beispiel sind die „Quadrizepssehnenrupturen" beim Missbrauch von Anabolika. Eine altersentsprechende Quadrizepssehne kann auch bei größter statischer oder dynamischer Beanspruchung nicht durch eigene Kräfte reißen [1624]. Hierzu liegen zahlreiche Untersuchungen vor (Literatur in [1624]), mit folgendem Hinweis: „Es treten daher bei Personen bis zum 30.Lebensjahr zuerst Muskelrisse, dann Sehnenabrisse an den Ursprungs- oder Ansatzstellen des Knochens und schließlich Knochenberstungen, wie man sie am Kniegelenk in Form der Patellafrakturen häufig beobachten kann, ein." Spontanrupturen als nicht traumatische Dehiszenzen werden auf Vorschäden an der Sehne zurückgeführt. Im Endeffekt trifft diese Aussage auch für die Patellarsehne zu, da diese ja als Fortsetzung der Quadrizepssehne zum eigentlichen Ansatzgebiet an der Tuberositas tibiae dient.

8.1.5 Proximale Hamstring-Sehnen

„Es sind drei Muskeln, die an der Hinterfläche des Oberschenkels ihre Lage haben und alle vom Tuber ischii entspringen, bedeckt vom M. glutaeus maximus. Von diesem Punkt laufen sie divergierend abwärts, der M. biceps gegen die Fibula, der M. semitendinosus und semimembranosus zur Tibia, so dass eine nach oben zugespitzte Lücke entsteht, welche sich in die Fossa poplitea erweitert. Die Sehnen dieser Muskeln bilden die Seitenwände der Kniekehle" [176].

Der lange Kopf des M. biceps femoris, der M. semitendinosus und der M. semimembranosus entspringen gemeinsam aus einer oval geformten Ursprungsfläche am Tuber ischiadicum [1198, 1199, 1199, 1864], die Fläche etwa 10 cm^2, ist ungefähr 3 cm breit und etwas länger. Die Ursprungsfläche des M. biceps femoris (langer Kopf) und des M. semitendinosus ist halbmondförmig, darunter, von dorsal betrachtet, liegt die separate, zirkulär geformte Ursprungsfläche des M. semimembranosus [1300, 457, 1419]. In seltenen Fällen gibt es auch eine einheitliche Ursprungsstelle (Abb. 8.83).

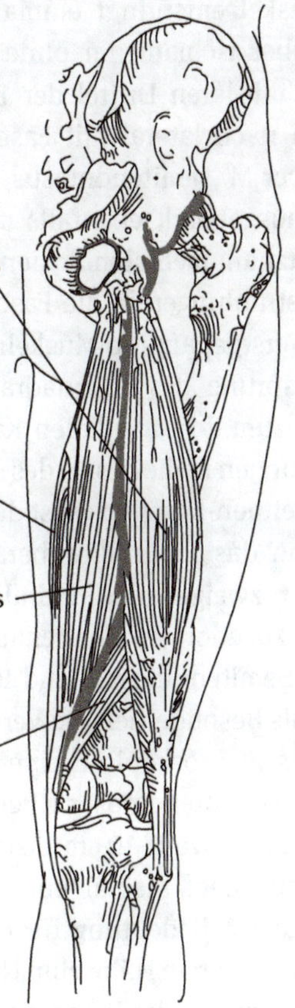

Abb. 8.83: Anatomie des beugeseitigen Oberschenkels mit Darstellung der Hamstring-Muskulatur [310].

Im Verlauf nach distal reichen die Muskelfaseranteile des M. biceps sowie des M. semitendinosus sehr weit an den Sitzbeinhöcker heran, wogegen der M. semimembranosus über etwa 30 % der Länge als Sehne entspringt [15]. Die unmittelbare Nähe der Muskulatur in der oberflächlichen Schicht erweckt den Eindruck, dass die Muskulatur auch direkt am Knochen ansetzen könnte, dies ist aber nicht nachweisbar [1217], vielmehr handelt es sich um eine sehr kurzstreckige „Enthesis“. Während in aller Regel der M. semitendinosus und der M. biceps femoris (langer Kopf) gemeinsam in einer oberflächlichen Lage am Sitzbeinhöcker entspringen, gibt es eine Normvariante, bei der der M. biceps femoris auch isoliert entspringt [1214, 1360]. Der Hinweis auf die zum Teil intraossäre Fortsetzung des Achillessehnenansatzes mit Übergang in die Plantarfaszie (Hypomochlion) entspricht auch dem Sehnenansatz am Tuber ischiadicum als Fortsetzung der Oberschenkelbeugemuskulatur nach kranial in das

Lig. sacrotuberale, das, vom seitlichen Teil der ganzen Dorsalfläche des Os sacrum sowie vom dorsalen Umfang des Os ilium (Spina iliaca post. sub. et inf.) ausgehend, sich zum Tuber ischiadicum ausdehnt und somit einen Gegenhalt der Oberschenkelbeugemuskulatur bietet [1700, 1721].

Der M. biceps femoris als zweiköpfiger Muskel entspringt einmal an der Lateralfläche der Hamstring-Ursprungzone am Tuber ischiadicum ohne wesentliche Sehnenstrecke und mit dem kurzen Kopf vom mittleren Drittel der Linea aspera (laterale Leiste) und zieht zum Fibulaköpfchen nach lateral mit Faserzügen zum lateralen Tibiakondylus und zur Fascia cruris. Der M. semitendinosus, medial vom Ursprung des M. biceps femoris (langer Kopf) ausgehend, ebenfalls mit einer nur kurzen Sehnenstrecke, zieht nach medial und setzt am medialen Schienbeinkopf als 3. mediodorsaler Ast des Pes anserinus mit Ausstrahlungen in die Fascia cruris an. Der M. semimembranosus, der unter den beiden erstgenannten Muskeln entspringt, zwischen dem langen Bizepskopf und dem Ursprung des M. quadratus femoris, verläuft zum dorsomedialen Tibiakondylus bzw. zum dorsomedialen Kapseleck des Kniegelenkes (sechs Ansatzstellen) mit Ausstrahlungen in die Faszie des M. popliteus.

Für eine weitere Beurteilung dieses Muskel-Sehnen-Komplexes ist der Sehnenursprung von Bedeutung, der sich nach kranial in das Lig. sacrotuberale fortsetzt. Die drei genannten Muskeln sind in der Funktion zweigelenkig und als Zugsehnen zu werten, Sehnenscheiden finden sich an den zugehörigen Sehnenanteilen nicht [526, 1721, 1700]. Der gemeinsame Ursprung der Semitendinosus- und Bizeps-Sehne am medialen Anteil des Tuber ischiadicum zeigt als Besonderheit die Vereinigung der Sehnen- bzw. Muskelstrecke („conjoint"), so dass makroskopisch eine Abgrenzung nicht möglich wird [918, 1198]. Es besteht ein muskulotendinöser Übergang lateral an der gemeinsamen Sehne des Biceps femoris mit etwa 6–10 cm distal des Tuber ischiadicum [526, 1985], beim M. semitendinosus liegt medial ein gemeinsamer Sehnenverlauf über 12 cm vor [1985]. Von besonderer Bedeutung für die operative Rekonstruktion der proximalen Hamstring-Gruppe ist deren Nähe zum N. ischiadicus und zum N. gluteus inferior. An der lateralen Begrenzung der Hamstrings hat der N. gluteus inferior einen Abstand zur distal davon gelegenen inferioren Begrenzung des M. gluteus maximus von 5,0 ± 0,8 cm und der N. ischiadicus liegt etwa 1,2 ± 0,2 cm lateral der Tuberositas tuber ischii [1199].

Biomechanik

Die Hamstring-Gruppe an der Rückseite des Oberschenkels (Flexorengruppe, Beuger) hat eine zweigelenkige Funktion durch Beugung in der Hüfte und Streckung im Knie. Im Gegensatz zur oberen Extremität befinden sich die Beuger an der Rückseite, aber auch plantarseitig, so wie die Beuger am Oberarm palmarseitig vorliegen. Diese Umverlagerung erklärt sich aus der Entwicklungsgeschichte, da in der Mitte einer Gliedmaßenanlage eine rechtwinkelige Abknickung auftritt, wodurch Ober- und Unterarm bzw. Ober- und Unterschenkel gegeneinander abgegrenzt werden. Mit dem Wachstum der Anlagen ändert sich die Arm- und Beinanlage in entgegengesetzter Richtung. Die Folge ist, dass sich die Streckseite des Armes hinten und die des Beines vorne entwickelt [179]. Der M. biceps femoris beugt im Kniegelenk und wirkt in diesem Zustand als Außenrotator des Unterschenkels, der lange Bizepskopf hilft bei der Streckung des Hüftgelenkes mit. Der M. semitendinosus streckt in der Hüfte und beugt im Kniegelenk, der Semimembranosus ist der kräftigste Beuger des Kniegelenkes und auch der wirkungsvollste Innenrotator. Die mögliche Arbeitsleistung als Strecker des Hüftgelenkes ist gering, übertrifft aber die des M. semitendinosus und des langen Bizepskopfes [1721].

Pathomechanik-Schäden an der proximalen Hamstring-Gruppe erklären sich durch den Überlastungsschaden bei Sprint- oder Absprungphasen [219, 12, 934, 883]. Diskontinuitäten (Rupturen) entstehen nur durch eine exzentrische Krafteinwirkung [309, 1589, 1682, 2034, 527, 528, 391, 1982, 1199]. Das bedeutet, es bedarf einer Muskelkontraktion bei passiver Gegenkraft [132], entsprechend der Definition der exzentrischen Kontraktion: Verlängerung eines Muskels unter Kontraktion [1256].

Des Weiteren kann eine Diskontinuität durch extreme Hüftflexion bei gleichzeitig maximaler Knieextension entstehen [334, 883, 186, 1682, 217, 295, 219, 474, 764, 308, 1562, 1135, 1577, 1982, 2034, 449, 1199], ein Verletzungsmechanismus liegt aber nur dann vor, wenn neben der maximalen Hüftflexion und Knieextension auch die exzentrische Muskelkraft hinzukommt [27]. Derartige Mechanismen im Sinne eines Überlastungsschadens, aber auch einer Verletzungsmöglichkeit, finden sich bevorzugt beim Sport:
- Sprint [139, 1362, 1986],
- Laufen/Rennen [217, 1093],
- Soccer/Football [677, 854, 645],
- Wasserski [1562, 169, 1682, 1982, 645, 253],
- Spagat/Grätsche [1982].

Insbesondere für den Wasserskisport gilt, dass der Fall nach vorne oder die plötzliche Dezeleration [1562] zur verletzungsbedingten Schädigung führen kann (Abb. 8.84).

Die sportliche Aktivität beim Sprint oder auch beim Lauf lässt nur dann eine Diskontinuität zu, wenn eine entsprechende überlastungsbedingte Vorschädigung einer Sehne vorliegt, eine tatsächliche Ruptur der proximalen Hamstringsehnen bei diesen sportlichen Aktivitäten kann aufgrund des fehlenden Pathomechanismus (exzentrischer Kraft, Hüftflexion und Knieextension) nicht erwartet werden. Seltene verletzungsbedingte Schäden sind beim direkten Anpralltrauma [219], das alleine aufgrund der anatomischen Lokalisation nur im Ausnahmefall möglich ist, nicht zu erwarten. Der Sturz auf das Gesäß erklärt lediglich dann eine Verletzung, wenn eine entsprechende Weichteilschädigung durch den Sturz feststellbar ist.

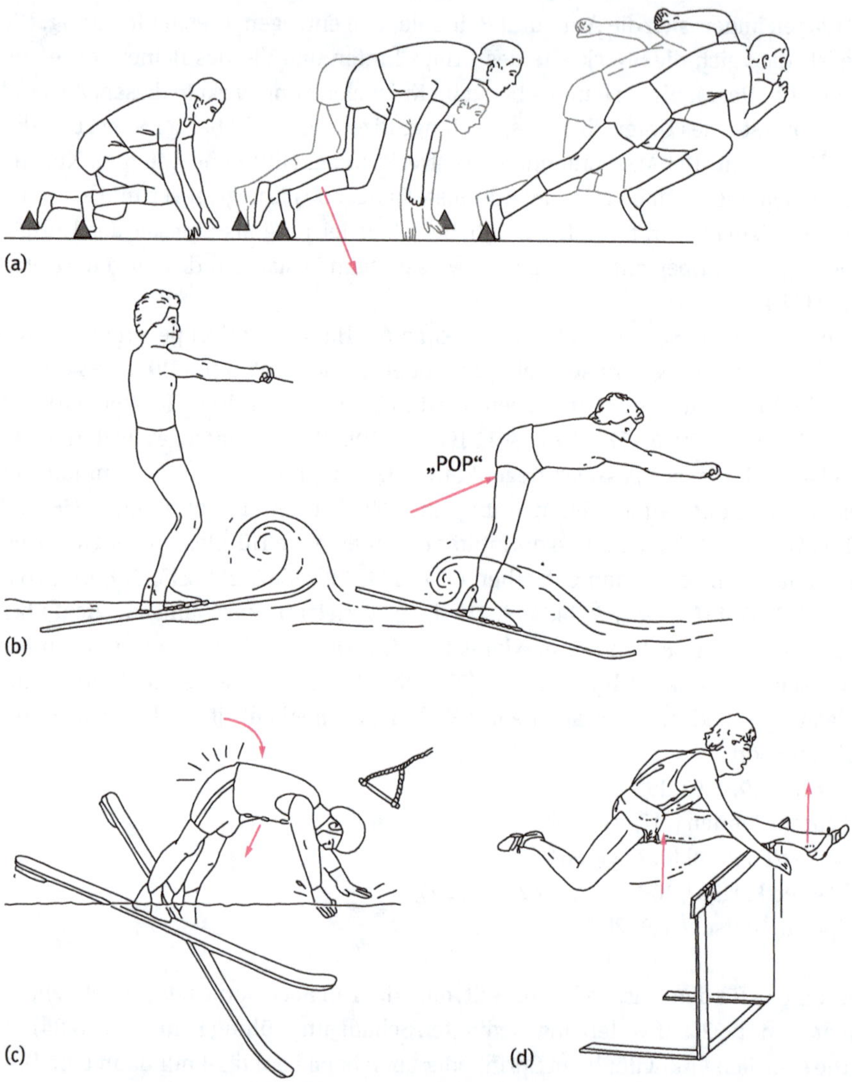

Abb. 8.84: Überlastungsmechanismus (a) und Verletzungsmechanismen (b, c, d) der proximalen Hamstring-Gruppe, nach [1310, 500, 169].

Pathologie

Wie bei allen Sehnen werden der Überlastungsschaden (Tendinose, Tendinopathie) und die Diskontinuitäten in Abhängigkeit vom Sehnenzustand unterschieden. Die Tendinosen der proximalen Hamstring-Gruppe sind histologisch mit der Achillestendinose [776, 1369] identisch im Sinne der Struktur-, Texturstörung mit Reparationszeichen, aber ohne Entzündungszeichen [998]. Der Überlastungsschaden [485], klinisch als Hamstring-Syndrom bezeichnet [1193, 1361, 1454], ist die Folge des Sprintens mit einer Akzeleration und zeigt eine Verdickung der Faszien („tendon-like thickend band") zwischen den Sehnen des Sitzbeines, übergreifend auf den N. ischiadicus [1052], optisch mit einer Narbe als Folge der Reparation vergleichbar. Verletzungsbedingt entwickeln sich vorwiegend Zerrungen am Muskel-Sehnen-Übergang (79 %), in 12 % der Fälle entsteht ein partieller Abriss, der bei 9 % komplett vorliegt [917]. Die Rupturen, partiell oder komplett, finden sich meistens am muskulotendinösen Übergang [12, 370, 780, 779, 295, 309, 308, 322, 1140], seltene Muskelbauchverletzungen sind nicht auszuschließen [31, 295]. Im Vergleich zu den kompletten Abrissen der Hamstring-Gruppe [764, 795, 1806, 1266] sind die inkompletten Diskontinuitäten [996, 997] auf die einzelnen Muskeln verteilt. Es gibt den isolierten Abriss des M. semitendinosus [210], den kombinierten Abriss von M. semimembranosus und langer Bizepssehne [1588, 1164] und die Kombination M. semitendinosus zusammen mit dem langen Bizepskopf [764]. Die myotendinöse Ruptur ist meist am langen Bizepskopf zu sehen [1982, 527, 266], auch als Partialriss des Bizepskopfes 12 cm distal des Sitzbeines [883, 370, 1714]. Schließlich sind ossäre Tuberositasabrisse feststellbar [449] als Abrissfraktur des Tuber ischiadicum, insbesondere aber als Apophysenabriss beim wachsenden Skelett [552, 1982].

Die distalen Sehnenansatzstellen zeigen Abrisse der Semitendinosussehne im Bereich des Pes anserinus superficialis [1605, 995] am Semimembranosus-Ansatz als Pes anserinus profundus [33, 995] und auch am Bizepsansatz am Fibulaköpfchen [784, 347, 479, 1640, 995]. Derartige Sehnenabrisse mit nur geringem Funktionsausfall, abgesehen vom Abriss der Bizepssehne, zeigen in der Folge durch reparative Maßnahmen tumorartige Muskelnekrosen, insbesondere nach Abrissverletzung der Semitendinosussehne [1816].

Sowohl bei den Sehnenschäden als auch bei den Muskeldiskontinuitäten werden intrinsische pathologische Faktoren diskutiert [209], insbesondere Vorschäden im Sinne der Überlastung [423, 1881], dies auch abhängig von der Struktur der proximalen Aponeurose und deren Beziehung zum langen Kopf des M. biceps femoris [465], da proximale Aponeurosen einen zusätzlichen stabilisierenden Faktor zum langen Bizepskopf darstellen. Im Vordergrund stehen sportbedingte Risikofaktoren [15], in Abhängigkeit von der Art der sportlichen Betätigung meist als Überlastungsschaden („overuse").

Diagnostik

Die Diagnostik beginnt bereits beim sog. Unfallmechanismus. Es kommt zu einem hörbaren „pop" [169, 1982], als „pop or snap" bezeichnet, mit einem sofort einschießenden Schmerz. Bei der kompletten Kontinuitätsunterbrechung entsteht eine atypische Lokalisation des Muskelbauches an der Oberschenkelrückseite, gut erkennbar in der Bauchlage oder im Stehen [1982], und es resultiert bei kompletter Durchtrennung eine palpable Lücke [219]. Für die Bilddarstellung bietet sich einmal die Sonographie, aber vorwiegend die Kernspintomographie an [73, 643, 160, 266, 917, 314, 15]. Es bedarf unmittelbar nach der Schädigung einer Überwachung, um ein Kompartmentsyndrom nicht zu übersehen [950], und es soll die Prüfung des N. ischiadicus erfolgen, da dieser Nerv bei der proximalen Abrissverletzung mitbeteiligt sein kann [1982, 917, 1781].

Gutachtliche Überlegungen

Es finden sich Überlastungsschäden in Abhängigkeit von bestimmten Sportarten an den proximalen Hamstring-Sehnen, so wie dies bei allen anderen Sehnen auch der Fall ist [776, 1369, 998]. Entsprechende Vorschäden als Zeichen einer intrinsischen Pathologie [210, 423] erleichtern eine Kontinuitätsunterbrechung bei entsprechenden Mechanismen. Diese sind zumindest in der Literatur eindeutig durch eine exzentrische Krafteinwirkung bei einer maximalen Hüftflexion und Knieextension vorgegeben [27]. Direkte Krafteinwirkungen, die eine Kontinuitätsunterbrechung erklären würden, treten selten auf [219]. Somit bedarf es in allen Fällen einer exakten Beurteilung des Unfallmechanismus und bei der operativen Behandlung auch der feingeweblichen Untersuchung zum Nachweis der Tendinose. Hilfreich ist in der Diagnostik die Kernspintomographie, zusätzlich zu den meist eindeutigen klinischen Symptomen, auch unter Berücksichtigung einer neurologischen Symptomatik, wobei aber die eigentlich zu erwartende Blutung nicht immer vorliegen muss, diese kann völlig fehlen, aber auch bei der Abrissverletzung zu einem ausgedehnten Hämatom führen. In aller Regel ist aber der Nachweis bzw. die Unterscheidung zwischen einer Ein-Sehnen-, Zwei-Sehnen- und Drei-Sehnen-Abrissverletzung möglich und kann somit für die Behandlung hilfreich sein [1000], vgl. Kapitel 8.4.

8.2 Ansatztendinosen inkl. Tendinosis calcarea

Ansatztendinosen sind pathologische Veränderungen der Sehnen, aber nur an deren Ansatzstellen am Knochen (Achillessehne, Rotatorenmanschette, Patellarsehne (bes. Patella nahe), Quadrizepssehne, intraartikuläre Bizepssehne). Als Sonderformen können die Ansatzstellen kurzer Sehnen gewertet werden, wie bei der Epicondylitis humero-radialis, Epicondylitis humero-ulnaris sowie der Ansatz der ischiocruralen Muskulatur am Tuber ischiadicum. Klinisch ist eine ligamentäre Enthesiopathie am Ansatz der Fascia plantaris am Fersenbein zu finden, radiologisch häufig mit dem plantaren Fersensporn kombiniert. An all diesen Sehnenverankerungen besteht ein „locus minoris resistentiae“ [283], wenn Texturstörungen vorliegen. Hier zeigt sich eine besondere Anheftungsstruktur mit einem 4-Zonen-Aufbau des Sehnen-Knochen-Ansatzes [1492, 1202], es handelt sich um einen 3-dimensionalen Aufbau [1201]: Sehne oder Band, Faserknorpel, mineralisierter Faserknorpel, Knochen und Sharpey'sche Fasern gehen von der Kollagenstruktur der Sehne in die des Knochens über.

Die Aufgabe dieser Struktur „Enthesis“ besteht darin, die unterschiedlichen mechanischen Eigenschaften von Sehne und Knochen kontinuierlich anzugleichen und lokale Spitzenbeanspruchungen zu verringern, die sonst zwangsläufig an den Gelenkflächen auftreten würden [1202]. Überlastungsschäden zeigen sich sowohl an der Sehne selbst als auch an deren Ansatzstelle am Knochen. Diese Texturstörungen der Sehnen werden an der Sehne selbst als „Tendinose" [1333] bezeichnet und am Sehnenansatz am Knochen, also im Bereich der „Enthesis", als Ansatztendinose, dies als Nennung einer Stresskonzentration [1998]. Für diese Texturstörungen werden auch Synonyme gebraucht, wie Tendopathien, Myotendinose, Tendomyose, Insertionsligamentopathie, Tendoperiostose u. a. [344]. Die Bezeichnung Periostitis trifft aber nicht zu, auch nicht mit Nennung der Lokalisation, da Sehnen nicht über das Periost am Knochen ansetzen, sondern über die so genannten Sharpey'schen Fasern. Die Tendopathie bzw. die Enthesiopathie wird einer schmerzhaften Funktionsbeeinträchtigung im Sehnenbereich aufgrund eines Missverhältnisses zwischen Belastung und Belastbarkeit der funktionellen Einheit Muskel-Sehne-Knochen-Gelenk zugeordnet [446]. Die Bezeichnung „-pathie" bedeutet den klinischen Schmerzzustand. Häufig wird diese Pathologie am Sehnenansatz der Degeneration zugeordnet, dann im Sinne der Degeneration und Disorganisation der kollagenen Fasern [1711]. Tatsächlich handelt es sich aber primär um eine „Disorganisation" oder Texturstörung der kollagenen Fasern und sekundär mit einer Zunahme der Zellzahl, wobei Entzündungszeichen nur im Anfangsstadium dieser Pathologie zu finden sind. Es gibt die Ausnahme der entzündlichen Ursache für die Tendinopathie, z. B. bei der rheumatoiden Arthritis. Heute wird als Ursache der Tendinopathie [1475] vorwiegend eine mechanische Theorie im Sinne eines Überlastungsschadens („overuse") angegeben, so wie dies auch beim Haustier zu finden ist [466, 180]. Mit Einsetzen des überlastungsbedingten Circulus vitiosus beginnt auch eine Heilungstendenz der Sehne [1113], bezeichnet als „failed healing response". Dies entspricht der Konsequenz des Körpers in dem adäquaten Versuch einer Sehnenregeneration [1333]. Als Ursachen der Tendinopathie werden angegeben:

1. mechanische Theorie: „overload-overuse", rezidivierende Mikrotraumen [340, 1261, 1120, 1492, 1691]. Diese rezidivierenden Mikrotraumen führen zu einer Überlastung der Sehnenverankerung im Knochen mit einer dabei auftretenden ungleichmäßigen Belastung in der unverkalkten Zone,
2. Impingementtheorie: Rezidivierende Kompressionstraumen [138, 796, 1286, 1311, 1909, 2048],
3. Gefäß-Theorie: Störung der Sehnendurchblutung [78, 254, 448, 492, 1020],
4. Neural-Theorie: Mastzellen setzen die Substanz P (proentzündlicher Mediator) frei [29, 575, 650],
5. Entzündungstheorie: Tendinopathie bei primärer Arthritis (Rheumatoide Arthritis) [1674],
6. endokrine-metabolische Theorie: Einfluss verschiedener endokriner bzw. exokriner Faktoren [1492].

Rezidivierende Überlastungen bzw. Mikrotraumen haben einen Einfluss auf die Sehnenfibroblasten [1910, 1998, 71] mit der Folge einer Apoptose in Abhängigkeit von der Zellgenetik. Gleichzeitig führt aber auch eine periodische Überlastung zu einer Änderung der Zellgenetik, wobei diese mit der entstehenden Apoptose einen Verlust der Matrixintegrität nach sich zieht. Der Verlust der Matrixintegrität ist verbunden mit dem Freisetzen von Matrixmetalloproteinasen [1219], die einerseits den Reparationsvorgang, zum anderen auch über deren kollagenolytische Aktivität [597] die Degradation der Matrix einleitet. Hierbei handelt es sich nicht um einen so genannten „degenerativen Vorgang", sondern um eine Proteinentfaltung. Nachdem die Reparation mit einer Gefäßinfiltration und Nervenregeneration verbunden ist, andererseits die Proteinentfaltung die Texturstörung bedeutet und diese wiederum zur Gefäßinfiltration und Nervenregeneration führt, entsteht ein Circulus vitiosus, so wie er bei vielen pathologischen Vorgängen mitintegriert ist (Abb. 8.85).

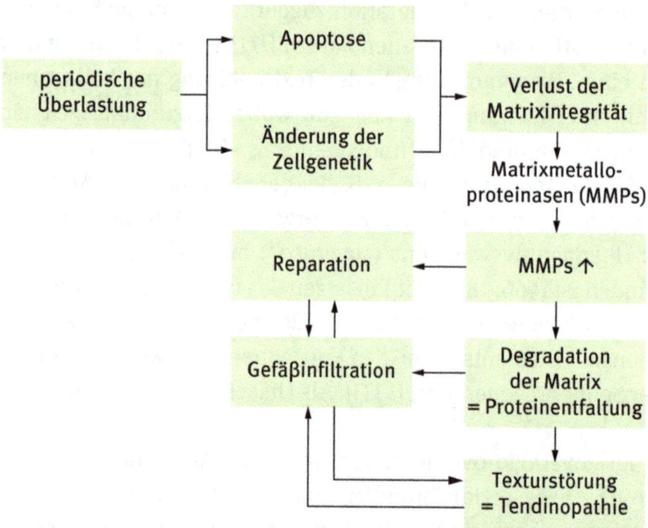

Abb. 8.85: Pathogenese der Tendinopathie, nach [1998].

Entzündliche Veränderungen spielen nur am Anfang der Pathogenese der Tendinopathie eine Rolle, denn durch mechanischen Stress mit Wirkung auf die Tendozyten werden Makrophagen und Mastzellen als Entzündungszellen freigesetzt, die eine proinflammatorische Texturstörung sowie auch die Neoangionese als reparativen Prozess einleiten. Diese minimalen Entzündungszeichen [1155, 1113] entstehen in Verbindung mit der Reparation und nur im Frühstadium [1196]. Die Mastzellen wirken gegenseitig auf die Tendozyten und nehmen somit Einfluss auf die Matrixsynthese, was als proinflammatorische Texturstörung zu werten ist, da die Tendozyten die Matrix produzieren. Die entzündlichen Zellinfiltrate (Makrophagen, Mastzellen) bewirken in Verbindung mit der Neoangiogenese [332] reparative Maßnahmen, so wie dies auch bei entzündlichen Erkrankungen (z. B. rheumatoider Arthritis) der Fall ist [1166]. Ein wesentlicher Faktor für die frühe entzündliche Reaktion ist die Substanz P, die aus den Mastzellen in Interaktion mit den Tendozyten freigesetzt wird und den proinflammatorischen Mediator darstellt.

Die Ansatztendinose verläuft wie die intratendinöse Texturstörung in drei Phasen [1213]:
- entzündliche Phase = akute vaskuläre Entzündungsantwort (bis 3–5 Tage),
- reparative Phase = Reparation bzw. Regeneration (48 h–6/8 Wochen),
- Organisationsphase = wiederherstellende Reifungsphase (2–4 Monate).

Erst in der Wiederherstellungsphase („remodeling") wird die Zerreißfestigkeit ursprünglichen Ausmaßes wieder erreicht. Entzündliche Veränderungen werden nach zwei Wochen nicht mehr festgestellt [7]. Nach der Entzündungsphase mit maximal fünf Tagen kommt es zur Fibroplasie und Fibrillogenese mit Organisation der Fibrillen [426]. Gleit- und Zugsehnen zeigen Unterschiede in der Sehnenheilung. Bei den Gleitsehnen mit dem Faserknorpelanteil nehmen die Festigkeit und Steifigkeit zu. Bei Zugsehnen nimmt die Zerreißfestigkeit jedoch ab [1293]. Dabei kommt der Sehnenscheide mit Adhäsionen zur Sehne bei der entzündlichen Phase der Sehnenheilung eine Bedeutung zu [1975], eine tatsächliche restitutio ad integrum gibt es jedoch nicht [1213].

Ansatztendinosen – Übersicht

Ansatztendinosen werden als Überlastungssyndrome bezeichnet [675]. Tendinosen bzw. Ansatztendinosen werden heute vorwiegend an folgenden Stellen diskutiert:
- Tendinose der Rotatorenmanschette,
- Tendinose der langen Bizepssehne,
- Epicondylus radialis = Tennisellbogen,
- Epicondylus ulnaris = Werfer-, Golferellbogen,
- Tuber ischiadicum = Ansatztendinose der Hamstrings-Gruppe,
- Patella/Tuberositas tibiae = jumpers knee,
- Achillessehnentendinose (Haglundferse/Bursitis subachillea),
- Fasciitis plantaris, Fersensporn.

Epicondylitis radialis humeri (sog. Tennisellbogen)

Betroffen ist der radiale Epicondylus des Ellbogens und damit verbunden die dorsale Muskelgruppe der Unterarmstrecker (Extensoren). Die ligamentäre Stabilisierung des radialen Ellbogens wird durch das Lig. collaterale radiale gewährleistet in Verbindung mit dem Lig. anulare radii, dem akzessorischen kollateralen Ligament und dem Lig. collaterale laterale ulnare. Die dorsale Muskelgruppe der Extensoren, die flächig am

Epicondylus radialis anheftet, besteht als oberflächlicher Strecker aus den Muskeln M. extensor carpi radialis brevis [1745], M. extensor carpi ulnaris, M. extensor digitorum communis und M. extensor digiti minimi. Die Extensoren setzen entsprechend den Muskelsepten am Epicondylus radialis an, von besonderer Bedeutung für den genannten Schaden sind der M. extensor carpi radialis brevis sowie der M. extensor digitorum communis. Das Krankheitsproblem am lateralen Epicondylus wird seit langer Zeit als sog. laterale Epicondylitis beschrieben [328] und im weiteren Verlauf als laterale Ellbogentendinopathie bezeichnet [1471, 32], wobei die Bezeichnung „Tennisellbogen“ als inakkurat aufgefasst wird [32]. In Kenntnis der nur vorübergehend entzündlichen Veränderung im Anfangsstadium und der dann fehlenden entzündlichen Komponente gibt es Überlegungen, diese Erkrankung als laterale Epicondylose zu benennen [162]. Es handelt sich dabei um einen Überlastungsschaden des Streckeransatzes, wobei auch Risikofaktoren angeführt werden wie die Rotatorenmanschettenpathologie, DE Quervains, Karpaltunnelsyndrom, Cortisontherapie und Raucheranamnese [1813].

Die Erkrankung soll in aller Regel mit Muskelsymptomen beginnen [2037], es steht aber die Überlastung der Extensoren im Vordergrund im Sinne der Zugbelastung der Unterarmmuskulatur (Strecker) in Unterarmpronation, Hand-Palmarflexion und Ulnardeviation, dabei käme es zu einer besonderen Längenbeanspruchung des M. extensor carpi radialis brevis mit der Folge einer Stressreaktion im Ellbogen bei Flexion und Extension [213, 1365]. Die Lokalisation in die Sehne des M. extensor carpi radialis brevis erklärt sich damit, dass die Unterseite der Sehne in engem Kontakt mit dem lateralen Eck des Capitellum steht [229] und somit auch der M. extensor digitorum communis mit beeinflusst wird [433]. Es kommt zu einer gewissen Gefügelockerung im lateralen Kompartiment, auch im Bereich des Lig. collaterale laterale ulnare [1237], mit der Folge, dass sich mit dem Tennisellbogen auch gleichzeitig ein Bandschaden verbinden lässt [404]. Mit Einführung der Arthroskopie konnte festgestellt werden, dass der Tennisellbogen auch mit Knorpelschäden am Radiusköpfchen einhergehen kann [1584] bzw. mit einer hypertrophen Plica humeroradialis [1914, 1743, 1746]. Einer besonderen Berücksichtigung bedarf die Prüfung der Stabilität, da Tennisellbogen doch relativ häufig mit Instabilitäten einhergehen [888].

Die Pathogenese des Tennisellbogens ist mit der Pathogenese der herkömmlichen Tendinose vergleichbar [922]. Die Sehnenüberlastung, Gefügelockerungen und auch Zugbelastungen der Sehnenansätze sind mit der Freisetzung von Neuropeptiden und Zytokinen in Verbindung zu bringen, die dann zumindest anfänglich eine entzündliche Proliferation verursachen [1838, 2036]. Im Endeffekt resultieren, so wie auch bei den herkömmlichen Tendinosen, Minderdurchblutungen am Ansatz des M. extensor carpi radialis brevis sowie insgesamt an den gemeinsamen Extensorensehnen [92, 2036] mit der Folge der Apoptose und Autophagozytose [277]. Histologisch zeigen sich vier Stadien, bedingt durch repetitive Mikrotraumen [1319, 922, 16]:

Stage 1: entzündliche Antwort,
Stage 2: Gefäßhypoplasie, Fibroblastenvermehrung, Texturstörung des Kollagens und Angiofibroblasten-Hypoplasie,
Stage 3: partielle bzw. komplette Ruptur (Spontanruptur),
Stage 4: Fibrose, Matrixkalzifikation sowie ossäre Reaktion.

In diesem Circulus viciosus treten auch sog. „bony spurs" als Exophyten auf [412], die unter Umständen sogar radiologisch am Nativröntgenbild erkennbar werden können. Neben der Schmerzsymptomatik und einer daraus resultierenden Funktionsbeeinträchtigung zeigt sich auch eine Verschlechterung der Propriozeption [817]. Allgemein sind derartige Ansatztendinosen als Überlastungsschäden zu werten und im Ausnahmefall bedarf es der Überlegung der Berufskrankheit [1486, 1137].

Neben der herkömmlichen Röntgenuntersuchung [1437] wird für die Diagnostik eine Röntgen-Weichstrahlaufnahme [467] und zum Nachweis einer Instabilität die „gehaltene Röntgenaufnahme" [218] empfohlen. Im Vordergrund stehen aber die Sonographie [1325, 299, 908] und insbesondere die Magnetresonanztomographie [55, 1583, 1416, 1907, 690, 1731].

Epicondylitis humeri ulnaris (sog. Werferellbogen bzw. Golferellbogen)

Diese Erkrankung ist seit langer Zeit als „Schreibkrampf" bekannt [1546] und wird kurz darauf als Epicondylitis beschrieben [1242]. Am ulnaren Epicondylus des Ellbogens setzt die ventrale Muskelgruppe der Beuger an, wobei insbesondere den oberflächlichen Beugern M. pronator teres, M. flexor carpi ulnaris und M. flexor carpi radialis eine besondere Bedeutung zukommen.

Für die Stabilität des ellenseitigen Ellenbogens ist das Lig. collaterale ulnare zuständig mit dem anterioren Bündel, dem posterioren Bündel und dem Lig. transversum. Der häufig gebräuchliche Name als Werfer- und Golferellbogen weist auf den Überlastungsschaden entsprechender Muskeln hin, so des M. flexor pronator teres [292, 976, 601]. Die Überbeanspruchung der Unterarmflexoren im Sinne eines Valgusstress, aber auch in Verbindung mit der Pronation, führt zu intratendinösen Nekrosen [922, 1134, 293] und insbesondere beim sog. „throwers elbow" ist die Instabilität ellenseitig mit zu erwähnen [246]. Die Pathogenese ist vergleichbar mit der des Tennisellbogens, auch beim Werferellbogen sind Ossifikationen [83] feststellbar.

Fasciitis plantaris – Fersensporn

Die Plantarfaszie ist im Vergleich zu Sehnen und Bändern weniger elastisch mit einer maximalen Längenänderung von 4 % [1527]. Sie gehört zum Verspannungssystem des Fußgewölbes als längste Struktur [1582] und zieht sich vom medialen Tuberkel des Fersenbeines zu den Metatarsaleköpfchen 1–5 und nach distal darüber hinaus. Darunter liegt das Lig. plantare longum, ausgehend vom lateralen Tuberkel des Fersenbeines, und zieht zur Plantarfläche des Würfelbeines, und schließlich das schräg verlaufende Spring-Ligament (Pfannenband), das vom Fersenbein nach distal medial als Lig. calcaneonaviculare plantare oder inferius die fehlende Kapsel zwischen Fersenbein und Kahnbein ersetzt (Abb. 8.86).

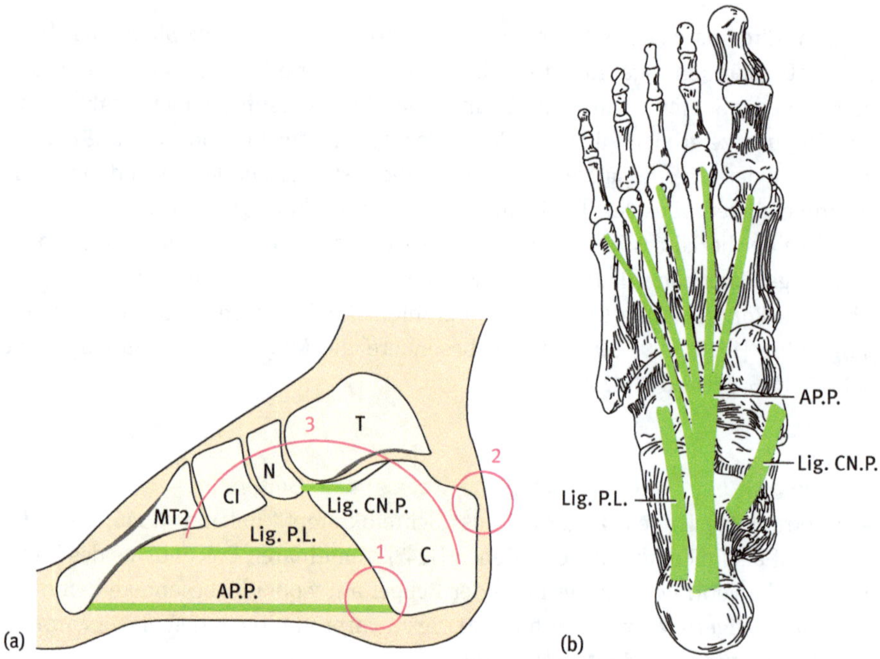

Abb. 8.86: Verspannung des Fußgewölbes: (a) Seitansicht, (b) Sicht von plantar (1 = Fersensporn, 2 = Haglund-Ferse, 3 = Zone der Stressreaktionen, C = Calcaneus, MT2 = 2. Mittelfußknochen, Ci = Os cuneiforme intermedium, N = Os naviculare, T = Talus, Lig. CN.P. = Lig. calcaneonaviculare plantare, d. h. Spring-Ligament, Lig. P.L. = Lig. plantare longum, AP.P. = Aponeurose, d. h. Fascia plantaris).

Die Plantarfaszie entspringt vorwiegend mediozentral am medialen Tuberkel und zieht zu den Metakarpalköpfchen 1–5, ein dünnerer Zweig vom medialen Tuberkel zieht in die Faszie des M. abductor hallucis, es bestehen aber auch Verbindungen zu dem darunter liegenden M. flexor digitorum brevis. Ein lateraler Ast zieht vom medialen Tuberkel zum Kuboid und spaltet sich hier auch auf, zieht im Endeffekt zum 5. Mittelfußknochen als lateraler Ast, der mediale Ast in die Faszie des M. abductor digidi minimi. Ätiologie und Pathogenese sind vergleichbar mit den Ansatztendinosen, d. h., es liegt eine Überlastung des Ansatzes der Plantarfaszie vor. Radiologisch kann hier die Fibroostose von der Fibroostitis unterschieden werden, die wiederum als produktive oder rarefizierende Fibroostitis eingeteilt wird. Nach DIHLMANN [379] führen absolute oder alterungsbedingte relative Überlastungen an der Insertion in der Faserknorpelzone zu Texturstörungen („Degeneration") bzw. zu Mikrotraumen. Die Folge ist eine reparative Reaktion mit Gefäßeinsprossungen aus dem Knochen, u. a. mit einer Insertionsverknöcherung (Knochensporn). Bei der Fibroostitis sprießt primär entzündliches, fibrovaskuläres Gewebe aus dem Knochenmark in die Insertionszone ein, mit einem phasenhaften Vorgang, der zu einem unscharf konturierten Knochensporn führt (produktive Fibroostitis). Überwiegt dagegen ein entzündlich induzierter Knochenabbau, so entsteht ein Insertionsdefekt (rarefizierende Fibroostitis). Die Plantarfaszie setzt nach JEROSCH [789] nicht an der Spitze des Spornes an, sondern unter dem Sporn, d. h. distal davon. Ein besonderer Krankheitswert kommt dem Sporn an sich nicht zu, sondern er sei Zeichen einer Heilung [704]. An Risikofaktoren wird das zunehmende Alter [1600] genannt, dazu Faktoren, wie das Körpergewicht und die Körpergröße (valide intrinsische Faktoren), die Beinlängendifferenz und Formen des Fußgewölbes sind fraglich [261]. Eine Verdickung der Plantarfaszie alleine ist noch kein Nachweis einer Plantarfasziitis [1575]. Für die Diagnostik stehen die Sonographie und die MRT zur Verfügung [833, 704, 831].

Tendinosis calcarea

Es handelt sich um Kalkeinlagerungen (Kalziumhydroxylapatit [1489]). Es werden für diese Erkrankungen unterschiedliche Bezeichnungen verwendet, wie ‚Tendinitis calcarea', ‚Tendinosis calcarea', ‚Tendinopathia calcarea', ‚Periarthritis calcarea', ‚Peritendinitis calcarea', ‚Tendinosis calcarea' u. a. Frauen sollen häufiger betroffen sein als Männer [1550, 1551]. Es gibt auch Hinweise, dass Männer häufiger betroffen sind [494, 735], es überwiegt jedoch der Frauenanteil, und dies in einem Altersgipfel zwischen dem 30. und 50. Lebensjahr [367, 494, 1854, 1938, 1066]. Kalk nahe dem Schultergelenk wird in 3 % bis 22 % bei Schultergesunden [1478, 194, 1939, 1542] sowie in 35 % bei symptomatischen Schultern festgestellt. Liegt ein Schulterschmerz vor, so kann in 17 % der Fälle Kalk als Ursache festgestellt werden [664], laut Literatur bewegt sich die Häufigkeit zwischen 7 % und 54 % [1939, 1542, 642].

Die Erkrankung wird erstmals von DUPLAY [402] als Periarthritis humeroscapularis angegeben, PAINTER [1373] findet dazu einen Kalkschatten am Röntgenbild, dazu gibt es Hinweise von STIEDA [1742]. Der Kalk wird zunächst einer Periarthritis (Bursitis) calcarea zugeordnet [1373, 620, 1414]. Aus ätiologischen bzw. pathogenetischen Überlegungen folgen Bezeichnungen wie ‚Tendinitis calcarea' [306], ‚Peritendinitis calcarea' [1567] als Krankheit sui generis, die ‚Bursitis calcarea' [194, 212] ‚Tendinitis calcarea' [1171] und die ‚Tendinosis calcarea' [1482]. Bereits Ende der 40er Jahre werden die konservative Behandlung, das Needling und die operative Kalkentfernung durchgeführt [1171]. Ursprünglich stand eine nekrotisierende oder entzündliche Ursache zur Diskussion, sei es traumatisch, durch Stoffwechselstörungen oder auch eine Infektion, wie Rheuma [1988], wobei sich bald die degenerative Veränderung kollagener Fasern durch Hypovaskularisation als Ursache durchsetzte

[306, 732, 1614, 1394]. Aus diesen Überlegungen ergibt sich die sog. Nekrosetheorie [561, 1567], aus der entstehenden fibrinoiden Narbe entwickelt sich entweder eine Sehnendiskontinuität oder eine Verkalkung. Demgegenüber steht die Theorie der reaktiven Verkalkung [1839, 1578], bei der sich Kalk aus einer chondroiden Metaplasie als reaktiver Prozess in lebenden Zellen entwickelt [1840]. Dieser Prozess entsteht aus zwei Schritten:

1. Umwandlung von Tendozyten in Chondrozyten,
2. Mitwirkung der Chondrozyten bei der Entstehung einer granulären Verkalkung und Ossifikation, vergleichbar mit der enchondralen Ossifikation.

Die eigentliche Verkalkung beginnt aber extrazellulär in Bereichen der kartilaginären Transformation [1578]. Daraus wird erkennbar, dass ein Kalkdepot in einer Sehne entsteht und die Absorption durch eine spontane Phagozytose mit Schmerzentwicklung [1848, 513]. Es werden drei Phasen des Ablaufs genannt, precalcific, calcific, postcalcific [1851]. Demgegenüber sagt das Konzept der kalzifizierenden Nekrose einen dystrophen Prozess aus, ausgehend von einer Hypoxämie oder einer mechanischen Schädigung der Tendozyten. Die Nekrosetheorie könne beim Impingement mit regressiven Sehnenveränderungen bestätigt werden [1285, 494, 753, 1168, 1614]. Das histologische Korrelat besteht aus Ablagerungen von Psammonkörperchen innerhalb von Sehnen oder Granulationsgewebe, meist eingebacken in amorphe Kristallpräzipitate [1220]. In sog. degenerativen Sehnen besteht ein hoher Kalziumsalzgehalt, der zum Kollagenabbau der Matrix beiträgt, d. h., dieser ist vereinbar mit der Theorie der dystrophen Kalzifikation und nicht mit der durch Zellen vermittelten „calcifying tendinitis“ [1510]. Eine Tendinose kann degenerativ progredient verlaufen, aber auch reaktiv selbstheilend [1842], d. h., es sind zwei Phasen zu erwarten, die Phase der Formation und die der Resorption, woraus sich auch eine Röntgendifferenzierung ableiten lässt. Andererseits konnte in Sehnen nach einer Spontanruptur Kalk in der Folge der Hypoxie ohne Nekrose und ohne Entzündung festgestellt werden [807], ein Mechanismus, der mit der Verkalkung der Aorta vergleichbar ist [870]. Definitiv scheint die Ätiologie bzw. Pathogenese der Tendinosis calcarea nicht abschließend geklärt. Es ist im Endeffekt von zwei Theorien auszugehen:

1. Konzept der Kalzifikation bei der chondroiden Metaplasie [1840],
2. Konzept der kalzifizierenden Nekrose als dystropher Prozess [1218].

Zu 1):
Der Ablauf der Aktivierung erkennt, ausgehend von einer normalen Sehne, ein Präkalzifikationsstadium im Sinne einer chondroiden Metaplasie mit Kalkeinlagerung als Stadium der Mineralisation, es folgt die Resorption und schließlich ein Stadium der Sehnenneubildung.

Das Kalzifikationsstadium kann in eine Formation, Ruhephase und Resorption eingeteilt werden, woraus sich eine Postkalzifikationstendinitis entwickeln kann, aber auch eine Narbenbildung bzw. ein Remodeling im Übergang in eine normale Sehne.

Zu 2):
Der Nachweis von Psammonkörperchen [585, 660, 1219] stellt jedoch diese Theorie in Frage. Psammonkörperchen sind Mikrosphärolithen bzw. Mikrosphäroide, also runde Verkalkungen in Geweben, sog. „Sandkörnchen". Ultrastrukturell handelt es sich um runde Gewebseinschlüsse mit Hydroxylapatit-Kristallen, die auch vergleichbar in verkalkten Herzklappen oder verkalkten Gefäßen nachweisbar sind [869]. Die Hypothese zur Pathogenese der kalzifizierten Tendopathie zeigt, dass einer initialen Zellschädigung das Auftreten intrazytoplasmatischer Mikrosphärolithen folgt. Der folgende Zelluntergang (Nekrose) führt zur Freisetzung dieser Psammonkörperchen in das extrazelluläre Gewebe und reagiert hier als Kristallisationskeime, die durch eine autokatalytische Kristallpräzipitation bei physiologischer Konzentration von Kalzium- und Phosphationen an Größe zunehmen [48]. Dabei kommt es zu weiteren Schädigungen der Zellen mit weiterer Freisetzung von Psammonkörperchen und damit zur Größenzunahme der Kalkherde.

Die Größenzunahme von Kalkdepots führt, wenn nicht eine Spontanheilung eintritt, unter Umständen zur Ruptur des verkalkten Gewebes mit Einbruch in Schleimbeutel, Gelenke oder auch Sehnenscheiden, und diese sind dann die Ursache für eine akute entzündliche Erkrankung [602]. An der Rotatorenmanschette (Supraspinatussehne) bedeutet dies phasenabhängig eine Mitbeteiligung der umgebenden Schleimbeutel, aber auch der Einbruch des Kalkdepots in den Knochen (Tuberculum majus) ist gegeben.

Grundsätzlich kann sich eine Tendinosis calcarea an allen Sehnen entwickeln, es gibt aber Prädilektionsstellen, die meist an Umlenkungsstellen (Gleitsehne) zu finden sind. Am häufigsten ist jedoch die Erkrankung der Tendinosis calcarea an der Schulter zu sehen und hier an typischer Stelle bei der Supraspinatussehne [286, 1223]. Die Supraspinatussehne ist mit 66–80 % betroffen, die Infaspinatussehne mit 15–17 % und die Subskapularissehne mit 5–17 %.

Das von UHTHOFF [1852] angegebene Stadiumkonzept ergibt:

- präkalzifisches Stadium mit einer Metaplasie des Sehnengewebes zu Faserknorpel,
- kalzifisches Stadium der Formation des Kalkdepots mit Knorpelzellen an der Peripherie.

In den beiden ersten Stadien sind Blutgefäße nicht zu beobachten. Radiologisch zeigt sich beim kalzifischen Stadium ein dichter Kalkschatten.

- In der resorptiven Phase sind einsprossende Blutgefäße nachweisbar, wodurch auch Phagozyten und Riesenzellen das Kalkdepot erreichen, radiologisch kommt es zur wolkigen Veränderung.

Das Verkalkungsstadium wird unterteilt in eine Formations-, eine Ruhe- und eine Resorptionsphase. Bei der Formationsphase lagern sich zwischen Chondrozyten und dem Faserknorpelgewebe Hydroxylabatitkristalle mit der Ausbildung eines Kalziumdepots ab. Die darauf folgende Ruhephase beinhaltet eine Abkapselung des Depots mit Faserknorpel ohne Entzündungszeichen und die Resorptionsphase zeigt die Vaskularisation mit das Depot erkennenden Makrophagen und multinukleären Riesenzellen. Histomorphologische Veränderungen führen zu einer Volumenzunahme und einer konsekutiven Druckerhöhung mit der Möglichkeit der Spontanperforation des Kalkdepots. Schließlich führt ein Postkalzifikationsstadium zur Bildung von Narbengewebe [376].

Die klinische Symptomatik ist unabhängig von der Kalkgröße [1025, 367]. Die sich mit der Schmerzsituation klinisch bemerkbar machende Erkrankung kann bis zur Abduktionskontraktur durch eine mechanische Blockade eines Kalkdepots unter dem korakoakromialen Bogen führen [1780]. Das schmerzhafte Krankheitsbild ist sehr variabel und von unterschiedlichen Stadien abhängig. Kommt es zur Verflüssigung des Kalkes bzw. zu einer Druckerhöhung im Depot, so entsteht ein plötzlich auftretender Ruheschmerz, der sich bei Bewegung noch verstärkt. Die aussagekräftige Diagnostik ist das Nativröntgenbild mit Nachweis des Kalkdepots. Die Röntgenbefunde können in Abhängigkeit von der Verlaufsstadieneinteilung typisiert werden (Tab. 8.24).

Tab. 8.24: Synopsis der Größen- und Stadieneinteilung bei der Tendinosis calcarea.

	BOSWORTH [194]	GÄRTNER [514]	MOLE et al. [1223]
Typ I	- klein - Ø < 0,5 cm	- scharf begrenzt - homogen strahlendicht	- präkalzifisches Stadium - radiologisch dicht
Typ II	- mittel - Ø 0,5–1,5 cm	- Kombination aus I und III	- kalzifisches Stadium - radiologisch dicht
Typ III	- groß - Ø > 1,5 cm	- unscharf abgegrenzt - wolkig aufgelockert	- Resorptionsstadium - mikrokristalline Bursitis

Die häufig gebrauchte Einteilung nach GÄRTNER [514] beschreibt den scharf begrenzten Kalkschatten, der über Zwischenstadien in einen unscharf begrenzten, transparenten Schatten als Zeichen der Resorption übergeht (Abb. 8.87).

Die Genauigkeit bzw. die Übereinstimmung der Befunde ist bei der radiologischen Beurteilung jedoch problematisch, die Intraobserver-Reliabilität bewegt sich bei einem Kappa-Index von 0,369 bis 0,487, die Interobserver-Reliabilität zeigt einen Kappa-Index von 0,191 bis 0,490 [1126, 1628].

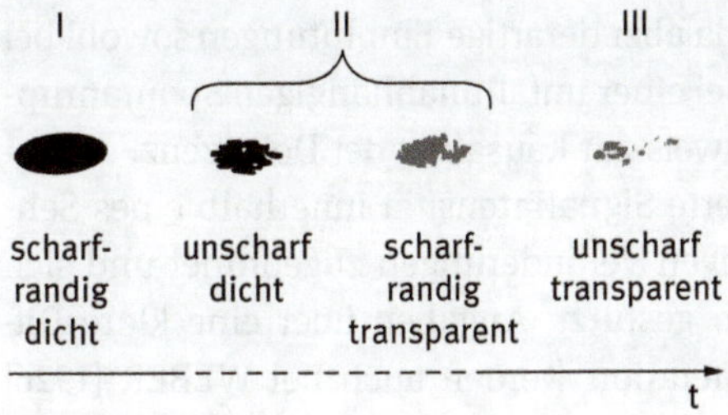

Abb. 8.87: Klassifikation der Tendinosis calcarea, nach [514].

8.3 Diagnostik

Für Sehnen gelten allgemeindiagnostische Grundlagen mit Anamnese und klinischen Untersuchungen (Betrachtung, Betastung, Funktionsprüfung). Sollen Kausalitätsüberlegungen mit einfließen, so muss ein genauer Unfallhergang (Pathomechanismus) erfragt werden. Es folgt regelhaft die Nativ-Röntgenuntersuchung in zwei Ebenen, eventuell auch mit Spezialaufnahmen zum Nachweis von Instabilitäten (gehaltene Aufnahmen) und speziell für Sehnen bietet sich die Sonographie an. Es wird angenommen, dass die Sonographie zur Beurteilung der Sehnen präzisere Aussagen erlaubt als die MRT [2031, 1916]. Dennoch ist die MRT derzeit in der Wertigkeit weit vorne angesetzt [416, 1525, 1474, 820].

Im Allgemeinen ist die Magnetresonanztomographie zur Auswertung des Bewegungsapparates eine präzise Methode zur Beurteilung der Anatomie, der Form und Ausdehnung von Strukturen in Abhängigkeit von deren Größe. Winzige Strukturveränderungen oder auch winzige Strukturen selbst müssen nicht unbedingt sicher erkannt werden [207, 208, 469, 1859]. In den MRT-Lehrbüchern wird immer auf die Notwendigkeit der Kenntnis klinischer Zeichen sowie der Anamnese hingewiesen. In unklaren Situationen würde die MRT in Zusammenschau von Signalverhalten und morphologischen Zeichen gemeinsam mit der Kenntnis über Art und Dauer einer Belastung bzw. Schädigung die bildgebende Diagnose ermöglichen [208]. Überwiegende Signalanhebungen sprächen für ein Dominieren degenerativer Komponenten, dies in der T1-Wichtung, eine Signalerhöhung in der T2-Wichtung spräche dagegen für ein Vorliegen bzw. Überwiegen einer traumatischen Komponente [208]. Dabei wird auf eine optische Differenzierung der die Sehnen umgebenden Weichteilstrukturen (Sehnenscheide) Wert gelegt. Hinweise auf eine Beurteilung der Sehnenstruktur selbst finden sich aber in der Literatur nicht, da bei akuten Verletzungen morphologische Schäden am Knochen, in den Weichteilen und auch an Bindegewebsstrukturen auftreten, so führe dies zu einer Einblutung und/oder Ödembildung. Dann ist das Anfertigen von so genannten „Wasserbildern“ erforderlich zur Durchführung von STIR-Sequenzen und/oder Protonendichte gewichteten frequenzselektiv fettsignalgesättigten Sequenzen [379]. Hinweise, ob nun tatsächlich Blut von einer anderen Flüssigkeit (z. B. Ödem) unterschieden werden kann, finden sich in der Literatur nicht. Natürlich sind die Einblutungen größeren Ausmaßes bei Sehnendehiszenzen dann, wenn sich auch Blutkoagel entwickeln, nachweisbar, da aber derartige Einblutungen sowohl bei einem traumatischen Sehnenriss als auch bei einer unfallunabhängigen Spontanruptur entstehen, gibt die MRT hier keinen Hinweis zur Kausalität der Dehiszenz.

Für die Begutachtung wird die gesteigerte Signalintensität innerhalb eines Sehnengewebes entzündlichen und degenerativen Veränderungen zugeordnet und sich in der Aussage auf begleitende Strukturen gestützt. Angaben über eine klare Differenzierung zwischen Trauma und Degeneration werden auch bei WEBER [1926] nicht erkannt. Hinweise an den Sehnen selbst werden an der Rotatorenmanschette nicht festgestellt. Hier wird sich in der Unterscheidung von traumatischen und nicht traumatischen Rotatorenmanschettenrupturen auf Begleitbefunde gestützt, wie ein signifikant häufigeres Auftreten von Infraspinatus- sowie Subskapularisrupturen, Hill-Sachs-Läsionen und Frakturen des Tuberkulum majus unter den Patienten, die anamnestisch ein Trauma erlitten hatten. Bei nicht unfallbedingten Rotatorenschäden wird auf die Supraspinatusdegeneration, die Tendinosis calcarea, eine Schultereckgelenksarthrose oder das Fehlen einer subakromialen Fettgleitschicht hingewiesen, die häufiger bei Patienten ohne Trauma feststellbar sei [1933]. Es resultiert in der MRT die formgerechte Abbildung mit Änderungen der Signalintensität [1789].

Die Lokalisation eines Sehnenschadens mit Änderung der Morphologie gelingt magnetresonanztomographisch gut. So kann an der Sehne unterschieden werden, ob der Schaden intramuskulär, im freien Sehnenverlauf oder auch am tendoossären Ansatz lokalisiert ist. Im freien Sehnenverlauf wird dann zwischen der proximalen, mittleren und distalen Struktur differenziert, wobei die mittlere nicht mit einer Sehnenansatzstruktur verglichen werden kann. Letztere zeigt eine Präansatzstelle und den ossären Ansatz selbst [379]. In diesen Arealen finden sich die Ansatztendinosen („Enthesiopathie"), dies sei nach DIHLMANN [379] als Krankheitsbezeichnung eine Simplifikation, da sie nichts über die pathologische Anatomie, Pathogenese und Ätiologie der Insertionserkrankungen von Sehnen und Bändern aussage. Es werden pathogenetisch die Fibroostose als nicht entzündliche Pathologie und die Fibroostitis als entzündlich bedingt mit der Unterscheidung der rarefizierenden von der produktiven Fibroostitis unterschieden. Die Fibroostose sei ein nicht entzündlicher Knochensporn, die Fibroostitis ist auf einen primär entzündlichen Ansatzsporn bei einer produktiven Fibroostitis in Verbindung mit entzündlichen Erkrankungen zurückzuführen. Am Bewegungsapparat kann das Röntgenbild bezüglich Sehnen, insbesondere die Magnetresonanztomographie, Struktur- und Formabweichungen erkennen, tatsächliche Hinweise zur Kausalität finden sich aber nicht.

Speziellere Fragestellungen sind zur Diagnostik in den einzelnen Kapiteln angeführt, auch zur Pathohistologie. Diese kann sich auf die Aussage von Scores [1250, 318]) zur Klassifikation der histopathologischen Befunde der Tendinose an der Achillessehne stützen [1108, 1110, 1056], auch geeignet für die Bizepssehne, Patellarsehne und die Rotatorenmanschette [1056, 1316]. Das Einschätzungsverfahren ist semiquantitativ [1112], im histologischen Präparat befundet der MOVIN-Score [1250] acht Kriterien, der BONAR-Score [318] lediglich vier Kriterien (vgl. [1112]). Alle diese histopathologischen Merkmale (Kriterien) sind zwischen 0 und 3 bewertet (0 = normal, 1 = gering abnormal, 2 = abnormal, 3 = deutlich abnormal). Bei auffälligem pathologischem Befund entsteht beim MOVIN-Score [1250] eine max. Punktezahl von 24 und beim BONAR-Score [318] von zwölf Punkten (Tab. 8.25). Es ergibt sich eine Aussage über den Schweregrad der Tendinose als Struktur- oder Texturstörung.

Tab. 8.25: Sehnenpathologie-Scores: [1250, 318].

Beurteilungskriterien	MOVIN-Score	BONAR-Score
Faserstruktur	1	1
Faseranordnung	2	
Zellrundung	3	2
Zellularität	4	
Vaskularität	5	3
Anfärbbarkeit	6	4
Hyalinisation	7	
Glykosaminoglykan	8	
Score-Punktesystem	0 bis 3 × 8 = max. 24	0 bis 3 × 4 = max. 12

Beim Vergleich altersentsprechender Sehnen mit den Sehnendehiszenzen resultiert ein klarer Unterschied, die Sehnendehiszenzen lassen eine deutliche Texturstörung („Degeneration“) erkennen (Tab. 8.26).

Tab. 8.26: Sehnenpathologie-Scores: [1250], BONAR, [318].

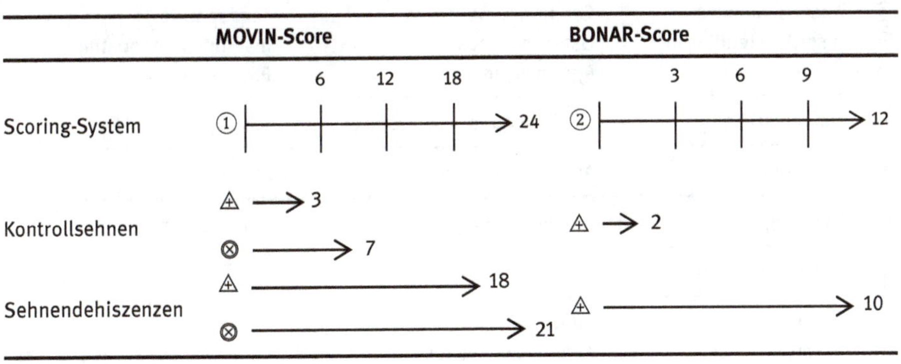

⚠ MAFFULLI [1112], ⊗ MAFFULLI [1108, 1109], [1] MOVIN [1250], [2] COOK [318]

Es besteht ein deutlicher Unterschied im Schweregrad einer Tendinose (Degeneration = Texturstörung + Reparation) bei dehiszenten Sehnen-Diskontinuitäten bei geeigneten (Unfall) oder auch nicht geeigneten Ereignissen (Gelegenheitsbedingung) im Vergleich zu nicht unterbrochenen Sehnen. Liegen Dehiszenzen vor, so kann mit einer stärker ausgeprägten Tendinose im proximalen Stumpf als im distalen Stumpf gerechnet werden [1116].

Neben den genannten beiden Scores gibt es den KRENN-Score [925], der die Texturstörung eines bradytrophen Bindegewebes (Sehnen, Ligamente, Menisken u. a.) mit vier Graden (Grad 0–Grad 3) bewertet, lediglich Grad 3 ist grundsätzlich als pathologisch zu beurteilen (vgl. Band 1, Kapitel 1.5).

Für die Beurteilung von Sehnen-, aber auch Bandschäden sind häufig gebrauchte Bezeichnungen bzw. deren Synonyme von Bedeutung, die oftmals missverständlich verwendet werden. Es müssen Texturstörungen insbesondere in Verbindung mit Überlastungsschäden und deren Folgen von den Verletzungen und den Verletzungsfolgen abgegrenzt werden. Die sog. „-osen" (z. B. Tendinosen) sind Texturstörungen als Definition der Pathologie, Tendinopathien werden als Sehnenschmerz oder Sehnenkrankheit gewertet, sind somit Bezeichnungen aus dem klinischen Gebrauch und helfen bei einer gutachtlichen Wertung nicht weiter. Auch eine Sehnenzerrung kann einen Sehnenschmerz (Tendopathie, Tendinopathie) zur Folge haben. Es wäre hilfreich, Verletzungen von Krankheiten und/oder Überlastungsschäden zu trennen (Tab. 8.27). Eine Sehnendehiszenz ohne adäquates Unfallereignis ist keine Ruptur.

Tab. 8.27: Sehnenpathologie-Scores: [1250, 318].

	Erwachsene	Wachstumsalter	Synonyme
Texturstörung, Überlastung	Tendinose	Tendinose	Tendopathie Tendinopathie
	Ansatztendinose Insertionstendinose	Chondrose Osteochondrose Apophysennekrose	Tendopathie Insertionstendopathie Enthesiopathie
	Teildehiszenz	partielle Apophysenlösung	„Teilruptur"
	Dehiszenz	Apophysenlösung	„Ruptur"
Verletzung	Dehnung = physiologische Längenänderung		„Distorsion" Elongation
	Teilruptur = Zerrung		
	Ruptur ossärer Ausriss	Ruptur Apophysenverletzung	Zerreißung

8.4 Beurteilung

Sehnen sind Teil eines ossären-tendinösen-muskulären-tendinösen-ossären Komplexes und haben die Funktion, die Kraft von einem zwischen zwei zu bewegenden Knochen liegenden Muskel auf die Knochen zu übertragen. Es werden an einer Sehne der knöcherne Ansatz (Enthesis), der muskulotendinöse Ansatz und die dazwischen verlaufende Sehne, deren Struktur mit oder ohne Sehnenscheide konzipiert ist, unterschieden. Je nach Verlauf der Sehne werden Zug- und Gleitsehnen differenziert. Kombinationen sind möglich, so dass an einem Umleitepunkt sowohl die Struktur einer Zugsehne als auch dem Hypomochlion gegenüberliegend Zeichen der chondroiden Metaplasie bestehen. Die Reißfestigkeit als Materialeigenschaft einer Sehne sowie deren Querschnitt sind der Kraftentwicklung des zur Sehne gehörenden Muskels angepasst, so dass durch die eigene Muskelkraft eine Schädigung der Sehne nicht denkbar ist, anderenfalls würde sich ja der Körper selbst zerstören. Die Durchblutung einer Sehne ist durch Gefäße sichergestellt, die einmal aus dem tendoossären Übergang in die Sehne einstrahlen, zum anderen aus dem muskulotendinösen Übergang, wobei zwischen beiden Gefäßversorgungsgebieten oft ein Defizit an Durchblutung resultiert, als „critical zone" bezeichnet. Zusätzliche Gefäßversorgungen gibt es bei den Sehnen ohne Sehnenscheiden aus dem paratendinösen Gewebe, bei Sehnen mit Sehnenscheiden über das so genannte Mesotenon. Diese zusätzliche Durchblutung mag eine Erklärung dafür sein, dass die zur Begutachtung anstehenden Sehnendiskontinuitäten meist an Sehnen ohne Sehnenscheiden zu finden sind [128, 1219]. Sehnen altern, ebenso die Muskulatur, so dass sich die Abnahme der Reißfestigkeit aufgrund einer Texturstörung, altersbedingt, ergibt wie auch die Kraftentwicklung im Muskel (vgl. Kapitel 8.1). Aus den verschiedenen Arbeiten über die „Achillessehnenruptur" resultiert im Endeffekt eine Reißfestigkeit (Materialeigenschaft) der Achillessehne von etwa 50 N/mm^2.

Es gibt eine heiße Diskussion zu der Frage, ob eine gesunde bzw. altersentsprechende Sehne durch eine wie auch immer gestaltete Zugkraft des dazugehörigen Muskels zur Zerreißung gebracht werden kann. Hier liegen mehrere Interpretationen vor, die aber im Endeffekt auf Aussagen beruhen, dass eine Diskontinuität nur dann möglich ist, wenn ein Sehnenschaden vorliegt, dies im Sinne einer Tendinose, die auf Erbmerkmale, Krankheiten, Überlastungen, aber auch die Behandlung mit verschiedenen Medikamenten (Anabolika, Kortison u. a.) zurückzuführen ist. Die im vorliegenden Sehnenkapitel aufgeführte Literatur weist bei allen Sehnen auf vergleichbare Ergebnisse hin. Zu diesen Sehnenschäden gehören auch die u. a. altersbedingte sog. „Degeneration", die heute als eine Texturstörung in Verbindung mit einer daraus entstehenden Reparation zu werten ist. Die Texturstörung ist in den meisten Fällen, abgesehen vom zunehmenden Alter, Folge eines Überlastungsschadens („overuse"), gerade in einer Zeit, in der der Sport an Bedeutung gewinnt. Aus den Tendinosen im Sehnenverlauf kann eine Spontandehiszenz entstehen, auch eine Diskontinuität bei nur geringfügiger Einflussnahme von außen. Dies ist nicht mit der direkten Krafteinwirkung zu verwechseln. Bei der direkten Krafteinwirkung kommt es zur Schädigung nicht nur der Sehne, sondern zunächst zu einem Weichteilschaden in deren Umgebung, da schließlich die von außen einwirkende Kraft (direkte Kraft) auch die Sehne treffen muss. Kommt es zu Teildiskontinuitäten, so können mehrere Ereignisse eintreten, bis schließlich eine komplette Dehiszenz zustande kommt. Es wird von zwei- und mehrzeitigen „Rupturen“ gesprochen, wobei ja der eigentliche Risscharakter nicht nachgewiesen ist. Entsteht eine einzeitige Ruptur, so wie dies in aller Regel bei einem Trauma zu erwarten ist, dann ist die komplette Dehiszenz bei einem Ereignis eingetreten. Abzugrenzen von all diesen Dehiszenzen oder Diskontinuitäten ist das Sehnen-Splitting. Das Sehnen-Splitting zeigt Längsdehiszenzen in einer Sehne und entsteht nicht durch einen Verletzungsmechanismus, sondern durch rezidivierende Subluxationsmechanismen, z. B. an den Peronealsehnen, an der langen Bizepssehne oder auch an der Sehne des M. tibialis posterior.

Für die Einteilung der Pathologien von Sehnen gibt es einen Algorithmus (s. Tab. 8.28).

Es bietet sich die Unterscheidung von Verletzungen (z. B. Ruptur), Überlastung (z. B. Texturstörung) und Erkrankung an. Rupturen als Verletzung sind zu differenzieren in frische (rezente) und veraltete Rupturen mit Angabe der Lokalisation und der Unterscheidung partiell und komplett. Bei der Texturstörung gibt es die Gradeinteilung 0–3 entsprechend degenerativer „Veränderungen“, auch hier besteht die Unterscheidung zwischen partiellem und komplettem Defekt beim Schweregrad 3. Zu den Sehnenerkrankungen zählen vorwiegend die Tendinosis calcarea, chronische Entzündungen und auch die Neuropathie in Verbindung mit einer Muskelatrophie. All dies kann unter der übergeordneten Bezeichnung „Schaden“ zusammengefasst werden. Als denkbaren Verletzungsmechanismus, der zu einer Ruptur einer Sehne führen kann, wird bei nahezu allen Sehnen eine exzentrische Kontraktion genannt mit einer zusätzlich einwirkenden passiven Kraft entgegen dem Muskelzug. Alleine die exzentrische Kontraktion führt nicht zu einer Sehnenschädigung, sondern erst die unerwartet einsetzende, der Muskelkontraktion entgegenwirkende passive Kraft, die aber auffälligerweise immer eine Dehiszenz an der Stelle bewirkt, an der die Sehne auch bei einer Vorschädigung sich trennt. Es resultiert aus der exzentrischen Muskelkontraktion mit zusätzlicher passiver Krafteinwirkung so gut wie nie eine Diskontinuität am muskulotendinösen oder am tendoossären Übergang, sondern immer an der „critical zone“, die im Bereich der Gefäßminderversorgung zu finden ist, und dies ist bei allen Sehnen, die hier zur Diskussion stehen, der Fall.

Für die Beurteilung der Sehnenschäden sind einige anatomische Besonderheiten der Knochen-Sehnen-Muskel-Sehnen-Knochen-Einheit von Bedeutung. Dazu zählt die komplexe Aufbauweise an den Übergängen Knochen – Sehne und Sehne – Muskel. Wenn eine Sehne durch irgendeinen angenommenen oder erkennbaren Mechanismus zu Schaden kommt, bedarf es immer der Frage, warum an dieser Stelle und nicht an einer anderen im Gesamtkomplex.

Tab. 8.28: Systematik-Algorithmus der Sehnenpathologien.

<table>
<tr><th colspan="3">ENTZÜNDLICH</th><th colspan="5">NICHTENTZÜNDLICH</th></tr>
<tr><td>rheumatisch</td><td>metabolisch</td><td>infektiös</td><td colspan="2">mechanisch</td><td>neoplastisch</td><td>metabolisch</td><td>Kollagenopathien</td></tr>
<tr><td rowspan="2">– Rheumatoide Arthritis
– Sarkoidose
– Rheumatische Enthesiopathie</td><td rowspan="2">– Gicht
– Pseudogicht CPPA</td><td rowspan="2">– Bakterielle Infektionen
– Mott</td><td>makromechanisch</td><td>mikromechanisch</td><td rowspan="2">– PVNS
– Fibrom
– sonstige Neoplasien</td><td rowspan="2">– medikamentös
– Gyrasehemmer
– Chemotherapie
– Chinolon
– Kortison
– Testosteron
– Östrogen
– Progesteron</td><td rowspan="2">– Ehlers-Danlos-Syndrom</td></tr>
<tr><td>– Trauma
– einzeitig
– mehrzeitig</td><td>– Texturstörung
– „overuse“
– Tendovaginitis
– Tendinose
– Ansatztendinose</td></tr>
<tr><td></td><td colspan="2">Patientenalter</td><td>≤ 30. LJ</td><td>≥ 30. LJ</td><td></td><td></td><td></td></tr>
<tr><td></td><td colspan="2">Texturstörung</td><td>Grad 0–1</td><td>Grad 2–3</td><td></td><td></td><td></td></tr>
<tr><td></td><td colspan="2">Kontinuitätstrennung</td><td>fokal/einzeitig</td><td>diffus/mehrzeitig</td><td></td><td></td><td></td></tr>
<tr><td></td><td colspan="2">Altersbestimmung</td><td>+</td><td>–</td><td></td><td></td><td></td></tr>
<tr><td></td><td colspan="2">Reparation</td><td>+</td><td>–</td><td></td><td></td><td></td></tr>
<tr><td></td><td colspan="2">Berliner Blau</td><td>++</td><td>–</td><td></td><td></td><td></td></tr>
<tr><td></td><td colspan="2">Kollagenverteilung</td><td>Typ I ↓</td><td>Typ III ↑</td><td></td><td></td><td></td></tr>
</table>

1. Bei den Gleitsehnen führt die chondroide Metaplasie gegenüber dem Hypomochlion (Drehpunkt eines Hebels, Sehnenumlenkstelle) zur Strukturänderung einer als Zugsehne konstruierten Sehne, dies besonders bei überdurchschnittlicher Belastung (Überlastung, overuse).
2. Zusätzlich führt die Druckbelastung der Gleitsehne an der Hypomochlionseite zur Reduktion der Durchblutung, wenn nicht ein zusätzliches Mesotenon die Durchblutungssituation verbessert, was aber unter der mechanischen Drucksituation nicht zu erwarten ist.
3. Alle Sehnen werden vom tendoossären und vom tendomuskulären Übergang mit Blut versorgt, dazu vom Paratenon. In Abhängigkeit von der Sehnenlänge entstehen „kritische Zonen".
4. Die kritischen Zonen an den Sehnen sind auch die Stellen, an denen sich Überlastungsschäden besonders bemerkbar machen.
5. Schwachpunkte eines Muskel-Sehnen-Knochen-Komplexes sind altersabhängig am Sehnenknochenansatz (Apophyse) diskutiert. Tritt die Ausbildung eines Ossifikationszentrums in der Apophyse bzw. der Sehnenansatzstelle ein, so entsteht eine Ablenkung der kollagenen Sehnenfasern, die um das Ossifikationszentrum herum in den Knochen ziehen. Die direkte Sehnen-Knochen-Verbindung ist hergestellt, lediglich abgelenkt. Ohne Osteonekrose ist ein sekundäres Ossifikationszentrum ein normaler Zustand. Erst mit Eintritt der Osteonekrose kommt es zu einem Krankheitsbild, auch mit der Möglichkeit einer Sehnenlösung. Tendinosen und Ansatztendinosen finden sich am wachsenden Skelett relativ selten und sind auch im adoleszenten Alter als Überlastungsschaden zu definieren.

Abgesehen von den Sehnenverletzungen, die durch eine direkte Krafteinwirkung entstehen, d. h. Schlag mit oder ohne Stoß, kommt es zur Kontinuitätsunterbrechung durch Traktionskräfte.

Es ist davon auszugehen, dass eine Längenänderung der Sehne um 3 % als physiologische Dehnung zu bezeichnen ist; zwischen 3–5 % und 8 % entstehen Zerrungserscheinungen bzw. Teilrupturen, die aber auch entsprechend PEĆINA [1393] durch Überlastungsschäden entstehen können. Erst ab einer Längenänderung über 8 % kommt es zur Kontinuitätsunterbrechung, zur so genannten Sehnenruptur. Dieser Mechanismus erklärt sich durch die Wasserpolster im Faserknorpel an der Ansatzstelle der Sehne am Knochen. Insbesondere bei der Beurteilung von Traktionsverletzungen stellt sich die Frage, warum exakt immer an derselben Stelle (nahe dem knöchernen Ansatz der Sehne „kritische Zone"), und dies bei Sehnen ohne Sehnenscheide, die Dehiszenzen entstehen. Wird dabei die anatomische Besonderheit des Sehnenansatzes am Knochen beachtet, und dies unter Berücksichtigung der vorhandenen oder nicht vorhandenen Sehnenscheide, so wird verständlich, warum beim Patienten mit rheumatoider Arthritis häufiger Sehnenschäden festgestellt werden. Grund hierfür ist, dass durch das Mesotenon der entzündliche Prozess auf die Sehnen weitergeleitet wird, natürlich nicht bei Sehnen ohne Sehnenscheide. Daher sind die Beugesehnen an der Hand bei dieser Erkrankung wesentlich häufiger betroffen als Strecksehnen, die wiederum schon bei geringer Belastung der Endstrecke beim Überlastungsschaden abreißen können.

Die histologische Beurteilung hat einen hohen Stellenwert in der Begutachtung von bradytrophen Geweben. Diese umfasst im Wesentlichen die Begutachtung der Texturstörungen und die Altersbestimmung der Kontinuitätstrennungen.

Die geweblichen Veränderungen der Texturstörung lassen sich in einer 3-stufigen Graduierung (leicht-, mäßig-, schwergradig) erfassen, welche die zellulären und azellulären Komponenten (Matrix) beinhaltet [925]. Durch die Reduktion auf ein zweistufiges Graduierungssystem gewährleistet der Texturstörung-Score eine geringe Variabilität zwischen Beobachtern (geringe Interobserver-Variabilität) und stellt eine die Matrixabbauvorgänge berücksichtigende Basis für die histopathologische Diagnostik dar [924].

Das Alter von Kontinuitätstrennungen lässt sich in drei Phasen unterteilen [1215]:

- Phase 1 (Nekrosephase): Diese umfasst das akute Gesehen von einem Tag bis zwei Wochen und zeichnet sich durch Auffaserung, Nekrose, Ödem und Fibrinauflagerungen aus.
- Phase 2 (Regenerationsphase): Diese umfasst die Zeit von etwa der 2. bis zur 5. Woche. Hier bestehen reaktive Fibroblastenproliferate sowie Regeneratknorpelbildungen.
- Phase 3 (Reparation): Diese schließt sich ab der etwa 6. Woche bis zum 5. Monat an und ist durch Rissrandglättung und Narbenbildung gekennzeichnet.

Die feingewebliche Untersuchung an einem Sehnenpräpart ist nur dann aussagekräftig, wenn der Zeitabstand der Untersuchung zum angeschuldigten Unfallereignis nicht wesentlich länger als vier Wochen ist, im Anschluss daran ist die Differenzierung, ob es sich um einen Riss einer nicht vorgeschädigten Sehne oder um eine Sehnenruptur bei Sehnendegeneration (Spontanruptur) handelt, nicht mehr erfolgversprechend [1906]. Bei einer frischen (rezenten) Sehnenruptur sind entsprechende unfallbedingte Texturstörungen zu erkennen, es liegen aber keine daraus resultierenden reparativen Veränderungen vor. Diese entstehen mit der Zeit, würden aber auch bei vorbestehenden Schäden nachweisbar sein, so dass der Zeitraum von einigen Wochen nach einem Unfall als Grenze gesehen werden muss, ab der eine Unterscheidung zwischen traumatischen und spontanen Rupturen nicht mehr möglich wird. Bei den histologischen Untersuchungen der Sehnendehiszenzen wird festgestellt, dass normalerweise degenerative Veränderungen ursächlich sind [826], die Ursache für die Diskontinuität wird in der Degeneration (= Texturstörung plus Reparation) gesehen, die dann auch feststellbaren fortschreitenden Mikrorisse sind Degenerationsfolge [897].

Bei Sehnendehiszenzen wird normalerweise das Präparat für die pathohistologische Untersuchung aus dem Rupturbereich entnommen. Hier eine Aussage über die Ätiologie zu treffen, sei problematisch [894], es bedürfe einer Kontroll-Biopsie aus einer rupturfernen Stelle. Diese Aussage ist aber nicht belegbar [1116], da bei Sehnendiskontinuitäten die Tendinosezeichen proximal der Strukturunterbrechung deutlicher ausgeprägt sind als distal davon. Hieraus resultiert, dass Texturstörungen in einer Sehne nicht gleichmäßig auf voller Länge verteilt sind. Außerdem sollte eine Unterscheidung oberflächlicher und tiefer Sehnenschichten erfolgen, da die Texturstörungen der kollagenen Fasern, und ebenso die chondroide Metaplasie, vorwiegend in tiefen Schichten stärker ausgeprägt sind als im oberflächlichen Belag. Fettige oder mukoide Degenerationen seien auf beide Schichten gleichmäßig verteilt. Liegen traumatische Sehnenschädigungen vor, so kommt es zu einem zeitlichen Ablauf struktureller Veränderungen [1375, 1217], beginnend mit dem Ödem drei Stunden nach Schadenseintritt mit Dauer von etwa 48 Stunden. Es folgt überlappend mit der Ödemphase die Nekrose der Tendozyten und daraus resultierend der Tendozytenschwund mit Infiltration neutrophiler Granulozyten. Nach 48 Stunden kommt es zur Bindegewebsproliferation mit dem Zerfall neutrophiler Granulozyten, und ab etwa zwei Wochen kann Granulationsgewebe anstelle der Sehnennekrose festgestellt werden. Nach vier Monaten kann bei einer partiellen Schädigung die Ausbildung einer normalen Sehne erwartet werden. Das Siderinpigment erscheint nach etwa fünf Tagen und tatsächliches Narbengewebe ist nach drei Monaten nachweisbar [1217]. Bei Dehiszenzen mit Vorschaden [857, 1616, 1478] sind aussagekräftige Ergebnisse nur etwa bis zwei Monate nach dem Ereignis abgrenzbar, da dann Texturstörungen und reparative Maßnahmen zeitlich nicht mehr zugeordnet werden können.

Zu beachten ist, dass bei gutachtlichen Fragestellungen im Hinblick auf die Zusammenhangsfrage von Unfallereignis und Kontinuitätstrennung die endgültige Beurteilung dem chirurgischen/orthopädischen Begutachter vorbehalten sein kann: Anamnese und klinischer Befund (z. B. Unfallhergang, biomechanische Besonderheiten vorerkrankter Gelenke) können in Abhängigkeit des Falles für die endgültige Bewertung von höherer Relevanz sein als der histopathologische Befund.

Ein Zusammenhang zwischen einer so genannten „Degeneration" und den kritischen Zonen einer Sehne leitet sich von der Durchblutungssituation (mit oder ohne Sehnenscheide) ab, mit dem doch deutlichen Hinweis, dass die Sehnenrupturen vorwiegend an Sehnen ohne Sehnenscheiden ablaufen [826, 53, 1519, 895, 772, 128].

In der Beurteilung der Sehnenschäden bzw. Sehnenrupturen spielt die Nomenklatur als Namensverzeichnis bzw. Zusammenstellung von Sach- oder Fachbezeichnungen eines Wissensgebietes eine wesentliche Rolle [396]. Die Dehiszenzen einer Sehne werden als Spontanrupturen, „Rupturen", Diskontinuitäten u. a. bezeichnet. Das Wort „Ruptur" ist bedingt mit der Verletzung in Verbindung zu bringen, die so genannte Spontanruptur mit dem vorausgegangenen Schaden durch rezidivierende Mikrotraumen aufgrund mechanischer Beanspruchungen, und dies in Verbindung mit einer kritischen Zone wegen der anatomischen Struktur [1490]. Daraus resultieren Aussagen, dass die Ruptur der langen Bizepssehne erst infolge eines Rotatorendefektes durch Wegfall des schützenden Daches auftritt, andererseits die Rupturen der distalen Bizepssehne immer durch eine traumatische Einwirkung angeblich entstünden [1490]. Da aufgrund der Alterung auch von Sehnengewebe bzw. durch Überlastungen Vorschäden entstehen, kann schon ein geringfügiges Ereignis mit unwesentlichen frischen Verletzungszeichen als Gelegenheitsbedingung bezeichnet werden. Liegt jedoch ein geringfügiger Vorschaden vor und besteht ein erhebliches geeignetes Ereignis mit überzeugendem Verletzungsbild, so sei dies eine wesentliche Teilursache [1071]. Schon die Bezeichnung einer „Gelegenheitsursache" weist eigentlich auf die Ursächlichkeit hin, und daher wäre die Bezeichnung der „Gelegenheitsbedingung" wohl geeigneter [1448]. Da „degenerative" Veränderungen bis zum Unfallzeitpunkt oft klinisch stumm bleiben (Schadenanlage), sei bis zur vollständigen Ausbildung einer Ruptur eine Zugbelastung notwendig, mit dem Hinweis, eine so genannte Spontanruptur existiere nicht [1797, 1798, 1505]. Als Ursache für eine Sehnendehiszenz, meist als Ruptur bezeichnet, werden vier Ursachen genannt [414, 1448], so dass Sehnenrisse durch folgende Ereignisse entstünden:

1. eine plötzliche willkürliche Maximalbeanspruchung,
2. eine plötzliche unwillkürliche (passive) Maximalbeanspruchung,
3. eine direkte, umschriebene (heftige) äußere Gewalteinwirkung,
4. gewebliche lokale und allgemeine Erkrankungen des Muskel-Sehnen-Systems.

Für die Schäden von Sehnen werden denkbar unterschiedliche Ursachen angegeben, so indirekte Traumen, direkte Traumen, Prädispositionsfaktoren, exzentrische Kontraktionen, dazu das Lebensalter und sonstige Sehnenpathologien inklusive Überlastungsschäden (Tab. 8.29).

Tab. 8.29: Ursächlichkeiten für Sehnenschäden.

	direktes Trauma	**indirektes Trauma**	**Prädispositionsfaktoren**	**Sehnenpathologie incl overuse**	**Exzentrische Kontraktion**	**Lebensalter**
WENING [1941]	X		X	X	X	
SCHOFER [1623]		X		X		
MÜLLER [1254]	X	X		X	X	
SEIJAS [1644]			X	X	X	X
REFIOR [1477]	X		X	X		
SIWEK [1680]						X
LARSEN [971]			X			X
BRUIJN [222]	X	X		X	X	
OCHMANN [1338]	X	X		X		X
LOBENHOFFER [1035]	X	X		X		X
MITTLMEIER [1207]	X	X		X	X	X
HEINRICHS [674]	X	X		X		X

Auf die verschiedenen Ursächlichkeiten für Sehnenschäden gibt es unterschiedliche Reaktionsmöglichkeiten der einzelnen Sehnen, in Abhängigkeit von der Funktion als Zug- oder Gleitsehne, und unter Berücksichtigung anatomischer Gegebenheiten einschließlich Durchblutungssituation, und dies in Verbindung mit den so genannten kritischen Zonen, die sich bei allen Sehnen finden lassen (Abb. 8.88).

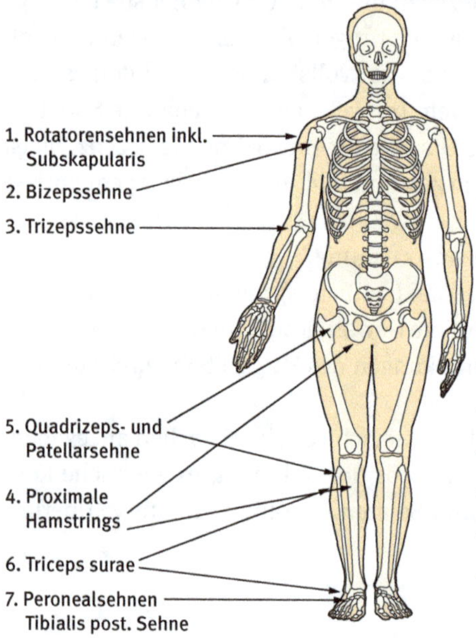

	Zugsehne	Gleitsehne	Mesotenon	kritische Zone	Luxationstendenz	Tendinose
Rotatorensehnen	(+)	+		+		+
prox. Bizepssehne	(+)	+	+		+	+
Trizepssehne	+			+		+
dist. Bizepssehne	+	+				+
prox. Hamstringsehnen	+					+
Quadrizepssehne	+			+		+
Patella als Sesambein	+	+				
Patellarsehne	+			+		+
Achillessehne	+			+		+
Peronealsehnen Tibialis post. Sehne	(+)	+	+	+	+	+

Abb. 8.88: Für die Beurteilung wichtige Sehnen und Sehnenkomplexe.

1. Rotatorensehnen inkl. Subskapularissehne

Zum Komplex der Rotatorensehnen (M. supraspinatus, M. infraspinatus, M. teres minor) gehört für die komplette Bedeckung des Oberarmkopfes auch die Subskapularissehne, die zusammen mit dem freien Rand der Supraspinatussehne das anteriore Rotatorenintervall bildet, unter dem sich das Bizeps-Pulley-System befindet. Das anteriore Rotatorenintervall ist der Verschluss der Gelenkkapsel zwischen Supraspinatus- und Subskapularissehne, verstärkt durch das Lig. coracohumerale. Das Bizeps-Pulley-System („reflection pulley for biceps“) liegt distal des Rotatorenintervalls und entspricht einer Führungsschiene für die Bizepssehne in deren Verlauf zum Sulcus intertubercularis.

Bei dieser engen anatomischen Nachbarschaft sind Überlastungsschäden und insbesondere auch Verletzungen der einzelnen Strukturen als isolierte Schäden unwahrscheinlich. Reißt eine Bizepssehne im Pulley-Bereich, so sind die Supraspinatus- und die Subskapularissehne mit beteiligt. Es bedarf der Berücksichtigung des nicht flächigen, sondern kabelartigen Ansatzes der Supraspinatussehne am Tuberculum majus im Sinne der Konstruktion einer Hängebrücke.

Defekte im Ansatzbereich der Supraspinatussehne innerhalb des sog. Halbmondes am Sehnenansatz sind unfallbedingt nicht zu erklären, hier handelt es sich um Überlastungsschäden, es erfolgt auch keine Retraktion der Sehne. Diese Retraktion kommt nur zustande, wenn ein anteriorer (meistens) oder posteriorer Abriss des Rotatorenkabels (Lig. semicirculare humeri) stattfindet. Mit einem Abriss oder einer Lösung des Kabelaufhängeapparates tritt die Instabilität der Sehnenkonstruktion ein, dann auch mit der Folge der Retraktion.

Für das Gutachten zur Beurteilung eines Rotatorenmanschettenschadens ist neben der Anamnese unter Berücksichtigung von Vorerkrankungen an der betroffenen Schulter oder auch Vorverletzungen der Unfallmechanismus zu berücksichtigen, unter Abgrenzung einer indirekten Krafteinwirkung als passive Kraft gegen eine maximale Vorspannung von Supraspinatus und Deltoideus, sowie die direkte Krafteinwirkung, zu der auch die fortgeleitete Kraft bei Stauchung in der Schulter zählt. Hierbei sind nur die Kräfte geeignet, einen Rotatorenschaden zu verursachen, die auch adäquate Begleitverletzungen in diesem Bereich erkennen lassen. Zur Anatomie an der Rotatorenmanschette, die ja komplex ist, sind die Zusammengehörigkeit in der Kraftentfaltung von Supraspinatus und Deltoideus zu werten, ebenso die „force couple“ (Subskapularis und Infraspinatus), dazu die Hängebrückenkonstruktion der Supraspinatus- und Infraspinatusaufhängung und die Lokalisation der Schäden in Abhängigkeit von den kritischen Zonen unter Wertung des Subakromialraumes. Für alle Sehnenschäden ist natürlich die Diagnostik in jeder Hinsicht zu berücksichtigen (Klinik, Bildgebung, Histologie), um mit Wertung des Schadenbildes in Abhängigkeit vom Alter Verletzungszeichen von degenerativen Schäden (Texturstörung plus Reparation, so wie dies bei Erkrankungen und Überlastungsschäden vorkommt) abzugrenzen.

2. Bizepssehne

Die Beziehung der langen Bizepssehne zum Rotatorensystem ist mittels Bizepspulley hergestellt. Durch den intraartikulären Verlauf unterscheidet sich die lange Bizepssehne erheblich vom kurzen Bizepskopf mit Ansatz am Processus coracoideus. Wegen der Depressorfunktion der langen Bizepssehne im gesunden Gelenk, aber auch bei Rotatorendefekten, wird der durch die Lochbildung zu erwartende Oberarmkopfhochstand vorübergehend verhindert [863]. Andere anatomische Voraussetzungen als beim intraartikulären Verlauf sind im Sulcus intertubercularis zu erwarten, da hier die Sehnenscheide eine zusätzliche Blutversorgung der Bizepssehne gewährleistet [1649]. Von Bedeutung ist hier auch als Normvariante die Sulkustiefe [313], die insbesondere bei der Innenrotation bei flachem Sulkus eine Subluxationsneigung zeigt.

Bezüglich der Anatomie ist der intraartikuläre Verlauf und in der Fortsetzung die Bizeps-Pulley-Struktur in Abhängigkeit von der Sulkustiefe zu berücksichtigen. Der

Ursprung der Bizepssehne ist zweiköpfig, beim Schaden aber wird der lange Kopf bevorzugt. Zum Mechanismus der Verletzung wird die direkte Krafteinwirkung, die nur bei lokalen Begleitverletzungen einen Schaden erklärt, von der indirekten Krafteinwirkung unterschieden, bei der die passive Kraft gegen eine maximale Vorspannung auch in Beugung im Ellbogengelenk vorauszusetzen ist.

Eine Besonderheit stellt der distale Ansatz an der Tuberositas radii dar. Anatomisch ist an diesem Ansatz die Sehnenstruktur des langen Bizepskopfes von der des kurzen Bizepskopfes zu unterscheiden. Zwischen diesen beiden Ansatzstrukturen bildet sich aus einer oberflächlichen, intermediären und profunden Faserstruktur der Lacertus fibrosus mit Übergang in die Unterarmfaszie, insbesondere der Flexorengruppe. Da der Ansatz der distalen Bizepssehne dorsoulnar am Radius (Tuberositas radii) fixiert ist, hat der Bizepsmuskel neben der Beugung im Ellbogen auch die Funktion der Supination. Die zusätzliche Ansatzstruktur des Lacertus fibrosus verhindert auch bei einer kompletten Dehiszenz der Ansatzsehne an der Tuberositas radii, dass eine sofortige Retraktion der Sehnenstümpfe entsteht. Dies ist für die Diagnostik von wesentlicher Bedeutung. Durch das Umschlingen des Radius zur Tuberositas radii hin ist die distale Bizepssehne nicht nur als Zugsehne, sondern auch als Gleitsehne mit metaplastischen Veränderungen zu werten. Aufgrund der Pronation und Supination gibt es ein Splitting in den oberflächlichen und tiefen Laminae mit Zunahme des Alters [134].

Neben der besonderen Anatomie ist eine indirekte Krafteinwirkung als passive Kraft gegen eine maximale Beugung und Supination ein geeigneter Mechanismus. Auch an der Bizepssehne ist das Schadensbild in Abhängigkeit vom Alter unter Berücksichtigung der Klinik, Bildgebung und Histologie zu berücksichtigen.

3. Trizepssehne

Die Trizepssehne, ausgehend von proximal mit drei Köpfen, inseriert am Olekranon und ist im Wesentlichen als Zugsehne zu betrachten.

Als reine Zugsehne wird die Trizepssehne bei indirekter Krafteinwirkung nur bei maximaler Trizepskontraktion und zusätzlicher passiver Beugung im Ellbogen belastet. Bei der direkten Krafteinwirkung, z. B. am Olekranon, sind die Begleitverletzungen erforderlich. Eine proximale Ruptur bildet die Ausnahme.

4. Proximale Hamstring-Sehnen

Die proximale Hamstring-Sehnengruppe mit Ursprung am Tuber ischiadicum ist teilweise mit denkbar kurzen am Knochen ansetzenden Sehnenstrukturen typisch für einen sofortigen tendomuskulären Übergang. Proximal gegenüber dem Tuber ischiadicum verbindet das Lig. sacrotuberale die kräftige Ansatzstruktur der Hamstring-Gruppe mit dem Os sacrum als Widerlager. Die Ansatzstrukturen der Hamstring-Gruppe mit M. biceps femoris, M. semitendinosus und M. semimembranosus sind extra diskutiert. Der vierköpfige Muskel (M. rectus femoris, M. vastus lateralis, M. vastus intermedius, M. vastus medialis) fungiert somit in einem einarmigen Hebelsystem, dessen Drehpunkt in der Tuberositas tibiae zu finden ist.

Als reine Zugsehne kann nur die maximale Hüftbeugung in Verbindung mit einer entsprechenden Knieextension (z. B. Spagat) eine überdurchschnittliche Zugbelastung herbeiführen. Bei der massiven Weichteildeckung ist eine direkte Krafteinwirkung auf die Sehnen am Tuber ischiadicum nicht denkbar, abgesehen von einer massiven Weichteilverletzung.

5. Quadrizeps- und Patellarsehne

Die Quadrizepssehne ist mit einem Sesambein (Patella) versehen, deren Verlängerung als Patellarsehne zum Ansatz als Lig. patellae an der Tuberositas tibiae zieht, d. h., die Quadrizepsmuskulatur setzt über die Patellarsehne an der Tuberositas tibiae an.

Der Kniestreckapparat ist als Zugsehne zu verstehen, die an der Stelle einer Gleitsehne ein zwischengeschaltetes Sesambein (Patella) besitzt. Die pathologischen Mechanismen sind in einer maximalen Zugkraft mit zusätzlicher passiver Beugung im Knie zu sehen, direkte Kräfte bewirken bei entsprechendem Weichteilschaden eine Sehnenverletzung an der Einwirkstelle. Für die gutachtliche Beurteilung ist das diagnostische Schadensbild in Abhängigkeit vom Alter unter Berücksichtigung der Klinik, Bildgebung und Histologie von wesentlicher Bedeutung.

6. Achillessehne (M. triceps surae).

Die Achillessehne setzt sich randständig über den Kalkaneus (Hypomochlion) in die Plantarfaszie einschließlich Lig. plantare longum und Spring-Ligament (= Pfannenband) fort. Daher ist der Drehpunkt dieses daraus entstehenden einarmigen Hebels in den Zehengrundgelenken zu suchen und nicht im oberen Sprunggelenk. Dies ist für Berechnungen von Kräften, der Belastung und der Belastbarkeit von Bedeutung.

Schädigungsmechanismen sind lediglich als indirekte Krafteinwirkung bei maximaler Vorspannung und zusätzlicher passiver Kraft zu werten, bei direkten Krafteinwirkungen ist eine Weichteilverletzung Voraussetzung. Für die gutachtliche Beurteilung ist das Schadensbild in Abhängigkeit vom Alter unter Würdigung der Klinik, Bildgebung und Histologie von Bedeutung.

7. Peronealsehnen, Tibialis post. Sehne

Diese Sehnen sind gesondert an der entsprechenden Lokalisation zu diskutieren. Für Finger- und Zehensehnen ist es von Bedeutung, ob Sehnenscheiden vorliegen oder nicht, Sehnen ohne Sehnenscheiden, und damit ohne Mesotenon, unterliegen bevorzugt meist texturstörungsbedingten Dehiszenzen.

Für die Peronealsehnen und die Tibialis posterior-Sehne ist eine doch deutliche Umleitung festzustellen, so dass in diesem Bereich häufig das Sehnensplitting als Überlastungsschaden auftritt, eine traumatische Dehiszenz ist denkbar selten, es können aber Luxationsmechanismen in Erwägung gezogen werden.

Es gilt:
Für alle Sehnen ist die anatomische Voraussetzung (Tab. 8.30) mit der Differenzierung zwischen Zug- und Gleitsehnen zu berücksichtigen, insbesondere auch die Einbeziehung eines Sehnenverlaufs in eine komplexe begleitende sehnige Struktur. Somit sind isolierte Sehnenverletzungen in derartigen Regionen nicht denkbar. Bei den Zugsehnen muss die Texturstörung als Wertung einer Vorschädigung geklärt sein, denn die eigene Muskulatur kann eine Sehne nicht zur Dehiszenz bringen, es sind lediglich maximale Vorspannungen einer Sehne mit einer nicht zu erwartenden passiven Krafteinwirkung zu überdenken. Für die gutachtliche Wertung müssen die Anamnese, der Schadenmechanismus und insbesondere das Schadensbild in Abhängigkeit vom Alter unter Berücksichtigung der Klinik, Bildgebung und Histologie abgeklärt sein.

Tab. 8.30: Besonderheiten großer Sehnen [685].

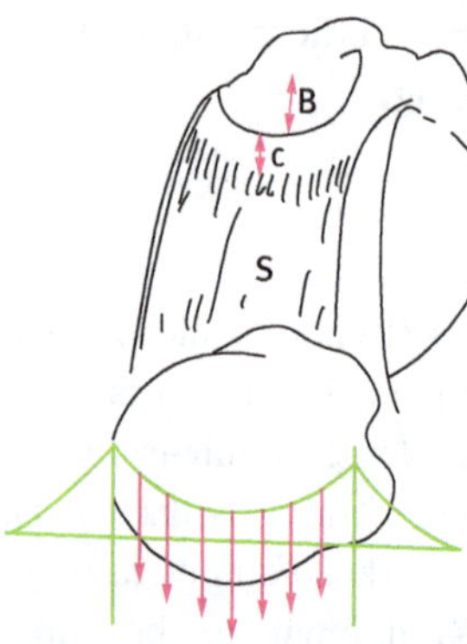 Rotatorenmanschette	**Anatomie:**	force couple Hängebrücke Supraspinatus und Deltoideus „critical zone“ Rotatorenintervall Subakromialraum
	Mechanismus:	direkte Krafteinwirkung auch fortgeleitete Stauchung mit Begleitverletzungen indirekte Krafteinwirkung passive Kraft gegen maximale Vorspannung des Deltoideus und des Supraspinatus
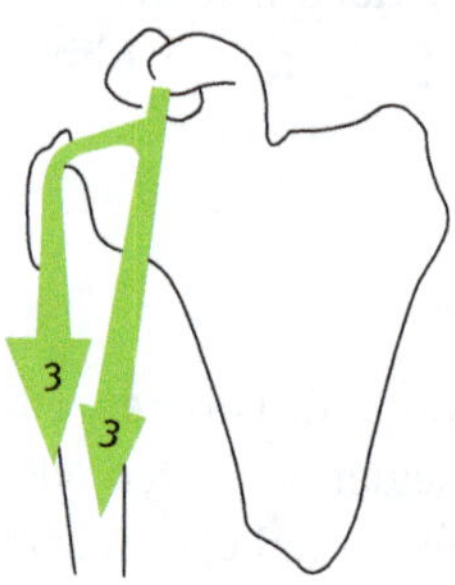 proximale Bizepssehne	**Anatomie:**	intraartikulärer Verlauf Bizepspulley (Mesotenon) Sulkustiefe Ursprung zweiköpfig
	Mechanismus:	direkte Krafteinwirkung (3) nur bei lateralen Begleitverletzungen indirekte Krafteinwirkung passive Kraft gegen maximale Vorspannung auch in Beugung im Ellbogen

Tab. 8.30: (fortgesetzt)

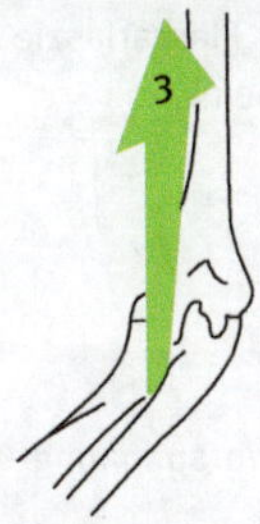 distale Bizepssehne	**Anatomie:** **Mechanismus:**	Zweisehnen-Ansatz Lacertus fibrosus Gleitsehne an der Tuberositas radii (3) → Beugung und Supination indirekte Krafteinwirkung passive Kraft gegen maximale Beugekraft mit Supinationskomponente
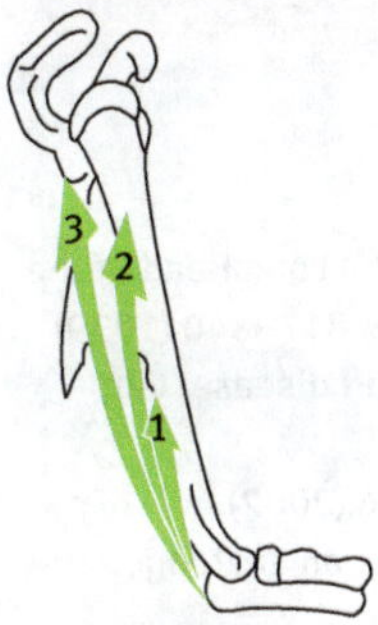 Triceps brachii proximal und distal	**Anatomie:** **Mechanismus:**	dreiköpfiger Ursprung (1, 2, 3) zweischichtiger Ansatz Zugsehne direkte Krafteinwirkung mit Begleitverletzung indirekte Krafteinwirkung Trizepskontraktion und Beugung im Ellbogen
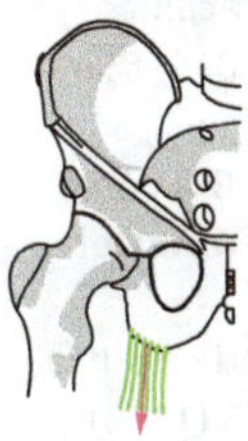 *Proximale Hamstrings*	**Anatomie:** **Mechanismus:**	vierköpfiger Ursprung Zugsehne kurze Sehne direkte Krafteinwirkung massive Weichteildeckung indirekte Krafteinwirkung Hüftbeugung und max. Kniestreckung
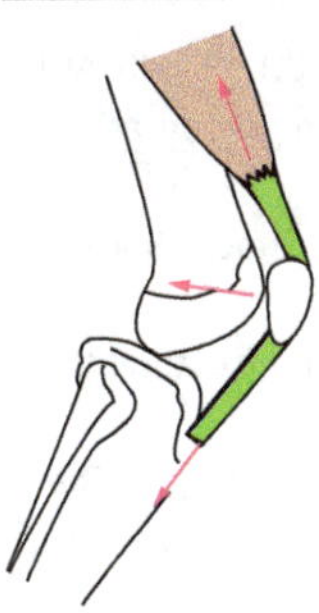 Quadrizepssehne Patellarsehne	**Anatomie:** **Mechanismus:**	Zugsehnen mit Sesambein (Patella) kritische Zonen direkte Krafteinwirkung Weichteilverletzung indirekte Krafteinwirkung max. Streckung mit passiver Kniebeugung

Tab. 8.30: (fortgesetzt)

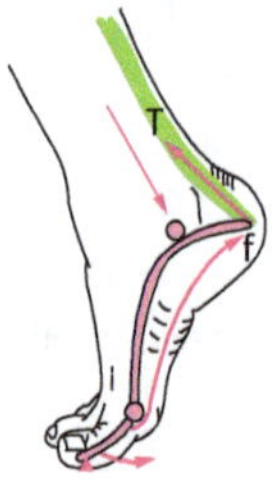 Achillessehne	**Anatomie:**	Sehnenansatz im Verlauf der Plantarfaszie Schichtenansatz am Fersenbein kritische Zone
	Mechanismus:	direkte Krafteinwirkung Weichteilverletzung indirekte Krafteinwirkung passive Kraft bei maximaler Vorspannung

8.5 Literatur

[1] ABBOTT, L.; SAUDERS, J.: Acute Traumatic Dislocation of the Tendon of the Long Head of the Biceps Brachii. A Report of Six Cases with Operative Findings. Surgery, 6:817–840 (1939)

[2] ABBOUD, J.A.; KIM, J.S.: The effect of hypercholesterolemia on rotator cuff disease. Clin Orthop Relat Res 468:1493–1497 (2010)

[3] ABENDROTH, K.: Neuromuskuloskelettale Regulation. Osteologie 11:3–6 (2002)

[4] ABRASSART, S.; STERN, R.; HOFFMEYER, P.: Arterial supply of the glenoid: an anatomic study. J Shoulder Elbow Surg 15:232–238 (2006)

[5] ABRIL, J.C.; ALVAREZ, L.; VALLEJO, J.C.: Patellar tendon avulsion after total knee arthroplasty. A new technique. J Arthroplasty 10:275–279 (1995)

[6] ACKERMANN, P.W.; AHMED, M.; KREICBERGS, A.: Early nerve regeneration after Achilles tendon rupture – a prerequisite for healing? A Study in the rat. J Orthop Res 20:849–856 (2002)

[7] ACKERMANN, P.W.; DOMEIJ-ARVERUD, E.; LECLERC, P.; AMOUDROUZ, P.; NADER, G.A.: Anti-inflammatory cytokine profile in early human tendon repair. Knee Surg Sports Traumatol Arthrosc 21:1801–1806 (2013)

[8] ACQUAVIVA, M.: Rupture du tendon inférieur du biceps brachial droit à son insertion sur la tubérosité bicipitale. Tenosuture. Succès opératoire. Marseille Méd 35:570–573 (1898)

[9] ADAMS, C.R.; SCHOOLFIELD, J.D.; BURKHART, S.S.: Accuracy of preoperative magnetic resonance imaging in predicting a subscapularis tendon tear based on arthroscopy. Arthroscopy 26:1427–1433 (2010)

[10] ADAMS, C.R.; BRADY, P.C.; KOO, S.S.; NARBONA, P.; ARRIGONI, P.; KARNES, G.J.; BURKHART, S.S.: A systematic approach for diagnosing subscapularis tendon tears with preoperative magnetic resonance imaging. Arthroscopy 28:1592–1600 (2012)

[11] ADLER, R.S.; FEALY, S.: Ultrasound of rotator cuff tears: current status. Tech Should Surg 4:121–132 (2003)

[12] AGRE, J.C.: Hamstring injuries: Proposed aetiological factors, prevention, and treatment. Sports Med 2:21–33 (1985)

[13] AGUIAR, R.Q.; VIEGAS, F.C.; FERNANDEZ, R.Y.; TRUDELL, D.; HAGHIGHI, P.; RESNICK, D.: The prepatellar bursa: cadaveric investigation of regional anatomy with MRI after sonographically guided bursography. AJR Am J Roentgenol 188:355–358 (2007)

[14] AHMAD, C.S.; EL ATTRACHE, N.S.: Arthroscopic biceps tenodesis. Orthop Clin North Am 34:499–506 (2003)

[15] AHMAD, C.S.; REDLER, L.H.; CICCOTTI, M.G.; MAFFULLI, N.; LONGO, U.G.; BRADLEY, J.: Evaluation and management of hamstring injuries. Am J Sports Med 41:2933–2947 (2013)
[16] AHMAD, Z.; SIDDIQUI, N.; MALIK, S.S.; ABDUS-SAMEE, M.; TYTHERLEIGH-STRONG, G.; RUSHTON, N.: Lateral epicondylitis: A review of pathology and management. Bone Joint J 95-B:1158–1164 (2013)
[17] AHMAD, Z.; BROOKS, R.; KANG, S.N.; WEAVER, H.; NUNNEY, I.; TYTHERLEIGH-STRONG, G.; RUSHTON, N.: The effect of plateletrich plasma on clinical outcomes in lateral epicondylitis. Arthroscopy 29:1851–1862 (2013)
[18] AHOVUO, J.; PAAVOLAINEN, P.; SLATIS, P.: Radiographic diagnosis of biceps tendinitis. Acta Orthop Scand 56:75–78 (1985)
[19] AHRENDT, J.; SOMMER, H.M.; ROMPE, G.: Die Auswirkung eines differenzierten Lauftrainings auf die Achillessehnenstruktur der Ratte. In: RIECKERT, H. (Hrsg). Sportmedizin – Kursbestimmung. Springer-Verlag Berlin Heidelberg (1987)
[20] AKBAR, M.; BALEAN, G.; BRUNNER; M.; SEYLER, T.M.; BRUCKNER, T.; MUNZINGER, J.; GRIESER, T.; GERNER, H.J.; LOEW, M.: Prevalence of rotator cuff tear in paraplegic patients compared with controls. J Bone Joint Surg Am 92:23–30 (2010)
[21] AKBAR, M.; BRUNNER; M.; BALEAN, G.; GRIESER, T.; BRUCKNER, T.; LOEW, M.; FÜRSTENBERG, C.H.; RAISS, P.: Etiology of rotator cuff tears in paraplegic patients: a case-control study. J Shoulder Elbow Surg 21:23–28 (2012)
[22] AKSU, N.; ASLAN, Ö.; KARA, A.N.; ISIKLAR, Z.U.: Simultaneous repair of chronic full-thickness rotator cuff tears during fixation of proximal humerus fractures and clinical results. Acta Orthop Traumatol Turc 44:173–179 (2010)
[23] ALAVEKIOS, D.A.; DIONYSIAN, E.; SODL, J.; CONTRERAS, R.; CHO, Y.; YIAN, E.H.: Longitudinal analysis of effects of operator experience on accuracy for ultrasound detection of supraspinatus tears. J Shoulder Elbow Surg 22:375–380 (2013)
[24] ALBERTA, F.G.; EL ATTRACHE, N.S.: Diagnosis and treatment of distal biceps nd anterior elbow pain in throwing athletes. Sports Med Arthrosc Rev 16:118–123 (2008)
[25] ALBRECHT, D.; MEZGER, D.; ATESCHRANG, A.: Pathologie und Therapie der Rotatorenmanschettenläsion. Trauma Berufskrankh 14:201–207 (2012)
[26] ALBRITTON, M.J.; GRAHAM, R.D.; RICHARDS, R.S. II; BASAMANIA, C.J.: An anatomic study of the effects on the suprascapular nerve due to retraction of the supraspinatus muscle after a rotator cuff tear. J Shoulder Elbow Surg 12:497–500 (2003)
[27] ALDRIDGE, S.E.; HEILPERN, G.N.A.; CARMICHAEL, J.R.; SPROWSON, A.P.; WOOD, D.G.: Lower Limb. Incomplete avulsion of the proximal insertion of the hamstring. J Bone Joint Surg Br 94-B:660–662 (2012)
[28] ALFREDSON, H.; THORSEN, K.; LORENTZON, R.: In situ microdialysis in tendon tissue: high levels of glutamate, but not prostaglandin E2 in chronic Achilles tendon pain. Knee Surg Sports Traumatol Arthrosc 7:378–381 (1999)
[29] ALFREDSON, H.; LORENTZON, R.: Intratendinous glutamate levels and eccentric training in chronic Achilles tendinosis: a prospective study using microdialysis technique. Knee Surg Sports Traumatol Arthrosc 11:196–199 (2003)
[30] ALFREDSON, H.; ÖHBERG, L.; FORSGREN, S.: Is vasculoneural ingrowth the cause of pain in chronic Achilles tendinosis? An investigation using ultrasonography and colour Doppler, immunohistochemistry, and diagnostic injections. Knee Surg Sports Traumatol Arthrosc 11:334–338 (2003)
[31] ALI, K.; LELAND, J.M.: Hamstring strains and tears in the athlete. Clin Sports Med 31:263–272 (2012)
[32] ALI, M.; LEHMAN, T.A.: Lateral elbow tendinopathy: a better term than lateral epicondylitis or tennis elbow. J Hand Surg Am 34:1575 (2009)

[33] ALIOTO, R.J.; BROWNE, J.E.; BARNTHOUSE, C.D.; SCOTT, A.R.: Complete rupture of the distal semimembranosus complex in a professional athlete. Clin Orthop Rel Res 336:162–165 (1997)

[34] ALLENMARK, C.: Partial Achilles tendon tears. Clin Sports Med 11:759–769 (1992)

[35] ALMEDAROGLU, K.B.; CIMEN, O.; AYDOGAN, N.H. et al.: Early results of arthroscopic lateral retinacular release in patellafemoral osteoarthritis. Knee 15:451–455 (2008)

[36] ALMEKINDERS, L.C.; VELLEMA, J.H.; WEINHOLD, P.S.: Strain patterns in the patellar tendon and the implications for patellar tendinopathy. Knee Surg Sprots Traumatol Arthrosc 10:2–5 (2002)

[37] ALPANTAKI, K.; MC LAUGHLIN, D.; KARAGOGEOS, D.; HADJIPAVLOU, A.; KONTAKIS, G.: Sympathetic and sensory neural elements in the tendon of the long head of the biceps. J Bone Joint Surg Am 87:1580–1583 (2005)

[38] AL-SHAWI, A.; BADGE, R.; BUNKER, T.: The detection of full thickness rotator cuff tears using ultrasound. J Bone Joint Surg Br 90:889–892 (2008)

[39] ALTMANN, K.: Zur kausalen Histiogenese des Knorpels. W Roux's Theorie und experimentelle Wirklichkeit. Z. Anat Entwickl Gesch 37:1–167 (1964)

[40] AMADIO, P.C.; HUNTER, J.M.; JAEGER, S.H.; WEHBE, M.A.; SCHNEIDER, L.H.: The effect of vincula injury on the results of flexor tendon surgery in zone 2. J Hand Surg Am 10-A:626–632 (1985)

[41] AMARAVATI, R.S.; KANY, J.; GUINAND, R.; SAJI, M.J.; SEKARAN, P.; Preliminary result of arthroscopic keyhole biceps tenodesis. An novel technique. Tech Should Surg 12:25–31(2011)

[42] AMBACHER, T.; KIRSCHNIAK, A.; HOLZ, U.: Intraoperative localization of calcification in the supraspinatus via a percutaneous marking suture after preoperative ultrasound. J Shoulder Elbow Surg 16:146–149 (2007)

[43] AMIEL, D.; WOO, S.L.Y.; HARWOOD, F.L.; AKESON, W.H.: The effect of immobilization on collagen turnover in connective tissue: a biochemical-biomechanical correlation. Acta Orthop Scand 53:325–332 (1982)

[44] ANDARAWIS-PURI, N.; RICCHETTI, E.T.; SOSLOWSKY, L.J.: Rotator cuff tendon strain correlates with tear propagation. J Biomech 42:158–163 (2009)

[45] ANDARAWIS-PURI, N.; RICCHETTI, E.T.; SOSLOWSKY, L.J.: Interaction between the supraspinatus and infraspinatus tendons: effect of anterior side supraspinatus tendon full thickness tears on infraspinatus tendon strain. Am J Sports Med 37:1831–1839 (2009)

[46] ANDARAWIS-PURI, N.; KUNTZ, A.F.; KIM, S.Y.; SOSLOWSKY, L.J.: Effect of anterior supraspinatus tendon partial-thickness tears on infraspinatus tendon strain through a range of joint rotation angles. J Shoulder Elbow Surg 19:617–623 (2010)

[47] ANDARY, J.L.; PETERSEN, S.A.: The vascular anatomy of the glenohumeral capsule and ligaments: an anatomic study. J Bone Joint Surg Am 84:2258–2265 (2002)

[48] ANDERSON, H.C.; MC GREGOR, D.H.; TANIMURA, A.: Mechanisms of calcification in atherosclerosis plaque. GLAGOV, S., NEWMAN, W.P.; SHAFFER, S.A. (eds) Springer, New York Berlin Heidelberg London Paris Tokyo Hongkong:235–249 (1990)

[49] ANDERSSON, G.; DANIELSON, P.; ALFREDSON, H.; FORSGREN, S.: Nerverelated characteristics of ventral paratendinous tissue in chronic Achilles tendinosis. Knee Surg Sports Traumatol Arthrosc 15:1272–1279 (2007)

[50] ANDREEFF, J.; WLADIMIROV, B. Über die Mikrozirkulation der Achillessehne. Aus: CHAPCHAL, G. (Hrsg): Sportverletzungen und Sportschäden. Thieme, Stuttgart New York: 73–75 (1983)

[51] ANDREWS, J.R.; ALEXANDER, E.J.: Rotator cuff injury in throwing and racquet sports. Sports Med Arthrosc Rev 3:30–38 (1995)

[52] ANLIKER, E.; TOIGO, M.: Functional assessment of the musclebone unit in the lower leg. J Musculoskelet Neuronal Interact 12:46–55 (2012)

[53] ANZEL, S.H.; COVEY, K.W.; WEINER, A.D.; LIPSCOMB, P.R.: Disruption of muscles and tendons; an analysis of 1, 014 cases. Surgery 45:406–414 (1959)

[54] AOKI, M.; ISHII, S.; USUI, M.: The slope of the acromion and rotator cuff impingement. Orthop Trans 10:228 (1986)

[55] AOKI, M.; ISHII, S.; USUI, M.: Clinical application for measuring the slope of the acromion. In: POST, M.: MORREY, B.; HAWKINS, R. eds. Surgery of the shoulder. St. Louis: Mosby-Year Book: 200–203 (1990)

[56] ARAI, R.; SUGAYA, H.; MOCHIZUKI, T.; NIMURA, A.; MORIISHI, J.; AKITA, K.: Subscapularis tendon tear: an anatomic and clinical investigation. Arthroscopy 24:997–1004 (2008)

[57] ARAI, R.; MOCHIZUKI, T.; YAMAGUCHI, K.; SUGAYA, H.; KOBAYASHI, M.; NAKAMURA, T.; AKITA, K.: Functional anatomy of the superior glenohumeral and coracohumeral ligaments and the subscapularis tendon in view of stabilization of the long head of the biceps tendon. J Shoulder Elbow Surg 19:58–64 (2010)

[58] ARAKI, D.; MILLER, R.M.; FUJIMAKI, Y.; HOSHINO, Y.; MUSAHL, V.; DEBSKI, R.E.: Effect of tear location on propagation of isolated supraspinatus tendon tears during increasing levels of cyclic loading. J Bone Joint Surg Am 97:273–278 (2015)

[59] ARAMPATZIS, A.; STAFILIDIS, S.; DE MONTE, G.; KRAMANIDIS, K.; MOREY-KLAPSING, G.; BRÜGGEMANN, G.P.: Strain and elongation of the human gastrocnemius tendon and aponeurosis during maximal plantarflexion effort. J Biomech 38:833–842 (2005)

[60] ARAMPATZIS, A.; PETER, A.; BIERBAUM, S.; ALBRACHT, K.: Plasticity of human Achilles tendon mechanical and morphological properties in response to cyclic strain. J Biomech 43:3073–3079 (2010)

[61] ARCHAMBAULT, J.M.; WILEY, J.P.; BRAY, R.C.: Exercise loading of tendons and the development of overuse injuries. A review of current literature. Sports Med 20:77–89 (1995)

[62] ARMENTA, E.; LEHRMAN, A.: The vincula tot he flexor tendons of the hand. J Hand Surg 5:127–143 (1980)

[63] ARMILLEI, E.; MARSALA, F.: On an unusual and rare case of subcutaneous rupture of the tendon of the short head of the biceps brachii. Riv Patol Clin 19:47–51 (1964)

[64] ARMSTRONG, J.R.: Excision oft he acromion in treatment of the supraspinatus syndrome. Report of 95 excisions. J Bone Joint Surg 31-B:436–442 (1949)

[65] ARNDT, K.: Achillessehnenruptur. Zentralbl Chir 101:360–364 (1976)

[66] ARNDT, A.; NOTERMANS, H.P.; KOEBKE, J.; BRÜGGEMANN, G.P.: Zur Fasertextur der menschlichen Achillessehne – Eine Analyse durch Mazeration. Präparator 43:63–70 (1997)

[67] ARNDT, A.; BRÜGGEMANN, G.P.; KOEBKE, J.; SEGESSER, B.: Asymmetrical loading of the human triceps surae: I. Mediolateral force differences in the Achilles tendon. Foot Ankle Int. 20:444–449 (1999)

[68] ARNDT, A.; BENTSSON, A.S.; PEOLSSON, M.; THORSTENSSON, A.; MOVIN, T.: „Non-uniform displacement within the Achilles tendon during passive ankle joint motion". Knee Surg Sports Traumatol Arthrosc 20:1868–1974 (2012)

[69] ARNER, O.; LINDHOLM, Å.: Subcutaneous rupture of the Achilles tendon. A study of 92 cases. Acta Chir Scand 239:1–51 (1959)

[70] ARNER, O.; LINDHOLM, Å., ORELL, S.R.: Histologic changes in subcutaneous rupture of the Achilles tendon. A study of 74 cases. Acta Chir Scand 116: 484–490 (1958/59)

[71] ARNOCZKY, S.P.: Session 2: Special symposium – tendonopathy. Tendinopathy: biology and etiology. Knee Surg Sports Traumatol Arthrosc 11:351–352 (2003)

[72] ARONEN, J.G.; GARRICK, J.G.; CHRONISTER, R.D.; MC DEVITT, E.R.: Quadriceps contusions: clinical results of immediate immobilization in 120 degrees of knee flexion. Clin J Sport Med 16:383–38horas7 (2006)

[73] ASKLING, C.M.; KOULOURIS, G.; SAARTOK, T.; WERNER, S.; BIST, T.M.: Total proximal hamstring ruptures: clinical and MRI aspects including guidelines for postoperative rehabilitation. Knee Surg Sports Traumatol Arthrosc 21:515–533 (2013)

[74] ASO, K.; TORISU, T.: Muscle belly tear of the triceps. Am J Sports Med 12.:485–487 (1984)

[75] ASSAL, M.; STERN, R.; PETER, R.: Fracture of the ankle associated with rupture of the Achilles tendon: case report and review of the literature. J Orthop Trauma 16:358–361 (2002)

[76] ÅSTRÖM, M.; WESTLIN, N.: Blood flow in chronic achilles tendinopathy. Clin Orthop 308:166–172 (1994)

[77] ÅSTRÖM, M.; RAUSING, A.: Chronic achilles tendinopathy. A survey of surgical and histopathologic findings. Clin Orthop Relat Res 316: 151–164 (1995)

[78] ÅSTRÖM, M.: On the nature and Etiology of chronic Achilles Tendinopathy (thesis). Lund, Sweden: University of Lund (1997)

[79] ATHWAL, G.S.; STEINMANN, S.P.; RISPOLI, D.M.: The distal biceps tendon: footprint and relevant clinical anatomy. J Hand Surg Am 32:1225–1229 (2007)

[80] ATHWAL, G.S.; MC GILL, R.; RISPOLI, D.M.: Isolated avulsion of the medial head of the triceps tendon: an anatomic study and arthroscopic repair in 2 cases. Arthroscopy 25:983–988 (2009)

[81] ATTARIAN, D.E.: The derotation sign for perioperative diagnosis of significant partial-thickness rotator cuff tears. Arthroscopy 18:284–286 (2002)

[82] AUERBACH, F.: Elasticität im allgemeinen. In: WINKELMANN, A.A.; AUERBACH, F.; GRAETZ, L. (Hrsg): Handbuch der Physik. Trewendt Breslau (1891)

[83] AZAR, F.M.: History and examination of the Thrower's Elbow. Sports Medicine and Arthroscopy Review 11:10–14 (2003)

[84] BABINI, S.M.; ARTURI, A.; MARCOS, J.C.; BABINI, J.C.; INIGUEZ, A.M.; MORTEO, O.G.: Laxity and rupture of the patellar tendon in systemic lupus erythematosus. Association with secondary hyperparathyroidism. J Rheumatol 15:1162–1165 (1988)

[85] BACH, B.R. Jr.; WARREN, R.F.; WICKIEWICZ, T.L.: Triceps rupture. A case report and literature review. Am J Sports Med 15:285–289 (1987)

[86] BACH, C.: Elasticität und Festigkeit. 3. Auflage. Springer Berlin (1898)

[87] BACHASSON, D.; SINGH, A.; SHAH, S.B.; LANE, J.G.; WARD, S.R.: The role of the peripheral and central nervous systems in rotator cuff disease. J Shoulder Elbow Surg 24:1322–1355 (2015)

[88] BACKMAN, C.; FRIDEN, J.; WIDMARK, A.: Blood flow in chronic Achilles tendinosis. Acta Orthop Scand 62:386–387 (1991)

[89] BACKMAN, L.J.; DANIELSON, P.: Low range of ankle dorsiflexion predisposes for patellar tendinopathy in junior elite basketball players: a 1-year prospective study. Am J Sports Med 39:2626–2633 (2011)

[90] BÄUMER, F.; SCHIESSLER, W.; ATTMANSPACHER, W.: Zur posttraumatischen Begutachtung des Schultergelenkes bei vorbestehendem Os acromiale. Akt Traumatol 23:102–104 (1993)

[91] BAHRS, C.; ROLAUFFS, B.; STUBY, F. et al.: Effect of proximal humeral fractures on the age-specific prevalence of rotator cuff tears. J Trauma 69:901–906 (2010)

[92] BALES, C.P.; PLACZEK, J.D.; MALONE, K.J.; VAUPEL, Z.; ARNOCZKY, S.P.: Microvascular supply of the lateral epicondyle and common extensor origin. J Shoulder Elbow Surg 16:497–501 (2007)

[93] BALKE, M.; BRÖKING, J.N.; VOGLER, T.; RICKERT, C.; GOSHEGER, G.; LIEM, D.: Lateraler Akromionwinkel im konventionellen Röntgen. Obere Extremität 10:29–32 (2015)

[94] BALLAL, M.S.; WALKER, C.R.; MOLLOY, A.P.: The anatomical footprint of the achilles tendon. Bone Joint J 96-B:1344–1348 (2014)

[95] BANAS, M.P.; MILLER, R.J.; TOTTERMAN, S.: Relationship between the lateral acromion angle and rotator cuff disease. J Shoulder Elbow Surg 4:454–461 (1995)

[96] BANK, R.A.; TE KOPPELE, J.M.; OOSTINGH, G.; HAZLEMAN, B.L.; RILEY, G.P.: Lysylhydroxylation and non-reducible crosslinking of human supraspinatus tendon collagen: changes with age and in chronic rotator cuff tendinitis. Ann Rheum Dis 58: 35–41 (1999)

[97] BARATTA, R.; SOLOMONOW, M.: The effect of tendon viscoelastic stiffness on the dynamic performance of isometric muscle. J Biomechanics 24:109–116 (1991)

[98] BARBER, F.A.; FIELD, L.D.; RYU, R.K.N.: Biceps tendon and superior labrum injuries: Decision-making. J BoneJoint Surg Am 89:1844–1855 (2007)

[99] BARDELEBEN, K.H.: Handbuch der Anatomie des Menschen. G. Fischer Jena (1904)

[100] BARFRED, T.: Histology of the rat achilles tendon before and after tendon rupture. Acta Path Microbiol Scand Section A 79:287–292 (1971)

[101] BARFRED, T.: Experimental rupture of the achilles tendon. Comparison of various types of experimental rupture in rats. Acta Orthop Scandinav 42:528–543 (1971)

[102] BARFRED, T.: Achilles Tendon Rupture. Aetiology and Pathogenesis of subcutaneous rupture assessed on the basis of the literature and rupture experiments on rats. Acta Orthop Scandinavica, Suppl 152, Munksgaard, Copenhagen (1973)

[103] BARGMANN, W.: Histologie und mikroskopische Anatomie des Menschen. 6. Auflage. Thieme Verlag Stuttgart (1967)

[104] BARNBECK, F.; HIERZOLZER, G.: Analyse des Sammelbegriffes „Periarthritis humeroscapularis. Akt Traumatol 21:49–52 (1991)

[105] BARNETT, C.H.; DAVIES, D.V.; MAC CONAILL, M.A.: Synovial joints: Their structure and mechanics. London:Longmans:82 (1961)

[106] BARRON, J.L.; YOCUM, L.A.: Unrecognized Achilles tendon rupture associated with ipsilateral medial malleolar fracture. Am J Sports Med 21:629–631 (1993)

[107] BARTH, J.R.H.; BURKHART, S.S.; DE BEER, J.F.: The bear-hug test: a new and sensitive test for diagnosing a subscapularis tear. Arthroscopy 22:1076–1084 (2006)

[108] BARTL, C.; SCHEIBEL, M.; LICHTENBERG, S.; HABERMEYER, P.: Mittelfristige Ergebnisse nach Rekonstruktion von isolierten traumatischen Subskapularissehnenrupturen. 23. AGA Kongress Salzburg (2006)

[109] BARTL, C.; SCHEIBEL, M.; LICHTENBERG, S.; HABERMEYER, P.: Mittelfristige Ergebnisse nach Rekonstruktion von isolierten traumatischen Subskapularissehnenrupturen. 13. Jahreskongress der Deutschen Vereinigung für Schulter- und Ellenbogenchirurgie (DVSE e.V.) Wildbad Kreuth 23.–24. Juni (2006)

[110] BARTL, C.; IMHOFF, A.B.: Die isolierte Subskapularissehnenruptur.Orthopäde 36:848–854 (2007)

[111] BARTL, C.; SALZMANN, G.; SEPPEL, G.; IMHOFF, A.: Die MRT-kontrollierte Untersuchung der postoperativen Subscapularisfunktion mit einer Kraftmessplatte nach Rekonstruktion isolierter Subscapularisrupturen. Vorträge, Jahreskongress DVSE – Rotatorenmanschette, Prothetik – (2007)

[112] BARTL, C.; SCHEIBEL, M.; MAGOSCH, P.; LICHTENBERG, S.; HABERMEYER, P.: Open repair of isolated traumatic subscapularis tendon tears. Am J Sports Med 39:490–496 (2011)

[113] BARTON, E.R.; GIMBEL, J.A.; WILLIAMS, G.R.; SOSLOWSKY, L.J.: Rat supraspinatus muscle atrophy after tendon detachment. J Orthop Res 23:259–265 (2005)

[114] BARTSCH, M.; GREINER, S.; HAAS, N.P.: SCHEIBEL, M.: Diagnostic values of clinical tests for subscapularis lesions. Knee Surg Sports Traumatol Arthrosc 18:1712–1717 (2010)

[115] BASSO, O.; JOHNSON, D.P.; AMIS, A.A.: The anatomy of the patellar tendon. Knee Surg Sports Traumatol Arthrosc 9:2–5 (2001)

[116] BATEMAN, J.E.: The diagnosis and treatment of tears of the rotator cuff. Surg Clin North Am 43:1523–1530 (1963)

[117] BATEMAN, J.E.: Disability evaluation about the shoulder. Surg Clin North Am 43:1721–1726 (1963)

[118] BATEMAN, J.: The Shoulder and Neck. W.B. Saunders, Philadelphia (1972)

[119] BATTERY, L.; MAFFULLI, N.: Inflammation in overuse tendon injuries. Sports Med Arthrosc Rev 19:213–217 (2011)

[120] BATTISTA, V.; COMBS, J.; WARME, W.J.: Asynchronous bilateral achilles tendon ruptures and androstenediol use. Am J Sports Med 31:1007–1009 (2003)

[121] BAUER, G.; EBERHARDT, O.: Die frische Achillessehnenruptur – Epidemiologie – Ätiologie – Diagnostik und aktuelle Therapiemöglichkeiten. Sportverl Sportschad 13:79–89 (1999)

[122] BAUER, G.J.; HINGELBAUM, S.: Die distale Bizepssehnenruptur. Obere Extremität 3:101–107 (2008)

[123] BAUER, T.; VUILLEMIN, A.; HARDY, P.; ROUSSELIN, B.: Posterior dislocation of the long head of the biceps tendon: a case report. J Shoulder Elbow Surg 14:557–558 (2005)

[124] BAUER, V.: Spontane subcutane Rupturen der Quadrizepssehne, insbesondere bei eineiigen Zwillingen. Unfallheilkunde 84:520–524 (1980)

[125] BAUMANN, B.; GENNING, K.; BÖHM, D.; ROLF, O.; GOHLKE, F.: Arthroscopic prevalence of pulley lesions in 1007 consecutive patients. J Shoulder Elbow Surg 17:14–20 (2008)

[126] BAUMANN, W.; STUCKE, H.: Sportspezifische Belastungen aus der Sicht der Biomechanik. In: COTTA, H.; KRAHL, H.; STEINBRÜCK, K. (Hrsg). Die Belastungstoleranz des Bewegungsapparates. Thieme, Stuttgart New York:124–136 (1980)

[127] BAUMGARTEN, K.M.; GERLACH, D.; LALATZ, L.M. et al.: Cigarette smoking increases the risk for rotator cuff tears. Clin Orthop Relat Res 468:1534–1541 (2010)

[128] BECK, E.: Muskel-, Sehnen- und Bandverletzungen beim Sport. Z Allg Med 56:228–235 (1980)

[129] BEICKERT, R.; BÜHREN, V.: Zusammenhangsfragen bei Verletzungen an der Rotatorenmanschette und der langen Bizepssehne. Trauma Berufskrankh 1:61–67 (1998)

[130] BEICKERT, R.: Abwägung oder harte Kriterien in der Begutachtung von traumatischen Läsionen des Kniestreckapparates. Klinik – Bildgebung – Histologie. Trauma Berufskrankh (2015)

[131] BELLI, P.; COSTANTINI, M.; MIRK, P.; LEONE, A.; PASTORE, G.; MARANO, P.: Sonographic diagnosis of distal biceps tendon rupture: a prospective study of 25 cases. J Ultrasound Med 20:587–595 (2001)

[132] BELTRAN, L.; GHAZIKHANIAN, V.; PADRON, M.; BELTRAN, J.: The proximal hamstring muscle-tendon-bone unit: a review of the normal anatomy, biomechanics, and pathophysiology. Eur J Radiol 81:3772–3779 (2012)

[133] BELVEDERE, C.; ENSINI, A.; FELICIANGELI, A.; CENNI, F.; D'ANGELI, V.; GIANNINI, S.; LEARDINI, A.: Geometrical changes of knee ligaments and patellar tendon during passive flexion. J Biomech 45:1886–1892 (2012)

[134] BENJAMIN, M.; NEWELL, R.L.M.; EVANS, E.J.; RALPHS, J.R.; PEMBERTON, D.J.: The structure of the insertions of the tendons of biceps brachii, triceps and brachialis in elderly dissecting room cadavers. J Anat 180:327–332 (1992)

[135] BENJAMIN, M.; RALPHS, J.R.; NEWELL, R.L.M.; EVANS, E.J.: Loss of the fibrocartilaginous lining of the intertubercular sulcus associated with rupture of the tendon of the long head of biceps brachii. J Anat 182:281–285 (1993)

[136] BENJAMIN, M.; RALPHS, J.R.: Tendons and ligaments – an overview. Histol Histopathol 12:1135–1144 (1997)

[137] BENJAMIN, M.; RALPHS, J.R.: Fibrocartilage in tendons and ligaments: An adaptation to compressive loads. J Anat 193:481–494 (1998)

[138] BENJAMIN, M.; TOUMI, H.; RALPHS, J.R.; BYDDER, G.; BEST, T.M.; MILZ, S.: Where tendons and ligaments meet bone: attachment sites ('entheses') in relation to exercise and/or mechanical load. J Anat 208:471–490 (2006)

[139] BENNELL, K.L.; CROSSLEY, K.: Musculoskeletal injuries in track and field: incidence, distribution and risk factors. Aust J Sci Med. Sport 28:69–75 (1996)

[140] BENNETT, B.S.: Triceps tendon rupture: case report and a method of repair. J Bone Joint Surg Am 44:741–744 (1962)

[141] BENNETT, W.F.: Subscapularis, medial, and lateral head coracohumeral ligament insertion anatomy: Arthroscopic appearance and incidence of „Hidden" Rotator interval lesions. Arthroscopy 17:173–180 (2001)

[142] BENNINGHOFF, A.: Anatomie, makroskopische und mikroskopische Anatomie des Menschen. 2. Band, Kreislauf und Eingeweide. Urban und Schwarzenberg Verlag, München, Wien, Baltimore (1985)

[143] BENSON, R.T.; MC DONNELL, S.M.; KNOWLES, H.J.; REES, J.L.; CARR, A.J.; HULLEY, P.A.: Tendinopathy and tears of the rotator cuff are associated with hypoxia and apoptosis. J Bone Joint Surg Br 92:448–453 (2010)

[144] BERBIG, R.; WEISHAUPT, D.; PRIM, J. et al: Primary anterior shoulder dislocation and rotator cuff tears. J Schoulder Elbow Surg 8:220–225 (1999)

[145] BERG, E.E.: Bipolar infrapatellar tendon rupture. J Pediatr Orthop 15:302–303 (1995)

[146] BERGHS, B.M.; DERVEAUX, T.; SPEECKAERT, W.; VANSLAMBROUCK, K.; DE WILDE, L.F.: Three-dimensional analysis of the orientation and the inclination of the rotator cuff footprint. J Shoulder Elbow Surg 20:637–645 (2011)

[147] BERGMANN, H.-J.: Minimalinvasive Behandlung der Epicondylitis humeri. Operationstechnik und Ergebnisse. Orthop Praxis 39:166–170 (2003)

[148] BERLEMANN, U.; BAYLEY, I.: Tenodesis of the long head of biceps brachii in the painful shoulder: Improving results in the long term. J Shoulder Elbow Surg 4:429–435 (1995)

[149] BERLIN, R.C.; LEVINSOHN, E.M.; CHRISMAN, H.: The wrinkled patellar tendon: an indication of abnormality in the extensor mechanism of the knee. Skeletal Radiol 20:181–185 (1991)

[150] BERQUIST, T.H. et al.: Musculoskeletal trauma. In: BERQUIST, T.H. et al. (Ed): Magnetic resonance of the musculoskeletal system. Raven New York:127–163 (1987)

[151] BEST, T.M.; GARRETT, W.E.: Basic science of soft tissue: Muscle and tendon. In: DE LEE, J.C.; DREZ, D. (eds). Orthopaedic Sports Medicine. Philadelphia: WB Saunders: 1–45 (1994)

[152] BHATIA, D.N.; VAN ROOYEN, K.S.; DE BEER, J.F.: The „paraglider-wing" sign: an arthroscopic indicator of partial-thickness bursal-surface tears of the supraspinatus tendon. Knee Surg Sports Traumatol Arthrosc 15:790–793 (2007)

[153] BIBERTHALER, P.; WIEDEMANN, E.; NERLICH, A.; KETTLER, M.; MUSSACK, T.; DECKELMANN, S.; MUTSCHLER, W.: Microcirculation associated with degenerative rotator cuff lesions. In vivo assessment with orthogonal polarization spectral imaging during arthroscopy of the shoulder. J Bone Joint Surg Am 85-A:475–480 (2003)

[154] BIGLIANI, L.U.; MORRISON, D.; APRIL, E.W.: The morphology of the acromion and its relationship to rotator cuff tears. Orthop Trans 7:228 (1986)

[155] BIGLIANI, L..; MORRISON, D.; APRIL, E.: The morphology of the acromion and rotator cuff impingement. Orthop Trans 10:228 (1986)

[156] BIGLIANI, L.U.; TICKER, J.B.; FLATOW, E.L.; SOSLOWSKY, L.J.; VAN MOW, C.: The relationship of acromial architecture to rotator cuff disease. Clin Sports Med 10:823–838 (1991)

[157] BIGLIANI, L.U.; CORDASCO, F.A.; MC ILVEEN, S.J.; MUSSO, E.S.: Operative treatment of failed repairs of the rotator cuff. J Bone Joint Surg Am 74:1505–1515 (1992)

[158] BINDL, G.; HOLZ, U.: Die subkutanen Sehnenrupturen des Oberarms. Akt Traumatol 18:68–72 (1988)

[159] BINDL, G.; KOCH, S.: Die Degeneration der distalen Bizepssehne. Akt Traumatol 25:177–181 (1995)

[160] BIRMINGHAM, P.; MULLER; M.; WICKIEWICZ, T.; CAVANAUGH, J.; RODEO, S.; WARREN, R.: Functional outcome after-repair of proximal hamstring avulsions. J Bone Joint Surg Am 93:1819–1826 (2011)

[161] BISHAI, M.: Sleeve fracture of upper pole of patella. J Bone Joint Surg Br 73:339–340 (1991)

[162] BISHAI, S.K.; PLANCHER, K.D.: The basic science of lateral epicondylosis: update for the future. Techniques in Orthopaedics 21:250–255 (2006)

[163] BISHOP, J.L.; KLINE, S.K.; AALDERINK, K.J.; ZAUEL, R.; BEY, M.J.: Glenoid inclination: in vivo measures in rotator cuff tear patients and associations with superior glenohumeral joint translation. J Shoulder Elbow Surg 18:231–236 (2009)

[164] BISHOP, J.Y.; SANTIAGO-TORRES, J.E.; RIMMKE, N.; FLANIGAN, D.C.: Smoking predisposes to rotator cuff pathology and shoulder dysfunction: A systematic review. Arthroscopy 31:1598–1605 (2015)

[165] BJORKENHEIM, J.M.; PAAVOLAINEN, P.; AHOVUO, J.; SLATIS, P.: Surgical repair of the rotator cuff and surrounding tissues: factors influencing the results. Clin Orthop Relat Res 148:53 (1988)

[166] BLAINE, T.A.; KIM, Y.S.; VOLOSHIN, I.; CHEN, D.; MURAKAMI, K.; CHANG, S.S.; WINCHESTER, R.; LEE, F.Y.; O'KEEFE, R.J.; BIGLIANI, L.U.: The molecular pathophysiology of subacromial bursitis in rotator cuff disease. J Shoulder Elbow Surg 14:84S–89S (2005)

[167] BLAINE, T.A.; COTE, M.A.; PROTO, A.; MULCAHEY, M.; LEE, F.Y.; BIGLIANI, L.U.: Interleukin-1β stimulates stromal-derived factor-1α expression in human subacromial bursa. J Orthop Res 29:1695–1699 (2011)

[168] BLASIER, R.B.; CIULLO, J.V.: Rupture of the quadriceps tendon after arthroscopic lateral relealse. Arthroscopy 2:262–263 (1986)

[169] BLASIER, R.B.; MORAWA, L.G.: Complete rupture of the hamstring origin from a water skiing injury. Am J Sports Med 18:435–437 (1990)

[170] BLAZINA, M.E.; KARLAN, R.K.; JOBE, F.W.: Jumper's knee. Orthop Clin North Am 4:665–678 (1973)

[171] BLEAKNEY, R.R.; TALLON, C.; LIM, K.P.; MAFFULLI, N.: Long-term ultrasonographic features of the Achilles tendon after rupture. Clin J Sport Med 12:273–278 (2002)

[172] BLEVINS, F.T.; HAYES, W.M.; WARREN, R.F.: Rotator cuff injury in contact athletes. Am J Sports Med 24:263–267 (1996)

[173] BLONNA, D.; CECCETTI, S.; TELLINI, A.; BONASIA, D.E.; ROSSI, R.; SOUTHGATE, R.; CASTOLDI, F.: Contribution of the supraspinatus to the external rotator lag sign: kinematic and electromyographic pattern in an in vivo model. J Shoulder Elbow Surg 19:392–398 (2010)

[174] BLUM, J.; AHLERS, J.; RUNKEL, M.: Gleichzeitige Patellarsehnenruptur und kontralaterale Quadrizepssehnenruptur bei chronischer Niereninsuffizienz. Unfallchirurgie 17:290–293 (1991)

[175] BOARDMAN, N.D. III.; DEBSKI, R.E.; WARNER, J.J.P.; TASKIRAN, E.; MADDOX, L.; IMHOFF, A.B.; FU, F.H.; WOO, S.L.Y.: Tensile properties of the superior glenohumeral and coracohumeral ligaments. J Shoulder Elbow Surg 5:249–254 (1996)

[176] BOCK, C.E.: Handbuch der Anatomie des Menschen mit Berücksichtigung der Physiologie und chirurgischen Anatomie. Friedrich Volckmar, Leipzig (1838)

[177] BODEN, B.P.; HANKS, G.A.; CHESNICK, R.M.: Diagnosis of biceps tendon dislocation by kinematic magnetic resonance imaging. Am J Orthop 25:709–711 (1996)

[178] BODNE, D. ; QUINN, S.F.; MURRAY, W.T.; BOLTON, T.; RUDD, S.; LEWIS, K.; DAINES, P.; BISHOP, J.; COCHRAN, C.: Magnetic resonance images of chronic patellar tendinitis. Skeletal Radiol 17:24–28 (1988)

[179] BOENIG, H.: Leitfaden der Entwicklungsgeschichte des Menschen (9. Auflage). Edition Leipzig (1967)

[180] BOESEN, M.I.; NANNI, S.; LANGBERG, H.; BOESEN, M.; FALK-RONNE, J.; BLIDDAL, H.; TORP-PEDERSEN, S.: Colour doppler ultrasonography and sclerosing therapy in diagnosis and treatment of tendinopathy in horses – a research model for human medicine. Knee Surg Sports Traumatol Arthrosc 15:935–939 (2007)

[181] BOESEN, A.P.; BOESEN, M.I.; KOENIG, M.J.; BLIDDAL, H.; TORP-PEDERSEN, S.; LANGBERG, H.: Evidence of accumulated stress in Achilles and anterior knee tendons in elite badminton players. Knee Surg Sports Traumatol Arthrosc 19:30–37 (2011)

[182] BOGUNOVIC, L.; LEE, S.X.; HARO, M.S.; FRANK, J.M.; MATHER, R.C. III; BUSH-JOSEPH, C.A.; NHO, S.J.: Application of the Goutallier/Fuchs rotator cuff classification to the evaluation of hip abductor tendon tears and the clinical correlation with outcome after repair. Arthroscopy 31:2145–2151 (2015)

[183] BOILEAU, P.; AHRENS, P.; HATZIDAKIS, A.: Entrapment of the long head of the biceps tendon: the hourglass biceps – a cause of pain and locking of the shoulder. J Shoulder Elbow Surg 13:249–257 (2004)

[184] BOILEAU, P.; NEYTON, L.: Arthroscopic tenodesis for lesions of the long head of the biceps. Oper Orthop Traumatol 17:601–623 (2005)

[185] BOKOR, D.J.; CONBOY, V.B.; OLSON, C.: Anterior instability of the glenohumeral joint with humeral avulsion of the glenohumeral ligament. A review of 41 cases. J Bone Joint Surg 81-B:93–96 (1999)

[186] BOLGLA, L.A.; JONES, D.L.; KESKULA, D.R.; DUNCAN, J.B.: Hip pain in a high school football player: a case report. J Athl Train 1:81–84 (2001)

[187] BONAMO, J.J.; KRINICK, R.M.; SPORN, A.A.: Rupture of the patellar ligament after use of ist central third for anterior cruciate reconstruction: a report oft wo cases. J Bone Joint Surg Am 66:1294–1297 (1984)

[188] BONNAIRE, F.: Begutachtung der Rotatorenmanschettenläsionen. Trauma Berufskrankh 10:16–24 (2008)

[189] BOON, J.M.; DE BEER, M.A.; BOTHA, D.; MORITZ, N.G.J.; FOUCHE, A.A.: The anatomy of the subscapularis tendon insertion as applied to rotator cuff repair. J Shoulder Elbow Surg 13:165–169 (2004)

[190] BORICK, J.M.; KURZWEIL, P.R.: Magnetic resonance imaging appearance of the shoulder after subacromial injection with corticosteroids can mimic a rotator cuff tear. Arthroscopy 24:846–849 (2008)

[191] BOSS, A.; HINTERMANN, B.: Die ossäre Abrissverletzung des Subscapularis. Z Orthop 139:S41 (2001)

[192] BOSS, A.P.; HINTERMANN, B.: Tibialis posterior tendon dislocation in combination with achilles tendon rupture: a case report. Foot Ankle Int 29:633–636 (2008)

[193] BOSWORTH, D.M.: An analysis of twenty eight consecutive cases of incapacitating shoulder lesions, radicaly explores and repaired. J Bone Joint Surg 22:369–392 (1940)

[194] BOSWORTH, B.M.: Calcium deposits in the shoulder and subacromial bursitis: A survey of 12 122 shoulders. JAMA 116:2477–2482 (1941)

[195] BOSWORTH, D.M.: The role of orbicular ligament in humeris elbow. J Bone Joint Surg 37-A:527 (1965)

[196] BOSZOTTA, H.; HELPERSTORFER, W.: Ruptur der langen Bizepssehne. Arthroskopischer Befund, morphologische Einteilung und therapeutische Konsequenzen. Arthroskopie 9:44–48 (1996)

[197] BOUBLIK, M.; SCHLEGEL, T.; KOONCE, R.; GENUARIO, J.; LIND, C.; HAMMING, D.: Patellar tendon ruptures in national football league players. Am J Sports Med 39:2436–2440 (2011)

[198] BOUBLIK, M.; SCHLEGEL, T.F.; KOONCE, R.C.; GENUARIO, J.W.; KINKARTZ, J.D.: Quadriceps tendon injuries in national football league players. Am J Sports Med 41:1841–1846 (2013)

[199] BOURNE, M.H.; MORREY, B.F.: Partial rupture of the distal biceps tendon. Clin Orthop 271:143–148 (1991)

[200] BOWERMAN, J.W.; MC DONNEL, E.J.: Radiology of athletic injuries: baseball. Radiology 116:611–615 (1975)

[201] BOYER, D.W.: Trapshooter's shoulder: stress fracture of the coracoid process. J Bone Joint Surg 57-A: 862 (1975)

[202] BRANDENBURG, S.: Begutachtung des Rotatorenmanschettenschadens. Trauma Berufskrankh 1:415–418 (1999)

[203] BRAUN, S.; MILLETT, P.; YONGPRAVAT, C.; PAULT, J.; ANSTATT, T.; TORRY, M. et al.: Biomechanical evaluation of shear force vectors leading to injury of the biceps reflection pulley: a biplane fluoroscopy study on cadaveric shoulders. Am J Sports Med 38:1015–1024 (2010)

[204] BRAUN, S.; HORAN, M.P.; ELSER, F.; MILLETT, P.J.: Lesions of the biceps pulley. Am J Sports Med 39:790–795 (2011)

[205] BRAUNE, C.; GRAMLICH, H.; HABERMEYER, P.: Der makroskopische Aspekt der Rotatorenmanschettenruptur bei traumatischen und atraumatischen Rupturformen. Unfallchirurg 103:462–467 (2000)

[206] BRAUS, H.; ELZE, C.: Anatomie des Menschen. Bd. 1. Berlin-Göttingen-Heidelberg. Springer (1954)

[207] BREITENSEHER, M.: Der MT-Trainer. Obere Extremität. Georg Thieme Verlag Stuttgart New York (2005)

[208] BREITENSEHER, M.: Der MT-Trainer. Untere Extremität. 2. Auflage. Georg Thieme Verlag Stuttgart New York (2013)

[209] BREWER, B.J.: Mechanism of injury to the musculotendinous unit. Am Acad Orthop Surg Lect 17:354–358 (1960)

[210] BREWER, B.J.: Athletic injuries: Musculotendinous unit. Clin Orthop 23:30–38 (1962)

[211] BREWER, B.J.: Aging of the rotator cuff. Am J Sports Med 7:102–110 (1979)

[212] BRICKNER, W.M.: Pain in the arm; subdeltoid bursitis; further study of its clinical types, pathology, and treatment J Am M Ass 69:1237 (1917)

[213] BRIGGS, C.A.; ELLIOTT, B.G.: Anatomical bases of medical, radiogical and surgical techniques. Lateral epicondylitis. A review of structures associated with tennis elbow. Anat Clin 7:149–153 (1985)

[214] BRINCKMANN, P.; FROBIN, W.; LEIVSETH, G.; DRERUP, B.: Orthopedic Biomechanics (2. Ed.) Thieme Stuttgart, New York, Delhi, Rio de Janeiro (2016)

[215] BRIZON, J.; CASTAING, J.: The Anatomy Sheets, Bundle III, Arthrology of the Limbs (in French). Paris, France: Librairie Maloine SA (1953)

[216] BROWNE, J.A.; HANSSEN, A.D.: Reconstruction of patellar tendon disruption after total knee arthroplasty: results of a new technique utilizing synthetic mesh. J Bone Joint Surg Am 93:1137–1143 (2011)

[217] BRUBAKER, C.E.; JAMES, S.L.: Injuries to runners. J Sports Med 2:189–198 (1974)

[218] BRUCE, J.R.; HESS, R.; JOYNER, P.; ANDREWS, J.R.: How much valgus instability can be expected with ulnar collateral ligament (UCL) injuries? A review of 273 baseball players with UCL injuries. J Shoulder Elbow Surg 23:1521–1526 (2014)

[219] BRUCKER, P.U.; IMHOFF, A.B.: Complete ruptures of the proximal hamstring tendons – Diagnose, Treatment and Functional Outcome. 11th ESSKA 2000 Congress, 4th World Congress on Sports Trauma 5–8 May, Athen, Greece (2004)

[220] BRÜDERLE, J.: Bedeutung der histologischen Untersuchung bei der Beurteilung einer Rotatorenmanschettenläsion an der Schulter bezüglich Entstehungsmechanismus und Zeitpunkt der Entstehung. Medizinische Fakultät der Universität Ulm (2002)

[221] BRÜGGEMANN, G.P.: Grundlagen der Biomechanik des muskuloskelettalen Systems. 4. Verb. Auflage. Institut für Biomechanik und Orthopädie Deutsche Sporthochschule Köln (2005)

[222] BRUIJN, D.J.; JANSEN, B.R.H.: Rupturen van het ligamentum patellae. Ned Tijdschr Geneeskd 134:1312–1315 (1990)

[223] BRUNNER, U.: Posttraumatische Rotatorenmanschettenläsionen. Trauma Berufskrankh 16:146–151 (2014)

[224] BRYANT, L.; SHNIER, R.; BRYANT, C.; MURRELL, G.A.C.: A comparison of clinical estimation, ultrasonography, magnetic resonance imaging, and arthroscopy in determining the size of rotator cuff tears. J Shoulder Elbow Surg 11:219–224 (2002)

[225] BUCHTHAL, F., SCHMALBRUCH, H.: Concentration times and fibre types in intact human muscle. Acta Physiol Scand 79:435–452 (51, 53, 56) (1970)

[226] BUCK, R.C.: Regeneration of Tendon. J Path Bact 66:1–18 (1953)

[227] BUCK, F.M.; GREHN, H.; HILBE, M.; PFIRRMANN, C.W.A.; MANZANELL, S.; HODLER, J.: Degeneration oft the long biceps tendon: comparison of MRI with gross anatomy and histology. AJR 193:1367–1375 (2009)

[228] BULL, A.M.J.; REILLY, P.; WALLACE, A.L.; AMIS, A.A.; EMERY, R.J.H.: A novel technique to measure active tendon forces: application to the subscapularis tendon. Knee Surg Sports Traumatol Arthrosc 13:145–150 (2005)

[229] BUNATA, R.E.; BROWN, D.S.; CAPELO, R.: Anatomic factors related to the cause of tennis elbow. J Bone Joint Surg 89:1955–1963 (2007)

[230] BUNKER, T.D.; ESLER, C.N.A.; LEACH, W.J.: Rotator-cuff tear of the hip. J Bone Joint Surg Br 79-B:618–620 (1997)

[231] BURCHHARDT, H.; KREBS, U.: Einzeitige und zweizeitige spontane bilaterale Achillessehnenrupturen nach langdauernder Steroid-Therapie und bei Diabetes mellitus. Chirurg 62:830–831 (1991)

[232] BURKHART, S.S.: Fluoroscopic comparison of kinematic patterns in massive rotator cuff tears. A suspension bridge model. Clin Orthop Relat Res 284:144–52 (1992)

[233] BURKHART, S.S.: Congenital subacromial stenosis. J Shoulder Elbow Surg 2/2:22 (1993)

[234] BURKHART, S.S.; ESCH, J.C.; JOLSON, S.: The rotator crescent and rotator cable: an anatomic description of the shoulder's "suspension bridge". Arthroscopy 9:611–616 (1993)

[235] BURKHART, S.: Arthroscopic debridement and decompression for selected rotator cuff tears. Orthop Clin North Am 24:111–123 (1993)

[236] BURKHART, S.S.; TEHRANY, A.M.: Arthroscopic subscapularis tendon repair: Technique and preliminary results. Arthroscopy 18:454–463 (2002)

[237] BURKHART, S.S.; BRADY, P.C.: Arthroscopic subscapularis repair: Surgical tips and pearls A to Z. Arthroscopy 22:1014–1027 (2006)

[238] BURKHART, S.S.; LO, I.K.Y.; BRADY, P.C. eds. Chapter 4: Understanding and recognizing pathology. Burkhart's View of the Shoulder: A Cowboy's Guide to Advanced Shoulder Arthroscopy. Lippincott Williams & Wilkins (2006)

[239] BURKHART, S.S.; ESCH, J.C.; JOLSON, R.S.: The rotator crescent and rotator cable: an anatomic description of the shoulder's "suspension bridge". Arthroscopy 26:256–257 (2010)

[240] BURKHEAD, W.Z. Jr.: Rotator cuff disorders. Williams & Wilkins Baltimore, Philadelphia (1996)
[241] BURKHEAD, W.; HABERMEYER, P.; WALCH, G.; LIN, L.: The biceps tendon. In: ROCKWOOD, C.; MATSEN, F.; WIRTH, M.; LIPPITT, S. editors: The shoulder. 4th ed. Vol 2. Philadelphia: Saunders Elsevier:1309–1360 (2009)
[242] BURKHEAD, W.Z. Jr.: A history of the rotator cuff before Codman. J Shoulder Elbow Surg 20:358–362 (2011)
[243] BUSSE, A.; KIPPER, A.; REICHWEIN, F.; NEBELUNG, W.: Diagnostik von Massenrupturen der Rotatorenmanschette. Arthroskopie 25:118–123 (2012)
[244] BYRAM, I.; DUNN, W.; KUHN, J.: Humeral head abrasion: an association with failed superior labrum anterior posterior repairs. J Shoulder Elbow Surg 20:92–97 (2011)
[245] CADET, E.R.; HSU, J.W.; LEVINE, W.N.; BIGLIANI, L.U.; AHMAD, C.S.: The relationship between greater tuberosity osteopenia and the chronicity of rotator cuff tears. J Shoulder Elbow Surg 17:73–77 (2008)
[246] CAIN, E.L. Jr.; DUGAS, J.R.; WOLF, R.S.; ANDRESW, J.R.: Elbow injuries in throwing athletes: A current concepts review. Am J Sports Med 31:621–635 (2003)
[247] CALANDRUCCIO, R.A.: Arthroplasty. In: Edmonson, A.S.; Crenshaw, A.M. (eds): Campbell's operative orthopaedics, 6. Mosby, St. Louis:2156–2433 (1980)
[248] CANCHO, E.; MILBRADT, E.H.: Sonographischer Nachweis einer Bizepssehnenluxation. Fortschr Geb Röntgenstr Nuklearmed 149:338–339 (1988)
[249] CANOSO, J.J.: Bursae, tendons and ligaments. Clin Rheum Dis 7:189 (1981)
[250] CAPLAN, J.L.; WHITFIELD, B.; NEVIASER, R.J.: Subscapularis function after primary tendon to tendon repair in patients after replacement arthroplasty of the shoulder. J Shoulder Elbow Surg 18:193–196 (2009)
[251] CARBONE, S.; GUMINA, S.; ARCERI, V.; CAMPAGNA, V.; FAGNANI, C.; POSTACCHINI, F.: The impact of preoperative smoking habit on rotator cuff tear: cigarette smoking influences rotator cuff tear sizes. J Shoulder Elbow Surg 21:56–60 (2012)
[252] CARLS, J.; KOHN, D.; MASCHEK, H.: Benign giant-cell tumor of the patellar ligament. Arthroscopy 14:94–98 (1998)
[253] CARMICHAEL, J.; PACKHAM, I.; TRIKHA, S.P.; WOOD, D.G.: Avulsion of the proximal hamstring origin. Surgical Technique. J Bone Joint Surg Am 91:249–256 (2009)
[254] CARR, A.J.; NORRIS, S.H.: The blood supply of the calcaneal tendon. J Bone Joint Surg (Br) 71:100–101 (1989)
[255] CARTER, S.R.: Traumatic separation of a bipartite patella. Injury 20:244 (1989)
[256] CASEY, M.T.; TIETJENS, B.R.: Neglected ruptures of the patellar tendon. A case series of four patients. Am J Sports Med 29:457–460 (2001)
[257] CASTOLDI, F.; BLONNA, D.; HERTEL, R.: External rotation lag sign revisited: accuracy for diagnosis of full thickness supraspinatus tear. J Shoulder Elbow Surg 18:529–534 (2009)
[258] CARPENTER, J.E.; FLANAGAN, C.L.; THOMOPOULOS, S.; YIAN, E.H.; SOSLOWSKY, L.J.: The effects of overuse combined with intrinsic or extrinsic alterations in an animal model of rotator cuff tendinosis. Am J Sports Med 26:801–807 (1998)
[259] CARR, A.J.; HARVIE, P.; OSTLERE, S.J.; TEH, J.; MC NALLY, E.; BURSTON, B.J.; POLLARD, T.C.B.: Genetic influences in rotator cuff disease: Sibling risk of full thickness rotator cuff tear. 17th Congress of the European Society for Surgery of the Shoulder and the Elbow (ESSSE), Heidelberg, Germany, 24. – 27. September (2003)
[260] CASSEL, M.; FRÖHLICH, K.; JOHN, M.; MESSERSCHMIDT, J.; LINNÉ, K.; MAYER, F.: Belastungsabhängige Prävalenz von Patellasehnen-Tendinopathie und sonographischen Veränderungen junger Nachwuchsathleten. Sport Orthop Traumatol 30:145–150 (2014)

[261] CASSEL, M.; STOLL, J.; MAYER, F.: Tendinopathien der unteren Extremität im Sport – Diagnostik und Therapie. Sportverl Sportschad 29:87–98 (2015)

[262] CASTAGNA, A.; MOUHSINE, E.; CONTI, M.; VINCI, E.; BORRONI, M.; GIARDELLA, A.; GAROFALO, R.: Chondral print on humeral head: an indirect sign of long head biceps tendon instability. Knee Surg Sports Traumatol Arthrosc 15:645–648 (2007)

[263] CATHREIN, P.; ROMERO, J.; HODLER, J.; SCHMID, M.: Is impingement the cause of patellar tendonitis? Morphological and functional analysis of jumper's knee in an open MRI system. Arthroscopy 15/1, Suppl I, AGA-Abstracts (1999)

[264] CELIK, E.C.; OZBAYDAR, M.; OFLUOGLU, D.; DEMIRCAY, E.: Simultaneous and spontaneous bilateral quadriceps tendons rupture. Am J Phys Med Rehabil 91:631–634 (2012)

[265] CETTA, G.; TENNI, R.; ZANABONI, G.; DE LUCA, G.; IPPOLITO, E.; DE MARTINO, C.; CASTELLANI, A.A.: Biochemical and morphological modifications in rabbit Achilles tendon during maturation and aging. Biochem J 204:61–67 (1982)

[266] CHAHAL, J.; BUSH-JOSEPH, C.A.; CHOW, A.; ZELAZNY, A.; MATHER, R.C. 3rd; LIN, E.C.; GUPTA, D.; VERMA, N.N.: Clinical and magnetic resonance imaging outcomes after surgical repair of complete proximal hamstring ruptures: does the tendon heal? Am J Sports Med 40:2325–2330 (2012)

[267] CHAMBLER, A.F.W.; EMERY, R.J.H.: Acromial morphology: the enigma of terminology. Knee Surg Sports Traumatol Arthrosc 5:268–272 (1997)

[268] CHAMBLER, A.F.W.; PITSILLIDES, A.A.; EMERY, R.J.H.: Acromial spur formation in patients with rotator cuff tears. J Shoulder Elbow Surg 12:314–321 (2003)

[269] CHAN, A.P.; LO, C.; LAM, H.Y.; FUNG, K.Y.: Unusual traumatic triceps tendon avulsion rupture: a word of caution. Hong Kong Med J 15:294–296 (2009)

[270] CHANDNANI, V.; HO, C.; GERHARTER, J.; NEUMANN, C.; KURSUNOGLU-BRAHME, S.; SARTORIS, D.J.; RESNICK, D.: MR findings in asymptomatic shoulders: a blind analysis using symptomatic shoulders as controls. Clin Imaging 16:25–30 (1992)

[271] CHANSKY, H.A.; IANNOTTI, J.P.: The vascularity of the rotator cuff. Clin Sports Med 10:807–822 (1991)

[272] CHAROUSSET, C.; BELLAÏCHE, L.; DURANTHON, L.D.; GRIMBERG, J.: Accuracy of CT arthrography in the assessment of tears of the rotator cuff. J Bone Joint Surg Br 87:824–828 (2005)

[273] CHAUDHURY, S.; CARR, A.J.: Lessons we can learn from gene expression patterns in rotator cuff tears and tendinopathies. J Shoulder Elbow Surg 21:191–199 (2012)

[274] CHEN, A.L.; SHAPIRO, J.A.; AHN, A.K. et al.: Rotator cuff repair in patients with type I diabetes mellitus.J Shoulder Elbow Surg 12:616–421 (2003)

[275] CHEN, C.H.; HSU, K.Y.; CHEN, W.J.; HSIUNG, C.: Incidence and severity of biceps long-head tendon lesion in patients with complete rotator cuff tears. J Trauma 58:1189–1193 (2005)

[276] CHEN, T.M.; ROZEN, W.M.; PAN, W.R.; ASHTON, M.W.; RICHARDSON, M.D.; TAYLOR, G.I.: The arterial anatomy of the Achilles tendon: anatomical study and clinical implications. Clin Anat 22:377–385 (2009)

[277] CHEN, J.; WANG, A.; XU, J.; ZHENG, M.: In chronic lateral epicondylitis, apoptosis and autophagic cell death occur in the extensor carpi radialis brevis tendon. J Shoulder Elbow Surg 19:355–362 (2010)

[278] CHEN, L.; WU, Y.; YU, J.; JIAO, Z.; AO, Y.; YU, C.; QANG, J.; CUI, G.: Effect of repeated freezing-thawing on the Achilles tendon of rabbits. Knee Surg Sports Traumatol Arthrosc 19:1028–1034 (2011)

[279] CHENG, N.; PAN, W.; VALLY, F.; LE ROUX, C.; RICHARDSON, M.: The arterial supply of the long head of biceps tendon: anatomical study with implications for tendon rupture. Clin Anat 23:683–692 (2010)

[280] CHEVALLIER, C.H.: Sur un cas de désinsertion du tendon bicipital inferieur. Mm Acad de Chir 79:137–139 (1953)

[281] CHIGOT, P.; GARNIER, C.; CLOUTIER, M.: Contribution á l'étude anatomopathologique et au traitement chirurgical des ruptures sous-cutanées du tendon d'achille. Rev D'Orthopédie 38:513–522 (1952)

[282] CHILD, S.; BRYANT, A.L.; CLARK, R.A.; CROSSLEY, M.: Mechanical properties of the achilles tendon aponeurosis are altered in athletes with achilles tendinopathy. Am J Sports Med 38:1885–1893 (2010)

[283] CHITIL, W.; ORTNER, H.: Tendopathien der oberen Extremitäten und ihre Behandlung. Wiener Med Wzschr 16:269–282 (1961)

[284] CHO, C.H.; SONG, K.S.; CHOI, I.J.; KIM, D.K.; LEE, J.H.; KIM, H.T.; MOON, Y.S.: Insertional anatomy and clinical relevance of the distal biceps tendon. Knee Surg Sports Traumatol Arthrosc 19:1930–1935 (2011)

[285] CHO, J.H.; HAN, K.J.; LEE, D.H.; CHUNG, N.S.; PARK, D.Y.: Pit above the lesser tuberosity in axial view radiography. Knee Surg Sports Traumatol Arthrosc 23:370–375 (2015)

[286] CHO, N.S.; LEE, B.G.; RHEE, Y.G.: Radiologic course of the calcific deposits in calcific tendinitis of the shoulder: does the initial radiologic aspect affect the final results? J Shoulder Elbow Surg 19:267–272 (2010)

[287] CHOPP, J.N.; O'NEILL, J.M.; HURLEY, K.; DICKERSON, C.R.: Superior humeral head migration occurs after a protocol designed to fatigue the rotator cuff: a radiographic analysis. J Shoulder Elbow Surg 19:1137–1144 (2010)

[288] CHOW, S.P.; LAM, J.J.; LEONG, J.C.: Fracture of the tibial tubercle in the adolescent. J Bone Joint Surg Br 72:231–234 (1990)

[289] CHRISTIE, M.J.; DVONCH, V.M.: tibial tuberosity avulsion fractures in adolescents. J Pediatr Orthop 1:391–394 (1981)

[290] CHUA, S.Y.; CHANG, H.C.: Bilateral spontaneous rupture of the quadriceps tendon as an initial presentation of alkaptonuria – a case report. The Knee 13:408–410 (2010)

[291] CICAK, N.; BILIC, R.; DELIMAR, D.: Isolated traumatic rupture of the subscapularis tendon. J Shoulder Elbow Surg 5:99 (1996)

[292] CICCOTTI, M.G.; LOMBARDO, S.J.: Lateral and medial epicondylitis of the elbow. In: JOBE, F.W.; PIN, M.M.; GLOURSMAN, R.E. et al (eds). Upper. Extremity Sports Injuries. St. Louis, MO: Mosby-Year Book:431–446 (1996)

[293] CICCOTTI, M. G.; RAMANI, M.N.: Medial epicondylitis. Sports Medicine and Arthroscopy Review 11:57–62 (2003)

[294] CLAIN, M.R.; BAXTER, D.E.: Achilles tendinitis. Foot Ankle 13:482–487 (1992)

[295] CLANTON, T.O.; COUPE, K.J.: Hamstring strains in athletes: diagnosis and treatment. J Am Acad Orthop Surg 6:237–248 (1998)

[296] CLARK, J.; SIDLES, J.A.; MKATSEN, F.A.: The relationship of the glenohumeral joint capsule to the rotator cuff. Clin Orthop Relat Res 254:29–34 (1990)

[297] CLARK, J.M.; HARRYMAN, D.T.I.I.: Tendons ligaments and capsule of the rotator cuff: Gross and microscopic anatomy. J Bone Joint Surg Am 74-A:713–725 (1992)

[298] CLARKE, S.W.: Achilles tendon rupture. Lancet 1:369 (1973)

[299] CLARKE, A.W.; AHMAD, M.; CURTIS, M.; CONNELL, D.A.: Lateral Elbow Tendinopathy. Correlation of ultrasound findings with pain and functional disability. Am J Sports Med 38:1209–1214 (2010)

[300] CLAYTON, M.L.; THIRUPATHI, R.: Patellar complications after total condylar arthroplasty. Clin Orthop 170:152–155 (1982)

[301] CLEEMAN, E.; BRUNELLI, M.; GOTHELF, T.; HAYES, P.; FLATOW, E.L.: Releases of subscapularis contracture: an anatomic and clinical study. J Shoulder Elbow Surg 12:231–236 (2003)

[302] CLEMENT, D.B.; TAUNTON, J.E.; SMART, G.W.: Achilles tendinitis and peritendinitis: etiology and treatment. Am J Sports Med 12:179–184 (1984)

[303] CLIFFORD, P.D.; POSADA, A.; HANCOCK, C.R.: Isolated long-head triceps brachii tendon avulsion in a surfer detected at MR imaging. Skeletal Radiol 38:77–80 (2009)

[304] COCHRAN, C.: Magnetic resonance images of chronic patellar tendinitis. Skeletal Radiol 17:24–28 (1988)

[305] CODMAN, E.A.: Complete rupture of the supraspinatus tendon, operative treatment with report of two successful cases. Boston Med Surg J 164:708–710 (1911)

[306] CODMAN, E.A.: Rupture of the supraspinatus tendon. In: The shoulder. Thomas Todd Boston (1934)

[307] COHEN, M.J.; KAPLAN, L.: Histology and ultrastructure of the human flexor tendon sheath. J Hand Surg 12-A 25–29 (1987)

[308] COHEN, S.B.; TOWERS, J.D.; BRADLEY, J.P.: Rotator cuff contusions of the shoulder in professional football players: epidemiology and magnetic resonance imaging findings. Am J Sports Med 35:442–447 (2007)

[309] COHEN, S.; BRADLEY, J.: Acute proximal hamstring rupture. J Am Acad Orthop Surg 15:350–355 (2007)

[310] COHEN, S.B.; RANGAVAJJULA, A.; VYAS, D.; BRADLEY, J.P.: Functional results and outcomes after repair of proximal hamstring avulsions. Am J Sports Med 40:2092–2098 (2012)

[311] COLE, A.S.; CORDINER-LAWRIE, S.; CARR, A.J.; ATHANASOU, N.A.: Localised deposition of amyloid in tears of the rotator cuff. J Bone Joint Surg Br 83:561–564 (2001)

[312] COLLIN, P.; TRESEDER, T.; LÄDERMANN, A.; BENKALFATE, T.; MOURTADA, R.; COURAGE, O.; FAVARD, L.: Neuropathy of the suprascapular nerve and massive rotator cuff tears: a prospective electromyographic study. J Shoulder Elbow Surg 23:28–34 (2014)

[313] CONE, R.O.; DANZIG, L.; RESNICK, D. et al.: The bicipital groove: radiographic anatomic, and pathologic study. AJR Am J Roentgenol 41:781–788 (1983)

[314] CONNELL, D.A.; SCHNEIDER-KOLSKY, M.E.; HOVING, J.L.; MALARA, F.; BUCHBINDER, R.; KOULOURIS, G.; BURKE, F.; BASS, C.: Longitudinal study comparing sonographic and MRI assessments of acute and healing hamstring injuries. AJR Am J Roentgenol 183:975–984 (2004)

[315] CONTI, L.A.; ARAUJO, M.G.S.; SOTELANO, P.; CARRASCO, M.; MIGUES, A.: PRP improves short term clinical results in tendinopathy of Achilles tendon. Sports Orthop Traumatol 30:210–214 (2014)

[316] CONWAY, J.E.: Arthroscopic repair of partial-thickness rotator cuff tears and SLAP lesions in professional baseball players. Orthop Clin North Am 32:443–456 (2001)

[317] COOK, J.L.; KHAN, K.M.; HARCOURT, P.R.; GRANT, M.; YOUNG, D.A.; BONAR, S.F.: A cross sectional study of 100 athletes with jumper's knee managed conservatively and surgically. The Victorian Institute of Sport Tendon Study Group. Br J Sports Med 31:332–336 (1997)

[318] COOK, J.; FELLER, J.; BONAR, S.; KHAN, K.: Abnormal tenocyte morphology is more prevalent than collagen disruption in asymptomatic athletes' patellar tendons. J Orthop Res 22:334–338 (2004)

[319] COONRAD, R.W.; HOOPER, W.R.: Tennis elbow: its course, naturalhistory, conservative and surgical management. J Bone Joint Surg Am 55:1177–1182 (1973)

[320] COOMBS, R.R.H.; KLENERMAN, L.; NARCISI, P.; NICHOLS, A.; POPP, F.M.: Collagen typing in Achilles tendon rupture. J Bone Joint Surg Br 62:258 (1980)

[321] COOPER, D.E.; ARNOCZKY, S.P.; O'BRIEN, S.J.; WARREN, R.F.; DI CARLO, E., ALLEN, A.A.: Anatomy, histology, and vascularity of the glenoid labrum. An anatomical study. J Bone Joint Surg Am 74:46–52 (1992)

[322] COOPER, D.E.; CONWAY, J.E.: Distal semitendinosus ruptures in elite-level athletes: low success rates of nonoperative treatment. Am J Sports Med 38:1174–1178 (2010)

[323] COOPER, M.E.; SELESNICK, F.H.: Partial rupture of the distal insertion of the patellar tendon. A report of two cases in professional athletes. Am J Sports Med 28:402–406 (2000)

[324] COOPER, R.R.; MISOL, S.: Tendon and ligament insertion: A light and electron microscopic study. J Bone Joint Surg Am 52:1–19 (1970)

[325] COPE, M.R.; ALI, A.; BAYLISS, N.C.: Biceps rupture in body builders: three case reports of rupture of the long head of the biceps at the tendon-labrum junction. J Shoulder Elbow Surg 13:580–582 (2004)

[326] COTTA, H.; SOMMER, H.M.: Subcutane Muskel- und Sehnenrupturen. Orthopäde 18:284–293 (1989)

[327] COTTON, R.E.; RIDEOUT, D.F.: Tears of the humeral rotator cuff: A radiological and pathological necropsy survey. J Bone Joint Surg 46:314–328 (1964)

[328] COUES, W.P.: Epicondylitis (frank) or tennis elbow. Boston Med Surg J 170:461 (1914)

[329] CRAIG, J.D.: Anomaly of the long tendon of the biceps muscle of the arm. N.Y. Med. Rec 56:514 (1899)

[330] CRAIK, J.D.; MALLINA, R.; RAMASAMY, V.; LITTLE, N.J.: Human evolution and tears of the rotator cuff. Int Orthop 38:547–552 (2014)

[331] CREE, C.; PILLAI, A.; JONES, B.; BLYTH, M.: Bilateral patellar tendon ruptures: a missed diagnosis. Knee Surg Sports Traumatol Arthrosc 15:1350–1354 (2007)

[332] CRIVELLATO, E.; TRAVAN, L.; RIBATTI, D.: Mast cells and basophils: a potential link in promoting angiogenesis during allergic inflammation. Int Arch Allergy Immunol 151:89–97 (2010)

[333] CRONKITE, A.E.: The tensile strength of human tendon. Anat Rc 64:173 (1936)

[334] CROSS, M.J.; VANDERLUIS, R.; WOOD, D.; BANFF, M.: Surgical repair of chronic complete hamstring tendon rupture in the adult patient. Am J Sports Med 26:785–788 (1998)

[335] CSIZY, M.; HINTERMANN, B.: Achillessehnenruptur nach lokaler Steroidinjektion. Swiss Surg 7:184–189 (2001)

[336] CUCCA, Y.Y.; MC LAY, S.V.; OKAMOTO, T.; ECKER, J.; MC MENAMIN, P.G.: The biceps brachii muscle and its distal insertion: observations of surgical and evolutionary relevance. Surg Radiol Anat 32:371–375 (2010)

[337] CUMMINS, E.J.; ANSON, B.J.; CARR, B.W.; WRIGHT, R.R.: The structure of the calcaneal tendon (of Achilles) in relation to orthopedic surgery: with additional observations on the plantaris muscle. J Bone Surg 25:822–827 (1943)

[338] CUOMO, F.; KUMMER, F.J.; ZUCKERMAN, J.D.; LYON, T.; BLAIR, B.; OLSEN, T.: The influence of acromioclavicular joint morphology on rotator cuff tears. J Shoulder Elbow Surg 7:555–559 (1998)

[339] CURTIS, A.S.; SNYDER, S.J.: Evaluation and treatment of biceps tendon pathology. Orthop Clin North Am 24:33–43 (1993)

[340] CURWIN, S.L.: The aetiology and treatment of tendinitis. In: HARRIES, M.; WILLIAMS, C.; STANISH, W.D.; MICHELI, L.J. (eds). Oxford Textbook of Sports Medicine, 2nd ed. Oxford University Press (1998)

[341] D'ADDESI, L.L.; ANBARI, A.; REISH, M.W. et al.: The subscapularis footprint: an anatomic study of the subscapularis tendon insertion. Arthroscopy 22:937–940 (2006)

[342] DAFTARY, M: Avulsion or rupture of distal tendon of biceps brachii muscle. Case report. Mo Med 70:821–822 (1973)

[343] DAHMEN, G.: Physiologische und pathologische Veränderungen des Bindegewebes. Ergebn Chir Orthop 51:37–65 (1968)

[344] DAHMEN, G.: Tendopathien, Tendovaginopathien und Bursopathien. Münch Med Wschr 115:1945–1955 (1973)

[345] D'ALESSANDRO, D.F.; SHIELDS, C.L. Jr.; TIBONE, J.E. et al.: Repair of distal biceps tendon ruptures in athletes. Am J Sports Med 21:114–119 (1993)

[346] DANIELSON, P.; ANDERSSON, G.; ALFREDSON, H.; FORSGREN, S.: Marked sympathetic component in the perivascular innervation of the dorsal paratendinous tissue of the patellar tendon in arthroscopically treated tendinosis patients. Knee Surg Sports Traumatol Arthrosc 16:621–626 (2008)

[347] DAVID, A.; BUCHHOLZ,J.; MUHR, G.: Tear of the biceps femoris tendon. Arch Orthop Trauma Surg 113:351–352 (1994)

[348] DAVIDSON, D.; LETTS, M.: Partial sleeve fractures of the tibia in children: an unusual fracture pattern. J Pediatr Orthop 22:36–40 (2002)

[349] DAVIDSON, J.; BURKHART, S.S.: The geometric classification of rotator cuff tears: a system linking tear pattern to treatment and prognosis. Arthroscopy 26:417–424 (2010)

[350] DAVIDSSON, L.: Über die subkutanen Sehnenrupturen und die Regeneration der Sehne. Eine experimentelle, klinische und pathologisch-anatomische Untersuchung. Ann Chir Gynaecol 45:1–113 (1956)

[351] DAVIDSSON, L.; SALO, M.: Pathogenesis of subcutaneous tendon ruptures. Acta Chir Scand 135:209–212 (1969)

[352] DAVIS, M.E.; KORN, M.A.; GUMICIO, J.P.; HARNING, J.A.; SARIPALLI, A.L.; BEDI, A.; MENDIAS, C.L.: Simvastatin reduces fibrosis and protects against muscle weakness after massive rotator cuff tear. J Shoulder Elbow Surg 24:280–287 (2015)

[353] DAVIS, W.M.; YASSINE, Z.: An etiologic factor in the tear of the distal tendon of the biceps brachii. J Bone Joint Surg 38-A:1365–1368 (1956)

[354] DEDERICH, R.; BONSE, H.; HILD, A.; KÖNN, G.; WOLF, L.: Achillessehnenrupturen. Ursachen – Operationstechnik – Ergebnisse – Begutachtungsprobleme. Unfallchirurg 91:259–269 (1988)

[355] DE FRATE, L.E.; NHA, K.W.; PAPANNAGARI, R.; MOSES, J.M.; GILL, T.J.; LI, G.: The biomechanical function of the patellar tendon during in-vivo weight-bearing flexion. J Biomech 40:1716–1722 (2007)

[356] DE GROOT, R.; MALLIARAS, P.; MUNTEANU, S.; PAYNE, C.; MORRISSEY, D.; MAFFULLI, N.: Foot posture and patellar tendon pain among adult volleyball players. Clin J Sport Med 22:157–159 (2012)

[357] DE LA CAFFINIERE, J.Y.: Topographic anatomy of the hand. In: TUBIANA, R. (ed) The hand, vol 1. Saunders Philadelphia London Toronto (1981)

[358] DELARUE, J.; DENOIX, P.: L'alteration degenerative des tendons: Cause de rupture-amorce de tumeurs. Presse Med 63:869–870 (1946)

[359] DELBONO, O.: Molecular mechanisms and therapeutics of the deficit in specific force in ageing skeletal muscle. Biogerontology 3:265–270 (2002)

[360] DEL BUONO, A.; OLIVA, F.; LONGO, U.G.; RODEO, S.A.; ORCHARD, J.; DENARO, V.; MAFFULLI, N.: Metalloproteases and rotator cuff disease. J Shoulder Elbow Surg 21:200–208 (2012)

[361] DEL BUONO, A.; CHAN, O.; MAFFULLI, N.: Achilles tendon: functional anatomy and novel emerging models of imaging classification. Int Orthop 37:715–721 (2013)

[362] D'ELIA, L.; AHDICH, A.; PAMPLO, R.A.; CATANI F.: Avulsion of the long head of the triceps in kidney transplant. Chir Organi Mov 77:295–297 (1992)

[363] DELORME, D.D.: Die Hemmungsbänder des Schultergelenkes und irhe Bedeutung für die Schulterluxation. Arch Klin Chir 92:79–98 (1910)

[364] DE MOS, M.; VAN EL, B.; DE GROOT, J.; JAHR, H.; VAN SCHIE, H.T.M.; VAN ARKEL, E.R.; TOL, H.; HEIJBOER, R.; VAN OSCH, G.J.V.M.; VERHAAR, J.A.N.: Achilles tendinosis: changes in biochemical composition and collagen turnover rate. J Am Sports Med 35:1549–1556 (2007)

[365] DE PALMA, A.F.; CALLERY, G.; BENNETT, G.A.: Variational anatomy and degenerative lesions of the shoulder joint. Am Acad Orth Surgeons Instructional Course Lectures 6:255 (1949)
[366] DE PALMA, A.F.; CALLERY, G.E.: Bicipital tenosynovitis. Clin Orthop 3:69 (1954)
[367] DE PALMA, A.F.; KRUPER, J.S.: Long term study of shoulder joints afflicted with and treated for calcific tendinitis. Clin Orthop 20:61–72 (1961)
[368] DE PALMA, A.F.: Surgical anatomy of the rotator cuff and the natural history of degenerative periarthritis. Surg Clin North Am 43:1507–1520 (1963)
[369] DE PALMA, A.F.: Surgery of the shoulder. Philadelphia: JB Lippincott (1983)
[370] DE SMET, A.A.; BEST, T.M.: MR imaging of the distribution and location of acute hamstring injuries in athletes. AJR Am J Roentgenol 174:393–399 (2000)
[371] DETZEL, H.: Beitrag zur Ätiologie der Achillessehnenrruptur. Arch Orthop Unfallchir 44:306–312 (1950)
[372] DEUTSCH, A.; ALTCHEK, D.W.; VELTRI, D.M.; POTTER, H.G.; WARREN, R.F.: resonance imaging findings, and operative treatment. Am J Sports Med 25:13–22 (1997)
[373] DEVKOTA, A.C.; WEINHOLD, P.S.: Mechanical response of tendon subsequent to ramp loading to varying strain limits. Clin Biomech (Bristol, Avon) 18:969–974 (2003)
[374] DE WAAL, M.; BEEKER, T.W.: Avulsion of the triceps tendon in secondary hyperparathyroidism. A case report. Acta Orthop Scand 58:434–435(1987)
[375] DIAMOND, .: In: The obstructing acromion: underlying diseases, clinical development, and surgery. Springfield, I.L.: Thomas:72 (1964)
[376] DIEHL, P.; GERDESMEYER, L.; GOLLWITZER, H.; SAUER, W.; TISCHER, T.: Die Kalkschulter – Tendinosis calcarea. Orthopäde 40:733–746 (2011)
[377] DIERICKX, C.; CECCARELLI, E.; CONTI, M.; VANLOMMEL, J.; CASTAGNA, A.: Variations of the intraarticular portion of the long head of the biceps tendon: a classification of embryologically explained variations. J Shoulder Elbow Surg 18:556–565 (2009)
[378] DIETZ, V.; NOTH, J.: Elektromyographische und kinesiologische Analyse von Sportleistungen. In: COTTA, H.; KRAHL, H.; STEINBRÜCK, K. (Hrsg). Belastungstoleranz des Bewegungsapparates. Thieme, Stuttgart New York:22–34 (1980)
[379] DIHLMANN, W.; STÄBLER, A.: Gelenke – Wirbelverbindungen. 4. Auflage. Georg Thieme Verlag Stuttgart New York (2011)
[380] DILLMAN, C.J.: Biomechanics oft he rotator cuff. Sports Med Arthrosc Rev 3:2–7 (1995)
[381] DING, D.Y.; GAROFOLO, G.; LOWE; D.; STRAUSS, E.J.; JAZRAWI, L.M.: The biceps tendon: from proximal to distal. AAOS Exhibit Selection. J Bone Joint Surg Am 96:e176 (1–11) (2014)
[382] DITSIOS, K.; BOUTSIADIS, A.; KAPOUKRANIDOU, D.; CHATZISOTIRIOU, A.; KALPIDIS, I.; ALABNI, M.; CHRISTODOULOU, A.: Chronic massive rotator cuff tear in rats: in vivo evaluation of muscle force and three-dimensional histologic analysis. J Shoulder Elbow Surg 23:1822–1830 (2014)
[383] DOBBIE, R.P.: Avulsion of the lower biceps brachii tendon: analysis of 51 previously unreported cases. Am J Surg 51:662–683 (1941)
[384] DOBBS, R.E.; HANSSEN, A.D.; LEWALLEN, D.G.; PAGNANO, M.W.: Quadriceps tendon rupture after total knee arthroplasty. Prevalence, complications, and outcomes. J Bone Joint Surg Am 87:37–45 (2005)
[385] DOCTOR, D.G.; MATSUURA, P.A.; NOTTAGE, W. M.; STAUFFER, A.E.; FISCHER, S.P.: The relationship of acromial morphology and coracoacromial ligament to arthroscopically proven tears of the rotator cuff. Arthroscopy 11/3:350 (1995)
[386] DOGAN, M.; CAY, N.; TOSUN, O.; KARAOGLANOGLU, M.; BOZKURZ, M.: Glenoid axis is not related with rotator cuff tears – a magnetic resonance imaging comparative study. Int Orthop 36:595–598 (2012)

[387] DONATI, R.B.; COX, S.; ECHO, B.S.; POWELL, C.E.: Bilateral simultaneous patellar tendon rupture in a female collegiate gymnast. A case report. Am J Sports Med 14:237–239 (1986)

[388] DOOLITTLE, K.H. 2.nd, TURNER, R.H.: Patellofemoral problems following total knee arthroplasty. Orthop Rev 17:696–702 (1988)

[389] DORAL, M.N.; ALAM, M.; BOZKURT, M.; TURHAN, E.; ATAY, O.A.; DÖNMEZ, G.; MAFFULLI, N.: Functional anatomy of the Achilles tendon. Knee Surg Sports Traumatol Arthrosc 18:638–643 (2010)

[390] DOURTE, L.M.; KUNTZ, A.F.; SOSLOWSKY, L.J.: Twenty-five years of tendon and ligament research. J Orthop Res 26:1297–1305 (2008)

[391] DREZNER, J.A.: Practical management: Hamstring muscle injuries. Clin J Sport Med 13:48–52 (2003)

[392] DRIESEN, R.; VICTOR, J.; FABRY, G.: Quadriceps tendon rupture complicating patellar tendon relase. Acta Orthopaedica Belgica 59;301–302 (1993)

[393] DRILLINGS, G.; NUBER, G.; SWARTZ, S.: Strain measurements oft he undersurface oft he acromion (pater 387). 58th Annual Meeting of the American Academy of Orthopaedic Surgeons, Anaheim, CA:237 (1991)

[394] DRUMM, F.; BIRKNER; W.; HENCHE, H.R.: Knöcherner Subskapularissehnenausriss. Arthroskopie 12:151–154 (1999)

[395] DRUMM, F.; BIRKNER; W.; HENCHE, H.R.: Diagnose von Rotatorenmanschettenläsionen des Schultergelenks. Wertigkeit klinischer Unersuchungstechniken, der Sonographie des „Anfängers“, der MRT und Vergleich mit der Arthroskopie. Arthroskopie 14:94–102 (2001)

[396] DUDEN Fremdwörterbuch. 4. Auflage. Dudenverlag Mannheim Wien Zürich (1982)

[397] DÜRIG, M.; SCHUPPISSER, J.P.; GAUER, E.F.; MÜLLER, W.: Spontaneous rupture of the gastrocnemius muscle. Injury 9:143–145 (1977)

[398] DÜRR, H.R.; STÄBLER, A.; PFAHLER, M.; MATZKO, M.; REFIOR, H.J.: Partial rupture of the distal biceps tendon. Clin Orthop Relat Res 374:195–200 (2000)

[399] DUGAS, J.R.; CAMPBELL, D.A.; WARREN, R.F.; ROBIE, B.H.; MILLETT, P.J.: Anatomy and dimensions of rotator cuff insertions. J Shoulder Elbow Surg 11:498–503 (2002)

[400] DUMONTIER, C.; SAUTET, A.; GAGEY, O.; APOIL, A.: Rotator interval lesions and their relation to coracoid impingement syndrome. J Shoulder Elbow Surg 8:130–135 (1999)

[401] DUNN, W.R.; KUHN, J.E.; SANDERS, R.; AN, Q.; BAUMGARTEN, K.M.; BISHOP, J.Y.; BROPHY, R.H.; CAREY, J.L.; HOLLOWAY, G.B.; JONES, G.L.; MA, C.B.; MARX, R.G.; MC CARTY, E.C.; PODDAR, S.K.; SMITH, M.V.; SPENCER, E.E.; VIDAL, A.F.; WOLF, B.R.; WRIGHT, R.W.: Symptoms of pain do not correlate with rotator cuff tear severity: a cross-sectional study of 393 patients with a symptomatic atraumatic full-thickness rotator cuff tear. J Bone Joint Surg Am 96:793–800 (2014)

[402] DUPLAY, S.: De la périarthrite scapulo-humérale et des raideurs de l’épaule qui en sont la conséquence. Arch Gen Med 20:513–542 (1872)

[403] DURI, Z.A.A.; AICHROTH, P.M.: Patellar tendonitis: clinical and literature review. Knee Surg Sports Traumatol Arthrosc 3:95–100 (1995)

[404] DZUGAN, S.S.; SAVOIE, F.H.; FIELD, L.D.; O’BRIEN, M.J.; YOU, Z.: Acute radial ulno-humeral ligament injury in patients with chronic lateral epicondylitis: an observational report. JShoulder Elbow Surg 21:1651–1655 (2012)

[405] EAMES, M.H.A.; BAIN, G.I.; FOGG, Q.A.; VAN RIET, R.P.: Distal biceps tendon anatomy: a cadaveric study. J Bone Joint Surg Am 89:1044–1049 (2007)

[406] EARWAKER, J.: Isolated avulsion fracture oft he lesser tuberosity oft he humerus. Skeletal Radiol 19:121–125 (1990)

[407] EDELSON, J.G.; TAITZ, C.; GRISHKAN, A.: The coracohumeral ligament. Anatomy of a substantial but neglected structure. J Bone Joint Surg Br 73:150–153 (1991)

[408] EDELSON, J.G.; TAITZ, C.: Anatomy of the coraco-acromial arch. Relation to degeneration of the acromion. J Bone Joint Surg Br 74-B:589–594 (1992)

[409] EDELSON, J.G.; ZUCKERMAN, J.; HERSHKOVITZ, I.: Os acromiale : Anatomy and surgical implications. J Bone Joint Surg Br 75-B:551–555 (1993)

[410] EDELSON, J.G.; LUCHS, J.: Aspects of coracoacromial ligament anatomy of interest to the arthroscopic surgeon. Arthroscopy 11:715–719 (1995)

[411] EDELSON, G.; TEITZ, C.: Internal impingement in the shoulder. J Shoulder Elbow Surg 9:308–315 (2000)

[412] EDELSON, G.; KUNOS, C.A.; VIGDER, F.; OBED, E.: Bony changes at the lateral epicondyle of possible significance in tennis elbow syndrome. J Shoulder Elbow Surg 10:158–163 (2001)

[413] EDWARDS, T.B.; WALCH, G.; SIRVEAUX, F.; MOLE, D.; NOVE-JOSSERAND, L.; BOULAHIA, A.; NEYTON, L.; SZABO, I.,LINDGREN, B.: Repair of tears of the subscapularis. J Bone Joint Surg Am 87:725–730 (2005)

[414] EHALT, W.: Muskeln, Sehnen, Sehnenscheiden, Faszien, Schleimbeute, Binde- und Gleitgewebe. In: Handbuch der gesamten Unfallheilkunde. Hrsg.: H.Bürkle de la Camp, M. Schwaiger. Enke, Stuttgart, 1. Bd., 3. Aufl. S.453 (1963)

[415] EISERLOH, H.; DREZ, D. Jr.; GUANCHE, C.A.: The long heard of the tricpes: A detailed analysis of its capsular origin. J Shoulder Elbow Surg 9:332–335 (2000)

[416] EL-KHOURY, G.Y.; BRANDSER, E.A.; SALTZMAN, C.L.: MRI of tendon injuries. LOWA Orthop J 14:65–80 (1994)

[417] EL MARAGHY, A.W.; DEVEREAUX, M.W.; TSOI, K.: The biceps crease interval for diagnosing complete distal biceps tendon ruptures. Clin Orthop Relat Res 466:2255–2262 (2008)

[418] ELLIOTT, D.H.: Structure and function of mammalian tendon. Biol Rev 40:392–421 (1965)

[419] ELLIOTT, D.H.; CRAWFORD, G.N.C.: The thickness and collagen content of tendon relative to the strength and cross-sectional area of muscle. Proc R Soc Lond (Biol) 162:137–146 (1980)

[420] ELLMAN, H.: Diagnosis and treatment of incomplete rotator cuff tears. Clin Orthop Relat Res 254:64–74 (1990)

[421] ELSER, F.; BRAUN, S.; DEWING, C.B.; GIPHART, J.E.; MILLETT, P.J.: Anatomy, function, injuries, and treatment of the long head of the biceps brachii tendon. Arthroscopy 27:581–592 (2011)

[422] EMERSON, R.J. Jr.; HEAD, W.C.; MALININ, T.I.: Reconstruction of patellar tendon rupture after total knee arthroplasty with an extensor mechanism allograft. Clin Orthop 260:154–161 (1990)

[423] ENGEBRETSEN, A.H.; MYKLEBUST, G.; HOLME, I.; ENGEBRETSEN, L.; BAHR, R.: Intrinsic risk factors for hamstring injuries among male soccer players: a prospective cohort study. Am J Sports Med 38:1147–1153 (2010)

[424] ENGEL, G.; LEHMANN, L.; HABERMEYER, P.: Isolierte traumatische Rupturen der Subscapularissehne – eine Verletzungsform des Jugendlichen. 63. Jahrestagung der Deutschen Gesellschaft für Unfallchirurgie e.V., 17. – 20.11.1999, Berlin, Abstracts – 1999/Hefte zur Zeitschrift „Der Unfallchirurg“ (1999)

[425] ENGKVIST, O.; LUNDBORG, G.: Rupture of the extensor pollicis longus tendon after fracture of the lower end of the radius. A clinical and microangiographic study. Hand 11:76–86 (1979)

[426] ENWEMEKA, C.S.: Inflammation, cellularity, and fibrillogenesis in regenerating tendon: implications for tendon rehabilitation. Phys Ther 69:816–825 (1989)

[427] ERICKSON, S.J.; FITZGERALD, S.W.; QUINN, S.F.; CARRERA, G.F.; BLACK, K.P.; LAWSON, T.L.: Long bicipital tendon of the shoulder: normal anatomy and pathologic findings on MR imaging. AJR Am J Roentgenol 158:1091–1096 (1992)

[428] ERSKINE, R.M.; MORSE, C.I.; DAY, S.H.; WILLIAMS, A.G.: The human patellar tendon moment arm assessed in vivo using dual-energy X-ray absorptiometry. J Biomech 47:1294–1298 (2014)

[429] EULERT, J.; APOIL, A.; DAUTRY, P.: Zur Pathogenese und operativen behandlung der so genannten Periarthritis humeroscapularis. Z Orthop 119:25–30 (1981)

[430] EYRES, K.S.; BROOKS, A.; STANLEY, D.: Fractures of the coracoid process. J Bone Joint Surg Br 77:425 (1995)

[431] FACKELMAN, G.E.: The nature of tendon damage and its repair. Equine Vet J 5:141–149 (1973)

[432] FAHLSTRÖM, M.; LORENTZON, R.; ALFREDSON, H.: Painful conditions in the Achilles tendon region in elite badminton players. Am J Sports Med 30:51–54 (2002)

[433] FAIRBANK, S. M.; CORLETT, R.J.: The role of the extensor digitorum communis muscle in lateral epicondylitis. J Hand Surg Eur Vol 27B:405–409 (2002)

[434] FALCHOOK, F.S.; ZLATKIN, M.B.; ERBACHER, G.E.; MOULTON, J.S.; BISSET, G.S.; MURPHY, B.J.: Rupture of the disal biceps tendon: evaluation with MR imaging. Radiology 190:659–663 (1994)

[435] FAMA, G.; DAL MISTRO, G.; COSSETTINI, M.; RIGOBELLO, F.; POZZUOLI, A.: The role of acromioclavicular (AC arthritis in rotator cuff tear. 17th Congress of the European Society for Surgery of the Shoulder and the Elbow (ESSE), Heidelberg, Germany, 24. – 27. September (2003)

[436] FANGHÄNEL, J. (Hrsg): Waldeyer Anatomie des Menschen. 17. Auflage, De Gruyter, Berlin (2003)

[437] FARAHMAND, F.; SENAVONGSE, W.; AMIS, A.A.: Quantitative study of the quadriceps muscles and trochlear groove geometry related to instability of the patellofemoral joint. J Orthop Res 16:136–143 (1998)

[438] FARIN, P.U.: Sonography of the biceps tendon of the shoulder: Normal and pathologic findings. J Clin Ultrasound 24:309–316 (1996)

[439] FARLEY, T.E.; NEUMANN, C.H.; STEINBACH, L.S.; PETERSEN, S.A.: The coracoacromial arch: MR evaluation and correlation with rotator cuff pathology. Skeletal Radiol 23:641–645 (1994)

[440] FARRAR, E.L.; LIPPERT, F.G.: Avulsion of the triceps tendon. Clin Orthop Relat Res 161:242–246 (1981)

[441] FARSHAD-AMACKER, N.A.; BUCK, F.M.; FARSHAD, M.; PFIRRMANN, C.W.A.; GERBER, C.: Partial supraspinatus tears are associated with tendon lengthening. Knee Surg Sports Traumatol Arthrosc 23:408–414 (2015)

[442] FAVARD, L.; LAUTMANN, S.; CLEMENT, P.: Osteoarthritis with massive rotator cuff-tear: the limitation of its current definitions. In: Walch G, Boileau P, editors. Shoulder arthroplasty. Springer Heidelberg: 261–265. (1999)

[443] FEALY, S.; APRIL, E.W.; HKAZZAM, M.; RRMENGOL-BARALLAT, J.; BIGLIANI, L.U.: The coracoacromial ligament: morphology and study of acromial enthesopathy. J Shoulder Elbow Surg 14:542–548 (2005)

[444] FEARON, A.; DAHLSTROM, J.E.; TWIN, J.; COOK, J.; SCOTT, A.: The Bonar score revisited: region of evaluation significantly influences the standardized assessment of tendon degeneration. J Sci Med Sport 17:346–350 (2014)

[445] FELDMAN, R.; SEDLIN, E.D.: Ligamentous disruption of the knee associated with avulsion of the patellar tendon in a 12-year-old boy. J Pediatr Orthop 3:101–103 (1983)

[446] FELDMEIER, C.; PIEPER, B.; RUDOLF, A.: Insertionstendopathien und Sport: Ätiopathogenese, Befund und Therapie. Praktische Sport-Traumatologie und Sportmedizin 3:12–17 (1986)

[447] FELENDA, M.; STEINBRUCK, K.: Ruptur der Trizepssehne beim Sportler. Sportverl Sportschaden 2:120–121 (1988)

[448] FENWICK, S.A.; HAZLEMAN, B.L.; RILEY, G.P.: The vasculature and its role in the damaged and healing tendon. Arthritis Res 4:252–260 (2002)

[449] FERLIC, P.W.; SADOGHI, P.; SINGER, G.; KRAUS, T.; EBERL, R.: Treatment for ischial tuberosity avulsion fractures in adolescent athletes. Knee Surg Sports Traumatol Arthrosc 22:893–897 (2014)

[450] FERNANDEZ-BAILLO, N.; GARAY, E.G.; ORDOÑEZ, J.M.: Rupture of the quadriceps tendon after total knee arthroplasty. A case report. J Arthroplasty 8:331–333 (1993)

[451] FERRARI, F.S.; GOVERNI, S.; BURRESI, F. et al.: Supraspinatus tendon tears: comparison of US and MR arthrography with surgical correlation. Eur Radiol 12:1211–1217 (2002)

[452] FERY, A.; SOMMELET, J.; SCHMITT, D.; LIPP, B.: Avulsion bilatérale simultanée des tendons quadricipital et rotulien et rupture du tendon tricipital chez un hémodialysé hyperparathyroïdien. Revue de Chirurgie Orthopédique 64:175–181 (1978)

[453] FESSLER, J.: Festigkeit der menschlichen Gelenke mit besonderer Berücksichtigung des Bandapparates. M. Rieger'sche Universitäts-Buchhandlung München (1894)

[454] FEST, T.; HUMBERT, P.; GROSJEAN, O.; BILLEREY, C.; DUPOND, J.L.: Rupture du tendon d'Achille par vascularité tendineuse au cours d'une angéite systémique. Sem Hôsp Paris 65:354–356 (1989)

[455] FESTA, A.; MULIERI, P.J.; NEWMAN, J.S.; SPITZ, D.J.; LESLIE, B.M.: Effectiveness of magnetic resonance imaging in detecting partial and complete distal biceps tendon rupture. J Hand Surg Am 35:77–83 (2010)

[456] FESTA, A.; ALLERT, J.; ISSA, K.; TASTO, J.P.; MYER, J.J.: Visualization of the extra-articular portion of the long head of the biceps tendon during intra-articular shoulder arthroscopy. Arthroscopy 30:1413–1417 (2014)

[457] FEUCHT, M.J.; PLATH, J.E.; SEPPEL, G.; HINTERWIMMER; S.; IMHOFF, A.B.; BRUCKER, P.U.: Gross anatomical and dimensional characteristics of the proximal hamstring origin. Knee Surg Sports Traumatol Arthrosc 23:2576–2582 (2015)

[458] FICK, R.: Obere Extremität. In: Handbuch der Anatomie und Mechanik der Gelenke unter Berücksichtigung der bewegenden Muskeln. Verlag von Gustav Fischer, Jena:141–285 (1904)

[459] FIELD, L.D.; WARREN, R.F.; O'BRIEN, S.J. et al.: Isolated closure of rotator interval defects for shoulder instability. Am J Sports Med 23:557–563 (1995)

[460] FIGUEROA, D.; CALVO, R.; VAISMAN, A.: Spontaneous and simultaneous bilateral rupture of the quadriceps tendon in a patient with osteogenesis imperfecta: a case report. The Knee 13:158–160 (2006)

[461] FILHO, G.H.; DU, J.; PAK, B.C.; STATUM, S.; ZNAMOROWSKI, R.; HAGHIGHI, P.; BYDDER, G.; CHUNG, C.B.: Quantitative characterization of the Achilles tendon in cadaveric specimens: T1 and T2* measurements using ultrashort-TE MRI at 3 T. AJR Am J Roentgenol 192:W117–124 (2009)

[462] FINE, L.; SILVERSTEIN, B.; ARMSTRONG, T.; JOSEPH, B.; BUCHHOLZ, B.: A pilot study of postural characteristics of jobs associated with an elevated risk of rotor cuff tendinitis. In: CORLETT, N.; WILSON, J.; MANENICA, I. (Eds.): The ergonomics of working postures. Taylor and Francis, Philadelphia:39–43 (1986)

[463] FINK, B.; EGL, M.; SINGER, J.; FUERST, M., BUBENHEIM, M.; NEUEN-JACOB, E.: Morphologic changes in the vastus medialis muscle in patients with osteoarthritis of the knee. Arthritis Rheum 56:3626–3633 (2007)

[464] FINK, R.; WYSS, O.A.M.: Experimentelle Untersuchungen über Rupturen am Knochen-Sehnen-Muskel-System beim Frosch. Monatsschr Unfallheilkd 49:379–388 (1942)

[465] FIORENTINO, N.M.; BLEMKER, S.S.: Musculotendon variability influences tissue strains experienced by the biceps femoris long head muscle during high-speed running. J Biomech 47:3325–3333 (2014)

[466] FIRTH, E.C.: Tendinopathy in domestic animals. Sports Medicine and Arthroscopy Review 8:105–113 (2000)

[467] FISCHER, E.: Der Nachweis einer chronischenInsertionstendopathie am Epicondylus humeri durch Weichstrahlaufnahmen. Fortschr Röntgenstr 119:358–361 (1973)

[468] FISCHER, R.: Klinische Diagnostik bei Rotatorenmanschettendefekt. Arthroskopie 17:10–16 (2004)

[469] FISCHER, W.: MR-Atlas.Com. MR-Verlag Zusmarshausen (2014)

[470] FITZGERALD, S.W.; CURRY, D.R.; ERICKSON, S.J.; QUINN, S.F.; FRIEDMAN, H.: Distal biceps tendon injury: MR imaging diagnosis. Radiology 191:203–206 (1994)

[471] FITZPATRICK, M.J.; POWELL, S.E.; TIBONE, J.E.; WARREN, R.F.: The anatomy, pathology, and definitive treatment of rotator interval lesions: current concepts. Arthroscopy 19:70–79 (2003)Dumontie

[472] FJALESTAD, T.; HOLE, MØ; BLÜCHER, J. et al.: Rotator cuff tears in proximal humeral fractures. Arch Orthop Trauma Surg 130:5765–581 (2009)

[473] FLATOW, E.L.; FEALY, S.; APRIL, E.W.; O'FLYNN, H.M.; ARMENGOL-BARALLAT, J.; BIGLIANI, L.U.: The coracoacromial ligament: anatomy, morphology and a study of acromial enthesopathy. J Shoulder Elbow Surg 5/2:60 (1996)

[474] FLOOR, S.; VAN DER VEEN, A.H.; DEVILEE, R.J.: Two patients with a complete proximal rupture of the hamstring. Arch Orthop Trauma Surg 130(4):523–526 (2010)

[475] FLURY, M.P.; JOHN, M.; GOLDHAHN, J.; SCHWYZER, H.K.; SIMMEN, B.R.: Rupture of the subscapularis tendon (isolated or in combination with supraspinatus tear): when is a repair indicated? J Shoulder Elbow Surg 15:659–664 (2006)

[476] FOAD, A.; WIJDICKS, C.A.: The accuracy of magnetic resonance imaging and magnetic resonance arthrogram versus arthroscopy in the diagnosis of subscapularis tendon injury. Arthroscopy 28:636–641 (2012)

[477] FOLLIASSON, A.: Un cas d'os acromiale. Rev d'Orthop 20:533–538 (1933)

[478] FORNAGE, B.D.; RIFKIN, M.D.; TOUCHE, D.H.; SEGAL, P.M.: Sonography of the patellar tendon: preliminary observations. AJR Am J Roentgenol 143:179–182 (1984)

[479] FORTEMS, Y.; DAUWE,V.J. et al.: Isolated complete rupture of biceps femoris tendon. Injury 26:275–276 (1995)

[480] FOWLER, P.J.: The rotator cuff in competitive swimming. Sports Med Arthrosc Rev 3:29–48 (1995)

[481] FOXWORTHY, M.; KINNIMONTH, W.G.: Median nerve compression in the proximal forearm as a complication of partial rupture of the distal biceps brachii tendon. J Hand Surg Br 17:515–617 (1992)

[482] FRANCESCHI, F.; LONGO, U.G.; RUZZINI, L.; DENARO, V.: Isolated tuberculosis of the patellar tendon. J Bone Joint Surg 89-B:1525–1526 (2007)

[483] FRANCESCHI, F.; LONGO, U.G.; RUZZINI, L. et al.: To detach the long head of the biceps tendon after tenodesis or not: outcome analysis at the 4-year follow-up of two different techniques. Int Orthop 31:537–545 (2007)

[484] FRANCO, J.C.; KNAPP. T.P.; MANDELBAUM, B.R.: Congenital absence of the long head of the biceps tendon. J Bone Joint Surg Am 87:1584–1586 (2005)

[485] FREDERICSON, M.; MOORE, W.; GUILLET, M.; BEAULIEU, C.: High hamstring tendinopathy in runners: meeting the challenges of diagnosis, treatment, and rehabilitation. Phys Sportsmed 33:32–43 (2005)

[486] FREIJZER, P.L.; VAN GEENE, A.R.; VAN DER WOUDE, H.J.; WILLEMS, W.J.: Infraglenoid tubercle avulsion and greater tuberosity fracture resulting from traumatic glenohumeral anterior dislocation: a case report. J Orthop Trauma 26:e1–e3 (2012)

[487] FRINGS, H.: Über 317 Fälle von operierten subkutanen Achillessehnenrupturen bei Sportlern und Sportlerinnen. Arch Orthop Unfall Chir 67:64–72 (1969)

[488] FOX, J.M.; BLAZINA, M.E.; JOBE, F.W.; KERLAN, R.K.; CARTER, V.S.; SHIELDS, C.L. JR.; CARLSON, G.J.: Degeneration and rupture of the Achilles tendon. Clin Orthop Relat Res 107:221–224 (1975)

[489] FOX, J.; ROMEO, A. A.: Arthroscopic subscapularis repair. In: Annual Meeting of the American Academy of Orthopeadic Surgeons New Orleans, Lousiana (2003)

[490] FOX, J.A.; NOERDLINGER; M.A.; ROMEO, A.A.: Arthroscopic subscapularis repair. Techniques in Shoulder & Elbow Surg 4:154–168 (2003)

[491] FREELAND, A.E.; HIGGINS, R.W.: Anterior shoulder dislocation with posterior displacement of the long head of the biceps tendon: a case report. Orthopaedics 8:468–469 (1985)

[492] FREY, C.; SHEREFF, M.; GREENIDGE, N.: Vascularity of the posterior tibial tendon. J Bone Joint Surg Am 72:884–888 (1990)

[493] FRIEDMAN, D.J.; DUNN, J.C.; HIGGINS, L.D.; WARNER, J.H.P.: Proximal biceps tendon. Injuries and Management. Sports Med Arthrosc Rev 16:162–169 (2008)

[494] FRIEDMAN, M.S.: Calcified tendinitis of the shoulder. Am J Surg 94:56–61 (1957)

[495] FRIEDMAN, R.L.; HIDALGO, H.J.; GILMER, P.W.; MALLON, W.: Ultrasonogrpahy of the rotator cuff: analysis of results in a community setting. J Shoulder Elbow Surg 2:22–26 (1993)

[496] FROHSE, F.; FRÄNKEL, M.: Oberarmmuskeln. in: von Bardeleben, K. editor. Handburch der Anatomie des Menschen. Band II. Jena: Gustav Fischer:70–101 (1908)

[497] FROIMSON, A.I.: Fracture of the coracoid process of the scapula. J Bone Joint Surg 60-A:710 (1907)

[498] FROST, H.M.: The Utah paradigm of skeletal physiology. ISMNI (1960)

[499] FU, F.H.; HARNER, C.D.; KLEIN, A.H.: Shoulder impingement syndrome. A critical review. Clin Orthop Relat Res 269:162–173 (1991)

[500] FU, F.H.; STONE, D.A. (Ed.): Sports injuries. Mechanisms – Prevention – Treatment (2. Ed.) Lippincott Williams & Wilkins Philadelphia (2001)

[501] FU, S.C.; WANG, W.; PAU, H.M.; WONG, Y.P.; CHAN, K.M.; ROLF, C.G.: Increased expression of transforming growth factor-ß1 in patellr tendinosis. Clin Orthop Relat Res 400:174–183 (2002)

[502] FUCHS, B.; WEISHAUPT, D.; ZANETTI, M.; HODLER, J.; GERBER, C.: Fatty degeneration of the muscles of the rotator cuff: assessment by computed tomography versus magnetic resonance imaging. J Shoulder Elbow Surg 8:599–605 (1999)

[503] FUCHS, S.; LANGENBRINCK, A.: Häufigkeit, Symptomatik und Relevanz von klinisch manifesten Rotatorenmanschettenläsionen im Alter. Akt Traumatol 29:1–7 (1999)

[504] FUJISAWA, Y.; MIHATA, T.; MURASE, T.; SUGAMOTO, K.; NEO, M.: Three-dimensional analysis of acromial morphologic characteristics in patients with and without rotator cuff tears using a reconstructed computed tomography model. Am J Sports Med 42:2621–2626 (2014)

[505] FUKASHIRO, S.; KOMI, P.V.; JÄRVINEN, M.; MIYASHITA, M.: Comparison between the directly measured achilles tendon force and the tendon force calculated from the ankle joint moment during vertical jumps. Clin Biomech 8:25–30 (1993)

[506] FUKUDA, H.; HAMADA, K.; YAMANAKA, K.: Pathology and pathogenesis of bursal-side rotator cuff tears viewed from en bloc histologic sections. Clin Orthop 254:75–80 (1990)

[507] FUKUDA, H.; HAMADA, K.; NAKAJIMA, T.; YAMADA, N.; TOMONAGA, A.; GOTO, M.: Partial-thickness tears of the rotator cuff. A clinicopathological review based on 66 surgically verified cases. Int Orthop (SICOT) 20:257–265 (1996)

[508] FULKERSON, J.P.: Disorders of the patellofemoral joint. Ed. 4. Philadelphia, PA: Lippincott Williams & Wilkins (2004)

[509] FUNAKOSHI, T.; SCHMID, T.; HSU, H.P.; SPECTOR, M.: Lubricin distribution in the goat infraspinatus tendon: a basis for interfascicular lubrication. J Bone Joint Surg Am 90:803–814 (2008)

[510] FUNG, D.T.; WANG, V.M.; LAUDIER, D.M.; SHINE, J.H.; BASTA-PLJAKIC, J.B.; JEPSEN, K.J.; SCHAFFLER, M.B.; FLATOW, E.L.: Subrupture tendon fatigue damage. J Orthop Res 27:264–273 (2009)

[511] FUNK, L.: LEVY, O.; COPELAND, S.; EVEN, T.: Subacromial plica as a cause of impingement in the shoulder. 9th International Congress on Surgery of the Shoulder.1st International Congress of Shoulder Therapists Washington CD, USA 2.–5. May (2004)

[512] FURIKADO, K.; FUJIOKA, H.; KUROSAKA, M.; YOSHIYA, S.; MAKINO, T.; FUJITA, K.: Comparison of mechanical and histological properties between the immature and mature tendon attachment. Int Orthop 26:318–321 (2002)

[513] GÄRTNER, J.; SIMONS, B.: Analysis of calcific depositis in calcifying tendinitis. Clin Orthop Rel Res 254:111–120 (1990)

[514] GÄRTNER, J.: Tendinosis calcarea – Behandlungsergebnisse mit dem Needling. Z Orthop Ihre Grenzgeb 131:461–469 (1993)

[515] GAGEY, O.; BONFAIT, H.; GILLOT, C.; HUREAU, J.; MAZAS, F.: Anatomic basis of ligamentous control of elevation of the shoulder (reference position of the shoulder joint). Surg Radiol Anat 9:19–26 (1987)

[516] GAGEY, N.; GAGEY, O.; BASTIAN, G.; LASSAU, J.P.: The fibrous frame of the supraspinatus muscle. Surg Radiol Anat 12:291–292 (1990)

[517] GAGEY, N.; RAVAUD, E.; LASSAU, J.P.: Anatomy of the acromial arch: correlation of anatomy and magnetic resonance imaging. Surg Radiol Anat 15:63–70 (1993)

[518] GALATZ, L.M.; BALL, C.M.; TEEFEY, S.A.; MIDDLETON, W.D.; YAMAGUCHI, K.: The outcome and repair intefrity of completely arthroscopically repaired large and massive rotator cuff tears. J Bone Joint Surg Am 86:219–224 (2004)

[519] GALATZ, L.M.; SILVA, M.J.; ROTHERMICH, S.Y. et al.: Nicotine delays tendon-to-bone healing in a rat shoulder model. J Bone Joint Surg Am 88:2027–2034 (2006)

[520] GALLO, R.A.; SCIULLI, R.; DAFFNER, R.H. et al.: Defining the relationship between rotator cuff injury and proximal humerus fractures. Clin Orthop 458:70–77 (2007)

[521] GALLO, R.A.; Altman, D.T.; ALTMAN, G.T.: Assessment of rotator cuff tendon after proximal humerus fractures: is preoperative imaging necessary? J Trauma 66:951–953 (2009)

[522] GALLOWAY, M.T.; JOKL, P.; DAYTON, O.W.: Achilles tendon overuse injuries. Clin Sports Med 11:771–782 (1992)

[523] GAO, J.; MESSNER, K.: Quantitative comparison of soft tissue-bone interface at chondral ligament insertions in the rabbit knee joint. J Anat 188:367–373 (1996)

[524] GARNETI, N.; MURALIKUTTAN, K.; SHENOLIKAR, A.: Ankle fracture associated with an Achilles tendon rupture: a rare injury. Foot and Ankle Surg 11:219–222 (2005)

[525] GAROFALO, R.; CESARI, E.; VINCI, E.; CASTAGNA, A.: Role of metalloproteinases in rotator cuff tear. Sports Med Arthrosc 19:207–212 (2011)

[526] GARRETT, W.E. Jr.; RICH, F.R.; NIKOLAOU, P.K.; VOGLER, J.B. 3rd: Computed tomography of hamstring muscle strains. Med Sci Sports Exerc 21:506–514 (1989)

[527] GARRETT, W.E. Jr.: Muscle strain injuries: clinical and basis aspects. Med Sci Sports Exerc 22:436–443 (1990)

[528] GARRETT, W.E. Jr.: Muscle strain injuries. Am J Sports Med 24:S2–S8 (1996)

[529] GARTSMAN, G.M.; MILNE, J.C.: Articular surface partial-thickness rotator cuff tears. J Shoulder Elbow Surg 4:409–415 (1995)

[530] GARTSMAN, G.M.; TAVERNA, E.; HAMMERMAN, S.M.: Arthroscopic rotator interval repair in glenohumeral instability: description of an operative technique. Arthroscopy 15:330–332 (1999)
[531] GAUDET, S.: A physical model of sprinting. J Biomech 22:2933–29 40 (2014)
[532] GAY, B.: Muskel- und Sehnenrupturen an der oberen Extremität. Chirurg 55:1–6 (1984)
[533] GEBERT, L.; PLAUE, R.: Subcutane Achillessehnenrupturen. Unfallheilkunde 86:525–530 (1983)
[534] GECHA, S.T.; TORG, E.: Knee injuries in tennis. Clin J Sport Med 7:435–452 (1988)
[535] GELDMACHER, J.; KÖCKERLING, F.: Sehnenchirurgie. Urban & Schwarzenberg, München Wien Baltimore (1992)
[536] GERBER, C.; SCHNEEBERGER, A.G.; VINH, T.S.: The arterial vascularization of the humeral head. An anatomical study. J Bone Joint Surg Am 72:1486–1494 (1990)
[537] GERBER, C.: Isolated rupture of the tendon of the subscapularis muscle. Clinical features in 16 cases. J Bone Joint Surg 73-B:389–394 (1991)
[538] GERBER, C.: Isolated tears of the subscapularis tendon. J Shoulder Elbow Surg 4/1:S35 (1995)
[539] GERBER, C.; HERSCHE, O.; FARRON, A.: Isolated rupture of the subscapularis tendon: Results of operative repair. J Bone Joint Surg Am 78:1015–1023 (1996)
[540] GERBER, C.; TERRIER, F.; GANZ, R.: The role of the coracoid process in the chronic impingement syndrome. J Bone Joint Surg 67-B:703–708 (1985)
[541] GERBER, C.; MEYER, D.C.; SCHNEEBERGER, A.G.; HOPPELER, H.; VON RECHENBERG, B.: Effect of tendon release and delayed repair on the structure of the muscles of the rotator cuff: an experimental study in sheep. J Bone Joint Surg Am 86-A:1973–1982 (2004)
[542] GERBER, C.; MEYER, D.C.; FREY, E.; VON RECHENBERG,m B.; HOPPELER, H.; FRIGG, R.; JOST, B.; ZUMSTEIN, M.A.: Neer Award 2007: Reversion of structural muscle changes caused by chronic rotator cuff tears using continuous musculotendinous traction. An experimental study in sheep. J Shoulder Elbow Surg 18:163–171 (2009)
[543] GERBER, C.; ZUBLER; V.; HODLER, J.; CATANZARO, S.; JOST, B.; FUCENTESE, S.F.: Dynamic imaging and function of partial supraspinatus tendon tears. Arthroscopy 27:1180–1186 (2011)
[544] GERBER, C.; MEYER, D.C.; VON RECHENBERG, B.; HOPPELER, H.; FRIGG, R.; FARSHAD, M.: Rotator cuff muscles lose responsiveness to anabolic steroids after tendon tear and musculotendinous retraction: an experimental study in sheep. Am J Sports Med 40:2454–2461 (2012)
[545] GERBER, C.; MEYER, D.C.; FLÜCK, M.; BENN, M.C.; VON RECHENBERG, B.; WIESER, K.: Anabolic steroids reduce muscle degeneration associated with rotator cuff rendon release in sheep. Am J Sports Med. 43:2393–2400 (2015)
[546] GERSTER, A.G.: Subcutaneous injuries of the biceps brachii. With two new cases and some historical notes. N Y Med J 27:487 (1878)
[547] GHALAYINI, S.R.A.; BOARD, T.N.; SRINIVASAN, M.S.: Anatomic variations in the long head of biceps: contribution to shoulder dysfunction. Arthroscopy 23:1012–1018 (2007)
[548] GIGANTE, A.; MARINELLI, M.; CHILLEMI, C.; GRECO, F.: Fibrous cartilage in the rotator cuff: A pathogenetic mechanism of tendon tear? J Shoulder Elbow Surg 13:328–332 (2004)
[549] GIGIS, P.; NATSIS, C.; POLYZONIS, M.: New aspects on the topography of the tendon of the long head of the bicpes brachii muscle. One more stabilizer factor of the shoulder joint. Bull Assoc Anat (Nancy) 79:9–11 (1995)
[550] GILCREEST, E.L.: Rupture of the triceps tendon. JAMA 84:1819 (1925)

[551] GILCREEST, E.L.: The common syndrome of rupture, dislocation and elongation of the long head of the biceps brachii. An analysis of one hundred cases. Surg Gynecol Obstet 58:322–339 (1934)

[552] GILL, D.R.; CLARK, W.B.: Avulsion of the ischial apophysis. Austr N Z J Surg 66:564–565 (1996)

[553] GILL, H.S.; EL RASSI, G.; BAHK, M.S.; CASTILLO, R.C.; MC FARLAND, E.G.: Physical examination for partial tears of the biceps tendon. Am J Sports Med 35:1334–1340 (2007)

[554] GILL, T.J.; MC IRVIN, E.; KOCHER, M.S.; HOMA, K.; MAIR, S.D.; HAWKINS, R.J.: The relative importance of acromial morphology and age with respect to rotator cuff pathology. J Shoulder Elbow Surg 11:327–330 (2002)

[555] GILMER, B.; EDWARDS, T.B.; GARTSMAN, G.; O'CONNOR, D.P.; ELKOUSY, H.: Normalization of the subscapularis belly-press test. J Shoulder Elbow Surg 16:403–407 (2007)

[556] GIOMBINI, A.; DRAGONI, S.; DI CESARE, A.; DI CESARE, M.; DEL BUONO, A.; MAFFULLI, N.: Asymptomatic Achilles, patellar, and quadriceps tendinopathy: a longitudinal clinical and ultrasonographic study in elite fencers. Scand J Med Sci Sports 23:311–316 (2013)

[557] GIPHART, J.E.; VAN DER MEIJDEN, O.A.J.; MILLETT, P.J.: The effects of arm elevation on the 3-dimensional acromiohumeral distance: a biplane fluoroscopy study with normative data. J Shoulder Elbow Surg 21:1593–600 (2012)

[558] GIUFFRE, B.M.; LISLE, D.A.: Tear of the distal biceps branchii tendon: a new method of ultrasound evaluation. Australs Radiol 49:404–406 (2005)

[559] GIUGIARO, A.; PROSCIA, N.: Rupture of the tendons of the brachial biceps; general aspects of tendinous ruptures; rupture of the tendon of the long head. Minerva Chir 30:779–789 (1957)

[560] GLADSTONE, J.N.; BISHOP, J.Y.; LO, I.K.Y.; FLATOW, E.L.: Fatty infiltration and atrophy of the rotator cuff do not improve after rotator cuff repair and correlate with poor functional outcome. Am J Sports Med 35:719–728 (2007)

[561] GLATTHAAR, E.: Zur Pathologie der Periarthritis humeroscapularis. Dtsch Zschr Chir 251:414–434 (1938/1939)

[562] GLATZEL, M.; RUCKER, A.; GOHLKE, F.: Defektarthropathie: Omarthrose bei irreparablen Defekten der Rotatorenmanschette. Arthritis + Rheuma 27:78–86 (2007)

[563] GLEASON, P.; BEALL, D.; SANDERS, T.; BOND, J.; LY, J.; HOLLAND, L. et al.: The transverse humeral ligament: a separate anatomical structure or a continuation of the osseous attachment of the rotator cuff? Am J Sports Med 34:72–77 (2006)

[564] GLUECK, D.A.; MAIR, S.D.; JOHNSON, D.L.: Shoulder instability with absence of the long head of the biceps tendon. Arthroscopy 19:787–789 (2003)

[565] GOEMINNE, S.; DEBEER, P.: The natural evolution of neglected lesser tuberosity fractures in skeletally immature patients. J Sholulder Elbow Surg 21:E6–E11 (2012)

[566] GOHLKE, F.; BARTHEL, T.; GANDORFER; A.: The influence of variations of the coracoacromial arch on the development of rotator cuff tears. Arch Orthop Trauma Surg 113:28–32 (1993)

[567] GOHLKE, F.: Skapulafrakturen in WIRTH, C.J. und ZICHNER, L.: Orthopädie und Orthopädische Chirurgie: Schulter. Thieme Verlag Stuttgart New York (2002)

[568] GOLDFARB, C.; YAMAGUCHI, K.: The Biceps tendon: Dogma and controversies. Sports Med Arthrosc Rev 7:93–103 (1999)

[569] GOLLHOFER, A.; SCHMIDTBEICHER, D.; DIETZ, V.: Regulation of muscle stiffness in human locomotiion. Int J Sports Med 5:19–22 (1984)

[570] GOLSER, K.; RESCH, H.; SPERNER, G.; THÖNI, H.: Vergleich bildgebender Verfahren bei Verletzungen und Erkrankungen im Subakromialraum. Arthroskopie 5:135–139 (1992)

[571] GOODIER, D.; FLORES, M.; SHEDDEN, R.G.: Patellar tendon rupture in identical twins. J Trauma 38:665–667 (1995)

[572] GOODWIN, D.W.: Imaging of the achilles‘ tendon. Foot Ankle Clin 5:135–148 (2000)
[573] GORVA, A.D.; SIDDIQUE, I.; MOHAN, R.: An unusual case of bipartite patella fracture with quadriceps rupture. Eur J Trauma 32:411–413 (2006)
[574] GOTHELF, T.K.; BELL, D.; GOLDBERG, J.A.; HARPER, W.; PELLETIER, M.; WALSH, W.R.: Anatomic and biomechanical study of the biceps vinculum, a structure within the biceps sheath. Arthroscopy 25:515–521 (2009)
[575] GOTOH, M.; HAMADA, K.; YAMAKAWA, H.; INOUE, A.; FUKUDA, H.: Increased substance P in subacromial bursa and shoulder pain in rotator cuff diseases. J Orthop Res 16:618–621 (1998)
[576] GOULD, E.S.; TAYLOR, S.; NAIDICH, J.B.; FURIE, R.; LANE, L.: MR appearance of bilateral, spontaneous patellar tendon rupture in systemic lupus erythematosus. J Comput Assist Tomogr 11:1096–1097 (1987)
[577] GOUTALLIER, D.; POSTEL, J.-M.; BERNAGEAU, J.; LAVAU, L.; VOISIN, M.-C.: Fatty muscle degeneration in cuff ruptures. Clin Orthop Rel Res 304:78–83 (1994)
[578] GOUTALLIER, D.; POSTEL, J.M.; BERNAGEAU, J.; LAVAU, L.; VOISIN, M.C.: Fatty infiltration of disrupted rotator cuff muscles. Rev Rheum 62:415–422 (1995)
[579] GOUTALLIER, D.; POSTEL, J.M.; LAVAU, L.; BERNAGEAU, J.: Influence de la dégénérescence graisseuse des muscles supraépineux et infraépineux sur le pronostic des réparations chirurgicalses de la coiffe des rotateurs. Rev de Chir Orthop 85:668–676 (1999)
[580] GRAFE, H.: Aspekte zur Ätiologie der subkutanen Achillessehnenruptur. Zbl Chir 94:1073–1082 (1969)
[581] GRAICHEN, H.; BONEL, H.; STAMMBERGER, T.; HECK, A.; ENGLMEIER, K.H.; REISER, M.; ECKSTEIN, F.: Eine MR-basierte Technik zur Bestimmung der Weite des subakromialen Raumes am Lebenden mit und ohne Aktivität der Schultermuskulatur. Z Orthop 137:2–6 (1999)
[582] GRANT, L.B. Jr.: Full-thickness supraspinatus tendon tears with intact superior glenohumeral capsule. Arthroscopy 9:186–189 (1993)
[583] GRANT, J.A.; MILLER, B.S.; JACOBSON, J.A.; MORAG, Y.; BEDI, A.; CARPENTER, J.E.: Intra- and interrater reliability of the detection of tears of the supraspinatus central tendon on MRI by shoulder surgeons. J Shoulder Elbow Surg 22:725–731 (2013)
[584] GRAUER, J.D.; PAULOS, L.E.; SMUTZ, W.P.: Biceps tendon and superior labral injuries. Arthroscopy 8:488–497 (1992)
[585] GRAVANIS, M.B.; GAFFNEY, E.F.: Idiopathic calcifying tenosynovitis. Histopathologic features and possible pathogenesis. Am J Surg Pathol 7:357–361 (1983)
[586] GRAY, H.: Gray's anatomy. WARWICK, R.; WILLIAMS, P.L. eds. 35th British ed Saunders, Philadelphia (1973)
[587] GRAY, H.; BANNISTER, L.H.; BERRY, M.M.; WILLIAMS, P.L. ed. Gray's anatomy: The anatomical basis of medicine & surgery. Ed 38. Philadelphia: Churchill Livingstone (1995)
[588] GREENBAUM, B.; PERRY, J.; LEE, J.: Bilateral spontaneous patellar tendon rupture in the absence of concomitant systemic disease or steroid use. Orthop Rev11:890–893 (1994)
[589] GREIG, H.W.; ANSON, B.J.; BUDINGER, J.M.: Variations in the form and attachments of the biceps brachii muscle. Quart Bull Northwestern Univ M School 26:241 (1952)
[590] GREINER, S.; GERBER-POPP, A.: Topographische Anatomie der Nn. subscapulares: Ein ausgedehntes Release des M. subscapularis gefährdet seineneurovaskuläre Versorgung. Vorträge, Jahrestagung DVSE, Weimar 27.–28. Mai (2005)
[591] GREINER, S.; SCHEIBEL, M.: Knöcherne Rotatorenmanschettenausrisse. Orthopädie 40:21–30 (2011)
[592] GREIS, P.E., DEAN, M.; HAWKINS, R.J.: Subscapularis tendon disruption after Bankart reconstruction for anterior instability. J Shoulder Elbow Surg 5:291–222 (1996)

[593] GRELSAMER, R.P.; MC CONNELL, J.: The Patella – A Team Approach. Gaithersburg, MD: Aspen Publishers (1998)

[594] GRENIER, R.; GUIMONT, A.: Simultaneous bilateral rupture of the quadriceps tendon and leg fractures in a weightlifter. A case report. Am J Sports Med 11:451–453 (1983)

[595] GRIM, C.; LORBACH, O.; ENGELHARDT, M.: Quadrizeps- und Patellasehnenrupturen. Orthopäde 39:1127–1134 (2010)

[596] GROSS, G.; RECK, T.; KESSLER, C.; HERZOG, T.; HOFMANN-PREISS, K.: Bilateral rupture of the patellar tendon without predisposing systemic disease. Arch Orthop Trauma Surg 112:42–44 (1992)

[597] GROSS, J.; LAPIERE, C.M.: Collagenolytic activity in amphibian tissues: a tissue culture assay. Proc Natl Acad Sci 48:1014–1022 (1962)

[598] GROSSE-BROCKHOFF, F.: Schädigungen duch elektrische Energie. In: Handb d inneren Medizin, Bd VI/2, hsg von SCHWIEGK, H. Springer, Berlin (1954)

[599] GROSSER, V.: Begutachtung nach Verletzungen großer Sehnen.Trauma Berufskrankh 7:180–184 (2005)

[600] GROSSER, V.: Rupturen großer Sehnen. Begutachtung. Supp 4. Trauma Berufskrankh 12:457–462 (2010)

[601] GRUCHOW, H.W.; PELLETIER, D.: An epidemiologic study of tennis elbow: incidence, recurrence, and effectiveness of prevention strategies. Am J Sports Med 7:234–238 (1979)

[602] GSCHWEND, N.; SCHERER, M.; LÖHR, J.: Die Tendinitis calcarea des Schultergelenks . Orthopäde 10:196–207 (1981)

[603] GSCHWEND, N.: Degenerative Erkrankungen der oberen Extremität. Z Orthop 124:408–417 (1986)

[604] GSCHWEND, N.; IVOŠEVIĆ-RADOVANOVIĆ, D.; PATTE, D.: Rotator cuff tear – Relationship between clinical and anatomopathologicals findings. Arch Orthop Trauma Surg 107:7–15 (1988)

[605] GUECKEL, C.; NIDECKER, A.: Diagnosis of tears in rotator-cuff-injuries. Eur J Radiol 25:168–176 (1997)

[606] GUMINA, S.; POSTACCHINI, R.: Anterior dislocation of the shoulder in elderly patients. J Bone Joint Surg Br 79:540–543 (1997)

[607] GUMINA, S.; ARCERI, V.; CARBONE, S.; ALBINO, P.; PASSARETTI, D.; CAMPAGNA, V.; FAGNANI, C.; POSTACCHINI, F.: The association between arterial hypertension and rotator cuff tear: the influence on rotator cuff tear sizes. J Shoulder Elbow Surg 22:229–232 (2013)

[608] GUMINA, S.; CANDELA, V.; PASSARETTI, D.; VENDITTO, T.; CARBONE, S.; ARCERI, V.; GIANNICOLA, G.: Intensity and distribution of shoulder pain in patients with different sized postero-superior rotator cuff tears. J Shoulder Elbow Surg 23:807–813 (2014)

[609] GUMINA, S.; ARCERI, V.; FAGNANI, C.; VENDITTO, T.; CATALANO, C.; CANDELA, V.; NISTICÒ, L.: Subacromial space width: does overuse or genetics play a greater role in determining it? An MRI study on Elderly Twins. J Bone Joint Surg Am 97:1647–1652 (2015)

[610] GUMUCIO, J.; FLOOD, M.; HARNIG, J.; PHAN, A.; ROCHE, S.; LYNCH, E.; BEDI, A.; MENDIAS, C.: T lymphocytes are not required for the development of fatty degeneration after rotator cuff tear. Bone Joint Res 3:262–272 (2014)

[611] GUSTILLO, R.; THOMPSON, R.: Quadriceps and patellar tendon ruptures following total knee arthroplasty. In RAND, J.A.; DORR, L.D., editors. Total arthroplasty of the knee: proceedings of the knee society, 1985–1986. Rockville, MD: Aspen (1987)

[612] GWILYM, S.E.; WATKINS, B.; COOPER, C.D.; HARVIE, P.; AUPLISH, S.; POLLARD, T.C.B.; REES, J.L.; CARR, A.J.: Genetic influences in the progression of tears of the rotator cuff. J Bone Joint Surg Br 91:915–917 (2009)

[613] HAASPER, C.; JAGODZINSKI, M.; GEERLING, J.; CORDES, A.L.; KRETTEK, C.; GAULKE, R.: Beidseitige spontane Patellarsehnenruptur. Z Orthop Unfall 145:622–624 (2007)

[614] HABERMEYER, P.; KAISER; E.; KNAPPE, M.; KREMSER, T.; WIEDEMANN, E.: Zur funktionellen Anatomie und Biomechanik der langen Bizepssehne. Unfallchir 90:319–329 (1987)

[615] HABERMEYER, P.; WALCH, G.: The biceps tendon and rotator cuff disease. In BURKHEAD, W.Z. JR. (ed): Rotator cuff disorders. Baltimore: Williams & Wilkins:142–159 (1996)

[616] HABERMEYER, P.; MAGOSCH, P.; PRITSCH, M.; SCHEIBEL, M.; LICHTENBERG, S.: Anterosuperior impingement of the shoulder as a result of pulley lesions: a prospective arthroscopic study. J Shoulder Elbow Surg 13:5–12 (2004)

[617] HABERMEYER, P.; KRIETER, C.; TANG, K.I.; LICHTENBERG, S.; MAGOSCH, P.: A new arthroscopic classification of articular-sided supraspinatus footprint lesions: a prospective comparison with Snyder's and Ellman's classification. J Shoulder Elbow Surg 17:909–913 (2008)

[618] HABERMEYER, P.; LICHTENBERG, S.; MAGOSCH, P.: Schulterchirurgie. 4. Auflage. Urban & Fischer München (2010)

[619] HÄGGLUND, M.; ZWERVER, J.; EKSTRAND, J.: Epidemiology of patellar tendinopathy in elite male soccer players. Am J Sports Med 39: 1906–1911 (2011)

[620] HAENISCH, G.F.: Über die Periarthritis humero-scapularis mit Kalkeinlagerung im Röntgenbild (Bursitis subdeltoidea und subacromialis; Duplaysche Krankheit). Fortschr a d Geb d Röntgenstrahlen 15:293–300 (1910)

[621] HAGLUND, P.: Beitrag zur Klinik der Achillessehne. Ztschr Orthop Chir 49:49–58 (1927)

[622] HAGMANN, S.; MORADI, B.; SCHILTENWOLF, M.: Anerkennung einer traumatischen Rotatorenmanschettenruptur bei einem 59-jährigen Mann. Med Sach 106:209–212 (2010)

[623] HAK, D.J.; SANCHEZ, A.; TROBISCH, P.: Quadriceps tendon injuries. Orthopedics 33:40–46 (2010)

[624] HALDER, A.; ZOBITZ, M.E.; SCHULZ, E. et al: Structural properties of the subscapularis tendon. J Orthop Res 18:829–834 (2000)

[625] HALLOPEAU, P.: Des certaines fractures de la rotule chez l'efant. J Med Paris 43:927–932 (1923)

[626] HALVERSON, P.B.; MC CARTY, D.J.; CHEUNG, H.S.; RYAN, L.M.: Milwaukee Shoulder syndrome: eleven additional cases with involvement of the knee in seven (basic calcium phosphate crystal deposition disease). Semin Arthritis Rheum 14:36–44 (1984)

[627] HAMADA, K.; FUKUDA, H.; MIKASA, M.; KOBAYASHI, Y.: Roentgenographic findings in massive rotator cuff tears. A long-term observation. Clin Orthop Relat Res 254:92–96 (1990)

[628] HAMADA, K.; OKAWARA, Y.; FRYER, J.N.; TOMONAGA, A.; FUKUDA, H.: Localization of mRNA of procollagen alpha 1 type I in torn supraspinatus tendons. In situ hybridization using digoxigenin labeled oligonucleotide probe. Clin Orthop Relat Res 304:18–21 (1994)

[629] HAMID, N.; OMID, R.; YAMAGUCHI, K.; STEGER-MAY, K.; STOBBS, G.; KEENER, J.D.: Relationship of radiographic acromial characteristics and rotator cuff disease: a prospective investigation of clinical, radiographic, and sonographic findings. J Shoulder Elbow Surg 21:1289–1298 (2012)

[630] HAMILTON, B.; PURDAM, C.: Patellar tendinosis as an adaptive process: a new hypothesis. Br J Sports Med 38:758–761 (2004)

[631] HAMMOND, J.E.; BRYANT, B.: Biceps adhesion to the rotator cuff. A case report. Am J Sports Med 41:302–305 (2013)

[632] HANDLING, M.A.; CURTIS, A.S.; MILLER, S.L.: The origin of the long head of the triceps: a cadaveric study. J Shoulder Elbow Surg 19:69–72 (2010)

[633] HANNESSCHLÄGER, G.; RIEDELBERGER, W.; NEUMÜLLER, H.; SCHWARZL, G.: Läsionen der langen Bizepssehne – Pathogenese und Nachweis mit bildgebenden Verfahren (Sonogra-

phie, Röntgen, Arthrographie, Computertomographie). Fortschr Röntgenstr 151:331–337 (1989)

[634] HANNESSCHLÄGER, G.; RIEDELBERGER, W.; NEUMÜLLER, H.; SCHWARZL, G.: Computertomographie der Rotatorenmanschette – Vergleich mit anderen bildgebenden Verfahren. Fortschr Röntgenstr 150:643–649 (1989)

[635] HANNON, R.J.: Bilateral patellar tendon rupture. Ulster Med J 59: 82–83 (1990)

[636] HANSEN, U.; MONIZ, M.; ZUBAK, J.; ZAMBRANO, J.; BEAR, R.: Achilles tendon reconstruction after sural fasciocutaneous flap using Achilles tendon allograft with attached calcaneal bone block. J Foot Ankle Surg 49:86.e5–86.e10 (2010)

[637] HANSEN, P.; KOVANEN, V.; HÖLMICH, P.; KROGSGAARD, M.; HANSSON, P.; DAHL, M.; HALD, M.; AAGAARD, P.; KJAER, M.; MAGNUSSON, S.P.: Micromechanical properties and collagen composition of ruptured human achilles tendon. Am J Sports Med 41:437–443 (2013)

[638] HANSIS, M.: Die Begutachtung des Rotatorenmanschettenschadens – Zusammenhangsfragen aus ärztlicher Sicht. Die BG:580–582 (1997)

[639] HARDING, W.G.: A new clinical test for avulsion of the insertion of the biceps tendon. Orthopedics 28:27–29 (2005)

[640] HARDY, J.R.W.; CHIMUTENGWENDE-GORDON, M.; BAKAR, I.: Rupture of the quadriceps tendon. J Bone Joint Surg Br 87:1361–1363 (2005)

[641] HARKNESS, R.D.: Mechanical properties of collagenous tissues. In: GOULD, B.S. (ED): Treatise on collagen. Raven, New York:247–310 (1968)

[642] HARMON, H.P.: Methods and results in the treatment of 2580 painful shoulders. With special reference to calcific tendinitis and the frozen shoulder. Am J Surg 95:527–544 (1958)

[643] HARNOSS, T.; SCHOCH, C.; SPENGLER, J.: Proximale Ausrissverletzungen der ischiokruralen Muskulatur – Ergebnisse nach 6 Fällen. Z Orthop Unfall 152:36–40 (2014)

[644] HARRIS, J.E.; BLACKNEY, M.: The anatomy and fuction of the coracoacromial ligament (abstr). J Shoulder Elbow Surg 2:S49 (1993)

[645] HARRIS, J.D.; GRIESSER, M.J.; BEST, T.M.; ELLIS, T.J.: Treatment of proximal hamstring ruptures – a systematic review. Int J Sports Med 32:490–495 (2011)

[646] HARRIS, P.C.; ATKINSON, D.; MOOREHEAD, J.D.: Bilateral partial rupture of triceps tendon. Case report and quantitative assessment of recovery. Am J Sports Med 32:787–792 (2004)

[647] HARRYMAN, D.T. 2nd; MACK, L.A.; WANG, K.Y.; JACKINS, S.E.; RICHARDSON, M.L.; MATSEN, F.A. 3rd.: Repairs of the rotator cuff. Correlation of functional results with integrity of the cuff. J Bone Joint Surg Am 73:982–989 (1991)

[648] HARRYMAN, D.; SIDLES, J.; HARRIS, S.; MATSEN, F.: The role of the rotator interval capsule in passive motion and stability of the shoulder. J Bone Joint Surg Am 74:53–66 (1992)

[649] HARRYMAN, D.T. 2nd; MATSEN, F.A. 3rd, SIDLES, J.A.: Arthroscopic management of refractory shoulder stiffness. Arthroscopy 13:133–147 (1997)

[650] HART, D.A.; FRANK, C.B.; BRAY, R.C.: Inflammatory processes in repetitive motion and overuse syndromes: potential role of neurogenic mechanisms in tendons and ligaments. In: GORDON, S.L.; BLAIR, S.J.; FINE, L.J. (eds). Repetitive motion disorders of the upper extremity. Rosemont, IL: American Academy of Orthopaedic Surgeons 247–262 (1995)

[651] HARWIN, S.F.: Patellofemoral complications in symmetrical total knee arthroplasty. J Arthroplasty 13:753–762 (1998)

[652] HASHIMOTO, T.; NOBUHARA, K.; HAMADA, T.: Pathologic evidence of degeneration as a primary cause of rotator cuff tear. Clin Orthop Relat Res 415:111–120 (2003)

[653] HASHIZUME, S.; IWANUMA, S.; AKAGI, R.; KANEHISA, H.; KAWAKAMI, Y.; YANAI, T.: In vivo determination of the Achilles tendon moment arm in three-dimensions. J Biomech 45:409–413 (2012)

[654] HASHIZUME, S.; IWANUMA, S.; AKAGI, R.; KANEHISA, H.; KAWAKAMI, Y.; YANAI, T.: The contraction-induced increase in Achilles tendon moment arm: a three-dimensional study. J Biomech 47:3226–3231 (2014)

[655] HÅSTAD, K.; LARSSON, L.G.; LINDHOLM, Å.: Clearance of radiosodium after localdeposit in the Achilles tendon. Acta Chir Scand 116:251–255 (1958–1959)

[656] HAWE, W.; KLECKER, N.; BERNETT, P.: Überlastungssyndrome der unteren Extremität bei Ausdauersportlern. Sportmedizin 41:420–425 (1990)

[657] HAWKINS, D.; LUM, C.; GAYDOS, D.; DUNNING, R.: Dynamic creep and pre-conditioning of the Achilles tendon in-vivo. J Biomech 42:2813–2817 (2009)

[658] HAWKINS, R.J.; BELL, R.H.; HAWKINS, R.H. et al.: Anterior dislocation of the shoulder in the older patient. Clin Orthop Relat Res 206:192–195 (1986)

[659] HAXTON, H.A.: Absolute muscle force in the ankle flexors of man. J Physiol 103:267–273 (1944)

[660] HAYES, C.W.; ROSENTHAL, D.I.; PLATA, M.J.; HUDSON, T.M.: Calcific tendinitis in unusual sites associated with cortical bone erosion. Am J Roentgenol 149:967–970 (1987)

[661] HEALEY, J.H.; BARTON, S.; NOBLE, P.; KOHL, H.W.3rd; ILAHI, O.A.: Biomechanical evaluation of the origin of the long head of the biceps tendon. Arthroscopy 17:378–382 (2001)

[662] HECKMAN, D.S.; GLUCK, G.S.; PAREKH, S.G.: Tendon disorders of the foot and ankle, part 2: Achilles tendon disorders. Am J Sports Med 37:1223–1234 (2009)

[663] HECKMAN, J.D.; LEVINE, M.I.: Traumatic closed transection of the biceps brachii in the military parachutist. J Bone Joint Surg Am 60:369 (1978)

[664] HEDTMANN, A.; FETT, H.: Die so genannte Periarthropathia humeroscapularis – Klassifizierung und Analyse anhand von 1266 Fällen. Z Orthop 127:643–649 (1989)

[665] HEDTMANN, A.; FETT, H.: Schultersonographie bei Subakromialsyndromen mit Erkrankungen und verletztungen der Rotatorenmanschette. Orthopäde 24:498–508 (1995)

[666] HEDTMANN, A.; HEERS, G.; HEIDERSDORF, S.: Bildgebende Verfahren an der Schulter. Arthroskopioe 14:74–93 (2001)

[667] HEDTMANN, A.; FETT, H.; HEERS, G.: Charakteristika isolierter und kombinierter Defekte der Subskapularissehne. Vorträge, Jahrestagung DVSE, Weimar 27.–28. Mai (2005)

[668] HEDTMANN, A.; HEERS, G.: Bildgebende Verfahren bei Rotatorenmanschettendefekten der Schulter. Orthopäde 36:796–809 (2007)

[669] HEERS, G.; HEDTMANN, A.: Charakteristika isolierter und kombinierter Subscapularis-Rupturen. Osteologie, Suppl. III, Band 8:51 (1999)

[670] HEGELMAIER, C.; SCHRAMM, W.; LANGE, P.: Die distale Bizepssehnenruptur. Therapie und versicherungsrechtliche Beurteilung. Unfallchirurg 95:9–16 (1992)

[671] HEGER, H.: Verletzung und Belastung der Achillessehne des Geräteturners. Prax Leibesübungen (Frankfurt/M) 2:27 (1966)

[672] HEHL, G.: Zusammenhangstrennung der Rotatorenmanschette. Überblick über Diagnostik, Therapie, Begleit- und Nachbehandlung und Begutachtung – Diskussion mit dem Auditorium. Trauma Berufskrankh 10:319–321 (2008)

[673] HEININGER-BINER, K.; MÜLLER, M.; HERTEL, R.: Diagnostik der Rotatorenmanschettenruptur: Korrelation des klinischen Befundes und der Magnetresonanztomographie mit dem intraoperativen Befund. Z Orthop 138:478–480 (2000)

[674] HEINRICHS, G.; KEINE, J.; HILLBRICHT, S.; JÜRGENS, C.; PAECH, A.: Patellarsehnenruptur. Trauma Berufskrankh 12:453–456 (2010)

[675] HEINRICHS, G.; GILLE, J.; JÜRGENS, C.; PAECH, A.: Ellbogenüberlastungssyndrome. Trauma Berufskrankh 16:410–415 (2014)

[676] HEINZ, J.: Eine beidseitige Spontanruptur der Patellasehne bei systemischem Lupus erythematodes. Unfallchirurgie 12:155–157 (1986)

[677] HEISER, T.M.; WEBER, J.; SULLIVAN, G. et al.: Prophylaxis and management of hamstring muscle injuries in intercollegiate football players. Am J Sports Med. 12:368–370 (1984)

[678] HEISTERBACH, P.E.; TODOROV, A.; FLÜCKIGER, R.; EVANS, C.H.; MAJEWSKI, M.: Effect of BMP-12, TGF-β1 and autologous conditioned serum on growth factor expression in Achilles tendon healing. Knee Surg Sports Traumatol Arthrosc 20:1907–1914 (2012)

[679] HELLAND, C.; MØLLER, J.B.; RAASTAD, T.; SEYNNES, O.R.; MOLTUBAKK, M.M.; JAKOBSEN, V.; VISNES, H.; BAHR, R.: Mechanical properties of the patellar tendon in elite volleyball players with and without patellar tendinopathy. Br J Sports Med 47:862–868 (2013)

[680] HELPERSTORFER, W.; BOSZOTTA, H.: Seltene Ursache für das Impingementsyndrom: intraartikuläre Ruptur der Bizepssehne. Arthroskopie 7:235–238 (1994)

[681] HEMPEL, K.; SCHWENCKE, K.: Über Abrisse der distalen Bicepssehne. Arch Orthop Unfall-Chir 79:331–319 (1974)

[682] HEMPFLING, H.: Farbatlas der Arthroskopie großer Gelenke (2. Auflage). Gustav Fischer Verlag Stuttgart – Jena – New York (1995)

[683] HEMPFLING, H., WEISE, K.; KRENN, V.: Texturstörung. Trauma und Berufskrankheit 13:65–72 (2011)

[684] HEMPFLING, H.: Begutachtung des Bewegungsapparates. In: KRENN, V.; RÜTHER, W. (Hrsg): Pathologie des Bewegungsapparates (2. Auflage). De Gruyter Berlin (2012)

[685] HEMPFLING, H.: Pathophysiologie der Sehnenrupturen. Vortrag Fachgesellschaft für interdisziplinäre medizinische Begutachtung (FIMB), Kassel (2014)

[686] HENKUS, H.E.; COBBEN, L.P.J.; COERKAMP, E.G.; NELISSEN, R.G.H.H.; VAN ARKEL, E.R.A.: The accuracy of subacromial injections: A prospective randomized magnetic resonance imaging study. Arthroscopy 22:277–282 (2006)

[687] HENNING, N.; HUNDSHAGEN, W.; WOLFF, G.: Die distale Bizepssehnenruptur – ein seltenes Ereignis. Beitr Orthop Traumatol 33:44–47 (1986)

[688] HEPP, P.; LILL, H.; KORNER, J.; JOSTEN, C.: Die isolierte Ruptur der Subskapularissehne beim jungen Überkopfsportler – Folge chronischer Überbeanspruchung. Z Orthop 140:390–393 (2002)

[689] HEPP, R.: Die Begutachtung der Rotatorenmanschettenruptur im sozialgerichtlichen Verfahren – eine Zusammenarbeit von Richter und medizinische Sachverständigen. Med Sach 105:181–191 (2009)

[690] HERBER, S.; KALDEN, P.; KREITNER, K.F.; RIEDEL, C.; ROMPE, J.D.; THELEN, M.: MRT bei chronischer Epicondylitis humeri radialis an einem 1,0 T-Gerät – Kontrastmittelgabe notwendig? Fortschr Röntgenstr 173:454–459 (2001)

[691] HERBERT, R.D.; MOSELEY, A.M.; BUTLER, J.E.; GANDEVIA, S.C.: Change in length of relaxed muscle fascicles and tendons with knee and ankle movement in humans. J Physiol 539:637–645 (2002)

[692] HERBORT, M.; HABER, A.; ZANTOP, T.; GOSHEGER, G.; ROSSLENBROICH, S.; RASCHKE, M.J.; PETERSEN, W.: Biomechanical comparison of the primary stability of suturing Achilles tendon rupture: a cadaver study of Bunnell and Kessler techniques under cyclic loading conditions. Arch Orthop Trauma Surg 128:1273–1277 (2008)

[693] HERBORT, M.; RASCHKE, M.J.: Bandverletzungen der unteren Extremität beim älteren Menschen. Unfallchirurg 114:671–680 (2011)

[694] HERBST, U.; LUDOLPH, E.: Quadrizeps- und Patellasehnenschaden. In: Ludolph – Lehmann – Schürmann – Kursbuch der ärztlichen Begutachtung. 11. Erg. Lfg. 9/01, Ecomed-Verlag Landsberg (2001)

[695] HERBORT, M.; RASCHKE, M.J.: Bandverletzungen der unteren Extremität beim älteren Menschen. Unfallchirurg 114:671–680 (2011)

[696] HERMANN, B.; STEINER, D.: Neues und Bekanntes zur arteriellen Versorgung der Rotatorenmanschette. Z Unfallchir Vers Med Berufskr, Band 82, Heft 2 (1989)
[697] HERMANN, B.; STEINER, D.: Einteilung der Rupturen der Schulterweichteile und praktische Bedeutung. Orthop Praxis 10:634 (1989)
[698] HERMANN, B.; STEINER, D.: Arterial supply of the human long biceps tendon. Acta Anat (Basel) 137:129–131 (1990)
[699] HERRICK, R.T.; HERRICK, S.: Ruptured triceps in a powerlifter presenting as cubital tunnel syndrome. Am J Sports Med 15:514–516 (1987)
[700] HERRING, G.M.: The chemical structure of tendon, cartilage, dentin and bone matrix. Clin Orthop Relat Res 60:261–299 (1968)
[701] HERTEL, P.; CIERPINSKI, T.: Muskel- und Sehnenverletzungen beim Sportler. Chirurg 65:934–942 (1994)
[702] HERTEL, R.; BALLMER, F.T.; SAMBERT, S.M.; GERBER, C.: Lag signs in the diagnosis of rotator cuff rupture. J Shoulder Elbow Surg 5:307–313 (1996)
[703] HEYDE, C.E.; MAHLFELD, K.; STAHEL, P.F.; KAYSER, R.: Ultrasonography as a reliable diagnostic tool in old quadriceps tendon ruptures: a prospective multicentre study. Knee Surg Sports Traumatol Arthrosc 13:564–568 (2005)
[704] HIEN, N.M.: Die (schmerzhafte) Insertionstendinose der Plantarfaszie. Funktionelle Ursache, Diagnostik und Therapie. Orth Praxis 46:489–496 (210)
[705] HIGASHI, N.; SONE, C.: A study on the accessory head of the biceps brachii in man. Zasshi 63:78–88 (1988)
[706] HIJIOKA, A.; SUZUKI, K.; NAKAMURA, T.; HOJO, T.: Denenerative change and rotator cuff tears. An anatomical study in 160 shoulders of 80 cadavers. Arch Orthop Trauma Surg 112:61–64 (1993)
[707] HINTON, M.A.; PARKER, A.W.; DREZ, D. Jr.; ALTCHECK, D.: An anatomic study of the subscapularis tendon and myotendinous junction. J Shoulder Elbow Surg. 3:224–229 (1994)
[708] HIRATA, K.; KANEHISA, H.; MIYAMOTO-MIKAMI, E.; MIYAMOTO, N.: Evidence for intermuscle difference in slack angle in human triceps surae. J Biomech 48:1210–1213 (2015)
[709] HIROOKA, A.; WAKITANI, S.; YONEDA, M.; OCHI, T.: Shoulder destruction in rheumatoid arthritis. Classification and prognostic signs in 83 patients followed 5–23 years. Acta Orthop Scand 67:258–263 (1996)
[710] HIRSCH, G.: Tensile properties during tendon healing. A comparative study of intact and sutured rabbit peroneus brevis tendons. Acta Orthop Scand Suppl 153:1–145 (1974)
[711] HITCHCOCK, H.H.; BECHTOL, C.O.: Painful shoulder – observations on the role of the tendon of the long gead of the biceps brachii in ist causation.J Bone Joint Surg Am 30-A:263–273 (1948)
[712] HO, H.M.; LEE, W.K.E.: Traumatic bilateral concurrent patellar tendon rupture: an alterative vixation method. Knee Surg Sports Traumatol Arthrosc 11:105–111 (2003)
[713] HOBBS, M.C.; KOCH, J.; BAMBERGER, B.: Distal biceps tendinosis: evidence-based review. J Hand Surg Am 34-A:1124–1126 (2009)
[714] HÖFLING, O.: Lehrbuch der Physik. Ferd Dümmlers Verlag Bonn (1966)
[715] HOFFMEYER, P.; FREULER, C.; COX, J.N.: Pathological changes inthe triceps surae muscle after rupture of the achilles tendon. Int Orthop (SICOT) 14:183–188 (1990)
[716] HOGAN, N.A.; LINKLATER, J.; PERKO, M.M.: Superior glenoid fracture involving the biceps anchor. Am J Sports Med 8:1632–1635 (2009)
[717] HOHLBACH, G.; KIFFNER; E.; LIEPE, B.: Bilaterale,simultane, spontane und subkutane Quadrizepssehnenruptur. Aktuelle Traumatol 11:234–237 (1981)
[718] HOHMANN, G.: Hand und Arm. München Verlag v.J.F. BERGMANN (1949)

[719] HOKSRUD, A.; ÖHBERG, L.; ALFREDSON, H.; BAHR, R.: Color Doppler Ultrasound findings in patellar tendinopathy (Jumper's Knee). Am J Sports Med 36:1813–1820 (2008)

[720] HOLDER, S.F.; GRANA, W.A.: Complete triceps tendon avulsion. Orthopedics 9:1581–1582 (1986)

[721] HOLLEB, P.D.; BACH, B.R. Jr.: Triceps brachii injuries. Sports Med 10:273–276 (1990)

[722] HOLLINSHEAD, W.H.: Anatomy for surgeons. Vol. 3. Hagerstown, MD, Harper and Row:320 (1958)

[723] HOLLINSHEAD, W.H.: Anatomy for surgeons (3 ed.). Haper & Row, Publishers Philadelphia (1982)

[724] HOLT, E.M.; ALLIBONE, R.O.: Anatomic variants of the coracoacromial ligament. J Shoulder Elbow Surg 4:370–375 (1995)

[725] HOLZ, U.; ASCHERL, I.: Die Achillessehnenruptur. Eine klinische Analyse von 560 Verletzungen. Chir Praxis 28:511–526 (1981)

[726] HOLZNER, I.: Klassifikation der Tuberculum-majus-Fraktur. Retrospektive Analyse von 97 Patienten. Dissertation Medizinische Fakultät der Universität Ulm (2015)

[727] HOMSI, C.; RODRIGUES, M.B.; SILVA, J.J.; STUMP, X.; MORVAN, G.: Anomalous insertion of the pectoralis minor muscle ultrasound findings. J Radiol 84:1007–1011 (2003)

[728] HORAS, U.; ERNST, S.; MEYER, C.; HALBSGUTH, A.; HERBST, U.: Gleichzeitige Patella- und kontralaterale Quadrizepssehnendurchtrennung. Unfallchirurg 109:801–804 (2006)

[729] HORII, M.; INOUE, S.; KIM, M.C.; SAKAI, R.; KUBO, T.: A case of locking shoulder caused by longitudinal rotator cuff tear. J Shoulder Elbow Surg 12:514–516 (2003)

[730] HOUGHTON, G.; ACKROYD, C.: Sleeve fractures of the patella in children. J Bone Joint Surg Br 61-B:165–168 (1979)

[731] HOVELIUS, L.; JOSEFSSON, G.: Rupture of the distal biceps tendon. Report of five cases. Acta Orthop Scand 48:280–282 (1977)

[732] HOWORTH, M.: Calcification of the tendon cuff of the shoulder. Sur Gynecol Obstet 80:337–345 (1945)

[733] HSU, A.T.; PERRY, J.; GRONLEY, J.K.; HISLOP, H.J.:Quadriceps force and myoelectric activity during flexed knee stance. Clin Orthop Relat 288:254–262 (1993)

[734] HSU, H.C.; WU, J.J.; LO, W.H.; YANG, D.J.: Rotator interval tear: a case report. Chin Med J (Taipei) 50:258–260 (1992)

[735] HSU, H.C.; WU, J.J.; JIM, Y.F.; CHANG, C.Y.; LO, W.H.; YANG, D.J.: Calcific tendinitis and rotator cuff tearing: a clinical and radiographic study. J Shoulder Elbow Surg 3:159–164 (1994)

[736] HSU, H.C.; LUO, Z.P.; O'DRISCOLL, S.W.; AN, K.N.: Stabilizing function of coracohumeral ligament. J Shoulder Elbow Surg 5/2:S101 (1995)

[737] HSU, K.Y.; WANG, K.C.; HO, W.P.; HSU, W.W.: Traumatic patellar tendon ruptures: a follow-up study of primary repair and a neutralization wire. J Trauma 36:658–660 (1994)

[738] HSU, K.Y.; HSU, W.W.; HO, W.P.; WANG, K.C.: Traumatic patellar tendon ruptures: a follow-up study of primary repair and a neutralization wire. Chang Gung Med J 17:39–43 (1994)

[739] HUANG, B.K.; HUGHES, T.H.: Imaging of the rotator cuff. Sports Med Arthrosc Rev 19:279–299 (2011)

[740] HUANG, T.F.; PERRY, S.M.; SOSLOWSKY, L.J.: The effect of overuse activity on Achilles tendon in an animal model: a biomechanical study. Ann Biomed Eng 32:336–341 (2004)

[741] HUBER, D.J.; KOCH, E.: Magnetresonanztomographie bei Erkrankungen der Rotatorenmanschette. Orthopäde 24:491–497 (1995)

[742] HUBER, W.P.; PUTZ, R.V.: Periarticular fiber system oft he shoulder joint. Arthroscopy 13:680–691 (1997)

[743] HUGHES, R.E.; NIEBUR, G.; LIU, J.; AN, K.N.: Comparison of two methods for computing abduction moment arms of the rotator cuff. J Biomech 31:157–160 (1998)

[744] HUGUET, D.; FAVARD, I.; LAUTMANN, S.; SIRVEAUX, F.; KERJEAN, Y.; OUDET, D.: Épidémiologie, imagerie, classification de l'omartrhrose avec rupture massive et non reparable de la coiffe. In: Walch, G.; BOILEAU, P.; MOLE, D. (eds.) 2000 shoulder prostheses 2–10 year follow-up. Sauramps Medical, Montpellier: 233–240 (2001)
[745] HUI, F.C.; FITZGERALD, R.H.: Hinged total knee arthroplasty. J Bone Joint Surg 62-A:513–519 (1980)
[746] HUTCHINSON, H.L.; GLOYSTEIN, D.; GILLESPIE, M.: Distal biceps tendon insertion: An anatomic study. J Shoulder Elbow Surg 17:342–346 (2008)
[747] HUTCHINSON, M.R.; VEENSTRA, M.A.: Arthroscopic decompression of shoulder impingement secondary to os acromiale. Arthroscopy 9:28–32 (1993)
[748] HUTCHISON, A.M.; EVANS, R.; BODGER; O.; PALLISTER, I.; TOPLISS, C.; WILLIAMS, P.; VANNET, N.; MORRIS, V.: BEARD, D.: What is the best clinical test for Achilles tendinopathy? Foot Ankle Surg 19:112–117 (2013)
[749] HUTTUNEN, T.T.; KANNUS, P.; ROLF, C.; FELLÄNDER-TSAI, L.; MATTILA, V.M.: Acute achilles tendon ruptures: incidence of injury and surgery in Sweden between 2001 and 2012. Am J Sports Med 42:2419–2423 (2014)
[750] IANNOTTI, J.P.; WANG, E.D.: Avulsion of the supraglenoid tubercle: a variation of the SLAP lesion. J Shoulder Elbow Surg 1:26–30 (1992)
[751] IDE, J.; TOKIYOSHI, A.; HIROSE, J.; MIZUTA, H.: Arthroscopic repair of traumatic combined rotator cuff tears involving the subscapularis tendon. J Bone Joint Surg Am 89:2378–2388 (2007)
[752] IDE, J.; TOKIYOSHI, A.; HIROSE, J.; MIZUTA, H.: An anatomic study of the subscapularis insertion tot he humerus: The subscapularis footprint. Arthroscopy 24:749–753 (2008)
[753] IDELBERGER, K.: Die Periarthritis humero-scapularis. In HOHMANN, G.; HACKENBROCH, M.; LINDEMANN, K., editors. Handbuch der Orthopädie Band III. Thieme: Stuttgart: 192–207 (1959)
[754] IDLER, C.S.; MONTGOMERY, W.H. III; LINDSEY, D.P.; BADUA, P.A.; WYNNE, G.F.; VERBY, S.A.: Distal biceps tendon repair: a biomechanical comparison of intact tendon and 2 repair techniques. Am J Sports Med 34:968–974 (2006)
[755] IKAI, M.; FUKUNAGA, T.: Calculation of muscle strength per unit cross-sectional area of human muscle by means of ultrasonic measurement. Int Z Angew Physiol 26:26–32 (1968)
[756] IKEDA, H.: Rotator interval lesion. Part I: clinical study. J Jpn Orthop Assoc 60:1261–1274 (1986)
[757] IKEDA, H.: Rotator interval lesion. Part II: biomechanical study. J Jpn Orthop Assoc 60:1275–1281 (1986)
[758] IMHOFF, A.B.; PLATH, J.E.: Traumatische Subskapularisläsion beim älteren Patienten. Arthroskopie 23:327 (2010)
[759] INMAN, V.T.; SAUNDERS, J.B.; ABBOTT, L.C.: Observations on the function of the shoulder joint. J Bone Joint Surg 26:1–30 (1944)
[760] INOUE, A.; CHOSA, E.; GOTO, K.; TAJIMA, N.: Nonlinear stress analysis of the supraspinatus tendon using three-dimensional finite element analysis. Knee Surg Sports Traumatol Arthrosc 21:1151–1157 (2013)
[761] INSALL, J.N.; SALVATI, E.: Patella position in the normal knee joint. Radiology 101:101–104 (1971)
[762] IRELAND, M.L.; CHANG, J.L.: Acute fracture bipartite patella: case report and literature review. Med Sci Sports Exerc 27:299–302 (1995)
[763] IRLENBUSCH, U.; PIEPER, K.S.: Muskelbioptische Untersuchungen am Schultergelenk – ein Beitrag zur Pathogenese der so genannten Periarthritis humeroscapularis. Orthop Prax 8:529–532 (1992)

[764] ISHIKAWA, K.; KAI, K.; MIZUTA, H.: Avulsion of the hamstring muscles from the ischial tuberosity: a report of two cases. Clin Orthop Relat Res 232:153–155 (1988)

[765] ISHIKAWA, M.; KOMI, P.V.; GREY, M.J.; LEPOLA, V.; BRÜGGEMANN, G.P.: Muscle-tendon interaction and elastic energy usage in human walking. J Appl Physiol 99:603–608 (2005)

[766] ISSAC, R.T.; GOPALAN, H.; JOHN, C.; ABRAHAM, M.; ISSAC, S.M.: Nonoperatively treated infraglenoid tubercle avulsion. Chin J Traumatol. 17:301–304 (2014)

[767] ITOI, E.; KUECHLE, O.K.; NEWMANN, S.R.; MORREY, B.F.; AU, K.: Stabilizing function of the biceps in stable and unstable shoulders. J Bone Joint Surg Br 75:546–550 (1973)

[768] ITOI, E.; MOTZKIN, N.E.; MORREY, B.F.; AN, K.N.: Stabilizing function of the long head of the biceps in the hanging arm position. J Shoulder Elbow Surg 3:135–142 (1994)

[769] ITOI, E.; BeRGLUND, L.J.; GRABOWSKI, J.J.; SCHULTZ, F.M.; GROWNEY, E.S.; MORREY, B.F.: Tensile properties of the supraspinatus tendon. J Orthop Res 13:578–584 (1995)

[770] ITOI, E.; MINAGAWA, H.; KONNO, N. et al.: Relationship between smoking and rotator cuff tears. J Shoulder Elbow Surg 5:S124 (1996)

[771] ITOI, E.; AN, K.N.; LEE, S.B. et al.: Arm rotation affects the function of the arm muscles at the glenohumeral joint. Trans Orthop Res Soc 24:380 (1999)

[772] JÄGER, M.: Sehnenrupturen. Hinweis für den praktizierenden Sportarzt. Sportarzt Sportmed 23:110–113 (1972)

[773] JÄGER, M.: Experimentelle Grundlagen für die Begutachtung von Schäden an den Menisci und Sehnen. Unfallmedizinische Tagungen der Landesverbände der gewerblichen Berufsgenossenschaften 23:191–196 (1974)

[774] JAMES, S.L.; BATES, B.T.: Injuries to runners. Am J Sports Med 6/2:40–49 (1978)

[775] JANSEN, J.A.; HADDAD, F.S.: Distal patellar tendon avulsion frcture in a football player with osteogenesis imperfecta. Knee Surg Sports Traumatol Arthrosc 20:327–330 (2012)

[776] JÄRVINEN, M.; JÓZSA, L.; KANNUS, P.; JARVINEN, T.L.; KVIST, M.; LEADBETTER, W.: Histopathological findings in chronic tendon disorders. Scand J Med Sci Sports 7:86–95 (1997)

[777] JÄRVINEN, T.A.H.; KÄÄRIÄINEN, M.; JÄRVINEN, M.; KALIMO, H.: Muscle strain injuries. Curr Opin Rheumatol 12:155–161 (2000)

[778] JÄRVINEN, T.A.; JÄRVINEN, T.L.; KANNUS, P.; JÓZSA, L.; JÄRVINEN, M.: Collagen fibres of the spontaneously ruptured human tendons display decreased thickness and crimp angle. J Orthop Res 22:1303–1309 (2004)

[779] JÄRVINEN, T.A.; JÄRVINEN, T.L.; KÄÄRIÄINEN, M.; KALIMO, H.; JÄRVINEN, M.: Muscle injuries: biology and treatment. Am J Sports Med 33:745–764 (2005)

[780] JÄRVINEN, T.A.H.; KANNUS, P.; MAFFULLI, N.; KHAN, K.M.: Achilles tendon disorders: etiology and epidemiology. Foot Ankle Clin N Am 10:255–266 (2005)

[781] JARRETT, C.D.; WEIR, D.M.; STUFFMANN, E.S.; JAIN, S.; MILLER, M.C.; SCHMIDT, C.C.: Anatomic and biomechanical analysis of the short and long head components of the distal biceps tendon. J Shoulder Elbow Surg 21:942–948 (2012)

[782] JEFFREY, A.: Simultaneous bilateral rupture of the patellar tendon and quadriceps expansions in systemic lupus erythematosus. J Bone Joint Surg 56-A:823 (1974)

[783] JEKIĆ, M.: Neue Aspekte zur Genese der Achillessehnenruptur. In: REHN, J.; SCHWEIBERER, L. (Hrsg). Hefte zur Unfallheilkunde, Beiheft zu Unfallheilkunde/Traumatologie Heft 126: 413–415 (1976)

[784] JENSEN, I.H.; KRAMHOFT, M.: Distal rupture of the biceps femoris muscle. Scand J Med. Sci Sports 4:259–260 (1994)

[785] JENSEN, K.L.; WILLIAMS, G.R. Jr.; RUSSELL, I.J.; ROCKWOOD, C.A. Jr.: Current concepts review: Rotator cuff tear arthropathy. J Bone Joint Surg 81-A:1312–1324 (1999)

[786] JEROSCH, J.; CASTRO, W.H.M.; JANTEA, C.: Eine zweizeitige Ruptur der langen Bizepssehne und doppelseitige Ruptur des M. pect. major. Fallbeschreibung und Sichtung der Literatur. Dt Ztschr für Sportmed 40:288–201 (1989)
[787] JEROSCH, J.; MÜLLER, T.; SONS, H.U.; CASTRO, W.H.M.: Die Korrelation von Degeneration des AC-Gelenkes und Rupturen der Rotatorenmanschete. z Orthop 128:642–647 (1990)
[788] JEROSCH, J.; MOERSLER, M.; GROSSE-HACKMANN, A.; CLAHSEN, H.: Über die Funktion der Schultergelenkkapsel unter besonderer Berücksichtigung der glenohumeralen Ligamente. Orthop Praxis 3:147–154 (1992)
[789] JEROSCH, J.; SCHUNCK, J.: Endoskopisches Release der Plantarfaszie (ERPF). Orthop Praxis 40:36–40 (2004)
[790] JEROSCH, J.; SCHUNCK, J.: Inzidenz und arthroskopisch gestützte Therapie eines Os acromiale bei Patienten mit einem anhaltenden subakromialen Schmerzsyndrom nach arthroskopischer subakromialer Dekompression. Orthop Praxis 40:100–104 (2004)
[791] JOBE, F.W.; JOBE, C.M.: Painful athletic injuries of the shoulder. Clin Orthop Relat Res 173:117–124 (1983)
[792] JOCKEL, C.R.; MULIERI, P.J.; BELSKY, M.R.; LESLIE, B.M.: Distal biceps tendon tears in women. J Shoulder Elbow Surg 19:645–650 (2010)
[793] JOESSEL, J.G.: Beidseitiges Fehlen des langen Bizepskopfes. Z Anat Entwicklungsgesch 2:143 (1877)
[794] JOHANNSON, S.: En förut icke beskriven sjükdom i patella. Hygiea (Stockh.) 84:161 (1922)
[795] JOHNSON, A.E.; GRANVILLE, R.R.; DE BERARDINO, T.M.: Avulsion of the common hamstring tendon origin in an active duty airman. Mil Med 168:40–42 (2003)
[796] JOHNSON, D.P.; WAKELEY, C.J.; WATT, I.: Magnetic resonace imaging of patellar tendonitis. J Bone Joint Surg Br 78:452–457 (1996)
[797] JOHNSON, D.P.: Arthroscopic surgery for patellar tendonitis: A new technique. Arthroscopy 14:44 (1998)
[798] JOHNSON, D.: Arthroscopic surgery for patellar tendonitis: a one to four Year follow up sutdy. Arthroscopy 15/1, AGA-Abstracts (1999)
[799] JOHNSON, L.L.: Arthroscopic surgery. Mosby, St. Louis Toronto Princeton (1988)
[800] JOHNSON, L.L.; BAYS, B.M.; VAN DYK, E.: Vincula of the biceps tendon in the glenohumeral joint: An arthroscopic and anatomic study. J Shoulder Elbow Surg 1:162–166 (1992)
[801] JOHNSTON, J.L.: Rupture of the biceps brachii tendon at its insertion. J Am Osteopath Assoc 71:107–110 (1971)
[802] JONES, N.; KJELLSTRAND, C.M.: Spontaneous tendon ruptures in patients on chronic dialysis. Am J Kid Dis 28:861–866 (1996)
[803] JORGENSEN, U.:L Achillodynia and loss of heel pad shock absorbency. Am J Sports Med 13:128–132 (1985)
[804] JORGENSEN, L.N.; KALLEHAVE, F.; CHRISTENSEN, E. et al.: Less collagen production in smokers. Surgery 123:450–455 (1998)
[805] JOST, B.; KOCH, P.P.; GERBER, C.: Anatomy and functional aspects of the rotator interval. J Shoulder Elbow Surg 9:336–341 (2000)
[806] JOSTKLEIGREWE, F.; LUDOLPH, E.: Kausalitätsprobleme bei der Begutachtung der Rotatorenmanschettenruptur. Orthop Prax 9:733–736 (1987)
[807] JÓZSA, L.; BÁLINT, B.J.; REFFY, A.: Calcifying tendinopathy. Arch Orthop Trauma Surg 97:305–307 (1980)
[808] JÓZSA, L.; BÁLINT, B.J.; RÉFFY, A.; DEMEL, Z.: Hypoxic alterations of tenocytes in degenerative tendinopathy. Arch Orthop Trauma Surg 99:243–246 (1982)
[809] JÓZSA, L.; RÉFFY, A.; BÁLINT, J.B.: Polarization and electronmicroscopic studies on the collagen of intact and ruptured human tendons. Acta Histochem (Jena) 74:209–215 (1984)

[810] JÓZSA, L.; BÁLINT, B.J.; RÉFFY, A.; DEMEL, Z.: Fine structural alterations of collagen fibers in degenerative tendinopathy. Arch Orthop Trauma Surg 103:47–51 (1984)
[811] JÓZSA, L.; KVIST, M.; BÁLINT, B.J.; RÉFFY, A.; JÄRVINEN, M.; LEHTO, M.; BARZÒ, M.: The role of recreational sports activity in Achilles tendon rupture. A clinical pathoanatomical and sociological study of 292 cases. Am J Sports Med 47:338–343 (1989)
[812] JÓZSA, L.; RÉFFY, A.; KANNUS, P.; DEMEL, S.; ELEK, E.: Pathological alterations in human tendons. Arch Orthop Trauma Surg 110:15–21 (1990)
[813] JÓZSA, L.; KANNUS, P.; JÄRVINEN, M.; KVIST, M.; LEHTO, M.: Denervation and immobilization induced changes in the myotendinous junction. Eur J Exp Musculoskel Res 1:105–112 (1992)
[814] JÓZSA, L.; BALINT, J.B.; KANNUS, P.: Amianthoid fibres in ruptured human tendons. Path Res Pract 189:204–208 (1993)
[815] JÓZSA, L.G.; KANNUS, P.: Human Tendons. Anatomy, Physiology, and Pathology. Human Kinetics Champaign, Illinois (1997)
[816] JUNG, W.; KORTMANN, H.R.: Distale Bizepssehnenruptur. Trauma Berufskrankh 7:153–156 (2005)
[817] JUUL-KRISTENSEN, B.; LUND, H.; HANSEN, K.; CHRISTENSEN, H.; DANNESKIOLD-SAMSØE, B.; BLIDDAL, H.: Poorer elbow proprioception in patients with lateral epicondylitis than in healthy controls: a cross-sectional study. J Shoulder Elbow Surg 17:72S–81S (2008)
[818] KÄLEBO, P.; SWÄRD, L.; KARLSSON, J.; PETERSON, L.: Ultrasonography in the detection of partial patellar ligament ruptures (jumper's knee). Skeletal Radiol 20:285–289 (1991)
[819] KAI-NAN, A.: Tendon biomechanics: Age-related changes in function and forces. In: BUCKWALTER, J.A.; GOLDBERG, V.M.; WOO, S.Y. (Hrsg): Musculoskeletal soft-tissue aging: Impact on mobility. American Academy of Orthopaedic Surgeons, Rosemont:269–274 (1992)
[820] KAINBERGER, F.; MITTERMAIER, F.; SEIDL, G.; PARTH, E.; WEINSTABL, R.: Imaging of tendons – adaption, degeneration, rupture. Europ J Radiol 25:209–222 (1997)
[821] KAISER, V.: Begutachtung des Rotatorenmanschettendefektes: Eine Fallstudie mit allgemeinen verwaltungsseitigen Hinweisen. Akt Traumatol 24:239–242 (1994)
[822] KALANTAR-ZADEH, K.; SINGH, K.; KLEINER, M.; JARRET, M.P.; LUFT, F.C.: Nontraumatic bilateral rupture of patellar tendons in a diabetic dialysis patient with secondary hyperparathyroidism. Nephrol Dial Transplant 12:1988–1990 (1997)
[823] KAMALI, M.: Bilateral traumatic rupture of the infrapatellar tendon. Clin Orthop Relat Res 142:131–134 (1978)
[824] KANATALI, U.; OZTURK, B.Y.; ESEN, E.; BULUKBASI, S.: Intra-articular variations of the long head of the biceps tendon. Knee Surg Sports Traumatol Arthrosc 19:1576–1581 (2011)
[825] KANAYAMA, G.; DE LUCA, J.; MEEHAN, W.P.; HUDSON, J.I.; ISAACS, S.; BAGGISH, A.; WEINER, R.; MICHELI, L.; POPE, H.G. Jr.: Ruptured tendons in anabolic-androgenic steroid users: A cross-sectional cohort study. Am J Sports Med 43:2638–2644 (2015)
[826] KANNUS, P.; JÓZSA, L.: Histopathological changes preceeding spontaneous rupture of a tendon. A controlled study of 891 patients. J Bone Joint Surg Am 73:1507–1525 (1991)
[827] KANNUS, P.; JÓZSA, L.; RENSTRÖM, P.; JÄRVINEN, M.; KVIST, M.; LEHTO, M.; OJA, P.; VUORI, J.: The effects of training, immobilization and remobilization on musculoskeletal tissue. I: Training and immobilization. Scand J Med Sci Sports 2: 100–118 (1992)
[828] KANNUS, P.; NATRI, A.: Etiology and pathophysiology of tendon ruptures in sports. Scand J Med Sci Sports 7:107–112 (1997)
[829] KAPANDJI, I.A.: Funktionelle Anatomie der Gelenke. Bd. 1. Enke, Stuttgart:28 (1984)
[830] KAPLAN, P.E.; KERNAHAN, W.T.: Rotator cuff rupture: management with suprascapular neuropathy. Arch Phys Med Rehabil 65:273–275 (1984)

[831] KAPOOR, A.; SANDHU, H.S.; SANDHU, P.S.; KAPOOR, A.; MAHAJAN, G.; KUMAR, A.: Realtime elastography in plantar fasciitis: comparison with ultrasonography and MRI. Curr Orthop Pract 21: 600–608 (2010)

[832] KAPPE, T.; CAKIR, B.; REICHEL, H.; ELSHARKAWI, M.: Reliability of radiologic classification for cuff tear arthropathy. J Shoulder Elbow Surg 20:543–547 (2011)

[833] KARABAY, N.; TOROS, T.; HUREL, C.: Ultrasonographic evaluation in plantar fasciitis. J Foot & Ankle Surg 46:442–446 (2007)

[834] KARAMANIDIS, K.; ARAMPATZIS, A.: Mechanical and morphological properties of human quadriceps femoris and triceps surae muscle-tendon unit in relation to aging and running. J Biomech 39:406–417 (2006)

[835] KARAS, V.; WANG, V.M.; DHAWAN, A.; COLE, B.J.: Biomechanical factors in rotator cuff pathology. Sports Med Arthrosc Rev 19:202–206 (2011)

[836] KARDOUNI, J.R.; SEITZ, A.L.; WALSWORTH, M.K.; MICHENER, L.A.: Neovascularization prevalence in the supraspinatus of patients with rotator cuff tendinopathy. Clin J Sport Med. 23:444–449 (2013)

[837] KARJALAINEN, P.T.; SOILA, K.; ARONEN, H.J.; PIHLAJAMÄKI, H.K.; TYNNINEN, O.; PAAVONEN, T.; TIRMAN, P.F.J.: MR imaging of overuse injuries of the Achilles tendon. AJR Am J Roentgenol 175:251–260 (2000)

[838] KARLSSON, J.; KÄLEBO, P.; GOKSOR, L.A. et al.. Partial rupture of the patellar ligament. Am J Sports Med 20:390–395 (1992)

[839] KARTHIKEYAN, S.; RAI, S.B.; PARSONS, H.; DREW, S.; SMITH, C.D.; GRIFFIN, D.R.: Ultrasound dimensions of the rotator cuff in young healthy adults. J Shoulder Elbow Surg 23:1107–1112 (2014)

[840] KASK, K.; KOLTS, I.; LUBIENSKI, A. et al.: Magnetic resonance imaging and correlative gross anatomy of the ligamentum semicirculare humeri (Rotator cable). Clin Anat 21:420–426 (2008)

[841] KASPER, J.C.; ITAMURA, J.M.; TIBONE, J.E.; LEVIN, S.L.; STEVANOVIC, M.V.: Human cadaveric study of subscapularis muscle innervation and guidelines to prevent denervation. J Shoulder Elbow Surg 17:659–662 (2008)

[842] KASTEN, P.; SCHEWE, B.; MAURER, F.; GÖSLING, T.; KRETTEK, C.; WEISE, K.: Rupture of the patellar tendon: a review of 68 cases and a retrospective study of 29 ruptures comparing two methods of augmentation. Arch Orthop Trauma Surg 121:578–582 (2001)

[843] KATTHAGEN, J.C.; JENSEN, G.; MÜLLER, T.; VOIGT, C.; LILL, H.: Verletzungen der Subskapularissehne. Anatomie, Diagnostik und Stellenwert der arthroskopischen Therapie. Unfallchirurg 115:817–829 (2012)

[844] KATZER, A.; WENING, J.V.; BECKER-MÄNNICH, H.U.; LORKE, D.E.; JUNGBLUTH, K.H.: Die Rotatorenmanschettenruptur. Gefäßversorgung und Kollagenfaserverläufe als pathogenetische Faktoren. Unfallchirurgie 23:52–59 (1977)

[845] KEENE, J.S.; LASH, E.G.; FISHER, D.R.; DE SMET, A.A.: Magnetic resonance imaging of achilles tendon ruptures. Am J Sports Med 17:333–337 (1989)

[846] KEENER, J.D.; WIE, A.S.; KIM, H.M.; STEGER-MAY, K.; YAMAGUCHI, K.: Proximal humeral migration in shoulders with symptomatic and asymptomatic rotator cuff tears. J Bone Joint Surg Am 91:1405–1413 (2009)

[847] KEENER, J.D.; CHAFIK, D.; KIM, H.M.; GALATZ, L.M.; YAMAGUCHI, K.: Insertional anatomy of the triceps brachii tendon. J Shoulder Elbow Surg 19:399–405 (2010)

[848] KEENER, J.D.; STEGER-MAY, K.; STOBBS, G.; YAMAGUCHI, K.: Asymptomatic rotator cuff tears: patient demographics and baseline shoulder function. J Shoulder Elbow Surg 19:1191–1198 (2010)

[849] KELLERSMANN, R.; BLATTERT, T.R.; WECKBACH, A.: Bilateral patellar tendon rupture without predisposing systemic disease or steroid use: a case report and review of the literature. Arch Orthop Trauma Surg 125:127–133 (2005)

[850] KELLY, D.W.; CARTER, V.S.; JOBE, F.W.; KERLAND, R.K.: Patellar and quadriceps tendon ruptures-jumper's knee. Am J Sports Med 12:375–380 (1984)

[851] KELLY, M.P.; PERKINSON, S.G.; ABLOVE, R.H.; TUETING, J.L.: Distal biceps tendon ruptures. An epidemiological analysis using a large population database. Am J Sports Med 43:2012–2017 (2015)

[852] KEMPF, J.F.; BONNOMET, F.; NERISSON, D.; GASTAUD, F: Do subacromial plicae synovialis exist? J Shoulder Elbow Surg 5/2:S66 (1996)

[853] KENN, W.; HUFNAGEL, P.; MÜLLER, T.; GOHLKE, F.; BÖHM, D.; KELLNER, M.; HAHN, D.: Arthrographie,Ultraschall und MRT bei Rotatorenmanschettenläsionen – ein Methodenvergleich bei Partialläsionen und kleinen kompletten Rupturen. Fortschr Röntgenstr 172:260–266 (2000)

[854] KERKHOFFS, G.M.M.J.; VAN ES, N.; WIELDRAAIJER, T.; SIEREVELT, I.N.; EKSTRAND, J.; VAN DIJK, C.N.: Diagnosis and prognosis of acute hamstring injuries in athletes. Knee Surg Sports Traumatol Arthrosc 21:500–509 (2013)

[855] KESSEL, L.; WATSON, M.: The painful arc syndrome: clinical classification as a guide to management. J Bone Join Surg 59-B:166–172 (1977)

[856] KEYES, E.L.: Anatomical observations on senile changes in the shoulder. J Bone Joint Surg 17:953–960 (1935)

[857] KEYL, W.: Verletzungen der Rotatorenmanschette – Entstehung, Formen, Diagnose. Hefte zur Unfallheilk 160: 251–260 (1982)

[858] KEYL, W.: Pathologisch-anatomische Grundlagen von Verletzungen und Erkrankungen der Rotatorenmanschette und der langen Bizepssehne. Hefte Unfallheilk 206:12–18 (1989)

[859] KHAN, K.M.; COOK, J.L.; BONAR, F.; HARCOURT, P.; ASTROM, M.: Histopathology of common tendinopathies. Update and implications for clinical management. Sports Med 27:393–408 (1999)

[860] KHAN, K.M.; COOK, J.L.: Overuse tendon injuries: Where does the pain come from? Sports Med and Arthrosc Rev 8:17–31 (2000)

[861] KHAZZAM, M.; GEORGE, M.S.; CHURCHILL, R.S.; KUHN, J.E.: Disorders of the long head of biceps tendon. J Shoulder Elbow Surg 21:136–145 (2012)

[862] KIBUULE, L.K.; FEHRINGER, E.V.: Distal triceps tendon rupture and repair in an otherwise healthy pediatric patient: a case report and review of the literature. J Shoulder Elbow Surg 16:e1–3 (2007)

[863] KIDO, T.; ITOI, E.; KONNO, N.; SANO A.; Urayama, M.; SATO, K.: The depressor function of biceps on the head of the humerus in shoulders with tears of the rotator cuff. J Bone Joint Surg Br 82:416–419 (2000)

[864] KIKUKAWA, K.; DIE, J.; KIKUCHI, K.; MORITA, M.; MIZUTA, H.; OGATA, H.: Hypertrophic changes of the teres minor muscle in rotator cuff tears: quantitative evaluation by magnetic resonance imaging. Radiology 186:435–441 (1993)

[865] KIM, M.; DAHIYA, N.; TEEFEY, S.A.; KEENER, J.D.; GALATZ, L.M.; YAMAGUCHI, K.: Relationship of tear size and location to fatty degeneration of the rotator cuff. J Bone Joint Surg Am 92:829–839 (2010)

[866] KIM, J.R.; RYU, K.J.; HONG, I.T.; KIM, B.K.; KIM,J.H.: Can a high acromion index predict rotator cuff tears? Int Orthop (SICOT) 36:1019–1024 (2012)

[867] KIM, K.C.; RHEE, K.J.; SHIN, H.D.; KIM, Y.M.: Biceps long head tendon revisited: a case report of split tendon arising from single origin. Arch Orthop Trauma Surg 128:495–498 (2008)

[868] KIM, K.C.; RHEE, K.J.; SHIN, H.C.: A long head of the biceps tendon confluent with the intra-articular rotator cuff: arthroscopic and MR arthrographic findings. Arch Orthop Trauma Surg 129:311–314 (2009)

[869] KIM, K.M.; HUANG, S.N.: Ultrastructural study of calcification of human aortic valve. Lab Invest 25:357–366 (1971)

[870] KIM, K.M.; VELIGORSKY, J.M.; HENGER, W.J.: Aging changes in the human aortic valve in relation to dystrophic calcification. Hum Pathol 7:47–60 (1976)

[871] KIM, P.J.; MARTIN, E.; BALLEHR, L.; RICHEY, J.M.; STEINBERG, J.S.: Variability of insertion of the Achilles tendon on the calcaneus: an MRI study of younger subjects. J Foot Ankle Surg 50:41–43 (2011)

[872] KIM, S.H.; HA, K.I.; KIM, H.S.; KIM, S.W.: Electromyographic activity of the biceps brachii muscle in shoulders with anterior instability. Arthroscopy 17:864–868 (2001)

[873] KIM, S.H.; HA, K.I.: Arthroscopic treatment of symptomatic shoulders with minimally displaced greater tuberosity fractures. Arthroscopy 16:695–700 (2000)

[874] KIM, T.K.; RAUH, P.B.; FC FARLAND, E.G.: Partial tears of the subscapularis tendon found during arthroscopic procedures on the shoulder: a statistical analysis of sixty cases. Am J Sports Med 31:744–750 (2003)

[875] KIM, Y.H.; SHAFI, M.; LEE, Y.S.; KIM, J.Y.; KIM, W.Y.; HAN, C.W.: Spontaneous and simultaneous rupture of both quadriceps tendons in a patient with chronic renal failure. A case studied by MRI both preoperatively and postoperatively. Knee Surg Sports Traumatol Arthrosc 14:55–59 (2006)

[876] KINDT, A.; ROTT, O.; IRLENBUSCH, U.: Traumatische Ruptur des Musculus pectoralis major – ein Fallbericht. Z Orthop Unfall 148:581–584 (2010)

[877] KING, J.B.; PERRY, D.J.; MOURAD, K.; KUMAR, S.J.: Lesions of the patellar ligament. J Bone Joint Surg Br 72-B:46–48 (1990)

[878] KING, J.B.; COOK, J.L.; KHAN, K.M.; MAFFULLI, N.: Patellar tendinopathy. Sports Medicine Arthrosc Rev 8:86–95 (2000)

[879] KJAER, M.: Adaptation of tendons to physical exercise. Dtsch Z Sportmed 55:148–151 (2004)

[880] KJAER, M.; LANGBERG, H.; HEINEMEIER, K.; BAYER, M.L.; HANSEN, M.; HOLM, L.; DOESSING, S.; KONGSGAARD, M.; KROGSGAARD, M.R.; MAGNUSSON, S.P.: From mechanical loading to collagen synthesis, structural changes and function in human tendon. Scand J Med Sci Sports 19:500–510 (2009)

[881] KJELLIN, I.; HO, C.P.; CERVILLA, V.; HAGHIGHI, P.; KERR, R.; VANGNESS, T.; FRIEDMAN, R.J.; TRUDELL, D.; RESNICK, D.: Alterations in the supraspinatus tendon at MR imaging: correlation with histopathologic findings in cadavers. Radiology 181:837–841 (1991)

[882] KLEINMAN, P.K.; SPEVAK, M.R.: Variation in acromial ossification simulating infant abuse in victims of sudden infant death syndrome. Radiology 180:185–187 (1991)

[883] KLINGELE, K.E.; SALLAY, P.I.: Surgical repair of complete proximal hamstring tendon rupture. Am J Sports Med 30:742–747 (2002)

[884] KLÜMPER, A.: Sporttraumatologie. Ecomed-Verlag, Landsberg (2004)

[885] KLUG, J.D.; MOORE, S.L.: MR imaging of the biceps muscle-tendon complex. Magn Reson Imaging Clin N Am 5:755–765 (1997)

[886] KLUGER, R.; MAYRHOFER, R.; KRÖNER, A.; PABINGER, C.; PÄRTAN, G.; HRUBY, W.; ENGEL, A.: Sonographic versus magnetic resonance arthrographic evaluation of full-thickness rotator cuff tears in millimeters. J Shoulder Elbow Surg 12:110–116 (2003)

[887] KNESE, K.H.; BIERMANN, H.: Die Knochenbildung an Sehnen- und Bandansätzen im Bereich ursprünglich chondraler Apophysen. Z Zellforsch 49:142–187 (1958)

[888] KNIESEL, B.; HUTH, J.; BAUER, G.; MAUCH, F.: Systematic diagnosis and therapy of lateral elbow pain with emphasis on elbow instability. Arch Orthop Trauma Surg 134:1641–1647 (2014)

[889] KNÖRZER, E.; FOLKHARD, W.; GEERCKEN, W.; BOSCHERT, C.; KOCH, M.H.J.; HILBERT, B.; KRAHL, H.; MOSLER, E.; NEMETSCHEK-GANSLER, H.; NEMETSCHEK, T.: New aspects of the etiology of tendon rupture. An analysis of time-resolved dynamic-mechanical measurements using synchrotron radiation. Arch Orthop Trauma Surg 105:113–120 (1986)

[890] KNUDSEN, H.B.; GELINECK, J.; SØJBJERG, J.O.; OLSEN, B.S.; JOHANNSEN, H.V.; SNEPPEN, O.: Functional and magnetic resonance imaging evaluation after single-tendon rotator cuff reconstruction. J Shoulder Elbow Surg 8:242–246 (1999)

[891] KOCH, S.; TILLMANN, B.: The distal tendon of the biceps brachii. Structure and clinical correlations. Ann Anat 177:467–474 (1995)

[892] KÖCKERLING, F.: Verletzungen der Sehne des M. quadrizeps und des Lig. patellae. In: GELDMACHER, J.: Sehenchirurgie. Urban & Schwarzenberg, München Wien Baltimore:276–282 (1992)

[893] KÖNIG, A.; MÜLLER, T.; NATALIS, M.; GOHLKE, F.: Das sonographische Erscheinungsbild der langen Bizepssehne beim subakromialen Schmerzsyndrom. Orthop Praxis 33:114–118 (1997)

[894] KÖNIG, D.P.; PORSCH, M.; ZIRBES, T.; SCHMIDT, J.: Versicherungsrechtliche Beurteilung der traumatischen Achillessehnenruptur. Versicherrungsmedizin 51:80–82 (1999)

[895] KÖNN, G.; EVERTH, H.J.: Morphologie der spontanen Sehnenzerreißung. Hefte Unfallheilk 91:255–262 (1967)

[896] KÖNN, G.: Morphologie der spontanen Sehnenzerreißungen und ihre gutachtliche Beurteilung, in Schriftenreihe: „Unfallmedizinische Tagungen der Landesverbände der gewerblichen Berusgenossenschaften", Heft 9 (1970)

[897] KÖNN, G.; LÖBBECKE, F.: Zur Morphologie und den Ursachen der spontanen Achillessehnenruptur. Hefte zur Unfallheilkunde, Heft 121: 297–302, Springer Berlin Heidelberg (1975)

[898] KOEPPEN, S.: Gesundheitsschäden durch elektrischen Strom. Handb d ges Arbeitsmedizin, Bd II, hsg von BAADER, E. Urban & Schwarzenberg, München (1961)

[899] KOH, K.H.; HAN, K.Y.; YOON, Y.C.; LEE, S.W.; YOO, J.C.: True anteroposterior (Grashey) view as a screening radiograph for further imaging study in rotator cuff tear. J Shoulder Elbow Surg 22:901–907 (2013)

[900] KOHN, D.; WÜLKER, N.; RENNER, S.: Die subakromiale Durchsicht-Aufnahme – eine experimentelle und klinische Studie. Orthop Praxis 3:155–156 (1992)

[901] KOLLIAS, S.L.; SNYDER, S.J.: Isolated subscapularis tendon injuries: Diagnosis and surgical treatment. Arthroscopy 12:356 (1996)

[902] KOLTS, J.; TILLMANN, B.; LULLMANN-RAUCH, R.: The structure and vascularization of the biceps brachii long bead tendon. Anat Anz 176:75–80 (1994)

[903] KOLTS, I.; BUSCH, L.C.; TOMUSK, H.; RAJAVEE, E.; ELLER, A.; RUSSLIES, M.; KÜHNEL, W.: Anatomical composition of the anterior shoulder joint capsule. A cadaver study on 12 glenohumeral joints. Ann Anat 183:53–59 (2001)

[904] KOMARASAMY, B.; VADIVELU, R.; BOYD, K.T.; PANDEY, R.; RENNIE, W.: Concomitant talar neck fracture and Achilles tendon rupture. J Foot Ankle Surg 46:188–191 (2007)

[905] KOMI, P.V.: Relevance of in vivo force measurements to human biomechanics. J Biomech 23 (Suppl 1): 23–34 (1990)

[906] KONGSGAARD, M.; KOVANEN, V.; AAGAARD, P. et al.: Corticosteroid injections, eccentric decline squat training and heavy slow resistance training in patellar tendinopathy. Scand J Med Sci Sports 19:790–802 (2009)

[907] KONGSGAARD, M.; QVORTRUP, K.; LARSEN, J.; AAGAARD, P.; DOESSING, S.; HANSEN, P.; KJAER, M.; MAGNUSSON, S.P.: Fibril morphology and tendon mechanical properties in patellar tendinopathy: Effects of heavy slow resistance training. Am J Sports Med 38:749–756 (2010)

[908] KONIN, G. P.; NAZARIAN, L.N.; WALZ, D.M.: US of the elbow: indications, technique, normal anatomy, and pathologic conditions. RadioGraphics 33:E125–E147 (2013)

[909] KONTTINEN, Y.T.; SANTAVIRTA, S.; PAAVOLAINEN, P.; ANTTI-POIKA, I.; TIAINEN, T.; NORDSTRÖM, D.; HUKKANEN, M.: Immunoreactive neuropeptide nerves in ligamentous tissue in chronic shoulder pain. Arch Orthop Trauma Surg 111:341–344 (1992)

[910] KOO, S.S.; BURKHART, S.S.: Subscapularis tendon tears: identifying mid to distal footprint disruptions. Arthroscopy 26:1130–1134 (2010)

[911] KOPLAS, M.C.; WINALSKI, C.S.; ULMER, W.H. Jr.; RECHT, M.: Bilateral congenital absence of the long head of the biceps tendon. Skeletal Radiol 38:715–719 (2009)

[912] KOPLAS, M.C.; SCHNEIDER, E.; SUNDARAM, M.: Prevalence of triceps tendon tears on MRI of the olbow and clinical correlation. Skeletal Radiol 40:587–594 (2011)

[913] KORN, S.; SCHÜNKE, M.: Das Blutgefäß der langen Bizepssehne. Unfallchirurg 92:43–47 (1989)

[914] KOSS, M.; Kausalitätsbeurteilung nach Sehnenverletzungen. Med Sach 98:10–12 (2002)

[915] KOSUGE, D.D.; BALAJI, V.B.; AHAD, N.: Proximal tibial sleeve fracture: Case report of a rare injury and review of the literature. Eur J Trauma Emerg Surg 36:388–391 (2010)

[916] KOTHARI, P.; HUNTER, J.B.; MOHAN, N.; KERSLAKE, R.: Case report. Bilateral simultaneous patellar tendon ruptures associated with osteogenesis imperfecta. Ann R Coll Surg Engl 80:416–418 (1998)

[917] KOULOURIS, G.; CONNELL, D.: Evaluation of the hamstring muscle complex following acute injury. Skeletal Radiol 32:582–589 (2003)

[918] KOULOURIS, G.; CONNELL, D.: Hamstring muscle complex: an imaging review. Radiographics 25:571–586 (2005)

[919] KRAHL, H.: Belastbarkeit von Muskeln und Sehnen. Praktische Orthopädie, Band 7: 67–73 (1977)

[920] KRAMER, E.J.; BODENFDORFER, B.M.; LARON, D.; WONG, J.; KIM, H.T.; LIU, X.; FEELEY, B.T.: Evaluation of cartilage degeneration in a rat model of rotator cuff tear arthropathy. J Shoulder elbow Surg 22:1702–1709 (2013)

[921] KRAUS, N.; SCHEIBEL, M.: Eine seltene, aber folgenschwere Rotatorenmanschettenläsion. Arthroskopie 24:311–315 (2011)

[922] KRAUSHAAR, B.S.; NIRSCHL, R.P.: Tendinosis of the elbow (Tennis Elbow). J Bone Joint Surg 81A:259–278 (1999)

[923] KRAUSHAAR, B.S.; NIRSCHL, R.P.: Histology, Immunohistochemistry, and electron microscopy of tennis elbow tendinosis. J Shoulder Elbow Surg 8, Abstracts, S. 186 (1999)

[924] KRENN, V.; KNÖSS, P.; RÜTHER, W. et al.: Meniskusdegeneration score und NITEGE-Expression. Orthopäde 39:475–485 (2010)

[925] KRENN, V.; KURZ, B.; KRUKEMEYER, M.G.; KNOESS, P.; JAKOBS, M.; POREMBA, C.; MÖLLENHOFF, G.: Histopathological degeneration score of fibrous cartilage. Low- and high-grade meniscal degeneration. Z Rheumatol 69:644–652 (2010)

[926] KREUZ, P.C.; REMIGER, A.; LAHM, A.; HERGET, G.; GÄCHTER, A.: Comparison of total and partial traumatic tears of the subscapularis tendon. J Bone Joint Surg Br 87-B:348–351 (2005)

[927] KREVOLIN, J.L.; PANDY, M.G.; PEARCE, J.C.: Moment arm of the patellar tendon in the human knee. J Biomech 37:785–788 (2004)

[928] KRICUN, R.; KRICUN, M.E.; ARANGIO, G.A.; SALZMAN, G.S.; BERMAN, A.T.: Patellar tendon rupture with underlying systemic disease. AJR Am J Roentgenol 135:803–807 (1980)
[929] KRIETER, C.H.: Die arthroskopische Klassifikation der artikularseitigen Rotatorenmanschettenpartialrupturen. Diss Ludwig-Maximilians-Universität München (2008)
[930] KRISHNAN, S.G.; STEWART, D.G.; REINECK, J.R.; LIN, K.C.; BUZZELL, J.E.; BURKHEAD, W.Z.: Subscapularis repair after shoulder arthroplasty: biomechanical and clinical validation of a novel technique. J Shoulder Elbow Surg 18:184–192 (2009)
[931] KUBO, K.; KANEHISA, , H.; FUKUNAGA, T.: Comparison of elasticity of human tendon and aponeurosis in knee extensors and ankle plantar flexors in vivo. J Appl Biomech 21:129–142 (2005)
[932] KUHN, J.E.; HUSTON, L.J.; SOSLOWSKY, L.J.; SHYR, Y.; BLASIER, R.B.: External rotation of the glenohumeral joint: ligament restraints and muscle effects in the neutral und abducted positions. J Shoulder Elbow Surg 14 (Suppl S):39S–48S (2005)
[933] KUHN, J.E.; DUNN, W.R.; MA, B.; WRIGHT, R.W.; JONES, G.; SPENCER, E.E.; WOLF, B.; SAFRAN, M.; SPINDLER, K.P.; MC CARTY, E.; KELLY, B.; HOLLOWAY, B.: Interobserver agreement in the classification of rotator cuff tears. Am J Sports Med 35:437–441 (2007)
[934] KUJALA, U.M.; ORAVA, S.; JÄRVINEN, M.: Hamstrings injuries: Current trends in treatment and prevention. Sports Med 23:397–404 (1997)
[935] KUJAT, R.: The microangiographic pattern of the rotator cuff of the dog. Arch Orthop Trauma Surg 109:68–71 (1990)
[936] KULSHRESHTHA, R.; SINGH, R.; SINHA, J.; HALL, S.: Anatomy of the distal biceps brachii tendon and its clinical relevance. Clin Orthop Relat Res 456:117–120 (2007)
[937] KULUND, D.M.: The athlete injuries. Philadelphia. JB Lippincott (1988)
[938] KUMAGAI, J.; UHTHOFF, H.K.; SARKAR, K.; MURNAGHAN, J.P.: Collagen type III in rotator cuff tears: An immunohistochemical study. J Shoulder Elbow Surg 1:187–192 (1992)
[939] KUMAR, V.P.; SATKU, K.; BALASUBRAMANIAM, P.: The role of the long head of biceps brachii in the stabilization of the head of the humerus. Clin Orthop Relat Res 244:172–175 (1989)
[940] KUNIICHI, A.S.O.; TORISU, T.: Muscle belly tear of the triceps. Am J Sports Med 12:485–487 (1984)
[941] KUNIMASA, Y.; SANO, K.; ODA, T.; NICOL, C.; KOMI, P.V.; LOCATELLI, E.; ITO, A.; ISHIKAWA, M.: Specific muscle-tendon architecture in elite Kenyan distance runners. Scand J Med Sci Sports 24:e269–e274 (2014)
[942] KUNSCH, K.; KUNSCH, S.: Der Mensch in Zahlen. Spektrum Akademikscher Verlag, Heidelberg (2005)
[943] KUO, R.S.; SONNABEND, D.H.: Simultaneous rupture of the patellar tendons bilaterally: case report and review of the literature. J Trauma 34:458–460 (1993)
[944] KUO, S.; DESILVA, J.M.; DEVLIN, M.J.; MC DONALD, G.; MORGAN, E.F.: The effect of the Achilles tendon on trabecular structure in the primate calcaneus. Anat Rec 296:1509–1517 (2013)
[945] KURI II; J.A.; DI FELICE G.S.: Acute compartment syndrome of the thigh following rupture of the quadriceps tendon. A case report. J Bone Joint Surg Am 88:418–20 (2006)
[946] KVIST, H.; KVIST, M.: The operative treatment of chronic calcaneal paratendonitis. J Bone Joint Surg 62B:353–357 (1980)
[947] KVIST, M.; JÓZSA , L.; JÄRVINEN, M.L Vascular changes in the ruptured Achilles tendon and paratenon. Int Orthop (SICOT) 16:377–382 (1992)
[948] KVIST, M.: Achilles tendon injuries in athletes. Sports Med 18/3:173–201 (1994)
[949] KWON, Y.K.; HURD, J.; YEAER, K.; ISHAK, C.; WALKER, P.S.; KHAN, S.; BOSCO J.A. III; JAZRAWI, L.M.: Proximal biceps tendon. A biomechanical analysis of the stability at the bicipital groove. Bull NYU Hosp Jt Dis 67:337–340 (2009)

[950] KWONG, Y.; PATEL, J.; RAMANATHAN, E.B.: Spontaneous complete hamstring avulsion causing posterior thigh compartment syndrome. Br J Sports Med 40:723–724 (2006)

[951] KYUNG, H.S.; IHN, J.C.; KIM, D.H.: Biomechanical properties after pre-twist of canine patellar tendon. Int Orthop 25:100–103 (2001)

[952] LÄDERMANN, A.; CHRISTOPHE, F.K.; DENARD, P.J.; WALCH, G.: Supraspinatus rupture at the musclotendinous junction: an uncommonly recognized phenomenon. J Shoulder Elbow Surg 21:72–76 (2012)

[953] LAFOSSE, L.; REILAND, Y.; BAIER, G.; TOUSSAINT, B.; JOST, B.: Anterior and posterior instability of the long head of the biceps tendon in rotator cuff tears: a new classification based on arthroscopic observations. Arthroscopy 23:73–80 (2007)

[954] LAFOSSE, L.; JOST, B.; REILAND, Y.; AUDEBERT, S.; TOUSSAINT, B.; GOBEZIE, R.: Structural integrity and clinical outcomes after arthroscopic repair of isolated subscapularis tears. J Bone Joint Surg Am 89:1184–1193 (2007)

[955] LAGERGREN, C.; LINDHOLM, Å.: Vascular distribution in the Achilles tendon; an angiographic and microangiographic study. Acta ChirScand116:491–495 (1958–1959)

[956] LAING, P.: The arterial supply of the adult humerus. J Bone Joint Surg Am 38:1100–1116 (1956)

[957] LAJTAI, G.; WIESER, K.; OFNER, M.; RAIMANN, G.; AITZETMÜLLER, G.; JOST, B.: Electromyography and nerve conduction velocity for the evaluation of the infraspinatus muscle and the suprascapular nerve in professional beach volleyball players. Am J Sports Med 40:2303–2308 (2012)

[958] LAKE, S.P.; MILLER, K.S.; ELLIOTT, D.M.; SOSLOWSKY, L.J.: Effect of fiber distribution and realignment on the nonlinear and inhomogeneous mechanical properties of human supraspinatus tendon under longitudinal tensile loading. J Orthop Res 27:1596–1602 (2009)

[959] LAKEMEIER, S.; BRAUN, J.; EFE, T.; FOELSCH, C.; ARCHONTIDOU-APRIN, E.; FUCHS-WINKELMANN, S.; PALETTA, J.R.J.; SCHOFER, M.D.: Expression of matrix metalloproteinases 1, 3, and 9 in differing extents of tendon retraction in the torn rotator cuff. Knee Surg Sports Traumatol Arthrosc 19:1760–1765 (2011)

[960] LAM, K.C.; VALOVICH MC LEOD, T.C.: The impact of sex and knee injury history on jump-landing patterns in collegiate athletes: a clinical evaluation. Clin J Sport Med 24:373–379 (2014)

[961] LA MONT, L.E.; GREEN, D.W.; ALTCHEK, D.W.; WARREN, R.F.; WICKIEWICZ, T.L.: Subscapularis tears and lesser tuberosity avulsion fractures in the pediatric patient. Sports Health 7:110–114 (2015)

[962] LANCASTER, R.L.; HAUT, R.C.; DE CAMP, C.E.: Changes in the mechanical properties of patellar tendon preparations of spontaneously diabetic dogs under longterm insulin therapy. J Biomech 27:1105–1108 (1994)

[963] LANDSMEER, J.F.; MEYERS, K.E.: The shoulder region exposed by anatomical dissection. Arch Chir Nerrl 11:274–296 (1959)

[964] LANG, E.; MEEDER, P.; HÖNTZSCH, D.: Die distale Bizepssehnenruptur. Klinik – Therapie – Ergebnisse. Akt Traumatol 18:209–214 (1988)

[965] LANG, J.; VIERNSTEIN, K.: Degeneration, Riß und Regeneration der Achillessehne. Z Orthop 101:160–186 (1966)

[966] LANG, J.E.; VINSON, E.N.; BASAMANIA, C.J.: Anomalous biceps tendon insertion into the rotator cable: a case report. J Surg Orthop Adv 17:93–95 (2008)

[967] LANGAN, P.; FONTANETTA, P.: Rupture of the patellar tendon after use of ist central third. Orthop Rev 16:317–321 (1987)

[968] LANGENHAN, R.; WEIHE, R.; KOHLER, G.: Traumatische Ruptur der Triceps-brachii-Sehne sowie der ipsilateralen Achillessehne. Unfallchirurg 110:977–980 (2007)

[969] LANZ, T., von, WACHSMUTH, W.: Praktische Anatomie. Springer Berlin (1959)

[970] LANZ, R.: Über eine partielle Achillessehnenruptur. Ztschr für Unfallmed und Berufskr 57:334–336 (1964)

[971] LARSEN, E.; LUND, P.M.: Ruptures of the extensor mechanism of the knee joint. Clinical results and patellofemoral articulation. Clin Orthop Relat Res 213:150–153 (1986)

[972] LARSSON, L.; RAMAMURTHY, B.: Aging-related changes in skeletal muscle. Mechanisms and interventions. Drugs and Aging 17:303–316 (2000)

[973] LAST, R.J.: Anatomy. 7th ed. New York: Churchill Livingstone:70–76 (1984)

[974] LAVALLE, C.; APARICIO, L.A.; MORENO, J.; CHAVEZ DE LOS RIOS, J.; ROBLES-PARAMO, A.; FRAGA, A.: Bilateral avulsion of quadriceps tendons in primary hyperparathyroidism. J Rheumatol 12:596–598 (1985)

[975] LAWRENCE, G.H.; CAVE, E.F.; O'CONNOR, H.: Injury to the Achilles tendon: Experience at the Massachusetts General Hospital, 1900–1954. Am J Surg 89:795–802 (1955)

[976] LEACH, R.E.; MILLER, J.K.: Lateral and medial epicondylitis of the elbow. Clin Sports Med 6:259–272 (1987)

[977] LEADBETTER, W.B.; BUCKWALTER, J.B.; GORDON, S.L. (eds.): Sports-induced inflammation: clinical and Basic Science Concepts. Park Ridge, IL, American Academy of Orthopaedic Surgeons (1990)

[978] LEADBETTER, W.B.: Cell-Matrix response in tendon injury. Clin Sports Med 11:533–578 (1992)

[979] LEADBETTER, W.B.: RENSTRÖM, P.A.F.H. (ed) Sports Injuries. Oxford: IOC 35, Tendon Overuse Injuries: Diagnosis and treatment:449–476 (1993)

[980] LECH, O.L.; MEDEIROS, J.F.: Rupture of the subscapularis tendon – a new clinical test. 9th International Congress on Surgery of the Shoulder.1st International Congress of Shoulder Therapists Washington CD, USA 2.–5. May (2004)

[981] LE CLERE, L.E.; SHI, L.L.; LIN, A.; YANNOPOULOS, P.; HIGGINS, L.D.; WARNER, J.J.P.: Complete Fatty infiltration of intact rotator cuffs caused by suprascapular neuropathy. Arthroscopy 30:639–644 (2014)

[982] LE COROLLER, T.; ASWAD, R.; PAULY, V.; CHAMPSAUR, P.: Orientation of the rotator cuff insertion facets on the humerus: comparison between individuals with intact and torn rotator cuffs. Ann Anat 191:218–224 (2009)

[983] LEDDERHOSE, G.: Zur Frage der Ruptur des Biceps brachii. Dt Zschr Chir 101:126–176 (1909)

[984] LE DOUBLE, H.: Traite des variations du systeme musculaire de l'homme et leur signification au point de vue de l'anthropologie (in French). Paris: Schleicher (1897)

[985] LEE, D.H.: The double-density sign: a radiographic finding suggestive of an os acromiale. J Bone Joint Surg Am 86-A:2666–2670 (2004)

[986] LEE, G.H.; BUSFIELD, B.T.; CARRILLO, M.; ORTEGA, R.; KHARRAZI, F.D.: The supraspinatus distension sign: An indicator of supraspinatus integrity. Arthroscopy 25:617–619 (2009)

[987] LEE, S.J.; HA, D.H.; LEE, S.M.: Unusual variation of the rotator interval: insertional abnormality of the pectoralis minor tendon and absence of the coracohumeral ligament. Skeletal Radiol 39:1205–1209 (2010)

[988] LEE, S.; LUCAS, R.M.; LANSDOWN, D.A.; NARDO, L.; LAI, A.; LINK, T.M.; KRUG, R.; BENJAMIN, C.: Magnetic resonance rotator cuff fat fraction and its relationship with tendon tear severity and subject characteristics. J Shoulder Elbow Surg 24:1442–1451 (2015)

[989] LEHMANN, L.J.; ENGEL, G.B.; LICHTENBERG, S.; HABERMEYER, P.: Die isolierte traumatische Ruptur der Sehne des M. subscapularis als Verletzungsform des Jugendlichen. Unfallchirurg 105:560–564 (2002)

[990] LEHNER, B.; LOEW, M.: Rotatorenmanschettenruptur. Ätiologie und Konsequenzen für die Begutachtung. Zentralbl Chir 127:187–193 (2002)
[991] LE HUEC, J.C.; SCHAEVERBEKE, T.; MOINARD, M.; KIND, M.; DIARD, F.; DEHAIS, J.; LE REBELLER, A.: Traumatic tear of the rotator interval. J Shoulder Elbow Surg 5:41–46 (1996)
[992] LE HUEC, J.C.; MOINARD, M.; LIQUOIS, F.; ZIPOLI, B.; CHAUVEAUX, D.; LE REBELLER, A.: Distal rupture of the tendon of biceps brachii. Evaluation by MRI and the results of repair. J Bone Joint Surg Br 78:767–770 (1996)
[993] LEHTINEN, J.T.; BELT, E.A.; LYBÄCK, C.O.; KAUPPI, M.J.; KAARELA, K.; KAUTIAINEN, H.J.; LEHTO, M.U.K.: Subacromial space in the rheumatoid shoulder: a radiographic 15-year follow-up study of 148 shoulders. J Shoulder Elbow Surg 9:183–187 (2000)
[994] LEITNER, A.; MEISSNER, A.; RAHMANZADEH, R.: Patellasehnen- und Qudrizepssehnen-Ruptur. Akt Traumatol 20:231–236 (1990)
[995] LEMPAINEN, L.; SARIMO, HEIKKILÄ, J.; MATTILA, K.; ORAVA, S.: Surgical treatment of partial tears of the proximal origin of the hamstring muscles. Br J Sports Med. 40:688–691 (2006)
[996] LEMPAINEN, L.; SARIMO, J.; ORAVA, S.: Recurrent and chronic complete ruptures of the proximal origin of the hamstring muscles repaired with fascia lata autograft augmentation. Arthroscopy 23:441 (2007)
[997] LEMPAINEN, L.; SARIMO, J.; MATTILA, K.; HEIKKILÄ, J.; ORAVA, S.: Distal tears of the hamstring muscles: review of the literature and our results of surgical treatment. Br J Sports Med 41:80–83 (2007)
[998] LEMPAINEN, L.; SARIMO, J.; MATTILA, K.; VAITTINEN, S.; ORAVA, S.: Proximal hamstring tendinopathy. AmJ Sports Med 37:727–733 (2009)
[999] LEMPAINEN, L.; SARIMO, J.; RAWLINS, M.; HEIKKILÄ, J.; ORAVA, S.: Triceps tears in athletes: different injury patterns and surgical treatment. Arch Orthop Trauma Surg 131:1413–1417 (2011)
[1000] LEMPAINEN, L.; BANKE, I.J.; JOHANSSON, K.; BRUCKER, P.U.; SARIMO, J.; ORAVA, S.; IMHOFF, A.B.: Clinical principles in the management of hamstring injuries. Knee Surg Sports Traumatol Arthrosc 23:2449–2456 (2015)
[1001] LEVAKOS, Y.; SHERMAN, M.F.; SHELBOURNE, K.D.; TRAKRU, S.; BONAMO, J.R.: Simultaneous rupture of the anterior cruciate ligament and the patellar tendon. Six case reports. Am J Sports Med 24:498–503 (1996)
[1002] LEVENTEN, E.O.: Sesamoid disorders and treatment. An update. Clin Orthop 269:236–240 (1991)
[1003] LEVINE, B.; PEREIRA, D.; ROSEN, J.: Avulsion fractures of the lesser tuberosity of the humerus in adolescents: review of the literature and case report. J Orthop Trauma 19:349–352 (2005)
[1004] LEVY, A.S.; KELLY, B .T.; LINTNER, S.A.; OSBAHR, D.C.; SPEER, K.P.: Function of the long head of the biceps at the shoulder: electromyographic analysis. J Shoulder Elbow Surg 10:250–255 (2001)
[1005] LEVY, H.J.; URIBE, J.W.; DELANEY, L.G.: Arthroscopic assisted rotator cuff repair: preliminary results. Arthroscopy 6:55–60 (1990)
[1006] LEVY, M.; GOLDBERG, I.; MEIR, I.: Fracture of the head of the radius with a tear or avulsion of the triceps tendon. A new syndrome? J Bone Joint Surg Br 64:70–72 (1982)
[1007] LEVY, O.; RELWANI, J.; ZAMAN, T.; EVEN, T.; VENKATESWARAN, B.; COPELAND, S.: Measurement of blood flow in the rotator cuff using laser Doppler flowmetry. J Bone Joint Surg Br 90:893–898 (2008)
[1008] LEXELL, J.: Human aging, muscle mass, and fiber type composition. J Gerontol A Biol Sci Med Sci 50:11–16 (1995)

[1009] LIAN, O, REFSNES, P.E.; ENGEBRETSEN, L.; BAHR, R.: Performance characteristics of volleyball players with patellar tendinopathy. Am J Sports Med 31:408–413 (2003)
[1010] LIBERSON, F.: Os acromiale: a contested anomaly. J Bone Joint Surg 19:683–689 (1937)
[1011] LIBERSON, F.: Os acromiale: a contested anomaly. J Bone Joint Surg 37-A:498–509 (1937)
[1012] LIEB, F.J.; PERRY, J.: Quadriceps function. An anatomical and mechanical study using amputated limbs. J Bone Joint Surg Am 50:1535–1547 (1968)
[1013] LIEM, D.; SCHMIDT, C.; VOGLER, T.: Patialrupturen der Supraspinatus- und Subskapularissehne. Arthroskopie 25:77–83 (2012)
[1014] LIEM, D.; SCHMIDT, C.; VOGLER, T.; BALKE, M.: Einfluss der Akromionmorphologie auf Rotatorenmanschettenrupturen. Obere Extremität 8:41–45 (2013)
[1015] LIES, A.; FELDKAMP, G.; SCHEUER, I.: Die Abrissbrüche des Caput breve und Caput longum des Musculus biceps bei frischen Schulterverletzungen. Z Orthop 118:562–563 (1980)
[1016] LIM, T.K.; KOH, K.H.; YOON, Y.C.; PARK, J.H.; YOO, J.C.: Pectoralis minor tendon in the rotator interval: arthroscopic, magnetic resonance imaging findings, and clinical significance. J Shoulder Elbow Surg 24:848–853 (2015)
[1017] LIMPSCOMB, P.R.; WAKIM, K.G.: Further observations in the healing of severed tendons: an experimental study. Staff Meet Mayo Clin36:277–282 (1961)
[1018] LIN, L.; YAN, H.; XIAO, J.; AO, Y.; CUI, G.: Internal rotation resistance test at abduction and external rotation: a new clinical test for diagnosing subscapularis lesions. Knee Surg Sports Traumatol Arthrosc 23:1247–1252 (2015)
[1019] LINDBLOM, K.; PALMER, F.: Rupture of the tendon aponeurosis of the shoulder joint. The socalled supraspinatus rupture. Acta Chir Scand 82:133 (1939)
[1020] LING, S.C.; CHEN, C.F.; WAN, R.X.: A study on the vascular supply of the supraspinatus tendon. Surg Radiol Anat 12:161–165 (1990)
[1021] LINKE, E.: Achillessehnenrupturen nach direkter Cortisoninjektion. Hefte zur Unfallheilkunde, Heft 21, Springer Heidelberg:302–303 (1975)
[1022] LINTZ, F.; HIGGS, A.; MILLETT, M.; BARTON, T.; RAGHUVANSHI, M.; ADAMS, M.A.; WINSON, I.G.: The role of Plantaris Longus in Achilles tendinopathy: a biomechanical study. Foot Ankle Surg 17:252–255 (2011)
[1023] LIOU, J.T.S.; WILSON, A.J.; TOTTY, W.G.; BROWN, J.H.: The normal shoulder: common variations that simulate pathologic conditions at MR imaging. Radiology 186:435–441 (1993)
[1024] LIPPE, J.; SPANG, J.T.; LEGER, R.R.; ARCIERO, R.A.; MAZZOCCA, A.D.; SHEA, K.P.: Interrater agreement of the Goutallier, Patte, and Warner classification scores using preoperative magnetic resonance imaging in patients with rotator cuff tears. Arthroscopy 28:154–159 (2012)
[1025] LIPPMANN, R.K.: Observations concerning the calcific cuff deposition. Clin Orthop Relat Res 20:49–60 (1961)
[1026] LJUNGQUIST, R.: Subcutaneous partial rupture of the achilles tendon. Acta Orthop Scand 113:1–86 (1968)
[1027] LO, I.K.; BURKHART, S.S.: Subscapularis tears: Arthroscopic repair of the forgotten rotator cuff tendon. Tech Should Surg 3: 282–291 (2002)
[1028] LO, I.K.Y.; GONZALEZ, D.M.; BURKHART, S.S.: The bubble sign: an arthroscopic indicator of an intratendinous rotator cuff tear. Arthroscopy 18:1029–1033 (2002)
[1029] LO, I.K.; BURKHART, S.S.: The etiology and assessment of subscapularis tendon tears: a case for subcoracoid impingement, the roller-wringer effect, and TUFF lesions of the subscapularis. Arthroscopy 19:1142–1150 (2003)
[1030] LO, I.K.; BURKHART, S.S.: The comma sign: an arthroscopic guide tot he torn subscapularis tendon. Arthroscopy 19:334–337 (2003)

[1031] LO, I.K.Y.; MARCHUK, L.L.; HOLLINSHEAD, R.; HART, D.A.; FRANK, C.B.: Matrix metalloproteinase and tissue inhibitor of matrix metalloproteinase mRNA levels are specifically altered in torn rotator cuff tendons. Am J Sports Med 32:1223–1229 (2004)

[1032] LO, I.K.Y.; BOORMAN, R.; MARCHUK, L.; HOLLINSHEAD, R.; HART, D.A.; FRANK, C.B.: Matrix molecule mRNA levels in the bursa and rotator cuff of patients with fullthickness rotator cuff tears. Arthroscopy 21:645–651 (2005)

[1033] LOB, A.: Handbuch der Unfallbegutachtung. Band 2. Ferdinand Enke Verlag Stuttgart (1968)

[1034] LOBENHOFFER, P.; KRETTEK, C.; TSCHERNE, H.: Das komplexe Knietrauma. Orthopäde 26:1037–1045 (1997)

[1035] LOBENHOFFER, P.; THERMANN, H.: Quadrizeps- und Patellarsehnenrupturen. Orthopäde 29:228–234 (2000)

[1036] LOCHMÜLLER, E.M.; MAIER, U.; ANETZBERGER, H.; HABERMEYER, P.; MÜLLER-GERBL, M.: Determination of subacromial space width and inferior acromial mineralization by 3D CT. Preliminary data from patients with unilateral supraspinatus outlet syndrome. Surg Radiol Anat 19:329–337 (1997)

[1037] LOEHR, J.; WELSH, R.P.: Spontaneous rupture of the quadriceps tendon and patellar ligament during treatment for chronic renal failure. Can Med Assoc J 129:254–256 (1983)

[1038] LOEHR, J.F.; UHTHOFF, H.K.: Epidemiologie und Pathophysiologie der Rotatorenmanschettenrupturen. Orthopäde 36:788–795 (2007)

[1039] LOETZKE, H.H.: Über die Achillessehne mit ihren Fascienverhältnissen beim Menschen und den Subkutanraum im Bereich der Wadenmuskulatur. Anat Anz 103:287–305 (1956)

[1040] LOEW, M.; ROMPE, G.: Beurteilungskriterien zur Begutachtung der Rotatorenmanschettenruptur. Unfallchirurg 97:121–126 (1994)

[1041] LOEW, M.; HABERMEYER, P.; GOHLKE, F.; WIEDEMANN, E.: Empfehlungen zur Begutachtung der Rotatorenmanschettenruptur. Mitteilungsblatt DVSE:2–14 (1999)

[1042] LOEW, M.: Zur traumatischen Entstehung der Rotatorenmanschettenläsion. Wissenschaftliche Grundlagen und ihre Konsequenzen für die Begutachtung. Orthopäde 29:881–887 (2000)

[1043] LOEW, M.; HABERMEYER, P.; WIEDEMANN, E.; RICKERT, M.; GOHLKE, F.: Empfehlungen zu Diagnostik und Begutachtung der traumatischen Rotatorenmanschettenläsion. Unfallchirurg 103:417–426 (2000)

[1044] LOEW, M.; RAISS, P.; RICKERT, M.: Die „Cuff Tear Arthropathy“ der Schulter. Obere Extremität 2:19–24 (2007)

[1045] LOEW, M.; RAISS, P.: A symptom-based classification for shoulders with massive rotator cuff defects. Int Orthop 34:63–69 (2010)

[1046] LOEW, M.; PORSCHKE, F.B.; RIEDMANN, S.; MAGOSCH, P.; LICHTENBERG, S.: Zur Unterscheidung zwischen traumatischer und degenerativer Rotatorenmanschettenruptur – eine klinische und radiologische Untersuchung. Obere Extremität 9:209–214 (2014)

[1047] LOEW, M.; MAGOSCH, P.; LICHTENBERG, S.; HABERMEYER, P.; PORSCHKE, F.: How to discriminate between acute traumatic and chronic degenerative rotator cuff lesions: an analysis of specific criteria on radiography and magnetic resonance imaging. J Shoulder Elbow Surg 24:1685–1693 (2015)

[1048] LOGAN, P.M.; JANZEN, D.L.; CONNELL, D.G.: Tear of the distal biceps tendon presenting as an antecubital mass: magnetic resonance imaging appearances. Can Assoc Radiol J 47:342–346 (1996)

[1049] LOHR, J.F.; UHTHOFF, H.K.: The microvascular pattern of the supraspinatus tendon. Clin Orthop Relat Res 254:35–38 (1990)

[1050] LOHRER, H.: Die Achillodynie: Eine Übersicht. Sportorthop Sporttraumatol 12:36–42 (1996)

[1051] LOHRER, H.; ARENTZ, S.; NAUCK, T.; DORN-LANGE, N.V.; KONERDING, M.A.: The Achilles tendon insertion is crescent-shaped: an in vitro anatomic investigation. Clin Orthop Relat Res 466:2230–2237 (2008)

[1052] LOHRER, H.; NAUCK, T.; KONERDING, M.A.: Nerve entrapment after hamstring injury. Clin J Sport Med 22:443–445 (2012)

[1053] LOHSTRÄTER, A.; LUDOLPH, E.: Der Bizepssehnenschaden – eine Zusammenfassung für die Unfallversicherung. Die BG 5:268–274 (1995)

[1054] LOITZ, D.; KLONZ, A.: Läsionen der Bizepssehnen am Oberarm. Unfallchirurg 114:47–54 (2011)

[1055] LONGO, U.G.; FRANCESCHI, F.; RUZZINI, L.; RABITTI, C.; MORINI, S.; MAFFULLI, N.; FORRIOL, F.; DENARO, V.: Light microscopic histology of supraspinatus tendon ruptures. Knee Surg Sports Traumatol Arthrosc 15:1390–1394 (2007)

[1056] LONGO, U.G.; FRANCESCHI, F.; RUZZINI, L.; RABITTI, C.; MORINI, S.; MAFFULLI, N.; DENARO, V.: Histopathology of the supraspinatus tendon in rottor cuff tears. Am J Sports Med 36:533–538 (2008)

[1057] LONGO, U.G.; MAFFULLI, N.: Achilles Tendinopathy. Sports Med Arthrosc Rev 17:112–126 (2009)

[1058] LONGO, U.G.; MAFFULLI, N.: Acute Ruptures of the Achilles Tendon. Sports Med Arthrosc Rev 17:127–138 (2009)

[1059] LONGO, U.G.; FAZIO, V.; POETA, M.L.; RABITTI, C.; FRANCESCHI, F.; MAFFULLI, N.; DENARO, V.: Bilateral consecutive rupture of the quadriceps tendon in a man with BstUI polymorphism of the COL5A1 gene. Knee Surg Sports Traumatol Arthrosc 18:514–518 (2010)

[1060] LONGO, U.G.; BERTON, A.; KHAN, W.S.; MAFFULLI, N.; DENARO, V.: Histopathology of rotator cuff tears. Sports Med Arthrosc Rev 19:227–236 (2011)

[1061] LONGO, U.G.; LOPPINI, M.; MARINEO, G.; KHAN, W.S.; MAFFULLI, N.; DENARO, V.: Tendinopathy of the tendon of the long head of the biceps. Sports Med Arthrosc Rev 19:321–332 (2011)

[1062] LONGO, U.G.; RITTWEGER, J.; GARAU, G.; RADONIC, B.; GUTWASSER, C.; GILLIVER, S.F.; KUSY, K.; ZIELIŃSKI, J.; FELSENBERG, D.; MAFFULLI, N.: Patellar tendinopathy in master track and field athletes: influence of impact profile, weight, height, age and gender. Knee Surg Sports Traumatol Arthrosc 19:508–512 (2011)

[1063] LONGO, U.G.; BERTON, A.; AHRENS, P.M.; MAFFULLI, N.; DENARO, V.: Clinical tests fort he diagnosis of rotator cuff disease. Sports Med Arthrosc Rev 19:266–278 (2011)

[1064] LOOS, G: Uber subkutane Bizepsrupturen Bruns'. Beitr Z Klin Chir 29:410–479 (1901)

[1065] LOPEZ, M.M.; PARPAL, J.C.; BARDES, F.S.; SOTES, J.C.: Lesions of the subscapular tendon regarding two cases in arthroscopic surgery. Arthroscopy 9:671–674 (1993)

[1066] LOUWERENS, J.K.G.; SIEREVELT, I.N.; VAN HOVE, R.P.; VAN DEN BEKEROM, M.P.J.; VAN NOORT, A.: Prevalence of calcific deposits within the rotator cuff tendons in adults with and without subacromial pain syndrome: clinical and radiologic analysis of 1219 patients. J Shoulder Elbow Surg 24:1588–1593 (2015)

[1067] LOWRY, A.W.; MC FARLAND, E.G.; COSGAREA, A.J.; SONIN, A.; FARMER, K.W.: Partial rupture of the quadriceps tendon in a tennis player. Clin J Sport Med 11:277–279 (2001)

[1068] LOZANO, V.; ALONSO, P.: Sonographic detection of the distal biceps tendon rupture. J Ultrasound Med. 14:389–391 (1995)

[1069] LUBIN, J.W.; MILLER, R.A.; ROBINSON, B.J.; BLEVINS, F.T.: Achilles tendon rupture associated with ankle fracture. Am J Orthop 29:707–708 (2000)

[1070] LUDEWIG, P.M.; REYNOLDS, J.F.: The association of scapular kinematics and glenohumeral joint pathologies. The Journal of Orthopaedic and Sports Physical Therapy 39:90–104 (2009)

[1071] LUDOLPH, E.; HIERHOLZER, G.: Sehnen- und Meniskusverletzungen in der Begutachtung der gesetzlichen Unfallversicherung. Akt Traumatol 13:210–213 (1983)

[1072] LUDOLPH, E.; ROESGEN, M.; WINTER, H.: Die Begutachtung der Rotatorenmanschettenrupur. Akt Traumatol 15:175–179 (1985)

[1073] LUDOLPH, E.; JOSTKLEIGREWE, F.: Zum Abgrenzungsproblem degenerativer und traumatischer Sehnenschäden in der gesetzlichen und privaten Unfallversicherung. Orthop Praxis 9:704–707 (1987)

[1074] LUDOLPH, E.: Begutachtung von Schulterverletzungen und Schultererkrankungen. In STAHL, C.; ZEIDLER, H.; KOEBKE, J.; LORENZ, R. (Hrsg.): Klinische Arthrologie, Diagnostik, Klinik, Behandlung. Handbuch und Atlas für Klinik und Praxis:1–10.1 Ecomed, Landsberg/Lech:1–15 (1991)

[1075] LUDOLPH, E.: Der Rotatorenmanschettenschaden. Gutachtliche Gesichtspunkte. Akt Traumatol 22:82–83 (1992)

[1076] LUDOLPH, E.; SCHRÖTER, F.; BESIG, K.: Die Begutachtung der Rotatorenmanschettenveränderung. Akt Traumatol 27:31–34 (1997)

[1077] LUDOLPH, E.: Der Rotatorenmanschettenschaden – Begutachtung für die Gesetzliche Unfallversicherung – Unterschiede Schweiz/BRD. Akt Traumatol 28:284–286 (1998)

[1078] LUDOLPH, E.: Native Reißfestigkeit der Sehne des M. supraspinatus beim Menschen – eine biomechanische Untersuchung. Stellungnahme zu dem Beitrag von RICKERT, M.; GEORGOUSIS, H.; WITZEL, U. In: Unfallchirurg 101:265–270 (1998). Unfallchirurg 102:77–78 (1999)

[1079] LUDOLPH, E.: Achillessehnenschaden. In: Ludolph, E. , Lehmann R, Schürmann J. (Hrsg). Kursbuch der ärztlichen Begutachtung. Ecomed Landsberg. Kap VI-1.2.5:1–20 (2005)

[1080] LUDOLPH, E.; SCHÜRMANN, J.; GAIDZIK, P.W.: Kursbuch der ärztlichen Begutachtung. 5. Erg.-Lfg. 3/2007. Ecomed Medizin Landsberg (2007)

[1081] LUDOLPH, E.: Begutachtung der Zusammenhangstrennung der Rotatorenmanschette. Trauma Berufskrankh 10:316–318 (2008)

[1082] LUDOLPH, E.; SCHÜRMANN, J.; GAIDZIK, P.W.: Kursbuch der ärztlichen Begutachtung. 39. Ergänzungslieferung. Ecomed Verlag Landsberg am Lech (2015)

[1083] LÜTHJE, P.; NURMI, I.; NYYSSÖNEN, T.: Missed Achilles tendon rupture due to oral levofloxacin: surgical treatment and result. Arch Orthop Trauma Surg 125:124–126 (2005)

[1084] LÜTZNER, K.P.J: Tendinopathie der Sportlerschulter. Dt Zschr für Sportmed 61: 84–90 (2010)

[1085] LUGGER, L.J.: Die subcutane Quadrizepssehnenruptur – ihre Diagnostik, Pathologie, Versorgung und Nachbehandlung. Mschr Unfallheilk 77:295–303 (1974)

[1086] LUGGER, L.J.; MARGREITER, R.; GLÖTZER, W.: Achillessehnenruptur und Prontions-Abduktions-Fraktur des Innenknöchels – eine typische Kombinationsverletzung im alpinen Schilauf. Zbl Chir 102:21 (1977)

[1087] LUNDGREEN, K.; LIAN, Ø.B.; ENGEBRETSEN, L.; SCOTT, A.: Tenocyte apoptosis in the torn rotator cuff: a primary or secondary pathological event? Br J Sports Med 45:1035–1039 (2011)

[1088] LUNDGREEN, K.; LIAN, Ø.B.; SCOTT, A.; NASSAB, P.; FEARON, A.; ENGEBRETSEN, L.: Rotator cuff tear degeneration and cell apoptosis in smokers versus nonsmokers. Arthroscopy 30:936–941 (2014)

[1089] LUNN, J.V.; CASTELLANOS-ROSAS, J.; TAVERNIER; T.; BARTHELEMY, R.; WALCH, G.: A novel lesion of the infraspinatus characterized by musculotendinous disruption, edema, and late fatty infiltration. J Shoulder Elbow Surg 17:546–553 (2008)

[1090] LUO, Z.P.; HSU, H.C.; GRABOWSKI, J.J.; MORREY, B.F.; AN, K.N.: Mechanical environment associated with rotator cuff tears. J Shoulder Elbow Surg 7:616–620 (1998)

[1091] LYMAN, J.; WEINHOLD, P.S.; ALMEKINDERS, L.C.: Strain behavior of the distal achilles tendon: implications for insertional achilles tendinopathy. Am J Sports Med 32:457–461 (2004)

[1092] LYNCH, A.F.; RORABECK, C.H.; BOURNE, R.B.: Extensor mechanism complications following total knee arthroplasty. J Arthroplasty 2:135–140 (1987)

[1093] LYSHOLM, J.: The relation between pain and torque in an isokinetic strength test of knee extension. Arthroscopy 3:182–184 (1987)

[1094] MACALISTER, A.: Notes on the acromion. J Anat and Physiol 27:245–251 (1893)

[1095] MAC DONALD, P.B.: Congenital anomaly of the biceps tendon and anatomy within the shoulder joint. Arthroscopy 14:741–742 (1998)

[1096] MAC DONALD, P.B., CASH, C. 2nd.; PARIN, I.: Transverse humeral ligament: Does it exist? Clinical Anatomy 20/6:663–667 (2007)

[1097] MAC EACHERN, A.G.; PLEWIS, J.L.: Bilateral simultaneous spontaneous rupture of the quadriceps tendons. J Bone Joint Surg Br 66-B:81–83 (1984)

[1098] MACNAB, J.: Die pathologische Grundlage der so genannten Rotatorenmanschetten-Tendinitis. Orthopäde 10:191–195 (1981)

[1099] MADHAVAN, P.; BUCKINGHAM, R.; STABLEFORTH, P.G.: Avulsion injury of the subscapularis tendon associated with fracture of the acromion. Injury 25:271–272 (1994)

[1100] MÁDY, F.; VAJDA, A.: Bilateral ossification in the Achilles tendon: a case report. Foot Ankle Int 21:1015–1018 (2000)

[1101] MADSEN, M.; MARX, R.G.; MILLETT, P.J.; RODEO, S.A.; SPERLING, J.W.; WARREN, R.F.: Surgical anatomy of the triceps brachii tendon. Am J Sports Med 34:1839–1843 (2006)

[1102] MÄHRLEIN, R.; SCHMELZEISEN, H.: Beidseitige traumatische Elongation der distalen Bizepssehne. Akt Traumatol 24:101–102 (1994)

[1103] MAENHOUT, A.G.; PALMANS, T.; DE MUYNCK, M.; DE WILDE, L.F.; COOLS, A.M.: The impact of rotator cuff tendinopathy on proprioception, measuring force sensation. J Shoulder Elbow Surg 21:1080–1086 (2012)

[1104] MAFFULLI, N.: The clinical diagnosis of subcutaneous tear of the Achilles tendon. A prospective study in 174 patients. Am J Sports Med 26:266–270 (1998)

[1105] MAFFULLI, N.; KHAN, K.M.; PUDDU, G.: Overuse tendon conditions: time to change a confusing terminology. Arthroscopy 14:840–843 (1998)

[1106] MAFFULLI, N.: Rupture of the achilles tendon. J Bone Joint Surg Am 81:1019–1036 (1999)

[1107] MAFFULLI, N.; WATERSTON, S.W.; SQUAIR, J.; REAPER, J.; DOUGLAS, S.: Changing incidence of Achilles tendon rupture in Scotland: a 15-year study. Clin J Sport Med 9:157–160 (1999)

[1108] MAFFULLI, N.; BARRASS, V.; EWEN, S.W.B.: Light microscopic histology of Achilles tendon ruptures. Am J Sports Med 28:857–863 (2000)

[1109] MAFFULLI, N.; BENAZZO, F.: Basic science of tendons. Sports Med Arthrosc Rev 8:1–5 (2000)

[1110] MAFFULLI, N.; TESTA, V.; CAPASSO, G. et al.: Similar histopathological picture in males with Achilles and patellar tendinopathy. Med Sci Sports Exerc 36:1470–1475 (2004)

[1111] MAFFULLI, N.; RICHARDS, P.J.: Subcutaneous rupture of the achilles tendon and ipsilateral fracture of the medial malleolus. BMC Musculoskeletal Disord 7:59–64 (2006)

[1112] MAFFULLI, N.; LONGO, U.G.; FRANCESCHI, F.; RABITTI, C.; DENARO, V.: Movin and Bonar scores assess the same characteristics of tendon histology. Clin Orthop Relat Res 466:1605–1611 (2008)

[1113] MAFFULLI, N.; LONGO, U.G.; DENARO, V.: Novel approaches for the management of tendinopathy. J Bone Joint Surg Am 92:2604–2613 (2010)

[1114] MAFFULLI, N.; LONGO, U.G.; MAFFULLI, G.D.; KHANNA, A.; DENARO, V.: Achilles tendon ruptures in elite athletes. Foot Ankle Int 32:9–15 (2011)

[1115] MAFFULLI, N.; LONGO, U.G.; MAFFULLI, G.D.; KHANNA, A.; DENARO, V.: Achilles tendon ruptures in diabetic patients. Arch Orthop Trauma Surg 131:33–38 (2011)
[1116] MAFFULLI, N.; LONGO, U.G.; MAFFULLI, G.D.; RABITTI, C.; KHANNA, A.; DENARO, V.: Marked pathological changes proximal and distal to the site of rupture in acute Achilles tendon ruptures. Knee Surg Sports Traumatol Arthrosc 19:680–687 (2011)
[1117] MAFFULLI, N.; LONGO, U.G.; BERTON, A.; LOPPINI, M.; DENARO, V.: Biological factors in the pathogenesis of rotator cuff tears. Sports Med Arthrosc Rev 19:194–201 (2011)
[1118] MAFFULLI, N.; DEL BUONO, A.; SPIEZIA, F.; MAFFULLI, G.D.; LONGO, U.G.; DENARO, V.: Light microscopic histology of quadriceps tendon ruptures. Int Orthop 36:2367–2371 (2012)
[1119] MAGANARIS, C.N.; NARICI, M.V.; MAFFULLI, N.: Biomechanics of the achilles tendon. Disabil Rehabil 30:1542–1547 (2008)
[1120] MAGNUSSON, S.P.; HANSEN, P.; AAGAARD, P. et al.: Differential strain patterns of the human gastrocnemius aponeurosis and free tendon, in vivo. Acta Physiol Scand 177:185–195 (2003)
[1121] MAGNUSSON, S.P.; LANGBERG, H.; KJAER, M.: The pathogenesis of tendinopathy: balancing the response to loading. Nat Rev Rheumatol 6:262–268 (2010)
[1122] MAGOSCH, P.; KRIETER, C.; LICHTENBERG, S.; HABERMEYER, P.: Eine neue arthroskopische Klassifikation der artikularseitigen Rotatorenmanschettenpartialrupturen. Obere Extremität 3:2–8 (2008)
[1123] MAHLFELD, K.; KAYSER, R.; MAHLFELD, A.; MERK, H.: Sonographische Befunde der Patellasehne und ihrer Insertionsstellen. Ultraschall in Med 18:249–253 (1997)
[1124] MAHLFELD, K.; MAHLFELD, A.; KAYSER, R.; FRANKE, J.; MERK, H.: The value of ultrasonography as a diagnostical tool in cases of quadriceps tendon rupture. Ultraschall Med 20:22–25 (1999)
[1125] MAHLFELD, K.; FRANKE, J.; SCHAEPER, O.; GRASSHOFF, H.: Simultaneous bilateral rupture of the quadriceps tendon – a diagnostical problem? Ultraschall Med 21:226–228 (2000)
[1126] MAIER, M.; MAIER-BOSSE, T.; ECKERMANN, M.; MAIER-BOSSE, E.; SCHULZ, C.U.; STEINBORN, M.; KLEEN, M.; STÄBLER, A.: Die röntgenmorphologische Gestalt symptomatischer Verkalkungen bei Tendinosis calcarea der Schulter. Bestimmung der Intra- und Interobservervariabilitäten der Klassifiktion nach Gärtner. Unfallchirurg 106:185–189 (2003)
[1127] MAIR, S.D.; ISBELL, W.S.; GILL, T.J.; SCHLEGAL, T.F.; HAWKINS, R.J.: Triceps tendon ruptures in professional football players. Am J Sports Med 32:431–434 (2004)
[1128] MALL, N.A.; KIM, H.M.; KEENER, J.D. et al.: Symptomatic progression of asymptomatic rotator cuff tears: a prospective study of clinical and sonographic variables. J Bone Joint Surg Am 92:2623–2633 (2010)
[1129] MALL, N.A.; LEE, A.S.; CHAHAL, J.; SHERMAN, S.L.; ROMEO, A.A.; VERMA, N.N.; COLE, B.J.: An evidenced-based examination of the epidemiology and outcomes of traumatic rotator cuff tears. Arthroscopy 29:366–376 (2013)
[1130] MALLIARAS, P.; KAMAL, B.; NOWELL, A.; FARLEY, T.; DHAMU, H.; SIMPSON, V.; MORRISSEY, D.; LANGBERG, H.; MAFFULLI, N.; REEVES, N.D.: Patellar tendon adaptation in relation to load-intenity and ontraction type. J Biomech 46:1893–1899 (2013)
[1131] MALLON, W.J.; MISAMORE, G.; SNEAD, D.S. et al.: The impact of preoperative smoking habits on the results of rotator cuff repair. J Shoulder Elbow Surg 13:129–132 (2004)
[1132] MALLON, W.J.; WILSON, R.J.; BASAMANIA, C.J.: The association of suprascapular neuropathy with massive rotator cuff tears: a preliminary report. J Shoulder Elbow Surg 15:395–398 (2006)
[1133] MAMAN, E.; HARRIS, C.; WHITE, L.; TOMLINSON, G.; SHASHANK, M.; BOYNTON, E.: Outcome of nonoperative treatment of symptomatic rotator cuff tears monitored by magnetic resonance imaging. J Bone Joint Surg Am 91:1898–1906 (2009)

[1134] MAMANEE, P.; NEIRA, C.; MARTIRE, J.R.; MC FARLAND, E.G.: Stress lesion of the proximal medial ulna in a throwing athlete. A case report. Am J Sports Med 28:261–263 (2000)

[1135] MANN, G.; SHABAT, S.; FRIEDMAN, A. et al.: Hamstring injuries. Orthopedics 30:536–540 (2007)

[1136] MANTON, G.L.; SCHWEITZER, M.D.; WEISHAUPT, D.: Utility of MR arthrography in diagnosis of adhesive capsulitis. Skeletal Radiol 30:326–330 (2001)

[1137] MANZ, A.; RAUSCH, W.: Zur Pathogenese und Begutachtung der Epicondylitis humeri. MMW 29:1406–1413 (1965)

[1138] MARGLES, S.W.; LEWIS, M.M.: Bilateral spontaneous concurrent rupture of the patellar tendon without apparent associated systemic disease: a case report. Clin Orthop Relat Res 136:186–187 (1978)

[1139] MARIANI, P.P.; BELLELLI, A.; BOTTICELLA, C.: Arthroscopic absence of the long head of the biceps tendon. Arthroscopy 13:499–501 (1997)

[1140] MARIANI, C.; CALDERA, F.E.; KIM, W.: Ultrasound versus magnetic resonance imaging in the diagnosis of an acute hamstring tear. PM R 4:154–155 (2012)

[1141] MARIANI, P.P.; PUDDU, G.; FERRETTI, A.: Jumper's knee. Ital J Orthop Traumatol 4:85–93 (1978)

[1142] MARINO, A.J.; TYRRELL, P.N.; EL-HOUDIRI, Y.; KELLY, C.P.: Acromioclavicular joint cyst and rotaror cuff tear. J Shoulder Elbow Surg 7:435–437 (1998)

[1143] MARTENS, M.; WOUTERS, P.; BURSSENS, A.; MULIER, J.C.: Patellar tendonitis pathology and results of treatment. Acta Orthop Scand 53:445–450 (1982)

[1144] MARTIN, J.W.; THOMPSON, G.H.: Achilles tendon rupture: occurrence with closed ankle fracture. Clin Orthop 210:216–218 (1986)

[1145] MARTÍN-HERVÁS, C.; ROMERO, J.; NAVAS-ACIÉN, A.; REBOIRAS, J.J.; MUNUERA, L.: Ultrasonographic and magnetic resonance images of rotator cuff lesions compared with arthroscopy or open surgery findings. J Shoulder Elbow Surg 10:410–415 (2001)

[1146] MARUMOTO, J.M.; MITSUNAGA, M.M.; RICHARDSON, A.B.; MEDOFF, R.J.; MAYFIELD, G.W.: Late patellar tendon ruptures after removal of the central third for anterior cruciate ligament reconstruction. A report of two cases. Am J Sports Med 24:698–701 (1996)

[1147] MASSÁNYI, L.; PINTÉR, J.: Über Muskelbauchrupturen des Musculus biceps brachii. Beitr Orthop 14:215–218 (1967)

[1148] MATSCHKE, S.; KESSLER, T.; HOCHSTEIN, P.; WENTZENSEN, A.: Gutachterliche Aspekte bei der Beurteilung der distalen Bizepssehnenruptur. Trauma Berufskrankh 1:264–269 (1999)

[1149] MATSUKI, K.; WATANABE, A.; OCHIAI, S.; KENMOKU, T.; OCHIAI N.; OBATA, T.; TOYONE, T. ; WADA, Y.; OKUBO, T.: Quantitative evaluation of fatty degeneration of the supraspinatus and infraspinatus muscles using T2 mapping. J Shoulder Elbow Surg 23:636–641 (2014)

[1150] MATSUMOTO, K.; HUKUDA, S.; ISHIZAWA, M.; KAWASAKI, T.; OKABE, H.: Partial rupture of the quadriceps tendon (Jumper's knee) in a tenyear olf boy. A case report. Am J Sport Med 27:521–525 (1999)

[1151] MATTHEWS, L.S.; FADALE, P.D.: Subacromial anatomy for the arthroscopist. Arthroscopy 5:36–40 (1989)

[1152] MATZIOLIS, G.; DRAHN, T.; PERKA, C.: Spontane Patellarsehnenruptur beim Ehlers-Danlos-Syndrom. Unfallchirurg 106:1051–1053 (2003)

[1153] MAURIZIO, E.: La tendinite rotulea del giocatore di pallavolo. Arch Soc Tosco Umbra Chir 24:443–445 (1963)

[1154] MAYBA, I.I.: Avulsion fracture of the tibial tubercle apophysis with avulsion of patellar ligament. J Pediatr Orthop 2:303–305 (1982)

[1155] MAYER, F.; MÜLLER, S.; HIRSCHMÜLLER, A.; CASSEL, M.; LINNE, K.; BAUR, H.: Die Effizienz konservativer Therapiemaßnahmen bei Tendinopathien im Sport. Dtsch Z Sportmed 59:251–254 (2008)

[1156] MAZZOCCA, A.D.; RINCON, L.M.; O'CONNOR, R.W.; OBOPILWE, E.; ANDERSEN, M.; GEANEY, L.; ARCIERO, R.A.: Intra-articular partial-thickness rotator cuff tears: analysis of injured and repaired strain behavior. Am J Sports Med. 36:110–116 (2008)

[1157] MC BRYDE, A.M.; ANDERSON, R.B.: Sesamoid foot problems in the athlete. Clin Sport Med 7:51–60 (1988)

[1158] MC CARROLL, J.R.: Fracture of the patella duringa folg swing following reconstruction of the anterior cruciate ligament: a case report. Am J Sports Med 11:26–27 (1983)

[1159] MC CLURE, J.G.; RANEY, R.B.: Anomalies of the scapula. Clin Orthop Relat Res 110:22–31 (1975)

[1160] MC CONVILLE, O.R.; IANNOTTI, J.P.: Partial-thickness tears of the rotator cuff: evaluation and management. J Am Acad Orthop Surg 7:32–43 (1999)

[1161] MC CORMACK, R.G.; DRYDEN, P.J.: Simultaneous rupture of the anterior cruciate ligament and patellar tendon. Clin J Sport Med 8:307–309 (1998)

[1162] MC CULLAGH, K.G.: Tendon injuries and their treatment in the horse. Veterinary Record 105:54–57 (1979)

[1163] MC DONALD, L.S.; DEWING, C.B.; SHUPE, P.G.; PROVENCHER, M.T.: Disorders of the proximal and distal aspects of the biceps muscle. J Bone Joint Surg Am 95:1235–1245 (2013)

[1164] MC GOLDRICK, F.; COLVILLE, J.: Spontaneous rupture of the biceps femoris. Arch Orthop Trauma Surg 109:234 (1990)

[1165] MC GOUGH, R.L.; DEBSKI, R.E.; TASKIRAN, E.; FU, F.H.; WOO, S.L.Y.: Mechanical properties of the long head of the biceps tendon. Knee Surg Sports Traumatol Arthrosc 3:226–229 (1996)

[1166] MC INNES, I.B.: Leukotrienes, mast cells, and T cells. Arthris Res Ther 5:288–289 (2003)

[1167] MC Laughlin, H.L.: Lesions of the musculotendinous cuff of the shoulder: The exposure and treatment of tears with retraction. J Bone Joint Surg 26-A:31 (1944)

[1168] MC LAUGHLIN, H.: Lesions of the musculo-tendineous cuff of the shoulder. 1. Observations on the patholog y, cause and treatment of calcific deposits. Ann Surg 124:354–362 (1946)

[1169] MC LOUGHLIN, R.F.; RABER, E.L.; VELLET, A.D.; WILEY, J.P.; BRAY, R.C.: Patellar tendinitis: MR imaging features, with suggested pathogenesis and proposed classification. Radiology 197:843–848 (1995)

[1170] MC MASTER, P.E.: Tendon and muscle ruptures: clinical and experimental studies on the causes and location of subcutaneous ruptures. J Bone Joint Surg 15: 705–722 (1933)

[1171] MEAD, N.C.: Calcifying tendinitis of the shoulder. Q Bull Northwest Univ Med Sch 22:270–280 (1948)

[1172] MEINEL, A.; NEMETSCHEK-GANSLER, H.; HOLZ, U.; JONAK, R.; KRAHL, H.; NEMETSCHEK, T.; RIEDL H.: Fibrilläre Gefügestörung bei Sehnenruptur. Arch Orthop Unfallchir 90:89–94 (1977)

[1173] MELIS, B.; DE FRANCO, M.J.; CHUINARD, C.; WALCH, G.: Natural history of fatty infiltration and atrophy of the supraspinatus muscle in rotator cuff tears. Clin Orthop Relat Res 468:1498–1505 (2010)

[1174] MELIS, B.; WALL, B.; WALCH, G.: Natural history of infraspinatus fatty infiltration in rotator cuff tears. J Shoulder Elbow Surg 19:757–763 (2010)

[1175] MELVIN, A.; LITSKY, A.; MAYERSON, J.; WITTE, D.; MELVIN, D.; JUNCOSA-MELVIN, N.: An artificial tendon with durable muscle interface. J Orthop Res 28:218–224 (2010)

[1176] MELZER, C.; WIRTH, C.J.: Komplette Rotatorenmanschetten-Läsionen bei Sportlern. Sportverletzung Sportschaden 3:81–87 (1989)

[1177] MENDIAS, C.L.; ROCHE, S.M.; HARNING, J.A.; DAVIS, M.E.; LYNCH, E.B.; SIBILSKY ENSELMAN, E.R.; JACOBSON, J.A.; CLAFLIN, D.R.; CALVE, S.; BEDI, A.: Reduced muscle fiber force production and disrupted myofibril architecture in patients with chronic rotator cuff tears. J Shoulder Elbow Surg 24:111–119 (2015)

[1178] MERILA, M.; LEIBECKE, T.; GEHL, L.C. et al.: The anterior glenohumeral joint capsule: Macroscopic and MRI anatomy of the fasciculus obliquus or so-called ligamentum glenohumerale spirale. Eur Radiol 14:1421 (2004)

[1179] MERKEL, K.H.H.; HESS, H.; KUNZ, M.: Insertion tendopathy in athletes. A light microscopic, histochemical and electron microscopic examination. Pathol Res Pract 173:303–309 (1982)

[1180] MEYER, A.W.: Bilateral absence of the tendon of the long head of the biceps in one subject, and five instances of secondary attachment of the tendon to the articular capsule and tuberosities, with special reference to the effect of these anomalous conditions upon the intertubercular sulcus. J Anat Physiol 48:133–135 (1914)

[1181] MEYER, A.W.: Further evidence of attrition in the human body. Am J Anat 34:241–267 (1924)

[1182] MEYER, A.W.: Spontaneous dislocation and destruction of tendon of long head of biceps brachii: fifty-nine instances. Arch Surg 17:493–506 (1928)

[1183] MEYER, A.W.: The minuter anatomy of attrition lesions. J Bone Joint Surg Am 13:341–360 (1931)

[1184] MEYER, A.W.: Chronic functional lesions of the shoulder. Arch Surg 35:646 (1937)

[1185] MEYER, D.C.; FUCENTESE, S.F.; KOLLER; B.; GERBER, C.: Association of osteopenia of the humeral head with full-thickness rotator cuff tears. J Shoulder Elbow Surg 13:333–337 (2004)

[1186] MEYER, D.C.; HOPPELER, H.; VON RECHENBERG, B.; GERBER, C.: A pathomechanical concept explains muscle loss and fatty muscular changes following surgical tendon release. J Orthop Res 22:1004–1007 (2004)

[1187] MEYER, S.; KAUFFMAN, J.; PARIS, C.: Orthopedic versus radiology reading of shoulder MRI scans: a prospective study. 25th Anniversary Annual Meering Abstract Book:102 (2007)

[1188] MEYER-CLEMENT, M.: Bizepssehne. In: HIERHOLZER, G.; LUDOLPH, E.; HAMACHER, E. (Hrsg): Gutachtenkolloquium 6. Springer Verlag, Berlin Heidelberg New York London Paris Tokyo Hongkong Barcelona Budapest (1991)

[1189] MICHEL, P.; FEINSTEIN, R.; JENOURE, P.; SEGESSER, B.: Chronische Achillessehnenbeschwerden – prophylaktische Maßnahmen im Training und beim Wettkampf. Physiotherapeut 10:12–19 (1986)

[1190] MICHELE, A.A.: BICIPITAL tenosynovitis. Clin Orthop 18:261–267 (1960)

[1191] MICHENER, L.A.; YESILYAPRAK, S.S.S.; SEITZ, A.L.; TIMMONS, M.K.; WALSWORTH, M.K.: Supraspinatus tendon and subacromial space parameters measured on ultrasonographic imaging in subacromial impingement syndrome. Knee Surg Sports Traumatol Arthrosc 23:363–369 (2015)

[1192] MIECYSLAW, S.: Synovial sheaths of the tendons of the flexor digitorum longus and brevis muscles inman. Folia Morphol (Warsz) 33:105–119 (1974)

[1193] MIGLIORINI, S.; MERLO, M.; PRICCA, P.: The hamstring syndrome: clinical and diagnostic features, etiology, and surgical management. J Slports Traumatol Rel Res 22:86–92 (2000)

[1194] MILESKI, R.A.; SNYDER, S.J.: Superior labral lesions in the shoulder pathoanatomy and surgical management. J Am Acad Orthop Scand 6:121–131 (1998)

[1195] MILLAR, N.L.; WEI, A.Q.; MOLLOY, T.J.; BONAR, F.; MURRELL, G.A.C.: Heat shock protein and apoptosis in supraspinatus tendinopathy. Clin Orthop Relat Res 466:1569–1576 (2008)

[1196] MILLAR, N.L.; HUEBER, A.J.; REILLY, J.H.; XU, Y.; FAZZI, U.G.; MURRELL, G.A.; MC INNES, I.B.: Inflammation is present in early human tendinopathy. Am J Sports Med 38:2085–2091 (2010)

[1197] MILLER, B.S.; JOSEPH, T.A.; NOONAN, T.J.; HORAN, M.P.; HAWKINS, R.J.; ARBOR, A.: Rupture of the subscapularis tendon after shoulder arthroplasty: diagnosis, treatment, and outcome. J Shoulder Elbow Surg 14:492–496 (2005)

[1198] MILLER, S.L.; GILL, J.; WEBB, G.R.: The proximal origin of the hamstrings and surrounding anatomy encountered during repair. A cadaveric study. J Bone Joint Surg Am 89:44–48 (2007)

[1199] MILLER, S.L.; WEBB. G.R.: The proximal origin of the hamstrings and surrounding anatomy encountered during repair. Surgical technique. J Bone Joint Surg Am 90 Suppl 2 (Pt 1):108–116 (2008)

[1200] MILLER, T.T.; ADLER, R.S.: Sonography of tears oft he distal biceps tendon. AJR Am J Roentgenol 175:1081–1086 (2000)

[1201] MILZ, S.; RUFAI, A.; BUETTNER, A.; PUTZ, R.; RALPHS, J.R.; BENJAMIN, M.: Three-dimensional reconstructions of the Achilles tendon insertion in man. J Anat 200:145–152 (2002)

[1202] MILZ, S.; BOSZCZYK, B.M.; BOSZCZYK, A.A.; PUTZ, R.; BENJAMIN, M.: Die Enthesis. Physiologische Morphologie, molekulare Zusammensetzung und pathoanatomische Veränderungen. Orthopäde 34:526–532 (2005)

[1203] MILZ, S.; PUTZ, R.; HAASTERS, F.; OCKERT, B.: Anatomie der akromiokorakoklavikulären Region. Funktionell-klinische Aspekte. Unfallchirurg 118:390–396 (2015)

[1204] MINAGAWA, H.; ITOI, E.; KONNO, N.; KIDO, T.; SANO, A.; URAYAMA, M.; SATO, K.: Humeral attachment of the supraspinatus und infraspinatus tendons: An anatomic study. Arthroscopy 14:302–306 (1998)

[1205] MINIACI, A.; DOWDY, P.A.; WILLITS, K.R.; VELLET, A.D.: Magnetic resonance imaging evaluation of the rotator cuff tendons in the asymptomatic shoulder. Am J Sports Med 23:142–145 (1995)

[1206] MITTELMEIER, H.: Zur Frage der Berufskrankheit durch Büromaschinenarbeit. Verh Dtsch Ges Unfallheilk 18:64 (1964)

[1207] MITTLMEIER, T.; EWERT, A.: Verletzungen des Kniegelenkstreckapparates. Unfallchirurg 104:344–357 (2001)

[1208] MIYAMOTO, R.G.; ELSER, F.; MILLETT, P.J.: Distal Biceps tendon injuries. J Bone Joint Surg Am 92:2128–2138 (2010)

[1209] MIYAZAKI,A.N.; ITOI, E.; SANO, H.; FREGONEZE, M.; SANTOS, P.D.; DA SILVA, L.A.; SELLA, G.V.; MARTEL, E.M.; DEBOM, L.G.; ANDRADE, M.L.; CHECCHIA, S.L.: Comparison between the acromion index and rotator cuff tears in the Brazilian and Japanese populations. J Shoulder Elbow Surg 20:1082–1086 (2011)

[1210] MIZUNO, T.; MATSUMOTO, M.; UMEMURA, Y.: Decrements in stiffness are restored within 10 min. Int J Sports Med 34:484–490 (2013)

[1211] MOCHIZUKI, T.; SUGAYA, H.; UOMIZU, M.; MAEDA, K.; MATSUKI, K.; SEKIYA, I.; MUNETA, T.; AKITA, K.: Humeral insertion of the supraspinatus and infraspinatus. New anatomical findings regarding the footprint of the rotator cuff. J Bone Joint Surg Am 90:962–969 (2008)

[1212] MOCHIZUKI, Y.; NATSU, K.; KASHIWAGI, K.; YASUNAGA, Y.; OCHI, M.: Changes of the mineralization pattern in the subchondral bone plate of the glenoid cavity in the shoulder joints of the throwing athletes. J Shoulder Elbow Surg 14:616–619 (2005)

[1213] MÖLLER, H.D.; EVANS, C.H.; MAFFULLI, N.: Aktuelle Aspekte der Sehnenheilung. Orthopäde 29:182–187 (2000)

[1214] MOELLER, K.; PAUL, B.: Ruptur der kurzstreckigen Ursprungssehne des M. biceps femoris am Tuber ischiadicum. Dt Zeitschr Sportmed 52:104–106 (2001)

[1215] MÜLLER, K.M.; FISSELER-ECKHOFF, A.: Meniskuserkrankungen unter Berücksichtigung versicherungsmedizinischer Aspekte, Lehrnserie 63, IPA (2010)

[1216] MÖLLER, M.; MOVIN, T.; GRANHED, H.; LIND, K.; FAXÉN, E.; KARLSSON, J.: Acute rupture of tendon Achillis. A prospective randomised study of comparison between surgical and non-surgical treatment. J Bone Joint Surg Br 83:843–848 (2001)

[1217] MOHR, W.: Pathologie des Bandapparates. Sehnen – Sehnenscheiden – Faszien – Schleimbeutel. Springer Verlag Berlin Heidelberg New York (1987)

[1218] MOHR, W.: Krankheiten der Sehnen, Sehnenscheiden und Bänder. In DÖRR, W.; SEIFERT, G., Editors: Spezielle pathologische Anatomie. Springer Berlin 19:76–96 (1987)

[1219] MOHR, W.: Gelenkpathologie. Springer-Verlag Heidelberg (2000)

[1220] MOHR, W.: Kalkosphäriten als Grundstrukturen pathologischer und physiologischer Verkalkungen. Osteologie 11:133–153 (2002)

[1221] MOINEAU, G.; CIKES, A.; TROJANI, C.; BOILEAU, P.: Ectopic insertion of the pectoralis minor: implication in the arthroscopic treatment of shoulder stiffness. Knee Surg Sports Traumatol Arthrosc 16:869–871 (2008)

[1222] MOKHTARZADEH, H.; PERRATON, L.; FOK, L.; MUÑOZ, M.A.; CLARK, R.; PIVONKA, P.; BRYANT, A.L.: A comparison of optimisation methods and knee joint degrees of freedom on muscle force predictions during single-leg hop landings. J Biomech 47:2863–2868 (2014)

[1223] MOLÉ, D.; KEMPF, J.F.; GLEYZE, P.; RIO, B.; BONNOMET, F.; WALCH, G.: Résultat du traitement arthroscopique des tendinopathies non rompues de la coiffe des rotateurs. 2e partie: les calcifications de la coiffe des rotateurs. Rev Chir Orthop 79:532–541 (1993)

[1224] MONDORI, T.; NAKAGAWA, Y.: An isolated rupture of the subscapularis tendon. 9th International Congress on Surgery of the Shoulder.1st International Congress of Shoulder Therapists Washington CD, USA 2.–5. May (2004)

[1225] MONRO, A.: A description of all the bursae mucosae of the human body. Edinburgh: Elliott Kay (1788)

[1226] MONT, M.A.; YOON, T.R.; KRACKOW, K.A.; HUNGERFORD, D.S.: Eliminating patellofemoral complications in total knee arthroplasty: clinical and radiographic results of 121 consecutive cases using the Duracon system. J Arthroplasty 14:446–455 (1999)

[1227] MONTGOMERY, A.H.: Two cases of muscle injury. Surg Clin Chicago 4:871 (1920)

[1228] MOOR, B.K.; WIESER, K.; SLANKAMENAC, K.; GERBER, C.; BOUAICHA, S.: Relationship of individual scapular anatomy and degenerative rotator cuff tears.J Shoulder Elbow Surg 23:536–541 (2014)

[1229] MOORMAN, C.T. III; SILVER, S.G.; POTTER, H.G. et al.: Proximal rupture of the biceps brachii with slingshot displacement into the forearm: A cace report. J Bone Joint Surg Am 78:1749 (1996)

[1230] MOOSMAYER, S.; SMITH, H.J.; TARIQ, R.; LARMO, A.: Prevalence and characteristics of asymptomatic tears of the rotator cuff: an ultrasonographic and clinical study. J Bone Joint Surg Br 91:196–200 (2009)

[1231] MORAG, Y.; JAMADAR, D.A.; MILLER, B. et al.: The subscapularis: anatomy, injury and damaging. Skeletal Radiol 40:255–269 (2011)

[1232] MORGENTHALER, M.; WEBER, M.: Eine pathologische Ruptur der distalen Bizepssehne nach längjähriger Androgen-Substitution. Z Orthop 137:368–370 (1999)

[1233] MORIKAWA, D.; ITOIGAWA, Y.; NOJIRI, H.; SANO, H.; ITOI, E.; SAIJO, Y.; KANEKO, K.; SHIMIZU, T.: Contribution of oxidative stress to the degeneration of rotator cuff enthuses. J Shoulder Elbow Surg 23:628–635 (2014)

[1234] MORISAWA, K.; UMEMURA, A.; KITAMURA, T.; IDE, J.; YAMOAGA, M.; TAKAGI, K.: Apophysitis of the acromion. J Shoulder Elbow Surg 5:153–156 (1996)

[1235] MORISAWA, K.; YAMASHITA, K.; ASAMI, A.; NISHIKAWA, H.; WATANABE, H.: Spontaneous rupture of the deltoid muscle associated with massive tearing of the rotator cuff. J Shoulder Elbow Surg 6:556–558 (1997)

[1236] MORISAWA, Y.: Morphological study of mechanoreceptors on the coracoacromial ligament. J Orthop Sci 3:102–110 (1998)
[1237] MORITOMO, H.; MURASE, T.; ARIMITSU, S.; OKA, K.; YOSHIKAWA, H.; SUGAMOTO, K.: The in vivo isometric point of the lateral ligament of the elbow. J Bone Joint Surg 89:2011–2017 (2007)
[1238] MORREY, B.F.: Rupture of the distal tendon of the biceps brachii. J Bone Joint Surg AM 67:418–421 (1985)
[1239] MORREY, B.F.: MORREY, B.F.: Biceps tendon injury. AAOS Instruct Course Lect 48:405–410 (1999)
[1240] MORREY, B.F.: Rupture of the triceps tendon. In: MORREY, B.F. (ed.): The elbow and its disorders. 3rd ed. Philadelphia: WB Saunders:479–548 (2000)
[1241] MORREY, B.F.; SANCHEZ-SOTELO, J.: The elbow and its disorders (4. Ed.). Saunders Elsevier Philadelphia (2009)
[1242] MORRIS, H.: The rider's sprain. Lancet 2:133 (1882)
[1243] MORRISON, D.S.; BIGLIANI, L.U.: The clinical significance of variations in acromial morphology. Orthop Trans 11:234 (1987)
[1244] MORSCHER, E.: Klassifikation von Epiphysenfugenverletzungen. Z Orthop 115:557–562 (1977)
[1245] MORSE, C.I.; DEGENS, H.; SEYNNES, O.R.; MAGANARIS, C.N.; JONES, D.A.: The acute effect of stretching on the passive stiffness of the human gastrocnemius muscle tendon unit. J Physiol 586:97–106 (2008)
[1246] MOSELEY, H.F.; GOLDIE, I.: The arterial pattern of the rotator cuff of the shoulder. J Bone Joint Surg Br 45:780–789 (1963)
[1247] MOSIER, S.M.; STANITSKI, C.L.: Acute tibial tubercle avulsion fractures. J Pediatr Orthop 24:181–184 (2004)
[1248] MOSLER, E.; FOLKHARD, W.; KNÖRZER, E.; NEMETSCHEK-GANSLER, H.; NEMETSCHEK, T.; KOCH, M.H.J.: Stress-induced molecular rearrangement in tendon collagen. J Mol Biol 182:589–596 (1985)
[1249] MOTAMEDI, A.R.; URREA, L.H.; HANCOCK, R.E.; HAWKINS, R.J.; HO, C.: Accuracy of magnetic resonance imaging in determining the presence and size of recurrent rotator cuff tears. J Shoulder Elbow Surg 11:6–10 (2002)
[1250] MOVIN, T.; GAD, A.; REINHOLT, F.; ROLF, C.: Tendon pathology in long-standing achillodynia. Biopsy findings in 40 patients. Acta Orthop Scand 68:170–175 (1997)
[1251] MOVIN, T.: Aspects of aetiology, pathoanatomy and diagnostic methods in chronic midportion achillodynia. Doctoral Thesis. Karolinska Institute, Stockholm, Sweden:1–51 (1998)
[1252] MUDGE, M.K.; WOOD, V.E.; FRYKMAN, G.K.: Rotator cuff tears associated with os acromiale. J Bone Joint Surg am 66:427–429 (1984)
[1253] MÜLLER, K.H.; KNOPP, W.: Die Rupturen der Sehnen am Streckapparat des Kniegelenkes. Unfallchir 10:254–261 (1984)
[1254] MÜLLER, K.H.; REHN, J.: Begutachtung nach Sehnenrupturen. Chirurg 55:11–18 (1984)
[1255] MÜLLER, W.: Das Knie. Springer, Berlin Heidelberg, New York (1982)
[1256] MÜLLER-WOHLFAHRT, H.W.; UEBLACKER, P.; HÄNSEL, L. (Hrsg.): Muskelverletzungen im Sport. Georg Thieme Verlag Stuttgart New York (2014)
[1257] MUHR, C.; KAYSER, M.: Posttraumatische Schmerzsyndrome des Schultergelenkes – Differenzierung und Behandlung. Akt Traumatol 18:1–8 (1988)
[1258] MUMENTHALER, M.; SCHLIACK, H.: Läsionen peripherer Nerven. Diagnostik und Therapie. 4. Auflage. Thieme Verlag Stuttgart New York (1982)

[1259] MUNAKATA, T.; NISHIDA, J.; SHIMAMURA, T.; ICHINOHE, S.; ABE, M.; EHARA, S.: Simultaneous avulsion of patellar apexes bilaterally in a hemodialysis patient. Skeletal Radiol 24:211–213 (1995)
[1260] MURAKI, T.; ISHIKAWA, H.; MORISE, S.; YAMAMOTO, N.; SANO, H.; ITOI, E.; IZUMI, S.I.: Ultrasound elastography-based assessment of the elasticity of the supraspinatus muscle and tendon during muscle contraction. J Shoulder Elbow Surg 24:120–126 (2015)
[1261] MURAMATSU, T.; MURAOKA, T.; TAKESHITA, D.; KAWAKAMI, Y.; HIRANO, Y.; FUKUNAGA, T.: Mechanical properties of tendon and aponeurosis of human gastrocnemius muscle in vivo. J Appl Physiol 90:1671–1678 (2001)
[1262] MURASE, T.; TSUYUGUCHI, Y.; HIDAKA, N.; DOI, T.: Calcific tendinitis at the biceps insertion causing rotatory limitation of the forearm: A case report. J Hand Surg 19-A:266–268 (1994)
[1263] MURATLI, H.H.; CELEBI, L.; HAPA, O.; BIÇIMOĞLU, A.: Simultaneous rupture of the quadriceps tendon and contralateral patellar tendon in a patient with chronic renal failure. J Orthop Sci 10:227–232 (2005)
[1264] MURPHY, R.J.; DAINES, M.T.; CARR, A.J.; REES, J.L.: An independent learning method for orthopaedic surgeons performing shoulder ultrasound to identify full-thickness tears of the rotator cuff. J Bone Joint Surg Am 95:266–272 (2013)
[1265] MURRAY, J.: Chronic knee pain in the athlete. Pediatr Ann 13:613–619 (1984)
[1266] MURRAY, P.J.; LOWE, W.R.: Achilles allograft reconstruction of a chronic complete proximal hamstring rupture. Knee Surg Sports Traumatol Arthrosc 17:1360–1363 (2009)
[1267] MURTHI, A.; VOSBURGH, C.; NEVIASER, T.: The incidence of pathologic changes of the long head of the biceps tendon. J Shoulder Elbow Surg 9:382–385 (2000)
[1268] MYERSON, M.S.; MC GARVEY, W.: Disorders of the insertion of the achilles tendon and Achilles tendinitis. J Bone Joint Surg 80-A:1814–1824 (1998)
[1269] MYLLYMÄKI, T.; BONDESTAM, S.; SURAMO, I.; CEDERBER, A.; PELTOKALLIO, P.: Ultrasonography of jumper's knee. Acta Radiol 31:147–149 (1990)
[1270] NAKAGAKI, K.; OZAKI, J.; TOMITA, Y.; TAMAI, S.: Magnetic resonance imaging of rotator cuff tearing and degenerative tendon changes: Correlation with histologic pathology. J Shoulder Elbow Surg 2:156–164 (1993)
[1271] NAKAGAKI, K.; OZAKI, J.; TOMITA, Y.; TAMAI, S.: Fatty degeneration in the supraspinatus muscle after rotator cuff tear. J Shoulder Elbow Surg 5:194–200 (1996)
[1272] NAKAGAWA, S.; YONEDA, M.; HAYASHIDA, K.; WAKITANI, S.; OKAMURA, K.: Greater tuberosity notch: an important indicator of articular-side partial rotator cuff tears in the shoulders of throwing athletes. Am J Sports Med 29:762–770 (2001)
[1273] NAKAGAWA, S.; YONEDA, M.; MIZUNO, N.; HAYASHIDA, K.; MAE, T.; TAKE, Y.: Throwing shoulder injury involving the anterior rotator cuff: concealed tears not as uncommon as previously thought. Arthroscopy 22:1298–1303 (2006)
[1274] NAKAJIMA, T.; ROKUUMA, N.; HAMADA, K.; TOMATSU, T.; FUKUDA, H.: Histologic and biomechanical characteristics of the supraspinatus tendon: Reference to rotator cuff tearing. J Shoulder Elbow Surg 3:79–87 (1994)
[1275] NAKAJIMA, T.; HUGHES, R.E.; AN, K.N.: Effects of glenohumeral rotations and translations on supraspinatus tendon morphology. Clin Biomech 19:579–585 (2004)
[1276] NAKASE, T.; SUGAMOTO, K.; MIYAMOTO, T.; TSUMAKI N.; LUYTEN, F.P.; INUI, H.; MYOUI, A.; TOMITA, T.; YOSHIKAWA, H.: Activation of cartilage-derived morphogenetic protein-1 in torn rotator cuff. Clin Orthop Relat Res 399:140–145 (2002)
[1277] NAKATANI, T.; TANAKA, S.; MIZUKAMI, S.: Bilateral four-headed biceps brachii muscles: the median nerve and brachial artery passing through a tunnel formed by a muscle slip from the accessory head. Clin Anat 11:209–212 (1998)

[1278] NAKATA, W.; KATOU, S.; FUJITA, A.; NAKATA, M.; LEFOR, A.T.; SUGIMOTO, H.: Biceps pulley: normal anatomy and associated lesions at MR arthrography. Radiographics 31:791–810 (2011)

[1279] NANCE, E.P. Jr.; KAYE, J.J.: Injuries of the quadriceps mechanism. Radiology 142:301–307 (1982)

[1280] NAVER, L.; AALBERG, J.R.: Rupture of the quadriceps tendon following dislocation of the patella. Case report. J Bone Joint Surg Am 67:324–325 (1985)

[1281] N'DOW, J.; BREWSTER, N.; MAFFULLI, N.; SCOTLAND, T.R.: Quasi-synchronous patellar tendon rupture. Bull Hosp Jt Dis 54:46–48 (1995)

[1282] NEEDELL, S.D.; ZLATKIN, M.B.; SHER, J.S.; MURPHY, B.J.; URIBE, J.W.: MR imaging of the rotator cuff: peritendinous and bone abnormalities in an asymptomatic population. AJR Am J Roentgenol 166:863–867 (1996)

[1283] NEER, C.S.: Displaced proximal humeral fractures. J Bone Joint Surg Am 52:1077–1089 (1970)

[1284] NEER, C.S. II: Displaced proximal humeral fractures. Part II. Treatment of three-part and four-part displacement. J Bone Joint Surg Am 52:1090–1103 (1970)

[1285] NEER, C.: Anterior acromioplasty for the chronic impingement syndrom in the shoulder. A preliminary report . J Bone Joint Surg Am 54:41–50 (1972)

[1286] NEER, C.S. 1nd.: Impingement lesions. Clin Orthop Relat Res 173:70–77 (1983)

[1287] NEER, C.S.; CRAIG, E.V.; FUKUDA, H.: Cuff-tear arthropathy. J Bone Joint Surg Am 65:1232–1244 (1983)

[1288] NEER, C.; POPPEN, N.: Supraspinatus outlet. Orthop Trans 11:234 (1987)

[1289] NEER, C.S. II.: Shoulder reconstruction. W.B. Saunders Company Philadelphia (1990)

[1290] NEER, C.S.: Cuff tears, biceps lesions, and impingement. In: Shoulder reconstruction. Philadelphia: WB Saunders:41–42 (1990)

[1291] NEMETSCHEK, T.; JONAK, R.; MEINEL, A.; NEMETSCHEK-GANSLER, H.; RIEDL, H.: Knickdeformationen an Kollagen. Arch Orthop Unfallchir 89:249–257 (1977)

[1292] NÉROT, C.; HULLY, J.L.; GÉRARD, Y.: Ruptures de la coiffe des rotateurs avec atteinte prédominante du sous-scapulaire. Chirurgie 119:404–410 (1993–1994)

[1293] NESSLER, J.P.; AMADIO, P.C.; BERGLUND, L.J.; AN, K.N.: Healing of canine tendon in zones subjected to different mechanical forces. J Hand Surg Br 17:561–568 (1992)

[1294] NEUBAUER, T.; WAGNER, M.; POTSCHKA, T.: RIEDL, M.: Bilateral, simultaneous rupture of the quadriceps tendon: a diagnostic pitfall? Report of three cases and meta-analysis of the literature. Knee Surg Sports Traumatol Arthrosc 15:43–53 (2007)

[1295] NEUGEBAUER, A.; MUENSTERER, O.J.; BUEHLIGEN, U.; TILL, H.: Bilateral avulsion fractures of the tibial tuberosity: A double case for open reduction and fixation. Eur J Trauma Emerg Surg 34:83–87 (2008)

[1296] NEUGEBAUER, J.M.; HAWKINS, D.A.: Identifying factors related to Achilles tendon stress, strain, and stiffness before and after 6 months of growth in youth 10–14 years of age. J Biomech 45:2457–2461 (2012)

[1297] NEUMANN, D.A.: Kinesiology of the musculoskeletal system (2nd ed.) St. Louis Mosby (2009)

[1298] NEUMANN, K.: Muskel- und Sehnenverletzungen. Unfallchirurg 101:482–490 (1998)

[1299] NEURATH, M.; STOFFT, E.; NEURATH, F.; NEUMANN, K.: Strukturelle Altersveränderungen der „Rotatorenmanschette“. Hefte zur Unfallheilkunde, Heft 220, Springer-Verlag Berlin Heidelberg (1991)

[1300] NEUSCHWANDER, T.B.; BENKE, M.T.; GERHARDT, M.B.: Anatomic description of the origin of the proximal hamstring. Arthroscopy 31:1518–1521 (2015)

[1301] NEUSEL, E.; GRAF, J.; JOCHEM, C.; ROMPE, G.: Langzeitergebnisse nach subkutaner Achillessehnenruptur. Sportverl Sportschad 4:36–40 (1990)

[1302] NEVIASER, A.; ANDARAWIS, N.; FLATOW, E.: Basis mechanisms of tendon fatigue damage. J Shoulder Elbow Surg 21:158–163 (2012)

[1303] NEVIASER, R.J.: Lesions of the biceps and tendinitis of the shoulder. Orthop Clin North Am 11:343–348 (1980)

[1304] NEVIASER, R.J.: Ruptures of the rotator cuff. Orthop Clin North Am 18:387–394 (1987)

[1305] NEVIASER, R.J.; NEVIASER, T.J.; NEVIASER, J.S.: Concurrent rupture of the rotator cuff and anterior dislocation of the shoulder in the older patient. J Bone Joint Surg Am 70:1308–1311 (1988)

[1306] NEVIASER, R.J.; NEVIASER, T.J.; NEVIASER, J.S.: Anterior dislocation of the shoulder and rotator cuff rupture. Clin Orthop 291:103–106 (1993)

[1307] NEVIASER, T.J.; NEVIASER, R.J.; NEVIASER, J.S.: Incomplete rotator cuff tears. Clin Orthop 306:12–16 (1994)

[1308] NEVOA, D.; RAMERO, R.; FORTEZA, J.: Spontaneous bilateral rupture of the quadriceps tendon in uremia and kidney transplantation. Chir Nephrology 7:271 (1977)

[1309] NHO, S.J.; SHINDLE, Y.M.; MAC GILLIVRAY, J.D.: Rotator cuff degeneration: etiology and pathogenesis. Am J Sports Med 36:987 (2008)

[1310] NICHOLAS, J.A.; HERSHMAN, E.B.: The lower extremity and spine in sports medicine. C.V. Mosby Company St. Louis – Toronto – Princeton (1986)

[1311] NICHOLSON, G.P.; GOODMAN, D.A.; FLATOW, E.L.; BIGLIANI, L.U.: The acromion: morphologic condition and age-related changes: a study of 420 scapulas. J Shoulder Elbow Surg 5:1–11 (1996)

[1312] NIDECKER, A.; GUECKEL, C.; VON HOCHSTETTER, A.: Imaging the long head of bicepstendon – a pictorial essay emphasizing magnetic resonance. Eur J Radiol 25:177–187 (1997)

[1313] NIELSEN, K.: Partial rupture of the distal biceps brachii tendon. A case report. Acta Orthop Scand 58:287–288 (1987)

[1314] NIGHTINGALE, E.J.; ALLEN, C.P.; SONNABEND, D.H.; GOLDBERG, J.; WALSH, W.R.: Mechanical properties of the rotator cuff: response to cyclic loading at varying abduction angles. Knee Surg Sports Traumatol Arthrosc 11:389–392 (2003)

[1315] NIKOLAU, P.K.; MC DONALD, B.L.; GLISSON, R.R.; SEABER, A.V.; GARRETT, W.E.: Biomechanical and histological evaluation of muscle after controlled strain injury. Am J Sports Med 15:9–14 (1987)

[1316] NILSSON-HELANDER, K.; THOMEÉ, R.; GRÄVARE-SILBERNAGEL, K.; THOMEÉ, P.; FAXÉN, E.; ERIKSSON, B.I.; KARLSSON, J.: The Achilles tendon total rupture score (ATRS): development and validation. Am J Sports Med 35:421–426 (2007)

[1317] NIRSCHL, R.P.; PETTRONE, F.A.: Tennis-Elbow. The surgical treatment of lateral epicondylitis. J Bone Joint Surg Am 61:832–839 (1979)

[1318] NIRSCHL, R.P.: Shoulder tendinitis, in PETTRONE, F.P. (ed): American Academy of Orthopaedic Surgeons Symposium on Upper Extremity Injuries in Athletes. St. Louis, CV Mosby 28:322–337 (1986)

[1319] NIRSCHL, R.P.: Elbow tendinosis/tennis elbow. Clin Sports Med 11:851–870 (1992)

[1320] NISBET, N.W.: Anatomy of the calcaneal tendon of the rabbit. J Bone Joint Surg Br 42:360 (1960)

[1321] NIXON, A.J.; WATTS, A.E.; SCHNABEL, L.V.: Cell- and gene-based approaches to tendon regeneration. J Shoulder Elbow Surg 21:278–294 (2012)

[1322] NOBUHARA, K.; IKEDA, H.: Rotator interval lesion. Clinic Orthop 223:44–50 (1987)

[1323] NODA, D.; YOSHIMURA, I.; KKANAZAWA, K.; HAGIO, T.; NAITO, M.: Subcutaneous rupture of the flexor hallucis longus tendon: a case report. J Foot Ankle Surg 51:234–236 (2012)

[1324] NÖHRING, F.J.: Fachwörterbuch Medizin. Englisch-Deutsch. 4. Auflage. Langenscheidt, Urban & Fischer, Berlin München (2002)
[1325] NOH, K.H.; MOON, Y.L.; JACIR, A.M.; KIM, K.H.; GORTHI, V.: Sonographic probe induced tenderness for lateral epicondylitis: an accurate technique to confirm the location of the lesion. Knee Surg Sports Traumatol Arthrosc 18:836–839 (2010)
[1326] NORDIN, M.; FRANKEL, V.H.: Basic biomechanics of the musculoskeletal system (3rd ed.). Philadelphia: Lippincott, Williams & Wilkins (2001)
[1327] NORDSCHOW, C.D.: Aspects of ageing in human collagen: An exploratory thermoelastic study. Exp Mol Pathol 5:350–373 (1966)
[1328] NORKIN, C.; LEVANGIE, P,K.: Joint structure and function: a comprehensive analysis (2nd ed.). Philadelphia: F.A. Davis Publications (1992)
[1329] NORRIS, T.R.: Unfused epiphysis mistaken for acromion fracture. Orthopedics Today 3:12–13 (1983)
[1330] NOTEBOOM, J.T.; LESTER, M.N.: Bilateral simultaneous infrapatellar tendon ruptures: a case study. J Orthop Sports Phys Ther 20:166–170 (1994)
[1331] NOVÉ-JOSSERAND, L.; LEVIGNE, C.; NOËL, E.; WALCH, G.: Les lésions isolées du sous scapulaire. Rev Chir Orthop 80:595–601 (1994)
[1332] NYFFELER, R.W.; WERNER, C.M.L.; SUKTHANKAR, A.; SCHMID, M.R.; GERBER, C.: Association of a large lateral extension of the acromion with rotator cuff tears. J Bone Joint Surg Am 88:800–805 (2006)
[1333] OBAID, H.; CONNELL, D.: Cell therapy in tendon disorders: what is the current evidence? Am J Sports Med 38:2123–2132 (2010)
[1334] O'BRIEN, T.D.; REEVES, N.D.; BALTZOPOULOS, V.; JONES, D.A.; MAGANARIS, C.N.: Mechanical properties of the patellar tendon in adults and children. J Biomech 43:1190–1195 (2010)
[1335] OBRIST, J.; GENELIN, F.; ZIRKNITZER, J.; KRÖPFL, A.: Seltene Kombinationsverletzung beim alpinen Schilauf. Unfallchirurgie 15:141–144 (1989)
[1336] OBST, S.J.; RENAULT, J.B.; NEWSHAM-WEST, R.; BARRETT, R.S.: Three-dimensional deformation and transverse rotation of the human free Achilles tendon in vivo during isometric plantarflexion contraction. J Appl Physiol 116:376–384 (2014)
[1337] OCHIAI, N.; MATSUI, T.; MIYAJI, N.; MERKLIN, R.J.; HUNTER, J.M.: Vascular anatomy of flexor tendons. I. Vincula system and blood supply of the profundus tendon in the digital sheath. J Hand Surg 4:321–330 (1979)
[1338] OCHMAN, S.; LANGER, M.; PETERSEN, W.; MEFFERT, R.H.; TILLMANN, B.; RASCHKE, M.J.: Quadrizepssehnenruptur. Diagnostik und Therapie einer seltenen Verletzung. Unfallchirurg 108:436–444 (2005)
[1339] OCKERT, B.; BRAUNSTEIN, V.; SPRECHER, C. et al.: Attachment sites of the coracoclavicular ligaments are characterized by fibrocartilage differentiation: a study on human cadaveric tissue. Scand J Med. Sci Sports 22:12–17 (2012)
[1340] O'DONOGHUE, D.O.: Treatment of injuries to athletes. Philadelphia: WB Saunders:51–56 (1962)
[1341] O'DRISCOLL, S.W.: Intramuscular triceps rupture. Can J Surg 35:203–207 (1992)
[1342] O'DRISCOLL, S.W.; GONCALVES, L.B.; DIETZ, P.: The hook test for distal biceps tendon avulsion. Am J Sports Med 35:1865–1869 (2007)
[1343] ÖHBERG, L.; LORENTZON, R.; ALFREDSON, H.: Neovascularisation in Achilles tendons with painful tendinosis but not in normal tendons: an ultrasonographic investigation. Knee Surg Sports Traumatol Arthrosc 9:233–238 (2001)
[1344] ÖHBERG, L.; ALFREDSON, H.: Effects on neovascularisation behind the good results with eccentric training in chronic mid-portion Achilles tendinosis? Knee Surg Sports Traumatol Arthrosc 12:465–470 (2004)

[1345] ÖZKAN, C.; KALACI, A.; TAN, I.; SAGPEL, Y.: Bilateral dislocation of the knee with rupture of both patellar tendons. A case report. The Knee 13:333–336 (2006)

[1346] OGATA, S.; UHTHOFF, H.K.: Acromial enthesopathy and rotator cuff tear. A radiologic and histologic postmortem investigation of the coracoacromial arch. Clin Orthop Relat Res 254:39–48 (1990)

[1347] OGAWA, K.; YOSHIDA, A.; TAKAHASHI, M. et al.: Fractures of the coracoid process. J Bone Joint Surg Br 79:17 (1997)

[1348] OGAWA, K.; NANIWA, T.: A rare variation of the biceps: a possible cause of degeneration of the rotator cuff. J Shoulder Elbow Surg 7:295–297 (1998)

[1349] OGAWA, K.; YOSHIDA, A.; INOKUCHI, W.; NANIWA, T.: Acromial spur: relationship to aging and morphologic changes in the rotator cuff. J Shoulder Elbow Surg 14:591–598 (2005)

[1350] OGDEN, J.A.; HEMPTON, R.F.; SOUTHWICK, W.O.: Development of the tibial tuberosity. Anat Rec 182:431 (1975)

[1351] OH, J.H.; YOON, J.; LEE, H.K.; CHOI, J.A.: Classification and clinical significance of acromial spur in rotator cuff rear: Heel-type spur and rotator cuff tear. Clin Orthop Relat Res 468: 1542–1550 (2010)

[1352] OH, J.H.; KIM, S.H.; CHOI, J.A.; KIM, Y.; OH, C.H.: Reliability of the grading system for fatty degeneration of rotator cuff muscles. Clin Orthop Relat Res 468:1558–1564 (2010)

[1353] OH, J.H.; JUN, B.J.; MC GARRY, M.H.; LEE, T.Q.: Does a critical rotator cuff tear stage exist? A biomechanical study of rotator cuff tear progression in human cadaver shoulders. J Bone Joint Surg Am 93:2100–2109 (2011)

[1354] OH, J.H.; OH, C.H.; KIM, S.H.; KIM, J.H.; YOON, J.P.; JUNG, J.H.: Clinical features of partial anterior bursal-sided supraspinatus tendon (PABST) lesions. J Shoulder Elbow Surg 21:295–303 (2012)

[1355] OH, J.H.; SONG, B.W.; LEE, Y.S.: Measurement of volumetric bone mineral density in proximal humerus using quantitative computed tomography in patients with unilateral rotator cuff tear. J Shoulder Elbow Surg 23:993–1002 (2014)

[1356] OLEN, R.N.; CHMELL, S.: Bilateral patellar ligament rupture. A case report. Orthopedics 9:1665–1667 (1986)

[1357] OLSSON, O.: Degenerative changes of the shoulder joint and their connection with shoulder pain. Acta Chir Scand 181:1–130 (1953)

[1358] OLSSON, O.: Rupture of the tendon of the subscapular muscle. Report of one operation case and notes on the mechanism of the shoulder joint. Acta Chir Scand 114:224–228 (1958)

[1359] ONUOHA, G.N.; ALPAR, E.K.: Calcitonin gene-related peptide and other neuropeptides in dthe plasma of patients with soft tissue injury. Life Sci 65:1351–1358 (1999)

[1360] ORAVA, S.; KUJALA, U.M.: Rupture of the ischial origin of the hamstring muscle. Am J Sports Med 23:702–705 (1995)

[1361] ORAVA, S.: Hamstring syndrome. Oper Tech Sports Med 5:143–149 (1997)

[1362] ORCHARD, J.; SEWARD, H.: Epidemiology of injuries in the Australian Football League, seasons 1997–2000. Br J Sports Med. 36:39–45 (2002)

[1363] ORGAN, S.W.; NIRSCHL, R.P.; KRAUSHAAR, B.S.; GUIDI, E.J.: Salvage surgery for lateral tennis elbow. Am J Sports Med 25:746–750 (1997)

[1364] OSGOOD, R.B.: Lesions of the tibial tubercle occurring during adolescense. Boston Med Surg J 148:114 (1903)

[1365] OVEREND, T. J.; WUORI-FEARN, J.L.; KRAMER, J.F.; MAC DERMID, J.C.: Reliability of a patient-rated forearm evaluation questionnaire for patients with lateral epicondylitis. J Hand Ther 12:31–37 (1999)

[1366] OZAKI, J.; FUJIMOTO, S.; NAKAGAWA, Y.; MASUHARA, K.; TAMAI, S.: Tears of the rotator cuff of the shoulder associated with pathological changes in the acromion. A study in cadavera. J Bone Joint Surg Am 70:1224–1230 (1988)
[1367] OZSOY, M.H.; BAYRAMOGLU, A.; DEMIRYUREK, D.; TUCCAR, E.; HAYRAN, M.; DINCEL, V.E.; ATAY, O.A.; CAVUSOGLU, A.T.: Rotator interval dimensions in different shoulder arthroscopy positions: a cadaveric study. J Shoulder Elbow Surg 17:624–630 (2008)
[1368] PAAR, O.; KLEVER, P.; ERLI, H.J.: Gefäßversorgung der Achillessehne. Radiologische, mikroradiographische und histologische Untersuchungen. Akt Traumatol 31:241–244 (2001)
[1369] PAAVOLA, M.; KANNUS, P.; JÄRVINEN, T.A.; KHAN, K.; JÓZSA, L.; JÄRVINEN, M.: Achilles tendinopathy. J Bone Joint Surg Am 84:2062–2076 (2002)
[1370] PAGENSTERT, G.; LEUMANN, A.; FRIGG, A.; VALDERRABANO, V.: Achillessehnen- und Tibialis-anterior-Sehnenruptur. Orthopäde 39:1135–1147 (2010)
[1371] PAGNANI, M.; DENG, X.H.; WARREN, R.F.; TORZILLI, P.A.; O'BRIEN, S.J.: Role of the long head of the biceps brachii in glenohumeral stability: a biomechanical study in cadavera. J Shoulder Elbow Surg 5:255–262 (1996)
[1372] PAGONIS, T.; GIVISSIS, P.; DITSIOS, K.; PAGONIS, A.; PETSATODIS, G.; CHRISTODOULOU, A.: The effect of steroid-abuse on anatomic reinsertion of ruptured distal biceps brachii tendon. Injury 42:1307–1312 (2011)
[1373] PAINTER, C.: Subdeltoid bursitis. Boston Med Surg J 156:345–349 (1907)
[1374] PAL, G.P.; BHATT, R.H.; PATEL, V.S.: Relationship between the tendon of the long head of biceps brachii and the glenoidal labrum in humans. Anat Rec 229:278–280 (1991)
[1375] PALLA, F.: Über die traumatische Sehnenverdickung. Bruns Beitr Klin Chir 63:644–689 (1909)
[1376] PALMER, W.E.: MR arthrography of the rotator cuff and labral-ligamentous complex. Semin Ultrasound CT MR 18:278–290 (1997)
[1377] PANITZ, C.: Gutachtliche Beurteilung der Rotatorenmanschettenruptur. Med Sach 86:184–186 (1990)
[1378] PANTAZOPOULOS, T.; EXARCHOU, E.; STAVROU, Z.; HARTOFILAKIDIS-GAROFALIDIS, G.: Avulsion of the triceps tendon. J Trauma 15:827–829 (1975)
[1379] PARMAR, C.; MEEds.DA, K.P.; HENNESSY, M.: Achilles tendon rupture associated with combination therapy of levofloxacin and steroid in four patients and a review of the literature. Foot & Ankle Int 28:1287–1289 (2007)
[1380] PARTRIDGE, R.: A case of rupture of the triceps cubiti. Med Times Gaz 1:175 (1868)
[1381] PASCHAL, S.O.; HUTTON, K.S.; WEATHERALL, P.T.: Isolated avulsion fracture of the lesser tuberosity of the humerus in adolescents. A report of two cases. J Bone Joint Surg Am 77:1427–1430 (1995)
[1382] PATTE, D.; GOUTALLIER, D.; DEBEYRE, J.: Rotatorenmanschettenruptur. Ergebnisse und Perspektiven der Retrostruktur. Orthopäde 10:206–215 (1981)
[1383] PATTE, D.: Classification of rotator cuff lesions. Clin Orthop Relat Res 254:81–86 (1990)
[1384] PATTEE, G.A.; SNYDER, S.J.: Sonographic evaluation of the rotator cuff: correlation with arthroscopy. Arthroscopy 4:15–20 (1988)
[1385] PATTON, W.C.; MC CLUSKEY, G.M.: Biceps tendinitis and subluxation. Clin Sports Med 20:505–529 (2001)
[1386] PAUWELS, F.A.: A new theory on the influence of mechanical stimuli on the differentiation of supporting tissue. The tenth contribution to the functional anatomy and causal morphology of the supporting structure. Z Anat Entwicklungsgesch 121:478–515 (1960)
[1387] PAYR, E.: Die kinetische Kette. Tonuspathol Acta Chir Scand 72:318–330 (1932)

[1388] PEACH, C.A.; ZHANG, Y.; DUNFORD, J.E.; BROWN, M.A.; CARR, A.J.: Cuff tear arthropathy: evidence of functional variation in pyrophosphate metabolism genes. Clin Orthop Relat Res 462:67–72 (2007)

[1389] PEACOCK, E.E.: A study of the circulation in normal tendons and healing grafts. Ann Surg 149:415–428 (1959)

[1390] PEACOCK, E.E.: Biological principles in the healing of long tendons. Surg Clin North Am 45:461–476 (1965)

[1391] PEARSALL, A.W.; HOLOVACS, T.F.; SPEER, K.P.: The intra-articular component of the subscapularis tendon: anatomic and histological correlation in reference to surgical release in patients with frozen-shoulder syndrome. Arthroscopy 16:236–242 (2000)

[1392] PEARSALL, A.W.; BONSELL, S.; HEITMAN, R.J.; HELMS, C.A.; OSBAHR, D.; SPEER, K.P.: Radiographic findings associated with symptomatic rotator cuff tears. J Shoulder Elbow Surg 12:122–127 (2003)

[1393] PEĆINA, M.M.; BOJANIĆ, I.: Overuse injuries of the musculoskeletal system. Second Edition. CRC Press Boca Raton London New York Washington D.C. (2004)

[1394] PEDERSEN, H.E.; KEY, J.A.: Pathology of calcaneous tendinitis and subdeltoid bursitis. Arch Surg 62:50–63 (1951)

[1395] PEERS, K.H.; BRYS, P.P.M.; LYSENS, R.J.J.: Correlation between power Doppler ultrasonography and clinical severity in Achilles tendinopathy. Int Orthop 27: 180–183 (2003)

[1396] PEIRO, A.; FERRANDIS, R.; GARCIA, L.; ALCAZAR, E.: Simultaneous and spontaneous bilaterl rupture of the patellar tendon in rheumatoid arthritis. A case report. Acta Orthop Scand 46:700–703 (1975)

[1397] PELTZ, C.D.; HSU, J.E.; ZGONIS, M.H.; TRASOLINI, N.A.: The effect of altered loading following rotator cuff tears in a rat model on the regional mechanical properties of the long head of the biceps tendon. J Biomech 43:2904–2907 (2010)

[1398] PELTZ, C.D.; HSU, J.E.; ZGONIS, M.H.; TRASOLINI, N.A.; GLASER, D.L.; SOSLOWSKY, L.J.: Decreased loading after rotator cuff tears leads to improved biceps tendon properties in a rat model. J Shoulder Elbow Surg 20:698–707 (2011)

[1399] PELTZ, C.D.; HSU, J.E.; ZGONIS, M.H.; TRASOLINI, N.A.; GLASER, D.L.; SOSLOWSKY, L.J.: Biceps tendon properties worsen initially but improve over time following rotator cuff tears in a rat model. J Orthop Res 29:874–879 (2011)

[1400] PEREIRA, D.S.; KVITNE, R.S.; LIANG, M.; GIACOBETTI, F.B.; EBRAMZADEH, E.: Surgical repair of distal biceps tendon ruptures: a biomechanical comparison of two techniques. Am J Sports Med 30:432–436 (2002)

[1401] PERKINS, G.: Orthopaedics. The Athlone Press University of London (1961)

[1402] PERRY, J.: Anatomy and biomechanics of the hindfoot. Clin Orthop 177:9–15 (1983)

[1403] PERRY, J.R.: Achilles tendon anatomy: normal and pathologic. Foot and Ankle Clin 2:363–370 (1997)

[1404] PERRY, S.M.; GETZ, C.L.; SOSLOWSKY, L.J.: Alterations in function after rotator cuff tears in an animal model. J Shoulder Elbow Surg 18:296–304 (2009)

[1405] PERRY, S.M.; GETZ, C.L.; SOSLOWSKY, L.J.: After rotator cuff tears, the remaining (intact) tendons are mechanically altered. J Shoulder Elbow Surg 18:52–57 (2009)

[1406] PERUGIA, L.; POSTACCHINI, F.: The pathology of the rotator cuff of the shoulder. Ital J Orthop Traumatol 11:93–105 (1985)

[1407] PETERS, K.M.; BÜCHELER; D.; WESTERDORF, G.: Bilateral rupture of the patellar ligament indiabetes mellitus. Unfallchirurg 103:164–167 (2000)

[1408] PETERSEN, W.; STEIN, V.; TILLMANN, B.: Blutgefäßversorgung der Quadrizepssehne. Unfallchirurg 102:543–547 (1999)

[1409] PETERSEN, W.; STEIN, V.; TILLMANN, B.: The etiology of spontaneous quadriceps tendon rupture: the role of vasculatity. J Bone Joint Surg 81-B, Supp II:219 (1999)
[1410] PETERSEN, W.; PUFE, T.; PFROMMER, S.; TILLMANN, B.: Überlastungsschäden der Achillessehne. Die Bedeutung von Blutgefäßversorgung und Angiogenese. Orthopäde 34:533–542 (2005)
[1411] PETERSON, L.; STENER, B.: Distal disinsertion of the patellar ligament combined with avulsion fractures at the medial and lateral margins of the patella. A case report and an experimental study. Acta Orthop Scand 47:680–685 (1976)
[1412] PETERSON, C.J.; GENTZ, C.F.: Ruptures of the supraspinatus tendon. Clin Orthop 174:143–148 (1983)
[1413] PETERSSON, C.J.: Degeneration of the glenohumeral joint. An anatomical study. Acta Orthop Scand 54:277–283 (1983)
[1414] PÉTRIGNANI, R.: La maladie de Pellegrini-Stieda. Rev d'orthop 18:105–117 (1931)
[1415] PETTY, O.H.: Fracture of the coracoid process of the scapula caused by muscular action. Ann Surg 45:427 (1907)
[1416] PFAHLER, M.; JESSEL, C.; STEINBORN, M.; REFIOR, H.J.: Magnetic resonance imaging in lateral epicondylitis of the elbow. Arch Orthop Trauma Surg 118:121–125 (1998)
[1417] PFAHLER, M.; BRANNER, S.; REFIOR, H.J.: The role of the bicipital groove in tendopathy of the long biceps tendon. J Shoulder Elbow Surg 8:419–424 (1999)
[1418] PFIRRMANN, C.W.A.; ZANETTI, M.; WEISHAUPT, D.; GERBER, C.; HODLER, J.: Subscapularis tendon tears: detection and grading at MR arthrography. Radiology 213:709–714 (1999)
[1419] PHILIPPON, M.J.; FERRO, F.P.; CAMPBELL, K.J.; MICHALSKI, M.P.; GOLDSMITH, M.T.; DEVITT, B.M.; WIJDICKS, C.A.; LA PRADE, R.F.: A qualitative and quantitative analysis of the attachment sites of the proximal hamstrings. Knee Surg Sports Traumatol Arthrosc 23:2554–2561 (2015)
[1420] PICAUD, A.J.; POUCEL, J.; CHRISTEN, R.; PICAUD, R.: Les ruptures du tendon d'achille et leur traitement. A propos de 130 cas. Ann Chir 20:1361–1374 (1966)
[1421] PIEPER, H.G.: Pathomechanik des Schultergürtels. Hefte zur Unfallheilkunde 195. P. Habermeyer; P. Krüger; L. Schweiberer (Hrsg), Springer Verlag Berlin Heidelberg New York:6–11 (1988)
[1422] PIEPER, H.G.; RADAS, C.; BLANK, M.: New findings on the anatomy of the coracoacromial ligaments – consequences for the surgical treatment of subacromial pain. J Shoulder Elbow Surg 5/2:S34 (1996)
[1423] PIEPER, H.G.; RADAS, C.; BLANK, M.: Häufigkeit der Rotatorenmanschettenruptur im höheren Lebensalter. Arthroskopie 10:175–179 (1997)
[1424] PIEPER, H.G.; RADAS, C.B.; QUACK, G.; KRAHL, H.: Mediomalleolar fracture combined with achilles tendon rupture: a rare simultaneous injury of the ankle. Int J Sports Med 19:68–70 (1998)
[1425] PIERRE-JEROME, C.; MONCAYO, V.; TERK, M.R.: MRI of the Achilles tendon: a comprehensive review of the anatomy, biomechanics, and imaging of overuse tendinopathies. Acta Radiol 51:438–454 (2010)
[1426] PIETSCH, A.; FRANK, D.: Chinolon-induzierte Achillessehnenruptur – zwei Fallbeispiele. FussSprungg 3:238–241 (2005)
[1427] PINA, A.; GARCIA, I.; SAATER, M.: Traumatic avulsion of the triceps brachii. J Orthop Trauma 16:273–276 (2002)
[1428] PINGEL, J.; HARRISON, A.; SIMONSEN, L.; SUETTA, C.; BÜLOW, J.; LANGBERG, H.: The microvascular volume of the Achilles tendon is increased in patients with tendinopathy at rest and after a 1-hour treadmill run. Am J Sports Med 41:2400–2408 (2013)

[1429] PLANCHER, K.D.; JOHNSTON, J.C.; PETERSON, R.K.; HAWKINS, R.J.: The dimensions of the rotator interval. J Shoulder Elbow Surg 14:620–625 (2005)

[1430] PLATE, J.F.; WIGGINS, W.F.; HAUBRUCK, P.; SCOTT, A.T.; SMITH, T.L.; SAUL, K.R.; MANNAVA, S.: Normal aging alters in vivo passive biomechanical response of the rat gastrocnemius-Achilles muscle-tendon unit. J Biomech 46:450–455 (2013)

[1431] PLATE, J.F.; PACE, L.A.; SEYLER, T.M.; MORENO, R.J.; SMITH, T.L.; TUOHY, C.J.; MANNAVA, S.: Age-related changes affect rat rotator cuff muscle function. J Shoulder Elbow Surg 23:91–98 (2014)

[1432] PLECKO, M.; PASSL, R.: Ruptures of the Achilles tendon: causes and treatment. J Finn Orthop Traumat 14:201–204 (1991)

[1433] PLOETZ, E.: Funktioneller Bau und funktionelle Anpassung der Gleitsehnen. Z Orthop 67:212–234 (1938)

[1434] POINTINGER, H.; MUNK, P.; POESCHL, F.P.: Ruptur des Pes anserinus superficialis und Teilruptur des Lig. Patellae. Seltene Begleitverletzungen bei komplexen Kniegelenktraumen. Unfallchirurg 102:69–73 (1999)

[1435] POULIART, N.; GAGEY, O.: Concomitant rotator cuff and capsuloligamentous lesions of the shoulder: a cadaver study. Arthroscopy 22:728–735 (2006)

[1436] POULIART, N.; SAMERS, K.; GAGEY, O.L: Arthroscopic glenohumeral folds and microscopic glenohumeral ligaments: the fasciculus obliquus is the missing link. J Shoulder Elbow Surg 17:418–430 (2008)

[1437] POMERANCE, J.: Radiographic analysis of lateral epicondylitis. J Shoulder Elbow Surg 11:156–157 (2002)

[1438] PONCE, B.A.; KUNDUKULAM, J.A.; SHEPPARD, E.D.; DETERMANN, J.R.; MC GWIN, G.; NARDUCCI, C.A.; CROWTHER, M.J.: Rotator cuff crepitus: could Codman really feel a cuff tear? J Shoulder Elbow Surg 23:1017–1022 (2014)

[1439] POPP, J.E.; YU, J.S.; KAEDING, C.C.: Recalcitrant patellar tendinitis. Magnetic resonance imaging, histologic evaluation, and surgical treatment. Am J Sports Med 25:218–222 (1997)

[1440] PORCELLINI, G.; CARANZANO, F.; CAMPI, F.; PELLEGRINI, A.; PALADINI, P.: Glenohumeral instability and rotator cuff tear. Sports Med. Arthrosc Rev 19:395–400 (2011)

[1441] POST, M.; SILVER, R.; SINGH, M.: Rotator cuff tear. Diagnosis and treatment. Clin Orthop 173:78–91 (1983)

[1442] POST, M.; BENCA, P.: Primary tendinitis of the long head of the biceps. Clin Orthop 246:117–125 (1989)

[1443] POSTACCHINI, F.; PUDDU, G.: Subcutaneous rupture of the distal biceps brachii tendon. J Sports Med Phys Fitness 15:81–90 (1975)

[1444] POSTACCHINI, F.; RICCIARDI-POLLINI, P.T.: Rupture of the short head tendon of the biceps brachii. Clin Orthop Relat Res 124:229–232 (1977)

[1445] POTASMAN, I.; BASSAN, H.M.: Multiple tendon rupture in systemic lupus erythematosus: case report and review of the literature. Ann Rheum Dis 43:347–349 (1984)

[1446] PRESTON, E.T.: Avulsion of both quadriceps tendons in hyperparathyroidism. JAMA 221:406–407 (1972)

[1447] PRITCHARD, C.H.; BERNEY, S.: Patellar tendon tuprute in systemic lupus erythematosus. J Rheumatol 16:786–788 (1989)

[1448] PROBST, J.: Begutachtung von Sehnenschäden. Bericht Unfallmed. Tagung Mainz am 9./10.11.1974. Hefte Unfallheilkd 23:205–212 (1974)

[1449] PROBST, J.: Rotatorendefekt und Schulterluxation aus gutachterlicher Sicht. Die Bedeutung von Degeneration und anlagebedingter Instabilität. Unfallchirurg 89:436–439 (1986)

[1450] PROVANCE, A.J.; POLOUSKY, J.D.: Isolated avulsion fracture of the subscapularis tendon with medial dislocation and tear of biceps tendon in a skeletally immature athlete: a case report. Curr Opin Pediatr 22:366–368 (2010)

[1451] PROVENCHER, M.T.; MOLOGNE, T.S.; HONGO, M.; ZHAO, K.; TASTO, J.P., AN, K.N.: Arthroscopic versus open rotator interval closure: biomechanical evaluation of stability and motion. Arthroscopy 23:583–592 (2007)

[1452] PUDDU, G.; IPPOLITO, E.; POSTACCHINI, F.: A classification of Achilles tendon disease. Am J Sports Med 4:145–150 (1976)

[1453] PUJADAS, G.W.: Coraco-acromial ligament syndrome. J Bone Joint Surg 52-A:1261 (1970)

[1454] PURANEN, J.; ORAVA, S.: The hamstring syndrome: a new diagnosis of gluteal sciatic pain. Am J Sports Med 16:517–521 (1988)

[1455] PUTZ, R.; LIEBERMANN, J.; REICHELT, A.: Funktion des Ligamentum coracoacromiale. Acta Anat 131:140–145 (1988)

[1456] PUTZ, R.; REICHELT, A.: Strukturelle Befunde am Lig. coracoacromiale bei Rotatorenmanschettenruptur, Tendinosis calcarea und Supraspinatussyndrom. Z Orthop 128:46–50 (1990)

[1457] PUTZ, R.; MÜLLER-GERBL, M.: Anatomie und Pathologie der Sehnen. Orthopäde 24:180–186 (1995)

[1458] QUENU, S.: Les rutures du tendon d'Achille. Rev Chir 67:647 (1929)

[1459] QUINN, S.F.; MURRAY, W.T.; CLARK, R.A.; COCHRAN, C.F.: Achilles tendon: MR Imaging at 1.5 T1. Radiology 164:767–770 (1987)

[1460] RADAS, C.; PIEPER; H.G.; KRAHL, H.; BLANK, M.: Die Inzidenz der Rotatorenmanschettenruptur – Abhängigkeit von Alter, Geschlecht, Händigkeit und Beruf. Akt Traumatol 26:56–61 (1996)

[1461] RAJ, I.S.; BIRD, S.R.; SHIELD, A.J.: Aging and the force-velocity relationship of muscles. Experimental Gerontology 45:81–90 (2010)

[1462] RAJASEKHAR, C.; KAKARLAPUDI, T.K.; BHAMRA, M.S.: Avulsion of the triceps tendon. Emerg Med 19:271–272 (2002)

[1463] RALSTON, E.L.; SCHMIDT, E.R. JR.: Repair of the ruptured achilles tendon. J Trauma 11:15–21 (1971)

[1464] RAMSEY, R.H.; MULLER, G.E.: Quadriceps tendon rupture a diagnostic trap. Clin Orthop 70:161–164 (1970)

[1465] RAND, J.A.; MORREY, B.F.; BRYAN, R.S.: Patellar tendon rupture after total knee arthroplasty. Clin Orthop Relat Res 244:233–238 (1989)

[1466] RANG, M.: The story of orthopaedics. Philadelphia: WB Saunders:392 (2000)

[1467] RAO, A.G.; KIM, T.K.; CHRONOPOULOS, E.; MC FARLAND, E.G.: Anatomical variants in the anterosuperior aspect of the glenoid labrum: a statistical analysis of seventy-three cases. J Bone Joint Surg Am 85-A:653–659 (2003)

[1468] RASCHER, J.J.; MARCOLIN, L.; JAMES, P.: Bilateral sequential rupture of the patellar tendon in systemic lupus erythematosus. J Bone Joint Surg 56-A:821–822 (1974)

[1469] RATHBUN, J.B.; MACNAB, I.: The microvascular pattern of the rotator cuff. J Bone Joint Surg 52-B: 540–553 (1970)

[1470] RAUBER, A.A.: Elasticität und Festigkeit der Knochen: anatomisch-physiologische Studie. Engelmann, Leipzig (1876)

[1471] RAYAN, G.M.: Lateral elbow tendonopathy: a less inflammatory term than lateral epicondylitis, tennis elbow or workers' elbow. J Okla State Med Assoc 95:76–78 (2002)

[1472] RAZMJOU, H.; HOLTBY, R.; MYHR, T.: Gender differences in quality of life and extent of rotator cuff pathology. Arthroscopy 22:57–62 (2006)

[1473] RAZZANO, C.D.; WILDE, A.H.; PHALEN, G.S.: Bilateral rupture of the infra patellar tendon in rheumatoid arthritis. Clin Orthop 91:158–161 (1973)

[1474] READ, J.W.; PEDUTO, A.J.: Tendonimaging. Sports Med Arthrosc Rev 8:32–55 (2000)

[1475] REES, J.D.; MAFFULLI, N.; COOK, J.: Management of tendinopathy. Am J Sports Med 37:1855–1867 (2009)

[1476] REEVES, B.: Acute anterior dislocation of the shoulder: clinical and experimental studies. Ann R Coil Surg Engl 44:255–273 (1969)

[1477] REFIOR, H.J.; BAUMANN, D.: Die Rupturen des Kniestreckapparates. Arch Orthop Unfall-Chir 83:165–179 (1975)

[1478] REFIOR, H.J.; KRODEL, A.; MELZER, C.: Examinations of the pathology of the rotator cuff. Arch Orthop Trauma Surg 106:301–308 (1987)

[1479] REFIOR, H.J.; SOWA, D.: Long tendon of the biceps brachii. Sites of predilection for degenerative lesions. J Shoulder Elbow Surg 4:436–440 (1995)

[1480] REFIOR, H.J.: Entschlüsselung des Begriffs „Periarthritis humeroscapularis“. Orthopäde 24:509–511 (1995)

[1481] REHN, J.: Klinik der Verbrennungskrankheit unter Berücksichtigung des Hochspannungsunfalles. Beitr z Ersten Hilfe und Behandlung von Unfällen durch elektrischen Strom. H 3 (1963)

[1482] REICHELT, A.: Beitrag zur operativen Therapie der Tendinosis calcarea der Schulter. Z Orthop 119:21–24 (1981)

[1483] REICHENBACH, M.: Die Begutachtung von Sehnenzerreißungen in der privaten Versicherung. Hefte zur Unfallheilkunde 91:273–276, Springer-Verlag Berlin Heidelberg (1967)

[1484] REIDER, B.; MARSHALL, J.L.; RING, B.: Patellar tracking. Clin Orthop 157:143 (1981)

[1485] REILLY, P.; MACLEOD, I.; MACFARLANE R.; WINDLEY, J.; EMERY, R.J.H.: Dead men and radiologists don't lie: a review of cadaveric and radiological studies of rotator cuff tear prevalence. Ann R Coll Surg Engl 88:116–121 (2006)

[1486] REISCHAUER, F.: Epikondylitis und Tendinitis der Arme, eine Krankheit durch Überbeanspruchung? Mschr Unfallheilk, 60. Jahrg.:321–330 (1957)

[1487] REITER, M.; ULREICH, N.; Dirisamer, A.; TSCHOLAKOFF, D.; BUCEK, R.A.: Panorama-Ultraschall in der Abklärung symptomatischer Achillessehnenerkrankungen: ein Vergleich zur MRT. Fortschr Röntgenstr 176:704–708 (2004)

[1488] RELWANI, J.; FACTOR, D.; KHAN, F.; DUTTA, A.: Giant cell tumour of the patellar tendon sheath – an unusual cause of anterior knee pain: a case report. The Knee 10:145–148 (2003)

[1489] REMBERGER, K.; FAUST, H.; KEYL, W.: Tendinitis calcarea. Klinik, Morphologie, Pathogenese und Differentialdiagnose. Pathologe 6:196–203 (1985)

[1490] RESCH, H.; BREITFUSS, H.: Spontane Sehnenrupturen. Ätiologie, Pathogenese und Therapie. Orthopäde 24:209–219 (1995)

[1491] RESCH, H.; POVACZ, P.; RITTER, E.; MATSCHI, W.: Transfer of the pectoralis major muscle for the treatment of irreparable rupture of the subscapularis tendon. J Bone Joint Surg Am 82:372–382 (2000)

[1492] RESNICK, D.; NIWAYAMA, G.: Entheses and enthesopathy. Anatomical, pathological, and radiological correlation. Radiology 146:1–9 (1983)

[1493] RESNICK, D.: Diagnosis of Bone and Joint Disorders. 4. Ed. WB Saunders Philadelphia (2002)

[1494] REUTHER, K.E.; THOMAS, S.J.; EVANS, E.F.; TUCKER, J.J.; SARVER, J.J.; ILKHANI-POUR, S.; GRAY, C.F.; VOLETI, P.B.; GLASER,D.L.; SOSLOWSKY, L.J.: Returning to overuse activity following a supraspinatus and infraspinatus tear leads to joint damage in a rat model. J Biomech 46:1818–1824 (2013)

[1495] REYS, J.H.O.: Pflüger's Archiv für die gesamte Physiologie des Menschen und der Tiere. Band 160:183 ff (1915)

[1496] RICHARDS, D.P.; AJEMIAN, S.V.; WILEY, J.P.; BRUNET, J.A.; ZERNICKE, R.F.: Relation between ankle joint dynamics and patellar tendinopathy in elite volleyball players. Clin J Sport Med 12:266–272 (2002)

[1497] RICHARDS, D.P.; BURKHART, S.S.; LO, I.K.: Subscapularis tears: repair techniques. Orthop Clin North Am 34:485–498 (2003)

[1498] RICHARDS, D.P.; SCHWARZT, M.: Anomalous intraarticular origin of the long head of biceps brachii. Clin J Sport Med. 13:122–124 (2003)

[1499] RICHARDS, D.P.; BURKHART, S.S.; CAMPBELL, S.E.: Relation between narrowed caracohumeral distance and subscapularis tears. Arthroscopy 21:1223–1228 (2005)

[1500] RICHARDS, D.P.; BURKHART, S.S.; TEHRANY, A.M.; WIRTH, M.A.: The subscapularis footprint: An anatomic description of ist insertion site. Arthroscopy 23:251–254 (2007)

[1501] RICHARDSON, L.C.; REITMAN, R.; WILSON, M.: Achilles tendon ruptures: functional outcome of surgical repair with a “pull-out” wire. Foot Ankle Int 24:439–443 (2003)

[1502] RICHTER, R.; SCHLITT, R.: Die subkutane Ruptur der Sehne des Musculus tibialis anterior. Ein kasuistischer Beitrag. Z Orthop 113:271–273 (1975)

[1503] RICKERT, M.; GEORGOUSIS, H.; WITZEL, U.: Die native Reissfestigkeit der Sehne des M. supraspinatus beim Menschen. Eine biomechanische Untersuchung. Unfallchirurg 101:261–270 (1998)

[1504] RICKERT, M.; LOEW, M.: Die traumatische Zerreißung der Rotatorenmanschette beim Jugendlichen – Ein Fallbericht. Z Orthop 138:340–343 (2000)

[1505] RICKERT, M.; SCHRÖTER, F.; SCHILTENWOLF, M.: Empfehlungen zur Begutachtung von Sehnenschäden. Orthopäde 34:560–566 (2005)

[1506] RIDEAU, Y.; DUVAL, A.: Function of the anterior thigh muscles. Anat Clin 1:29 (1978)

[1507] RIEDE, D.: Ätiologie, Diagnose und Therapie der subkutanen Achillessehnenruptur und der Peritendinitis achillea. Med u Sport XII:321–333 (1972)

[1508] RILEY, G.P.; HARRALL, R.L.; CONSTANT, C.R.; CHARD, M.D.; CAWSTON, T.E.; HAZLEMAN, B.L.: Glycosaminoglycans of human rotator cuff tendons: changes with age and in chronic rotator cuff tendinitis. Ann Rheum Dis 53:367–376 (1994)

[1509] RILEY, G.P.; HARRALL, R.L.; CONSTANT, C.R.; CHARD, M.D.; CAWSTON, T.E.; HAZLEMAN, B.L.: Tendon degeneration and chronic shoulder pain: changes in the collagen composition of the human rotator cuff tendons in rotator cuff tendinitis. Ann Rheum Dis 53: 359–366 (1994)

[1510] RILEY, G.P.; HARRALL, R.L.; CONSTANT, C.R.; CAWSTON, T.E.; HAZLEMAN, B.L.: Prevalence and possible pathological significance of calcium phosphate salt accumulation in tendon matrix degeneration. Ann Rheum Dis 55:109–115 (1996)

[1511] RILLO, O.L.; BABINI, S.M.; BASNAK, A.; WAINER, E.; BALBACHAN, E.; MALDONADO COCCO, J.A.: Tendinous and ligamentous hyperlaxity in patients receiving longterm hemodialysis. J Rheumatol 18:1227–1231 (1991)

[1512] ROBERTS, C.S.; KING, D.H.; GOLDSMITH, L.J.: A statistical analysis of the accuracy of sonography of the patellar tendon. Arthroscopy 15:388–391 (1999)

[1513] ROCKWOOD, C.A.; MATSEN, F.A.: The shoulder. Philadelphia: Saunders (1990)

[1514] ROCKWOOD, C.A.; LYONS, F.R.: Shoulder impingement syndrome: diagnosis, radiographic, evaluation, and treatment with a modified Neer acromioplasty. J Bone Joint Surg Am 75:409–424 (1993)

[1515] ROCKWOOD, C.A.; MATSEN, F.A. III, WIRTH, M.A.; LIPPITT, S.B. (Eds): The shoulder (fourth edition). Saunders Elsevier Philadelphia (2009)

[1516] ROELEVELD, K.; BARATTA, R.V.; SOLOMONOW, M.; VAN SOEST, A.G.; HUIJING, P.A.: Role of tendon properties on the dynamic performance of different isometric muscles. J Appl Physiol 74:1348–1355 (1993)

[1517] ROELS, J.; MARTENS, M.; MULIER, J.C.; BURSSENS, A.: Patellar tendinitis (Jumper's knee). Am J Sports Med 6:362–368 (1978)

[1518] ROESLER, A.: Biomechanische Abschätzung der Belastbarkeit der Achillessehne bei Sprüngen. In: COTTA, H. (Ed.): Die Belastbarkeit des Bewegungsapparates. Thieme, Stuttgart (1980)

[1519] RÖSSLER, H.: Klinik und Therapie der degenerativen Sehnenerkrankungen. Verh Dtsch Ges Orthop 48:45–57 (1961)

[1520] RÖSSLER, H.: Rupturen in der Rotatorensehnenplatte. Z Orthop 114:282–294 (1976)

[1521] ROFFMANN, M.; HIRSH, D.M.; MENDES, D.G.: Fracture of the resurfaced patella in total knee replacement. Clin Orthop 148:112–116 (1980)

[1522] ROJVANIT, V.: Arthroscopy of the shoulder joint: a cadaver and clinical study – part 1. Nippon Seikeigeka Gakkai Zasshi 58:1035–1046 (1984)

[1523] ROKITO, A.S.; MC LAUGHLIN, J.A.; GALLAGHER, M.A.; ZUCKERMAN, J.D.: Partial rupture of the distal biceps tendon. J Shoulder Elbow Surg 5:73–75 (1996)

[1524] ROMEO, A.A.; MAZZOCCA, A.D.: Arthroscopioc biceps tenodesis. Arthroscopy 20:206–213 (2004)

[1525] ROMFANEEHSEN, B.; KREITNER; K.F.: MRT-Bildgebung bei Sehnenerkrankungen. Dargestellt am Beispiel der Rotatorenmanschette, Epikondylitis und Achillodynie. Orthopäde 34:543–549 (2005)

[1526] ROMPE, G.; KRAHL, H.; ROESLER, H.: Der Stellenwert biomechanischer und elastomechanischer Faktoren für die Verursachung der Achillessehnenruptur. Med Sach 74:86–90 (1978)

[1527] ROMPE, J.D.: Plantar Fasciopathy. Sports Med Arthrosc Rev 17:100–104 (2009)

[1528] ROSE, P.S.; FRASSICA, F.J.: Atraumatic bilateral patellar tendon rupture. J Bone Joint Surg Am 83-A:1382–1386 (2001)

[1529] ROSS, G.J.; LOVE, M.B.: Isolated avulsion fracture of the lesser tuberosity of the humerus: report oft wo cases. Radiiology 172:833–834 (1989)

[1530] ROSSE, C.; GADDUM-ROSSE, P. ed.: Hollinshead's textbook of anatomy. 5th ed. Philadelphia: Lippincott-Raven:256–257 (1997)

[1531] ROSSO, C.; SCHUETZ, P.; POLZER, C.; WEISSKOPF, L.; STUDLER, U.; VALDERRABANO, V.: Physiological achilles tendon length and its relation to tibia length. Clin J Sport Med 22:483–487 (2012)

[1532] ROTHMAN, R.H.; PARKE, W.W.: The vascular anatomy of the rotator cuff. Clin Orthop Relat Res 41:176–186 (1965)

[1533] ROTHMAN, R.H.; MARVEL, J.P. Jr.; HEPPENSTALL, R.B.: Anatomic considerations in the glenohumeral joint. Orthop Clin North Am 6:341–352 (1975)

[1534] ROUSE, L.; BURKHEAD, W.; MERIL, S.: Vascularity of the human glenoid labrum. Orthop Trans 14:595 (1990)

[1535] ROWE, C.R.; SAKELLARIDES, H.T.: Factors related to recurrences of anterior dislocations of the shoulder. CORR 20:44–47 (1961)

[1536] ROWE, C.R.: Recurrent transient subluxation of the shoulder. J Bone Joint Surg Am 63-A:863–872 (1981)

[1537] ROWE, C.R. (Ed.): The shoulder. Churchill Livingstone, New York, Edinburgh, London, Melbourne (1988)

[1538] ROWSHAN, K.; HADLEY, S.; PHAM, K.; CAIOZZO, V.; LEE, T.Q.; GUPTA, R.: Development of fatty atrophy after neurologic and rotator cuff injuries in an animal model of rotator cuff pathology. J Bone Joint Surg Am 92:2270–2278 (2010)

[1539] ROYER, R.J.; PIERFITTE, C.; NETTER, P.: Features of tendon disorders with fluoroquinolones. Therapie 49:75–76 (1994)

[1540] RUDIG, L.; AHLERS; J.; WENDA, K.: Behandlung und Ergebnisse nach Rupturen der Quadrizepssehne. Unfallchirurgie 16:185–189 (1990)
[1541] RUDIG, L.; MÜLLER, L.P.: Distale Sehnenrupturen der Mm. biceps und triceps. Akt Traumatol 35:78–81 (2005)
[1542] RÜTTIMANN, G.: Über die Häufigkeit röntgenologischer Veränderungen bei Patienten mit typischer Periarthritis humeroscapularis und Schultergesunden. Inauguraldissertation, Zürich (1959)
[1543] RUI, Y.F.; LUI, P.P.Y.; ROLF, C.G.; WONG, Y.M.; LEE, Y.W.; CHAN, K.M.: Expression of chondro-osteogenic BMPs in clinical samples of patellar tendinopathy. Knee Surg Sports Traumatol Arthros 20:1409–1417 (2012)
[1544] RUIDISCH, M.H.: Aus Unfallakten: Bicepssehnenriss ohne bestimmtes Unfallereignis? Mschr Unfallheilk 77:286–289 (1974)
[1545] RUMIAN, A.P.; DRAPER, E.R.C.; WALLACE, A.L.; GOODSHIP, A.E.: The influence of the mechanical environment on remodelling of the patellar tendon. J Bone Joint Surg Br 91:557–564 (2009)
[1546] RUNGE, F.: Zur Genese und Behandlung des Schreibekrampfes. Berl Klin Wschr 10:245–248 (1873)
[1547] RUNGE, M.; SCHIESSL, H.; RITTWEGER, J.: Klinische Diagnostik des Regelkreises Muskel-Knochen am Unterschenkel. Osteologie 11:25–37 (2002)
[1548] RUOTOLO, C.; FOW, J.E.; NOTTAGE, W.M.: The supraspinatus footprint: an anatomic study of the supraspinatus insertion. Arthroscopy 20:246–249 (2004)
[1549] RUPP, S.; SEIL, R.; KOHN, D.: Über die Bedeutung des Halophänomens um die lange Bizepssehne in der Sonografie der Schulter. Z Orthop 137:7–9 (1999)
[1550] RUPP, S.; SEIL, R.; KOHN, D.: Tendinosis calcarea der Rotatorenmanschette. Orthopäde 29:852–867 (2000)
[1551] RUPP, S.; SEIL, R.: Tendinosis calcarea der Rotatorenmanschette. Arthroskopie 16:185–201 (2003)
[1552] RUZZINI, L.; GONGO, U.G.; CAMPI, S.; MAFFULLI, N.; MUDA, A.O.; DENARO, V.: Adhesion and collagen production of human tenocytes seeded on degradable polyurethane urea. Knee Surg Sports Traumatol Arthrosc 21:1834–1840 (2013)
[1553] RYAN, M.; GRAU, S.; KRAUSS, I.; MAIWALD, C.; TAUNTON, J.; HORSTMANN, T.: Kinematic analysis of runners with achilles mid-portion tendinopathy. Foot Ankle Int 30:1190–1195 (2009)
[1554] RYAN, J.M.; HARRIS, J.D.; GRAHAM, W.C.; VIRK, S.S.; ELLIS, T.E.: Origin of the direct and reflected head of the rectus femoris: an anatomic study. Arthroscopy 30:796–802 (2014)
[1555] SACHS, R.A.; REZNIK, A.; DANIEL, D.M.; STONE, M.L.: Complications of knee ligament surgery. In: DANIEL, D.M.; AKESON, W.H.; O'CONNOR, J.J. (eds): Knee ligaments: structure, function, injury and repair. Raven, New York:505–520 (1990)
[1556] SAFRAN, M.R.; GRAHAM, S.M.: Distal biceps tendon ruptures: incidence demographics, and the effect of smoking. Clin Orthop Relat Res 404:275–283 (2002)
[1557] SAFRAN, O.; DERWIN, K.A.; POWELL, K.; IANNOTTI, J.P.: Changes in rotator cuff muscle volume, fat content, and passive mechanics after chronic detachment in a canine model. J Bone Joint Surg Am 87:2662–2670 (2005)
[1558] SAFRAN, O.; SCHROEDER, J.; BLOOM, R.; WEIL, Y.; MILGROM, C.: Natural history of nonoperatively treated symptomatic rotator cuff tears in patients 60 Years old or younger. Am J Sports Med. 39:710–714 (2011)
[1559] SAGLAM, N.; AKPINAR, F.: Intratendinous septic abscess of the Achilles tendon after local steroid injection. J Foot Ankle Surg 48:565–568 (2009)

[1560] SAKURAI, G.; TOMITA, Y.; NAKAGAKI, K.; TAMAI, S.; Ozaki, J.: Role of long head of biceps brachii in rotator cuff tendon failure: An EMG Study. J Shoulder Elbow Surg 5/2:135 (1995)

[1561] SAKURAI, G.; OZAKI, J.; TOMITA, Y. et al.: Incomplete tears of the subscapularis tendon associated with tears of the supraspinatus tendon: cadaveric and clinical studies. J Shoulder Elbow Surg 7:510–515 (1998)

[1562] SALLAY, P.I.; FRIEDMAN, R.L.; COOGAN, P.G.; GARRETT, W.E.: Hamstring muscle injuries among water skiers: functional outcome and prevention. Am J Sports Med 24:130–136 (1996)

[1563] SAMMARCO, V.J.: Os acromiale: Frequency, anatomy, and clinical implications. J Bone Joint Surg Am 82:394–400 (2000)

[1564] SANDERS, T.G.; TIRMAN, P.F.J.; FELLER, J.F.; GENANT, H.K.: Association of intramuscular cysts of the rotator cuff with tears of the rotator cuff: Magnetic resonance imaging findings and clinical significance. Arthroscopy 16:230–235 (2000)

[1565] SANDMANN, G.H.; WÖRTLER, K.; IMHOFF, A.B.: Rolltreppensturz mit schwerwiegenden Folgen für die Schulter. Arthroscopy 20:154–157 (2007)

[1566] SANDROCK, A.R.: Another sports fatigue fracture. Stress fracture of the coracoid process of the scapula. Radiology 117:274 (1975)

[1567] SANDSTRÖM, C.: Peritendinitis calcarea. A common disease of middle life: Its diagnosis, pathology and treatment. AJR Am J Roentgenol 40:1–21 (1938)

[1568] SANO, H.; ISHII, H.; YEADON, A.; BACKMAN, D.S.; BRUNET, J.A.; UHTHOFF, H.K.: Degeneration at the insertion weakens the tensile strength of the supraspinatus tendon: a comparative mechanical and histologic study of the bone-tendon complex. J Orthop Res 15:719–726 (1997)

[1569] SANO, H.; ISHII, H.; TRUDEL, G.; UHTHOFF, H.K.: Histologic evidence of degeneration at the insertion of 3 rotator cuff tendons: a comparative study with human cadaveric shoulders. J Shoulder Elbow Surg 8:574–579 (1999)

[1570] SANO, H.; NAKAJO, S.: Repeated hemarthrosis with massive rotator cuff tear. Arthroscopy 20:196–200 (2004)

[1571] SANO, H.; WAKABAYASHI, I.; ITOI, E.: Stress distribution in the supraspinatus tendon with partial-thickness tears: an analysis using two-dimensional finite element model. J Shoulder Elbow Surg 15:100–105 (2006)

[1572] SANO, H.; HATTA, T.; YAMAMOTO, N.; ITOI, E.: Stress distribution within rotator cuff tendons with a crescent-shaped and an L-shaped tear. Am J Sports Med 41:2262–2269 (2013)

[1573] SANTAVIRTA, S.; KONTTINEN, Y.T.; ANTTI-POIKA, I.; NORDSTRÖM, D.: Inflammation of the subacromial bursa in chronic shoulder pain. Arch Orthrop Trauma Surg 111:336–340 (1992)

[1574] SARGON, M.A.; TUNCALL, D.; ÇELIK, H.H.: An unusual origin for the accessory head of biceps brachii muscle. Clin Anatomy 9:160–162 (1996)

[1575] SARI, A.S.; DEMIRCAY, E.; CAKMAK, G.; SAHIN, M.S.; TUNCAY, I.C.; ALTUN, S.: Plantar fascia coronal length: a new parameter for plantar fascia assessment. J Foot Ankle Surg 54:445–448 (2015)

[1576] SARIMO, J.; SARIN, J.; ORAVA, S.; HEIKKILÄ, J.; RANTANEN, J.; PAAVOLA, M.; RAATIKAINEN, T.: Distal patellar tendinosis: an unusual form of jumper's knee. Knee Surg Sports Traumatol Arthrosc 15:54–57 (2007)

[1577] SARIMO, J.; LEMPAINEN, L.; MATTILA, K.; ORAVA, S.: Complete proximal hamstring avulsions: a series of 41 patients with operative treatment. Am J Sports Med 36:1110–1115 (2008)

[1578] SARKAR, K.; UHTHOFF, H.K.: Ultrastructural localization of calcium in calcifying tendinitis. Arch Pathol Lab Med 102:266–269 (1978)

[1579] SARKAR, K.; UHTHOFF, H.K.: Ultrastructure of the subacromial bursa in painful shoulder syndromes. Virchows Archiv (Pathol Anat) 400:107–117 (1983)

[1580] SARKAR, K.; TAINE, W.; UHTHOFF, H.K.: The ultrastructure of the coracoacromial ligament in patients with chronic impingement syndrome. Clin Orthop 254:49–54 (1990)

[1581] SARRAFIAN, S.K.: Gross and functional anatomy of the shoulder. Clin Orthop 173:11–19 (1983)

[1582] SARRAFIAN, S.K.: Functional characteristics of the foot and plantar aponeurosis under tibiotalar loading. Foot & Ankle 8:4–18 (1987)

[1583] SASAKI, K.; TAMAKAWA, M.; ONDA, K.; IBA, K.; SONODA,T.; YAMASHITA, T.; WADA, T.: The detection of the capsular tear at the undersurface of the extensor carpi radialis brevis tendon in chronic tennis elbow: the value of magnetic resonance imaging and computed tomography arthrography. J Shoulder Elbow Surg 20:420–425 (2011)

[1584] SASAKI, K.; ONDA, K.; OHKI, G.; SONODA, T.; YAMASHITA, T.: Radiocapitellar cartilage injuries associated with tennis elbow syndrome. J Hand Surg 37A:748–754 (2012)

[1585] SASSMANNSHAUSEN, G.; MAIR, S.D.; BLAZAR, P.E.: Rupture of a bifurcated distal biceps tendon. J Bone Joint Surg 86-A:2737–2740 (2004)

[1586] SAXENA, A.; BAREITHER, D.: Magnetic resonance and cadaveric findings of the „watershed band“ of the achilles tendon. J Foot and Ankle Surg 40:132–136 (2001)

[1587] SAYEED, S.A.; SHAH,J.P.; COLLINS, M.S.; DAHM, D.L.: Absence of the long head of the biceps tendon associated with glenoid dysplasia and posterior labral tear. Clin Anat 21:728–732 (2008)

[1588] SCHACHE, A.G.; KOULOURIS, G.; KOFOED, W.; MORRIS, H.G.; PANDY, M.G.: Rupture of the conjoint tendon at the proximal musculotendinous junction of the biceps femoris long head: a case report. Knee Surg Sports Traumatol Arthrosc 16:797–802 (2008)

[1589] SCHACHE, A.G.; WRIGLEY, T.V.; BAKER, R.; PANDY, M.G.: Biomechanical response to hamstring muscle strain injury. Gait Posture 29:332–338 (2009)

[1590] SCHAMBLIN, M.L.; SAFRAN, M.R.: Injury of the distal biceps at the musculotendinous junction. J Shoulder Elbow Surg 16:208–212 (2007)

[1591] SCHARF, W.; WEINSTRABL, R.; FIRBAS, W.: Anatomische Untersuchung am Streckapparat des Kniegelenks und ihre klinische Relevanz. Unfallchirurg 89:456–462 (1986)

[1592] SCHAUWECKER, F.; WELLER, S.; LENZ, B.: Zur Pathogenese des Achillessehnenrisses. Dtsch med Wochenschr 92:1758–1761(1967)

[1593] SCHEIBEL, M.T.; LICHTENBERG, S.; HABERMEYER, P.: Das „belly-of sign“ – ein neues klinisches Zeichen in der Diagnostik von Subscapularisläsionen. 10. Jahreskongress der Deutschen Vereinigung für Schulter- und Ellenbogenchirurgie (DVSE e.V.) Heidelberg 23.–24. September (2003)

[1594] SCHEIBEL, M.; MAGOSCH, P.; PRITSCH, M.; LICHTENBERG, S.; HABERMEYER, P.: The belly-off sign: a new clinical diagnostic sign for subscapularis lesions. Arthroscopy 21:1229–1235 (2005)

[1595] SCHEIBEL, M.; GREINER, S.; HAAS, N.P.: Klinische Diagnostik von Subscapularisläsionen. Vorträge, Jahreskongress DVSE – Rotatorenmanschette – (2007)

[1596] SCHEIBEL, M.; HABERMEYER, P.: Klinische Diagnostik von Rotatorenmanschettenläsionen. Arthroskopie 20:6–12 (2007)

[1597] SCHEIBEL, M.: Humeruskopffraktur und Manschette. Unfallchirurg 114:1075–1082 (2011)

[1598] SCHEPSIS, A. A.; WAGNER, C.; LEACH, R.E.: Surgical management of Achilles tendon overuse injuries. A long-term follow-up study. Am J Sports Med 22:611–619 (1994)

[1599] SCHEPSIS, A.A.; JONES, H.; HAAS, A.L.: Achilles tendon disorders in athletes. Am J Sports Med 30:287–305 (2002)

[1600] SCHER, D.L.; BELMONT Jr., P.J.; BEAR, R.; MOUNTCASTLE, S.B.; ORR, J.D.; OWENS, B.D.: The incidence of primary hip osteoarthritis in active duty US military servicemembers. Arthritis Rheum 15:468–475 (2009)

[1601] SCHEUER, T.; LIES, A.: Kapsel-Sehnenverletzungen des Schultergelenkes – Ruptur der Rotatoren-Manschette, Abrissfrakturen. Unfallchirurgie 6:219–224 (1980)

[1602] SCHIAVONE-PANNI, A.; TARTARONE, M.; MAFFULLI, N.: Patellar tendinopathy in athletes. Outcome of nonoperative and operative management. Am J Sports Med 28:392–397 (2000)

[1603] SCHIAVONE-PANNI, A.; BIEDERT, R.M.; MAFFULLI, N.; TARTARONE, M.; ROMANINI, E. : Overuse injuries of the extensor mechanism in athletes. Clin Sports Med 21:483–498 (2002)

[1604] SCHIEDTS, D.; MUKISI, M.; BASTARAUD, H.: Fracture de la tubérosité tibiale associée à une avulsion du tendon rotulien chez l'adolescent. Rev Chir Orthop 81:635–638 (1995)

[1605] SCHILDERS, E.; BISMIL, Q.; SIDHOM, S.; ROBINSON, P.; BARWICK, T.; TALBOT, C.: Partial rupture of the distal semitendinosus tendon treated by tenotomy – a previously undescribed entity. Knee 13:45–47 (2006)

[1606] SCHILTENWOLF, M.: Leitlinie zur Begutachtung von frischen Rotatorenmanschettendefekten. Orthopädie Mitteilungen 1:54–58 (2004)

[1607] SCHLATTER, C.: Verletzungen des schnabelförmigen Fortsatzes der oberen Tibiaepiphyse. Bruns Beitr Klin Chir 38:874 (1903)

[1608] SCHMELZEISEN, H.: Zur Wertung histologischer Befunde aus der Rotatorenmanschette der Schulter. Akt Traumatol 20:148–151 (1990)

[1609] SCHMELZEISEN, H.: Die gutachterliche Beurteilung bei der sog. Rotatorenmanschettenruptur der Schulter. Versicherungsmedizin 42:154–155 (1990)

[1610] SCHMIDT, C.C.; BROWN, B.T.; SAWARDEKER, P.J.; DE GRAVELLE, M.; MILLER; M.C.: Factors affecting supination strength after a distal biceps rupture. J Shoulder Elbow Surg 23:68–75 (2014)

[1611] SCHMIDT, H.M.: Ursprungssituation des M. biceps brachii und ihre funktionelle Deutung. Verh Anat Ges 71:1369–1374 (1999)

[1612] SCHMIDTBLEICHER, D.: Sportliches Krafttraining undmotorische Grundlagenforschung. In: BERGER et al (Hrsg). Haltung und Bewegung beim Menschen. Springer, Berlin Heidelberg New Yort:155–187 (1984)

[1613] SCHMIDTSDORF, G.: Behandlung und Spätresultate der subkutanen Achillessehnenruptur. Beitr Orthop Traumatol 18:357–361 (1971)

[1614] SCHNEIDER, H.; CORRADINI, V.: Aufbrauchveränderungen der oberen Extremität. Z Orthop 84:282–297 (1953)

[1615] SCHNEIDER, H.: Die Pathologie der Sehne. Verh Dtsch Orthop Ges 48:18–28 (1961)

[1616] SCHNEIDERS, W.; GRASS, R.; ZWIPP, H.: Verletzungen der Rotatorenmanschette. Trauma Berufskrankh 10:13–15 (2008)

[1617] SCHOCH, C.; GEYER, M.; HARNOSS, T.: Tendinopathien und Sehnenverletzungen. Orthopädie und Unfallchirurgie up2date 9:91–103 (2014)

[1618] SCHÖFFL, V.R.; HARRER, J.; KÜPPER, T.: Biceps tendon ruptures in rock climbers. Clin J Sport Med 16:426–427 (2006)

[1619] SCHOENAU, E.; WERHAHN, E.; SCHIEDERMAIER, U.; MOKOW, E.; SCHIESSL, H.; SCHEIDHAUER, K.; MICHALK, D.: Influence of muscle strength on bone strength during childhood and adolescence. Horm Res 45 Suppl 1:63–66 (1996)

[1620] SCHOENAU, E.; FRICKE, O.: Muskel und Knochen – eine funktionelle Einheit: Paradigmenwechsel bei Skelettuntersuchungen von Kindern und Jugendlichen Dtsch Arztebl 103: B-2970–2975 (2006)

[1621] SCHÖNBAUER, H.R.: Erkrankungen der Achillessehne. Wien Klin Wschr 98 (Suppl 168):1–47 (1986)

[1622] SCHÖNBERGER, A.; MEHRTENS, G.; VALENTIN, H.: Arbeitsunfall und Berufskrankheit – Sehnenriss. 8. Auflage. Erich Schmidt Verlag Berlin (2010)

[1623] SCHOFER, M.; KORTMANN, H.R.: Quadrizepssehnenruptur. Trauma Berufskrankh 7:157–161 (2005)

[1624] SCHOSTOK, P.; HAAG, W.; SAILER, F.X.: Subcutane Quadricepssehnenrisse. Erkennung, Behandlung und Begutachtung der subcutanen Quadricepssehnenrisse. Mschr Unfallheilk 71:461–482 (1968)

[1625] SCHRAGER, V.L.: Tenosynovitis of the long head of the biceps humerii. Surg Gyn Obstet 66:785–790 (1938)

[1626] SCHÜRMANN, J.: Grenzen der medizinischen Zusammenhangsbegutachtung am Beispiel des distalen Bizepssehnenrisses. Trauma Berufskrankh 7:207–210 (2005)

[1627] SCHUH, A.; HAUSEL, M.: Quadrizepssehnenruptur mit Ausriss einer Patella bipartita. Orthop Prax 36:576–578 (2000)

[1628] SCHULZ, C.U.; MAIER-BOSSE, T.; PFAHLER, M.; ANETZBERGER, H.; MAIER, M.:Inter- and intraobserver variability of 4 classifications of shoulder calcific tendonitis. 9th Int Congress on Surgery of the Shoulder. 1st Int Congress of Shoulder Therapists Washington CD, USA 2.–5. May (2004)

[1629] SCHWARTZBERG, R.S.; CSENCSITZ, T.A.: Bilateral spontaneous patellar tendon rupture. Am J Orthop 25:369–372 (1996)

[1630] SCHWARZ, B.; HEISEL, J.; MITTELMEIER, H.: Achillessehnenrupturen. Ursache, Prognose, Therapie – Spätergebnisse. Aktuel Traumatol 14:8–14 (1984)

[1631] SCHWARZACHER, H.G.: Untersuchungen über die Skelettmuskel- Sehnenverbindung. Acta Anat 40:59–86 (1960)

[1632] SCHWEITZER, M.E.; MITCHELL, D.G.; SAUNDRA, M.D.; EHRLICH, S.M.: The patellar tendon: thickening, internal signal buckling, and other MR variants. Skeletal Radiol 22:411–416 (1993)

[1633] SCHWEITZER, M.E.; KARASICK, D.: MR Imaging of disoerders of the achilles tendon. AJR Am J Roentgenol 175:613–625 (2000)

[1634] SCIOLI, M.W.: Achilles tendinitis. Orthop Clin North Am 25:177–182 (1994)

[1635] SCOTT, A.; LIAN, Ø, BAHR, R.; HART, D.A.; DURONIO, V.: VEGF expression in patellar tendinopathy. A preliminary study. Clin Orthop Relat Res 466:1598–1604 (2008)

[1636] SCOTT, D.R.; TUROFF, N.; EWALD, F.C.: Stress fracture of the patella following duopatellar total knee arthroplasty with patellar resurfacing. Clin Orthop 170:147–151 (1982)

[1637] SCOTT, S.H.; WINTER, D.A.: Internal forces at chronic running injury sites. Med Sci Sports Exerc 22:357–569 (1990)

[1638] SCOTT, W.N.; INSALL, J.N.: Injuries of the knee. In: ROCKWOOD, C.A. Jr.; GREEN, D.P.; BUCHOLZ, R.W. (eds): Fractures in adults. Third edition. Philadelphia, JB Lippincott:1799–1914 (1991)

[1639] SCUDERI, C.: Ruptures of quadriceps tendon: Study of twenty tendon ruptures. Am J Surg 95:626–634 (1958)

[1640] SEBASTIANELLI, W.J.; HANKS, G.A.; KALENAK, A.: Isolated avulsion of the biceps femoris insertion. A case report. Clin Orthop Relat Res 259:200–203 (1990)

[1641] SEGESSER, B.: Tibiale Schmerzzustände und Achillessehnenentzündungen als folge statischer Störungen. Therapeutische Umschau 31/4:256–265 (1974)

[1642] SEGESSER, B.; GOESELE, A.; RENGGLI, P.: Die Achillessehne im Sport. Orthopäde 24:252–267 (1995)

[1643] SEGAL, P.; JACOB, M.: The knee. Chicago, IL: Year Book Medical Publishers, Inc (1983)

[1644] SEIJAS, R.; STEINBACHER, G.; RIUS, M.; CUGAT, R.: Quadriceps and patellar tendon ruptures. Techniques in Knee Surg 9:145–149 (2010)

[1645] SEILER, J.G. KKK; PARKER, L.M.; CHAMBERLAND, P.D.C.; SHERBOURNE, G.M.; CARPENTER, W.A.: The distal biceps tendon: Two potential mechanisms involved in its rupture: Arterial supply and mechanical impingement. J Shoulder Elbow Surg 4:149–156 (1995)

[1646] SEKIYA, J.K.; EVENSEN, K.E.; JEBSON, P.J.L.; KUHN, J.E.: The effect of knee and ankle position on displacement of Achilles tendon ruptures in a cadaveric model. Implications for nonoperative management. Am J Sports Med 27:632–635 (1999)

[1647] SELL, S.; KÖNIG, H.; KLIER, M.; ZACHER, J.: Einsatz bildgebender Verfahren zur Diagnostik von Rotatorenmanschettensyndromen. Orthop Prax 5:292–297 (1991)

[1648] SESIA, S.B.; HASLER, C.D.; KÖHLER, M.; MAYR, J.: Partielle Quadrizepssehnenruptur bei einem sechsjährigen Jungen. Der Unfallchirurg 110:907–910 (2007)

[1649] SETHI, N.; WRIGHT, R.; YAMAGUCHI, K.: Disorders of the long head of the biceps tendon. J Shoulder Elbow Surg 8l:644–654 (1999)

[1650] SEYBOLD, D.; HOPF, F.; KÄLICKE, T.; SCHILDHAUER, T.A.; MURH, G.: Avulsionsfrakturen des unteren Patellapols. Unfallchirurg 108:591–596 (2005)

[1651] SHAFFER, B.; HUTTMAN, D.: Rotator cuff tears in the throwing athlete. Sports Med Arthrosc Rev 22:101–109 (2014)

[1652] SHAH, A.K.; PRUZANSKY, M.E.: Ruptured biceps brachii short head muscle belly: a case report. J Shoulder Elbow Surg 13:562–565 (2004)

[1653] SHAH, M.: Simultaneous, bilateral rupture of the quadriceps tendons: analysis of risk factors and associations. South Med J 95:860–866 (2002)

[1654] SHALABI, M.; ALMEKINDERS, L.C.: Patellar tendinitis: the significance of magnetic resonance imaging findings. Am J Sports Med 27:345–349 (1999)

[1655] SHALABI, A.; MOVIN, T.; KRISTOFFERSEN-WIBERG, M.; ASPELIN, P.; SVENSSON, L.: Reliability in the assessment of tendon volume and intratendinous signal of the Achilles tendon on MRI: a methodological description. Knee Surg Sports Traumatol Arthrosc 13:492–498 (2005)

[1656] SHARKEY, N.A.; MARDER, R.A.: The rotator cuff opposes superior translation of the humeral head. Am J Sports Med 23:270–275 (1995)

[1657] SHARMA, P.; MAFFULLI, N.: Biology of tendon injury: healing, modeling and remodeling. J Musculoskelet Neuronal Interact 6:181–190 (2006)

[1658] SHER, J.S.; URIBE, J.W.; POSADA, A. et al.: Abnormal findings on magnetic resonance images of asymptomatic shoulders. J Bone Joint Surg Am 77:10–15 (1995)

[1659] SHERLOCK, D.A.; HUGHES, A.: Bilateral spontaneous concurrent rupture of the patellar tendon in the absence of associated local or systemic disease. Clin Orthop Relat Res 237:179–183 (1988)

[1660] SHERMAN, O.H.; SNYDER, S.J.; FOX, J.M.: Triceps tendon avulsion in a professional body builder. A case report. Am J Sports Med 12:328–329 (1984)

[1661] SHETTY, G.M.; WANG, J.H.; KIM, S.K.; PARK, J.H.; PARK, J.W.; KIM, J.G.; AHN, J.: Incarcerated patellar tendon in Hoffa fracture: an unusual cause of irreducible knee dislocation. Knee Surg Sports Traumatol Arthrosc 16:378–381 (2008)

[1662] SHI, L.S.; BOYKIN, R.E.; LIN, A.; WARNER, J.J.P.: Association of suprascapular neuropathy with rotator cuff tendon tears and fatty degeneration. J Shoulder Elbow Surg 23:339–346 (2014)

[1663] SHI, L.L.; MULLEN, M.G.; FREEHILL, M.T.; LIN, A.; WARNER, J.J.P.; HIGGINS, L.D.: Accuracy of long head of the biceps subluxation as a predictor for subscapularis tears. Arthroscopy 31:615–619 (2015)

[1664] SHIBATA, Y., TAGO, N.; MIDORIKAWA, K.; IZAKI, T.; EMOTO, G.; TAKESHITA, M.; OGATA, K.: Arthrographic findings of the subscapular tendon tear. J Shoulder Elbow Surg 3:42 (1994)

[1665] SHIBUYA, N.; THORUD, J.C.; HUMPHERS, AGARWAL, M.R.; JUPITER, D.C.: Is calcaneal inclination higher in patients with insertional Achilles tendinosis? A case-controlled, cross-sectional study. J Foot Ankle Surg 51:757–761 (2012)

[1666] SHIM, V.B.; FERNANDEZ, J.W.; GAMAGE, P.B.; REGNERY, C.; SMITH, D.W.; GARDINER, B.S.; LLOYD, D.; BESIER, T.F.: Subject-specific finite element analysis to characterize the influence of geometry and material properties in Achilles tendon rupture. J Biomech 47:3598–3604 (2014)

[1667] SHINNO, H.; FUKUSHIMA, T.; KANEMATSU, J.: Fresh rupture of subscapularis tendon. J Shoulder Elbow Surg 2:34 (1993)

[1668] SHRIER, I.; MATHESON, G.O.; KOHL III, H.W.: Achilles tendonitis: are corticosteroid injections useful or harmful? Clin J Sport Med 6:245–250 (1996)

[1669] SHUKLA, D.R.; MORREY, B.F.; THORESON, A.R.; AN, K.N.; O'DRISCOLL, S.W.: Distal biceps tendon rupture: An in vitro study. Clin Biomech 27:263–267 (2012)

[1670] SIBLEY, P.A.; HARMAN, T.W.; BAMBERGER, H.B.: Triceps tendinopathy. J Hand Surg Am 40:1446–1448 (2015)

[1671] SIERRA, R.J.; WEISS, N.G.; SHRADER, M.W.; STEINMANN, S.P.: Acute triceps ruptures: case report and retrospective chart review. J Shoulder Elbow Surg 15:130–134 (2006)

[1672] SIGHOLM, G.; STYF, J.; KORNER, L.; HERBERTS, P.: Pressure recording in the subacromial bursa. J Orthop Res 6: 123–128 (1988)

[1673] SIKKA, R.S.; VORA, M.; EDWARDS, T.B.; SZABO, I.; WALCH, G.: Desmoid tumor of the subcapularis presenting as isolated loss of external rotation of the shoulder. A relport oft wo cases. J Bone Joint Surg Am 86:159–164 (2004)

[1674] SIMMEN, B.R.; GSCHWEND, N.: Tendopathien bei chronischer Polyarthritis. Orthopäde 24:224–236 (1995)

[1675] SIMOVITCH, R.W.; PENNINGTON, S.D.; LAVERY, K.P.; WARNER, J.J.P.: Management of os acromiale. Techn Shoulder Elbow Surg 7:147–154 (2006)

[1676] SINDING-LARSEN, C.: A hitherto unknown affection of the patella in children. Acta Radiol 1:171 (1921)

[1677] SINGARAJU, V.; KANG, R.; YANKE, A.; MC NICKLE, A.; LEWIS, P.; WANG, V. et al.: Biceps tendinitis in chronic rotator cuff tears: a histologic perspective. J Shoulder Elbow Surg 17:898–904 (2008)

[1678] SINNATAMBY, C.S. ed. Last's anatomy: Regional and applied. Ed. 11. Edinburgh: Churchill Livingstone (2006)

[1679] SIU, K.K.; ZHENG, L.B.; KO, J.Y.; WANG, F.S.; WANG, C.J.; WONG, T.; CHOU, W.Y.: Increased interleukin 1β levels in the subacromial fluid in diabetic patients with rotator cuff lesions compared with nondiabetic patients. J Shoulder Elbow Surg 22:1547–1551 (2013)

[1680] SIWEK, C.W.; RAO, J.P.: Ruptures of the extensor mechanism of the knee joint. J Bone Joint Surg Am 63:932–937 (1981)

[1681] SJÖDÉN, G.O.J.; MOVIN, T.; SPERBER, A.; GÜNTNER, P.; WIKSTRÖM, B.: Cuff tear arthropathy with hemarthosis. A report on 3 elderly patients. Acta Orthop Scand 67:571–574 (1996)

[1682] SKAARA, H.E.; MOKSNES, H.; FRIHAGEN, F.; STUGE, B.: Self-reported and performance-based functional outcomes after surgical repair of proximal hamstring avulsions. Am J Sports Med 41:2577–2584 (2013)

[1683] SKINNER, H.A.: Anatomical considerations relative to rupture of the supraspinatus tendon. . J Bone Jt Surg 19:137–151 (1937)

[1684] SLABAUGH, M.A.; FRIEL, N.A.; KARAS, V.; ROMEO, A.A.; VERMA, N.N.; COLE, B.J.: Interobserver and intraobserver reliability of the Goutallier classification using magnetic resonance imaging: proposal of a simplified classification system to increase reliability. Am J Sports Med 40:1728–1734 (2012)

[1685] SLATIS, P.; AALTO, K.: Medial dislocation of the tendon of the long head of the biceps brachii. Acta Orthop Scand 50:73–77 (1979)

[1686] SLOCUM, D.B.; LARSON, R.L.: Indirect injuries tot he extensor mechanism of the knee in athletes. Knee Joint Symp. Houston. Texas (1964)

[1687] SLOCUM, D.B.; LARSON, R.L.; JAMES, S.L.: Late reconstruction of ligamentous injuries of the medial compartement of the knee. Clin Orthop 100:23–55 (1974)

[1688] SMART, G.W.; TAUNTON, J.E.; CLEMENT, D.B.: Achilles tendon disorders in runners – a review. Med Sci Sports Exer 12/4:231–243 (1980)

[1689] SMIGIELSKI, R.: Management of partial tears of the gastro-soleus complex. Clin Sports Med 27:219–229 (2008)

[1690] SMILIE, I.S.: Ligamentous injury and subluxation of the patella. J Bone Joint Surg Br 41:214 (1958)

[1691] SMITH, D.W.; RUBENSON, J.; LLOYD, D.; ZHENG, M.; FERNANDEZ, J.; BESIER, T.; XU, J.; GARDINER, B.S.: A conceptual framework for computational models of Achilles tendon homeostasis. Wiley Interdiscip Rev Syst Biol Med 5:523–538 (2013)

[1692] SMITH, E.L.; MATZKIN, E.G.; KIM, D.H.; HARPSTRITE, J.K.; KANN, D.M.: Congenital absence of the long head of the biceps brachii tendon as a VATER Association. Am J Orthop 21:452–454 (2002)

[1693] SMITH, J.G.: Pathological appearances of seven cases of injury of the shoulder joint, with remarks. London Med Gaz 14:280 (1834)

[1694] SMITH, K.L.; HARRYMAN, D.T. II.; ANTONIOU, J.; CAMPBELL, B.; SIDLES, J.A.; MATSEN, F.A. III.: A prospective, multipractice study of shoulder function and health status in patients with documented rotator cuff tears. J Shoulder Elbow Surg 9:395–402 (2000)

[1695] SNOW, S.W.; BOHNE, W.H.O.; DI CARLO, W.; CHANG, V.K.: Anatomy of the Achilles tendon and plantar fascia in relation to the calcaneus in various age groups. Foot Ankle Int 16:418–421 (1995)

[1696] SNYDER, S.J.: Rotator cuff lesions. Acute and chronic. Clin Sports Med 10:595–614 (1991)

[1697] SNYDER, S.J.; BANAS, M.P.; KARZEL, R.P.: An analysis of 140 injuries tot he superior glenoid labrum. J Shoulder Elbow Surg 4:243–252 (1995)

[1698] SNYDER, S.J.: Diagnostic arthroscopy. In: SNYDER, S.J. (ed): Shoulder arthroscopy. Lippincott Williams & Wilkins, Philadelphia:22–38 (2003)

[1699] SOAMES, R.W.: Theknee joint. In: WILLIAMS, P.L. (ed) Gray's anatomy, 38th edn. Churchill Livingstone, Edinburgh: 697–709 (1995)

[1700] SOBOTTA, J.; BECKER; H.: Atlas der Anatomie des Menschen (16. Aufl.) Urban & Schwarzenberg München – Berlin – Wien (1967)

[1701] SOCHART, D.H.; SHRAVAT, B.P.: Bilateral patellar tendon disruption – a professional predisposition? J Accid Emerg Med 11:255–266 (1994)

[1702] SÖDERSTEN, F.; HULTENBY, K.; HEINEGÅRD, D.; JOHNSTON, C.; EKMAN, S.: Immunolocalizationo of collagens (I and III) and cartilage oligomeric matrix protein in the normal and injured equine superficial digital flexor tendon. Connect Tissue Res 54:62–69 (2013)

[1703] SÖTJE, G.; BESCH, L.: Distale Bizepssehnenruptur – Eine magnetresonanztomographische Verlaufsbeobachtung. Akt Traumatol 23:105–107 (1993)

[1704] SOLLENDER, J.L.; RAYAN, G.M.; BARDEN, G.A.: Triceps tendon rupture in weight lifters. J Shoulder Elbow Surg 7:151–153 (1998)

[1705] SOMA, C.A.; MANDELBAUM, B.R.: Achilles tendon disorders. Clin Sports Med 13:811–823 (1994)

[1706] SOMMER, H.M. et al: Subcutaneous muscle and tendon ruptures. Orthopaed 18:284–292 (1989)

[1707] SONIN, A.H.; FITZGERALD, S.W.; BRESLER, M.E.; KIRSCH, M.D.; HOFF, F.L.; FRIEDMAN, H.: MR imaging appearance of the extensor mechanism of the knee: functional anatomy and injury patterns. Radio Graphics 15:367–382 (1995)
[1708] SONNABEND, D.H.; YU, Y.; HOWLETT, R. et al: Laminated tears of the human rotator cuff: A histologic and immunochemical study. J Shoulder Elbow Surg 10:109 (2001)
[1709] SØRENSEN, A.K.B.; BAK, K.; KRARUP, A.L.; THUNE, C.H.; NYGAARD, M.; JØRGENSEN, U.; SLOTH, C.; TORP-PEDERSEN, S.: Acute rotator cuff tear: Do we miss the early diagnosis? A prospective study showing a high incidence of rotator cuff tears after shoulder trauma. J Shoulder Elbow Surg 16:174–180 (2007)
[1710] SOSLOWSKY, L.J.; AN, C.H.; JOHNSTON, S.P.; CARPENTER; J.E.: Geometric and mechanical properties of the coracoacromial ligament and their relationship to rotator cuff disease. Clin Orthop Relat Res 304:10–17 (1994)
[1711] SOSLOWSKY, L.J.; THOMOPOULOS, S.; TUN, S. et al.: Neer Award 1999: Overuse activity injures the supraspinatus tendon in an animal model: A histologic and biomechanical study. J Shoulder Elbow Surg 9:79–84 (2000)
[1712] SOWA, D.; REFIOR, H.J.; BRANNER, S.; NERLICH, A.: Prädilektionsstellen für Rupturen der langen Bizepssehne. Z Orthop 133:568–572 (1995)
[1713] SPARMANN, M.; PETERSEN, C.: Der besondere Fall: Die isolierte traumatische Bicepssehnen-Luxation beim Rock'n Roll-Tanzen. D Ztschr Sportmed 47:23–26 (1996)
[1714] SPEER, K.P.; LOHNES, J.; GARRETT, W.E. Jr.: Radiographic imaging of muscle strain injury. Am J Sports Med. 21:89–95 (1993)
[1715] SPENCER, E.E. Jr.; DUNN, W.R.; WRIGHT, R.W.; WOLF, B.R.; SPINDLER, K.P.; MC CARTY, E.; MA, C.B.; JONES, G.; SAFRAN, M.; HOLLOWAY, G.B.; KUHN, J.E.: Interobserver agreement in the classification of rotator cuff tears using magnetic resonance imaging. Am J Sports Med 36:99–103 (2008)
[1716] SPINA, G.M.: Rottura sottocutanea traumatica del capo breve del bicipite brachiale. Arch Orthop 73:124 (1960)
[1717] SPLAIN, S.H.; FERENZ, C.: Bilateral simultaneous infrapatellar tendon rupture: support for Davidsson's theory. Orthop Rev 17:802–805 (1988)
[1718] STANDRING, S. (ed. in Chief): The anatomical basis of clinical practice. Edinburgh: Elsevier/Churchill Livingstone (2004)
[1719] STANDRING, S.: Gray's Anatomy. Ed 39. Edinburgh, United Kingdom: Elsevier Churchill Livingstone (2005)
[1720] STANNARD, J.P.; BUCKNELL, A.L.: Rupture of the triceps tendon associated with steroid injections. Am J Sports Med 21:482–485 (1993)
[1721] STARCK, D.; FRICK, H.: Repetitorium anatomicum (11. Auflage). Georg Thieme Verlag Stuttgart (1967)
[1722] STAUBESAND, J.: Spezielle Anatomie des Bewegungsapparates. In: Benninghoff/Goerttler,Lehrbuch der Anatomie des Menschen, Bd. I. Hrsg.: H.Ferner, J. Staubesand. Urban und Schwarzenberg, München (1978)
[1723] STECCO, C.; CORRADIN, M.; MACCHI, V.; MORRA, A.; PORZIONATO, A.; BIZ, C.; DE CARO, R.: Plantar fascia anatomy and ist relationship with Achilles tendon and paratenon. J Anat 223:665–676 (2013)
[1724] STEENBRINK, F.; DE GROOT, J.H.; VEEGER, H.E.J.; VAN DER HELM, F.C.T.; ROZING, P.M.: Glenohumeral stability in simulated rotator cuff tears. J Biomech 42:1740–1745 (2009)
[1725] STEFFENS, K.; KONERMANN, H.: Die Ruptur der Rotatorenmanschette beim älteren Menschen. Z Gerontol 20:95–96 (1987)
[1726] STEHLE, J.; MOORE, S.M.; ALASEIRLIS, D.A.; DEBSKI, R.E.; MC MAHAN, P.J.: Acromial morphology: effects of suboptimal radiographs. J Shoulder Elbow Surg 16:135–142 (2007)

[1727] STEIN, R.B.; MOMOSE, K.; BOBET, J.: Biomechanics of human quadriceps muscles during electrical stimulation. J Biomech 32:347–357 (1999)

[1728] STEIN, T.; BUCKUP, J.; HOFFMAN, R.; WELSCH, F.: Pathologien der proximalen Bizepssehne und des vorderen Labrums. Trauma Berufskrankh 16:31–37 (2014)

[1729] STEIN, V.; PETERSEN, W.; LAPRELL, H.: Bilateral spontaneous rupture of a quadriceps tendon in a patient with Wilson disease. A case report. Unfallchirurg 102:733–736 (1999)

[1730] STEINBECK, J.; HALM, H.; JEROSCH, J.: Anatomische Varianten im Bereich der langen Bizepssehne des glenohumeralen Gelenks. Arthrokopie 7:83–85 (1994)

[1731] STEINBORN, M.; HEUCK, A.; JESSEL, C.; BONEL, H.; REISER, M.: Magnetic resonance imaging of lateral epicondylitis of the elbow with a 0.2-T dedicated system. Eur Radiol 9:1376–1380 (1999)

[1732] STEINBRÜCK, K.: Achillessehnenrupturen im Sport – Epidemiologie, aktuelle Diagnostik, Therapie und Rehabilitation. Analyse von 791 Fällen. Dt Ztsch Sportmed 51:154–160 (2000)

[1733] STEINER, C.A.; PALMER, L.H.: Simultaneous bilateral rupture of the quadriceps tendon. Am J Surg 78:752–755 (1949)

[1734] STEINER, D.; HERMANN, B.: The collagen structure of the shoulder joint capsule – an anatomical study. Acta Anat 136:300 (1989)

[1735] STEINER, D.; HERMANN, B.: Zur Topgraphie des oberen Bicepssehnenabschnittes. Langenbecks Arch Chir 375:19–23 (1990)

[1736] STEINER, D.; HERMANN, B.; EGGERS-STRÖDER, G.: Zur Ätiologie von Rotatorenmanschettenrupturen – Gibt es neue Theorien? Orthop Prax 8:533–535 (1992)

[1737] STEINER, M.: Biomechanics of tendon healing. J Biomechanics 15:951–958 (1982)

[1738] STENROTH, L.; PELTONEN, J.; CRONIN, N.J.; SIPILÄ, S.; FINNI, T.: Age-related differences in Achilles tendon properties and triceps surae muscle architecture in vivo. J Appl Physiol 113:1537–1544 (2012)

[1739] STEPHENS, B.O.; ANDERSON, G.V.: Simultaneous bilateral quadriceps tendon rupture: a case report and subject review. J Emerg Med 5:481–465 (1987)

[1740] STETSON, W.B.; PHILLIPS, T.; DEUTSCH, A.: The use of magnetic resonance arthrography to detect partial-thickness rotator cuff tears. J Bone Joint Surg Am 87:81–88. (2005)

[1741] STEVENS, J.H.: Dislocation of the shouler. Ann Surg 83:84–103 (1926)

[1742] STIEDA, A.: Sitzungsber. d. Vers. D. Naturf. u. Ärzte 1907. Zur Pathologie der Schulterschleimbeutel. Dieses Archiv Bd 85. II.4. (1907)

[1743] STINGL, J.; GRUBER, V.; KOUDELA, K.; MARECEK, M.: Arrangement of the joint capsule in the radiohumeral part of the elbow joint. Acta Chir Orthop Trauma Cech 45:24–29 (1978)

[1744] STOCK, D.: Ärztliche Begutachtung – bei Sehnenrupturen. Schriftenreihe Unfallmedizinische Tagung der Landesverbände der gewerblichen BG's, Heft 64, Tagung vom August (1987)

[1745] STOECKART, R.; VLEEMING, A.; SNIJDERS, C.J.: Anatomy of the extensor carpi radialis brevis muscle related to tennis elbow. Clinical Biomechanics 4:210–212 (1989)

[1746] STÖHR, H.; GEYER, M.; VOLLE, E.: Humeroradiales Impingement als Ursache der therapieresistenten lateralen Epikondylopathie. Arthroskopie 11:127–132 (1998)

[1747] STOKES, O.M.; THEOBALD, P.S.; PUGH, N.D.; NOKES, L.D.M.: Panoramic ultrasound to measure in vito tendo achilles strain. Foot Ankle Int 31:905–909 (2010)

[1748] STOLLER, D.W.: In: MRI in orthopaedics and sports medicine. (3. Ed.). Wolters Klüwer Lippincott Williams & Wilkins Philadelphia (2007)

[1749] STOLLER, D.W.; WOLF, E.M.: The shoulder. In: STOLLER, D.W. (ed): Magnetic resonance imaging in orthopaedics and sports medicine. Lippincott William & Wilkins, Philadelphia (2007)

[1750] STOLOWSKY, A.: Drei seltene Anomalien des M. biceps brachii. Anat Hefte 12:300–335 (1899)

[1751] STOLZ, C.B.: Degenerative Veränderungen als Voraussetzung zur Sehnenruptur. Dissertation Universität Jena (2004)

[1752] STRANDING, S. ed.: Gray's Anatomy: the anatomical basis of clinical practice. 40th ed. New York: Churchill Livingstone:826–827 (2008)

[1753] STRAUB, G.: Beidseitige subcutane Ruptur der Quadrizepssehne durch Bagatelltrauma. Unfallchirurg 95:311–312 (1992)

[1754] STRAUCH, R.J.: Biceps and triceps injuries of the elbow. Orthop Clin North Am 30:95–107 (1999)

[1755] STRIZAK, A.M.; DANZIG, L.; JACKSON, D.W.; RESNICK, D., STAPLE, T.: Subacromial bursography. An anatomical and clinical study. J Bone Joint Surg Am 64:196–201 (1982)

[1756] STUCKE, K.: Über das elastische Verhalten der Achillessehne bei Zerreißversuchen. Langenbecks Arch Chir 264:589–590 (1950)

[1757] STUCKE, K.: Über das elastische Verhalten der Achillessehne im Belastungsversuch. Langenbecks Arch u Dtsch Z Chir 265:579–599 (1950)

[1758] STUCKE, K.: Sehnenbelastung und –ruptur im Tierversuch. Chirurg 22:16–18 (1951)

[1759] STUCKE, K.: Zur Ruptur der distalen Bicepssehne. Monatsschr Unfallheilkd 59:358 (1956)

[1760] STUCKEN, C.; CICCOTTI, M.G.: Distal biceps and triceps injuries in athletes. Sport Med Arthrosc Rev 22:153–163 (2014)

[1761] STUDIER-FISCHER, S.: Zusammenhangstrennung der Rotatorenmanschette. Trauma Berufskrank 10:308–310 (2008)

[1762] STUDIER-FISCHER, S.; GRÜTZNER, P.A.: Traumatische Läsionen der Rotatorenmanschette. Trauma Berufskrankh 16:38–45 (2014)

[1763] SU, W.R.; BUDOFF, J.E.; LUO, Z.P.: The effect of anterosuperior rotator cuff tears on glenohumeral translation. Arthroscopy 25:282–289 (2009)

[1764] SU, W.R.; BODOFF, J.E.; LUO, Z.P.: Posterosuperior displacement due to rotator cuff tears. Arthroscopy 27:1472–1477 (2011)

[1765] SUCHAK, A.A.; BOSTICK, G.; BLITZ, S.; JOMHA, N.: The incidence of Achilles tendon ruptures in Edmonton, Canada. Foot Ankle Int 26:932–936 (2005)

[1766] SÜDKAMP, N.P.: Die Rotatorenmanschettenruptur. Zentralbl Chir 126:177–183 (2001)

[1767] SUGALSKI, M.T.; HYMAN, J.E.; AHMAD, C.S.: Avulsion fracture of the lesser tuberosity in an adolescent baseball pitcher: a case report. Am J Sports med 32:793–796 (2004)

[1768] SUGIHARA, T.; NAKAGAWA, T.; TSUCHIYA, M.; ISHIZUKI, M.: Prediction of primary reparability of massive tears of the rotator cuff on preoperative magnetic resonance imaging. J Shoulder Elbow Surg 12:222–225 (2003)

[1769] SUGIMOTO, K.; KASANAMI, R.; IWAI, M.; TAKAKURA, Y.; KAWATE; K.: Achilles tendon rupture associated with injury of the calcaneofibular ligament. J Orthop Trauma 17:534–535 (2003)

[1770] SUGISAKI, N.; WAKAHARA, T.; MIYAMOTO, N.; MURATA, K.; KANEHISA, H.; KAWAKAMI, Y.; FUKUNAGA, T.: Influence of muscle anatomical cross-sectional area on the moment arm length of the triceps brachii muscle at the elbow joint. J Biomech 43:2844–2847 (2010)

[1771] SUGISAKI, N.; KAWAKAMI, Y.; KANEHISA, H.; FUKUNAGA, T.: SUGISAKI, N.; KAWAKAMI, Y.; KANEHISA, H.; FUKUNAGA, T.: Effect of muscle contraction levels on the force-length relationship of the human Achilles tendon during lengthening of the triceps surae muscle-tendon unit. J Biomech 44:2168–2171 (2011)

[1772] SUHR, F.: Der Achillessehnenriss als Sport- und Arbeitsunfall. Analyse von 198 Verletzungen. Unfallheilkunde 83:39–41 (1980)

[1773] SULLIVAN, R.L.: Traumatic bilateral patellar tendon rupture with chronic renal disease. Wis Med J 85:12–13 (1986)

[1774] SUMAN, R.K.: Bilateral simultaneous traumatic avulsion of the quadriceps tendon. Aust N Z J Surg 55:513–515 (1985)

[1775] SUNDARARAJAN, S.R.; SRIKANTH, K.P.; RAJASEKARAN, S.: Neglected patellar tendon ruptures: a simple modified reconstruction using hamstrings tendon graft. Int Orthop 37:2159–2164 (2013)

[1776] SWAN, M.A.; SATO, E.; GALATZ, L.M.; THOMOPOULOS, S.; WARD, S.R.: The effect of age on rat rotator cuff muscle architecture. J Shoulder Elbow Surg 23:1786–1791 (2014)

[1777] SWIFT, R.I.; HERSHMAN, M.J.; WOOD, C.B.: SWIFT, R.I.; HERSHMAN, M.J.; WOOD, C.B.: Bilateral, spontaneous, concurrent patellar tendon rupture. Br J Clin Pract 44:730–731 (1990)

[1778] SYHA, R.; GRAU, S.; NIESS, A.M.; HEIN, T.; WERNER, M.K.; KETELSEN, D.; SCHICK, F.; BEST, R.: Computer-based quantification of the Achilles tendon thickness in sequential B-mode ultrasound images: a study of feasibility and reliability. Arch Orthop Trauma Surg 134:1443–1449 (2014)

[1779] TAGLIAFICO, A.; MICHAUD, J.; CAPACCIO, E.; DERCHI, L.E.; MARTINOLI, C.: Ultrasound demonstration of distal biceps tendon bifurcation: normal and abnormal findings. Eur Radiol 20:202–208 (2010)

[1780] TAKAHASHI, M.; OGAWA, K.: Calcific tendinitis of the rotator cuff showing a contracted state of abduction: a report of four cases. J Shoulder Elbow Surg 6:72–76 (1997)

[1781] TAKAMI, H.; TAKAHASHI, S.; ANDO, M.: Late sciatic nerve palsy following avulsion of the biceps femoris muscle from the ischial tuberosity. Arch Orthop Trauma Surg 120:352–354 (2000)

[1782] TAKATA, Y.; NAKASE, J.; NUMATA, H.; OSHIMA, T.; TSUCHIYA, H.: Repair and augmentation of a spontaneous patellar tendon rupture in a patient with Ehlers-Danlos syndrome: a case report. Arch Orthop Trauma Surg 135:639–644 (2015)

[1783] TALLON, C.; COLEMAN, B.D.; KHAN, K.M.; MAFFULLI, N.: Outcome of surgery for chronic Achilles tendinopathy. A critical review. Am J Sports Med 29:315–320 (2001)

[1784] TARSNEY, F.F.: Rupture and avulsion of the triceps. Clin Orthop Relat Res 83:177–183 (1972)

[1785] TATARI, H.; KOSAY, C.; BARAN, Ö.; ÖZCAN, Ö.; ÖZER, E.: Deleterious effects of local corticosteroid injections on the Achilles tendon of rats. Arch Orthop Trauma Surg 121:333–337 (2001)

[1786] TAYLOR, S.A.; FABRICANT, P.D.; BANSAL, M.; KHAIR, M.M.; MCLAWHORN, A.; DICARLO, E.; SHOREY, M.; O'BRIEN, S.J.: The anatomy and histology of the bicipital tunnel of the shoulder. J Shoulder Elbow Surg 24:511–519 (2015)

[1787] TEDD, R.J.; NORTON, M.R.; THOMAS, W.G.: Bilateral simultaneous atraumatic quadriceps tendon ruptures associated with „pseudogout „. Injury 31:467–469 (2000)

[1788] TEEFEY, S.A.; RUBIN, D.A.; MIDDLETON, W.D.; HILDEBOLT, C.F.; LEIBOLD, R.A.; YAMAGUCHI, K.: Detection and quantification of rotator cuff tears. Comparison of ultrasonographic, magnetic resonance imaging, and arthroscopic findings in seventy-one consecutive cases. J Bone Joint Surg Am 86-A:708–716 (2004)

[1789] TELLER, P.; KÖNIG, H.; WEBER, U.; HERTEL, P.: MRT-Atlas: Orthopädie und Unfallchirurgie Kniegelenk. Springer-Verlag Berlin Heidelberg (2002)

[1790] TEMPELHOF, S.; RUPP, S.; SEIL, R.: Age-related prevalence of rotator cuff tears in asymptomatic shoulders. J Shoulder Elbow Surg 8:296–299 (1999)

[1791] TESTUT, L.; LATARJET, A. (eds): Traite' d'anatomie humaine vol. 1, 5th edn. UTET, Turin:640–663 (1971)

[1792] TETRO, A.M.; BAUER, G.; HOLLSTIEN, S.B. et al.: Arthroscopic release of the rotator interval and coracohumeral ligament: an anatomic study in cadavers. Arthroscopy 18:145–150 (2002)

[1793] TEUNIS, T.; LUBBERTS, B.; REILLY, B.T.; RING, D.: A systematic review and pooled analysis of the prevalence of rotator cuff disease with increasing age. J Shoulder Elbow Surg 23:1913–1921 (2014)

[1794] THERMANN, H.; ZWIPP, H.: Achillessehnenruptur. Orthopäde 18:321–335 (1989)
[1795] THERMANN, H.; REIMER, P.; MILBRADT, H.; ZWIPP, H.; HOFFMANN, R.; WIPPERMANN, B.: Sonographische Primärdiagnostik und Verlaufskontrolle von Muskel- und Sehnenschäden der unteren Extremität. Unfallchirurg 95:412–418 (1992)
[1796] THERMANN, H.; FRERICHS, O.; BIEWENER, A.; KRETTEK, C.; SCHANDELMAIER, P.: Biomechanische Untersuchungen zur menschlichen Achillessehnenruptur. Unfallchirurg 98:570–575 (1995)
[1797] THERMANN, H.; BECK, A.; HOLCH, M.; BIEWENER, A.; BOSCH, U.; FRERICHS, O.: Die funktionelle Behandlung der frischen Achillessehnenruptur. Eine histologische, immunhistologische und sonographische Studie am Tiermodell. Unfallchirurg 102:447–457 (1999)
[1798] THERMANN, H.: Die Behandlujng der Achillessehnenruptur. Orthopäde 28:82–97 (1999)
[1799] THERMANN, H.; HÜFNER, T.; TSCHERNE, H.: Achillessehnenruptur. Orthopäde 29:235–250 (2000)
[1800] TICKER, J.B.;M BIGLIANI, L.U.: The coracoacromial arch and rotator cuff tendinopathy. Sports Med Arthrosc Rev 3:8–15 (1995)
[1801] THOMAS, S.J.; MILLER, K.S.; SOSLOWSKY, L.J.: The upper band of the subscapularis tendon in the rat has altered mechanical and histologic properties. J Shoulder Elbow Surg 21:1687–1693 (2012)
[1802] THOMAS, T.: Nichtrupturierende und nichtkalzifizierende Tendopathien der Rotatorenmanschette: diagnostische und therapeutische Aspekte. Rheumatologie in Europa 28:126–128 (1999)
[1803] THOMAZEAU, H.; ROLLAND, Y.; LUCAS, C.; DUVAL, J.M.; LANGLAIS, F.: Atrophy of the supraspinatus belly. Assessment by MRI in 55 patients with rotator cuff pathology. Acta Orthop Scand 67:264–268 (1996)
[1804] THOMPSON, W.O.; DEBSKI, R.E.; BOARDMAN, N.D.III; TASKIRAN, E.; WARNER, J.J.; FU, F.H. et al.: A biomechanical analysis of rotator cuff deficiency in a cadaveric model. Am J Sports Med 24:286–292 (1996)
[1805] THOMPSON, S.M.; REILLY, P.; EMERY, R.J.; BULL, A.M.J.: An anatomical description of the pennation angles and central tendon angle of the supraspinatus both in its normal configuration and with full thickness tears. J Shoulder Elbow Surg 20:899–903 (2011)
[1806] THOMSEN, N.O.; JENSEN, T.T.: Late repair of rupture of the hamstring tendons from the ischial tuberosity: a case report. Acta Orthop Scand 70:89–91 (1999)
[1807] TILLETT, E.; SMITH, M.; FULCHER; M.; SHANKLIN, J.: Anatomic determination of humeral head retroversion: The relationship of the central axis of the humeral head to the bicipital groove. J Shoulder Elbow Surg 2:255–256 (1993)
[1808] TILLMANN, B.; THOMAS, W.: Anatomie typischer Sehnenansätze, -ursprünge und Engpässe. Orthop Prax 12:910–917 (1982)
[1809] TILLMANN, B.; TICHY, P.: Funktionelle Anatomie der Schulter. Unfallchirurg 89:389–397 (1986)
[1810] TILLMANN, B.; SCHÜNKE, M.: Struktur und Funktion extrazellulärer Matrix. Verhandlungen der Anatomischen Gesellschaft 84. Anatomischer Anzeiger 168:23–26 (1991)
[1811] TILLMANN, B.; KOCH, S.: Funktionelle Anpassungsvorgänge in Gleitsehnen. Sportverl Sportschad 9:44–50 (1995)
[1812] TINGART, M.J.; APRELEVA, M.; LEHTINEN, J.T.; CAPELL, B.; PALMER, W.E.; WARNER, J.J.P.: Magnetic resonance imaging in quantitative analysis of rotator cuff muscle volume. Clin Orthop Relat Res 415:104–110 (2003)
[1813] TITCHENER, A.G.; FAKIS, A.; TAMBE, A.A.; SMITH, C.; HUBBARD, R.B.; CLARK, D.I.: Risk factors in lateral epicondylitis (tennis elbow): a case-control study. J Hand Surg Eur Vol 38:159–64 (2013)

[1814] TITCHENER, A.G.; WHITE, J.J.E.; HINCHLIFFE, S.R.; TAMBE, A.A.; HUBBARD, R.B.; CLARK, D.I.: Comorbidities in rotator cuff disease: a case-control study. J Shoulder Elbow Surg 23:1282–1288 (2014)

[1815] TOCZYLOWSKI, H.M.; BALINT, C.R.; STEINER, M.E.; BOARDMAN, M.; SCHELLER, A. Jr.: Complete rupture of the distal biceps brachii tendon in female patients: a report of 2 cases. J Shoulder Elbow Surg 11:516–518 (2002)

[1816] TOHMA, Y.; FUJISAWA, Y.; SHIMAYA, M.; MORISHITA, T.; TANAKA, Y.: Popliteal soft tissue tumor associated with hamstring injury. Arch Orthop Trauma Surg 131:211–215 (2011)

[1817] TOHYAMA, H.; YASUDA, K.: The effects of stress enhancement on the extracellular matrix and fibroblasts in the patellar tendon. J Biomech 33:559–565 (2000)

[1818] TOIVONEN, D.A.; TUITE, M.J.; ORWIN, J.F.: Acromial structure and tears of the rotator cuff. J Shoulder Elbow Surg 4:376–383 (1995)

[1819] TOKISH, J.M.; DECKER, M.J.; ELLIS, H.B.: The belly-press test for the physical examination of the subscapularis muscle: electromyographic validation and comparison to the lift-off test. J Shoulder Elbow Surg 12:427–430 (2003)

[1820] TOL, J.L.; SPIEZIA, F.; MAFFULLI, N.: Neovascularization in Achilles tendinopathy: have we been chasing a red herring? Knee Surg Sports Traumatol Arthrosc 20:1891–1894 (2012)

[1821] TOOLANEN, G.; HILDINGSSON, C.; HEDLUND, T. et al.: Early complications after anterior dislocation of the shoulder in patients over 40 years. Acta Orthop Scand 64:549–552 (1993)

[1822] TORIGOE, K.; TANAKA, H.F.; YONENAGA, K.; OHKOCHI, H.; MIYASAKA, M.; SATO, R.; KUZUMAKI, T.; YOSHIDA, K.; YOSHIDA, T.: Mechanisms of collagen fibril alignment in tendon injury: from tendon regeneration to artificial tendon. J Orthop Res 29:1944–1950 (2011)

[1823] TORRENS, C.; LÓPEZ, J.M.; PUENTE, I.; CÁCERES, E.: The influence of the acromial coverage index in rotator cuff tears. J Shoulder Elbow Surg 16:347–351 (2007)

[1824] TOUMI, H.; HIGASHIYAMA, I.; SUZUKI, D.; KUMAI, T.; BYDDER, G.; MC GONAGLE, D.; EMERY, P.; FAIRCLOUGH, J.; BENJAMIN, M.: Regional variations in human patellar trabecular architecture and the structure of the proximal patellar tendon enthesis. J Anat 208:47–57 (2006)

[1825] TOUZARD, P.R.C.: Avulsion bilatérale spontanée des tendons quadricipitaux (un cas) et rupture bilatérale simultanée des tendons rotuliens (un cas). Problèmes de technique chirurgicale. Chirurgie 111:632–635 (1985)

[1826] TOWERS, J.D.; RUSS, E.V.; GOLLA, S.K.: Biomechanics of tendons and tendon failure. Semin Musculoskelet Radiol 7:59–65 (2003)

[1827] TREPTE, C.T.; KIRGIS, A.: Spontane Rupturen des Kniestreckapparates nach Gelenkersatz bei Rheumatikern. Z Orthop 126:519–525 (1988)

[1828] TRIANTAFILLOPOULOS, I.K.; BANES, A.J.; BOWMAN, K.F. Jr.; MAONEY, M.; GARRETT, W.E.; KARAS, S.G.: Nandrolone decanoate and load increase remodeling and strength in human supraspinatus bioartificial tendons. Am J Sports Med 32:934–943 (2004)

[1829] TRIEPEL, H.: Einführung in die physikalische Anatomie. Wiesbaden: Bergmann (1902)

[1830] TROBISCH, P.D.; BAUMAN, M.; WEISE, K.; STUBY, F.; HAK, D.J.: Histologic analysis of ruptured quadriceps tendon. Knee Surg Sports Traumatol Arthrosc 18:85–88 (2010)

[1831] TROBISCH, P.D.; BAUMAN, M.; WEISE, K.; FISCHER, R.: Quadrizepssehnenruptur nach arthroskopischem lateralem Retinakulumrelease. Unfallchirurg 113:501–503 (2010)

[1832] TSCHOPP, H.; NIGST, H.: Die Ruptur der distalen Bicepssehne. Mschr Unfallheilk 70:345–349 (1967)

[1833] TUCKER, T.J.; SNYDER, S.J.: The keeled acromion: an aggressive acromial variant – a series of 20 patients with associated rotator cuff tears. Arthroscopy 20:744–753 (2004)

[1834] TUDISCO, C.; BISICCHIA, S.; STEFANINI, M.; ANTONICOLI, M.; MASALA, S.; SIMONETTI, G.: Tendon quality in small unilateral supraspinatus tendon tears. Real-time sonoelastography correlates with clinical findings. Knee Surg Sports Traumatol Arthrosc 23:393–398 (2015)

[1835] TUITE, D.J.; RENSTRÖM, P.A.F.H.; O'BRIEN, M.: The aging tendon. Scand J Med Sci Sports 7:72–77 (1997)

[1836] TUOHETI, Y.; ITOI, E.; MINAGAWA, H.; YAMAMOTO, N.; SAITO, H.; SEKI, N. et al.: Attachment types of the long head of the biceps tendon tot he glenoid labrum and their relationships with the glenohumeral ligaments. Arthroscopy 21:1242–1249 (2005)

[1837] TURKEL, S.J.; PANIO, J.L.; GIRGIS, F.G.: Stabilizing mechanisms preventing anterior dislocation of the glenohumeral joint. J Bone Joint Surg 63:1208–1217 (1981)

[1838] UCHIO, Y.; OCHI, M.; RYOKE, K.; SAKAI, Y.; ITO, Y.; KUWATA, S.: Expression of neuropeptides and cytokines at the extensor carpi radialis brevis muscle origin. J Shoulder Elbow Surg 11:570–575 (2002)

[1839] UHTHOFF, H.K.: Calcifying tendinitis, an active cell-mediated calcification. Virchows Arch A Pathol Anat Histol 366:51–58 (1975)

[1840] UHTHOFF, H.; SARKAR, K.; MAYNARD, J.: Calcifying tendinitis: a new concept of its pathogenesis. Clin Orthop 118:164–168 (1976)

[1841] UHTHOFF, H.K.; POKRUPA, R.; SARKAR, K.: L'épicondylite externe (tenniselbow). Une analyse critique de la pathogénie. Union Med Can 107:684–688 (1978)

[1842] UHTHOFF, H.K.; SARKAR, K.; HAMMOND, I.: Die Bedeutung der Dichte und der Schärfe der Abgrenzung des Kalkschattens bei der Tendinopathia calcificans. Radiologe 22:170–174 (1982)

[1843] UHTHOFF, H.K.; SARKAR, K.; HAMMOND; D.I.: Proposal for a new classification of rotator cuff tendinopathies. Univers Pennsylvania Orthop J 1:32–37 (1985)

[1844] UHTHOFF, H.K.; LÖHR, J.; HAMMOND, I.; SARKAR, K.: Ätiologie und Pathogenese von Rupturen der Rotatorenmanschette. Hefte z Unfallheilk 180:3–16 (1986)

[1845] UHTHOFF, H.K. u. a.: Ätiologie und Pathogenese von Rupturen der Rotatorenmanschette. In: Schulterschmerzen und Rupturen der Rotatorenmanschette. Hrsg.: HELBIG, B.; BLAUTH, W.: Hefte z Unfallheilk 180:3–9, Springer Verlag, Berlin, Heidelberg, New York, London, Paris, Tokyo (1986)

[1846] UHTHOFF, H.K.; HAMMOND, D.I.; SARKAR, K.; HOOPER, G.J.; PAPOFF, W.J.: The role of the coracoacromial ligament in the impingement syndrome: A clinical, radiological and histological study. Int Orthop 12:97–104 (1988)

[1847] UHTHOFF, H.K.; SARKAR, K.; LÖHR, J.: Die Pathologie der Rotatorenmanschette. Hefte zur Unfallheilkunde 195:125–132 (1988)

[1848] UHTHOFF, H.K.; SARKAR, K.: Calcifying tendinitis. In: ROCKWOOD, C.A. Jr., MATSEN, F.A. 3rd editors. The shoulder. Philadelphia, PA: WB Saunders: 774–790 (1990)

[1849] UHTHOFF, H.K.; SARKAR, K.: Pathology of rotator cuff tendons. Aus: WATSON, M.S. (Edt): Surgical disorders of the shoulder. Churchill Livingstone Edinburgh. London Melbourne New York (1991)

[1850] UHTHOFF, H.K.; SARKAR, K.: Classification and definition of tendinopathies. Clin Sports Med 10:707–720 (1991)

[1851] UHTHOFF, H.K.: Anatomorphology of calcifying tendonitis of the cuff. In: GAZIELLY, D.F.; GLEYZE, P.; THOMAS, T. (eds). The cuff. Elsevier Paris:144–146 (1997)

[1852] UHTHOFF, H.K.; LOEHR, J.F. Calcific tendinopathy of the rotator cuff: pathogenesis, diagnosis and management. J Am Acad Orthop Surg 5:183–191 (1997)

[1853] UHTHOFF, H.K.; SANO, H.: Pathology of failure of the rotator cuff tendon. Orthop Clin North Am 28:31–41 (1997)

[1854] UHTHOFF, H.K.; LOEHR, J.F.: Calcifying tendinitis. In: ROCKWOOD, C.A.; MATSEN, F.A. (eds). The shoulder. Saunders, Philadelphia: 989–1008 (1998)

[1855] UHTHOFF, H.K.; MATSUMOTO, F.: Rotator cuff tendinopathy. Sports Med Arthrosc Rev 8:56–68 (2000)

[1856] UHTHOFF, H.K.; TRUDEL, G.; HIMORI, K.: Relevance of pathology and basis research to the surgeon treating rotator cuff disease. J Orthop Sci 8:449–456 (2003)

[1857] ULMAR, B.; SIMON, S.; ESCHLER, A.; MITTLMEIER, T.: Die Achillessehnenruptur. Unfallchirurg 117:921–939 (2014)

[1858] UMANS, H.R.; PAVLOV, H.; BERKOWITZ, M.; WARREN, R.F.: Correlation of radiographic and arthroscopic findings with rotator cuff tears and degenerative joint disease. J Shoulder Elbow Surg 10:428–433 (2001)

[1859] VAHLENSIECK, M.; REISER, M.: MRT des Bewegungsapparates. 4. Auflage. Georg Thieme Verlag, Stuttgart New York (2015)

[1860] VANARTHOS, W.J.; MONU, J.U.: Type 4 acromion: a new classification. Contemp Orthop 30:227–229 (1995)

[1861] VANDERBY, R.; PROVENZANO, P.P.: Collagen in connective tissue: from tendon to bone. J Biomech 36:1523–1527 (2003)

[1862] VAN DE SANDE, M.A.J.; STOEL, B.C.; OBERMAN, W.R.; TJONG A LIENG, J.G.; ROZING, P.M.: Quantitative assessment of fatty degeneration in rotator cuff muscles determined with computed tomography. Invest Radiol 40:313–319 (2005)

[1863] VAN DE SANDE, M.A.J.; STOEL, B.C.; ROZING, P.M.: Subacromial space measurement: a reliable method indicating fatty infiltration in patients with rheumatoid arthritis. Clin Orthop Relat Res 451:73–79 (2006)

[1864] VAN DER MADE, A.D.; WIELDRAAIJER, T.; KERKHOFFS, G.M.; KLEIPOOL, R.P.; ENGEBRETSEN, L.; VAN DIJK, C.N.; GOLANÓ, P.: The hamstring muscle complex. Knee Surg Sports Traumatol Arthrosc 23:2115–2122 (2015)

[1865] VAN DER ZWAAL, P.; THOMASSEN, B.J.W.; URLINGS, T.A.J.; DE ROOY, T.P.W.; SWEN, J.W.A.; VAN ARKEL, E.R.A.: Preoperative agreement on the geometric classification and 2-dimensional measurement of rotator cuff tears based on magnetic resonance arthrogrpahy. Arthroscopy 28:1329–1336 (2012)

[1866] VANGSNESS, C.T. Jr.; JORGENSON, S.S.; WATSON, T.; JOHNSON, D.L.: The orgin of the long head of the biceps from the scapula and glenoid labrum. An anatomical study of 100 shoulders.l J Bone Joint Surg br 76-B:951–954 (1994)

[1867] VAN GLABBEEK, F.; DE GROOF, E.; BOGHEMANS, J.: Bilateral patellar tendon rupture: case report and literature review. J Trauma 33:790–792 (1992)

[1868] VAN HAUTEN, C.; GRANRATH, M.; OSTAPCZUK, M.S.; NIEHUES, P.; BALTZER, A.W.: Trainingsadaptation der Achillessehne beim Hochleistungssportler – sonografische Grenzwerte für Achillessehnen. Z Orthop Unfall 149: 699–704 (2011)

[1869] VAN HAUTEN, C.; OSTAPCZUK, M.S.; BALTZER, A.W.A.: Sonografische Dimensionen der Patellasehne von Hochleistungssportlern. Z Orthop Unfall 151:142–148 (2013)

[1870] VAN LEERSUM, M.; SCHWEITZER, M.E.: Magnetic resonance imaging of the biceps complex. Magn Reson Imaging Clin N Am 1:77–86 (1993)

[1871] VAN RIET, R.P.; MORREY, B.F.; HO, E.; O'DRISCOLL, S.W.: Surgical treatment of distal triceps ruptures. J Bone Joint Surg Am 85:1961–1967 (2003)

[1872] VAN STERKENBURG, M.N.; VAN DIJK, C.N.: Injection treatment for chronic midportion Achilles tendinopathy: do we need that many alternatives? Knee Surg Sports Traumatol Arthrosc 19:513–515 (2011)

[1873] VAN STERKENBURG, M.N.; KERKHOFFS, G.M.M.J,; KLEIPOOL, R.P.; VAN DIJK, C.N.: The plantaris tendon and a potential role in mid-portion Achilles tendinopathy: An observational anatomical study. J Anat 218:336–341 (2011)

[1874] VAN STERKENBURG, M.N.; VAN DIJK, C.N.: Mid-portion Achilles tendinopathy: why painful? An evidence-based philosophy. Knee Surg Sports Traumatol Arthrosc 19:1367–1375 (2011)

[1875] VAN TONGEL, A.; DE WILDE, L.: Subscapularis handling in anatomical shoulder arthroplasty. Obere Extremität 10:41–46 (2015)

[1876] VARDAKAS, D.G.; MUSGRAVE, D.S.; VARITMIDIS, S.E.; GOEBEL, F.; SOTEREANOS, D.G.: Partial rupture of the distal biceps tendon. J Shoulder Elbow Surg 10:377–379 (2001)

[1877] VARNER, L.N.: Tears of the rotator cuff. J Am Osteopath Assoc 76:429–445 (1977)

[1878] VASTAMÄKI, M.; BRUMMER, H.; SOLONEN, K.A.: Avulsion oft he distal biceps brachii tendon. Acta Orthop Scand 52:45–48 (1981)

[1879] VENJAKOB, A.J.; BRUCKER, P.U.; REGAUER M.P.; IMHOFF, A.B.: Traumatische Subskapularisruptur beim Jugendlichen. Arthroskopie 24:226–231 (2011)

[1880] VERDONK, P.; BONTE, F.; VERDONK, R.: Die laterale Retinaculumspaltung. Orthopäde 37:884–889 (2008)

[1881] VERRALL, G.M.; SLAVOTINEK, J.P.; BARNES, P.G.; FON, G.T.; SPRIGGINS, A.J.: Clinical risk factors for hamstring muscle strain injury: a prospective study with correlation of injury by magnetic resonance imaging. Br J Sports Med 35:435–440 (2001)

[1882] VIDAL, A.F.; ALLEN, A.: Biceps tendon and triceps tendon injuries. Sports Med Arthrosc Rev 11:47–56 (2003)

[1883] VIIDIK, A.: Tensile strength properties of Achilles tendon system in trained and untrained rabbits. Acta Orthop Scand 40:261–272 (1969)

[1884] VIIDIK, A.: Elastomechanik biologischer Gewebe. In: COTTA, H.; KRAHL, H.; STEINBRÜCK, K. (Hrsg): Die Belastungstoleranz des Bewegungsapparagtes. Thieme, Stuttgart New York: 124–136 (1980)

[1885] VIOLA, R.; MARZANO, N.; VIANELLO, R.: Rupture of the quadriceps tendon after arthroscopic lateral meniscectomy: A postoperative complication? Arthroscopy 17:E4 (2001)

[1886] VIRCHOW, H.: Über die Bursa subdeltoidea. Klin Wschr 6:1428–1429 (1927)

[1887] VISOTSKY, J.L.; BASAMANIA, C.; SEEBAUER, L.; ROCKWOOD, C.A.; JENSEN, K.L.: Cuff tear arthropathy: pathogenesis, classification, and algorithm for treatment. J Bone Joint Surg Am 86:35–40 (2004)

[1888] VISURI, T.; LINDHOLM, H.: Bilateral distal biceps tendon avulsions with use of anabolic steroids. Med Sci Sports Exerc 26:941–944 (1994)

[1889] VOLOSHIN, I.; GELINAS, J.; MALONEY, M.D.; O'KEEFE, R.J.; BIGLIANI, L.U.; BLAINE, T.A.: Proinflammatory cytokines and metalloproteases are expressed in the subacromial bursa in patients with rotator cuff disease. Arthroscopy 21:1076–1080 (2005)

[1890] WACHA, H.; SHAKIBAEL, M.; GEISLER, T.: Ätiologie, Pathogenese, histologische und elektronenmikroskopische Untersuchungen verschiedener Krankheitsbilder an großen Sehnen im Vergleich. Akt Traumatol 33:236–245 (2003)

[1891] WAGENHÄUSER, F.J.: Insertionstendopathien und Periarthropathien. Verhandlungen der Deutschen Gesellschaft für innere Medizin 82:615–645 (1976)

[1892] WAGNER, J.R.; COONEY, W.P.: Rupture of the triceps muscle at the musculotendinous junction: a case report. J Hand Surg Am 22:341–343 (1997)

[1893] WALCH, G.; DEJOUR, H.; TRILLAT, A.G.: Recurrent anterior luxation of the shoulder occurring after the age of 40. Rev Chir Orthop 73:609–616 (1987)

[1894] WALCH, G.: La pathologie de la longue portion du biceps. In: Cahiers d'Enseignement de la SOFCOT. Conférence d'Enseignement 1993:57–69. Paris: Expansion Scientifique Française:57–69 (1993)

[1895] WALCH, G.: Synthese sur l'epidermiologie et l'ethiologie des ruptures de la coiffe des rotateurs. J Lyonnaise Epaule:256–266 (1993)

[1896] WALCH, G.; NOVE-JOSSERAND, L.; LEVIGNE, C.; RENAUD, E.: Tears of the supraspinatus tendon associated with „hidden" lesions of the rotator interval. J Shoulder Elbow Surg 3:353–360 (1994)

[1897] WALCH, G.; NOVE-JOSSERAND, L.; BOILEAU, P.; LEVIGNE, C.: Subluxations and dislocations of the tendon of the long head of the biceps. J Shoulder Elbow Surg 7:100–108 (1998)

[1898] WALCH, G.; NOËL, E.; BOULAHIA, A.: Die Rupturen der Rotatorenmanschette: Epidemiologie, ätiologische Einteilung, klinisches Bild und natürliche Entwicklung. Rheum Eur 28:129–133 (1999)

[1899] WALDORFF, E.I.; LINDNER, J.; KIJEK, T.G.; DOWNIE, ÖB.K.; HUGHES, R.E.; CARPENTER, J.E.; MILLER, B.S.: Bone density of the greater tuberosity is decreased in rotator cuff disease with and without full-thickness tears. J Shoulder Elbow Surg 20:904–908 (2011)

[1900] WALIGORA, A.C.; JOHANSON, N.A.; HIRSCH, B.E.: Clinical anatomy of the quadriceps femoris and extensor apparatus of the knee. Clin Orthop Relat Res 467:3297–3306 (2009)

[1901] WALL, L.B.; TEEFEY, S.A.; MIDDLETON, W.D.; DAHIYA, N.; STEGER-MAY, K.; KIM, M.; WESSELL, D.; YAMAGUCHI, K.: Diagnostic performance and reliability of ultrasonography for fatty degeneration of the rotator cuff muscles. J Bone Joint Surg Am 94:e83 (1–9) (2012)

[1902] WALLENBÖCK, E.: Ligamentum patellae-Ruptur - eine Spätkomplikation nach Entnahme eines Knochen-Sehnen-Knochen-Transplantats als Kreuzbandersatz? Langenbecks Arch Chir 378:339–340 (1993)

[1903] WALLNY, T.; WAGNER, U.A.; SOMMER, T.; SCHMITT, O.: Der Bizeps-/ Rotatorenmanschetten-Index in der sonographischen Diagnostik der veralteten Rotatorenmanschettenruptur. Ultraschall in Med 18:174–177 (1997)

[1904] WALLNY, T.; WAGNER, U.A.; PRANGE, S.; SCHMITT, O.; REICH, H.: Evaluation of chronic tears of the rotator cuff by ultrasound. J Bone Joint Surg Br 81:675–678 (1999)

[1905] WALTER, E.; CISAR, J.; SCHUMACHER, W.: Die Umkipp-Plastik bei der Versorgung der subkutanen Achillessehnenruptur. Z Orthop 119:182–184 (1981)

[1906] WALTHER, D.: Pathologisch-anatomische Grundlagen für die Begutachtung von Schäden an den Menisci und Sehnen. Unfallmedizinische Tagungen der Landesverbände der gewerblichen Berufsgenossenschaften 23:183–190 (1974)

[1907] WALTON, M.J.; MACKIE, K.; FALLON, M.; BUTLER, R.; BREIDAHL, W.; ZHENG, M.H.; WANG, A.: The reliability and validity of magnetic resonance imaging in the assessment of chronic lateral epicondylitis. J Hand Surg Am 36:475–479 (2011)

[1908] WANG, C.J.; NASTASI, A.: Neglected rupture of bilateral patellar ligaments. N Y State J Med 74:85–86 (1974)

[1909] WANG, J.C.; SHAPIRO, M.S.: Changes in acromial morphology with age. J Shoulder Elbow Surg 6:55–59 (1997)

[1910] WANG, J.H.C.; LI, Z.Z.; YANG, G.; STONE, D.; WOO, S.L.Y.: A mechanobiological approach to study cellular and molecular mechanisms for the development of tendinopathy. Knee Surg Sports Traumatol Arthrosc 11:352 (2003)

[1911] WANG, J.H.C.: Mechanobiology of tendon. J Biomech 39:1563–1582 (2006)

[1912] WANGWINYUVIRAT, M.; DIRIM, B.; PASTORE; D.; PRETTERKLIEBER, M.; FRANK, A.; HAGHIGHI, P.; RESNICK, D.: Prepatellar quadriceps continuation: MRI of cadavers with gross anatomic and histologic correlation. AJR Am J Roentgenol 192:W111–116 (2009)

[1913] WANI, Z.; MANGATTIL, R.; BUTTERFIELD, T.; HILDEBRAND, K.; KAMINENI, S.: Subscapularis partial tear nodule causing shoulder rotational triggering. Knee Surg Sports Traumatol Arthrosc 23:573–576 (2015)

[1914] WANIVENHAUS, A.: Differentialdiagnose der Epicondylitis humeri radialis. Z Orthop 124:775–779 (1986)

[1915] WARD, S.R.; HENTZEN, E.R.; SMALLWOOD, L.H. et al.: Rotator cuff muscle architecture. Implications for glenohumeral instability. Clin Orthop Relat Res 448:157–163 (2006)

[1916] WARDEN, S.J.; KISS, Z.S.; MALARA, F.A.; OOI, A.B.; COOK, J.L.; CROSSLEY, K.M.: Comparative accuracy of magnetic resonance imaging and ultrasonography in confirming clinically diagnosed patellar tendinopathy. Am J Sports Med 35:427–436 (2007)

[1917] WARNER, J.J.; ALLEN, A.; MARKS, P.H.; WONG, P.: Arthroscopic release for chronic, refractory adhesive capsulitis of the shoulder. J Bone Joint Surg Am 78:1808–1816 (1996)

[1918] WARNER, J.P.; HIGGINS, L.; PARSONS, I.M. IV.; DOWDY, P.: Diagnosis and treatment of antero-superior rotator cuff tears. J Shoulder Elbow Surg 10:37–46 (2001)

[1919] WARREN, P.J.; PERIERA, J.A.; O'LEARY, S.T.: Avulsion of the patellar ligament: a cause of haemarthrosis following trivial trauma in a child. The Knee 2:57–58 (1995)

[1920] WASILEWSKI, S.A.; FRANKL, U.: Rotator cuff pathology. Arthroscopic assessment and treatment. Clin Orthop Relat Res 267:65–70 (1991)

[1921] WATERSTON, S.W.: Histochemistry and biochemistry of Achilles tendon ruptures. B Med Sc dissertation. University of Aberdeen. Aberdeen, Scotland (1997)

[1922] WATSON, M.S.: Surgical disorders of the shoulder. Churchill Livingstone Edinburgh London Melbourne and New York (1991)

[1923] WEBB, L.X.; TOBY, E.B.: Bilateral rupture of the patellar tendon in an otherwise healthy male patient following minor trauma. J Trauma 26:1045–1048 (1986)

[1924] WEBER, M.; ROMPE, G.: Begutachtung von Rupturen der Rotatorenmanschette. Hefte zur Unfallheilkunde 180: Schulterschmerzen u. Rupturen der Rotatorenmanschette, Hrsg.: HELBIG, B.; BLAUTH, W. Springer-Verlag Berlin Heidelberg (1986)

[1925] WEBER, M.; ROMPE, G.: Die Entstehung und Beurteilung der so genannten Rotatorenmanschettenrupturen. Z Orthop 125:108–119 (1987)

[1926] WEBER, M.: Die Bedeutung bildgebender Verfahren für die Begutachtung von Sehnen- und Meniskusrissen. VersMed 45:155–159 (1993)

[1927] WEBER, M.: Empfehlungen zur Begutachtung von Schäden der Rotatorenmanschette. DGU-Mitteilungen und Nachrichten 46:26–27 (2002)

[1928] WEBER, M.; NIEMANN, M.; LANZ, R.; MÜLLER, T.: Nonoperative treatment of acute rupture of the achilles tendon: results of a new protocol and comparison with operative treatment. Am J Sports Med 31:685–691 (2003)

[1929] WEBER, M.: Empfehlungen zur Begutachtung von Schäden der Rotatorenmanschette. DGU – Mitteilungen und Nachrichten:1–6 (2004)

[1930] WECKESSER, A.; SCHILTENWOLF, M.; ROMPE, G.: Ruptur des Kniestreckapparates 23 Jahre nach Patellektomie. Akt Traumatol 23:52–54 (1993)

[1931] WEH, L.: Die überdehnte Kniescheibensehne beim Patellaspitzensyndrom. Sportverletzung Sportschaden 2:26–34 (1988)

[1932] WEINSTABL, R.; SCHARF, W.; FIRBAS, W.: The extensor apparatus of the knee joint and its peripheral vasti: anatomic investigation and clinical relevance. Surg Radiol Anat 11:17–22 (1989)

[1933] WEISER, L.; ASSHEUER, J.; SCHULITZ, K.P.; CASTRO, W.H.: Magnetic resonance imaging criteria for the differentiation of traumatic and non-traumatic rotator cuff tears. VersMed 64:122–126 (2012)

[1934] WEISHAUPT, D.; ZANETTI, M.; TANNER, A.; GERBER, C.; HODLER, J.: Lesions of the reflection pulley of the long biceps tendon. MR arthrographic findings. Invest Radiol 34:463–469 (1999)

[1935] WEISSKIRCHNER-BARFOD, K.; RIECKE, A.F.; BOESEN, A.; HANSEN, P.; MAIER, J.F.; DØSSING, S.; TROELSEN, A.: Validation of a novel ultrasound measurement of Achilles tendon length. Knee Surg Spolrts Traumatol Arthrosc 23:3398–3406 (2015)

[1936] WEISTROFFER, J.K.; MILLS, W.J.; SHIN, A.Y.: Recurrent rupture of the triceps tendon repaired with hamstring tendon autograft augmentation: a case report and repair technique. J Shoulder Elbow Surg 12:193–196 (2003)

[1937] WELCKER, H.: Die Einwanderung der Bicepssehne in das Schultergelenk. Nebst Notizen über Ligamentum interarticulare humeri und Ligamentum teres femoris. Arch Anat Physiol 1:20–42 (1878)

[1938] WELFING, J.; KAHN, M.F.; DESROY, M.: Les calcifications de l'épaule. II. La maladie des calcifications tendineuses multiples. Rev Rheum 32:325–334 (1965)

[1939] WELFING, J.: Die Entfächerung der so genannten Periarthritis der Schulter. Orthopäde 10:187–190 (1981)

[1940] WENER, J.A.; SCHEIN, A.J.: Simultaneous bilateral rupture of the patellar tendon and quadriceps expansions in systemic lupus erythematosus. A case report. J Bone Joint Surg Am 56:823–824 (1974)

[1941] WENING, V.J.; MÜLLER; J.; ZYLINSKI, A.: Diagnostik und Therapie bei Quadrizepssehnenruptur. Trauma Berufskrankh 12:439–443 (2010)

[1942] WENZL, M.E.; HADLER, D.; JÜRGENS, C.:: Simultane traumatische Patellarsehnen- und kontralaterale Quadrizepssehnenruptur. Unfallchirug 105:830–832 (2002)

[1943] WERNER, A.; MUELLER, T.; BOEHM, D.; GOHLKE, F.: The stabilizing sling fort he long head of the biceps tendon in the rotator cuff interval. A histoanatomic stucy. Am J Sports Med 28:28–31 (2000)

[1944] WERTHEIM, M.G.: Memoire sur l'élasticité et la cohesion des principaux tissus du corps humain. Ann Chim Phys (Paris) 21:385–414 (1847)

[1945] WERTZ, J.; GALLI, M.; BORCHERS, J.R.: Achilles tendon rupture: risk assessment for aerial and ground athletes. Sports Health 5:407–409 (2013)

[1946] WICK, M.; MÜLLER, E.J.; EKKERNKAMP, A.; MUHR, G.: Fehldiagnosen bei verspätet erkannter beidseitiger simultaner Ruptur der Quadrizepssehnen. Unfallchirurg 100:320–323 (1997)

[1947] WIEDEMANN, E.; BIBERTHALER, P.; HINTERWIMMER, S.: Anatomie und Einteilung der Rotatorenmanschettendefekte. Arthroskopie 17:17–26 (2004)

[1948] WIESER, K.; RAHM, S.; SCHUBERT, M.; FISCHER, M.A.; FARSHAD, M.; GERBER, C.; MEYER, D.C.: Fluoroscopic, magnetic resonance imaging, and electrophysiologic assessment of shoulders with massive tears of the rotator cuff. J Shoulder Elbow Surg 24:288–294 (2015)

[1949] WILDER, R.P.; SE-THI, S.: Overuse injuries: tendinopathies, stress fractures, compartment syndrome, and shin splints. Clin Sports Med 23:55–81 (2004)

[1950] WILHELM, K.: Die statische und dynamische Belastbarkeit der Achillessehne. Res Exp Med 157:221–223 (1972)

[1951] WILHELM, K.; STEGER, E.R.; SCHMIDT, G.P.: Eine neue Versuchsanordnung zur Belastbarkeitsprüfung von Achillessehnen. Res Exp Med 160:80–88 (1973)

[1952] WILHELM, K.; HAUER, G.: Anatomische und mathematische Untersuchungen zur Genese der traumatischen Achillessehnenruptur. Arch Orthop Unfall-Chir 77:132–137 (1973)

[1953] WILHELM, K.; HERZOG, M.: Neue Aspekte zur Genese der Achillessehnenruptur. Med Welt 25:827–831 (1974)

[1954] WILHELM, K.: The static and dynamic charge maximum of the human Achilles tendon. Res Exp Med 162:281–287 (1974)

[1955] WILHELM, K.: Die subcutane Achillessehnenruptur. Unfallheilkunde 121:330 (1975)

[1956] WILHELM, K.: Neue Aspekte zur Genese der Achillessehnenruptur. Zbl Chir 102:794–801 (1977)

[1957] WILLIAMS, A.; CALVERT, P.; BAYLEY, I.: The bifurcate coracoacromial ligament: an arthroscopic variant. Arthroscopy 13:233–234 (1997)

[1958] WILLIAMS, P.L.; BANNISTER, L.H.; BERRY, M.M.; COLLINS, P.; DYSON, M.; DUSSEK, J.E. et al.: Gray's Anatomy. 38th edn. Edinburgh: Churchill Livingstone (1995)

[1959] WILLIAMS, M.D.; LÄDERMAN, A.; MELIS, B.; BARTHELEMY, R.; WALCH, G.: Fatty infiltration of the supraspinatus: a reliability study. J Shoulder Elbow Surg 18:581–587 (2009)

[1960] WILMANNS, C.; BONNAIRE, F.: Rotator cuff alterations resulting from humeral head fractures. Injury 33:781–789 (2002)

[1961] WILSON, C.L.; DUFF, G.L.: Pathologic study of degeneration and rupture of the supraspinatus tendon. Arch Surg 47:121–135 (1943)

[1962] WILSON, C.L.: Lesions of the supraspinatus tendon. Degeneration, rupture and calcification. Arch Surg 46:307–325 (1943)

[1963] WILSON, L.; SUNDARAM, M.; PIRAINO, D.W.; ILASLAN, H.; RECHT, M.P.: Isolated teres minor atrophy: manifestation of quadrilateral space syndrome or traction injury to the axillary nerve? Orthopedics 29:447–450 (2006)

[1964] WINDISCH, G.; TESCH, N.P.; GRECHENIG, W.; PEICHA, G.: The triceps brachii muscle and its insertion on the olecranon. Med Sci Monit 12:290–294 (2006)

[1965] WINTERSTEIN, O.: Zur Periarthritis humero-scapularis und zum Riß der langen Bicepssehne. Archiv für Orthopädische und Unfall-Chirurgie 63:19–22 (1968)

[1966] WIRTH, C.J.: Die Periarthritis humeroscapularis. In: D. Kohn, C. J. Wirth (Hrsg): Die Schulter. Aktuelle operative Therapie. Thieme, Stuttgart, New York (1992)

[1967] WIRTH, W.: Doppelkontrastarthrotomographie und Doppelkontrastarthro-CT bei Läsionen der Rotatorenmanschette. Orthopäde 24:483–490 (1995)

[1968] WIRTH, C.J.; CARLS, J.: Pathologie der akuten und chronischen Sehnenverletzungen. Orthopäde 29:174–181 (2000)

[1969] WITT, A.N.: Sehnenverletzungen und Muskelsehnentransplantationen. Bergmann, München (1953)

[1970] WITT, M.: Rotatorenmanschettenruptur. Trauma Berufskrankh 8:S253–S257 (2006)

[1971] WITT, K.A.; STEINBECK, J.: Erkrankungen der Rotatorenmanschette. Arthritis + Rheuma 27:71–77 (2007)

[1972] WITTSTEIN, J.; LASSITER, T.; Jr.; TAYLOR, D.: Aberrant origin of the long head of the biceps: a case series. J Shoulder Elbow Surg 21:356–360 (2012)

[1973] WITZEL, K.; LIPPERT, A.: Ruptur der Patellarsehne durch direktes Anpralltrauma beim Fussball. Sportorthopäde Sporttraumaologie 18:198–200 (2002)

[1974] WÖHLISCH, E.; DU MESNIL DE ROCHEMONT, R.; GERSCHLER, H.: Untersuchungen über die elastischen Eigenschaften tierischer Gewebe. Z Biol 85:324–341, 567 (1926)

[1975] WOJCIAK, B.; CROSSAN, J.F.: The accumulation of inflammatory cells in synovial sheath and epitenon during adhesion formation in healing rat flexor tendons. Clin Exp Immunol 93:108–114 (1993)

[1976] WOLF, E.M.; AGRAWAL, V.: Transdeltoid palpation (the rent test) in the diagnosis of rotator cuff tears. J Shoulder Elbow Surg 10:470–473 (2001)

[1977] WOLF, B.R.; ALTCHEK, D.W.: Elbow problems in elite tennis players. Tech Should Surg 4:55–68 (2003)

[1978] WOLFF, J.: Das Gesetz der Transformation der Knochen. Berlin: Hirschwald (1892)

[1979] WOLFF, A.B.; SETHI, P.; SUTTON, K.M. et al.: Partial-thickness rotator cuff tears. J Am Acad Orthop Surg 14:715–725 (2006)

[1980] WOLFGANG, G.L.: Rupture of the musculotendinous cuff of the shoulder. Clin Orthop 134:230–243 (1978)

[1981] WOO, S.L.Y.; MAYNARD, J.; BUTLER, D.; LYON, R.; TORZILLI, P.; AKESON, W. et al.: Ligament, tendon, and joint capsule insertions to bone. In Injury and Repair of the Musculoskeletal

Soft Tissues (eds. WOO, S.L.Y.; BUCKWALTER, J.A.):133–166. Park Ridge, IL: American Academy of Orthopaedic Surgeons (1988)

[1982] WOOD, D.G.; PACKHAM, I.; TRIKHA, S.P.; LINKLATER, J.: Avulsion of the proximal hamstring orging. J Bone Joint Surg 90-A:2365–2374 (2008)

[1983] WOOD, J.: Variations in human myology observed during the winter session of 1867–68 at King's College, London. Proc R Soc Lond B Biol Sci 16:483–525 (1868)

[1984] WOOD-JONES, F.: Structure and function as seen in the foot. Bailliere, Tindall and Cox London (1944)

[1985] WOODLEY, S.J.; MERCER, S.R.: Hamstring muscles: architecture and innervation. Cells Tissues Organs 179:125–141 (2005)

[1986] WOODS, C.; HAWKINS, R.D.; MALTBY, S. et al.: The football association medical research Programme. An audit of injuries in professional football: analysis of hamstring injuries. Br J Sports Med 38:36–41 (2004)

[1987] WOOLF, A.D.; CAWSTON, T.E.; DIEPPE, P.A.: Idiopathic haemorrhagic rupture of the shoulder in destructive disease of the elderly. Ann Rheum Dis 45:498–501 (1986)

[1988] WREDE, L.: Über Kalkablagerungen in der Umgebung des Schultergelenks und ihre Beziehungen zur Periarthritis scapulo-humeralis. Arch Klin Chir 99:259–272 (1912)

[1989] WREN, T.A.L.; YERBY, S.A.; BEAUPRÉ, G.S.; CARTER, D.R.: Mechanical properties of the human Achilles tendon. Clinical Biomechanics 16:245–251 (2001)

[1990] WRIGHT, J.M.; HEAVRIN, B.; HAWKINS, R.J.; NOONAN, T.: Arthroscopic visualization of the subscapularis tendon. Arthroscopy 17:677–684 (2001)

[1991] WRIGHT, V.; HAQ, A.M.M.M.: Periarthritis of the shoulder. I. Aetiological considerations with particular reference to personality factors. Ann Rheum Dis 35:213–219 (1976)

[1992] WU, B.; CHEN, J.; DELA ROSA, T.; YU, Q.; WANG, A.; XU, J.; ZHENG, M.H.: Cellular response and extracellular matrix breakdown in rotator cuff tendon rupture. Arch Orthop Trauma Surg 131:405–411 (2011)

[1993] WU, P.T.; JOU, I.M.; YANG, C.C.; LIN, C.J.; YANG, C.Y.; SU, F.C.; SU, W.R.: The severity of the long head biceps tendinopathy in patients with chronic rotator cuff tears: macroscopic versus microscopic results. J Shoulder Elbow Surg 23:1099–1106 (2014)

[1994] WUELKER, N.; ROETMAN, B.; PLITZ, W.; KNOP, C.: Untersuchungen zur Funktion des M. supraspinatus an einem dynamischen Schultermodell. Unfallchirurg 97:308–313 (1994)

[1995] WÜNSCHE, F.; KRZOK, G.; HAUCH, S.: Spontane und simultane Ruptur des Ligamentum patellae rechts und Abrissfraktur der Tuberositas tibiae links bei Osteomalazie. Beitr Orthop Traumatol 36:434–438 (1989)

[1996] WURNIG, C.: Sonographie der Bicepssehne. Z Orthop 134:161–165 (1996)

[1997] WYMAN, J.J.; GALVIN, J.; BELANGER, M.J.: MRI defined anatomic dimensions of the quadriceps tendon. Arthroscopy 16(4:405–438 (2000)

[1998] XU, Y.; MURRELL, G.A.C.: The basic science of tendinopathy. Clin Orthop Relat Res 466:1528–1538 (2008)

[1999] XU, Y.; BONAR, F.;MURRELL, G.A.C.: Neoinnervation in rotator cuff tendinopathy. Sports Med Arthrosc Rev 19:354–359 (2011)

[2000] YADAY, H.; NHO, S.; ROMEO, A.; MC GILLIVRAY, J.D.: Rotator cuff tears: pathology and repair. Knee Surg Sports Traumatol Arthrosc 17:409–421 (2009)

[2001] YAMADA, H.: Strength of biological materials. In: EVANS, F.G. (ed). William & Wilkins, Baltimore: 43, 47, 48, 56, 64, 65 (1970)

[2002] YAMAGUCHI, K.; RIEW, K.D.; GALATZ, L.M.; SYME, J.A.; NEVIASER, R.J.: Biceps function in normal and rotator cuff deficient shoulders: An electromyographic analysis. J Shoulder Elbow Surg 5/2:14 (1995)

[2003] YAMAGUCHI, K.; SHER, J.S.; ANDERSEN, W.K.; GARRETSON, R.; URIBE, J.W.; HECHTMAN, K.; NEVIASER, R.J.: Glenohumeral motion in patients with rotator cuff tears: a comparison of asymptomatic and symptomatic shoulders. J Shoulder Elbow Surg 9:6–11 (2000)

[2004] YAMAGUCHI, K.; TETRO, A.M.; BLAM, O.; EVANOFF, B.A.; TEEFEY, S.A.; MIDDLETON, W.D.: Natural history of asymptomatic rotator cuff tears: a longitudinal analysis of asymptomatic tears detected sonographically. J Shoulder Elbow Surg 10:199–203 (2001)

[2005] YAMAGUCHI, K.; DITSIOS, K.; MIDDLETON, W.D.; HILDEBOLT, C.F.; GALATZ, L.M.; TEEFEY, S.A.: The demographic and morphological features of rotator cuff disease. A comparison of asymptomatic and symptomatic shoulders. J Bone Joint Surg Am 88:1699–1704 (2006)

[2006] YAMAGUCHI, K.; KEENER, J.; GALATZ, L.: Disorders of the biceps tendon. in: IANNOTTI, J.; WILLIAMS, G. editors. Disorders of the shoulder: diagnosis and management. 2nd ed, Vol 1. Philadelphia: Lippincott, Williams & Wilkins:218–260 (2007)

[2007] YAMAKADO, K.: Histopathology of residual tendon in high-grade articular-sided partial-thickness rotator cuff tears (PASTA lesions). Arthroscopy 28:474–480 (2012)

[2008] YAMAMOTO, A.; TAKAGISHI, K.; KOBAYASHI, T.; SHITARA, H.; OSAWA, T.: Factors involved in the presence of symptoms associated with rotator cuff tears: a comparison of asymptomatic and symptomatic rotator cuff tears in the general population. J Shoulder Elbow Surg 20:1133–1137 (2011)

[2009] YAMAMOTO, N.; HAYASHI, K.: Mechanical properties of rabbit patellar tendon at high strain rate. Biomed Mater Eng 8:83–90 (1998)

[2010] YAMAMOTO, A.; TAKAGISHI, K.; OSAWA, T.;YANAGAWA, T.; NAKAJIMA, D.; SHITARA, H.; KOBAYASHI, T.: Prevalence and risk factors of a rotator cuff tear in the general population. J Shoulder Elbow Surg 19:116–120 (2010)

[2011] YAMANAKA, K.; FUKUDA, H.: Aging process of the supraspinatus tendon with reference to rotator cuff tears. In WATSON, M.S. ed: Surgical disorder of the shoulder. London: Churchill Livingstone:247–258 (1991)

[2012] YAMANAKA, K.; MATSUMOTO, T.: The joint side tear of the rotator cuff. A follow up study by arthrography. Clin Orthop Relat Res 304:68–73 (1994)

[2013] YANG, H.F.; TANG, K.L.; CHEN, W.; DONG, S.W.; JIN, T.; GONG, J.C.; LI, J.Q.; WANG, H.G.; WANG, J.; J.Z.: An anatomic and histologic study of the coracohumeral ligament. J Shoulder Elbow Surg 18:305–310 (2009)

[2014] YANG, S.; PARK, H.S.; FLORES, S.; LEVIN, S.D.; MAKHSOUS, M.; LIN, F.; KOH, J.; NUBER, G.; ZHANG, L.Q.: Biomechanical analysis of bursal-sides partial thickness rotator cuff tears. J Shoulder Elbow Surg 18:379–385 (2009)

[2015] YANMIS, I.; OGUZ, E.; WIESLER, E.; OZKAN, H.; TUNAY, S.; ALTINMAKAS, M.: Double long head of the biceps brachii tendon. Tech Should Surg 6:125–127 (2005)

[2016] YAO, L.; MEHTA, U.: Infraspinatus muscle atrophy: implications? Radiology 226:161–164 (2003)

[2017] YEH, L.; PEDOWITZ, R.; KWAK, S. et al.: I ntracapsular origin of the long head of the biceps tendon. Skeletal Radiol 28:178–181 (1999)

[2018] YEH, P.C.; STEPHENS, K.T.; SOLOVYOVA, O.; OBOPILWE, E.; SMART, L.R.; MAZZOCCA, A.D.; SETHI, P.M.: The distal triceps tendon footprint and a biomechanical analysis of 3 repair techniques. Am J Sports Med 38:1025–1033 (2010)

[2019] YEH, P.C.; DODDS, S.D.; SMART, L.R.; MAZZOCCA, A.D.; SETHI, P.M.: Distal triceps rupture. J Am Acad Orthop Surg 18:31–40 (2010)

[2020] YEPES, H.; TANG, M.; MORRIS, S.F.; STANISH, W.D.: Relationship between hypovascular zones and patterns of ruptures of the quadriceps tendon. J Bone Joint Surg Am 90:2135–2141 (2008)

[2021] YILMAZ, C.; BINNET, M.S.; NARMAN, S.: Tendon lengthening repair and early mobilization in treatment of neglected bilateral simultaneous traumatic rupture of the quadriceps tendon. Knee Surg Sports Traumatol Arthrosc 9:163–166 (2001)

[2022] YOO, J.C.; LIM, T.K.; KOH, K.H.; PARK, W.H.: YOO, J.C.; LIM, T.K.; KOH, K.H.; PARK, W.H.: Arthroscopic perspective of the tendinous insertion of the pectoralis minor and correlation with MRI: a case report. J Shoulder Elbow Surg 19:e19–e23 (2010)

[2023] YOO, J.C.; MC GARRY, M.H.; JUN, B.J.; SCOTT, J.; LEE, T.Q.: The influence of partial subscapularis tendon tears combined with supraspinatus tendon tears. J Shoulder Elbow Surg 23:902–908 (2014)

[2024] YOO, J.C.; RHEE, Y.G.; SHIN, S.J.; PARK, Y.B.; MC GARRY, M.H.; JUN, B.J.; LEE, T.Q.: Subscapularis tendon tear classification based on 3-dimensional anatomic footprint: a cadaveric and prospective clinical observational study. Arthroscopy 31:19–28 (2015)

[2025] YOON, J.R.; KIM, T.S.; KIM, H.J.; NOH, H.K.; OH, J.K.; YOO, J.C.: Simultaneous patellar tendon avulsion fracture from both patella and tibial tuberosity: a case report. Knee Surg Sports Traumatol Arthrosc 15:225–227 (2007)

[2026] YOON, J.P.; CHUNG, S.W.; KIM, S.H.; OH, J.H.: Diagnostic value of four clinical tests for the evaluation of subscapularis integrity. J Shoulder Elbow Surg 22:1186–1192 (2013)

[2027] YOSHIKAWA, G.I.; HORI, K.; KANEKO, H.; MATSUSUE, Y.; MURAKAMI, M.: Acute subscapularis tendon rupture caused by throwing: a case report. J Shoulder Elbow Surg 14:218–220 (2005)

[2028] YOUM, T.; EL ATTRACHE, N.S.; TIBONE, J.E.; MC GARRY, M.H.; LEE, T.Q.: The effect of the long head of the biceps on glenohumeral kinematics. J Shoulder Elbow Surg 18:122–129 (2009)

[2029] YU, J.S.; PETERSILGE, C.; SARTORIS, D.J.; PATHRIA, M.N.; RESNICK, D.: MR imaging of injuries of the extensor mechanism of the knee. Radio Graphics 14:451–551 (1994)

[2030] YU, J.S.; POPP, J.E.; KAEDING, C.C.; LUCAS, J.: Correlation of MR imaging and pathologic findings in athletes undergoing surgery for chronic patellar tendinitis. Am J Roentgenol 165:115–118 (1995)

[2031] ZANETTI, M.; HODLER, J.: Sonographie und Magnetresonanztomographie (MRT) der Tendinopathien. Orthopäde 24:200–208 (1995)

[2032] ZANETTI, M.; WEISHAUPT, D.; JOST, B.; GERBER, C.; HODLER, J.: MR imaging for traumatic tears of the rotator cuff: high prevalence of greater tuberosity fractures and subscapularis tendon tears. AJR Am J Roentgenol 172:463–467 (1999)

[2033] ZANTOP, T.; TILLMANN, B.; PETERSEN, W.: Quantitative assessment of blood vessels of the human Achilles tendon: an immunohistochemical cadaver study. Arch Orthop Trauma Surg 123:501–504 (2003)

[2034] ZARINS, B.; CIULLO, J.V.: Acute muscle and tendon injuries in athletes. Clin Sports Med 2:167–182 (1983)

[2035] ZEICHEN, J.; BOSCH, U.; KRETTEK, C.: Rotatorenmanschette. Welche Defekte sollen operiert werden? Trauma Berufskrankh 5:S120–S125 (2003)

[2036] ZEISIG, E.; ÖHBERG, L.; ALFREDSON, H.: Extensor orgin vascularity related to pain in patients with tennis elbow. Knee Surg Sports Traumatol Arthrosc 14:659–663 (2006)

[2037] ZEISIG, E.: Natural course in tennis elbow – lateral epicondylitis after all? Knee Surg Sports Traumatol Arthrosc 20:2549–2552 (2012)

[2038] ZEISS, J.; SADDEMI, S.R.; EBRAHEIM, N.A.: MR imaging of the quadriceps tendon: normal layered configuration and ist importance in cases of tendon rupture. AJR Am J Roentgenol 159:1031–1034 (1992)

[2039] ZERNICKE, R.F.; GARHAMMER, J.; JOBE, F.W. et al.: Human patellar-tendon rupture. J Bone Joint Surg 59-A:179–183 (1977)

[2040] ZIEGLER, D.W.: The use of in-office, orthopaedist-performed ultrasound of the shoulder to evaluate and manage rotator cuff disorders. J Shoulder Elbow Surg 13:291–297 (2004)

[2041] ZILCH, H.; FRIEDEBOLD, G.: Pathophysiologie und Pathomechanik des Schultergürtels. Hefte Unfallheilk 160:16–41 (1982)

[2042] ZILLER, R.; SCHMUTZLER, V.: Degenerative Schultererkrankungen – ihre Differenzierung und operative Therapie. Zent Bl Chir 113:1245–1252 (1988)

[2043] ZIMMERMANN, T.; KELM, C.: Die beidseitige Quadrizepssehnenruptur. Zentralbl Chir 118:368–371 (1993)

[2044] ZINGG, P.O.; JOST, B.; SUKTHANKAR, A.; BUHLER, M.; PFIRRMANN, C.W.; GERBER, C.: Clinical and structural outcomes of nonoperative management of massive rotator cuff tears. J Bone Joint Surg Am 89:1928–1934 (2007)

[2045] ZLATKIN, M.B.; IANNOTTI, J.P.; ROBERTS, M.C.; ESTERHAI, J.L.; DALINKA, M.K.; KRESSEL, H.Y.; SCHWARTZ, J.S.; LENKINSKI, R.E.: Rotator cuff tears: diagnostic performance of MR imaging. Radiology 172:223–229 (1989)

[2046] ZSCHÄBITZ, A.: Anatomie und Verhalten von Sehnen und Bändern. Orthopäde 34:516–525 (2005)

[2047] ZUCKERMAN, J.D.; KUMMER, F.J.; CUOMO, F.; SIMON, J.; ROSENBLUM, S.: The influence of coracoacromial arch anatomy on rotator cuff tears. J Shoulder Elbow Surg 1:4–14 (1992)

[2048] ZUCKERMAN, J.D.; KUMMER, F.J.; CUOMO, F.; GRELLER, M.: Interobserver reliability of acomial morphology classification: an anatomic study. J Shoulder Elbow Surg 6:286–287 (1997)

Stichwortverzeichnis

Q

R

U

V

W

Z

Über die Autoren

Prof. Dr. med. Harald Hempfling
Professor für Chirurgie/Unfallchirurgie, Facharzt für physikalische und rehabilitative Medizin, Sportmedizin, Universität Ulm, 1987–2012 BG-Unfallklinik Murnau, seit 2003 Mitglied der Kommission Gutachten der Deutschen Gesellschaft für Unfallchirurgie

Prof. Dr. med. Veit Krenn
Professor für Experimentelle Infektionspathologie an der Charité Universitätsmedizin Berlin von 2000–2005, Facharzt für Pathologie, Zusatzbezeichnung Molekularpathologie. Seit 2005 in der Geschäftsleitung des Medizinischen Versorgungszentrums für Histologie, Zytologie und molekulare Diagnostik in Trier, Schwerpunkt Bindegewebspathologie

www.ingramcontent.com/pod-product-compliance
Lightning Source LLC
LaVergne TN
LVHW060620300926
849162LV00008B/1661